Martin Mittag

**Ausschreibungshilfe
Außenanlagen und
Tiefbau**

Aus dem Programm
Bauwesen

Bauentwurfslehre
von E. Neufert

Baukonstruktionslehre
von M. Mittag

Ausschreibungshilfe Rohbau
von M. Mittag

Ausschreibungshilfe Ausbau
von M. Mittag

Ausschreibungshilfe Haustechnik
von M. Mittag

Ausschreibungshilfe Außenanlagen und Tiefbau
von M. Mittag

Hochbaukosten – Flächen – Rauminhalte
von P. Fröhlich

Bausanierung
von M. Stahr (Hrsg.)

Rückbau von Plattenbauten
von H.-P. Unruh und A. Nagora

Lehmbau Regeln
vom Dachverband Lehm e.V. (Hrsg.)

Bauaufnahme
von G. Wangerin

Baukalkulation und Projektcontrolling
von E. Leimböck, U.-R. Klaus und O. Hölkermann

Praktisches Baustellen-Controlling
von G. Seyfferth

vieweg

Martin Mittag

Ausschreibungshilfe Außenanlagen und Tiefbau

Standardleistungsbeschreibungen – Baupreise

Bibliografische Information Der Deutschen Bibliothek
Die Deutsche Bibliothek verzeichnet diese Publikation in der Deutschen Nationalbibliografie;
detaillierte bibliografische Daten sind im Internet über <http://dnb.ddb.de> abrufbar.

1. Auflage Mai 2003

Alle Rechte vorbehalten
© Friedr. Vieweg & Sohn Verlag/GWV Fachverlage GmbH, Wiesbaden 2003
Softcover reprint of the hardcover 1st edition 2003
Der Vieweg Verlag ist ein Unternehmen der Fachverlagsgruppe BertelsmannSpringer.
www.vieweg.de

Das Werk einschließlich aller seiner Teile ist urheberrechtlich geschützt. Jede Verwertung außerhalb der engen Grenzen des Urheberrechtsgesetzes ist ohne Zustimmung des Verlages unzulässig und strafbar. Das gilt insbesondere für Vervielfältigungen, Übersetzungen, Mikroverfilmungen und die Einspeicherung und Verarbeitung in elektronischen Systemen.

Umschlaggestaltung: Ulrike Weigel, www.CorporateDesignGroup.de
Gedruckt auf säurefreiem und chlorfrei gebleichtem Papier.
ISBN-13: 978-3-322-80209-5   e-ISBN-13: 978-3-322-80208-8
DOI: 10.1007/978-3-322-80208-8

Vorwort

Das vorliegende Handbuch Ausschreibungshilfe Außenanlagen - Tiefbau ist ein Hilfsmittel für die Bearbeitung von Leistungsbeschreibungen entsprechend dem neuesten Stand der Technischen Baubestimmungen (ETB-Normen), der neuen Verdingungsordnung für Bauleistungen (VOB 2000) und der aktuellen Produktangebote mit Baupreisen 2002.

Hilfsmittel ähnlicher Art sind die Ausschreibungshilfen Rohbau, Ausbau und Haustechnik.

Die Standard-Leistungsbeschreibungen sind an die geänderten EG-Vergaberichtlinien angepasst und für elektronische Angebote geeignet.

Die Baupreise 2002 sind für Auswahlpositionen aus den Standard-Leistungsbeschreibungen größtenteils mit Lohnanteilen und Stoffanteilen angegeben und entsprechen dem Bedarf aus der Umstellung von nationalen Währungen auf den EURO. Gerade dieser Anlass der Einführung einer gemeinsamen europäischen Währung ist ein wichtiger Grund für die vorliegende Neubearbeitung von Kalkulationshilfen und Kostenoptimierungsdaten.

Die vorliegenden Ausschreibungshilfen sind für Bauplaner und für Bauausführende bestimmt und sollen für die Kostenermittlung im Bauwesen einheitliche Grundlagen bereitstellen.

In den Ausschreibungstexten sind die neuen Regeln der deutschen Rechtschreibung berücksichtigt.

Martin Mittag

Inhaltsverzeichnis

12		Korrekturfaktoren für Abweichungen vom Mittelwert der Bauleistungspreise

	LB 000	**Baustelleneinrichtung**
13	STLB 000	Baustelleneinrichtung; Standard-Leistungsbeschreibungen
39	AW 000	Baustelleneinrichtung; Auswahlpositionen aus Standard-Leistungsbeschreibungen mit Einheitspreisen, Lohnanteilen, Stoffanteilen

39	Container, Baracken
40	Ver- und Entsorgungsanschlüsse Baustelle
41	Bauzäune, Schutzzäune
42	Behelfsmäßige Türen und Tore
43	Schilder, Bauschilder
43	Behelfsmäßige Schutzvorrichtungen
44	Baumschutz gegen mechanische Schäden
45	Hilfsbrücken für Fußgänger
45	Vorwegweiser, Wegweiser, Verkehrszeichen
45	Elektrische Warnbeleuchtungen
46	Baustellensignalanlagen
47	Fahrbahnmarkierungen
47	Bauaufzüge
49	Baukräne
49	Förderbänder
50	Schuttabwurfschächte
50	Schuttcontainer
50	Heizgeräte, Heizanlagen

	LB 001	**Gerüstarbeiten**
51	STLB 001	Gerüstarbeiten; Standard-Leistungsbeschreibungen
61	AW 001	Gerüstarbeiten; Auswahlpositionen aus Standard-Leistungsbeschreibungen mit Einheitspreisen, Lohnanteilen, Stoffanteilen

61	Fassadengerüste
62	Raumgerüste
63	Sonstige Gerüste
63	Fahrgerüste
64	Gerüstbespannungen
65	Umbauen, Umsetzen, Fassadengerüste
66	Umbauen, Umsetzen, Raumgerüste
67	Umbauen, Umsetzen, sonstige Gerüste
67	Umbauen, Umsetzen, Fahrgerüste
68	Gebrauchsüberlassung Fassadengerüste
68	Gebrauchsüberlassung Raumgerüste
69	Gebrauchsüberlassung sonstige Gerüste
70	Gebrauchsüberlassung Fahrgerüste
70	Gebrauchsüberlassung Gerüstbespannungen

	LB 002	**Erdarbeiten**
71	STLB 002	Erdarbeiten; Standard-Leistungsbeschreibungen
93	AW 002	Erdarbeiten; Auswahlpositionen aus Standard-Leistungsbeschreibungen mit Einheitspreisen, Lohnanteilen, Stoffanteilen

93	Vorbereiten des Baugeländes
95	Oberboden
95	Bodenaushub, Baugrube
98	Bodenaushub, Fundamente
100	Bodenaushub, Einzelfundamente
102	Bodentransport
102	Bodeneinbau
103	Boden für Verkehrsflächen
103	Grabenaushub, einschl. Verfüllung
106	Grabenaushub, ohne Vefüllung
108	Bodeneinbau für Gräben und Schächte
109	Planum
109	Verdichten / Verfestigen des Untergrundes
109	Schürfgruben, Schürfschlitze, Suchgräben
110	Hindernisse im Boden
110	Sonstige Leistungen/ Zulagen
111	Lieferung von Stoffen
112	Lieferung von Recycling-Baustoffen
114	Verwertung, Entsorgung

	LB 003	**Landschaftsbauarbeiten**
117	STLB 003	Landschaftsbauarbeiten; Standard-Leistungsbeschreibungen
233	AW 003	Landschaftsbauarbeiten; Auswahlpositionen aus Standard-Leistungsbeschreibungen mit Einheitspreisen, Lohnanteilen, Stoffanteilen
	233	Baumschutz, Wurzelschutz
	233	Bodenauf- und -abtrag
	233	Drän- und Filterschichten
	234	Bodenlockerung
	234	Pflanzgruben
	234	Bodenverbesserung, Düngung
	234	Planum
	235	Pflanzarbeiten
	236	Großgehölz verpflanzen
	236	Rasenarbeiten
	237	Trockenmauer / Pflanzsteine
	238	Sicherungsarbeiten, Betonpalisaden
	239	Rasenpflaster
	239	Untergrund – Kunststoffbelag Spiel- und Sportplatzbau
	240	Einfassungen Sportplatzbau
	241	Sportplatzausstattungen
	241	Trainingsanlagen
	242	Stufen
	243	Einfassungen Spielplatzbau
	244	Bodenbeläge
	245	Spielplatzeinrichtungen
	247	Fundamente für Einbauteile
	247	Abfallbehälter
	248	Müllschränke
	248	Streustoffbehälter
	249	Fahnenmaste
	250	Wäschestangen
	250	Fahrradständer
	251	Pflanzgefäße
	254	Gartenmöbel
	256	Schilder, Absperrungen
	256	Poller
	257	Baumschutz
	258	Rankgitter
	259	Bewässerungsanlagen
	260	Einfriedigungen (Zäune)
	261	Einfriedigungen (Tore)
	262	Schutzzäune
	263	Pergolen
	264	Pflege- und Unterhaltungsarbeiten: Mähen / Schneiden
	265	Pflege- und Unterhaltungsarbeiten: Wässern / Winterschutz
	266	Pflege- und Unterhaltungsarbeiten: Sonstiges
	266	Baustoffe liefern
	LB 004	**Landschaftsbauarbeiten; Pflanzen**
267	STLB 004	Landschaftsbauarbeiten;Pflanzen; Standard-Leistungsbeschreibungen
317	AW 004	Landschaftsbauarbeiten; Pflanzen; Auswahlpositionen aus Standard-Leistungsbeschreibungen mit Einheitspreisen
	317	Bäume liefern
	323	Sträucher liefern
	329	Klettergehölze liefern
	330	Ziergräser liefern
	330	Freilandfarne liefern
	330	Sumpf- und Wasserpflanzen liefern
	332	Rosen liefern
	333	Stauden liefern

		LB 005	**Brunnenbauarbeiten und Aufschlussbohrungen**
337	STLB 005		Brunnenbauarbeiten und Aufschlussbohrungen; Standard-Leistungsbeschreibungen
345	AW 005		Brunnenbauarbeiten und Aufschlussbohrungen; Auswahlpositionen aus Standard-Leistungsbeschreibungen mit Einheitspreisen, Lohnanteilen, Stoffanteilen
		345	Einrichten, Räumen, Vorhalten Baustelleneinrichtung
		345	Bohren für durchgehende gekernte Proben
		346	Bohren für durchgehende nicht gekernte Proben
		348	Bohren für unvollständige Proben
		349	Bohren für Brunnen
		350	Bohren für Schutzverrohrung
		351	Leistungen auf Nachweis und Probennahme
		351	Ausbau des Bohrloches, Sperrrohre (Mantel)
		352	Ausbau des Bohrloches, Filterrohre
		353	Ausbau des Bohrloches, Vollwandrohre
		353	Ausbau des Bohrloches, Schüttung, Kopf, Abdeckung
		355	Pumpversuche, Entsanden
		355	Schächte
		355	Vorhalten Bohrrohre und Pumpanlagen
		356	Aufbau, Abbau, Umsetzen, Vorhalten, usw.
		LB 006	**Verbau-, Ramm- und Einpressarbeiten**
357	LB 006		Verbau-, Ramm- und Einpressarbeiten; Standard-Leistungsbeschreibungen
371	AW 006		Verbau-, Ramm- und Einpressarbeiten; Auswahlpositionen aus Standard-Leistungsbeschreibungen mit Einheitspreisen, Lohnanteilen, Stoffanteilen
		371	Bohrarbeiten für Verbau
		372	Bohrungen verfüllen
		372	Bohrgerät auf-, abbauen, vorhalten
		373	Verbau mit Holzbohlen, Verbauplatten
		374	Verbau als Trägerbohlwand
		375	Verbau mit Stahlspundbohlen
		377	Verbau mit Kanaldielen
		377	Verbau vorhalten
		379	Verbauträger
		382	Ausfachungen
		382	Aussteifungen
		384	Verankerungen
		385	Ziehen von Bohlen, Kanaldielen, Trägern
		386	Rammgerät auf-, abbauen, vorhalten
		386	Sonstige Leistungen
		LB 008	**Wasserhaltungsarbeiten**
387	STLB 008		Wasserhaltungsarbeiten; Standard-Leistungsbeschreibungen
393	AW 008		Wasserhaltungsarbeiten; Auswahlpositionen aus Standard-Leistungsbeschreibungen mit Einheitspreisen
		393	Pumpensumpf innerhalb von Baugruben
		393	Sickergräben, Sickerleitungen
		395	Dränleitungen als Sickerrohre, Steinzeug
		396	Absenkungsbrunnen
		397	Pumpensteigrohre für Wasserförderungsanlagen ein- und ausbauen
		397	Pumpen mit E- Motor ein- und ausbauen
		398	Pumpen für Wasserförderungsanlagen vorhalten
		398	Notstromerzeuger auf- und abbauen
		398	Notstromerzeuger vorhalten
		399	Saug- u. Druckrohrleitungen ein- und ausbauen, Rohre u. Leitungen
		399	Saug- u. Druckrohrleitungen ein- und ausbauen, Formteile
		399	Saug- u. Druckrohrleitungen vorhalten, Rohre und Leitungen
		400	Saug- u. Druckrohrleitungen vorhalten, Formteile
		400	Beobachtungsrohr für Absenkungsbrunnen, ein- und ausbauen
		LB 009	**Entwässerungskanalarbeiten**
403	STLB 009		Entwässerungskanalarbeiten; Standard-Leistungsbeschreibungen
429	AW 009		Entwässerungskanalarbeiten; Auswahlpositionen aus Standard-Leistungsbeschreibungen mit Einheitspreisen, Lohnanteilen, Stoffanteilen
		429	FBS-Betonrohr, kreisförmig, ohne Fuß
		431	FBS-Betonrohr, kreisförmig, mit Fuß und TWR
		432	FBS-Betonrohr, eiförmig, mit Fuß
		432	FBS-Betonrohre, Zulagen für Zuläufe

	434	FBS-Betonrohre, Zulage Anschluss-, Gelenkstück
	434	FBS-Betonrohre, Zulage Passstücke, Krümmer
	435	DIN-Betonrohre, EF-M, mit durchgehendem Fuß
	436	DIN-Betonrohre, Sonderform
	438	DIN-Betonrohre, eiförmig, mit Muffe / Falz
	438	FBS-Stahlbetonrohre, K-FM, ohne Fuß, 1-lagig
	440	FBS-Stahlbetonrohre, K-FM, ohne Fuß, 2-lagig
	441	FBS-Stahlbetonrohre, KF-GM, TWR, 1-lagig
	441	FBS-Stahlbetonrohre, KF-GM, TWR, 2-lagig
	442	FBS-Stahlbetonrohre, Zulagen für Zuläufe
	443	FBS-Stahlbetonrohre, Zulage Anschluss / Gelenkstück
	443	FBS-Stahlbetonrohre, Zulage Passstück, Krümmer
	444	Steinzeugrohre
	445	Steinzeugbogen
	446	Steinzeugabzweige
	447	Steinzeugübergänge/-gelenke/-verschlüsse
	448	Steinzeug-Verbindungsringe
	448	PVC-U-Rohre
	450	PVC-U-Bogen
	452	PVC-U-Abzweige
	454	PVC-U-Muffen, Übergänge, Anschlüsse usw.
	455	PE-HD-Rohre
	457	PE-HD-Bogen
	457	PE-HD-Abzweige
	458	PE-HD-Übergänge, Muffen, Anschlüsse usw.
	459	Duktile Gusseisen-Rohre
	461	Duktile Gusseisen-Pass- und Formstücke
	462	Schächte
	463	Schachtabdeckungen, Klasse A 15
	464	Schachtabdeckungen, Klasse B 125
	465	Schachtabdeckungen, Klasse D 400
	467	Schachtabdeckungen, Klasse E 600
	LB 010	**Dränarbeiten**
469	STLB 010	Dränarbeiten; Standard-Leistungsbeschreibungen
477	AW 010	Dränarbeiten; Auswahlpositionen aus Standard-Leistungsbeschreibungen mit Einheitspreisen
	477	Drängräben
	477	Drängräben, Auskleiden mit Folie, Filterflies
	478	Sickerschichten, Sickerwände
	478	Sickerleitungen
	478	Dränleitungen als Sickerrohre, PVC-U
	479	Dränleitungen als Sickerrohre, Steinzeug
	479	Dränleitungen als Sickerrohre, Betonfilterrohre
	480	Dränleitungen, Anschlüsse an Kanäle und Schächte
	480	Dränleitungen, Teilsickerrohre aus PVC-U, Zulagen
	481	Dränleitungen, Vollsickerrohre aus PVC-U, Zulagen
	483	Dränleitungen, Betonfilterrohre, Zulagen
	483	Dränleitungen, Steinzeugsickerrohre, Zulagen
	484	Dränschächte, Zulagen
	484	Dränschichten
	484	Sickerschichten
	484	Filterschichten für Leitungen
	485	Filtermantel als Zulage
	LB 011	**Abscheideranlagen, Kleinkläranlagen**
487	STLB 011	Abscheideranlagen, Kleinkläranlagen; Standard-Leistungsbeschreibungen
	LB 080	**Straßenbauarbeiten, Straßen, Wege und Plätze**
509	STLB 080	Straßenbauarbeiten, Straßen, Wege und Plätze; Standard-Leistungsbeschreibungen
543	AW 080	Straßenbauarbeiten, Straßen, Wege und Plätze; Auswahlpositionen aus Standard-Leistungsbeschreibungen mit Einheitspreisen
	543	Deckschicht fräsen
	543	Bituminöse Befestigung aufbrechen und aufnehmen
	543	Betondecke aufbrechen und aufnehmen

543		Betonrandstreifen aufbrechen und aufnehmen
544		Betondecke senkrecht in voller Aufbruchtiefe trennen
544		Pflaster aufbrechen und aufnehmen
544		Plattenbelag aufbrechen und aufnehmen
544		Borde aufbrechen und aufnehmen, Bordsteine aus Beton
544		Borde aufbrechen und aufnehmen, Bordsteine aus Naturstein
544		Entwässerungsrinnen aufnehmen
544		Reinigung der Oberfläche
544		Vorhandenes Großpflaster vorbereiten
544		Vorhandenes Kleinpflaster vorbereiten
545		Frostschutzschicht einbauen
545		Frostschutzschicht liefern
545		Kiestragschicht
545		Schottertragschicht DIN 18315
545		Bituminöses Bindemittel aufsprühen
545		Tragschicht mit bituminösen Bindemitteln TVT 72
546		Bituminöse Tragdeckschicht
546		Unterlage für Fahrbahndecke aus Beton TV Beton 72
546		Betondecke DIN 18316
546		Asphaltbinder DIN 18317
546		Splittreiche Asphaltbetondeckschicht DIN 18317
547		Splittarme Asphaltbetondeckschicht TV bit 3/72
547		Gussasphaltdeckschicht DIN 18317
547		Oberflächenbehandlung DIN 18317 von bituminösen Decken
547		Bituminöse Schlemme TV bit 1/75
547		Kleinpflaster einbauen
548		Kleinpflaster liefern
548		Großpflaster einbauen
548		Großpflaster liefern
548		Mosaikpflaster einbauen
548		Mosaikpflaster liefern
548		Verbundpflaster aus Beton
549		Betonpflaster
550		Öko-Rasenpflaster aus Beton
550		Klinkerpflaster DIN 18318
550		Markierungen
550		Pflasterstreifen
551		Plattenbelag
551		Bordsteine aus Beton
552		Einfassung aus Betonfertigteilen
552		Fuge in Betondecke herstellen

	LB 085	**Rohrvortrieb**
553	STLB 085	Rohrvortriebsarbeiten; Standard-Leistungsbeschreibungen

Korrekturfaktoren für Abweichungen vom Mittelwert der Bauleistungspreise

Zum Arbeiten mit Korrekturfaktoren

Die Preisangaben sind, soweit nicht anders angegeben, Bundes-Mittelwerte nach dem Preisstand Mitte 2001.

In der Praxis bedürfen diese Mittelwerte einer Korrektur
- nach Regionaleinfluss (Bundesländer)
- nach Ortsgröße
- nach Mengeneinfluss, Serieneinfluss.

Diese Korrekturen erfolgen durch Multiplikation der Mittelwerte mit den Korrekturfaktoren.

Beim Zusammentreffen mehrerer Korrekturfaktoren sind diese zu multiplizieren,
z.B. Regionaleinfluss Bayern (Korrekturfaktor 1,09),
Ortsgröße München (Korrekturfaktor 1,11 für 1,3 Mio. EW),
Korrekturfaktor München = 1,09 x 1,11 = 1,21.

Regionaleinfluss nach Bundesländern gegenüber Bundes-Mittelwert (1,00)

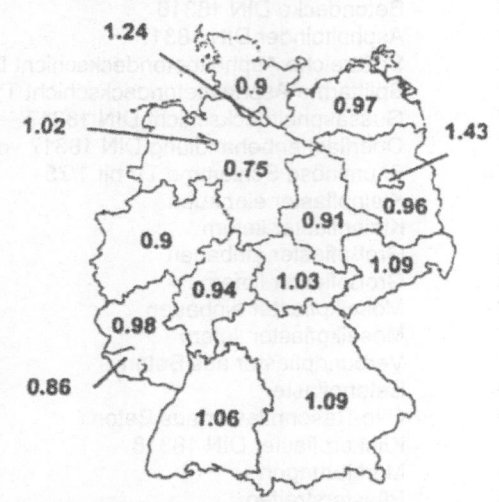

Werte auf der Karte: 1.24, 0.9, 0.97, 1.02, 0.75, 1.43, 0.96, 0.9, 0.91, 1.09, 0.94, 1.03, 0.98, 0.86, 1.06, 1.09

Hinweis: Die Länder-Querschnittswerte sind Mittelwerte aus Wohnbau, Kommunalbau und Gewerbebau (Wirtschaftsbau)

Einfluss Ortsgröße gegenüber Bundes-Mittelwert (= 1,00)
ausgenommen Berlin, Bremen, Hamburg (siehe Regionaleinfluss)

- Großstädte mit mehr als 500.000 bis 1.500.000 EW
  1,05 bis 1,12
- Städte mit mehr als 50.000 bis 500.000 EW
  0,98 bis 1,05
- Orte bis 50.000 EW
  0,92 bis 0,98

Zwischenwerte interpolieren

Einfluss Mehrwertsteuer

Sämtliche Preisangaben erfolgen **ohne Mehrwertsteuer.**

Einfluss Mengen, Mehrfachausführung

- Mindermengen, Bauleistungen
  nach Fläche bis 50 m², nach Rauminhalt bis 50 m³   1,10 bis 2,50
- Großmengen, Bauleistungen
  nach Fläche über 500 m², nach Rauminhalt über 500 m³   0,80 bis 0,95
- mehrere Ausführungen, Bauleistungen
  z.B. Taktverfahren, Mehrfachverwendung Schalung,
  Einsatz 2 bis 10 mal, 0,70 bis 0,95

Regionale Konjuktureinflüsse

Gegenüber den angegebenen Mittelpreisen können regionale **Konjunktureinflüsse** eine erhebliche Rolle spielen; die angegebenen Mittelpreise können dabei um bis zu 25 % überschritten und bis zu 10 % unterschritten werden.
Neue Bundesländer: 1,8 % (geschätzt)

LB 000 Baustelleneinrichtung
Vereinfachte Beschreibung; Detaillierte Beschreibung

STLB 000

Ausgabe 06.02

Hinweis
Nach DIN 18299 – VOB/C, Allgemeine Regelungen für Bauarbeiten jeder Art –, Abs. 4.1, sind **Baustelleneinrichtungen und Baugerüste Nebenleistungen ohne zusätzliche Vergütung und deshalb in der Regel nicht gesondert auszuschreiben.** Besondere Leistungen gegen zusätzliche Vergütung sind u.a.
- Einrichtungen zur Sicherung des öffentlichen Verkehrs und des Anlieger-Verkehrs auf der Baustelle, z.B. Bauzäune, Schutzgerüste, Beleuchtungen, Leiteinrichtungen (DIN 18299, Abs. 4.2.6);
- zusätzliche Maßnahmen für die Weiterarbeit bei Frost und Schnee (DIN 18299, Abs. 4.2.13);
- Sichern von Bäumen, Pflanzen, Leitungen, Grenzsteinen u.dgl. (DIN 18299, Abs. 4.2.15);
- Beseitigen von Bauschutt anderer Unternehmer (DIN 18299, Abs. 4.2.12).

Sofern die Baustelleneinrichtungen und Baugerüste von anderen Unternehmern mitbenutzt werden oder ausschließlich für andere Unternehmer errichtet werden, sind die entsprechenden Leistungen gesondert auszuschreiben. Im Bauleistungsvertrag sind entsprechende Regelungen eindeutig vorzuschreiben, z.B. in den ZV (= Zusätzliche Vertragsbedingungen) oder in den ZTV (= Zusätzliche Technische Vertragsbedingungen).

Sofern Baustelleneinrichtungen und Baugerüste in Abweichung von der VOB/C-Regelung (DIN 18299, siehe oben) gesondert (= zusätzlich) vergütet werden, verringern sich i.d.R. die Einheitspreise. Als Orientierungswert wird angegeben, dass die Baustelleneinrichtungen und Baugerüste – je nach Art der Baumaßnahme und des Baukörpers – 1,5 bis 3 % der Baukosten betragen.

Hinweis: Zur Vergütung der Baustelleneinrichtung siehe vorstehenden Hinweis.

001 **Einrichten der Baustelle**
002 **Vorhalten der Baustelleneinrichtung**
003 **Räumen der Baustelle**
004 **Einrichten und Räumen der Baustelle**
005 **Einrichten und Räumen der Baustelle, Vorhalten der Baustelleneinrichtung**
Einzelangaben zu Pos. 001 bis 005
- betroffene Leistungen
-- für sämtliche in der Leistungsbeschreibung aufgeführten Leistungen,
--- ausgenommen ist die Baustelleneinrichtung für ....,
-- für ....,
- Gerüste
-- Gerüste mit mehr als 2 m Arbeitsbühnenhöhe über Fußboden oder Gelände werden gesondert vergütet,
-- Gerüste mit mehr als 2 m Arbeitsbühnenhöhe über Fußboden oder Gelände werden bauseits gestellt,
-- Gerüste ....,
- Berechnungseinheit pauschal

030 **Einrichten der Baustelle,**
031 **Vorhalten der Baustelleneinrichtung,**
Einzelangaben zu Pos. 030, 031
- Freimachen des Geländes
-- Freimachen der erforderlichen Geländeflächen,
-- Freimachen der erforderlichen Geländeflächen ....,
- Baustraßen, Lager- und Arbeitsplätze
-- Herstellen erforderlicher Baustraßen,
-- Herstellen erforderlicher Lager- und Arbeitsplätze,
-- Herstellen erforderlicher Baustraßen, Lager- und Arbeitsplätze,
- Lageplan, Flächen
-- die Flächen sind ausgewiesen im Lageplan Nr. ....,
--- Größe der Flächen in m² ...., zusätzliche Flächen sind anzumieten.
- Baustelleneinrichtungsplan
-- vom AN ist innerhalb von 14 Kalendertagen nach Auftragserteilung ein Baustelleneinrichtungsplan vorzulegen,
-- vom AN ist bis .... ein Baustelleneinrichtungsplan vorzulegen,
- Berechnungseinheit pauschal

032 **Räumen der Baustelle,**
Einzelangaben
- Geländeflächen
-- die Geländeflächen, auf denen sich Baustelleneinrichtungen befunden haben,
--- sind einzuebnen,
--- sind dem früheren Zustand entsprechend wiederherzustellen,
--- sind ....,
- Befestigungen von Flächen
-- Baustraßen,
-- Befestigungen der Lager- und Arbeitsplätze,
-- Baustraßen und Befestigungen der Lager- und Arbeitsplätze,
--- sind zu beseitigen,
--- können verbleiben,
--- können verbleiben ab ....,
--- verbleiben für folgende Flächen ....,
- Einbauten
-- im Baugrund befindliche Teile der Baustelleneinrichtung (z. B. Fundamente, Pfähle, Leitungen, Kanäle),
--- sind zu beseitigen,
--- können verbleiben,
--- können verbleiben ab ....,
--- werden im folgenden Umfang übernommen ....,
--- werden übernommen,
- Berechnungseinheit pauschal

STLB 000

Ausgabe 06.02

LB 000 Baustelleneinrichtung
Behelfsbauten

- 060 **Baracke, doppelwandig,**
- 061 **Baracke, einwandig,**
- 062 **Halle,**
- 063 **Bauwagen mit festem Fahrgestell,**
- 064 **Bauwagen, vom Fahrgestell absetzbar,**
- 065 **Wasch- und Toilettenwagen,**
- 066 **Container,**
- 067 **Container, stapelbar,**
- 068 **Container, koppelbar,**
- 069 **Container, stapel- und koppelbar,**
- 070 **Vielzweckkabine,**
- 071 **Räumlichkeit innerhalb der Baustelleneinrichtung des AN,**
- 072 **Behelfsbau .... ,**
  - **Einzelangaben** zu Pos. 060 bis 072
    - Einsatzbereich
      - – für Unterkunft,
      - – für Büro,
      - – für Magazin/Lagerung,
      - – für Werkstatt,
      - – für Waschraum,
      - – für Toilettenraum,
      - – für Wasch- und Toilettenraum,
      - – für Kantine,
      - – für Sanitätsraum,
      - – für .... ,
        - – – – zur Nutzung durch den AG,
        - – – – zur Nutzung durch andere Unternehmer,
        - – – – zur Nutzung .... ,
    - Grundfläche, Nutzfläche, Abmessungen
      - – Grundfläche in m² .... ,
      - – Nutzfläche in m² .... ,
      - – Grundfläche in m² .... , Nutzfläche in m² .... ,
      - – Container, Breite 2,50 m, Länge in m .... ,
      - – Container, Maße B/L in m .... ,
      - – Bauwagen, Breite 2,25 m, Länge in m .... ,
      - – Bauwagen, Breite 2,45 m, Länge in m .... ,
      - – Bauwagen, Maße B/L in m .... ,
      - – .... ,
    - Standplatz
      - – Standplatz herrichten, vorhalten und nach Abschluss der Vorhaltezeit wieder beseitigen,
    - Ver- und Entsorgungsanschlüsse
      - – Ver- und Entsorgungsanschlüsse (Wasser, Abwasser, Strom und Telefon) vorgenannter Baulichkeiten innerhalb der Baustelleneinrichtung herstellen, anschließen und nach Abschluss der Vorhaltezeit wieder beseitigen. Warten und Betreiben werden gesondert vergütet.
        - – – – zusätzlicher Anschluss an die Ölversorgung,
        - – – – zusätzlicher Anschluss an die Gasversorgung,
        - – – – zusätzlicher Anschluss für elektrische Beheizung,
        - – – – zusätzlicher Anschluss an eine Zentralheizung,
        - – – – .... ,
    - Sanitäre Ausstattung
      - – sanitäre Ausstattung mit Kaltwasser,
      - – sanitäre Ausstattung mit Kalt- und Warmwasser,
        - – – – für 1 Toilette mit Handwaschtisch,
        - – – – für 2 Toiletten mit Handwaschtisch, für Damen und Herren getrennt,
          - – – – – sowie 1 Urinal,
          - – – – – sowie 1 Dusche,
          - – – – – sowie 1 Dusche und 1 Urinal,
          - – – – – sowie 2 Duschen und 1 Urinal,
          - – – – – sowie .... ,
        - – – – für .... , bestehend aus .... ,
          - – – – – Wasserversorgung für 1 Entnahmestelle innen,
          - – – – – Wasserversorgung für 1 Entnahmestelle außen,
          - – – – – Wasserversorgung für je 1 Entnahmestelle innen und außen,
    - Fläche für Räume
      - – Platzbedarf für Büroraum für 1 Arbeitsplatz,
      - – Platzbedarf für Büroraum für 2 Arbeitsplätze,
      - – Platzbedarf für Büroraum für .... ,
      - – Platzbedarf für Besprechungsraum,
      - – Platzbedarf für Geräteraum,
      - – Platzbedarf für Laborraum,
      - – Platzbedarf für Abstellraum,
      - – Platzbedarf für Lagerraum .... ,
      - – Platzbedarf für zusätzlichen Raum .... ,
        - – – – Fläche bis 10 m²,
        - – – – Fläche über 10 bis 20 m²,
        - – – – Fläche über 20 bis 30 m²,
        - – – – Fläche über 30 bis 40 m²,
        - – – – Fläche in m² .... ,
    - Einrichtung und Ausstattung
      - – eingerichtet mit Tisch 0,8 m x 1,6 m, Anzahl 1,
      - – eingerichtet mit Tisch 0,8 m x 1,6 m, Anzahl 2,
      - – eingerichtet mit Tisch 0,8 m x 1,6 m, Anzahl 3,
      - – eingerichtet mit Tisch 0,8 m x 1,6 m, Anzahl 4,
      - – eingerichtet mit Tisch 0,8 m x 1,6 m, Anzahl .... ,
      - – eingerichtet mit Tisch Maße in m .... , Anzahl
        - – – – Stühle je Tisch, Anzahl 2,
        - – – – Stühle je Tisch, Anzahl 3,
        - – – – Stühle je Tisch, Anzahl 4,
        - – – – Stühle je Tisch, Anzahl 5,
        - – – – Stühle, Anzahl .... ,
        - – – – – mit Aktenkleiderschrank, Anzahl 1,
        - – – – – mit Aktenkleiderschrank, Anzahl 2,
        - – – – – mit Aktenkleiderschrank, Anzahl .... ,
          - – – – – – mit Regalwand, Länge 2 m,
          - – – – – – mit Regalwand, Länge 3 m,
          - – – – – – mit Regalwand, Länge in m .... ,
          - – – – – – mit .... ,
          - – – – – – weitere Ausstattung .... ,
    - Leistungsumfang
      - – aufstellen,
      - – beseitigen,
      - – aufstellen und beseitigen,
      - – aufstellen, für die Dauer der vertraglichen Ausführungsfrist vorhalten und beseitigen,
      - – umsetzen nach besonderer Anordnung des AG während der Ausführungszeit der vertraglichen Leistungen des AN,
      - – ....,
        - – – – einschl. Betrieb und Bedienung,
          - – – – – der Heizung,
          - – – – – der Ver- und Entsorgungsanlagen,
          - – – – – der Heizung, Ver- und Entsorgungsanlagen,
          - – – – – der .... ,
        - – – – einschl. Reinigung,
        - – – – einschl. Reinigung nach besonderer Anordnung des AG,
    - Berechnungseinheit
      - – Stück
      - – Abrechnung nach Stück x Vorhaltedauer in Monaten – Wochen – Tagen
      Hinweis: nur bei Vorhalten

LB 000 Baustelleneinrichtung
Ver- und Entsorgungsanschlüsse der Baustelle

STLB 000

Ausgabe 06.02

150 Versorgungsanschluss der Baustelle für Baustrom,
151 Versorgungsanschluss der Baustelle für Wasser,
152 Versorgungsanschluss der Baustelle für Telefon/Telefax,
153 Versorgungsanschluss der Baustelle für Druckluft,
154 Versorgungsanschluss der Baustelle für Gas,
155 Versorgungsanschluss der Baustelle für .... ,
156 Entsorgungsanschluss der Baustelle für die Entwässerung,
157 Entsorgungsanschluss der Baustelle für .... ,
Einzelangaben zu Pos. 150 bis 157
- Verfügbarkeit
  - – ist auf der Baustelle vorhanden,
  - – ist im Gebäude vorhanden,
  - – ist in jedem Geschoss vorhanden,
  - – ist .... ,
- Berechnungsart
  - – die Kosten für den Verbrauch trägt der AG,
  - – die Kosten für den Verbrauch trägt der AN,
  - – die Kosten für den Verbrauch werden auf die im Bau beteiligten AN umgelegt, Art der Umlage ......, die entstehenden Kosten werden vom AG verrrechnet,
  - – die Kosten für die Herstellung und den Verbrauch werden auf die am Bau beteiligten AN umgelegt, Art der Umlage .... , die entstehenden Kosten werden vom AG verrrechnet,

Hinweis: Weitere Einzelheiten über Herstellen von Leitungen siehe Pos. 160 bis 190.

160 Anschlussleitung zwischen dem Netz der öffentlichen Ver- und Entsorgungsträger und der Übergabestelle auf der Baustelle bzw. dem Baugrundstück
Einzelangaben
- Medium
  - – für Baustrom, elektrische Anschlussleistung in kVA .... ,
  - – für Baustrom, Anschluss 400 V AC, 50 Hz,
  - – für Wasser,
  - – für Telefon/Telefax,
  - – für Druckluft,
  - – für Gas,
  - – für die Entwässerung,
  - – für .... ,
- Länge in m ....
- Nennweite, Querschnitt
  - – Nennweite in mm .... ,
  - – Nennweite DN .... ,
  - – Querschnitt in mm² .... ,
- Ausführung
  - – nach Anweisung der öffentlichen Ver- und Entsorgungsbetriebe,
  - – nach .... ,
    - – – Ausführung .... , gemäß Zeichnung Nr. ...., Einzelbeschreibung Nr. .... ,
- Leistungsumfang
  - – herstellen – beseitigen – herstellen und beseitigen,
  Hinweis: Vorhalten und Instandhalten siehe Pos. 990, 991.
  Erdarbeiten siehe LB 002 Erdarbeiten,
  Arbeiten an befestigten Flächen siehe LB 080 Straßen, Wege, Plätze.
- Berechnungseinheit m

170 Traggerüst für die Leitungsführung,
Einzelangaben
- Art der Leitung
  - – der Elektroverteilung,
  - – des Anschlusses von Telefon/Telefax,
  - – .... ,
- Werkstoff für das Traggerüst
  - – aus Holz – aus Stahl – aus .... ,
- Maße in mm .... ,
- Ausführung gemäß Zeichnung Nr........ , Einzelbeschreibung Nr. .... ,
- Leistungsumfang
  - – herstellen,
  - – beseitigen,
  - – herstellen und beseitigen,
  Hinweis: Vorhalten und Instandhalten siehe Pos. 990, 991, Erdarbeiten siehe LB 002 Erdarbeiten
- Berechnungseinheit Stück

171 Anschlussschrank, abschließbar,
172 Verteilerschrank, abschließbar,
173 Unterverteiler, abschließbar,
174 Großgeräteverteiler,
175 Anschlussverteilerschrank, abschließbar,
176 Gruppenverteilerschrank, abschließbar,
177 Steckdosenverteiler, abschließbar,
Einzelangaben zu Pos. 171 bis 177
- Verwendungsbereich
  - – zum Einbau in die Elektroverteilung der Baustelle, Anschlusssicherung in A .... , (Sofern nicht vorgeschrieben, vom Bieter einzutragen),
- Zusatzgeräte ....
- Ausführung gemäß Zeichnung Nr....... , Einzelbeschreibung Nr. .... ,
- Leistungsumfang
  - – herstellen,
  - – beseitigen,
  - – herstellen und beseitigen,
  Hinweis: Vorhalten und Instandhalten siehe Pos. 990, 991,
- Berechnungseinheit Stück

178 Reinigungsrohr für die Abwasserleitung,
Einzelangaben
- Nenndurchmesser
  - – DN 200,
  - – DN 250,
  - – DN .... ,
- Einbauort
  - – in einem Reinigungsschacht zwischen der öffentlichen Entsorgungsleitung und der Entsorgungsleitung auf dem Baugrundstück,
  - – .... ,
- Ausführung
  - – nach Anweisung der öffentlichen Ver- und Entsorgungsträger,
  - – nach Anweisung .... ,
- Leistungsumfang
  - – herstellen,
  - – beseitigen,
  - – herstellen und beseitigen,
  Hinweis: Vorhalten und Instandhalten siehe Pos. 990, 991.
  Erdarbeiten siehe LB 002 Erdarbeiten.
  Arbeiten an befestigten Flächen siehe LB 080 Straßen, Wege, Plätze.
- Berechnungseinheit Stück

179 Schacht,
Einzelangaben
- Verwendungszweck
  - – für Wasseranschluss,
  - – für Gasanschluss,
  - – für Entwässerungsanschluss,
  - – für .... ,
- Bauart, Ausführung
  - – aus Betonfertigteilen,
  - – aus .... ,
    - – – mit Steigeisen,
      - – – – einschl. Sohle aus Beton B 25, Dicke in cm .... ,
        - – – – – einschl. Schachtabdeckung .... ,
          - – – – – – Ausführung gemäß Zeichnung Nr....... , Einzelbeschreibung Nr. .... ,
- Maße in m ....
- Leistungsumfang
  - – herstellen,
  - – beseitigen,
  - – herstellen und beseitigen,
  Hinweis: Vorhalten und Instandhalten siehe Pos. 990, 991.
  Erdarbeiten siehe LB 002 Erdarbeiten,
- Berechnungseinheit Stück

STLB 000

Ausgabe 06.02

LB 000 Baustelleneinrichtung
Ver- und Entsorgungsanschlüsse der Baustelle

180 Anschluss der Verteilungsleitungen der Baustelle,
Einzelangaben
- Art der Verteilungsleitungen und des Anschlusses
  - – an die Elektroverteilung,
  - – an den Wassermesser, Nennweite in mm ....,
    Nenndurchfluss in m³/h ....,
    - – – im Gebäude angeordnet,
    - – – in einem Zählerschacht angeordnet,
    - – – .... ,
      - – – – mit Verteilung und Absperreinrichtungen,
      - – – – mit Druckerhöhungsanlage, Leistung in bar ....,
        Inhalt in Liter ....,
      - – – – mit Druckerhöhungsanlage, Leistung in bar ....,
        Inhalt in Liter ...., sowie Verteilung und Absperreinrichtung,
  - – – an das Telefon- und Telefaxnetz,
  - – – an ein bestehendes Druckluftnetz, Ausführung ....,
    Nennweite in mm ...., Nenndruck in bar ....,
  - – – für Gas, Anschluss an einen Gasmesser,
    Nennweite in mm ....,
    Nenndurchfluss in m³/h ....,
  - – – für Gas, Anschluss an einen Gasmesser,
    Nennweite in mm ....,
    Nenndurchfluss in m³/h ...., eingebaut in ....,
    mit Verteilung und Absperreinrichtungen,
  - – – an das Reinigungsrohr der Entwässerung, DN ....,
  - – – an das Reinigungsrohr der Entwässerung, ...,
    im Schacht,
  - – – .... ,
- gemäß Lageplan Nr. ....,
- Leistungsumfang
  - – – herstellen,
  - – – beseitigen,
  - – – herstellen und beseitigen,
  Hinweis: Vorhalten und Instandhalten siehe Pos. 990, 991.
- Berechnungseinheit Stück

185 Anschlussleitung auf der Baustelle,
Einzelangaben
- Art der Anschlussleitung
  - – – für die Versorgung,
  - – – für die Entsorgung,
    - – – – der Baulichkeiten der Baustelle ....,
    - – – – der sanitären Einrichtungen der Baracken,
    - – – – der sanitären Einrichtungen der Container,
    - – – – der sanitären Einrichtungen der Wasch- und Toilettenwagen,
    - – – – der sanitären Einrichtungen des Behelfsbaus,
    - – – .... ,
- Medium
  - – – mit Baustrom,
  - – – mit Wasser,
  - – – mit Telefon,
  - – – mit Telefax,
  - – – mit Telefon und Telefax,
  - – – mit Druckluft,
  - – – mit Gas,
  - – – mit .... ,
  - – – von Abwasser,
- Werkstoff der Leitung
  - – – Anschlussleitung aus flexiblem Schlauch, Werkstoff ....,
  - – – Anschlussleitung aus Steinzeugrohr,
  - – – Anschlussleitung aus Betonrohr,
  - – – Anschlussleitung aus Kunststoffrohr, Werkstoff ....,
  - – – Anschlussleitung ....,
- Maße
  - – – Länge in m ....
    - – – – Nennweite DN ....,
    - – – – Querschnitt in mm² ....,
    - – – – Durchmesser in mm ....

- Ausführung gemäß Zeichnung Nr. .... ,
  Einzelbeschreibung Nr. .... ,
- Leistungsumfang
  - – – herstellen,
  - – – beseitigen,
  - – – herstellen und beseitigen,
  Hinweis: Vorhalten und Instandhalten siehe Pos. 990, 991.
  Erdarbeiten siehe LB 002 Erdarbeiten.
- Berechnungseinheit Stück

186 Behälter zur Aufnahme der Fäkalien, einschl.
Anschluss an die sanitären Anlagen sowie
Entsorgungsanschluss, Entsorgung wird gesondert
vergütet,
Einzelangaben
- Behälterinhalt
  - – – Behälterinhalt 1000 l,
  - – – Behälterinhalt 2000 l,
  - – – Behälterinhalt in Liter .... ,
- Leistungsumfang
  - – – einrichten,
  - – – räumen,
  - – – einrichten und räumen,
  Hinweis: Vorhalten, Bereitstellen und Instandhalten siehe Pos. 990, 991.
- Berechnungseinheit Stück

187 Überdachter Lagerplatz für Öle, Fette und Betriebs-
stoffe mit ölfester Abdichtung gegen den Boden als
Auffangwanne, Entsorgung wird gesondert vergütet,

188 Lagerplatz für die Sortierung und getrennte Lagerung
von Baustellenabfällen
Einzelangaben zu Pos. 187, 188
- Art der Abfallstoffe ....
- Sicherung
  - – – gesichert durch Bauzaun,
  - – – abschließbar,
  - – – gesichert durch Bauzaun, abschließbar,
  - – – Ausführung .... ,
- Bodenbefestigung .... , Abdichtung .... ,
- Größe
  - – – Maße L/B in m .... ,
  - – – Anzahl der Containerstellplätze .... ,
  - – – .... ,
- Leistungsumfang
  - – – einrichten,
  - – – räumen,
  - – – einrichten und räumen,
  Hinweis: Vorhalten, Bereitstellen und Instandhalten siehe Pos. 990, 991.
- Berechnungseinheit Stück

190 Chemo-Toilette
Einzelangaben
- Leistungsumfang
  - – – aufstellen,
  - – – räumen,
  - – – aufstellen und räumen,
  Hinweis: Warten, Vorhalten und Instandhalten siehe Pos. 990, 991
- Berechnungseinheit Stück

LB 000 Baustelleneinrichtung
Bauzäune; Schilder

STLB 000

Ausgabe 06.02

200 Bauzaun,
201 Schutzzaun,
202 Schutzzaun, versetzbar,
Einzelangaben zu Pos. 200 bis 202
- Untergrund
  - – auf unbefestigtem Untergrund,
  - – auf befestigtem Untergrund,
  - – auf befestigtem Untergrund, jedoch ohne Befestigung im Untergrund,
  - – auf Brücken,
  - – auf Brücken und Baugrubenabdeckungen,
  - – auf Baugrubenabdeckungen,
  - – .... ,
- Ausführung
  - – Ausführung als Absperrung nach Wahl des AN,
  - – Ausführung als Absperrung mit Sichtblende nach Wahl des AN,
  - – Ausführung als halbgeschlossener Zaun, untere Hälfte aus Brettern, einseitig gehobelt, obere Hälfte aus Maschendraht, kunststoffbeschichtet,
  - – Ausführung als geschlossener Zaun aus Brettern, rau,
  - – Ausführung als geschlossener Zaun aus Brettern, einseitig gehobelt,
  - – Ausführung mit Bewehrungsmatten auf Holzrahmen,
  - – Ausführung aus Einzelelementen mit verzinktem Stahlrohrrahmen und Vergitterung, mit Standfüßen,
  - – Ausführung .... ,
- Zaunhöhe
  - – Zaunoberkante über Oberfläche Gelände 1,75 m,
  - – Zaunoberkante über Oberfläche Gelände 2,00 m,
  - – Zaunoberkante über Oberfläche Gelände 2,50 m,
  - – Zaunoberkante über Oberfläche Gelände 3,00 m,
  - – Zaunoberkante über Oberfläche Gelände in m ...... ,
- Türen, Tore
  - – einschl. Türen und Tore,
  - – Türen und Tore werden gesondert vergütet,
- Leistungsumfang
  - – einrichten,
  - – räumen,
  - – einrichten und räumen,
  - – umsetzen nach besonderer Anordnung des AG,
  - – abbauen und auf der Baustelle lagern,
  Hinweis: Vorhalten und Instandhalten siehe Pos. 990, 991
- Berechnungseinheit m

203 Tür,
204 Tür, abschließbar,
205 Tor,
206 Tor, abschließbar,
207 Tor, mit eingebauter Tür,
208 Tor, mit eingebauter Tür, abschließbar,
Einzelangaben zu Pos. 203 bis 208
- Lage/Einbauort
  - – im Bauzaun,
  - – im Bauzaun, Ausführung entsprechend Bauzaun,
  - – in behelfsmäßiger Schutzvorrichtung,
  - – in Fertigteilzaun,
  - – in .... ,
- Breite
  - – lichte Öffnungsbreite bis 1 m,
  - – lichte Öffnungsbreite von 1,0 bis 1,5 m,
  - – lichte Öffnungsbreite von 1,5 bis 2,0 m,
  - – lichte Öffnungsbreite von 2,0 bis 3,0 m,
  - – lichte Öffnungsbreite von 3,0 bis 4,0 m,
  - – lichte Öffnungsbreite in m .... ,
- Höhe
  - – Oberkante über Oberfläche Gelände 1,75 m,
  - – Oberkante über Oberfläche Gelände 2,00 m,
  - – Oberkante über Oberfläche Gelände 2,50 m,
  - – Oberkante über Oberfläche Gelände 3,00 m,
  - – Oberkante über Oberfläche Gelände in m .... ,
- Ausführung
  - – Ausführung entsprechend Bauzaun,
  - – Ausführung entsprechend Schutzwand,
  - – Ausführung nach Wahl des AN,
  - – Ausführung .... ,
    - – – mit Feststeller,
- Leistungsumfang
  - – einbauen,
  - – räumen,
  - – einbauen und räumen,
  - – umsetzen nach besonderer Anordnung des AG.
  Hinweis: Vorhalten und Instandhalten siehe Pos. 990, 991
- Berechnungseinheit Stück

210 Behelfsmäßige Stahltür mit verschiebbarer Einbauzarge,
Einzelangaben
- Rohbauöffnungsmaß B/H in m .... ,
- Leistungsumfang
  - – einbauen,
  - – räumen,
  - – einbauen und räumen,
  - – umsetzen nach besonderer Anordnung des AG.
  Hinweis: Vorhalten und Instandhalten siehe Pos. 990, 991
- Berechnungseinheit Stück

211 Bauschild,
Einzelangaben
- Bauart, Tragkonstruktion
  - – mit Tragkonstrukion aus Holz,
  - – mit Tragkonstrukion aus verzinktem Stahlrohr,
  - – mit Tragkonstruktion .... ,
- Höhe
  - – Höhe über Oberfläche Gelände 3,0 m,
  - – Höhe über Oberfläche Gelände 3,5 m,
  - – Höhe über Oberfläche Gelände 4,0 m,
  - – Höhe über Oberfläche Gelände 4,5 m,
  - – Höhe über Oberfläche Gelände in m .... ,
- Maße B/H in m ....
- Werkstoff
  - – aus Holz,
  - – aus Mehrschichtholzplatte,
  - – aus Mehrschichtholzplatte, wetterfest,
  - – aus Aluminium, eloxiert,
  - – aus .... ,
    - – – Bauschild wetterfest beschichtet mit folgender Beschriftung .... ,
- Einbau
  - – einschl. standsicherem Einbau in den Boden,
  - – einschl. Fundamente aus Beton sowie der Erdarbeiten,
  - – einschl. Sicherung durch Ballastgewicht,
  - – einschl. .... ,
- Ausführung/Bereitstellung
  - – Ausführung gemäß Zeichnung Nr........ , Einzelbeschreibung Nr. .... ,
  - – Bauschild vom AG beigestellt, Bereitstellungsort .... , Zeitpunkt der Übergabe .... ,
- Leistungsumfang
  - – aufstellen,
  - – beseitigen,
  - – aufstellen und beseitigen,
  - – abbauen und auf der Baustelle lagern,
  Hinweis: Vorhalten und Instandhalten siehe Pos. 990, 991.
- Berechnungseinheit Stück

212 Namensleiste,
Einzelangaben
- Werkstoff
  - – aus Aluminium,
  - – aus Holz,
  - – aus Holz, wetterfest beschichtet,
  - – aus .... ,
- Maße B/H in cm ....
- Beschriftung/Bereitstellung
  - – mit folgender Beschriftung .... ,
  - – vom AG beigestellt, Bereitstellungsort, Zeitpunkt der Übergabe .... ,
- Leistungsumfang
  - – montieren,
  - – abbauen und auf der Baustelle lagern,
- Berechnungseinheit Stück

STLB 000

Ausgabe 06.02

LB 000 Baustelleneinrichtung
Fußwege; Schutzgeländer; Schranken

220 Behelfsmäßiger Fußweg,
**230 Fußgängerumleitung einschl. Begrenzungs-
markierungen,**
Einzelangaben zu Pos. 220, 230
- Konstruktion, Werkstoff
  - – als Holzkonstruktion,
  - – als verzinkte Stahlkonstruktion,
  - – als Aluminiumkonstruktion,
  - – als .... ,
    - – – Belag Holz – Beton – verzinkter Stahl – Asphaltbeton – Aluminium – Belag .... ,
- Seitenschutz, Geländer, Schutzdach
  - – Seitenschutz einseitig mit gehobeltem Handlauf,
  - – Seitenschutz beidseitig mit gehobelten Handläufen,
  - – Seitenschutz einseitig mit gehobeltem Handlauf und Schrammbord,
  - – Seitenschutz beidseitig mit gehobelten Handläufen und Schrammborden,
  - – Seitenschutz .... ,
    - – – einschl. Verschalung,
    - – – einschl. Staub– und Regenschutz,
    - – – einschl. Verschalung, Staub– und Regenschutz,
    - – – einschl. .... ,
      - – – – mit Schutzwand auf einer Seite,
      - – – – mit Schutzwand auf beiden Seiten,
      - – – – mit Schutzwand auf einer Seite und Schutzdach,
      - – – – mit Schutzwand auf beiden Seiten und Schutzdach,
      - – – – mit Schutzdach,
      - – – – mit .... ,
- Maße
  - – Nutzbreite 1,0 m – 1,5 m – 2,0 m – in m .... ,
    - – – Durchgangshöhe 2,25 m – 2,50 m – 3,00 m – in m .... ,
- Ausführung gemäß Zeichnung Nr. .... , Einzelbeschreibung Nr. .... ,
- Leistungsumfang
  - – einrichten,
  - – räumen,
  - – einrichten und räumen,
  - – umsetzen nach besonderer Anordnung des AG,
  - – abbauen und gesammelt auf der Baustelle lagern,
  Hinweis: Vorhalten und Instandhalten siehe Pos. 990, 991
- Berechnungseinheit m

240 Schutzgeländer,
Einzelangaben
- Konstruktion, Werkstoff
  - – aus Holz, gehobelt – aus verzinktem Stahl – aus Aluminium – aus .... ,
    - – – Ausfachung mit Brettern, senkrecht,
    - – – Ausfachung .... ,
- Höhe in m ....
- Schrammbord
  - – einschl. Schrammbord,
  - – einschl. Schrammbord .... ,
    - – – Beschichtung rot–weiß gestreift,
    - – – Beschichtung .... ,
      - – – – Schrammbordhöhe 15 cm,
      - – – – Schrammbordhöhe 20 cm,
      - – – – Schrammbordhöhe in cm .... ,
- Untergrund
  - – auf unbefestigtem Untergrund,
  - – auf befestigtem Untergrund,
  - – auf Brücken,
  - – auf Brücken und Baugrubenabdeckungen,
  - – auf Baugrubenabdeckungen,
  - – auf .... ,
- Ausführung gemäß Zeichnung Nr. .... , Einzelbeschreibung Nr. .... ,
- Leistungsumfang
  - – einrichten,
  - – räumen,
  - – einrichten und räumen,
  - – umsetzen nach besonderer Anordnung des AG,
  - – abbauen und gesammelt auf der Baustelle lagern,
  Hinweis: Vorhalten und Instandhalten siehe Pos. 990, 991
- Berechnungseinheit m

241 Schranke,
Einzelangaben
- Verwendungsbereich
  - – für Baustellenzufahrt,
  - – für .... ,
- Durchfahrtsbreite
  - – Durchfahrtsbreite 3 m,
  - – Durchfahrtsbreite 4 m,
  - – Durchfahrtsbreite 7 m,
  - – Durchfahrtsbreite in m .... ,
- Ausführung
  - – Ausführung nach Wahl des AN,
  - – Ausführung in Holz,
  - – Ausführung in Stahl,
  - – Ausführung gemäß Zeichnung Nr. .... , Einzelbeschreibung Nr. .... ,
- Leistungsumfang
  - – einrichten,
  - – räumen,
  - – einrichten und räumen,
  - – umsetzen nach besonderer Anordnung des AG,
  - – abbauen und auf der Baustelle lagern,
    - – – Bedienung wird gesondert vergütet,
  Hinweis: Vorhalten und Instandhalten siehe Pos. 990, 991
- Berechnungseinheit Stück

242 Bedienung der Schranke,
Einzelangaben
- Bedienungsart
  - – von Montag bis Freitag,
  - – von Montag bis Sonnabend,
  - – an allen Sonn– und Feiertagen,
  - – an allen Tagen,
  - – an .... ,
    - – – in der Zeit von 5 bis 20 Uhr,
    - – – in der Zeit von 6 bis 22 Uhr,
    - – – in der Zeit von 20 bis 5 Uhr,
    - – – in der Zeit von 22 bis 6 Uhr,
    - – – in der Zeit von 0 bis 24 Uhr,
    - – – in der Zeit von .... ,
- Berechnungseinheit Stunden (h) / Tage (d) / Wochen (Wo) / Monate (Mt)

LB 000 Baustelleneinrichtung
Schutzvorrichtungen

STLB 000

Ausgabe 06.02

243 Schutzvorrichtung,
244 Schutzvorrichtung einschl. Unterkonstruktion,
245 Schutzvorrichtung einschl. Tragkonstruktion, Unterkonstruktion und Aussteifung
   Einzelangaben zu Pos. 243 bis 245
   - Art der Schutzvorrichtung, Ausführung
      - – als Sichtschutz,
      - – als Witterungsschutz,
      - – als Staubschutz,
      - – als Abdeckung,
      - – als Bekleidung,
      - – als Wand,
      - – als .... ,
         - – – Bespannung mit Kunststofffolie, Dicke in mm .... ,
         - – – Bespannung mit Kunststofffolie, für Unterdruckarbeiten vorgesehen, Dicke in mm .... ,
         - – – Bespannung mit Zeltplane,
         - – – Bespannung mit Netzen,
         - – – Bespannung lichtdurchlässig, nach Wahl des AN,
         - – – Bekleidung mit Brettern,
         - – – Bekleidung mit Hartfaser– oder Spanplatten,
         - – – Bekleidung stoßfest, nach Wahl des AN,
         - – – Ausführung .... ,
      - – als Absperrung in 2 m Entfernung von der Absturzkante,
         - – – mit einem Geländerholm – mit Seilen – mit Ketten – mit .... ,
      - – als Seitenschutz DIN 4420-1
         - – – mit Geländer–, Zwischenholm und Bordbrett,
         - – – mit .... ,
      - – mit Auffangnetz als Absturzsicherung,
   - Abmessungen
      - – Einzelbreite bis 1 m – über 1 bis 2 m – über 2 bis 3 m – über 3 bis 4 m – in m .... ,
         - – – Einzelhöhe/–länge bis 1 m – über 1 bis 2 m – über 2 bis 3 m – über 3 bis 4 m – in m .... ,
      - – Bauwerksaußenmaße in m .... ,
      - – Gerüstaußenmaße in m .... ,
      - – Einzelgröße in m .... ,
   - Anordnung/Zweck der Schutzvorrichtung
      - – an Fensteröffnungen,
      - – an Türöffnungen,
      - – an Toröffnungen,
      - – an Wandöffnungen,
      - – an Decken– und Bodenöffnungen,
      - – an Bodenvertiefungen,
      - – an Öffnungen in Dachflächen,
      - – an nicht durchtrittsicheren Lichtkuppeln,
      - – an Bauwerksöffnungen,
      - – an Wandflächen,
      - – an Wandflächen, geschossweise,
      - – an Bauwerksaußenflächen,
      - – an Absturzkanten,
      - – an vorhandenen Gerüsten,
      - – im Bauwerk,
      - – im Gelände,
      - – an Schächten,
      - – an Rohrleitungen,
      - – an Kabeln und Leitungen,
      - – für im Freien lagernde Baustoffe,
      - – für im Freien lagernde Bauteile,
      - – für zwischengelagerten Boden,
      - – .... ,
   - Leistungsumfang
      - – einrichten,
      - – räumen,
      - – einrichten und räumen,
      - – umsetzen nach besonderer Anordnung des AG,
      - – abbauen und auf der Baustelle lagern,
   Hinweis: Vorhalten und Instandhalten siehe Pos. 990, 991
   - Berechnungseinheit
      St
      St Einzelgröße bis 1 m²
      m²
      m² Abrechnung nach bespannter Fläche
      m² Abrechnung nach bekleideter Fläche
      m² Abrechnung nach Rohbaurichtmaß
      m

270 Schutzzaun für Vegetationsflächen,
271 Schutzzaun für Bodenlager,
272 Schutzzaun für .... ,
273 Schutz gegen mechanische Schäden für Bäume,
274 Schutz gegen mechanische Schäden für Großgehölze,
275 Schutz gegen mechanische Schäden für Großgehölze und Bäume,
   Einzelangaben zu Pos. 270 bis 275
   - Abstände, Schutzbereich
      - – seitlicher Abstand 1,5 m,
         Hinweis: zu Pos. 270 bis 272
      - – im Wurzelbereich unter der Krone zuzüglich 1,5 m, bei Säulenform der Krone zuzüglich 5 m nach allen Seiten,
         Hinweis: zu Pos. 273 bis 275
   - Ausführungsart
      - – Ausführung aus Einzelelementen mit verzinktem Stahlrohrrahmen und Vergitterung sowie Fußplattenständer,
      - – Ausführung aus Holzpfosten, Durchmesser 6 bis 8 cm, Länge 250 cm,
      - – Ausführung aus Holzpfosten, Durchmesser 6 bis 8 cm, Länge 300 cm,
      - – Ausführung aus Holzpfosten, Durchmesser 8 bis 10 cm, Länge 300 cm,
      - – Ausführung .... ,
         - – – Viereckdrahtgeflecht 50 x 2,5 x 1750 DIN 1199 zn,
         - – – Viereckdrahtgeflecht 60 x 2,5 x 1750 DIN 1199 zn,
         - – – Knotengitter, Maße in mm .... ,
         - – – Knotengeflecht, Maße in mm .... ,
            - – – – Befestigung an den Pfosten und 2 Spanndrähten,
            - – – – Befestigung an den Pfosten und 3 Spanndrähten,
            - – – – Befestigung
   - Leistungsumfang
      - – herstellen,
      - – beseitigen,
      - – herstellen und beseitigen,
      - – abbauen und auf der Baustelle lagern,
   Hinweis: Vorhalten und Instandhalten siehe Pos. 990, 991.
   - Berechnungseinheit m (zu Pos. 270 bis 272), St (zu Pos. 273 bis 275)

276 Stammschutz,
   Einzelangaben
   - Ausführungsart
      - – durch 40 mm dicken Bohlenmantel einschl. Polsterung gegen den Baum,
      - – durch 50 mm dicken Bohlenmantel einschl. Polsterung gegen den Baum,
      - – durch .... ,
   - Stammumfang in 1 m Höhe gemessen bis 50 cm – über 50 bis 100 cm – über 100 bis 150 cm – über 150 bis 200 cm – in cm ....
   - Mindestabstand vom Stamm 25 cm – 50 cm – in cm ....
   - Mindesthöhe 2 m – 3 m – 4 m – in m ....
   - Krone vor Beschädigungen durch Geräte und Fahrzeuge durch Hochbinden schützen, Bindestellen abpolstern
   - Leistungsumfang
      - – herstellen,
      - – beseitigen,
      - – herstellen und beseitigen,
      - – abbauen und auf der Baustelle lagern,
   Hinweis: Vorhalten und Instandhalten siehe Pos. 990, 991.
   - Berechnungseinheit Stück

STLB 000
Ausgabe 06.02

LB 000 Baustelleneinrichtung
Schutzvorrichtungen

277 Schutz des Wurzelbereiches von Bäumen und Großgehölzen vor Druckschäden,
Einzelangaben
- Verwendungszweck
  - – für befristete Belastung durch Begehen,
  - – für befristete Belastung durch Befahren,
  - – für befristete Belastung durch Baumaschinen, Baustelleneinrichtungen und Materiallagerung,
  - – für befristete Belastung durch .... ,
- Ausführungsart
  - – Abdeckung vollflächig mit Vlies und Natursand 0/2,
  - – Abdeckung vollflächig mit Vlies und Kiessand 0/8,
  - – Abdeckung vollflächig mit Vlies .... ,
    - – – Dicke 20 cm – 25 cm – 30 cm – in cm .... ,
- Auflage von untereinander fest verbundenen Bohlen, Dicke 40 mm – 50 mm – in mm ....
- Leistungsumfang
  - – herstellen,
  - – beseitigen,
  - – herstellen und beseitigen,

  Hinweis: Vorhalten und Instandhalten siehe Pos. 990, 991.
- Berechnungseinheit m²

280 Schutz des Wurzelbereiches durch Wurzelvorhang DIN 18920,
Einzelangaben
- Grabentiefe 100 cm – 120 cm – 150 cm – ....
- Breite 40 cm – 50 cm – 60 cm – ....
- Bodenklasse
  - – – Bodenklasse 3 DIN 18300,
  - – – Bodenklasse 4 DIN 18300,
  - – – Bodenklasse 5 DIN 18300,
  - – – Bodenklasse 6 DIN 18300,
  - – – Bodenklasse ....,
- Verfügung über Bodenaushub
  - – – anfallenden Boden im Baustellenbereich einbauen,
  - – – anfallender Boden wird Eigentum des AN und ist zu beseitigen,
  - – – anfallender Boden ....,
- Schalung im Graben
  - – – Einlegen einer Schalung auf der dem Baum abgewandten Grabenseite aus Maschendraht und innenliegender Sackleinwand,
  - – – Einlegen einer Schalung auf der dem Baum abgewandten Grabenseite aus Maschendraht und innenliegender Schilfmattenlage,
  - – – Einlegen einer Schalung auf der dem Baum abgewandten Grabenseite aus ....,
    - – – – Sicherung der Schalung durch auf der Außenseite eingeschlagene Holzpfähle in 1 m Abstand,
    - – – – Sicherung der Schalung durch ....,
- Auffüllung Graben
  - – – Auffüllen des Grabens mit Boden der Bodengruppe 2 DIN 18915 Teil 1,
  - – – Auffüllen des Grabens mit Boden der Bodengruppe 3 DIN 18915 Teil 1,
  - – – Auffüllen des Grabens mit Boden der Bodengruppe 2 und 3 DIN 18915 Teil 1,
  - – – Auffüllen des Grabens mit Gemisch aus Sand 0/4 und Torf im MV 2 : 1 RT,
  - – – Auffüllen des Grabens mit Gemisch aus Sand 0/4, Torf und offenporigen Kunststoffflocken im MV 6 : 2 : 2 RT,
  - – – ....,
- Berechnungseinheit m

LB 000 Baustelleneinrichtung
Baustraßen; Behelfsbrücken

STLB 000

Ausgabe 06.02

300 **Baustraße,**
301 **Fläche für Baustellenverkehr,**
Einzelangaben zu Pos. 300, 301
- Breite in m ....
- Bauart
  - – Bauklasse nach RStO .... ,
    - – – bituminös gebunden,
    - – – hydraulisch gebunden,
    - – – ungebunden,
    - – – .... ,
      - – – – frostsicher,
- Ausführung gemäß Zeichnung Nr....... ,
  Einzelbeschreibung Nr. ....
- Leistungsumfang
  - – herstellen,
  - – beseitigen,
  - – herstellen und beseitigen,
  Hinweis: Instandhalten siehe Pos. 990, 991.
- Berechnungseinheit m (Abrechnung in Fahrbahnachse)

302 **Grabenauffüllung für die Baustraße,**
Einzelangaben
- Grabentiefe bis 0,5 m – über 0,5 bis 1,0 m –
  über 1,0 bis 1,5 m – über 1,5 bis 2,0 m –
  über 2,0 bis 3,0 m – in m ....
- nutzbare Breite bis 2,0 m – über 2,0 bis 2,5 m –
  über 2,5 bis 3,0 m – über 3,0 bis 4,0 m –
  über 4,0 bis 5,0 m – über 5,0 bis 7,0 m – in m .... ,
- Belastung/Bodenverdichtung
  - – geeignet für Brückenklasse 12 DIN 1072,
  - – geeignet für Brückenklasse 30 DIN 1072,
  - – geeignet für Brückenklasse 60 DIN 1072,
  - – geeignet für Belastung .... ,
  - – Proctordichte in % .... ,
- einschl. Grabenverrohrung
- Durchmesser der Durchlassöffnung bis 15 cm –
  über 15 bis 25 cm – über 25 bis 50 cm –
  über 50 bis 75 cm – über 75 bis 100 cm – in cm ....
- Ausführung gemäß Zeichnung Nr....... ,
  Einzelbeschreibung Nr. .... ,
- Leistungsumfang
  - – herstellen,
  - – herstellen, Boden auf der Baustelle vorhanden,
  - – beseitigen, früheres Grabenprofil wiederherstellen und Boden auf der Baustelle einbauen,
  - – beseitigen, früheres Grabenprofil wiederherstellen und Boden auf der Baustelle zwischenlagern,
  - – herstellen und beseitigen, früheres Grabenprofil wiederherstellen und Boden auf der Baustelle einbauen,
  - – herstellen und beseitigen, früheres Grabenprofil wiederherstellen und Boden auf der Baustelle zwischenlagern,
  - – herstellen und beseitigen, Boden auf der Baustelle vorhanden, früheres Grabenprofil wiederherstellen und Boden auf der Baustelle einbauen,
  - – herstellen und beseitigen, Boden auf der Baustelle vorhanden, früheres Grabenprofil wiederherstellen und Boden auf der Baustelle zwischenlagern,
  - – .... ,
- Berechnungseinheit m³

Hinweis: Detaillierte Beschreibungen für Grabenauffüllungen siehe LB 002 Erdarbeiten.

330 **Behelfsbrücke für Fußgänger in Geländehöhe,**
331 **Behelfsbrücke für Fußgänger in Hochlage,**
332 **Behelfsbrücke für Fußgänger auskragend auf Böschungsfläche,**
333 **Behelfsbrücke für Fußgänger auskragend am Verbau,**
334 **Behelfsbrücke für Fußgänger auskragend an Bauwerken,**
335 **Behelfsbrücke für Fußgänger .... ,**
Einzelangaben zu Pos. 330 bis 335
- Verkehrsart
  - – für öffentlichen Verkehr,
  - – für öffentlichen Verkehr, Belastung in kN/m²,
  - – für nichtöffentlichen Verkehr,
  - – für nichtöffentlichen Verkehr, Belastung in kN/m²,
  - – für .... ,
- Rampe, Widerlager, Aufgänge
  - – mit Anrampung,
  - – mit Anrampung, Maße in m .... ,
  - – mit Widerlager,
  - – mit Widerlager, Maße in m .... ,
  - – mit Widerlager und Anrampung,
  - – mit Widerlager und Anrampung, Maße in m .... ,
  - – mit 1 Aufgang,
  - – mit 2 Aufgängen,
  - – mit .... ,
- Breite, Länge
  - – Nutzbreite bis 1,50, Gesamtlänge in m .... ,
  - – Nutzbreite über 1,50 bis 2,25, Gesamtlänge in m .... ,
  - – Nutzbreite über 2,25 bis 3,00, Gesamtlänge in m .... ,
  - – Nutzbreite in m .... , Gesamtlänge in m .... ,
- Anfahrschutz
  - – einschl. Anfahrschutz DIN 1072,
  - – einschl. Anfahrschutz .... ,
- Ausführung gemäß Zeichnung Nr....... ,
  Einzelbeschreibung Nr. .... ,
- Leistungsumfang
  - – herstellen,
  - – beseitigen,
  - – herstellen und beseitigen,
  Hinweis: Vorhalten und Instandhalten siehe Pos. 990, 991.
- Berechnungseinheit St, m², m
  (Abrechnung nach in Brückenachse gemessener Länge)

STLB 000

Ausgabe 06.02

LB 000 Baustelleneinrichtung
Behelfsbrücken; Behelfsüberfahrten

340 **Behelfsbrücke für Straßen in Geländehöhe für öffentlichen Verkehr,**
350 **Behelfsbrücke für Straßen in Geländehöhe für nichtöffentlichen Verkehr,**
360 **Behelfsbrücke für .... ,**
370 **Rampe für KFZ–Verkehr,**
380 **Rampe für KFZ– und Personenverkehr,**
 Einzelangaben zu Pos. 340 bis 380
 – Brückenklasse, Belastung
  – – Brückenklasse 12 DIN 1072,
  – – Brückenklasse 30 DIN 1072,
  – – Brückenklasse 60 DIN 1072,
  – – Brückenklasse .... ,
  – – Belastung .... ,
 – Gehweg
  – – Gehweg, einseitig, Nutzbreite 1,50 m,
  – – Gehweg, einseitig, Nutzbreite 2,25 m,
  – – Gehweg, beidseitig, Nutzbreite 1,50 m,
  – – Gehweg, beidseitig, Nutzbreite 2,25 m,
  – – Gehweg .... ,
 – Ausführung Gehweg/Fahrbahnfläche
  – – Gehweg/Fahrbahnfläche aus vorgefertigten Stahlbetonplatten mit Hülsen für Schraubhaken und Randeinfassung aus Stahl,
  – – Gehweg/Fahrbahnfläche aus Ortbeton,
  – – Gehweg/Fahrbahnfläche aus Holz mit Asphaltbelag,
  – – Gehweg/Fahrbahnfläche aus Stahl,
  – – Gehweg/Fahrbahnfläche aus Stahl mit Asphaltbelag,
  – – Gehweg/Fahrbahnfläche .... ,
 – Schutzgeländer, Schutzwand, Schutzdach
  – – mit Schutzgeländer,
  – – mit Schutzwand,
  – – mit Schutzdach,
  – – mit Schutzgeländer und –dach,
  – – mit Schutzwand und –dach,
  – – mit .... ,
   – – – aus Holz,
   – – – aus Stahl,
   – – – aus verzinktem Stahl,
   – – – aus Aluminium,
   – – – aus .... ,
 – Schrammborde
  – – Schrammborde aus Holz,
  – – Schrammborde aus Beton,
  – – Schrammborde aus Stahl,
  – – Schrammborde aus Holz, Einzelelemente zur örtlichen Anpassung,
  – – Schrammborde aus Beton, Einzelelemente zur örtlichen Anpassung,
  – – Schrammborde aus Stahl, Einzelelemente zur örtlichen Anpassung,
  – – Schrammborde ....
 – Abmessungen
  – – Nutzbreite der Fahrbahn 3,5 m, Gesamtlänge in m .... ,
  – – Nutzbreite der Fahrbahn 6,5 m, Gesamtlänge in m .... ,
  – – Nutzbreite der Fahrbahn 7,5 m, Gesamtlänge in m .... ,
  – – Nutzbreite der Fahrbahn in m .... , Gesamtlänge in m .... ,
 – Ausführung gemäß Zeichnung Nr....... , Einzelbeschreibung Nr. .... ,
 – Leistungsumfang
  – – herstellen,
  – – beseitigen,
  – – herstellen und beseitigen,
  Hinweis: Warten, Vorhalten und Instandhalten siehe Pos. 990, 991.
 – Berechnungseinheit m², m
  (Abrechnung nach in Brückenachse gemessener Länge)

390 **Behelfsüberfahrt,**
 Belastung in kN/m² .... ,
 Länge in m .... ,
 Einzelangaben
 – Verkehrsart
  – – für öffentlichen Verkehr,
  – – für nichtöffentlichen Verkehr,
  – – für .... ,
 – Verwendungsbereich
  – – über Grabenaufschüttung,
  – – über Bordstein,
  – – über Gehweg,
  – – über Gehweg und Bordstein,
  – – über Kabel und Leitungen,
  – – über .... ,
 – Breite
  – – nutzbare Breite bis 2,5 m,
  – – nutzbare Breite über 2,5 bis 3,0 m,
  – – nutzbare Breite über 3,0 bis 4,0 m,
  – – nutzbare Breite über 4,0 bis 5,0 m,
  – – nutzbare Breite in m .... ,
 – Abdeckung
  – – Abdeckung mit vorgefertigten Stahlbetonplatten mit Randeinfassung aus Stahl,
  – – Abdeckung mit Ortbeton auf Trennlage,
  – – Abdeckung mit Asphaltbeton auf Trennlage,
  – – Abdeckung mit Holz und Asphaltbeton,
  – – Abdeckung mit Stahl,
  – – Abdeckung mit Stahl und Asphaltbeton,
  – – Abdeckung .... ,
 – einschl. der Schutz– und Leiteinrichtungen
 – Ausführung gemäß Zeichnung Nr....... , Einzelbeschreibung Nr. .... ,
 – Leistungsumfang
  – – herstellen,
  – – beseitigen,
  – – herstellen und beseitigen,
  Hinweis: Vorhalten und Instandhalten siehe Pos. 990, 991.
 – Berechnungseinheit Stück

LB 000 Baustelleneinrichtung
Leitungsbrücken; Baugrubenabdeckungen

STLB 000

Ausgabe 06.02

400 **Behelfsbrücke für Leitungen,**
Belastung in kN/m² .... ,
Gesamtlänge in m .... ,
Einzelangaben
- Höhenlage
  - -- in Geländehöhe,
  - -- in Hochlage,
  - -- .... ,
- Leitungsart
  - -- für Gasrohrleitungen,
  - -- für Wasserrohrleitungen,
  - -- für Fernwärmeleitungen,
  - -- für Stromversorgungskabel,
  - -- für Signal- und Fernmeldekabel,
  - -- für Entwässerungsleitungen,
  - -- für Versorgungsleitungen,
  - -- für Entsorgungsleitungen,
  - -- für .... ,
- Durchfahrtshöhe
  - -- lichte Durchfahrtshöhe bis 2,0 m,
  - -- lichte Durchfahrtshöhe über 2,0 bis 2,5 m,
  - -- lichte Durchfahrtshöhe über 2,5 bis 3,0 m,
  - -- lichte Durchfahrtshöhe über 3,0 bis 4,0 m,
  - -- lichte Durchfahrtshöhe über 4,0 bis 5,0 m,
  - -- lichte Durchfahrtshöhe in m .... ,
- Anfahrschutz
  - -- einschl. Anfahrschutz DIN 1072,
  - -- einschl. Anfahrschutz .... ,
- Nutzbreite
  - -- Nutzbreite bis 1,5 m,
  - -- Nutzbreite über 1,50 bis 2,25 m,
  - -- Nutzbreite über 2,25 bis 3,00 m,
  - -- Nutzbreite in m .... ,
- Verlegen der Leitungen
  - -- Verlegen der Leitung erfolgt durch den Leitungseigentümer,
  - -- Verlegen der Leitung nach den Auflagen des Leitungseigentümers,
  - -- Verlegen der Leitung .... ,
- Ausführung gemäß Zeichnung Nr....... ,
  Einzelbeschreibung Nr. .... ,
- Leistungsumfang
  - -- herstellen,
  - -- beseitigen,
  - -- herstellen und beseitigen,
  Hinweis: Vorhalten und Instandhalten siehe Pos. 990, 991.
- Berechnungseinheit St, m², m
  (Abrechnung nach in Brückenachse gemessener Länge)

410 **Behelfsbrücke für Leitungen auf Konsolen,**
420 **Behelfsbrücke für Leitungen an Konsolen mit Abhängung,**
430 **Behelfsbrücke für Leitungen an Konsolen mit Aufständerung,**
Einzelangaben zu Pos. 410 bis 430
- Leitungsart
  - -- für Gasrohrleitungen,
  - -- für Wasserrohrleitungen,
  - -- für Fernwärmeleitungen,
  - -- für Stromversorgungskabel,
  - -- für Signal- und Fernmeldekabel,
  - -- für Entwässerungsleitungen,
  - -- für Versorgungsleitungen,
  - -- für Entsorgungsleitungen,
  - -- für .... ,
- Lage
  - -- befestigen an Kellerwänden,
  - -- befestigen an Lichtschachtwänden,
  - -- befestigen an Baugrubenwänden,
  - -- befestigen an Baugrubenverkleidungen,
  - -- befestigen .... ,
- Lagerbohlen, Abdeckungen
  - -- einschl. Verlegen von Lagerbohlen für die Leitungen,
  - -- einschl. Verlegen von Lagerbohlen für die Leitungen und von Bohlwänden,
  - -- einschl. Verlegen von Lagerbohlen für die Leitungen, von Bohlwänden und von Abdeckungen des Leitungskanals,
  - -- einschl. Abdeckung des Leitungskanals,
  - -- einschl....... ,
- Ankerlöcher, Anschluss an Abdichtungen
  - -- Ankerlöcher nach Beseitigung schließen,
  - -- Ankerlöcher nach Beseitigung schließen und Anschluss an Abdichtung wiederherstellen,
- Kontrollsteg
  - -- Kontrollsteg einseitig,
  - -- Kontrollsteg beidseitig,
- Verlegen der Leitungen
  - -- Verlegen der Leitung erfolgt durch den Leitungseigentümer,
  - -- Verlegen der Leitung nach den Auflagen des Leitungseigentümers,
  - -- Verlegen der Leitung .... ,
- Ausführung gemäß Zeichnung Nr....... ,
  Einzelbeschreibung Nr. .... ,
- Leistungsumfang
  - -- herstellen,
  - -- beseitigen,
  - -- herstellen und beseitigen,
  Hinweis: Vorhalten und Instandhalten siehe Pos. 990, 991.
- Berechnungseinheit St, m², m
  (Abrechnung nach in Brückenachse gemessener Länge)

460 **Baugrubenabdeckung,**
470 **Baugrubenabdeckung, aufgelagert auf .... ,**
Einzelangaben zu Pos. 460, 470
- Belastung
  - -- für öffentlichen Verkehr,
  - -- für nichtöffentlichen Verkehr,
  - -- für .... ,
    - --- als Teilabdeckung,
    - --- als Vollabdeckung,
    - --- als .... ,
      - ---- geeignet für Brückenklasse 12 DIN 1072,
      - ---- geeignet für Brückenklasse 30 DIN 1072,
      - ---- geeignet für Brückenklasse 60 DIN 1072,
      - ---- geeignet für Brückenklasse .... ,
      - ---- geeignet für Belastung .... ,
- Maße der Abdeckung L/B in m .... ,
- Schrammborde
  - -- Schrammborde aus Holz,
  - -- Schrammborde aus Beton, Form ....
    (Sofern nicht vorgeschrieben, vom Bieter einzutragen),
  - -- Schrammborde aus Stahl, Form ....
    (Sofern nicht vorgeschrieben, vom Bieter einzutragen),
  - -- Schrammborde .... ,
- Werkstoffe der Abdeckung
  - -- Abdeckung mit vorgefertigten Stahlbetonplatten,
  - -- Abdeckung mit Holz,
  - -- Abdeckung mit Holz und Asphaltbeton,
  - -- Abdeckung mit Stahl,
  - -- Abdeckung mit Stahl und Asphaltbeton,
  - -- Abdeckung .... ,
- Ausführung gemäß Zeichnung Nr....... ,
  Einzelbeschreibung Nr. .... ,
- Leistungsumfang
  - -- herstellen,
  - -- beseitigen,
  - -- herstellen und beseitigen,
  - -- umsetzen nach besonderer Anordnung des AG,
  - -- abbauen und auf der Baustelle lagern,
  Hinweis: Warten, Vorhalten und Instandhalten siehe Pos. 990, 991.
- Berechnungseinheit m², Stück (mit Maßangaben)

STLB 000

Ausgabe 06.02

LB 000 Baustelleneinrichtung
Verkehrssicherungen

Pauschalierte Beschreibungen für Verkehrszeichen und Verkehrseinrichtungen einschl. Fahrbahnmarkierungen

500 **Verkehrszeichen und Verkehrseinrichtungen einschl. Fahrbahnmarkierung gemäß Verkehrszeichenplan Nr. .... ,**
  Einzelangaben
  - Leistungsumfang
    -- einrichten,
    -- beseitigen,
    -- einrichten und beseitigen,
    -- umsetzen nach besonderer Anordnung des AG,
  - Berechnungseinheit pauschal

Detaillierte Beschreibungen für Verkehrszeichen und Verkehrseinrichtungen einschl. Fahrbahnmarkierungen als Einzelmaßnahme

510 **Verkehrszeichen nach StVO gemäß Verkehrszeichenplan Nr. .... ,**
511 **Verkehrseinrichtung nach StVO gemäß Verkehrszeichenplan Nr. .... ,**
512 **Verkehrslenkungs– und Wegweisertafel nach StVO, Tafelgröße in cm .... , gemäß Verkehrszeichenplan Nr. .... ,**
  Einzelangaben zu Pos. 510 bis 512
  - Ausführung
    -- lackierte Ausführung,
    -- reflektierende Ausführung,
    -- retroreflektierende Ausführung,
      --- mit Aufstellvorrichtung,
      --- an vorhandenem Befestigungsträger befestigt,
      --- .... ,
      ---- mit Schilderleuchte,
      ---- mit Warnleuchten,
      ---- mit Warnleuchten und Schilderleuchte,
  - Leistungsumfang
    -- aufbauen,
    -- abbauen,
    -- auf– und Abbauen,
    -- umsetzen nach besonderer Anordnung des AG,
    Hinweis: Warten, Vorhalten, Bereitstellen und Instandhalten siehe Pos. 990, 991
  - Berechnungseinheit Stück

513 **Schrammbord,**
514 **Schrammbord mit Geländer,**
515 **Radabweiser,**
  Einzelangaben zu Pos. 513 bis 515
  - Ausführung
    -- rot–weiß schraffiert,
    -- schwarz–gelb schraffiert,
    -- .... ,
  - Abmessungen
    -- Breite in cm .... ,
      --- Höhe in cm .... ,
  - Werkstoff
    -- aus Holz,
    -- aus Stahl,
    -- aus Beton,
    -- aus .... ,
  - Leistungsumfang
    -- aufbauen,
    -- abbauen,
    -- auf– und abbauen,
    -- umsetzen nach besonderer Anordnung des AG,
    Hinweis: Warten, Vorhalten, Bereitstellen und Instandhalten siehe Pos. 990, 991
  - Berechnungseinheit Stück

516 **Verkehrslenkungs– und Wegweisertafel,**
517 **Verkehrszeichen/Verkehrseinrichtung**
  Einzelangaben zu Pos. 516, 517
  - vorübergehend außer Kraft setzen
  - wieder in Kraft setzen
  - Berechnungseinheit Stück

Nachtkennzeichnung und Lichtzeichenanlagen als Einzelmaßnahme

520 **Warnleuchte,**
521 **Vorwarnblinklicht,**
522 **Schilderleuchte,**
523 **Aufbaulicht, als 10er Kette,**
524 **Aufbaulicht, als .... ,**
525 **Lichtlaufkette, als 10er Kette,**
526 **Lichtlaufkette, als .... ,**
530 **Lichtzeichenanlage für Richtungswechsel,**
531 **Lichtzeichenanlage für Fußgängeranforderung,**
532 **Lichtzeichenanlage für Einmündungsanlage,**
533 **Lichtzeichenanlage für Kreuzungsanlage,**
534 **Lichtzeichenanlage für .... ,**
  Einzelangaben zu Pos. 520 bis 534
  - Ausstattung
    -- Ausstattung gemäß beigefügtem Lage– und Signalzeitenplan .... ,
    -- Ausstattung .... ,
  - Leistungsumfang
    -- aufbauen,
    -- abbauen,
    -- auf– und abbauen,
    -- umsetzen nach besonderer Anordnung des AG,
    Hinweis: Warten, Vorhalten, Bereitstellen und Instandhalten siehe Pos. 990, 991
  - Berechnungseinheit Stück

Detaillierte Beschreibungen für Fahrbahnmarkierungen

540 **Gelbe Markierungsknöpfe gemäß Verkehrszeichenplan Nr .... ,**
  Einzelangaben
  - Rückstrahlwirkung, Sichtflächen
    -- mit einseitiger Rückstrahlwirkung,
    -- mit zweiseitiger Rückstrahlwirkung,
    -- mit vertikalen roten Sichtflächen,
    -- mit vertikalen roten Sichtzeichen,
    -- mit .... ,
  - Belagart
    -- auf bituminösem Belag,
    -- auf Beton,
    -- auf Betonsteinpflaster,
    -- auf Natursteinpflaster,
    -- auf .... ,
  - Leistungsumfang
    -- verkleben/versetzen,
    -- beseitigen,
    -- verkleben/versetzen und beseitigen,
    Hinweis: Instandhalten siehe Pos. 990, 991.
  - Berechnungseinheit m, St.

LB 000 Baustelleneinrichtung
Verkehrssicherungen

Ausgabe 06.02

541 Gelbe Fahrbahnmarkierung nach StVO gemäß Verkehrszeichenplan Nr .... , Einzelangaben
- Art der Markierung
  - – als durchgehender Schmalstrich,
  - – als Leitlinienmarkierung mit unterbrochenem Schmalstrich,
    - – – – als Sperrfläche,
    - – – – als Schrägstrich,
    - – – – als Sperrflächenumrandung,
    - – – – als Quermarkierung,
    - – – – als Fußgängerüberweg,
    - – – – als Haltelinie,
    - – – – als Wartelinie,
    - – – – als Fußgänger– und Radfahrerfurt,
    - – – – als Pfeile, Schriftzeichen, Symbole,
    - – – – als .... ,
- Werkstoff, Dicke
  - – – Werkstoff .... , Schichtdicke in mym .... ,
  - – – reflektierende Folie, Dicke in mm .... ,
  - – – retroreflektierende Folie, Dicke in mm .... ,
- Maße
  - – – Strichbreite 10 cm,
  - – – Strichbreite 12 cm,
  - – – Strichbreite 15 cm,
  - – – Strichbreite 25 cm,
  - – – Strichbreite 30 cm,
  - – – Strichbreite 50 cm,
  - – – Strichbreite 75 cm,
  - – – Strichbreite in cm .... ,
  - – – Maße in cm .... ,
- Belagart
  - – – auf bituminösem Belag,
  - – – auf Beton,
  - – – auf Betonsteinpflaster,
  - – – auf Natursteinpflaster,
  - – – auf .... ,
- Leistungsumfang
  - – – herstellen,
  - – – beseitigen,
  - – – herstellen und beseitigen,

  Hinweis: Warten und Instandhalten siehe Pos. 990, 991
- Berechnungseinheit
  - m² abgerechnet wird das die markierte Fläche umschreibende kleinste Rechteck
  - m² abgerechnet wird die Fläche der Markierung
  - m abgerechnet wird die Länge der Markierungsstriche
  - Stück

Detaillierte Beschreibungen für Betrieb und Bedienung

550 Betrieb und Bedienung der Arbeitsstellensicherungsanlage (Warn– und Schilderleuchten), Einzelangaben
- Betriebs– und Bedienungszeit
  - – – von Montag bis Freitag,
  - – – von Montag bis Sonnabend,
  - – – an allen Sonn– und Feiertagen,
  - – – an allen Tagen,
  - – – an .... ,
    - – – – in der Zeit von 5 bis 20 Uhr,
    - – – – in der Zeit von 6 bis 22 Uhr,
    - – – – in der Zeit von 20 bis 5 Uhr,
    - – – – in der Zeit von 22 bis 6 Uhr,
    - – – – in der Zeit von 0 bis 24 Uhr,
    - – – – in der Zeit von .... ,
- Berechnungseinheit h, d, Wo, Mt

Kabelbrücken

560 Kabelbrücke einschl. Begrenzungsmarkierungen, lichte Durchfahrtsbreite in m .... , Einzelangaben
- Verwendungsbereich
  - – – für die Kabel der Schilderbeleuchtung,
  - – – für die Kabel der Signalanlage,
  - – – für die Beleuchtungseinrichtung,
  - – – für .... ,
- Durchfahrtshöhe
  - – – lichte Durchfahrtshöhe bis 4,5 m,
  - – – lichte Durchfahrtshöhe in m .... ,
- Anfahrschutz
  - – – einschl. Anfahrschutz DIN 1072,
  - – – einschl. Anfahrschutz .... ,
- Ausführung gemäß Zeichnung Nr....... , Einzelbeschreibung Nr. .... ,
- Leistungsumfang
  - – – herstellen,
  - – – beseitigen,
  - – – herstellen und beseitigen,
  - – – umsetzen nach besonderer Anordnung des AG,
  - – – abbauen und auf der Baustelle lagern,

  Hinweis: Warten, Vorhalten und Instandhalten siehe Pos. 990, 991
- Berechnungseinheit St, m

Allgemeinbeleuchtung der Baustelle

570 Allgemeinbeleuchtung der Baustelle, Einzelangaben
- Anordnung der Beleuchtung
  - – – im Freien,
  - – – in Gebäuden, mind. 15 Lux,
    - – – – bestehend aus Leuchten, Anzahl/Typ .... , Kabel, Länge/Typ .... ,
- Leistungsumfang
  - – – einbauen,
  - – – abbauen,
  - – – einbauen und abbauen,

  Hinweis: Warten, Vorhalten, Instandhalten und Betreiben siehe Pos. 990, 991

STLB 000

Ausgabe 06.02

LB 000 Baustelleneinrichtung
Bauaufzüge, Bautreppen

600 **Bauaufzug mit Zahnstangenantrieb,**
601 **Bauaufzug mit Zahnstangenantrieb für Material– und Personenbeförderung,**
602 **Hubarbeitsbühne,**
603 **Personenaufnahmemittel mit Hebezeug,**
Einzelangaben zu Pos. 600 bis 603
- Ort des Einbaues
  - – an der Außenseite von Bauwerken, Förderhöhe in m .... ,
  - – innerhalb von Bauwerken, Förderhöhe in m .... ,
  - – .... ,
- Anzahl der Haltestellen
  - – mit 3 Haltestellen,
  - – mit 4 Haltestellen,
  - – mit 5 Haltestellen,
  - – mit 6 Haltestellen,
  - – mit 7 Haltestellen,
  - – mit 8 Haltestellen,
  - – mit 9 Haltestellen,
  - – Haltestellen, Anzahl .... ,
- Traglast
  - – Traglast bis 1000 kg,
  - – max. Traglast in kg .... ,
- Fahrkörbe
  - – mit 1 geschlossenen Fahrkorb,
  - – mit 2 geschlossenen Fahrkörben,
  - – mit .... ,
- Fahrkorbgrundfläche
  - – Fahrkorbgrundfläche bis 1,5 m²,
  - – Fahrkorbgrundfläche über 1,5 bis 2,0 m²,
  - – Fahrkorbgrundfläche über 2,0 bis 4,0 m²,
  - – Fahrkorbgrundfläche in m² .... ,
- Ausführung gemäß Zeichnung Nr....... ,
  Einzelbeschreibung Nr. .... ,
- Leistungsumfang
  - – aufbauen,
  - – abbauen,
  - – auf– und abbauen,
  - – umsetzen nach besonderer Anordnung des AG,
    - – – Betrieb und Bedienung werden gesondert vergütet.
      Hinweis: siehe Pos. 604.
  Hinweis: Vorhalten, Bereitstellen und Instandhalten siehe Pos. 990, 991.
- Berechnungseinheit Stück

604 **Betrieb und Bedienung des Bauaufzuges nach besonderer Anordnung des AG,**
Einzelangaben
- Tage
  - – von Montag bis Freitag,
  - – von Montag bis Sonnabend,
  - – an allen Sonn– und Feiertagen,
  - – an allen Tagen,
  - – an .... ,
    - – – in der Zeit von 5 bis 20 Uhr,
    - – – in der Zeit von 6 bis 22 Uhr,
    - – – in der Zeit von 20 bis 5 Uhr,
    - – – in der Zeit von 22 bis 6 Uhr,
    - – – in der Zeit von 0 bis 24 Uhr,
    - – – in der Zeit von .... ,
- Berechnungseinheit h, d, Wo, Mt

605 **Bautreppe,**
606 **Treppenstufe,**
607 **Böschungstreppe,**
608 **Laufsteg, Maße in m .... ,**
609 **Lastverteilender Belag, Maße in m .... ,**
Einzelangaben zu Pos. 605 bis 609
- Werkstoff
  - – aus Holz,
  - – aus Stahl,
  - – aus .... ,
- Bauart
  - – freitragend, auf Haupt– und Zwischenpodest aufgelegt,
  - – aufgesattelt auf vorhandene Laufplatte,
  - – aufgesattelt auf vorhandenem Laufbalken,
  - – auf Erdreich der Böschung aufgelagert,
  - – .... ,
  Fortsetzung Einzelangaben siehe Pos. 610 bis 614

610 **Bautreppenanlage aus Holz,**
611 **Bautreppenanlage aus Stahl,**
612 **Bautreppenanlage aus .... ,**
613 **Bautreppenanlage als Treppenturm aus Stahl,**
614 **Schutz vorhandener Treppenanlage aus .... ,**
Einzelangaben zu Pos. 610 bis 614
- Nutzungsart
  - – für öffentlichen Verkehr,
  - – für nichtöffentlichen Verkehr,
  - – für .... ,
- Laufart
  - – als gerade Treppe,
  - – als gerade Treppe mit Viertelwendelung,
  - – als mehrläufige Treppe,
  - – als halbgewendelte Treppe,
  - – als .... ,
- Podeste
  - – mit einem Podest,
  - – mit 2 Podesten,
  - – mit 3 Podesten,
  - – mit 4 Podesten,
  - – mit 5 Podesten,
  - – Podeste, Anzahl .... ,
- Steigungen, Anzahl ....
- Steigungsverhältnis ....
- Nutzbreite
  - – Nutzbreite bis 0,90 m,
  - – Nutzbreite über 0,90 bis 1,00 m,
  - – Nutzbreite über 1,00 bis 1,25 m,
  - – Nutzbreite 1,25 bis 1,50 m,
  - – Nutzbreite in m .... ,
- Seitenschutz, Geländer
  - – einschl. einseitigem Seitenschutz mit Geländer– und Zwischenholm,
  - – einschl. einseitigem Seitenschutz mit Geländer–, Zwischenholm und Bordbrett,
  - – einschl. zweiseitigem Seitenschutz mit Geländer– und Zwischenholm,
  - – einschl. zweiseitigem Seitenschutz mit Geländer–, Zwischenholm und Bordbrett,
  - – einschl. .... ,
- Ausführung gemäß Zeichnung Nr....... ,
  Einzelbeschreibung Nr. .... ,
- Leistungsumfang
  - – einrichten,
  - – räumen,
  - – einrichten und räumen,
  - – umsetzen nach besonderer Anordnung des AG,
  Hinweis: Vorhalten, Bereitstellen und Instandhalten siehe Pos. 990, 991
- Berechnungseinheit Stück

615 **Absatzpodest,**
Einzelangaben
- Werkstoff
  - – aus Holz,
  - – aus Stahl,
  - – aus .... ,
- max. Traglast in kg ....
- Maße in m ....
- einschl. Seitenschutz mit Geländer–, Zwischenholm und Bordbrett
- Ausführung gemäß Zeichnung Nr....... ,
  Einzelbeschreibung Nr. .... ,
- Leistungsumfang
  - – einrichten,
  - – räumen,
  - – einrichten und räumen,
  - – umsetzen nach besonderer Anordnung des AG,
  Hinweis: Vorhalten, Bereitstellen und Instandhalten siehe Pos. 990, 991
- Berechnungseinheit Stück

LB 000 Baustelleneinrichtung
Einrichtungen für Schutt und Abfallstoffe

650 Schuttabwurfschacht,
Einzelangaben
- Einfüllstutzen
  - – mit Einfüllstutzen,
  - – mit Einfüllstutzen, Anzahl .... ,
  - – mit .... ,
- Ausführung (Sofern nicht vorgeschrieben, vom Bieter einzutragen)
  - – staubdicht,
  - – staubdicht und schallgedämmt,
- Einbauort
  - – innerhalb des Bauwerks,
  - – außerhalb des Bauwerks,
  - – .... ,
- Querschnitt
  - – lichte Mindestweite 60 cm,
  - – Maße in cm .... ,
- Höhe
  - – Höhe bis 4 m,
  - – Höhe über 4 bis 8 m,
  - – Höhe über 8 bis 12 m,
  - – Höhe über 12 bis 16 m,
  - – Höhe in m .... ,
- Anordnung (Einmündung)
  - – über Schuttmulden,
  - – über Container,
  - – über .... ,
- Leistungsumfang
  - – einrichten,
  - – abbauen,
  - – einrichten und abbauen,
  - – umsetzen nach besonderer Anordnung des AG,
  - – abbauen und auf der Baustelle lagern,
  - **Hinweis:** Vorhalten, Bereitstellen und Instandhalten siehe Pos. 990, 991.
- Berechnungseinheit Stück

651 Schuttmulde,
Einzelangaben
- Ausführung .... (Sofern nicht vorgeschrieben, vom Bieter einzutragen)
  - – mit Abdeckung,
  - – mit Abdeckung, mit schalldämmender Auskleidung,
  - – mit staubdichter Abdeckung,
  - – mit staubdichter Abdeckung und schalldämmender Auskleidung,
  - – mit Abdeckung .... ,
- Fassungsvermögen
  - – Fassungsvermögen bis 3 m^3,
  - – Fassungsvermögen über 3 bis 4 m^3,
  - – Fassungsvermögen über 4 bis 5 m^3,
  - – Fassungsvermögen über 5 bis 6 m^3,
  - – Fassungsvermögen über 6 bis 10 m^3,
  - – Fassungsvermögen über 10 bis 15 m^3,
  - – Fassungsvermögen über 15 bis 20 m^3,
  - – Fassungsvermögen über 20 bis 25 m^3,
  - – Fassungsvermögen in m^3 .... ,
- Leistungsumfang
  - – aufstellen,
  - – räumen,
  - – aufstellen und räumen,
  - – umsetzen nach besonderer Anordnung des AG,
  - – abbauen und auf der Baustelle lagern,
  - **Hinweis:** Vorhalten, Bereitstellen und Instandhalten siehe Pos. 990, 991.
- Berechnungseinheit Stück

652 Container,
Einzelangaben
- Ausführung .... (Sofern nicht vorgeschrieben, vom Bieter einzutragen)
  - – mit Abdeckung,
  - – mit Abdeckung, mit schalldämmender Auskleidung,
  - – mit staubdichter Abdeckung,
  - – mit staubdichter Abdeckung und schalldämmender Auskleidung,
  - – mit Abdeckung .... ,
  - – offen mit Klappe,
  - – mit Deckel und Schloss,
  - – offen mit Flügeltür,
  - – .... ,
- Fassungsvermögen
  - – Fassungsvermögen bis 3 m^3,
  - – Fassungsvermögen über 3 bis 4 m^3,
  - – Fassungsvermögen über 4 bis 5 m^3,
  - – Fassungsvermögen über 5 bis 6 m^3,
  - – Fassungsvermögen über 6 bis 10 m^3,
  - – Fassungsvermögen über 10 bis 15 m^3,
  - – Fassungsvermögen über 15 bis 20 m^3,
  - – Fassungsvermögen über 20 bis 25 m^3,
  - – Fassungsvermögen in m^3 .... ,
- Leistungsumfang
  - – aufstellen,
  - – räumen,
  - – aufstellen und räumen,
  - – umsetzen nach besonderer Anordnung des AG,
  - – abbauen und auf der Baustelle lagern,
  - **Hinweis:** Vorhalten, Bereitstellen und Instandhalten siehe Pos. 990, 991.
- Berechnungseinheit Stück

STLB 000

LB 000 Baustelleneinrichtung
Einrichtungen für Arbeiten in kontaminierten Bereichen

Ausgabe 06.02

Hinweis: Bei Anwendung der Pos. 680 bis 834 sind die "Richtlinien für Arbeiten in kontaminierten Bereichen – ZH 1/183 – " zu beachten.

Allgemeine Vorgaben

680 Für die angebotenen Leistungen sind die Vorgaben des beigefügten Arbeitsplanes verbindlich,
   Einzelangaben
   – Unberührt von den Vorgaben des Arbeitsplanes bleiben die Prüf– und Hinweispflichten hierzu sowie die messtechnische Überwachung der Arbeitsplätze auf Gesundheitsgefahren bei unvorhergesehenem Auftreten von Gefahrstoffen.
   – ....

Schwarz–Weiß–Anlagen

Hinweis: Anforderungen an die Schwarz–Weiß–Anlage siehe Arbeitsstättenverordnung.

690 Schwarz–Weiß–Anlage für Personen, Anzahl .... , bestehend aus dem Weißbereich zum Umkleiden und Ablegen der Straßenkleidung, dem Nassbereich mit Toiletten, Dusch– und Waschanlagen, dem Schwarzbereich für kontaminierte Arbeitskleidung, einschl. der erforderlichen Installationen und Verbindungsleitungen zum Behälter der niedrigkontaminierten Abwässer,
   Einzelangaben
   – weitere Ausstattung ....
     Ausführung
     – – Ausführung als Container,
     – – Ausführung ...., gemäß Zeichnung Nr. ...., Einzelbeschreibung Nr. ....,
   – Leistungsumfang
     – – einrichten,
     – – räumen,
     – – einrichten und räumen,
     Hinweis: Vorhalten, Bereitstellen und Instandhalten siehe Pos. 990, 991.
   – Berechnungseinheit Stück

Reinigungsanlagen für Vollschutzanzüge

700 Reinigungsanlage zur Dekontamination von Vollschutzanzügen für Personen, Anzahl .... , im Verbund mit dem Schwarzbereich der Schwarz–Weiß–Anlage, einschl. der Verbindungsleitungen zum Behälter der hochkontaminierten Abwässer,
   Einzelangaben
   – Leistungsumfang
     – – einrichten,
     – – räumen,
     – – einrichten und räumen,
     Hinweis: Vorhalten, Bereitstellen und Instandhalten siehe Pos. 990, 991.
   – Berechnungseinheit Stück

Stiefelwaschanlagen

710 Stiefelwaschanlage, für Personen, Anzahl .... , vor dem Zugang zum Schwarzbereich,
   Einzelangaben
   – Ausstattung
     – – einschl. der Verbindungsleitungen zum Behälter der hochkontaminierten Abwässer,
     – – einschl. Reinigungswannen,
   – Werkstoff
     – – aus Stahl,
     – – aus Kunststoff,
     – – aus .... ,
   – Leistungsumfang
     – – einrichten,
     – – entfernen,
     – – einrichten und entfernen,
     Hinweis: Vorhalten, Bereitstellen und Instandhalten siehe Pos. 990, 991
   – Berechnungseinheit Stück

Wäschewasch–, Trockenräume

720 Wäschewasch– und Trockenraum mit Heizung, Be– und Entlüftung,
   Einzelangaben
   – Austattung
     – – Anzahl der Waschmaschinen .... ,
        Fassungsvermögen je Maschine in kg .... ,
     – – Anzahl der Wäschetrockner .... ,
        Fassungsvermögen je Trockner in kg .... ,
        Kleiderstange, Länge in m .... ,
        einschl. der erforderlichen Installationen, Abluftleitung der Wäschetrockner ins Freie und Verbindungsleitungen für das Abwasser der Waschmaschinen zum Behälter der niedrigkontaminierten Abwässer,
     – – .... ,
   – Maße L/B in m ....
   – Leistungsumfang
     – – einrichten,
     – – entfernen,
     – – einrichten und entfernen,
     Hinweis: Vorhalten, Bereitstellen und Instandhalten siehe Pos. 990, 991
   – Berechnungseinheit Stück

Wasch–, Zwischenlagerplätze

730 Waschplatz für Arbeitsgeräte und Werkzeuge,
731 Zwischenlagerplatz für kontaminierte Böden,
   Einzelangaben zu Pos. 730, 731
   – Bodenplatte
     – – Platte aus Stahl,
     – – Platte aus Beton,
     – – Platte .... ,
        – – – mit Gefälle, Ablauf und Schlammfang,
        – – – mit .... ,
           – – – – wasserundurchlässig,
           – – – – ....
   – Maße L/B in m ....
   – Abdeckung
     – – Abdeckung aus PE–Folie, Dicke 0,2 mm – 0,5 mm – 1,0 mm,
     – – Abdeckung aus HDPE–Folie, Dicke 0,2 mm – in mm .... ,
     – – Abdeckung .... ,
        – – – einlagig,
        – – – doppellagig,
   – Ausstattung
     – – einschl. der erforderlichen Installationen und der Verbindungsleitungen zum Behälter der hochkontaminierten Abwässer,
     – – einschl. .... ,
   – Leistungsumfang
     – – einrichten,
     – – entfernen,
     – – einrichten und entfernen,
     Hinweis: Vorhalten, Bereitstellen und Instandhalten siehe Pos. 990, 991
   – Berechnungseinheit Stück

732 Überdachung,
733 Einhausung,
   Einzelangaben zu Pos. 732, 733
   – einschl. Absauganlage, Absauganlage wird gesondert vergütet
   – einschl. Bewetterung, Bewetterungsanlage wird gesondert vergütet
   – einschl. ....
   – Bereich
     – – für Waschplatz,
     – – für Zwischenlagerplatz,
     – – für Fahrzeugschleuse,
     – – für .... ,
   – Bauart
     – – als Stahlkonstruktion – als Winterbauzelt – als ..... ,
   – Maße L/B/H in m .... , Einfahrtöffnung B/H in m ....
   – Leistungsumfang
     – – einrichten – entfernen – einrichten und entfernen,
     Hinweis: Vorhalten, Bereitstellen und Instandhalten siehe Pos. 990, 991
   – Berechnungseinheit Stück

LB 000 Baustelleneinrichtung
Einrichtungen für Arbeiten in kontaminierten Bereichen

Ausgabe 06.02

Reinigungseinrichtungen für Fahrzeuge

740 **Fahrzeugschleuse als Dekontaminationsbad zwischen Baufeld und öffentlichem Straßenbereich,**
   Einzelangaben
   - Werkstoff
     - – bestehend aus einer Wanne aus Beton,
     - – bestehend aus einer Wanne aus Stahl,
     - – bestehend aus einer Wanne aus .... ,
   - Maße L/B/T in m ....
   - Ausstattung
     - – mit Schlammfang und seitlich angeordneter Sprüheinrichtung zur Reinigung der Fahrzeugreifen einschl. der erforderlichen Installationen und der Verbindungsleitungen zum Behälter der hochkontaminierten Abwässer,
       - – – weitere Ausstattung .... ,
   - Ausführung gemäß Zeichnung Nr....... , Einzelbeschreibung Nr. .... ,
   - Leistungsumfang
     - – einrichten – entfernen – einrichten und entfernen,
   Hinweis: Vorhalten, Bereitstellen und Instandhalten siehe Pos. 990, 991
   - Berechnungseinheit Stück

Abwasserbehälter, –transport

750 **Behälter für Abwasser,**
751 **Behälter für Abwasser und Schlämme,**
   Einzelangaben zu Pos. 750, 751
   - Grad der Kontamination
     - – niedrige Kontamination,
     - – hohe Kontamination,
   - Fassungsvermögen
     - – Fassungsvermögen ausreichend für Arbeitstage, Anzahl .... ,
     - – Fassungsvermögen in m³ .... ,
   - Leistungsumfang
     - – einrichten,
     - – entfernen,
     - – einrichten und entfernen,
   Hinweis: Vorhalten, Bereitstellen und Instandhalten siehe Pos. 990, 991
   - Berechnungseinheit Stück

752 **Abwasser,**
753 **Schlämme,**
754 **Abwasser und Schlämme,**
   Einzelangaben zu Pos. 752 bis 754
   - Grad der Kontamination
     - – niedrige Kontamination – hohe Kontamination,
   - Transport
     - – zur Sammelstelle .... mit Tankwagen abfahren, Transportentfernung in km .... ,
     - – zu einer zugelassenen Sammelstelle mit Tankwagen abfahren, Transportentfernung in km .... , (vom Bieter einzutragen)
       - – – die Gebühren der Sammelstelle werden gegen Nachweis vergütet,
   - Berechnungseinheit t, m³

Räume für persönliche Schutzausrüstung und Messgeräte

Hinweis: Anforderungen an Aufbewahrungsräume siehe Arbeitsstättenverordnung.

760 **Aufbewahrungsraum,**
   Einzelangaben
   - Verwendungszweck
     - – für Messgeräte,
     - – für persönliche Schutzausrüstung, für Personen, Anzahl .... ,
     - – für Messgeräte und persönliche Schutzausrüstung, für Personen, Anzahl .... ,
   - Ausstattung
     - – mit Be– und Entlüftung,
       - – – mit Heizung – mit .... ,
     - – Austattung .... ,
   - Maße L/B in m ....
   - Leistungsumfang
     - – einrichten – entfernen – einrichten und entfernen,
   Hinweis: Vorhalten, Bereitstellen und Instandhalten siehe Pos. 990, 991
   - Berechnungseinheit Stück

Räume für Reinigung und Wartung

765 **Reinigungs– bzw. Wartungsraum für die laufende Sicherung der Betriebsbereitschaft mehrfach genutzter oder Bereitstellung einmal zu benutzender Gegenstände und Gerätschaften,**
   Einzelangaben
   - Verwendungszweck
     - – für persönliche Schutzausrüstung,
     - – für Kleingeräte und Werkzeuge,
     - – für Mess– und Analysegeräte,
     - – für .... ,
   - Maße L/B in m ....
   - Leistungsumfang
     - – einrichten,
     - – entfernen,
     - – einrichten und entfernen,
   Hinweis: Vorhalten, Bereitstellen und Instandhalten siehe Pos. 990, 991
   - Berechnungseinheit Stück

Materialübergabestationen

770 **Materialübergabestation außerhalb des Schwarzbereiches zum Materialumschlag in den Schwarzbereich,**
   Einzelangaben
   - Ausstattung ....
   - Leistung in t/d ....
   - Ausführung gemäß Zeichnung Nr....... , Einzelbeschreibung Nr. .... ,
   - Leistungsumfang
     - – einrichten,
     - – entfernen,
     - – einrichten und entfernen,
   Hinweis: Vorhalten, Bereitstellen und Instandhalten siehe Pos. 990, 991
   - Berechnungseinheit Stück

Fahrzeugwaagen

775 **Fahrzeugwaage, geeicht,**
   Einzelangaben
   - Wiegebereich
     - – Wiegebereich bis 12 t,
     - – Wiegebereich bis 30 t,
     - – Wiegebereich bis 60 t,
     - – Wiegebereich in t .... ,
   - Leistungsumfang
     - – einrichten,
     - – entfernen,
     - – einrichten und entfernen,
   Hinweis: Vorhalten, Bereitstellen und Instandhalten siehe Pos. 990, 991
   - Berechnungseinheit Stück

Besonderes Erste–Hilfe–Material

780 **Besonderes Erste–Hilfe–Material, über die Grundausstattung hinausgehend,**
   Einzelangaben
   - Art, Anzahl
     - – nach Angaben des Arbeitsplanes,
     - – Art .... , Anzahl .... ,
   - Leistungsumfang
     - – liefern,
   - Berechnungseinheit psch

Zusätzliche Löscheinrichtungen

785 **Zusätzliche Löscheinrichtung, über die Grundausstattung hinausgehend, zur Bekämpfung von Entstehungsbränden,**
   Einzelangaben
   - Art, Anzahl
     - – nach Angaben des Arbeitsplanes,
     - – Art .... , Anzahl .... ,
   - Leistungsumfang
     - – einrichten,
     - – entfernen,
     - – einrichten und entfernen,
   Hinweis: Vorhalten, Bereitstellen und Instandhalten siehe Pos. 990, 991
   - Berechnungseinheit psch

STLB 000
Ausgabe 06.02

LB 000 Baustelleneinrichtung
Einrichtungen für Arbeiten in kontaminierten Bereichen

Berieselungsanlagen

790 **Berieselungsanlage,**
 Einzelanlagen
 - Ausführung gemäß Zeichnung Nr. .... ,
   Einzelbeschreibung Nr. .... ,
 - Leistungsumfang
   - – einrichten,
   - – entfernen,
   - – einrichten und entfernen,
 Hinweis: Vorhalten, Bereitstellen und Instandhalten
 siehe Pos. 990, 991
 - Berechnungseinheit Stück

Bewetterungsanlagen

795 **Bewetterungsanlage,**
 Einzelangaben
 - Verwendungsbereich
   - – für Schächte und Schürfe,
   - – für Einhausungen,
   - – für .... ,
 - Lüftungsleistung in kW ....
 - Mindestluftvolumenstrom in m³/min ....
 - Luftwechsel pro Stunde, Anzahl .... , Luttenlänge in m ....
 - Ausstattung
   - – einschl. aller für den Betrieb erforderlichen Anlagenteile,
   - – .... ,
 - Leistungsumfang
   - – einrichten,
   - – entfernen,
   - – einrichten und entfernen,
 Hinweis: Vorhalten, Bereitstellen und Instandhalten
 siehe Pos. 990, 991
 - Berechnungseinheit Stück

Absauganlagen

800 **Absauganlage mit Ventilator für freiwerdende Gase,**
 Einzelangaben
 - Geräteschutz
   - – explosions– und spritzwassergeschützt,
   - – .... ,
 - Mindestluftvolumenstrom in m³/min ....
 - einschl. Filter, Kategorie/Klasse ....
 - Absauglutte, Länge in m .... , Durchmesser in mm ....
 - Zuluftlutte, Länge in m .... , Durchmesser in mm ....
 - schwenkbarer Bogen zur Ableitung des Luftstromes mit der Windrichtung
 - Leistungsumfang
   - – einrichten,
   - – entfernen,
   - – einrichten und entfernen,
 Hinweis: Vorhalten, Bereitstellen und Instandhalten
 siehe Pos. 990, 991
 - Berechnungseinheit Stück

Schlussreinigung

805 **Dekontaminieren (Schlussreinigen) der eingesetzten Einrichtungen, Geräte und Werkzeuge,**
 - Berechnungseinheit psch

Persönliche Schutzausrüstung für Dritte

810 **Einweg–Schutzanzug, atmungsaktiv, für Dritte,**
811 **Einweg–Überschuhe für Dritte,**
812 **Einweg–Überstiefel für Dritte,**
813 **Sicherheitsstiefel S5 DIN EN 345 für Dritte,**
814 **Sicherheitsschuh S3 DIN EN 345 für Dritte,**
815 **Schutzhandschuhe für Dritte,,**
816 **Schutzhelm für Dritte, ohne Gesichtsschutzschirm,**
817 **Schutzhelm für Dritte, mit Gesichtsschutzschirm,**
818 **Atemschutzgerät für Dritte, für auswechselbare Filter, Klasse .... , als Halbmaske,**
819 **Atemschutzgerät für Dritte, für auswechselbare Filter, Klasse .... , als Vollmaske,**
820 **Atemschutzgerät für Dritte, gebläseunterstützt,**
821 **Atemschutzgerät für Dritte, gebläseunterstützt, explosionsgeschützt,**
822 **Atemfilter für Dritte, Klasse .... als Kombinationsfilter,**
823 **Atemfilter für Dritte, Klasse .... ,**
 Einzelangaben zu Pos. 810 bis 823
 - Leistungsumfang
   - – liefern,
   - – .... ,
 - Berechnungseinheit Stück

824 **Behälter mit Deckel, verschließbar,**
825 **Behälter mit Deckel, verschließbar und staubdicht,**
826 **Behälter mit Deckel .... ,**
 Einzelangaben zu Pos. 824 bis 826
 - Verwendungszweck
   - – für abgelegte Einweg–Schutzbekleidung,
   - – für benutzte Atemfilter,
   - – für .... ,
 - Inhalt
   - – Inhalt bis 100 l,
   - – Inhalt über 100 bis 200 l,
   - – Inhalt in Liter .... ,
 - Leistungsumfang
   - – aufstellen – entfernen – aufstellen und entfernen,
 Hinweis: Vorhalten, Bereitstellen und Instandhalten
 siehe Pos. 990, 991
 - Berechnungseinheit Stück

827 **Kontaminierte Schutzausrüstung entsorgen,**
 Einzelangaben
 - Inhalt
   - – einschl. Behälter, Inhalt bis 100 l,
   - – einschl. Behälter, Inhalt über 100 bis 200 l,
   - – einschl. Behälter, Inhalt in Liter .... ,
   - – in zugelassener Verpackung, Inhalt in Liter .... ,
 - Berechnungseinheit Stück

Messgeräte

830 **Gasspürpumpe zum Einsatz für Prüfröhrchenmessung,**
831 **Gasmessgerät,**
832 **Gaschromatograph,**
833 **Mehrfachgaswarngerät, explosionsgeschützt, mit Alarmfunktion bei Explosionsgefahr zur kontinuierlichen und gleichzeitigen Messung,**
 Einzelangaben zu Pos. 830 bis 833
 - Gefahrstoff ....
 - Erzeugnis
   - – Erzeugnis/Typ .... (vom Bieter einzutragen),
   - – Erzeugnis/Typ .... oder gleichwertiger Art,
 - Leistungsumfang
   - – zur Verfügung stellen,
   - – .... ,
 Hinweis: Vorhalten, Bereitstellen und Instandhalten
 siehe Pos. 990, 991
 - Berechnungseinheit Stück

834 **Prüfröhrchen,**
 geeignet zur Messung von ....
 nach Angaben des Arbeitsplanes liefern,
 - Berechnungseinheit Stück

 Hinweis: Gefahrstoffmessungen, Probenahmen und Analysen sind Ingenieurleistungen und daher in gesonderten Verträgen zu vereinbaren.

LB 000 Baustelleneinrichtung
Einrichtungen für Asbestsanierungsarbeiten

STLB 000
Ausgabe 06.02

Hinweis: Pos. 850 ist als Standardbeschreibung den Pos. 860 bis 897 voranzustellen.

850 Die nachstehend beschriebenen Leistungen setzen die Beachtung der TRGS 519 und der Asbest-Richtlinie voraus

Abschottungen

860 Tragkonstruktion
Einzelangaben
- Bauteil
  - – – für Raumabschottung als Wand,
  - – – für Raumabschottung als Zwischendecke,
  - – – für Raumabschottung als Zwischenboden,
  - – – für Raumabschottung als Verbindungsgang,
  - – – für Raumabschottung als Verbindungsschacht,
  - – – für Raumabschottung als .... ,
  - – – für Einhausung,
- Abmessungen
  - – – Höhe bis 3 m,
  - – – Höhe in m .... ,
  - – – in einer Höhe von/bis in m .... ,
  - – – Maße L/B/H in m .... ,
- Werkstoff, Bausystem
  - – – aus Kanthölzern,
  - – – aus Holzständerwerk,
  - – – aus Stahlrohr mit Kupplungen,
  - – – aus Stecksystem .... ,
    (Sofern nicht vorgeschrieben, vom Bieter einzutragen),
  - – – aus .... ,
- Ausführung gemäß Zeichnung Nr. .... , Einzelbeschreibung Nr. .... ,
- Leistungsumfang
  - – – herstellen,
  - – – abbauen und entsorgen,
  - – – herstellen, abbauen und entsorgen,
  - – – reinigen und umsetzen,
  - – – reinigen und abbauen,
  - – – herstellen, reinigen und abbauen,
  - **Hinweis:** Vorhalten, Bereitstellen und Instandhalten siehe Pos. 990, 991
- Berechnungseinheit m²

862 Staubdichte Abschottung,
Einzelangaben
- Bauteil
  - – – auf Tragkonstruktion,
  - – – auf Bauteilen,
  - – – auf Boden,
  - – – von Öffnungen,
  - – – .... ,
- Abmessungen
  - – – Höhe bis 3 m,
  - – – Höhe in m .... ,
  - – – Höhe in einer Höhe von/bis in m .... ,
  - – – Maße L/B/H in m .... ,
- Anordnung
  - – – einseitig anbringen,
  - – – beidseitig anbringen,
- Werkstoff
  - – – aus PE-Folie, Dicke 0,2 mm,
  - – – aus PE-Folie, Dicke 0,5 mm,
  - – – aus PE-Folie, doppellagig, Dicke in mm .... ,
  - – – aus gewebeverstärkter Folie, Dicke in mm .... ,
  - – – aus Hartfaserplatte, beschichtet,
  - – – aus Spanplatte, beschichtet,
  - – – aus Mehrschichtplatte,
  - – – aus Mehrschichtplatte und Folie, Dicke in mm ...... ,
  - – – aus .... ,
- Leistungsumfang
  - – – herstellen,
  - – – abbauen und entsorgen,
  - – – herstellen, abbauen und entsorgen,
  - – – reinigen und abbauen,
  - – – herstellen, reinigen und abbauen,
  - **Hinweis:** Vorhalten, Bereitstellen und Instandhalten siehe Pos. 990, 991
- Berechnungseinheit m², Stück

863 Staubdichte Umhüllung,
864 Staubdichte Abdeckung,
Einzelangaben zu Pos. 863, 864
- Gegenstand
  - – – von Einrichtungen/Geräten,
  - – – von .... ,
- einschl. Tragkonstruktion
- Werkstoff
  - – – aus PE-Folie, Dicke 0,2 mm,
  - – – aus PE-Folie, Dicke 0,5 mm,
  - – – aus gewebeverstärkter Folie, Dicke in mm .... ,
  - – – aus .... ,
- Folienfläche (bei Berechnungseinheit Stück)
  - – – erforderliche Folienfläche bis 2 m²,
  - – – erforderliche Folienfläche über 2 bis 4 m²,
  - – – erforderliche Folienfläche in m² .... ,
- Leistungsumfang
  - – – herstellen,
  - – – abbauen und entsorgen,
  - – – herstellen, abbauen und entsorgen,
  - **Hinweis:** Vorhalten, Bereitstellen und Instandhalten siehe Pos. 990, 991
- Berechnungseinheit Stück, m²

865 Staubdichter umlaufender Anschluss an angrenzende Bauteile,
866 Staubdichte Fugenabdichtung zwischen Bauteilen,
Einzelangaben zu Pos. 865, 866
- Werkstoff
  - – – mit Industrie-Klebeband,
  - – – mit Montageschaum (FCKW-frei),
  - – – mit dauerelastischer Fugenmasse,
  - – – mit Klemmleisten, aufgedübelt, und Kompriband,
  - – – mit Kompriband,
  - – – mit .... ,
- Breite
  - – – Breite bis 50 mm,
  - – – Breite über 50 bis 100 mm,
  - – – Breite in mm ....
- Leistungsumfang
  - – – herstellen,
  - – – abbauen und entsorgen,
  - – – herstellen, abbauen und entsorgen,
  - **Hinweis:** Vorhalten und Instandhalten siehe Pos. 990, 991
- Berechnungseinheit m

867 Fluchtöffnung,
Einzelangaben
- Art der Abschottung
  - – – in waagerechter Abschottung,
  - – – in senkrechter Abschottung,
- Bauart
  - – – als Fluchtweg auf der Folie kennzeichnen und mit sichtbar vorgehaltenem Folienmesser ausstatten,
  - – – als Fluchttür,
    - – – – aus Hartfaserplatte, beschichtet,
    - – – – aus Spanplatte, beschichtet,
    - – – – aus Mehrschichtplatte,
    - – – – aus Mehrschichtplatte und Folie, Dicke in mm .... ,
    - – – – aus Holzrahmen,
      - – – – – mit PE-Folie, Dicke 0,2 mm,
      - – – – – mit PE-Folie, Dicke 0,5 mm,
      - – – – – mit gewebeverstärkter Folie, Dicke in mm .... ,
      - – – – – zweilagig bespannt mit Folie, Dicke in mm .... ,
    - – – – aus .... ,
  - – – als Reißverschlussfolientür,
- Leistungsumfang
  - – – herstellen,
  - – – abbauen und entsorgen,
  - – – herstellen, abbauen und entsorgen,
  - – – abbauen und reinigen,
  - – – herstellen, abbauen und reinigen,
  - **Hinweis:** Vorhalten, Bereitstellen und Instandhalten siehe Pos. 990, 991
- Berechnungseinheit m², Stück

STLB 000

Ausgabe 06.02

LB 000 Baustelleneinrichtung
Einrichtungen für Asbestsanierungsarbeiten

868 Staubdichte Abschottung, kleinflächig, Einzelangaben
- Größe
  - – bis 10 cm² – über 10 bis 25 cm² –
  - über 25 bis 100 cm² – über 100 bis 500 cm² –
  - in cm² .... ,
- Werkstoff
  - – mit Montageschaum (FCKW–frei),
  - – mit Stopfwolle und Montageschaum (FCKW–frei),
  - – mit PE–Folie, Dicke in mm .... ,
  - – mit Aufsprühfolie,
  - – mit Holzplatten und Montageschaum (FCKW–frei),,
  - – mit Holzplatten und Folie, Dicke in mm .... ,
  - – mit .... ,
- Leistungsumfang
  - – einbauen,
  - – ausbauen und entsorgen,
  - – ein– und ausbauen und entsorgen,
  - **Hinweis:** Vorhalten, Bereitstellen und Instandhalten siehe Pos. 990, 991
- Berechnungseinheit Stück

Dekontaminationseinheiten

Hinweis: Anforderungen an die Personendekontaminationseinheit siehe Arbeitsstättenverordnung.

870 Personendekontaminationseinheit, Einzelangaben
- System
  - – als 3–Kammerschleuse,
  - – als 4–Kammerschleuse,
- Bauart
  - – aus vorgefertigten Elementen, koppelbar,
  - – aus einem Container mit 3 Kammern,
  - – aus einem Container mit 4 Kammern,
  - – aus Containern für den Weißbereich, Anzahl .... , Containern für den Nassbereich, Anzahl .... , und Containern für den Schwarzbereich, Anzahl .... ,
  - – aus
- Größe (Personenzahl)
  - – für mind. 4 Personen/Schicht,
  - – für Anzahl der Personen/Schicht .... ,
- Austattung
  - – mit Anschluss für Unterdruckhaltung, Luftführung mit Rückschlagklappen, selbstschließenden Türen mit Verriegelungssystem sowie Duschvorrichtungen,
  - – mit .... ,
- Leistungsumfang
  - – herstellen,
  - – reinigen und abbauen,
  - – herstellen, reinigen und abbauen,
  - – reinigen und umsetzen,
  - **Hinweis:** Vorhalten, Bereitstellen und Instandhalten siehe Pos. 990, 991
- Berechnungseinheit Stück

871 Einkammerschleuse für Arbeiten geringen Umfangs, Einzelangaben
- Bauart
  - – als vorgefertigte Einheit,
  - – als Holzkonstruktion,
  - – als .... ,
    - – – – mit Folie, Dicke in mm .... ,
    - – – – mit gewebeverstärkter Folie, Dicke in mm .... ,
    - – – – mit Holzfaserplatte und Folie, Dicke in mm .... ,
    - – – – mit .... ,
- Ausstattung
  - – mit Anschluss für Absaugung,
  - – .... ,
- Leistungsumfang
  - – herstellen,
  - – abbauen und entsorgen,
  - – herstellen, abbauen und entsorgen,
  - – reinigen und abbauen,
  - – reinigen und umsetzen,
  - **Hinweis:** Vorhalten, Bereitstellen und Instandhalten siehe Pos. 990, 991
- Berechnungseinheit Stück

872 Luftdusche als Erweiterung der Personenschleuse zur Vorreinigung der Schutzkleidung, Einzelangaben
- Bauart
  - – als vorgefertigte Einheit – als .... ,
- Leistungsumfang
  - – herstellen,
  - – abbauen und entsorgen,
  - – reinigen und abbauen,
  - – herstellen, reinigen und abbauen,
  - – reinigen und umsetzen,
  - **Hinweis:** Vorhalten, Bereitstellen und Instandhalten siehe Pos. 990, 991
- Berechnungseinheit Stück

873 Materialdekontaminationseinheit
- System
  - – als 2–Kammerschleuse – als 3–Kammerschleuse,
- Bauart
  - – aus einem Container,
  - – aus Containern, Anzahl .... ,
  - – aus Holzständerwerk,
  - – als Stecksystem .... ,
    (Sofern nicht vorgeschrieben, vom Bieter einzutragen),
  - – aus .... ,
    - – – – einseitig bespannt,
    - – – – beidseitig bespannt,
      - – – – – mit PE–Folie, Dicke 0,2 mm,
      - – – – – mit PE–Folie, Dicke 0,5 mm,
      - – – – – mit gewebeverstärkter Folie, Dicke in mm .... ,
      - – – – – mit Hartfaserplatte und Folie, Dicke in mm .... ,
      - – – – – mit .... ,
- Ausstattung
  - – mit Anschluss für Unterdruckhaltung, Luftführung mit Rückschlagklappen, selbstschließenden Türen bzw. Kammeröffnungen,
  - – mit .... ,
- Maße L/B/H in m ....
- Leistungsumfang
  - – herstellen,
  - – abbauen und entsorgen,
  - – herstellen, abbauen und entsorgen,
  - – reinigen und abbauen,
  - – reinigen und umsetzen,
  - **Hinweis:** Vorhalten, Bereitstellen und Instandhalten siehe Pos. 990, 991
- Berechnungseinheit Stück

874 Materialabsauganlage für schwachgebundene Asbestprodukte, als geschlossenes System mit Unterdruck und Vorabscheider einschl. Anschlussleitungen, Einzelangaben
- Leistung in t/h .... ,
- Ausstattung
  - – mit Puffersilo und Förderschnecke – mit .... ,
- Leistungsumfang
  - – herstellen,
  - – reinigen und abbauen,
  - – herstellen, reinigen und abbauen,
  - – reinigen und umsetzen,
  - **Hinweis:** Vorhalten, Bereitstellen und Instandhalten siehe Pos. 990, 991
- Berechnungseinheit Stück

875 Verfestigungsanlage für die Verarbeitung von schwachgebundenen Asbestprodukten mit Zement oder einem anderen Bindemittel zu Blöcken, als geschlossenes System mit Unterdruck, Einzelangaben
- Leistung in m³/h ....
- Leistungsumfang
  - – herstellen,
  - – reinigen und abbauen,
  - – herstellen, reinigen und abbauen,
  - – reinigen und umsetzen,
  - **Hinweis:** Vorhalten, Bereitstellen und Instandhalten siehe Pos. 990, 991
- Berechnungseinheit Stück

LB 000 Baustelleneinrichtung
Einrichtungen für Asbestsanierungsarbeiten

876 **Staubdichter Container, verschließbar,**
Einzelangaben
- Verwendungszweck
  -- als Zwischenlagerraum,
  -- als .... ,
- Fassungsvermögen
  -- Fassungsvermögen bis 10 m³,
  -- Fassungsvermögen über 10 bis 20 m³,
  -- Fassungsvermögen über 20 bis 30 m³,
  -- Fassungsvermögen in m³ .... ,
- Leistungsumfang
  -- aufstellen,
  -- abbauen,
  -- aufstellen und abbauen,
  Hinweis: Vorhalten, Bereitstellen und Instandhalten siehe Pos. 990, 991
- Berechnungseinheit Stück

877 **Abwasserreinigungsanlage,**
Einzelangaben
- Leistung in l/h ....
- Verwendungszweck
  -- zum Abscheiden von Asbestfasern mit einer Länge größer 5 mym,
  -- zum Abscheiden von Asbestfasern mit einer Länge in mym .... ,
- Ausstattung
  -- einschl. Anschlussleitungen,
  -- .... ,
- Leistungsumfang
  -- herstellen,
  -- abbauen,
  -- herstellen und abbauen,
  Hinweis: Vorhalten, Bereitstellen, Instandhalten und Betreiben siehe Pos. 990, 991.
- Berechnungseinheit Stück

Unterdruckhaltung

880 **Unterdruckgerät für einen Unterdruck von mind. 20 Pa in einem Abschottungsraum, Größe in m³ .... , mit abgestufter Filterkombination, Abscheidegrad mind. 99,995 %, wirksam für einen Asbestfasergehalt in der Abluft von unter 1000 Fasern/m³, einschl. Schlauchleitung, Länge in m .... ,**
Einzelangaben
- Luftwechsel
  -- mit einem 5fachen Luftwechsel/Stunde,
  -- mit einem 8fachen Luftwechsel/Stunde,
  -- mit einem 10fachen Luftwechsel/Stunde,
  -- Luftwechsel/Stunde .... ,
- Leistungsumfang
  -- einrichten,
  -- abbauen,
  -- einrichten und abbauen,
  -- umsetzen,
  Hinweis: Vorhalten, Bereitstellen, Instandhalten und Betreiben siehe Pos. 990, 991
- Berechnungseinheit Stück

881 **Unterdruckkontrollgerät, mit kontinuierlicher Aufzeichnung, optischer und akustischer Warneinrichtung,**
Einzelangaben
- Leistungsumfang
  -- einrichten,
  -- abbauen,
  -- einrichten und abbauen,
  -- umsetzen,
  Hinweis: Vorhalten, Bereitstellen, Instandhalten und Betreiben siehe Pos. 990, 991
- Berechnungseinheit Stück

882 **Notstromaggregat für die Unterdruckhaltung,**
Einzelangaben
- Leistung in kVA .... (Sofern nicht vorgeschrieben, vom Bieter einzutragen)
- Leistungsumfang
  -- einrichten,
  -- abbauen,
  -- einrichten und abbauen,
  Hinweis: Warten und Vorhalten siehe Pos. 990, 991
- Berechnungseinheit Stück

883 **Industriestaubsauger der Verwendungskategorie K1, baumustergeprüft, mit einem Durchlassgrad des Filtermaterials oder der Filterkombination kleiner 0,005 %,**
Einzelangaben
- Verwendungsbereich
  -- zum Absaugen von kontaminierten Flächen und Einrichtungen,
  -- zum Anschließen an die Einkammerschleuse für Arbeiten geringen Umfanges
- Leistungsumfang
  -- zur Verfügung stellen,
  Hinweis: Vorhalten und Instandhalten siehe Pos. 990, 991
- Berechnungseinheit Stück

Persönliche Schutzausrüstung für Dritte

890 **Einweg-Schutzanzug für Dritte liefern,**
891 **Einweg-Überschuh für Dritte liefern,**
892 **Einweg-Überstiefel für Dritte liefern,**
893 **Schutzhandschuhe für Dritte liefern,**
Einzelangaben zu Pos. 890 bis 893
- Erzeugnis
  -- Erzeugnis/Typ .... (vom Bieter einzutragen),
  -- Erzeugnis/Typ .... oder gleichwertiger Art,
- Berechnungseinheit Stück

894 **Atemschutzgerät für Dritte liefern,**
Einzelangaben
- Filter
  -- für auswechselbare Filter, Klasse .... ,
  -- .... ,
- Bauart
  -- als Halbmaske,
  -- als Vollmaske,
- Ausstattung
  -- gebläseunterstützt,
  -- .... ,
- Berechnungseinheit Stück

895 **Atemfilter für Dritte liefern, Klasse .... ,**
- Berechnungseinheit Stück

896 **Behälter mit Deckel,**
Einzelangaben
- Verschluss
  -- verschließbar,
  -- staubdicht, verschließbar,
  -- .... ,
- Verwendungszweck
  -- für abgelegte Einwegschutzkleidung,
  -- für benutzte Atemfilter,
  -- für .... ,
- Inhalt
  -- Inhalt bis 100 l,
  -- Inhalt über 100 bis 200 l,
  -- Inhalt in Liter .... ,
- Leistungsumfang
  -- aufstellen,
  -- entfernen,
  -- aufstellen und entfernen,
  Hinweis: Vorhalten, Bereitstellen und Instandhalten siehe Pos. 990, 991.
- Berechnungseinheit Stück

897 **Kontaminierte Schutzausrüstung entsorgen,**
Einzelangaben
- Verpackung
  -- einschl. Behälter, Inhalt bis 100 l,
  -- einschl. Behälter, Inhalt über 100 bis 200 l,
  -- einschl. Behälter, Inhalt in Liter .... ,
  -- in zugelassener Verpackung, Inhalt in Liter .... ,
- Berechnungseinheit Stück

STLB 000

LB 000 Baustelleneinrichtung
Winterbauschutzmaßnahmen

Ausgabe 06.02

Hinweise für Winterbauschutzmaßnahmen

920 **Die Winterbauschutzmaßnahmen müssen Arbeiten bis zu folgenden klimatischen Grenzwerten ermöglichen:**
- Lufttemperatur in Grad C ....
- – Neuschnee in cm .... ,
- – – Niederschläge in mm/h .... ,
- – – – Windstärke 6,
- – – – Windstärke 7,
- – – – Windstärke 8,
- – – – Windstärke .... ,
- – – – – Bodenfrosttiefe in cm .... ,
- – – – – – .... ,
- sind in einer Frist von .... nach Anordnung des AG fertigzustellen.
Die Ausführungsfrist wird entsprechend verlängert, wenn einer der angegebenen klimatischen Grenzwerte überschritten wird und dies zur Unterbrechung der Arbeiten zwingt. Die Ausfallzeit ist nachzuweisen.

921 **Winterbauschutzhalle,**
922 **Winterbauschutzzelt,**
Einzelangaben zu Pos. 921, 922
- Verwendungszweck
  - – für witterungsabhängige Arbeiten,
  - – für witterungsabhängige Arbeiten einschl. Gründung,
- Ausstattung
  - – einschl. Heizanlage,
  - – einschl. Beleuchtungseinrichtung,
  - – einschl. Beleuchtungseinrichtung und Heizanlage,
  - – einschl. ....
- Größe
  - – für Bauwerksaußenmaße L/B/H in m .... ,
  - – für Bauwerksaußenmaße L/B/H in m .... , Aufstellebene über Gelände in m .... ,
- Tragkonstruktion .... (Sofern nicht vorgeschrieben, vom Bieter einzutragen)
- Außenhaut .... (Sofern nicht vorgeschrieben, vom Bieter einzutragen)
- Besondere Anforderungen ....
Hinweis: Nach Lage des Einzelfalles sind anzugeben: Anteil der lichtdurchlässigen Außenhaut, Lüftungsöffnungen, Transportöffnungen, Anforderungen an technische Einrichtungen, Mitbenutzung durch andere Unternehmer usw.
  - – einschl. Beleuchtungseinrichtung,
  - – einschl. Heizungsanlage,
  - – einschl. Heizungsanlage und Beleuchtungseinrichtung,
  - – einschl. .... ,
- Leistungsumfang
  - – einrichten,
  - – abbauen,
  - – einrichten und abbauen,
  - – umsetzen nach besonderer Anordnung des AG,
Hinweis: Vorhalten, Bereitstellen, Instandhalten und Betreiben siehe Pos. 990, 991
- Berechnungseinheit Stück

923 **Winterbauschutzvorrichtung, Einzelangaben**
- Art der Vorrichtung
  - – der Betonmischanlage einschl. Einrichtungen zur Erwärmung des Anmachwassers und der Zuschlagstoffe,
  - – der Betonmischanlage einschl. .... ,
  - – der Betonübergabestelle,
  - – des Standplatzes der Betonpumpe,
  - – .... ,
- besondere Anforderungen
- Leistungsumfang
  - – einrichten,
  - – abbauen,
  - – einrichten und abbauen,
  - – umsetzen nach besonderer Anordnung des AG,
Hinweis: Vorhalten, Bereitstellen, Instandhalten und Betreiben siehe Pos. 990, 991
- Berechnungseinheit Stück

924 **Winterbauheizanlage,**
925 **Heizgerät,**
926 **Heizgerät für örtlichen Einsatz in einem Bauwerk, Einzelangaben zu Pos. 924 bis 926**
- Leistung in kJ/h .... (Sofern nicht vorgeschrieben, vom Bieter einzutragen)
- Verwendungszweck
  - – zum Erwärmen der Zuschlagstoffe und des Anmachwassers,
  - – zum Erwärmen .... ,
- Leistungsumfang
  - – einrichten,
  - – abbauen,
  - – einrichten und abbauen,
  - – umsetzen nach besonderer Anordnung des AG,
Hinweis: Vorhalten, Bereitstellen, Instandhalten und Betreiben siehe Pos. 990, 991
- Berechnungseinheit Stück

LB 000 Baustelleneinrichtung
Schutz gegen Baulärm

STLB 000

Ausgabe 06.02

Hinweise für Lärmschutzmaßnahmen

940 Für die Maßnahmen zum Schutz gegen Baulärm während des Auf- und Abbaus der Baustelleneinrichtung und der Bauausführung gelten
- folgende Vorschriften .... ,
- folgende Anweisungen und Hinweise ....
Hinweis: Anforderungen enthalten das Bundes-Immissionsschutzgesetz (BImSchG) und die Allgemeine Verwaltungsvorschrift (AVwV) zum Schutz gegen Baulärm -Geräuschimmissionen-

941 Gemäß den Bestimmungen der Allgemeinen Verwaltungsvorschrift (AVwV) zum Schutz gegen Baulärm -Geräuschimmissionen- gilt:
- im Einwirkungsbereich der Baustellen liegt ein
- im Einwirkungsbereich der Baustellen liegt in einer Entfernung von .... ein zum Aufenthalt von Menschen bestimmtes Gebäude. Dieses liegt in einem
- Im Einwirkungsbereich der Baustelle liegen in einer Entfernung von .... zum Aufenthalt von Menschen bestimmte Gebäude. Diese liegen in einem
- Die Baumaßnahme wird an ein bestehendes, zum Aufenthalt von Menschen bestimmtes Gebäude angebaut oder ist mit dieser in baulicher Art verbunden. Dieses liegt in einem
  - – Industriegebiet, in dem sich nur gewerbliche oder industrielle Anlagen und Wohnungen für Inhaber oder Leiter der Betriebe sowie für Aufsichts- oder Bereitschaftspersonal befinden,
  - – Gewerbegebiet, in dem sich vorwiegend gewerbliche Anlagen befinden,
  - – Kerngebiet, in dem sich vorwiegend gewerbliche Anlagen befinden,
  - – Kerngebiet mit den das Wohnen nicht erheblich störenden gewerblichen Anlagen und Wohnungen,
  - – Mischgebiet mit den das Wohnen nicht erheblich störenden gewerblichen Anlagen und Wohnungen,
  - – Dorfgebiet mit den das Wohnen nicht erheblich störenden gewerblichen Anlagen und Wohnungen,
  - – Dorfgebiet, in dem sich vorwiegend Wohnungen befinden,
  - – Gebiet, in dem sich vorwiegend Wohnungen befinden (allgemeines Wohngebiet),
  - – Kleinsiedlungsgebiet,
  - – Gebiet, in dem sich vorwiegend Wohnungen befinden (reines Wohngebiet),
  - – Sondergebiet mit Kuranlagen, Krankenhäusern, Fremdenherbergen und Pflegeanstalten,
  - – Sondergebiet mit Einkaufszentren, Läden, großflächigen Handelsgebieten,
  - – Sondergebiet für Messen, Ausstellungen, Kongresse,
  - – Sondergebiet mit Hochschuleinrichtungen,
  - – Sondergebiet, das der Erholung dient,
  - – Sondergebiet .... ,
- Immissionsrichtwerte gemäß AVwV
- Immissionsrichtwerte ....
  - – von 7 bis 20 Uhr in dB(A) .... ,
  - – von 20 bis 7 Uhr in dB(A) .... ,

942 Als Änderungen von den Bestimmungen der Allgemeinen Verwaltungsvorschriften (AVwV) zum Schutz gegen Baulärm -Geräuschimmissionen- wird festgelegt:
- Die Baustelle liegt in einer Entfernung von .... zu einem zum Aufenthalt von Menschen bestimmten Gebäude, Zweckbestimmung .... in einem
- Die Baustelle liegt in einer Entfernung von .... zu Gebäuden, die zum Aufenthalt von Menschen bestimmt sind, Zweckbestimmung .... , die Gebäude liegen in einem
- Die Baumaßnahme wird an ein zum Aufenthalt von Menschen bestimmtes Gebäude, Zweckbestimmung ...., angebaut oder mit diesem in baulicher Art verbunden. Dieses liegt in einem
  - – Industriegebiet, in dem sich nur gewerbliche oder industrielle Anlagen und Wohnungen für Inhaber oder Leiter der Betriebe sowie für Aufsichts- oder Bereitschaftspersonal befinden,
  - – Gewerbegebiet, in dem sich vorwiegend gewerbliche Anlagen befinden,
  - – Kerngebiet, in dem sich vorwiegend gewerbliche Anlagen befinden,
  - – Kerngebiet mit den das Wohnen nicht erheblich störenden gewerblichen Anlagen und Wohnungen,
  - – Mischgebiet mit den das Wohnen nicht erheblich störenden gewerblichen Anlagen und Wohnungen,
  - – Dorfgebiet mit den das Wohnen nicht erheblich störenden gewerblichen Anlagen und Wohnungen,
  - – Dorfgebiet, in dem sich vorwiegend Wohnungen befinden,
  - – Gebiet, in dem sich vorwiegend Wohnungen befinden (allgemeines Wohngebiet),
  - – Kleinsiedlungsgebiet,
  - – Gebiet, in dem sich ausschließlich Wohnungen befinden (reines Wohngebiet),
  - – Sondergebiet mit Kuranlagen, Krankenhäusern, Fremdenherbergen und Pflegeanstalten,
  - – Sondergebiet mit Einkaufszentren, Läden, großflächigen Handelsgebieten,
  - – Sondergebiet für Messen, Ausstellungen, Kongresse,
  - – Sondergebiet mit Hochschuleinrichtungen,
  - – Sondergebiet, das der Erholung dient,
  - – Sondergebiet .... ,
    - – – Immissionsrichtwert von 7 bis 20 Uhr 70 dB(A) – 65 dB(A) – 60 dB(A) – 55 dB(A) – 50 dB(A) – 45 dB(A) – 40 dB(A) – 35 dB(A) – in dB(A) – .... ,
    - – – Immissionsrichtwert von .... 70 dB(A) – 65 dB(A) – 60 dB(A) – 55 dB(A) – 50 dB(A) – 45 dB(A) – 40 dB(A) – 35 dB(A) – in dB(A) – .... ,
    - – – Immissionsrichtwert von 20 bis 7 Uhr 50 dB(A) – 45 dB(A) – 40 dB(A) – 35 dB(A) – 30 dB(A) – in dB(A) – .... ,
    - – – Immissionsrichtwert von .... 50 dB(A) – 45 dB(A) – 40 dB(A) – 35 dB(A) – 30 dB(A) – in dB(A) – .... ,
- für das im Lageplan gekennzeichnete Gebäude,
- für den im Lageplan gekennzeichneten Bereich,
  - – Zweckbestimmung .... ,
    - – – werden unabhängig von den allgemeinen Immissionsrichtwerten folgende Werte festgelegt:
      von 7 bis 20 Uhr in dB(A) .... ,
      von 20 bis 7 Uhr in dB(A) .... ,

LB 000 Baustelleneinrichtung
Schutz gegen Baulärm

945 **Zusätzliche Festlegungen gegen Baulärm,**
- in der Zeit von 22 bis 7 Uhr
  - – sind Bauarbeiten,
  - – sind Bauarbeiten mit Maschineneinsatz, die die Nachtruhe stören,
    - – – nicht erlaubt,
- an Sonn– und gesetzlichen Feiertagen
  - – sind Bauarbeiten,
  - – sind Bauarbeiten mit Maschineneinsatz,
    - – – nicht erlaubt,
- in der Zeit von 20 bis 7 Uhr
- in der Zeit von .... bis 7 Uhr
  - – sind Bauarbeiten,
  - – nicht erlaubt,
- in der Zeit von 12 bis 14 Uhr
- in der Zeit von 13 bis 15 Uhr
- in der Zeit von ....
  - – sind Bauarbeiten, die geeignet sind, die Ruhe zu stören, nicht erlaubt,
    - – – unbedingt notwendige Arbeiten, die diese Anforderungen nicht erfüllen, sind vor Beginn der Arbeiten vom AG zu genehmigen,
- es gilt von 20 bis 7 Uhr
- es gilt an Sonn– und gesetzlichen Feiertagen
  - – der Immissionsrichtwert 50 dB(A),
  - – der Immissionsrichtwert 45 dB(A),
  - – der Immissionsrichtwert 40 dB(A),
  - – der Immissionsrichtwert 35 dB(A),
  - – der Immissionsrichtwert 30 dB(A),
  - – der Immissionsrichtwert in dB(A) .... ,
    - – – an Werktagen wird für die Zeit von/bis .... der Immissionsrichtwert festgesetzt auf .... ,
- lärmerzeugende Arbeiten, die im Einwirkungsbereich der Baustelle zu Beeinträchtigungen führen, sind innerhalb der folgenden Zeit durchzuführen ....
- der Leistungsbeschreibung ist ein Lageplan im Maßstab .... mit der Darstellung der geplanten Baumaßnahme, der für die Baustelleneinrichtung zur Verfügung stehenden Flächen, der Zufahrt, der Umgebungsbedingungen, wie Schallreflexion und –abschirmung und der Lage der kritischen Immissionsorte beigefügt
  - – der Abstand von den Begrenzungen der Baustelle bis zu den kritischen Immissionsorten, Bezeichnung(en) und Adresse(n) .... beträgt in m .... ,
    - – – als Nachweis hat der AN vor Beginn der Ausführung einen Baustelleneinrichtungsplan mit Auflistung aller für den Einsatz geplanten Maschinen mit deren Typbezeichnungen und den zugehörigen Emmissionswerten, angegeben als Schalleistungspegel, vorzulegen,
      - – – – der Einsatz von Baumaschinen für folgende Arbeitsverfahren und Bauleistungen .... ist mit dem AG abzustimmen. Erforderliche behördliche Genehmigungen sowie Sonderregelungen sind vom AN zu beantragen und dem AG vor Beginn der Arbeiten vorzulegen,
- der vorhandene Geräuschpegel (Umgebungs– und Fremdlärm) ist vom AG bei dem Anlieger/Bezeichnung .... , Anschrift .... gemessen worden
  - – er beträgt in der Zeit von 7 bis 20 Uhr in dB(A) .... und in der Zeit von 20 bis 7 in dB(A) .... ,
  - – er beträgt in der Zeit von/bis .... in dB(A) .... ,
    - – – gemäß AVwV zum Schutz gegen Baulärm – Geräuschimmissionen– kann innerhalb der genannten Zeiten von Maßnahmen zur Lärmminderung abgesehen werden,
- für sämtliche in der Leistungsbeschreibung aufgeführten Leistungen wurde von der Lärmschutzbehörde unter Berücksichtigung des Umgebungspegels festgesetzt:
  - – Immissionsrichtwert in dB(A) .... ,
  - – Immissionshöchstwert in dB(A) .... ,
  - – Immissionsrichtwert in dB(A) .... , bei maximaler Überschreitung eines Messwertes um dB(A) .... ,
- gemäß Planfeststellungsbeschluss Nr .... vom .... , Aktenzeichen .... , des Amtes .... , wird der Immissionsrichtwert für .... , festgesetzt auf dB(A) .... ,
- Anlieger im Einwirkungsbereich der Baustelle sind über die Lärmbelastungen während der Bauzeit und die Maßnahmen zum Schutz gegen Baulärm zu informieren
  - – diese Information erfolgt durch den AN in Abstimmung mit dem AG durch,
    - – – die lokale Presse,
    - – – Verteilung von Informationsmaterial an die Anlieger,
    - – – Hinweistafeln im Bereich der Baustelle,
    - – – Informationsveranstaltungen mit den Anliegern,
    - – – .... ,
- der AN hat einen kombinierten Bauablauf– und Lärmschutzplan zu erstellen
Der Betrieb von Verbrennungsmotoren ist
  - – im Bereich des Krankenhauses nicht zulässig,
  - – im Bereich .... ,
    - – – ausgenommen sind Maschinen,
      - – – – die mit dem Umweltzeichen gekennzeichnet sind,
      - – – – die die EG–Emmissionsgrenzwerte einhalten,
      - – – – für Ausschachtung, den Erdtransport sowie Betonlieferfahrzeuge und Lastkraftwagen,
      - – – – für Ausschachtung, den Erdtransport sowie Betonlieferfahrzeuge und Lastkraftwagen, die erhöhte Emissionswerte aufweisen können,
- zum Nachweis der Einhaltung der Zeitkorrekturwerte nach der AVwV zum Schutz gegen Baulärm – Geräuschimmissionen– für die in der Lärmschutzplanung nachgewiesene tägliche Betriebsdauer sind geeignete Zeitmesser
  - – an der Maschine,
  - – .... ,
    - – – vorzuhalten. Die Messprotokolle sind dem AG zu übergeben,
- der Einsatz von Baustellenkreissägen,
- der Einsatz von .... ,
  - – ist in der Zeit von 12 bis 14 Uhr,
  - – ist in der Zeit von/bis .... ,
    - – – nicht zulässig,

LB 000 Baustelleneinrichtung
Schutz gegen Baulärm; Erschütterungsschutz

STLB 000

Ausgabe 06.02

Einrichtungen

950 **Schallschutzwand,**
951 **Schallschutzwand in Verbindung mit einem Fußgängerschutzweg,**
952 **Schallschutzumhausung,**
953 **Schallschutzvorhang,**
954 **Schallschutz– und Staubschutzvorhang,**
955 **Schallschutzeinrichtung .... ,**
 Einzelangaben zu Pos. 950 bis 955
- einschl. schalltechnischer Nachweise
- Maße, Bauart
  - – – Mindestmaße in m .... ,
  - – – umsetzbar, Mindestmaße in m .... ,
  - – – aus Einzelelementen, umsetzbar, Mindestmaße in m .... ,
  - – – .... ,
- Standort, Verwendungszweck
  - – – Standort .... ,
  - – – Verwendungszweck .... ,
  - – – Standort .... , Verwendungszweck .... ,
  - – – für .... ,
- Schalldämmmass
  - – – Mindestschalldämmmaß R_w 20 dB,
  - – – Mindestschalldämmmaß R_w 25 dB,
  - – – Mindestschalldämmmaß R_w 30 dB,
  - – – Mindestschalldämmmaß R_w in dB .... ,
- Innenauskleidung schallabsorbierend
- Ausführung gemäß Zeichnung Nr. .... , Einzelbeschreibung Nr. .... ,
- Leistungsumfang
  - – – herstellen,
  - – – abbauen,
  - – – herstellen und abbauen,
  - – – umsetzen nach besonderer Anordnung des AG,
 Hinweis: Vorhalten, Bereitstellen und Instandhalten siehe Pos. 990, 991
- Berechnungseinheit Stück, m, m²

956 **Tür,**
957 **Tor,**
958 **Öffnung,**
 Einzelangaben zu Pos. 956 bis 958
- Einbaubereich
  - – – als Zulage zur Schallschutzwand,
  - – – als Zulage zur Schallschutzumhausung,
  - – – als Zulage zum Schallschutzvorhang,
  - – – als Zulage .... ,
- Maße in cm ....
- Ausführung gemäß Zeichnung Nr. .... , Einzelbeschreibung Nr. ....
  - – – abschließbar,
- Berechnungseinheit Stück

970 **Zusätzliche Festlegungen zum Schutz gegen Erschütterungen,**
- bei der Ausführung der Leistungen
  - – – müssen benachbarte bauliche Anlagen gegen Schäden durch Erschütterungen geschützt werden. DIN 4150 muss beachtet werden,
  - – – ist zu beachten .... ,
- der Leistungsbeschreibung und der Baudurchführung
  - – – liegt der Lageplan Nr. ....
    mit der Eintragung der geplanten Baumaßnahme und der im Erschütterungsbereich liegenden Einwirkungsorte,
  - – – sowie das Gutachten zur Erschütterungsschutzplanung Nr. .... ,
    - – – – zugrunde,
      - – – – – diese Unterlagen sind als Anlage beigefügt,
      - – – – – diese Unterlagen können beim AG eingesehen werden,
- für die Dauer der Baudurchführung
- für die Dauer der Erschütterungsmessungen
  - – – hat der AG ein zugelassenes Messinstitut zur Ermittlung von Erschütterungen beauftragt. Der AN muss diesem Messinstitut uneingeschränkt Zutritt zur Baustelle und Einblick in alle hierfür erforderlichen Informationsträger gewähren,

974 **Zum Erschütterungsschutz** (ergänzende Hinweise),
- ist für
- sind für
  - – – den Aushub des Bodens im Bereich,
  - – – den Einbau des Bodens im Bereich,
  - – – den Aushub und den Einbau des Bodens im Bereich,
    - – – – der Baugrube,
    - – – – des Grabens,
    - – – – des Schachtes,
    - – – – des Bodenaustausches,
    - – – – der Hinterfüllung,
    - – – – des Bodenauftrages,
  - – – die Bodenverdichtung
    - – – – beim Bodenauftrag,
    - – – – beim Einbau der Hinterfüllung,
    - – – – beim Einbau der Verfüllung des Grabens,
    - – – – der Gründungssohle,
  - – – den Einbau,
  - – – das Ziehen,
  - – – den Einbau und das Ziehen,
    - – – – der Spundwandprofile,
    - – – – der Stahlbetonprofile,
    - – – – der Träger,
    - – – – der Mantelrohre,
      - – – – – einschl. der rückwärtigen Verankerung,
      - – – – – einschl. .... ,
  - – – die Baugrubensicherung beim Einbau,
    - – – – der Schlitzwand,
    - – – – der Bohrpfahlwand,
      - – – – – einschl. der rückwärtigen Verankerung,
      - – – – – einschl. .... ,
  - – – den Rohrvortrieb,
  - – – den Schildvortrieb,
    - – – – den Abtrag,
    - – – – das Abgreifen,
    - – – – das Einschlagen,
    - – – – das Eindrücken,
    - – – – das Einreißen,
      - – – – – des gesamten Bauwerkes,
      - – – – – von Teilen des Bauwerkes,
      - – – – – von Teilen des Bauwerkes innerhalb des Gebäudes,
- das Bauverfahren ....
- die Bauvorhaben ....
  - – – ausgeschlossen,
  - – – unter folgenden Bedingungen .... ausgeschlossen,
  - – – vorgeschrieben,
  - – – unter folgenden Bedingungen .... vorgeschrieben,

STLB 000

Ausgabe 06.02

LB 000 Baustelleneinrichtung
Erschütterungsschutz; Vorhalten, Instandhalten, Bereitstellen, Betreiben

Einrichtungen

980 Schwingungsmesser DIN 45669–1,
Einzelangaben
- Ausstattung
  -- Austattung A,
  -- Austattung B,
  -- Austattung C,
    --- bei 80 Hz, Klasse 1,
    --- bei 80 Hz, Klasse 2,
- Messpunkte
  -- ein Messpunkt,
  -- 2 Messpunkte,
  -- 3 Messpunkte,
  -- Anzahl der Messpunkte .... ,
    --- Messrichtung je Messpunkt horizontal,
    --- Messrichtung je Messpunkt vertikal,
    --- Messrichtung je Messpunkt horizontal und vertikal,
      ---- Lage des Meßpunktes .... ,
      ---- Lage der Meßpunkte .... ,
- Ausführung gemäß Zeichnung Nr....... ,
  Einzelbeschreibung Nr. ....
- Leistungsumfang
  -- auf der Baustelle bereitstellen,
  -- einrichten,
  -- beseitigen,
  -- einrichten und beseitigen,
  -- umsetzen nach besonderer Anordnung des AG,
  -- abbauen und auf der Baustelle lagern,
  Hinweis: Vorhalten und Betreiben siehe Pos. 990, 991
- Berechnungseinheit Stück

981 Aufzeichnungsgerät für die Schwingungsmessungen,
Einzelangaben
- Bauart
  -- als Pegelschreiber,
  -- als Tonbandgerät,
  -- als .... ,
- Kanäle
  -- ein Kanal,
  -- 2 Kanäle,
  -- 3 Kanäle,
  -- Anzahl der Kanäle .... ,
- Leistungsumfang
  -- auf der Baustelle bereitstellen,
  -- einrichten,
  -- beseitigen,
  -- einrichten und beseitigen,
  -- umsetzen nach besonderer Anordnung des AG,
  -- abbauen und auf der Baustelle lagern,
  Hinweis: Vorhalten und Betreiben siehe Pos. 990, 991
- Berechnungseinheit Stück

982 Warneinrichtung zur Erschütterungskontrolle bei einer Schwellwertüberschreitung,
Einzelangaben
- Bauart
  -- als Rundumleuchte,
  -- als Signalhorn,
  -- als Signalhorn und Rundumleuchte,
  -- als .... ,
- Lage der Warneinrichtung ....
- Ausführung gemäß Zeichnung Nr....... ,
  Einzelbeschreibung Nr. ....
- Leistungsumfang
  -- auf der Baustelle bereitstellen,
  -- einrichten,
  -- beseitigen,
  -- einrichten und beseitigen,
  -- umsetzen nach besonderer Anordnung des AG,
  -- abbauen und auf der Baustelle lagern,
  Hinweis: Vorhalten und Betreiben siehe Pos. 990, 991
- Berechnungseinheit Stück

990 Die Baustelleneinrichtung gemäß Position .... ,
991 Die Teilleistung zur Baustelleneinrichtung gemäß Position .... ,
Einzelangaben zu Pos. 990, 991
- Zeit
  -- für die Dauer der Vertragszeit,
  -- für die Dauer von einem Monat über die Vertragszeit hinaus,
  -- für die Dauer von 3 Monaten über die Vertragszeit hinaus,
  -- für die Dauer von 6 Monaten über die Vertragszeit hinaus,
  -- für die Dauer von einem Jahr über die Vertragszeit hinaus,
  -- für die Dauer gemäß Baubeschreibung,
  -- für die Dauer .... ,
- Art der Leistung
  -- vorhalten,
  -- instandhalten,
  -- bereitstellen,
  -- betreiben,
  -- vorhalten und betreiben,
- Berechnungseinheit
  -- Mt,
  -- Wo,
  -- d,
  -- h,
  -- m,
  -- m²,
  -- St,
  -- psch,
  -- mMt   Meter x Monate,
  -- mWo   Meter x Wochen,
  -- md   Meter x Tage,
  -- m²Mt   Quadratmeter x Monate,
  -- m²Wo Quadratmeter x Wochen,
  -- m²d   Quadratmeter x Tage,
  -- StMt   Stück x Monate,
  -- StWo Stück x Wochen,
  -- Std   Stück x Tage,
  -- Sth   Stück x Stunden,
  -- tMt   Tonnen x Monate,

LB 000 Baustelleneinrichtung
Ver- und Entsorgungsanschlüsse Baustelle; Bauzäune, Schutzzäune

AW 000

Preise 06.02

Sämtliche Preise sind **Mittelpreise ohne Mehrwertsteuer** zum Zeitpunkt des Ausgabedatums.
Korrekturfaktoren für Regionaleinfluss, Mengeneinfluss, Konjunktureinfluss siehe Vorspann.
Abkürzungen: EP = Einheitspreis, LA = Lohnanteil, ST = Stoffanteil

Die Baustelleneinrichtung gehört nach DIN 18299, Abs. 4 i.d.R. zur vertraglichen Leistung ohne besondere Vergütung. Ausgenommen sind Leistungen, die nicht zur vertraglichen Leistung des AN gehören, wie z.B.:
- Leistungen, die vom AG zusätzlich gefordert werden (z.B. Bauschild);
- Bauzäune und besondere Schutzvorrichtungen (Sicherungsmaßnahmen, Schutzmaßnahmen);
- zusätzliche Maßnahmen für den Winterbau;
- zusätzliche Maßnahmen für den öffentlichen Verkehr und Anliegerverkehr;
- Bauschuttbeseitigung für andere Unternehmer;
- Vermessungsarbeiten (Hauptachsen, Höhenpunkte);
- Baustellenanschlüsse für Wasser und Energie;
- Vorhalten von Baustelleneinrichtungen für andere Unternehmer.

Container, Baracken

000.-----.-

000.06001.M	Bürobaracke, doppelw., aufstellen u. beseit., 12 m2	1 714,00 DM/St / 876,36 €/St
000.06002.M	Bürobaracke, doppelw., aufstellen u. beseit., 20 m2	3 037,21 DM/St / 1 552,90 €/St
000.99101.M	Bürobaracke, doppelw., 12 m2, vorhalten	202,13 DM/StxMo / 103,35 €/StxMo
000.99102.M	Bürobaracke, doppelw., 20 m2, vorhalten	405,53 DM/StxMo / 207,35 €/StxMo
000.06601.M	Lager-Container aufstellen und räumen	46,45 DM/m2 / 23,75 €/m2
000.06602.M	Lager-Container vorhalten	30,99 DM/m2xMo / 15,85 €/m2xMo
000.06603.M	Unterkunfts-Container aufstellen und räumen	72,10 DM/m2 / 36,86 €/m2
000.06604.M	Unterkunfts-Container vorhalten	40,66 DM/m2xMo / 20,79 €/m2xMo
000.06605.M	Unterkunfts-Container, 8 Pers., aufst.,vorh.,räum.	1 685,24 DM/St / 861,65 €/St
000.06606.M	Unterkunfts-Container, 8 Pers.,vorhalten	563,91 DM/StxMo / 288,33 €/StxMo
000.06607.M	Unterkunfts-Container, 13 Pers.,aufst.,vorh.,räum.	1 758,59 DM/St / 899,15 €/St
000.06608.M	Unterkunfts-Container, 13 Personen,vorhalten	495,14 DM/StxMo / 253,16 €/StxMo
000.06609.M	Büro-Container aufstellen und räumen	96,28 DM/m2 / 49,23 €/m2
000.06610.M	Büro-Container vorhalten	57,45 DM/m2xMo / 29,38 €/m2xMo
000.06611.M	Büro-Container, 2 Personen, aufst., vorh., räumen	1 735,30 DM/St / 887,25 €/St
000.06612.M	Büro-Container, 2 Personen, vorhalten	531,82 DM/StxMo / 271,92 €/StxMo
000.06613.M	Sanitär-Container aufstellen und räumen	99,15 DM/m2 / 50,69 €/m2
000.06614.M	Sanitär-Container vorhalten	76,14 DM/m2xMo / 38,93 €/m2xMo
000.06615.M	Sanitär-Container, 25 Pers., aufst., vorh., räumen	2 384,85 DM/St / 1 219,36 €/St
000.06616.M	Sanitär-Container, 25 Personen, vorhalten	898,59 DM/StxMo / 459,44 €/StxMo
000.06617.M	Frachtcontainer, 3,00 x 2,45 m, aufst., vorh., räum.	604,77 DM/St / 309,22 €/St
000.06618.M	Frachtcontainer, 3,00 x 2,45 m, vorhalten	201,73 DM/StxMo / 103,14 €/StxMo
000.06619.M	Frachtcontainer, 6,00 x 2,45 m, aufst., vorh., räum.	1 133,26 DM/St / 579,43 €/St
000.06620.M	Frachtcontainer, 6,00 x 2,45 m, vorhalten	284,25 DM/StxMo / 145,33 €/StxMo
000.06621.M	Frachtcontainer, 12,00 x 2,45 m, aufst.,vorh.,räum.	1 360,65 DM/St / 695,69 €/St
000.06622.M	Frachtcontainer, 12,00 x 2,45 m, vorhalten	389,70 DM/StxMo / 199,25 €/StxMo
000.06623.M	Küchen-Toilettencontainer aufst.,vorhalten,räum.	2 136,36 DM/St / 1 092,31 €/St
000.06624.M	Küchen-Toilettencontainer vorhalten	742,71 DM/StxMo / 379,74 €/StxMo

Hinweis: Flächenbedarf Sanitärcontainer 0,50 m2/Person, Beispiel: Belegschaftsstärke 20 Personen, Flächenbedarf 20 x 0,50 = 10,00 m2.
Hinweis: Es ist mit folgendem Flächenbedarf zu rechnen: Wohnen 1,80 m2 / Person, Schlafen 5,00 m2 / Person. Beispiel: Belegschaftsstärke 20 Personen, nur Wohnen (Tagesunterkunft), Flächenbedarf = 20 x 1,80 = 36,00 m2.
Hinweis: für Aufstellen, Vorhalten und Räumen sind Pos. 06603 und 06604, 06605 und 06606, 06611 und 06612, 06615 und 06616 zu addieren.

000.06001.M   KG 391 DIN 276
Bürobaracke, doppelw., aufstellen und beseitigen, 12 m2
EP 1 714,00 DM/St   LA 733,49 DM/St   ST 980,51 DM/St
EP   876,36 €/St   LA 375,03 €/St   ST 501,33 €/St

000.06002.M   KG 391 DIN 276
Bürobaracke, doppelw., aufstellen und beseitigen, 20 m2
EP 3 037,21 DM/St   LA 850,85 DM/St   ST 2 186,36 DM/St
EP 1 552,90 €/St   LA 435,03 €/St   ST 1 117,87 €/St

000.99101.M   KG 391 DIN 276
Bürobaracke, doppelw., 12 m2, vorhalten
EP 202,13 DM/StxMo   LA 0,00 DM/StxMo   ST 202,13 DM/StxMo
EP 103,35 €/St   LA   0,00 €/StxMo   ST 103,35 €/StxMo

000.99102.M   KG 391 DIN 276
Bürobaracke, doppelw., 20 m2, vorhalten
EP 405,53 DM/StxMo   LA 0,00 DM/StxMo   ST 405,53 DM/StxMo
EP 207,35 €/St   LA   0,00 €/StxMo   ST 207,35 €/StxMo

000.06601.M   KG 391 DIN 276
Lager-Container aufstellen und räumen
EP 46,45 DM/m2   LA 17,60 DM/m2   ST 28,85 DM/m2
EP 23,75 €/m2   LA   9,00 €/m2   ST 14,75 €/m2

000.06602.M   KG 391 DIN 276
Lager-Container vorhalten
EP 30,99 DM/m2xMo   LA 0,00 DM/m2xMo   ST 30,99 DM/m2xMo
EP 15,85 €/m2xMo   LA 0,00 €/m2xMo   ST 15,85 €/m2xMo

000.06603.M   KG 391 DIN 276
Unterkunfts-Container aufstellen und räumen
EP 72,10 DM/m2   LA 25,52 DM/m2   ST 46,58 DM/m2
EP 36,86 €/m2   LA 13,05 €/m2   ST 23,81 €/m2

000.06604.M   KG 391 DIN 276
Unterkunfts-Container vorhalten
EP 40,66 DM/m2xMo   LA 0,00 DM/m2xMo   ST 40,66 DM/m2xMo
EP 20,79 €/m2xMo   LA 0,00 €/m2xMo   ST 20,79 €/m2xMo

000.06605.M   KG 391 DIN 276
Unterkunfts-Container, 8 Personen,aufst.,vorh.,räumen
EP 1 685,24 DM/St   LA 997,54 DM/St   ST 687,70 DM/St
EP   861,65 €/St   LA 510,04 €/St   ST 351,61 €/St

000.06606.M   KG 391 DIN 276
Unterkunfts-Container, 8 Personen,vorhalten
EP 563,91 DM/StxMo   LA 0,00 DM/StxMo   ST 563,91 DM/StxMo
EP 288,33 €/St   LA 0,00 €/StxMo   ST 288,33 €/StxMo

000.06607.M   KG 391 DIN 276
Unterkunfts-Container, 13 Personen,aufst.,vorh.,räumen
EP 1 758,59 DM/St   LA 1 144,25 DM/St   ST 614,34 DM/St
EP   899,15 €/St   LA   585,04 €/St   ST 314,11 €/St

000.06608.M   KG 391 DIN 276
Unterkunfts-Container, 13 Personen,vorhalten
EP 495,14 DM/StxMo   LA 0,00 DM/StxMo   ST 495,14 DM/StxMo
EP 253,16 €/St   LA 0,00 €/StxMo   ST 253,16 €/StxMo

000.06609.M   KG 391 DIN 276
Büro-Container aufstellen und räumen
EP 96,28 DM/m2   LA 38,14 DM/m2   ST 58,14 DM/m2
EP 49,23 €/m2   LA 19,50 €/m2   ST 29,73 €/m2

AW 000

LB 000 Baustelleneinrichtung
Container, Baracken; Ver- und Entsorgungsanschlüsse Baustelle

Preise 06.02

Sämtliche Preise sind **Mittelpreise ohne Mehrwertsteuer** zum Zeitpunkt des Ausgabedatums.
Korrekturfaktoren für Regionaleinfluss, Mengeneinfluss, Konjunktureinfluss siehe Vorspann.
Abkürzungen: EP = Einheitspreis, LA = Lohnanteil, ST = Stoffanteil

000.06610.M   KG 391 DIN 276
Büro-Container vorhalten
EP 57,45 DM/m2xMo   LA 0,00 DM/m2xMo   ST 57,45 DM/m2xMo
EP 29,38 €/m2xMo   LA 0,00 €/m2xMo   ST 29,38 €/m2xMo

000.06611.M   KG 391 DIN 276
Büro-Container, 2 Personen, aufstellen, vorh., räumen
EP 1 735,30 DM/St   LA 1 079,70 DM/St   ST 655,60 DM/St
EP   887,25 €/St   LA   552,04 €/St   ST 335,21 €/St

000.06612.M   KG 391 DIN 276
Büro-Container, 2 Personen, vorhalten
EP 531,82 DM/StxMo LA 0,00 DM/StxMo   ST 531,82 DM/StxMo
EP 271,92 €/St   LA 0,00 €/StxMo   ST 271,92 €/StxMo

000.06613.M   KG 391 DIN 276
Sanitär-Container aufstellen und räumen
EP 99,15 DM/m2   LA 41,66 DM/m2   ST 57,49 DM/m2
EP 50,69 €/m2   LA 21,30 €/m2   ST 29,39 €/m2

000.06614.M   KG 391 DIN 276
Sanitär-Container vorhalten
EP 76,14 DM/m2xMo   LA 0,00 DM/m2xMo   ST 76,14 DM/m2xMo
EP 38,93 €/m2xMo   LA 0,00 €/m2xMo   ST 38,93 €/m2xMo

000.06615.M   KG 391 DIN 276
Sanitär-Container, 25 Personen, aufst., vorh., räumen
EP 2 384,85 DM/St   LA 1 261,61 DM/St   ST 1 123,24 DM/St
EP 1 219,36 €/St   LA   645,05 €/St   ST   574,31 €/St

000.06616.M   KG 391 DIN 276
Sanitär-Container, 25 Personen, vorhalten
EP 898,59 DM/StxMo LA 0,00 DM/StxMo   ST 898,59 DM/StxMo
EP 459,44 €/St   LA 0,00 €/StxMo   ST 459,44 €/StxMo

000.06617.M   KG 391 DIN 276
Frachtcontainer, 3,00 x 2,45 m, aufst., vorh., räumen
EP 604,77 DM/St   LA 375,55 DM/St   ST 229,22 DM/St
EP 309,22 €/St   LA 192,01 €/St   ST 117,21 €/St

000.06618.M   KG 391 DIN 276
Frachtcontainer, 3,00 x 2,45 m, vorhalten
EP 201,73 DM/StxMo LA 0,00 DM/StxMo   ST 201,73 DM/StxMo
EP 103,14 €/St   LA 0,00 €/StxMo   ST 103,14 €/StxMo

000.06619.M   KG 391 DIN 276
Frachtcontainer, 6,00 x 2,45 m, aufst., vorh., räumen
EP 1 133,26 DM/St   LA 821,51 DM/St   ST 311,75 DM/St
EP   579,43 €/St   LA 420,03 €/St   ST 159,40 €/St

000.06620.M   KG 391 DIN 276
Frachtcontainer, 6,00 x 2,45 m, vorhalten
EP 284,25 DM/StxMo LA 0,00 DM/StxMo   ST 284,25 DM/StxMo
EP 145,33 €/St   LA 0,00 €/StxMo   ST 145,38 €/StxMo

000.06621.M   KG 391 DIN 276
Frachtcontainer, 12,00 x 2,45 m, aufst., vorh., räumen
EP 1 360,65 DM/St   LA 938,87 DM/St   ST 421,78 DM/St
EP   695,69 €/St   LA 480,03 €/St   ST 215,66 €/St

000.06622.M   KG 391 DIN 276
Frachtcontainer, 12,00 x 2,45 m, vorhalten
EP 389,70 DM/StxMo LA 0,00 DM/StxMo   ST 389,70 DM/StxMo
EP 199,25 €/St   LA 0,00 €/StxMo   ST 199,25 €/StxMo

000.06623.M   KG 391 DIN 276
Küchen-Toilettencontainer aufstellen, vorhalten, räumen
EP 2 136,36 DM/St   LA 1 173,58 DM/St   ST 962,78 DM/St
EP 1 092,31 €/St   LA   600,04 €/St   ST 492,27 €/St

000.06624.M   KG 391 DIN 276
Küchen-Toilettencontainer vorhalten
EP 742,71 DM/StxMo LA 0,00 DM/StxMo   ST 742,71 DM/StxMo
EP 379,74 €/St   LA 0,00 €/StxMo   ST 379,74 €/StxMo

Ver- und Entsorgungsanschlüsse Baustelle

000.----.-

000.15101.M	Wasseranschluss mit Wasseruhr, herstellen	666,76 DM/St 340,91 €/St
000.15102.M	Wasseranschluss mit Wasseruhr, beseitigen	131,44 DM/St 67,20 €/St
000.99103.M	Wasseranschluss mit Wasseruhr, vorhalten	9,16 DM/StxMo 4,68 €/StxMo
000.15201.M	Telefonanschluss mit Gebührenzähler, herstellen	717,33 DM/St 366,77 €/St
000.15202.M	Telefonanschluss mit Gebührenzähler, beseitigen	182,74 DM/St 93,43 €/St
000.16001.M	Anschlussleitung für Wasser herstellen, DN 10	52,37 DM/m 26,77 €/m
000.16002.M	Anschlussleitung für Wasser beseitigen, DN 10	6,64 DM/m 3,40 €/m
000.16003.M	Anschlussleitung für Wasser herstellen, DN 15	44,85 DM/m 22,93 €/m
000.16004.M	Anschlussleitung für Wasser beseitigen, DN 15	7,27 DM/m 3,72 €/m
000.16005.M	Anschlussleitung für Wasser herstellen, DN 20	54,27 DM/m 27,75 €/m
000.16006.M	Anschlussleitung für Wasser beseitigen, DN 20	8,58 DM/m 4,39 €/m
000.16007.M	Anschlussleitung für Wasser herstellen, DN 25	52,78 DM/m 26,98 €/m
000.16008.M	Anschlussleitung für Wasser beseitigen, DN 25	11,13 DM/m 5,69 €/m
000.17101.M	Anschlussschrank 40 A, abschließbar, herstellen	741,10 DM/St 378,92 €/St
000.17102.M	Anschlussschrank 40 A, abschließbar, beseitigen	261,07 DM/St 133,49 €/St
000.99104.M	Anschlussschrank 40 A, abschließbar, vorhalten	100,71 DM/StxMo 51,49 €/StxMo

000.15101.M   KG 391 DIN 276
Wasseranschluss mit Wasseruhr, herstellen
EP 666,76 DM/St   LA 513,44 DM/St   ST 153,32 DM/St
EP 340,91 €/St   LA 262,52 €/St   ST 78,39 €/St

000.15102.M   KG 391 DIN 276
Wasseranschluss mit Wasseruhr, beseitigen
EP 131,44 DM/St   LA 123,23 DM/St   ST 8,21 DM/St
EP 67,20 €/St   LA 63,01 €/St   ST 4,19 €/St

000.99103.M   KG 391 DIN 276
Wasseranschluss mit Wasseruhr, vorhalten
EP 9,16 DM/StxMo   LA 0,00 DM/StxMo   ST 9,16 DM/StxMo
EP 4,68 €/St   LA 0,00 €/StxMo   ST 4,68 €/StxMo

000.15201.M   KG 391 DIN 276
Telefonanschluss mit Gebührenzähler, herstellen
EP 717,33 DM/St   LA 528,11 DM/St   ST 189,22 DM/St
EP 366,77 €/St   LA 270,02 €/St   ST 96,75 €/St

000.15202.M   KG 391 DIN 276
Telefonanschluss mit Gebührenzähler, beseitigen
EP 182,74 DM/St   LA 176,04 DM/St   ST 6,70 DM/St
EP 93,43 €/St   LA 90,01 €/St   ST 3,42 €/St

000.16001.M   KG 391 DIN 276
Anschlussleitung für Wasser herstellen, DN 10
EP 52,37 DM/m   LA 46,95 DM/m   ST 5,42 DM/m
EP 26,77 €/m   LA 24,00 €/m   ST 2,77 €/m

000.16002.M   KG 391 DIN 276
Anschlussleitung für Wasser beseitigen, DN 10
EP 6,64 DM/m   LA 5,87 DM/m   ST 0,77 DM/m
EP 3,40 €/m   LA 3,00 €/m   ST 0,40 €/m

000.16003.M   KG 391 DIN 276
Anschlussleitung für Wasser herstellen, DN 15
EP 44,85 DM/m   LA 39,90 DM/m   ST 4,95 DM/m
EP 22,93 €/m   LA 20,40 €/m   ST 2,53 €/m

LB 000 Baustelleneinrichtung
Ver- und Entsorgungsanschlüsse Baustelle; Bauzäune, Schutzzäune

AW 000

Preise 06.02

Sämtliche Preise sind **Mittelpreise ohne Mehrwertsteuer** zum Zeitpunkt des Ausgabedatums.
Korrekturfaktoren für Regionaleinfluss, Mengeneinfluss, Konjunktureinfluss siehe Vorspann.
Abkürzungen: EP = Einheitspreis, LA = Lohnanteil, ST = Stoffanteil

000.16004.M KG 391 DIN 276
Anschlussleitung für Wasser beseitigen, DN 15
EP 7,27 DM/m   LA 6,46 DM/m   ST 0,81 DM/m
EP 3,72 €/m   LA 3,30 €/m   ST 0,42 €/m

000.16005.M KG 391 DIN 276
Anschlussleitung für Wasser herstellen, DN 20
EP 54,27 DM/m LA 48,12 DM/m ST 6,15 DM/m
EP 27,75 €/m   LA 24,60 €/m   ST 3,15 €/m

000.16006.M KG 391 DIN 276
Anschlussleitung für Wasser beseitigen, DN 20
EP 8,58 DM/m   LA 7,63 DM/m   ST 0,95 DM/m
EP 4,39 €/m   LA 3,90 €/m   ST 0,49 €/m

000.16007.M KG 391 DIN 276
Anschlussleitung für Wasser herstellen, DN 25
EP 52,78 DM/m LA 44,01 DM/m ST 8,77 DM/m
EP 26,98 €/m   LA 22,50 €/m   ST 4,48 €/m

000.16008.M KG 391 DIN 276
Anschlussleitung für Wasser beseitigen, DN 25
EP 11,13 DM/m LA 9,97 DM/m   ST 1,16 DM/m
EP 5,69 €/m   LA 5,10 €/m   ST 0,59 €/m

000.17101.M KG 391 DIN 276
Anschlussschrank 40 A, abschließbar, herstellen
EP 741,10 DM/St LA 586,79 DM/St ST 154,31 DM/St
EP 378,92 €/St   LA 300,02 €/St   ST 78,90 €/St

000.17102.M KG 391 DIN 276
Anschlussschrank 40 A, abschließbar, beseitigen
EP 261,07 DM/St LA 164,31 DM/St ST 96,76 DM/St
EP 133,49 €/St   LA 84,01 €/St   ST 49,48 €/St

000.99104.M KG 391 DIN 276
Anschlussschrank 40 A, abschließbar, vorhalten
EP 100,71 DM/StxMo LA 0,00 DM/StxMo ST 100,71 DM/StxMo
EP 51,49 €/St   LA 0,00 €/StxMo   ST 51,49 €/StxMo

Bauzäune, Schutzzäune

000.—.-

Pos.	Bezeichnung	Preis
000.20001.M	Bauzaun aus Maschendraht, einrichten und räumen	12,16 DM/m / 6,22 €/m
000.20002.M	Bauzaun aus Maschendraht, vorhalten	4,05 DM/mxMo / 2,07 €/mxMo
000.20003.M	Bauzaun aus Maschendraht, umsetzen	5,50 DM/m / 2,81 €/m
000.20004.M	Bauzaun aus Stahl-Einzelelem., einrichten u. räumen	27,71 DM/m / 14,17 €/m
000.20005.M	Bauzaun aus Stahl-Einzelelem., vorhalten	4,56 DM/mxMo / 2,33 €/mxMo
000.20006.M	Bauzaun aus Stahl-Einzelelem., umsetzen	10,62 DM/m / 5,43 €/m
000.20007.M	Bauzaun aus Bewehrungsmatten, einrichten u. räum.	30,70 DM/m / 15,70 €/m
000.20008.M	Bauzaun aus Bewehrungsmatten, vorhalten	4,81 DM/mxMo / 2,46 €/mxMo
000.20009.M	Bauzaun aus Bewehrungsmatten, umsetzen	12,04 DM/m / 6,16 €/m
000.20010.M	Bauzaun aus Brettern, einrichten und räumen	52,04 DM/m / 26,61 €/m
000.20011.M	Bauzaun aus Brettern, vorhalten	6,37 DM/mxMo / 3,25 €/mxMo
000.20012.M	Bauzaun aus Brettern, umsetzen	18,50 DM/m / 9,46 €/m
000.20013.M	Bauzaun aus Kunststoff, 1,90 m, einrichten und räum.	10,57 DM/m / 5,40 €/m
000.20014.M	Bauzaun aus Kunststoff, 1,90 m, vorhalten	13,67 DM/mxMo / 6,99 €/mxMo
000.20015.M	Bauzaun aus Kunststoff, 2,10 m, einrichten und räum.	11,02 DM/m / 5,63 €/m
000.20016.M	Bauzaun aus Kunststoff, 2,10 m, vorhalten	12,66 DM/mxMo / 6,47 €/mxMo
000.20101.M	Schutzzaun Kunstst., 1,00 m, 13 kN/m, einricht./räum.	6,81 DM/m / 3,48 €/m
000.20102.M	Schutzzaun Kunstst., 1,00 m, 13 kN/m, vorhalten	7,43 DM/mxMo / 3,80 €/mxMo
000.20103.M	Schutzzaun Kunstst., 1,10 m, 6 kN/m, einricht./räumen	6,77 DM/m / 3,46 €/m
000.20104.M	Schutzzaun Kunstst., 1,10 m, 6 kN/m, vorhalten	9,45 DM/mxMo / 4,83 €/mxMo
000.20105.M	Schutzzaun Kunstst., 1,30 m, 6 kN/m, einricht./räumen	7,66 DM/m / 3,92 €/m
000.20106.M	Schutzzaun Kunstst., 1,30 m, 6 kN/m, vorhalten	11,37 DM/mxMo / 5,81 €/mxMo
000.20107.M	Schutzzaun Kunstst., 1,30 m, 17 kN/m, einricht./räumen	8,85 DM/m / 4,52 €/m
000.20108.M	Schutzzaun Kunstst., 1,30 m, 17 kN/m, vorhalten	9,08 DM/mxMo / 4,64 €/mxMo

Hinweis: für Aufstellen, Vorhalten und Beseitigen sind die Pos. 20001 und 20002, 20004 und 20005, 20007 und 20008, 20010 und 20011, 20013 und 20014, 20015 und 20016 zu addieren.

Hinweis: für Aufstellen, Vorhalten und Beseitigen sind die Pos. 20101 und 20102, 20103 und 20104, 20105 und 20106, 20107 und 20108 zu addieren.

000.20001.M KG 391 DIN 276
Bauzaun aus Maschendraht, einrichten und räumen
EP 12,16 DM/m LA 8,81 DM/m ST 3,35 DM/m
EP 6,22 €/m   LA 4,50 €/m   ST 1,72 €/m

000.20002.M KG 391 DIN 276
Bauzaun aus Maschendraht, vorhalten
EP 4,05 DM/mxMo LA 0,00 DM/mxMo ST 4,05 DM/mxMo
EP 2,07 €/mxMo   LA 0,00 €/mxMo   ST 2,07 €/mxMo

000.20003.M KG 391 DIN 276
Bauzaun aus Maschendraht, umsetzen
EP 5,50 DM/m LA 5,28 DM/m ST 0,22 DM/m
EP 2,81 €/m   LA 2,70 €/m   ST 0,11 €/m

000.20004.M KG 391 DIN 276
Bauzaun aus Stahl-Einzelelem., einrichten und räumen
EP 27,71 DM/m LA 15,84 DM/m ST 11,87 DM/m
EP 14,17 €/m   LA 8,10 €/m   ST 6,07 €/m

AW 000 — LB 000 Baustelleneinrichtung
Bauzäune, Schutzzäune; Behelfsmäßige Türen und Tore

Preise 06.02

Sämtliche Preise sind **Mittelpreise ohne Mehrwertsteuer** zum Zeitpunkt des Ausgabedatums.
Korrekturfaktoren für Regionaleinfluss, Mengeneinfluss, Konjunktureinfluss siehe Vorspann.
Abkürzungen: EP = Einheitspreis, LA = Lohnanteil, ST = Stoffanteil

---

000.20005.M KG 391 DIN 276
Bauzaun aus Stahl-Einzelelem., vorhalten
EP 4,56 DM/mxMo   LA 0,00 DM/mxMo   ST 4,56 DM/mxMo
EP 2,33 €/mxMo   LA 0,00 €/mxMo   ST 2,33 €/mxMo

000.20006.M KG 391 DIN 276
Bauzaun aus Stahl-Einzelelem., umsetzen
EP 10,62 DM/m   LA 10,27 DM/m   ST 0,35 DM/m
EP 5,43 €/m   LA 5,25 €/m   ST 0,18 €/m

000.20007.M KG 391 DIN 276
Bauzaun aus Bewehrungsmatten, einrichten und räumen
EP 30,70 DM/m   LA 19,95 DM/m   ST 10,75 DM/m
EP 15,70 €/m   LA 10,20 €/m   ST 5,50 €/m

000.20008.M KG 391 DIN 276
Bauzaun aus Bewehrungsmatten, vorhalten
EP 4,81 DM/mxMo   LA 0,00 DM/mxMo   ST 4,81 DM/mxMo
EP 2,46 €/mxMo   LA 0,00 €/mxMo   ST 2,46 €/mxMo

000.20009.M KG 391 DIN 276
Bauzaun aus Bewehrungsmatten, umsetzen
EP 12,04 DM/m   LA 11,73 DM/m   ST 0,31 DM/m
EP 6,16 €/m   LA 6,00 €/m   ST 0,16 €/m

000.20010.M KG 391 DIN 276
Bauzaun aus Brettern, einrichten und räumen
EP 52,04 DM/m   LA 36,38 DM/m   ST 15,66 DM/m
EP 26,61 €/m   LA 18,60 €/m   ST 8,01 €/m

000.20011.M KG 391 DIN 276
Bauzaun aus Brettern, vorhalten
EP 6,37 DM/mxMo   LA 0,00 DM/mxMo   ST 6,37 DM/mxMo
EP 3,25 €/mxMo   LA 0,00 €/mxMo   ST 3,25 €/mxMo

000.20012.M KG 391 DIN 276
Bauzaun aus Brettern, umsetzen
EP 18,50 DM/m   LA 16,43 DM/m   ST 2,07 DM/m
EP 9,46 €/m   LA 8,40 €/m   ST 1,06 €/m

000.20013.M KG 291 DIN 276
Bauzaun aus Kunststoff, 1,90 m, einrichten und räumen
EP 10,57 DM/m   LA 7,05 DM/m   ST 3,52 DM/m
EP 5,40 €/m   LA 3,60 €/m   ST 1,80 €/m

000.20014.M KG 391 DIN 276
Bauzaun aus Kunststoff, 1,90 m, vorhalten
EP 13,67 DM/mxMo   LA 0,00 DM/mxMo   ST 13,67 DM/mxMo
EP 6,99 €/mxMo   LA 0,00 €/mxMo   ST 6,99 €/mxMo

000.20015.M KG 391 DIN 276
Bauzaun aus Kunststoff, 2,10 m, einrichten und räumen
EP 11,02 DM/m   LA 8,22 DM/m   ST 2,80 DM/m
EP 5,63 €/m   LA 4,20 €/m   ST 1,43 €/m

000.20016.M KG 391 DIN 276
Bauzaun aus Kunststoff, 2,10 m, vorhalten
EP 12,66 DM/mxMo   LA 0,00 DM/mxMo   ST 12,66 DM/mxMo
EP 6,47 €/mxMo   LA 0,00 €/mxMo   ST 6,47 €/mxMo

000.20101.M KG 391 DIN 276
Schutzzaun Kunstst., 1,00 m, 13 kN/m, einricht./räumen
EP 6,81 DM/m   LA 5,28 DM/m   ST 1,53 DM/m
EP 3,48 €/m   LA 2,70 €/m   ST 0,78 €/m

000.20102.M KG 391 DIN 276
Schutzzaun Kunstst., 1,00 m, 13 kN/m, vorhalten
EP 7,43 DM/mxMo   LA 0,00 DM/mxMo   ST 7,43 DM/mxMo
EP 3,80 €/mxMo   LA 0,00 €/mxMo   ST 3,80 €/mxMo

000.20103.M KG 391 DIN 276
Schutzzaun Kunstst., 1,10 m, 6 kN/m, einricht./räumen
EP 6,77 DM/m   LA 5,57 DM/m   ST 1,20 DM/m
EP 3,46 €/m   LA 2,85 €/m   ST 0,61 €/m

000.20104.M KG 391 DIN 276
Schutzzaun Kunstst., 1,10 m, 6 kN/m, vorhalten
EP 9,45 DM/mxMo   LA 0,00 DM/mxMo   ST 9,45 DM/mxMo
EP 4,83 €/mxMo   LA 0,00 €/mxMo   ST 4,83 €/mxMo

000.20105.M KG 391 DIN 276
Schutzzaun Kunstst., 1,30 m, 6 kN/m, einricht./räumen
EP 7,66 DM/m   LA 6,33 DM/m   ST 1,33 DM/m
EP 3,92 €/m   LA 3,24 €/m   ST 0,68 €/m

000.20106.M KG 391 DIN 276
Schutzzaun Kunstst., 1,30 m, 6 kN/m, vorhalten
EP 11,37 DM/mxMo   LA 0,00 DM/mxMo   ST 11,37 DM/mxMo
EP 5,81 €/mxMo   LA 0,00 €/mxMo   ST 5,81 €/mxMo

000.20107.M KG 391 DIN 276
Schutzzaun Kunstst., 1,30 m, 17 kN/m, einricht./räumen
EP 8,85 DM/m   LA 6,46 DM/m   ST 2,39 DM/m
EP 4,52 €/m   LA 3,30 €/m   ST 1,22 €/m

000.20108.M KG 391 DIN 276
Schutzzaun Kunstst., 1,30 m, 17 kN/m, vorhalten
EP 9,08 DM/mxMo   LA 0,00 DM/mxMo   ST 9,08 DM/mxMo
EP 4,64 €/mxMo   LA 0,00 €/mxMo   ST 4,64 €/mxMo

Behelfsmäßige Türen und Tore

000.—.-

000.20401.M	Zulage Tür in Bauzaun einbauen und beseitigen	100,09 DM/St / 51,17 €/St
000.20402.M	Zulage Tür in Bauzaun vorhalten	18,88 DM/StxMo / 9,65 €/StxMo
000.20601.M	Zulage Tor in Bauzaun einbauen und beseitigen	168,66 DM/St / 86,24 €/St
000.20602.M	Zulage Tor in Bauzaun vorhalten	42,23 DM/StxMo / 21,59 €/StxMo

000.20401.M KG 391 DIN 276
Zulage Tür in Bauzaun einbauen und beseitigen
EP 100,09 DM/St   LA 70,41 DM/St   ST 29,68 DM/St
EP 51,17 €/St   LA 36,00 €/St   ST 15,17 €/St

000.20402.M KG 391 DIN 276
Zulage Tür in Bauzaun vorhalten
EP 18,88 DM/StxMo   LA 0,00 DM/StxMo   ST 18,88 DM/StxMo
EP 9,65 €/St   LA 0,00 €/StxMo   ST 9,65 €/StxMo

000.20601.M KG 391 DIN 276
Zulage Tor in Bauzaun einbauen und beseitigen
EP 168,66 DM/St   LA 117,36 DM/St   ST 51,30 DM/St
EP 86,24 €/St   LA 60,00 €/St   ST 26,23 €/St

000.20602.M KG 391 DIN 276
Zulage Tor in Bauzaun vorhalten
EP 42,23 DM/StxMo   LA 0,00 DM/StxMo   ST 42,23 DM/StxMo
EP 21,59 €/St   LA 0,00 €/StxMo   ST 21,59 €/StxMo

LB 000 Baustelleneinrichtung
Schilder, Bauschilder; Behelfsmäßige Schutzvorrichtungen

AW 000

Preise 06.02

Sämtliche Preise sind **Mittelpreise ohne Mehrwertsteuer** zum Zeitpunkt des Ausgabedatums.
Korrekturfaktoren für Regionaleinfluss, Mengeneinfluss, Konjunktureinfluss siehe Vorspann.
Abkürzungen: EP = Einheitspreis, LA = Lohnanteil, ST = Stoffanteil

Schilder, Bauschilder

000.-----.-

Pos.	Bezeichnung	Preis
000.21101.M	Bauschildgerüst aufst., vorh., beseitigen	28,99 DM/m2 / 14,82 €/m2
000.21102.M	Bauschildtafel aufst., vorh., beseitigen	58,33 DM/m2 / 29,82 €/m2
000.21201.M	Bauschildtafel, Beschriftung	182,27 DM/m2 / 93,19 €/m2

Hinweis: Gerüstfläche i.d.R. ca. 10 m2.

Hinweis: Tafelfläche i.d.R. ca. 5 m2.

Hinweis: Beschriftungsfläche i.d.R. ca. 70 % der Tafelfläche. Die Bauschild-Gesamtkosten ergeben sich aus den Kosten der Einzelpositionen 21101, 21102 und 21201.

000.21101.M KG 391 DIN 276
Bauschildgerüst aufst., vorh., beseitigen
EP 28,99 DM/m2   LA 19,36 DM/m2   ST 9,63 DM/m2
EP 14,82 €/m2   LA 9,90 €/m2   ST 4,92 €/m2

000.21102.M KG 391 DIN 276
Bauschildtafel aufst., vorh., beseitigen
EP 58,33 DM/m2   LA 34,03 DM/m2   ST 24,30 DM/m2
EP 29,82 €/m2   LA 17,40 €/m2   ST 12,42 €/m2

000.21201.M KG 391 DIN 276
Bauschildtafel, Beschriftung
EP 182,27 DM/m2 LA 170,17 DM/m2 ST 12,10 DM/m2
EP 93,19 €/m2   LA 87,00 €/m2   ST 6,19 €/m2

Behelfsmäßige Schutzvorrichtungen

000.-----.-

Pos.	Bezeichnung	Preis
000.24301.M	Lattenrahmen mit Folie bespannt, bis 1,0 m2	31,85 DM/St / 16,28 €/St
000.24302.M	Lattenrahmen mit Folie bespannt, über 1,0-1,5 m2	48,87 DM/St / 24,99 €/St
000.24303.M	Lattenrahmen mit Folie bespannt, über 1,5-2,0 m2	66,84 DM/St / 34,17 €/St
000.24304.M	Lattenrahmen mit Folie bespannt, über 2,0 m2	86,55 DM/St / 44,25 €/St
000.24305.M	Lattenrahmen mit Holzfaserplatte, bis 1,0 m2	34,54 DM/St / 17,66 €/St
000.24306.M	Lattenrahmen mit Holzfaserplatte, über 1,0-1,5 m2	52,61 DM/St / 26,90 €/St
000.24307.M	Lattenrahmen mit Holzfaserplatte, über 1,5-2,0 m2	71,72 DM/St / 36,67 €/St
000.24308.M	Lattenrahmen mit Holzfaserplatte, über 2,0 m2	91,33 DM/St / 46,70 €/St
000.24309.M	Schutz durch Abdecken mit Holzfaserplatten	7,47 DM/m2 / 3,82 €/m2
000.24310.M	Schutz durch Abdecken mit Schaltafeln	9,99 DM/m2 / 5,11 €/m2
000.24311.M	Schutz von Baustoffen, reißfeste PE-Folie, bis 5 m2	19,52 DM/St / 9,98 €/St
000.24312.M	Schutz von Baustoffen, reißf. PE-Folie, über 5-10m2	28,19 DM/St / 14,41 €/St
000.24313.M	Schutz von Baustoffen, reißf. PE-Folie, über 10-20m2	52,77 DM/St / 26,98 €/St
000.24314.M	Schutz von Baustoffen, reißf. PE-Folie, über 20 m2	84,25 DM/St / 43,08 €/St
000.24501.M	Witterungsschutz mit Tragkonstrukt., Bauzelt aufst.	25,25 DM/m2 / 12,91 €/m2
000.24502.M	Witterungssch. mit Tragkonstrukt., Bauzelt beseitigen	10,88 DM/m2 / 5,56 €/m2
000.24503.M	Witterungssch. mit Tragkonstrukt., Bauzelt vorhalten	3,12 DM/m2xMo / 1,60 €/m2xMo
000.24504.M	Witterungsschutz m.Tragkonstrukt.,Bauzelt 1x umsetz.	15,39 DM/m2 / 7,87 €/m2

000.24301.M KG 397 DIN 276
Lattenrahmen mit Folie bespannt, bis 1,0 m2
EP 31,85 DM/St   LA 24,06 DM/St   ST 7,79 DM/St
EP 16,28 €/St   LA 12,30 €/St   ST 3,98 €/St

000.24302.M KG 397 DIN 276
Lattenrahmen mit Folie bespannt, über 1,0-1,5 m2
EP 48,87 DM/St   LA 36,97 DM/St   ST 11,90 DM/St
EP 24,99 €/St   LA 18,90 €/St   ST 6,09 €/St

000.24303.M KG 397 DIN 276
Lattenrahmen mit Folie bespannt, über 1,5-2,0 m2
EP 66,84 DM/St   LA 49,87 DM/St   ST 16,97 DM/St
EP 34,17 €/St   LA 25,50 €/St   ST 8,67 €/St

000.24304.M KG 397 DIN 276
Lattenrahmen mit Folie bespannt, über 2,0 m2
EP 86,55 DM/St   LA 64,55 DM/St   ST 22,00 DM/St
EP 44,25 €/St   LA 33,00 €/St   ST 11,25 €/St

000.24305.M KG 397 DIN 276
Lattenrahmen mit Holzfaserplatte, bis 1,0 m2
EP 34,54 DM/St   LA 25,82 DM/St   ST 8,72 DM/St
EP 17,66 €/St   LA 13,20 €/St   ST 4,46 €/St

000.24306.M KG 397 DIN 276
Lattenrahmen mit Holzfaserplatte, über 1,0-1,5 m2
EP 52,61 DM/St   LA 39,32 DM/St   ST 13,29 DM/St
EP 26,90 €/St   LA 20,10 €/St   ST 6,80 €/St

000.24307.M KG 397 DIN 276
Lattenrahmen mit Holzfaserplatte, über 1,5-2,0 m2
EP 71,72 DM/St   LA 53,40 DM/St   ST 18,32 DM/St
EP 36,67 €/St   LA 27,30 €/St   ST 9,37 €/St

000.24308.M KG 397 DIN 276
Lattenrahmen mit Holzfaserplatte, über 2,0 m2
EP 91,33 DM/St   LA 67,49 DM/St   ST 23,84 DM/St
EP 46,70 €/St   LA 34,50 €/St   ST 12,20 €/St

000.24309.M KG 397 DIN 276
Schutz durch Abdecken mit Holzfaserplatten
EP 7,47 DM/m2   LA 3,81 DM/m2   ST 3,66 DM/m2
EP 3,82 €/m2   LA 1,95 €/m2   ST 1,87 €/m2

000.24310.M KG 397 DIN 276
Schutz durch Abdecken mit Schaltafeln
EP 9,99 DM/m2   LA 5,87 DM/m2   ST 4,12 DM/m2
EP 5,11 €/m2   LA 3,00 €/m2   ST 2,11 €/m2

000.24311.M KG 397 DIN 276
Schutz von Baustoffen, reißfeste PE-Folie, bis 5 m2
EP 19,52 DM/St   LA 11,73 DM/St   ST 7,79 DM/St
EP 9,98 €/St   LA 6,00 €/St   ST 3,98 €/St

000.24312.M KG 397 DIN 276
Schutz von Baustoffen, reißfeste PE-Folie, über 5-10m2
EP 28,19 DM/St   LA 16,73 DM/St   ST 11,46 DM/St
EP 14,41 €/St   LA 8,55 €/St   ST 5,86 €/St

000.24313.M KG 397 DIN 276
Schutz von Baustoffen, reißfeste PE-Folie, über 10-20m2
EP 52,77 DM/St   LA 31,68 DM/St   ST 21,09 DM/St
EP 26,98 €/St   LA 16,20 €/St   ST 10,78 €/St

000.24314.M KG 397 DIN 276
Schutz von Baustoffen, reißfeste PE-Folie, über 20 m2
EP 84,25 DM/St   LA 49,87 DM/St   ST 34,38 DM/St
EP 43,08 €/St   LA 25,50 €/St   ST 17,58 €/St

000.24501.M KG 397 DIN 276
Witterungsschutz mit Tragkonstrukt., Bauzelt aufstellen
EP 25,25 DM/m2   LA 21,13 DM/m2   ST 4,12 DM/m2
EP 12,91 €/m2   LA 10,80 €/m2   ST 2,11 €/m2

000.24502.M KG 397 DIN 276
Witterungsschutz mit Tragkonstrukt., Bauzelt beseitigen
EP 10,88 DM/m2   LA 9,68 DM/m2   ST 1,20 DM/m2
EP 5,56 €/m2   LA 4,95 €/m2   ST 0,61 €/m2

000.24503.M KG 397 DIN 276
Witterungsschutz mit Tragkonstrukt., Bauzelt vorhalten
EP 3,12 DM/m2xMo LA 0,00 DM/m2xMo ST 3,12 DM/m2xMo
EP 1,60 €/m2xMo   LA 0,00 €/m2xMo   ST 1,60 €/m2xMo

000.24504.M KG 397 DIN 276
Witterungsschutz mit Tragkonstrukt.,Bauzelt 1x umsetzen
EP 15,39 DM/m2   LA 14,67 DM/m2   ST 0,72 DM/m2
EP 7,87 €/m2   LA 7,50 €/m2   ST 0,37 €/m2

AW 000 — LB 000 Baustelleneinrichtung
Baumschutz gegen mechanische Schäden

Preise 06.02

Sämtliche Preise sind **Mittelpreise ohne Mehrwertsteuer** zum Zeitpunkt des Ausgabedatums.
Korrekturfaktoren für Regionaleinfluss, Mengeneinfluss, Konjunktureinfluss siehe Vorspann.
Abkürzungen: EP = Einheitspreis, LA = Lohnanteil, ST = Stoffanteil

Baumschutz gegen mechanische Schäden

000.-----.-

000.27301.M	Schutz von Bäumen, Holzpfähle 2,50 m, herst. und bes.	47,64 DM/St / 24,36 €/St
000.27303.M	Schutz von Bäumen, vergitterte Elemente, herst. u. bes.	25,52 DM/m / 13,05 €/m
000.27304.M	Schutz von Bäumen, Holzpf. 6- 8/250 cm, herst. u. bes.	20,61 DM/m / 10,54 €/m
000.27305.M	Schutz von Bäumen, Holzpf. 6- 8/300 cm, herst. u. bes.	24,73 DM/m / 12,64 €/m
000.27306.M	Schutz von Bäumen, Holzpf. 8-10/300 cm, herst. u. bes.	26,09 DM/m / 13,34 €/m
000.27601.M	Stammschutz Umfang < 50 cm, 40 mm, herst. u. bes.	82,67 DM/St / 42,27 €/St
000.27602.M	Stammschutz Umfang > 50 - 100 cm, 40 mm, herst.,bes.	88,07 DM/St / 45,03 €/St
000.27603.M	Stammschutz Umfang >100 - 150 cm, 40 mm, herst.,bes.	100,75 DM/St / 51,52 €/St
000.27604.M	Stammschutz Umfang >150 - 200 cm, 50 mm, herst.,bes.	116,52 DM/St / 59,58 €/St
000.27605.M	Stammschutz Umfang >200 - 250 cm, 50 mm, herst.,bes.	126,84 DM/St / 64,85 €/St
000.27606.M	Stammschutz Umfang >250 - 300 cm, 50 mm, herst.,bes.	136,19 DM/St / 69,63 €/St
000.27607.M	Stammschutz Umfang >300 - 350 cm, 50 mm, herst.,bes.	146,54 DM/St / 74,92 €/St
000.27608.M	Stammschutz Umfang >350 - 400 cm, 50 mm, herst.,bes.	153,20 DM/St / 78,33 €/St
000.27701.M	Schutz des Wurzelber., Kiessand 20 cm, herst. u. bes.	28,38 DM/m2 / 14,51 €/m2
000.27702.M	Schutz des Wurzelber., Kiessand 25 cm, herst. u. bes.	31,53 DM/m2 / 16,12 €/m2
000.27703.M	Schutz des Wurzelber., Kiessand 30 cm, herst. u. bes.	35,18 DM/m2 / 17,99 €/m2

000.27301.M KG 391 DIN 276
Schutz von Bäumen, Holzpfähle 2,50 m, herst. und bes.
EP 47,64 DM/St   LA 36,97 DM/St   ST 10,67 DM/St
EP 24,36 €/St   LA 18,90 €/St   ST 5,46 €/St

000.27303.M KG 391 DIN 276
Schutz von Bäumen, vergitterte Elemente, herst. u. bes.
EP 25,52 DM/m   LA 14,08 DM/m   ST 11,44 DM/m
EP 13,05 €/m   LA 7,20 €/m   ST 5,85 €/m

000.27304.M KG 391 DIN 276
Schutz von Bäumen, Holzpf. 6- 8/250 cm, herst. u. bes.
EP 20,61 DM/m   LA 10,86 DM/m   ST 9,75 DM/m
EP 10,54 €/m   LA 5,55 €/m   ST 4,99 €/m

000.27305.M KG 391 DIN 276
Schutz von Bäumen, Holzpf. 6- 8/300 cm, herst. u. bes.
EP 24,73 DM/m   LA 12,91 DM/m   ST 11,82 DM/m
EP 12,64 €/m   LA 6,60 €/m   ST 6,04 €/m

000.27306.M KG 391 DIN 276
Schutz von Bäumen, Holzpf. 8-10/300 cm, herst. u. bes.
EP 26,09 DM/m   LA 13,79 DM/m   ST 12,30 DM/m
EP 13,34 €/m   LA 7,05 €/m   ST 6,29 €/m

000.27601.M KG 391 DIN 276
Stammschutz Umfang < 50 cm, 40 mm, herst. u. bes.
EP 82,67 DM/St   LA 70,41 DM/St   ST 12,26 DM/St
EP 42,27 €/St   LA 36,00 €/St   ST 6,27 €/St

000.27602.M KG 391 DIN 276
Stammschutz Umfang > 50 - 100 cm, 40 mm, herst. u. bes.
EP 88,07 DM/St   LA 73,35 DM/St   ST 14,72 DM/St
EP 45,03 €/St   LA 37,50 €/St   ST 7,53 €/St

000.27603.M KG 391 DIN 276
Stammschutz Umfang >100 - 150 cm, 40 mm, herst. u. bes.
EP 100,75 DM/St LA 82,15 DM/St   ST 18,60 DM/St
EP 51,52 €/St   LA 42,00 €/St   ST 9,52 €/St

000.27604.M KG 391 DIN 276
Stammschutz Umfang >150 - 200 cm, 50 mm, herst. u. bes.
EP 116,52 DM/St LA 93,88 DM/St   ST 22,64 DM/St
EP 59,58 €/St   LA 48,00 €/St   ST 11,58 €/St

000.27605.M KG 391 DIN 276
Stammschutz Umfang >200 - 250 cm, 50 mm, herst. u. bes.
EP 126,84 DM/St LA 99,76 DM/St   ST 27,08 DM/St
EP 64,85 €/St   LA 51,00 €/St   ST 13,85 €/St

000.27606.M KG 391 DIN 276
Stammschutz Umfang >250 - 300 cm, 50 mm, herst. u. bes.
EP 136,19 DM/St LA 105,63 DM/St ST 30,56 DM/St
EP 69,63 €/St   LA 54,01 €/St   ST 15,62 €/St

000.27607.M KG 391 DIN 276
Stammschutz Umfang >300 - 350 cm, 50 mm, herst. u. bes.
EP 146,54 DM/St LA 111,49 DM/St ST 35,05 DM/St
EP 74,92 €/St   LA 57,00 €/St   ST 17,92 €/St

000.27608.M KG 391 DIN 276
Stammschutz Umfang >350 - 400 cm, 50 mm, herst. u. bes.
EP 153,20 DM/St LA 114,42 DM/St ST 38,78 DM/St
EP 78,33 €/St   LA 58,50 €/St   ST 19,83 €/St

000.27701.M KG 391 DIN 276
Schutz des Wurzelber., Kiessand 20 cm, herst. u. bes.
EP 28,38 DM/m2   LA 23,18 DM/m2   ST 5,20 DM/m2
EP 14,51 €/m2   LA 11,85 €/m2   ST 2,66 €/m2

000.27702.M KG 391 DIN 276
Schutz des Wurzelber., Kiessand 25 cm, herst. u. bes.
EP 31,53 DM/m2   LA 25,82 DM/m2   ST 5,71 DM/m2
EP 16,12 €/m2   LA 13,20 €/m2   ST 2,92 €/m2

000.27703.M KG 391 DIN 276
Schutz des Wurzelber., Kiessand 30 cm, herst. u. bes.
EP 35,18 DM/m2   LA 28,76 DM/m2   ST 6,42 DM/m2
EP 17,99 €/m2   LA 14,70 €/m2   ST 3,29 €/m2

LB 000 Baustelleneinrichtung
Hilfsbrücken für Fußgänger; Wegweiser, Verkehrszeichen; Warnbeleuchtungen

AW 000

Preise 06.02

Sämtliche Preise sind **Mittelpreise ohne Mehrwertsteuer** zum Zeitpunkt des Ausgabedatums.
Korrekturfaktoren für Regionaleinfluss, Mengeneinfluss, Konjunktureinfluss siehe Vorspann.
Abkürzungen: EP = Einheitspreis, LA = Lohnanteil, ST = Stoffanteil

Hilfsbrücken für Fußgänger

000.----.-

000.33001.M Fußgängerhilfsbrücke, über 1,00 bis 1,50 m		152,92 DM/St
		78,19 €/St
000.33002.M Fußgängerhilfsbrücke, über 1,00 bis 1,50 m vorhalten		12,00 DM/StxMo
		6,14 €/StxMo
000.33003.M Fußgängerhilfsbrücke, über 1,50 bis 2,00 m		190,71 DM/St
		97,51 €/St
000.33004.M Fußgängerhilfsbrücke, über 1,50 bis 2,00 m vorhalten		14,77 DM/StxMo
		7,55 €/StxMo
000.33005.M Fußgängerhilfsbrücke, über 2,00 bis 2,50 m		224,82 DM/St
		114,95 €/St
000.33006.M Fußgängerhilfsbrücke, über 2,00 bis 2,50 m vorhalten		16,96 DM/StxMo
		8,67 €/StxMo

000.33001.M   KG 390 DIN 276
Fußgängerhilfsbrücke, über 1,00 bis 1,50 m
EP 152,92 DM/St   LA 70,41 DM/St   ST 82,51 DM/St
EP 78,19 €/St   LA 36,00 €/St   ST 42,19 €/St

000.33002.M   KG 390 DIN 276
Fußgängerhilfsbrücke, über 1,00 bis 1,50 m vorhalten
EP 12,00 DM/StxMo LA 0,00 DM/StxMo ST 12,00 DM/StxMo
EP 6,14 €/St   LA 0,00 €/StxMo   ST 6,14 €/StxMo

000.33003.M   KG 390 DIN 276
Fußgängerhilfsbrücke, über 1,50 bis 2,00 m
EP 190,71 DM/St   LA 88,02 DM/St   ST 102,69 DM/St
EP 97,51 €/St   LA 45,01 €/St   ST 52,50 €/St

000.33004.M   KG 390 DIN 276
Fußgängerhilfsbrücke, über 1,50 bis 2,00 m vorhalten
EP 14,77 DM/StxMo LA 0,00 DM/StxMo ST 14,77 DM/StxMo
EP 7,55 €/St   LA 0,00 €/StxMo   ST 7,55 €/StxMo

000.33005.M   KG 390 DIN 276
Fußgängerhilfsbrücke, über 2,00 bis 2,50 m
EP 224,82 DM/St   LA 105,63 DM/St   ST 119,19 DM/St
EP 114,95 €/St   LA 54,01 €/St   ST 60,94 €/St

000.33006.M   KG 390 DIN 276
Fußgängerhilfsbrücke, über 2,00 bis 2,50 m vorhalten
EP 16,96 DM/StxMo LA 0,00 DM/StxMo ST 16,96 DM/StxMo
EP 8,67 €/St   LA 0,00 €/StxMo   ST 8,67 €/StxMo

Vorwegweiser, Wegweiser, Verkehrszeichen

000.----.-

000.51001.M Verkehrszeichen, einf. Ausführung, aufst.,vorh.,beseit.		68,03 DM/St
		34,78 €/St
000.51002.M Verkehrszeichen, mittl.Ausführung, aufst.,vorh.,beseit.		88,56 DM/St
		45,28 €/St
000.51101.M Absperrbake aufstellen, vorhalten, beseitigen		179,90 DM/St
		91,98 €/St
000.51102.M Absperrbake vorhalten		128,37 DM/StxMo
		65,63 €/StxMo
000.51103.M Absperrbake u. Verk.-schild aufst., vorh., beseit.		234,55 DM/St
		119,92 €/St
000.51104.M Absperrbake und Verkehrsschild vorhalten		172,39 DM/StxMo
		88,14 €/StxMo
000.51201.M Vorwegweiser, bis 1,5 m2 aufstellen, vorhalten, bes.		337,06 DM/St
		172,33 €/St
000.51202.M Vorwegweiser, über 1,5-3,0 m2 aufst., vorhalten, bes.		732,45 DM/St
		374,50 €/St
000.51203.M Vorwegweiser, über 3,0-5,0 m2 aufst., vorhalt., bes.		1 352,27 DM/St
		691,40 €/St

000.51001.M   KG 391 DIN 276
Verkehrszeichen, einf. Ausführung, aufst.,vorh.,beseit.
EP 68,03 DM/St   LA 46,95 DM/St   ST 21,08 DM/St
EP 34,78 €/St   LA 24,00 €/St   ST 10,78 €/St

000.51002.M   KG 391 DIN 276
Verkehrszeichen, mittl.Ausführung, aufst.,vorh.,beseit.
EP 88,56 DM/St   LA 52,81 DM/St   ST 35,75 DM/St
EP 45,28 €/St   LA 27,00 €/St   ST 18,28 €/St

000.51101.M   KG 391 DIN 276
Absperrbake aufstellen, vorhalten, beseitigen
EP 179,90 DM/St   LA 46,95 DM/St   ST 132,95 DM/St
EP 91,98 €/St   LA 24,00 €/St   ST 67,98 €/St

000.51102.M   KG 391 DIN 276
Absperrbake vorhalten
EP 128,37 DM/StxMo LA 0,00 DM/StxMo ST 128,37 DM/StxMo
EP 65,63 €/St   LA 0,00 €/StxMo   ST 65,63 €/StxMo

000.51103.M   KG 391 DIN 276
Absperrbake u. Verk.-schild aufst., vorh., beseit.
EP 234,55 DM/St   LA 55,74 DM/St   ST 178,81 DM/St
EP 119,92 €/St   LA 28,50 €/St   ST 91,42 €/St

000.51104.M   KG 391 DIN 276
Absperrbake und Verkehrsschild vorhalten
EP 172,39 DM/StxMo LA 0,00 DM/StxMo ST 172,39 DM/StxMo
EP 88,14 €/St   LA 0,00 €/StxMo   ST 88,14 €/StxMo

000.51201.M   KG 391 DIN 276
Vorwegweiser, bis 1,5 m2 aufstellen, vorhalten, bes.
EP 337,06 DM/St   LA 52,81 DM/St   ST 284,25 DM/St
EP 172,33 €/St   LA 27,00 €/St   ST 145,33 €/St

000.51202.M   KG 391 DIN 276
Vorwegweiser, über 1,5-3,0 m2 aufst., vorhalten, bes.
EP 732,45 DM/St   LA 99,76 DM/St   ST 632,69 DM/St
EP 374,50 €/St   LA 51,00 €/St   ST 323,50 €/St

000.51203.M   KG 391 DIN 276
Vorwegweiser, über 3,0-5,0 m2 aufst., vorhalten, bes.
EP 1 352,27 DM/St LA 187,77 DM/St   ST 1 164,50 DM/St
EP 691,40 €/St   LA 96,00 €/St   ST   595,40 €/St

Elektrische Warnbeleuchtungen

000.----.-

000.52301.M Aufbaulicht, als 10er Kette, 100 m, aufst., vorh., bes.		1 020,37 DM/St
		521,71 €/St
000.52302.M Aufbaulicht, als 10er Kette, 100 m, vorhalten		687,70 DM/StxMo
		351,62 €/StxMo
000.52401.M Aufbaulicht, als 5er Kette, 50 m, aufst., vorh., bes.		780,85 DM/St
		399,24 €/St
000.52402.M Aufbaulicht, als 5er Kette, 50 m, vorhalten		531,82 DM/StxMo
		271,92 €/StxMo

000.52301.M   KG 391 DIN 276
Aufbaulicht, als 10er Kette, 100 m, aufst., vorh., bes.
EP 1 020,37 DM/St LA 158,43 DM/St   ST 861,94 DM/St
EP   521,71 €/St   LA 81,01 €/St   ST 440,70 €/St

000.52302.M   KG 391 DIN 276
Aufbaulicht, als 10er Kette, 100 m, vorhalten
EP 687,70 DM/StxMo LA 0,00 DM/StxMo ST 687,70 DM/StxMo
EP 351,62 €/St   LA 0,00 €/StxMo   ST 351,62 €/StxMo

000.52401.M   KG 391 DIN 276
Aufbaulicht, als 5er Kette, 50 m, aufst., vorh., bes.
EP 780,85 DM/St   LA 111,49 DM/St   ST 669,36 DM/St
EP 399,24 €/St   LA 57,00 €/St   ST 342,24 €/St

000.52402.M   KG 391 DIN 276
Aufbaulicht, als 5er Kette, 50 m, vorhalten
EP 531,82 DM/StxMo LA 0,00 DM/StxMo ST 531,82 DM/StxMo
EP 271,92 €/St   LA 0,00 €/StxMo   ST 271,92 €/StxMo

AW 000
LB 000 Baustelleneinrichtung
Baustellensignalanlagen

Preise 06.02

Sämtliche Preise sind **Mittelpreise ohne Mehrwertsteuer** zum Zeitpunkt des Ausgabedatums.
Korrekturfaktoren für Regionaleinfluss, Mengeneinfluss, Konjunktureinfluss siehe Vorspann.
Abkürzungen: EP = Einheitspreis, LA = Lohnanteil, ST = Stoffanteil

Baustellensignalanlagen

000.----.-

Pos.	Bezeichnung	Preis
000.53001.M	Signalanlage Einbahnv. a. Funkampel, verkehrsabh.	1 833,47 DM/St / 937,44 €/St
000.53002.M	Signalanl. Einbahnv. a. Funkamp., verkehrsab. vorh.	1 237,85 DM/StxMo / 632,90 €/StxMo
000.53003.M	Signalanlage Einbahnv. a. Kabelampel, verk.-abh.	1 101,04 DM/St / 562,95 €/St
000.53004.M	Signalanl. Einbahnv. a. Kabelampel, verk.-abh. vorh.	660,20 DM/StxMo / 337,55 €/StxMo
000.53005.M	Signalanlage Einbahnverkehr als Funkampel	1 384,92 DM/St / 708,10 €/St
000.53006.M	Signalanlage Einbahnverkehr als Funkampel vorh.	861,93 DM/StxMo / 440,70 €/StxMo
000.53007.M	Signalanlage Einbahnverkehr als Kabelampel	985,86 DM/St / 504,06 €/St
000.53008.M	Signalanlage Einbahnverkehr als Kabelampel vorh.	568,50 DM/StxMo / 290,67 €/StxMo
000.53101.M	Signalanlage Fußgänger als Funkampel	2 474,24 DM/St / 1 265,06 €/St
000.53102.M	Signalanlage Fußgänger als Funkampel vorhalten	1 650,47 DM/StxMo / 843,87 €/StxMo
000.53103.M	Signalanlage Fußgänger als Kabelampel	1 357,42 DM/St / 694,04 €/St
000.53104.M	Signalanlage Fußgänger als Kabelampel vorhalten	880,26 DM/StxMo / 450,07 €/StxMo
000.53201.M	Signalanlage Einmündungsv. a.Funkam.l,verk.-abh.	2 774,98 DM/St / 1 418,83 €/St
000.53202.M	Signalanl. Einmündungsv. a.Funka.,verk.-abh.vorh.	1 971,41 DM/StxMo / 1 007,97 €/StxMo
000.53203.M	Signalanl. Einmündungsv. a.Kabelamp.,verk.-abh.	1 614,13 DM/St / 825,29 €/St
000.53204.M	Signalanl. Einmünd-V. a.Kabelamp.,verk.-abh. vorh	1026,96 DM/StxMo / 525,08 €/StxMo
000.53205.M	Signalanlage Einmündungsverkehr als Funkampel	2 109,66 DM/St / 1 078,65 €/St
000.53206.M	Signalanl.Einmündungsverkehr als Funkampel vorh.	1 384,58 DM/StxMo / 707,92 €/StxMo
000.53207.M	Signalanlage Einmündungsverkehr als Kabelampel	1 337,23 DM/St / 683,71 €/St
000.53208.M	Signalanl. Einmündungsverkehr als Kabelampel vorh.	765,63 DM/StxMo / 391,46 €/StxMo
000.53301.M	Signalanlage Kreuzungsv.a.Funkampel, verk.-abh.	3 516,61 DM/St / 1 798,01 €/St
000.53302.M	Signalanl. Kreuzungsv.a.Funkampel, verk.-abh.vorh	2 338,18 DM/StxMo / 1 195,49 €/StxMo
000.53303.M	Signalanl. Kreuzungsv.a.Kabelampel,verk.-abh.	2 137,51 DM/St / 1 092,89 €/St
000.53304.M	Signalanl. Kreuzungsv.a.Kabelampel,verk.-abh.vorh.	1 283,70 DM/StxMo / 656,35 €/StxMo
000.53305.M	Signalanlage Kreuzungsverkehr als Funkampel	2 656,13 DM/St / 1 358,06 €/St
000.53306.M	Signalanlage Kreuzungsverkehr als Funkampel vorh.	1 755,92 DM/StxMo / 897,79 €/StxMo
000.53307.M	Signalanlage Kreuzungsverkehr als Kabelampel	1 736,27 DM/St / 887,74 €/St
000.53308.M	Signalanlage Kreuzungsverkehr als Kabelampel vorh.	990,30 DM/StxMo / 506,33 €/StxMo

000.53001.M KG 391 DIN 276
Signalanlage Einbahnv. a. Funkampel, verkehrsabh.
EP 1 833,47 DM/St LA 228,85 DM/St ST 1 604,62 DM/St
EP 937,44 €/St   LA 117,01 €/St   ST 820,43 €/St

000.53002.M KG 391 DIN 276
Signalanlage Einbahnv. a. Funkampel, verkehrsabh. vorh.
EP 1237,85 DM/StxMo LA 0,00 DM/StxMo ST 1237,85 DM/StxMo
EP 632,90 €/StxMo LA 0,00 €/StxMo ST 632,90 €/StxMo

000.53003.M KG 391 DIN 276
Signalanlage Einbahnv. a. Kabelampel, verk.-abh.
EP 1 101,04 DM/St LA 275,79 DM/St ST 825,25 DM/St
EP 562,95 €/St   LA 141,01 €/St   ST 421,94 €/St

000.53004.M KG 391 DIN 276
Signalanlage Einbahnv. a. Kabelampel, verk.-abh. vorh.
EP 660,20 DM/StxMo LA 0,00 DM/StxMo ST 660,20 DM/StxMo
EP 337,55 €/St   LA 0,00 €/StxMo   ST 337,55 €/StxMo

000.53005.M KG 391 DIN 276
Signalanlage Einbahnverkehr als Funkampel
EP 1 384,92 DM/St LA 211,24 DM/St ST 1 173,68 DM/St
EP 708,10 €/St   LA 108,01 €/St   ST 600,09 €/St

000.53006.M KG 391 DIN 276
Signalanlage Einbahnverkehr als Funkampel vorhalten
EP 861,93 DM/StxMo LA 0,00 DM/StxMo ST 861,93 DM/StxMo
EP 440,70 €/St   LA 0,00 €/StxMo   ST 440,70 €/StxMo

000.53007.M KG 391 DIN 276
Signalanlage Einbahnverkehr als Kabelampel
EP 985,86 DM/St LA 252,32 DM/St ST 733,54 DM/St
EP 504,06 €/St   LA 129,01 €/St   ST 375,05 €/St

000.53008.M KG 391 DIN 276
Signalanlage Einbahnverkehr als Kabelampel vorhalten
EP 568,50 DM/StxMo LA 0,00 DM/StxMo ST 568,50 DM/StxMo
EP 290,67 €/St   LA 0,00 €/StxMo   ST 290,67 €/StxMo

000.53101.M KG 391 DIN 276
Signalanlage Fußgänger als Funkampel
EP 2 474,24 DM/St LA 181,91 DM/St ST 2 292,33 DM/St
EP 1 265,06 €/St   LA 93,01 €/St   ST 1 172,05 €/St

000.53102.M KG 391 DIN 276
Signalanlage Fußgänger als Funkampel vorhalten
EP 1650,47 DM/StxMo LA 0,00 DM/StxMo ST 1650,47 DM/StxMo
EP 843,87 €/St   LA 0,00 €/StxMo ST 843,87 €/StxMo

000.53103.M KG 391 DIN 276
Signalanlage Fußgänger als Kabelampel
EP 1 357,42 DM/St LA 211,24 DM/St ST 1 146,18 DM/St
EP 694,04 €/St   LA 108,01 €/St   ST 586,03 €/St

000.53104.M KG 391 DIN 276
Signalanlage Fußgänger als Kabelampel vorhalten
EP 880,26 DM/StxMo LA 0,00 DM/StxMo ST 880,26 DM/StxMo
EP 450,07 €/St   LA 0,00 €/StxMo   ST 450,07 €/StxMo

000.53201.M KG 391 DIN 276
Signalanlage Einmündungsv. a.Funkampel,verk.-abh.
EP 2 774,98 DM/St LA 299,27 DM/St ST 2 475,71 DM/St
EP 1 418,83 €/St   LA 153,01 €/St   ST 1 265,82 €/St

000.53202.M KG 391 DIN 276
Signalanlage Einmündungsv. a.Funkampel,verk.-abh. vorh.
EP 1971,41 DM/StxMo LA 0,00 DM/StxMo ST 1971,41 DM/StxMo
EP 1007,97 €/St   LA 0,00 €/StxMo ST 1007,97 €/StxMo

000.53203.M KG 391 DIN 276
Signalanlage Einmündungsv. a.Kabelampel,verk.-abh.
EP 1 614,13 DM/St LA 357,95 DM/St ST 1 256,18 DM/St
EP 825,29 €/St   LA 183,01 €/St   ST 642,28 €/St

000.53204.M KG 391 DIN 276
Signalanlage Einmündungsv. a.Kabelampel,verk.-abh. vorh
EP 1026,96 DM/StxMo LA 0,00 DM/StxMo ST 1026,96 DM/StxMo
EP 525,08 €/St   LA 0,00 €/StxMo ST 525,08 €/StxMo

000.53205.M KG 391 DIN 276
Signalanlage Einmündungsverkehr als Funkampel
EP 2 109,66 DM/St LA 275,79 DM/St ST 1 833,87 DM/St
EP 1 078,65 €/St   LA 141,01 €/St   ST 937,64 €/St

000.53206.M KG 391 DIN 276
Signalanlage Einmündungsverkehr als Funkampel vorh.
EP 1384,58 DM/StxMo LA 0,00 DM/StxMo ST 1384,58 DM/StxMo
EP 707,92 €/St   LA 0,00 €/StxMo ST 707,92 €/StxMo

000.53207.M KG 391 DIN 276
Signalanlage Einmündungsverkehr als Kabelampel
EP 1 337,23 DM/St LA 328,60 DM/St ST 1 008,63 DM/St
EP 683,71 €/St   LA 168,01 €/St   ST 515,70 €/St

LB 000 Baustelleneinrichtung
Baustellensignalanlagen; Fahrbahnmarkierungen; Bauaufzüge

AW 000

Preise 06.02

Sämtliche Preise sind **Mittelpreise ohne Mehrwertsteuer** zum Zeitpunkt des Ausgabedatums.
Korrekturfaktoren für Regionaleinfluss, Mengeneinfluss, Konjunktureinfluss siehe Vorspann.
Abkürzungen: EP = Einheitspreis, LA = Lohnanteil, ST = Stoffanteil

000.53208.M KG 391 DIN 276
Signalanlage Einmündungsverkehr als Kabelampel vorh.
EP 765,63 DM/StxMo LA 0,00 DM/StxMo ST 765,63 DM/StxMo
EP 391,46 €/St LA 0,00 €/StxMo ST 391,46 €/StxMo

000.53301.M KG 391 DIN 276
Signalanlage Kreuzungsv. a. Funkampel, verk.-abh.
EP 3 516,61 DM/St LA 399,02 DM/St ST 3 117,59 DM/St
EP 1 798,01 €/St LA 204,02 €/St ST 1 593,99 €/St

000.53302.M KG 391 DIN 276
Signalanlage Kreuzungsv. a. Funkampel, verk.-abh. vorh
EP 2338,18 DM/StxMo LA 0,00 DM/StxMo ST 2338,18 DM/StxMo
EP 1195,49 €/St LA 0,00 €/StxMo ST 1195,49 €/StxMo

000.53303.M KG 391 DIN 276
Signalanlage Kreuzungsv. a. Kabelampel,verk.-abh.
EP 2 137,51 DM/St LA 487,04 DM/St ST 1 650,47 DM/St
EP 1 092,89 €/St LA 249,02€/St ST 843,87 €/St

000.53304.M KG 391 DIN 276
Signalanlage Kreuzungsv. a. Kabelampel,verk.-abh. vorh.
EP 1283,70 DM/StxMo LA 0,00 DM/StxMo ST 1283,70 DM/StxMo
EP 656,35 €/St LA 0,00 €/StxMo ST 656,35 €/StxMo

000.53305.M KG 391 DIN 276
Signalanlage Kreuzungsverkehr als Funkampel
EP 2 656,13 DM/St LA 363,81 DM/St ST 2 292,32 DM/St
EP 1 358,06 €/St LA 186,01 €/St ST 1 172,05 €/St

000.53306.M KG 391 DIN 276
Signalanlage Kreuzungsverkehr als Funkampel vorhalten
EP 1755,92 DM/StxMo LA 0,00 DM/StxMo ST 1755,92 DM/StxMo
EP 897,79 €/St LA 0,00 €/StxMo ST 897,79 €/StxMo

000.53307.M KG 391 DIN 276
Signalanlage Kreuzungsverkehr als Kabelampel
EP 1 736,27 DM/St LA 434,23 DM/St ST 1 302,04 DM/St
EP 887,74 €/St LA 222,02 €/St ST 665,72 €/St

000.53308.M KG 391 DIN 276
Signalanlage Kreuzungsverkehr als Kabelampel vorhalten
EP 990,30 DM/StxMo LA 0,00 DM/StxMo ST 990,30 DM/StxMo
EP 506,33 €/St LA 0,00 €/StxMo ST 506,33 €/StxMo

Fahrbahnmarkierungen

000.----.-

000.54101.M Fahrbahnmarkierung, Fahrbahnrand, herstellen, beseitig. 10,18 DM/m
5,20 €/m
000.54102.M Fahrbahnmarkierung, Leitlinie, herstellen, beseitigen 6,04 DM/m
3,09 €/m
000.54103.M Fahrbahnmarkierung, Trennlinie, Folie, herst., beseit. 7,93 DM/m
4,06 €/m
000.54104.M Fahrbahnmarkierung, Trennlinie, herstellen, beseitigen 5,55 DM/m
2,84 €/m

000.54101.M KG 391 DIN 276
Fahrbahnmarkierung, Fahrbahnrand, herstellen, beseitig.
EP 10,18 DM/m LA 7,33 DM/m ST 2,85 DM/m
EP 5,20 €/m LA 3,75 €/m ST 1,45 €/m

000.54102.M KG 391 DIN 276
Fahrbahnmarkierung, Leitlinie, herstellen, beseitigen
EP 6,04 DM/m LA 4,40 DM/m ST 1,64 DM/m
EP 3,09 €/m LA 2,25 €/m ST 0,84 €/m

000.54103.M KG 391 DIN 276
Fahrbahnmarkierung, Trennlinie, Folie, herst., beseit.
EP 7,93 DM/m LA 4,99 DM/m ST 2,94 DM/m
EP 4,06 €/m LA 2,55 €/m ST 1,51 €/m

000.54104.M KG 391 DIN 276
Fahrbahnmarkierung, Trennlinie, herstellen, beseitigen
EP 5,55 DM/m LA 3,81 DM/m ST 1,74 DM/m
EP 2,84 €/m LA 1,95 €/m ST 0,89 €/m

Bauaufzüge

000.----.-

000.60001.M Combiaufz. 200 kg,12-14 m,27m/min,aufst.,vorh.,bes. 686,77 DM/St
351,14 €/St
000.60002.M Combiaufz. 200 kg,12-14 m,27m/min, vorhalten 375,94 DM/StxMo
192,21 €/StxMo
000.60003.M Mastaufz. 200 kg, 18-20 m,27m/min,aufst., vorh.,bes. 840,45 DM/St
429,71 €/St
000.60004.M Mastaufz. 200 kg, 18-20 m,27m/min,vorhalten 453,88 DM/StxMo
232,07 €/StxMo
000.60005.M Mastaufz. 300 kg, 10-12 m,30m/min,aufst., vorh.,bes. 1 113,50 DM/St
569,32 €/St
000.60006.M Mastaufz. 300 kg, 10-12 m,30m/min,vorhalten 651,02 DM/StxMo
332,86 €/StxMo
000.60007.M Mastaufz. 300 kg, 18-20 m,30m/min,aufst., vorh.,bes. 1 282,42 DM/St
655,59 €/St
000.60008.M Mastaufz. 300 kg, 18-20 m,30m/min,vorhalten 733,55 DM/StxMo
375,06 €/StxMo
000.60009.M Mastaufz. 500 kg, 10-12 m,30m/min,aufst., vorh.,bes. 1 551,42 DM/St
793,23 €/St
000.60010.M Mastaufz. 500 kg, 10-12 m,30m/min,vorhalten 834,42 DM/StxMo
426,63 €/StxMo
000.60011.M Mastaufz. 500 kg, 22-24 m,30m/min,aufst., vorh.,bes. 2 009,86 DM/St
1 027,62 €/St
000.60012.M Mastaufz. 500 kg, 22-24 m,30m/min,vorhalten 1 072,82 DM/StxMo
548,52 €/StxMo
000.60013.M Schrägaufz. 150 kg, 10-12 m,27m/min,aufst,vorh.,bes. 353,73 DM/St
180,86 €/St
000.60014.M Schrägaufz. 150 kg, 10-12 m,27m/min,vorhalten 178,81 DM/StxMo
91,42 €/StxMo
000.60015.M Schrägaufz. 150 kg, 12-14 m,27m/min,aufst,vorh.,bes. 394,26 DM/St
201,58 €/St
000.60016.M Schrägaufz. 150 kg, 12-14 m,27m/min,vorhalten 197,13 DM/StxMo
100,79 €/StxMo
000.60017.M Schrägaufz. 150 kg, 12-14 m,36m/min,aufst,vorh.,bes. 486,89 DM/St
248,94 €/St
000.60018.M Schrägaufz. 150 kg, 12-14 m,36m/min,vorhalten 261,33 DM/StxMo
133,62 €/StxMo
000.60019.M Schrägaufz. 150 kg, 16-18 m,36m/min,aufst,vorh.,bes. 524,47 DM/St
268,16 €/St
000.60020.M Schrägaufz. 150 kg, 16-18 m,36m/min,vorhalten 279,67 DM/StxMo
142,99 €/StxMo
000.60021.M Schrägaufz. 150 kg, 18-20 m,27m/min,aufst,vorh.,bes. 454,42 DM/St
232,34 €/St
000.60022.M Schrägaufz. 150 kg, 18-20 m,27m/min,vorhalten 229,23 DM/StxMo
117,20 €/StxMo
000.60023.M Schrägaufz. 150 kg, 18-20 m,36m/min,aufst,vorh.,bes. 606,25 DM/St
309,97 €/St
000.60024.M Schrägaufz. 150 kg, 18-20 m,36m/min,vorhalten 330,09 DM/StxMo
168,77 €/StxMo
000.60025.M Schrägaufz. 200 kg, 12-14 m,27m/min,aufst,vorh.,bes. 466,90 DM/St
238,72 €/St
000.60026.M Schrägaufz. 200 kg, 12-14 m,27m/min,vorhalten 238,40 DM/StxMo
121,89 €/StxMo
000.60027.M Schrägaufz. 200 kg, 16-18 m,27m/min,aufst,vorh.,bes. 569,95 DM/St
291,41 €/St
000.60028.M Schrägaufz. 200 kg, 16-18 m,27m/min,vorhalten 302,59 DM/StxMo
154,71 €/StxMo
000.60029.M Bau-Güteraufz. 200 kg, aufst., vorh., beseitigen 456,65 DM/St
233,48 €/St
000.60030.M Bau-Güteraufz. 200 kg, vorhalten 288,84 DM/StxMo
147,68 €/StxMo
000.60031.M Bau-Güteraufz. 1000 kg, aufst., vorh., beseitigen 666,55 DM/St
340,80 €/St
000.60032.M Bau-Güteraufz. 1000 kg, vorhalten 467,64 DM/StxMo
239,10 €/StxMo
000.60033.M Schrägaufz. 200 kg, aufst., vorh., beseitigen 443,46 DM/St
226,74 €/St
000.60034.M Schrägaufz. 200 kg, vorhalten 252,15 DM/StxMo
128,92 €/StxMo

000.60001.M KG 390 DIN 276
Combiaufzug 200 kg, 12-14 m, 27m/min, aufst.,vorh.,bes.
EP 686,77 DM/St LA 205,38 DM/St ST 481,39 DM/St
EP 351,14 €/St LA 105,01 €/St ST 246,13 €/St

000.60002.M KG 390 DIN 276
Combiaufzug 200 kg, 12-14 m, 27m/min, vorhalten
EP 375,94 DM/StxMo LA 0,00 DM/StxMo ST 375,94 DM/StxMo
EP 192,21 €/St LA 0,00 €/StxMo ST 192,21 €/StxMo

000.60003.M KG 390 DIN 276
Mastaufzug 200 kg, 18-20 m, 27m/min, aufst., vorh.,bes.
EP 840,45 DM/St LA 258,19 DM/St ST 582,26 DM/St
EP 429,71 €/St LA 132,01 €/St ST 297,70 €/St

000.60004.M KG 390 DIN 276
Mastaufzug 200 kg, 18-20 m, 27m/min, vorhalten
EP 453,88 DM/StxMo LA 0,00 DM/StxMo ST 453,88 DM/StxMo
EP 232,07 €/St LA 0,00 €/StxMo ST 232,07 €/StxMo

LB 000 Baustelleneinrichtung
Bauaufzüge

Preise 06.02

Sämtliche Preise sind **Mittelpreise ohne Mehrwertsteuer** zum Zeitpunkt des Ausgabedatums.
Korrekturfaktoren für Regionaleinfluss, Mengeneinfluss, Konjunktureinfluss siehe Vorspann.
Abkürzungen: EP = Einheitspreis, LA = Lohnanteil, ST = Stoffanteil

000.60005.M KG 390 DIN 276
Mastaufzug 300 kg, 10-12 m, 30m/min, aufst., vorh.,bes.
EP 1 113,50 DM/St   LA 269,92 DM/St   ST 843,58 DM/St
EP   569,32 €/St   LA 138,01 €/St   ST 431,31 €/St

000.60006.M KG 390 DIN 276
Mastaufzug 300 kg, 10-12 m, 30m/min, vorhalten
EP 651,02 DM/StxMo LA 0,00 DM/StxMo ST 651,02 DM/StxMo
EP 332,86 €/St   LA 0,00 €/StxMo   ST 332,86 €/StxMo

000.60007.M KG 390 DIN 276
Mastaufzug 300 kg, 18-20 m, 30m/min, aufst., vorh.,bes.
EP 1 282,42 DM/St   LA 328,60 DM/St   ST 953,62 DM/St
EP   655,59 €/St   LA 168,01 €/St   ST 487,58 €/St

000.60008.M KG 390 DIN 276
Mastaufzug 300 kg, 18-20 m, 30m/min, vorhalten
EP 733,55 DM/StxMo LA 0,00 DM/StxMo ST 733,55 DM/StxMo
EP 375,06 €/St   LA 0,00 €/StxMo   ST 375,06 €/StxMo

000.60009.M KG 390 DIN 276
Mastaufzug 500 kg, 10-12 m, 30m/min, aufst., vorh.,bes.
EP 1 551,42 DM/St   LA 469,43 DM/St   ST 1 081,99 DM/St
EP   793,23 €/St   LA 240,02 €/St   ST   553,21 €/St

000.60010.M KG 390 DIN 276
Mastaufzug 500 kg, 10-12 m, 30m/min, vorhalten
EP 834,42 DM/StxMo LA 0,00 DM/StxMo ST 834,42 DM/StxMo
EP 426,63 €/St   LA 0,00 €/StxMo   ST 426,63 €/StxMo

000.60011.M KG 390 DIN 276
Mastaufzug 500 kg, 22-24 m, 30m/min, aufst., vorh.,bes.
EP 2 009,86 DM/St   LA 616,13 DM/St   ST 1 393,73 DM/St
EP 1 027,62 €/St   LA 315,02 €/St   ST   712,60 €/St

000.60012.M KG 390 DIN 276
Mastaufzug 500 kg, 22-24 m, 30m/min, vorhalten
EP 1072,82 DM/StxMo LA 0,00 DM/StxMo ST 1072,82 DM/StxMo
EP 548,52 €/St   LA 0,00 €/StxMo   ST 548,52 €/StxMo

000.60013.M KG 390 DIN 276
Schrägaufzug 150 kg, 10-12 m, 27m/min, aufst,vorh.,bes.
EP 353,73 DM/St   LA 129,09 DM/St   ST 224,64 DM/St
EP 180,86 €/St   LA 66,00 €/St   ST 114,86 €/St

000.60014.M KG 390 DIN 276
Schrägaufzug 150 kg, 10-12 m, 27m/min, vorhalten
EP 178,81 DM/StxMo LA 0,00 DM/StxMo ST 178,81 DM/StxMo
EP 91,42 €/St   LA 0,00 €/StxMo   ST 91,42 €/StxMo

000.60015.M KG 390 DIN 276
Schrägaufzug 150 kg, 12-14 m, 27m/min, aufst,vorh.,bes.
EP 394,26 DM/St   LA 146,70 DM/St   ST 247,56 DM/St
EP 201,58 €/St   LA 75,01 €/St   ST 126,57 €/St

000.60016.M KG 390 DIN 276
Schrägaufzug 150 kg, 12-14 m, 27m/min, vorhalten
EP 197,13 DM/StxMo LA 0,00 DM/StxMo ST 197,13 DM/StxMo
EP 100,79 €/St   LA 0,00 €/StxMo   ST 100,79 €/StxMo

000.60017.M KG 390 DIN 276
Schrägaufzug 150 kg, 12-14 m, 36m/min, aufst,vorh.,bes.
EP 486,89 DM/St   LA 161,37 DM/St   ST 325,52 DM/St
EP 248,94 €/St   LA 82,51 €/St   ST 166,44 €/St

000.60018.M KG 390 DIN 276
Schrägaufzug 150 kg, 12-14 m, 36m/min, vorhalten
EP 261,33 DM/StxMo LA 0,00 DM/StxMo ST 261,33 DM/StxMo
EP 133,62 €/St   LA 0,00 €/StxMo   ST 133,62 €/StxMo

000.60019.M KG 390 DIN 276
Schrägaufzug 150 kg, 16-18 m, 36m/min, aufst,vorh.,bes.
EP 524,47 DM/St   LA 176,04 DM/St   ST 348,43 DM/St
EP 268,16 €/St   LA 90,01 €/St   ST 178,15 €/St

000.60020.M KG 390 DIN 276
Schrägaufzug 150 kg, 16-18 m, 36m/min, vorhalten
EP 279,67 DM/StxMo LA 0,00 DM/StxMo ST 279,67 DM/StxMo
EP 142,99 €/St   LA 0,00 €/StxMo   ST 142,99 €/StxMo

000.60021.M KG 390 DIN 276
Schrägaufzug 150 kg, 18-20 m, 27m/min, aufst,vorh.,bes.
EP 454,42 DM/St   LA 170,17 DM/St   ST 284,25 DM/St
EP 232,34 €/St   LA 87,00 €/St   ST 145,34 €/St

000.60022.M KG 390 DIN 276
Schrägaufzug 150 kg, 18-20 m, 27m/min, vorhalten
EP 229,23 DM/StxMo LA 0,00 DM/StxMo ST 229,23 DM/StxMo
EP 117,20 €/St   LA 0,00 €/StxMo   ST 117,20 €/StxMo

000.60023.M KG 390 DIN 276
Schrägaufzug 150 kg, 18-20 m, 36m/min, aufst,vorh.,bes.
EP 606,25 DM/St   LA 193,64 DM/St   ST 412,61 DM/St
EP 309,97 €/St   LA 99,01 €/St   ST 210,96 €/St

000.60024.M KG 390 DIN 276
Schrägaufzug 150 kg, 18-20 m, 36m/min, vorhalten
EP 330,09 DM/StxMo LA 0,00 DM/StxMo ST 330,09 DM/StxMo
EP 168,77 €/St   LA 0,00 €/StxMo   ST 168,77 €/StxMo

000.60025.M KG 390 DIN 276
Schrägaufzug 200 kg, 12-14 m, 27m/min, aufst,vorh.,bes.
EP 466,90 DM/St   LA 164,31 DM/St   ST 302,59 DM/St
EP 238,72 €/St   LA 84,01 €/St   ST 154,71 €/St

000.60026.M KG 390 DIN 276
Schrägaufzug 200 kg, 12-14 m, 27m/min, vorhalten
EP 238,40 DM/StxMo LA 0,00 DM/StxMo ST 238,40 DM/StxMo
EP 121,89 €/St   LA 0,00 €/StxMo   ST 121,89 €/StxMo

000.60027.M KG 390 DIN 276
Schrägaufzug 200 kg, 16-18 m, 27m/min, aufst,vorh.,bes.
EP 569,95 DM/St   LA 184,84 DM/St   ST 385,11 DM/St
EP 291,41 €/St   LA 94,51 €/St   ST 196,90 €/St

000.60028.M KG 390 DIN 276
Schrägaufzug 200 kg, 16-18 m, 27m/min, vorhalten
EP 302,59 DM/StxMo LA 0,00 DM/StxMo ST 302,59 DM/StxMo
EP 154,71 €/St   LA 0,00 €/StxMo   ST 154,71 €/StxMo

000.60029.M KG 390 DIN 276
Bau-Güteraufzug 200 kg, aufst., vorh., beseitigen
EP 456,65 DM/St   LA 217,11 DM/St   ST 239,54 DM/St
EP 233,48 €/St   LA 111,01 €/St   ST 122,47 €/St

000.60030.M KG 390 DIN 276
Bau-Güteraufzug 200 kg, vorhalten
EP 288,84 DM/StxMo LA 0,00 DM/StxMo ST 288,84 DM/StxMo
EP 147,68 €/St   LA 0,00 €/StxMo   ST 147,68 €/StxMo

000.60031.M KG 390 DIN 276
Bau-Güteraufzug 1000 kg, aufst., vorh., beseitigen
EP 666,55 DM/St   LA 258,19 DM/St   ST 408,36 DM/St
EP 340,80 €/St   LA 132,01 €/St   ST 208,79 €/St

000.60032.M KG 390 DIN 276
Bau-Güteraufzug 1000 kg, vorhalten
EP 467,64 DM/StxMo LA 0,00 DM/StxMo ST 467,64 DM/StxMo
EP 239,10 €/St   LA 0,00 €/StxMo   ST 239,10 €/StxMo

000.60033.M KG 390 DIN 276
Schrägaufzug 200 kg, aufst., vorh., beseitigen
EP 443,46 DM/St   LA 140,83 DM/St   ST 302,63 DM/St
EP 226,74 €/St   LA 72,01 €/St   ST 154,73 €/St

000.60034.M KG 390 DIN 276
Schrägaufzug 200 kg, vorhalten
EP 252,15 DM/StxMo LA 0,00 DM/StxMo ST 252,15 DM/StxMo
EP 128,92 €/St   LA 0,00 €/StxMo   ST 128,92 €/StxMo

LB 000 Baustelleneinrichtung
Baukräne; Förderbänder

AW 000

Preise 06.02

Sämtliche Preise sind **Mittelpreise ohne Mehrwertsteuer** zum Zeitpunkt des Ausgabedatums.
Korrekturfaktoren für Regionaleinfluss, Mengeneinfluss, Konjunktureinfluss siehe Vorspann.
Abkürzungen: EP = Einheitspreis, LA = Lohnanteil, ST = Stoffanteil

Baukräne

000.-----.-

000.62001.M	Baukran, Katzausleger, 10 tm, aufst.	1 429,56 DM/St 730,92 €/St
000.62002.M	Baukran, Katzausleger, 10 tm, räumen	762,51 DM/St 389,86 €/St
000.62003.M	Baukran, Katzausleger, 10 tm, vorh.	2 937,31 DM/StxMo 1 501,82 €/StxMo
000.62004.M	Baukran, Katzausleger, 11-17 tm, aufst.	1 771,64 DM/St 905,83 €/St
000.62005.M	Baukran, Katzausleger, 11-17 tm, räumen	955,88 DM/St 488,73 €/St
000.62006.M	Baukran, Katzausleger, 11-17 tm, vorh.	3 693,96 DM/StxMo 1 888,69 €/StxMo
000.62007.M	Baukran, Katzausleger, 18-30 tm, aufst.	2 336,40 DM/St 1 225,26 €/St
000.62008.M	Baukran, Katzausleger, 18-30 tm, räumen	1 296,01 DM/St 662,64 €/St
000.62009.M	Baukran, Katzausleger, 18-30 tm, vorh.	4 456,53 DM/StxMo 2 278,59 €/StxMo
000.62010.M	Baukran, Nadelausleger, 10 tm, aufst.	1 311,87 DM/St 670,75 €/St
000.62011.M	Baukran, Nadelausleger, 10 tm, räumen	848,95 DM/St 434,06 €/St
000.62012.M	Baukran, Nadelausleger, 10 tm, vorh.	2 795,74 DM/St 1 429,44 €/St
000.62013.M	Baukran, Nadelausleger, 11-17 tm, aufst.	1 600,31 DM/St 818,23 €/St
000.62014.M	Baukran, Nadelausleger, 11-17 tm, räumen	937,51 DM/St 479,34 €/St
000.62015.M	Baukran, Nadelausleger, 11-17 tm, vorh.	4 567,94 DM/StxMo 2 335,55 €/StxMo
000.62016.M	Baukran, Nadelausleger, 18-25 tm, aufst.	2 176,98 DM/St 1 113,07 €/St
000.62017.M	Baukran, Nadelausleger, 18-25 tm, räumen	1 375,59 DM/St 703,33 €/St
000.62018.M	Baukran, Nadelausleger, 18-25 tm, vorh.	4 731,66 DM/StxMo 2 419,26 €/StxMo
000.62019.M	Baukran, Nadelausleger, 26-40 tm, aufst.	2 852,86 DM/St 1 458,65 €/St
000.62020.M	Baukran, Nadelausleger, 26-40 tm, räumen	1 515,87 DM/St 775,05 €/St
000.62021.M	Baukran, Nadelausleger, 26-40 tm, vorh.	4 989,95 DM/StxMo 2 551,32 €/StxMo

000.62001.M KG 390 DIN 276
Baukran, Katzausleger, 10 tm, aufst.
EP 1 429,56 DM/St   LA 1 085,57 DM/St   ST 343,99 DM/St
EP   730,92 €/St   LA   555,04 €/St   ST 175,88 €/St

000.62002.M KG 390 DIN 276
Baukran, Katzausleger, 10 tm, räumen
EP 762,51 DM/St   LA 704,15 DM/St   ST 58,36 DM/St
EP 389,86 €/St   LA 360,03 €/St   ST 29,83 €/St

000.62003.M KG 390 DIN 276
Baukran, Katzausleger, 10 tm, vorh.
EP 2937,31 DM/StxMo LA 0,00 DM/StxMo ST 2937,31 DM/StxMo
EP 1501,82 €/St   LA 0,00 €/StxMo ST 1501,82 €/StxMo

000.62004.M KG 390 DIN 276
Baukran, Katzausleger, 11-17 tm, aufst.
EP 1 771,64 DM/St   LA 1 349,62 DM/St   ST 422,02 DM/St
EP   905,83 €/St   LA   690,05 €/St   ST 215,78 €/St

000.62005.M KG 390 DIN 276
Baukran, Katzausleger, 11-17 tm, räumen
EP 955,88 DM/St   LA 850,85 DM/St   ST 105,03 DM/St
EP 488,73 €/St   LA 435,03 €/St   ST 53,70 €/St

000.62006.M KG 390 DIN 276
Baukran, Katzausleger, 11-17 tm, vorh.
EP 3693,96 DM/StxMo LA 0,00 DM/StxMo ST 3693,96 DM/StxMo
EP 1888,69 €/St   LA 0,00 €/StxMo ST 1888,69 €/StxMo

000.62007.M KG 390 DIN 276
Baukran, Katzausleger, 18-30 tm, aufst.
EP 2 336,40 DM/St   LA 1 819,05 DM/St   ST 577,35 DM/St
EP 1 225,26 €/St   LA   930,07 €/St   ST 295,19 €/St

000.62008.M KG 390 DIN 276
Baukran, Katzausleger, 18-30 tm, räumen
EP 1 296,01 DM/St   LA 1 144,25 DM/St   ST 151,76 DM/St
EP   662,64 €/St   LA   585,04 €/St   ST 77,60 €/St

000.62009.M KG 390 DIN 276
Baukran, Katzausleger, 18-30 tm, vorh.
EP 4456,53 DM/StxMo LA 0,00 DM/StxMo ST 4456,53 DM/StxMo
EP 2278,59 €/St   LA 0,00 €/StxMo ST 2278,59 €/StxMo

000.62010.M KG 390 DIN 276
Baukran, Nadelausleger, 10 tm, aufst.
EP 1 311,87 DM/St   LA 997,54 DM/St   ST 314,33 DM/St
EP   670,75 €/St   LA 510,04 €/St   ST 160,71 €/St

000.62011.M KG 390 DIN 276
Baukran, Nadelausleger, 10 tm, räumen
EP 848,95 DM/St   LA 733,49 DM/St   ST 115,46 DM/St
EP 434,06 €/St   LA 375,03 €/St   ST 59,03 €/St

000.62012.M KG 390 DIN 276
Baukran, Nadelausleger, 10 tm, vorh.
EP 2795,74 DM/StxMo LA 0,00 DM/StxMo ST 2795,74 DM/StxMo
EP 1429,44 €/St   LA 0,00 €/StxMo ST 1429,44 €/StxMo

000.62013.M KG 390 DIN 276
Baukran, Nadelausleger, 11-17 tm, aufst.
EP 1 600,31 DM/St   LA 1 232,26 DM/St   ST 368,05 DM/St
EP   818,23 €/St   LA   630,05 €/St   ST 188,18 €/St

000.62014.M KG 390 DIN 276
Baukran, Nadelausleger, 11-17 tm, räumen
EP 937,51 DM/St   LA 762,83 DM/St   ST 174,68 DM/St
EP 479,34 €/St   LA 390,03 €/St   ST 89,31 €/St

000.62015.M KG 390 DIN 276
Baukran, Nadelausleger, 11-17 tm, vorh.
EP 4567,94 DM/StxMo LA 0,00 DM/StxMo ST 4567,94 DM/StxMo
EP 2335,55 €/St   LA 0,00 €/StxMo ST 2335,55 €/StxMo

000.62016.M KG 390 DIN 276
Baukran, Nadelausleger, 18-25 tm, aufst.
EP 2 176,98 DM/St   LA 1 701,69 DM/St   ST 475,29 DM/St
EP 1 113,07 €/St   LA   870,06 €/St   ST 243,01 €/St

000.62017.M KG 390 DIN 276
Baukran, Nadelausleger, 18-25 tm, räumen
EP 1 375,59 DM/St   LA 1 144,25 DM/St   ST 231,34 DM/St
EP   703,33 €/St   LA   585,04 €/St   ST 118,29 €/St

000.62018.M KG 390 DIN 276
Baukran, Nadelausleger, 18-25 tm, vorh.
EP 4731,66 DM/StxMo LA 0,00 DM/StxMo ST 4731,66 DM/StxMo
EP 2419,26 €/St   LA 0,00 €/StxMo ST 2419,26 €/StxMo

000.62019.M KG 390 DIN 276
Baukran, Nadelausleger, 26-40 tm, aufst.
EP 2 852,86 DM/St   LA 2 200,47 DM/St   ST 652,39 DM/St
EP 1 458,65 €/St   LA 1 125,08 €/St   ST 333,57 €/St

000.62020.M KG 390 DIN 276
Baukran, Nadelausleger, 26-40 tm, räumen
EP 1 515,87 DM/St   LA 1 261,61 DM/St   ST 254,26 DM/St
EP   775,05 €/St   LA   645,05 €/St   ST 130,00 €/St

000.62021.M KG 390 DIN 276
Baukran, Nadelausleger, 26-40 tm, vorh.
EP 4989,95 DM/StxMo LA 0,00 DM/StxMo ST 4989,95 DM/StxMo
EP 2551,32 €/St   LA 0,00 €/StxMo ST 2551,32 €/StxMo

Förderbänder

000.-----.-

000.63001.M	Förderband, 5,00 m aufstellen, vorhalten, beseitigen	260,96 DM/St 133,43 €/St
000.63002.M	Förderband, 5,00 m vorhalten	197,13 DM/StxMo 100,79 €/StxMo
000.63003.M	Förderband, 10,00 m aufstellen, vorhalten, beseitigen	490,68 DM/St 225,31 €/St
000.63004.M	Förderband, 10,00 m vorhalten	311,75 DM/StxMo 159,40 €/StxMo
000.63005.M	Förderband, 15,00 m aufstellen, vorhalten, beseitigen	568,66 DM/St 290,75 €/St
000.63006.M	Förderband, 15,00 m vorhalten	348,43 DM/StxMo 178,15 €/StxMo

000.63001.M KG 390 DIN 276
Förderband, 5,00 m aufstellen, vorhalten, beseitigen
EP 260,96 DM/St   LA 82,15 DM/St   ST 178,81 DM/St
EP 133,43 €/St   LA 42,00 €/St   ST 91,43 €/St

000.63002.M KG 390 DIN 276
Förderband, 5,00 m vorhalten
EP 197,13 DM/StxMo LA 0,00 DM/StxMo ST 197,13 DM/StxMo
EP 100,79 €/St   LA 0,00 €/StxMo ST 100,79 €/StxMo

LB 000 Baustelleneinrichtung
Förderbänder; Schuttabwurfschächte; Schuttcontainer; Heizgeräte, Heizanlagen

Preise 06.02

Sämtliche Preise sind **Mittelpreise ohne Mehrwertsteuer** zum Zeitpunkt des Ausgabedatums.
Korrekturfaktoren für Regionaleinfluss, Mengeneinfluss, Konjunktureinfluss siehe Vorspann.
Abkürzungen: EP = Einheitspreis, LA = Lohnanteil, ST = Stoffanteil

---

000.63003.M KG 390 DIN 276
Förderband, 10,00 m aufstellen, vorhalten, beseitigen
EP 440,68 DM/St   LA 170,17 DM/St   ST 270,51 DM/St
EP 225,31 €/St   LA 87,00 €/St   ST 138,31 €/St

000.63004.M KG 390 DIN 276
Förderband, 10,00 m vorhalten
EP 311,75 DM/StxMo LA 0,00 DM/StxMo ST 311,75 DM/StxMo
EP 159,40 €/StxMo LA 0,00 €/StxMo ST 159,40 €/StxMo

000.63005.M KG 390 DIN 276
Förderband, 15,00 m aufstellen, vorhalten, beseitigen
EP 568,66 DM/St   LA 252,32 DM/St   ST 316,34 DM/St
EP 290,75 €/St   LA 129,01 €/St   ST 161,74 €/St

000.63006.M KG 390 DIN 276
Förderband, 15,00 m vorhalten
EP 348,43 DM/StxMo LA 0,00 DM/StxMo ST 348,43 DM/StxMo
EP 178,15 €/StxMo LA 0,00 €/StxMo ST 178,15 €/StxMo

Schuttabwurfschächte

000.----.-

000.65001.M	Schuttabwurfschacht 4,0-8,0 m, 1x umsetzen	12,81 DM/m 6,55 €/m
000.65002.M	Schuttabwurfschacht 4,0-8,0 m, aufst., vorh., bes.	25,66 DM/m 13,12 €/m
000.65003.M	Schuttabwurfschacht 8,0-16,0 m, 1x umsetzen	14,09 DM/m 7,20 €/m
000.65004.M	Schuttabwurfschacht aufst., vorh., beseitigen	26,37 DM/m 13,48 €/m
000.65005.M	Schuttabwurfschacht vorhalten	11,28 DM/mxMo 5,77 €/mxMo

000.65001.M KG 391 DIN 276
Schuttabwurfschacht 4,0-8,0 m, 1x umsetzen
EP 12,81 DM/m   LA 9,97 DM/m   ST 2,84 DM/m
EP 6,55 €/m   LA 5,10 €/m   ST 1,45 €/m

000.65002.M KG 391 DIN 276
Schuttabwurfschacht 4,0-8,0 m, aufst., vorh., bes.
EP 25,66 DM/m   LA 12,91 DM/m   ST 12,75 DM/m
EP 13,12 €/m   LA 6,60 €/m   ST 6,52 €/m

000.65003.M KG 391 DIN 276
Schuttabwurfschacht 8,0-16,0 m, 1x umsetzen
EP 14,09 DM/m   LA 11,14 DM/m   ST 2,95 DM/m
EP 7,20 €/m   LA 5,70 €/m   ST 1,50 €/m

000.65004.M KG 391 DIN 276
Schuttabwurfschacht aufst., vorh., beseitigen
EP 26,37 DM/m   LA 13,49 DM/m   ST 12,88 DM/m
EP 13,48 €/m   LA 6,90 €/m   ST 6,58 €/m

000.65005.M KG 391 DIN 276
Schuttabwurfschacht vorhalten
EP 11,28 DM/mxMo LA 0,00 DM/mxMo ST 11,28 DM/mxMo
EP 5,77 €/mxMo   LA 0,00 €/mxMo   ST 5,77 €/mxMo

Schuttcontainer

000.----.-

000.65201.M	Schuttcontainer 5 m3 aufst., vorh., leeren, beseitigen	154,37 DM/St 78,93 €/St
000.65202.M	Schuttcontainer 5 m3 vorhalten	73,36 DM/StxMo 37,51 €/StxMo
000.65203.M	Schuttcontainer 7 m3 aufst., vorh., leeren, beseitigen	198,70 DM/St 101,59 €/St
000.65204.M	Schuttcontainer 7 m3 vorhalten	96,28 DM/StxMo 49,23 €/StxMo
000.65205.M	Schuttcontainer 10 m3 aufst., vorh., leeren, beseitigen	259,31 DM/St 132,58 €/St
000.65206.M	Schuttcontainer 10 m3 vorhalten	107,74 DM/StxMo 55,09 €/StxMo

000.65201.M KG 391 DIN 276
Schuttcontainer 5 m3 aufst., vorh., leeren, beseitigen
EP 154,37 DM/St   LA 0,00 DM/St   ST 154,37 DM/St
EP 78,93 €/St   LA 0,00 €/St   ST 78,93 €/St

000.65202.M KG 391 DIN 276
Schuttcontainer 5 m3 vorhalten
EP 73,36 DM/StxMo LA 0,00 DM/StxMo ST 73,36 DM/StxMo
EP 37,51 €/StxMo   LA 0,00 €/StxMo   ST 37,51 €/StxMo

000.65203.M KG 391 DIN 276
Schuttcontainer 7 m3 aufst., vorh., leeren, beseitigen
EP 198,70 DM/St   LA 0,00 DM/St   ST 198,70 DM/St
EP 101,59 €/St   LA 0,00 €/St   ST 101,59 €/St

000.65204.M KG 391 DIN 276
Schuttcontainer 7 m3 vorhalten
EP 96,28 DM/StxMo LA 0,00 DM/StxMo ST 96,28 DM/StxMo
EP 49,23 €/St   LA 0,00 €/StxMo   ST 49,23 €/StxMo

000.65205.M KG 391 DIN 276
Schuttcontainer 10 m3 aufst., vorh., leeren, beseitigen
EP 259,31 DM/St   LA 0,00 DM/St   ST 259,31 DM/St
EP 132,58 €/St   LA 0,00 €/St   ST 132,58 €/St

000.65206.M KG 391 DIN 276
Schuttcontainer 10 m3 vorhalten
EP 107,74 DM/StxMo LA 0,00 DM/StxMo ST 107,74 DM/StxMo
EP 55,09 €/St   LA 0,00 €/StxMo   ST 55,09 €/StxMo

Heizgeräte, Heizanlagen

000.----.-

000.92501.M	Bautrocknungsgerät 25 kW aufst., vorh., Energie	13,11 DM/St 6,70 €/St
000.92502.M	Bautrocknungsgerät 50 kW aufst., vorh., Energie	15,60 DM/St 7,98 €/St
000.92503.M	Bautrocknungsgerät 75 kW aufst., vorh., Energie	18,80 DM/St 9,61 €/St
000.92504.M	Bautrocknungsgerät 100 kW aufst., vorh., Energie	22,93 DM/St 11,72 €/St
000.92505.M	Bautrocknungsgerät 125 kW aufst., vorh., Energie	26,13 DM/St 13,36 €/St

000.92501.M KG 397 DIN 276
Bautrocknungsgerät 25 kW aufst., vorh., Energie
EP 13,11 DM/St   LA 0,00 DM/St   ST 13,11 DM/St
EP 6,70 €/St   LA 0,00 €/St   ST 6,70 €/St

000.92502.M KG 397 DIN 276
Bautrocknungsgerät 50 kW aufst., vorh., Energie
EP 15,60 DM/St   LA 0,00 DM/St   ST 15,60 DM/St
EP 7,98 €/St   LA 0,00 €/St   ST 7,98 €/St

000.92503.M KG 397 DIN 276
Bautrocknungsgerät 75 kW aufst., vorh., Energie
EP 18,80 DM/St   LA 0,00 DM/St   ST 18,80 DM/St
EP 9,61 €/St   LA 0,00 €/St   ST 9,61 €/St

000.92504.M KG 397 DIN 276
Bautrocknungsgerät 100 kW aufst., vorh., Energie
EP 22,93 DM/St   LA 0,00 DM/St   ST 22,93 DM/St
EP 11,72 €/St   LA 0,00 €/St   ST 11,72 €/St

000.92505.M KG 397 DIN 276
Bautrocknungsgerät 125 kW aufst., vorh., Energie
EP 26,13 DM/St   LA 0,00 DM/St   ST 26,13 DM/St
EP 13,36 €/St   LA 0,00 €/St   ST 13,36 €/St

LB 001 Gerüstarbeiten
Standgerüste (Fassadengerüste)

STLB 001

Ausgabe 06.02

100 **Arbeitsgerüst als längenorientiertes Standgerüst (Fassadengerüst),**
200 **Arbeits- und Schutzgerüst als längenorientiertes Standgerüst (Fassadengerüst),**
300 **Schutzgerüst als längenorientiertes Standgerüst (Fassadengerüst),**
Einzelangaben nach DIN 18451 zu Pos. 100 bis 300
- Bauart
  - – als Systemgerüst DIN 4420 Teil 4,
  - – als Systemgerüst DIN 4420 Teil 4 als Rahmengerüst,
  - – als Systemgerüst DIN 4420 Teil 4 als Modulgerüst,
  - – Stahlrohrkupplungsgerüst DIN 4420 Teil 1 und 3,
  - – Leitergerüst DIN 4420 Teil 2,
  - – Gerüst DIN 4420 nach Wahl des AN, Ausführung .... (vom Bieter einzutragen)
- Gerüstgruppe Belastung
  - – Gruppe 1,
  - – Gruppe 2, flächenbezogenes Nutzgewicht 150 kg/m²,
  - – Gruppe 3, flächenbezogenes Nutzgewicht 200 kg/m²,
  - – Gruppe 4, flächenbezogenes Nutzgewicht 300 kg/m², Flächenpressung 500 kg/m²,
  - – Gruppe 5, flächenbezogenes Nutzgewicht 450 kg/m², Flächenpressung 750 kg/m²,
  - – Gruppe 6, flächenbezogenes Nutzgewicht 600 kg/m², Flächenpressung 1000 kg/m²,
  - – Belastung ....

Hinweis:
Gerüstgruppe 1 gilt für Inspektionen und für Arbeiten nur mit leichtem Werkzeug und ohne Lagerung von Baustoffen.
Gerüstgruppen 2 und 3 gelten für Inspektionen und für Arbeiten mit Lagerung von Baustoffen, die sofort verbraucht werden, z.B. für Anstrich, Fug- und maschinelle Putzarbeiten.
Gerüstgruppen 4 und 5 gelten für Mauer- und Putzarbeiten, Montage von Betonfertigteilen und ähnlichen Arbeiten.
Gerüstgruppe 6 gilt für Mauer- und Werksteinarbeiten mit Lagerung größerer Mengen von Baustoffen und Bauteilen.

- Breite der Belagfläche
  - – Mindestbreite der Belagfläche DIN 4420 Teil 1,
  - – Breite der Belagfläche .... ,
  - – Breite der Belagfläche ohne Belagverbreiterung .... ,
    - – – mit wandseitiger Belagverbreiterung 0,25 m,
    - – – mit wandseitiger Belagverbreiterung 0,5 m,
    - – – mit .... ,
- Höhenabstand der Gerüstlagen, Seitenschutz
  - – Höhenabstand der Gerüstlagen 2 m,
  - – Höhenabstand der Gerüstlagen .... ,
  - – Höhenabstand der Gerüstlagen 2 m, Anzahl der genutzten Gerüstlagen .... ,
  - – Höhenabstand der Gerüstlagen ...., Anzahl der genutzten Gerüstlagen .... ,
  - – – .... ,
    - – – Höhe der obersten Gerüstlage bis 5 m,
    - – – Höhe der obersten Gerüstlage über 5 bis 10 m,
    - – – Höhe der obersten Gerüstlage über 10 bis 20 m,
    - – – Höhe der obersten Gerüstlage über 20 bis 30 m,
    - – – Höhe der obersten Gerüstlage .... ,
- Verankerung
  - – verankern nach Wahl des AN,
  - – verankern,
  - – verankern .... (Sofern nicht vorgeschrieben, vom Bieter einzutragen),
  - – verankern an den im Bauwerk vorhandenen Vorrichtungen, System .... ,
  - – Verankerung am Bauwerk nicht möglich, Standfestigkeit herstellen durch .... (Sofern nicht vorgeschrieben, vom Bieter einzutragen),

Hinweis:
Verankerungsvorrichtungen sind nach der ATV Gerüstarbeiten – DIN 18451, Abs. 4.1.7 – Nebenleistung ohne zusätzliche Vergütung. Sollen besondere, aufwendige Verankerungsvorrichtungen in der Leistungsbeschreibung gesondert beschrieben werden, so sind die Gerüstverankerungen nach Pos. 720 bis 760 besonders auszuschreiben.
- Dauer der Gebrauchsüberlassung
  - – Gebrauchsüberlassung ....

Hinweis:
Die Gebrauchsüberlassung bis 4 Wochen (Grundeinsatzzeit) ist nach der ATV Gerüstarbeiten – DIN 18451, Abs. 4.1.1 Nebenleistung ohne zusätzliche Vergütung. Eine hiervon abweichende Dauer der Gebrauchsüberlassung ist anzugeben, z.B. "4 Wochen zusätzlich zur Grundeinsatzzeit".

- zusätzliche Angaben zur Einrüstung
  - – Einrüstung für Putzarbeiten,
  - – Einrüstung für Maler- und Lackiererarbeiten,
  - – Einrüstung für Mauer- und Betonarbeiten,
  - – Einrüstung für Natur- und Betonwerksteinarbeiten,
  - – Einrüstung für Verglasungsarbeiten,
  - – Einrüstung für Dacharbeiten,
  - – Einrüstung für Montagearbeiten,
  - – Einrüstung für Gebäudereinigungsarbeiten,
  - – Einrüstung für .... ,
    - – – an senkrechten Bauwerksaußenflächen,
    - – – an senkrechten Bauwerksinnenflächen,
    - – – an abgetreppten Bauwerksaußenflächen,
    - – – an abgetreppten Bauwerksinnenflächen,
    - – – an geneigten Bauwerksaußenflächen,
    - – – an geneigten Bauwerksinnenflächen,
    - – – an im Grundriss gekrümmten Bauwerksaußenflächen,
    - – – an im Grundriss gekrümmten Bauwerksinnenflächen,
    - – – an .... ,
      - – – – aufstellen, zeitlich gestaffelt in Höhenabschnitten, Anzahl der Abschnitte .... ,
      - – – – aufstellen, zeitlich gestaffelt in Längsabschnitten, Anzahl der Abschnitte .... ,
      - – – – aufstellen .... ,
        - – – – – abbauen, zeitlich gestaffelt in Höhenabschnitten, Anzahl der Abschnitte .... ,
        - – – – – abbauen, zeitlich gestaffelt in Längsabschnitten, Anzahl der Abschnitte .... ,
        - – – – – abbauen .... ,
- zusätzliche Angaben zur Standfläche
  - – Standfläche waagerecht,
  - – Standfläche geneigt,
  - – Standfläche abgetreppt,
  - – Standfläche .... ,
    - – – auf Gelände,
    - – – auf Decken,
    - – – auf Flachdächern,
    - – – auf geneigten Dächern,
    - – – auf Treppen,
    - – – in Gebäuden,
    - – – in Gebäuden, Geschoss .... ,
    - – – direkt belastbar,
    - – – über Lastverteiler belastbar, zulässige, Pressung der Standfläche .... ,
    - – – .... ,
      - – – – Höhe der Standfläche über Fußboden/Gelände .... ,
- Berechnungseinheit m², St (mit genauen Maßen der einzurüstenden Fläche)

LB 001 Gerüstarbeiten
Standgerüste (Fassadengerüste)

380 Ausbau des vorbeschriebenen längenorientierten Standgerüstes zum Fanggerüst DIN 4420 Teil 1, Einzelangaben nach DIN 18451
- Seitenschutz, Absturzhöhe
  - – mit senkrechtem Seitenschutz,
  - – mit geneigtem Seitenschutz,
    - – – einseitig,
    - – – beidseitig,
      - – – – für eine Absturzhöhe bis 1 m,
      - – – – für eine Absturzhöhe bis 1,5 m,
      - – – – für eine Absturzhöhe bis 2 m,
- Fanglage
  - – Ausbau der obersten Gerüstlage zur Fanglage,
  - – Anzahl der zu Fanglagen auszubauenden Gerüstlagen .... ,
    - – – Höhe der Fanglagen über Fußboden/Gelände .... ,
      Länge der Fanglagen .... ,
      - – – – Mindestbreite der Fanglage DIN 4420 Teil 1,
      - – – – Breite der Fanglage .... ,

381 Ausbau des vorbeschriebenen längenorientierten Standgerüstes zum Dachfanggerüst DIN 4420 Teil 1, Einzelangaben nach DIN 18451
- Bauart
  - – Schutzwand aus Netzen,
  - – Schutzwand aus Brettern, dicht stoßen,
- Abmessungen
  - – Mindestabstand zwischen Schutzwand und Traufkante DIN 4420 Teil 1,
  - – Abstand zwischen Schutzwand und Traufkante .... ,
    - – – Höhe der als Fanglage genutzten Gerüstlage über Gelände .... ,
      - – – – Länge der Fanglage .... ,

382 Ausbau des vorbeschriebenen längenorientierten Standgerüstes mit einem Schutzdach DIN 4420 Teil 1 Einzelangaben nach DIN 18451
- Form, Bordwand
  - – mit senkrechter Bordwand,
  - – mit geneigter Bordwand,
  - – in geneigter Form,
- Abmessungen
  - – Mindestbreite DIN 4420 Teil 1,
  - – Breite .... ,
    - – – Höhe über Fußboden/Gelände .... ,
      - – – – Länge .... ,

LB 001 Gerüstarbeiten
Standgerüste (Raumgerüste)

STLB 001

Ausgabe 06.02

400 **Arbeitsgerüst als flächenorientiertes Standgerüst (Raumgerüst),**
410 **Arbeits- u. Schutzgerüst als flächenorientiertes Standgerüst (Raumgerüst),**
420 **Schutzgerüst als flächenorientiertes Standgerüst (Raumgerüst),**
   Einzelangaben nach DIN 18451 zu Pos. 400 bis 420
   - Bauart
     - - Systemgerüst DIN 4420 Teil 4,
     - - Systemgerüst DIN 4420 Teil 4 als Rahmengerüst,
     - - Systemgerüst DIN 4420 Teil 4 als Modulgerüst,
     - - Stahlrohrkupplungsgerüst DIN 4420 Teile 1 und 3,
     - - Leitergerüst DIN 4420 Teil 2,
     - - Gerüst DIN 4420 nach Wahl des AN,
       Ausführung .... (vom Bieter einzutragen)
   - Gerüstgruppe Belastung
     - - Gruppe 1,
     - - Gruppe 2, flächenbezogenes Nutzgewicht 150 kg/m²,
     - - Gruppe 3, flächenbezogenes Nutzgewicht 200 kg/m²,
     - - Gruppe 4, flächenbezogenes Nutzgewicht 300 kg/m²,
       Flächenpressung 500 kg/m²,
     - - Gruppe 5, flächenbezogenes Nutzgewicht 450 kg/m²,
       Flächenpressung 750 kg/m²,
     - - Gruppe 6, flächenbezogenes Nutzgewicht 600 kg/m²,
       Flächenpressung 1000 kg/m²,
     - - Belastung ....

   Hinweis:
   Gerüstgruppe 1 gilt für Inspektionen und für Arbeiten nur mit leichtem Werkzeug und ohne Lagerung von Baustoffen.
   Gerüstgruppen 2 und 3 gelten für Inspektionen und für Arbeiten mit Lagerung von Baustoffen, die sofort verbraucht werden, z.B. für Anstrich, Fug- und maschinelle Putzarbeiten.
   Gerüstgruppen 4 und 5 gelten für Mauer- und Putzarbeiten, Montage von Betonfertigteilen und ähnlichen Arbeiten.
   Gerüstgruppe 6 gilt für Mauer- und Werksteinarbeiten mit Lagerung größerer Mengen von Baustoffen und Bauteilen.
   - Gerüstlagen
     - - mit einer Gerüstlage,
     - - mit einer Gerüstlage, Höhe über Standfläche ....,
     - - Anzahl der Gerüstlagen ...., Höhenabstand der Gerüstlagen ....,
       - - - Maße der Gerüstlagen L/B ....,
   - Seitenschutz
     - - mit allseitigem Seitenschutz,
     - - ohne Seitenschutz,
   - Verankerung
     - - verankern nach Wahl des AN,
     - - verankern,
     - - verankern .... (Sofern nicht vorgeschrieben, vom Bieter einzutragen),
     - - verankern an den im Bauwerk vorhandenen Vorrichtungen, System ....,
     - - Verankerung am Bauwerk nicht möglich, Standfestigkeit herstellen durch .... (Sofern nicht vorgeschrieben, vom Bieter einzutragen),

   Hinweis:
   Verankerungsvorrichtungen sind nach der ATV Gerüstarbeiten – DIN 18451, Abs. 4.1.7 – Nebenleistung ohne zusätzliche Vergütung. Sollen besondere, aufwendige Verankerungsvorrichtungen in der Leistungsbeschreibung gesondert beschrieben werden, so sind die Gerüstverankerungen nach Pos. 720 bis 760 besonders auszuschreiben.
   - Dauer der Gebrauchsüberlassung
     Gebrauchsüberlassung ....

   Hinweis:
   Die Gebrauchsüberlassung bis 4 Wochen (Grundeinsatzzeit) ist nach der ATV Gerüstarbeiten – DIN 18451, Abs. 4.1.1 Nebenleistung ohne zusätzliche Vergütung. Eine hiervon abweichende Dauer der Gebrauchsüberlassung ist anzugeben, z.B. "4 Wochen zusätzlich zur Grundeinsatzzeit".

   - zusätzliche Angaben zur Einrüstung
     - - Einrüstung für Putzarbeiten,
     - - Einrüstung für Maler- und Lackiererarbeiten,
     - - Einrüstung für Mauer- und Betonarbeiten,
     - - Einrüstung für Natur- und Betonwerksteinarbeiten,
     - - Einrüstung für Verglasungsarbeiten,
     - - Einrüstung für Dacharbeiten,
     - - Einrüstung für Montagearbeiten,
     - - Einrüstung für Gebäudereinigungsarbeiten,
     - - Einrüstung für ....,
       - - - Grundfläche rechteckig,
       - - - Grundfläche rund,
       - - - Grundfläche ....,
         - - - - Höhe der obersten Gerüstlage bis 5 m,
         - - - - Höhe der obersten Gerüstlage über 5 bis 10 m,
         - - - - Höhe der obersten Gerüstlage über 10 bis 20 m,
         - - - - Höhe der obersten Gerüstlage über 20 bis 30 m,
         - - - - Höhe der obersten Gerüstlage ....,
           - - - - - aufstellen, zeitlich gestaffelt in Höhenabschnitten, Anzahl der Abschnitte ....,
           - - - - - aufstellen, zeitlich gestaffelt in Längsabschnitten, Anzahl der Abschnitte ....,
           - - - - - aufstellen,
             - - - - - - abbauen, zeitlich gestaffelt in Höhenabschnitten, Anzahl der Abschnitte ....,
             - - - - - - abbauen, zeitlich gestaffelt in Längsabschnitten, Anzahl der Abschnitte ....,
             - - - - - - abbauen ....,
   - zusätzliche Angaben zur Standfläche
     - - Standfläche waagerecht,
     - - Standfläche geneigt,
     - - Standfläche abgetreppt,
     - - Standfläche ....,
       - - - auf Gelände,
       - - - auf Decken,
       - - - auf Treppen,
       - - - in Gebäuden,
       - - - in Gebäuden, Geschoss ....,
         - - - - direkt belastbar,
         - - - - über Lastverteiler belastbar, zulässige Pressung der Standfläche ....,
         - - - - Höhe der Standfläche über Fußboden/Gelände ....,
   - Berechnungseinheit m², m³, St
     (mit genauen Maßen der einzurüstenden Fläche)

430 **Ausbau des vorbeschriebenen flächenorientierten Standgerüstes zum Fanggerüst DIN 4420 Teil 1, Einzelangaben nach DIN 18451**
   - Seitenschutz, Absturzhöhe
     - - mit senkrechtem Seitenschutz,
     - - mit geneigtem Seitenschutz,
       - - - einseitig,
       - - - beidseitig,
         - - - - für eine Absturzhöhe bis 1 m,
         - - - - für eine Absturzhöhe bis 1,5 m,
         - - - - für eine Absturzhöhe bis 2 m,
         - - - - für eine Absturzhöhe bis 2,5 m,
         - - - - für eine Absturzhöhe bis 3 m,
   - Fanglage
     - - Mindestbreite der Fanglage DIN 4420 Teil 1,
     - - Breite der Fanglage ....,
       - - - Anzahl der Fanglagen ...., Höhe der Fanglagen über Fußboden/Gelände ....,
         Länge der Fanglagen ....,

431 **Ausbau des vorbeschriebenen flächenorientierten Standgerüstes mit einem Schutzdach DIN 4420 Teil 1, Einzelangaben nach DIN 18451**
   - Form, Bordwand
     - - mit senkrechter Bordwand,
     - - mit geneigter Bordwand,
     - - in geneigter Form,
   - Abmessungen
     Breite ...., Höhe über Fußboden/Gelände ....,
     Länge ....

STLB 001

LB 001 Gerüstarbeiten
Hängegerüste, längenorientiert

Ausgabe 06.02

450 **Arbeitsgerüst als längenorientiertes Hängegerüst,**
460 **Arbeitsgerüst– und Schutzgerüst als längenorientiertes Hängegerüst,**
470 **Schutzgerüst als längenorientiertes Hängegerüst, Einzelangaben nach DIN 18451 zu Pos. 450 bis 470**
- Bauart
  - – Systemgerüst DIN 4420 Teil 4,
  - – Systemgerüst DIN 4420 Teil 4 als Rahmengerüst,
  - – Systemgerüst DIN 4420 Teil 4 als Modulgerüst,
  - – Stahlrohrkupplungsgerüst DIN 4420 Teile 1 und 3,
  - – Gerüst aus Rundholzstangen DIN 4420 Teile 1 und 3,
  - – Leitergerüst DIN 4420 Teil 2,
  - – Gerüst DIN 4420 nach Wahl des AN, Ausführung .... (vom Bieter einzutragen)
- Gerüstgruppe Belastung
  - – Gruppe 1,
  - – Gruppe 2, flächenbezogenes Nutzgewicht 150 kg/m²,
  - – Gruppe 3, flächenbezogenes Nutzgewicht 200 kg/m²,
  - – Belastung .... ,
  Gerüstgruppe 1 gilt für Inspektionen und für Arbeiten nur mit leichtem Werkzeug und ohne Lagerung von Baustoffen.
  Gerüstgruppen 2 und 3 gelten für Inspektionen und für Arbeiten mit Lagerung von Baustoffen, die sofort verbraucht werden, z.B. für Anstrich, Fug– und maschinelle Putzarbeiten.
- Gerüstlagen
  - – Anzahl der genutzten Gerüstlagen .... ,
    - – – Höhenabstand der Gerüstlagen .... ,
    - – – Breite der Belagfläche .... ,
- Aufhängung
  - – aufhängen nach Wahl des AN,
  - – aufhängen .... , (Sofern nicht vorgeschrieben, vom Bieter einzutragen),
  - – aufhängen an den im Bauwerk vorhandenen Vorrichtungen, Ausbildung .... ,
- Verankerung
  - – verankern nach Wahl des AN,
  - – verankern,
  - – verankern .... (Sofern nicht vorgeschrieben, vom Bieter einzutragen),
  - – verankern an den im Bauwerk vorhandenen Vorrichtungen, System .... ,
  - – Verankerung am Bauwerk nicht möglich, Standfestigkeit herstellen durch .... (Sofern nicht vorgeschrieben, vom Bieter einzutragen),
  Hinweis:
  Verankerungsvorrichtungen sind nach der ATV Gerüstarbeiten – DIN 18451, Abs. 4.1.7 – Nebenleistung ohne zusätzliche Vergütung. Sollen besondere, aufwendige Verankerungsvorrichtungen in der Leistungsbeschreibung gesondert beschrieben werden, so sind die Gerüstverankerungen nach Pos. 720 bis 760 besonders auszuschreiben.
- Dauer der Gebrauchsüberlassung
  Gebrauchsüberlassung .... ,
  Hinweis:
  Die Gebrauchsüberlassung bis 4 Wochen (Grundeinsatzzeit) ist nach der ATV Gerüstarbeiten – DIN 18451, Abs. 4.1.1 Nebenleistung ohne zusätzliche Vergütung. Eine hiervon abweichende Dauer der Gebrauchsüberlassung ist anzugeben, z.B. "4 Wochen zusätzlich zur Grundeinsatzzeit".
- zusätzliche Angaben zur Einrüstung
  - – Einrüstung für Putzarbeiten,
  - – Einrüstung für Maler– und Lackiererarbeiten,
  - – Einrüstung für Verglasungsarbeiten,
  - – Einrüstung für Dacharbeiten,
  - – Einrüstung für Montagearbeiten,
  - – Einrüstung für Abbrucharbeiten,
  - – Einrüstung für Gebäudereinigungsarbeiten,
  - – Einrüstung für .... ,
    - – – an senkrechten Bauwerksaußenflächen,
    - – – an senkrechten Bauwerksinnenflächen,
    - – – an abgetreppten Bauwerksaußenflächen,
    - – – an abgetreppten Bauwerksinnenflächen,
    - – – an geneigten Bauwerksaußenflächen,
    - – – an geneigten Bauwerksinnenflächen,
    - – – an im Grundriss gekrümmten Bauwerksaußenflächen,
    - – – an im Grundriss gekrümmten Bauwerksinnenflächen,
    - – – an .... ,
    - – – – erstellen, zeitlich gestaffelt in Längsabschnitten, Anzahl der Abschnitte .... ,
    - – – – erstellen .... ,
    - – – – – abbauen, zeitlich gestaffelt in Längsabschnitten, Anzahl der Abschnitte .... ,
    - – – – – abbauen .... ,
- zusätzliche Angaben zur Aufhängung
  - – – aufhängen an Decken,
  - – – aufhängen an Wänden,
  - – – aufhängen an vorhandenen Konstruktionen,
  - – – aufhängen an zu erstellende Konstruktionen,
  - – – aufhängen .... ,
    - – – – Aufhängeebene waagerecht,
    - – – – Aufhängeebene senkrecht,
    - – – – Aufhängeebene abgetreppt,
    - – – – Aufhängeebene .... ,
      - – – – – direkt belastbar, zulässige Aufhängelast .... ,
      - – – – – .... ,
        - – – – – – Aufhängehöhe über Fußboden/Gelände .... ,
        - abgehängte Höhe .... ,
- Berechnungseinheit m², m, St (mit genauen Gerüstmaßen)

480 **Ausbau des vorbeschriebenen längenorientierten Hängegerüstes zum Fanggerüst DIN 4420 Teil 1, Einzelangaben nach DIN 18451**
- Seitenschutz, Absturzhöhe
  - – mit senkrechtem Seitenschutz,
  - – mit geneigtem Seitenschutz,
    - – – einseitig,
    - – – beidseitig,
      - – – – für eine Absturzhöhe bis 1 m,
      - – – – für eine Absturzhöhe bis 1,5 m,
      - – – – für eine Absturzhöhe bis 2 m,
      - – – – für eine Absturzhöhe bis 2,5 m,
      - – – – für eine Absturzhöhe bis 3 m,
- Fanglage
  - – Mindestbreite der Fanglage DIN 4420 Teil 1,
  - – Breite der Fanglage .... ,
    - – – Anzahl der Fanglagen .... ,
    - – – Höhe der Fanglagen über Fußboden/Gelände .... ,
      - – – – Länge der Fanglagen .... ,

481 **Ausbau des vorbeschriebenen längenorientierten Hängegerüstes zum Dachfanggerüst DIN 4420 Teil 1, Einzelangaben nach DIN 18451**
- Bauart
  - – Schutzwand aus Netzen,
  - – Schutzwand aus Brettern, dicht stoßen,
- Abmessungen
  - – Mindestabstand zwischen Schutzwand und Traufkante DIN 4420 Teil 1,
  - – Abstand zwischen Schutzwand und Traufkante .... ,
    - – – Höhe der als Fanglage genutzten Gerüstlage über Gelände .... ,
      - – – – Länge der Fanglage .... ,

482 **Ausbau des vorbeschriebenen längenorientierten Hängegerüstes mit einem Schutzdach DIN 4420 Teil 1, Einzelangaben nach DIN 18451**
- Form, Bordwand
  - – mit senkrechter Bordwand,
  - – mit geneigter Bordwand,
  - – in geneigter Form,
- Abmessungen
  - – Mindestbreite DIN 4420 Teil 1,
  - – Breite .... ,
    - – – Höhe über Fußboden/Gelände .... ,
    - – – Länge .... ,

LB 001 Gerüstarbeiten
Hängegerüste, flächenorientiert

STLB 001

Ausgabe 06.02

500 Arbeitsgerüst als flächenorientiertes Hängegerüst,
510 Arbeits- und Schutzgerüst als flächenorientiertes Hängegerüst,
520 Schutzgerüst als flächenorientiertes Hängegerüst, Einzelangaben nach DIN 18451 zu Pos. 500 bis 520
 - Bauart
   - - Systemgerüst DIN 4420 Teil 4,
   - - Systemgerüst DIN 4420 Teil 4 als Rahmengerüst,
   - - Systemgerüst DIN 4420 Teil 4 als Modulgerüst,
   - - Stahlrohrkupplungsgerüst DIN 4420 Teile 1 und 3,
   - - Gerüst aus Rundholzstangen DIN 4420 Teile 1 und 3,
   - - Leitergerüst DIN 4420 Teil 2,
   - - Gerüst DIN 4420 nach Wahl des AN, Ausführung .... (vom Bieter einzutragen)
   - - .... ,
 - Gerüstgruppe Belastung
   - - Gruppe 1,
   - - Gruppe 2, flächenbezogenes Nutzgewicht 150 kg/m²,
   - - Gruppe 3, flächenbezogenes Nutzgewicht 200 kg/m²,
   - - Belastung .... ,
   Gerüstgruppe 1 gilt für Inspektionen und für Arbeiten nur mit leichtem Werkzeug und ohne Lagerung von Baustoffen.
   Gerüstgruppen 2 und 3 gelten für Inspektionen und für Arbeiten mit Lagerung von Baustoffen, die sofort verbraucht werden, z.B. für Anstrich, Fug- und maschinelle Putzarbeiten.
 - Gerüstlagen
   - - mit einer Gerüstlage,
   - - Anzahl der Gerüstlagen .... , Höhenabstand der Gerüstlagen .... ,
     - - - Maße der Gerüstlagen L/B .... ,
 - Seitenschutz
   - - Gerüstlagen mit allseitigem Seitenschutz,
   - - Gerüstlagen ohne Seitenschutz,
 - Verankerung
   - - verankern nach Wahl des AN,
   - - verankern,
   - - verankern .... (Sofern nicht vorgeschrieben, vom Bieter einzutragen),
   - - verankern an den im Bauwerk vorhandenen Vorrichtungen, System .... ,
   - - Verankerung am Bauwerk nicht möglich, Standfestigkeit herstellen durch .... (Sofern nicht vorgeschrieben, vom Bieter einzutragen),
   Hinweis:
   Verankerungsvorrichtungen sind nach der ATV Gerüstarbeiten – DIN 18451, Abs. 4.1.7 – Nebenleistung ohne zusätzliche Vergütung. Sollen besondere, aufwendige Verankerungsvorrichtungen in der Leistungsbeschreibung gesondert beschrieben werden, so sind die Gerüstverankerungen nach Pos. 720 bis 760 besonders auszuschreiben.
 - Dauer der Gebrauchsüberlassung
   Gebrauchsüberlassung ....
   Hinweis:
   Die Gebrauchsüberlassung bis 4 Wochen (Grundeinsatzzeit) ist nach der ATV Gerüstarbeiten – DIN 18451, Abs. 4.1.1 Nebenleistung ohne zusätzliche Vergütung. Eine hiervon abweichende Dauer der Gebrauchsüberlassung ist anzugeben, z.B. "4 Wochen zusätzlich zur Grundeinsatzzeit".
 - zusätzliche Angaben zur Einrüstung
   - - Einrüstung für Putzarbeiten,
   - - Einrüstung für Maler- und Lackiererarbeiten,
   - - Einrüstung für Verglasungsarbeiten,
   - - Einrüstung für Dacharbeiten,
   - - Einrüstung für Montagearbeiten,
   - - Einrüstung für Abbrucharbeiten,
   - - Einrüstung für Gebäudereinigungsarbeiten,
   - - Einrüstung für .... ,
     - - - Grundfläche rechteckig,
     - - - Grundfläche rund,
     - - - Grundfläche .... ,
       - - - - erstellen, zeitlich gestaffelt in Längsabschnitten, Anzahl der Abschnitte .... ,
       - - - - erstellen .... ,
         - - - - - abbauen, zeitlich gestaffelt in Längsabschnitten, Anzahl der Abschnitte .... ,
         - - - - - abbauen .... ,
 - zusätzliche Angaben zur Aufhängung
   - - aufhängen an Decken,
   - - aufhängen an Wänden,
   - - aufhängen an vorhandenen Konstruktionen,
   - - aufhängen an zu erstellende Konstruktionen,
   - - aufhängen .... ,
     - - - Aufhängeebene waagerecht,
     - - - Aufhängeebene geneigt,
     - - - Aufhängeebene abgetreppt,
     - - - Aufhängeebene .... ,
       - - - - direkt belastbar, zulässige Aufhängelast .... ,
       - - - - .... ,
         - - - - - Aufhängehöhe über Fußboden/Gelände .... , abgehängte Höhe .... ,
 - Berechnungseinheit m³, St (mit Gerüstmaßen) .

530 Ausbau des vorbeschriebenen flächenorientierten Hängegerüstes zum Fanggerüst DIN 4420 Teil 1, Einzelangaben nach DIN 18451
 - Seitenschutz, Absturzhöhe
   - - mit senkrechtem Seitenschutz,
   - - mit geneigtem Seitenschutz,
     - - - einseitig,
     - - - beidseitig,
       - - - - für eine Absturzhöhe bis 1 m,
       - - - - für eine Absturzhöhe bis 1,5 m,
       - - - - für eine Absturzhöhe bis 2 m,
       - - - - für eine Absturzhöhe bis 2,5 m,
       - - - - für eine Absturzhöhe bis 3 m,
 - Fanglage
   - - Mindestbreite der Fanglage DIN 4420 Teil 1,
   - - Breite der Fanglage .... ,
     - - - Anzahl der Fanglagen .... , Höhe der Fanglagen über Fußboden/Gelände .... , Länge der Fanglagen .... ,

532 Ausbau des vorbeschriebenen flächenorientierten Hängegerüstes mit einem Schutzdach DIN 4420 Teil 1, Einzelangaben nach DIN 18451
 - Form, Bordwand
   - - mit senkrechter Bordwand,
   - - mit geneigter Bordwand,
   - - in geneigter Form,
 - Abmessungen
   Breite .... , Höhe über Fußboden/Gelände .... , Länge .... ,

LB 001 Gerüstarbeiten
Auslegergerüste, Konsolgerüste

550 **Arbeitsgerüst,**
551 **Arbeits- und Schutzgerüst,**
552 **Schutzgerüst,**
Einzelangaben nach DIN 18451 zu Pos. 550 bis 552
- Bauart, Breite
  - -- als Auslegergerüst DIN 4420 Teile 1 und 3,
  - -- als Konsolgerüst DIN 4420 Teile 1 und 3,
  - -- .... ,
    - --- Auskragung/Breite bis 1 m,
    - --- Auskragung/Breite über 1 bis 1,3 m,
    - --- Auskragung/Breite .... ,
- Gerüstgruppe, Belastung
  - -- Gruppe 1,
  - -- Gruppe 2, flächenbezogenes Nutzgewicht 150 kg/m²,
  - -- Gruppe 3, flächenbezogenes Nutzgewicht 200 kg/m²,
  - -- Belastung .... ,
  Gerüstgruppe 1 gilt für Inspektionen und für Arbeiten nur mit leichtem Werkzeug und ohne Lagerung von Baustoffen.
  Gerüstgruppen 2 und 3 gelten für Inspektionen und für Arbeiten mit Lagerung von Baustoffen, die sofort verbraucht werden, z.B. für Anstrich, Fug- und maschinelle Putzarbeiten.
- Befestigungshöhe, Art der Befestigung
  - -- Befestigungshöhe über Fußboden/Gelände bis 5 m,
  - -- Befestigungshöhe über Fußboden/Gelände über 5 bis 10 m,
  - -- Befestigungshöhe über Fußboden/Gelände über 10 bis 20 m,
  - -- Befestigungshöhe über Fußboden/Gelände .... ,
    - --- befestigen an Stahlbetondecken, Verankerungsmöglichkeiten vorhanden,
    - --- befestigen an Stahlbetondecken, Verankerungsmöglichkeiten nicht vorhanden,
    - --- befestigen an Holzbalkenlagen,
    - --- befestigen an Stahlkonstruktionen,
    - --- befestigen .... ,
- Dauer der Gebrauchsüberlassung
  Gebrauchsüberlassung ....
  Hinweis:
  Die Gebrauchsüberlassung bis 4 Wochen (Grundeinsatzzeit) ist nach der ATV Gerüstarbeiten – DIN 18451, Abs. 4.1.1 Nebenleistung ohne zusätzliche Vergütung. Eine hiervon abweichende Dauer der Gebrauchsüberlassung ist anzugeben, z.B. "4 Wochen zusätzlich zur Grundeinsatzzeit".
- Berechnungseinheit m, St (mit Angabe Einzellänge)

553 **Ausbau des vorbeschriebenen Auslegergerüstes zum Fanggerüst DIN 4420 Teil 1,**
554 **Ausbau des vorbeschriebenen Konsolgerüstes zum Fanggerüst DIN 4420 Teil 1,**
Einzelangaben nach DIN 18451 zu Pos. 553, 554
- Absturzhöhe
  - -- für eine Absturzhöhe bis 1 m,
  - -- für eine Absturzhöhe bis 1,5 m,
  - -- für eine Absturzhöhe bis 2 m,
  - -- für eine Absturzhöhe bis 2,5 m,
  - -- für eine Absturzhöhe bis 3 m,
- Fanglage
  - -- Mindestbreite der Fanglage DIN 4420 Teil 1,
  - -- Breite der Fanglage .... ,

555 **Ausbau des vorbeschriebenen Auslegergerüstes zum Dachfanggerüst DIN 4420 Teil 1,**
556 **Ausbau des vorbeschriebenen Konsolgerüstes zum Dachfanggerüst DIN 4420 Teil 1,**
Einzelangaben nach DIN 18451 zu Pos. 555, 556
- Bauart
  - -- Schutzwand aus Netzen,
  - -- Schutzwand aus Brettern, dicht stoßen,
- Abmessungen
  - -- Mindestabstand zwischen Schutzwand und Traufkante DIN 4420 Teil 1,
  - -- Abstand zwischen Schutzwand und Traufkante .... ,
    - --- Höhe der als Fanglage genutzten Gerüstlage über Gelände .... ,
    - ---- Länge der Fanglage .... ,

557 **Ausbau des vorbeschriebenen Auslegergerüstes mit einem Schutzdach DIN 4420 Teil 1,**
558 **Ausbau des vorbeschriebenen Konsolgerüstes mit einem Schutzdach DIN 4420 Teil 1,**
Einzelangaben nach DIN 18451 zu Pos. 557, 558
- Breite ....
- Ausführung ....

LB 001 Gerüstarbeiten
Fahrbare Gerüste, fahrbare Arbeitsbühnen; Traggerüste

STLB 001

Ausgabe 06.02

571 **Fahrbares Standgerüst, Systemgerüst DIN 4420 Teil 4,**
572 **Fahrbares Standgerüst, Systemgerüst DIN 4420 Teil 4, als Rahmengerüst,**
573 **Fahrbares Standgerüst, Systemgerüst DIN 4420 Teil 4, als Modulgerüst,**
574 **Fahrbares Standgerüst, Stahlrohrkupplungsgerüst DIN 4420 Teile 1 und 3,**
575 **Fahrbares Standgerüst, Gerüst DIN 4420 nach Wahl des AN, Ausführung** .... **(vom Bieter einzutragen),**
576 .... ,
580 **Fahrbare Arbeitsbühne (Fahrgerüst) DIN 4422,**
Einzelangaben nach DIN 18451 zu Pos. 571 bis 580
- Gerüstgruppe, Belastung
  - – Gruppe 1,
  - – Gruppe 2, flächenbezogenes Nutzgewicht 150 kg/m²,
  - – Gruppe 3, flächenbezogenes Nutzgewicht 200 kg/m²,
  - – Belastung .... ,
  Gerüstgruppe 1 gilt für Inspektionen und für Arbeiten nur mit leichtem Werkzeug und ohne Lagerung von Baustoffen.
  Gerüstgruppen 2 und 3 gelten für Inspektionen und für Arbeiten mit Lagerung von Baustoffen, die sofort verbraucht werden, z.B. für Anstrich, Fug- und maschinelle Putzarbeiten.
- Gerüstlagen
  - – Höhenabstand der Gerüstlagen 2 m,
  - – Höhenabstand der Gerüstlagen .... ,
  - – Höhenabstand der Gerüstlagen 2 m, Anzahl der genutzten Gerüstlagen ......,
  - – Höhenabstand der Gerüstlagen ...., Anzahl der genutzten Gerüstlagen ......,
    - – – Maße der Gerüstlagen L/B .... ,
    - – – Maße .... ,
      - – – – Höhe der obersten Gerüstlage .... ,
        - – – – – Höhe der Standfläche über Gelände ....
- Seitenschutz
  - – Gerüstlagen mit allseitigem Seitenschutz,
  - – Gerüstlagen .... ,
- Aufstellungsort
  - – Aufstellung im Freien,
  - – Aufstellung im Gebäude,
  - – Aufstellung .... ,
- Dauer der Gebrauchsüberlassung
  Gebrauchsüberlassung ....
  Hinweis:
  Die Gebrauchsüberlassung bis 4 Wochen (Grundeinsatzzeit) ist nach der ATV Gerüstarbeiten – DIN 18451, Abs. 4.1.1 Nebenleistung ohne zusätzliche Vergütung. Eine hiervon abweichende Dauer der Gebrauchsüberlassung ist anzugeben, z.B. "4 Wochen zusätzlich zur Grundeinsatzzeit".
- Berechnungseinheit St (mit Angabe Gerüstgröße)

600 **Traggerüst DIN 4421 einschl. Trägerlage,**
610 **Traggerüst DIN 4421 ohne Trägerlage,**
620 **Traggerüst** .... ,
Einzelangaben nach DIN 18451 zu Pos. 600 bis 620
- Gerüstgruppe
  - – Gruppe I,
  - – Gruppe II/III,
- Standfläche
  - – auf bauseitig hergestellter Gründung,
  - – auf .... ,
- Verwendungsbereich
  - – zur Herstellung baulicher Anlagen aus Ortbeton,
  - – zur Herstellung baulicher Anlagen aus vorgefertigten Bauteilen,
  - – zur Herstellung baulicher Anlagen .... ,
  - – zur Instandhaltung baulicher Anlagen,
  - – zum Abbruch baulicher Anlagen,
  - – zur Lagerung von Baustoffen, Bauteilen, Geräten,
  - – zur Bauwerksabsteifung,
  - – .... ,
    - – – für Brücken,
    - – – für Decken,
    - – – für Balken,
    - – – für Binder,
    - – – für .... ,
- Aufbau
  - – aufstellen im Ganzen,
  - – aufstellen, zeitlich gestaffelt in Längsabschnitten, Anzahl der Abschnitte .... ,
  - – aufstellen,
- Abbau
  - – absenken und abbauen im Ganzen,
  - – absenken und nach bauseitiger Schalungsdemontage zeitversetzt abbauen,
  - – absenken und abbauen zeitlich gestaffelt in Längsabschnitten, Anzahl der Abschnitte .... ,
  - – absenken und abbauen .... ,
- Vorhalten, Gebrauchsüberlassung
  - – das Vorhalten während des Auf- und Abbauens sowie die Gebrauchsüberlassung werden gesondert vergütet.
  - – .... ,
- Ausführung
  - – Ausführung .... ,
  - – Ausführung gemäß Zeichnung Nr. .... , Einzelbeschreibung Nr. .... ,
- Berechnungseinheit St, m, m³

630 **Gebrauchsüberlassung des vorbeschriebenen Traggerüstes,**
- Berechnungseinheit
  - – Std   Abrechnung nach Stück x Tage,
  - – md   Abrechnung nach Meter x Tage,
  - – m³d   Abrechnung nach Kubikmeter x Tage,
  - – psch Überlassungsdauer in Tagen .... ,

631 **Vorhalten des vorbeschriebenen Traggerüstes während des Auf- und Abbauens,**
- Berechnungseinheit
  - – Std   Abrechnung nach Stück x Tage,
  - – md   Abrechnung nach Meter x Tage,
  - – m³d   Abrechnung nach Kubikmeter x Tage,
  - – psch Aufbauzeit .... ,
    (Sofern nicht vorgeschrieben, vom Bieter einzutragen)
    Abbauzeit .... ,
    (Sofern nicht vorgeschrieben, vom Bieter einzutragen)

632 **Umsetzen des vorbeschriebenen Traggerüstes,**
633 **Umsetzen von Abschnitten des vorbeschriebenen Traggerüstes,**
Einzelangaben nach DIN 18451 zu Pos. 632, 633
- Art des Umsetzens
  - – durch Umbau,
  - – durch Längsverschieben,
  - – durch Querverschieben,
  - – durch .... (Sofern nicht vorgeschrieben, vom Bieter einzutragen),
- Berechnungseinheit St, m, m², m³

LB 001 Gerüstarbeiten
Fußgängertunnel, Überbrückungen; Leitergänge, Treppenaufgänge

650 Fußgängertunnel,
651 Fußgängertunnel als Erweiterung des vorbeschriebenen Gerüstes,
Einzelangaben nach DIN 18451 zu Pos. 650, 651
- Bauart
  - – mit Abdeckung aus Bohlen,
  - – mit Abdeckung aus Bohlen und Folien,
  - – mit Abdeckung aus Bohlen und Folien in wasserdichter Ausführung,
  - – mit Abdeckung ....
    - – – mit einseitiger Bekleidung aus Netzen,
    - – – mit einseitiger Bekleidung aus Planen,
    - – – mit einseitiger Bekleidung aus Brettern,
    - – – mit einseitiger Bekleidung .... ,
    - – – mit beidseitiger Bekleidung aus Netzen,
    - – – mit beidseitiger Bekleidung aus Planen,
    - – – mit beidseitiger Bekleidung aus Brettern,
    - – – mit beidseitiger Bekleidung .... ,
    - – – mit .... ,
  - – nach Wahl des AN,
- Maße
  - – lichte Breite 1,2 m,
  - – lichte Breite über 1,2 bis 1,5 m,
  - – lichte Breite über 1,5 bis 2 m,
  - – lichte Breite .... ,
    - – – lichte Höhe 2,2 m,
    - – – lichte Höhe über 2,2 bis 2,4 m,
    - – – lichte Höhe über 2,4 bis 2,6 m,
    - – – lichte Höhe .... ,
      - – – – Länge .... (bei Berechnungseinheit m)
- Dauer der Gebrauchsüberlassung
  Gebrauchsüberlassung ....
  Hinweis:
  Die Gebrauchsüberlassung bis 4 Wochen (Grundeinsatzzeit) ist nach der ATV Gerüstarbeiten – DIN 18451, Abs. 4.1.1 Nebenleistung ohne zusätzliche Vergütung. Eine hiervon abweichende Dauer der Gebrauchsüberlassung ist anzugeben, z.B. "4 Wochen zusätzlich zur Grundeinsatzzeit".
- Berechnungseinheit St, m (mit Angabe Längenmaß)

652 Überbrückung in vorbeschriebenem Gerüst,
Einzelangaben nach DIN 18451
- Bauart
  - – nach Wahl des AN,
  - – aus .... (Sofern nicht vorgeschrieben, vom Bieter einzutragen),
- Abmessungen
  - – Breite bis 5 m,
  - – Breite .... ,
    - – – lichte Höhe über Standfläche bis 2 m,
    - – – lichte Höhe über Standfläche über 2 bis 4 m,
    - – – lichte Höhe über Standfläche über 4 bis 10 m,
    - – – lichte Höhe über Standfläche über 10 bis 20 m,
    - – – lichte Höhe über Standfläche .... ,
- Lage der Überbrückung
  - – über Eingang,
  - – über nichtbelastbarem Vordach,
  - – über nichtbelastbarem Dach,
  - – über Schaufenster,
  - – über Graben,
  - – über Lichtschacht,
  - – über .... ,
- Gerüstlage in Überbrückungshöhe
  - – einschl. Gerüstlage in Überbrückungshöhe,
  - – ohne Gerüstlage in Überbrückungshöhe,
- Dauer der Gebrauchsüberlassung
  Gebrauchsüberlassung ....
  Hinweis:
  Die Gebrauchsüberlassung bis 4 Wochen (Grundeinsatzzeit) ist nach der ATV Gerüstarbeiten – DIN 18451, Abs. 4.1.1 Nebenleistung ohne zusätzliche Vergütung. Eine hiervon abweichende Dauer der Gebrauchsüberlassung ist anzugeben, z.B. "4 Wochen zusätzlich zur Grundeinsatzzeit".
- Berechnungseinheit St

680 Zusätzlicher Leitergang DIN 4420 Teil 1 für vorbeschriebenes Gerüst,
Einzelangaben nach DIN 18451
- Einbauort
  - – – innenliegend einbauen,
  - – – als einfeldiges Gerüst einbauen,
  - – – .... ,
- Leitergang von/bis
  - – – Leitergang von Standfläche bis zur obersten Gerüstlage,
  - – – Leitergang von/bis .... ,
  - – – Leitergang .... ,
- Verankerung
  - – – am Gerüst verankern,
  - – – verankern,
- zusätzliche Schutzmaßnahmen .... ,
- Dauer der Gebrauchsüberlassung
  Gebrauchsüberlassung ....
  Hinweis:
  Die Gebrauchsüberlassung bis 4 Wochen (Grundeinsatzzeit) ist nach der ATV Gerüstarbeiten – DIN 18451, Abs. 4.1.1 Nebenleistung ohne zusätzliche Vergütung. Eine hiervon abweichende Dauer der Gebrauchsüberlassung ist anzugeben, z.B. "4 Wochen zusätzlich zur Grundeinsatzzeit".
- Berechnungseinheit St

681 Leitergang als einfeldiges Gerüst DIN 4420 Teil 1,
Einzelangaben nach DIN 18451
- Breite 0,7 m – 1 m – 1,4 m – .... ,
- Höhe
- Berechnungseinheit St

682 Treppenaufgang für vorbeschriebenes Gerüst,
Einzelangaben nach DIN 18451
- Lage
  - – – im Gerüst einbauen,
  - – – am Gerüst anbauen,
- Treppenaufgang
  - – – Treppenaufgang von Standfläche bis zur obersten Gerüstlage,
  - – – Treppenaufgang von/bis .... ,
- Laufbreite
  - – – Laufbreite bis 0,5 m – über 0,5 bis 0,75 m – über 0,75 bis 1 m – .... ,
- Podeste
  - – – mit Podesten alle 2 m Höhe,
  - – – mit Podesten .... ,
- Verankerung
  - – – am Gerüst verankern,
  - – – verankern,
- Dauer der Gebrauchsüberlassung
  Gebrauchsüberlassung ....
  Hinweis:
  Die Gebrauchsüberlassung bis 4 Wochen (Grundeinsatzzeit) ist nach der ATV Gerüstarbeiten – DIN 18451, Abs. 4.1.1 Nebenleistung ohne zusätzliche Vergütung. Eine hiervon abweichende Dauer der Gebrauchsüberlassung ist anzugeben, z.B. "4 Wochen zusätzlich zur Grundeinsatzzeit".
- Berechnungseinheit St

LB 001 Gerüstarbeiten
Gerüstabdeckungen, - bekleidungen; Gerüstverankerungen

STLB 001

Ausgabe 06.02

700 Abdeckung an vorbeschriebenem Gerüst,
701 Bekleidung an vorbeschriebenem Gerüst,
Einzelangaben nach DIN 18451 zu Pos. 700, 701
- Verwendungsbereich
  - - als Staubschutz,
  - - als Witterungsschutz,
  - - als Passantenschutz,
  - - als Sichtschutz,
  - - als .... ,
- Bauart
  - - mit Netzen,
  - - mit Netzen aus .... (Sofern nicht vorgeschrieben, vom Bieter einzutragen),
    - - - Maschenweite ....
      (Sofern nicht vorgeschrieben, vom Bieter einzutragen),
  - - mit Planen,
  - - mit Planen, lichtdurchlässig,
  - - mit Kunststofffolien,
  - - mit Kunststofffolien, lichtdurchlässig,
  - - nach Wahl des AN, Ausführung ....
    (vom Bieter einzutragen),
    - - - Dicke .... (Sofern nicht vorgeschrieben, vom Bieter einzutragen),
  - - mit .... ,
- Maße
  - - Größe der Abdeckung/Bekleidung ....
  - - Einzelgröße .... (Sofern nicht vorgeschrieben, vom Bieter einzutragen),
- Verankerung
  - - einschl. zusätzlich erforderlicher Gerüstverankerungen,
  - - zusätzliche Gerüstverankerungen werden gesondert vergütet,

Hinweis:
Verankerungsvorrichtungen sind nach der ATV Gerüstarbeiten – DIN 18451, Abs. 4.1.7, Ausgabe September 1988 – Nebenleistung ohne zusätzliche Vergütung. Sollen besondere, aufwendige Verankerungsvorrichtungen in der Leistungsbeschreibung gesondert beschrieben werden, so sind die Gerüstverankerungen nach Pos. 720 bis 760 besonders auszuschreiben.
- Berechnungseinheit m², St (mit Maßangaben)

Hinweis: Wenn die Art/Ausführung der Dübel, Ringösen, Ankerschrauben vorgeschrieben werden sollen, sind die nachstehenden Texte den Beschreibungen der Gerüste zuzuordnen.
Nach DIN 18451, Abs. 4.1.6, sind die zur Befestigung der Gerüste benötigten Verankerungsmittel Nebenleistung ohne zusätzliche Vergütung. Die Verankerungsmittel sind i.d.R. im Bauwerk zu belassen (DIN 18451, Abs. 3.8). Sollen die Verankerungsmittel in Abweichung von Abs. 3.8 aus dem Bauwerk ausgebaut werden, ist dies als Leistung gegen Vergütung besonders auszuschreiben.

720 Gerüstverankerung mit Dübeln aus verzinktem Stahl,
730 Gerüstverankerung mit Dübeln aus nichtrostendem Stahl,
740 Gerüstverankerung mit Dübeln aus Messing,
750 Gerüstverankerung mit Dübeln aus Kunststoff,
760 Gerüstverankerung mit Dübeln, Hersteller/Typ ....
(Sofern nicht vorgeschrieben, vom Bieter einzutragen),
Einzelangaben nach DIN 18451 zu Pos. 720 bis 760
- Befestigungsuntergrund
  - - zur Befestigung von Ankerschrauben in Beton/Stahlbeton,
  - - zur Befestigung von Ankerschrauben in Sichtbeton,
  - - zur Befestigung von Ankerschrauben in Betonwabensteinen,
  - - zur Befestigung von Ankerschrauben in keramischen Wandbauelementen,
  - - zur Befestigung von Ankerschrauben in Holz/Holzwerkstoffen,
  - - zur Befestigung von Ankerschrauben in Stahl,
  - - zur Befestigung von Ankerschrauben in Mauerwerk, aus .... *)
  - - zur Befestigung von Ankerschrauben in Mauerwerk, verputzt, aus .... *)
  - - zur Befestigung von Ankerschrauben in Sichtmauerwerk, aus .... *)
  - - zur Befestigung von Ankerschrauben in Verblendschalenmauerwerk, aus .... *)
  - - zur Befestigung von Ankerschrauben in Fassadenbekleidung aus Naturwerkstein, auf .... *)
  - - zur Befestigung von Ankerschrauben in Fassadenbekleidung aus Betonwerkstein, auf .... *)
  - - zur Befestigung von Ankerschrauben in Fassadenbekleidung aus keramischen Platten, auf .... *)
  - - zur Befestigung von Ankerschrauben in Fassadenbekleidung aus Metall, auf .... *)
  - - zur Befestigung von Ankerschrauben in .... ,
  *) ggf. Angaben zur Art des Mauerwerks bzw. Untergrundes.
- Belastbarkeit
  - - Dübel belastbar bis 1,5 kN,
  - - Dübel belastbar bis 2,5 kN,
  - - Dübel belastbar bis 3 kN,
  - - Dübel belastbar bis 5 kN,
  - - Dübel belastbar .... ,
- Länge, Verlängerung
  - - Verlängerung ab Verankerungsgrund bis 40 mm,
  - - Verlängerung ab Verankerungsgrund über 40 bis 60 mm,
  - - Verlängerung ab Verankerungsgrund über 60 bis 80 mm,
  - - Verlängerung ab Verankerungsgrund über 80 bis 100 mm,
  - - Verlängerung ab Verankerungsgrund über 100 bis 130 mm,
  - - Verlängerung ab Verankerungsgrund .... ,
- Verschluss
  - - verschließen mit Kunststoffkappen,
  - - verschließen mit Kunststoffschrauben,
  - - verschließen .... (Sofern nicht vorgeschrieben, vom Bieter einzutragen),
- Berechnungseinheit Stück

STLB 001
Ausgabe 06.02

LB 001 Gerüstarbeiten
Umbauen, Umsetzen von Gerüsten; Gebrauchsüberlassung, Besondere Leistungen

800 Umbauen des vorbeschriebenen Gerüstes,
Einzelangaben nach DIN 18451
- Art der Leistung
  - – durch Einbauen,
  - – durch Ausbauen,
  - – durch Aus– und Einbauen,
  - – durch .... ,
    - – – – von Gerüstlagen,
    - – – – von Seitenschutz,
    - – – – von Konsolen einschl. Belag, Breite .... ,
    - – – – von .... ,
  - – durch Ein– und Ausbauen von Gerüstverankerungen,
- Maße ....
- Einbauhöhe ....
- Höhenänderung ....
- Dauer der Einsatzzeit ....
- Berechnungseinheit St, m, m², m³

Hinweis: Umbauen und Umsetzen von Traggerüsten siehe Pos. 632, 633

801 Umsetzen
802 Umsetzen von Abschnitten
Einzelangaben nach DIN 18451 zu Pos. 801, 802
- Gerüstteil
  - – – des vorbeschriebenen Gerüstes,
  - – – des vorbeschriebenen Fußgängertunnels,
  - – – des vorbeschriebenen Leiterganges,
  - – – des vorbeschriebenen Treppenaufganges,
  - – – der vorbeschriebenen fahrbaren Arbeitsbühne,
  - – – der vorbeschriebenen Überbrückung,
  - – – der vorbeschriebenen Gerüstabdeckung,
  - – – der vorbeschriebenen Gerüstbekleidung,
  - – – .... ,
- Höhenänderung Standfläche
  - – – Höhenänderung der Standfläche bis 5 m,
  - – – Höhenänderung der Standfläche über 5 bis 10 m,
  - – – Höhenänderung der Standfläche über 10 bis 20 m,
  - – – Höhenänderung der Standfläche .... ,
- Länge Transportweg
  - – – Länge des waagerechten Transportweges im Mittel bis 25 m,
  - – – Länge des waagerechten Transportweges im Mittel über 25 bis 50 m,
  - – – Länge des waagerechten Transportweges im Mittel über 50 bis 100 m,
- Größe der umzusetzenden Abschnitte .... ,
- Berechnungseinheit St, m, m², m³

830 Gebrauchsüberlassung des vorbeschriebenen Gerüstes,
831 Gebrauchsüberlassung des vorbeschriebenen Fußgängertunnels,
832 Gebrauchsüberlassung des vorbeschriebenen Leiterganges,
833 Gebrauchsüberlassung des vorbeschriebenen Treppenaufganges,
834 Gebrauchsüberlassung der vorbeschriebenen fahrbaren Arbeitsbühne,
835 Gebrauchsüberlassung der vorbeschriebenen Überbrückung,
836 Gebrauchsüberlassung der vorbeschriebenen Gerüstabdeckung,
837 Gebrauchsüberlassung der vorbeschriebenen Gerüstbekleidung,
838 Gebrauchsüberlassung .... ,
Einzelangaben nach DIN 18451 zu Pos. 830 bis 838
- Dauer der Gebrauchsüberlassung
  - – – über 4 Wochen (Grundeinsatzzeit) hinaus,
  - – – über die vereinbarte Einsatzzeit hinaus,
  - – – Dauer der Einsatzzeit
- Berechnungseinheit, Abrechnungsart
  - – – Std   Abrechnung nach Stück x Tage,
  - – – StWo Abrechnung nach Stück x Wochen,
  - – – StMt Abrechnung nach Stück x Monate,
  - – – md   Abrechnung nach Meter x Tage,
  - – – mWo Abrechnung nach Meter x Wochen,
  - – – mMt Abrechnung nach Meter x Monate,
  - – – m²d   Abrechnung nach Quadratmeter x Tage,
  - – – m²Wo Abrechnung nach Quadratmeter x Wochen,
  - – – m²Mt Abrechnung nach Quadratmeter x Monate,
  - – – m³d   Abrechnung nach Kubikmeter x Tage,
  - – – m³Wo Abrechnung nach Kubikmeter x Wochen,
  - – – m³Mt Abrechnung nach Kubikmeter x Monate,

900 Statische Berechnung DIN 4420 Teil 1 einschl. erforderlicher Ausführungszeichnungen für nachfolgend beschriebenes Gerüst anfertigen,
- Berechnungseinheit psch

910 Zeichnungen für die bauaufsichtliche Genehmigung für nachfolgend beschriebenes Gerüst anfertigen und in dreifacher Ausfertigung liefern,
- Berechnungseinheit psch

920 Einholen öffentlich–rechtlicher Genehmigungen und Erlaubnisse auf Nachweis,
- Berechnungseinheit psch

930 Verankerungsprotokoll für nachfolgend beschriebenes Gerüst nach Merkblatt für das Anbringen von Dübeln zur Verankerung von Fassadengerüsten
- Berechnungseinheit psch

LB 001 Gerüstarbeiten
Fassadengerüste

AW 001

Preise 06.02

Sämtliche Preise sind **Mittelpreise ohne Mehrwertsteuer** zum Zeitpunkt des Ausgabedatums.
Korrekturfaktoren für Regionaleinfluss, Mengeneinfluss, Konjunktureinfluss siehe Vorspann.
Abkürzungen: EP = Einheitspreis, LA = Lohnanteil, ST = Stoffanteil

Nach DIN 18229 (VOC/C, Abs. 4.1) und den zutreffenden ATV für bestimmte Bauleistungen (u. a. Mauerarbeiten, Beton- und Stahlbetonarbeiten, Stahlbauarbeiten), sind die Gerüste als Nebenleistungen auszuführen.

Für eine Reihe anderer Bauleistungen sind nur die Gerüste mit Arbeitsbühnenhöhe bis zu 2,0 m über Gelände oder Fußboden als Nebenleistungen zu betrachten.

Für Gerüste, die nach VOB/C und den zutreffenden ATV als Nebenleistung gelten, sind die Gerüstkosten in die Einheitspreise der entsprechenden Teilleistungen einzurechnen.

Ergänzend zu VOB/C, Abs. 4.1, ist nach DIN 18451 die Gebrauchsüberlassung für Arbeits- und Schutzgerüste bis zu 4 Wochen (Grundeinsatzzeit) als Nebenleistung einzuordnen.

Fassadengerüste

001.-----.-

001.10001.M	Stahlrohrgerüst Gr. 2, Arbeitsgerüst, 6,00 m	17,69 DM/m2 / 9,04 €/m2
001.10002.M	Stahlrohrgerüst Gr. 2, Arbeitsgerüst, 12,00 m	20,00 DM/m2 / 10,23 €/m2
001.10003.M	Stahlrohrgerüst Gr. 2, Arbeitsgerüst, 24,00 m	22,32 DM/m2 / 11,41 €/m2
001.10004.M	Stahlrohrgerüst Gr. 3, Arbeitsgerüst, 6,00 m	19,70 DM/m2 / 10,07 €/m2
001.10005.M	Stahlrohrgerüst Gr. 3, Arbeitsgerüst, 12,00 m	22,02 DM/m2 / 11,26 €/m2
001.10006.M	Stahlrohrgerüst Gr. 3, Arbeitsgerüst, 24,00 m	24,33 DM/m2 / 12,44 €/m2
001.10007.M	Stahlrohrgerüst Gr. 4, Arbeitsgerüst, 6,00 m	21,71 DM/m2 / 11,10 €/m2
001.10008.M	Stahlrohrgerüst Gr. 4, Arbeitsgerüst, 12,00 m	24,04 DM/m2 / 12,29 €/m2
001.10009.M	Stahlrohrgerüst Gr. 4, Arbeitsgerüst, 24,00 m	26,35 DM/m2 / 13,47 €/m2
001.10010.M	Rahmengerüst Gr. 2, Arbeitsgerüst, 6,00 m	10,72 DM/m2 / 5,48 €/m2
001.10011.M	Rahmengerüst Gr. 2, Arbeitsgerüst, 12,00 m	12,46 DM/m2 / 6,37 €/m2
001.10012.M	Rahmengerüst Gr. 2, Arbeitsgerüst, 24,00 m	13,61 DM/m2 / 6,96 €/m2
001.10013.M	Rahmengerüst Gr. 3, Arbeitsgerüst, 6,00 m	17,06 DM/m2 / 8,72 €/m2
001.10014.M	Rahmengerüst Gr. 3, Arbeitsgerüst, 12,00 m	18,21 DM/m2 / 9,31 €/m2
001.10015.M	Rahmengerüst Gr. 3, Arbeitsgerüst, 24,00 m	19,37 DM/m2 / 9,90 €/m2
001.10016.M	Rahmengerüst Gr. 4, Arbeitsgerüst, 6,00 m	19,29 DM/m2 / 9,86 €/m2
001.10017.M	Rahmengerüst Gr. 4, Arbeitsgerüst, 12,00 m	20,44 DM/m2 / 10,45 €/m2
001.10018.M	Rahmengerüst Gr. 4, Arbeitsgerüst, 24,00 m	21,60 DM/m2 / 11,04 €/m2
001.10019.M	Leitergerüst Gr. 2, 0,75 - 0,95 m breit	14,29 DM/m2 / 7,31 €/m2

Hinweis:
Diese Leistungen umfassen den Auf- und Abbau der Gerüste einschließlich Transport, sowie die Vorhaltung für 4 Wochen (Grundeinsatzzeit).

Bei Fassadengerüsten als Arbeitsgerüst sind alle Arbeitslagen mit Gerüstbelägen ausgestattet.

001.10001.M   KG 392 DIN 276
Stahlrohrgerüst Gr. 2, Arbeitsgerüst, 6,00 m
EP 17,69 DM/m2   LA 14,48 DM/m2   ST 3,21 DM/m2
EP 9,04 €/m2   LA 7,40 €/m2   ST 1,64 €/m2

001.10002.M   KG 392 DIN 276
Stahlrohrgerüst Gr. 2, Arbeitsgerüst, 12,00 m
EP 20,00 DM/m2   LA 16,79 DM/m2   ST 3,21 DM/m2
EP 10,23 €/m2   LA 8,58 €/m2   ST 1,65 €/m2

001.10003.M   KG 392 DIN 276
Stahlrohrgerüst Gr. 2, Arbeitsgerüst, 24,00 m
EP 22,32 DM/m2   LA 19,11 DM/m2   ST 3,21 DM/m2
EP 11,41 €/m2   LA 9,77 €/m2   ST 1,64 €/m2

001.10004.M   KG 392 DIN 276
Stahlrohrgerüst Gr. 3, Arbeitsgerüst, 6,00 m
EP 19,70 DM/m2   LA 16,21 DM/m2   ST 3,49 DM/m2
EP 10,07 €/m2   LA 8,29 €/m2   ST 1,78 €/m2

001.10005.M   KG 392 DIN 276
Stahlrohrgerüst Gr. 3, Arbeitsgerüst, 12,00 m
EP 22,02 DM/m2   LA 18,53 DM/m2   ST 3,49 DM/m2
EP 11,26 €/m2   LA 9,48 €/m2   ST 1,78 €/m2

001.10006.M   KG 392 DIN 276
Stahlrohrgerüst Gr. 3, Arbeitsgerüst, 24,00 m
EP 24,33 DM/m2   LA 20,85 DM/m2   ST 3,48 DM/m2
EP 12,44 €/m2   LA 10,66 €/m2   ST 1,78 €/m2

001.10007.M   KG 392 DIN 276
Stahlrohrgerüst Gr. 4, Arbeitsgerüst, 6,00 m
EP 21,71 DM/m2   LA 17,95 DM/m2   ST 3,76 DM/m2
EP 11,10 €/m2   LA 9,18 €/m2   ST 1,92 €/m2

001.10008.M   KG 392 DIN 276
Stahlrohrgerüst Gr. 4, Arbeitsgerüst, 12,00 m
EP 24,04 DM/m2   LA 20,27 DM/m2   ST 3,77 DM/m2
EP 12,29 €/m2   LA 10,36 €/m2   ST 1,93 €/m2

001.10009.M   KG 392 DIN 276
Stahlrohrgerüst Gr. 4, Arbeitsgerüst, 24,00 m
EP 26,35 DM/m2   LA 22,58 DM/m2   ST 3,77 DM/m2
EP 13,47 €/m2   LA 11,55 €/m2   ST 1,92 €/m2

001.10010.M   KG 392 DIN 276
Rahmengerüst Gr. 2, Arbeitsgerüst, 6,00 m
EP 10,72 DM/m2   LA 8,11 DM/m2   ST 2,61 DM/m2
EP 5,48 €/m2   LA 4,15 €/m2   ST 1,33 €/m2

001.10011.M   KG 392 DIN 276
Rahmengerüst Gr. 2, Arbeitsgerüst, 12,00 m
EP 12,46 DM/m2   LA 9,85 DM/m2   ST 2,61 DM/m2
EP 6,37 €/m2   LA 5,03 €/m2   ST 1,34 €/m2

001.10012.M   KG 392 DIN 276
Rahmengerüst Gr. 2, Arbeitsgerüst, 24,00 m
EP 13,61 DM/m2   LA 11,00 DM/m2   ST 2,61 DM/m2
EP 6,96 €/m2   LA 5,62 €/m2   ST 1,34 €/m2

001.10013.M   KG 392 DIN 276
Rahmengerüst Gr. 3, Arbeitsgerüst, 6,00 m
EP 17,06 DM/m2   LA 13,90 DM/m2   ST 3,16 DM/m2
EP 8,72 €/m2   LA 7,11 €/m2   ST 1,61 €/m2

001.10014.M   KG 392 DIN 276
Rahmengerüst Gr. 3, Arbeitsgerüst, 12,00 m
EP 18,21 DM/m2   LA 15,06 DM/m2   ST 3,15 DM/m2
EP 9,31 €/m2   LA 7,70 €/m2   ST 1,61 €/m2

001.10015.M   KG 392 DIN 276
Rahmengerüst Gr. 3, Arbeitsgerüst, 24,00 m
EP 19,37 DM/m2   LA 16,21 DM/m2   ST 3,16 DM/m2
EP 9,90 €/m2   LA 8,29 €/m2   ST 1,61 €/m2

001.10016.M   KG 392 DIN 276
Rahmengerüst Gr. 4, Arbeitsgerüst, 6,00 m
EP 19,29 DM/m2   LA 15,63 DM/m2   ST 3,66 DM/m2
EP 9,86 €/m2   LA 7,99 €/m2   ST 1,87 €/m2

001.10017.M   KG 392 DIN 276
Rahmengerüst Gr. 4, Arbeitsgerüst, 12,00 m
EP 20,44 DM/m2   LA 16,79 DM/m2   ST 3,65 DM/m2
EP 10,45 €/m2   LA 8,58 €/m2   ST 1,87 €/m2

001.10018.M   KG 392 DIN 276
Rahmengerüst Gr. 4, Arbeitsgerüst, 24,00 m
EP 21,60 DM/m2   LA 17,95 DM/m2   ST 3,65 DM/m2
EP 11,04 €/m2   LA 9,18 €/m2   ST 1,86 €/m2

001.10019.M   KG 392 DIN 276
Leitergerüst Gr. 2, 0,75 - 0,95 m breit
EP 14,29 DM/m2   LA 12,73 DM/m2   ST 1,56 DM/m2
EP 7,31 €/m2   LA 6,51 €/m2   ST 0,80 €/m2

AW 001
Preise 06.02

LB 001 Gerüstarbeiten
Raumgerüste

Sämtliche Preise sind **Mittelpreise ohne Mehrwertsteuer** zum Zeitpunkt des Ausgabedatums.
Korrekturfaktoren für Regionaleinfluss, Mengeneinfluss, Konjunktureinfluss siehe Vorspann.
Abkürzungen: EP = Einheitspreis, LA = Lohnanteil, ST = Stoffanteil

Raumgerüste

001.----.-

001.41001.M	Raumgerüst als Systemgerüst, Gr. 1, 3,00 m	8,62 DM/m3 / 4,41 €/m3
001.41002.M	Raumgerüst als Systemgerüst, Gr. 1, 6,00 m	10,03 DM/m3 / 5,13 €/m3
001.41003.M	Raumgerüst als Systemgerüst, Gr. 1, 9,00 m	11,46 DM/m3 / 5,86 €/m3
001.41004.M	Raumgerüst als Systemgerüst, Gr. 1, 12,00 m	12,87 DM/m3 / 6,58 €/m3
001.41005.M	Raumgerüst als Systemgerüst, Gr. 1, 20,00 m	14,34 DM/m3 / 7,33 €/m3
001.41006.M	Raumgerüst als Systemgerüst, Gr. 2, 3,00 m	10,26 DM/m3 / 5,24 €/m3
001.41007.M	Raumgerüst als Systemgerüst, Gr. 2, 6,00 m	11,67 DM/m3 / 5,97 €/m3
001.41008.M	Raumgerüst als Systemgerüst, Gr. 2, 9,00 m	13,09 DM/m3 / 6,69 €/m3
001.41009.M	Raumgerüst als Systemgerüst, Gr. 2, 12,00 m	14,56 DM/m3 / 7,45 €/m3
001.41010.M	Raumgerüst als Systemgerüst, Gr. 2, 20,00 m	15,98 DM/m3 / 8,17 €/m3
001.41011.M	Raumgerüst als Systemgerüst, Gr. 3, 3,00 m	11,16 DM/m3 / 5,70 €/m3
001.41012.M	Raumgerüst als Systemgerüst, Gr. 3, 6,00 m	12,58 DM/m3 / 6,43 €/m3
001.41013.M	Raumgerüst als Systengerüst, Gr. 3, 9,00 m	14,03 DM/m3 / 7,18 €/m3
001.41014.M	Raumgerüst als Systemgerüst, Gr. 3, 12,00 m	15,45 DM/m3 / 7,90 €/m3
001.41015.M	Raumgerüst als Systemgerüst, Gr. 3, 20,00 m	17,62 DM/m3 / 9,01 €/m3
001.41016.M	Raumgerüst als Systemgerüst, Gr. 4, 3,00 m	12,06 DM/m3 / 6,17 €/m3
001.41017.M	Raumgerüst als Systemgerüst, Gr. 4, 6,00 m	13,48 DM/m3 / 6,89 €/m3
001.41018.M	Raumgerüst als Systemgerüst, Gr. 4, 9,00 m	14,95 DM/m3 / 7,65 €/m3
001.41019.M	Raumgerüst als Systemgerüst, Gr. 4, 12,00 m	16,37 DM/m3 / 8,37 €/m3
001.41020.M	Raumgerüst als Systemgerüst, Gr. 4, 20,00 m	18,53 DM/m3 / 9,48 €/m3

Hinweis:
Diese Leistungen umfassen den Auf- und Abbau der Gerüste einschließlich Transport, sowie die Vorhaltung für 4 Wochen (Grundeinsatzzeit).

Bei Raumgerüsten ist eine Arbeitslage mit Gerüstbelägen ausgestattet.

001.41001.M KG 392 DIN 276
Raumgerüst als Systemgerüst, Gr. 1, 3,00 m
EP 8,62 DM/m3   LA 6,08 DM/m3   ST 2,54 DM/m3
EP 4,41 €/m3   LA 3,11 €/m3   ST 1,30 €/m3

001.41002.M KG 392 DIN 276
Raumgerüst als Systemgerüst, Gr. 1, 6,00 m
EP 10,03 DM/m3   LA 7,59 DM/m3   ST 2,44 DM/m3
EP 5,13 €/m3   LA 3,88 €/m3   ST 1,25 €/m3

001.41003.M KG 392 DIN 276
Raumgerüst als Systemgerüst, Gr. 1, 9,00 m
EP 11,10 DM/m3   LA 9,09 DM/m3   ST 2,37 DM/m3
EP 5,86 €/m3   LA 4,65 €/m3   ST 1,21 €/m3

001.41004.M KG 392 DIN 276
Raumgerüst als Systemgerüst, Gr. 1, 12,00 m
EP 12,87 DM/m3   LA 10,60 DM/m3   ST 2,27 DM/m3
EP 6,58 €/m3   LA 5,42 €/m3   ST 1,16 €/m3

001.41005.M KG 392 DIN 276
Raumgerüst als Systemgerüst, Gr. 1, 20,00 m
EP 14,34 DM/m3   LA 12,16 DM/m3   ST 2,18 DM/m3
EP 7,33 €/m3   LA 6,22 €/m3   ST 1,11 €/m3

001.41006.M KG 392 DIN 276
Raumgerüst als Systemgerüst, Gr. 2, 3,00 m
EP 10,26 DM/m3   LA 7,59 DM/m3   ST 2,67 DM/m3
EP 5,24 €/m3   LA 3,88 €/m3   ST 1,36 €/m3

001.41007.M KG 392 DIN 276
Raumgerüst als Systemgerüst, Gr. 2, 6,00 m
EP 11,67 DM/m3   LA 9,09 DM/m3   ST 2,58 DM/m3
EP 5,97 €/m3   LA 4,65 €/m3   ST 1,32 €/m3

001.41008.M KG 392 DIN 276
Raumgerüst als Systemgerüst, Gr. 2, 9,00 m
EP 13,09 DM/m3   LA 10,60 DM/m3   ST 2,49 DM/m3
EP 6,69 €/m3   LA 5,42 €/m3   ST 1,27 €/m3

001.41009.M KG 392 DIN 276
Raumgerüst als Systemgerüst, Gr. 2, 12,00 m
EP 14,56 DM/m3   LA 12,16 DM/m3   ST 2,40 DM/m3
EP 7,45 €/m3   LA 6,22 €/m3   ST 1,23 €/m3

001.41010.M KG 392 DIN 276
Raumgerüst als Systemgerüst, Gr. 2, 20,00 m
EP 15,98 DM/m3   LA 13,66 DM/m3   ST 2,32 DM/m3
EP 8,17 €/m3   LA 6,99 €/m3   ST 1,18 €/m3

001.41011.M KG 392 DIN 276
Raumgerüst als Systemgerüst, Gr. 3, 3,00 m
EP 11,16 DM/m3   LA 8,34 DM/m3   ST 2,82 DM/m3
EP 5,70 €/m3   LA 4,26 €/m3   ST 1,44 €/m3

001.41012.M KG 392 DIN 276
Raumgerüst als Systemgerüst, Gr. 3, 6,00 m
EP 12,58 DM/m3   LA 9,85 DM/m3   ST 2,73 DM/m3
EP 6,43 €/m3   LA 5,03 €/m3   ST 1,40 €/m3

001.41013.M KG 392 DIN 276
Raumgerüst als Systemgerüst, Gr. 3, 9,00 m
EP 14,03 DM/m3   LA 11,40 DM/m3   ST 2,63 DM/m3
EP 7,18 €/m3   LA 5,83 €/m3   ST 1,35 €/m3

001.41014.M KG 392 DIN 276
Raumgerüst als Systemgerüst, Gr. 3, 12,00 m
EP 15,45 DM/m3   LA 12,91 DM/m3   ST 2,54 DM/m3
EP 7,90 €/m3   LA 6,60 €/m3   ST 1,30 €/m3

001.41015.M KG 392 DIN 276
Raumgerüst als Systemgerüst, Gr. 3, 20,00 m
EP 17,62 DM/m3   LA 15,17 DM/m3   ST 2,45 DM/m3
EP 9,01 €/m3   LA 7,76 €/m3   ST 1,25 €/m3

001.41016.M KG 392 DIN 276
Raumgerüst als Systemgerüst, Gr. 4, 3,00 m
EP 12,06 DM/m3   LA 9,09 DM/m3   ST 2,97 DM/m3
EP 6,17 €/m3   LA 4,65 €/m3   ST 1,52 €/m3

001.41017.M KG 392 DIN 276
Raumgerüst als Systemgerüst, Gr. 4, 6,00 m
EP 13,48 DM/m3   LA 10,60 DM/m3   ST 2,88 DM/m3
EP 6,89 €/m3   LA 5,42 €/m3   ST 1,47 €/m3

001.41018.M KG 392 DIN 276
Raumgerüst als Systemgerüst, Gr. 4, 9,00 m
EP 14,95 DM/m3   LA 12,16 DM/m3   ST 2,79 DM/m3
EP 7,65 €/m3   LA 6,22 €/m3   ST 1,43 €/m3

001.41019.M KG 392 DIN 276
Raumgerüst als Systemgerüst, Gr. 4, 12,00 m
EP 16,37 DM/m3   LA 13,66 DM/m3   ST 2,71 DM/m3
EP 8,37 €/m3   LA 6,99 €/m3   ST 1,38 €/m3

001.41020.M KG 392 DIN 276
Raumgerüst als Systemgerüst, Gr. 4, 20,00 m
EP 18,53 DM/m3   LA 15,92 DM/m3   ST 2,61 DM/m3
EP 9,48 €/m3   LA 8,14 €/m3   ST 1,34 €/m3

LB 001 Gerüstarbeiten
Sonstige Geräste; Fahrgerüste

AW 001

Preise 06.02

Sämtliche Preise sind **Mittelpreise ohne Mehrwertsteuer** zum Zeitpunkt des Ausgabedatums.
Korrekturfaktoren für Regionaleinfluss, Mengeneinfluss, Konjunktureinfluss siehe Vorspann.
Abkürzungen: EP = Einheitspreis, LA = Lohnanteil, ST = Stoffanteil

Sonstige Geräste

001.----.-

001.38101.M	Dachfanggerüst mit Fanglage und Netzen	8,60 DM/m
		4,40 €/m
001.38201.M	Schutzdach, Breite 1,50 m, Höhe bis 2,50 m	29,50 DM/m
		15,09 €/m
001.38202.M	Schutzdach, Breite 1,50 m, Höhe über 2,50 - 5,00 m	33,35 DM/m
		17,05 €/m
001.55001.M	Auslegergerüst Gr. 1, 1,00 m Auskragung	33,85 DM/m
		17,31 €/m
001.55002.M	Auslegergerüst Gr. 2, 1,00 m Auskragung	43,20 DM/m
		22,09 €/m
001.55003.M	Auslegergerüst Gr. 3, 1,00 m Auskragung	59,05 DM/m
		30,19 €/m
001.65201.M	Überbrückung mit Gerüstträger, bis 3 m	50,31 DM/St
		25,72 €/St
001.65202.M	Überbrückung mit Gerüstträger, 3 m bis 4 m	57,23 DM/St
		29,26 €/St
001.65203.M	Überbrückung mit Gerüstträger, 4 m bis 5 m	65,55 DM/St
		33,52 €/St
001.65204.M	Überbrückung mit Gerüstträger, 5 m bis 6 m	73,27 DM/St
		37,46 €/St

Hinweis: Diese Leistungen umfassen den Auf- und Abbau der Gerüste einschließlich Transport, sowie die Vorhaltung für 4 Wochen (Grundeinsatzzeit).

001.38101.M KG 392 DIN 276
Dachfanggerüst mit Fanglage und Netzen
EP 8,60 DM/m   LA 6,37 DM/m   ST 2,23 DM/m
EP 4,40 €/m   LA 3,26 €/m   ST 1,14 €/m

001.38201.M KG 392 DIN 276
Schutzdach, Breite 1,50 m, Höhe bis 2,50 m
EP 29,50 DM/m LA 24,32 DM/m ST 5,18 DM/m
EP 15,09 €/m   LA 12,44 €/m   ST 2,65 €/m

001.38202.M KG 392 DIN 276
Schutzdach, Breite 1,50 m, Höhe über 2,50 - 5,00 m
EP 33,35 DM/m LA 27,79 DM/m ST 5,56 DM/m
EP 17,05 €/m   LA 14,21 €/m   ST 2,84 €/m

001.55001.M KG 392 DIN 276
Auslegergerüst Gr. 1, 1,00 m Auskragung
EP 33,85 DM/m LA 16,50 DM/m ST 17,35 DM/m
EP 17,31 €/m   LA 8,44 €/m   ST 8,87 €/m

001.55002.M KG 392 DIN 276
Auslegergerüst Gr. 2, 1,00 m Auskragung
EP 43,20 DM/m LA 22,00 DM/m ST 21,20 DM/m
EP 22,09 €/m   LA 11,25 €/m   ST 10,84 €/m

001.55003.M KG 392 DIN 276
Auslegergerüst Gr. 3, 1,00 m Auskragung
EP 59,05 DM/m LA 26,06 DM/m ST 32,99 DM/m
EP 30,19 €/m   LA 13,32 €/m   ST 16,87 €/m

001.65201.M KG 392 DIN 276
Überbrückung mit Gerüstträger, bis 3 m
EP 50,31 DM/St LA 33,58 DM/St ST 16,73 DM/St
EP 25,72 €/St   LA 17,17 €/St   ST 8,55 €/St

001.65202.M KG 392 DIN 276
Überbrückung mit Gerüstträger, 3 m bis 4 m
EP 57,23 DM/St LA 34,75 DM/St ST 22,48 DM/St
EP 29,26 €/St   LA 17,77 €/St   ST 11,49 €/St

001.65203.M KG 392 DIN 276
Überbrückung mit Gerüstträger, 4 m bis 5 m
EP 65,55 DM/St LA 37,06 DM/St ST 28,49 DM/St
EP 33,52 €/St   LA 18,95 €/St   ST 14,57 €/St

001.65204.M KG 392 DIN 276
Überbrückung mit Gerüstträger, 5 m bis 6 m
EP 73,27 DM/St LA 39,37 DM/St ST 33,90 DM/St
EP 37,46 €/St   LA 20,13 €/St   ST 17,33 €/St

Fahrgerüste

001.----.-

001.57101.M	Fahrbares Standgerüst, Gr. 1, 5 m2, bis 3 m Höhe	383,39 DM/St
		196,02 €/St
001.57102.M	Fahrbares Standgerüst, Gr. 1, 5 m2, bis 4 m Höhe	448,39 DM/St
		229,26 €/St
001.57103.M	Fahrbares Standgerüst, Gr. 1, 5 m2, bis 5 m Höhe	525,88 DM/St
		268,88 €/St
001.57104.M	Fahrbares Standgerüst, Gr. 1, 5 m2, bis 6 m Höhe	615,38 DM/St
		314,64 €/St
001.57105.M	Fahrbares Standgerüst, Gr. 1, 5 m2, bis 7 m Höhe	733,36 DM/St
		374,96 €/St
001.57106.M	Fahrbares Standgerüst, Gr. 1, 5 m2, bis 8 m Höhe	846,45 DM/St
		432,78 €/St
001.57107.M	Fahrbares Standgerüst, Gr. 1, 10 m2, bis 3 m Höhe	545,67 DM/St
		279,00 €/St
001.57108.M	Fahrbares Standgerüst, Gr. 1, 10 m2, bis 4 m Höhe	616,03 DM/St
		314,97 €/St
001.57109.M	Fahrbares Standgerüst, Gr. 1, 10 m2, bis 5 m Höhe	689,93 DM/St
		352,76 €/St
001.57110.M	Fahrbares Standgerüst, Gr. 1, 10 m2, bis 6 m Höhe	771,42 DM/St
		394,42 €/St
001.57111.M	Fahrbares Standgerüst, Gr. 1, 10 m2, bis 7 m Höhe	937,73 DM/St
		479,45 €/St
001.57112.M	Fahrbares Standgerüst, Gr. 1, 10 m2, bis 8 m Höhe	1 063,51 DM/St
		543,76 €/St
001.58001.M	Fahrgerüst, Gr. 1, 5 m2, bis 3 m Höhe	325,05 DM/St
		166,19 €/St
001.58002.M	Fahrgerüst, Gr. 1, 5 m2, bis 4 m Höhe	384,72 DM/St
		196,70 €/St
001.58003.M	Fahrgerüst, Gr. 1, 5 m2, bis 5 m Höhe	451,08 DM/St
		230,63 €/St
001.58004.M	Fahrgerüst, Gr. 1, 5 m2, bis 6 m Höhe	557,48 DM/St
		285,03 €/St
001.58005.M	Fahrgerüst, Gr. 1, 5 m2, bis 7 m Höhe	691,26 DM/St
		353,44 €/St
001.58006.M	Fahrgerüst, Gr. 1, 5 m2, bis 8 m Höhe	814,38 DM/St
		416,39 €/St

Hinweis: Diese Leistungen umfassen den Auf- und Abbau der Gerüste einschließlich Transport, sowie die Vorhaltung für 4 Wochen (Grundeinsatzzeit).

001.57101.M KG 392 DIN 276
Fahrbares Standgerüst, Gr. 1, 5 m2, bis 3 m Höhe
EP 383,39 DM/St LA 167,93 DM/St ST 215,46 DM/St
EP 196,02 €/St   LA 85,86 €/St   ST 110,16 €/St

001.57102.M KG 392 DIN 276
Fahrbares Standgerüst, Gr. 1, 5 m2, bis 4 m Höhe
EP 448,39 DM/St LA 191,09 DM/St ST 257,30 DM/St
EP 229,26 €/St   LA 97,70 €/St   ST 131,56 €/St

001.57103.M KG 392 DIN 276
Fahrbares Standgerüst, Gr. 1, 5 m2, bis 5 m Höhe
EP 525,88 DM/St LA 225,83 DM/St ST 300,05 DM/St
EP 268,88 €/St   LA 115,47 €/St   ST 153,41 €/St

001.57104.M KG 392 DIN 276
Fahrbares Standgerüst, Gr. 1, 5 m2, bis 6 m Höhe
EP 615,38 DM/St LA 266,37 DM/St ST 349,01 DM/St
EP 314,64 €/St   LA 136,19 €/St   ST 178,45 €/St

001.57105.M KG 392 DIN 276
Fahrbares Standgerüst, Gr. 1, 5 m2, bis 7 m Höhe
EP 733,36 DM/St LA 306,90 DM/St ST 426,46 DM/St
EP 374,96 €/St   LA 156,91 €/St   ST 218,05 €/St

001.57106.M KG 392 DIN 276
Fahrbares Standgerüst, Gr. 1, 5 m2, bis 8 m Höhe
EP 846,45 DM/St LA 341,64 DM/St ST 504,81 DM/St
EP 432,78 €/St   LA 174,68 €/St   ST 258,10 €/St

001.57107.M KG 392 DIN 276
Fahrbares Standgerüst, Gr. 1, 10 m2, bis 3 m Höhe
EP 545,67 DM/St LA 205,56 DM/St ST 340,11 DM/St
EP 279,00 €/St   LA 105,10 €/St   ST 173,90 €/St

001.57108.M KG 392 DIN 276
Fahrbares Standgerüst, Gr. 1, 10 m2, bis 4 m Höhe
EP 616,03 DM/St LA 240,31 DM/St ST 375,72 DM/St
EP 314,97 €/St   LA 122,87 €/St   ST 192,10 €/St

AW 001

LB 001 Gerüstarbeiten
Fahrgerüste; Gerüstbespannungen

Preise 06.02

Sämtliche Preise sind **Mittelpreise ohne Mehrwertsteuer** zum Zeitpunkt des Ausgabedatums.
Korrekturfaktoren für Regionaleinfluss, Mengeneinfluss, Konjunktureinfluss siehe Vorspann.
Abkürzungen: EP = Einheitspreis, LA = Lohnanteil, ST = Stoffanteil

001.57109.M   KG 392 DIN 276
Fahrbares Standgerüst, Gr. 1, 10 m2, bis 5 m Höhe
EP 689,93 DM/St   LA 275,05 DM/St   ST 414,88 DM/St
EP 352,76 €/St   LA 140,63 €/St   ST 212,13 €/St

001.57110.M   KG 392 DIN 276
Fahrbares Standgerüst, Gr. 1, 10 m2, bis 6 m Höhe
EP 771,42 DM/St   LA 327,16 DM/St   ST 444,26 DM/St
EP 394,42 €/St   LA 167,28 €/St   ST 227,14 €/St

001.57111.M   KG 392 DIN 276
Fahrbares Standgerüst, Gr. 1, 10 m2, bis 7 m Höhe
EP 937,73 DM/St   LA 370,59 DM/St   ST 567,14 DM/St
EP 479,45 €/St   LA 189,48 €/St   ST 289,97 €/St

001.57112.M   KG 392 DIN 276
Fahrbares Standgerüst, Gr. 1, 10 m2, bis 8 m Höhe
EP 1 063,51 DM/St LA 419,82 DM/St   ST 643,69 DM/St
EP   543,76 €/St   LA 214,65 €/St   ST 329,11 €/St

001.58001.M   KG 392 DIN 276
Fahrgerüst, Gr. 1, 5 m2, bis 3 m Höhe
EP 325,05 DM/St   LA 150,56 DM/St   ST 174,49 DM/St
EP 166,19 €/St   LA 76,98 €/St   ST 89,21 €/St

001.58002.M   KG 392 DIN 276
Fahrgerüst, Gr. 1, 5 m2, bis 4 m Höhe
EP 384,72 DM/St   LA 173,72 DM/St   ST 211,00 DM/St
EP 196,70 €/St   LA 88,82 €/St   ST 107,88 €/St

001.58003.M   KG 392 DIN 276
Fahrgerüst, Gr. 1, 5 m2, bis 5 m Höhe
EP 451,08 DM/St   LA 202,67 DM/St   ST 248,41 DM/St
EP 230,63 €/St   LA 103,63 €/St   ST 127,00 €/St

001.58004.M   KG 392 DIN 276
Fahrgerüst, Gr. 1, 5 m2, bis 6 m Höhe
EP 557,48 DM/St   LA 243,20 DM/St   ST 314,28 DM/St
EP 285,03 €/St   LA 124,35 €/St   ST 160,68 €/St

001.58005.M   KG 392 DIN 276
Fahrgerüst, Gr. 1, 5 m2, bis 7 m Höhe
EP 691,26 DM/St   LA 280,84 DM/St   ST 410,42 DM/St
EP 353,44 €/St   LA 143,59 €/St   ST 209,85 €/St

001.58006.M   KG 392 DIN 276
Fahrgerüst, Gr. 1, 5 m2, bis 8 m Höhe
EP 814,38 DM/St   LA 318,49 DM/St   ST 495,89 DM/St
EP 416,39 €/St   LA 162,84 €/St   ST 253,55 €/St

Gerüstbespannungen

001.—.-

001.70001.M Bespannung Gerüstplane	8,24 DM/m2
	4,21 €/m2
001.70002.M Bespannung Gerüstschutznetz	7,27 DM/m2
	3,71 €/m2
001.70003.M Bespannung Kunststoff-Folie	8,98 DM/m2
	4,59 €/m2

001.70001.M   KG 392 DIN 276
Bespannung Gerüstplane
EP 8,24 DM/m2   LA 3,53 DM/m2   ST 4,71 DM/m2
EP 4,21 €/m2   LA 1,80 €/m2   ST 2,41 €/m2

001.70002.M   KG 392 DIN 276
Bespannung Gerüstschutznetz
EP 7,27 DM/m2   LA 3,77 DM/m2   ST 3,50 DM/m2
EP 3,71 €/m2   LA 1,93 €/m2   ST 1,79 €/m2

001.70003.M   KG 392 DIN 276
Bespannung Kunststoff-Folie
EP 8,98 DM/m2   LA 3,77 DM/m2   ST 5,21 DM/m2
EP 4,59 €/m2   LA 1,93 €/m2   ST 2,66 €/m2

LB 001 Gerüstarbeiten
Umbauen, Umsetzen, Fassadengerüste

AW 001

Preise 06.02

Sämtliche Preise sind **Mittelpreise ohne Mehrwertsteuer** zum Zeitpunkt des Ausgabedatums.
Korrekturfaktoren für Regionaleinfluss, Mengeneinfluss, Konjunktureinfluss siehe Vorspann.
Abkürzungen: EP = Einheitspreis, LA = Lohnanteil, ST = Stoffanteil

Umbauen, Umsetzen, Fassadengerüste

001.—.-

001.80101.M	Umsetzen Stahlrohrgerüst Gr. 2, Arbeitsgerüst, 6 m	15,81 DM/m2 / 8,08 €/m2
001.80102.M	Umsetzen Stahlrohrgerüst Gr. 2, Arbeitsgerüst, 12 m	17,54 DM/m2 / 8,97 €/m2
001.80103.M	Umsetzen Stahlrohrgerüst Gr. 2, Arbeitsgerüst, 24 m	19,86 DM/m2 / 10,15 €/m2
001.80104.M	Umsetzen Stahlrohrgerüst Gr. 3, Arbeitsgerüst, 6 m	17,21 DM/m2 / 8,80 €/m2
001.80105.M	Umsetzen Stahlrohrgerüst Gr. 3, Arbeitsgerüst, 12 m	19,53 DM/m2 / 9,98 €/m2
001.80106.M	Umsetzen Stahlrohrgerüst Gr. 3, Arbeitsgerüst, 24 m	21,27 DM/m2 / 10,87 €/m2
001.80107.M	Umsetzen Stahlrohrgerüst Gr. 4, Arbeitsgerüst, 6 m	18,59 DM/m2 / 9,50 €/m2
001.80108.M	Umsetzen Stahlrohrgerüst Gr. 4, Arbeitsgerüst, 12 m	20,90 DM/m2 / 10,68 €/m2
001.80109.M	Umsetzen Stahlrohrgerüst Gr. 4, Arbeitsgerüst, 24 m	22,64 DM/m2 / 11,58 €/m2
001.80110.M	Umsetzen Rahmengerüst Gr. 2, Arbeitsgerüst, 6 m	8,88 DM/m2 / 4,54 €/m2
001.80111.M	Umsetzen Rahmengerüst Gr. 2, Arbeitsgerüst, 12 m	10,33 DM/m2 / 5,28 €/m2
001.80112.M	Umsetzen Rahmengerüst Gr. 2, Arbeitsgerüst, 24 m	11,20 DM/m2 / 5,73 €/m2
001.80113.M	Umsetzen Rahmengerüst Gr. 3, Arbeitsgerüst, 6 m	14,56 DM/m2 / 7,45 €/m2
001.80114.M	Umsetzen Rahmengerüst Gr. 3, Arbeitsgerüst, 12 m	15,73 DM/m2 / 8,04 €/m2
001.80115.M	Umsetzen Rahmengerüst Gr. 3, Arbeitsgerüst, 24 m	16,88 DM/m2 / 8,63 €/m2
001.80116.M	Umsetzen Rahmengerüst Gr. 4, Arbeitsgerüst, 6 m	16,72 DM/m2 / 8,55 €/m2
001.80117.M	Umsetzen Rahmengerüst Gr. 4, Arbeitsgerüst, 12 m	17,87 DM/m2 / 9,14 €/m2
001.80118.M	Umsetzen Rahmengerüst Gr. 4, Arbeitsgerüst, 24 m	19,03 DM/m2 / 9,73 €/m2
001.80137.M	Umsetzen Leitergerüst Gr. 2	13,45 DM/m2 / 6,88 €/m2

001.80101.M   KG 392 DIN 276
Umsetzen Stahlrohrgerüst Gr. 2, Arbeitsgerüst, 6 m
EP 15,81 DM/m2   LA 13,32 DM/m2   ST 2,49 DM/m2
EP   8,08 €/m2   LA   6,81 €/m2   ST 1,27 €/m2

001.80102.M   KG 392 DIN 276
Umsetzen Stahlrohrgerüst Gr. 2, Arbeitsgerüst, 12 m
EP 17,54 DM/m2   LA 15,06 DM/m2   ST 2,48 DM/m2
EP   8,97 €/m2   LA   7,70 €/m2   ST 1,27 €/m2

001.80103.M   KG 392 DIN 276
Umsetzen Stahlrohrgerüst Gr. 2, Arbeitsgerüst, 24 m
EP 19,86 DM/m2   LA 17,37 DM/m2   ST 2,49 DM/m2
EP 10,15 €/m2   LA   8,88 €/m2   ST 1,27 €/m2

001.80104.M   KG 392 DIN 276
Umsetzen Stahlrohrgerüst Gr. 3, Arbeitsgerüst, 6 m
EP 17,21 DM/m2   LA 14,48 DM/m2   ST 2,73 DM/m2
EP   8,80 €/m2   LA   7,40 €/m2   ST 1,40 €/m2

001.80105.M   KG 392 DIN 276
Umsetzen Stahlrohrgerüst Gr. 3, Arbeitsgerüst, 12 m
EP 19,53 DM/m2   LA 16,79 DM/m2   ST 2,74 DM/m2
EP   9,98 €/m2   LA   8,58 €/m2   ST 1,40 €/m2

001.80106.M   KG 392 DIN 276
Umsetzen Stahlrohrgerüst Gr. 3, Arbeitsgerüst, 24 m
EP 21,27 DM/m2   LA 18,53 DM/m2   ST 2,74 DM/m2
EP 10,87 €/m2   LA   9,48 €/m2   ST 1,39 €/m2

001.80107.M   KG 392 DIN 276
Umsetzen Stahlrohrgerüst Gr. 4, Arbeitsgerüst, 6 m
EP 18,59 DM/m2   LA 15,63 DM/m2   ST 2,96 DM/m2
EP   9,50 €/m2   LA   7,99 €/m2   ST 1,51 €/m2

001.80108.M   KG 392 DIN 276
Umsetzen Stahlrohrgerüst Gr. 4, Arbeitsgerüst, 12 m
EP 20,90 DM/m2   LA 17,95 DM/m2   ST 2,95 DM/m2
EP 10,68 €/m2   LA   9,18 €/m2   ST 1,50 €/m2

001.80109.M   KG 392 DIN 276
Umsetzen Stahlrohrgerüst Gr. 4, Arbeitsgerüst, 24 m
EP 22,64 DM/m2   LA 19,69 DM/m2   ST 2,95 DM/m2
EP 11,58 €/m2   LA 10,07 €/m2   ST 1,51 €/m2

001.80110.M   KG 392 DIN 276
Umsetzen Rahmengerüst Gr. 2, Arbeitsgerüst, 6 m
EP 8,88 DM/m2   LA 6,95 DM/m2   ST 1,93 DM/m2
EP 4,54 €/m2   LA 3,55 €/m2   ST 0,99 €/m2

001.80111.M   KG 392 DIN 276
Umsetzen Rahmengerüst Gr. 2, Arbeitsgerüst, 12 m
EP 10,33 DM/m2   LA 8,40 DM/m2   ST 1,93 DM/m2
EP   5,28 €/m2   LA 4,30 €/m2   ST 0,98 €/m2

001.80112.M   KG 392 DIN 276
Umsetzen Rahmengerüst Gr. 2, Arbeitsgerüst, 24 m
EP 11,20 DM/m2   LA 9,27 DM/m2   ST 1,93 DM/m2
EP   5,73 €/m2   LA 4,74 €/m2   ST 0,99 €/m2

001.80113.M   KG 392 DIN 276
Umsetzen Rahmengerüst Gr. 3, Arbeitsgerüst, 6 m
EP 14,56 DM/m2   LA 12,16 DM/m2   ST 2,40 DM/m2
EP   7,45 €/m2   LA   6,22 €/m2   ST 1,23 €/m2

001.80114.M   KG 392 DIN 276
Umsetzen Rahmengerüst Gr. 3, Arbeitsgerüst, 12 m
EP 15,73 DM/m2   LA 13,32 DM/m2   ST 2,41 DM/m2
EP   8,04 €/m2   LA   6,81 €/m2   ST 1,23 €/m2

001.80115.M   KG 392 DIN 276
Umsetzen Rahmengerüst Gr. 3, Arbeitsgerüst, 24 m
EP 16,88 DM/m2   LA 14,48 DM/m2   ST 2,40 DM/m2
EP   8,63 €/m2   LA   7,40 €/m2   ST 1,23 €/m2

001.80116.M   KG 392 DIN 276
Umsetzen Rahmengerüst Gr. 4, Arbeitsgerüst, 6 m
EP 16,72 DM/m2   LA 13,90 DM/m2   ST 2,82 DM/m2
EP   8,55 €/m2   LA   7,11 €/m2   ST 1,44 €/m2

001.80117.M   KG 392 DIN 276
Umsetzen Rahmengerüst Gr. 4, Arbeitsgerüst, 12 m
EP 17,87 DM/m2   LA 15,06 DM/m2   ST 2,81 DM/m2
EP   9,14 €/m2   LA   7,70 €/m2   ST 1,44 €/m2

001.80118.M   KG 392 DIN 276
Umsetzen Rahmengerüst Gr. 4, Arbeitsgerüst, 24 m
EP 19,03 DM/m2   LA 16,21 DM/m2   ST 2,82 DM/m2
EP   9,73 €/m2   LA   8,29 €/m2   ST 1,44 €/m2

001.80137.M   KG 392 DIN 276
Umsetzen Leitergerüst Gr. 2
EP 13,45 DM/m2   LA 12,33 DM/m2   ST 1,12 DM/m2
EP   6,88 €/m2   LA   6,31 €/m2   ST 0,57 €/m2

AW 001

LB 001 Gerüstarbeiten
Umbauen, Umsetzen, Raumgerüste

Preise 06.02

Sämtliche Preise sind **Mittelpreise ohne Mehrwertsteuer** zum Zeitpunkt des Ausgabedatums.
Korrekturfaktoren für Regionaleinfluss, Mengeneinfluss, Konjunktureinfluss siehe Vorspann.
Abkürzungen: EP = Einheitspreis, LA = Lohnanteil, ST = Stoffanteil

Umbauen, Umsetzen, Raumgerüste

001.----.-

001.80138.M	Umsetzen Raumgerüst Gr. 1, 3 m	7,62 DM/m3 / 3,89 €/m3
001.80139.M	Umsetzen Raumgerüst Gr. 1, 6 m	9,10 DM/m3 / 4,65 €/m3
001.80140.M	Umsetzen Raumgerüst Gr. 1, 9 m	9,81 DM/m3 / 5,02 €/m3
001.80141.M	Umsetzen Raumgerüst Gr. 1, 12 m	11,33 DM/m3 / 5,79 €/m3
001.80142.M	Umsetzen Raumgerüst Gr. 1, 20 m	12,83 DM/m3 / 6,56 €/m3
001.80143.M	Umsetzen Raumgerüst Gr. 2, 3 m	9,30 DM/m3 / 4,75 €/m3
001.80144.M	Umsetzen Raumgerüst Gr. 2, 6 m	10,01 DM/m3 / 5,12 €/m3
001.80145.M	Umsetzen Raumgerüst Gr. 2, 9 m	11,54 DM/m3 / 5,90 €/m3
001.80146.M	Umsetzen Raumgerüst Gr. 2, 12 m	13,03 DM/m3 / 6,66 €/m3
001.80147.M	Umsetzen Raumgerüst Gr. 2, 20 m	13,73 DM/m3 / 7,02 €/m3
001.80148.M	Umsetzen Raumgerüst Gr. 3, 3 m	9,40 DM/m3 / 4,81 €/m3
001.80149.M	Umsetzen Raumgerüst Gr. 3, 6 m	10,94 DM/m3 / 5,59 €/m3
001.80150.M	Umsetzen Raumgerüst Gr. 3, 9 m	12,41 DM/m3 / 6,35 €/m3
001.80151.M	Umsetzen Raumgerüst Gr. 3, 12 m	13,14 DM/m3 / 6,72 €/m3
001.80152.M	Umsetzen Raumgerüst Gr. 3, 20 m	15,48 DM/m3 / 7,91 €/m3
001.80153.M	Umsetzen Raumgerüst Gr. 4, 3 m	10,35 DM/m3 / 5,29 €/m3
001.80154.M	Umsetzen Raumgerüst Gr. 4, 6 m	11,88 DM/m3 / 6,07 €/m3
001.80155.M	Umsetzen Raumgerüst Gr. 4, 9 m	13,36 DM/m3 / 6,83 €/m3
001.80156.M	Umsetzen Raumgerüst Gr. 4, 12 m	14,08 DM/m3 / 7,20 €/m3
001.80157.M	Umsetzen Raumgerüst Gr. 4, 20 m	16,37 DM/m3 / 8,37 €/m3

001.80138.M KG 392 DIN 276
Umsetzen Raumgerüst Gr. 1, 3 m
EP 7,62 DM/m3   LA 5,61 DM/m3   ST 2,01 DM/m3
EP 3,89 €/m3   LA 2,87 €/m3   ST 1,02 €/m3

001.80139.M KG 392 DIN 276
Umsetzen Raumgerüst Gr. 1, 6 m
EP 9,10 DM/m3   LA 7,18 DM/m3   ST 1,92 DM/m3
EP 4,65 €/m3   LA 3,67 €/m3   ST 0,98 €/m3

001.80140.M KG 392 DIN 276
Umsetzen Raumgerüst Gr. 1, 9 m
EP 9,81 DM/m3   LA 7,99 DM/m3   ST 1,82 DM/m3
EP 5,02 €/m3   LA 4,08 €/m3   ST 0,93 €/m3

001.80141.M KG 392 DIN 276
Umsetzen Raumgerüst Gr. 1, 12 m
EP 11,33 DM/m3 LA 9,61 DM/m3   ST 1,72 DM/m3
EP 5,79 €/m3   LA 4,91 €/m3   ST 0,88 €/m3

001.80142.M KG 392 DIN 276
Umsetzen Raumgerüst Gr. 1, 20 m
EP 12,83 DM/m3 LA 11,18 DM/m3 ST 1,65 DM/m3
EP 6,56 €/m3   LA 5,71 €/m3   ST 0,85 €/m3

001.80143.M KG 392 DIN 276
Umsetzen Raumgerüst Gr. 2, 3 m
EP 9,30 DM/m3   LA 7,18 DM/m3   ST 2,12 DM/m3
EP 4,75 €/m3   LA 3,67 €/m3   ST 1,08 €/m3

001.80144.M KG 392 DIN 276
Umsetzen Raumgerüst Gr. 2, 6 m
EP 10,01 DM/m3 LA 7,99 DM/m3   ST 2,02 DM/m3
EP 5,12 €/m3   LA 4,08 €/m3   ST 1,04 €/m3

001.80145.M KG 392 DIN 276
Umsetzen Raumgerüst Gr. 2, 9 m
EP 11,54 DM/m3 LA 9,61 DM/m3   ST 1,93 DM/m3
EP 5,90 €/m3   LA 4,91 €/m3   ST 0,99 €/m3

001.80146.M KG 392 DIN 276
Umsetzen Raumgerüst Gr. 2, 12 m
EP 13,03 DM/m3 LA 11,18 DM/m3 ST 1,85 DM/m3
EP 6,66 €/m3   LA 5,71 €/m3   ST 0,95 €/m3

001.80147.M KG 392 DIN 276
Umsetzen Raumgerüst Gr. 2, 20 m
EP 13,73 DM/m3 LA 11,98 DM/m3 ST 1,75 DM/m3
EP 7,02 €/m3   LA 6,13 €/m3   ST 0,89 €/m3

001.80148.M KG 392 DIN 276
Umsetzen Raumgerüst Gr. 3, 3 m
EP 9,40 DM/m3   LA 7,18 DM/m3   ST 2,22 DM/m3
EP 4,81 €/m3   LA 3,67 €/m3   ST 1,14 €/m3

001.80149.M KG 392 DIN 276
Umsetzen Raumgerüst Gr. 3, 6 m
EP 10,94 DM/m3 LA 8,80 DM/m3   ST 2,14 DM/m3
EP 5,59 €/m3   LA 4,50 €/m3   ST 1,09 €/m3

001.80150.M KG 392 DIN 276
Umsetzen Raumgerüst Gr. 3, 9 m
EP 12,41 DM/m3 LA 10,36 DM/m3 ST 2,05 DM/m3
EP 6,35 €/m3   LA 5,30 €/m3   ST 1,05 €/m3

001.80151.M KG 392 DIN 276
Umsetzen Raumgerüst Gr. 3, 12 m
EP 13,14 DM/m3 LA 11,18 DM/m3 ST 1,96 DM/m3
EP 6,72 €/m3   LA 5,71 €/m3   ST 1,01 €/m3

001.80152.M KG 392 DIN 276
Umsetzen Raumgerüst Gr. 3, 20 m
EP 15,48 DM/m3 LA 13,61 DM/m3 ST 1,87 DM/m3
EP 7,91 €/m3   LA 6,96 €/m3   ST 0,95 €/m3

001.80153.M KG 392 DIN 276
Umsetzen Raumgerüst Gr. 4, 3 m
EP 10,35 DM/m3 LA 7,99 DM/m3   ST 2,36 DM/m3
EP 5,29 €/m3   LA 4,08 €/m3   ST 1,21 €/m3

001.80154.M KG 392 DIN 276
Umsetzen Raumgerüst Gr. 4, 6 m
EP 11,88 DM/m3 LA 9,61 DM/m3   ST 2,27 DM/m3
EP 6,07 €/m3   LA 4,91 €/m3   ST 1,16 €/m3

001.80155.M KG 392 DIN 276
Umsetzen Raumgerüst Gr. 4, 9 m
EP 13,36 DM/m3 LA 11,18 DM/m3 ST 2,18 DM/m3
EP 6,83 €/m3   LA 5,71 €/m3   ST 1,12 €/m3

001.80156.M KG 392 DIN 276
Umsetzen Raumgerüst Gr. 4, 12 m
EP 14,08 DM/m3 LA 11,98 DM/m3 ST 2,10 DM/m3
EP 7,20 €/m3   LA 6,13 €/m3   ST 1,07 €/m3

001.80157.M KG 392 DIN 276
Umsetzen Raumgerüst Gr. 4, 20 m
EP 16,37 DM/m3 LA 14,37 DM/m3 ST 2,00 DM/m3
EP 8,37 €/m3   LA 7,34 €/m3   ST 1,03 €/m3

LB 001 Gerüstarbeiten
Umbauen, Umsetzen, Sonstige Gerüste; Fahrgerüste

AW 001

Preise 06.02

Sämtliche Preise sind **Mittelpreise ohne Mehrwertsteuer** zum Zeitpunkt des Ausgabedatums.
Korrekturfaktoren für Regionaleinfluss, Mengeneinfluss, Konjunktureinfluss siehe Vorspann.
Abkürzungen: EP = Einheitspreis, LA = Lohnanteil, ST = Stoffanteil

Umbauen, Umsetzen, Sonstige Gerüste

001.-----.-

001.80158.M	Umsetzen Auslegergerüst, Gr. 1	23,33 DM/m 11,93 €/m
001.80159.M	Umsetzen Auslegergerüst, Gr. 2	32,46 DM/m 16,59 €/m
001.80160.M	Umsetzen Auslegergerüst, Gr. 3	50,36 DM/m 25,75 €/m

001.80158.M   KG 392 DIN 276
Umsetzen Auslegergerüst, Gr. 1
EP 23,33 DM/m   LA 12,73 DM/m   ST 10,60 DM/m
EP 11,93 €/m   LA 6,51 €/m   ST 5,42 €/m

001.80159.M   KG 392 DIN 276
Umsetzen Auslegergerüst, Gr. 2
EP 32,46 DM/m   LA 18,53 DM/m   ST 13,93 DM/m
EP 16,59 €/m   LA 9,48 €/m   ST 7,11 €/m

001.80160.M   KG 392 DIN 276
Umsetzen Auslegergerüst, Gr. 3
EP 50,36 DM/m   LA 22,58 DM/m   ST 27,78 DM/m
EP 25,75 €/m   LA 11,55 €/m   ST 14,20 €/m

Umbauen, Umsetzen, Fahrgerüste

001.-----.-

001.80161.M	Umsetzen fahrb. Standgerüst, 5 m2, bis 3 m Höhe	239,17 DM/St 122,28 €/St
001.80162.M	Umsetzen fahrb. Standgerüst, 5 m2, bis 4 m Höhe	274,90 DM/St 140,56 €/St
001.80163.M	Umsetzen fahrb. Standgerüst, 5 m2, bis 5 m Höhe	324,03 DM/St 165,67 €/St
001.80164.M	Umsetzen fahrb. Standgerüst, 5 m2, bis 6 m Höhe	380,45 DM/St 194,52 €/St
001.80165.M	Umsetzen fahrb. Standgerüst, 5 m2, bis 7 m Höhe	444,54 DM/St 227,29 €/St
001.80166.M	Umsetzen fahrb. Standgerüst, 5 m2, bis 8 m Höhe	502,57 DM/St 256,96 €/St
001.80167.M	Umsetzen fahrb. Standgerüst, 10 m2, bis 3 m Höhe	311,09 DM/St 159,06 €/St
001.80168.M	Umsetzen fahrb. Standgerüst, 10 m2, bis 4 m Höhe	358,44 DM/St 183,27 €/St
001.80169.M	Umsetzen fahrb. Standgerüst, 10 m2, bis 5 m Höhe	405,75 DM/St 207,46 €/St
001.80170.M	Umsetzen fahrb. Standgerüst, 10 m2, bis 6 m Höhe	470,25 DM/St 240,44 €/St
001.80171.M	Umsetzen fahrb. Standgerüst, 10 m2, bis 7 m Höhe	549,16 DM/St 280,78 €/St
001.80172.M	Umsetzen fahrb. Standgerüst, 10 m2, bis 8 m Höhe	622,02 DM/St 318,03 €/St
001.80173.M	Umsetzen Fahrgerüst, 5 m2, bis 3 m Höhe	208,98 DM/St 106,85 €/St
001.80174.M	Umsetzen Fahrgerüst, 5 m2, bis 4 m Höhe	243,80 DM/St 124,65 €/St
001.80175.M	Umsetzen Fahrgerüst, 5 m2, bis 5 m Höhe	285,63 DM/St 146,04 €/St
001.80176.M	Umsetzen Fahrgerüst, 5 m2, bis 6 m Höhe	346,50 DM/St 177,16 €/St
001.80177.M	Umsetzen Fahrgerüst, 5 m2, bis 7 m Höhe	411,28 DM/St 210,29 €/St
001.80178.M	Umsetzen Fahrgerüst, 5 m2, bis 8 m Höhe	474,87 DM/St 242,80 €/St

Hinweis:
Diese Positionen sind anzuwenden, wenn Fahrgerüste innerhalb der Baustelle transportiert und an anderer Stelle wieder aufgebaut werden müssen.
(Nicht anzuwenden beim Standortwechsel durch bloßes Verfahren des Gerüstes).

001.80161.M   KG 392 DIN 276
Umsetzen fahrb. Standgerüst, 5 m2, bis 3 m Höhe
EP 239,17 DM/St   LA 143,02 DM/St   ST 96,15 DM/St
EP 122,28 €/St   LA 73,13 €/St   ST 49,15 €/St

001.80162.M   KG 392 DIN 276
Umsetzen fahrb. Standgerüst, 5 m2, bis 4 m Höhe
EP 274,90 DM/St   LA 162,72 DM/St   ST 112,18 DM/St
EP 140,56 €/St   LA 83,20 €/St   ST 57,36 €/St

001.80163.M   KG 392 DIN 276
Umsetzen fahrb. Standgerüst, 5 m2, bis 5 m Höhe
EP 324,03 DM/St   LA 192,25 DM/St   ST 131,78 DM/St
EP 165,67 €/St   LA 98,30 €/St   ST 67,37 €/St

001.80164.M   KG 392 DIN 276
Umsetzen fahrb. Standgerüst, 5 m2, bis 6 m Höhe
EP 380,45 DM/St   LA 226,41 DM/St   ST 154,04 DM/St
EP 194,52 €/St   LA 115,76 €/St   ST 78,76 €/St

001.80165.M   KG 392 DIN 276
Umsetzen fahrb. Standgerüst, 5 m2, bis 7 m Höhe
EP 444,54 DM/St   LA 261,16 DM/St   ST 183,38 DM/St
EP 227,29 €/St   LA 133,53 €/St   ST 93,76 €/St

001.80166.M   KG 392 DIN 276
Umsetzen fahrb. Standgerüst, 5 m2, bis 8 m Höhe
EP 502,57 DM/St   LA 290,68 DM/St   ST 211,89 DM/St
EP 256,96 €/St   LA 148,62 €/St   ST 108,34 €/St

001.80167.M   KG 392 DIN 276
Umsetzen fahrb. Standgerüst, 10 m2, bis 3 m Höhe
EP 311,09 DM/St   LA 174,87 DM/St   ST 136,22 DM/St
EP 159,06 €/St   LA 89,41 €/St   ST 69,65 €/St

001.80168.M   KG 392 DIN 276
Umsetzen fahrb. Standgerüst, 10 m2, bis 4 m Höhe
EP 358,44 DM/St   LA 204,41 DM/St   ST 154,03 DM/St
EP 183,27 €/St   LA 104,51 €/St   ST 78,76 €/St

001.80169.M   KG 392 DIN 276
Umsetzen fahrb. Standgerüst, 10 m2, bis 5 m Höhe
EP 405,75 DM/St   LA 233,93 DM/St   ST 171,82 DM/St
EP 207,46 €/St   LA 119,61 €/St   ST 87,85 €/St

001.80170.M   KG 392 DIN 276
Umsetzen fahrb. Standgerüst, 10 m2, bis 6 m Höhe
EP 470,25 DM/St   LA 277,95 DM/St   ST 192,30 DM/St
EP 240,44 €/St   LA 142,11 €/St   ST 98,33 €/St

001.80171.M   KG 392 DIN 276
Umsetzen fahrb. Standgerüst, 10 m2, bis 7 m Höhe
EP 549,16 DM/St   LA 315,01 DM/St   ST 234,15 DM/St
EP 280,78 €/St   LA 161,06 €/St   ST 119,72 €/St

001.80172.M   KG 392 DIN 276
Umsetzen fahrb. Standgerüst, 10 m2, bis 8 m Höhe
EP 622,02 DM/St   LA 356,70 DM/St   ST 265,32 DM/St
EP 318,03 €/St   LA 182,38 €/St   ST 135,65 €/St

001.80173.M   KG 392 DIN 276
Umsetzen Fahrgerüst, 5 m2, bis 3 m Höhe
EP 208,98 DM/St   LA 127,97 DM/St   ST 81,01 DM/St
EP 106,85 €/St   LA 65,43 €/St   ST 41,42 €/St

001.80174.M   KG 392 DIN 276
Umsetzen Fahrgerüst, 5 m2, bis 4 m Höhe
EP 243,80 DM/St   LA 147,66 DM/St   ST 96,14 DM/St
EP 124,65 €/St   LA 75,50 €/St   ST 49,16 €/St

001.80175.M   KG 392 DIN 276
Umsetzen Fahrgerüst, 5 m2, bis 5 m Höhe
EP 285,63 DM/St   LA 172,56 DM/St   ST 113,07 DM/St
EP 146,04 €/St   LA 88,23 €/St   ST 57,81 €/St

001.80176.M   KG 392 DIN 276
Umsetzen Fahrgerüst, 5 m2, bis 6 m Höhe
EP 346,50 DM/St   LA 206,72 DM/St   ST 139,78 DM/St
EP 177,16 €/St   LA 105,69 €/St   ST 71,47 €/St

001.80177.M   KG 392 DIN 276
Umsetzen Fahrgerüst, 5 m2, bis 7 m Höhe
EP 411,28 DM/St   LA 238,57 DM/St   ST 172,71 DM/St
EP 210,29 €/St   LA 121,98 €/St   ST 88,31 €/St

001.80178.M   KG 392 DIN 276
Umsetzen Fahrgerüst, 5 m2, bis 8 m Höhe
EP 474,87 DM/St   LA 270,99 DM/St   ST 203,88 DM/St
EP 242,80 €/St   LA 138,56 €/St   ST 104,24 €/St

AW 001

Preise 06.02

LB 001 Gerüstarbeiten
Gebrauchsüberlassung: Fassadengerüste; Raumgerüste

Sämtliche Preise sind **Mittelpreise ohne Mehrwertsteuer** zum Zeitpunkt des Ausgabedatums.
Korrekturfaktoren für Regionaleinfluss, Mengeneinfluss, Konjunktureinfluss siehe Vorspann.
Abkürzungen: EP = Einheitspreis, LA = Lohnanteil, ST = Stoffanteil

Gebrauchsüberlassung Fassadengerüste

001.----.-

001.83001.M	Gebr.-überl. St.-rohrger. Gr. 2, Arbeitsger.	2,45 DM/m2xMo 1,25 €/m2xMo
001.83002.M	Gebr.-überl. St.-rohrger. Gr. 3, Arbeitsger.	2,73 DM/m2xMo 1,40€/m2xMo
001.83003.M	Gebr.-überl. St.-rohrger. Gr. 4, Arbeitsger.	2,95DM/m2xMo 1,51€/m2xMo
001.83004.M	Gebr.-überl. Rahmenger. Gr. 2, Arbeitsger.	1,93DM/m2xMo 0,99€/m2xMo
001.83005.M	Gebr.-überl. Rahmenger. Gr. 3, Arbeitsger.	2,40DM/m2xMo 1,23€/m2xMo
001.83006.M	Gebr.-überl. Rahmenger. Gr. 4, Arbeitsger.	2,37DM/m2xMo 1,21€/m2xMo
001.83013.M	Gebr.-überl. Leitergerüst Gr. 2	2,49DM/m2xMo 1,27€/m2xMo

001.83001.M   KG 392 DIN 276
Gebr.-überlassung St.-rohrger. Gr. 2, Arbeitsgerüst
EP 2,45 DM/m2xMo LA 0,00 DM/m2xMo ST 2,45 DM/m2xMo
EP 1,25 €/m2xMo   LA 0,00 €/m2xMo   ST 1,25 €/m2xMo

001.83002.M   KG 392 DIN 276
Gebr.-überlassung St.-rohrger. Gr. 3, Arbeitsgerüst
EP 2,73 DM/m2xMo LA 0,00 DM/m2xMo ST 2,73 DM/m2xMo
EP 1,40 €/m2xMo   LA 0,00 €/m2xMo   ST 1,40 €/m2xMo

001.83003.M   KG 392 DIN 276
Gebr.-überlassung St.-rohrger. Gr. 4, Arbeitsgerüst
EP 2,95 DM/m2xMo LA 0,00 DM/m2xMo ST 2,95 DM/m2xMo
EP 1,51 €/m2xMo   LA 0,00 €/m2xMo   ST 1,51 €/m2xMo

001.83004.M   KG 392 DIN 276
Gebr.-überlassung Rahmengerüst Gr. 2, Arbeitsgerüst
EP 1,93 DM/m2xMo LA 0,00 DM/m2xMo ST 1,93 DM/m2xMo
EP 0,99 €/m2xMo   LA 0,00 €/m2xMo   ST 0,99 €/m2xMo

001.83005.M   KG 392 DIN 276
Gebr.-überlassung Rahmengerüst Gr. 3, Arbeitsgerüst
EP 2,40 DM/m2xMo LA 0,00 DM/m2xMo ST 2,40 DM/m2xMo
EP 1,23 €/m2xMo   LA 0,00 €/m2xMo   ST 1,23 €/m2xMo

001.83006.M   KG 392 DIN 276
Gebr.-überlassung Rahmengerüst Gr. 4, Arbeitsgerüst
EP 2,37 DM/m2xMo LA 0,00 DM/m2xMo ST 2,37 DM/m2xMo
EP 1,21 €/m2xMo   LA 0,00 €/m2xMo   ST 1,21 €/m2xMo

001.83013.M   KG 392 DIN 276
Gebr.-überlassung Leitergerüst Gr. 2
EP 2,49 DM/m2xMo LA 0,00 DM/m2xMo ST 2,49 DM/m2xMo
EP 1,27 €/m2xMo   LA 0,00 €/m2xMo   ST 1,27 €/m2xMo

Gebrauchsüberlassung Raumgerüste

001.----.-

001.83014.M	Gebr.-überl. Raumgerüst Stahlrohr Gr. 1	2,00 DM/m3xMo 1,02€/m3xMo
001.83015.M	Gebr.-überl. Raumgerüst Stahlrohr Gr. 2	2,12 DM/m3xMo 1,08€/m3xMo
001.83016.M	Gebr.-überl. Raumgerüst Stahlrohr Gr. 3	2,22DM/m3xMo 1,13€/m3xMo
001.83017.M	Gebr.-überl. Raumgerüst Stahlrohr Gr. 4	2,36DM/m3xMo 1,21€/m3xMo

001.83014.M   KG 392 DIN 276
Gebr.-überlassung Raumgerüst Stahlrohr Gr. 1
EP 2,00 DM/m3xMo LA 0,00 DM/m3xMo ST 2,00 DM/m3xMo
EP 1,02 €/m3xMo   LA 0,00 €/m3xMo   ST 1,02 €/m3xMo

001.83015.M   KG 392 DIN 276
Gebr.-überlassung Raumgerüst Stahlrohr Gr. 2
EP 2,12 DM/m3xMo LA 0,00 DM/m3xMo ST 2,12 DM/m3xMo
EP 1,08 €/m3xMo   LA 0,00 €/m3xMo   ST 1,08 €/m3xMo

001.83016.M   KG 392 DIN 276
Gebr.-überlassung Raumgerüst Stahlrohr Gr. 3
EP 2,22 DM/m3xMo LA 0,00 DM/m3xMo ST 2,22 DM/m3xMo
EP 1,13 €/m3xMo   LA 0,00 €/m3xMo   ST 1,13 €/m3xMo

001.83017.M   KG 392 DIN 276
Gebr.-überlassung Raumgerüst Stahlrohr Gr. 4
EP 2,36 DM/m3xMo LA 0,00 DM/m3xMo ST 2,36 DM/m3xMo
EP 1,21 €/m3xMo   LA 0,00 €/m3xMo   ST 1,21 €/m3xMo

LB 001 Gerüstarbeiten
Gebrauchsüberlassung Sonstige Gerüste

AW 001

Preise 06.02

Sämtliche Preise sind **Mittelpreise ohne Mehrwertsteuer** zum Zeitpunkt des Ausgabedatums.
Korrekturfaktoren für Regionaleinfluss, Mengeneinfluss, Konjunktureinfluss siehe Vorspann.
Abkürzungen: EP = Einheitspreis, LA = Lohnanteil, ST = Stoffanteil

Gebrauchsüberlassung Sonstige Gerüste

001.----.-

Pos.	Bezeichnung	Preis	Einheit
001.83018.M	Gebr.-überlassung, Auslegergerüst, Gr. 1	3,50	DM/mxMo
		1,79	€/mxMo
001.83019.M	Gebr.-überlassung, Auslegergerüst, Gr. 2	4,96	DM/mxMo
		2,54	€/mxMo
001.83020.M	Gebr.-überlassung, Auslegergerüst, Gr. 3	6,34	DM/mxMo
		3,24	€/mxMo
001.83501.M	Gebr.-überlassung Überbrückung, bis 3 m	12,88	DM/StxMo
		6,59	€/StxMo
001.83502.M	Gebr.-überlassung Überbrückung, 3 m bis 4 m	17,30	DM/StxMo
		8,84	€/StxMo
001.83503.M	Gebr.-überlassung Überbrückung, 4 m bis 5 m	21,89	DM/StxMo
		11,19	€/StxMo
001.83504.M	Gebr.-überlassung Überbrückung, 5 m bis 6 m	26,09	DM/StxMo
		13,34	€/StxMo

001.83018.M KG 392 DIN 276
Gebr.-überlassung, Auslegergerüst, Gr. 1
EP 3,50 DM/mxMo LA 0,00 DM/mxMo ST 3,50 DM/mxMo
EP 1,79 €/mxMo LA 0,00 €/mxMo ST 1,79 €/mxMo

001.83019.M KG 392 DIN 276
Gebr.-überlassung, Auslegergerüst, Gr. 2
EP 4,96 DM/mxMo LA 0,00 DM/mxMo ST 4,96 DM/mxMo
EP 2,54 €/mxMo LA 0,00 €/mxMo ST 2,54 €/mxMo

001.83020.M KG 392 DIN 276
Gebr.-überlassung, Auslegergerüst, Gr. 3
EP 6,34 DM/mxMo LA 0,00 DM/mxMo ST 6,34 DM/mxMo
EP 3,24 €/mxMo LA 0,00 €/mxMo ST 3,24 €/mxMo

001.83501.M KG 392 DIN 276
Gebr.-überlassung Überbrückung, bis 3 m
EP 12,88 DM/StxMo LA 0,00 DM/StxMo ST 12,88 DM/StxMo
EP 6,59 €/StxMo LA 0,00 €/StxMo ST 6,59 €/StxMo

001.83502.M KG 392 DIN 276
Gebr.-überlassung Überbrückung, 3 m bis 4 m
EP 17,30 DM/StxMo LA 0,00 DM/StxMo ST 17,30 DM/StxMo
EP 8,84 €/StxMo LA 0,00 €/StxMo ST 8,84 €/StxMo

001.83503.M KG 392 DIN 276
Gebr.-überlassung Überbrückung, 4 m bis 5 m
EP 21,89 DM/StxMo LA 0,00 DM/StxMo ST 21,89 DM/StxMo
EP 11,19 €/StxMo LA 0,00 €/StxMo ST 11,19 €/StxMo

001.83504.M KG 392 DIN 276
Gebr.-überlassung Überbrückung, 5 m bis 6 m
EP 26,09 DM/StxMo LA 0,00 DM/StxMo ST 26,09 DM/StxMo
EP 13,34 €/StxMo LA 0,00 €/StxMo ST 13,34 €/StxMo

AW 001

Preise 06.02

LB 001 Gerüstarbeiten
Gebrauchsüberlassung: Fahrgerüste; Gerüstbespannungen

Sämtliche Preise sind **Mittelpreise ohne Mehrwertsteuer** zum Zeitpunkt des Ausgabedatums.
Korrekturfaktoren für Regionaleinfluss, Mengeneinfluss, Konjunktureinfluss siehe Vorspann.
Abkürzungen: EP = Einheitspreis, LA = Lohnanteil, ST = Stoffanteil

Gebrauchsüberlassung Fahrgerüste

001.-----.-

001.83401.M	Gebr.-überlassung fahrb. Standgerüst, 5 m2, 3 m	96,14 DM/StxMo 49,16 €/StxMo
001.83402.M	Gebr.-überlassung fahrb. Standgerüst, 5 m2, 4 m	112,19 DM/StxMo 57,36 €/StxMo
001.83403.M	Gebr.-überlassung fahrb. Standgerüst, 5 m2, 5 m	131,78 DM/StxMo 67,38 €/StxMo
001.83404.M	Gebr.-überlassung fahrb. Standgerüst, 5 m2, 6 m	154,04 DM/StxMo 78,76 €/StxMo
001.83405.M	Gebr.-überlassung fahrb. Standgerüst, 5 m2, 7 m	183,39 DM/StxMo 93,76 €/StxMo
001.83406.M	Gebr.-überlassung fahrb. Standgerüst, 5 m2, 8 m	211,89 DM/StxMo 108,34 €/StxMo
001.83407.M	Gebr.-überlassung fahrb. Standgerüst, 10 m2, 3 m	136,21 DM/StxMo 69,64 €/StxMo
001.83408.M	Gebr.-überlassung fahrb. Standgerüst, 10 m2, 4 m	154,04 DM/StxMo 78,76 €/StxMo
001.83409.M	Gebr.-überlassung fahrb. Standgerüst, 10 m2, 5 m	171,82 DM/StxMo 87,85 €/StxMo
001.83410.M	Gebr.-überlassung fahrb. Standgerüst, 10 m2, 6 m	192,30 DM/StxMo 98,32 €/StxMo
001.83411.M	Gebr.-überlassung fahrb. Standgerüst, 10 m2, 7 m	234,15 DM/StxMo 119,72 €/StxMo
001.83412.M	Gebr.-überlassung fahrb. Standgerüst, 10 m2, 8 m	265,32 DM/StxMo 135,65 €/StxMo
001.83413.M	Gebr.-überlassung Fahrgerüst, 5 m2, 3 m	81,01 DM/StxMo 41,42 €/StxMo
001.83414.M	Gebr.-überlassung Fahrgerüst, 5 m2, 4 m	96,14 DM/StxMo 49,16 €/StxMo
001.83415.M	Gebr.-überlassung Fahrgerüst, 5 m2, 5 m	113,07 DM/StxMo 57,81 €/StxMo
001.83416.M	Gebr.-überlassung Fahrgerüst, 5 m2, 6 m	139,78 DM/StxMo 71,47 €/StxMo
001.83417.M	Gebr.-überlassung Fahrgerüst, 5 m2, 7 m	172,72 DM/StxMo 88,31 €/StxMo
001.83418.M	Gebr.-überlassung Fahrgerüst, 5 m2, 8 m	203,88 DM/StxMo 104,24 €/StxMo

001.83401.M   KG 392 DIN 276
Gebr.-überlassung fahrb. Standgerüst, 5 m2, 3 m
EP 96,14 DM/StxMo LA 0,00 DM/StxMo ST 96,14 DM/StxMo
EP 49,16 €/StxMo   LA 0,00 €/StxMo   ST 49,16 €/StxMo

001.83402.M   KG 392 DIN 276
Gebr.-überlassung fahrb. Standgerüst, 5 m2, 4 m
EP 112,19 DM/StxMo LA 0,00 DM/StxMo ST 112,19 DM/StxMo
EP 57,36 €/StxMo   LA 0,00 €/StxMo   ST 57,36 €/StxMo

001.83403.M   KG 392 DIN 276
Gebr.-überlassung fahrb. Standgerüst, 5 m2, 5 m
EP 131,78 DM/StxMo LA 0,00 DM/StxMo ST 131,78 DM/StxMo
EP 67,38 €/StxMo   LA 0,00 €/StxMo   ST 67,38 €/StxMo

001.83404.M   KG 392 DIN 276
Gebr.-überlassung fahrb. Standgerüst, 5 m2, 6 m
EP 154,04 DM/StxMo LA 0,00 DM/StxMo ST 154,04 DM/StxMo
EP 78,76 €/StxMo   LA 0,00 €/StxMo   ST 78,76 €/StxMo

001.83405.M   KG 392 DIN 276
Gebr.-überlassung fahrb. Standgerüst, 5 m2, 7 m
EP 183,39 DM/StxMo LA 0,00 DM/StxMo ST 183,39 DM/StxMo
EP 93,76 €/StxMo   LA 0,00 €/StxMo   ST 93,76 €/StxMo

001.83406.M   KG 392 DIN 276
Gebr.-überlassung fahrb. Standgerüst, 5 m2, 8 m
EP 211,89 DM/StxMo LA 0,00 DM/StxMo ST 211,89 DM/StxMo
EP 108,34 €/StxMo LA 0,00 €/StxMo   ST 108,34 €/StxMo

001.83407.M   KG 392 DIN 276
Gebr.-überlassung fahrb. Standgerüst, 10 m2, 3 m
EP 136,21 DM/StxMo LA 0,00 DM/StxMo ST 136,21 DM/StxMo
EP 69,64 €/StxMo   LA 0,00 €/StxMo   ST 69,64 €/StxMo

001.83408.M   KG 392 DIN 276
Gebr.-überlassung fahrb. Standgerüst, 10 m2, 4 m
EP 154,04 DM/StxMo LA 0,00 DM/StxMo ST 154,04 DM/StxMo
EP 78,76 €/StxMo   LA 0,00 €/StxMo   ST 78,76 €/StxMo

001.83409.M   KG 392 DIN 276
Gebr.-überlassung fahrb. Standgerüst, 10 m2, 5 m
EP 171,82 DM/StxMo LA 0,00 DM/StxMo ST 171,82 DM/StxMo
EP 87,85 €/StxMo   LA 0,00 €/StxMo   ST 87,85 €/StxMo

001.83410.M   KG 392 DIN 276
Gebr.-überlassung fahrb. Standgerüst, 10 m2, 6 m
EP 192,30 DM/StxMo LA 0,00 DM/StxMo ST 192,30 DM/StxMo
EP 98,32 €/StxMo   LA 0,00 €/StxMo   ST 98,32 €/StxMo

001.83411.M   KG 392 DIN 276
Gebr.-überlassung fahrb. Standgerüst, 10 m2, 7 m
EP 234,15 DM/StxMo LA 0,00 DM/StxMo ST 234,15 DM/StxMo
EP 119,72 €/StxMo LA 0,00 €/StxMo   ST 119,72 €/StxMo

001.83412.M   KG 392 DIN 276
Gebr.-überlassung fahrb. Standgerüst, 10 m2, 8 m
EP 265,32 DM/StxMo LA 0,00 DM/StxMo ST 265,32 DM/StxMo
EP 135,65 €/StxMo LA 0,00 €/StxMo   ST 135,65 €/StxMo

001.83413.M   KG 392 DIN 276
Gebr.-überlassung Fahrgerüst, 5 m2, 3 m
EP 81,01 DM/StxMo LA 0,00 DM/StxMo ST 81,01 DM/StxMo
EP 41,42 €/StxMo   LA 0,00 €/StxMo   ST 41,42 €/StxMo

001.83414.M   KG 392 DIN 276
Gebr.-überlassung Fahrgerüst, 5 m2, 4 m
EP 96,14 DM/StxMo LA 0,00 DM/StxMo ST 96,14 DM/StxMo
EP 49,16 €/StxMo   LA 0,00 €/StxMo   ST 49,16 €/StxMo

001.83415.M   KG 392 DIN 276
Gebr.-überlassung Fahrgerüst, 5 m2, 5 m
EP 113,07 DM/StxMo LA 0,00 DM/StxMo ST 113,07 DM/StxMo
EP 57,81 €/StxMo   LA 0,00 €/StxMo   ST 57,81 €/StxMo

001.83416.M   KG 392 DIN 276
Gebr.-überlassung Fahrgerüst, 5 m2, 6 m
EP 139,78 DM/StxMo LA 0,00 DM/StxMo ST 139,78 DM/StxMo
EP 71,47 €/StxMo   LA 0,00 €/StxMo   ST 71,47 €/StxMo

001.83417.M   KG 392 DIN 276
Gebr.-überlassung Fahrgerüst, 5 m2, 7 m
EP 172,72 DM/StxMo LA 0,00 DM/StxMo ST 172,72 DM/StxMo
EP 88,31 €/StxMo   LA 0,00 €/StxMo   ST 88,31 €/StxMo

001.83418.M   KG 392 DIN 276
Gebr.-überlassung Fahrgerüst, 5 m2, 8 m
EP 203,88 DM/StxMo LA 0,00 DM/StxMo ST 203,88 DM/StxMo
EP 104,24 €/StxMo LA 0,00 €/StxMo   ST 104,24 €/StxMo

Gebrauchsüberlassung Gerüstbespannungen

001.-----.-

001.83701.M	Gebr.-überlassung Gerüstplane	1,59 DM/m2xMo 0,81 €/m2xMo
001.83702.M	Gebr.-überlassung Gerüstschutznetz	1,40 DM/m2xMo 0,72 €/m2xMo
001.83703.M	Gebr.-überlassung Kunststoff-Folie	2,19 DM/m2xMo 1,12 €/m2xMo

001.83701.M   KG 392 DIN 276
Gebr.-überlassung Gerüstplane
EP 1,59 DM/m2XMo LA 0,00 DM/m2XMo ST 1,59 DM/m2xMo
EP 0,81 €/m2xMo   LA 0,00 €/m2xMo   ST 0,81 €/m2xMo

001.83702.M   KG 392 DIN 276
Gebr.-überlassung Gerüstschutznetz
EP 1,40 DM/m2XMo LA 0,00 DM/m2XMo ST 1,40 DM/m2xMo
EP 0,72 €/m2xMo   LA 0,00 €/m2xMo   ST 0,72 €/m2xMo

001.83703.M   KG 392 DIN 276
Gebr.-überlassung Kunststoff-Folie
EP 2,19 DM/m2XMo LA 0,00 DM/m2XMo ST 2,19 DM/m2xMo
EP 1,12 €/m2xMo   LA 0,00 €/m2xMo   ST 1,12 €/m2xMo

LB 002 Erdarbeiten
Baustelleneinrichtungen, Vorbereiten des Baugeländes

STLB 002

Ausgabe 06.02

Hinweis: Wenn das Einrichten und Räumen der Baustellen und das Vorhalten der Baustelleneinrichtung gesondert vergütet werden sollen, können die unten aufgeführten Texte verwendet werden.

001 Einrichten der Baustelle,
002 Vorhalten der Baustelleneinrichtung,
003 Räumen der Baustelle,
004 Einrichten und Räumen der Baustelle,
005 Einrichten und Räumen der Baustelle, Vorhalten der Baustelleneinrichtung,
Einzelangaben nach DIN 18300 zu Pos. 001 bis 005
– Leistungsumfang
– – für sämtliche in der Leistungsbeschreibung aufgeführten Leistungen,
– – für .... ,
– – – ausgenommen ist die Baustelleneinrichtung für .... ,
– Berechnungseinheit pauschal

010 Baugelände abräumen,
011 Baugelände abräumen, gemäß beiliegendem Lageplan,
012 Baugelände abräumen (Grundfläche des Bauwerks, des Arbeitsraumes, der Baustelleneinrichtung und der Baustellenverkehrswege),
013 Trasse für Leitungen / Kabel abräumen,
Einzelangaben nach DIN 18300 zu Pos. 010 bis 013
– Geländeneigung
– – Geländeneigung .... %,
– – Geländeneigung .... %,
Mengenermittlung erfolgt durch horizontale Messung,
– Art der Fläche
– – in zusammenhängender Fläche,
– – in Teilflächen,
– Art der Räumung
– – von Aufwuchs,
– – von Aufwuchs, einschl. Wurzelwerk,
– – von Aufwuchs mit Stämmen bis 10 cm Durchmesser (1 m über Gelände gemessen),
– – von Aufwuchs mit Stämmen bis 10 cm Durchmesser (1 m über Gelände gemessen) einschl. Wurzelwerk,
– – von Wurzelstöcken bereits gefällter Bäume, Durchmesser an der Schnittstelle bis 10 cm,
– – von Steinen, Mauerresten, Zäunen, Schutt und Unrat,
– – von Astwerk gefällter Bäume,
– – von .... ,
– Lagerung, Entsorgung
– – das abgeräumte Material getrennt nach Stoffen auf dem Gelände laden, fördern und lagern, Förderweg innerhalb des Geländes in km ....
– – das abgeräumte Material getrennt nach Stoffen laden, Abfuhr und Entsorgung werden gesondert vergütet.
– – das abgeräumte Material .... ,
– Berechnungseinheit
m (Breite der Trasse angeben), m², m³ (Abrechnung nach Aufmaß auf dem Fahrzeug), pauschal (gemäß Lageplan, Einzelbeschreibung)

Beispiel für Ausschreibungstext zu Position 010
Baugelände abräumen von Aufwuchs mit Stämmen bis 10 cm Durchmesser (1 m über Gelände gemessen), das abgeräumte Material getrennt nach Stoffen laden. Abfuhr und Entsorgung werden gesondert vergütet.
Einheit m²

014 Hecke roden,
015 Hecke abschlagen,
Hinweis: Nach DIN 18300, Abs. 4.1.2, ist das Beseitigen **einzelner** Sträucher und **einzelner** Bäume bis zu 10 cm Durchmesser, gemessen 1 m über Erdboden, (einschließlich Beseitigen dazugehöriger Wurzeln und Baumstümpfe) Nebenleistung ohne besondere Vergütung. Der Begriff "einzelne" ist im Gegensatz zu "zusammenhängender Bestand" (erfaßbar in Breite x Länge) zu verstehen.
Nach DIN 18320 (Landschaftsbauarbeiten), Abs. 4.1.2, gilt als Nebenleistung ohne besondere Vergütung nur das Beseitigen von Sträuchern bis zu 2 m Höhe. Bei mehrstämmigen Bäumen (= Heister) gilt als Durchmesser die Summe der Durchmesser der einzelnen Stämme. Diese Nebenleistung erfolgt im Rahmen der Pos. 010 bis 012 (= Baugelände abräumen)
Einzelangaben nach DIN 18300 zu Pos. 014 bis 015
– Geländeneigung
– – Geländeneigung .... %,
– – Geländeneigung .... %,
Mengenermittlung erfolgt durch horizontale Messung,
– Art des Bestandes
– – zusammenhängender Bestand,
– – nicht zusammenhängender Bestand,
– – ....
– Bewuchsbreite: bis 50 cm – über 50 bis 100 cm – über 100 bis 150 cm – über 150 bis 200 cm – über 200 bis 300 cm – über 300 bis 500 cm – ....
– Bewuchshöhe: bis 100 cm – bis 300 cm ....
– Lagerung, Entsorgung
– – das abgeräumte Material auf dem Gelände laden, fördern und lagern, Förderweg innerhalb des Geländes in km .... ,
– – das abgeräumte Material laden, Abfuhr und Entsorgung werden gesondert vergütet.
– – das abgeräumte Material .... ,
– Berechnungseinheit m

Beispiel für Ausschreibungstext zu Position 014
Hecke roden,
Geländeneigung 5 %,
zusammenhängender Bestand,
Bewuchsbreite über 150 bis 200 cm,
Bewuchshöhe bis 300 cm.
das gerodete Material laden,
Abfuhr und Entsorgung werden gesondert vergütet.
Einheit m

016 Wurzelstock roden,

Hinweis: Nach DIN 18300, Abs. 4.1.2, ist das Roden **einzelner** Wurzelstöcke von Sträuchern und Bäumen bis 10 cm Durchmesser Nebenleistung ohne besondere Vergütung (siehe Hinweis zu Pos. 014 bis 015).
Einzelangaben nach DIN 18300
– Geländeneigung
– – Geländeneigung .... %,
– – Geländeneigung .... %,
Mengenermittlung erfolgt durch horizontale Messung,
– vorwiegende Baumart ....
– Art der Rodung
– – Ausführung in Handarbeit,
– – beim Roden ist Sprengen verboten,
– – beim Roden darf gesprengt werden,
– – beim Roden .... ,
– Durchmesser der Schnittfläche: bis 15 cm – über 15 bis 30 cm – über 30 bis 50 cm – über 50 bis 75 cm – über 75 bis 100 cm – über 100 bis 125 cm – über 125 bis 150 cm – ....
– Anzahl auf 100 m² im Mittel: 5 Stück – 10 Stück – 15 Stück – 20 Stück – 25 Stück – ....
(bei Berechnungseinheit nach m²)
– Lagerung, Entsorgung
– – das abgeräumte Material auf dem Gelände laden, fördern und lagern, Förderweg innerhalb des Geländes in km .... ,
– – das abgeräumte Material laden, Abfuhr und Entsorgung werden gesondert vergütet.
– – das abgeräumte Material .... ,
– Bemessungseinheit Stück, m²

STLB 002

LB 002 Erdarbeiten
Vorbereiten des Baugeländes

Ausgabe 06.02

Beispiel für Ausschreibungstext zu Pos. 016
Wurzelstock roden, beim Roden darf gesprengt werden,
Durchmesser der Schnittfläche über 30 bis 50 cm,
Anzahl auf 100 m² im Mittel 10 Stück.
das gerodete Material laden,
Abfuhr und Entsorgung werden gesondert vergütet.
Einheit Stück, m²

020   Baum fällen,
030   Baum fällen, Baumart .... ,
Einzelangaben nach DIN 18300 zu Pos. 020 bis 030
- Art der Fällung
  -- als Einzelbaum,
  -- aus geschlossenen Beständen unter Schonung des umgebenden Baumbestandes,
  -- zum Schutz der umgebenden Bauwerke stückweise absetzen,
  -- .... ,
- Behandlung des Wurzelstockes
  -- einschl. roden des Wurzelstockes,
  -- .... ,
- Geländeneigung .... %
- Art der Aufarbeitung des Baumes
  -- Baum in Stücke von 1,00 m Länge aufarbeiten und außerhalb des Baugeländes in messbaren Stapeln lagern,
  -- Baum in Stücke von 1,00 m Länge aufarbeiten und außerhalb des Baugeländes in messbaren Stapeln lagern, Förderweg in km ....,
  -- Baum ohne Aufarbeitung außerhalb des Baugeländes lagern,
  -- Baum ohne Aufarbeitung außerhalb des Baugeländes lagern, Förderweg in km ....,
  -- Baum .... ,
- Stammdurchmesser, 1 m über Gelände gemessen:
  über 10 bis 30 cm – über 30 bis 40 cm –
  über 40 bis 50 cm – über 50 bis 60 cm –
  über 60 bis 70 cm – über 70 bis 80 cm –
  über 80 bis 90 cm – über 90 bis 100 cm – ....
- Schnittstelle: höchstens 15 cm über Gelände –
  höchstens 25 cm über Gelände – in Geländehöhe –
  ....
- Baumhöhe: bis 5,00 m – über 5,00 bis 10,00 m –
  über 10,00 bis 15,00 m – über 15,00 bis 20,00 m –
  über 20,00 bis 25,00 m – über 25,00 bis 30,00 m –
  über 30,00 bis 35,00 m – über 35,00 bis 40,00 m – ....
- Anzahl der auf 100 m² im Mittel: 5 Stück – 10 Stück –
  15 Stück – 20 Stück – 25 Stück – ....
  (Berechnungseinheit nach m²)
- Lagerung, Entsorgung
  -- alles Holz,
  -- Astwerk ,
  -- Astwerk und Wurzelstock,
  -- Astwerk und Abfallholz,
  -- Astwerk, Abfallholz und Wurzelstock,
  -- .... ,
    --- auf dem Gelände laden, fördern und lagern, Förderweg innerhalb des Geländes in km .... ,
    --- laden. Abfuhr und Entsorgung werden gesondert vergütet,
    --- .... ,
- Berechnungseinheit Stück, m²

Hinweis: Nach DIN 18300, Abs. 1.4.2, ist das Fällen einzelner Bäume bis zu 10 cm Stammdurchmesser Nebenleistung ohne besondere Vergütung.
Bei mehrstämmigen Bäumen (= Heister) gilt als Durchmesser die Summe der Durchmesser der einzelnen Stämme (vgl. DIN 18320 Landschaftsbauarbeiten, Abs. 4.1.2).

Beispiel für Ausschreibungstext zu Position 020
Baum fällen, einschl. roden des Wurzelstockes,
Baum ohne Aufarbeitung außerhalb des Baugeländes lagern
Stammdurchmesser, 1 m über Gelände gemessen
über 40 bis 50 cm.
Schnittstelle in Geländehöhe,
Astwerk, Abfallholz und Wurzelstock laden,
Abfuhr und Entsorgung werden gesondert vergütet.
Einheit Stück

040   Gefällten Baum,
Einzelangaben nach DIN 18300
- Baumart ....
- Art der Verarbeitung
  -- entrinden und
  -- entrinden, schneiden und
    --- an Abfuhrwegen lagern,
    --- an Abfuhrwegen stapeln,
    --- im Gelände lagern,
    --- im Gelände stapeln,
    --- .... ,
- Stammlänge: bis 5,00 m – 5,00 bis 10,00 m –
  über 10,00 bis 15,00 m – über 15,00 bis 20,00 m –
  über 20,00 bis 25,00 m – über 25,00 bis 30,00 m –
  über 30,00 bis 35,00 m – über 35,00 bis 40,00 m –
  ....
- Stammdurchmesser im Mittel: bis 10 cm –
  über 10 bis 30 cm – über 30 bis 40 cm –
  über 40 bis 50 cm – über 50 bis 60 cm –
  über 60 bis 70 cm – über 70 bis 80 cm –
  über 80 bis 90 cm – über 90 bis 100 cm – ....
- Schnittlänge: 1,00 m – 2,00 m – 3,00 m – 4,00 m –
  5,00 m – ....
- Berechnungseinheit Stück

Beispiel für Ausschreibungstext zu Position 040
Gefällten Baum entrinden, schneiden
und an Abfuhrwegen lagern und stapeln.
Stammlänge über 15,00 bis 20,00 m,
Stammdurchmesser im Mittel über 40 bis 50 cm,
Schnittlänge 4,00 m.
Einheit Stück

041   Stammholz,
Einzelangaben nach DIN 18300
- Lage, Leistung,
  -- an Abfuhrwegen gelagert,
  -- im Gelände gelagert,
    --- aufladen, fördern und abladen,
    --- aufladen .... ,
- Förderweg bis: 0,5 km – 1 km – 2 km – 3 km – 4 km –
  5 km – 6 km – 7 km – 8 km – 9 km – 10 km – 12 km –
  14 km – 16 km – 18 km – 20 km – ....
- Schnittlänge: 1,00 m – 2,00 m – 3,00 m – 4,00 m –
  5,00 m – ....
- Stammlänge: bis 5,00 m – über 5,00 bis 10,00 m –
  über 10,00 bis 15,00 m – über 15,00 bis 20,00 m –
  über 20,00 bis 25,00 m – über 25,00 bis 30,00 m –
  über 30,00 bis 35,00 m – über 35,00 bis 40,00 m –
  ....
- Stammdurchmesser im Mittel: bis 10 cm –
  über 10 bis 30 cm – über 30 bis 40 cm –
  über 40 bis 50 cm – über 50 bis 60 cm –
  über 60 bis 70 cm – über 70 bis 80 cm –
  über 80 bis 90 cm – ....
- Berechnungseinheit m³
  -- m³ Abrechnung durch Aufmaß am Stamm
  -- m³ Abrechnung durch Aufmaß am Stapel, Hohlräume werden übermessen

Beispiel für Ausschreibungstext zu Position 041
Stammholz, im Gelände gelagert,
aufladen, fördern und abladen,
Förderweg bis 10 km,
Schnittlänge 4,00 m,
Stammdurchmesser im Mittel 40 bis 50 cm.
Einheit m³, Abrechnung durch Aufmaß am Stapel,
Hohlräume werden übermessen.

LB 002 Erdarbeiten
Vorbereiten des Baugeländes; Oberboden

STLB 002

Ausgabe 06.02

042 **Gerodete Geländefläche planieren, Einzelangaben nach DIN 18300**
- einschl. verfüllen der Stubbenlöcher
  - – mit vorhandenem Boden,
  - – mit zu lieferndem Boden,
  - – mit zu lieferndem Boden, Bodenart ....,
- Geländeneigung
  - – Geländeneigung .... %,
  - – Geländeneigung .... %, Mengenermittlung erfolgt durch horizontale Messung,
- Tiefe der Stubbenlöcher: bis 1,00 m – ....
- Anzahl der Stubbenlöcher auf 100 m² im Mittel ....
- Rückstände
  - – Wurzelreste, Reisig, Restbewuchs auf dem Gelände laden, fördern und lagern, Förderweg innerhalb des Geländes in km ....,
  - – Wurzelreste, Reisig, Restbewuchs laden, Abfuhr und Entsorgung werden gesondert vergütet,
  - – ....,
- Berechnungseinheit m² (Abgerechnet wird die planierte Geländefläche)

Hinweis: Verfüllen von einzelnen Stubbenlöchern siehe Pos. 216.

050 **Oberboden DIN 18300 abtragen,**
051 **Oberboden DIN 18300 in Streifen abtragen, Streifenbreite in m ....,**

Hinweis: Oberboden ist nach DIN 18300, Abs. 2.3, die oberste Schicht des Bodens, die neben anorganischen Stoffen, z. B. Kies-, Sand-, Schluff- und Tongemischen, auch Humus und Bodenlebewesen enthält. Oberboden wird unabhängig von seinem Zustand beim Lösen in Hinblick auf eine besondere Behandlung als Bodenklasse 1 aufgeführt. Nach DIN 18300, Abs. 3.4.2, sind Abtrag und Einbau von Oberboden gesondert von anderen Bodenbewegungen durchzuführen.

Einzelangaben nach DIN 18300 zu Pos. 050, 051
- Art der Abtragfläche (Angaben soweit erforderlich)
  - – Abtragfläche geneigt,
  - – Abtragfläche geneigt, Neigung ....,
  - – Abtragen von Böschungsflächen,
  - – Abtragen von Böschungsflächen, Neigung ....,
  - – Abtragen von Banketten,
  - – Abtragen aus Gräben,
  - – Abtragen aus Mulden,
- Abtragdicke im Mittel: 10 cm – 15 cm – 20 cm – 25 cm – 30 cm ....
- Art der Weiterbehandlung
  - – seitlich lagern,
  - – seitlich lagern und später auftragen,
  - – laden, Abfuhr und Deponierung werden gesondert vergütet,
  - – laden und fördern, Deponierung wird gesondert vergütet,
  - – laden, fördern und auftragen,
  - – laden, fördern und in Mieten aufsetzen,
  - – ....,
- Förderweg: bis 100 m – bis 200 m – bis 300 m – bis 400 m – bis 500 m – bis 1 km – bis 2 km – in km ....
Hinweis: Nach DIN 18300, Abs. 3.6.1, gehört das Fördern bis zu 50 m zur Grundleistung und muss nicht besonders erwähnt werden.
- Art der Auftragfläche (Angaben soweit erforderlich)
  - – Auftragflächen geneigt,
  - – Auftragflächen geneigt, Neigung ....,
  - – Auftragen auf Böschungsflächen,
  - – Auftragen auf Böschungsflächen, Neigung ....,
- Auftragdicke im Mittel 10 cm – 20 cm – 30 cm – ....
- Mengenermittlung nach Aufmaß: an der Entnahmestelle – auf dem Fahrzeug – an der Lagerstelle – an der Auftragsstelle
- Berechnungseinheit m², m³, m (Abtragen in Streifen)

Beispiel für Ausschreibungstext zu Position 050
Oberboden DIN 18300 abtragen,
seitlich lagern und später auftragen,
Abtragdicke im Mittel 20 cm,
Förderweg bis 200 m,
Auftragdicke im Mittel 20 cm,
Mengenermittlung an der Lagerstelle.
Einheit m³

054 **Gelagerten Oberboden DIN 18300,**
055 **Geladenen Oberboden DIN 18300,**
Einzelangaben nach DIN 18300 zu Pos. 054, 055
- Art der Behandlung
  - – fördern,
  - – fördern und auftragen,
  - – fördern und lagern,
  - – fördern ....,
- Förderweg: bis 100 m – bis 200 m – bis 300 m – bis 400 m – bis 500 m – bis 1 km – bis 2 km – in km ....
Hinweis: Nach DIN 18300, Abs. 3.6.1, gehört das Fördern bis zu 50 m zur Grundleistung und muss nicht besonders erwähnt werden.
- Art der Auftragfläche (Angaben soweit erforderlich)
  - – Auftragfläche geneigt,
  - – Auftragfläche geneigt, Neigung ....,
  - – Auftragen auf Böschungsflächen,
  - – Auftragen auf Böschungsflächen, Neigung ....,
  - – ....,
- Auftragdicke im Mittel ....
- Mengenermittlung nach Aufmaß an der Entnahmestelle – auf dem Fahrzeug – an der Lagerstelle – an der Auftragsstelle
- Berechnungseinheit m², m³

Beispiel für Ausschreibungstext zu Position 054
Gelagerten Oberboden DIN 18300
fördern und auftragen,
Förderweg bis 5 km,
Auftragdicke im Mittel 20 cm,
Mengenermittlung nach Aufmaß an der Auftragsstelle.
Einheit m²

STLB 002

Ausgabe 06.02

LB 002 Erdarbeiten
Baugruben

060 **Boden,**
070 **Boden für Baugruben,**
080 **Boden für Fundamente,**
090 **Boden für Fundamente, eingeschalt,**
100 **Boden für Fundamente, eingeschalt, mit Arbeitsraum für Folgearbeiten,**
110 **Boden für Einzelfundamente,**
120 **Boden für Einzelfundamente, eingeschalt,**
130 **Boden für Einzelfundamente, eingeschalt, mit Arbeitsraum für Folgearbeiten,**
140 **Boden für Streifenfundamente,**
150 **Boden für Streifenfundamente, eingeschalt,**
160 **Boden für Streifenfundamente, eingeschalt, mit Arbeitsraum für Folgearbeiten,**
170 **Boden für Unterfangungen,**
180 **Boden der belassenen Schutzschicht,**
190 **Boden ....,**

Einzelangaben nach DIN 18300 zu Pos. 060 bis 190
- Leistungsumfang
  - – profilgerecht lösen und seitlich lagern,
  - – profilgerecht lösen, außerhalb der Baugrube lagern,
  - – profilgerecht lösen, fördern und lagern,
  - – profilgerecht lösen und laden, Abfuhr und Deponierung werden gesondert vergütet,
  - – profilgerecht lösen, laden und fördern, Deponierung wird gesondert vergütet,
  - – profilgerecht lösen, laden, zur Kippstelle des AG fördern und planieren,
  - – profilgerecht lösen und im Bereich des Baugeländes planieren,
  - – profilgerecht lösen und auf Bahnwagen des AG laden, Abfuhr und Deponierung werden gesondert vergütet,
  - – profilgerecht lösen .... ,

Hinweis: Nach DIN 18300, Abs. 3.6.1, gehört zur Leistung das Fördern von Boden und Fels bis zu 50 m. Im Ausschreibungstext "seitlich lagern" bzw. "außerhalb der Baugrube lagern" kann deshalb ein Förderweg bis 50 m enthalten sein. Die Leistung wird i. d. R. in zwei Positionen ausgeschrieben und ausgeführt:
- lösen und seitlich lagern (Pos. 060 bis 190); in dieser Position sind bis zu 50 m Förderweg als Grundleistung ohne besondere Vergütung enthalten.
- Laden, fördern und abkippen (Pos. 200, 201); in dieser Position ist die Förderleistung ab seitlicher Lagerstelle aus der vorgenannten Position enthalten.

- Verbau, Wände
  - – Verbau wird gesondert vergütet,
  - – Ausführung mit geböschten Wänden,
  - – .... ,

Hinweis: Verbauarbeiten siehe LB 006 Verbau–, Ramm– und Einpressarbeiten.

- Lage des Aushubs
  - – ab Geländeoberfläche – nach Abtrag des Oberbodens – ab Baugrubensohle – ab Zwischensohle – im Böschungsbereich – im Bahnsteigbereich – im Gleisbereich – unter Gleisen,

Hinweis: Angaben zur Lage des Aushubs sind zur Bestimmung der Aushubtiefe erforderlich.

- Behinderung der Aushubarbeiten
  - – Behinderung durch Verbau,
  - – Behinderung durch Verbau, Art .... ,
  - – Behinderung durch Bauwerksabsteifung,
  - – Behinderung durch Ver- und Entsorgungsleitungen, Kabel,
  - – Behinderung durch Baugrubenabdeckung,
  - – Behinderung durch Grundwasserabsenkungseinrichtungen,
  - – Behinderung durch Verbau, Ver- und Entsorgungsleitungen,
  - – Behinderung durch Verbau und Baugrubenabdeckung,
  - – Behinderung durch .... ,

- Breite der Fundamentsohle: bis 0,50 m – über 0,50 bis 1,0 m – über 1,0 bis 1,5 m – ....

Hinweis: Nach DIN 18300, Abs. 5.2.2, gilt als Breite der Grabensohle die Mindestbreite nach DIN 4124 zuzüglich der erforderlichen Maße für Schalungs- und Verbaukonstruktionen.

- Abmessungen: der Fundamentsohle – des Fundamentes – der Baugrubensohle – der Baugrube – ....

- Aushubtiefe: bis 1,25 m – bis 1,75 m – über 1,75 bis 2,50 m – bis 3,50 m – bis 4,50 m – bis 5,50 m – ab .... / bis ....

Hinweis: Unter Berücksichtigung von DIN 18300, Abs. 3.10.2 und Abs. 5.2.1, gelten für die Bestimmung der Aushubtiefe folgende Regeln:
- Aushubtiefen bis zu 1,75m gehören bei Baugruben zur Regelleistung; Aushubtiefen über 1,75 m sind besonders auszuschreiben, zweckmäßig gestaffelt, z. B.
  - – – Aushub als Grundleistung, (bis 1,75 m Aushubtiefe, ohne Angabe der Aushubtiefe),
  - – – Aushubtiefe über 1,75 m bis 2,50 m,
  - – – Aushubtiefe über 2,50 m bis 3,50 m, usw.,
- Aushubtiefen bis zu 1,25 gehören bei Gräben für Fundamente und Leitungen zur Regelleistung; Ausschreibung sinngemäß Baugruben. Es ist anzugeben, auf welches Niveau die Aushubtiefe bezogen ist, z. B.
- ab Geländeoberfläche,
- ab Baugrundoberfläche nach Abtrag des Oberbodens,
- ab Baugrubensohle (z. B. bei Fundamentgrabenaushub).

Für Fundamentgrabenaushub ab Baugrubensohle ist folgende Ausschreibungsart zu empfehlen:
- Boden für Fundamente profilgerecht lösen und seitlich lagern (Pos. 080), die Aushubtiefe gilt dabei ab Baugrubensohle;
- Hinterfüllen von Arbeitsräumen mit seitlich gelagertem Boden (Pos. 211);
- Gelagerten Boden (= Differenz Aushub – Hinterfüllung) laden, fördern und abkippen (Pos. 200, mit Angabe der Förderhöhe von Baugrubensohle bis Geländeoberfläche, Förderlänge).

- Bodenklasse: 2 – 3 – 4 – 5 – 6 – 7 – 3 und 4 – 4 und 5 – ....

Hinweis: Nach DIN 18300, Abs. 2.3, sind folgende Boden- und Felsklassen zu unterscheiden:
- Klasse 1: Oberboden (siehe Pos. 050, 051);
- Klasse 2: Fließende Bodenarten,
- Klasse 3: Leicht lösbare Bodenarten, Kiese und Sand-Kies-Gemische bis 15 % Beimengungen an Schluff und Ton (Korngröße kleiner als 0,06 mm), (Böschungswinkel nach DIN 18300, Abs. 5.2.3, 40 Grad; höchstens 30 % Steine von über 63 mm Korngröße bis zu 0,01 m^3 Rauminhalt);
- Klasse 4: Mittelschwer lösbare Bodenarten (Böschungswinkel nach DIN 18300, Abs. 5.2.3, 40 Grad; höchstens 30 % Steine von über 63 mm Korngröße bis zu 0,01 m^3 Rauminhalt);
- Klasse 5: Schwer lösbare Bodenarten (Böschungswinkel nach DIN 18300, Abs. 5.2.3, 60 Grad; höchstens 30 % Steine von über 0,01 m^3 bis 0,1 m^3 Rauminhalt);
- Klasse 6: Leicht lösbarer Fels und vergleichbare Bodenarten (Böschungswinkel nach DIN 18300, Abs. 5.2.3, 80 Grad; mehr als 30 % Steine von über 0,01 m^3 bis 0,1 m^3 Rauminhalt);
- Klasse 7: Schwer lösbarer Fels (Böschungswinkel nach DIN 18300, Abs. 5.2.3, 80 Grad; Steine von über 0,1 m^3 Rauminhalt).

Da in der Praxis die Bodenklassen 3 und 4 bzw. 4 und 5 nicht immer klar abgegrenzt werden können, ist eine paarweise Zusammenfassung dieser Bodenklassen zweckmäßig.

- Förderweg: bis 100 m – bis 200 m – bis 300 m – bis 400 m – bis 500 m – bis 1 km – bis 2 km – in km ....

Hinweis: Nach DIN 18300, Abs. 3.6.1, gehört das Fördern bis zu 50 m zur Grundleistung und muss nicht besonders erwähnt werden.

- Berechnungseinheit m^3

Beispiel für Ausschreibungstext zu Position 070
Boden für Baugruben profilgerecht lösen und seitlich lagern,
Aushub nach Abtrag des Oberbodens,
Aushubtiefe bis 1,75 m,
Bodenklassen 3 und 4.
Einheit m^3

LB 002 Erdarbeiten
Baugruben

STLB 002

Ausgabe 06.02

Beispiel für Ausschreibungstext zu Position 080
Boden für Fundamente profilgerecht lösen
und seitlich lagern,
Aushub ab Baugrubensohle,
Breite der Fundamentsohle über 0,50 bis 1,00 m,
Aushubtiefe ab 2,50 m bis 3,50 m,
Bodenklassen 3 und 4.
Einheit m³

Hinweis: In der Praxis wird Fundamentaushub in Abweichung von DIN 18300 auch nach Fundamentquerschnitt (mit senkrechten Wänden) ausgeschrieben und abgerechnet. In DIN 4124, Abs. 5.1.3, sind Fundamente und Sohlplatten, die gegen den anstehenden Boden betoniert werden, erwähnt. Vorraussetzungen für diese Arbeits- und Berechnungsmethode sind geeignete Bodenklassen (z. B. Bodenklassen 5, 6, 7) und zügige Arbeitsfolgen Aushub – Betonieren.

Beispiel für Ausschreibungstext
Boden für Streifenfundamente
profilgerecht mit senkrechten Wänden lösen,
fördern und lagern,
Lage des Aushubs ab Geländeoberfläche,
Breite der Fundamente 0,50 m,
Aushubtiefe bis .... m
(keine Angaben bei Tiefe bis 1,25 m),
Bodenklasse 5,
Förderweg bis .... m
(keine Angaben bei Grundleistung bis 50 m Förderweg).
Berechnungseinheit m³
Abrechnung nach Rauminhalt Fundamentkörper,
der gegen den anstehenden Boden betoniert wird.

Ergänzender Hinweis: In der Regel wird in den Bodenaushub für Fundamente das Hinterfüllen der Fundamente mit dem seitlich gelagerten Aushub und die Abfuhr des verdrängten Aushubs einbezogen. Die entsprechenden Leistungen sind nach Positionen 200 und 211 auszuschreiben.

Beispiel für Ausschreibungstext
Boden für Fundamente
profilgerecht lösen und seitlich lagern,
Aushub ab Baugrubensohle,
Breite der Fundamentsohle über 0,50 bis 1,00 m,
Aushubtiefe bis 1,25 m,
Bodenklassen 3 und 4.
Verfüllen der Arbeitsräume
mit seitlich gelagertem Boden
und verdichten, Verdichtungsgrad DPr 97 %.
Gelagerten Restboden (= ca. 50 % des Aushubs)
laden, fördern und abkippen,
Förderhöhe von Baugrubensohle bis Geländeoberfläche
2,50 m, Förderweg bis 5 km.
Einheit m³

200 Gelagerten Boden,
201 Geladenen Boden,
Einzelangaben nach DIN 18300 zu Pos. 200, 201
(Angaben alternativ)
– fördern und abkippen
– fördern, abkippen und aufsetzen
– laden, fördern und abkippen
– laden, fördern, abkippen und aufsetzen
– ....
  – Bodenklasse: 2 – 3 – 4 – 5 – 6 – 7 – 3 und 4 –
    4 und 5 – ....
  – Förderweg: bis 15 m – bis 50 m – bis 100 m –
    bis 150 m – bis 500 m – bis 1 km – bis 2 km –
    bis 3 km – ....
    Förderweg im Mittel .... km
  – Förderhöhe beim Laden .... m (z. B. von Baugrubensohle bis Geländeoberfläche)
  – Mengenermittlung nach Aufmaß: an der Entnahmestelle – auf dem Fahrzeug – an der Lagerstelle – an der Auftragsstelle – ....
    abgerechnet wird der Boden in Kubikmeter x Förderweg in km
  – Berechnungseinheit m³

Hinweis: Nach DIN 18300, Abs. 3.6.2, bleibt die Wahl des Förderweges dem AN überlassen. Als Abrechnungsgrundlage gilt aber die kürzeste zumutbare Weglänge.

Beispiel für Ausschreibungstext zu Position 200
Gelagerten Boden laden, fördern und abkippen,
Bodenklassen 3 und 4,
Förderweg bis 3 km,
Mengenermittlung nach Aufmaß auf dem Fahrzeug.
Einheit m³

202 Zulage zu vorbeschriebenem Bodentransport für den Förderweg, der die Förderweglänge der Grundleistung überschreitet,
– Mehrlänge: 1 km – 1,5 km – 2 km – 2,5 km – 3 km –
  3,5 km – 4 km – 4,5 km – 5 km – 5,5 km – 6 km –
  7 km – 8 km – 9 km – 10 km – 11 km – 12 km –
  13 km – 14 km – 15 km – 16 km – 17 km – 18 km –
  19 km – 20 km – 21 km – 22 km – 23 km – 24 km –
  25 km – ....
– Berechnungseinheit m³

210 Boden einbauen,
Einzelangaben nach DIN 18300
– Ort des Einbaues
  – – in Baugruben,
  – – in Baugruben mit Verbau,
  – – in Baugruben mit Verbau, der Verbau wird im Zuge der Arbeiten von einem anderen AN zurückgebaut,
  – – in Baugruben unter Ver- und Entsorgungsleitungen, Kabeln,
  – – in Baugruben mit Verbau, unter Baugrubenabdeckungen,
  – – innerhalb von Bauwerken,
  – – zwischen Fundamenten,
  – – in Fundamentgräben,
  – – im Bereich der Leitungszone,,
– Einbauart
  – – profilgerecht,
  – – schichtenweise in der Reihenfolge des Schichtenverzeichnisses,
  – – schichtenweise in folgender Reihenfolge ....,
– Bodenart
  – – mit seitlich gelagertem Boden,
  – – mit auf der Baustelle lagerndem Boden, Förderweg in km .... ,
  – – mit außerhalb der Baustelle lagerndem Boden, Förderweg in km .... ,
  – – mit vom AN zu lieferndem Boden,
  – – mit .... ,
     – – – Bodenklasse 3 – Bodenklasse 4 – Bodenklasse 5 – Bodenklasse 6 – Bodenklassen 3 und 4,
– Art der Bodenverdichtung
  – – verdichten,
  – – verdichten, Verdichtungsgrad: DPr mind. 92 bis 95 % – DPr 95 % – DPr 97 % – DPr 100 % – DPr 103 % – in % ....
  – – Verformungsmodul EV2 mind. 45 MN/m² – 60 MN/m² – 80 MN/m² – 100 MN/m² – 120 MN/m² – in MN/m² .... ,

Hinweis: Nach DIN 18300, Abs. 3.7.6, sind bindige Böden unmittelbar nach dem Schütten zu verdichten. Der Verdichtungsgrad wird nach DPr (=Proctor-Dichte) bestimmt. DPr 100 % entspricht einer Verdichtungsarbeit einer leichten Schaffußwalze bei ca. 15 Walzgängen, DPr 103 % erfordert etwa die 5-fache Verdichtungsarbeit.
Anforderungen an den Verdichtungsgrad:
– Straßen- und Wegeunterbau, allgemein, DPr 100 %;
– Straßenunterbau, erhöht, DPr 103 %;
– OF gewachsener Boden/Bodenaustausch, nichtbindige Böden, DPr 100 %;
– OF gewachsener Boden/Bodenaustausch, bindige Böden, DPr 97 %;
– Verfüllen von Arbeitsräumen, allgemein, nichtbindige Böden, DPr 95 %;
– Verfüllen von Arbeitsräumen, allgemein, bindige Böden, DPr 92 %;
– Verfüllen von Arbeitsräumen, erhöhte Anforderungen, DPr 97 %.

LB 002 Erdarbeiten
Baugruben

Das Verformungsmodul EV2 ist ein Kennwert für die Belastbarkeit von Böden, insbesondere grobkörniger Böden. 100 % DPr entsprechen etwa 60 MN / m²
- Einbauhöhe: bis 0,80 m – bis 1,25 m – bis 1,75 m – bis 2,50 m – bis 3,50 m – bis 4,50 m – bis 5,50 m – ....
- Schichtdicke: bis 5 cm – über 5 bis 10 cm – über 10 bis 15 cm – über 15 bis 20 cm – über 20 bis 30 cm – ....
  Hinweis: Nach DIN 18300, Abs. 3.7.6, ist das Schüttgut lagenweise einzubauen und zu verdichten. Die Schütthöhe (= Schichtdicke) und die Anzahl der Arbeitsgänge (= Lagen) ist nach Art der Verdichtungsgeräte und der Bodenart so festzulegen, dass der geforderte Verdichtungsgrad des Bodens erreicht wird. Die entsprechenden Festlegungen bleiben i. d. R. dem AN überlassen, so dass in der LB die Schichtdicke i.d.R. nicht anzugeben ist.
- Berechnungseinheit m³ , m² m (unter Angabe der Sohlenbreite)

211	**Hinterfüllen,**
212	**Hinterfüllen, unter Verwendung von Schüttrohren,**
213	**Hinterfüllen, unter Verwendung von Ziehblechen,**
214	**Überschütten,**
215	**Hinterfüllen und Überschütten,**
216	**Verfüllen,**
217	**Anschütten,**
218	**Verfüllen und Anschütten,**

Einzelangaben nach DIN 18300 zu Pos. 211 bis 218
- Art des Bauwerkes
  - – von Bauwerken,
  - – von Bauwerken mit ungeschützter Abdichtung,
  - – von Bauwerken mit geschützter Abdichtung,
  - – von Bauwerken mit geschützter Abdichtung, der Schutz wird im Zuge der Arbeiten von einem anderen AN ausgeführt,
  - – von Arbeitsräumen,
  - – von Schürfen,
  - – von Suchgräben,
  - – von Bohrlöchern,
  - – von ....,
- Einbauart
  - – profilgerecht,
  - – schichtenweise in der Reihenfolge des Schichtenverzeichnisses,
  - – schichtenweise in folgender Reihenfolge ....,
- Bodenart
  - – mit seitlich gelagertem Boden,
  - – mit auf der Baustelle lagerndem Boden, Förderweg in km .... ,
  - – mit außerhalb der Baustelle lagerndem Boden, Förderweg in km .... ,
  - – mit .... ,
    - – – Bodenklasse 3 – Bodenklasse 4 – Bodenklasse 5 – Bodenklasse 6 – Bodenklassen 3 und 4,
    - – – mit vom AN zu liefernden Stoffen,
    - – – Stoff .... oder gleichwertiger Art, (Sofern nicht vorgeschrieben, vom Bieter einzutragen),
- Art der Bodenverdichtung
  - – verdichten,
  - – verdichten, Verdichtungsgrad: DPr mind. 92 bis 95 % – DPr 97 % – DPr 100 % – DPr 103 % – in % ....
- Verformungsmodul EV2 mind. 45 MN/m² – 60 MN/m² – 80 MN/m² – 100 MN/m² – 120 MN/m² – in MN/m² – .... ,

Hinweis: Nach DIN 18300, Abs. 3.7.6, sind bindige Böden unmittelbar nach dem Schütten zu verdichten. Der Verdichtungsgrad wird nach DPr (=Proctor-Dichte) bestimmt.
DPr 100 % entspricht einer Verdichtungsarbeit einer leichten Schaffußwalze bei ca. 15 Walzgängen, DPr 103 % erfordert etwa die 5-fache Verdichtungsarbeit.

Anforderungen an den Verdichtungsgrad:
- Straßen- und Wegeunterbau, allgemein, DPr 100 %;
- Straßenunterbau, erhöht, DPr 103 %;
- OF gewachsener Boden / Bodenaustausch, nichtbindige Böden, DPr 100 %;
- OF gewachsener Boden / Bodenaustausch, bindige Böden, DPr 97 %;
- Verfüllen von Arbeitsräumen, allgemein, nichtbindige Böden, DPr 95 %;
- Verfüllen von Arbeitsräumen, allgemein, bindige Böden, DPr 92 %;
- Verfüllen von Arbeitsräumen, erhöhte Anforderungen, DPr 97 %.

Das Verformungsmodul EV2 ist ein Kennwert für die Belastbarkeit von Böden, insbesondere grobkörniger Böden. 100 % DPr entsprechen etwa 60 MN / m²
- Einbauhöhe: bis 0,80 m – bis 1,25 m – bis 1,75 m – bis 2,50 m – bis 3,50 m – bis 4,50 m – bis 5,50 m – ....
- Schichtdicke: bis 5 cm – über 5 bis 10 cm – über 10 bis 15 cm – über 15 bis 20 cm – über 20 bis 30 cm – ....
  Hinweis: Nach DIN 18300, Abs. 3.7.6, ist das Schüttgut lagenweise einzubauen und zu verdichten. Die Schütthöhe (= Schichtdicke) und die Anzahl der Arbeitsgänge (= Lagen) ist nach Art der Verdichtungsgeräte und der Bodenart so festzulegen, dass der geforderte Verdichtungsgrad des Bodens erreicht wird. Die entsprechenden Festlegungen bleiben i. d. R. dem AN überlassen, so dass in der LB die Schichtdicke i. d. R. nicht anzugeben ist.
- Berechnungseinheit m³ , m² m (unter Angabe der Sohlenbreite)

Beispiel für Ausschreibungstext zu Position 210
Boden einbauen, zwischen Fundamenten, schichtenweise in der Reihenfolge des Schichtenverzeichnisses,
mit seitlich gelagertem Boden,
Bodenklassen 3 und 4,
mit vom AG beigestelltem bindigen Boden,
verdichten, Verdichtungsgrad DPr 100 %,
Einbauhöhe bis 1,25 m.
Einheit m³

Beispiel für Ausschreibungstext zu Position 216
Verfüllen von Arbeitsräumen,
mit seitlich gelagertem Boden,
verdichten.
Einheit m³

LB 002 Erdarbeiten
Bodenbewegungen

STLB 002

Ausgabe 06.02

220 Boden,
230 Boden für Dämme,
240 Boden für Straßen,
250 Boden für Wege,
260 Boden für Plätze,
270 Boden für Verkehrsflächen,
280 Boden für Flugbetriebsflächen/Flugverkehrsflächen,
290 Boden für zukünftige Vegetationsflächen,
300 Boden aus Entnahmestellen des AG,
310 Boden der belassenen Schutzschicht,
320 Boden der Abtreppungen in geneigten Grundflächen,
330 Boden ......,
  Einzelangaben nach DIN 18300 zu Pos. 220 bis 330
  – Art der Ausführung
    – – profilgerecht lösen und seitlich lagern,
    – – profilgerecht lösen, fördern und lagern,
    – – profilgerecht lösen und laden, Abfuhr und Deponierung werden gesondert vergütet,
    – – profilgerecht lösen und laden, Deponierung wird gesondert vergütet,
    – – profilgerecht lösen und im Bereich des Baugeländes planieren,
    – – profilgerecht lösen, fördern und profilgerecht einbauen,
    – – profilgerecht lösen, fördern und auf geneigten Flächen einbauen,
    – – profilgerecht lösen, fördern und auf abgetreppten Flächen einbauen,
    – – profilgerecht lösen ......,
  – Bodenklasse: 2 – 3 – 4 – 5 – 6 – 7 – 3 und 4 – 4 und 5 – ......
    Siehe **Hinweis** zu Pos. 060 bis 190.
  – Abtragtiefe: bis 0,10 m – 0,30 m – 0,50 m – 1,00 m – 2,00 m – 5,00 m – 7,50 m – 10,00 m – ......
  – Förderweg: bis 100 m – 200 m – 300 m – 400 m – 500 m – 1 km – 2 km – in km ......
    Hinweis: Nach DIN 18300, Abs. 3.6.1, gehört das Fördern bis zu 50 m zur Grundleistung und muss nicht besonders erwähnt werden.
  – Einbauhöhe: bis 0,10 m – 0,30 m – 0,50 m – 1,00 m – 2,00 m – 5,00 m – 7,50 m – 10,00 m – ......
    Siehe **Hinweis** zu Pos. 211 bis 218.
  – Unterbau verdichten
  – Unterbau verdichten, Verdichtungsgrad: DPr 92 bis 95 % – DPr 97 % – DPr 100 % – DPr 103 % – ......
    Siehe **Hinweis** zu Pos. 211 bis 218.
  – Verformungsmodul EV2 mind.: 45 MN / m² – 60 MN / m² – 80 MN / m² – 100 MN / m² – 120 MN / m² – ......
    Siehe **Hinweis** zu Pos. 211 bis 218.
  – Untergrund durch Eigenlast der Einbaugeräte nicht höher verdichten als Verdichtungsgrad DPr 92 %.
    Hinweis: Gilt nur für Pos. 290.
  – Mengenermittlung nach: Abtragprofilen – Auftragprofilen – Aufmaß auf dem Fahrzeug – ......
  – Ausführung gemäß: Bodenverteilungsplan – Zeichnung Nr. ....
  – Berechnungseinheit m³, m²

340 Boden einbauen,
341 Boden einbauen für Dämme,
342 Boden einbauen für Straßen,
343 Boden einbauen für Wege,
344 Boden einbauen für Plätze,
345 Boden einbauen für Verkehrsflächen,
346 Boden einbauen für Flugbetriebsflächen/Flugverkehrsflächen,
347 Boden einbauen für zukünftige Vegetationsflächen,
348 Boden einbauen für ...... ,
  Einzelangaben nach DIN 18300 zu Pos. 340 bis 348
  – Einbauart
    – – profilgerecht,
    – – schichtenweise in der Reihenfolge des Schichtenverzeichnisses,
    – – schichtenweise in folgender Reihenfolge ......,
  – Bodenart (Einbaumaterial)
    – – mit seitlich gelagertem Boden,
    – – mit auf der Baustelle lagerndem Boden, Förderweg in km ...... ,
    – – mit außerhalb der Baustelle lagerndem Boden, Förderweg in km ...... ,
    – – mit vom AN zu lieferndem Boden,
    – – mit ...... ,
      – – – Bodenklasse 3 – Bodenklasse 4 – Bodenklasse 5 – Bodenklasse 6 – Bodenklassen 3 und 4,
  – Art der Bodenverdichtung
    – – verdichten
    – – verdichten, Verdichtungsgrad: DPr 92 bis 95 % – DPr 97 % – DPr 100 % – DPr 103 % – ......
    – – Verformungsmodul EV2 mind.: 45 MN / m² – 60 MN / m² – 80 MN / m² – 100 MN / m² – 120 MN / m² – ......
      Siehe **Hinweis** zu Pos. 211 bis 218.
  – Einbauhöhe bis: 0,30 m – 0,50 m – 1,00 m – 2,00 m – 5,00 m – 7,50 m – 10,0 m – ......
    Siehe **Hinweis** zu Pos. 211 bis 218.
  – Mengenermittlung nach Aufmaß: an der Entnahmestelle – auf dem Fahrzeug – nach Auftragsprofilen – ......
  – Ausführung gemäß: Zeichnung Nr. ...... – ....
  – Berechnungseinheit m³, m²

Beispiel für Ausschreibungstext zu Position 270
Boden für Verkehrsflächen profilgerecht lösen,
fördern und profilgerecht einbauen,
Bodenklassen 3 und 4,
Abtragtiefe bis 1,00 m, Förderweg bis 500 m,
Einbauhöhe bis 1,00 m,
Unterbau verdichten, Verdichtungsgrad DPr 100 %,
Mengenermittlung nach Abtragprofilen,
Ausführung gemäß Bodenverteilungsplan.
Einheit m³

Beispiel für Ausschreibungstext zu Position 340
Boden einbauen für Verkehrsflächen,
profilgerecht mit vom AN zu lieferndem Boden,
Bodenklassen 3 und 4,
verdichten, Verdichtungsgrad DPr 100 %,
Einbauhöhe bis 0,50 m,
Mengenermittlung nach Auftragsprofilen,
Einheit m³

STLB 002

LB 002 Erdarbeiten
Bodenbewegungen

Ausgabe 06.02

350 **Füllmaterial einbauen,**
351 **Füllmaterial einbauen für Dämme,**
352 **Füllmaterial einbauen für Straßen,**
353 **Füllmaterial einbauen für Wege,**
354 **Füllmaterial einbauen für Plätze,**
355 **Füllmaterial einbauen für Verkehrsflächen,**
356 **Füllmaterial einbauen für Flugbetriebsflächen/ Flugverkehrsflächen,**
357 **Füllmaterial einbauen für zukünftige Vegetationsflächen,**
358 **Füllmaterial einbauen für .... ,**
Einzelangaben nach DIN 18300 zu Pos. 350 bis 358
- Ort des Einbaues
  - - in Baugruben,
  - - in Baugruben mit Verbau,
  - - in Baugruben mit Verbau, der Verbau wird im Zuge der Arbeiten von einem anderen AN zurückgebaut,
  - - in Baugruben unter Ver- und Entsorgungsleitungen, Kabeln,
  - - in Baugruben mit Verbau, unter Baugrubenabdeckungen,
  - - innerhalb von Bauwerken,
  - - zwischen Fundamenten,
  - - in Fundamengräben,
- Einbauart
  - - profilgerecht,
  - - schichtenweise in der Reihenfolge des Schichtenverzeichnisses,
  - - schichtenweise in folgender Reihenfolge .... ,
  - - .... ,
- Bodenart (Einbaumaterial)
  - - mit vom AN zu liefernden Stoffen, Stoff .... oder gleichwertiger Art, (Sofern nicht vorgeschrieben, vom Bieter einzutragen),
  - - mit .... ,
- Art der Bodenverdichtung
  - - verdichten
  - - verdichten, Verdichtungsgrad: DPr 92 bis 95 % – DPr 97 % – DPr 100 % – DPr 103 % – in % ....
  - - Verformungsmodul EV2 mind.: 45 MN / m^2 – 60 MN / m^2 – 80 MN / m^2 – 100 MN / m^2 – 120 MN / m^2 – in MN / m^2 ....
- Einbauhöhe bis: 0,80 m – bis 1,25 m – bis 1,75 m – bis 2,50 m – bis 3,50 m – bis 4,50 m – bis 5,50 m – ....
- Schichtdicke: bis 5 cm – über 5 bis 10 cm – über 10 bis 15 cm – über 15 bis 20 cm – über 20 bis 30 cm – ....
  Siehe **Hinweise** zu Pos. 211 bis 218.
- Berechnungseinheit m^3, m^2
  m (unter Angabe der Sohlenbreite)

LB 002 Erdarbeiten
Säubern und Nachprofilieren von offenen Gräben, Mulden, Banketten

STLB 002

Ausgabe 06.02

360 **Offenen Graben säubern und Vorflut wiederherstellen,**
361 **Offenen Graben räumen und nachprofilieren,**
362 **Mulde säubern und Vorflut wiederherstellen,**
363 **Mulde räumen und nachprofilieren,**
   Einzelangaben nach DIN 18300 zu Pos. 360 bis 363
   – Sohlenbreite: bis 0,30 m – über 0,30 bis 0,40 m –
     über 0,40 bis 0,50 m – über 0,50 bis 0,60 m –
     über 0,60 bis 0,70 m – über 0,70 bis 0,80 m –
     über 0,80 bis 1,00 m – ....
   – Grabentiefe: bis 0,30 m – bis 0,50 m – bis 0,75 m –
     bis 1,00 m – bis 1,25 m – bis 1,50 m – bis 1,75 m –
     ....
   – Muldenbreite: bis 0,50 m – über 0,50 bis 0,75 m –
     über 0,75 bis 1,00 m – ....
   – Aushubmenge einschl. Räumgut i. M.: 0,10 m^3 / m –
     0,20 m^3 / m – 0,30 m^3 / m – 0,40 m^3 / m – 0,50 m^3 / m –
     ....
   – Bodenklasse: 2 – 3 – 4 – 5 – 6 – 3 bis 5 – 3 und 4 –
     4 und 5 – ....
   – Förderweg: bis 100 m – bis 300 m – bis 500 m –
     bis 1 km – bis 2 km – bis 3 km – bis 4 km – bis 5 km –
     in km .... ,
     Hinweis: Nach DIN 18300, Abs. 3.6.1, gehört das
     Fördern bis zu 50 m zur Grundleistung und muss nicht
     besonders erwähnt werden.
   – Behandlung von Räumgut und Boden
     – – Räumgut und Boden auf dem Gelände planieren,
     – – Räumgut auf Bahnwagen des AG laden,
     – – Räumgut auf LKW des AG laden,
     – – Räumgut getrennt nach Stoffen auf dem Gelände
         laden, fördern und lagern,
         Förderweg innerhalb des Geländes in km .... ,
     – – Räumgut getrennt nach Stoffen laden,
         Abfuhr und Entsorgung werden gesondert vergütet,
     – – Räumgut .... ,
   – Mengenermittlung nach Aufmaß: an der Entnahme-
     stelle – auf dem Fahrzeug – an der Lagerstelle –
     an der Auftragstelle – ....
   – Berechnungseinheit m, m^3

Beispiel für Ausschreibungstext zu Position 361
Offenen Graben räumen und nachprofilieren
Sohlenbreite über 0,40 bis 0,50 m,
Grabentiefe bis 1,00 m,
Räumgut und Boden auf dem Gelände planieren.
Einheit m

364 **Bankett räumen und mit Quergefälle nachprofilieren,**
   Einzelangaben nach DIN 18300
   – Räumbereich: bis 0,30 m – über 0,30 bis 0,50 m –
     über 0,50 bis 0,75 m – über 0,75 bis 1,00 m –
     über 1,00 bis 1,25 m – über 1,25 bis 1,50 m –
     ....
   – Quergefälle: 2 % – 4 % – 6 % – 8 % – 10 % – 12 % –
     ....
   – Behinderung durch: Leitplanken – Leitpfosten –
     Bäume, Abstand .... – ....
   – Förderweg: bis 100 m – bis 300 m – bis 500 m –
     bis 1 km – bis 2 km – bis 3 km – bis 4 km – bis 5 km –
     in km .... ,
     Hinweis: Nach DIN 18300, Abs. 3.6.1, gehört das
     Fördern bis zu 50 m zur Grundleistung und muss nicht
     besonders erwähnt werden.
   – Behandlung von Räumgut und Boden
     – – Räumgut und Boden auf dem Gelände planieren,
     – – Räumgut auf Bahnwagen des AG laden,
     – – Räumgut auf LKW des AG laden,
     – – Räumgut getrennt nach Stoffen auf dem Gelände
         laden, fördern und lagern,
         Förderweg innerhalb des Geländes in km .... ,
     – – Räumgut getrennt nach Stoffen laden,
         Abfuhr und Entsorgung werden gesondert vergütet,
     – – Räumgut .... ,
   – Mengenermittlung nach Aufmaß: an der Entnahme-
     stelle – auf dem Fahrzeug – an der Lagerstelle –
     an der Auftragstelle – ....
   – Berechnungseinheit m, m^3

Beispiel für Ausschreibungstext zu Position 364
Bankett räumen und mit Quergefälle nachprofilieren,
Räumbereich über 0,75 bis 1,00 m, Quergefälle 2 %,
Behinderung durch Bäume, Abstand 15 m,
Förderweg bis 100 m,
Räumgut und Boden auf dem Gelände planieren.
Einheit m

STLB 002

LB 002 Erdarbeiten
Gräben, Schächte, Einzelbauteile

Ausgabe 06.02

370 Boden der Gräben,
380 Boden der Gräben und Schächte,
390 Boden der Gräben für Anschlussleitungen / -kanäle,
400 Boden der Gräben für Versorgungsleitungen,
410 Boden der Gräben für Sickerleitungen,
420 Boden der Gräben für Entwässerungskanäle,
430 Boden der Gräben für Entwässerungskanäle, Schächte und Bauwerke,
440 Boden der Gräben für Wasserversorgungsleitungen,
450 Boden der Gräben für Gasversorgungsleitungen,
460 Boden der Gräben für Heizkanäle,
470 Boden der Gräben für Fernwärmeleitungen,
480 Boden der belassenen Schutzschicht in Gräben,
490 Boden .....,

Einzelangaben nach DIN 18300 zu Pos. 370 bis 490
- Art der Ausführung
  - – profilgerecht ausheben,
  - – profilgerecht ausheben ab Geländeoberfläche,
  - – profilgerecht ausheben nach Abtrag des Oberbodens,
  - – profilgerecht ausheben nach Abtrag der Oberflächenbefestigung,
  - – profilgerecht ausheben ab Baugrubensohle,
  - – profilgerecht ausheben im Böschungsbereich,
  - – profilgerecht ausheben im Bahnsteigbereich,
  - – profilgerecht ausheben im Gleisbereich,
  - – profilgerecht ausheben ....,
- Verbau, Böschungen, Behinderungen
  - – Verbau wird gesondert vergütet,
  - – mit geböschten Wänden,
  - – mit Behinderung durch Ver– und Entsorgungsleitungen,
  - – mit geböschten Wänden und Behinderung durch Ver– und Entsorgungsleitungen,
  - – Verbau wird gesondert vergütet, mit Behinderung durch Ver– und Entsorgungsleitungen,
  - – mit Behinderung durch Grundwasserabsenkungseinrichtung,
  - – mit geböschten Wänden und Behinderung durch Grundwasserabsenkungseinrichtung,
  - – Verbau wird gesondert vergütet, mit Behinderung durch Grundwasserabsenkungseinrichtung,
  - – ....,
- Verfüllen, Verdichten, Lagerung des Aushubs
  - – verfüllen und verdichten,
  - – verfüllen und verdichten nach den Zusätzlichen Technischen Vertragsbedingungen und Richtlinien für Aufgrabungen in Verkehrsflächen (ZTVA–StB),
  - – Aushub seitlich lagern. Verfüllen und verdichten,
  - – Aushub seitlich lagern. Verfüllen und verdichten nach den Zusätzlichen Technischen Vertragsbedingungen und Richtlinien für Aufgrabungen in Verkehrsflächen (ZTVA–StB),
  - – seitliche Lagerung des Aushubs nicht möglich. Verfüllen und verdichten,
  - – seitliche Lagerung des Aushubs nicht möglich. Verfüllen und verdichten nach den Zusätzlichen Technischen Vertragsbedingungen und Richtlinien für Aufgrabungen in Verkehrsflächen (ZTVA–StB),
  - – seitliche Lagerung des Aushubs nicht möglich. Zwischenlagerung .... Verfüllen und verdichten,
  - – seitliche Lagerung des Aushubs nicht möglich. Zwischenlagerung .... Verfüllen und verdichten nach den Zusätzlichen Technischen Vertragsbedingungen und Richtlinien für Aufgrabungen in Verkehrsflächen (ZTVA–StB),
  - – ....,
- Bodenverdrängung: bis 5 % – über 5 % bis 10 % – über 10 % bis 20 % – über 20 % bis 30 % – über 30 % bis 40 % – über 40 % bis 50 % – über 50 % bis 60 % – über 60 % bis 70 % – ....
  - – verdrängten Boden laden, zur Kippstelle des AG fördern und planieren, Förderweg ....,
  - – verdrängten Boden seitlich planieren,
  - – verdrängten Boden seitlich lagern,
  - – verdrängten Boden außerhalb der Baugrube planieren,
  - – verdrängten Boden außerhalb der Baugrube lagern,
  - – verdrängten Boden auf Bahnwagen des AG laden,
  - – verdrängten Boden ....,
- Aushubtiefe: bis 0,80 m – bis 1,25 m – über 1,25 bis 1,75 m – bis 2,50 m – bis 3,50 m – bis 4,50 m – bis 5,50 m – ab / bis .... – ....
  Hinweis: Nach DIN 18300, Abs. 3.10.2, gehören Aushubtiefen bis zu 1,25 m zur Grundleistung und müssen nicht besonders erwähnt werden.
- Arbeitsraumbreite und lichte Grabenbreite nach DIN 4124: .... m
- Sohlenbreite der Gräben: bis 0,60 m – über 0,60 bis 1,00 m – über 1,00 bis 1,50 m – über 1,50 bis 2,00 m – über 2,00 bis 2,50 m – über 2,50 bis 3,00 m – über 3,00 bis 3,50 m – über 3,50 bis 4,00 m – ....
- Bodenklasse: 2 – 3 – 4 – 5 – 6 – 7 – 3 und 4 – 4 und 5 – ....
- Berechnungseinheit m^3, m

Hinweis: Es ist eine Gliederung in folgende Einzelleistungen möglich:
- Grabenaushub, seitlich lagern (siehe Pos. 510)
- Verfüllen und Verdichten nach Einbau der Leitungen (siehe Pos. 750);
- Beseitigung des verdrängten Bodens (siehe Pos. 200).

In der Praxis wird eine Zusammenfassung dieser Einzelleistungen in einer Position bevorzugt, besonders dann, wenn die Leistungsfolge Aushub–Leitungseinbau–Verfüllen–Verdichten–Beseitigung des überschüssigen Bodens in einem Arbeitsablauf ausgeführt wird.
Der Einbau von Füllmaterial in der Leitungszone wird gesondert erfasst (siehe Pos. 750).

Beispiel für Ausschreibungstext zu Position 380
Boden der Gräben und Schächte
profilgerecht ausheben ab Geländeoberfläche,
Aushub seitlich lagern, verfüllen und verdichten,
Bodenverdrängung über 5 bis 10 %,
verdrängten Boden seitlich planieren,
Aushubtiefe bis 3,50 m,
Sohlenbreite der Gräben über 1,00 bis 1,50 m,
Bodenklassen 3 und 4.
Einheit m^3

Beispiel für Ausschreibungstext zu Position 430
Boden der Gräben für Entwässerungskanäle, Schächte und Bauwerke profilgerecht ausheben
ab Geländeoberfläche,
Verbau wird gesondert vergütet,
Aushub seitlich lagern. Verfüllen und verdichten nach den Zusätzlichen Technischen Vertragsbedingungen und Richtlinien für Aufgabungen in Verkehrsflächen (ZTVA–StB),
Bodenverdrängung über 5 bis 10 %,
verdrängten Boden seitlich planieren,
Aushubtiefe bis 3,50 m,
Sohlenbreite der Gräben über 0,50 bis 1,00 m,
Bodenklassen 3 und 4.
Einheit m

Hinweis: Der Verbau ist zweckmäßig nicht in die Leistung Grabenaushub einzubeziehen und nach m^3 Aushub abzurechnen, sondern gesondert nach DIN 18303 auszuschreiben und nach der tatsächlich ausgeführten Leistung nach m^2 Verbau abzurechnen.
Der Ersatz abgeböschter Gräben durch Verbau, ggf. über Teilflächen, führt zu einer erheblichen Verringerung der Aushubmassen und kann kostengünstiger sein, als abgeböschter Aushub, insbesondere bei den Bodenklassen 3 und 4. Bei Bodenklasse 2 ist Verbau stets erforderlich.

LB 002 Erdarbeiten
Gräben, Schächte, Einzelbauteile

STLB 002

Ausgabe 06.02

510 Boden der Gräben,
511 Boden der Gräben und Schächte,
512 Boden der Gräben für Anschlussleitungen / –kanäle,
513 Boden der Gräben für Versorgungsleitungen,
514 Boden der Gräben für Sickerleitungen,
515 Boden der Gräben für Entwässerungskanäle,
516 Boden der Gräben für Entwässerungskanäle, Schächte und Bauwerke,
517 Boden der Gräben für Wasserversorgungsleitungen,
518 Boden der Gräben für Gasversorgungsleitungen,
519 Boden der Gräben für Heizkanäle,
520 Boden der Gräben für Fernwärmeleitungen,
521 Boden der belassenen Schutzschicht in Gräben,
522 Boden ......,
Einzelangaben nach DIN 18300 zu Pos. 510 bis 522
- Art der Ausführung
  - – profilgerecht ausheben,
  - – profilgerecht ausheben ab Geländeoberfläche,
  - – profilgerecht ausheben nach Abtrag des Oberbodens,
  - – profilgerecht ausheben nach Abtrag der Oberflächenbefestigung,
  - – profilgerecht ausheben ab Baugrubensohle,
  - – profilgerecht ausheben im Böschungsbereich,
  - – profilgerecht ausheben im Bahnsteigbereich,
  - – profilgerecht ausheben im Gleisbereich,
  - – profilgerecht ausheben ......,
- Verbau, Böschungen, Behinderungen
  - – Verbau wird gesondert vergütet,
  - – mit geböschten Wänden,
  - – mit Behinderung durch Ver– und Entsorgungsleitungen,
  - – mit geböschten Wänden und Behinderung durch Ver– und Entsorgungsleitungen,
  - – Verbau wird gesondert vergütet, mit Behinderung durch Ver– und Entsorgungsleitungen,
  - – mit Behinderung durch Grundwasserabsenkungseinrichtung,
  - – mit geböschten Wänden und Behinderung durch Grundwasserabsenkungseinrichtung,
  - – Verbau wird gesondert vergütet, mit Behinderung durch Grundwasserabsenkungseinrichtung,
  - – ...... ,

  Hinweis: Verbau siehe LB 006 Verbau–, Ramm– und Einpressarbeiten
- Behandlung des Aushubs
  - – Aushub seitlich lagern,
  - – Aushub fördern und lagern,
  - – Aushub laden,
  - – Aushub im Bereich des Baugeländes planieren,
  - – Aushub zur Kippstelle des AG fördern und planieren,
  - – Aushub auf Bahnwagen des AG laden,
  - – ...... ,
- Aushubtiefe: bis 0,80 m – bis 1,25 m – über 1,25 bis 1,75 m – bis 2,50 m – bis 3,50 m – bis 4,50 m – bis 5,50 m – ab / bis ...... – ......

  Hinweis: Nach DIN 18300, Abs. 3.10.2, gehören Aushubtiefen bis zu 1,25 m zur Grundleistung und müssen nicht besonders erwähnt werden.
- Sohlenbreite der Gräben: bis 0,60 m – über 0,60 bis 1,00 m – über 1,00 bis 1,50 m – über 1,50 bis 2,00 m – über 2,00 bis 2,50 m – über 2,50 bis 3,00 m – über 3,00 bis 3,50 m – über 3,50 bis 4,00 m –
- Bodenklasse: 2 – 3 – 4 – 5 – 6 – 7 – 3 und 4 – 4 und 5 –
- Förderweg: bis 100 m – bis 300 m – bis 500 m – bis 1 km – bis 2 km – bis 3 km – in km ......

  Hinweis: Nach DIN 18300, Abs. 3.6.1, gehört das Fördern bis zu 50 m zur Grundleistung und muss nicht besonders erwähnt werden.
- Berechnungseinheit m^3, (m)

  Hinweis: Gräben mit geringem Querschnitt, z. B. für Sickerleitungen, können auch nach Längenmaß (m) ausgeschrieben werden mit Angabe des Grabenquerschnitts (Aushubtiefe x Sohlenbreite), ggf. nur mit Angabe der Grabentiefe.

Beispiel für Ausschreibungstext zu Position 516
Boden der Gräben für Entwässerungskanäle, Schächte und Bauwerke profilgerecht ausheben
ab Geländeoberfläche, Verbau wird gesondert vergütet,
Aushub seitlich lagern,
Aushubtiefe bis 3,50 m,
Sohlenbreite der Gräben über 0,50 bis 1,00 m,
Bodenklassen 3 und 4
Einheit m

530 Boden der Gräben für Kabel,
540 Boden der Gräben für Erder,
550 Boden der Gräben für Kabel / Erder,
560 Boden der Gräben für Kabelkanäle,
570 Boden der Gräben für ......,
Einzelangaben nach DIN 18300 zu Pos. 530 bis 570
- Art der Ausführung
  - – profilgerecht ausheben ab Geländeoberfläche,
  - – profilgerecht ausheben nach Abtrag des Oberbodens,
  - – profilgerecht ausheben nach Abtrag der Oberflächenbefestigung,
  - – profilgerecht ausheben ab Baugrubensohle,
  - – profilgerecht ausheben im Böschungsbereich,
  - – profilgerecht ausheben im Bahnsteigbereich,
  - – profilgerecht ausheben im Gleisbereich,
  - – profilgerecht ausheben ......,
- Verbau, Böschungen, Behinderungen
  - – Verbau wird gesondert vergütet,
  - – mit geböschten Wänden,
  - – mit Behinderung durch Ver– und Entsorgungsleitungen,
  - – mit geböschten Wänden und Behinderung durch Ver– und Entsorgungsleitungen,
  - – Verbau wird gesondert vergütet, mit Behinderung durch Ver– und Entsorgungsleitungen,
  - – mit Behinderung durch Grundwasserabsenkungseinrichtung,
  - – mit geböschten Wänden und Behinderung durch Grundwasserabsenkungseinrichtung,
  - – Verbau wird gesondert vergütet, mit Behinderung durch Grundwasserabsenkungseinrichtung,
  - – ...... ,
- Verfüllen, Verdichten, Lagerung des Aushubs
  - – verfüllen und verdichten,
  - – verfüllen und verdichten nach den Zusätzlichen Technischen Vertragsbedingungen und Richtlinien für Aufgrabungen in Verkehrsflächen (ZTVA–StB),
  - – Aushub seitlich lagern. Verfüllen und verdichten,
  - – Aushub seitlich lagern. Verfüllen und verdichten nach den Zusätzlichen Technischen Vertragsbedingungen und Richtlinien für Aufgrabungen in Verkehrsflächen (ZTVA–StB),
  - – seitliche Lagerung des Aushubs nicht möglich. Verfüllen und verdichten,
  - – seitliche Lagerung des Aushubs nicht möglich. Verfüllen und verdichten nach den Zusätzlichen Technischen Vertragsbedingungen und Richtlinien für Aufgrabungen in Verkehrsflächen (ZTVA–StB),
  - – seitliche Lagerung des Aushubs nicht möglich. Zwischenlagerung .... Verfüllen und verdichten,
  - – seitliche Lagerung des Aushubs nicht möglich. Zwischenlagerung .... Verfüllen und verdichten nach den Zusätzlichen Technischen Vertragsbedingungen und Richtlinien für Aufgrabungen in Verkehrsflächen (ZTVA–StB),
  - – ...... ,

STLB 002

Ausgabe 06.02

LB 002 Erdarbeiten
Gräben, Schächte, Einzelbauteile

Einzelangaben nach DIN 18300 zu Pos. 530 bis 570
Fortsetzung
- Bodenverdrängung: bis 5 % – über 5 bis 10 % –
  über 10 bis 20 % – über 20 bis 30 % –
  über 30 bis 40 % – über 40 bis 50 % –
  über 50 bis 60 % – ....
    - – verdrängten Boden laden, zur Kippstelle des AG
      fördern und planieren, Förderweg ....,
    - – verdrängten Boden seitlich planieren,
    - – verdrängten Boden seitlich lagern,
    - – verdrängten Boden außerhalb der Baugrube
      planieren,
    - – verdrängten Boden außerhalb der Baugrube
      lagern,
    - – verdrängten Boden auf Bahnwagen des AG laden,
    - – verdrängten Boden ....,
- Aushubtiefe: bis 0,30 m – bis 0,40 m – bis 0,50 m –
  bis 0,60 m – bis 0,70 m – bis 0,80 m – bis 1,00 m –
  bis 1,25 m – ....
- Sohlenbreite der Gräben: bis 0,30 m – bis 0,40 m –
  bis 0,50 m – bis 0,60 m – bis 0,80 m – bis 1,00 m –
  bis 1,25 m – ....
- Bodenklasse: 2 – 3 – 4 – 5 – 6 – 7 – 3 und 4 – 4 und
  5 – ....
- Berechnungseinheit m³ (m)
  Hinweis: Gräben mit geringem Querschnitt, z. B. für
  Erder von Blitzschutzanlagen, werden i. d. R. nach
  Längenmaß (m) ausgeschrieben mit Angabe des
  Grabenquerschnitts (Aushubtiefe x Sohlenbreite).

Beispiel für Ausschreibungstext zu Position 550
Boden der Gräben für Kabel / Erder
profilgerecht ausheben ab Geländeoberfläche,
Verbau wird gesondert vergütet,
Aushub seitlich lagern. Verfüllen und verdichten,
Bodenverdrängung bis 5 %, verdrängten Boden
seitlich planieren,
Aushubtiefe bis 0,50 m,
Sohlenbreite der Gräben bis 0,30 m,
Bodenklasse 3 und 4.
Einheit m

583	**Boden der Gräben für Kabel,**
584	**Boden der Gräben für Erder,**
585	**Boden der Gräben für Kabel/Erder,**
586	**Boden der Gräben für Kabelkanäle,**
587	**Boden der Gräben für ....,**

Einzelangaben nach DIN 18300 zu Pos. 583 bis 587
- Art der Ausführung
    - – profilgerecht ausheben,
    - – profilgerecht ausheben ab Geländeoberfläche,
    - – profilgerecht ausheben nach Abtrag des
      Oberbodens,
    - – profilgerecht ausheben nach Abtrag der
      Oberflächenbefestigung,
    - – profilgerecht ausheben ab Baugrubensohle,
    - – profilgerecht ausheben im Böschungsbereich,
    - – profilgerecht ausheben im Bahnsteigbereich,
    - – profilgerecht ausheben im Gleisbereich,
    - – profilgerecht ausheben ....,
- Verbau, Böschungen, Behinderungen
    - – Verbau wird gesondert vergütet,
    - – mit geböschten Wänden,
    - – mit Behinderung durch Ver– und Entsorgungsleitungen,
    - – mit geböschten Wänden und Behinderung durch
      Ver– und Entsorgungsleitungen,
    - – Verbau wird gesondert vergütet, mit Behinderung
      durch Ver– und Entsorgungsleitungen,
    - – mit Behinderung durch Grundwasserabsenkungseinrichtung,
    - – mit geböschten Wänden und Behinderung durch
      Grundwasserabsenkungseinrichtung,
    - – Verbau wird gesondert vergütet, mit Behinderung
      durch Grundwasserabsenkungseinrichtung,
    - – ....,
- Behandlung des Aushubs
    - – Aushub seitlich lagern,
    - – Aushub fördern und lagern,
    - – Aushub laden,
    - – Aushub im Bereich des Baugeländes planieren,
    - – Aushub zur Kippstelle des AG fördern und
      planieren,
    - – Aushub auf Bahnwagen des AG laden,
    - – ....,
- Aushubtiefe: bis 0,30 m – bis 0,40 m – bis 0,50 m –
  bis 0,60 m – bis 0,70 m – bis 0,80 m – bis 1,00 m –
  bis 1,25 m – ....
- Sohlenbreite der Gräben: bis 0,30 m – bis 0,40 m –
  bis 0,50 m – bis 0,60 m – bis 0,80 m – bis 1,00 m –
  bis 1,25 m – ....
- Bodenklasse: 2 – 3 – 4 – 5 – 6 – 7 – 3 und 4 – 4 und
  5 – ....
- Berechnungseinheit m³ (m)
  Hinweis: Gräben mit geringem Querschnitt, z. B. für
  Erder von Blitzschutzanlagen, werden i. d. R. nach
  Längenmaß (m) ausgeschrieben mit Angabe des
  Grabenquerschnitts (Aushubtiefe x Sohlenbreite).

590	**Boden der Baugrube für Schächte,**
600	**Boden der Baugrube für Sickerschächte,**
610	**Boden der Baugrube für Kabelschächte,**
620	**Boden der Baugrube für Abzweigkästen,**
630	**Boden der Baugrube für ....,**
640	**Boden für Einzelfundamente,**
650	**Boden für Mastfundamente nach VDEW-Richtlinien,**
660	**Boden für Maste,**
670	**Boden für Normsockel von Kabelverteilerschränken,**
680	**Boden für Normsockel von Fernsprechhäuschen,**
690	**Boden für Kabelmuffen,**
700	**Boden für ....,**

Einzelangaben nach DIN 18300 zu Pos. 590 bis 700
- Art der Ausführung
    - – profilgerecht ausheben,
    - – profilgerecht ausheben ab Geländeoberfläche,
    - – profilgerecht ausheben nach Abtrag des Oberbodens,
    - – profilgerecht ausheben nach Abtrag der Oberflächenbefestigung,
    - – profilgerecht ausheben ab Baugrubensohle,
    - – profilgerecht ausheben im Böschungsbereich,
    - – profilgerecht ausheben im Bahnsteigbereich,
    - – profilgerecht ausheben im Gleisbereich,
    - – profilgerecht ausheben ....,
- Verbau, Böschungen, Behinderungen
    - – Verbau wird gesondert vergütet,
    - – mit geböschten Wänden,
    - – mit Behinderung durch Ver– und Entsorgungsleitungen,
    - – mit geböschten Wänden und Behinderung durch
      Ver– und Entsorgungsleitungen,
    - – Verbau wird gesondert vergütet, mit Behinderung
      durch Ver– und Entsorgungsleitungen,
    - – mit Behinderung durch Grundwasserabsenkungseinrichtung,
    - – mit geböschten Wänden und Behinderung durch
      Grundwasserabsenkungseinrichtung,
    - – Verbau wird gesondert vergütet, mit Behinderung
      durch Grundwasserabsenkungseinrichtung,
    - – ....,
- Verfüllen, Verdichten, Lagerung des Aushubs
    - – verfüllen und verdichten,
    - – Aushub seitlich lagern. Verfüllen und verdichten,
    - – seitliche Lagerung des Aushubs nicht möglich.
      Verfüllen und verdichten,
    - – seitliche Lagerung des Aushubs nicht möglich.
      Zwischenlagerung ....
      Verfüllen und verdichten,

LB 002 Erdarbeiten
Gräben, Schächte, Einzelbauteile

STLB 002

Ausgabe 06.02

Einzelangaben nach DIN 18300 zu Pos. 590 bis 700
Fortsetzung
- Bodenverdrängung: bis 5 % – über 5 bis 10 % –
  über 10 bis 20 % – über 20 bis 30 % –
  über 30 bis 40 % – über 40 bis 50 % –
  über 50 bis 60 % – über 60 bis 70 % – ....
  - – verdrängten Boden laden, zur Kippstelle des AG fördern und planieren, Förderweg ....
  - – verdrängten Boden seitlich planieren,
  - – verdrängten Boden seitlich lagern,
  - – verdrängten Boden außerhalb der Baugrube planieren,
  - – verdrängten Boden außerhalb der Baugrube lagern,
  - – verdrängten Boden auf Bahnwagen des AG laden,
  - – verdrängten Boden ....,
- Aushubtiefe: über 1,75 bis 2,50 m – bis 3,50 m –
  bis 4,50 m – bis 5,50 m – ab / bis .... – ....
- Schachtgröße .... (bei Berechnung nach Stück)
- Aushubgrundfläche: bis 2 m^2 – über 2 bis 3 m^2 –
  über 3 bis 4 m^2 – über 4 bis 5 m^2 – über 5 bis 6 m^2 –
  über 6 bis 7 m^2 – über 7 bis 9 m^2 –
- Bodenklasse: 2 – 3 – 4 – 5 – 6 – 7 – 3 und 4 – 4 und 5 –
  Siehe **Hinweis** zu Pos. 06_ bis 19_.
- Berechnungseinheit m^3
  Hinweis: Der Aushub für kleinere Schächte wird i. d. R. nach Stück unter Angabe der Schachtabmessungen (ohne Böschungsraum) ausgeschrieben.

Beispiel für Ausschreibungstext zu Position 590
Boden der Baugrube für Schächte
profilgerecht ausheben ab Geländeoberfläche,
Verbau wird gesondert vergütet,
Aushub seitlich lagern. Verfüllen und verdichten,
Bodenverdrängung über 40 bis 50 %, verdrängten
Boden außerhalb der Baugrube planieren,
Aushubtiefe bis 4,50 m,
Aushubgrundfläche über 3 bis 4 m^2,
Bodenklassen 3 und 4.
Einheit m^3

Beispiel 1 für Ausschreibungstext zu Position 640
Boden für Einzelfundamente
profilgerecht ausheben ab Geländeoberfläche,
Aushub seitlich lagern, verfüllen und verdichten.
Bodenverdrängung über 60 bis 70 %, verdrängten
Boden außerhalb der Baustelle planieren,
Aushubtiefe bis 1,35 m, Aushubgrundfläche bis 2 m^2,
Bodenklasse 4.
Einheit m^3

Beispiel 2 für Ausschreibungstext zu Position 640
Boden für Einzelfundament,
profilgerecht ausheben,
Aushub seitlich lagern, verfüllen und verdichten,
verdrängten Boden seitlich planieren,
Abmessungen des Fundamentkörpers
1,00 x 1,00 x 0,80 m Tiefe,
Bodenklasse 4.
Einheit Stück

720	**Boden der Baugrube für Schächte,**
721	**Boden der Baugrube für Sickerschächte,**
722	**Boden der Baugrube für Kabelschächte,**
723	**Boden der Baugrube für Abzweigkästen,**
724	**Boden der Baugrube für ....,**
725	**Boden für Einzelfundamente,**
726	**Boden für Mastfundamente nach VDEW-Richtlinien,**
727	**Boden für Maste,**
728	**Boden für Normsockel von Kabelverteilerschränken,**
729	**Boden für Normsockel von Fernsprechhäuschen,**
730	**Boden für Kabelmuffen,**
731	**Boden für ....,**

Einzelangaben nach DIN 18300 zu Pos. 720 bis 731
- Art der Ausführung
  - – profilgerecht ausheben,
  - – profilgerecht ausheben ab Geländeoberfläche,
  - – profilgerecht ausheben nach Abtrag des Oberbodens,
  - – profilgerecht ausheben nach Abtrag der Oberflächenbefestigung,
  - – profilgerecht ausheben ab Baugrubensohle,
  - – profilgerecht ausheben im Böschungsbereich,
  - – profilgerecht ausheben im Bahnsteigbereich,
  - – profilgerecht ausheben im Gleisbereich,
  - – profilgerecht ausheben ....,
- Verbau, Böschungen, Behinderungen
  - – Verbau wird gesondert vergütet,
  - – mit geböschten Wänden,
  - – mit Behinderung durch Ver– und Entsorgungsleitungen,
  - – mit geböschten Wänden und Behinderung durch Ver– und Entsorgungsleitungen,
  - – Verbau wird gesondert vergütet, mit Behinderung durch Ver– und Entsorgungsleitungen,
  - – mit Behinderung durch Grundwasserabsenkungseinrichtung,
  - – mit geböschten Wänden und Behinderung durch Grundwasserabsenkungseinrichtung,
  - – Verbau wird gesondert vergütet, mit Behinderung durch Grundwasserabsenkungseinrichtung,
  - – .... ,
- Behandlung des Aushubs
  - – Aushub seitlich lagern,
  - – Aushub fördern und lagern,
  - – Aushub laden,
  - – Aushub im Bereich des Baugeländes planieren,
  - – Aushub zur Kippstelle des AG fördern und planieren,
  - – Aushub auf Bahnwagen des AG laden,
  - – Aushub .... ,
- Aushubtiefe: bis 0,80 m – bis 1,25 m –
  über 1,25 bis 1,75 m – über 1,75 bis 2,50 m –
  bis 3,50 m – bis 4,50 m – bis 5,50 m –
  ab / bis .... – ....
- Schachtgröße .... (bei Berechnung nach Stück)
- Aushubgrundfläche: bis 2 m^2 – über 2 bis 3 m^2 –
  über 3 bis 4 m^2 – über 4 bis 5 m^2 – über 5 bis 6 m^2 –
  über 6 bis 7 m^2 – über 7 bis 9 m^2 – ....
- Bodenklasse: 2 – 3 – 4 – 5 – 6 – 7 – 3 und 4 – 4 und 5 – ....
- Förderweg: bis 100 m – bis 300 m – bis 500 m –
  bis 1 km – bis 2 km – bis 3 km – in km ....
- Berechnungseinheit m^3
  Stück (unter Angabe der genauen Abmessungen)
  Hinweis: Der Aushub für kleinere Schächte wird i. d. R. nach Stück unter Angabe der Schachtabmessungen (ohne Böschungsraum) ausgeschrieben.

Beispiel für Ausschreibungstext zu Position 725
Boden für Einzelfundamente profilgerecht ausheben
ab Geländeoberfläche.
Aushub im Bereich des Baugeländes planieren,
Aushubtiefe bis 1,25 m, Aushubgrundfläche bis 2 m^2,
Bodenklasse 4.
Einheit m^3

STLB 002

LB 002 Erdarbeiten
Gräben, Schächte, Einzelbauteile

Ausgabe 06.02

740 Boden für Kopflöcher in Gräben bei Schweißverbindungen von Rohrleitungen ausheben, verfüllen und verdichten,
Einzelangaben nach DIN 18300
- Bodenklasse: 2 – 3 – 4 – 5 – 6 – 7 – 3 und 4 – 4 und 5 – ....
- Berechnungseinheit m³, Stück

750 Boden einbauen,
Einzelangaben nach DIN 18300
- Art der Ausführung
  - – Baugruben,
  - – Baugruben mit Verbau,
  - – Baugruben mit Verbau, der Verbau wird im Zuge der Arbeiten von einem anderen AN zurückgebaut,
  - – in Baugruben unter Ver– und Entsorgungsleitungen, Kabeln,
  - – in Baugruben mit Verbau, unter Baugrubenabdeckungen,
  - – innerhalb von Bauwerken,
  - – zwischen Fundamenten,
  - – in Fundamentgräben,
- Art des Einbaues
  - – profilgerecht,
  - – schichtenweise in der Reihenfolge des Schichtenverzeichnisses,
  - – schichtenweise in folgender Reihenfolge .... ,
  - – – .... ,
- Art des Bodens (Füllmaterials)
  Hinweis: Nach DIN 18300, Abs. 3.11.2, bleibt die Wahl des Materials zum Hinterfüllen und Überschütten dem AN überlassen. Abweichende Regelungen sind in der LB anzugeben.
  - – mit seitlich gelagertem Boden
  - – mit auf der Baustelle lagerndem Boden, Förderweg in km .... ,
  - – mit außerhalb der Baustelle lagerndem Boden, Förderweg in km .... ,
  - – mit vom AN zu lieferndem Boden,
    - – – Bodenklassen 3 – 4 – 5 – 6 – 3 und 4,
- Verdichten des Bodens (Füllmaterials)
  - – verdichten
  - – verdichten, Verdichtungsgrad: DPr 92 bis 95 % – DPr 95 % – DPr 97 % – DPr 100 % – DPr 103 % – ....
  - – verdichten, Verdichtungsgrad .... , Verformungsmodul EV2 mind. 45 MN/m² – 60 MN/m² – 80 MN/m² – 100 MN/m² – 120 MN/m² – .... ,
  Hinweis: Erläuterungen zum Verdichtungsgrad DPr und zum Verformungsmodul EV2 siehe Hinweis in Pos. 211 bis 218.
- Einbauhöhe: bis 0,30 m – bis 0,50 m – bis 0,75 m – bis 1,00 m – bis 1,25 m – bis 1,50 m – bis 2,00 m – ....
- Schichtdicke: bis 5 cm – über 5 bis 10 cm – über 10 bis 15 cm – über 15 bis 20 cm – über 20 bis 30 cm – ....
  Hinweis: Wenn in der LB keine Schütttiefe / Einbauhöhe angegeben ist, gilt nach DIN 18300, Abs. 3.11.4, bei Baugruben eine Schütttiefe bis zu 1,75 m, bei Gräben für Fundamente und Leitungen eine Schütttiefe bis zu 1,25 m als Regelleistung. Darüberhinausgehende Schütttiefen / Einbauhöhen sind anzugeben. Zur Art des Einbaues und der Schichtdicken siehe Hinweise zu Pos. 210 bis 218.
- Sohlenbreite .... (z. B. bei Berechnung nach m² , m)
- Berechnungseinheit m³, m²,
  m (unter Angabe von Einbauhöhe / Schichtdicke und Sohlenbreite)

760 Überschütten,
770 Einbetten und Überschütten,
780 Verfüllen,
790 Hinterfüllen,
800 Hinterfüllen, unter Verwendung von Schüttrohren,
810 Hinterfüllen, unter Verwendung von Ziehblechen,
Einzelangaben nach DIN 18300 zu Pos. 760 bis 810
- Art der Ausführung
  - – von Rohrleitungen,
  - – von Kabeln,
  - – von Kabeln und Rohrleitungen,
  - – von Abdeckungen der Rohrleitungen,
  - – von Abdeckungen der Kabel,
  - – von Abdeckungen der Rohrleitungen und Kabel,
  - – von Schächten,
  - – von Gräben,
  - – von Gräben und Schächten,
  - – von Gräben, Schächten und Bauwerken,
  - – von Leitungsgräben,
  - – von Anschlussgräben,
  - – von Kabelgräben,
  - – von Kanalgräben,
  - – von Kabelschächten,
  - – von Abzweigkästen,
  - – von Einzelfundamenten,
  - – von Mastfundamenten,
  - – von Mastlöchern,
  - – von Normsockeln,
  - – von Kabelmuffen,
  - – von .... ,
  - – von .... mit Verbau,
  - – von .... mit Verbau, der Verbau wird gesondert vergütet,
- Art des Bodens (Füllmaterials)
  - – mit seitlich gelagertem Boden
  - – mit auf der Baustelle lagerndem Boden, Förderweg in km .... ,
  - – mit außerhalb der Baustelle lagerndem Boden, Förderweg in km .... ,
  - – mit .... ,
    - – – Bodenklassen 3 – 4 – 5 – 6 – 3 und 4,
    - – – mit vom AN zu liefernden Stoffen, Stoff .... oder gleichwertiger Art, (Sofern nicht vorgeschrieben, vom Bieter einzutragen),
  Hinweis: Material das die Leitungen schädigen kann, z.B. Schlacke, steinige Böden, darf innerhalb der Leitungszone nicht verwendet werden.
- Verdichten des Bodens (Füllmaterials)
  - – verdichten, Verdichtungsgrad: DPr 92 bis 95 % – DPr 95 % – DPr 97 % – DPr 100 % – DPr 103 % – ....
  - – verdichten, Verdichtungsgrad .... , Verformungsmodul EV2 mind. 45 MN/m² – 60 MN/m² – 80 MN/m² – 100 MN/m² – 120 MN/m² – .... ,
  Hinweis: Erläuterungen zum Verdichtungsgrad DPr und zum Verformungsmodul EV2 siehe Hinweis in Pos. 211 bis 218.
- Einbauhöhe: bis 0,30 m – bis 0,50 m – bis 0,75 m – bis 1,00 m – bis 1,25 m – bis 1,50 m – bis 2,00 m – ....
- Schichtdicke: bis 5 cm – über 5 bis 10 cm – über 10 bis 15 cm – über 15 bis 20 cm – über 20 bis 30 cm – ....
  Hinweis: Wenn in der LB keine Schütttiefe / Einbauhöhe angegeben ist, gilt nach DIN 18300, Abs. 3.11.4, bei Baugruben eine Schütttiefe bis zu 1,75 m, bei Gräben für Fundamente und Leitungen eine Schütttiefe bis zu 1,25 m als Regelleistung. Darüberhinausgehende Schütttiefen / Einbauhöhen sind anzugeben. Zur Art des Einbaues und der Schichtdicken siehe Hinweise zu Pos. 210 bis 218.
- Sohlenbreite .... (z. B. bei Berechnung nach m² , m)
- Berechnungseinheit m³, m²,
  m (unter Angabe von Einbauhöhe / Schichtdicke und Sohlenbreite)

Beispiel für Ausschreibungstext zu Pos. 780
Verfüllen von Gräben, Schächten und Bauwerken,
mit seitlich gelagertem Boden, Bodenklassen 3 und 4,
verdichten,
Einbauhöhe bis 1,50 m, Schichtdicke über 20 bis 30 cm.
Einheit m³

LB 002 Erdarbeiten
Gräben, Schächte, Einzelbauteile; Planum herstellen

STLB 002

Ausgabe 06.02

820 Füllmaterial einbauen,
Einzelangaben nach DIN 18300
- Art der Ausführung
  - – Baugruben,
  - – Baugruben mit Verbau,
  - – Baugruben mit Verbau, der Verbau wird im Zuge der Arbeiten von einem anderen AN zurückgebaut,
  - – in Baugruben unter Ver- und Entsorgungsleitungen, Kabeln,
  - – in Baugruben mit Verbau, unter Baugrubenabdeckungen,
  - – innerhalb von Bauwerken,
  - – zwischen Fundamenten,
  - – in Fundamentgräben,
  - – .... ,
- Art (Ort) des Füllmaterial-Einbaues
  - – für Sauberkeitsschichten,
  - – für Filterschichten,
  - – für Sickerpackungen,
  - – für Schutzschichten,
  - – für Auflager von Rohrleitungen,
  - – für Einbettung von: Rohrleitungen – Kabeln,
  - – in der Leitungszone,
- Art des Einbaues
  - – profilgerecht,
  - – schichtenweise in der Reihenfolge des Schichtenverzeichnisses,
  - – schichtenweise in folgender Reihenfolge ....,
  - – .... ,
- Art des Bodens (Füllmaterials)
  - – mit vom AN zu liefernden Stoffen, Stoff .... oder gleichwertiger Art,
    (Sofern nicht vorgeschrieben, vom Bieter einzutragen),
  - – mit .... ,

Hinweis: Füllmaterial das die Leitungen schädigen kann, z.B. Schlacke, steinige Böden, darf innerhalb der Leitungszone nach DIN EN 1610 nicht verwendet werden.
- Verdichten des Bodens (Füllmaterials)
  - – verdichten, Verdichtungsgrad: DPr 92 bis 95 % – DPr 95 % – DPr 97 % – DPr 100 % – DPr 103 % – ....
  - – verdichten, Verdichtungsgrad ...., Verformungsmodul EV2 mind. 45 MN/m² – 60 MN/m² – 80 MN/m² – 100 MN/m² – 120 MN/m² – .... ,
    Hinweis: Erläuterungen zum Verdichtungsgrad DPr und zum Verformungsmodul EV2 siehe Hinweis in Pos. 211 bis 218.
- Einbauhöhe: bis 0,30 m – bis 0,50 m – bis 0,75 m – bis 1,00 m – bis 1,25 m – bis 1,50 m – bis 2,00 m – ....
- Schichtdicke: bis 5 cm – über 5 bis 10 cm – über 10 bis 15 cm – über 15 bis 20 cm – über 20 bis 30 cm – ....
  Hinweis: Zum Einbau von Füllmaterial ist die Einbauhöhe i. d. R. anzugeben.
  Zur Art des Einbaues und zur Schichtdicke siehe Hinweise in Pos. 210 bis 218.
- Sohlbreite .... (z. B. bei Berechnung nach m², m)
- Berechnungseinheit m³, m²,
  m (unter Angabe von Einbauhöhe / Schichtdicke und Sohlbreite)

Beispiel für Ausschreibungstext zu Position 820
Einbau von Füllmaterial in Baugruben für Schutzschichten,
profilgerecht mit vom AN zu liefernden Stoffen, Material Kiessand,
Schichtdicke über 15 bis 20 cm.
Einheit m³

840 Planum herstellen,
Hinweis: Bei der Vorschrift "profilgerechter Aushub" ist i. d. R. kein besonderer Leistungsansatz für die Herstellung des Planums erforderlich.
Da in DIN 18300 keine Angaben über zulässige Maßabweichungen enthalten sind, ist es zweckmäßig, bei besonderen Anforderungen an die Maßgenauigkeit des Planums die zulässigen Maßabweichungen anzugeben, z. B. ± 2 cm und dafür eine besondere Leistungsposition vorzusehen (Position 840).
Einzelangaben nach DIN 18300
- Zulässige Abweichung von der Sollhöhe: ± 2 cm – ± 3 cm – ....
- Ausführung: .... – gemäß Zeichnung Nr. .... – Einzelbeschreibung Nr. ....
- Berechnungseinheit m²

LB 002 Erdarbeiten
Verdichtung Gründungssohle, Untergrund

STLB 002
Ausgabe 06.02

841 Gründungssohle verdichten,
Einzelangaben nach DIN 18300
- Art der Ausführung
  - – in Baugruben,
  - – für Fundamente,
  - – für Einzelfundamente,
  - – für Streifenfundamente,
  - – für Fundamente in Baugruben,
  - – .... ,
- Verdichtungsgrad: DPr mind. 95 % – DPr 97 % – DPr 100 % – DPr 103 % – ....
- Verformungsmodul EV2 mind.: 45 MN / m^2 – 60 MN / m^2 – 80 MN / m^2 – 100 MN / m^2 – 120 MN / m^2 ....
  Hinweis: Erläuterungen zum Verdichtungsgrad DPr und Verformungsmodul EV2 siehe Hinweise in Pos. 211 bis 218.
- Bodenklasse: 2 – 3 – 4 – 5 – 6 – 7 – 3 und 4 – 4 und 5 – ....
- Sohlenbreite: bis 0,60 m – über 0,60 bis 1,00 m – über 1,00 bis 1,50 m – über 1,50 bis 2,00 m – über 2,00 bis 2,50 m – über 2,50 bis 3,00 m – über 3,00 bis 3,50 m – .... (z. B. bei Berechnung nach m)
- Berechnungseinheit m^2, m (unter Angabe der Sohlenbreite)

Beispiel für Ausschreibungstext zu Position 841
Gründungssohle verdichten für Einzelfundamente,
Verdichtungsgrad DPr mind. 100 %,
Bodenklassen 3 und 4.
Sohlenbreite bis 60 cm.
Einheit m

842 Untergrund verdichten,
843 Untergrund verdichten in Abtragflächen,
Einzelangaben nach DIN 18300 zu Pos. 842, 843
- Art der Ausführung
  - – für Dämme,
  - – für Straßen,
  - – für Wege,
  - – für Plätze,
  - – für Verkehrsflächen,
  - – für Flugbetriebsflächen/Flugverkehrsflächen,
  - – für Gräben,
  - – für .... ,
- Verdichtungsgrad: DPr mind. 95 % – DPr 97 % – DPr 100 % – DPr 103 % – ....
- Verformungsmodul EV2 mind.: 45 MN / m^2 – 60 MN / m^2 – 80 MN / m^2 – 100 MN / m^2 – 120 MN / m^2 – ....
  Hinweis: Erläuterungen zum Verdichtungsgrad DPr und Verformungsmodul EV2 siehe Hinweise in Pos. 211 bis 218.
- Bodenklasse: 2 – 3 – 4 – 5 – 6 – 7 – 3 und 4 – 4 und 5 – ....
- Sohlenbreite: bis 0,60 m – über 0,60 bis 1,00 m – über 1,00 bis 1,50 m – über 1,50 bis 2,00 m – über 2,00 bis 2,50 m – über 2,50 bis 3,00 m – über 3,00 bis 3,50 m – .... (z. B. bei Berechnung nach m)
- Berechnungseinheit m^2 , m (unter Angabe der Sohlenbreite)

Beispiel für Ausschreibungstext zu Position 842
Untergrund verdichten für Plätze,
Verdichtungsgrad DPr mind. 100 %,
Bodenklasse 4.
Einheit m^2

844 Boden der Gründungssohle verbessern und verdichten,
Hinweis: Nach DIN 18300, Abs. 3.7.7, gelten Bodenverbesserungen als Besondere Leistungen gegen Vergütung.
Einzelangaben nach DIN 18300
- Art der Ausführung
  - – in Baugruben
  - – für Fundamente,
  - – für Einzelfundamente,
  - – für Streifenfundamente,
  - – für Fundamente in Baugruben,
  - – .... ,
- Bodenbeschaffenheit
  - – Bodenbeschaffenheit gemäß beiliegendem Bodengutachten,
  - – Bodenbeschaffenheit .... ,
- Bindemittel
  - – mit bituminösem Bindemittel,
  - – mit hydraulischem Bindemittel,
  - – mit geeignetem Körnungsmaterial,
  - – mit hydraulischem Bindemittel und geeignetem Körnungsmaterial,
  - – mit .... ,
    - – – Menge gemäß Eignungsprüfung,
    - – – Menge pro m^2 Fläche: bis 5 kg – über 5 bis 10 kg – über 10 bis 15 kg – über 15 bis 20 kg – über 20 bis 25 kg – ....,
    - – – – liefern von Verbesserungs–/Verfestigungsstoff wird gesondert vergütet,
    - – – – Verbesserungs–/Verfestigungsstoff wird bauseits beigestellt,
- Verdichtungsgrad: mind. DPr 95 % – DPr 97 % – DPr 100 % – DPr 103 % – ....
- Verformungsmodul EV2 mind.: 45 MN / m^2 – 60 MN / m^2 – 80 MN / m^2 – 100 MN / m^2 – 120 MN / m^2 – ....
  Hinweis: Erläuterungen zum Verdichtungsgrad DPr und Verformungsmodul EV2 siehe Hinweise in Pos. 211 bis 218.
- Schichtdicke gemäß Eignungsprüfung 10 cm – 15 cm – 20 cm – 25 cm – 30 cm – 35 cm – 40 cm – ....
- Berechnungseinheit m^2

Beispiel für Ausschreibungstext zu Position 844
Boden der Gründungssohle verbessern und verdichten,
in Baugruben,
Bodenbeschaffenheit gemäß beiliegendem Bodengutachten,
mit hydraulischem Bindemittel,
Menge gemäß Eignungsprüfung,
liefern von Verbesserungs–/Verfestigungsstoff wird gesondert vergütet,
Verdichtungsgrad mind. DPr 100 %,
Schichtdicke 20 cm.
Einheit m^2

LB 002 Erdarbeiten
Verdichtung Gründungssohle, Untergrund

STLB 002

Ausgabe 06.02

850 Untergrund/Unterbau verbessern und verdichten,
860 Unterbau/Untergrund verfestigen und verdichten,
   Hinweis: Nach DIN 18300, Abs. 3.7.7, gelten Bodenverbesserungen als Besondere Leistung gegen Vergütung.
   Einzelangaben nach DIN 18300 zu Pos. 850, 860
   - Ausführung nach ZTVV-StB, ZTVE-StB sowie Merkblatt für Bodenverfestigung und Bodenverbesserung mit Kalken ZTVE-StB = Zusätzliche Technische Vorschriften und Richtlinien für Erdarbeiten im Straßenbau.
   - Art der Ausführung
     - – für Dämme,
     - – für Straßen,
     - – für Wege,
     - – für Plätze,
     - – für Verkehrsflächen,
     - – für Flugbetriebsflächen/Flugverkehrsflächen,
     - – für Gräben,
     - – für .... ,
   - Bodenbeschaffenheit
     - – Bodenbeschaffenheit gemäß beiliegendem Bodengutachten,
     - – Bodenbeschaffenheit .... ,
   - Bindemittel
     - – mit bituminösem Bindemittel,
     - – mit hydraulischem Bindemittel,
     - – mit geeignetem Körnungsmaterial,
     - – mit hydraulischem Bindemittel und geeignetem Körnungsmaterial,
     - – mit .... ,
       - – – Menge gemäß Eignungsprüfung,
       - – – Menge pro m² Fläche: bis 5 kg – über 5 bis 10 kg – über 10 bis 15 kg – über 15 bis 20 kg – über 20 bis 25 kg – ....,
         - – – – liefern von Verbesserungs-/Verfestigungsstoff wird gesondert vergütet,
         - – – – Verbesserungs-/Verfestigungsstoff wird bauseits beigestellt,
   - Verdichtungsgrad: mind. DPr 95 % – DPr 97 % – DPr 100 % – DPr 103 % – ....
   - Verformungsmodul EV2 mind.: 45 MN / m² – 60 MN / m² – 80 MN / m² – 100 MN / m² – 120 MN / m² – ....
   Hinweis: Erläuterungen zum Verdichtungsgrad DPr und Verformungsmodul EV2 siehe Hinweise in Pos. 211 bis 218.
   - Schichtdicke gemäß Eignungsprüfung 10 cm – 15 cm – 20 cm – 25 cm – 30 cm – 35 cm – 40 cm – ....
   - Berechnungseinheit m²

   Beispiel für Ausschreibungstext zu Position 850
   Untergrund/Unterbau verbessern und verdichten
   für Plätze,
   Bodenbeschaffenheit gemäß beiliegendem Bodengutachten,
   mit hydraulischem Bindemittel,
   mit geeignetem Körnungsmaterial,
   Menge gemäß Eignungsprüfung,
   Verbesserungs-/Verfestigungsstoff wird gesondert vergütet,
   Verdichtungsgrad mind. DPr 100 %, Schichtdicke 20 cm.
   Einheit m²

870 Bindemittel liefern und verteilen,
871 Körnungsmaterial liefern und verteilen
   - Art des Bodenverbesserungsmaterials zu Pos. 870, 871
     - – Bindemittel,
     - – Weißkalk DIN 1060-1,
     - – hochhydraulischer Kalk DIN 1060-1,
     - – Portlandzement DIN 1164-31,
     - – Eisenportlandzement DIN 1164-31,
     - – Hochofenzement DIN 1164-31,
     - – Traßzement DIN 1164-31,
     - – hydrophobierter Zement,
     - – bituminös DIN 18506,
     - – Tragschichtbinder DIN 18506,
     - – .... ,
     - – Körnungsmaterial,
     - – Füller,
     - – nichtbindiger Boden DIN 18196,
     - – Natursand – Natursand 0/2,
     - – Kies–Sand–Gemisch – Kies–Sand–Gemisch 0/4 – Kies–Sand–Gemisch 0/8 – Kies–Sand–Gemisch 0/16 – Kies–Sand–Gemisch 0/32 – Kies–Sand–Gemisch 0/63,
     - – Kies – Kies 2/4 – Kies 4/8 – Kies 8/16 – Kies 16/32 – Kies 32/63,
     - – Brechsand,
     - – Splitt – Splitt 5/11 – Splitt 11/22 – Splitt 22/32,
     - – Splitt–Brechsand–Gemisch – Splitt–Brechsand–Gemisch 0/11 – Splitt–Brechsand–Gemisch 0/22 – Splitt–Brechsand–Gemisch 0/32,
     - – Schotter–Splitt–Brechsand–Gemisch – Schotter–Splitt–Brechsand–Gemisch 0/45 – Schotter–Splitt–Brechsand–Gemisch 0/56,
     - – Schotter – Schotter 32/45 – Schotter 45/56,
     - – durchgebranntes Haldenmaterial,
     - – Waschberge,
     - – Haldenabraum,
     - – Vorsiebmaterial,
     - – Gesteinsabraum,
     - – Felsschutt,
     - – industrielle Nebenprodukte gemäß Merkblatt über die Verwendung von industriellen Nebenprodukten im Straßenbau,
     - – Recycling–Baustoffe gemäß RAL–RG 501/1, Güteklasse I – II – III,
     - – Baustoff .... ,
   - Erzeugnis
     - – Erzeugnis /Typ .... (oder gleichwertiger Art),
     - – Erzeugnis /Typ .... (vom Bieter einzutragen),
   - Berechnungseinheit, t, m³

STLB 002

LB 002 Erdarbeiten
Schürfgruben, Schürfschlitze, Suchgräben

Ausgabe 06.02

880 **Boden für Schürfgrube ausheben,**
890 **Boden für Schürfschlitz ausheben,**
900 **Boden für Suchgraben ausheben,**
  Einzelangaben nach DIN 18300 zu Pos. 880 bis 900
  - Zweck des Aushubs
    - – ohne weitere Angaben,
    - – zur Bodenuntersuchung,
    - – zur Freilegung von Leitungen,
    - – zur Freilegung von Kabeln,
    - – zur Freilegung von Kabeln und Rohrleitungen,
  - Lage des Aushubs
    - – ab Geländeoberfläche,
    - – nach Abtrag des Oberbodens,
    - – nach Abtrag der Oberflächenbefestigung,
    - – ab Baugrubensohle,
    - – im Böschungsbereich,
    - – im Bahnsteigbereich,
    - – im Gleisbereich,
  - Verbau / Wände
    - – Verbau wird gesondert vergütet,
    - – mit geböschten Wänden,
    - – ....,
  - Behandlung Aushub
    - – Aushub seitlich lagern,
    - – Aushub seitlich lagern, verfüllen und verdichten,
    - – Aushub fördern und lagern,
    - – Aushub laden,
    - – Aushub im Bereich des Baugeländes planieren,
    - – Aushub zur Kippstelle des AG fördern und planieren,
    - – Aushub auf Bahnwagen des AG laden,
  - Aushubtiefe: bis 0,80 m – bis 1,25 m – bis 1,75 m – bis 2,50 m – bis 3,50 m – bis 4,50 m – bis 5,50 m – ab / bis ....
    Hinweis: Schürfgruben u. dgl. sind keine Baugruben und Gräben im Sinne von DIN 18300, Abs. 3.10.2; deren Maße sind deshalb stets anzugeben.
  - Sohlenbreite: bis 0,40 m – über 0,40 bis 0,60 bis 1,00 m – über 1,00 bis 1,50 m – über 1,50 bis 2,00 m – über 2,00 bis 2,50 m – über 2,50 bis 3,00 m – über 3,00 bis 3,50 m – ....
  - Sohlenlänge: bis 0,50 m – über 0,50 bis 1,00 m – über 1,00 bis 1,50 m – über 1,50 bis 2,00 m – über 2,00 bis 2,50 m – über 2,50 bis 3,00 m – über 3,00 bis 3,50 m – über 3,50 bis 4,00 m – ....
  - Bodenklasse 2 – 3 – 4 – 5 – 6 – 7 – 3 und 4 – 4 und 5 –
  - Berechnungseinheit m^3,
    m (unter Angabe von Sohlenbreite und Aushubtiefe),
    Stück (unter Angabe von Sohlenbreite, Sohlenlänge und Aushubtiefe)

LB 002 Erdarbeiten
Sichern und Ausbauen von Leitungen, Kabeln, Einbauten

STLB 002

Ausgabe 06.02

910 **Rohrleitung,**
911 **Entsorgungsleitung,**
912 **Versorgungsleitung,**
913 **Rohrleitungskreuzung,**
914 **Kanal,**
915 **Böschungsstück,**
916 **Einbauten als ....,**
Hinweis: Nach DIN 18300, Abs. 3.1.3, 3.1.4 und 3.1.5, sind gefährdete bauliche Anlagen als Besondere Leistungen gegen Vergütung zu sichern bzw. auszubauen.
Einzelangaben nach DIN 18300 zu Pos. 910 bis 916
– Werkstoffart
– – aus Asbestzement, unter Beachtung der TRGS 519,
– – aus Faserzement,
– – aus Beton,
– – aus Gusseisen,
– – aus Kunststoff,
– – aus Stahl,
– – aus Stahlbeton,
– – aus Steinzeug,
– – aus .... ,
– Betriebsart
– – außer Betrieb – schmutzwasserführend – trinkwasserführend – unter Druck – unter Gasdruck – unter Wasserdruck – .... ,
– Außendurchmesser: bis 100 mm – bis 150 mm – über 100 bis 200 mm – über 100 bis 300 mm – über 200 bis 300 mm – über 300 bis 400 mm – über 300 bis 500 mm – über 400 bis 500 mm – über 500 bis 600 mm – über 600 bis 700 mm – über 700 bis 800 mm – über 800 bis 900 mm – über 900 bis 1000 mm – über 1000 bis 1200 mm – über 1200 bis 1400 mm – über 1400 bis 1600 mm – über 1600 bis 1800 mm – über 1800 bis 2000 mm –
– Nennweite: DN bis 100 mm – bis 150 mm – über 100 bis 200 mm – über 100 bis 300 mm – über 200 bis 300 mm – über 300 bis 400 mm – über 300 bis 500 mm – über 400 bis 500 mm – über 500 bis 600 mm – über 600 bis 700 mm – über 700 bis 800 mm – über 800 bis 900 mm – über 900 bis 1000 mm – über 1000 bis 1200 mm – über 1200 bis 1400 mm – über 1400 bis 1600 mm – über 1600 bis 1800 mm – über 1800 bis 2000 mm –
– Art der Leistung
– – sichern,
– – ausbauen, säubern und seitlich lagern,
– – ausbauen, säubern und gesammelt auf dem Baugelände lagern,
– – sichern, ...,
– – ausbauen, ...,
– Länge der Einzelabschnitte: bis 1 m – über 1 bis 5 m – über 5 bis 10 m – über 10 bis 20 m – über 20 bis 50 m – über 50 bis 100 m – ....
– Länge der Sicherungsstrecke ....
– Tiefe der Leitungsachse unter Gelände: bis 0,60 m – bis 0,80 m – bis 1,25 m – bis 1,75 m – bis 2,50 m – bis 3,50 m – bis 4,50 m –
– Höhe der Leitungsachse über Sohle: bis 0,80 m – bis 1,25 m – bis 1,75 m – bis 2,50 m – bis 3,50 m – ....
– Angaben zur Ausführung
– – Ausführung ....
– – Ausführung gemäß Zeichnung Nr. ....
– – Ausführung gemäß Einzelbeschreibung Nr. ....
– Berechnungseinheit m, Stück

920 **Kabel,**
930 **Kabelbündel,**
940 **Kabelkreuzungen,**
Hinweis: Nach DIN 18300, Abs. 3.1.3, 3.1.4 und 3.1.5, sind gefährdete bauliche Anlagen als Besondere Leistungen gegen Vergütung zu sichern bzw. auszubauen.
Einzelangaben nach DIN 18300 zu Pos. 920 bis 940
– Art der Kabel
– – Kabel als Fernmeldekabel,
– – Kabel als Niederspannungskabel,
– – Kabel als Mittelspannungskabel,
– – Kabel als Hochspannungskabel,
– – Kabel als Signalkabel,
– – Kabel als .... ,
– – Kabelbündel/Kabelkreuzung aus Fernmeldekabeln,
– – Kabelbündel/Kabelkreuzung aus Niederspannungskabeln,
– – Kabelbündel/Kabelkreuzung aus Mittelspannungskabeln,
– – Kabelbündel/Kabelkreuzung aus Hochspannungskabeln,
– – Kabelbündel/Kabelkreuzung aus Signalkabeln,
– – Kabelbündel/Kabelkreuzung aus .... ,
– Verlegungsart
– – erdverlegt,
– – in Kabelformsteinen verlegt,
– – in Kabelformsteinen verlegt, Anzahl der Züge ....,
– – im Schutzrohren verlegt,
– – in Schutzrohren verlegt, Anzahl der Rohre ....,
– Betriebsart:
außer Betrieb – in Betrieb – unter Druck – spannungsfrei geschaltet – unter Spannung – unter Spannung, Volt ....
– Kabel–Außendurchmesser: bis 20 mm – bis 50 mm – über 20 bis 40 mm – über 40 bis 60 mm – über 60 bis 80 mm – über 80 bis 100 mm – ....
– Anzahl der Kabel: 1 St. – 1 bis 2 St. – 2 bis 3 St. – 3 bis 4 St. – 4 bis 5 St. – 5 bis 8 St. – 8 bis 10 St. – 10 bis 12 St. – ....
– Art der Leistung
– – sichern,
– – ausbauen, säubern und seitlich lagern,
– – ausbauen, säubern und gesammelt auf dem Baugelände lagern,
– – sichern, ...,
– – ausbauen, ...,
– Länge der Einzelabschnitte: bis 1 m – über 1 bis 5 m – über 5 bis 10 m – über 10 bis 20 m – über 50 bis 100 m – ....
– Länge der Sicherungsstrecke ....
– Tiefe der Leitungsachse unter Gelände: bis 0,60 m – bis 0,80 m – bis 1,25 m – bis 1,75 m – bis 2,50 m – bis 3,50 m – bis 4,50 m – ....
– Höhe der Leitungsachse über Sohle: bis 0,80 m – bis 1,25 m – bis 1,75 m – bis 2,50 m – bis 3,50 m – ....
– Angaben zur Ausführung
– – Ausführung ....
– – Ausführung gemäß Zeichnung Nr. ....
– – Ausführung gemäß Einzelbeschreibung Nr. ....
– Berechnungseinheit m, Stück

Beispiel 1 für Ausschreibungstext zu Position 910
Rohrleitung aus Steinzeug, schmutzwasserführend,
Nennweiten über 100 bis 300 mm,
sichern, Länge der Sicherungsstrecke bis 100 m,
Höhe der Leitungsachse über Sohle bis 0,80 m.
Einheit m

Beispiel 2 für Ausschreibungstext zu Position 910
Rohrleitung aus Gusseisen, außer Betrieb,
Außendurchmesser bis 150 mm, ausbauen,
säubern und gesammelt auf dem Baugelände lagern,
Länge der Einzelabschnitte über 10 bis 20 m,
Tiefe der Leitungsachse unter Gelände bis 1,75 m.
Einheit m

Beispiel 1 für Ausschreibungstext zu Position 920
Kabel als Hochspannungskabel,
in Kabelformsteinen verlegt, unter Spannung,
Kabel-Außendurchmesser bis 50 mm,
sichern, Länge der Sicherungsstrecke 300 m,
Tiefe der Leitungsachse unter Gelände bis 1,25 m.
Einheit m

Beispiel 2 für Ausschreibungstext zu Position 920
Kabel als Fernmeldekabel, erdverlegt, außer Betrieb,
Kabel-Außendurchmesser bis 20 mm, ausbauen,
säubern und gesammelt auf dem Baugelände lagern.
Tiefe der Leitungsachse unter Gelände bis 1,25 m.
Einheit m

STLB 002

Ausgabe 06.02

LB 002 Erdarbeiten
Hindernisse im Boden; Zulagen für Bodenbewegungen von Hand

950 Hindernis im Boden,
Hinweis: Die Beseitigung von **einzelnen** Steinen und Mauerresten bis zu 0,1 m³ Rauminhalt gilt als Nebenleistung ohne besondere Vergütung (ausgenommen Hindernisse in Gräben bis zu 0,80 m Sohlenbreite). Der Begriff "einzeln" ist nicht näher definiert. Boden mit bis zu 30 % Steinen von über 0,01 m³ bis 0,1 m³ Rauminhalt ist Bodenklasse 5 zuzuordnen, Boden mit mehr als 30 % Steinen von über 0,01 m³ bis 0,1 m³ Rauminhalt ist Bodenklasse 6 zuzuordnen.
Einzelangaben nach DIN 18300
- Art der Hindernisse
  - – aus Mauerwerk,
  - – aus Beton,
  - – aus Stahlbeton,
  - – aus Mauerwerk und Beton,
  - – aus Holz,
  - – aus Einzelsteinen (Findling),
  - – aus Stahl,
  - – aus .... ,
  - – Rohrleitung aus Asbestzement, unter Beachtung der TRGS 519,
  - – Rohrleitung aus Faserzement,
  - – Rohrleitung aus Beton,
  - – Rohrleitung aus Gusseisen,
  - – Rohrleitung aus Kunststoff,
  - – Rohrleitung aus Stahl,
  - – Rohrleitung aus Stahlbeton,
  - – Rohrleitung aus Steinzeug,
  - – Rohrleitung aus .... ,
  - – Kabel,
  - – Kabel einschl. Abdeckung,
  - – Kabel einschl. Kabelformsteine,
  - – Kabel einschl. Kabelformsteine, Anzahl der Züge .... ,
  - – Kabel einschl. Schutzrohre,
  - – Kabel einschl. Schutzrohre, Anzahl der Rohre .... ,
  - – .... ,
- Art der Leistung
  - – abbrechen – aufnehmen – abbrechen und aufnehmen,
    - – – seitlich lagern,
    - – – außerhalb der Baugrube lagern,
    - – – laden und zur Lagerstelle des AG fördern und abladen,
    - – – auf Bahnwagen des AG laden,
    - – – Abfuhr und Entsorgung werden gesondert vergütet,
    - – – .... ,
- Förderweg bis 100 m – bis 300 m – bis 500 m – bis 1 km – bis 2 km – bis 3 km – bis 4 km – bis 5 km – bis 10 km – bis 15 km – bis 20 km – in km .... ,
- Einzelgröße des Hindernisses ....
- Berechnungseinheit m³, t, Stück, m

Beispiel für Ausschreibungstext zu Position 950
Hindernis aus Einzelsteinen (Findling) im Boden aufnehmen, seitlich lagern.
Abfuhr und Entsorgung werden gesondert vergütet.
Einzelgröße des Hindernisses 0,2 bis 0,3 m³.
Einheit Stück

955 Zulage zu vorbeschriebener Beseitigung von Hindernissen im Boden,
Einzelangaben nach DIN 18300
- für abbrechen von Hand
- für ....
- Ausführung nach besonderer Anordnung des AG
- Ausführung ....
- Berechnungseinheit m³, m², m, Stück, t

960 Zulage zu vorbeschriebener Bodenbewegung,
961 Zulage zur Bodenbewegung der Position .... ,
Hinweis: Nach DIN 18300, Abs. 3.1.1, ist die Wahl des Bauverfahrens sowie die Wahl und der Einsatz der Baugeräte Sache des AN. Abweichende Regelungen (z. B. Vorschrift von Handarbeit aus Sicherheitsgründen) sind in der LB anzugeben (DIN 18300, Abs. 0.3.2).
Einzelangaben nach DIN 18300 zu Pos. 960, 961 (Angaben alternativ)
- für ausheben von Hand
- für einbauen von Hand
- für laden von Hand
- für ausheben und laden von Hand
- für ....
- Ausführung nach besonderer Anordnung des AG
- Ausführung ....
- Berechnungseinheit m³, m², m, Stück, t

LB 002 Erdarbeiten
Liefern von Stoffen

**970 Liefern von Stoffen,
Einzelangaben nach DIN 18300**
- Lieferart
  - -- frei Baustelle,
  - -- frei Verwendungsstelle,
  - -- .... ,

  Fortsetzung Einzelangaben siehe Pos. 972, 973

971 Abladen von beigestellten Stoffen,
- Abladeort,
  - -- an der Baustelle,
  - -- an der Verwendungsstelle,
    - --- vom LKW,
    - --- vom Bahnwagen,
    - --- vom Schiff,

972 Aufnehmen, transportieren und abladen von beigestellten Stoffen,
**973 Transportieren und abladen von beigestellten Stoffen,
Einzelangaben nach DIN 18300** zu Pos. 972, 973
- Förderweg bis 1 km – 2 km – 3 km – 4 km – 5 km –
  in km ....

Fortsetzung Einzelangaben zu Pos. 970 bis 973
- Stoffart
  - -- Boden,
  - -- nichtbindiger Boden,
  - -- schwachbindiger Boden,
  - -- bindiger Boden,
  - -- Ton,
  - -- Füller,
  - -- Natursand,
  - -- Natursand 0/2,
  - -- Kies–Sand–Gemisch,
  - -- Kies–Sand–Gemisch 0/4,
  - -- Kies–Sand–Gemisch 0/8,
  - -- Kies–Sand–Gemisch 0/16,
  - -- Kies–Sand–Gemisch 0/32,
  - -- Kies–Sand–Gemisch 0/63,
  - -- Kies,
  - -- Kies 2/4,
  - -- Kies 4/8,
  - -- Kies 8/16,
  - -- Kies 16/32,
  - -- Kies 32/63,
  - -- Brechsand,
  - -- Splitt,
  - -- Splitt 5/11,
  - -- Splitt 11/22,
  - -- Splitt 22/32,
  - -- Splitt–Brechsand–Gemisch,
  - -- Splitt–Brechsand–Gemisch 0/11,
  - -- Splitt–Brechsand–Gemisch 0/22,
  - -- Splitt–Brechsand–Gemisch 0/32,
- Stoffart, Fortsetzung
  - -- Schotter–Splitt–Brechsand–Gemisch,
  - -- Schotter–Splitt–Brechsand–Gemisch 0/45,
  - -- Schotter–Splitt–Brechsand–Gemisch 0/56,
  - -- Schotter,
  - -- Schotter 32/45,
  - -- Schotter 45/56,
  - -- durchgebranntes Haldenmaterial,
  - -- Waschberge,
  - -- Haldenabraum,
  - -- Vorsiebmaterial,
  - -- Gesteinsabraum,
  - -- Felsschutt,
  - -- rote Asche,
  - -- rote Asche 0/4,
  - -- rote Asche 0/8,
  - -- rote Asche 0/26,
  - -- Ziegelsplitt,
  - -- Ziegelsplitt, Körnung .... ,
  - -- Edelbrechsand 0/2,
  - -- Edelsplitt,
  - -- Edelsplitt, Körnung .... ,
  - -- Lava,
  - -- Lava, Körnung .... ,
  - -- Naturbims,
  - -- Naturbims, Körnung .... ,
  - -- Hüttenbims,
  - -- Hüttenbims, Körnung .... ,
  - -- Daxen (frische Fichten– und Föhrenzweige),
  - -- industrielle Nebenprodukte gemäß Merkblatt über die Verwendung von industriellen Nebenprodukten im Straßenbau,
  - -- Recycling–Baustoffe gemäß RAL–RG 501/1, Güteklasse I,
  - -- Recycling–Baustoffe gemäß RAL–RG 501/1, Güteklasse II,
  - -- Recycling–Baustoffe gemäß RAL–RG 501/1, Güteklasse III,
  - -- Baustoff .... ,
- Erzeugnis
  - -- Erzeugnis /Typ .... (oder gleichwertiger Art),
  - -- Erzeugnis /Typ .... (vom Bieter einzutragen),

Art der Mengenermittlung (Angaben alternativ)
- nach Aufmaß an der Entnahmestelle
- nach Aufmaß auf dem Fahrzeug
- nach Aufmaß in eingebautem Zustand
- nach Lieferschein
- nach Wiegekarten

Berechnungseinheit m^3, t

STLB 002

Ausgabe 06.02

LB 002 Erdarbeiten
Verwertung, Entsorgung

980 Boden,
981 Boden, schadstoffbelastet,
982 Stoffe,
983 Stoffe, schadstoffbelastet,
984 Bauteile,
985 Bauteile, schadstoffbelastet,
986 Pflanzliche Reststoffe,
Einzelangaben nach DIN 18300 zu Pos. 980 bis 986
- Bodenklasse, Art/Zusammensetzung
  - – Bodenklasse .... ,
  - – Art/Zusammensetzung .... ,
  - – Bodenklasse .... , Art und Umfang der Schadstoffbelastung .... ,
  - – Art/Zusammensetzung ...., Art und Umfang der Schadstoffbelastung ......,
  - – Bodenklasse .... , Art und Umfang der Schadstoffbelastung .... , Abfallschlüssel gemäß TA–Abfall .... ,
  - – Art/Zusammensetzung ...., Art und Umfang der Schadstoffbelastung ......, Abfallschlüssel gemäß TA–Abfall .... ,
  - – .... ,
    - – – Deponieklasse .... ,
- Leistungsumfang
  - – lösen, laden und transportieren,
  - – auf Miete lagernd, laden und transportieren,
  - – in Behältern geladen, transportieren,
  - – ....
    - – – zur Recyclinganlage in .... ,
    - – – zur zugelassenen Deponie/Entsorgungsstelle in .... ,
    - – – zur Baustellenabfallsortieranlage in .... ,
    - – – zur Kompostierungsanlage in .... ,
    - – – zur Recyclinganlage in .... , oder zu einer gleichwertigen zur Recyclinganlage in .... (vom Bieter einzutragen),
    - – – zur zugelassenen Deponie/Entsorgungsstelle in .... , oder zu einer gleichwertigen Deponie/Entsorgungsstelle in .... (vom Bieter einzutragen),
    - – – zur Baustellenabfallsortieranlage in .... , oder zu einer gleichwertigen Baustellenabfallsortieranlage in .... (vom Bieter einzutragen),
    - – – zur Kompostierungsanlage in .... , oder zu einer gleichwertigen Kompostierungsanlage in .... (vom Bieter einzutragen),
    - – – .... ,
- Besondere Vorschriften, Entsorgungsnachweis
  - – – der Nachweis der geordneten Entsorgung ist unmittelbar zu erbringen,
  - – – der Nachweis der geordneten Entsorgung ist zu erbringen durch .... ,
    - – – – besondere Vorschriften bei der Bearbeitung ....
  - **Hinweis:** Besondere Vorschriften können z.B. sein:
    - Angaben zum Arbeitsschutz
    - Angaben zum Immissionsschutz usw.
  - Detaillierte Beschreibungen siehe LB 000 Baustelleneinrichtung.
- Entsorgungsgebühren
  - – – die Gebühren der Entsorgung werden vom AG übernommen,
  - – – die Gebühren werden gegen Nachweis vergütet,
- Transport
  - – – Transportentfernung in km .... ,
  - – – Transportentfernung in km .... , die Beförderungsgenehmigung ist vor Auftragserteilung einzureichen,
- Berechnungseinheit m³, t, Stück, Behälter, Inhalt in m³ ....

LB 002 Erdarbeiten
Vorbereiten des Baugeländes

AW 002

Preise 06.02

Sämtliche Preise sind **Mittelpreise ohne Mehrwertsteuer** zum Zeitpunkt des Ausgabedatums.
Korrekturfaktoren für Regionaleinfluss, Mengeneinfluss, Konjunktureinfluss siehe Vorspann.
Abkürzungen: EP = Einheitspreis, LA = Lohnanteil, ST = Stoffanteil

Vorbereiten des Baugeländes

002.----.-

002.01001.M	Gelände abräumen	6,48 DM/m2 / 3,31 €/m2
002.01301.M	Trasse für Leitungen/ Kabel abräumen, B = 1,5 m	9,75 DM/m / 4,99 €/m
002.01302.M	Trasse für Leitungen/ Kabel abräumen, B = 5 m	32,47 DM/m / 16,60 €/m
002.01303.M	Trasse für Leitungen/ Kabel abräumen, B = 10 m	64,83 DM/m / 33,14 €/m
002.01401.M	Hecke roden B = 50-100 cm, H = 100 cm	7,33 DM/m / 3,75 €/m
002.01402.M	Hecke roden B = 100-150 cm, H = 300 cm	26,50 DM/m / 13,55 €/m
002.01501.M	Hecke abschlagen B = 50-100 cm, H = 100 cm	3,10 DM/m / 1,58 €/m
002.01502.M	Hecke abschlagen B = 100-150 cm, H = 300 cm	16,07 DM/m / 8,21 €/m
002.01601.M	Wurzelstock roden, D < 15 cm, Flachwurzler, MA	28,27 DM/St / 14,45 €/St
002.01602.M	Wurzelstock roden, D über 15 bis 30 cm, Flachw., MA	62,81 DM/St / 32,12 €/St
002.01603.M	Wurzelstock roden, D über 30 bis 50 cm, Flachw., MA	157,04 DM/St / 80,29 €/St
002.01604.M	Wurzelstock roden, D über 50 bis 75 cm, Flachw., MA	259,12 DM/St / 132,48 €/St
002.01605.M	Wurzelstock roden, D über 75 bis 100 cm, Flachw. MA	376,89 DM/St / 192,70 €/St
002.01606.M	Wurzelstock roden, D < 15 cm, Flachwurzler, HA	117,25 DM/St / 59,95 €/St
002.01607.M	Wurzelstock roden, D über 15 bis 30 cm, Flachw., HA	267,77 DM/St / 136,91 €/St
002.01608.M	Wurzelstock roden, D über 30 bis 50 cm, Flachw., HA	669,72 DM/St / 342,42 €/St
002.01609.M	Wurzelstock roden, D über 50 bis 75 cm, Flachw., HA	1 100,41 DM/St / 562,63 €/St
002.01610.M	Wurzelstock roden, D über 75 bis 100 cm, Flachw., HA	1 594,24 DM/St / 815,12 €/St
002.01611.M	Wurzelstock roden, D < 15 cm, Pfahlwurzler, MA	42,40 DM/St / 21,68 €/St
002.01612.M	Wurzelstock roden, D über 15 bis 30 cm, Pfahlw., MA	94,23 DM/St / 48,18 €/St
002.01613.M	Wurzelstock roden, D über 30 bis 50 cm, Pfahlw., MA	235,56 DM/St / 120,44 €/St
002.01614.M	Wurzelstock roden, D über 50 bis 75 cm, Pfahlw., MA	387,89 DM/St / 198,32 €/St
002.01615.M	Wurzelstock roden, D über 75 bis 100 cm, Pfahlw., MA	565,35 DM/St / 289,06 €/St
002.01616.M	Wurzelstock roden, D < 15 cm, Pfahlwurzler, HA	175,89 DM/St / 89,93 €/St
002.01617.M	Wurzelstock roden, D über 15 bis 30 cm, Pfahlw., HA	401,38 DM/St / 205,22 €/St
002.01618.M	Wurzelstock roden, D über 30 bis 50 cm, Pfahlw., HA	1 004,57 DM/St / 513,63 €/St
002.01619.M	Wurzelstock roden, D über 50 bis 75 cm, Pfahlw., HA	1 650,61 DM/St / 843,94 €/St
002.01620.M	Wurzelstock roden, D über 75 bis 100 cm, Pfahlw., HA	2 391,37 DM/St / 1 222,69 €/St
002.01621.M	Wurzelstock fräsen, D < 15 cm, MA	18,85 DM/St / 9,64 €/St
002.01622.M	Wurzelstock fräsen, D über 15 bis 30 cm, MA	42,40 DM/St / 21,68 €/St
002.01623.M	Wurzelstock fräsen, D über 30 bis 50 cm, MA	105,21 DM/St / 53,80 €/St
002.01624.M	Wurzelstock fräsen, D über 50 bis 75 cm, MA	174,31 DM/St / 89,12 €/St
002.01625.M	Wurzelstock fräsen, D über 75 bis 100 cm, MA	251,27 DM/St / 128,47 €/St
002.02001.M	Baum fällen D < 10 cm	9,02 DM/St / 4,61 €/St
002.02002.M	Baum fällen D = 11 bis 20 cm	19,16 DM/St / 9,80 €/St
002.02003.M	Baum fällen D = 21 bis 30 cm	28,19 DM/St / 14,41 €/St
002.02004.M	Baum fällen D = 31 bis 40 cm	49,61 DM/St / 25,36 €/St
002.02005.M	Baum fällen D = 41 bis 50 cm	53,55 DM/St / 27,38 €/St
002.02006.M	Baum fällen D = 51 bis 60 cm	70,47 DM/St / 36,03 €/St
002.02007.M	Baum fällen D = 61 bis 70 cm	98,65 DM/St / 50,44 €/St
002.02008.M	Baum fällen D = 71 bis 80 cm	138,11 DM/St / 70,62 €/St
002.02009.M	Baum fällen D = 81 bis 90 cm	202,95 DM/St / 103,77 €/St
002.02010.M	Baum fällen D = 91 bis 100 cm	267,77 DM/St / 136,91 €/St
002.04101.M	Stammholz, fördern, laden, 10 km, 5 m, D = 10-30 cm	60,01 DM/m3 / 30,68 €/m3
002.04102.M	Stammholz, fördern, laden, 20 km, 5 m, D = 10-30 cm	64,68 DM/m3 / 33,07 €/m3
002.04201.M	Gerodete Flächen planieren	0,68 DM/m2 / 0,35 €/m2

Abkürzungen:
B = Breite
H = Höhe
L = Länge
D = Durchmesser
T = Tiefe
MA = Maschinenarbeit
HA = Handarbeit

002.01001.M KG 200 DIN 276
Gelände abräumen
EP 6,48 DM/m2   LA 6,48 DM/m2   ST 0,00 DM/m2
EP 3,31 €/m2   LA 3,31 €/m2   ST 0,00 €/m2

002.01301.M KG 200 DIN 276
Trasse für Leitungen/ Kabel abräumen, B = 1,5 m
EP 9,75 DM/m   LA 9,75 DM/m   ST 0,00 DM/m
EP 4,99 €/m   LA 4,99 €/m   ST 0,00 €/m

002.01302.M KG 200 DIN 276
Trasse für Leitungen/ Kabel abräumen, B = 5 m
EP 32,47 DM/m   LA 32,47 DM/m   ST 0,00 DM/m
EP 16,60 €/m   LA 16,60 €/m   ST 0,00 €/m

002.01303.M KG 200 DIN 276
Trasse für Leitungen/ Kabel abräumen, B = 10 m
EP 64,83 DM/m   LA 64,83 DM/m   ST 0,00 DM/m
EP 33,14 €/m   LA 33,14 €/m   ST 0,00 €/m

002.01401.M KG 200 DIN 276
Hecke roden B = 50-100 cm, H = 100 cm
EP 7,33 DM/m   LA 7,33 DM/m   ST 0,00 DM/m
EP 3,75 €/m   LA 3,75 €/m   ST 0,00 €/m

002.01402.M KG 200 DIN 276
Hecke roden B = 100-150 cm, H = 300 cm
EP 26,50 DM/m   LA 26,50 DM/m   ST 0,00 DM/m
EP 13,55 €/m   LA 13,55 €/m   ST 0,00 €/m

002.01501.M KG 200 DIN 276
Hecke abschlagen B = 50-100 cm, H = 100 cm
EP 3,10 DM/m   LA 3,10 DM/m   ST 0,00 DM/m
EP 1,58 €/m   LA 1,58 €/m   ST 0,00 €/m

002.01502.M KG 200 DIN 276
Hecke abschlagen B = 100-150 cm, H = 300 cm
EP 16,07 DM/m   LA 16,07 DM/m   ST 0,00 DM/m
EP 8,21 €/m   LA 8,21 €/m   ST 0,00 €/m

002.01601.M KG 200 DIN 276
Wurzelstock roden, D < 15 cm, Flachwurzler, MA
EP 28,27 DM/St   LA 28,27 DM/St   ST 0,00 DM/St
EP 14,45 €/St   LA 14,45 €/St   ST 0,00 €/St

002.01602.M KG 200 DIN 276
Wurzelstock roden, D über 15 bis 30 cm, Flachw., MA
EP 62,81 DM/St   LA 62,81 DM/St   ST 0,00 DM/St
EP 32,12 €/St   LA 32,12 €/St   ST 0,00 €/St

002.01603.M KG 200 DIN 276
Wurzelstock roden, D über 30 bis 50 cm, Flachw., MA
EP 157,04 DM/St   LA 157,04 DM/St   ST 0,00 DM/St
EP 80,29 €/St   LA 80,29 €/St   ST 0,00 €/St

002.01604.M KG 200 DIN 276
Wurzelstock roden, D über 50 bis 75 cm, Flachw., MA
EP 259,12 DM/St   LA 259,12 DM/St   ST 0,00 DM/St
EP 132,48 €/St   LA 132,48 €/St   ST 0,00 €/St

002.01605.M KG 200 DIN 276
Wurzelstock roden, D über 75 bis 100 cm, Flachw. MA
EP 376,89 DM/St   LA 376,89 DM/St   ST 0,00 DM/St
EP 192,70 €/St   LA 192,70 €/St   ST 0,00 €/St

002.01606.M KG 200 DIN 276
Wurzelstock roden, D < 15 cm, Flachwurzler, HA
EP 117,25 DM/St   LA 117,25 DM/St   ST 0,00 DM/St
EP 59,95 €/St   LA 59,95 €/St   ST 0,00 €/St

002.01607.M KG 200 DIN 276
Wurzelstock roden, D über 15 bis 30 cm, Flachw., HA
EP 267,77 DM/St   LA 267,77 DM/St   ST 0,00 DM/St
EP 136,91 €/St   LA 136,91 €/St   ST 0,00 €/St

AW 002

LB 002 Erdarbeiten
Vorbereiten des Baugeländes

Preise 06.02

Sämtliche Preise sind **Mittelpreise ohne Mehrwertsteuer** zum Zeitpunkt des Ausgabedatums.
Korrekturfaktoren für Regionaleinfluss, Mengeneinfluss, Konjunktureinfluss siehe Vorspann.
Abkürzungen: EP = Einheitspreis, LA = Lohnanteil, ST = Stoffanteil

002.01608.M KG 200 DIN 276
Wurzelstock roden, D über 30 bis 50 cm, Flachw., HA
EP 669,72 DM/St   LA 669,72 DM/St   ST 0,00 DM/St
EP 342,42 €/St   LA 342,42 €/St   ST 0,00 €/St

002.01609.M KG 200 DIN 276
Wurzelstock roden, D über 50 bis 75 cm, Flachw., HA
EP 1 100,41 DM/St LA 1 100,41 DM/St ST 0,00 DM/St
EP 562,63 €/St   LA 562,63 €/St   ST 0,00 €/St

002.01610.M KG 200 DIN 276
Wurzelstock roden, D über 75 bis 100 cm, Flachw., HA
EP 1 594,24 DM/St LA 1 594,24 DM/St ST 0,00 DM/St
EP 815,12 €/St   LA 815,12 €/St   ST 0,00 €/St

002.01611.M KG 200 DIN 276
Wurzelstock roden, D < 15 cm, Pfahlwurzler, MA
EP 42,40 DM/St   LA 42,40 DM/St   ST 0,00 DM/St
EP 21,68 €/St   LA 21,68 €/St   ST 0,00 €/St

002.01612.M KG 200 DIN 276
Wurzelstock roden, D über 15 bis 30 cm, Pfahlw., MA
EP 94,23 DM/St   LA 94,23 DM/St   ST 0,00 DM/St
EP 48,18 €/St   LA 48,18 €/St   ST 0,00 €/St

002.01613.M KG 200 DIN 276
Wurzelstock roden, D über 30 bis 50 cm, Pfahlw., MA
EP 235,56 DM/St   LA 235,56 DM/St   ST 0,00 DM/St
EP 120,44 €/St   LA 120,44 €/St   ST 0,00 €/St

002.01614.M KG 200 DIN 276
Wurzelstock roden, D über 50 bis 75 cm, Pfahlw., MA
EP 387,89 DM/St   LA 387,89 DM/St   ST 0,00 DM/St
EP 198,32 €/St   LA 198,32 €/St   ST 0,00 €/St

002.01615.M KG 200 DIN 276
Wurzelstock roden, D über 75 bis 100 cm, Pfahlw., MA
EP 565,35 DM/St   LA 565,35 DM/St   ST 0,00 DM/St
EP 289,06 €/St   LA 289,06 €/St   ST 0,00 €/St

002.01616.M KG 200 DIN 276
Wurzelstock roden, D < 15 cm, Pfahlwurzler, HA
EP 175,89 DM/St   LA 175,89 DM/St   ST 0,00 DM/St
EP 89,93 €/St   LA 89,93 €/St   ST 0,00 €/St

002.01617.M KG 200 DIN 276
Wurzelstock roden, D über 15 bis 30 cm, Pfahlw., HA
EP 401,38 DM/St   LA 401,38 DM/St   ST 0,00 DM/St
EP 205,22 €/St   LA 205,22 €/St   ST 0,00 €/St

002.01618.M KG 200 DIN 276
Wurzelstock roden, D über 30 bis 50 cm, Pfahlw., HA
EP 1 004,57 DM/St LA 1 004,57 DM/St ST 0,00 DM/St
EP 513,63 €/St   LA 513,63 €/St   ST 0,00 €/St

002.01619.M KG 200 DIN 276
Wurzelstock roden, D über 50 bis 75 cm, Pfahlw., HA
EP 1 650,61 DM/St LA 1 650,61 DM/St ST 0,00 DM/St
EP 843,94 €/St   LA 843,94 €/St   ST 0,00 €/St

002.01620.M KG 200 DIN 276
Wurzelstock roden, D über 75 bis 100 cm, Pfahlw., HA
EP 2 391,37 DM/St LA 2 391,37 DM/St ST 0,00 DM/St
EP 1 222,69 €/St   LA 1 222,69 €/St   ST 0,00 €/St

002.01621.M KG 200 DIN 276
Wurzelstock fräsen, D < 15 cm, MA
EP 18,85 DM/St   LA 18,85 DM/St   ST 0,00 DM/St
EP 9,64 €/St   LA 9,64 €/St   ST 0,00 €/St

002.01622.M KG 200 DIN 276
Wurzelstock fräsen, D über 15 bis 30 cm, MA
EP 42,40 DM/St   LA 42,40 DM/St   ST 0,00 DM/St
EP 21,68 €/St   LA 21,68 €/St   ST 0,00 €/St

002.01623.M KG 200 DIN 276
Wurzelstock fräsen, D über 30 bis 50 cm, MA
EP 105,21 DM/St   LA 105,21 DM/St   ST 0,00 DM/St
EP 53,80 €/St   LA 53,80 €/St   ST 0,00 €/St

002.01624.M KG 200 DIN 276
Wurzelstock fräsen, D über 50 bis 75 cm, MA
EP 174,31 DM/St   LA 174,31 DM/St   ST 0,00 DM/St
EP 89,12 €/St   LA 89,12 €/St   ST 0,00 €/St

002.01625.M KG 200 DIN 276
Wurzelstock fräsen, D über 75 bis 100 cm, MA
EP 251,27 DM/St   LA 251,27 DM/St   ST 0,00 DM/St
EP 128,47 €/St   LA 128,47 €/St   ST 0,00 €/St

002.02001.M KG 200 DIN 276
Baum fällen D < 10 cm
EP 9,02 DM/St   LA 9,02 DM/St   ST 0,00 DM/St
EP 4,61 €/St   LA 4,61 €/St   ST 0,00 €/St

002.02002.M KG 200 DIN 276
Baum fällen D = 11 bis 20 cm
EP 19,16 DM/St   LA 19,16 DM/St   ST 0,00 DM/St
EP 9,80 €/St   LA 9,80 €/St   ST 0,00 €/St

002.02003.M KG 200 DIN 276
Baum fällen D = 21 bis 30 cm
EP 28,19 DM/St   LA 28,19 DM/St   ST 0,00 DM/St
EP 14,41 €/St   LA 14,41 €/St   ST 0,00 €/St

002.02004.M KG 200 DIN 276
Baum fällen D = 31 bis 40 cm
EP 49,61 DM/St   LA 49,61 DM/St   ST 0,00 DM/St
EP 25,36 €/St   LA 25,36 €/St   ST 0,00 €/St

002.02005.M KG 200 DIN 276
Baum fällen D = 41 bis 50 cm
EP 53,55 DM/St   LA 53,55 DM/St   ST 0,00 DM/St
EP 27,38 €/St   LA 27,38 €/St   ST 0,00 €/St

002.02006.M KG 200 DIN 276
Baum fällen D = 51 bis 60 cm
EP 70,47 DM/St   LA 70,47 DM/St   ST 0,00 DM/St
EP 36,03 €/St   LA 36,03 €/St   ST 0,00 €/St

002.02007.M KG 200 DIN 276
Baum fällen D = 61 bis 70 cm
EP 98,65 DM/St   LA 98,65 DM/St   ST 0,00 DM/St
EP 50,44 €/St   LA 50,44 €/St   ST 0,00 €/St

002.02008.M KG 200 DIN 276
Baum fällen D = 71 bis 80 cm
EP 138,11 DM/St   LA 138,11 DM/St   ST 0,00 DM/St
EP 70,62 €/St   LA 70,62 €/St   ST 0,00 €/St

002.02009.M KG 200 DIN 276
Baum fällen D = 81 bis 90 cm
EP 202,95 DM/St   LA 202,95 DM/St   ST 0,00 DM/St
EP 103,77 €/St   LA 103,77 €/St   ST 0,00 €/St

002.02010.M KG 200 DIN 276
Baum fällen D = 91 bis 100 cm
EP 267,77 DM/St   LA 267,77 DM/St   ST 0,00 DM/St
EP 136,91 €/St   LA 136,91 €/St   ST 0,00 €/St

002.04101.M KG 200 DIN 276
Stammholz, fördern, laden, 10 km, 5 m, D = 10-30 cm
EP 60,01 DM/m3   LA 55,25 DM/m3   ST 4,76 DM/m3
EP 30,68 €/m3   LA 28,25 €/m3   ST 2,43 €/m3

002.04102.M KG 200 DIN 276
Stammholz, fördern, laden, 20 km, 5 m, D = 10-30 cm
EP 64,68 DM/m3   LA 55,25 DM/m3   ST 9,43 DM/m3
EP 33,07 €/m3   LA 28,25 €/m3   ST 4,82 €/m3

002.04201.M KG 200 DIN 276
Gerodete Flächen planieren
EP 0,68 DM/m2   LA 0,51 DM/m2   ST 0,17 DM/m2
EP 0,35 €/m2   LA 0,26 €/m2   ST 0,09 €/m2

LB 002 Erdarbeiten
Oberboden; Bodenaushub; Baugrube

AW 002

Preise 06.02

Sämtliche Preise sind **Mittelpreise ohne Mehrwertsteuer** zum Zeitpunkt des Ausgabedatums.
Korrekturfaktoren für Regionaleinfluss, Mengeneinfluss, Konjunktureinfluss siehe Vorspann..
Abkürzungen: EP = Einheitspreis, LA = Lohnanteil, ST = Stoffanteil

Oberboden

002.----.-

002.05001.M	Oberboden abtragen und lagern, D = 20 cm, MA	6,63 DM/m3 / 3,39 €/m3
002.05002.M	Oberboden abtragen und lagern, D = 30 cm, MA	4,98 DM/m3 / 2,54 €/m3
002.05003.M	Oberboden abtragen und lagern, D = 20 cm, Handabtrag	74,41 DM/m3 / 38,05 €/m3
002.05004.M	Oberboden abtragen und lagern, D = 30 cm, Handabtrag	70,47 DM/m3 / 36,03 €/m3
002.05401.M	Gelag. Oberboden fördern, auftr., D = 20 cm, MA	24,87 DM/m3 / 12,71 €/m3
002.05402.M	Gelag. Oberboden fördern, auftr., D = 20 cm, Handauftrag	42,28 DM/m3 / 21,62 €/m3
002.05403.M	Gelag. Oberboden fördern, auftr., D = 30 cm, MA	20,73 DM/m3 / 10,60 €/m3
002.05404.M	Gelag. Oberboden fördern, auftr., D = 30 cm, Handauftrag	39,46 DM/m3 / 20,18 €/m3

Hinweis: MA ... maschinell

Den maschinell durchgeführten Leistungen ist eine Geräteleistung bis 50 m3/d zugeordnet.

002.05001.M KG 200 DIN 276
Oberboden abtragen und lagern, D = 20 cm, MA
EP 6,63 DM/m3   LA 6,63 DM/m3   ST 0,00 DM/m3
EP 3,39 €/m3   LA 3,39 €/m3   ST 0,00 €/m3

002.05002.M KG 200 DIN 276
Oberboden abtragen und lagern, D = 30 cm, MA
EP 4,98 DM/m3   LA 4,98 DM/m3   ST 0,00 DM/m3
EP 2,54 €/m3   LA 2,54 €/m3   ST 0,00 €/m3

002.05003.M KG 200 DIN 276
Oberboden abtragen und lagern, D = 20 cm, Handabtrag
EP 74,41 DM/m3 LA 74,41 DM/m3 ST 0,00 DM/m3
EP 38,05 €/m3   LA 38,05 €/m3   ST 0,00 €/m3

002.05004.M KG 200 DIN 276
Oberboden abtragen und lagern, D = 30 cm, Handabtrag
EP 70,47 DM/m3 LA 70,47 DM/m3 ST 0,00 DM/m3
EP 36,03 €/m3   LA 36,03 €/m3   ST 0,00 €/m3

002.05401.M KG 200 DIN 276
Gelag. Oberboden fördern, auftr., D = 20 cm, MA
EP 24,87 DM/m3 LA 24,87 DM/m3 ST 0,00 DM/m3
EP 12,71 €/m3   LA 12,71 €/m3   ST 0,00 €/m3

002.05402.M KG 200 DIN 276
Gelag. Oberboden fördern, auftr., D = 20 cm, Handauftrag
EP 42,28 DM/m3 LA 42,28 DM/m3 ST 0,00 DM/m3
EP 21,62 €/m3   LA 21,62 €/m3   ST 0,00 €/m3

002.05403.M KG 200 DIN 276
Gelag. Oberboden fördern, auftr., D = 30 cm, MA
EP 20,73 DM/m3 LA 20,73 DM/m3 ST 0,00 DM/m3
EP 10,60 €/m3   LA 10,60 €/m3   ST 0,00 €/m3

002.05404.M KG 200 DIN 276
Gelag. Oberboden fördern, auftr., D = 30 cm, Handauftrag
EP 39,46 DM/m3 LA 39,46 DM/m3 ST 0,00 DM/m3
EP 20,18 €/m3   LA 20,18 €/m3   ST 0,00 €/m3

Bodenaushub, Baugrube

002.----.-

002.07001.M	Boden, Baugr. lösen, Kl.2, T < 1,75 m, > 500 m3/d	16,35 DM/m3 / 8,36 €/m3
002.07002.M	Boden, Baugr. lösen, Kl.2, T < 1,75 m, 200-500 m3/d	20,42 DM/m3 / 10,44 €/m3
002.07003.M	Boden, Baugr. lösen, Kl.2, T < 1,75 m, 100-200 m3/d	22,00 DM/m3 / 11,25 €/m3
002.07004.M	Boden, Baugr. lösen, Kl.2, T < 1,75 m, 50-100 m3/d	35,76 DM/m3 / 18,28 €/m3
002.07005.M	Boden, Baugr. lösen, Kl.2, T < 1,75 m, <50 m3/d	39,79 DM/m3 / 20,34 €/m3
002.07006.M	Boden, Baugr. lösen, Kl.2, T < 1,75 m, Handaushub	216,47 DM/m3 / 110,68 €/m3
002.07007.M	Boden, Baugr. lösen, Kl.2, T = 1,75-3,5 m, >500 m3/d	18,96 DM/m3 / 9,69 €/m3
002.07008.M	Boden, Baugr. lösen, Kl.2, T = 1,75-3,5 m, 200-500 m3/d	25,13 DM/m3 / 12,85 €/m3
002.07009.M	Boden, Baugr. lösen, Kl.2, T = 1,75-3,5 m, 100-200 m3/d	26,89 DM/m3 / 13,75 €/m3
002.07010.M	Boden, Baugr. lösen, Kl.2, T = 1,75-3,5 m, 50-100 m3/d	38,38 DM/m3 / 19,62 €/m3
002.07011.M	Boden, Baugr. lösen, Kl.2, T = 1,75-3,5 m, <50 m3/d	41,45 DM/m3 / 21,19 €/m3
002.07012.M	Boden, Baugr. lösen, Kl.2, T = 3,50-5,5 m, >500 m3/d	23,98 DM/m3 / 12,26 €/m3
002.07013.M	Boden, Baugr. lösen, Kl.2, T = 3,50-5,5 m, 200-500 m3/d	31,41 DM/m3 / 16,06 €/m3
002.07014.M	Boden, Baugr. lösen, Kl.2, T = 3,50-5,5 m, 100-200 m3/d	34,23 DM/m3 / 17,50 €/m3
002.07015.M	Boden, Baugr. lösen, Kl.2, T = 3,50-5,5 m, 50-100 m3/d	41,87 DM/m3 / 21,41 €/m3
002.07016.M	Boden, Baugr. lösen, Kl.2, T = 3,50-5,5 m, <50 m3/d	44,76 DM/m3 / 22,89 €/m3
002.07017.M	Boden, Baugr. lösen, Kl.3-5, T < 1,75 m, > 500 m3/d	5,89 DM/m3 / 3,01 €/m3
002.07018.M	Boden, Baugr. lösen, Kl.3-5, T <1,75 m, 200-500 m3/d	8,79 DM/m3 / 4,49 €/m3
002.07019.M	Boden, Baugr. lösen, Kl.3-5, T <1,75 m, 100-200 m3/d	14,67 DM/m3 / 7,50 €/m3
002.07020.M	Boden, Baugr. lösen, Kl.3-5, T <1,75 m, 50-100 m3/d	20,06 DM/m3 / 10,26 €/m3
002.07021.M	Boden, Baugr. lösen, Kl.3-5, T <1,75 m, <50 m3/d	24,87 DM/m3 / 12,71 €/m3
002.07022.M	Boden, Baugr. lösen, Kl.3-5, T <1,75 m, Handaushub	11,06 DM/m3 / 56,78 €/m3
002.07023.M	Boden, Baugr. lösen, Kl.3-5, T = 1,75-3,5 m, >500 m3/d	7,62 DM/m3 / 3,90 €/m3
002.07024.M	Boden, Baugr. lösen, Kl.3-5, T = 1,75-3,5 m,200-500m3/d	10,21 DM/m3 / 5,22 €/m3
002.07025.M	Boden, Baugr. lösen, Kl.3-5, T = 1,75-3,5 m,100-200m3/d	17,12 DM/m3 / 8,75 €/m3
002.07026.M	Boden, Baugr. lösen, Kl.3-5, T = 1,75-3,5 m,50-100 m3/d	21,81 DM/m3 / 11,15 €/m3
002.07027.M	Boden, Baugr. lösen, Kl.3-5, T = 1,75-3,5 m, <50 m3/d	27,36 DM/m3 / 13,99 €/m3
002.07028.M	Boden, Baugr. lösen, Kl.3-5, T = 3,50-5,5 m, >500 m3/d	10,03 DM/m3 / 5,13 €/m3
002.07029.M	Boden, Baugr. lösen, Kl.3-5, T = 3,50-5,5m,200-500 m3/d	11,77 DM/m3 / 6,02 €/m3
002.07030.M	Boden, Baugr. lösen, Kl.3-5, T = 3,50-5,5m,100-200 m3/d	19,56 DM/m3 / 10,00 €/m3
002.07031.M	Boden, Baugr. lösen, Kl.3-5, T = 3,50-5,5m, 50-100 m3/d	24,43 DM/m3 / 12,49 €/m3
002.07032.M	Boden, Baugr. lösen, Kl.3-5, T = 3,50-5,5 m, <50 m3/d	29,84 DM/m3 / 15,26 €/m3
002.07033.M	Boden, Baugr. lösen, Kl.6, T <1,75 m, >500 m3/d	10,89 DM/m3 / 5,57 €/m3
002.07034.M	Boden, Baugr. lösen, Kl.6, T <1,75 m, 200-500 m3/d	17,27 DM/m3 / 8,83 €/m3
002.07035.M	Boden, Baugr. lösen, Kl.6, T <1,75 m, 100-200 m3/d	20,78 DM/m3 / 10,62 €/m3
002.07036.M	Boden, Baugr. lösen, Kl.6, T <1,75 m, 50-100 m3/d	32,27 DM/m3 / 16,50 €/m3
002.07037.M	Boden, Baugr. lösen, Kl.6, T <1,75 m, <50 m3/d	35,65 DM/m3 / 18,23 €/m3
002.07038.M	Boden, Baugr. lösen, Kl.6, T <1,75 m, Handaushub	189,98 DM/m3 / 97,14 €/m3
002.07039.M	Boden, Baugr. lösen, Kl.6, T = 1,75-3,5 m, >500 m3/d	17,44 DM/m3 / 8,91 €/m3
002.07040.M	Boden, Baugr. lösen, Kl.6, T = 1,75-3,5 m, 200-500 m3/d	20,42 DM/m3 / 10,44 €/m3
002.07041.M	Boden, Baugr. lösen, Kl.6, T = 1,75-3,5 m, 100-200 m3/d	24,45 DM/m3 / 12,50 €/m3
002.07042.M	Boden, Baugr. lösen, Kl.6, T = 1,75-3,5 m, 50-100 m3/d	34,89 DM/m3 / 17,84 €/m3
002.07043.M	Boden, Baugr. lösen, Kl.6, T = 1,75-3,5 m, <50 m3/d	38,96 DM/m3 / 19,92 €/m3
002.07044.M	Boden, Baugr. lösen, Kl.6, T = 3,50-5,5 m, >500 m3/d	21,80 DM/m3 / 11,15 €/m3
002.07045.M	Boden, Baugr. lösen, Kl.6, T = 3,50-5,5 m, 200-500 m3/d	26,69 DM/m3 / 13,65 €/m3
002.07046.M	Boden, Baugr. lösen, Kl.6, T = 3,50-5,5 m, 100-200 m3/d	30,56 DM/m3 / 15,62 €/m3
002.07047.M	Boden, Baugr. lösen, Kl.6, T = 3,50-5,5 m, 50-100 m3/d	38,38 DM/m3 / 19,62 €/m3
002.07048.M	Boden, Baugr. lösen, Kl.6, T = 3,50-5,5 m, <50 m3/d	43,11 DM/m3 / 22,04 €/m3

AW 002

LB 002 Erdarbeiten
Bodenaushub; Baugrube

Preise 06.02

Sämtliche Preise sind **Mittelpreise ohne Mehrwertsteuer** zum Zeitpunkt des Ausgabedatums.
Korrekturfaktoren für Regionaleinfluss, Mengeneinfluss, Konjunktureinfluss siehe Vorspann.
Abkürzungen: EP = Einheitspreis, LA = Lohnanteil, ST = Stoffanteil

002.-----.-

002.07049.M	Boden, Baugr. lösen, Kl.7, T <1,75 m, >500 m3/d	28,34 DM/m3 / 14,49 €/m3
002.07050.M	Boden, Baugr. lösen, Kl.7, T <1,75 m, 200-500 m3/d	29,84 DM/m3 / 15,26 €/m3
002.07051.M	Boden, Baugr. lösen, Kl.7, T <1,75 m, 100-200 m3/d	46,45 DM/m3 / 23,75 €/m3
002.07052.M	Boden, Baugr. lösen, Kl.7, T <1,75 m, 50-100 m3/d	62,80 DM/m3 / 32,11 €/m3
002.07053.M	Boden, Baugr. lösen, Kl.7, T <1,75 m, <50 m3/d	67,97 DM/m3 / 34,75 €/m3
002.07054.M	Boden, Baugr. lösen, Kl.7, T <1,75 m, Handaushub	284,69 DM/m3 / 145,56 €/m3
002.07055.M	Boden, Baugr. lösen, Kl.7, T = 1,75-3,5 m, >500 m3/d	34,87 DM/m3 / 17,83 €/m3
002.07056.M	Boden, Baugr. lösen, Kl.7, T = 1,75-3,5 m, 200-500 m3/d	36,12 DM/m3 / 18,47 €/m3
002.07057.M	Boden, Baugr. lösen, Kl.7, T = 1,75-3,5 m, 100-200 m3/d	55,00 DM/m3 / 28,12 €/m3
002.07058.M	Boden, Baugr. lösen, Kl.7, T = 1,75-3,5 m, 50-100 m3/d	68,03 DM/m3 / 34,79 €/m3
002.07059.M	Boden, Baugr. lösen, Kl.7, T = 1,75-3,5 m, <50 m3/d	74,61 DM/m3 / 38,15 €/m3
002.07060.M	Boden, Baugr. lösen, Kl.7, T = 3,50-5,5 m, >500 m3/d	45,78 DM/m3 / 23,40 €/m3
002.07061.M	Boden, Baugr. lösen, Kl.7, T = 3,50-5,5 m, 200-500 m3/d	47,11 DM/m3 / 24,09 €/m3
002.07062.M	Boden, Baugr. lösen, Kl.7, T = 3,50-5,5 m, 100-200 m3/d	63,57 DM/m3 / 32,50 €/m3
002.07063.M	Boden, Baugr. lösen, Kl.7, T = 3,50-5,5 m, 50-100 m3/d	75,01 DM/m3 / 38,35 €/m3
002.07064.M	Boden, Baugr. lösen, Kl.7, T = 3,50-5,5 m, <50 m3/d	82,89 DM/m3 / 42,38 €/m3

Hinweis: Erklärung zur Maschinenleistung
  < 50 m3/d ... Kleinstgerät
  50-100 m3/d ... Kleingerät
  100-200 m3/d ... mittleres Gerät
  200-500 m3/d ... Großgerät
  > 500 m3/d ... Größtgerät

002.07001.M KG 311 DIN 276
Boden, Baugr. lösen, Kl.2, T < 1,75 m, > 500 m3/d
EP 16,35 DM/m3   LA 16,35 DM/m3   ST 0,00 DM/m3
EP 8,36 €/m3   LA 8,36 €/m3   ST 0,00 €/m3

002.07002.M KG 311 DIN 276
Boden, Baugr. lösen, Kl.2, T < 1,75 m, 200-500 m3/d
EP 20,42 DM/m3   LA 20,42 DM/m3   ST 0,00 DM/m3
EP 10,44 €/m3   LA 10,44 €/m3   ST 0,00 €/m3

002.07003.M KG 311 DIN 276
Boden, Baugr. lösen, Kl.2, T < 1,75 m, 100-200 m3/d
EP 22,00 DM/m3   LA 22,00 DM/m3   ST 0,00 DM/m3
EP 11,25 €/m3   LA 11,25 €/m3   ST 0,00 €/m3

002.07004.M KG 311 DIN 276
Boden, Baugr. lösen, Kl.2, T < 1,75 m, 50-100 m3/d
EP 35,76 DM/m3   LA 35,76 DM/m3   ST 0,00 DM/m3
EP 18,28 €/m3   LA 18,28 €/m3   ST 0,00 €/m3

002.07005.M KG 311 DIN 276
Boden, Baugr. lösen, Kl.2, T < 1,75 m, <50 m3/d
EP 39,79 DM/m3   LA 39,79 DM/m3   ST 0,00 DM/m3
EP 20,34 €/m3   LA 20,34 €/m3   ST 0,00 €/m3

002.07006.M KG 311 DIN 276
Boden, Baugr. lösen, Kl.2, T < 1,75 m, Handaushub
EP 216,47 DM/m3 LA 216,47 DM/m3 ST 0,00 DM/m3
EP 110,68 €/m3   LA 110,68 €/m3   ST 0,00 €/m3

002.07007.M KG 311 DIN 276
Boden, Baugr. lösen, Kl.2, T = 1,75-3,5 m, >500 m3/d
EP 18,96 DM/m3   LA 18,96 DM/m3   ST 0,00 DM/m3
EP 9,69 €/m3   LA 9,69 €/m3   ST 0,00 €/m3

002.07008.M KG 311 DIN 276
Boden, Baugr. lösen, Kl.2, T = 1,75-3,5 m, 200-500 m3/d
EP 25,13 DM/m3   LA 25,13 DM/m3   ST 0,00 DM/m3
EP 12,85 €/m3   LA 12,85 €/m3   ST 0,00 €/m3

002.07009.M KG 311 DIN 276
Boden, Baugr. lösen, Kl.2, T = 1,75-3,5 m, 100-200 m3/d
EP 26,89 DM/m3   LA 26,89 DM/m3   ST 0,00 DM/m3
EP 13,75 €/m3   LA 13,75 €/m3   ST 0,00 €/m3

002.07010.M KG 311 DIN 276
Boden, Baugr. lösen, Kl.2, T = 1,75-3,5 m, 50-100 m3/d
EP 38,38 DM/m3   LA 38,38 DM/m3   ST 0,00 DM/m3
EP 19,62 €/m3   LA 19,62 €/m3   ST 0,00 €/m3

002.07011.M KG 311 DIN 276
Boden, Baugr. lösen, Kl.2, T = 1,75-3,5 m, <50 m3/d
EP 41,45 DM/m3   LA 41,45 DM/m3   ST 0,00 DM/m3
EP 21,19 €/m3   LA 21,19 €/m3   ST 0,00 €/m3

002.07012.M KG 311 DIN 276
Boden, Baugr. lösen, Kl.2, T = 3,50-5,5 m, >500 m3/d
EP 23,98 DM/m3   LA 23,98 DM/m3   ST 0,00 DM/m3
EP 12,26 €/m3   LA 12,26 €/m3   ST 0,00 €/m3

002.07013.M KG 311 DIN 276
Boden, Baugr. lösen, Kl.2, T = 3,50-5,5 m, 200-500 m3/d
EP 31,41 DM/m3   LA 31,41 DM/m3   ST 0,00 DM/m3
EP 16,06 €/m3   LA 16,06 €/m3   ST 0,00 €/m3

002.07014.M KG 311 DIN 276
Boden, Baugr. lösen, Kl.2, T = 3,50-5,5 m, 100-200 m3/d
EP 34,23 DM/m3   LA 34,23 DM/m3   ST 0,00 DM/m3
EP 17,50 €/m3   LA 17,50 €/m3   ST 0,00 €/m3

002.07015.M KG 311 DIN 276
Boden, Baugr. lösen, Kl.2, T = 3,50-5,5 m, 50-100 m3/d
EP 41,87 DM/m3   LA 41,87 DM/m3   ST 0,00 DM/m3
EP 21,41 €/m3   LA 21,41 €/m3   ST 0,00 €/m3

002.07016.M KG 311 DIN 276
Boden, Baugr. lösen, Kl.2, T = 3,50-5,5 m, <50 m3/d
EP 44,76 DM/m3   LA 44,76 DM/m3   ST 0,00 DM/m3
EP 22,89 €/m3   LA 22,89 €/m3   ST 0,00 €/m3

002.07017.M KG 311 DIN 276
Boden, Baugr. lösen, Kl.3-5, T < 1,75 m, > 500 m3/d
EP 5,89 DM/m3   LA 5,89 DM/m3   ST 0,00 DM/m3
EP 3,01 €/m3   LA 3,01 €/m3   ST 0,00 €/m3

002.07018.M KG 311 DIN 276
Boden, Baugr. lösen, Kl.3-5, T <1,75 m, 200-500 m3/d
EP 8,79 DM/m3   LA 8,79 DM/m3   ST 0,00 DM/m3
EP 4,49 €/m3   LA 4,49 €/m3   ST 0,00 €/m3

002.07019.M KG 311 DIN 276
Boden, Baugr. lösen, Kl.3-5, T <1,75 m, 100-200 m3/d
EP 14,67 DM/m3   LA 14,67 DM/m3   ST 0,00 DM/m3
EP 7,50 €/m3   LA 7,50 €/m3   ST 0,00 €/m3

002.07020.M KG 311 DIN 276
Boden, Baugr. lösen, Kl.3-5, T <1,75 m, 50-100 m3/d
EP 20,06 DM/m3   LA 20,06 DM/m3   ST 0,00 DM/m3
EP 10,26 €/m3   LA 10,26 €/m3   ST 0,00 €/m3

002.07021.M KG 311 DIN 276
Boden, Baugr. lösen, Kl.3-5, T <1,75 m, <50 m3/d
EP 24,87 DM/m3   LA 24,87 DM/m3   ST 0,00 DM/m3
EP 12,71 €/m3   LA 12,71 €/m3   ST 0,00 €/m3

002.07022.M KG 311 DIN 276
Boden, Baugr. lösen, Kl.3-5, T <1,75 m, Handaushub
EP 111,06 DM/m3 LA 111,06 DM/m3 ST 0,00 DM/m3
EP 56,78 €/m3   LA 56,78 €/m3   ST 0,00 €/m3

002.07023.M KG 311 DIN 276
Boden, Baugr. lösen, Kl.3-5, T = 1,75-3,5 m, >500 m3/d
EP 7,62 DM/m3   LA 7,62 DM/m3   ST 0,00 DM/m3
EP 3,90 €/m3   LA 3,90 €/m3   ST 0,00 €/m3

002.07024.M KG 311 DIN 276
Boden, Baugr. lösen, Kl.3-5, T = 1,75-3,5 m,200-500m3/d
EP 10,21 DM/m3   LA 10,21 DM/m3   ST 0,00 DM/m3
EP 5,22 €/m3   LA 5,22 €/m3   ST 0,00 €/m3

002.07025.M KG 311 DIN 276
Boden, Baugr. lösen, Kl.3-5, T = 1,75-3,5 m,100-200m3/d
EP 17,12 DM/m3   LA 17,12 DM/m3   ST 0,00 DM/m3
EP 8,75 €/m3   LA 8,75 €/m3   ST 0,00 €/m3

002.07026.M KG 311 DIN 276
Boden, Baugr. lösen, Kl.3-5, T = 1,75-3,5 m,50-100 m3/d
EP 21,81 DM/m3   LA 21,81 DM/m3   ST 0,00 DM/m3
EP 11,15 €/m3   LA 11,15 €/m3   ST 0,00 €/m3

LB 002 Erdarbeiten
Bodenaushub; Baugrube

AW 002

Preise 06.02

Sämtliche Preise sind **Mittelpreise ohne Mehrwertsteuer** zum Zeitpunkt des Ausgabedatums.
Korrekturfaktoren für Regionaleinfluss, Mengeneinfluss, Konjunktureinfluss siehe Vorspann.
Abkürzungen: EP = Einheitspreis, LA = Lohnanteil, ST = Stoffanteil

002.07027.M KG 311 DIN 276
Boden, Baugr. lösen, Kl.3-5, T = 1,75-3,5 m, <50 m3/d
EP 27,36 DM/m3   LA 27,36 DM/m3   ST 0,00 DM/m3
EP 13,99 €/m3   LA 13,99 €/m3   ST 0,00 €/m3

002.07028.M KG 311 DIN 276
Boden, Baugr. lösen, Kl.3-5, T = 3,50-5,5 m, >500 m3/d
EP 10,03 DM/m3   LA 10,03 DM/m3   ST 0,00 DM/m3
EP 5,13 €/m3   LA 5,13 €/m3   ST 0,00 €/m3

002.07029.M KG 311 DIN 276
Boden, Baugr. lösen, Kl.3-5, T = 3,50-5,5m, 200-500 m3/d
EP 11,77 DM/m3   LA 11,77 DM/m3   ST 0,00 DM/m3
EP 6,02 €/m3   LA 6,02 €/m3   ST 0,00 €/m3

002.07030.M KG 311 DIN 276
Boden, Baugr. lösen, Kl.3-5, T = 3,50-5,5m, 100-200 m3/d
EP 19,56 DM/m3   LA 19,56 DM/m3   ST 0,00 DM/m3
EP 10,00 €/m3   LA 10,00 €/m3   ST 0,00 €/m3

002.07031.M KG 311 DIN 276
Boden, Baugr. lösen, Kl.3-5, T = 3,50-5,5m, 50-100 m3/d
EP 24,43 DM/m3   LA 24,43 DM/m3   ST 0,00 DM/m3
EP 12,49 €/m3   LA 12,49 €/m3   ST 0,00 €/m3

002.07032.M KG 311 DIN 276
Boden, Baugr. lösen, Kl.3-5, T = 3,50-5,5 m, <50 m3/d
EP 29,84 DM/m3   LA 29,84 DM/m3   ST 0,00 DM/m3
EP 15,26 €/m3   LA 15,26 €/m3   ST 0,00 €/m3

002.07033.M KG 311 DIN 276
Boden, Baugr. lösen, Kl.6, T <1,75 m, >500 m3/d
EP 10,89 DM/m3   LA 10,89 DM/m3   ST 0,00 DM/m3
EP 5,57 €/m3   LA 5,57 €/m3   ST 0,00 €/m3

002.07034.M KG 311 DIN 276
Boden, Baugr. lösen, Kl.6, T <1,75 m, 200-500 m3/d
EP 17,27 DM/m3   LA 17,27 DM/m3   ST 0,00 DM/m3
EP 8,83 €/m3   LA 8,83 €/m3   ST 0,00 €/m3

002.07035.M KG 311 DIN 276
Boden, Baugr. lösen, Kl.6, T <1,75 m, 100-200 m3/d
EP 20,78 DM/m3   LA 20,78 DM/m3   ST 0,00 DM/m3
EP 10,62 €/m3   LA 10,62 €/m3   ST 0,00 €/m3

002.07036.M KG 311 DIN 276
Boden, Baugr. lösen, Kl.6, T <1,75 m, 50-100 m3/d
EP 32,27 DM/m3   LA 32,27 DM/m3   ST 0,00 DM/m3
EP 16,50 €/m3   LA 16,50 €/m3   ST 0,00 €/m3

002.07037.M KG 311 DIN 276
Boden, Baugr. lösen, Kl.6, T <1,75 m, <50 m3/d
EP 35,65 DM/m3   LA 35,65 DM/m3   ST 0,00 DM/m3
EP 18,23 €/m3   LA 18,23 €/m3   ST 0,00 €/m3

002.07038.M KG 311 DIN 276
Boden, Baugr. lösen, Kl.6, T <1,75 m, Handaushub
EP 189,98 DM/m3   LA 189,98 DM/m3   ST 0,00 DM/m3
EP 97,14 €/m3   LA 97,14 €/m3   ST 0,00€/m3

002.07039.M KG 311 DIN 276
Boden, Baugr. lösen, Kl.6, T = 1,75-3,5 m, >500 m3/d
EP 17,44 DM/m3   LA 17,44 DM/m3   ST 0,00 DM/m3
EP 8,91 €/m3   LA 8,91 €/m3   ST 0,00 €/m3

002.07040.M KG 311 DIN 276
Boden, Baugr. lösen, Kl.6, T = 1,75-3,5 m, 200-500 m3/d
EP 20,42 DM/m3   LA 20,42 DM/m3   ST 0,00 DM/m3
EP 10,44 €/m3   LA 10,44 €/m3   ST 0,00 €/m3

002.07041.M KG 311 DIN 276
Boden, Baugr. lösen, Kl.6, T = 1,75-3,5 m, 100-200 m3/d
EP 24,45 DM/m3   LA 24,45 DM/m3   ST 0,00 DM/m3
EP 12,50 €/m3   LA 12,50 €/m3   ST 0,00 €/m3

002.07042.M KG 311 DIN 276
Boden, Baugr. lösen, Kl.6, T = 1,75-3,5 m, 50-100 m3/d
EP 34,89 DM/m3   LA 34,89 DM/m3   ST 0,00 DM/m3
EP 17,84 €/m3   LA 17,84 €/m3   ST 0,00 €/m3

002.07043.M KG 311 DIN 276
Boden, Baugr. lösen, Kl.6, T = 1,75-3,5 m, <50 m3/d
EP 38,96 DM/m3   LA 38,96 DM/m3   ST 0,00 DM/m3
EP 19,92 €/m3   LA 19,92 €/m3   ST 0,00 €/m3

002.07044.M KG 311 DIN 276
Boden, Baugr. lösen, Kl.6, T = 3,50-5,5 m, >500 m3/d
EP 21,80 DM/m3   LA 21,80 DM/m3   ST 0,00 DM/m3
EP 11,15 €/m3   LA 11,15 €/m3   ST 0,00 €/m3

002.07045.M KG 311 DIN 276
Boden, Baugr. lösen, Kl.6, T = 3,50-5,5 m, 200-500 m3/d
EP 26,69 DM/m3   LA 26,69 DM/m3   ST 0,00 DM/m3
EP 13,65 €/m3   LA 13,65 €/m3   ST 0,00 €/m3

002.07046.M KG 311 DIN 276
Boden, Baugr. lösen, Kl.6, T = 3,50-5,5 m, 100-200 m3/d
EP 30,56 DM/m3   LA 30,56 DM/m3   ST 0,00 DM/m3
EP 15,62 €/m3   LA 15,62 €/m3   ST 0,00 €/m3

002.07047.M KG 311 DIN 276
Boden, Baugr. lösen, Kl.6, T = 3,50-5,5 m, 50-100 m3/d
EP 38,38 DM/m3   LA 38,38 DM/m3   ST 0,00 DM/m3
EP 19,62 €/m3   LA 19,62 €/m3   ST 0,00 €/m3

002.07048.M KG 311 DIN 276
Boden, Baugr. lösen, Kl.6, T = 3,50-5,5 m, <50 m3/d
EP 43,11 DM/m3   LA 43,11 DM/m3   ST 0,00 DM/m3
EP 22,04 €/m3   LA 22,04 €/m3   ST 0,00 €/m3

002.07049.M KG 311 DIN 276
Boden, Baugr. lösen, Kl.7, T <1,75 m, >500 m3/d
EP 28,34 DM/m3   LA 28,34 DM/m3   ST 0,00 DM/m3
EP 14,49 €/m3   LA 14,49 €/m3   ST 0,00 €/m3

002.07050.M KG 311 DIN 276
Boden, Baugr. lösen, Kl.7, T <1,75 m, 200-500 m3/d
EP 29,84 DM/m3   LA 29,84 DM/m3   ST 0,00 DM/m3
EP 15,26 €/m3   LA 15,26 €/m3   ST 0,00 €/m3

002.07051.M KG 311 DIN 276
Boden, Baugr. lösen, Kl.7, T <1,75 m, 100-200 m3/d
EP 46,45 DM/m3   LA 46,45 DM/m3   ST 0,00 DM/m3
EP 23,75 €/m3   LA 23,75 €/m3   ST 0,00 €/m3

002.07052.M KG 311 DIN 276
Boden, Baugr. lösen, Kl.7, T <1,75 m, 50-100 m3/d
EP 62,80 DM/m3   LA 62,80 DM/m3   ST 0,00 DM/m3
EP 32,11 €/m3   LA 32,11 €/m3   ST 0,00 €/m3

002.07053.M KG 311 DIN 276
Boden, Baugr. lösen, Kl.7, T <1,75 m, <50 m3/d
EP 67,97 DM/m3   LA 67,97 DM/m3   ST 0,00 DM/m3
EP 34,75 €/m3   LA 34,75 €/m3   ST 0,00 €/m3

002.07054.M KG 311 DIN 276
Boden, Baugr. lösen, Kl.7, T <1,75 m, Handaushub
EP 284,69 DM/m3   LA 284,69 DM/m3   ST 0,00 DM/m3
EP 145,56 €/m3   LA 145,56 €/m3   ST 0,00 €/m3

002.07055.M KG 311 DIN 276
Boden, Baugr. lösen, Kl.7, T = 1,75-3,5 m, >500 m3/d
EP 34,87 DM/m3   LA 34,87 DM/m3   ST 0,00 DM/m3
EP 17,83 €/m3   LA 17,83 €/m3   ST 0,00 €/m3

002.07056.M KG 311 DIN 276
Boden, Baugr. lösen, Kl.7, T = 1,75-3,5 m, 200-500 m3/d
EP 36,12 DM/m3   LA 36,12 DM/m3   ST 0,00 DM/m3
EP 18,47 €/m3   LA 18,47 €/m3   ST 0,00 €/m3

002.07057.M KG 311 DIN 276
Boden, Baugr. lösen, Kl.7, T = 1,75-3,5 m, 100-200 m3/d
EP 55,00 DM/m3   LA 55,00 DM/m3   ST 0,00 DM/m3
EP 28,12 €/m3   LA 28,12 €/m3   ST 0,00 €/m3

002.07058.M KG 311 DIN 276
Boden, Baugr. lösen, Kl.7, T = 1,75-3,5 m, 50-100 m3/d
EP 68,03 DM/m3   LA 68,03 DM/m3   ST 0,00 DM/m3
EP 34,79 €/m3   LA 34,79 €/m3   ST 0,00 €/m3

002.07059.M KG 311 DIN 276
Boden, Baugr. lösen, Kl.7, T = 1,75-3,5 m, <50 m3/d
EP 74,61 DM/m3   LA 74,61 DM/m3   ST 0,00 DM/m3
EP 38,15 €/m3   LA 38,15 €/m3   ST 0,00 €/m3

002.07060.M KG 311 DIN 276
Boden, Baugr. lösen, Kl.7, T = 3,50-5,5 m, >500 m3/d
EP 45,78 DM/m3   LA 45,78 DM/m3   ST 0,00 DM/m3
EP 23,40 €/m3   LA 23,40 €/m3   ST 0,00 €/m3

AW 002

LB 002 Erdarbeiten
Bodenaushub: Baugrube; Fundamente

Preise 06.02

Sämtliche Preise sind **Mittelpreise ohne Mehrwertsteuer** zum Zeitpunkt des Ausgabedatums.
Korrekturfaktoren für Regionaleinfluss, Mengeneinfluss, Konjunktureinfluss siehe Vorspann.
Abkürzungen: EP = Einheitspreis, LA = Lohnanteil, ST = Stoffanteil

002.07061.M KG 311 DIN 276
Boden, Baugr. lösen, Kl.7, T = 3,50-5,5 m, 200-500 m3/d
EP 47,11 DM/m3   LA 47,11 DM/m3   ST 0,00 DM/m3
EP 24,09 €/m3   LA 24,09 €/m3   ST 0,00 €/m3

002.07062.M KG 311 DIN 276
Boden, Baugr. lösen, Kl.7, T = 3,50-5,5 m, 100-200 m3/d
EP 63,57 DM/m3   LA 63,57 DM/m3   ST 0,00 DM/m3
EP 32,50 €/m3   LA 32,50 €/m3   ST 0,00 €/m3

002.07063.M KG 311 DIN 276
Boden, Baugr. lösen, Kl.7, T = 3,50-5,5 m, 50-100 m3/d
EP 75,01 DM/m3   LA 75,01 DM/m3   ST 0,00 DM/m3
EP 38,35 €/m3   LA 38,35 €/m3   ST 0,00 €/m3

002.07064.M KG 311 DIN 276
Boden, Baugr. lösen, Kl.7, T = 3,50-5,5 m, <50 m3/d
EP 82,89 DM/m3   LA 82,89 DM/m3   ST 0,00 DM/m3
EP 42,38 €/m3   LA 42,38 €/m3   ST 0,00 €/m3

Bodenaushub, Fundamente

002.----.-

002.08001.M	Boden, Fund. lös.,lag.,Kl.2, T < 1,25 m, B=1-1,5m, MA	38,38 DM/m3 / 19,62 €/m3
002.08002.M	Boden, Fund. lös.,lag.,Kl.2, T < 1,25 m, B=0,5-1m, MA	41,87 DM/m3 / 21,41 €/m3
002.08003.M	Boden, Fund. lös.,lag.,Kl.2, T < 1,25 m, B < 0,5m, MA	45,36 DM/m3 / 23,19 €/m3
002.08004.M	Boden, Fund. lös.,lag.,Kl.2, T < 1,25 m, B=0,5-1m, HA	187,16 DM/m3 / 95,69 €/m3
002.08005.M	Boden, Fund. lös.,lag.,Kl.2, T < 1,25 m, B < 0,5m, HA	197,31 DM/m3 / 100,88 €/m3
002.08006.M	Boden, Fund. lös.,lag.,Kl.2, T=1,25-1,75m, B=1-1,5m, MA	40,12 DM/m3 / 20,51 €/m3
002.08007.M	Boden, Fund. lös.,lag.,Kl.2, T=1,25-1,75m, B=0,5-1m, MA	43,62 DM/m3 / 22,30 €/m3
002.08008.M	Boden, Fund. lös.,lag.,Kl.2, T=1,25-1,75m, B < 0,5m, MA	47,97 DM/m3 / 24,53 €/m3
002.08009.M	Boden, Fund. lös.,lag.,Kl.2, T=1,25-1,75m, B=0,5-1m, HA	210,84 DM/m3 / 107,80 €/m3
002.08010.M	Boden, Fund. lös.,lag.,Kl.2, T=1,25-1,75m, B < 0,5m, HA	214,22 DM/m3 / 109,53 €/m3
002.08011.M	Boden, Fund. lös.,lag.,Kl.2, T=1,75-2,50m, B=1-1,5m, MA	43,62 DM/m3 / 22,30 €/m3
002.08012.M	Boden, Fund. lös.,lag.,Kl.2, T=1,75-2,50m, B=0,5-1m, MA	48,85 DM/m3 / 24,98 €/m3
002.08013.M	Boden, Fund. lös.,lag.,Kl.3-5, T < 1,25 m, B=1-1,5m, MA	21,81 DM/m3 / 11,15 €/m3
002.08014.M	Boden, Fund. lös.,lag.,Kl.3-5, T < 1,25 m, B=0,5-1m, MA	24,43 DM/m3 / 12,49 €/m3
002.08015.M	Boden, Fund. lös.,lag.,Kl.3-5, T < 1,25 m, B < 0,5m, MA	27,91 DM/m3 / 14,27 €/m3
002.08016.M	Boden, Fund. lös.,lag.,Kl.3-5, T < 1,25 m, B=1-1,5m, HA	81,74 DM/m3 / 41,79 €/m3
002.08017.M	Boden, Fund. lös.,lag.,Kl.3-5, T < 1,25 m, B=0,5-1m, HA	84,56 DM/m3 / 43,23 €/m3
002.08018.M	Boden, Fund. lös.,lag.,Kl.3-5, T < 1,25 m, B < 0,5m, HA	87,38 DM/m3 / 44,68 €/m3
002.08019.M	Boden, Fund. lös.,lag.,Kl.3-5,T=1,25-1,75m,B=1-1,5m, MA	23,55 DM/m3 / 12,04 €/m3
002.08020.M	Boden, Fund. lös.,lag.,Kl.3-5,T=1,25-1,75m,B=0,5-1m, MA	26,16 DM/m3 / 13,38 €/m3
002.08021.M	Boden, Fund. lös.,lag.,Kl.3-5,T=1,25-1,75m,B < 0,5m, MA	29,66 DM/m3 / 15,16 €/m3
002.08022.M	Boden, Fund. lös.,lag.,Kl.3-5,T=1,25-1,75m,B=1-1,5m, HA	102,60 DM/m3 / 52,46 €/m3
002.08023.M	Boden, Fund. lös.,lag.,Kl.3-5,T=1,25-1,75m,B=0,5-1m, HA	104,30 DM/m3 / 53,33 €/m3
002.08024.M	Boden, Fund. lös.,lag.,Kl.3-5,T=1,25-1,75m,B < 0,5m, HA	107,11 DM/m3 / 54,76 €/m3
002.08025.M	Boden, Fund. lös.,lag.,Kl.3-5,T=1,75-2,50m,B=1-1,5m, MA	27,91 DM/m3 / 14,27 €/m3
002.08026.M	Boden, Fund. lös.,lag.,Kl.3-5,T=1,75-2,50m,B=0,5-1m, MA	30,53 DM/m3 / 15,61 €/m3
002.08027.M	Boden, Fund. lös.,lag.,Kl.6, T < 1,25 m, B=1-1,5m, MA	34,89 DM/m3 / 17,84 €/m3
002.08028.M	Boden, Fund. lös.,lag.,Kl.6, T < 1,25 m, B=0,5-1m, MA	36,64 DM/m3 / 18,73 €/m3
002.08029.M	Boden, Fund. lös.,lag.,Kl.6, T < 1,25 m, B < 0,5m, MA	40,12 DM/m3 / 20,51 €/m3
002.08030.M	Boden, Fund. lös.,lag.,Kl.6, T < 1,25 m, B=1-1,5m, HA	157,85 DM/m3 / 80,71 €/m3
002.08031.M	Boden, Fund. lös.,lag.,Kl.6, T < 1,25 m, B=0,5-1m, HA	160,67 DM/m3 / 82,15 €/m3
002.08032.M	Boden, Fund. lös.,lag.,Kl.6, T < 1,25 m, B < 0,5m, HA	164,61 DM/m3 / 84,17 €/m3
002.08033.M	Boden, Fund. lös.,lag.,Kl.6, T=1,25-1,75m, B=1-1,5m, MA	38,38 DM/m3 / 19,62 €/m3
002.08034.M	Boden, Fund. lös.,lag.,Kl.6, T=1,25-1,75m, B=0,5-1m, MA	40,12 DM/m3 / 20,51 €/m3
002.08035.M	Boden, Fund. lös.,lag.,Kl.6, T=1,25-1,75m, B < 0,5m, MA	42,74 DM/m3 / 21,85 €/m3
002.08036.M	Boden, Fund. lös.,lag.,Kl.6, T=1,25-1,75m, B=1-1,5m, HA	175,89 DM/m3 / 89,93 €/m3
002.08037.M	Boden, Fund. lös.,lag.,Kl.6, T=1,25-1,75m, B=0,5-1m, HA	180,39 DM/m3 / 92,23 €/m3
002.08038.M	Boden, Fund. lös.,lag.,Kl.6, T=1,25-1,75m, B < 0,5m, HA	183,21 DM/m3 / 93,68 €/m3
002.08039.M	Boden, Fund. lös.,lag.,Kl.6, T=1,75-2,50m, B=1-1,5m, MA	40,12 DM/m3 / 20,51 €/m3
002.08040.M	Boden, Fund. lös.,lag.,Kl.6, T=1,75-2,50m, B=0,5-1m, MA	41,87 DM/m3 / 21,41 €/m3
002.08041.M	Boden, Fund. lös.,lag.,Kl.7, T < 1,25 m, B=1-1,5m, MA	68,03 DM/m3 / 34,79 €/m3
002.08042.M	Boden, Fund. lös.,lag.,Kl.7, T < 1,25 m, B=0,5-1m, MA	73,27 DM/m3 / 37,46 €/m3
002.08043.M	Boden, Fund. lös.,lag.,Kl.7, T < 1,25 m, B < 0,5 m, MA	78,51 DM/m3 / 40,14 €/m3
002.08044.M	Boden, Fund. lös.,lag.,Kl.7, T < 1,25 m, B=0,5-1m, HA	263,83 DM/m3 / 134,89 €/m3
002.08045.M	Boden, Fund. lös.,lag.,Kl.7, T < 1,25 m, B < 0,5m, HA	267,77 DM/m3 / 136,91 €/m3
002.08046.M	Boden, Fund. lös.,lag.,Kl.7, T=1,25-1,75m, B=1-1,5m, MA	71,53 DM/m3 / 36,57 €/m3
002.08047.M	Boden, Fund. lös.,lag.,Kl.7, T=1,25-1,75m, B=0,5-1m, MA	75,01 DM/m3 / 38,35 €/m3
002.08048.M	Boden, Fund. lös.,lag.,Kl.7, T=1,25-1,75m, B=0,5-1m, HA	279,61 DM/m3 / 142,96 €/m3
002.08049.M	Boden, Fund. lös.,lag.,Kl.7, T=1,25-1,75m, B < 0,5m, HA	282,99 DM/m3 / 144,69 €/m3
002.08050.M	Boden, Fund. lös.,lag.,Kl.7, T=1,75-2,50m, B=1-1,5m, MA	74,15 DM/m3 / 37,91 €/m3
002.08051.M	Boden, Fund. lös.,lag.,Kl.7, T=1,75-2,50m, B=0,5-1m, MA	76,76 DM/m3 / 39,25 €/m3

Hinweis: MA ... maschinell
HA ... Handaushub

Den maschinell durchgeführten Leistungen ist eine Geräteleistung von 50-100 m3/d zugeordnet.

002.08001.M KG 311 DIN 276
Boden, Fund. lös.,lag.,Kl.2, T < 1,25 m, B=1-1,5m, MA
EP 38,38 DM/m3   LA 38,38 DM/m3   ST 0,00 DM/m3
EP 19,62 €/m3   LA 19,62 €/m3   ST 0,00 €/m3

002.08002.M KG 311 DIN 276
Boden, Fund. lös.,lag.,Kl.2, T < 1,25 m, B=0,5-1m, MA
EP 41,87 DM/m3   LA 41,87 DM/m3   ST 0,00 DM/m3
EP 21,41 €/m3   LA 21,41 €/m3   ST 0,00 €/m3

002.08003.M KG 311 DIN 276
Boden, Fund. lös.,lag.,Kl.2, T < 1,25 m, B < 0,5m, MA
EP 45,36 DM/m3   LA 45,36 DM/m3   ST 0,00 DM/m3
EP 23,19 €/m3   LA 23,19 €/m3   ST 0,00 €/m3

002.08004.M KG 311 DIN 276
Boden, Fund. lös.,lag.,Kl.2, T < 1,25 m, B=0,5-1m, HA
EP 187,16 DM/m3 LA 187,16 DM/m3 ST 0,00 DM/m3
EP 95,69 €/m3   LA 95,69 €/m3   ST 0,00 €/m3

002.08005.M KG 311 DIN 276
Boden, Fund. lös.,lag.,Kl.2, T < 1,25 m, B < 0,5m, HA
EP 197,31 DM/m3 LA 197,31 DM/m3 ST 0,00 DM/m3
EP 100,88 €/m3   LA 100,88 €/m3   ST 0,00 €/m3

002.08006.M KG 311 DIN 276
Boden, Fund. lös.,lag.,Kl.2, T=1,25-1,75m, B=1-1,5m, MA
EP 40,12 DM/m3   LA 40,12 DM/m3   ST 0,00 DM/m3
EP 20,51 €/m3   LA 20,51 €/m3   ST 0,00 €/m3

002.08007.M KG 311 DIN 276
Boden, Fund. lös.,lag.,Kl.2, T=1,25-1,75m, B=0,5-1m, MA
EP 43,62 DM/m3   LA 43,62 DM/m3   ST 0,00 DM/m3
EP 22,30 €/m3   LA 22,30 €/m3   ST 0,00 €/m3

LB 002 Erdarbeiten
Bodenaushub: Fundamente

AW 002

Preise 06.02

Sämtliche Preise sind **Mittelpreise ohne Mehrwertsteuer** zum Zeitpunkt des Ausgabedatums.
Korrekturfaktoren für Regionaleinfluss, Mengeneinfluss, Konjunktureinfluss siehe Vorspann.
Abkürzungen: EP = Einheitspreis, LA = Lohnanteil, ST = Stoffanteil

002.08008.M KG 311 DIN 276
Boden, Fund. lös.,lag.,Kl.2, T=1,25-1,75m, B < 0,5m, MA
EP 47,97 DM/m3   LA 47,97 DM/m3   ST 0,00 DM/m3
EP 24,53 €/m3   LA 24,53 €/m3   ST 0,00 €/m3

002.08009.M KG 311 DIN 276
Boden, Fund. lös.,lag.,Kl.2, T=1,25-1,75m, B=0,5-1m, HA
EP 210,84 DM/m3 LA 210,84 DM/m3 ST 0,00 DM/m3
EP 107,80 €/m3   LA 107,80 €/m3   ST 0,00 €/m3

002.08010.M KG 311 DIN 276
Boden, Fund. lös.,lag.,Kl.2, T=1,25-1,75m, B < 0,5m, HA
EP 214,22 DM/m3 LA 214,22 DM/m3 ST 0,00 DM/m3
EP 109,53 €/m3   LA 109,53 €/m3   ST 0,00 €/m3

002.08011.M KG 311 DIN 276
Boden, Fund. lös.,lag.,Kl.2, T=1,75-2,50m, B=1-1,5m, MA
EP 43,62 DM/m3   LA 43,62 DM/m3   ST 0,00 DM/m3
EP 22,30 €/m3   LA 22,30 €/m3   ST 0,00 €/m3

002.08012.M KG 311 DIN 276
Boden, Fund. lös.,lag.,Kl.2, T=1,75-2,50m, B=0,5-1m, MA
EP 48,85 DM/m3   LA 48,85 DM/m3   ST 0,00 DM/m3
EP 24,98 €/m3   LA 24,98 €/m3   ST 0,00 €/m3

002.08013.M KG 311 DIN 276
Boden, Fund. lös.,lag.,Kl.3-5, T < 1,25 m, B=1-1,5m, MA
EP 21,81 DM/m3   LA 21,81 DM/m3   ST 0,00 DM/m3
EP 11,15 €/m3   LA 11,15 €/m3   ST 0,00 €/m3

002.08014.M KG 311 DIN 276
Boden, Fund. lös.,lag.,Kl.3-5, T < 1,25 m, B=0,5-1m, MA
EP 24,43 DM/m3   LA 24,43 DM/m3   ST 0,00 DM/m3
EP 12,49 €/m3   LA 12,49 €/m3   ST 0,00 €/m3

002.08015.M KG 311 DIN 276
Boden, Fund. lös.,lag.,Kl.3-5, T < 1,25 m, B < 0,5m, MA
EP 27,91 DM/m3   LA 27,91 DM/m3   ST 0,00 DM/m3
EP 14,27 €/m3   LA 14,27 €/m3   ST 0,00 €/m3

002.08016.M KG 311 DIN 276
Boden, Fund. lös.,lag.,Kl.3-5, T < 1,25 m, B=1-1,5m, HA
EP 81,74 DM/m3   LA 81,74 DM/m3   ST 0,00 DM/m3
EP 41,79 €/m3   LA 41,79 €/m3   ST 0,00 €/m3

002.08017.M KG 311 DIN 276
Boden, Fund. lös.,lag.,Kl.3-5, T < 1,25 m, B=0,5-1m, HA
EP 84,56 DM/m3   LA 84,56 DM/m3   ST 0,00 DM/m3
EP 43,23 €/m3   LA 43,23 €/m3   ST 0,00 €/m3

002.08018.M KG 311 DIN 276
Boden, Fund. lös.,lag.,Kl.3-5, T < 1,25 m, B < 0,5m, HA
EP 87,38 DM/m3   LA 87,38 DM/m3   ST 0,00 DM/m3
EP 44,68 €/m3   LA 44,68 €/m3   ST 0,00 €/m3

002.08019.M KG 311 DIN 276
Boden, Fund. lös.,lag.,Kl.3-5,T=1,25-1,75m,B=1-1,5m, MA
EP 23,55 DM/m3   LA 23,55 DM/m3   ST 0,00 DM/m3
EP 12,04 €/m3   LA 12,04 €/m3   ST 0,00 €/m3

002.08020.M KG 311 DIN 276
Boden, Fund. lös.,lag.,Kl.3-5,T=1,25-1,75m,B=0,5-1m, MA
EP 26,16 DM/m3   LA 26,16 DM/m3   ST 0,00 DM/m3
EP 13,38 €/m3   LA 13,38 €/m3   ST 0,00 €/m3

002.08021.M KG 311 DIN 276
Boden, Fund. lös.,lag.,Kl.3-5,T=1,25-1,75m,B < 0,5m, MA
EP 29,66 DM/m3   LA 29,66 DM/m3   ST 0,00 DM/m3
EP 15,16 €/m3   LA 15,16 €/m3   ST 0,00 €/m3

002.08022.M KG 311 DIN 276
Boden, Fund. lös.,lag.,Kl.3-5,T=1,25-1,75m,B=1-1,5m, HA
EP 102,60 DM/m3 LA 102,60 DM/m3 ST 0,00 DM/m3
EP 52,46 €/m3   LA 52,46 €/m3   ST 0,00 €/m3

002.08023.M KG 311 DIN 276
Boden, Fund. lös.,lag.,Kl.3-5,T=1,25-1,75m,B=0,5-1m, HA
EP 104,30 DM/m3 LA 104,30 DM/m3 ST 0,00 DM/m3
EP 53,33 €/m3   LA 53,33 €/m3   ST 0,00 €/m3

002.08024.M KG 311 DIN 276
Boden, Fund. lös.,lag.,Kl.3-5,T=1,25-1,75m,B < 0,5m, HA
EP 107,11 DM/m3 LA 107,11 DM/m3 ST 0,00 DM/m3
EP 54,76 €/m3   LA 54,76 €/m3   ST 0,00 €/m3

002.08025.M KG 311 DIN 276
Boden, Fund. lös.,lag.,Kl.3-5,T=1,75-2,50m,B=1-1,5m, MA
EP 27,91 DM/m3   LA 27,91 DM/m3   ST 0,00 DM/m3
EP 14,27 €/m3   LA 14,27 €/m3   ST 0,00 €/m3

002.08026.M KG 311 DIN 276
Boden, Fund. lös.,lag.,Kl.3-5,T=1,75-2,50m,B=0,5-1m, MA
EP 30,53 DM/m3   LA 30,53 DM/m3   ST 0,00 DM/m3
EP 15,61 €/m3   LA 15,61 €/m3   ST 0,00 €/m3

002.08027.M KG 311 DIN 276
Boden, Fund. lös.,lag.,Kl.6, T < 1,25 m, B=1-1,5m, MA
EP 34,89 DM/m3   LA 34,89 DM/m3   ST 0,00 DM/m3
EP 17,84 €/m3   LA 17,84 €/m3   ST 0,00 €/m3

002.08028.M KG 311 DIN 276
Boden, Fund. lös.,lag.,Kl.6, T < 1,25 m, B=0,5-1m, MA
EP 36,64 DM/m3   LA 36,64 DM/m3   ST 0,00 DM/m3
EP 18,73 €/m3   LA 18,73 €/m3   ST 0,00 €/m3

002.08029.M KG 311 DIN 276
Boden, Fund. lös.,lag.,Kl.6, T < 1,25 m, B < 0,5m, MA
EP 40,12 DM/m3   LA 40,12 DM/m3   ST 0,00 DM/m3
EP 20,51 €/m3   LA 20,51 €/m3   ST 0,00 €/m3

002.08030.M KG 311 DIN 276
Boden, Fund. lös.,lag.,Kl.6, T < 1,25 m, B=1-1,5m, HA
EP 157,85 DM/m3 LA 157,85 DM/m3 ST 0,00 DM/m3
EP 80,71 €/m3   LA 80,71 €/m3   ST 0,00 €/m3

002.08031.M KG 311 DIN 276
Boden, Fund. lös.,lag.,Kl.6, T < 1,25 m, B=0,5-1m, HA
EP 160,67 DM/m3 LA 160,67 DM/m3 ST 0,00 DM/m3
EP 82,15 €/m3   LA 82,15 €/m3   ST 0,00 €/m3

002.08032.M KG 311 DIN 276
Boden, Fund. lös.,lag.,Kl.6, T < 1,25 m, B < 0,5m, HA
EP 164,61 DM/m3 LA 164,61 DM/m3 ST 0,00 DM/m3
EP 84,17 €/m3   LA 84,17 €/m3   ST 0,00 €/m3

002.08033.M KG 311 DIN 276
Boden, Fund. lös.,lag.,Kl.6, T=1,25-1,75m, B=1-1,5m, MA
EP 38,38 DM/m3   LA 38,38 DM/m3   ST 0,00 DM/m3
EP 19,62 €/m3   LA 19,62 €/m3   ST 0,00 €/m3

002.08034.M KG 311 DIN 276
Boden, Fund. lös.,lag.,Kl.6, T=1,25-1,75m, B=0,5-1m, MA
EP 40,12 DM/m3   LA 40,12 DM/m3   ST 0,00 DM/m3
EP 20,51 €/m3   LA 20,51 €/m3   ST 0,00 €/m3

002.08035.M KG 311 DIN 276
Boden, Fund. lös.,lag.,Kl.6, T=1,25-1,75m, B < 0,5m, MA
EP 42,74 DM/m3   LA 42,74 DM/m3   ST 0,00 DM/m3
EP 21,85 €/m3   LA 21,85 €/m3   ST 0,00 €/m3

002.08036.M KG 311 DIN 276
Boden, Fund. lös.,lag.,Kl.6, T=1,25-1,75m, B=1-1,5m, HA
EP 175,89 DM/m3 LA 175,89 DM/m3 ST 0,00 DM/m3
EP 89,93 €/m3   LA 89,93 €/m3   ST 0,00 €/m3

002.08037.M KG 311 DIN 276
Boden, Fund. lös.,lag.,Kl.6, T=1,25-1,75m, B=0,5-1m, HA
EP 180,39 DM/m3 LA 180,39 DM/m3 ST 0,00 DM/m3
EP 92,23 €/m3   LA 92,23 €/m3   ST 0,00 €/m3

LB 002 Erdarbeiten
Bodenaushub: Fundamente; Einzelfundamente

Preise 06.02

Sämtliche Preise sind **Mittelpreise ohne Mehrwertsteuer** zum Zeitpunkt des Ausgabedatums.
Korrekturfaktoren für Regionaleinfluss, Mengeneinfluss, Konjunktureinfluss siehe Vorspann.
Abkürzungen: EP = Einheitspreis, LA = Lohnanteil, ST = Stoffanteil

002.08038.M KG 311 DIN 276
Boden, Fund. lös.,lag.,Kl.6, T=1,25-1,75m, B < 0,5m, HA
EP 183,21 DM/m3   LA 183,21 DM/m3   ST 0,00 DM/m3
EP 93,68 €/m3   LA 93,68 €/m3   ST 0,00 €/m3

002.08039.M KG 311 DIN 276
Boden, Fund. lös.,lag.,Kl.6, T=1,75-2,50m, B=1-1,5m, MA
EP 40,12 DM/m3   LA 40,12 DM/m3   ST 0,00 DM/m3
EP 20,51 €/m3   LA 20,51 €/m3   ST 0,00 €/m3

002.08040.M KG 311 DIN 276
Boden, Fund. lös.,lag.,Kl.6, T=1,75-2,50m, B=0,5-1m, MA
EP 41,87 DM/m3   LA 41,87 DM/m3   ST 0,00 DM/m3
EP 21,41 €/m3   LA 21,41 €/m3   ST 0,00 €/m3

002.08041.M KG 311 DIN 276
Boden, Fund. lös.,lag.,Kl.7, T < 1,25 m, B=1-1,5m, MA
EP 68,03 DM/m3   LA 68,03 DM/m3   ST 0,00 DM/m3
EP 34,79 €/m3   LA 34,79 €/m3   ST 0,00 €/m3

002.08042.M KG 311 DIN 276
Boden, Fund. lös.,lag.,Kl.7, T < 1,25 m, B=0,5-1m, MA
EP 73,27 DM/m3   LA 73,27 DM/m3   ST 0,00 DM/m3
EP 37,46 €/m3   LA 37,46 €/m3   ST 0,00 €/m3

002.08043.M KG 311 DIN 276
Boden, Fund. lös.,lag.,Kl.7, T < 1,25 m, B <0,5 m, MA
EP 78,51 DM/m3   LA 78,51 DM/m3   ST 0,00 DM/m3
EP 40,14 €/m3   LA 40,14 €/m3   ST 0,00 €/m3

002.08044.M KG 311 DIN 276
Boden, Fund. lös.,lag.,Kl.7, T < 1,25 m, B=0,5-1m, HA
EP 263,83 DM/m3   LA 263,83 DM/m3   ST 0,00 DM/m3
EP 134,89 €/m3   LA 134,89 €/m3   ST 0,00 €/m3

002.08045.M KG 311 DIN 276
Boden, Fund. lös.,lag.,Kl.7, T < 1,25 m, B < 0,5m, HA
EP 267,77 DM/m3   LA 267,77 DM/m3   ST 0,00 DM/m3
EP 136,91 €/m3   LA 136,91 €/m3   ST 0,00 €/m3

002.08046.M KG 311 DIN 276
Boden, Fund. lös.,lag.,Kl.7, T=1,25-1,75m, B=1-1,5m, MA
EP 71,53 DM/m3   LA 71,53 DM/m3   ST 0,00 DM/m3
EP 36,57 €/m3   LA 36,57 €/m3   ST 0,00 €/m3

002.08047.M KG 311 DIN 276
Boden, Fund. lös.,lag.,Kl.7, T=1,25-1,75m, B=0,5-1m, MA
EP 75,01 DM/m3   LA 75,01 DM/m3   ST 0,00 DM/m3
EP 38,35 €/m3   LA 38,35 €/m3   ST 0,00 €/m3

002.08048.M KG 311 DIN 276
Boden, Fund. lös.,lag.,Kl.7, T=1,25-1,75m, B=0,5-1m, HA
EP 279,61 DM/m3   LA 279,61 DM/m3   ST 0,00 DM/m3
EP 142,96 €/m3   LA 142,96 €/m3   ST 0,00 €/m3

002.08049.M KG 311 DIN 276
Boden, Fund. lös.,lag.,Kl.7, T=1,25-1,75m, B < 0,5m, HA
EP 282,99 DM/m3   LA 282,99 DM/m3   ST 0,00 DM/m3
EP 144,69 €/m3   LA 144,69 €/m3   ST 0,00 €/m3

002.08050.M KG 311 DIN 276
Boden, Fund. lös.,lag.,Kl.7, T=1,75-2,50m, B=1-1,5m, MA
EP 74,15 DM/m3   LA 74,15 DM/m3   ST 0,00 DM/m3
EP 37,91 €/m3   LA 37,91 €/m3   ST 0,00 €/m3

002.08051.M KG 311 DIN 276
Boden, Fund. lös.,lag.,Kl.7, T=1,75-2,50m, B=0,5-1m, MA
EP 76,76 DM/m3   LA 76,76 DM/m3   ST 0,00 DM/m3
EP 39,25 €/m3   LA 39,25 €/m3   ST 0,00 €/m3

Bodenaushub, Einzelfundamente

002.----.-

002.11001.M	Boden,Einzelfund,lös,lag,hinterf.,Kl.2,T<1,25m,< 1m3,MA	52,34 DM/m3 / 26,76 €/m3
002.11002.M	Boden,Einzelf,lös,lag,hinterf,Kl.2,T=1,25-1,75m,<1m3,MA	54,08 DM/m3 / 27,65 €/m3
002.11003.M	Boden,Einzelf,lös,lag,hinterf,Kl.2,T=1,75-2,50m,<1m3,MA	57,57 DM/m3 / 29,43 €/m3
002.11004.M	Boden,Einzelf,lös,lag,hinterf,Kl.2, T < 1,25 m,1-5m3,MA	50,59 DM/m3 / 25,87 €/m3
002.11005.M	Bod,Einzelf,lös,lag,hintf,Kl.2, T= 1,25-1,75m, 1-5m3,MA	53,21 DM/m3 / 27,20 €/m3
002.11006.M	Bod,Einzelf,lös,lag,hintf,Kl.2, T= 1,75-2,50m, 1-5m3,MA	56,70 DM/m3 / 28,99 €/m3
002.11007.M	Bod,Einzelf,lös,lag,hintf,Kl.2, T < 1,25 m, 5-10 m3, MA	48,85 DM/m3 / 24,98 €/m3
002.11008.M	Bod,Einzelf,lös,lag,hintf,Kl.2, T=1,25-1,75m, 5-10m3,MA	50,59 DM/m3 / 25,87 €/m3
002.11009.M	Bod,Einzelf,lös,lag,hintf,Kl.2, T=1,75-2,50m, 5-10m3,MA	54,08 DM/m3 / 27,65 €/m3
002.11010.M	Bod,Einzelf,lös,lag,hintf,Kl.2, T=1,25-1,75m,10-20m3,MA	47,10 DM/m3 / 24,08 €/m3
002.11011.M	Bod,Einzelf,lös,lag,hintf,Kl.2, T=1,75-2,50m,10-20m3,MA	51,47 DM/m3 / 26,32 €/m3
002.11012.M	Bod,Einzelf,lös,lag,hintf,Kl.3-5, T < 1,25 m, < 1 m3,MA	43,62 DM/m3 / 22,30 €/m3
002.11013.M	Bod,Einzelf,lös,lag,hintf,Kl.3-5, T=1,25-1,75m, <1m3,MA	45,36 DM/m3 / 23,19 €/m3
002.11014.M	Bod,Einzelf,lös,lag,hintf,Kl.3-5, T=1,75-2,50m, <1m3,MA	48,85 DM/m3 / 24,98 €/m3
002.11015.M	Bod,Einzelf,lös,lag,hintf,Kl.3-5, T < 1,25 m, 1-5 m3,MA	41,87 DM/m3 / 21,41 €/m3
002.11016.M	Bod,Einzelf,lös,lag,hintf,Kl.3-5, T=1,25-1,75m,1-5m3,MA	44,49 DM/m3 / 22,75 €/m3
002.11017.M	Bod,Einzelf,lös,lag,hintf,Kl.3-5, T=1,75-2,50m,1-5m3,MA	47,10 DM/m3 / 24,08 €/m3
002.11018.M	Bod,Einzelf,lös,lag,hintf,Kl.3-5, T < 1,25 m, 5-10m3,MA	40,12 DM/m3 / 20,51 €/m3
002.11019.M	Bod,Einzelf,lös,lag,hintf,Kl.3-5,T=1,25-1,75m,5-10m3,MA	41,87 DM/m3 / 21,41 €/m3
002.11020.M	Bod,Einzelf,lös,lag,hintf,Kl.3-5,T=1,75-2,50m,5-10m3,MA	45,36 DM/m3 / 23,19 €/m3
002.11021.M	Bod,Einzelf,lös,lag,hintf,Kl3-5,T=1,25-1,75m,10-20m3,MA	38,38 DM/m3 / 19,62 €/m3
002.11022.M	Bod,Einzelf,lös,lag,hintf,Kl3-5,T=1,75-2,50m,10-20m3,MA	42,74 DM/m3 / 21,85 €/m3
002.11023.M	Bod,Einzelf,lös,lag,hinterf,Kl.6, T < 1,25 m, <1 m3, MA	55,82 DM/m3 / 28,54 €/m3
002.11024.M	Bod,Einzelf,lös,lag,hinterf,Kl.6,T= 1,25-1,75m, <1m3,MA	57,57 DM/m3 / 29,43 €/m3
002.11025.M	Bod,Einzelf,lös,lag,hinterf,Kl.6,T= 1,75-2,50m, <1m3,MA	61,05 DM/m3 / 31,22 €/m3
002.11026.M	Bod,Einzelf,lös,lag,hinterf,Kl.6,T < 1,25 m, 1-5 m3, MA	54,08 DM/m3 / 27,65 €/m3
002.11027.M	Bod,Einzelf,lös,lag,hinterf,Kl.6,T= 1,25-1,75m,1-5m3,MA	56,70 DM/m3 / 28,99 €/m3
002.11028.M	Bod,Einzelf,lös,lag,hinterf,Kl.6,T= 1,75-2,50m,1-5m3,MA	59,32 DM/m3 / 30,33 €/m3
002.11029.M	Bod,Einzelf,lös,lag,hinterf,Kl.6,T < 1,25m, 5-10 m3, MA	52,34 DM/m3 / 26,76 €/m3
002.11030.M	Bod,Einzelf,lös,lag,hinterf,Kl.6,T=1,25-1,75m,5-10m3,MA	54,08 DM/m3 / 27,65 €/m3
002.11031.M	Bod,Einzelf,lös,lag,hinterf,Kl.6,T=1,75-2,50m,5-10m3,MA	57,57 DM/m3 / 29,43 €/m3
002.11032.M	Bod,Einzelf,lös,lag,hintf,Kl.6, T=1,25-1,75m,10-20m3,MA	50,59 DM/m3 / 25,87 €/m3
002.11033.M	Bod,Einzelf,lös,lag,hintf,Kl.6, T=1,75-2,50m,10-20m3,MA	54,95 DM/m3 / 28,10 €/m3
002.11034.M	Bod,Einzelf,lös,lag,hinterf,Kl.7,T < 1,25 m, < 1 m3, MA	140,43 DM/m3 / 71,80 €/m3
002.11035.M	Bod,Einzelf,lös,lag,hinterf,Kl.7,T= 1,25 -1,75m,<1m3,MA	142,18 DM/m3 / 72,70 €/m3
002.11036.M	Bod,Einzelf,lös,lag,hinterf,Kl.7,T= 1,75 -2,50m,<1m3,MA	145,67 DM/m3 / 74,48 €/m3
002.11037.M	Bod,Einzelf,lös,lag,hinterf,Kl.7, T < 1,25m, 1-5 m3, MA	138,70 DM/m3 / 70,91 €/m3
002.11038.M	Bod,Einzelf,lös,lag,hinterf,Kl.7,T= 1,25-1,75m,1-5m3,MA	141,31 DM/m3 / 72,25 €/m3
002.11039.M	Bod,Einzelf,lös,lag,hinterf,Kl.7,T= 1,75-2,50m,1-5m3,MA	143,93 DM/m3 / 73,59 €/m3
002.11040.M	Bod,Einzelf,lös,lag,hinterf,Kl.7,T < 1,25m, 5-10 m3, MA	136,95 DM/m3 / 70,02 €/m3
002.11041.M	Bod,Einzelf,lös,lag,hinterf,Kl.7,T=1,25-1,75m,5-10m3,MA	138,70 DM/m3 / 70,91 €/m3
002.11042.M	Bod,Einzelf,lös,lag,hinterf,Kl.7,T=1,75-2,50m,5-10m3,MA	142,18 DM/m3 / 72,70 €/m3
002.11043.M	Bod,Einzelf,lös,lag,hintf,Kl.7,T=1,25-1,75m,10-20m3,MA	135,20 DM/m3 / 69,13 €/m3
002.11044.M	Bod,Einzelf,lös,lag,hintf,Kl.7,T=1,75-2,50m,10-20m3, MA	139,56 DM/m3 / 71,36 €/m3

Maschinenaushub mit Kleingerät: 50 - 100 m3/d

LB 002 Erdarbeiten
Bodenaushub: Einzelfundamente

Preise 06.02

Sämtliche Preise sind **Mittelpreise ohne Mehrwertsteuer** zum Zeitpunkt des Ausgabedatums.
Korrekturfaktoren für Regionaleinfluss, Mengeneinfluss, Konjunktureinfluss siehe Vorspann.
Abkürzungen: EP = Einheitspreis, LA = Lohnanteil, ST = Stoffanteil

002.11001.M KG 311 DIN 276
Boden,Einzelfund,lös,lag,hinterf.,Kl.2,T<1,25m,< 1m3,MA
EP 52,34 DM/m3   LA 52,34 DM/m3   ST 0,00 DM/m3
EP 26,76 €/m3   LA 26,76 €/m3   ST 0,00 €/m3

002.11002.M KG 311 DIN 276
Boden,Einzelf,lös,lag,hinterf,Kl.2,T=1,25-1,75m,<1m3,MA
EP 54,08 DM/m3   LA 54,08 DM/m3   ST 0,00 DM/m3
EP 27,65 €/m3   LA 27,65 €/m3   ST 0,00 €/m3

002.11003.M KG 311 DIN 276
Boden,Einzelf,lös,lag,hinterf,Kl.2,T=1,75-2,50m,<1m3,MA
EP 57,57 DM/m3   LA 57,57 DM/m3   ST 0,00 DM/m3
EP 29,43 €/m3   LA 29,43 €/m3   ST 0,00 €/m3

002.11004.M KG 311 DIN 276
Boden,Einzelf,lös,lag,hinterf,Kl.2, T < 1,25 m,1-5m3,MA
EP 50,59 DM/m3   LA 50,59 DM/m3   ST 0,00 DM/m3
EP 25,87 €/m3   LA 25,87 €/m3   ST 0,00 €/m3

002.11005.M KG 311 DIN 276
Bod,Einzelf,lös,lag,hintf,Kl.2, T= 1,25-1,75m, 1-5m3,MA
EP 53,21 DM/m3   LA 53,21 DM/m3   ST 0,00 DM/m3
EP 27,20 €/m3   LA 27,20 €/m3   ST 0,00 €/m3

002.11006.M KG 311 DIN 276
Bod,Einzelf,lös,lag,hintf,Kl.2, T= 1,75-2,50m, 1-5m3,MA
EP 56,70 DM/m3   LA 56,70 DM/m3   ST 0,00 DM/m3
EP 28,99 €/m3   LA 28,99 €/m3   ST 0,00 €/m3

002.11007.M KG 311 DIN 276
Bod,Einzelf,lös,lag,hintf,Kl.2, T < 1,25 m, 5-10 m3, MA
EP 48,85 DM/m3   LA 48,85 DM/m3   ST 0,00 DM/m3
EP 24,98 €/m3   LA 24,98 €/m3   ST 0,00 €/m3

002.11008.M KG 311 DIN 276
Bod,Einzelf,lös,lag,hintf,Kl.2, T=1,25-1,75m, 5-10m3,MA
EP 50,59 DM/m3   LA 50,59 DM/m3   ST 0,00 DM/m3
EP 25,87 €/m3   LA 25,87 €/m3   ST 0,00 €/m3

002.11009.M KG 311 DIN 276
Bod,Einzelf,lös,lag,hintf,Kl.2, T=1,75-2,50m, 5-10m3,MA
EP 54,08 DM/m3   LA 54,08 DM/m3   ST 0,00 DM/m3
EP 27,65 €/m3   LA 27,65 €/m3   ST 0,00 €/m3

002.11010.M KG 311 DIN 276
Bod,Einzelf,lös,lag,hintf,Kl.2, T=1,25-1,75m,10-20m3,MA
EP 47,10 DM/m3   LA 47,10 DM/m3   ST 0,00 DM/m3
EP 24,08 €/m3   LA 24,08 €/m3   ST 0,00 €/m3

002.11011.M KG 311 DIN 276
Bod,Einzelf,lös,lag,hintf,Kl.2, T=1,75-2,50m,10-20m3,MA
EP 51,47 DM/m3   LA 51,47 DM/m3   ST 0,00 DM/m3
EP 26,32 €/m3   LA 26,32 €/m3   ST 0,00 €/m3

002.11012.M KG 311 DIN 276
Bod,Einzelf,lös,lag,hintf,Kl.3-5, T < 1,25 m, < 1 m3,MA
EP 43,62 DM/m3   LA 43,62 DM/m3   ST 0,00 DM/m3
EP 22,30 €/m3   LA 22,30 €/m3   ST 0,00 €/m3

002.11013.M KG 311 DIN 276
Bod,Einzelf,lös,lag,hintf,Kl.3-5, T=1,25-1,75m, <1m3,MA
EP 45,36 DM/m3   LA 45,36 DM/m3   ST 0,00 DM/m3
EP 23,19 €/m3   LA 23,19 €/m3   ST 0,00 €/m3

002.11014.M KG 311 DIN 276
Bod,Einzelf,lös,lag,hintf,Kl.3-5, T=1,75-2,50m, <1m3,MA
EP 48,85 DM/m3   LA 48,85 DM/m3   ST 0,00 DM/m3
EP 24,98 €/m3   LA 24,98 €/m3   ST 0,00 €/m3

002.11015.M KG 311 DIN 276
Bod,Einzelf,lös,lag,hintf,Kl.3-5, T < 1,25 m, 1-5 m3,MA
EP 41,87 DM/m3   LA 41,87 DM/m3   ST 0,00 DM/m3
EP 21,41 €/m3   LA 21,41 €/m3   ST 0,00 €/m3

002.11016.M KG 311 DIN 276
Bod,Einzelf,lös,lag,hintf,Kl.3-5, T=1,25-1,75m,1-5m3,MA
EP 44,49 DM/m3   LA 44,49 DM/m3   ST 0,00 DM/m3
EP 22,75 €/m3   LA 22,75 €/m3   ST 0,00 €/m3

002.11017.M KG 311 DIN 276
Bod,Einzelf,lös,lag,hintf,Kl.3-5, T=1,75-2,50m,1-5m3,MA
EP 47,10 DM/m3   LA 47,10 DM/m3   ST 0,00 DM/m3
EP 24,08 €/m3   LA 24,08 €/m3   ST 0,00 €/m3

002.11018.M KG 311 DIN 276
Bod,Einzelf,lös,lag,hintf,Kl.3-5, T < 1,25 m, 5-10m3,MA
EP 40,12 DM/m3   LA 40,12 DM/m3   ST 0,00 DM/m3
EP 20,51 €/m3   LA 20,51 €/m3   ST 0,00 €/m3

002.11019.M KG 311 DIN 276
Bod,Einzelf,lös,lag,hintf,Kl.3-5,T=1,25-1,75m,5-10m3,MA
EP 41,87 DM/m3   LA 41,87 DM/m3   ST 0,00 DM/m3
EP 21,41 €/m3   LA 21,41 €/m3   ST 0,00 €/m3

002.11020.M KG 311 DIN 276
Bod,Einzelf,lös,lag,hintf,Kl.3-5,T=1,75-2,50m,5-10m3,MA
EP 45,36 DM/m3   LA 45,36 DM/m3   ST 0,00 DM/m3
EP 23,19 €/m3   LA 23,19 €/m3   ST 0,00 €/m3

002.11021.M KG 311 DIN 276
Bod,Einzelf,lös,lag,hintf,Kl3-5,T=1,25-1,75m,10-20m3,MA
EP 38,38 DM/m3   LA 38,38 DM/m3   ST 0,00 DM/m3
EP 19,62 €/m3   LA 19,62 €/m3   ST 0,00 €/m3

002.11022.M KG 311 DIN 276
Bod,Einzelf,lös,lag,hintf,Kl3-5,T=1,75-2,50m,10-20m3,MA
EP 42,74 DM/m3   LA 42,74 DM/m3   ST 0,00 DM/m3
EP 21,85 €/m3   LA 21,85 €/m3   ST 0,00 €/m3

002.11023.M KG 311 DIN 276
Bod,Einzelf,lös,lag,hinterf,Kl.6, T < 1,25 m, <1 m3, MA
EP 55,82 DM/m3   LA 55,82 DM/m3   ST 0,00 DM/m3
EP 28,54 €/m3   LA 28,54 €/m3   ST 0,00 €/m3

002.11024.M KG 311 DIN 276
Bod,Einzelf,lös,lag,hinterf,Kl.6,T= 1,25-1,75m, <1m3,MA
EP 57,57 DM/m3   LA 57,57 DM/m3   ST 0,00 DM/m3
EP 29,43 €/m3   LA 29,43 €/m3   ST 0,00 €/m3

002.11025.M KG 311 DIN 276
Bod,Einzelf,lös,lag,hinterf,Kl.6,T= 1,75-2,50m, <1m3,MA
EP 61,05 DM/m3   LA 61,05 DM/m3   ST 0,00 DM/m3
EP 31,22 €/m3   LA 31,22 €/m3   ST 0,00 €/m3

002.11026.M KG 311 DIN 276
Bod,Einzelf,lös,lag,hinterf,Kl.6,T < 1,25 m, 1-5 m3, MA
EP 54,08 DM/m3   LA 54,08 DM/m3   ST 0,00 DM/m3
EP 27,65 €/m3   LA 27,65 €/m3   ST 0,00 €/m3

002.11027.M KG 311 DIN 276
Bod,Einzelf,lös,lag,hinterf,Kl.6,T= 1,25-1,75m,1-5m3,MA
EP 56,70 DM/m3   LA 56,70 DM/m3   ST 0,00 DM/m3
EP 28,99 €/m3   LA 28,99 €/m3   ST 0,00 €/m3

002.11028.M KG 311 DIN 276
Bod,Einzelf,lös,lag,hinterf,Kl.6,T= 1,75-2,50m,1-5m3,MA
EP 59,32 DM/m3   LA 59,32 DM/m3   ST 0,00 DM/m3
EP 30,33 €/m3   LA 30,33 €/m3   ST 0,00 €/m3

002.11029.M KG 311 DIN 276
Bod,Einzelf,lös,lag,hinterf,Kl.6,T < 1,25m, 5-10 m3, MA
EP 52,34 DM/m3   LA 52,34 DM/m3   ST 0,00 DM/m3
EP 26,76 €/m3   LA 26,76 €/m3   ST 0,00 €/m3

002.11030.M KG 311 DIN 276
Bod,Einzelf,lös,lag,hinterf,Kl.6,T=1,25-1,75m,5-10m3,MA
EP 54,08 DM/m3   LA 54,08 DM/m3   ST 0,00 DM/m3
EP 27,65 €/m3   LA 27,65 €/m3   ST 0,00 €/m3

002.11031.M KG 311 DIN 276
Bod,Einzelf,lös,lag,hinterf,Kl.6,T=1,75-2,50m,5-10m3,MA
EP 57,57 DM/m3   LA 57,57 DM/m3   ST 0,00 DM/m3
EP 29,43 €/m3   LA 29,43 €/m3   ST 0,00 €/m3

002.11032.M KG 311 DIN 276
Bod,Einzelf,lös,lag,hintf,Kl.6, T=1,25-1,75m,10-20m3,MA
EP 50,59 DM/m3   LA 50,59 DM/m3   ST 0,00 DM/m3
EP 25,87 €/m3   LA 25,87 €/m3   ST 0,00 €/m3

002.11033.M KG 311 DIN 276
Bod,Einzelf,lös,lag,hintf,Kl.6, T=1,75-2,50m,10-20m3,MA
EP 54,95 DM/m3   LA 54,95 DM/m3   ST 0,00 DM/m3
EP 28,10 €/m3   LA 28,10 €/m3   ST 0,00 €/m3

AW 002

LB 002 Erdarbeiten
Bodenaushub Einzelfundamente; Bodentransport; Bodeneinbau

Preise 06.02

Sämtliche Preise sind **Mittelpreise ohne Mehrwertsteuer** zum Zeitpunkt des Ausgabedatums.
Korrekturfaktoren für Regionaleinfluss, Mengeneinfluss, Konjunktureinfluss siehe Vorspann.
Abkürzungen: EP = Einheitspreis, LA = Lohnanteil, ST = Stoffanteil

002.11034.M KG 311 DIN 276
Bod,Einzelf,lös,lag,hinterf,Kl.7,T < 1,25 m, < 1 m3, MA
EP 140,43 DM/m3   LA 140,43 DM/m3   ST 0,00 DM/m3
EP 71,80 €/m3   LA 71,80 €/m3   ST 0,00 €/m3

002.11035.M KG 311 DIN 276
Bod,Einzelf,lös,lag,hinterf,Kl.7,T= 1,25 -1,75m,<1m3,MA
EP 142,18 DM/m3   LA 142,18 DM/m3   ST 0,00 DM/m3
EP 72,70 €/m3   LA 72,70 €/m3   ST 0,00 €/m3

002.11036.M KG 311 DIN 276
Bod,Einzelf,lös,lag,hinterf,Kl.7,T= 1,75 -2,50m,<1m3,MA
EP 145,67 DM/m3   LA 145,67 DM/m3   ST 0,00 DM/m3
EP 74,48 €/m3   LA 74,48 €/m3   ST 0,00 €/m3

002.11037.M KG 311 DIN 276
Bod,Einzelf,lös,lag,hinterf,Kl.7, T < 1,25m, 1-5 m3, MA
EP 138,70 DM/m3   LA 138,70 DM/m3   ST 0,00 DM/m3
EP 70,91 €/m3   LA 70,91 €/m3   ST 0,00 €/m3

002.11038.M KG 311 DIN 276
Bod,Einzelf,lös,lag,hinterf,Kl.7,T= 1,25-1,75m,1-5m3,MA
EP 141,31 DM/m3   LA 141,31 DM/m3   ST 0,00 DM/m3
EP 72,25 €/m3   LA 72,25 €/m3   ST 0,00 €/m3

002.11039.M KG 311 DIN 276
Bod,Einzelf,lös,lag,hinterf,Kl.7,T= 1,75-2,50m,1-5m3,MA
EP 143,93 DM/m3   LA 143,93 DM/m3   ST 0,00 DM/m3
EP 73,59 €/m3   LA 73,59 €/m3   ST 0,00 €/m3

002.11040.M KG 311 DIN 276
Bod,Einzelf,lös,lag,hinterf,Kl.7,T < 1,25m, 5-10 m3, MA
EP 136,95 DM/m3   LA 136,95 DM/m3   ST 0,00 DM/m3
EP 70,02 €/m3   LA 70,02 €/m3   ST 0,00 €/m3

002.11041.M KG 311 DIN 276
Bod,Einzelf,lös,lag,hinterf,Kl.7,T=1,25-1,75m,5-10m3,MA
EP 138,70 DM/m3   LA 138,70 DM/m3   ST 0,00 DM/m3
EP 70,91 €/m3   LA 70,91 €/m3   ST 0,00 €/m3

002.11042.M KG 311 DIN 276
Bod,Einzelf,lös,lag,hinterf,Kl.7,T=1,75-2,50m,5-10m3,MA
EP 142,18 DM/m3   LA 142,18 DM/m3   ST 0,00 DM/m3
EP 72,70 €/m3   LA 72,70 €/m3   ST 0,00 €/m3

002.11043.M KG 311 DIN 276
Bod,Einzelf,lös,lag,hintf,Kl.7,T=1,25-1,75m,10-20m3, MA
EP 135,20 DM/m3   LA 135,20 DM/m3   ST 0,00 DM/m3
EP 69,13 €/m3   LA 69,13 €/m3   ST 0,00 €/m3

002.11044.M KG 311 DIN 276
Bod,Einzelf,lös,lag,hintf,Kl.7,T=1,75-2,50m,10-20m3, MA
EP 139,56 DM/m3   LA 139,56 DM/m3   ST 0,00 DM/m3
EP 71,36 €/m3   LA 71,36 €/m3   ST 0,00 €/m3

Bodentransport

002.----.-

Pos.	Beschreibung	Preis
002.20001.M	Gelagerten Boden laden, abkippen, 5 km	18,03 DM/m3 9,22 €/m3
002.20201.M	Zulage Förderweg, je km	1,25 DM/m3 0,74 €/m3

002.20001.M KG 311 DIN 276
Gelagerten Boden laden, abkippen, 5 km
EP 18,03 DM/m3   LA 1,81 DM/m3   ST 16,22 DM/m3
EP 9,22 €/m3   LA 0,92 €/m3   ST 8,30 €/m3

002.20201.M KG 311 DIN 276
Zulage Förderweg, je km
EP 1,25 DM/m3   LA 0,74 DM/m3   ST 0,51 DM/m3
EP 0,64 €/m3   LA 0,38 €/m3   ST 0,26 €/m3

Bodeneinbau

002.----.-

Pos.	Beschreibung	Preis
002.21001.M	Bodeneinbau in Baugruben, H= bis 1,25 m, MA	10,47 DM/m3 5,35 €/m3
002.21002.M	Bodeneinbau in Baugruben, H= bis 1,25 m, Handeinbau	42,28 DM/m3 21,62 €/m3
002.21003.M	Bodeneinbau in Baugruben, H= bis 3,50 m, MA	20,06 DM/m3 10,26 €/m3
002.21004.M	Bodeneinbau in Baugruben, H= bis 3,50 m, Handeinbau	45,10 DM/m3 23,06 €/m3
002.21005.M	Bodeneinbau in Baugruben, H= bis 5,50 m, MA	33,14 DM/m3 16,95 €/m3
002.21006.M	Bodeneinbau in Baugruben, H= bis 5,50 m, Handeinbau	50,73 DM/m3 25,94 €/m3
002.21501.M	Hinterfüllen, Überschütten Bauwerke, Handeinbau	35,44 DM/m3 18,12 €/m3
002.21601.M	Verfüllen Arbeitsraum, Handeinbau	14,51 DM/m3 7,42 €/m3

Hinweis: MA ... maschinell

Den maschinell durchgeführten Leistungen ist eine Geräteleistung von 50-100 m3/d zugeordnet.

002.21001.M KG 321 DIN 276
Bodeneinbau in Baugruben, H= bis 1,25 m, MA
EP 10,47 DM/m3   LA 10,47 DM/m3   ST 0,00 DM/m3
EP 5,35 €/m3   LA 5,35 €/m3   ST 0,00 €/m3

002.21002.M KG 321 DIN 276
Bodeneinbau in Baugruben, H= bis 1,25 m, Handeinbau
EP 42,28 DM/m3   LA 42,28 DM/m3   ST 0,00 DM/m3
EP 21,62 €/m3   LA 21,62 €/m3   ST 0,00 €/m3

002.21003.M KG 321 DIN 276
Bodeneinbau in Baugruben, H= bis 3,50 m, MA
EP 20,06 DM/m3   LA 20,06 DM/m3   ST 0,00 DM/m3
EP 10,26 €/m3   LA 10,26 €/m3   ST 0,00 €/m3

002.21004.M KG 321 DIN 276
Bodeneinbau in Baugruben, H= bis 3,50 m, Handeinbau
EP 45,10 DM/m3   LA 45,10 DM/m3   ST 0,00 DM/m3
EP 23,06 €/m3   LA 23,06 €/m3   ST 0,00 €/m3

002.21005.M KG 321 DIN 276
Bodeneinbau in Baugruben, H= bis 5,50 m, MA
EP 33,14 DM/m3   LA 33,14 DM/m3   ST 0,00 DM/m3
EP 16,95 €/m3   LA 16,95 €/m3   ST 0,00 €/m3

002.21006.M KG 321 DIN 276
Bodeneinbau in Baugruben, H= bis 5,50 m, Handeinbau
EP 50,73 DM/m3   LA 50,73 DM/m3   ST 0,00 DM/m3
EP 25,94 €/m3   LA 25,94 €/m3   ST 0,00 €/m3

002.21501.M KG 311 DIN 276
Hinterfüllen, Überschütten Bauwerke, Handeinbau
EP 35,44 DM/m3   LA 17,48 DM/m3   ST 17,96 DM/m3
EP 18,12 €/m3   LA 8,94 €/m3   ST 9,18 €/m3

002.21601.M KG 311 DIN 276
Verfüllen Arbeitsraum, Handeinbau
EP 14,51 DM/m3   LA 9,59 DM/m3   ST 4,92 DM/m3
EP 7,42 €/m3   LA 4,90 €/m3   ST 2,52 €/m3

LB 002 Erdarbeiten
Boden für Verkehrsflächen; Grabenaushub, einschl. Verfüllung

AW 002

Preise 06.02

Sämtliche Preise sind **Mittelpreise ohne Mehrwertsteuer** zum Zeitpunkt des Ausgabedatums.
Korrekturfaktoren für Regionaleinfluss, Mengeneinfluss, Konjunktureinfluss siehe Vorspann.
Abkürzungen: EP = Einheitspreis, LA = Lohnanteil, ST = Stoffanteil

Boden für Verkehrsflächen

002.----.-

Pos.	Beschreibung	Preis
002.27001.M	Boden für Verkehrsfl. lösen und lagern, MA	9,17 DM/m3
		4,69 €/m3
002.27002.M	Boden für Verkehrsfl. lösen, fördern, einbauen, MA	18,33 DM/m3
		9,37 €/m3
002.33001.M	Boden Straßen, Wege, Plätze, Kl. 3-5, T= bis 0,30 m, MA	18,31 DM/m3
		9,36 €/m3
002.33002.M	Boden Straßen, Wege, Plätze, Kl. 3-5, T= bis 0,50 m, MA	14,83 DM/m3
		7,58 €/m3
002.33003.M	Boden Straßen, Wege, Plätze, Kl. 3-5, T= bis 1,00 m, MA	13,08 DM/m3
		6,69 €/m3

Hinweis: MA ... maschinell

Den maschinell durchgeführten Leistungen sind Geräteleistungen von 50-100 bzw. 100-200 m3/d zugeordnet.

002.27001.M KG 529 DIN 276
Boden für Verkehrsfl. lösen und lagern, MA
EP 9,17 DM/m3   LA 9,17 DM/m3   ST 0,00 DM/m3
EP 4,69 €/m3   LA 4,69 €/m3   ST 0,00 €/m3

002.27002.M KG 529 DIN 276
Boden für Verkehrsfl. lösen, fördern, einbauen, MA
EP 18,33 DM/m3 LA 18,33 DM/m3 ST 0,00 DM/m3
EP 9,37 €/m3   LA 9,37 €/m3   ST 0,00 €/m3

002.33001.M KG 529 DIN 276
Boden Straßen, Wege, Plätze, Kl. 3-5, T= bis 0,30 m, MA
EP 18,31 DM/m3 LA 18,31 DM/m3 ST 0,00 DM/m3
EP 9,36 €/m3   LA 9,36 €/m3   ST 0,00 €/m3

002.33002.M KG 529 DIN 276
Boden Straßen, Wege, Plätze, Kl. 3-5, T= bis 0,50 m, MA
EP 14,83 DM/m3 LA 14,83 DM/m3 ST 0,00 DM/m3
EP 7,58 €/m3   LA 7,58 €/m3   ST 0,00 €/m3

002.33003.M KG 529 DIN 276
Boden Straßen, Wege, Plätze, Kl. 3-5, T= bis 1,00 m, MA
EP 13,08 DM/m3 LA 13,08 DM/m3 ST 0,00 DM/m3
EP 6,69 €/m3   LA 6,69 €/m3   ST 0,00 €/m3

Grabenaushub, einschl. Verfüllung

002.----.-

Pos.	Beschreibung	Preis
002.38001.M	Boden Gräben aush.,verf.,Kl.2,T < 1,25 m, B=1,5-2m, MA	47,10 DM/m3 / 24,08 €/m3
002.38002.M	Boden Gräben aush.,verf.,Kl.2,T < 1,25 m, B=1-1,5m, MA	49,72 DM/m3 / 25,42 €/m3
002.38003.M	Boden Gräben aush.,verf.,Kl.2,T < 1,25 m, B=0,5-1m, MA	53,21 DM/m3 / 27,20 €/m3
002.38004.M	Boden Gräben aush.,verf.,Kl.2, T < 1,25 m, B < 0,5m, MA	56,70 DM/m3 / 28,99 €/m3
002.38005.M	Boden Gräben aush.,verf.,Kl.2,T < 1,25 m, B=1,5-2m, HA	233,95 DM/m3 / 119,61 €/m3
002.38006.M	Boden Gräben aush.,verf.,Kl.2,T < 1,25 m, B=1-1,5m, HA	239,59 DM/m3 / 122,50 €/m3
002.38007.M	Boden Gräben aush.,verf.,Kl.2,T < 1,25 m, B=0,5-1m, HA	242,41 DM/m3 / 123,94 €/m3
002.38008.M	Boden Gräben aush.,verf.,Kl.2,T < 1,25 m, B < 0,5m, HA	245,23 DM/m3 / 125,38 €/m3
002.38009.M	Boden Gräben aush.,verf.,Kl.2,T=1,25-3,5m,B=1,5-2m, MA	50,59 DM/m3 / 25,87 €/m3
002.38010.M	Boden Gräben aush.,verf.,Kl.2,T=1,25-3,5m,B=1-1,5m, MA	52,34 DM/m3 / 26,76 €/m3
002.38011.M	Boden Gräben aush,verf,Kl.2,T =1,25-3,5m,B=1,5-2m,HA	276,23 DM/m3 / 141,23 €/m3
002.38012.M	Boden Gräben aush.,verf.,Kl.2,T= 3,5-5,5m,B=1,5-2m, MA	55,82 DM/m3 / 28,54 €/m3
002.38013.M	Boden Gräben aush.,verf.,Kl.3-5,T < 1,25m,B=1,5-2m, MA	30,53 DM/m3 / 15,61 €/m3
002.38014.M	Boden Gräben aush.,verf.,Kl.3-5,T < 1,25m,B=1-1,5m, MA	33,14 DM/m3 / 16,95 €/m3
002.38015.M	Boden Gräben aush.,verf.,Kl.3-5,T < 1,25m,B=0,5-1m, MA	34,89 DM/m3 / 17,84 €/m3
002.38016.M	Boden Gräben aush.,verf.,Kl.3-5,T < 1,25m,B < 0,5m, MA	39,26 DM/m3 / 20,07 €/m3
002.38017.M	Boden Gräben aush.,verf.,Kl.3-5,T < 1,25m,B=1,5-2m,HA	124,02 DM/m3 / 63,41 €/m3
002.38018.M	Boden Gräben aush.,verf.,Kl.3-5,T < 1,25m,B=1-1,5m,HA	129,66 DM/m3 / 66,29 €/m3
002.38019.M	Boden Gräben aush.,verf.,Kl.3-5,T < 1,25m,B=0,5-1m,HA	132,48 DM/m3 / 67,74 €/m3
002.38020.M	Boden Gräben aush.,verf.,Kl.3-5,T < 1,25m,B < 0,5m,HA	135,29 DM/m3 / 69,17 €/m3
002.38021.M	Boden Gräben aush,verf,Kl.3-5,T=1,25-3,5m,B=1,5-2m,MA	33,14 DM/m3 / 16,95 €/m3
002.38022.M	Boden Gräben aush,verf,Kl.3-5,T=1,25-3,5m,B=1-1,5m,MA	36,64 DM/m3 / 18,73 €/m3
002.38023.M	Boden Gräben aus,verf,Kl.3-5,T=1,25-3,5m,B=1,5-2m,HA	166,30 DM/m3 / 85,03 €/m3
002.38024.M	Boden Gräben aush,verf,Kl.3-5,T=3,5-5,5m,B=1,5-2m,MA	38,38 DM/m3 / 19,62 €/m3
002.38025.M	Boden Gräben aush,verf,Kl.3-5,T=3,5-5,5m,B=1,5-2m,HA	205,76 DM/m3 / 105,20 €/m3
002.38026.M	Boden Gräben aush.,verf.,Kl.6,T= 3,5-5,5m,B=1,5-2m,MA	52,34 DM/m3 / 26,76 €/m3
002.38027.M	Boden Gräben aush,verf.,Kl.6,T= 3,5-5,5m,B=1,5-2m,HA	281,87 DM/m3 / 144,12 €/m3
002.38028.M	Boden Gräben aush.,verf.,Kl.6,T<1,25m, B=1,5-2m, MA	43,62 DM/m3 / 22,30 €/m3
002.38029.M	Boden Gräben aush.,verf.,Kl.6,T< ,25m, B=1-1,5m, MA	45,36 DM/m3 / 23,19 €/m3
002.38030.M	Boden Gräben aush.,verf.,Kl.6,T<1,25m, B=0,5-1m, MA	47,97 DM/m3 / 24,53 €/m3
002.38031.M	Boden Gräben aush.,verf.,Kl.6,T<1,25m, B < 0,5m, MA	50,59 DM/m3 / 25,87 €/m3
002.38032.M	Boden Gräben aush.,verf.,Kl.6,T<1,25m, B=1,5-2m, HA	200,13 DM/m3 / 102,32 €/m3
002.38033.M	Boden Gräben aush.,verf.,Kl.6,T<1,25m, B=1-1,5m, HA	205,76 DM/m3 / 105,20 €/m3
002.38034.M	Boden Gräben aush.,verf.,Kl.6,T<1,25m, B=0,5-1m, HA	208,58 DM/m3 / 106,65 €/m3
002.38035.M	Boden Gräben aush.,verf.,Kl.6,T< ,25m, B < 0,5m, HA	211,40 DM/m3 / 108,09 €/m3
002.38036.M	Boden Gräben aush.,verf.,Kl.6,T=1,25-3,5m,B=1,5-2m,MA	47,10 DM/m3 / 24,08 €/m3
002.38037.M	Boden Gräben aush.,verf.,Kl.6,T=1,25-3,5m,B=1-1,5m,MA	49,72 DM/m3 / 25,42 €/m3
002.38038.M	Boden Gräben aush.,verf.,Kl.6,T=1,25-3,5m,B=1,5-2m,HA	242,41 DM/m3 / 123,94 €/m3
002.38039.M	Boden Gräben aush.,verf.,Kl.7,T < 1,25m, B=1,5-2m, MA	76,76 DM/m3 / 39,25 €/m3
002.38040.M	Boden Gräben aush.,verf.,Kl.7,T< 1,25m, B=1-1,5m, MA	80,25 DM/m3 / 41,03 €/m3
002.38041.M	Boden Gräben aush.,verf.,Kl.7,T< 1,25m, B=0,5-1m, MA	82,86 DM/m3 / 42,37 €/m3
002.38042.M	Boden Gräben aush.,verf.,Kl.7,T < 1,25m, B < 0,5m, MA	87,23 DM/m3 / 44,60 €/m3
002.38043.M	Boden Gräben aush.,verf.,Kl.7,T < 1,25m, B=1,5-2m, HA	304,41 DM/m3 / 155,64 €/m3
002.38044.M	Boden Gräben aush.,verf.,Kl.7,T < 1,25m, B=1-1,5m, HA	307,23 DM/m3 / 157,09 €/m3
002.38045.M	Boden Gräben aush.,verf.,Kl.7,T < 1,25m, B=0,5-1m, HA	310,05 DM/m3 / 158,53 €/m3
002.38046.M	Boden Gräben aush.,verf.,Kl.7,T < 1,25m, B < 0,5m, HA	315,70 DM/m3 / 161,41 €/m3
002.38047.M	Boden Gräben aush.,verf.,Kl.7,T=1,25-3,5m,B=1,5-2m,MA	82,00 DM/m3 / 41,92 €/m3
002.38048.M	Boden Gräben aush.,verf.,Kl.7,T=1,25-3,5m,B=1-1,5m,MA	85,48 DM/m3 / 43,71 €/m3
002.38049.M	Boden Gräben aush.,verf.,Kl.7,T=1,25-3,5m,B=1,5-2m,HA	346,69 DM/m3 / 177,26 €/m3
002.38050.M	Boden Gräben aush.,verf.,Kl.7,T=3,5-5,5m, B=1,5-2m, MA	86,36 DM/m3 / 44,15 €/m3

AW 002

LB 002 Erdarbeiten
Grabenaushub, einschl. Verfüllung

Preise 06.02

Sämtliche Preise sind **Mittelpreise ohne Mehrwertsteuer** zum Zeitpunkt des Ausgabedatums.
Korrekturfaktoren für Regionaleinfluss, Mengeneinfluss, Konjunktureinfluss siehe Vorspann.
Abkürzungen: EP = Einheitspreis, LA = Lohnanteil, ST = Stoffanteil

Hinweis: MA ... maschinell
HA ... Handaushub

Den maschinell durchgeführten Leistungen ist eine Geräteleistung von 50-100 m3/d zugeordnet.

002.38001.M KG 499 DIN 276
Boden Gräben aush.,verf.,Kl.2, T < 1,25 m, B=1,5-2m, MA
EP 47,10 DM/m3   LA 47,10 DM/m3   ST 0,00 DM/m3
EP 24,08 €/m3   LA 24,08 €/m3   ST 0,00 €/m3

002.38002.M KG 499 DIN 276
Boden Gräben aush.,verf.,Kl.2, T < 1,25 m, B=1-1,5m, MA
EP 49,72 DM/m3   LA 49,72 DM/m3   ST 0,00 DM/m3
EP 25,42 €/m3   LA 25,42 €/m3   ST 0,00 €/m3

002.38003.M KG 499 DIN 276
Boden Gräben aush.,verf.,Kl.2, T < 1,25 m, B=0,5-1m, MA
EP 53,21 DM/m3   LA 53,21 DM/m3   ST 0,00 DM/m3
EP 27,20 €/m3   LA 27,20 €/m3   ST 0,00 €/m3

002.38004.M KG 499 DIN 276
Boden Gräben aush.,verf.,Kl.2, T < 1,25 m, B < 0,5m, MA
EP 56,70 DM/m3   LA 56,70 DM/m3   ST 0,00 DM/m3
EP 28,99 €/m3   LA 28,99 €/m3   ST 0,00 €/m3

002.38005.M KG 499 DIN 276
Boden Gräben aush.,verf.,Kl.2, T < 1,25 m, B=1,5-2m, HA
EP 233,95 DM/m3   LA 233,95 DM/m3   ST 0,00 DM/m3
EP 119,61 €/m3   LA 119,61 €/m3   ST 0,00 €/m3

002.38006.M KG 499 DIN 276
Boden Gräben aush.,verf.,Kl.2, T < 1,25 m, B=1-1,5m, HA
EP 239,59 DM/m3   LA 239,59 DM/m3   ST 0,00 DM/m3
EP 122,50 €/m3   LA 122,50 €/m3   ST 0,00 €/m3

002.38007.M KG 499 DIN 276
Boden Gräben aush.,verf.,Kl.2, T < 1,25 m, B=0,5-1m, HA
EP 242,41 DM/m3   LA 242,41 DM/m3   ST 0,00 DM/m3
EP 123,94 €/m3   LA 123,94 €/m3   ST 0,00 €/m3

002.38008.M KG 499 DIN 276
Boden Gräben aush.,verf.,Kl.2, T < 1,25 m, B < 0,5m, HA
EP 245,23 DM/m3   LA 245,23 DM/m3   ST 0,00 DM/m3
EP 125,38 €/m3   LA 125,38 €/m3   ST 0,00 €/m3

002.38009.M KG 499 DIN 276
Boden Gräben aush.,verf.,Kl.2, T=1,25-3,5m,B=1,5-2m, MA
EP 50,59 DM/m3   LA 50,59 DM/m3   ST 0,00 DM/m3
EP 25,87 €/m3   LA 25,87 €/m3   ST 0,00 €/m3

002.38010.M KG 499 DIN 276
Boden Gräben aush.,verf.,Kl.2, T=1,25-3,5m,B=1-1,5m, MA
EP 52,34 DM/m3   LA 52,34 DM/m3   ST 0,00 DM/m3
EP 26,76 €/m3   LA 26,76 €/m3   ST 0,00 €/m3

002.38011.M KG 499 DIN 276
Boden Gräben aush.,verf.,Kl.2, T=1,25-3,5m,B=1,5-2m, HA
EP 276,23 DM/m3   LA 276,23 DM/m3   ST 0,00 DM/m3
EP 141,23 €/m3   LA 141,23 €/m3   ST 0,00 €/m3

002.38012.M KG 499 DIN 276
Boden Gräben aush.,verf.,Kl.2, T= 3,5-5,5m,B=1,5-2m, MA
EP 55,82 DM/m3   LA 55,82 DM/m3   ST 0,00 DM/m3
EP 28,54 €/m3   LA 28,54 €/m3   ST 0,00 €/m3

002.38013.M KG 499 DIN 276
Boden Gräben aush.,verf.,Kl.3-5, T < 1,25m,B=1,5-2m, MA
EP 30,53 DM/m3   LA 30,53 DM/m3   ST 0,00 DM/m3
EP 15,61 €/m3   LA 15,61 €/m3   ST 0,00 €/m3

002.38014.M KG 499 DIN 276
Boden Gräben aush.,verf.,Kl.3-5, T < 1,25m,B=1-1,5m, MA
EP 33,14 DM/m3   LA 33,14 DM/m3   ST 0,00 DM/m3
EP 16,95 €/m3   LA 16,95 €/m3   ST 0,00 €/m3

002.38015.M KG 499 DIN 276
Boden Gräben aush.,verf.,Kl.3-5, T < 1,25m,B=0,5-1m, MA
EP 34,89 DM/m3   LA 34,89 DM/m3   ST 0,00 DM/m3
EP 17,84 €/m3   LA 17,84 €/m3   ST 0,00 €/m3

002.38016.M KG 499 DIN 276
Boden Gräben aush.,verf.,Kl.3-5, T < 1,25m,B < 0,5m, MA
EP 39,26 DM/m3   LA 39,26 DM/m3   ST 0,00 DM/m3
EP 20,07 €/m3   LA 20,07 €/m3   ST 0,00 €/m3

002.38017.M KG 499 DIN 276
Boden Gräben aush.,verf.,Kl.3-5, T < 1,25m,B=1,5-2m, HA
EP 124,02 DM/m3   LA 124,02 DM/m3   ST 0,00 DM/m3
EP 63,41 €/m3   LA 63,41 €/m3   ST 0,00 €/m3

002.38018.M KG 499 DIN 276
Boden Gräben aush.,verf.,Kl.3-5, T < 1,25m,B=1-1,5m, HA
EP 129,66 M/m3   LA 129,66 DM/m3   ST 0,00 DM/m3
EP 66,29 €/m3   LA 66,29 €/m3   ST 0,00 €/m3

002.38019.M KG 499 DIN 276
Boden Gräben aush.,verf.,Kl.3-5, T < 1,25m,B=0,5-1m, HA
EP 132,48 DM/m3   LA 132,48 DM/m3   ST 0,00 DM/m3
EP 67,74 €/m3   LA 67,74 €/m3   ST 0,00 €/m3

002.38020.M KG 499 DIN 276
Boden Gräben aush.,verf.,Kl.3-5, T < 1,25m,B < 0,5m, HA
EP 135,29 DM/m3   LA 135,29 DM/m3   ST 0,00 DM/m3
EP 69,17 €/m3   LA 69,17 €/m3   ST 0,00 €/m3

002.38021.M KG 499 DIN 276
Boden Gräben aush,verf,Kl.3-5, T=1,25-3,5m,B=1,5-2m, MA
EP 33,14 DM/m3   LA 33,14 DM/m3   ST 0,00 DM/m3
EP 16,95 €/m3   LA 16,95 €/m3   ST 0,00 €/m3

002.38022.M KG 499 DIN 276
Boden Gräben aush,verf,Kl.3-5, T=1,25-3,5m,B=1-1,5m, MA
EP 36,64 DM/m3   LA 36,64 DM/m3   ST 0,00 DM/m3
EP 18,73 €/m3   LA 18,73 €/m3   ST 0,00 €/m3

002.38023.M KG 499 DIN 276
Boden Gräben aush,verf,Kl.3-5, T=1,25-3,5m,B=1,5-2m, HA
EP 166,30 DM/m3   LA 166,30 DM/m3   ST 0,00 DM/m3
EP 85,03 €/m3   LA 85,03 €/m3   ST 0,00 €/m3

002.38024.M KG 499 DIN 276
Boden Gräben aush.,verf,Kl.3-5, T=3,5-5,5m,B=1,5-2m, MA
EP 38,38 DM/m3   LA 38,38 DM/m3   ST 0,00 DM/m3
EP 19,62 €/m3   LA 19,62 €/m3   ST 0,00 €/m3

002.38025.M KG 499 DIN 276
Boden Gräben aush.,verf,Kl.3-5, T=3,5-5,5m,B=1,5-2m, HA
EP 205,76 DM/m3   LA 205,76 DM/m3   ST 0,00 DM/m3
EP 105,20 €/m3   LA 105,20 €/m3   ST 0,00 €/m3

002.38026.M KG 499 DIN 276
Boden Gräben aush.,verf.,Kl.6, T= 3,5-5,5m,B=1,5-2m, MA
EP 52,34 DM/m3   LA 52,34 DM/m3   ST 0,00 DM/m3
EP 26,76 €/m3   LA 26,76 €/m3   ST 0,00 €/m3

002.38027.M KG 499 DIN 276
Boden Gräben aush.,verf.,Kl.6, T= 3,5-5,5m,B=1,5-2m, HA
EP 281,87 DM/m3   LA 281,87 DM/m3   ST 0,00 DM/m3
EP 144,12 €/m3   LA 144,12 €/m3   ST 0,00 €/m3

002.38028.M KG 499 DIN 276
Boden Gräben aush.,verf.,Kl.6, T < 1,25m, B=1,5-2m, MA
EP 43,62 DM/m3   LA 43,62 DM/m3   ST 0,00 DM/m3
EP 22,30 €/m3   LA 22,30 €/m3   ST 0,00 €/m3

002.38029.M KG 499 DIN 276
Boden Gräben aush.,verf.,Kl.6, T < 1,25m, B=1-1,5m, MA
EP 45,36 DM/m3   LA 45,36 DM/m3   ST 0,00 DM/m3
EP 23,19 €/m3   LA 23,19 €/m3   ST 0,00 €/m3

LB 002 Erdarbeiten
Grabenaushub, einschl. Verfüllung

AW 002

Preise 06.02

Sämtliche Preise sind **Mittelpreise ohne Mehrwertsteuer** zum Zeitpunkt des Ausgabedatums.
Korrekturfaktoren für Regionaleinfluss, Mengeneinfluss, Konjunktureinfluss siehe Vorspann.
Abkürzungen: EP = Einheitspreis, LA = Lohnanteil, ST = Stoffanteil

002.38030.M KG 499 DIN 276
Boden Gräben aush.,verf.,Kl.6, T < 1,25m, B=0,5-1m, MA
EP 47,97 DM/m3   LA 47,97 DM/m3   ST 0,00 DM/m3
EP 24,53 €/m3   LA 24,53 €/m3   ST 0,00 €/m3

002.38031.M KG 499 DIN 276
Boden Gräben aush.,verf.,Kl.6, T < 1,25m, B < 0,5m, MA
EP 50,59 DM/m3   LA 50,59 DM/m3   ST 0,00 DM/m3
EP 25,87 €/m3   LA 25,87 €/m3   ST 0,00 €/m3

002.38032.M KG 499 DIN 276
Boden Gräben aush.,verf.,Kl.6, T < 1,25m, B=1,5-2m, HA
EP 200,13 DM/m3 LA 200,13 DM/m3 ST 0,00 DM/m3
EP 102,32 €/m3   LA 102,32 €/m3   ST 0,00 €/m3

002.38033.M KG 499 DIN 276
Boden Gräben aush.,verf.,Kl.6, T < 1,25m, B=1-1,5m, HA
EP 205,76 DM/m3 LA 205,76 DM/m3 ST 0,00 DM/m3
EP 105,20 €/m3   LA 105,20 €/m3   ST 0,00 €/m3

002.38034.M KG 499 DIN 276
Boden Gräben aush.,verf.,Kl.6, T < 1,25m, B=0,5-1m, HA
EP 208,58 DM/m3 LA 208,58 DM/m3 ST 0,00 DM/m3
EP 106,65 €/m3   LA 106,65 €/m3   ST 0,00 €/m3

002.38035.M KG 499 DIN 276
Boden Gräben aush.,verf.,Kl.6, T < 1,25m, B < 0,5m, HA
EP 211,40 DM/m3 LA 211,40 DM/m3 ST 0,00 DM/m3
EP 108,09 €/m3   LA 108,09 €/m3   ST 0,00 €/m3

002.38036.M KG 499 DIN 276
Boden Gräben aush.,verf.,Kl.6, T=1,25-3,5m,B=1,5-2m, MA
EP 47,10 DM/m3   LA 47,10 DM/m3   ST 0,00 DM/m3
EP 24,08 €/m3   LA 24,08 €/m3   ST 0,00 €/m3

002.38037.M KG 499 DIN 276
Boden Gräben aush.,verf.,Kl.6, T=1,25-3,5m,B=1-1,5m, MA
EP 49,72 DM/m3   LA 49,72 DM/m3   ST 0,00 DM/m3
EP 25,42 €/m3   LA 25,42 €/m3   ST 0,00 €/m3

002.38038.M KG 499 DIN 276
Boden Gräben aush.,verf.,Kl.6, T=1,25-3,5m,B=1,5-2m, HA
EP 242,41 DM/m3 LA 242,41 DM/m3 ST 0,00 DM/m3
EP 123,94 €/m3   LA 123,94 €/m3   ST 0,00 €/m3

002.38039.M KG 499 DIN 276
Boden Gräben aush.,verf.,Kl.7, T < 1,25m, B=1,5-2m, MA
EP 76,76 DM/m3   LA 76,76 DM/m3   ST 0,00 DM/m3
EP 39,25 €/m3   LA 39,25 €/m3   ST 0,00 €/m3

002.38040.M KG 499 DIN 276
Boden Gräben aush.,verf.,Kl.7, T < 1,25m, B=1-1,5m, MA
EP 80,25 DM/m3   LA 80,25 DM/m3   ST 0,00 DM/m3
EP 41,03 €/m3   LA 41,03 €/m3   ST 0,00 €/m3

002.38041.M KG 499 DIN 276
Boden Gräben aush.,verf.,Kl.7, T < 1,25m, B=0,5-1m, MA
EP 82,86 DM/m3   LA 82,86 DM/m3   ST 0,00 DM/m3
EP 42,37 €/m3   LA 42,37 €/m3   ST 0,00 €/m3

002.38042.M KG 499 DIN 276
Boden Gräben aush.,verf.,Kl.7, T < 1,25m, B < 0,5m, MA
EP 87,23 DM/m3   LA 87,23 DM/m3   ST 0,00 DM/m3
EP 44,60 €/m3   LA 44,60 €/m3   ST 0,00 €/m3

002.38043.M KG 499 DIN 276
Boden Gräben aush.,verf.,Kl.7, T < 1,25m, B=1,5-2m, HA
EP 304,41 DM/m3 LA 304,41 DM/m3 ST 0,00 DM/m3
EP 155,64 €/m3   LA 155,64 €/m3   ST 0,00 €/m3

002.38044.M KG 499 DIN 276
Boden Gräben aush.,verf.,Kl.7, T < 1,25m, B=1-1,5m, HA
EP 307,23 DM/m3 LA 307,23 DM/m3 ST 0,00 DM/m3
EP 157,09 €/m3   LA 157,09 €/m3   ST 0,00 €/m3

002.38045.M KG 499 DIN 276
Boden Gräben aush.,verf.,Kl.7, T < 1,25m, B=0,5-1m, HA
EP 310,05 DM/m3 LA 310,05 DM/m3 ST 0,00 DM/m3
EP 158,53 €/m3   LA 158,53 €/m3   ST 0,00 €/m3

002.38046.M KG 499 DIN 276
Boden Gräben aush.,verf.,Kl.7, T < 1,25m, B < 0,5m, HA
EP 315,70 DM/m3 LA 315,70 DM/m3 ST 0,00 DM/m3
EP 161,41 €/m3   LA 161,41 €/m3   ST 0,00 €/m3

002.38047.M KG 499 DIN 276
Boden Gräben aush.,verf.,Kl.7, T=1,25-3,5m,B=1,5-2m, MA
EP 82,00 DM/m3   LA 82,00 DM/m3   ST 0,00 DM/m3
EP 41,92 €/m3   LA 41,92 €/m3   ST 0,00 €/m3

002.38048.M KG 499 DIN 276
Boden Gräben aush.,verf.,Kl.7, T=1,25-3,5m,B=1-1,5m, MA
EP 85,48 DM/m3   LA 85,48 DM/m3   ST 0,00 DM/m3
EP 43,71 €/m3   LA 43,71 €/m3   ST 0,00 €/m3

002.38049.M KG 499 DIN 276
Boden Gräben aush.,verf.,Kl.7, T=1,25-3,5m,B=1,5-2m, HA
EP 346,69 DM/m3 LA 346,69 DM/m3 ST 0,00 DM/m3
EP 177,26 €/m3   LA 177,26 €/m3   ST 0,00 €/m3

002.38050.M KG 499 DIN 276
Boden Gräben aush.,verf.,Kl.7, T=3,5-5,5m, B=1,5-2m, MA
EP 86,36 DM/m3   LA 86,36 DM/m3   ST 0,00 DM/m3
EP 44,15 €/m3   LA 44,15 €/m3   ST 0,00 €/m3

AW 002

LB 002 Erdarbeiten
Grabenaushub, ohne Verfüllung

Preise 06.02

Sämtliche Preise sind **Mittelpreise ohne Mehrwertsteuer** zum Zeitpunkt des Ausgabedatums.
Korrekturfaktoren für Regionaleinfluss, Mengeneinfluss, Konjunktureinfluss siehe Vorspann.
Abkürzungen: EP = Einheitspreis, LA = Lohnanteil, ST = Stoffanteil

Grabenaushub, ohne Verfüllung

Hinweis: MA ... maschinell
HA ... Handaushub

Den maschinell durchgeführten Leistungen ist eine Geräteleistung von 50-100 m3/d zugeordnet.

002.-----.-

002.51101.M	Boden Gräben ausheb., Kl.2, T < 1,25 m, B=1,5-2m, MA	34,89 DM/m3 / 17,84 €/m3
002.51102.M	Boden Gräben ausheb., Kl.2, T < 1,25 m, B=1-1,5m, MA	36,64 DM/m3 / 18,73 €/m3
002.51103.M	Boden Gräben ausheb., Kl.2, T < 1,25 m, B=0,5-1m, MA	40,12 DM/m3 / 20,51 €/m3
002.51104.M	Boden Gräben ausheb., Kl.2, T < 1,25 m, B < 0,5m, MA	43,62 DM/m3 / 22,30 €/m3
002.51105.M	Boden Gräben ausheb., Kl.2, T < 1,25 m, B=1,5-2m, HA	169,12 DM/m3 / 86,47 €/m3
002.51106.M	Boden Gräben ausheb., Kl.2, T < 1,25 m, B=1-1,5m, HA	174,76 DM/m3 / 89,35 €/m3
002.51107.M	Boden Gräben ausheb., Kl.2, T < 1,25 m, B=0,5-1m, HA	177,57 DM/m3 / 90,79 €/m3
002.51108.M	Boden Gräben ausheb., Kl.2, T < 1,25 m, B < 0,5m, HA	180,39 DM/m3 / 92,23 €/m3
002.51109.M	Boden Gräben ausheb., Kl.2, T=1,25-3,5m, B=1,5-2m, MA	36,64 DM/m3 / 18,73 €/m3
002.51110.M	Boden Gräben ausheb., Kl.2, T=1,25-3,5m, B=1-1,5m, MA	38,38 DM/m3 / 19,62 €/m3
002.51111.M	Boden Gräben ausheb., Kl.2, T=1,25-3,5m, B=1,5-2m, HA	200,13 DM/m3 / 102,32 €/m3
002.51112.M	Boden Gräben ausheb., Kl.2, T=3,5-5,5 m, B=1,5-2m, MA	41,87 DM/m3 / 21,41 €/m3
002.51113.M	Boden Gräben ausheb., Kl.3-5, T <1,25 m, B=1,5-2m, MA	17,45 DM/m3 / 8,92 €/m3
002.51114.M	Boden Gräben ausheb., Kl.3-5, T <1,25 m, B=1-1,5m, MA	19,19 DM/m3 / 9,81 €/m3
002.51115.M	Boden Gräben ausheb., Kl.3-5, T <1,25 m, B=0,5-1m, MA	22,68 DM/m3 / 11,60 €/m3
002.51116.M	Boden Gräben ausheb., Kl.3-5, T <1,25 m, B < 0,5m, MA	26,16 DM/m3 / 13,38 €/m3
002.51117.M	Boden Gräben ausheb., Kl.3-5, T <1,25 m, B=1,5-2m, HA	59,19 DM/m3 / 30,27 €/m3
002.51118.M	Boden Gräben ausheb., Kl.3-5, T <1,25 m, B=1-1,5m, HA	64,83 DM/m3 / 33,14 €/m3
002.51119.M	Boden Gräben ausheb., Kl.3-5, T <1,25 m, B=0,5-1m, HA	67,65 DM/m3 / 34,59 €/m3
002.51120.M	Boden Gräben ausheb., Kl.3-5, T <1,25 m, B < 0,5m, HA	70,47 DM/m3 / 36,03 €/m3
002.51121.M	Boden Gräben ausheb., Kl.3-5,T= 1,25-3,5m,B=1,5-2m,MA	19,19 DM/m3 / 9,81 €/m3
002.51122.M	Boden Gräben ausheb., Kl.3-5,T= 1,25-3,5m,B=1-1,5m,MA	21,81 DM/m3 / 11,15 €/m3
002.51123.M	Boden Gräben ausheb. Kl.3-5,T= 1,25-3,5m,B=1,5-2m,HA	90,20 DM/m3 / 46,12 €/m3
002.51124.M	Boden Gräben ausheb., Kl.3-5,T= 3,5-5,5m, B=1,5-2m,MA	24,43 DM/m3 / 12,49 €/m3
002.51125.M	Boden Gräben ausheb..Kl.3-5,T= 3,5-5,5m,B=1,5-2m,HA	121,20 DM/m3 / 61,97 €/m3
002.51126.M	Boden Gräben ausheb., Kl.6, T < 1,25 m, B=1,5-2m, MA	31,41 DM/m3 / 16,06 €/m3
002.51127.M	Boden Gräben ausheb., Kl.6, T < 1,25 m, B=1-1,5m, MA	33,14 DM/m3 / 16,95 €/m3
002.51128.M	Boden Gräben ausheb., Kl.6, T < 1,25 m, B=0,5-1m, MA	34,89 DM/m3 / 17,84 €/m3
002.51129.M	Boden Gräben ausheb., Kl.6, T < 1,25 m, B < 0,5m, MA	38,38 DM/m3 / 19,62 €/m3
002.51130.M	Boden Gräben ausheb., Kl.6, T < 1,25 m, B=1,5-2m, HA	135,29 DM/m3 / 69,17 €/m3
002.51131.M	Boden Gräben ausheb., Kl.6, T < 1,25 m, B=1-1,5m, HA	140,93 DM/m3 / 72,06 €/m3
002.51132.M	Boden Gräben ausheb., Kl.6, T < 1,25 m, B=0,5-1m, HA	143,75 DM/m3 / 73,50 €/m3
002.51133.M	Boden Gräben ausheb., Kl.6, T < 1,25 m, B < 0,5m, HA	146,58 DM/m3 / 74,94 €/m3
002.51134.M	Boden Gräben ausheb.,Kl.6, T= 1,25-3,5m, B=1,5-2m, MA	33,14 DM/m3 / 16,95 €/m3
002.51135.M	Boden Gräben ausheb..Kl.6, T= 1,25-3,5m, B=1-1,5m, MA	34,89 DM/m3 / 17,84 €/m3
002.51136.M	Boden Gräben ausheb..Kl.6, T= 1,25-3,5m,B=1,5-2m,HA	166,30 DM/m3 / 85,03 €/m3
002.51137.M	Boden Gräben ausheb..Kl.6, T= 3,5-5,5m, B=1,5-2m, MA	38,38 DM/m3 / 19,62 €/m3
002.51138.M	Boden Gräben ausheb..Kl.6, T= 3,5-5,5m, B=1,5-2m, HA	197,31 DM/m3 / 100,88 €/m3
002.51139.M	Boden Gräben ausheb., Kl.7, T < 1,25 m, B=1,5-2m, MA	64,55 DM/m3 / 33,00 €/m3
002.51140.M	Boden Gräben ausheb., Kl.7, T < 1,25 m, B=1-1,5m, MA	66,30 DM/m3 / 33,90 €/m3
002.51141.M	Boden Gräben ausheb., Kl.7, T < 1,25 m, B=0,5-1m, MA	69,78 DM/m3 / 35,68 €/m3
002.51142.M	Boden Gräben ausheb., Kl.7, T < 1,25 m, B < 0,5m, MA	75,01 DM/m3 / 38,35 €/m3
002.51143.M	Boden Gräben ausheb., Kl.7, T < 1,25 m, B=1,5-2m, HA	239,59 DM/m3 / 122,50 €/m3
002.51144.M	Boden Gräben ausheb., Kl.7, T < 1,25 m, B=1-1,5m, HA	245,23 DM/m3 / 125,38 €/m3
002.51145.M	Boden Gräben ausheb., Kl.7, T < 1,25 m, B=0,5-1m, HA	248,04 DM/m3 / 126,82 €/m3
002.51146.M	Boden Gräben ausheb., Kl.7, T < 1,25 m, B < 0,5m, HA	250,86 DM/m3 / 128,26 €/m3
002.51147.M	Boden Gräben ausheb.,Kl.7, T= 1,25-3,5m, B=1,5-2m,MA	68,03 DM/m3 / 34,79 €/m3
002.51148.M	Boden Gräben ausheb.,Kl.7, T= 1,25-3,5m, B=1-1,5m,MA	69,78 DM/m3 / 35,68 €/m3
002.51149.M	Boden Gräben ausheb.,Kl.7, T= 1,25-3,5m,B=1,5-2m,HA	270,59 DM/m3 / 138,35 €/m3
002.51150.M	Boden Gräben ausheb., Kl.7, T= 3,5-5,5m, B=1,5-2m, MA	73,27 DM/m3 / 37,46 €/m3

002.51101.M KG 499 DIN 276
Boden Gräben ausheben, Kl.2, T < 1,25 m, B=1,5-2m, MA
EP 34,89 DM/m3   LA 34,89 DM/m3   ST 0,00 DM/m3
EP 17,84 €/m3   LA 17,84 €/m3   ST 0,00 €/m3

002.51102.M KG 499 DIN 276
Boden Gräben ausheben, Kl.2, T < 1,25 m, B=1-1,5m, MA
EP 36,64 DM/m3   LA 36,64 DM/m3   ST 0,00 DM/m3
EP 18,73 €/m3   LA 18,73 €/m3   ST 0,00 €/m3

002.51103.M KG 499 DIN 276
Boden Gräben ausheben, Kl.2, T < 1,25 m, B=0,5-1m, MA
EP 40,12 DM/m3   LA 40,12 DM/m3   ST 0,00 DM/m3
EP 20,51 €/m3   LA 20,51 €/m3   ST 0,00 €/m3

002.51104.M KG 499 DIN 276
Boden Gräben ausheben, Kl.2, T < 1,25 m, B < 0,5m, MA
EP 43,62 DM/m3   LA 43,62 DM/m3   ST 0,00 DM/m3
EP 22,30 €/m3   LA 22,30 €/m3   ST 0,00 €/m3

002.51105.M KG 499 DIN 276
Boden Gräben ausheben, Kl.2, T < 1,25 m, B=1,5-2m, HA
EP 169,12 DM/m3 LA 169,12 DM/m3 ST 0,00 DM/m3
EP 86,47 €/m3   LA 86,47 €/m3   ST 0,00 €/m3

002.51106.M KG 499 DIN 276
Boden Gräben ausheben, Kl.2, T < 1,25 m, B=1-1,5m, HA
EP 174,76 DM/m3 LA 174,76 DM/m3 ST 0,00 DM/m3
EP 89,35 €/m3   LA 89,35 €/m3   ST 0,00 €/m3

002.51107.M KG 499 DIN 276
Boden Gräben ausheben, Kl.2, T < 1,25 m, B=0,5-1m, HA
EP 177,57 DM/m3 LA 177,57 DM/m3 ST 0,00 DM/m3
EP 90,79 €/m3   LA 90,79 €/m3   ST 0,00 €/m3

002.51108.M KG 499 DIN 276
Boden Gräben ausheben, Kl.2, T < 1,25 m, B < 0,5m, HA
EP 180,39 DM/m3 LA 180,39 DM/m3 ST 0,00 DM/m3
EP 92,23 €/m3   LA 92,23 €/m3   ST 0,00 €/m3

002.51109.M KG 499 DIN 276
Boden Gräben ausheben, Kl.2, T=1,25-3,5m, B=1,5-2m, MA
EP 36,64 DM/m3   LA 36,64 DM/m3   ST 0,00 DM/m3
EP 18,73 €/m3   LA 18,73 €/m3   ST 0,00 €/m3

002.51110.M KG 499 DIN 276
Boden Gräben ausheben, Kl.2, T=1,25-3,5m, B=1-1,5m, MA
EP 38,38 DM/m3   LA 38,38 DM/m3   ST 0,00 DM/m3
EP 19,62 €/m3   LA 19,62 €/m3   ST 0,00 €/m3

002.51111.M KG 499 DIN 276
Boden Gräben ausheben, Kl.2, T=1,25-3,5m, B=1,5-2m, HA
EP 200,13 DM/m3 LA 200,13 DM/m3 ST 0,00 DM/m3
EP 102,32 €/m3   LA 102,32 €/m3   ST 0,00 €/m3

002.51112.M KG 499 DIN 276
Boden Gräben ausheben, Kl.2, T=3,5-5,5 m, B=1,5-2m, MA
EP 41,87 DM/m3   LA 41,87 DM/m3   ST 0,00 DM/m3
EP 21,41 €/m3   LA 21,41 €/m3   ST 0,00 €/m3

002.51113.M KG 499 DIN 276
Boden Gräben ausheben, Kl.3-5, T <1,25 m, B=1,5-2m, MA
EP 17,45 DM/m3   LA 17,45 DM/m3   ST 0,00 DM/m3
EP 8,92 €/m3   LA 8,92 €/m3   ST 0,00 €/m3

002.51114.M KG 499 DIN 276
Boden Gräben ausheben, Kl.3-5, T <1,25 m, B=1-1,5m, MA
EP 19,19 DM/m3   LA 19,19 DM/m3   ST 0,00 DM/m3
EP 9,81 €/m3   LA 9,81 €/m3   ST 0,00 €/m3

002.51115.M KG 499 DIN 276
Boden Gräben ausheben, Kl.3-5, T <1,25 m, B=0,5-1m, MA
EP 22,68 DM/m3   LA 22,68 DM/m3   ST 0,00 DM/m3
EP 11,60 €/m3   LA 11,60 €/m3   ST 0,00 €/m3

002.51116.M KG 499 DIN 276
Boden Gräben ausheben, Kl.3-5, T <1,25 m, B < 0,5m, MA
EP 26,16 DM/m3   LA 26,16 DM/m3   ST 0,00 DM/m3
EP 13,38 €/m3   LA 13,38 €/m3   ST 0,00 €/m3

LB 002 Erdarbeiten
Grabenaushub, ohne Verfüllung

AW 002

Preise 06.02

Sämtliche Preise sind **Mittelpreise ohne Mehrwertsteuer** zum Zeitpunkt des Ausgabedatums.
Korrekturfaktoren für Regionaleinfluss, Mengeneinfluss, Konjunktureinfluss siehe Vorspann.
Abkürzungen: EP = Einheitspreis, LA = Lohnanteil, ST = Stoffanteil

002.51117.M KG 499 DIN 276
Boden Gräben ausheben, Kl.3-5, T <1,25 m, B=1,5-2m, HA
EP 59,19 DM/m3   LA 59,19 DM/m3   ST 0,00 DM/m3
EP 30,27 €/m3   LA 30,27 €/m3   ST 0,00 €/m3

002.51118.M KG 499 DIN 276
Boden Gräben ausheben, Kl.3-5, T <1,25 m, B=1-1,5m, HA
EP 64,83 DM/m3   LA 64,83 DM/m3   ST 0,00 DM/m3
EP 33,14 €/m3   LA 33,14 €/m3   ST 0,00 €/m3

002.51119.M KG 499 DIN 276
Boden Gräben ausheben, Kl.3-5, T <1,25 m, B=0,5-1m, HA
EP 67,65 DM/m3   LA 67,65 DM/m3   ST 0,00 DM/m3
EP 34,59 €/m3   LA 34,59 €/m3   ST 0,00 €/m3

002.51120.M KG 499 DIN 276
Boden Gräben ausheben, Kl.3-5, T <1,25 m, B < 0,5m, HA
EP 70,47 DM/m3   LA 70,47 DM/m3   ST 0,00 DM/m3
EP 36,03 €/m3   LA 36,03 €/m3   ST 0,00 €/m3

002.51121.M KG 499 DIN 276
Boden Gräben ausheben, Kl.3-5,T= 1,25-3,5m,B=1,5-2m, MA
EP 19,19 DM/m3   LA 19,19 DM/m3   ST 0,00 DM/m3
EP 9,81 €/m3   LA 9,81 €/m3   ST 0,00 €/m3

002.51122.M KG 499 DIN 276
Boden Gräben ausheben, Kl.3-5,T= 1,25-3,5m,B=1-1,5m, MA
EP 21,81 DM/m3   LA 21,81 DM/m3   ST 0,00 DM/m3
EP 11,15 €/m3   LA 11,15 €/m3   ST 0,00 €/m3

002.51123.M KG 499 DIN 276
Boden Gräben ausheben, Kl.3-5,T= 1,25-3,5m,B=1,5-2m, HA
EP 90,20 DM/m3   LA 90,20 DM/m3   ST 0,00 DM/m3
EP 46,12 €/m3   LA 46,12 €/m3   ST 0,00 €/m3

002.51124.M KG 499 DIN 276
Boden Gräben ausheben, Kl.3-5,T= 3,5-5,5m, B=1,5-2m, MA
EP 24,43 DM/m3   LA 24,43 DM/m3   ST 0,00 DM/m3
EP 12,49 €/m3   LA 12,49 €/m3   ST 0,00 €/m3

002.51125.M KG 499 DIN 276
Boden Gräben ausheben, Kl.3-5,T= 3,5-5,5m, B=1,5-2m, HA
EP 121,20 DM/m3 LA 121,20 DM/m3 ST 0,00 DM/m3
EP 61,97 €/m3   LA 61,97 €/m3   ST 0,00 €/m3

002.51126.M KG 499 DIN 276
Boden Gräben ausheben, Kl.6, T < 1,25 m, B=1,5-2m, MA
EP 31,41 DM/m3   LA 31,41 DM/m3   ST 0,00 DM/m3
EP 16,06 €/m3   LA 16,06 €/m3   ST 0,00 €/m3

002.51127.M KG 499 DIN 276
Boden Gräben ausheben, Kl.6, T < 1,25 m, B=1-1,5m, MA
EP 33,14 DM/m3   LA 33,14 DM/m3   ST 0,00 DM/m3
EP 16,95 €/m3   LA 16,95 €/m3   ST 0,00 €/m3

002.51128.M KG 499 DIN 276
Boden Gräben ausheben, Kl.6, T < 1,25 m, B=0,5-1m, MA
EP 34,89 DM/m3   LA 34,89 DM/m3   ST 0,00 DM/m3
EP 17,84 €/m3   LA 17,84 €/m3   ST 0,00 €/m3

002.51129.M KG 499 DIN 276
Boden Gräben ausheben, Kl.6, T < 1,25 m, B < 0,5m, MA
EP 38,38 DM/m3   LA 38,38 DM/m3   ST 0,00 DM/m3
EP 19,62 €/m3   LA 19,62 €/m3   ST 0,00 €/m3

002.51130.M KG 499 DIN 276
Boden Gräben ausheben, Kl.6, T < 1,25 m, B=1,5-2m, HA
EP 135,29 DM/m3 LA 135,29 DM/m3 ST 0,00 DM/m3
EP 69,17 €/m3   LA 69,17 €/m3   ST 0,00 €/m3

002.51131.M KG 499 DIN 276
Boden Gräben ausheben, Kl.6, T < 1,25 m, B=1-1,5m, HA
EP 140,93 DM/m3 LA 140,93 DM/m3 ST 0,00 DM/m3
EP 72,06 €/m3   LA 72,06 €/m3   ST 0,00 €/m3

002.51132.M KG 499 DIN 276
Boden Gräben ausheben, Kl.6, T < 1,25 m, B=0,5-1m, HA
EP 143,75 DM/m3 LA 143,75 DM/m3 ST 0,00 DM/m3
EP 73,50 €/m3   LA 73,50 €/m3   ST 0,00 €/m3

002.51133.M KG 499 DIN 276
Boden Gräben ausheben, Kl.6, T < 1,25 m, B < 0,5m, HA
EP 146,58 DM/m3 LA 146,58 DM/m3 ST 0,00 DM/m3
EP 74,94 €/m3   LA 74,94 €/m3   ST 0,00 €/m3

002.51134.M KG 499 DIN 276
Boden Gräben ausheben, Kl.6, T= 1,25-3,5m, B=1,5-2m, MA
EP 33,14 DM/m3   LA 33,14 DM/m3   ST 0,00 DM/m3
EP 16,95 €/m3   LA 16,95 €/m3   ST 0,00 €/m3

002.51135.M KG 499 DIN 276
Boden Gräben ausheben, Kl.6, T= 1,25-3,5m, B=1-1,5m, MA
EP 34,89 DM/m3   LA 34,89 DM/m3   ST 0,00 DM/m3
EP 17,84 €/m3   LA 17,84 €/m3   ST 0,00 €/m3

002.51136.M KG 499 DIN 276
Boden Gräben ausheben, Kl.6, T= 1,25-3,5m, B=1,5-2m, HA
EP 166,30 DM/m3 LA 166,30 DM/m3 ST 0,00 DM/m3
EP 85,03 €/m3   LA 85,03 €/m3   ST 0,00 €/m3

002.51137.M KG 499 DIN 276
Boden Gräben ausheben, Kl.6, T= 3,5-5,5m, B=1,5-2m, MA
EP 38,38 DM/m3   LA 38,38 DM/m3   ST 0,00 DM/m3
EP 19,62 €/m3   LA 19,62 €/m3   ST 0,00 €/m3

002.51138.M KG 499 DIN 276
Boden Gräben ausheben, Kl.6, T= 3,5-5,5m, B=1,5-2m, HA
EP 197,31 DM/m3 LA 197,31 DM/m3 ST 0,00 DM/m3
EP 100,88 €/m3   LA 100,88 €/m3   ST 0,00 €/m3

002.51139.M KG 499 DIN 276
Boden Gräben ausheben, Kl.7, T < 1,25 m, B=1,5-2m, MA
EP 64,55 DM/m3   LA 64,55 DM/m3   ST 0,00 DM/m3
EP 33,00 €/m3   LA 33,00 €/m3   ST 0,00 €/m3

002.51140.M KG 499 DIN 276
Boden Gräben ausheben, Kl.7, T < 1,25 m, B=1-1,5m, MA
EP 66,30 DM/m3   LA 66,30 DM/m3   ST 0,00 DM/m3
EP 33,90 €/m3   LA 33,90 €/m3   ST 0,00 €/m3

002.51141.M KG 499 DIN 276
Boden Gräben ausheben, Kl.7, T < 1,25 m, B=0,5-1m, MA
EP 69,78 DM/m3   LA 69,78 DM/m3   ST 0,00 DM/m3
EP 35,68 €/m3   LA 35,68 €/m3   ST 0,00 €/m3

002.51142.M KG 499 DIN 276
Boden Gräben ausheben, Kl.7, T < 1,25 m, B < 0,5m, MA
EP 75,01 DM/m3   LA 75,01 DM/m3   ST 0,00 DM/m3
EP 38,35 €/m3   LA 38,35 €/m3   ST 0,00 €/m3

002.51143.M KG 499 DIN 276
Boden Gräben ausheben, Kl.7, T < 1,25 m, B=1,5-2m, HA
EP 239,59 DM/m3 LA 239,59 DM/m3 ST 0,00 DM/m3
EP 122,50 €/m3   LA 122,50 €/m3   ST 0,00 €/m3

002.51144.M KG 499 DIN 276
Boden Gräben ausheben, Kl.7, T < 1,25 m, B=1-1,5m, HA
EP 245,23 DM/m3 LA 245,23 DM/m3 ST 0,00 DM/m3
EP 125,38 €/m3   LA 125,38 €/m3   ST 0,00 €/m3

002.51145.M KG 499 DIN 276
Boden Gräben ausheben, Kl.7, T < 1,25 m, B=0,5-1m, HA
EP 248,04 DM/m3 LA 248,04 DM/m3 ST 0,00 DM/m3
EP 126,82 €/m3   LA 126,82 €/m3   ST 0,00 €/m3

002.51146.M KG 499 DIN 276
Boden Gräben ausheben, Kl.7, T < 1,25 m, B < 0,5m, HA
EP 250,86 DM/m3 LA 250,86 DM/m3 ST 0,00 DM/m3
EP 128,26 €/m3   LA 128,26 €/m3   ST 0,00 €/m3

002.51147.M KG 499 DIN 276
Boden Gräben ausheben, Kl.7, T= 1,25-3,5m, B=1,5-2m, MA
EP 68,03 DM/m3   LA 68,03 DM/m3   ST 0,00 DM/m3
EP 34,79 €/m3   LA 34,79 €/m3   ST 0,00 €/m3

002.51148.M KG 499 DIN 276
Boden Gräben ausheben, Kl.7, T= 1,25-3,5m, B=1-1,5m, MA
EP 69,78 DM/m3   LA 69,78 DM/m3   ST 0,00 DM/m3
EP 35,68 €/m3   LA 35,68 €/m3   ST 0,00 €/m3

002.51149.M KG 499 DIN 276
Boden Gräben ausheben, Kl.7, T= 1,25-3,5m, B=1,5-2m, HA
EP 270,59 DM/m3 LA 270,59 DM/m3 ST 0,00 DM/m3
EP 138,35 €/m3   LA 138,35 €/m3   ST 0,00 €/m3

002.51150.M KG 499 DIN 276
Boden Gräben ausheben, Kl.7, T= 3,5-5,5m, B=1,5-2m, MA
EP 73,27 DM/m3   LA 73,27 DM/m3   ST 0,00 DM/m3
EP 37,46 €/m3   LA 37,46 €/m3   ST 0,00 €/m3

AW 002

Preise 06.02

LB 002 Erdarbeiten
Bodeneinbau für Gräben und Schächte

Sämtliche Preise sind **Mittelpreise ohne Mehrwertsteuer** zum Zeitpunkt des Ausgabedatums.
Korrekturfaktoren für Regionaleinfluss, Mengeneinfluss, Konjunktureinfluss siehe Vorspann.
Abkürzungen: EP = Einheitspreis, LA = Lohnanteil, ST = Stoffanteil

Bodeneinbau für Gräben und Schächte

002.----.-

Pos.	Beschreibung	Preis
002.78001.M	Verfüllen Gräben, Lief. Kiessand, < 1,25 m, MA	33,58 DM/m3 / 17,17 €/m3
002.78002.M	Verfüllen Gräben, Lief. Kiessand, < 3,50 m, MA	42,31 DM/m3 / 21,63 €/m3
002.78003.M	Verfüllen Gräben, Lief. Kiessand, < 5,50 m, MA	54,52 DM/m3 / 27,88 €/m3
002.78004.M	Verfüllen Gräben, Lief. Kiessand, < 1,25 m, HA	84,41 DM/m3 / 43,16 €/m3
002.78005.M	Verfüllen Gräben, Lief. Kiessand, < 3,50 m, HA	95,68 DM/m3 / 48,92 €/m3
002.78006.M	Verfüllen Gräben, Lief. Kiessand, < 5,50 m, HA	103,57 DM/m3 / 52,95 €/m3
002.78007.M	Verfüllen Gräben, vorh. Boden, < 1,25 m, MA	13,08 DM/m3 / 6,69 €/m3
002.78008.M	Verfüllen Gräben, vorh. Boden, < 3,50 m, MA	21,81 DM/m3 / 11,16 €/m3
002.78009.M	Verfüllen Gräben, vorh. Boden, < 5,50 m, MA	34,89 DM/m3 / 17,84 €/m3
002.78010.M	Verfüllen Gräben, vorh. Boden, < 1,25 m, HA	64,82 DM/m3 / 33,14 €/m3
002.78011.M	Verfüllen Gräben, vorh. Boden, < 3,50 m, HA	76,11 DM/m3 / 38,91 €/m3
002.78012.M	Verfüllen Gräben, vorh. Boden, < 5,50 m, HA	84,56 DM/m3 / 43,23 €/m3
002.82001.M	Einbau Füllmaterial, Lief. Sand, Rohrleit.,H <1,25m, MA	26,60 DM/m3 / 13,60 €/m3
002.82002.M	Einbau Füllmaterial, Lief. Sand, Rohrleit.,H <3,50m, MA	35,33 DM/m3 / 18,06 €/m3
002.82003.M	Einbau Füllmaterial, Lief. Sand, Rohrleit.,H <5,50m, MA	48,41 DM/m3 / 24,75 €/m3
002.82004.M	Einbau Füllmaterial, Lief. Sand, Rohrleit.,H <1,25m, HA	78,35 DM/m3 / 40,06 €/m3
002.82005.M	Einbau Füllmaterial, Lief. Sand, Rohrleit.,H <3,50m, HA	89,63 DM/m3 / 45,83 €/m3
002.82006.M	Einbau Füllmaterial, Lief. Sand, Rohrleit.,H <5,50m, HA	98,08 DM/m3 / 50,15 €/m3
002.82007.M	Einbau Sauberkeitsschicht, < 1,25 m, MA	39,55 DM/m3 / 20,22 €/m3
002.82008.M	Einbau Sauberkeitsschicht, < 3,50 m, MA	43,91 DM/m3 / 22,45 €/m3
002.82009.M	Einbau Sauberkeitsschicht, < 5,50 m, MA	46,52 DM/m3 / 23,79 €/m3
002.82010.M	Einbau Sauberkeitsschicht, < 1,25 m, HA	65,78 DM/m3 / 33,63 €/m3
002.82011.M	Einbau Sauberkeitsschicht, < 3,50 m, HA	68,03 DM/m3 / 34,79 €/m3
002.82012.M	Einbau Sauberkeitsschicht, < 5,50 m, HA	69,16 DM/m3 / 35,36 €/m3
002.82013.M	Einbau von Füllmaterial für Filterschichten, MA	46,67 DM/m3 / 23,86 €/m3
002.82014.M	Einbau von Füllmaterial für Sauberkeitsschichten, MA	45,65 DM/m3 / 23,34 €/m3

Hinweis: MA ... maschinell
HA ... Handaushub

Den maschinell durchgeführten Leistungen ist eine Geräteleistung von ca. 50 m3/d zugeordnet.

002.78001.M KG 499 DIN 276
Verfüllen Gräben, Lief. Kiessand, < 1,25 m, MA
EP 33,58 DM/m3   LA 15,70 DM/m3   ST 17,88 DM/m3
EP 17,17 €/m3   LA 8,03 €/m3   ST 9,14 €/m3

002.78002.M KG 499 DIN 276
Verfüllen Gräben, Lief. Kiessand, < 3,50 m, MA
EP 42,31 DM/m3   LA 24,43 DM/m3   ST 17,88 DM/m3
EP 21,63 €/m3   LA 12,49 €/m3   ST 9,14 €/m3

002.78003.M KG 499 DIN 276
Verfüllen Gräben, Lief. Kiessand, < 5,50 m, MA
EP 54,52 DM/m3   LA 36,64 DM/m3   ST 17,88 DM/m3
EP 27,88 €/m3   LA 18,74 €/m3   ST 9,14 €/m3

002.78004.M KG 499 DIN 276
Verfüllen Gräben, Lief. Kiessand, < 1,25 m, HA
EP 84,41 DM/m3   LA 66,53 DM/m3   ST 17,88 DM/m3
EP 43,16 €/m3   LA 34,02 €/m3   ST 9,14 €/m3

002.78005.M KG 499 DIN 276
Verfüllen Gräben, Lief. Kiessand, < 3,50 m, HA
EP 95,68 DM/m3   LA 77,80 DM/m3   ST 17,88 DM/m3
EP 48,92 €/m3   LA 39,78 €/m3   ST 9,14 €/m3

002.78006.M KG 499 DIN 276
Verfüllen Gräben, Lief. Kiessand, < 5,50 m, HA
EP 103,57 DM/m3   LA 85,69 DM/m3   ST 17,88 DM/m3
EP 52,95 €/m3   LA 43,81 €/m3   ST 9,14 €/m3

002.78007.M KG 499 DIN 276
Verfüllen Gräben, vorh. Boden, < 1,25 m, MA
EP 13,08 DM/m3   LA 13,08 DM/m3   ST 0,00 DM/m3
EP 6,69 €/m3   LA 6,69 €/m3   ST 0,00 €/m3

002.78008.M KG 499 DIN 276
Verfüllen Gräben, vorh. Boden, < 3,50 m, MA
EP 21,81 DM/m3   LA 21,81 DM/m3   ST 0,00 DM/m3
EP 11,16 €/m3   LA 11,16 €/m3   ST 0,00 €/m3

002.78009.M KG 499 DIN 276
Verfüllen Gräben, vorh. Boden, < 5,50 m, MA
EP 34,89 DM/m3   LA 34,89 DM/m3   ST 0,00 DM/m3
EP 17,84 €/m3   LA 17,84 €/m3   ST 0,00 €/m3

002.78010.M KG 499 DIN 276
Verfüllen Gräben, vorh. Boden, < 1,25 m, HA
EP 64,82 DM/m3   LA 64,82 DM/m3   ST 0,00 DM/m3
EP 33,14 €/m3   LA 33,14 €/m3   ST 0,00 €/m3

002.78011.M KG 499 DIN 276
Verfüllen Gräben, vorh. Boden, < 3,50 m, HA
EP 76,11 DM/m3   LA 76,11 DM/m3   ST 0,00 DM/m3
EP 38,91 €/m3   LA 38,91 €/m3   ST 0,00 €/m3

002.78012.M KG 499 DIN 276
Verfüllen Gräben, vorh. Boden, < 5,50 m, HA
EP 84,56 DM/m3   LA 84,56 DM/m3   ST 0,00 DM/m3
EP 43,23 €/m3   LA 43,23 €/m3   ST 0,00 €/m3

002.82001.M KG 499 DIN 276
Einbau Füllmaterial, Lief. Sand, Rohrleit.,H <1,25m, MA
EP 26,60 DM/m3   LA 13,08 DM/m3   ST 13,52 DM/m3
EP 13,60 €/m3   LA 6,68 €/m3   ST 6,92 €/m3

002.82002.M KG 499 DIN 276
Einbau Füllmaterial, Lief. Sand, Rohrleit.,H <3,50m, MA
EP 35,33 DM/m3   LA 21,81 DM/m3   ST 13,52 DM/m3
EP 18,06 €/m3   LA 11,14 €/m3   ST 6,92 €/m3

002.82003.M KG 499 DIN 276
Einbau Füllmaterial, Lief. Sand, Rohrleit.,H <5,50m, MA
EP 48,41 DM/m3   LA 34,89 DM/m3   ST 13,52 DM/m3
EP 24,75 €/m3   LA 17,83 €/m3   ST 6,92 €/m3

002.82004.M KG 499 DIN 276
Einbau Füllmaterial, Lief. Sand, Rohrleit.,H <1,25m, HA
EP 78,35 DM/m3   LA 64,83 DM/m3   ST 13,52 DM/m3
EP 40,06 €/m3   LA 33,14 €/m3   ST 6,92 €/m3

002.82005.M KG 499 DIN 276
Einbau Füllmaterial, Lief. Sand, Rohrleit.,H <3,50m, HA
EP 89,63 DM/m3   LA 76,11 DM/m3   ST 13,52 DM/m3
EP 45,83 €/m3   LA 38,91 €/m3   ST 6,92 €/m3

002.82006.M KG 499 DIN 276
Einbau Füllmaterial, Lief. Sand, Rohrleit.,H <5,50m, HA
EP 98,08 DM/m3   LA 84,56 DM/m3   ST 13,52 DM/m3
EP 50,15 €/m3   LA 43,23 €/m3   ST 6,92 €/m3

002.82007.M KG 499 DIN 276
Einbau Sauberkeitsschicht, < 1,25 m, MA
EP 39,55 DM/m3   LA 8,73 DM/m3   ST 30,82 DM/m3
EP 20,22 €/m3   LA 4,46 €/m3   ST 15,76 €/m3

002.82008.M KG 499 DIN 276
Einbau Sauberkeitsschicht, < 3,50 m, MA
EP 43,91 DM/m3   LA 13,08 DM/m3   ST 30,83 DM/m3
EP 22,45 €/m3   LA 6,69 €/m3   ST 15,76 €/m3

LB 002 Erdarbeiten
Bodeneinbau; Planum; Verdichten/Verfestigen Untergrund; Schürfgruben, Suchgräben

AW 002

Preise 06.02

Sämtliche Preise sind **Mittelpreise ohne Mehrwertsteuer** zum Zeitpunkt des Ausgabedatums.
Korrekturfaktoren für Regionaleinfluss, Mengeneinfluss, Konjunktureinfluss siehe Vorspann.
Abkürzungen: EP = Einheitspreis, LA = Lohnanteil, ST = Stoffanteil

002.82009.M KG 499 DIN 276
Einbau Sauberkeitsschicht, < 5,50 m, MA
EP 46,52 DM/m3   LA 15,69 DM/m3   ST 30,83 DM/m3
EP 23,79 €/m3   LA 8,03 €/m3   ST 15,76 €/m3

002.82010.M KG 499 DIN 276
Einbau Sauberkeitsschicht, < 1,25 m, HA
EP 65,78 DM/m3   LA 34,95 DM/m3   ST 30,83 DM/m3
EP 33,63 €/m3   LA 17,87 €/m3   ST 15,76 €/m3

002.82011.M KG 499 DIN 276
Einbau Sauberkeitsschicht, < 3,50 m, HA
EP 68,03 DM/m3   LA 37,20 DM/m3   ST 30,83 DM/m3
EP 34,79 €/m3   LA 19,03 €/m3   ST 15,76 €/m3

002.82012.M KG 499 DIN 276
Einbau Sauberkeitsschicht, < 5,50 m, HA
EP 69,16 DM/m3   LA 38,33 DM/m3   ST 30,83 DM/m3
EP 35,36 €/m3   LA 19,60 €/m3   ST 15,76 €/m3

002.82013.M KG 326 DIN 276
Einbau von Füllmaterial für Filterschichten, MA
EP 46,67 DM/m3   LA 28,79 DM/m3   ST 17,88 DM/m3
EP 23,86 €/m3   LA 14,72 €/m3   ST 9,14 €/m3

002.82014.M KG 310 DIN 276
Einbau von Füllmaterial für Sauberkeitsschichten, MA
EP 45,65 DM/m3   LA 14,82 DM/m3   ST 30,83 DM/m3
EP 23,34 €/m3   LA 7,58 €/m3   ST 15,76 €/m3

Planum

002.----.-

Pos	Beschreibung	Preis
002.84001.M	Planum +/- 2 cm, maschinell	2,07 DM/m2 / 1,06 €/m2
002.84002.M	Planum +/- 3 cm, maschinell	1,83 DM/m2 / 0,94 €/m2
002.84003.M	Planum +/- 2 cm, Fahrbahnen, Stellpl., Gehwege, masch.	1,47 DM/m2 / 0,75 €/m2

002.84001.M KG 311 DIN 276
Planum +/- 2 cm, maschinell
EP 2,07 DM/m2   LA 2,07 DM/m2   ST 0,00 DM/m2
EP 1,06 €/m2   LA 1,06 €/m2   ST 0,00 €/m2

002.84002.M KG 311 DIN 276
Planum +/- 3 cm, maschinell
EP 1,83 DM/m2   LA 1,83 DM/m2   ST 0,00 DM/m2
EP 0,94 €/m2   LA 0,94 €/m2   ST 0,00 €/m2

002.84003.M KG 311 DIN 276
Planum +/- 2 cm, Fahrbahnen, Stellpl., Gehwege, masch.
EP 1,47 DM/m2   LA 1,47 DM/m2   ST 0,00 DM/m2
EP 0,75 €/m2   LA 0,75 €/m2   ST 0,00 €/m2

Verdichten/Verfestigen des Untergrundes

002.----.-

Pos	Beschreibung	Preis
002.84101.M	Gründungssohle maschinell verdichten, Kl. 3-5	1,13 DM/m2 / 0,58 €/m2

002.84101.M KG 311 DIN 276
Gründungssohle maschinell verdichten, Kl. 3-5
EP 1,13 DM/m2   LA 1,13 DM/m2   ST 0,00 DM/m2
EP 0,58 €/m2   LA 0,58 €/m2   ST 0,00 €/m2

Schürfgruben, Schürfschlitze, Suchgräben

002.----.-

Pos	Beschreibung	Preis
002.88001.M	Schürfgruben, Kl. 3-5, T < 3,50 m, B= 0,5 m, Handaushub	127,24 DM/m3 / 65,06 €/m3
002.90001.M	Suchgraben, Kl. 3-5, T <1,75 m, B= 0,5 m, maschinell	70,46 DM/m3 / 36,02 €/m3
002.90002.M	Suchgraben, Kl. 3-5, T <1,75 m, B= 0,50-2 m, maschinell	64,66 DM/m3 / 33,06 €/m3
002.90003.M	Suchgraben, Kl. 3-5, T <1,75 m, B > 2 m, maschinell	60,51 DM/m3 / 30,94 €/m3

002.88001.M KG 721 DIN 276
Schürfgruben, Kl. 3-5, T < 3,50 m, B= 0,5 m, Handaushub
EP 127,24 DM/m3   LA 127,24 DM/m3   ST 0,00 DM/m3
EP 65,06 €/m3   LA 65,06 €/m3   ST 0,00 €/m3

002.90001.M KG 721 DIN 276
Suchgraben, Kl. 3-5, T <1,75 m, B= 0,5 m, maschinell
EP 70,46 DM/m3   LA 70,46 DM/m3   ST 0,00 DM/m3
EP 36,02 €/m3   LA 36,02 €/m3   ST 0,00 €/m3

002.90002.M KG 721 DIN 276
Suchgraben, Kl. 3-5, T <1,75 m, B= 0,50-2 m, maschinell
EP 64,66 DM/m3   LA 64,66 DM/m3   ST 0,00 DM/m3
EP 33,06 €/m3   LA 33,06 €/m3   ST 0,00 €/m3

002.90003.M KG 721 DIN 276
Suchgraben, Kl. 3-5, T <1,75 m, B > 2 m, maschinell
EP 60,51 DM/m3   LA 60,51 DM/m3   ST 0,00 DM/m3
EP 30,94 €/m3   LA 30,94 €/m3   ST 0,00 €/m3

AW 002

LB 002 Erdarbeiten
Hindernisse im Boden; Sonstige Leistungen/Zulagen

Preise 06.02

Sämtliche Preise sind **Mittelpreise ohne Mehrwertsteuer** zum Zeitpunkt des Ausgabedatums.
Korrekturfaktoren für Regionaleinfluss, Mengeneinfluss, Konjunktureinfluss siehe Vorspann.
Abkürzungen: EP = Einheitspreis, LA = Lohnanteil, ST = Stoffanteil

Hindernisse im Boden

002.----.-

Pos.	Beschreibung	Preis
002.95001.M	Mauerwerk im Boden abbrechen	59,26 DM/m3 / 30,30 €/m3
002.95002.M	Beton im Boden abbrechen	70,33 DM/m3 / 35,96 €/m3
002.95003.M	Stahlbeton im Boden abbrechen	199,86 DM/m3 / 102,19 €/m3
002.95004.M	Leitg. im Boden abbrechen, PVC bis DN 150	2,60 DM/m / 1,33 €/m
002.95005.M	Leitg. im Boden abbrechen, Steinzeug bis DN 150	3,70 DM/m / 1,89 €/m
002.95006.M	Leitg. im Boden abbrechen, Stahl/Gußeisen bis DN 100	5,75 DM/m / 2,94 €/m

002.95001.M KG 311 DIN 276
Mauerwerk im Boden abbrechen
EP 59,26 DM/m3   LA 41,72 DM/m3   ST 17,54 DM/m3
EP 30,30 €/m3   LA 21,33 €/m3   ST 8,97 €/m3

002.95002.M KG 311 DIN 276
Beton im Boden abbrechen
EP 70,33 DM/m3   LA 50,17 DM/m3   ST 20,16 DM/m3
EP 35,96 €/m3   LA 25,65 €/m3   ST 10,31 €/m3

002.95003.M KG 311 DIN 276
Stahlbeton im Boden abbrechen
EP 199,86 DM/m3   LA 172,50 DM/m3   ST 27,36 DM/m3
EP 102,19 €/m3   LA 88,20 €/m3   ST 13,99 €/m3

002.95004.M KG 311 DIN 276
Leitg. im Boden abbrechen, PVC bis DN 150
EP 2,60 DM/m   LA 1,01 DM/m   ST 1,59 DM/m
EP 1,33 €/m   LA 0,52 €/m   ST 0,81 €/m

002.95005.M KG 311 DIN 276
Leitg. im Boden abbrechen, Steinzeug bis DN 150
EP 3,70 DM/m   LA 2,03 DM/m   ST 1,67 DM/m
EP 1,89 €/m   LA 1,04 €/m   ST 0,85 €/m

002.95006.M KG 311 DIN 276
Leitg. im Boden abbrechen, Stahl/Gußeisen bis DN 100
EP 5,75 DM/m   LA 4,17 DM/m   ST 1,58 DM/m
EP 2,94 €/m   LA 2,13 €/m   ST 0,81 €/m

Sonstige Leistungen/Zulagen

002.----.-

Pos.	Beschreibung	Preis
002.96001.M	Zulage Abbruchhammer, Bodenklasse 7	23,56 DM/m3 / 12,04 €/m3
002.96002.M	Zulage Bohren und Sprengen, Bodenklasse 7	35,05 DM/m3 / 17,92 €/m3
002.96003.M	Zulage Handaushub, 10 m Transport mit Karre	12,41 DM/m3 / 6,34 €/m3
002.96004.M	Zulage Handaushub, Bereich Leitungskr.,Kl.2, T= 1,25m	242,41 DM/m3 / 123,94 €/m3
002.96005.M	Zulage Handaushub, Bereich Leitungskr.,Kl.3-5, T= 1,25m	135,29 DM/m3 / 69,17 €/m3
002.96006.M	Zulage Handaushub, Bereich Leitungskr.,Kl.6, T= 1,25m	214,22 DM/m3 / 109,53 €/m3
002.96007.M	Zulage Handaushub, Bereich Leitungskr.,Kl.7, T= 1,25m	310,05 DM/m3 / 158,53 €/m3
002.96008.M	Zulage Verbau bis 1,5 m breit, bis 1,5 m tief	23,78 DM/m2 / 12,16 €/m2
002.96009.M	Zulage Verbau bis 1,5 m breit, bis 3,0 m tief	27,78 DM/m2 / 14,20 €/m2
002.96010.M	Zulage Verbau bis 1,5 m breit, bis 4,5 m tief	34,07 DM/m2 / 17,42 €/m2
002.96011.M	Zulage Verbau bis 1,5 m breit, bis 6,0 m tief	49,36 DM/m2 / 25,24 €/m2
002.96012.M	Zulage maschineller Bodenaushub, Bereich Leitungen	42,78 DM/m3 / 21,87 €/m3

002.96001.M KG 311 DIN 276
Zulage Abbruchhammer, Bodenklasse 7
EP 23,56 DM/m3   LA 23,56 DM/m3   ST 0,00 DM/m3
EP 12,04 €/m3   LA 12,04 €/m3   ST 0,00 €/m3

002.96002.M KG 311 DIN 276
Zulage Bohren und Sprengen, Bodenklasse 7
EP 35,05 DM/m3   LA 13,53 DM/m3   ST 21,52 DM/m3
EP 17,92 €/m3   LA 6,92 €/m3   ST 11,00 €/m3

002.96003.M KG 311 DIN 276
Zulage Handaushub, 10 m Transport mit Karre
EP 12,41 DM/m3   LA 12,41 DM/m3   ST 0,00 DM/m3
EP 6,34 €/m3   LA 6,34 €/m3   ST 0,00 €/m3

002.96004.M KG 311 DIN 276
Zulage Handaushub, Bereich Leitungskr.,Kl.2, T= 1,25m
EP 242,41 DM/m3   LA 242,41 DM/m3   ST 0,00 DM/m3
EP 123,94 €/m3   LA 123,94 €/m3   ST 0,00 €/m3

002.96005.M KG 311 DIN 276
Zulage Handaushub, Bereich Leitungskr.,Kl.3-5, T= 1,25m
EP 135,29 DM/m3   LA 135,29 DM/m3   ST 0,00 DM/m3
EP 69,17 €/m3   LA 69,17 €/m3   ST 0,00 €/m3

002.96006.M KG 311 DIN 276
Zulage Handaushub, Bereich Leitungskr.,Kl.6, T= 1,25m
EP 214,22 DM/m3   LA 214,22 DM/m3   ST 0,00 DM/m3
EP 109,53 €/m3   LA 109,53 €/m3   ST 0,00 €/m3

002.96007.M KG 311 DIN 276
Zulage Handaushub, Bereich Leitungskr.,Kl.7, T= 1,25m
EP 310,05 DM/m3   LA 310,05 DM/m3   ST 0,00 DM/m3
EP 158,53 €/m3   LA 158,53 €/m3   ST 0,00 €/m3

002.96008.M KG 311 DIN 276
Zulage Verbau bis 1,5 m breit, bis 1,5 m tief
EP 23,78 DM/m2   LA 17,19 DM/m2   ST 6,59 DM/m2
EP 12,16 €/m2   LA 8,79 €/m2   ST 3,37 €/m2

002.96009.M KG 311 DIN 276
Zulage Verbau bis 1,5 m breit, bis 3,0 m tief
EP 27,78 DM/m2   LA 20,57 DM/m2   ST 7,21 DM/m2
EP 14,20 €/m2   LA 10,52 €/m2   ST 3,68 €/m2

002.96010.M KG 311 DIN 276
Zulage Verbau bis 1,5 m breit, bis 4,5 m tief
EP 34,07 DM/m2   LA 25,99 DM/m2   ST 8,08 DM/m2
EP 17,42 €/m2   LA 13,29 €/m2   ST 4,13 €/m2

002.96011.M KG 311 DIN 276
Zulage Verbau bis 1,5 m breit, bis 6,0 m tief
EP 49,36 DM/m2   LA 39,91 DM/m2   ST 9,45 DM/m2
EP 25,24 €/m2   LA 20,41 €/m2   ST 4,83 €/m2

002.96012.M KG 311 DIN 276
Zulage maschineller Bodenaushub, Bereich Leitungen
EP 42,78 DM/m3   LA 42,78 DM/m3   ST 0,00 DM/m3
EP 21,87 €/m3   LA 21,87 €/m3   ST 0,00 €/m3

LB 002 Erdarbeiten
Lieferung von Stoffen

AW 002

Preise 06.02

Sämtliche Preise sind **Mittelpreise ohne Mehrwertsteuer** zum Zeitpunkt des Ausgabedatums.
Korrekturfaktoren für Regionaleinfluss, Mengeneinfluss, Konjunktureinfluss siehe Vorspann.
Abkürzungen: EP = Einheitspreis, LA = Lohnanteil, ST = Stoffanteil

Lieferung von Stoffen

002.----.-

002.97001.M	Liefern Mutterboden	14,61 DM/t / 7,47 €/t
002.97002.M	Liefern Füllboden Kl. 3-5	9,88 DM/t / 5,05 €/t
002.97003.M	Liefern Natursand 0/2	13,58 DM/t / 6,94 €/t
002.97004.M	Liefern Kiessand 0/4	14,36 DM/t / 7,34 €/t
002.97005.M	Liefern Kiessand 0/8	16,68 DM/t / 8,53 €/t
002.97006.M	Liefern Kiessand 0/16	16,51 DM/t / 8,44 €/t
002.97007.M	Liefern Kiessand 0/32	17,97 DM/t / 9,19 €/t
002.97008.M	Liefern Kiessand 0/56	14,78 DM/t / 7,56 €/t
002.97009.M	Liefern Drainagekies 2/32	20,72 DM/t / 10,59 €/t
002.97010.M	Liefern Kies 16/32	30,95 DM/t / 15,82 €/t
002.97011.M	Liefern Kies 16/40	21,75 DM/t / 11,12 €/t
002.97012.M	Liefern Wandkies	12,47 DM/t / 6,37 €/t
002.97013.M	Liefern Brechsand 0/2	19,44 DM/t / 9,94 €/t
002.97014.M	Liefern Mineralgemisch 0/16	30,25 DM/t / 15,47 €/t
002.97015.M	Liefern Mineralgemisch 0/32	20,29 DM/t / 10,37 €/t
002.97016.M	Liefern Mineralgemisch 0/45	21,15 DM/t / 10,81 €/t
002.97017.M	Liefern Mineralgemisch 0/56	20,63 DM/t / 10,55 €/t
002.97018.M	Liefern Splitt 16/32	23,89 DM/t / 12,22 €/t
002.97019.M	Liefern Schotter 32/56	25,18 DM/t / 12,88 €/t
002.97020.M	Liefern Schotter 60/120	26,65 DM/t / 13,63 €/t
002.97021.M	Liefern Grobschotter 0/100	17,27 DM/t / 8,83 €/t
002.97022.M	Liefern Grobschotter 0/250	17,27 DM/t / 8,83 €/t

Abkürzungen:
- RC-Baustoffe = Recycling-Baustoffe
- STS = Schottertragschicht
- FSS = Frostschutzschicht
- BLD = Bodenverbesserung,

Mineralstoffe, die im Straßenbau in gebundener und/oder ungebundener Form Anwendung finden sollen, müssen die Güteanforderungsbedingungen einschlägiger Vorschriften und Richtlinien der einzelnen Bundesländer, DIN-Normen, Merkblätter und Techn. Lieferbedingungen erfüllen. Recyclingbaustoffe für den Einsatz im Straßenbau müssen einer Güteüberwachung unterzogen werden. Grundlage für Überwachungsverfahren sind die "Richtlinien für die Güteüberwachung von Mineralstoffen im Straßenbau RG-Min Stb 93", die Güte- und Prüfbestimmungen "Recycling-Baustoffe für den Straßenbau Gütesicherung RAL-RG 501/1", die "Technischen Lieferbedingungen für Recycling-Baustoffe in Tragschichten ohne Bindemittel TLRC-ToB 95" sowie bezüglich der Anwendung wird auf die "Anforderungen an die stoffliche Verwertung von mineralischen Reststoffen/Abfällen" der Länderarbeitsgemeinschaft Abfall(LAGA) sowie auf ggf.. ergänzende Länderregelungen hingewiesen. Alle Preise entsprechen durchschnittlichen Listenpreisen einschlägiger Produzenten von Mineralstoffen bzw. Recyclingbaustoffen. Bei großen Mengen besteht Verhandlungsspielraum für die Gewährung von Rabatten.

002.97001.M KG 321 DIN 276
Liefern Mutterboden
| EP 14,61 DM/t | LA 0,00 DM/t | ST 14,61 DM/t |
| EP 7,47 €/t | LA 0,00 €/t | ST 7,47 €/t |

002.97002.M KG 321 DIN 276
Liefern Füllboden Kl. 3-5
| EP 9,88 DM/t | LA 0,00 DM/t | ST 9,88 DM/t |
| EP 5,05 €/t | LA 0,00 €/t | ST 5,05 €/t |

002.97003.M KG 321 DIN 276
Liefern Natursand 0/2
| EP 13,58 DM/t | LA 0,00 DM/t | ST 13,58 DM/t |
| EP 6,94 €/t | LA 0,00 €/t | ST 6,94 €/t |

002.97004.M KG 321 DIN 276
Liefern Kiessand 0/4
| EP 14,36 DM/t | LA 0,00 DM/t | ST 14,36 DM/t |
| EP 7,34 €/t | LA 0,00 €/t | ST 7,34 €/t |

002.97005.M KG 321 DIN 276
Liefern Kiessand 0/8
| EP 16,68 DM/t | LA 0,00 DM/t | ST 16,68 DM/t |
| EP 8,53 €/t | LA 0,00 €/t | ST 8,53 €/t |

002.97006.M KG 321 DIN 276
Liefern Kiessand 0/16
| EP 16,51 DM/t | LA 0,00 DM/t | ST 16,51 DM/t |
| EP 8,44 €/t | LA 0,00 €/t | ST 8,44 €/t |

002.97007.M KG 321 DIN 276
Liefern Kiessand 0/32
| EP 17,97 DM/t | LA 0,00 DM/t | ST 17,97 DM/t |
| EP 9,19 €/t | LA 0,00 €/t | ST 9,19 €/t |

002.97008.M KG 321 DIN 276
Liefern Kiessand 0/56
| EP 14,78 DM/t | LA 0,00 DM/t | ST 14,78 DM/t |
| EP 7,56 €/t | LA 0,00 €/t | ST 7,56 €/t |

002.97009.M KG 321 DIN 276
Liefern Drainagekies 2/32
| EP 20,72 DM/t | LA 0,00 DM/t | ST 20,72 DM/t |
| EP 10,59 €/t | LA 0,00 €/t | ST 10,59 €/t |

002.97010.M KG 321 DIN 276
Liefern Kies 16/32
| EP 30,95 DM/t | LA 0,00 DM/t | ST 30,95 DM/t |
| EP 15,82 €/t | LA 0,00 €/t | ST 15,82 €/t |

002.97011.M KG 321 DIN 276
Liefern Kies 16/40
| EP 21,75 DM/t | LA 0,00 DM/t | ST 21,75 DM/t |
| EP 11,12 €/t | LA 0,00 €/t | ST 11,12 €/t |

002.97012.M KG 321 DIN 276
Liefern Wandkies
| EP 12,47 DM/t | LA 0,00 DM/t | ST 12,47 DM/t |
| EP 6,37 €/t | LA 0,00 €/t | ST 6,37 €/t |

002.97013.M KG 321 DIN 276
Liefern Brechsand 0/2
| EP 19,44 DM/t | LA 0,00 DM/t | ST 19,44 DM/t |
| EP 9,94 €/t | LA 0,00 €/t | ST 9,94 €/t |

002.97014.M KG 321 DIN 276
Liefern Mineralgemisch 0/16
| EP 30,25 DM/t | LA 0,00 DM/t | ST 30,25 DM/t |
| EP 15,47 €/t | LA 0,00 €/t | ST 15,47 €/t |

002.97015.M KG 321 DIN 276
Liefern Mineralgemisch 0/32
| EP 20,29 DM/t | LA 0,00 DM/t | ST 20,29 DM/t |
| EP 10,37 €/t | LA 0,00 €/t | ST 10,37 €/t |

002.97016.M KG 321 DIN 276
Liefern Mineralgemisch 0/45
| EP 21,15 DM/t | LA 0,00 DM/t | ST 21,15 DM/t |
| EP 10,81 €/t | LA 0,00 €/t | ST 10,81 €/t |

002.97017.M KG 321 DIN 276
Liefern Mineralgemisch 0/56
| EP 20,63 DM/t | LA 0,00 DM/t | ST 20,63 DM/t |
| EP 10,55 €/t | LA 0,00 €/t | ST 10,55 €/t |

AW 002

LB 002 Erdarbeiten
Lieferung von Stoffen; Lieferung von Recycling-Baustoffen

Preise 06.02

Sämtliche Preise sind **Mittelpreise ohne Mehrwertsteuer** zum Zeitpunkt des Ausgabedatums.
Korrekturfaktoren für Regionaleinfluss, Mengeneinfluss, Konjunktureinfluss siehe Vorspann.
Abkürzungen: EP = Einheitspreis, LA = Lohnanteil, ST = Stoffanteil

002.97018.M KG 321 DIN 276
Liefern Splitt 16/32
EP 23,89 DM/t   LA 0,00 DM/t   ST 23,89 DM/t
EP 12,22 €/t   LA 0,00 €/t   ST 12,22 €/t

002.97019.M KG 321 DIN 276
Liefern Schotter 32/56
EP 25,18 DM/t   LA 0,00 DM/t   ST 25,18 DM/t
EP 12,88 €/t   LA 0,00 €/t   ST 12,88 €/t

002.97020.M KG 321 DIN 276
Liefern Schotter 60/120
EP 26,65 DM/t   LA 0,00 DM/t   ST 26,65 DM/t
EP 13,63 €/t   LA 0,00 €/t   ST 13,63 €/t

002.97021.M KG 321 DIN 276
Liefern Grobschotter 0/100
EP 17,27 DM/t   LA 0,00 DM/t   ST 17,27 DM/t
EP 8,83 €/t   LA 0,00 €/t   ST 8,83 €/t

002.97022.M KG 321 DIN 276
Liefern Grobschotter 0/250
EP 17,27 DM/t   LA 0,00 DM/t   ST 17,27 DM/t
EP 8,83 €/t   LA 0,00 €/t   ST 8,83 €/t

Lieferung von Recycling-Baustoffen

002.—.-

002.97023.M	Liefern Recycl.Baust.,f.Straßenbau, STS, "remexit" 0/45	17,03 DM/t / 8,71 €/t
002.97024.M	Liefern Recycl.Baust.,f.Straßenbau, FSS, "remexit" 0/45	15,98 DM/t / 8,17 €/t
002.97025.M	Liefern Recycl. Baust., als BLD, "remexit" 0/45	11,34 DM/t / 5,80 €/t
002.97026.M	Liefern Recycl. Baust., RC-Sand "remexit" 0/4	9,46 DM/t / 4,84 €/t
002.97027.M	Liefern Recycl. Baust., RC-Sand 0/5	8,08 DM/t / 4,13 €/t
002.97028.M	Liefern Recycl. Baust., RC-Splitt "remexit" 4/8	17,03 DM/t / 8,71 €/t
002.97029.M	Liefern Recycl. Baust., RC-Splitt 4/16	12,28 DM/t / 6,28 €/t
002.97030.M	Liefern Recycl. Baust., RC-Splitt "remexit" 8/16	19,25 DM/t / 9,84 €/t
002.97031.M	Liefern Recycl. Baust., RC-Splitt 4/32	19,60 DM/t / 10,02 €/t
002.97032.M	Liefern Recycl. Baust., RC-Splitt "remexit" 16/32	17,27 DM/t / 8,83 €/t
002.97033.M	Liefern Recycl. Baust., RC-Schotter "remexit" 32/45	14,61 DM/t / 7,47 €/t
002.97034.M	Liefern Recycl. Baust., RC-Verfüllsand 0/8	10,75 DM/t / 5,50 €/t
002.97035.M	Liefern Recycl. Baust., RC-Verfüllsand 0/10	8,60 DM/t / 4,39 €/t
002.97036.M	Liefern Recycl. Baust., RC-Verfüllkies 0/12	8,08 DM/t / 4,13 €/t
002.97037.M	Liefern Recycl. Baust., RC-Betonkies 0/16	13,66 DM/t / 6,99 €/t
002.97038.M	Liefern Recycl. Baust., RC-Betonkies 0/32	13,32 DM/t / 6,81 €/t
002.97039.M	Liefern Recycl. Baust., RC-Betonkies 4/16	17,79 DM/t / 8,10 €/t
002.97040.M	Liefern Recycl. Baust., RC-Betonkies 4/22	18,74 DM/t / 9,58 €/t
002.97041.M	Liefern Recycl. Baust., RC-Betonkies 4/32	18,74 DM/t / 9,58 €/t
002.97042.M	Liefern Recycl. Baust., RC-Betonschotter 0/56	12,55 DM/t / 6,42 €/t
002.97043.M	Liefern Recycl. Baust., RC-Betonschotter 0/60	19,94 DM/t / 10,19 €/t
002.97044.M	Liefern Recycl. Baust., RC-Betonschotter 16/60	20,03 DM/t / 10,24 €/t
002.97045.M	Liefern Recycl. Baust., RC-Ziegelschotter 0/60	9,88 DM/t / 5,05 €/t
002.97046.M	Liefern Recycl. Baust., RC-Ziegelschotter 16/60	10,31 DM/t / 5,27 €/t
002.97047.M	Liefern Recycl. Baust., RC-Gemisch (Ziegel+Beton) 0/45	15,82 DM/t / 8,09 €/t
002.97048.M	Liefern Recycl. Baust., RC-Gemisch (Ziegel+Beton)56/100	12,72 DM/t / 6,51 €/t
002.97049.M	Liefern Recycl. Baust., RC-Füllstoffgemisch 0/32	9,46 DM/t / 4,84 €/t
002.97050.M	Liefern Recycl. Baust., RC-Füllstoffgemisch 0/45	13,84 DM/t / 7,08 €/t
002.97051.M	Liefern Recycl. Baust., RC-Vorsiebmaterial 0/25	14,01 DM/t / 7,16 €/t
002.97052.M	Liefern Recycl. Baust., RC-Vorsiebmaterial 0/50	7,91 DM/t / 4,04 €/t
002.97053.M	Liefern Recycl. Baust., RC-Vorsiebmaterial 50/150	12,28 DM/t / 6,28 €/t
002.97054.M	Liefern Recycl. Baust., RC-Asphalt 0/45	14,28 DM/t / 7,30 €/t
002.97055.M	Liefern Recycl. Baust., RC-Asphalt 45/x	13,92 DM/t / 7,12 €/t
002.97056.M	Liefern Recycl. Baust., Granitpflaster, gebraucht	83,98 DM/t / 42,94 €/t
002.97057.M	Liefern Recycl. Baust., Sandsteinquader, lose,gebraucht	54,32 DM/t / 27,77 €/t
002.97058.M	Liefern Recycl. Baust., Sandsteinquader, palet., gebr.	91,11 DM/t / 46,58 €/t

002.97023.M KG 321 DIN 276
Liefern Recycl.Baust.,f.Straßenbau, STS, "remexit" 0/45
EP 17,03 DM/t   LA 0,00 DM/t   ST 17,03 DM/t
EP 8,71 €/t   LA 0,00 €/t   ST 8,71 €/t

002.97024.M KG 321 DIN 276
Liefern Recycl.Baust.,f.Straßenbau, FSS, "remexit" 0/45
EP 15,98 DM/t   LA 0,00 DM/t   ST 15,98 DM/t
EP 8,17 €/t   LA 0,00 €/t   ST 8,17 €/t

002.97025.M KG 321 DIN 276
Liefern Recycl. Baust., als BLD, "remexit" 0/45
EP 11,34 DM/t   LA 0,00 DM/t   ST 11,34 DM/t
EP 5,80 €/t   LA 0,00 €/t   ST 5,80 €/t

LB 002 Erdarbeiten
Lieferung von Recycling-Baustoffen

AW 002

Preise 06.02

Sämtliche Preise sind **Mittelpreise ohne Mehrwertsteuer** zum Zeitpunkt des Ausgabedatums.
Korrekturfaktoren für Regionaleinfluss, Mengeneinfluss, Konjunktureinfluss siehe Vorspann.
Abkürzungen: EP = Einheitspreis, LA = Lohnanteil, ST = Stoffanteil

002.97026.M KG 321 DIN 276
Liefern Recycl. Baust., RC-Sand "remexit" 0/4
EP 9,46 DM/t   LA 0,00 DM/t   ST 9,46 DM/t
EP 4,84 €/t   LA 0,00 €/t   ST 4,84 €/t

002.97027.M KG 321 DIN 276
Liefern Recycl. Baust., RC-Sand 0/5
EP 8,08 DM/t   LA 0,00 DM/t   ST 8,08 DM/t
EP 4,13 €/t   LA 0,00 €/t   ST 4,13 €/t

002.97028.M KG 321 DIN 276
Liefern Recycl. Baust., RC-Splitt "remexit" 4/8
EP 17,03 DM/t   LA 0,00 DM/t   ST 17,03 DM/t
EP 8,71 €/t   LA 0,00 €/t   ST 8,71 €/t

002.97029.M KG 321 DIN 276
Liefern Recycl. Baust., RC-Splitt 4/16
EP 12,28 DM/t   LA 0,00 DM/t   ST 12,28 DM/t
EP 6,28 €/t   LA 0,00 €/t   ST 6,28 €/t

002.97030.M KG 321 DIN 276
Liefern Recycl. Baust., RC-Splitt "remexit" 8/16
EP 19,25 DM/t   LA 0,00 DM/t   ST 19,25 DM/t
EP 9,84 €/t   LA 0,00 €/t   ST 9,84 €/t

002.97031.M KG 321 DIN 276
Liefern Recycl. Baust., RC-Splitt 4/32
EP 19,60 DM/t   LA 0,00 DM/t   ST 19,60 DM/t
EP 10,02 €/t   LA 0,00 €/t   ST 10,02 €/t

002.97032.M KG 321 DIN 276
Liefern Recycl. Baust., RC-Splitt "remexit" 16/32
EP 17,27 DM/t   LA 0,00 DM/t   ST 17,27 DM/t
EP 8,83 €/t   LA 0,00 €/t   ST 8,83 €/t

002.97033.M KG 321 DIN 276
Liefern Recycl. Baust., RC-Schotter "remexit" 32/45
EP 14,61 DM/t   LA 0,00 DM/t   ST 14,61 DM/t
EP 7,47 €/t   LA 0,00 €/t   ST 7,47 €/t

002.97034.M KG 321 DIN 276
Liefern Recycl. Baust., RC-Verfüllsand 0/8
EP 10,75 DM/t   LA 0,00 DM/t   ST 10,75 DM/t
EP 5,50 €/t   LA 0,00 €/t   ST 5,50 €/t

002.97035.M KG 321 DIN 276
Liefern Recycl. Baust., RC-Verfüllsand 0/10
EP 8,60 DM/t   LA 0,00 DM/t   ST 8,60 DM/t
EP 4,39 €/t   LA 0,00 €/t   ST 4,39 €/t

002.97036.M KG 321 DIN 276
Liefern Recycl. Baust., RC-Verfüllkies 0/12
EP 8,08 DM/t   LA 0,00 DM/t   ST 8,08 DM/t
EP 4,13 €/t   LA 0,00 €/t   ST 4,13 €/t

002.97037.M KG 321 DIN 276
Liefern Recycl. Baust., RC-Betonkies 0/16
EP 13,66 DM/t   LA 0,00 DM/t   ST 13,66 DM/t
EP 6,99 €/t   LA 0,00 €/t   ST 6,99 €/t

002.97038.M KG 321 DIN 276
Liefern Recycl. Baust., RC-Betonkies 0/32
EP 13,32 DM/t   LA 0,00 DM/t   ST 13,32 DM/t
EP 6,81 €/t   LA 0,00 €/t   ST 6,81 €/t

002.97039.M KG 321 DIN 276
Liefern Recycl. Baust., RC-Betonkies 4/16
EP 17,79 DM/t   LA 0,00 DM/t   ST 17,79 DM/t
EP 8,10 €/t   LA 0,00 €/t   ST 8,10 €/t

002.97040.M KG 321 DIN 276
Liefern Recycl. Baust., RC-Betonkies 4/22
EP 18,74 DM/t   LA 0,00 DM/t   ST 18,74 DM/t
EP 9,58 €/t   LA 0,00 €/t   ST 9,58 €/t

002.97041.M KG 321 DIN 276
Liefern Recycl. Baust., RC-Betonkies 4/32
EP 18,74 DM/t   LA 0,00 DM/t   ST 18,74 DM/t
EP 9,58 €/t   LA 0,00 €/t   ST 9,58 €/t

002.97042.M KG 321 DIN 276
Liefern Recycl. Baust., RC-Betonschotter 0/56
EP 12,55 DM/t   LA 0,00 DM/t   ST 12,55 DM/t
EP 6,42 €/t   LA 0,00 €/t   ST 6,42 €/t

002.97043.M KG 321 DIN 276
Liefern Recycl. Baust., RC-Betonschotter 0/60
EP 19,94 DM/t   LA 0,00 DM/t   ST 19,94 DM/t
EP 10,19 €/t   LA 0,00 €/t   ST 10,19 €/t

002.97044.M KG 321 DIN 276
Liefern Recycl. Baust., RC-Betonschotter 16/60
EP 20,03 DM/t   LA 0,00 DM/t   ST 20,03 DM/t
EP 10,24 €/t   LA 0,00 €/t   ST 10,24 €/t

002.97045.M KG 321 DIN 276
Liefern Recycl. Baust., RC-Ziegelschotter 0/60
EP 9,88 DM/t   LA 0,00 DM/t   ST 9,88 DM/t
EP 5,05 €/t   LA 0,00 €/t   ST 5,05 €/t

002.97046.M KG 321 DIN 276
Liefern Recycl. Baust., RC-Ziegelschotter 16/60
EP 10,31 DM/t   LA 0,00 DM/t   ST 10,31 DM/t
EP 5,27 €/t   LA 0,00 €/t   ST 5,27 €/t

002.97047.M KG 321 DIN 276
Liefern Recycl. Baust., RC-Gemisch (Ziegel+Beton) 0/45
EP 15,82 DM/t   LA 0,00 DM/t   ST 15,82 DM/t
EP 8,09 €/t   LA 0,00 €/t   ST 8,09 €/t

002.97048.M KG 321 DIN 276
Liefern Recycl. Baust., RC-Gemisch (Ziegel+Beton)56/100
EP 12,72 DM/t   LA 0,00 DM/t   ST 12,72 DM/t
EP 6,51 €/t   LA 0,00 €/t   ST 6,51 €/t

002.97049.M KG 321 DIN 276
Liefern Recycl. Baust., RC-Füllstoffgemisch 0/32
EP 9,46 DM/t   LA 0,00 DM/t   ST 9,46 DM/t
EP 4,84 €/t   LA 0,00 €/t   ST 4,84 €/t

002.97050.M KG 321 DIN 276
Liefern Recycl. Baust., RC-Füllstoffgemisch 0/45
EP 13,84 DM/t   LA 0,00 DM/t   ST 13,84 DM/t
EP 7,08 €/t   LA 0,00 €/t   ST 7,08 €/t

002.97051.M KG 321 DIN 276
Liefern Recycl. Baust., RC-Vorsiebmaterial 0/25
EP 14,01 DM/t   LA 0,00 DM/t   ST 14,01 DM/t
EP 7,16 €/t   LA 0,00 €/t   ST 7,16 €/t

002.97052.M KG 321 DIN 276
Liefern Recycl. Baust., RC-Vorsiebmaterial 0/50
EP 7,91 DM/t   LA 0,00 DM/t   ST 7,91 DM/t
EP 4,04 €/t   LA 0,00 €/t   ST 4,04 €/t

002.97053.M KG 321 DIN 276
Liefern Recycl. Baust., RC-Vorsiebmaterial 50/150
EP 12,28 DM/t   LA 0,00 DM/t   ST 12,28 DM/t
EP 6,28 €/t   LA 0,00 €/t   ST 6,28 €/t

002.97054.M KG 321 DIN 276
Liefern Recycl. Baust., RC-Asphalt 0/45
EP 14,28 DM/t   LA 0,00 DM/t   ST 14,28 DM/t
EP 7,30 €/t   LA 0,00 €/t   ST 7,30 €/t

002.97055.M KG 321 DIN 276
Liefern Recycl. Baust., RC-Asphalt 45/x
EP 13,92 DM/t   LA 0,00 DM/t   ST 13,92 DM/t
EP 7,12 €/t   LA 0,00 €/t   ST 7,12 €/t

002.97056.M KG 321 DIN 276
Liefern Recycl. Baust., Granitpflaster, gebraucht
EP 83,98 DM/t   LA 0,00 DM/t   ST 83,98 DM/t
EP 42,94 €/t   LA 0,00 €/t   ST 42,94 €/t

002.97057.M KG 321 DIN 276
Liefern Recycl. Baust., Sandsteinquader, lose, gebraucht
EP 54,32 DM/t   LA 0,00 DM/t   ST 54,32 DM/t
EP 27,77 €/t   LA 0,00 €/t   ST 27,77 €/t

002.97058.M KG 321 DIN 276
Liefern Recycl. Baust., Sandsteinquader, palet., gebr.
EP 91,11 DM/t   LA 0,00 DM/t   ST 91,11 DM/t
EP 46,58 €/t   LA 0,00 €/t   ST 46,58 €/t

AW 002
LB 002 Erdarbeiten
Verwertung, Entsorgung

Preise 06.02

Sämtliche Preise sind **Mittelpreise ohne Mehrwertsteuer** zum Zeitpunkt des Ausgabedatums.
Korrekturfaktoren für Regionaleinfluss, Mengeneinfluss, Konjunktureinfluss siehe Vorspann.v
Abkürzungen: EP = Einheitspreis, LA = Lohnanteil, ST = Stoffanteil

Verwertung, Entsorgung

002.-----.-

Pos.	Beschreibung	Preis
002.98001.M	Boden, nicht verwertbar, transp., ents., Deponie	35,97 DM/t / 18,39 €/t
002.98002.M	Boden, verm., transp., ents., Verwertung	27,15 DM/t / 13,88 €/t
002.98003.M	Boden, ohne Steine, transp., ents., Verwertung	24,86 DM/t / 12,71 €/t
002.98101.M	Boden, Z 0, kont., MKW, Konz.<100mg,transp, ents, Dep.	24,95 DM/t / 12,76 €/t
002.98102.M	Boden, Z 1.1, kont.,MKW, Konz.<300mg,transp, ents, Dep	36,76 DM/t / 18,80 €/t
002.98103.M	Boden, Z 1.2, kont.,MKW, Konz.<500mg,transp, ents, Dep	54,75 DM/t / 27,99 €/t
002.98104.M	Boden, Z 2, kont.,MKW, Konz.<1000mg,transp, ents, Dep.	78,59 DM/t / 40,18 €/t
002.98105.M	Boden,kont.,MKW,Konz.<10000mg, transp., ents., Bio.	101,38 DM/t / 51,84 €/t
002.98106.M	Boden,kont.,MKW,Konz.>10000<15000mg,tr., ents,Bio	116,55 DM/t / 59,59 €/t
002.98107.M	Boden,kont.,MKW,Konz.>15000<20000mg,tr., ents,Bio	119,10 DM/t / 60,90 €/t
002.98108.M	Boden,kont.,MKW,Konz.>20000<40000mg,tr., ents,BWa	179,93 DM/t / 92,00 €/t
002.98109.M	Boden,kont., MKW, Konz.>40000mg,tr., ents., BWasch	268,70 DM/t / 137,39 €/t
002.98110.M	Boden,kont., MKW, Konz.>40000mg,tr., ents.,Therm.B	199,42 DM/t / 101,96 €/t
002.98201.M	Bausch., verm., bis 80 cm, transp., ents., Verwertung	26,27 DM/t / 13,43 €/t
002.98202.M	Bausch., verm., über 80 cm, transp., ents., Verwertung	50,16 DM/t / 25,65 €/t
002.98203.M	Bausch.-Boden Gemisch, transp., ents., Verwertung	30,95 DM/t / 15,82 €/t
002.98204.M	Bausch.-Gemisch., m.leicht. Verunr.,transp.,ents.,Verw.	29,18 DM/t / 14,92 €/t
002.98205.M	Bausch.-Gemisch., m.Störst.< 3Vol.%,transp,ents.,Verw.	68,59 DM/t / 35,07 €/t
002.98206.M	Ziegelschutt, rein, transp., ents., Verwertung	23,10 DM/t / 11,81 €/t
002.98207.M	Tonziegelschutt, rein, transp., ents., Verwertung	22,83 DM/t / 11,67 €/t
002.98208.M	Naturgestein, rein, transp., ents., Verwertung	25,04 DM/t / 12,80 €/t
002.98209.M	Betonschutt,rein,unbew.,bis 80cm,transp.,ents.,Verwert.	19,40 DM/t / 9,92 €/t
002.98210.M	Betonschutt,rein,unbew.,über 80cm,transp.,ents.,Verwert	24,69 DM/t / 12,62 €/t
002.98211.M	Betonschutt,rein,unbew.,über 1m, transp.,ents.,Verwert.	61,71 DM/t / 31,55 €/t
002.98212.M	Stahlbeton, rein, bis 80 cm, transp., ents., Verwertung	23,80 DM/t / 12,17 €/t
002.98213.M	Stahlbeton, rein, über 80 cm, transp., ents., Verwert.	34,90 DM/t / 17,84 €/t
002.98214.M	Betonformteile, rein, stark bew., transp.,ents.,Verwert	102,35 DM/t / 52,33 €/t
002.98215.M	Straßenaufbruch, transp., ents., Verwertung	18,68 DM/t / 9,55 €/t
002.98216.M	Asphalt, ohne Teer, transp., ents., Verwertung	20,81 DM/t / 10,64 €/t
002.98217.M	BMA, < 0,2 t/m3, transp., ents., Verwertung	290,04 DM/t / 148,30 €/t
002.98218.M	BMA, 0,2 - 0,4 t/m3, transp., ents., Verwertung	247,73 DM/t / 126,66 €/t
002.98219.M	BMA, 0,4 - 0,7 t/m3, transp., ents., Verwertung	197,92 DM/t / 101,20 €/t
002.98220.M	BMA, 0,7 - 0,9 t/m3, transp., ents., Verwertung	176,58 DM/t / 90,28 €/t
002.98221.M	BMA, > 0,9 t/m3, transp., ents., Verwertung	141,06 DM/t / 72,12 €/t
002.98222.M	Gasbeton, Leichtbeton, Gips, transp., ents., Verwertung	70,53 DM/t / 36,06 €/t
002.98223.M	Bausch.,Bauabfälle, nicht verwertbar, transp., Deponie	290,04 DM/t / 148,30 €/t
002.98301.M	Bausch.kont.,MKW, Konz.>5000<10000mg,tr., ents,Bio	126,69 DM/t / 64,77 €/t
002.98302.M	Bausch.kont.,MKW, Konz.>10000<15000mg,tr.,ents,Bio	129,18 DM/t / 66,05 €/t
002.98303.M	Bausch.kont.,MKW, Konz.>15000<20000mg,tr.,ents,Bio	135,14 DM/t / 69,10 €/t
002.98304.M	Bausch.kont.,MKW, Konz.>40000mg,tr..,ents.,Therm.B	273,73 DM/t / 139,96 €/t
002.98601.M	Altholz, unbehandelt, transp., ents., Verwertung	162,91 DM/t / 83,29 €/t
002.98602.M	Altholz, mit Fremdanteilen, transp., ents., Verwertung	204,00 DM/t / 104,30 €/t
002.98603.M	Altholz, behandelt o.Fremdanteile,transp.,ents.,Verwert	164,77 DM/t / 84,24 €/t
002.98604.M	Altholz, nicht verwertbar, transp., ents., Deponie	315,60 DM/t / 161,37 €/t
002.98605.M	Grünabfälle, transp., ents., Verwertung	81,98 DM/t / 41,92 €/t
002.98606.M	Stammholz, Wurzelstöcke, transp., ents., Verwertung	123,77 DM/t / 63,28 €/t
002.98607.M	Stammholz, Wurzelstöcke(Übergr.),tr.., ents.,Verwert	201,79 DM/t / 103,18 €/t

Das Abfallgesetz wurde am 01.10.1996 außer Kraft gesetzt und durch das Kreislaufwirtschafts- und Abfallgesetz (KrW-/AbfG vom 27.09.1994) abgelöst. Danach soll anstelle der reinen Abfallbeseitigung ein hierarchisch klares System in der Reihenfolge Vermeidung, Verwertung und Restabfallentsorgung treten. Künftig werden Abfälle nach europäischen Vorgaben bezeichnet und kategorisiert (Abfallschlüssel).
Zu diesem Zweck tritt die EAKV - Europäische Abfallkatalog Verordnung vom 13.9.96 in Kraft. Neben der grundlegenden Unterscheidung in "Abfälle zur Verwertung" und "Abfälle zur Beseitigung" unterscheidet das Gesetz darüber hinaus zwischen "besonders überwachungsbedürftigen" und "überwachungsbedürftigen" Abfällen zur Verwertung bzw. Beseitigung.
Alle Preise entsprechen durchschnittl. Listenpreisen einschlägiger Entsorgungsfirmen. Bei großen Mengen besteht Verhandlungsspielraum für die Gewährung von Rabatten. Den Preisen für Recycling von kontaminiertem Boden und Bauschutt in Wiederaufbereitungsanlagen liegen mittlere Chargen, d.h. 1000 t zugrunde.

Abkürzungen:

NachwV	Verordnung über Verwertungs- und Beseitigungsnachweise, Nachweisverordnung vom 10.9.96
off-site-Verfahren	kontaminiertes Material wird ausgehoben, zu einer Behandlungsanlage transportiert und dort gereinigt
MKW	Mineralölkohlenwasserstoffe
TS	Trockensubstanz
BMA	Baustellenmischabfälle (mit laut Deponieordnung zugelassenen Abfällen und Reststoffen, verunreinigte Bauschutt- und Baurestmassen) sowie Bauschutt mit Beimengungen Holz-, Kunststoff-, Metall- u. sonstige Beimengungen, Anteile an Gesamtmenge über ca. 10 Vol.%)
LAGA	Länderarbeitsgemeinschaft Abfall
NRW	Deponieklasseneinteilung in Nordrhein-Westfalen
DEP	Deponie
Bio	Mikrobiologische Behandlungsanlage
BWa	Bodenwaschanlage
Therm.B.	Thermische Bodenbehandlungsanlage

002.98001.M KG 396 DIN 276
Boden, nicht verwertbar, transp., ents., Deponie
EP 35,97 DM/t   LA 0,00 DM/t   ST 35,97 DM/t
EP 18,39 €/t   LA 0,00 €/t   ST 18,39 €/t

002.98002.M KG 396 DIN 276
Boden, verm., transp., ents., Verwertung
EP 27,15 DM/t   LA 0,00 DM/t   ST 27,15 DM/t
EP 13,88 €/t   LA 0,00 €/t   ST 13,88 €/t

002.98003.M KG 396 DIN 276
Boden, ohne Steine, transp., ents., Verwertung
EP 24,86 DM/t   LA 0,00 DM/t   ST 24,86 DM/t
EP 12,71 €/t   LA 0,00 €/t   ST 12,71 €/t

002.98101.M KG 396 DIN 276
Boden, Z 0, kont., MKW, Konz.<100mg,transp, ents, Dep.
EP 24,95 DM/t   LA 0,00 DM/t   ST 24,95 DM/t
EP 12,76 €/t   LA 0,00 €/t   ST 12,76 €/t

002.98102.M KG 396 DIN 276
Boden, Z 1.1, kont., MKW, Konz.<300mg,transp, ents, Dep
EP 36,76 DM/t   LA 0,00 DM/t   ST 36,76 DM/t
EP 18,80 €/t   LA 0,00 €/t   ST 18,80 €/t

002.98103.M KG 396 DIN 276
Boden, Z 1.2, kont., MKW, Konz.<500mg,transp, ents, Dep
EP 54,75 DM/t   LA 0,00 DM/t   ST 54,75 DM/t
EP 27,99 €/t   LA 0,00 €/t   ST 27,99 €/t

LB 002 Erdarbeiten
Verwertung, Entsorgung

AW 002

Preise 06.02

Sämtliche Preise sind **Mittelpreise ohne Mehrwertsteuer** zum Zeitpunkt des Ausgabedatums.
Korrekturfaktoren für Regionaleinfluss, Mengeneinfluss, Konjunktureinfluss siehe Vorspann.
Abkürzungen: EP = Einheitspreis, LA = Lohnanteil, ST = Stoffanteil

002.98104.M KG 396 DIN 276
Boden, Z 2, kont., MKW, Konz.<1000mg,transp, ents, Dep.
EP 78,59 DM/t   LA 0,00 DM/t   ST 78,59 DM/t
EP 40,18 €/t   LA 0,00 €/t   ST 40,18 €/t

002.98105.M KG 396 DIN 276
Boden, kont., MKW, Konz.<10000mg, transp., ents., Bio.
EP 101,38 DM/t   LA 0,00 DM/t   ST 101,38 DM/t
EP 51,84 €/t   LA 0,00 €/t   ST 51,84 €/t

002.98106.M KG 396 DIN 276
Boden, kont., MKW, Konz.>10000<15000mg,transp, ents,Bio
EP 116,55 DM/t   LA 0,00 DM/t   ST 116,55 DM/t
EP 59,59 €/t   LA 0,00 €/t   ST 59,59 €/t

002.98107.M KG 396 DIN 276
Boden, kont., MKW, Konz.>15000<20000mg,transp, ents,Bio
EP 119,10 DM/t   LA 0,00 DM/t   ST 119,10 DM/t
EP 60,90 €/t   LA 0,00 €/t   ST 60,90 €/t

002.98108.M KG 396 DIN 276
Boden, kont., MKW, Konz.>20000<40000mg,transp, ents,BWa
EP 179,93 DM/t   LA 0,00 DM/t   ST 179,93 DM/t
EP 92,00 €/t   LA 0,00 €/t   ST 92,00 €/t

002.98109.M KG 396 DIN 276
Boden, kont., MKW, Konz.>40000mg,transp., ents., BWasch
EP 268,70 DM/t   LA 0,00 DM/t   ST 268,70 DM/t
EP 137,39 €/t   LA 0,00 €/t   ST 137,39 €/t

002.98110.M KG 396 DIN 276
Boden, kont., MKW, Konz.>40000mg,transp., ents.,Therm.B
EP 199,42 DM/t   LA 0,00 DM/t   ST 199,42 DM/t
EP 101,96 €/t   LA 0,00 €/t   ST 101,96 €/t

002.98201.M KG 396 DIN 276
Bausch., verm., bis 80 cm, transp., ents., Verwertung
EP 26,27 DM/t   LA 0,00 DM/t   ST 26,27 DM/t
EP 13,43 €/t   LA 0,00 €/t   ST 13,43 €/t

002.98202.M KG 396 DIN 276
Bausch., verm., über 80 cm, transp., ents., Verwertung
EP 50,16 DM/t   LA 0,00 DM/t   ST 50,16 DM/t
EP 25,65 €/t   LA 0,00 €/t   ST 25,65 €/t

002.98203.M KG 396 DIN 276
Bausch.-Boden Gemisch, transp., ents., Verwertung
EP 30,95 DM/t   LA 0,00 DM/t   ST 30,95 DM/t
EP 15,82 €/t   LA 0,00 €/t   ST 15,82 €/t

002.98204.M KG 396 DIN 276
Bausch.-Gemisch., m.leicht. Verunr.,transp.,ents.,Verw.
EP 29,18 DM/t   LA 0,00 DM/t   ST 29,18 DM/t
EP 14,92 €/t   LA 0,00 €/t   ST 14,92 €/t

002.98205.M KG 396 DIN 276
Bausch.-Gemisch., m.Störst.< 3Vol.%,transp.,ents.,Verw.
EP 68,59 DM/t   LA 0,00 DM/t   ST 68,59 DM/t
EP 35,07 €/t   LA 0,00 €/t   ST 35,07 €/t

002.98206.M KG 396 DIN 276
Ziegelschutt, rein, transp., ents., Verwertung
EP 23,10 DM/t   LA 0,00 DM/t   ST 23,10 DM/t
EP 11,81 €/t   LA 0,00 €/t   ST 11,81 €/t

002.98207.M KG 396 DIN 276
Tonziegelschutt, rein, transp., ents., Verwertung
EP 22,83 DM/t   LA 0,00 DM/t   ST 22,83 DM/t
EP 11,67 €/t   LA 0,00 €/t   ST 11,67 €/t

002.98208.M KG 396 DIN 276
Naturgestein, rein, transp., ents., Verwertung
EP 25,04 DM/t   LA 0,00 DM/t   ST 25,04 DM/t
EP 12,80 €/t   LA 0,00 €/t   ST 12,80 €/t

002.98209.M KG 396 DIN 276
Betonschutt,rein,unbew.,bis 80cm,transp.,ents.,Verwert.
EP 19,40 DM/t   LA 0,00 DM/t   ST 19,40 DM/t
EP 9,92 €/t   LA 0,00 €/t   ST 9,92 €/t

002.98210.M KG 396 DIN 276
Betonschutt,rein,unbew.,über 80cm,transp.,ents.,Verwert
EP 24,69 DM/t   LA 0,00 DM/t   ST 24,69 DM/t
EP 12,62 €/t   LA 0,00 €/t   ST 12,62 €/t

002.98211.M KG 396 DIN 276
Betonschutt,rein,unbew.,über 1m, transp.,ents.,Verwert.
EP 61,71 DM/t   LA 0,00 DM/t   ST 61,71 DM/t
EP 31,55 €/t   LA 0,00 €/t   ST 31,55 €/t

002.98212.M KG 396 DIN 276
Stahlbeton, rein, bis 80 cm, transp., ents., Verwertung
EP 23,80 DM/t   LA 0,00 DM/t   ST 23,80 DM/t
EP 12,17 €/t   LA 0,00 €/t   ST 12,17 €/t

002.98213.M KG 396 DIN 276
Stahlbeton, rein, über 80 cm, transp., ents., Verwert.
EP 34,90 DM/t   LA 0,00 DM/t   ST 34,90 DM/t
EP 17,84 €/t   LA 0,00 €/t   ST 17,84 €/t

002.98214.M KG 396 DIN 276
Betonformteile, rein, stark bew., transp.,ents.,Verwert
EP 102,35 DM/t   LA 0,00 DM/t   ST 102,35 DM/t
EP 52,33 €/t   LA 0,00 €/t   ST 52,33 €/t

002.98215.M KG 396 DIN 276
Straßenaufbruch, transp., ents., Verwertung
EP 18,68 DM/t   LA 0,00 DM/t   ST 18,68 DM/t
EP 9,55 €/t   LA 0,00 €/t   ST 9,55 €/t

002.98216.M KG 396 DIN 276
Asphalt, ohne Teer, transp., ents., Verwertung
EP 20,81 DM/t   LA 0,00 DM/t   ST 20,81 DM/t
EP 10,64 €/t   LA 0,00 €/t   ST 10,64 €/t

002.98217.M KG 396 DIN 276
BMA, < 0,2 t/m3, transp., ents., Verwertung
EP 290,04 DM/t   LA 0,00 DM/t   ST 290,04 DM/t
EP 148,30 €/t   LA 0,00 €/t   ST 148,30 €/t

002.98218.M KG 396 DIN 276
BMA, 0,2 - 0,4 t/m3, transp., ents., Verwertung
EP 247,73 DM/t   LA 0,00 DM/t   ST 247,73 DM/t
EP 126,66 €/t   LA 0,00 €/t   ST 126,66 €/t

002.98219.M KG 396 DIN 276
BMA, 0,4 - 0,7 t/m3, transp., ents., Verwertung
EP 197,92 DM/t   LA 0,00 DM/t   ST 197,92 DM/t
EP 101,20 €/t   LA 0,00 €/t   ST 101,20 €/t

002.98220.M KG 396 DIN 276
BMA, 0,7 - 0,9 t/m3, transp., ents., Verwertung
EP 176,58 DM/t   LA 0,00 DM/t   ST 176,58 DM/t
EP 90,28 €/t   LA 0,00 €/t   ST 90,28 €/t

002.98221.M KG 396 DIN 276
BMA, > 0,9 t/m3, transp., ents., Verwertung
EP 141,06 DM/t   LA 0,00 DM/t   ST 141,06 DM/t
EP 72,12 €/t   LA 0,00 €/t   ST 72,12 €/t

002.98222.M KG 396 DIN 276
Gasbeton, Leichtbeton, Gips, transp., ents., Verwertung
EP 70,53 DM/t   LA 0,00 DM/t   ST 70,53 DM/t
EP 36,06 €/t   LA 0,00 €/t   ST 36,06 €/t

002.98223.M KG 396 DIN 276
Bausch.,Bauabfälle, nicht verwertbar, transp., Deponie
EP 290,04 DM/t   LA 0,00 DM/t   ST 290,04 DM/t
EP 148,30 €/t   LA 0,00 €/t   ST 148,30 €/t

LB 002 Erdarbeiten
Verwertung, Entsorgung

AW 002

Preise 06.02

Sämtliche Preise sind **Mittelpreise ohne Mehrwertsteuer** zum Zeitpunkt des Ausgabedatums.
Korrekturfaktoren für Regionaleinfluss, Mengeneinfluss, Konjunktureinfluss siehe Vorspann.v
Abkürzungen: EP = Einheitspreis, LA = Lohnanteil, ST = Stoffanteil

002.98301.M KG 396 DIN 276
Bausch, kont., MKW, Konz.>5000<10000mg,transp, ents,Bio
EP 126,69 DM/t   LA 0,00 DM/t   ST 126,69 DM/t
EP 64,77 €/t   LA 0,00 €/t   ST 64,77 €/t

002.98302.M KG 396 DIN 276
Bausch, kont., MKW, Konz.>10000<15000mg,transp,ents,Bio
EP 129,18 DM/t   LA 0,00 DM/t   ST 129,18 DM/t
EP 66,05 €/t   LA 0,00 €/t   ST 66,05 €/t

002.98303.M KG 396 DIN 276
Bausch, kont., MKW, Konz.>15000<20000mg,transp,ents,Bio
EP 135,14 DM/t   LA 0,00 DM/t   ST 135,14 DM/t
EP 69,10 €/t   LA 0,00 €/t   ST 69,10 €/t

002.98304.M KG 396 DIN 276
Bausch, kont., MKW, Konz.>40000mg,transp.,ents.,Therm.B
EP 273,73 DM/t   LA 0,00 DM/t   ST 273,73 DM/t
EP 139,96 €/t   LA 0,00 €/t   ST 139,96 €/t

002.98601.M KG 396 DIN 276
Altholz, unbehandelt, transp., ents., Verwertung
EP 162,91 DM/t   LA 0,00 DM/t   ST 162,91 DM/t
EP 83,29 €/t   LA 0,00 €/t   ST 83,29 €/t

002.98602.M KG 396 DIN 276
Altholz, mit Fremdanteilen, transp., ents., Verwertung
EP 204,00 DM/t   LA 0,00 DM/t   ST 204,00 DM/t
EP 104,30 €/t   LA 0,00 €/t   ST 104,30 €/t

002.98603.M KG 396 DIN 276
Altholz, behandelt o.Fremdanteile,transp.,ents.,Verwert
EP 164,77 DM/t   LA 0,00 DM/t   ST 164,77 DM/t
EP 84,24 €/t   LA 0,00 €/t   ST 84,24 €/t

002.98604.M KG 396 DIN 276
Altholz, nicht verwertbar, transp., ents., Deponie
EP 315,60 DM/t   LA 0,00 DM/t   ST 315,60 DM/t
EP 161,37 €/t   LA 0,00 €/t   ST 161,37 €/t

002.98605.M KG 396 DIN 276
Grünabfälle, transp., ents., Verwertung
EP 81,98 DM/t   LA 0,00 DM/t   ST 81,98 DM/t
EP 41,92 €/t   LA 0,00 €/t   ST 41,92 €/t

002.98606.M KG 396 DIN 276
Stammholz, Wurzelstöcke, transp., ents., Verwertung
EP 123,77 DM/t   LA 0,00 DM/t   ST 123,77 DM/t
EP 63,28 €/t   LA 0,00 €/t   ST 63,28 €/t

002.98607.M KG 396 DIN 276
Stammholz, Wurzelstöcke(Übergr.),transp., ents.,Verwert
EP 201,79 DM/t   LA 0,00 DM/t   ST 201,79 DM/t
EP 103,18 €/t   LA 0,00 €/t   ST 103,18 €/t

LB 003 Landschaftsbauarbeiten
Vorbereitende Arbeiten

STLB 003

Ausgabe 06.02

Schutz von Bäumen, Pflanzenbeständen, Vegetationsflächen

001 Schutzzaun um Vegetationsflächen,
002 Schutzzaun um Bodenlager,
003 Schutzzaun ......,
Einzelangaben nach DIN 18320 zu Pos. 001 bis 003
- Leistungsumfang
  - – herstellen
  - – herstellen, für die Dauer der vertraglichen Ausführungszeit vorhalten und beseitigen,
  - – herstellen, für die Dauer der vertraglichen Ausführungszeit vorhalten sowie abbauen und auf der Baustelle geordnet lagern,
  - – abbauen und auf der Baustelle geordnet lagern,
  - – während der vertraglichen Ausführungszeit auf besondere Anordnung des AG umsetzen,
  - – vorhalten,
  - – instandhalten,
  - – ....,
- Zaunhöhe
  - – Zaunhöhe 1,5 m – 1,8 m – 2 m – in m ......,
- Bauart Pfosten
  - – Holzpfosten, Zopfdicke mind. 8 cm, Länge mind. 2,5 m,
  - – Holzpfosten, Zopfdicke mind. 8 cm, Länge mind. 3 m,
  - – Holzpfosten, Zopfdicke mind. 10 cm, Länge mind. 3 m,
  - – Holzpfosten, Zopfdicke in cm ......, Länge in m ......,
  - – Pfosten ......,
- Bauart Zaunfelder
  - – Viereckdrahtgeflecht DIN 1199 - 50 x 2,5 zn,
  - – Viereckdrahtgeflecht DIN 1199 - 60 x 2,5 zn,
  - – Viereckdrahtgeflecht DIN 1199 ......,
  - – Knotengitter, Maße in cm ......,
  - – Knotengeflecht, Maße in cm ......,
  - – Bespannung ....,
- Befestigungsart Zaunfeld an Pfosten
  - – befestigen an Pfosten mit 2 Spanndrähten,
  - – befestigen an Pfosten mit 3 Spanndrähten,
  - – befestigen ......,
- Ausführung
  - – Ausführung ......,
  - – Ausführung gemäß Zeichnung Nr. ......,
  - – Ausführung gemäß Einzelbeschreibung Nr. ......,
  - – Systemzäune mit Zaunelementen, Maße in m ......,
  - – Ausführung nach Wahl des AN, Bauart ...... (vom Bieter einzutragen),
  - – Ausführung nach Wahl des AN, größte Maschenweite in mm ......,
- Vorhaltezeit eine Woche – zwei Wochen – drei Wochen – einen Monat –
  zwei Monate – drei Monate – vier Monate – sechs Monate – ......,
- Geländeneigung (Angaben nur bei geneigtem Gelände)
  - – Neigung der Flächen über 1 : 4 bis 1 : 2,
  - – Neigung der Flächen über 1 : 2,
  - – Neigung der Flächen ......,
    - – – Anteil der nicht geneigten Flächen in % ......, Neigung der Restfläche ......,
- Berechnungseinheit m

004 Stangengeviert,
005 Stangenzelt,
Einzelangaben nach DIN 18320 zu Pos. 004, 005
- Verwendungsbereich
  - – als Schutz gegen mechanische Schäden an Bäumen,
  - – als Schutz gegen mechanische Schäden an Großgehölzen,
  - – als Schutz gegen mechanische Schäden an Großgehölzen und Bäumen,
  - – als Schutz gegen mechanische Schäden ......,
- Leistungsumfang
  - – herstellen,
  - – herstellen, für die Dauer der vertraglichen Ausführungszeit vorhalten und beseitigen,
  - – abbauen und auf der Baustelle geordnet lagern,
  - – herstellen, abbauen und auf der Baustelle geordnet lagern,
  - – ......,
- Seitenlänge
  - – 2 m – 3 m – 4 m – 6 m – in m ......,
- Anzahl der Stangen
  - – 3 Stangen,
  - – 4 Stangen,
  - – 6 Stangen,
  - – 8 Stangen,
  - – Anzahl der Stangen ......,
- Zopfdicke, Länge
  - – Zopfdicke mind. 8 cm, Länge mind. 2,5 m,
  - – Zopfdicke mind. 10 cm, Länge mind. 4 m,
  - – Zopfdicke mind. 10 cm, Länge mind. 6 m,
  - – Zopfdicke mind. 10 cm, Länge mind. 8 m,
  - – Zopfdicke in cm ......, Länge in m ......,
- Art der Verbindung,
  - – mit mind. 20 mm dicken und mind. 20 cm breiten Brettern miteinander verbinden,
  - – durch Querstangen von mind. 6 cm Zopfdicke miteinander verbinden,
  - – Art der Verbindung,
    - – – 3 Bretter übereinander,
    - – – 3 Querstangen übereinander,
    - – – Anzahl ......,
- Höhe
  - – Mindesthöhe 1,8 m,
  - – Mindesthöhe in m ......,
- Berechnungseinheit Stück

006 Stammschutz durch Ummantelung,
Einzelangaben nach DIN 18320
- Art der Ausführung
  - – aus Brettern einschl. Polsterung gegen den Baum,
  - – aus ......,
- Leistungsumfang
  - – herstellen,
  - – abbauen und auf der Baustelle geordnet lagern,
  - – herstellen, abbauen und auf der Baustelle geordnet lagern,
  - – herstellen, für die Dauer der vertraglichen Ausführungszeit vorhalten und beseitigen,
  - – ......,
- Art der Polsterung
  - – Polsterung aus Stroh,
  - – Polsterung aus Holzwolle,
  - – Polsterung aus Schaumstoff,
  - – Polsterung aus Autoreifen,
  - – Polsterung aus Dränrohren,
  - – Polsterung aus ......,
  - – Dicke und Art der Polsterung ......,
- Stammdurchmesser
  - – Stammdurchmesser bis 40 cm,
  - – Stammdurchmesser über 40 bis 60 cm,
  - – Stammdurchmesser über 60 bis 80 cm,
  - – Stammdurchmesser über 80 bis 100 cm,
  - – Stammdurchmesser in cm ,......,
- Mindestabstand vom Stamm
  - – Mindestabstand vom Stamm 25 cm,
  - – Mindestabstand vom Stamm 50 cm,
  - – Mindestabstand vom Stamm in cm ......,
- Mindesthöhe der Ummantelung
  - – Mindesthöhe 2 m,
  - – Mindesthöhe 3 m,
  - – Mindesthöhe 4 m,
  - – Mindesthöhe in m ......,
- Mindestdicke der Bretter
  - – Mindestdicke der Bretter 24 mm,
  - – Mindestdicke der Bretter in mm ......,
- Berechnungseinheit Stück

STLB 003

Ausgabe 06.02

LB 003 Landschaftsbauarbeiten
Vorbereitende Arbeiten

007 Schutz gegen Rindenbrand/Sonnenbrand herstellen,
Einzelangaben nach DIN 18320
- Baumart
  - – Baumart ......,
  - – Schutzart
  - – Stamm umwickeln,
  - – Stamm und Hauptäste ab 10 cm Durchmesser umwickeln,
  - – Stamm und Hauptäste ab 15 cm Durchmesser umwickeln,
  - – Stamm und Hauptäste umwickeln und ......,
    - – – mit zweilagiger Lehmjutebandage,
    - – – mit Strohseilen,
    - – – mit Kokosstrick,
    - – – mit ......,
  - – mit Schutzmittel ......,
  - – Schutz durch ......,
- Erzeugnis
  - – Erzeugnis/Typ ...... (oder gleichwertiger Art),
  - – Erzeugnis/Typ ...... (vom Bieter einzutragen),
  - – Schutzmittel nach Wahl des Bieters ......, (vom Bieter einzutragen), Mindestdauer der Wirksamkeit in Monaten ......, (vom Bieter einzutragen),
- Höhe des Schutzes
  - – bis 4 m Höhe,
  - – bis 6 m Höhe,
  - – bis 8 m Höhe,
  - – bis 10 m Höhe,
  - – bis zu einer Höhe in m ......,
- Stammdurchmesser
  - – Stammdurchmesser bis 20 cm,
  - – Stammdurchmesser über 20 bis 40 cm,
  - – Stammdurchmesser über 40 bis 60 cm,
  - – Stammdurchmesser über 60 bis 80 cm,
  - – Stammdurchmesser über 80 bis 100 cm,
  - – Stammdurchmesser in cm ......,
- Leistungsumfang
  - – für die Dauer der vertraglichen Ausführungszeit vorhalten,
  - – für die Dauer der vertraglichen Ausführungszeit vorhalten und beseitigen,
- Berechnungseinheit Stück

008 Wurzelbereich bei Bodenauftrag schützen,
Einzelangaben nach DIN 18320
- Größe der Andeckfläche im Wurzelbereich, Andeckmaterial
  - – durch Andecken von 1/3 der Fläche,
  - – durch Andecken von 2/3 der Fläche,
  - – durch Andecken der ganzen Fläche,
  - – durch Andecken ......,
    - – – mit Sand 0/2,
    - – – mit Kies 2/8,
    - – – mit Kies 8/16,
    - – – mit Kies 16/32,
    - – – mit Kies, Körnung ......,
    - – – mit Splitt 5/8,
    - – – mit Splitt 8/11,
    - – – mit Splitt, Körnung ......,
    - – – mit ......,
      - – – – und der Restfläche,
        - – – – – mit Boden der Bodengruppe 2 DIN 18915,
        - – – – – mit Boden der Bodengruppe 3 DIN 18915,
        - – – – – mit Boden der Bodengruppe ......,
        - – – – – mit ......,
- Dicke der Andeckung
  - – Dicke 10 cm,
  - – Dicke 20 cm,
  - – Dicke in cm ......,
- Durchmesser der Andeckung
  - – Durchmesser bis 2 m,
  - – Durchmesser über 2 bis 4 m,
  - – Durchmesser über 4 bis 6 m,
  - – Durchmesser in m ......
- Größe der Einzelfläche
  - – Größe der Einzelflächen 16 m²,
  - – Größe der Einzelflächen 20 m²,
  - – Größe der Einzelflächen in m² ......,
- Berechnungseinheit m²

009 Schutz des Wurzelbereiches vor Druckschäden,
Einzelangaben nach DIN 18320
- Lage des Schutzbereiches
  - – bei Überfahrten – bei Auflasten,
  - – bei Überfahrten und Auflasten – bei ......,
- Art des Schutzes
  - – auflegen von druckverteilendem Geotextil, Mindestgewicht 300 g/m²,
  - – auflegen von druckverteilendem Geotextil, Mindestgewicht in g/m² ......,
  - – Überdeckung aus Natursand 0/2,
  - – Überdeckung aus Kiessand 0/8,
  - – Überdeckung aus Kies 2/8,
  - – Überdeckung aus Splitt 5/8,
  - – Überdeckung aus ......,
    - – – Dicke 20 cm – 25 cm – 30 cm – in cm ......
  - – auflegen von untereinander fest verbundenen Bohlen,
  - – auflegen von Baggermatratzen,
    - – – Dicke 40 mm – 50 mm – in mm ......,
  - – auflegen von ......,
- Abmessungen des Schutzes
  - – in Bahnen von 3 m Breite – von 4 m Breite – von 5 m Breite – von 6 m Breite – ......,
  - – Durchmesser in m ......,
  - – über die gesamte Fläche,
- Leistungsumfang
  - – für die Dauer der vertraglichen Ausführungszeit vorhalten,
  - – für die Dauer der vertraglichen Ausführungszeit vorhalten und beseitigen,
- Berechnungseinheit m², m

010 Schutz des Wurzelbereiches durch Wurzelvorhang,
Einzelangaben nach DIN 18320
- Graben für Wurzelvorhang
  - – Grabentiefe 60 cm,
  - – Grabentiefe 80 cm,
  - – Grabentiefe 100 cm,
  - – Grabentiefe 120 cm,
  - – Grabentiefe in cm ......,
    - – – Breite 40 cm,
    - – – Breite 50 cm,
    - – – Breite 60 cm,
    - – – Breite in cm ......,
      - – – – Bodengruppe 2 – 3 – 4 – 5 – 6 – 7 – 8 – DIN 18915,
      - – – – Bodengruppen ......, geschätzter Anteil der Bodengruppen in % ......,
- Verwendung Bodenaushub
  - – anfallenden Boden im Baustellenbereich planieren,
  - – anfallenden Boden seitlich lagern,
  - – anfallenden Boden ......
- Schalung im Graben für Wurzelvorhang
  - – einlegen einer Schalung aus Maschendraht und innenliegender Sackleinwand,
  - – einlegen einer Schalung aus Maschendraht und innenliegender Schilfmattenlage,
  - – einlegen einer Schalung auf der dem Baum abgewandten Grabenseite aus ......,
    - – – Sicherung der Schalung durch auf der Außenseite eingeschlagene Holzpfähle in 1 m Abstand
    - – – Sicherung der Schalung durch ......,
- Auffüllung Graben
  - – Graben verfüllen mit Oberboden der Bodengruppe 2 DIN 18915,
  - – Graben verfüllen mit Oberboden ......,
  - – Graben verfüllen mit ......,
  - – Graben im unteren Bereich mit Unterboden verfüllen gemäß ZTV Baumpflege,
  - – Graben im unteren Bereich verfüllen mit ......,
    - – – oberen Bereich verfüllen mit Oberboden der Bodengruppe 2 DIN 18915,
    - – – oberen Bereich verfüllen mit Oberboden ....,
    - – – oberen Bereich verfüllen mit Gemisch aus Sand 0/2 und Torf im Vol.-Verhältnis 2 : 1,
    - – – oberen Bereich verfüllen mit Gemisch aus Sand 0/2 und Kompost im Vol.-Verhältnis 3 : 1,
    - – – oberen Bereich verfüllen mit ......,
- Berechnungseinheit m

LB 003 Landschaftsbauarbeiten
Vorbereitende Arbeiten

STLB 003

Ausgabe 06.02

Gehölze und Stauden herausnehmen, Rasensoden gewinnen

020 Baum herausnehmen,
Einzelangaben nach DIN 18320
- Leistungsart, Leistungsumfang
  - – mit Ballen,
  - – ohne Ballen,
    - – – transportieren und pflanzen,
    - – – transportieren und abladen,
    - – – transportieren und einschlagen,
    - – – transportieren und aufschulen,
- Gehölzart ......
- Stammumfang
  - – Stammumfang bis 20 cm,
  - – Stammumfang über 20 bis 30 cm,
  - – Stammumfang in cm ......,
- Kronenbreite
  - – Kronenbreite bis 200 cm,
  - – Kronenbreite über 200 bis 300 cm,
  - – Kronenbreite in cm ......,
- Gesamthöhe
  - – Gesamthöhe bis 200 cm,
  - – Gesamthöhe über 200 bis 400 cm,
  - – Gesamthöhe über 400 bis 600 cm,
  - – Gesamthöhe in cm ......,
- Neigung der Entnahmestelle
  - – Neigung der Entnahmestelle über 1 : 4 bis 1 : 2,
  - – Neigung der Entnahmestelle über 1 : 2,
  - – Neigung der Entnahmestelle ......,
- Transportentfernung
  - – Transportentfernung über 50 bis 100 m,
  - – Transportentfernung über 100 bis 500 m,
  - – Transportentfernung in m ......,
- Berechnungseinheit Stück

021 Strauch herausnehmen,
022 Heckengehölz herausnehmen,
Einzelangaben nach DIN 18320 zu Pos. 021, 022
- Leistungsart, Leistungsumfang
  - – mit Ballen,
  - – mit Ballen, Gehölzart ......,
  - – ohne Ballen,
  - – ohne Ballen, Gehölzart ......,
    - – – transportieren und pflanzen,
    - – – transportieren und abladen,
    - – – transportieren und einschlagen,
    - – – transportieren und aufschulen,
- Breite
  - – Breite bis 50 cm,
  - – Breite über 50 bis 100 cm,
  - – Breite über 100 bis 200 cm,
  - – Breite in cm ......,
- Gesamthöhe
  - – Höhe bis 50 cm,
  - – Höhe über 50 bis 100 cm,
  - – Höhe über 100 bis 200 cm,
  - – Höhe über 200 bis 400 cm,
  - – Höhe in cm ......,
- Anzahl (nur bei Abrechnung nach m, m²)
  - – bis 2 Stück je m,
  - – bis 3 Stück je m,
  - – bis 2 Stück je m²,
  - – bis 3 Stück je m²,
  - – Anzahl je m ......,
  - – Anzahl je m² ......,
- Neigung der Entnahmestelle
  - – Neigung der Entnahmestelle über 1 : 4 bis 1 : 2,
  - – Neigung der Entnahmestelle über 1 : 2,
  - – Neigung der Entnahmestelle ......,
- Transportentfernung
  - – Transportentfernung über 50 bis 100 m,
  - – Transportentfernung über 100 bis 500 m,
  - – Transportentfernung in m ......,
- Berechnungseinheit Stück, m, m²

023 Strauch roden,
024 Heckengehölz roden,
Einzelangaben nach DIN 18320 zu Pos. 023, 024
- Gehölzart ......
- Leistungsart, Leistungsumfang
  - – – gerodete Stoffe auf der Baustelle geordnet lagern,
  - – – gerodete Stoffe häckseln und auf der Baustelle lagern,
  - – – gerodete Stoffe auf der Baustelle kompostieren,
  - – – gerodete Stoffe häckseln und auf der Baustelle kompostieren,
  - – – gerodete Stoffe ......,
- Breite
  - – Breite bis 50 cm – Breite über 50 bis 100 cm – Breite über 100 bis 200 cm – Breite in cm ......,
- Gesamthöhe
  - – Höhe bis 50 cm – Höhe über 50 bis 100 cm – Höhe über 100 bis 200 cm – Höhe über 200 bis 400 cm – Höhe in cm ......,
- Anzahl (nur bei Abrechnung nach m, m²)
  - – bis 2 Stück je m – bis 3 Stück je m,
  - – bis 2 Stück je m² – bis 3 Stück je m²,
  - – Anzahl je m ......, – Anzahl je m² ......,
- Neigung der Entnahmestelle
  - – Neigung der Entnahmestelle über 1 : 4 bis 1 : 2,
  - – Neigung der Entnahmestelle über 1 : 2,
  - – Neigung der Entnahmestelle ......,
- Transportentfernung
  - – Transportentfernung über 50 bis 100 m,
  - – Transportentfernung über 100 bis 500 m,
  - – Transportentfernung in m ......,
- Berechnungseinheit Stück, m, m²

025 Wallhecke für das Verpflanzen vorbereiten,
Einzelangaben nach DIN 18320
- Leistungsart
  - – – Aufwuchs/Gehölze auf Stock setzen, Schnitthöhe 10 bis 20 cm,
  - – – Aufwuchs/Gehölze zurückschneiden, Schnitthöhe in cm ......,
- dominierende Gehölzarten ......
- Abmessungen
  - – – Wallheckenhöhe im Mittel in cm ......,
    Wallheckenbreite im Mittel in cm ......,
    - – – Wallhöhe in cm ......,
      Wallbreite in cm ......,
- Bodenstruktur des Walles ......
- Arbeitsabschnitte
  - – – Wallhecke in ca. 2 m lange Stücke teilen,
  - – – Wallhecke ......,
- Leistungsumfang
  - – – anfallendes Schnittgut häckseln und auf der Baustelle lagern,
  - – – anfallendes Schnittgut zur Abfuhr geordnet lagern,
  - – – anfallendes Schnittgut ......,
    - – – – Bäume mit Stammumfang über 20 cm werden gesondert vergütet,
- Berechnungseinheit m², m

026 Wallhecke verpflanzen, ausheben unter Erhalt des Gefüges,
Einzelangaben nach DIN 18320
- Leistungsart, Leistungsumfang
  - – – transportieren und pflanzen in vorzubereitende Pflanzmulden,
  - – – transportieren und pflanzen in vorbereitete Pflanzflächen,
  - – – transportieren und pflanzen in ......,
- Abmessungen
  - – – Wallhöhe in cm ...... – Wallbreite in cm ......,
- Bodenstruktur des Walles ......
- Abtragsdicke
  - – – Abtragsdicke 80 bis 100 cm,
  - – – Abtragsdicke in cm ......,
- Verfüllen
  - – – verfüllen mit seitlich lagerndem Boden,
  - – – verfüllen ......,
- Transportentfernung
  - – – Transportentfernung über 50 bis 100 m,
  - – – Transportentfernung über 100 bis 500 m,
  - – – Transportentfernung in m ......,
- Berechnungseinheit m, m²

STLB 003
Ausgabe 06.02

LB 003 Landschaftsbauarbeiten
Vorbereitende Arbeiten

027 Staude herausnehmen,
Einzelangaben nach DIN 18320
- Leistungsart, Leistungsumfang
  - – transportieren und pflanzen,
  - – transportieren und abladen,
  - – transportieren und einschlagen,
  - – transportieren und aufschulen,
- Art ......
- Anzahl (nur bei Abrechnung nach m²)
  - – bis 3 Stück je m²,
  - – bis 5 Stück je m²,
  - – bis 8 Stück je m²,
  - – Anzahl je m² ......,
- Neigung der Entnahmestelle
  - – Neigung der Entnahmestelle über 1 : 4 bis 1 : 2,
  - – Neigung der Entnahmestelle über 1 : 2,
  - – Neigung der Entnahmestelle ......,
- Transportentfernung
  - – Transportentfernung über 50 bis 100 m,
  - – Transportentfernung über 100 bis 500 m,
  - – Transportentfernung in m ......,
- Berechnungseinheit Stück, m²

028 Rasenfläche abheben,
Einzelangaben nach DIN 18320
- Leistungsart, Leistungsumfang
  - – als Rasensoden,
  - – als Rollrasen,
    - – – fördern und lagern,
    - – – fördern und in einer Schicht lagern,
    - – – fördern und zur Wiederverwendung lagern,
    - – – fördern, zwischenlagern und wieder verlegen,
    - – – fördern und wieder verlegen,
- Bodengruppe
  - – Bodengruppe 2 DIN 18915,
  - – Bodengruppe 4 DIN 18915,
  - – Bodengruppen ......,
    geschätzter Anteil der Bodengruppen in % ......,
- Neigung der Entnahmestelle
  - – Neigung der Entnahmestelle über 1 : 4 bis 1 : 2,
  - – Neigung der Entnahmestelle über 1 : 2,
  - – Neigung der Entnahmestelle ......,
- Neigung der Verlegestelle
  - – Neigung der Verlegestelle über 1 : 4 bis 1 : 2,
  - – Neigung der Verlegestelle über 1 : 2,
  - – Neigung der Verlegestelle ......,
- Transportentfernung
  - – Transportentfernung über 50 bis 100 m,
  - – Transportentfernung über 100 bis 500 m,
  - – Transportentfernung in m ......,
- Rasen mähen
  - – Rasen vor dem Abheben mähen,
  - – Rasen vor dem Abheben mähen, Mähgut aufnehmen und auf der Baustelle lagern,
  - – Rasen vor dem Abheben mähen, Mähgut ......,
- Berechnungseinheit m²

029 Vegetationsfläche zur Gewinnung von Vegetationsstücken vorbereiten,
Einzelangaben nach DIN 18320
- Art der Vegetation
  - – wiesenähnlicher Landschaftsrasen,
  - – Kräuterbestand,
  - – Staudenbestand,
  - – Strauchbestand,
  - – Zwergstrauchheide,
  - – Schilfröhricht,
  - – Rohrglanzgrasröhricht,
  - – Steifseggenried,
  - – Schlankseggenried,
  - – nitrophile Hochstaudenflur,
  - – Unterwasserbestand,
  - – ......,
- Art der Vorbereitung
  - – durch Mähen,
  - – durch Rückschnitt,
  - – durch Beseitigen von unerwünschtem Aufwuchs,
  - – durch ......,
    - – – Schnitthöhe 10 cm,
    - – – Schnitthöhe in cm ......,
- Verwendung Schnittgut
  - – Schnittgut auf der Baustelle geordnet lagern,
  - – Schnittgut auf der Baustelle kompostieren,
  - – Schnittgut ......,
    - – – anfallende Stoffe ......,
- Neigung der Flächen
  - – Neigung der Flächen über 1 : 4,
  - – Neigung der Flächen ......,
- Bearbeitungsbreite in cm ......
  (bei Berechnungseinheit m)
- Berechnungseinheit m², m
  (mit Angabe Bearbeitungsbreite)

030 Vegetationsstück verpflanzen,
Einzelangaben nach DIN 18320
- Art der Vegetation
  - – Trocken– und Halbtrockenrasen,
  - – wiesenähnlicher Landschaftsrasen,
  - – Kräuterbestand,
  - – Staudenbestand,
  - – Strauchbestand,
  - – Zwergstrauchheide,
  - – Schilfröhricht,
  - – Rohrglanzgrasröhricht,
  - – Steifseggenried,
  - – Schlankseggenried,
  - – nitrophile Hochstaudenflur,
  - – Unterwasserbestand,
  - – ......,
- Leistungsumfang
  - – flächig abheben, Größe der Einzelstücke in m² ......, Dicke in cm ......,
  - – flächig abheben und zwischenlagern, Größe der Einzelstücke in m² ......, Dicke in cm ......,
  - – in Streifen abheben, Größe der Einzelstücke in m² ......, Dicke in cm ......,
  - – in Streifen abheben und zwischenlagern, Größe der Einzelstücke in m² ......, Dicke in cm ......,
  - – als Einzelstücke abheben, Größe der Einzelstücke in m² ......, Dicke in cm ......,
  - – als Einzelstücke abheben und zwischenlagern, Größe der Einzelstücke in m² ......, Dicke in cm ......,
  - – dem Zwischenlager entnehmen, Größe der Einzelstücke in m² ......, Dicke in cm ......,
- Bodengruppe Entnahmestelle
  - – Entnahmestelle Bodengruppe 1 DIN 18915,
  - – Entnahmestelle Bodengruppe 2 DIN 18915,
  - – Entnahmestelle Bodengruppe 3 DIN 18915,
  - – Entnahmestelle Bodengruppe 4 DIN 18915,
  - – Entnahmestelle Bodengruppe 5 bis 7 DIN 18915,
  - – Entnahmestelle Bodengruppe ......,
- Pflanzstelle
  - – in vorbereitetes Planum pflanzen,
  - – in ......,
    - – – Bodengruppe 1 DIN 18915,
    - – – Bodengruppe 2 DIN 18915,
    - – – Bodengruppe 3 DIN 18915,
    - – – Bodengruppe 4 DIN 18915,
    - – – Bodengruppe 5 bis 7 DIN 18915,
    - – – Bodengruppen ......,
      geschätzter Anteil der Bodengruppen in % ......,
- Förderweg
  - – Förderweg über 50 bis 100 m,
  - – Förderweg über 100 bis 500 m,
  - – Förderweg über 500 bis 1000 m,
  - – Förderweg in m ......,
- Berechnungseinheit m²
  (Aufmaß an der Entnahmestelle)

Hinweis: Füllen und Roden nicht wiederverwendbarer Bäume siehe LB 002 Erdarbeiten.

LB 003 Landschaftsbauarbeiten
Vorbereitende Arbeiten

031 Baumstumpf entfernen,
Einzelangaben nach DIN 18320
- Arbeitsweise
  - – durch Ausfräsen,
  - – durch Ausbohren,
  - – durch ......,
- Arbeitstiefe
  - – Arbeitstiefe ab Gelände 20 cm,
  - – Arbeitstiefe ab Gelände 30 cm,
  - – Arbeitstiefe ab Gelände 50 cm,
  - – Arbeitstiefe ab Gelände in cm ......,
- Stumpfdurchmesser
  - – mittlerer Stumpfdurchmesser bis 20 cm,
  - – mittlerer Stumpfdurchmesser über 20 bis 30 cm,
  - – mittlerer Stumpfdurchmesser über 30 bis 40 cm,
  - – mittlerer Stumpfdurchmesser über 40 bis 50 cm,
  - – mittlerer Stumpfdurchmesser über 50 bis 60 cm,
  - – mittlerer Stumpfdurchmesser über 60 bis 70 cm,
  - – mittlerer Stumpfdurchmesser über 70 bis 80 cm,
  - – mittlerer Stumpfdurchmesser über 80 bis 90 cm,
  - – mittlerer Stumpfdurchmesser in cm ......,
- Verfügung über Abfall
  - – Späne seitlich lagern,
  - – Späne gleichmäßig verteilen,
  - – Späne ......,
- Neigung der Arbeitsfläche
  - – Neigung der Arbeitsfläche über 1 : 4 bis 1 : 2,
  - – Neigung der Arbeitsfläche über 1 : 2,
  - – Neigung der Arbeitsfläche ......,
- Fräsloch verfüllen
  - – Fräsloch verfüllen mit vorhandenem Boden,
  - – Fräsloch verfüllen mit zu lieferndem Boden,
  - – Fräsloch verfüllen mit zu lieferndem Oberboden,
  - – Fräsloch verfüllen mit ......,
- Berechnungseinheit Stück

Abräumungsarbeiten

035 Baureste und Unrat sammeln,
Einzelangaben nach DIN 18320
- Stoffart
  - – Bauschutt,
  - – Holz,
  - – Kunststoff,
  - – Metall,
  - – Stein,
  - – Farb- und Lackrückstände,
  - – ......,
- Leistungsumfang
  - – in Behälter des AG,
  - – in Behälter des AN,
  - – auf der Baustelle,
  - – ......,
    - – – unsortiert lagern,
    - – – sortiert lagern,
- Förderweg
  - – Förderweg über 50 bis 100 m,
  - – Förderweg über 100 bis 500 m,
  - – Förderweg über 500 bis 1000 m,
  - – Förderweg ......,
- Abladestelle ......
- Abrechnungsart
  - – Abrechnung nach Aufmaß an der Entnahmestelle,
  - – Abrechnung nach Aufmaß an der Lagerstelle,
  - – Abrechnung nach Aufmaß auf dem Fahrzeug/Transportgefäß,
- Berechnungseinheit m³, t

Hinweis: Nach Tonnen (t) nur dann ausschreiben, wenn Entsorgung durch den gleichen AN erfolgen soll, siehe Pos. 850.

036 Ausstattungsgegenstände aufnehmen,
037 Ausstattungsgegenstände mit Fundamenten aufnehmen,
Einzelangaben nach DIN 18320 zu Pos. 036, 037
- Art der Gegenstände ....
  - – Einfassung,
  - – Sitzauflage,
  - – Palisade,
  - – Spielgerät,
  - – Spielgerät ......,
  - – Spielfiguren,
  - – Abfallbehälter,
  - – Papierkorb,
  - – Müllbehälter,
  - – Müllbehälterschrank,
  - – Container,
  - – Container-Box,
  - – Müllplatz-Abschirmung,
  - – Streustoffbehälter,
  - – Geräteschrank,
  - – Fahnenmast,
  - – Fahnenmasthalter,
  - – Baumhalter,
  - – Wäschepfahl,
  - – Wäschegerüst,
  - – Wäscheschirm,
  - – Teppichgerüst,
  - – Fahrradständer,
  - – Fahrradabstellanlage,
  - – Pflanzgefäß,
  - – Gartentisch,
  - – Gartenbank,
  - – Gartenbank-Tisch-Kombination,
  - – Gartenstuhl,
  - – Gartenhocker,
  - – Bankauflage,
  - – Sitzrost,
  - – Sitzpoller,
  - – Schild,
  - – Absperrpfosten,
  - – Markierungspfosten,
  - – Sperrbügel,
  - – Handschranke,
  - – Wegesperre,
  - – Poller,
  - – Baumschutzvorrichtung,
  - – Baumscheibenabdeckung,
  - – Rankvorrichtung,
  - – Art ......,
    - – – aus Holz,
    - – – aus Kunststoff,
    - – – aus Metall,
    - – – aus Stein,
    - – – aus ......,
      - – – – Abmessungen ......,
      - – – – Ausführung ...... gemäß Zeichnung Nr. ......,
      - Einzelbeschreibung Nr. ......,
- Leistungsumfang
  - – auf der Baustelle zur Wiederverwendung lagern,
  - – zum Lagerplatz des AG fördern, abladen und lagern,
  - – zur Entsorgung zwischenlagern,
  - – ....,
- Förderweg
  - – Förderweg über 50 bis 100 m,
  - – Förderweg über 100 bis 500 m,
  - – Förderweg über 500 bis 1000 m,
  - – Förderweg in m ......,
- Berechnungseinheit Stück, m, pauschal

STLB 003

LB 003 Landschaftsbauarbeiten
Vegetationstechnische Arbeiten

Ausgabe 06.02

Bodenarbeiten

040 Bewachsene Fläche vor dem Abtragen mähen,
Einzelangaben nach DIN 18320
- Leistungsumfang
  - – Schnittgut aufnehmen und zur Abfuhr auf Haufen setzen,
  - – Schnittgut aufnehmen, zum Lagerplatz des AG transportieren und abladen,
  - – Schnittgut auf der Baustelle geordnet lagern,
  - – Schnittgut bleibt liegen,
  - – Schnittgut ......,
Fortsetzung Einzelangaben siehe Pos. 044

041 Bewachsene Fläche vor dem Abtragen fräsen,
Einzelangaben nach DIN 18320
- Leistungsumfang
  - – anfallenden Unrat und Wurzelwerk ablesen und zur Abfuhr auf Haufen setzen,
  - – – Frästiefe 5 cm – 10 cm – 15 cm – in cm ......,
Fortsetzung Einzelangaben siehe Pos. 044

042 Grasnarbe zerkleinern, abräumen,
043 Pflanzliche Bodendecke abräumen,
044 Pflanzliche Bodendecke einschl. oberster Bodenschicht abräumen,
Einzelangaben nach DIN 18320 zu Pos. 042 bis 044
- Leistungsumfang
  - – laden, fördern und geordnet lagern,
  - – zur Abfuhr auf Haufen setzen,
  - – zum Lagerplatz AG transportieren und abladen,
  - – anfallende Stoffe auf der Baustelle geordnet lagern,
  - – ......,
    - – – Schichtdicke bis 3 cm,
    - – – Schichtdicke über 3 bis 5 cm,
    - – – Schichtdicke über 5 bis 10 cm,
    - – – Schichtdicke in cm ......,
Fortsetzung Einzelangaben zu Pos. 040 bis 044
- Art des Bewuchses
  - – Bewuchs Rasen,
  - – Bewuchs Wiese,
  - – Bewuchs Heidekraut,
  - – Bewuchs Schilf,
  - – Bewuchs ......,
- Bodengruppen
  - – Bodengruppe 2 DIN 18915,
  - – Bodengruppe 3 DIN 18915,
  - – Bodengruppe 4 DIN 18915,
  - – Bodengruppe 5 DIN 18915,
  - – Bodengruppe 6 DIN 18915,
  - – Bodengruppe 7 DIN 18915,
  - – Bodengruppe 8 DIN 18915,
  - – Bodengruppen ......, geschätzter Anteil der Bodengruppen in % ......,
- Flächenneigung
  - – Neigung der Fläche über 1 : 4 bis 1 : 2,
  - – Neigung der Fläche über 1 : 2,
  - – Neigung der Fläche ......,
  - – Anteil der nicht geneigten Fläche in % ......, Neigung der Restfläche ......,
- Förderweg
  - – Förderweg über 50 bis 100 m,
  - – Förderweg über 100 bis 500 m,
  - – Förderweg über 500 bis 1000 m,
  - – Förderweg in m ......,
- Verfügung über Mähgut
  - – Mähgut aufnehmen und zur Abfuhr auf Haufen setzen,
  - – Mähgut aufnehmen, zum Lagerplatz fördern und abladen,
  - – Mähgut bleibt liegen,
  - – Mähgut ......,
- Abrechnungsart
  - – Abrechnung in der Abwicklung,
  - – Abrechnung in der Horizontalprojektion,
- Berechnungseinheit m²

045 Oberbodenfläche vor dem Abtragen bestreuen,
046 Grasnarbe vor dem Abtragen bestreuen,
047 Pflanzliche Bodendecke vor dem Abtragen bestreuen,
Einzelangaben nach DIN 18320 zu Pos. 045 bis 047
- Streugut
  - – mit Branntkalk,
  - – mit kohlensaurem Kalk,
  - – mit Kalkstickstoff,
  - – mit ......,
- Streugutmenge
  - – 50 g/m²,
  - – 100 g/m²,
  - – 200 g/m²,
  - – 300 g/m²,
  - – 500 g/m²,
  - – 800 g/m²,
  - – Menge in g/m² ......,
- Flächenneigung
  - – Neigung der Fläche über 1 : 4 bis 1 : 2,
  - – Neigung der Fläche über 1 : 2,
  - – Neigung der Fläche ......,
  - – Anteil der nicht geneigten Fläche in % ......, Neigung der Restfläche ......,
- Berechnungseinheit kg, m²

048 Vegetationsfläche unter Massenausgleich planieren,
049 Bearbeitungsfläche unter Massenausgleich planieren,
Einzelangaben nach DIN 18320 zu Pos. 048, 049
- Art der Fläche
  - – für Pflanzung,
  - – für Rasen,
  - – Art der Fläche ......,
- Arbeitsweise
  - – in Handarbeit,
  - – ......,
- Ab-/Auftragsdicke
  - – Ab-/Auftragsdicke bis 10 cm,
  - – Ab-/Auftragsdicke über 10 bis 20 cm,
  - – Ab-/Auftragsdicke über 20 bis 30 cm,
  - – Ab-/Auftragsdicke in cm ......,
- Verfügung überschüssiger Boden
  - – überschüssigen Boden seitlich lagern,
  - – überschüssigen Boden auf Haufen setzen,
  - – überschüssigen Boden ......,
- Bodengruppen
  - – Bodengruppe 2 DIN 18915,
  - – Bodengruppe 3 DIN 18915,
  - – Bodengruppe 4 DIN 18915,
  - – Bodengruppe 5 DIN 18915,
  - – Bodengruppe 6 DIN 18915,
  - – Bodengruppe 7 DIN 18915,
  - – Bodengruppe 8 DIN 18915,
  - – Bodengruppen ......, geschätzter Anteil der Bodengruppen in % ......,
- Maßgenauigkeit
  - – zulässige Abweichung von der Sollhöhe ± 3 cm,
  - – zulässige Abweichung von der Sollhöhe ± 5 cm,
  - – zulässige Abweichung von der Sollhöhe in cm ......,
  - – zulässige Abweichung von der Sollhöhe in cm ...... Ebenheit, Spalt unter 4-m-Latte in cm ......,
- Flächenneigung
  - – Neigung der Fläche über 1 : 4 bis 1 : 2,
  - – Neigung der Fläche über 1 : 2,
  - – Neigung der Fläche ......,
  - – Anteil der nicht geneigten Fläche in % ......, Neigung der Restfläche ......,
- Berechnungseinheit m²

LB 003 Landschaftsbauarbeiten
Vegetationstechnische Arbeiten

STLB 003

Ausgabe 06.02

050 Baugrund vor Auftrag der Vegetationstragschicht lockern,
Einzelangaben nach DIN 18320
- Arbeitsweise
  - – kreuzweise,
  - – in Handarbeit,
    - – – durch Aufreißen,
    - – – durch Aufreißen, Abstand der Aufreißer bis 30 cm,
    - – – durch Aufreißen, Abstand der Aufreißer bis 50 cm,
    - – – durch Untergrundlockerung,
    - – – durch ......,
- Tiefe der Lockerung
  - – Tiefe 15 cm – 20 cm – 25 cm – 30 cm – 35 cm – 40 cm – Tiefe in cm ....,
- Fremdkörper
  - – Steine ab 5 cm Durchmesser, Fremdkörper und schwer verrottbare Pflanzenteile ablesen,
  - – Steine und schwer verrottbare Pflanzenteile können auf der Fläche verbleiben,
  - – Steine ......,
    - – – zur Abfuhr auf Haufen setzen,
    - – – nach Stoffen getrennt auf der Baustelle lagern,
    - – – nach Stoffen getrennt ......,
- Bodengruppen
  - – Bodengruppe 2 DIN 18915,
  - – Bodengruppe 3 DIN 18915,
  - – Bodengruppe 4 DIN 18915,
  - – Bodengruppe 5 DIN 18915,
  - – Bodengruppe 6 DIN 18915,
  - – Bodengruppe 7 DIN 18915,
  - – Bodengruppe 8 DIN 18915,
  - – Bodengruppen ......, geschätzter Anteil der Bodengruppen in % ......,
- Flächenneigung
  - – Neigung der Fläche über 1 : 4 bis 1 : 2,
  - – Neigung der Fläche über 1 : 2,
  - – Neigung der Fläche ......,
  - – Anteil der nicht geneigten Fläche in % ......, Neigung der Restfläche ......,
- Berechnungseinheit m²

051 Oberboden,
052 Unterboden,
Einzelangaben nach DIN 18320 zu Pos. 051, 052
- Leistungsart, Leistungsumfang
  - – profilgerecht abtragen, fördern,
  - – profilgerecht abtragen, fördern, geordnet lagern,
  - – in Handarbeit profilgerecht abtragen, fördern,
  - – in Handarbeit profilgerecht abtragen, fördern, geordnet lagern,
  - – zwischengelagert, laden, fördern,
  - – vom AG beigestellt,
  - – liefern,
  - – ......,
  - – profilgerecht auftragen,
  - – profilgerecht auftragen in Handarbeit,
  - – profilgerecht auftragen auf Dränschicht,
  - – profilgerecht auftragen auf Filterschicht,
  - – profilgerecht auftragen auf Trennstreifen und Verkehrsbegleitfläche,
  - – profilgerecht auftragen auf unbefestigtem Seitenstreifen,
  - – profilgerecht auftragen auf mit Flechtwerk verbauter Fläche,
  - – auftragen ......,
  - – verwenden für ......
- Förderweg
  - – Förderweg über 50 bis 100 m – über 100 bis 500 m – über 500 bis 1000 m – in m ......,
- Bodengruppe
  - – Bodengruppe 2 DIN 18915,
  - – Bodengruppe 3 DIN 18915,
  - – Bodengruppe 4 DIN 18915,
  - – Bodengruppe 5 DIN 18915,
  - – Bodengruppe 6 DIN 18915,
  - – Bodengruppe 7 DIN 18915,
  - – Bodengruppe 8 DIN 18915,
  - – Bodengruppen ......, geschätzter Anteil der Bodengruppen in % ......,
- Abtragsdicke
  - – Abtragsdicke bis 10 cm – über 10 bis 20 cm – über 20 bis 30 cm – über 30 bis 50 cm – über 50 bis 80 cm – in cm ......,
- Auftragsdicke
  - – Auftragsdicke bis 10 cm – über 10 bis 20 cm – über 20 bis 30 cm – über 30 bis 50 cm – über 50 bis 80 cm – in cm ......,
- Flächenneigung
  - – Neigung der Fläche über 1 : 4 bis 1 : 2,
  - – Neigung der Fläche über 1 : 2,
  - – Neigung der Fläche ......,
  - – Anteil der nicht geneigten Fläche in % ......, Neigung der Restfläche ......,
- Aufmaß und Abrechnung
  - – Abrechnung nach Auftragsfläche,
  - – Abrechnung nach Abtragsfläche,
  - – Abrechnung nach ......,
  - – Abrechnung nach Aufmaß an der Entnahmestelle,
  - – Abrechnung nach Aufmaß an der Auftragsstelle,
  - – Abrechnung nach Aufmaß der Lager,
  - – Abrechnung nach Aufmaß auf dem Fahrzeug,
- Berechnungseinheit m², m³

Hinweis: Bodengruppen nach DIN 18915:
Bodengruppe 2: Nichtbindiger Boden
Bodengruppe 3: Nichtbindiger Boden, steiniger Boden
Bodengruppe 4: Schwach bindiger Boden
Bodengruppe 5: Schwach bindiger, steiniger Boden
Bodengruppe 6: Bindiger Boden
Bodengruppe 7: Bindiger, steiniger Boden
Bodengruppe 8: Stark bindiger Boden
Bodengruppe 9: Stark bindiger, steiniger Boden

053 Oberboden sieben,
Einzelangaben nach DIN 18320
- Verfahren
  - – mit maschineller Siebanlage,
  - – mit ......,
- Siebdurchgang
  - – Siebdurchgang 10 mm,
  - – Siebdurchgang 15 mm,
  - – Siebdurchgang 20 mm,
  - – Siebdurchgang in mm ......,
- Bodengruppe
  - – Bodengruppe 2 DIN 18915,
  - – Bodengruppe 3 DIN 18915,
  - – Bodengruppe 4 DIN 18915,
  - – Bodengruppe 5 DIN 18915,
  - – Bodengruppen ......, geschätzter Anteil der Bodengruppen in % ......,
- Siebrückstände
  - – Siebrückstände zur Abfuhr auf Haufen setzen,
  - – Siebrückstände auf der Baustelle geordnet lagern,
  - – Siebrückstände ......,
- Berechnungseinheit m³

054 Umschichten (Kuhlen),
Einzelangaben nach DIN 18320
- Arbeitsbereich
  - – von verfestigten Böden,
  - – von Wirtschaftswegen,
  - – von Baustellenzufahrten,
  - – von ......,
- Verfahren
  - – mit Hydraulikbagger,
  - – mit ......,
- Bearbeitungstiefe
  - – Bearbeitungstiefe 50 cm,
  - – Bearbeitungstiefe 80 cm,
  - – Bearbeitungstiefe 100 cm,
  - – Bearbeitungstiefe in cm ......,
- Anzahl Bodenschichten
  - – in 2 Bodenschichten,
  - – in 3 Bodenschichten, diese wie folgt umsetzen
- Fremdkörper
  - – Fremdkörper ab 10 cm Durchmesser absammeln und seitlich lagern,
  - – Fremdkörper ......,
- Berechnungseinheit m²

STLB 003

LB 003 Landschaftsbauarbeiten
Vegetationstechnische Arbeiten

Ausgabe 06.02

055 Dränschicht,
056 Filterschicht,
Einzelangaben nach DIN 18320 zu Pos. 055, 056
- Baustoff
  - – aus Sand 0/2,
  - – aus Kiessand 0/8 – 0/32 – ....,
  - – aus Kies ......,
  - – aus Splitt ......,
  - – aus Lava ......,
  - – aus ......,
    - – – Beschaffenheit
      Hinweis: Nach DIN 18035–4, Abs. 2.2.1, ist zu beachten:
      Für die Dränschicht sind verwitterungsbeständige Baustoffe zu verwenden, die bei Schüttgütern im Kornverteilungsbereich nach Bild 2 liegen müssen. Sie dürfen keine löslichen und pflanzenschädlichen Bestandteile enthalten. Der Gehalt an Feinteilen (d-0,06 mm) darf nicht höher sein als 10 Gew.-%. Der Gehalt an abschlämmbaren Teilen (d-0,02 mm) darf höchstens 2 Gew.-% betragen. Die Bestandteile müssen gleichmäßig verteilt sein und dürfen beim Trocknen keine Klumpen bilden. Die Bodenreaktion soll nicht unter pH 5 und nicht über pH 8 liegen.
      Nach DIN 18915–1, Abs. 5 ist zu beachten:
      Für Filterschichten sind die Bodengruppen 2 und 3 (bedingt) geeignet; für Dränschichten sind die Bodengruppen 2 (bedingt) und 3 (bedingt) geeignet.
  - – aus Schaumstoff, geschlossenzellig, Körnung ......,
  - – aus Schaumstoff, offenzellig, Raumgewicht ......,
  - – aus Dränplatten,
  - – aus Filtervlies,
  - – aus Geotextil,
    - – – Erzeugnis
      - – – – Erzeugnis/Typ ...... (oder gleichwertiger Art),
      - – – – Erzeugnis/Typ ...... (vom Bieter einzutragen),
  - – aus ......,
- Einbaubereich
  - – – für Pflanzflächen – für Rasenflächen – für Pflanz- und Rasenflächen
    - – – – Einbau in Pflanztrögen – in Verkehrsinseln – in Mittelstreifen – ....,
- Schichtdicke 5 cm – 10 cm – 15 cm – 20 cm – ....
  Hinweis: Nach DIN 18915–3
  Dicke der Dränschicht mind. 10 cm, Dicke der Filterschicht mind. 5 cm.
- Abrechnungsarten
  - – – Abrechnung ......,
  - – – Abrechnung nach Aufmaß an der Auftragstelle (nach m³),
  - – – Abrechnung Aufmaß auf dem Fahrzeug (nach m³),
  - – – Abrechnung nach Lieferscheinen (nach m³),
  - – – Abrechnung nach Wiegekarten (nach t),
- Berechnungseinheit m², m³, t

057 Vegetationstragschicht aus Substrat,
Einzelangaben nach DIN 18320
- Bodenart
  - – Gemisch aus Sand, Körnung
    - – – und Kompost, gütegesichert, Beschaffenheit ......, im Volumenverhältnis,
    - – – und Rindenhumus, gütegesichert, im Volumenverhältnis,
    - – – und Kompost, gütegesichert, Beschaffenheit ......, und Lava, Körnung ......, im Volumenverhältnis,
  - – Gemisch aus Oberboden, Bodengruppe ......, Sand, Körnung ......,
    - – – und Kompost, gütegesichert, Beschaffenheit ......, im Volumenverhältnis,
    - – – und Lava, Körnung ......, im Volumenverhältnis ......,
  - – Gemisch aus ......,
- Erzeugnis
  - – – Erzeugnis/Typ ...... (oder gleichwertiger Art),
  - – – Erzeugnis/Typ ...... (vom Bieter einzutragen),
- Einbaubereich
  - – – Einbau auf Dachflächen – auf Tiefgaragendächern – in Pflanzgefäßen – in Verkehrsinseln – in Mittelstreifen – ....,
    - – – – Förderhöhe ....,
- Neigung der Flächen über 1 : 4 bis 1 : 2 – über 1 : 2 – ..
  - – – Anteil der nicht geneigten Fläche ...., Neigung der Restfläche ....,
- Förderweg über 50 bis 100 m – über 100 bis 500 m – über 500 bis 1000 m – ....
- Schichtdicke 5 cm – 10 cm – 15 cm – 20 cm – 25 cm – 30 cm – 35 cm – 40 cm – ....
  Hinweis: Nach DIN 18915–3
  Schichtdicke der Vegetationsschicht für Rasen 5 bis 15 cm, für Gehölze und Staudenflächen 25 bis 40 cm.
- Abrechnungsarten
  - – – Abrechnung ......,
  - – – Abrechnung nach Aufmaß an der Auftragsstelle (nach m³)
  - – – Abrechnung nach Aufmaß auf dem Fahrzeug (m³)
  - – – Abrechnung nach Lieferscheinen (nach m³)
  - – – Abrechnung nach Wiegekarten (nach t)
- Berechnungseinheit m², m³, t

058 Zwischenbegrünung,
059 Voranbau,
060 Mulchabdeckung,
061 Bodenfestlegung,
Einzelangaben nach DIN 18320 zu Pos. 058 bis 061
- Leistungsart, Art der Schutzbehandlung
  - – – zum Schutz von Vegetationsflächen,
  - – – zum Schutz von Bodenlagern,
  - – – zum Schutz ......,
  - – – zum Verbessern von Vegetationsflächen,
  - – – zum Verbessern von Bodenlagern,
  - – – zum Verbessern ......,
  - – – von Vegetationsflächen,
  - – – von Bodenlagern,
  - – – von ......,
    - – – – durch Ansaat,
      - – – – – Ackerbohne (Vicia faba) – Platterbse (Lathyrus sativus) – Futtererbse (Pisum sativum) – Alexandriner Klee (Trifolium alexandrinum) – Inkarnatklee (Trifolium incarnatum) – Persischer Klee (Trifolium resupinatum) – Blaue Lupine (Lupinus angustifolius) – Gelbe Lupine (Lupinus luteus) – Weiße Lupine (Lupinus albus) – Ölrettich (Raphanus sativus) – Büschelschön (Phacelia tanacetifolia) – Sommerraps (Brassica napus oleifera) – Sommerrübsen (Brassica rapa) – Gelbsenf (Sinapis alba) – Sommerwicke (Vicia sativa) – Rotklee (Trifolium pratense) – Schwedenklee (Trifolium hybridum) – Winterraps (Brassica napus oleifera) – Winterrübsen (Brassica rapa) – Winterwicke (Vicia villosa) – Pflanzenart......,
        - – – – – – Aussaatmenge 2 g/m² – 3 g/m² – 4 g/m² – 5 g/m² – 10 g/m² – 20 g/m² – 25 g/m² – 30 g/m² – in g/m² ......,
    - – – – durch Abdecken mit Mulchstoff,
      - – – – – Rasenmähgut,
      - – – – – Stroh,
      - – – – – Rinde, Beschaffenheit ......,
      - – – – – Holzhäcksel, Beschaffenheit ......,
      - – – – – Mulchkompost, Beschaffenheit ......,
      - – – – – ......,
        - – – – – – Dicke 3 cm – über 3 bis 5 cm – über 5 bis 7 cm – in cm ......,
        - – – – – – Feststellung der Dicke 3 Wochen nach Andeckung,
        - – – – – – Feststellung der Dicke ......,
    - – – – durch Bodenfestiger,
      - – – – – Art des Bodenfestigers,
        - – – – – – Menge in g/m² ......,
        - – – – – – Erzeugnis
          - – – – – – – Erzeugnis/Typ ...... (oder gleichwertiger Art),
          - – – – – – – Erzeugnis/Typ ...... (vom Bieter einzutragen),
- Neigung der Flächen über 1 : 4 bis 1 : 2 – über 1 : 2 – ..
  - – – Anteil der nicht geneigten Fläche ...., Neigung der Restfläche ....,
- Berechnungseinheit m²

LB 003 Landschaftsbauarbeiten
Vegetationstechnische Arbeiten

STLB 003

Ausgabe 06.02

062 Bodenabdeckung gegen Erosion,
Einzelangaben nach DIN 18320
- Leistungsart
  - - durch Mulchen,
    - - - mit Stroh/Heu,
    - - - mit Zellulose,
    - - - mit Mulchkompost, Beschaffenheit ......,
    - - - mit ......,
      - - - - Dicke der Mulchdecke 3 bis 5 cm,
      - - - - Dicke der Mulchdecke in cm ......,
        - - - - - Feststellung der Dicke 3 Wochen nach Abdeckung,
        - - - - - Feststellung der Dicke ......,
          - - - - - - festlegen mit Kleber, Menge in g/m² ......,
          - - - - - - festlegen mit Bitumen, Menge in g/m² ......,
          - - - - - - festlegen mit Methylzellulose, Menge in g/m² ......,
          - - - - - - festlegen mit ......,
  - - durch Abdecken mit Folie, Dicke in cm ......,
  - - durch Abdecken mit verrottbaren Matten, Dicke in cm ......,
  - - durch Abdecken mit Naturfasergewebe, Maschenweite in cm ......,
  - - durch Abdecken ......,
    - - - Bahnenbreite 100 cm,
    - - - Bahnenbreite 150 cm,
    - - - Bahnenbreite 200 cm,
    - - - Bahnenbreite 300 cm,
    - - - Bahnenbreite in cm ......,
      - - - - Überlappung mind. 20 cm, Bahnen miteinander und an den durch die Geländeform bedingten Überlappungen dauerhaft verbinden,
      - - - - Überlappung in cm ......, Bahnen miteinander und an den durch die Geländeform bedingten Überlappungen dauerhaft verbinden,
        - - - - - mit Spanndraht überspannen, gehalten an Pflöcken, befestigen mit ......,
          - - - - - - Erzeugnis
          - - - - - - Erzeugnis/Typ ...... (oder gleichwertiger Art),
          - - - - - - Erzeugnis/Typ ...... (vom Bieter einzutragen),
- Flächenneigung
  - - Neigung der Fläche über 1 : 4 bis 1 : 2,
  - - Neigung der Fläche über 1 : 2,
  - - Neigung der Fläche ......,
    - - - Anteil der nicht geneigten Fläche in % ......, Neigung der Restfläche ......,
- Berechnungseinheit m²

063 Zwischenbegrünung/Voranbau abräumen,
Einzelangaben nach DIN 18320
- Flächenart
  - - von Vegetationsflächen,
  - - von Bodenlager,
  - - von ......,
    - - - bestanden mit krautigem Aufwuchs,
    - - - bestanden mit ......,
- Leistungsart
  - - mähen,
  - - mähen und unterarbeiten,
  - - mähen, Schnittgut auf der Baustelle kompostieren,
  - - mähen, Schnittgut auf der Baustelle lagern,
  - - mähen, Schnittgut zum Mulchen der gemähten Fläche verwenden,
  - - mähen, Schnittgut ......,
- Flächenneigung
  - - Neigung der Fläche über 1 : 4 bis 1 : 2,
  - - Neigung der Fläche über 1 : 2,
  - - Neigung der Fläche ......,
    - - - Anteil der nicht geneigten Fläche in % ......, Neigung der Restfläche ......,
- Berechnungseinheit m²

064 Bodenabdeckung abräumen,
Einzelangaben nach DIN 18320
- Flächenart
  - - von Vegetationsflächen,
  - - von Bodenlager,
  - - von ......,
- Art der Abdeckung
  - - Abdeckung Folie,
  - - Abdeckung ......,
- Verfügung über abgeräumte Stoffe
  - - Stoffe auf der Baustelle lagern,
  - - Stoffe ......,
- Flächenneigung
  - - Neigung der Fläche über 1 : 4 bis 1 : 2,
  - - Neigung der Fläche über 1 : 2,
  - - Neigung der Fläche ......,
    - - - Anteil der nicht geneigten Fläche in % ......, Neigung der Restfläche ......,
- Berechnungseinheit m²

065 Kompost aufsetzen,
Einzelangaben nach DIN 18320
- Kompostgut
  - - aus auf der Baustelle gewonnener pflanzl. Bodendecke,
  - - aus auf der Baustelle gewonnener Grasnarbe,
  - - aus bei Pflegearbeiten anfallenden verrottbaren Pflanzenteilen,
  - - aus ......,
    - - - in Schichten von 30 cm Dicke,
    - - - in Schichten ......,
- die einzelnen Schichten mit Branntkalk bestreuen 50 g/m² – 75 g/m² – 100 g/m² – ......,
- Überzug
  - - Lager mit vorhandenem Oberboden überziehen,
  - - Lager mit zu lieferndem Oberboden überziehen,
  - - Lager ......,
    - - - Dicke 10 cm – ...... cm,
- Berechnungseinheit m³

066 Kompost umsetzen,
067 Kompost umsetzen und sieben,
Einzelangaben nach DIN 18320 zu Pos. 066, 067
- Siebdurchgang
  - - Siebdurchgang 20 mm,
  - - Siebdurchgang 30 mm,
  - - Siebdurchgang ......,
- Siebrückstände
  - - Siebrückstände zur Abfuhr auf Haufen setzen,
  - - Siebrückstände ......,
- Berechnungseinheit m³

LB 003 Landschaftsbauarbeiten
Vegetationstechnische Arbeiten

Ausgabe 06.02

068 Vegetationstragschicht lockern,
069 Wurzelbereichsfläche lockern,
Einzelangaben nach DIN 18320 zu Pos. 068, 069
- Art der Bearbeitung (Lockerung)
  - – kreuzweise,
  - – Bodenverbesserungs– bzw. Düngemittel einarbeiten,
  - – kreuzweise, Bodenverbesserungsmittel einarbeiten,
  - – in Handarbeit,
    - – – aufreißen,
    - – – aufreißen, Abstand der Aufreißer bis 30 cm,
    - – – aufreißen, Abstand der Aufreißer bis 50 cm,
    - – – pflügen,
    - – – fräsen,
    - – – umgraben,
    - – – eggen,
    - – – durch ......,
- Steine, Fremdkörper, Unkraut
  - – Steine ab 5 cm Durchmesser, Fremdkörper und schwer verrottbare Pflanzenteile ablesen,
  - – Steine und schwer verrottbare Pflanzenteile können auf der Fläche verbleiben,
  - – Steine ......,
    - – – zur Abfuhr auf Haufen setzen,
    - – – nach Stoffen getrennt auf der Baustelle lagern,
    - – – nach Stoffen getrennt ......,
- Bodenart
  - – Bodengruppe 2 DIN 18915,
  - – Bodengruppe 3 DIN 18915,
  - – Bodengruppe 4 DIN 18915,
  - – Bodengruppe 5 DIN 18915,
  - – Bodengruppe 6 DIN 18915,
  - – Bodengruppe 7 DIN 18915,
  - – Bodengruppe 8 DIN 18915,
  - – Bodengruppen ......, geschätzter Anteil der Bodengruppen in % ......,
- Flächenneigung
  - – Neigung der Fläche über 1 : 4 bis 1 : 2,
  - – Neigung der Fläche über 1 : 2,
  - – Neigung der Fläche ......,
    - – – Anteil der nicht geneigten Fläche in % ......, Neigung der Restfläche ......,
- Berechnungseinheit m²

070 Pflanzriefe schälen,
Hinweis: Pflanzriefen haben die Aufgabe, Oberbodenrutschungen bei Normalböschungen zu verhindern durch Verzahnung von Unterboden mit Oberbodenauftrag. Vorbereitung für Gehölzpflanzungen durch Anlage schmaler Pflanzterrassen.
- Bewuchsart, Leistungsumfang
- Anordnung, Bewuchs
  - – hangabwärts,
    - – – in Fläche mit Bewuchs aus Gräsern,
    - – – in Fläche mit Bewuchs aus Gräsern und Kräutern,
    - – – in Fläche mit Bewuchs aus ......,
- Riefenbreite
  - – Riefenbreite 25 bis 30 cm,
  - – Riefenbreite 25 bis 30 cm, Lockerungstiefe 15 cm,
  - – Riefenbreite 25 bis 30 cm, Lockerungstiefe 20 cm,
  - – Riefenbreite 25 bis 30 cm, Lockerungstiefe 25 cm,
  - – Riefenbreite ......,
  - – Riefenbreite/Lockerungstiefe ......,
- Bodengruppe
  - – Bodengruppe 2 DIN 18915,
  - – Bodengruppe 3 DIN 18915,
  - – Bodengruppe 4 DIN 18915,
  - – Bodengruppe 5 DIN 18915,
  - – Bodengruppe 6 DIN 18915,
  - – Bodengruppe 7 DIN 18915,
  - – Bodengruppe 8 DIN 18915,
  - – Bodengruppen ......, geschätzter Anteil der Bodengruppen in % ......,
- Neigung der Fläche
  - – Neigung der Fläche über 1 : 4 bis 1 : 2,
  - – Neigung der Fläche über 1 : 2,
  - – Neigung der Fläche ......,
    - – – Anteil der nicht geneigten Fläche in % ......, Neigung der Restfläche ......,
- Neigung der Riefen
  - – Neigung der Riefen zu den Höhenlinien 20 bis 30 %,
  - – Neigung der Riefen zu den Höhenlinien ......,
- Achsabstand der Riefen
  - – Achsabstand der Riefen 80 cm,
  - – Achsabstand der Riefen 100 cm,
  - – Achsabstand der Riefen in cm ......,
- Berechnungseinheit m²

071 Pflanzgrube ausheben,
072 Pflanzgraben ausheben,
Einzelangaben nach DIN 18320 zu Pos. 071, 072
- Abmessung
  - – Pflanzgrube
    - – – 100 cm x 100 cm – 150 cm x 150 cm – 200 cm x 200 cm – 250 cm x 250 cm – 300 cm x 300 cm – 400 cm x 400 cm – Maße an cm ......,
    - – – Tiefe 50 cm – 60 cm – 80 cm – 100 cm – 120 cm – in cm ......,
  - – Pflanzgraben
    - – – Breite 50 cm – 80 cm – in cm ......,
    - – – Tiefe 30 cm – 40 cm – 50 cm – 60 cm – in cm ......,
Hinweis: Nach DIN 18916 Seitenlänge/Breite/Tiefe mind. 1,5–fache Größe des Wurzelballens.
- Bodengruppe
  - – Bodengruppe 2 DIN 18915,
  - – Bodengruppe 3 DIN 18915,
  - – Bodengruppe 4 DIN 18915,
  - – Bodengruppe 5 DIN 18915,
  - – Bodengruppe 6 DIN 18915,
  - – Bodengruppe 7 DIN 18915,
  - – Bodengruppe 8 DIN 18915,
  - – Bodengruppen ......, geschätzter Anteil der Bodengruppen in % ......,
- Verwendung Aushub
  - – Aushub seitlich lagern,
  - – Aushub seitlich planieren,
  - – Aushub fördern und auf der Baustelle planieren,
  - – Aushub fördern und auf der Baustelle geordnet lagern,
  - – Aushub ......,
    - – – Förderweg über 50 bis 100 m – über 100 bis 500 m – über 500 bis 1000 m – ......,
- Neigung der Fläche
  - – Neigung der Fläche über 1 : 4 bis 1 : 2,
  - – Neigung der Fläche über 1 : 2,
  - – Neigung der Fläche ......,
    - – – Anteil der nicht geneigten Fläche in % ......, Neigung der Restfläche ......,
- Lockerung der Sohle
  - – Sohle 10 cm tief lockern,
  - – Sohle 20 cm tief lockern,
  - – Tiefenlockerung der Sohle in cm ......,
- Berechnungseinheit Stück (für Pflanzgrube), m (für Pflanzgraben)

LB 003 Landschaftsbauarbeiten
Vegetationstechnische Arbeiten

STLB 003

Ausgabe 06.02

073 Pflanzgrube verfüllen,
074 Pflanzgraben verfüllen,
  Einzelangaben nach DIN 18320 zu Pos. 073, 074
  - Bereich
    -- im unteren Teil,
    -- im oberen Teil,
  - Füllgut
    -- mit Unterboden, Bodengruppe ......,
    -- mit Sand 0/2,
    -- mit Kiessand, Körnung ......,
    -- mit Schotter-Absiebung, Körnung ......,
    -- mit Schotter-Kies-Gemisch, Körnung ......,
    -- mit Oberboden, Bodengruppe ......
    -- mit Gemisch aus Oberboden, Bodengruppe ......, Sand, Körnung ......, Kompost, gütegesichert, Beschaffenheit ......, im Volumenverhältnis ......,
    -- mit Gemisch aus Oberboden, Bodengruppe ......, Sand, Körnung ......, Rindenhumus, gütegesichert, im Volumenverhältnis ......,
    -- mit Gemisch aus Oberboden, Bodengruppe ......, Sand, Körnung ......, offenzelligem Schaumstoff ...... im Volumenverhältnis ......,
    -- mit Gemisch aus Sand, Körnung ......, und Kompost, gütegesichert, Beschaffenheit ......, im Volumenverhältnis ......,
    -- mit Gemisch aus Sand, Körnung ......, und Rindenhumus, gütegesichert, im Volumenverhältnis ......,
    -- mit Gemisch aus Sand, Körnung ......, und Kompost, gütegesichert, Beschaffenheit ......, Lava, Körnung ......, im Volumenverhältnis ......,
    -- mit Gemisch aus Oberboden, Bodengruppe Sand, Körnung ......, Lava, Körnung ......, im Volumenverhältnis ......,
    -- mit Gemisch aus ......, im Volumenverhältnis ......,
    -- mit Gemisch ......,
  - Schichtdicke 25 cm - 30 cm - 40 cm - 50 cm - 60 cm - 80 cm - 100 cm - 120 cm - in cm ......,
  - Pflanzgrube 100 cm x 100 cm - 150 cm x 150 cm - 200 cm x 200 cm - 250 cm x 250 cm - in cm ......,
  - Breite des Pflanzgrabens 50 cm - 80 cm - in cm ......,
  - Seitenlänge der Pflanzgrube 50 cm - 60 cm - 80 cm - 100 cm - ...... (bei Abrechnung nach Stück)
  - Breite des Pflanzgrabens 30 cm - 50 cm - ...... (bei Abrechnung nach m)
  - Neigung der Flächen über 1 : 4 bis 1 : 2 - über 1 : 2 - ......
    -- Anteil der nicht geneigten Fläche ......, Neigung der Restfläche ......
  - Berechnungseinheit m³, Stück, m

075 Bodenverbesserung der Vegetationstragschicht,
  Einzelangaben nach DIN 18320
  - Art der Flächen
    -- für Rasen,
    -- für Pflanzung,
    -- für Moorbeet,
    -- für Stauden,
    -- in Pflanzgefäß,
    -- in ......,
  - Neigung der Fläche
    -- Neigung der Fläche über 1 : 4 bis 1 : 2,
    -- Neigung der Fläche über 1 : 2,
    -- Neigung der Fläche ......,
      --- Anteil der nicht geneigten Fläche in % ......, Neigung der Restfläche ......,
  - Verbesserungsgut
    -- Rindenhumus, gütegesichert,
    -- Torfmischprodukt,
    -- wenig bis mittel zersetzter Hochmoortorf (Weißtorf),
    -- mittel bis stark zersetzter Hochmoortorf (Schwarztorf),
      --- Torfsackballen DIN 11540 - 17 S,
      --- loser Torf DIN 11540,
      --- Verpackungsart ......,
        ---- Erzeugnis,
        ----- Erzeugnis/Typ ...... (oder gleichwertiger Art),
        ----- Erzeugnis/Typ ...... (vom Bieter einzutragen),
          ------ Menge 5 l/m² - 10 l/m² - 20 l/m² - in l/m² - ......,
    -- Kompost, gütegesichert, Beschaffenheit ......,
    -- Fertigerde,
    -- Strohkompost,
    -- Bodenverbesserungsstoff ......
      --- Erzeugnis,
        ---- Erzeugnis/Typ ...... (oder gleichwertiger Art),
        ---- Erzeugnis/Typ ...... (vom Bieter einzutragen),
          ----- Menge 5 l/m² - 10 l/m² - 20 l/m² - in l/m² - ......,
    -- Sand 0/2,
    -- Kiessand 0/4 - 0/8 - ......,
    -- Bims,
    -- Lava,
    -- Perlite,
    -- Blähton,
    -- Ton als Trockenpulver,
    -- Ton als Granulat,
    -- erdfeuchter Ton,
    -- Lehm,
    -- Recyclingstoff ......,
    -- Steinmehl ......,
    -- Bodenhilfsstoff ......,
      --- Körnung ......,
      --- Erzeugnis,
        ----- Erzeugnis/Typ ...... (oder gleichwertiger Art),
        ----- Erzeugnis/Typ ...... (vom Bieter einzutragen),
          ------ Menge 5 kg/m² - 10 kg/m² - 20 kg/m² - in kg/m² - ......,
          5 l/m² - 10 l/m² - 20 l/m² - in l/m² - ......,
    -- Strukturverbesserer,
    -- Bodenkrümler,
      --- Erzeugnis,
        ---- Erzeugnis/Typ ...... (oder gleichwertiger Art),
        ---- Erzeugnis/Typ ...... (vom Bieter einzutragen),
          ----- Menge in l/m² ......,
          ----- Menge in ......,
  - Art der Leistung
    -- Stoff aufbringen,
    -- Stoff aufbringen, Einarbeiten wird gesondert vergütet,
    -- Stoff aufbringen und ......,
    -- Stoff mit Erde vermischen,
    -- Stoff ......,
  - Berechnungseinheit m², m³, kg, t Stück (Größe des Pflanzgefäßes ......)

STLB 003

LB 003 Landschaftsbauarbeiten
Vegetationstechnische Arbeiten

Ausgabe 06.02

076 Düngung,
077 Vorratsdüngung,
   Hinweis: Düngung für Pflegeleistungen siehe Pos. 659.
   Einzelangaben nach DIN 18320 zu Pos. 076, 077
   - Art der Flächen
     -- der Vegetationsfläche,
     -- der Rasenfläche,
     -- der Pflanzfläche,
     -- der Moorbeetfläche,
     -- der Staudenfläche,
     -- in Pflanzgefäß,
     -- für ......,
       --- Neigung der Fläche über 1 : 4 bis 1 : 2,
       --- Neigung der Fläche über 1 : 2,
       --- Neigung der Fläche ......,
         ---- Anteil der nicht geneigten Fläche
              in % ......,
              Neigung der Restfläche ......,
   - Art der Düngung, Nährstoffgehalt
     -- mineralischer Dünger,
     -- mineralischer NPK–Dünger,
     -- organischer Dünger,
     -- organisch–mineralischer Dünger,
     -- Art des Düngers ......,
       --- Nährstoffgehalt 20 : 5 : 10,
       --- Nährstoffgehalt 16 : 8 : 16 +
           Spurenelemente,
       --- Nährstoffgehalt 15 : 15 : 15,
       --- Nährstoffgehalt 15 : 9 : 15 : 2,
       --- Nährstoffgehalt 14 : 10 : 14 +
           Spurenelemente,
       --- Nährstoffgehalt 12 : 12 : 17 +
           Spurenelemente,
       --- Nährstoffgehalt 16 : 0 : 24,
       --- Nährstoffgehalt 20 : 0 : 16,
       --- Nährstoffgehalt ......,
         ---- Erzeugnis
           ----- Erzeugnis/Typ ......
                 (oder gleichwertiger Art),
           ----- Erzeugnis/Typ ......
                 (vom Bieter einzutragen),
   - Art der Leistung
     -- Dünger aufbringen, Menge in g/m² ......,
     -- Dünger aufbringen und einarbeiten,
        Menge in g/m² ......,
     -- Dünger ......,
   - Zeitpunkt der Ausführung ......,
   - Berechnungseinheit kg

078 Kalken,
   Einzelangaben nach DIN 18320
   - Art der Flächen
     -- der Vegetationsfläche,
     -- der Gehölzfläche,
     -- der Rasenfläche,
     -- ......,
   - Art der Kalkung
     -- als Erhaltungskalkung,
     -- als Gesundungskalkung,
   - Kalkart, Menge
     -- mit kohlensaurem Kalk,
     -- mit Dolomitkalk,
     -- mit ......,
       --- Menge 200 g/m²,
       --- Menge in g/m² ......,
       --- Menge t/ha ......,
       --- Menge ......,
   - Flächenneigung
     -- Neigung der Fläche über 1 : 4 bis 1 : 2,
     -- Neigung der Fläche über 1 : 2,
     -- Neigung der Fläche ......,
     -- Anteil der nicht geneigten Fläche in % ......,
        Neigung der Restfläche ......,
   - Zeitpunkt der Ausführung
     -- Zeitpunkt der Ausführung im Frühjahr,
     -- Zeitpunkt der Ausführung ......,
   - Berechnungseinheit kg/t

079 Bodenverbesserungsstoff einarbeiten,
080 Dünger einarbeiten,
081 Bodenverbesserungsstoff und Dünger einarbeiten,
   Einzelangaben nach DIN 18320 zu Pos. 079 bis 081
   - Arbeitsverfahren
     -- durch Fräsen,
     -- durch Grubbern,
     -- durch Eggen,
     -- durch Kreilen,
     - Arbeitstiefe 3 cm – 5 cm – 10 cm – 15 cm – 20 cm
       in cm ......
   - Bodengruppen
     -- Bodengruppe 2 DIN 18915,
     -- Bodengruppe 3 DIN 18915,
     -- Bodengruppe 4 DIN 18915,
     -- Bodengruppe 5 DIN 18915,
     -- Bodengruppe 6 DIN 18915,
     -- Bodengruppe 7 DIN 18915,
     -- Bodengruppe 8 DIN 18915,
     -- Bodengruppen ......, geschätzter Anteil der Boden-
        gruppen in % ......,
   - Steine im Boden
     -- Steine ab 5 cm Durchmesser ablesen,
     -- besondere Maßnahmen ......,
       --- anfallende Stoffe zur Abfuhr auf Haufen
           setzen,
       --- anfallende Stoffe getrennt auf der Baustelle
           lagern,
       --- anfallende Stoffe ......,
   - Flächenneigung
     -- Neigung der Fläche über 1 : 4 bis 1 : 2,
     -- Neigung der Fläche über 1 : 2,
     -- Neigung der Fläche ......,
     -- Anteil der nicht geneigten Fläche in % ......,
        Neigung der Restfläche ......,
   - Berechnungseinheit m²

085 Planum für Rasenfläche herstellen,
086 Planum für Pflanzflächen herstellen,
   Einzelangaben nach DIN 18320 zu Pos. 085, 086
   - Maßgenauigkeit
     -- zulässige Abweichung von der Ebenheit 2 cm,
     -- zulässige Abweichung von der Ebenheit 3 cm,
     -- zulässige Abweichung von der Ebenheit 4 cm,
     -- zulässige Abweichung von der Ebenheit 5 cm,
     -- zulässige Abweichung von der Ebenheit in cm ......,
   - Anschlüsse an Kanten, Wege– und Platzbeläge,
     -- oberflächengleich,
     -- 2 cm tiefer,
     -- 3 cm tiefer,
     -- 4 cm tiefer,
     -- 5 cm tiefer,
     -- Anschlusshöhe in cm ......,
   - Steine, Fremdkörper, Unkraut
     -- Steine von mehr als 5 cm Durchmesser und
        schwer verrottbare Pflanzenteile ablesen,
     -- Steine und schwer verrottbare Pflanzenteile
        können auf der Fläche verbleiben,
     -- Steine ......,
       --- anfallende Stoffe zur Abfuhr auf Haufen
           setzen,
       --- anfallende Stoffe nach Stoffen getrennt auf
           der Baustelle lagern,
       --- anfallende Stoffe ......,
   - Flächenneigung
     -- Neigung der Fläche über 1 : 4 bis 1 : 2,
     -- Neigung der Fläche über 1 : 2,
     -- Neigung der Fläche ......,
     -- Anteil der nicht geneigten Fläche in % ......,
        Neigung der Restfläche ......,
   - Bodengruppen
     -- Bodengruppe 2 DIN 18915,
     -- Bodengruppe 3 DIN 18915,
     -- Bodengruppe 4 DIN 18915,
     -- Bodengruppe 5 DIN 18915,
     -- Bodengruppe 6 DIN 18915,
     -- Bodengruppe 7 DIN 18915,
     -- Bodengruppe 8 DIN 18915,
     -- Bodengruppen ......, geschätzter Anteil der Boden-
        gruppen in % ......,
   - Berechnungseinheit m²

LB 003 Landschaftsbauarbeiten
Vegetationstechnische Arbeiten

STLB 003

Ausgabe 06.02

Pflanz–, Rasenarbeiten

Hinweis: Lieferung von Gehölzen und Stauden siehe LB 004 Landschaftsbauarbeiten, Pflanzen. Pos. 090 bis 145 nur anwenden bei Verwendung von gesonderten Listen und Einzelbeschreibungen für die Pflanzenlieferung bzw. für die Beschreibung von Pflanzen, die im LB 004 nicht erfasst sind.

090 **Allgemeine Regelung für die Pflanzenlieferung, Einzelangaben nach DIN 18320**
- Gehölze müssen entsprechen
  - – den Gütebestimmungen für Baumschulpflanzen der FLL,
  - – den ......,
- Stauden müssen entsprechen
  - – den Gütebestimmungen für Stauden der FLL,
  - – den ......,
- Blumenzwiebeln, –bulben und –knollen müssen
  - – der EG–Verordnung über Qualitätsnormen für Blumenzwiebeln, –bulben und –knollen entsprechen,
  - – entsprechen ......,

Hinweis: Diese allgemeine Regelung ist den einzelnen Positionen für die Pflanzenlieferung (Pos. 091 bis 113) voranzustellen.

091 **Pflanzen liefern,**
092 **Pflanzen liefern und pflanzen,**
093 **Pflanzen liefern und einschlagen,**
Einzelangaben nach DIN 18320 zu Pos. 091 bis 093
- Art der Pflanzen
  - – gemäß Pflanzenliste ......,
  - – gemäß Pflanzenliste Nr. ......,
  - – gemäß Pflanzenliste im Anhang zum Leistungsverzeichnis,
  - – gemäß Pflanzenliste siehe Anlage Nr. ......,
  - – gemäß ......,
- Berechnungseinheit pauschal

Hinweis: Detaillierte Beschreibung von Gehölzen und Stauden siehe LB 004 Landschaftsbauarbeiten; Pflanzen

094 **Hochstamm,**
095 **Stammbusch,**
Einzelangaben nach DIN 18320 zu Pos. 094, 095
- Stammumfang bis 12 cm – über 12 bis 16 cm – über 16 bis 20 cm – über 20 bis 30 cm – ......
- Höhe über 300 bis 500 cm – über 500 bis 700 cm – in cm – ......
- Breite in cm ......
Fortsetzung Einzelangaben nach Pos. 113

096 **Solitärgehölz,**
Einzelangaben nach DIN 18320
- Höhe bis 100 cm – über 100 bis 200 cm – über 200 bis 300 cm – über 300 bis 400 cm – in cm ......,
- Breite bis 100 cm – über 100 bis 200 cm – über 200 bis 250 cm – in cm ......,
Fortsetzung Einzelangaben nach Pos. 113

097 **Heister,**
Einzelangaben nach DIN 18320
- Höhe bis 200 cm – über 200 cm – Höhe in cm ......
Fortsetzung Einzelangaben nach Pos. 113

098 **Leichte Heister,**
Einzelangaben nach DIN 18320
- Höhe bis 125 cm – in cm ......
Fortsetzung Einzelangaben nach Pos. 113

099 **Verpflanzter Strauch,**
Einzelangaben nach DIN 18320
- Triebzahl
  - – bis 3 Triebe,
  - – bis 6 Triebe,
  - – über 6 Triebe,
  - – Triebzahl ......,
- Höhe bis 60 cm – über 60 bis 100 cm – über 100 bis 200 cm – in cm ......,
Fortsetzung Einzelangaben nach Pos. 113

100 **Leichter Strauch,**
Einzelangaben nach DIN 18320
- Höhe bis 70 cm – über 70 bis 90 cm – in cm ......,
Fortsetzung Einzelangaben nach Pos. 113

101 **Verpflanzte Heckenpflanze,**
Einzelangaben nach DIN 18320
- Triebzahl
  - – bis 3 Triebe,
  - – bis 6 Triebe,
  - – über 6 Triebe,
  - – Triebzahl ......,
- Höhe bis 60 cm – über 60 bis 100 cm – über 100 bis 200 cm – in cm ......,
Fortsetzung Einzelangaben nach Pos. 113

102 **Leichte Heckenpflanze,**
Einzelangaben nach DIN 18320
- Höhe bis 70 cm – über 70 bis 90 cm – in cm ......,
Fortsetzung Einzelangaben nach Pos. 113

103 **Bodendecker und Kleingehölz,**
Einzelangaben nach DIN 18320
- Triebzahl
  - – bis 7 Triebe,
  - – über 7 Triebe,
  - – Triebzahl ......,
- Höhe/Breite bis 30 cm – über 30 bis 40 cm – über 40 bis 60 cm – in cm ......
Fortsetzung Einzelangaben nach Pos. 113

104 **Schling- und Kletterpflanze,**
Einzelangaben nach DIN 18320
- Höhe bis 100 cm – über 100 bis 200 cm – über 200 cm – in cm ......
Fortsetzung Einzelangaben nach Pos. 113

105 **Rose,**
Einzelangaben nach DIN 18320
- Art
  - – Beet–, Teehybrid–, Bodendecker–, Zwergrose,
  - – Kletter–, Strauchrose,
  - – ......,
    - – – Sortierung ......,
  - – Stammform,
    - – – Stammhöhe in cm ......,
Fortsetzung Einzelangaben nach Pos. 113

106 **Jung- und Forstpflanze,**
Einzelangaben nach DIN 18320
- Höhe bis 40 cm – über 40 bis 80 cm – über 80 bis 120 cm – über 120 bis 180 cm – in cm ......
Fortsetzung Einzelangaben nach Pos. 113

107 **Rhododendron und Azalee,**
Einzelangaben nach DIN 18320
- Höhe/Breite bis 30 cm – über 30 bis 50 cm – über 50 bis 80 cm – über 80 bis 120 cm – über 120 bis 200 cm, über 200 cm – in cm ......
Fortsetzung Einzelangaben nach Pos. 113

108 **Nadelgehölz,**
Einzelangaben nach DIN 18320
- Höhe bis 30 cm – über 30 bis 50 cm – über 50 bis 80 cm – über 80 bis 100 cm – über 100 bis 200 cm – über 200 bis 300 cm – über 300 bis 400 cm – in cm ......
- Breite bis 80 cm – über 80 bis 125 cm – über 125 bis 200 cm – über 200 bis 300 cm – in cm ......
Fortsetzung Einzelangaben nach Pos. 113

LB 003 Landschaftsbauarbeiten
Vegetationstechnische Arbeiten

109 Obstgehölz,
Einzelangaben nach DIN 18320
- Art
  - - Hochstamm,
  - - Halbstamm,
  - - Niederstamm,
  - - Busch/Spindelbusch,
  - - Formgehölz,
  - - Hoch- und Halbstämme,
  - - Büsche und Formgehölze,
    - - - Stammumfang bis 10 cm –
      über 10 bis 14 cm – über 14 bis 20 cm –
      in cm ......,
  - - Strauch,
    - - - Höhe 60 bis 100 cm, –
      über 100 bis 150 cm – 60 bis 150 cm –
      in cm ......,
  - - Beerenobst,
    - - - Sträucher,
    - - - Stämme,
    - - - Jungware,
Fortsetzung Einzelangaben nach Pos. 113

110 Staude, Ziergras,
111 Wasser- und Sumpfpflanze,
112 Blumenzwiebel und Knolle,
113 Ein- und Zweijahresblume
Einzelangaben nach DIN 18320 zu Pos. 110 bis 113
- Größe in cm ......,
Fortsetzung Einzelangaben zu Pos. 094 bis 113
- Beschaffenheit
  - - ohne Ballen,
  - - mit Topfballen,
  - - mit Ballen,
  - - mit Ballen oder Topfballen,
  - - mit Container,
  - - mit Container, Inhalt in Liter ......,
  - - mit ......,
    - - - Lieferung wird gesondert vergütet,
    - - - vom AG beigestellt,
- Leistungsumfang
  - - pflanzen
  - - dem Einschlag entnehmen und pflanzen,
  - - einschlagen, dem Einschlag entnehmen und pflanzen,
    - - - in vorbereitete Pflanzfläche,
    - - - in vorbereitete Pflanzriefe,
    - - - in vorbereitete und wieder zu verfüllende Pflanzgrube,
    - - - in vorbereiteten und wieder zu verfüllenden Pflanzgraben,
    - - - in herzustellende Pflanzgrube,
    - - - in herzustellenden Pflanzgraben,
    - - - in ......,
  - - in ausgehobene Pflanzgrube pflanzen,
  - - in ausgehobenen Pflanzgraben pflanzen,
    - - - mit seitlich gelagerten Boden verfüllen, überschüssigen Boden innerhalb der Baustelle einbauen,
    - - - mit seitlich gelagerten Boden verfüllen, Abfuhr von überschüssigem Boden wird gesondert vergütet,
    - - - mit zu lieferndem Oberboden verfüllen,
    - - - mit zu lieferndem Oberboden verfüllen, Beschaffenheit ......,
    - - - mit Gemisch verfüllen aus ......,
    - - - mit Gemisch verfüllen aus vom AG beigestellten Stoffen ......,
    - - - verfüllen mit ......,
  - - einschlagen,
  - - einschlagen und gegen Wildverbiss schützen mit ......,
    - - - in vorbereitete Fläche,
    - - - in vorzubereitende Fläche,
    - - - in ......,
- Bodengruppen
  - - Bodengruppe 1 DIN 18915,
  - - Bodengruppe 2 DIN 18915,
  - - Bodengruppe 3 DIN 18915,
  - - Bodengruppe 4 DIN 18915,
  - - Bodengruppe 5 DIN 18915,
  - - Bodengruppe 6 DIN 18915,
  - - Bodengruppe 7 DIN 18915,
  - - Bodengruppe 8 DIN 18915,
  - - Bodengruppen ......, geschätzter Anteil der Bodengruppen in % ......,
- Berechnungseinheit Stück, pauschal

114 Pflanzenverankerung,
Einzelangaben nach DIN 18320
- Bauart
  - - mit Baumpfahl,
  - - mit Baumpfahl, senkrecht,
  - - mit Baumpfahl, schräg,
  - - mit zwei Baumpfählen, senkrecht,
  - - mit Pfahl-Dreibock mit Rahmen aus Halbrundhölzern,
  - - mit Pfahl-Vierbock mit Rahmen aus Halbrundhölzern,
  - - mit zwei Stangenscheren,
  - - mit Drahtseilen an drei Pflöcken,
  - - mit ......,
    - - - Pfahl weißgeschält,
    - - - Pfahl waldgeschält,
    - - - Pfahl ......,
    - - - Spanndraht aus Stahldraht DIN 177, Dicke 3,1 mm,
    - - - Spanndraht ......, einschl. Spannvorrichtung,
    - - - Drahtseil 3 DIN 3055, korrosionsgeschützt,
    - - - Drahtseil ......, einschl. Spannvorrichtung,
    - - - Ausführung ......,
  - - Pfahllänge 150 cm – 200 cm – 250 cm – 300 cm – 350 cm – 400 cm – in cm ......,
  - - Pflocklänge 50 cm – 70 cm – 100 cm – in cm ......,
    Anzahl der Pflöcke ......,
    Art und Anzahl der Erdanker ......,
    - - - Zopfdicke 3/4 cm – 4/5 cm – 5/6 cm – 6/8 cm – 8/10 cm – 10/12 cm – in cm ......,
- Bindegut
  - - Bindegut aus Kokosstrick,
  - - Bindegut aus Kokosstrick, dick (25 g/m),
  - - Bindegut aus Kokosstrick, mitteldick (12 g/m),
  - - Bindegut ......,
- Rindenschutz
  - - Rindenschutz mit Gummimanschette,
  - - Rindenschutz ......,
- Berechnungseinheit Stück

115 Unterflur-Bauverankerung,
Einzelangaben nach DIN 18320
- Art der Verankerung
  - - als Dreipunktverankerung,
  - - als Vierpunktverankerung,
  - - als ......,
    - - - gemäß ZTV-Großbaumverpflanzung der FLL,
      - - - - Erzeugnis
        - - - - - Erzeugnis/Typ ......
          (oder gleichwertiger Art),
        - - - - - Erzeugnis/Typ ......
          (vom Bieter einzutragen),
- Ausführung gemäß Zeichnung Nr. ......,
  Einzelbeschreibung Nr. ......
- Berechnungseinheit Stück

LB 003 Landschaftsbauarbeiten
Vegetationstechnische Arbeiten

STLB 003

Ausgabe 06.02

116 Großgehölz zur Vorbereitung der Verpflanzung, Einzelangaben nach DIN 18320
- Arbeitsweise
  - – freigraben in einem Arbeitsgang,
  - – freigraben in einem Arbeitsgang, Zeitpunkt der Ausführung ......,
  - – freigraben abschnittsweise, gemäß ZTV–Großbaumverpflanzung der FLL,
  - – freigraben abschnittsweise, gemäß ZTV–Großbaumverpflanzung der FLL, Zeitpunkt der Ausführung für Abschnitt 1 ......, Zeitpunkt der Ausführung für Abschnitt 2 ......,
  - – freigraben in Handarbeit,
  - – freigraben ......,
- Ballendurchmesser
  - – Durchmesser des Ballens 2 bis 2,5 m, Tiefe in cm ......,
  - – Durchmesser des Ballens 2,5 bis 3 m, Tiefe in cm ......,
  - – Durchmesser des Ballens 3 bis 3,5 m, Tiefe in cm ......,
  - – Durchmesser des Ballens in m ......, Tiefe in cm ......,
- Bodengruppe
  - – Bodengruppe 2 DIN 18915,
  - – Bodengruppe 3 DIN 18915,
  - – Bodengruppe 4 DIN 18915,
  - – Bodengruppe 5 DIN 18915,
  - – Bodengruppe 6 DIN 18915,
  - – Bodengruppe 7 DIN 18915,
  - – Bodengruppe 8 DIN 18915,
  - – Bodengruppen ......, geschätzter Anteil der Bodengruppen in % ......,
- Verfüllen
  - – verfüllen des Grabens mit Gemisch aus Sand, Körnung ...... und Rindenhumus, gütegesichert, im Volumenverhältnis ......,
  - – verfüllen des Grabens mit Gemisch aus Sand, Körnung ...... und Kompost, gütegesichert, Beschaffenheit ......, im Volumenverhältnis ......,
  - – verfüllen des Grabens mit Gemisch aus Sand, Körnung ...... und Kompost, gütegesichert, Beschaffenheit ......, sowie Lava, Körnung ......, im Volumenverhältnis ......,
  - – verfüllen des Grabens mit ......,
- Verkleidung Grabenaußenseite
  - – Grabenaußenseite verkleiden mit Folie,
  - – Grabenaußenseite ......,
- Gehölzart/Größe
  - – Baumart/Größe ......,
  - – Strauchart/Größe ......,
- Auslichten Krone
  - – Krone auslichten ca. 10 %,
  - – Krone auslichten ca. 15 %,
  - – Krone ......,
- Besondere Erschwernisse ......
- Berechnungseinheit Stück

117 Großgehölz ausheben, transportieren und pflanzen, Einzelangaben nach DIN 18320
- Baumart ......
  - – Kronendurchmesser bis 4 m – über 4 bis 6 m – über 6 bis 8 m – über 8 bis 10 m – in m ......,
  - – – Höhe bis 5 m – über 5 bis 7 m – über 7 bis 10 m – über 10 bis 12 m – über 12 bis 15 m – in m ......,
- Strauchart ......
  - – Breite bis 3 m – über 3 bis 4 m – in m ......,
  - – – Höhe bis 3 m – über 3 bis 4 m – über 4 bis 5 m – in m ......,
- Verpflanzart
  - – mit Rundspatenverpflanzmaschine,
  - – mit Keilspatenverpflanzmaschine,
  - – mit Verpflanzmaschine,
  - – mit Rundspatenverpflanzgerät,
  - – mit Keilspatenverpflanzgerät,
  - – mit Verpflanzgerät,
  - – mit ......,
    (Sofern nicht vorgeschrieben, vom Bieter einzutragen),
- Ballendurchmesser bis 2 m – über 2 bis 2,5 m – über 2,5 bis 3 m – in m ......
- Bodengruppe
  - – Bodengruppe 2 DIN 18915,
  - – Bodengruppe 3 DIN 18915,
  - – Bodengruppe 4 DIN 18915,
  - – Bodengruppe 5 DIN 18915,
  - – Bodengruppe 6 DIN 18915,
  - – Bodengruppe 7 DIN 18915,
  - – Bodengruppe 8 DIN 18915,
  - – Bodengruppen ......, geschätzter Anteil der Bodengruppen in % ......,
- Transportweg bis 1 km – über 1 bis 2,5 km – über 2,5 bis 5 km – in km ......
- Transportgenehmigung
  - – Die erforderliche Ausnahmegenehmigung von den Vorschriften über Fahrzeug– und Ladungsausmaße nach StZVO/StVO besorgt der AN,
  - – Die –Verkehrsrechtliche Anordnung– für den Transportweg besorgt der AG. Die erforderliche Ausnahmegenehmigung von den Vorschriften über Fahrzeug– und Ladungsausmaße nach StZVO/StVO besorgt der AN,
  - – Die erforderliche Ausnahmegenehmigung von den Vorschriften über Fahrzeug– und Ladungsausmaße nach StZVO/StVO besorgt der AN, Sonstige Auflagen ......,
- Berechnungseinheit Stück

118 Großgehölzverpflanzung, Einzelangaben nach DIN 18320
- Baumart ......
- Strauchart ......
  - – Gesamthöhe 2 bis 3 m – über 3 bis 4 m – über 4 bis 5 m – über 5 bis 7 m – über 7 bis 9 m – über 9 bis 12 m – über 12 bis 15 m – in m ......,
  - – – größter Kronen–, Pflanzendurchmesser 2 bis 3 m – über 3 bis 3,5 m – über 3,5 bis 4 m – über 4 bis 4,5 m – über 4,5 bis 5 m – in m ......,
  - – – – einstämmig, Stammumfang 20 bis 30 cm – über 30 bis 40 cm – über 40 bis 50 cm – über 50 bis 60 cm – über 60 bis 70 cm – in cm ......,
  - – – – mehrstämmig, Gesamtstammumfang in cm ......,
  - – – – – Kronenansatzhöhe bis 2 m – über 2 bis 3 m – über 3 bis 5 m – über 5 bis 7 m – in m ......,
- Bodengruppe
  - – Entnahmestelle Bodengruppe 2 DIN 18915,
  - – Entnahmestelle Bodengruppe 3 DIN 18915,
  - – Entnahmestelle Bodengruppe 4 DIN 18915,
  - – Entnahmestelle Bodengruppe 5 DIN 18915,
  - – Entnahmestelle Bodengruppe 6 DIN 18915,
  - – Entnahmestelle Bodengruppe 7 DIN 18915,
  - – Entnahmestelle Bodengruppe 8 DIN 18915,
  - – Entnahmestelle Bodengruppen ......, geschätzter Anteil der Bodengruppen in % ......,
- Besondere Bedingungen für die Verpflanzung
  - – besondere Umgebungsbedingungen an der Entnahmestelle ......,
  - – besondere Umgebungsbedingungen an der Pflanzstelle ......,
  - – Besonderheiten ......,
- Ausführung wie folgt:
- Berechnungseinheit Stück

LB 003 Landschaftsbauarbeiten
Vegetationstechnische Arbeiten

Ausgabe 06.02

119 Großgehölz für Verpflanzung freigraben,
Einzelangaben nach DIN 18320
- Arbeitstiefe
  - – Tiefe in cm ......,
  - – Ballen unterschneiden, Tiefe in cm ......,
- in Handarbeit,
- Bodengruppe
  - – Bodengruppe 2 DIN 18915,
  - – Bodengruppe 3 DIN 18915,
  - – Bodengruppe 4 DIN 18915,
  - – Bodengruppe 5 DIN 18915,
  - – Bodengruppe 6 DIN 18915,
  - – Bodengruppe 7 DIN 18915,
  - – Bodengruppe 8 DIN 18915,
  - – Bodengruppen ......, geschätzter Anteil der Bodengruppen in % ......,
- Baumbeschreibung ......
- Strauchbeschreibung ......
- Grabenbreite 20 bis 30 cm – über 30 bis 50 cm – über 50 bis 70 cm – in cm ......
- Durchmesser des Ballens bis 2 m – über 2 bis 2,5 m – über 2,5 bis 3 m – in cm ......
- Durchmesser des Erdkerns in cm ......
- Zeitpunkt ......
- Besondere Erschwernisse ......
- Berechnungseinheit Stück

120 Ballen von Großgehölz sichern,
Einzelangaben nach DIN 18320
- Art der Sicherung
  - – durch Pflanzrahmen,
  - – durch Drahtballen,
  - – durch Kettenballen,
  - – durch Kistenballen,
  - – durch Umspannen mit Stahlbändern,
  - – durch senkrecht gestellte Schwartenbretter und Umspannen mit Stahldrähten,
  - – durch ......,
- Baumbeschreibung ......
- Strauchbeschreibung ......
- Durchmesser des Ballens bis 2 m – über 2 bis 2,5 m – über 2,5 bis 3 m – in cm ......
- Einbau
  - – Einbau in vorhandenem Graben,
    - – – Grabenbreite bis 30 cm – über 30 bis 50 cm – über 50 bis 70 cm – in cm ......,
  - – Einbau in ......,
- Ballenhöhe bis 50 cm – über 50 bis 60 cm – über 60 bis 70 cm – über 70 bis 80 cm – über 80 bis 90 cm – über 90 bis 100 cm – in cm ......
- Berechnungseinheit Stück

121 Großgehölz zurückschneiden für das Verpflanzen,
Einzelangaben nach DIN 18320
- Auslichtungsschnitt
  - – durch Auslichtungsschnitt,
  - – durch Auslichtungsschnitt um ca. 5 % – 10 % – 15 %,
  - – durch ......,
- Schnittwunden
  - – Wunden über 5 cm Durchmesser verschließen,
  - – Wunden ......,
    - – – Wundverschlussmittel
      - – – – Erzeugnis,
      - – – – Erzeugnis/Typ ...... (oder gleichwertiger Art),
      - – – – Erzeugnis/Typ ...... (vom Bieter einzutragen),
- Baumbeschreibung
  - – Kronendurchmesser 2 bis 4 m – über 4 bis 6 m – über 6 bis 8 m – über 8 bis 10 m – in m ......,
    - – – Stammumfang 20 bis 30 cm – über 30 bis 40 cm – über 40 bis 50 cm – über 50 bis 60 cm – über 60 bis 70 cm – in cm ......,
    - – – Kronenansatzhöhe bis 5 m – über 5 bis 7 m – über 7 bis 10 m – über 10 bis 12 m – über 12 bis 15 m – in m ......,
- Strauchbeschreibung ......
  - – Breite 2 bis 3 m – über 3 bis 4 m – in m ......,
  - – Höhe 2 bis 3 m – über 3 bis 4 m – über 4 bis 5 m – in m ......,
- Berechnungseinheit Stück

Hinweis: Weitere Schnittmaßnahmen siehe Pos. 709.

122 Pflanzgrube ausheben,
Einzelangaben nach DIN 18320
- Arbeitsverfahren
  - – mit Rundspatenverpflanzmaschine,
  - – mit Keilspatenverpflanzmaschine,
  - – mit Verpflanzmaschine,
  - – mit Rundspatenverpflanzgerät,
  - – mit Keilspatenverpflanzgerät,
  - – mit Verpflanzgerät,
  - – mit ......, (Sofern nicht vorgeschrieben, vom Bieter einzutragen),
- Abmessungen Pflanzgrube
  - – Durchmesser der Grube entspr. Maschinen-/Gerätetyp,
  - – Durchmesser der Grube bis 2 m,
  - – Durchmesser der Grube über 2 bis 2,5 m,
  - – Durchmesser der Grube über 2,5 bis 3 m,
  - – Durchmesser der Grube in cm ......,
    - – – Tiefe der Grube in cm ......,
- Bodengruppe
  - – Bodengruppe 2 DIN 18915,
  - – Bodengruppe 3 DIN 18915,
  - – Bodengruppe 4 DIN 18915,
  - – Bodengruppe 5 DIN 18915,
  - – Bodengruppe 6 DIN 18915,
  - – Bodengruppe 7 DIN 18915,
  - – Bodengruppe 8 DIN 18915,
  - – Bodengruppen ......, geschätzter Anteil der Bodengruppen in % ......,
- Aushub
  - – Aushub seitlich lagern,
  - – Aushub einplanieren,
  - – Aushub zur Abfuhr geordnet lagern,
  - – Aushub laden, zur Entnahmestelle der Gehölze befördern und dort einbauen,
  - – Aushub ......,
    - – – Transportentfernung bis 100 m,
    - – – Transportentfernung über 100 bis 500 m,
    - – – Transportentfernung über 500 bis 1000 m,
    - – – Transportentfernung über 1 bis 2,5 km,
    - – – Transportentfernung in km ......,
- Berechnungseinheit Stück

LB 003 Landschaftsbauarbeiten
Vegetationstechnische Arbeiten

STLB 003

Ausgabe 06.02

123 Großgehölz ausheben,
   Einzelangaben nach DIN 18320
   - Arbeitsverfahren
     -- mit Rundspatenverpflanzmaschine,
     -- mit Keilspatenverpflanzmaschine,
     -- mit Verpflanzmaschine,
     -- mit Rundspatenverpflanzgerät,
     -- mit Keilspatenverpflanzgerät,
     -- mit Verpflanzgerät,
     -- mit ......,
        (Sofern nicht vorgeschrieben, vom Bieter einzutragen),
   - Ballen/Erdkern, Abmessungen,
     -- mit Ballen, Durchmesser bis 2 m,
     -- mit Ballen, Durchmesser über 2 bis 2,5 m,
     -- mit Ballen, Durchmesser über 2,5 bis 3 m,
     -- mit Ballen, Durchmesser in m ......,
     -- mit Erdkern, Wurzelbereichdurchmesser 12-facher Stammdurchmesser,
     -- mit Erdkern, Wurzelbereichdurchmesser in cm ......, einschl. Umstechen von Hand, Tiefe in cm ......, Wurzeln schneiden und behandeln,
     -- ohne Ballen Wurzelbereichdurchmesser in cm ......,
     -- ohne Ballen Wurzelbereichdurchmesser in cm ......, Wurzeln schneiden und behandeln,
   - Bodengruppe
     -- Bodengruppe 2 DIN 18915,
     -- Bodengruppe 3 DIN 18915,
     -- Bodengruppe 4 DIN 18915,
     -- Bodengruppe 5 DIN 18915,
     -- Bodengruppe 6 DIN 18915,
     -- Bodengruppe 7 DIN 18915,
     -- Bodengruppe 8 DIN 18915,
     -- Bodengruppen ......, geschätzter Anteil der Bodengruppen in % ......,
   - Baumbeschreibung
     -- Kronendurchmesser bis 4 m – über 4 bis 6 m – über 6 bis 8 m – über 8 bis 10 m – in m ......,
        --- Höhe bis 5 m – über 5 bis 7 m – über 7 bis 10 m – über 10 bis 12 m – über 12 bis 15 m – in m ......,
   - Strauchbeschreibung ......
     -- Breite bis 3 m – über 3 bis 4 m – in m ......,
        --- Höhe bis 3 m – über 3 bis 4 m – über 4 bis 5 m – in m ......,
   - Berechnungseinheit Stück

124 Großgehölz transportieren,
   Einzelangaben nach DIN 18320
   - Transportmittel
     -- mit Verpflanzmaschine,
     -- mit Verpflanzgerät einschl. Zugmaschine,
     -- mit LKW,
     -- mit Tieflader,
     -- mit ...... (Sofern nicht vorgeschrieben, vom Bieter einzutragen),
   - Transportweg bis 1 km – über 1 bis 2,5 km – über 2 bis 5 km – in km ......
   - Baumbeschreibung ......,
   - Stammumfang bis 30 cm – über 30 bis 40 cm – über 40 bis 50 cm – über 50 bis 60 cm – über 60 bis 70 cm – in cm ......
     -- Kronenansatzhöhe in m ......,
        --- Kronendurchmesser bis 4 m – über 4 bis 6 m – über 6 bis 8 m – über 8 bis 10 m – in m ......,
        --- Höhe bis 5 m – über 5 bis 7 m – über 7 bis 10 m – über 10 bis 12 m – über 12 bis 15 m – in m ......,
   - Strauchbeschreibung ......
     -- Breite bis 3 m – über 3 bis 4 m – in m ......,
        --- Höhe bis 3 m – über 3 bis 4 m – über 4 bis 5 m – in m ......,
   - Erforderliche Genehmigungen, Auflagen
     -- Die erforderliche Ausnahmegenehmigung von den Vorschriften über Fahrzeug– und Ladungsausmaße nach StZVO/StVO besorgt der AN,
     -- Die –Verkehrsrechtliche Anordnung– für den Transportweg besorgt der AG.
        Die erforderliche Ausnahmegenehmigung von den Vorschriften über Fahrzeug– und Ladungsausmaße nach StZVO/StVO besorgt der AN,
     -- Die erforderliche Ausnahmegenehmigung von den Vorschriften über Fahrzeug– und Ladungsausmaße nach StZVO/StVO besorgt der AN, Sonstige Auflagen ......,
   - Berechnungseinheit Stück

125 Großgehölz in vorbereitete Grube pflanzen,
   Einzelangaben nach DIN 18320
   - Baumbeschreibung ......,
     -- Kronendurchmesser bis 4 m – über 4 bis 6 m – über 6 bis 8 m – über 8 bis 10 m – in m ......,
        --- Höhe bis 5 m – über 5 bis 7 m – über 7 bis 10 m – über 10 bis 12 m – über 12 bis 15 m – in m ......,
            ---- Durchmesser der Grube bis 2 m – über 2 bis 2,5 m – über 2,5 bis 3 m – in m ......,
   - Strauchbeschreibung ......
     -- Breite bis 3 m – über 3 bis 4 m – in m ......,
        --- Höhe bis 3 m – über 3 bis 4 m – über 4 bis 5 m – in m ......,
            ---- Durchmesser der Grube bis 2 m – über 2 bis 2,5 m – über 2,5 bis 3 m – in m ......,
   - Durchmesser des Ballens bis 2 m – über 2 bis 2,5 m – über 2,5 bis 3 m – in m ......
   - Verfüllen
     -- Reha–Zone herstellen und verfüllen,
     -- Graben verfüllen,
        --- mit Oberboden,
        --- mit zu lieferndem Oberboden DIN 18915, Bodengruppe ......,
        --- mit Gemisch aus Sand, Körnung ......, und Rindenhumus, gütegesichert, im Volumenverhältnis ......,
        --- mit Gemisch aus Sand, Körnung ......, und Kompost, gütegesichert, Beschaffenheit ......, im Volumenverhältnis ......,
        --- mit Gemisch aus Sand, Körnung ......, und Kompost, gütegesichert, Beschaffenheit ......, sowie Lava, Körnung, im Volumenverhältnis ......,
        --- mit zu lieferndem Substrat, Beschaffenheit ......,
        --- des unteren Teiles mit ......, Schichtdicke in cm ......, und des oberen Teiles mit ...... Schichtdicke in cm ......,
        --- mit Gemisch aus ......,
        --- mit ......,
            ---- Erzeugnis,
            ----- Erzeugnis/Typ ...... (oder gleichwertiger Art),
            ----- Erzeugnis/Typ ...... (vom Bieter einzutragen),
   - Berechnungseinheit Stück

LB 003 Landschaftsbauarbeiten
Vegetationstechnische Arbeiten

126 Baumbewässerungseinrichtung einbauen,
127 Baumbelüftungseinrichtung einbauen,
128 Baumbewässerungs- und -belüftungseinrichtung einbauen,
Einzelangaben nach DIN 18320 zu Pos. 126 bis 128
- Einbauart
  -- in offener Baumgrube,
  -- in ......,
- Bauart
  -- Dränrohr DIN 1187, DN 80,
  -- Dränrohr DIN 1187, DN 100,
  -- Dränrohr DIN 1187, DN ......,
  -- Dränrohr ......,
    --- ringförmig verlegt, Länge ca. 3,5 m,
    --- ringförmig verlegt, Länge ca. 4 m,
    --- ringförmig verlegt, Länge ca. 4,5 m,
    --- ringförmig verlegt, Länge in m ......,
  -- mit einem Porzyl-Dränstab DN 125, Länge 75 cm,
  -- mit 2 Porzyl-Dränstäben DN 125, Länge 75 cm,
  -- mit ......,
    --- mit Innenrohr,
    ---- sowie Verschlusskappe DN 80/160 mit Lüftungsöffnungen,
    ---- sowie 2 Verschlusskappen DN 80/160 mit Lüftungsöffnungen,
    ---- sowie ......,
    ----- Erzeugnis,
    ------ Erzeugnis/Typ ......
           (oder gleichwertiger Art),
    ------ Erzeugnis/Typ ......
           (vom Bieter einzutragen),
- Ausführung gemäß Zeichnung Nr. ......,
  Einzelbeschreibung Nr. ......,
- Berechnungseinheit Stück

129 Baumentnahmestelle verfüllen,
Einzelangaben nach DIN 18320
- Verfüllstoff
  -- mit Boden,
  -- mit zu lieferndem Boden, Beschaffenheit ......,
  -- mit ......,
- Bodengruppe
  -- Bodengruppe 2 DIN 18915,
  -- Bodengruppe 3 DIN 18915,
  -- Bodengruppe 4 DIN 18915,
  -- Bodengruppe 5 DIN 18915,
  -- Bodengruppe 6 DIN 18915,
  -- Bodengruppe 7 DIN 18915,
  -- Bodengruppe 8 DIN 18915,
  -- Bodengruppen ......, geschätzter Anteil der Bodengruppen in % ......,
- Füllmenge je Einheit in m³ ......
  (bei Berechnungseinheit Stück)
- Berechnungseinheit Stück, m³

130 Verdunstungsschutz,
Einzelangaben nach DIN 18320
- Schutzbereich, Schutzart
  -- an Stamm und Hauptästen,
    --- ab 8 cm Dicke – ab 10 cm Dicke – ......,
    ---- mit Lehm-Jute-Bandage,
    ---- mit Lehm-Jute-Bandage, zweilagig,
    ---- mit Strohseilbandage,
    ---- mit Kokosstrickbandage,
    ---- mit ......,
    ----- Stammdurchmesser bis 15 cm –
          über 15 bis 20 cm –
          über 20 bis 30 cm –
          über 30 bis 40 cm –
          über 40 bis 50 cm –
          über 50 bis 60 cm –
          über 60 bis 70 cm – in cm ......,
    ------ Stammhöhe bis 2,5 m –
           über 2,5 bis 3 m – über 3 bis 4 m –
           in m ......,
    ------ Baumbeschreibung ......,
  -- über das ganze Gehölz vor dem Pflanzen,
  -- über das ganze Gehölz nach dem Pflanzen,
  -- über das ganze Gehölz, Zeitpunkt ......,
    --- mit chemischem Mittel, Erzeugnis ......,
        (Sofern nicht vorgeschrieben, vom Bieter einzutragen, sofern vorgeschrieben, mit Hinweis "oder gleichwertiger Art"),
    --- mit organischem Mittel, Erzeugnis ......,
        (Sofern nicht vorgeschrieben, vom Bieter einzutragen, sofern vorgeschrieben, mit Hinweis "oder gleichwertiger Art"),
    ---- Gesamthöhe bis 5 m – über 5 bis 7 m –
         über 7 bis 10 m – über 10 bis 12 m –
         über 12 bis 15 m – in m ......,
    ----- Gehölzart ......,
    ------ Kronendurchmesser bis 2 m –
           über 2 bis 4 m – über 4 bis 6 m –
           über 6 bis 8 m – über 8 bis 10 m –
           über 10 bis 12 m –
           über 12 bis 15 m – in m ......,
- Berechnungseinheit Stück

131 Pflanze schützen gegen Verbiss/Fegen,
Einzelangaben nach DIN 18320
- Schadenverursacher
  -- durch Wild,
  -- durch Weidevieh,
  -- ......,
- Schutzmittel
  -- mit Verbissmitteln,
  -- mit Hose aus Sechseck-Drahtgeflecht DIN 1200 20 x 0,7 zn,
  -- mit Hose aus Gitter ......,
  -- mit Manschette aus ......,
  -- ......,
    --- Durchmesser bis 20 cm,
    --- Durchmesser über 20 bis 50 cm,
    --- Durchmesser über 50 bis 100 m,
    --- Durchmesser in cm ......,
    ---- Erzeugnis,
    ----- Erzeugnis/Typ ......
          (oder gleichwertiger Art),
    ----- Erzeugnis/Typ ......
          (vom Bieter einzutragen),
  -- durch Dreibock, mit Rahmen aus Halbrundhölzern, umwickelt mit Drahtgeflecht,
  -- durch Vierbock, mit Rahmen aus Halbrundhölzern, umwickelt mit Drahtgeflecht,
  -- durch ......,
    --- Abstand der Pfähle 100 cm,
    --- Abstand der Pfähle 150 cm,
    --- Abstand der Pfähle in cm ......,
- Höhe des Schutzbereiches
  -- Höhe bis 1 m ......,
  -- Höhe bis 1,5 m,
  -- Höhe bis 2 m,
  -- Höhe in m ......,
- Flächenneigung
  -- Neigung der Fläche über 1 : 4 bis 1 : 2,
  -- Neigung der Fläche über 1 : 2,
  -- Neigung der Fläche ......,
  -- Anteil der nicht geneigten Fläche in % ......,
     Neigung der Restfläche ......,
- Art/Anzahl der Pflanzen
  -- Art der Pflanzen ......,
  -- Anzahl der Pflanzen je m² ......,
  -- Art der Pflanzen ......,
     Anzahl der Pflanzen je m² ......,
- Berechnungseinheit Stück, m²

LB 003 Landschaftsbauarbeiten
Vegetationstechnische Arbeiten

STLB 003

Ausgabe 06.02

132 Mulchen,
Einzelangaben nach DIN 18320
- Bereich
  - – der Pflanzfläche – der Pflanzriefe – der Baumscheibe – der ......,
- Mulchgut
  - – mit Mähgut,
  - – mit Stroh,
  - – mit Rindenmulch,
  - – mit Rindenmulch, gütegesichert,
  - – mit Holzhäcksel, Körnung ......,
  - – mit ......,
- Dicke der Mulchdecke 5 cm – über 5 bis 8 cm – über 8 bis 10 cm – über 10 bis 15 cm – in cm ......
  - – Feststellung der Dicke 3 Wochen nach Andeckung,
  - – Feststellung der Dicke ......,
- Breite der Riefen bis 30 cm – bis 40 cm – in cm ......
- Durchmesser der Baumscheiben bis 100 cm – über 100 bis 150 cm – über 150 bis 200 cm – über 200 bis 250 cm – in cm ......
- Flächenneigung
  - – Neigung der Fläche über 1 : 4 bis 1 : 2,
  - – Neigung der Fläche über 1 : 2,
  - – Neigung der Fläche ......,
  - – Anteil der nicht geneigten Fläche in % ......,
    Neigung der Restfläche ......,
- Berechnungseinheit m^2, m, Stück
  (Abrechnung nach Riefen nach Länge)

133 Untersaat,
Einzelangaben nach DIN 18320
- Bereich
  - – der Pflanzfläche – der Pflanzriefe – der Baumscheibe – der ......,
- Saatgut
  - – mit einjährigem Klee,
  - – mit ......,
  - – Saatgut für Zwischenbegrünung nach RSM,
    - – – Menge in g/m^2 ......,
- Breite der Riefen bis 30 cm – bis 40 cm – in cm ......
- Durchmesser der Baumscheiben bis 100 cm – über 100 bis 150 cm – über 150 bis 200 cm – über 200 bis 250 cm – in cm ......
- Flächenneigung
  - – Neigung der Fläche über 1 : 4 bis 1 : 2,
  - – Neigung der Fläche über 1 : 2,
  - – Neigung der Fläche ......,
  - – Anteil der nicht geneigten Fläche in % ......,
    Neigung der Restfläche ......,
- Berechnungseinheit m^2, m, Stück
  (Abrechnung nach Riefen nach Länge)

140 Rasen ansähen,
Einzelangaben nach DIN 18320
- Rasenart, Saatgut
  - – Zierrasen,
    - – – RSM; 1.1 – Zierrasen –,
    - – – Saatgutmischung ......,
  - – Gebrauchsrasen,
    - – – RSM 2.1 – Standard –,
    - – – RSM 2.2 – Trockenlagen –,
    - – – RSM 2.3 – Spielrasen –,
    - – – RSM 2.4 – Kräuterrasen –,
    - – – Saatgutmischung ......,
  - – Sportrasen
    - – – RSM 3.1 – Neuanlage –,
    - – – RSM 3.2 – Regeneration –,
    - – – Saatgutmischung ......,
  - – Golfrasen,
    - – – RSM 4.1 – Grün –,
    - – – RSM 4.2 – Vorgrün –,
    - – – RSM 4.3 – Abschlag –,
    - – – RSM 4.4 – Spielbahn –,
    - – – RSM 4.5 – Halbraufläche –,
    - – – RSM 4.6 – Verbindungsweg –,
    - – – Saatgutmischung ......,
  - – Parkplatzrasen,
    - – – RSM 5.1 – Parkplatz –,
    - – – Saatgutmischung ......,
  - – Dachbegrünung,
    - – – RSM 6.1 – Extensive Dachbegrünung –,
    - – – Saatgutmischung ......,
  - – Landschaftsrasen,
    - – – RSM 7.1.1 – Standard ohne Kräuter –,
    - – – RSM 7.1.2 – Standard mit Kräutern –,
    - – – RSM 7.2.1 – Trockenlagen ohne Kräuter –,
    - – – RSM 7.2.2 – Trockenlagen mit Kräutern –,
    - – – RSM 7.3.1 – Feuchtlagen –,
    - – – RSM 7.3.2 – Halbschatten –,
    - – – Saatgutmischung ......,
  - – mit Saatgutmischung gemäß Liste Nr. ......,
  - – mit Saatgut ......,
- Erzeugnis
  - – Erzeugnis/Typ ...... (oder gleichwertiger Art),
  - – Erzeugnis/Typ ...... (vom Bieter einzutragen),
- Saatgutmenge
  - – Saatgutmenge 10 g/m^2,
  - – Saatgutmenge 15 g/m^2,
  - – Saatgutmenge 20 g/m^2,
  - – Saatgutmenge 25 g/m^2,
  - – Saatgutmenge in g/m^2 ......,
  - – für Rasenpflaster, Saatgutmenge in g/m^2 ......,
  - – für Rasengittersteine, Saatgutmenge in g/m^2 ......,
  - – für Schotterrasen, Saatgutmenge in g/m^2 ......,
  - – für ......, Saatgutmenge in g/m^2 ......,
- Sortenausstattung
  - – die Saatgutmischung ist mit Gräsersorten auszustatten, die in der RSM/FLL in die höchste Eignungsstufe eingeordnet sind. Ausgabejahr RSM ......,
  - – die Saatgutmischung ist mit Gräsersorten auszustatten, die in der RSM/FLL in die 2 höchsten Eignungsstufen eingeordnet sind. Ausgabejahr RSM ......,
  - – Saatgutmischung gemäß Liste ......, mit Zuordnung in die höchste Eignungsstufe der RSM/FLL, Ausgabejahr RSM ......,
  - – Saatgutmischung gemäß Liste ......, mit Zuordnung in die 2 höchsten Eignungsstufen der RSM/FLL, Ausgabejahr RSM ......,
  - – Sortenausstattung ......,
    - – – Nachweis der Beschaffenheit durch Vorlage des Mischungsnummernbescheides,
    - – – Nachweis ......,
- Flächenneigung
  - – Neigung der Fläche über 1 : 4 bis 1 : 2,
  - – Neigung der Fläche über 1 : 2,
  - – Neigung der Fläche ......,
  - – Anteil der nicht geneigten Fläche in % ......,
    Neigung der Restfläche ......,
- Berechnungseinheit m^2

141 Ansaatfläche festlegen,
Einzelangaben nach DIN 18320
- Schutzart
  - – zum Schutz gegen Erosion,
  - – zum Schutz gegen Erosion gemäß DIN 18918,
  - – zum Schutz ......,
- Befestigungsmittel
  - – mit Kleber,
  - – mit Splitt,
  - – mit ......,
    - – – Erzeugnis,
      - – – – Erzeugnis/Typ ...... (oder gleichwertiger Art),
      - – – – (vom Bieter einzutragen),
- Menge in g/m^2 ......,
- Flächenneigung
  - – Neigung der Fläche über 1 : 4 bis 1 : 2,
  - – Neigung der Fläche über 1 : 2,
  - – Neigung der Fläche ......,
  - – Anteil der nicht geneigten Fläche in % ......,
    Neigung der Restfläche ......,
- Bodengruppe
  - – Bodengruppe 2 DIN 18915,
  - – Bodengruppe 3 DIN 18915,
  - – Bodengruppe 4 DIN 18915,
  - – Bodengruppe 5 DIN 18915,
  - – Bodengruppe 6 DIN 18915,
  - – Bodengruppe 7 DIN 18915,
  - – Bodengruppe 8 DIN 18915,
  - – Bodengruppen ......, geschätzter Anteil der Bodengruppen in % ......,
- Berechnungseinheit m^2

STLB 003
LB 003 Landschaftsbauarbeiten
Vegetationstechnische Arbeiten
Ausgabe 06.02

142 Fertigrasen verlegen,
Einzelangaben nach DIN 18320
- Rasenart
  - -- Zierrasen RSM 1.1,
  - -- Zierrasen ......,
  - -- Gebrauchsrasen – Standard – RSM 2.1,
  - -- Gebrauchsrasen – Spielrasen – RSM 2.3,
  - -- Gebrauchsrasen ......,
  - -- Rasentyp ......,
    - --- aus Rollrasen,
    - --- aus Rollrasen mit verrottbarem Verstärkungsgewebe,
      - ---- Dicke 1,5 cm,
      - ---- Dicke 2 cm,
      - ---- Dicke 2,5 cm,
      - ---- Dicke in cm ......,
      - ---- Maße in cm ......,
    - --- aus Rasensoden,
    - --- aus ......,
      - ---- Regelmaße 30 cm x 30 cm x 2,5 bis 4 cm,
      - ---- Maße in cm ......,
- Beschaffenheit
  - -- Beschaffenheit DIN 18917,
  - -- Beschaffenheit ......,
- Flächenneigung
  - -- Neigung der Fläche über 1 : 4 bis 1 : 2,
  - -- Neigung der Fläche über 1 : 2,
  - -- Neigung der Fläche ......,
  - -- Anteil der nicht geneigten Fläche in % ......, Neigung der Restfläche ......,
- Bodengruppe Verlegefläche
  - -- Verlegefläche Bodengruppe 2 DIN 18915,
  - -- Verlegefläche Bodengruppe 3 DIN 18915,
  - -- Verlegefläche Bodengruppe 4 DIN 18915,
  - -- Verlegefläche Bodengruppe 5 DIN 18915,
  - -- Verlegefläche Bodengruppe 6 DIN 18915,
  - -- Verlegefläche Bodengruppe 7 DIN 18915,
  - -- Verlegefläche Bodengruppe 8 DIN 18915,
  - -- Verlegefläche Bodengruppen ......, geschätzter Anteil der Bodengruppen in % ......,
- Berechnungseinheit m²

143 Fertigrasen sichern,
Einzelangaben nach DIN 18320
- Art der Sicherung
  - -- mit Rasennägeln,
  - -- mit Holzpflöcken,
  - -- mit ......,
    - --- Länge 20 cm,
    - --- Länge 25 cm,
    - --- Länge 30 cm,
    - --- Länge ......,
      - ---- Durchmesser 5 mm,
      - ---- Durchmesser 8 mm,
      - ---- Durchmesser 10 mm,
      - ---- Durchmesser 15 mm,
      - ---- Durchmesser 20 mm,
      - ---- Durchmesser .,
        - ----- 2 Stück/m²,
        - ----- 4 Stück/m²,
        - ----- 6 Stück/m²,
        - ----- 8 Stück/m²,
        - ----- ......,
          - ------ jedoch je Einzelstück mind. ein Nagel,
          - ------ jedoch je Einzelstück mind. ein Pflock,
          - ------ jedoch ......,
- Flächenneigung
  - -- Neigung der Fläche über 1 : 4 bis 1 : 2,
  - -- Neigung der Fläche über 1 : 2,
  - -- Neigung der Fläche über 1 : 1,5,
  - -- Neigung der Fläche ......,
  - -- Anteil der nicht geneigten Fläche in % ......, Neigung der Restfläche ......,

- Bodengruppe
  - -- Bodengruppe 2 DIN 18915,
  - -- Bodengruppe 3 DIN 18915,
  - -- Bodengruppe 4 DIN 18915,
  - -- Bodengruppe 5 DIN 18915,
  - -- Bodengruppe 6 DIN 18915,
  - -- Bodengruppe 7 DIN 18915,
  - -- Bodengruppe 8 DIN 18915,
  - -- Bodengruppen ......, geschätzter Anteil der Bodengruppen in % ......,
- Berechnungseinheit m²

144 Heumulch für Heublumensaat gewinnen,
Einzelangaben nach DIN 18320
- Flächenart
  - -- auf Flächen des AG,
  - -- auf Flächen des AG, Lage ......,
    - --- Biotop–Typ Trockenrasen,
    - --- Biotop–Typ Feuchtwiese,
    - --- Biotop–Typ ......,
- Zeitpunkt der Ausführung
  - -- Zeitpunkt der Ausführung nach Abstimmung mit dem AG,
  - -- Zeitpunkt der Ausführung ......,
- Ausführungsart
  - -- Ausführung mit Balkenmäher,
  - -- Ausführung mit ......,
- Aufnahmeart
  - -- Aufnahme lagertrocken, ohne Lagerzeit,
  - -- Aufnahme ......,
    - --- aufnehmen durch Saugen,
    - --- aufnehmen durch Saugen ist nicht gestattet,
    - --- aufnehmen ......,
- Transport
  - -- Mulch zum Lagerplatz des AG transportieren, Förderweg in km ......,
  - -- Mulch zur Verwendungsstelle transportieren, Förderweg in km ......,
  - -- Mulch zum Lagerplatz des AN transportieren,
  - -- Mulch ......,
- Flächenneigung
  - -- Neigung der Fläche über 1 : 4 bis 1 : 2,
  - -- Neigung der Fläche über 1 : 2,
  - -- Neigung der Fläche ......,
  - -- Anteil der nicht geneigten Fläche in % ......, Neigung der Restfläche ......,
- Berechnungseinheit m²

145 Heumulchandeckung zur Begrünung,
Einzelangaben nach DIN 18320
- Lieferung Mulch
  - -- Mulch vom AG beigestellt,
  - -- Mulch vom Lagerplatz des AG transportieren, Förderweg in km ......,
  - -- Mulch aus Beständen des AG vom Lagerplatz des AN transportieren,
- Schichtdicke
  - -- Schichtdicke in lockerem Zustand 3 cm,
  - -- Schichtdicke in lockerem Zustand 5 cm,
  - -- Schichtdicke in lockerem Zustand in cm ......,
- Festlegen
  - -- festlegen durch Verkleben mit Bitumen, 150 g/m²,
  - -- festlegen durch Verkleben mit Bitumen, Menge in g/m² ......,
  - -- festlegen durch ......,
  - -- überstreuen mit ......,
- Flächenneigung
  - -- Neigung der Fläche über 1 : 4 bis 1 : 2,
  - -- Neigung der Fläche über 1 : 2,
  - -- Neigung der Fläche über 1 : 1,5,
  - -- Neigung der Fläche ......,
  - -- Anteil der nicht geneigten Fläche in % ......, Neigung der Restfläche ......,
- Berechnungseinheit m²

Hinweis: Fertigstellungspflege und Unterhaltungsarbeiten siehe Pos. 650

LB 003 Landschaftsbauarbeiten
Vegetationstechnische Arbeiten

STLB 003

Ausgabe 06.02

Naturschutzmaßnahmen, Habitat-Elemente

150 Stubbenhaufen als Habitat-Element,
151 Reisighaufen als Habitat-Element,
Einzelangaben nach DIN 18320 zu Pos. 150, 151
- Lieferung Stoffe
  - -- Stoffe im Baustellenbereich aufnehmen und fördern,
  - -- Stoffe werden vom AG beigestellt,
  - -- Stoffe ......,
- Abgraben Einbauflächen
  - -- Einbauflächen 30 cm tief abgraben,
  - -- Einbauflächen abgraben, Tiefe in cm ......
- Andecken mit Boden
  - -- Habitat nach Fertigstellung mit Boden andecken,
  - -- Boden seitlich einbauen,
  - -- Boden seitlich lagern, nach Fertigstellung des Habitats wieder andecken,
  - -- Boden ......,
- Bodengruppe
  - -- Bodengruppe 2 DIN 18915,
  - -- Bodengruppe 3 DIN 18915,
  - -- Bodengruppe 4 DIN 18915,
  - -- Bodengruppe 5 DIN 18915,
  - -- Bodengruppe 6 DIN 18915,
  - -- Bodengruppe 7 DIN 18915,
  - -- Bodengruppe 8 DIN 18915,
  - -- Bodengruppen ......, geschätzter Anteil der Bodengruppen in % ......,
- Abmessungen
  - -- Durchmesser des Haufens im Mittel 3 m,
  - -- Durchmesser des Haufens im Mittel 5 m,
  - -- Durchmesser des Haufens im Mittel 8 m,
  - -- Durchmesser des Haufens im Mittel 10 m,
  - -- Durchmesser des Haufens im Mittel 12 m,
  - -- mittlerer Durchmesser des Haufens in m ......,
  - -- Maße des Haufens in m ......,
- Höhe des Haufens
  - -- Höhe über Gelände im Mittel 1 m,
  - -- Höhe über Gelände im Mittel 1,5 m,
  - -- Höhe über Gelände im Mittel 2 m,
  - -- Höhe über Gelände im Mittel 2,5 m,
  - -- Höhe über Gelände im Mittel 3 m,
  - -- mittlere Höhe über Gelände in m ......,
- Förderweg Stoffe
  - -- Förderweg über 50 bis 100 m,
  - -- Förderweg über 100 bis 500 m,
  - -- Förderweg über 500 bis 1000 m,
  - -- Förderweg in m ......,
  - -- Transportentfernung über 1 bis 2,5 km,
  - -- Transportentfernung in km ......,
- Berechnungseinheit Stück, m³

152 Holzhaufen als Habitat-Element rutsch- und rollsicher aufschichten,
Einzelangaben nach DIN 18320
- Werkstoff
  - -- aus Baumstämmen,
  - -- aus gespaltenen Baumstämmen,
  - -- aus geviertelten Baumstämmen,
  - -- aus aufgearbeiteten Baumstämmen, Art der Aufarbeitung ......,
  - -- aus zu fällenden Baumstämmen,
  - -- aus zu fällenden und aufzuarbeitenden Baumstämmen, Art der Aufarbeitung ......,
  - -- aus Holzstücken,
  - -- aus ......,
    - --- Stoffe im Baustellenbereich aufnehmen und fördern,
    - --- Stoffe werden vom AG beigestellt,
    - --- Stoffe ......,
      - ---- Baumart Weichholz,
      - ---- Baumart Hartholz,
      - ---- Baumart Nadelholz,
      - ---- Baumart ......,
        - ----- Stammdurchmesser 10 bis 15 cm – über 15 bis 20 cm – über 20 bis 30 cm –
          über 30 bis 40 cm – über 40 bis 50 cm –
          zwischen 20 und 40 cm –
          zwischen 30 und 50 cm –
          in cm ......,
        - ----- mittlerer Querschnitt der Holzstücke in cm ......,
          - ------ Einzellänge 50 bis 100 cm –
            über 100 bis 150 cm –
            über 150 bis 200 cm –
            über 200 bis 250 cm –
            über 250 bis 300 cm –
            zwischen 50 und 150 cm –
            zwischen 100 und 200 cm –
            zwischen 200 und 300 cm –
            in cm ......,
- Anzahl der Stämme/Holzstücke
  - -- 5 Stämme pro Haufen,
  - -- 8 Stämme pro Haufen,
  - -- 10 Stämme pro Haufen,
  - -- 12 Stämme pro Haufen,
  - -- Stämme, Anzahl pro Haufen,
  - -- 5 Holzstücke pro Haufen,
  - -- 10 Holzstücke pro Haufen,
  - -- 20 Holzstücke pro Haufen,
  - -- Holzstücke, Anzahl pro Haufen,
- Förderweg
  - -- Förderweg über 50 bis 100 m,
  - -- Förderweg über 100 bis 500 m,
  - -- Förderweg über 500 bis 1000 m,
  - -- Förderweg in m ......,
  - -- Transportentfernung über 1 bis 2,5 km,
  - -- Transportentfernung in km ......,
- Abrechnungsart
  - -- Abrechnung nach Stämmen,
  - -- Abrechnung nach Holzstücken,
  - -- Abrechnung nach Holzhaufen,
- Berechnungseinheit Stück

LB 003 Landschaftsbauarbeiten
Vegetationstechnische Arbeiten

153 Benjeshecke als Habitat-Element, Einzelangaben nach DIN 18320
- Äste und Zweige
  - – aus auf der Baustelle zu gewinnenden Ästen und Zweigen,
  - – aus vom AG beigestellten Ästen und Zweigen,
  - – aus ......,
- Seitliche Begrenzung durch Pfähle
  - – seitliche Begrenzung durch Holzpfähle in zwei parallelen Reihen im Abstand von ca. 1 m, Pfähle werden vom AG beigestellt,
  - – seitliche Begrenzung durch Holzpfähle in zwei parallelen Reihen im Abstand von ca. 1,5 m, Pfähle werden vom AG beigestellt,
  - – seitliche Begrenzung durch Holzpfähle in zwei parallelen Reihen im Abstand von ca. 1 m, Pfähle liefern,
  - – seitliche Begrenzung durch angespitzte Holzpfähle in zwei parallelen Reihen im Abstand von ca. 1,5 m, Pfähle liefern,
  - – seitliche Begrenzung durch angespitzte Holzpfähle in zwei parallelen Reihen, Reihenabstand in m ......, Pfähle werden vom AG beigestellt,
  - – seitliche Begrenzung durch angespitzte Holzpfähle in zwei parallelen Reihen, Reihenabstand in m ......, Pfähle liefern,
  - – seitliche Begrenzung durch ......, in zwei parallelen Reihen, Reihenabstand in m ......, Pfähle ......,
- Einbau Pfähle, Pfahlabstand
  - – Pfähle in den Boden eingraben, Tiefe ca. 50 cm,
  - – Pfähle in den Boden eingraben, Tiefe in cm ......,
  - – Pfähle in den Boden einschlagen, Tiefe ca. 50 cm,
  - – Pfähle in den Boden einschlagen, Tiefe in cm ......,
  - – Pfähle ......,
    - – – Pfahlabstand in der Reihe 80 cm – 100 cm – 120 cm –
    - – – Pfahlabstand in der Reihe in cm ......,
- Höhe der Hecke
  - – Höhe der Hecke ca. 1,5 m,
  - – Höhe der Hecke ca. 2 m,
  - – Höhe der Hecke ca. 2,5 m,
  - – Höhe der Hecke ca. 3 m,
  - – Höhe der Hecke in m ......,
- Einbau der Äste und Zweige
  - – Äste und Zweige um Pfahlreihen flechten, Zwischenraum mit Ästen und Zweigen auffüllen,
  - – Äste und Zweige um Pfahlreihen flechten, Zwischenraum mit Ästen und Zweigen auffüllen, Pfähle am Kopfende mit Kokosstrick kreuzweise binden,
  - – Äste und Zweige um Pfahlreihen flechten, Zwischenraum mit Ästen und Zweigen auffüllen, Pfahlreihen mit Kokosstrick miteinander verbinden,
  - – Einbau der Äste und Zweige ......,
- Förderweg
  - – Förderweg über 50 bis 100 m,
  - – Förderweg über 100 bis 500 m,
  - – Förderweg über 500 bis 1000 m,
  - – Förderweg in m ......,
  - – Transportentfernung über 1 bis 2,5 km,
  - – Transportentfernung in km ......,
- Zusätzliche Maßnahmen ......
- Berechnungseinheit m

154 Felsbrocken als Habitat-Element, Einzelangaben nach DIN 18320
- vom AG beigestellt
- Einbauart
  - – im Gelände standfest einbauen,
  - – auf dem Rohplanum standfest einbauen,
  - – einbauen ......,
    - – – Einbautiefe 20 cm,
    - – – Einbautiefe in cm ......,
- Gesteinsart
  - – Gesteinsart Granit,
  - – Gesteinsart Muschelkalk,
  - – Gesteinsart Jurakalk,
  - – Gesteinsart Grauwacke,
  - – Gesteinsart Buntsandstein,
  - – Gesteinsart Porphyr,
  - – Gesteinsart Travertin,
  - – Gesteinsart Tuff,
  - – Gesteinsart ......,
    - – – mit bruchrauen Flächen und Kanten,
    - – – mit natürlich glatten Seitenflächen (Findlinge),
    - – – Oberfläche,
- Steingröße/Abmessungen
  - – Steinhöhe 40 bis 50 cm,
  - – Steinhöhe über 50 bis 60 cm,
  - – Steinhöhe über 60 bis 70 cm,
  - – Steinhöhe über 70 bis 80 cm,
  - – Steinhöhe in cm ......,
    - – – Breite 50 bis 60 cm, Länge 60 bis 80 cm,
    - – – Breite 50 bis 60 cm, Länge über 80 bis 100 cm,
    - – – Breite über 60 bis 70 cm, Länge 80 bis 100 cm,
    - – – Breite über 60 bis 70 cm, Länge über 100 bis 120 cm,
    - – – Breite über 70 bis 80 cm, Länge 100 bis 120 cm,
    - – – Breite über 70 bis 80 cm, Länge über 120 bis 140 cm,
    - – – Breite in cm ......, Länge in cm ......,
  - – Rauminhalt ca. 0,5 m³ – 0,7 m³ – 1 m³ – in m³ ......,
- Förderweg
  - – Förderweg über 50 bis 100 m,
  - – Förderweg über 100 bis 500 m,
  - – Förderweg über 500 bis 1000 m,
  - – Förderweg in m ......,
  - – Transportentfernung über 1 bis 2,5 km,
  - – Transportentfernung in km ......,
- Berechnungseinheit Stück

LB 003 Landschaftsbauarbeiten
Vegetationstechnische Arbeiten

STLB 003

Ausgabe 06.02

155 Steinhaufen als Habitat–Element,
Einzelangaben nach DIN 18320
- Steine
  - -- vom AG beigestellte Steine aufnehmen, fördern,
  - -- vom AG beigestellte Steine einsammeln, fördern,
  - -- Steine ......,
- Höhe der Steinhaufen
  - -- auf Haufen von 80 cm schütten,
  - -- auf Haufen von 100 cm schütten,
  - -- auf Haufen von 150 cm schütten,
  - -- auf Haufen schütten, Höhe in cm ......,
- Gesteinsart
  - -- Gesteinsart Granit,
  - -- Gesteinsart Muschelkalk,
  - -- Gesteinsart Jurakalk,
  - -- Gesteinsart Grauwacke,
  - -- Gesteinsart Buntsandstein,
  - -- Gesteinsart Porphyr,
  - -- Gesteinsart Travertin,
  - -- Gesteinsart Tuff,
  - -- Gesteinsart ......,
- Steindurchmesser
  - -- Durchmesser der Steine bis 20 cm,
  - -- Durchmesser der Steine bis 30 cm,
  - -- Durchmesser der Steine bis 40 cm,
  - -- Durchmesser der Steine 10 bis 25 cm,
  - -- Durchmesser der Steine 10 bis 30 cm,
  - -- Durchmesser der Steine 15 bis 25 cm,
  - -- Durchmesser der Steine 20 bis 30 cm,
  - -- Durchmesser der Steine in cm ......,
- Förderweg
  - -- Förderweg über 50 bis 100 m,
  - -- Förderweg über 100 bis 500 m,
  - -- Förderweg über 500 bis 1000 m,
  - -- Förderweg in m ......,
  - -- Transportentfernung über 1 bis 2,5 km,
  - -- Transportentfernung in km ......,
- Berechnungseinheit m³, t

156 Trockenmauer als Habitat–Element,
Einzelangaben nach DIN 18320
- Steine vom AG beigestellt,
- Gesteinsart
  - -- Gesteinsart Granit,
  - -- Gesteinsart Muschelkalk,
  - -- Gesteinsart Jurakalk,
  - -- Gesteinsart Grauwacke,
  - -- Gesteinsart Buntsandstein,
  - -- Gesteinsart Porphyr,
  - -- Gesteinsart Travertin,
  - -- Gesteinsart Tuff,
  - -- Gesteinsart ......,
- Art des Mauerwerks
  - -- unregelmäßiges Schichtenmauerwerk,
  - -- unregelmäßiges Schichtenmauerwerk, einhäuptig,
  - -- unregelmäßiges Schichtenmauerwerk, zweihäuptig,
  - -- Art des Mauerwerks ......,
    - --- Sichtflächen bruchrauh,
    - --- Sichtflächen ......,
- Steinhöhe
  - -- Steinhöhe 15 bis 25 cm,
  - -- Steinhöhe 15 bis 30 cm,
  - -- Steinhöhe 20 bis 35 cm,
  - -- Steinhöhe 20 bis 40 cm,
  - -- Steinhöhe in cm ......,
- Steinbreite/Steinlänge
  - -- Breite 25 bis 40 cm, Länge 40 bis 60 cm,
  - -- Breite 30 bis 50 cm, Länge 40 bis 60 cm,
  - -- Breite 25 bis 40 cm, Länge 50 bis 80 cm,
  - -- Breite 30 bis 50 cm, Länge 50 bis 80 cm,
  - -- Breite in cm ......, Länge in cm ......,
- Fugen
  - -- Fugenbreite bis 2 cm, mit Oberboden verfüllen,
  - -- Fugenbreite bis 3 cm, mit Oberboden verfüllen,
  - -- Fugenbreite in cm ......,
  - -- Fugenbreite in cm ......, verfüllen mit ......,
- Ausführung gemäß Zeichnung Nr. ......,
  Einzelbeschreibung Nr. ......
- Berechnungseinheit m², m³

Ingenieurbiologische Sicherungsbauweisen

160 Für die Ausführung der ingenieurbiologischen
Sicherungsbauweisen gilt,
Einzelangaben nach DIN 18320
- Vorschriftenwerke
  - -- DIN 18918,
  - -- –Merkblatt für einfache landschaftsgerechte Sicherungsbauweisen–,
  - -- ......,
- Herkunft der Werkstoffe
  - -- für die Ausführung erforderliche Pflanzenteile,
  - -- für die Ausführung erforderliche Steine/Geröll,
  - -- für die Ausführung erforderliche Baustoffe,
    - --- sind auf der Baustelle zu gewinnen,
    - --- aus Beständen des AG befinden sich auf der Baustelle,
    - --- aus Beständen des AG befinden sich auf Lager ......,
    - Transportentfernung in km ......,
- weitere technische Vorschriften ......

Hinweis: Pos.160 ist als Vorspann für die Leistungsbeschreibungen Pos. 161 bis 193 zu verwenden.

161 Sicherungsfläche räumen,
Einzelangaben nach DIN 18320
- Räumgut
  - -- von losem Gestein,
    - --- anfallende Stoffe in Transportbehälter laden,
    - --- anfallende Stoffe zur Abfuhr lagern,
    - --- anfallende Stoffe laden, transportieren und auf einen vom AG angegebenen Lagerplatz abladen,
    - --- anfallende Stoffe auf der Baustelle ......,
    - --- anfallende Stoffe ......,
      - ---- Transportentfernung in km ......,
      - ---- Förderweg ......,
- Größe der Sicherungsfläche
  - -- Größe der Fläche in m² ......,
  - -- Länge/Breite der Fläche in m ......,
- Flächenneigung
  - -- Neigung der Fläche über 1 : 4 bis 1 : 2,
  - -- Neigung der Fläche über 1 : 2,
  - -- Neigung der Fläche ......,
  - -- Anteil der nicht geneigten Fläche in % ......,
    Neigung der Restfläche ......,
- lotrecht gemessene Böschungshöhe in m ......
- Berechnungseinheit t, m³, m²

162 Böschungskrone ausrunden,
163 Böschungsfuß ausrunden,
164 Böschungskrone und –fuß ausrunden,
Einzelangaben nach DIN 18320 zu Pos. 162 bis 164
- Ab– oder Auftrag
  - -- Ab– oder Auftrag bis 25 cm,
  - -- Ab– oder Auftrag bis 50 cm,
  - -- Ab– oder Auftrag in cm ......,
- Böschungsrundung
  - -- Radius 3 m,
  - -- Radius 4 m,
  - -- Radius in m ......,
- Böschungsneigung
  - -- Neigung der Böschung über 1 : 4 bis 1 : 2,
  - -- Neigung der Böschung über 1 : 2,
  - -- Neigung der Böschung ......,
- lotrecht gemessene Böschungshöhe in m ......
- Bodenart
  - -- Bodengruppe 2 DIN 18915,
  - -- Bodengruppe 3 DIN 18915,
  - -- Bodengruppe 4 DIN 18915,
  - -- Bodengruppe 5 DIN 18915,
  - -- Bodengruppe 6 DIN 18915,
  - -- Bodengruppe 7 DIN 18915,
  - -- Bodengruppe 8 DIN 18915,
  - -- Bodengruppen ......, geschätzter Anteil der Bodengruppen in % ......,
  - -- Bodenklasse ......,
- Disposition überschüssiger Boden
  - -- überschüssigen Boden innerhalb der Baustelle planieren,
  - -- überschüssigen Boden ......,
- Berechnungseinheit m (Böschungslänge)

139

STLB 003

LB 003 Landschaftsbauarbeiten
Vegetationstechnische Arbeiten

Ausgabe 06.02

165 Nass–Ansaat,
166 Trocken–Ansaat,
Einzelangaben nach DIN 18320 zu Pos. 165, 166
- Saatverfahren
  - – Saatverfahren S,
  - – Saatverfahren SD,
  - – Saatverfahren SDK,
  - – Saatverfahren SDM,
  - – Saatverfahren SDB,
  - – Saatverfahren SDKB,
  - – Saatverfahren SDMB,
  - – Saatverfahren SDKM,
  - – Saatverfahren SDKMB,
- Saatgut, Art/Menge in g/m² ......
- Düngemittel, Art/Menge in g/m² ......
- Kleber, Art/Menge in g/m² ......
- Bodenverbesserung, Mulchen
  - – Bodenverbesserungsstoff, Art/Menge in g/m² ......,
  - – Mulchstoff, Art/Menge in g/m² ......,
  - – Bodenverbesserungsstoff, Art/Menge in g/m² ......, Mulchstoff, Art/Menge in g/m² ......,
- Flächenneigung
  - – Neigung der Fläche über 1 : 4 bis 1 : 2,
  - – Neigung der Fläche über 1 : 2,
  - – Neigung der Fläche ......,
  - – Anteil der nicht geneigten Fläche in % ......, Neigung der Restfläche ......,
    - – – lotrecht gemessene Böschungshöhe in m ......,
- Berechnungseinheit m², kg

Nachweis der Stoffe durch Vorlage von Lieferscheinen, bzw. Wiegekarten bei Abrechnung nach kg

Hinweis: Kurzzeichen für Saatverfahren: sd = Saatgut mit Zusatz von Dünger; sdk = Saatgut mit Zusatz von Dünger und Kleber; sdb = Saatgut mit Zusatz von Dünger und Bodenverbesserungsstoffen; sdm = Saatgut mit Zusatz von Dünger und Mulchstoffen; sdkb = Saatgut mit Zusatz von Dünger, Klebern und Bodenverbesserungsstoffen; sdbm = Saatgut mit Zusatz von Dünger, Bodenverbesserungsstoffen und Mulchstoffen; sdkm = Saatgut mit Zusatz von Dünger, Klebern und Mulchstoffen;
sdkbm = Saatgut mit Zusatz von Dünger, Klebern, Bodenverbesserungsstoffen und Mulchstoffen.

Mittelmenge nach DIN 18918 für Saatgut bei 100-800 Korn 20 g je m² Aufbringungsfläche.

Mittelmenge nach DIN 18918 für Volldünger, mineralisch 50 g, Volldünger organisch 100 g je m² Aufbringungsfläche.

Mittelmenge nach DIN 18918 für Kleber (Bitumen) für Nass-Saat 250 g, Bitumen für Trocken-Saat 500 g je m² Aufbringungsfläche.

168 Dränfaschine,
Einzelangaben nach DIN 18320
- Werkstoff
  - – aus lebenden Ruten und Zweigen,
  - – aus lebenden und toten Ruten und Zweigen,
  - – aus toten Ruten und Zweigen,
- Anordnung
  - – in der Falllinie verlaufend als Sickerstränge,
  - – Neigung zur Falllinie in % ......,
- Dicke
  - – Dicke 10 bis 15 cm,
  - – Dicke über 15 bis 20 cm,
  - – Dicke über 20 bis 25 cm,
  - – Dicke über 25 bis 30 cm,
  - – Dicke in cm ......,
- Abstand
  - – Abstand 2 m,
  - – Abstand 3 m,
  - – Abstand in m ......,
- Befestigung
  - – befestigen an Holzpflöcken, Abstand 60 cm,
  - – befestigen an Holzpflöcken, Abstand 80 cm,
  - – befestigen an Holzpflöcken, Abstand in cm ......,
    - – – Dicke der Pflöcke 3 bis 4 cm, Länge 60 cm,
    - – – Dicke der Pflöcke über 4 bis 6 cm, Länge 60 cm,
    - – – Dicke/Länge der Pflöcke in cm ......,
  - – befestigen an Stahlstäben, Abstand 60 cm,
  - – befestigen an Stahlstäben, Abstand 80 cm,
  - – befestigen an Stahlstäben, Abstand in cm ......,
    - – – Dicke der Stäbe 16 mm, Länge 600 mm,
    - – – Dicke der Stäbe 16 mm, Länge 800 mm,
    - – – Dicke/Länge der Stäbe in mm ......,
  - – befestigen ......,
- Böschungsneigung
  - – Neigung der Böschung über 1 : 2,
  - – Neigung der Böschung über 1 : 1,5,
  - – Neigung der Böschung ......,
- Berechnungseinheit m

169 Flechtwerk,
Einzelangaben nach DIN 18320
- Art des Flechtwerks
  - – aus lebenden Ruten,
  - – aus lebenden und toten Ruten,
  - – aus toten Ruten,
    - – – als Längsgeflecht,
    - – – als Rautengeflecht,
- Höhe des Flechtwerks
  - – Höhe des Flechtwerks 20 cm,
  - – Höhe des Flechtwerks in cm ......,
- Abstand der Flechtwerke
  - – Abstand der Flechtwerke 2 m,
  - – Abstand der Flechtwerke 3 m,
  - – Abstand der Flechtwerke in m ......,
- Untergrund
  - – auf Rohplanum vor Einbau der Vegetationstragschicht,
  - – einschl. Ausheben und Wiederverfüllen von Gräben,
- Befestigungsart
  - – befestigen an Holzpflöcken,
    - – – Dicke 3 bis 4 cm, Länge 60 cm, Abstand 50 cm,
    - – – Dicke über 4 bis 6 cm, Länge 80 cm, Abstand 50 cm,
    - – – Maße in cm ......, Abstand in cm ......,
  - – befestigen an Stahlstäben,
    - – – Dicke 16 mm, Länge 600 mm, Abstand 50 cm,
    - – – Maße in mm ......, Abstand in cm ......,
  - – befestigen ......,
- Böschungsneigung
  - – Neigung der Böschung über 1 : 2,
  - – Neigung der Böschung über 1 : 1,5,
  - – Neigung der Böschung ......,
- Berechnungseinheit m

170 Buschlage,
Einzelangaben nach DIN 18320
- Werkstoff
  - – aus lebenden Ästen und Zweigen,
  - – aus vom AG beigestellten Ästen und Zweigen,
  - – aus auf der Baustelle zu gewinnenden Ästen und Zweigen,
  - – aus ......,
    - – – Laubgehölz ein St/m Lagenlänge,
    - – – Laubgehölz in St/m ......,
    - – – Gehölz in St/m ......,
Fortsetzung Einzelangaben siehe Pos. 172

171 Heckenlage,
Einzelangaben nach DIN 18320
- Werkstoff
  - – aus Laubgehölzen,
  - – aus vom AG beigestellten Laubgehölzen,
  - – aus ......,
    - – – Laubgehölz ein St/m Lagenlänge,
    - – – Laubgehölz in St/m ......,
    - – – Gehölz in St/m ......,
Fortsetzung Einzelangaben siehe Pos. 172

LB 003 Landschaftsbauarbeiten
Vegetationstechnische Arbeiten

STLB 003

Ausgabe 06.02

172 Heckenbuschlage,
Einzelangaben nach DIN 18320
- Werkstoff
  - – aus Laubgehölzen sowie lebenden Ästen und Zweigen,
  - – aus Laubgehölzen sowie lebenden Ästen und Zweigen, Art und Beschaffenheit der Äste und Zweige ......,
  - – aus Laubgehölzen mit vom AG beigestellten Ästen und Zweigen,
  - – aus Laubgehölzen mit vom AG beigestellten Ästen und Zweigen, Art und Beschaffenheit der Äste und Zweige ......,
  - – aus Laubgehölzen sowie auf der Baustelle zu gewinnenden Ästen und Zweigen,
  - – aus Laubgehölzen sowie auf der Baustelle zu gewinnenden Ästen und Zweigen, Art und Beschaffenheit der Äste und Zweige ......,
    - – – Laubgehölz ein St/m Lagenlänge,
    - – – Laubgehölz in St/m ......,
    - – – Gehölz in St/m ......,
  - – aus ......,

Fortsetzung Einzelangaben zu Pos. 170 bis 172
- Art und Beschaffenheit der Gehölze
  - – Art und Beschaffenheit der Gehölze ......,
  - – Art und Beschaffenheit der Gehölze ......, gemäß Einzelbeschreibung Nr. ....,
- Einbau in anzulegende Stufen, Breite 50 cm – 75 cm – 100 cm – in cm ......,
- Einbau in Schüttungen, Auflagebreite 150 cm – 200 cm – in cm ......,
- Deckungsgrad
  - – Deckungsgrad mind. 50 % – mind. 75 % – in % ......,
- lotrecht gemessener Abstand der Lagen 0,5 m – 1 m – 2 m – 3 m – 4 m – in m ......
- Böschungsneigung
  - – Neigung der Böschung über 1 : 2,
  - – Neigung der Böschung über 1 : 1,5,
  - – Neigung der Böschung ......,
- Ausführung ......, Bodengruppe ......
- Berechnungseinheit m

173 Spreitlage (Zweiglage),
Einzelangaben nach DIN 18320
- Werkstoff
  - – aus lebenden Ästen, Zweigen und Ruten,
  - – aus lebenden Ästen, Zweigen und Ruten, vom AG beigestellt,
  - – aus ......,
- Bodendeckung
  - – Bodendeckung mind. 50 %,
  - – Bodendeckung mind. 70 %,
  - – Bodendeckung in % ......,
- Befestigungsart
  - – befestigen mit Spanndraht, Stahldraht DIN 177 – di zn, Dicke mind. 3,1 mm,
  - – befestigen mit Spanndraht, Stahldraht DIN 177 – di zn, Dicke mind. 3,1 mm, einschl. Einlage aus Viereckdrahtgeflecht DIN 1199 100 x 2,8 x 1500 zn,
  - – befestigen mit Spanndraht ......,
  - – befestigen mit Spanndraht ......, zusätzliche Drahtgeflechteinlage ......,
  - – befestigen ......,
    - – – an Pflöcken, Dicke 3 bis 4 cm,
    - – – an Pflöcken, Dicke über 4 bis 6 cm,
    - – – an Pflöcken, Dicke in cm ......,
    - – – an Stahlstäben, Dicke 16 mm,
    - – – an Stahlstäben, Dicke in mm ......,
    - – – an ......,
      - – – – Länge 50 cm, Abstand 50 cm,
      - – – – Länge 60 cm, Abstand 60 cm,
      - – – – Länge 60, cm, Abstand 70 cm,
      - – – – Länge/Abstand in cm ......,
- Verfüllen
  - – verfüllen mit Oberboden, Dicke 20 cm,
  - – verfüllen mit Oberboden, Dicke in cm ......,
    - – – Bodengruppe 2 – 3 – 4 – 5 – 6 – 7 – 8 DIN 18915,
    - – – Bodengruppen ......, geschätzter Anteil der Bodengruppen in % ......,
- Böschungsneigung
  - – Neigung der Böschung über 1 : 2,
  - – Neigung der Böschung über 1 : 1,5,
  - – Neigung der Böschung ......,
- Berechnungseinheit m²

174 Palisadenwand als Sicherung,
Einzelangaben nach DIN 18320
- Bauart
  - – aus Setzstangen,
  - – aus Pflöcken,
  - – aus ......,
    - – – Länge 1 m – 1,5 m – 2 m – 2,5 m – in m ......,
    - – – Dicke 4 bis 6 cm – über 6 bis 8 cm – in cm ......,
- Binder
  - – Binder als quergelegtes Rundholz, Dicke 6 bis 8 cm,
  - – Binder als quergelegtes Rundholz, Dicke über 8 bis 10 cm,
  - – Binder ......,
- Einbindetiefe 35 cm – 50 cm – 70 cm – in cm ......,
- Bodengruppe
  - – Bodengruppe 2 DIN 18915,
  - – Bodengruppe 3 DIN 18915,
  - – Bodengruppe 4 DIN 18915,
  - – Bodengruppe 5 DIN 18915,
  - – Bodengruppe 6 DIN 18915,
  - – Bodengruppe 7 DIN 18915,
  - – Bodengruppe 8 DIN 18915,
  - – Bodengruppen ......, geschätzter Anteil der Bodengruppen in % ......,
- Böschungsneigung
  - – Neigung der Böschung über 1 : 2,
  - – Neigung der Böschung über 1 : 1,5,
  - – Neigung der Böschung ......,
- Berechnungseinheit m

175 Steckhölzer zur Sicherung,
Einzelangaben nach DIN 18320
- Dicke 1 bis 3 cm – 2 bis 4 cm – 3 bis 5 cm – in cm ......
- Länge 25 bis 30 cm – über 30 bis 40 cm – in cm ......
Fortsetzung Einzelangaben siehe Pos. 176

176 Setzstangen zur Sicherung,
Einzelangaben nach DIN 18320
- Dicke 4 bis 6 cm – in cm ......
- Länge 1 bis 1,5 m – über 1,5 bis 2 m – über 2 bis 2,5 m – in m ......

Fortsetzung Einzelangaben zu Pos. 175, 176
- Gehölzart
  - – Gehölzart ......,
  - – Gehölzart gemäß Einzelbeschreibung Nr. ......,
    - – – Herkunft ......,
      - – – – Anzahl je m² ......,
- Bodengruppe
  - – Bodengruppe 2 DIN 18915,
  - – Bodengruppe 3 DIN 18915,
  - – Bodengruppe 4 DIN 18915,
  - – Bodengruppe 5 DIN 18915,
  - – Bodengruppe 6 DIN 18915,
  - – Bodengruppe 7 DIN 18915,
  - – Bodengruppe 8 DIN 18915,
  - – Bodengruppen ......, geschätzter Anteil der Bodengruppen in % ......,
- Flächenneigung
  - – Neigung der Fläche über 1 : 4 bis 1 : 2,
  - – Neigung der Fläche über 1 : 2,
  - – Neigung der Fläche ......,
  - – Anteil der nicht geneigten Fläche in % ......, Neigung der Restfläche ......,
- Berechnungseinheit Stück, m²

LB 003 Landschaftsbauarbeiten
Vegetationstechnische Arbeiten

177 **Zaun zur Sicherung gegen Rutschen,**
Einzelangaben nach DIN 18320
- Sicherungsgut
  - – aus Brettern,
  - – aus Stangen,
  - – aus Kunststoff,
  - – aus Naturfasergewebe,
  - – ....,
    - – – Art/Abmessung .... ,
      (Sofern nicht vorgeschrieben, vom Bieter einzutragen),
    - – – Erzeugnis ......,
      (Sofern nicht vorgeschrieben, vom Bieter einzutragen, sofern vorgeschrieben, mit Hinweis "oder gleichwertiger Art"),
- Neigung des Zaunes in % ......
- Befestigungsart
  - – befestigen an Pflöcken,
    - – – Dicke 3 bis 4 cm, Länge 60 cm, Abstand 100 cm,
    - – – Dicke 4 bis 6 cm, Länge 80 cm, Abstand 100 cm,
    - – – Abmessungen ....,
      (Sofern nicht vorgeschrieben, vom Bieter einzutragen),
  - – befestigen an Stahlstäben,
    - – – Dicke 16 mm, Länge 600 mm, Abstand 100 cm,
    - – – Dicke 16 mm, Länge 800 mm, Abstand 100 cm,
    - – – Abmessungen ....,
      (Sofern nicht vorgeschrieben, vom Bieter einzutragen),
- Einbauart
  - – Einbau einlagig,
  - – Einbau zweilagig,
    - – – voll im Boden einbetten,
    - – – zur Hälfte herausragend,
    - – – auf dem Planum einbauen,
  - – Einbau ......,
- Böschungsneigung
  - – Neigung der Böschung über 1 : 2,
  - – Neigung der Böschung über 1 : 1,5,
  - – Neigung der Böschung ....,
- Berechnungseinheit m

178 **Hangrost,**
Einzelangaben nach DIN 18320
- Holzart, Holzquerschnitt
  - – aus Rundhölzern, Dicke 10 bis 14 cm,
  - – aus Rundhölzern, Dicke 12 bis 20 cm,
  - – aus Rundhölzern, Dicke ....,
  - – aus Kanthölzern, Querschnitt 10 cm x 10 cm,
  - – aus Kanthölzern, Querschnitt 12 cm x 12 cm,
  - – aus Kanthölzern, Querschnitt ....,
  - – ....,
- Abstand der Hölzer
  - – Abstand der Vertikal- und Horizontalhölzer 200 cm,
  - – Abstand der Vertikal- und Horizontalhölzer.......,
  - – Abstand der Hölzer ....,
- Befestigung der Hölzer untereinander ....
- Holzart
  - – Holzart Kiefer – Fichte – ......,
- Holzschutz ....
- Ausführung gemäß Zeichnung Nr. ....
- Böschungsneigung
  - – Neigung der Böschung über 1 : 2,
  - – Neigung der Böschung über 1 : 1,5,
  - – Neigung der Böschung ....,
- Abrechnungsart
  - – Abrechnung in der Abwicklung (nach m²)
- Berechnungseinheit m², Stück

179 **Krainerwand,**
180 **Krainerwand, doppelwandig,**
Hinweis: Krainerwände bestehen aus übereinandergelegten Bauteilen, die zangenartig hangseitig eingebunden werden.
Ausführung nach DIN 18918, Abs. 6.1.3.
Einzelangaben nach DIN 18320 zu Pos. 179, 180
- Holzart, Holzquerschnitt
  - – aus Rundhölzern, Dicke 12 bis 14 cm,
  - – aus Rundhölzern, Dicke über 14 bis 20 cm,
  - – aus Rundhölzern, Dicke in cm ....,
  - – aus Kanthölzern, Querschnitt 10 cm x 10 cm,
  - – aus Kanthölzern, Querschnitt 12 cm x 12 cm,
  - – aus Kanthölzern, Querschnitt ....,
  - – aus Kanthölzern, Querschnitt in cm ....,
- Holzart
  - – Holzart Kiefer – Fichte – ......,
- Holzschutz ....
- Abmessungen, Konstruktion/Ausführung
  - – Höhe der Wand ....,
  - – Länge der Wand ....,
  - – Neigung der Wand in % ....,
  - – Abstand und Länge der Zangen in m ....,
  - – Verbindung der Bauteile ....,
  - – Steckhölzer einlegen, Art ......, Anzahl je m² Wandfläche ....,
  - – gemäß Zeichnung Nr. ....,
- Wand hinterfüllen mit ....
- Abrechnungsart
  - – Abrechnung nach Stirnwandfläche,
- Berechnungseinheit m², Stück
  (mit Angabe Abmessungen)

LB 003 Landschaftsbauarbeiten
Vegetationstechnische Arbeiten

STLB 003

Ausgabe 06.02

181 Steingabione (Drahtschotterkasten),
Einzelangaben nach DIN 18320
- Abmessungen
  - – – gemäß Zeichnung Nr. ......,
  - – – gemäß Einzelbeschreibung Nr. ......,
  - – – Länge 100 cm, Breite 80 cm, Höhe 50 cm,
  - – – Länge 200 cm, Breite 100 cm, Höhe 50 cm,
  - – – Länge 200 cm, Breite 80 cm, Höhe 80 cm,
  - – – Länge 100 cm, Breite 100 cm, Höhe 100 cm,
  - – – Länge 200 cm, Breite 100 cm, Höhe 100 cm,
  - – – Länge 200 cm, Breite 150 cm, Höhe 100 cm,
  - – – Länge 200 cm, Breite 240 cm, Höhe 23 cm,
  - – – Länge 200 cm, Breite 300 cm, Höhe 30 cm,
  - – – Abmessungen ......,
    - – – – Anzahl der Kammern ......,
- Ausführung
  - – – Außenwände aus Drahtgeflecht DIN 1199,
    - – – – Maschenweite 5 cm x 7 cm, Drahtdicke 2 mm,
    - – – – Maschenweite 5 cm x 7 cm, Drahtdicke 2,2 mm,
    - – – – Maschenweite 5 cm x 7 cm, Drahtdicke 2,5 mm,
      - – – – – mit Kiesfüllung, Mindestkorn 63 mm,
      - – – – – mit Kiesfüllung ......,
        - – – – – – Wände aus lagerhaften Steinen aufsetzen,
        - – – – – – Wandauskleidung aus verrottbaren Geotextilien,
        - – – – – – Wandauskleidung ......,
    - – – – Maschenweite 6 cm x 8 cm, Drahtdicke 2,2 mm,
    - – – – Maschenweite 6 cm x 8 cm, Drahtdicke 2,5 mm,
    - – – – Maschenweite 6 cm x 8 cm, Drahtdicke 2,8 mm,
      - – – – – mit Schotterfüllung, Mindestkorn 56 mm,
      - – – – – mit Schotterfüllung ......,
        - – – – – – Wände aus lagerhaften Steinen aufsetzen,
        - – – – – – Wandauskleidung aus verrottbaren Geotextilien,
        - – – – – – Wandauskleidung ......,
  - – – Außen– und Zwischenwände aus Drahtgeflecht DIN 1199,
    - – – – Maschenweite 8 cm x 10 cm, Drahtdicke 2,8 mm,
    - – – – Maschenweite 8 cm x 10 cm, Drahtdicke 3,1 mm,
    - – – – Maschenweite 10 cm x 12 cm, Drahtdicke 3,1 mm,
    - – – – Maschenweite 10 cm x 12 cm, Drahtdicke 3,4 mm,
    - – – – Maschenweite 12 cm x 14 cm, Drahtdicke 3,4 mm,
    - – – – Maschenweite 15 cm x 18 cm, Drahtdicke 3,8 mm,
    - – – – Maschenweite 18 cm x 21 cm, Drahtdicke 4,2 mm,
    - – – – Maschenweite ......, Drahtdicke ......, Drillung ......,
      - – – – – mit Bruchsteinfüllung,
      - – – – – mit Bruchsteinfüllung, Kantenlänge nicht unter ......,
        - – – – – – Wände aus lagerhaften Steinen aufsetzen,
        - – – – – – Wandauskleidung aus verrottbaren Geotextilien,
        - – – – – – Wandauskleidung ......,
- Bauhöhe in m ......
- Einbringen von Steckhölzern, Buschlagen
  - – – Steckhölzer einbringen, Art ......, Anzahl auf der Wandfläche in St/m² ......,
  - – – Buschlage einbringen, Ausführung ......,
- Berechnungseinheit Stück

182 Erdgabione (bewehrter Erdkörper, Geotextilkörper),
Einzelangaben nach DIN 18320
- Verlegeart, Bauweise
  - – – Geotextilien lagenweise verlegen in hangseits offener Bauweise,
  - – – lagenweise verlegen ......, in hangseits offener Bauweise,
    - – – – entsprechend dem –Merkblatt für die Anwendung von Geotextilien im Erdbau–,
    - – – – gemäß Zeichnung Nr. ......, Einzelbeschreibung Nr. ......,
    - – – – gemäß ......,
      - – – – – Erzeugnis,
        - – – – – – Erzeugnis/Typ ...... (oder gleichwertiger Art),
        - – – – – – Erzeugnis/Typ ...... (vom Bieter einzutragen),
- Abmessungen Schichtpakete
  - – – Dicke der Schichtpakete 30 cm, Einbindetiefe 100 cm,
  - – – Dicke der Schichtpakete 40 cm, Einbindetiefe 120 cm,
  - – – Dicke der Schichtpakete 50 cm, Einbindetiefe 150 cm,
  - – – Dicke der Schichtpakete in cm ......, Einbindetiefe in cm ......,
- Böschungshöhe
  - – – lotrecht gemessene Böschungshöhe 2 m,
  - – – lotrecht gemessene Böschungshöhe 3 m,
  - – – lotrecht gemessene Böschungshöhe 4 m,
  - – – lotrecht gemessene Böschungshöhe in m ......,
- Bodengruppe
  - – – Bodengruppe 2 DIN 18915,
  - – – Bodengruppe 3 DIN 18915,
  - – – Bodengruppe 4 DIN 18915,
  - – – Bodengruppe 5 DIN 18915,
  - – – Bodengruppe 6 DIN 18915,
  - – – Bodengruppe 7 DIN 18915,
  - – – Bodengruppe 8 DIN 18915,
  - – – Bodengruppen ......, geschätzter Anteil der Bodengruppen in % ......,
- Einbringen von Steckhölzern, Ästen, Zweigen
  - – – Steckhölzer einbringen, Art ......, Anzahl auf der Böschungswand in St/m² ......,
  - – – Lebende Äste und Zweige einbringen, Art ......, Anzahl auf der Böschungswand in St/m² ......,
  - – – Steckhölzer sowie lebende Äste und Zweige einbringen, Art ......, Anzahl auf der Böschungswand in St/m² ......,
- Berechnungseinheit m²

183 Blockschlichtung,
Einzelangaben nach DIN 18320
- Steine
  - – – mit lagerhaften Gesteinsblöcken,
  - – – mit lagerhaften Gesteinsblöcken, vom AG beigestellt,
  - – – mit lagerhaften Gesteinsblöcken, auf der Baustelle zu gewinnen,
  - – – mit ......,
    - – – – Einzelmaße mind. 0,3 m³,
    - – – – Einzelmaße in m³ ......,
- Höhe
  - – – Bauhöhe 1 m,
  - – – Bauhöhe 1,5 m,
  - – – Bauhöhe 2 m,
  - – – Bauhöhe 2,5 m,
  - – – Bauhöhe in m ......,
- Einbindetiefe
  - – – Mindesteinbindetiefe 40 cm,
  - – – Mindesteinbindetiefe 50 cm,
  - – – Mindesteinbindetiefe 60 cm,
  - – – Mindesteinbindetiefe in cm ......,
- Breite
  - – – Mindestbreite 30 cm,
  - – – Mindestbreite 40 cm,
  - – – Mindestbreite in cm ......,
- Rückseite durchlässig verfüllen,
- Berechnungseinheit m²

LB 003 Landschaftsbauarbeiten
Vegetationstechnische Arbeiten

184 Steinschlag–Schutznetz mit Unterkonstruktion aus Seilnetz, Trag– und Zuganker, fest montiert, Einzelangaben nach DIN 18320
- Anker
  - – Anker aus Stahl St 37, Durchmesser 20 mm, Länge 1200 mm, Ösendurchmesser 35 mm, Rundschaft am Ende gespalten, gesenkgeschmiedet, Ösen geschlossen, mit Korrosionsschutz, Ankerabstand 270 bis 280 cm,
  - – Anker aus Stahl St 37, Durchmesser in mm ...., Länge in mm ...., Ösendurchmesser in mm ...., Bearbeitung ...., Korrosionsschutz ...., Ankerabstand in cm ....,
- Seilnetz
  - – Seilnetz aus Drahtseil 11 DIN 3060 – SES – di zn 1570 sS–spa, Kauschen mit 12 mm Rillenweite, 40 mm lichte Weite, verzinkt DIN EN ISO 1461, Klemmen Größe 12, verzinkt DIN EN ISO 1461, Zulagestahl St I, 12 mm, Länge 160 mm, verzinkt DIN EN ISO 1461,
  - – Seilnetz aus Drahtseil ...., Kauschen ...., Klemmen ...., Zulagestahl ....,
  - – Seilnetz ....,
- Schutznetz
  - – Schutznetz aus Viereck–Drahtgeflecht DIN 1199, 50 x 3,1 x 3000 di zn, an den Stößen und an der Seilkonstruktion im Abstand von max. 40 cm, an den Rändern jedoch an jeder Masche mit Bindedraht mind. 2 mm, dick verzinkt, befestigen,
  - – Schutznetz aus Drahtgeflecht ...., Befestigung mit ....,
  - – Schutznetz ....,
    - – – Bodenfreiheit des Netzes 10 bis 20 cm,
    - – – Bodenfreiheit des Netzes über 20 bis 30 cm,
    - – – Bodenfreiheit des Netzes in cm ....,
- Böschungsneigung
  - – Neigung der Böschung über 1 : 1,
  - – Neigung der Böschung ....,
- Berechnungseinheit m²

185 Steinschlag–Schutznetz, frei aufliegend, mit Drahtnetz an Halteankern, Einzelangaben nach DIN 18320
- Anker
  - – Anker aus Stahl St 37, Durchmesser 20 mm, Länge 800 mm, Bearbeitung als Rundschaft, Ende gespalten, Ösen geschlossen, mit Korrosionsschutz, Abstand der Anker 270 bis 280 cm,
  - – Anker aus Stahl St 37, Durchmesser in mm ...., Länge in mm ...., Bearbeitung ...., Korrosionsschutz ...., Abstand in cm ....,
  - – Anker ....,
- Schutznetz
  - – Schutznetz aus Viereck–Drahtgeflecht DIN 1199, 50 x 3,1 x 3000 di zn, mit Randverstärkung aus Drahtseil 11 DIN 3060–SES–di zn–1570 sS–spa,
    - – – an jeder Masche und an den Stößen im Abstand von max. 40 cm mit Bindedraht 2 mm, zn, verbinden,
    - – – Überlappung 20 cm,
  - – Schutznetz aus Drahtgeflecht ...., Befestigung mit ....,
  - – Schutznetz ....,
- Böschungsneigung
  - – Neigung der Böschung ....,
- Berechnungseinheit m²

186 Steinschlag–Schutzwand, Einzelangaben nach DIN 18320
- Bauart
  - – als Holzwand mit Stahlträgern – als ....,
- Wandhöhe
  - – Wandhöhe 1,5 m,
  - – Wandhöhe 2 m,
  - – Wandhöhe 2,5 m,
  - – Wandhöhe 3 m,
  - – Wandhöhe in m ....,
- Pfostenabstand
  - – Pfostenabstand 3 m,
  - – Pfostenabstand 3,5 m,
  - – Pfostenabstand 4 m,
  - – Pfostenabstand in m ....,
- Pfostenprofil
  - – Pfosten aus Stahlprofil I,
  - – Pfosten aus Stahlprofil IP,
  - – Pfosten aus Stahlprofil IPE,
  - – Pfosten ....,
    - – – Maße 240/120/12 mm,
    - – – Maße in mm ....,
- Fundament
  - – Fundament aus B 15, Maße in cm ....,
  - – Fundament ...., Maße in cm ....,
- Ausfachung
  - – Ausfachung aus Kanthölzern, Querschnitt 20 cm x 16 cm,
  - – Ausfachung aus Kanthölzern ....,
  - – Ausfachung ....,
    - – – Holzart ....,
- Berechnungseinheit m, m²

187 Ausgrassen von Runsen, Einzelangaben nach DIN 18320
- Abmessungen
  - – Runsenbreite im Mittel in cm ....,
  - – Runsentiefe im Mittel in cm ....,
- Stoffe
  - – totes Astwerk,
  - – totes Astwerk, vom AG beigestellt,
  - – totes Astwerk, auf der Baustelle gewinnen,
- Befestigung
  - – Befestigung mit Spanndraht aus Stahldraht DIN 177 – zn, Dicke 2,2 mm,
  - – Befestigung mit Spanndraht, Dicke in mm ....,
  - – Befestigung mit Sechseckdrahtgeflecht DIN 1200 – 100 x 1,4 x 2000 – zn,
  - – Befestigung mit Drahtgeflecht, Dicke in mm ....,
  - – Befestigung ....,
    - – – an Rundhölzern, Dicke mind. 20 cm,
    - – – an Rundhölzern, Dicke 25 cm,
    - – – an Rundhölzern, Dicke in cm ....,
- Einbaudicke
  - – Einbaudicke 50 cm, Pfostenabstand 60 cm,
  - – Einbaudicke 60 cm, Pfostenabstand 80 cm,
  - – Einbaudicke/Pfostenabstand in cm ....,
- Abstand Querschwellen
  - – Abstand der Querschwellen ca. 2 m,
  - – Abstand der Querschwellen ca. 3 m,
  - – Abstand der Querschwellen in m ....
- Berechnungseinheit m, m²

188 Sickerstrang als Dränfaschine, Einzelangaben nach DIN 18320
- Stoffe
  - – aus lebenden Ruten und Zweigen,
  - – aus lebenden und toten Ruten und Zweigen,
  - – aus toten Ruten und Zweigen,
  - – aus ....,
- Grabenaushub
  - – einschl. Grabenaushub in der Falllinie,
  - – einschl. Grabenaushub ....,
- Faschinendicke
  - – Faschinendicke 20 bis 25 cm,
  - – Faschinendicke in cm ....,
- Art der Befestigung
  - – befestigen an Holzpflöcken, Abstand 60 cm,
  - – befestigen an Holzpflöcken, Abstand 80 cm,
  - – befestigen an Holzpflöcken, Abstand in cm ....,
  - – befestigen an ....,
    - – – Dicke der Pflöcke 3 bis 5 cm, Länge 60 cm,
    - – – Dicke der Pflöcke 4 bis 6 cm, Länge 60 cm,
    - – – Dicke und Länge der Pflöcke in cm ....,
- Verfüllen Sickerstrang
  - – Sickerstrang mit Filterstoff verfüllen,
  - – Sickerstrang mit Filterstoff verfüllen, Art/Körnung ...., Dicke der Ummantelung in cm ....,
- Abstand der Sickerstränge in m ....
- Böschungsneigung
  - – Neigung der Böschung über 1 : 2,
  - – Neigung der Böschung über 1 : 1,5,
  - – Neigung der Böschung ....
- Berechnungseinheit m

LB 003 Landschaftsbauarbeiten
Vegetationstechnische Arbeiten

STLB 003

Ausgabe 06.02

189 Wasserrinne aus Betonfertigteilen,
Einzelangaben nach DIN 18320
- Leistungsumfang
  - – einschl. Graben ausheben,
    - – – – Aushub innerhalb der Baustelle planieren,
    - – – – Aushub ......,
- Art und Beschaffenheit der Fertigteile ......,
  - – – Erzeugnis
    - – – – Erzeugnis/Typ ...... (oder gleichwertiger Art),
    - – – – Erzeugnis/Typ ...... (vom Bieter einzutragen),
- Bettung der Fertigteile
  - – – Bettung aus Sand, Dicke 5 cm,
  - – – Bettung aus Beton B 10, Dicke 10 cm,
  - – – Bettung ......,
- Rinnenmaße
  - – – lichte Rinnenbreite 50 cm – 75 cm – in cm ......,
    - – – – lichte Rinnentiefe 20 cm – 30 cm – 40 cm – in cm ......,
- Berechnungseinheit m

190 Raubettrinne,
Einzelangaben nach DIN 18320
- Leistungsumfang
  - – – einschl. Graben ausheben,
  - – – einschl. Graben ausheben, anfallenden Boden innerhalb der Baustelle planieren,
  - – – einschl. Graben ausheben, anfallenden Boden ....
- Rinnenmaße
  - – – lichte Breite 80 cm – 100 cm – 150 cm – 200 cm – in cm ......,
    - – – – lichte Tiefe 30 cm – 40 cm – 50 cm – in cm ......,
- Packung
  - – – Packung aus Bruchstein (Hartgestein),
  - – – Packung aus ......,
    - – – – Kantenlänge 15 cm bis 30 cm – 20 cm bis 30 cm – 20 cm bis 50 cm – in cm ......,
  - – – Packung aus Bruchstein, auf der Baustelle zu gewinnen,
    - – – – Kantenlänge mindestens 15 cm – in cm ......,
- Bettung
  - – – Bettung aus Kiessand 0/32, Dicke 20 cm,
  - – – Bettung aus Kiessand 0/32, ...,
  - – – Bettung aus Sand ......,
  - – – Bettung aus Kies ......,
  - – – Bettung aus Mineralgemisch ......,
  - – – Bettung aus Beton ......,
  - – – Bettung ......,
- Gefälle bis 1 : 4 – über 1 : 4 bis 1 : 2 – über 1 : 2 bis 1 : 1 – über 1 : 1,
- Dichtung
  - – – Dichtung mit Lehmschlag,
  - – – Dichtung mit Dichtungsbahn ......,
  - – – Dichtung durch Verfugen mit Zementmörtel,
  - – – Dichtung ......,
- Berechnungseinheit m

191 Ufersicherung,
192 Sohlsicherung,
193 Ufer- und Sohlsicherung,
Einzelangaben nach DIN 18320 zu Pos. 191 bis 193
- Werkstoff
  - – – aus Kokosmatten – aus Geotextilmatten – aus Nylonstrukturmatten – aus ......,
    - – – – Gewicht in g/m² ......, Dicke in mm ......, Festigkeit ......,
    - – – – Beschaffenheit ......,
      - – – – – Erzeugnis,
        - – – – – – Erzeugnis/Typ ...... (oder gleichwertiger Art),
        - – – – – – Erzeugnis/Typ ...... (vom Bieter einzutragen),
- Überlappung
  - – – Überlappung 20 cm – 30 cm – in cm ......,
- Befestigung
  - – – Befestigung mit gekröpften Stahlnägeln, Länge 60 cm, Dicke 10 mm, Menge 2 Stück/m²,
  - – – Befestigung mit Holznägeln, Länge 90 cm, Dicke 40 mm, Menge 2 Stück/m²,
  - – – Befestigung mit ......, Menge in Stück/m² ......,

- Verfüllen, überdecken
  - – – verfüllen mit Oberboden,
  - – – verfüllen mit zu lieferndem Oberboden,
  - – – verfüllen mit Edelsplitt 2/5,
  - – – verfüllen mit ......,
  - – – überdecken mit Oberboden, Dicke 5 cm,
  - – – überdecken mit Oberboden, Dicke in cm ......,
  - – – überdecken mit zu lieferndem Oberboden, Dicke 5 cm,
  - – – überdecken mit zu lieferndem Oberboden, Dicke in cm ......,
  - – – überdecken mit ......,
- Böschungsneigung
  - – – Neigung der Böschung über 1 : 4 bis 1 : 2,
  - – – Neigung der Böschung über 1 : 2,
  - – – Neigung der Böschung ......,
    Neigung der Restfläche ......,
- Berechnungseinheit m²

195 Sicherung DIN 18918 durch Verwehungszaun,
Einzelangaben nach DIN 18320
- Pfosten
  - – – Pfosten aus Holz, Durchmesser 6 bis 8 cm,
  - – – Pfosten aus Holz, Durchmesser 8 bis 10 cm,
  - – – Pfosten aus Holz, Durchmesser ......,
  - – – Pfosten aus Rundstahl, Durchmesser 16 mm,
  - – – Pfosten aus Rundstahl, Durchmesser 20 mm,
  - – – Pfosten aus Rundstahl, Durchmesser ......,
  - – – Pfosten aus Profilstahl ......,
  - – – Pfosten ......,
    - – – – Pfostenabstand 100 cm,
      Pfostenhöhe 80 cm,
    - – – – Pfostenabstand 150 cm,
      Pfostenhöhe 120 cm,
    - – – – Pfostenabstand 200 cm,
      Pfostenhöhe 150 cm,
    - – – – Pfostenabstand ...... ,
- Querverbindungen
  - – – Querverbindung durch 2,
  - – – Querverbindung durch 3,
  - – – Querverbindung ......,
    - – – – Rundholzriegel, Durchmesser 6 bis 8 cm,
    - – – – Rundholzriegel, Durchmesser......,
    - – – – Drahtseile, Dicke ......,
    - – – – Spanndrähte, Dicke ......,
- Füllungen
  - – – Ausfüllen mit Holzlatten ......,
  - – – Ausfüllen mit Drahtgeflecht ......,
  - – – Ausfüllen mit Drahtgitter ......,
  - – – Ausfüllen mit Kunststoffstreifen ......,
  - – – Ausfüllen mit Kunststoffmatten ......,
  - – – Ausfüllen mit Kunststoffgitter ......,
    - – – – Füllungsgrad 30 %,
    - – – – Füllungsgrad 50 %,
    - – – – Füllungsgrad ......,
- Berechnungseinheit m

Rasenpflaster, Schotterrasen, sonstige Beläge

Hinweis: Tragschichten siehe LB 080 Straßen, Wege, Plätze

200 Vegetationstragschicht für Schotterrasen,
201 Vegetationstragschicht für ......,
Einzelangaben nach DIN 18320 zu Pos. 200, 201
- Stoff, Gemisch
  - – – Gemisch aus Schotter 32/45, Sand 0/2, Oberboden, Bodengruppe 2 DIN 18915,
    - – – – im Verhältnis 50 : 30 : 20,
    - – – – im Verhältnis ......,
  - – – Gemisch aus Schotter 32/45, Sand 0/2, Lava 0/8, Oberboden, Bodengruppe 2 DIN 18915,
    - – – – im Verhältnis 40 : 25 : 15 : 20,
    - – – – im Verhältnis ......,
  - – – Gemisch aus Kies 0/32, Oberboden, Bodengruppe 2 DIN 18915,
    - – – – im Verhältnis 80 : 20,
    - – – – im Verhältnis ......,
  - – – Gemisch aus Kies 0/32, Lava 0/8, Oberboden, Bodengruppe 2 DIN 18915,
    - – – – im Verhältnis 65 : 15 : 20,
    - – – – im Verhältnis ......,
  - – – Gemisch ......,

STLB 003

LB 003 Landschaftsbauarbeiten
Vegetationstechnische Arbeiten

Ausgabe 06.02

Einzelangaben nach DIN 18320 zu Pos. 200, 201,
Fortsetzung
- Verbesserungsmittel
  - – Kompost, gütegesichert,
  - – Rindenhumus, gütegesichert,
  - – Bodenverbesserungsmittel ......,
    - – – 100 l/m³,
    - – – 200 l/m³,
    - – – Menge in l/m³ ......,
  - – Düngemittel,
    - – – 500 g/m³,
    - – – 800 g/m³,
    - – – Menge in g/m³ ......,
- Schichtdicke
  - – Schichtdicke 15 cm – 20 cm – 25 cm – 30 cm – in cm ......,
  - – Oberboden liefern,
- Tragfähigkeit
  - – Tragfähigkeit EV2 mind. 45 MN/m²,
  - – Tragfähigkeit EV2 mind. 60 MN/m²,
  - – Tragfähigkeit ......,
- Berechnungseinheit m²

202 Rasenpflaster,
Einzelangaben nach DIN 18320
- Pflasterart
  - – aus Betonpflastersteinen DIN 18501,
    - – – Größe 1 – 2 – 3,
    - – – Maße 160 mm x 160 mm x 100 mm,
    - – – Maße in mm ......,
      - – – – einschl. Abstandshalter,
      - – – – einschl. Abstandshalter ......,
      - – – – mit angeformten Abstandshaltern,
      - – – – mit ......,
  - – aus Natursteinpflaster DIN 18502,
    - – – Großpflaster, Güteklasse I,
    - – – Großpflaster, Güteklasse II,
      - – – – Größe 1 – 2 – 3 – 4,
      - – – – Maße in mm ......,
        - – – – – einschl. Abstandshalter,
        - – – – – einschl. Abstandshalter ......,
    - – – Kleinpflaster, Güteklasse I,
    - – – Kleinpflaster, Güteklasse II,
      - – – – Größe 1 – 2 – 3,
      - – – – Maße in mm ......,
        - – – – – einschl. Abstandshalter,
        - – – – – einschl. Abstandshalter ......,
  - – aus Ziegeln,
  - – aus Lochziegeln,
  - – aus Hochlochziegeln,
  - – aus Klinkern,
    - – – NF – 2 DF – 4 DF,
    - – – Format ......,
    - – – Maße in mm ......,
      - – – – einschl. Abstandshalter,
      - – – – einschl. Abstandshalter ......,
  - – aus ......,
    - – – Maße in mm ......,
      - – – – einschl. Abstandshalter,
      - – – – einschl. Abstandshalter ......,
- Erzeugnis
  - – Erzeugnis/Typ ...... (oder gleichwertiger Art),
  - – Erzeugnis/Typ ...... (vom Bieter einzutragen),
- Pflasterbett
  - – Pflasterbett aus Sand–Lava–Gemisch, im Verhältnis 40 : 60,
  - – Pflasterbett aus Splitt–Lava–Gemisch, im Verhältnis 50 : 50,
  - – Pflasterbett aus Splitt,
  - – Pflasterbett aus ......, im Verhältnis ......,
    - – – Dicke 3 cm – 5 cm – in cm ......,
- Fugenbreite 15 mm – 20 mm – 30 mm – 35 mm – 40 mm – in mm ......,
- Fugen verfüllen
  - – Fugen verfüllen mit Pflasterbettgemisch–Oberboden im Verhältnis 50 : 50,
  - – Fugen verfüllen mit Pflasterbettgemisch–Oberboden im Verhältnis 50 : 50, Oberboden liefern,
  - – Fugen verfüllen ......,
- Berechnungseinheit m²

203 Rasengittersteinbelag,
204 Rasengitterplattenbelag,
Einzelangaben nach DIN 18320 zu Pos. 203, 204
- Belagart
  - – aus Beton,
  - – aus Kunststoff,
  - – aus Recyclingstoff ......,
  - – aus ......,
    - – – Maße 40 cm x 60 cm,
    - – – Maße 50 cm x 50 cm,
    - – – Maße in cm ......,
      - – – – Dicke 8 cm,
      - – – – Dicke 10 cm,
      - – – – Dicke in cm ......,
        - – – – – Erzeugnis,
        - – – – – – Erzeugnis/Typ ...... (oder gleichwertiger Art),
        - – – – – – Erzeugnis/Typ ...... (vom Bieter einzutragen),
- Flächenanteil Rasenkammern
  - – Flächenanteil der Rasenkammern 50 %,
  - – Flächenanteil der Rasenkammern 60 %,
  - – Flächenanteil der Rasenkammern in % ......,
- Fugenbreite
  - – Fugenbreite 30 mm,
  - – Fugenbreite in mm ......,
- Bettung
  - – Bettung aus Sand–Lava–Gemisch, im Verhältnis 40 : 60,
  - – Bettung aus Splitt–Lava–Gemisch, im Verhältnis 50 : 50,
  - – Bettung aus Splitt,
  - – Bettung ......, im Verhältnis ......,
    - – – Dicke 3 cm – 5 cm – in cm ......,
- Fugen verfüllen
  - – Fugen verfüllen mit Bettungsgemisch–Oberboden im Verhältnis 50 : 50,
  - – Fugen verfüllen mit Bettungsgemisch–Oberboden im Verhältnis 50 : 50, Oberboden liefern,
  - – Fugen verfüllen ......,
- Berechnungseinheit m²

205 Holzpaneel–Belag,
Einzelangaben nach DIN 18320
- Holzart
  - – aus Kiefer,
  - – aus Fichte,
  - – aus Lärche,
  - – aus Eiche,
  - – Holzart ......,
- Maße 50 cm x 50 cm – 60 cm x 60 cm – 80 cm x 80 cm – 60 cm x 120 cm – 100 cm x 100 cm – 120 cm x 120 cm – in cm ......
- Holzschutz
  - – Kesseldruckimprägnierung DIN 68800–3 mit amtlich zugelassenen Holzschutzsalzen,
  - – Kesseldruckimprägnierung DIN 68800–3 mit ......,
- Farbton
  - – Farbton braun,
  - – Farbton grün,
  - – Farbton ......,
- aus Brettern 26 mm x 65 mm – 26 mm x 95 mm – 26 mm x 145 mm – 35 mm x 65 mm – 35 mm x 95 mm – 35 mm x 145 mm – Maße in mm ......
  - – Oberfläche gehobelt – geriffelt – ......,
- Erzeugnis
  - – Erzeugnis/Typ ...... (oder gleichwertiger Art),
  - – Erzeugnis/Typ ...... (vom Bieter einzutragen),
- Unterkonstruktion
  - – Unterkonstruktion aus Brettern 35 mm x 95 mm,
  - – Unterkonstruktion aus Brettern, Maße in mm ......,
  - – Unterkonstruktion aus Kanthölzern 60 mm x 80 mm,
  - – Unterkonstruktion aus Kanthölzern 80 mm x 80 mm,
  - – Unterkonstruktion aus Kantholz, Maße in mm ......,
  - – Unterkonstruktion aus ......,
    - – – Bettung aus Kies 2/8, Dicke 5 cm,
    - – – verlegen auf ......,
- Berechnungseinheit m², Stück (Paneele)

LB 003 Landschaftsbauarbeiten
Spielplätze

STLB 003

Ausgabe 06.02

Sportflächen

Hinweis: Vorbereitende Arbeiten (Abtrag, Auftrag) siehe LB 002 Erdarbeiten.

Die nachfolgende Position 208 ist den Leistungsbeschreibungen zum Teilbereich Sportplatzbau voranzustellen.

208 Für die Ausführung von Sportplätzen gilt,
- DIN 18035–4,
  - – DIN 18035–5,
    - – – DIN 18035–6,
      - – – – DIN 18035–7,
        - – – – – Richtlinie für den Bau von Golfplätzen– der FLL,
          - – – – – – ......,
- Der AN erbringt den Nachweis über Eignung und Güte folgender Stoffe ......

209 Erdplanum,
Einzelangaben nach DIN 18320
- Flächenart
  - – – für Rasenfläche,
  - – – für Tennenfläche,
  - – – für Kunststofffläche,
  - – – für Kunststoffrasenfläche,
  - – – für ......,
- Bodenklasse
  - – – Bodenklasse 3 DIN 18300,
  - – – Bodenklasse 4 DIN 18300,
  - – – Bodenklasse 5 DIN 18300,
  - – – Bodenklasse 6 DIN 18300,
  - – – Bodenklasse 3 und 4 DIN 18300,
  - – – Bodenklassen ......, geschätzter Anteil der Bodenklassen in % ......,
  - – – grobkörniger Boden DIN 18196,
  - – – gemischtkörniger Boden DIN 18196,
  - – – feinkörniger Boden DIN 18196,
- Auf- und Abtrag, Toleranzen
  - – – Auf- und Abtrag bis 5 cm,
  - – – Auf- und Abtrag bis 10 cm,
  - – – Auf- und Abtrag bis cm ......,
    - – – – zulässige Abweichung von der Nennhöhe ± 30 mm,
    - – – – zulässige Abweichung von der Nennhöhe in mm ......,
      - – – – – Ebenheit, Spalt unter 4–m–Latte bis 30 mm,
      - – – – – Ebenheit, Spalt unter 4–m–Latte in mm ......,
- Verfügung überschüssigen Bodens
  - – – überschüssigen Boden seitlich einbauen,
  - – – überschüssigen Boden fördern und zwischenlagern,
  - – – überschüssigen Boden fördern und einbauen,
  - – – überschüssigen Boden zur Abfuhr seitlich lagern,
  - – – überschüssigen Boden ......,
- Gefälleausbildung
  - – – Gefälleausbildung satteldachförmig,
  - – – Gefälleausbildung walmdachförmig,
  - – – Gefälleausbildung pultdachförmig,
  - – – Gefälleausbildung ......,
- Förderweg
  - – – Förderweg über 50 bis 100 m,
  - – – Förderweg über 100 bis 500 m,
  - – – Förderweg über 500 bis 1000 m,
  - – – Förderweg in m ......,
- Berechnungseinheit m²

210 Untergrund verbessern,
211 Unterbau verbessern,
Einzelangaben nach DIN 18320 zu Pos. 210, 211
- Flächenart
  - – – für Sportrasenfläche – Tennenfläche – Kunststofffläche – Kunststoffrasenfläche,
- Bodenverbesserungsart
  - – – mit Weißkalk DIN 1060-1,
  - – – mit hochhydraulischem Kalk DIN 1060-1,
  - – – mit hydrophobiertem Zement,
  - – – mit Zement DIN 1164-31, Festigkeitsklasse 35,
  - – – mit Bitumen B ......,
  - – – mit ......,
    - – – – Menge 5 kg/m² – 8 kg/m² – 10 kg/m² – 12 kg/m² – 15 kg/m² – 20 kg/m² – in kg/m² ...... – l/m² ......,
      - – – – – Ausführung nach TVV,
  - – – mit Sand, Körnung ......,
  - – – mit Kiessand, Körnung ......,
  - – – mit Kies, Körnung ......,
  - – – mit Splitt, Körnung ......,
  - – – mit ......,
    - – – – Schichtdicke 50 mm – 80 mm – 100 mm – 120 mm – 150 mm – 200 mm – in mm ......,
      - – – – – Ausführung nach ZTVE–StB,
  - – – durch Bodenaustausch,
    - – – – mit Bodenklasse 3 DIN 18300,
    - – – – mit Bodenklasse 4 DIN 18300,
    - – – – mit Bodenklasse 5 DIN 18300,
    - – – – mit Bodenklasse 3 und 4 DIN 18300,
    - – – – mit grobkörnigem Boden DIN 19196,
    - – – – mit gemischtkörnigem Boden DIN 19196,
    - – – – mit feinkörnigem Boden DIN 19196,
    - – – – mit Boden ......,
      - – – – – Schichtdicke 100 mm – 150 mm – 200 mm – 250 mm – 300 mm – 350 mm – in mm ......,
        - – – – – – Ausführung nach ZTVE–StB,
  - – – mit Geotextilbahnen – mit Gewebematten,
    - – – – Gewicht 100 bis 200 g/m² – über 200 bis 300 g/m² – über 300 bis 400 g/m² – in g/m² ......,
    - – – – Dicke mind. 0,5 mm – über 0,5 bis 1 mm – über 1 bis 2 mm – über 2 bis 3 mm – in mm ......,
    - – – – Bahnenbreite 200 bis 250 cm,
    - – – – Bahnenbreite 200 bis 250 cm, Naht– und Stoßüberdeckung mind. 10 cm,
    - – – – Bahnenbreite 400 bis 500 cm,
    - – – – Bahnenbreite 400 bis 500 cm, Naht– und Stoßüberdeckung mind. 20 cm,
    - – – – Bahnenbreite in cm ......, Naht– und Stoßüberdeckung in cm ......,
      - – – – – – verlegen und verbinden nach Vorschrift des Herstellers,
      - – – – – – Nähte und Stöße vernähen,
      - – – – – – Verbindung der Nähte und Stöße ......,
      - – – – – – Ausführung gemäß –Merkblatt für die Anwendung von Geotextilien im Erdbau–,
  - – – mit ......,
- Erzeugnis
  - – – Erzeugnis/Typ ...... (oder gleichwertiger Art),
  - – – Erzeugnis/Typ ...... (vom Bieter einzutragen),
- Zusätzliche Anforderungen ......
- Berechnungseinheit m²

STLB 003

LB 003 Landschaftsbauarbeiten
Spielplätze

Ausgabe 06.02

**212 Untergrund/Unterbau verdichten,
Einzelangaben nach DIN 18320**
- Flächenart
  - – für Sportrasenfläche,
  - – für Tennenfläche,
  - – für Kunststofffläche,
  - – für Kunststoffrasenfläche,
  - – für ......,
- Bodenart
  - – Bodenklasse 3 DIN 18300,
  - – Bodenklasse 4 DIN 18300,
  - – Bodenklasse 5 DIN 18300,
  - – Bodenklasse 6 DIN 18300,
  - – Bodenklasse 7 DIN 18300,
  - – Bodenklasse 3 und 4 DIN 18300,
  - – Bodenklassen ......, geschätzter Anteil der Bodenklassen in % ......,
  - – grobkörniger Boden DIN 18196,
  - – gemischtkörniger Boden DIN 18196,
  - – feinkörniger Boden DIN 18196,
  - – Boden ......,
- Verdichtungsgrad/Verformungsmodul
  - – Verdichtungsgrad DPr mind. 92 %,
  - – Verdichtungsgrad DPr mind. 95 %,
  - – Verdichtungsgrad DPr mind. 97 %,
  - – Verdichtungsgrad DPr mind. 100 %,
  - – Verdichtungsgrad DPr in % ......,
    - – – Verformungsmodul EV2 mind. 20 N/mm², Verhältnis EV2 zu EV1 kleiner als 2,2,
    - – – Verformungsmodul EV2 mind. 30 N/mm², Verhältnis EV2 zu EV1 kleiner als 3,
    - – – Verformungsmodul EV2 mind. 45 N/mm², Verhältnis EV2 zu EV1 kleiner als 2,5,
    - – – Verformungsmodul EV2 mind. 60 N/mm², Verhältnis EV2 zu EV1 kleiner als 2,2,
    - – – Verformungsmodul EV2 in N/mm² ......, Verhältnis EV2 zu EV1 kleiner als ......,
- Berechnungseinheit m²

**213 Baugrund verbessern zur Erhöhung der Wasserdurchlässigkeit,
Einzelangaben nach DIN 18320**
- Flächenart
  - – der Sportrasenfläche,
  - – der ......,
- Verbesserungsmittel
  - – mit Sand 0/2,
  - – mit Sand, Körnung ......,
  - – mit Kiessand 0/4,
  - – mit Kiessand, Körnung ......,
  - – mit Lava 0/8,
  - – mit Lava, Körnung ......,
  - – mit ......,
- Schichtdicke
  - – Schichtdicke 50 mm,
  - – Schichtdicke 80 mm,
  - – Schichtdicke 100 mm,
  - – Schichtdicke in mm ......,
- Vermischung mit Baugrund
  - – mit Baugrund grobkrümelig vermischen,
  - – mischende Verzahnung mit Oberzone des Baugrundes,
- Bearbeitungstiefe
  - – Bearbeitungstiefe 80 mm,
  - – Bearbeitungstiefe 100 mm,
  - – Bearbeitungstiefe 150 mm,
  - – Bearbeitungstiefe 200 mm,
  - – Bearbeitungstiefe 250 mm,
  - – Bearbeitungstiefe in mm ......,
- Bodenklasse
  - – Bodenklasse 3 DIN 18300,
  - – Bodenklasse 4 DIN 18300,
  - – Bodenklasse 5 DIN 18300,
  - – Bodenklasse 3 und 4 DIN 18300,
  - – Oberboden, Bodengruppe ......,
- Erdplanum mit der geforderten Ebenflächigkeit und Nennhöhenübereinstimmung wieder herstellen
- Zusätzliche Anforderungen ......
- Berechnungseinheit m²

**215 Sickerschlitz,
Einzelangaben nach DIN 18320**
- Flächenart, Anordnung
  - – für Sportrasenfläche,
  - – für Golfrasenfläche,
  - – für ......,
    - – – im Baugrund,
    - – – im verbesserten Baugrund,
    - – – im teildurchlässigen Baugrund,
    - – – im ......,
- Schlitzabstand 50 cm – 100 cm – in cm ......
- Schlitzbreite 15 mm – 20 mm – in mm ......
- Schlitztiefe 15 cm – 20 cm – 25 cm – in cm ......
- Verfügung über anfallenden Boden, Verfüllen
  - – anfallenden Boden ohne Zwischenlagerung aufnehmen und außerhalb der Bearbeitungsfläche lagern,
  - – anfallenden Boden ......,
    - – – einschl. verfüllen mit Grobsand 0/4,
    - – – einschl. verfüllen mit Sand, Körnung ......,
    - – – einschl. verfüllen mit Feinkies 4/7,
    - – – einschl. verfüllen mit Feinkies, Körnung ......,
    - – – einschl. verfüllen mit Gemisch aus Grobsand 0/4 und Feinkies 4/7,
    - – – einschl. verfüllen mit Gemisch aus Grobsand und Feinkies, Körnung ......,
- Herstellungsverfahren
  - – im Fräsverfahren,
  - – im Bodenverdrängungsverfahren,
  - – Verfahren ......,
    (Sofern nicht vorgeschrieben, vom Bieter einzutragen),
- Berechnungseinheit m, m²

**216 Dränschlitz,
Einzelangaben nach DIN 18320**
- Flächenart, Anordnung
  - – für Sportrasenfläche,
  - – für Golfrasenfläche,
  - – für ......,
    - – – im Baugrund,
    - – – im verbesserten Baugrund,
    - – – im teildurchlässigen Baugrund,
    - – – im ......,
- Schlitzabstand 100 cm – 125 cm – 150 cm – 200 cm – in cm ......
- Schlitzbreite 5 cm – 6 cm – 7 cm – in cm ......
- Schlitztiefe 25 cm – 30 cm – 35 cm – in cm ......
- Verfügung über anfallenden Boden, Verfüllen
  - – anfallenden Boden ohne Zwischenlagerung aufnehmen und außerhalb der Bearbeitungsfläche lagern,
  - – anfallenden Boden ......,
    - – – einschl. verfüllen mit Feinkies 4/8,
    - – – einschl. verfüllen mit Kies, Körnung ......,
    - – – einschl. verfüllen ......,
- Berechnungseinheit m, m²

Hinweis: Dränung von Sportflächen (Grabenaushub und Dränleitungen) siehe LB 010 Dränarbeiten.

LB 003 Landschaftsbauarbeiten
Spielplätze

STLB 003

Ausgabe 06.02

217 Dränschicht,
Einzelangaben nach DIN 18320
- Flächenart
  - – – für Sportrasenfläche,
  - – – für Golfrasenfläche,
  - – – für ......,
- Dränstoff
  - – – Sand 0/2,
  - – – Sand, Körnung ......,
  - – – Kiessand 0/4,
  - – – Kiessand 0/8,
  - – – Kiessand 0/16,
  - – – Kiessand, Körnung ......,
  - – – Lava 0/8,
  - – – Lava 0/16,
  - – – Lava 0/32,
  - – – Lava, Körnung ......,
  - – – aus ......, Körnung ......,
- Wasserschluckwert
  - – – Wasserschluckwert mod. K_f über 3 bis 30 mm/min.,
  - – – Wasserschluckwert ......,
- Schichtdicke
  - – – Schichtdicke 120 mm,
  - – – Schichtdicke 150 mm,
  - – – Schichtdicke in mm ......,
- Maßgenauigkeit
  - – – zulässige Abweichung von der Nennhöhe ± 20 mm,
    Ebenheit, Spalt unter 4–m–Latte bis 20 mm,
  - – – zulässige Abweichung von der Nennhöhe in mm ......,
    Ebenheit, Spalt unter 4–m–Latte in mm ......,
- Zusätzliche Anforderungen ......
- Berechnungseinheit m²

218 Filterschicht,
Einzelangaben nach DIN 18320
- Flächenart
  - – – für Tennenfläche,
  - – – für Kunststofffläche,
  - – – für Kunststoffrasenfläche,
  - – – für ......,
- Filterstoff
  - – – aus Sand, Körnung ......,
  - – – aus Kiessand 0/8,
  - – – aus Kiessand 0/16,
  - – – aus Kiessand 0/32,
  - – – aus Kiessand, Körnung ......,
  - – – aus Lava 0/8,
  - – – aus Lava 0/16,
  - – – aus Lava 0/32,
  - – – aus Lava, Körnung ......,
  - – – aus Hartgestein 0/8,
  - – – aus Hartgestein 0/12,
  - – – aus Hartgestein 0/18,
  - – – aus Hartgestein 0/25,
  - – – aus Hartgestein, Körnung ......,
  - – – aus Recyclingstoff ......,
  - – – aus ......,
- Schichtdicke
  - – – Schichtdicke 60 mm,
  - – – Schichtdicke 80 mm,
  - – – Schichtdicke 100 mm,
  - – – Schichtdicke in mm ......,
- Filtereignung durch Prüfzeichen nachweisen
- Zusätzliche Anforderungen ......
- Berechnungseinheit m²

220 Gerüstbaustoff für Rasentragschicht,
Einzelangaben nach DIN 18320
- Leistungsumfang
  - – – liefern und auf dem Mischplatz lagern,
  - – – auftragen,
- Stoffart
  - – – Sand 0/2,
  - – – Sand, Körnung ......,
  - – – Kiessand 0/4,
  - – – Kiessand 0/8,
  - – – Kiessand, Körnung ......,
  - – – Lava 0/3,
  - – – Lava 0/8,
  - – – Lava, Körnung ......,
  - – – Oberboden Bodengruppe 2 DIN 18915,
  - – – Oberboden Bodengruppe 4 DIN 18915,
  - – – Art ......,
- Berechnungseinheit m³, t

221 Zusatzstoff für Rasentragschicht,
- Leistungsumfang
  - – – liefern und auf dem Mischplatz lagern,
  - – – auftragen,
- Stoffart
  - – – wenig zersetzter Hochmoortorf,
  - – – Kompost, gütegesichert,
  - – – mineralischer Dünger,
  - – – mineralischer NPK–Dünger,
  - – – organischer Dünger,
  - – – organisch–mineralischer Dünger,
  - – – Art des Stoffes ......,
    - – – – Nährstoffgehalt ......,
- Erzeugnis
  - – – Erzeugnis/Typ ...... (oder gleichwertiger Art),
  - – – Erzeugnis/Typ ...... (vom Bieter einzutragen),
- Lieferform,
  - – – in Säcken,
  - – – lose,
  - – – in ......,
    - – – – Packungsinhalt 50 l – 80 l – 100 l – 160 l – 200 l – in Liter ......,
- Abrechnung nach Aufmaß auf dem Fahrzeug
- Berechnungseinheit m³, kg, Stück

222 Rasentragschichtgemisch herstellen,
Einzelangaben nach DIN 18320
- Mischungsverhältnis
  - – – Mischungsverhältnis nach Eignungsprüfung,
  - – – Mischungsverhältnis nach beigefügter Rezeptur für RTS,
- Mischungsbestandteile
  - – – Sand, Lava, Oberboden im Verhältnis 35 : 25 : 40,
    - – – – Torf, 300 l/m³,
      Dünger, 1,5 kg/m³,
    - – – – Kompost, gütegesichert, 200 l/m³,
      Dünger, 2 kg/m³,
  - – – Sand, Lava, Oberboden im Verhältnis ......,
    - – – – Torf, Menge in l/m³ ......
      Dünger, Menge in kg/m³ ......,
    - – – – Kompost, gütegesichert, Menge in l/m³ ......
      Dünger, Menge in kg/m³ ......,
  - – – Kiessand, Lava, Oberboden im Verhältnis 40 : 30 : 30,
    Torf, 250 l/m³,
    Dünger, 2 kg/m³,
  - – – Kiessand, Lava, Oberboden im Verhältnis ......
    Torf, Menge in l/m³ ......
    Dünger, Menge in kg/m³ ......,
  - – – Sand, Oberboden im Verhältnis ......,
  - – – Kiessand, Lava, Oberboden im Verhältnis ......,
  - – – Sand, Kiessand, Oberboden im Verhältnis ......,
    Kompost, gütegesichert, Menge in l/m³ ......
    Torf, Menge in l/m³ ......
    - – – – Zusatzstoff ......, Dünger Menge in kg/m³ ......,
- Leistungsumfang
  - – – davon werden vom AG beigestellt ......,
  - – – Oberboden liefern,
  - – – vom AG werden beigestellt ......, Oberboden liefern,
- Mischen außerhalb der Einbaufläche
- Massenermittlung nach angedeckter Fläche x Dicke
- Zusätzliche Anforderungen ......
- Berechnungseinheit m³

STLB 003

LB 003 Landschaftsbauarbeiten
Spielplätze

Ausgabe 06.02

223 Rasentragschicht einbauen,
Einzelangaben nach DIN 18320
- Gemisch für Tragschicht
  - – aus auf der Baustelle hergestelltem Gemisch,
  - – aus Fertiggemisch,
    - – – Erzeugnis
      - – – – Erzeugnis/Typ ......
        (oder gleichwertiger Art),
      - – – – Erzeugnis/Typ ......
        (vom Bieter einzutragen),
- Schichtdicke
  - – Schichtdicke 120 mm,
  - – Schichtdicke 150 mm,
  - – Schichtdicke in mm ......,
- Maßgenauigkeit
  - – zulässige Abweichung von der Nennhöhe
    ± 20 mm,
  - – zulässige Abweichung von der Nennhöhe
    in mm ......,
    - – – Ebenheit, Spalt unter 4–m–Latte bis 20 mm,
    - – – Ebenheit, Spalt unter 4–m–Latte in mm ......,
- Nachweis der Eignung durch ......
- Zusätzliche Anforderungen ......
- Berechnungseinheit m²

224 Rasentragschicht aus Oberboden auftragen,
225 Rasentragschicht aus Unterboden auftragen,
Einzelangaben nach DIN 18320 zu Pos. 224, 225
- Bodengruppe
  - – Bodengruppe 2 DIN 18915,
  - – Bodengruppe 4 DIN 18915,
- Schichtdicke
  - – Schichtdicke 80 mm,
  - – Schichtdicke 100 mm,
  - – Schichtdicke 120 mm,
  - – Schichtdicke 150 mm,
  - – Schichtdicke in mm ......,
- Leistungsumfang
  - – Boden liefern,
  - – Boden zwischengelagert,
  - – Boden zwischengelagert, Förderweg in m ......,
  - – Boden vom Lagerplatz des AG laden und fördern,
    Transportentfernung in km ......,
- Maßgenauigkeit
  - – zulässige Abweichung von der Nennhöhe
    ± 20 mm,
  - – zulässige Abweichung von der Nennhöhe
    in mm ......,
    - – – Ebenheit, Spalt unter 4–m–Latte bis 20 mm,
    - – – Ebenheit, Spalt unter 4–m–Latte in mm ......,
- Zusätzliche Anforderungen ......
- Berechnungseinheit m²

226 Rasentragschicht nach dem Einbau lockern,
Einzelangaben nach DIN 18320
- Verfahren zur Lockerung
  - – durch mischende Verzahnung,
  - – durch lockernde Verzahnung,
    - – – mit dem Baugrund,
    - – – mit dem verbesserten Baugrund,
    - – – mit der Dränschicht,
- Bearbeitungstiefe
  - – Bearbeitungstiefe 180 mm,
  - – Bearbeitungstiefe 200 mm,
  - – Bearbeitungstiefe in mm ......,
- Zusätzliche Anforderungen ......
- Berechnungseinheit m²

227 Rasentragschicht auf der Fläche mischen,
Einzelangaben nach DIN 18320
- Gerüstbau– und Zusatzstoffe einarbeiten
- Bodengruppe
  - – Bodengruppe 2 DIN 18915,
  - – Bodengruppe 4 DIN 18915,
- Bearbeitungstiefe
  - – Bearbeitungstiefe 80 mm,
  - – Bearbeitungstiefe 100 mm,
  - – Bearbeitungstiefe 120 mm,
  - – Bearbeitungstiefe 150 mm,
  - – Bearbeitungstiefe in mm ......,
- Berechnungseinheit m²

228 Feinplanum für Sportrasen,
Einzelangaben nach DIN 18320
- Maßgenauigkeit
  - – zulässige Abweichung von der Nennhöhe
    ± 20 mm,
  - – zulässige Abweichung von der Nennhöhe
    in mm ......,
    - – – Ebenheit, Spalt unter 4–m–Latte bis 20 mm,
    - – – Ebenheit, Spalt unter 4–m–Latte in mm ......,
- Zusätzliche Anforderungen ......
- Berechnungseinheit m²

229 Sportrasen ansäen,
Einzelangaben nach DIN 18320
- Rasenart
  - – RSM 3.1 Sportrasen – Neuanlage –,
  - – RSM 4.1 Golfrasen – Grün –,
  - – RSM 4.2 Golfrasen – Vorgrün –,
  - – RSM 4.3 Golfrasen – Abschlag –,
  - – RSM 4.4 Golfrasen – Spielbahn –,
  - – RSM 4.5 Golfrasen – Halbraufläche –,
  - – RSM 4.6 Golfrasen – Verbindungsweg –,
- Saatgutmischung
  - – mit Regel–Saatgutmischung der FLL,
    - – – Variante 1,
    - – – Variante 2,
    - – – Variante 3,
    - – – Variante ......,
  - – mit Saatgutmischung gemäß Liste ......,
  - – mit Saatgut ......,
- Erzeugnis
  - – Erzeugnis/Typ ...... (oder gleichwertiger Art),
  - – Erzeugnis/Typ ...... (vom Bieter einzutragen),
- Saatgutmenge
  - – Saatgutmenge 20 g/m²,
  - – Saatgutmenge 25 g/m²,
  - – Saatgutmenge 30 g/m²,
  - – Saatgutmenge in g/m² ......,
- Sortenausstattung
  - – die Saatgutmischung ist mit Gräsersorten auszustatten, die in der RSM/FLL in die höchste Eignungsstufe eingeordnet sind.
  - – die Saatgutmischung ist mit Gräsersorten auszustatten, die in der RSM/FLL in die 2 höchsten Eignungsstufen eingeordnet sind.
  - – Saatgutmischung gemäß Liste ......, mit Zuordnung in die höchste Eignungsstufe der RSM/FLL,
  - – Saatgutmischung gemäß Liste ......, mit Zuordnung in die 2 höchsten Eignungsstufen der RSM/FLL,
  - – Sortenausstattung ......,
- Nachweise
  - – Nachweis der Beschaffenheit durch Vorlage des Mischungsnummernbescheides,
  - – Nachweis ......,
- Berechnungseinheit m²

230 Sportrasen aus Fertigrasen,
Einzelangaben nach DIN 18320
- Nenn–Schäldicke
  - – Nenn–Schäldicke 15 mm,
  - – Nenn–Schäldicke 20 mm,
  - – Nenn–Schäldicke in mm ......,
- Beschaffenheit des Anzuchtbodens
  - – annähernd wie Rasentragschicht,
  - – laut Einzelbeschreibung Nr. ......,
- Arten– und Sortenbestand
  - – Arten– und Sortenbestand RSM 3.1 Sportrasen – Neuanlage –,
  - – Arten– und Sortenbestand ......,
- Erzeugnis
  - – Erzeugnis/Typ ...... (oder gleichwertiger Art),
  - – Erzeugnis/Typ ...... (vom Bieter einzutragen),
- Berechnungseinheit m²

LB 003 Landschaftsbauarbeiten
Spielplätze

STLB 003

Ausgabe 06.02

235 Tragschicht für Tennenfläche,
Einzelangaben nach DIN 18320
- Stoff
  - – – Kiessand 0/16, weitgestuft,
  - – – Kiessand 0/32, weitgestuft,
  - – – Splitt-/Schotter-Gemisch 0/32,
  - – – Splitt-/Schotter-Gemisch 0/45,
  - – – Lava 0/16,
  - – – Lava 0/40,
  - – – Haldenmaterial 0/25,
  - – – Haldenmaterial 0/35,
  - – – Haldenmaterial 0/45,
  - – – Recyclingstoff ......,
  - – – Stoff ......, Körnung ......,
- Schichtdicke
  - – – Schichtdicke 100 mm,
  - – – Schichtdicke 120 mm,
  - – – Schichtdicke 150 mm,
  - – – Schichtdicke 200 mm,
  - – – Schichtdicke in mm ......,
- Verformungsmodul
  - – – Verformungsmodul EV2 mind. 30 N/mm², Verhältnis EV2 zu EV1 kleiner als 2,5,
  - – – Verformungsmodul EV2 mind. ......, Verhältnis EV2 zu EV1 ......,
- Maßgenauigkeit
  - – – zulässige Abweichung von der Nennhöhe ± 15 mm,
  - – – zulässige Abweichung von der Nennhöhe in mm ......,
    - – – – Ebenheit, Spalt unter 4-m-Latte bis 10 mm,
    - – – – Ebenheit, Spalt unter 4-m-Latte bis 20 mm,
    - – – – Ebenheit, Spalt unter 4-m-Latte in mm ......,
- Berechnungseinheit m²

236 Dynamische Schicht für Tennenfläche,
Einzelangaben nach DIN 18320
- Stoff
  - – – Lava 0/16,
  - – – Lava Körnung ......,
  - – – Haldenmaterial 0/12,
  - – – Haldenmaterial 0/16,
  - – – Haldenmaterial, Körnung ......,
  - – – Stoff ......, Körnung ......,
- Erzeugnis
  - – – Erzeugnis/Typ ...... (oder gleichwertiger Art),
  - – – Erzeugnis/Typ ...... (vom Bieter einzutragen),
- Schichtdicke
  - – – Schichtdicke 60 mm,
  - – – Schichtdicke 80 mm,
  - – – Schichtdicke 100 mm,
  - – – Schichtdicke 120 mm,
  - – – Schichtdicke in mm ......,
- Maßgenauigkeit
  - – – zulässige Abweichung von der Nennhöhe ± 5 mm, Ebenheit, Spalt unter 4-m-Latte bis 10 mm,
  - – – zulässige Abweichung von der Nennhöhe ± 10 mm, Ebenheit, Spalt unter 4-m-Latte bis 15 mm,
  - – – zulässige Abweichung von der Nennhöhe in mm ......, Ebenheit, Spalt unter 4-m-Latte in mm ......,
- Nachweis der Eignung ......
- Berechnungseinheit m²

237 Tennenbelag,
Einzelangaben nach DIN 18320
- Verwendungsbereich, Bauart
  - – – für Spielfelder und Leichtathletikanlagen,
    - – – – Haldenmaterial 0/2,
    - – – – Haldenmaterial 0/3,
    - – – – Natursteinmaterial 0/3,
    - – – – aus ......, Körnung ......,
      - – – – – Schichtdicke 40 mm,
      - – – – – Schichtdicke in mm ......,
        - – – – – – zulässige Abweichung von der Nennhöhe ± 10 mm,
        - – – – – – zulässige Abweichung von der Nennhöhe in mm ......,
  - – – für Tennisfelder in einschichtiger Bauweise,
    - – – – Ziegelmaterial 0/2,
    - – – – Haldenmaterial 0/2,
    - – – – aus ......, Körnung ......,
      - – – – – Schichtdicke 25 mm,
      - – – – – Schichtdicke in mm ......,
        - – – – – – zulässige Abweichung von der Nennhöhe ± 5 mm,
        - – – – – – zulässige Abweichung von der Nennhöhe in mm ......,
          - – – – – – – Ebenheit, Spalt unter 4-m-Latte bis 5 mm,
          - – – – – – – Ebenheit, Spalt unter 4-m-Latte in mm ......,
  - – – für Tennisfelder in zweischichtiger Bauweise, Gesamtschichtdicke 25 mm,
  - – – für Tennisfelder in zweischichtiger Bauweise, Gesamtschichtdicke in mm ......,
    - – – – untere Schicht Ziegelmaterial 0/2 – 0/3,
    - – – – untere Schicht Haldenmaterial 0/2 – 0/3,
    - – – – untere Schicht Natursteinmaterial 0/3,
    - – – – untere Schicht ......,
      - – – – – Dicke 10 mm – 15 mm – 20 mm – in mm ......,
        - – – – – – obere Schicht Ziegelmaterial 0/1 – 0/2,
        - – – – – – obere Schicht Haldenmaterial 0/2,
        - – – – – – obere Schicht ......,
          - – – – – – – Dicke 5 mm – 10 mm – in mm ......
            - – – – – – – zulässige Abweichung von der Nennhöhe ± 5 mm, Ebenheit, Spalt unter 4-m-Latte bis 5 mm,
            - – – – – – – zulässige Abweichung von der Nennhöhe in mm ......, Ebenheit, Spalt unter 4-m-Latte in mm ......,
- Erzeugnis
  - – – Erzeugnis/Typ ...... (oder gleichwertiger Art),
  - – – Erzeugnis/Typ ...... (vom Bieter einzutragen),
- Nachweis der Eignung ......
- Berechnungseinheit m²

240 Ungebundene Tragschicht für Kunststoff-Flächen herstellen,
Einzelangaben nach DIN 18320
- Baustoff
  - – – Kiessand 0/16, weitgestuft,
  - – – Kiessand 0/32, weitgestuft,
  - – – Splitt-/Schotter-Gemisch 0/32,
  - – – Splitt-/Schotter-Gemisch 0/45,
  - – – Lava 0/16,
  - – – Lava 0/40,
  - – – Haldenmaterial 0/25,
  - – – Haldenmaterial 0/35,
  - – – Haldenmaterial 0/45,
  - – – Recyclingstoff ......,
  - – – Stoff ......, Körnung ......,
- Schichtdicke
  - – – Schichtdicke 150 mm,
  - – – Schichtdicke 200 mm,
  - – – Schichtdicke 250 mm,
  - – – Schichtdicke 300 mm,
  - – – Schichtdicke in mm ......,
- Verformungsmodul
  - – – Verformungsmodul EV2 mind. 60 N/mm²,
  - – – Verformungsmodul EV2 mind. 80 N/mm²,
  - – – Verformungsmodul EV2 mind. ......,
- Maßgenauigkeit
  - – – zulässige Abweichung von der Nennhöhe ± 15 mm,
  - – – zulässige Abweichung von der Nennhöhe ± 20 mm,
  - – – zulässige Abweichung von der Nennhöhe in mm ......,
    - – – – Ebenheit, Spalt unter 4-m-Latte bis 20 mm,
    - – – – Ebenheit, Spalt unter 4-m-Latte in mm ......,
- Berechnungseinheit m²

STLB 003 – LB 003 Landschaftsbauarbeiten
Spielplätze
Ausgabe 06.02

241 Untere gebundene Tragschicht für Kunststoff–Flächen, Einzelangaben nach DIN 18320
- Bauweise
  - – in wasserdurchlässiger Bauweise,
    - – – aus Asphaltmischmakadam, Bitumen B 80,
    - – – aus Asphaltmischmakadam, Bitumen B ......,
    - – – aus ......,
      - – – – Körnung 2/11 – 2/16 ......,
        - – – – – Verdichtungsgrad mind. 93 % – in % ......,
        - – – – – Schichtdicke 40 mm – 45 mm – 50 mm – in mm ......,
  - – in wasserundurchlässiger Bauweise,
    - – – aus Asphaltbeton ZTV–Asphalt–StB,
    - – – aus Asphaltbinder ZTV–Asphalt–StB,
    - – – aus Mischgut ZTV–Asphalt–StB,
    - – – aus ......,
      - – – – Körnung 0/16 – 0/22 ......,
        - – – – – Verdichtungsgrad mind. 95 % – in % ......,
        - – – – – Schichtdicke 40 mm – 45 mm – 50 mm – in mm ......,
  - – Bauweise ......,
    - – – Stoff ......, Körnung ......,
      - – – – Verdichtungsgrad in % ......,
      - – – – Schichtdicke in mm ......,
- Maßgenauigkeit
  - – zulässige Abweichung von der Nennhöhe ± 10 mm, Ebenheit, Spalt unter 4–m–Latte bis 10 mm,
  - – zulässige Abweichung von der Nennhöhe ± 15 mm, Ebenheit, Spalt unter 4–m–Latte bis 10 mm,
  - – zulässige Abweichung von der Nennhöhe in mm ......, Ebenheit, Spalt unter 4–m–Latte in mm ......,
- Zusätzliche Anforderungen ......
- Berechnungseinheit m²

242 Obere gebundene Tragschicht für Kunststoff–Flächen, Einzelangaben nach DIN 18320
- Bauweise
  - – in wasserdurchlässiger Bauweise,
    - – – aus Asphaltmischmakadam, Bitumen B 80,
    - – – aus Asphaltmischmakadam, Bitumen B ......,
    - – – aus ......,
      - – – – Körnung 2/5 – 2/8 – ......,
        - – – – – Verdichtungsgrad mind. 93 % – in % ......,
        - – – – – Schichtdicke 25 mm – 30 mm – 35 mm – in mm ......,
  - – in wasserundurchlässiger Bauweise,
    - – – aus Asphaltbeton ZTV–Asphalt–StB, Bitumen B 65,
    - – – aus Asphaltbeton ZTV–Asphalt–StB, Bitumen B 80,
    - – – aus Asphaltbeton ......,
    - – – aus Gussasphalt ......,
    - – – aus ......,
      - – – – Körnung 0/5 – 0/8 – 0/11 – ......,
        - – – – – Verdichtungsgrad mind. 96 % – in % ......,
        - – – – – Schichtdicke 25 mm – 30 mm – 35 mm – in mm ......,
  - – Bauweise ......,
    - – – Stoff ......, Körnung ......,
      - – – – Verdichtungsgrad in % ......,
      - – – – Schichtdicke in mm ......,
- Maßgenauigkeit
  - – zulässige Abweichung von der Nennhöhe ± 10 mm, Ebenheit, Spalt unter 4–m–Latte bis 10 mm,
  - – zulässige Abweichung von der Nennhöhe ± 15 mm, Ebenheit, Spalt unter 4–m–Latte bis 10 mm,
  - – zulässige Abweichung von der Nennhöhe in mm ......, Ebenheit, Spalt unter 4–m–Latte in mm ......,
- Zusätzliche Anforderungen ......
- Berechnungseinheit m²

243 Gebundene Tragschicht für Kunststoff–Fläche, Einzelangaben nach DIN 18320
- Bauweise
  - – in wasserdurchlässiger Bauweise,
    - – – aus Asphaltmischmakadam, Bitumen B 80,
    - – – aus Asphaltmischmakadam, Bitumen B ......,
    - – – aus ......, Bindemittel ......,
      - – – – Körnung 2/11 – 2/16 – ......,
        - – – – – Verdichtungsgrad mind. 93 % – in % ......,
        - – – – – Schichtdicke 40 mm – 45 mm – 50 mm – 60 mm – 80 mm – in mm ......,
  - – Bauweise ......,
    - – – Stoff ......, Körnung ......,
      - – – – Verdichtungsgrad in % ......,
      - – – – Schichtdicke in mm ......,
- Maßgenauigkeit
  - – zulässige Abweichung von der Nennhöhe ± 10 mm, Ebenheit, Spalt unter 4–m–Latte bis 10 mm,
  - – zulässige Abweichung von der Nennhöhe ± 15 mm, Ebenheit, Spalt unter 4–m–Latte bis 10 mm,
  - – zulässige Abweichung von der Nennhöhe in mm ......, Ebenheit, Spalt unter 4–m–Latte in mm ......,
- Zusätzliche Anforderungen ......
- Berechnungseinheit m²

245 Kunststoffbelag DIN 18035–6, wasserdurchlässig, Einzelangaben nach DIN 18320
- Belagstyp
  - – Belagstyp A, strukturbeschichteter Belag,
    - – – Gesamtdicke 13 mm – 16 mm – in mm ......,
    - – – für Laufbahnen und Anlaufbahnen,
  - – Belagstyp B, schüttbeschichteter Belag,
    - – – Gesamtdicke 13 mm – 16 mm – in mm ......,
    - – – für Kleinspielfeld,
    - – – für Lauf– und Anlaufbahn im Schulsport,
    - – – für kombinierte Anlage,
    - – – für ......,
      - – – – – Basisschicht geschüttet, Schichtdicke 7 mm – 10 mm – in mm ......,
      - – – – – Basisschicht vorgefertigt, Dicke 7 mm – 10 mm – in mm ......,
      - – – – – Oberschicht geschüttet, Schichtdicke 6 mm – in mm ......,
      - – – – – Oberschicht geschüttet, Schichtdicke 6 mm, mit Strukturspritzbeschichtung 2 kg/m²,
      - – – – – Oberschicht geschüttet, Schichtdicke in mm ......, mit Strukturspritzbeschichtung in kg/m² ......,
      - – – – – Oberschicht vorgefertigt, Dicke 6 mm – in mm ......,
  - – Belagstyp C, Schüttbelag einlagig, Gesamtdicke 8 mm (nur Tennis),
  - – Belagstyp C, Schüttbelag einlagig, Gesamtdicke 13 mm – in mm ......,
    - – – für Kleinspielfeld,
    - – – für Lauf– und Anlaufbahn im Schulsport,
    - – – für kombinierte Anlage,
    - – – für Tennisfeld,
    - – – für ......,
    - – – mit ......,
- Spikes–Widerstandsfähigkeit Klasse I – Klasse III
- Farbe
  - – Farbton der Oberschicht ziegelrot – rotbraun – grün – blau – ......,
  - – Farbton der Oberfläche rot – grün – blau – ......,
- Erzeugnis
  - – Erzeugnis/Typ ...... (oder gleichwertiger Art),
  - – Erzeugnis/Typ ...... (vom Bieter einzutragen),
- Nachweis der Eignung ......
- Zusätzliche Anforderungen ......
- Berechnungseinheit m²

LB 003 Landschaftsbauarbeiten
Spielplätze

STLB 003

Ausgabe 06.02

247 Kunststoffbelag DIN 18035–6, wasserundurchlässig,
Einzelangaben nach DIN 18320
- Belagstyp
  - – Belagstyp D, gießbeschichteter Belag,
    - – – Gesamtdicke 13 mm – 16 mm – in mm ......,
  - – Belagstyp E, Gießbelag, mehrlagig (Massivkunststoff),
    - – – Gesamtdicke 13 mm – 16 mm – in mm ......,
      - – – – für Laufbahnen,
      - – – – für Lauf– und Anlaufbahnen,
      - – – – für ......,
        - – – – – Basisschicht vorgefertigt, Dicke 7 mm – 10 mm – in mm ......
        - – – – – Basisschicht gegossen, Schichtdicke 7 mm – 10 mm – in mm ......
          - – – – – – Oberschicht gegossen, Schichtdicke 6 mm und mit EPD-Granulat eingestreut,
          - – – – – – Oberschicht gegossen, Schichtdicke in mm ......, und mit EPDM–Granulat eingestreut,
  - – Belagstyp F, Gießbelag (Massivkunststoff),
    - – – Gesamtdicke 13 mm – 16 mm – in mm ......,
      - – – – für Laufbahnen,
      - – – – für Lauf– und Anlaufbahnen,
      - – – – für ......,
        - – – – – – Gesamtschicht gegossen, und mit EPDM–Granulat eingestreut,
- Spikes–Widerstandsfähigkeit Klasse I – Klasse III
- Farbe
  - – Farbton der Oberschicht ziegelrot – rotbraun – grün – blau – ......,
  - – Farbton der Oberfläche rot – grün – blau – ......,
- Erzeugnis
  - – Erzeugnis/Typ ...... (oder gleichwertiger Art),
  - – Erzeugnis/Typ ...... (vom Bieter einzutragen),
- Nachweis der Eignung ......
- Zusätzliche Anforderungen ......
- Berechnungseinheit m²

250 Ungebundene Tragschicht für Kunststoffrasenfläche,
Einzelangaben nach DIN 18320
- Stoff
  - – Kiessand 0/16, weitgestuft,
  - – Kiessand 0/32, weitgestuft,
  - – Splitt–/Schotter–Gemisch 0/32,
  - – Splitt–/Schotter–Gemisch 0/45,
  - – Lava 0/16,
  - – Lava 0/40,
  - – Haldenmaterial 0/25,
  - – Haldenmaterial 0/35,
  - – Haldenmaterial 0/45,
  - – Recyclingstoff ......,
  - – Stoff ......, Körnung ......,
- Schichtdicke
  - – Schichtdicke 150 mm,
  - – Schichtdicke 200 mm,
  - – Schichtdicke 250 mm,
  - – Schichtdicke in mm ......,
- Verformungsmodul
  - – Verformungsmodul EV2 mind. 60 N/mm²,
  - – Verformungsmodul EV2 mind. 80 N/mm²,
  - – Verformungsmodul EV2 mind. ......,
- Maßgenauigkeit
  - – zulässige Abweichung von der Nennhöhe ± 15 mm,
  - – zulässige Abweichung von der Nennhöhe ± 20 mm,
  - – zulässige Abweichung von der Nennhöhe in mm ......,
    - – – Ebenheit, Spalt unter 4–m–Latte bis 20 mm,
    - – – Ebenheit, Spalt unter 4–m–Latte in mm ......,
- Berechnungseinheit m²

251 Untere gebundene Tragschicht für Kunststoffrasenfläche,
Einzelangaben nach DIN 18320
- Bauweise
  - – in wasserdurchlässiger Bauweise,
    - – – aus Asphaltmischmakadam, Bitumen B 80,
    - – – aus Asphaltmischmakadam, Bitumen B ......,
    - – – aus ......, Bindemittel ......,
      - – – – Körnung 2/11 – 2/16 – ......,
        - – – – – Verdichtungsgrad mind. 93 % – in % ......,
          - – – – – – Schichtdicke 40 mm – 45 mm – in mm ......,
  - – in wasserundurchlässiger Bauweise,
    - – – aus Asphaltbeton ZTV–Asphalt–StB,
    - – – aus Asphaltbinder ZTV–Asphalt–StB,
    - – – aus Mischgut ZTV–Asphalt–StB,
    - – – aus ......,
      - – – – Körnung 0/16 – 0/22 ......,
        - – – – – Verdichtungsgrad mind. 95 % – in % ......,
          - – – – – – Schichtdicke 40 mm – 45 mm – in mm ......,
  - – Bauweise ......,
    - – – Stoff ......, Körnung ......,
      - – – – Verdichtungsgrad in % ......,
        - – – – – Schichtdicke in mm ......,
- Maßgenauigkeit
  - – zulässige Abweichung von der Nennhöhe ± 10 mm,
    Ebenheit, Spalt unter 4–m–Latte bis 10 mm,
  - – zulässige Abweichung von der Nennhöhe ± 15 mm,
    Ebenheit, Spalt unter 4–m–Latte bis 10 mm,
  - – zulässige Abweichung von der Nennhöhe in mm ......,
    Ebenheit, Spalt unter 4–m–Latte in mm ......,
- Zusätzliche Anforderungen ......
- Berechnungseinheit m²

252 Obere gebundene Tragschicht für Kunststoffrasenfläche,
Einzelangaben nach DIN 18320
- Bauweise
  - – in wasserdurchlässiger Bauweise,
    - – – aus Asphaltmischmakadam, Bitumen B 80,
    - – – aus Asphaltmischmakadam, Bitumen B ......,
    - – – aus ......, Bindemittel ......,
      - – – – Körnung 2/11 – 2/16 – ......,
        - – – – – Verdichtungsgrad mind. 93 % – in % ......,
          - – – – – – Schichtdicke 25 mm – 30 mm – in mm ......,
  - – in wasserundurchlässiger Bauweise,
    - – – aus Asphaltbeton ZTV–Asphalt–StB, Bitumen B 65,
    - – – aus Asphaltbeton ZTV–Asphalt–StB, Bitumen B 80,
    - – – aus Asphaltbeton ......,
    - – – aus Gussasphalt ......,
    - – – aus ......, Bindemittel ......,
      - – – – Körnung 0/5 – 0/8 – ......,
        - – – – – Verdichtungsgrad mind. 96 % – in % ......,
          - – – – – – Schichtdicke 25 mm – 30 mm – in mm ......,
  - – Bauweise ......,
    - – – Stoff ......, Körnung ......,
      - – – – Verdichtungsgrad in % ......,
        - – – – – Schichtdicke in mm ......,
- Maßgenauigkeit
  - – zulässige Abweichung von der Nennhöhe ± 10 mm,
    Ebenheit, Spalt unter 4–m–Latte bis 10 mm,
  - – zulässige Abweichung von der Nennhöhe ± 15 mm,
    Ebenheit, Spalt unter 4–m–Latte bis 10 mm,
  - – zulässige Abweichung von der Nennhöhe in mm ......,
    Ebenheit, Spalt unter 4–m–Latte in mm ......,
- Zusätzliche Anforderungen ......
- Berechnungseinheit m²

LB 003 Landschaftsbauarbeiten
Spielplätze

Ausgabe 06.02

253 Gebundene Tragschicht für Kunststoffrasenfläche, Einzelangaben nach DIN 18320
- Bauweise
  - – in wasserdurchlässiger Bauweise,
    - – – – aus Asphaltmischmakadam, Bitumen B 80,
    - – – – aus Asphaltmischmakadam, Bitumen B ......,
    - – – – aus ......, Bindemittel ......,
      - – – – – Körnung 2/11 – 2/16 – ......,
        - – – – – – Verdichtungsgrad mind. 93 % – in % ......,
          - – – – – – – Schichtdicke 40 mm – 45 mm – 50 mm – 60 mm – 80 mm – in mm ......,
  - – – Bauweise ......,
    - – – – Stoff ......, Körnung ......,
      - – – – – Verdichtungsgrad in % ......,
        - – – – – – Schichtdicke in mm ......,
- Maßgenauigkeit
  - – – zulässige Abweichung von der Nennhöhe ± 10 mm, Ebenheit, Spalt unter 4–m–Latte bis 10 mm,
  - – – zulässige Abweichung von der Nennhöhe ± 15 mm, Ebenheit, Spalt unter 4–m–Latte bis 10 mm,
  - – – zulässige Abweichung von der Nennhöhe in mm ......, Ebenheit, Spalt unter 4–m–Latte in mm ......,
- Zusätzliche Anforderungen ......
- Berechnungseinheit m²

254 Gebundene elastische Tragschicht für Kunststoffrasenfläche, Einzelangaben nach DIN 18320
- Bindemittel
  - – – Bindemittel Polyurethan,
  - – – Bindemittel ......,
- Zuschlagsstoff
  - – – Zuschlagsstoff Elastomere als Granulat,
  - – – Zuschlagsstoff Elastomere in Faserform,
  - – – Zuschlagsstoff Elastomere als Granulat und in Faserform,
    - – – – Kiessand 2/16,
    - – – – Splitt 5/11,
  - – – Zuschlagsstoffe ......, Körnung ......,
- Schichtdicke 35 mm – 40 mm – in mm ......,
- Maßgenauigkeit
  - – – zulässige Abweichung von der Nennhöhe ± 15 mm, Ebenheit, Spalt unter 4–m–Latte bis 10 mm,
  - – – zulässige Abweichung von der Nennhöhe in mm ......, Ebenheit, Spalt unter 4–m–Latte in mm ......,
- Erzeugnis
  - – – Erzeugnis/Typ ...... (oder gleichwertiger Art),
  - – – Erzeugnis/Typ ...... (vom Bieter einzutragen),
- Nachweis der Eignung ......
- Zusätzliche Anforderungen ......
- Berechnungseinheit m²

255 Elastikschicht für Kunststoffrasenfläche Einzelangaben nach DIN 18320
- Eigenschaften
  - – – wasserdurchlässig,
  - – – wasserundurchlässig,
- Belagart
  - – – als Kunststoffbelag DIN 18035–6,
  - – – als Kunststoffbelag ......,
  - – – als ......,
    - – – – Belagstyp C, Schüttbelag einlagig,
    - – – – Belagstyp F, Gießbelag (Massivkunststoff),
      - – – – – Gesamtdicke 13 mm – in mm ......,
- Einbauart, Lieferform
  - – – im Ortseinbau,
  - – – als vorgefertigte Bahnenware,
- Verwendungsbereich
  - – – für Kleinspielfeld,
  - – – für Hockeyfeld,
  - – – für Fußballfeld,
  - – – für Tennisfeld,
  - – – für ......,
- Erzeugnis
  - – – Erzeugnis/Typ ...... (oder gleichwertiger Art),
  - – – Erzeugnis/Typ ...... (vom Bieter einzutragen),
- Nachweis der Eignung ......
- Zusätzliche Anforderungen ......
- Berechnungseinheit m²

256 Kunststoffrasenbelag mit gefüllter Polschicht als vorgefertigte Bahnenware verlegen,

257 Kunststoffrasenbelag mit ungefüllter Polschicht als vorgefertigte Bahnenware verlegen, Einzelangaben nach DIN 18320 zu Pos. 256, 257
- Kunststoffart
  - – – aus Polypropylen, UV–stabilisiert,
  - – – aus Polyethylen,
  - – – aus Polyester,
  - – – aus ......,
- Polverankerung
  - – – Polverankerung getuftet,
  - – – Polverankerung geraschelt,
  - – – Polverankerung geknüpft,
  - – – Polverankerung gewebt,
  - – – Polverankerung ......,
- Polhöhe
  - – – Polhöhe 12 mm, Gesamthöhe 14 mm,
  - – – Polhöhe 13 mm, Gesamthöhe 18 mm,
  - – – Polhöhe 15 mm, Gesamthöhe 20 mm,
  - – – Polhöhe in mm ......, Gesamthöhe in mm ......,
- Rückenbeschichtung
  - – – Rückenbeschichtung Polyester,
  - – – Rückenbeschichtung Latex,
  - – – Rückenbeschichtung ......,
- Erzeugnis
  - – – Erzeugnis/Typ ...... (oder gleichwertiger Art),
  - – – Erzeugnis/Typ ...... (vom Bieter einzutragen),
- Bahnenbreite 2 m – 4 m – in m ......
- Verlegeart
  - – – lose verlegen nach Herstellervorschrift,
    - – – – auf elastischer Tragschicht (ET),
    - – – – auf Elastikschicht (ES),
  - – – fest verlegen nach Herstellervorschrift,
    - – – – auf elastischer Tragschicht (ET),
    - – – – auf Elastikschicht (ES),
  - – – lose verlegen auf Tragschicht,
  - – – fest verlegen auf Tragschicht,
  - – – verlegen ......,
- Verfüllen der Polschicht
  - – – Verfüllen der Polschicht mit Quarzsand 0/1,
  - – – Verfüllen der Polschicht mit ......,
- Nachweis der Eignung ......
- Zusätzliche Anforderungen ......
- Berechnungseinheit m²

LB 003 Landschaftsbauarbeiten
Spielplätze

STLB 003
Ausgabe 06.02

Einfassungen, Entwässerungsbauteile

270 Spielfeldeinfassung,
271 Laufbahneinfassung,
Einzelangaben nach DIN 18320 zu Pos. 270, 271
- Werkstoff
  - – aus Beton – aus Polyesterbeton – aus Faserbeton – aus ....,
    - – – mit elastischer Auflage, Farbton ....,
- Abmessungen
  - – B x H 6 cm x 20 cm,
  - – B x H 6 cm x 25 cm,
  - – B x H 8 cm x 30 cm,
  - – Bordstein DIN 483 – T 8 x 20,
  - – Bordstein DIN 483 – T 8 x 25,
  - – Bordstein DIN 483 – T 10 x 25,
  - – Bordstein DIN 483 – T 10 x 30,
  - – B x H in cm ....,
- Ausbildung Oberkante
  - – Oberkante einseitig gefast,
  - – Oberkante einseitig abgerundet,
  - – Oberkante beidseitig gefast,
  - – Oberkante beidseitig abgerundet,
  - – Oberkante ....,
- Erzeugnis .... (Sofern nicht vorgeschrieben, vom Bieter einzutragen, sofern vorgeschrieben, mit Hinweis "oder gleichwertiger Art")
- Verlegeart
  - – in gerader Strecke verlegen,
  - – in gebogener Strecke verlegen,
  - – in gerader und gebogener Strecke verlegen für 400–m–Rundlaufbahn,
  - – Verlegung ......,
- Rückenstütze/Fundament
  - – Fundament und Rückenstütze aus Beton B 15,
  - – Fundament ......,
    - – – B x H 25 cm x 20 cm,
    - – – B x H 25 cm x 25 cm,
    - – – B x H 30 cm x 20 cm,
    - – – B x H 30 cm x 25 cm,
    - – – B x H in cm ....,
- Ausführung .... gemäß Zeichnung Nr. ..., Einzelbeschreibung Nr. ...
- Berechnungseinheit m

272 Entwässerungsrinne für Sportanlage
Einzelangaben nach DIN 18320
- Rinnenform, Einlauf, Abdeckung
  - – als Kastenrinne,
  - – als Kastenrinne, Klasse A/B DIN 19580,
  - – als Kastenrinne, Klasse C DIN 19580,
  - – als Kastenrinne, Klasse D DIN 19580,
  - – als Kastenrinne, Klasse E DIN 19580,
    - – – Abdeckung als Laufbahnbegrenzung,
    - – – Abdeckung aus Kunstharzbeton mit Einlaufschlitzen,
    - – – Abdeckung aus Faserbeton mit Einlaufschlitzen,
    - – – Rost aus Streckmetall, verzinkt DIN EN ISO 1461,
    - – – Schlitzrost aus Gusseisen,
    - – – Schlitzrost aus Stahl, verzinkt DIN EN ISO 1461,
    - – – Gitterrost aus Stahl, verzinkt DIN EN ISO 1461,
  - – als Schlitzrinne,
  - – als Schlitzrinne, Klasse A/B DIN 19580,
  - – als Schlitzrinne, Klasse C DIN 19580,
    - – – mit durchgehendem Einlaufschlitz oben,
    - – – mit unterbrochenem Einlaufschlitz oben,
    - – – mit durchgehendem Einlaufschlitz seitlich,
    - – – mit unterbrochenem Einlaufschlitz seitlich,
      - – – – Nenngröße 100 mm – 150 mm – 200 mm – 250 mm – in mm ....,
      - – – – Bauhöhe in mm ....,
      - – – – Nenngröße/Bauhöhe in mm ....,
  - – als Muldenrinne,
    - – – Muldentiefe 25 mm – 30 mm – in mm ....,
    - – – Breite 30 cm, Länge 40 cm, Dicke 10 cm,
    - – – Breite 40 cm, Länge 50 cm, Dicke 15 cm,
    - – – Maße in cm ....,
- Verlegeart
  - – – in gerader Strecke verlegen, oberflächengleich,
  - – – in gebogener Strecke verlegen, oberflächengleich,
  - – – in gerader und gebogener Strecke verlegen, oberflächengleich,
  - – – in gerader Strecke verlegen, mit 5 cm Überstand,
  - – – in gebogener Strecke verlegen mit 5 cm Überstand,
  - – – in gerader und gebogener Strecke verlegen mit 5 cm Überstand,
  - – – verlegen ....,
- Fundament, Rückenstütze
  - – Fundament und Rückenstütze aus Beton B 15, B x H 25 cm x 15 cm – 25 cm x 20 cm – 25 cm x 25 cm – in cm ....,
  - – Fundament und Rückenstütze aus ...., B x H in cm ....,
- Gefälle
  - – mit Eigengefälle,
  - – ohne Eigengefälle,
- Erzeugnis
  - – Erzeugnis/Typ ...... (oder gleichwertiger Art),
  - – Erzeugnis/Typ ...... (vom Bieter einzutragen),
- Ausführung .... gemäß Zeichnung Nr. ..., Einzelbeschreibung Nr. ...
- Berechnungseinheit m

273 Ablauf als Rinnenelement,
274 Ablauf als Einlaufkasten,
275 Ablauf für Muldenrinne,
Einzelangaben nach DIN 18320 zu Pos. 273 bis 275
- DIN 19580
- einschl. Sandfang
- Erzeugnis
  - – Erzeugnis/Typ ...... (oder gleichwertiger Art),
  - – Erzeugnis/Typ ...... (vom Bieter einzutragen),
- Anschluss an Leitung
  - – einschl. Anschluss an Abflussleitung,
  - – einschl. Anschluss an Dränleitung,
  - – einschl. Anschluss an ....,
    - – – aus Steinzeugrohr,
    - – – aus PE–HD–Rohr,
    - – – aus ......,
      - – – – DN 100,
      - – – – DN 150,
      - – – – DN 200,
      - – – – DN ....,
- als Zulage zur Rinne
- Berechnungseinheit Stück, m

Markierungen

280 Dauermarkierung mit Tafeln,
Einzelangaben nach DIN 18320
- Werkstoff
  - – aus Aluminium, eloxiert,
  - – aus Messing,
  - – aus ......,
- Markierungsbereich, Markierungsart
  - – für Rundlaufbahn,
  - – für Rundlaufbahn, Anzahl der Bahnen ......,
  - – für Kurzstreckenlaufbahn,
  - – für Kurzstreckenlaufbahn, Anzahl der Bahnen ......,
  - – für Wurf- und Abstoßsektoren,
  - – für Wurf- und Abstoßsektoren, Anzahl ......,
    - – – gemäß IWB,
    - – – gemäß IWB und Zeichnung Nr. ......,
    - – – gemäß Zeichnung Nr. ......,
    - – – gemäß ......,
- Maße der Tafeln in mm ......
- Erzeugnis
  - – Erzeugnis/Typ ...... (oder gleichwertiger Art),
  - – Erzeugnis/Typ ...... (vom Bieter einzutragen),
- Befestigung
  - – einschl. Befestigen an der Laufbahnbegrenzung,
  - – einschl. Befestigen an dafür geeigneten Bauteilen,
    - – – mit korrosionsbeständigen Schrauben,
    - – – mit korrosionsbeständigen Nieten,
    - – – mit ......,
  - – befestigen ......,
- Berechnungseinheit pauschal

STLB 003

LB 003 Landschaftsbauarbeiten
Spielplätze

Ausgabe 06.02

281 Markierungslinien und Markierungspunkte,
Einzelangaben nach DIN 18320
- Art des Spielfeldes/Sportplatzes
  - – für Rundlaufbahn, Anzahl der Bahnen ......,
  - – für Kurzstreckenlaufbahn, Anzahl der Bahnen ......,
  - – für Wurf– und Abstoßsektoren, Anzahl ......,
  - – für Fußballspielfeld,
  - – für Kleinspielfeld,
  - – des Spielfeldes ......,
  - – der Bahn ......,
  - – für Sommerstockbahn,
- Markierungsmaterial
  - – mit Polyurethan–Farbe,
  - – mit Linierfarbe für Rasenfläche,
  - – mit ......,

Fortsetzung Einzelangaben siehe Pos. 282

282 Markierungsbänder,
Einzelangaben nach DIN 18320
- Art des Spielfeldes,
  - – für Tennisplatz,
  - – für Beachvolleyballfeld,
  - – für ......,
- Werkstoff
  - – mit Polyurethan–Farbe,
  - – mit Linierfarbe für Rasenfläche,
- Art der Markierung
  - – gemäß IWB,
  - – gemäß IWB und Zeichnung Nr. ......,
  - – gemäß Zeichnung Nr. ......,
  - – gemäß ......,
- Art des Aufbringens
  - – in einem Arbeitsgang aufbringen,
  - – in zwei Arbeitsgängen aufbringen,
  - – einmessen und in einem Arbeitsgang aufbringen,
  - – einmessen und in zwei Arbeitsgängen aufbringen,
- Erzeugnis
  - – Erzeugnis/Typ ...... (oder gleichwertiger Art),
  - – Erzeugnis/Typ ...... (vom Bieter einzutragen),
- Breite der Linien 50 mm – 80 mm – 100 mm – in mm ......
- Farbton weiß – gelb – blau – rot – orange – grün – schwarz – ......
- Berechnungseinheit m, pauschal

Sprunganlagen, Sandgruben, Wassergräben

285 Absprungbalken für Weitsprung/Dreisprung,
286 Blindbalken für Weitsprung/Dreisprung,
Einzelangaben nach DIN 18320 zu Pos. 285, 286
- Ausführung
  - – gemäß IWB,
  - – gemäß Zeichnung Nr. ......,
  - – gemäß ......,
    - – – mit Einlagebrett für Plastilin,
- Werkstoff
  - – aus Kiefernholz,
  - – aus Kiefernholz, mit Auflage aus Kunststoff ......,
  - – aus Holz, Holzart ......,
  - – aus Holz, Holzart ......, mit Auflage aus ......,
    - – – vorbeugender chemischer Holzschutz DIN 68800–3 durch Kesseldruckimprägnierung,
    - – – Holzschutz/Oberflächenbehandlung ......,
  - – aus Kunststoff,
  - – aus Kunststoff, mit Auflage wie Laufbahn,
  - – aus Metall, mit Auflage wie Laufbahn,
  - – aus ......,
    - – – Oberflächenbehandlung ......,
- Wanne
  - – Wanne aus Stahl, verzinkt DIN EN ISO 1461,
  - – Wanne aus Leichtmetall,
  - – Wanne ......,
- Erzeugnis
  - – Erzeugnis/Typ ...... (oder gleichwertiger Art),
  - – Erzeugnis/Typ ...... (vom Bieter einzutragen),
- Fundament
  - – Fundament aus Beton B 15,
  - – Fundament aus Beton B 15, Maße in cm ......,
  - – Fundament aus ......,
- Berechnungseinheit Stück

287 Einstichkasten für Stabhochsprung,
Einzelangaben nach DIN 18320
- Ausführung
  - – gemäß IWB,
  - – gemäß IWB und Zeichnung Nr. ......,
  - – gemäß Zeichnung Nr. ......,
  - – gemäß ......,
- Werkstoff
  - – aus Kunststoff,
  - – aus Stahl,
  - – aus ......,
- Abdeckung
  - – mit Abdeckung aus Kunststoff,
  - – mit Abdeckung ......,
    - – – Farbton ......,
    - – – Farbton ......, Oberflächenbehandlung ......,
- Fundament
  - – Fundament aus Beton B 15, Maße 150 cm x 80 cm x 20 cm,
  - – Fundament aus Beton B 15, Maße in cm ......,
  - – Fundament ......, Maße in cm ......,
- Erzeugnis
  - – Erzeugnis/Typ ...... (oder gleichwertiger Art),
  - – Erzeugnis/Typ ...... (vom Bieter einzutragen),
- Berechnungseinheit Stück

288 Sprunggrubeneinfassung,
289 Stoßgrubeneinfassung,
290 Spielfeldeinfassung,
Einzelangaben nach DIN 18320 zu Pos. 288 bis 290
- Werkstoff, Maße, Ausführung
  - – aus Beton – aus Kunstharzbeton – aus Faserbeton – aus ......,
    - – – B x H 8 cm x 20 cm – 8 cm x 25 cm – 8 cm x 30 cm – 8 cm x 40 cm – 8 cm x 45 cm – 10 cm x 20 cm – 10 cm x 25 cm – 10 cm x 30 cm,
    - – – Breite/Höhe in cm ......,
    - – – – mit elastischer Auflage,
    - – – – mit elastischer Auflage, Farbton ......,
    - – – – mit ......,
    - – – – – Fundament und Rückenstütze aus Beton B 15,
    - – – – – Fundament und Rückenstütze aus ......,
    - – – – – – B x H 20 cm x 20 cm – 25 cm x 20 cm – 25 cm x 25 cm – 30 x x 20 cm,
    - – – – – – Breite/Höhe in cm ......,
    - – – – – – – Erzeugnis,
    - – – – – – – – Erzeugnis/Typ ...... (oder gleichwertiger Art),
    - – – – – – – – Erzeugnis/Typ ...... (vom Bieter einzutragen),
  - – aus Kantholz,
    - – – – Lärche, gehobelt,
    - – – – Lärche, Oberflächenbearbeitung ......,
    - – – – Kiefer gehobelt,
    - – – – Kiefer gehobelt, vorbeugender chemischer Holzschutz DIN 68800–3 durch Kesseldruckimprägnierung,
    - – – – Kiefer, Oberflächenbearbeitung ......,
    - – – – Holzart ......,
    - – – Holzart ......, Oberflächenbearbeitung ......,
    - – – Holzart ......, Oberflächenbearbeitung ......, vorbeugender chemischer Holzschutz DIN 68800–3 durch Kesseldruckimprägnierung,
      - – – – B x H 60 mm x 200 mm – 60 mm x 300 mm – 80 mm x 200 mm – 80 mm x 300 mm – 100 mm x 300 mm – 100 mm x 400 mm – 120 mm x 300 mm – 120 mm x 400 mm,
      - – – – – Breite/Höhe in mm ......, Innenkante abgerundet,
      - – – – – Länge 800 mm – 1000 mm – in mm ......,
        - – – – – – mit abgeschrägtem Kopf,
        - – – – – – – rückseitige Stütze aus Kantholz 100 mm x 100 mm, an Bohlen verschrauben,
        - – – – – – – rückseitige Stütze aus Kantholz ......, an Bohlen verschrauben,

LB 003 Landschaftsbauarbeiten
Spielplätze

STLB 003

Ausgabe 06.02

- – – – – – – rückseitige Stütze aus Stahl TB 40 DIN EN 10055, verzinkt DIN EN ISO 1461, an Bohlen verschrauben,
- – – – – – – rückseitige Stütze aus Stahl ......, verzinkt DIN EN ISO 1461, an Bohlen verschrauben,
- – – – – – – rückseitige Stütze aus ......, an Bohlen verschrauben,
- – – – – – – Stützenabstand 50 cm – 100 cm – 150 cm – 200 cm – in cm ......, sowie an jedem Bohlenende,
- – – – – – – Fundament aus Beton B 15, 30 cm x 30 cm x 50 cm,
- – – – – – – Fundament aus Beton B 15, 40 cm x 40 cm x 80 cm,
- – – – – – – Fundament aus Beton B 15, Maße in cm ......,
- – – – – – – Fundament ......,
- Ausführung gemäß Zeichnung Nr. ......, Einzelbeschreibung Nr. ......,
- Berechnungseinheit m

291 Sickergrube
Einzelangaben nach DIN 18320
- Wandbekleidung
  - – – ohne Wandbekleidung,
  - – – mit Wandbekleidung aus Geotextil,
  - – – mit Wandbekleidung aus Geotextil ......,
  - – – mit Wandbekleidung aus Betonschachtringen, DN ...... ,
  - – – mit Wandbekleidung aus ......,
- Bodenklasse
  - – – Bodenklasse 3 DIN 18300,
  - – – Bodenklasse 4 DIN 18300,
  - – – Bodenklasse 5 DIN 18300,
  - – – Bodenklasse 6 DIN 18300,
  - – – Bodenklasse 7 DIN 18300,
  - – – Bodenklasse 3 und 4 DIN 18300,
  - – – Bodenklassen ......, geschätzter Anteil der Bodenklassen in % ......,
- Grubenabmessungen
  - – – L x B 100 cm x 100 cm,
  - – – L x B 150 cm x 150 cm,
  - – – L x B 200 cm x 200 cm,
  - – – Länge/Breite in cm ......,
  - – – Durchmesser in cm ......,
    - – – – Tiefe 100 cm – 150 cm – 200 cm – 250 cm – in cm ......,
- Grube füllen
  - – – Grube füllen,
  - – – Grube und Außenmantel füllen,
    - – – – mit filtergeeignetem Kiessand 0/8,
    - – – – mit filtergeeignetem Kiessand 0/16,
    - – – – mit Kies 2/16,
    - – – – mit Kies, Körnung ......,
    - – – – mit Splitt 5/22,
    - – – – mit Splitt, Körnung ......,
    - – – – mit ......,
- Grube abdecken
  - – – abdecken mit Dränschichtbaustoff,
  - – – abdecken mit Geotextil,
  - – – abdecken mit Schachtabdeckung ......,
  - – – abdecken mit Betonplatten ......,
  - – – abdecken ......,
- Berechnungseinheit Stück

292 Sandfüllung,
Einzelangaben nach DIN 18320
- Verwendungsbereich
  - – – für Weitsprunggrube,
  - – – für Beachvolleyballspielfeld,
  - – – für ......,
- Füllgut
  - – – mit Quarzsand 0/2,
  - – – mit Sand 0/2,
  - – – mit ......,
    - – – – mit weniger als 5 Massenprozent kleiner als 0,2 mm,
- Grubentiefe/Füllhöhe
  - – – Grubentiefe/Füllhöhe 40 cm,
  - – – Grubentiefe/Füllhöhe in cm ......,
- Berechnungseinheit m³

293 Weitsprunggrube, gemäß IWB,
Einzelangaben nach DIN 18320
- Einfassung
  - – – Einfassung aus Kunstharzbeton mit elastischer Auflage, Farbton ......,
  - – – Einfassung aus Beton mit elastischer Auflage, Farbton ......,
  - – – Einfassung ......,
- Erzeugnis
  - – – Erzeugnis/Typ ...... (oder gleichwertiger Art),
  - – – Erzeugnis/Typ ...... (vom Bieter einzutragen),
- Einfassung B X H 8 cm x 40 cm – 8 cm x 45 cm – 8 cm x 50 cm – in cm ......
- Fundament und Rückenstütze aus Beton B 15, B x H 25 cm x 25 cm – 25 cm x 30 cm – 30 cm x 30 cm – in cm ......
- Sickergrube
  - – – Sickergrube wird gesondert vergütet,
  - – – Sickergrube ......,
- Bodenplatte
  - – – Bodenplatte Schottertragschicht 10 cm dick und offenporige Asphaltbetonschicht 5 cm dick DIN 18035–6,
  - – – Bodenplatte Schottertragschicht 15 cm dick und offenporige Asphaltbetonschicht 8 cm dick DIN 18035–6,
  - – – Bodenplatte Schottertragschicht 10 cm dick und 10 cm Einkornbeton, wasserdurchlässig,
  - – – Bodenplatte ......,
- Füllung
  - – – Füllung mit Quarzsand 0/2, mit weniger als 5 Massenprozent kleiner als 0,2 mm,
  - – – Füllung mit Sand 0/2, mit weniger als 5 Massenprozent kleiner als 0,2 mm,
  - – – Füllung ......,
- Maße 275 cm x 800 cm x 40 cm – 370 cm x 800 cm x 40 cm – 500 cm x 800 cm x 40 cm – 500 cm x 900 cm x 40 cm – in cm ......,
- Berechnungseinheit Stück

294 Wassergraben für Hindernislauf gemäß IWB, *)
Einzelangaben nach DIN 18320
- Ausführung
  - – – aus Ortbeton gemäß Zeichnung Nr......,
  - – – aus Ortbeton gemäß Zeichnung Nr......, einschl. Bodenablauf und Anschluss an ......,
    - – – – aus Betonfertigteilen,
    - – – – aus Betonfertigteilen, gemäß Zeichnung Nr. ......, einschl. Bodenablauf und Anschluss an ......,
    - – – – aus Betonfertigteilen, einschl. Bodenablauf und Anschluss an ......,
    - – – – – einschl. Hindernis,
- Erzeugnis
  - – – Erzeugnis/Typ ...... (oder gleichwertiger Art),
  - – – Erzeugnis/Typ ...... (vom Bieter einzutragen),
- Bodenbelag
  - – – Bodenbelag Kunststoff, wasserundurchlässig,
  - – – Bodenbelag wie Laufbahn ......,
  - – – Bodenbelag ......,
    - – – – mit Kokosmatte,
- Abdeckung
  - – – Abdeckung aus Kunststoffbohlen mit Nut und Feder,
  - – – Abdeckung aus Leichtmetallbohlen mit Nut und Feder,
    - – – – mit Beschichtung wie Laufbahn,
  - – – Abdeckung ......,
- Berechnungseinheit Stück

*) **Hinweis:** IWB = Internationale Wettbewerbsbestimmungen, Regeln der Sportfachverbände.

STLB 003
LB 003 Landschaftsbauarbeiten
Spielplätze

Ausgabe 06.02

Stoß- und Wurfkreise, Abwurfbalken

300 Stoßkreis für Kugelstoß gemäß IWB,
301 Wurfkreis für Diskuswurf gemäß IWB,
302 Wurfkreis für Hammerwurf gemäß IWB,
303 Wurfkreis für Diskus- und Hammerwurf gemäß IWB,
   Einzelangaben nach DIN 18320 zu Pos. 300 bis 303
   - Bodenbelag
     - – Bodenbelag aus Beton B 25,
     - – Bodenbelag ......,
       - – – Dicke 12 cm,
       - – – Dicke in cm ......,
       - – – Oberfläche rau abgerieben, mit mind. 4 Wasserabflusslöchern, Durchmesser 15 mm,
       - – – Oberfläche ......, Anzahl der Wasserabflusslöcher ......,
   - Metallteile
     - – Metallteile verzinkt DIN EN ISO 1461,
     - – Metallteile ......,
   - Erzeugnis
     - – Erzeugnis/Typ ...... (oder gleichwertiger Art),
     - – Erzeugnis/Typ ...... (vom Bieter einzutragen),
   - Berechnungseinheit Stück

304 Stoßbalken,
   Einzelangaben nach DIN 18320
   - Verwendungsbereich
     - – für Kugelstoß gemäß IWB,
     - – für Steinstoß gemäß IWB,
     - – für Kugelstoß gemäß ......,
     - – für Steinstoß gemäß ......,
     - – für ......,
   - Form
     - – Form gebogen (Kreissegment),
     - – Form gebogen (Kreissegment), Maße in cm ......,
     - – Form gerade (Übungsbalken),
     - – Form gerade (Übungsbalken), Maße in cm ......,
   - Werkstoff
     - – Lärchenholz,
     - – Kiefernholz,
     - – Holzart ......,
       - – – vorbeugender chemischer Holzschutz DIN 68800-3 durch Kesseldruckimprägnierung,
     - – aus Kunststoff,
     - – aus ......,
   - Oberfläche
     - – Oberfläche gehobelt,
     - – Oberfläche gehobelt und weiß lackiert,
     - – Oberfläche ......,
   - Erzeugnis
     - – Erzeugnis/Typ ...... (oder gleichwertiger Art),
     - – Erzeugnis/Typ ...... (vom Bieter einzutragen),
   - Befestigung
     - – befestigen mit Dübelschrauben, korrosionsbeständig,
     - – befestigen mit Steckdornen in Bodenhülsen,
     - – befestigen ......,
   - Berechnungseinheit Stück

305 Abwurfbogen für Speerwurf gemäß IWB,
   Einzelangaben nach DIN 18320
   - Maße in cm ......
   - Werkstoff
     - – aus Kunststoff,
     - – aus Flachstahl, verzinkt DIN EN ISO 1461,
     - – aus ......,
       - – – weiß lackiert,
       - – – ......,
   - Erzeugnis
     - – Erzeugnis/Typ ...... (oder gleichwertiger Art),
     - – Erzeugnis/Typ ...... (vom Bieter einzutragen),
   - Befestigung
     - – befestigen mit Dübelschrauben, korrosionsbeständig,
     - – befestigen mit Steckdornen in Bodenhülsen,
     - – befestigen mit Fundament aus Beton B 15,
     - – befestigen ......,
   - Berechnungseinheit Stück

Sportplatzausstattung

310 Bodenhülse,
   Einzelangaben nach DIN 18320
   - Verwendungsbereich
     - – für Fußballtor,
     - – für Handballtor,
     - – für Kleinfeldtor,
     - – für Basketball-Spielbrettpfosten,
     - – für Korbballständer,
     - – für Faustballpfosten,
     - – für Volleyballpfosten,
     - – für Beachvolleyballpfosten,
     - – für Rugby-Malpfosten,
     - – für Tennisnetzpfosten,
     - – für Tennisnetzanker,
     - – für Anzeigetafelpfosten,
     - – für Eckfahnenpfosten,
     - – für Schutznetzpfosten,
     - – für ......,
   - Werkstoff
     - – aus Stahl, verzinkt DIN EN ISO 1461,
     - – aus Aluminium,
     - – aus nichtrostendem Stahl, Werkstoff-Nr. ......, (Sofern nicht vorgeschrieben, vom Bieter einzutragen),
     - – aus ......,
     - – vom AG beigestellt,
   - Deckel
     - – Deckel kunststoffbeschichtet,
     - – Deckel mit Kunstrasen beschichtet,
     - – Deckel arretierbar, kunststoffbeschichtet,
     - – Deckel arretierbar, mit Kunstrasen beschichtet,,
     - – Deckel arretierbar, kunststoffbeschichtet, mit Sicherungsseil,
     - – Deckel arretierbar, mit Kunstrasen beschichtet, mit Sicherungsseil,
     - – Deckel ......,
   - Einbau, Fundament
     - – Einbau in Rasenfläche,
     - – Einbau in Tennenfläche,
     - – Einbau in Kunststofffläche,
     - – Einbau in Kunststoffrasenfläche,
     - – Einbau in ......,
       - – – in vorbereitete Fundamente,
       - – – einschl. Erdarbeiten und Fundamente,
         - – – – Maße 40 cm x 40 cm x 60 cm – 50 cm x 50 cm x 60 cm – 60 cm x 60 cm x 80 cm – 80 cm x 80 cm x 100 cm – 100 cm x 100 cm x 120 cm – in cm ......,
   - Erzeugnis
     - – Erzeugnis/Typ ...... (oder gleichwertiger Art),
     - – Erzeugnis/Typ ...... (vom Bieter einzutragen),
   - Berechnungseinheit Stück

311 Tor,
   Einzelangaben nach DIN 18320
   - Verwendungsbereich
     - – für Fußball,
     - – für Handball,
     - – für Feldhockey,
     - – für Kleinfeld-Ballspiel,
     - – für Kleinfeld-Ballspiel, Maße in cm ......,
     - – für ......, Maße in cm ......,
   - Bauart
     - – gemäß Regeln des Sportfachverbandes,
     - – gemäß ......,
   - Tornetz, Verankerung
     - – ohne Tornetz,
     - – einschl. Tornetz,
     - – einschl. Tornetz mit Erdankern,
     - – einschl. Tornetz mit Spannvorrichtung und -pfosten,
     - – einschl. Tornetz mit Spannvorrichtung und -pfosten, sowie Netzbügel, hochklappbar,
   - Erzeugnis
     - – Erzeugnis/Typ ...... (oder gleichwertiger Art),
     - – Erzeugnis/Typ ...... (vom Bieter einzutragen),

LB 003 Landschaftsbauarbeiten
Spielplätze

Ausgabe 06.02

- vom AG beigestellt
- Leistungsumfang
  - -- aufstellen,
  - -- aufstellen, Bodenhülsen vorhanden,
  - -- aufstellen einschl. Bodenhülsen, in Aussparungen von vorhandenen Fundamenten,
  - -- aufstellen einschl. Erdarbeiten, Bodenhülsen und Fundamente, Maße in cm ......,
  - -- aufstellen einschl. Erdarbeiten, Bodenhülsen und Fundamente nach Herstellervorschrift,
- Berechnungseinheit Stück

312 Spielbrettständer,
Einzelangaben nach DIN 18320
- Verwendungsbereich
  - -- für Basketball,
  - -- für Streetball,
- Bauart
  - -- gemäß Regeln des Sportfachverbandes,
  - -- gemäß ......,
- Korb, Brett
  - -- einschl. Korb und Spielbrett,
  - -- einschl. Korb und Übungsbrett,
    - --- Ausladung 225 cm – 165 cm – in cm ......,
- Erzeugnis
  - -- Erzeugnis/Typ ...... (oder gleichwertiger Art),
  - -- Erzeugnis/Typ ...... (vom Bieter einzutragen),
- vom AG beigestellt
- Leistungsumfang
  - -- aufstellen,
  - -- aufstellen, Bodenhülsen vorhanden,
  - -- aufstellen einschl. Bodenhülsen, in Aussparungen von vorhandenen Fundamenten,
  - -- aufstellen einschl. Erdarbeiten, Bodenhülsen und Fundamente, Maße in cm ......,
  - -- aufstellen einschl. Erdarbeiten, Bodenhülsen und Fundamente nach Herstellervorschrift,
- Berechnungseinheit Stück

313 Netzpfosten–Garnitur,
Einzelangaben nach DIN 18320
- Verwendungsbereich
  - -- für Badminton,
  - -- für Tennis,
  - -- für Tennis DIN 7895,
  - -- für Volleyball,
  - -- für Volleyball DIN 7896,
  - -- für ......,
- Bauart
  - -- gemäß Regeln des Sportfachverbandes,
  - -- gemäß ......,
- Netz, Spannvorrichtung
  - -- einschl. Netz,
  - -- einschl. Spannvorrichtung,
  - -- einschl. Netz und Spannvorrichtung,
  - -- einschl. Netz und Spannvorrichtung, sowie Netzanker,
  - -- einschl. Netz und Netzanker,
- Erzeugnis
  - -- Erzeugnis/Typ ...... (oder gleichwertiger Art),
  - -- Erzeugnis/Typ ...... (vom Bieter einzutragen),
- vom AG beigestellt
- Leistungsumfang
  - -- aufstellen,
  - -- aufstellen, Bodenhülsen vorhanden,
  - -- aufstellen einschl. Bodenhülsen, in Aussparungen von vorhandenen Fundamenten,
  - -- aufstellen einschl. Erdarbeiten, Bodenhülsen und Fundamente, Maße in cm ......,
  - -- aufstellen einschl. Erdarbeiten, Bodenhülsen und Fundamente nach Herstellervorschrift,
- Berechnungseinheit Stück

314 Korbballständer,
Einzelangaben nach DIN 18320
- Bauart
  - -- gemäß Regeln des Sportfachverbandes,
  - -- gemäß ......,
- Fuß
  - -- mit Kreuzfuß,
  - -- mit Tellerfuß,
  - -- mit ......,
- einschl. Korb
- Erzeugnis
  - -- Erzeugnis/Typ ...... (oder gleichwertiger Art),
  - -- Erzeugnis/Typ ...... (vom Bieter einzutragen),
- vom AG beigestellt
- Leistungsumfang
  - -- aufstellen,
  - -- aufstellen, Bodenhülsen vorhanden,
  - -- aufstellen einschl. Bodenhülsen, in Aussparungen von vorhandenen Fundamenten,
  - -- aufstellen einschl. Erdarbeiten, Bodenhülsen und Fundamente, Maße in cm ......,
  - -- aufstellen einschl. Erdarbeiten, Bodenhülsen und Fundamente nach Herstellervorschrift,
- Berechnungseinheit Stück

315 Leinenpfosten–Garnitur,
Einzelangaben nach DIN 18320
- Verwendungsbereich
  - -- für Faustball,
  - -- für Prellball,
  - -- für ......,
- Bauart
  - -- gemäß Regeln des Sportfachverbandes,
  - -- gemäß ......,
- Spielleine,
  - -- einschl. Spielleine,
  - -- einschl. Spielleine mit Spannvorrichtung,
- Erzeugnis
  - -- Erzeugnis/Typ ...... (oder gleichwertiger Art),
  - -- Erzeugnis/Typ ...... (vom Bieter einzutragen),
- vom AG beigestellt
- Leistungsumfang
  - -- aufstellen,
  - -- aufstellen, Bodenhülsen vorhanden,
  - -- aufstellen einschl. Bodenhülsen, in Aussparungen von vorhandenen Fundamenten,
  - -- aufstellen einschl. Erdarbeiten, Bodenhülsen und Fundamente, Maße in cm ......,
  - -- aufstellen einschl. Erdarbeiten, Bodenhülsen und Fundamente nach Herstellervorschrift,
- Berechnungseinheit Stück

316 Eck– und Mittelfahne,
Einzelangaben nach DIN 18320
- Bauart
  - -- gemäß Regeln des Sportfachverbandes,
  - -- gemäß ......,
- Pfosten, Bodenhülse
  - -- einschl. Pfosten,
  - -- einschl. Pfosten und Bodenhülse,
  - -- einschl. Pfosten und Bodenhülse mit Fundament aus Beton B 15,
  - -- einschl. ......,
- Erzeugnis
  - -- Erzeugnis/Typ ...... (oder gleichwertiger Art),
  - -- Erzeugnis/Typ ...... (vom Bieter einzutragen),
- vom AG beigestellt
- Leistungsumfang
  - -- aufstellen,
  - -- aufstellen, Bodenhülsen vorhanden,
  - -- aufstellen einschl. Bodenhülsen, in Aussparungen von vorhandenen Fundamenten,
  - -- aufstellen einschl. Erdarbeiten, Bodenhülsen und Fundamente, Maße in cm ......,
  - -- aufstellen einschl. Erdarbeiten, Bodenhülsen und Fundamente nach Herstellervorschrift,
- Berechnungseinheit Stück

STLB 003

LB 003 Landschaftsbauarbeiten
Spielplätze

Ausgabe 06.02

317 Sprungständer-Garnitur,
Einzelangaben nach DIN 18320
- Verwendungsbereich
  - - für Hochsprung,
  - - für Stabhochsprung,
    - - - gemäß ALB, *) – gemäß ....,
- Einbauart
  - - stationär,
  - - stationär, einschl. Bodenbefestigung,
  - - beweglich,
  - - beweglich, einschl. Bodenbefestigung und Laufschienen,
- Sprunglatte,
  - - einschl. Sprunglatte,
  - - einschl. Sprunglatte und Vorrichtung zur Höhenablesung,
- Erzeugnis
  - - Erzeugnis/Typ ...... (oder gleichwertiger Art),
  - - Erzeugnis/Typ ...... (vom Bieter einzutragen),
  - - vom AG beigestellt
- Leistungsumfang
  - - aufstellen,
  - - aufstellen, Bodenhülsen vorhanden,
  - - aufstellen einschl. Bodenhülsen, in Aussparungen von vorhandenen Fundamenten,
  - - aufstellen einschl. Erdarbeiten, Bodenhülsen und Fundamente, Maße in cm ......,
  - - aufstellen einschl. Erdarbeiten, Bodenhülsen und Fundamente nach Herstellervorschrift,
- Berechnungseinheit Stück

  *) ALB = Amtliche Leichtathletik-Bestimmungen des Deutschen Leichtathletik-Verbandes, 64293 Darmstadt

318 Sprungkissen,
Einzelangaben nach DIN 18320
- Verwendungsbereich
  - - für Hochsprung,
    - - - gemäß ALB – gemäß ....,
    - - - - mit Lattenrost,
    - - - - mit Lattenrost, einteilig,
    - - - - mit Lattenrost, mehrteilig,
      - - - - - Maße 500 cm x 400 cm x 60 cm –
        500 cm x 400 cm x 80 cm –
        600 cm x 400 cm x 80 cm –
        600 cm x 400 cm x 100 cm –
        in cm ......,
  - - für Stabhochsprung, mit Zusatzkissen beiderseits des Einstichkastens,
    - - - gemäß ALB – gemäß ....,
    - - - - mit Lattenrost,
    - - - - mit Lattenrost, einteilig,
    - - - - mit Lattenrost, mehrteilig,
      - - - - - Maße 500 cm x 500 cm x 120 cm –
        500 cm x 500 cm x 150 cm –
        600 cm x 500 cm x 120 cm –
        600 cm x 500 cm x 150 cm –
        in cm ......,
- Erzeugnis
  - - Erzeugnis/Typ ...... (oder gleichwertiger Art),
  - - Erzeugnis/Typ ...... (vom Bieter einzutragen),
- Berechnungseinheit Stück

319 Schutzabdeckung für Sprungkissen,
Einzelangaben nach DIN 18320
- Ausführungsart
  - - spikesfest,
- Verwendungsbereich
  - - für Hochsprung,
    - - - Maße Maße 500 cm x 400 cm x 60 cm –
      500 cm x 400 cm x 80 cm –
      600 cm x 400 cm x 80 cm –
      600 cm x 400 cm x 100 cm – in cm ......,
  - - für Stabhochsprung, mit Zusatzkissen beiderseits des Einstichkastens,
    - - - Maße 500 cm x 500 cm x 120 cm –
      500 cm x 500 cm x 150 cm –
      600 cm x 500 cm x 120 cm –
      600 cm x 500 cm x 150 cm – in cm ......,
- Erzeugnis
  - - Erzeugnis/Typ ...... (oder gleichwertiger Art),
  - - Erzeugnis/Typ ...... (vom Bieter einzutragen),
- Berechnungseinheit Stück

320 Schutzgitter,
Einzelangaben nach DIN 18320
- Verwendungsbereich
  - - für Diskuswurf,
  - - für Hammerwurf,
  - - für Diskus- und Hammerwurf,
- Bauart
  - - gemäß ALB,
  - - gemäß ......,
- Verankerung
  - - einschl. Verstrebungen und Pfosten mit Erdanker,
  - - einschl. Verstrebungen und Pfosten mit Bodenhülsen,
- Netz
  - - mit Netz, einfach,
  - - mit Netz, doppelt,
- Erzeugnis
  - - Erzeugnis/Typ ...... (oder gleichwertiger Art),
  - - Erzeugnis/Typ ...... (vom Bieter einzutragen),
  - - vom AG beigestellt
- Leistungsumfang
  - - aufstellen,
  - - aufstellen, Bodenhülsen vorhanden,
  - - aufstellen einschl. Bodenhülsen, in Aussparungen von vorhandenen Fundamenten,
  - - aufstellen einschl. Erdarbeiten, Bodenhülsen und Fundamente, Maße in cm ......,
  - - aufstellen einschl. Erdarbeiten, Bodenhülsen und Fundamente nach Herstellervorschrift,
- Berechnungseinheit Stück

321 Hürde,
Einzelangaben nach DIN 18320
- Verwendungsbereich
  - - für Wettkampf,
  - - für Training,
- Bauart
  - - gemäß ALB,
  - - gemäß ......,
- Erzeugnis
  - - Erzeugnis/Typ ...... (oder gleichwertiger Art),
  - - Erzeugnis/Typ ...... (vom Bieter einzutragen),
- Berechnungseinheit Stück

322 Speerabwurfbogen,
Einzelangaben nach DIN 18320
- Bauart
  - - dreiteilig,
    - - - gemäß ALB,
    - - - gemäß ......,
- Werkstoff
  - - aus Holz,
  - - aus Kunststoff,
  - - aus ......,
- Erzeugnis
  - - Erzeugnis/Typ ...... (oder gleichwertiger Art),
  - - Erzeugnis/Typ ...... (vom Bieter einzutragen),
- Berechnungseinheit Stück

323 Hammerwurfkreis, transportabel,
324 Diskuswurfkreis, transportabel,
Einzelangaben nach DIN 18320 zu Pos. 323, 324
- Bauart
  - - gemäß ALB,
  - - gemäß ......,
    - - - aus ......,
- Erzeugnis
  - - Erzeugnis/Typ ...... (oder gleichwertiger Art),
  - - Erzeugnis/Typ ...... (vom Bieter einzutragen),
- Berechnungseinheit Stück

325 Netz,
326 Malleine,
327 Sprunglatte,
Einzelangaben nach DIN 18320 zu Pos. 325 bis 327
- für ......
- gemäß Einzelbeschreibung Nr. ......
- Erzeugnis
  - - Erzeugnis/Typ ...... (oder gleichwertiger Art),
  - - Erzeugnis/Typ ...... (vom Bieter einzutragen),
- Berechnungseinheit Stück

LB 003 Landschaftsbauarbeiten
Spielplätze

STLB 003

Ausgabe 06.02

328 Spielfeldbarriere für Großspielfeld,
329 Spielfeldbarriere für Kleinspielfeld,
330 Spielfeldbarriere für ......,
Einzelangaben nach DIN 18320 zu Pos. 328 bis 330
- für ......
- Werkstoff
  - – aus Leichtmetall,
  - – aus Stahlrohr, verzinkt DIN EN ISO 1461,
  - – aus ......,
- Erzeugnis
  - – Erzeugnis/Typ ...... (oder gleichwertiger Art),
  - – Erzeugnis/Typ ...... (vom Bieter einzutragen),
- Pfostenabstand 2 m – 2,5 m – 3 m – in m ......,
- Einbauhöhe 80 cm – 90 cm – 100 cm – in cm ......
- mit Haltevorrichtung für Bandenwerbung
- Holmverbindung
  - – Holmverbindung geschweißt,
  - – Holmverbindung mit T–Stück als Einschubrohr,
  - – Holmverbindung mit T–Stück als Überschubrohr,
  - – Holmverbindung ......,
- Leistungsumfang
  - – einschl. Erdarbeiten und Fundamente aus Beton B 15, Maße 40 cm x 40 cm x 60 cm,
  - – einschl. Erdarbeiten und Fundamente aus Beton B 15, Maße 50 cm x 50 cm x 60 cm,
  - – einschl. Erdarbeiten und Fundamente aus Beton B 15, Maße in cm ......,
- Streckenart
  - – in geraden Strecken einbauen,
  - – in gebogenen Strecken einbauen,
  - – in geraden und gebogenen Strecken einbauen,
  - – Einbau in ......,
- Berechnungseinheit m

331 Durchlasstor in Spielfeldbarriere,
Einzelangaben nach DIN 18320
- für ......
- Werkstoff
  - – aus Leichtmetall,
  - – aus Stahlrohr, verzinkt DIN EN ISO 1461,
  - – aus ......,
- Durchgangsbreite
  - – Durchgangsbreite 1 m,
  - – Durchgangsbreite 1,5 m,
  - – Durchgangsbreite 2 m,
  - – Durchgangsbreite 2,5 m,
  - – Durchgangsbreite 3 m,
  - – Durchgangsbreite in m ......,
- Anzahl Flügel
  - – mit einem Torflügel,
  - – mit zwei Torflügeln,
  - – mit ......,
- Torhöhe
  - – Höhe 80 cm,
  - – Höhe 90 cm,
  - – Höhe 100 cm,
  - – Höhe in cm ......,
- Schließvorrichtung
  - – mit Schließvorrichtung,
  - – mit Feststellvorrichtung,
  - – mit Schließ– und Feststellvorrichtung,
- Erzeugnis
  - – Erzeugnis/Typ ...... (oder gleichwertiger Art),
  - – Erzeugnis/Typ ...... (vom Bieter einzutragen),
- Berechnungseinheit Stück

Trainingsanlagen

335 Tennis-Trainingswand,
Einzelangaben nach DIN 18320
- Werkstoff
  - – aus Kunststoff,
  - – aus Beton,
  - – ......,
- Form
  - – senkrecht,
  - – geneigt,
  - – gekrümmt,
  - – parabolisch gekrümmt,
  - – ......,
- Ausführung
  - – gemäß Zeichnung Nr. ......, Einzelbeschreibung Nr. ......,
- Abmessungen
  - – Breite 4 m – 8 m – 12 m – ......,
  - – Höhe 3 m – ......,
- Erzeugnis/Typ .... (Sofern nicht vorgeschrieben, vom Bieter einzutragen, sofern vorgeschrieben, mit Hinweis "oder gleichwertiger Art")
- Leistungsumfang
  - – einschl. Lieferung,
  - – vom AG geliefert,
    - – – aufstellen,
    - – – aufstellen einschl. Erdarbeiten,
    - – – aufstellen einschl. Erdarbeiten und Fundamente,
    - – – aufstellen ......,
  - – ......,
- Berechnungseinheit Stück

336 Ball-Trainingswand,
Einzelangaben nach DIN 18320
- Werkstoff
  - – aus Kunststoff – aus Beton – aus ......,
- Netz, Zubehör
  - – mit Netz – mit Netz, verstellbar – mit ......,
- Ausführung
  - – gemäß Zeichnung Nr. ......, Einzelbeschreibung Nr. ......,
- Abmessungen
  - – Breite 4 m – 8 m – 12 m – ......,
  - – Höhe 3 m – ......,
- Erzeugnis/Typ .... (Sofern nicht vorgeschrieben, vom Bieter einzutragen, sofern vorgeschrieben, mit Hinweis "oder gleichwertiger Art")
- Leistungsumfang
  - – einschl. Lieferung,
  - – vom AG geliefert,
    - – – aufstellen,
    - – – aufstellen einschl. Erdarbeiten,
    - – – aufstellen einschl. Erdarbeiten und Fundamente,
    - – – aufstellen ......,
  - – ......,
- Berechnungseinheit Stück

337 Kopfballpendel,
Einzelangaben nach DIN 18320
- Ausführung
  - – einarmig,
  - – zweiarmig,
    - – – Höhe 6 m – ......,
- Zubehör
  - – mit Ball aus Leder, mit Schlaufe,
  - – mit Ball aus Kunststoff, mit Schlaufe,
  - – mit Ball aus ......,
  - – mit zwei Bällen aus Leder, mit Schlaufe,
  - – mit zwei Bällen aus Kunststoff, mit Schlaufe,
  - – mit zwei Bällen aus ......,
  - – mit ......,
- Erzeugnis/Typ .... (Sofern nicht vorgeschrieben, vom Bieter einzutragen, sofern vorgeschrieben, mit Hinweis "oder gleichwertiger Art")
- Ausführung gemäß Zeichnung Nr. ......, Einzelbeschreibung Nr. ......

LB 003 Landschaftsbauarbeiten
Spielplätze

Ausgabe 06.02

- Leistungsumfang
  - – einschl. Lieferung,
  - – vom AG geliefert,
    - – – aufstellen,
    - – – aufstellen einschl. Erdarbeiten und Fundament nach ......,
- Berechnungseinheit Stück

338 Finnenbahn,
Einzelangaben nach DIN 18320
- Packlage
  - – Packlage aus Ästen,
  - – Packlage aus Rindenmulch, 20/80, Körnung ......,
  - – Packlage ......,
    - – – Dicke 10 cm – 15 cm – ......,
- Zwischenlage
  - – Zwischenlage aus Reisig,
  - – Zwischenlage ......,
    - – – Dicke 10 cm – ......,
- Deckschicht
  - – Deckschicht aus Rindenmulch 20/40, Körnung ......,
  - – Deckschicht ......,
    - – – Dicke 10 cm – 15 cm – 20 cm – ......,
- Breite des Pfades 1 m – 1,5 m – 2 m – ......
- Ausführung
  - – Ausführung gemäß Zeichnung Nr. ......, Einzelbeschreibung Nr. ......,
- Berechnungseinheit m²

Tribünenstufen

343 Tribünen–Sitzstufe,
344 Tribünen–Stehstufe,
Einzelangaben nach DIN 18320 zu Pos. 343, 344
- Stufenform
  - – aus Betonfertigteilen in L–Form,
  - – aus Betonfertigteilen in U–Form,
  - – aus ......,
- Maße
  - – Maße 20 cm x 40 cm,
  - – Maße 40 cm x 80 cm,
  - – Maße in cm ......,
  - – Steigungsverhältnis 20/40 cm, mit 1 cm Stufengefälle,
  - – Steigungsverhältnis 40/80 cm, mit 2 cm Stufengefälle,
  - – Steigungsverhältnis in cm ......,
- Ausführung
  - – gemäß Zeichnung Nr. ......, Einzelbeschreibung Nr. ......,
  - – Erzeugnis ...... (Sofern nicht vorgeschrieben, vom Bieter einzutragen, sofern vorgeschrieben, mit Hinweis "oder gleichwertiger Art")
- Untergrund
  - – verlegen auf Erdplanum,
  - – verlegen auf vorhandenen Fundamenten,
  - – verlegen auf vorhandenen Streifenfundamenten,
  - – verlegen auf ......,
- Bettung/Rückenstütze
  - – Bettung aus Mörtel MG III, Schichtdicke 5 cm,
  - – Bettung aus Mörtel MG III, Schichtdicke in cm ......,
  - – Fundament aus Beton B 15,
  - – Fundament und Rückenstütze aus Beton B 15,
  - – Fundament ......,
    - – – B x H 60 cm x 15 cm,
    - – – B x H 60 cm x 20 cm,
    - – – B x H 80 cm x 15 cm,
    - – – B x H 80 cm x 20 cm,
    - – – B x H in cm,
- Berechnungseinheit m, Stück

Sportplatzpflege und –unterhaltung

Hinweis: Pos. 345 ist als Vorspann zu den Pos. 346 bis 375 zu verwenden.

345 Bei den Pflegeleistungen handelt es sich um
- Fertigstellungspflege
  - – bis zum Zeitpunkt der Abnahme,
  - – bis zur Abnahme am ......,
  - – für einen Zeitraum von 3 Monaten,
  - – für einen Zeitraum von 6 Monaten,
  - – für einen Zeitraum von ......,
- Unterhaltungsarbeiten
  - – für eine Vegetationsperiode,
  - – für zwei Vegetationsperioden,
  - – für ein Kalenderjahr,
  - – für zwei Kalenderjahre,
  - – für drei Kalenderjahre,
  - – für vier Kalenderjahre,
  - – für den Zeitraum von ......,
- für Pflegeleistungen
  - – gilt DIN 18035–4 – 18035–5 – 18035–6 – 18035–7
  - – gilt ......,
  - – gelten die Herstellervorschriften für ......,
- die Pflegeleistungen sind durchschnittliche Regelannahmen
  - – Mehr– bzw. Minderleistungen werden zu dem vereinbarten Einheitspreis vergütet oder in Abzug gebracht,
    - – – der Preis der Einzelleistung errechnet sich aus dem jeweiligen Einheitspreis geteilt durch die Anzahl der Arbeitsgänge,

346 Mähen der Sportrasenfläche,
Einzelangaben nach DIN 18320
- Rasenart
  - – Golfrasen –Grün–,
  - – Golfrasen –Vorgrün–,
  - – Golfrasen –Abschlag–,
  - – Golfrasen –Spielbahn–,
  - – Golfrasen –Halbraufläche–,
  - – Golfrasen –Verbindungsweg–,
  - – Art ......,
- Wuchshöhe, Schnitthöhe
  - – Wuchshöhe 60 bis 90 mm – 40 bis 60 mm, auf Hockeyfeldern – in mm ......,
    - – – Schnitthöhe 40 mm – 30 mm – 20 mm, auf Hockeyfeldern – in mm ......,
  - – als Kurzschnitt,
    - – – Schnitthöhe 10 mm – 20 mm – in mm ......,
- Anzahl der Schnitte
  - – 6 Schnitte – 10 Schnitte – 15 Schnitte – 20 Schnitte – 30 Schnitte – 40 Schnitte – Anzahl der Schnitte ......,
- Schnittart
  - – Schnitt mit glatt schneidendem Gerät,
  - – Schnitt mit glatt schneidendem Gerät, das Mähgerät darf keine bleibenden Spuren in der Rasenfläche hinterlassen,
  - – Schnitt mit ......,
  - – Schnitt mit ......, das Mähgerät darf keine bleibenden Spuren in der Rasenfläche hinterlassen,
- Schnittfolge
  - – Schnittfolge nach Wuchshöhe,
  - – Schnittfolge in der Regel zweimal wöchentlich,
  - – Schnittfolge in der Regel wöchentlich,
  - – Schnittfolge in der Regel im Abstand von 5 Tagen,
  - – Schnittfolge in der Regel im Abstand von 10 Tagen,
  - – Schnittfolge bei Beachtung der Wuchshöhe wöchentlich,
  - – Schnittfolge bei Beachtung der Wuchshöhe im Abstand von 10 Tagen,
  - – Schnittfolge bei Beachtung der Wuchshöhe im Abstand von 14 Tagen,
  - – Schnittfolge ......,
- Schnittgut
  - – Schnittgut auf der Fläche belassen,
  - – Schnittgut laden, zur Kompostierungsanlage des AG bringen und abladen. Transportentfernung in km ......,

LB 003 Landschaftsbauarbeiten
Spielplätze

STLB 003

Ausgabe 06.02

– – Schnittgut zum Lagerplatz des AG fördern,
aufsetzen,
– – Schnittgut zum Lagerplatz des AG fördern,
aufsetzen, Förderweg in m ......,
– – Schnittgut zur Abfuhr geordnet lagern,
– – Schnittgut ......,
- Berechnungseinheit m²

**347 Wässern der Sportrasenfläche bis zur Abnahme,
Einzelangaben nach DIN 18320**
- Rasenart
– – Golfrasen –Grün–,
– – Golfrasen –Vorgrün–,
– – Golfrasen –Abschlag–,
– – Golfrasen –Spielbahn–,
– – Golfrasen –Halbraufläche–,
– – Golfrasen –Verbindungsweg–,
– – Art ......,
- Lieferung/Entnahme Wasser
– – Wasser liefern,
– – vorhandene Beregnungsanlage kann benutzt
werden, gegen Vergütung der Wasserentnahme,
– – Wasser kann den vorhandenen Zapfstellen gegen
Vergütung entnommen werden,
– – vorhandene Beregnungsanlage kann kostenlos
benutzt werden,
– – Wasser kann den vorhandenen Zapfstellen
kostenlos entnommen werden,
– – Wasser ......,
- Lage Zapfstellen
– – Lage der Zapfstellen ......,
– – Art der Beregnungsanlage ......,
- Wassermenge
– – je Arbeitsgang 8 l/m² – 10 l/m² – 15 l/m²,
– – je Arbeitsgang in l/m² ......,
- Verbrauchsnachweis
– – Nachweis der verbrauchten Wassermenge durch
Ablesen der Wasseruhr vor und nach jedem
Arbeitsgang,
– – Nachweis der verbrauchten Wassermenge durch
Ablesen der Wasseruhr bei Beginn und Abschluss
der Gesamtleistung,
- Größe der zu bewässernden Fläche in m² ......
- Berechnungseinheit pauschal

**348 Wässern der Sportrasenfläche,
Einzelangaben nach DIN 18320**
- Rasenart
– – Golfrasen –Grün–,
– – Golfrasen –Vorgrün–,
– – Golfrasen –Abschlag–,
– – Golfrasen –Spielbahn–,
– – Golfrasen –Halbraufläche–,
– – Golfrasen –Verbindungsweg–,
– – Art ......,
- Lieferung Wasser
– – vorhandene Beregnungsanlage kann kostenlos
benutzt werden,
– – Wasser kann den vorhandenen Zapfstellen
kostenlos entnommen werden,
– – Wasser ......,
- Lage Zapfstellen
– – Lage der Zapfstellen ......,
– – Art der Beregnungsanlage ......,
- Wassermenge
– – je Arbeitsgang 15 l/m² – 20 l/m² – 25 l/m²,
– – je Arbeitsgang in l/m² ......,
- Anzahl Arbeitsgänge
– – 5 – 8 – 10 – 15 – Arbeitsgänge,
– – Anzahl der Arbeitsgänge ......,
- Verbrauchsnachweis
– – Nachweis der verbrauchten Wassermenge durch
Ablesen der Wasseruhr vor und nach jedem
Arbeitsgang,
– – Nachweis der verbrauchten Wassermenge durch
Ablesen der Wasseruhr bei Beginn und Abschluß
der Gesamtleistung,
- Größe der zu bewässernden Fläche in m² ......
- Berechnungseinheit pauschal

**349 Düngen der Sportrasenfläche,
Einzelangaben nach DIN 18320**
- Rasenart
– – Golfrasen –Grün–,
– – Golfrasen –Vorgrün–,
– – Golfrasen –Abschlag–,
– – Golfrasen –Spielbahn–,
– – Golfrasen –Halbraufläche–,
– – Golfrasen –Verbindungsweg–,
– – Art ......,
- Menge
– – Menge 30 g/m²,
– – Menge 40 g/m²,
– – Menge 50 g/m²,
– – Menge 60 g/m²,
– – Menge 80 g/m²,
– – Menge 100 g/m²,
– – Menge in g/m² ......,
- Anzahl Arbeitsgänge
– – in zwei Arbeitsgängen zu jeweils der halben
Menge,
– – Anzahl der Arbeitsgänge ......,
- Düngerart
– – mineralischer Dünger,
– – mineralischer NPK–Dünger,
– – organisch–mineralischer Dünger,
– – – mit Langzeitwirkung,
– – – mit Kurzzeitwirkung,
– – – – Nährstoffgehalt N mind. 30 %,
– – – – Nährstoffgehalt N mind. 20 %,
– – – – Nährstoffgehalt NK mind. 12 : 10 %,
– – – – Nährstoffgehalt NPK mind.
18 : 12 : 15 %,
– – – – Nährstoffgehalt NPK mind.
10 : 10 : 15 %,
– – – – Nährstoffgehalt ......,
– – – – – Erzeugnis,
– – – – – – Erzeugnis/Typ ......
(oder gleichwertiger Art),
– – – – – – Erzeugnis/Typ ......
(vom Bieter einzutragen),
- Zeitpunkt der Ausführung ......
- Berechnungseinheit kg

**350 Kehren von Sportrasenflächen,
Einzelangaben nach DIN 18320**
- Rasenart
– – Golfrasen –Grün–,
– – Golfrasen –Vorgrün–,
– – Golfrasen –Abschlag–,
– – Golfrasen –Spielbahn–,
– – Golfrasen –Halbraufläche–,
– – Golfrasen –Verbindungsweg–,
– – Art ......,
- Kehrbreite,
– – Kehrbreite 1 m,
– – Kehrbreite 1,5 m,
– – Kehrbreite 2 m,
– – Kehrbreite 2,5 m,
– – Kehrbreite 3 m,
– – Kehrbreite in m ......,
- Kehrrichtung
– – Kehrrichtung quer zum Spielfeld,
– – Kehrrichtung längs zum Spielfeld,
– – Kehrrichtung ......,
- Zeitpunkt
– – wöchentlich,
– – im Abstand von 10 Tagen,
– – im Abstand von 14 Tagen,
– – im Abstand von ......,
– – nach jedem Rasenschnitt,
– – nach jedem Rasenschnitt, einschl. ......,
– – nach Aufforderung durch den AG,
– – Zeitpunkt ......,
- Anzahl Arbeitsgänge
– – 10 Arbeitsgänge,
– – 20 Arbeitsgänge,
– – 30 Arbeitsgänge,
– – 40 Arbeitsgänge,
– – Anzahl der Arbeitsgänge ......,

STLB 003

LB 003 Landschaftsbauarbeiten
Spielplätze

Ausgabe 06.02

- Kehrgut
  - – Kehrgut laden, zur Kompostierungsanlage des AG transportieren und abladen. Transportentfernung in km ......,
  - – Kehrgut zum Lagerplatz des AG fördern, aufsetzen,
  - – Kehrgut zum Lagerplatz des AG fördern, aufsetzen, Förderweg in m ......,
  - – Kehrgut zur Abfuhr geordnet lagern,
  - – Kehrgut ......,
- Berechnungseinheit m²

351 Senkrechtschneiden (Verticutieren) der Sportrasenfläche, Einzelangaben nach DIN 18320
- Rasenart
  - – Golfrasen –Grün–,
  - – Golfrasen –Vorgrün–,
  - – Golfrasen –Abschlag–,
  - – Golfrasen –Spielbahn–,
  - – Golfrasen –Halbrauffläche–,
  - – Golfrasen –Verbindungsweg–,
  - – Art ......,
- Arbeitsweise
  - – in einer Richtung,
  - – kreuzweise,
    - – – Anzahl der Arbeitsgänge ......,
- Messerabstand
  - – Messerabstand max. 30 mm,
  - – Messerabstand max. 60 mm,
  - – Messerabstand in mm ......,
- Eindringtiefe
  - – Eindringtiefe in Rasentragschicht 2 mm,
  - – Eindringtiefe in Rasentragschicht 3 mm,
  - – Eindringtiefe in Rasentragschicht in mm ......,
- Rasenfilz
  - – herausgearbeiteten Rasenfilz zur Abfuhr geordnet lagern,
  - – herausgearbeiteten Rasenfilz zur Kompostierungsanlage des AG transportieren und abladen. Transportentfernung in km ......,
  - – herausgearbeiteten Rasenfilz ......,
- Zeitpunkt
  - – nach Aufforderung durch den AG,
  - – Zeitpunkt ......,
- Berechnungseinheit m²

352 Lüften (Aerifizieren) der Sportrasenfläche, Einzelangaben nach DIN 18320
- Rasenart
  - – Golfrasen –Grün–,
  - – Golfrasen –Vorgrün–,
  - – Golfrasen –Abschlag–,
  - – Golfrasen –Spielbahn–,
  - – Golfrasen –Halbrauffläche–,
  - – Golfrasen –Verbindungsweg–,
  - – Anzahl Einstiche
  - – mind. 200 Einstiche pro m²,
  - – Anzahl der Einstiche pro m² mind ......,
- Eindringtiefe
  - – Eindringtiefe mind. 50 mm – 60 mm – 80 mm,
  - – Eindringtiefe in mm ......,
- Durchmesser/Breite der Löcher
  - – Durchmesser/Breite der Löcher 8 mm,
  - – Durchmesser/Breite der Löcher 10 mm,
  - – Durchmesser/Breite der Löcher 12 mm,
  - – Durchmesser/Breite der Löcher in mm ......,
- Lochwerkzeug
  - – Lochwerkzeug mit Verdrängungswirkung,
  - – Lochwerkzeug mit Aushubwirkung (Hohlspoon),
- Ausgeworfener Boden
  - – ausgeworfenen Boden zur Abfuhr geordnet lagern,
  - – ausgeworfenen Boden zur Kompostierungsanlage des AG transportieren und abladen, Transportentfernung in km ......,
  - – ausgeworfenen Boden nach dem Abtrocknen einschleppen,
  - – ausgeworfenen Boden von der Fläche entfernen,
  - – ausgeworfenen Boden von der Fläche entfernen ......,
- Berechnungseinheit m²

353 Besanden der Sportrasenfläche, Einzelangaben nach DIN 18320
- Rasenart
  - – Golfrasen –Grün–,
  - – Golfrasen –Vorgrün–,
  - – Golfrasen –Abschlag–,
  - – Golfrasen –Spielbahn–,
  - – Golfrasen –Halbrauffläche–,
  - – Golfrasen –Verbindungsweg–,
  - – Art ......,
- Sandart
  - – mit gewaschenem Sand 0/2,
  - – mit gewaschenem Sand 0/1, Kornanteile bis 0,063 mm max. 3 Massen–%,
  - – mit getrocknetem Sand 0/2,
  - – mit getrocknetem Sand 0/1, Kornanteile bis 0,063 mm max. 3 Massen–%,
  - – mit ......,
    - – – Nachweis der Eignung des Sandes (Sieblinie) durch neutrales Prüfzeugnis,
- Schichtdicke
  - – Schichtdicke 5 mm,
  - – Schichtdicke 8 mm,
  - – Schichtdicke 10 mm,
  - – Schichtdicke 15 mm,
  - – Schichtdicke in mm ......,
- Arbeitsweise
  - – aufbringen und einschleppen,
  - – aufbringen und einschleppen in zwei Arbeitsgängen,
  - – aufbringen ......,
- Zeitpunkt
  - – Zeitpunkt nach dem Verticutieren,
  - – Zeitpunkt nach dem Aerifizieren,
  - – Zeitpunkt vor dem Aerifizieren,
  - – Zeitpunkt nach Aufforderung durch den AG,
  - – Zeitpunkt ......,
- Abrechnungsart (bei m³, t)
  - – Abrechnung nach Aufmaß auf dem Fahrzeug,
  - – Abrechnung nach Wiegescheinen,
- Berechnungseinheit m², m³, t

354 Sickerschlitz zur Renovation der Sportrasenfläche, Einzelangaben nach DIN 18320
- Rasenart
  - – Golfrasen –Grün–,
  - – Golfrasen –Vorgrün–,
  - – Golfrasen –Abschlag–,
  - – Golfrasen –Spielbahn–,
  - – Golfrasen –Halbrauffläche–,
  - – Golfrasen –Verbindungsweg–,
  - – Art ......,
- Schlitzabstand
  - – Schlitzabstand 25 cm
  - – Schlitzabstand 50 cm,
  - – Schlitzabstand in cm ......,
- Schlitzbreite, Schlitztiefe
  - – Schlitzbreite 20 mm, Schlitztiefe 20 cm,
  - – Schlitzbreite 20 mm, Schlitztiefe 25 cm,
  - – Schlitzbreite 20 mm, Schlitztiefe in cm ......,
  - – Schlitzbreite in mm ......, Schlitztiefe in cm ......,
- Verbindung zum Untergrund
  - – mit Verbindung zur Dränschicht,
  - – mit Verbindung zum Baugrund,
  - – mit Verbindung zum verbesserten Baugrund,
  - – mit Verbindung ......,
- Verfüllen
  - – verfüllen mit Grobsand 0/4,
  - – verfüllen mit Sand, Körnung ......,
  - – verfüllen mit Feinkies 4/7,
  - – verfüllen mit Feinkies, Körnung ......,
  - – verfüllen mit Gemisch aus Grobsand 0/4 und Feinkies 4/7,
  - – verfüllen mit Gemisch aus Grobsand und Feinkies, Körnung ......,
- Arbeitsverfahren
  - – im Fräsverfahren,
  - – im Bodenverdrängungsverfahren,
  - – Verfahren ......,
- Berechnungseinheit m², m

LB 003 Landschaftsbauarbeiten
Spielplätze

STLB 003

Ausgabe 06.02

355 Dränschlitz zur Renovation der Sportrasenfläche, Einzelangaben nach DIN 18320
- Rasenart
  - – Golfrasen –Grün–,
  - – Golfrasen –Vorgrün–,
  - – Golfrasen –Abschlag–,
  - – Golfrasen –Spielbahn–,
  - – Golfrasen –Halbrauffläche–,
  - – Golfrasen –Verbindungsweg–,
  - – Art ......,
- Anordnung des Dränschlitzes
  - – in der Rasentragschicht,
  - – in der Rasentragschicht, mit Anschluss an vorhandene Dränschicht,
  - – durch die Rasentragschicht in den Baugrund,
  - – durch die Rasentragschicht in den Baugrund, mit Anschluss an vorhandene Rohrdränung,
  - – durch die Rasentragschicht und die Dränschicht,
  - – durch Rasentragschicht und Dränschicht in den Baugrund,
  - – durch Rasentragschicht und Dränschicht in den Baugrund, mit Anschluss an vorhandene Rohrdränung,
  - – ......,
- Schlitzabstand
  - – Schlitzabstand 100 cm,
  - – Schlitzabstand 125 cm,
  - – Schlitzabstand 150 cm,
  - – Schlitzabstand 200 cm,
  - – Schlitzabstand in cm ......,
- Schlitzbreite
  - – Schlitzbreite 5 cm,
  - – Schlitzbreite 6 cm,
  - – Schlitzbreite 7 cm,
  - – Schlitzbreite in cm ......,
- Schlitztiefe
  - – Schlitztiefe 20 cm,
  - – Schlitztiefe 25 cm,
  - – Schlitztiefe 30 cm,
  - – Schlitztiefe 35 cm,
  - – Schlitztiefe in cm ......
- Verfügung Boden
  - – Boden ohne Zwischenlagerung aufnehmen und außerhalb der Bearbeitungsfläche lagern,
  - – Boden ......,
- Verfüllen Dränschlitz
  - – Dränschlitz verfüllen mit Feinkies 4/8,
  - – Dränschlitz verfüllen mit Feinkies 4/8, sowie die obersten 5 cm mit Rasentragschichtmaterial,
  - – Dränschlitz verfüllen mit Kies, Körnung ......,
  - – Dränschlitz verfüllen mit Kies, Körnung ......, sowie die obersten 5 cm mit Rasentragschichtmaterial,
  - – Dränschlitz verfüllen mit ......, Körnung ......,
  - – Dränschlitz verfüllen mit ......, Körnung ......, sowie die obersten 5 cm mit ......,
- Berechnungseinheit m², m

356 Lockern der Sportrasenfläche, Einzelangaben nach DIN 18320
- Rasenart
  - – Golfrasen –Grün–,
  - – Golfrasen –Vorgrün–,
  - – Golfrasen –Abschlag–,
  - – Golfrasen –Spielbahn–,
  - – Golfrasen –Halbrauffläche–,
  - – Golfrasen –Verbindungsweg–,
  - – Art ......,
- Art der Maßnahme
  - – als Renovationsmaßnahme,
  - – als Regenerationsmaßnahme,
- Arbeitsverfahren
  - – durch ganzflächige Brechung verdichteter Horizonte,
  - – durch Brechung von ......,
  - – durch Perforation,
  - – durch ......,
- Arbeitsgerät
  - – mit bodenverdrängendem Werkzeug,
  - – mit aushebendem Werkzeug,
  - – mit ......,
- Anzahl Einstiche
  - – 20 Einstiche pro m²,
  - – 50 Einstiche pro m²,
  - – 80 Einstiche pro m²,
  - – 100 Einstiche pro m²,
  - – 120 Einstiche pro m²,
  - – 150 Einstiche pro m²,
  - – Anzahl der Einstiche pro m² ......,
- Arbeitstiefe
  - – Arbeitstiefe 10 cm,
  - – Arbeitstiefe 12 cm,
  - – Arbeitstiefe 15 cm,
  - – Arbeitstiefe 20 cm,
  - – Arbeitstiefe in cm ......,
- Verfügung ausgeworfener Boden
  - – ausgeworfenen Boden zur Abfuhr geordnet lagern,
  - – ausgeworfenen Boden zur Kompostierungsanlage des AG transportieren und abladen, Transportweg in km ......,
  - – ausgeworfenen Boden nach dem Abtrocknen einschleppen,
  - – ausgeworfenen Boden von der Fläche entfernen und ......,
- Berechnungseinheit m²

357 Nachsäen der Sportrasenfläche, Einzelangaben nach DIN 18320
- Saatgutmischung, Sortenausstattung
  - – mit Regel–Saatgutmischung der FLL,
  - – mit Saatgutmischung gemäß Liste ......,
  - – mit ......,
    - – – RSM 3.2 Sportrasen – Regeneration –,
    - – – RSM 2.3 Gebrauchsrasen – Spielrasen –,
    - – – RSM 4 Golfrasen – Typ ......,
      - – – – Saatgutmischung mit Gräsersorten ausstatten, die in der RSM/FLL in die höchste Eignungsstufe eingeordnet sind,
      - – – – Saatgutmischung mit Gräsersorten ausstatten, die in der RSM/FLL in die 2 höchsten Eignungsstufen eingeordnet sind,
      - – – – Saatgutmischung gemäß Liste Nr. ......, mit Zuordnung in die höchste Eignungsstufe der RSM/FLL,
      - – – – Saatgutmischung gemäß Liste Nr. ......, mit Zuordnung in die 2 höchsten Eignungsstufen der RSM/FLL,
      - – – – Sortenausstattung ......,
        - – – – – Nachweis der Beschaffenheit durch Vorlage des Mischungsnummernbescheides,
        - – – – – Nachweis ......,
          - – – – – – Erzeugnis,
            - – – – – – – Erzeugnis/Typ ...... (oder gleichwertiger Art),
            - – – – – – – Erzeugnis/Typ ...... (vom Bieter einzutragen),

STLB 003

LB 003 Landschaftsbauarbeiten
Spielplätze

Ausgabe 06.02

- Bereich
  - -- ganzflächig,
  - -- auf Kahlstellen,
  - -- im Bereich ......,
- Saatgutmenge
  - -- Saatgutmenge 20 g/m²,
  - -- Saatgutmenge 25 g/m²,
  - -- Saatgutmenge 30 g/m²,
  - -- Saatgutmenge in g/m² ......,
- Berechnungseinheit m²

358 Ausbessern der Sportrasenfläche,
Einzelangaben nach DIN 18320
- Rasenart
  - -- mit Fertigrasen,
  - -- mit Fertigrasen DIN 18035-4,
    - --- Arten- und Sortenbestand entsprechend,
      - ---- Sortenliste mit Einzelbeschreibung ......,
      - ---- Regel-Saatgutmischung der FLL,
        RSM 3.1 Sportrasen -Neuanlage-,
      - ---- Regel-Saatgutmischung der FLL,
        RSM 2.3 Gebrauchsrasen -Spielrasen-,
      - ---- Regel-Saatgutmischung der FLL,
        RSM 4 Golfrasen - Typ ......,
      - ----- Erzeugnis,
      - ------ Erzeugnis/Typ ......
        (oder gleichwertiger Art),
      - ------ Erzeugnis/Typ ......
        (vom Bieter einzutragen),
    - ----- Entnahmestellen wieder auffüllen und
      einsäen mit Sportrasenmischung
      RSM 3.1,
    - ----- Entnahmestellen ......,
  - -- mit Rasensoden, örtlich zu gewinnen,
  - -- mit ......,
    - --- aus Nebenfläche,
    - --- aus ......,
      - ---- Entnahmestellen wieder auffüllen und
        einsäen mit Sportrasenmischung
        RSM 3.1,
      - ---- Entnahmestellen ......,
- Nenndicke/Schäldicke
  - -- Nenndicke 15 mm,
  - -- Nenndicke 20 mm,
  - -- Nenndicke in mm ......,
  - -- Schäldicke in mm ......,
- Größe der Einzelflächen
  - -- Einzelfläche bis 2 m²,
  - -- Einzelfläche bis 3 m²,
  - -- Einzelfläche bis 5 m²,
  - -- Einzelfläche bis 10 m²,
  - -- Einzelfläche bis 20 m²,
  - -- Einzelfläche bis 30 m²,
  - -- Einzelfläche bis 50 m²,
  - -- Größe der Einzelfläche in m² ......,
- Berechnungseinheit m²

359 Tennenbelag ausbessern,
360 Tennisbelag ausbessern,
Einzelangaben nach DIN 18320 zu Pos. 359, 360
- Alter Belag
  - -- Belag aufnehmen,
  - -- Belag an Schadstellen aufnehmen,
    - --- in Einzelfläche bis zu 5 m²,
    - --- in Einzelfläche bis zu 10 m²,
    - --- in Einzelfläche bis zu 20 m²,
    - --- in Einzelfläche bis zu 30 m²,
    - --- Größe der Einzelflächen in m² ......,
  - -- obere Schicht aufnehmen,
  - -- Belag ......,
- Abtragsdicke
  - -- Abtragsdicke 5 mm - 10 mm - 15 mm - 20 mm -
    25 mm - 30 mm - 40 mm - in mm ......,
- Verfügung aufgenommener Belag
  - -- aufgenommenen Belag zur Abfuhr geordnet
    lagern,
  - -- aufgenommenen Belag ......,
- Planum, Unterschicht
  - -- Planum ausgleichen,
  - -- Planum aufrauhen und ausgleichen,
  - -- Planum ausgleichen und verdichten,
  - -- dynamische Schicht ausgleichen und verdichten,

Einzelangaben zu Pos. 359, 360, Fortsetzung
- Neuer Belag
  - -- neuen Belag aufbringen und verdichten,
  - -- neuen Belag ......,
    - --- Körnung 0/1,
    - --- Körnung 0/2,
    - --- Körnung 0/3,
    - --- Körnung ......,
      - ---- Erzeugnis,
      - ----- Erzeugnis/Typ ......
        (oder gleichwertiger Art),
      - ----- Erzeugnis/Typ ......
        (vom Bieter einzutragen),
- Berechnungseinheit m²

361 Dynamische Schicht ausbessern,
Einzelangaben nach DIN 18320
- Alte Schicht
  - -- Schicht aufnehmen,
  - -- Schicht an Schadstellen aufnehmen,
    - --- in Einzelflächen bis zu 5 m²,
    - --- in Einzelflächen bis zu 10 m²,
    - --- in Einzelflächen bis zu 20 m²,
    - --- in Einzelflächen bis zu 30 m²,
    - --- Größe der Einzelflächen in m² ......,
  - -- Schicht ......,
- Schichtdicke
  - -- Dicke 20 mm,
  - -- Dicke 30 mm,
  - -- Dicke 40 mm,
  - -- Dicke 50 mm,
  - -- Dicke 60 mm,
  - -- Dicke 70 mm,
  - -- Dicke 80 mm,
  - -- Dicke in mm ......,
- Verfügung aufgenommener Stoffe
  - -- aufgenommene Stoffe zur Abfuhr geordnet lagern,
  - -- aufgenommene Stoffe......,
- Planum
  - -- Planum der Tragschicht ausgleichen und
    verdichten,
  - -- Planum der Tragschicht ......,
  - -- dynamische Schicht aufrauen und ausgleichen,
  - -- dynamische Schicht ausgleichen und verdichten,
- Neue Schicht
  - -- neue dynamische Schicht aufbringen, ausgleichen
    und verdichten,
  - -- neue dynamische Schicht ......,
    - --- aus Lava 0/8,
    - --- aus Lava 0/12,
    - --- aus Haldenmaterial, Körnung ......,
    - --- aus ......, Körnung ......,
      - ---- Erzeugnis,
      - ----- Erzeugnis/Typ ......
        (oder gleichwertiger Art),
      - ----- Erzeugnis/Typ ......
        (vom Bieter einzutragen),
- Berechnungseinheit m²

362 Tennenbelag lockern und ausgleichen,
Einzelangaben nach DIN 18320
- Bereich
  - -- für Spielfeld,
  - -- für Kleinspielfeld,
  - -- für Laufbahn, Anlaufbahn,
  - -- für ......,
- Dicke des Belages 25 mm - 30 mm - 40 mm -
  in mm ......
- Lockerungstiefe 20 mm - in mm ......
- Körnung 0/3 - 1/3 - ......
- Erzeugnis
  - -- Erzeugnis/Typ ...... (oder gleichwertiger Art),
  - -- Erzeugnis/Typ ...... (vom Bieter einzutragen),
- Einzelflächen bis 2 m² - 3 m² - 5 m² - 10 m² - 20 m² -
  30 m² - 50 m², Größe der Einzelflächen in m² ......
- Anzahl der Arbeitsgänge ......
- Zeitraum der Ausführung ......
- Berechnungseinheit m²

LB 003 Landschaftsbauarbeiten
Spielplätze

STLB 003

Ausgabe 06.02

363 **Tennenmaterial andecken und verdichten,**
Einzelangaben nach DIN 18320
- Bereich
  - – für Spielfeld,
  - – für Kleinspielfeld,
  - – für Laufbahn, Anlaufbahn,
  - – für ......,
- Andeckung 10 mm – 20 mm
- Andeckungsdicke in mm ......
- Körnung 0/3 – 1/3 – ......
- Erzeugnis
  - – Erzeugnis/Typ ...... (oder gleichwertiger Art),
  - – Erzeugnis/Typ ...... (vom Bieter einzutragen),
- Einzelflächen bis 2 m² – 3 m² – 5 m² – 10 m² – 20 m² – 30 m² – 50 m², Größe der Einzelflächen in m² ......
- Anzahl der Arbeitsgänge ......
- Zeitraum der Ausführung ......
- Berechnungseinheit m²

364 **Tennenbelag lockern und ausgleichen, Ziegelmaterial einstreuen und verdichten,**
Einzelangaben nach DIN 18320
- Einstreudicke 1 mm – 2 mm – 3 mm – in mm ......,
- Körnung 0/1 – 0/2 – ......
- Erzeugnis
  - – Erzeugnis/Typ ...... (oder gleichwertiger Art),
  - – Erzeugnis/Typ ...... (vom Bieter einzutragen),
- Einzelflächen bis 2 m² – 3 m² – 5 m² – 10 m² – 20 m² – 30 m² – 50 m², Größe der Einzelflächen in m² ......
- Anzahl der Arbeitsgänge ......
- Zeitraum der Ausführung ......
- Berechnungseinheit m²

365 **Tennenbelag beregnen,**
Einzelangaben nach DIN 18320
- Wasser
  - – Wasser liefern,
  - – vorhandene Beregnungsanlage kann benutzt werden, gegen Vergütung der Wasserentnahme,
  - – Wasser kann den vorhandenen Zapfstellen gegen Vergütung entnommen werden,
  - – vorhandene Beregnungsanlage kann kostenlos benutzt werden,
  - – Wasser kann den vorhandenen Zapfstellen kostenlos entnommen werden,
  - – Wasser ......,
- Lage Zapfstellen
  - – Lage der Zapfstellen ......,
  - – Art der Beregnungsanlage ......,
- Wassermenge
  - – je Arbeitsgang 3 l/m² – 8 l/m² – 10 l/m² – 15 l/m² – in l/m² ......,
- Beregnungszweck
  - – zur Durchfeuchtung,
  - – zur Staubbindung,
- Zeitraum/Arbeitsgänge
  - – Zeitraum der Ausführung wöchentlich,
  - – Zeitraum der Ausführung alle 2 Wochen,
  - – Zeitraum der Ausführung in Abhängigkeit von Niederschlägen,
  - – Zeitraum der Ausführung je Spieltag einmal,
  - – Zeitraum der Ausführung je Spieltag morgens und mittags,
  - – Zeitraum der Ausführung im Abstand von ......,
  - – Zeitraum der Ausführung ......,
  - – 5 Arbeitsgänge,
  - – 10 Arbeitsgänge,
  - – 15 Arbeitsgänge,
  - – Anzahl der Arbeitsgänge ......,
- Nachweis Wasserverbrauch
  - – Nachweis der verbrauchten Wassermenge durch Ablesen der Wasseruhr vor und nach jedem Arbeitsgang,
  - – Nachweis der verbrauchten Wassermenge durch Ablesen der Wasseruhr bei Beginn und Abschluss der Gesamtleistung,
- Berechnungseinheit m², m³, pauschal (Größe der zu bewässernden Fläche in m² ...... bei Berechnungseinheit pauschal)

366 **Sportbelag reinigen,**
Einzelangaben nach DIN 18320
- Belagart
  - – Tennenfläche,
  - – Kunststofffläche,
  - – Kunststoffrasenfläche,
  - – Kunststoffrasenfläche, sandverfüllt,
  - – ......,
- Reinigungsart
  - – abkehren,
  - – absaugen,
  - – waschen,
  - – Reinigungsart ......,
- Reinigungsgerät
  - – mit Hochdruckreinigungsgerät,
  - – mit ......,
- Reinigungsmittel
  - – Reinigungsmittel nach Vorschrift des Belagherstellers,
  - – Reinigungsmittel ......,
- Zeitraum
  - – Reinigung monatlich,
  - – Reinigung vierteljährlich,
  - – Reinigung halbjährlich,
  - – Zeitraum der Reinigungen ......,
  - – zur Vorbereitung einer Neubeschichtung,
- Arbeitsgänge
  - – 2 Arbeitsgänge,
  - – 3 Arbeitsgänge,
  - – 5 Arbeitsgänge,
  - – Anzahl der Arbeitsgänge ......,
- Abfallstoffe
  - – anfallende Stoffe zur Abfuhr lagern,
  - – anfallende Stoffe ......,
- Berechnungseinheit m²

367 **Kunststoffbelag ausbessern,**
368 **Kunststoffrasenbelag ausbessern,**
Einzelangaben nach DIN 18320 zu Pos. 367, 368
- Bezeichnung des Belages ......, Farbton ......, Oberflächenstruktur ......
- Leistungsumfang
  - – beschädigten Belag aufnehmen,
  - – beschädigten Belag ......,
    - – – anfallende Stoffe zur Entsorgung geordnet lagern,
    - – – anfallende Stoffe ......,
      - – – – Ersatzbelag oberflächengleich einbauen,
      - – – – Ersatzbelag ......,
        - – – – – Ausführung nach Herstellerangabe,
        - – – – – Ausführung nach ......,
- Einzelflächen bis 2 m² – 3 m² – 5 m² – 10 m²
- Größe der Einzelflächen in m² ......
- Berechnungseinheit m²

369 **Risse im Sportbelag ausbessern,**
Einzelangaben nach DIN 18320
- Belagart
  - – Kunststoff,
  - – Kunststoffrasen,
  - – Belagsart ......,
- Leistungsumfang
  - – Fugen schneiden,
  - – Fugen an Rändern und Anschlüssen schneiden,
  - – Fugen öffen und reinigen,
  - – Fugen öffnen, reinigen und austrocknen,
  - – Fugen ......,
- Tiefe 10 mm – 13 mm – 16 mm – 20 mm – in mm ......
- Fugenbreite 2 mm – 3 mm – in mm ......
- Fugenfüllung
  - – Fugenfüllung mit Polyurethan,
  - – Fugenfüllung ......,
- Nachbehandlung ......
- Besondere Maßnahmen ......
- Berechnungseinheit m

STLB 003

LB 003 Landschaftsbauarbeiten
Spielplätze

Ausgabe 06.02

370 **Schutzabdeckung,**
Einzelangaben nach DIN 18320
- Verwendungszweck
  - - für Spritzbeschichtung,
  - - für Schütt- oder Gießbelag,
- Art der Abdeckung, Ausführungsart
  - - abkleben,
    - - - von Kantensteinen,
    - - - von Einfassungen,
    - - - von Entwässerungsrinnen,
    - - - von Einbauteilen,
    - - - von ......,
  - - abdecken,
    - - - von Spielfeldbarrieren,
    - - - von Ballfangzäunen,
    - - - von Einfriedungen,
    - - - von ......,
  - - abhängen,
    - - - von Einbauten,
    - - - von Bauwerken,
    - - - von Ballfanggittern,
    - - - von ......,
- Werkstoff
  - - mit Klebeband,
  - - mit PE-Folie,
  - - mit Klebeband und PE-Folie,
  - - mit ......,
- Höhe der Schutzzone bis 1,5 m – 2 m – 3 m – 4 m – 5 m – in m ......
- Breite der Schutzzone 1 m – 1,5 m – 2 m – in m ......
- Berechnungseinheit m, m², pauschal

371 **Haftbrücke/Primer auf Kunststoffbelag,**
372 **Strukturspritzbeschichtung auf Kunststoffbelag,**
Einzelangaben nach DIN 18320 zu Pos. 371, 372
- Menge 2000 g/m² – in g/m² ......
- Körnung 0/2 – ......
- Belagart
  - - Belag wasserdurchlässig, einlagig,
  - - Belag wasserdurchlässig, mehrlagig,
- Erzeugnis
  - - Erzeugnis/Typ ...... (oder gleichwertiger Art),
  - - Erzeugnis/Typ ...... (vom Bieter einzutragen),
- Besondere Maßnahmen ......
- Ausführung nach Herstellerangabe
- Berechnungseinheit m²

373 **Versiegeln des Kunststoffbelages,**
Einzelangaben nach DIN 18320
- Menge 500 g/m² – 700 g/m² – in g/m² ......
- Belagart
  - - Belag wasserundurchlässig, einlagig,
  - - Belag wasserundurchlässig, mehrlagig,
- Erzeugnis
  - - Erzeugnis/Typ ...... (oder gleichwertiger Art),
  - - Erzeugnis/Typ ...... (vom Bieter einzutragen),
- Besondere Maßnahmen ......
- Ausführung nach Herstellerangabe
- Berechnungseinheit m²

374 **Kunststoffrasen pflegen,**
Einzelangaben nach DIN 18320
- Arbeitstechnik
  - - durch Säubern und Abschleppen,
  - - durch Abschleppen,
  - - durch ......,
- Polhöhe
  - - Polhöhe 25 mm,
  - - Polhöhe 28 mm,
  - - Polhöhe 30 mm,
  - - Polhöhe in mm ......,
- Bearbeitungstiefe
  - - Bearbeitungstiefe 5 mm,
  - - Bearbeitungstiefe 8 mm,
  - - Bearbeitungstiefe 10 mm,
  - - Bearbeitungstiefe 12 mm,
  - - Bearbeitungstiefe in mm ......,
- Leistungsumfang
  - - Sand aus dem Belag herausarbeiten,
  - - Sand aus dem Belag herausarbeiten, reinigen und wieder einarbeiten,
  - - Sand ......,
    - - - Sand auffüllen bis Oberkante Polhöhe,
      - - - - Quarzsand 0/1, heißluftgetrocknet,
      - - - - Sand, heißluftgetrocknet, Körnung ......,
      - - - - Sand ......,
- Abfallstoffe
  - - anfallende Stoffe zur Abfuhr lagern,
  - - anfallende Stoffe in bereitgestellte Container laden,
  - - anfallende Stoffe ......,
- Berechnungseinheit m²

375 **Sandfüllung austauschen,**
Einzelangaben nach DIN 18320
- Arbeitsbereich
  - - Weitsprunggrube,
  - - Spielfläche für Beachvolleyball,
  - - ......,
- Aushubtiefe
  - - Aushubtiefe 20 cm,
  - - Aushubtiefe 30 cm,
  - - Aushubtiefe 40 cm,
  - - Aushubtiefe in cm ......,
- Transport/Lagerung Aushub
  - - Transport des Aushubs innerhalb der Sportanlage,
  - - Aushub ......,
    - - - Förderweg über 50 bis 100 m,
    - - - Förderweg über 100 bis 250 m,
    - - - Förderweg in m ......,
    - - - Förderweg innerhalb der Sportanlage ......,
      - - - - verunreinigten Sand zur Abfuhr geordnet lagern,
      - - - - verunreinigten Sand in bereitgestellte Container laden,
      - - - - verunreinigten Sand ......,
- Neue Füllung
  - - Füllung mit Quarzsand 0/2, mit weniger als 5 Massenprozent kleiner als 0,2 mm,
  - - Füllung mit Sand 0/2, mit weniger als 5 Massenprozent kleiner als 0,2 mm,
  - - Füllung mit ......,
    - - - Füllhöhe 20 cm,
    - - - Füllhöhe 30 cm,
    - - - Füllhöhe 40 cm,
    - - - Füllhöhe in cm ......
- Berechnungseinheit m³

LB 003 Landschaftsbauarbeiten
Spielplätze

STLB 003
Ausgabe 06.02

Hinweis:
Bodenaushub für Sandkästen usw. siehe LB 002 Erdarbeiten.

390 Sickergrube für Sandkasten,
Einzelangaben nach DIN 18320
- Wandverkleidungen
  - – ohne Wandverkleidung,
  - – mit Wandverkleidung aus Geotextil .... ,
  - – mit Wandverkleidung .... ,
- Bodenklasse
  - – Bodenklasse 3 DIN 18300,
  - – Bodenklasse 4 DIN 18300,
  - – Bodenklasse 5 DIN 18300,
  - – Bodenklasse 6 DIN 18300,
  - – Bodenklasse 7 DIN 18300,
  - – Bodenklasse 3 und 4 DIN 18300,
  - – Bodenklassen .... ,
  - – geschätzter Anteil der Bodenklassen in % .... ,
- Verfügung überschüssigen Bodens
  - – überschüssigen Boden seitlich lagern,
  - – überschüssigen Boden seitlich einbauen,
  - – überschüssigen Boden laden, fördern und einbauen,
  - – überschüssigen Boden auf der Baustelle zur Abfuhr geordnet lagern,
  - – überschüssigen Boden .... ,
- Abmessungen
  - – L x B 100 cm x 100 cm,
  - – L x B 200 cm x 200 cm,
  - – L x B in cm .... ,
  - – Durchmesser in cm .... ,
- Tiefe
  - – Tiefe 100 cm,
  - – Tiefe 200 cm,
  - – Tiefe in cm .... ,
- Grubenverfüllung
  - – Grube füllen
    - – – mit filtergeeignetem Kiessand 0/16,
    - – – mit Kies 2/16,
    - – – mit Kies, Körnung .... ,
    - – – mit Splitt 5/22,
    - – – mit Splitt, Körnung .... ,
    - – – mit .... ,
- Abdeckung
  - – abdecken mit Geotextil.
  - – abdecken mit Betonplatten ....
  - – abdecken ....
- Berechnungseinheit Stück

391 Einfassung der Spielfläche,
Einzelangaben nach DIN 18320
- Art der Spielfläche
  - – Sandkasten,
  - – Art .... ,
- Art der Einfassung
  - – aus Betonbordstein DIN 483
    - – – T 8 x 25,
    - – – T 8 x 30,
    - – – T 10 x 25,
    - – – T 10 x 30,
    - – – Form .... ,
  - – aus Betonkantenstein,
  - – aus Betonkantenstein mit elastischer Auflage,
  - – aus Betonfertigteil .... ,
  - – aus Kunstharzbeton,
  - – aus Kunstharzbeton mit elastischer Auflage,
  - – aus Bauteil .... ,
  - – aus .... ,
    - – – Maße in cm .... ,
      - – – – Oberkante einseitig gefast,
      - – – – Oberkante einseitig abgerundet,
      - – – – Oberkante .... ,
- Fundamente
  - – Fundament und Rückenstütze aus Beton B 15,
  - – Fundament .... ,
    - – – B x H 25 cm x 20 cm,
    - – – B x H 30 cm x 20 cm,
    - – – B x H in cm .... ,
- Erzeugnis/Typ
  - – Erzeugnis/Typ .... ,
    (Sofern nicht vorgeschrieben, vom Bieter einzutragen.)
  - – Erzeugnis/Typ .... oder gleichwertiger Art,
    Erzeugnis/Typ .... (vom Bieter einzutragen).
- Ausführungsart
  - – Ausführung ....
  - – Ausführung gemäß Zeichnung Nr. ....
  - – Ausführung gemäß Einzelbeschreibung Nr ....
  - – Ausführung gemäß Einzelbeschreibung Nr .... und Zeichnung Nr ....
- Berechnungseinheit m

392 Sitzauflage,
Einzelangaben nach DIN 18320
- Materialart der Sitzauflage
  - – Fichte/Tanne, Schnittklasse .... ,
  - – Fichte/Tanne, Schnittklasse A DIN 4074, Holzschutz DIN 7926,
  - – Kiefer, Schnittklasse .... ,
  - – Kiefer, Schnittklasse A DIN 4074, Holzschutz DIN 7926,
  - – Eiche, Schnittklasse .... ,
  - – Eiche, Schnittklasse A DIN 4074, Holzschutz DIN 7926,
  - – Holzart .... ,Schnittklasse .... , Holzschutz DIN 7926,
    - – – Vierkantprofile,
      - – – – 60 mm x 100 mm,
      - – – – 80 mm x 100 mm,
      - – – – 100 mm x 120 mm,
      - – – – Maße in mm .... ,
        - – – – – Oberfläche gehobelt, Kanten gefast,
        - – – – – Oberfläche .... ,
        - – – – – Oberfläche .... , Kanten .... ,
        - – – – – Oberfläche .... , Kanten .... ,
          Köpfe .... ,
    - – – Bretter,
      - – – – Breite 100 mm, Dicke 24 mm,
      - – – – Breite 140 mm, Dicke 30 mm,
      - – – – Breite 200 mm, Dicke 30 mm,
      - – – – Breite in mm .... , Dicke in mm .... ,
      - – – – Einzellänge in mm .... ,
        Breite in mm .... , Dicke in mm .... ,
        - – – – – Oberfläche gehobelt, Kanten gefast,
        - – – – – Oberfläche .... ,
        - – – – – Oberfläche .... , Kanten .... ,
        - – – – – Oberfläche .... , Kanten .... ,
          Köpfe .... ,
    - – – Bohlen,
      - – – – Breite 200 mm, Dicke 40 mm,
      - – – – Breite 250 mm, Dicke 50 mm,
      - – – – Breite in mm .... , Dicke in mm .... ,
      - – – – Einzellänge in mm .... ,
        Breite in mm .... , Dicke in mm .... ,
        - – – – – Oberfläche gehobelt, Kanten gefast,
        - – – – – Oberfläche .... ,
        - – – – – Oberfläche .... , Kanten .... ,
        - – – – – Oberfläche .... , Kanten .... ,
          Köpfe .... ,
    - – – Bahnschwellen 160 mm x 260 mm,
    - – – Bahnschwellen, Maße in mm .... ,
      - – – – Einzellänge in mm .... ,
        - – – – – Oberfläche gehobelt, Kanten gefast,
        - – – – – Oberfläche .... ,
        - – – – – Oberfläche .... , Kanten .... ,
        - – – – – Oberfläche .... , Kanten .... ,
          Köpfe .... ,
    - – – .... ,
      - – – – Einzellänge in mm .... ,
        Dicke in mm .... , Breite in mm .... ,
        - – – – – Oberfläche gehobelt, Kanten gefast,
        - – – – – Oberfläche .... ,
        - – – – – Oberfläche .... , Kanten .... ,
        - – – – – Oberfläche .... , Kanten .... ,
          Köpfe .... ,
  - – – aus Kunststoff,
  - – – aus .... ,
    - – – – Einzellänge in cm .... ,
      - – – – – Breite in cm .... , Dicke in cm .... ,
      - – – – – Maße in cm .... ,

LB 003 Landschaftsbauarbeiten
Spielplätze

Einzelangaben zu Pos. 392, Fortsetzung
- Art des Einbaus
  - – Einbau in 2 Lagen übereinander, Gesamthöhe in cm .... ,
  - – Einbau in 3 Lagen übereinander, Gesamthöhe in cm .... ,
  - – Anzahl der Lagen übereinander .... , Gesamthöhe in cm .... ,
- Erzeugnis/Typ
  - – Erzeugnis/Typ .... , (Sofern nicht vorgeschrieben, vom Bieter einzutragen.)
  - – Erzeugnis/Typ .... oder gleichwertiger Art, Erzeugnis/Typ .... (vom Bieter einzutragen),
- Art und Ort der Befestigung
  - – Befestigen an vorhandenen Fundamenten,
  - – Befestigen an vorhandenen Betonkantensteinen mit Dübeln,
  - – Befestigen an vorhandenen Betonfertigteilen mit Dübeln,
  - – Befestigen an Holzpflöcken 100 mm x 100 mm, Länge 800 mm, mit Nägeln,
  - – Befestigen an Holzpflöcken 100 mm x 100 mm, Länge 800 mm, mit Schrauben,
  - – Befestigen an Holzpflöcken, Maße in mm .... ,
  - – Befestigen nach Herstellervorschrift,
  - – Befestigen .... ,
- Ausführung
  - – Ausführung gemäß Zeichnung Nr ....
  - – Ausführung gemäß Einzelbeschreibung Nr ....
  - – Ausführung gemäß Einzelbeschreibung Nr .... und Zeichnung Nr ....
- Berechnungseinheit m, Stück

393 Palisade, einzeln stehend,
394 Palisadenwand, freistehend,
395 Palisadenstützwand,
396 Palisadenkletterberg,
Einzelangaben nach DIN 18320 zu Pos. 393 bis 396
- Werkstoff, Ausführung
  - – Fichte/Tanne,
  - – Fichte/Tanne, Holzschutz DIN 7926,
  - – Kiefer,
  - – Kiefer, Holzschutz DIN 7926,
  - – Eiche,
  - – Eiche, Holzschutz DIN 7926,
  - – Holzart .... , Holzschutz DIN 7926,
    - – – Oberfläche weißgeschält, Kopf gefast,
    - – – Oberfläche weißgeschält, Kopf, kegelförmig,
    - – – Oberfläche zylindrisch gefräst, Kopf gefast,
    - – – Oberfläche zylindrisch gefräst, Kopf kegelförmig
    - – – Oberfläche .... , Kopf .... ,
  - – aus Beton,
  - – aus Recyclingstoff,
  - – aus Kunststoff,
  - – aus Gummigranulat, PUR-gebunden,
  - – aus .... ,
- Abmessungen
  - – Durchmesser 12 bis 14 cm,
  - – Durchmesser über 14 bis 16 cm,
  - – Durchmesser über 16 bis 18 cm,
  - – Durchmesser über 18 bis 20 cm,
  - – Durchmesser in cm .... ,
  - – Mittendurchmesser in cm .... ,
  - – Querschnitt 10/20 cm,
  - – Querschnitt 16/24 cm,
  - – Querschnitt in cm .... ,
    - – – Bauhöhe über Gelände 60 cm,
    - – – Bauhöhe über Gelände 100 cm,
    - – – Bauhöhe über Gelände 120 cm,
    - – – Bauhöhe über Gelände 150 cm,
    - – – Bauhöhe über Gelände 180 cm,
    - – – Bauhöhe über Gelände in cm .... ,
- Einbindetiefe
  - – Einbindetiefe 50 cm,
  - – Einbindetiefe 60 cm,
  - – Einbindetiefe 80 cm,
  - – Einbindetiefe 100 cm,
  - – Einbindetiefe in cm .... ,
- Einzellänge
  - – Einzellänge 100 cm,
  - – Einzellänge 120 cm,
  - – Einzellänge 150 cm,
  - – Einzellänge in cm .... ,
- Aufstellen, Fundamente
  - – aufstellen einschl. Erdarbeiten,
  - – aufstellen einschl. Erdarbeiten und Fundamente aus Beton B 15, Maße in cm .... ,
  - – aufstellen einschl. Erdarbeiten und Fundamente aus Mineralgemisch, Körnung .... , Maße in cm .... ,
  - – aufstellen,
- Erzeugnis/Typ
  - – Erzeugnis/Typ .... , (Sofern nicht vorgeschrieben, vom Bieter einzutragen).
  - – Erzeugnis/Typ .... , oder gleichwertiger Art, Erzeugnis/Typ .... , (vom Bieter einzutragen),
- Abrechnung/Ausführung
  - – Abrechnung nach Wandlänge. (in m)
  - – Abrechnung nach Volumen Einzelpalisaden (Holzliste). (in m³)
  - – Ausführung gemäß Zeichnung Nr ....
  - – Ausführung gemäß Einzelbeschreibung Nr ....
  - – Ausführung gemäß Einzelbeschreibung Nr .... und Zeichnung Nr ....
- Berechnungseinheit Stück, m, m³, pauschal

400 Sohlbelag für Spielfläche,
Einzelangaben nach DIN 18320
- Art der Spielfläche
  - – Sandkasten,
  - – Art .... ,
- Art des Belages
  - – Betonplatten,
  - – Betonplatten, wasserdurchlässig,
  - – gebrauchte Betonplatten,
  - – gebrauchte Betonplatten nach Wahl des AN, Belag .... , (vom Bieter einzutragen),
  - – vom AG beigestellte Betonplatten,
    - – – Maße in cm .... ,
  - – Beton, Körnung .... ,
  - – Bitumen-Tragschicht, wasserdurchlässig,
  - – Belag .... ,
    - – – Dicke in cm .... ,
- Bettung
  - – Bettung in Sand,
  - – Bettung in Kiessand,
  - – Bettung in .... ,
    - – – Schichtdicke 3 cm,
    - – – Schichtdicke 5 cm,
    - – – Schichtdicke in cm .... ,
- Ausführung
  - – Ausführung ....
  - – Ausführung gemäß Zeichnung Nr ....
  - – Ausführung gemäß Einzelbeschreibung Nr ....
  - – Ausführung gemäß Einzelbeschreibung Nr .... und Zeichnung Nr ....
- Berechnungseinheit m²

401 Spielbelag aus Sand,
402 Sandkastenfüllung,
Einzelangaben nach DIN 18320 zu Pos. 401 und 402
- Art der Füllung/Belages
  - – Quarzsand 0/2,
  - – Sand 0/2,
  - – Sand, Körnung .... ,
  - – gewaschener Sand 0/2,
  - – gewaschener Sand, Körnung .... ,
  - – mit .... ,
    - – – mit weniger als 5 Massenprozent kleiner als 0,02 mm,
- Schichtdicke/Füllhöhe
  - – Schichtdicke/Füllhöhe 20 cm,
  - – Schichtdicke/Füllhöhe 25 cm,
  - – Schichtdicke/Füllhöhe 30 cm,
  - – Schichtdicke/Füllhöhe 35 cm,
  - – Schichtdicke/Füllhöhe 40 cm,
  - – Schichtdicke/Füllhöhe in cm .... ,
- Berechnungseinheit m², m³

LB 003 Landschaftsbauarbeiten
Spielplätze

STLB 003

Ausgabe 06.02

403 Fallschutzbelag DIN 7926
Einzelangaben nach DIN 18320
- Art des Belages
  - – aus Sand 2/4,
  - – aus Sand, Körnung .... ,
  - – aus Kies, Körnung .... ,
  - – aus Rindenmulch 20/80,
  - – aus Rindenmulch, Körnung .... ,
    - – – Dicke 20 cm,
    - – – Dicke 30 cm,
    - – – Dicke 40 cm,
    - – – Dicke in cm .... ,
  - – aus Platten,
  - – aus Platten, Maße in cm .... ,
  - – aus Verbundpflaster,
  - – aus Verbundpflaster, Maße in cm .... ,
  - – Beton mit elastischer Auflage,
  - – Beton mit elastischer Auflage und Hohlkammern,
  - – Vollelastisch, aus Gummigranulat, -fasern,
    - – – Dicke der Elastikschicht 20 mm,
    - – – Dicke der Elastikschicht 30 mm,
    - – – Dicke der Elastikschicht 40 mm,
    - – – Dicke der Elastikschicht 50 mm,
    - – – Dicke der Elastikschicht in mm .... ,
    - – – Dicke der elastischen Auflage 40 mm,
    - – – Dicke der elastischen Auflage 50 mm,
    - – – Dicke der elastischen Auflage in mm .... ,
      - – – – Farbton rot,
      - – – – Farbton rotbraun,
      - – – – Farbton grün,
      - – – – Farbton .... ,
      - – – – Bettung in Sand,
      - – – – Bettung in Kiessand,
      - – – – Bettung in Mörtel MG III,
      - – – – Bettung in .... ,
        - – – – – Schichtdicke 3 cm,
        - – – – – Schichtdicke 5 cm,
        - – – – – Schichtdicke in cm,
  - – aus Kunststoffbelag im Schütt-/Gießverfahren,
  - – aus Kunststoffbelag als Bahnenware,
    - – – Dicke 12 mm,
    - – – Dicke 16 mm,
    - – – Dicke 20 mm,
    - – – Dicke in mm .... ,
      - – – – Farbton rot,
      - – – – Farbton rotbraun,
      - – – – Farbton grün,
      - – – – Farbton .... ,
  - – aus .... ,
    - – – Dicke in mm .... ,
      - – – – Farbton rot,
      - – – – Farbton rotbraun,
      - – – – Farbton grün,
      - – – – Farbton .... ,
        - – – – – auf vorhandene Tragschicht,
          - – – – – – aus Asphaltbeton,
          - – – – – – aus Asphaltmischmakadam,
          - – – – – – aus Beton,
          - – – – – – aus Beton, wasserdurchlässig,
          - – – – – – aus .... ,
- Erzeugnis/Typ
  - – Erzeugnis/Typ .... ,
    (Sofern nicht vorgeschrieben, vom Bieter einzutragen),
  - – Erzeugnis/Typ .... oder gleichwertiger Art, Erzeugnis/Typ .... (vom Bieter einzutragen).
- Berechnungseinheit m²

405 Spielgerät,
406 Spielkombination,
Einzelangaben nach DIN 18320 zu Pos. 405 und 406
- Art der Spielplatzeinrichtung
  - – Art .... ,
- Werkstoff
  - – aus Metall,
  - – aus Holz,
  - – aus Holz und Metall,
  - – aus Kunststoff,
  - – aus Kunststoff und Holz,
  - – aus Kunststoff und Metall,
  - – aus .... ,

- Abmessungen
  - – – Maße in cm .... ,
  - – – Grundfläche in m² .... ,
  - – – Grundfläche in m² .... , Schutzzone/Abstandsfläche in m² .... ,
  - – – H x B x L in cm .... ,
  - – – H x B x L in cm .... , Schutzzone/Abstandsfläche in m² .... ,
- Aufstellen/Fundamente
  - – – aufstellen auf vorbereitete Fundamente,
  - – – aufstellen, einschl. Erdarbeiten und Fundament aus Beton B 15, Maße in cm .... ,
  - – – aufstellen, einschl. Erdarbeiten und Fundament aus Beton B 15, Maße in cm .... , mit mind. 40 cm Sandüberdeckung,
  - – – aufstellen, einschl. Erdarbeiten und Fundamente nach Herstellervorschrift,
  - – – aufstellen, einschl. Erdarbeiten und Fundamentplatten nach Herstellervorschrift,
  - – – aufstellen .... ,
- Erzeugnis/Typ
  - – – Erzeugnis/Typ .... ,
    (Sofern nicht vorgeschrieben, vom Bieter einzutragen),
  - – – Erzeugnis/Typ .... oder gleichwertiger Art, Erzeugnis/Typ .... (vom Bieter einzutragen),
  - – – vom AG beigestellt, Erzeugnis/Typ .... ,
    - – – – mit zusätzlicher Verlängerung der Befestigungskonstruktion für den normgerechten Einbau in Sandspielflächen mit 40 cm Überdeckung der Fundamentoberkante
- Schutzzeichen
  - – – mit Güteschutzzeichen (GS).
  - – – mit Maschinenschutzzeichen (TÜV).
  - – – mit Güteschutzzeichen (GS) und Maschinenschutzzeichen (TÜV).
  - – – mit CE-Zertifikat.
  - – – Ausführung entsprechend DIN 7926.
  - – – mit ....
- Sicherung/Befestigung
  - – – Sicherung aller beweglichen Teile mit Splints.
  - – – Sicherung aller beweglichen Teile mit Splints, selbstsichernden Schrauben.
  - – – Sicherung aller beweglichen Teile mit ....
  - – – Befestigung mit ....
  - – – Besondere Anforderungen ....
- Berechnungseinheit Stück

407 Spielgerät, beweglich,
408 Spielfigur,
Einzelangaben nach DIN 18320 zu Pos. 407 und 408
- Art des Spielgeräts
  - – – Art .... ,
- Werkstoff
  - – – aus Holz,
  - – – aus Kunststoff,
  - – – aus Metall,
  - – – aus Metall und Kunststoff,
  - – – aus Holz und Metall,
  - – – aus Holz und Kunststoff,
  - – – aus .... ,
    - – – – Maße in cm .... ,
- Erzeugnis/Typ
  - – – Erzeugnis/Typ .... ,
    (Sofern nicht vorgeschrieben, vom Bieter einzutragen),
  - – – Erzeugnis/Typ .... oder gleichwertiger Art, Erzeugnis/Typ .... (vom Bieter einzutragen),
  - – – vom AG beigestellt, Erzeugnis/Typ .... ,
- Schutzzeichen
  - – – mit Güteschutzzeichen (GS),
  - – – mit Maschinenschutzzeichen (TÜV),
  - – – mit Güteschutzzeichen (GS) und Maschinenschutzzeichen (TÜV),
  - – – mit CE-Zertifikat,
  - – – Ausführung entsprechend DIN 7926,
  - – – mit .... ,
    - – – – aufstellen.
    - – – – aufstellen nach Herstellervorschrift.
    - – – – Anzahl der Spielfiguren ....
- Berechnungseinheit Stück, pauschal

171

STLB 003

LB 003 Landschaftsbauarbeiten
Ausstattungen

Ausgabe 06.02

410 **Einzelfundament für .... ,**
 einschl. Aushub, Bodenklasse .... ,
411 **Streifenfundament für .... ,**
 einschl. Aushub, Bodenklasse .... ,
 Einzelangaben nach DIN 18320 zu Pos.410 und 411
 – Werkstoff
  – – aus Beton B 10 – B 15 – B 25 – .... ,
  – – aus Schotter 16/45 – aus ..... ,
  – – aus .... ,
 – Abmessungen
  – – Durchmesser in cm .... ,
  – – Breite in cm .... ,
  – – Länge x Breite in cm .... ,
  – – Maße in cm .... ,
  – – Tiefe in cm .... ,
 – überschüssiger Boden
  – – überschüssigen Boden seitlich lagern,
  – – überschüssigen Boden seitlich einbauen,
  – – überschüssigen Boden laden, fördern und einbauen,
  – – überschüssigen Boden auf der Baustelle zur Abfuhr geordnet lagern,
   – – überschüssigen Boden .... ,
    – – – einschl. Aufnehmen und Wiederanarbeiten des vorhandenen Belages aus .... ,
 – Förderweg
  – – Förderweg über 50 m bis 100 m,
  – – Förderweg über 100 m bis 500 m,
  – – Förderweg über 500 m bis 1000 m,
  – – Förderweg in m .... ,
 – Ausführung
  – – Ausführung ....
  – – Ausführung gemäß Zeichnung Nr. ....
  – – Ausführung gemäß Einzelbeschreibung Nr. ....
  – – Ausführung gemäß Einzelbeschreibung Nr. .... und Zeichnung Nr. ....
 – Berechnungseinheit Stück, m, m³

412 **Abfallbehälter**
413 **Papierkorb**
414 **Ascher**
 Einzelangaben nach DIN 18320 zu Pos.412 bis 414
 – Werkstoff
  – – aus Stahl,
  – – aus Aluminium,
  – – aus Holz,
  – – aus Kunststoff,
  – – aus Drahtgitter,
  – – aus .... ,
   – – – einschl. Einhängekorb,
 – Fassungsvermögen
  – – Fassungsvermögen 15 l,
  – – Fassungsvermögen 30 l,
  – – Fassungsvermögen 50 l,
  – – Fassungsvermögen 80 l,
  – – Fassungsvermögen in Liter .... ,
  – – Maße in cm .... ,
 – Farbe/Oberfläche
  – – Farbbeschichtung .... ,
  – – Oberflächenbehandlung .... ,
 – Details
  – – Fuß aus .... ,
  – – Sockel aus .... ,
  – – Wandhalter aus .... ,
  – – Masthalter aus .... ,
  – – mit .... ,
 – Erzeugnis/Typ
  – – Erzeugnis/Typ .... ,
   (Sofern nicht vorgeschrieben, vom Bieter einzutragen),
  – – Erzeugnis/Typ .... oder gleichwertiger Art, Erzeugnis/Typ .... (vom Bieter einzutragen),
  – – vom AG beigestellt, Erzeugnis/Typ .... ,
 – Aufstellen/Fundamente
  – – einbauen einschl. Fundament und Erdarbeiten.
  – – einbauen einschl. Fundament und Erdarbeiten.
  – – Maße in cm ....
  – – aufstellen nach Herstellervorschrift.
  – – aufstellen auf vorhandenem Fundament.
  – – aufstellen gemäß Zeichnung Nr. ....
  – – ....
 – Berechnungseinheit Stück

415 **Müllbehälterschrank**
416 **Container-Kassettenanlage**
417 **Container-Box**
418 **Standbox**
 Einzelangaben nach DIN 18320 zu Pos. 415 bis 418
 – Werkstoff
  – – aus Stahlbeton B 35,
  – – aus .... ,
 – Sichtflächen
  – – Sichtflächen Waschbeton aus Quarzkies 8/12,
  – – Sichtflächen Waschbeton aus Porphyr,
  – – Sichtflächen Vulkanbeton, sandgestrahlt,
  – – Sichtflächen Vulkanbeton, gestockt,
  – – Sichtbeton, sandgestrahlt,
  – – Sichtbeton, stahlschrotgestrahlt,
  – – Sichtbeton, gestockt,
  – – Sichtflächen .... , Maße in cm .... ,
  – – Maße in cm .... ,
 – Anordnung der Tür
  – – Tür einflügelig, verzinkt DIN EN ISO 1461,
  – – Tür zweiflügelig, verzinkt DIN EN ISO 1461,
 – Anzahl der Gefäße
  – – für ein Gefäß,
  – – für ein Gefäß mit Aufhängevorrichtung,
  – – für 2 Gefäße,
  – – für 2 Gefäße mit Aufhängevorrichtung,
  – – Anzahl der Gefäße .... ,
  – – Anzahl der Gefäße .... , mit Aufhängevorrichtung,
  – – für einen Container,
  – – für .... ,
 – Fassungsvermögen
  – – Fassungsvermögen 35 l,
  – – Fassungsvermögen 50 l,
  – – Fassungsvermögen 80 l,
  – – Fassungsvermögen 110 l,
  – – Fassungsvermögen 120 l,
  – – Fassungsvermögen 240 l,
  – – Fassungsvermögen 770 l,
  – – Fassungsvermögen 1,1m³,
  – – Fassungsvermögen in Liter .... ,
 weitere Einzelangaben siehe Pos. 422 und 423

419 **Müllplatz-Abschirmung,**
420 **Müllplatz-Pergola,**
421 **Müllplatz-Sichtblende,**
 Einzelangaben nach DIN 18320 zu Pos. 419 bis 421
 – Werkstoff
  – – aus Betonfertigteilen,
  – – aus Stahlgitter, verzinkt DIN EN ISO 1461,
  – – aus Holz,
  – – aus Recycling-Kunststoff,
  – – aus .... ,
 – Sichtflächen/Farbe
  – – Sichtflächen .... ,
  – – Farbbeschichtung .... ,
   – – – Maße in cm .... ,
 weitere Einzelangaben siehe Pos. 422 und 423

422 **Streustoffbehälter,**
423 **Geräteschrank,**
 Einzelangaben nach DIN 18320 zu Pos. 422 und 423
 – Werkstoff
  – – aus Stahlbeton,
  – – aus Beton,
  – – aus Holz,
  – – aus Recycling-Kunststoff,
  – – aus .... ,
 – Sichtflächen
  – – Sichtflächen Waschbeton aus Quarzkies 8/12,
  – – Sichtflächen Waschbeton aus Porphyr,
  – – Sichtflächen Vulkanbeton, sandgestrahlt,
  – – Sichtflächen Vulkanbeton, gestockt,
  – – Sichtbeton, sandgestrahlt,
  – – Sichtbeton, stahlschrotgestrahlt,
  – – Sichtbeton, gestockt,
  – – Sichtflächen .... , Maße in cm .... ,
  – – Maße in cm .... ,
 – Anordnung der Gefäße
  – – Tür einflügelig, verzinkt DIN EN ISO 1461,
  – – Tür zweiflügelig, verzinkt DIN EN ISO 1461,
  – – Tür .... ,
   – – – Türmaße in cm .... ,

LB 003 Landschaftsbauarbeiten
Ausstattungen

STLB 003
Ausgabe 06.02

Fortsetzung Einzelangaben zu Pos. 415 bis 423
- Erzeugnis/Typ
  - – Erzeugnis/Typ .... ,
    (Sofern nicht vorgeschrieben, vom Bieter einzutragen),
  - – Erzeugnis/Typ .... oder gleichwertiger Art, Erzeugnis/Typ .... (vom Bieter einzutragen),
  - – vom AG beigestellt, Erzeugnis/Typ .... ,
- Ausführung
  - – Ausführung gemäß Zeichnung Nr .... ,
  - – Ausführung gemäß Einzelbeschreibung Nr .... ,
  - – Ausführung gemäß Einzelbeschreibung Nr .... und Zeichnung Nr ....
- Aufstellen/Fundamente
  - – einbauen einschl. Fundament und Erdarbeiten.
  - – einbauen einschl. Fundament und Erdarbeiten, Maße in cm ....
  - – aufstellen nach Herstellervorschrift.
  - – aufstellen auf vorhandenem Fundament.
  - – aufstellen gemäß Zeichnung Nr. ....
  - – – ....
- Berechnungseinheit Stück

425 **Fahnenmast, ohne Halter,**
426 **Fahnenmast, mit Halter,**
Einzelangaben nach DIN 18320 zu Pos. 425 und 426
- Werkstoff
  - – aus Holz,
  - – aus Stahlrohr, verzinkt DIN EN ISO 1461,
  - – aus nichtrostendem Stahlrohr,
  - – aus Aluminiumrohr,
  - – aus glasfaserverstätktem Kunststoff (GFK),
  - – aus .... ,
- Hissvorrichtung
  - – mit außenliegender Hissvorrichtung,
  - – mit außenliegender Hissvorrichtung, abschließbar,
  - – mit innenliegender Hissvorrichtung,
  - – mit innenliegender Hissvorrichtung, abschließbar,

weitere Einzelangaben siehe Pos. 427 und 428

427 **Fahnenmasthalter,**
428 **Baumhalter,**
Einzelangaben nach DIN 18320 zu Pos. 427 und 428
- Werkstoff
  - – aus Stahlrohr, verzinkt DIN EN ISO 1461,
  - – aus nichtrostendem Stahlrohr,
  - – aus Stahlguss,
  - – aus .... ,

Fortsetzung Einzelangaben zu Pos. 425 bis 428
- Abmessungen
  - – Höhe in m .... ,
  - – Höhe und Durchmesser in cm .... ,
  - – Maße in cm .... ,
    - – – Oberflächenbehandlung,
- Erzeugnis/Typ
  - – Erzeugnis/Typ .... ,
    (Sofern nicht vorgeschrieben, vom Bieter einzutragen),
  - – Erzeugnis/Typ .... oder gleichwertiger Art, Erzeugnis/Typ .... (vom Bieter einzutragen),
  - – vom AG beigestellt, Erzeugnis/Typ .... ,
- Einbauen/Fundamente
  - – einbauen einschl. Fundament und Erdarbeiten.
  - – einbauen einschl. Fundament und Erdarbeiten, Maße in cm ....
  - – einbauen nach Herstellervorschrift.
  - – einbauen in vorhandenem Fundament.
  - – einbauen in vorhandene Halterungen.
  - – – ....
- Berechnungseinheit Stück

430 **Wäschepfahl,**
431 **Wäschegerüst,**
Einzelangaben nach DIN 18320 zu Pos. 430 und 431
- Zubehör
  - – mit Leinenhalter,
  - – mit Patentleinenspanner,
  - – mit Kreuzkopf,
  - – mit .... ,

weitere Einzelangaben siehe Pos. 432 bzw. 433

432 **Teppichgerüst,**
Einzelangaben nach DIN 18320
- Zubehör
  - – mit Teppichablage,

Fortsetzung Einzelangaben zu Pos. 430 bis 432
- Werkstoff
  - – aus Stahlrohr, verzinkt DIN EN ISO 1461,
  - – aus Aluminiumrohr,
  - – aus .... ,
    - – – Durchmesser 44 mm,
    - – – Durchmesser 48 mm,
    - – – Durchmesser 60 mm,
    - – – Durchmesser in mm .... ,

weitere Einzelangaben siehe Pos. 433

433 **Wäscheschirm,**
Einzelangaben nach DIN 18320
- Werkstoff
  - – aus Stahl, verzinkt DIN EN ISO 1461,
  - – aus Stahl, verzinkt DIN EN ISO 1461, Tragkonstruktion Aluminium,
  - – aus Aluminium,
  - – aus Aluminium, Tragkonstruktion Stahl, verzinkt DIN EN ISO 1461,
  - – aus .... ,
- Leinenlänge
  - – Leinenlänge 50 m,
  - – Leinenlänge 60 m,
  - – Leinenlänge 70 m,
  - – Leinenlänge 90 m,
  - – Leinenlänge in m .... ,
- Bodenhülse
  - – einschl. Bodenhülse,
  - – einschl. Bodenhülse mit Abdeckung .... ,
  - – einschl. Bodenhülse mit Höhenverstellung und Abdeckung .... ,

Fortsetzung Einzelangaben zu Pos. 430 bis 433
- Nutzhöhe
  - – Nutzhöhe 200 cm,
  - – Nutzhöhe in cm .... ,
  - – Nutzhöhe/Gerüstbreite in cm .... ,
- Erzeugnis/Typ
  - – Erzeugnis/Typ .... ,
    (Sofern nicht vorgeschrieben, vom Bieter einzutragen),
  - – Erzeugnis/Typ .... oder gleichwertiger Art, Erzeugnis/Typ .... (vom Bieter einzutragen),
  - – vom AG beigestellt, Erzeugnis/Typ .... ,
- Einbau/Fundamente
  - – einbauen einschl. Fundament und Erdarbeiten.
  - – einbauen einschl. Fundament und Erdarbeiten, Maße in cm ....
  - – aufstellen nach Herstellervorschrift.
  - – aufstellen auf vorhandenem Fundament.
  - – aufstellen gemäß Zeichnung Nr. ....
  - – – ....
- Berechnungseinheit Stück

STLB 003

LB 003 Landschaftsbauarbeiten
Ausstattungen

Ausgabe 06.02

435 **Fahrradständer,**
436 **Fahrradabstellanlage,**
   Einzelangaben nach DIN 18320 zu Pos. 435 und 436
   – Werkstoff
     – – aus Stahl, verzinkt DIN EN ISO 1461,
     – – aus .... ,
   – Oberfläche/Farbe
     – – Oberflächenbehandlung .... ,
     – – Beschichtung/Farbton .... ,
   – Halterungen/Ständer
     – – als Einzelständer,
     – – 2 Halterungen je Ständer,
     – – 3 Halterungen je Ständer,
     – – 5 Halterungen je Ständer,
     – – Anzahl der Halterungen je Ständer .... ,
   – Anordnung
     – – Anordnung gerade,
     – – Anordnung linksschräg,
     – – Anordnung rechtsschräg,
     – – Anordnung doppelseitig gerade,
     – – Anordnung doppelseitig linksschräg,
     – – Anordnung doppelseitig rechtsschräg,
     – – Anordnung .... ,
   – Erzeugnis/Typ
     – – Erzeugnis/Typ .... ,
       (Sofern nicht vorgeschrieben, vom Bieter
       einzutragen),
     – – Erzeugnis/Typ .... oder gleichwertiger Art,
       Erzeugnis/Typ .... (vom Bieter einzutragen),
     – – vom AG beigestellt, Erzeugnis/Typ .... ,
       – – – Ausführung .... ,
       – – – Ausführung gemäß Zeichnung Nr. .... ,
       – – – Ausführung gemäß Einzelbeschreibung
         Nr. .... ,
       – – – Ausführung gemäß Einzelbeschreibung
         Nr. .... und Zeichnung Nr. ....
   – Aufstellen/Fundamente
     – – einbauen einschl. Fundament und Erdarbeiten.
     – – einbauen einschl. Fundament und Erdarbeiten,
       Maße in cm ....
     – – aufstellen nach Herstellervorschrift.
     – – aufstellen auf vorhandenem Fundament.
     – – aufstellen gemäß Zeichnung Nr. ....
   – Berechnungseinheit Stück

440 **Pflanzgefäße,**
   Einzelangaben nach DIN 18320
   – Verwendung
     – – für Erdsubstrat,
     – – für Hydrosubstrat,
     – – für .... ,
   – Werkstoff
     – – aus Beton,
     – – aus Faserbeton,
     – – aus Kunststoff,
     – – aus Holz,
     – – aus Steinzeug,
     – – aus Terracotta,
     – – aus .... ,
       – – – Sichtflächen .... ,
   – Abmessungen
     – – L x B x H in cm .... , Wanddicke in cm .... ,
     – – Maße in cm .... , Wanddicke in cm .... ,
   – Einsatz
     – – mit Einsatz,
     – – mit Einsatz und Entwässerungsöffnungen,
     – – mit .... ,
   – Erzeugnis/Typ
     – – Erzeugnis/Typ .... ,
       (Sofern nicht vorgeschrieben, vom Bieter
       einzutragen),
     – – Erzeugnis/Typ .... oder gleichwertiger Art,
       Erzeugnis/Typ .... (vom Bieter einzutragen),
     – – vom AG beigestellt, Erzeugnis/Typ .... ,
   – Ausführung
     – – Ausführung .... ,
     – – Ausführung gemäß Zeichnung Nr. .... ,
     – – Ausführung gemäß Einzelbeschreibung Nr. .... ,
     – – Ausführung gemäß Einzelbeschreibung Nr. ....
       und Zeichnung Nr. ....

   – Aufstellen
     – – Aufstellen.
     – – Aufstellen gemäß Zeichnung Nr. ....
     – – Aufstellen ....
     – – Aufstellen, Aufstellort ....
     – – Aufstellen gemäß Zeichnung Nr. .... ,
       Aufstellort ....
     – – Aufstellen .... , Aufstellort ....
   – Berechnungseinheit Stück

441 **Gartentisch,**
442 **Bank-Tisch-Kombination,**
443 **Gartenbank,**
444 **Gartenstuhl,**
445 **Gartenhocker,**
446 **Bankauflage,**
447 **Sitzrost,**
448 **Sitzpoller,**
   Einzelangaben nach DIN 18320 zu Pos. 441 bis 448
   – Werkstoff
     – – aus Holz, Art .... ,
     – – aus Naturwerkstein, Art .... ,
     – – aus Betonwerkstein, Art .... ,
     – – aus Kunststoffprofilen,
     – – aus Recycling-Kunststoffprofilen,
     – – aus glasfaserverstärktem Kunststoff (GFK),
     – – aus Stahlrohr/Drahtgitter,
     – – aus .... ,
   – Oberfläche/Farbe
     – – aus Oberfläche .... ,
     – – aus Beschichtung/Farbton .... ,
   – Abmessungen/Rückenlehne
     – – Maße in cm .... ,
     – – ohne Rückenlehne,
     – – ohne Rückenlehne, Maße in cm .... ,
     – – mit Rückenlehne,
     – – mit Rückenlehne, Maße in cm .... ,
     – – mit Rücken- und Armlehne,
     – – mit Rücken- und Armlehne, Maße in cm .... ,
   – Details
     – – mit Betonsockel,
     – – mit Stahlrohrfüßen,
     – – mit Stahlgussfüßen,
     – – mit Bodenklammern,
     – – mit Bodenhülsen,
     – – mit Sockel aus .... ,
     – – mit Füßen aus .... ,
     – – mit .... ,
   – Erzeugnis/Typ
     – – Erzeugnis/Typ .... ,
       (Sofern nicht vorgeschrieben, vom Bieter
       einzutragen),
     – – Erzeugnis/Typ .... oder gleichwertiger Art,
       Erzeugnis/Typ .... (vom Bieter einzutragen),
     – – vom AG beigestellt, Erzeugnis/Typ .... ,
       – – – Ausführung ....
       – – – Ausführung gemäß Zeichnung Nr. ....
       – – – Ausführung gemäß Einzelbeschreibung
         Nr. ....
       – – – Ausführung gemäß Einzelbeschreibung
         Nr. .... und Zeichnung Nr. ....

Einzelangaben zu Pos. 441 bis 448, Fortsetzung
   – Aufstellen/Fundamente
     – – Einbauen einschl. Fundament und Erdarbeiten.
     – – Einbauen einschl. Fundament und Erdarbeiten,
       Maße in cm ....
     – – Aufstellen.
     – – Aufstellen nach Herstellervorschrift.
     – – Aufstellen auf vorhandenem Fundament.
     – – Montieren auf ....
   – Berechnungseinheit St, m
     – – Einzelmaße in cm ....

LB 003 Landschaftsbauarbeiten
Ausstattungen

STLB 003

Ausgabe 06.02

Hinweis: Verkehrsschilder siehe LB 080 Straßen, Wege, Plätze

450 Schild
Einzelangaben nach DIN 18320
- Werkstoff
  - – aus Stahl,
  - – aus Holz,
  - – aus Kunststoff,
  - – aus Leichtmetallegierung,
  - – aus .... ,
- Pfosten
  - – mit Stahlrohrpfosten,
  - – mit Leichtmetallpfosten,
  - – mit Holzpfosten,
  - – mit .... ,
- Abmessungen
  - – Maße in cm .... ,
  - – Durchmesser in cm .... ,
- Oberfläche
  - – Oberfläche einbrennlackiert,
  - – Oberfläche kunststoffbeschichtet,
  - – Oberfläche .... ,
    - – – Beschriftung .... ,
    - – – Darstellung .... ,
    - – – Bezeichnung .... ,
- Erzeugnis/Typ
  - – Erzeugnis/Typ .... ,
    (Sofern nicht vorgeschrieben, vom Bieter einzutragen),
  - – Erzeugnis/Typ .... oder gleichwertiger Art, Erzeugnis/Typ .... (vom Bieter einzutragen),
  - – vom AG beigestellt, Erzeugnis/Typ .... ,
- Ausführung
  - – Ausführung ....
  - – Ausführung gemäß Zeichnung Nr. ....
  - – Ausführung gemäß Einzelbeschreibung Nr. ....
  - – Ausführung gemäß Einzelbeschreibung Nr. .... und Zeichnung Nr. ....
- Aufstellen/Fundamente
  - – einbauen einschl. Fundament und Erdarbeiten.
  - – einbauen einschl. Fundament und Erdarbeiten, Maße in cm ....
  - – aufstellen.
  - – aufstellen auf vorhandenem Fundament.
  - – aufstellen einschl. Bodenhülse.
  - – aufstellen gemäß Zeichnung Nr. ....
- Berechnungseinheit Stück

451 Absperrung für Pflanzflächen,
452 Absperrung für Rasenflächen,
453 Absperrung für Vegetationsflächen,
454 Absperrung für Wege- und Platzflächen,
455 Absperrung für .... ,
Einzelangaben nach DIN 18320 zu Pos. 451 bis 455
- Abmessungen
  - – Bauhöhe 50 cm, Einbindetiefe 50 cm,
  - – Bauhöhe 90 cm, Einbindetiefe 60 cm,
  - – Bauhöhe in cm .... , Einbindetiefe in cm
  - – Maße in cm .... ,
- Werkstoff
  - – aus Rundholz – aus Kantholz – aus Stahlrohr,
  - – aus .... , Oberflächenbehandlung .... ,
- Erzeugnis/Typ
  - – Erzeugnis/Typ .... , (Sofern nicht vorgeschrieben, vom Bieter einzutragen),
  - – Erzeugnis/Typ .... oder gleichwertiger Art, Erzeugnis/Typ .... (vom Bieter einzutragen),
- Riegel
  - – Riegel aus Rundholz,
  - – Riegel aus Halbrundholz,
  - – Riegel aus Kantholz,
  - – Absperrung mit Spanndraht,
  - – Absperrung mit Spannseil,
  - – .... ,
- Abmessungen
  - – Mittendurchmesser in cm .... ,
  - – Durchmesser in cm .... ,
  - – Querschnitt in cm .... ,
- Pfostenabstand
  - – Pfostenabstand 2 m,
  - – Pfostenabstand 3 m,
  - – Pfostenabstand in m .... ,
- Einbau
  - – einbauen in Erdreich,
  - – einbauen gemäß Zeichnung Nr. .... ,
- Befestigung
  - – Riegel und Pfosten über Kopf vernageln.
  - – Riegel und Pfosten seitlich vernageln.
  - – Spanndraht/-seil durch Bohrlöcher ziehen.
  - – Spanndraht/-seil durch Ösen ziehen.
  - – Spanndraht/-seil mit verzinktem Bindedraht befestigen.
  - – Spanndraht/-seil mit verzinkten Krampen befestigen.
- Berechnungseinheit m

456 Markierungspfosten,
Einzelangaben nach DIN 18320
- Anwendung
  - – für Rettungswege – für .... ,
    - – – Kennzeichnung/Beschriftung .... ,
- Abmessungen
  - – Gemäß Zeichnung Nr. .... ,
  - – Gesamthöhe 80 cm, Einbindetiefe 40 cm,
  - – Gesamthöhe/Einbindetiefe in cm .... ,
  - – – .... ,
    - – – Querschnitt 8 cm x 8 cm,
    - – – Querschnitt in cm .... ,
    - – – Durchmesser in cm .... ,
- Pfostenabstand
  - – Pfostenabstand ca. 8 m,
  - – Pfostenabstand in m .... ,
- Erzeugnis/Typ
  - – Erzeugnis/Typ .... ,
    (Sofern nicht vorgeschrieben, vom Bieter einzutragen),
  - – Erzeugnis/Typ .... oder gleichwertiger Art, Erzeugnis/Typ .... (vom Bieter einzutragen.)
- Berechnungseinheit Stück

457 Absperrpfosten,
458 Stellplatzsperrbügel,
459 Handschranke,
460 Wegesperre,
Einzelangaben nach DIN 18320 zu Pos. 457 bis 460
- Typ
  - – ortsfest,
  - – herausnehmbar, mit Bodenhülse,
  - – herausnehmbar, mit Dornverschluss,
  - – herausnehmbar, mit Schloss, Art .... ,
  - – klappbar, mit Dornverschluss,
  - – klappbar, mit Schloss, Art .... ,
  - – drehbar, mit Schloss, Art .... ,
  - – versenkbar,
  - – – .... ,
- Werkstoff
  - – aus Aluminiumguss mit Stahlrohrkern – Stahlquadratrohr – Stahlrohr – Leichtmetallrohr – aus .... ,
- Oberfläche
  - – verzinkt, DIN EN ISO 1461,
  - – Korrosionsschutz .... ,
  - – kunststoffummantelt, Werkstoff/Farbton .... ,
  - – Oberflächenbehandlung .... ,
    - – – Maße in cm .... ,
- Erzeugnis/Typ
  - – Erzeugnis/Typ .... , (Sofern nicht vorgeschrieben, vom Bieter einzutragen),
  - – Erzeugnis/Typ .... oder gleichwertiger Art, Erzeugnis/Typ .... (vom Bieter einzutragen),
- Aufstellen/Fundamente
  - – aufstellen,
  - – aufstellen gemäß Zeichnung Nr. .... ,
  - – aufstellen nach Herstellervorschrift,
  - – aufstellen, ... ,
    - – – einbauen einschl. Fundament und Erdarbeiten.
    - – – einbauen einschl. Fundament und Erdarbeiten, Maße in cm ....
    - – – einbauen mit Bodenhülse in vorhandenes Fundament.
    - – – befestigen in vorhandenem Fundament.
    - – – befestigen in vorhandener Bodenhülse.
    - – – .... ,
- Berechnungseinheit Stück

STLB 003

LB 003 Landschaftsbauarbeiten
Ausstattungen

Ausgabe 06.02

461 Poller,
Einzelangaben nach DIN 18320
- Werkstoff
  - – als Betonfertigteil,
  - – aus Naturstein, Gesteinsart .... ,
  - – aus .... ,
- Oberfläche
  - – Oberflächenbehandlung,
- Abmessungen
  - – Maße in cm....... ,
- Erzeugnis/Typ
  - – Erzeugnis/Typ .... ,
    (Sofern nicht vorgeschrieben, vom Bieter einzutragen),
  - – Erzeugnis/Typ .... oder gleichwertiger Art, Erzeugnis/Typ .... (vom Bieter einzutragen),
    - – – Ausführung .... ,
    - – – Ausführung gemäß Zeichnung Nr. .... ,
    - – – Ausführung gemäß Einzelbeschreibung Nr. .... ,
    - – – Ausführung gemäß Einzelbeschreibung Nr. .... und Zeichnung Nr. ....
- Einbauen/Fundamente
  - – Einbauen einschl. Fundament und Erdarbeiten.
  - – Aufstellen.
  - – Einbauen.
  - – Einbauen in vorhandenes Fundament.
  - – Einbauen in vorhandene Aussparung von Fundamenten.
  - – Einbauen gemäß Zeichnung Nr. ....
  - – ....
- Berechnungseinheit Stück

462 Baumschutzkorb,
463 Baumschutzgitter,
464 Baumschutzbügel,
465 Baumschutzpfosten,
466 Baumscheibenabdeckung,
467 Unterflurbaumrost,
Einzelangaben nach DIN 18320 zu Pos. 462 bis 467
- Werkstoff .... ,
  - – Oberfläche .... ,
    - – – Maße in cm .... ,
    - – – – Befestigung .... ,
- Erzeugnis/Typ
  - – Erzeugnis/Typ .... ,
    (Sofern nicht vorgeschrieben, vom Bieter einzutragen),
  - – Erzeugnis/Typ .... oder gleichwertiger Art, Erzeugnis/Typ .... (vom Bieter einzutragen),
    - – – Ausführung .... ,
    - – – Ausführung gemäß Zeichnung Nr. .... ,
    - – – Ausführung gemäß Einzelbeschreibung Nr. .... ,
    - – – Ausführung gemäß Einzelbeschreibung Nr. .... und Zeichnung Nr. ....
- Einbauen/Fundamente
  - – Einbauen einschl. Fundament und Erdarbeiten.
  - – Einbauen einschl. Fundament und Erdarbeiten, Maße in cm ....
  - – Aufstellen.
  - – Einbauen in Aussparungen von vorhandenen Fundamenten.
  - – Einbauen gemäß Zeichnung Nr. ....
  - – Einbauen gemäß Einzelbeschreibung Nr. ....
  - – Einbauen in Boden.
  - – ....
- Berechnungseinheit Stück

468 Rankgerüst
469 Rankgitter,
470 Rankbalken,
471 Rankseil,
472 Rankseil mit Ösenschrauben und Spanneinrichtung,
Einzelangaben nach DIN 18320 zu Pos. 468 bis 472
- Werkstoff .... ,
  - – Oberfläche .... ,
    - – – Maße in cm .... ,
    - – – – Befestigung .... ,
- Erzeugnis/Typ
  - – Erzeugnis/Typ .... ,
    (Sofern nicht vorgeschrieben, vom Bieter einzutragen),
  - – Erzeugnis/Typ .... oder gleichwertiger Art, Erzeugnis/Typ .... (vom Bieter einzutragen),
    - – – Ausführung .... ,
    - – – Ausführung gemäß Zeichnung Nr. .... ,
    - – – Ausführung gemäß Einzelbeschreibung Nr. .... ,
    - – – Ausführung gemäß Einzelbeschreibung Nr. .... und Zeichnung Nr. ....
- Aufstellen/Fundamente
  - – Einbauen einschl. Fundament und Erdarbeiten,
  - – Einbauen einschl. Fundament und Erdarbeiten, Maße in cm .... ,
  - – Aufstellen,
  - – Einbauen in Aussparungen von vorhandenen Fundamenten,
  - – Einbauen gemäß Zeichnung Nr. .... ,
  - – Einbauen gemäß Einzelbeschreibung Nr. .... ,
  - – Einbauen in Boden,
  - – ....
- Berechnungseinheit Stück

Hinweis: Weitere Rankhilfen siehe Pos. 820.

LB 003 Landschaftsbauarbeiten
Beregnung, Sportplatzberegnung

STLB 003

Ausgabe 06.02

475 Beregnungsanlagen,
Einzelangaben nach DIN 18320
- Anwendung
  - – für Sportrasenfläche,
  - – für Kunstrasenfläche,
  - – für Tennenfläche,
    - – – Großspielfeld,
    - – – Kleinspielfeld,
    - – – Art des Spielfeldes .... ,
  - – für .... ,
    - – – Kampfbahn A,
    - – – Kampfbahn B,
    - – – Kampfbahn C,
    - – – .... ,
      - – – – zulässige Toleranz der Beregnungs-
        gleichmäßigkeit DIN 18035-2,
      - – – – zulässige Toleranz der Beregnungs-
        gleichmäßigkeit DIN 18035-2, Nachweis
        durch neutrales Prüfzeugnis,
      - – – – zulässige Toleranz der Beregnungs-
        gleichmäßigkeit + 100% und – 50%,
      - – – – zulässige Toleranz der Beregnungs-
        gleichmäßigkeit + 100% und – 50%,
        Nachweis durch neutrales
        Prüfzeugnis nach DIN 18035-2,
      - – – – Toleranz der Beregnungsgleichmäßigkeit
        .... ,
        - – – – – Steuerung manuell,
        - – – – – programmgesteuert über
          Zeitsteuerung,
        - – – – – programmgesteuert über
          Regenmesser,
        - – – – – programmgesteuert über Feuchte-
          sensoren,
        - – – – – Steuerung .... ,
  - – für Rasenfläche,
  - – für Gehölzfläche,
  - – für Vegetationsfläche,
  - – für Dachgartenfläche,
  - – für .... ,
    - – – Flächengröße in m² .... ,
      - – – – Leistungsfähigkeit in m³/h .... ,
        - – – – – Steuerung manuell,
        - – – – – programmgesteuert über
          Zeitsteuerung,
        - – – – – programmgesteuert über
          Regenmesser,
        - – – – – programmgesteuert über
          Feuchtesensoren,
        - – – – – Steuerung .... ,
- Entleerung
  - – Entleerung über Gefälle,
  - – Entleerung mit Druckluft,
  - – Entleerung .... ,
- Ausführung
  - – Ausführung .... ,
  - – Ausführung gemäß Zeichnung Nr. ....
  - – Ausführung gemäß Einzelbeschreibung Nr. ....
  - – Ausführung gemäß Einzelbeschreibung Nr. ....
    und Zeichnung Nr. ....
- Erzeugnis/Typ
  - – Erzeugnis/Typ .... ,
    (Sofern nicht vorgeschrieben, vom Bieter
    einzutragen),
  - – Erzeugnis/Typ .... oder gleichwertiger Art,
    Erzeugnis/Typ .... (vom Bieter einzutragen),
- Ausführung
  - – Rohrverlegung DIN 19630 einschl. Erdarbeiten,
    Bodenklasse DIN 18300 ....
  - – Ausführung wie folgt:
- Berechnungseinheit Stück

476 Getrieberegner,
477 Drehstrahlregner,
478 Schwinghebelregner,
479 Sprühregner,
Einzelangaben nach DIN 18320 zu Pos. 476 bis 479
- Anwendung
  - – als Versenkregner,
  - – als Versenkregner, mit Kunststoffabdeckung,
  - – als Versenkregner, mit Kunstrasenabdeckung,
  - – als Überflurregner,
  - – als Überflurregner, versenkbar,
  - – als .... ,
- Form der Beregnungsfläche
  - – Vollkreis,
  - – Teilkreis,
  - – Halbkreis,
  - – Viertelkreis,
  - – Form der Beregnungsfläche .... ,
- Wasserdurchlauf
  - – Wasserdurchlauf max. 3 m³/h,
  - – Wasserdurchlauf max. 5 m³/h,
  - – Wasserdurchlauf max. 7 m³/h,
  - – Wasserdurchlauf in m³/h .... ,
- erforderlicher Fließdruck
  - – erforderlicher Fließdruck am Regner 5 bar,
  - – erforderlicher Fließdruck am Regner 7 bar,
  - – erforderlicher Fließdruck am Regner 9 bar,
  - – erforderlicher Fließdruck am Regner in bar .... ,
- Wurfweite
  - – Wurfweite 10 bis 15 m,
  - – Wurfweite 15 bis 20 m,
  - – Wurfweite 20 bis 25 m,
  - – Wurfweite 25 bis 30 m,
  - – Wurfweite in m .... ,
- Sprühweite
  - – Sprühweite bis 5 m,
  - – Sprühweite über 5 bis 8 m,
  - – Sprühweite über 8 bis 10 m,
  - – Sprühweite in m .... ,
- Erzeugnis/Typ
  - – Erzeugnis/Typ .... ,
    (Sofern nicht vorgeschrieben, vom Bieter
    einzutragen),
  - – Erzeugnis/Typ .... oder gleichwertiger Art,
    Erzeugnis/Typ .... (vom Bieter einzutragen),
- Beregnungssektor
  - – Beregnungssektor einstellbar.
  - – Beregnungssektor fest eingestellt.
  - – Beregnungssektor ....
    - – – Anzahl der Regner ....
- Berechnungseinheit Stück

480 Leitungen, Kabel,
Einzelangaben nach DIN 18320
- Verwendung
  - – als Zuleitung,
  - – als Ringleitung,
  - – als Verteilerleitung,
- Werkstoff
  - – aus PE hart DIN 19533,
  - – aus PE weich DIN 8072,
  - – aus .... ,
- Dimension
  - – PN 10 – PN .... ,
  - – DN 20 – DN 25 – DN 32 – DN 40 – DN 50 –
    DN 65 – DN .... ,
- Erzeugnis/Typ
  - – Erzeugnis/Typ .... ,
    (Sofern nicht vorgeschrieben, vom Bieter
    einzutragen),
  - – Erzeugnis/Typ .... oder gleichwertiger Art,
    Erzeugnis/Typ .... (vom Bieter einzutragen),
- einschl. Erdarbeiten und Verlegung nach DIN 19630.
  - – Länge in m .... ,
- Berechnungseinheit m

STLB 003

LB 003 Landschaftsbauarbeiten
Beregnung, Sportplatzberegnung

Ausgabe 06.02

481 Bogen für Beregnungsleitung,
482 T-Stück für Beregnungsleitung,
483 Abzweig für Beregnungsleitung,
484 Formstück für Beregnungsleitung ....,
  Einzelangaben nach DIN 18320 zu Pos. 481 bis 484
  – Werkstoff
    – – aus PE hart DIN 19533,
    – – aus PE weich DIN 8072,
    – – aus ....,
  – Dimension
    – – PN/DN ....,
  – Erzeugnis/Typ
    – – Erzeugnis/Typ ....,
      (Sofern nicht vorgeschrieben, vom Bieter einzutragen),
    – – Erzeugnis/Typ .... oder gleichwertiger Art,
      Erzeugnis/Typ .... (vom Bieter einzutragen),
  – als Zulage.
    – – Anzahl ....
  – Berechnungseinheit Stück

485 Steuerleitung für Beregnungsanlage,
  Einzelangaben nach DIN 18320
  – Werkstoff
    – – aus PE hart DIN 19533,
    – – aus ....,
  – Dimension
    – – PN 12 – DN 6,
    – – PN/DN ....,
  – Erzeugnis/Typ
    – – Erzeugnis/Typ ....,
      (Sofern nicht vorgeschrieben, vom Bieter einzutragen),
    – – Erzeugnis/Typ .... oder gleichwertiger Art,
      Erzeugnis/Typ .... (vom Bieter einzutragen),
  – Rohrverbindungsteile
    – – einschl. Rohrverbindungsteilen.
    – – einschl. Rohrverbindungsteilen aus ....
  weitere Einzelangaben siehe Pos. 486

486 Steuerkabel für Beregnungsanlage,
  Einzelangaben nach DIN 18320
  – mit elektrischem Steuersystem,
    – – Erdkabel NYY,
      – – – Querschnitt ....,
  – Erzeugnis/Typ
    – – Erzeugnis/Typ ....,
      (Sofern nicht vorgeschrieben, vom Bieter einzutragen),
    – – Erzeugnis/Typ .... oder gleichwertiger Art,
      Erzeugnis/Typ .... (vom Bieter einzutragen),
  – Anschlüsse
    – – einschl. Anschlüsse und Verbindungen,
    – – einschl. Anschlüsse und Verbindungen mit ....
  Fortsetzung Einzelangaben zu Pos. 485 bis 486
  – Berechnungseinheit m
    – – Länge der Leitung in m ....,

487 Hydraulisches Steuerventil,
488 Elektrisches Steuerventil,
  Einzelangaben nach DIN 18320 zu Pos. 487 und 488
  – Entleerung
    – – mit Entleerungsventil,
    – – mit automatischer Entleerung,
  – Werkstoff
    – – aus PE,
    – – aus Kunststoff,
    – – aus Rotguss,
    – – aus ....,
  – Dimension
    – – DN 15 – DN 20 – DN 25 – DN 32 – DN 4 – DN 50 – DN ....,
  – Spannung
    – – Spannung 24 V,
    – – Spannung 24 V, stromlos geschlossen,
    – – Spannung 24 V, mit Druck- und Durchflussregulierung,
    – – Spannung in V ....,
    – – Spannung in V ...., stromlos geschlossen,
    – – Spannung in V, mit Druck- und Durchflussregulierung,
  – Erzeugnis/Typ
    – – Erzeugnis/Typ ....,
      (Sofern nicht vorgeschrieben, vom Bieter einzutragen),
    – – Erzeugnis/Typ .... oder gleichwertiger Art,
      Erzeugnis/Typ .... (vom Bieter einzutragen),
  – Anschlüsse
    – – einschl. Anschlüsse.
    – – einschl. Anschlüsse an Rohrleitungen.
    – – einschl. Anschlüsse mit ....
  – Anzahl ....
  – Berechnungseinheit Stück

489 Entleerungsventil,
  Einzelangaben nach DIN 18320
  – Betätigung
    – – manuell,
    – – automatisch,
  – Werkstoff
    – – aus PE,
    – – aus Kunststoff,
    – – aus Rotguss,
    – – aus ....,
  – Dimension
    – – DN 15 – DN 20 – DN 25 – DN 32 – DN 40 – DN 50 – DN ....,
  weitere Einzelangaben siehe Pos. 490

490 Steuergerät für Beregnungsanlage,
  Einzelangaben nach DIN 18320
  – Art der Steuerung
    – – für hydraulische Steuerung,
    – – für elektrische Steuerung mit GS/VDE-Prüfzeichen,
    – – für elektonische Steuerung mit GS/VDE-Prüfzeichen und Displayanzeige für Betriebszustand,
      – – – handbetätigt,
      – – – automatisch,
      – – – programmgesteuert,
      – – – programmgesteuert über Bodenfeuchtemessung,
      – – – programmgesteuert über Regenwasser,
      – – – Steuerung ....,
  – Details
    – – einschl. Anschlüsse,
    – – einschl. Entlastungsleitung und
    – – einschl. Pumpenansteuerung und Blitzschutzvorrichtung,
    – – einschl. potentialfreiem Abgang,
    – – einschl. ....,
  – Gehäuse
    – – Gehäusemaße in mm ...., aus ....,
      Verschluss ...., Schutzart IP ....,
    – – Gehäusemaße in mm ...., aus ....,
      Verschluss ...., Schutzart IP ....,
      Befestigung ....,
  – Beregnungsdauer
    – – Anzahl der Steuerungsstationen ....,
    – – Beregnungsdauer einstellbar,
    – – Beregnungsdauer programmierbar,
    – – Beregnungsdauer einstellbar in Minuten von /bis ....,
    – – Beregnungsdauer programmierbar durch Feuchtemess-Sensoren, Anzahl ....,
    – – Beregnungsdauer programmierbar durch Regenwasser,
    – – Anzahl der Steuerungsstationen ....,
      Beregnungsdauer einstellbar,
    – – Anzahl der Steuerungsstationen ....,
      Beregnungsdauer programmierbar
      Beregnungsdauer einstellbar in Minuten von /bis ....,
    – – Anzahl der Steuerungsstationen ....,
      Beregnungsdauer programmierbar durch Feuchtemess-Sensoren, Anzahl ....,
    – – Anzahl der Steuerungsstationen ....,
      Beregnungsdauer programmierbar durch Regenwasser,
      – – – Beregnungszyklus einstellbar, Anzahl der Tage ....,
      – – – Beregnungszyklus programmierbar,

LB 003 Landschaftsbauarbeiten
Beregnung, Sportplatzberegnung

STLB 003

Ausgabe 06.02

Fortsetzung Einzelangaben zu Pos. 489 und 490
- Erzeugnis/Typ
  - – Erzeugnis/Typ .... ,
    (Sofern nicht vorgeschrieben, vom Bieter einzutragen),
  - – Erzeugnis/Typ .... oder gleichwertiger Art, Erzeugnis/Typ .... (vom Bieter einzutragen),
- Anzahl ....
- Berechnungseinheit Stück

491 Tropfbewässerungsanlage,
Einzelangaben nach DIN 18320
- Anwendung
  - – für Pflanzflächen,
  - – für Rasenflächen,
  - – für Vegetationsflächen,
  - – auf Dachflächen,
  - – für Pflanztröge,
    - – – für .... ,
    - – – – unterirdisch,
    - – – – oberirdisch,
- Anzahl/Größe der zu bewässernden Flächen
  - – Größe der zu bewässernden Flächen in m² .... , Tropfrohrabstand in m .... ,
  - – Anzahl der zu bewässernden Einzelstücke .... , Tropfrohrabstand in m .... ,
- Wasseranschluss/Außenbelüftung
  - – mit Wasseranschluss DN .... ,
  - – mit Wasseranschluss DN .... , und Druckminderungsanlage,
  - – mit Außenbefüllung über .... ,
  - – – mit .... ,

weitere Einzelangaben siehe Pos. 492

492 Baumbewässerungsanlage,
Einzelangaben nach DIN 18320
- Anwendung
  - – für Bäume im Einzelstand,
  - – für Bäume in Gruppen,
  - – für Bäume in Reihen,
  - – für Bäume .... ,
    - – – in Vegetationsflächen,
    - – – in Weg- und Pflasterflächen,
    - – – in .... ,
- Wasserverteilung
  - – Wasserverteilung über Dränrohrring,
  - – Wasserverteilung über Dränrohrring, Einzellänge in m .... ,
  - – Wasserverteilung über Ringleitung mit Tropfdüsen,
  - – Wasserverteilung über Ringleitung mit Tropfdüsen, Einzellänge in m .... ,
  - – Wasserverteilung über Tropfrohrleitung,
  - – Wasserverteilung über Tropfrohrleitung, Einzellänge in m .... ,
  - – Wasserverteilung .... ,
    - – – mit Wasseranschluss DN .... ,
    - – – mit Wasseranschluss DN und Druckminderungsanlage,
    - – – mit Außenbefüllung über .... ,
    - – – mit .... ,

Fortsetzung Einzelangeben zu Pos. 491 und 492
- gemäß
  - – gemäß Zeichnung Nr. .... ,
  - – gemäß Einzelbeschreibung Nr. .... ,
  - – gemäß Einzelbeschreibung Nr. .... und Zeichnung Nr. .... ,
- Erzeugnis/Typ
  - – Erzeugnis/Typ .... ,
    (Sofern nicht vorgeschrieben, vom Bieter einzutragen),
  - – Erzeugnis/Typ .... oder gleichwertiger Art, Erzeugnis/Typ .... (vom Bieter einzutragen),
- Erdarbeiten
  - – Erdarbeiten durch AG.
  - – Erdarbeiten, Aufnehmen und Wiederherstellen der Beläge durch AG.
  - – einschl. Erdarbeiten, überschüssigen Boden auf der Baustelle zur Abfuhr geordnet lagern, Bodenklasse ....

- – Beläge aufnehmen und wiederherstellen, Art der Beläge .... , Größe der Belagsfläche in m² ....
- – einschl. Erdankern.
- – einschl. Erdankern, Abstand in cm ....
- – einschl. Befestigungselementen.
- – einschl. Befestigungselementen, Abstand in cm ....
- Berechnungseinheit m, Stück

493 Gartenhydrant,
Einzelangaben nach DIN 18320
- Werkstoff
  - – aus Messing,
  - – aus Rotguss,
  - – aus Tombak,
  - – aus Kunststoff,
  - – aus .... ,
    - – – mit selbsttätiger Entleerung,
    - – – mit .... ,
- Absperrung
  - – mit oberer Absperrung einschl. Betätigungsschlüssel,
  - – mit oberer Absperrung einschl. abnehmbarem Handrad,
  - – – mit .... ,
- Dimension
  - – – PN 10 – DN 25 – PN 10 – DN 32 – PN 10 – DN 50 – PN/DN .... ,
    - – – mit Klauenanschluss,
    - – – mit Klauenanschluss einschl. Deckel,
    - – – mit .... ,
- Rohrdeckung
  - – Rohrdeckung 80 cm,
  - – Rohrdeckung in cm .... ,
- gemäß
  - – gemäß Zeichnung Nr. .... ,
  - – gemäß Einzelbeschreibung Nr. .... ,
  - – gemäß Einzelbeschreibung Nr. .... und Zeichnung Nr. .... ,
- Erzeugnis/Typ
  - – Erzeugnis/Typ .... ,
    (Sofern nicht vorgeschrieben, vom Bieter einzutragen),
  - – Erzeugnis/Typ .... oder gleichwertiger Art, Erzeugnis/Typ .... (vom Bieter einzutragen),
- Berechnungseinheit Stück

494 Abdeckung für Gartenhydranten,
495 Abdeckung für Leitungsschieber,
Einzelangaben nach DIN 18320 zu Pos. 494 und 495
- Werkstoff
  - – aus Gusseisen,
  - – aus Metall,
  - – aus Kunststoff,
  - – aus .... ,
- Anwendung
  - – als Straßenkappe DIN 4055,
  - – als Straßenkappe .... ,
  - – als Hahnkasten,
  - – als Ventilkasten,
  - – als .... ,
    - – – mit Kragenplatte,
    - – – mit Kragen- und Unterlagsplatte aus Beton,
    - – – mit .... ,

weitere Einzelangaben siehe Pos. 501

496 Quergriffschlüssel,
497 Standort,
498 Schnellkupplungsventil,
499 Schnellkupplungsventil mit abnehmbarem Standrohr,
500 Schnellkupplungsanschluss,
Einzelangaben nach DIN 18320 zu Pos. 496 bis 500
- Werkstoff
  - – aus Messing,
  - – aus Rotguss,
  - – aus Tombak,
  - – aus Kunststoff,
  - – aus .... ,

weitere Einzelangaben siehe Pos. 501

STLB 003

Ausgabe 06.02

LB 003 Landschaftsbauarbeiten
Beregnung, Sportplatzberegnung

501 Widerlager DIN 19630 zur Rohrsicherung,
Einzelangaben nach DIN 18320
- Ausführung
  - – Ausführung nach DVGW GW 310,
  - – Ausführung .... ,
- Werkstoff
  - – aus Beton B 10,
  - – aus Beton .... ,
  - – als Betonfertigteil,
  - – aus .... ,
- Abmessungen
  - – Maße 30 cm x 30 cm x 30 cm
  - – Maße 50 cm x 50 cm x 50 cm
  - – Maße in cm .... ,

Fortsetzung Einzelangaben zu Pos. 494 bis 501
- Erzeugnis/Typ
  - – Erzeugnis/Typ .... ,
    (Sofern nicht vorgeschrieben, vom Bieter einzutragen),
  - – Erzeugnis/Typ .... oder gleichwertiger Art, Erzeugnis/Typ .... (vom Bieter einzutragen),
- Berechnungseinheit Stück

502 Sickerpackung,
Einzelangaben nach DIN 18320
- Anwendung
  - – unter Regner,
  - – unter Entleerung,
  - – .... ,
- Material
  - – aus Sand 0/2,
  - – aus Sand 0/8,
  - – aus Kiessand 0/32,
  - – aus Kiessand, Körnung .... ,
  - – aus Splitt 5/11,
  - – aus Splitt, Körnung .... ,
  - – aus .... , Körnung .... ,
- Abmessungen
  - – Maße 30 cm x 30 cm x 30 cm
  - – Maße 50 cm x 50 cm x 50 cm.
  - – Maße in cm ....
- Berechnungseinheit Stück

503 Bestandsplan,
Einzelangaben nach DIN 18320
- Erstellung
  - – erstellen,
  - – mit CAD-Programmen erstellen,
- Übergabe
  - – Übergabe nach Bauzeitenplan,
  - – Übergabe nach Bauzeitenplan vor der Abnahme,
  - – Übergabe 20 Werktage vor der Abnahme,
  - – Übergabe vor der Abnahme, mind. Werktage .... ,
  - – Übergabe .... ,
- Ausführung/Anzahl
  - – als Papierzeichnung/Plotterausdruck, 1-fach,
  - – als Papierzeichnung/Plotterausdruck, 2-fach,
  - – als Papierzeichnung/Plotterausdruck, Anzahl .... ,
  - – als Papierzeichnung/Plotterausdruck, 1-fach, und Datenträger/Schnittstelle zur CAD-Verarbeitung,
  - – als .... ,
    - – – davon ein Satz farbig,
    - – – farbig,
      - – – – gerollt,
      - – – – gefaltet DIN A4,
        - – – – – Ein Satz Grundrisspläne als Transparentzeichnung, gerändelt.
        - – – – – Ein Satz Grundrisspläne, farbig, als Folie.
        - – – – – Ein Satz Grundrisspläne, farbig, auf Leinen aufgezogen.
        - – – – – Ein Satz ....
- Berechnungseinheit pauschal

504 Beregnungsanlage warten,
505 Bewässerungsanlage warten,
Einzelangaben nach DIN 18320 zu Pos. 504 und 505
- gemäß
  - – gemäß Bestandszeichnung Nr. .... ,
  - – gemäß Bestandszeichnung Nr. .... und Bestandsliste Nr. .... ,
  - – gemäß Bestandsliste Nr. .... ,
  - – gemäß .... ,
  - – gemäß Einzelbeschreibung Nr. .... ,
  - – gemäß beigefügtem Wartungsvertrag,
- Leistungsumfang
  - – die Leistung umfasst,
    - – – Inbetriebnahme der Anlage einschl. Funktionskontrolle,
    - – – Funktionskontrollen während der Betriebsperiode,
    - – – Entleeren der Anlage,
    - – – Inbetriebnahme der Anlage einschl. Funktionskontrolle, Zeitpunkt .... ,
    - – – Inbetriebnahme der Anlage einschl. Funktionskontrolle, Zeitpunkt .... , Funktionskontrolle während der Betriebsperiode, Zeitpunkt .... , Entleeren der Anlage, Zeitpunkt .... ,
    - – – .... ,
- Wartungszyklus
  - – nach Aufforderung des AG innerhalb von 8 Arbeitstagen,
  - – nach Aufforderung des AG .... ,
    - – – Wartungsbeginn .... ,
- Laufzeit
  - – Laufzeit ein Kalenderjahr,
  - – Wartungszeitraum ein Jahr nach Abnahme,
  - – Laufzeit 2 Kalenderjahre,
  - – Laufzeit .... ,
  - – Wartungszeitraum .... ,
- Berechnungseinheit pauschal

LB 003 Landschaftsbauarbeiten
Einfriedungen, Pergolen

STLB 003

Ausgabe 06.02

Hinweis: Blitzschutz für Metallzäune usw. siehe LB 050 Blitzschutz- und Erdungsanlagen (Ausschreibungshilfe Haustechnik)

520 Zaun,
Einzelangaben nach DIN 18320
- Art
  - – mit Drahtgeflechtbespannung, viereckig, Maschenweite in mm .... , Oberflächenbehandlung .... ,
  - – mit Drahtgeflechtbespannung, sechseckig, Maschenweite in mm .... , Drahtdicke in mm .... , Oberflächenbehandlung .... ,
  - – mit Knotengeflecht, Maschenweite in mm .... , Drahtdicke in mm .... , Oberflächenbehandlung .... ,
  - – mit Stahlgittermatten, Maschenweite in mm .... , Drahtdicke in mm .... , Oberflächenbehandlung .... ,
  - – mit Wellengitter, Maschenweite in mm .... , Drahtdicke in mm .... , Oberflächenbehandlung .... ,
  - – mit Rundstahlstäben, Abstand in mm .... , Stahlstabdicke in mm .... , Oberflächenbehandlung .... ,
  - – mit Stäben aus Stahlrohr, Abstand in mm .... , Durchmesser in mm .... , Wanddicke in mm .... , Oberflächenbehandlung .... ,
- Höhe
  - – Höhe 1 m – 1,25 m – 1,5 m – 1,75 m – 2 m – 2,25 m – 2,5 m – in m .... ,
- Einzelfeldlänge
  - – Einzelfeldlänge 2 m – 2,5 m – 3 m – 3,5 m – in m .... ,
- Anzahl der Spanndrähte
  - – Anzahl der Spanndrähte 3, 4, 5, ... ,
  - – Anzahl der Spanndrähte 8, sowie 2 Spannseile oben und unten,
  - – Anzahl der Spanndrähte .... , Anzahl der Spannseile .... ,
  - – Anzahl der Spanndrähte 8, sowie 2 Spannbrücken oben und in der Mitte,
  - – Anzahl der Spanndrähte .... , Anzahl der Spannbrücken .... ,
  - – Anzahl der Spanndrähte .... , Anzahl der Spannseile .... , Anzahl der Spannbrücken .... ,
- Werkstoff der Pfosten
  - – Pfosten aus Stabstahl T DIN EN 10055, Maße in mm .... ,
  - – Pfosten aus Stabstahl L DIN 1028, Maße in mm .... ,
  - – Pfosten aus Formstahl St 37 DIN 1025, Form .... ,
  - – Pfosten aus Gewinderohr DIN 2440 .... ,
  - – Pfosten aus Stahlrundrohr St 37 .... ,
  - – Pfosten aus Stahlprofilrohr St 37 DIN 59410 .... ,
  - – Pfosten aus Stahldreiecksprofilrohr .... ,
  - – Pfosten aus Leichtmetallprofilrohr .... ,
  - – Pfosten aus .... ,
- Erzeugnis/Typ
  - – Erzeugnis/Typ .... , (Sofern nicht vorgeschrieben, vom Bieter einzutragen),
  - – Erzeugnis/Typ .... oder gleichwertiger Art, Erzeugnis/Typ .... (vom Bieter einzutragen),

weitere Einzelangaben siehe Pos. 521 und 522

521 Tor
522 Toranlage
Einzelangaben nach DIN 18320 zu Pos. 521 und 522
- Art
  - – einflügelig,
  - – zweiflügelig,
  - – dreiflügelig,
  - – als Schiebetor,
  - – als Schiebetor mit hochliegender Bodenschiene,
  - – als Schiebetor mit tiefliegender Bodenschiene,
  - – als Schiebetor, freitragend,
  - – als .... ,
- Erzeugnis/Typ
  - – Erzeugnis/Typ .... , (Sofern nicht vorgeschrieben, vom Bieter einzutragen),
  - – Erzeugnis/Typ .... oder gleichwertiger Art, Erzeugnis/Typ .... (vom Bieter einzutragen),
- lichte Durchgangsbreite
  - – lichte Durchgangsbreite 80 cm – 100 cm – 125 cm – 150 cm – 200 cm – 300 cm – 350 cm – 400 cm – in cm .... ,
- Höhe
  - – Höhe 1 m – 1,2 m – 1,5 m – 1,8 m – 2 m – 2,25 m – 2,5 m – in m .... ,
  - – Höhe wie Zaun,
- Feldfüllung
  - – Feldfüllung mit Drahtgeflecht, viereckig, Maschenweite in mm .... , Drahtdicke in mm .... , Oberflächenbehandlung .... ,
  - – Feldfüllung mit Drahtgeflecht, sechseckig, Maschenweite in mm .... , Drahtdicke in mm .... , Oberflächenbehandlung .... ,
  - – Feldfüllung mit Stahlgitter, Maschenweite in mm .... , Drahtdicke in mm .... , Oberflächenbehandlung .... ,
  - – Feldfüllung mit Wellengitter, Maschenweite in mm .... , Drahtdicke in mm .... , Oberflächenbehandlung .... ,
  - – Feldfüllung mit Rundstahlstäben, Abstand in mm .... , Stahldicke in mm .... , Oberflächenbehandlung .... ,
  - – Feldfüllung mit Stahlrohrstäben, Abstand in mm .... , Durchmesser in mm .... , Wanddicke in mm .... , Oberflächenbehandlung .... ,
  - – Feldfüllung wie Zaun,
  - – Feldfüllung .... ,
    - – – Torpfosten aus Stabstahl T 80 DIN EN 10055,
    - – – Torpfosten aus Formstahl St 37 T 80 DIN 1025,
    - – – Torpfosten aus schwerem Gewinderohr DIN 2441, DN 50,
    - – – Torpfosten aus Stahlrundrohr St 37, Durchmesser/Wanddicke 89/3,2 mm,
    - – – Torpfosten aus Stahlprofilrohr St 37 DIN 59410, Maße 60 mm x 80 mm,
    - – – Torpfosten aus Stahldreiecksprofilrohr, Profil .... ,
    - – – .... ,

Fortsetzung Einzelangaben zu Pos. 520 und 522
- Fundamente
  - – Fundamente aus Beton B 15, Maße L/B/T 40 cm x 40 cm x 60 cm, einschl. Aushub, Bodenklasse 3 und 4 DIN 18300, Boden auf der Baustelle einbauen,
  - – Fundamente aus Beton 15, Maße L/B/T in cm .... , einschl. Aushub, Bodenklasse .... , Boden auf der Baustelle einbauen,
  - – Fundamente aus Beton B 25, Maße L/B/T 60 cm x 60 cm x 80 cm, einschl. Aushub, Bodenklasse 3 und 4 DIN 18300, Boden auf der Baustelle einbauen,
  - – Fundamente aus Beton B 25, Maße L/B/T in cm .... , einschl. Aushub, Bodenklasse .... , Boden auf der Baustelle einbauen,
  - – Fundamente aus Beton B 15, Maße L/B/T 50 cm x 50 cm x 70 cm, einschl. Aushub, Bodenklasse 3 und 4 DIN 18300, Boden zur Abfuhr geordnet lagern,
  - – Fundamente aus Beton B 15, Maße L/B/T in cm .... , einschl. Aushub, Bodenklasse .... , Boden zur Abfuhr geordnet lagern,
  - – Fundamente aus Beton B 25, Maße L/B/T 60 cm x 60 cm x 100 cm, einschl. Aushub, Bodenklasse 3 und 4 DIN 18300, Boden zur Abfuhr geordnet lagern,
  - – Fundamente aus Beton B 25, Maße L/B/T in cm .... , einschl. Aushub, Bodenklasse .... , Boden zur Abfuhr geordnet lagern,
  - – Fundamente aus Beton .... , Maße in cm .... , Einschl. Aushub, Bodenklasse .... , Boden .... ,

STLB 003
LB 003 Landschaftsbauarbeiten
Einfriedungen, Pergolen

Ausgabe 06.02

Fortsetzung Einzelangaben zu Pos. 520 und 522
- Ausführung
  - – Ausführung ....
  - – Ausführung gemäß Zeichnung Nr. ....
  - – Ausführung gemäß Einzelbeschreibung Nr. ....
  - – Ausführung ....
  - – Ausführung gemäß Zeichnung Nr. ....
  - – Ausführung gemäß Einzelbeschreibung Nr. ....
- Berechnungseinheit Stück, m

Hinweis: Die Leistungsbeschreibungen Pos. 520 bis 522 sind anzuwenden, wenn durch entsprechende Zeichnungen oder Einzelbeschreibungen die Leistung eindeutig und erschöpfend beschrieben werden kann. Andernfalls sind die nachfolgenden Leit- und Unterbeschreibungen ab Pos. 523 bis Pos. 543 anzuwenden.

523 Zaun mit Drahtgeflechtbespannung,
524 Zaun mit Stahlgittermatten,
525 Zaun mit Stahlgitterfeldern,
526 Zaun mit Wellengitter,
527 Zaun mit Knotengeflecht,
528 Zaun mit Rundstahlstäben,
529 Zaun mit Stäben aus Quadratrohr,
530 Zaun mit Stäben aus Rechteckrohr,
531 Zaun mit Stäben aus Rundrohr
532 Zaun, ... ,
Einzelangaben nach DIN 18320 zu Pos. 523 bis 532
- Höhe ohne Bodenabstand
  - – Höhe ohne Bodenabstand 1 m – 1,25 m – 1,5 m – 1,75 m – 2 m – 2,25 m – 2,5 m – in m .... ,
- Bodenabstand
  - – Bodenabstand 3 cm – 5 cm – 8 cm – 10 cm – in cm .... ,
- Einbindetiefe
  - – Einbindetiefe im Boden 20 cm – 30 cm – 40 cm – in cm .... ,
weitere Einzelangaben siehe Pos. 533 bis 537

533 Ballfang mit Drahtgeflechtbespannung,
543 Ballfang mit Stahlgittermatten,
535 Ballfang mit Stahlgittermatten, lärmgedämmt,
536 Ballfang mit Kunststoffgeflechtbespannung,
537 Ballfang , ... ,
Einzelangaben nach DIN 18320 zu Pos. 533 bis 537
- Höhe ohne Bodenabstand
  - – Höhe ohne Bodenabstand 3 m – 3,5 m – 4 m – 4,5 m – 5 m – 5,5 m – 6 m – in m .... ,
- Bodenabstand
  - – kein Bodenabstand,
  - – Bodenabstand 1 cm – 3 cm – 5 cm – in cm .... ,
- Einzelfeldlänge
  - – Einzelfeldlänge 2 m – 2,5 m – 3 m – 3,5 m – in m .... ,
- Anzahl der Spanndrähte
  - – Anzahl der Spanndrähte 3 – 4 – 5,
  - – Anzahl der Spanndrähte .... ,
  - – Anzahl der Spanndrähte .... , Anzahl der Spannseile .... ,
  - – Anzahl der Spanndrähte .... , Anzahl der Spannbrücken .... ,
  - – Anzahl der Spanndrähte .... , Anzahl der Spannseile .... , Anzahl der Spannbrücken .... ,
  - – Anzahl der Riegel .... ,
  - – Anzahl der Rahmen .... ,
- Oberfläche/Farbe
  - – Oberflächenbehandlung/Farbton .... ,
  - – Oberflächenbehandlung/Farbton .... , Art der Lärmdämmung .... ,
- Erzeugnis/Typ
  - – Erzeugnis/Typ .... ,
    (Sofern nicht vorgeschrieben, vom Bieter einzutragen),
  - – Erzeugnis/Typ .... oder gleichwertiger Art, Erzeugnis/Typ .... (vom Bieter einzutragen),
- Berechnungseinheit m

538 Zaun in kombinierter Bauweise,
Einzelangaben nach DIN 18320
- Art der Pfosten
  - – aus Holzpfosten mit Drahtgeflechtbespannung,
  - – aus Holzpfosten mit Stahlgittermatte,
  - – aus Holzpfosten mit Knotengeflecht,
  - – aus Holzpfosten mit .... ,
  - – aus Metallpfosten mit Holzbelattung,
  - – aus Metallpfosten mit Holzbekleidung,
  - – aus Metallpfosten mit Holzflechtwerk,
  - – aus Metallpfosten mit .... ,
  - – aus Betonpfosten mit .... ,
- Höhe ohne Bodenabstand
  - – Höhe ohne Bodenabstand 1 m – 1,2 m – 1,5 m – 1,8 m – 2 m – 2,5 m,
  - – Höhe ohne Bodenabstand in m .... ,
- Bodenabstand
  - – kein Bodenabstand,
  - – Bodenabstand 3 cm – 5 cm – 8 cm – 10 cm – in cm .... ,
- Einbindetiefe
  - – Einbindetiefe im Boden 20 cm – 30 cm,
  - – Einbindetiefe im Boden in cm .... ,
- Einzelfeldlänge/Pfostenabstand
  - – Einzelfeldlänge/Pfostenabstand bis 2 – über 2 bis 2,5 m – über 2,5 bis 3 m – über 3 bis 3,5 m – in m .... ,
- Anzahl der Spanndrähte
  - – Anzahl der Spanndrähte .... ,
  - – Anzahl der Spanndrähte .... , Anzahl der Spannseile .... ,
  - – Anzahl der Spannseile .... ,
  - – Anzahl der Spannseile .... , Anzahl der Spannbrücken .... ,
  - – Anzahl der Spannbrücken .... ,
  - – mit 2 Querriegeln aus .... ,
  - – mit 3 Querriegeln aus .... ,
  - – Anzahl der Querriegeln .... ,
- Erzeugnis/Typ
  - – Erzeugnis/Typ .... ,
    (Sofern nicht vorgeschrieben, vom Bieter einzutragen),
  - – Erzeugnis/Typ .... oder gleichwertiger Art, Erzeugnis/Typ .... (vom Bieter einzutragen),
  - – – Ausführung wie folgt:
- Berechnungseinheit m

539 Einzelfundament,
Einzelangaben nach DIN 18320
- Werkstoff
  - – aus Beton B 10 (Einkornbeton) – B 15 – B 25,
  - – aus Schotter 16/45 – aus .... ,
- Abmessungen
  - – Maße L/B/T 35 cm x 35 cm x 50 cm,
  - – Maße L/B/T 40 cm x 40 cm x 60 cm,
    Maße L/B/T 50 cm x 50 cm x 70 cm
  - – Maße L/B/T 60 cm x 60 cm x 80 cm,
    Maße L/B/T 60 cm x 60 cm x 100 cm
  - – Maße L/B/T in cm .... ,
  - – Durchmesser in cm .... , Tiefe in cm .... ,
- Bodenaushub
  - – einschl. Aushub, Bodenklassen 3 und 4 DIN 18300,
  - – einschl. Aushub, Bodenklassen
    - – – überschüssigen Boden auf der Baustelle einbauen,
    - – – überschüssigen Boden zur Abfuhr geordnet lagern,
    - – – überschüssigen Boden laden, fördern und einbauen,
    - – – .... ,
- Förderweg
  - – Förderweg über 50 bis 100 m – über 100 bis 500 m – über 500 bis 1000 m – in m .... ,
    - – – aufnehmen und wiederanarbeiten des Belages .... ,
    - – – .... ,
- Ausführung
  - – Ausführung ....
  - – Ausführung gemäß Zeichnung Nr. ....
  - – Ausführung gemäß Einzelbeschreibung Nr. ....
  - – Ausführung gemäß Einzelbeschreibung Nr. .... und Zeichnung Nr. ....
- Berechnungseinheit Stück

LB 003 Landschaftsbauarbeiten
Einfriedungen, Pergolen

STLB 003

Ausgabe 06.02

540 Tor mit Pfosten,
541 Toranlage mit Pfosten,
542 Schlupftor als Zulage,
   Einzelangaben nach DIN 18320 zu Pos. 540 bis 542
   – Art
      – – einflügelig,
      – – zweiflügelig,
      – – dreiflügelig,
      – – Anzahl der Flügel .... ,
   – Details
      – – mit umlaufendem Rahmen,
      – – mit umlaufendem Rahmen und oberer Zackenleiste,
      – – mit umlaufendem Rahmen und Strebeleisten,
      – – mit umlaufendem Rahmen und Kreuzstrebeleisten,
      – – mit .... ,
   weitere Einzelangaben siehe Pos. 543

543 Schiebetor,
   Einzelangaben nach DIN 18320
   – Details
      – – mit hochliegender Bodenschiene,
      – – mit tiefliegender Bodenschiene,
      – – freitragend,
      – – .... ,
         – – – mit umlaufendem Rahmen,
         – – – mit umlaufendem Rahmen und oberer Zackenleiste,
         – – – mit umlaufendem Rahmen und Strebeleisten,
         – – – mit umlaufendem Rahmen und Kreuzstrebeleisten,
         – – – mit .... ,

   Fortsetzung Einzelangaben zu Pos. 540 bis 543
   – lichte Durchgangsbreite
      – – lichte Durchgangsbreite 80 cm – 100 cm – 125 cm – 150 cm – 200 cm – 300 cm – 350 cm – 400 cm – in cm .... ,
   – Höhe
      – – Höhe 1 m – 1,2 m – 1,5 m – 1,8 m – 2 m – 2,25 m – 2,5 m – in m .... ,
      – – Höhe wie Zaun,
   – Feldfüllung
      – – Feldfüllung mit Drahtgeflecht,
      – – Feldfüllung mit Stahlgitter,
      – – Feldfüllung mit Wellengitter,
      – – Feldfüllung mit Metallstäben,
      – – Feldfüllung mit Metallrohr,
      – – Feldfüllung wie Zaun,
      – – Feldfüllung .... ,
         – – – Schließung .... ,
         – – – Torflügelsicherung .... ,
         – – – Torflügelsicherung .... ,
   – Erzeugnis/Typ
      – – Erzeugnis/Typ .... ,
         (Sofern nicht vorgeschrieben, vom Bieter einzutragen),
      – – Erzeugnis/Typ .... oder gleichwertiger Art, Erzeugnis/Typ .... (vom Bieter einzutragen),
   – Ausführung
      – – Ausführung wie folgt:
      – – Farbton/Oberflächenbehandlung .... ,
         Ausführung wie folgt:
   – Berechnungseinheit Stück

   Hinweis: Die Leitbeschreibungen Pos. 523 bis Pos. 543 sind mit den Unterbeschreibungen ab Pos. 544 fortzusetzen, bis die Leistung eindeutig und erschöpfend beschrieben ist.

544 Zaunpfosten,
545 Torpfosten,
   Einzelangaben nach DIN 18320 zu Pos. 544 und 545
   – Werkstoff
      – – aus Stabstahl T 40 DIN EN 10055,
      – – aus Stabstahl T 50 DIN EN 10055,
      – – aus Stabstahl T 60 DIN EN 10055,
      – – aus Stabstahl T 80 DIN EN 10055,
      – – aus Stabstahl L 40 x 5 DIN 1028,
      – – aus Stabstahl L 50 x 6 DIN 1028,
      – – aus Stabstahl L 60 x 6 DIN 1028,
      – – aus Stabstahl .... ,
      – – aus Formstahl St 37 T 60 DIN 1025,
      – – aus Formstahl St 37 T 80 DIN 1025,
      – – aus Formstahl St 37 T 100 DIN 1025,
      – – aus Formstahl St 37 .... ,
      – – aus mittelschwerem Gewinderohr DIN 2440,
      – – aus schwerem Gewinderohr DIN 2441,
         – – – DN 32 – DN 40 – DN 50 – DN .... ,
      – – aus Stahlrundrohr St 37,
         – – – Durchmesser/Wanddicke 42/1,5 mm – 48/1,5 mm – 60/1,5 mm – 76/2,5 mm – 89/3,2 mm – 114/3,6 mm,
         – – – Durchmesser/Wanddicke in mm .... ,
      – – aus Stahlrohr .... ,
      – – aus Stahlprofilrohr St 37 DIN 59410,
         – – – Maße/Wanddicke 40 x 40/2 mm,
         – – – Maße/Wanddicke 50 x 50/2 mm,
         – – – Maße/Wanddicke 60 x 40/2 mm,
         – – – Maße/Wanddicke 60 x 60/2,9 mm,
         – – – Maße/Wanddicke 80 x 60/2,9 mm,
         – – – Maße/Wanddicke 80 x 80/3 mm,
         – – – Maße/Wanddicke 100 x 60/3,6 mm,
         – – – Maße/Wanddicke 120 x 60/4 mm,
         – – – Maße/Wanddicke in mm .... ,
      – – aus Stahldreiecksprofilrohr .... ,
      – – aus Leichtmetallprofilrohr .... ,
      – – aus .... ,
   – Montageflansch
      – – mit Montageflansch,
      – – mit parallelem Montageflansch, Typ .... ,
      – – mit konischem Montageflansch, Typ .... ,
      – – mit .... ,
   – Details
      – – Kopf verschlossen,
      – – Kopf verschlossen mit .... ,
      – – Kopf und Fuß verschlossen,
      – – Kopf und Fuß verschlossen mit .... ,
      – – mit einseitigem Ausleger für Stacheldraht aus T-Stahl .... ,
      – – mit zweiseitigem Ausleger für Stacheldraht aus T-Stahl .... ,
      – – mit .... ,
   – Gesamtpfostenlänge
      – – Gesamtpfostenlänge 150 cm – 175 cm – 200 cm – 310 cm – 360 cm – 420 cm – 470 cm,
      – – Gesamtpfostenlänge in cm .... ,
   – Einbindetiefe
      – – Einbindetiefe 40 cm – 50 cm – 60 cm – 70 cm – 80 cm
      – – Einbindetiefe in cm .... ,
      – – an vorhandene Flachstahlanker besfestigen, einschl. aller Bohrungen und Schraubverbindungen,
      – – Befestigung,
   – Anzahl der Bohrungen
      – – Anzahl der Bohrungen für Spanndrähte .... ,
      – – Anzahl der Bohrungen für Befestigungsösen .... ,
      – – Anzahl der Bohrungen für Befestigungslaschen .... , Durchmesser, Abstand der Bohrungen in mm .... ,
      – – Bohrungen .... ,
   – Erzeugnis/Typ
      – – Erzeugnis/Typ .... ,
         (Sofern nicht vorgeschrieben, vom Bieter einzutragen),
      – – Erzeugnis/Typ .... oder gleichwertiger Art, Erzeugnis/Typ .... (vom Bieter einzutragen)
   – Berechnungseinheit Stück

STLB 003

LB 003 Landschaftsbauarbeiten
Einfriedungen, Pergolen

Ausgabe 06.02

546 **Spanndraht,**
Einzelangaben nach DIN 18320
– Ausführung
– – DIN 177, Dicke 3,1 mm, di zn DIN 1548,
– – DIN 177, Dicke 3,8 mm, di zn DIN 1548,
– – DIN 177, Dicke 4,5 mm, di zn DIN 1548,
– – DIN 177, di zu DIN 1548, Dicke in mm ……. ,
– – kunststoffüberzogen DIN 3036-1, Dicke 3,5 mm,
– – kunststoffüberzogen DIN 3036-2, Dicke 3,8 mm,
– – kunststoffüberzogen DIN 3036-2, Dicke in mm ……,
– – aus ……. ,
– – – korrosionsbeständig,
– – – kunststoffummantelt,
– – – Oberflächenbehandlung ……. ,
weitere Einzelangaben siehe Pos. 547

547 **Spannseil,**
Einzelangaben nach DIN 18320
– Ausführung
– – DIN 3055, Dicke 4 mm,
– – DIN 3055, Dicke 5 mm,
– – Dicke ……. ,
– – – korrosionsbeständig,
– – – kunststoffummantelt,
– – – Oberflächenbehandlung ……. ,

Fortsetzung Einzelangaben zu Pos. 546 und 547
– Befestigen
– – befestigen mit Bindedraht DIN 177, Dicke 1,4 mm, t s zn,
– – befestigen mit Bindedraht DIN 177, Dicke 1,8 mm, t s zn,
– – befestigen mit Bindedraht DIN 177, Dicke 2 mm, t s zn,
– – befestigen mit kunststoffüberzogenem Draht DIN 3036-1, Dicke 2/1,4 mm,
– – befestigen mit kunststoffüberzogenem Draht DIN 3036-2, Dicke 2,2/1,6 mm,
– – befestigen mit kunststoffüberzogenem Draht ……. ,
– – befestigen mit Drahtklammern aus nichtrostendem Stahl,
– – befestigen ……. ,
– – durch Ösen ziehen,
– – – an Pfosten,
– – – an Pfosten ……. ,
– – – an Pfosten im Abstand von ……. ,
– Abstand der Spanndrähte
– – Abstand der Spanndrähte 50 cm,
– – Abstand der Spanndrähte in cm ……. ,
– – Abstand Spannseile in cm ……. ,
– – Spannseil ……. ,
– – – einschl. Spannschlösser.
– – – einschl. Spannschlösser M 12.
– – – einschl. Spannschlösser ……. .
– – – einschl. Spannschlösser an jeder Ecke.
– – – einschl. Spannschlösser an jeder Ecke, und im Abstand von ……. .
– Anzahl der Eck-, End- und Knickpfosten ……. .
– Berechnungseinheit m

548 **Viereck-Drahtgeflechtbespannung DIN 1199,**
Einzelangaben nach DIN 18320
– Ausführung
– – 40 x 2,5 – no zn,
– – 40 x 2,5 – di zn,
– – 40 x 2,8 – no zn,
– – 40 x 2,8 – di zn,
– – 70 x 3,1 – no zn,
– – 40 x 3,1 – di zn,
– – 40 x 3,1/2 – zn W kst,
– – 40 x 3,1/2 – zn E kst,
– – 40 x 3,4/2,2 – zn E kst,
– – 50 x 2,5 – no zn,
– – 50 x 2,5 – di zn,
– – 50 x 2,8 – no zn,
– – 50 x 2,8 – di zn,
– – 50 x 3,1 – no zn,
– – 50 x 3,1 – di zn,
– – 50 x 3,1/2 – zn W kst,
– – 50 x 3,1/2 – zn E kst,
– – 50 x 3,4/2,2 – zn E kst,
– – 60 x 2,5 – no zn,
– – 60 x 2,5 – di zn,
– – 60 x 2,8 – no zn,
– – 60 x 2,8 – di zn,
– – 60 x 3,1 – no zn,
– – 60 x 3,1 – di zn,
– – 60 x 3,1/2 – zn W kst,
– – 60 x 3,1/2 – zn E kst,
– – 50 x 3,4/2,2 – zn E kst,
– – Maschenweite in mm ……. ,
– – – Drahtdurchmesser in mm ……. ,
– – – Drahtdurchmesser in mm ……. ,
Ausführung ……. ,
weitere Einzelangaben siehe Pos. 552 bis 554

549 **Sechseck-Drahtgeflechtbespannung DIN 1200**
Einzelangaben nach DIN 18320
– Ausführung
– – 30 x 0,8 –zn,
– – 40 x 0,9 –zn,
– – 50 x 0,9 –zn,
– – 50 x 1,1 –zn,
– – 65 x 0,9 –zn,
– – 75 x 1,1 –zn,
– – 75 x 1,3 –zn,
– – 100 x 1,5 –zn,
– – Maschenweite in mm ……. ,
– – – Drahtdurchmesser in mm ……. ,
– – – Drahtdurchmesser in mm ……. ,
Ausführung ……. ,
weitere Einzelangaben siehe Pos. 552 bis 554

550 **Knotengeflechtbespannung,**
551 **Wildgitter,**
Einzelangaben nach DIN 18320 zu Pos. 550 und 551
– Ausführung
– – Maschenweite, Ausführung,
– – – 6 – 15 di zn,
– – – 8 – 15 di zn,
– – – 9 – 18 di zn,
– – – 15 – 15 di zn,
– – – 18 – 15 di zn,
– – – 19 – 15 di zn,
– – – 20 – 15 di zn,
– – – 23 – 15 di zn,
– – – Maschenweite in mm ……. ,
Abstand, Anzahl und Dicke der Längsdrähte ……. ,
Abstand und Dicke der senkrechten Drähte ……. ,
weitere Einzelangaben siehe Pos. 552 bis 554

LB 003 Landschaftsbauarbeiten
Einfriedungen, Pergolen

STLB 003
Ausgabe 06.02

552 Drahtgeflechtbespannung,
553 Kunststoffgeflechtbespannung,
554 Textilgeflechtbespannung,
Einzelangaben nach DIN 18320 zu Pos. 552 bis 554
- Ausführung
  - – Maschenweite in mm .... ,
    - – – Drahtdurchmesser in mm .... ,
    - – – Drahtdurchmesser in mm .... ,
      Ausführung .... ,
    - – – Fadendurchmesser in mm .... ,
    - – – Fadendurchmesser in mm .... ,
      Ausführung .... ,

Fortsetzung Einzelangaben zu Pos. 548 bis 554
- Erzeugnis/Typ
  - – Erzeugnis/Typ .... ,
    (Sofern nicht vorgeschrieben, vom Bieter einzutragen),
  - – Erzeugnis/Typ .... oder gleichwertiger Art,
    Erzeugnis/Typ .... (vom Bieter einzutragen),
  - – Erzeugnis/Typ .... ,
    (Sofern nicht vorgeschrieben, vom Bieter einzutragen),
    Geflechtabschluss mit Stahlstab, Dicke 5 mm,
  - – Erzeugnis/Typ .... oder gleichwertiger Art,
    Erzeugnis/Typ .... (vom Bieter einzutragen),
    Geflechtabschluss mit Stahlstab, Dicke 5 mm,
  - – Erzeugnis/Typ .... ,
    (Sofern nicht vorgeschrieben, vom Bieter einzutragen),
    Geflechtabschluss mit .... ,
  - – Erzeugnis/Typ .... oder gleichwertiger Art,
    Erzeugnis/Typ .... (vom Bieter einzutragen),
    Geflechtabschluss mit .... ,

Einzelangaben zu Pos. 548 bis 554, Fortsetzung
- – Geflechtabschluss mit .... ,
  - – – oberen und unteren Spanndraht in die Maschenschlaufen einhängen,
  - – – oberen und unteren Spanndraht in die Maschenschlaufen einhängen, mittlere Spanndrähte durch jede Masche ziehen,
  - – – oberen und unteren Spanndraht in die Maschenschlaufen einhängen, mittlere Spanndrähte am Geflecht befestigen,
  - – – alle Spanndrähte durch jede Masche ziehen,
  - – – Spanndrähte .... ,
- Befestigung an Pfosten
  - – befestigen an Pfosten,
  - – befestigen an Pfosten und Spannbrücken,
  - – befestigen an Pfosten, Spannbrücken und Spanndrähten,
  - – befestigen .... ,
    - – – mit Draht DIN 177, Dicke 1 mm, t s zn, Abstand der Befestigungsdrähte in cm .... ,
    - – – mit Draht DIN 177, Dicke 1,4 mm, t s zn, Abstand der Befestigungsdrähte in cm .... ,
    - – – mit Draht DIN 177, Dicke 1,8 mm, t s zn, Abstand der Befestigungsdrähte in cm .... ,
    - – – mit Draht DIN 3036-1, Dicke 2/1,4 mm, Abstand der Befestigungsdrähte in cm .... ,
    - – – mit Draht DIN 3036-2, Dicke 2/1,6 mm, Abstand der Befestigungsdrähte in cm .... ,
    - – – mit Draht .... , Abstand der Befestigungsdrähte in cm .... ,
    - – – mit Drahtklammern aus nichtrostendem Stahl, Abstand der Befestigungsklammern in cm .... ,
    - – – mit .... ,
- Zaunhöhe
  - – Zaunhöhe 1m – 1,2 m – 1,5 m – 1,8 m – 2 m – in m ....
- Knotengeflechthöhe
  - – Knotengeflechthöhe 1,6 m – 2 m – in m ....
- Berechnungseinheit m, m²

555 Verstrebung,
Einzelangaben nach DIN 18320
- Einbauort
  - – an Endpfosten,
  - – an Eck- und Abspannpfosten,
  - – an End-, Eck- und Abspannpfosten,
  - – an .... ,
    - – – im Winkel von 45 Grad zum Pfosten,
    - – – im Winkel von .... ,
- Art der Streben
  - – Art der Streben wie Pfosten,
  - – Art der Streben .... ,
  - – Art der Streben,
    - – – Stabstahl L, Maße in mm .... ,
    - – – Stabstahl T, Maße in mm .... ,
    - – – Stahlrohr, Profil .... ,
    - – – Stahldreiecksprofilrohr .... ,
    - – – Leichtmetallprofilrohr .... ,
- Befestigung
  - – Streben an den Pfosten befestigen,
    - – – mit korrosionsbeständigen Schrauben,
    - – – mit verzinkten Schrauben,
    - – – mit Montageelementen,
    - – – mit Montageelementen gemäß Herstellervorschrift,
    - – – mit .... ,
- Erzeugnis/Typ
  - – Erzeugnis/Typ .... ,
    (Sofern nicht vorgeschrieben, vom Bieter einzutragen),
  - – Erzeugnis/Typ .... oder gleichwertiger Art,
    Erzeugnis/Typ .... (vom Bieter einzutragen)
- Anzahl ....
- Berechnungseinheit Stück

556 Spannbrücke,
Einzelangaben nach DIN 18320
- Einbauort
  - – oben,
  - – oben und in der Mitte,
  - – oben, in der Mitte und unten,
    - – – an Eckpfosten,
    - – – an Eck- und Endpfosten,
    - – – an .... ,
- Anzahl der Felder
  - – über ein Feld,
  - – über 2 Felder,
  - – über .... ,
  - – durchgehend,
    - – – Einzellänge in cm .... ,
    - – – Einzellänge gleich Pfostenabstand,
- Befestigung
  - – an Pfosten mit Montageelementen befestigen,
  - – an Pfosten befestigen gemäß Herstellervorschrift,
  - – an Pfosten befestigen .... ,
- Erzeugnis/Typ
  - – Erzeugnis/Typ .... ,
    (Sofern nicht vorgeschrieben, vom Bieter einzutragen),
  - – Erzeugnis/Typ .... oder gleichwertiger Art,
    Erzeugnis/Typ .... (vom Bieter einzutragen)
- Anzahl ....
- Berechnungseinheit Stück, m

LB 003 Landschaftsbauarbeiten
Einfriedungen, Pergolen

557 Rückverspannung,
Einzelangaben nach DIN 18320
- Ausführung
  - – einschl. Spannschlösser,
  - – einschl. Spannschlösser .... ,
    - – – einfach, einseitig – beidseitig,
    - – – doppelt, einseitig – beidseitig,
- Art
  - – Spanndraht DIN 177 di zn, Dicke 3,1 mm .... ,
  - – Spanndraht DIN 177 di zn, Dicke 3,8 mm .... ,
  - – Spanndraht .... ,
  - – Spannseil DIN 3055, Dicke 4 mm,
  - – Spannseil DIN 3055, Dicke 5 mm,
  - – Spannseil DIN 3055, Dicke 8 mm,
    - – – Spannseil .... ,
    - – – korrosionsbeständig,
    - – – kunststoffummantelt,
      - – – – Oberflächenbehandlung .... ,
- Befestigung
  - – – an Pfosten mit Montageelementen befestigen,
  - – – an Pfosten befestigen gemäß Herstellervorschrift,
  - – – an Pfosten befestigen .... ,
- Erzeugnis/Typ
  - – – Erzeugnis/Typ .... ,
    (Sofern nicht vorgeschrieben, vom Bieter einzutragen),
  - – – Erzeugnis/Typ .... oder gleichwertiger Art,
  - – – Erzeugnis/Typ .... (vom Bieter einzutragen)
- Anzahl ....
- Berechnungseinheit Stück

558 Stacheldraht,
Einzelangaben nach DIN 18320
- Ausführung
  - – Dicke 1,7 mm, di zn DIN 1548,
  - – Dicke 2,2 mm, di zn DIN 1548,
  - – dick verzinkt (di zn), Dicke in mm .... ,
  - – DIN 3036-1, kunststoffummantelt, Dicke 2,8/1,8 mm,
  - – DIN 3036-2, kunststoffbeschichtet, Dicke 2/1,6 mm,
    - – – Dicke in mm .... ,
    - – – vierspitzig, Stachelabstand 7,5 cm,
    - – – vierspitzig, Stachelabstand 10 cm,
    - – – Stachelabstand in cm .... ,
- Befestigung
  - – – befestigen mit Bindedraht DIN 177, Dicke 1,8 mm, ts zn,
  - – – befestigen mit Bindedraht .... ,
  - – – befestigen mit Drahtklammern aus nichtrostendem Stahl,
    - – – befestigen mit .... ,
    - – – an Pfosten – an Pfostenausleger – an .... ,
- Anzahl der Reihen
  - – – einreihig – zweireihig,
  - – – Anzahl der Reihen .... ,
- Anwendung
  - – – als Wühldraht 15 cm tief eingraben.
  - – – als Wühldraht ....
- Berechnungseinheit m

559 Stahlgittermatte,
560 Stahlgitter mit angeformten Pfosten,
561 Stahlgitter mit angeformtem Rahmen,
Einzelangaben nach DIN 18320 zu Pos. 559 bis 561
- Höhe
  - – – Höhe 1 m – 1,2 m – 1,4 m – 1,6 m – 1,8 m – 2 m – 2,2 m – 2,5 m,
  - – – Höhe in m .... ,
- Maschenweite
  - – – Maschenweite 50 mm x 200 mm,
  - – – Maschenweite 100 mm x 200 mm,
  - – – Maschenweite 50 mm x 200 mm bis 2 m Höhe, darüber Maschenweite 100 mm x 200 mm,
  - – – Maschenweite in mm .... ,
- Dicke
  - – – Dicke der senkrechten Drähte 6 mm, Dicke der waagerechten Drähte 8 mm,
  - – – Dicke der senkrechten Drähte in mm .... , Dicke der waagerechten Drähte in mm .... ,
  - – – Dicke der doppelt geführten waagerechten Drähte in mm .... ,
  - – – Maße der waagerechten Flachstahlprofile in mm .... ,
  - – – Maße der waagerechten U-Stahlprofile in mm .... ,
  - – – Dicke/Maße in mm .... ,
    - – – – senkrechte Drähte gespitzt, 5 cm überstehend,
    - – – – senkrechte Drähte .... ,
- Befestigung
  - – – befestigen an Pfosten,
  - – – befestigen an Riegel,
  - – – befestigen an Rahmen als Füllung,
  - – – befestigen .... ,
  - – – auf herzustellende Fundamente aufstellen, befestigen,
  - – – aufstellen .... ,
    - – – – mit Drahtklammern aus nichtrostendem Stahl,
    - – – – mit korrosionsbeständigen Klammern und Montageelementen
    - – – – mit korrosionsbeständigen Schrauben,
    - – – – mit Schrauben .... ,
    - – – – mit .... ,
- Erzeugnis/Typ
  - – – Erzeugnis/Typ .... ,
    (Sofern nicht vorgeschrieben, vom Bieter einzutragen),
  - – – Erzeugnis/Typ .... oder gleichwertiger Art,
    Erzeugnis/Typ .... (vom Bieter einzutragen),
  - – – Erzeugnis/Typ .... ,
    (Sofern nicht vorgeschrieben, vom Bieter einzutragen),
    Maße des Fundamentes in cm ....
  - – – Erzeugnis/Typ .... oder gleichwertiger Art,
    Erzeugnis/Typ .... (vom Bieter einzutragen),
    Maße des Fundamentes in cm ....
- Berechnungseinheit m, m²

562 Riegel für Zaun,
Einzelangaben nach DIN 18320
- Werkstoff
  - – – aus Stabstahl,
    - – – – T 40 DIN EN 10055,
    - – – – T 50 DIN EN 10055,
    - – – – L 40 x 5 DIN 1028,
    - – – – L 50 x 5 DIN 1028,
    - – – – L 40 x 20 x 4 DIN 1029,
    - – – – L 50 x 40 x 5 DIN 1029,
    - – – – Art/Maße in mm .... ,
  - – – aus Stahlprofilrohr St 37, DIN 59410,
    - – – – Maße/Wanddicke 40 mm x 40/2 mm,
    - – – – Maße/Wanddicke 50 mm x 50/2 mm,
    - – – – Maße/Wanddicke 60 mm x 40/2 mm,
    - – – – Maße/Wanddicke 60 mm x 60/2,9 mm,
    - – – – Maße/Wanddicke 80 mm x 40/2,9 mm,
    - – – – Maße/Wanddicke 80 mm x 60/2,9 mm,
    - – – – Maße/Wanddicke in mm .... ,
  - – – aus mittelschwerem Gewinderohr DIN 2440, DN 32,
  - – – aus mittelschwerem Gewinderohr DIN 2440, DN 40,
  - – – aus schwerem Gewinderohr DIN 2441, DN 40,
  - – – aus schwerem Gewinderohr DIN 2441, DN 50,
  - – – aus Stahlprofilrohr .... ,
  - – – aus Leichtmetallprofilrohr .... ,
  - – – aus .... ,
- Befestigung
  - – – befestigen mit korrosionsbeständigen Schrauben,
  - – – befestigen mit korrosionsbeständigen Schrauben an Flachstahllaschen,
  - – – befestigen mit korrosionsbeständigen Schrauben .... ,
  - – – befestigen .... ,
- Riegelabstand
  - – – Riegelabstand in cm .... ,
    - – – – Riegellänge in cm ....
    - – – – Riegellänge gleich Pfostenabstand.
- Berechnungseinheit Stück, m

LB 003 Landschaftsbauarbeiten
Einfriedungen, Pergolen

STLB 003

Ausgabe 06.02

563 Rahmen für Zaun,
Einzelangaben nach DIN 18320
– Werkstoff
– – aus Stabstahl,
– – – L 40 x 5 DIN 1028,
– – – L 50 x 6 DIN 1028,
– – – L 40 x 20 x 4 DIN 1029,
– – – L 40 x 40 x 5 DIN 1029,
– – – Art/Maße in mm ……. ,
– – aus Stahlprofilrohr St 37, DIN 59410,
– – – Maße/Wanddicke 40 mm x 40/2 mm,
– – – Maße/Wanddicke 50 mm x 30/2 mm,
– – – Maße/Wanddicke 60 mm x 40/2 mm,
– – – Maße/Wanddicke 60 mm x 40/2,9 mm,
– – – Maße/Wanddicke 60 mm x 60/2,9 mm,
– – – Maße/Wanddicke 80 mm x 40/2,9 mm,
– – – Maße/Wanddicke in mm ……. ,
– – aus Rechteckrohr 40/40/2 DIN 2395,
– – aus mittelschwerem Gewinderohr DIN 2440, DN 25,
– – aus mittelschwerem Gewinderohr DIN 2440, DN 32,
– – aus Stahlprofilrohr ……. ,
– – aus Leichtmetallprofilrohr ……. ,
– – aus ……. ,
– Befestigung
– – befestigen mit Schrauben,
– – befestigen mit verschraubten Halterungen,
– – befestigen mit Montageelementen,
– – befestigen ……. ,
– – – korrosionsbeständig,
– – – – Rahmenmaße in cm ……. ,
– Berechnungseinheit Stück

564 Füllung von Riegeln und Rahmen,
Einzelangaben nach DIN 18320
– Füllung
– – mit Wellengitter,
– – – Maschenweite 40 mm, Drahtdicke 3,15 mm,
– – – Maschenweite 50 mm, Drahtdicke 4 mm,
– – – Maschenweite in mm ……. , Drahtdicke in mm ……. ,
– – mit Stäben,
– – – aus Rundstahl DIN EN 10278, Dicke 6 mm,
– – – aus Rundstahl DIN EN 10278, Dicke 8 mm,
– – – aus Rundstahl DIN EN 10278, Dicke 12 mm,
– – – aus Rundstahl, Dicke in mm ……. ,
– – – aus Vierkantstahl DIN 1014-1, Q 6/6 mm,
– – – aus Vierkantstahl DIN 1014-1, Q 8/8 mm,
– – – aus Vierkantstahl DIN 1014-1, Q 12/12 mm,
– – – aus Vierkantstahl, Querschnitt in mm ……. ,
– – mit Quadratrohren,
– – – aus Stahl DIN 59410, Maße in mm ……. ,
– – – aus Leichtmetall, Maße in mm ……. ,
– – – aus ……. ,
– – mit Rechteckrohren,
– – – aus Stahl DIN 59410, Maße in mm ……. ,
– – – aus Leichtmetall, Maße in mm ……. ,
– – mit Stäben
– – – aus Flachstahl DIN 174 ……. ,
– – – aus Leichtmetall ……. ,
– – – aus ……. ,
– Befestigung
– – befestigen an Rahmen,
– – befestigen an Riegeln,
– – befestigen ……. ,
– – – mit korrosionsbeständigen Klammern,
– – – mit korrosionsbeständigen Klammern und Montageelementen,
– – – mit korrosionsbeständigen Montageelementen,
– – – mit korrosionsbeständigen Schrauben,
– – – mit ……. ,
– – – durch Schweißen,
– – – durch ……. ,
– Abstand der Stäbe
– – Abstand der Stäbe 10 cm – 12 cm – 15 cm – in cm ……. ,
– Abstand der Rohre
– – Abstand der Rohre 10 cm – 12 cm – 15 cm – in cm ……. ,

– Anordnung
– – Anordnung senkrecht.
– – Anordnung gemäß Zeichnung Nr. ……. .
– – Anordnung gemäß Einzelbeschreibung Nr. ……. .
– – Anordnung gemäß Einzelbeschreibung Nr. ……. und Zeichnung Nr. ……. .
– Berechnungseinheit m²

565 Höhenversatz im Zaun,
Einzelangaben nach DIN 18320
– als Zulage,
– – Versatz an einem Pfosten, doppelseitig,
– – Versatz an zwei Pfosten, je einseitig,
– Höhensprung
– – Höhensprung 10 cm – 15 cm – 20 cm – 25 cm – 30 cm –
– – Höhensprung in cm ……. ,
– Höhensprünge
– – Höhensprünge zwischen 10 und 20 cm – zwischen 20 und 30 cm – zwischen 30 und 40 cm – in cm ……. ,
– Pfostenverlängerung
– – Pfostenverlängerung 20 cm – 30 cm – 40 cm – in cm ……. ,
– – – Geflechtabschluss beidseitig mit Stahlstab 5 mm dick,
– – – Geflechtabschluss beidseitig mit ……. ,
– Berechnungseinheit Stück, pauschal

566 Höhenanpassung des Zaunes,
Einzelangaben nach DIN 18320
– Ort der Höhenanpassung
– – an Geländeverlauf,
– – an ……. ,
– Art der Abrechnung
– – als Zulage,
– – als Sonderelement ……. ,
– Neigung
– – Neigung bis 15% – 15 bis 25 % – 25 bis 30 % – 30 bis 35 % – 35 bis 40 % – in %,
– – – zwischen 2 Zaunpfosten,
– – – über die Länge eines Zaunfeldes,
– – – Zaunfeldlänge in m ……. ,
– Zubehör
– – einschl. Spannbrücken,
– – einschl. Rückverspannung,
– – einschl. Spannbrücken und Rückverspannung,
– – einschl. Verstärkung der Pfostenfundamente,
– – – Anzahl ……. ,
– Berechnungseinheit Stück, m

567 Oberflächenbehandlung der Stahlteile,
568 Oberflächenbehandlung der Leichtmetallteile,
Einzelangaben nach DIN 18320 zu Pos. 567 bis 568
– Art der Beschichtung
– – Grundbeschichtung,
– – – auf der Basis von Kunstharz,
– – – auf der Basis von Zinkstaub,
– – – auf der Basis ……. ,
– – – – Auftrag durch Streichen,
– – – – Auftrag durch Spritzen,
– – – – Auftrag durch Tauchen,
– – – – Auftrag ……. ,
– – – – – Trocknung an der Luft,
– – – – – Trocknung im Ofen,
– – Korrosionsschutz,
– – – durch Verzinken DIN EN ISO 1461,
– – – durch ……. ,
– – – – Nachbehandlung ……. ,
– – – durch thermisches Spritzen mit Zink DIN EN 22063,
– – – durch thermisches Spritzen ……. ,
– – – durch Beschichten DIN EN ISO 12944-4,
– – – durch Beschichten DIN EN ISO 12944-4,
– – – durch Beschichten ……. ,
– – – – Korrosionsschutzsystem-Kennzahl ……. ,
– Farbton ……. .
– Berechnungseinheit m, m², Stück, pauschal

STLB 003

LB 003 Landschaftsbauarbeiten
Einfriedungen, Pergolen

Ausgabe 06.02

570 Holzzaun aus senkrecht angeordneten
571 Holzzaun aus diagonal gekreuzt angeordneten
572 Holzzaun aus waagerecht angeordneten
572 Holzzaun .... ,
Einzelangaben nach DIN 18320 zu Pos. 570 bis 572
– Art der Lattung
– – Latten, Querschnitt 24 mm x 48 mm, Zwischenraum 45 mm,
– – Latten, Maße in mm ...., Zwischenraum in mm .....,
– – Brettern, Querschnitt 22 mm x 80 mm, Zwischenraum 50 mm,
– – Brettern, Maße in mm ...., Zwischenraum in mm ....,
– – Bohlen, Maße 35 mm x 100 mm, Zwischenraum 80 mm
Bohlen, Maße in mm .... , Zwischenraum in mm,
– – Halbrundhölzern, Durchmesser ca. 45 mm, Zwischenraum 50 mm,
– – Halbrundhölzern, Durchmesser in mm .... , Zwischenraum in mm,
– – Stäben ...., Maße in mm ...., Zwischenraum in mm,
– – – Holzart .... ,
– – – Holzart .... , Bearbeitung .... ,
– Höhe
– – Höhe ohne Bodenabstand 0,6 m – 1 m – 1,2 m – 1,5 m,
– – Höhe 0,6 m, Bodenabstand 5 cm,
– – Höhe 1 m, Bodenabstand 5 cm,
– – Höhe 1,2 m, Bodenabstand 5 cm,
– – Höhe 1,5 m, Bodenabstand 5 cm,
– – Höhe in cm .... , Bodenabstand in cm .... ,
– Anzahl der Querriegel
– – mit 2 Querriegeln, Maße 35 mm x 60 mm,
– – mit 2 Querriegeln, Maße 40 mm x 80 mm,
– – mit 2 Querriegeln, Maße in mm .... ,
– – mit 3 Querriegeln, Maße 30 mm x 60 mm,
– – mit 3 Querriegeln, Maße 35 mm x 80 mm,
– – mit 3 Querriegeln, Maße in mm,
– – Anzahl der Querriegel .... , Maße in cm .... ,
– Einzelfeldlänge/Pfostenabstand
– – Einzelfeldlänge/Pfostenabstand 2 m, Querschnitt der Pfosten in mm .... , Gesamtpfostenlänge in cm .... ,
– – Einzelfeldlänge/Pfostenabstand 2,5 m, Querschnitt der Pfosten in mm .... , Gesamtpfostenlänge in cm .... ,
– – Einzelfeldlänge/Pfostenabstand 3 m, Querschnitt der Pfosten in mm .... , Gesamtpfostenlänge in cm .... ,
– – Einzelfeldlänge/Pfostenabstand in m, Querschnitt der Pfosten in mm .... , Gesamtpfostenlänge in cm .... ,
– Erzeugnis/Typ
– – Erzeugnis/Typ .... , (Sofern nicht vorgeschrieben, vom Bieter einzutragen),
– – Erzeugnis/Typ .... oder gleichwertiger Art, Erzeugnis/Typ .... (vom Bieter einzutragen),
– – Erzeugnis/Typ .... , (Sofern nicht vorgeschrieben, vom Bieter einzutragen), Oberflächenbehandlung/Farbton .... ,
– – Erzeugnis/Typ .... oder gleichwertiger Art, Erzeugnis/Typ .... (vom Bieter einzutragen), Oberflächenbehandlung/Farbton .... ,
– Fundamente
– – Fundamente aus Schotter 16/45, Maße L/B/T 40 cm x 40 cm x 60 cm, einschl. Aushub, Bodenklassen 3 und 4 DIN 18300, überschüssigen Boden auf der Baustelle einbauen,
– – Fundamente aus Schotter 16/45, Maße L/B/T in cm ......, einschl. Aushub, Bodenklasse .... , überschüssigen Boden auf der Baustelle einbauen,
– – Fundamente aus Beton B 10 (Einkornbeton), Maße L/B/T 35 cm x 35 cm x 50 cm, einschl. Aushub, Bodenklassen 3 und 4 DIN 18300, überschüssigen Boden zur Abfuhr geordnet lagern,
– – Fundamente aus, Beton B 10 (Einkornbeton) Maße L/B/T in cm ...., einschl. Aushub, Bodenklasse .... , überschüssigen Boden zur Abfuhr geordnet lagern,
– – Fundamente aus Beton B 15, Maße L/B/T 40 cm x 40 cm x 50 cm, mit Bodenanker aus Flachstahl in H-Form, verzinkt DIN EN ISO 1461, Höhe 40 cm, Breite 8 cm, Wanddicke 4 mm, einschl. Aushub, Bodenklassen 3 und 4 DIN 18300, überschüssigen Boden auf der Baustelle einbauen,
– – Fundamente aus Beton B 15, Maße L/B/T in cm .... , mit Bodenanker aus Flachstahl in H-Form, verzinkt DIN EN ISO 1461, Maße in cm .... , einschl. Aushub, Bodenklasse .... , überschüssigen Boden auf der Baustelle einbauen,
– – Fundamente .... , Maße L/B/T in cm .... , einschl. Aushub, Bodenklasse .... , überschüssigen Boden auf der Baustelle einbauen,
– – – Ausführung ....
– – – Ausführung gemäß Zeichnung Nr. ....
– – – Ausführung gemäß Einzelbeschreibung Nr. ....
– – – Ausführung gemäß Einzelbeschreibung Nr. .... und Zeichnung Nr. ....
– Berechnungseinheit m

574 Tor aus Holz,
575 Toranlage aus Holz,
Einzelangaben nach DIN 18320 zu Pos. 574 und 575
– Ausführung
– – einflügelig,
– – zweiflügelig,
– – dreiflügelig,
– – Anzahl der Flügel .... ,
– – als Schiebetor,
– – als Schiebetor mit hochliegender Bodenschiene,
– – als Schiebetor mit tiefliegender Bodenschiene,
– – als Schiebetor, freitragend geführt,
– – als .... ,
– Details
– – mit umlaufendem Rahmen,
– – mit umlaufendem Rahmen und Strebeleisten,
– – mit umlaufendem Rahmen und Kreuzstrebeleisten,
– – mit Rahmen .... ,
– lichte Durchgangsbreite
– – lichte Durchgangsbreite 80 cm – 100 cm – 125 cm – 150 cm – 200 cm – 300 cm,
– – lichte Durchgangsbreite in cm .... ,
– Höhe
– – Höhe 1 m – 1,2 m – 1,5 m – 1,8 m – 2 m – 2,25 m – 2,5 m,
– – Höhe wie Zaun,
– – Höhe in m .... ,
– Feldfüllung
– – Feldfüllung mit,
– – – Latten, Querschnitt 24 mm x 48 mm, Zwischenraum 45 mm,
– – – Latten, Maße in mm .... , Zwischenraum in mm .... ,
– – – Brettern, Querschnitt 22 mm x 80 mm, Zwischenraum 50 mm,
– – – Brettern, Maße in mm .... , Zwischenraum in mm .... ,
– – – Bohlen, Maße 35 mm x 100 mm, Zwischenraum 80 mm,
– – – Bohlen, Maße in mm .... , Zwischenraum in mm .... ,
– – – Halbrundhölzern, Durchmesser ca. 45 mm, Zwischenraum 50 mm,
– – – Halbrundhölzern, Durchmesser in mm .... , Zwischenraum in mm .... ,
– – – Stäben ...... , Maße in mm .... , Zwischenraum in mm .... ,
– – Feldfüllung wie Zaun,
– Schließung/Torflügelsicherung
– – Schließung .... ,
– – Torflügelsicherung .... ,
– – Schließung .... , Torflügelsicherung .... ,
– – – Ausführung .... ,
– – – Ausführung gemäß Zeichnung Nr. ....
– – – Ausführung gemäß Einzelbeschreibung Nr. ..
– – – Ausführung gemäß Einzelbeschreibung Nr. .. und Zeichnung Nr. ....
– Berechnungseinheit Stück

Hinweis: Die Leistungsbeschreibungen Pos. 570 bis Pos. 575 sind anzuwenden, wenn durch entsprechende Zeichnungen oder Einzelbeschreibungen die Leistung eindeutig und erschöpfend beschrieben werden kann. Andernfalls sind die nachfolgenden Leit- und Unterbeschreibungen ab Pos. 576 bis 578 anzuwenden.

LB 003 Landschaftsbauarbeiten
Einfriedungen, Pergolen

STLB 003

Ausgabe 06.02

576 Holzzaun,
Einzelangaben nach DIN 18320
- Art
  - – aus Latten,
  - – aus Brettern,
  - – aus Bohlen,
  - – aus Halbrundhölzern,
  - – aus .... ,
    - – – senkrecht angeordnet,
    - – – diagonal gekreuzt angeordnet,
    - – – waagerecht angeordnet,
- Holzart
  - – Kiefer,
  - – Fichte/Tanne,
  - – Lärche,
  - – Eiche,
  - – Holzart .... ,
  - – Holzart .... ,
    Erzeugnis/Typ .... ,
    (Sofern nicht vorgeschrieben, vom Bieter einzutragen),
  - – Holzart .... ,
    Erzeugnis/Typ .... oder gleichwertiger Art,
    Erzeugnis/Typ .... (vom Bieter einzutragen),
- Höhe
  - – Höhe gemessen ohne Bodenabstand 0,6 m – 0,8 m – 1 m – 1,2 m – 1,5 m – 1,8 m – 2 m,
  - – Höhe gemessen ohne Bodenabstand in m .... ,
- Bodenabstand
  - – Bodenabstand 3 cm – 5 cm – 8 cm,
  - – Bodenabstand in cm .... ,
    - – – mit 2 Querriegeln,
    - – – mit 3 Querriegeln,
    - – – Anzahl der Querriegel .... ,
- Einzelfeldlänge/Pfostenabstand
  - – Einzelfeldlänge/Pfostenabstand 2 m – 2,5 m – 3 m – 3,5 m,
  - – Einzelfeldlänge/Pfostenabstand in m .... ,
    - – – Ausführung wie folgt:
- Berechnungseinheit m

577 Tor aus Holz,
578 Toranlage aus Holz,
Einzelangaben nach DIN 18320 zu Pos. 577 und 578
- Art
  - – einflügelig,
  - – zweiflügelig,
  - – dreiflügelig,
  - – Anzahl der Flügel .... ,
  - – als Schiebetor,
  - – als Schiebetor mit hochliegender Bodenschiene,
  - – als Schiebetor mit tiefliegender Bodenschiene,
  - – als Schiebetor, freitragend geführt,
  - – als .... ,
    - – – mit umlaufendem Rahmen,
    - – – mit umlaufendem Rahmen und Strebeleisten,
    - – – mit umlaufendem Rahmen und Kreuzstrebeleisten,
    - – – mit zwei Riegeln,
    - – – mit zwei Riegeln und Strebeleiste,
    - – – mit zwei Riegeln und Kreuzstrebeleiste,
    - – – mit .... ,
- Feldfüllung
  - – Feldfüllung mit Latten,
  - – Feldfüllung mit Brettern,
  - – Feldfüllung mit Bohlen,
  - – Feldfüllung mit Halbrundhölzern,
  - – Feldfüllung mit Rundhölzern,
  - – Feldfüllung wie Zaun,
  - – Feldfüllung mit .... ,
    - – – lichte Durchgangsbreite 80 cm – 100 cm – 125 cm – 150 cm – 200 cm – 300 cm – in cm .... ,
- Höhe
  - – Höhe 1 m – 1,2 m – 1,5 m – 1,8 m – 2 m – 2,25 m – 2,5 m – in m....... ,
  - – Höhe wie Zaun,
    - – – Schließung .... ,
    - – – Torflügelsicherung .... ,
    - – – Schließung .... , Torflügelsicherung .... ,

- Erzeugnis/Typ
  - – Erzeugnis/Typ ....
    (Sofern nicht vorgeschrieben, vom Bieter einzutragen),
  - – Erzeugnis/Typ .... oder gleichwertiger Art,
    Erzeugnis/Typ .... (vom Bieter einzutragen),
    - – – Ausführung wie folgt:
- Berechnungseinheit Stück

Hinweis: Die Leitbeschreibungen Pos. 576 bis Pos. 578 sind mit den Unterbeschreibungen ab Pos. 579 fortzusetzen, bis die Leistung eindeutig und erschöpfend beschrieben ist.

579 Einzelfundament,
Einzelangaben nach DIN 18320
- Werkstoff
  - – aus Beton B 10 (Einkornbeton),
  - – aus Beton B 15,
  - – aus Beton B 25,
  - – aus Schotter 16/45,
  - – aus .... ,
- Abmessungen
  - – Maße L/B/T 35 cm x 35 cm x 50 cm,
  - – Maße L/B/T 40 cm x 40 cm x 60 cm,
  - – Maße L/B/T 50 cm x 50 cm x 70 cm,
  - – Maße L/B/T 60 cm x 60 cm x 80 cm,
  - – Maße L/B/T 60 cm x 60 cm x 80 cm,
  - – Maße L/B/T in cm .... ,
  - – Durchmesser in cm .... , Tiefe in cm .... ,
- Bodenanker
  - – mit Bodenanker aus H-Stahlprofil, verzinkt DIN EN ISO 1461, Höhe 40 cm, Breite 8 cm, Wanddicke 4 mm,
  - – mit Bodenanker aus H-Stahlprofil, verzinkt DIN EN ISO 1461, Maße in cm .... ,
  - – mit Bodenanker aus U-Stahlprofil, Maße in cm .... ,
    - – – einschl. Aushub, Bodenklassen 3 und 4 DIN 18300,
    - – – einschl. Aushub, Bodenklassen .... ,
- überschüssiger Boden
  - – überschüssigen Boden auf der Baustelle einbauen,
  - – überschüssigen Boden zur Abfuhr geordnet lagern,
  - – überschüssigen Boden laden, fördern und einbauen,
  - – .... ,
    - – – Förderweg über 50 bis 100 m,
    - – – Förderweg über 100 bis 500 m,
    - – – Förderweg über 500 bis 1000 m, in m .... ,
      - – – – aufnehmen und wiederanarbeiten des Belages .... ,
      - – – – .... ,
        - – – – – Ausführung ....
        - – – – – Ausführung gemäß Zeichnung Nr. ....
        - – – – – Ausführung gemäß Einzelbeschreibung Nr. ....
        - – – – – Ausführung gemäß Einzelbeschreibung Nr. .... , und Zeichnung Nr. ....
- Berechnungseinheit Stück

STLB 003

LB 003 Landschaftsbauarbeiten
Einfriedungen, Pergolen

Ausgabe 06.02

580 **Zaunpfosten,**
581 **Torpfosten,**
Einzelangaben nach DIN 18320 zu Pos. 580 und 581
- Holzart
  - – aus Kiefer,
  - – aus Fichte/Tanne,
  - – aus Lärche,
  - – aus Eiche,
  - – Holzart .... ,
    - – – Rundholz, Güteklasse I DIN 68365,
    - – – Rundholz, Güteklasse I DIN 68365, geschält,
    - – – Rundholz, Güteklasse I DIN 68365, zylindrisch gefräst,
      - – – – zweiseitig geschnitten,
      - – – – Durchmesser 10 cm – 12 cm – 15 cm – in cm .... ,
    - – – Kantholz, Schnittklasse A, Güteklasse I DIN 68365,
    - – – Kantholz .... ,
      - – – – sägerauh,
      - – – – gehobelt,
      - – – – gehobelt und gefast,
      - – – – .... ,
      - – – – Maße 8 cm x 8 cm,
      - – – – Maße 9 cm x 9 cm,
      - – – – Maße 10 cm x 10 cm,
      - – – – Maße 12 cm x 12 cm,
      - – – – Maße in cm .... ,
- Ausführung des Kopfes
  - – – mit spitzem Kopf,
  - – – mit einseitig schrägem Kopf,
  - – – mit zweiseitig schrägem Kopf,
  - – – mit rundem Kopf,
  - – – mit rundgefastem Kopf,
  - – – mit gefastem Kopf,
  - – – Kopf .... ,
    - – – – Gesamtpfostenlänge 100 cm – 150 cm – 180 cm – 200 cm – 220 cm – 250 cm – in cm .... ,
    - – – – Einbindetiefe in cm .... ,
- Befestigung
  - – – Befestigung an Bodenanker aus H-Stahlprofil,
  - – – Befestigung an Bodenanker aus U-Stahlprofil,
  - – – Befestigung .... ,
- Berechnungseinheit Stück

582 **Riegel,**
Einzelangaben nach DIN 18320
- Holzart
  - – – aus Fichte/Tanne,
  - – – aus Kiefer,
  - – – aus Lärche,
  - – – aus Eiche,
  - – – aus Holz, Holzart wie Pfosten,
  - – – Holzart .... ,
    - – – – Rundholz, Güteklasse I DIN 68365,
    - – – – Rundholz, Güteklasse I DIN 68365, geschält,
    - – – – Rundholz, Güteklasse I DIN 68365, zylindrisch gefräst,
      - – – – – mittig getrennt,
      - – – – – zweiseitig geschnitten,
      - – – – – mittig getrennt und zweiseitig geschnitten,
        - – – – – – Durchmesser 8 cm – 10 cm – in cm .... ,
    - – – – Bohle, Schnittklasse A, Güteklasse I DIN 68365,
      - – – – – sägerau,
      - – – – – gehobelt,
      - – – – – gehobelt und gefast,
        - – – – – – Maße 3,5 cm x 8 cm,
        - – – – – – Maße 3,5 cm x 10 cm,
        - – – – – – Maße 4 cm x 10 cm,
        - – – – – – Maße 5 cm x 10 cm,
        - – – – – – Maße 5,5 cm x 12 cm,
        - – – – – – Maße in cm .... ,
    - – – – Kantholz, Schnittklasse A, Güteklasse I, DIN 68365,
    - – – – Kantholz .... ,
      - – – – – sägerau,
      - – – – – gehobelt und gefast,
      - – – – – .... ,
        - – – – – – Maße 6 cm x 8 cm,
        - – – – – – Maße 6 cm x 10 cm,
        - – – – – – Maße 6 cm x 12 cm,
        - – – – – – Maße 8 cm x 10 cm,
        - – – – – – Maße in cm .... ,
- Befestigung
  - – – befestigen,
    - – – – an Pfosten,
    - – – – an .... ,
      - – – – – Riegelabstand in cm ....
      - – – – – Riegellänge in m ....
      - – – – – Riegellänge gleich Pfostenabstand.
      - – – – – Riegellänge in m ....
      - – – – – Riegelabstand in cm ....
- Berechnungseinheit Stück

583 **Lattung einseitig,**
584 **Lattung doppelseitig,**
Einzelangaben nach DIN 18320 zu Pos. 583 und 584
- Art der Lattung
  - – – aus Halbrundholz Fichte/Tanne,
  - – – aus Halbrundholz Kiefer,
  - – – aus Halbrundholz .... ,
    - – – – Güteklasse I DIN 4074-2,
    - – – – Güteklasse II DIN 4074-2,
    - – – – Güteklasse .... ,
      - – – – – geschält,
      - – – – – geschält und zylindrisch gefräst,
      - – – – – mittig getrennt,
      - – – – – zweiseitig geschnitten,
      - – – – – .... ,
        - – – – – – Durchmesser über 40 bis 50 mm,
        - – – – – – Durchmesser über 45 bis 55 mm,
        - – – – – – Durchmesser über 50 bis 60 mm,
        - – – – – – Durchmesser in mm .... ,
        - – – – – – Kopf gerade,
        - – – – – – Kopf schräg,
        - – – – – – Kopf kegelförmig,
        - – – – – – Kopf halbrund,
        - – – – – – Kopf spitz,
        - – – – – – Kopf gefast,
        - – – – – – Kopf .... ,
  - – – aus Bauschnittholz Fichte/Tanne,
  - – – aus Bauschnittholz Kiefer,
  - – – aus Bauschnittholz Eiche,
  - – – aus Bauschnittholz Lärche,
  - – – aus Bauschnittholz .... ,
    - – – – Schnittklasse S DIN 68365,
    - – – – Schnittklasse A DIN 68365,
    - – – – Schnittklasse B DIN 68365,
      - – – – – Güteklasse I,
      - – – – – Güteklasse II,
        - – – – – – sägerau,
        - – – – – – einseitig gehobelt,
        - – – – – – zweiseitig gehobelt,
        - – – – – – dreiseitig gehobelt,
        - – – – – – dreiseitig gehobelt und gefast,
        - – – – – – allseitig gehobelt,
        - – – – – – allseitig gehobelt und gefast,
        - – – – – – Bearbeitung .... ,
          - – – – – – – Querschnitt 24 mm x 48 mm,
          - – – – – – – Querschnitt 30 mm x 50 mm,
          - – – – – – – Querschnitt 40 mm x 60 mm,
          - – – – – – – Querschnitt in mm .... ,
          - – – – – – – Kopf gerade,
          - – – – – – – Kopf schräg,
          - – – – – – – Kopf gefast,
          - – – – – – – Kopf .... ,
weitere Einzelangaben siehe Pos. 587 und 588

585 **Bekleidung mit Brettern einseitig,**
586 **Bekleidung mit Brettern doppelseitig,**
Einzelangaben nach DIN 18320 zu Pos. 585 und 586
- Abmessungen
  - – Dicke 16 mm – 18 mm – 22 mm – 25 mm – 30 mm – in mm .... ,
  - – Breite 80 mm – 90 mm – 100 mm – 120 mm – in mm .... ,
weitere Einzelangaben siehe Pos. 587 und 588

LB 003 Landschaftsbauarbeiten
Einfriedungen, Pergolen

STLB 003

Ausgabe 06.02

587 Bekleidung mit Bohlen einseitig,
588 Bekleidung mit Bohlen doppelseitig,
Einzelangaben nach DIN 18320 zu Pos. 587 und 588
- Abmessungen
  - – Dicke 35 mm – 40 mm – 45 mm – 50 mm – 60 mm – in mm .... ,
  - – Breite 80 mm – 90 mm – 100 mm – 120 mm – 150 mm – in mm .... ,

Fortsetzung Einzelangaben zu Pos. 585 bis 588
- Holzart
  - – Holzart Fichte/Tanne,
  - – Holzart Kiefer,
  - – Holzart Eiche,
  - – Holzart Lärche,
  - – Holzart .... ,
- Schnittklasse
  - – Schnittklasse S DIN 68365,
  - – Schnittklasse S DIN 68365, Güteklasse I,
  - – Schnittklasse S DIN 68365, Güteklasse II,
  - – Schnittklasse A DIN 68365,
  - – Schnittklasse A DIN 68365, Güteklasse I,
  - – Schnittklasse A DIN 68365, Güteklasse II,
  - – Schnittklasse B DIN 68365,
  - – Schnittklasse B DIN 68365, Güteklasse I,
  - – Schnittklasse B DIN 68365, Güteklasse II,
- Ausführung
  - – sägerau,
  - – einseitig gehobelt,
  - – zweiseitig gehobelt,
  - – zweiseitig gehobelt und gefast,
  - – dreiseitig gehobelt,
  - – dreiseitig gehobelt und gefast,
  - – allseitig gehobelt,
  - – allseitig gehobelt und gefast,
  - – Bearbeitung .... ,
- Zwischenraum
  - – Zwischenraum 15 mm – 20 mm – 25 mm – 30 mm – 35 mm – 40 mm –
  - – 45 mm – 50 mm – in mm,

Fortsetzung Einzelangaben zu Pos. 583 bis 588
- Befestigung
  - – befestigen mit verzinkten Nägeln,
  - – befestigen mit verzinkten Nägeln, einschl. Verblatten,
  - – befestigen mit korrosionsbeständigen Schrauben,
  - – befestigen mit korrosionsbeständigen Schrauben,
  - – einschl. Verblatten,
  - – befestigen mit .... ,
- Berechnungseinheit m²

589 Waagerechter Flechtzaun,
590 Senkrechter Flechtzaun,
Einzelangaben nach DIN 18320 zu Pos. 589 und 590
- Ausführung
  - – aus Fichte/Tanne,
  - – aus Kiefer,
  - – aus Lärche,
  - – Holzart .... ,
  - – aus Fichte/Tanne, mit umlaufendem Rahmen,
  - – aus Kiefer, mit umlaufendem Rahmen,
  - – aus Lärche, mit umlaufendem Rahmen,
  - – Holzart .... , mit umlaufendem Rahmen,
    - – – Erzeugnis/Typ .... ,
      (Sofern nicht vorgeschrieben, vom Bieter einzutragen),
    - – – Erzeugnis/Typ .... oder gleichwertiger Art, Erzeugnis/Typ .... (vom Bieter einzutragen),
- Dicke/Breite der Flechtstreifen
  - – Dicke der Flechtstreifen 3 mm,
  - – Dicke der Flechtstreifen über 4 bis 6 mm,
  - – Dicke der Flechtstreifen über 6 bis 8 mm,
  - – Dicke der Flechtstreifen über 8 bis 10 mm,
  - – Dicke der Flechtstreifen in 10 mm,
  - – Breite der Flechtstreifen 40 mm,
  - – Breite der Flechtstreifen über 50 bis 60 mm,
  - – Breite der Flechtstreifen in mm .... ,

- Abmessungen der Einzelfelder
  - – Einzelfelder Höhe 1 m, Breite 1,8 m,
  - – Einzelfelder Höhe 1,2 m, Breite 1,8 m,
  - – Einzelfelder Höhe 1,6 m, Breite 1,8 m,
  - – Einzelfelder Höhe 1,8 m, Breite 1,8 m,
  - – Einzelfelder Höhe 1,25 m, Breite 2 m,
  - – Einzelfelder Höhe 1,5 m, Breite 2 m,
  - – Einzelfelder Höhe 1,75 m, Breite 2 m,
  - – Einzelfelder Höhe 2 m, Breite 2 m,
  - – Einzelfelder, Maße H/B in m .... ,
- Abmessungen der Pfosten
  - – Pfosten 8 cm x 8 cm, Länge 1,5 m,
  - – Pfosten 9 cm x 9 cm, Länge 1,8 m,
  - – Pfosten 9 cm x 9 cm, Länge 2,2 m,
  - – Pfosten 9 cm x 9 cm, Länge 2,5 m,
  - – Pfosten 10 cm x 10 cm, Länge 2,2 m,
  - – Pfosten 10 cm x 10 cm, Länge 2,5 m,
  - – Pfosten 10 cm x 10 cm, Länge 2,8 m,
  - – Pfosten 12 cm x 12 cm, Länge 2,8 m,
  - – Querschnitt der Pfosten in cm .... , Pfostenlänge in m .... ,
- Befestigung
  - – befestigen mit verzinkten Nägeln.
  - – befestigen mit verzinkten Nägeln, einschl. Verblatten.
  - – befestigen mit korrosionsbeständigen Schrauben.
  - – befestigen mit korrosionsbeständigen Schrauben, einschl. Verblatten.
  - – befestigen mit ....
- Berechnungseinheit m, m², Stück

591 Sichtschutzzaun aus vorgefertigten Holzelementen,
Einzelangaben nach DIN 18320
- Holzart
  - – Holzart Fichte/Tanne,
  - – Holzart Kiefer,
  - – Holzart Eiche,
  - – Holzart Lärche,
  - – Holzart .... ,
    - – – Höhe 1,8 m – 2 m – 2,2 m – 2,5 m – in m .... ,
- Einzelfeldlänge
  - – Einzelfeldlänge 1,8 m,
  - – Einzelfeldlänge 1,8 m, mit umlaufendem Rahmen,
  - – Einzelfeldlänge 2 m,
  - – Einzelfeldlänge 2 m, mit umlaufendem Rahmen,
  - – Einzelfeldlänge 2,5 m,
  - – Einzelfeldlänge 2,5 m, mit umlaufendem Rahmen,
  - – Einzelfeldlänge in m .... ,
  - – Einzelfeldlänge in m .... , mit umlaufendem Rahmen,
- Lattung
  - – Lattung einseitig, senkrecht,
  - – Lattung einseitig, waagerecht,
  - – Lattung beidseitig, senkrecht,
  - – Lattung beidseitig, waagerecht,
  - – Lattung .... ,
- Querschnitt/Zwischenraum
  - – Querschnitt 12 mm x 30 mm, Zwischenraum 20 mm,
  - – Querschnitt 12 mm x 48 mm, Zwischenraum 25 mm,
  - – Querschnitt 18 mm x 36 mm, Zwischenraum 20 mm,
  - – Querschnitt 18 mm x 60 mm, Zwischenraum 25 mm,
  - – Querschnitt 24 mm x 36 mm, Zwischenraum 25 mm,
  - – Querschnitt 24 mm x 60 mm, Zwischenraum 30 mm,
  - – Querschnitt 20 mm x 70 mm, Zwischenraum 35 mm,
  - – Querschnitt 20 mm x 80 mm, Zwischenraum 40 mm,
  - – Querschnitt in mm .... , Zwischenraum in mm .... ,

STLB 003

LB 003 Landschaftsbauarbeiten
Einfriedungen, Pergolen

Ausgabe 06.02

Einzelangaben zu Pos. 591, Fortsetzung
- Bodenanker
  - – Bodenanker aus H-Stahlprofil, Einbautiefe in cm ...., in Fundament aus Beton B 15, Maße L/B/T in cm .... ,
  - – Bodenanker aus U-Stahlprofil, Einbautiefe in cm ...., in Fundament aus Beton B 15, Maße L/B/T in cm .... ,
  - – Zaunpfosten 90 mm x 90 mm, Einbindetiefe 80 cm, in Fundament aus Beton B 15, Maße L/B/T 40 cm x 40 cm x 60 cm,
  - – Zaunpfosten 90 mm x 90 mm, Einbindetiefe in cm ...., in Fundament aus Beton B 15, Maße L/B/T in cm .... ,
  - – Zaunpfosten 100 mm x 100 mm, Einbindetiefe 90 cm, in Fundament aus Beton B 15, Maße L/B/T 40 cm x 40 cm x 80 cm,
  - – Zaunpfosten 100 mm x 100 mm, Einbindetiefe in cm ...., in Fundament aus Beton B 15, Maße L/B/T in cm .... ,
  - – Zaunpfosten-Profil in mm ...., in Fundament aus Beton B 15, Maße L/B/T in cm .... ,
  - – Zaunpfosten 90 mm x 90 mm, Einbindetiefe 80 cm, in Schotterfundament, Maße L/B/T 40 cm x 40 cm x 60 cm,
  - – Zaunpfosten-Profil in mm ...., in Schotterfundament, Maße L/B/T in cm .... ,
- Erzeugnis/Typ
  - – Erzeugnis/Typ .... , (Sofern nicht vorgeschrieben, vom Bieter einzutragen),
  - – Erzeugnis/Typ .... oder gleichwertiger Art, Erzeugnis/Typ .... (vom Bieter einzutragen),
- Berechnungseinheit m, Stück

592 **Vorbeugender Holzschutz DIN 68800-3,**
Einzelangaben nach DIN 18320
- Anwendung
  - – der erdberührten Holzteile,
  - – der .... ,
- Verfahren
  - – durch Kesseldruckimprägnierung,
  - – durch Kesseldrucktränkung,
  - – durch Tauchen,
  - – durch Tragtränkung,
  - – durch Streichen,
  - – durch Streichen oder Spritzen,
  - – durch Spritzen,
  - – durch .... ,
  weitere Einzelangaben siehe Pos. 593

593 **Beschichtung,**
Einzelangaben nach DIN 18320 zu Pos. 593
- Anwendung
  - – der sichtbaren Holzteile,
  - – der .... ,
  - – durch Streichen,
  - – durch Spritzen,
  - – durch Streichen oder Spritzen,
  - – durch Streichen .... ,

Fortsetzung Einzelangaben zu Pos. 592 und 593
- Prüfprädikat
  - – Prüfprädikat P (gegen Pilze wirksam, Fäulnisschutz),
  - – Prüfprädikat Iv (gegen Insekten vorbeugend wirksam),
  - – Prüfprädikat F (geeignet zum Schwerentflammbarmachen des Holzes, Feuerschutz),
  - – Prüfprädikat P, Iv (gegen Pilze wirksam, Fäulnisschutz, gegen Insekten vorbeugend wirksam),
  - – Prüfprädikat P, Iv Ib (gegen Pilze wirksam, Fäulnisschutz, gegen Insekten vorbeugend wirksam, geeignet zum Schwerentflammbarmachen des Holzes, Feuerschutz),
  - – Prüfprädikat
    - – – S (geeignet auch zum Spritzen, Streichen oder Tauchen),
    - – – W (geeignet auch für Holz, das der Witterung ausgesetzt ist),
    - – – S, W (geeignet auch zum Spritzen, Streichen oder Tauchen, sowie auch für Holz, das der Witterung ausgesetzt ist),
    - – – .... ,
- Farbe
  - – – farblos.
  - – – Grundfarbe braun.
  - – – Grundfarbe grün.
  - – – Grundfarbe ....
- Erzeugnis/Typ
  - – – Erzeugnis/Typ .... , (Sofern nicht vorgeschrieben, vom Bieter einzutragen),
  - – – Erzeugnis/Typ .... oder gleichwertiger Art, Erzeugnis/Typ .... (vom Bieter einzutragen),
- Berechnungseinheit m²

600 **Pergola,**
601 **Rankbogen,**
602 **Rankbalken,**
Einzelangaben nach DIN 18320 zu Pos. 600 bis 602
- Art der Pfosten
  - – Pfosten aus Holz,
  - – Pfosten aus Holz mit Fußdorn, verzinkt DIN EN ISO 1461,
  - – Pfosten aus Holz, mit Pfostenschuh, verzinkt DIN EN ISO 1461,
    - – – Holzart .... , Schnittklasse .... , Maße in cm .... , Oberflächenbehandlung .... , Anzahl .... ,
  - – Pfosten aus Quadratprofilrohr,
  - – Pfosten aus Rechteckprofilrohr,
  - – Pfosten aus Drahtgitterelementen,
  - – Pfosten aus Beton,
  - – Pfosten aus Naturstein, Gesteinsart .... ,
  - – Pfosten .... ,
    - – – Maße in cm .... , Oberflächenbehandlung .... , Anzahl .... ,
- Art der Pfetten
  - – Pfette aus Holz, Holzart .... , Schnittklasse .... ,
  - – Pfette aus Metall, Bearbeitungsart .... ,
  - – Pfette aus Stahl, Bearbeitungsart .... ,
  - – Pfette aus Drahtgitterelementen, Bearbeitungsart .... ,
  - – Pfette aus .... , Bearbeitungsart .... ,
    - – – Maße in cm .... , Oberflächenbehandlung .... , Anzahl .... ,
- Art der Auflagen
  - – Auflage aus Holz, Holzart .... , Schnittklasse .... ,
  - – Auflage aus Metall, Bearbeitungsart .... ,
  - – Auflage aus Stahl, Bearbeitungsart .... ,
  - – Auflage aus Drahtgitterelementen, Bearbeitungsart .... ,
  - – Auflage aus .... , Bearbeitungsart .... ,
    - – – Maße in cm .... , Oberflächenbehandlung .... , Anzahl .... ,
- Fundament
  - – Fundamente aus Beton B 25, Maße L/B/T in cm .... , einschl. Bodenaushub, Bodenklasse .... , Boden zur Abfuhr geordnet lagern,
  - – Fundamente aus Beton B 25, Maße L/B/T in cm .... , einschl. Bodenaushub, Bodenklasse .... , Boden .... , Art der Befestigung .... ,
- Ausführung
  - – Ausführung ....
  - – Ausführung gemäß Zeichnung Nr. ....
  - – Ausführung gemäß Einzelbeschreibung Nr. ....
  - – Ausführung gemäß Einzelbeschreibung Nr. .... und Zeichnung Nr. ....
- Berechnungseinheit Stück

Hinweis: Die Leistungsbeschreibungen Pos. 600 bis Pos. 602 sind anzuwenden, wenn durch entsprechende Zeichnungen oder Einzelbeschreibungen die Leistung eindeutig und erschöpfend beschrieben werden kann. Andernfalls sind die nachfolgenden Leit- und Unterbeschreibungen ab Pos. 603 anzuwenden.

LB 003 Landschaftsbauarbeiten
Einfriedungen, Pergolen

STLB 003

Ausgabe 06.02

603 Pergola,
604 Rankbogen,
605 Rankbalken,
Einzelangaben nach DIN 18320 zu Pos. 603 bis 605
- Art der Pfosten
  - – Pfosten aus Holz,
  - – Pfosten aus Quadratprofilrohr,
  - – Pfosten aus Rechteckprofilrohr,
  - – Pfosten aus Drahtgitterelementen,
  - – Pfosten aus Naturstein,
  - – Pfosten aus Beton,
- Art der Pfetten
  - – Pfette aus Holz,
  - – Pfette aus Stahl,
  - – Pfette aus Drahtgitterelementen,
  - – Pfette aus .... ,
- Art der Auflage
  - – Auflage aus Holz,
  - – Auflage aus Stahl,
  - – Auflage aus Drahtgitterelementen,
  - – Auflage aus .... ,
- Ausführung wie folgt:
- Berechnungseinheit Stück

Hinweis: Die Leistungsbeschreibung ist mit den Unterbeschreibungenen Pos. 606 bis Pos. 608 fortzusetzen, bis die Leistung eindeutig und erschöpfend beschrieben ist.

606 Pergolapfosten
Einzelangaben nach DIN 18320
- Art der Pfosten
  - – aus Fichte/Tanne,
  - – aus Kiefer,
  - – aus Lärche,
  - – aus Eiche,
  - – aus .... ,
    - – – Maße 9 cm x 9 cm,
    - – – Maße 8 cm x 10 cm,
    - – – Maße 8 cm x 12 cm,
    - – – Maße 10 cm x 10 cm,
    - – – Maße 10 cm x 12 cm,
    - – – Maße 12 cm x 12 cm,
    - – – Maße in cm .... ,
      - – – – sägerau,
      - – – – allseitig gehobelt und gefast,
      - – – – Bearbeitung .... ,
        - – – – – Schnittklasse S DIN 68265,
        - – – – – Schnittklasse S DIN 68265, Güteklasse I,
        - – – – – Schnittklasse S DIN 68265, Güteklasse II,
        - – – – – Schnittklasse A DIN 68265,
        - – – – – Schnittklasse A DIN 68265, Güteklasse I,
        - – – – – Schnittklasse A DIN 68265, Güteklasse II,
        - – – – – Schnittklasse B DIN 68265,
        - – – – – Schnittklasse B DIN 68265, Güteklasse I,
        - – – – – Schnittklasse B DIN 68265, Güteklasse II,
          - – – – – – Höhe 2,5 m,
          - – – – – – Höhe 2,5 m, mit Pfostenschuh aus H-Stahlprofil, verzinkt DIN EN ISO 1461,
          - – – – – – Höhe 2,5 m, mit Fußdorn aus Stahl, verzinkt DIN EN ISO 1461,
          - – – – – – Höhe 3 m,
          - – – – – – Höhe 3 m, mit Pfostenschuh aus H-Stahlprofil, verzinkt DIN EN ISO 1461,
          - – – – – – Höhe 3 m, mit Fußdorn aus Stahl, verzinkt DIN EN ISO 1461,
          - – – – – – Höhe in m .... ,
          - – – – – – Höhe in m .... , mit Pfostenschuh aus H-Stahlprofil, verzinkt DIN EN ISO 1461,
          - – – – – – Höhe in cm .... , mit Fußdorn/ Pfostenschuh .... ,
  - – aus Quadratprofileisen, verzinkt DIN EN ISO 1461,
  - – aus nichtrostendem Quadratprofilstahl,
    - – – Maße 60 mm x 60 mm, Wanddicke 2 mm,
    - – – Maße 60 mm x 60 mm, Wanddicke in mm .... ,
    - – – Maße 80 mm x 80 mm, Wanddicke 2 mm,
    - – – Maße 80 mm x 80 mm, Wanddicke in mm .... ,
    - – – Maße 100 mm x 100 mm, Wanddicke 2 mm,
    - – – Maße 100 mm x 100 mm, Wanddicke in mm .... ,
    - – – Maße 120 mm x 120 mm, Wanddicke 2 mm,
    - – – Maße 120 mm x 120 mm, Wanddicke in mm .... ,
    - – – Maße in mm .... , Wanddicke in mm .... ,
      - – – – Oberflächenbehandlung .... ,
  - – aus Rechteckprofileisen, verzinkt DIN EN ISO 1461,
  - – aus nichtrostendem Rechteckprofilstahl,
    - – – Maße 50 mm x 80 mm, Wanddicke 2 mm,
    - – – Maße 50 mm x 80 mm, Wanddicke in mm .... ,
    - – – Maße 60 mm x 90 mm, Wanddicke 2 mm,
    - – – Maße 60 mm x 90 mm, Wanddicke in mm .... ,
    - – – Maße 60 mm x 100 mm, Wanddicke 2 mm,
    - – – Maße 60 mm x 100 mm, Wanddicke in mm .... ,
    - – – Maße 60 mm x 120 mm, Wanddicke 2 mm,
    - – – Maße 60 mm x 120 mm, Wanddicke in mm .... ,
    - – – Maße in mm .... , Wanddicke in mm .... ,
      - – – – Oberflächenbehandlung .... ,
  - – aus Drahtgitter-Elementen,
    - – – mit Dreickprofil,
    - – – mit Quadratprofil,
    - – – mit Rechteckprofil,
    - – – Profil .... ,
      - – – – Maße in mm .... ,
  - – aus Naturstein, Gesteinsart .... ,
  - – aus Beton,
  - – aus .... ,
    - – – Maße in cm .... ,
      - – – – Oberflächenbehandlung .... ,
- Einbindetiefe
  - – Einbindetiefe 40 cm – 50 cm – 60 cm – 70 cm – 80 cm,
  - – Einbindetiefe in cm .... ,
  - – an vorhandene Flachstahlanker befestigen einschl. der Bohrungen und Schraubverbindungen,
  - – befestigen .... ,
    - – – Gesamtpfostenlänge 2,75 m – 3 m – 3,25 m – 3,5 m – 3,75 m – 4 m,
    - – – Gesamtpfostenlänge in m .... ,

weitere Einzelangaben siehe Pos. 607

607 Pfette,
Einzelangaben nach DIN 18320
- Art der Pfette
  - – aus Fichte/Tanne,
  - – aus Kiefer,
  - – aus Lärche,
  - – aus Eiche,
  - – aus .... ,
    - – – Baulänge 3 m – 3,5 m – 4 m – in m .... ,
    - – – Maße 6 cm x 8 cm,
    - – – Maße 6 cm x 10 cm,
    - – – Maße 8 cm x 10 cm,
    - – – Maße 8 cm x 12 cm,
    - – – Maße 8 cm x 14 cm,
    - – – Maße in cm .... ,
      - – – – sägerau,
      - – – – allseitig gehobelt und gefast,
      - – – – Bearbeitung .... ,
    - – – Durchmesser 10 cm – 12 cm – in cm,
      - – – – geschält,
      - – – – zylindrisch gefräst,
      - – – – Bearbeitung .... ,
        - – – – – Schnittklasse S DIN 68365,
        - – – – – Schnittklasse S DIN 68365, Güteklasse I,
        - – – – – Schnittklasse S DIN 68365, Güteklasse II,

STLB 003
LB 003 Landschaftsbauarbeiten
Einfriedungen, Pergolen

Ausgabe 06.02

– – – – – Schnittklasse A DIN 68365,
– – – – – Schnittklasse A DIN 68365,
   Güteklasse I,
Fortsetzung Einzelangaben zu Pos. 607
– – – – – Schnittklasse A DIN 68365,
   Güteklasse II,
– – – – – Schnittklasse B DIN 68365,
– – – – – Schnittklasse B DIN 68365,
   Güteklasse I,
– – – – – Schnittklasse B DIN 68365,
   Güteklasse II,
– – – – – – Befestigung mit korrosionsbeständigen Schrauben,
– – – – – – Befestigung laut Herstellervorschrift,
– – – – – – Befestigung .... ,
– – aus Quadratprofileisen, verzinkt DIN EN ISO 1461,
– – aus nichtrostendem Quadratprofilstahl,
– – aus Rechteckprofileisen, verzinkt DIN EN ISO 1461,
– – aus nichtrostendem Rechteckprofilstahl,
– – aus Rundrohr aus Stahl, verzinkt DIN EN ISO 1461,
– – aus Rundrohr aus nichtrostendem Stahl,
   – – – Maße in mm .... , Wanddicke in mm .... ,
– – aus .... ,
   – – – Maße in mm .... ,
      – – – – Oberflächenbehandlung .... ,
      – – – – – befestigen mit korrosionsbeständigen Schrauben,
      – – – – – befestigen mit Montageelementen,
      – – – – – befestigen laut Herstellervorschrift,
      – – – – – befestigen .... ,

Fortsetzung Einzelangaben zu Pos. 606 und 607
– Erzeugnis/Typ
   – – Erzeugnis/Typ .... ,
      (Sofern nicht vorgeschrieben, vom Bieter einzutragen),
   – – Erzeugnis/Typ .... oder gleichwertiger Art,
      Erzeugnis/Typ .... (vom Bieter einzutragen),
      – – – Ausführung .... ,
      – – – Ausführung gemäß Zeichnung Nr. .... ,
      – – – Ausführung gemäß Einzelbeschreibung Nr. .... ,
      – – – Ausführung gemäß Einzelbeschreibung Nr. .... und Zeichnung Nr. ....
– Berechnungseinheit Stück

608 Pergolenauflage,
Einzelangaben nach DIN 18320
– Art der Auflage
   – – aus Fichte/Tanne,
   – – aus Kiefer,
   – – aus Lärche,
   – – aus Eiche,
   – – aus .... ,
      – – – Maße 2,5 cm x 10 cm,
      – – – Maße 2,5 cm x 12 cm,
      – – – Maße 2,5 cm x 15 cm,
      – – – Maße 3 cm x 12 cm,
      – – – Maße 3 cm x 15 cm,
      – – – Maße 3,5 cm x 18 cm,
      – – – Maße 3,5 cm x 20 cm,
      – – – Maße in cm .... ,
         – – – – sägerau,
         – – – – allseitig gehobelt und gefast,
         – – – – Bearbeitung .... ,
            – – – – – Schnittklasse S DIN 68365,
            – – – – – Schnittklasse S DIN 68365,
               Güteklasse I,
            – – – – – Schnittklasse S DIN 68365,
               Güteklasse II,
            – – – – – Schnittklasse A DIN 68365,
            – – – – – Schnittklasse A DIN 68365,
               Güteklasse I,
            – – – – – Schnittklasse A DIN 68365,
               Güteklasse II,
            – – – – – Schnittklasse B DIN 68365,
            – – – – – Schnittklasse B DIN 68365,
               Güteklasse I,
            – – – – – Schnittklasse B DIN 68365,
               Güteklasse II,
– – – Durchmesser 10 cm – 12 cm – in cm,
   – – – – geschält,
   – – – – zylindrisch gefräst,
   – – – – Bearbeitung .... ,
      – – – – – Schnittklasse S DIN 68365,
      – – – – – Schnittklasse S DIN 68365,
         Güteklasse I,
      – – – – – Schnittklasse S DIN 68365,
         Güteklasse II,
      – – – – – Schnittklasse A DIN 68365,
      – – – – – Schnittklasse A DIN 68365,
         Güteklasse I,
      – – – – – Schnittklasse A DIN 68365,
         Güteklasse II,
      – – – – – Schnittklasse B DIN 68365,
      – – – – – Schnittklasse B DIN 68365,
         Güteklasse I,
      – – – – – Schnittklasse B DIN 68365,
         Güteklasse II,
– – – Durchmesser in cm .... ,
   – – – – geschält,
   – – – – zylindrisch gefräst,
   – – – – Bearbeitung .... ,
– – aus Drahtgitter-Elementen,
   – – – mit Dreieckprofil,
   – – – mit Quadratprofil,
   – – – mit Rechteckprofil,
   – – – Profil .... ,
      – – – – Maße in mm .... ,
      – – – – Oberflächenbehandlung .... ,
      – – – – Maße in mm ....
         Oberflächenbehandlung .... ,
            – – – – – Erzeugnis/Typ .... ,
               (Sofern nicht vorgeschrieben, vom Bieter einzutragen),
            – – – – – Erzeugnis/Typ .... oder gleichwertiger Art,
               Erzeugnis/Typ .... (vom Bieter einzutragen),
– – aus .... Maße in mm .... ,
   – – – Oberflächenbehandlung .... ,
      – – – – Erzeugnis/Typ .... ,
         (Sofern nicht vorgeschrieben, vom Bieter einzutragen),
      – – – – Erzeugnis/Typ .... oder gleichwertiger Art,
         Erzeugnis/Typ .... (vom Bieter einzutragen),
– Baulänge
   – – Baulänge 2,5 m – 3 m – 3,5 m – 4 m – 4,5 m,
   – – Baulängen zwischen 2,5 und 3 m,
   – – Baulängen zwischen 3 und 3,5 m,
   – – Baulängen zwischen 3,5 und 4 m,
   – – Baulängen in m .... ,
– Befestigung
   – – Befestigung mit korrosionsbeständigen Schrauben,
   – – Befestigung mit Montageelementen,
   – – Befestigung laut Herstellervorschrift,
   – – Befestigung .... ,
– Ausführung
   – – Ausführung ....
   – – Ausführung gemäß Zeichnung Nr. ....
   – – Ausführung gemäß Einzelbeschreibung Nr. ....
   – – Ausführung gemäß Einzelbeschreibung Nr. .... und Zeichnung Nr. ....
– Berechnungseinheit m

LB 003 Landschaftsbauarbeiten
Seen, Teiche und Wasserläufe

STLB 003

Ausgabe 06.02

Hinweis: Oberbodenabtrag siehe Pos. 040 ff. Erdarbeiten, weitere Bettungs- und Schutzschichten siehe LB 002 Erdarbeiten und LB 080 Straßen, Wege, Plätze, Abdichtungen aus Beton siehe LB 013 Beton- und Stahlbetonarbeiten, Abdichtungen mit bitumengebundenen Schichten siehe LB 080 Straßen, Wege, Plätze,

610 Erdplanum für Gewässer nacharbeiten und verdichten,
Einzelangaben nach DIN 18320
- Art des Gewässers
  - – Teich, See,
  - – Wasserbecken,
  - – Bachlauf,
  - – Bachlauf, mittlere Breite in m .... ,
  - – für wechselfeuchten Bereich,
  - – für .... ,
- Auf- und Abtrag
  - – Auf- und Abtrag +/- 5 cm,
  - – Auf- und Abtrag +/- 10 cm,
  - – Auf- und Abtrag +/- 15 cm,
  - – Auf- und Abtrag +/- 20 cm,
  - – Auf- und Abtrag in cm .... ,
- Steine und Fremdkörper
  - – Steine und Fremdkörper ab 5 cm absammeln,
  - – Steine und Fremdkörper absammeln, Durchmesser ab cm .... ,
  - – Steine und Fremdkörper .... ,
- anfallende Stoffe
  - – anfallende Stoffe zur Abfuhr lagern,
  - – anfallende Stoffe seitlich einbauen,
  - – anfallende Stoffe auf der Baustelle transportieren und abladen,
  - – anfallende Stoffe zum Lagerplatz des AG transportieren, Entfernung in km .... ,
  - – anfallende Stoffe .... ,
- Bodenklasse
  - – Bodenklasse 2 DIN 18300,
  - – Bodenklasse 3 DIN 18300,
  - – Bodenklasse 4 DIN 18300,
  - – Bodenklasse 5 DIN 18300,
  - – Bodenklasse 6 DIN 18300,
  - – Bodenklasse 3 und 4 DIN 18300,
  - – Bodenklassen .... , geschätzter Anteil der Bodenklassen in % .... ,
  - – Bodengruppen .... , geschätzter Anteil der Bodengruppen in % .... ,
- Neigung der Fläche
  - – Neigung der Fläche über 1 : 4 bis 1 : 2,
  - – Neigung der Fläche über 1 : 2,
  - – Neigung der Fläche .... ,
  - – Anteil der nicht geneigten Fläche in % .... , Neigung der Restfläche .... ,
    - – – zulässige Abweichung von der Sollhöhe 3 cm,
    - – – zulässige Abweichung von der Sollhöhe 5 cm,
    - – – zulässige Abweichung von der Sollhöhe in cm .... ,
      - – – – Besondere Anforderungen .... ,
- Berechnungseinheit m, m²

611 Gewässerabdichtung aus Naturbaustoffen,
Einzelangaben nach DIN 18320
- Art des Gewässers
  - – für Teich, See
  - – für Wasserbecken,
  - – für Bachlauf,
  - – für Bachlauf, mittlere Breite in m .... ,
  - – für wechselfeuchten Bereich,
  - – für .... ,
- Art der Abdichtung
  - – aus Ton,
  - – aus aufbereitetem Ton,
  - – aus Ziegelrohlingen,
  - – aus .... ,
    - – – Dicke 15 cm,
    - – – Dicke 20 cm,
    - – – Dicke 30 cm, in 2 Lagen,
    - – – Dicke 40 cm, in 2 Lagen,
    - – – Dicke in cm .... ,
      - – – – zulässige Wasserdurchlässigkeit .... ,
  - – – aus quellfähigen Silikaten,
  - – – aus Silikatkolloiden,
  - – – aus .... ,
    - – – – Menge im Trockengewicht 20 kg/m, aufbringen und einfräsen nach Herstellervorschrift,
    - – – – Menge im Trockengewicht in kg/m, aufbringen und einfräsen nach Herstellervorschrift,
      - – – – zulässige Wasserdurchlässigkeit K_f – Wert kleiner gleich 1×10^{-10},
      - – – – zulässige Wasserdurchlässigkeit .... ,
- Erzeugnis/Typ
  - – Erzeugnis/Typ .... , (Sofern nicht vorgeschrieben, vom Bieter einzutragen),
  - – Erzeugnis/Typ .... oder gleichwertiger Art, Erzeugnis/Typ .... (vom Bieter einzutragen),
- Bodenklasse
  - – Bodenklasse 2 DIN 18300,
  - – Bodenklasse 3 DIN 18300,
  - – Bodenklasse 4 DIN 18300,
  - – Bodenklasse 5 DIN 18300,
  - – Bodenklasse 6 DIN 18300,
  - – Bodenklasse 3 und 4 DIN 18300,
  - – Bodenklassen .... , geschätzter Anteil der Bodenklassen in % .... ,
  - – Einbau auf Bodengruppe .... , geschätzter Anteil der Bodengruppen in % .... ,
- Neigung der Fläche
  - – Neigung der Fläche über 1 : 4 bis 1 : 2.
  - – Neigung der Fläche über 1 : 2.
  - – Neigung der Fläche .... ,
  - – Anteil der nicht geneigten Fläche in % .... Neigung der Restfläche ....
    - – – Ausführung .... ,
    - – – Ausführung gemäß Zeichnung Nr. ....
- Berechnungseinheit m, m²

612 Sauberkeitsschicht für Dichtungsbahnen,
Einzelangaben nach DIN 18320
- Art des Gewässers
  - – für Teich, See
  - – für Wasserbecken,
  - – für Bachlauf,
  - – für Bachlauf, mittlere Breite in m .... ,
  - – für wechselfeuchten Bereich,
  - – für .... ,
    - – – auf verdichtetem Planum,
    - – – auf vorbereitetem Planum,
    - – – auf vorbereiteter Sohle,
    - – – auf .... ,
- Materialart
  - – aus Sand 0/2,
  - – aus Sand 0/4,
  - – aus Kiessand, Körnung .... ,
  - – aus .... ,
    - – – Dicke 5 cm – 10 cm – in cm .... ,
- Neigung der Fläche
  - – Neigung der Fläche über 1 : 4 bis 1 : 2,
  - – Neigung der Fläche über 1 : 2,
  - – Neigung der Fläche .... ,
  - – Anteil der nicht geneigten Fläche in % .... , Neigung der Restfläche ....
- Besondere Anforderungen ....
- Berechnungseinheit m, m²

STLB 003

LB 003 Landschaftsbauarbeiten
Seen, Teiche und Wasserläufe

Ausgabe 06.02

613 Gewässerabdichtung aus Dichtungsbahnen,
Einzelangaben nach DIN 18320
- Art des Gewässers
  - – für Teich, See
  - – für Wasserbecken,
  - – für Bachlauf,
  - – für Bachlauf, mittlere Breite in m .... ,
  - – für wechselfeuchten Bereich,
  - – für .... ,
- Art der Dichtungsbahn
  - – aus PVC-P weich DIN 16730, nicht bitumenverträglich,
  - – aus PVC-P weich DIN 16937, bitumenverträglich,
  - – aus PVC-P weich DIN 16938, nicht bitumenverträglich,
  - – aus ECB DIN 16729,
  - – aus EPDM DIN 7864,
  - – aus Recyclingstoff .... ,
  - – aus .... ,
- Erzeugnis/Typ
  - – Erzeugnis/Typ .... ,
    (Sofern nicht vorgeschrieben, vom Bieter einzutragen),
  - – Erzeugnis/Typ .... oder gleichwertiger Art, Erzeugnis/Typ .... (vom Bieter einzutragen),
- Nachweis der Durchwurzelungsfestigkeit/Beständigkeit
  - – Nachweis der Durchwurzelungsfestigkeit nach der Richtlinie für die Planung, Ausführung und Pflege von Dachbegrünung der FFL,
  - – beständig gegen .... ,
- Dicke
  - – Dicke 1,2 mm – 1,5 mm – 2 mm – in mm,
- Farbe
  - – Farbton grau – grün – blau – oliv – schwarz,
  - – Farbton .... ,
- Bahnenbreite
  - – Bahnenbreite 150 cm – 200 cm – in cm,
- Ausführung
  - – Verlegung gemäß Herstellervorschrift.
  - – Ausführung ....
  - – Ausführung gemäß Zeichnung Nr. ....
- Berechnungseinheit m, m²

614 Wurzelanker/Verwurzelungsgewebe,
615 Schutzlage für Gewässerabdichtung,
Einzelangaben nach DIN 18320 zu Pos. 614 und 615
- Art des Gewässers
  - – im Teich, See
  - – im Wasserbecken,
  - – im Bachlauf,
  - – im Bachlauf, mittlere Breite in m .... ,
  - – im wechselfeuchten Bereich,
  - – im .... ,
- Ort des Einbaus
  - – im Übergangsbereich Luft/Wasser,
  - – im Böschungsbereich,
  - – ganzflächig,
  - – .... ,
- Art des Gewebes
  - – aus PE-Monofilamentgewebe,
  - – aus PP-Spleissfoliengarngewebe,
  - – aus PES-Filamentvliesstoff,
  - – aus PP-Filamentvliesstoff,
  - – aus Naturgewebe,
  - – aus Recyclingstoff .... ,
  - – aus .... ,
    - – – verlegen nach Herstellervorschrift,
    - – – verlegen .... ,
- Erzeugnis/Typ
  - – Erzeugnis/Typ .... ,
    (Sofern nicht vorgeschrieben, vom Bieter einzutragen),
  - – Erzeugnis/Typ .... oder gleichwertiger Art, Erzeugnis/Typ .... (vom Bieter einzutragen),
- Ausführung
  - – Ausführung ....
  - – Ausführung gemäß Zeichnung Nr. ....
  - – Ausführung gemäß Einzelbeschreibung Nr. ....
  - – Ausführung gemäß Einzelbeschreibung Nr. .... und Zeichnung Nr. ....
- Berechnungseinheit m, m²

616 Befestigen der Gewässerdichtungsbahn,
Einzelangaben nach DIN 18320
- Art und Ort der Befestigung
  - – und des Wurzelankers/Verwurzelungsgewebes,
  - – und des Verwurzelungsgewebes sowie der Schutzanalge,
  - – und der Schutzlage,
    - – – im Uferbereich von Seen und Teichen,
    - – – im Uferbereich von Wasserbecken,
    - – – im Uferbereich von Bachläufen,
    - – – im Uferbereich von .... ,
- Ausführungsart
  - – im Ringgraben,
    - – – Breite in cm .... ,
    - – – Tiefe in cm .... ,
    - – – Breite/Tiefe in cm .... ,
  - – an Holzpflöcken mit Verlattung,
    - – – Holzart Ficht/Tanne,
    - – – Holzart Kiefer,
    - – – Holzart .... ,
      - – – – Maße der Latten 2,4 cm x 4,8 cm, Länge bis 2,5 m,
      - – – – Maße der Latten 3 cm x 5 cm, Länge bis 3 m,
      - – – – Maße der Latten in cm .... ,
      - – – – – Durchmesser der Pflöcke ca. 5 cm – ca. 6 cm – ca. 8 cm,
      - – – – – Durchmesser der Pflöcke in cm .... ,
      - – – – – Abstand der Pflöcke 50 cm – 80 cm – in cm .... ,
      - – – – – – Ausführung .... ,
      - – – – – – Ausführung gemäß Zeichnung Nr. .... ,
      - – – – – – Ausführung gemäß Einzelbeschreibung Nr. .... ,
      - – – – – – Ausführung gemäß Einzelbeschreibung Nr. .... und Zeichnung Nr. ....
  - – an Rohren aus PVC hart DIN 19534-1,
  - – an Rohren .... ,
    - – – DN 40 – DN 50 – DN 100 – DN .... ,
  - – mit Erdankern,
  - – mit Erdankern aus Metall,
  - – mit Erdankern aus Kunststoff,
    - – – Abstand in cm .... , Abstand der Erdanker in cm .... ,
  - – mit Bruchsteinen, Maße in cm .... ,
  - – mit Grobkies 60/X,
  - – mit .... ,
  - – an Uferwänden aus .... ,
  - – an aufgehenden Bauteilen aus .... ,
  - – an Fundamentsockeln aus .... ,
    - – – an .... ,
    - – – in vorhandener Profilschiene,
    - – – an vorhandenem Folienschweißband,
    - – – mit Profilschiene,
    - – – mit Folienschweißband,
    - – – mit .... ,
- Erzeugnis/Typ
  - – Erzeugnis/Typ .... ,
    (Sofern nicht vorgeschrieben, vom Bieter einzutragen),
  - – Erzeugnis/Typ .... oder gleichwertiger Art, Erzeugnis/Typ .... (vom Bieter einzutragen),
    - – – Ausführung ....
    - – – Ausführung gemäß Zeichnung Nr. ....
    - – – Ausführung gemäß Einzelbeschreibung Nr. ....
    - – – Ausführung gemäß Einzelbeschreibung Nr. .... und Zeichnung Nr. ....
- Berechnungseinheit m

LB 003 Landschaftsbauarbeiten
Seen, Teiche und Wasserläufe

STLB 003
Ausgabe 06.02

617 Abdichten von Durchdringungen,
Einzelangaben nach DIN 18320
- Art der Abdichtung
  - – der Gewässerabdichtung,
  - – der Gewässerabdichtung .... ,
- Art des Gewässers
  - – von Teich, See
  - – von Wasserbecken,
  - – von Bachlauf,
  - – von .... ,
- Anwendung
  - – für Rohrleitungen
    - – – aus Stahl, verzinkt DIN EN ISO 1461,
    - – – aus duktilem Gusseisen,
    - – – aus PVC hart,
    - – – aus Steinzeug,
    - – – aus Beton/Stahlbeton,
    - – – aus Kunstharzbeton,
    - – – aus .... ,
  - – der Stützen,
    - – – aus Holz,
    - – – aus Stahl, verzinkt DIN EN ISO 1461,
    - – – aus Beton/Stahlbeton,
    - – – aus Ziegelmauerwerk, Art .... ,
    - – – aus .... ,
  - – für Kabel,
    - – – der Beleuchtung – der Pumpenanlagen –
- Abdichtungsmittel
  - – mit Los- und Festflansch,
  - – mit Klebeflansch,
  - – mit Anschweißflansch,
  - – mit Schellenband,
  - – mit .... ,
- Durchmesser/Querschnitt
  - – Durchmesser der Durchdringung bis 50 mm,
  - – Durchmesser der Durchdringung
    über 50 bis 100 mm,
  - – Durchmesser der Durchdringung
    über 100 bis 250 mm,
  - – Durchmesser der Durchdringung in mm .... ,
  - – Querschnitt der Durchdringung bis 100 cm²,
  - – Querschnitt der Durchdringung
    über 100 bis 250 cm²,
  - – Querschnitt der Durchdringung
    über 250 bis 500 cm²,
  - – Querschnitt der Durchdringung in cm² .... ,
  - – Abwicklungslänge der Durchdringung in mm .... ,
- Ausführung
  - – Ausführung ....
  - – Ausführung gemäß Zeichnung Nr. ....
  - – Ausführung gemäß Einzelbeschreibung Nr. ....
  - – Ausführung gemäß Einzelbeschreibung Nr. ....
    und Zeichnung Nr. ....
- Berechnungseinheit Stück

618 Schutz- und Vegetationstragschicht,
Einzelangaben nach DIN 18320
- Art des Gewässers
  - – für Uferzone,
  - – für Flachwasserzone,
  - – für Stillgewässer,
  - – für Fließgewässer,
  - – für .... ,
- Art des Bodens
  - – Oberboden – Unterboden – .... ,
- Bodengruppe/Bodenklasse
  - – Bodengruppe 2 DIN 18915,
  - – Bodengruppe 3 DIN 18915,
  - – Bodengruppe 4 DIN 18915,
  - – Bodengruppe 5 DIN 18915,
  - – Bodengruppe 6 DIN 18915,
  - – Bodengruppe 7 DIN 18915,
  - – Bodengruppe 8 DIN 18915,
  - – Bodengruppen .... , geschätzter Anteil der
    Bodengruppen in % .... ,
  - – Bodenklasse .... ,
    - – – lösen, laden, fördern und einbauen,
    - – – zwischengelagert, laden, fördern und
      einbauen,
    - – – liefern und einbauen,
    - – – vom AG beigestellt, einbauen,
- Dicke
  - – Dicke 10 cm – 15 cm – 20 cm – 25 cm – 30 cm,
  - – Dicke in cm .... ,
- Einbauort
  - – Einbau im Unterwasserbereich,
  - – Einbau im wechselfeuchten Bereich,
  - – Einbau im trockenen Bereich,
  - – Einbau .... ,
- Neigung der Fläche
  - – Neigung der Fläche über 1 : 4 bis 1 : 2,
  - – Neigung der Fläche über 1 : 2,
  - – Anteil der nicht geneigten Fläche in % .... ,
    Neigung der Restfläche .... ,
- Förderweg
  - – Förderweg über 50 bis 100 m,
  - – Förderweg über 100 bis 500 m,
  - – Förderweg über 500 bis 1000 m,
  - – Förderweg in 100 m .... ,
- Berechnungseinheit m²

620 Steinschüttung, Steinwurf, Steinberollung
Einzelangaben nach DIN 18320
- DIN 19657,
- Anwendung
  - – als Uferbefestigung,
  - – als Uferbefestigung im Sohl- und Böschungs-
    bereich,
  - – als Böschungsbefestigung,
  - – als Sohlenbefestigung,
  - – als .... ,
- Materialart
  - – aus Bruchsteinen,
  - – aus Flussbausteinen,
  - – mit Packung aus Bruchsteinen,
  - – mit Steinsatz aus Bruchsteinen,
  - – .... ,
    - – – Gesteinsart Grauwacke,
    - – – Gesteinsart Muschelkalk,
    - – – Gesteinsart Granit,
    - – – Gesteinsart Basalt,
    - – – Gesteinsart Kalkstein,
    - – – Gesteinsart .... ,
      - – – – Kantenlängen 10 bis 15 cm,
      - – – – Kantenlängen 15 bis 25 cm,
      - – – – Kantenlängen 15 bis 45 cm,
      - – – – Kantenlängen 20 bis 60 cm,
      - – – – Kantenlängen 35 bis 100 cm,
      - – – – Kantenlängen in cm .... ,
      - – – – Kantenlängen .... , Mindestgewicht
        in kg .... ,
        - – – – – auf Planum,
        - – – – – auf Schutzschicht,
        - – – – – auf Abdichtungslage,
        - – – – – auf .... ,
  - – aus Grobkies,
  - – aus Schotter,
    - – – Gesteinsart, Granit,
    - – – Gesteinsart, Grauwacke,
    - – – Gesteinsart, Kalkstein,
    - – – Gesteinsart, Basalt,
    - – – Gesteinsart, ... ,
  - – aus .... ,
    - – – Körnung 60/120,
    - – – Körnung 80/160,
    - – – Körnung .... ,
    - – – Maße in cm .... ,
      - – – – auf Planum,
      - – – – auf Schutzschicht,
      - – – – auf Abdichtungslage,
- Einbaudicke
  - – Einbaudicke 30 cm,
  - – Einbaudicke 40 cm,
  - – Einbaudicke 50 cm,
  - – Einbaudicke in cm .... ,
- Neigung der Fläche
  - – Neigung der Fläche über 1 : 5 bis 1 : 3,
  - – Neigung der Fläche über 1 : 3,
  - – Neigung der Fläche über 1 : 3 bis 1 : 2,
  - – Neigung der Fläche über 1 : 2,
  - – Anteil der nicht geneigten Fläche in % .... ,
    Neigung der Restfläche .... ,
- Berechnungseinheit m²

STLB 003

LB 003 Landschaftsbauarbeiten
Seen, Teiche und Wasserläufe

Ausgabe 06.02

621 **Faschinenwalze,**
Einzelangaben nach DIN 18320
– DIN 19657,
– Anwendung
– – als Uferbefestigung,
– – als Uferbefestigung im Sohl- und Böschungsbereich,
– – als Böschungsbefestigung – als ....,
– Einbau
– – Einbau als Fußfaschine,
– – Einbau als Randfaschine,
– – Einbau als Grundfaschine,
– – Einbau als Saumfaschine,
– – Einbau als ....,
– – – einlagig – zweilagig,
– – – Anzahl der Lagen ....,
– Durchmesser
– – Durchmesser ca. 25 cm – ca. 30 cm – ca. 35 cm – ca. 40 cm,
– – Durchmesser in cm ....,
– – – mit Drahtbindung im Abstand von 60 cm,
– – – mit Drahtbindung im Abstand von 60 cm, Einbau 10 cm unter Böschungsfuß,
– – – mit Drahtbindung im Abstand von 80 cm,
– – – mit Drahtbindung im Abstand von 80 cm, Einbau 15 cm unter Böschungsfuß,
– – – mit Drahtbindung, Abstand in cm ....,
– – – mit Drahtbindung, Abstand in cm ...., Einbautiefe unter Böschungsfuß in cm ....,
– – – mit ....,
– Befestigung
– – befestigen an Nadelholzpflöcken, Abstand 60 cm, Dicke der Pflöcke 5 bis 7 cm, Länge 80 cm,
– – befestigen an Nadelholzpflöcken, Abstand 80 cm, Dicke der Pflöcke 6 bis 8 cm, Länge 100 cm,
– – befestigen an Nadelholzpflöcken, Abstand in cm ...., Dicke der Pflöcke in cm ...., Länge 100 cm in cm ....,
– – – einschl. Aushub und Verfüllen des Arbeitsraumes,
– Berechnungseinheit m

622 **Faschinensenkwalze (Senkfaschine),**
Einzelangaben nach DIN 18320
– DIN 19657,
– Anwendung
– – als Uferbesfestigung,
– – als Böschungsbefestigung,
– – als ....,
– Materialart
– – aus Reisighüllen mit Bruchsteinfüllung,
– – aus ....,
– – – Durchmesser 80 cm – 100 cm – in cm ....,
– Befestigung
– – mit Drahtbindung im Abstand von 50 cm,
– – mit Drahtbindung im Abstand von 60 cm,
– – mit Drahtbindung im Abstand von 80 cm,
– – mit Drahtbindung, Abstand in cm ....,
– – – befestigen an Nadelholzpflöcken, Abstand 80 cm,
– – – befestigen an Nadelholzpflöcken, Abstand 100 cm,
– – – befestigen an Nadelholzpflöcken, Abstand in cm ....,
– – – – Länge 120 cm, Dicke 8 bis 10 cm,
– – – – Länge 150 cm, Dicke 10 bis 12 cm,
– – – – Länge in cm ...., Dicke in cm ....,
– – – – – einschl. Aushub und Verfüllen des Arbeitsraumes,
– – befestigen an Stahlstäben, Abstand 80 cm,
– – befestigen an Stahlstäben, Abstand 100 cm,
– – befestigen an Stahlstäben, Abstand in cm ....,
– – – Länge 120 cm, Durchmesser 20 mm,
– – – Länge 150 cm, Durchmesser 25 mm,
– – – Länge in cm ...., Durchmesser in cm ....,
– – – – einschl. Aushub und Verfüllen des Arbeitsraumes,
– – befestigen an ....,
– – – Länge in cm ...., Durchmesser in cm ....,
– – – – einschl. Aushub und Verfüllen des Arbeitsraumes,
– Berechnungseinheit m

623 **Vegetationsfaschine zur Uferbefestigung, einreihig,**
624 **Vegetationsfaschine zur Uferbefestigung, zweireihig,**
Einzelangaben nach DIN 18320 zu Pos. 623 und 624
– Maschenweite/Durchmesser
– – Maschenweite 40 mm x 40 mm – 50 mm x 50 mm – 60 mm x 60 mm – 80 mm x 80 mm,
– – Maschenweite in mm ....,
– – Durchmesser 30 cm – 35 cm – 40 cm – in cm ....,
– Einbautiefe
– – Einbautiefe 30 cm – 40 cm – 50 cm – in cm ....,
– Erzeugnis/Typ
– – äußere Netzhülle aus Kokosfaser,
– – äußere Netzhülle aus Kokosfaser, Erzeugnis/Typ ...., (Sofern nicht vorgeschrieben, vom Bieter einzutragen),
– – äußere Netzhülle aus Kokosfaser, Erzeugnis/Typ .... oder gleichwertiger Art, Erzeugnis/Typ .... (vom Bieter einzutragen),
weitere Einzelangaben siehe Pos. 626

625 **Vegetationsmatte zur Uferbefestigung,**
Einzelangaben nach DIN 18320
– Dicke/Verlegebreite
– – Dicke 30 mm – 40 mm – 50 mm – in mm ....,
– – Verlegebreite 1,5 m – 2 m – in m ....,
– Werkstoff
– – aus Kokosfaser – aus Naturfaser – aus Geotextil,
– – aus ....,
– Erzeugnis/Typ
– – Erzeugnis/Typ ...., (Sofern nicht vorgeschrieben, vom Bieter einzutragen),
– – Erzeugnis/Typ .... oder gleichwertiger Art, Erzeugnis/Typ .... (vom Bieter einzutragen),
weitere Einzelheiten siehe Pos. 626

626 **Vegetationspalette zur Uferbefestigung,**
Einzelangaben nach DIN 18320
– Maschenweite/Abmessungen
– – Maschenweite 20 mm x 20 mm,
– – Maschenweite 25 mm x 25 mm,
– – Maschenweite 30 mm x 30 mm,
– – Maschenweite in mm ....,
– – Maße 60 cm x 100 cm, Dicke 8 cm,
– – Maße 60 cm x 100 cm, Dicke 10 cm,
– – Maße 80 cm x 120 cm, Dicke 8 cm,
– – Maße 80 cm x 120 cm, Dicke 10 cm,
– – Maße in cm ....,
– Werkstoff
– – aus Kokosgewebe,
– – aus Kokosfaser, mit verschiebefester Umhüllung,
– – aus Naturfasergewebe,
– – aus Naturfaser, mit verschiebefester Umhüllung,
– – aus ....,
– Erzeugnis/Typ
– – Erzeugnis/Typ ...., (Sofern nicht vorgeschrieben, vom Bieter einzutragen),
– – Erzeugnis/Typ .... oder gleichwertiger Art, Erzeugnis/Typ .... (vom Bieter einzutragen),

Fortsetzung Einzelangaben zu Pos. 623 bis 626
– Befestigung
– – befestigen an Nadelholzpflöcken, Abstand 50 cm,
– – befestigen an Nadelholzpflöcken, Abstand 60 cm,
– – befestigen an Nadelholzpflöcken, Abstand 80 cm,
– – befestigen an Nadelholzpflöcken, Abstand in cm ..,
– – befestigen an Eichenholzpflöcken, Abstand 60 cm,
– – befestigen an Eichenholzpflöcken, Abstand 80 cm,
– – befestigen an Eichenholzpflöcken, Abstand in cm..,
– – sichern mit 3 Nadelholzpflöcken pro m^2,
– Dicke der Pflöcke
– – Dicke der Pflöcke 4 bis 6 cm, Länge 50 cm,
– – Dicke der Pflöcke 6 bis 8 cm, Länge 80 cm,
– – Dicke der Pflöcke 6 bis 8 cm, Länge 100 cm,
– – Dicke der Pflöcke 6 bis 8 cm, Länge 120 cm,
– – Dicke der Pflöcke 8 bis 10 cm, Länge 100 cm,
– – Dicke der Pflöcke 8 bis 10 cm, Länge 120 cm,
– – Dicke der Pflöcke 8 bis 10 cm, Länge 150 cm,
– – Dicke der Pflöcke in cm ...., Länge der Pflöcke in cm ....,

LB 003 Landschaftsbauarbeiten
Seen, Teiche und Wasserläufe

STLB 003

Ausgabe 06.02

Fortsetzung Einzelangaben zu Pos. 623 bis 626
- Anzahl der Reihen
  - – einreihig, Abstand der Pflöcke 40 cm,
  - – zweireihig, Abstand der Pflöcke 50 cm,
  - – Anzahl der Reihen ...., Abstand der Pflöcke in cm ....,
- Überfüllung/Bepflanzung
  - – Überfüllung der Befestigung mit vorhandenem Oberboden.
  - – Überfüllung der Befestigung mit ....
  - – Bepflanzung mit ....
  - – Überfüllung der Befestigung mit vorhandenem Oberboden. Bepflanzung mit ....
  - – Überfüllung der Befestigung mit ...., Bepflanzung mit ....
- Berechnungseinheit m

627 Sohlgleite mit Erosionsschutz im Wasserlauf, Einzelangaben nach DIN 18320
- Werkstoff
  - – aus Geotextil, Gewicht in g/m² ....,
  - – aus Geotextil mit Krallschicht, Gewicht in g/m² ....,
  - – aus unverrottbarem Filtervlies, Gewicht 200 g/m²,
  - – aus unverrottbarem Filtervlies, Gewicht in g/m² ....,
  - – aus ....,
- Sohlgefälle
  - – Sohlgefälle flacher als 1 : 10,
  - – Sohlgefälle 1 : 10 bis 1 : 5,
  - – Sohlgefälle 1 : 5 bis 1 : 3,
  - – Sohlgefälle steiler als 1 : 3,
  - – Sohlgefälle ....,
- Breite
  - – Breite 2 m – 3 m – 4 m – 5 m – in m ....,
- Abdeckung
  - – abdecken mit Schüttsteinen,
  - – abdecken mit Grobkies,
  - – abdecken mit Geröll,
  - – abdecken mit ....,
- Körnung/Dicke
  - – Körnung 60/80 – 60/120 – 80/100 – 80/160,
  - – Körnung ....,
  - – Dicke 20 cm – 25 cm – 30 cm,
  - – Dicke in cm.

Einzelangaben zu Pos. 627, Fortsetzung
- Befestigung des Vlieses
  - – Vlies am Anfang und am Ende 30 cm tief eingraben,
  - – Vlies am Anfang und am Ende mit Schüttsteinen abdecken, Einzelgewicht der Steine über 15 kg,
  - – Vlies am Anfang und am Ende mit Schüttsteinen abdecken, Einzelgewicht der Steine in kg ....,
  - – Vlies seitlich befestigen mit ....,
- Ausführung
  - – Ausführung ....
  - – Ausführung gemäß Zeichnung Nr. ....
  - – Ausführung gemäß Einzelbeschreibung Nr. ....
  - – Ausführung gemäß Einzelbeschreibung Nr. .... und Zeichnung Nr. ....
- Berechnungseinheit m²

628 Dichtungsschicht für wechselfeuchte Bereiche, Einzelangaben nach DIN 18320
- Art der Dichtungsschicht
  - – mit Boden,
  - – mit zu lieferndem Boden,
  - – mit ....,
    - – – Bodenart DIN 18196 TN (mittelplastischer Ton),
    - – – Bodenart ....,
- zulässige Wasserdurchlässigkeit
  - – zulässige Wasserdurchlässigkeit K_f-Wert kleiner gleich 1×10^{-10},
  - – zulässige Wasserdurchlässigkeit ....,
- Dicke
  - – Dicke im Mittel 40 cm,
  - – Dicke im Mittel 50 cm,
  - – Dicke im Mittel 60 cm,
  - – Dicke im Mittel 80 cm,
  - – Dicke im Mittel in cm ....,
- Verdichtung
  - – in Lagen verdichten,
  - – verdichten ....,
- Sohlgefälle
  - – Sohlgefälle flacher als 1 : 10,
  - – Sohlgefälle 1 : 10 bis 1 : 5,
  - – Sohlgefälle 1 : 5 bis 1 : 3,
  - – Sohlgefälle steiler als 1 : 3,
  - – Sohlgefälle ....,
- Förderweg in m ....
- Berechnungseinheit m²

629 Sohlschwelle im Wasserlauf DIN 19657,
630 Sohlschwelle im Wasserlauf
Einzelangaben nach DIN 18320 zu Pos. 629 und 630
- Art der Sohlschwelle
  - – aus Eiche,
  - – aus Kiefer,
  - – aus Lärche,
  - – aus Robinie,
  - – aus ....,
    - – – 5 cm breit, 30 cm hoch, 300 cm lang,
    - – – Maße in cm ....,
      - – – – in einer Lage,
      - – – – in 2 Lagen,
      - – – – in 3 Lagen,
      - – – – Anzahl der Lagen ....,
        - – – – – sichern gegen Verschieben,
        - – – – – sichern gegen Verschieben und Aufschwemmen,
        - – – – – sichern gegen Verschieben, Aufschwemmen und Unterspülen,
        - – – – – sichern gegen ....,
          - – – – – – mit Eichenpfählen,
          - – – – – – mit Pfählen aus ....,
          - – – – – – Durchmesser 6 bis 8 cm, Länge 80 cm,
          - – – – – – Durchmesser 8 bis 10 cm, Länge 80 cm,
          - – – – – – Durchmesser 8 bis 10 cm, Länge 100 cm,
          - – – – – – Durchmesser in cm ...., Länge in cm ....,
  - – – als Pfahlreihe,
    - – – – aus Eichenpfählen,
    - – – – aus ....,
      - – – – – einseitig angespitzt,
      - – – – – senkrecht eingeschlagen,
      - – – – – senkrecht eingesetzt in vorgebohrte Erdlöcher,
        - – – – – – Durchmesser 6 bis 8 cm, Länge 80 cm,
        - – – – – – Durchmesser 8 bis 10 cm, Länge 80 cm,
        - – – – – – Durchmesser 8 bis 10 cm, Länge 100 cm,
        - – – – – – Durchmesser in cm ...., Länge in cm ....,
        - – – – – – Kantenlänge 8 cm x 8 cm, Länge 100 cm,
        - – – – – – Kantenlänge 10 cm x 10 cm, Länge 100 cm,
        - – – – – – Kantenlänge 10 cm x 10 cm, Länge 120 cm,
        - – – – – – Kantenlänge in cm ...., Länge in cm ....,
          - – – – – – einzeilig, Pfähle dicht gestellt.
          - – – – – – einzeilig, Pfähle dicht gestellt, Einrammtiefe 60 cm.
          - – – – – – einzeilig, Pfähle dicht gestellt, Einrammtiefe in cm ....
          - – – – – – beidseitig, Pfahlabstand 50 cm.
          - – – – – – beidseitig, Pfahlabstand 80 cm.
          - – – – – – beidseitig, Pfahlabstand in cm ....
- Berechnungseinheit Stück, m

LB 003 Landschaftsbauarbeiten
Seen, Teiche und Wasserläufe

Ausgabe 06.02

631 Störstein im Wasserlauf,
Einzelangaben nach DIN 18320
- Art des Steines
  - – als Blockstein,
  - – als Findling,
  - – als .... ,
- Gesteinsart
  - – Gesteinsart Granit,
  - – Gesteinsart Grauwacke,
  - – Gesteinsart Basalt,
  - – Gesteinsart .... ,
  - – vom AG beigestellt,
  - – vom AG beigestellt, Transportentfernung in km .... ,
- Maße
  - – Maße 40 cm x 80 cm,
  - – Maße 50 cm x 100 cm,
  - – Maße 60 cm x 80 cm,
  - – Maße 60 cm x 120 cm,
  - – Maße in cm .... ,
- Ort des Einbaus
  - – in trockenes Gewässerbett,
  - – in fließendes Gewässer, Tiefe ca. 50 cm,
  - – in fließendes Gewässer, Tiefe ca. 80 cm,
  - – in fließendes Gewässer, Tiefe in cm .... ,
    - – – auf vorhandene Steinschüttung,
    - – – auf Gewässersohle, Einbettung ca. 1/3 der Steinhöhe,
    - – – auf .... ,
- Abrechnung nach Wiegeschein,
- Berechnungseinheit Stück, t

632 Überlaufrinne,
Einzelangaben nach DIN 18320
- Anzahl/Art der Bohlen
  - – aus zwei Eichenbohlen,
  - – aus drei Eichenbohlen,
  - – aus zwei Nadelholzbohlen,
  - – aus drei Nadelholzbohlen,
  - – aus .... ,
    - – – Dicke 4 cm, Breite 20 cm, Länge 150 cm,
    - – – Maße in cm .... ,
- Art der Ausführung
  - – Ausführung als V-Profil,
  - – Ausführung als U-Profil,
  - – Ausführung als .... ,
    - – – Bohlen im rechten Winkel stumpf gestoßen,
    - – – Einbau der Bohlen .... ,
- Einbau
  - – Verbindung mit Nägeln,
  - – Verbindung .... ,
  - – Einbau bündig mit Dammkrone,
  - – Einbauhöhe in .... ,
    - – – Rinne in das vorhandene Gelände eingraben.
    - – – einschl. der erforderlichen Erdarbeiten.
- Berechnungseinheit Stück, m

633 Gewässerüberlauf als Setzpacklage,
Einzelangaben nach DIN 18320
- Art der Ausführung
  - – aus Einzelsteinen,
  - – aus Bruchsteinen,
  - – aus Wasserbausteinen,
  - – aus Blocksteinen,
  - – aus .... ,
- Gewicht
  - – Einzelgewicht über 15 kg,
  - – Einzelgewicht über 20 kg,
  - – Einzelgewicht in kg .... ,
- Einbindetiefe
  - – Einbindetiefe ca. 15 cm,
  - – Einbindetiefe ca. 20 cm,
  - – Einbindetiefe in cm .... ,
- Bettung
  - – Bettung in Beton B 15,
  - – Bettung in Beton B 25,
  - – Bettung .... ,
- Dicke
  - – Dicke 20 cm.
  - – Dicke in cm ....
- Berechnungseinheit m²

634 Verdeckter Gewässerüberlauf,
Einzelangaben nach DIN 18320
- Verlauf
  - – im Damm schräg aufsteigend verlaufend (als kommunizierende Röhre),
  - – Verlauf .... ,
- Werkstoff
  - – aus Kunststoffrohr PE-HD, DN 200,
  - – aus Kunststoffrohr PE-HD, DN .... ,
  - – aus Steinzeugrohr DN 200,
  - – aus Steinzeugrohr DN .... ,
  - – aus .... ,
- wasserseitige Rohröffnung
  - – wasserseitige Rohröffnung ca. 50 cm über Sohlhöhe mit 50 cm langem Rohrstutzen in das Gewässer hineinragend,
  - – wasserseitige Rohröffnung .... ,
    - – – mit Einlaufsieb aus nichtrostendem Stahl, Maschenweite 15 mm,
    - – – mit Einlaufsieb aus .... , Maschenweite in mm .... ,
      - – – – obere Rohröffnung in Wasserstandshöhe abgeschrägt,
      - – – – obere Rohröffnung .... ,
- Erdarbeiten
  - – einschl. der erforderlichen Erdarbeiten,
  - – einschl. der erforderlichen Erdarbeiten, und Rohreindichtung in der Gewässersohle mit ....,
- Wassertiefe in cm ....
- gesamte Rohrlänge in mm ....
- Berechnungseinheit Stück

635 Halmpflanzung am Gewässerrand,
Einzelangaben nach DIN 18320
- DIN 19657,
- Pflanzenart
  - – Schilf,
  - – Schilf aus Beständen des AG gewinnen, Lage......,
  - – Rohrglanzgras,
  - – Rohrglanzgras, aus Beständen des AG gewinnen, Lage .... ,
  - – Pflanzenart .... ,
  - – Pflanzenart .... , aus Beständen des AG gewinnen, Lage .... ,
- Anordnung der Bepflanzung
  - – in Einzelreihen,
  - – in Doppelreihen,
  - – pflanzen in .... ,
    - – – 2 Pflanzen pro Pflanzloch,
    - – – 3 Pflanzen pro Pflanzloch,
    - – – Anzahl der Pflanzen pro Pflanzloch .... ,
- Reihenabstand/Pflanzabstand
  - – Reihenabstand 60 cm,
  - – Reihenabstand in cm .... ,
  - – Pflanzabstand in der Reihe 25 cm,
  - – Pflanzabstand in der Reihe 30 cm,
  - – Pflanzabstand in der Reihe in cm .... ,
- Transportentfernung in km .... ,
- Einzelreihe,
- Doppelreihe,
- Berechnungseinheit m, m², Stück

LB 003 Landschaftsbauarbeiten
Seen, Teiche und Wasserläufe

STLB 003

Ausgabe 06.02

636 Gewässer füllen,
Einzelangaben nach DIN 18320
- Art der Füllung
  - – Neufüllung,
  - – Teilfüllung,
  - – Füllung .... ,
- Fassungsvermögen
  - – Fassungsvermögen bis 100 m^3,
  - – Fassungsvermögen 100 bis 150 m^3,
  - – Fassungsvermögen 150 bis 200 m^3,
  - – Fassungsvermögen 200 bis 300 m^3,
  - – Fassungsvermögen 300 bis 500 m^3,
  - – Fassungsvermögen über 500 m^3,
  - – Fassungsvermögen in m^3 .... ,
  - – Füllmenge in m^3 .... ,
- Wasserentnahme
  - – Wasserentnahme aus benachbartem Bachlauf,
  - – Wasserentnahme aus öffentlichem Leitungsnetz, die Kosten trägt der AG,
  - – Wasserentnahme aus .... ,
  - – Wasserentnahme nach Baubeschreibung,
  - – Wasserentnahme nach Einzelbeschreibung Nr. .... ,
  - – Wasser wird vom AG gestellt,
  - – Wasser liefern,
  - – Wasser .... ,
- Förderweg
  - – Förderweg über 50 bis 100 m,
  - – Förderweg über 100 bis 250 m,
  - – Förderweg über 250 bis 500 m,
  - – Förderweg über 500 bis 1000 m,
  - – Förderweg in km .... ,
- Nachweise
  - – Nachweis der geförderten Wassermenge,
  - – Nachweis der gelieferten Wassermenge,
  - – durch Ablesen der Wasseruhr (Wassermesser),
  - – durch .... ,
- Anzahl der Arbeitsgänge .... ,
- Berechnungseinheit m^3, pauschal

637 Gewässer entleeren,
Einzelangaben nach DIN 18320
- Art der Entleerung
  - – Teilentleerung,
  - – Teilentleerung .... ,
  - – Absenkung,
  - – Absenkung .... ,
- Fassungsvermögen/Entleerungsvermögen
  - – Fassungsvermögen bis 100 m^3,
  - – Fassungsvermögen 100 bis 150 m^3,
  - – Fassungsvermögen 150 bis 200 m^3,
  - – Fassungsvermögen 200 bis 300 m^3,
  - – Fassungsvermögen 300 bis 500 m^3,
  - – Fassungsvermögen über 500 m^3,
  - – Fassungsvermögen in m^3 .... ,
  - – Entleerungsmenge in m^3 .... ,
    - – – Fauna abfischen und umsetzen,
    - – – – Transportentfernung in km .... ,
- Ort der Entleerung
  - – Wasser in benachbartes Gewässer pumpen,
  - – Wasser in benachbartes Gewässer ableiten,
  - – Wasser in benachbarte Kanalisation pumpen,
  - – Wasser in benachbarte Kanalisation ableiten,
  - – Wasser .... ,
    - – – Föderweg in m .... ,
    - – – – Nachweis der abgeschlossenen Wassermenge,
    - – – – Nachweis der abgeschlossenen Wassermenge .... ,
    Anzahl der Arbeitsgänge .... ,
- Berechnungseinheit m^3, pauschal

LB 003 Landschaftsbauarbeiten
Fertigstellungs-, Entwicklungs-, Unterhaltungspflege

645 Für die Ausführung der Pflegearbeiten, Einzelangaben nach DIN 18320
- Fertigstellungs-, Entwicklungs- und Unterhaltungspflege
  - – als Fertigstellungspflege gilt DIN 18916,
  - – als Fertigstellungspflege gilt DIN 18917,
  - – als Fertigstellungspflege gelten DIN 18916/18917,
  - – als Fertigstellungspflege gilt DIN 18918,
  - – als Fertigstellungspflege gilt .... ,
  - – als Entwicklungspflege gilt DIN 18919,
  - – als Unterhaltungspflege gilt DIN 18919,
  - – als Entwicklungs- und Unterhaltungspflege gilt DIN 18919,
  - – als .... ,
- Beginn und Zeitraum der Leistungen
  - – die Leistungen beginnen nach der Abnahme,
  - – die Leistungen beginnen mit dem Kalenderjahr,
  - – die Leistungen beginnen im März,
  - – die Leistungen beginnen .... ,
    - – – und erstrecken sich über eine Vegetationsperiode,
    - – – und erstrecken sich über zwei Vegetationsperioden,
    - – – und erstrecken sich über drei Vegetationsperioden,
    - – – und enden mit Abschluss der Vegetationsperiode,
    - – – und erstrecken sich über ein Kalenderjahr,
    - – – und erstrecken sich über zwei Kalenderjahre,
    - – – und enden mit dem Kalenderjahr,
    - – – und erstrecken sich .... ,
    - – – und enden .... ,
- Ausführung der Teilleistungen
  - – die erforderlichen Teilleistungen sind ohne besondere Anordnung rechtzeitig auszuführen,
  - – die Teilleistungen sind erst nach besonderer Anordnung auszuführen,
  - – die Teilleistungen .... ,
    - – – die Ausführung jeder Teilleistung ist dem AG vor Beginn anzuzeigen,
    - – – die Ausführung jeder Teilleistung ist dem AG nach Abschluss anzuzeigen,
    - – – die Ausführung jeder Teilleistung ist dem AG anzuzeigen,
    - – – die Ausführung jeder Teilleistung .... ,
- Leistungsumfang
  - – Die vorgesehenen Pflegeleistungen sind durchschnittliche Regelannahmen.
  - – Die vorgesehenen Pflegeleistungen sind durchschnittliche Regelannahmen. Der Preis der Einzelleistung errechnet sich aus dem Einheitspreis geteilt durch die Anzahl der Arbeitsgänge.
    - – – Mehr- bzw. Minderleistungen werden zu dem vereinbarten Einheitspreis vergütet oder in Abzug gebracht.

646 Für die Ausführung der Grünflächenpflege, Einzelangaben nach DIN 18320
- Festlegungen
  - – werden folgende Angaben zur Baustelle gemacht,
    - – – Art und Lage des Objektes .... ,
    - – – Zufahrtsmöglichkeit .... ,
      - – – – Beschaffenheit der Zufahrt .... ,
      - – – – Einschränkung bei ihrer Nutzung .... ,
        - – – – – Lagerflächen,
          - – – – – – werden in ausreichendem Umfang zur Verfügung gestellt,
          - – – – – – können angemietet werden,
          - – – – – – sind nicht vorhanden,
  - – – werden folgende Festlegungen getroffen,
    - – – – die Ausführung erfolgt unter erschwerten Bedingungen,
    - – – – Grund der Erschwernis .... ,
    - – – – während des Pflegezeitraums werden im Arbeitsbereich noch folgende Arbeiten von anderen AN durchgeführt ....
    - – – – während der nachfolgend aufgeführten Tage und Tageszeiten darf nicht gearbeitet werden ....
    - – – – es darf nur an folgenden Tagen und Tageszeiten gearbeitet werden ....
      - – – – – im Pflegebereich herrscht allgemeiner Publikumsverkehr zu folgenden Zeiten ....
      - – – – – zur Aufrechterhaltung der Verkehrssicherheit und Ordnung sind zu beachten ....

LB 003 Landschaftsbauarbeiten
Fertigstellungs-, Entwicklungs-, Unterhaltungspflege

STLB 003

Ausgabe 06.02

650 Lockern der Pflanzfläche, unerwünschten Aufwuchs abtrennen,
651 Lockern der Pflanzfläche, unerwünschten Aufwuchs abtrennen und beseitigen,
652 Unerwünschten Aufwuchs in Pflanzflächen abtrennen, ohne flächige Bodenlockerung,
653 Unerwünschten Aufwuchs in Pflanzflächen abtrennen und beseitigen, ohne flächige Bodenlockerung,
654 Säubern der Pflanzfläche,
Einzelangaben nach DIN 18320 zu Pos. 650 bis 654
– Art der Pflanzflächen
– – auf Gehölzflächen,
– – auf Baumscheiben,
– – auf Baumscheiben, Einzelgröße in m² .... ,
– – auf Gehölzflächen und Baumscheiben,
– – auf Kleingehölzflächen,
– – auf Staudenflächen,
– – auf Kleingehölz- und Staudenflächen,
– – auf Heckenflächen,
– – auf offenen Bodendeckerflächen,
– – auf geschlossenen Bodendeckerflächen,
– – auf Ein- und Zweijahresblumenflächen,
– – auf Rosenflächen,
– – auf Pflanzriefen,
– – auf Pflanzriefen, Breite in cm .... ,
– – in Pflanzkübeln, Gefäßen u.ä., Einzelgröße in m² .... ,
– – .... ,
– Bearbeitungstiefe
– – Bearbeitungstiefe der jeweiligen Pflanzenart anpassen,
– – Bearbeitungstiefe unter Beachtung der jeweiligen Pflanzenart, im Mittel 2 cm,
– – Bearbeitungstiefe unter Beachtung der jeweiligen Pflanzenart, im Mittel 3 cm, ausdauernde Wurzeln von unerwünschtem Aufwuchs ausgraben,
– – Bearbeitungstiefe 2 cm,
– – Bearbeitungstiefe 3 cm,
– – Bearbeitungstiefe 5 cm,
– – Bearbeitungstiefe in cm .... ,
– Entfernen von Stoffen
– – Abfall von der Fläche entfernen,
– – Abfall und Laub von der Fläche entfernen,
– – Abfall und Steine ab 5 cm Durchmesser entfernen,
– – Steine ab 5 cm Durchmesser von der Fläche entfernen,
– – Laub von der Fläche entfernen,
– – Bearbeitung .... ,
– Lagerung der Stoffe
– – anfallende Stoffe zur Abfuhr geordnet lagern,
– – anfallende Stoffe und abgetrennte Teile des unerwünschten Aufwuchses zur Abfuhr geordnet lagern,
– – abgetrennte Teile des unerwünschten Aufwuchses zur Abfuhr geordnet lagern,
– – abgetrennte Teile des unerwünschten Aufwuchses und Steine ab 5 cm Durchmesser zur Abfuhr geordnet lagern,
– – anfallende Stoffe zum Mulchen der Fläche verwenden,
– – anfallende Stoffe zum Mulchen der Fläche verwenden, Schnittgut und/oder holzige Stoffe zerkleinern, Maximalgröße der Einzelstücke 10 cm,
– – anfallende Stoffe auf dem Grundstück kompostieren,
– – anfallende Stoffe auf dem Grundstück kompostieren, Schnittgut und/oder holzige Stoffe zerkleinern, Maximalgröße der Einzelstücke 10 cm,
– – Lagerfläche/Förderweg .... ,
– – Anfallende Stoffe .... ,
– Anzahl der Arbeitsgänge
– – ein Arbeitsgang,
– – 2 Arbeitsgänge,
– – 3 Arbeitsgänge,
– – 4 Arbeitsgänge,
– – 5 Arbeitsgänge,
– – 6 Arbeitsgänge,
– – 8 Arbeitsgänge,
– – 12 Arbeitsgänge,
– – Anzahl der Arbeitsgänge .... ,
– Zeitpunkt der Ausführung
– – erster Arbeitsgang Anfang April, danach im Abstand von 4 Wochen.
– – erster Arbeitsgang Anfang April, danach im Abstand von 6 Wochen.
– – im Abstand von 4 Wochen.
– – im Abstand von 6 Wochen.
– – im Abstand von 8 Wochen.
– – im Abstand von ....
– – während der Wachstumsruhe.
– – Zeitpunkt der Ausführung ....
– Berechnungseinheit m², m, Stück

Hinweis: Abtransport und weitere Verwendung von Abfallstoffen und pflanzlichen Reststoffen siehe ab Pos 850; Verarbeitung von pflanzlichen Reststoffen siehe ab Pos. 065.

655 Ausmähen,
Einzelangaben nach DIN 18320
– Art der Fläche
– – der Riefenfläche,
– – der Gehölzfläche,
– – der Baumscheiben,
– – der Gehölzfläche und Baumscheibe,
– – der Gehölzfläche im Straßenmittelstreifen,
– – der Gehölzfläche am Straßenrand,
– – der ....
– – – Schnittgut aufnehmen und zur Abfuhr lagern,
– – – Schnittgut .... ,
– Größe und Abstand der Gehölzreihen
– – je Pflanze einen Bereich ausmähen, Durchmesser in cm .... ,
– – Größe der Baumscheiben in m² .... ,
– – – Abstand der Gehölzreihen bis 40 cm – 40 bis 60 cm – 60 bis 80 cm – 80 bis 100 cm – 100 bis 120 cm – in cm .... ,
– Neigung der Fläche
– – Neigung der Fläche über 1 : 4 bis 1 : 2;
– – Neigung der Fläche über 1 : 2,
– – Neigung der Fläche .... ,
– – Anteil der nicht geneigten Fläche in % .... , Neigung der Restfläche .... ,
– Anzahl der Arbeitsgänge
– – ein Arbeitsgang,
– – 2 Arbeitsgänge,
– – 3 Arbeitsgänge,
– – Anzahl der Arbeitsgänge .... ,
– Zeitpunkt der Ausführung
– – Zeitpunkt nach Aufforderung durch den AG.
– – Zeitpunkt Juli.
– – Zeitpunkt Juli und September.
– – Zeitpunkt ....
– Berechnungseinheit m², m, Stück

STLB 003

LB 003 Landschaftsbauarbeiten
Fertigstellungs-, Entwicklungs-, Unterhaltungspflege

Ausgabe 06.02

656 Gehölzschnitt
Einzelangaben nach DIN 18320
- Art der Gehölze
  - – an Sträuchern,
  - – an Sträuchern in Straßenmittelstreifen,
  - – an Sträuchern in Straßenrandpflanzungen,
  - – an Schling-, Rank- und Kletterpflanzen,
  - – an Faschinen/Flechtwerk,
  - – an Spreitlage/Buschlage,
  - – an Wallhecken und Knicks,
  - – an Kopfweiden,
  - – an .... ,
- Art des Schnittes
  - – Erziehungsschnitt,
  - – Auslichtungsschnitt,
  - – Verjüngungsschnitt,
  - – Auslichtungs- und Verjüngungsschnitt,
  - – Rückschnitt,
  - – auf-Stock-setzen,
  - – im Wechselschnittverfahren, Abstand in m .... ,
  - – Schnittart .... ,
- Höhe der Gehölze
  - – Höhe der Gehölze bis 1 m – bis 2 m – bis 3 m – bis 4 m – 3 bis 5 m – 5 bis 10 m – in m .... ,
    - – – Rückschnitt auf eine Höhe von .... ,
    - – – Rückschnitt .... ,
- Anzahl der Gehölze
  - – 80 Gehölze in 100 m²
  - – 70 Gehölze in 100 m²
  - – 60 Gehölze in 100 m²
  - – 50 Gehölze in 100 m²
  - – 40 Gehölze in 100 m²
  - – 30 Gehölze in 100 m²
  - – 25 Gehölze in 100 m²
  - – Anzahl der Gehölze pro 100 m² .... ,
  - – Anzahl der Gehölze pro m² .... ,
- Lagerung des Schnittgutes
  - – Schnittgut zur Abfuhr auf Haufen setzen,
  - – Schnittgut häckseln, auf der Baustelle geordnet lagern,
  - – Schnittgut häckseln und als Mulch aufbringen,
  - – Schnittgut zur Verwendung im Lebendverbau lagern,
  - – Schnittgut .... ,
- Nachbehandlung
  - – Triebe und Ranken anbinden.
  - – Triebe und Ranken anbinden mit ....
  - – Schnittflächen über 5 cm Durchmesser nachschneiden und mit Wundverschlussmittel verstreichen.
  - – Schnittflächen ....
  - – Nachschneiden und verstreichen mit ....
- Berechnungseinheit m², m, Stück

657 Gehölze maschinell schneiden,
Einzelangaben nach DIN 18320
- Ort
  - – an Gleisanlagen,
  - – an .... ,
    - – – auf Böschungen,
    - – – auf Böschungen im Einschnitt,
    - – – auf Böschungen an Dämmen,
    - – – auf .... ,
- Neigung der Fläche
  - – Neigung der Fläche über 1 : 4 bis 1 : 2;
  - – Neigung der Fläche über 1 : 2,
  - – Neigung der Fläche .... ,
  - – Anteil der nicht geneigten Fläche in % .... ,
  - – Neigung der Restfläche .... ,
- Schnittart
  - – Rückschnitt,
  - – flächiger Rückschnitt von Sträuchern,
  - – Auf-Stock-setzen,
  - – Profilschnitt,
  - – Profilschnitt an Bäumen,
  - – Profilschnitt an Bäumen und Sträuchern,
  - – Mulchschnitt von strauchartigem Gehölzaufwuchs,
  - – Schnittart .... ,

- Aufwuchshöhe und Rückschnitthöhe
  - – Aufwuchshöhe bis 1 m,
  - – Aufwuchshöhe bis 2 m,
  - – Aufwuchshöhe bis 3 m,
  - – Aufwuchshöhe über 3 bis 5 m,
  - – Aufwuchshöhe über 5 bis 10 m,
  - – Aufwuchshöhe über 5 bis 10 m, zu schneidender Durchmesser bis 10 cm,
  - – Aufwuchshöhe über 5 bis 10 m, zu schneidender Durchmesser bis 20 cm,
  - – Aufwuchshöhe in m .... ,
  - – Aufwuchshöhe in m .... , zu schneidender Durchmesser in cm .... ,
    - – – Rückschnitt auf eine Höhe von 10 cm – 30 cm – 50 cm – in cm .... ,
    - – – Rückschnitt des Profils um 30 cm – 50 cm – in cm .... ,
    - – – Rückschnitt .... ,
- Bearbeitungsbreite bzw. Höhe des Profilschnittes
  - – Bearbeitungsbreite bis 2 m – 2 bis 3 m – 3 bis 4 m – 4 bis 5 m – in m .... ,
  - – Höhe des Profilschnittes 4,5 m – 6 m – in m .... ,
  - – Bearbeitungsbreite in m .... ,
  - – Höhe des Profilschnittes in m .... ,
- Lagerung des Schnittgutes
  - – Schnittgut zur Abfuhr auf Haufen setzen.
  - – Schnittgut häckseln und als Mulch aufbringen.
  - – Schnittgut häckseln und in angrenzende Gehölzflächen auf Mulch aufbringen.
  - – Schnittgut häckseln und auf der Baustelle geordnet lagern.
  - – Schnittgut ....
- Berechnungseinheit m², m
Hinweis: Die Mengeneinheit m nur dann für die Abrechnung nach Längenmaß verwenden, wenn die Bearbeitungsstrecke klar definiert werden kann (z.B. Profilschnitt).

658 Wässern der Pflanzung,
Einzelangaben nach DIN 18320
- Art der Pflanzfläche
  - – Pflanzfläche,
  - – Gehölzfläche,
  - – Staudenfläche,
  - – Ein- und Zweijahresblumenfläche,
  - – Großgehölze,
  - – Einzelpflanze,
  - – Pflanzkübel,
  - – Pflanzriefe,
  - – Hecke,
  - – Art .... ,
- Herkunftsort der Wasserlieferung und Mindestwassermenge
  - – Wasser liefern,
  - – vorhandene Beregnungsanlage kann benutzt werden einschl. unentgeltlicher Wasserentnahme,
  - – Wasser kann den vorhandenen Zapfstellen unentgeltlich entnommen werden,
  - – Wasser kann den vorhandenen Zapfstellen unentgeltlich entnommen werden, Lage der Zapfstellen .... ,
  - – Wasser .... ,
    - – – Mindestwassermenge je Arbeitsgang/m²
    - – – Mindestwassermenge je Arbeitsgang/St
    - – – Mindestwassermenge je Arbeitsgang/m
- Wassermenge
  - – 15 l – 25 l – 50 l – 100 l – 250 l – 500 l – Menge in Liter .... ,
- Anzahl der Arbeitsgänge
  - – 2 Arbeitsgänge.
  - – 5 Arbeitsgänge.
  - – 10 Arbeitsgänge.
  - – 15 Arbeitsgänge.
  - – Anzahl der Arbeitsgänge ....
- Abrechnung
  - – Abrechnung nach bewässerten Einheiten (in Stück).
  - – Größe der zu bewässernden Fläche in m² .... (pauschal)
- Berechnungseinheit m², Stück, m, m³, pauschal)

LB 003 Landschaftsbauarbeiten
Fertigstellungs-, Entwicklungs-, Unterhaltungspflege

STLB 003

Ausgabe 06.02

659 Düngen der Pflanzung,
Einzelangaben nach DIN 18320
- Art der Pflanzfläche
  - – Pflanzfläche,
  - – Gehölzfläche,
  - – Staudenfläche,
  - – Ein- und Zweijahresblumenfläche,
  - – Großgehölze,
  - – Einzelpflanze,
  - – Pflanzkübel,
  - – Pflanzriefe,
  - – Hecke,
  - – Art .... ,
- Düngemenge
  - – Menge 30 g/m² – 50 g/m² – 60 g/m² – 80 g/m² – 100 g/m² – 160 g/m² – in g/m² ....
- Anzahl der Arbeitsgänge
  - – in 2 Arbeitsgängen zu jeweils der halben Menge,
  - – Anzahl der Arbeitsgänge .... ,
- Dünger
  - – mit mineralischem Dünger,
  - – mit mineralischem NPK-Dünger,
  - – mit organischem Dünger,
  - – mit organisch-mineralischem Dünger,
  - – mit organisch-mineralischem Dünger, mit Langzeitwirkung,
  - – mit .... ,
    - – – Nährstoffgehalt 20 : 5 : 10,
    - – – Nährstoffgehalt 16 : 8 : 16 + Spurenelemente,
    - – – Nährstoffgehalt 15 : 15 : 15,
    - – – Nährstoffgehalt 15 : 9 : 15 : 2,
    - – – Nährstoffgehalt 14 : 10 : 14 + Spurenelemente,
    - – – Nährstoffgehalt 12 : 12 : 17 + Spurenelemente,
    - – – Nährstoffgehalt 16 : 0 : 24,
    - – – Nährstoffgehalt 20 : 0 : 16,
    - – – Nährstoffgehalt .... ,
      - – – – Erzeugnis/Typ .... ,
        (Sofern nicht vorgeschrieben, vom Bieter einzutragen.)
      - – – – Erzeugnis/Typ ...., oder gleichwertiger Art,
        Erzeugnis/Typ ...., (Vom Bieter einzutragen.)
- Zeitpunkt der Ausführung .... ,
- Berechnungseinheit kg

660 Durchputzen der Pflanzung,
Einzelangaben nach DIN 18320
- Art der Pflanzfläche
  - – Pflanzfläche,
  - – in Kübeln, Trögen und Behältern,
  - – Heckenfläche,
  - – der Baumscheibe,
  - – Rosenfläche,
  - – Staudenfläche,
  - – Ein- und Zweijahresblumenfläche,
  - – Art .... ,
    - – – abgeblühte und abgestorbene Pflanzenteile abschneiden,
- Behandlung unerwünschten Auswuchses
  - – unerwünschten Aufwuchs abtrennen,
  - – unerwünschten Aufwuchs abtrennen, ausdauernde Wurzeln ausgraben,
- Aufsammlung von Laub, Steinen u.ä.
  - – Unrat aufsammeln,
  - – Steine aufsammeln, Durchmesser ab cm .... ,
  - – Laub und abgestorbene Pflanzenteile aufsammeln,
  - – Unrat und Steine ab 5 cm Durchmesser aufsammeln,
  - – Laub, abgestorbene Pflanzenteile und Unrat aufsammeln,
  - – Laub, abgestorbene Pflanzenteile, Unrat und Steine ab 5 cm Durchmesser aufsammeln,
  - – Laub, abgestorbene Pflanzenteile, Unrat und Steine aufsammeln, Durchmesser in cm .... ,
  - – aufsammeln .... ,
- Lagerung und Verwertung des Abfalls
  - – kompostierfähige Stoffe und Unrat getrennt zur Abfuhr lagern,
  - – kompostierfähige Stoffe, Unrat und Steine getrennt zur Abfuhr lagern,
  - – anfallende organische Stoffe zum Mulchen der Fläche verwenden,
  - – anfallende organische Stoffe zum Mulchen der Fläche verwenden, Unrat und Steine getrennt zur Abfuhr lagern,
  - – anfallende organische Stoffe auf dem Grundstück kompostieren, Förderweg zur Lagerfläche in m .... ,
  - – anfallende organische Stoffe auf dem Grundstück kompostieren, Förderweg zur Lagerfläche in m .... , Unrat und Steine getrennt zur Abfuhr lagern,
  - – anfallende Stoffe .... ,
    - – – Schnittgut und/oder holzige Stoffe zerkleinern, Maximalgröße der Einzelstücke 10 cm,
    - – – Schnittgut und/oder holzige Stoffe zerkleinern, Maximalgröße der Einzelstücke in cm .... ,
- Anzahl der Arbeitsgänge
  - – 2 Arbeitsgänge,
  - – 3 Arbeitsgänge,
  - – 4 Arbeitsgänge,
  - – 5 Arbeitsgänge,
  - – 8 Arbeitsgänge,
  - – 10 Arbeitsgänge,
  - – Anzahl der Arbeitsgänge .... ,
    - – – Ausführung wöchentlich,
    - – – Ausführung monatlich,
    - – – Ausführung vierteljährlich,
    - – – Zeitraum der Ausführung .... ,
- Berechnungseinheit m²

661 Kübel- und Trogbepflanzung pflegen,
Einzelangaben nach DIN 18320
- Pflegeort
  - – im Straßenraum,
  - – auf Terrasse,
  - – auf Dachterrasse,
  - – auf Balkon,
  - – auf .... ,
- Anzahl der Arbeitsgänge
  - – 4 Arbeitsgänge,
  - – 8 Arbeitsgänge,
  - – 12 Arbeitsgänge,
  - – Anzahl der Arbeitsgänge .... ,
- Pflegeabstand
  - – Ausführung vierzehntägig,
  - – Ausführung monatlich,
  - – Abstand der Pflegegänge .... ,
- Pflegeart
  - – schneiden, stäben und aufbinden der Pflanzen, entfernen von unerwünschtem Aufwuchs u. Unrat,
  - – entfernen von unerwünschtem Aufwuchs und Unrat, ergänzen von Substrat in den Gefäßen,
  - – schneiden, stäben und aufbinden der Pflanzen, entfernen von unerwünschtem Aufwuchs und Unrat, ergänzen von Substrat in den Gefäßen,
  - – Leistungsumfang .... ,
- Verwertung der anfallenden Stoffe
  - – anfallende Stoffe zur Abfuhr auf Haufen setzen,
  - – anfallende Stoffe laden und zum Lagerplatz des AN transportieren, Entfernung in km .... ,
  - – anfallende Stoffe .... ,
- Überwachung
  - – überwachen der Kübel-, bzw. Trogbepflanzung auf Krankheits- und Schädlingsbefall,
  - – überwachen der Kübel-, bzw. Trogbepflanzung auf Ersatzpflanzung bei Ausfällen,
  - – überwachen der Kübel-, bzw. Trogbepflanzung auf notwendigen Austausch oder Umstellung von Pflanzen,
  - – überwachen der Kübel-, bzw. Trogbepflanzung auf .... ,
    - – – besondere Maßnahmen .... ,
- Maße
  - – Einzelmaße der Pflanzkübel/-tröge in cm ....
  - – Größe der Einzelflächen in m² ....
- Berechnungseinheit Stück, m²

STLB 003

LB 003 Landschaftsbauarbeiten
Fertigstellungs-, Entwicklungs-, Unterhaltungspflege

Ausgabe 06.02

662 Wind-/Sonnenschutzgerüst für Pflanzen,
Einzelangaben nach DIN 18320
- Auf- und Abbau
  - – aufstellen,
  - – aufstellen und vorhalten,
  - – aufstellen, vorhalten und abbauen,
    - – – als gerade Wand,
    - – – als abgewinkelte Wand,
    - – – als .... ,
- Aufbauort
  - – auf der Südseite der zu schützenden Pflanzen,
  - – auf der Süd- und Ostseite der zu schützenden Pflanzen,
  - – die Pflanzen voll umschließend,
- Gerüstabmessungen
  - – Gerüsthöhe bis 1 m – über 1 bis 2 m – über 2 bis 3 m – in m .... ,
    - – – Gerüstlänge bis 1 m – über 1 bis 2 m – über 2 bis 3 m – Gerüstlänge in m .... ,
- Gerüstbespannung
  - – Gerüstbespannung mit Schilfmatten.
  - – Gerüstbespannung mit Schilfmatten, locker.
  - – Gerüstbespannung mit Juteleinwand, einfach.
  - – Gerüstbespannung mit Juteleinwand, doppelt.
  - – Gerüstbespannung mit Kunststoffwirkgewebe.
  - – Gerüstbespannung ....
- Termin des Abbaus
  - – nach der Vegetationsperiode abbauen.
  - – nach dem Durchtrieb der Gehölze abbauen.
  - – nach ....
- Berechnungseinheit m, m², Stück

663 Winterschutz der Pflanzung,
Einzelangaben nach DIN 18320
- Pflanzart
  - – Gehölze – Immergrüne Gehölze – Stauden – Beetrosen– Pflanzen in Kübeln – Art .... ,
- Winterschutzmaterial
  - – abdecken mit Fichtenreisig – mit Stroh – mit Laub – mit Juteleinen – mit .... ,
  - – schützen durch anhäufeln,
  - – schützen durch ....
    - – – Erzeugnis/Typ .... , (Sofern nicht vorgeschrieben, vom Bieter einzutragen.)
    - – – Erzeugnis/Typ .... , oder gleichwertiger Art, Erzeugnis/Typ .... , (Vom Bieter einzutragen.)
- Abmessungen
  - – Schichtdicke in cm .... ,
    - – – Pflanzenhöhe bis 25 cm – über 25 bis 50 cm – über 50 bis 100 cm – über 100 bis 200 cm – in cm .... ,
- Wiederaufnahme der Abdeckung
  - – Abdeckung nach der Wachstumsruhe aufnehmen, anfallende Stoffe geordnet lagern,
  - – Abdeckung nach der Wachstumsruhe aufnehmen, wiederverwendungsfähige Stoffe an einem vom AG zu bezeichnenden Ort lagern,
  - – Abdeckung nach der Wachstumsruhe untergraben,
  - – Abdeckung .... ,
  - – Rosen nach der Wachstumsruhe abhäufeln,
- Berechnungseinheit m², Stück

664 Neophyten bekämpfen,
Einzelangaben nach DIN 18320
- Bekämpfung
  - – Heracleum mantegazzianum, durch Abschneiden der Blüten- bzw. Fruchtstände Ausführung nach der Blüte, vor der Samenreife,
    - – – Impatiens glandulifera, durch Abschneiden der Blüten- bzw. Fruchtstände Ausführung in der Blüte, vor der Samenreife,
      - – – – Reynoutria japonica, durch Abschneiden der Blüten- bzw. Fruchtstände Ausführung in der Blüte, vor der Samenreife,
        - – – – – Helianthus tuberosus, durch Abschneiden der oberirdischen Pflanzenteile, 1. Schnitt Ende Juni, 2. Schnitt Ende August,
          - – – – – Gattung/Art .... , durch Abschneiden der Blüten- bzw. Fruchtstände Ausführung in der Blüte, vor der Samenreife,
          - – – – – Gattung/Art .... , durch Abschneiden der oberirdischen Pflanzenteile, 1. Schnitt Ende Juni, 2. Schnitt Ende August,
          - – – – – Gattung/Art .... ,
- Entfernung
  - – entfernen durch Ausgraben,
  - – entfernen durch Ausreißen,
  - – entfernen durch Beschatten,
  - – entfernen durch .... ,
    - – – anfallende Stoffe zur Abfuhr geordnet lagern,
    - – – anfallende Stoffe auf dem Grundstück kompostieren,
    - – – anfallende Stoffe seitlich lagern,
    - – – anfallende Stoffe .... ,
- Bestandsdichte
  - – Bestandsdichte
  - – Bestandsdichte 30 % – 50 % – in % ..... ,
- Begleitende Maßnahmen ....
- Berechnungseinheit m², Stück

67_ Entkusseln/Entfernen von unerwünschtem Aufwuchs,
Vegetationsort (als 3. Stelle zu 67_)
1 aus Heideflächen,
2 aus Trockenrasenflächen,
3 aus Wiesen- und Weideflächen,
4 aus Feuchtwiesen,
5 aus Landschaftsrasenflächen,
6 aus .... ,
Einzelangaben nach DIN 18320 zu Pos. 671 bis 676
- Bearbeitungsfläche
  - – zu bearbeitende Fläche gemäß Plan .... ,
  - – zu bearbeitende Fläche gemäß Einzelbeschreibung Nr .... ,
- Pflanzbestand
  - – Zustand des Bestandes, Menge .... ,
  - – Dichte .... ,
  - – Häufigkeit .... ,
  - – Zustand des Bestandes ..
  - – Pflanzbestand auf 100 m² bis 200 Stück,
  - – Pflanzbestand auf 100 m² bis 300 Stück,
  - – Pflanzbestand auf 100 m² bis 400 Stück,
  - – Pflanzbestand auf 100 m² bis 500 Stück,
  - – Pflanzbestand auf 100 m² bis 600 Stück,
  - – Bestand in Stück pro 100 m² .... ,
- Gehölzart
  - – Erlen
  - – Weiden
  - – Erlen und Weiden
  - – Ahorn
  - – Eschen
  - – Ahorn und Eschen
  - – Birken
  - – Birken, Ahorn und Eschen
  - – Schlehen
  - – alle ausgesamten Gehölze
  - – ausgesamte Birken bis 3 cm Durchmesser
  - – folgende Arten .... ,
- Bearbeitung
  - – mit Wurzeln herausziehen,
  - – ausstechen,
  - – roden,
  - – abschneiden,
  - – Art der Bearbeitung .... ,
- Restbestand
  - – ohne Restbestand,
  - – Restbestand in % .... ,
- Lagerung der Stoffe
  - – anfallende Stoffe zur Abfuhr geordnet lagern,
  - – anfallende Stoffe auf dem Grundstück lagern,
  - – anfallende Stoffe .... ,
- Termin
  - – Zeitpunkt Juni, Oktober,
  - – Zeitpunkt vor der Samenbildung,
  - – Zeitpunkt .... ,
- Berechnungseinheit m²

LB 003 Landschaftsbauarbeiten
Fertigstellungs-, Entwicklungs-, Unterhaltungspflege

STLB 003

Ausgabe 06.02

677 Mulchschicht nachbessern,
Einzelangaben nach DIN 18320
- Fläche
  - – ganzflächig,
  - – stellenweise,
- Nachbesserungsort
  - – auf Riefen,
  - – auf Gehölzfläche,
  - – auf Baumscheibe,
  - – auf Gehölzfläche und Baumscheibe,
  - – auf Gehölzfläche im Straßenmittelstreifen,
  - – auf Gehölzfläche am Straßenrand,
  - – auf .... ,
- Bereich
  - – je Pflanze einen Bereich nachmulchen, Durchmesser in cm .... ,
  - – Größe der Baumscheibe in m² .... ,
- Mulchstoff
  - – Mulchstoff Rasenmähgut,
  - – Mulchstoff Stroh,
  - – Mulchstoff Rindenmulch, gütegesichert,
  - – Mulchkompost, gütegesichert,
  - – Mulchstoff Holzhäcksel,
  - – Mulchstoff .... ,
- Dicke und Neigung
  - – Dicke 3 bis 5 cm – über 5 bis 7 cm – in cm .... ,
    - – – Neigung der Flächen über 1 : 4 bis 1 : 2,
    - – – Neigung der Flächen über 1 : 2,
    - – – Neigung der Flächen .... ,
    - – – Anteil der nicht geneigten Fläche in % .... , Neigung der Restfläche .... ,
- Termin
  - – Zeitpunkt nach Aufforderung durch den AG.
  - – Zeitpunkt April.
  - – Zeitpunkt ....
- Berechnungseinheit m², m, Stück

678 Hecke verjüngen,
Einzelangaben nach DIN 18320
- Gehölzart
  - – Buche,
  - – Buchsbaum,
  - – Eibe,
  - – Hainbuche,
  - – Kornelkirsche,
  - – Lebensbaum,
  - – Liguster,
  - – Weißdorn,
  - – Gehölzart .... ,
    - – – Höhe vor dem Verjüngen in m .... , Breite vor dem Verjüngen in m .... ,
- Rückschnitthöhe
  - – Rückschnitt bis auf eine Höhe in m .... ,
    - – – einschl. Wildwuchs entfernen,
    - – – einschl. .... ,
- Rückschnittbreite
  - – Rückschnitt bis auf eine untere Breite in m .... ,
- Verwertung Schnittgut
  - – anfallendes Schnittgut auf der Baustelle zur Abfuhr geordnet lagern,
  - – anfallendes Schnittgut aufnehmen, innerhalb der Baustelle fördern und abladen,
  - – anfallendes Schnittgut auf dem Grundstück kompostieren,
  - – anfallendes Schnittgut häckseln, auf dem Grundstück kompostieren,
  - – anfallendes Schnittgut .... ,
- Ausführungszeitraum .... ,
- Abrechnung
  - – Abrechnung nach Schnittfläche.
  - – Abrechnung nach Heckenlänge, Schnitt einseitig.
  - – Abrechnung nach Heckenlänge, Schnitt einseitig und oben, einschl. Köpfe.
  - – Abrechnung nach Heckenlänge, Schnitt zweiseitig und oben, einschl. Köpfe.
- Berechnungseinheit m², m

679 Hecke schneiden,
680 Formhecke schneiden,
Einzelangaben nach DIN 18320 zu Pos. 679 und 680
- Gehölzart
  - – Buche,
  - – Buchsbaum,
  - – Eibe,
  - – Hainbuche,
  - – Kornelkirsche,
  - – Lebensbaum,
  - – Liguster,
  - – Weißdorn,
  - – Gehölzart .... ,
- Wuchshöhe bis 1 m – über 1 bis 1,5 m – über 1,5 bis 2 m – über 2 bis 3 m – über 3 bis 4 m – über 4 bis 6 m – über 6 bis 8 m – in m .... ,
weitere Einzelangaben siehe Pos. 681

681 Freiwachsende Hecke schneiden,
Einzelangaben nach DIN 18320
- Gehölzart
  - – Gehölzart .... ,
- Wuchshöhe bis 1 m – über 1 bis 1,5 m – über 1,5 bis 2 m – über 2 bis 3 m – über 3 bis 4 m – über 4 bis 6 m – über 6 bis 8 m – in m .... ,

Fortsetzung Einzelangaben zu Pos. 679 bis 681
- Wuchsbreite von 0,6 bis 1 m – über 1 bis 1,5 m – über 1,5 bis 2 m – über 2 bis 3 m – in m .... ,
- geforderte Schnitthöhe 0,5 m – 1 m – 1,5 m – 2 m – 2,5 m – 3 m – 4 m – 5 m – in m .... ,
- Schnittbreite
  - – geforderte Schnittbreite 0,5 m – 0,7 m – 0,8 m – 1 m – 1,2 m – 1,5 m – in m .... ,
  - – geforderte untere Schnittbreite in m .... ,
  - – geforderte obere Schnittbreite in m .... ,
- Verwertung Schnittgut
  - – Schnittgut auf der Baustelle zur Abfuhr geordnet lagern,
  - – Schnittgut aufnehmen, innerhalb der Baustelle fördern und abladen,
  - – Schnittgut auf dem Grundstück kompostieren,
  - – Schnittgut häckseln, auf dem Grundstück kompostieren,
  - – Schnittgut .... ,
- Anzahl der Schnitte
  - – 2 Schnitte,
  - – Anzahl der Schnitte,
- Abrechnung
  - – Abrechnung nach Schnittfläche,
  - – Abrechnung nach Heckenlänge, Schnitt einseitig,
  - – Abrechnung nach Heckenlänge, Schnitt einseitig und oben, einschl. Köpfe,
  - – Abrechnung nach Heckenlänge, Schnitt zweiseitig und oben, einschl. Köpfe,
- Berechnungseinheit m², m

Hinweis: Fertigstellungs- und Unterhaltungspflege für Sportrasen siehe Pos. 345.

682 Mähen von Zierrasen,
Einzelangaben nach DIN 18320
- Wuchs-/Schnitthöhe
  - – Wuchshöhe 3 bis 6 cm, Schnitthöhe 2 cm,
  - – Wuchshöhe/Schnitthöhe in cm .... ,
- Anzahl der Schnitte
  - – 4 Schnitte,
  - – 6 Schnitte,
  - – 30 Schnitte,
  - – 40 Schnitte,
  - – Anzahl der Schnitte .... ,
weitere Einzelangaben siehe Pos. 690

LB 003 Landschaftsbauarbeiten
Fertigstellungs-, Entwicklungs-, Unterhaltungspflege

683 **Mähen von Gebrauchsrasen,**
Einzelangaben nach DIN 18320
- Wuchs-/Schnitthöhe
  - – Wuchshöhe 6 bis 10 cm, Schnitthöhe 3 cm,
  - – Wuchshöhe 6 bis 10 cm, Schnitthöhe 4 cm,
  - – Wuchshöhe/Schnitthöhe in cm .... ,
- Anzahl der Schnitte
  - – 4 Schnitte,
  - – 6 Schnitte,
  - – 8 Schnitte,
  - – 10 Schnitte,
  - – 12 Schnitte,
  - – 15 Schnitte,
  - – Anzahl der Schnitte .... ,
- **weitere Einzelangaben** siehe Pos. 690

684 **Mähen von Spielrasen,**
Einzelangaben nach DIN 18320
- Wuchs-/Schnitthöhe
  - – Wuchshöhe 6 bis 8 cm, Schnitthöhe 3 cm,
  - – Wuchshöhe 6 bis 8 cm, Schnitthöhe 4 cm,
  - – Wuchshöhe/Schnitthöhe in cm .... ,
- Anzahl der Schnitte
  - – 4 Schnitte,
  - – 6 Schnitte,
  - – 10 Schnitte,
  - – 15 Schnitte,
  - – 18 Schnitte,
  - – 20 Schnitte,
  - – 25 Schnitte,
  - – Anzahl der Schnitte .... ,
- **weitere Einzelangaben** siehe Pos. 690

685 **Mähen von Parkplatzrasen,**
Einzelangaben nach DIN 18320
- Wuchs-/Schnitthöhe
  - – Schnitthöhe 4 cm,
  - – Wuchshöhe 6 bis 12 cm, Schnitthöhe 4 cm,
  - – Wuchshöhe/Schnitthöhe in cm .... ,
- Anzahl der Schnitte
  - – 4 Schnitte,
  - – 4 Schnitte, Art der Flächenbefestigung .... ,
  - – 6 Schnitte,
  - – 6 Schnitte, Art der Flächenbefestigung .... ,
  - – Anzahl der Schnitte .... ,
    Art der Flächenbefestigung .... ,
- **weitere Einzelangaben** siehe Pos. 690

686 **Mähen von Landschaftsrasen,**
Einzelangaben nach DIN 18320
- Schnitthöhe 6 cm – 10 cm – in cm .... ,
- Anzahl der Schnitte
  - – ein Schnitt,
  - – 2 Schnitte,
  - – 3 Schnitte,
  - – Anzahl der Schnitte .... ,
- **weitere Einzelangaben** siehe Pos. 690

687 **Mähen von Gebrauchsrasen unter erschwerten Bedingungen,**
688 **Mähen von Landschaftsrasen unter erschwerten Bedingungen,**
689 **Mähen von Gras-Kraut-Aufwuchs unter erschwerten Bedingungen,**
Einzelangaben nach DIN 18320 zu Pos. 687 bis 689
- Ausführungsort
  - – Flächen mit Baumbestand,
  - – Flächen mit Baum- und Gebüschbestand,
  - – in Mittelstreifen von Straßen,
  - – in Mittelstreifen von Straßen, Breite in m .... ,
  - – in Randstreifen von Straßen,
  - – in Randstreifen von Straßen, Breite in m .... ,
  - – in Randstreifen von Gleisanlagen,
  - – in Randstreifen von .... ,
  - – Art der Erschwernis .... ,
- Wuchshöhe/Schnitthöhe/Anzahl der Schnitte
  - – Schnitthöhe 6 cm, 2 Schnitte,
  - – Wuchshöhe bis 15 cm, Schnitthöhe 6 cm, 4 Schnitte,
  - – Wuchshöhe bis 12 cm, Schnitthöhe 6 cm, 6 Schnitte,
  - – Wuchshöhe bis 15 cm, Schnitthöhe 6 cm, 6 Schnitte,
  - – Wuchshöhe bis 8 cm, Schnitthöhe 4 cm, 10 Schnitte,
  - – Wuchshöhe bis 50 cm, Schnitthöhe 10 cm, ein Schnitt,
  - – Wuchshöhe bis 100 cm, Schnitthöhe 10 cm, ein Schnitt,
  - – Wuchshöhe in cm .... ,
    Schnitthöhe in cm .... ,
    Anzahl der Schnitte .... ,
- **weitere Einzelangaben** siehe Pos. 690

690 **Mähen von wiesenähnlichen Flächen,**
Einzelangaben nach DIN 18320
- Wuchs-/Schnitthöhe
  - – Schnitthöhe 8 cm – 10 cm –
    Schnitthöhe in cm .... ,
  - – Wuchshöhe/Schnitthöhe in cm .... ,
- Anzahl der Schnitte
  - – ein Schnitt,
  - – 2 Schnitte,
  - – 3 Schnitte,
  - – Anzahl der Schnitte .... ,

Fortsetzung Einzelangaben zu Pos. 682 bis 690
- Termin des Schnittes
  - – Schnittfolge nach Wuchshöhe,
  - – Schnitt nach Samenbildung,
  - – Schnittfolge in der Regel,
    - – – zweimal wöchentlich,
    - – – wöchentlich,
    - – – vierzehntägig,
    - – – im Zeitraum von .... ,
  - – Zeitpunkt der Schnitte,
    - – – je einmal im Frühsommer nach der Blüte und im Herbst,
    - – – je einmal im Sommer,
    - – – .... ,
- Lagerung des Schnittgutes
  - – Schnittgut auf der Fläche liegen lassen,
  - – Schnittgut zum Lagerplatz des AG fördern und aufsetzen (kompostieren), Förderweg in m .... ,
  - – Schnittgut in Pflanzflächen max. 5 cm dick andecken (mulchen), Förderweg in m .... ,
  - – Schnittgut zur Abfuhr geordnet lagern,
  - – Schnittgut .... ,
- Schnittgerät
  - – Schnitt mit Sichelmäher,
  - – Schnitt mit Spindelmäher,
  - – Schnitt mit Balkenmäher,
  - – Schnitt mit Schlegelmäher,
  - – Schnitt mit Mulchmäher,
  - – Schnitt .... ,
- Neigung der Flächen
  - – Neigung der Flächen über 1 : 4 bis 1 : 2.
  - – Neigung der Flächen über 1 : 2.
  - – Neigung der Flächen ....
  - – Anteil der nicht geneigten Fläche in % ....
    Neigung der Restfläche ....
    - – – Arbeitsbreite in m ....
- Berechnungseinheit m², m

LB 003 Landschaftsbauarbeiten
Fertigstellungs-, Entwicklungs-, Unterhaltungspflege

STLB 003

Ausgabe 06.02

691 Mähen von Biotopstruktur,
   Einzelangaben nach DIN 18320
   – Typ
   – – Typ Ruderalflur/Altgrasbestand,
   – – Typ Trocken- oder Halbtrockenrasen,
   – – Typ Mähwiese,
   – – Typ nitrophile Hochstaudenflur,
   – – Typ Feucht- oder Nasswiese,
   – – Typ Großseggenried,
   – – Typ Röhricht,
   – – Typ Heide,
   – – Typ .... ,
   – Aufwuchshöhe bis 20 cm – bis 50 cm – bis 100 cm – bis 150 cm – in cm .... ,
   – Schnitthöhe ca. 10 cm – ca. 15 cm – in cm .... ,
   – Lagerung des Schnittgutes
   – – Schnittgut mind. einen Tag liegen lassen, danach in Pflanzflächen 5 cm dick andecken (mulchen),
   – – Schnittgut max. 3 Tage liegen lassen, danach zum Lagerplatz des AG transportieren und aufsetzen, Transportentfernung in m .... ,
   – – Schnittgut zur Abfuhr geordnet lagern,
   – – Schnittgut darf abgesaugt werden,
   – – Schnittgut darf nicht abgesaugt werden,
   – – Schnittgut liegen lassen,
   – – Schnittgut zerkleinert liegen lassen,
   – – Schnittgut kann liegen bleiben, wenn nicht verklumpt,
   – – Schnittgut .... ,
   – Termin des Schnittes
   – – Zeitpunkt Mitte Juni,
   – – Zeitpunkt Mitte Oktober,
   – – Zeitpunkt Mitte Juni und Mitte Oktober,
   – Anzahl der Schnitte
   – – 2 Schnitte,
   – – Anzahl der Schnitte .... ,
   – Neigung/Tiefe
   – – Neigung der Fläche ....
   – – Graben- und Uferböschung, Flächenneigung ....
   – – wechselfeuchte, zeitweise überflutete Flächen, Flächenneigung ....
   – – überflutete Fläche, Wassertiefe in cm ....
   – Berechnungseinheit m²

692 Wässern der Rasenfläche,
   Einzelangaben nach DIN 18320
   – Rasenart
   – – Zierrasen,
   – – Gebrauchsrasen,
   – – Spielrasen,
   – – Art .... ,
   – Entnahmestelle
   – – Wasser liefern,
   – – vorhandene Beregnungsanlage kann benutzt werden, einschl. unentgeltlicher Wasserentnahme,
   – – Wasser kann den vorhandenen Zapfstellen unentgeltlich entnommen werden,
   – – Wasser kann den vorhandenen Zapfstellen unentgeltlich entnommen werden, Lage der Zapfstellen .... ,
   – – Wasser .... ,
   – Wassermenge
   – – Menge je Arbeitsgang 15 l/m² – 20 l/m² – 25 l/m² – 30 l/m² – in l/m² .... ,
   – Anzahl der Arbeitsgänge
   – – 5 Arbeitsgänge.
   – – 10 Arbeitsgänge.
   – – 15 Arbeitsgänge.
   – – 20 Arbeitsgänge.
   – – Anzahl der Arbeitsgänge ....
   – Berechnungseinheit m², m³, pauschal
   – – Größe der zu bewässernden Fläche in m² ....
   (pauschal)

693 Senkrechtschneiden (Verticutieren) der Rasenfläche,
   Einzelangaben nach DIN 18320
   – Rasenart
   – – Zierrasen,
   – – Gebrauchsrasen,
   – – Spielrasen,
   – – Art .... ,
   – Richtung
   – – in einer Richtung,
   – – kreuzweise,
   – Abstand/Eindringtiefe
   – – Messerabstand max. 30 mm – max. 60 mm – in mm .... ,
   – – – Eindringtiefe mind. 2 mm – mind. 3 mm – in mm .... ,
   – Anzahl der Arbeitsgänge
   – – Anzahl der Arbeitsgänge .... ,
   – Termin
   – – nach Aufforderung durch den AG,
   – – Zeitpunkt .... ,
   – Verwertung
   – – herausgearbeiteten Rasenfilz zur Abfuhr geordnet lagern.
   – – herausgearbeiteten Rasenfilz zur Kompostierungsanlage des AG transportieren und abladen, Transportentfernung in km ....
   – – herausgearbeiteten Rasenfilz ....
   – Berechnungseinheit m²

694 Lüften (Aerifizieren) der Rasenfläche,
   Einzelangaben nach DIN 18320
   – Rasenart
   – – Zierrasen,
   – – Gebrauchsrasen,
   – – Spielrasen,
   – – Art .... ,
   – Anzahl der Einstiche
   – – Anzahl der Einstiche je m² mind. 200 Stück,
   – – Anzahl der Einstiche je m² mind. .... ,
   – Eindringtiefe/Durchmesser/Breite
   – – Eindringtiefe mind. 50 mm – mind. 60 mm – mind. 80 mm – in mm .... ,
   – – – Durchmesser/Breite der Löcher 8 mm – 10 mm – 12 mm – in mm .... ,
   – Lochwerkzeug
   – – Lochwerkzeug mit Verdrängungswirkung.
   – – Lochwerkzeug mit Aushubwirkung (Hohlspoon).
   – Verwertung
   – – ausgeworfenen Boden zur Abfuhr geordnet lagern.
   – – ausgeworfenen Boden zur Kompostierungsanlage des AG transportieren und abladen, Transportentfernung in km ....
   – – ausgeworfenen Boden nach dem Abtrocknen einschleppen.
   – – ausgeworfenen Boden von der Fläche entfernen.
   – – ausgeworfenen Boden von der Fläche entfernen und ....
   – Berechnungseinheit m²

695 Besanden der Rasenfläche,
   Einzelangaben nach DIN 18320
   – Rasenart
   – – Zierrasen – Gebrauchsrasen – Spielrasen – Art....,
   – Sandart
   – – mit gewaschenem Sand 0/2,
   – – mit gewaschenem Sand 0/1, Kornanteile bis 0,063 mm max. 3 Massen-%,
   – – mit getrocknetem Sand 0/2,
   – – mit getrocknetem Sand 0/1, Kornanteile bis 0,063 mm max. 3 Massen-%,
   – – mit .... ,
   – Schichtdicke
   – – Schichtdicke 2 mm – 3 mm – 5 mm – in mm .... ,
   – – – aufbringen und einschleppen,
   – – – aufbringen und .... ,
   – Eignung
   – – Eignung des Sandes (Sieblinie) durch neutrales Prüfzeugnis nachweisen,
   – Termin
   – – Zeitpunkt nach Aufforderung durch den AG.
   – – ....
   – Berechnungseinheit m², m³, t

LB 003 Landschaftsbauarbeiten
Fertigstellungs-, Entwicklungs-, Unterhaltungspflege

696 Nachsäen der Rasenfläche,
Einzelangaben nach DIN 18320
- Art der Saatgutmischung
  - – mit Regel-Saatgutmischung der FLL,
  - – mit Saatgutmischung gemäß Liste .... ,
  - – mit .... ,
    - – – RSM 1.1 Zierrasen
    - – – RSM 2.1 Gebrauchsrasen - Standard -
    - – – RSM 2.2 Gebrauchsrasen - Trockenlagen -
    - – – RSM 2.3 Gebrauchsrasen - Spielrasen -
    - – – RSM 2.4 Gebrauchsrasen - Kräuterrasen -
    - – – RSM 4.5 Golfrasen - Halbrauflläche -
    - – – RSM 4.6 Golfrasen - Verbindungswege -
    - – – RSM 5.1 Parkplatzrasen
    - – – Art der Mischung .... ,
- Saatort/Menge
  - – ganzflächig,
  - – auf Kahlstellen,
  - – im Bereich .... ,
    - – – Saatgutmenge 20 g/m² – 25 g/m² – 30 g/m² –
      in g/m² .... ,
- Saatgutmischung
  - – Saatgutmischung mit Gräsersorten ausstatten, die in der RSM/FLL in die höchste Eignungsstufe eingeordnet sind,
  - – Saatgutmischung mit Gräsersorten ausstatten, die in der RSM/FLL in die 2 höchsten Eignungsstufen eingeordnet sind,
  - – Saatgutmischung gemäß Liste Nr .... , mit Zuordnung in die höchste Eignungsstufe der RSM/FLL,
  - – Saatgutmischung gemäß Liste Nr .... , mit Zuordnung in die zwei höchsten Eignungsstufen der RSM/FLL,
  - – Sortenausstattung .... ,
    - – – Nachweis der Beschaffenheit durch Vorlage des Mischungsnummernbescheides.
    - – – Nachweis ....
- Erzeugnis/Typ
  - – Erzeugnis/Typ .... ,
    (Sofern nicht vorgeschrieben, vom Bieter einzutragen.)
  - – Erzeugnis/Typ .... , oder gleichwertiger Art, Erzeugnis/Typ .... , (Vom Bieter einzutragen.)
- RSM-Ausgabejahr .... ,
- Berechnungseinheit m²

697 Ausbessern der Rasenfläche mit Fertigrasen,
Einbaufläche vorbereiten,
Einzelangaben nach DIN 18320
- Lagerung des Aushubs
  - – Aushub auf der Baustelle zur Abfuhr geordnet lagern,
  - – Aushub innerhalb der Baustelle fördern und abladen,
  - – Aushub innerhalb der Baustelle fördern und einbauen,
  - – Aushub .... ,
    - – – Typ Zierrasen,
    - – – Typ Gebrauchsrasen,
    - – – Typ Spielrasen,
    - – – Rasensoden auf dem Baugelände gewinnen,
    - – – Fertigrasen .... ,
    - – – Rasensoden .... ,
- Dicke
  - – Rollrasendicke in mm .... ,
  - – Sodendicke in mm .... ,
- Verfüllung Entnahmestelle
  - – Entnahmestelle mit zu lieferndem Oberboden verfüllen und mit typgerechtem Saatgut ansäen,
  - – Entnahmestelle mit vorhandenem Oberboden verfüllen und mit typgerechtem Saatgut ansäen,
  - – Entnahmestelle .... ,
    - – – Entnahmestelle des Oberbodens .... ,
- Förderweg über 50 bis 100 m – über 100 bis 500 m – über 500 bis 1000 m – in m ....
- Einbaufläche
  - – Einbaufläche Bodengruppe ....
- Berechnungseinheit m²

698 Rasenkante stechen,
Einzelangaben nach DIN 18320
- Ausführungsort
  - – an Rändern von ungebundenen Wegen,
  - – an Rändern von befestigten Flächen,
  - – an Rändern von Pflanzflächen,
  - – an Rändern von Baumscheiben,
  - – an Rändern von Pflanzflächen und Baumscheiben,
  - – an Einfassungen,
  - – an .... ,
- Bearbeitung
  - – maschinell,
  - – von Hand,
    - – – einmal im Frühsommer,
    - – – einmal im Herbst,
    - – – je einmal im Frühsommer und Herbst,
    - – – Zeitpunkt .... ,
- Kantenlänge
  - – in Teilstrecken,
  - – in Teilstrecken, Einzellänge in m .... ,
- Lagerung Rasenstück
  - – abgestochene Rasenstücke
    - – – innerhalb der Baustelle fördern und abladen.
    - – – auf der Baustelle zur Abfuhr geordnet lagern.
    - – – ....
- Berechnungseinheit m

699 Säubern der Rasenfläche,
Einzelangaben nach DIN 18320
- Rasenart
  - – Zierrasen,
  - – Gebrauchsrasen,
  - – Spielrasen,
  - – Parkplatzrasen,
  - – Landschaftsrasen,
  - – Art .... ,
- Art des zu beseitigenden Unrats
  - – von Unrat aller Art,
  - – von Schnittgut,
  - – von Laub,
  - – von Schnittgut und Laub,
  - – von .... ,
- Bearbeitung
  - – in Handarbeit,
  - – maschinell,
    - – – 2 Säuberungen,
    - – – 4 Säuberungen,
    - – – 6 Säuberungen,
    - – – Anzahl der Säuberungen .... ,
- Termin
  - – Ausführung
    - – – täglich,
    - – – wöchentlich,
    - – – alle 2 Wochen,
    - – – alle 4 Wochen,
    - – – alle 6 Wochen,
    - – – im Zeitraum von .... ,
- Lagerung der Stoffe
  - – anfallende Stoffe zur Abfuhr geordnet lagern.
  - – anfallende Stoffe sortieren und zur Abfuhr lagern.
  - – anfallende Stoffe geordnet lagern.
  - – anfallende Stoffe ....
- Berechnungseinheit m²

LB 003 Landschaftsbauarbeiten
Fertigstellungs-, Entwicklungs-, Unterhaltungspflege

STLB 003
Ausgabe 06.02

700 Düngen der Rasenfläche,
Einzelangaben nach DIN 18320
- Rasenart
  - – Zierrasen,
  - – Gebrauchsrasen,
  - – Spielrasen,
  - – Parkplatzrasen,
  - – Landschaftsrasen,
  - – Art .... ,
- Menge
  - – Menge 30 g/m²,
  - – Menge 35 g/m²,
  - – Menge 40 g/m²,
  - – Menge 60 g/m²,
  - – Menge 70 g/m²,
  - – Menge 80 g/m²,
  - – Menge in g/m² .... ,
    - – – in 2 Arbeitsgängen zu jeweils der halben Menge,
    - – – Anzahl der Arbeitsgänge .... ,
- Düngerart
  - – mineralischer Dünger,
  - – mineralischer NPK-Dünger,
  - – organischer Dünger,
  - – organisch-mineralischer Dünger,
  - – organisch-mineralischer Dünger mit Langzeitwirkung,
  - – mit .... ,
    - – – Nährstoffgehalt 20 : 5 : 10,
    - – – Nährstoffgehalt 16 : 8 : 16 + Spurenelemente,
    - – – Nährstoffgehalt 15 : 15 : 15,
    - – – Nährstoffgehalt 15 : 9 : 15 : 2,
    - – – Nährstoffgehalt 14 : 10 : 14 + Spurenelemente,
    - – – Nährstoffgehalt 12 : 12 : 17 + Spurenelemente,
    - – – Nährstoffgehalt 16 : 0 : 24,
    - – – Nährstoffgehalt 20 : 0 : 16,
    - – – Nährstoffgehalt .... ,
- Erzeugnis/Typ
  - – Erzeugnis/Typ .... ,
    (Sofern nicht vorgeschrieben, vom Bieter einzutragen.)
  - – Erzeugnis/Typ .... , oder gleichwertiger Art, Erzeugnis/Typ .... , (Vom Bieter einzutragen.)
- Zeitpunkt der Ausführung ....
- Berechnungseinheit kg

705 Die Ausführung der Pflegearbeiten erfolgt,
Einzelangaben nach DIN 18320
- Standardbeschreibung nach ZTV
  - – nach ZTV-Baumpflege der FLL,
  - – nach .... ,
- Ausführungszeitraum
  - – die Leistungen beginnen .... ,
    - – – und erstrecken sich über eine Vegetationsperiode,
    - – – und erstrecken sich .... ,
    - – – und enden .... ,
- Anordnung der Teilleistung
  - – erforderliche Teilleistungen ohne besondere Anordnung rechtzeitig ausführen,
  - – Teilleistungen erst nach besonderer Anordnung ausführen,
  - – die Teilleistungen .... ,
    - – – Ausführung jeder Teilleistung dem AG anzeigen,
- Die vorgesehenen Pflegeleistungen sind durchschnittliche Regelannahmen.

706 Anfallendes Schnittgut,
Einzelangaben nach DIN 18320
- Art der Arbeiten
  - – bei den Baumpflegearbeiten,
  - – bei den Baumsanierungsarbeiten,
- Bearbeitung
  - – zerkleinern,
    - – – Größe der Einzelstücke max. 10 cm,
    - – – Größe der Einzelstücke in cm .... ,
  - – häckseln,
    - – – Größe der Einzelstücke in cm .... ,
- Verwertung des Schnittgutes
  - – auf dem Grundstück kompostieren,
  - – auf dem Grundstück als Mulch aufbringen,
  - – auf dem Grundstück fördern und abladen,
  - – auf dem Grundstück lagern,
  - – zum Lagerplatz des AG fördern und abladen,
  - – zum Kompostplatz des AG fördern und aufsetzen,
    - – – Lagerfläche/Förderweg in m .... ,
  - – zum Lagerplatz des AG transportieren und abladen,
    - – – Transportentfernung in km .... ,
  - – zur Abfuhr geordnet lagern,
- Besondere Auflagen ....

707 Baumpflege,
708 Baumsanierung,
Einzelangaben nach DIN 183230 zu Pos. 707 und 708
- Leitbeschreibung nach ZTV
  - – gemäß ZTV-Baumpflege,
    - – – Baumart .... ,
- Gesamthöhe
  - – Gesamthöhe bis 6 m – über 6 bis 10 m – über 10 bis 15 m – über 15 bis 20 m – über 20 bis 25 m – über 25 bis 30 m – in m .... ,
- Stammdurchmesser
  - – einstämmig, Stammdurchmesser bis 10 cm – über 10 bis 15 cm – über 15 bis 20 cm – über 20 bis 30 cm – über 30 bis 50 cm – über 50 bis 70 cm – über 70 bis 90 cm – in cm ......,
  - – mehrstämmig, Durchmesser der einzelnen Stämme in cm .... ,
- Kronendurchmesser
  - – mittlerer Kronendurchmesser bis 3 m – über 3 bis 6 m – über 6 bis 10 m – über 10 bis 15 m – über 15 bis 20 m – in m .... ,
- Kennzeichnung des Baumes
  - – Baum-Nr .... ,
- Besonderheiten
  - – Besonderheiten zu Baum, Standort, Ausführung .... ,
  - – Einschränkungen beim Maschinen- und Geräteeinsatz .... ,
  - – Besonderheiten zu Baum, Standort, Ausführung .... , Einschränkungen beim Maschinen- und Geräteeinsatz .... ,
- Ausführung wie folgt:
- Berechnungseinheit Stück

Hinweis: Pos. 707 bis 708 als Leitbeschreibung für die genaue Kennzeichnung der zu behandelnden Bäume verwenden. Bei der Anwendung als Ausführungsbeschreibung ist der Punkt „Ausführung wie folgt" zu wählen.

Die Leitbeschreibung ist mit den Unterschreibungen ab Pos. 709 bis 717 fortzusetzen, bis die Leistung eindeutig und erschöpfend beschrieben ist.

STLB 003

LB 003 Landschaftsbauarbeiten
Fertigstellungs-, Entwicklungs-, Unterhaltungspflege

Ausgabe 06.02

709 Baumschnitt der Krone,
Einzelangaben nach DIN 18320
- Art der Pflege
  - - Erziehungs-, Aufbauschnitt,
  - - Kronenpflege,
  - - Kronenauslichtung,
  - - Totholzbeseitigung,
  - - Lichtraumprofil herstellen,
  - - Freischneiden von Leitungstrassen,
    - - - zu entfernender Feinast-/Schwachastanteil leicht (ca. 5 %)
    - - - zu entfernender Feinast-/Schwachastanteil mittel (ca. 10 %)
    - - - zu entfernender Feinast-/Schwachastanteil stark (ca. 15 %)
    - - - zu entfernender Feinast-/Schwachastanteil .... ,
  - - Kroneneinkürzung,
    - - - mittlere Dicke der einzukürzenden Ständer in cm .... , Anzahl der Einkürzungen .... ,
      - - - - Einkürzung allseitig ca. 3 m – ca. 4 m,
      - - - - Einkürzung allseitig in m .... ,
      - - - - Einkürzung allseitig ca. 10 % – ca. 20 % – ca. 35 % – ca. % .... ,
      - - - - - in der Höhe um ca. 2 m – ca. 3 m,
      - - - - - in der Höhe, Angabe in m .... ,
      - - - - - in der Höhe um ca. 10 % – 20 % – 35 % – ca. % .... ,
      - - - - - - Lage .... ,
  - - Kronenteileinkürzung,
  - - Kronensicherungsschnitt,
    - - - zur Herstellung des Lichtraumprofils,
    - - - zur .... ,
      - - - - Dicke der einzukürzenden Grobäste über 5 bis 10 cm,
      - - - - Dicke der einzukürzenden Starkäste über 10 bis 15 cm,
      - - - - Dicke der einzukürzenden Starkäste über 15 bis 20 cm,
      - - - - Dicke der einzukürzenden Starkäste in cm .... ,
        - - - - - Anzahl der Äste .... , Lage in der Baumkrone .... ,
          - - - - - - einseitige Einkürzung um ca. 3 m,
          - - - - - - einseitige Einkürzung um ca. 4 m,
          - - - - - - Einkürzung in m .... ,
            - - - - - - - verbleibende Krone nicht formen,
            - - - - - - - verbleibende Krone arttypisch formen,
- Ausführung
  - - Ausführung nach Angabe des AG.
  - - Ausführung nach Muster.
- ergänzende Maßnahmen ....
- Berechnungseinheit Stück

710 Baumschnitt in gekappter Krone,
Einzelangaben nach DIN 18320
- letzte Behandlung, Angabe in Jahren .... ,
- Anzahl der Ständer
  - - ein Ständer,
  - - 2 bis 3 Ständer,
  - - 4 bis 6 Ständer,
  - - Anzahl der Ständer .... ,
  - - Anzahl der Kappstellen .... ,
- Ständerhöhe
  - - Höhe der Ständer ab Kappstelle bis 2 m – 2 bis 5 m – 5 bis 10 m – in m .... ,
- Bearbeitung
  - - Ständer basisgleich absetzen,
  - - Ständer reduzieren um 50 % der Anzahl,
  - - Ständer reduzieren um 75 % der Anzahl,
  - - Ständer reduzieren um 2 Stück – um 3 Stück,
  - - Ständer reduzieren bis auf ein Stück,
  - - Ständer reduzieren bis auf 3 Stück,
  - - Ständer reduzieren .... ,
- Bearbeitung der verbleibenden Ständer
  - - verbleibende Ständer einkürzen auf 2 m Höhe.
  - - verbleibende Ständer einkürzen auf m ....
  - - verbleibende Ständer einkürzen um 3 m.
  - - verbleibende Ständer einkürzen um m ....
  - - verbleibende Ständer einkürzen nach Angabe des AG.
- sonstige Maßnahmen ....
- Berechnungseinheit Stück

711 Baumkronensicherung durch Verankerung,
Einzelangaben nach DIN 18320
- Drahtseile, Dicke 8 mm – 10 mm – 12 mm – .... ,
- Stahlgewindestangen, Dicke 16 mm – 18 mm – 20 mm – in mm .... ,
weitere Einzelangaben siehe Pos. 713

712 Baumkronensicherung durch
Gurtsicherungssystem,
Einzelangaben nach DIN 18320
- Sicherungsart
  - - mit Doppelgurt,
  - - mit Doppelgurt, Erzeugnis/Typ .... , (Sofern nicht vorgeschrieben, vom Bieter einzutragen.)
  - - mit Doppelgurt, Erzeugnis/Typ .... , oder gleichwertiger Art, Erzeugnis/Typ .... , (Vom Bieter einzutragen.)
  - - mit .... ,
    - - - und Drahtseilen, Dicke 8 mm – 10 mm – in mm .... ,
    - - - und Verbindung aus .... ,
weitere Einzelangaben siehe Pos. 713

713 Baumkronensicherung durch Seilsicherungssystem,
Einzelangaben nach DIN 18320
- mit .... ,

Fortsetzung Einzelangaben zu Pos. 710 bis 713
- Sicherungsart
  - - als Einzellastsicherung,
    - - - an einem Ast/Stämmling,
    - - - an zwei Ästen/Stämmlingen ohne Verbund,
    - - - an zwei Ästen/Stämmlingen im Verbund,
    - - - an .... ,
  - - als Verbund,
    - - - aus 3 Verbindungen,
    - - - Anzahl der Verbindungen .... ,
    - - - nach Skizze/Zeichnung Nr .... ,
- Anzahl der Ebenen
  - - in einer Ebene, Einbauhöhe über dem Boden bis 10 m,
  - - in einer Ebene, Einbauhöhe über dem Boden über 10 bis 15 m,
  - - in einer Ebene, Einbauhöhe über dem Boden über 15 bis 25 m,
  - - in einer Ebene, Einbauhöhe über dem Boden über 25 m,
  - - in einer Ebene, Einbauhöhe über dem Boden in m .... ,
  - - in zwei Ebenen, Einbauhöhe der unteren Ebene über dem Boden in m .... , Einbauhöhe der oberen Ebene über dem Boden in m .... ,
  - - in .... ,
- Durchmesser
  - - Durchmesser der Äste/Stämmlinge ca. 20 bis 30 cm – ca. 30 bis 50 cm – ca. 50 bis 90 cm – in cm .... ,
  - - Durchmesser der einzelnen Äste/Stämmlinge in cm .... ,
- Art des Verbundes
  - - Drahtseil, einschl. 2 Stahlgewindestangen und Befestigungsmittel, Ankerverbund aus 3 Seilen, einschl. 3 Stahlgewindestangen und Befestigungsmittel.
  - - Ankerverbund ....
  - - Seil, einschl. zwei Gurte.
  - - Gurtverbund aus 3 Seilen und 3 Gurten.
  - - Gurtverbund aus 3 Seilen und 6 Gurten.
  - - Gurtverbund ....
  - - Seilverbund ....
  - - Verbund ....
- sonstige Maßnahmen ....
- Berechnungseinheit Stück

LB 003 Landschaftsbauarbeiten
Fertigstellungs-, Entwicklungs-, Unterhaltungspflege

STLB 003
Ausgabe 06.02

714 Baumstabilisierung,
Einzelangaben nach DIN 18320
- Baumteil
  - – des Stammes,
  - – des Stammkopfes,
  - – des Stämmlings,
  - – des Astes,
  - – des .... ,
- Art der Gefährdung
  - – wegen Rissgefährdung,
  - – wegen vorhandenem Riss,
  - – wegen Höhlung,
  - – wegen .... ,
- Dicke der Stahlgewindestange
  - – mit Stahlgewindestange, Dicke 16 mm – 18 mm – 20 mm – in mm .... ,
  - – mit .... ,
- Anzahl der Ebenen
  - – Einbau in einer Ebene mit einer Stange,
  - – Einbau in einer Ebene mit zwei Stangen,
  - – Einbau in zwei Ebenen mit jeweils einer Stange,
  - – Einbau in zwei Ebenen mit jeweils zwei Stangen,
  - – Einbau in drei Ebenen mit jeweils einer Stange,
  - – Einbau in drei Ebenen mit jeweils zwei Stangen,
  - – Einbau .... ,
- Abstand der Stahlgewindestangen
  - – Abstand der Stahlgewindestangen zueinander ca. 60 cm – ca. 70 cm – ca. 80 cm – ca. 90 cm – in cm .... ,
- Einbauhöhe
  - – Einbauhöhe bis ca. 3 m – ca. 3 bis 5 m – ca. 5 bis 10 m – ca. 10 bis 15 m – in m .... ,
- Stamm-/Astdurchmesser
  - – Stammdurchmesser in Einbauhöhe ca. 30 bis 50 cm – ca. 50 bis 90 cm – ca. 90 bis 150 cm – in cm .... ,
  - – Astdurchmesser in Einbauhöhe ca. 20 bis 30 cm – ca. 30 bis 50 cm – ca. 50 bis 90 cm – in cm ....
- sonstige Maßnahmen ....
- Berechnungseinheit Stück

715 Baumwundbehandlung,
Einzelangaben nach DIN 18320
- Termin
  - – vor Kallusbildung,
  - – mit Kallusbildung,
  - – bei Splintfäule,
  - – bei .... ,
- Behandlungsort
  - – im Wurzelbereich,
  - – im Wurzelanlaufbereich,
  - – im Stammbereich,
  - – im Stammkopfbereich,
  - – im Kronenbereich,
  - – im Bereich .... ,
- Länge/Breite
  - – Länge des beschädigten Bereichs ca. 30 bis 50 cm – ca. 50 bis 80 cm – in cm .... ,
    - – – Breite des beschädigten Bereichs ca. 5 bis 10 cm – ca. 10 bis 20 cm – ca. 20 bis 30 cm – in cm .... ,
- Ausführungshöhe
  - – Ausführung bis 2 m über dem Boden,
  - – Ausführung ca. 2 bis 5 m über dem Boden,
  - – Ausführung ca. 5 bis 10 m über dem Boden,
  - – Ausführung ca. 10 bis 20 m über dem Boden,
  - – Ausführungshöhe über dem Boden in m .... ,
- Art der Ummantelung
  - – ummanteln der behandelten Stellen an Grob- und Starkwurzeln mit gewaschenem Kies 8/16,
  - – ummanteln der behandelten Stellen an Grob- und Starkwurzeln mit .... ,
    - – – Dicke 10 cm – 20 cm – in cm ....
- sonstige Maßnahmen ....
- Berechnungseinheit Stück

716 Höhlungsschutz einbauen,
Einzelangaben nach DIN 18320
- aus .... ,
- größte Länge in cm .... ,
  größte Breite in cm .... ,
- Baumart .... ,
- Einbauhöhe
  - – Einbauhöhe bis ca. 2 m über dem Boden.
  - – Einbauhöhe ca. 2 bis 5 m über dem Boden.
  - – Einbauhöhe ca. 5 bis 10 m über dem Boden.
  - – Einbauhöhe ca. 10 bis 15 m über dem Boden.
  - – Einbauhöhe über dem Boden in m ....
- sonstige Maßnahmen ....
- Berechnungseinheit Stück

717 Baumaustriebe entfernen,
Einzelangaben nach DIN 18320
- Baumteil
  - – am Stamm,
  - – am Stock,
  - – am .... ,
- Termin
  - – letzte Behandlung, Zeitpunkt .... ,
- Höhe
  - – bis 2 m über dem Boden,
  - – bis 3 m über dem Boden,
  - – bis 4,5 m über dem Boden,
  - – bis Stammhöhe in m .... ,
- Reduzierung
  - – Reduzierung um 25 %,
  - – Reduzierung um 50 %,
  - – Reduzierung um 100 %,
  - – Reduzierung um % .... ,
  - – Reduzierung nach Angabe des AG,
- Baumart .... ,
- sonstige Maßnahmen ....
- Berechnungseinheit Stück

718 Baumbelüftung,
719 Baumbelüftung und Düngung,
Einzelangaben nach DIN 18320 zu Pos. 718 und 719
- Belüftungsort
  - – durch Löcher im offenen Wurzelbereich, Anzahl 10,
  - – durch Löcher im offenen Wurzelbereich, Anzahl 20,
  - – durch Löcher im offenen Wurzelbereich, Anzahl 25,
  - – durch Löcher im offenen Wurzelbereich, Anzahl .... ,
  - – durch .... ,
    - – – Abstand 80 cm,
    - – – Abstand in cm .... ,
- Lochdurchmesser/-tiefe
  - – Lochdurchmesser 60 mm – 100 mm – in mm .... ,
    - – – Lochtiefe 60 cm – 80 cm – 100 cm – in cm .... ,
- Stab-/Düngermaterial
  - – Einbau von ummantelten Porzylstäben bis 2 cm unter Bodenniveau, sowie Abdecken der Löcher mit Endkappe aus Leichtmetall,
  - – Einbau .... ,
    - – – je Loch einbringen, Düngerart .... , Menge in g .... ,
- Verfüllmaterial
  - – Verfüllen der Löcher mit Kies 8/16.
  - – Verfüllen der Löcher mit Lava.
  - – Verfüllen der Löcher mit Blähton.
  - – Verfüllen .... ,
  - – sonstige Maßnahmen ....
- Baumart ....
- Berechnungseinheit pauschal

STLB 003

Ausgabe 06.02

LB 003 Landschaftsbauarbeiten
Fertigstellungs-, Entwicklungs-, Unterhaltungspflege

720 Wurzelbereich belüften,
Einzelangaben nach DIN 18320
- Belüftungsart
  - – – durch Injektion, Wurzelbereich nicht versiegelt,
  - – – durch Injektion, Wurzelbereich versiegelt, Art .... ,
  - – – durch Löchern, Wurzelbereich nicht versiegelt,
  - – – durch Löchern, Wurzelbereich versiegelt, Art .... ,
  - – – durch .... ,
- Lochabstand/Lochdurchmesser
  - – – Abstand der Injektionslöcher in cm .... ,
  - – – Lochabstand 80 cm,
  - – – Lochabstand 80 cm, Anzahl der Löcher pro Baum .... ,
  - – – Lochabstand in cm .... ,
  - – – Lochabstand in cm .... , Anzahl der Löcher pro Baum .... ,
  - – – Anzahl der Löcher pro m² .... ,
- Lochdurchmesser/Lochtiefe
  - – – Lochdurchmesser 60 mm – 80 mm – 100 mm – in mm .... ,
    - – – – Lochtiefe 60 cm – in cm .... ,
- Belüftungsgerät/Art
  - – – mit Injektionsgerät Luft kontinuierlich einpressen,
  - – – mit .... ,
    - – – – Baumfutter einbringen, Art .... , Menge je Loch .... ,
- Verfüllmaterial
  - – – Verfüllen der Löcher mit Kies,
  - – – Verfüllen der Löcher mit Lava,
  - – – Verfüllen der Löcher mit Blähton,
  - – – Verfüllen .... ,
  - – – .... ,
- Abrechnung
  - – – Größe des Wurzelbereichs in m² .... (Stück)
  - – – Abrechnung nach Belüftungslöchern/Injektionen. (Stück)
  - – – Abrechnung nach belüfteter Fläche. (m²)
  - – – sonstige Maßnahmen .... , Größe des Wurzelbereiches in m² .... (Stück)
  - – – sonstige Maßnahmen .... , Abrechnung nach Belüftungslöchern/Injektionen. (Stück)
  - – – sonstige Maßnahmen .... , Abrechnung nach belüfteter Fläche. (m²)
- Berechnungseinheit Stück, m²

721 Boden austauschen,
Einzelangaben nach DIN 18320
- Bereich
  - – – im Wurzelbereich,
  - – – im Bereich .... ,
    - – – – Bodenstruktur .... ,
- Bearbeitung
  - – – durch Absaugen,
  - – – durch Spülen,
  - – – durch Handarbeit,
  - – – durch .... ,
- Tiefe ca. 10 cm – ca. 10 bis 20 cm – ca. 20 bis 30 cm – in cm .... ,
- Lagerung
  - – – anfallenden Boden seitlich lagern,
  - – – anfallenden Boden .... ,
- Verfüllmaterial
  - – – verfüllen mit Oberboden ....
  - – – verfüllen mit Substrat ....
- Berechnungseinheit m²

722 Pflanzenschutz,
Einzelangaben nach DIN 18320
- Gehölzart
  - – – an Gehölzen,
  - – – an Laubgehölzen,
  - – – an Nadelgehölzen,
    - – – – Größe/Wuchshöhe bis 2 m – über 2 bis 2,5 m – über 2,5 bis 3 m – über 3 bis 4 m – in m .... ,
  - – – an Rosen,
  - – – an Stauden,
  - – – an Ein- und Zweijahresblumen,
  - – – an Blumenzwiebeln und -knollen,
  - – – an Rasenflächen,
  - – – an .... ,
- gegen .... ,
- Erzeugnis/Typ
  - – – Erzeugnis/Typ .... , (Sofern nicht vorgeschrieben, vom Bieter einzutragen.)
  - – – Erzeugnis/Typ .... , oder gleichwertiger Art. Erzeugnis/Typ .... , (Vom Bieter einzutragen.)
- Anwendung
  - – – Anwendung nach Herstellervorschrift,
  - – – Anwendung .... ,
    - – – – Behandlungsmittelmenge .... ,
- Anzahl und Zeitpunkt der Arbeitsgänge .... ,
- Abrechnung und Anzahl der behandelten Pflanzen. (Stück)
- Berechnungseinheit m², Stück

725 Ausstattungsgegenstand,
Einzelangaben nach DIN 18320
- Ein- und Auswintern
  - – – einwintern,
  - – – auswintern,
  - – – ein- und auswintern,
- Beförderung zur Lagerstelle
  - – – aufnehmen, zur Lagerstelle fördern und einlagern,
  - – – aufnehmen, säubern, zur Lagerstelle fördern und einlagern,
  - – – aufnehmen .... ,
- Beförderung von der Lagerstelle
  - – – von der Lagerstelle zum vorgesehenen Standort fördern und aufstellen,
  - – – säubern, von der Lagerstelle zum vorgesehenen Standort fördern und aufstellen,
- Art
  - – – Art .... ,
  - – – Art und Anzahl der Gegenstände .... ,
- Aufstellungsweise
  - – – Aufstellung lose,
  - – – Aufstellung ortsfest verschraubt,
  - – – Aufstellung ortsfest verklammert,
  - – – Aufstellung .... ,
    - – – – besondere Angaben .... ,
- Lagerstellenbezeichnung
  - – – Lagerstelle des AG .... , Förderweg in m .... ,
  - – – Lagerstelle stellt der AN zur Verfügung,
  - – – Lagerstelle .... ,
- Dauer der Lagerung ....
- Berechnungseinheit Stück, pauschal

726 Pflanzgefäß einwintern,
Einzelangaben nach DIN 18320
- Bearbeitung
  - – – entleeren und säubern,
  - – – entleeren und säubern, aufnehmen, zur Lagerstelle transportieren und einlagern,
- Art und Fassungsvermögen .... , Aufstellort .... ,
- Lagerstellenbezeichnung
  - – – Lagerstelle des AG .... , Förderweg in m .... ,
  - – – Lagerstelle stellt der AN zur Verfügung,
  - – – Lagerstelle .... ,
    - – – – Dauer der Lagerung .... ,
- Behandlung der anfallenden Stoffe
  - – – anfallende Stoffe zum Lagerplatz fördern und abladen,
  - – – anfallende Stoffe im Gelände zur Abfuhr geordnet lagern.
  - – – anfallende Stoffe ....
- Berechnungseinheit Stück

LB 003 Landschaftsbauarbeiten
Fertigstellungs-, Entwicklungs-, Unterhaltungspflege

STLB 003

Ausgabe 06.02

727 Pflanzgefäß aufstellen, aus Beständen des AG,
Einzelangaben nach DIN 18320
– Art und Fassungsvermögen .... ,
– Lagerstelle .... ,
– Aufstellort .... ,
– – mit Substrat füllen,
– – mit Substrat füllen, einschl. Dränschicht 10 cm dick,
– – mit Substrat füllen, einschl. Dränschicht .... ,
– Substrat-Beschaffenheit .... ,
– Dränschicht-Beschaffenheit ....
– Berechnungseinheit Stück

728 Kinderspielplatz säubern,
Einzelangaben nach DIN 18320
– Umfang
– – einschl. der Wegfläche,
– – einschl. der Weg- und Sandfläche,
– – einschl. der Weg- und Sandfläche sowie der Ausstattungsgegenstände,
– – einschl. .... ,
– Behandlung Spielsand
– – Spielsand lockern, Tiefe bis 15 cm – bis 20 cm – bis 25 cm – in cm .... , Spielsand .... ,
– Beseitigung Unrat
– – Unrat aus dem Spielsand aufnehmen,
– – .... ,
– Beförderung Sand
– – ausgeworfenen Sand zurückbefördern,
– – .... ,
– Lagerung der Stoffe
– – anfallende Stoffe im Gelände zur Abfuhr lagern.
– – anfallende Stoffe zur Lagerstelle des AG transportieren und abladen.
– – anfallende Stoffe auf der Baustelle lagern.
– – anfallende Stoffe in Behälter des AG laden.
– – anfallende Stoffe ....
– Anzahl der Säuberungen ....
– Berechnungseinheit m²

729 Sandfüllung auswechseln,
Einzelangaben nach DIN 18320
– Ort
– – Spielfläche,
– – Spielgrube,
– – Sandkasten,
– – .... ,
– Behandlung
– – ausheben,
– – ausheben und zur Fahrstraße fördern,
– – ausheben und zur Fahrstraße fördern, neuen Sand von dort fördern und einbauen,
– – .... ,
– Aushubtiefe
– – Aushubtiefe 20 cm – 30 cm – 40 cm – in cm .... ,
– neues Füllmaterial
– – neue Füllung rundkörniger Quarzsand 0,5/1,2,
– – neue Füllung rundkörniger Quarzsand 0,1/0,4,
– – neue Füllung Sand 0/2,
– – neue Füllung Sand 0/4,
– – neue Füllung .... ,
– Lagerung der Stoffe
– – anfallende Stoffe auf der Baustelle zur Abfuhr lagern,
– – anfallende Stoffe zur Lagerstelle des AG transportieren und abladen,
– – anfallende Stoffe im Gelände lagern,
– – anfallende Stoffe in Behälter des AG laden,
– – anfallende Stoffe .... ,
– – – Transportweg in km .... ,
– Weg innerhalb der Baustelle zur Fahrstraße in m .... ,
– Füllhöhe 20 cm – 30 cm – 40 cm – in cm .... ,
– Berechnungseinheit m³

LB 003 Landschaftsbauarbeiten
Dach-, Fassadenbegrünung

Ausgabe 06.02

740 Ausführung der Dachbegrünung,
741 Ausführung der Fassadenbegrünung,
742 Ausführung der Dach- und Fassadenbegrünung,
Einzelangaben nach DIN 18320 zu Pos. 740 bis 742
- Gütenachweis
  - – und Gütenachweis für die verwendeten Stoffe nach
  - – und .... nach,
- Richtlinien
  - – „Richtlinien für die Planung, Ausführung und Pflege von Dachbegrünungen" der FLL,
    - – – „Richtlinien für die Planung, Ausführung und Pflege von Fassadenbegrünungen mit Kletterpflanzen" der FLL,
  - – .... ,
- Der AN erbringt den Nachweis über Eignung und Güte
  - – zum Durchwurzelungsschutz.
  - – zum Dränschicht-Stoff.
  - – zum Durchwurzelungsschutz und Dränschicht-Stoff.
- Art
  - – Zur Vegetationstragschicht.
  - – ....

743 Für die Ausführung der Dachbegrünung,
744 Für die Ausführung der Fassadenbegrünung,
745 Für die Ausführung der Dach- und Fassadenbegrünung,
Einzelangaben nach DIN 18320 zu Pos. 743 bis 745
- werden folgende Angaben zur Baustelle gemacht,
  - – Art und Lage des Objektes .... ,
    - – – Zufahrtsmöglichkeit .... ,
      - – – – Beschaffenheit der Zufahrt .... ,
      - – – – Einschränkung bei ihrer Nutzung ..... ,
        - – – – – Anzahl der Geschosse .... ,
- werden folgende Angaben zum Dach gemacht,
  - – Gefälle in % .... ,
  - – Dachneigung in Grad .... ,
  - – Flachdach,
  - – .... ,
    - – – nicht belüftetes Dach ohne Wärmedämmung,
    - – – nicht belüftetes Dach mit Wärmedämmung,
    - – – nicht belüftetes Dach mit Wärmedämmung auf Leichtkonstruktion,
    - – – belüftetes Dach mit Wärmedämmung,
    - – – Umkehrdach,
    - – – Dach aus wasserundurchlässigem Beton ohne oder mit unterseitiger Wärmedämmung,
    - – – Dach aus wasserundurchlässigem Beton mit oberseitiger Wärmedämmung,
    - – – Dachbauweise und Art der Wärmedämmung ....
    - – – .... ,
      - – – – Dachabdichtung aus .... ,
      - – – – Dachabdichtung aus .... , die Dachabdichtung ist durchwurzelungsfest,
      - – – – die Dachabdichtung ist durchwurzelungsfest,
      - – – – .... ,
        - – – – – Unterkonstruktion aus .... ,
        - – – – – Unterkonstruktion aus .... , zulässige Verkehrslast in kN/m² ...... ,
        - – – – – .... ,
          - – – – – – Art der Schutz- und Trennlage
- wird auf folgende Punkte hingewiesen,
  - – die Ausführung erfolgt unter erschwerten Bedingungen,
    - – – während des Ausführungszeitraums werden im Arbeitsbereich noch folgende Arbeiten von anderen AN durchgeführt .... ,
      - – – – während der nachfolgend aufgeführten Tage und Tageszeiten darf nicht gearbeitet werden .... ,
      - – – – es darf nur an folgenden Tagen und Tageszeiten gearbeitet werden .... ,
      - – – – während nachfolgend genannter Tage und Tageszeiten herrscht im Bearbeitungsbereich allgemeiner Geschäftsbetrieb/Publikumsverkehr. Zur Aufrechterhaltung der Verkehrssicherheit und Ordnung sind zu beachten .... ,
        - – – – – ....

- Transport
  - – Transport von Stoffen und Bauteilen mit
    - – – – Schrägaufzug zur Beförderung von Lasten,
    - – – – Bauaufzug zur Beförderung von Lasten,
    - – – – Gebäudeaufzug,
    - – – – Baukran,
- Tragfähigkeit bis 500 kg – bis 1000 kg – in kg .... ,
- Hubhöhe in m .... ,
- Leistung in kW .... ,
- Benutzungsbedingungen ....
- besondere Bedingungen ....

750 Schutzzaun als Absturzsicherung,
Einzelangaben nach DIN 18320
- Bearbeitungsfläche
  - – für Bearbeitungsfläche auf dem Dach,
  - – für .... ,
- Bearbeitung
  - – aufstellen,
  - – aufstellen und beseitigen,
  - – aufstellen, für die Dauer der vertraglichen Ausführungsfrist vorhalten und beseitigen,
- Höhe
  - – Höhe der Dachfläche über Gelände in m .... ,
  - – Anzahl der Vollgeschosse unter der Dachfläche .... ,
    - – – Höhe der vorhandenen Umwehrung in m ...... ,
- Bodenabstand/Zaunhöhe
  - – Bodenabstand 10 cm – in cm .... ,
  - – Zaunhöhe 0,9 m – 1,2 m – in m .... ,
- Ausführung
  - – Ausführung nach Wahl des AN.
  - – Ausführung ....
- Berechnungseinheit m

751 Behelfmäßige Schutzlage,
Einzelangaben nach DIN 18320
- Art der Flächen
  - – für Arbeitsflächen auf dem Dach,
  - – für Bewegungsflächen auf dem Dach,
  - – für .... ,
- Verwendungszweck
  - – zum Transport von Stoffen und Bauteilen,
  - – zum .... ,
- Bearbeitung
  - – herstellen,
  - – herstellen und beseitigen,
  - – herstellen, für die Dauer der vertraglichen Ausführungsfrist vorhalten und beseitigen,
- Ausführung
  - – Ausführung nach Wahl des AN,
  - – Ausführung .... ,
- Dicke der Schutzlage 3 cm – 5 cm – 10 cm – in cm .... ,
- Breite des Transportweges 1 m – 1,2 m – in m ....
- Berechnungseinheit m²

752 Dachfläche säubern,
Einzelangaben nach DIN 18320
- abräumen,
  - – von Kies, Schichtdicke in cm .... ,
  - – von Bautenschutzmatten, lose verlegt,
  - – von .... ,
- Säuberungsart
  - – abkehren,
  - – besenrein abkehren,
- anfallende Stoffe,
  - – zur Abfuhr auf Haufen setzen,
  - – in bauseits gestellte Transportgefäße füllen,
  - – laden, fördern, abladen, Abladestelle .... ,
  - – .... ,
    - – – Förderweg über 50 bis 100 m – in m .... ,
- Abrechnung
  - – Abrechnung nach gereinigten Teilflächen. (in m²)
  - – Abrechnung nach .... (in m²)
  - – Abrechnung nach Aufmaß an der Lagerstelle. (in m³)
  - – Abrechnung nach Aufmaß auf dem Fahrzeug/Container. (in m³)
- Berechnungseinheit m², m³

LB 003 Landschaftsbauarbeiten
Dach-, Fassadenbegrünung

STLB 003

Ausgabe 06.02

753 Trennlage für Dachbegrünung,
Einzelangaben nach DIN 18320
- Art der Trennlage
  - – aus Folie, einlagig,
  - – aus Folie, doppellagig,
  - – aus Folie .... ,
    - – – Dicke 0,2 mm – 0,3 mm – 0,4 mm – 0,5 mm – 0,8 mm – 1 mm – in mm .... ,
  - – aus Kunststoffvlies,
  - – aus .... ,
- Gewicht 300 g/m² – in g/m² .... ,
- UV-stabilisiert,
- bitmenverträglich,
- Erzeugnis/Typ
  - – Erzeugnis/Typ .... ,
    (Sofern nicht vorgeschrieben, vom Bieter einzutragen.)
  - – Erzeugnis/Typ .... , oder gleichwertiger Art, Erzeugnis/Typ .... , (Vom Bieter einzutragen.)
- Überlappung 10 cm – 20 cm – in cm .... ,
- Ort der Verlegung
  - – lose verlegen.
  - – lose verlegen auf Betonflächen.
  - – lose verlegen auf bituminösen Abdichtungen,
  - – lose verlegen auf Kunststoffabdichtungen,
  - – lose verlegen auf .... ,
- Berechnungseinheit m²

754 Durchwurzelungsschutz für Dachbegrünung,
Einzelangaben nach DIN 18320
- Material
  - – aus PE,
  - – aus PVC,
  - – aus EPDM,
  - – aus .... ,
- Dicke 0,8 mm – 1 mm – 1,2 mm – 1,5 mm – 2 mm – in mm .... ,
- UV-stabilisiert,
- bitumenverträglich,
- Erzeugnis/Typ
  - – Erzeugnis/Typ .... ,
    (Sofern nicht vorgeschrieben, vom Bieter einzutragen.)
  - – Erzeugnis/Typ .... , oder gleichwertiger Art. Erzeugnis/Typ .... , (Vom Bieter einzutragen.)
- Fügetechnik
  - – Fügetechnik nach Vorschrift des Herstellers,
  - – Fügetechnik .... ,
- Art der Verlegung
  - – lose verlegen.
  - – vollständig verkleben.
  - – verlegen ....
- Berechnungseinheit m²

755 Schutzlage für Dachbegrünung,
Einzelangaben nach DIN 18320
- nach DIN 18195-10,
  - – Vlies,
  - – Schutzmatte,
  - – Schutzbahn,
  - – Schutzplatte, Schutzelement,
  - – Dränplatte,
  - – Substratplatte,
  - – ganzflächige Beschichtung aus .... ,
  - – Art .... ,
  - – Art .... , mit Zusatzfunktion als .... ,
- Materialart
  - – aus Polyamid,
  - – aus PE,
  - – aus PVC,
  - – aus EPDM,
  - – aus .... ,
- Dicke
  - – Dicke 5 mm – 10 mm – 20 mm – 30 mm – 35 mm – 40 mm – 45 mm – 50 mm – in mm .... ,
- Gewicht
  - – Gewicht 300 g/m² – 500 g/m² – in g/m² .... ,
  - – Einbaugewicht in kg/m² .... ,
- Erzeugnis/Typ
  - – Erzeugnis/Typ .... ,
    (Sofern nicht vorgeschrieben, vom Bieter einzutragen.)
  - – Erzeugnis/Typ .... , oder gleichwertiger Art. Erzeugnis/Typ .... , (Vom Bieter einzutragen.)
- Bearbeitung
  - – Kanten stumpf gestoßen,
  - – Kanten stumpf gestoßen, Fugen mit Vliesstreifen abdecken, Überlappung 10 cm,
  - – Überlappung in cm .... ,
- Ausführung
  - – verlegen nach Herstellervorschrift.
  - – Ausführung ....
- Berechnungseinheit m²

756 Durchwurzelungsschutz für Bauwerksdurchdringung,
Einzelangaben nach DIN 18320
- Dimension
  - – Durchmesser bis 150 mm,
  - – Durchmesser über 150 bis 300 mm,
  - – Durchmesser in mm .... ,
- weitere Einzelangaben siehe Pos. 758

757 Durchwurzelungsschutz für Eckausbildung,
758 Durchwurzelungsschutz für Aufkantung,
Einzelangaben nach DIN 18320 zu Pos. 756 und 758
- Höhe bis 10 cm – über 10 bis 15 cm – über 15 bis 20 cm – über 20 bis 30 cm – in cm .... ,
- UV-stabilisiert,
- Trenn- und Schutzlage
  - – einschl. Trennlage,
  - – einschl. Schutzlage,
  - – einschl. Trenn- und Schutzlage,
- Erzeugnis/Typ
  - – Erzeugnis/Typ .... ,
    (Sofern nicht vorgeschrieben, vom Bieter einzutragen.)
  - – Erzeugnis/Typ .... , oder gleichwertiger Art. Erzeugnis/Typ .... , (Vom Bieter einzutragen.)
- Berechnungseinheit Stück, m

759 Trennlage und Durchwurzelungsschutz befestigen,
Einzelangaben nach DIN 18320
- Art der Befestigung
  - – mit Randanschlussprofil,
  - – mit Verbundblech
  - – mit .... ,
    - – – aus Aluminium,
    - – – aus kunststoffbeschichtetem Aluminium,
    - – – aus verzinktem Stahl, kunststoffbeschichtet,
    - – – aus Kunststoff,
    - – – aus .... ,
      - – – – Profilhöhe 5 cm – 6 cm – 8 cm – in cm .... ,
      - – – – Erzeugnis/Typ .... ,
        (Sofern nicht vorgeschrieben, vom Bieter einzutragen.)
      - – – – Erzeugnis/Typ .... , oder gleichwertiger Art. Erzeugnis/Typ .... , (Vom Bieter einzutragen.)
      - – – – befestigen an Beton.
      - – – – befestigen an Mauerwerk.
      - – – – befestigen an Mauerwerk, verputzt.
      - – – – befestigen ....
        - – – – – Mit Dübeln und Schrauben.
        - – – – – Dauerelastisch verfugen.
        - – – – – Berechnungseinheit m
  - – an vorhandenen Anschlussbahnen gemäß Herstellervorschrift,
  - – Ausführung .... ,
- Berechnungseinheit m

STLB 003

LB 003 Landschaftsbauarbeiten
Dach-, Fassadenbegrünung

Ausgabe 06.02

770 **Ausgleich des Untergrundes für Dachbegrünung,**
771 **Dränschicht für Dachbegrünung mit Schüttgütern,
Einzelangaben nach DIN 18320** zu Pos. 770 und 771
– Material
– – Blähton ungebrochen,
– – Blähton gebrochen,
– – Blähtonmischung, gebrochen und ungebrochen, Mischungsverhältnis .... ,
– – Blähschiefer ungebrochen,
– – Blähschiefer gebrochen,
– – Blähschiefermischung, gebrochen und ungebrochen, Mischungsverhältnis .... ,
– – – Körnung 2/8 – 4/8 – 2/12 – 8/16 – 16/32 – .... ,
– – – – Vol.-Gewicht bei max. Wasserkapazität 500 kg/m³,
– – – – Vol.-Gewicht bei max. Wasserkapazität 600 kg/m³,
– – – – Vol.-Gewicht bei max. Wasserkapazität 700 kg/m³,
– – – – Vol.-Gewicht bei max. Wasserkapazität 800 kg/m³,
– – – – Vol.-Gewicht trocken 400 kg/m³, bei max. Wasserkapazität 500 kg/m³,
– – – – Vol.-Gewicht trocken 450 kg/m³, bei max. Wasserkapazität 600 kg/m³,
– – – – Vol.-Gewicht trocken 600 kg/m³, bei max. Wasserkapazität 700 kg/m³,
– – – – Vol.-Gewicht trocken 650 kg/m³, bei max. Wasserkapazität 850 kg/m³,
– – – – Vol.-Gewicht in kg/m³ .... , bei max. Wasserkapazität in kg/m³ .... ,
– – Lava,
– – Bims,
– – Lava/Bims-Gemisch, Mischungsverhältnis .... ,
– – – Körnung 2/8 – 4/8 – 2/12 – 8/16 – 16/32 – .... ,
– – – – Vol.-Gewicht bei max. Wasserkapazität 500 kg/m³,
– – – – Vol.-Gewicht bei max. Wasserkapazität 600 kg/m³,
– – – – Vol.-Gewicht bei max. Wasserkapazität 700 kg/m³,
– – – – Vol.-Gewicht bei max. Wasserkapazität 800 kg/m³,
– – – – Vol.-Gewicht trocken 400 kg/m³, bei max. Wasserkapazität 500 kg/m³,
– – – – Vol.-Gewicht trocken 450 kg/m³, bei max. Wasserkapazität 600 kg/m³,
– – – – Vol.-Gewicht trocken 600 kg/m³, bei max. Wasserkapazität 700 kg/m³,
– – – – Vol.-Gewicht trocken 650 kg/m³, bei max. Wasserkapazität 850 kg/m³,
– – – – Vol.-Gewicht in kg/m³ .... , bei max. Wasserkapazität in kg/m³ .... ,
– – gewaschener Kies,
– – – Körnung 4/8 – 8/16 – 16/32 – .... ,
– – – – Vol.-Gewicht bei max. Wasserkapazität 1000 kg/m³,
– – – – Vol.-Gewicht bei max. Wasserkapazität 1200 kg/m³,
– – – – Vol.-Gewicht bei max. Wasserkapazität in kg/m³ .... ,
– – kalkfreier Splitt,
– – – Körnung 2/8 – Körnung 2/12 – .... ,
– – – – Vol.-Gewicht bei max. Wasserkapazität 800 kg/m³,
– – – – Vol.-Gewicht bei max. Wasserkapazität 1000 kg/m³,
– – – – Vol.-Gewicht bei max. Wasserkapazität 1200 kg/m³,
– – – – Vol.-Gewicht bei max. Wasserkapazität in kg/m³ .... ,
– – Recyclingstoff .... ,
– – Stoff .... ,
– – – Körnung 2/8 – 2/12 – 4/8 – 8/16 – 16/32 – .... ,
– – – – Vol.-Gewicht bei max. Wasserkapazität in kg/m³ .... ,
– – – – Vol.-Gewicht trocken in kg/m³ .... , bei max. Wasserkapazität in kg/m³ .... ,

– Schichtdicke/Spaltweite
– – Schichtdicke 5 cm – 6 cm – 8 cm – 10 cm – 12 cm – 15 cm – in cm .... ,
– – Schichtdicke in cm .... , Spaltweite unter der 4-m-Latte bei Schichtdicken bis 10 cm höchstens 1 cm,
– – Schichtdicke in cm .... , Spaltweite unter der 4-m-Latte bei Schichtdicken bis 10 cm höchstens 1 cm, über 10 cm höchstens 2 cm,
– Einbauart
– – Einbau von Hand,
– – Einbau mit Gerät, zulässiges Gesamtgewicht in t .... ,
– Erzeugnis/Typ
– – Erzeugnis/Typ .... , (Sofern nicht vorgeschrieben, vom Bieter einzutragen.)
– – Erzeugnis/Typ .... , oder gleichwertiger Art. Erzeugnis/Typ .... , (Vom Bieter einzutragen.)
– Berechnungseinheit m², m³, t

772 **Dränschicht für Dachbegrünung aus Dränmatten,
Einzelangaben nach DIN 18320**
– Material
– – Strukturvliesmatte,
– – Kunststoffnoppenmatte mit Vlieskaschierung,
– – Kunststoffnoppenmatte ohne Vlieskaschierung,
– – Fadengeflechtmatte,
– – – mit einseitiger Vlieskaschierung, Dicke 12 mm,
– – – mit einseitiger Vlieskaschierung, Dicke 20 mm,
– – – mit einseitiger Vlieskaschierung, Dicke in mm .... ,
– – – mit einseitiger Vlieskaschierung, Gewicht 500 g/m²,
– – – mit einseitiger Vlieskaschierung, Gewicht 700 g/m²,
– – – mit einseitiger Vlieskaschierung, Gewicht in g/m² .... ,
– – – mit zweiseitiger Vlieskaschierung, Dicke oben in mm .... , Dicke unten in mm .... ,
– – – mit zweiseitiger Vlieskaschierung, Gewicht 900 g/m²,
– – – mit zweiseitiger Vlieskaschierung, Gewicht in g/m² .... ,
– – Schaumstoff-Flockenmatte,
weitere Einzelangaben siehe Pos. 773

773 **Dränschicht für Dachbegrünung,
Einzelangaben nach DIN 18320**
– Material der Dränschicht
– – Dränplatte/Dränelement,
– – – bitumenverklebt,
– – – Verklebung ohne Bitumen,
– – Dränelement aus Hartkunststoff,
– – Dränelement aus Schaumkunststoff mit Vlies,
– – Dränelement aus Schaumkunststoff ohne Vlies,
– – Dränelement .... , mit Zusatzfunktion als .... ,
– – Drän- und Substratplatte,
– – .... ,
– – – Füllung mit .... ,
– – – Fassungsvermögen in l/m² .... ,

Fortsetzung Einzelangaben zu Pos. 772 und 773
– Dicke
– – Dicke 10 mm – 20 mm – 30 mm – 40 mm – 50 mm – in mm .... ,
– – Dicke in mm .... , vertikaler Wasserabfluss mod. Kf in mm/min .... ,
– Gewicht 300 g/m² – 500 g/m² – 700 g/m² – 1000 g/m² – in g/m² .... ,
– Erzeugnis/Typ
– – Erzeugnis/Typ .... , (Sofern nicht vorgeschrieben, vom Bieter einzutragen.)
– – Erzeugnis/Typ .... , oder gleichwertiger Art. Erzeugnis/Typ .... , (Vom Bieter einzutragen.)
– Nach Herstellervorschrift verlegen.
– Berechnungseinheit m²

LB 003 Landschaftsbauarbeiten
Dach-, Fassadenbegrünung

STLB 003
Ausgabe 06.02

774 Filterschicht für Dachbegrünung,
Einzelangaben nach DIN 18320
- Material
  - – Geotextil – Kunststoffvlies – .... ,
- Gewicht 100 g/m² – 200 g/m² – 300 g/m² – in g/m² .... ,
- Erzeugnis/Typ
  - – Erzeugnis/Typ .... , (Sofern nicht vorgeschrieben, vom Bieter einzutragen.)
  - – Erzeugnis/Typ .... , oder gleichwertiger Art.
    Erzeugnis/Typ .... , (Vom Bieter einzutragen.)
- Überlappung
  - – Überlappung 10 cm – in cm .... ,
- Verlegeart
  - – lose verlegen – lose verlegen auf Dränschicht – verlegen,
- Berechnungseinheit m²

775 Vegetationstragschicht für mehrschichtige Dachbegrünung,
Einzelangaben nach DIN 18320
- Kennzeichnung Vegetationssubstrat
  - – als Vegetationssubstrat für Intensivbegrünung gemäß „Richtlinien für die Planung, Ausführung und Pflege von Dachbegrünungen" der FLL,
  - – als Vegetationssubstrat für Extensivbegrünung gemäß „Richtlinien für die Planung, Ausführung und Pflege von Dachbegrünungen" der FLL,
  - – als Vegetationssubstrat für einfach Intensivbegrünung gemäß „Richtlinien für die Planung, Ausführung und Pflege von Dachbegrünungen" der FLL,
  - – als Vegetationssubstrat .... ,
- Zusammensetzung
  - – Gemisch aus Oberboden, Bodengruppe .... , Zuschlagstoffe .... , Mischungsverhältnis .... ,
  - – Gemisch aus Unterboden, Bodengruppe .... , Zuschlagstoffe .... , Mischungsverhältnis .... ,
  - – aus mineralischem Schüttstoffgemisch,
  - – aus mineralischem Schüttstoffgemisch, mit offenporiger Kornstruktur aus .... ,
  - – aus mineralischem Schüttstoffgemisch,
  - – aus mineralischem Schüttstoffgemisch, mit organischer Substanz aus .... , Massenanteil bis 3 %,
  - – aus mineralischem Schüttstoffgemisch, mit organischer Substanz aus .... , Massenanteil über 3 bis 8 %,
- Material
  - – Mineralstoff aus .... , Körnung .... ,
  - – Mineralstoffgemisch aus .... , Körnung .... ,
- Vol.-Gewicht
  - – Vol.-Gewicht bei max. Wasserkapazität 500 kg/m³,
  - – Vol.-Gewicht bei max. Wasserkapazität 800 kg/m³,
  - – Vol.-Gewicht bei max. Wasserkapazität 1000 kg/m³,
  - – Vol.-Gewicht bei max. Wasserkapazität 1200 kg/m³,
  - – Vol.-Gewicht bei max. Wasserkapazität in kg/m³ .... ,
  - – Vol.-Gewicht trocken in kg/m³ .... , bei max. Wasserkapazität in kg/m³ .... ,
- Schichtdicke
  - – Schichtdicke 6 cm – 8 cm – 10 cm – 12 cm – 15 cm – in cm .... ,
  - – wechselnde Schichtdicken für Aufhügelungen usw., geringere Schichtdicke in cm .... , größere Schichtdicke in cm .... , Schichtdicke im Mittel in cm .... ,
  - – Schichtdicke in cm .... , Spaltweite unter der 4-m-Latte bei Schichtdicken bis 10 cm höchstens 1 cm,
  - – Schichtdicke in cm .... , Spaltweite unter der 4-m-Latte bei Schichtdicken über 10 cm höchstens 2 cm,
- Einbauart
  - – Einbau von Hand.
  - – Einbau mit Gerät, zulässiges Gesamtgewicht in t ....
- Erzeugnis/Typ
  - – Erzeugnis/Typ .... , (Sofern nicht vorgeschrieben, vom Bieter einzutragen.)
  - – Erzeugnis/Typ .... , oder gleichwertiger Art.
    Erzeugnis/Typ .... ,(Vom Bieter einzutragen.)
- Berechnungseinheit m², m³, t

776 Vegetationstragschicht für einschichtige Dachbegrünung,
Einzelangaben nach DIN 18320
- als Vegetationssubstrat für Extensivbegrünung gemäß „Richtlinien für die Planung, Ausführung und Pflege von Dachbegrünungen" der FLL,
- Material
  - – aus Blähton, ungebrochen,
  - – aus Blähton, gebrochen,
  - – aus Blähton, gebrochen und ungebrochen, Mischungsverhältnis .... ,
  - – aus Blähschiefer, ungebrochen,
  - – aus Blähschiefer, gebrochen,
  - – aus Blähschiefer, gebrochen und ungebrochen, Mischungsverhältnis .... ,
    - – – Körnung 2/4 – 2/8 – 2/12 – 4/8 – 4/16 – 8/16 – .... ,
      - – – – Erzeugnis/Typ .... , (Sofern nicht vorgeschrieben, vom Bieter einzutragen.)
      - – – – Erzeugnis/Typ .... , oder gleichwertiger Art,
        Erzeugnis/Typ .... , (Vom Bieter einzutragen.)
  - – aus Lava,
  - – aus Lava-Bims-Gemisch,
    - – – Körnung 2/5 – 4/8 – 2/12 – 5/16 – 8/16 – .... ,
      - – – – Erzeugnis/Typ .... , (Sofern nicht vorgeschrieben, vom Bieter einzutragen.)
      - – – – Erzeugnis/Typ .... , oder gleichwertiger Art,
        Erzeugnis/Typ .... , (Vom Bieter einzutragen.)
  - – aus mineralischem Schüttstoffgemisch,
    - – – mit offener Kornstruktur,
    - – – mit organischer Substanz aus .... , Massenanteil bis 3 %,
    - – – mit organischer Substanz aus .... , Massenanteil über 3 bis 8 %,
    - – – mit organischer Substanz aus .... ,
      - – – – Mineralstoff aus .... , Körnung .... ,
      - – – – Mineralstoffgemisch aus .... , Körnung .... ,
        Erzeugnis/Typ .... , (Sofern nicht vorgeschrieben, vom Bieter einzutragen.)
      - – – – Mineralstoffgemisch aus .... , Körnung .... ,
        Erzeugnis/Typ .... oder gleichwertiger Art,
        Erzeugnis/Typ ....,(Vom Bieter einzutragen.)
- Vol.-Gewicht
  - – Vol.-Gewicht bei max. Wasserkapazität 500 kg/m³,
  - – Vol.-Gewicht bei max. Wasserkapazität 800 kg/m³,
  - – Vol.-Gewicht bei max. Wasserkapazität 1000 kg/m³,
  - – Vol.-Gewicht bei max. Wasserkapazität 1200 kg/m³,
  - – Vol.-Gewicht bei max. Wasserkapazität in kg/m³ .... ,
  - – Vol.-Gewicht trocken in kg/m³ .... , bei max. Wasserkapazität in kg/m³ .... ,
- Schichtdicke
  - – Schichtdicke 5 cm – 6 cm – 8 cm – 10 cm – 12 cm – 15 cm – in cm .... ,
  - – Schichtdicke in cm .... , Spaltweite unter der 4-m-Latte bei Schichtdicken bis 10 cm höchstens 1 cm.
  - – Schichtdicke in cm .... , Spaltweite unter der 4-m-Latte bei Schichtdicken bis 10 cm höchstens 1 cm, über 10 cm höchstens 2 cm.
- Art des Einbaus
  - – Einbau von Hand.
  - – Einbau mit Gerät, zulässiges Gesamtgewicht in t ....
- Berechnungseinheit m², m³, t

STLB 003

LB 003 Landschaftsbauarbeiten
Dach-, Fassadenbegrünung

Ausgabe 06.02

777 Keimhilfesubstrat für Dachbegrünung,
Einzelangaben nach DIN 18320
- Ort
  - – auf Vegetationstragschicht aufbringen,
  - – auf .... ,
- Art des Aufbringens
  - – durch Aufspritzen,
  - – durch Aufstreuen,
  - – durch .... ,
- Art der Zusammensetzung
  - – Zusammensetzung gemäß Einzelbeschreibung Nr .... ,
  - – Zusammensetzung .... ,
- Menge/Schichtdicke
  - – aufzubringende Menge 10 l/m² – 20 l/m² – in l/m² .... ,
  - – Schichtdicke 5 mm – 10 mm – 15 mm – 20 mm – in mm .... ,
- Erzeugnis/Typ
  - – Erzeugnis/Typ .... ,
    (Sofern nicht vorgeschrieben, vom Bieter einzutragen.)
  - – Erzeugnis/Typ .... , oder gleichwertiger Art, Erzeugnis/Typ .... , (Vom Bieter einzutragen.)
- Ausführung ....
- Berechnungseinheit m²

778 Sicherheitsstreifen für Dachbegrünung,
Einzelangaben nach DIN 18320
- Einbauort
  - – an Außenrand der Dachfläche,
  - – im Anschlussbereich von Einbauten usw.,
  - – .... ,
- Material
  - – aus Betonplatten,
  - – aus Natursteinplatten,
  - – aus .... ,
    - – – Erzeugnis/Typ .... ,
      (Sofern nicht vorgeschrieben, vom Bieter einzutragen.)
    - – – Erzeugnis/Typ .... , oder gleichwertiger Art, Erzeugnis/Typ .... , (Vom Bieter einzutragen.)
    - – – – Dicke 5 cm – 6 cm – in cm .... ,
    - – – – Breite 20 cm – 40 cm – in cm .... ,
    - – – – Maße 30 cm x 30 cm,
    - – – – Maße 20 cm x 40 cm,
    - – – – Maße 40 cm x 40 cm,
    - – – – Maße 40 cm x 60 cm,
    - – – – Maße 50 cm x 50 cm,
    - – – – Maße in cm .... ,
      - – – – – Bettung aus Vegetationssubstrat,
      - – – – – Bettung aus Dränschicht-Stoff,
      - – – – – Bettung .... ,
  - – aus gewaschenem Kies 16/32,
  - – aus gewaschenem Kies, Körnung .... ,
  - – aus Lava 16/32,
  - – aus Lava, Körnung .... ,
  - – aus .... ,
    - – – Schichtdicke 5 cm – 10 cm – 15 cm – in cm .... ,
      - – – – – durchschnittliche Breite 40 cm,
      - – – – – durchschnittliche Breite in cm .... ,
- Ausführung ....
- Berechnungseinheit m², m³, t

780 Schubsicherung für Dachbegrünung,
Einzelangaben nach DIN 18320
- Art der Sicherung
  - – aus Dachlattengerüst,
    - – – Lattenabstand in cm .... ,
    - – – – gemäß Zeichnung Nr .... ,
  - – aus Wirrgelege/Fadengeflecht mit Vlieskaschierung,
  - – aus Kunststoffelementen,
  - – aus .... ,
    - – – Gewicht in g/m² .... ,

weitere Einzelangaben siehe Pos. 781

781 Erosionsschutz für Dachbegrünung,
Einzelangaben nach DIN 18320
- aus Kleber,
  - – Art/Menge in g/m² .... ,

Fortsetzung Einzelangaben zu Pos. 780 und 781
- Erzeugnis/Typ
  - – Erzeugnis/Typ .... ,
    (Sofern nicht vorgeschrieben, vom Bieter einzutragen.)
  - – Erzeugnis/Typ .... , oder gleichwertiger Art, Erzeugnis/Typ .... , (Vom Bieter einzutragen.)
- Ausführung ....
- Berechnungseinheit m²

782 Verankerungshilfe für Dachbegrünung,
Einzelangaben nach DIN 18320
- Material
  - – aus Baustahlgewebe, verzinkt DIN EN ISO 1461,
  - – aus Betonfertigteilen,
  - – aus .... ,
    - – – Maße in cm .... ,
- Verankerungsort
  - – auf Filterschicht,
  - – auf Dränschicht,
  - – auf .... ,
- Einbauen
  - – einbauen,
  - – einbauen, gemäß Zeichnung Nr .... ,
    - – – zusätzliche Maßnahmen zur Befestigung der Verankerung .... ,
- Erzeugnis/Typ
  - – Erzeugnis/Typ .... ,
    (Sofern nicht vorgeschrieben, vom Bieter einzutragen.)
  - – Erzeugnis/Typ .... , oder gleichwertiger Art, Erzeugnis/Typ .... , (Vom Bieter einzutragen.)
- Berechnungseinheit m², Stück

783 Pflanzenverankerung auf Dachflächen,
Einzelangaben nach DIN 18320
- Verankerungsart
  - – mit 3 Drahtankern, Draht DIN 177, Dicke 3,1 mm,
  - – mit .... ,
- Material
  - – Rindenschutz mit Gummimanschette,
  - – Rindenschutz .... ,
- Befestigungsort
  - – befestigen an Verankerungshilfen,
  - – befestigen .... ,
- Vorrichtungen
  - – einschl. Spannvorrichtung,
  - – .... ,
- Erzeugnis/Typ
  - – Erzeugnis/Typ .... ,
  - – Erzeugnis/Typ .... , oder gleichwertiger Art, Erzeugnis/Typ .... , (Vom Bieter einzutragen.)
- Berechnungseinheit Stück

784 Sicherheitsrinne auf Dachflächen,
Einzelangaben nach DIN 18320
- Art
  - – Kastenrinne mit Gitterrost,
  - – Kastenrinne mit Schlitzrost,
  - – Rahmenprofil mit Gitterrost,
  - – Rahmenprofil mit Schlitzrost,
  - – Art .... ,
    - – – als Eckstück,
    - – – als Formstück,
    - – – als .... ,
    - – – einschl. Eckanschlüsse,
- Abmessungen
  - – Breite 10 cm – 15 cm – 20 cm – in cm .... ,
    - – – Höhe 6 cm – 10 cm – 12 cm – 15 cm – in cm .... ,

weitere Einzelangaben siehe Pos. 785

LB 003 Landschaftsbauarbeiten
Dach-, Fassadenbegrünung

STLB 003

Ausgabe 06.02

785 **Randelement für Dachflächen,**
Einzelangaben nach DIN 18320
- Material
  - – aus Metall,
  - – aus Kunststoff,
  - – aus Beton,
  - – aus .... ,
- Maße in cm .... ,

Fortsetzung Einzelangaben zu Pos. 784 und 785
- höhenverstellbar,
- Termin/Ausführung
  - – Einbau beim Aufbringen der Vegetationsschicht,
  - – Einbau .... ,
  - – Ausführung .... ,

Einzelangaben zu Pos. 784 und 785, Fortsetzung
- Erzeugnis/Typ
  - – Erzeugnis/Typ .... ,
    (Sofern nicht vorgeschrieben, vom Bieter einzutragen.)
  - – Erzeugnis/Typ .... , oder gleichwertiger Art,
    Erzeugnis/Typ .... , (Vom Bieter einzutragen.)
- Berechnungseinheit Stück

786 **Kontrollschacht für Dachflächenentwässerung,**
Einzelangaben nach DIN 18320
- Art der Entwässerung
  - – für Oberflächenentwässerung,
  - – für Dränschicht,
  - – für Dacheinläufe,
  - – für Bewässerung,
  - – für Be- und Entwässerung,
  - – für Be- und Entwässerung, System .... ,
  - – für .... ,
- Schachtmaterial
  - – aus Beton,
  - – aus Kunststoff,
  - – aus .... ,
- Durchmesser/Einbauhöhe
  - – Durchmesser 30 cm – 50 cm – 65 cm – in cm .... ,
    - – – Einbauhöhe 20 cm – 30 cm – 40 cm –
      50 cm – in cm .... ,
- Belastbarkeit
  - – begehbar,
  - – befahrbar, zulässiges Gesamtgewicht 5 t,
  - – befahrbar, zulässiges Gesamtgewicht 8 t,
  - – befahrbar, zulässiges Gesamtgewicht 10 t,
  - – befahrbar, zulässiges Gesamtgewicht 20 t,
  - – befahrbar, zulässiges Gesamtgewicht in t .... ,
  - – Belastbarkeit in kg/m² .... ,
- Verschließbarkeit
  - – verschließbar,
  - – verschließbar, Abdeckung .... ,
  - – verschließbar, Abdeckung wärmegedämmt,
  - – .... ,
- Ausführung
  - – Ausführung .... ,
  - – Ausführung gemäß Zeichnung Nr .... ,
  - – Ausführung gemäß Einzelbeschreibung Nr .... ,
  - – Ausführung gemäß Einzelbeschreibung Nr .... ,
    und Zeichnung Nr .... ,
- Erzeugnis/Typ
  - – Erzeugnis/Typ .... ,
    (Sofern nicht vorgeschrieben, vom Bieter einzutragen.)
  - – Erzeugnis/Typ .... , oder gleichwertiger Art,
    Erzeugnis/Typ .... , (Vom Bieter einzutragen.)
- Berechnungseinheit Stück

Hinweis: Beregnungs- und Bewässerungsanlagen siehe Pos. 475 ff.

787 **Stauregler für Dachbewässerung,**
Einzelangaben nach DIN 18320
- Zubehör
  - – ohne Führungsrohr,
  - – mit Führungsrohr,
- Verarbeitung
  - – aufgesteckt,
  - – verschweißt,

weitere Einzelangaben siehe Pos. 788

788 **Dachbewässerungsautomat, DVGW-geprüft,**
Einzelangaben nach DIN 18320 zu Pos. 787 und 788
- Ausführung
  - – Ausführung .... ,
  - – Ausführung gemäß Zeichnung Nr .... ,
  - – Ausführung gemäß Einzelbeschreibung Nr .... ,
  - – Ausführung gemäß Einzelbeschreibung Nr .... ,
    und Zeichnung Nr .... ,
- Erzeugnis/Typ
  - – Erzeugnis/Typ .... ,
    (Sofern nicht vorgeschrieben, vom Bieter einzutragen.)
  - – Erzeugnis/Typ .... , oder gleichwertiger Art,
    Erzeugnis/Typ .... , (Vom Bieter einzutragen.)
- Berechnungseinheit Stück

789 **Wasserstandsanzeiger für Dachbewässerung,**
Einzelangaben nach DIN 18320
- Erzeugnis/Typ
  - – Erzeugnis/Typ .... ,
    (Sofern nicht vorgeschrieben, vom Bieter einzutragen.)
  - – Erzeugnis/Typ .... , oder gleichwertiger Art,
    Erzeugnis/Typ .... , (Vom Bieter einzutragen.)
- Berechnungseinheit Stück

790 **Dränrohr für Dachentwässerung,**
Einzelangaben nach DIN 18320
- Material
  - – aus PE,
  - – aus .... ,
- Rohrdurchmesser
  - – DN 50,
  - – DN 80,
  - – DN .... ,
- Ausführung .... ,
- Erzeugnis/Typ
  - – Erzeugnis/Typ .... ,
    (Sofern nicht vorgeschrieben, vom Bieter einzutragen.)
  - – Erzeugnis/Typ .... , oder gleichwertiger Art,
    Erzeugnis/Typ .... , (Vom Bieter einzutragen.)
- Berechnungseinheit Stück

791 **Dränrohr-Bogen 30 Grad,**
792 **Dränrohr-Abzweig,**
793 **Dränrohr-T-Stück,**
794 **Dränrohr-Bogen/-Abzweig/-T-Stück,**
795 **Dränrohr-Formteil** .... ,
Einzelangaben nach DIN 18320 zu Pos. 791 bis 795
- Material
  - – aus PE,
  - – aus .... ,
  - – als Zulage für Dränrohr .... ,
- Rohrdurchmesser
  - – DN 50,
  - – DN 80,
  - – DN .... ,
- Erzeugnis/Typ
  - – Erzeugnis/Typ .... ,
    (Sofern nicht vorgeschrieben, vom Bieter einzutragen.)
  - – Erzeugnis/Typ .... , oder gleichwertiger Art.
    Erzeugnis/Typ .... , (Vom Bieter einzutragen.)
- Berechnungseinheit Stück

STLB 003

LB 003 Landschaftsbauarbeiten
Dach-, Fassadenbegrünung

Ausgabe 06.02

**800 Vegetationsmatte zur Dachbegrünung,
Einzelangaben nach DIN 18320**
- vorkultiviert,
- Begrünungsart
  - – mit Moos-Sedum-Begrünung,
  - – mit Moos-Sedum-Kraut-Begrünung,
  - – mit Sedum-Gras-Kraut-Begrünung,
  - – mit Gras-Kraut-Begrünung,
  - – Begrünungsart .... ,
  - – Begrünung mit folgenden Arten und Sorten .... ,
    (Sofern nicht vorgeschrieben, vom Bieter einzutragen.)
  - – Begrünung mit folgenden Arten und Sorten .... ,
    oder gleichwertiger Art,
    Arten und Sorten .... , (Vom Bieter einzutragen.)
- Anzahl der Einzelpflanzen
  - – mit 10 Einzelpflanzen pro m²,
  - – mit 15 Einzelpflanzen pro m²,
  - – mit 20 Einzelpflanzen pro m²,
  - – Anzahl der Einzelpflanzen pro m² .... ,
    - – – Dicke 2 cm – 3 cm – 4 cm – 5 cm –
      in cm .... ,
- Art der Trägereinlage
  - – mit Fadengeflechteinlage,
  - – mit Trägereinlage aus Jutegewebe,
  - – mit Trägereinlage aus Kokosgeflecht,
  - – mit Trägereinlage aus Strukturvlies,
  - – mit Trägereinlage .... ,
- Vol.-Gewicht bei max. Wassergehalt in kg/m² .... ,
- Dachflächenneigung
  - – Dachflächenneigung bis 3 Grad,
  - – Dachflächenneigung bis 20 Grad,
  - – Dachflächenneigung in Grad .... ,
- Erzeugnis/Typ
  - – Erzeugnis/Typ .... ,
    (Sofern nicht vorgeschrieben, vom Bieter einzutragen.)
  - – Erzeugnis/Typ .... , oder gleichwertiger Art,
    Erzeugnis/Typ .... , (Vom Bieter einzutragen.)
- Berechnungseinheit Stück

**801 Ansaat zur Dachbegrünung,
Einzelangaben nach DIN 18320**
- Verfahren
  - – im Trockensaatverfahren,
  - – im Trockensaatverfahren und zusätzlichem Ausstreuen von Sprossen,
  - – im Trockensaatverfahren mit Klebefixierung,
  - – im Nasssaatverfahren,
  - – im Nasssaatverfahren und zusätzlichem Ausstreuen von Sprossen,
    - – – mit RSM 6.1,
    - – – mit .... ,
      - – – – Saatgutmenge 5 g/m² – 8 g/m² –
        10 g/m² – 12 g/m² – in g/m² .... ,
      - – – – Saatgutmenge in g/m² .... ,
        Sedumsprossen in g/m² .... ,
        - – – – – Beimengung von Kleber,
        - – – – – Beimengung von Kleber und
          Mulchstoff,
        - – – – – Beimengung von Kleber, Mulchstoff
          und Dünger,
        - – – – – Saatgut ausbringen unter Beimengung von .... ,
  - – durch Ausstreuen von Sprossen,
    - – – 40 % Sedum album,
    - – – 40 % Sedum reflexum,
    - – – 20 % Sedum sexangulare,
      - – – – mit folgenden Arten und Sorten .... ,
      - – – – mit Arten und Sorten gemäß Einzelbeschreibung Nr .... ,
        - – – – – Sprossenmenge 20 g/m² – 25 g/m² –
          30 g/m² – 40 g/m² – in g/m² .... ,
          - – – – – – Beimengung von Kleber,
          - – – – – – Beimengung von Kleber und
            Mulchstoff,
          - – – – – – Beimengung von Kleber,
            Mulchstoff und Dünger,
          - – – – – – Sprossen ausbringen unter Beimengung von .... ,
- Kleber
  - – Kleber auf Stärkebasis 25 g/m²,
  - – Kleber auf Stärkebasis in g/m² .... ,
  - – Kleber auf Stärkebasis 25 g/m², Mulchstoff aus
    Zellulose 40 g/m²,
  - – Kleber auf Stärkebasis in g/m² .... ,
    Mulchstoff aus Zellulose in g/m² .... ,
  - – Kleber auf Stärkebasis in g/m² .... ,
    Mulchstoff aus Zellulose in g/m² .... ,
    Dünger Art und Menge in g/m² .... ,
  - – – .... ,
- Nachweis der Beschaffenheit des Saatgutes durch
  Vorlage des Mischungsnummernbescheides,
- Neigung/Gefälle
  - – Neigung der Dachfläche in Grad .... ,
  - – Gefälle der Dachfläche in % .... ,
- Ausführung ....
- Berechnungseinheit m²

802 Ansaatfläche auf dem Dach schützen,
803 Pflanzfläche auf dem Dach schützen,
Einzelangaben nach DIN 18320 zu Pos. 802 und 803
- Schutzmaßnahme
  - – gegen Erosion,
    - – – durch Festlegen mit Kleber,
    - – – durch Festlegen mit Mulchstoffen,
    - – – durch Festlegen mit Kleber und
      Mulchstoffen,
      - – – – Menge 20 g/m² – 25 g/m² – 30 g/m² –
        in g/m² .... ,
  - – gegen Vögel,
  - – gegen .... ,
    - – – durch Abdecken mit Schutznetzen,
      - – – – Maschenweite 25 mm x 25 mm,
      - – – – Maschenweite in mm .... ,
    - – – durch Abstreuen mit Kies 0/32,
    - – – durch Abstreuen mit Kies, Körnung .... ,
      - – – – Flächendeckung 20 %,
      - – – – Flächendeckung 30 %,
      - – – – Flächendeckung 40 %,
      - – – – Flächendeckung in % .... ,
- Erzeugnis/Typ
  - – Erzeugnis/Typ .... ,
    (Sofern nicht vorgeschrieben, vom Bieter einzutragen.)
  - – Erzeugnis/Typ .... , oder gleichwertiger Art,
    Erzeugnis/Typ .... , (Vom Bieter einzutragen.)
- Neigung/Gefälle
  - – Neigung der Dachfläche in Grad .... ,
  - – Gefälle der Dachfläche in % .... ,
- Ausführung ....
- Berechnungseinheit m²

**804 Fertigrasenfläche zur Dachbegrünung,
Einzelangaben nach DIN 18320**
- Rasenart
  - – Zierrasen - RSM 1.1,
  - – Gebrauchsrasen - Standard - RSM 2.1,
  - – Gebrauchsrasen - Trockenlagen - RSM 2.2,
  - – Gebrauchsrasen - Spielrasen - RSM 2.3,
  - – Gebrauchsrasen - Kräuterrasen - RSM 2.4,
  - – Art .... ,
- Zusatzgewebe
  - – mit Verstärkungsgewebe DIN 18918,
  - – mit .... ,
- Nennschäldicke 2 cm – 2,5 cm – in cm .... ,
- Ort der Verlegung
  - – Verlegung auf vorhandene Vegetationstragschicht,
  - – Verlegung auf vorhandenem Substrat,
  - – Verlegung auf .... ,
- Neigung/Gefälle
  - – Neigung der Dachfläche in Grad .... ,
  - – Gefälle der Dachfläche in % .... ,
- Ausführung ....
- Berechnungseinheit m²

LB 003 Landschaftsbauarbeiten
Dach-, Fassadenbegrünung

STLB 003

Ausgabe 06.02

Hinweis: Lieferung von Pflanzen siehe LB 004 Landschaftsbauarbeiten; Pflanzen sowie Pos. 090 ff.

805 **Pflanzen zur Dachbegrünung liefern,**
806 **Pflanzen zur Dachbegrünung liefern und pflanzen,**
Einzelangaben nach DIN 18320 zu Pos. 805 und 806
– Ort der Pflanzung
– – in Pflanzsubstrat,
– – in Vegetationstragschicht,
– – in .... ,
– – – Schichtdicke 6 cm – 8 cm – 10 cm – in cm .... ,
– Neigung/Gefälle
– – Neigung der Dachfläche in Grad .... ,
– – Gefälle der Dachfläche in % .... ,
– gemäß Bepflanzungsplan-Raster,
– – mit 15 Einzelpflanzen pro m²,
– – mit 20 Einzelpflanzen pro m²,
– – mit 25 Einzelpflanzen pro m²,
– – mit Einzelpflanzen, Anzahl pro m² .... ,
– Pflanzenliste
– – gemäß Pflanzenliste.
– – gemäß Pflanzenliste Nr ....
– Berechnungseinheit pauschal

807 **Staude zur Dachbegrünung pflanzen,**
808 **Blumenzwiebel zur Dachbegrünung pflanzen,**
Einzelangaben nach DIN 18320 zu Pos. 807 und 808
– Art der Pflanze
– – mit Topfballen,
– – mit Topfballen, Inhalt in cm³ .... ,
– – mit Flachballen, Topfmindestinhalt 50 cm³,
– – mit Flachballen, Topfmindestinhalt 65 cm³,
– – aus Kleintopfplatten/Multitopf, Einzelinhalt mind. 50 cm³,
– – aus Anzuchtkisten, Mindestdicke 5 cm,
– – .... ,
– Lieferung
– – Lieferung wird gesondert vergütet,
– – vom AG beigestellt,
– Pflanzsubstanz
– – in Pflanzsubstrat,
– – in Vegetationstragschicht,
– – in Vegetationstragschicht mit 15 Einzelpflanzen pro m²,
– – in Vegetationstragschicht mit 20 Einzelpflanzen pro m²,
– – in Vegetationstragschicht, Anzahl der Einzelpflanzen pro m² .... ,
– – – Schichtdicke 4 cm – 6 cm – 8 cm – 10 cm in cm .... ,
– Neigung/Gefälle
– – Neigung der Dachfläche in Grad ....
– – Gefälle der Dachfläche in % .... ,
– Berechnungseinheit Stück

810 **Die Ausführung der Pflegearbeiten erfolgt nach den,**
Einzelangaben nach DIN 18320
– Richtlinien
– – „Richtlinien für die Planung, Ausführung und Pflege von Dachbegrünungen" der FLL,
– – nach .... ,
– Art der Pflege
– – als Fertigstellungspflege,
– – – die Leistungen beginnen nach der Pflanzung,
– – – die Leistungen beginnen nach der Einsaat,
– – – die Leistungen beginnen nach Pflanzung und Einsaat,
– – – die Leistungen beginnen .... ,
– – – – und enden zum Zeitpunkt der Abnahme,
– – – – und enden mit der Abnahme am .... ,
– – – – und enden .... ,
– – als Entwicklungspflege,
– – als Entwicklungs- und Unterhaltungspflege,
– – als Unterhaltungspflge,
– – als .... ,
– – – die Leistungen beginnen nach der Abnahme,
– – – die Leistungen beginnen mit dem Kalenderjahr,
– – – die Leistungen beginnen im März,
– – – die Leistungen beginnen .... ,
– – – – und erstrecken sich über eine Vegetationsperiode,
– – – – und enden mit Abschluss der Vegetationsperiode,
– – – – und erstrecken sich über ein Kalenderjahr,
– – – – und enden mit dem Kalenderjahr,
– – – – und erstrecken sich .... ,
– – – – und enden .... ,
– Teilleistungen/Ausführung
– – erforderlichen Teilleistungen ohne besondere Anordnung rechtzeitig ausführen,
– – Teilleistungen erst nach besonderer Anordnung ausführen,
– – Teilleistungen .... ,
– – – Ausführung jeder Teilleistung dem AG vor Beginn anzeigen,
– – – Ausführung jeder Teilleistung dem AG nach Abschluss anzeigen,
– – – Ausführung jeder Teilleistung dem AG anzeigen,
– – – Ausführung jeder Teilleistung .... ,
– Leistungsumfang
– – Die vorgesehenen Pflegeleistungen sind durchschnittliche Regelannahmen.
– – Die vorgesehenen Pflegeleistungen sind durchschnittliche Regelannahmen.
– – Der Preis der Einzelleistung errechnet sich aus dem Einheitspreis geteilt durch die Anzahl der Arbeitsgänge.
– – Mehr- bzw. Minderleistungen werden zu dem vereinbarten Einheitspreis vergütet oder in Abzug gebracht.

Hinweis: Weitere Pflege- und Unterhaltungsarbeiten siehe Pos 645 ff.

811 **Dachgartenfläche pflegen,**
Einzelangaben nach DIN 18320
– Beseitigung von Unrat u.ä.
– – entfernen von unerwünschtem Aufwuchs,
– – entfernen von unerwünschtem Aufwuchs, Laub und Unrat,
– – entfernen von unerwünschtem Gehölzaufwuchs,
– – entfernen von unerwünschtem Gehölzaufwuchs sowie Laub und Unrat,
– – entfernen von .... ,
– Art der Dachbegrünung
– – Art der Dachbegrünung extensiv, einschichtig,
– – Art der Dachbegrünung extensiv, mehrschichtig,
– – Art der Dachbegrünung intensiv,
– – Art der Dachbegrünung .... ,
– Art der Begrünung
– – mit Moos-Sedum-Begrünung,
– – mit Moos-Sedum-Kraut-Begrünung,
– – mit Sedum-Gras-Kraut-Begrünung,
– – mit Gras-Kraut-Begrünung,
– – Begrünungsart .... ,
– Anzahl der Arbeitsgänge
– – ein Arbeitsgang,
– – 2 Arbeitsgänge,
– – Anzahl der Arbeitsgänge .... ,
– Beseitigung der anfallenden Stoffe
– – anfallende Stoffe zur Abfuhr auf Haufen setzen,
– – anfallende Stoffe zum Lagerplatz des AG transportieren, Entfernung in m .... ,
– – anfallende Stoffe .... ,
– Neigung/Gefälle
– – Neigung der Dachfläche in Grad .... ,
– – Gefälle der Dachfläche in % .... ,
– Ausführung ....
– Berechnungseinheit m²

STLB 003

LB 003 Landschaftsbauarbeiten
Dach-, Fassadenbegrünung

Ausgabe 06.02

812 Düngen der Dachbegrünung,
Einzelangaben nach DIN 18320
- Art der Dachbegrünung
  - – extensiv,
  - – extensiv, einschichtig,
  - – extensiv, mehrschichtig,
  - – intensiv,
  - – Art der Dachbegrünung .... ,
- Art der Begrünung
  - – Moos-Sedum-Bewuchs,
  - – Moos-Sedum-Kraut-Bewuchs,
  - – Sedum-Kraut-Gras-Bewuchs,
  - – Gras-Kraut-Bewuchs,
  - – Begrünungsart .... ,
- Düngerart
  - – mit Langzeitdünger,
  - – mit mineralischem Dünger,
  - – mit organischem Dünger,
  - – mit organisch-mineralischem Dünger,
  - – mit Flüssigdünger
  - – mit Flüssigdünger, Lösungsverhältnis .... ,
  - – mit .... ,
    - – – Nährstoffgehalt 16 : 8 : 16 + Spurenelemente,
    - – – Nährstoffgehalt 12 : 12 : 17 + Spurenelemente,
    - – – Nährstoffgehalt 15 : 9 : 15 : 2,
    - – – Nährstoffgehalt 15 : 15 : 15,
    - – – Nährstoffgehalt .... ,
- Erzeugnis/Typ
  - – Erzeugnis/Typ .... ,
    (Sofern nicht vorgeschrieben, vom Bieter einzutragen.)
  - – Erzeugnis/Typ .... , oder gleichwertiger Art, Erzeugnis/Typ .... , (Vom Bieter einzutragen.)
- Menge
  - – Menge in g/m² .... ,
  - – Menge pro Arbeitsgang in g/m² .... ,
- Anzahl der Arbeitsgänge
  - – ein Arbeitsgang,
  - – 2 Arbeitsgänge,
  - – Anzahl der Arbeitsgänge .... ,
- Abrechnung als Konzentrat.
- Berechnungseinheit kg

813 Wässern der Dachbegrünung,
Einzelangaben nach DIN 18320
- Art der Dachbegrünung
  - – extensiv,
  - – intensiv,
  - – Art der Dachbegrünung .... ,
- Art der Begrünung
  - – mit Moos-Sedum-Bewuchs,
  - – mit Moos-Sedum-Kraut-Bewuchs,
  - – mit Sedum-Kraut-Gras-Bewuchs,
  - – mit Gras-Kraut-Bewuchs,
  - – mit Bodendecker- und Kleingehölzbewuchs,
  - – mit .... ,
- Wasserentnahme
  - – Wasser kann den vorhandenen Zapfstellen entnommen werden,
  - – vorhandene Beregnungsanlage kann benutzt werden,
  - – Wasser .... ,
- Lage der Zapfstellen .... ,
- Menge je Arbeitsgang
  - – je Arbeitsgang 5 l/m²,
  - – je Arbeitsgang 10 l/m²,
  - – je Arbeitsgang 20 l/m²,
  - – je Arbeitsgang in l/m² .... ,
- Anzahl der Arbeitsgänge
  - – ein Arbeitsgang.
  - – 2 Arbeitsgänge.
  - – Anzahl der Arbeitsgänge ....
- Berechnungseinheit m²

814 Mähen der Dachbegrünung,
Einzelangaben nach DIN 18320
- Art des Bewuchses
  - – Bewuchs Gräser und Kräuter,
  - – Bewuchs Gebrauchsrasen,
  - – Bewuchs Zierrasen,
  - – Bewuchs .... ,
- Neigung/Gefälle
  - – Neigung der Dachfläche in Grad .... ,
  - – Gefälle der Dachfläche in % .... ,
- Wuchs-/Schnitthöhe
  - – Wuchshöhe 5 bis 8 cm, Schnitthöhe 3 cm,
  - – Wuchshöhe 6 bis 10 cm, Schnitthöhe 4 cm,
  - – Wuchshöhe/Schnitthöhe .... ,
- Anzahl der Schnitte
  - – ein Schnitt,
  - – 2 Schnitte,
  - – 4 Schnitte,
  - – Anzahl der Schnitte .... ,
- Schnittfolge
  - – Schnittfolge nach Wuchshöhe,
  - – Schnittfolge wöchentlich,
  - – Schnittfolge vierzehntägig,
  - – Schnittfolge .... ,
- Verwertung Schnittgut
  - – Schnittgut auf der Fläche liegen lassen,
  - – Schnittgut zur Abfuhr auf Haufen setzen,
  - – Schnittgut zum Lagerplatz des AN transportieren,
  - – Schnittgut zum Lagerplatz des AG transportieren, Entfernung in km .... ,
  - – Schnittgut .... ,
- Ausführung ....
- Berechnungseinheit m²

820 Kletter-/Rankhilfe aus Holz,
Einzelangaben nach DIN 18320
- Holzart
  - – Fichte/Tanne,
  - – Kiefer,
  - – Lärche,
  - – Holzart .... ,
- Oberflächenbearbeitung
  - – sägerau,
  - – einseitig gehobelt,
  - – zweiseitig gehobelt,
  - – allseitig gehobelt und gefast,
  - – Oberflächenbearbeitung .... ,
  - – .... ,
- Holzschutz
  - – Holzschutz durch Kesseldruckimprägnierung,
  - – Holzschutz .... ,
- Oberflächenbehandlung
  - – Oberflächenbehandlung lackiert, Farbton .... ,
  - – Oberflächenbehandlung lasiert, Farbton .... ,
  - – Oberflächenbehandlung geölt, Farbton .... ,
  - – Oberflächenbehandlung .... ,
  - – Farbton .... ,
- Befestigungsart/Fügetechnik
  - – befestigen an .... ,
  - – Fügetechnik verschraubt, Konstruktionsart aufgehängt, befestigen an .... ,
  - – Fügetechnik verschraubt, Konstruktionsart freitragend, befestigen an .... ,
  - – Fügetechnik genagelt, Konstruktionsart aufgehängt, befestigen an .... ,
  - – Fügetechnik genagelt, Konstruktionsart freitragend, befestigen an .... ,
  - – Fügetechnik .... , Konstruktionsart .... , befestigen an .... ,
- Abmessungen
  - – Einzellänge in cm .... ,
  - – Maße H/B in cm .... ,
  - – Maße H/B in cm .... , Profil/Durchmesser in cm .... ,
  - – Maße H/B in cm .... , Gitterweite in cm .... ,
  - – Maße H/B in cm .... , sonstige Angaben .... ,

weitere Einzelangaben siehe Pos. 822

LB 003 Landschaftsbauarbeiten
Dach-, Fassadenbegrünung

STLB 003

Ausgabe 06.02

821 Kletter-/Rankhilfe aus Metall,
Einzelangaben nach DIN 18320
– Metallart
– – Stahl,
– – nichtrostender Stahl,
– – Leichtmetall-Legierung,
– – .... ,
– Korrosionsschutz
– – durch Verzinken DIN EN ISO 1461,
– – durch Galvanoverzinken,
– – durch Rostschutzfarbe,
– – durch .... ,
– Oberflächenbehandlung
– – Oberfläche kunststoffummantelt, Farbton .... ,
– – Oberfläche kunststoffbeschichtet, Farbton .... ,
– – Oberflächenbehandlung .... , Farbton .... ,
weitere Einzelangaben siehe Pos. 822

822 Kletter-/Rankhilfe aus Kunststoff,
Einzelangaben nach DIN 18320
– Kunststoffart
– – Faserverbundwerkstoff (GFK),
– – Polyurethylen (PE),
– – Polyurethan (PUR),
– – .... ,
– Art der Oberfläche
– – Oberfläche glatt,
– – Oberfläche rau,
– – Oberfläche strukturiert,
– – Oberfläche .... ,
– Oberflächenbehandlung
– – beschichtet, Farbton .... ,
– – mit .... , Farbton .... ,

Fortsetzung Einzelangaben zu Pos. 821 und 822
– Befestigungsart/Fügetechnik
– – befestigen an .... ,
– – Fügetechnik verschraubt, Konstruktionsart aufgehängt, befestigen an .... ,
– – Fügetechnik verschraubt, Konstruktionsart freitragend, befestigen an .... ,
– – Fügetechnik verschweißt, Konstruktionsart aufgehängt, befestigen an .... ,
– – Fügetechnik verschweißt, Konstruktionsart freitragend, befestigen an .... ,
– – Fügetechnik .... , Konstruktionsart .... , befestigen an .... ,
– Abmessungen
– – Einzellänge in cm .... ,
– – Maße H/B in cm .... ,
– – Maße H/B in cm .... , Profil/Durchmesser in cm ....,
– – Maße H/B in cm .... , Gittermaschenweite in cm ....,
– – Maße H/B in cm .... , sonstige Angaben .... ,

Fortsetzung Einzelangaben zu Pos. 820 bis 822,
– Erzeugnis/Typ
– – Erzeugnis/Typ .... ,
 (Sofern nicht vorgeschrieben, vom Bieter einzutragen.)
– – Erzeugnis/Typ .... , oder gleichwertiger Art, Erzeugnis/Typ .... , (Vom Bieter einzutragen.)
– Ausführung gemäß Zeichnung Nr ....
– Berechnungseinheit Stück, m², m

823 Kletter-/Rankhilfe aus Seilen bzw. Drähten,
Einzelangaben nach DIN 18320
– Material
– – Stahl,
– – nichtrostender Stahl,
– – Kunststoff,
– – Naturfaser,
– – .... ,
– Erzeugnis/Typ
– – Erzeugnis/Typ .... , (Sofern nicht vorgeschrieben, vom Bieter einzutragen.)
– – Erzeugnis/Typ .... , oder gleichwertiger Art, Erzeugnis/Typ .... , (Vom Bieter einzutragen.)
– Oberflächenbehandlung
– – Oberfläche verzinkt DIN EN ISO 1461,
– – Oberfläche kunststoffummantelt,
– – Oberfläche kunststoffbeschichtet,
– – Oberfläche textilummantelt,
– – Oberfläche .... ,

– Art der Seilverbindung/Material der Verbindungsteile
– – Seilverbindung mit Klemmen,
– – Seilverbindung mit Klemmen und Kauschen,
– – Seilverbindung mit Klemmen und Spannelementen,
– – – aus nichtrostendem Stahl, Anzahl .... ,
– – – verzinkt DIN EN ISO 1461, Anzahl .... ,
– – – aus .... , Anzahl .... ,
– Abmessungen
– – Maße in cm .... ,
– – Maße, Einzellängen in cm .... , Dicke/Durchmesser in cm .... , Abstand in cm .... ,
– – Maße, Einzellängen in cm .... , sonstige Angaben .... ,
– Ausführung gemäß Zeichnung Nr ....
– Berechnungseinheit Stück, m

824 Kletter-/Rankhilfe,
825 Rankschutzgitter,
Einzelangaben nach DIN 18320 zu Pos. 824 und 825
– Material/Art der Konstruktion
– – aus Holz,
– – aus Holz, Art der Konstruktion .... ,
– – aus Metall,
– – aus Metall, Art der Konstruktion .... ,
– – aus Kunststoff,
– – aus Kunststoff, Art der Konstruktion .... ,
– – Art der Konstruktion .... ,
– Ausführung
– – Ausführung gemäß Zeichnung Nr .... ,
– – Ausführung gemäß Einzelbeschreibung Nr .... ,
– – Ausführung gemäß Einzelbeschreibung Nr .... , und Zeichnung Nr .... ,
– Erzeugnis/Typ
– – Erzeugnis/Typ .... ,
 (Sofern nicht vorgeschrieben, vom Bieter einzutragen.)
– – Erzeugnis/Typ .... , oder gleichwertiger Art, Erzeugnis/Typ .... , (Vom Bieter einzutragen.)
– – vom AG beigestellt, Erzeugnis/Typ .... ,
– Befestigungsort
– – an Kalksandsteinmauerwerk befestigen,
– – an Ziegelmauerwerk befestigen,
– – an Klinkermauerwerk befestigen,
– – an Betonwand befestigen,
– – an Hohl-/Lochsteinmauerwerk befestigen,
– – an Holzwand befestigen,
– – befestigen an .... ,
– Art der Fassadenkonstruktion
– – einschalig,
– – Fassadenkonstruktion zweischalig,
– – Fassadenkonstruktion verblendet mit .... ,
– – Fassadenkonstruktion verputzt, Putzart .... ,
– – Fassadenkonstruktion gedämmt mit .... ,
– – Fassadenkonstruktion .... ,

Einzelangaben zu Pos. 824 und 825, **Fortsetzung**
– Befestigungsmittel
– – mit Ösen/Ringschrauben,
– – mit Schrauben,
– – mit Dübeln und Schrauben,
– – mit Mauerankern,
– – – aus Stahl, verzinkt DIN EN ISO 1461,
– – – aus nichtrostendem Stahl,
– – – aus Kunststoff,
– – – .... ,
– – – – Wandabstand 10 cm,
– – – – Wandabstand 15 cm,
– – – – Wandabstand in cm .... ,
– – – – – Berechnungseinheit Stück
– – mit Montageflansch, korrosionsbeständig, verschraubt.
– – mit Montageplatten, korrosionsbeständig, verschraubt.
– – nach Herstellervorschrift.
– – ....
– – – Wandabstand 10 cm.
– – – Wandabstand 15 cm.
– – – Wandabstand in cm ....
– – – – Berechnungseinheit Stück

Hinweis: Weitere Kletter- und Rankhilfen siehe Pos. 468 ff

STLB 003

Ausgabe 06.02

LB 003 Landschaftsbauarbeiten
Dach-, Fassadenbegrünung

850 **Unterboden,**
851 **Unterboden, schadstoffbelastet,**
852 **Oberboden,**
853 **Oberboden, schadstoffbelastet,**
854 **Abfallstoffe,**
855 **Abfallstoffe, schadstoffbelastet,**
856 **Wertstoffe, recyclingfähig,**
857 **Pflanzliche Reststoffe,**
   Einzelangaben nach DIN 18320 zu Pos. 850 bis 857
   – Bodengruppe/Art der Belastung
     – – Bodengruppe .... ,
     – – Art/Zusammensetzung .... ,
     – – Bodengruppe .... , Art und Umfang der Schadstoffbelastung .... ,
     – – Art/Zusammensetzung .... , Art und Umfang der Schadstoffbelastung .... ,
     – – Bodengruppe .... , Art und Umfang der Schadstoffbelastung .... , Abfallschlüssel .... ,
     – – Art/Zusammensetzung .... , Art und Umfang der Schadstoffbelastung .... , Abfallschlüssel .... ,
     – – Art der Belastung .... ,
   – Deponieklasse .... ,
   – Behandlung der Reststoffe
     – – lösen, laden und transportieren,
     – – laden und transportieren,
     – – auf Miete lagernd, laden und transportieren,
     – – in Behälter (Container) laden und transportieren,
     – – in Behälter geladen, transportieren,
     – – transportieren,
     – – transportieren und .... ,
   – Entsorgungsanlage
     – – zur Recyclinganlage in .... ,
     – – zur zugelassenen Deponie/Entsorgungsstelle in .... ,
     – – zur Baustellenabfallsortieranlage in .... ,
     – – zur Kompostieranlage in .... ,
     – – zur Recyclinganlage in .... , oder zu einer gleichwertigen Recyclinganlage in .... , (Vom Bieter einzutragen.) Angabe der Deponiegebühr in DM/t .... , (Vom Bieter einzutragen.)
     – – zur zugelassenen Deponie/Entsorgungsstelle in .... , oder zu einer gleichwertigen Deponie/Entsorgungsstelle in .... , (Vom Bieter einzutragen.) Angabe der Deponiegebühr in DM/t .... , (Vom Bieter einzutragen.)
     – – zur Baustellenabfallsortieranlage in .... , oder zu einer gleichwertigen Baustellenabfallsortieranlage in .... , (Vom Bieter einzutragen.) Angabe der Deponiegebühr in DM/t .... , (Vom Bieter einzutragen.)
     – – zur Kompostieranlage in .... , oder zu einer gleichwertigen Kompostieranlage in .... , (Vom Bieter einzutragen.) Angabe der Deponiegebühr in DM/t .... , (Vom Bieter einzutragen.)
     – – Bestimmungsort .... ,

Einzelangaben zu Pos. 850 bis 857, Fortsetzung
   – Vorschriften/Nachweise
     – – besondere Vorschriften bei der Bearbeitung .... ,
     – – besondere Vorschriften bei der Bearbeitung .... , der Nachweis der geordneten Entsorgung ist unmittelbar zu erbringen,
     – – der Nachweis der geordneten Entsorgung ist unmittelbar zu erbringen,
     – – der Nachweis der geordneten Entsorgung ist zu erbringen durch .... ,
   – Vergütung der Gebühren
     – – die Gebühren der Entsorgung werden vom AG übernommen,
     – – die Gebühren werden gegen Nachweis vergütet,

   – Transportentfernung
     – – Transportentfernung in km .... ,
     – – Transportentfernung in km .... , die Transportgenehmigung ist vor Auftragserteilung einzureichen,
     – – Transportentfernung in km .... , Transportweg .... ,
     – – Transportentfernung in km .... , Transportweg .... , die Transportgenehmigung ist vor Auftragserteilung einzureichen,
   – Abrechnung
     – – Abrechnung nach Ladegewicht. (in t)
     – – Abrechnung nach loser Masse. (in m³)
     – – Abrechnung nach Aufmaß auf dem Fahrzeug. (in m³)
     – – Abrechnung nach Behälter, Inhalt in m³ .... (in Stück)
   – Berechnungseinheit t, m³, Stück

Hinweis: Besondere Vorschriften können z.B. sein:
– Angaben zum Arbeitsschutz
– Angaben zum Immissionsschutz usw.
Detaillierte Beschreibungen siehe LB 000 Baustelleneinrichtung

858 **Transportbehälter (Container),**
   Einzelangaben nach DIN 18320
   – Bordart
     – – mit Flachbord,
     – – mit Hochbord,
     – – mit .... ,
   – Stoffart
     – – für Schüttgut,
     – – für Sperrgut,
     – – für Schütt- und Sperrgut,
     – – für schadstoffbelastete Böden,
     – – für schadstoffbelastete Abfälle,
     – – für .... ,
   – Fassungsvermögen 3 m³ – 5 m³ – 8 m³ – in m³ .... ,
   – Verfahrensweise
     – – bereitstellen,
     – – bereitstellen und umsetzen,
   – Bereitstellungszeitraum
     – – Bereitstellungszeitraum für die Dauer der Bauzeit.
     – – Bereitstellungszeitraum 1 Monat.
     – – Bereitstellungszeitraum 2 Monate.
     – – Bereitstellungszeitraum 3 Monate.
     – – Bereitstellungszeitraum ....
   – Berechnungseinheit Stück

880 **Baustellenleiter,**
   Einzelangaben nach DIN 18320
   – für .... ,
   – Berechnungseinheit h

881 **Landschaftsgärtner-Vorarbeiter,**
882 **Landschaftsgärtner-Meister,**
883 **Landschaftsgärtner (Ecklohn),**
884 **Fachwerker,**
   Einzelangaben nach DIN 18320 zu Pos. 881 bis 884
   – für .... ,
   – Berechnungseinheit h

885 **Handwerker,**
886 **Maschinenführer/Fahrer,**
887 **Facharbeiter,**
888 **Arbeiter,**
889 **Jugendlicher Arbeiter,**
890 **Auszubildender,**
   Einzelangaben nach DIN 18320 zu Pos. 885 und 890
   – für .... ,
   – Berechnungseinheit h

LB 003 Landschaftsbauarbeiten
Stundenlohnarbeiten

STLB 003

Ausgabe 06.02

900 **LKW einschl. Fahrer,**
Einzelangaben nach DIN 18320
– Nutzlast
– – Nutzlast 1 bis 3,5 t,
– – Nutzlast 3,5 bis 5 t,
– – Nutzlast 5 bis 8 t,
– – Nutzlast 8 bis 12 t,
– – Nutzlast über 12 t,
– – Nutzlast in t .... ,
– Fahrzeugart
– – Kipper,
– – Muldenkipper,
– Ausstattung
– – mit Ladekran, Hubkraft in kW .... ,
– – Sonderausrüstung .... ,
– Allradantrieb.
– Berechnungseinheit h

901 **LKW-Anhänger,**
Einzelangaben nach DIN 18320
– Nutzlast
– – Nutzlast bis 5 t – Nutzlast 5 bis 12 t – in t ....
– Kipper,
– Berechnungseinheit h

902 **LKW-Tiefladeanhänger,**
Einzelangaben nach DIN 18320
– Nutzlast
– – Nutzlast bis 5 t – Nutzlast 5 bis 12 t – in t ....
– Berechnungseinheit h

903 **Planierraupe einschl. Fahrer,**
904 **Laderaupe einschl. Fahrer,**
905 **Moorraupe einschl. Fahrer,**
906 **Radlader einschl. Fahrer,**
Einzelangaben nach DIN 18320 zu Pos. 903 bis 906
– Motorleistung
– – Motorleistung bis 18 kW,
– – Motorleistung 18 bis 37 kW,
– – Motorleistung 37 bis 55 kW,
– – Motorleistung 55 bis 88 kW,
– – Motorleistung 88 bis 120 kW,
– – Motorleistung in kW .... ,
– Zusatzausstattung
– – mit Heckbagger,
– – mit Heckaufreißer, einzahnig,
– – mit Heckaufreißer, 3-zahnig,
– – mit Heckaufreißer, 5-zahnig,
– – mit Heckaufreißer, Anzahl der Zähne .... ,
– mit Laser-Einrichtung.
– Berechnungseinheit h

907 **Grader einschl. Fahrer,**
Einzelangaben nach DIN 18320
– Arbeitsbreite
– – Arbeitsbreite bis 2,5 m,
– – Arbeitsbreite 2,5 bis 3 m,
– – Arbeitsbreite in m .... ,
– Motorleistung
– – Motorleistung bis 55 kW,
– – Motorleistung 55 bis 88 kW,
– – Motorleistung 88 bis 120 kW,
– – Motorleistung in kW .... ,
– mit Laser-Einrichtung.
– Berechnungseinheit h

908 **Seilbagger einschl. Fahrer,**
909 **Hydraulikbagger einschl. Fahrer,**
910 **Minibagger einschl. Fahrer,**
911 **Schreitbagger einschl. Fahrer,**
Einzelangaben nach DIN 18320 zu Pos. 908 bis 911
– Art des Fahrwerks
– – Fahrwerk mit Bereifung,
– – Fahrwerk mit Ketten,
– – mit .... ,
– Ausstattung
– – mit Tieflöffel,
– – mit Grabenlöffel,
– – mit Zweischalengreifer,
– – mit Hochlöffel,
– – mit Dränkorb-/löffel,
– – mit Schürfkübel,
– – – Löffel-/Korbinhalt 1 bis 1,5 m³,
– – – Löffel-/Korbinhalt über 1,5 m³,
– – – Löffel-/Korbinhalt in m³ .... ,
– – mit Felsbirne,
– – mit Fallplatte,
– – mit Felsmeißel,
– – mit Erdramme,
– – mit .... ,
– Berechnungseinheit h

912 **Schlepper/Geräteträger einschl. Fahrer,**
Einzelangaben nach DIN 18320
– Motorleistung
– – Motorleistung bis 15 kW,
– – Motorleistung 15 bis 29 kW,
– – Motorleistung 29 bis 44 kW,
– – Motorleistung 44 bis 74 kW,
– – Motorleistung in kW .... ,
– Ausstattung
– – mit Abschleppgerät,
– – mit Egge,
– – mit Fräse,
– – mit Grubber,
– – mit Mähwerk,
– – mit Mähwerk, Art .... ,
– – mit Rasenpflegegerät, Art .... ,
– – mit Sand-/Düngerstreuer, Art .... ,
– – mit Heckplanierschild,
– – mit Frontplanierschild,
– – mit Schneeräumschild,
– – mit Schneefräse,
– – mit Kehrmaschine,
– – mit Nasskehrmaschine,
– – – Arbeitsbreite bis 1 m,
– – – Arbeitsbreite 1 bis 2 m,
– – – Arbeitsbreite über 2 m,
– – – Arbeitsbreite in m .... ,
– – mit Frontlader,
– – mit Heckbagger,
– – – Löffelinhalt bis 0,5 m³,
– – – Löffelinhalt 0,5 bis 1 m³,
– – – Löffelinhalt in m³ .... ,
– – mit Pflug,
– – – Art .... ,
– – mit Erdlochbohrer,
– – – Art/Länge/Durchmesser .... ,
– – mit Anbaugerät .... ,
– – – mit Stollenbereifung.
– – – mit stollenloser Niederdruckbereifung.
– – – Bereifung ....
– Berechnungseinheit h

913 **Baumverpflanzmaschine einschl. Fahrer,**
914 **Baumverpflanzgerät einschl. Bedienung,**
Einzelangaben nach DIN 18320 zu Pos. 913 und 914
– Spatenform
– – mit Rundspaten,
– – mit Keilspaten,
– – Spatenform .... ,
– Anzahl der Spaten
– – mit 4 Spaten,
– – mit 6 Spaten,
– – Anzahl der Spaten .... ,
– Maschinen-/Gerätetyp
– – Maschinen-, Gerätetyp .... ,
(Sofern nicht vorgeschrieben, vom Bieter einzutragen.)
– – Maschinen-, Gerätetyp .... , oder gleichwertiger Art,
Maschinen-, Gerätetyp .... , (Vom Bieter einzutragen.)
– Ballendurchmesser
– – für Ballendurchmesser bis 80 cm.
– – für Ballendurchmesser über 80 bis 100 cm.
– – für Ballendurchmesser über 100 bis 150 cm.
– – für Ballendurchmesser über 150 bis 200 cm.
– – für Ballendurchmesser über 200 bis 250 cm.
– – für Ballendurchmesser in cm ....
– Berechnungseinheit h

LB 003 Landschaftsbauarbeiten
Stundenlohnarbeiten

Ausgabe 06.02

915 Einachsschlepper,
Einzelangaben nach DIN 18320
- Bedienungsart
  - – mit Bedienung,
  - – ohne Bedienung,
- Motorleistung
  - – Motorleistung bis 3 kW,
  - – Motorleistung 3 bis 6 kW,
  - – Motorleistung 6 bis 9 kW,
  - – Motorleistung in kW .... ,
- Ausstattung
  - – mit Fräse.
  - – mit Frontplanierschild.
  - – mit ....
- Berechnungseinheit h

916 Kompressor,
Einzelangaben nach DIN 18320
- Bedienungsart
  - – mit Bedienung,
  - – ohne Bedienung,
- Leistung
  - – Leistung bis 3 m³/min,
  - – Leistung 3 bis 5 m³/min,
  - – Leistung 5 bis 10 m³/min,
  - – Leistung in m³/min .... ,
- Anzahl der Hämmer
  - – mit einem Bohrhammer,
  - – mit zwei Bohrhämmern,
  - – Anzahl der Bohrhämmer .... ,
  - – mit einem Abbauhammer,
  - – mit zwei Abbauhämmern,
  - – Anzahl der Abbauhämmer .... ,
- Gewicht
  - – Betriebsgewicht bis 20 kg,
  - – Betriebsgewicht 20 bis 30 kg,
  - – Betriebsgewicht über 30 kg,
  - – Betriebsgewicht in kg .... ,
- Schallgedämpft.
- Berechnungseinheit h

917 Walze,
918 Tandemwalze,
919 Dreiradwalze,
920 Anhängewalze,
Einzelangaben nach DIN 18320 zu Pos. 917 bis 920
- Bedienungsart
  - – mit Bedienung,
  - – ohne Bedienung,
- Art der Walze
  - – statisch,
  - – dynamisch,
- Zubehör
  - – mit Glattmantel,
  - – mit Schaffüßen,
  - – mit Gürtelrädern,
  - – mit Gitterrädern,
  - – mit Gummirädern,
  - – mit .... ,
- Gewicht
  - – Betriebsgewicht bis 5 t.
  - – Betriebsgewicht 5 bis 10 t.
  - – Betriebsgewicht 10 bis 15 t.
  - – Betriebsgewicht 15 bis 20 t.
  - – Betriebsgewicht in t ....
- Berechnungseinheit h

921 Stampfer,
922 Explosionsstampfer,
923 Vibrationsstampfer,
924 Vibrationswalze,
Einzelangaben nach DIN 18320 zu Pos. 921 bis 924
- Bedienungsart
  - – mit Bedienung,
  - – ohne Bedienung,
- Verdichtungsleistung ....
- Berechnungseinheit h

925 Rüttelplatte,
Einzelangaben nach DIN 18320
- Bedienungsart
  - – mit Bedienung,
  - – ohne Bedienung,
- Wuchtkraft
  - – Wuchtkraft 10 bis 12 kN.
  - – Wuchtkraft 12 bis 24 kN.
  - – Wuchtkraft in kN ....
- Berechnungseinheit h

926 Hubsteiger,
Einzelangaben nach DIN 18320
- Verwendung
  - – als Anhängegerät,
  - – als Anhängegerät, auf Hänger montiert,
  - – auf LKW montiert,
  - – mit Raupenfahrzeug,
  - – .... ,
- Benutzung
  - – mit Fahrer,
  - – ohne Fahrer,
- Maschinen-/Gerätetyp
  - – Maschinen-/Gerätetyp .... ,
    (Sofern nicht vorgeschrieben, vom Bieter einzutragen.)
  - – Maschinen-/Gerätetyp .... , oder gleichwertiger Art,
    Maschinen-/Gerätetyp .... , (Vom Bieter einzutragen.)
- Arbeitshöhe
  - – Arbeitshöhe bis 10 m.
  - – Arbeitshöhe 10 bis 15 m.
  - – Arbeitshöhe 15 bis 20 m.
  - – Arbeitshöhe 20 bis 30 m.
  - – Arbeitshöhe 30 bis 40 m.
  - – Arbeitshöhe in m ....
- Berechnungseinheit h

927 Holzhäcksler,
Einzelangaben nach DIN 18320
- Bedienungsart
  - – mit Bedienung,
  - – ohne Bedienung,
- Zubehör
  - – mit Antriebsaggregat,
  - – mit Zapfwelle,
- Holzdurchmesser
  - – für Holzdurchmesser bis 10 cm.
  - – für Holzdurchmesser bis 20 cm.
  - – für Holzdurchmesser in cm ....
- Berechnungseinheit h

928 Tragbarer Erdlochbohrer,
Einzelangaben nach DIN 18320
- Bedienungsart
  - – mit Bedienung,
  - – ohne Bedienung,
- Zubehör
  - – mit Schneckenbohrer,
  - – mit Krümler,
  - – mit .... ,
- Durchmesser in cm ....
- Länge in cm ....
- Berechnungseinheit h

LB 003 Landschaftsbauarbeiten
Stundenlohnarbeiten

STLB 003

Ausgabe 06.02

929 **Grabenfräse,**
Einzelangaben nach DIN 18320
- Bedienungsart
  - – mit Bedienung,
  - – ohne Bedienung,
- mit Laser-Einrichtung,
- Art/Zubehör
  - – selbstfahrend,
  - – mit Zapfwellenantrieb, für Geräteträger,
  - – mit .... ,
    - – – Arbeitsbreite bis 10 cm – 10 bis 20 cm –
      20 bis 30 cm – 30 bis 40 cm –
      Arbeitsbreite in cm .... ,
- Arbeitstiefe
  - – Arbeitstiefe bis 50 cm.
  - – Arbeitstiefe 50 bis 100 cm.
  - – Arbeitstiefe in cm ....
- mit Seitenförderer zur LKW-Beladung.
- Berechnungseinheit h

930 **Pumpe einschl. Zubehör,**
Einzelangaben nach DIN 18320
- Bedienungsart
  - – mit Bedienung,
  - – ohne Bedienung,
- Pumpenart
  - – als Schmutzwasserpumpe,
  - – als Tauchpumpe,
  - – als .... ,
- Leistung
  - – Leistung bis 2 kW,
  - – Leistung 2 bis 4 kW,
  - – Leistung in kW .... ,
- Förderleistung in l/s .... ,
- Förderhöhe in m ....
- Berechnungseinheit h

931 **Motorsäge,**
Einzelangaben nach DIN 18320
- Bedienungsart
  - – mit Bedienung,
  - – ohne Bedienung,
- Schwertlänge
  - – Schwertlänge bis 20 cm.
  - – Schwertlänge bis 40 cm.
  - – Schwertlänge 40 bis 60 cm.
  - – Schwertlänge in cm ....
- Berechnungseinheit h

932 **Trennschleifer einschl. Trennscheiben,**
Einzelangaben nach DIN 18320
- Bedienungsart
  - – mit Bedienung,
  - – ohne Bedienung,
- Geräteart
  - – Handgerät,
  - – Tischgerät,
  - – als .... ,
- Werkstoff
  - – für Stein.
  - – für Metall.
  - – für ....
- Berechnungseinheit h

934 **Bohrmaschine einschl. Bohrer,**
935 **Bohrhammer einschl. Werkzeug,**
Einzelangaben nach DIN 18320 zu Pos. 934 und 935
- Bedienungsart
  - – mit Bedienung,
  - – ohne Bedienung,
- Leistung
  - – Leistung bis 0,25 kW.
  - – Leistung 0,25 bis 1 kW.
  - – Leistung 1 bis 2 kW.
  - – Leistung in kW ....
- Berechnungseinheit h

936 **Fugenschneider,**
Einzelangaben nach DIN 18320
- Werkstoff
  - – für Asphalt,
  - – für Beton,
  - – für Asphalt und Beton,
  - – für .... ,
- Bedienungsart
  - – mit Bedienung,
  - – ohne Bedienung,
- Schnittiefe
  - – Schnittiefe bis 20 cm,
  - – Schnittiefe 20 bis 30 cm,
  - – Schnittiefe 30 bis 40 cm,
  - – Schnittiefe in cm .... ,
- Leistung
  - – Motorleistung bis 5 kW,
  - – Motorleistung 5 bis 10 kW,
  - – Motorleistung in kW .... ,
- Berechnungseinheit h

937 **Stubbenfräse,**
938 **Stubbenbohrer,**
Einzelangaben nach DIN 18320 zu Pos. 937 und 938
- Bedienungsart
  - – mit Bedienung,
  - – ohne Bedienung,
- Leistung .... ,
- Fräs-/Bohrtiefe
  - – Frästiefe bis 10 cm.
  - – Frästiefe 10 bis 30 cm.
  - – Frästiefe in cm ....
  - – Bohrtiefe bis 30 cm.
  - – Bohrtiefe 30 bis 50 cm.
  - – Bohrtiefe in cm ....
- Berechnungseinheit h

939 **Antriebsaggregat für elektrische Geräte,**
Einzelangaben nach DIN 18320
- Motorart
  - – mit Dieselmotor,
  - – mit Otto-Motor,
- Leistung
  - – Leistung bis 5 kVA,
  - – Leistung 5 bis 8 kVA,
  - – Leistung 8 bis 10 kVA,
  - – Leistung in kVA .... ,
- Zubehör
  - – mit Zubehör und Stromkabel – mit .... ,
- Kabellänge
  - – Kabellänge 10 m – 20 m – in m .... ,
- Berechnungseinheit h

940 **Bodenbelüftungsgerät,**
Einzelangaben nach DIN 18320
- Maschinen-/Gerätetyp
  - – Maschinen-/Gerätetyp .... ,
    (Sofern nicht vorgeschrieben, vom Bieter einzutragen.)
  - – Maschinen-/Gerätetyp ...., oder gleichwertiger Art,
    Maschinen-/Gerätetyp .... , (Vom Bieter einzutragen.)
- Leistung in m³/min ....
- Berechnungseinheit h

941 **Rasenmäher,**
Einzelangaben nach DIN 18320
- Mäherart
  - – Sichelmäher,
  - – Spindelwalzenmäher,
  - – Balkenmäher,
  - – Schlegelmäher,
  - – Mulchmäher,
  - – Typ .... ,
- Mähbreite in cm .... ,
- Maschinen-/Gerätetyp
  - – Maschinen-/Gerätetyp .... , (Sofern nicht vorgeschrieben, vom Bieter einzutragen.)
  - – Maschinen-/Gerätetyp ...., oder gleichwertiger Art,
    Maschinen-/Gerätetyp .... , (Vom Bieter einzutragen.)
- Berechnungseinheit h

STLB 003

LB 003 Landschaftsbauarbeiten
Liefern von Stoffen, Bauteilen und Saatgut

Ausgabe 06.02

950 Stoffe liefern und abladen,
Einzelangaben nach DIN 18320
- Bodenart
- - Oberboden, Bodengruppe 2 DIN 18915,
- - Oberboden, Bodengruppe 4 DIN 18915,
- - Oberboden, Bodengruppe 6 DIN 18915,
- - Oberboden, Bodengruppe .... ,
- - - mit 1 bis 2 Massen-% an organischer Substanz,
- - - mit 2 bis 4 Massen-% an organischer Substanz,
- - - mit 4 bis 6 Massen-% an organischer Substanz,
- - - mit .... ,
- - - - besondere Anforderungen .... ,
- - Torf,
- - - wenig zersetzt,
- - - wenig bis mäßig zersetzt,
- - - mäßig zersetzt,
- - - mäßig bis stark zersetzt,
- - - stark zersetzt,
- - - - Packungsart Torfsackballen DIN 11540 – 17 S,
- - - - Packungsart Torfsack DIN 11540 – 80 T,
- - - - Packungsart Torfsack DIN 11540 – 160 T,
- - - - Packungsart .... ,
- - - - Packungsart lose,
- - - - - besondere Anforderungen .... ,
- - Rindenmulch, gütegesichert,
- - - Nachweis der Güteüberwachung durch Kennzeichnung mit Gütezeichen der Gütegemeinschaft Rinde für Pflanzenbau,
- - - Nachweis der Güteüberwachung durch .... ,
- - - - Körnung 10/40 – 10/80 – 20/80,
- - - - Körnung .... ,
- - - - - besondere Anforderungen .... ,
- - Rindenhumus, gütegesichert,
- - - Nachweis der Güteüberwachung durch Kennzeichnung mit Gütezeichen der Gütegemeinschaft Rinde für Pflanzenbau,
- - - Nachweis der Güteüberwachung durch .... ,
- - - - Körnung fein (0/10),
- - - - Körnung mittel (0/20),
- - - - Körnung grob (0/40),
- - - - Körnung .... ,
- - - - - besondere Anforderungen .... ,
- - Rindenerde, gütegesichert,
- - - Nachweis der Güteüberwachung durch Kennzeichnung mit Gütezeichen der Gütegemeinschaft Rinde für Pflanzenbau,
- - - Nachweis der Güteüberwachung durch ..... ,
- - - - Körnung fein (0/10),
- - - - Körnung grob (0/20),
- - - - Körnung .... ,
- - - - - besondere Anforderungen .... ,
- - Fertigkompost (Rottegrad IV bzw. V), gütegesichert,
- - Mulchkompost (Rottegrad IV bzw. V), gütegesichert,
- - - Nachweis der Güteüberwachung durch Vorlage des Prüfzeugnisses der Bundesgütegemeinschaft Kompost,
- - - Nachweis der Güteüberwachung durch .... ,
- - - - Körnung fein (0/8 bis 0/12),
- - - - Körnung mittel (016 bis 0/25),
- - - - Körnung grob (0/30 bis 0/40),
- - - - Körnung 0/40,
- - - - Körnung .... ,
- - - - - nährstoffreich,
- - - - - nährstoffreich, mit weniger als 20 Massen-% an organischer Substanz,
- - - - - nährstoffreich, mit mehr als 20 Massen-% an organischer Substanz,
- - - - - nährstoffarm,
- - - - - nährstoffarm, mit weniger als 20 Massen-% an organischer Substanz,
- - - - - nährstoffarm, mit mehr als 20 Massen-% an organischer Substanz,
- - - - - mit weniger als 20 Massen-% an organischer Substanz,
- - - - - mit mehr als 20 Massen-% an organischer Substanz,
- - - - - mit .... ,
- - Substrat für intensive Dachbegrünung,
- - Substrat für extensive Dachbegrünung,
- - Substrat für Pflanzgrube,
- - Substrat für Pflanzkübel,
- - Substrat zum Verfüllen von Rasengittersteinen,
- - Substrat .... ,
- - - Mischungsanteile in Vol. % .... ,
- - - - besondere Anforderungen .... ,
- - mineralische Dünger,
- - mineralische NPK-Dünger,
- - organische Dünger,
- - organisch-/mineralische Dünger,
- - - mit Langzeitwirkung,
- - - mit .... ,
- - - - Nährstoffgehalt .... ,
- - - - - mit Spurenelementen,
- - - - - - Verpackungsart .... ,
- - Sand,
- - Kiessand,
- - - Körnung 0/2,
- - - Körnung 0/4,
- - - Körnung 0/8,
- - - Körnung 0/16,
- - - Körnung .... ,
- - Kies,
- - - Körnung 2/4,
- - - Körnung 2/8,
- - - Körnung 2/16,
- - - Körnung 2/32,
- - - Körnung .... ,
- - Brechsand-Splitt-Gemisch,
- - - Körnung .... ,
- - Quarzsand,
- - - Körnung 0/2 – Körnung ......,
- - Splitt,
- - - Körnung 5/11,
- - - Körnung 11/22 – Körnung ......,
- - Edelsplitt,
- - - Körnung 2/5,
- - - Körnung 5/8,
- - - Körnung 8/11 – Körnung ......,
- - Schotter,
- - - Körnung 32/45,
- - - Körnung 45/56,
- - Mineralgemisch,
- - - Körnung 0/22,
- - - Körnung 0/32,
- - - Körnung 0/45,
- - - Körnung .... ,
- - - - gütegesichert,
- - - - - Gesteinsart .... ,
- - Asphaltbeton, splittarm,
- - Asphaltbeton, splittreich,
- - - Körnung 0/5,
- - - Körnung 0/8,
- - - Körnung 0/11,
- - - Körnung 0/16,
- - - Körnung 0/22 – Körnung ......,
- - Baustoff für Dynamische Schicht,
- - - Körnung 0/16 – Körnung ......,
- - - - besondere Anforderungen .... ,
- - - - - wasserdurchlässig DIN 18035-6,
- - Tennenbelagbaustoff,
- - - Körnung 0/1 – 0/2 – 0/3 – Körnung ......,
- - Baustoff .... ,
- - - Körnung .... ,
- - - - besondere Anforderungen .... ,
- Erzeugnis/Typ
- - Erzeugnis/Typ .... ,
(Sofern nicht vorgeschrieben, vom Bieter einzutragen.)
- - Erzeugnis/Typ .... , oder gleichwertiger Art,
- - Erzeugnis/Typ .... , (Vom Bieter einzutragen.)
- Abrechnung
- - Abrechnung nach Ladevolumen. (in m³)
- - Abrechnung nach Lieferscheinen. (in Stück)
- - Abrechnung nach Wiegekarten. (in t)
- - Abrechnung nach Packungseinheiten. (in t)
- Berechnungseinheit m³, Stück, t

LB 003 Landschaftsbauarbeiten
Liefern von Stoffen, Bauteilen und Saatgut

STLB 003

Ausgabe 06.02

951 Bauteil liefern und abladen,
Einzelangaben nach DIN 18320
- Bauteil/Werkstoff
  - - Bordstein DIN 482, Naturstein,
    - - - als Innenbogenstein .... ,
    - - - als Außenbogenstein .... ,
    - - - als .... ,
      - - - - Gesteinsart .... ,
    - - - Maße .... , Gesteinsart .... ,
  - - Bordstein DIN 483, Beton,
  - - Bordstein DIN 483, Beton, KA .... ,
  - - Bordstein DIN 483, Beton, KI .... ,
    - - - H 18 x 30,
    - - - H 18 x 25,
    - - - H 15 x 30,
    - - - H 18 x 25,
    - - - T 10 x 30,
    - - - T 10 x 25,
    - - - T 8 x 25,
    - - - T 8 x 20,
    - - - R 18 x 22,
    - - - R 15 x 22,
    - - - F 20 x 20,
    - - - Maße in .... ,
  - - Kantenstein, Naturstein,
  - - Kantenstein, Beton,
  - - Natursteinplatte, Gesteinsart .... ,
  - - Natursteinpflaster, Gesteinsart .... ,
  - - Betonplatte,
  - - Betonpflaster,
  - - Betonverbundstein,
  - - Ziegelpflaster,
  - - Ziegelverbundstein,
  - - Rasengitterstein,
  - - Holzpflaster,
  - - .... ,
    - - - Maße .... ,
      - - - - Oberflächenausbildung .... ,
- Erzeugnis/Typ
  - - Erzeugnis/Typ .... ,
    (Sofern nicht vorgeschrieben, vom Bieter einzutragen.)
  - - Erzeugnis/Typ .... , oder gleichwertiger Art,
    Erzeugnis/Typ .... , (Vom Bieter einzutragen.)
- Berechnungseinheit Stück, m, m²

952 Saatgut liefern,
Einzelangaben nach DIN 18320
- Saatgutart
  - - Rasensaatgut,
    - - - für Zierrasen,
      - - - - RSM 1,1 - Zierrasen -,
      - - - - Saatgutmischung .... ,
    - - - für Gebrauchsrasen,
      - - - - RSM 2.1 - Standard -,
      - - - - RSM 2.2 - Trockenlagen -,
      - - - - RSM 2.3 - Spielrasen -,
      - - - - RSM 2.4 - Kräuterrasen -,
      - - - - Saatgutmischung .... ,
    - - - für Sportrasen,
      - - - - RSM 3.1 - Neuanlage -,
      - - - - RSM 3.2 - Regeneration -,
      - - - - Saatgutmischung .... ,
    - - - für Golfrasen,
      - - - - RSM 4.1 - Grün -,
      - - - - RSM 4.2 - Vorgrün -,
      - - - - RSM 4.3 - Abschlag -,
      - - - - RSM 4.4 - Spielbahn -,
      - - - - RSM 4.5 - Halbraufläche -,
      - - - - RSM 4.6 - Verbindungswege -,
      - - - - Saatgutmischung .... ,
    - - - für Parkplatzrasen
      - - - - RSM 5.1 - Parkplatz -,
      - - - - Saatgutmischung .... ,
    - - - für Dachbegrünung
      - - - - RSM 6.1 - Extensive Dachbegrünung -,
      - - - - Saatgutmischung .... ,
    - - - für Landschaftsrasen
      - - - - RSM 7.1.1 - Standard ohne Kräuter -,
      - - - - RSM 7.1.2 - Standard mit Kräutern -,
      - - - - RSM 7.2.1 - Trockenlagen ohne Kräuter -,
      - - - - RSM 7.2.2 - Trockenlagen mit Kräutern -,
      - - - - RSM 7.3.1 - Feuchtlagen -,
      - - - - RSM 7.3.2 - Halbschatten -,
      - - - - Saatgutmischung .... ,
        - - - - - Variante
          - - - - - - Variante 1,
          - - - - - - Variante 2,
          - - - - - - Variante 3,
          - - - - - - Variante .... ,
          - - - - - - RSM-Ausgabejahr .... ,
  - - Saatgut .... ,
    - - - für .... ,
      - - - - Reinheit, Keimfähigkeit, Fremdartenbesatz gemäß RSM/FLL,
      - - - - Reinheit, Keimfähigkeit, Fremdartenbesatz gemäß Saatgutverkehrsgesetz,
        - - - - - besondere Anforderungen .... ,
        - - - - - Erzeugnis/Typ .... ,
          (Sofern nicht vorgeschrieben, vom Bieter einzutragen.)
        - - - - - Erzeugnis/Typ .... , oder gleichwertiger Art,
          Erzeugnis/Typ .... ,
          (Vom Bieter einzutragen.)
- Form der Anlieferung
  - - Anlieferung in Kleinpackungen ist zulässig.
  - - Anlieferung in Kleinpackungen ist nicht zulässig.
- Berechnungseinheit kg

996 Leistung wie Position .... ,
Einzelangaben nach DIN 18320
- jedoch ....
- Berechnungseinheit h, kg, m, m², m³, pauschal, Stück, t

STLB 003

LB 003 Landschaftsbauarbeiten
Liefern von Stoffen, Bauteilen und Saatgut; Vereinfachte Beschreibungen

Ausgabe 06.02

LB 003 Landschaftsbauarbeiten
Baumschutz, Wurzelschutz; Bodenauf- und -abtrag; Drän- und Filterschichten

AW 003

Ausgabe 06.02

Sämtliche Preise sind **Mittelpreise ohne Mehrwertsteuer** zum Zeitpunkt des Ausgabedatums.
Korrekturfaktoren für Regionaleinfluss, Mengeneinfluss, Konjunktureinfluss siehe Vorspann.
Abkürzungen: EP = Einheitspreis, LA = Lohnanteil, ST = Stoffanteil

Baumschutz, Wurzelschutz

003.----.-

Pos.	Beschreibung	Preis
003.00401.M	Stangengeviert für Bäume, 4 Stangen, Seitenlänge 2,0 m	28,75 DM/St / 14,70 €/St
003.00601.M	Brettermantel für Bäume, Stammdurchmesser bis 40 cm	95,40 DM/St / 48,78 €/St
003.00901.M	Wurzelschutz durch Bohlen auf Kies	26,66 DM/m2 / 13,63 €/m2
003.01001.M	Wurzelschutz durch Wurzelvorhang	89,97 DM/m / 46,00 €/m

003.00401.M KG 532 DIN 276
Stangengeviert für Bäume, 4 Stangen, Seitenlänge 2,0 m
EP 28,75 DM/St   LA 21,22 DM/St   ST 7,53 DM/St
EP 14,70 €/St   LA 10,85 €/St   ST 3,85 €/St

003.00601.M KG 532 DIN 276
Brettermantel für Bäume, Stammdurchmesser bis 40 cm
EP 95,40 DM/St   LA 84,85 DM/St   ST 10,55 DM/St
EP 48,78 €/St   LA 43,39 €/St   ST 5,39 €/St

003.00901.M KG 532 DIN 276
Wurzelschutz durch Bohlen auf Kies
EP 26,66 DM/m2   LA 26,66 DM/m2   ST 0,00 DM/m2
EP 13,63 €/m2   LA 13,63 €/m2   ST 0,00 €/m2

003.01001.M KG 532 DIN 276
Wurzelschutz durch Wurzelvorhang
EP 89,97 DM/m   LA 46,67 DM/m   ST 43,30 DM/m
EP 46,00 €/m   LA 23,86 €/m   ST 22,14 €/m

Bodenauf- und -abtrag

003.----.-

Pos.	Beschreibung	Preis
003.03501.M	Baureste und Unrat sammeln	95,16 DM/m3 / 48,65 €/m3
003.05101.M	Oberboden abtragen, fördern und lagern, Dicke 10-20 cm	6,78 DM/m3 / 3,47 €/m3
003.05102.M	Oberboden abtragen, fördern und lagern, Dicke 20-40 cm	5,08 DM/m3 / 2,60 €/m3
003.05103.M	Oberboden fördern und auftragen, Dicke 10-20 cm	28,39 DM/m3 / 14,51 €/m3
003.05104.M	Oberboden fördern und auftragen, Dicke 20-40 cm	24,15 DM/m3 / 12,35 €/m3
003.05105.M	Oberboden, gesiebt, liefern	25,17 DM/m3 / 12,87 €/m3
003.05201.M	Unterboden abtragen, 0,30 m tief, Bodengr. 3 u. 4	59,32 DM/m3 / 30,33 €/m3
003.05202.M	Unterboden abtragen, 0,50 m tief, Bodengr. 3 u. 4, Hand	75,77 DM/m3 / 38,74 €/m3

003.03501.M KG 511 DIN 276
Baureste und Unrat sammeln
EP 95,16 DM/m3   LA 95,16 DM/m3   ST 0,00 DM/m3
EP 48,65 €/m3   LA 48,65 €/m3   ST 0,00 €/m3

003.05101.M KG 511 DIN 276
Oberboden abtragen, fördern und lagern, Dicke 10-20 cm
EP 6,78 DM/m3   LA 6,78 DM/m3   ST 0,00 DM/m3
EP 3,47 €/m3   LA 3,47 €/m3   ST 0,00 €/m3

003.05102.M KG 511 DIN 276
Oberboden abtragen, fördern und lagern, Dicke 20-40 cm
EP 5,08 DM/m3   LA 5,08 DM/m3   ST 0,00 DM/m3
EP 2,60 €/m3   LA 2,60 €/m3   ST 0,00 €/m3

003.05103.M KG 511 DIN 276
Oberboden fördern und auftragen, Dicke 10-20 cm
EP 28,39 DM/m3   LA 28,39 DM/m3   ST 0,00 DM/m3
EP 14,51 €/m3   LA 14,51 €/m3   ST 0,00 €/m3

003.05104.M KG 511 DIN 276
Oberboden fördern und auftragen, Dicke 20-40 cm
EP 24,15 DM/m3   LA 24,15 DM/m3   ST 0,00 DM/m3
EP 12,35 €/m3   LA 12,35 €/m3   ST 0,00 €/m3

003.05105.M KG 511 DIN 276
Oberboden, gesiebt, liefern
EP 25,17 DM/m3   LA 0,00 DM/m3   ST 25,17 DM/m3
EP 12,87 €/m3   LA 0,00 €/m3   ST 12,87 €/m3

003.05201.M KG 511 DIN 276
Unterboden abtragen, 0,30 m tief, Bodengr. 3 u. 4
EP 59,32 DM/m3   LA 59,32 DM/m3   ST 0,00 DM/m3
EP 30,33 €/m3   LA 30,33 €/m3   ST 0,00 €/m3

003.05202.M KG 511 DIN 276
Unterboden abtragen, 0,50 m tief, Bodengr. 3 u. 4, Hand
EP 75,77 DM/m3   LA 75,77 DM/m3   ST 0,00 DM/m3
EP 38,74 €/m3   LA 38,74 €/m3   ST 0,00 €/m3

Drän- und Filterschichten

003.----.-

Pos.	Beschreibung	Preis
003.05501.M	Dränschicht, Rollkies 16/32, Dicke 10 cm	9,14 DM/m2 / 4,67 €/m2
003.05601.M	Filterschicht, Kies 8/16, Dicke 10 cm	14,34 DM/m2 / 7,33 €/m2

003.05501.M KG 512 DIN 276
Dränschicht, Rollkies 16/32, Dicke 10 cm
EP 9,14 DM/m2   LA 7,27 DM/m2   ST 1,87 DM/m2
EP 4,67 €/m2   LA 3,72 €/m2   ST 0,95 €/m2

003.05601.M KG 512 DIN 276
Filterschicht, Kies 8/16, Dicke 10 cm
EP 14,34 DM/m2   LA 12,12 DM/m2   ST 2,22 DM/m2
EP 7,33 €/m2   LA 6,20 €/m2   ST 1,13 €/m2

AW 003

Ausgabe 06.02

LB 003 Landschaftsbauarbeiten
Bodenlockerung; Pflanzgruben; Bodenverbesserung, Düngung; Planum

Sämtliche Preise sind **Mittelpreise ohne Mehrwertsteuer** zum Zeitpunkt des Ausgabedatums.
Korrekturfaktoren für Regionaleinfluss, Mengeneinfluss, Konjunktureinfluss siehe Vorspann.
Abkürzungen: EP = Einheitspreis, LA = Lohnanteil, ST = Stoffanteil

Bodenlockerung, Vorbereitung/Pflege

003.----.-

003.06801.M Vegetat.-Tragschicht lockern, 10 cm tief	0,85 DM/m2 0,43 €/m2
003.06802.M Vegetat.-Tragschicht lockern, 20 cm tief	4,55 DM/m2 2,33 €/m2
003.06803.M Pflanzfläche nach Pflanzen lockern, hacken, Tiefe 2 cm	6,06 DM/m2 3,10 €/m2
003.06804.M Pflanzfläche nach Pflanzen lockern, hacken, Tiefe 3 cm	7,27 DM/m2 3,72 €/m2
003.06805.M Pflanzfläche nach Pflanzen lockern, hacken, Tiefe 5 cm	8,49 DM/m2 4,34 €/m2
003.13201.M Pflanzfläche nach Pflanzen schützen, mulchen, 5 cm dick	6,49 DM/m2 3,32 €/m2

003.06801.M KG 512 DIN 276
Vegetat.-Tragschicht lockern, 10 cm tief
EP 0,85 DM/m2   LA 0,85 DM/m2   ST 0,00 DM/m2
EP 0,43 €/m2   LA 0,43 €/m2   ST 0,00 €/m2

003.06802.M KG 512 DIN 276
Vegetat.-Tragschicht lockern, 20 cm tief
EP 4,55 DM/m2   LA 4,55 DM/m2   ST 0,00 DM/m2
EP 2,33 €/m2   LA 2,33 €/m2   ST 0,00 €/m2

003.06803.M KG 512 DIN 276
Pflanzfläche nach Pflanzen lockern, hacken, Tiefe 2 cm
EP 6,06 DM/m2   LA 6,06 DM/m2   ST 0,00 DM/m2
EP 3,10 €/m2   LA 3,10 €/m2   ST 0,00 €/m2

003.06804.M KG 512 DIN 276
Pflanzfläche nach Pflanzen lockern, hacken, Tiefe 3 cm
EP 7,27 DM/m2   LA 7,27 DM/m2   ST 0,00 DM/m2
EP 3,72 €/m2   LA 3,72 €/m2   ST 0,00 €/m2

003.06805.M KG 512 DIN 276
Pflanzfläche nach Pflanzen lockern, hacken, Tiefe 5 cm
EP 8,49 DM/m2   LA 8,49 DM/m2   ST 0,00 DM/m2
EP 4,34 €/m2   LA 4,34 €/m2   ST 0,00 €/m2

003.13201.M KG 512 DIN 276
Pflanzfläche nach Pflanzen schützen, mulchen, 5 cm dick
EP 6,49 DM/m2   LA 6,06 DM/m2   ST 0,43 DM/m2
EP 3,32 €/m2   LA 3,10 €/m2   ST 0,22 €/m2

Pflanzgruben

003.----.-

003.07101.M Pflanzgrube ausheben, Bodengruppe 3-5, 100/100/ 60 cm	36,36 DM/St 18,59 €/St
003.07102.M Pflanzgrube ausheben, Bodengruppe 3-5, 150/150/100 cm	86,07 DM/St 44,01 €/St
003.07201.M Pflanzgraben ausheben, Breite 50 cm, Tiefe 50 cm	21,82 DM/m 11,16 €/m

003.07101.M KG 514 DIN 276
Pflanzgrube ausheben, Bodengruppe 3-5, 100/100/ 60 cm
EP 36,36 DM/St   LA 36,36 DM/St   ST 0,00 DM/St
EP 18,59 €/St   LA 18,59 €/St   ST 0,00 €/St

003.07102.M KG 514 DIN 276
Pflanzgrube ausheben, Bodengruppe 3-5, 150/150/100 cm
EP 86,07 DM/St   LA 86,07 DM/St   ST 0,00 DM/St
EP 44,01 €/St   LA 44,01 €/St   ST 0,00 €/St

003.07201.M KG 514 DIN 276
Pflanzgraben ausheben, Breite 50 cm, Tiefe 50 cm
EP 21,82 DM/m   LA 21,82 DM/m   ST 0,00 DM/m
EP 11,16 €/m   LA 11,16 €/m   ST 0,00 €/m

Bodenverbesserung, Düngung

003.----.-

003.07501.M Pflanzerde, gedämpft, liefern	49,50 DM/m3 25,31 €/m3
003.07502.M Pflanzerde, gedämpft, mit Hochmoortorf, liefern	57,90 DM/m3 29,60 €/m3
003.07503.M Rindenkompost, gesiebt, liefern	35,24 DM/m3 18,02 €/m3
003.07601.M Düngung Vegetationsfläche, einmal, NPK-Dünger	4,05 DM/m2 2,07 €/m2

003.07501.M KG 512 DIN 276
Pflanzerde, gedämpft, liefern
EP 49,50 DM/m3   LA 0,00 DM/m3   ST 49,50 DM/m3
EP 25,31 €/m3   LA 0,00 €/m3   ST 25,31 €/m3

003.07502.M KG 512 DIN 276
Pflanzerde, gedämpft, mit Hochmoortorf, liefern
EP 57,90 DM/m3   LA 0,00 DM/m3   ST 57,90 DM/m3
EP 29,60 €/m3   LA 0,00 €/m3   ST 29,60 €/m3

003.07503.M KG 511 DIN 276
Rindenkompost, gesiebt, liefern
EP 35,24 DM/m3   LA 0,00 DM/m3   ST 35,24 DM/m3
EP 18,02 €/m3   LA 0,00 €/m3   ST 18,02 €/m3

003.07601.M KG 512 DIN 276
Düngung Vegetationsfläche, einmal, NPK-Dünger
EP 4,05 DM/m2   LA 3,64 DM/m2   ST 0,41 DM/m2
EP 2,07 €/m2   LA 1,86 €/m2   ST 0,21 €/m2

Planum

003.----.-

003.08501.M Planum für Rasenfläche herstellen, +/- 2cm	2,54 DM/m2 1,30 €/m2

003.08501.M KG 511 DIN 276
Planum für Rasenfläche herstellen, +/- 2cm
EP 2,54 DM/m2   LA 2,54 DM/m2   ST 0,00 DM/m2
EP 1,30 €/m2   LA 1,30 €/m2   ST 0,00 €/m2

LB 003 Landschaftsbauarbeiten
Pflanzarbeiten

AW 003

Ausgabe 06.02

Sämtliche Preise sind **Mittelpreise ohne Mehrwertsteuer** zum Zeitpunkt des Ausgabedatums.
Korrekturfaktoren für Regionaleinfluss, Mengeneinfluss, Konjunktureinfluss siehe Vorspann.
Abkürzungen: EP = Einheitspreis, LA = Lohnanteil, ST = Stoffanteil

Pflanzarbeiten

Hinweis: Pflanzenlieferung wird gesondert vergütet.

003.----.-

Pos.	Bezeichnung	Preis
003.09701.M	Heister pflanzen, Höhe bis 200 cm	8,49 DM/St / 4,34 €/St
003.10001.M	Strauch pflanzen, Höhe bis 100 cm	6,06 DM/St / 3,10 €/St
003.10002.M	Strauch pflanzen, Höhe über 100 bis 200 cm	7,27 DM/St / 3,72 €/St
003.10301.M	Bodendecker, Kleingehölz pflanzen, bis 40 cm	4,55 DM/St / 2,33 €/St
003.10302.M	Bodendecker, Kleingehölz pflanzen, über 40 cm	5,46 DM/St / 2,79 €/St
003.10401.M	Schling-, Rank- und Klettergehölz pflanzen, 100 cm hoch	3,94 DM/St / 2,01 €/St
003.10402.M	Schling-, Rank- und Klettergehölz pflanzen, 200 cm hoch	6,06 DM/St / 3,10 €/St
003.10403.M	Schling-, Rank- und Klettergehölz pflanzen, >200 cm hoch	9,70 DM/St / 4,96 €/St
003.10501.M	Veredelte Rose pflanzen, Höhe bis 30 cm	5,46 DM/St / 2,79 €/St
003.10601.M	Jung- und Forstpflanze pflanzen, Höhe bis 30 cm	7,87 DM/St / 4,03 €/St
003.10602.M	Jung- und Forstpflanze pflanzen, Höhe üb. 30 bis 120 cm	10,91 DM/St / 5,58 €/St
003.10801.M	Nadelgehölz pflanzen, Höhe bis 100 cm	15,16 DM/St / 7,75 €/St
003.10802.M	Nadelgehölz pflanzen, Höhe über 100 bis 200 cm	27,27 DM/St / 13,95 €/St
003.10803.M	Nadelgehölz pflanzen, Höhe über 200 cm	45,46 DM/St / 23,24 €/St
003.11001.M	Staude pflanzen	1,82 DM/St / 0,93 €/St
003.11101.M	Wasser- und Sumpfpflanze pflanzen	6,67 DM/St / 3,41 €/St
003.11201.M	Blumenzwiebel und Knolle pflanzen	1,21 DM/St / 0,62 €/St
003.11301.M	Pflanze pflanzen	6,06 DM/St / 3,10 €/St

003.09701.M KG 514 DIN 276
Heister pflanzen, Höhe bis 200 cm
EP 8,49 DM/St   LA 8,49 DM/St   ST 0,00 DM/St
EP 4,34 €/St   LA 4,34 €/St   ST 0,00 €/St

003.10001.M KG 514 DIN 276
Strauch pflanzen, Höhe bis 100 cm
EP 6,06 DM/St   LA 6,06 DM/St   ST 0,00 DM/St
EP 3,10 €/St   LA 3,10 €/St   ST 0,00 €/St

003.10002.M KG 514 DIN 276
Strauch pflanzen, Höhe über 100 bis 200 cm
EP 7,27 DM/St   LA 7,27 DM/St   ST 0,00 DM/St
EP 3,72 €/St   LA 3,72 €/St   ST 0,00 €/St

003.10301.M KG 514 DIN 276
Bodendecker, Kleingehölz pflanzen, bis 40 cm
EP 4,55 DM/St   LA 4,55 DM/St   ST 0,00 DM/St
EP 2,33 €/St   LA 2,33 €/St   ST 0,00 €/St

003.10302.M KG 514 DIN 276
Bodendecker, Kleingehölz pflanzen, über 40 cm
EP 5,46 DM/St   LA 5,46 DM/St   ST 0,00 DM/St
EP 2,79 €/St   LA 2,79 €/St   ST 0,00 €/St

003.10401.M KG 514 DIN 276
Schling-, Rank- und Klettergehölz pflanzen, 100 cm hoch
EP 3,94 DM/St   LA 3,94 DM/St   ST 0,00 DM/St
EP 2,01 €/St   LA 2,01 €/St   ST 0,00 €/St

003.10402.M KG 514 DIN 276
Schling-, Rank- und Klettergehölz pflanzen, 200 cm hoch
EP 6,06 DM/St   LA 6,06 DM/St   ST 0,00 DM/St
EP 3,10 €/St   LA 3,10 €/St   ST 0,00 €/St

003.10403.M KG 514 DIN 276
Schling-, Rank- und Klettergehölz pflanzen, >200 cm hoch
EP 9,70 DM/St   LA 9,70 DM/St   ST 0,00 DM/St
EP 4,96 €/St   LA 4,96 €/St   ST 0,00 €/St

003.10501.M KG 514 DIN 276
Veredelte Rose pflanzen, Höhe bis 30 cm
EP 5,46 DM/St   LA 5,46 DM/St   ST 0,00 DM/St
EP 2,79 €/St   LA 2,79 €/St   ST 0,00 €/St

003.10601.M KG 514 DIN 276
Jung- und Forstpflanze pflanzen, Höhe bis 30 cm
EP 7,87 DM/St   LA 7,87 DM/St   ST 0,00 DM/St
EP 4,03 €/St   LA 4,03 €/St   ST 0,00 €/St

003.10602.M KG 514 DIN 276
Jung- und Forstpflanze pflanzen, Höhe üb. 30 bis 120 cm
EP 10,91 DM/St   LA 10,91 DM/St   ST 0,00 DM/St
EP 5,58 €/St   LA 5,58 €/St   ST 0,00 €/St

003.10801.M KG 514 DIN 276
Nadelgehölz pflanzen, Höhe bis 100 cm
EP 15,16 DM/St   LA 15,16 DM/St   ST 0,00 DM/St
EP 7,75 €/St   LA 7,75 €/St   ST 0,00 €/St

003.10802.M KG 514 DIN 276
Nadelgehölz pflanzen, Höhe über 100 bis 200 cm
EP 27,27 DM/St   LA 27,27 DM/St   ST 0,00 DM/St
EP 13,95 €/St   LA 13,95 €/St   ST 0,00 €/St

003.10803.M KG 514 DIN 276
Nadelgehölz pflanzen, Höhe über 200 cm
EP 45,46 DM/St   LA 45,46 DM/St   ST 0,00 DM/St
EP 23,24 €/St   LA 23,24 €/St   ST 0,00 €/St

003.11001.M KG 514 DIN 276
Staude pflanzen
EP 1,82 DM/St   LA 1,82 DM/St   ST 0,00 DM/St
EP 0,93 €/St   LA 0,93 €/St   ST 0,00 €/St

003.11101.M KG 514 DIN 276
Wasser- und Sumpfpflanze pflanzen
EP 6,67 DM/St   LA 6,67 DM/St   ST 0,00 DM/St
EP 3,41 €/St   LA 3,41 €/St   ST 0,00 €/St

003.11201.M KG 514 DIN 276
Blumenzwiebel und Knolle pflanzen
EP 1,21 DM/St   LA 1,21 DM/St   ST 0,00 DM/St
EP 0,62 €/St   LA 0,62 €/St   ST 0,00 €/St

003.11301.M KG 514 DIN 276
Pflanze pflanzen
EP 6,06 DM/St   LA 6,06 DM/St   ST 0,00 DM/St
EP 3,10 €/St   LA 3,10 €/St   ST 0,00 €/St

AW 003

LB 003 Landschaftsbauarbeiten
Großgehölz verpflanzen; Rasenarbeiten

Ausgabe 06.02

Sämtliche Preise sind **Mittelpreise ohne Mehrwertsteuer** zum Zeitpunkt des Ausgabedatums.
Korrekturfaktoren für Regionaleinfluss, Mengeneinfluss, Konjunktureinfluss siehe Vorspann.
Abkürzungen: EP = Einheitspreis, LA = Lohnanteil, ST = Stoffanteil

Großgehölz verpflanzen

003.—.-

Pos.	Beschreibung	Preis
003.11601.M	Verpfl. Großgehölzballen vorber., Stammumf. 30-40 cm	169,71 DM/St 86,77 €/St
003.11602.M	Verpfl. Großgehölzballen vorber., Stammumf. 50-60 cm	315,16 DM/St 161,14 €/St
003.11603.M	Verpfl. Großgehölzkronen vorber., Stammumf. 30-40 cm	121,22 DM/St 61,98 €/St
003.11604.M	Verpfl. Großgehölzkronen vorber., Stammumf. 50-60 cm	181,83 DM/St 92,97 €/St
003.12201.M	Pflanzgrube mit Gerät ausheb. Stammumfang 30 - 40 cm	60,61 DM/St 30,99 €/St
003.12202.M	Pflanzgrube mit Gerät ausheb. Stammumfang 50 - 60 cm	127,28 DM/St 65,07 €/St
003.12301.M	Großgehölz ausheben u. laden, Stammumfang 30 - 40 cm	30,30 DM/St 15,49 €/St
003.12302.M	Großgehölz ausheben u. laden, Stammumfang 50 - 60 cm	48,49 DM/St 24,79 €/St
003.12401.M	Großgehölz transportieren, Stammumfang 30 - 40 cm	18,19 DM/St 9,30 €/St
003.12402.M	Großgehölz transportieren, Stammumfang 50 - 60 cm	21,82 DM/St 11,16 €/St
003.12501.M	Großgehölz in Grube einsetz., Stammumfang 30 - 40 cm	76,91 DM/St 39,32 €/St
003.12502.M	Großgehölz in Grube einsetz., Stammumfang 50 - 60 cm	142,18 DM/St 72,69 €/St
003.12901.M	Großgehölzentnahmestelle verfüllen, 2,5 m3/St	36,36 DM/St 18,59 €/St
003.12902.M	Großgehölzentnahmestelle verfüllen, 5,5 m3/St	8,85 DM/St 43,39 €/St

003.11601.M KG 514 DIN 276
Verpfl. Großgehölzballen vorber., Stammumfang 30-40 cm
EP 169,71 DM/St   LA 169,71 DM/St   ST 0,00 DM/St
EP 86,77 €/St   LA 86,77 €/St   ST 0,00 €/St

003.11602.M KG 514 DIN 276
Verpfl. Großgehölzballen vorber., Stammumfang 50-60 cm
EP 315,16 DM/St   LA 315,16 DM/St   ST 0,00 DM/St
EP 161,14 €/St   LA 161,14 €/St   ST 0,00 €/St

003.11603.M KG 514 DIN 276
Verpfl. Großgehölzkronen vorber., Stammumfang 30-40 cm
EP 121,22 DM/St   LA 121,22 DM/St   ST 0,00 DM/St
EP 61,98 €/St   LA 61,98 €/St   ST 0,00 €/St

003.11604.M KG 514 DIN 276
Verpfl. Großgehölzkronen vorber., Stammumfang 50-60 cm
EP 181,83 DM/St   LA 181,83 DM/St   ST 0,00 DM/St
EP 92,97 €/St   LA 92,97 €/St   ST 0,00 €/St

003.12201.M KG 514 DIN 276
Pflanzgrube mit Gerät ausheb. Stammumfang 30 - 40 cm
EP 60,61 DM/St   LA 60,61 DM/St   ST 0,00 DM/St
EP 30,99 €/St   LA 30,99 €/St   ST 0,00 €/St

003.12202.M KG 514 DIN 276
Pflanzgrube mit Gerät ausheb. Stammumfang 50 - 60 cm
EP 127,28 DM/St   LA 127,28 DM/St   ST 0,00 DM/St
EP 65,07 €/St   LA 65,07 €/St   ST 0,00 €/St

003.12301.M KG 514 DIN 276
Großgehölz ausheben u. laden, Stammumfang 30 - 40 cm
EP 30,30 DM/St   LA 30,30 DM/St   ST 0,00 DM/St
EP 15,49 €/St   LA 15,49 €/St   ST 0,00 €/St

003.12302.M KG 514 DIN 276
Großgehölz ausheben u. laden, Stammumfang 50 - 60 cm
EP 48,49 DM/St   LA 48,49 DM/St   ST 0,00 DM/St
EP 24,79 €/St   LA 24,79 €/St   ST 0,00 €/St

003.12401.M KG 514 DIN 276
Großgehölz transportieren, Stammumfang 30 - 40 cm
EP 18,19 DM/St   LA 18,19 DM/St   ST 0,00 DM/St
EP 9,30 €/St   LA 9,30 €/St   ST 0,00 €/St

003.12402.M KG 514 DIN 276
Großgehölz transportieren, Stammumfang 50 - 60 cm
EP 21,82 DM/St   LA 21,82 DM/St   ST 0,00 DM/St
EP 11,16 €/St   LA 11,16 €/St   ST 0,00 €/St

003.12501.M KG 514 DIN 276
Großgehölz in Grube einsetz., Stammumfang 30 - 40 cm
EP 76,91 DM/St   LA 60,61 DM/St   ST 16,30 DM/St
EP 39,32 €/St   LA 30,99 €/St   ST 8,33 €/St

003.12502.M KG 514 DIN 276
Großgehölz in Grube einsetz., Stammumfang 50 - 60 cm
EP 142,18 DM/St   LA 109,10 DM/St   ST 33,08 DM/St
EP 72,69 €/St   LA 55,78 €/St   ST 16,91 €/St

003.12901.M KG 514 DIN 276
Großgehölzentnahmestelle verfüllen, 2,5 m3/ST
EP 36,36 DM/St   LA 36,36 DM/St   ST 0,00 DM/St
EP 18,59 €/St   LA 18,59 €/St   ST 0,00 €/St

003.12902.M KG 514 DIN 276
Großgehölzentnahmestelle verfüllen, 5,5 m3/ST
EP 84,85 DM/St   LA 84,85 DM/St   ST 0,00 DM/St
EP 43,39 €/St   LA 43,39 €/St   ST 0,00 €/St

Rasenarbeiten

003.—.-

Pos.	Beschreibung	Preis
003.14001.M	Rasenansaat Landschaftsrasen, RSM 7.1, 20 g/m2	3,51 DM/m2 1,79 €/m2
003.14002.M	Rasenansaat Landschaftsrasen, RSM 7.1, 25 g/m2	3,64 DM/m2 1,86 €/m2
003.14003.M	Rasenschutzgitter verfüllen u. Rasenansaat	12,58 DM/m2 6,43 €/m2

003.14001.M KG 515 DIN 276
Rasenansaat Landschaftsrasen, RSM 7.1, 20 g/m2
EP 3,51 DM/m2   LA 3,03 DM/m2   ST 0,48 DM/m2
EP 1,79 €/m2   LA 1,55 €/m2   ST 0,24 €/m2

003.14002.M KG 515 DIN 276
Rasenansaat Landschaftsrasen, RSM 7.1, 25 g/m2
EP 3,64 DM/m2   LA 3,03 DM/m2   ST 0,61 DM/m2
EP 1,86 €/m2   LA 1,55 €/m2   ST 0,31 €/m2

003.14003.M KG 523 DIN 276
Rasenschutzgitter verfüllen u. Rasenansaat
EP 12,58 DM/m2   LA 11,52 DM/m2   ST 1,06 DM/m2
EP 6,43 €/m2   LA 5,89 €/m2   ST 0,54 €/m2

LB 003 Landschaftsbauarbeiten
Trockenmauer/Pflanzsteine

AW 003

Ausgabe 06.02

Sämtliche Preise sind **Mittelpreise ohne Mehrwertsteuer** zum Zeitpunkt des Ausgabedatums.
Korrekturfaktoren für Regionaleinfluss, Mengeneinfluss, Konjunktureinfluss siehe Vorspann.
Abkürzungen: EP = Einheitspreis, LA = Lohnanteil, ST = Stoffanteil

Trockenmauer/Pflanzsteine

003.-----.-

Pos.	Beschreibung	Preis
003.15601.M	Trockenm. h=250 cm, B=24 cm, 15 grd, versetzt, geschl.	388,10 DM/m / 198,43 €/m
003.15602.M	Trockenm. h=80 cm, B=24 cm, senkr., bepflanzbar, offen	152,54 DM/m / 77,99 €/m
003.15603.M	Trockenm. h=80 cm, B=24 cm, senkr., gerade, geschl.	160,87 DM/m / 82,25 €/m
003.15604.M	Trockenm. h=112 cm, B=24 cm, versetzt, geschlossen	200,16 DM/m / 102,34 €/m
003.15605.M	Trockenm. h=110 cm,B=24 cm, versetzt,bepflanzbar, offen	184,06 DM/m / 94,11 €/m
003.15606.M	Trockenm.h=240cm,B=24cm, 20 grd, versetzt, bepflanzbar	362,56 DM/m / 185,37 €/m
003.15607.M	Pflanzstein, 60x46x30cm, 21 l Inhalt, setzen	70,57 DM/St / 36,08 €/St
003.15608.M	Pflanzstein, 80x38x30cm, 37l Inhalt,2 Kammern, setzen	74,87 DM/St / 38,28 €/St
003.15609.M	Pflanzst. 80x38x30cm,37l Inh.,2 Kammern, setzen am Hang	75,58 DM/St / 38,64 €/St
003.15610.M	Pflanzring, 50 cm Durchm, gekehlt, 26 l Inhalt, setzen	50,30 DM/St / 25,72 €/St
003.15611.M	Pflanzstein, 60x40x25 cm, freistehend, setzen u. füllen	59,76 DM/St / 30,56 €/St

003.15601.M KG 531 DIN 276
Trockenm. h=250 cm, B=24 cm, 15 grd, versetzt, geschl.
EP 388,10 DM/m   LA 106,22 DM/m   ST 281,88 DM/m
EP 198,43 €/m   LA 54,31 €/m   ST 144,12 €/m

003.15602.M KG 531 DIN 276
Trockenm. h=80 cm, B=24 cm, senkr., bepflanzbar, offen
EP 152,54 DM/m   LA 79,01 DM/m   ST 73,53 DM/m
EP 77,99 €/m   LA 40,40 €/m   ST 37,59 €/m

003.15603.M KG 531 DIN 276
Trockenm. h=80 cm, B=24 cm, senkr., gerade, geschl.
EP 160,87 DM/m   LA 80,34 DM/m   ST 80,53 DM/m
EP 82,25 €/m   LA 41,07 €/m   ST 41,18 €/m

003.15604.M KG 531 DIN 276
Trockenm. h=112 cm, B=24 cm, versetzt, geschlossen
EP 200,16 DM/m   LA 91,62 DM/m   ST 108,54 DM/m
EP 102,34 €/m   LA 46,84 €/m   ST 55,50 €/m

003.15605.M KG 531 DIN 276
Trockenm. h=110 cm,B=24 cm, versetzt,bepflanzbar, offen
EP 184,06 DM/m   LA 79,01 DM/m   ST 105,05 DM/m
EP 94,11 €/m   LA 40,40 €/m   ST 53,71 €/m

003.15606.M KG 531 DIN 276
Trockenm.h=240cm,B=24cm, 20 grd, versetzt, bepflanzbar
EP 362,56 DM/m   LA 131,46 DM/m   ST 231,10 DM/m
EP 185,37 €/m   LA 67,21 €/m   ST 118,16 €/m

003.15607.M KG 532 DIN 276
Pflanzstein, 60x46x30cm, 21 l Inhalt, setzen
EP 70,57 DM/St   LA 53,11 DM/St   ST 17,46 DM/St
EP 36,08 €/St   LA 27,16 €/St   ST 8,92 €/St

003.15608.M KG 532 DIN 276
Pflanzstein, 80x38x30cm, 37l Inhalt,2 Kammern, setzen
EP 74,87 DM/St   LA 53,77 DM/St   ST 21,10 DM/St
EP 38,28 €/St   LA 27,49 €/St   ST 10,79 €/St

003.15609.M KG 532 DIN 276
Pflanzst. 80x38x30cm,37l Inh.,2 Kammern, setzen am Hang
EP 75,58 DM/St   LA 54,44 DM/St   ST 21,14 DM/St
EP 38,64 €/St   LA 27,83 €/St   ST 10,81 €/St

003.15610.M KG 532 DIN 276
Pflanzring, 50 cm Durchm, gekehlt, 26 l Inhalt, setzen
EP 50,30 DM/St   LA 40,49 DM/St   ST 9,81 DM/St
EP 25,72 €/St   LA 20,70 €/St   ST 5,02 €/St

003.15611.M KG 532 DIN 276
Pflanzstein, 60x40x25 cm, freistehend, setzen u. füllen
EP 59,76 DM/St   LA 45,15 DM/St   ST 14,61 DM/St
EP 30,56 €/St   LA 23,08 €/St   ST 7,48 €/St

AW 003

Ausgabe 06.02

LB 003 Landschaftsbauarbeiten
Sicherungsarbeiten, Betonpalisaden

Sämtliche Preise sind **Mittelpreise ohne Mehrwertsteuer** zum Zeitpunkt des Ausgabedatums.
Korrekturfaktoren für Regionaleinfluss, Mengeneinfluss, Konjunktureinfluss siehe Vorspann.
Abkürzungen: EP = Einheitspreis, LA = Lohnanteil, ST = Stoffanteil

Sicherungsarbeiten, Betonpalisaden

003.-----.-

Pos.	Beschreibung	Preis
003.17401.M	Hangbefest. Betonpalisade, 12x12 cm, 40 cm	253,04 DM/m 129,38 €/m
003.17402.M	Hangbefest. Betonpalisade, 12x16 cm, 80 cm	379,39 DM/m 193,98 €/m
003.17403.M	Hangbefest. Betonpalisade, 12x16 cm, 120 cm	505,55 DM/m 258,49 €/m
003.17404.M	Hangbefest. Betonpalisade, 12x18 cm, 60 cm	251,09 DM/m 128,38 €/m
003.17405.M	Hangbefest. Betonpalisade, 12x18 cm, 80 cm	317,26 DM/m 162,21 €/m
003.17406.M	Hangbefest. Betonpalisade, 12x18 cm, 120 cm	514,28 DM/m 262,95 €/m
003.17407.M	Hangbefest. Betonpalisade, 12x18 cm, 140 cm	555,03 DM/m 283,78 €/m
003.17408.M	Hangbefest. Betonpalisade, 16x16 cm, 60 cm	348,90 DM/m 178,39 €/m
003.17409.M	Hangbefest. Betonpalisade, 16x16 cm, 100 cm	445,07 DM/m 227,56 €/m
003.17410.M	Hangbefest. Betonpalisade, 16x16 cm, 120 cm	561,58 DM/m 287,13 €/m
003.17411.M	Hangbefest. Beton-Rundpalisade, d 10 cm, 40 cm	208,68 DM/m 106,70 €/m
003.17412.M	Hangbefest. Beton-Rundpalisade, d 15 cm, 40 cm	219,39 DM/m 112,17 €/m
003.17413.M	Hangbefest. Beton-Rundpalisade, d 15 cm, 60 cm	341,32 DM/m 174,52 €/m
003.17414.M	Hangbefest. Beton-Rundpalisade, d 20 cm, 100 cm	424,28 DM/m 216,93 €/m
003.17415.M	Hangbefest. Beton-Rundpalis., d 20 cm, 120 cm	513,48 DM/m 262,54 €/m
003.17416.M	Hangbefest. Beton-Rundpalis., d 20 cm, 150 cm	600,03 DM/m 306,79 €/m
003.17417.M	Hangbefest. Beton-Rundpalis. gekehlt, d 20 cm, 60 cm	260,75 DM/m 133,32 €/m
003.17418.M	Hangbefest. Beton-Rundpalis. gekehlt, d 20 cm, 100 cm	425,17 DM/m 217,38 €/m
003.17419.M	Hangbefest. Beton-Rundpalis. gekehlt, d 20 cm, 120 cm	527,28 DM/m 269,59 €/m
003.17420.M	Hangbefest. Beton-Rundpalis. gekehlt, d 20 cm, 150 cm	586,21 DM/m 299,73 €/m
003.17421.M	Hangbefest. Beton-Keilpalisade, 40 cm	230,64 DM/m 117,93 €/m

003.17401.M KG 513 DIN 276
Hangbefest. Betonpalisade, 12x12 cm, 40 cm
EP 253,04 DM/m   LA 186,86 DM/m   ST 66,18 DM/m
EP 129,38 €/m   LA 95,54 €/m   ST 33,84 €/m

003.17402.M KG 513 DIN 276
Hangbefest. Betonpalisade, 12x16 cm, 80 cm
EP 379,39 DM/m   LA 273,12 DM/m   ST 106,27 DM/m
EP 193,98 €/m   LA 139,64 €/m   ST 54,34 €/m

003.17403.M KG 513 DIN 276
Hangbefest. Betonpalisade, 12x16 cm, 120 cm
EP 505,55 DM/m   LA 350,74 DM/m   ST 154,81 DM/m
EP 258,49 €/m   LA 179,33 €/m   ST 79,16 €/m

003.17404.M KG 513 DIN 276
Hangbefest. Betonpalisade, 12x18 cm, 60 cm
EP 251,09 DM/m   LA 178,25 DM/m   ST 72,84 DM/m
EP 128,38 €/m   LA 91,14 €/m   ST 37,24 €/m

003.17405.M KG 513 DIN 276
Hangbefest. Betonpalisade, 12x18 cm, 80 cm
EP 317,26 DM/m   LA 224,24 DM/m   ST 93,02 DM/m
EP 162,21 €/m   LA 114,65 €/m   ST 47,56 €/m

003.17406.M KG 513 DIN 276
Hangbefest. Betonpalisade, 12x18 cm, 120 cm
EP 514,28 DM/m   LA 350,74 DM/m   ST 163,54 DM/m
EP 262,95 €/m   LA 179,33 €/m   ST 83,62 €/m

003.17407.M KG 513 DIN 276
Hangbefest. Betonpalisade, 12x18 cm, 140 cm
EP 555,03 DM/m   LA 367,99 DM/m   ST 187,04 DM/m
EP 283,78 €/m   LA 188,15 €/m   ST 95,63 €/m

003.17408.M KG 513 DIN 276
Hangbefest. Betonpalisade, 16x16 cm, 60 cm
EP 348,90 DM/m   LA 247,24 DM/m   ST 101,66 DM/m
EP 178,39 €/m   LA 126,41 €/m   ST 51,98 €/m

003.17409.M KG 513 DIN 276
Hangbefest. Betonpalisade, 16x16 cm, 100 cm
EP 445,07 DM/m   LA 281,73 DM/m   ST 163,34 DM/m
EP 227,56 €/m   LA 144,05 €/m   ST 83,51 €/m

003.17410.M KG 513 DIN 276
Hangbefest. Betonpalisade, 16x16 cm, 120 cm
EP 561,58 DM/m   LA 350,74 DM/m   ST 210,84 DM/m
EP 287,13 €/m   LA 179,33 €/m   ST 107,80 €/m

003.17411.M KG 513 DIN 276
Hangbefest. Beton-Rundpalisade, d 10 cm, 40 cm
EP 208,68 DM/m   LA 178,25 DM/m   ST 30,43 DM/m
EP 106,70 €/m   LA 91,14 €/m   ST 15,56 €/m

003.17412.M KG 513 DIN 276
Hangbefest. Beton-Rundpalisade, d 15 cm, 40 cm
EP 219,39 DM/m   LA 169,62 DM/m   ST 49,77 DM/m
EP 112,17 €/m   LA 86,72 €/m   ST 25,45 €/m

003.17413.M KG 513 DIN 276
Hangbefest. Beton-Rundpalisade, d 15 cm, 60 cm
EP 341,32 DM/m   LA 247,24 DM/m   ST 94,08 DM/m
EP 174,52 €/m   LA 126,41 €/m   ST 48,11 €/m

003.17414.M KG 513 DIN 276
Hangbefest. Beton-Rundpalisade, d 20 cm, 100 cm
EP 424,28 DM/m   LA 298,98 DM/m   ST 125,30 DM/m
EP 216,93 €/m   LA 152,87 €/m   ST 64,06 €/m

003.17415.M KG 513 DIN 276
Hangbefest. Beton-Rundpalisade, d 20 cm, 120 cm
EP 513,48 DM/m   LA 362,23 DM/m   ST 151,25 DM/m
EP 262,54 €/m   LA 185,21 €/m   ST 77,33 €/m

003.17416.M KG 513 DIN 276
Hangbefest. Beton-Rundpalisade, d 20 cm, 150 cm
EP 600,03 DM/m   LA 385,23 DM/m   ST 214,80 DM/m
EP 306,79 €/m   LA 196,97 €/m   ST 109,82 €/m

003.17417.M KG 513 DIN 276
Hangbefest. Beton-Rundpalisade gekehlt, d 20 cm, 60 cm
EP 260,75 DM/m   LA 198,37 DM/m   ST 62,38 DM/m
EP 133,32 €/m   LA 101,42 €/m   ST 31,90 €/m

003.17418.M KG 513 DIN 276
Hangbefest. Beton-Rundpalisade gekehlt, d 20 cm, 100 cm
EP 425,17 DM/m   LA 298,98 DM/m   ST 126,19 DM/m
EP 217,38 €/m   LA 152,87 €/m   ST 64,51 €/m

003.17419.M KG 513 DIN 276
Hangbefest. Beton-Rundpalisade gekehlt, d 20 cm, 120 cm
EP 527,28 DM/m   LA 367,99 DM/m   ST 159,29 DM/m
EP 269,59 €/m   LA 188,15 €/m   ST 81,44 €/m

003.17420.M KG 513 DIN 276
Hangbefest. Beton-Rundpalisade gekehlt, d 20 cm, 150 cm
EP 586,21 DM/m   LA 379,48 DM/m   ST 206,73 DM/m
EP 299,73 €/m   LA 194,03 €/m   ST 105,70 €/m

003.17421.M KG 513 DIN 276
Hangbefest. Beton-Keilpalisade, 40 cm
EP 230,64 DM/m   LA 179,39 DM/m   ST 51,25 DM/m
EP 117,93 €/m   LA 91,72 €/m   ST 26,21 €/m

LB 003 Landschaftsbauarbeiten
Rasenpflaster; Untergrund – Kunststoffbelag Spiel- und Sportplatzbau

AW 003

Ausgabe 06.02

Sämtliche Preise sind **Mittelpreise ohne Mehrwertsteuer** zum Zeitpunkt des Ausgabedatums.
Korrekturfaktoren für Regionaleinfluss, Mengeneinfluss, Konjunktureinfluss siehe Vorspann.
Abkürzungen: EP = Einheitspreis, LA = Lohnanteil, ST = Stoffanteil

Rasenpflaster

003.—.-

Pos.	Bezeichnung	Preis
003.20201.M	Bodenbelag, Öko-Pflaster, Grasfugensteine, verlegen	69,41 DM/m2 / 35,49 €/m2
003.20202.M	Bodenbelag, Öko-Beton-Pflaster mit Rasenfuge, verlegen	87,66 DM/m2 / 44,82 €/m2
003.20203.M	Bodenbelag, Beton-Verbundstein m. Sickeröffn., verlegen	69,65 DM/m2 / 35,61 €/m2
003.20204.M	Bodenbelag, Öko-Filterstein verlegen, wasserdurchlässig	63,03 DM/m2 / 32,22 €/m2
003.20205.M	Bodenbelag, Rasenverbundsteine, verlegen	62,51 DM/m2 / 31,96 €/m2
003.20301.M	Bodenbelag, Rasen-Gittersteine, verlegen	43,04 DM/m2 / 22,01 €/m2
003.20401.M	Rasenschutzwabe aus PVC verlegen	39,61 DM/m2 / 20,25 €/m2
003.20402.M	Rasenschutzgitter aus PVC verlegen	43,99 DM/m2 / 22,49 €/m2

003.20201.M KG 520 DIN 276
Bodenbelag, Öko-Pflaster, Grasfugensteine, verlegen
EP 69,41 DM/m2   LA 49,84 DM/m2   ST 19,57 DM/m2
EP 35,49 €/m2   LA 25,48 €/m2   ST 10,01 €/m2

003.20202.M KG 520 DIN 276
Bodenbelag, Öko-Beton-Pflaster mit Rasenfuge, verlegen
EP 87,66 DM/m2   LA 56,69 DM/m2   ST 30,97 DM/m2
EP 44,82 €/m2   LA 28,99 €/m2   ST 15,83 €/m2

003.20203.M KG 520 DIN 276
Bodenbelag, Beton-Verbundstein m. Sickeröffn., verlegen
EP 69,65 DM/m2   LA 52,96 DM/m2   ST 16,69 DM/m2
EP 35,61 €/m2   LA 27,08 €/m2   ST 8,53 €/m2

003.20204.M KG 520 DIN 276
Bodenbelag, Öko-Filterstein verlegen, wasserdurchlässig
EP 63,03 DM/m2   LA 46,73 DM/m2   ST 16,30 DM/m2
EP 32,22 €/m2   LA 23,89 €/m2   ST 8,33 €/m2

003.20205.M KG 520 DIN 276
Bodenbelag, Rasenverbundsteine, verlegen
EP 62,51 DM/m2   LA 46,73 DM/m2   ST 15,78 DM/m2
EP 31,96 €/m2   LA 23,89 €/m2   ST 8,07 €/m2

003.20301.M KG 520 DIN 276
Bodenbelag, Rasen-Gittersteine, verlegen
EP 43,04 DM/m2   LA 29,91 DM/m2   ST 13,13 DM/m2
EP 22,01 €/m2   LA 15,29 €/m2   ST 6,72 €/m2

003.20401.M KG 524 DIN 276
Rasenschutzwabe aus PVC verlegen
EP 39,61 DM/m2   LA 14,37 DM/m2   ST 25,24 DM/m2
EP 20,25 €/m2   LA 7,35 €/m2   ST 12,90 €/m2

003.20402.M KG 524 DIN 276
Rasenschutzgitter aus PVC verlegen
EP 43,99 DM/m2   LA 10,92 DM/m2   ST 33,07 DM/m2
EP 22,49 €/m2   LA 5,59 €/m2   ST 16,90 €/m2

Untergrund Spiel- und Sportplatzbau

003.—.-

Pos.	Bezeichnung	Preis
003.21201.M	Untergrund / Unterbau verdichten, Kl. 3 - 5	1,86 DM/m2 / 0,95 €/m2
003.22001.M	Gerüstbaustoffe, Sportrasentragschichten, Kiessand 0/8	17,82 DM/m3 / 9,11 €/m3
003.22002.M	Gerüstbaustoffe, Sportrasentragschichten, Kiessand 0/4	18,73 DM/m3 / 9,58 €/m3
003.22003.M	Gerüstbaustoffe, Sportrasentragschichten, Kiessand 0/2	19,66 DM/m3 / 10,05 €/m3

003.21201.M KG 525 DIN 276
Untergrund / Unterbau verdichten, Kl. 3 - 5
EP 1,86 DM/m2   LA 1,86 DM/m2   ST 0,00 DM/m2
EP 0,95 €/m2   LA 0,95 €/m2   ST 0,00 €/m2

003.22001.M KG 525 DIN 276
Gerüstbaustoffe, Sportrasentragschichten, Kiessand 0/8
EP 17,82 DM/m3   LA 0,00 DM/m3   ST 17,82 DM/m3
EP 9,11 €/m3   LA 0,00 €/m3   ST 9,11 €/m3

003.22002.M KG 525 DIN 276
Gerüstbaustoffe, Sportrasentragschichten, Kiessand 0/4
EP 18,73 DM/m3   LA 0,00 DM/m3   ST 18,73 DM/m3
EP 9,58 €/m3   LA 0,00 €/m3   ST 9,58 €/m3

003.22003.M KG 525 DIN 276
Gerüstbaustoffe, Sportrasentragschichten, Kiessand 0/2
EP 19,66 DM/m3   LA 0,00 DM/m3   ST 19,66 DM/m3
EP 10,05 €/m3   LA 0,00 €/m3   ST 10,05 €/m3

Kunststoffbelag Spiel- und Sportplatzbau

003.—.-

Pos.	Bezeichnung	Preis
003.24501.M	Kunststoffbelag, wasserdurchlässig, DIN 18035 Teil 6	74,65 DM/m2 / 38,17 €/m2
003.24701.M	Kunststoffbelag, wasserundurchlässig, DIN 18035 Teil 6	105,11 DM/m2 / 53,74 €/m2

003.24501.M KG 525 DIN 276
Kunststoffbelag, wasserdurchlässig, DIN 18035 Teil 6
EP 74,65 DM/m2   LA 15,58 DM/m2   ST 59,07 DM/m2
EP 38,17 €/m2   LA 7,96 €/m2   ST 30,21 €/m2

003.24701.M KG 525 DIN 276
Kunststoffbelag, wasserundurchlässig, DIN 18035 Teil 6
EP 105,11 DM/m2 LA 15,58 DM/m2   ST 89,53 DM/m2
EP 53,74 €/m2   LA 7,96 €/m2   ST 45,78 €/m2

AW 003

Ausgabe 06.02

LB 003 Landschaftsbauarbeiten
Einfassungen Sportplatzbau

Sämtliche Preise sind **Mittelpreise ohne Mehrwertsteuer** zum Zeitpunkt des Ausgabedatums.
Korrekturfaktoren für Regionaleinfluss, Mengeneinfluss, Konjunktureinfluss siehe Vorspann.
Abkürzungen: EP = Einheitspreis, LA = Lohnanteil, ST = Stoffanteil

Einfassungen Sportplatzbau

003.-----.-

Nr.	Bezeichnung	EP
003.27001.M	Spielfeldeinf., Rasenkantenstein, gerade, weiß	107,57 DM/m / 55,00 €/m
003.27002.M	Spielfeldeinf., Rasenkantenstein, gebogen R=36,5 m, weiß	115,05 DM/m / 58,82 €/m
003.27003.M	Spielfeldeinf., Rasenkantenstein, gebogen R=16 m, weiß	115,05 DM/m / 58,82 €/m
003.27101.M	Laufbahneinf., Weichkantenstein 100x6x40cm, schwarz	80,97 DM/m / 41,40 €/m
003.27102.M	Laufbahneinf., Weichkantenstein 50x6x40cm, schwarz	105,54 DM/m / 53,96 €/m
003.27103.M	Laufbahneinf., Weichkantenstein 100x6x30cm, schwarz	73,40 DM/m / 37,53 €/m
003.27104.M	Laufbahneinf., Weichkantenstein 50x6x30cm, schwarz	94,69 DM/m / 48,41 €/m
003.27105.M	Laufbahneinf., Weichkantenstein 100x6x25cm, schwarz	73,40 DM/m / 37,53 €/m
003.27106.M	Laufbahneinf., Weichkantenstein 100x5x30cm, schwarz	67,40 DM/m / 34,46 €/m
003.27107.M	Laufbahneinf., Weichkantenstein 100x5x25cm, schwarz	64,40 DM/m / 32,93 €/m
003.27108.M	Laufbahneinf., Weichkantenstein 100x5x20cm, schwarz	61,11 DM/m / 31,24 €/m
003.27109.M	Laufbahneinf.,Weichkantenst.,Eckst. 25+25x6x40cm, schw.	86,82 DM/St / 44,39 €/St
003.27110.M	Laufbahneinf.,Weichkantenst.,Eckst. 25+25x6x30cm, schw.	76,37 DM/St / 39,05 €/St
003.27111.M	Laufbahneinf.,Weichkantenst.,Eckst. 25+25x5x25cm, schw.	71,66 DM/St / 36,64 €/St
003.27112.M	Laufbahneinf.,Weichkantenst.,Eckst. 25+25x5x20cm, schw.	70,07 DM/St / 35,83 €/St
003.27113.M	Laufbahneinfassung, Weichkantenstein 100x6x40cm, weiß	88,97 DM/m / 45,49 €/m
003.27114.M	Laufbahneinfassung, Weichkantenstein 50x6x40cm, weiß	111,53 DM/m / 57,02 €/m
003.27115.M	Laufbahneinfassung, Weichkantenstein 100x6x30cm, weiß	80,39 DM/m / 41,10 €/m
003.27116.M	Laufbahneinfassung, Weichkantenstein 50x6x30cm, weiß	104,68 DM/m / 53,52 €/m
003.27117.M	Laufbahneinfassung, Weichkantenstein 100x6x25cm, weiß	79,48 DM/m / 40,64 €/m
003.27118.M	Laufbahneinfassung, Weichkantenstein 100x5x30cm, weiß	74,39 DM/m / 38,03 €/m
003.27119.M	Laufbahneinfassung, Weichkantenstein 100x5x25cm, weiß	72,40 DM/m / 37,02 €/m
003.27120.M	Laufbahneinfassung, Weichkantenstein 100x5x20cm, weiß	65,49 DM/m / 33,49 €/m
003.27121.M	Laufbahneinf.,Weichkantenst.,Eckst. 25+25x6x40cm, weiß	95,81 DM/St / 48,99 €/St
003.27122.M	Laufbahneinf.,Weichkantenst.,Eckst. 25+25x6x30cm, weiß	84,37 DM/St / 43,14 €/St
003.27123.M	Laufbahneinf.,Weichkantenst.,Eckst. 25+25x5x25cm, weiß	78,64 DM/St / 40,21 €/St
003.27124.M	Laufbahneinf.,Weichkantenst.,Eckst. 25+25x5x20cm, weiß	75,07 DM/St / 38,38 €/St
003.28801.M	Sprunggrubeneinf., Weichkantenst., 100x10x40cm, schw.	154,76 DM/St / 79,13 €/St
003.28802.M	Sprunggrubeneinf., Weichkantenst., 100x10x30cm, schw.	125,63 DM/St / 64,24 €/St
003.28803.M	Sprunggrubeneinf., Weichkantenst., 100x10x20cm, schw.	107,25 DM/St / 54,84 €/St
003.28804.M	Sprunggrubeneinf., Weichkantenst., 100x10x40cm, weiß	171,85 DM/St / 87,87 €/St
003.28805.M	Sprunggrubeneinf., Weichkantenst., 100x10x30cm, weiß	128,65 DM/St / 65,78 €/St
003.28806.M	Sprunggrubeneinf., Weichkantenst., 100x10x20cm, weiß	113,28 DM/St / 57,92 €/St

003.27001.M KG 525 DIN 276
Spielfeldeinf., Rasenkantenstein, gerade, weiß
EP 107,57 DM/m   LA 27,60 DM/m   ST 79,97 DM/m
EP 55,00 €/m   LA 14,11 €/m   ST 40,89 €/m

003.27002.M KG 525 DIN 276
Spielfeldeinf., Rasenkantenstein, gebogen R=36,5 m, weiß
EP 115,05 DM/m   LA 35,08 DM/m   ST 79,97 DM/m
EP 58,82 €/m   LA 17,93 €/m   ST 40,89 €/m

003.27003.M KG 525 DIN 276
Spielfeldeinf., Rasenkantenstein, gebogen R=16 m, weiß
EP 115,05 DM/m   LA 35,08 DM/m   ST 79,97 DM/m
EP 58,82 €/m   LA 17,93 €/m   ST 40,89 €/m

003.27101.M KG 525 DIN 276
Laufbahneinf., Weichkantenstein 100x6x40cm, schwarz
EP 80,97 DM/m   LA 23,00 DM/m   ST 57,97 DM/m
EP 41,40 €/m   LA 11,76 €/m   ST 29,64 €/m

003.27102.M KG 525 DIN 276
Laufbahneinf., Weichkantenstein 50x6x40cm, schwarz
EP 105,54 DM/m   LA 23,57 DM/m   ST 81,97 DM/m
EP 53,96 €/m   LA 12,05 €/m   ST 41,91 €/m

003.27103.M KG 525 DIN 276
Laufbahneinf., Weichkantenstein 100x6x30cm, schwarz
EP 73,40 DM/m   LA 22,42 DM/m   ST 50,98 DM/m
EP 37,53 €/m   LA 11,46 €/m   ST 26,07 €/m

003.27104.M KG 525 DIN 276
Laufbahneinf., Weichkantenstein 50x6x30cm, schwarz
EP 94,69 DM/m   LA 22,72 DM/m   ST 71,97 DM/m
EP 48,41 €/m   LA 11,61 €/m   ST 36,80 €/m

003.27105.M KG 525 DIN 276
Laufbahneinf., Weichkantenstein 100x6x25cm, schwarz
EP 73,40 DM/m   LA 22,42 DM/m   ST 50,98 DM/m
EP 37,53 €/m   LA 11,46 €/m   ST 26,07 €/m

003.27106.M KG 525 DIN 276
Laufbahneinf., Weichkantenstein 100x5x30cm, schwarz
EP 67,40 DM/m   LA 22,42 DM/m   ST 44,98 DM/m
EP 34,46 €/m   LA 11,46 €/m   ST 23,00 €/m

003.27107.M KG 525 DIN 276
Laufbahneinf., Weichkantenstein 100x5x25cm, schwarz
EP 64,40 DM/m   LA 22,42 DM/m   ST 41,98 DM/m
EP 32,93 €/m   LA 11,46 €/m   ST 21,47 €/m

003.27108.M KG 525 DIN 276
Laufbahneinf., Weichkantenstein 100x5x20cm, schwarz
EP 61,11 DM/m   LA 20,12 DM/m   ST 40,98 DM/m
EP 31,24 €/m   LA 10,29 €/m   ST 20,95 €/m

003.27109.M KG 525 DIN 276
Laufbahneinf.,Weichkantenst.,Eckst. 25+25x6x40cm, schw.
EP 86,82 DM/St   LA 21,85 DM/St ST 64,97 DM/St
EP 44,39 €/St   LA 11,17 €/St   ST 33,22 €/St

003.27110.M KG 525 DIN 276
Laufbahneinf.,Weichkantenst.,Eckst. 25+25x6x30cm, schw.
EP 76,37 DM/St   LA 18,40 DM/St ST 57,97 DM/St
EP 39,05 €/St   LA 9,41 €/St   ST 29,64 €/St

003.27111.M KG 525 DIN 276
Laufbahneinf.,Weichkantenst.,Eckst. 25+25x5x25cm, schw.
EP 71,66 DM/St   LA 16,68 DM/St ST 54,98 DM/St
EP 36,64 €/St   LA 8,53 €/St   ST 28,11 €/St

003.27112.M KG 525 DIN 276
Laufbahneinf.,Weichkantenst.,Eckst. 25+25x5x20cm, schw.
EP 70,07 DM/St   LA 16,10 DM/St ST 53,97 DM/St
EP 35,83 €/St   LA 8,23 €/St   ST 27,60 €/St

003.27113.M KG 525 DIN 276
Laufbahneinfassung, Weichkantenstein 100x6x40cm, weiß
EP 88,97 DM/m   LA 23,00 DM/m   ST 65,97 DM/m
EP 45,49 €/m   LA 11,76 €/m   ST 33,73 €/m

003.27114.M KG 525 DIN 276
Laufbahneinfassung, Weichkantenstein 50x6x40cm, weiß
EP 111,53 DM/m   LA 23,57 DM/m   ST 87,96 DM/m
EP 57,02 €/m   LA 12,05 €/m   ST 44,97 €/m

003.27115.M KG 525 DIN 276
Laufbahneinfassung, Weichkantenstein 100x6x30cm, weiß
EP 80,39 DM/m   LA 22,42 DM/m   ST 57,97 DM/m
EP 41,10 €/m   LA 11,46 €/m   ST 29,64 €/m

003.27116.M KG 525 DIN 276
Laufbahneinfassung, Weichkantenstein 50x6x30cm, weiß
EP 104,68 DM/m   LA 22,72 DM/m   ST 81,96 DM/m
EP 53,52 €/m   LA 11,61 €/m   ST 41,91 €/m

003.27117.M KG 525 DIN 276
Laufbahneinfassung, Weichkantenstein 100x6x25cm, weiß
EP 79,48 DM/m   LA 22,42 DM/m   ST 57,06 DM/m
EP 40,64 €/m   LA 11,46 €/m   ST 29,18 €/m

LB 003 Landschaftsbauarbeiten
Einfassungen Sportplatzbau; Sportplatzausstattungen; Trainingsanlagen

AW 003
Ausgabe 06.02

Sämtliche Preise sind **Mittelpreise ohne Mehrwertsteuer** zum Zeitpunkt des Ausgabedatums.
Korrekturfaktoren für Regionaleinfluss, Mengeneinfluss, Konjunktureinfluss siehe Vorspann.
Abkürzungen: EP = Einheitspreis, LA = Lohnanteil, ST = Stoffanteil

003.27118.M KG 525 DIN 276
Laufbahneinfassung, Weichkantenstein 100x5x30cm, weiß
EP 74,39 DM/m LA 22,42 DM/m ST 51,97 DM/m
EP 38,03 €/m   LA 11,46 €/m   ST 26,57 €/m

003.27119.M KG 525 DIN 276
Laufbahneinfassung, Weichkantenstein 100x5x25cm, weiß
EP 72,40 DM/m LA 22,42 DM/m ST 49,98 DM/m
EP 37,02 €/m   LA 11,46 €/m   ST 25,56 €/m

003.27120.M KG 525 DIN 276
Laufbahneinfassung, Weichkantenstein 100x5x20cm, weiß
EP 65,49 DM/m LA 20,12 DM/m ST 45,37 DM/m
EP 33,49 €/m   LA 10,29 €/m   ST 23,20 €/m

003.27121.M KG 525 DIN 276
Laufbahneinf.,Weichkantenst.,Eckst. 25+25x6x40cm, weiß
EP 95,81 DM/St LA 21,85 DM/St ST 73,96 DM/St
EP 48,99 €/St   LA 11,17 €/St   ST 37,82 €/St

003.27122.M KG 525 DIN 276
Laufbahneinf.,Weichkantenst.,Eckst. 25+25x6x30cm, weiß
EP 84,37 DM/St LA 18,40 DM/St ST 65,97 DM/St
EP 43,14 €/St   LA 9,41 €/St   ST 33,73 €/St

003.27123.M KG 525 DIN 276
Laufbahneinf.,Weichkantenst.,Eckst. 25+25x5x25cm, weiß
EP 78,64 DM/St LA 16,68 DM/St ST 61,96 DM/St
EP 40,21 €/St   LA 8,53 €/St   ST 31,68 €/St

003.27124.M KG 525 DIN 276
Laufbahneinf.,Weichkantenst.,Eckst. 25+25x5x20cm, weiß
EP 75,07 DM/St LA 16,10 DM/St ST 58,97 DM/St
EP 38,38 €/St   LA 8,23 €/St   ST 30,15 €/St

003.28801.M KG 525 DIN 276
Sprunggrubeneinf., Weichkantenst., 100x10x40cm, schwarz
EP 154,76 DM/St LA 36,22 DM/St ST 118,54 DM/St
EP 79,13 €/St   LA 18,52 €/St   ST 60,61 €/St

003.28802.M KG 525 DIN 276
Sprunggrubeneinf., Weichkantenst., 100x10x30cm, schwarz
EP 125,63 DM/St LA 32,20 DM/St ST 93,43 DM/St
EP 64,24 €/St   LA 16,46 €/St   ST 47,78 €/St

003.28803.M KG 525 DIN 276
Sprunggrubeneinf., Weichkantenst., 100x10x20cm, schwarz
EP 107,25 DM/St LA 29,90 DM/St ST 77,35 DM/St
EP 54,84 €/St   LA 15,29 €/St   ST 39,55 €/St

003.28804.M KG 525 DIN 276
Sprunggrubeneinf., Weichkantenst., 100x10x40cm, weiß
EP 171,85 DM/St LA 36,22 DM/St ST 135,63 DM/St
EP 87,87 €/St   LA 18,52 €/St   ST 69,35 €/St

003.28805.M KG 525 DIN 276
Sprunggrubeneinf., Weichkantenst., 100x10x30cm, weiß
EP 128,65 DM/St LA 32,20 DM/St ST 96,45 DM/St
EP 65,78 €/St   LA 16,46 €/St   ST 49,32 €/St

003.28806.M KG 525 DIN 276
Sprunggrubeneinf., Weichkantenst., 100x10x20cm, weiß
EP 113,28 DM/St LA 29,90 DM/St ST 83,38 DM/St
EP 57,92 €/St   LA 15,29 €/St   ST 42,63 €/St

Sportplatzausstattungen

003.—.-

003.31001.M	Bodenhülse	100,81 DM/St
		51,54 €/St
003.31101.M	Bolztor	940,71 DM/St
		480,97 €/St
003.31102.M	Tor für Fußball, feststehend	1 853,15 DM/St
		947,50 €/St
003.31103.M	Tor für Fußball, freistehend (Jugend)	1 945,58 DM/St
		994,76 €/St
003.31104.M	Tor für Fußball, freistehend mit Spannseilen	2 091,05 DM/St
		1 069,14 €/St
003.31201.M	Basketballständer, herausnehmbar, Höhe 3,45 m	2 011,55 DM/St
		1 028,49 €/St
003.31202.M	Basketballständer, ortsfest, Höhe 3,45 m	1 581,68 DM/St
		808,70 €/St
003.31203.M	Basketballständer, ortsfest, Höhe 2,00 m	496,56 DM/St
		253,89 €/St

003.31001.M KG 539 DIN 276
Bodenhülse
EP 100,81 DM/St LA 40,49 DM/St ST 60,32 DM/St
EP 51,54 €/St   LA 20,70 €/St   ST 30,84 €/St

003.31101.M KG 552 DIN 276
Bolztor
EP 940,71 DM/St LA 219,10 DM/St ST 721,61 DM/St
EP 480,97 €/St   LA 112,02 €/St   ST 368,95 €/St

003.31102.M KG 552 DIN 276
Tor für Fußball, feststehend
EP 1 853,15 DM/St LA 57,94 DM/St ST 1 795,21 DM/St
EP 947,50 €/St   LA 29,62 €/St   ST 917,88 €/St

003.31103.M KG 552 DIN 276
Tor für Fußball, freistehend (Jugend)
EP 1 945,58 DM/St LA 52,96 DM/St ST 1 892,62 DM/St
EP 994,76 €/St   LA 27,08 €/St   ST 967,68 €/St

003.31104.M KG 552 DIN 276
Tor für Fußball, freistehend mit Spannseilen
EP 2 091,05 DM/St LA 68,53 DM/St ST 2 022,52 DM/St
EP 1 069,14 €/St   LA 35,04 €/St   ST 1 034,10 €/St

003.31201.M KG 552 DIN 276
Basketballständer, herausnehmbar, Höhe 3,45 m
EP 2 011,55 DM/St LA 169,96 DM/St ST 1 841,59 DM/St
EP 1 028,49 €/St   LA 86,90 €/St   ST 941,59 €/St

003.31202.M KG 552 DIN 276
Basketballständer, ortsfest, Höhe 3,45 m
EP 1 581,68 DM/St LA 165,98 DM/St ST 1 415,70 DM/St
EP 808,70 €/St   LA 84,87 €/St   ST 723,83 €/St

003.31203.M KG 552 DIN 276
Basketballständer, ortsfest, Höhe 2,00 m
EP 496,56 DM/St LA 126,14 DM/St ST 370,42 DM/St
EP 253,89 €/St   LA 64,50 €/St   ST 189,39 €/St

Trainingsanlagen

003.—.-

003.33601.M	Ballwand	1 416,83 DM/St
		724,41 €/St

003.33601.M KG 552 DIN 276
Ballwand
EP 1 416,83 DM/St LA 152,70 DM/St ST 1 264,13 DM/St
EP 724,41 €/St   LA 78,08 €/St   ST 646,33 €/St

AW 003

Ausgabe 06.02

LB 003 Landschaftsbauarbeiten
Stufen

Sämtliche Preise sind **Mittelpreise ohne Mehrwertsteuer** zum Zeitpunkt des Ausgabedatums.
Korrekturfaktoren für Regionaleinfluss, Mengeneinfluss, Konjunktureinfluss siehe Vorspann.
Abkürzungen: EP = Einheitspreis, LA = Lohnanteil, ST = Stoffanteil

Stufen

003.----.-

003.34301.M	Blockstufen Sichtbeton, verlegen	255,27 DM/m
		130,52 €/m
003.34302.M	Blockstufen Granit, sandgestrahlt, verlegen	320,79 DM/m
		164,02 €/m
003.34303.M	Blockstufen Porphyr, sandgestrahlt, verlegen	321,67 DM/m
		164,47 €/m
003.34304.M	Blockstufen Weißgranit, sandgestrahlt, verlegen	337,32 DM/m
		172,47 €/m
003.34305.M	Winkelstufen Beton, verlegen	312,69 DM/m
		159,88 €/m
003.34306.M	Winkelstufen Granit, sandgestrahlt, verlegen	387,52 DM/m
		198,14 €/m
003.34307.M	Winkelstufen Porphyr, sandgestrahlt, verlegen	386,65 DM/m
		197,69 €/m
003.34308.M	Winkelstufen Weißgranit, sandgestrahlt, verlegen	400,57 DM/m
		204,81 €/m
003.34309.M	Tritt- und Setzstufen Sichtbeton, verlegen	382,83 DM/m
		195,74 €/m
003.34310.M	Kinderwagenstufen Sichtbeton, verlegen	336,32 DM/m
		171,96 €/m
003.34311.M	Kinderwagenstufen, Austritt, Sichtbeton, verlegen	276,71 DM/m
		141,48 €/m
003.34312.M	Kinderwagenrampe, 5 Steigungen, Sichtbeton verlegen	1 023,42 DM/St
		523,26 €/St
003.34313.M	Blockstufen Beton, verlegen	240,30 DM/m
		122,86 €/m
003.34401.M	Tribünen-Sitzstufen, PVC	247,97 DM/m
		126,79 €/m

003.34301.M KG 534 DIN 276
Blockstufen Sichtbeton, verlegen
EP 255,27 DM/m   LA 195,49 DM/m   ST 59,78 DM/m
EP 130,52 €/m   LA 99,95 €/m   ST 30,57 €/m

003.34302.M KG 534 DIN 276
Blockstufen Granit, sandgestrahlt, verlegen
EP 320,79 DM/m   LA 195,49 DM/m   ST 125,30 DM/m
EP 164,02 €/m   LA 99,95 €/m   ST 64,07 €/m

003.34303.M KG 534 DIN 276
Blockstufen Porphyr, sandgestrahlt, verlegen
EP 321,67 DM/m   LA 195,49 DM/m   ST 126,18 DM/m
EP 164,47 €/m   LA 99,95 €/m   ST 64,52 €/m

003.34304.M KG 534 DIN 276
Blockstufen Weißgranit, sandgestrahlt, verlegen
EP 337,32 DM/m   LA 195,49 DM/m   ST 141,83 DM/m
EP 172,47 €/m   LA 99,95 €/m   ST 72,52 €/m

003.34305.M KG 534 DIN 276
Winkelstufen Beton, verlegen
EP 312,69 DM/m   LA 258,74 DM/m   ST 53,95 DM/m
EP 159,88 €/m   LA 132,29 €/m   ST 27,59 €/m

003.34306.M KG 534 DIN 276
Winkelstufen Granit, sandgestrahlt, verlegen
EP 387,52 DM/m   LA 258,74 DM/m   ST 128,78 DM/m
EP 198,14 €/m   LA 132,29 €/m   ST 65,85 €/m

003.34307.M KG 534 DIN 276
Winkelstufen Porphyr, sandgestrahlt, verlegen
EP 386,65 DM/m   LA 258,74 DM/m   ST 127,91 DM/m
EP 197,69 €/m   LA 132,29 €/m   ST 65,40 €/m

003.34308.M KG 534 DIN 276
Winkelstufen Weißgranit, sandgestrahlt, verlegen
EP 400,57 DM/m   LA 258,74 DM/m   ST 141,83 DM/m
EP 204,81 €/m   LA 132,29 €/m   ST 72,52 €/m

003.34309.M KG 534 DIN 276
Tritt- und Setzstufen Sichtbeton, verlegen
EP 382,83 DM/m   LA 264,49 DM/m   ST 118,34 DM/m
EP 195,74 €/m   LA 135,23 €/m   ST 60,51 €/m

003.34310.M KG 534 DIN 276
Kinderwagenstufen Sichtbeton, verlegen
EP 336,32 DM/m   LA 241,49 DM/m   ST 94,83 DM/m
EP 171,96 €/m   LA 123,47 €/m   ST 48,49 €/m

003.34311.M KG 534 DIN 276
Kinderwagenstufen, Austritt, Sichtbeton, verlegen
EP 276,71 DM/m   LA 218,49 DM/m   ST 58,22 DM/m
EP 141,48 €/m   LA 111,71 €/m   ST 29,77 €/m

003.34312.M KG 534 DIN 276
Kinderwagenrampe, 5 Steigungen, Sichtbeton verlegen
EP 1 023,42 DM/St   LA 317,74 DM/St   ST 705,68 DM/St
EP   523,26 €/St   LA 162,46 €/St   ST 360,80 €/St

003.34313.M KG 534 DIN 276
Blockstufen Beton, verlegen
EP 240,30 DM/m   LA 195,49 DM/m   ST 44,81 DM/m
EP 122,86 €/m   LA 99,95 €/m   ST 22,91 €/m

003.34401.M KG 534 DIN 276
Tribünen-Sitzstufen, PVC
EP 247,97 DM/m   LA 124,60 DM/m   ST 123,37 DM/m
EP 126,79 €/m   LA 63,71 €/m   ST 63,08 €/m

LB 003 Landschaftsbauarbeiten
Einfassungen Spielplatzbau

AW 003
Ausgabe 06.02

Sämtliche Preise sind **Mittelpreise ohne Mehrwertsteuer** zum Zeitpunkt des Ausgabedatums.
Korrekturfaktoren für Regionaleinfluss, Mengeneinfluss, Konjunktureinfluss siehe Vorspann.
Abkürzungen: EP = Einheitspreis, LA = Lohnanteil, ST = Stoffanteil

Einfassungen Spielplatzbau

003.----.-

003.39101.M	Sandgrubeneinfassung, Sicherheitsumrandung	237,69 DM/m
		121,53 €/m
003.39102.M	Einfassungen aus Holz, Palisaden, 9x50 cm, rund	26,86 DM/St
		13,73 €/St
003.39103.M	Einfassungen aus Holz, Beetrolli	21,57 DM/m
		11,03 €/m
003.39401.M	Rundhölzer als Palisadenwand, l = 40 cm, d = 10-12 cm	35,06 DM/St
		17,92 €/St
003.39402.M	Rundhölzer als Palisadenwand, l = 40 cm, d = 20-25 cm	59,48 DM/St
		30,41 €/St
003.39403.M	Rundhölzer als Palisadenwand, l = 40 cm, d = 35-40 cm	105,53 DM/St
		53,96 €/St
003.39404.M	Rundhölzer als Palisadenwand, l = 80 cm, d = 10-12 cm	39,72 DM/St
		20,31 €/St
003.39405.M	Rundhölzer als Palisadenwand, l = 80 cm, d = 20-25 cm	72,72 DM/St
		37,18 €/St
003.39406.M	Rundhölzer als Palisadenwand, l = 80 cm, d = 35-40 cm	145,19 DM/St
		74,23 €/St
003.39407.M	Rundhölzer als Palisadenwand, l = 120 cm, d = 10-12 cm	46,81 DM/St
		23,93 €/St
003.39408.M	Rundhölzer als Palisadenwand, l = 120 cm, d = 20-25 cm	88,03 DM/St
		45,01 €/St
003.39409.M	Rundhölzer als Palisadenwand, l = 120 cm, d = 35-40 cm	187,52 DM/St
		95,88 €/St
003.39410.M	Rundhölzer als Palisadenwand, l = 200 cm, d = 10-12 cm	58,24 DM/St
		29,78 €/St
003.39411.M	Rundhölzer als Palisadenwand, l = 200 cm, d = 20-25 cm	114,70 DM/St
		58,64 €/St
003.39412.M	Rundhölzer als Palisadenwand, l = 200 cm, d = 35-40 cm	271,77 DM/St
		138,95 €/St
003.39413.M	Rundhölzer als Palisadenwand, l = 300 cm, d = 10-12 cm	70,23 DM/St
		35,91 €/St
003.39414.M	Rundhölzer als Palisadenwand, l = 300 cm, d = 20-25 cm	149,01 DM/St
		76,19 €/St
003.39415.M	Rundhölzer als Palisadenwand, l = 300 cm, d = 35-40 cm	375,22 DM/St
		191,85 €/St

003.39101.M KG 526 DIN 276
Sandgrubeneinfassung, Sicherheitsumrandung
EP 237,69 DM/m   LA 12,08 DM/m   ST 225,61 DM/m
EP 121,53 €/m   LA 6,17 €/m   ST 115,36 €/m

003.39102.M KG 524 DIN 276
Einfassungen aus Holz, Palisaden, 9x50 cm, rund
EP 26,86 DM/St   LA 24,30 DM/St   ST 2,56 DM/St
EP 13,73 €/St   LA 12,42 €/St   ST 1,31 €/St

003.39103.M KG 524 DIN 276
Einfassungen aus Holz, Beetrolli
EP 21,57 DM/m   LA 13,09 DM/m   ST 8,48 DM/m
EP 11,03 €/m   LA 6,69 €/m   ST 4,34 €/m

003.39401.M KG 552 DIN 276
Rundhölzer als Palisadenwand, l = 40 cm, d = 10-12 cm
EP 35,06 DM/St   LA 31,15 DM/St   ST 3,91 DM/St
EP 17,92 €/St   LA 15,93 €/St   ST 1,99 €/St

003.39402.M KG 552 DIN 276
Rundhölzer als Palisadenwand, l = 40 cm, d = 20-25 cm
EP 59,48 DM/St   LA 46,73 DM/St   ST 12,75 DM/St
EP 30,41 €/St   LA 23,89 €/St   ST 6,52 €/St

003.39403.M KG 552 DIN 276
Rundhölzer als Palisadenwand, l = 40 cm, d = 35-40 cm
EP 105,53 DM/St LA 62,30 DM/St   ST 43,23 DM/St
EP 53,96 €/St   LA 31,85 €/St   ST 22,11 €/St

003.39404.M KG 552 DIN 276
Rundhölzer als Palisadenwand, l = 80 cm, d = 10-12 cm
EP 39,72 DM/St   LA 32,40 DM/St   ST 7,32 DM/St
EP 20,31 €/St   LA 16,56 €/St   ST 3,75 €/St

003.39405.M KG 552 DIN 276
Rundhölzer als Palisadenwand, l = 80 cm, d = 20-25 cm
EP 72,72 DM/St   LA 48,59 DM/St   ST 24,13 DM/St
EP 37,18 €/St   LA 24,85 €/St   ST 12,33 €/St

003.39406.M KG 552 DIN 276
Rundhölzer als Palisadenwand, l = 80 cm, d = 35-40 cm
EP 145,19 DM/St LA 63,55 DM/St   ST 81,64 DM/St
EP 74,23 €/St   LA 32,49 €/St   ST 41,74 €/St

003.39407.M KG 552 DIN 276
Rundhölzer als Palisadenwand, l = 120 cm, d = 10-12 cm
EP 46,81 DM/St   LA 36,14 DM/St   ST 10,67 DM/St
EP 23,93 €/St   LA 18,48 €/St   ST 5,45 €/St

003.39408.M KG 552 DIN 276
Rundhölzer als Palisadenwand, l = 120 cm, d = 20-25 cm
EP 88,03 DM/St   LA 52,96 DM/St   ST 35,07 DM/St
EP 45,01 €/St   LA 27,08 €/St   ST 17,93 €/St

003.39409.M KG 552 DIN 276
Rundhölzer als Palisadenwand, l = 120 cm, d = 35-40 cm
EP 187,52 DM/St LA 68,53 DM/St   ST 118,99 DM/St
EP 95,88 €/St   LA 35,04 €/St   ST 60,84 €/St

003.39410.M KG 552 DIN 276
Rundhölzer als Palisadenwand, l = 200 cm, d = 10-12 cm
EP 58,24 DM/St   LA 40,49 DM/St   ST 17,75 DM/St
EP 29,78 €/St   LA 20,70 €/St   ST 9,08 €/St

003.39411.M KG 552 DIN 276
Rundhölzer als Palisadenwand, l = 200 cm, d = 20-25 cm
EP 114,70 DM/St LA 56,07 DM/St   ST 58,63 DM/St
EP 58,64 €/St   LA 28,67 €/St   ST 29,97 €/St

003.39412.M KG 552 DIN 276
Rundhölzer als Palisadenwand, l = 200 cm, d = 35-40 cm
EP 271,77 DM/St LA 73,51 DM/St   ST 198,26 DM/St
EP 138,95 €/St   LA 37,59 €/St   ST 101,36 €/St

003.39413.M KG 552 DIN 276
Rundhölzer als Palisadenwand, l = 300 cm, d = 10-12 cm
EP 70,23 DM/St   LA 43,62 DM/St   ST 26,61 DM/St
EP 35,91 €/St   LA 22,30 €/St   ST 13,61 €/St

003.39414.M KG 552 DIN 276
Rundhölzer als Palisadenwand, l = 300 cm, d = 20-25 cm
EP 149,01 DM/St LA 61,06 DM/St   ST 87,95 DM/St
EP 76,19 €/St   LA 31,22 €/St   ST 44,97 €/St

003.39415.M KG 552 DIN 276
Rundhölzer als Palisadenwand, l = 300 cm, d = 35-40 cm
EP 375,22 DM/St LA 77,88 DM/St   ST 297,34 DM/St
EP 191,85 €/St   LA 39,82 €/St   ST 152,03 €/St

AW 003

LB 003 Landschaftsbauarbeiten
Bodenbeläge

Ausgabe 06.02

Sämtliche Preise sind **Mittelpreise ohne Mehrwertsteuer** zum Zeitpunkt des Ausgabedatums.
Korrekturfaktoren für Regionaleinfluss, Mengeneinfluss, Konjunktureinfluss siehe Vorspann.
Abkürzungen: EP = Einheitspreis, LA = Lohnanteil, ST = Stoffanteil

Bodenbeläge

003.-----.-

Pos.	Beschreibung	Preis
003.40301.M	Bodenbelag, Beton-Verbundpflaster, verlegen	50,03 DM/m2 / 25,58 €/m2
003.40302.M	Bodenbelag, Betonpflaster, DEKOR-Verbundstein, verleg.	61,11 DM/m2 / 31,24 €/m2
003.40303.M	Bodenbelag, Betonpflaster, BOULEVARD-Pflaster, verleg.	62,02 DM/m2 / 31,71 €/m2
003.40304.M	Holzfliesen, quadratisch, Kiefer, 50x50 cm, verlegen	78,89 DM/m2 / 40,33 €/m2
003.40305.M	Holzfliesen, quadratisch, Robinie, 50x50 cm, verlegen	153,60 DM/m2 / 78,54 €/m2
003.40306.M	Holzfliesen, rechteckig, Kiefer, 100x50 cm, verlegen	66,37 DM/m2 / 33,94 €/m2
003.40307.M	Holzfliesen, dreieckig, Kiefer, 50x50/2 cm, verlegen	98,81 DM/m2 / 50,52 €/m2
003.40308.M	Kantholzpflaster, Kiefer, 50x50x8 cm, verlegen	155,65 DM/m2 / 79,58 €/m2
003.40309.M	Rundholzpflaster, Kiefer, 50x50x8 cm, verlegen	145,42 DM/m2 / 74,35 €/m2
003.40310.M	Rundholzpflaster lose, Kiefer, verlegen	123,56 DM/m2 / 63,18 €/m2
003.40311.M	Kantholzpflaster lose, Kiefer, verlegen	138,89 DM/m2 / 71,02 €/m2
003.40312.M	Unterbau für Bodenbeläge (Pflaster) herstellen	19,29 DM/m2 / 9,86 €/m2
003.40313.M	Elastikplatten mit Gummiauflage, 50x50x5 cm, verlegen	132,01 DM/m2 / 67,49 €/m2
003.40314.M	Fallschutzplatten mit Luftkammern, 50x50x7 cm, verleg.	208,58 DM/m2 / 106,65 €/m2
003.40315.M	Fallschutzplatten, Gummi-Recycling,50x50x5 cm, verleg.	133,76 DM/m2 / 68,39 €/m2
003.40316.M	Fallschutzplatten, Gummi-Recycling,50x50x8 cm, verleg.	177,28 DM/m2 / 90,64 €/m2
003.40317.M	Fallschutz-Randplatte (abgeschrägt) 100x25 cm, liefern	60,04 DM/m / 30,70 €/m
003.40318.M	Fallschutz-Eckplatte (abgeschrägt) 25x25 cm, liefern	14,35 DM/m / 7,34 €/m
003.40319.M	Fallschutz-Eck- und Randplatten befestigen (verdübeln)	26,92 DM/m2 / 13,76 €/m2
003.40320.M	Fallschutz-Eck- und Randplatten befestigen (verkleben)	29,95 DM/m2 / 15,31 €/m2
003.40321.M	Fallschutzpl.f. Einerfederwippe auf geb. Fläch. verleg.	355,82 DM/St / 181,93 €/St
003.40322.M	Ergänzungspl. f. Doppelfederw. auf geb. Fläch. verlegen	240,37 DM/St / 122,90 €/St
003.40323.M	Fallschutzpl.f. Einerfederw. auf ungeb. Fläch. verleg.	395,48 DM/St / 202,21 €/St
003.40324.M	Ergänzungspl.f.Doppelfederw. auf ungeb. Fläch. verleg.	280,62 DM/St / 143,48 €/St
003.40325.M	Fallschutz-Verbundpflaster verlegen	198,88 DM/m2 / 101,69 €/m2

003.40301.M KG 520 DIN 276
Bodenbelag, Beton-Verbundpflaster, verlegen
EP 50,03 DM/m2   LA 36,76 DM/m2   ST 13,27 DM/m2
EP 25,58 €/m2   LA 18,80 €/m2   ST 6,78 €/m2

003.40302.M KG 520 DIN 276
Bodenbelag, Betonpflaster, DEKOR-Verbundstein, verlegen
EP 61,11 DM/m2   LA 38,01 DM/m2   ST 23,10 DM/m2
EP 31,24 €/m2   LA 19,43 €/m2   ST 11,81 €/m2

003.40303.M KG 520 DIN 276
Bodenbelag, Betonpflaster, BOULEVARD-Pflaster, verlegen
EP 62,02 DM/m2   LA 44,86 DM/m2   ST 17,16 DM/m2
EP 31,71 €/m2   LA 22,94 €/m2   ST 8,77 €/m2

003.40304.M KG 523 DIN 276
Holzfliesen, quadratisch, Kiefer, 50x50 cm, verlegen
EP 78,89 DM/m2   LA 27,02 DM/m2   ST 51,87 DM/m2
EP 40,33 €/m2   LA 13,82 €/m2   ST 26,51 €/m2

003.40305.M KG 523 DIN 276
Holzfliesen, quadratisch, Robinie, 50x50 cm, verlegen
EP 153,60 DM/m2 LA 14,37 DM/m2   ST 139,23 DM/m2
EP 78,54 €/m2   LA 7,35 €/m2   ST 71,19 €/m2

003.40306.M KG 523 DIN 276
Holzfliesen, rechteckig, Kiefer, 100x50 cm, verlegen
EP 66,37 DM/m2   LA 17,82 DM/m2   ST 48,55 DM/m2
EP 33,94 €/m2   LA 9,11 €/m2   ST 24,83 €/m2

003.40307.M KG 523 DIN 276
Holzfliesen, dreieckig, Kiefer, 50x50/2 cm, verlegen
EP 98,81 DM/m2   LA 29,90 DM/m2   ST 68,91 DM/m2
EP 50,52 €/m2   LA 15,29 €/m2   ST 35,23 €/m2

003.40308.M KG 523 DIN 276
Kantholzpflaster, Kiefer, 50x50x8 cm, verlegen
EP 155,65 DM/m2 LA 28,17 DM/m2   ST 127,48 DM/m2
EP 79,58 €/m2   LA 14,40 €/m2   ST 65,18 €/m2

003.40309.M KG 523 DIN 276
Rundholzpflaster, Kiefer, 50x50x8 cm, verlegen
EP 145,42 DM/m2 LA 28,17 DM/m2   ST 117,25 DM/m2
EP 74,35 €/m2   LA 14,40 €/m2   ST 59,95 €/m2

003.40310.M KG 523 DIN 276
Rundholzpflaster lose, Kiefer, verlegen
EP 123,56 DM/m2 LA 45,42 DM/m2   ST 78,14 DM/m2
EP 63,18 €/m2   LA 23,22 €/m2   ST 39,95 €/m2

003.40311.M KG 523 DIN 276
Kantholzpflaster lose, Kiefer, verlegen
EP 138,89 DM/m2 LA 36,22 DM/m2   ST 102,67 DM/m2
EP 71,02 €/m2   LA 18,52 €/m2   ST 52,50 €/m2

003.40312.M KG 520 DIN 276
Unterbau für Bodenbeläge (Pflaster) herstellen
EP 19,29 DM/m2   LA 9,32 DM/m2   ST 9,97 DM/m2
EP 9,86 €/m2   LA 4,77 €/m2   ST 5,09 €/m2

003.40313.M KG 526 DIN 276
Elastikplatten mit Gummiauflage, 50x50x5 cm, verlegen
EP 132,01 DM/m2 LA 27,60 DM/m2   ST 104,41 DM/m2
EP 67,49 €/m2   LA 14,11 €/m2   ST 53,38 €/m2

003.40314.M KG 526 DIN 276
Fallschutzplatten mit Luftkammern, 50x50x7 cm, verlegen
EP 208,58 DM/m2 LA 29,33 DM/m2   ST 179,25 DM/m2
EP 106,65 €/m2   LA 14,99 €/m2   ST 91,66 €/m2

003.40315.M KG 526 DIN 276
Fallschutzplatten, Gummi-Recycling,50x50x5 cm, verlegen
EP 133,76 DM/m2 LA 27,60 DM/m2   ST 106,16 DM/m2
EP 68,39 €/m2   LA 14,11 €/m2   ST 54,28 €/m2

003.40316.M KG 526 DIN 276
Fallschutzplatten, Gummi-Recycling,50x50x8 cm, verlegen
EP 177,28 DM/m2 LA 27,60 DM/m2   ST 149,68 DM/m2
EP 90,64 €/m2   LA 14,11 €/m2   ST 76,53 €/m2

003.40317.M KG 526 DIN 276
Fallschutz-Randplatte (abgeschrägt) 100x25 cm, liefern
EP 60,04 DM/m   LA 0,00 DM/m   ST 60,04 DM/m
EP 30,70 €/m   LA 0,00 €/m   ST 30,70 €/m

003.40318.M KG 526 DIN 276
Fallschutz-Eckplatte (abgeschrägt) 25x25 cm, liefern
EP 14,35 DM/m   LA 0,00 DM/m   ST 14,35 DM/m
EP 7,34 €/m   LA 0,00 €/m   ST 7,34 €/m

003.40319.M KG 526 DIN 276
Fallschutz-Eck- und Randplatten befestigen (verdübeln)
EP 26,92 DM/m2 LA 18,40 DM/m2 ST 8,52 DM/m2
EP 13,76 €/m2   LA 9,41 €/m2   ST 4,35 €/m2

003.40320.M KG 526 DIN 276
Fallschutz-Eck- und Randplatten befestigen (verkleben)
EP 29,95 DM/m2 LA 6,90 DM/m2 ST 23,05 DM/m2
EP 15,31 €/m2   LA 3,53 €/m2   ST 11,78 €/m2

003.40321.M KG 526 DIN 276
Fallschutzpl.f. Einerfederwippe auf geb. Fläch. verleg.
EP 355,82 DM/St LA 8,63 DM/St ST 347,19 DM/St
EP 181,93 €/St   LA 4,41 €/St   ST 177,52 €/St

003.40322.M KG 526 DIN 276
Ergänzungspl. f. Doppelfederw. auf geb. Fläch. verlegen
EP 240,37 DM/St LA 8,05 DM/St ST 232,32 DM/St
EP 122,90 €/St   LA 4,11 €/St   ST 118,79 €/St

003.40323.M KG 526 DIN 276
Fallschutzpl.f. Einerfederw. auf ungeb. Fläch. verleg.
EP 395,48 DM/St LA 48,30 DM/St ST 347,18 DM/St
EP 202,21 €/St   LA 24,69 €/St   ST 177,52 €/St

003.40324.M KG 526 DIN 276
Ergänzungspl.f.Doppelfederw. auf ungeb. Fläch. verleg.
EP 280,62 DM/St LA 48,30 DM/St ST 232,32 DM/St
EP 143,48 €/St   LA 24,69 €/St   ST 118,79 €/St

003.40325.M KG 526 DIN 276
Fallschutz-Verbundpflaster verlegen
EP 198,88 DM/m2 LA 43,13 DM/m2 ST 155,75 DM/m2
EP 101,69 €/m2   LA 22,05 €/m2   ST 79,64 €/m2

LB 003 Landschaftsbauarbeiten
Spielplatzeinrichtungen

AW 003

Ausgabe 06.02

Sämtliche Preise sind **Mittelpreise ohne Mehrwertsteuer** zum Zeitpunkt des Ausgabedatums.
Korrekturfaktoren für Regionaleinfluss, Mengeneinfluss, Konjunktureinfluss siehe Vorspann.
Abkürzungen: EP = Einheitspreis, LA = Lohnanteil, ST = Stoffanteil

Spielplatzeinrichtungen

003.----.-

Pos.	Bezeichnung	Preis
003.40501.M	Spielplatzgerät, Rutsche, freistehend	1 320,12 DM/St / 674,97 €/St
003.40502.M	Spielplatzeinrichtung, Kinderspielhaus	928,27 DM/St / 474,62 €/St
003.40503.M	Spielplatzeinrichtung, Kinderspielhaus mit Vordach	1 633,23 DM/St / 835,06 €/St
003.40504.M	Spielplatzeinrichtung zum Klettern, Spielturm	1 963,53 DM/St / 1 003,94 €/St
003.40505.M	Balancierbalken, 3-teilig	658,52 DM/St / 336,70 €/St
003.40506.M	Laufrolle/Surftrainer	3 066,74 DM/St / 1 568,00 €/St
003.40507.M	Balancetrainer	947,53 DM/St / 484,46 €/St
003.40508.M	Balancierbalken	280,05 DM/St / 143,19 €/St
003.40509.M	Hüpfpalisaden	105,24 DM/St / 53,81 €/St
003.40510.M	Hüpfpilz	220,56 DM/St / 112,77 €/St
003.40511.M	Dreistufenreck	1 359,34 DM/St / 695,02 €/St
003.40512.M	Reck mit Sprossenwand	1 399,36 DM/St / 715,48 €/St
003.40601.M	Spielanlage Leiter, Rutsche, Schaukel; freistehend	2 125,53 DM/St / 1 086,76 €/St
003.40602.M	Spielanl. Kletternetz, Rutsche, Schaukel; freistehend	5 341,66 DM/St / 2 731,15 €/St
003.40603.M	Spielplatzanlage, Seilbahn	6 145,45 DM/St / 3 142,12 €/St
003.40604.M	Spielanlage Bauwerkgerüst	7 395,56 DM/St / 3 781,29 €/St
003.40605.M	Spielpl.-Anl. Hauskomb., Schaukel, Rutsche, Sandrinne	7 702,58 DM/St / 3 938,27 €/St
003.40606.M	Spielanl. Turm, Netz, Rutsche, Schaukel; verankert	12 441,84 DM/St / 6 361,41 €/St
003.40607.M	Spielplatzanlage zum Klettern, Rutschen, Ballspiel	16 225,40 DM/St / 8 295,91 €/St
003.40608.M	Turmkomb., Kletternetz, Rutsche, Hangeln, Balanc.	17 333,80 DM/St / 8 862,63 €/St
003.40609.M	Turmkomb., Seil, Plattf., Hängebr., Netz, Rutsche	24 354,57 DM/St / 12 452,29 €/St
003.40610.M	Turmkomb., Kletternetz, Rutsche, Schaukel, Balanc.	27 735,46 DM/St / 14 180,92 €/St
003.40611.M	Turmkomb., Plattf., Stege, Schrägw., Rutsche, Seile	47 073,64 DM/St / 24 068,37 €/St
003.40612.M	Spielplatzanlage, Spielsystem	49 212,28 DM/St / 25 161,84 €/St
003.40613.M	Trimmanlagen-Einricht. für 2,0 - 2,5 km Waldstrecke	17 179,70 DM/St / 8 783,84 €/St
003.40614.M	Trimm-Station	3 844,60 DM/St / 1 965,72 €/St
003.40615.M	Balancieranlage	1 380,66 DM/St / 705,92 €/St
003.40701.M	Spielplatzgerät, Schaukelkombination	388,82 DM/St / 198,80 €/St
003.40702.M	Spielplatzgerät, Schaukel, Stahlrohr	1 951,62 DM/St / 997,85 €/St
003.40703.M	Spielplatzgerät, Doppel-Schaukel, Stahlrohr	2 346,22 DM/St / 1 199,61 €/St
003.40704.M	Spielplatzgerät, Federwippe	625,16 DM/St / 319,64 €/St
003.40705.M	Spielplatzgerät, Bodenwippe, Stahlrohr	1 075,78 DM/St / 550,04 €/St
003.40706.M	Spielplatzgerät, Doppel-Bodenwippe, Stahlrohr	1 801,44 DM/St / 921,06 €/St
003.40707.M	Spielplatzgerät, Doppelfederwippe	1 899,76 DM/St / 971,33 €/St
003.40708.M	Spielplatzgerät, Bodenwippe, Holz	2 181,25 DM/St / 1 115,26 €/St
003.40709.M	Spielplatzgerät, Kettenbrücke	2 946,09 DM/St / 1 506,31 €/St
003.40710.M	Spielplatzgerät, Flügelkarussell	3 444,51 DM/St / 1 761,15 €/St
003.40711.M	Spielplatzgerät, Kreuzkreisel	3 717,03 DM/St / 1 900,49 €/St
003.40712.M	Spielplatzanlage, Sitzkreisel	5 462,83 DM/St / 2 793,10 €/St
003.40713.M	Spielplatzanlage, Reifenschwinge/Traktorschwingreifen	5 834,02 DM/St / 2 982,89 €/St

003.40501.M KG 552 DIN 276
Spielplatzgerät, Rutsche, freistehend
EP 1 320,12 DM/St   LA 629,25 DM/St   ST 690,87 DM/St
EP   674,97 €/St   LA 321,73 €/St   ST 353,24 €/St

003.40502.M KG 552 DIN 276
Spielplatzeinrichtung, Kinderspielhaus
EP 928,27 DM/St   LA 323,97 DM/St   ST 604,30 DM/St
EP 474,62 €/St   LA 165,64 €/St   ST 308,98 €/St

003.40503.M KG 552 DIN 276
Spielplatzeinrichtung, Kinderspielhaus mit Vordach
EP 1 633,23 DM/St   LA 338,93 DM/St   ST 1 294,30 DM/St
EP   835,06 €/St   LA 173,29 €/St   ST   661,77 €/St

003.40504.M KG 552 DIN 276
Spielplatzeinrichtung zum Klettern, Spielturm
EP 1 963,53 DM/St   LA 1 158,81 DM/St   ST 804,72 DM/St
EP 1 003,94 €/St   LA   592,49 €/St   ST 411,45 €/St

003.40505.M KG 552 DIN 276
Balancierbalken, 3-teilig
EP 658,52 DM/St   LA 136,10 DM/St   ST 522,42 DM/St
EP 336,70 €/St   LA 69,59 €/St   ST 267,11 €/St

003.40506.M KG 552 DIN 276
Laufrolle/Surftrainer
EP 3 066,74 DM/St   LA 192,54 DM/St   ST 2 874,20 DM/St
EP 1 568,00 €/St   LA 98,44 €/St   ST 1 469,56 €/St

003.40507.M KG 552 DIN 276
Balancetrainer
EP 947,53 DM/St   LA 139,42 DM/St   ST 808,11 DM/St
EP 484,46 €/St   LA 71,29 €/St   ST 413,17 €/St

003.40508.M KG 552 DIN 276
Balancierbalken
EP 280,05 DM/St   LA 37,18 DM/St   ST 242,87 DM/St
EP 143,19 €/St   LA 19,01 €/St   ST 124,18 €/St

003.40509.M KG 552 DIN 276
Hüpfpalisaden
EP 105,24 DM/St   LA 31,86 DM/St   ST 73,38 DM/St
EP 53,81 €/St   LA 16,29 €/St   ST 37,52 €/St

003.40510.M KG 552 DIN 276
Hüpfpilz
EP 220,56 DM/St   LA 31,86 DM/St   ST 188,70 DM/St
EP 112,77 €/St   LA 16,29 €/St   ST 96,48 €/St

003.40511.M KG 552 DIN 276
Dreistufenreck
EP 1 359,34 DM/St   LA 265,57 DM/St   ST 1 093,77 DM/St
EP   695,02 €/St   LA 135,78 €/St   ST   559,24 €/St

003.40512.M KG 552 DIN 276
Reck mit Sprossenwand
EP 1 399,36 DM/St   LA 285,49 DM/St   ST 1 113,87 DM/St
EP   715,48 €/St   LA 145,97 €/St   ST   569,51 €/St

003.40601.M KG 552 DIN 276
Spielanlage Leiter, Rutsche, Schaukel; freistehend
EP 2 125,53 DM/St   LA 510,88 DM/St   ST 1 614,65 DM/St
EP 1 086,76 €/St   LA 261,21 €/St   ST   825,55 €/St

003.40602.M KG 552 DIN 276
Spielanl. Kletternetz, Rutsche, Schaukel; freistehend
EP 5 341,66 DM/St   LA 504,65 DM/St   ST 4 837,01 DM/St
EP 2 731,15 €/St   LA 258,02 €/St   ST 2 473,13 €/St

003.40603.M KG 552 DIN 276
Spielplatzanlage, Seilbahn
EP 6 145,45 DM/St   LA 876,37 DM/St   ST 5 269,08 DM/St
EP 3 142,12 €/St   LA 448,08 €/St   ST 2 694,04 €/St

AW 003

LB 003 Landschaftsbauarbeiten
Spielplatzeinrichtungen

Ausgabe 06.02

Sämtliche Preise sind **Mittelpreise ohne Mehrwertsteuer** zum Zeitpunkt des Ausgabedatums.
Korrekturfaktoren für Regionaleinfluss, Mengeneinfluss, Konjunktureinfluss siehe Vorspann.
Abkürzungen: EP = Einheitspreis, LA = Lohnanteil, ST = Stoffanteil

003.40604.M KG 552 DIN 276
Spielanlage BauwerkgerüST
EP 7 395,56 DM/St   LA 872,22 DM/St   ST 6 523,34 DM/St
EP 3 781,29 €/St   LA 445,96 €/St   ST 3 335,33 €/St

003.40605.M KG 552 DIN 276
Spielpl.-Anl. Hauskomb., Schaukel, Rutsche, Sandrinne
EP 7 702,58 DM/St   LA 560,71 DM/St   ST 7 141,87 DM/St
EP 3 938,27 €/St   LA 286,69 €/St   ST 3 651,58 €/St

003.40606.M KG 552 DIN 276
Spielanl. Turm, Netz, Rutsche, Schaukel; verankert
EP 12 441,84 DM/St LA 3 239,68 DM/St ST 9 202,16 DM/St
EP 6 361,41 €/St   LA 1 656,42 €/St   ST 4 704,99 €/St

003.40607.M KG 552 DIN 276
Spielplatzanlage zum Klettern, Rutschen, Ballspiel
EP 16 225,40 DM/St LA 1 993,65 DM/St ST 14 231,75 DM/St
EP 8 295,91 €/St   LA 1 019,34 €/St   ST 7 276,57 €/St

003.40608.M KG 552 DIN 276
Turmkomb., Kletternetz, Rutsche, Hangeln, Balanc.
EP 17 333,80 DM/St LA 1 557,54 DM/St ST 15 776,26 DM/St
EP 8 862,63 €/St   LA   796,36 €/St   ST 8 066,27 €/St

003.40609.M KG 552 DIN 276
Turmkomb., Seil, Plattf., Hängebr., Netz, Wand, Rutsche
EP 24 354,57 DM/St LA 2 367,46 DM/St ST 21 987,11 DM/St
EP 12 452,29 €/St   LA 1 210,46 €/St   ST 11 241,83 €/St

003.40610.M KG 552 DIN 276
Turmkomb., Kletternetz, Rutsche, Schaukel, Balanc.
EP 27 735,46 DM/St LA 3 364,29 DM/St ST 24 371,17 DM/St
EP 14 180,92 €/St   LA 1 720,13 €/St   ST 12 460,79 €/St

003.40611.M KG 552 DIN 276
Turmkomb., Plattf., Stege, Schrägwand, Rutsche, Seile
EP 47 073,64 DM/St LA 4 423,41 DM/St ST 42 650,23 DM/St
EP 24 068,37 €/St   LA 2 261,66 €/St   ST 21 806,71 €/St

003.40612.M KG 552 DIN 276
Spielplatzanlage, Spielsystem
EP 49 212,28 DM/St LA 9 968,26 DM/St ST 39 244,02 DM/St
EP 25 161,84 €/St   LA 5 096,69 €/St   ST 20 065,15 €/St

003.40613.M KG 529 DIN 276
Trimmanlagen-Einrichtung für 2,0 - 2,5 km Waldstrecke
EP 17 179,70 DM/St LA 2 242,86 DM/St ST 14 936,84 DM/St
EP 8 783,84 €/St   LA 1 146,75 €/St   ST 7 637,09 €/St

003.40614.M KG 552 DIN 276
Trimm-Station
EP 3 844,60 DM/St   LA 451,46 DM/St   ST 3 393,14 DM/St
EP 1 965,72 €/St   LA 230,83 €/St   ST 1 734,89 €/St

003.40615.M KG 552 DIN 276
Balancieranlage
EP 1 380,66 DM/St   LA 159,34 DM/St   ST 1 221,32 DM/St
EP   705,92 €/St   LA 81,47 €/St   ST   624,45 €/St

003.40701.M KG 552 DIN 276
Spielplatzgerät, Schaukelkombination
EP 388,82 DM/St   LA 130,84 DM/St   ST 257,98 DM/St
EP 198,80 €/St   LA 66,90 €/St   ST 131,90 €/St

003.40702.M KG 552 DIN 276
Spielplatzgerät, Schaukel, Stahlrohr
EP 1 951,62 DM/St   LA 278,85 DM/St   ST 1 672,77 DM/St
EP   997,85 €/St   LA 142,57 €/St   ST   855,28 €/St

003.40703.M KG 552 DIN 276
Spielplatzgerät, Doppel-Schaukel, Stahlrohr
EP 2 346,22 DM/St   LA 265,57 DM/St   ST 2 080,65 DM/St
EP 1 199,61 €/St   LA 135,78 €/St   ST 1 063,83 €/St

003.40704.M KG 552 DIN 276
Spielplatzgerät, Federwippe
EP 625,16 DM/St   LA 193,14 DM/St   ST 432,02 DM/St
EP 319,64 €/St   LA 98,75 €/St   ST 220,89 €/St

003.40705.M KG 552 DIN 276
Spielplatzgerät, Bodenwippe, Stahlrohr
EP 1 075,78 DM/St   LA 63,25 DM/St   ST 1 012,53 DM/St
EP   550,04 €/St   LA 32,34 €/St   ST   517,70 €/St

003.40706.M KG 552 DIN 276
Spielplatzgerät, Doppel-Bodenwippe, Stahlrohr
EP 1 801,44 DM/St   LA 109,24 DM/St   ST 1 692,20 DM/St
EP   921,06 €/St   LA 55,85 €/St   ST   865,21 €/St

003.40707.M KG 552 DIN 276
Spielplatzgerät, Doppelfederwippe
EP 1 899,76 DM/St   LA 252,29 DM/St   ST 1 647,47 DM/St
EP   971,33 €/St   LA 128,99 €/St   ST   842,34 €/St

003.40708.M KG 552 DIN 276
Spielplatzgerät, Bodenwippe, Holz
EP 2 181,25 DM/St   LA 285,49 DM/St   ST 1 895,76 DM/St
EP 1 115,26 €/St   LA 145,97 €/St   ST   969,29 €/St

003.40709.M KG 552 DIN 276
Spielplatzgerät, Kettenbrücke
EP 2 946,09 DM/St   LA 551,06 DM/St   ST 2 395,03 DM/St
EP 1 506,31 €/St   LA 281,75 €/St   ST 1 224,56 €/St

003.40710.M KG 552 DIN 276
Spielplatzgerät, Flügelkarussell
EP 3 444,51 DM/St   LA 152,70 DM/St   ST 3 291,81 DM/St
EP 1 761,15 €/St   LA 78,08 €/St   ST 1 683,07 €/St

003.40711.M KG 552 DIN 276
Spielplatzgerät, Kreuzkreisel
EP 3 717,03 DM/St   LA 139,42 DM/St   ST 3 577,61 DM/St
EP 1 900,49 €/St   LA 71,29 €/St   ST 1 829,20 €/St

003.40712.M KG 552 DIN 276
Spielplatzanlage, Sitzkreisel
EP 5 462,83 DM/St   LA 212,46 DM/St   ST 5 250,37 DM/St
EP 2 793,10 €/St   LA 108,63 €/St   ST 2 684,47 €/St

003.40713.M KG 552 DIN 276
Spielplatzanlage, Reifenschwinge/Traktorschwingreifen
EP 5 834,02 DM/St   LA 564,34 DM/St   ST 5 269,68 DM/St
EP 2 982,89 €/St   LA 288,54 €/St   ST 2 694,35 €/St

LB 003 Landschaftsbauarbeiten
Fundamente für Einbauteile; Abfallbehälter

AW 003

Ausgabe 06.02

Sämtliche Preise sind **Mittelpreise ohne Mehrwertsteuer** zum Zeitpunkt des Ausgabedatums.
Korrekturfaktoren für Regionaleinfluss, Mengeneinfluss, Konjunktureinfluss siehe Vorspann.
Abkürzungen: EP = Einheitspreis, LA = Lohnanteil, ST = Stoffanteil

Fundamente für Einbauteile

003.----.-

003.41001.M	Einzelfundament für Einbauteile, Beton B 10	189,79 DM/m3
		97,04 €/m3
003.41002.M	Einzelfundament für Einbauteile, Beton B 15	192,39 DM/m3
		98,37 €/m3
003.41003.M	Einzelfundament für Einbauteile, Stahlbeton B 25	201,31 DM/m3
		102,93 €/m3
003.41004.M	Einzelfundament für Einbauteile, Bodenhülse, 7x7 cm	48,82 DM/St
		24,96 €/St
003.41005.M	Einzelfundament für Einbauteile, Bodenhülse, 9x9 cm	59,83 DM/St
		30,59 €/St
003.41006.M	Einzelfund. f.Einbaut., Bodenhülse, 9x9 cm, verstellbar	69,83 DM/St
		35,70 €/St
003.41007.M	Einzelfundament für Einbauteile, Betonanker H-Form	97,12 DM/St
		49,66 €/St
003.41008.M	Einzelfundament für Einbauteile, Betonanker U-Form	65,99 DM/St
		33,74 €/St
003.41009.M	Einzelfundament für Federwippen, Bodenanker	212,71 DM/St
		108,76 €/St

003.41001.M KG 559 DIN 276
Einzelfundament für Einbauteile, Beton B 10
EP 189,79 DM/m3   LA 34,88 DM/m3   ST 154,91 DM/m3
EP 97,04 €/m3   LA 17,84 €/m3   ST 79,20 €/m3

003.41002.M KG 559 DIN 276
Einzelfundament für Einbauteile, Beton B 15
EP 192,39 DM/m3   LA 34,88 DM/m3   ST 157,51 DM/m3
EP 98,37 €/m3   LA 17,84 €/m3   ST 80,53 €/m3

003.41003.M KG 559 DIN 276
Einzelfundament für Einbauteile, Stahlbeton B 25
EP 201,31 DM/m3   LA 34,88 DM/m3   ST 166,43 DM/m3
EP 102,93 €/m3   LA 17,84 €/m3   ST 85,09 €/m3

003.41004.M KG 559 DIN 276
Einzelfundament für Einbauteile, Bodenhülse, 7x7 cm
EP 48,82 DM/St   LA 29,91 DM/St   ST 18,91 DM/St
EP 24,96 €/St   LA 15,29 €/St   ST 9,67 €/St

003.41005.M KG 559 DIN 276
Einzelfundament für Einbauteile, Bodenhülse, 9x9 cm
EP 59,83 DM/St   LA 34,88 DM/St   ST 24,95 DM/St
EP 30,59 €/St   LA 17,84 €/St   ST 12,75 €/St

003.41006.M KG 559 DIN 276
Einzelfund. f.Einbaut., Bodenhülse, 9x9 cm, verstellbar
EP 69,83 DM/St   LA 35,38 DM/St   ST 34,45 DM/St
EP 35,70 €/St   LA 18,09 €/St   ST 17,61 €/St

003.41007.M KG 559 DIN 276
Einzelfundament für Einbauteile, Betonanker H-Form
EP 97,12 DM/St   LA 74,77 DM/St   ST 22,35 DM/St
EP 49,66 €/St   LA 38,23 €/St   ST 11,43 €/St

003.41008.M KG 559 DIN 276
Einzelfundament für Einbauteile, Betonanker U-Form
EP 65,99 DM/St   LA 56,07 DM/St   ST 9,92 DM/St
EP 33,74 €/St   LA 28,67 €/St   ST 5,07 €/St

003.41009.M KG 559 DIN 276
Einzelfundament für Federwippen, Bodenanker
EP 212,71 DM/St   LA 84,11 DM/St   ST 128,60 DM/St
EP 108,76 €/St   LA 43,00 €/St   ST 65,76 €/St

Abfallbehälter

003.----.-

003.41201.M	Abfallbehälter, Stahl, 37 l, 30,0/30,0/42,0 cm, freist.	246,19 DM/St
		125,87 €/St
003.41202.M	Abfallbehälter, Stahl, 50 l, 30,0/30,0/55,0 cm, freist.	259,92 DM/St
		132,89 €/St
003.41203.M	Abfallbehälter, Stahl, 43 l, 33,5/27,5/46,5 cm, Wand	285,53 DM/St
		145,99 €/St
003.41204.M	Abfallbehälter, Holz, 50 l, freistehend, naturfarben	355,61 DM/St
		181,82 €/St
003.41205.M	Abfallbehälter, Holz, 50 l, freistehend, braun	387,63 DM/St
		198,19 €/St
003.41206.M	Abfallbehälter, Kunststoff, 85 l, freistehend	557,72 DM/St
		285,16 €/St

003.41201.M KG 551 DIN 276
Abfallbehälter, Stahl, 37 l, 30,0/30,0/42,0 cm, freist.
EP 246,19 DM/St   LA 31,15 DM/St   ST 215,04 DM/St
EP 125,87 €/St   LA 15,93 €/St   ST 109,94 €/St

003.41202.M KG 551 DIN 276
Abfallbehälter, Stahl, 50 l, 30,0/30,0/55,0 cm, freist.
EP 259,92 DM/St   LA 31,15 DM/St   ST 228,77 DM/St
EP 132,89 €/St   LA 15,93 €/St   ST 116,96 €/St

003.41203.M KG 551 DIN 276
Abfallbehälter, Stahl, 43 l, 33,5/27,5/46,5 cm, Wand
EP 285,53 DM/St   LA 15,58 DM/St   ST 269,95 DM/St
EP 145,99 €/St   LA 7,96 €/St   ST 138,03 €/St

003.41204.M KG 551 DIN 276
Abfallbehälter, Holz, 50 l, freistehend, naturfarben
EP 355,61 DM/St   LA 12,46 DM/St   ST 343,15 DM/St
EP 181,82 €/St   LA 6,37 €/St   ST 175,45 €/St

003.41205.M KG 551 DIN 276
Abfallbehälter, Holz, 50 l, freistehend, braun
EP 387,63 DM/St   LA 12,46 DM/St   ST 375,17 DM/St
EP 198,19 €/St   LA 6,37 €/St   ST 191,82 €/St

003.41206.M KG 551 DIN 276
Abfallbehälter, Kunststoff, 85 l, freistehend
EP 557,72 DM/St   LA 36,14 DM/St   ST 521,58 DM/St
EP 285,16 €/St   LA 18,48 €/St   ST 266,68 €/St

AW 003

LB 003 Landschaftsbauarbeiten
Müllschränke; Streustoffbehälter

Ausgabe 06.02

Sämtliche Preise sind **Mittelpreise ohne Mehrwertsteuer** zum Zeitpunkt des Ausgabedatums.
Korrekturfaktoren für Regionaleinfluss, Mengeneinfluss, Konjunktureinfluss siehe Vorspann.
Abkürzungen: EP = Einheitspreis, LA = Lohnanteil, ST = Stoffanteil

Müllschränke

003.—.-

003.41501.M	Müllschrank, Beton, 1 x 120 l Fassungsvermögen	220,68 DM/St 112,83 €/St
003.41502.M	Müllschrank, Beton, 2 x 120 l Fassungsvermögen	325,95 DM/St 166,66 €/St
003.41503.M	Müllschrank, Beton, 1 x 240 l Fassungsvermögen	296,11 DM/St 151,40 €/St
003.41504.M	Müllschrank, Beton, 2 x 240 l Fassungsvermögen	462,96 DM/St 236,71 €/St
003.41901.M	Müllplatz-Abschirmung, Holz	287,40 DM/St 146,94 €/St

003.41501.M KG 551 DIN 276
Müllschrank, Beton, 1 x 120 l Fassungsvermögen
EP 220,68 DM/St   LA 42,99 DM/St   ST 177,69 DM/St
EP 112,83 €/St   LA 21,98 €/St   ST 90,85 €/St

003.41502.M KG 551 DIN 276
Müllschrank, Beton, 2 x 120 l Fassungsvermögen
EP 325,95 DM/St   LA 46,10 DM/St   ST 279,85 DM/St
EP 166,66 €/St   LA 23,57 €/St   ST 143,09 €/St

003.41503.M KG 551 DIN 276
Müllschrank, Beton, 1 x 240 l Fassungsvermögen
EP 296,11 DM/St   LA 47,35 DM/St   ST 248,76 DM/St
EP 151,40 €/St   LA 24,21 €/St   ST 127,19 €/St

003.41504.M KG 551 DIN 276
Müllschrank, Beton, 2 x 240 l Fassungsvermögen
EP 462,96 DM/St   LA 49,84 DM/St   ST 413,12 DM/St
EP 236,71 €/St   LA 25,48 €/St   ST 211,23 €/St

003.41901.M KG 532 DIN 276
Müllplatz-Abschirmung, Holz
EP 287,40 DM/St   LA 62,30 DM/St   ST 225,10 DM/St
EP 146,94 €/St   LA 31,85 €/St   ST 115,09 €/St

Streustoffbehälter

003.—.-

003.42201.M	Streustoffbehälter, Beton, 0,5 m3	857,33 DM/St 438,35 €/St
003.42202.M	Streustoffbehälter, Beton, 1,0 m3	1 222,29 DM/St 624,95 €/St
003.42203.M	Streustoffbehälter, Beton, 2,0 m3	2 321,53 DM/St 1 186,98 €/St
003.42204.M	Streustoffbehälter, Kunststoff, 0,20 m3	500,55 DM/St 255,93 €/St
003.42205.M	Streustoffbehälter, Kunststoff, 0,40 m3	636,36 DM/St 325,36 €/St
003.42206.M	Streustoffbehälter, Kunststoff, 0,55 m3	720,59 DM/St 368,43 €/St
003.42207.M	Streustoffbehälter, Kunststoff, 0,70 m3	809,38 DM/St 413,83 €/St
003.42208.M	Streustoffbehälter, Kunststoff, 1,10 m3	1 069,77 DM/St 546,96 €/St

003.42201.M KG 559 DIN 276
Streustoffbehälter, Beton, 0,5 m3
EP 857,33 DM/St   LA 84,11 DM/St   ST 773,22 DM/St
EP 438,35 €/St   LA 43,00 €/St   ST 395,35 €/St

003.42202.M KG 559 DIN 276
Streustoffbehälter, Beton, 1,0 m3
EP 1 222,29 DM/St   LA 105,92 DM/St   ST 1 116,37 DM/St
EP   624,95 €/St   LA 54,15 €/St   ST   570,80 €/St

003.42203.M KG 559 DIN 276
Streustoffbehälter, Beton, 2,0 m3
EP 2 321,53 DM/St   LA 161,99 DM/St   ST 2 159,54 DM/St
EP 1 186,98 €/St   LA 82,82 €/St   ST 1 104,16 €/St

003.42204.M KG 559 DIN 276
Streustoffbehälter, Kunststoff, 0,20 m3
EP 500,55 DM/St   LA 15,58 DM/St   ST 484,97 DM/St
EP 255,93 €/St   LA 7,96 €/St   ST 247,97 €/St

003.42205.M KG 559 DIN 276
Streustoffbehälter, Kunststoff, 0,40 m3
EP 636,36 DM/St   LA 18,69 DM/St   ST 617,67 DM/St
EP 325,36 €/St   LA 9,55 €/St   ST 315,81 €/St

003.42206.M KG 559 DIN 276
Streustoffbehälter, Kunststoff, 0,55 m3
EP 720,59 DM/St   LA 20,56 DM/St   ST 700,03 DM/St
EP 368,43 €/St   LA 10,51 €/St   ST 357,92 €/St

003.42207.M KG 559 DIN 276
Streustoffbehälter, Kunststoff, 0,70 m3
EP 809,38 DM/St   LA 22,43 DM/St   ST 786,95 DM/St
EP 413,83 €/St   LA 11,47 €/St   ST 402,36 €/St

003.42208.M KG 559 DIN 276
Streustoffbehälter, Kunststoff, 1,10 m3
EP 1 069,77 DM/St   LA 17,44 DM/St   ST 1 052,33 DM/St
EP   546,96 €/St   LA 8,92 €/St   ST   538,04 €/St

LB 003 Landschaftsbauarbeiten
Fahnenmaste

AW 003

Ausgabe 06.02

Sämtliche Preise sind **Mittelpreise ohne Mehrwertsteuer** zum Zeitpunkt des Ausgabedatums.
Korrekturfaktoren für Regionaleinfluss, Mengeneinfluss, Konjunktureinfluss siehe Vorspann.
Abkürzungen: EP = Einheitspreis, LA = Lohnanteil, ST = Stoffanteil

Fahnenmaste

003.----.-

Pos.	Beschreibung	Preis
003.42501.M	Fahnenmast o. Halter, Aluminium, 6,5 m	470,38 DM/St
		240,50 €/St
003.42502.M	Fahnenmast o. Halter, Aluminium, 8,0 m	685,43 DM/St
		350,45 €/St
003.42503.M	Fahnenmast o. Halter, Aluminium,10,0 m	1 043,95 DM/St
		533,76 €/St
003.42601.M	Fahnenmast m. Halter, Kunstst., 6,0 m, Hissvorr.,außen	850,71 DM/St
		434,96 €/St
003.42602.M	Fahnenmast m. Halter, Kunstst., 6,0 m, Hissvorr.,innen	1 289,95 DM/St
		659,54 €/St
003.42603.M	Fahnenmast m. Halter, Kunstst., 8,0 m, Hissvorr.,außen	968,20 DM/St
		495,04 €/St
003.42604.M	Fahnenmast m. Halter, Kunstst., 8,0 m, Hissvorr.,innen	1 407,44 DM/St
		719,61 €/St
003.42605.M	Fahnenmast m. Halter, Kunstst., 10,0 m,Hissvorr.,außen	1 309,89 DM/St
		669,74 €/St
003.42606.M	Fahnenmast m. Halter, Kunstst., 10,0 m,Hissvorr.,innen	1 749,13 DM/St
		894,31 €/St
003.42607.M	Fahnenmast m. Halter, Kunstst., 12,0 m,Hissvorr.,außen	1 480,84 DM/St
		757,14 €/St
003.42608.M	Fahnenmast m. Halter, Kunstst., 12,0 m,Hissvorr.,innen	1 920,08 DM/St
		981,72 €/St
003.42609.M	Fahnenmast m. Halter, Hartalu., 2,0 m, für Dachmont.	360,89 DM/St
		184,52 €/St
003.42610.M	Fahnenmast m. Halter, Hartalu., 3,0 m, für Dachmont.	484,72 DM/St
		247,84 €/St
003.42611.M	Fahnenmast m. Halter, Hartalu., 4,0 m, für Dachmont.	611,96 DM/St
		312,89 €/St
003.42612.M	Fahnenmast m. Halter, Hartalu., 6,0 m, für Dachmont.	1 157,26 DM/St
		591,70 €/St
003.42613.M	Fahnenmast m. Halter, Hartalu., 7,0 m, für Dachmont.	1 450,08 DM/St
		741,42 €/St
003.42614.M	Fahnenmast m. Halter, Hartalu., 8,0 m, für Dachmont.	1 572,15 DM/St
		803,83 €/St
003.42615.M	Fahnenmast m. Halter, Hartalu., 9,0 m, für Dachmont.	1 764,31 DM/St
		902,08 €/St
003.42616.M	Fahnenmast m. Halter, Hartalu., 10,0 m, für Dachmont.	2 673,33 DM/St
		1 366,85 €/St

003.42501.M KG 551 DIN 276
Fahnenmast o. Halter, Aluminium, 6,5 m
EP 470,38 DM/St   LA 31,15 DM/St   ST 439,23 DM/St
EP 240,50 €/St   LA 15,93 €/St   ST 224,57 €/St

003.42502.M KG 551 DIN 276
Fahnenmast o. Halter, Aluminium, 8,0 m
EP 685,43 DM/St   LA 31,15 DM/St   ST 654,28 DM/St
EP 350,45 €/St   LA 15,93 €/St   ST 334,52 €/St

003.42503.M KG 551 DIN 276
Fahnenmast o. Halter, Aluminium,10,0 m
EP 1 043,95 DM/St   LA 37,38 DM/St   ST 1 006,57 DM/St
EP   533,76 €/St   LA 19,11 €/St   ST   514,65 €/St

003.42601.M KG 551 DIN 276
Fahnenmast m. Halter, Kunstst., 6,0 m, Hissvorr., außen
EP 850,71 DM/St   LA 59,19 DM/St   ST 791,52 DM/St
EP 434,96 €/St   LA 30,26 €/St   ST 404,70 €/St

003.42602.M KG 551 DIN 276
Fahnenmast m. Halter, Kunstst., 6,0 m, Hissvorr., innen
EP 1 289,95 DM/St   LA 59,19 DM/St   ST 1 230,76 DM/St
EP   659,54 €/St   LA 30,26 €/St   ST   629,28 €/St

003.42603.M KG 551 DIN 276
Fahnenmast m. Halter, Kunstst., 8,0 m, Hissvorr., außen
EP 968,20 DM/St   LA 62,30 DM/St   ST 905,90 DM/St
EP 495,04 €/St   LA 31,85 €/St   ST 463,19 €/St

003.42604.M KG 551 DIN 276
Fahnenmast m. Halter, Kunstst., 8,0 m, Hissvorr., innen
EP 1 407,44 DM/St   LA 62,30 DM/St   ST 1 345,14 DM/St
EP   719,61 €/St   LA 31,85 €/St   ST   687,76 €/St

003.42605.M KG 551 DIN 276
Fahnenmast m. Halter, Kunstst., 10,0 m, Hissvorr., außen
EP 1 309,89 DM/St   LA 65,41 DM/St   ST 1 244,48 DM/St
EP   669,74 €/St   LA 33,44 €/St   ST   636,30 €/St

003.42606.M KG 551 DIN 276
Fahnenmast m. Halter, Kunstst., 10,0 m, Hissvorr., innen
EP 1 749,13 DM/St   LA 65,41 DM/St   ST 1 683,72 DM/St
EP   894,31 €/St   LA 33,44 €/St   ST   860,87 €/St

003.42607.M KG 551 DIN 276
Fahnenmast m. Halter, Kunstst., 12,0 m, Hissvorr., außen
EP 1 480,84 DM/St   LA 71,64 DM/St   ST 1 409,20 DM/St
EP   757,14 €/St   LA 36,63 €/St   ST   720,51 €/St

003.42608.M KG 551 DIN 276
Fahnenmast m. Halter, Kunstst., 12,0 m, Hissvorr., innen
EP 1 920,08 DM/St   LA 71,64 DM/St   ST 1 848,44 DM/St
EP   981,72 €/St   LA 36,63 €/St   ST   945,09 €/St

003.42609.M KG 551 DIN 276
Fahnenmast m. Halter, Hartalu., 2,0 m, für Dachmontage
EP 360,89 DM/St   LA 52,96 DM/St   ST 307,93 DM/St
EP 184,52 €/St   LA 27,08 €/St   ST 157,44 €/St

003.42610.M KG 551 DIN 276
Fahnenmast m. Halter, Hartalu., 3,0 m, für Dachmontage
EP 484,72 DM/St   LA 52,96 DM/St   ST 431,76 DM/St
EP 247,84 €/St   LA 27,08 €/St   ST 220,76 €/St

003.42611.M KG 551 DIN 276
Fahnenmast m. Halter, Hartalu., 4,0 m, für Dachmontage
EP 611,96 DM/St   LA 56,07 DM/St   ST 555,89 DM/St
EP 312,89 €/St   LA 28,67 €/St   ST 284,22 €/St

003.42612.M KG 551 DIN 276
Fahnenmast m. Halter, Hartalu., 6,0 m, für Dachmontage
EP 1 157,26 DM/St   LA 59,19 DM/St   ST 1 098,07 DM/St
EP   591,70 €/St   LA 30,26 €/St   ST   561,44 €/St

003.42613.M KG 551 DIN 276
Fahnenmast m. Halter, Hartalu., 7,0 m, für Dachmontage
EP 1 450,08 DM/St   LA 59,19 DM/St   ST 1 390,89 DM/St
EP   741,42 €/St   LA 30,26 €/St   ST   711,16 €/St

003.42614.M KG 551 DIN 276
Fahnenmast m. Halter, Hartalu., 8,0 m, für Dachmontage
EP 1 572,15 DM/St   LA 62,30 DM/St   ST 1 509,85 DM/St
EP   803,83 €/St   LA 31,85 €/St   ST   771,98 €/St

003.42615.M KG 551 DIN 276
Fahnenmast m. Halter, Hartalu., 9,0 m, für Dachmontage
EP 1 764,31 DM/St   LA 62,30 DM/St   ST 1 702,01 DM/St
EP   902,08 €/St   LA 31,85 €/St   ST   870,23 €/St

003.42616.M KG 551 DIN 276
Fahnenmast m. Halter, Hartalu., 10,0 m, für Dachmontage
EP 2 673,33 DM/St   LA 65,41 DM/St   ST 2 607,92 DM/St
EP 1 366,85 €/St   LA 33,44 €/St   ST 1 333,41 €/St

AW 003

LB 003 Landschaftsbauarbeiten
Wäschestangen; Fahrradständer

Ausgabe 06.02

Sämtliche Preise sind **Mittelpreise ohne Mehrwertsteuer** zum Zeitpunkt des Ausgabedatums.
Korrekturfaktoren für Regionaleinfluss, Mengeneinfluss, Konjunktureinfluss siehe Vorspann.
Abkürzungen: EP = Einheitspreis, LA = Lohnanteil, ST = Stoffanteil

Wäschestangen

003.----.-

003.43001.M	Wäschestange, Stahlrohr, feuerverz., Kreuzkopf	71,51 DM/St
		36,56 €/St
003.43002.M	Wäschestange, Stahlrohr, feuerverz., Patentleinenspan.	74,58 DM/St
		38,13 €/St
003.43003.M	Wäschestange, Stahlrohr, Kunststoff, Kreuzkopf	69,68 DM/St
		35,62 €/St
003.43004.M	Wäschestange, Stahlrohr, Kunststoff, Patentleinenspan.	71,96 DM/St
		36,79 €/St
003.43301.M	Wäscheschirm, Aluminium, d = 3,10 m	230,56 DM/St
		117,88 €/St
003.43302.M	Wäscheschirm, Aluminium, d = 3,15 m	299,48 DM/St
		153,12 €/St
003.43303.M	Wäscheschirm, Aluminium, d = 3,95 m	368,85 DM/St
		188,59 €/St

003.43001.M KG 559 DIN 276
Wäschestange, Stahlrohr, feuerverz., Kreuzkopf
EP 71,51 DM/St   LA 28,04 DM/St   ST 43,47 DM/St
EP 36,56 €/St   LA 14,34 €/St   ST 22,22 €/St

003.43002.M KG 559 DIN 276
Wäschestange, Stahlrohr, feuerverz., Patentleinenspan.
EP 74,58 DM/St   LA 28,04 DM/St   ST 46,54 DM/St
EP 38,13 €/St   LA 14,34 €/St   ST 23,79 €/St

003.43003.M KG 559 DIN 276
Wäschestange, Stahlrohr, Kunststoff, Kreuzkopf
EP 69,68 DM/St   LA 28,04 DM/St   ST 41,64 DM/St
EP 35,62 €/St   LA 14,34 €/St   ST 21,28 €/St

003.43004.M KG 559 DIN 276
Wäschestange, Stahlrohr, Kunststoff, Patentleinenspan.
EP 71,96 DM/St   LA 28,04 DM/St   ST 43,92 DM/St
EP 36,79 €/St   LA 14,34 €/St   ST 22,45 €/St

003.43301.M KG 559 DIN 276
Wäscheschirm, Aluminium, d = 3,10 m
EP 230,56 DM/St LA 49,84 DM/St   ST 180,72 DM/St
EP 117,88 €/St   LA 25,48 €/St   ST 92,40 €/St

003.43302.M KG 559 DIN 276
Wäscheschirm, Aluminium, d = 3,15 m
EP 299,48 DM/St LA 56,07 DM/St   ST 243,41 DM/St
EP 153,12 €/St   LA 28,67 €/St   ST 124,45 €/St

003.43303.M KG 559 DIN 276
Wäscheschirm, Aluminium, d = 3,95 m
EP 368,85 DM/St LA 62,30 DM/St   ST 306,55 DM/St
EP 188,59 €/St   LA 31,85 €/St   ST 156,74 €/St

Fahrradständer

003.----.-

003.43501.M	Fahrradständer, Stahl, 1 Stellplatz, Wandhalterung	82,33 DM/St
		42,10 €/St
003.43502.M	Fahrradständer, Stahl, 3 Stellplätze, Wandhalterung	165,68 DM/St
		84,71 €/St
003.43503.M	Fahrradständer, Stahl, 5 Stellplätze, Wandhalterung	233,42 DM/St
		119,34 €/St
003.43504.M	Fahrradständer, Stahl, 5 Stellplätze, einseitig	165,74 DM/St
		84,74 €/St
003.43505.M	Fahrradständer, Stahl, 6 Stellplätze, einseitig	193,64 DM/St
		99,01 €/St
003.43506.M	Fahrradständer, Stahl, 10 Stellplätze, einseitig	296,15 DM/St
		151,42 €/St
003.43507.M	Fahrradständer, Stahl, 10 Stellplätze, doppelseitig	256,18 DM/St
		130,98 €/St
003.43508.M	Fahrradständer, Stahl, 12 Stellplätze, doppelseitig	301,95 DM/St
		154,38 €/St
003.43509.M	Fahrradständer, Stahl, 20 Stellplätze, doppelseitig	485,88 DM/St
		248,42 €/St
003.43510.M	Fahrradständer, Stahl, 8 Stellplätze, Ringständer	564,71 DM/St
		288,73 €/St
003.43511.M	Fahrradständer, Stahl, 10 Stellplätze, Ringständer	622,36 DM/St
		318,21 €/St
003.43512.M	Fahrradständer, Stahl, 15 Stellplätze, Ringständer	1 205,63 DM/St
		616,43 €/St

003.43501.M KG 551 DIN 276
Fahrradständer, Stahl, 1 Stellplatz, Wandhalterung
EP 82,33 DM/St   LA 21,81 DM/St   ST 60,52 DM/St
EP 42,10 €/St   LA 11,15 €/St   ST 30,95 €/St

003.43502.M KG 551 DIN 276
Fahrradständer, Stahl, 3 Stellplätze, Wandhalterung
EP 165,68 DM/St LA 46,73 DM/St   ST 118,95 DM/St
EP 84,71 €/St   LA 23,89 €/St   ST 60,82 €/St

003.43503.M KG 551 DIN 276
Fahrradständer, Stahl, 5 Stellplätze, Wandhalterung
EP 233,42 DM/St LA 62,30 DM/St   ST 171,12 DM/St
EP 119,34 €/St   LA 31,85 €/St   ST 87,49 €/St

003.43504.M KG 551 DIN 276
Fahrradständer, Stahl, 5 Stellplätze, einseitig
EP 165,74 DM/St LA 12,46 DM/St   ST 153,28 DM/St
EP 84,74 €/St   LA 6,37 €/St   ST 78,37 €/St

003.43505.M KG 551 DIN 276
Fahrradständer, Stahl, 6 Stellplätze, einseitig
EP 193,64 DM/St LA 12,46 DM/St   ST 181,18 DM/St
EP 99,01 €/St   LA 6,37 €/St   ST 92,64 €/St

003.43506.M KG 551 DIN 276
Fahrradständer, Stahl, 10 Stellplätze, einseitig
EP 296,15 DM/St LA 12,46 DM/St   ST 283,69 DM/St
EP 151,42 €/St   LA 6,37 €/St   ST 145,05 €/St

003.43507.M KG 551 DIN 276
Fahrradständer, Stahl, 10 Stellplätze, doppelseitig
EP 256,18 DM/St LA 13,71 DM/St   ST 242,47 DM/St
EP 130,98 €/St   LA 7,01 €/St   ST 123,97 €/St

003.43508.M KG 551 DIN 276
Fahrradständer, Stahl, 12 Stellplätze, doppelseitig
EP 301,95 DM/St LA 13,71 DM/St   ST 288,24 DM/St
EP 154,38 €/St   LA 7,01 €/St   ST 147,37 €/St

003.43509.M KG 551 DIN 276
Fahrradständer, Stahl, 20 Stellplätze, doppelseitig
EP 485,88 DM/St LA 13,71 DM/St   ST 472,17 DM/St
EP 248,42 €/St   LA 7,01 €/St   ST 241,41 €/St

003.43510.M KG 551 DIN 276
Fahrradständer, Stahl, 8 Stellplätze, Ringständer
EP 564,71 DM/St LA 93,45 DM/St   ST 471,26 DM/St
EP 288,73 €/St   LA 47,78 €/St   ST 240,95 €/St

003.43511.M KG 551 DIN 276
Fahrradständer, Stahl, 10 Stellplätze, Ringständer
EP 622,36 DM/St LA 93,45 DM/St   ST 528,91 DM/St
EP 318,21 €/St   LA 47,78 €/St   ST 270,43 €/St

003.43512.M KG 551 DIN 276
Fahrradständer, Stahl, 15 Stellplätze, Ringständer
EP 1 205,63 DM/St LA 112,14 DM/St ST 1 093,49 DM/St
EP   616,43 €/St   LA 57,34 €/St   ST   559,09 €/St

LB 003 Landschaftsbauarbeiten
Pflanzgefäße

AW 003

Ausgabe 06.02

Sämtliche Preise sind **Mittelpreise ohne Mehrwertsteuer** zum Zeitpunkt des Ausgabedatums.
Korrekturfaktoren für Regionaleinfluss, Mengeneinfluss, Konjunktureinfluss siehe Vorspann.
Abkürzungen: EP = Einheitspreis, LA = Lohnanteil, ST = Stoffanteil

Pflanzgefäße

Abkürzungen: d = Durchmesser
h = Höhe

003.----.-

Pos.	Bezeichnung	Preis
003.44001.M	Pflanzkübel, Beton mit Sandsteincharakter, 100/40/18 cm	160,52 DM/St / 82,07 €/St
003.44002.M	Pflanzkübel, Beton mit Sandsteincharakter, 100/70/60 cm	465,83 DM/St / 238,18 €/St
003.44003.M	Pflanzkübel, Beton mit Sandsteincharakter, 138/40/34 cm	360,39 DM/St / 184,26 €/St
003.44004.M	Pflanzkübel, Beton, d = 50 cm, h = 25 cm	149,73 DM/St / 76,55 €/St
003.44005.M	Pflanzkübel, Faserzement (asbestfrei), 60/60/40 cm	329,64 DM/St / 168,54 €/St
003.44006.M	Pflanzkübel, Faserzement (asbestfrei), 80/40/40 cm	326,91 DM/St / 167,15 €/St
003.44007.M	Pflanzkübel, Faserzement (asbestfrei), 80/60/40 cm	373,01 DM/St / 190,72 €/St
003.44008.M	Pflanzkübel, Faserzement (asbestfrei), 80/80/40 cm	384,63 DM/St / 196,66 €/St
003.44009.M	Pflanzkübel, Faserzement (asbestfrei), 80/80/80 cm	399,19 DM/St / 204,10 €/St
003.44010.M	Pflanzkübel, Faserzement (asbestfrei), 113/80/80 cm	407,22 DM/St / 208,21 €/St
003.44011.M	Pflanzkübel, Faserzement (asbestfrei), 120/40/40 cm	358,37 DM/St / 183,23 €/St
003.44012.M	Pflanzkübel, Faserzement (asbestfrei), 120/60/40 cm	398,02 DM/St / 203,51 €/St
003.44013.M	Pflanzkübel, Faserzement (asbestfrei), 120/60/60 cm	420,01 DM/St / 214,75 €/St
003.44014.M	Pflanzkübel, Faserzement (asbestfrei), 120/80/40 cm	427,35 DM/St / 218,50 €/St
003.44015.M	Pflanzkübel, afr. Eiche, 93/ 43/45 cm	539,93 DM/St / 276,06 €/St
003.44016.M	Pflanzkübel, afr. Eiche, 93/ 93/45 cm	856,35 DM/St / 437,85 €/St
003.44017.M	Pflanzkübel, afr. Eiche, 93/ 93/65 cm	1 074,87 DM/St / 549,57 €/St
003.44018.M	Pflanzkübel, afr. Eiche, 157/177/45 cm	1 093,01 DM/St / 558,85 €/St
003.44019.M	Rank-Blumenküb., Eiche, 100x50x50, Gitter 2,30m h.	1 172,35 DM/St / 599,41 €/St
003.44020.M	Rank-Blumenküb., Fichte, 150x50x45, Gitter 2,20 m h.	1 028,19 DM/St / 525,71 €/St
003.44021.M	Pflanzkübel, Tropenholz, 50/100/76 cm	1 499,84 DM/St / 766,86 €/St
003.44022.M	Pflanzkübel, Tropenholz, 50/150/76 cm	1 922,01 DM/St / 982,71 €/St
003.44023.M	Pflanzkübel, Tropenholz, 100/100/76 cm	2 031,82 DM/St / 1 038,85 €/St
003.44024.M	Pflanzkübel, Tropenholz, 150/150/76 cm	2 561,10 DM/St / 1 309,47 €/St
003.44025.M	Blumenkübel, Fichte, 150x50x42 cm	170,84 DM/St / 87,35 €/St
003.44026.M	Blumenkübel, Fichte, 100x50x42 cm	107,64 DM/St / 55,04 €/St
003.44027.M	Blumenkübel, Fichte, 150x50x45 cm	798,45 DM/St / 408,24 €/St
003.44028.M	Blumenkübel, Fichte, 190x50x45 cm	322,69 DM/St / 164,99 €/St
003.44029.M	Blumenkübel, Fichte farbig lasiert, 190x50x45 cm	591,60 DM/St / 302,48 €/St
003.44030.M	Blumenkübel, Fichte, 100x30x35 cm	86,68 DM/St / 44,32 €/St
003.44031.M	Pflanzkübel, Eiche, d = 80 cm, h = 75 cm	393,12 DM/St / 201,00 €/St
003.44032.M	Pflanzkübel, Eiche, d = 100 cm, h = 90 cm	816,26 DM/St / 417,34 €/St
003.44033.M	Pflanzkübel, Eiche, d = 150 cm, h = 110 cm	1 174,99 DM/St / 600,76 €/St
003.44034.M	Pflanzkübel, Naturstein, 100/100/50 cm	2 597,40 DM/St / 1 328,03 €/St
003.44035.M	Pflanzkübel, Sichtbeton, 100/100/50 cm (4-eckig)	568,64 DM/St / 290,74 €/St
003.44036.M	Pflanzkübel, Sichtbeton, 164/182/50 cm (6-eckig)	940,47 DM/St / 480,85 €/St
003.44037.M	Pflanzkübel, Waschbeton, 100/100/50 cm (4-eckig)	665,03 DM/St / 340,02 €/St
003.44038.M	Pflanzkübel, Waschbeton, 164/182/50 cm (6-eckig)	1 099,49 DM/St / 562,16 €/St
003.44039.M	Pflanzkübel, Waschbeton, d = 60 cm	99,39 DM/St / 50,82 €/St
003.44040.M	Pflanzkübel, Waschbeton, d = 100 cm	250,57 DM/St / 128,12 €/St
003.44041.M	Pflanzkübel, Waschbeton, d = 160 cm	497,83 DM/St / 254,54 €/St
003.44042.M	Pflanzkübel, Waschbeton/Schwarzwaldsplitt, d = 60 cm	107,08 DM/St / 54,75 €/St
003.44043.M	Pflanzkübel, Waschbeton/Schwarzwaldsplitt, d = 100 cm	248,73 DM/St / 127,17 €/St
003.44044.M	Pflanzkübel, Waschbeton/Schwarzwaldsplitt, d = 160 cm	543,58 DM/St / 277,93 €/St
003.44045.M	Blumenkübel, Porphyrsplitt, 120x140x40 cm	704,10 DM/St / 360,00 €/St

003.----.-

Pos.	Bezeichnung	Preis
003.44046.M	Blumenkübel, Granit, 120x140x40 cm	814,26 DM/St / 416,32 €/St
003.44047.M	Blumenkübel, Weißgranit, 120x120x60 cm	959,76 DM/St / 490,72 €/St
003.44048.M	Blumenkübel, Granit oder Porphyr, 100x100x40 cm	465,39 DM/St / 237,95 €/St
003.44049.M	Blumenkübel, Granit oder Porphyr, 120x120x60 cm	879,42 DM/St / 449,64 €/St
003.44050.M	Blumenkübel, Granit oder Porphyr, 150x40x45 cm	416,75 DM/St / 213,08 €/St
003.44051.M	Blumenkübel aus Einzelelem., Porphyr, 90x60x55 cm	477,93 DM/St / 244,36 €/St
003.44052.M	Blumenkübel aus Einzelelem., Porphyr, 100x100x80 cm	998,82 DM/St / 510,69 €/St
003.44053.M	Blumenkübel aus Einzelelem., Granit, 150x150x80 cm	1 419,57 DM/St / 725,82 €/St
003.44054.M	Pflanzkasten, Faserzement (asbestfrei), 32/32/38 cm	162,78 DM/St / 83,23 €/St
003.44055.M	Pflanzkasten, Faserzement (asbestfrei), 40/40/48 cm	209,67 DM/St / 107,20 €/St
003.44056.M	Pflanzkasten, Faserzement (asbestfrei), 48/48/50 cm	281,68 DM/St / 144,02 €/St
003.44057.M	Pflanzkasten, Porphyr, aus Einzelelem., 65x65x55 cm	438,80 DM/St / 224,36 €/St
003.44058.M	Pflanzkasten aus Einzelelementen, Granit, 50x50x55 cm	447,18 DM/St / 228,64 €/St
003.44059.M	Pflanzkasten aus Einzelelementen, Granit, 60x60x80 cm	624,91 DM/St / 319,51 €/St
003.44060.M	Pflanzkasten, Granit, rund d=50 cm, 45 cm hoch	258,38 DM/St / 132,11 €/St
003.44061.M	Pflanzkasten, Granit, rund, d=75 cm, h=45 cm	432,01 DM/St / 220,88 €/St
003.44062.M	Pflanzkasten, Granit, 80x80x35 cm	368,06 DM/St / 188,18 €/St
003.44063.M	Pflanzkasten, Eiche, 50x50x50 cm	846,37 DM/St / 432,74 €/St
003.44064.M	Pflanzkasten, Fichte, 6-eckig, d=60 cm, h=60 cm	164,61 DM/St / 84,16 €/St
003.44065.M	Pflanzkasten, Fichte, 65x65x32 cm	115,07 DM/St / 58,83 €/St
003.44066.M	Pflanzkasten, Fichte, 96x65x40 cm	139,88 DM/St / 71,52 €/St
003.44067.M	Pflanzkasten, Fichte, farbig lasiert, 50x50x45 cm	283,17 DM/St / 144,78 €/St
003.44068.M	Pflanzkasten, Fichte, farbig lasiert,100x50x45 cm	393,91 DM/St / 201,40 €/St
003.44069.M	Pflanzkasten, Fichte, 100x50x45 cm	203,68 DM/St / 104,14 €/St
003.44070.M	Pflanzkasten für Balkon, Fichte, 90x18x15 cm	51,17 DM/St / 26,16 €/St
003.44071.M	Rank-Pflanzkasten-Komposition, Fichte, 180x35x180cm	624,52 DM/St / 319,31 €/St

003.44001.M KG 551 DIN 276
Pflanzkübel, Beton mit Sandsteincharakter, 100/40/18 cm
EP 160,52 DM/St   LA 18,69 DM/St   ST 141,83 DM/St
EP 82,07 €/St   LA 9,55 €/St   ST 72,52 €/St

003.44002.M KG 551 DIN 276
Pflanzkübel, Beton mit Sandsteincharakter, 100/70/60 cm
EP 465,83 DM/St   LA 46,73 DM/St   ST 419,10 DM/St
EP 238,18 €/St   LA 23,89 €/St   ST 214,29 €/St

003.44003.M KG 551 DIN 276
Pflanzkübel, Beton mit Sandsteincharakter, 138/40/34 cm
EP 360,39 DM/St   LA 21,81 DM/St   ST 338,58 DM/St
EP 184,26 €/St   LA 11,15 €/St   ST 173,11 €/St

003.44004.M KG 551 DIN 276
Pflanzkübel, Beton, d = 50 cm, h = 25 cm
EP 149,73 DM/St   LA 12,46 DM/St   ST 137,27 DM/St
EP 76,55 €/St   LA 6,37 €/St   ST 70,18 €/St

003.44005.M KG 551 DIN 276
Pflanzkübel, Faserzement (asbestfrei), 60/60/40 cm
EP 329,64 DM/St   LA 11,21 DM/St   ST 318,43 DM/St
EP 168,54 €/St   LA 5,73 €/St   ST 162,81 €/St

003.44006.M KG 551 DIN 276
Pflanzkübel, Faserzement (asbestfrei), 80/40/40 cm
EP 326,91 DM/St   LA 11,21 DM/St   ST 315,70 DM/St
EP 167,15 €/St   LA 5,73 €/St   ST 161,42 €/St

003.44007.M KG 551 DIN 276
Pflanzkübel, Faserzement (asbestfrei), 80/60/40 cm
EP 373,01 DM/St   LA 12,46 DM/St   ST 360,55 DM/St
EP 190,72 €/St   LA 6,37 €/St   ST 184,35 €/St

LB 003 Landschaftsbauarbeiten
Pflanzgefäße

Ausgabe 06.02

Sämtliche Preise sind **Mittelpreise ohne Mehrwertsteuer** zum Zeitpunkt des Ausgabedatums.
Korrekturfaktoren für Regionaleinfluss, Mengeneinfluss, Konjunktureinfluss siehe Vorspann.
Abkürzungen: EP = Einheitspreis, LA = Lohnanteil, ST = Stoffanteil

003.44008.M KG 551 DIN 276
Pflanzkübel, Faserzement (asbestfrei), 80/80/40 cm
EP 384,63 DM/St   LA 13,71 DM/St   ST 370,92 DM/St
EP 196,66 €/St   LA 7,01 €/St   ST 189,65 €/St

003.44009.M KG 551 DIN 276
Pflanzkübel, Faserzement (asbestfrei), 80/80/80 cm
EP 399,19 DM/St   LA 14,64 DM/St   ST 384,55 DM/St
EP 204,10 €/St   LA 7,48 €/St   ST 196,62 €/St

003.44010.M KG 551 DIN 276
Pflanzkübel, Faserzement (asbestfrei), 113/80/80 cm
EP 407,22 DM/St   LA 15,58 DM/St   ST 391,64 DM/St
EP 208,21 €/St   LA 7,96 €/St   ST 200,25 €/St

003.44011.M KG 551 DIN 276
Pflanzkübel, Faserzement (asbestfrei), 120/40/40 cm
EP 358,37 DM/St   LA 12,46 DM/St   ST 345,91 DM/St
EP 183,23 €/St   LA 6,37 €/St   ST 176,86 €/St

003.44012.M KG 551 DIN 276
Pflanzkübel, Faserzement (asbestfrei), 120/60/40 cm
EP 398,02 DM/St   LA 13,71 DM/St   ST 384,31 DM/St
EP 203,51 €/St   LA 7,01 €/St   ST 196,50 €/St

003.44013.M KG 551 DIN 276
Pflanzkübel, Faserzement (asbestfrei), 120/60/60 cm
EP 420,01 DM/St   LA 13,71 DM/St   ST 406,30 DM/St
EP 214,75 €/St   LA 7,01 €/St   ST 207,74 €/St

003.44014.M KG 551 DIN 276
Pflanzkübel, Faserzement (asbestfrei), 120/80/40 cm
EP 427,35 DM/St   LA 15,58 DM/St   ST 411,77 DM/St
EP 218,50 €/St   LA 7,96 €/St   ST 210,54 €/St

003.44015.M KG 551 DIN 276
Pflanzkübel, afr. Eiche, 93/ 43/45 cm
EP 539,93 DM/St   LA 31,15 DM/St   ST 508,78 DM/St
EP 276,06 €/St   LA 15,93 €/St   ST 260,13 €/St

003.44016.M KG 551 DIN 276
Pflanzkübel, afr. Eiche, 93/ 93/45 cm
EP 856,35 DM/St   LA 37,38 DM/St   ST 818,97 DM/St
EP 437,85 €/St   LA 19,11 €/St   ST 418,74 €/St

003.44017.M KG 551 DIN 276
Pflanzkübel, afr. Eiche, 93/ 93/65 cm
EP 1 074,87 DM/St LA 42,68 DM/St   ST 1 032,19 DM/St
EP   549,57 €/St   LA 21,82 €/St   ST   527,75 €/St

003.44018.M KG 551 DIN 276
Pflanzkübel, afr. Eiche, 157/177/45 cm
EP 1 093,01 DM/St LA 49,84 DM/St   ST 1 043,17 DM/St
EP   558,85 €/St   LA 25,48 €/St   ST   533,37 €/St

003.44019.M KG 551 DIN 276
Rank-Blumenkübel, Eiche, 100x50x50, Gitter 2,30m hoch
EP 1 172,35 DM/St LA 118,37 DM/St   ST 1 053,98 DM/St
EP   599,41 €/St   LA 60,52 €/St   ST   538,89 €/St

003.44020.M KG 551 DIN 276
Rank-Blumenkübel, Fichte, 150x50x45 cm, Gitter 220 cm
EP 1 028,19 DM/St LA 112,14 DM/St   ST 916,05 DM/St
EP   525,71 €/St   LA 57,34 €/St   ST 468,37 €/St

003.44021.M KG 551 DIN 276
Pflanzkübel, Tropenholz, 50/100/76 cm
EP 1 499,84 DM/St LA 17,44 DM/St   ST 1 482,40 DM/St
EP   766,86 €/St   LA 8,92 €/St   ST   757,94 €/St

003.44022.M KG 551 DIN 276
Pflanzkübel, Tropenholz, 50/150/76 cm
EP 1 922,01 DM/St LA 18,69 DM/St   ST 1 903,32 DM/St
EP   982,71 €/St   LA 9,55 €/St   ST   973,16 €/St

003.44023.M KG 551 DIN 276
Pflanzkübel, Tropenholz, 100/100/76 cm
EP 2 031,82 DM/St LA 18,69 DM/St   ST 2 013,13 DM/St
EP 1 038,85 €/St   LA 9,55 €/St   ST 1 029,30 €/St

003.44024.M KG 551 DIN 276
Pflanzkübel, Tropenholz, 150/150/76 cm
EP 2 561,10 DM/St LA 21,81 DM/St   ST 2 539,29 DM/St
EP 1 309,47 €/St   LA 11,15 €/St   ST 1 298,32 €/St

003.44025.M KG 551 DIN 276
Blumenkübel, Fichte, 150x50x42 cm
EP 170,84 DM/St   LA 15,58 DM/St   ST 155,26 DM/St
EP 87,35 €/St   LA 7,96 €/St   ST 79,39 €/St

003.44026.M KG 551 DIN 276
Blumenkübel, Fichte, 100x50x42 cm
EP 107,64 DM/St   LA 13,09 DM/St   ST 94,55 DM/St
EP 55,04 €/St   LA 6,69 €/St   ST 48,35 €/St

003.44027.M KG 551 DIN 276
Blumenkübel, Fichte, 150x50x45 cm
EP 798,45 DM/St   LA 21,19 DM/St   ST 777,26 DM/St
EP 408,24 €/St   LA 10,83 €/St   ST 397,41 €/St

003.44028.M KG 551 DIN 276
Blumenkübel, Fichte, 190x50x45 cm
EP 322,69 DM/St   LA 19,94 DM/St   ST 302,75 DM/St
EP 164,99 €/St   LA 10,20 €/St   ST 154,79 €/St

003.44029.M KG 551 DIN 276
Blumenkübel, Fichte farbig lasiert, 190x50x45 cm
EP 591,60 DM/St   LA 19,94 DM/St   ST 571,66 DM/St
EP 302,48 €/St   LA 10,20 €/St   ST 292,28 €/St

003.44030.M KG 551 DIN 276
Blumenkübel, Fichte, 100x30x35 cm
EP 86,68 DM/St   LA 11,21 DM/St   ST 75,47 DM/St
EP 44,32 €/St   LA 5,73 €/St   ST 38,59 €/St

003.44031.M KG 551 DIN 276
Pflanzkübel, Eiche, d = 80 cm, h = 75 cm
EP 393,12 DM/St   LA 12,46 DM/St   ST 380,66 DM/St
EP 201,00 €/St   LA 6,37 €/St   ST 194,63 €/St

003.44032.M KG 551 DIN 276
Pflanzkübel, Eiche, d = 100 cm, h = 90 cm
EP 816,26 DM/St   LA 15,58 DM/St   ST 800,68 DM/St
EP 417,34 €/St   LA 7,96 €/St   ST 409,38 €/St

003.44033.M KG 551 DIN 276
Pflanzkübel, Eiche, d = 150 cm, h = 110 cm
EP 1 174,99 DM/St LA 17,44 DM/St   ST 1 157,55 DM/St
EP   600,76 €/St   LA 8,92 €/St   ST   591,84 €/St

003.44034.M KG 551 DIN 276
Pflanzkübel, Naturstein, 100/100/50 cm
EP 2 597,40 DM/St LA 80,99 DM/St   ST 2 516,41 DM/St
EP 1 328,03 €/St   LA 41,41 €/St   ST 1 286,62 €/St

003.44035.M KG 551 DIN 276
Pflanzkübel, Sichtbeton, 100/100/50 cm (4-eckig)
EP 568,64 DM/St   LA 31,15 DM/St   ST 537,49 DM/St
EP 290,74 €/St   LA 15,93 €/St   ST 274,81 €/St

003.44036.M KG 551 DIN 276
Pflanzkübel, Sichtbeton, 164/182/50 cm (6-eckig)
EP 940,47 DM/St   LA 46,73 DM/St   ST 893,74 DM/St
EP 480,85 €/St   LA 23,89 €/St   ST 456,96 €/St

003.44037.M KG 551 DIN 276
Pflanzkübel, Waschbeton, 100/100/50 cm (4-eckig)
EP 665,03 DM/St   LA 31,15 DM/St   ST 633,88 DM/St
EP 340,02 €/St   LA 15,93 €/St   ST 324,09 €/St

003.44038.M KG 551 DIN 276
Pflanzkübel, Waschbeton, 164/182/50 cm (6-eckig)
EP 1 099,49 DM/St LA 46,73 DM/St   ST 1 052,76 DM/St
EP   562,16 €/St   LA 23,89 €/St   ST   538,27 €/St

003.44039.M KG 551 DIN 276
Pflanzkübel, Waschbeton, d = 60 cm
EP 99,39 DM/St   LA 12,46 DM/St   ST 86,93 DM/St
EP 50,82 €/St   LA 6,37 €/St   ST 44,45 €/St

003.44040.M KG 551 DIN 276
Pflanzkübel, Waschbeton, d = 100 cm
EP 250,57 DM/St   LA 21,81 DM/St   ST 228,76 DM/St
EP 128,12 €/St   LA 11,15 €/St   ST 116,97 €/St

003.44041.M KG 551 DIN 276
Pflanzkübel, Waschbeton, d = 160 cm
EP 497,83 DM/St   LA 31,15 DM/St   ST 466,68 DM/St
EP 254,54 €/St   LA 15,93 €/St   ST 238,61 €/St

LB 003 Landschaftsbauarbeiten
Pflanzgefäße

AW 003

Ausgabe 06.02

Sämtliche Preise sind **Mittelpreise ohne Mehrwertsteuer** zum Zeitpunkt des Ausgabedatums.
Korrekturfaktoren für Regionaleinfluss, Mengeneinfluss, Konjunktureinfluss siehe Vorspann.
Abkürzungen: EP = Einheitspreis, LA = Lohnanteil, ST = Stoffanteil

003.44042.M KG 551 DIN 276
Pflanzkübel, Waschbeton/Schwarzwaldsplitt, d = 60 cm
EP 107,08 DM/St   LA 15,58 DM/St   ST 91,50 DM/St
EP 54,75 €/St   LA 7,96 €/St   ST 46,79 €/St

003.44043.M KG 551 DIN 276
Pflanzkübel, Waschbeton/Schwarzwaldsplitt, d = 100 cm
EP 248,73 DM/St   LA 21,81 DM/St   ST 226,92 DM/St
EP 127,17 €/St   LA 11,15 €/St   ST 116,02 €/St

003.44044.M KG 551 DIN 276
Pflanzkübel, Waschbeton/Schwarzwaldsplitt, d = 160 cm
EP 543,58 DM/St   LA 31,15 DM/St   ST 512,43 DM/St
EP 277,93 €/St   LA 15,93 €/St   ST 262,00 €/St

003.44045.M KG 551 DIN 276
Blumenkübel, Porphyrsplitt, 120x140x40 cm
EP 704,10 DM/St   LA 36,14 DM/St   ST 667,96 DM/St
EP 360,00 €/St   LA 18,48 €/St   ST 341,52 €/St

003.44046.M KG 551 DIN 276
Blumenkübel, Granit, 120x140x40 cm
EP 814,26 DM/St   LA 36,14 DM/St   ST 778,12 DM/St
EP 416,32 €/St   LA 18,48 €/St   ST 397,84 €/St

003.44047.M KG 551 DIN 276
Blumenkübel, Weißgranit, 120x120x60 cm
EP 959,76 DM/St   LA 74,77 DM/St   ST 884,99 DM/St
EP 490,72 €/St   LA 38,23 €/St   ST 452,49 €/St

003.44048.M KG 551 DIN 276
Blumenkübel, Granit oder Porphyr, 100x100x40 cm
EP 465,39 DM/St   LA 43,62 DM/St   ST 421,77 DM/St
EP 237,95 €/St   LA 22,30 €/St   ST 215,65 €/St

003.44049.M KG 551 DIN 276
Blumenkübel, Granit oder Porphyr, 120x120x60 cm
EP 879,42 DM/St   LA 74,77 DM/St   ST 804,65 DM/St
EP 449,64 €/St   LA 38,23 €/St   ST 411,41 €/St

003.44050.M KG 551 DIN 276
Blumenkübel, Granit oder Porphyr, 150x40x45 cm
EP 416,75 DM/St   LA 34,88 DM/St   ST 381,87 DM/St
EP 213,08 €/St   LA 17,84 €/St   ST 195,24 €/St

003.44051.M KG 551 DIN 276
Blumenkübel aus Einzelelementen, Porphyr, 90x60x55 cm
EP 477,93 DM/St   LA 15,58 DM/St   ST 462,35 DM/St
EP 244,36 €/St   LA 7,96 €/St   ST 236,40 €/St

003.44052.M KG 551 DIN 276
Blumenkübel aus Einzelelementen, Porphyr, 100x100x80 cm
EP 998,82 DM/St   LA 56,07 DM/St   ST 942,75 DM/St
EP 510,69 €/St   LA 28,67 €/St   ST 482,02 €/St

003.44053.M KG 551 DIN 276
Blumenkübel aus Einzelelementen, Granit, 150x150x80 cm
EP 1 419,57 DM/St LA 87,22 DM/St   ST 1 332,35 DM/St
EP   725,82 €/St   LA 44,59 €/St   ST   681,23 €/St

003.44054.M KG 551 DIN 276
Pflanzkasten, Faserzement (asbestfrei), 32/32/38 cm
EP 162,78 DM/St   LA 9,97 DM/St   ST 152,81 DM/St
EP 83,23 €/St   LA 5,10 €/St   ST 78,13 €/St

003.44055.M KG 551 DIN 276
Pflanzkasten, Faserzement (asbestfrei), 40/40/48 cm
EP 209,67 DM/St   LA 12,46 DM/St   ST 197,21 DM/St
EP 107,20 €/St   LA 6,37 €/St   ST 100,83 €/St

003.44056.M KG 551 DIN 276
Pflanzkasten, Faserzement (asbestfrei), 48/48/50 cm
EP 281,68 DM/St   LA 21,81 DM/St   ST 259,87 DM/St
EP 144,02 €/St   LA 11,15 €/St   ST 132,87 €/St

003.44057.M KG 551 DIN 276
Pflanzkasten, Porphyr, aus Einzelelementen, 65x65x55 cm
EP 438,80 DM/St   LA 25,54 DM/St   ST 413,26 DM/St
EP 224,36 €/St   LA 13,06 €/St   ST 211,30 €/St

003.44058.M KG 551 DIN 276
Pflanzkasten aus Einzelelementen, Granit, 50x50x55 cm
EP 447,18 DM/St   LA 23,67 DM/St   ST 423,51 DM/St
EP 228,64 €/St   LA 12,10 €/St   ST 216,54 €/St

003.44059.M KG 551 DIN 276
Pflanzkasten aus Einzelelementen, Granit, 60x60x80 cm
EP 624,91 DM/St   LA 26,79 DM/St   ST 598,12 DM/St
EP 319,51 €/St   LA 13,70 €/St   ST 305,81 €/St

003.44060.M KG 551 DIN 276
Pflanzkasten, Granit, rund d=50 cm, 45 cm hoch
EP 258,38 DM/St   LA 22,43 DM/St   ST 235,95 DM/St
EP 132,11 €/St   LA 11,47 €/St   ST 120,64 €/St

003.44061.M KG 551 DIN 276
Pflanzkasten, Granit, rund, d=75 cm, h=45 cm
EP 432,01 DM/St   LA 24,30 DM/St   ST 407,71 DM/St
EP 220,88 €/St   LA 12,42 €/St   ST 208,46 €/St

003.44062.M KG 551 DIN 276
Pflanzkasten, Granit, 80x80x35 cm
EP 368,06 DM/St   LA 23,67 DM/St   ST 344,39 DM/St
EP 188,18 €/St   LA 12,10 €/St   ST 176,08 €/St

003.44063.M KG 551 DIN 276
Pflanzkasten, Eiche, 50x50x50 cm
EP 846,37 DM/St   LA 16,20 DM/St   ST 830,17 DM/St
EP 432,74 €/St   LA 8,28 €/St   ST 424,46 €/St

003.44064.M KG 551 DIN 276
Pflanzkasten, Fichte, 6-eckig, d=60 cm, h=60 cm
EP 164,61 DM/St   LA 9,34 DM/St   ST 155,27 DM/St
EP 84,16 €/St   LA 4,78 €/St   ST 79,38 €/St

003.44065.M KG 551 DIN 276
Pflanzkasten, Fichte, 65x65x32 cm
EP 115,07 DM/St   LA 11,84 DM/St   ST 103,23 DM/St
EP 58,83 €/St   LA 6,05 €/St   ST 52,78 €/St

003.44066.M KG 551 DIN 276
Pflanzkasten, Fichte, 96x65x40 cm
EP 139,88 DM/St   LA 19,31 DM/St   ST 120,57 DM/St
EP 71,52 €/St   LA 9,87 €/St   ST 61,65 €/St

003.44067.M KG 551 DIN 276
Pflanzkasten, Fichte, farbig lasiert, 50x50x45 cm
EP 283,17 DM/St   LA 11,21 DM/St   ST 271,96 DM/St
EP 144,78 €/St   LA 5,73 €/St   ST 139,05 €/St

003.44068.M KG 551 DIN 276
Pflanzkasten, Fichte, farbig lasiert, 100x50x45 cm
EP 393,91 DM/St   LA 13,09 DM/St   ST 380,82 DM/St
EP 201,40 €/St   LA 6,69 €/St   ST 194,71 €/St

003.44069.M KG 551 DIN 276
Pflanzkasten, Fichte, 100x50x45 cm
EP 203,68 DM/St   LA 13,71 DM/St   ST 189,97 DM/St
EP 104,14 €/St   LA 7,01 €/St   ST 97,13 €/St

003.44070.M KG 551 DIN 276
Pflanzkasten für Balkon, Fichte, 90x18x15 cm
EP 51,17 DM/St   LA 0,00 DM/St   ST 51,17 DM/St
EP 26,16 €/St   LA 0,00 €/St   ST 26,16 €/St

003.44071.M KG 551 DIN 276
Rank-Pflanzkasten-Komposition, Fichte, 180x35x180cm
EP 624,52 DM/St   LA 148,28 DM/St   ST 476,24 DM/St
EP 319,31 €/St   LA 75,81 €/St   ST 243,50 €/St

AW 003

Ausgabe 06.02

LB 003 Landschaftsbauarbeiten
Gartenmöbel

Sämtliche Preise sind **Mittelpreise ohne Mehrwertsteuer** zum Zeitpunkt des Ausgabedatums.
Korrekturfaktoren für Regionaleinfluss, Mengeneinfluss, Konjunktureinfluss siehe Vorspann.
Abkürzungen: EP = Einheitspreis, LA = Lohnanteil, ST = Stoffanteil

Gartenmöbel

Hinweis: Werden bei den Gartenmöbeln andere Holzarten als hier in den Auswahlpositionen angegeben verwendet, so gelten die folgenden Umrechnungsfaktoren für die Materialkosten:
Eiche : Kiefer = 1,4 : 1
Mahagoni : Kiefer = 1,2 : 1

003.----.-

003.44101.M	Gartentisch, aus Betonsock. u.-platte, 120 x 80 cm	177,00 DM/St / 90,50 €/St
003.44102.M	Gartentisch, aus Stahlrohr u. -gitter, 120 x 57 cm	799,52 DM/St / 408,79 €/St
003.44103.M	Gartentisch, aus Stahlrohr u. -gitter, 70 x 70 cm	664,88 DM/St / 339,95 €/St
003.44104.M	Gartentisch, aus Holz m. 2 Sitzbänken, 200 x 150 cm	821,04 DM/St / 419,79 €/St
003.44105.M	Gartentisch, aus Holzbohlen, rustikal, 200 x 68 cm	700,21 DM/St / 358,01 €/St
003.44106.M	Gartentisch, aus Holz m. runder Platte, d = 110 cm	1 110,76 DM/St / 567,92 €/St
003.44301.M	Gartenbank, aus Stahlrohr u. -gitter, 122 x 83 cm	1 214,34 DM/St / 620,88 €/St
003.44302.M	Gartenbank, aus Stahlrohr u. -gitter, 188 x 63 cm	910,89 DM/St / 465,73 €/St
003.44303.M	Gartenbank, aus Holzstämmen, 200 x 55 cm	790,91 DM/St / 404,38 €/St
003.44304.M	Gartenbank, aus Holz und Stahlrohr, 200 x 60 cm	527,23 DM/St / 269,57 €/St
003.44305.M	Gartenbank, aus Holz und Stahlrohr, 200 x 55 cm	397,85 DM/St / 203,42 €/St
003.44306.M	Gartenbank, aus Holz und Stahlguß, 200 x 55 cm	607,10 DM/St / 310,41 €/St
003.44307.M	Gartenbank, aus Holz für Sitznische, 200 x 50 cm	978,83 DM/St / 500,47 €/St
003.44308.M	Gartenbank, aus Holz als Parkbank, 200 x 60 cm	2 020,47 DM/St / 1 033,05 €/St
003.44309.M	Gartenbank, aus Holz als 6-eckbank, 800 x 60 cm	2 274,03 DM/St / 1 162,69 €/St
003.44310.M	Gartenbank, aus Holz als Rundbank, 540 x 60 cm	5 675,44 DM/St / 2 901,81 €/St
003.44311.M	Gartenbank, aus Holz als Pollerbank, 230 x 50 cm	1 566,80 DM/St / 801,09 €/St
003.44312.M	Gartenbank, aus Holz als Pollerbank, 170 x 60 cm	3 969,94 DM/St / 2 029,80 €/St
003.44313.M	Gartenbank, aus Holz als Hockerbank, 200 x 45 cm	340,76 DM/St / 174,23 €/St
003.44314.M	Gartenbank, aus Kunststoff, Polyprop. 170 x 55 cm	471,29 DM/St / 240,97 €/St
003.44315.M	Gartenbank, aus Alu und Kunststoff, 150 x 50 cm	340,82 DM/St / 174,26 €/St
003.44401.M	Gartenstuhl, aus Stahlrohr u. -gitter, 60 x 80 cm	576,11 DM/St / 294,56 €/St
003.44402.M	Gartenstuhl, aus Stahlrohr u. -gitter, 60 x 63 cm	228,29 DM/St / 116,72 €/St
003.44403.M	Gartenstuhl, aus Kunststoff, Polyprop. 55 x 60 cm	237,85 DM/St / 121,61 €/St
003.44404.M	Gartenstuhl, aus Holz, massive Art, 45 x 50 cm	1 254,08 DM/St / 641,20 €/St
003.44405.M	Gartenstuhl, aus Holz und Stahlrohrfuß, 45 x 60 cm	1 177,24 DM/St / 601,91 €/St
003.44501.M	Gartenhocker aus Stahlrohr u. -gitter, 58 x 62 cm	343,57 DM/St / 175,66 €/St
003.44502.M	Gartenhocker aus Holzstamm, rustikal, d = 30 cm	159,33 DM/St / 81,47 €/St
003.44503.M	Gartenhocker aus Holz und Rundstahl, d = 50 cm	329,75 DM/St / 168,60 €/St
003.44601.M	Bankauflage, aus Stahlrohr u. -gitter, 58 x 76 cm	641,99 DM/St / 328,24 €/St
003.44602.M	Bankauflage, aus Stahlrohr u. -gitter, 43 x 47 cm	280,64 DM/St / 143,49 €/St
003.44603.M	Bankauflage, aus Holz u. Stahlprof., 100 x 40 cm	243,04 DM/St / 124,26 €/St
003.44604.M	Bankauflage, aus Holz u. Stahlkons., 100 x 40 cm	476,27 DM/St / 243,51 €/St
003.44605.M	Bankauflage, aus Holz für Betonsockel, 100 x 40 cm	154,51 DM/St / 79,00 €/St
003.44701.M	Sitzrost, aus Stahlrohr u. -gitter, 200 x 43 cm	533,92 DM/St / 272,99 €/St
003.44702.M	Sitzrost, aus Stahlrohr u. -gitter, 40 x 40 cm	218,43 DM/St / 111,68 €/St
003.44703.M	Sitzrost, aus Holz für Betonsockel, 160 x 45 cm	869,94 DM/St / 444,79 €/St

003.44101.M KG 551 DIN 276
Gartentisch, aus Betonsock. u.-platte, 120 x 80 cm
EP 177,00 DM/St LA 12,46 DM/St ST 164,54 DM/St
EP 90,50 €/St LA 6,37 €/St ST 84,13 €/St

003.44102.M KG 551 DIN 276
Gartentisch, aus Stahlrohr u. -gitter, 120 x 57 cm
EP 799,52 DM/St LA 62,30 DM/St ST 737,22 DM/St
EP 408,79 €/St LA 31,85 €/St ST 376,94 €/St

003.44103.M KG 551 DIN 276
Gartentisch, aus Stahlrohr u. -gitter, 70 x 70 cm
EP 664,88 DM/St LA 43,62 DM/St ST 621,26 DM/St
EP 339,95 €/St LA 22,30 €/St ST 317,65 €/St

003.44104.M KG 551 DIN 276
Gartentisch, aus Holz m. 2 Sitzbänken, 200 x 150 cm
EP 821,04 DM/St LA 31,15 DM/St ST 789,89 DM/St
EP 419,79 €/St LA 15,93 €/St ST 403,86 €/St

003.44105.M KG 551 DIN 276
Gartentisch, aus Holzbohlen, rustikal, 200 x 68 cm
EP 700,21 DM/St LA 62,30 DM/St ST 637,91 DM/St
EP 358,01 €/St LA 31,85 €/St ST 326,16 €/St

003.44106.M KG 551 DIN 276
Gartentisch, aus Holz m. runder Platte, d = 110 cm
EP 1 110,76 DM/St LA 12,46 DM/St ST 1 098,30 DM/St
EP 567,92 €/St LA 6,37 €/St ST 561,55 €/St

003.44301.M KG 551 DIN 276
Gartenbank, aus Stahlrohr u. -gitter, 122 x 83 cm
EP 1 214,34 DM/St LA 62,30 DM/St ST 1 152,04 DM/St
EP 620,88 €/St LA 31,85 €/St ST 589,03 €/St

003.44302.M KG 551 DIN 276
Gartenbank, aus Stahlrohr u. -gitter, 188 x 63 cm
EP 910,89 DM/St LA 12,46 DM/St ST 898,43 DM/St
EP 465,73 €/St LA 6,37 €/St ST 459,36 €/St

003.44303.M KG 551 DIN 276
Gartenbank, aus Holzstämmen, 200 x 55 cm
EP 790,91 DM/St LA 49,84 DM/St ST 741,07 DM/St
EP 404,38 €/St LA 25,48 €/St ST 378,90 €/St

003.44304.M KG 551 DIN 276
Gartenbank, aus Holz und Stahlrohr, 200 x 60 cm
EP 527,23 DM/St LA 12,46 DM/St ST 514,77 DM/St
EP 269,57 €/St LA 6,37 €/St ST 263,20 €/St

003.44305.M KG 551 DIN 276
Gartenbank, aus Holz und Stahlrohr, 200 x 55 cm
EP 397,85 DM/St LA 6,23 DM/St ST 391,62 DM/St
EP 203,42 €/St LA 3,19 €/St ST 200,23 €/St

003.44306.M KG 551 DIN 276
Gartenbank, aus Holz und Stahlguß, 200 x 55 cm
EP 607,10 DM/St LA 12,46 DM/St ST 594,64 DM/St
EP 310,41 €/St LA 6,37 €/St ST 304,04 €/St

003.44307.M KG 551 DIN 276
Gartenbank, aus Holz für Sitznische, 200 x 50 cm
EP 978,83 DM/St LA 124,60 DM/St ST 854,23 DM/St
EP 500,47 €/St LA 63,71 €/St ST 436,76 €/St

003.44308.M KG 551 DIN 276
Gartenbank, aus Holz als Parkbank, 200 x 60 cm
EP 2 020,47 DM/St LA 12,46 DM/St ST 2 008,01 DM/St
EP 1 033,05 €/St LA 6,37 €/St ST 1 026,68 €/St

003.44309.M KG 551 DIN 276
Gartenbank, aus Holz als 6-eckbank, 800 x 60 cm
EP 2 274,03 DM/St LA 311,51 DM/St ST 1 962,52 DM/St
EP 1 162,69 €/St LA 159,27 €/St ST 1 003,42 €/St

003.44310.M KG 551 DIN 276
Gartenbank, aus Holz als Rundbank, 540 x 60 cm
EP 5 675,44 DM/St LA 311,51 DM/St ST 5 363,93 DM/St
EP 2 901,81 €/St LA 159,27 €/St ST 2 742,54 €/St

LB 003 Landschaftsbauarbeiten
Gartenmöbel

AW 003

Ausgabe 06.02

Sämtliche Preise sind **Mittelpreise ohne Mehrwertsteuer** zum Zeitpunkt des Ausgabedatums.
Korrekturfaktoren für Regionaleinfluss, Mengeneinfluss, Konjunktureinfluss siehe Vorspann.
Abkürzungen: EP = Einheitspreis, LA = Lohnanteil, ST = Stoffanteil

003.44311.M KG 551 DIN 276
Gartenbank, aus Holz als Pollerbank, 230 x 50 cm
EP 1 566,80 DM/St   LA 124,60 DM/St   ST 1 442,20 DM/St
EP   801,09 €/St   LA 63,71 €/St   ST   737,38 €/St

003.44312.M KG 551 DIN 276
Gartenbank, aus Holz als Pollerbank, 170 x 60 cm
EP 3 969,94 DM/St   LA 186,90 DM/St   ST 3 783,04 DM/St
EP 2 029,80 €/St   LA 95,56 €/St   ST 1 934,24 €/St

003.44313.M KG 551 DIN 276
Gartenbank, aus Holz als Hockerbank, 200 x 45 cm
EP 340,76 DM/St   LA 62,30 DM/St   ST 278,46 DM/St
EP 174,23 €/St   LA 31,85 €/St   ST 142,38 €/St

003.44314.M KG 551 DIN 276
Gartenbank, aus Kunststoff, Polyprop. 170 x 55 cm
EP 471,29 DM/St   LA 6,23 DM/St   ST 465,06 DM/St
EP 240,97 €/St   LA 3,19 €/St   ST 237,78 €/St

003.44315.M KG 551 DIN 276
Gartenbank, aus Alu und Kunststoff, 150 x 50 cm
EP 340,82 DM/St   LA 6,23 DM/St   ST 334,59 DM/St
EP 174,26 €/St   LA 3,19 €/St   ST 171,07 €/St

003.44401.M KG 551 DIN 276
Gartenstuhl, aus Stahlrohr u. -gitter, 60 x 80 cm
EP 576,11 DM/St   LA 6,23 DM/St   ST 569,88 DM/St
EP 294,56 €/St   LA 3,19 €/St   ST 291,37 €/St

003.44402.M KG 551 DIN 276
Gartenstuhl, aus Stahlrohr u. -gitter, 60 x 63 cm
EP 228,29 DM/St   LA 6,23 DM/St   ST 222,06 DM/St
EP 116,72 €/St   LA 3,19 €/St   ST 113,53 €/St

003.44403.M KG 551 DIN 276
Gartenstuhl, aus Kunststoff, Polyprop. 55 x 60 cm
EP 237,85 DM/St   LA 6,23 DM/St   ST 231,62 DM/St
EP 121,61 €/St   LA 3,19 €/St   ST 118,42 €/St

003.44404.M KG 551 DIN 276
Gartenstuhl, aus Holz, massive Art, 45 x 50 cm
EP 1 254,08 DM/St   LA 6,23 DM/St   ST 1 247,85 DM/St
EP   641,20 €/St   LA 3,19 €/St   ST   638,01 €/St

003.44405.M KG 551 DIN 276
Gartenstuhl, aus Holz und Stahlrohrfuß, 45 x 60 cm
EP 1 177,24 DM/St   LA 62,30 DM/St   ST 1 114,94 DM/St
EP   601,91 €/St   LA 31,85 €/St   ST   570,06 €/St

003.44501.M KG 551 DIN 276
Gartenhocker aus Stahlrohr u. -gitter, 58 x 62 cm
EP 343,57 DM/St   LA 6,23 DM/St   ST 337,34 DM/St
EP 175,66 €/St   LA 3,19 €/St   ST 172,47 €/St

003.44502.M KG 551 DIN 276
Gartenhocker aus Holzstamm, rustikal, d = 30 cm
EP 159,33 DM/St   LA 6,23 DM/St   ST 153,10 DM/St
EP 81,47 €/St   LA 3,19 €/St   ST 78,28 €/St

003.44503.M KG 551 DIN 276
Gartenhocker aus Holz und Rundstahl, d = 50 cm
EP 329,75 DM/St   LA 12,46 DM/St   ST 317,29 DM/St
EP 168,60 €/St   LA 6,37 €/St   ST 162,23 €/St

003.44601.M KG 551 DIN 276
Bankauflage, aus Stahlrohr u. -gitter, 58 x 76 cm
EP 641,99 DM/St   LA 62,30 DM/St   ST 579,69 DM/St
EP 328,24 €/St   LA 31,85 €/St   ST 296,39 €/St

003.44602.M KG 551 DIN 276
Bankauflage, aus Stahlrohr u. -gitter, 43 x 47 cm
EP 280,64 DM/St   LA 62,30 DM/St   ST 218,34 DM/St
EP 143,49 €/St   LA 31,85 €/St   ST 111,64 €/St

003.44603.M KG 551 DIN 276
Bankauflage, aus Holz u. Stahlprof., 100 x 40 cm
EP 243,04 DM/St   LA 31,15 DM/St   ST 211,89 DM/St
EP 124,26 €/St   LA 15,93 €/St   ST 108,33 €/St

003.44604.M KG 551 DIN 276
Bankauflage, aus Holz u. Stahlkons., 100 x 40 cm
EP 476,27 DM/St   LA 43,62 DM/St   ST 432,65 DM/St
EP 243,51 €/St   LA 22,30 €/St   ST 221,21 €/St

003.44605.M KG 551 DIN 276
Bankauflage, aus Holz für Betonsockel, 100 x 40 cm
EP 154,51 DM/St   LA 31,15 DM/St   ST 123,36 DM/St
EP 79,00 €/St   LA 15,93 €/St   ST 63,07 €/St

003.44701.M KG 551 DIN 276
Sitzrost, aus Stahlrohr u. -gitter, 200 x 43 cm
EP 533,92 DM/St   LA 62,30 DM/St   ST 471,62 DM/St
EP 272,99 €/St   LA 31,85 €/St   ST 241,14 €/St

003.44702.M KG 551 DIN 276
Sitzrost, aus Stahlrohr u. -gitter, 40 x 40 cm
EP 218,43 DM/St   LA 62,30 DM/St   ST 156,13 DM/St
EP 111,68 €/St   LA 31,85 €/St   ST 79,83 €/St

003.44703.M KG 551 DIN 276
Sitzrost, aus Holz für Betonsockel, 160 x 45 cm
EP 869,94 DM/St   LA 62,30 DM/St   ST 807,64 DM/St
EP 444,79 €/St   LA 31,85 €/St   ST 412,94 €/St

AW 003

LB 003 Landschaftsbauarbeiten
Schilder, Absperrungen; Poller

Ausgabe 06.02

Sämtliche Preise sind **Mittelpreise ohne Mehrwertsteuer** zum Zeitpunkt des Ausgabedatums.
Korrekturfaktoren für Regionaleinfluss, Mengeneinfluss, Konjunktureinfluss siehe Vorspann.
Abkürzungen: EP = Einheitspreis, LA = Lohnanteil, ST = Stoffanteil

Schilder, Absperrungen

003.-----.-

Pos.	Bezeichnung	Preis
003.45001.M	Schild, Sonderweg Fußgänger, d = 600 mm	223,33 DM/St / 114,19 €/St
003.45002.M	Schild, Beginn Fußgänger, 750 x 750 mm, einseitig	451,52 DM/St / 230,86 €/St
003.45003.M	Schild, Beginn/Ende Fußgänger, 750 x 750 mm, doppels.	526,45 DM/St / 269,17 €/St
003.45701.M	Absperrpfosten, ortsfest	104,28 DM/St / 53,32 €/St
003.45702.M	Absperrpfosten, herausnehmbar, feuerverzinkt	247,83 DM/St / 126,71 €/St
003.45703.M	Absperrpfosten, herausnehmbar, kunststoffbeschichtet	261,55 DM/St / 133,73 €/St
003.45704.M	Absperrpfosten, umklappbar, feuerverzinkt	357,53 DM/St / 182,80 €/St
003.45705.M	Absperrpfosten, umklappbar, kunststoffbeschichtet	389,53 DM/St / 199,16 €/St
003.45706.M	Absperrpfosten, mobil, versetzbar	209,47 DM/St / 107,10 €/St
003.45707.M	Kette für Absperrpfosten	14,81 DM/m / 7,57 €/m

003.45001.M KG 551 DIN 276
Schild, Sonderweg Fußgänger, d = 600 mm
EP 223,33 DM/St   LA 40,49 DM/St   ST 182,84 DM/St
EP 114,19 €/St   LA 20,70 €/St   ST 93,49 €/St

003.45002.M KG 551 DIN 276
Schild, Beginn Fußgänger, 750 x 750 mm, einseitig
EP 451,52 DM/St   LA 52,96 DM/St   ST 398,56 DM/St
EP 230,86 €/St   LA 27,08 €/St   ST 203,78 €/St

003.45003.M KG 551 DIN 276
Schild, Beginn/Ende Fußgänger, 750 x 750 mm, doppels.
EP 526,45 DM/St   LA 52,96 DM/St   ST 473,49 DM/St
EP 269,17 €/St   LA 27,08 €/St   ST 242,09 €/St

003.45701.M KG 559 DIN 276
Absperrpfosten, ortsfeST
EP 104,28 DM/St   LA 31,15 DM/St   ST 73,13 DM/St
EP 53,32 €/St   LA 15,93 €/St   ST 37,39 €/St

003.45702.M KG 559 DIN 276
Absperrpfosten, herausnehmbar, feuerverzinkt
EP 247,73 DM/St   LA 46,73 DM/St   ST 201,10 DM/St
EP 126,71 €/St   LA 23,89 €/St   ST 102,82 €/St

003.45703.M KG 559 DIN 276
Absperrpfosten, herausnehmbar, kunststoffbeschichtet
EP 261,55 DM/St   LA 46,73 DM/St   ST 214,82 DM/St
EP 133,73 €/St   LA 23,89 €/St   ST 109,84 €/St

003.45704.M KG 559 DIN 276
Absperrpfosten, umklappbar, feuerverzinkt
EP 357,53 DM/St   LA 46,73 DM/St   ST 310,80 DM/St
EP 182,80 €/St   LA 23,89 €/St   ST 158,91 €/St

003.45705.M KG 559 DIN 276
Absperrpfosten, umklappbar, kunststoffbeschichtet
EP 389,53 DM/St   LA 46,73 DM/St   ST 342,80 DM/St
EP 199,16 €/St   LA 23,89 €/St   ST 175,27 €/St

003.45706.M KG 559 DIN 276
Absperrpfosten, mobil, versetzbar
EP 209,47 DM/St   LA 14,37 DM/St   ST 195,10 DM/St
EP 107,10 €/St   LA 7,35 €/St   ST 99,75 €/St

003.45707.M KG 559 DIN 276
Kette für Absperrpfosten
EP 14,81 DM/m   LA 0,00 DM/m   ST 14,81 DM/m
EP 7,57 €/m   LA 0,00 €/m   ST 7,57 €/m

Poller

003.-----.-

Pos.	Bezeichnung	Preis
003.46101.M	Poller, Beton, Kegel, d = 40 cm	224,45 DM/St / 114,76 €/St
003.46102.M	Poller, Beton, Quader, 40/40/40 cm	299,42 DM/St / 153,09 €/St
003.46103.M	Poller, Beton, Sechskant, 44 cm	299,42 DM/St / 153,09 €/St
003.46104.M	Poller, Beton, Zylinder, d = 50/46 cm	324,54 DM/St / 165,94 €/St
003.46105.M	Poller, Beton, rund, d = 45 cm	330,96 DM/St / 169,22 €/St
003.46106.M	Poller, Holz, Höhe über Gelände 80 cm, d = 16 cm	86,10 DM/St / 44,02 €/St
003.46107.M	Poller, Holz, Höhe über Gelände 80 cm, d = 20 cm	146,87 DM/St / 75,09 €/St
003.46108.M	Poller, Stahlrohr, Höhe über Gelände 90 cm	311,42 DM/St / 159,22 €/St
003.46109.M	Poller, Stahlrohr, Höhe über Gelände 80 cm	375,42 DM/St / 191,95 €/St

003.46101.M KG 559 DIN 276
Poller, Beton, Kegel, d = 40 cm
EP 224,45 DM/St   LA 15,58 DM/St   ST 208,87 DM/St
EP 114,76 €/St   LA 7,96 €/St   ST 106,80 €/St

003.46102.M KG 559 DIN 276
Poller, Beton, Quader, 40/40/40 cm
EP 299,42 DM/St   LA 15,58 DM/St   ST 283,84 DM/St
EP 153,09 €/St   LA 7,96 €/St   ST 145,13 €/St

003.46103.M KG 559 DIN 276
Poller, Beton, Sechskant, 44 cm
EP 299,42 DM/St   LA 15,58 DM/St   ST 283,84 DM/St
EP 153,09 €/St   LA 7,96 €/St   ST 145,13 €/St

003.46104.M KG 559 DIN 276
Poller, Beton, Zylinder, d = 50/46 cm
EP 324,54 DM/St   LA 15,58 DM/St   ST 308,96 DM/St
EP 165,94 €/St   LA 7,96 €/St   ST 157,98 €/St

003.46105.M KG 559 DIN 276
Poller, Beton, rund, d = 45 cm
EP 330,96 DM/St   LA 15,58 DM/St   ST 315,38 DM/St
EP 169,22 €/St   LA 7,96 €/St   ST 161,26 €/St

003.46106.M KG 559 DIN 276
Poller, Holz, Höhe über Gelände 80 cm, d = 16 cm
EP 86,10 DM/St   LA 28,04 DM/St   ST 58,06 DM/St
EP 44,02 €/St   LA 14,34 €/St   ST 29,68 €/St

003.46107.M KG 559 DIN 276
Poller, Holz, Höhe über Gelände 80 cm, d = 20 cm
EP 146,87 DM/St   LA 28,04 DM/St   ST 118,83 DM/St
EP 75,09 €/St   LA 14,34 €/St   ST 60,75 €/St

003.46108.M KG 559 DIN 276
Poller, Stahlrohr, Höhe über Gelände 90 cm
EP 311,42 DM/St   LA 28,04 DM/St   ST 383,38 DM/St
EP 159,22 €/St   LA 14,34 €/St   ST 144,88 €/St

003.46109.M KG 559 DIN 276
Poller, Stahlrohr, Höhe über Gelände 80 cm
EP 375,42 DM/St   LA 28,04 DM/St   ST 347,38 DM/St
EP 191,95 €/St   LA 14,34 €/St   ST 177,61 €/St

LB 003 Landschaftsbauarbeiten
Baumschutz

AW 003

Ausgabe 06.02

Sämtliche Preise sind **Mittelpreise ohne Mehrwertsteuer** zum Zeitpunkt des Ausgabedatums.
Korrekturfaktoren für Regionaleinfluss, Mengeneinfluss, Konjunktureinfluss siehe Vorspann.
Abkürzungen: EP = Einheitspreis, LA = Lohnanteil, ST = Stoffanteil

Baumschutz

003.----.-

Pos.	Bezeichnung	Preis
003.46201.M	Baumschutzkorb, Stahl, d = 30 cm	177,42 DM/St 90,71 €/St
003.46301.M	Baumschutzgitter, d = 40 cm, 1,80 m, feuerverzinkt	456,23 DM/St 233,26 €/St
003.46302.M	Baumschutzgitter, d = 40 cm, 1,80 m, kunststoffbesch.	529,36 DM/St 270,66 €/St
003.46303.M	Baumschutzgitter, d = 40 cm, 2,05 m, kunststoffbesch.	566,13 DM/St 289,46 €/St
003.46401.M	Baumschutzbügel, Stahlrohr, 85 x 90 cm	212,15 DM/St 108,47 €/St
003.46402.M	Baumschutzbügel, Stahlrohr, 85 x 90 cm, feuerverzinkt	255,13 DM/St 130,45 €/St
003.46403.M	Baumschutzbügel, Stahlrohr, 100 x 35 cm	61,83 DM/St 31,61 €/St
003.46404.M	Baumschutzbügel, Stahlrohr, 120 x 75 cm	77,02 DM/St 39,38 €/St
003.46405.M	Baumschutzbügel, Stahlrohr, 145 x 75 cm	89,65 DM/St 45,84 €/St
003.46501.M	Baumschutzpfosten, Rundr. 76mm, feuerverz.,farbbesch.	249,82 DM/St 127,73 €/St
003.46601.M	Baumscheibenabdeckung, Beton, 56 x 56 cm	383,44 DM/St 196,05 €/St
003.46602.M	Baumscheibenabdeckung, Beton, 300 x 200 cm	2 543,88 DM/St 1 300,67 €/St
003.46603.M	Baumscheibenabdeckung, Gußeisen, d = 185 cm	2 640,05 DM/St 1 349,83 €/St

003.46201.M KG 532 DIN 276
Baumschutzkorb, Stahl, d = 30 cm
EP 177,42 DM/St   LA 31,15 DM/St   ST 146,27 DM/St
EP 90,71 €/St   LA 15,93 €/St   ST 74,78 €/St

003.46301.M KG 532 DIN 276
Baumschutzgitter, d = 40 cm, 1,80 m, feuerverzinkt
EP 456,23 DM/St   LA 31,15 DM/St   ST 425,08 DM/St
EP 233,26 €/St   LA 15,93 €/St   ST 217,33 €/St

003.46302.M KG 532 DIN 276
Baumschutzgitter, d = 40 cm, 1,80 m, kunststoffbesch.
EP 529,36 DM/St   LA 31,15 DM/St   ST 498,21 DM/St
EP 270,66 €/St   LA 15,93 €/St   ST 254,73 €/St

003.46303.M KG 532 DIN 276
Baumschutzgitter, d = 40 cm, 2,05 m, kunststoffbesch.
EP 566,13 DM/St   LA 40,49 DM/St   ST 525,64 DM/St
EP 289,46 €/St   LA 20,70 €/St   ST 268,76 €/St

003.46401.M KG 532 DIN 276
Baumschutzbügel, Stahlrohr, 85 x 90 cm
EP 212,15 DM/St   LA 31,15 DM/St   ST 181,00 DM/St
EP 108,47 €/St   LA 15,93 €/St   ST 92,54 €/St

003.46402.M KG 532 DIN 276
Baumschutzbügel, Stahlrohr, 85 x 90 cm, feuerverzinkt
EP 255,13 DM/St   LA 31,15 DM/St   ST 223,98 DM/St
EP 130,45 €/St   LA 15,93 €/St   ST 114,52 €/St

003.46403.M KG 532 DIN 276
Baumschutzbügel, Stahlrohr, 100 x 35 cm
EP 61,83 DM/St   LA 12,46 DM/St   ST 49,37 DM/St
EP 31,61 €/St   LA 6,37 €/St   ST 25,24 €/St

003.46404.M KG 532 DIN 276
Baumschutzbügel, Stahlrohr, 120 x 75 cm
EP 77,02 DM/St   LA 24,92 DM/St   ST 52,10 DM/St
EP 39,38 €/St   LA 12,74 €/St   ST 26,64 €/St

003.46405.M KG 532 DIN 276
Baumschutzbügel, Stahlrohr, 145 x 75 cm
EP 89,65 DM/St   LA 31,15 DM/St   ST 58,50 DM/St
EP 45,84 €/St   LA 15,93 €/St   ST 29,91 €/St

003.46501.M KG 532 DIN 276
Baumschutzpfosten, Rundrohr 76mm, feuerverz.,farbbesch.
EP 249,82 DM/St   LA 45,15 DM/St   ST 204,67 DM/St
EP 127,73 €/St   LA 23,08 €/St   ST 104,65 €/St

003.46601.M KG 539 DIN 276
Baumscheibenabdeckung, Beton, 56 x 56 cm
EP 383,44 DM/St   LA 186,90 DM/St   ST 196,54 DM/St
EP 196,05 €/St   LA 95,56 €/St   ST 100,49 €/St

003.46602.M KG 539 DIN 276
Baumscheibenabdeckung, Beton, 300 x 200 cm
EP 2 543,88 DM/St LA 327,08 DM/St   ST 2 216,80 DM/St
EP 1 300,67 €/St   LA 167,24 €/St   ST 1 133,43 €/St

003.46603.M KG 539 DIN 276
Baumscheibenabdeckung, Gusseisen, d = 185 cm
EP 2 640,05 DM/St LA 404,96 DM/St   ST 2 235,09 DM/St
EP 1 349,83 €/St   LA 207,05 €/St   ST 1 142,78 €/St

AW 003

Ausgabe 06.02

LB 003 Landschaftsbauarbeiten
Rankgitter

Sämtliche Preise sind **Mittelpreise ohne Mehrwertsteuer** zum Zeitpunkt des Ausgabedatums.
Korrekturfaktoren für Regionaleinfluss, Mengeneinfluss, Konjunktureinfluss siehe Vorspann.
Abkürzungen: EP = Einheitspreis, LA = Lohnanteil, ST = Stoffanteil

Rankgitter

003.—.-		
003.46901.M	Rankgitter aus Holz, H 165/180 x B 180 cm	84,94 DM/St 43,43 €/St
003.46902.M	Rankgitter aus Holz, H 125 x B 190 cm	50,61 DM/St 25,88 €/St
003.46903.M	Rankgitter aus Holz, H 190 x B 60 cm	33,47 DM/St 17,11 €/St
003.46904.M	Rankgitter aus Holz, H 120 x B 100 cm	42,03 DM/St 21,49 €/St
003.46905.M	Rankgitter aus Holz, H 120 x B 190 cm	63,47 DM/St 32,45 €/St
003.46906.M	Rankgitter aus Holz, H 180 x B 60 cm, liefern	42,03 DM/St 21,49 €/St
003.46907.M	Rankgitter aus Holz, H 180 x B 100 cm, liefern	50,61 DM/St 25,88 €/St
003.46908.M	Rankgitter aus Holz, H 180 x B 190 cm, liefern	76,35 DM/St 39,04 €/St
003.46909.M	Rankgitter Holz, H 180x B 60 cm, Latten diag., lief.	50,61 DM/St 25,88 €/St
003.46910.M	Rankgitter Holz, H 180x B 100 cm, Latten diag., lief.	59,20 DM/St 30,27 €/St
003.46911.M	Rankgitter Holz, H 180 x B 190 cm, Latten diag., lief.	84,94 DM/St 43,43 €/St
003.46912.M	Rankgitter Holz, Spitzelement 180/210x 60 cm, lief.	59,20 DM/St 30,27 €/St
003.46913.M	Rankgitter Holz, Wände, H 150x B30/65 cm, lief.	8,49 DM/St 4,34 €/St
003.46914.M	Rankgitter Holz, Wände, H 190/205x B 40/100cm, lief.	102,09 DM/St 52,20 €/St
003.46915.M	Bogenrankgitter aus Holz, H 180/162xB 100 cm, liefern	67,77 DM/St 34,65 €/St
003.46916.M	Bogenrankgitter aus Holz, H 180/162xB 190 cm, liefern	110,67 DM/St 56,58 €/St
003.46917.M	Rankgitter Holz, bis 120 cm Höhe, befestigen	35,37 DM/St 18,09 €/St
003.46918.M	Rankgitter Holz, 120-250 cm Höhe, befestigen	50,07 DM/St 25,60 €/St
003.46919.M	Rankgitter aus Holz an der Wand befestigen	48,69 DM/St 24,90 €/St
003.46920.M	Rankschutzgitter 110 cm hoch, 36,5 cm Durchmesser	180,85 DM/St 92,47 €/St
003.46921.M	Rankschutzgitter, 120 cm hoch; 30 cm Durchmesser	130,34 DM/St 66,64 €/St
003.46922.M	Rankschutzgitter, 180 cm hoch; 36,5 cm Durchmesser	523,87 DM/St 267,85 €/St

003.46901.M KG 531 DIN 276
Rankgitter aus Holz, H 165/180 x B 180 cm
EP 84,94 DM/St   LA 0,00 DM/St   ST 84,94 DM/St
EP 43,43 €/St   LA 0,00 €/St   ST 43,43 €/St

003.46902.M KG 531 DIN 276
Rankgitter aus Holz, H 125 x B 190 cm
EP 50,61 DM/St   LA 0,00 DM/St   ST 50,61 DM/St
EP 25,88 €/St   LA 0,00 €/St   ST 25,88 €/St

003.46903.M KG 531 DIN 276
Rankgitter aus Holz, H 190 x B 60 cm
EP 33,47 DM/St   LA 0,00 DM/St   ST 33,47 DM/St
EP 17,11 €/St   LA 0,00 €/St   ST 17,11 €/St

003.46904.M KG 531 DIN 276
Rankgitter aus Holz, H 120 x B 100 cm
EP 42,03 DM/St   LA 0,00 DM/St   ST 42,03 DM/St
EP 21,49 €/St   LA 0,00 €/St   ST 21,49 €/St

003.46905.M KG 531 DIN 276
Rankgitter aus Holz, H 120 x B 190 cm
EP 63,47 DM/St   LA 0,00 DM/St   ST 63,47 DM/St
EP 32,45 €/St   LA 0,00 €/St   ST 32,45 €/St

003.46906.M KG 531 DIN 276
Rankgitter aus Holz, H 180 x B 60 cm, liefern
EP 42,03 DM/St   LA 0,00 DM/St   ST 42,03 DM/St
EP 21,49 €/St   LA 0,00 €/St   ST 21,49 €/St

003.46907.M KG 531 DIN 276
Rankgitter aus Holz, H 180 x B 100 cm, liefern
EP 50,61 DM/St   LA 0,00 DM/St   ST 50,61 DM/St
EP 25,88 €/St   LA 0,00 €/St   ST 25,88 €/St

003.46908.M KG 531 DIN 276
Rankgitter aus Holz, H 180 x B 190 cm, liefern
EP 76,35 DM/St   LA 0,00 DM/St   ST 76,35 DM/St
EP 39,04 €/St   LA 0,00 €/St   ST 39,04 €/St

003.46909.M KG 531 DIN 276
Rankgitter Holz, H 180x B 60 cm, Latten diag., lief.
EP 50,61 DM/St   LA 0,00 DM/St   ST 50,61 DM/St
EP 25,88 €/St   LA 0,00 €/St   ST 25,88 €/St

003.46910.M KG 531 DIN 276
Rankgitter Holz, H 180x B 100 cm, Latten diag., lief.
EP 59,20 DM/St   LA 0,00 DM/St   ST 59,20 DM/St
EP 30,27 €/St   LA 0,00 €/St   ST 30,27 €/St

003.46911.M KG 531 DIN 276
Rankgitter Holz, H 180 x B 190 cm, Latten diag., lief.
EP 84,94 DM/St   LA 0,00 DM/St   ST 84,94 DM/St
EP 43,43 €/St   LA 0,00 €/St   ST 43,43 €/St

003.46912.M KG 531 DIN 276
Rankgitter Holz, Spitzelement 180/210x 60 cm, lief.
EP 59,20 DM/St   LA 0,00 DM/St   ST 59,20 DM/St
EP 30,27 €/St   LA 0,00 €/St   ST 30,27 €/St

003.46913.M KG 551 DIN 276
Rankgitter Holz, Wände, H 150x B30/65 cm, lief.
EP 8,49 DM/St   LA 0,00 DM/St   ST 8,49 DM/St
EP 4,34 €/St   LA 0,00 €/St   ST 4,34 €/St

003.46914.M KG 551 DIN 276
Rankgitter Holz, Wände, H 190/205x B 40/100cm, lief.
EP 102,09 DM/St LA 0,00 DM/St   ST 102,09 DM/St
EP 52,20 €/St   LA 0,00 €/St   ST 52,20 €/St

003.46915.M KG 531 DIN 276
Bogenrankgitter aus Holz, H 180/162xB 100 cm, liefern
EP 67,77 DM/St   LA 0,00 DM/St   ST 67,77 DM/St
EP 34,65 €/St   LA 0,00 €/St   ST 34,65 €/St

003.46916.M KG 531 DIN 276
Bogenrankgitter aus Holz, H 180/162xB 190 cm, liefern
EP 110,67 DM/St LA 0,00 DM/St   ST 110,67 DM/St
EP 56,58 €/St   LA 0,00 €/St   ST 56,58 €/St

003.46917.M KG 531 DIN 276
Rankgitter Holz, bis 120 cm Höhe, befestigen
EP 35,37 DM/St   LA 31,52 DM/St ST 3,85 DM/St
EP 18,09 €/St   LA 16,11 €/St   ST 1,98 €/St

003.46918.M KG 531 DIN 276
Rankgitter Holz, 120-250 cm Höhe, befestigen
EP 50,07 DM/St   LA 44,25 DM/St ST 5,82 DM/St
EP 25,60 €/St   LA 22,62 €/St   ST 2,98 €/St

003.46919.M KG 551 DIN 276
Rankgitter aus Holz an der Wand befestigen
EP 48,69 DM/St   LA 43,64 DM/St ST 5,05 DM/St
EP 24,90 €/St   LA 22,31 €/St   ST 2,59 €/St

003.46920.M KG 532 DIN 276
Rankschutzgitter 110 cm hoch, 36,5 cm Durchmesser
EP 180,85 DM/St LA 31,05 DM/St ST 149,80 DM/St
EP 92,47 €/St   LA 15,87 €/St   ST 76,60 €/St

003.46921.M KG 532 DIN 276
Rankschutzgitter, 120 cm hoch; 30 cm Durchmesser
EP 130,34 DM/St LA 31,05 DM/St ST 99,29 DM/St
EP 66,64 €/St   LA 15,87 €/St   ST 50,77 €/St

003.46922.M KG 532 DIN 276
Rankschutzgitter, 180 cm hoch; 36,5 cm Durchmesser
EP 523,87 DM/St LA 310,49 DM/St ST 213,38 DM/St
EP 267,85 €/St   LA 158,75 €/St ST 109,10 €/St

LB 003 Landschaftsbauarbeiten
Bewässerungsanlagen

AW 003

Ausgabe 06.02

Sämtliche Preise sind **Mittelpreise ohne Mehrwertsteuer** zum Zeitpunkt des Ausgabedatums.
Korrekturfaktoren für Regionaleinfluss, Mengeneinfluss, Konjunktureinfluss siehe Vorspann.
Abkürzungen: EP = Einheitspreis, LA = Lohnanteil, ST = Stoffanteil

Bewässerungsanlagen

003.-----.-

003.47501.M	Beregnungsanlage für Sportrasenflächen, 3,3 m3/h	3 325,07 DM/St
		1 700,08 €/St
003.47502.M	Beregnungsanlage für Sportrasenflächen, 5,1 m3/h	8 112,93 DM/St
		4 148,07 €/St
003.47503.M	Beregnungsanlage für Vegetationsfl., 6 Regner mobil	13 824,69 DM/St
		7 068,45 €/St
003.47701.M	Vollkreis-Aufsatzregner, 1-düsig, 1/2" Außengewinde	82,15 DM/St
		42,00 €/St
003.47702.M	Vollkreis-Aufsatzregner, 1-düsig, 3/4" Außengewinde	136,05 DM/St
		69,56 €/St
003.47703.M	Vollkreis-Aufsatzregner, 1-düsig, 1" Außengewinde	241,91 DM/St
		123,69 €/St
003.47704.M	Vollkreis-Aufsatzregner, 2-düsig, 5/4" Außengewinde	615,09 DM/St
		314,49 €/St
003.47901.M	Sprüh-Regner, Fläche 200 m2	100,93 DM/St
		51,60 €/St
003.47902.M	Sprüh-Regner, Fläche 250 m2	171,67 DM/St
		87,77 €/St
003.47903.M	Sprüh-Regner, Fläche 400 m2	1 014,48 DM/St
		518,70 €/St
003.49101.M	Tropfenbewässerungsanlage, 5 - 50 l/min	1 347,35 DM/St
		688,89 €/St
003.49102.M	Tropfenbewässerungsanlage, 10 - 100 l/min	2 021,01 DM/St
		1 033,32 €/St
003.49103.M	Tropfenbewässerungsanlage, 20 - 200 l/min	2 742,80 DM/St
		1 402,37 €/St

003.47501.M KG 542 DIN 276
Beregnungsanlage für Sportrasenflächen, 3,3 m3/h
EP 3 325,07 DM/St   LA 0,00 DM/St   ST 3 325,07 DM/St
EP 1 700,08 €/St   LA 0,00 €/St   ST 1 700,08 €/St

003.47502.M KG 542 DIN 276
Beregnungsanlage für Sportrasenflächen, 5,1 m3/h
EP 8 112,93 DM/St   LA 0,00 DM/St   ST 8 112,93 DM/St
EP 4 148,07 €/St   LA 0,00 €/St   ST 4 148,07 €/St

003.47503.M KG 542 DIN 276
Beregnungsanlage für Vegetationsflächen, 6 Regner mobil
EP 13 824,69 DM/St LA 0,00 DM/St   ST 13 824,69 DM/St
EP 7 068,45 €/St   LA 0,00 €/St   ST 7 068,45 €/St

003.47701.M KG 542 DIN 276
Vollkreis-Aufsatzregner, 1-düsig, 1/2" Außengewinde
EP 82,15 DM/St   LA 20,56 DM/St   ST 61,59 DM/St
EP 42,00 €/St   LA 10,51 €/St   ST 31,49 €/St

003.47702.M KG 542 DIN 276
Vollkreis-Aufsatzregner, 1-düsig, 3/4" Außengewinde
EP 136,05 DM/St   LA 20,56 DM/St   ST 115,49 DM/St
EP 69,56 €/St   LA 10,51 €/St   ST 59,05 €/St

003.47703.M KG 542 DIN 276
Vollkreis-Aufsatzregner, 1-düsig, 1" Außengewinde
EP 241,91 DM/St   LA 20,56 DM/St   ST 221,35 DM/St
EP 123,69 €/St   LA 10,51 €/St   ST 113,18 €/St

003.47704.M KG 542 DIN 276
Vollkreis-Aufsatzregner, 2-düsig, 5/4" Außengewinde
EP 615,09 DM/St   LA 28,04 DM/St   ST 587,05 DM/St
EP 314,49 €/St   LA 14,34 €/St   ST 300,15 €/St

003.47901.M KG 542 DIN 276
Sprüh-Regner, Fläche 200 m2
EP 100,93 DM/St   LA 20,56 DM/St   ST 80,37 DM/St
EP 51,60 €/St   LA 10,51 €/St   ST 41,09 €/St

003.47902.M KG 542 DIN 276
Sprüh-Regner, Fläche 250 m2
EP 171,67 DM/St   LA 20,56 DM/St   ST 151,11 DM/St
EP 87,77 €/St   LA 10,51 €/St   ST 77,26 €/St

003.47903.M KG 542 DIN 276
Sprüh-Regner, Fläche 400 m2
EP 1 014,48 DM/St   LA 28,04 DM/St   ST 986,44 DM/St
EP 518,70 €/St   LA 14,34 €/St   ST 504,36 €/St

003.49101.M KG 542 DIN 276
Tropfenbewässerungsanlage, 5 - 50 l/min
EP 1 347,35 DM/St   LA 0,00 DM/St   ST 1 347,35 DM/St
EP   688,89 €/St   LA 0,00 €/St   ST   688,89 €/St

003.49102.M KG 542 DIN 276
Tropfenbewässerungsanlage, 10 - 100 l/min
EP 2 021,01 DM/St   LA 0,00 DM/St   ST 2 021,01 DM/St
EP 1 033,32 €/St   LA 0,00 €/St   ST 1 033,32 €/St

003.49103.M KG 542 DIN 276
Tropfenbewässerungsanlage, 20 - 200 l/min
EP 2 742,80 DM/St   LA 0,00 DM/St   ST 2 742,80 DM/St
EP 1 402,37 €/St   LA 0,00 €/St   ST 1 402,37 €/St

AW 003

Ausgabe 06.02

LB 003 Landschaftsbauarbeiten
Einfriedungen (Zäune)

Sämtliche Preise sind **Mittelpreise ohne Mehrwertsteuer** zum Zeitpunkt des Ausgabedatums.
Korrekturfaktoren für Regionaleinfluss, Mengeneinfluss, Konjunktureinfluss siehe Vorspann.
Abkürzungen: EP = Einheitspreis, LA = Lohnanteil, ST = Stoffanteil

Einfriedungen (Zäune)

003.-----.-

003.52301.M	Zaun, Drahtgeflecht, Betonpfosten	69,95 DM/m
		35,77 €/m
003.53801.M	Zaunpfosten, Stahlbeton, 10 x 10 x 135 cm	32,76 DM/St
		16,75 €/St
003.53802.M	Zaunpfosten, Stahlbeton, 10 x 10 x 178 cm	34,96 DM/St
		17,87 €/St
003.53803.M	Zaunpfosten, Stahlbeton, 12 x 12 x 200 cm	52,01 DM/St
		26,59 €/St
003.53804.M	Zaunpfosten, Stahlbeton, 12 x 12 x 240 cm	58,74 DM/St
		30,03 €/St
003.53805.M	Zaunpfosten, Stahlbeton, 12 x 12 x 280 cm	67,91 DM/St
		34,72 €/St
003.53806.M	Verstrebung, Stahlbeton, 10 x 10 x 135 cm	20,63 DM/St
		10,55 €/St
003.53807.M	Verstrebung, Stahlbeton, 10 x 10 x 178 cm	22,84 DM/St
		11,68 €/St
003.53808.M	Verstrebung, Stahlbeton, 12 x 12 x 200 cm	33,82 DM/St
		17,29 €/St
003.53809.M	Verstrebung, Stahlbeton, 12 x 12 x 240 cm	39,95 DM/St
		20,43 €/St
003.53810.M	Verstrebung, Stahlbeton, 12 x 12 x 280 cm	43,68 DM/St
		22,33 €/St
003.54401.M	Zaunpfosten, Stahlrohr, l = 1,20 - 1,50 m	36,18 DM/St
		18,50 €/St
003.54402.M	Zaunpfosten, Stahlrohr, l = 1,50 - 2,00 m	46,22 DM/St
		23,63 €/St
003.54403.M	Zaunpfosten, Stahlrohr, l = 2,60 m	69,49 DM/St
		35,53 €/St
003.55501.M	Verstrebung, Stahlrohr, l = 1,20 - 1,50 m	29,90 DM/St
		15,29 €/St
003.55502.M	Verstrebung, Stahlrohr, l = 1,50 - 2,00 m	40,14 DM/St
		20,52 €/St
003.55503.M	Verstrebung, Stahlrohr, l = 2,60 m	56,65 DM/St
		28,97 €/St
003.57001.M	Zaun, senkrecht angeordnete Latten, 50 cm hoch	68,84 DM/m
		35,20 €/m
003.57002.M	Zaun, senkrecht angeordnete Latten, 80 cm hoch	82,86 DM/m
		42,37 €/m
003.57003.M	Zaun, senkrecht angeordnete Latten, 100 cm hoch	90,81 DM/m
		46,43 €/m
003.57004.M	Zaun, senkrecht angeordnete Latten, 120 cm hoch	101,28 DM/m
		51,78 €/m
003.57101.M	Zaun, diagonal gekreuzte Latten, 50 cm hoch	75,71 DM/m
		38,71 €/m
003.57102.M	Zaun, diagonal gekreuzte Latten, 80 cm hoch	89,09 DM/m
		45,55 €/m
003.57103.M	Zaun, diagonal gekreuzte Latten, 100 cm hoch	97,27 DM/m
		49,73 €/m
003.57104.M	Zaun, diagonal gekreuzte Latten, 120 cm hoch	104,35 DM/m
		53,35 €/m
003.58001.M	Zaunpfosten aus Holz, 7x7x160 cm liefern	10,21 DM/St
		5,22 €/St
003.58002.M	Zaunpfosten aus Holz, 7x7x190 cm liefern	11,92 DM/St
		6,10 €/St
003.58003.M	Zaunpfosten aus Holz, 9x9x90 cm liefern	12,78 DM/St
		6,53 €/St
003.58004.M	Zaunpfosten aus Holz, 9x9x130 cm liefern	18,79 DM/St
		9,61 €/St
003.58005.M	Zaunpfosten aus Holz, 9x9x160 cm liefern	22,31 DM/St
		11,41 €/St
003.58006.M	Zaunpfosten aus Holz, 9x9x190 cm liefern	25,32 DM/St
		12,94 €/St
003.58007.M	Zaunpfosten aus Holz (Höhe 160-200 cm) befestigen	18,79 DM/St
		9,61 €/St
003.58008.M	Zaunpfosten aus Holz (Höhe 90-150 cm) befestigen	10,91 DM/St
		5,58 €/St

003.52301.M KG 531 DIN 276
Zaun, Drahtgeflecht, Betonpfosten
EP 69,95 DM/m   LA 21,22 DM/m   ST 48,73 DM/m
EP 35,77 €/m   LA 10,85 €/m   ST 24,92 €/m

003.53801.M KG 531 DIN 276
Zaunpfosten, Stahlbeton, 10 x 10 x 135 cm
EP 32,76 DM/St   LA 21,22 DM/St   ST 11,54 DM/St
EP 16,75 €/St   LA 10,85 €/St   ST 5,90 €/St

003.53802.M KG 531 DIN 276
Zaunpfosten, Stahlbeton, 10 x 10 x 178 cm
EP 34,96 DM/St   LA 23,03 DM/St   ST 11,93 DM/St
EP 17,87 €/St   LA 11,78 €/St   ST 6,09 €/St

003.53803.M KG 531 DIN 276
Zaunpfosten, Stahlbeton, 12 x 12 x 200 cm
EP 52,01 DM/St   LA 30,30 DM/St   ST 21,71 DM/St
EP 26,59 €/St   LA 15,49 €/St   ST 11,10 €/St

003.53804.M KG 531 DIN 276
Zaunpfosten, Stahlbeton, 12 x 12 x 240 cm
EP 58,74 DM/St   LA 33,33 DM/St   ST 25,41 DM/St
EP 30,03 €/St   LA 17,04 €/St   ST 12,99 €/St

003.53805.M KG 531 DIN 276
Zaunpfosten, Stahlbeton, 12 x 12 x 280 cm
EP 67,91 DM/St   LA 39,39 DM/St   ST 28,52 DM/St
EP 34,72 €/St   LA 20,14 €/St   ST 14,58 €/St

003.53806.M KG 531 DIN 276
Verstrebung, Stahlbeton, 10 x 10 x 135 cm
EP 20,63 DM/St   LA 9,09 DM/St   ST 11,54 DM/St
EP 10,55 €/St   LA 4,65 €/St   ST 5,90 €/St

003.53807.M KG 531 DIN 276
Verstrebung, Stahlbeton, 10 x 10 x 178 cm
EP 22,84 DM/St   LA 10,91 DM/St   ST 11,93 DM/St
EP 11,68 €/St   LA 5,58 €/St   ST 6,10 €/St

003.53808.M KG 531 DIN 276
Verstrebung, Stahlbeton, 12 x 12 x 200 cm
EP 33,82 DM/St   LA 12,12 DM/St   ST 21,70 DM/St
EP 17,29 €/St   LA 6,20 €/St   ST 11,09 €/St

003.53809.M KG 531 DIN 276
Verstrebung, Stahlbeton, 12 x 12 x 240 cm
EP 39,95 DM/St   LA 14,55 DM/St   ST 25,40 DM/St
EP 20,43 €/St   LA 7,44 €/St   ST 12,99 €/St

003.53810.M KG 531 DIN 276
Verstrebung, Stahlbeton, 12 x 12 x 280 cm
EP 43,68 DM/St   LA 15,16 DM/St   ST 28,52 DM/St
EP 22,33 €/St   LA 7,75 €/St   ST 14,58 €/St

003.54401.M KG 531 DIN 276
Zaunpfosten, Stahlrohr, l = 1,20 - 1,50 m
EP 36,18 DM/St   LA 15,16 DM/St   ST 21,02 DM/St
EP 18,50 €/St   LA 7,75 €/St   ST 10,75 €/St

003.54402.M KG 531 DIN 276
Zaunpfosten, Stahlrohr, l = 1,50 - 2,00 m
EP 46,22 DM/St   LA 16,97 DM/St   ST 29,25 DM/St
EP 23,63 €/St   LA 8,68 €/St   ST 14,95 €/St

003.54403.M KG 531 DIN 276
Zaunpfosten, Stahlrohr, l = 2,60 m
EP 69,49 DM/St   LA 27,27 DM/St   ST 42,22 DM/St
EP 35,53 €/St   LA 13,95 €/St   ST 21,58 €/St

003.55501.M KG 531 DIN 276
Verstrebung, Stahlrohr, l = 1,20 - 1,50 m
EP 29,90 DM/St   LA 7,27 DM/St   ST 22,63 DM/St
EP 15,29 €/St   LA 3,72 €/St   ST 11,57 €/St

003.55502.M KG 531 DIN 276
Verstrebung, Stahlrohr, l = 1,50 - 2,00 m
EP 40,14 DM/St   LA 8,49 DM/St   ST 31,65 DM/St
EP 20,52 €/St   LA 4,34 €/St   ST 16,18 €/St

003.55503.M KG 531 DIN 276
Verstrebung, Stahlrohr, l = 2,60 m
EP 56,65 DM/St   LA 10,91 DM/St   ST 45,74 DM/St
EP 28,97 €/St   LA 5,58 €/St   ST 23,39 €/St

003.57001.M KG 531 DIN 276
Zaun, senkrecht angeordnete Latten, 50 cm hoch
EP 68,84 DM/m   LA 45,46 DM/m   ST 23,38 DM/m
EP 35,20 €/m   LA 23,24 €/m   ST 11,96 €/m

003.57002.M KG 531 DIN 276
Zaun, senkrecht angeordnete Latten, 80 cm hoch
EP 82,86 DM/m   LA 48,49 DM/m   ST 34,37 DM/m
EP 42,37 €/m   LA 24,79 €/m   ST 17,58 €/m

003.57003.M KG 531 DIN 276
Zaun, senkrecht angeordnete Latten, 100 cm hoch
EP 90,81 DM/m   LA 49,69 DM/m   ST 41,12 DM/m
EP 46,43 €/m   LA 25,41 €/m   ST 21,02 €/m

LB 003 Landschaftsbauarbeiten
Einfriedungen Zäune; Tore

AW 003

Ausgabe 06.02

Sämtliche Preise sind **Mittelpreise ohne Mehrwertsteuer** zum Zeitpunkt des Ausgabedatums.
Korrekturfaktoren für Regionaleinfluss, Mengeneinfluss, Konjunktureinfluss siehe Vorspann.
Abkürzungen: EP = Einheitspreis, LA = Lohnanteil, ST = Stoffanteil

003.57004.M KG 531 DIN 276
Zaun, senkrecht angeordnete Latten, 120 cm hoch
EP 101,28 DM/m   LA 51,52 DM/m   ST 49,76 DM/m
EP 51,78 €/m   LA 26,34 €/m   ST 25,44 €/m

003.57101.M KG 531 DIN 276
Zaun, diagonal gekreuzte Latten, 50 cm hoch
EP 75,71 DM/m   LA 47,28 DM/m   ST 28,43 DM/m
EP 38,71 €/m   LA 24,17 €/m   ST 14,54 €/m

003.57102.M KG 531 DIN 276
Zaun, diagonal gekreuzte Latten, 80 cm hoch
EP 89,09 DM/m   LA 50,31 DM/m   ST 38,78 DM/m
EP 45,55 €/m   LA 25,72 €/m   ST 19,83 €/m

003.57103.M KG 531 DIN 276
Zaun, diagonal gekreuzte Latten, 100 cm hoch
EP 97,27 DM/m   LA 51,52 DM/m   ST 45,75 DM/m
EP 49,73 €/m   LA 26,34 €/m   ST 23,39 €/m

003.57104.M KG 531 DIN 276
Zaun, diagonal gekreuzte Latten, 120 cm hoch
EP 104,35 DM/m   LA 52,12 DM/m   ST 52,23 DM/m
EP 53,35 €/m   LA 26,65 €/m   ST 26,70 €/m

003.58001.M KG 532 DIN 276
Zaunpfosten aus Holz, 7x7x160 cm liefern
EP 10,21 DM/St   LA 0,00 DM/St   ST 10,21 DM/St
EP 5,22 €/St   LA 0,00 €/St   ST 5,22 €/St

003.58002.M KG 532 DIN 276
Zaunpfosten aus Holz, 7x7x190 cm liefern
EP 11,92 DM/St   LA 0,00 DM/St   ST 11,92 DM/St
EP 6,10 €/St   LA 0,00 €/St   ST 6,10 €/St

003.58003.M KG 532 DIN 276
Zaunpfosten aus Holz, 9x9x90 cm liefern
EP 12,78 DM/St   LA 0,00 DM/St   ST 12,78 DM/St
EP 6,53 €/St   LA 0,00 €/St   ST 6,53 €/St

003.58004.M KG 532 DIN 276
Zaunpfosten aus Holz, 9x9x130 cm liefern
EP 18,79 DM/St   LA 0,00 DM/St   ST 18,79 DM/St
EP 9,61 €/St   LA 0,00 €/St   ST 9,61 €/St

003.58005.M KG 532 DIN 276
Zaunpfosten aus Holz, 9x9x160 cm liefern
EP 22,31 DM/St   LA 0,00 DM/St   ST 22,31 DM/St
EP 11,41 €/St   LA 0,00 €/St   ST 11,41 €/St

003.58006.M KG 532 DIN 276
Zaunpfosten aus Holz, 9x9x190 cm liefern
EP 25,32 DM/St   LA 0,00 DM/St   ST 25,32 DM/St
EP 12,94 €/St   LA 0,00 €/St   ST 12,94 €/St

003.58007.M KG 532 DIN 276
Zaunpfosten aus Holz (Höhe 160-200 cm) befestigen
EP 18,79 DM/St   LA 18,79 DM/St   ST 0,00 DM/St
EP 9,61 €/St   LA 9,61 €/St   ST 0,00 €/St

003.58008.M KG 532 DIN 276
Zaunpfosten aus Holz (Höhe 90-150 cm) befestigen
EP 10,91 DM/St   LA 10,91 DM/St   ST 0,00 DM/St
EP 5,58 €/St   LA 5,58 €/St   ST 0,00 €/St

Einfriedungen (Tore)

003.----.-

003.54301.M Schiebetor, lichte Breite 188 cm	7 991,02 DM/St
	4 085,74 €/St
003.54302.M Schiebetor, lichte Breite 293 cm	8 643,44 DM/St
	4 419,32 €/St
003.54303.M Schiebetor, lichte Breite 543 cm	10 794,14 DM/St
	5 518,96 €/St
003.54304.M Schiebetor, lichte Breite 783 cm	12 962,22 DM/St
	6 627,48 €/St

003.54301.M KG 531 DIN 276
Schiebetor, lichte Breite 188 cm
EP 7 991,02 DM/St   LA 484,87 DM/St   ST 7 506,15 DM/St
EP 4 085,74 €/St   LA 247,91 €/St   ST 3 837,83 €/St

003.54302.M KG 531 DIN 276
Schiebetor, lichte Breite 293 cm
EP 8 643,44 DM/St   LA 606,08 DM/St   ST 8 037,36 DM/St
EP 4 419,32 €/St   LA 309,89 €/St   ST 4 109,43 €/St

003.54303.M KG 531 DIN 276
Schiebetor, lichte Breite 543 cm
EP 10 794,14 DM/St   LA 909,13 DM/St   ST 9 885,01 DM/St
EP 5 518,96 €/St   LA 464,83 €/St   ST 5 054,13 €/St

003.54304.M KG 531 DIN 276
Schiebetor, lichte Breite 783 cm
EP 12 962,22 DM/St   LA 1 090,95 DM/St   ST 11 871,27 DM/St
EP 6 627,48 €/St   LA   557,79 €/St   ST 6 069,69 €/St

AW 003

Ausgabe 06.02

LB 003 Landschaftsbauarbeiten
Schutzzäune

Sämtliche Preise sind **Mittelpreise ohne Mehrwertsteuer** zum Zeitpunkt des Ausgabedatums.
Korrekturfaktoren für Regionaleinfluss, Mengeneinfluss, Konjunktureinfluss siehe Vorspann.
Abkürzungen: EP = Einheitspreis, LA = Lohnanteil, ST = Stoffanteil

Schutzzäune

003.----.-

003.59101.M	Sichtschutzzaun aus Holz, Einzelelement, 150x180 cm	84,94 DM/St / 43,43 €/St
003.59102.M	Sichtschutz Holz, Elem. 180x100 cm, Lamelle 10x100mm	76,35 DM/St / 39,04 €/St
003.59103.M	Sichtschutz Holz, Elem. 180x180 cm, Lamelle 10x100mm	96,08 DM/St / 49,13 €/St
003.59104.M	Sichtschutz Holz, Elem.180x180 cm, Lamelle 6x60mm	54,91 DM/St / 28,07 €/St
003.59105.M	Sichtschutzzaun aus Holz, Einzelelement, 150x100 cm	169,86 DM/St / 86,85 €/St
003.59106.M	Sichtschutzzaun aus Holz, Element, 150x100 cm, farbig	325,15 DM/St / 166,24 €/St
003.59107.M	Sichtschutz Holz, 180x100 cm, Lamel. 12x100mm, diag.	187,88 DM/St / 96,06 €/St
003.59108.M	Sichtschutzzaun aus Holz, Einzelelement, 180x190 cm	239,35 DM/St / 122,38 €/St
003.59109.M	Sichtschutzzaun aus Holz, Einzelelem., 180/162x100 cm	170,71 DM/St / 87,28 €/St
003.59110.M	Sichtschutzzaun aus Holz, Einzelelem., 180/162x190 cm	239,35 DM/St / 122,38 €/St
003.59111.M	Sichtschutz Holz, Elem. 180x100 cm, Lamelle 12x100mm	127,83 DM/St / 65,36 €/St
003.59112.M	Sichtschutzzaun aus Holz, Spitzelement, 180/210x60 cm	127,83 DM/St / 65,36 €/St
003.59113.M	Sichtschutzzaun aus Holz, V-Element, 90x190 cm	127,83 DM/St / 65,36 €/St
003.59114.M	Sichtschutz Holz, Flechtz. 180x100 cm, Lamelle 5x75mm	57,48 DM/St / 29,39 €/St
003.59115.M	Sichtschutz Holz, Flechtz. 180x190 cm, Lamelle 5x75mm	59,20 DM/St / 30,27 €/St
003.59116.M	Sichtschutzzaun aus Holz, Flechtzaunelem. 120x100 cm	84,94 DM/St / 43,43 €/St
003.59117.M	Sichtschutzzaun aus Holz, Flechtzaunelem. 120x190 cm	119,25 DM/St / 60,97 €/St
003.59118.M	Sichtschutz Holz, Flechtz. 180x100 cm Lamelle 10x80mm	102,09 DM/St / 52,20 €/St
003.59119.M	Sichtschutz Holz, Flechtz. 180x190 cm Lamelle 10x80mm	144,98 DM/St / 74,13 €/St
003.59120.M	Sichtschutzzaunelement (150 - 200 cm hoch) befestigen	54,32 DM/St / 27,77 €/St
003.59121.M	Sichtschutzzaunelement (90 - 140 cm hoch) befestigen	35,98 DM/St / 18,39 €/St
003.59122.M	Schallschutzzaun aus Holz, 200 cm hoch	285,87 DM/m / 146,46 €/m
003.59123.M	Schallschutzzaun aus Holz, 180 cm hoch	3 456,60 DM/m / 1 767,33 €/m

003.59101.M KG 532 DIN 276
Sichtschutzzaun aus Holz, Einzelelement, 150x180 cm
EP 84,94 DM/St   LA 0,00 DM/St   ST 84,94 DM/St
EP 43,43 €/St   LA 0,00 €/St   ST 43,43 €/St

003.59102.M KG 532 DIN 276
Sichtschutz Holz, Element 180x100 cm, Lamelle 10x100mm
EP 76,35 DM/St   LA 0,00 DM/St   ST 76,35 DM/St
EP 39,04 €/St   LA 0,00 €/St   ST 39,04 €/St

003.59103.M KG 532 DIN 276
Sichtschutz Holz, Element 180x180 cm, Lamelle 10x100mm
EP 96,08 DM/St   LA 0,00 DM/St   ST 96,08 DM/St
EP 49,13 €/St   LA 0,00 €/St   ST 49,13 €/St

003.59104.M KG 532 DIN 276
Sichtschutz Holz, Element 180x180 cm, Lamelle 6x60mm
EP 54,91 DM/St   LA 0,00 DM/St   ST 54,91 DM/St
EP 28,07 €/St   LA 0,00 €/St   ST 28,07 €/St

003.59105.M KG 532 DIN 276
Sichtschutzzaun aus Holz, Einzelelement, 150x100 cm
EP 169,86 DM/St LA 0,00 DM/St   ST 169,86 DM/St
EP 86,85 €/St   LA 0,00 €/St   ST 86,85 €/St

003.59106.M KG 532 DIN 276
Sichtschutzzaun aus Holz, Element, 150x100 cm, farbig
EP 325,15 DM/St LA 0,00 DM/St   ST 325,15 DM/St
EP 166,24 €/St   LA 0,00 €/St   ST 166,24 €/St

003.59107.M KG 532 DIN 276
Sichtschutz Holz, 180x100 cm, Lamel. 12x100mm, diagonal
EP 187,88 DM/St LA 0,00 DM/St   ST 187,88 DM/St
EP 96,06 €/St   LA 0,00 €/St   ST 96,06 €/St

003.59108.M KG 532 DIN 276
Sichtschutzzaun aus Holz, Einzelelement, 180x190 cm
EP 239,35 DM/St LA 0,00 DM/St   ST 239,35 DM/St
EP 122,38 €/St   LA 0,00 €/St   ST 122,38 €/St

003.59109.M KG 532 DIN 276
Sichtschutzzaun aus Holz, Einzelelement, 180/162x100 cm
EP 170,71 DM/St LA 0,00 DM/St   ST 170,71 DM/St
EP 87,28 €/St   LA 0,00 €/St   ST 87,28 €/St

003.59110.M KG 532 DIN 276
Sichtschutzzaun aus Holz, Einzelelement, 180/162x190 cm
EP 239,35 DM/St LA 0,00 DM/St   ST 239,35 DM/St
EP 122,38 €/St   LA 0,00 €/St   ST 122,38 €/St

003.59111.M KG 532 DIN 276
Sichtschutz Holz, Element 180x100 cm, Lamelle 12x100mm
EP 127,83 DM/St LA 0,00 DM/St   ST 127,83 DM/St
EP 65,36 €/St   LA 0,00 €/St   ST 65,36 €/St

003.59112.M KG 532 DIN 276
Sichtschutzzaun aus Holz, Spitzelement, 180/210x60 cm
EP 127,83 DM/St LA 0,00 DM/St   ST 127,83 DM/St
EP 65,36 €/St   LA 0,00 €/St   ST 65,36 €/St

003.59113.M KG 532 DIN 276
Sichtschutzzaun aus Holz, V-Element, 90x190 cm
EP 127,83 DM/St LA 0,00 DM/St   ST 127,83 DM/St
EP 65,36 €/St   LA 0,00 €/St   ST 65,36 €/St

003.59114.M KG 532 DIN 276
Sichtschutz Holz, Flechtzaun 180x100 cm, Lamelle 5x75mm
EP 57,48 DM/St   LA 0,00 DM/St   ST 57,48 DM/St
EP 29,39 €/St   LA 0,00 €/St   ST 29,39 €/St

003.59115.M KG 532 DIN 276
Sichtschutz Holz, Flechtzaun 180x190 cm, Lamelle 5x75mm
EP 59,20 DM/St   LA 0,00 DM/St   ST 59,20 DM/St
EP 30,27 €/St   LA 0,00 €/St   ST 30,27 €/St

003.59116.M KG 532 DIN 276
Sichtschutzzaun aus Holz, Flechtzaunelement 120x100 cm
EP 84,94 DM/St   LA 0,00 DM/St   ST 84,94 DM/St
EP 43,43 €/St   LA 0,00 €/St   ST 43,43 €/St

003.59117.M KG 532 DIN 276
Sichtschutzzaun aus Holz, Flechtzaunelement 120x190 cm
EP 119,25 DM/St LA 0,00 DM/St   ST 119,25 DM/St
EP 60,97 €/St   LA 0,00 €/St   ST 60,97 €/St

003.59118.M KG 532 DIN 276
Sichtschutz Holz, Flechtzaun 180x100 cm Lamelle 10x80mm
EP 102,09 DM/St LA 0,00 DM/St   ST 102,09 DM/St
EP 52,20 €/St   LA 0,00 €/St   ST 52,20 €/St

003.59119.M KG 532 DIN 276
Sichtschutz Holz, Flechtzaun 180x190 cm Lamelle 10x80mm
EP 144,98 DM/St LA 0,00 DM/St   ST 144,98 DM/St
EP 74,13 €/St   LA 0,00 €/St   ST 74,13 €/St

003.59120.M KG 532 DIN 276
Sichtschutzzaunelement (150 - 200 cm hoch) befestigen
EP 54,32 DM/St   LA 48,49 DM/St ST 5,83 DM/St
EP 27,77 €/St   LA 24,79 €/St   ST 2,98 €/St

003.59121.M KG 532 DIN 276
Sichtschutzzaunelement (90 - 140 cm hoch) befestigen
EP 35,98 DM/St   LA 32,12 DM/St ST 3,86 DM/St
EP 18,39 €/St   LA 16,42 €/St   ST 1,97 €/St

003.59122.M KG 532 DIN 276
Schallschutzzaun aus Holz, 200 cm hoch
EP 285,87 DM/m   LA 115,16 DM/m ST 170,71 DM/m
EP 146,16 €/m   LA 58,88 €/m   ST 87,28 €/m

003.59123.M KG 532 DIN 276
Schallschutzzaun aus Holz, 180 cm hoch
EP 3 456,60 DM/m LA 119,40 DM/m ST 3 337,20 DM/m
EP 1 767,33 €/m LA 61,05 €/m   ST 1 706,28 €/m

LB 003 Landschaftsbauarbeiten
Pergolen

AW 003

Ausgabe 06.02

Sämtliche Preise sind **Mittelpreise ohne Mehrwertsteuer** zum Zeitpunkt des Ausgabedatums.
Korrekturfaktoren für Regionaleinfluss, Mengeneinfluss, Konjunktureinfluss siehe Vorspann.
Abkürzungen: EP = Einheitspreis, LA = Lohnanteil, ST = Stoffanteil

Pergolen

003.----.-

Pos.	Beschreibung	EP
003.60001.M	Pergola, Holz, einreihig, 0,6 x 3,0 m	429,86 DM/St
		219,78 €/St
003.60002.M	Pergola, Holz, einreihig, 0,6 x 4,0 m	508,61 DM/St
		260,05 €/St
003.60003.M	Pergola, Holz, einreihig, 0,6 x 5,0 m	555,94 DM/St
		284,25 €/St
003.60004.M	Pergola, Holz, einreihig, 0,8 x 3,0 m	514,97 DM/St
		263,30 €/St
003.60005.M	Pergola, Holz, einreihig, 0,8 x 4,0 m	623,80 DM/St
		318,94 €/St
003.60006.M	Pergola, Holz, einreihig, 0,8 x 5,0 m	695,68 DM/St
		355,70 €/St
003.60007.M	Pergola, Holz, einreihig, 0,65 x 5,00 m, farbig	883,67 DM/St
		451,81 €/St
003.60008.M	Pergola, Holz, zweireihig, 3,0 x 3,0 m	953,42 DM/St
		487,48 €/St
003.60009.M	Pergola, Holz, zweireihig, 3,0 x 4,0 m	1 190,13 DM/St
		608,50 €/St
003.60010.M	Pergola, Holz, zweireihig, 3,0 x 5,0 m	1 420,19 DM/St
		726,13 €/St
003.60011.M	Pergola, Holz, zweireihig, 4,0 x 3,0 m	1 322,06 DM/St
		675,96 €/St
003.60012.M	Pergola, Holz, zweireihig, 4,0 x 4,0 m	1 626,01 DM/St
		831,37 €/St
003.60013.M	Pergola, Holz, zweireihig, 5,0 x 4,0 m	1 879,16 DM/St
		960,80 €/St
003.60014.M	Pergola, zweireihig, 180x120x260 cm, mit Rankgitter	589,49 DM/St
		301,40 €/St
003.60101.M	Arkaden-Pergola, zweir., mit Rankgitter, 190x120 cm	908,42 DM/St
		464,47 €/St
003.60102.M	Arkaden-Pergola, zweir., Torbogen, 500x120x250 cm	2 241,28 DM/St
		1 145,95 €/St

003.60001.M KG 535 DIN 276
Pergola, Holz, einreihig, 0,6 x 3,0 m
EP 429,86 DM/St   LA 230,32 DM/St   ST 199,54 DM/St
EP 219,78 €/St   LA 117,76 €/St   ST 102,02 €/St

003.60002.M KG 535 DIN 276
Pergola, Holz, einreihig, 0,6 x 4,0 m
EP 508,61 DM/St   LA 254,55 DM/St   ST 254,06 DM/St
EP 260,05 €/St   LA 130,15 €/St   ST 129,90 €/St

003.60003.M KG 535 DIN 276
Pergola, Holz, einreihig, 0,6 x 5,0 m
EP 555,94 DM/St   LA 278,80 DM/St   ST 277,14 DM/St
EP 284,25 €/St   LA 142,55 €/St   ST 141,70 €/St

003.60004.M KG 535 DIN 276
Pergola, Holz, einreihig, 0,8 x 3,0 m
EP 514,97 DM/St   LA 242,43 DM/St   ST 272,54 DM/St
EP 263,30 €/St   LA 123,95 €/St   ST 139,35 €/St

003.60005.M KG 535 DIN 276
Pergola, Holz, einreihig, 0,8 x 4,0 m
EP 623,80 DM/St   LA 272,74 DM/St   ST 351,06 DM/St
EP 318,94 €/St   LA 139,45 €/St   ST 179,49 €/St

003.60006.M KG 535 DIN 276
Pergola, Holz, einreihig, 0,8 x 5,0 m
EP 695,68 DM/St   LA 303,04 DM/St   ST 392,64 DM/St
EP 355,70 €/St   LA 154,94 €/St   ST 200,76 €/St

003.60007.M KG 535 DIN 276
Pergola, Holz, einreihig, 0,65 x 5,00 m, farbig
EP 883,67 DM/St   LA 284,86 DM/St   ST 598,81 DM/St
EP 451,81 €/St   LA 145,64 €/St   ST 306,17 €/St

003.60008.M KG 535 DIN 276
Pergola, Holz, zweireihig, 3,0 x 3,0 m
EP 953,42 DM/St   LA 454,56 DM/St   ST 498,86 DM/St
EP 487,48 €/St   LA 232,41 €/St   ST 255,07 €/St

003.60009.M KG 535 DIN 276
Pergola, Holz, zweireihig, 3,0 x 4,0 m
EP 1 190,13 DM/St LA 575,78 DM/St   ST 614,35 DM/St
EP   608,50 €/St   LA 294,39 €/St   ST 314,11 €/St

003.60010.M KG 535 DIN 276
Pergola, Holz, zweireihig, 3,0 x 5,0 m
EP 1 420,19 DM/St LA 727,30 DM/St   ST 692,89 DM/St
EP   726,13 €/St   LA 371,86 €/St   ST 354,27 €/St

003.60011.M KG 535 DIN 276
Pergola, Holz, zweireihig, 4,0 x 3,0 m
EP 1 322,06 DM/St LA 606,08 DM/St   ST 715,98 DM/St
EP   675,96 €/St   LA 309,89 €/St   ST 366,07 €/St

003.60012.M KG 535 DIN 276
Pergola, Holz, zweireihig, 4,0 x 4,0 m
EP 1 626,01 DM/St LA 757,61 DM/St   ST 868,40 DM/St
EP   831,37 €/St   LA 387,36 €/St   ST 444,01 €/St

003.60013.M KG 535 DIN 276
Pergola, Holz, zweireihig, 5,0 x 4,0 m
EP 1 879,16 DM/St LA 909,13 DM/St   ST 970,03 DM/St
EP   960,80 €/St   LA 464,83 €/St   ST 495,97 €/St

003.60014.M KG 535 DIN 276
Pergola, zweireihig, 180x120x260 cm, mit Rankgitter
EP 589,49 DM/St   LA 377,59 DM/St   ST 211,90 DM/St
EP 301,40 €/St   LA 193,06 €/St   ST 108,34 €/St

003.60101.M KG 535 DIN 276
Arkaden-Pergola, zweireihig, mit Rankgitter, 190x120 cm
EP 908,42 DM/St   LA 373,95 DM/St   ST 534,47 DM/St
EP 464,47 €/St   LA 191,20 €/St   ST 273,27 €/St

003.60102.M KG 535 DIN 276
Arkaden-Pergola, zweireihig, Torbogen, 500x120x250 cm
EP 2 241,28 DM/St LA 789,72 DM/St   ST 1 451,56 DM/St
EP 1 145,95 €/St   LA 403,78 €/St   ST   742,17 €/St

AW 003

LB 003 Landschaftsbauarbeiten
Pflege- und Unterhaltungsarbeiten: Mähen; Schneiden

Ausgabe 06.02

Sämtliche Preise sind **Mittelpreise ohne Mehrwertsteuer** zum Zeitpunkt des Ausgabedatums.
Korrekturfaktoren für Regionaleinfluss, Mengeneinfluss, Konjunktureinfluss siehe Vorspann.
Abkürzungen: EP = Einheitspreis, LA = Lohnanteil, ST = Stoffanteil

Pflege- u. Unterhaltungsarbeiten: Mähen

003.----.-

003.65501.M	Riefenfläche ausmähen	1,82 DM/m2 0,93 €/m2
003.65502.M	Gehölzfläche ausmähen	3,03 DM/m2 1,55 €/m2
003.65503.M	Baumscheiben ausmähen	2,43 DM/m2 1,24 €/m2
003.65504.M	Gehölzflächen im Mittelstreifen ausmähen	3,64 DM/m2 1,86 €/m2
003.68201.M	Zierrasen mähen	9,09 DM/m2 4,65 €/m2
003.68301.M	Rasen mähen, Wuchshöhe 5 bis 8 cm	0,91 DM/m2 0,46 €/m2
003.68302.M	Gebrauchsrasen mähen	3,64 DM/m2 1,86 €/m2
003.68401.M	Sportrasen mähen	7,27 DM/m2 3,72 €/m2
003.68501.M	Parkplatzrasen mähen	6,67 DM/m2 3,41 €/m2
003.68601.M	Landschaftsrasen mähen	3,34 DM/m2 1,71 €/m2

003.65501.M KG 519 DIN 276
Riefenfläche ausmähen
EP 1,82 DM/m2   LA 1,82 DM/m2   ST 0,00 DM/m2
EP 0,93 €/m2   LA 0,93 €/m2   ST 0,00 €/m2

003.65502.M KG 519 DIN 276
Gehölzfläche ausmähen
EP 3,03 DM/m2   LA 3,03 DM/m2   ST 0,00 DM/m2
EP 1,55 €/m2   LA 1,55 €/m2   ST 0,00 €/m2

003.65503.M KG 519 DIN 276
Baumscheiben ausmähen
EP 2,43 DM/m2   LA 2,43 DM/m2   ST 0,00 DM/m2
EP 1,24 €/m2   LA 1,24 €/m2   ST 0,00 €/m2

003.65504.M KG 519 DIN 276
Gehölzflächen im Mittelstreifen ausmähen
EP 3,64 DM/m2   LA 3,64 DM/m2   ST 0,00 DM/m2
EP 1,86 €/m2   LA 1,86 €/m2   ST 0,00 €/m2

003.68201.M KG 519 DIN 276
Zierrasen mähen
EP 9,09 DM/m2   LA 9,09 DM/m2   ST 0,00 DM/m2
EP 4,65 €/m2   LA 4,65 €/m2   ST 0,00 €/m2

003.68301.M KG 519 DIN 276
Rasen mähen, Wuchshöhe 5 bis 8 cm
EP 0,91 DM/m2   LA 0,91 DM/m2   ST 0,00 DM/m2
EP 0,46 €/m2   LA 0,46 €/m2   ST 0,00 €/m2

003.68302.M KG 519 DIN 276
Gebrauchsrasen mähen
EP 3,64 DM/m2   LA 3,64 DM/m2   ST 0,00 DM/m2
EP 1,86 €/m2   LA 1,86 €/m2   ST 0,00 €/m2

003.68401.M KG 519 DIN 276
Sportrasen mähen
EP 7,27 DM/m2   LA 7,27 DM/m2   ST 0,00 DM/m2
EP 3,72 €/m2   LA 3,72 €/m2   ST 0,00 €/m2

003.68501.M KG 519 DIN 276
Parkplatzrasen mähen
EP 6,67 DM/m2   LA 6,67 DM/m2   ST 0,00 DM/m2
EP 3,41 €/m2   LA 3,41 €/m2   ST 0,00 €/m2

003.68601.M KG 519 DIN 276
Landschaftsrasen mähen
EP 3,34 DM/m2   LA 3,34 DM/m2   ST 0,00 DM/m2
EP 1,71 €/m2   LA 1,71 €/m2   ST 0,00 €/m2

Pflege- u. Unterhaltungsarbeiten: Schneiden

003.----.-

003.65601.M	Gehölze schneiden, Erziehungsschnitt	16,36 DM/St 8,37 €/St
003.65602.M	Gehölze schneiden, Auslichtungs- und Verjüngungsschnitt	22,73 DM/St 11,62 €/St
003.65603.M	Gehölze schneiden, Auf-Stock-Setzen	35,15 DM/St 17,97 €/St
003.65604.M	Bäume schneiden, Auslichtungsschnitt	142,43 DM/St 72,82 €/St
003.67801.M	Hecke verjüngen, Gehölzart Liguster	20,00 DM/m 10,23 €/m
003.67901.M	Hainbuchenhecke schneiden, 1 Schnitt	1,03 DM/m2 0,53 €/m2
003.67902.M	Ligusterhecke schneiden, 2 Schnitte	15,16 DM/m2 7,75 €/m2

003.65601.M KG 519 DIN 276
Gehölze schneiden, Erziehungsschnitt
EP 16,36 DM/St   LA 16,36 DM/St   ST 0,00 DM/St
EP 8,37 €/St   LA 8,37 €/St   ST 0,00 €/St

003.65602.M KG 519 DIN 276
Gehölze schneiden, Auslichtungs- und Verjüngungsschnitt
EP 22,73 DM/St   LA 22,73 DM/St   ST 0,00 DM/St
EP 11,62 €/St   LA 11,62 €/St   ST 0,00 €/St

003.65603.M KG 519 DIN 276
Gehölze schneiden, Auf-Stock-Setzen
EP 35,15 DM/St   LA 35,15 DM/St   ST 0,00 DM/St
EP 17,97 €/St   LA 17,97 €/St   ST 0,00 €/St

003.65604.M KG 519 DIN 276
Bäume schneiden, Auslichtungsschnitt
EP 142,43 DM/St   LA 142,43 DM/St   ST 0,00 DM/St
EP 72,82 €/St   LA 72,82 €/St   ST 0,00 €/St

003.67801.M KG 519 DIN 276
Hecke verjüngen, Gehölzart Liguster
EP 20,00 DM/m   LA 20,00 DM/m   ST 0,00 DM/m
EP 10,23 €/m   LA 10,23 €/m   ST 0,00 €/m

003.67901.M KG 519 DIN 276
Hainbuchenhecke schneiden, 1 Schnitt
EP 1,03 DM/m2   LA 1,03 DM/m2   ST 0,00 DM/m2
EP 0,53 €/m2   LA 0,53 €/m2   ST 0,00 €/m2

003.67902.M KG 519 DIN 276
Ligusterhecke schneiden, 2 Schnitte
EP 15,16 DM/m2   LA 15,16 DM/m2   ST 0,00 DM/m2
EP 7,75 €/m2   LA 7,75 €/m2   ST 0,00 €/m2

LB 003 Landschaftsbauarbeiten
Pflege- und Unterhaltungsarbeiten: Wässern; Winterschutz

AW 003

Ausgabe 06.02

Sämtliche Preise sind **Mittelpreise ohne Mehrwertsteuer** zum Zeitpunkt des Ausgabedatums.
Korrekturfaktoren für Regionaleinfluss, Mengeneinfluss, Konjunktureinfluss siehe Vorspann.
Abkürzungen: EP = Einheitspreis, LA = Lohnanteil, ST = Stoffanteil

Pflege- u. Unterhaltungsarbeiten: Wässern

003.----.-

003.65801.M	Wässern, Pflanzfläche	2,43 DM/m2
		1,24 €/m2
003.65802.M	Wässern, Großgehölze	46,06 DM/St
		23,55 €/St
003.69201.M	Wässern, Rasenflächen	0,91 DM/m2
		0,46 €/m2

003.65801.M KG 519 DIN 276
Wässern, Pflanzfläche
EP 2,43 DM/m2   LA 2,43 DM/m2   ST 0,00 DM/m2
EP 1,24 €/m2   LA 1,24 €/m2   ST 0,00 €/m2

003.65802.M KG 519 DIN 276
Wässern, Großgehölze
EP 46,06 DM/St   LA 46,06 DM/St   ST 0,00 DM/St
EP 23,55 €/St   LA 23,55 €/St   ST 0,00 €/St

003.69201.M KG 519 DIN 276
Wässern, Rasenflächen
EP 0,91 DM/m2   LA 0,91 DM/m2   ST 0,00 DM/m2
EP 0,46 €/m2   LA 0,46 €/m2   ST 0,00 €/m2

Pflege- u. Unterhaltungsarbeiten: Winterschutz

003.----.-

003.66301.M	Winterschutz, Beetrosen	6,06 DM/m2
		3,10 €/m2
003.66302.M	Winterschutz, immergrüne Gehölze	30,30 DM/m2
		15,49 €/m2

003.66301.M KG 519 DIN 276
Winterschutz, Beetrosen
EP 6,06 DM/m2   LA 6,06 DM/m2   ST 0,00 DM/m2
EP 3,10 €/m2   LA 3,10 €/m2   ST 0,00 €/m2

003.66302.M KG 519 DIN 276
Winterschutz, immergrüne Gehölze
EP 30,30 DM/m2   LA 30,30 DM/m2   ST 0,00 DM/m2
EP 15,49 €/m2   LA 15,49 €/m2   ST 0,00 €/m2

AW 003

LB 003 Landschaftsbauarbeiten
Pflege- und Unterhaltungsarbeiten/Sonstiges; Baustoffe liefern

Ausgabe 06.02

Sämtliche Preise sind **Mittelpreise ohne Mehrwertsteuer** zum Zeitpunkt des Ausgabedatums.
Korrekturfaktoren für Regionaleinfluß, Mengeneinfluß, Konjunktureinfluß siehe Vorspann.
Abkürzungen: EP = Einheitspreis, LA = Lohnanteil, ST = Stoffanteil

Pflege- u. Unterhaltungsarbeiten: Sonstiges

003.----.-

Position	Beschreibung	Preis
003.69301.M	Verticutieren, Sportrasenflächen	4,97 DM/m2 / 2,54 €/m2
003.69401.M	Aerifizieren, Spielrasenfläche	4,00 DM/m2 / 2,04 €/m2
003.69801.M	Rasenkante stechen	2,43 DM/m / 1,24 €/m
003.69901.M	Säubern, Rasenfläche	13,94 DM/m2 / 7,13 €/m2

003.69301.M KG 519 DIN 276
Verticutieren, Sportrasenflächen
EP 4,97 DM/m2   LA 4,97 DM/m2   ST 0,00 DM/m2
EP 2,54 €/m2   LA 2,54 €/m2   ST 0,00 €/m2

003.69401.M KG 519 DIN 276
Aerifizieren, Spielrasenfläche
EP 4,00 DM/m2   LA 4,00 DM/m2   ST 0,00 DM/m2
EP 2,04 €/m2   LA 2,04 €/m2   ST 0,00 €/m2

003.69801.M KG 519 DIN 276
Rasenkante stechen
EP 2,43 DM/m   LA 2,43 DM/m   ST 0,00 DM/m
EP 1,24 €/m   LA 1,24 €/m   ST 0,00 €/m

003.69901.M KG 519 DIN 276
Säubern, Rasenfläche
EP 13,94 DM/m2 LA 13,94 DM/m2 ST 0,00 DM/m2
EP 7,13 €/m2   LA 7,13 €/m2   ST 0,00 €/m2

Baustoffe liefern

003.----.-

Position	Beschreibung	Preis
003.95001.M	Baustoffe liefern, Splitt 0-8 mm	23,03 DM/m3 / 11,78 €/m3
003.95002.M	Baustoffe liefern, Splitt 2-5 mm	33,76 DM/m3 / 17,26 €/m3

003.95001.M KG 525 DIN 276
Baustoffe liefern, Splitt 0-8 mm
EP 23,03 DM/m3 LA 0,00 DM/m3   ST 23,03 DM/m3
EP 11,78 €/m3   LA 0,00 €/m3   ST 11,78 €/m3

003.95002.M KG 525 DIN 276
Baustoffe liefern, Splitt 2-5 mm
EP 33,76 DM/m3 LA 0,00 DM/m3   ST 33,76 DM/m3
EP 17,26 €/m3   LA 0,00 €/m3   ST 17,26 €/m3

LB 004 Landschaftsbauarbeiten, Pflanzen
Laubgehölze

STLB 004

Ausgabe 06.02

Laubgehölze

001 **Acer** (Ahorn)
- Art/Sorte
  - -- campestre (Feld-Ahorn, Maßholder),
  - -- campestre Elsrijk (Erlenartiger Feld-Ahorn),
  - -- capillipes (Roter Schlangenhaut-Ahorn),
  - -- cappadocicum Rubrum (Kolchischer Ahorn),
  - -- ginnala (Feuer-Ahorn),
  - -- japonicum Aconitifolium (Japanischer Feuer-Ahorn),
  - -- japonicum Aureum (Japanischer Gold-Ahorn),
  - -- monspessulanum (Burgen-, Fels- oder Wein-Ahorn),
  - -- x neglectum Annae (Roter Feld-Ahorn),
  - -- negundo (Eschen-Ahorn),
  - -- negundo Aureo-variegatum (Goldbunter Eschen-Ahorn),
  - -- negundo Flamingo (Buntlaubiger Eschen-Ahorn),
  - -- negundo Odessanum (Gelber Eschen-Ahorn),
  - -- negundo Variegatum (Silberbunter Eschen-Ahorn),
  - -- negundo ....,
  - -- palmatum (Fächer-Ahorn, Japanischer Fächer-Anhorn),
  - -- palmatum Atropurpureum (Rotblättriger Fächer-Ahorn),
  - -- palmatum Crimson Queen,
  - -- palmatum Dissectum (Grüner Schlitz- Ahorn),
  - -- palmatum Dissectum Garnet,
  - -- palmatum Dissectum Viride,
  - -- palmatum Inaba-shidare,
  - -- palmatum Nigrum,
  - -- palmatum Ornatum,
  - -- palmatum Osakazuki,
  - -- palmatum ....,
  - -- pensylvanicum (Streifen-Ahorn),
  - -- platanoides (Spitz-Ahorn),
  - -- platanoides Cleveland (Kegelförmiger Spitz-Ahorn,
  - -- platanoides Columnare (Säulenförmiger Spitz-Ahorn),
  - -- platanoides Crimson King (Roter Spitz-Ahorn),
  - -- platanoides Deborah (Blutroter Spitz-Ahorn),
  - -- platanoides Drummondii (Gelbweißer Spitz-Ahorn),
  - -- platanoides Emerald Queen (Breitkegelförmiger Spitz-Ahorn),
  - -- platanoides Faassen s Black (Schwarz-Ahorn),
  - -- platanoides Globosum (Kugel-Ahorn),
  - -- platanoides Olmstedt (Schmalsäulenförmiger Spitz-Ahorn),
  - -- platanoides Reitenbachii (Schwarzbrauner Spitz-Ahorn),
  - -- platanoides Royal Red (Rotbrauner Spitz-Ahorn),
  - -- platanoides Schwedleri (Blut-Ahorn),
  - -- platanoides ....,
  - -- pseudoplatanus (Berg-, Wald-, Weiß-Ahorn),
  - -- pseudoplatanus Erectum (Schmalkroniger Berg-Ahorn),
  - -- pseudoplatanus Negenia (Kugelförmiger Berg-Ahorn),
  - -- pseudoplatanus Rotterdam (Breitkegelförmiger Berg-Ahorn),
  - -- pseudoplatanus ....,
  - -- rubrum (Rot-Ahorn),
  - -- rufinerve (Rostbart-Ahorn, Rosthaariger Streifen-Ahorn),
  - -- saccharinum (Silber-Ahorn),
  - -- saccharinum Born s Graciosa,
  - -- saccharinum Pyramidale (Säulen-Silber-Ahorn),
  - -- saccharinum Wieri (Geschlitzter Silber-Ahorn),
  - -- saccharinum ....,
  - -- saccharum (Zucker-Ahorn),
  - -- tataricum (Tartarischer Ahorn),

002 **Aesculus** (Kastanie)
- Art/Sorte
  - -- x carnea (Purpur-Kastanie),
  - -- x carnea Briotii (Scharlach-Kastanie),
  - -- hippocastanum (Gemeine Rosskastanie, Balkan-Rosskastanie),
  - -- hippocastanum Baumannii (Gefülltblühende Rosskastanie),
  - -- hippocastanum Umbraculifera (Kugel-Rosskastanie),
  - -- parviflora (Strauch-Kastanie, Schwärmer-Rosskastanie),
  - -- ....,

003 **Ailanthus** (Götterbaum)
- Art/Sorte
  - -- altissima (Götterbaum),
  - -- ....,

004 **Alnus** (Erle)
- Art/Sorte
  - -- cordata (Italienische Erle, Herzblättrige Erle)
  - -- glutinosa (Schwarz-Erle, Rot-Erle),
  - -- incana (Grau-Erle, Weiß-Erle),
  - -- incana Aurea (Gold-Erle),
  - -- x spaethii (Spaeth's Erle)
  - -- viridis (Grün-, Berg-Erle, Alpen-, Laub-Latsche),
  - -- ....,

005 **Amelanchier** (Felsenbirne)
- Art/Sorte
  - -- laevis (Kahle Felsenbirne, Hängende Felsenbirne),
  - -- lamarckii (Kupfer-Felsenbirne, Junibeere),
  - -- lamarckii Ballerina (Felsenbirne Ballerina),
  - -- ovalis (Gemeine Felsenbirne),
  - -- ....,

006 **Amorpha** (Bleibusch, Amorphe)
- Art/Sorte
  - -- canescens (Weißgrauer Bleibusch)
  - -- fruticosa (Falscher Indigo, Gemeiner Bleibusch),
  - -- ....,

007 **Aralia** (Aralie)
- Art/Sorte
  - -- elata (Stachel-Aralie, Japanischer Angelicabaum),
  - -- elata Aureovariegata (Gelbbunte Aralie),
  - -- elata Variegata (Silber-Aralie),
  - -- ....,

008 **Arctostaphylos** (Bärentraube)
- Art/Sorte
  - -- uva-ursi (Gemeine, Europäische Bärentraube),
  - -- ....,

009 **Aristolochia** (Pfeifenwinde, Pfeifenblume)
- Art/Sorte
  - -- macrophylla (Amerikanische Pfeifenwinde),
  - -- ....,

010 **Aronia**
- Art/Sorte
  - -- melanocarpa (Zwergvogelbeere, Schwarze Apfelbeere, Kahle Apfelbeere),
  - -- ....,

011 **Aucuba** (Aukube)
- Art/Sorte
  - -- japonica Variegata (Metzgerpalme),
  - -- ....,

STLB 004

LB 004 Landschaftsbauarbeiten, Pflanzen
Laubgehölze

Ausgabe 06.02

012 **Berberis** (Berberitze, Sauerdorn)
- Art/Sorte
  - - aggregata (Knäuelfrüchtige Berberitze, Westchinesische Berberitze, Feuer–Sauerdorn),
  - - buxifolia Nana (Grüne Polster–Berberitze, Buchsblättrige Berberitze),
  - - candidula (Immergrüne Kissen–Berberitze),
  - - candidula Jytte (Kissenberberitze Jytte),
  - - x frikartii Amstelveen (Immergrüne Kugel–Berberitze),
  - - x frikartii Telstar (Kugel–Berberitze Telstar),
  - - gagnepainii Klugowsi,
  - - gagnepainii var. lanceifolia (Immergrüne Lanzen–Berberitze),
  - - hookeri (Himalaya–Berberitze),
  - - x hybrido–gagnepainii (Warzige Lanzen–Berberitze),
  - - julianae (Großblättrige Berberitze),
  - - x media Parkjuweel,
  - - x media Red Jewel,
  - - x ottawensis Decora (Blut–Berberitze),
  - - x ottawensis Superba (Große Blut–Berberitze),
  - - x stenophylla (Schmalblatt–, Dotter–Berberitze),
  - - thunbergii (Grüne Hecken–Berberitze, Thunbergs Berberitze),
  - - thunbergii Atropurpurea (Rote Hecken–Berberitze),
  - - thunbergii Atropurpurea Nana (Kleine rote Hecken–Berberitze),
  - - thunbergii Aurea (Goldblättrige, gelbe Zwerg–Berberitze),
  - - thunbergii Bagatelle,
  - - thunbergii Dart s Purple,
  - - thunbergii Green Carpet,
  - - thunbergii Green Ornament,
  - - thunbergii Kobold,
  - - thunbergii Red Chief,
  - - thunbergii Rose Glow,
  - - thunbergii Verrucandi,
  - - thunbergii ....,
  - - verruculosa (Warzen–, Blaublatt–Berberitze),
  - - wilsoniae,
  - - wilsoniae var. subcaulialata (Korallen–Berberitze),
  - - ....,

013 **Betula** (Birke)
- Art/Sorte
  - - albosinensis (Kupfer–Birke),
  - - ermanii (Gold–Birke),
  - - forrestii (Forrest–Birke),
  - - humilis (Strauch–Birke),
  - - jacquemontii (B. utilis) (Schnee–, Himalaya–Birke),
  - - maximowicziana (Bronze–Birke),
  - - nana (Zwerg–, Polar–Birke),
  - - nigra (Schwarz–, Fluss–, Ufer–Birke),
  - - papyrifera (Papier–Birke),
  - - pendula (B. verrucosa) (Weiß–, Sand–Birke),
  - - pendula Dalecarlica (Schlitz–, Ornäs–Birke)
  - - pendula Fastigiata (Säulen–, Pyramiden–Birke),
  - - pendula Purpurea (Purpur–, Blut–Birke),
  - - pendula Tristis (Trauer–Birke),
  - - pendula Youngii (Hänge–, Gespenster–Birke),
  - - pendula ....,
  - - platyphylla var. Japonica (Japan–Birke),
  - - pubescens (Moor–Birke),
  - - ....,

014 **Buddleja** (Schmetterlingsstrauch, Sommerflieder, Buddleie)
- Art/Sorte
  - - alternifolia (Hänge–Buddleie, Schmalblättriger Sommerflieder),
  - - davidii African Queen,
  - - davidii Black Knight,
  - - davidii Cardinal,
  - - davidii Empire Blue,
  - - davidii Fascination,
  - - davidii Harlekin,
  - - davidii Ile de France,
  - - davidii Opera,
  - - davidii Peace,
  - - davidii Purple Prince,
  - - davidii Royal Red,
  - - davidii Tovelil,
  - - davidii White Profusion,
  - - x weyeriana Sungold,
  - - ....,

015 **Buxus** (Buchsbaum)
- Art/Sorte
  - - sempervirens ssp. sempervirens (Hoher Buchsbaum),
  - - sempervirens Handsworthiensis,
  - - sempervirens Rotundifolia (Rundblättriger Buchsbaum),
  - - sempervirens Suffruticosa (Beet–, Kanten–Buchs),
  - - ....,

016 **Callicarpa** (Schönfrucht, Liebesperlenstrauch, Wirbelbeere)
- Art/Sorte
  - - bodinieri var. giraldii (Schönfrucht),
  - - bodinieri Profusion,
  - - ....,

017 **Calluna** (Besenheide)
- Art/Sorte
  - - vulgaris (Besenheide, Heidekraut, Sommerheide),
  - - vulgaris Alba Plena,
  - - vulgaris Alportii,
  - - vulgaris Annemarie,
  - - vulgaris Aurea,
  - - vulgaris Boskoop,
  - - vulgaris Carmen,
  - - vulgaris Carolus,
  - - vulgaris County Wicklow,
  - - vulgaris Cramond,
  - - vulgaris Cuprea,
  - - vulgaris C. W. Nix,
  - - vulgaris Darkness,
  - - vulgaris Dart s Brillant Red,
  - - vulgaris Dirry,
  - - vulgaris Elegantissima,
  - - vulgaris Elsie Purnell,
  - - vulgaris Foxii,
  - - vulgaris Goldcarmen,
  - - vulgaris Gold Haze,
  - - vulgaris Hammondii,
  - - vulgaris H. E. Beale,
  - - vulgaris J. H. Hamilton,
  - - vulgaris Long White,
  - - vulgaris Marleen,
  - - vulgaris Mullion,
  - - vulgaris Peter Sparkes,
  - - vulgaris Radnor,
  - - vulgaris Red Favorit,
  - - vulgaris Roma,
  - - vulgaris Silber Knight,
  - - vulgaris Silber Queen,
  - - vulgaris White Lawn,
  - - ....,

018 **Calycanthus** (Gewürzstrauch, Kelchblume)
- Art/Sorte
  - - floridus (Echter Gewürzstrauch, Karolina–Nelkenpfeffer, Erdbeerstrauch),
  - - ....,

LB 004 Landschaftsbauarbeiten, Pflanzen
Laubgehölze

STLB 004

Ausgabe 06.02

019 Campsis (Trompetenblumem, Klettertrompete)
- Art/Sorte
  - -- radicans (Rote, Amerikanische Klettertrompete),
  - -- radicans Flava (Gelbe Klettertrompete),
  - -- x tagliabuana Mme. Galen,
  - -- ....,

020 Caragana (Erbsenstrauch)
- Art/Sorte
  - -- arborescens (Hoher Erbsenstrauch),
  - -- arborescens Lorbergii (Feinlaubiger Erbsenstrauch),
  - -- arborescens Pendula (Hänge-Erbsenstrauch),
  - -- arborescens Walker,
  - -- pygmaea (Zwerg-Erbsenstrauch),
  - -- ....,

021 Carpinus (Hainbuche)
- Art/Sorte
  - -- betulus (Weißbuche, Hagebuche, Hainbuche, Hornbaum),
  - -- betulus Fastigiata (Säulen-, Pyramiden-Hainbuche),
  - -- ....,

022 Caryopteris (Bartblume)
- Art/Sorte
  - -- x clandonensis,
  - -- x clandonensis Arthus Simmonds,
  - -- x clandonensis Heavenly Blue,
  - -- x clandonensis Kew Blue,
  - -- ....,

023 Castanea (Edel-Kastanie)
- Art/Sorte
  - -- sativa (Marone, Ess-, Edel-Kastanie),
  - -- ....,

024 Catalpa (Trompetenbaum, Zigarrenbaum)
- Art/Sorte
  - -- bignonioides (Reichfruchtender Trompetenbaum, Gewöhnlicher Trompetenbaum),
  - -- bignonioides Aurea (Gelbblättriger Trompetenbaum),
  - -- bignonioides Nana (Kugel-, Zwerg-Trompetenbaum),
  - -- ....,

025 Ceanthus (Säckelblume)
- Art/Sorte
  - -- x delilianus Gloire de Versailles,
  - -- x delilianus Topaze,
  - -- x pallidus Marie Simon,
  - -- x pallidus Perle Rose,
  - -- ....,

026 Cercidiphyllum (Katsurabaum, Judasblattbaum)
- Art/Sorte
  - -- japonicum (Kuchenbaum, Judasblattbaum),
  - -- ....,

027 Cercis (Judasbaum)
- Art/Sorte
  - -- siliquastrum (Gemeiner Judasbaum),
  - -- ....,

028 Chaenomeles (Zierquitte, Scheinquitte)
- Art/Sorte
  - -- japonica (Niedrige Scheinquitte, Japanische Zierquitte),
  - -- speciosa (Hohe Scheinquitte, Chinesische Zierquitte),
  - -- Boule de Feu,
  - -- Brilliant,
  - -- Carl Ramcke,
  - -- Crimson and Gold,
  - -- Elly Mossel,
  - -- Etna,
  - -- Fascination,
  - -- Fire Dance,
  - -- Hollandia,
  - -- Nicoline,
  - -- Nivalis,
  - -- Pink Lady,
  - -- Vesuvius,
  - -- ....,

029 Chionanthus (Schneeflockenstrauch)
- Art/Sorte
  - -- virginicus,
  - -- ....,

030 Clethra (Scheineller)
- Art/Sorte
  - -- alnifolia (Silberkerzenstrauch),
  - -- aliofolia Rosea,
  - -- ....,

031 Colutea (Blasenstrauch)
- Art/Sorte
  - -- arborescens (Hoher Blasenstrauch, Blasenschote),
  - -- ....,

032 Cornus (Hartriegel)
- Art/Sorte
  - -- alba (Weißer, Tartarischer Hartriegel),
  - -- alba Albo-marginata Elegans,
  - -- alba Argenteomarginata (Weißbunter Hartriegel),
  - -- alba Kesselringii (Schwarzholz-Hartriegel),
  - -- alba Sibirica (Purpur-Hartriegel),
  - -- alba Spaethii (Gelbbunter Hartriegel),
  - -- alternifolia (Niedriger Etagen-Hartriegel, Wechselblättriger Hartriegel),
  - -- canadensis (Teppich-, Zwerg-, Hartriegel),
  - -- controversa (Hoher Etagen-Hartriegel, Pagoden-Hartriegel),
  - -- florida (Blüten-Hartriegel, Amerikanischer Blumen-Hartriegel, Waldrebenbaum),
  - -- florida Rubra (Roter Blumen-Hartriegel),
  - -- kousa (Japanischer Blumen-Hartriegel),
  - -- kousa var. Chinensis (Chinesischer Blumen-Hartriegel),
  - -- mas (Kornelkirsche, Herlitze, Dirlitze, Hornstrauch),
  - -- nattallii (Nutalls Blüten-Hartriegel),
  - -- sanguinea (Roter, Echter Hartriegel, Roter Hornstrauch),
  - -- stolonifera Flaviramea (Gelbholz-Hartriegel),
  - -- stolonifera Kelsey (Zwerg-Hartriegel),
  - -- ....,

033 Corylopsis (Scheinhasel, Blumenhasel, Glockenhasel)
- Art/Sorte
  - -- pauciflora (Niedrige Glockenhasel, Niedrige Scheinhasel),
  - -- spicata (Hohe Glockenhasel, Hohe Scheinhasel),
  - -- ....,

034 Corylus (Hasel)
- Art/Sorte
  - -- avellana (Wald-Hasel, Haselnuss),
  - -- avellana Aurea (Gold-Hasel),
  - -- avellana Contorta (Korkenzieher-Hasel),
  - -- avellana Rotblättrige Zellernuß (Rotblättrige Zellernuss),
  - -- colurna (Baumhasel, Türkische Nuss),
  - -- maxima (Lambertnuss),
  - -- maxima Purpurea (Purpur-Hasel, Echte Blut-Hasel),
  - -- ....,

035 Cotinus (Perückenstrauch)
- Art/Sorte
  - -- coggygria (Grüner, Gemeiner Perückenstrauch),
  - -- coggygria Royal Purple (Purpurroter Perückenstrauch, Königs-Perückenstrauch),
  - -- coggygria Rubrifolius (Roter Perückenstrauch),
  - -- ....,

STLB 004

LB 004 Landschaftsbauarbeiten, Pflanzen
Laubgehölze

Ausgabe 06.02

036 **Cotoneaster** (Zwerg-, Strauch-, Felsen-, Beerenmispel)
- Art/Sorte
    - -- acutifolius (Peking-, Hecken-Strauchmispel),
    - -- adpressus (Niedrige Zwergmispel, Kissenmispel),
    - -- bullatus (Großblättrige, Runzelige Strauchmispel),
    - -- congestus (Gedrungene Zwergmispel),
    - -- conspicuus Decorus (Bogen-Zwergmispel),
    - -- dammeri Cardinal,
    - -- dammeri Coral Beauty,
    - -- dammeri Eichholz,
    - -- dammeri Jürgl,
    - -- dammeri Hachmann s Winterjuwel,
    - -- dammeri var. radicans,
    - -- dammeri Skogholm,
    - -- dammeri Streibs Findling,
    - -- dammeri Typ Schweiz,
    - -- dielsianus (Grüne Strauchmispel),
    - -- divaricatus (Breite, Sparrige Strauchmispel),
    - -- franchettii (Fächer-Mispel),
    - -- x Hessei,
    - -- horizontalis (Fächer-Mispel, Fächer-Zwergmispel),
    - -- horizontalis Saxatilis (Zwerg-Felsenmispel),
    - -- integerrimus (Berg-, Felsen-, Steinmispel),
    - -- microphyllus var. cochleatus (Immergrüne Kissenmispel),
    - -- multiflorus (Hohe, Vielblütige Strauchmispel),
    - -- praecox (Felsenmispel, Nanshan-Zwergmispel),
    - -- praecox Boer,
    - -- racemiflorus var. sonogoricus (Großbäumige Blütenmispel),
    - -- rotundifolius,
    - -- salicifolius var. floccosus (Immergrüne Strauchmispel),
    - -- salicifolius Herbstfeuer,
    - -- salicifolius Parkteppich,
    - -- salicifolius Repens,
    - -- simonsii (Steife Strauchmispel),
    - -- sternianus (Wintergrüne Strauchmispel),
    - -- tomentosus (Filzige Felsenmispel, Filzige Steinmispel),
    - -- x watereri Cornubia,
    - -- x watereri Pendulus (Hänge-Strauchmispel),
    - -- ....,

037 **Crataegus** (Weißdorn, Dorn)
- Art/Sorte
    - -- coccinea (Scharlach-Dorn),
    - -- crus-galli (Hahnendorn, Hahnensporn-Dorn),
    - -- x grigonensis (Brignon-Dorn),
    - -- laevigata Paul s Scarlet (Rot-Dorn),
    - -- laevigata Paulii (Rot-Dorn),
    - -- x lavallei (Apfel-Dorn),
    - -- monogyna (Eingriffeliger Weißdorn),
    - -- monogyna Stricta (Säulen-Dorn),
    - -- oxyacantha (Zweigriffeliger Weißdorn),
    - -- x prunifolia (Pflaumen-Dorn, Pflaumenblättriger Dorn),
    - -- ....,

038 **Cytisus** (Ginster, Geißklee)
- Art/Sorte
    - -- x beanii (Duftender Kriech-Ginster),
    - -- decumbens (Kissen-, Kriech-Ginster),
    - -- x kewensis (Niedriger Elfenbein-Ginster, Zwerg-Elfenbein-Ginster),
    - -- nigricans (Schwarzer Ginster),
    - -- x praecox (Elfenbein-, Frühlings-Ginster),
    - -- x praecox Allgold,
    - -- x praecox Goldspeer,
    - -- x praecox Hollandia,
    - -- x praecox Zitronenregen,
    - -- purpureus (Rosen-, Purpur-Ginster),
    - -- ratisbonensis (Regensburger Ginster),
    - -- scoparius (Besen-Ginster, Besenpfriem, Bram),
    - -- scoparius Andreanus Compacta,
    - -- scoparius Andreanus Splendens,
    - -- scoparius Burkwoodii,
    - -- scoparius Butterfly,
    - -- scoparius Criterion,
    - -- scoparius Daisy Hill,
    - -- scoparius Dorothy Walpole,
    - -- scoparius Dragonfly,
    - -- scoparius Dukaat,
    - -- scoparius Erlkönig,
    - -- scoparius Firefly,
    - -- scoparius Fulgens,
    - -- scoparius Golden Cascade,
    - -- scoparius Golden Sunlight,
    - -- scoparius Goldfinch,
    - -- scoparius Killiney Red,
    - -- scoparius Killiney Salomon,
    - -- scoparius La Coquette,
    - -- scoparius Lena,
    - -- scoparius Luna,
    - -- scoparius Moonlight,
    - -- scoparius Palette,
    - -- scoparius Queen Mary,
    - -- scoparius Red Favorite,
    - -- scoparius Red Wings,
    - -- scoparius Strictus,
    - -- scoparius Vanessa,
    - -- ....,

039 **Daboecia** (Irische Heide, Glanzheide)
- Art/Sorte
    - -- cantabrica Alba,
    - -- cantabrica Atropurpurea,
    - -- cantabrica Porters Variety,
    - -- cantabrica Praegerae,
    - -- scotica Cora,
    - -- scotica William Buchanan,
    - -- ....,

040 **Daphne** (Seidelbast)
- Art/Sorte
    - -- x burkwoodi Summerset (Maien-Seidelbast),
    - -- cneorum (Rosmarin-Seidelbast, Heideröschen, Steinrösel),
    - -- mezereum (Gemeiner Seidelbast, Kellerhals, Märzen-Seidelbast),
    - -- mezereum Alba (Weißer Seidelbast),
    - -- mezereum Rubra Select (Roter Märzen-Seidelbast),
    - -- ....,

041 **Davidia** (Taubenbaum)
- Art/Sorte
    - -- involucrata var. vilmoriniana (Kahler Taubenbaum),
    - -- ....,

042 **Decaisnea** (Blauschote, Blaugurke)
- Art/Sorte
    - -- fargesii (Gurkenstrauch),
    - -- ....,

043 **Deutzia** (Deutzie, Sternchen-, Maiblumenstrauch)
- Art/Sorte
    - -- gracilis (Zierliche Deutzie, Maiblumenstrauch),
    - -- x. hybr. Contrastre
    - -- x. hybr. Mont Rose,
    - -- x magnifica (Hohe Deutzie, Hoher Sterchenstrauch, Pracht-Deutzie),
    - -- x kalmiiflora (Kalmien-Deutzie),
    - -- x rosea (Niedriger Sternchenstrauch),
    - -- x scabra Candidissima (Reinweiße Deutzie),
    - -- x scabra Plena (Gefüllte Deutzie),
    - -- x scabra Pride of Rochester,
    - -- ....,

044 **Elaeagnus** (Ölweide)
- Art/Sorte
    - -- angustifolia (Schmalblättrige Ölweide, Wüsten-Ölweide),
    - -- commutata (Silber-, Ufer-Ölweide),
    - -- x ebbingei (Wintergrüne Ölweide),
    - -- multiflora (Essbare, Reichblütige Ölweide),
    - -- pungens Maculata (Buntlaubige Ölweide),
    - -- ....,

045 **Empetrum** (Krähenbeere, Rauschbeere)
- Art/Sorte
    - -- nigrum (Schwarze Krähenbeere),
    - -- ....,

LB 004 Landschaftsbauarbeiten, Pflanzen
Laubgehölze

046 Enkianthus (Prachtglocke)
- Art/Sorte
  - - campanulatus (Glockige Prachtglocke),
  - - ....,

047 Erica (Heide, Echte Heide)
- Art/Sorte
  - - carnea (Schnee-, Winter-, Märzen-Heide),
  - - carnea Alba,
  - - carnea Anna Rebecca,
  - - carnea Atrorubra,
  - - carnea Aurea,
  - - carnea December Red,
  - - carnea Foxhollow,
  - - carnea Lohse s Rubin,
  - - carnea March Seedling,
  - - carnea Myreton Ruby,
  - - carnea Paraecox Rubra,
  - - carnea Rubinteppich,
  - - carnea Rubra,
  - - carnea Snow Queen,
  - - carnea Springwood Pink,
  - - carnea Springwood White,
  - - carnea Vivelli,
  - - carnea Winter Beauty,
  - - carnea ....,
  - - cinerea Alba (Grau-Heide, Graue Glockenheide),
  - - cinerea Alba Major,
  - - cinerea C. D. Eason,
  - - cinerea Cevennes,
  - - cinerea Eden Vallex,
  - - cinerea Katinka,
  - - cinerea Knap Hill Park,
  - - cinerea Pallas,
  - - cinerea Pink Ice,
  - - cinerea Providence,
  - - cinerea P. S. Patrick,
  - - cinerea Stephan Davis,
  - - cinerea ....,
  - - x darleyensis (Englische Heide),
  - - x darleyensis Georg Rendall,
  - - x darleyensis Silberschmelze,
  - - x darleyense ....,
  - - tetralix (Glocken-, Moor-Heide),
  - - tetralix f. alba,
  - - tetralix Ardy,
  - - tetralix Con. Underwood,
  - - tetralix Helma,
  - - tetralix Hookstone Pink,
  - - tetralix Rubinetta,
  - - tetralix Rubra,
  - - tetralix Tina,
  - - tetralix ....,
  - - vagans Alba (Cornwall-, Trauben-, Mitsommer-Heide),
  - - vagans Diana Hornibrook,
  - - vagans Lynonesse,
  - - vagans Mrs. D. F. Maxwell,
  - - vagans St. Keverne,
  - - vagans ....,
  - - ....,

048 Euonymus (Spindelstrauch, Pfaffenhütchen, Spindelbaum)
- Art/Sorte
  - - alatus (Flügel-Spindelstrauch, Korkflügelstrauch),
  - - alatus Sämling,
  - - alatus Compacta,
  - - europaeus (Pfaffenhütchen, Gemeiner Spindelstrauch),
  - - europaeus Red Cascade,
  - - fortunei Coloratus (Purpur-Kriechspindel),
  - - fortunei Dart s Blanket,
  - - fortunei Dart s Cardinal
  - - fortunei Emerald Gaiety (Weißbunter Spindelstrauch),
  - - fortunei Emerald n Gold (Gelbbunter Spindelstrauch),
  - - fortunei Gold Tip,
  - - fortunei Minimus (Kleinblättrige Teppichspindel),
  - - fortunei var. radicans (Immergrüne Kriechspindel, Kutterspindel),
  - - fortunei Sarcoxie,
  - - fortunei Sheridan Gold,
  - - fortunei Silver Queen (Kletterspindel),
  - - fortunei Sunspot,
  - - fortunei Variegatus (Weißrandige Kriechspindel),
  - - fortunei Vegeta (Kletterspindel),
  - - fortunei ....,
  - - nana var. turkestanicus (Zwerg-Spindelstrauch),
  - - phellomanus (Hoher Korkflügelstrauch),
  - - planipes (Großfrüchtiges Pfaffenhütchen, Flachstieliger Spindelstrauch),
  - - yedoensis,
  - - ....,

049 Exochorda (Rad-, Prunkspiere, Perlstrauch, Perlbusch)
- Art/Sorte
  - - giraldii (Buschige Prunkspiere),
  - - racemosa (Sparrige Prunkspiere),
  - - ....,

050 Fagus (Buche)
- Art/Sorte
  - - sylvatica (Rotbuche, Buch),
  - - sylvatica Asplenifolia (Farn-Buche),
  - - sylvatica Atropunicea,
  - - sylvatica Dawyck (Säulen-Buche),
  - - sylvatica Laciniata (Schlitzblättrige Buche),
  - - sylvatica Pendula (Grünlaubige Hänge-Buche, Trauer-Buche),
  - - sylvatica f. purpurea (Sämlings-Blut-Buche, Purpur-Buche),
  - - sylvatica Purpurea Latifolia (Veredelte Blut-Buche),
  - - sylvatica Purpurea Pendula (Rotlaubige Hänge-Buche, Hänge-Blut-Buche, Trauer-Blut-Buche),
  - - sylvatica Swart Magret,
  - - sylvatica Tortuosa (Dreh-Buche),
  - - sylvatica Tricolor (Buntblättrige Buche),
  - - sylvatica Zlatia (Gold-Buche),
  - - ....,

051 Forsythia (Forsythie, Goldglöckchen, Lenzgold)
- Art/Sorte
  - - x intermedia Beatrix Farrand,
  - - x intermedia Goldzauber,
  - - x intermedia Lynwood Gold,
  - - x intermedia Minigold,
  - - x intermedia Spectabilis,
  - - x intermedia Spring Glory,
  - - ovata Robusta,
  - - ovata Tetragold,
  - - suspensa var. fortunei (Hängende Forsythie),
  - - ....,

052 Fothergilla (Federbuschstrauch)
- Art/Sorte
  - - gardenii (Erlenblättriger Federbuschstrauch),
  - - major (Großer Federbuschstrauch),
  - - monticola (Berg-Federbuschstrauch, Flaschenbürstenstrauch),
  - - ....,

STLB 004

LB 004 Landschaftsbauarbeiten, Pflanzen
Laubgehölze

Ausgabe 06.02

053 Fraxinus (Esche)
- Art/Sorte
  - americana (Weiß-Esche),
  - angustifolia Raywood,
  - excelsior (Gemeine, Hohe, Gewöhnliche Esche),
  - excelsior Altena,
  - excelsior Atlas,
  - excelsior Den Bosch,
  - excelsior Diversifolia,
  - excelsior Doorenbos,
  - excelsior Eureka,
  - excelsior Geessink,
  - excelsior Hessei (Einblatt-Esche),
  - excelsior Jaspidea,
  - excelsior Nana,
  - excelsior Pendula (Trauer-Esche),
  - excelsior Westhof s Glorie,
  - excelsior ....,
  - ornus (Manna-, Blumen-Esche),
  - ornus Globosa,
  - ....,

054 Fuchsia (Fuchsie)
- Art/Sorte
  - magellanica Gracilis,
  - ....,

055 Gaultheria (Scheinbeere, Teppichbeere),
- Art/Sorte
  - procumbens (Rote Teppichbeere, Rebhuhnbeere),
  - shallon (Hohe Teppichbeere),
  - ....,

056 Genista (Ginster)
- Art/Sorte
  - anglica (Englischer Ginster),
  - germanica (Deutscher Ginster),
  - hispanica (Spanischer Ginster),
  - lydia (Stein-Ginster),
  - pilosa Goldilocks (Heide-Ginster),
  - radiata (Strahlen-Ginster),
  - sagittalis (Pfeil-, Flügel-Ginster),
  - tinctoria (Färber-Ginster),
  - tinctoria Plena (Gefüllter Färber-Ginster),
  - tinctoria Royal Gold,
  - ....,

057 Gleditsia (Gleditschie, Lederhülsenbaum)
- Art/Sorte
  - triacanthos (Lederhülsenbaum, Amerikanische Gleditschie, Falscher Christusdorn)
  - triacanthos f. inermis,
  - triacanthos Rubylace (Rotblättrige Gleditschie),
  - triacanthos Shademaster,
  - triacanthos Skyline (Säulen-Gleditschie),
  - triacanthos Sunburst (Gelbe Gleditschie),
  - ....,

058 Gymnocladus (Geweihbaum)
- Art/Sorte
  - dioecus (Geweihbaum, Schusserbaum),
  - ....,

059 Halesia (Silberglocke, Schneeglöckchenbaum, Maiglöckchenstrauch)
- Art/Sorte
  - carolina (Kleinblumiger Maiglöckchenstrauch),
  - carolina var. monticola (Großblumiger Maiglöckchenstrauch),
  - ....,

060 Hamamelis (Zaubernuss)
- Art/Sorte
  - x intermedia Barmstedt s Gold,
  - x intermedia Diane,
  - x intermedia Feuerzauber,
  - x intermedia Jelena,
  - x intermedia Orange Beauty,
  - x intermedia Primavera,
  - x intermedia Ruby Glow,
  - x intermedia Westerstede,
  - x intermedia ....,
  - japonica (Japanische, Kleinblütige Zaubernuss),
  - japonica Arborea,
  - japonica var. flavo-purpurascens,
  - japonica Zuccariniana,
  - japonica ....,
  - mollis (Lichtmess-Zaubernuss, Chinesische Zaubernuss),
  - mollis Brevipetala,
  - mollis Pallida,
  - mollis ....,
  - virginiana (Herbstblühende Zaubernuss),
  - ....,

061 Hedera (Efeu)
- Art/Sorte
  - colchica Arborescens (Kaukasischer Efeu, Kolchischer Strauch-Efeu),
  - helix (Gemeiner Efeu),
  - helix Arborescens (Strauch-Efeu),
  - helix Baltica (Baltischer Efeu),
  - helix Conglomerata (Felsen-Efeu),
  - helix Goldheart (Gelbbunter Efeu),
  - helix Remscheid,
  - hibernica (Großblättriger, Schottischer Efeu),
  - ....,

062 Hibiscus (Eibisch, Hibiscus)
- Art/Sorte
  - syriacus (Strauch-Eibisch),
  - syriacus Admiral Dewey,
  - syriacus Ardens,
  - syriacus Blue Bird,
  - syriacus Coelestis,
  - syriacus Duc de Brabant,
  - syriacus Hamabo,
  - syriacus Lady Stanley,
  - syriacus Leopoldi,
  - syriacus Monstrosus,
  - syriacus Oiseau Bleu,
  - syriacus Pink Flirt,
  - syriacus Pink Giant,
  - syriacus Puniceus Plenus,
  - syriacus Red Heart,
  - syriacus Rubis,
  - syriacus Russian Violett,
  - syriacus Speciosus,
  - syriacus Totus Albus,
  - syriacus William R. Smith,
  - syriacus Woodbridge,
  - ....,

063 Hippophae (Sanddorn)
- Art/Sorte
  - rhamnoides (Gemeiner Sanddorn)
  - ....,

064 Holodiscus (Scheinspiere)
- Art/Sorte
  - discolor var. araefolius (Graugrüne Scheinspiere, Kaskadenbusch),
  - ....,

LB 004 Landschaftsbauarbeiten, Pflanzen
Laubgehölze

STLB 004

Ausgabe 06.02

065 Hydrangea (Hortensie)
  - Art/Sorte
    - -- arborescens Annabelle (Ball-, Strauch–Hortensie),
    - -- arborescens Grandiflora (Schneeball–Hortensie),
    - -- aspera ssp. aspera,
    - -- aspera var. macrophylla (Fell–Hortensie),
    - -- aspera sargentiana (Samt–Hortensie),
    - -- macrophylla (Garten-, Bauern–Hortensie),
    - -- macrophylla Acuminata,
    - -- macrophylla Alpenglühen,
    - -- macrophylla Blue Bird,
    - -- macrophylla Bouquet Rose,
    - -- macrophylla Mariesii Perfecta,
    - -- macrophylla Masja,
    - -- macrophylla Preziosa,
    - -- macrophylla Rosalba,
    - -- macrophylla Tovelit,
    - -- macrophylla ....,
    - -- paniculata Grandiflora (Rispen–Hortensie),
    - -- petiolaris (Kletter–Hortensie),
    - -- ....,

066 Hypericum (Johanniskraut, Johannisstrauch, Hartheu)
  - Art/Sorte
    - -- androsaemum (Mannsblut),
    - -- calycinum (Immergrünes Johanniskraut),
    - -- x moserianum (Hohes Johanniskraut),
    - -- patulum var. henryi,
    - -- patulum Hidecote Gold,
    - -- prolificum (Sprossendes Johanniskraut),
    - -- ....,

067 Ilex (Stechpalme, Ilex, Hülse, Stechhülse)
  - Art/Sorte
    - -- x altaclarenses Golden King,
    - -- aquifolium (Gemeiner Ilex, Wald–Ilex),
    - -- aquifolium Alaska,
    - -- aquifolium Argenteomarginata,
    - -- aquifolium Atlas,
    - -- aquifolium Golden Flash,
    - -- aquifolium Golden van Tol,
    - -- aquifolium I. C. van Tol,
    - -- aquifolium Myrtifolia,
    - -- aquifolium Pyramidalis,
    - -- aquifolium Silver Queen,
    - -- aquifolium ....,
    - -- crenata (Berg–Ilex, Japanischer Ilex),
    - -- crenata Convexa (Löffel–Ilex),
    - -- crenata Golden Gem (Gelber Berg–Ilex),
    - -- crenata Hetzii (Strauchiger Berg–Ilex),
    - -- crenata Rotundifolia (Rundblättriger Berg–Ilex),
    - -- crenata Stokes (Niedriger Berg–Ilex),
    - -- crenata ....,
    - -- x meserveae (Strauch–Ilex),
    - -- x meserveae Blue Angel
    - -- x meserveae Blue Prince,
    - -- x meserveae Blue Princess,
    - -- pernyi (Rautenblättriger Ilex),
    - -- verticillata (Korallen–Ilex, Rote Winterbeere),
    - -- ....,

068 Jasminum (Jasmin)
  - Art/Sorte
    - -- nudiflorum (Gelber, Echter Winter–Jasmin),
    - -- ....,

069 Juglans (Walnuss, Nussbaum)
  - Art/Sorte
    - -- nigra (Schwarznuss),
    - -- regia (Walnuss),

070 Kalmia (Lorbeerrose, Berglorbeer)
  - Art/Sorte
    - -- angustifolia Rubra (Lorbeerröslein),
    - -- latifolia (Lorbeerrose),
    - -- latifolia Ostbo Red,
    - -- polifolia (Moor–Lorbeerrose),
    - -- ....,

071 Kalopanax (Kraftwurzbaum)
  - Art/Sorte
    - -- septembolus var. maximowiczii (Baumaralie),
    - -- ....,

072 Kerria (Ranunkelstrauch, Goldkerrie)
  - Art/Sorte
    - -- japonica (Gemeiner Ranunkelstrauch),
    - -- japonica Pleniflora (Gefüllte Goldkerrie),
    - -- ....,

073 Koelreuteria (Blasen-Esche, Lampionstrauch, Blasenbaum)
  - Art/Sorte
    - -- paniculata (Gold–Blasenbaum, Lampionbaum),
    - -- ....,

074 Kolkwitzia (Perlmuttstrauch, Kolkwitzie, Scheinweigelie)
  - Art/Sorte
    - -- amabilis (Perlmuttstrauch),
    - -- ....,

075 Laburnum (Goldregen)
  - Art/Sorte
    - -- alpinum (Alpen–Goldregen),
    - -- anagyroides (Gemeiner Goldregen),
    - -- x watereri Vossii (Edel–Goldregen),
    - -- ....,

076 Lespedeza (Buschklee)
  - Art/Sorte
    - -- thunbergii (Großblumiger Buschklee),
    - -- ....,

077 Leucothoe (Traubenheide)
  - Art/Sorte
    - -- walteri,
    - -- ....,

078 Ligustrum (Liguster, Rainweide)
  - Art/Sorte
    - -- delavayanum,
    - -- ibolium (Halbhoher Liguster),
    - -- obtusifolium var. regelianum (Breitbuschiger Liguster),
    - -- ovalifolium (Wintergrüner, Immergrüner Liguster),
    - -- ovalifolium Aureum (Gold–Liguster),
    - -- vulgare (Gemeiner Liguster, Rainweide, Tintenbeere),
    - -- vulgare Atrovirens (Schwarzgrüner Liguster),
    - -- vulgare Lodense (Niedriger Liguster),
    - -- ....,

079 Liquidambar (Amberbaum)
  - Art/Sorte
    - -- styraciflua (Amerikanischer Amberbaum),
    - -- ....,

080 Liriodendron (Tulpenbaum)
  - Art/Sorte
    - -- tulipifera (Amerikanischer Tulpenbaum),
    - -- tulipifera Fastigiatum,
    - -- ....,

STLB 004

LB 004 Landschaftsbauarbeiten, Pflanzen
Laubgehölze

Ausgabe 06.02

081 **Lonicera** (Heckenkirsche, Geißblatt, Geißschlinge)
- Art/Sorte
    - -- brownii Dropemore Scarlet,
    - -- brownii Fuchsioides,
    - -- brownii Punicea,
    - -- caerulea (Blaue Heckenkirsche),
    - -- caprifolium (Jelängerjelieber, Echtes Geißblatt),
    - -- x heckrottii (Feuer-Geißschlinge),
    - -- x heckrottii Goldflame,
    - -- henryi,
    - -- japonica var. repens (Japanische Geißschlinge),
    - -- korolkowii var. zabelli (Immergrüne Geißschlinge),
    - -- ledebourii,
    - -- maackii,
    - -- morrowii,
    - -- nitida Elegant (Heckenmyrte),
    - -- nitida Maigrün,
    - -- periclymenum (Wald-Geißschlinge),
    - -- periclymenum Belgica (Belgische Wald-Geißschlinge),
    - -- periclymenum Serotina (Spätblühende Wald-Geißschlinge),
    - -- pileata (Böschungsmyrte),
    - -- spinosa Albertii,
    - -- syringantha,
    - -- tatarica (Tatarische Heckenkirsche),
    - -- tatarica Arnold Red,
    - -- tatarica Hack s Red,
    - -- tatarica Rosea,
    - -- tatarica Rubra,
    - -- x tellmanniana (Gold-Geißschlinge),
    - -- xylosteum (Gemeine, Gewöhnliche, Rote Heckenkirsche),
    - -- xylosteum Clavey s Dwarf,
    - -- ....,

082 **Lycium** (Bocksdorn)
- Art/Sorte
    - -- barbarum (L. halimifolium) (Gemeiner Bocksdorn, Teufelszwirn),
    - -- ....,

083 **Magnolia** (Magnolie)
- Art/Sorte
    - -- kobus (Baum-, Kobushi-Magnolie),
    - -- liliiflora Betty,
    - -- liliiflora Nigra,
    - -- liliiflora Ricki,
    - -- liliiflora Suzan,
    - -- loebneri (Hohe Magnolie),
    - -- loebneri Merrill,
    - -- sieboldii (Sommer-Magnolie),
    - -- x soulangiana (Garten-, Tulpen-Magnolie),
    - -- x soulangiana Alexandrina,
    - -- x soulangiana Lennei,
    - -- stellata (Stern-Magnolie),
    - -- stellata Royal Star,
    - -- ....,

084 **Mahonia** (Mahonie, Fieder-Berberitze)
- Art/Sorte
    - -- aquifolium (Gewöhnliche Mahonie),
    - -- aquifolium Apollo,
    - -- aquifolium Atropurpurea,
    - -- aquifolium Smaragd,
    - -- bealii (Schmuck-Mahonie),
    - -- japonica Hivernant,
    - -- media,
    - -- media Wintersun,
    - -- ....,

085 **Malus** (Apfel)
- Art/Sorte
    - -- adstringens Almey,
    - -- communis,
    - -- coronaria Charlottae,
    - -- floribunda,
    - -- floribunda Atropurpurea,
    - -- floribunda Golden Hornet,
    - -- hilleri,
    - -- moerlandsii Liset,
    - -- moerlandsii Profusion,
    - -- prunifolia Hybrida,
    - -- purpurea Eleyi,
    - -- purpurea Nicoline,
    - -- sargentii,
    - -- sieboldii Van Eseltine,
    - -- Striped Beauty,
    - -- zumi var. calocarpa,
    - -- zumi Professor Sprenger,
    - -- ....,

086 **Morus** (Maulbeere)
- Art/Sorte
    - -- alba (Weiße Maulbeere),
    - -- ....,

087 **Nothofagus** (Scheinbuche)
- Art/Sorte
    - -- antarctica (Pfennigbuche, Südbuche),
    - -- ....,

088 **Pachysandra** (Dickanthere, Schattengrün, Ysander)
- Art/Sorte
    - -- terminalis (Schattengrün),
    - -- terminalis Green Carpet,
    - -- ....,

089 **Paeonia** (Pfingstrose)
- Art/Sorte
    - -- suffruticosa (Strauch-Pfingstrose, Baumpaeonie),
    - -- suffruticosa Baronne d Ales,
    - -- suffruticosa Beaute de Twickel,
    - -- suffruticosa Blanche de His,
    - -- suffruticosa Jeanne d Arc,
    - -- suffruticosa Louise de Mochelet,
    - -- suffruticosa Mme. Laffay,
    - -- suffruticosa Mme. Stuart Low,
    - -- suffruticosa Reine Elisabeth,
    - -- suffruticosa Souvenir de Ducher,
    - -- ....,

090 **Parrotia** (Eisenholzbaum, Parrotie)
- Art/Sorte
    - -- persica (Persischer Eisenholzbaum),
    - -- ....,

091 **Paulownia** (Paulownie, Blauglockenbaum)
- Art/Sorte
    - -- tomentosa (Kaiser-Paulownie, Kaiserbaum),
    - -- ....,

092 **Pernettya** (Torfmyrte)
- Art/Sorte
    - -- mucronata (Myrtenkrüglein),
    - -- mucronata Alba,
    - -- mucronata Coccinea,
    - -- mucronata Lilian,
    - -- mucronata Purpurea,
    - -- mucronata Rosea,
    - -- ....,

093 **Perovskia** (Blauraute, Silberbusch, Perovskie)
- Art/Sorte
    - -- abrotanoides,
    - -- atriplicifolia,
    - -- ....,

LB 004 Landschaftsbauarbeiten, Pflanzen
Laubgehölze

094 Philadelphus (Gartenjasmin, Falscher Jasmin, Pfeifenstrauch)
- Art/Sorte
  - – – coronarius,
  - – – Hybr. Belle Etoile,
  - – – Hybr. Bouquet Blanc,
  - – – Hybr. Dame Blanche,
  - – – Hybr. Erectus,
  - – – Hybr. Manteau d Hermine,
  - – – indorus var. grandiflorus (Großblumiger Parkjasmin),
  - – – lewisii Waterton,
  - – – pubescens,
  - – – virginalis,
  - – – virginalis Albtre,
  - – – virginalis Girandole,
  - – – virginalis Schneeflocke,
  - – – virginalis Schneesturm,
  - – – ....,

095 Photinia (Glanzmispel, Glanzblattstrauch)
- Art/Sorte
  - – – fraserie,
  - – – villosa (Warzen-Glanzmispel),
  - – – villosa f. maximowicziana,
  - – – ....,

096 Physocarpus (Blasenspiere, Fasanenspiere)
- Art/Sorte
  - – – opulifolius (Hohe Fasanenspiere),
  - – – opulifolius Dart s Gold,
  - – – opulifolius Luteus (Gelbe Fasanenspiere),
  - – – opulifolius Nanus (Niedrige Fasanenspiere),
  - – – ....,

097 Pieris (Schattenglöckchen, Weißglockenstrauch, Andromede)
- Art/Sorte
  - – – floribunda (Aufrechtes Schattenglöckchen),
  - – – japonica (Hängendes Schattenglöckchen),
  - – – japonica Debutante,
  - – – japonica Forest Flame,
  - – – japonica Mountain Fire,
  - – – japonica Purity,
  - – – japonica Red Mill,
  - – – japonica Rikuensis,
  - – – japonica Rosalinde,
  - – – japonica Splendens,
  - – – japonica Variegata,
  - – – japonica White Cascade,
  - – – japonica White Pearl,
  - – – yakushimanum,
  - – – ....,

098 Platanus (Platane)
- Art/Sorte
  - – – x acerifolia (Ahornblättrige Platane),
  - – – x acerifolia Dortmund,
  - – – x acerifolia Pyramidalis (Säulen-Platane),
  - – – ....,

099 Populus (Pappel)
- Art/Sorte
  - – – alba Nivea (Silber-Pappel),
  - – – alba Pyramidalis (Säulen-Silber-Pappel),
  - – – balsamifera (Östliche Balsam-Pappel),
  - – – berolinensis (Berliner Lorbeer-Pappel),
  - – – canadensis (Holz-Pappel),
  - – – canadensis Bachelieri,
  - – – canadensis Flevo,
  - – – canadensis Gelrica,
  - – – canadensis Robusta,
  - – – canadensis Serotina,
  - – – canadensis ....,
  - – – canascens (Grau-Pappel),
  - – – canascens Enninger,
  - – – canascens Ingolstadt,
  - – – canascens Schleswig 1,
  - – – canascens ....,
  - – – lasiocarpa (Großblatt-Pappel),
  - – – nigra (Schwarz-Pappel),
  - – – nigra Italica (Pyramiden-Pappel),
  - – – simonii (Birken-Pappel),
  - – – simonii Fastigiata,
  - – – tremula (Aspe, Espe, Zitter-Pappel),
  - – – tremula Erecta,
  - – – trichocarpa (Westliche Balsam-Pappel),
  - – – ....,

100 Potentilla (Fingerstrauch)
- Art/Sorte
  - – – fructicosa (Nordischer, Gemeiner Fingerstrauch),
  - – – fructicosa Abbotswood,
  - – – fructicosa Arbuscula,
  - – – fructicosa Farreri,
  - – – fructicosa Goldfinger,
  - – – fructicosa Goldstar,
  - – – fructicosa Goldteppich,
  - – – fructicosa Hachmann s Gigant,
  - – – fructicosa Jackman,
  - – – fructicosa Klondike,
  - – – fructicosa Kobold,
  - – – fructicosa Longacre,
  - – – fructicosa var. mandshurica,
  - – – fructicosa Maanelys,
  - – – fructicosa Primrose Beauty,
  - – – fructicosa Princess,
  - – – fructicosa Red Ace,
  - – – fructicosa Sandved,
  - – – fructicosa Sommerflor,
  - – – fructicosa Tangerine,
  - – – ....,

STLB 004
Ausgabe 06.02

STLB 004

LB 004 Landschaftsbauarbeiten, Pflanzen
Laubgehölze

Ausgabe 06.02

101 Prunus (Kirsche, Pflaume, Pfirsich, Mandel)
- Art/Sorte
  - – – avium (Vogel–, Süß–, Wild–Kirsche),
  - – – avium Plena (Gefülltblühende Vogel–Kirsche),
  - – – x blireana,
  - – – cerasifera (Kirsch–Pflaume, Wild–Pflaume),
  - – – cerasifera Hollywood,
  - – – cerasifera Nigra (Blut–Pflaume),
  - – – x cistena (Niedrige Blut–Pflaume),
  - – – domestica,
  - – – fruticosa (Zwerg–, Sand–, Steppen–Kirsche),
  - – – glandulosa Alboplena (Gefülltblühende China–Kirsche),
  - – – glandulosa Sinensis,
  - – – laurocerasus Barmstedt (Immergrüne Lorbeerkirsche),
  - – – laurocerasus Caucasica,
  - – – laurocerasus Herbergii,
  - – – laurocerasus Goldglanz,
  - – – laurocerasus Holstein,
  - – – laurocerasus Otto Luyken,
  - – – laurocerasus Schipkaensis Macrophylla,
  - – – laurocerasus Zabeliana,
  - – – laurocerasus ......,
  - – – mahaleb (Steinweichsel, Felsen–, Weichsel–Kirsche),
  - – – padus (Trauben–Kirsche),
  - – – sargentii (Berg–, Scharlach–Kirsche),
  - – – sargentii Accolade,
  - – – serotina (Spätblühende Trauben–Kirsche),
  - – – serrulata Amanogawa (Japanische Blüten–Kirsche, Japanische Zierkirsche),
  - – – serrulata Kanzan,
  - – – serrulata Kiku–shidare–Zakura,
  - – – serrulata Mount Fuji,
  - – – serrulata Pink Perfection,
  - – – serrulata Shirofugen,
  - – – serrulata ......,
  - – – spinosa (Schlehe, Schlehdorn, Schwarzdorn),
  - – – subhirtella (Schnee–Kirsche),
  - – – subhirtella Autumnalis,
  - – – subhirtella Elfenreigen,
  - – – subhirtella Fire Hill,
  - – – subhirtella Fukubana,
  - – – subhirtella Hally Jolivette,
  - – – subhirtella Prunus Pendula,
  - – – subhirtella Plena,
  - – – subhirtella ......,
  - – – tenella (Zwerg–Mandel),
  - – – triloba (Mandelbäumchen, Mandelröschen),
  - – – virginiana Shubert (Rotfrüchtige Trauben–Kirsche),
  - – – x yedoensis (Japanische Maien–Kirsche, Tokyo–Kirsche),
  - – – yedoensis Moerheimii (Niedrige Maien–Kirsche),
  - – – ......,

102 Pterocarya (Flügelnuss)
- Art/Sorte
  - – – fraxinifolia (Kaukasische Flügelnuss),
  - – – ......,

103 Pyracantha (Feuerdorn)
- Art/Sorte
  - – – coccinea Bad Zwischenahn,
  - – – coccinea Kasan,
  - – – coccinea Praecox,
  - – – Hybr. Golden Charmer,
  - – – Hybr. Koralle,
  - – – Hybr. Mohave,
  - – – Hybr. Orange Charmer,
  - – – Hybr. Orange Glow,
  - – – Hybr. Red Column,
  - – – Hybr. Soleil d Or,
  - – – Hybr. Teton,
  - – – ......,

104 Pyrus (Birne)
- Art/Sorte
  - – – calleryana Chanticleer (Stadt–Birne),
  - – – communis (Wild–, Holz–Birne, Gemeiner Birnbaum),
  - – – salicifolia (Weidenblatt–Birne),

105 Quercus (Eiche)
- Art/Sorte
  - – – cerris (Zerr–Eiche),
  - – – coccinea (Scharlach–Eiche),
  - – – frainetto (Ungarische Eiche),
  - – – macranthera (Persische Eiche),
  - – – palustris (Sumpf–Eiche),
  - – – petraea (Trauben–, Winter–Eiche),
  - – – pontica,
  - – – robur (Stiel–, Sommereiche),
  - – – robur Fastigiata (Säulen–Eiche),
  - – – rubra (Amerikanische Rot–Eiche),
  - – – x turneri Pseudoturneri (Wintergrüne Eiche),
  - – – ......,

106 Rhamnus (Kreuzdorn, Wegdorn, Faulbaum)
- Art/Sorte
  - – – catharticus (Gemeiner Wegdorn, Kreuzdorn, Hundsbeere),
  - – – frangula (Faulbaum, Pulverholz),
  - – – ......,

107 Rhododendron (Alpenrose, Rhododendron), großblumige Hybriden
- Art/Sorte
  - – – Album,
  - – – Alfred,
  - – – Blue Peter,
  - – – Boursault,
  - – – Caractacus,
  - – – Catherine van Tol,
  - – – Constanze,
  - – – Cunningham s White,
  - – – Diadem,
  - – – Dr. h.c. Dresselhuys,
  - – – Everestianum,
  - – – Grandiflorum,
  - – – Gomer Waterer,
  - – – Hachmann s Feuerschein,
  - – – Holstein,
  - – – Humboldt,
  - – – insigne Brigitte,
  - – – Jacksonii,
  - – – Korkadia,
  - – – Lee s Dark Purple,
  - – – Le Progres,
  - – – Nova Zembla,
  - – – Old Port,
  - – – Pink Pearl,
  - – – Queen Mary,
  - – – Roseum Elegans,
  - – – Scintilation,
  - – – Simona,
  - – – Susan,
  - – – Viscy,
  - – – wardi Ehrengold,
  - – – wardi Lachsgold,
  - – – wardi Goldbukett,
  - – – Wilgens Ruby,
  - – – ......,

108 Rhododendron repens
- Art/Sorte
  - – – Baden–Baden,
  - – – Bengal,
  - – – Bad Eilsen,
  - – – Frühlingszauber,
  - – – Gräfin Kirchhach,
  - – – Scarlet Wonder,
  - – – ......,

109 Rhododendron williamsianum
- Art/Sorte
  - – – August Lamken,
  - – – Gartendirektor Glocker,
  - – – Gartendirektor Rieger,
  - – – Jackwill,
  - – – Lissabon,
  - – – Rothenburg,
  - – – Stadt Essen,
  - – – Stockholm,
  - – – Vater Böhlje,

LB 004 Landschaftsbauarbeiten, Pflanzen
Laubgehölze

STLB 004

Ausgabe 06.02

110 Rhododendron yakushimanum
- Art/Sorte
  - - Anilin,
  - - Anuschka,
  - - Bad Zwischenahn,
  - - Blutthia,
  - - Bremerhaven,
  - - Emden,
  - - Fantastica,
  - - Flava,
  - - Frühlingsanfang,
  - - Kalinka,
  - - Loreley,
  - - Lumina,
  - - Morgenrot,
  - - Polaris,
  - - Rosa Wolke,
  - - Schneewolke,
  - - Silberwolke,
  - - Sneezy,
  - - ....,

111 Rhododendron – Wildformen
- Art/Sorte
  - - albrechtii,
  - - calophytum,
  - - camtschaticum,
  - - canadense,
  - - carolinianum Dora Ametheis,
  - - carolinianum P. J. Mezzit,
  - - discolor,
  - - ferrugineum,
  - - fortunei,
  - - hirsutum,
  - - impeditum,
  - - impeditum Azurika,
  - - impeditum Blue Tit,
  - - impeditum Blue Tit Major,
  - - impeditum Gristede,
  - - impeditum Moerheimii,
  - - impeditum Ramapo,
  - - insigne,
  - - keleticum,
  - - Lavendula,
  - - minus,
  - - praecox,
  - - ramapo,
  - - russatum,
  - - russatum Azurwolke,
  - - russatum Gletschernacht,
  - - wardii,
  - - yakushimanum,
  - - ....,

112 Rhododendron – Azalea
- Art/Sorte
  - - mollis x sin. Slg. gelb,
  - - mollis x sin. Slg. orange,
  - - mollis x sin. Slg. rosa,
  - - mollis x sin. Slg. rot,
  - - ....,

113 Rhododendron – Azalea; großblumige Hybriden
- Art/Sorte
  - - Berryrose,
  - - Cecile,
  - - Christopher Wren,
  - - Coccinea Speciosa,
  - - Corneille,
  - - Daviesii,
  - - Directeur Moerlands,
  - - Fanal,
  - - Feuerwerk,
  - - Firehall,
  - - Gibraltar,
  - - Golden Eagle,
  - - Golden Sunset,
  - - Hombush,
  - - Hotspur Orange,
  - - Irene Kloster,
  - - Klondyke,
  - - Koster s Brillant Red,
  - - Nancy Waterer,
  - - Norma,
  - - Pallas,
  - - Persil,
  - - Pink Delight,
  - - Royal Command,
  - - Satan,
  - - Silver Slipper,
  - - Spek s Brillant,
  - - Unique,
  - - Winston Churchill,
  - - ....,

114 Rhododendron – Azalea; japanisch großblumig
- Art/Sorte
  - - Blaue Donau,
  - - Favorite,
  - - Fedora,
  - - Geisha Orange,
  - - Geisha White,
  - - John Cairns,
  - - Kathleen,
  - - Mme. v. d. Hecke,
  - - Orange Beauty,
  - - Palestrina,
  - - Rosalind,
  - - Rubinstein,
  - - Schneeglanz,
  - - Signalglühen,
  - - ....,

115 Rhododendron – Azalea; japanisch kleinblumig
- Art/Sorte
  - - Blaaw s Pink,
  - - Hatsugirii,
  - - Hinomayo,
  - - Hino–Crimson,
  - - Kermesina,
  - - Kermesina Rose,
  - - Multiflora,
  - - Stewartoniana,
  - - ....,

116 Rhododendron – Azalea – Diamant
- Art/Sorte
  - - lachs,
  - - purpur,
  - - rosa,
  - - ....,

117 Rhodotypos (Scheinkerrie)
- Art/Sorte
  - - scandens (Weiße Rosenkerrie),
  - - ....,

118 Rhus (Essigbaum, Sumach)
- Art/Sorte
  - - typhina (Hirschkolben–Essigbaum, Essigbaum),
  - - typhina Dissecta (Farnwedel–Essigbaum),
  - - ....,

LB 004 Landschaftsbauarbeiten, Pflanzen
Laubgehölze

119 Ribes (Johannisbeere, Stachelbeere)
- Art/Sorte
    - – – alpinum (Alpen–, Berg–Johannisbeere),
    - – – alpinum Schmidt,
    - – – aureum (Gold–Johannisbeere),
    - – – divaricatum (Bornenbeere, Oregon–Stachelbeere),
    - – – divaricatum Douglasii,
    - – – floridum (Kanada–Johannisbeere),
    - – – rubrum var. silvestre (Rote Wald–Johannisbeere – Wildform),
    - – – sanguineum Atrorubens (Blut–Johannisbeere),
    - – – sanguineum King Edward VII,
    - – – sanguineum Pulborough Scarlet,
    - – – uva–crispa,
    - – – ....,

120 Robinia (Robinie, Akazie)
- Art/Sorte
    - – – hispida (Borstenakazie, Rotblühende Akazie),
    - – – hispida Macrophylla (Großblättrige Borstenakazie),
    - – – kelseyi (Strauch–Akazie),
    - – – neomexicana,
    - – – pseudoacacia (Schein–Akazie, Robinie),
    - – – pseudoacacia Bessoniana (Kegel–Akazie),
    - – – pseudoacacia Casque Rouge,
    - – – pseudoacacia Decaisueana,
    - – – pseudoacacia Frisia (Gold–Akazie),
    - – – pseudoacacia Inermis,
    - – – pseudoacacia f. monophylla (Straßen–Akazie),
    - – – pseudoacacia Pyramidalis (Säulen–Akazie),
    - – – pseudoacacia Rectissima (Schiffsmasten–Akazie),
    - – – pseudoacacia Sandraudiga,
    - – – pseudoacacia Semperflorens,
    - – – pseudoacacia Tortuosa (Korkenzieher–Akazie),
    - – – pseudoacacia Umbraculifera (Kugel–Akazie),
    - – – ....,

121 Rosa (Rose)
Hinweis: Veredlungen siehe Pos. 210–219, Abschnitt „Rosen – Pflanzenlieferung"
- Art/Sorte
    - – – arvensis (Kriech–, Feld–, Wald–Rose),
    - – – blanda (Eschen–Rose),
    - – – canina (Hunds–Rose, Gemeine Hecken–Rose),
    - – – carolina (Sand–Rose),
    - – – glauca (Hecht–Rose),
    - – – moyesii (Blut–Rose, Rote Büschel–Rose),
    - – – multibracteata,
    - – – multiflora,
    - – – nitida (Glanz–Rose),
    - – – pendulina (Berg–Rose, Alpen–Hecken–Rose),
    - – – pimpinellifolia (Dünen–, Bibernell–Rose),
    - – – rubiginosa (Wein–Rose, Schottische Zaun–Rose),
    - – – rugosa (Apfel–, Kartoffel–Rose)
    - – – rugosa Alba,
    - – – rugosa Hansa,
    - – – rugotida (Böschungs–Rose, Niedrige Strand–Rose),
    - – – rugotida Dart s Defender,
    - – – setipoda (Flaschen–Rose),
    - – – ....,

122 Rubus (Brombeere, Himbeere)
- Art/Sorte
    - – – calycinoides (Kriech–, Alpen–Himbeere),
    - – – caesius (Kratzbeere, Blaue Brombeere),
    - – – cockburnianus (Tangutische Himbeere),
    - – – fruticosus (Wilde, Gemeine Brombeere),
    - – – henryi (Immergrüne Kletter–Himbeere),
    - – – idaeus (Wilde, Gemeine Himbeere),
    - – – leucodermis (Oregon–Himbeere),
    - – – odoratus (Zimt–Himbeere, Wohlriechende Himbeere),
    - – – phoenicolasius (Wein–Himbeere, Japanische Weinbeere),
    - – – tricolor (Chinesische Brombeere),
    - – – tridel Benenden,
    - – – ulmifolius Bellidiflorus (Bellis–Brombeere),
    - – – ....,

123 Salix (Weide)
- Art/Sorte
    - – – acutifolia var. pendulifolia (Spitzblatt–Weide),
    - – – alba (Weiß–, Kopf–Weide),
    - – – alba Chermesina (Orangerote Kopf–Weide),
    - – – alba Liempde (Straffe Straßen–Weide),
    - – – alba Sericea (Silber–Weide),
    - – – alba Tristis (Trauer–, Hänge–, Dotter–Weide),
    - – – alba Tristis Resistenta,
    - – – alba ....,
    - – – aurita (Ohr–, Salbei–Weide, Graublättrige Werft–Weide),
    - – – babylonica,
    - – – balsamifera mas (Gelbe Stein–Weide),
    - – – caprea (Sal–, Palm–Weide),
    - – – caprea mas,
    - – – caprea Pendula (Hängekätzchen–Weide),
    - – – caprea Silberglanz (Advent–Weide),
    - – – cinerea (Asch–, Grau–Weide),
    - – – daphnoides var. pomeranica (Pommern–Weide)
    - – – daphnoides preacox (Reif–, Schimmel–Weide),
    - – – erythoflexuosa (Locken–Weide),
    - – – fragilis (Knack–Bruch–Weide),
    - – – grahamii (Kriech–Weide),
    - – – hastata Wehrhahnii (Engadin–Weide),
    - – – helvetica (Schweizer Weide),
    - – – incana (Ufer–, Lavendel–Weide),
    - – – lanata (Woll–Weide),
    - – – matsudana Tortuosa (Korkenzieher–, Zickzack–Weide),
    - – – medwedewii,
    - – – nigricans (Schwarz–Weide),
    - – – pentandra (Lorbeer–Weide),
    - – – purpurea (Bach–, Purpur–Weide),
    - – – purpurea Nana (Kugel–Weide),
    - – – purpurea Pendula,
    - – – repens var. argentea (Sand–, Moor–Weide),
    - – – rosmarinifolia (Rosmarin–Weide),
    - – – rubens Godesberg,
    - – – sachalinensis Sekka (Drachen–Weide),
    - – – simulatrix (Teppich–Weide),
    - – – smithiana (Kübler–Weide),
    - – – triandra (Mandel–Weide),
    - – – viminalis (Korb–, Flecht–, Band–, Hanf–Weide),
    - – – ....,

124 Sambucus (Holunder, Fliederbeere)
- Art/Sorte
    - – – canadensis Aurea (Gelber Holunder),
    - – – canadensis Maxima (Großfrüchtiger, Kanadischer Holunder),
    - – – nigra (Fliederbeere, Holler, Schwarzer Holunder, Gemeiner Holunder),
    - – – racemosa (Trauben–, Hirsch–Holunder, Roter Holunder),
    - – – ....,

125 Sinarundinaria (Bambus, China-Rohrgras)
- Art/Sorte
    - – – murielae (Winterharter Bambus),
    - – – nitida (Halbrohr),
    - – – ....,

126 Skimmia (Skimmie)
- Art/Sorte
    - – – x foremanii,
    - – – japonica,
    - – – japonica Rubella,
    - – – ....,

127 Sophora (Schnurbaum)
- Art/Sorte
    - – – japonica (Japanischer Schnurbaum, Japanische Sophore),
    - – – ....,

128 Sorbaria (Fiederspiere, Ebereschen–Spiere)
- Art/Sorte
    - – – aichtisonii (Hohe Fiederspiere),
    - – – sorbifolia (Niedrige Fiederspiere),
    - – – sorbifolia var. stellipila,
    - – – ....,

LB 004 Landschaftsbauarbeiten, Pflanzen
Laubgehölze

STLB 004

Ausgabe 06.02

129 **Sorbus** (Eberesche, Mehlbeere, Vogelbeere)
- Art/Sorte
  - -- americana (Amerikanische Eberesche),
  - -- aria (Echte Mehlbeere),
  - -- aria Lutescens (Gelbfilzige Mehlbeere),
  - -- aria Magnifica (Großlaubige Mehlbeere),
  - -- aria Majestica,
  - -- aria ....,
  - -- aucuparia (Vogelbeerbaum, Gemeine Eberesche),
  - -- aucuparia var. edulis (Mährische, Essbare, Süße Eberesche),
  - -- aucuparia Fastigiata (Säulen-, Pyramiden-Eberesche),
  - -- aucuparia ....,
  - -- decora (Schmuck-, Labrador-Eberesche),
  - -- domestica (Speierling, Spüerbe, Schmerbirne),
  - -- intermedia (Schwedische Mehlbeere, Oxelbeere),
  - -- intermedia Brouwers (Straßen-Mehlbeere, Schmale Mehlbeere),
  - -- koehneana (Strauch-Eberesche),
  - -- latifolia (Rundblättrige Mehlbeere, Park-Mehlbeere),
  - -- Lombards Hybriden,
  - -- serotina (Mahagoni-Eberesche),
  - -- thuringiaca Fastigiata (Thüringische Säulen-Eberesche),
  - -- torminales (Eisbeere, Seidenholz),
  - -- vilmorinii (Rosa Strauch-Eberesche),
  - -- ....,

130 **Spiraea** (Spierstrauch, Spiere)
- Art/Sorte
  - -- albiflora (Weiße Zwerg-Spiere),
  - -- x arguta (Braut-, Schnee-Spiere),
  - -- betulifolia (Birken-Spiere),
  - -- x billiardii Triumphans (Kolben-Spiere),
  - -- bullata,
  - -- x bumalda Anthony Waterer (Rote Sommer-Spiere),
  - -- x bumalda Froebelii (Rote Strauch-Spiere),
  - -- x cinerea,
  - -- x cinerea Grefsheim (Weiße Rispen-Spiere),
  - -- decumbens (Kärtner-Spiere, Weiße Polster-Spiere),
  - -- japonica Little Princess (Rosa Zwerg-Spiere),
  - -- japonica Newport Dwarf,
  - -- nipponica (Japanische Strauch-Spiere),
  - -- nipponica Snowmound,
  - -- prunifolia (Gefüllte Strauch-Spiere),
  - -- thunbergii (Frühlings-Spiere),
  - -- trilobata (Dreilappige Spiere),
  - -- x vanhouttei (Pracht-Spiere),
  - -- ....,

131 **Staphylea** (Pimpernuss)
- Art/Sorte
  - -- colchica (Kolchische Pimpernuss),

132 **Stephanandra** (Kranzspiere)
- Art/Sorte
  - -- incisa (Halbhohe Kranzspiere),
  - -- incisa Crispa (Niedrige Kranzspiere),
  - -- tanakae (Hohe Kranzspiere),
  - -- ....,

133 **Stranvaesia** (Stranvaesie)
- Art/Sorte
  - -- davidiana (Stranvaesie, Funkenblatt),
  - -- ....,

134 **Styrax** (Storaxbaum)
- Art/Sorte
  - -- japonica (Japanischer Storaxbaum),
  - -- ....,

135 **Symphoricarpos** (Schneebeere)
- Art/Sorte
  - -- albus var. laevigatus (Gemeine Schneebeere),
  - -- albus White Hedge,
  - -- x chenaultii (Purpurbeere),
  - -- chenaultii Hancock (Niedrige Purpurbeere),
  - -- x doorenbosii Magic Berry (Amethystbeere),
  - -- x doorenbosii Mother of Pearl (Perlmuttbeere),
  - -- orbiculatus (Korallenbeere),
  - -- ....,

136 **Syringa** (Flieder)
- Art/Sorte
  - -- x chinensis (Königs-Flieder),
  - -- x chinensis Saugeana,
  - -- hyacinthiflora Ester Staley,
  - -- josikaea (Ungarischer Flieder),
  - -- meyeri Palibin,
  - -- microphylla Superba (Herbst-Flieder),
  - -- prestoniae Hiawatha,
  - -- prestoniae Nocturne,
  - -- reflexa (Bogen-, Hänge-Flieder),
  - -- x swegiflexa (Perlen-Flieder),
  - -- velutina,
  - -- vulgaris (Wild-Flieder, Gemeiner Flieder),
  - -- vulgaris Andenken an Ludwig Späth,
  - -- vulgaris Charles Joly,
  - -- vulgaris Katherine Havemeyer,
  - -- vulgaris Marie Legraye,
  - -- vulgaris Maximowicz,
  - -- vulgaris Michel Buchner,
  - -- vulgaris Mme. Antoine Buchner,
  - -- vulgaris Mme. Florent Stepman,
  - -- vulgaris Mme. Lemoine,
  - -- vulgaris Mrs. Edward Harding,
  - -- vulgaris Primrose,
  - -- vulgaris Ruhm v. Horstenstein,
  - -- ....,

137 **Tamarix** (Tamariske, Erikastrauch)
- Art/Sorte
  - -- odessana (Sommer-Tamariske, Kaspische Tamariske),
  - -- odessana Rubra,
  - -- parviflora (Frühlings-Tamariske),
  - -- pentandra (Dünen-, Heide-, Sommer-Tamariske),
  - -- pentandra Rubra,
  - -- tetranda (Viermännige Tamariske),
  - -- ....,

138 **Tilia** (Linde)
- Art/Sorte
  - -- americana Nova (Riesenblättrige Linde),
  - -- cordata (Winter-, Stein-Linde),
  - -- cordata Erecta,
  - -- cordata Glenleven,
  - -- cordata Greenspire,
  - -- cordata Rancho,
  - -- x euchlora (Krim-Linde),
  - -- europaea Pallida (Kaiser-Linde),
  - -- intermedia Longevirens,
  - -- petiolaris (Hänge-Silber-Linde),
  - -- platyphyllos (Sommer-Linde),
  - -- platyphyllos Rubra,
  - -- tomentosa (Silber-Linde),
  - -- tomentosa Argentea,
  - -- tomentosa Brabant,
  - -- ....,

139 **Ulex** (Stechginster, Gaspeldorn)
- Art/Sorte
  - -- europaeus (Stechginster),
  - -- ....,

STLB 004

LB 004 Landschaftsbauarbeiten, Pflanzen
Laubgehölze, Kletterpflanzen

Ausgabe 06.02

140 **Ulmus** (Ulme, Rüster)
- Art/Sorte
  - -- carpinifolia (Feld–Ulme, Feld–Rüster),
  - -- carpinifolia Wredei (Gold–, Säulen–Gold–Ulme),
  - -- glabra (Berg–Ulme, Berg–Rüster),
  - -- glabra Exoniensis (Säulen–, Exeter–Ulme),
  - -- glabra Pendula (Schirm–, Hänge–, Trauer–Ulme),
  - -- x hollandica Commelin,
  - -- x hollandica Dodoens,
  - -- x hollandica Groeneveld,
  - -- x hollandica Lobel,
  - -- x hollandica Plantijn,
  - -- ....,

141 **Vaccinium** (Heidelbeere, Preißelbeere)
- Art/Sorte
  - -- corymbosum (Großfrüchtige Heidelbeere),
  - -- macrocarpum (Großfrüchtige Moosbeere, Cranberry),
  - -- myrtillus (Heidelbeere),
  - -- vitis–idaea (Preißelbeere, Kronsbeere),
  - -- ....,

142 **Viburnum** (Schneeball)
- Art/Sorte
  - -- x bondnantense Dawn,
  - -- x burkwoodii (Oster–Schneeball),
  - -- x carlcephalum (Großblumiger Schneeball),
  - -- carlesii (Wohlriechender, Koreanischer Schneeball),
  - -- carlesii Aurora,
  - -- davidii (Immergrüner Kissenschneeball),
  - -- farreri (Winter–, Duft–Schneeball),
  - -- juddii (Judas–Schneeball),
  - -- lantana (Wolliger Schneeball, Schlinge),
  - -- opulus (Gemeiner, Gewöhnlicher Schneeball),
  - -- opulus Nanum,
  - -- opulus Roseum (Gefüllter Schneeball, Kugel–Schneeball),
  - -- plicatum (Gefüllter Japanischer Schneeball),
  - -- plicatum Mariesii (Breitwachsender Japanischer Schneeball),
  - -- plicatum Grandiflorum (Großblumiger Japanischer Schneeball),
  - -- plicatum tomentosum (Japanischer Schneeball),
  - -- x pragense (Prager Schneeball),
  - -- x rhytidophyllum (Runzeliger Schneeball, Immergrüner Zungen–Schneeball),
  - -- ....,

143 **Weigelia** (Weigelie)
- Art/Sorte
  - -- Hybr. Bristol Ruby,
  - -- Hybr. Eva Rathke,
  - -- Hybr. Eva Supreme,
  - -- Hybr. Newport Red,
  - -- Hybr. Styriaca,
  - -- florida (Liebliche Weigelie),
  - -- florida Purpurea (Rotblättrige Weigelie),
  - -- ....,

144 **Laubgehölze**
- Art/Sorte ....
  Einzelangaben zu Pos. 001 bis 144 siehe im Anschluss an Position 285

Kletterpflanzen

170 **Actinidida** (Strahlengriffel)
- Art/Sorte
  - -- arguta (Gelber Strahlengriffel),
  - -- ....,

171 **Akebia** (Akebie)
- Art/Sorte
  - -- quinata (Klettergurke, Fingerblättrige Akebie),
  - -- ....,

172 **Aristolochia** (Pfeifenwinde, Pfeifenblume)
- Art/Sorte
  - -- macrophylla (Amerikanische Pfeifenwinde),
  - -- ....,

173 **Campsis** (Klettertrompete, Trompetenblume)
- Art/Sorte
  - -- radicans (Rote, Amerikanische Klettertrompete),
  - -- radicans Flava (Gelbe Klettertrompete),
  - -- tagliabuana Mme. Galen,
  - -- ....,

174 **Celastrus** (Baumwürger, Baummörder)
- Art/Sorte
  - -- orbiculatus (Rundblättriger, Chinesischer Baumwürger),
  - -- ....,

175 **Clematis** (Waldrebe)
- Art/Sorte
  - -- alpina (Alpen–Waldrebe),
  - -- montana var. rubens (Berg–Waldrebe),
  - -- montana Superba,
  - -- paniculata (Rispenblütige Waldrebe, Oktober–Waldrebe),
  - -- tangutica (Gold–Waldrebe, Mongolische Waldrebe),
  - -- vitalba (Gemeine, Gewöhnliche Waldrebe),
  - -- viticella (Italienische Waldrebe),
  - -- viticella Kermesina,
  - -- Hybr. Ernest Markham,
  - -- Hybr. Gipsy Queen,
  - -- Hybr. Jackmannii,
  - -- Hybr. Lady Betty Balfour,
  - -- Hybr. Lasurstern,
  - -- Hybr. Madame Le Coultre,
  - -- Hybr. Nelly Moser,
  - -- Hybr. Niobe,
  - -- Hybr. Sir Garnett Wolseley,
  - -- Hybr. The President,
  - -- Hybr. Ville de Lyon,
  - -- Hybr. William Kennet,
  - -- ....,

176 **Hedera** (Efeu)
- Art/Sorte
  - -- colchica Arborescens (Kaukasischer, Kolchischer Efeu),
  - -- helix (Gemeiner Efeu),
  - -- helix Arborescens (Strauch–Efeu),
  - -- helix Goldheart (Gelbbunter Efeu),
  - -- helix var. hibernica (Großblättriger Efeu),
  - -- helix Remscheid,
  - -- ....,

177 **Hydrangea** (Hortensie)
- Art/Sorte
  - -- petiolaris (Kletter–Hortensie),
  - -- ....,

178 **Jasminum** (Jasmin)
- Art/Sorte
  - -- nudiflorum (Gelber Winter–Jasmin),
  - -- ....,

LB 004 Landschaftsbauarbeiten, Pflanzen
Kletterpflanzen

STLB 004

Ausgabe 06.02

179 **Lonicera** (Heckenkirsche, Geißblatt)
  - Art/Sorte
    - -- aucuminata (Japanische Geißschlinge),
    - -- brownii Dropemore Scarlet,
    - -- brownii Fuchsioides,
    - -- caprifolium (Jelängerjelieber, Echtes Geißblatt),
    - -- heckrottii (Feuer–Geißschlinge, Keckrott–Kletter–Geißblatt),
    - -- heckrottii Goldflame,
    - -- henryi (Immergrüne Geißschlinge),
    - -- japonica Aureoreticulata,
    - -- periclymenum (Wald–Geißschlinge),
    - -- tellmanniana (Gold–Geißschlinge, Gold–Geißblatt),
    - -- ......,

180 **Parthenocissus** (Junfernrebe, Wilder Wein)
  - Art/Sorte
    - -- qinquefolia (Wilder Wein),
    - -- qinquefolia Engelmanni (Mauerwein),
    - -- tricuspidata Veitchii,
    - -- ......,

181 **Polygonum** (Knöterich)
  - Art/Sorte
    - -- aubertii (Schling–Knöterich),
    - -- ......,

182 **Rubus** (Himbeere, Brombeere)
  - Art/Sorte
    - -- henryi (Immergrüne Kletter–Himbeere),
    - -- ......,

183 **Vitis** (Rebe)
  - Art/Sorte
    - -- coignetiae (Zier–Rebe, Scharlach–Wein),
    - -- odoratissima (Gold–Wein),
    - -- ......,

184 **Wisteria** (Blauregen, Glyzinie, Wistarie, Traubenwinde)
  - Art/Sorte
    - -- floribunda Alba (Weiße Glyzinie),
    - -- floribunda Macrobotrys (Großer Blauregen, Edel–Blauregen),
    - -- sinsensis (Chinesischer Blauregen),
    - -- ......,

185 **Kletterpflanzen**
  - Art/Sorte ....
  Einzelangaben zu Pos. 170 bis 185
  siehe im Anschluss an Position 285

281

STLB 004

LB 004 Landschaftsbauarbeiten, Pflanzen
Rosen

Ausgabe 06.02

Hinweis: Wurzelechte Wildarten, Lieferform leichte oder verpflanzte Sträucher, siehe Pos. 121 Rosa (Rosen), Abschnitt „Laubgehölze – Pflanzenlieferung"

Rosen

210 Beetrosen
- Art/Sorte
  - – Alain,
  - – Allgold,
  - – Allotria,
  - – Amber Queen,
  - – Andalusien,
  - – Anabell,
  - – Arthur Bell,
  - – Bad Füssing,
  - – Bad Woerishofen,
  - – Bella Rosa,
  - – Bengali,
  - – Berliner Luft,
  - – Bernstein Rose,
  - – Betty Prior,
  - – Bonica 82,
  - – Boy s Brigade,
  - – Charleston,
  - – Chorus,
  - – City of Belfast,
  - – Cordula,
  - – Dalli Dalli,
  - – Disco,
  - – Dolly,
  - – Duett,
  - – Edelweiss,
  - – Escapade,
  - – Europeana,
  - – Fanal,
  - – Fennica,
  - – Friesia,
  - – Gold Bunny,
  - – Goldener Sommer,
  - – Goldina,
  - – Goldmarie 82,
  - – Goldquelle,
  - – Goldtopas,
  - – Gruß an Bayern,
  - – Happy Wanderer,
  - – Heinzelmännchen,
  - – Helga,
  - – Holstein 87,
  - – Ingrid Weibull,
  - – Insel Mainau,
  - – Interama,
  - – Julischka,
  - – Käthe Duvigneau,
  - – La Paloma,
  - – La Sevillana,
  - – Lagerfeuer,
  - – Lavaglut,
  - – Lilli Marleen,
  - – Lovita,
  - – Ludwigshafen,
  - – Märchenland,
  - – Make Up,
  - – Manou Meilland,
  - – Margaret Merril,
  - – Mariandel,
  - – Marietta,
  - – Marion,
  - – Marlena,
  - – Matthias Meilland,
  - – Meteor,
  - – Montana,
  - – Mountbatten,
  - – Münchner Kindl,
  - – Neues Europa,
  - – Nicole,
  - – Nina Weibull,
  - – Noack s Überraschung,
  - – Nordfeuer,
  - – Olala,
  - – Olympisches Feuer,
  - – Orange Sensation,
  - – Paprika,
  - – Pariser Charme,
  - – Piccolo,
  - – Pigalle 85,
  - – Pink La Sevillana,
  - – Pfälzer Gold,
  - – Ponderosa,
  - – Prince Igor,
  - – Prominent,
  - – Pussta,
  - – Rosabell,
  - – Rosali 83,
  - – Rosenau,
  - – Rosenfee,
  - – Rosi Mittermaier,
  - – Rumba,
  - – Rusticana,
  - – Sarabande,
  - – Schleswig 87,
  - – Schloss Mannheim,
  - – Schweizer Gruß,
  - – Shocking Blue,
  - – Snowdance,
  - – Sonia Meilland,
  - – Späth s Jubiläum,
  - – St. Helena,
  - – Surprise Party,
  - – Taora,
  - – Tchin–Tchin,
  - – Tequila,
  - – The Queen Elizabeth Rose,
  - – Tip Top,
  - – Tom Tom,
  - – Topsi,
  - – Tornado,
  - – Träumerei,
  - – Travemünde,
  - – Trier 2000,
  - – Trumpeter,
  - – Uwe Seeler,
  - – ....,

LB 004 Landschaftsbauarbeiten – Pflanzen
Rosen

STLB 004

Ausgabe 06.01

212 Edelrosen
- Art/Sorte
  - – Aachener Dom,
  - – Adolf Horstmann,
  - – Alec s Red,
  - – Alexander
  - – Alliance,
  - – Amalia,
  - – Ambassador,
  - – Aurea,
  - – Ave Maria,
  - – Bad Nauheim,
  - – Banzai 83,
  - – Barkarole,
  - – Baronne de Rothschild,
  - – Belami,
  - – Burgund 81,
  - – Canary,
  - – Caribia,
  - – Carina,
  - – Carlita,
  - – Cherry Brandy 85,
  - – Coronado,
  - – Doris Tystermann,
  - – Duftgold,
  - – Duftrausch,
  - – Duftwolke,
  - – Duftzauber 84,
  - – Elina,
  - – Erotika,
  - – Esmeralda,
  - – Europawelle Saar,
  - – Evening Star,
  - – Feuerzauber,
  - – Flamingo,
  - – Freude,
  - – Frohsinn 82,
  - – Gloria Dei,
  - – Gold Glow,
  - – Henkell Royal,
  - – Herzog von Windsor,
  - – Hidalgo,
  - – Ingrid Bergman,
  - – Kabuki,
  - – Kardinal,
  - – Karl Heinz Hanisch,
  - – Königin der Rosen,
  - – Konrad Adenauer Rose,
  - – Konrad Henkel,
  - – Lady Rose,
  - – Landora,
  - – Lippe Detmold,
  - – Lolita,
  - – Mabella,
  - – Mainauperle,
  - – Mainzer Fastnacht,
  - – Margaret,
  - – Michele Meilland,
  - – Mildred Scheel,
  - – Neue Revue,
  - – Oklahoma,
  - – Olympiad,
  - – Paola,
  - – Papa Meilland,
  - – Paradise,
  - – Pariser Charme,
  - – Pascali,
  - – Peer Gynt,
  - – Peter Frankenfeld,
  - – Picadilly,
  - – Piroschka,
  - – Polarstern,
  - – Primaballerina,
  - – Rebecca,
  - – Red Star,
  - – Romantica 76,
  - – Roter Stern,
  - – Rouge Meilland,
  - – Schöne Berlinerin,
  - – Senator Burda,
  - – Silver Jubilee,
  - – Sommerduft,
  - – Stephanie de Monaco,
  - – Sun King,
  - – Super Star,
  - – Sutter s Gold,
  - – Sylvia,
  - – Virgo,
  - – Whisky,
  - – ....,

213 Strauchrosen
- Art/Sorte
  - – Agnes,
  - – Angela,
  - – Ballerina,
  - – Benvenuto,
  - – Bischofstadt Paderborn,
  - – Blossomtime,
  - – Bonanza,
  - – Bonn,
  - – Castella,
  - – Centenaire des Lourdes,
  - – Chinatown,
  - – Clair Matin,
  - – Dirigent,
  - – Eden Rose,
  - – Elmshorn,
  - – Elveshörn,
  - – Erfurt,
  - – Feuerwerk,
  - – Fontaine,
  - – Friesensonne,
  - – Gloriette,
  - – IGA 83 München,
  - – Ilse Haberland,
  - – Kordes Brillant,
  - – Lichterloh,
  - – Lichtkönigin Lucia,
  - – Lydia,
  - – Mannheim,
  - – Prärie Dawn,
  - – Ravensberg,
  - – Rokoko,
  - – Romanze,
  - – Rosenresli,
  - – Roseromantic,
  - – Rosika,
  - – Royal Show,
  - – Schneewittchen,
  - – Shalom,
  - – Stadt Rosenheim,
  - – Ulmer Münster,
  - – Westerland,
  - – Westfalenpark,
  - – Zitronenfalter,
  - – ....,

STLB 004

LB 004 Landschaftsbauarbeiten, Pflanzen
Rosen

Ausgabe 06.02

214 Parkrosen
- Art/Sorte
    - - Alba Suaveolens,
    - - canina Kiese,
    - - centifolia Blanche Moreau,
    - - centifolia Chrimson Globe,
    - - centifolia Major,
    - - centifolia Musconsa,
    - - Conrad Ferdinand Meyer,
    - - damascena trigintipetala,
    - - Dornröschen,
    - - F. J. Grootendorst,
    - - Frühlingsgold,
    - - Frühlingsmorgen,
    - - gallica Splendens,
    - - Hansa,
    - - hugonis,
    - - lutea Bicolor Atropurpurea,
    - - Maigold,
    - - Marguerite Hilling,
    - - moyesii,
    - - omeiensis pteracantha,
    - - Parkjuwel,
    - - Persian Yellow,
    - - Pink Grootendorst,
    - - Pink Robusta,
    - - Pompon den Bourgogne,
    - - Robusta,
    - - seginzowii Macrocarpa,
    - - ....,

215 Kletterrosen
- Art/Sorte
    - - Blaze Superior,
    - - Compassion,
    - - Coral Dawn,
    - - Coral Satin,
    - - Dortmund,
    - - Flammentanz,
    - - Golden Showers,
    - - Goldener Olymp,
    - - Goldfassade,
    - - Goldstern,
    - - Grandessa,
    - - Gruß an Heidelberg,
    - - Ilse Krohn Superior,
    - - Iskra,
    - - Lawinia,
    - - Morning Jewel,
    - - New Dawn,
    - - Parade,
    - - Paul s Scarlet Climber,
    - - Rosarium Uetersen,
    - - Rote Flamme,
    - - Salita,
    - - Santana,
    - - Schneewalzer,
    - - Schwanensee,
    - - Sympthie,
    - - White Cockade,
    - - ....,

216 Zwergrosen
- Art/Sorte
    - - Alberich,
    - - Baby Maskerade,
    - - Colibri 79,
    - - Fresh Pink,
    - - Guletta,
    - - Little Artist,
    - - Maidy,
    - - Orange Meillandina,
    - - Scarletta,
    - - Starina,
    - - White Gem,
    - - Zwergenfee,
    - - Zwergkönig 78,
    - - Zwergkönigin 82,

217 bodendeckende Rosen
- Art/Sorte
    - - Alba Meidiland,
    - - Candy Rose,
    - - Dagmar Hastrup,
    - - Fairy Dance,
    - - Ferdy,
    - - Fiona,
    - - Fleurette,
    - - Heidekönigin,
    - - Heideröslein Nozomi,
    - - Heidesommer,
    - - Heidi,
    - - Immensee,
    - - Lavender Dream,
    - - Max Graf,
    - - Moje Hammarberg,
    - - Pink Meidiland,
    - - Repandia,
    - - Repens Meidiland,
    - - Rote Max Graf,
    - - rugosa Repens alba,
    - - Scarlet Meidiland,
    - - Snow Ballet,
    - - Sommerwind,
    - - Swany,
    - - The Fairy,
    - - White Hedge,
    - - White Meidiland,
    - - ....,

218 Wildrosen
- Art/Sorte
    - - Rosa arvensis,
    - - Rosa canina,
    - - Rosa coriifolia,
    - - Rosa gallica,
    - - Rosa glauca,
    - - Rosa jundzillii,
    - - Rosa majalis,
    - - Rosa pendulina,
    - - Rosa pimpinellifolia,
    - - Rosa rubiginosa,
    - - Rosa stylosa,
    - - Rosa villosa,
    - - Rosa vosagiaca,
    - - ....,

219 Rosen
- Art/Sorte ....
Einzelangaben zu Pos. 210 bis 219
siehe im Anschluss an Position 285

LB 004 Landschaftsbauarbeiten, Pflanzen
Nadelgehölze

STLB 004

Ausgabe 06.02

Nadelgehölze

240 Abies (Tanne)
- Art/Sorte
  - – – alba (Weiß–, Schwarzwald–Tanne,
  - – – balsamea Nana (Niedrige Balsam–Tanne, Zwerg–Balsam–Tanne),
  - – – concolor (Grau–, Kolorado–Tanne),
  - – – grandis (Große Küsten–Tanne, Riesen–Tanne),
  - – – homolepis (Nikko–, Schrauben–Tanne),
  - – – koreana Sämling (Korea–, Zapfen–Tanne),
  - – – koreana Veredlung (Korea–, Zapfen–Tanne),
  - – – lasiocarpa var. arizonica (Kork–Tanne),
  - – – lasiocarpa Compacta (Niedrige Kork–Tanne),
  - – – nordmanniana (Normmanns–, Kaukasus–Tanne),
  - – – pinsapo Clauca (Blaugrüne Spanien–Tanne),
  - – – pinsapo Kelleris (Spanien–Tanne Kelleris),
  - – – procera (Edel–Tanne),
  - – – procera Glauca (Silber–Tanne),
  - – – veitchii (Japan–Tanne, Veitsch s Weiß–Tanne),
  - – – ....,

241 Araucaria (Araukarie)
- Art/Sorte
  - – – araucana (Schmuck–, Anden–Tanne),
  - – – ....,

242 Cedrus (Zeder)
- Art/Sorte
  - – – atlantica Aurea (Atlas–Gold–Zeder),
  - – – atlantica Glauca (Blau–Zeder),
  - – – atlantica Glauca Pendula (Hängende Blau–Zeder),
  - – – atlantica Pyramidalis,
  - – – deodara (Himalaya–, Deodora–Zeder),
  - – – ....,

243 Chamaecyparis (Schein–, Garten–, Lebensbaumzypresse)
- Art/Sorte
  - – – lawsoniana (Lawsons–Scheinzypresse),
  - – – lawsoniana Alumii,
  - – – lawsoniana Alumiigold,
  - – – lawsoniana Blue Surprise,
  - – – lawsoniana columnaris glauca,
  - – – lawsoniana Ellwoodii,
  - – – lawsoniana Ellwood s Gold,
  - – – lawsoniana Ellwood s Pillar,
  - – – lawsoniana Glauca Spek,
  - – – lawsoniana Golden Wonder,
  - – – lawsoniana Kelleriis Aurea,
  - – – lawsoniana Lane,
  - – – lawsoniana Minima Glauca,
  - – – lawsoniana Silver Queen,
  - – – lawsoniana Stardust,
  - – – lawsoniana Stewartii,
  - – – lawsoniana White Spot,
  - – – nootkatensis Aurea (Gelbe Nutka–Zypresse),
  - – – nootkatensis Glauca (Blaue Nutka–Zypesse),
  - – – nootkatensis Lutea,
  - – – nootkatensis Pendula (Mähnen–Nutka–Zypresse),
  - – – obtusa Nana Gracilis (Kleine Muschel–Zypresse),
  - – – pisifera Boulevard (Niedrige Silber–Zypresse),
  - – – pisifera Filifera Aurea (Gelbe Faden–Zypresse),
  - – – pisifera Filifera Aqurea Nana (Gelbe Zwergfaden–Zypresse),
  - – – pisifera Filifera Nana (Grüne Zwergfaden–Zypresse, Haar–Zypresse),
  - – – pisifera Filifera Sungold,
  - – – pisifera Plumosa (Moos–, Feder–Zypresse),
  - – – pisifera Plumosa Aurea (Gold–Feder–Zypresse),
  - – – pisifera Squarrosa (Silber–, Moos–Zypresse),

244 Cryptomeria (Sicheltanne)
- Art/Sorte
  - – – japonica Cristata (Hahnenkamm–Sicheltanne),
  - – – japonica Elegans Viridis (Dauerhaft Grüne Sicheltanne),
  - – – japonica Vilmoriniana,
  - – – ....,

245 Cupressocyparis (Baum–Bastard–Zypresse)
- Art/Sorte
  - – – leylandii (Grüne Baum–Zypresse, Leyland–Zypresse),
  - – – Castellwellan Gold (Gelbe Baum–Zypresse),
  - – – ....,

246 Ginkgo (Ginkgo–, Elefantenohr–, Fächerblattbaum)
- Art/Sorte
  - – – biloba (Ginkgo–, Fächerblatt–, Goethebaum),
  - – – ....,

247 Juniperus (Wacholder)
- Art/Sorte
  - – – chinensis Keteleerii,
  - – – chinensis Monarch,
  - – – chinensis Obelisk,
  - – – chinensis Stricta,
  - – – chinensis ....,
  - – – communis (Gewöhnlicher, Gemeiner Wacholder),
  - – – communis Hibernica (Irischer Säulen–Wacholder, Irländischer Wacholder),
  - – – communis Hornibrookii (Teppich–Wacholder),
  - – – communis Meyer (Meyers Heide–Wacholder),
  - – – communis Repanda,
  - – – communis Suecica (Schwedischer Säulen–Wacholder),
  - – – communis ....,
  - – – horizontalis (Teppich–, Kriech–Wacholder),
  - – – horizontalis Emerald Spreader (Emeraldgrün),
  - – – horizontalis Glauca (Blauer Teppich–Wacholder, Blauer Kriech–Wacholder),
  - – – horizontalis Wiltonii,
  - – – horizontalis ....,
  - – – media Blaauw (Blaauw s Strauch–Wacholder),
  - – – media Hetzii,
  - – – media Mint Julep,
  - – – media Old Gold,
  - – – media Pfitzeriana (Pfitzer–Wacholder),
  - – – media Pfitzeriana Aurea (Gelber Pfitzer–Wacholder),
  - – – media Pfitzeriana Compacta (Niedriger Pfitzer–Wacholder),
  - – – media Pfitzeriana Glauca,
  - – – media Plumosa Aurea (Gelber Moos–Wacholder),
  - – – media ....,
  - – – sabina (Sadebaum,
  - – – sabina Femina (Weiblicher Sadebaum),
  - – – sabina Mas (Männlicher Sadebaum),
  - – – sabina Rockery Gem,
  - – – sabina Tamariscifolia (Tamarisken–Wacholder),
  - – – sabina ....,
  - – – squamata Blue Carpet,
  - – – squamata Star,
  - – – squamata Meyeri (Blauzeder–Wacholder),
  - – – squamata ....,
  - – – virginiana (Virginischer Sadebaum, Rotzeder, Bleistift–Zeder),
  - – – virginiana Burkii,
  - – – virginiana Canaertii,
  - – – virginiana Glauca (Blauer Zyperessen–Wacholder),
  - – – virginiana Grey Owl,
  - – – virginiana Helle,
  - – – virginiana Skyrocket (Raketen–Wacholder),
  - – – virginiana ....,
  - – – ....,

248 Larix (Lärche)
- Art/Sorte
  - – – decidua (Europäische Lärche, Stein–Lärche),
  - – – decidua Pendula (Europäische Hänge–Lärche),
  - – – latricina (Amerikanische Lärche),
  - – – kaempferi (Japan–, Gras–Lärche),
  - – – kaempferi Diana,
  - – – kaempferi Pendula (Japanische Hänge–Lärche),
  - – – ....,

249 Metasequoia (Urwelt-Mammutbaum, Kreuz-Zypresse)
- Art/Sorte
  - – – glyptostroboides (Urwelt–Mammutbaum, Chinesisches Rotholz),
  - – – ....,

STLB 004

LB 004 Landschaftsbauarbeiten, Pflanzen
Nadelgehölze

Ausgabe 06.02

250 **Microbiota** (Zwerglebensbaum)
- Art/Sorte
  - -- decussata (Fächer-, Teppich-Wacholder, Sibirischer Zwerglebensbaum),
  - -- ....,

251 **Picea** (Fichte)
- Art/Sorte
  - -- abies (Fichte, Rot-Fichte, Gemeine Fichte, Rot-Tanne, Pech-Tanne),
  - -- abies Acrocona (Zapfen-Fichte),
  - -- abies Columnaris (Säulen-Fichte),
  - -- abies Echiniformis (Igel-Fichte),
  - -- abies Inversa (Hänge-Fichte),
  - -- abies Little Gem (Kissen-Fichte),
  - -- abies Maxwellii,
  - -- abies Nidiformis (Nest-Fichte),
  - -- abies Ohlendorfii,
  - -- abies Procumbens,
  - -- abies Pumila Glauca (Schlangen-Fichte),
  - -- abies Pygmaea,
  - -- abies Virgata,
  - -- abies Wills Zwerg,
  - -- abies ....,
  - -- breweriana (Mähnen-, Siskiyon-Fichte),
  - -- glauca (Weiß-, Schimmel-, Leiter-Fichte, Kanadische Fichte),
  - -- glauca Alberta Globe,
  - -- glauca Conica (Zuckerhut-Fichte),
  - -- glauca Echiniformis (Blaue Igel-Fichte),
  - -- glauca ....,
  - -- mariana Nana (Blaue Kissen-Fichte),
  - -- omorika (Serbische Fichte),
  - -- omorika Nana,
  - -- omorika Pendula Bruns,
  - -- omorika ....,
  - -- orientalis (Kaukasus-Fichte, Orientalische Fichte, Morgenländische Fichte, Sapindus-Fichte),
  - -- orientalis Aurea (Gelbe Kaukasus-Fichte),
  - -- orientalis Nutans (Orientalische Hänge-Fichte),
  - -- orientalis ....,
  - -- pungens (Stech-Fichte),
  - -- pungens Erich Frahm,
  - -- pungens var. glauca (Blaue Stech-Fichte, Sämlingsblau-Fichte),
  - -- pungens Glauca Globosa (Kleine Blau-Fichte),
  - -- pungens Hoopsii (Silber-Fichte),
  - -- pungens Koster (Koster s Blau-Fichte),
  - -- pungens Moerheim,
  - -- pungens ....,
  - -- sitchensis (Sitka-Fichte),
  - -- ....,

252 **Pinus** (Kiefer, Föhre)
- Art/Sorte
  - -- aristata (Grannen-, Fuchsschwanz-Kiefer),
  - -- cembra (Zirbe, Zirbel-Kiefer, Arve),
  - -- cembra Glauca,
  - -- cembra Nana,
  - -- contorta (Dreh-, Küsten-Kiefer),
  - -- densiflora Pumila (Japanische Rot-Kiefer),
  - -- flexilis,
  - -- flexilis Glauca (Nevada-Zirbel-Kiefer),
  - -- koraiensis (Korea-Kiefer),
  - -- koraiensis Glauca,
  - -- leucodermis (Schlangenhaut-, Panzer-Kiefer, Bosnische Kiefer),
  - -- monticola,
  - -- monticola Ammerland,
  - -- mugo (P. montana) (Latschen-Kiefer),
  - -- mugo Gnom,
  - -- mugo Minimops,
  - -- mugo Mops,
  - -- mugo var. mughus (Krummholzkiefer, Knieholz),
  - -- mugo var pumilio (Knie-, Zwerg-Kiefer, Zwerg-Latsche),
  - -- mugo ssp. unicata (Berg-, Haken-Kiefer, Berg-Föhre, Spirke),
  - -- nigra var. austriaca (Österreichische Schwarz-Kiefer),
  - -- nigra Select,
  - -- parviflora Glauca (Blaue Mädchen-Kiefer),
  - -- peuce (Mazedonische Kiefer, Pinsel-Kiefer, Rumelische Weymouths-Kiefer),
  - -- ponderosa (Gelb-, Gold-Kiefer),
  - -- pumila (Kriech-Kiefer),
  - -- pumila Glauca (Blaue Kriech-Kiefer),
  - -- schwerinii,
  - -- strobus (Strobe, Seiden-, Weymouths-Kiefer),
  - -- strobus Krüger s Lilliput
  - -- strobus Radiata (Zwerg-Strobe, Streichel-Kiefer),
  - -- sylvestris (Föhre, Wald-, Weiß-Kiefer, Gemeine Kiefer),
  - -- sylvestris Fastigiata (Säulen-Kiefer),
  - -- sylvestris Glauca,
  - -- sylvestris Nana Hibernica,
  - -- sylvestris Norske Typ,
  - -- sylvestris Watereri (Busch-Kiefer),
  - -- sylvestris ....,
  - -- wallichiana (Tränen-Kiefer, Himalaya-Weymouths-Kiefer),
  - -- wallichiana Densa Hill,
  - -- ....

253 **Pseudolarix** (Goldlärche)
- Art/Sorte
  - -- amabilis,
  - -- kaempferii (Chinesische Goldlärche),
  - -- ....,

254 **Pseudotsuga** (Douglasie, Douglasfichte)
- Art/Sorte
  - -- menziesii var. caesia (Douglasie),
  - -- menziesii Viridis,
  - -- ....,

255 **Sciadopitys** (Schirmtanne)
- Art/Sorte
  - -- verticillata (Japanische Schirmtanne),
  - -- ....,

256 **Sequoiadendron** (Mammutbaum, Küsten-Mammutbaum, Segurie
- Art/Sorte
  - -- giganteum (Mammutbaum, Wellingtonie, Riesen-Sequoie),
  - -- ....,

257 **Taxodium** (Sumpfzypresse)
- Art/Sorte
  - -- distichum (Sumpfeibe, Sumpfzypresse),
  - -- ....,

LB 004 Landschaftsbauarbeiten, Pflanzen
Nadelgehölze

STLB 004

Ausgabe 06.02

258 Taxus (Eibe)
– Art/Sorte
– – baccata (Gemeine Eibe, Eibe),
– – baccata Adpressa Aurea,
– – baccata Dovastoniana (Adlerschwingen–Eibe),
– – baccata Dovastonii Aureovariegata (Gelbe Adlerschwingeneibe),
– – baccata Fastigiata (Säulen–Eibe),
– – baccata Fastigiata Aureomarginata (Gelbe Säulen–Eibe),
– – baccata Fastigiata Robusta (Robuste Säulen–Eibe),
– – baccata Nissens Corona (Kronen–Eibe),
– – baccata Nissens Präsident (Flügel–Eibe),
– – baccata Osteberg,
– – baccata Overeynderi (Kegel–Eibe),
– – baccata Repandens (Tafel–Eibe),
– – baccata Schwarzgrün,
– – baccata Semperaurea,
– – baccata Summergold (Gelbe Kriech–Eibe),
– – baccata Washingtonii (Gelbe Eibe),
– – baccata ....,
– – cuspidata (Japanische Eibe),
– – cuspidata Nana (Japanische Zwerg–Eibe),
– – cuspidata ....,
– – media Brownii,
– – media Densiformis,
– – media Farmen,
– – media Hicksii (Becher–Eibe),
– – media Hillii,
– – media Strait Hedge,
– – media Thayerae,
– – media ....,
– – ....,

259 Thuja (Lebensbaum, Thuja)
– Art/Sorte
– – occidentalis (Abendländischer Lebensbaum),
– – occidentalis Brabant,
– – occidentalis Columna (Säulen–Lebensbaum),
– – occidentalis Danica (Zwerg–Lebensbaum),
– – occidentalis Europe Gold,
– – occidentalis Fastigiata (Breiter Säulen–Lebensbaum),
– – occidentalis Holmstrup,
– – occidentalis Recurva Nana,
– – occidentalis Rheingold,
– – occidentalis Smaragd,
– – occidentalis Sunkist,
– – occidentalis Tiny Tim,
– – occidentalis ....,
– – orientalis Aurea,
– – plicata (Großer Lebensbaum, Riesen–Lebensbaum),
– – plicata Atrovirens,
– – plicata Aurescens (Goldspitzen–Lebensbaum),
– – plicata Dura,
– – plicata Excelsa,
– – plicata ....,
– – standishii,
– – ....,

260 Thujopsis (Hiba-Lebensbaum)
– Art/Sorte
– – dolobrata (Hiba–Lebensbaum, Hiba),
– – ....,

261 Tsuga (Hemlockstanne, Hemlock)
– Art/Sorte
– – canadensis (Kanadische Hemlockstanne, Schierlingstanne),
– – canadensis Nana (Zwerg–, Kissen–Hemlock),
– – canadensis Pendula (Hänge–Hemlock),
– – heterophylla (Westamerikanische Hemlockstanne),
– – mertensiana Argentea,
– – mertensiana Glauca (Blaue Berg–Hemlockstanne, Blauer Hochgebirgs–Hemlock),
– – ....,

262 Nadelgehölze
– Art/Sorte ....
Einzelangaben zu Pos. 240 bis 262 siehe im Anschluss an Pos. 285

STLB 004

LB 004 Landschaftsbauarbeiten, Pflanzen
Obstgehölze

Ausgabe 06.02

Obstgehölze

280 Äpfel
- Art/Sorte
  - - Bittenfelder,
  - - Bohnapfel,
  - - Brettacher,
  - - Gelber Edelapfel,
  - - Grahams Jubiläumsapfel,
  - - Hauxapfel,
  - - Jakob Fischer,
  - - Josef Musch,
  - - Kaiser Wilhelm,
  - - Kardinal Bea,
  - - Linsenhöfer,
  - - Maunzenapfel,
  - - Rheinischer Krummstiel,
  - - Rote Sternrenette,
  - - Roter Trierer Weinapfel,
  - - Sonnenwirtsapfel,
  - - Wiltshire,
  - - Winterrambour,
  - - ....,

281 Birne
- Art/Sorte
  - - Conference,
  - - Gelbmöstler,
  - - Gellerts Butterbirne,
  - - Gute Graue,
  - - Köstliche von Charneu,
  - - Mollebusch,
  - - neue Poitea,
  - - Oberösterreicher Mostbirne,
  - - Pastorenbirne,
  - - Schweizer Wasserbirne,
  - - ....,

282 Süßkirsche
- Art/Sorte
  - - Burlat,
  - - Büttners Rote Knorpel,
  - - Brennkirschen in Sorten,
  - - Große Schwarze Knorpel,
  - - Schneiders Späte Knorpel,
  - - ....,

283 Zwetsche
- Art/Sorte
  - - Hauszwetsche
  - - Wangenheimer,
  - - ....,

284 Walnuss
- Art/Sorte
  - - aus Samen,
  - - ....,

285 Obstgehölze
- Art/Sorte ....

Einzelangaben zu Pos. 001 bis 285

Hinweis zu den Abkürzungen:
oB. = ohne Ballen,
mB. = mit Erdballen,
mDB. = mit Drahtballen,
mTb. = mit Topfballen,
P = Kulturplatte,
C = Container
1 x v. = 1-mal verpflanzt,
2 x v. = 2-mal verpflanzt,
3 x v. = 3-mal verpflanzt,
4 x v. = 4-mal verpflanzt,
5 x v. = 5-mal verpflanzt,
l. Str. = leichter Strauch,
v. Str. = verpflanzter Strauch,
l. Hei. = leichter Heister,
Hei. = Heister,
He. = Hecke,
l. He. = lichte Hecke,
Sol. = Solitärgehölz,
Sta. = Stamm,
ha. = Halbstamm,
H. = Hochstamm,
Stbu. = Stammbusch,
Sol. H. = Solitär–Hochstamm,
Sol. Stbu. = Solitär–Stammbusch,
Al. = Ableger,
S. = Sämling,

- Qualität, Sortierung
  - - oB.,
  - - mTb.,
  - - P,
  - - P, Inhalt in Liter ....,
  - - 1 x v.,
  - - 2 x v.,
  - - 3 x v.,
  - - mB.,
  - - 2 x v. mB,
  - - 3 x v. mB,
  - - 4 x v. mB,
  - - C,
  - - C, Inhalt in Liter ....,
  - - l. Str.,
  - - l. Str., C, Inhalt in Liter ....,
  - - l. Str. ....,
  - - v. Str.,
  - - v. Str., mB.,
  - - v. Str., C, Inhalt in Liter ....,
  - - v. Str. ....,
  - - Sta.,
  - - Sta. Mindesttriebzahl ....,
  - - Sta. C, Inhalt in Liter ....,
  - - Sta. ....,
  - - l. Hei. 1 x v.,
  - - l. Hei. 1 x v. C, Inhalt in Liter ....,
  - - l. Hei. ....,
  - - Hei. 2 x v.,
  - - Hei. 2 x v. mB.,
  - - Hei. 2 x v. C., Inhalt in Liter ....,
  - - Hei. ....,
  - - l. He.,
  - - l. He. C. Inhalt in Liter ....,
  - - l. He. ....,
  - - He. 2 x v.,
  - - He. 2 x v. mB.,
  - - He. 2 x v. C, Inhalt in Liter ....,
  - - He. 3 x v. oB.,
  - - He. 3 x v. mB.,
  - - He. 3 x v. C, Inhalt in Liter ....,
  - - He. ....,
  - - Sol. 3 x v. mB.,
  - - Sol. 3 x v. mDb.,
  - - Sol. 3 x v. C, Inhalt in Liter ....,
  - - Sol. 4 x v. mB.,
  - - Sol. 4 x v. mDb.,
  - - Sol. 4 x v. C, Inhalt in Liter ....,
  - - Sol. 5 x v. mDb.,
  - - Sol. 5 x v. C, Inhalt in Liter ....,
  - - Sol. ....,
  - - ha. 2 x v. oB.,

LB 004 Landschaftsbauarbeiten, Pflanzen
Einzelangaben zu Pos. 001 bis 285

STLB 004

Ausgabe 06.02

Einzelangaben zu Pos. 001 bis 285, Fortsetzung
- – ha. 2 x v. mB.,
- – ha. 2 x v. C, Inhalt in Liter ....,
- – ha. 3 x v. oB.,
- – ha. 3 x v. mB.,
- – ha. 3 x v. C, Inhalt in Liter ....,
- – ha. ....,
- – H. 2 x v. oB.,
- – H. 2 x v. mB.,
- – H. 2 x v. C, Inhalt in Liter ....,
- – H. 3 x v. oB.,
- – H. 3 x v. mDb.,
- – H. 3 x v. C, Inhalt in Liter ....,
- – H. 4 x v. ....,
- – H. ....,
- – Sol. H. 4 x v. mDb.,
- – Sol. H. 4 x v. C, Inhalt in Liter ....,
- – Sol. H. 5 x v. mDb.,
- – Sol. H. 5 x v. C, Inhalt in Liter ....,
- – Sol. H. ....,
- – Al. 3 x v. oB.
- – Al. 3 x v. mDb.,
- – Al. 3 x v. C, Inhalt in Liter ....,
- – Al. 4 x v. mDb.,
- – Al. 4 x v. C, Inhalt in Liter ....,
- – Al. 5 x v. mDb.,
- – Al. 5 x v. C, Inhalt in Liter ....,
- – Al. ....,
- – Stbu. 3 x v. oB.
- – Stbu. 3 x v. mDb.,
- – Stbu. 3 x v. C, Inhalt in Liter ....,
- – Stbu. 4 x v. mDb.,
- – Stbu. 4 x v. C, Inhalt in Liter ....,
- – Stbu. ....,
- – Sol. Stbu. 4 x v. mDb.,
- – Sol. Stbu. 4 x v. C, Inhalt in Liter ....,
- – Sol. Stbu. 5 x v. mDb.,
- – Sol. Stbu. 5 x v. C, Inhalt in Liter ....,
- – Sol. Stbu. ....,
- – Güteklasse A,
- – Güteklasse IA,
- – Güteklasse B,
- – Fußstamm,
- – Halbstamm,
- – Hochstamm,
- – Trauerstamm,
- – Busch 1-jährig,
- – Busch 2-jährig,
- – ....,
- Triebe, Grundstämme
- – 1 Trieb,
- – Mindesttriebzahl 2,
- – Mindesttriebzahl 3,
- – Mindesttriebzahl 4,
- – Mindesttriebzahl 5,
- – Mindesttriebzahl 6,
- – Mindesttriebzahl 7,
- – Mindesttriebzahl 8,
- – Mindesttriebzahl ....,
- – 3/4 Triebe,
- – 5/7 Triebe,
- – 8/12 Triebe,
- – mehrtriebig,
- – 1/2 Grundtriebe,
- – 3/4 Grundtriebe,
- – 5/7 Grundtriebe,
- – 8/12 Grundtriebe,
- – Anzahl der Grundtriebe ....,
- – 2 Grundstämme,
- – 3/4 Grundstämme,
- – 5/7 Grundstämme,
- – Anzahl der Grundstämme ....,
- Pflanzgefäß, Container
- – P 1 – P 1,3 – P 1,5 – P, Inhalt in Liter ....,
- – C 2 – C 3 – C 5 – C 7,5 – C 10 – C 15 – C 20 – C 30 – C 50 – C 65 – C 90 – C 120 – C, Inhalt in Liter ....,
- Abmessungen
- – Breite (in cm)
  40 bis 60 – 60 bis 80 – 60 bis 100 – 80 bis 100 –
  100 bis 120 – 100 bis 125 – 100 bis 150 –
  120 bis 140 – 125 bis 150 – 140 bis 160 –
  150 bis 200 – 160 bis 180 – 180 bis 200 –
  200 bis 225 – 200 bis 250 – 200 bis 300 –
  225 bis 250 – 250 bis 300 – 300 bis 350 –
  300 bis 400 – 400 bis 450 – 400 bis 500 –
  450 bis 500 – in cm ....,
- – Kronenbreite/Gesamthöhe (in cm)
  60 bis 100 x 200 bis 250 –
  60 bis 100 x 250 bis 300 –
  60 bis 100 x 300 bis 400 –
  100 bis 150 x 200 bis 250 –
  100 bis 150 x 250 bis 300 –
  100 bis 150 x 300 bis 400 –
  100 bis 150 x 400 bis 500 –
  150 bis 200 x 250 bis 300 –
  150 bis 200 x 300 bis 400 –
  150 bis 200 x 400 bis 500 –
  150 bis 200 x 500 bis 700 –
  200 bis 300 x 300 bis 400 –
  200 bis 300 x 400 bis 500 –
  200 bis 300 x 500 bis 700 –
  300 bis 400 x 500 bis 700 – in cm ....,
- – Stammhöhe (Höhe der Pflanze in cm)
  20 – 30 – 40 – 60 – 80 – 90 – 100 – 120 – 125 –
  140 – 150 – 160 – 175 – 180 – 200 – 220 – 250 –
  in cm .... – ....,
- – Höhe/Breite (in cm)
  5 bis 10 – 6 bis 10 – 7 bis 15 – 8 bis 12 –
  10 bis 15 – 10 bis 20 – 12 bis 15 – 12 bis 18 –
  12 bis 20 – 12 bis 25 – 15 bis 20 – 15 bis 25 –
  15 bis 30 – 18 bis 24 – 20 bis 25 – 20 bis 30 –
  20 bis 35 – 20 bis 40 – 25 bis 30 – 25 bis 40 –
  25 bis 50 – 30 bis 40 – 30 bis 50 – 30 bis 60 –
  40 bis 50 – 40 bis 60 – 40 bis 70 – 50 bis 60 –
  50 bis 80 – 60 bis 70 – 60 bis 80 – 60 bis 100 –
  70 bis 80 – 70 bis 90 – 80 bis 90 – 80 bis 100 –
  80 bis 120 – 90 bis 100 – 100 bis 120 –
  100 bis 125 – 100 bis 140 – 100 bis 150 –
  120 bis 140 – 120 bis 160 – 125 bis 150 –
  140 bis 160 – 140 bis 180 – 150 bis 175 –
  150 bis 200 – 160 bis 180 – 175 bis 200 –
  180 bis 200 – 200 bis 225 – 200 bis 250 –
  225 bis 250 – 250 bis 275 – 250 bis 300 –
  275 bis 300 – 300 bis 350 – 350 bis 400 –
  400 bis 450 – 400 bis 500 – 450 bis 500 –
  500 bis 550 – 500 bis 600 – 550 bis 600 –
  600 bis 700 – 700 bis 800 – in cm ....,
- – Stammumfang (in 1 m Höhe in cm)
  6 bis 8 – 7 bis 8 – 8 bis 10 – 10 bis 12 –
  12 bis 14 – 12 bis 16 – 14 bis 16 – 16 bis 18 –
  16 bis 20 – 18 bis 20 – 20 bis 25 – 25 bis 30 –
  30 bis 35 – 35 bis 40 – 40 bis 45 – 45 bis 50 –
  50 bis 60 – 60 bis 70 – in cm ....,
- Berechnungseinheit Stück

LB 004 Landschaftsbauarbeiten, Pflanzen
Stauden

STLB 004
Ausgabe 06.02

Stauden

300 **Acaena** (Stachelnüsschen)
- Art/Sorte
  - -- buchananii,
  - -- caesiiglauca,
  - -- microphylla,
  - -- microphyl. Kupferteppich,
  - -- ....,

301 **Acantholimon** (Igelpolster)
- Art/Sorte
  - -- glumaceum,
  - -- ....,

302 **Acanthus** (Akanthus)
- Art/Sorte
  - -- hungaricus,
  - -- ....,

303 **Achillea** (Garbe)
- Art/Sorte
  - -- ageratifolia sspa. Aizoon,
  - -- clypeolata,
  - -- filipendulina Parker,
  - -- x hybr. Coronation Gold,
  - -- x hybr. Mooshine,
  - -- x hybr. Schwellenburg,
  - -- millefolium,
  - -- millefolium Crimson Beauty,
  - -- millefolium Cerise Queen,
  - -- millefolium Kirschkönigin,
  - -- millefolium Sammetriese,
  - -- ptarmica,
  - -- ptarmica Baule des Neige,
  - -- x taygetea,
  - -- tomentosa,
  - -- umbellata,
  - -- ....,

305 **Achnatherum** (Raugras)
- Art/Sorte
  - -- brachytrichum,
  - -- calamagrostis,
  - -- ....,

306 **Aconitum** (Eisenhut, Sturmhut)
- Art/Sorte
  - -- x arendsii,
  - -- x cammarum Bicolor,
  - -- x cammarum Newry Blue,
  - -- carmichaelii,
  - -- carmichaelii var. wilsonii,
  - -- henry Spark,
  - -- lamarckii,
  - -- napellus,
  - -- vulparia,
  - -- ....,

307 **Acorus** (Kalmus)
- Art/Sorte
  - -- calamus,
  - -- calamus Variegatus,
  - -- gramineus,
  - -- ....,

308 **Actaea** (Christopherkraut)
- Art/Sorte
  - -- erythrocarpa,
  - -- pachypoda,
  - -- rubra,
  - -- spicata,
  - -- ....,

309 **Adiantum** (Frauenhaarfarn)
- Art/Sorte
  - -- pedatum,
  - -- pedatum Imbricatum,
  - -- venustum,
  - -- ....,

310 **Adonis** (Adonisröschen)
- Art/Sorte
  - -- amurensis,
  - -- vernalis,
  - -- ....,

311 **Aethionema** (Steintäschel)
- Art/Sorte
  - -- armenum Warley Rose,
  - -- ....,

312 **Agapanthus** (Schmucklilie)
- Art/Sorte
  - -- x hybr. Headbourne,
  - -- ....,

313 **Agrimonia** (Odermennig)
- Art/Sorte
  - -- eupatoria,
  - -- ....,

314 **Ajuga** (Günsel)
- Art/Sorte
  - -- reptans,
  - -- reptans Atropurpurea,
  - -- reptans Riesmöve,
  - -- ....,

315 **Alcea** (Stockrose)
- Art/Sorte
  - -- ficifolia,
  - -- rosea Pleniflora,
  - -- ....,

316 **Alchemilla** (Frauenmantel)
- Art/Sorte
  - -- alpina,
  - -- erythropoda,
  - -- hoppeana,
  - -- mollis,
  - -- mollis Robusta,
  - -- xanthochlora,
  - -- ....,

317 **Alisma** (Froschlöffel)
- Art/Sorte
  - -- lanceolatum,
  - -- plantago-aquatica,
  - -- ....,

318 **Allium** (Lauch)
- Art/Sorte
  - -- caeruleum,
  - -- carinatum ssp. pulchellum,
  - -- cernuum,
  - -- chrostophii,
  - -- flavum,
  - -- giganteum,
  - -- karataviense,
  - -- moly,
  - -- rosenbachianum,
  - -- schoenoprasum,
  - -- sphaerocephalon,
  - -- ursinum,
  - -- ....,

319 **Alyssum** (Steinkraut)
- Art/Sorte
  - -- montanum Berggold,
  - -- murale,
  - -- saxatile Citrinum,
  - -- saxatile Compactum,
  - -- saxatile Plenum,
  - -- saxatile Sulphureum,
  - -- ....,

320 **Anacyclus** (Ringblume)
- Art/Sorte
  - -- depressus,
  - -- ....,

LB 004 Landschaftsbauarbeiten, Pflanzen
Stauden

STLB 004

Ausgabe 06.02

321 **Anaphalis** (Perlpfötchen)
- Art/Sorte
    - -- margaritacae,
    - -- triplinervis,
    - -- triplinervis Silberregen,
    - -- triplinervis Sommerschnee,
    - -- ....,

322 **Anchusa** (Ochsenzunge)
- Art/Sorte
    - -- azurea Dropmore,
    - -- azurea Loddon Royallist,
    - -- officinalis,
    - -- ....,

323 **Androsace** (Mauerschild)
- Art/Sorte
    - -- sarmentosa,
    - -- sempervivoides,
    - -- ....,

324 **Anemone** (Anemone)
- Art/Sorte
    - -- apennina,
    - -- blanda,
    - -- hupehensis Praecox,
    - -- hupehensis September Charm,
    - -- japonica Honorine Jobert,
    - -- japonica Königin Charlotte,
    - -- japonica Pamina,
    - -- japonica Prinz Heinrich,
    - -- japonica Rosenschale,
    - -- japonica Whirlwind,
    - -- x lesseri,
    - -- nemorosa,
    - -- ranunculoides,
    - -- sylvestris,
    - -- tomentosa Robustissima,
    - -- ....,

325 **Angelica** (Engelwurz)
- Art/Sorte
    - -- archangelica,
    - -- sylvestris,
    - -- ....,

326 **Antennaria** (Katzenpfötchen)
- Art/Sorte
    - -- dioica,
    - -- dioica Rubra,
    - -- dioica var. borealis,
    - -- ....,

327 **Anthemis** (Hundskamille)
- Art/Sorte
    - -- marschalliana,
    - -- tinctoria,
    - -- tinctoria Grallagh Gold,
    - -- ....,

328 **Anthericum** (Graslilie)
- Art/Sorte
    - -- liliago,
    - -- ramosum,
    - -- ....,

329 **Anthoxanthum** (Ruchgras)
- Art/Sorte
    - -- odoratum,
    - -- ....,

330 **Anthriscus** (Kerbel)
- Art/Sorte
    - -- sylvestris,
    - -- ....,

331 **Anthyllis** (Wundklee)
- Art/Sorte
    - -- vulneraria,
    - -- ....,

332 **Aponogeton** (Wasserähre)
- Art/Sorte
    - -- distachyos,
    - -- ....,

333 **Aquilegia** (Akelei)
- Art/Sorte
    - -- alpina Superba,
    - -- caerulea Blue Star,
    - -- caerulea Crimson Stark,
    - -- caerulea Dunkelbl. Riesen,
    - -- caerulea Kristall,
    - -- caerulea Mc. Kana Hybrids,
    - -- canadensis,
    - -- chrysantha,
    - -- chrysantha Yellow Queen,
    - -- flabellata Ministar,
    - -- vulgaris,
    - -- ....,

334 **Arabis** (Gänsekresse)
- Art/Sorte
    - -- x arendsii Compinkie,
    - -- x arendsii Hedi,
    - -- x arendsii Rosabella,
    - -- blepharophylla Frühlingszauber,
    - -- caucasica Plena,
    - -- caucasica Schneehaube,
    - -- ferdinandi-coburgii Variegata,
    - -- procurrens,
    - -- procurrens Neuschnee,
    - -- x suendermanii,
    - -- ....,

335 **Arctostaphylos** (Bärentraube)
- Art/Sorte
    - -- uva-ursi,
    - -- ....,

336 **Arenaria** (Sandkraut)
- Art/Sorte
    - -- montana,
    - -- tetraquetra,
    - -- ....,

337 **Armeria** (Grasnelke)
- Art/Sorte
    - -- juniperifolia,
    - -- maritima,
    - -- maritima Alba,
    - -- maritima Düsseldorfer Stolz,
    - -- maritima Frühlingszauber,
    - -- ....,

338 **Arnica** (Arnika)
- Art/Sorte
    - -- montana,
    - -- ....,

339 **Arenatherum** (Glatthafer)
- Art/Sorte
    - -- elatius bulbosum Variegatum,
    - -- ....,

340 **Artemisia** (Beifuß)
- Art/Sorte
    - -- abrotanum,
    - -- absinthium,
    - -- dracunculus,
    - -- lactiflora,
    - -- ludoviciana Silver Queen,
    - -- pontica,
    - -- schmidtiana Nana,
    - -- stelleriana,
    - -- vulgaris,
    - -- ....,

341 **Arum** (Aronstab)
- Art/Sorte
    - -- italicum,
    - -- maculatum,
    - -- ....,

STLB 004

LB 004 Landschaftsbauarbeiten, Pflanzen
Stauden

Ausgabe 06.02

342 **Aruncus** (Geißbart)
- Art/Sorte
  - – aethusifolius,
  - – dioicus,
  - – sinensis Zweiweltenkind,
  - – ....,

343 **Arundo** (Riesenschilf)
- Art/Sorte
  - – donax,
  - – ....,

344 **Asarum** (Haselwurz)
- Art/Sorte
  - – caudatum,
  - – europaeum,
  - – ....,

345 **Asclepias** (Seidenpflanze)
- Art/Sorte
  - – tuberosa,
  - – ....,

346 **Asparagus** (Spargel)
- Art/Sorte
  - – officinalis Spitzenschleier,
  - – ....,

347 **Asperula** (Meier, Meister)
- Art/Sorte
  - – cynanchica,
  - – tinctoria,
  - – ....,

348 **Asphodeline** (Junkerlilie)
- Art/Sorte
  - – liburnica,
  - – lutea,
  - – ....,

349 **Asplenium** (Streifenfarn)
- Art/Sorte
  - – trichomanes,
  - – ....,

350 **Aster** (Aster)
- Art/Sorte
  - – alpinus Albus,
  - – alpinus Dunkle Schöne,
  - – alpinus Happy End,
  - – amellus,
  - – amellus Breslau,
  - – amellus Dr. Otto Petscheck,
  - – amellus Glücksfund,
  - – amellus Lady Hindlip,
  - – amellus Rudolf Goethe,
  - – amellus Sonora,
  - – amellus Sternkugel,
  - – amellus Veilchenkönigin,
  - – andersonii,
  - – cordifolius,
  - – cordifolius Ideal,
  - – divaricatus,
  - – dumosus Alice Haslam,
  - – dumosus Heinz Richard,
  - – dumosus Herbstgruß vom Bresserhof,
  - – dumosus Jenny,
  - – dumosus Kassel,
  - – dumosus Kristina,
  - – dumosus Lady in Blue,
  - – dumosus Mittelmeer,
  - – dumosus Nesthäkchen,
  - – dumosus Prof. Kippenberg,
  - – dumosus Rosenwichtel,
  - – dumosus Schneekissen,
  - – dumosus Silberblaukissen,
  - – dumosus Starlight,
  - – ericoides Blue Star,
  - – ericoides Erlkönig,
  - – ericoides Herbstmyrthe,
  - – ericoides Ringdove,
  - – ericoides Schneetanne,
  - – x frikartii Wunder von Stäfa,
  - – laevis,
  - – lateriflorus var. horizontalis,
  - – linosyris,
  - – novae-angliae Alma Pötschke,
  - – novae-angliae Andenken an Paul Gerber,
  - – novae-angliae Barr s Blue,
  - – novae-angliae Harrington Pink,
  - – novae-angliae Herbstschnee,
  - – novae-angliae Rubinschatz,
  - – novae-angliae Rudelsburg,
  - – novae-angliae Septemberrubin,
  - – novi-belgii Bewunderung,
  - – novi-belgii Blandie,
  - – novi-belgii Blaue Nachhut,
  - – novi-belgii Bonningdale White,
  - – novi-belgii Crimson Brocade,
  - – novi-belgii Dauerblau
  - – novi-belgii Erfurt blüht,
  - – novi-belgii Eventide,
  - – novi-belgii Fellowship,
  - – novi-belgii Fuldatal,
  - – novi-belgii Gayborder Splendour,
  - – novi-belgii Marie Ballard,
  - – novi-belgii Mellbourne Belle,
  - – novi-belgii Patricia Ballard,
  - – novi-belgii Rosaperle,
  - – novi-belgii Royal Ruby,
  - – novi-belgii Sailor Boy,
  - – novi-belgii Schöne von Dietlikon,
  - – pringlei Monte Cassino,
  - – pyrenaeus Lutetia,
  - – sedifolius Nanus,
  - – tongolensis Berggarten,
  - – tongolensis Leuchtenburg,
  - – tongolensis Sternschnuppe,
  - – tongolensis Wartburgstern,
  - – vimineus Lovely,
  - – ....,

351 **Astilbe** (Prachtspiere)
- Art/Sorte
  - – x arendsii Amethyst,
  - – x arendsii Anita Pfeifer,
  - – x arendsii Brautschleier,
  - – x arendsii Cattleya,
  - – x arendsii Else Schluck,
  - – x arendsii Fanal,
  - – x arendsii Feuer,
  - – x arendsii Glut,
  - – x arendsii Grete Püngel,
  - – x arendsii Hyazinth,
  - – x arendsii Irrlicht,
  - – x arendsii Spinell,
  - – chinensis,
  - – chinensis Finale,
  - – chinensis Serenade,
  - – chinensis var. pumila,
  - – x crispa Perkeo,
  - – glaberrima Sprite,
  - – japonica Bremen,
  - – japonica Deutschland,
  - – japonica Europa,
  - – japonica Federsee,
  - – japonica Mainz,
  - – japonica Obergärtner Jürgens,
  - – rivularis,
  - – simplicifolia Aphrodite,
  - – simplicifolia Atrorosea,
  - – simplicifolia Bronce Elegans,
  - – simplicifolia Praecox Alba,
  - – taquetii Purpurlanze,
  - – taquetii Superba,
  - – thunbergii Straußenfeder,
  - – thunbergii Van der Wielen,
  - – ....,

352 **Astilboides** (Tafelblatt)
- Art/Sorte
  - – tabularis,
  - – ....,

LB 004 Landschaftsbauarbeiten, Pflanzen
Stauden

STLB 004

Ausgabe 06.02

353 **Astragalus** (Tragant)
- Art/Sorte
  - -- angustifolius,
  - -- ....,

354 **Astrantia** (Sterndolde)
- Art/Sorte
  - -- major,
  - -- major Rosensinfonie,
  - -- major Rubra,
  - -- maximal,
  - -- ....,

355 **Athyrium** (Frauenfarn)
- Art/Sorte
  - -- filix-femina,
  - -- filix-femina Corymbiferum,
  - -- filix-femina Minitissimum,
  - -- nipponicum Metallicum,
  - -- ....,

356 **Aubrieta** (Blaukissen)
- Art/Sorte
  - -- Hybrid-Cultivar Blaumeise,
  - -- Hybrid-Cultivar Blue Emperor,
  - -- Hybrid-Cultivar Dr. Mules,
  - -- Hybrid-Cultivar Feuervogel,
  - -- Hybrid-Cultivar Frühlingszauber,
  - -- Hybrid-Cultivar Hamburger Stadtpark,
  - -- Hybrid-Cultivar Neuling,
  - -- Hybrid-Cultivar Red Carpet,
  - -- Hybrid-Cultivar Rosengarten,
  - -- Hybrid-Cultivar Rosenteppich,
  - -- Hybrid-Cultivar Tauricola,
  - -- Hybrid-Cultivar Vesuv,
  - -- ....,

357 **Avenella** (Schmiele)
- Art/Sorte
  - -- flexuosa,
  - -- ....,

358 **Azolla** (Schwimmfarn)
- Art/Sorte
  - -- caroliniana,
  - -- ....,

359 **Azorella** (Andenpolster)
- Art/Sorte
  - -- trifurcata,
  - -- ....,

360 **Ballota** (Schwarznessel)
- Art/Sorte
  - -- nigra,
  - -- ....,

361 **Bellis** (Gänseblümchen)
- Art/Sorte
  - -- perennis,
  - -- ....,

362 **Bergenia** (Bergenie)
- Art/Sorte
  - -- ciliata,
  - -- cordifolia,
  - -- crassifolia,
  - -- purpurascens,
  - -- Hybrid-Cultivar Abendglut,
  - -- Hybrid-Cultivar Abendglocken,
  - -- Hybrid-Cultivar Admiral,
  - -- Hybrid-Cultivar Baby Doll,
  - -- Hybrid-Cultivar Glockenturm,
  - -- Hybrid-Cultivar Morgenröte,
  - -- Hybrid-Cultivar Oeschberg,
  - -- Hybrid-Cultivar Purpurglocken,
  - -- Hybrid-Cultivar Rosi Klose,
  - -- Hybrid-Cultivar Rotblum,
  - -- Hybrid-Cultivar Silberlicht,
  - -- ....,

363 **Blechnum** (Rippenfarn)
- Art/Sorte
  - -- penna-marina,
  - -- spicant,
  - -- ....,

364 **Boltonia** (Scheinaster)
- Art/Sorte
  - -- asteroides,
  - -- asteroides var. latisquama,
  - -- ....,

365 **Bouteloua** (Moskitogras)
- Art/Sorte
  - -- gracilis,
  - -- ....,

366 **Brachypodium** (Zwenke)
- Art/Sorte
  - -- pinnatum,
  - -- sylvaticum,
  - -- ....,

367 **Briza** (Zittergras)
- Art/Sorte
  - -- media,
  - -- ....,

368 **Brunnera** (Kaukasusvergissmeinnicht)
- Art/Sorte
  - -- macrophylla,
  - -- ....,

369 **Buglossoides** (Steinsame)
- Art/Sorte
  - -- purpurocaerulea,
  - -- ....,

370 **Buphthalmum** (Ochsenauge)
- Art/Sorte
  - -- salicifolium,
  - -- ....,

371 **Bupleurum** (Hasenohr)
- Art/Sorte
  - -- falcatum,
  - -- ....,

372 **Butomus** (Blumenbinse)
- Art/Sorte
  - -- umbellatus,
  - -- ....,

373 **Calamagrostis** (Reitgras)
- Art/Sorte
  - -- x acutiflora Karl Foerster,
  - -- arundinacea,
  - -- ....,

374 **Calamintha** (Steinquendel)
- Art/Sorte
  - -- nepeta ssp. nepeta,
  - -- ....,

375 **Calla** (Sumpfcalla)
- Art/Sorte
  - -- palustris,
  - -- ....,

376 **Callitriche** (Wasserstern)
- Art/Sorte
  - -- palustris,
  - -- ....,

377 **Caltha** (Dotterblume)
- Art/Sorte
  - -- palustris,
  - -- palustris Multiplex,
  - -- palustris var. alba,
  - -- polypetala,
  - -- ....,

LB 004 Landschaftsbauarbeiten, Pflanzen
Stauden

378 **Campanula** (Glockenblume)
- Art/Sorte
  - – alliariifolia,
  - – carpatica Blue Clips,
  - – carpatica Blaumeise,
  - – carpatica Karpatenkrone,
  - – carpatica Kobaltglocke,
  - – carpatica Weiße Clips,
  - – carpatica Zwergmöve,
  - – carpatica var. turbinata Alba,
  - – carpatica var. turbinata Karl Foerster,
  - – cochleariifolia,
  - – cochleariifolia Alba,
  - – garganica,
  - – garganica Erinus Major,
  - – glomerata,
  - – glomerata Acaulis,
  - – glomerata Dahurica,
  - – glomerata Superba,
  - – lactiflora Loddon Anne,
  - – lactiflora Prichard,
  - – latifolia,
  - – latifolia var. macrantha,
  - – latifolia var. macrantha Alba,
  - – patula,
  - – persicifolia,
  - – persicifolia Grandiflora Alba,
  - – persicifolia Grandiflora Coerulea,
  - – persicifolia ssp. sessiliflora,
  - – persicifolia ssp. sessiliflora Alba,
  - – portenschlagiana,
  - – portenschlagiana Birch,
  - – poscharskyana,
  - – poscharskyana Blauranke,
  - – poscharskyana E. H. Frost,
  - – poscharskyana Stella,
  - – pulla,
  - – x pulloides G. F. Wilson,
  - – raddeana,
  - – rapunculoides,
  - – rapunculus,
  - – rotundifolia,
  - – sarmatica,
  - – trachelium,
  - – ......,

379 **Cardamine** (Schaumkraut)
- Art/Sorte
  - – pratensis,
  - – trifolia,
  - – ......,

380 **Carex** (Segge)
- Art/Sorte
  - – acuta,
  - – alba,
  - – cuchananii,
  - – digitata,
  - – flacca,
  - – gravi,
  - – humilis,
  - – montana,
  - – morrowii Variegata,
  - – muskingumensis,
  - – ornithopoda,
  - – ornithopoda Variegata,
  - – pendula,
  - – plantaginea,
  - – pseudocyperus,
  - – remota,
  - – ripara,
  - – sylvatica,
  - – umbrosa,
  - – ......,

381 **Carlina** (Eberwurz, Wetterdistel)
- Art/Sorte
  - – acanthifolia,
  - – acaulis,
  - – acaulis var. caulescens,
  - – vulgaris,
  - – ......,

382 **Carum** (Kümmel)
- Art/Sorte
  - – carvi,
  - – ......,

383 **Centaurea** (Flockenblume)
- Art/Sorte
  - – bella,
  - – dealbata,
  - – dealbata Steenbergii,
  - – hypoleuca John Coutts,
  - – jacea,
  - – macrocephala,
  - – montana,
  - – montana Grandiflora,
  - – simplicicaulis,
  - – ......,

384 **Centranthus** (Spornblume)
- Art/Sorte
  - – ruber,
  - – ruber Albus,
  - – ruber Coccineus,
  - – ......,

385 **Cephalaria** (Schuppenkopf)
- Art/Sorte
  - – gigantea,
  - – ......,

386 **Cerastium** (Hornkraut)
- Art/Sorte
  - – arvense,
  - – arvense Compactum,
  - – biebersteinii,
  - – tomentosum,
  - – tomentosum var. columnae,
  - – ......,

387 **Ceratophyllum** (Hornblatt)
- Art/Sorte
  - – demersum,
  - – ......,

388 **Ceratostigma** (Bleiwurz)
- Art/Sorte
  - – plumbaginoides,
  - – ......,

389 **Chamaemelum** (Kamille)
- Art/Sorte
  - – nobile,
  - – nobile Plena,
  - – ......,

390 **Chartolepis** (Flockenblume)
- Art/Sorte
  - – glastifolia,
  - – ......,

391 **Chasmanthium** (Plattährengras)
- Art/Sorte
  - – latifolium,
  - – ......,

392 **Chelidonium** (Schöllkraut)
- Art/Sorte
  - – majus,
  - – ......,

393 **Chelone** (Schlangenkopf)
- Art/Sorte
  - – obliqua,
  - – obliqua Alba,
  - – ......,

394 **Chiastophyllum** (Goldtröpfchen, Walddickblatt)
- Art/Sorte
  - – oppositifolium,
  - – ......,

LB 004 Landschaftsbauarbeiten, Pflanzen
Stauden

STLB 004

Ausgabe 06.02

395 Chrysanthemum (Margerite, Wucherblume)
- Art/Sorte
  - -- arcticum,
  - -- arcticum Roseum,
  - -- arcticum Schwefelglanz,
  - -- coccineum Alfred,
  - -- coccineum Eileen May Robinson,
  - -- coccineum James Kelway,
  - -- coccineum Queen Mary,
  - -- coccineum Regent,
  - -- coccineum Robinsons Rosa,
  - -- coccineum Robinsons Rot,
  - -- corymbosum,
  - -- haradjanii,
  - -- Indicum-Hybride,
  - -- Indicum-Hybride A. Kock,
  - -- Indicum-Hybride Altgold,
  - -- Indicum-Hybride Ceddie Masson,
  - -- Indicum-Hybride Citrus,
  - -- Indicum-Hybride Edelweiß,
  - -- Indicum-Hybride Fellbacher Wein,
  - -- Indicum-Hybride Gartenmeister Vegelahn,
  - -- Indicum-Hybride Goldmarianne,
  - -- Indicum-Hybride Hebe,
  - -- Indicum-Hybride Herbstgold,
  - -- Indicum-Hybride Herbströschen,
  - -- Indicum-Hybride L Innocence,
  - -- Indicum-Hybride Kleiner Bernstein,
  - -- Indicum-Hybride Novembersonne,
  - -- Indicum-Hybride Orchid Helen,
  - -- Indicum-Hybride Ordensstern,
  - -- Indicum-Hybride Red Velvet,
  - -- Indicum-Hybride Rehauge,
  - -- Indicum-Hybride Schwabenstolz,
  - -- Indicum-Hybride Schweizerland,
  - -- Indicum-Hybride Schwyz,
  - -- Indicum-Hybride White Bouqet,
  - -- leucanthemum Maikönigin,
  - -- leucanthemum Maistern,
  - -- leucanthemum Rheinblick,
  - -- maximum Beethoven,
  - -- maximum Christine Hagemann,
  - -- maximum Gruppenstolz,
  - -- maximum Julischnee,
  - -- maximum Polaris,
  - -- maximum Schwabengruß,
  - -- maximum Silberprinzesschen,
  - -- maximum Wirral Supreme,
  - -- parthenium,
  - -- rubellum Clara Curtis,
  - -- rubellum Duchess of Edinburgh,
  - -- serotinum,
  - -- vulgare,
  - -- weyrichii,
  - -- ....,

396 Chrysogonum (Goldbart)
- Art/Sorte
  - -- virginianum,
  - -- ....,

397 Cichorium (Zichorie, Wegewarte)
- Art/Sorte
  - -- intybus,
  - -- ....,

398 Cimicifuga (Silberkerze)
- Art/Sorte
  - -- acerina,
  - -- cordifolia,
  - -- dahurica,
  - -- racemosa,
  - -- ramosa,
  - -- ramosa Atropurpurea,
  - -- simplex Armleuchter,
  - -- simplex White Peral,
  - -- ....,

399 Circaea (Hexenkraut)
- Art/Sorte
  - -- lutetiana,
  - -- ....,

400 Cirsium (Kratzdistel)
- Art/Sorte
  - -- acaule,
  - -- diacanthus,
  - -- oleraceum,
  - -- rivulare,
  - -- ....,

401 Clematis (Waldrebe)
- Art/Sorte
  - -- x bonstedtii,
  - -- x bonstedtii Crepuscule,
  - -- x bonstedtii Mrs. Robert Brydon,
  - -- heracleifolia,
  - -- integrifolia,
  - -- x jouiniana Praecox,
  - -- recta,
  - -- recta Grandiflora,
  - -- ....,

402 Codonopsis (Tigerglocke, Glockenwinde)
- Art/Sorte
  - -- clematidea,
  - -- ....,

403 Colchicum (Zeitlose, Herbst-)
- Art/Sorte
  - -- autumnale,
  - -- bornmuelleri,
  - -- Hybrid-Cultivar Lilac Wonder,
  - -- Hybrid-Cultivar Waterlily,
  - -- speciosum,
  - -- ....,

404 Convallaria (Maiblume, Maiglöckchen)
- Art/Sorte
  - -- majalis,
  - -- majalis Grandiflorum,
  - -- ....,

405 Coreopsis (Mädchenauge)
- Art/Sorte
  - -- grandiflora Badengold,
  - -- lanceolata Goldfink,
  - -- lanceolata Lichtstadt,
  - -- lanceolata Sterntaler,
  - -- tripteris,
  - -- verticillata Grandiflora,
  - -- verticillata Moonbeam,
  - -- verticillata Zagreb,
  - -- ....,

406 Coronilla (Kronwicke)
- Art/Sorte
  - -- varia,
  - -- ....,

407 Cortaderia (Pampasgras)
- Art/Sorte
  - -- selloana,
  - -- selloana Argentea,
  - -- selloana Pumila,
  - -- selloana Sunningdale Silver,
  - -- ....,

408 Corydalis (Lerchensporn)
- Art/Sorte
  - -- cava,
  - -- cheilanthifolia,
  - -- lutea,
  - -- ....,

409 Cotula (Fliederpolster)
- Art/Sorte
  - -- dioica,
  - -- potentillina,
  - -- squalida,
  - -- ....,

410 Crambe (Meerkohl)
- Art/Sorte
  - -- cordifolia,

STLB 004

LB 004 Landschaftsbauarbeiten, Pflanzen
Stauden

Ausgabe 06.02

411 Crocosmia (Montbretie)
- Art/Sorte
  - – Hybrid–Cultivar Lucifer,
  - – ....,

412 Crucianella (Scheinwaldmeister)
- Art/Sorte
  - – stylosa Rubra,
  - – ....,

413 Currania (Teppichfarn)
- Art/Sorte
  - – dryopteris,
  - – robertianum,
  - – ....,

414 Cyclamen (Alpenveilchen, Zyklame)
- Art/Sorte
  - – coum ssp. coum,
  - – hederifolium,
  - – hederifolium Album,
  - – purpurascens,
  - – ....,

415 Cymbalaria (Zimbelkraut)
- Art/Sorte
  - – muralis,
  - – pallida,
  - – ....,

416 Cynoglossum (Hundszunge)
- Art/Sorte
  - – nervosum,
  - – ....,

417 Cyperus (Zyperngras)
- Art/Sorte
  - – alternifolius,
  - – longus,
  - – ....,

418 Cystopteris (Blasenfarn)
- Art/Sorte
  - – fragilis,
  - – ....,

419 Dactylis (Knäuelgras)
- Art/Sorte
  - – glomerata Variegata,
  - – ....,

420 Darmera (Schildblatt)
- Art/Sorte
  - – peltata,
  - – ....,

421 Daucus (Möhre)
- Art/Sorte
  - – carota,
  - – ....,

422 Delosperma (Mittagsblümchen)
- Art/Sorte
  - – cooperi,
  - – nubigenum,
  - – ....,

423 Delphinium (Rittersporn)
- Art/Sorte
  - – Belladonna–Hybride,
  - – Belladonna–Hybride Capri,
  - – Belladonna–Hybride Kleine Nachtmusik,
  - – Belladonna–Hybride Moerheimii,
  - – Belladonna–Hybride Piccolo,
  - – Belladonna–Hybride Völkerfrieden,
  - – Elatum–Hybride Abgesang,
  - – Elatum–Hybride Ariel,
  - – Elatum–Hybride Berghimmel,
  - – Elatum–Hybride Blauwal,
  - – Elatum–Hybride Elmhimmel,
  - – Elatum–Hybride Finsteraahorn,
  - – Elatum–Hybride Frühschein,
  - – Elatum–Hybride Gletscherwasser,
  - – Elatum–Hybride Jubelruf,
  - – Elatum–Hybride Lanzenträger,
  - – Elatum–Hybride Merlin,
  - – Elatum–Hybride Ouvertüre,
  - – Elatum–Hybride Perlmutterbaum,
  - – Elatum–Hybride Schildknappe,
  - – Elatum–Hybride Sommernachtstraum,
  - – Elatum–Hybride Waldenburg,
  - – Elatum–Hybride Zauberflöte,
  - – Pacific–Hybride,
  - – Pacific–Hybride Astolat,
  - – Pacific–Hybride Black Knight,
  - – Pacific–Hybride Blue Bird,
  - – Pacific–Hybride Galahad,
  - – ....,

424 Dentaria (Zahnwurz)
- Art/Sorte
  - – bulbifera,
  - – ....,

425 Deschampsia (Schmiele)
- Art/Sorte
  - – cespitosa,
  - – cespitosa Bronzeschleier,
  - – cespitosa Goldschleier,
  - – cespitosa Tauträger,
  - – ....,

426 Dianthus (Nelke)
- Art/Sorte
  - – arenarius,
  - – carthusianorum,
  - – cruentus,
  - – deltoides,
  - – deltoides Brillant,
  - – gratianopolitanus Badenia,
  - – gratianopolitanus Blaureif,
  - – gratianopolitanus Eydangeri,
  - – gratianopolitanus Jutta,
  - – gratianopolitanus La Bourbille,
  - – gratianopolitanus Nordstjernen,
  - – gratianopolitanus Oakinton Park,
  - – gratianopolitanus Rosafeder,
  - – gratianopolitanus Rotkäppchen,
  - – gratianopolitanus Rubin,
  - – knappii,
  - – Plumarius–Hybride Altrosa,
  - – Plumarius–Hybride Heidi,
  - – Plumarius–Hybride Ine,
  - – Plumarius–Hybride Maggi,
  - – Plumarius–Hybride Saxonia,
  - – seguieri,
  - – superbus,
  - – ....,

427 Dicentra (Herzblume)
- Art/Sorte
  - – eximia,
  - – eximia Alba,
  - – formosa,
  - – formosa Bountiful,
  - – formosa Luxuriant,
  - – oregana Langtrees,
  - – spectabilis,
  - – spectabilis Alba,
  - – ....,

LB 004 Landschaftsbauarbeiten, Pflanzen
Stauden

STLB 004

Ausgabe 06.02

428 **Dictamnus** (Diptam)
- Art/Sorte
  - -- albus,
  - -- albus Albiflorus,
  - -- ......,

429 **Digitalis** (Fingerhut)
- Art/Sorte
  - -- ferruginea Gigantea,
  - -- grandiflora,
  - -- lutea,
  - -- x mertonensis,
  - -- purpurea,
  - -- purpurea Excelsior Hybr.,
  - -- purpurea Gelbe Lanze,
  - -- purpurea Gloxiniaeflora,
  - -- ......,

430 **Dipsacus** (Karde)
- Art/Sorte
  - -- sylvestris,
  - -- ......,

431 **Dodecatheon** (Götter- oder Sternschnuppenblume)
- Art/Sorte
  - -- meadia,
  - -- ......,

432 **Doronicum** (Gemswurz)
- Art/Sorte
  - -- orientale,
  - -- orientale Frühlingspracht,
  - -- orientale Magnificum,
  - -- plantagineum Exelsum,
  - -- ......,

433 **Draba** (Hungerblümchen)
- Art/Sorte
  - -- aizoides,
  - -- bruniifolia,
  - -- x suendermannii,
  - -- ......,

434 **Dracocephalum** (Drachenkopf)
- Art/Sorte
  - -- ruyschiana,
  - -- ......,

435 **Dryas** (Silberwurz)
- Art/Sorte
  - -- octopetala,
  - -- x suendermannii,
  - -- ......,

436 **Dryopteris** (Wurmfarn)
- Art/Sorte
  - -- affinis,
  - -- affinis Pinderi,
  - -- atrata,
  - -- austriaca,
  - -- erythrosora,
  - -- filix-mas,
  - -- filix-mas Barnesii,
  - -- filix-mas Linearis Polydactilon,
  - -- spinulosa,
  - -- ......,

437 **Duchesnea** (Scheinerdbeere)
- Art/Sorte
  - -- indica,
  - -- ......,

438 **Echinacea** (Sonnenhut)
- Art/Sorte
  - -- purpurea,
  - -- purpurea Leuchtstern,
  - -- purpurea Magnus,
  - -- ......,

439 **Echinops** (Kugeldistel)
- Art/Sorte
  - -- bannaticus Taplow Blue,
  - -- ritro,
  - -- ritro Veitch s Blue,
  - -- ......,

440 **Echium** (Natterkopf)
- Art/Sorte
  - -- vulgare,
  - -- ......,

441 **Eichhornia** (Wasserhyazinthe)
- Art/Sorte
  - -- crassipes,
  - -- ......,

442 **Eleocharis** (Sumpfried)
- Art/Sorte
  - -- acicularis,
  - -- palustris,
  - -- ......,

443 **Elodea** (Wasserpest)
- Art/Sorte
  - -- canadensis,
  - -- ......,

444 **Epilobium** (Weidenröschen)
- Art/Sorte
  - -- angustifolium,
  - -- hirsutum,
  - -- ......,

445 **Epimedium** (Elfenblume, Sockenblume)
- Art/Sorte
  - -- alpinum,
  - -- grandiflorum,
  - -- x perralchicum Frohnleiten,
  - -- pinnatum Elegans,
  - -- x rubrum,
  - -- x versicolor Sulphureum,
  - -- x warleyense,
  - -- x youngianum Niveum,
  - -- x youngianum Lilacinum,
  - -- ......,

446 **Equisetum** (Schachtelhalm)
- Art/Sorte
  - -- hyemale var. robustum,
  - -- ......,

447 **Eremurus** (Steppenkerze)
- Art/Sorte
  - -- himalaicus,
  - -- x isaellinus Ruiter s Hybriden,
  - -- x isaellinus Shellford Hybriden,
  - -- robustus,
  - -- stenophyllus var. bungei,
  - -- ......,

448 **Erigeron** (Berufkraut, Feinstrahl)
- Art/Sorte
  - -- Speciosus-Hybride Adria,
  - -- Speciosus-Hybride Dunkelste Aller,
  - -- Speciosus-Hybride Foersters Liebling,
  - -- Speciosus-Hybride Lidschatten,
  - -- Speciosus-Hybride Mrs. E. M. Beale,
  - -- Speciosus-Hybride Rosa Triumph,
  - -- Speciosus-Hybride Rotes Meer,
  - -- Speciosus-Hybride Schwarzes Meer,
  - -- Speciosus-Hybride Sommerneuschnee,
  - -- Speciosus-Hybride Wuppertal,
  - -- ......,

449 **Erinus** (Alpenbalsam)
- Art/Sorte
  - -- alpinus Dr. Hähnle,
  - -- ......,

LB 004 Landschaftsbauarbeiten, Pflanzen
Stauden

STLB 004
Ausgabe 06.02

450 Erigonum (Wollknöterich)
- Art/Sorte
  - -- umbellatum,
  - -- ....,

451 Eriophorum (Wollgras)
- Art/Sorte
  - -- angustifolium,
  - -- latifolium,
  - -- vaginatum,
  - -- ....,

452 Eriophyllum (Wollblatt)
- Art/Sorte
  - -- lanatum,
  - -- ....,

453 Eryngium (Edeldistel, Mannstreu)
- Art/Sorte
  - -- alpinum,
  - -- alpinum Blue Star,
  - -- bourgatii,
  - -- planum,
  - -- planum Blauer Zwerg,
  - -- x zabelii Violetta,
  - -- ....,

454 Erythronium (Hundszahn, Forellenlilie)
- Art/Sorte
  - -- dens-canis,
  - -- Hybrid-Cultivar White Beauty,
  - -- Tuolumnense-Hybride Pagoda,
  - -- ....,

455 Eupatorium (Wasserdost)
- Art/Sorte
  - -- cannabinum,
  - -- cannabinum Plenum,
  - -- fistulosum,
  - -- fistulosum Atropurpureum,
  - -- rugosum,
  - -- ....,

456 Euphorbia (Wolfsmilch)
- Art/Sorte
  - -- amygdaloides,
  - -- amygdaloides var. robbiae,
  - -- capitulata,
  - -- cyparissias,
  - -- Cyparissias-Hybride Betten,
  - -- griffithii Fireglow,
  - -- lathyris,
  - -- myrsinites,
  - -- palustris,
  - -- polychroma,
  - -- ....,

457 Fargesia (Bambus, Rohrgras)
- Art/Sorte
  - -- murielae,
  - -- nitida,
  - -- ....,

458 Festuca (Schwingel)
- Art/Sorte
  - -- amethystina,
  - -- cinerea,
  - -- cinerea Aprilgrün,
  - -- cinerea Azurit,
  - -- cinerea Bergsilber,
  - -- cinerea Frühlingsblau,
  - -- cinerea Silberreiher,
  - -- gigantea,
  - -- mairei,
  - -- ovina,
  - -- ovina Harz,
  - -- ovina Solling,
  - -- scoparia,
  - -- scoparia Pic Carlit,
  - -- tenuifolia,
  - -- valesiaca,
  - -- ....,

459 Filipendula (Madesüß)
- Art/Sorte
  - -- palmata Nana,
  - -- purpurea Elegans,
  - -- rubra Venusta,
  - -- ulmaria,
  - -- ulmaria Plena,
  - -- vulgaris,
  - -- vulgaris Plena,
  - -- ....,

460 Fragaria (Erdbeere)
- Art/Sorte
  - -- vesca,
  - -- ....,

461 Fritillaria (Fritillarie)
- Art/Sorte
  - -- imperialis Rubra,
  - -- meleagris,
  - -- ....,

462 Fuchsia (Fuchsie)
- Art/Sorte
  - -- magellanica Gracilis,
  - -- magellanica Riccartonii,
  - -- ....,

463 Gaillardia (Kokardenblume, Papageienblume)
- Art/Sorte
  - -- aristata Burgunder,
  - -- aristata Fackelschein,
  - -- aristata Kobold,
  - -- ....,

464 Galanthus (Schneeglöckchen)
- Art/Sorte
  - -- nivalis,
  - -- ....,

465 Galium (Labkraut)
- Art/Sorte
  - -- odoratum,
  - -- mollugo,
  - -- sylvaticum,
  - -- verum,
  - -- ....,

466 Galtonia (Sommerhyazinthe)
- Art/Sorte
  - -- candicans,
  - -- ....,

467 Gaura (Prachtkerze)
- Art/Sorte
  - -- lindheimeri,
  - -- ....,

468 Gentiana (Enzian)
- Art/Sorte
  - -- acaulis,
  - -- asclepiadea,
  - -- cruciata,
  - -- dahurica,
  - -- septemberfida var. lagodechiana,
  - -- sinoornata,
  - -- ....,

LB 004 Landschaftsbauarbeiten, Pflanzen
Stauden

STLB 004

Ausgabe 06.02

469 **Geranium** (Storchschnabel)
- Art/Sorte
  - -- x cantabrigense Biokovo,
  - -- cinereum Ballerina,
  - -- cinereum var. subcaulescens Purpureum,
  - -- cinereum var. subcaulescens Splendens,
  - -- clarkei Kashmir White,
  - -- dalmaticum,
  - -- dalmaticum Album,
  - -- endressii,
  - -- endressii Wargrave Pink,
  - -- himalayense,
  - -- himalayense Gravetye,
  - -- himalayense x pratense Johnson s Blue,
  - -- macrorrhizum,
  - -- macrorrhizum Ingwersen,
  - -- macrorrhizum Spessart,
  - -- x magnificum,
  - -- nodosum,
  - -- x oxoniense Claridge Druce,
  - -- phaeum,
  - -- pratense,
  - -- psilostemon,
  - -- rendardii,
  - -- x riversleaianum Russel Prichards,
  - -- robertianum,
  - -- sanguineum,
  - -- sanguineum Album,
  - -- sanguineum Elsbeth,
  - -- sanguineum prostratum,
  - -- sylvaticum,
  - -- sylvaticum Mayflower,
  - -- wlassovianum,
  - -- ....,

470 **Geum** (Nelkenwurz)
- Art/Sorte
  - -- chiloense Mrs. Bradshaw,
  - -- chiloense Goldball,
  - -- coccineum Borisii,
  - -- coccineum Feuermeer,
  - -- coccineum Werner Arends,
  - -- x heldreichii Georgenberg,
  - -- x heldreichii Sigiswang,
  - -- Hybrid-Cultivar Dolly North,
  - -- Hybrid-Cultivar Rubin,
  - -- montanum,
  - -- rivale,
  - -- rivale Leonard,
  - -- rivale Lionel Cox,
  - -- urbanum,
  - -- ....,

471 **Gillenia** (Dreiblattspiere)
- Art/Sorte
  - -- trifoliata,
  - -- ....,

472 **Gladiolus** (Gladiole, Siegwurz)
- Art/Sorte
  - -- byzantinus,
  - -- communis,
  - -- ....,

473 **Glechoma** (Gundermann)
- Art/Sorte
  - -- hederacea,
  - -- ....,

474 **Globularia** (Kugelblume)
- Art/Sorte
  - -- cordifolia,
  - -- nudicaulis,
  - -- ....,

475 **Glyceria** (Süßgras, Wasserschwaden)
- Art/Sorte
  - -- maxima,
  - -- maxima Variegata,
  - -- ....,

476 **Goniolimon** (Statice)
- Art/Sorte
  - -- tataricum,
  - -- ....,

477 **Gunnera** (Mammut-Blatt)
- Art/Sorte
  - -- manicata,
  - -- tinctoria,
  - -- ....,

478 **Gypsophila** (Schleierkraut, Gipskraut)
- Art/Sorte
  - -- x hybr. Pink Stark,
  - -- x hybr. Rosenschleier,
  - -- x monstrosa,
  - -- paniculata,
  - -- paniculata Bristol Fairy,
  - -- paniculata Flamingo,
  - -- paniculata Schneeflocke,
  - -- repens,
  - -- repens Rosa Schönheit,
  - -- repens Rosea,
  - -- ....,

479 **Hebe** (Strauch-Veronika)
- Art/Sorte
  - -- buxifolia,
  - -- ....,

480 **Helenium** (Sonnenbraut)
- Art/Sorte
  - -- bigelovii Superbum,
  - -- hoopesii,
  - -- Hybrid-Cultivar Baudirektor Linne,
  - -- Hybrid-Cultivar Goldrausch,
  - -- Hybrid-Cultivar Kanaria,
  - -- Hybrid-Cultivar Königstiger,
  - -- Hybrid-Cultivar Moerheim Beauty,
  - -- Hybrid-Cultivar Waltraut,
  - -- Hybrid-Cultivar Wesergold,
  - -- Hybrid-Cultivar Zimbelstern,
  - -- ....,

481 **Helianthemum** (Sonnenröschen)
- Art/Sorte
  - -- apestre Serpyllifolium,
  - -- Hybrid-Cultivar Blutströpfchen,
  - -- Hybrid-Cultivar Braungold,
  - -- Hybrid-Cultivar Cerise Queen,
  - -- Hybrid-Cultivar Eisbär,
  - -- Hybrid-Cultivar Gelbe Perle,
  - -- Hybrid-Cultivar Golden Queen,
  - -- Hybrid-Cultivar Lawrensons Pink,
  - -- Hybrid-Cultivar Praecox,
  - -- Hybrid-Cultivar Rubin,
  - -- Hybrid-Cultivar Sterntaler,
  - -- Hybrid-Cultivar Supreme,
  - -- lunulatum,
  - -- nummularium,
  - -- ....,

482 **Helianthus** (Sonnenblume)
- Art/Sorte
  - -- atrorubens,
  - -- decapetalus Capenoch Star,
  - -- decapetalus Meteor,
  - -- decapetalus Soleil d Or,
  - -- microcephalus,
  - -- x multiflorus Maximus,
  - -- rigidus Miss Mellish,
  - -- salicifolius,
  - -- ....,

483 **Helichrysum** (Strohblume)
- Art/Sorte
  - -- arenarium,
  - -- Hybride Schwefellicht,
  - -- thianshanicum,
  - -- thianshanicum Goldkind,
  - -- ....,

STLB 004
LB 004 Landschaftsbauarbeiten, Pflanzen
Stauden

Ausgabe 06.02

484 Helictotrichon (Staudenhafer, Wiesenhafer)
- Art/Sorte
  - -- sempervirens,
  - -- sempervirens Pendula,
  - -- sempervirens Saphirsprudel,
  - -- ....,

485 Heliopsis (Sonnenauge)
- Art/Sorte
  - -- scabra Goldgefieder,
  - -- scabra Hohlspiegel,
  - -- scabra Karat,
  - -- scabra Mars,
  - -- scabra Sonnenschild,
  - -- scabra Spitzentänzerin,
  - -- ....,

486 Helleborus (Nieswurz)
- Art/Sorte
  - -- foetidus,
  - -- niger,
  - -- Orientalis–Hybride Atrorubens,
  - -- ....,

487 Hemerocallis (Taglilie)
- Art/Sorte
  - -- citrina,
  - -- fulva,
  - -- Hybrid–Cultivar Aten,
  - -- Hybrid–Cultivar Atlas,
  - -- Hybrid–Cultivar Burning Daylight,
  - -- Hybrid–Cultivar Cartwheels,
  - -- Hybrid–Cultivar Corky,
  - -- Hybrid–Cultivar Crimson Glory,
  - -- Hybrid–Cultivar Crimson Pirate,
  - -- Hybrid–Cultivar Frans Hals,
  - -- Hybrid–Cultivar Golden Scepter,
  - -- Hybrid–Cultivar Hyperion,
  - -- Hybrid–Cultivar Jake Russel,
  - -- Hybrid–Cultivar Neyron Rose,
  - -- Hybrid–Cultivar Shooting Star,
  - -- Hybrid–Cultivar Suzi Wong,
  - -- Hybrid–Cultivar Tejas,
  - -- Hybrid–Cultivar Tinker Bell,
  - -- lilioasphodelus,
  - -- middendorffii,
  - -- minor,
  - -- thunbergii,
  - -- ....,

488 Hepatica (Leberblümchen)
- Art/Sorte
  - -- nobilis,
  - -- transsylvanica,
  - -- ....,

489 Heracleum (Bärenklau, Herkulesstaude)
- Art/Sorte
  - -- lanatum,
  - -- mantegazzianum,
  - -- sphondylium,
  - -- ....,

490 Herniaria (Bruchkraut)
- Art/Sorte
  - -- glabra,
  - -- serpyllifolia,
  - -- ....,

491 Heuchera (Purpurglöckchen)
- Art/Sorte
  - -- x brizoides Feuerregen,
  - -- x brizoides Gracillima,
  - -- x brizoides Pruhoniciana,
  - -- x brizoides Red Spangels,
  - -- x brizoides Schneewittchen,
  - -- x brizoides Scintillation,
  - -- x brizoides Weserlachs,
  - -- x brizoides Widar,
  - -- ....,

492 x Heucherella (Purpurglöckchen)
- Art/Sorte
  - -- alba Bridget Bloom,
  - -- tiarelloides,
  - -- ....,

493 Hieracium (Habichtskraut)
- Art/Sorte
  - -- aurantiacum,
  - -- pilosella,
  - -- pilosella Niveum,
  - -- x rubrum,
  - -- sabaudum,
  - -- sylvaticum,
  - -- umbellatum,
  - -- villosum,
  - -- ....,

494 Hippocrepis (Hufeisenklee)
- Art/Sorte
  - -- comosa,
  - -- ....,

495 Hippuris (Tannenwedel)
- Art/Sorte
  - -- vulgaris,
  - -- ....,

496 Horminum (Drachenmaul)
- Art/Sorte
  - -- pyrenaicum,
  - -- ....,

497 Hosta (Funkie, Herzblattlilie)
- Art/Sorte
  - -- crispula,
  - -- elata,
  - -- fortunei Aurea,
  - -- fortunei Aureomaculata,
  - -- fortunei Aureo–marginata,
  - -- fortunei Hyacinthina,
  - -- fortunei Marginato Alba,
  - -- fortunei Rugosa,
  - -- fortunei Viridis,
  - -- Hybrid–Cultivar Betsy King,
  - -- Hybrid–Cultivar Dorothy,
  - -- Hybrid–Cultivar Snowflake,
  - -- Hybrid–Cultivar Wayside Perfection,
  - -- lancifolia,
  - -- longissima,
  - -- minor,
  - -- plantaginea Grandiflora,
  - -- plantaginea Honey Bells,
  - -- plantaginea Royal Standard,
  - -- sieboldiana,
  - -- sieboldiana Elegans,
  - -- sieboldiana Frances Williams,
  - -- sieboldii,
  - -- sieboldii Alba,
  - -- x tardiana,
  - -- undulata Albo–marginata,
  - -- undulata Erromena,
  - -- undulata Undulata,
  - -- undulata Univittata,
  - -- ventricosa,
  - -- ....,

498 Hottonia (Wasserfeder)
- Art/Sorte
  - -- palustris,
  - -- ....,

499 Humulus (Hopfen)
- Art/Sorte
  - -- lupulus,
  - -- ....,

500 Hutchinsia (Gemskresse)
- Art/Sorte
  - -- alpina,
  - -- ....,

LB 004 Landschaftsbauarbeiten, Pflanzen
Stauden

STLB 004

Ausgabe 06.02

501 **Hydrocharis** (Froschbiss)
- Art/Sorte
  - -- morsus-ranae,
  - -- ....,

502 **Hylomecon** (Japanischer Mohn)
- Art/Sorte
  - -- japonicum,
  - -- ....,

503 **Hypericum** (Hartheu, Johanniskraut)
- Art/Sorte
  - -- calycinum,
  - -- perforatum,
  - -- polyphyllum,
  - -- tetrapterum,
  - -- ....,

504 **Hyssopus** (Ysop)
- Art/Sorte
  - -- officinalis
  - -- officinalis Roseus,
  - -- ....,

505 **Hystrix** (Flaschenbürstengras)
- Art/Sorte
  - -- patula,
  - -- ....,

506 **Iberis** (Schleifenblume)
- Art/Sorte
  - -- saxatilis,
  - -- sempervirens Findel,
  - -- sempervirens Schneeflocke,
  - -- sempervirens Zwergschneeflocke,
  - -- ....,

507 **Incarvillea** (Freilandgloxinie)
- Art/Sorte
  - -- delavayi,
  - -- mairei var. grandiflora,
  - -- ....,

508 **Inula** (Alant)
- Art/Sorte
  - -- britannica,
  - -- ensifolia,
  - -- ensifolia Compacta,
  - -- helenium,
  - -- hirta,
  - -- magnifica,
  - -- orientalis,
  - -- ....,

509 **Iris** (Iris, Schwertlilie)
- Art/Sorte
  - -- aphylla Autumn King,
  - -- Barbata-Elatior Amethyst Flame,
  - -- Barbata-Elatior Blue Rhythm,
  - -- Barbata-Elatior Captain Gallant,
  - -- Barbata-Elatior Cliffs of Dover,
  - -- Barbata-Elatior Eleanors Prid,
  - -- Barbata-Elatior Frost and Flame,
  - -- Barbata-Elatior Fuchsjagd,
  - -- Barbata-Elatior Goldfackel,
  - -- Barbata-Elatior Grananda Gold,
  - -- Barbata-Elatior Harbour Blue,
  - -- Barbata-Elatior Jane Philipps,
  - -- Barbata-Elatior Lambent,
  - -- Barbata-Elatior Lugano,
  - -- Barbata-Elatior New Snow,
  - -- Barbata-Elatior Night Owl,
  - -- Barbata-Elatior Ola Kala,
  - -- Barbata-Elatior Pacemaker,
  - -- Barbata-Elatior Rusticana,
  - -- Barbata-Elatior Sable,
  - -- Barbata-Elatior Solid Mahagony,
  - -- Barbata-Elatior Tuxedo,
  - -- Barbata-Elatior Tyrolean Blue,
  - -- Barbata-Elatior Wabash,
  - -- Barbata-Elatior White Knight,
  - -- Barbata-Elatior Wiener Walzer,
  - -- Barbata-Elatior Winter Olympics,
  - -- Barbata-Media Alaskan Gold,
  - -- Barbata-Media Dandelion,
  - -- Barbata-Media Morgendämmerung,
  - -- Barbata-Media Sea Patrol,
  - -- Barbata-Nana Blue Denim,
  - -- Barbata-Nana Brassie,
  - -- Barbata-Nana Cyanea,
  - -- Barbata-Nana Die Braut,
  - -- Barbata-Nana Excelsa,
  - -- Barbata-Nana Jerry Rubin,
  - -- Barbata-Nana Littly Rosy Wings,
  - -- Barbata-Nana Stockholm,
  - -- Barbata-Nana Tinkerbell,
  - -- foetidissima,
  - -- fulva x foliosa Dorothea K. Williamson,
  - -- graminea,
  - -- kaempferi,
  - -- kaempferi Amazone,
  - -- kaempferi Blauer Berg,
  - -- kaempferi Geisha Dance,
  - -- kaempferi Unschuld,
  - -- laevigata Monstrosa,
  - -- laevigata Rose Queen,
  - -- ochroleuca Gigantea,
  - -- pseudacorus,
  - -- sanguinea,
  - -- sanguinea Snow Queen,
  - -- sibirica,
  - -- sibirica Blue Moon,
  - -- sibirica Caesars Brother,
  - -- sibirica Cambridge,
  - -- sibirica Dreaming Spires,
  - -- sibirica Ego,
  - -- sibirica Elfe,
  - -- sibirica Montain Lake,
  - -- sibirica Mrs. Rowe,
  - -- sibirica My Love,
  - -- sibirica Perry Blue,
  - -- sibirica Sea Shadows,
  - -- sibirica Strandperle,
  - -- sibirica White Swirl,
  - -- spuria,
  - -- spuria Cambridge Blue,
  - -- spuria Conoisseur,
  - -- spuria Marylin Holloway,
  - -- spuria Read Oak,
  - -- tectorum,
  - -- versicolor,
  - -- versicolor Kermesina,
  - -- ....,

510 **Jasione** (Sandglöckchen)
- Art/Sorte
  - -- laevis,
  - -- laevis Blaulicht,
  - -- ....,

511 **Jovibarba** (Dachwurz)
- Art/Sorte
  - -- hirta,
  - -- sobolifera,
  - -- ....,

512 **Juncus** (Binse)
- Art/Sorte
  - -- effusus,
  - -- effusus Spiralis,
  - -- ensifolius,
  - -- inflexus,
  - -- ....,

513 **Kalimeris** (Schönaster)
- Art/Sorte
  - -- incisa,
  - -- ....,

514 **Kirengeshoma** (Wachsglocke)
- Art/Sorte
  - -- palmata,
  - -- ....

LB 004 Landschaftsbauarbeiten, Pflanzen
Stauden

515 Knautia (Knautie, Witwenblume)
- Art/Sorte
  - -- arvensis,
  - -- dipsacifolia,
  - -- macedonia,
  - -- ....,

516 Kniphofia (Fackellilie, Teitome)
- Art/Sorte
  - -- galpinii,
  - -- Hybrid–Cultivar Abendsonne,
  - -- Hybrid–Cultivar Alcazar,
  - -- Hybrid–Cultivar Corallina,
  - -- Hybrid–Cultivar Royal Standard,
  - -- uvaria Grandiflora,
  - -- ....,

517 Koeleria (Kammschmiele, Schillergras)
- Art/Sorte
  - -- glauca,
  - -- ....,

518 Lamium (Goldnessel, Taubnessel)
- Art/Sorte
  - -- galeobdolon,
  - -- galeobdolon Florentinum,
  - -- maculatum,
  - -- maculatum Album,
  - -- maculatum Argenteum,
  - -- maculatum Chequers,
  - -- maculatum Roseum,
  - -- maculatum White Nancy,
  - -- orvala,
  - -- ....,

519 Lapsana (Rainkohl)
- Art/Sorte
  - -- communis,
  - -- ....,

520 Laserpitium (Laserkraut)
- Art/Sorte
  - -- siler,
  - -- ....,

521 Lathyrus (Platterbse)
- Art/Sorte
  - -- latifolius,
  - -- pratensis,
  - -- tuberosus,
  - -- vernus,
  - -- vernus Alboroseus,
  - -- ....,

522 Lavandula (Lavendel)
- Art/Sorte
  - -- angustifolia,
  - -- angustifolia Dwarf Blue,
  - -- angustifolia Hidcote Blue,
  - -- angustifolia Munstead,
  - -- angustifolia Rosea,
  - -- x intermedia Grappenhall,
  - -- x intermedia Hidcote Giant,
  - -- latifolia,
  - -- ....,

523 Lavatera (Buschmalve)
- Art/Sorte
  - -- olbia Rosea,
  - -- thuringiaca,
  - -- ....,

524 Leersia (Wilder Reis, Queckenreis)
- Art/Sorte
  - -- oryzoides,
  - -- ....,

525 Lemna (Wasserlinse)
- Art/Sorte
  - -- trisulca,
  - -- ....,

526 Leontopodium (Edelweiß)
- Art/Sorte
  - -- alpinum,
  - -- alpinum Mignon,
  - -- souliei,
  - -- ....,

527 Leonurus (Herzgespann)
- Art/Sorte
  - -- cardiaca,
  - -- ....,

528 Leucojum (Knotenblume)
- Art/Sorte
  - -- vernum,
  - -- ....,

529 Lewisia (Bitterwurz)
- Art/Sorte
  - -- cotyledon,
  - -- Cotyledon–Hybride Sunset Strain,
  - -- nevadensis,
  - -- ....,

530 Leymus (Haargerste)
- Art/Sorte
  - -- arenarius,
  - -- ....,

531 Liatris (Prachtscharte)
- Art/Sorte
  - -- spicata,
  - -- spicata Floristan Violett,
  - -- spicata Floristan Weiß,
  - -- spicata Kobold,
  - -- ....,

532 Ligularia (Ligularie)
- Art/Sorte
  - -- dentata,
  - -- dentata Desdemona,
  - -- dentata Othello,
  - -- x hessei,
  - -- x hessei Gregynog Gold,
  - -- x palmatiloba,
  - -- przewalskii,
  - -- przewalskii The Rocket,
  - -- stenocephala,
  - -- Stenocephala–Hybride Weihenstephan,
  - -- Stenocephala–Hybride Zepter,
  - -- tangutica,
  - -- veitchiana,
  - -- wilsoniana,
  - -- ....,

533 Lilium (Lilie)
- Art/Sorte
  - -- candidum,
  - -- henryi,
  - -- Hybr. Citronella Strain,
  - -- Hybr. Destiny,
  - -- Hybr. Enchantment,
  - -- Hybr. Fireking,
  - -- Hybr. White Tiger,
  - -- lancifolium Splendens,
  - -- lancifolium Fortunei,
  - -- x maculatum Orange Triumph,
  - -- martagon,
  - -- martagon Album,
  - -- regale,
  - -- ....,

534 Limonium (Widerstoß, Meerlavendel)
- Art/Sorte
  - -- gmelinii,
  - -- latifolium,
  - -- ....,

LB 004 Landschaftsbauarbeiten, Pflanzen
Stauden

STLB 004

Ausgabe 06.02

535 **Linaria** (Leinkraut)
  - Art/Sorte
    -- purpurea,
    -- purpurea Canon Went,
    -- vulgaris,
    -- ....,

536 **Linum** (Lein, Flachs)
  - Art/Sorte
    -- flavum Compactum,
    -- narbonense,
    -- perenne,
    -- perenne Album,
    -- ....,

537 **Lithodora** (Steinsame)
  - Art/Sorte
    -- diffusa Heavenly Blue,
    -- ....,

538 **Lobelia** (Lobelie)
  - Art/Sorte
    -- fulgens,
    -- siphilitica,
    -- x vedrariensis Blauzauber,
    -- ....,

539 **Lotus** (Hornklee)
  - Art/Sorte
    -- corniculatus,
    -- corniculatus Pleniflorus,
    -- uliginosus,
    -- ....,

540 **Lunaria** (Mondviole, Silberling)
  - Art/Sorte
    -- rediviva,
    -- ....,

541 **Lupinus** (Lupine)
  - Art/Sorte
    -- Polyphyllus-Hybride Edelknabe,
    -- Polyphyllus-Hybride Fräulein,
    -- Polyphyllus-Hybride Kastellan,
    -- Polyphyllus-Hybride Kronleuchter,
    -- Polyphyllus-Hybride Mein Schloss,
    -- Polyphyllus-Hybride Schlossfrau,
    -- ....,

542 **Luzula** (Hainsimse, Marbel)
  - Art/Sorte
    -- luzuloides,
    -- nivea,
    -- pilosa,
    -- sylvatica,
    -- sylvatica Marginata,
    -- sylvatica Tauernpass,
    -- ....,

543 **Lychnis** (Lichtnelke)
  - Art/Sorte
    -- alpina,
    -- chalcedonica,
    -- coronaria,
    -- flos-cuculi,
    -- flos-jovis,
    -- viscaria,
    -- viscaria Plena,
    -- ....,

544 **Lysichiton** (Scheincalla)
  - Art/Sorte
    -- americanus,
    -- ....,

545 **Lysimachia** (Felberich, Gilbweiderich)
  - Art/Sorte
    -- clethroides,
    -- nemorum,
    -- nummularia,
    -- punctata,
    -- thyrsiflora,
    -- vulgaris,
    -- ....,

546 **Lythrum** (Weiderich)
  - Art/Sorte
    -- salicaria,
    -- salicaria Feuerkerze,
    -- salicaria Robert,
    -- salicaria Stichflamme,
    -- virgatum Rose Queen,
    -- ....,

547 **Macleaya** (Federmohn)
  - Art/Sorte
    -- cordata,
    -- microcarpa Korallenfeder,
    -- ....,

548 **Maianthemum** (Schattenblümchen, Zweiblatt)
  - Art/Sorte
    -- bifolium,
    -- ....,

549 **Malva** (Malve)
  - Art/Sorte
    -- alcea,
    -- alcea Fastigiata,
    -- moschata,
    -- moschata Alba,
    -- sylvestris,
    -- ....,

550 **Marrubium** (Mauseohr, Andorn)
  - Art/Sorte
    -- vulgare,
    -- ....,

551 **Matricaria** (Mutterkraut)
  - Art/Sorte
    -- caucasica,
    -- ....,

552 **Matteuccia** (Straußfarn, Trichterfarn)
  - Art/Sorte
    -- struthiopteris,
    -- ....,

553 **Meconopsis** (Scheinmohn)
  - Art/Sorte
    -- betonicifolia,
    -- cambrica,
    -- ....,

554 **Melica** (Perlgras)
  - Art/Sorte
    -- ciliata,
    -- nutrans,
    -- transsilvanica,
    -- uniflora,
    -- ....,

555 **Melittis** (Melisse)
  - Art/Sorte
    -- melissophyllum,
    -- ....,

556 **Mentha** (Minze)
  - Art/Sorte
    -- aquatica,
    -- longifolia,
    -- pulegium,
    -- x rotundifolia,
    -- x rotundifolia Variegata,
    -- ....,

STLB 004

LB 004 Landschaftsbauarbeiten, Pflanzen
Stauden

Ausgabe 06.02

557 **Menyanthes** (Bitterklee, Fiberklee)
- Art/Sorte
  -- trifoliata,
  -- ....,

558 **Mercurialis** (Bingelkraut)
- Art/Sorte
  -- perennis,
  -- ....,

559 **Meum** (Bärwurz)
- Art/Sorte
  -- athamanticum,
  -- ....,

560 **Mimulus** (Gauklerblume, Affenblume)
- Art/Sorte
  -- cupreus Roter Kaiser,
  -- guttatus,
  -- luteus,
  -- ringens,
  -- x tigrinus Grandiflora,
  -- ....,

561 **Minuartia** (Miere)
- Art/Sorte
  -- laricifolia,
  -- ....,

562 **Miscanthus** (Chinaschilf, Eulalie)
- Art/Sorte
  -- giganteus,
  -- sacchariflorus Robustus,
  -- sinensis Condensatus,
  -- sinensis Gracillimus,
  -- sinensis Graziella,
  -- sinensis Malepartus,
  -- sinensis Silberfeder,
  -- sinensis Sirene,
  -- sinensis Strictus,
  -- sinensis Variegatus,
  -- sinensis Zebrinus,
  -- ....,

563 **Molinia** (Pfeifengras)
- Art/Sorte
  -- caeruela ssp. arundinacea,
  -- caeruela ssp. arundinacea Fontäne,
  -- caeruela ssp. arundinacea Karl Foerster,
  -- caeruela ssp. arundinacea Transparent,
  -- caeruela ssp. arundinacea Windspiel,
  -- caeruela,
  -- caeruela Heidekraut,
  -- caeruela Moorhexe,
  -- caeruela Strahlenquelle,
  -- caeruela Variegata,
  -- ....,

564 **Monarda** (Indianernessel)
- Art/Sorte
  -- Fistulosa-Hybride Adam,
  -- Fistulosa-Hybride Cambridge Scarlet,
  -- Fistulosa-Hybride Croftway Pink,
  -- Fistulosa-Hybride Donnerwolke,
  -- Fistulosa-Hybride Kardinal,
  -- Fistulosa-Hybride Morgenröte,
  -- Fistulosa-Hybride Präriebrand,
  -- Fistulosa-Hybride Schneewittchen,
  -- ....,

565 **Morina** (Kardendistel)
- Art/Sorte
  -- longifolia,
  -- ....,

566 **Muehlenbeckia** (Polsterstrauch)
- Art/Sorte
  -- axillaris,
  -- ....,

567 **Myosotis** (Vergissmeinnicht)
- Art/Sorte
  -- palustris,
  -- palustris Thüringen,
  -- ....,

568 **Myriophyllum** (Tausendblatt)
- Art/Sorte
  -- verticillatum,
  -- ....,

569 **Nasturtium** (Brunnenkresse)
- Art/Sorte
  -- officinale,
  -- ....,

570 **Nepeta** (Katzenminze)
- Art/Sorte
  -- cataria,
  -- s faassenii,
  -- s faassenii Six Hills Giant,
  -- ....,

571 **Nuphar** (Teichrose, Mummel)
- Art/Sorte
  -- lutea,
  -- ....,

572 **Nymphaea** (Seerose)
- Art/Sorte
  -- alba,
  -- Hybrid-Cultivar Charles de Meurville,
  -- Hybrid-Cultivar Escarboucle,
  -- Hybrid-Cultivar Froebeli,
  -- Hybrid-Cultivar Hermine,
  -- Hybrid-Cultivar James Brydon,
  -- Hybrid-Cultivar Laydekeri Lilacea,
  -- Hybrid-Cultivar Laydekeri Purpurata,
  -- Hybrid-Cultivar Madame Laydeker,
  -- Hybrid-Cultivar Marliacea Albida,
  -- Hybrid-Cultivar Marliacea Chromatella,
  -- Hybrid-Cultivar Marliacea Rosea,
  -- Hybrid-Cultivar Masaniello,
  -- Hybrid-Cultivar Maurice Laydeker,
  -- Hybrid-Cultivar Pöstlingberg,
  -- Hybrid-Cultivar Rene Gerard,
  -- Hybrid-Cultivar Rosennymphe,
  -- Hybrid-Cultivar Sioux,
  -- Hybrid-Cultivar Sulphurea,
  -- tetragona Alba,
  -- tuberosa Richardsonii,
  -- ....,

573 **Nymphoides** (Seekanne)
- Art/Sorte
  -- peltata,
  -- ....,

574 **Oenothera** (Nachtkerze)
- Art/Sorte
  -- missouriensis,
  -- tetragona Fyrverkeri,
  -- tetragona Hohes Licht,
  -- tetragona Sonnenwende,
  -- ....,

575 **Omphalodes** (Gedenkemein)
- Art/Sorte
  -- cappadocica,
  -- verna,
  -- verna Alba,
  -- ....,

576 **Onobrychis** (Esparsette)
- Art/Sorte
  -- viciifolia,
  -- ....,

577 **Onoclea** (Perlfarn)
- Art/Sorte
  -- sensibilis,
  -- ....,

LB 004 Landschaftsbauarbeiten, Pflanzen
Stauden

STLB 004

Ausgabe 06.02

578 **Ononis** (Hauhechel)
- Art/Sorte
  - -- spinosa,
  - -- ....,

579 **Onopordum** (Eselsdistel)
- Art/Sorte
  - -- acanthium,
  - -- ....,

580 **Origanum** (Dost)
- Art/Sorte
  - -- laevigatum,
  - -- Laevigatum-Hybride Herrenhausen,
  - -- vulgare,
  - -- vulgare Aureum,
  - -- vulgare Compactum,
  - -- ....,

581 **Ornithogalum** (Milchstern)
- Art/Sorte
  - -- umbellatum,
  - -- ....,

582 **Orontium** (Goldkeule)
- Art/Sorte
  - -- aquaticum,
  - -- ....,

583 **Osmunda** (Königsfarn)
- Art/Sorte
  - -- regalis,
  - -- ....,

584 **Oxalis** (Sauerklee)
- Art/Sorte
  - -- acetosella,
  - -- ....,

585 **Pachysandra** (Ysander)
- Art/Sorte
  - -- terminalis,
  - -- ....,

586 **Paeonia** (Pfingstrose)
- Art/Sorte
  - -- lactiflora Avalanche,
  - -- lactiflora Bowl of Beauty,
  - -- lactiflora Bunker Hill,
  - -- lactiflora Duchesse de Nemours,
  - -- lactiflora Edulis Superba,
  - -- lactiflora Festiva Maxima,
  - -- lactiflora Holbein,
  - -- lactiflora Inspecteur Lavergne,
  - -- lactiflora Karl Rosenfield,
  - -- lactiflora Mons. Jules Elie,
  - -- lactiflora Noemi Demay,
  - -- lactiflora Pottsi Plena,
  - -- lactiflora Sarah Bernhardt,
  - -- lactiflora Schwindt,
  - -- lactiflora Torpilleur,
  - -- lactiflora Wilbur Wright,
  - -- mlokosewitschii,
  - -- officinalis Alba Plena,
  - -- officinalis Rosea Plena,
  - -- officinalis Rubra Plena,
  - -- peregrina Sunshine,
  - -- tenuifolia,
  - -- tenuifolia Plena,
  - -- ....,

587 **Panicum** (Hirse)
- Art/Sorte
  - -- virgatum,
  - -- virgatum Rehbraun,
  - -- virgatum Strictum,
  - -- ....,

588 **Papaver** (Mohn)
- Art/Sorte
  - -- alpinum,
  - -- bracteatum Beauty of Livermere,
  - -- nudicaule,
  - -- nudicaule Gartenzwerg,
  - -- orientale Aladin,
  - -- orientale Arwide,
  - -- orientale Catharina,
  - -- orientale Feuerriese,
  - -- orientale Garden Glory,
  - -- orientale Karine,
  - -- orientale Kleine Tänzerin,
  - -- orientale Lighthouse,
  - -- orientale Marcus Perry,
  - -- orientale Springtime,
  - -- orientale Sturmfackel,
  - -- orientale Türkenlouis,
  - -- ....,

589 **Paradisea** (St. Bruno-Lilie)
- Art/Sorte
  - -- liliastrum,
  - -- ....,

590 **Paronychia** (Mauermiere)
- Art/Sorte
  - -- kapela,
  - -- kapela ssp. serphyllifolia,
  - -- ....,

591 **Pastinaca** (Pastinak)
- Art/Sorte
  - -- sativa,
  - -- ....,

592 **Patrinia** (Goldbaldrian)
- Art/Sorte
  - -- triloba,
  - -- ....,

593 **Pennisetum** (Lampenputzergras)
- Art/Sorte
  - -- alopecuroides Compressum,
  - -- alopecuroides Hameln,
  - -- alopecuroides Japonicum,
  - -- ....,

594 **Penstemon** (Bartfaden)
- Art/Sorte
  - -- barbatus,
  - -- hirsutus Pygmaeus,
  - -- Hybrid-Cultivar Blue Spring,
  - -- Hybrid-Cultivar Schönholzeri,
  - -- Hybrid-Cultivar Southgate Gem,
  - -- pinifolius,
  - -- ....,

595 **Perovskia** (Blauranke)
- Art/Sorte
  - -- x superba,
  - -- ....,

596 **Petasites** (Pestwurz)
- Art/Sorte
  - -- albus,
  - -- fragrans,
  - -- hybridus,
  - -- japonicus Giganteus,
  - -- ....,

597 **Petrorhagia** (Felsnelke)
- Art/Sorte
  - -- saxifraga,
  - -- saxifraga Alba Plena,
  - -- saxifraga Rosette,
  - -- ....,

598 **Peucedanum** (Haarstrang, Meisterwurz)
- Art/Sorte
  - -- ostruthium,
  - -- ....,

STLB 004

LB 004 Landschaftsbauarbeiten, Pflanzen
Stauden

Ausgabe 06.02

599 Phalaris (Rohrglanzgras)
- Art/Sorte
  - -- arundinacea,
  - -- arundinacea Picta,
  - -- arundinacea Tricolor,
  - -- ....,

600 Phlomis (Brandkraut)
- Art/Sorte
  - -- russeliana,
  - -- ....,

601 Phlox (Flammenblume)
- Art/Sorte
  - -- Arendsii-Hybride Anja,
  - -- Arendsii-Hybride Lisbeth,
  - -- divaricata ssp. laphamii,
  - -- Douglasii-Hybride Crackerjack,
  - -- Douglasii-Hybride Georg Arends,
  - -- Douglasii-Hybride Red Admiral,
  - -- Douglasii-Hybride Rose Queen,
  - -- Douglasii-Hybride Waterloo,
  - -- Maculata-Hybride Alpha,
  - -- Maculata-Hybride Mrs. Lingard,
  - -- Maculata-Hybride Omega,
  - -- Maculata-Hybride Rosalinde,
  - -- paniculata Aida,
  - -- paniculata Dorffreude,
  - -- paniculata Düsterlohe,
  - -- paniculata Fesselballon,
  - -- paniculata Frau A. v. Mauthner,
  - -- paniculata Frauenlob,
  - -- paniculata Kirchenfürst,
  - -- paniculata Kirmesländler,
  - -- paniculata Landhochzeit,
  - -- paniculata Le Mahdi,
  - -- paniculata Orange,
  - -- paniculata Pastorale,
  - -- paniculata Pax,
  - -- paniculata Schneeferner,
  - -- paniculata Sommerfreude,
  - -- paniculata Sommerkleid,
  - -- paniculata Spätrot,
  - -- paniculata Starfire,
  - -- paniculata Sternhimmel,
  - -- paniculata Wilhelm Kesselring,
  - -- paniculata Württembergia,
  - -- x procumbens,
  - -- stolonifera Blue Ridge,
  - -- subulata Atropurpurea,
  - -- subulata Emerald Cushion Blue,
  - -- subulata G. F. Wilson,
  - -- subulata Lindental,
  - -- subulata Maischnee,
  - -- subulata Scarlet Flame,
  - -- subulata Schöne von Ronsdorf,
  - -- subulata Stjaernegloed,
  - -- subulata Temiskaming,
  - -- subulata White Delight,
  - -- ....,

602 Phragmites (Schilf, Rohr)
- Art/Sorte
  - -- australis,
  - -- australis Aureovariegatus,
  - -- ....,

603 Phuopsis (Rosenwaldmeister)
- Art/Sorte
  - -- stylosa Rubra,
  - -- ....,

604 Phygelius (Kap-Fuchsie)
- Art/Sorte
  - -- capensis,
  - -- ....,

605 Phyllitis (Hirschzunge, Hirschzungenfarn)
- Art/Sorte
  - -- scolopendrium,
  - -- scolopendrium Capitata,
  - -- scolopendrium Crispa,
  - -- scolopendrium Marginata,
  - -- ....,

606 Physalis (Lampionblume)
- Art/Sorte
  - -- alkekengi var. franchetii,
  - -- ....,

607 Physostegia (Gelenkblume)
- Art/Sorte
  - -- virginiana Bouquet Rose,
  - -- virginiana Schneekrone,
  - -- virginiana Summersnow,
  - -- virginiana Summer Spire,
  - -- virginiana Vivid,
  - -- ....,

608 Phyteuma (Teufelskralle, Rapunzel)
- Art/Sorte
  - -- orbiculare,
  - -- scheuchzeri,
  - -- spicatum,
  - -- ....,

609 Phytolacca (Kermesbeere)
- Art/Sorte
  - -- americana,
  - -- ....,

610 Pimpinella (Bibernelle)
- Art/Sorte
  - -- major,
  - -- saxifraga,
  - -- ....,

611 Pistia (Wassersalat)
- Art/Sorte
  - -- stratiotes,
  - -- ....,

612 Plantago (Wegerich)
- Art/Sorte
  - -- lanceolata,
  - -- major,
  - -- media,
  - -- ....,

613 Platycodon (Ballonblume)
- Art/Sorte
  - -- grandiflorus Album,
  - -- grandiflorus Apoyama,
  - -- grandiflorus Mariesii,
  - -- grandiflorus Perlmutterschale,
  - -- ....,

614 Pleioblastus (Buschbambus)
- Art/Sorte
  - -- pygmaeus,
  - -- ....,

615 Poa (Rispengras)
- Art/Sorte
  - -- alpina,
  - -- chaixii,
  - -- ....,

616 Podophyllum (Maiapfel, Fußblatt)
- Art/Sorte
  - -- hexandrum Majus,
  - -- peltatum,
  - -- ....,

617 Polemonium (Jakobsleiter, Speerkraut)
- Art/Sorte
  - -- caeruleum,
  - -- reptans Blue Pearl,
  - -- x richardsonii,

LB 004 Landschaftsbauarbeiten, Pflanzen
Stauden

STLB 004

Ausgabe 06.02

618 **Polygonatum** (Salomonssiegel)
- Art/Sorte
  - -- commutatum,
  - -- x hybr. Weihenstephan,
  - -- multiflorum,
  - -- odoratum,
  - -- verticillatum,
  - -- ....,

619 **Polygonum** (Knöterich)
- Art/Sorte
  - -- affine Darjeeling Red,
  - -- affine Donald Lowndes,
  - -- affine Superbum,
  - -- amphibium,
  - -- amplexicaule Atropurpureum,
  - -- amplexicaule Speciosum,
  - -- bistorta,
  - -- bistorta Superbum,
  - -- campanulatum,
  - -- weyrichii,
  - -- ....,

620 **Polypodium** (Tüpfelfarn)
- Art/Sorte
  - -- vulgare,
  - -- ....,

621 **Polystichum** (Schildfarn)
- Art/Sorte
  - -- aculeatum,
  - -- lonchitis,
  - -- polyblepharum Bornim,
  - -- setiferum,
  - -- setiferum Plumosum Densum,
  - -- setiferum Proliferum,
  - -- setiferum Proliferum Dahlem,
  - -- setiferum Proliferum Herrenhausen,
  - -- ....,

622 **Pontederia** (Hechtkraut)
- Art/Sorte
  - -- cordata,
  - -- ....,

623 **Potamogeton** (Laichkraut)
- Art/Sorte
  - -- crispus,
  - -- natans,
  - -- ....,

624 **Potentilla** (Fingerkraut)
- Art/Sorte
  - -- alba,
  - -- anserina,
  - -- argentea,
  - -- argentea var. calabra,
  - -- argyrophylla,
  - -- atrosanguinea Gibson Scarlet,
  - -- aurea,
  - -- aurea Goldklumpen,
  - -- cinerea,
  - -- crantzii Goldrausch,
  - -- erecta,
  - -- megalantha,
  - -- nepalensis Miß Willmott,
  - -- neumanniana,
  - -- neumanniana Nana,
  - -- palustris,
  - -- recta Warrenii,
  - -- reptans,
  - -- sterilis,
  - -- ternata Aurantiaca,
  - -- x tongue,
  - -- ....,

625 **Primula** (Primel, Schlüsselblume)
- Art/Sorte
  - -- alpicola,
  - -- auricula,
  - -- beesiana,
  - -- x bullesiana,
  - -- bulleyana,
  - -- denticulata,
  - -- denticulata Alba,
  - -- denticulata Rubin,
  - -- denticulata Grandiflora,
  - -- elatior,
  - -- Elatior-Hybride Vierländer Gold,
  - -- florindae,
  - -- Hortensis-Hybride Monarch,
  - -- japonica Millers Crimson,
  - -- japonica Postford White,
  - -- polyneura,
  - -- x pruhoniciana Frühlingsfeuer,
  - -- x pruhoniciana Gartenmeister Bartens,
  - -- x pruhoniciana Gruß aus Königslutter,
  - -- x pruhoniciana Perle von Bottrop,
  - -- rosea,
  - -- saxatilis,
  - -- sieboldii,
  - -- sikkimensis,
  - -- veris,
  - -- vialii,
  - -- vulgaris,
  - -- vulgaris Coerulea,
  - -- vulgaris Lutea,
  - -- vulgaris Rubra,
  - -- ....,

626 **Prunella** (Braunelle)
- Art/Sorte
  - -- grandiflora,
  - -- grandiflora Alba,
  - -- grandiflora Loveliness,
  - -- grandiflora Rosea,
  - -- vulgaris,
  - -- x webbiana,
  - -- ....,

627 **Pseudosasa** (Bambus)
- Art/Sorte
  - -- japonica,
  - -- ....,

628 **Pteridium** (Adlerfarn)
- Art/Sorte
  - -- aquilinum,
  - -- ....,

629 **Ptilotrichum** (Steinkraut)
- Art/Sorte
  - -- spinosum,
  - -- ....,

630 **Pulmonaria** (Lungenkraut)
- Art/Sorte
  - -- angustifolia,
  - -- angustifolia Azurea,
  - -- officinalis,
  - -- rubra,
  - -- saccharata Mrs. Moon,
  - -- saccharata Pink Dawn,
  - -- saccharata Sissinghurst White,
  - -- ....,

631 **Pulsatilla** (Kuhschelle, Küchenschelle)
- Art/Sorte
  - -- vernalis,
  - -- vulgaris,
  - -- vulgaris Alba,
  - -- vulgaris Rote Glocke,
  - -- ....,

632 **Ramonda** (Ramondie, Felsenteller)
- Art/Sorte
  - -- myconi,
  - -- ....,

LB 004 Landschaftsbauarbeiten, Pflanzen
Stauden

STLB 004
Ausgabe 06.02

633 **Ranunculus** (Hahnenfuß)
- Art/Sorte
  - -- aconitifolius,
  - -- acris,
  - -- acris Multiplex,
  - -- aquatilis,
  - -- auricomus,
  - -- bulbosus,
  - -- ficaria,
  - -- flammula,
  - -- gramineus,
  - -- lanuginosus,
  - -- lingua,
  - -- ....,

634 **Raoulia** (Silberkissen)
- Art/Sorte
  - -- australis,
  - -- ....,

635 **Reynoutria** (Kleiner Knöterich)
- Art/Sorte
  - -- japonica var. compacta Rosea,
  - -- sachalinensis,
  - -- ....,

636 **Rheum** (Rhabarber)
- Art/Sorte
  - -- palmatum var. tanguticum,
  - -- ....,

637 **Rodgersia** (Schaublatt)
- Art/Sorte
  - -- aesculifolia,
  - -- pinnata,
  - -- podophylla,
  - -- podophylla Pagode,
  - -- podophylla Rotlaub,
  - -- purdomii,
  - -- sambucifolia,
  - -- ....,

638 **Rosularia** (Dickröschen)
- Art/Sorte
  - -- pallida,
  - -- ....,

639 **Rudbeckia** (Sonnenhut)
- Art/Sorte
  - -- fulgida var. deamii,
  - -- laciniata Goldkugel,
  - -- lacinata Goldquelle,
  - -- maxima,
  - -- nitida Herbstsonne,
  - -- nitida Juligold,
  - -- speciosa,
  - -- subtomentosa,
  - -- sullivantii Goldsturm,
  - -- triloba,
  - -- ....,

640 **Rumex** (Ampfer)
- Art/Sorte
  - -- acetosa,
  - -- hydrolapathum,
  - -- ....,

641 **Sagina** (Sternmoos, Mastkraut)
- Art/Sorte
  - -- subulata,
  - -- ....,

642 **Sagittaria** (Pfeilkraut)
- Art/Sorte
  - -- latifolia,
  - -- sagittifolia,
  - -- ....,

643 **Salvia** (Salbei)
- Art/Sorte
  - -- azurea var. grandiflora,
  - -- glutinosa,
  - -- lavandulifolia,
  - -- nemorosa Blauhügel,
  - -- nemorosa Mainacht,
  - -- nemorosa Ostfriesland,
  - -- nemorosa Rügen,
  - -- nemorosa Viola Klose,
  - -- officinalis,
  - -- officinalis Purpurascens,
  - -- officinalis Tricolor,
  - -- pratensis,
  - -- pratensis var. haematodes,
  - -- ....,

644 **Salvinia** (Schwimmfarn)
- Art/Sorte
  - -- natans,
  - -- ....,

645 **Sanguisorba** (Wiesenknopf)
- Art/Sorte
  - -- minor,
  - -- obtusa,
  - -- officinalis,
  - -- tenuifolia Albiflora,
  - -- ....,

646 **Sanicula** (Sanikel)
- Art/Sorte
  - -- europaea,
  - -- ....,

647 **Santolina** (Heiligenkraut)
- Art/Sorte
  - -- chamaecyparissus,
  - -- rosmarinifolia,
  - -- ....,

648 **Saponaria** (Seifenkraut)
- Art/Sorte
  - -- x lempergii Max Frei,
  - -- ocymoides,
  - -- officinalis,
  - -- officinalis Plena,
  - -- x olivana,
  - -- ....,

649 **Sasa** (Zwergbambus)
- Art/Sorte
  - -- pumila,
  - -- ....,

650 **Satureja** (Kölle, Bohnenkraut)
- Art/Sorte
  - -- montana,
  - -- montana ssp. illyrica,
  - -- ....,

651 **Saururus** (Molchschwanz)
- Art/Sorte
  - -- chinensis,
  - -- ....,

LB 004 Landschaftsbauarbeiten, Pflanzen
Stauden

STLB 004

Ausgabe 06.02

652 Saxifraga (Steinbrech)
- Art/Sorte
  - -- x andrewsii,
  - -- Arendsii-Hybride Blütenteppich,
  - -- Arendsii-Hybride Leuchtkäfer,
  - -- Arendsii-Hybride Purpurteppich,
  - -- Arendsii-Hybride Schneeteppich,
  - -- caespitosa Findling,
  - -- cuneifolia,
  - -- fortunei,
  - -- granulata,
  - -- hostii,
  - -- hypnoides var. egemmulosa,
  - -- paniculata,
  - -- trifurcata,
  - -- umbrosa,
  - -- umbrosa Aureopunctata,
  - -- x urbium Elliott,
  - -- ....,

653 Scabiosa (Skabiose, Krätzkraut)
- Art/Sorte
  - -- caucasica Clive Greaves,
  - -- caucasica Kompliment,
  - -- caucasica Miss E. Willmott,
  - -- columbaria,
  - -- japonica var. alpina,
  - -- lucida,
  - -- ochroleuca,
  - -- ....,

654 Scirpus (Simse)
- Art/Sorte
  - -- lacustris,
  - -- lacustris Albescens,
  - -- lacustris ssp. tabernaemontani Zebrinus,
  - -- sylvaticus,
  - -- ....,

655 Scrophularia (Braunwurz)
- Art/Sorte
  - -- nodosa,
  - -- ....,

656 Sedum (Fettblatt, Fetthenne)
- Art/Sorte
  - -- acre,
  - -- album,
  - -- album Coral Carpet,
  - -- album Murale,
  - -- cauticolum,
  - -- cauticolum Robustum,
  - -- cyaneum Sachalin,
  - -- ellacombianum,
  - -- floriferum Weihenstephaner Gold,
  - -- hybridum Immergrünchen,
  - -- kamtschaticum,
  - -- kamtschaticum Variegatum,
  - -- kamtschaticum var. midendorffianum Diffusum,
  - -- nevii,
  - -- ochroleucum Centaurus,
  - -- pachyclados,
  - -- reflexum,
  - -- reflexum Elegant,
  - -- sexangulare,
  - -- sexangulare Weiße Tatra,
  - -- sieboldii,
  - -- spathulifolium Cape Blanco,
  - -- spathulifolium Purpureum,
  - -- spectabile Brillant,
  - -- spectabile Carmen,
  - -- spurium Album Superbum,
  - -- spurium Fuldaglut,
  - -- spurium Purpurteppich,
  - -- spurium Schorbuser Blut,
  - -- telephium,
  - -- telephium Herbstfreude,
  - -- ....,

657 Sempervivum (Hauswurz, Dachwurz, Steinwurz)
- Art/Sorte
  - -- arachnoideum,
  - -- arachnoideum tomentosum,
  - -- calcareum Greeni,
  - -- calcareum Mrs. Guiseppe,
  - -- ciliosum var. borisii,
  - -- Hybrid-Cultivar Alpha,
  - -- Hybrid-Cultivar Beta,
  - -- Hybrid-Cultivar Gamma,
  - -- Hybrid-Cultivar Granat,
  - -- Hybrid-Cultivar Othello,
  - -- Hybrid-Cultivar Raureif,
  - -- Hybrid-Cultivar Rheinkiesel,
  - -- Hybrid-Cultivar Rubin,
  - -- Hybrid-Cultivar Smaragd,
  - -- Hybrid-Cultivar Topas,
  - -- marmoreum Mahagony,
  - -- montanum,
  - -- schlehanii Rubicundum,
  - -- tectorum,
  - -- tectorum Metallicum Giganteum,
  - -- tectorum Violaceum,
  - -- ....,

658 Senecio (Kreuzkraut)
- Art/Sorte
  - -- erucifolius,
  - -- jacobaea,
  - -- memorensis,
  - -- memorensis ssp. fuchsii,
  - -- ....,

659 Serratula (Scharte)
- Art/Sorte
  - -- tinctoria,
  - -- ....,

660 Seseli (Sesel, Bergfenchel)
- Art/Sorte
  - -- libanotis,
  - -- ....,

661 Sesleria (Blau- oder Kopfgras)
- Art/Sorte
  - -- albicans,
  - -- caerulea,
  - -- heuflerana,
  - -- ....,

662 Sidalcea (Präriemalve)
- Art/Sorte
  - -- oregana Brillant,
  - -- oregana Elise Heugh,
  - -- ....,

663 Silene (Leimkraut)
- Art/Sorte
  - -- alpestris,
  - -- alpestris Pleniflora,
  - -- dioica,
  - -- maritima Weißkehlchen,
  - -- schafta Splendens,
  - -- vulgaris,
  - -- ....,

664 Sisyrinchium (Binsenlilie)
- Art/Sorte
  - -- angustifolium,
  - -- striatum,
  - -- ....,

665 Smilacina (Schattenblume)
- Art/Sorte
  - -- racemosa,
  - -- stellata,
  - -- ....,

666 Solanum (Bittersüßer Nachtschatten)
- Art/Sorte
  - -- dulcamara,
  - -- ....,

LB 004 Landschaftsbauarbeiten, Pflanzen
Stauden

667 Solidago (Goldrute)
- Art/Sorte
  - -- caesia,
  - -- cutleri Robusta,
  - -- Hybrid–Cultivar Golden Shower,
  - -- Hybrid–Cultivar Ledsham,
  - -- Hybrid–Cultivar Strahlenkrone,
  - -- virgaurea,
  - -- virgaurea Goldzwerg,
  - -- ....,

668 Solidaster (Goldhaar)
- Art/Sorte
  - -- luteus,
  - -- ....,

669 Sorghastrum (Goldbartgras)
- Art/Sorte
  - -- avenaceum,
  - -- ....,

670 Sparganium (Igelkolben)
- Art/Sorte
  - -- emersum,
  - -- erectum,
  - -- ....,

671 Spartina (Goldbandleistengras)
- Art/Sorte
  - -- pectinata,
  - -- pectinata Aureomarginata,
  - -- ....,

672 Spodiopogon (Graubartgras)
- Art/Sorte
  - -- sibiricus,
  - -- ....,

673 Stachys (Ziest)
- Art/Sorte
  - -- byzantina,
  - -- byzantina Silver Carpet,
  - -- grandiflora Superba,
  - -- officinalis,
  - -- recta,
  - -- sylvatica,
  - -- ....,

674 Stellaria (Sternmiere)
- Art/Sorte
  - -- holostea,
  - -- ....,

675 Stipa (Federgras)
- Art/Sorte
  - -- capillata,
  - -- gigantea,
  - -- pennata,
  - -- pulcherrima,
  - -- pulcherrima f. nudicostata,
  - -- ....,

676 Stokesia (Kornblumenaster)
- Art/Sorte
  - -- laevis,
  - -- ....,

677 Stratiotes (Wasseraloe, Krebsschere)
- Art/Sorte
  - -- aloides,
  - -- ....,

678 Succisa (Teufelsabbiss)
- Art/Sorte
  - -- pratensis,
  - -- ....,

679 Symphytum (Wallwurz, Beinwell)
- Art/Sorte
  - -- caucasicum,
  - -- grandiflorum,
  - -- grandiflorum Hidcote Blue,
  - -- officinale,
  - -- peregrinum,
  - -- ....,

680 Telekia (Telekie)
- Art/Sorte
  - -- speciosa,
  - -- ....,

681 Tellima (Tellima)
- Art/Sorte
  - -- grandiflora,
  - -- ....,

682 Teucrium (Gamander)
- Art/Sorte
  - -- chamaedrys,
  - -- x lucidrys,
  - -- montanum,
  - -- scorodonia,
  - -- ....,

683 Thalictrum (Wiesenraute)
- Art/Sorte
  - -- aquilegifolium,
  - -- delavayi,
  - -- flavum,
  - -- flavum ssp. glaucum,
  - -- minus,
  - -- minus Adiantifolium,
  - -- ....,

684 Thelypteris (Lappenfarn)
- Art/Sorte
  - -- palustris,
  - -- phegopteris,
  - -- ....,

685 Thermopsis (Fuchsbohne)
- Art/Sorte
  - -- fabacea,
  - -- ....,

686 Thymus (Thymian)
- Art/Sorte
  - -- x citriodorus,
  - -- x citriodorus Golden Dwarf,
  - -- doerfleri Bressingham Seedling,
  - -- praecox,
  - -- pseudolanuginosus,
  - -- rotundifolius Purpurteppich/praecox Purpurteppich,
  - -- serphyllum,
  - -- serphyllum Albus,
  - -- serphyllum Coccineus,
  - -- serphyllum Pygmaeus/praecox Minor,
  - -- vulgaris Compactus,
  - -- ....,

687 Tiarella (Schaumblüte)
- Art/Sorte
  - -- cordifolia,
  - -- wherryi,
  - -- ....,

688 Tolmiea (Tolmiea)
- Art/Sorte
  - -- menziesii,

689 Tradescantia (Dreimasterblume)
- Art/Sorte
  - -- Andersoniana–Hybride Blue Stone,
  - -- Andersoniana–Hybride Gisela,
  - -- Andersoniana–Hybride J. C. Weguelin,
  - -- Andersoniana–Hybride Karminglut,
  - -- Andersoniana–Hybride Leonora,
  - -- Andersoniana–Hybride Zwanenburg Blue,

LB 004 Landschaftsbauarbeiten, Pflanzen
Stauden

STLB 004

Ausgabe 06.02

690 **Tragopogon** (Bocksbart)
- Art/Sorte
  - – pratensis,
  - – ....,

691 **Trapa** (Wassernuss)
- Art/Sorte
  - – natans,
  - – ....,

692 **Tricyrtis** (Krötenlilie)
- Art/Sorte
  - – hirta,
  - – macropoda,
  - – ....,

693 **Trifolium** (Klee)
- Art/Sorte
  - – repens,
  - – ....,

694 **Trollius** (Trollblume)
- Art/Sorte
  - – chinensis Golden Queen,
  - – x cultorum Earliest of All,
  - – x cultorum Goldquelle,
  - – x cultorum Orange Globe,
  - – europaeus,
  - – europaeus Superbus,
  - – pumilus,
  - – yunnanensis,
  - – ....,

695 **Tussilago** (Huflattich)
- Art/Sorte
  - – farfara,
  - – ....,

696 **Typha** (Rohrkolben)
- Art/Sorte
  - – angustifolia,
  - – latifolia,
  - – laxmannii,
  - – minima,
  - – shuttleworthii,
  - – ....,

697 **Utricularia** (Wasserschlauch)
- Art/Sorte
  - – vulgaris,
  - – ....,

698 **Uvularia** (Trauerglocke, Goldsiegel)
- Art/Sorte
  - – grandiflora,
  - – ....,

699 **Valeriana** (Baldrian)
- Art/Sorte
  - – dioica,
  - – officinalis,
  - – ....,

700 **Vancouveria** (Vancouverie)
- Art/Sorte
  - – hexandra,
  - – ....,

701 **Veratrum** (Germer)
- Art/Sorte
  - – nigrum,
  - – ....,

702 **Verbascum** (Königskerze)
- Art/Sorte
  - – bombyciferum,
  - – densiflorum,
  - – Hybrid–Cultivar Cotswold Queen,
  - – Hybrid–Cultivar Densiflorum,
  - – Hybrid–Cultivar Punk Domino,
  - – nigrum,
  - – olympicum,
  - – phoeniceum,
  - – ....,

703 **Vernonia** (Vernonie)
- Art/Sorte
  - – crinita,
  - – ....,

704 **Veronica** (Ehrenpreis)
- Art/Sorte
  - – beccabunga,
  - – chamaedrys,
  - – filiformis,
  - – gentianoides Robusta,
  - – incana,
  - – longifolia,
  - – longifolia Blauriesin,
  - – longifolia Schneeriesin,
  - – officinalis,
  - – Hybrid–Cultivar Optima,
  - – prostrata,
  - – spicata,
  - – spicata Blaufuchs,
  - – spicata Heidekind,
  - – spicata Rotfuchs,
  - – teucrium,
  - – teucrium Kapitän,
  - – teucrium Knallblau,
  - – teucrium Shirley Blue,
  - – ....,

705 **Veronicastrum** (Ehrenpreis)
- Art/Sorte
  - – virginicum,
  - – ....,

706 **Vinca** (Immergrün)
- Art/Sorte
  - – major,
  - – major Variegata,
  - – minor,
  - – minor Alba,
  - – minor Bowles,
  - – minor Gertrude Jekyll,
  - – minor Grüner Teppich,
  - – minor Rubra,
  - – ....,

707 **Viola** (Veilchen, Stiefmütterchen)
- Art/Sorte
  - – cornuta Altona,
  - – cornuta Angerland,
  - – cornuta G. Wermig,
  - – cornuta Hansa,
  - – labradorica,
  - – odorata,
  - – odorata Königin Charlotte,
  - – reichenbachiana,
  - – sororia,
  - – sororia Immaculata,
  - – ....,

708 **Waldsteinia** (Golderdbeere)
- Art/Sorte
  - – geoides,
  - – ternata,
  - – ....,

709 **Wulfenia** (Wulfenie)
- Art/Sorte
  - – carinthiaca,
  - – ....,

710 **Yucca** (Palmlilie)
- Art/Sorte
  - – filamentosa,
  - – filamentosa Elegantissima,
  - – filamentosa Schellenbaum,
  - – filamentosa Schneefichte,
  - – glauca,
  - – ....,

711 **Zizania** (Kanadischer Reis)
- Art/Sorte
  - – caduciflora,
  - – ....,

712 **Stauden**
- Art/Sorte ....
Einzelangaben zu Pos. 300 bis 711 siehe im Anschluss an Pos. 933

STLB 004

LB 004 Landschaftsbauarbeiten, Pflanzen
Beet- und Balkonpflanzen

Ausgabe 06.02

Beet- und Balkonpflanzen

800 **Ageratum** (Leberbalsam)
  - Art/Sorte
    -- houstonianum,
    -- ....,

801 **Antirrhinum** (Löwenmaul)
  - Art/Sorte
    -- majus,
    -- ....,

802 **Bacopa**
  - Art/Sorte
    -- Hybriden,
    -- ....,

803 **Begonia** (Begonie, Schiefblatt)
  - Art/Sorte
    -- semperflorens in Farben,
    -- semperflorens in Sorten,
    -- semperflorens ....,
    -- Knollenbeg.-Hybriden in Farben,
    -- Knollenbeg.-Hybriden ....,
    -- ....,

804 **Bellis** (Maßliebchen)
  - Art/Sorte
    -- perennis,
    -- ....,

805 **Bidens** (Zweizahn)
  - Art/Sorte
    -- ferulifolia,
    -- ....,

806 **Brachycome** (Blaues Gänseblümchen)
  - Art/Sorte
    -- multifida,
    -- ....,

807 **Calceolaria** (Pantoffelblume)
  - Art/Sorte
    -- rugosa,
    -- ....,

808 **Calendula** (Ringelblume)
  - Art/Sorte
    -- officinalis,
    -- ....,

809 **Callistephus** (Sommeraster)
  - Art/Sorte
    -- chinensis,
    -- ....,

810 **Calocephalus**
  - Art/Sorte
    -- brownii,
    -- ....,

811 **Campanula** (Glockenblume)
  - Art/Sorte
    -- poscharskyana,
    -- ....,

812 **Canna** (Blumenrohr)
  - Art/Sorte
    -- indica,
    -- ....,

813 **Celosia** (Hahnenkamm, Federbusch)
  - Art/Sorte
    -- argentea plumosa,
    -- argentea cristata,
    -- ....,

814 **Cheiranthus** (Goldlack)
  - Art/Sorte
    -- cheiri,
    -- ....,

815 **Chrysanthemum** (Wucherblume)
  - Art/Sorte
    -- frutescens in Sorten,
    -- frutescens ....,
    -- multicaule in Sorten,
    -- multicaule ....,
    -- paludosum in Sorten,
    -- paludosum ....,
    -- ....,

816 **Cineraria** (Kreuzkraut)
  - Art/Sorte
    -- maritima,
    -- ....,

817 **Cleome** (Spinnenpflanze)
  - Art/Sorte
    -- spinosa,
    -- ....,

818 **Cobaea** (Glockenrebe)
  - Art/Sorte
    -- scandens,
    -- ....,

819 **Convolvulus** (Ackerwinde)
  - Art/Sorte
    -- sabatius,
    -- ....,

820 **Cuphea** (Köcherblümchen)
  - Art/Sorte
    -- ignea,
    -- ....,

821 **Dianthus** (Nelke)
  - Art/Sorte
    -- barbatus,
    -- caryophyllus,
    -- chinensis,
    -- ....,

822 **Dimorphotheca** (Kapkörbchen)
  - Art/Sorte
    -- pluvialis,
    -- sinuata,
    -- ....,

823 **Erica** (Glockenheide)
  - Art/Sorte
    -- gracilis,
    -- ....,

824 **Felicia** (Kapaster)
  - Art/Sorte
    -- amelloides,
    -- ....,

825 **Fuchsia** (Fuchsie)
  - Art/Sorte
    -- Hybriden einfach stehend in Sorten,
    -- Hybriden einfach stehend ....,
    -- Hybriden gefüllt stehend in Sorten,
    -- Hybriden gefüllt stehend ....,
    -- Hybriden einfach hängend in Sorten,
    -- Hybriden einfach hängend ....,
    -- Hybriden gefüllt hängend in Sorten,
    -- Hybriden gefüllt hängend ....,
    -- ....,

826 **Gazania** (Mittagsgold)
  - Art/Sorte
    -- Hybriden in Farben,
    -- Hybriden ....,

827 **Hebe** (Strauch-Veronica)
  - Art/Sorte
    -- Andersonii-Hybriden,
    -- Andersonii-Hybriden ....,

828 **Helianthus** (Sonnenblume)
  - Art/Sorte
    -- annuus,
    -- ....,

829 **Helichrysum** (Strohblume)
  - Art/Sorte
    -- bracteatum,
    -- ....,

LB 004 Landschaftsbauarbeiten, Pflanzen
Beet- und Balkonpflanzen

STLB 004

Ausgabe 06.02

830 **Heliotropium** (Heliotrop)
- Art/Sorte
  -- arborescens,
  -- ....,

831 **Impatiens** (Springkraut, Balsamine)
- Art/Sorte
  -- walleriana in Farben,
  -- wallerana ....,
  -- Neu–Guinea–Hybriden in Farben,
  -- Neu–Guinea–Hybriden ....,
  -- ....,

832 **Lantana** (Wandelröschen)
- Art/Sorte
  -- camara,
  -- ....,

833 **Lavatera** (Buschmalve)
- Art/Sorte
  -- trimestris,
  -- ....,

834 **Lobelia** (Lobelie)
- Art/Sorte
  -- erinus,
  -- ....,

835 **Lobularia** (Duftsteinrich)
- Art/Sorte
  -- maritima in Farben,
  -- maritima ....,
  -- ....,

836 **Mimulus** (Gauklerblume, Affenblume)
- Art/Sorte
  -- Hybriden,
  -- Hybriden ....,

837 **Myosotis** (Vergissmeinnicht)
- Art/Sorte
  -- Hybriden,
  -- Hybriden ....,

838 **Nerium** (Oleander)
- Art/Sorte
  -- oleander,
  -- ....,

839 **Nicotiana** (Tabak)
- Art/Sorte
  -- sanderas in Farben,
  -- sanderae ....,
  -- ....,

840 **Pelargonium** (Pelargonie)
- Art/Sorte
  -- peltatum in Sorten,
  -- peltatum in Farben,
  -- peltatum ....,
  -- zonale Sämlinge in Sorten,
  -- zonale Sämlinge in Farben,
  -- zonale Sämlinge ....,
  -- zonale in Sorten,
  -- zonale in Farben,
  -- zonale ....,
  -- ....,

841 **Petunia** (Petunie)
- Art/Sorte
  -- Hybriden in Farben,
  -- Hybriden ....,

842 **Phlox** (Phlox)
- Art/Sorte
  -- drummondii,
  -- ....,

843 **Plectranthus** (Harfenstrauch)
- Art/Sorte
  -- oertendahlii,
  -- ....,

844 **Portulaca** (Portulak)
- Art/Sorte
  -- grandiflora,
  -- ....,

845 **Primula** (Primel)
- Art/Sorte
  -- acaulis in Farben,
  -- acaulis ....,
  -- ....,

846 **Primula** (Kugelprimel)
- Art/Sorte
  -- denticulata,
  -- ....,

847 **Primula** (Primel)
- Art/Sorte
  -- rosea,
  -- ....,

848 **Ricinus** (Wunderbaum)
- Art/Sorte
  -- communis,
  -- ....,

849 **Salvia** (Salbei)
- Art/Sorte
  -- splendens,
  -- ....,

850 **Scaevola**
- Art/Sorte
  -- aemula,
  -- Hybrida,
  -- ....,

851 **Schizanthus** (Spaltblume)
- Art/Sorte
  -- Wisetonensis–Hybriden,
  -- Wisetonensis–Hybriden ....,
  -- ....,

852 **Solanum** (Nachtschatten)
- Art/Sorte
  -- rantonnetii,
  -- ....,

853 **Tagetes** (Studentenblume)
- Art/Sorte
  -- Hybriden kleinblumig in Farben,
  -- Hybriden kleinblumig ....,
  -- Hybriden großblumig in Farben,
  -- Hybriden großblumig ....,
  -- ....,

854 **Thunbergia** (Schwarzäugige Susanne)
- Art/Sorte
  -- alata,
  -- ....,

855 **Verbena** (Verbene)
- Art/Sorte
  -- Hybriden in Farben,
  -- Hybriden ....,
  -- Hybriden hängend in Farben,
  -- Hybriden hängend ....,
  -- ....,

856 **Viola** (Veilchen)
- Art/Sorte
  -- tricolor in Farben,
  -- tricolor ....,
  -- tricolor Hybriden in Farben,
  -- tricolor Hybriden ....,
  -- ....,

857 **Zinnia** (Zinnie)
- Art/Sorte
  -- Hybriden in Sorten,
  -- Hybriden ....,

858 **Beet-/Balkonpflanzen**
- Art/Sorte ....
  Einzelangaben zu Pos 800 bis 858 siehe im Anschluss an Pos. 933

STLB 004

Ausgabe 06.02

LB 004 Landschaftsbauarbeiten, Pflanzen
Kübel-Zierpflanzen

Kübel–Zierpflanzen

880 **Abutilon**
- Art/Sorte
-- Hybriden,
-- ....,

881 **Agapanthus** (Fuchsschwanz)
- Art/Sorte
-- africanus,
-- ....,

882 **Anisodontea** (Mittagsblume)
- Art/Sorte
-- Hybriden,
-- ....,

883 **Canna** (Blumenrohr)
- Art/Sorte
-- indica,
-- ....,

884 **Cestrum** (Hammerstrauch)
- Art/Sorte
-- purpureum,
-- ....,

885 **Chrysanthemum** (Strauchmargerite)
- Art/Sorte
-- frutescens,
-- ....,

886 **Chrisanthemum** (Wucherblume)
- Art/Sorte
-- indicum,
-- ....,

887 **Citrus** (Zitrone)
- Art/Sorte
-- sinensis,
-- ....,

888 **Datura** (Engelstrompete)
- Art/Sorte
-- suaveolens,
-- ....,

889 **Fuchsia** (Gartenfuchsien)
- Art/Sorte
-- Hybriden,
-- ....,

890 **Heliotropium** (Heliotrop)
- Art/Sorte
-- arborescens,
-- ....,

891 **Hibiscus** (Eibisch)
- Art/Sorte
-- rosa–sinensis,
-- ....,

892 **Lantana** (Wandelröschen)
- Art/Sorte
-- Camara–Hybriden,
-- ....,

893 **Musa** (Banane)
- Art/Sorte
-- x paradisiaca,
-- ....,

894 **Nerium** (Oleander)
- Art/Sorte
-- oleander,
-- ....,

895 **Osteospermum**
- Art/Sorte
-- Hybriden,
-- ....,

896 **Pelargonium** (Pelargonie)
- Art/Sorte
-- zonale,
-- ....,

897 **Plumbago** (Bleiwurz)
- Art/Sorte
-- capensis,
-- ....,

898 **Solanum** (Nachtschatten)
- Art/Sorte
-- jasminoides,
-- rantonnetii,
-- ....,

899 **Tibouchina** (Tibouchine)
- Art/Sorte
-- semidecandra,
-- ....,

900 **Kübel–Zierpflanze**
- Art/Sorte ....

Einzelangaben zu Pos. 880 bis 900
siehe im Anschluss an Pos. 933

LB 004 Landschaftsbauarbeiten, Pflanzen
Blumenzwiebeln, -knollen, -bulben

STLB 004

Ausgabe 06.02

Blumenzwiebeln, -knollen, -bulben

910 **Allium** (Lauch)
- Art/Sorte
  - – – aflatunense – Zierlauch,
  - – – giganteum – Riesenlauch,
  - – – sphaerocephalon,
  - – – ....,

911 **Anemone** (Anemone)
- Art/Sorte
  - – – blanda in Sorten ......,
  - – – blanda ......,
  - – – ....,

912 **Chionodoxa** (Schneeglanz)
- Art/Sorte
  - – – gigantea,
  - – – ....,

913 **Colchium** (Zeitlose)
- Art/Sorte
  - – – autumnale,
  - – – ....,

914 **Crocus** (Krokus)
- Art/Sorte
  - – – großblumige in Farben,
  - – – großblumige ......,
  - – – botanische in Sorten,
  - – – botanische ......,
  - – – ....,

915 **Cyclamen** (Alpenveilchen)
- Art/Sorte
  - – – atkinsii Roseum,
  - – – ....,

916 **Dahlia** (Dahlie)
- Art/Sorte
  - – – anemonenblütige in Sorten,
  - – – anemonenblütige ......,
  - – – Kaktusdahlien in Sorten,
  - – – Kaktusdahlien ......,
  - – – Semikaktusdahlien in Sorten,
  - – – Semikaktusdahlien ......,
  - – – Schmuckdahlien in Sorten,
  - – – Schmuckdahlien ......,
  - – – Halskrausendahlien in Sorten,
  - – – Halskrausendahlien ......,
  - – – Pompondahlien in Sorten,
  - – – Pompondahlien ......,
  - – – Mignondahlien in Sorten,
  - – – Mignondahlien ......,
  - – – ....,

917 **Eranthis** (Winterling)
- Art/Sorte
  - – – hyemalis,
  - – – ....,

918 **Eremurus** (Steppenkerze)
- Art/Sorte
  - – – bungei,
  - – – ....,

919 **Erythronium** (Hundszahn)
- Art/Sorte
  - – – californicum,
  - – – ....,

920 **Fritillaria** (Kaiserkrone)
- Art/Sorte
  - – – imperialis,
  - – – meleagris,
  - – – ....,

921 **Galanthus** (Schneeglöckchen)
- Art/Sorte
  - – – nivalis,
  - – – ....,

922 **Gladiolus** (Gladiole, Siegwurz)
- Art/Sorte
  - – – großblumige Hybriden in Sorten,
  - – – großblumige Hybriden in Farben,
  - – – großblumige Hybriden ......,
  - – – ....,

923 **Hyazinthus** (Hyazinthe)
- Art/Sorte
  - – – einfach blühende Hybriden in Sorten,
  - – – einfach blühende Hybriden in Farben,
  - – – einfach blühend ......,
  - – – gefüllt blühende Hybriden in Sorten,
  - – – gefüllt blühende Hybriden in Farben,
  - – – gefüllt blühend ......
  - – – ....,

924 **Iris** (Schwertlilie)
- Art/Sorte
  - – – hollandica Hybriden in Sorten,
  - – – hollandica Hybriden in Farben,
  - – – hollandica Hybriden ......,
  - – – reticulata,
  - – – ....,

925 **Leucojum** (Knotenblume)
- Art/Sorte
  - – – aestivum,
  - – – vernum,
  - – – ....,

926 **Lilium** (Lilie)
- Art/Sorte
  - – – speciosum Rubrum,
  - – – ....,

927 **Muscari** (Traubenhyazinthe)
- Art/Sorte
  - – – armeniacum,
  - – – botryoides,
  - – – ....,

928 **Narcissus** (Narzisse)
- Art/Sorte
  - – – kurzkronige Narzissen in Sorten,
  - – – kurzkronige ......,
  - – – großkronige Narzissen in Sorten,
  - – – großkronige ......,
  - – – Trompetennarzissen in Sorten,
  - – – Trompetennarzissen ......,
  - – – Poeticus–Narzissen in Sorten,
  - – – Poeticus–Narzissen in Farben,
  - – – Poeticus–Narzissen ......,
  - – – gefüllte Narzissen in Sorten,
  - – – gefüllte Narzissen in Farben,
  - – – gefüllte Narzissen – weiß,
  - – – gefüllte Narzissen – gelb,
  - – – gefüllte Narzissen ......,
  - – – Triandrus–Narzissen in Sorten,
  - – – Triandrus–Narzissen ......,
  - – – botanische Narzissen in Sorten,
  - – – botanische Narzissen in Farben,
  - – – botanische Narzissen ......,
  - – – ....,

929 **Oxalis** (Sauerklee)
- Art/Sorte
  - – – adenophylla,
  - – – ....,

930 **Puschkinia** (Puschkinie)
- Art/Sorte
  - – – libanotica,
  - – – ....,

931 **Scilla** (Perlblümchen)
- Art/Sorte
  - – – sibirica,
  - – – ....,

STLB 004

LB 004 Landschaftsbauarbeiten, Pflanzen
Blumenzwiebeln, -knollen, -bulben Einzelangaben

Ausgabe 06.02

932 Tulipa (Tulpe)
- Art/Sorte
  - – einfache frühe Tulpen in Sorten,
  - – einfache frühe Tulpen in Farben,
  - – einfache frühe Tulpen ....,
  - – einfache späte Tulpen in Sorten,
  - – einfache späte Tulpen in Farben,
  - – einfache späte Tulpen ....,
  - – gefüllte frühe Tulpen in Sorten,
  - – gefüllte frühe Tulpen in Farben,
  - – gefüllte frühe Tulpen ....,
  - – gefüllte späte Tulpen in Sorten,
  - – gefüllte späte Tulpen in Farben,
  - – gefüllte späte Tulpen ....,
  - – Mendel–Tulpen in Sorten,
  - – Mendel–Tulpen in Farben,
  - – Mendel–Tulpen ....,
  - – Triumph–Tulpen in Sorten,
  - – Triumph–Tulpen in Farben,
  - – Triumph–Tulpen ....,
  - – Darwin Hybr. Tulpen in Sorten,
  - – Darwin Hybr. Tulpen in Farben,
  - – Darwin Hybr. Tulpen ....,
  - – lilienblütige Tulpen in Sorten,
  - – lilienblütige Tulpen in Farben,
  - – lilienblütige Tulpen ....,
  - – Rembrandt Tulpen in Sorten,
  - – Rembrandt Tulpen in Farben,
  - – Rembrandt Tulpen ....,
  - – Papagei Tulpen in Sorten,
  - – Papagei Tulpen in Farben,
  - – Papagei Tulpen ....,
  - – kaufmanniana in Sorten,
  - – kaufmanniana in Farben,
  - – kaufmanniana ....,
  - – fosteriana in Sorten,
  - – fosteriana in Farben,
  - – fosteriana ....,
  - – greigii in Sorten,
  - – greigii in Farben,
  - – greigii ....,
  - – Wildarten,
  - – ....,

933 Blumenzwiebel/–knollen
- Art/Sorte ....

Einzelbeschreibungen zu Pos. 300 bis 933
- Sortiermaße
  - – Sortiermaße 2 – 3 cm,
  - – Sortiermaße 2,5 – 3,5 cm,
  - – Sortiermaße 2,5 – 5 cm,
  - – Sortiermaße 3 – 4 cm,
  - – Sortiermaße 3,5 – 5 cm,
  - – Sortiermaße 4 – 5 cm,
  - – Sortiermaße 4 – 6 cm,
  - – Sortiermaße 5 – 5,5 cm,
  - – Sortiermaße 5 – 6 cm,
  - – Sortiermaße 5 – 7 cm,
  - – Sortiermaße 5,5 – 6 cm,
  - – Sortiermaße 6 – 7 cm,
  - – Sortiermaße 7 – 8 cm,
  - – Sortiermaße 8 – 9 cm,
  - – Sortiermaße 9 – 10 cm,
  - – Sortiermaße 10 – 11 cm,
  - – Sortiermaße 11 – 12 cm,
  - – Sortiermaße 12 – 13 cm,
  - – Sortiermaße 12 – 14 cm,
  - – Sortiermaße 13 – 14 cm,
  - – Sortiermaße 14 – 15 cm,
  - – Sortiermaße 14 – 16 cm,
  - – Sortiermaße 15 – 16 cm,
  - – Sortiermaße 16 – 17 cm,
  - – Sortiermaße 16 – 18 cm,
  - – Sortiermaße 17 – 18 cm,
  - – Sortiermaße 18 – 19 cm,
  - – Sortiermaße 18 – 20 cm,
  - – Sortiermaße 20 – 22 cm,
  - – Sortiermaße 22 – 24 cm,
  - – Sortiermaße 22 – 26 cm,
  - – Sortiermaße ....,

- Ballen, Topf, Container, Box, Kulturplatte
  - – – ohne Ballen,
  - – – mit Ballen,
  - – – mit Topfballen,
  - – – 7er–Topf,
  - – – 8er–Topf,
  - – – 9er–Topf,
  - – – 10er–Topf,
  - – – 11er–Topf,
  - – – 12er–Topf,
  - – – 14er–Topf,
  - – – 21er–Topf,
  - – – 24er–Topf,
  - – – Topf ....,
  - – – mit Tb., Topfinhalt 250 cm^3,
  - – – mit Tb., Topfinhalt 400 cm^3,
  - – – mit Tb., Topfinhalt 500 cm^3,
  - – – mit Tb., Topfinhalt 1000 cm^3,
  - – – mit Tb., Topfinhalt 1300 cm^3,
  - – – mit Tb., Topfinhalt 1500 cm^3,
  - – – mit Tb., Topfinhalt in cm^3 ....
  - – – mit Tb., Topfinhalt 1 Liter,
  - – – mit Tb., Topfinhalt 1,5 Liter,
  - – – mit Tb., Topfinhalt 2 Liter,
  - – – mit Tb., Topfinhalt 3 Liter,
  - – – mit Tb., Topfinhalt in Liter ....,
  - – – 14-er–Ampeltopf,
  - – – 16-er–Ampeltopf,
  - – – 20-er–Ampeltopf,
  - – – 23-er–Ampeltopf,
  - – – Ampeltopf ....,
  - – – Container, Inhalt 1 Liter,
  - – – Container, Inhalt 1,5 Liter,
  - – – Container, Inhalt 2 Liter,
  - – – Container, Inhalt 3 Liter,
  - – – Container, Inhalt 5 Liter,
  - – – Container, Inhalt 7,5 Liter,
  - – – Container, Inhalt 10 Liter,
  - – – Container, Inhalt in Liter ....,
  - – – 4er–Box,
  - – – 6er–Box,
  - – – Box ....,
  - – – Kulturplatte, Höhe 5 cm, Mindestinhalt je Topf 50 cm^3,
  - – – Kulturplatte, Maße in cm ....,
  - – – ....,
- Berechnungseinheit Stück

LB 004 Pflanzen
Bäume liefern

AW 004

Preise 06.02

Sämtliche Preise sind **Mittelpreise ohne Mehrwertsteuer** zum Zeitpunkt des Ausgabedatums.
Korrekturfaktoren für Regionaleinfluss, Mengeneinfluss, Konjunktureinfluss siehe Vorspann.
Abkürzungen: EP = Einheitspreis

Bäume liefern

004.----.-

004.00101.M KG 514 DIN 276
Großbaum, Europäischer Spitz-Ahorn, 2j.v.S.
EP 1,17 DM/St   EP 0,60 €/St

004.00102.M KG 514 DIN 276
Großbaum, Europäischer Spitz-Ahorn, Sol. 3xv m.B.
EP 103,43 DM/St   EP 52,88 €/St

004.00103.M KG 514 DIN 276
Großbaum, Europäischer Spitz-Ahorn, Hei. 2xv.
EP 24,75 DM/St   EP 12,65 €/St

004.00104.M KG 514 DIN 276
Großbaum, Europäischer Spitz-Ahorn, Sol. Baum m. Db.
EP 3426,63 DM/St   EP 1752,01 €/St

004.00105.M KG 514 DIN 276
Großbaum, Berg-Ahorn, 2j.v.S.
EP 1,69 DM/St   EP 0,86 €/St

004.00106.M KG 514 DIN 276
Großbaum, Berg-Ahorn, Sol. 3xv m.B.
EP 145,95 DM/St   EP 74,62 €/St

004.00107.M KG 514 DIN 276
Großbaum, Berg-Ahorn, Hei. 2xv
EP 24,75 DM/St   EP 12,65 €/St

004.00108.M KG 514 DIN 276
Großbaum, Berg-Ahorn, Hei. 3xv m.Db.
EP 340,28 DM/St   EP 165,47 €/St

004.00109.M KG 514 DIN 276
Großbaum, Schmalkroniger Berg-Ahorn, Hei. 2xv
EP 36,19 DM/St   EP 18,50 €/St

004.00110.M KG 514 DIN 276
Großbaum, Schmalkroniger Berg-Ahorn, Hei. 3xv m.Db.
EP 323,62 DM/St   EP 165,47 €/St

004.00111.M KG 514 DIN 276
Großbaum, Rot-Ahorn, Hei. 3xv m.Db.
EP 279,21 DM/St   EP 142,76 €/St

004.00112.M KG 514 DIN 276
Großbaum, Rot-Ahorn, Hei. 2xv
EP 50,76 DM/St   EP 25,95 €/St

004.00113.M KG 514 DIN 276
Großbaum, Silber-Ahorn, Hei. 3xv m.Db.
EP 88,60 DM/St   EP 45,30 €/St

004.00114.M KG 514 DIN 276
Großbaum, Silber-Ahorn, Hei. 2xv
EP 21,79 DM/St   EP 11,14 €/St

004.00115.M KG 514 DIN 276
Mittelgroßer Baum, Feld-Ahorn, 2 j.v.S
EP 2,12 DM/St   EP 1,08 €/St

004.00116.M KG 514 DIN 276
Mittelgroßer Baum, Feld-Ahorn, Sol. 3xv m.B.
EP 98,35 DM/St   EP 50,29 €/St

004.00117.M KG 514 DIN 276
Mittelgroßer Baum, Feld-Ahorn, Hei. 2xv m.B.
EP 30,46 DM/St   EP 15,57 €/St

004.00118.M KG 514 DIN 276
Mittelgroßer Baum, Kolchischer Ahorn, Sol. 3xv m.B.
EP 58,15 DM/St   EP 29,73 €/St

004.00119.M KG 514 DIN 276
Mittelgroßer Baum, Säulenförmiger Spitz-Ahorn, Hei. 2xv
EP 48,68 DM/St   EP 24,89 €/St

004.00120.M KG 514 DIN 276
Mittelgroßer Baum, Säulenförmiger Spitz-Ahorn, Hei. 3xv m.Db.
EP 363,62 DM/St   EP 165,47 €/St

004.00121.M KG 514 DIN 276
Mittelgroßer Baum, Spitz-Ahorn (Sorte), Hei. 2xv
EP 35,54 DM/St   EP 18,17 €/St

004.00122.M KG 514 DIN 276
Mittelgroßer Baum, Spitz-Ahorn (Sorte), Hei. 3xv m.Db.
EP 450,53 DM/St   EP 230,35 €/St

004.00123.M KG 514 DIN 276
Mittelgroßer Baum, Spitz-Ahorn, Stbu. 3xv m.Db.
EP 450,53 DM/St   EP 230,35 €/St

004.00124.M KG 514 DIN 276
Kleinbaum, Feld-Ahorn (Sorte Elsrijk), Hei. 2xv
EP 35,54 DM/St   EP 18,17 €/St

004.00125.M KG 514 DIN 276
Kleinbaum, Roter Schlangenhaut-Ahorn, Sol. 3xv m.Db.
EP 304,59 DM/St   EP 155,73 €/St

004.00126.M KG 514 DIN 276
Kleinbaum, Eschen-Ahorn, Hei. 2xv
EP 17,88 DM/St   EP 9,14 €/St

004.00127.M KG 514 DIN 276
Kleinbaum, Echter Fächer-Ahorn, 2 j.v.s
EP 2,01 DM/St   EP 1,03 €/St

004.00128.M KG 514 DIN 276
Kleinbaum, Echter Fächer-Ahorn, Sol. 3xv m.B.
EP 278,41 DM/St   EP 142,35 €/St

004.00129.M KG 514 DIN 276
Kleinbaum, Echter Fächer-Ahorn, Co. 2-5 l
EP 40,61 DM/St   EP 20,77 €/St

004.00130.M KG 514 DIN 276
Kleinbaum, Roter Fächer-Ahorn, Co. 2-5 l
EP 44,42 DM/St   EP 22,71 €/St

004.00131.M KG 514 DIN 276
Kleinbaum, Kugel-Ahorn, H. 2xv
EP 111,68 DM/St   EP 57,10 €/St

004.00132.M KG 514 DIN 276
Kleinbaum, Kugel-Ahorn, 3xv m.Db.
EP 323,62 DM/St   EP 165,47 €/St

004.00133.M KG 514 DIN 276
Kleinbaum, Rostbart-Ahorn, 3xv m.B.
EP 304,59 DM/St   EP 155,73 €/St

004.00134.M KG 514 DIN 276
Kleinbaum, Tatarischer Steppen-Ahorn, Hei 2xv
EP 50,76 DM/St   EP 25,95 €/St

004.00135.M KG 514 DIN 276
Kleinbaum, Tatarischer Steppen-Ahorn, H. 3xv
EP 126,28 DM/St   EP 64,56 €/St

004.00136.M KG 514 DIN 276
Großstrauch, Mongolischer Steppen-Ahorn, Sol. 3xv m.B.
EP 78,68 DM/St   EP 40,23 €/St

004.00137.M KG 514 DIN 276
Großstrauch, Mongolischer Steppen-Ahorn, Hei 2xv
EP 50,76 DM/St   EP 25,95 €/St

AW 004 — LB 004 Pflanzen
Bäume liefern

Preise 06.02

Sämtliche Preise sind **Mittelpreise ohne Mehrwertsteuer** zum Zeitpunkt des Ausgabedatums.
Korrekturfaktoren für Regionaleinfluss, Mengeneinfluss, Konjunktureinfluss siehe Vorspann.
Abkürzungen: EP = Einheitspreis

004.00138.M KG 514 DIN 276
Mittelgr. Strauch, Echter Fächer-Ahorn (Sor.), Co. 2-5 l
EP 58,38 DM/St   EP 29,85 €/St

004.00201.M KG 514 DIN 276
Großbaum, Balkan-Rosskastanie, Sol. 4xv m.Db
EP 2601,70 DM/St   EP 1330,23 €/St

004.00202.M KG 514 DIN 276
Großbaum, Balkan-Rosskastanie, Hei. 2xv
EP 30,46 DM/St   EP 15,57 €/St

004.00203.M KG 514 DIN 276
Großbaum, Balkan-Rosskastanie, Hei. 3xv m.Db.
EP 520,34 DM/St   EP 26,60 €/St

004.00204.M KG 514 DIN 276
Mittelgroßer Baum, Rote Rosskastanie, Hei.2xv
EP 50,76 DM/St   EP 25,95 €/St

004.00205.M KG 514 DIN 276
Mittelgroßer Baum, Rote Rosskastanie, Hei.3xv
EP 236,05 DM/St   EP 120,69 €/St

004.00206.M KG 514 DIN 276
Mittelgroßer Baum, Rote Rossßkastanie, Hei.2xv m.Db.
EP 323,62 DM/St   EP 165,47 €/St

004.00207.M KG 514 DIN 276
Mittelgroßer Baum, Gefülltbl. Rosskastanie, Sol. 4xv m.Db.
EP 3172,81 DM/St   EP 1622,23 €/St

004.00208.M KG 514 DIN 276
Mittelgroßer Baum, Gefülltbl. Rosskastanie, Hei. 3xv
EP 412,46 DM/St   EP 210,89 €/St

004.00209.M KG 514 DIN 276
Mittelgroßer Baum, Gefülltbl. Rosskastanie, Hei. 3xv m.Db.
EP 558,41 DM/St   EP 285,51 €/St

004.00210.M KG 514 DIN 276
Mittelgroßer Strauch Schwärmer-Rosskastanie, Sol. 4xv m.Db.
EP 291,89 DM/St   EP 149,24 €/St

004.00211.M KG 514 DIN 276
Mittelgroßer Strauch Schwärmer-Rosskastanie, m.B..
EP 86,93 DM/St   EP 44,45 €/St

004.00301.M KG 514 DIN 276
Großbaum, Götterbaum, Sol. 3xv m.DB.
EP 272,86 DM/St   EP 139,51 €/St

004.00302.M KG 514 DIN 276
Großbaum, Götterbaum, Hei. 2xv
EP 21,79 DM/St   EP 11,14 €/St

004.00401.M KG 514 DIN 276
Großbaum, Schwarz-Erle, 2 j.v.S.
EP 1,27 DM/St   EP 0,65 €/St

004.00402.M KG 514 DIN 276
Großbaum, Schwarz-Erle, Sol. 3xv m.B. 3-4 Gst.
EP 192,90 DM/St   EP 98,63 €/St

004.00403.M KG 514 DIN 276
Großbaum, Schwarz-Erle, Hei. 2xv
EP 17,88 DM/St   EP 9,14 €/St

004.00404.M KG 514 DIN 276
Mittelgroßer Baum, Grau-Erle, 2 j.v.S.
EP 0,95 DM/St   EP 0,49 €/St

004.00405.M KG 514 DIN 276
Mittelgroßer Baum, Grau-Erle, Sol. 3xv m.B.
EP 192,90 DM/St   EP 98,63 €/St

004.00406.M KG 514 DIN 276
Mittelgroßer Baum, Grau-Erle, Hei. 2xv
EP 24,05 DM/St   EP 13,30 €/St

004.00407.M KG 514 DIN 276
Mittelgroßer Baum, Grau-Erle, H. 2xv
EP 89,47 DM/St   EP 45,74 €/St

004.00408.M KG 514 DIN 276
Mittelgroßer Baum, Grau-Erle, H. 3xv m.Db.
EP 247,48 DM/St   EP 126,54 €/St

004.01301.M KG 514 DIN 276
Großbaum, Maximowiczs-Birke, Hei. 2xv m.B.
EP 55,84 DM/St   EP 28,55 €/St

004.01302.M KG 514 DIN 276
Großbaum, Papier-Birke, Sol. 3xv m.Db.
EP 224,63 DM/St   EP 114,85 €/St

004.01303.M KG 514 DIN 276
Großbaum, Papier-Birke, Hei. 2xv
EP 21,79 DM/St   EP 11,14 €/St

004.01304.M KG 514 DIN 276
Großbaum, Papier-Birke, Hei. 3xv m.Db.
EP 247,48 DM/St   EP 126,54 €/St

004.01305.M KG 514 DIN 276
Großbaum, Sand-Birke, 2 j.v.S.
EP 1,27 DM/St   EP 0,65 €/St

004.01306.M KG 514 DIN 276
Großbaum, Sand-Birke, Sol. 3xv m.B.
EP 103,43 DM/St   EP 52,88 €/St

004.01307.M KG 514 DIN 276
Großbaum, Sand-Birke, Hei. 2xv
EP 21,79 DM/St   EP 11,14 €/St

004.01308.M KG 514 DIN 276
Mittelgroßer Baum, Ermans Birke, Sol. 3xv m.Db.
EP 214,33 DM/St   EP 109,58 €/St

004.01309.M KG 514 DIN 276
Mittelgroßer Baum, Ermans Birke, Hei. 2xv m.B.
EP 55,84 DM/St   EP 28,55 €/St

004.01310.M KG 514 DIN 276
Mittelgroßer Baum, Ermans Birke, Stbu. 4xv m.B.
EP 412,46 DM/St   EP 210,89 €/St

004.01311.M KG 514 DIN 276
Mittelgroßer Baum, Schwarz-Birke, Sol. 3xv m.Db.
EP 224,63 DM/St   EP 114,85 €/St

004.01312.M KG 514 DIN 276
Mittelgroßer Baum, Schwarz-Birke, Hei. 2xv m.B.
EP 55,84 DM/St   EP 28,55 €/St

004.01313.M KG 514 DIN 276
Mittelgroßer Baum, Schwarz-Birke, Stbu. 4xv m.Db.
EP 412,46 DM/St   EP 210,89 €/St

004.01314.M KG 514 DIN 276
Mittelgroßer Baum, Schlitzblättrige Birke, Sol. 3xv m.Db.
EP 224,63 DM/St   EP 114,85 €/St

004.01315.M KG 514 DIN 276
Mittelgroßer Baum, Schlitzblättrige Birke, Hei. 2xv m.B.
EP 55,84 DM/St   EP 28,55 €/St

004.01316.M KG 514 DIN 276
Mittelgroßer Baum, Säulenbirke, Hei. 2xv m. B.
EP 224,63 DM/St   EP 114,85 €/St

LB 004 Pflanzen
Bäume liefern

AW 004

Preise 06.02

Sämtliche Preise sind **Mittelpreise ohne Mehrwertsteuer** zum Zeitpunkt des Ausgabedatums.
Korrekturfaktoren für Regionaleinfluss, Mengeneinfluss, Konjunktureinfluss siehe Vorspann.
Abkürzungen: EP = Einheitspreis

004.01317.M KG 514 DIN 276
Mittelgroßer Baum, Trauerbirke, Hei. 2xv m.B.
EP 55,84 DM/St EP 28,55 €/St

004.01318.M KG 514 DIN 276
Mittelgroßer Baum, Moorbirke, 2 j.v.S.
EP 1,27 DM/St EP 0,65 €/St

004.01319.M KG 514 DIN 276
Mittelgroßer Baum, Moorbirke, Sol. 3xv m.B,
EP 103,43 DM/St EP 52,88 €/St

004.01320.M KG 514 DIN 276
Mittelgroßer Baum, Moorbirke, Hei. 2xv
EP 21,79 DM/St EP 11,14 €/St

004.01321.M KG 514 DIN 276
Kleinbaum, Chinesische Birke, Sol. 3xv m.Db.
EP 224,63 DM/St EP 114,85 €/St

004.01322.M KG 514 DIN 276
Kleinbaum, Chinesische Birke, Hei. 2xv m.B..
EP 55,84 DM/St EP 28,55 €/St

004.01323.M KG 514 DIN 276
Kleinbaum, Chinesische Birke, Sol. 4xv m.B.
EP 412,46 DM/St EP 210,89 €/St

004.02101.M KG 514 DIN 276
Mittelgroßer Baum, Gemeine Hainbuche, 2 j.v.S.
EP 2,12 DM/St EP 1,08 €/St

004.02102.M KG 514 DIN 276
Mittelgroßer Baum, Gemeine Hainbuche, Sol. 3xv m.B.
EP 175,14 DM/St EP 89,55 €/St

004.02103.M KG 514 DIN 276
Mittelgroßer Baum, Gemeine Hainbuche, Hei. 2xv
EP 18,93 DM/St EP 9,68 €/St

004.02104.M KG 514 DIN 276
Mittelgroßer Baum, Pyramiden-Hainbuche, 1 j. Vg.
EP 12,48 DM/St EP 6,38 €/St

004.02105.M KG 514 DIN 276
Mittelgroßer Baum, Pyramiden-Hainbuche,4xv m.Db.
EP 850,32 DM/St EP 434,76 €/St

004.02106.M KG 514 DIN 276
Mittelgroßer Baum, Pyramiden-Hainbuche, 3xv m. B.
EP 66,63 DM/St EP 34,07 €/St

004.02301.M KG 514 DIN 276
Großbaum, Essbare Kastanie, Sol. 3xv m.Db.
EP 317,28 DM/St EP 162,22 €/St

004.02401.M KG 514 DIN 276
Kleinbaum, Trompetenbaum, Sol. 3xv m.B.
EP 224,63 DM/St EP 114,85 €/St

004.02402.M KG 514 DIN 276
Kleinbaum, Trompetenbaum, Hei. 2xv
EP 30,46 DM/St EP 15,57 €/St

004.02601.M KG 514 DIN 276
Mittelgroßer Baum, Kuchenbaum, Sol. 3xv m.B.
EP 89,47 DM/St EP 45,74 €/St

004.26701.M KG 514 DIN 276
Kleinbaum, Gemeiner Judasbaum, Sol. 3xv m.Db.
EP 317,28 DM/St EP 162,22 €/St

004.03401.M KG 514 DIN 276
Mittelgroßer Baum, Baum-Hasel, Hei. 2xv
EP 30,46 DM/St EP 15,57 €/St

004.03402.M KG 514 DIN 276
Mittelgroßer Baum, Baum-Hasel, H. 2xv m.B.
EP 117,39 DM/St EP 60,02 €/St

004.03403.M KG 514 DIN 276
Mittelgroßer Baum, Baum-Hasel, 3xv m.Db.
EP 323,62 DM/St EP 165,47 €/St

004.03701.M KG 514 DIN 276
Kleinbaum, Säulen-Weißdorn, Hei. 2xv
EP 45,68 DM/St EP 23,36 €/St

004.03702.M KG 514 DIN 276
Kleinbaum, Säulen-Weißdorn, H. 3xv m.Db.
EP 450,53 DM/St EP 230,35 €/St

004.03703.M KG 514 DIN 276
Kleinbaum, Pflaumen-Weißdorn, Sol. 3xv m.Db.
EP 117,39 DM/St EP 60,02 €/St

004.03704.M KG 514 DIN 276
Kleinbaum, Pflaumen-Weißdorn, H. 2xv
EP 103,43 DM/St EP 52,88 €/St

004.05002.M KG 514 DIN 276
Großbaum, Rotbuche, 3xv m.B.
EP 184,03 DM/St EP 94,09 €/St

004.05003.M KG 514 DIN 276
Großbaum, Rotbuche, Hei. 2xv
EP 29,82 DM/St EP 15,25 €/St

004.05004.M KG 514 DIN 276
Großbaum, Farnblättrige Rotbuche, Sol. 4xv m.B.
EP 494,96 DM/St EP 253,07 €/St

004.05005.M KG 514 DIN 276
Großbaum, Farnblättrige Rotbuche, Hai. 3xv m.B.
EP 114,22 DM/St EP 58,40 €/St

004.05006.M KG 514 DIN 276
Großbaum, Hänge-Buche, Sol. 4xv m.Db.
EP 520,34 DM/St EP 266,05 €/St

004.05007.M KG 514 DIN 276
Großbaum, Hänge-Buche, Hai. 3xv m.B.
EP 98,35 DM/St EP 50,29 €/St

004.05008.M KG 514 DIN 276
Großbaum, Blut-Buche, Sol. 4xv m.Db.
EP 494,96 DM/St EP 253,07 €/St

004.05009.M KG 514 DIN 276
Großbaum, Gold-Buche, Hei. 3xv m.B.
EP 114,22 DM/St EP 58,40 €/St

004.05010.M KG 514 DIN 276
Großbaum, Blut-Buche, Hei. 2xv m.B.
EP 53,31 DM/St EP 27,26 €/St

004.05011.M KG 514 DIN 276
Mittelgroßer Baum, Hänge-Blutbuche, Sol. 4xv m.Db.
EP 850,32 DM/St EP 434,76 €/St

004.05012.M KG 514 DIN 276
Mittelgroßer Baum, Hänge-Blutbuche, Hei. 3xv m.B.
EP 109,14 DM/St EP 55,80 €/St

004.05301.M KG 514 DIN 276
Großbaum, Weiß-Esche, Hei. 2xv
EP 35,54 DM/St EP 18,17 €/St

004.05302.M KG 514 DIN 276
Großbaum, Gemeine Esche, 3 j.v.S.
EP 1,79 DM/St EP 0,92 €/St

AW 004
LB 004 Pflanzen
Bäume liefern

Preise 06.02

Sämtliche Preise sind **Mittelpreise ohne Mehrwertsteuer** zum Zeitpunkt des Ausgabedatums.
Korrekturfaktoren für Regionaleinfluss, Mengeneinfluss, Konjunktureinfluss siehe Vorspann.
Abkürzungen: EP = Einheitspreis

004.05303.M   KG 514 DIN 276
Großbaum, Gemeine Esche, Hei. 2xv
EP 24,75 DM/St   EP 12,65 €/St

004.05304.M   KG 514 DIN 276
Mittelgroßer Baum, Einblatt-Esche, Hei. 2xv
EP 35,91 DM/St   EP 18,36 €/St

004.05305.M   KG 514 DIN 276
Mittelgroßer Baum, Einblatt-Esche, H. 2xv
EP 84,85 DM/St   EP 44,92 €/St

004.05306.M   KG 514 DIN 276
Kleinbaum, Hänge-Esche, H. 2xv
EP 96,46 DM/St   EP 49,32 €/St

004.05307.M   KG 514 DIN 276
Kleinbaum, Blumen-Esche, Hei. 2xv
EP 35,54 DM/St   EP 18,17 €/St

004.05308.M   KG 514 DIN 276
Kleinbaum, Blumen-Esche, H. 2xv
EP 139,61 DM/St   EP 71,38 €/St

004.05701.M   KG 514 DIN 276
Mittelgroßer Baum, Amerikanische Gleditschie, Hei. 2xv
EP 35,54 DM/St   EP 18,17 €/St

004.05702.M   KG 514 DIN 276
Mittelgroßer Baum, Amerikanische Gleditschie, H. 2xv m.B.
EP 143,41 DM/St   EP 73,33 €/St

004.05703.M   KG 514 DIN 276
Mittelgroßer Baum, Amerikanische Gleditschie, (Form) Hei. 2xv
EP 35,54 DM/St   EP 18,17 €/St

004.05704.M   KG 514 DIN 276
Mittelgroßer Baum, Amerikan. Gleditschie, (Form) H 2xv m.B.
EP 143,41 DM/St   EP 73,33 €/St

004.06901.M   KG 514 DIN 276
Großbaum, Schwarznuss, Hei. 2xv
EP 35,54 DM/St   EP 18,17 €/St

004.06902.M   KG 514 DIN 276
Großbaum, Schwarznuss, H. 2xv
EP 86,93 DM/St   EP 44,45 €/St

004.06903.M   KG 514 DIN 276
Mittelgroßer Baum, Walnuss, Hei. 2xv
EP 40,61 DM/St   EP 20,77 €/St

004.07101.M   KG 514 DIN 276
Kleinbaum, Baumaralie (Varietät), Sol. 3xv m.B.
EP 197,98 DM/St   EP 101,23 €/St

004.07102.M   KG 514 DIN 276
Kleinbaum, Baumaralie (Varietät), m.B.
EP 83,13 DM/St   EP 42,50 €/St

004.07301.M   KG 514 DIN 276
Kleinbaum, Blasenesche m.B. 1-2 Tr.
EP 34,90 DM/St   EP 17,84 €/St

004.07901.M   KG 514 DIN 276
Großbaum, Amerikanischer Amberbaum, Sol. 3xv m.B.
EP 145,95 DM/St   EP 74,62 €/St

004.08001.M   KG 514 DIN 276
Großbaum, Tulpenbaum, Sol. 3xv m.Db.
EP 143,41 DM/St   EP 73,32 €/St

004.08002.M   KG 514 DIN 276
Großbaum, Tulpenbaum, m.B.
EP 34,26 DM/St   EP 17,52 €/St

004.08003.M   KG 514 DIN 276
Großbaum, Tulpenbaum, Co. 5-10 l
EP 55,84 DM/St   EP 28,55 €/St

004.08301.M   KG 514 DIN 276
Kleinbaum, Kobushi-Magnolie, Sol. 3xv m.B.
EP 166,25 DM/St   EP 85,00 €/St

004.08302.M   KG 514 DIN 276
Kleinbaum, Kobushi-Magnolie, m.B.
EP 52,04 DM/St   EP 26,61 €/St

004.08501.M   KG 514 DIN 276
Kleinbaum, Zierapfel (Sorte), Sol. 3xv m.B.
EP 123,11 DM/St   EP 62,94 €/St

004.08502.M   KG 514 DIN 276
Kleinbaum, Vielblütiger Apfel, Sol. 3xv m.B.
EP 123,11 DM/St   EP 62,94 €/St

004.08503.M   KG 514 DIN 276
Kleinbaum, Holz-Apfel, v.Str.
EP 10,37 DM/St   EP 5,30 €/St

004.08601.M   KG 514 DIN 276
Kleinbaum, Weiße Maulbeere, v.Str.
EP 24,65 DM/St   EP 12,60 €/St

004.08602.M   KG 514 DIN 276
Kleinbaum, Schwarze Maulbeere, v.Str.
EP 24,65 DM/St   EP 12,60 €/St

004.09001.M   KG 514 DIN 276
Kleinbaum, Eisenholz, Sol. 3xv m.Db.
EP 279,21 DM/St   EP 142,76 €/St

004.09002.M   KG 514 DIN 276
Kleinbaum, Eisenholz, m.B.
EP 66,63 DM/St   EP 34,07 €/St

004.09101.M   KG 514 DIN 276
Mittelgr. Baum, Kaiser-Blauglockenbaum, Sol. 3xv m.Db.
EP 393,43 DM/St   EP 201,16 €/St

004.09102.M   KG 514 DIN 276
Mittelgr. Baum, Kaiser-Blauglockenbaum, m.B.
EP 52,04 DM/St   EP 26,61 €/St

004.09801.M   KG 514 DIN 276
Großbaum, Ahornblättrige Platane, Hei. 2xv
EP 24,75 DM/St   EP 12,65 €/St

004.09802.M   KG 514 DIN 276
Großbaum, Ahornblättrige Platane, H. 3xv m.Db.
EP 272,86 DM/St   EP 139,51 €/St

004.09901.M   KG 514 DIN 276
Großbaum, Silber-Pappel (Sorte), Hei. 2xv
EP 17,88 DM/St   EP 9,14 €/St

004.09902.M   KG 514 DIN 276
Großbaum, Silber-Pappel (Sorte), H. 3xv m.B.
EP 178,95 DM/St   EP 91,49 €/St

004.09903.M   KG 514 DIN 276
Großbaum, Balsam-Pappel, Hei. 2xv
EP 13,54 DM/St   EP 6,92 €/St

004.09904.M   KG 514 DIN 276
Großbaum, Balsam-Pappel, H. 2xv
EP 61,55 DM/St   EP 31,47 €/St

004.09905.M   KG 514 DIN 276
Großbaum, Balsam-Pappel, Stbu. 3xv
EP 178,95 DM/St   EP 91,49 €/St

LB 004 Pflanzen
Bäume liefern

AW 004

Preise 06.02

Sämtliche Preise sind **Mittelpreise ohne Mehrwertsteuer** zum Zeitpunkt des Ausgabedatums.
Korrekturfaktoren für Regionaleinfluss, Mengeneinfluss, Konjunktureinfluss siehe Vorspann.
Abkürzungen: EP = Einheitspreis

004.09906.M KG 514 DIN 276
Großbaum, Berliner Lorbeer-Pappel, Hei. 2xv
EP 13,54 DM/St   EP 6,92 €/St

004.09908.M KG 514 DIN 276
Großbaum, Berliner Lorbeer-Pappel, Stbu. 3xv
EP 178,95 DM/St   EP 91,49 €/St

004.09909.M KG 514 DIN 276
Großbaum, Kanadische Pappel, 1 j. bew.Sth.
EP 1,38 DM/St   EP 0,70 €/St

004.09910.M KG 514 DIN 276
Großbaum, Kanadische Pappel, Hei. 2xv
EP 11,95 DM/St   EP 6,11 €/St

004.09911.M KG 514 DIN 276
Großbaum, Kanadische Pappel, H. 2xv
EP 50,76 DM/St   EP 25,96 €/St

004.09912.M KG 514 DIN 276
Großbaum, Kanadische Pappel (Sorte), 1 j. bew. Sth.
EP 1,38 DM/St   EP 0,70 €/St

004.09913.M KG 514 DIN 276
Großbaum, Kanadische Pappel (Sorte), Hei. 2xv
EP 11,95 DM/St   EP 6,11 €/St

004.09914.M KG 514 DIN 276
Großbaum, Kanadische Pappel (Sorte), H. 2xv
EP 50,76 DM/St   EP 25,96 €/St

004.09915.M KG 514 DIN 276
Großbaum, Grau-Pappel, 2 j.v.Sth.
EP 4,65 DM/St   EP 2,38 €/St

004.09916.M KG 514 DIN 276
Großbaum, Grau-Pappel, 1 j. Vg.
EP 6,13 DM/St   EP 3,14 €/St

004.09917.M KG 514 DIN 276
Großbaum, Grau-Pappel, Hei. 2xv
EP 21,79 DM/St   EP 11,14 €/St

004.09918.M KG 514 DIN 276
Großbaum, Pyramiden-Pappel, Sol. 3xv m.B.
EP 224,63 DM/St   EP 114,85 €/St

004.09919.M KG 514 DIN 276
Großbaum, Pyramiden-Pappel, Hei. 2xv
EP 15,76 DM/St   EP 8,06 €/St

004.09920.M KG 514 DIN 276
Großbaum, Westliche Balsam-Pappel, Hei. 2xv
EP 17,88 DM/St   EP 9,14 €/St

004.09921.M KG 514 DIN 276
Mittelgroßer Baum, Silber-Pappel (Sorte), Hei. 2xv
EP 30,46 DM/St   EP 15,57 €/St

004.09922.M KG 514 DIN 276
Mittelgroßer Baum, Simona Pappel, Sol. 3xv m.Db.
EP 224,63 DM/St   EP 114,85 €/St

004.09923.M KG 514 DIN 276
Mittelgroßer Baum, Simona Pappel, Hei. 2xv
EP 19,24 DM/St   EP 9,84 €/St

004.09924.M KG 514 DIN 276
Mittelgroßer Baum, Simona Pappel (Sorte), Hei. 2xv
EP 27,28 DM/St   EP 13,95 €/St

004.09925.M KG 514 DIN 276
Mittelgroßer Baum, Zitter-Pappel, 2 j.v.S
EP 2,43 DM/St   EP 1,24 €/St

004.09926.M KG 514 DIN 276
Mittelgroßer Baum, Zitter-Pappel, Hei. 2xv
EP 19,78 DM/St   EP 10,11 €/St

004.09927.M KG 514 DIN 276
Mittelgroßer Baum, Zitter-Pappel, (Sorte) Hei. 2xv
EP 35,54 DM/St   EP 18,17 €/St

004.10101.M KG 514 DIN 276
Mittelgroßer Baum, Süß-Kirsche, 2 j.v.S
EP 2,65 DM/St   EP 1,35 €/St

004.10102.M KG 514 DIN 276
Mittelgroßer Baum, Süß-Kirsche, Sol. 3xv m.B.
EP 145,95 DM/St   EP 74,62 €/St

004.10103.M KG 514 DIN 276
Mittelgroßer Baum, Süß-Kirsche, Hei. 2xv
EP 31,01 DM/St   EP 15,85 €/St

004.10104.M KG 514 DIN 276
Mittelgroßer Baum, Späte Traubenkirsche, v.Str.
EP 12,16 DM/St   EP 6,22 €/St

004.10105.M KG 514 DIN 276
Kleinbaum, Amur-Traubenkirsche, Hei. 2xv
EP 35,53 DM/St   EP 18,17 €/St

004.10106.M KG 514 DIN 276
Kleinbaum, Weichsel-Kirsche, 2 j.v.S.
EP 2,12 DM/St   EP 1,08 €/St

004.10107.M KG 514 DIN 276
Kleinbaum, Weichsel-Kirsche, l. Str.
EP 4,02 DM/St   EP 2,05 €/St

004.10108.M KG 514 DIN 276
Kleinbaum, Weichsel-Kirsche, Sol. 3xv m.B.
EP 67,90 DM/St   EP 34,72 €/St

004.10109.M KG 514 DIN 276
Kleinbaum, Auen-Traubenkirsche, 2. J.v.S.
EP 2,12 DM/St   EP 1,08 €/St

004.10110.M KG 514 DIN 276
Kleinbaum, Auen-Traubenkirsche, l. Str.
EP 4,98 DM/St   EP 2,54 €/St

004.10111.M KG 514 DIN 276
Kleinbaum, Auen-Traubenkirsche, Hei. 2xv
EP 30,46 DM/St   EP 15,57 €/St

004.10112.M KG 514 DIN 276
Kleinbaum, Grannen-Kirsche (Sorte), 1 j. Vg.
EP 11,21 DM/St   EP 5,73 €/St

004.10113.M KG 514 DIN 276
Kleinbaum, Grannen-Kirsche (Sorte), Sol. 3xv m.Db.
EP 189,10 DM/St   EP 96,68 €/St

004.10114.M KG 514 DIN 276
Kleinbaum, Grannen-Kirsche (Sorte), H. 2xv
EP 76,79 DM/St   EP 39,26 €/St

004.10115.M KG 514 DIN 276
Kleinbaum, Yoshino-Kirsche (Sorte), l. Str.
EP 34,90 DM/St   EP 17,84 €/St

004.10116.M KG 514 DIN 276
Kleinbaum, Yoshino-Kirsche (Sorte), Sol. 3xv m.Db.
EP 135,80 DM/St   EP 69,43 €/St

004.10201.M KG 514 DIN 276
Kleinbaum, Kaukasische Flügelnuss, Hei. 2xv
EP 35,54 DM/St   EP 18,17 €/St

AW 004

LB 004 Pflanzen
Bäume liefern

Preise 06.02

Sämtliche Preise sind **Mittelpreise ohne Mehrwertsteuer** zum Zeitpunkt des Ausgabedatums.
Korrekturfaktoren für Regionaleinfluss, Mengeneinfluss, Konjunktureinfluss siehe Vorspann.
Abkürzungen: EP = Einheitspreis

004.10401.M KG 514 DIN 276
Kleinbaum, Gemeine Birne, l. Str.
EP 4,98 DM/St   EP 2,54 €/St

004.10501.M KG 514 DIN 276
Großbaum, Zerr-Eiche, Hei. 2xv m.B.
EP 54,57 DM/St   EP 27,90 €/St

004.10502.M KG 514 DIN 276
Großbaum, Scharlach-Eiche, Hei. 3xv m.B.
EP 71,71 DM/St   EP 36,66 €/St

004.10503.M KG 514 DIN 276
Großbaum, Ungarische Eiche, Hei. 3xv m.B.
EP 71,71 DM/St   EP 36,66 €/St

004.10504.M KG 514 DIN 276
Großbaum, Sumpf-Eiche, 2xv m.B.
EP 54,57 DM/St   EP 27,90 €/St

004.10505.M KG 514 DIN 276
Großbaum, Trauben-Eiche, 1 j.S.
EP 0,95 DM/St   EP 0,49 €/St

004.10506.M KG 514 DIN 276
Großbaum, Trauben-Eiche, Sol. 3xv m.B.
EP 158,64 DM/St   EP 81,11 €/St

004.10507.M KG 514 DIN 276
Großbaum, Trauben-Eiche, l.Hei.
EP 6,66 DM/St   EP 3,41 €/St

004.10508.M KG 514 DIN 276
Großbaum, Sommer-Eiche, Stiel-Eiche, 1 j.S.
EP 0,74 DM/St   EP 0,38 €/St

004.10509.M KG 514 DIN 276
Großbaum, Stiel-Eiche, Sol. 3xv m.Db.
EP 114,22 DM/St   EP 58,40 €/St

004.10510.M KG 514 DIN 276
Großbaum, Stiel-Eiche, l.Hei.
EP 7,82 DM/St   EP 4,00 €/St

004.10511.M KG 514 DIN 276
Großbaum, Pyramiden-Eiche, Sol. 4xv m.Db.
EP 869,35 DM/St   EP 444,49 €/St

004.10512.M KG 514 DIN 276
Großbaum, Pyramiden-Eiche, 3xv m.B.
EP 74,88 DM/St   EP 38,28 €/St

004.10513.M KG 514 DIN 276
Großbaum, Rot-Eiche, Hei. 2xv
EP 24,75 DM/St   EP 12,65 €/St

004.10514.M KG 514 DIN 276
Mittelgroßer Baum, Persische Eiche, 3xv m.B.
EP 71,71 DM/St   EP 36,66 €/St

004.10515.M KG 514 DIN 276
Kleinbaum, Wintergrüne Eiche, m.B.
EP 272,86 DM/St   EP 139,51€/St

004.12301.M KG 514 DIN 276
Mittelgroßer Baum, Silber-Weide, Hei. 2xv
EP 21,79 DM/St   EP 11,14 €/St

004.12302.M KG 514 DIN 276
Mittelgroßer Baum, Silber-Weide, H. 2xv
EP 64,73 DM/St   EP 33,09 €/St

004.12303.M KG 514 DIN 276
Mittelgroßer Baum, Hänge-Dotter-Weide, Hei. 2xv
EP 30,46 DM/St   EP 15,57 €/St

004.12304.M KG 514 DIN 276
Mittelgroßer Baum, Hänge-Dotter-Weide, H. 3xv m.Db.
EP 323,62 DM/St   EP 165,47 €/St

004.12305.M KG 514 DIN 276
Mittelgroßer Baum, Kugel-Weide, Hei. 2xv
EP 19,24 DM/St   EP 9,84 €/St

004.12306.M KG 514 DIN 276
Kleinbaum, Kopf-Weide, Hei. 1 j. bew.Sth.
EP 2,12 DM/St   EP 1,08 €/St

004.12701.M KG 514 DIN 276
Mittelgroßer Baum, Japanischer Perlschnurbaum, Sol. 3xv m.B.
EP 266,52 DM/St   EP 136,27 €/St

004.12901.M KG 514 DIN 276
Mittelgroßer Baum, Speierling, Hei. 2xv
EP 50,76 DM/St   EP 25,95 €/St

004.12902.M KG 514 DIN 276
Kleinbaum, Kanada-Eberesche, Sol. 3xv m.B.
EP 208,14 DM/St   EP 106,42 €/St

004.12903.M KG 514 DIN 276
Kleinbaum, Kanada-Eberesche, Hei. 2xv
EP 35,54 DM/St   EP 18,17 €/St

004.12904.M KG 514 DIN 276
Kleinbaum, Echte Mehlbeere, 3 j.v.S.
EP 3,91 DM/St   EP 2,00 €/St

004.12905.M KG 514 DIN 276
Kleinbaum, Gewöhnliche Eberesche, 3 j.v.S.
EP 2,53 DM/St   EP 1,30 €/St

004.12906.M KG 514 DIN 276
Kleinbaum, Gewöhnliche Eberesche, Sol. 3xv m.B.
EP 145,95 DM/St   EP 74,62 €/St

004.12907.M KG 514 DIN 276
Kleinbaum, Gewöhnliche Eberesche, Hei. 2xv
EP 24,75 DM/St   EP 12,65 €/St

004.12908.M KG 514 DIN 276
Kleinbaum, Essbare Eberesche, Hei. 2xv
EP 35,54 DM/St   EP 18,17 €/St

004.12909.M KG 514 DIN 276
Kleinbaum, Essbare Eberesche, H. 3xv m. Db.
EP 323,62 DM/St   EP 165,47 €/St

004.12910.M KG 514 DIN 276
Kleinbaum, Pyramiden-Eberesche, Sol. 3xv m.B.
EP 213,21 DM/St   EP 109,01€/St

004.12911.M KG 514 DIN 276
Kleinbaum, Pyramiden-Eberesche, Hei. 2xv
EP 50,76 DM/St   EP 25,95 €/St

004.12912.M KG 514 DIN 276
Kleinbaum, Labrador-Eberesche, Hei. 2xv
EP 26,65 DM/St   EP 13,62 €/St

004.12913.M KG 514 DIN 276
Kleinbaum, Schwedische Mehlbeere, Hei. 2xv
EP 35,54 DM/St   EP 18,17 €/St

004.12914.M KG 514 DIN 276
Kleinbaum, China-Eberesche, Hei. 2xv
EP 35,54 DM/St   EP 18,17 €/St

004.12915.M KG 514 DIN 276
Kleinbaum, Thüringische Eberesche (Sorte), Hei. 2xv
EP 35,54 DM/St   EP 18,17 €/St

LB 004 Pflanzen
Sträucher liefern

AW 004

Preise 06.02

Sämtliche Preise sind **Mittelpreise ohne Mehrwertsteuer** zum Zeitpunkt des Ausgabedatums.
Korrekturfaktoren für Regionaleinfluss, Mengeneinfluss, Konjunktureinfluss siehe Vorspann.
Abkürzungen: EP = Einheitspreis

004.13802.M KG 514 DIN 276
Großbaum, Winter-Linde, 1. j.S.
EP 1,17 DM/St   EP 0,60 €/St

004.13803.M KG 514 DIN 276
Großbaum, Winter-Linde, Hei. 2xv
EP 30,46 DM/St   EP 15,57 €/St

004.13804.M KG 514 DIN 276
Großbaum, Krim-Linde, Hei. 2xv
EP 35,54 DM/St   EP 18,17 €/St

004.13805.M KG 514 DIN 276
Großbaum, Holländische Linde, Hei. 2xv
EP 35,54 DM/St   EP 18,17 €/St

004.13806.M KG 514 DIN 276
Großbaum, Kaiser-Linde, Hei. 2xv
EP 35,54 DM/St   EP 18,17 €/St

004.13807.M KG 514 DIN 276
Großbaum, Sommer-Linde, 1 j.S.
EP 0,74 DM/St   EP 0,38 €/St

004.13808.M KG 514 DIN 276
Großbaum, Sommer-Linde, Hei. 2xv
EP 30,46 DM/St   EP 15,57 €/St

004.13809.M KG 514 DIN 276
Großbaum, Silber-Linde, Hei. 2xv
EP 35,54 DM/St   EP 18,17 €/St

004.14001.M KG 514 DIN 276
Großbaum, Feld-Ulme, 2 j.v.S.
EP 1,05 DM/St   EP 0,54 €/St

004.14002.M KG 514 DIN 276
Großbaum, Feld-Ulme, Hei. 2xv
EP 21,79 DM/St   EP 11,14 €/St

004.14003.M KG 514 DIN 276
Großbaum, Berg-Ulme, 2 j.v.S.
EP 1,27 DM/St   EP 0,65 €/St

004.14004.M KG 514 DIN 276
Großbaum, Berg-Ulme, Hei. 2xv
EP 21,79 DM/St   EP 11,14 €/St

004.14005.M KG 514 DIN 276
Mittelgroßer Baum, Holländische Ulme (Sorte), H. 2xv
EP 61,55 DM/St   EP 31,47 €/St

Sträucher liefern

004.-----.-

004.00409.M KG 514 DIN 276
Großstrauch, Grün-Erle, 2 j.v.S.
EP 1,91 DM/St   EP 0,98 €/St

004.00410.M KG 514 DIN 276
Großstrauch, Grün-Erle, Hei. 2xv
EP 35,54 DM/St   EP 18,17 €/St

004.00501.M KG 514 DIN 276
Großstrauch, Kahle Felsenbirne, v.Str.
EP 31,73 DM/St   EP 16,22 €/St

004.00502.M KG 514 DIN 276
Großstrauch, Kahle Felsenbirne, Sol. 3xv m.B.
EP 149,75 DM/St EP 76,57 €/St

004.00503.M KG 514 DIN 276
Großstrauch, Kupfer Felsenbirne, v.Str.
EP 10,37 DM/St   EP 5,30 €/St

004.00504.M KG 514 DIN 276
Großstrauch, Kupfer Felsenbirne, Sol. 3xv m.B.
EP 73,60 DM/St   EP 37,63 €/St

004.00505.M KG 514 DIN 276
Großstrauch, Kupfer Felsenbirne, Sol. 3xv Co. 20-50 l
EP 105,97 DM/St EP 54,18 €/St

004.00506.M KG 514 DIN 276
Mittelgroßer Strauch, Echte Felsenbirne, l.Str.
EP 6,03 DM/St   EP 3,08 €/St

004.00507.M KG 514 DIN 276
Mittelgroßer Strauch, Besen-Felsenbirne, 2 j.v.S.
EP 3,07 DM/St   EP 1,57 €/St

004.00508.M KG 514 DIN 276
Mittelgroßer Strauch, Besen-Felsenbirne, Sol. 3xv m.Db.
EP 46,96 DM/St   EP 24,01 €/St

004.00601.M KG 514 DIN 276
Mittelgroßer Strauch, Gemeiner Bleibusch, v.Str.
EP 8,56 DM/St   EP 4,38 €/St

004.00602.M KG 514 DIN 276
Zwergstrauch, Rotfrüchtige Bärentraube, Co 2-5 l
EP 16,29 DM/St   EP 8,33 €/St

004.01001.M KG 514 DIN 276
Kleinstrauch, Kahle Apfelbeere, v.Str.
EP 11,53 DM/St   EP 5,89 €/St

004.01201.M KG 514 DIN 276
Mittelgroßer Strauch, Buchsblättrige Berberitze, Str. 2xv
EP 13,33 DM/St   EP 6,82 €/St

004.01202.M KG 514 DIN 276
Mittelgroßer Strauch, Lanzenberberitze, Co. 2-5 l
EP 86,93 DM/St   EP 44,45 €/St

004.01203.M KG 514 DIN 276
Mittelgroßer Strauch, Julianes Berberitze, Co. 2-5 l
EP 86,93 DM/St   EP 44,45 €/St

004.01204.M KG 514 DIN 276
Mittelgroßer Strauch, Große Blutberberitze, v.Str.
EP 13,96 DM/St   EP 7,14 €/St

004.01205.M KG 514 DIN 276
Mittelgroßer Strauch, Große Blutberberitze, Str. 2xv Co. 2-5 l
EP 22,42 DM/St   EP 11,47 €/St

004.01206.M KG 514 DIN 276
Mittelgroßer Strauch, Schmalblättrige Berberitze, Sol. 3xv
EP 145,95 DM/St EP 74,62 €/St

004.01207.M KG 514 DIN 276
Mittelgroßer Strauch, Schmalblättrige Berberitze, Co. 2-5 l
EP 24,11 DM/St   EP 12,33 €/St

004.01208.M KG 514 DIN 276
Mittelgroßer Strauch, Thunbergs Berberitze, v.Str.
EP 9,41 DM/St   EP 4,81 €/St

004.01209.M KG 514 DIN 276
Mittelgroßer Strauch, Thunbergs Berberitze, Sol 3xv m.B.
EP 46,96 DM/St   EP 24,01 €/St

004.01210.M KG 514 DIN 276
Mittelgroßer Strauch, Thunbergs Berberitze, Str. 2xv Co. 2-5 l
EP 16,29 DM/St   EP 8,33 €/S

LB 004 Pflanzen
Sträucher liefern

AW 004

Preise 06.02

Sämtliche Preise sind **Mittelpreise ohne Mehrwertsteuer** zum Zeitpunkt des Ausgabedatums.
Korrekturfaktoren für Regionaleinfluss, Mengeneinfluss, Konjunktureinfluss siehe Vorspann.
Abkürzungen: EP = Einheitspreis

004.01211.M KG 514 DIN 276
Mittelgroßer Strauch, Rote Heckenberberitze, v.Str.
EP 9,41 DM/St EP 4,81 €/St

004.01212.M KG 514 DIN 276
Mittelgroßer Strauch, Rote Heckenberberitze, Sol. 3xv m.B.
EP 46,96 DM/St EP 24,01 €/St

004.01213.M KG 514 DIN 276
Mittelgroßer Strauch, Rote Heckenberberitze, Str. 2xv Co. 2-5 l
EP 16,29 DM/St EP 8,33 €/St

004.01214.M KG 514 DIN 276
Mittelgroßer Strauch, Gewöhnliche Berberitze, l Str.
EP 6,03 DM/St EP 3,08 €/St

004.01215.M KG 514 DIN 276
Mittelgroßer Strauch, Wilsons Berberitze, l Str.
EP 4,44 DM/St EP 2,27 €/St

004.01216.M KG 514 DIN 276
Kleinstrauch, Gagnepains Berberitze (Sorte), Co. 2-5 l
EP 86,93 DM/St EP 44,45 €/St

004.01217.M KG 514 DIN 276
Kleinstrauch, Hookers Berberitze, Co. 2-5 l
EP 86,93 DM/St EP 44,45 €/St

004.01218.M KG 514 DIN 276
Kleinstrauch, Warzige Berberitze, 3 j. v.St.
EP 6,56 DM/St EP 3,35 €/St

004.01219.M KG 514 DIN 276
Kleinstrauch, Warzige Berberitze, Sol. 3XV m.B.
EP 123,11 DM/St EP 62,94 €/St

004.01220.M KG 514 DIN 276
Zwergstrauch, Schneeige Berberitze, Co. 2-5 l
EP 19,78 DM/St EP 10,11 €/St

004.01221.M KG 514 DIN 276
Zwergstrauch, Kleine Blutberberitze, Str. 2xv m.Tb.
EP 18,93 DM/St EP 9,68 €/St

004.01324.M KG 514 DIN 276
Mittelgroßer Strauch, Strauch-Birke, Co. 2-5 l
EP 26,01 DM/St EP 13,30 €/St

004.01325.M KG 514 DIN 276
Kleinstrauch, Zwerg-Birke, m.B.
EP 18,29 DM/St EP 9,35 €/St

004.01401.M KG 514 DIN 276
Mittelgroßer Strauch, Schmalblättriger Sommerflieder, Co. 2-5 l
EP 16,29 DM/St EP 8,33 €/St

004.01402.M KG 514 DIN 276
Mittelgroßer Strauch, Sommerflieder, Co. 2-5 l
EP 12,90 DM/St EP 6,60 €/St

004.01501.M KG 514 DIN 276
Großstrauch, Hoher Buchsbaum, Str. 2xv m.B.
EP 19,78 DM/St EP 10,11 €/St

004.01601.M KG 514 DIN 276
Mittelgroßer Strauch, Liebesperlenstrauch, Co. 2-5 l
EP 22,95 DM/St EP 11,73 €/St

004.01701.M KG 514 DIN 276
Zwergstrauch, Besenheide, m.Tb.
EP 4,65 DM/St EP 2,38 €/St

004.01801.M KG 514 DIN 276
Mittelgroßer Strauch, Karolina-Nelkenpfeffer, Co. 2-5 l
EP 30,46 DM/St EP 15,57 €/St

004.02001.M KG 514 DIN 276
Großstrauch, Gewöhnlicher Erbsenstrauch, l.Str.
EP 4,86 DM/St EP 2,48 €/St

004.02201.M KG 514 DIN 276
Kleinstrauch, Bartblume, m.Tb.
EP 19,78 DM/St EP 10,11 €/St

004.02501.M KG 514 DIN 276
Halbstrauch, Säckelblume, Co. 2-5 l
EP 35,54 DM/St EP 18,17 €/St

004.02801.M KG 514 DIN 276
Großstrauch, Virgin. Schneeflockenstrauch, Sol. 3xv m.B.
EP 149,73 DM/St EP 76,56 €/St

004.02901.M KG 514 DIN 276
Kleinstrauch, Japanische Zierquitte, 2xv Co. 2-5 l
EP 16,60 DM/St EP 8,49 €/St

004.02902.M KG 514 DIN 276
Kleinstrauch, Japanische Zierquitte, Sol. 2xv m.B.
EP 69,80 DM/St EP 35,69 €/St

004.03001.M KG 514 DIN 276
Mittelgroßer Strauch, Erlenblättrige Zimterle, m.B.
EP 45,68 DM/St EP 23,36 €/St

004.03002.M KG 514 DIN 276
Mittelgroßer Strauch, Erlenblättrige Zimterle (Sorte), m.B.
EP 45,68 DM/St EP 23,36 €/St

004.03101.M KG 514 DIN 276
Mittelgroßer Strauch, Gewöhnlicher Blasenstrauch, 2 j.v.S.
EP 2,65 DM/St EP 1,35 €/St

004.03102.M KG 514 DIN 276
Mittelgroßer Strauch, Gewöhnlicher Blasenstrauch, v.Str.
EP 15,97 DM/St EP 8,16 €/St

004.03201.M KG 514 DIN 276
Großstrauch, Rotholziger Hartriegel, l.Str.
EP 7,30 DM/St EP 3,73 €/St

004.03202.M KG 514 DIN 276
Großstrauch, Wechselblättriger Hartriegel, Sol. 4xv m.Db.
EP 247,48 DM/St EP 126,54 €/St

004.03203.M KG 514 DIN 276
Großstrauch, Wechselblättriger Hartriegel, m.B.
EP 74,56 DM/St EP 38,12 €/St

004.03204.M KG 514 DIN 276
Großstrauch, Pagoden-Hartriegel, m.B.
EP 69,80 DM/St EP 35,69 €/St

004.03205.M KG 514 DIN 276
Großstrauch, Blüten-Hartriegel, Sol. 3xv m.B.
EP 266,52 DM/St EP 136,27 €/St

004.03206.M KG 514 DIN 276
Großstrauch, Blüten-Hartriegel, m.B.
EP 69,80 DM/St EP 35,69 €/St

004.03207.M KG 514 DIN 276
Großstrauch, Japanischer Blüten-Hartriegel, Sol. 3xv m.Db.
EP 203,06 DM/St EP 103,82 €/St

004.03208.M KG 514 DIN 276
Großstrauch, Japanischer Blüten-Hartriegel, m.B.
EP 54,57 DM/St EP 27,90 €/St

004.03209.M KG 514 DIN 276
Großstrauch, Japanischer Blüten-Hartriegel, Co. 2-5 l
EP 54,57 DM/St EP 27,90 €/

LB 004 Pflanzen
Sträucher liefern

AW 004

Preise 06.02

Sämtliche Preise sind **Mittelpreise ohne Mehrwertsteuer** zum Zeitpunkt des Ausgabedatums.
Korrekturfaktoren für Regionaleinfluss, Mengeneinfluss, Konjunktureinfluss siehe Vorspann.
Abkürzungen: EP = Einheitspreis

004.03210.M KG 514 DIN 276
Großstrauch, Chinesischer Blüten-Hartriegel, Sol. 3xv m.Db.
EP 266,52 DM/St   EP 136,27 €/St

004.03211.M KG 514 DIN 276
Großstrauch, Chinesischer Blüten-Hartriegel, m.B.
EP 89,47 DM/St   EP 45,74 €/St

004.03212.M KG 514 DIN 276
Großstrauch, Kornelkirsche, 2 j.v.S.
EP 3,07 DM/St   EP 1,57 €/St

004.03213.M KG 514 DIN 276
Großstrauch, Kornelkirsche, Str. 2xv Co. 2-5 l
EP 22,95 DM/St   EP 11,73 €/St

004.03214.M KG 514 DIN 276
Großstrauch, Kornelkirsche, Sol. 3xv m.B.
EP 123,11 DM/St   EP 62,94 €/St

004.03215.M KG 514 DIN 276
Großstrauch, Roter Hartriegel, 3 j.v.S.
EP 2,53 DM/St   EP 1,30 €/St

004.03217.M KG 514 DIN 276
Großstrauch, Roter Hartriegel, Sol. 3xv m.B.
EP 46,96 DM/St   EP 24,01 €/St

004.03218.M KG 514 DIN 276
Mittelgroßer Strauch, Weißer Hartriegel, v.Str.
EP 8,56 DM/St   EP 4,38 €/St

004.03219.M KG 514 DIN 276
Mittelgroßer Strauch, Weißer Hartriegel, Sol. 3xv m.B.
EP 48,23 DM/St   EP 24,66 €/St

004.03220.M KG 514 DIN 276
Halbstrauch, Teppich-Hartriegel, m.Tb.
EP 14,38 DM/St   EP 7,35 €/St

004.03301.M KG 514 DIN 276
Mittelgroßer Strauch, Armblütige Blumenhasel, Sol. 4xv m.Db.
EP 229,71 DM/St   EP 117,45 €/St

004.03302.M KG 514 DIN 276
Mittelgroßer Strauch, Armblütige Blumenhasel, m.B..
EP 66,63 DM/St   EP 34,07 €/St

004.03303.M KG 514 DIN 276
Mittelgroßer Strauch, Ähren-Blumenhasel, Sol. 4xv m.Db.
EP 323,62 DM/St   EP 165,47 €/St

004.03304.M KG 514 DIN 276
Mittelgroßer Strauch, Ähren-Blumenhasel, m.B.
EP 50,76 DM/St   EP 25,95 €/St

004.03404.M KG 514 DIN 276
Großstrauch, Haselnuss, 2 j.v.S.
EP 1,79 DM/St   EP 0,92 €/St

004.03405.M KG 514 DIN 276
Großstrauch, Haselnuss, l.Str.
EP 4,44 DM/St   EP 2,27 €/St

004.03406.M KG 514 DIN 276
Großstrauch, Haselnuss, Sol. 3xv m.B.
EP 54,57 DM/St   EP 27,90 €/St

004.03407.M KG 514 DIN 276
Großstrauch, Gold-Hasel, m.B.
EP 54,57 DM/St   EP 27,90 €/St

004.03408.M KG 514 DIN 276
Großstrauch, Korkenzieher-Hasel, Sol. 3xv m.B.
EP 135,80 DM/St   EP 69,43 €/St

004.03409.M KG 514 DIN 276
Großstrauch, Korkenzieher-Hasel, m.B.
EP 43,79 DM/St   EP 22,39 €/St

004.03410.M KG 514 DIN 276
Großstrauch, Blut-Hasel, v.Str.
EP 28,56 DM/St   EP 14,60 €/St

004.03411.M KG 514 DIN 276
Großstrauch, Blut-Hasel, Sol. 3xv m.B.
EP 118,54 DM/St   EP 60,61 €/St

004.03412.M KG 514 DIN 276
Großstrauch, Blut-Lambertsnuss, l.Str.
EP 16,29 DM/St   EP 8,33 €/St

004.03413.M KG 514 DIN 276
Großstrauch, Blut-Lambertsnuss, Sol. 3xv m.B.
EP 61,55 DM/St   EP 31,47 €/St

004.03414.M KG 514 DIN 276
Großstrauch, Blut-Lambertsnuss, Sol. 3xv Co. 10-20 l
EP 61,55 DM/St   EP 31,47 €/St

004.03501.M KG 514 DIN 276
Großstrauch, Gemeiner Perückenstrauch, Sol. 3xv m.B.
EP 103,43 DM/St   EP 52,88 €/St

004.03502.M KG 514 DIN 276
Großstrauch, Gemeiner Perückenstrauch, Sol. m.B.
EP 43,79 DM/St   EP 22,39 €/St

004.03503.M KG 514 DIN 276
Roter, Gemeiner Perückenstrauch, Sol. 3xv m.B.
EP 149,75 DM/St   EP 76,57 €/St

004.03504.M KG 514 DIN 276
Roter, Gemeiner Perückenstrauch, m.B.
EP 49,50 DM/St   EP 25,31 €/St

004.03601.M KG 514 DIN 276
Mittelgroßer Strauch, Runzel-Zwergmispel, v.Str.
EP 8,56 DM/St   EP 4,38 €/St

004.03602.M KG 514 DIN 276
Mittelgroßer Strauch, Diel's Zwergmispel, v.Str.
EP 8,56 DM/St   EP 4,38 €/St

004.03603.M KG 514 DIN 276
Mittelgroßer Strauch, Diel's Zwergmispel, Str. 2xv Co. 2-5 l
EP 16,60 DM/St   EP 8,49 €/St

004.03604.M KG 514 DIN 276
Kleinstrauch, Teppich-Zwergmispel (Sorte), m.Tb.
EP 4,55 DM/St   EP 2,32 €/St

004.03605.M KG 514 DIN 276
Kleinstrauch, Fächer-Zwergmispel, 2 j.v.S.
EP 4,55 DM/St   EP 2,32 €/St

004.03606.M KG 514 DIN 276
Kleinstrauch, Fächer-Zwergmispel, Co. 2-5 l
EP 12,27 DM/St   EP 6,27 €/St

004.03607.M KG 514 DIN 276
Zwergstrauch, Spalier-Zwergmispel, 2 j.v.St.
EP 5,08 DM/St   EP 2,60 €/St

004.03608.M KG 514 DIN 276
Zwergstrauch, Spalier-Zwergmispel, Co. 2-5 l
EP 5,08 DM/St   EP 2,60 €/St

004.03609.M KG 514 DIN 276
Zwergstrauch, Immergrüne Kriechmispel (Sorte), 2.j.v.St.
EP 3,17 DM/St   EP 1,62 €/St

AW 004 — LB 004 Pflanzen
Sträucher liefern

Preise 06.02

Sämtliche Preise sind **Mittelpreise ohne Mehrwertsteuer** zum Zeitpunkt des Ausgabedatums.
Korrekturfaktoren für Regionaleinfluss, Mengeneinfluss, Konjunktureinfluss siehe Vorspann.
Abkürzungen: EP = Einheitspreis

004.03610.M KG 514 DIN 276
Zwergstrauch, Immergrüne Kriechmispel (Sorte), m.Tb.
EP 5,18 DM/St   EP 2,65 €/St

004.03611.M KG 514 DIN 276
Zwergstrauch, Teppich-Zwergmispel, 2 j.v.St.
EP 3,17 DM/St   EP 1,62 €/St

004.03612.M KG 514 DIN 276
Zwergstrauch, Teppich-Zwergmispel, m.Tb.
EP 5,18 DM/St   EP 2,65 €/St

004.03613.M KG 514 DIN 276
Zwergstrauch, Fächer-Zwergmispel (Sorte), 2 j.v.St.
EP 5,92 DM/St   EP 3,03 €/St

004.03614.M KG 514 DIN 276
Zwergstrauch, Fächer-Zwergmispel (Sorte), m.Tb.
EP 11,95 DM/St   EP 6,11 €/St

004.03615.M KG 514 DIN 276
Zwergstrauch, Kleinblättrige Zwergmispel, 2 j.v.St.
EP 5,60 DM/St   EP 2,86 €/St

004.03616.M KG 514 DIN 276
Zwergstrauch, Kleinblättrige Zwergmispel, m.Tb./m.B.
EP 10,04 DM/St   EP 5,14 €/St

004.03617.M KG 514 DIN 276
Zwergstrauch, Nanshan-Zwergmispel, 2 j.v.St.
EP 5,82 DM/St   EP 2,98 €/St

004.03618.M KG 514 DIN 276
Zwergstrauch, Nanshan-Zwergmispel, Co. 2-5-l
EP 11,42 DM/St   EP 5,84 €/St

004.03619.M KG 514 DIN 276
Zwergstrauch, Weiden-Zwergmispel (Sorte), 2 j.v.St.
EP 3,49 DM/St   EP 1,79 €/St

004.03620.M KG 514 DIN 276
Zwergstrauch, Weiden-Zwergmispel (Sorte), Co. 2-5 l
EP 5,50 DM/St   EP 2,81 €/St

004.03705.M KG 514 DIN 276
Großstrauch, Scharlach-Weißdorn, v.Str.
EP 17,98 DM/St   EP 9,19 €/St

004.03706.M KG 514 DIN 276
Großstrauch, Hahnensporn-Weißdorn, v.Str.
EP 34,90 DM/St   EP 17,84 €/St

004.03707.M KG 514 DIN 276
Großstrauch, Hahnensporn-Weißdorn, Sol. 3xv m.Db.
EP 139,61 DM/St   EP 71,38 €/St

004.03708.M KG 514 DIN 276
Großstrauch, Hahnensporn-Weißdorn, Hei. 2xv
EP 35,54 DM/St   EP 18,17 €/St

004.03709.M KG 514 DIN 276
Großstrauch, Zweigriffiger Weißdorn (Sorte), 1 j. Vg.
EP 12,48 DM/St   EP 6,38 €/St

004.03710.M KG 514 DIN 276
Großstrauch, Zweigriffiger Weißdorn (Sorte), v.Str.
EP 31,73 DM/St   EP 16,22 €/St

004.03711.M KG 514 DIN 276
Großstrauch, Zweigriffiger Weißdorn (Sorte), Sol. 3 xv m. Db.
EP 139,61 DM/St   EP 71,38 €/St

004.03712.M KG 514 DIN 276
Großstrauch, Zweigriffiger Weißdorn (Sorte), Hei. 2xv
EP 35,54 DM/St   EP 18,17 €/St

004.03713.M KG 514 DIN 276
Großstrauch, Leder-Weißdorn, 1 j. Vg.
EP 12,48 DM/St   EP 6,38 €/St

004.03714.M KG 514 DIN 276
Großstrauch, Leder-Weißdorn, v. Str.
EP 31,73 DM/St   EP 16,22 €/St

004.03715.M KG 514 DIN 276
Großstrauch, Eingriffiger Weißdorn, 1 j. S.
EP 31,73 DM/St   EP 16,22 €/St

004.03716.M KG 514 DIN 276
Großstrauch, Eingriffiger Weißdorn, v. Str.
EP 11,53 DM/St   EP 5,89 €/St

004.03717.M KG 514 DIN 276
Großstrauch, Eingriffiger Weißdorn, Sol. 3xv m.Db.
EP 117,39 DM/St   EP 60,02 €/St

004.03718.M KG 514 DIN 276
Großstrauch, Zweigriffiger Weißdorn, 2 j.v.S.
EP 1,79 DM/St   EP 0,92 €/St

004.03719.M KG 514 DIN 276
Großstrauch, Zweigriffiger Weißdorn, v.tr.
EP 11,53 DM/St   EP 5,89 €/St

004.03720.M KG 514 DIN 276
Großstrauch, Zweigriffiger Weißdorn, Sol. 3xv m.Db.
EP 117,39 DM/St   EP 60,02 €/St

004.03801.M KG 514 DIN 276
Kleinstrauch, Abführender Ginster, Co. 2-5 l
EP 17,55 DM/St   EP 8,97 €/St

004.03802.M KG 514 DIN 276
Kleinstrauch, Purpurginster, m.Tb.
EP 11,74 DM/St   EP 6,00 €/St

004.04001.M KG 514 DIN 276
Kleinstrauch, Maienseidelbast, m.B.
EP 43,79 DM/St   EP 22,39 €/St

004.04002.M KG 514 DIN 276
Kleinstrauch, Gemeiner Seidelbast, m.B.
EP 36,81 DM/St   EP 18,82 €/St

004.04003.M KG 514 DIN 276
Kleinstrauch, Märzenseidelbast, m.B.
EP 43,79 DM/St   EP 22,39 €/St

004.04201.M KG 514 DIN 276
Großstrauch, Blaugurke, 2 j.v.S.
EP 11,21 DM/St   EP 5,73 €/St

004.04202.M KG 514 DIN 276
Großstrauch, Blaugurke, Sol. 3xv m.B.
EP 236,05 DM/St   EP 120,69 €/St

004.04301.M KG 514 DIN 276
Kleinstrauch, Zierliche Deutzie, v.Str.
EP 16,50 DM/St   EP 8,44 €/St

004.04302.M KG 514 DIN 276
Kleinstrauch, Zierliche Deutzie, Str. 2xv Co. 2-5 l
EP 20,84 DM/St   EP 10,65 €/St

004.04401.M KG 514 DIN 276
Großstrauch, Schmalblättrige Ölweide, l.Str.
EP 5,39 DM/St   EP 2,76 €/St

004.04402.M KG 514 DIN 276
Großstrauch, Schmalblättrige Ölweide, Str. 2xv Co. 2-5 l
EP 19,78 DM/St   EP 10,11 €/St

LB 004 Pflanzen
Sträucher liefern

AW 004

Preise 06.02

Sämtliche Preise sind **Mittelpreise ohne Mehrwertsteuer** zum Zeitpunkt des Ausgabedatums.
Korrekturfaktoren für Regionaleinfluss, Mengeneinfluss, Konjunktureinfluss siehe Vorspann.
Abkürzungen: EP = Einheitspreis

004.04403.M KG 514 DIN 276
Großstrauch, Silber-Ölweide, l.Str.
EP 7,30 DM/St   EP 3,73 €/St

004.04404.M KG 514 DIN 276
Großstrauch, Silber-Ölweide, Str. 2xv Co. 2-5 l
EP 22,42 DM/St   EP 11,47 €/St

004.04405.M KG 514 DIN 276
Großstrauch, Silber-Ölweide (Sorte), 2 j.v.S.
EP 5,82 DM/St   EP 2,98 €/St

004.04406.M KG 514 DIN 276
Großstrauch, Silber-Ölweide (Sorte), v.Str.
EP 16,50 DM/St   EP 8,44 €/St

004.04801.M KG 514 DIN 276
Großstrauch, Gemeiner Spindelstrauch, v.Str.
EP 13,96 DM/St   EP 7,14 €/St

004.04802.M KG 514 DIN 276
Großstrauch, Kork-Spindelstrauch, m.B.
EP 39,34 DM/St   EP 20,11 €/St

004.04803.M KG 514 DIN 276
Großstrauch, Flachstieliger Spindelstrauch, Sol. 3xv m.B.
EP 175,14 DM/St   EP 89,55 €/St

004.04804.M KG 514 DIN 276
Großstrauch, Flachstieliger Spindelstrauch, m.B.
EP 61,55 DM/St   EP 31,47 €/St

004.04809.M KG 514 DIN 276
Kleinstrauch, Zwerg-Spindelstrauch (Var.), m.Tb./m.B.
EP 12,90 DM/St   EP 6,60 €/St

004.05601.M KG 514 DIN 276
Kleinstrauch, Färber-Ginster, m.Tb.
EP 8,04 DM/St   EP 4,11 €/St

004.05602.M KG 514 DIN 276
Halbstrauch, Flügel-Ginster, m.Tb.
EP 19,80 DM/St   EP 10,12 €/St

004.05901.M KG 514 DIN 276
Großstrauch, Carolina-Schneeglöckchenbaum, Sol. 3xv m.B.
EP 203,06 DM/St   EP 103,82 €/St

004.05902.M KG 514 DIN 276
Großstrauch, Carolina-Schneeglöckchenbaum, m.B.
EP 52,04 DM/St   EP 26,61 €/St

004.05903.M KG 514 DIN 276
Großstrauch, Berg-Schneeglöckchenbaum, Sol. 3xv m.B.
EP 203,06 DM/St   EP 103,82 €/St

004.05904.M KG 514 DIN 276
Großstrauch, Berg-Schneeglöckchenbaum, m.B.
EP 52,04 DM/St   EP 26,61 €/St

004.06001.M KG 514 DIN 276
Großstrauch, Hybrid-Zaubernuss (Sorte), Sol. 3xv m.Db.
EP 208,14 DM/St   EP 106,42 €/St

004.06002.M KG 514 DIN 276
Großstrauch, Hybrid-Zaubernuss (Sorte), m.B.
EP 73,60 DM/St   EP 37,63 €/St

004.06003.M KG 514 DIN 276
Großstrauch, Japanische Zaubernuss, Sol. 3xv m.Db.
EP 208,14 DM/St   EP 106,42 €/St

004.06004.M KG 514 DIN 276
Großstrauch, Japanische Zaubernuss, m.B.
EP 73,60 DM/St   EP 37,63 €/St

004.06005.M KG 514 DIN 276
Großstrauch, Japanische Zaubernuss (Var.), Sol. 3xv m.Db.
EP 208,14 DM/St   EP 106,42 €/St

004.06006.M KG 514 DIN 276
Großstrauch, Japanische Zaubernuss (Varietät), m.B.
EP 73,60 DM/St   EP 37,63 €/St

004.06007.M KG 514 DIN 276
Großstrauch, Chinesische Zaubernuss, Sol. 3xv m.Db.
EP 208,14 DM/St   EP 106,42 €/St

004.06008.M KG 514 DIN 276
Großstrauch, Chinesische Zaubernuss, m.B.
EP 73,60 DM/St   EP 37,63 €/St

004.06009.M KG 514 DIN 276
Großstrauch, Virginische Zaubernuss, Sol. 3xv m.Db.
EP 208,14 DM/St   EP 106,42 €/St

004.060108.M KG 514 DIN 276
Großstrauch, Virginische Zaubernuss, m.B.
EP 73,60 DM/St   EP 37,63 €/St

004.06101.M KG 514 DIN 276
Kleinstrauch, Kaukasischer Efeu (Sorte), Co. 2-5 l
EP 40,61 DM/St   EP 20,77 €/St

004.06301.M KG 514 DIN 276
Großstrauch, Gemeiner Sanddorn, 2 j.v.S.
EP 2,43 DM/St   EP 1,24 €/St

004.06302.M KG 514 DIN 276
Großstrauch, Gemeiner Sanddorn, v.Str.
EP 5,72 DM/St   EP 2,92 €/St

004.06303.M KG 514 DIN 276
Großstrauch, Gemeiner Sanddorn, Str. 2xv Co. 2-5 l
EP 17,88 DM/St   EP 9,14 €/St

004.06304.M KG 514 DIN 276
Großstrauch, Gemeiner Sanddorn (Sorte), l.Str.
EP 8,25 DM/St   EP 4,22 €/St

004.06501.M KG 514 DIN 276
Kleinstrauch, Bauern-Hortensie (Sorte), Sol. 3xv m.B.
EP 111,89 DM/St   EP 57,21 €/St

004.06502.M KG 514 DIN 276
Kleinstrauch, Bauern-Hortensie (Sorte), Co. 2-5 l
EP 27,28 DM/St   EP 13,95 €/St

004.06601.M KG 514 DIN 276
Halbstrauch, Immergrünes Johanniskraut, 2 j.v.St.
EP 5,92 DM/St   EP 3,03 €/St

004.06602.M KG 514 DIN 276
Halbstrauch, Immergrünes Johanniskraut, m.Tb./m.B./Co.
EP 7,08 DM/St   EP 3,62 €/St

004.06701.M KG 514 DIN 276
Großstrauch, Gemeine Stechhülse, m.B.
EP 49,50 DM/St   EP 25,31 €/St

004.06702.M KG 514 DIN 276
Großstrauch, Gemeine Stechhülse, Co. 5-10 l
EP 55,84 DM/St   EP 28,55 €/St

004.06703.M KG 514 DIN 276
Großstrauch, Weißbunte Stechhülse, m.B.
EP 52,04 DM/St   EP 26,61 €/St

004.06901.M KG 514 DIN 276
Großstrauch, Schwarznuss, Hei. 2xv
EP 35,54 DM/St   EP 18,17 €/St

AW 004

LB 004 Pflanzen
Sträucher liefern

Preise 06.02

Sämtliche Preise sind **Mittelpreise ohne Mehrwertsteuer** zum Zeitpunkt des Ausgabedatums.
Korrekturfaktoren für Regionaleinfluss, Mengeneinfluss, Konjunktureinfluss siehe Vorspann.
Abkürzungen: EP = Einheitspreis

004.06902.M   KG 514 DIN 276
Großstrauch, Schwarznuss, H. 2xv
EP 86,93 DM/St   EP 44,45 €/St

004.07001.M   KG 514 DIN 276
Kleinstrauch, Schaf-Lorbeerrose (Sorte), m.B.
EP 43,79 DM/St   EP 22,39 €/St

004.07501.M   KG 514 DIN 276
Großstrauch, Alpen-Goldregen, 2 j.v.S.
EP 2,65 DM/St   EP 1,35 €/St

004.07502.M   KG 514 DIN 276
Großstrauch, Gemeiner Goldregen, l.Str.
EP 5,39 DM/St   EP 2,76 €/St

004.07503.M   KG 514 DIN 276
Großstrauch, Edelgoldregen, v.Str.
EP 30,46 DM/St   EP 15,57 €/St

004.07504.M   KG 514 DIN 276
Großstrauch, Edelgoldregen, Sol. 3xv m.Db.
EP 123,11 DM/St   EP 62,94 €/St

004.07505.M   KG 514 DIN 276
Großstrauch, Edelgoldregen, H. 3xv m.Db.
EP 393,43 DM/St   EP 201,16 €/St

004.07601.M   KG 514 DIN 276
Halbstrauch, Thunbergs Buschklee, Str. 2xv Co. 2-5 l
EP 35,54 DM/St   EP 18,17 €/St

004.07701.M   KG 514 DIN 276
Kleinstrauch, Catesbys-Traubenmyrte, m.B.
EP 46,96 DM/St   EP 24,01 €/St

004.07801.M   KG 514 DIN 276
Großstrauch, Gemeiner Liguster, Str. 2xv Co. 2-5 l
EP 12,59 DM/St   EP 6,44 €/St

004.08101.M   KG 514 DIN 276
Großstrauch, Maacks Heckenkirsche, v.Str.
EP 8,56 DM/St   EP 4,38 €/St

004.08102.M   KG 514 DIN 276
Großstrauch, Maacks Heckenkirsche, Sol. 3xv m.B.
EP 67,90 DM/St   EP 34,72 €/St

004.08103.M   KG 514 DIN 276
Großstrauch, Tatarische Heckenkirsche, v.Str.
EP 8,56 DM/St   EP 4,38 €/St

004.08104.M   KG 514 DIN 276
Großstrauch, Tatarische Heckenkirsche, Sol. 3xv m.B.
EP 76,79 DM/St   EP 39,26 €/St

004.08105.M   KG 514 DIN 276
Kleinstrauch, Blaue Heckenkirsche, v.Str.
EP 12,69 DM/St   EP 6,49 €/St

004.08303.M   KG 514 DIN 276
Großstrauch, Purpur-Magnolie (Sorte), Sol. 4xv m.B.
EP 285,55 DM/St   EP 146,00 €/St

004.08304.M   KG 514 DIN 276
Großstrauch, Purpur-Magnolie (Sorte), m.B.
EP 73,60 DM/St   EP 37,63 €/St

004.08305.M   KG 514 DIN 276
Großstrauch, Purpur-Magnolie (Sorte), Co. 2-5 l
EP 98,35 DM/St   EP 50,29 €/St

004.08306.M   KG 514 DIN 276
Großstrauch, Tulpen-Magnolie, Sol. 3xv Co. 10-20 l
EP 175,14 DM/St   EP 89,55 €/St

004.08307.M   KG 514 DIN 276
Großstrauch, Tulpen-Magnolie (Sorte), m.B.
EP 133,25 DM/St   EP 68,13 €/St

004.08308.M   KG 514 DIN 276
Großstrauch, Tulpen-Magnolie (Sorte), Sol. 3xv m.Db.
EP 285,55 DM/St   EP 146,00 €/St

004.08309.M   KG 514 DIN 276
Großstrauch, Tulpen-Magnolie (Sorte), m.B.
EP 73,60 DM/St   EP 37,63 €/St

004.08504.M   KG 514 DIN 276
Großstrauch, Zierapfel (Sorte), Sol. 3xv m.Db.
EP 102,43 DM/St   EP 52,88 €/St

004.08505.M   KG 514 DIN 276
Großstrauch, Japanapfel, v.Str.
EP 13,96 DM/St   EP 7,14 €/St

004.08504.M   KG 514 DIN 276
Großstrauch, Japanapfel, Sol. 3xv m.Db.
EP 102,43 DM/St   EP 52,88 €/St

004.08701.M   KG 514 DIN 276
Großstrauch, Südbuche, Sol. 3xv m.Db.
EP 197,98 DM/St   EP 101,23 €/St

004.08702.M   KG 514 DIN 276
Großstrauch, Südbuche, m.B.
EP 49,50 DM/St   EP 25,31 €/St

004.08703.M   KG 514 DIN 276
Großstrauch, Südbuche, Co. 2-5 l
EP 41,25 DM/St   EP 21,09 €/St

004.08801.M   KG 514 DIN 276
Halbstrauch, Japanische Pachysandra, m.Tb
EP 4,12 DM/St   EP 2,11 €/St

004.08802.M   KG 514 DIN 276
Halbstrauch, Japanische Pachysandra (Sorte), m.Tb
EP 11,42 DM/St   EP 5,84 €/St

004.09501.M   KG 514 DIN 276
Großstrauch, Warzen-Glanzblattmispel, Str. 2xv m.B.
EP 29,19 DM/St   EP 14,93 €/St

004.09502.M   KG 514 DIN 276
Großstrauch, Warzen-Glanzblattmispel, Sol. 3xv m.B.
EP 156,11 DM/St   EP 79,82 €/St

004.09601.M   KG 514 DIN 276
Großstrauch, Virginia-Blasenspiere, v.Str.
EP 8,56 DM/St   EP 4,38 €/St

004.10117.M   KG 514 DIN 276
Großstrauch, Kirsch-Pflaume, v.Str.
EP 12,16 DM/St   EP 6,22 €/St

004.10118.M   KG 514 DIN 276
Großstrauch, Blut-Pflaume, v.Str.
EP 26,01 DM/St   EP 13,30 €/St

004.10119.M   KG 514 DIN 276
Großstrauch, Schlehe, Schwarzdorn, 2. J.v.S.
EP 2,75 DM/St   EP 1,41 €/St

004.10120.M   KG 514 DIN 276
Großstrauch, Schlehe, Schwarzdorn, l.Str.
EP 3,70 DM/St   EP 1,89 €/St

004.10121.M   KG 514 DIN 276
Großstrauch, Schlehe, Schwarzdorn, Str. 2xv Co. 2-5 l
EP 16,60 DM/St   EP 8,49 €/S

LB 004 Pflanzen
Sträucher liefern, Klettergehölze liefern

AW 004

Preise 06.02

Sämtliche Preise sind **Mittelpreise ohne Mehrwertsteuer** zum Zeitpunkt des Ausgabedatums.
Korrekturfaktoren für Regionaleinfluss, Mengeneinfluss, Konjunktureinfluss siehe Vorspann.
Abkürzungen: EP = Einheitspreis

004.10601.M KG 514 DIN 276
Großstrauch, Purgier-Kreuzdorn, 2 j.v.S.
EP 2,43 DM/St   EP 11,24 €/St

004.10602.M KG 514 DIN 276
Großstrauch, Purgier-Kreuzdorn, Sol. 3xv m.Db.
EP 63,46 DM/St   EP 32,44 €/St

004.10603.M KG 514 DIN 276
Großstrauch, Faulbaum, 1 j.S.
EP 0,64 DM/St   EP 0,33 €/St

004.10604.M KG 514 DIN 276
Großstrauch, Faulbaum, v.Str.
EP 9,41 DM/St   EP 4,81 €/St

004.11801.M KG 514 DIN 276
Großstrauch, Hirschkolben-Sumach, l.Str.
EP 28,56 DM/St   EP 14,60 €/St

004.12307.M KG 514 DIN 276
Großstrauch, Sal-Weide, 2. j.v.S.
EP 2,65 DM/St   EP 1,35 €/St

004.12308.M KG 514 DIN 276
Großstrauch, Graue Weide, l.Str.
EP 3,70 DM/St   EP 1,89 €/St

004.12310.M KG 514 DIN 276
Großstrauch, Grau-Weide, 1 j. bew.Sth.
EP 2,43 DM/St   EP 1,24 €/St

004.12311.M KG 514 DIN 276
Großstrauch, Korkenzieher-Weide, v.Str.
EP 13,96 DM/St   EP 7,14 €/St

004.12312.M KG 514 DIN 276
Großstrauch, Schwarz-Weide, l.Str.
EP 3,70 DM/St   EP 1,89 €/St

004.12313.M KG 514 DIN 276
Großstrauch, Lorbeer-Weide, l.Str.
EP 3,70 DM/St   EP 1,89 €/St

004.12314.M KG 514 DIN 276
Großstrauch, Kübler-Weide, l.Str.
EP 4,01 DM/St   EP 2,05 €/St

004.12315.M KG 514 DIN 276
Großstrauch, Mandel-Weide, l.Str.
EP 4,01 DM/St   EP 2,05 €/St

004.12316.M KG 514 DIN 276
Großstrauch, Hanf-Weide, l.Str.
EP 4,01 DM/St   EP 2,05 €/St

004.12401.M KG 514 DIN 276
Großstrauch, Schwarzer Holunder, 2 j.v.S.
EP 2,96 DM/St   EP 1,51 €/St

004.12402.M KG 514 DIN 276
Großstrauch, Trauben-Holunder, 2 j.v.S.
EP 3,28 DM/St   EP 1,67€/St

004.13601.M KG 514 DIN 276
Großstrauch, Chinesischer Flieder, v.Str.
EP 45,68 DM/St   EP 23,36 €/St

004.13602.M KG 514 DIN 276
Großstrauch, Chinesischer Flieder (Sorte), v.Str.
EP 45,68 DM/St   EP 23,36 €/St

004.13603.M KG 514 DIN 276
Großstrauch, Ungarischer Flieder, v.Str.
EP 26,01 DM/St   EP 13,30 €/St

004.13604.M KG 514 DIN 276
Großstrauch, Gewöhnlicher Flieder, v.Str.
EP 9,52 DM/St   EP 4,87 €/St

004.13605.M KG 514 DIN 276
Großstrauch, Gewöhnlicher Flieder, Sol. 3xv m.B.
EP 96,46 DM/St   EP 49,32 €/St

004.13606.M KG 514 DIN 276
Großstrauch, Garten-Flieder (Sorten), v.Str.
EP 29,82 DM/St   EP 15,25 €/St

004.13607.M KG 514 DIN 276
Großstrauch, Garten-Flieder (Sorten), Sol. 3xv m.B.
EP 96,46 DM/St   EP 49,32 €/St

004.13701.M KG 514 DIN 276
Großstrauch, Kleinblütige Tamariske, v.Str.
EP 9,41 DM/St   EP 4,81 €/St

004.14201.M KG 514 DIN 276
Großstrauch, Wolliger Schneeball, 3 j.v.S.
EP 3,49 DM/St   EP 1,79 €/St

004.14202.M KG 514 DIN 276
Großstrauch, Wolliger Schneeball, v.Str.
EP 8,56 DM/St   EP 4,38 €/St

004.14203.M KG 514 DIN 276
Großstrauch, Gewöhnlicher Schneeball, 2 j.v.S.
EP 2,65 DM/St   EP 1,35 €/St

004.14204.M KG 514 DIN 276
Großstrauch, Gewöhnlicher Schneeball, v.Str.
EP 10,37 DM/St   EP 5,30 €/St

004.14205.M KG 514 DIN 276
Großstrauch, Runzelblättriger Schneeball, m.B.
EP 73,60 DM/St   EP 37,63 €/St

Klettergehölze liefern

004.----.-

004.17001.M KG 514 DIN 276
Klettergehölz, Scharfzähniger Strahlengriffel. M.Tb.
EP 34,90 DM/St   EP 17,84 €/St

004.17002.M KG 514 DIN 276
Klettergehölz, Kolomikta Strahlengriffel. M.Tb.
EP 34,90 DM/St   EP 17,84 €/St

004.17101.M KG 514 DIN 276
Klettergehölz, Fingerblättrige Akebie, Co. 2-5 l
EP 34,90 DM/St   EP 17,84 €/St

004.17201.M KG 514 DIN 276
Klettergehölz, Pfeifenwinde, Sol. 3cv Co. 10-20 l
EP 139,61 DM/St   EP 71,38 €/St

004.172012.M KG 514 DIN 276
Klettergehölz, Pfeifenwinde, m. Tb. ab 2 Tr.
EP 52,04 DM/St   EP 26,61 €/St

004.17301.M KG 514 DIN 276
Klettergehölz, Amerikanische Klettertrompete, Co. 2-5 l
EP 16,29 DM/St   EP 8,33 €/St

004.17401.M KG 514 DIN 276
Klettergehölz, Rundblättriger Baumwürger, m.Tb.
EP 13,33 DM/St   EP 6,82 €/St

004.17501.M KG 514 DIN 276
Klettergehölz, Waldrebe, m.Tb.
EP 18,93 DM/St   EP 9,68 €/St

AW 004

LB 004 Pflanzen
Klettergehölze, Ziergräser, Freilandfarne, Sumpf- und Wasserpflanzen liefern

Preise 06.02

Sämtliche Preise sind **Mittelpreise ohne Mehrwertsteuer** zum Zeitpunkt des Ausgabedatums.
Korrekturfaktoren für Regionaleinfluss, Mengeneinfluss, Konjunktureinfluss siehe Vorspann.
Abkürzungen: EP = Einheitspreis

004.17502.M KG 514 DIN 276
Klettergehölz, Mongolische Waldrebe, m.Tb.
EP 18,93 DM/St   EP 9,68 €/St

004.17503.M KG 514 DIN 276
Klettergehölz, Mongolische Waldrebe, m.Tb. ab 2.Tr.
EP 10,37 DM/St   EP 5,30 €/St

004.17504.M KG 514 DIN 276
Klettergehölz, Italienische Waldrebe, m.Tb.
EP 18,93 DM/St   EP 9,68 €/St

004.17601.M KG 514 DIN 276
Klettergehölz, Gemeiner Efeu, Sol. 3xv Co.
EP 45,68 DM/St   EP 23,36 €/St

004.17602.M KG 514 DIN 276
Klettergehölz, Gemeiner Efeu, m.B./m.Tb. 3 Tr.
EP 6,77 DM/St   EP 3,46 €/St

004.17603.M KG 514 DIN 276
Klettergehölz, Gemeiner Efeu, m.B./m.Tb. 4-6 Tr.
EP 9,41 DM/St   EP 4,81 €/St

004.17701.M KG 514 DIN 276
Klettergehölz, Kletter-Hortensie, Sol. 3xv m.B.
EP 133,25 DM/St   EP 68,13 €/St

004.17702.M KG 514 DIN 276
Klettergehölz, Kletter-Hortensie, Co. 2-5 l
EP 27,92 DM/St   EP 14,28 €/St

Ziergräser liefern

004.----.-

004.36701.M KG 514 DIN 276
Ziergräser liefern, Zittergras
EP 3,17 DM/St   EP 1,62 €/St

004.39101.M KG 514 DIN 276
Ziergräser liefern, Plattährengras
EP 3,81 DM/St   EP 1,95 €/St

004.40701.M KG 514 DIN 276
Ziergräser liefern, Pampasgras
EP 10,09 DM/St   EP 5,16 €/St

004.45801.M KG 514 DIN 276
Ziergräser liefern, Blauschwingel
EP 2,65 DM/St   EP 1,35 €/St

004.45802.M KG 514 DIN 276
Ziergräser liefern, Bärenfellgras
EP 2,65 DM/St   EP 1,35 €/St

004.45803.M KG 514 DIN 276
Ziergräser liefern, Schafschwingel
EP 2,65 DM/St   EP 1,35 €/St

004.51701.M KG 514 DIN 276
Ziergräser liefern, Schillergras
EP 2,58 DM/St   EP 1,32€/St

004.54202.M KG 514 DIN 276
Ziergräser liefern, Silberrandmarbel
EP 3,14 DM/St   EP 1,602 €/St

004.54203.M KG 514 DIN 276
Ziergräser liefern, Schneemarbel
EP 3,17 DM/St   EP 1,62 €/St

004.55401.M KG 514 DIN 276
Ziergräser liefern, Wimperperlgras
EP 3,17 DM/St   EP 1,62 €/St

004.56201.M KG 514 DIN 276
Ziergräser liefern, Chinaschilf
EP 6,51 DM/St   EP 3,33 €/St

004.56202.M KG 514 DIN 276
Ziergräser liefern, Riesenchinaschilf
EP 6,51 DM/St   EP 3,33 €/St

004.58203.M KG 514 DIN 276
Ziergräser liefern, Zwergchinaschilf
EP 8,42 DM/St   EP 4,30 €/St

004.59301.M KG 514 DIN 276
Ziergräser liefern, Lampenputzergras
EP 3,81 DM/St   EP 1,95 €/St

004.59901.M KG 514 DIN 276
Ziergräser liefern, Rohrglanzgras
EP 3,17 DM/St   EP 1,62 €/St

004.64901.M KG 514 DIN 276
Ziergräser liefern, Zwerg-Bambus
EP 6,51 DM/St   EP 3,33 €/St

004.66101.M KG 514 DIN 276
Ziergräser liefern, Blaugras
EP 2,58 DM/St   EP 1,32 €/St

004.66901.M KG 514 DIN 276
Ziergräser liefern, Indianergras
EP 4,59 DM/St   EP 2,35 €/St

004.67101.M KG 514 DIN 276
Ziergräser liefern, Goldleistengras
EP 3,70 DM/St   EP 1,89 €/St

004.67201.M KG 514 DIN 276
Ziergräser liefern, Rauchzottengras
EP 3,70 DM/St   EP 1,89 €/St

004.67501.M KG 514 DIN 276
Ziergräser liefern, Reiherfedergras
EP 3,14 DM/St   EP 1,60 €/St

Freilandfarne liefern

004.----.-

004.35501.M KG 514 DIN 276
Freilandfarne liefern, Frauenfarn
EP 4,59 DM/St   EP 2,35 €/St

004.43601.M KG 514 DIN 276
Freilandfarne liefern, Goldschuppenfarn
EP 4,59 DM/St   EP 2,35 €/St

004.43602.M KG 514 DIN 276
Freilandfarne liefern, Wurmfarn
EP 3,70 DM/St   EP 1,89 €/St

004.62101.M KG 514 DIN 276
Freilandfarne liefern, Punktfarn
EP 3,70 DM/St   EP 1,89 €/St

Sumpf- und Wasserpflanzen liefern

004.----.-

004.30701.M KG 514 DIN 276
Sumpf- und Wasserpflanzen liefern, Kalmus
EP 4,53 DM/St   EP 2,31 €/St

004.31701.M KG 514 DIN 276
Sumpf- und Wasserpflanzen liefern, Froschlöffel
EP 4,50 DM/St   EP 2,30 €/St

LB 004 Pflanzen
Sumpf- und Wasserpflanzen liefern

AW 004

Preise 06.02

Sämtliche Preise sind **Mittelpreise ohne Mehrwertsteuer** zum Zeitpunkt des Ausgabedatums.
Korrekturfaktoren für Regionaleinfluss, Mengeneinfluss, Konjunktureinfluss siehe Vorspann.
Abkürzungen: EP = Einheitspreis

004.33201.M   KG 514 DIN 276
Sumpf- und Wasserpflanzen liefern, Wasserähre
EP 6,51 DM/St   EP 3,33 €/St

004.37501.M   KG 514 DIN 276
Sumpf- und Wasserpflanzen liefern, Sumpfkalla
EP 3,14 DM/St   EP 1,60 €/St

004.37601.M   KG 514 DIN 276
Sumpf- und Wasserpflanzen liefern, Wasserstern
EP 2,22 DM/St   EP 1,14 €/St

004.37701.M   KG 514 DIN 276
Sumpf- und Wasserpflanzen liefern, Sumpfdotterblume
EP 3,70 DM/St   EP 1,89 €/St

004.38001.M   KG 514 DIN 276
Sumpf- und Wasserpflanzen liefern, Cypernsegge
EP 3,70 DM/St   EP 1,89 €/St

004.38002.M   KG 514 DIN 276
Sumpf- und Wasserpflanzen liefern, Sumpfsegge
EP 4,50 DM/St   EP 2,30 €/St

004.38701.M   KG 514 DIN 276
Sumpf- und Wasserpflanzen liefern, Hornkraut
EP 2,26 DM/St   EP 1,16 €/St

004.44201.M   KG 514 DIN 276
Sumpf- und Wasserpflanzen liefern, Sumpfsimse
EP 4,21 DM/St   EP 2,15 €/St

004.44301.M   KG 514 DIN 276
Sumpf- und Wasserpflanzen liefern, Wasserpest, wuchernd
EP 2,09 DM/St   EP 1,07 €/St

004.45101.M   KG 514 DIN 276
Sumpf- und Wasserpflanzen liefern, Schmalblättriges Wollgras
EP 4,50 DM/St   EP 2,30 €/St

004.45601.M   KG 514 DIN 276
Sumpf- und Wasserpflanzen liefern, Sumpfwolfsmilch
EP 4,50 DM/St   EP 2,30 €/St

004.46102.M   KG 514 DIN 276
Uferpflanzen liefern, Schachbrettblume
EP 4,53 DM/St   EP 2,31 €/St

004.47001.M   KG 514 DIN 276
Sumpf- und Wasserpflanzen liefern, Bachnelkenwurz
EP 4,57 DM/St   EP 2,34 €/St

004.48701.M   KG 514 DIN 276
Uferpflanzen liefern, Taglilie
EP 4,53 DM/St   EP 2,31 €/St

004.49801.M   KG 514 DIN 276
Sumpf- und Wasserpflanzen liefern, Wasserfeder
EP 2,26 DM/St   EP 1,16 €/St

004.50101.M   KG 514 DIN 276
Sumpf- und Wasserpflanzen liefern, Froschbiss
EP 2,26 DM/St   EP 1,16 €/St

004.50903.M   KG 514 DIN 276
Sumpf- und Wasserpflanzen liefern, Japanische Iris
EP 6,51 DM/St   EP 3,33 €/St

004.50904.M   KG 514 DIN 276
Sumpf- und Wasserpflanzen liefern, Wasserschwertlilie
EP 4,60 DM/St   EP 2,35 €/St

004.51201.M   KG 514 DIN 276
Sumpf- und Wasserpflanzen liefern, Moorbinse
EP 4,53 DM/St   EP 2,31 €/St

004.52501.M   KG 514 DIN 276
Sumpf- und Wasserpflanzen liefern, Wasserlinse
EP 2,10 DM/St   EP 1,07 €/St

004.54303.M   KG 514 DIN 276
Sumpf- und Wasserpflanzen liefern, Kuckuckslichtnelke
EP 4,55 DM/St   EP 2,32 €/St

004.54501.M   KG 514 DIN 276
Sumpf- und Wasserpflanzen liefern, Pfennigkraut
EP 4,34 DM/St   EP 2,22 €/St

004.55601.M   KG 514 DIN 276
Sumpf- und Wasserpflanzen liefern, Wasserminze
EP 4,47 DM/St   EP 2,29 €/St

004.56701.M   KG 514 DIN 276
Sumpf- und Wasserpflanzen liefern, Sumpfvergissmeinnicht
EP 2,58 DM/St   EP 1,32 €/St

004.56901.M   KG 514 DIN 276
Sumpf- und Wasserpflanzen liefern, Brunnenkresse
EP 4,18 DM/St   EP 2,14 €/St

004.57101.M   KG 514 DIN 276
Sumpf- und Wasserpflanzen liefern, Teichrose
EP 6,51 DM/St   EP 3,33 €/St

004.57201.M   KG 514 DIN 276
Seerose liefern, weiß, 4 cm
EP 28,29 DM/St   EP 14,46 €/St

004.57202.M   KG 514 DIN 276
Seerose liefern, rosa
EP 26,44 DM/St   EP 13,52 €/St

004.57203.M   KG 514 DIN 276
Seerose liefern, rosa, für Schattenteiche
EP 28,29 DM/St   EP 14,46 €/St

004.57204.M   KG 514 DIN 276
Seerose liefern, granatrot
EP 28,29 DM/St   EP 14,46 €/St

004.57205.M   KG 514 DIN 276
Seerose liefern, rubinrot
EP 33,95 DM/St   EP 17,36 €/St

004.57206.M   KG 514 DIN 276
Seerose liefern, kräftig gelb
EP 33,95 DM/St   EP 17,36 €/St

004.57207.M   KG 514 DIN 276
Seerose liefern, Zwergseerose, weiß, 20-30 cm
EP 16,81 DM/St   EP 8,60 €/St

004.57208.M   KG 514 DIN 276
Seerose liefern, Zwergseerose, rosa, 20-30 cm
EP 18,51 DM/St   EP 9,47 €/St

004.57209.M   KG 514 DIN 276
Seerose liefern, goldgelb, 50 cm
EP 18,51 DM/St   EP 9,47 €/St

004.57210.M   KG 514 DIN 276
Seerose liefern, weiß, 50 cm
EP 16,81 DM/St   EP 8,60 €/St

004.57211.M   KG 514 DIN 276
Seerose liefern, weiß, 80-100 cm
EP 16,81 DM/St   EP 8,60 €/St

004.57210.M   KG 514 DIN 276
Seerose liefern, weiß, 50 cm
EP 16,81 DM/St   EP 8,60 €/St

AW 004

LB 004 Pflanzen
Sumpf- und Wasserpflanzen liefern, Rosen liefern

Preise 06.02

Sämtliche Preise sind **Mittelpreise ohne Mehrwertsteuer** zum Zeitpunkt des Ausgabedatums.
Korrekturfaktoren für Regionaleinfluss, Mengeneinfluss, Konjunktureinfluss siehe Vorspann.
Abkürzungen: EP = Einheitspreis

004.57211.M   KG 514 DIN 276
Seerose liefern, weiß, 80-150 cm
EP 16,81 DM/St   EP 8,60 €/St

004.57212.M   KG 514 DIN 276
Seerose liefern, karminrot, 40 cm
EP 25,78 DM/St   EP 13,18 €/St

004.59902.M   KG 514 DIN 276
Sumpf- und Wasserpflanzen liefern, Rohrglanzgras
EP 4,12 DM/St   EP 2,11 €/St

004.60201.M   KG 514 DIN 276
Sumpf- und Wasserpflanzen liefern, Schilfrohr
EP 4,44 DM/St   EP 2,27 €/St

004.62301.M   KG 514 DIN 276
Sumpf- und Wasserpflanzen liefern, Kammlaichkraut
EP 2,22 DM/St   EP 1,14 €/St

004.62504.M   KG 514 DIN 276
Uferpflanzen liefern, Schlüsselblume
EP 4,23 DM/St   EP 2,16€/St

004.63301.M   KG 514 DIN 276
Sumpf- und Wasserpflanzen liefern, Zungenhahnenfuß
EP 4,53 DM/St   EP 2,31 €/St

004.63302.M   KG 514 DIN 276
Sumpf- und Wasserpflanzen liefern, Hahnenfuß
EP 2,27 DM/St   EP 1,16 €/St

004.65401.M   KG 514 DIN 276
Sumpf- und Wasserpflanzen liefern, Zebrabinse
EP 6,79 DM/St   EP 3,47 €/St

004.67701.M   KG 514 DIN 276
Sumpf- und Wasserpflanzen liefern, Wasseraloe
EP 3,39 DM/St   EP 1,73 €/St

004.66401.M   KG 514 DIN 276
Sumpf- und Wasserpflanzen liefern, Sumpffarn
EP 4,59 DM/St   EP 2,35 €/St

004.69101.M   KG 514 DIN 276
Sumpf- und Wasserpflanzen liefern, Wassernuss
EP 4,53 DM/St   EP 2,31 €/St

004.69401.M   KG 514 DIN 276
Uferpflanzen liefern, Trollblume
EP 4,80 DM/St   EP 2,45 €/St

004.69601.M   KG 514 DIN 276
Sumpf- und Wasserpflanzen liefern, Kleiner Rohrkolben
EP 4,57 DM/St   EP 2,34€/St

Rosen liefern
004.----.-

004.21001.M   KG 514 DIN 276
Rosen liefern, Beetrose „Bonica 82", rosa
EP 8,90 DM/St   EP 4,55 €/St

004.21002.M   KG 514 DIN 276
Rosen liefern, Beetrose „Chorus", lichtscharlachrot
EP 7,93 DM/St   EP 4,05 €/St

004.21003.M   KG 514 DIN 276
Rosen liefern, Beetrose „Duftwolkw", blutorange
EP 7,93 DM/St   EP 4,05 €/St

004.21004.M   KG 514 DIN 276
Rosen liefern, Beetrose „Edelweiß", cremeweiß
EP 7,93 DM/St   EP 4,05 €/St

004.21005.M   KG 514 DIN 276
Rosen liefern, Beetrose „Galaxy", pastellgelb
EP 9,48 DM/St   EP 4,85 €/St

004.21006.M   KG 514 DIN 276
Rosen liefern, Beetrose „Friesia", goldgelb
EP 7,93 DM/St   EP 4,05 €/St

004.21007.M   KG 514 DIN 276
Rosen liefern, Beetrose „Sarabande", rot
EP 6,99 DM/St   EP 3,57 €/St

004.21008.M   KG 514 DIN 276
Rosen liefern, Beetrose „Queen Elisabeth", rosa
EP 6,99 DM/St   EP 3,57 €/St

004.21201.M   KG 514 DIN 276
Rosen liefern, Edelrose „Carina", rosa
EP 6,99 DM/St   EP 3,57 €/St

004.21202.M   KG 514 DIN 276
Rosen liefern, Edelrose „Gloria Dei", gelb
EP 5,02 DM/St   EP 2,56 €/St

004.21203.M   KG 514 DIN 276
Rosen liefern, Edelrose „Kardinal", hellrot
EP 9,48 DM/St   EP 4,85 €/St

004.21204.M   KG 514 DIN 276
Rosen liefern, Edelrose „Papa Meilland", schwarzrot
EP 8,90 DM/St   EP 4,55 €/St

004.21205.M   KG 514 DIN 276
Rosen liefern, Edelrose „Roter Stern", rot
EP 5,02DM/St   EP 2,56 €/St

004.21206.M   KG 514 DIN 276
Rosen liefern, Edelrose „Sutters Gold", rosa
EP 6,99 DM/St   EP 3,57 €/St

004.21301.M   KG 514 DIN 276
Rosen liefern, Strauchrose „Bischofsstadt Paderborn", rosa
EP 8,90 DM/St   EP 4,55 €/St

004.21302.M   KG 514 DIN 276
Rosen liefern, Strauchrose „Centenaire de Lourdes", rosa
EP 7,93 DM/St   EP 4,05 €/St

004.21301.M   KG 514 DIN 276
Rosen liefern, Strauchrose „Dirigent", rosa
EP 8,90 DM/St   EP 4,55 €/St

004.21304.M   KG 514 DIN 276
Rosen liefern, Strauchrose „Ferdy", rosa
EP 8,90 DM/St   EP 4,55 €/St

004.21305.M   KG 514 DIN 276
Rosen liefern, Strauchrose „IGA 83 München", rosa
EP 8,90 DM/St   EP 4,55 €/St

004.21306.M   KG 514 DIN 276
Rosen liefern, Strauchrose „Lichtkönigin Lucia", gelb
EP 8,90 DM/St   EP 4,55 €/St

004.21307.M   KG 514 DIN 276
Rosen liefern, Strauchrose „Louise Odier", rosa
EP 11,33 DM/St   EP 5,79 €/St

004.21308.M   KG 514 DIN 276
Rosen liefern, Strauchrose „Marguerite Hilling", rosa
EP 9,48 DM/St   EP 4,85 €/St

004.21309.M   KG 514 DIN 276
Rosen liefern, Strauchrose „Mozart", rosa
EP 8,90 DM/St   EP 4,55 €/St

LB 004 Pflanzen
Rosen liefern, Stauden liefern

AW 004

Preise 06.02

Sämtliche Preise sind **Mittelpreise ohne Mehrwertsteuer** zum Zeitpunkt des Ausgabedatums.
Korrekturfaktoren für Regionaleinfluss, Mengeneinfluss, Konjunktureinfluss siehe Vorspann.
Abkürzungen: EP = Einheitspreis

004.21310.M   KG 514 DIN 276
Rosen liefern, Strauchrose „Schneewittchen", reinweiß
EP 7,93 DM/St   EP 4,05 €/St

004.21311.M   KG 514 DIN 276
Rosen liefern, Strauchrose „Westerland", orange
EP 8,90 DM/St   EP 4,55 €/St

004.21501.M   KG 514 DIN 276
Rosen liefern, Kletterrose „Flammentanz", rot
EP 8,90 DM/St   EP 4,55 €/St

004.21502.M   KG 514 DIN 276
Rosen liefern, Kletterrose „Golden Showers", gelb
EP 7,93 DM/St   EP 4,05 €/St

004.21503.M   KG 514 DIN 276
Rosen liefern, Kletterrose „Ilse Krohn Superior", weiß
EP 9,48 DM/St   EP 4,85 €/St

004.21504.M   KG 514 DIN 276
Rosen liefern, Kletterrose „New Dawn", rosa
EP 9,48 DM/St   EP 4,85 €/St

004.21505.M   KG 514 DIN 276
Rosen liefern, Kletterrose „Rosarium Uetersen", rosa
EP 9,48 DM/St   EP 4,85 €/St

004.21506.M   KG 514 DIN 276
Rosen liefern, Kletterrose „Sympathie", scharlachrot
EP 9,48DM/St   EP 4,85 €/St

004.21601.M   KG 514 DIN 276
Rosen liefern, Zwergrose „Gold Symphonie", dunkelgelb
EP 8,90 DM/St   EP 4,55 €/St

004.21602.M   KG 514 DIN 276
Rosen liefern, Zwergrose „Orange Meillandia", orange
EP 8,90 DM/St   EP 4,55 €/St

004.21603.M   KG 514 DIN 276
Rosen liefern, Zwergrose „Pink Symphonie", porzellanrosa
EP 8,90 DM/St   EP 4,55 €/St

004.21604.M   KG 514 DIN 276
Rosen liefern, Zwergrose „Sweet Symphonie", creme-rot
EP 8,90 DM/St   EP 4,55 €/St

004.21701.M   KG 514 DIN 276
Rosen liefern, Bodendeckerrose „Fiona", blutrot
EP 8,90 DM/St   EP 4,55 €/St

004.21702.M   KG 514 DIN 276
Rosen liefern, Bodendeckerrose „Heideröslein Nozomie", rosa
EP 8,90 DM/St   EP 4,55 €/St

004.21703.M   KG 514 DIN 276
Rosen liefern, Bodendeckerrose „Pink Meidiland", lachsrosa
EP 8,90 DM/St   EP 4,55 €/St

004.21704.M   KG 514 DIN 276
Rosen liefern, Bodendeckerrose „Dagmar Hastrup", rosa
EP 7,93 DM/St   EP 4,05 €/St

004.21705.M   KG 514 DIN 276
Rosen liefern, Bodendeckerrose „Max Graf", hellrosa
EP 7,93 DM/St   EP 4,05 €/St

004.21706.M   KG 514 DIN 276
Rosen liefern, Bodendeckerrose „Rugosa Repens Alba", weiß
EP 7,93 DM/St   EP 4,05 €/St

004.21707.M   KG 514 DIN 276
Rosen liefern, Bodendeckerrose „Scarlet Meidiland", orange
EP 8,90 DM/St   EP 4,55 €/St

004.21708.M   KG 514 DIN 276
Rosen liefern, Bodendeckerrose „Swany", reinweiß
EP 8,90 DM/St   EP 4,55 €/St

004.21709.M   KG 514 DIN 276
Rosen liefern, Bodendeckerrose „The Fairy", zartrosa
EP 7,93 DM/St   EP 4,05 €/St

004.21710.M   KG 514 DIN 276
Rosen liefern, Bodendeckerrose „White Meidiland", reinweiß
EP 8,90 DM/St   EP 4,55 €/St

Stauden liefern

004.----.-

004.30301.M   KG 514 DIN 276
Stauden liefern, Scharfgarbe
EP 3,14 DM/St   EP 1,60 €/St

004.30601.M   KG 514 DIN 276
Stauden liefern, Eisenhut
EP 3,70 DM/St   EP 1,89 €/St

004.31501.M   KG 514 DIN 276
Stauden liefern, Stockrose
EP 3,70 DM/St   EP 1,89 €/St

004.31901.M   KG 514 DIN 276
Stauden liefern, Felsensteinkraut
EP 2,65 DM/St   EP 1,35 €/St

004.32401.M   KG 514 DIN 276
Stauden liefern, Herbstanemone
EP 3,14 DM/St   EP 1,60 €/St

004.32402.M   KG 514 DIN 276
Stauden liefern, Waldwindröschen
EP 3,14 DM/St   EP 1,60 €/St

004.33301.M   KG 514 DIN 276
Stauden liefern, Akelei
EP 3,14 DM/St   EP 1,60 €/St

004.33401.M   KG 514 DIN 276
Stauden liefern, Gänsekresse
EP 2,58 DM/St   EP 1,32 €/St

004.33701.M   KG 514 DIN 276
Stauden liefern, Grasnelke
EP 2,58DM/St   EP 1,32 €/St

004.35001.M   KG 514 DIN 276
Stauden liefern, Bergaster
EP 3,70 DM/St   EP 1,89 €/St

004.35002.M   KG 514 DIN 276
Stauden liefern, Kissenaster
EP 3,14 DM/St   EP 1,60 €/St

004.35003.M   KG 514 DIN 276
Stauden liefern, Goldhaaraster
EP 3,81 DM/St   EP 1,95 €/St

004.35004.M   KG 514 DIN 276
Stauden liefern, Glattblattaster
EP 3,81 DM/St   EP 1,95 €/St

004.35601.M   KG 514 DIN 276
Stauden liefern, Blaukissen
EP 2,58 DM/St   EP 1,32 €/St

004.38101.M   KG 514 DIN 276
Stauden liefern, Silberdistel
EP 3,70 DM/St   EP 1,89 €/St

AW 004

LB 004 Pflanzen
Stauden liefern

Preise 06.02

Sämtliche Preise sind **Mittelpreise ohne Mehrwertsteuer** zum Zeitpunkt des Ausgabedatums.
Korrekturfaktoren für Regionaleinfluss, Mengeneinfluss, Konjunktureinfluss siehe Vorspann.
Abkürzungen: EP = Einheitspreis

004.39501.M KG 514 DIN 276
Stauden liefern, Bunte Margerite
EP 3,14 DM/St   EP 1,60 €/St

004.39502.M KG 514 DIN 276
Stauden liefern, Gartenchrysantheme, Winteraster
EP 3,80 DM/St   EP 1,94 €/St

004.39503.M KG 514 DIN 276
Stauden liefern, Gartenmargerite
EP 3,80 DM/St   EP 1,94 €/St

004.39504.M KG 514 DIN 276
Stauden liefern, Spätherbst-Margerite
EP 3,80 DM/St   EP 1,94 €/St

004.40401.M KG 514 DIN 276
Stauden liefern, Maiglöckchen
EP 3,80 DM/St   EP 1,94 €/St

004.41401.M KG 514 DIN 276
Stauden liefern, Alpenveilchen
EP 4,59 DM/St   EP 2,35 €/St

004.42301.M KG 514 DIN 276
Stauden liefern, Rittersporn
EP 3,70 DM/St   EP 1,89 €/St

004.42601.M KG 514 DIN 276
Stauden liefern, Pfingstnelke
EP 2,58 DM/St   EP 1,32 €/St

004.42602.M KG 514 DIN 276
Stauden liefern, Federnelke
EP 3,17 DM/St   EP 1,62 €/St

004.42701.M KG 514 DIN 276
Stauden liefern, Tränendes Herz
EP 4,59 DM/St   EP 2,35 €/St

004.43901.M KG 514 DIN 276
Stauden liefern, Kugeldistel
EP 3,70 DM/St   EP 1,89 €/St

004.46101.M KG 514 DIN 276
Stauden liefern, Schachbrettblume
EP 4,23 DM/St   EP 2,16 €/St

004.46301.M KG 514 DIN 276
Stauden liefern, Kokardenblume
EP 3,17 DM/St   EP 1,62 €/St

004.46901.M KG 514 DIN 276
Stauden liefern, Storchenschnabel
EP 3,17 DM/St   EP 1,62 €/St

004.47801.M KG 514 DIN 276
Stauden liefern, gefülltes Schleierkraut
EP 4,23 DM/St   EP 2,16 €/St

004.48201.M KG 514 DIN 276
Stauden liefern, Sonnenblume
EP 4,59 DM/St   EP 2,35 €/St

004.48601.M KG 514 DIN 276
Stauden liefern, Christrose
EP 4,59 DM/St   EP 2,35 €/St

004.49701.M KG 514 DIN 276
Stauden liefern, Weißrandfunkie
EP 5,82 DM/St   EP 2,98 €/St

004.50601.M KG 514 DIN 276
Stauden liefern, Schleifenblume
EP 3,17 DM/St   EP 1,62 €/St

004.50901.M KG 514 DIN 276
Stauden liefern, Schwertlilie
EP 3,70 DM/St   EP 1,89 €/St

004.50902.M KG 514 DIN 276
Stauden liefern, sibirische Wieseniris
EP 4,23 DM/St   EP 2,16 €/St

004.51001.M KG 514 DIN 276
Stauden liefern, Sandglöckchen
EP 3,80 DM/St   EP 1,94 €/St

004.51101.M KG 514 DIN 276
Stauden liefern, Kugelsteinrose
EP 3,17 DM/St   EP 1,62 €/St

004.53101.M KG 514 DIN 276
Stauden liefern, Prachtscharte
EP 3,81 DM/St   EP 1,95 €/St

004.54101.M KG 514 DIN 276
Stauden liefern, Lupine
EP 3,14 DM/St   EP 1,60 €/St

004.54201.M KG 514 DIN 276
Stauden liefern, Schneemarbel
EP 3,17 DM/St   EP 1,62 €/St

004.54301.M KG 514 DIN 276
Stauden liefern, Brennende Liebe
EP 3,17 DM/St   EP 1,62 €/St

004.55501.M KG 514 DIN 276
Stauden liefern, Zitronenmelisse
EP 3,17 DM/St   EP 1,62 €/St

004.56401.M KG 514 DIN 276
Stauden liefern, Indianernessel
EP 3,81 DM/St   EP 1,95 €/St

004.57001.M KG 514 DIN 276
Stauden liefern, Katzenminze
EP 3,17 DM/St   EP 1,62 €/St

004.57401.M KG 514 DIN 276
Stauden liefern, Nachtkerze
EP 3,17 DM/St   EP 1,62 €/St

004.57501.M KG 514 DIN 276
Stauden liefern, Gedenkemein
EP 3,17 DM/St   EP 1,62 €/St

004.60101.M KG 514 DIN 276
Stauden liefern, Teppichphlox
EP 2,65 DM/St   EP 1,35 €/St

004.62401.M KG 514 DIN 276
Stauden liefern, Fingerkraut
EP 2,58DM/St   EP 1,32 €/St

004.62501.M KG 514 DIN 276
Stauden liefern, Kugelprimel
EP 2,65 DM/St   EP 1,35 €/St

004.62502.M KG 514 DIN 276
Stauden liefern, Echte Schlüsselblume
EP 3,81 DM/St   EP 1,95 €/St

004.62503.M KG 514 DIN 276
Stauden liefern, Moossteinbrech
EP 3,17 DM/St   EP 1,60 €/St

004.63901.M KG 514 DIN 276
Stauden liefern, Sonnenhut
EP 3,70 DM/St   EP 1,89 €/St

LB 004 Pflanzen
Stauden liefern

AW 004

Preise 06.02

Sämtliche Preise sind **Mittelpreise ohne Mehrwertsteuer** zum Zeitpunkt des Ausgabedatums.
Korrekturfaktoren für Regionaleinfluss, Mengeneinfluss, Konjunktureinfluss siehe Vorspann.
Abkürzungen: EP = Einheitspreis

004.65601.M KG 514 DIN 276
Stauden liefern, Mauerpfeffer
EP 2,65 DM/St EP 1,35 €/St

004.65602.M KG 514 DIN 276
Stauden liefern, Fetthenne, Goldsedum
EP 2,65 DM/St EP 1,35 €/St

004.65603.M KG 514 DIN 276
Stauden liefern, Teppichsedum
EP 3,17 DM/St EP 1,62 €/St

004.66701.M KG 514 DIN 276
Stauden liefern, Echte Goldrute
EP 3,81 DM/St EP 1,95 €/St

004.70201.M KG 514 DIN 276
Stauden liefern, Königskerze
EP 3,14 DM/St EP 1,60 €/St

004.70401.M KG 514 DIN 276
Stauden liefern, Großer Ehrenpreis
EP 3,81 DM/St EP 1,95 €/St

004.70402.M KG 514 DIN 276
Stauden liefern, Ähriger Ehrenpreis
EP 3,17 DM/St EP 1,62 €/St

004.70603.M KG 514 DIN 276
Stauden liefern, Großblättriges Immergrün
EP 3,81 DM/St EP 1,95 €/St

004.71001.M KG 514 DIN 276
Stauden liefern, Palmlilie
EP 6,51 DM/St EP 3,33 €/St

AW 004

Preise 06.02

LB 004 Pflanzen

Sämtliche Preise sind **Mittelpreise ohne Mehrwertsteuer** zum Zeitpunkt des Ausgabedatums.
Korrekturfaktoren für Regionaleinfluss, Mengeneinfluss, Konjunktureinfluss siehe Vorspann.
Abkürzungen: EP = Einheitspreis

LB 005 Brunnenbohrarbeiten und Aufschlussbohrungen
Baustelleneinrichtung; Bohrarbeiten

STLB 005

Ausgabe 06.02

Hinweis: Wenn das Einrichten und Räumen der Baustelle sowie das Vorhalten der Baustelleneinrichtung gesondert vergütet werden sollen, können die unten aufgeführten Texte verwendet werden.
Andere Beschreibungen für Baustelleneinrichtungen siehe LB 000 Baustelleneinrichtung.

001 Einrichten der Baustelle,
002 Vorhalten der Baustelleneinrichtung,
003 Räumen der Baustelle,
004 Einrichten und Räumen der Baustelle,
005 Einrichten und Räumen der Baustelle, Vorhalten der Baustelleneinrichtung,
   Einzelangaben nach DIN 18301 zu Pos. 001 bis 005
   - Leistungsumfang
     - – für sämliche in der Leistungsbeschreibung aufgeführten Leistungen,
     - – für .... ,
       - – – ausgenommen ist die Baustelleneinrichtung für .... ,
   - Berechnungseinheit pauschal

050 **Umsetzen von Bohreinrichtungen, Einzelangaben nach DIN 18301**
   - Leistungsumfang
     - – von Bohrpunkt zu Bohrpunkt,
     - – .... ,
   - Transportentfernung bis 50 m – in m ....
   - außergewöhnliche Erschwernisse ....
   - Berechnungseinheit Stück, pauschal
   Hinweis: Pos. 050 ist zu verwenden, wenn das Umsetzen der Bohreinrichtung nicht als Nebenleistung behandelt werden soll.

051 **Erneuter An– und Abtransport von Geräten, Einzelangaben nach DIN 18301**
   - Anlass
     - – für das Ziehen von Bohrrohren,
     - – für das Ausbauen von Hilfsfiltern,
     - – für das Ausbauen von Pumpen,
     - – für das Vertiefen des Bohrloches,
     - – für .... ,
   - Berechnungseinheit Stück, pauschal

100 Bohrung zur Erkundung des Baugrundes DIN 4021,
110 Bohrung zur Erkundung des Grundwassers DIN 4021,
120 Bohrung zur Erkundung des Baugrundes und des Grundwassers DIN 4021,
130 Bohrung für Bodenaufschlüsse,
140 Bohrung .... ,
   Einzelangaben nach DIN 18301 zu Pos. 100 bis 140
   - Bodenproben
     - – mit durchgehender Gewinnung gekernter Bodenproben,
     - – mit durchgehender Gewinnung nicht gekernter Bodenproben,
     - – zur Gewinnung gestörter Bodenproben DIN 4021,
     - – zur Gewinnung von Sonderproben DIN 4021,
     - – zur .... ,
   Hinweis: Bohrverfahren für gekernte und nicht gekernte Bodenproben nach DIN 4021 Teil 1, Tabelle 2.
   - Schichtenverzeichnis
     - – Schichtenverzeichnis DIN 4022 Teil 1,
     - – Schichtenverzeichnis DIN 4022 Teil 1 und zeichnerische Darstellung DIN 4023,
   - Bohrlochtiefe bis 5 m – über 5 bis 10 m – über 10 bis 15 m – über 15 bis 20 m – über 20 bis 30 m – über 30 bis 40 m – über 40 bis 50 m – über 50 bis 75 m – in m ....
   - Bohrlochenddurchmesser mindestens 60 mm – 100 mm – 130 mm – 150 mm – 200 mm – 250 mm – 300 mm – 350 mm – 400 mm – 450 mm – 500 mm – 500 mm – 700 mm – 800 mm – 900 mm – 1000 mm – 1200 mm – 1400 mm – 1600 mm – 1800 mm – 2000 mm – in mm ....
   - Bohrverfahren
     - – Ausführung nach Wahl des An,
     - – Ausführung nach Wahl des AN, Bohrverfahren .... , (vom Bieter einzutragen).
     - – Ausführung durch drehendes Bohren mit durchgehender Bohrgutgewinnung,
     - – Ausführung durch drehendes Bohren ohne durchgehende Bohrgutgewinnung,
     - – Ausführung durch schlagendes Bohren mit durchgehender Bohrgutgewinnung,
     - – Ausführung durch schlagendes Bohren ohne durchgehende Bohrgutgewinnung,
     - – Ausführung durch drehschlagendes Bohren mit durchgehender Bohrgutgewinnung,
     - – Ausführung durch drehschlagendes Bohren ohne durchgehende Bohrgutgewinnung,
     - – Ausführung .... ,
       - – – mit Spülung, Spülstromrichtung direkt, Spülmittel ...., (Sofern nicht vorgeschrieben, vom Bieter einzutragen),
       - – – mit Spülung, Spülstromrichtung indirekt, Spülmittel .... , (Sofern nicht vorgeschrieben, vom Bieter einzutragen),
       - – – mit Spülung, Spülstromrichtung .... , Spülmittel .... , (Sofern nicht vorgeschrieben, vom Bieter einzutragen),
   Hinweis: Bei Bohrungen mit Spülungen ist ATV H 354 zu berücksichtigen.
   - Bohrlochverrohrung
     - – Bohrlochverrohrung nach Wahl des AN,
     - – Bohrlochverrohrung mit nahtlosen Bohrrohren DIN 4918,
     - – Bohrlochverrohrung mit nahtlosen Stahlrohren DIN 2448,
     - – Bohrlochverrohrung mit geschweißten Stahl-rohren DIN 2458,
     - – Bohrlochverrohrung mit geschlitzten nahtlosen Stahlrohren DIN 2448, Durchmesser in mm ....,
     - – Bohrlochverrohrung mit geschlitzten ge-schweißten Stahlrohren DIN 2458, Durchmesser in mm ....,
     - – Bohrlochverrohrung .... ,
   - Verfügung über Bohrrohre
     - – Bohrrohre im Boden belassen,
     - – Bohrrohre auf besondere Anordnung des AG zeitweilig im Boden belassen, Vorhaltung wird gesondert vergütet,
     - – .... ,
   - Verfügung über Bohrgut
     - – Bohrgut seitlich lagern,
     - – Bohrgut beseitigen, die Beseitigung wird gesondert vergütet,
   Hinweis: Für die Ausführung von Bohrarbeiten in kontaminierten Böden und/oder in kontaminierter Umgebung sind vom AG Hinweise über Art der Kontamination, Gefährdung und Behandlung des gewonnenen kontaminierten Materials und dessen Entsorgung zu geben.
   - Berechnungseinheit m

LB 005 Brunnenbohrarbeiten und Aufschlussbohrungen
Bohrarbeiten

150 Bohrung für Brunnen zur **Wassergewinnung**,
160 Bohrung für Brunnen zur **Grundwasserbeobachtung**,
170 Bohrung für Brunnen zur **Grundwasseranreicherung**,
180 Bohrung für Brunnen zur **Versickerung**,
190 Bohrung für **Schutzverrohrung**,
200 Bohrung ....,
Hinweis: Weitere Bohrungen für Wasserhaltung siehe LB 008 Wasserhaltungsarbeiten – Bohrungen für Verbauträger – Hohlraumverfüllung – Verankerung und Einpressarbeiten siehe LB 006 Verbau-, Ramm- und Einpressarbeiten – Bohrpfähle siehe LB 013 Beton- und Stahlbetonarbeiten (Ausschreibungshilfe Rohbau).
Einzelangaben nach DIN 18301 zu Pos. 150 bis 200
- Bohrrichtung
  - – Bohrrichtung vertikal,
  - – Bohrrichtung mit Neigung zur Vertikalen bis 15 Grad,
  - – Bohrrichtung mit Neigung zur Vertikalen über 15 bis 30 Grad,
  - – Bohrrichtung mit Neigung zur Vertikalen über 30 Grad,
  - – Bohrrichtung mit Neigung zur Vertikalen von 90 Grad,
  - – Bohrrichtung ....,
  - – Bohrrichtung gemäß Zeichnung Nr. .... Einzelbeschreibung Nr. ....,
- Bodenarten
  - – Bodenarten gemäß beigefügtem Schichtenverzeichnis,
  - – Bodenarten Klasse 1 DIN 18 300,
  - – Bodenarten Klasse 2 DIN 18 300,
  - – Bodenarten Klasse 3 DIN 18 300,
  - – Bodenarten Klasse 4 DIN 18 300,
  - – Bodenarten Klasse 5 DIN 18 300,
  - – Bodenarten Klasse 6 DIN 18 300,
  - – Bodenarten Klasse 7 DIN 18 300,
  - – Bodenarten ....,
- Bohrtiefe bis 5 m – über 5 bis 10 m – über 10 bis 20 m – über 20 bis 30 m – über 30 bis 50 m – über 50 bis 75 m – über 75 bis 100 m – über 100 bis 150 m – in m ....,
- Bohrlochenddurchmesser mindestens 60 mm – mindestens 100 mm – mindestens 130 mm – mindestens 150 mm – mindestens 200 mm – mindestens 250 mm – mindestens 300 mm – mindestens 350 mm – mindestens 400 mm – mindestens 450 mm – mindestens 500 mm – mindestens 600 mm – mindestens 700 mm – mindestens 800 mm – mindestens 900 mm – mindestens 1000 mm – mindestens 1200 mm – mindestens 1400 mm – mindestens 1600 mm – mindestens 1800 mm – mindestens 2000 mm – in m ....,
- Bohrverfahren
  - – Ausführung nach Wahl des AN,
  - – Ausführung nach Wahl des AN, Bohrverfahren ...., (vom Bieter einzutragen),
  - – Ausführung durch drehendes Bohren mit durchgehender Bohrgutgewinnung,
  - – Ausführung durch drehendes Bohren ohne durchgehende Bohrgutgewinnung,
  - – Ausführung durch schlagendes Bohren mit durchgehender Bohrgutgewinnung,
  - – Ausführung durch schlagendes Bohren ohne durchgehende Bohrgutgewinnung,
  - – Ausführung durch drehschlagendes Bohren mit durchgehender Bohrgutgewinnung,
  - – Ausführung durch drehschlagendes Bohren ohne durchgehende Bohrgutgewinnung,
  - – Ausführung .... ,
    - – – mit Spülung, Spülstromrichtung direkt, Spülmittel ...., (Sofern nicht vorgeschrieben, vom Bieter einzutragen),
    - – – mit Spülung, Spülstromrichtung indirekt, Spülmittel ...., (Sofern nicht vorgeschrieben, vom Bieter einzutragen),
    - – – mit Spülung, Spülstromrichtung .... Spülmittel ...., (Sofern nicht vorgeschrieben, vom Bieter einzutragen),
  - **Hinweis:** Bei Bohrungen mit Spülungen ist ATV H 354 zu berücksichtigen.
- Bohrlochverrohrung
  - – Bohrlochverrohrung nach Wahl des AN,
  - – Bohrlochverrohrung mit nahtlosen Bohrrohren DIN 4918,
  - – Bohrlochverrohrung mit nahtlosen Stahlrohren DIN 2448,
  - – Bohrlochverrohrung mit geschweißten Stahl-rohren DIN 2458,
  - – Bohrlochverrohrung mit geschlitzten nahtlosen Stahlrohren DIN 2448, Durchmesser in mm ....,
  - – Bohrlochverrohrung mit geschlitzten ge-schweißten Stahlrohren DIN 2458, Durchmesser in mm ....,
  - – Bohrlochverrohrung ....,
- Verfügung über Bohrrohre
  - – Bohrrohre im Boden belassen,
  - – Bohrrohre auf besondere Anordnung des AG zeitweilig im Boden belassen, Vorhaltung wird gesondert vergütet,
  - – ....,
- Verfügung über Bohrgut
  - – Bohrgut seitlich lagern,
  - – Bohrgut beseitigen, die Beseitigung wird gesondert vergütet,
  Hinweis: Für die Ausführung von Bohrarbeiten in kontaminierten Böden und/oder in kontaminierter Umgebung sind vom AG Hinweise über Art der Kontamination, Gefährdung und Behandlung des gewonnenen kontaminierten Materials und dessen Entsorgung zu geben.
- Berechnungseinheit m

Zusätzliche Leistungen auf Nachweis

230 **Einsatz einer Bohrkolonne,**
Einzelangaben nach DIN 18301
- Leistungsumfang
  - – einschließlich der Maschinen und Geräte,
  - – einschließlich ....,
- Art des Einsatzes
  - – zum Beseitigen von Hindernissen im Bohrloch,
  - – zum Beseitigen von Nachfall nach Pumpversuchen,
  - – zum Beseitigen ....,
  - – zum Kolben der Filterstrecke als Entsandungsmaßnahme und anschließendem Beseitigen von Nachfall,
  - – als Hilfeleistung bei Untersuchungen des Bohrloches,
  - – ....,
- Anordnung des Einsatzes
  - – Ausführung auf besondere Anordnung des AG,
  - – Ausführung ....,
- Berechnungseinheit h, d (Stunden, Tage)

231 **Stillstandzeit auf besondere Anordnung des AG,**
Einzelangaben nach DIN 18301
- Leistungsumfang
  - – für die Bohrkolonne,
  - – für die Bohrgeräte,
  - – für die Bohrkolonne und Bohrgeräte,
  - – für ....,
- Berechnungseinheit h, d (Stunden, Tage)

232 **Wasserstandsmessungen,**
Einzelangaben nach DIN 18301
- Leistungsumfang
  - – einschließlich Stellen der Messgeräte,
  - – einschließlich ....,
- Anzahl der Messstellen ....
- Ausführung auf besondere Anodnung des AG
- Berechnungseinheit Stück, h (Stunden)

233 **Standard Penetration Test DIN 4094 im Bohrloch durchführen und Ergebnisse dokumentieren,**
- Berechnungseinheit Stück

LB 005 Brunnenbohrarbeiten und Aufschlussbohrungen
Bohrarbeiten

STLB 005

Ausgabe 06.02

234 Abfuhr des Bohrgutes,
Einzelangaben nach DIN 18301
- Entsorgungsort
  - – – auf Deponie ....,
  - – – nach ...., (Sofern nicht vorgeschrieben, vom Bieter einzutragen)
- Transportentfernung in km ...., (Sofern nicht vorgeschrieben, vom Bieter einzutragen)
- Deponiegebühren
  - – – Deponiegebühren werden vom AG übernommen,
  - – – Deponiegebühren werden gegen Nachweis vergütet,
- Berechnungseinheit m³, t

260 Entnahme,
261 Behälter für die Aufbewahrung,
262 Entnahme und Behälter für die Aufbewahrung,
Einzelangaben nach DIN 18301 zu Pos. 260 bis 262
- Art der Proben
  - – – von gestörten Bodenproben,
  - – – von gekernten Bodenproben,
  - – – von gerammten Bodenproben,
    - – – – Kerndurchmesser in mm ....,
  - – – von Sonderproben DIN 4021,
  - – – von Wasserproben,
  - – – von Wasserproben mit Zusätzen,
  - – – von Gasproben,
  - – – von ....,
- Leistungsumfang
  - – – liefern,
  - – – verpacken und versenden,
    - – – – Versandanschrift ....,
- Behälter
  - – – Maße der Behälter in m ....,
  - – – Fassungsvermögen der Behälter 1 Liter,
  - – – Fassungsvermögen der Behälter in Liter ....,
    - – – – Behälter leihweise zur Verfügung stellen,
    - – – – Behälter werden Eigentum des AG,
    - – – – Behälter werden vom AG beigestellt,
- Berechnungseinheit Stück

290 Bohrloch verfüllen,
Einzelangaben nach DIN 18301
- Art der Verfüllung
  - – – entsprechend dem natürlichen Aufbau der Bodenschichten,
  - – – ....,
- Füllstoff
  - – – mit seitlich lagerndem Bohrgut,
  - – – mit desinfiziertem Kies,
  - – – mit Beton B ....,
  - – – mit Verfüllstoff ...., (Sofern nicht vorgeschrieben, vom Bieter einzutragen)
  - – – mit ....,
- nach besonderer Anodnung des AG
- Berechnungseinheit m³, t, m (bei Angabe Bohrlochdurchmesser in mm)

Hinweis: Ausbau des Bohrloches
- mit Pfählen, Verbauträgern, Ankern für Einpressungen
  siehe LB 006 Verbau-, Ramm- und Einpressarbeiten
- mit Ortbetonpfählen
  siehe LB 013 Beton- und Stahlbetonarbeiten Ausschreibungshilfe Rohbau)
- für Brunnen zur Wasserhaltung
  siehe LB 008 Wasserhaltungsarbeiten

350 Sperrrohr für Bohrung,
Einzelangaben nach DIN 18301
- Rohrart
  - – – aus Stahlrohren,
  - – – aus nahtlosen Stahlrohren DIN 2448,
  - – – aus geschweißten Stahlrohren DIN 2458,
    - – – – verzinkt,
    - – – – beschichtet mit ...., (Sofern nicht vorgeschrieben, vom Bieter einzutragen),
    - – – – korrosionsgeschützt ...., (Sofern nicht vorgeschrieben, vom Bieter einzutragen,
  - – – aus PVC-U DIN 4925 Teil 1,
  - – – aus Faserzement,
  - – – aus PE-HD,
  - – – aus nichtrostendem Stahl, Werkstoff-Nr. ...., (Sofern nicht vorgeschrieben, vom Bieter einzutragen)
  - – – aus ....,
- Wanddicke nach statischen Erfordernissen .... (Sofern nicht vorgeschrieben, vom Bieter einzutragen)
- Nennweite
  DN 300 – 400 – 500 – 600 – 700 – 800 – 900 – 1000 – ....
- Leistungsumfang
  - – – Sperrrohr verbleibt im Boden, Verfüllungen und Abdichtungen des Ringraumes zwischen Sperrrohr und Bohrlochwand werden gesondert vergütet,
  - – – ....,
- Berechnungseinheit m

351 Fußflansch am Sperrrohr,
Einzelangaben nach DIN 18301
- Werkstoff
  - – – aus angeschweißtem Stahlblech,
  - – – ....,
    - – – – Dicke ....,
- Flanschbreite ....,
- Ausführung .... gemäß Zeichnung Nr. ....,
  Einzelbeschreibung Nr. ....,
- Berechnungseinheit Stück

370 Stahlfilterrohr geschlitzt,
Einzelangaben nach DIN 18301
- Rohrart, Form
  - – – DIN 4920,
  - – – AF (Filterboden) DIN 4920,
  - – – B (Rammspitze) DIN 4920,
  - – – AM (Muffe nach DIN 2986) DIN 4920,
Fortsetzung Einzelangaben siehe Pos. 371

371 Stahlfilterrohr mit Schlitzbrückenlochung,
Einzelangaben nach DIN 18301
- Rohrart, Form
  - – – Form A DIN 4922 Teil 1,
  - – – Form B DIN 4922 Teil 1,
  - – – DIN 4922 Teil 2 (Gewindeverbindungen),
  - – – DIN 4922 Teil 3 (Flanschverbindungen),
  - – – ....,
Fortsetzung Einzelangaben zu Pos. 370, 371
- Korrosionsschutz
  - – – jedoch aus nichtrostendem Stahl, Werkstoff Nr. ...., (Sofern nicht vorgeschrieben, vom Bieter einzutragen)
  - – – kunststoffbeschichtet,
  - – – gummibeschichtet,
  - – – verzinkt,
  - – – beschichtet mit ...., (Sofern nicht vorgeschrieben, vom Bieter einzutragen)
  - – – korrosionsgeschützt ...., (Sofern nicht vorgeschrieben, vom Bieter einzutragen)
- Ummantelung, Belag
  - – – Kiesbelag werkseitig aufgebracht,
  - – – Kiesbelag werkseitig aufgebracht, Körnung ....,
  - – – Ummantelung aus ...., (Sofern nicht vorgeschrieben, vom Bieter einzutragen)
- Rohreinzellängen
  - – – in Standardlänge,
  - – – Rohreinzellänge in m ....,
- Nennweite
  DN 50 – 100 – 125 – 150 – 200 – 250 – 300 – 400 – ....
- Einbauart
  - – – Einbau in vorhandenes Bohrloch,
  - – – Einbau in vorhandenes Bohrloch als Beobachtungsbrunnen,
  - – – Einbau in vorhandenes Bohrloch als Beobachtungsbrunnen im Ringraum zwischen Brunnenrohr und Bohrlochwandung,
  - – – Einbau ....,
- Passstücke
  - – – einschließlich der erforderlichen Passstücke,
  - – – Passstücke werden gesondert vergütet,
- Besondere Bedingungen ....,
- Berechnungseinheit m

Stlb 005

Ausgabe 06.02

LB 005 Brunnenbohrarbeiten und Aufschlussbohrungen
Bohrarbeiten

372 **Filterrohr, geschlitzt,**
373 **Filterrohr, gelocht,**
374 **Filterrohr, gelocht oder geschlitzt,**
375 **Filterrohr, mit Schlitzbrückenlochung,**
376 **Filterrohr.......,**
  Einzelangaben nach DIN 18301 zu Pos. 372 bis 376
  - Werkstoff
    -- aus nichtrostendem Stahl, Werkstoff Nr. ....,
       (Sofern nicht vorgeschrieben, vom Bieter
       einzutragen)
    -- aus PVC-U,
    -- aus Faserzement,
    -- aus PE-HD,
    -- aus Steinzeug,
    -- aus........,
  - Rohrverbindungen
    -- mit Gewindeverbindungen,
    -- mit Flanschverbindungen,
    -- mit Schweißverbindungen,
    -- mit zugfesten Muffenverbindungen,
    -- mit........,
  - Wanddicke nach statischen Erfordernissen.......
    (Sofern nicht vorgeschrieben, vom Bieter einzutragen)
  - Ummantelung, Belag
    -- Kiesbelag werkseitig aufgebracht,
    -- Kiesbelag werkseitig aufgebracht, Körnung........,
    -- Ummantelung aus......., (Sofern nicht
       vorgeschrieben, vom Bieter einzutragen)
  - Rohreinzellängen
    -- in Standardlänge,
    -- Rohreinzellänge in m.......,
  - Nennweite
    DN 50 – 100 – 125 – 150 – 200 – 250 – 300 –
    400 – ....
  - Einbauart
    -- Einbau in vorhandenes Bohrloch,
    -- Einbau in vorhandenes Bohrloch als
       Beobachtungsbrunnen,
    -- Einbau in vorhandenes Bohrloch als
       Beobachtungsbrunnen im Ringraum zwischen
       Brunnenrohr und Bohrlochwandung,
    -- Einbau.......,
  - Passstücke
    -- einschließlich der erforderlichen Passstücke,
    -- Passstücke werden gesondert vergütet,
  - Besondere Bedingungen.......
  - Berechnungseinheit m

377 **Vollwandrohr (Aufsatzrohr, Zwischenrohr, Sumpfrohr),**
  Einzelangaben nach DIN 18301
  - Werkstoff
    -- aus Stahl DIN 2458,
    -- aus Stahl Form A DIN 4922 Teil 1,
    -- aus Stahl Form B DIN 4922 Teil 1,
    -- aus Stahl DIN 4922 Teil 2 (Gewindeverbindungen),
    -- aus Stahl DIN 4922 Teil 3 (Flanschverbindungen),
    -- aus........,
      --- jedoch aus nichtrostendem Stahl, Werk-stoff-
          Nr. ...., (Sofern nicht vorgeschrieben, vom
          Bieter einzutragen)
      --- kunststoffbeschichtet,
      --- verzinkt,
      --- beschichtet mit........, (Sofern nicht vorge-
          schrieben, vom Bieter einzutragen)
      --- korrosionsgeschützt........, (Sofern nicht
          vorgeschrieben, vom Bieter einzutragen),
    -- aus PVC-U,
    -- aus Faserzement,
    -- aus PE-HD,
    -- aus Steinzeug,
    -- aus........,
  - Rohrverbindungen
    -- mit Gewindeverbindungen,
    -- mit Flanschverbindungen,
    -- mit Schweißverbindungen,
    -- mit zugfesten Muffenverbindungen,
    -- mit........,
  - Wanddicke nach statischen Erfordernissen.......
    (Sofern nicht vorgeschrieben, vom Bieter einzutragen)
  - Rohreinzellängen
    -- in Standardlänge,
    -- Rohreinzellänge in m.......,
  - Nennweite
    DN 50 – 100 – 125 – 150 – 200 – 250 – 300 –
    400 – ....
  - Einbauart
    -- Einbau in vorhandenes Bohrloch,
    -- Einbau in vorhandenes Bohrloch als
       Beobachtungsbrunnen,
    -- Einbau in vorhandenes Bohrloch als
       Beobachtungsbrunnen im Ringraum zwischen
       Brunnenrohr und Bohrlochwandung,
    -- Einbau.......,
  - Passstücke
    -- einschließlich der erforderlichen Passstücke,
    -- Passstücke werden gesondert vergütet,
  - Besondere Bedingungen.......
  - Berechnungseinheit m

378 **Passstück,**
  Einzelangaben nach DIN 18301
  - Einbauort
    -- in Filterrohrstrecken einbauen,
    -- in Vollwandrohrstrecken einbauen,
  - aus.......
  - DN.......
  - Einzellänge bis 0,50 m – über 0,50 bis 1,00 m – ....
  - Berechnungseinheit Stück

379 **Rohrboden in Brunnenrohr einbauen,**
  Einzelangaben nach DIN 18301
  - Bauart, Werkstoff
    -- nach Wahl des AN,
    -- aus........,
  - Berechnungseinheit Stück

380 **Übergangsstück einbauen,**
  Einzelangaben nach DIN 18301
  - für.......
  - aus.......
  - Abmessungen.......
  - Berechnungseinheit Stück

381 **Zentriervorrichtung für Brunnenrohre einbauen,**
  Einzelangaben nach DIN 18301
  - Ausführung
    -- nach Wahl des AN,
    -- mit einer Schelle und losen Zentrierfedern,
    -- mit zwei Schellen und 3 Zentrierbügeln,
    -- mit zwei Schellen und 4 Zentrierbügeln,
    -- Ausführung........,
  - Berechnungseinheit Stück

400 **Schüttung,**
401 **Zweifache Schüttung,**
402 **Dreifache Schüttung,**
  Einzelangaben nach DIN 18301 zu Pos. 400 bis 402
  - Filtersand, Filterkies
    -- aus Filtersand / Filterkies DIN 4924,
    -- aus Filtersand und Filterkies DIN 4924 in
       mehrfachen Kornabstufungen,
    -- aus........,
      --- desinfiziert.......,
  - Körnung
    -- Körnung über 0,71 bis 1,40 mm,
    -- Körnung über 1,40 bis 2,00 mm,
    -- Körnung über 2,00 bis 3,15 mm,
    -- Körnung über 3,15 bis 5,60 mm,
    -- Körnung über 5,60 bis 8,00 mm,
    -- Körnung über 8,00 bis 16,00 mm,
    -- Körnung über 16,00 bis 31,50 mm,
    -- Körnung in mm........,
  - Einbaubereich
    -- als Ummantelung von Brunnenrohren,
    -- als Ummantelung von Brunnenrohren
       einschließlich Unterschüttung,
    -- als Unterschüttung,
    -- als........,
  - Höhe der Unterschüttung in m........,
  - Einbauart
    -- einbauen,
    -- einbauen mit Schüttkörben,
    -- einbauen mit Schüttkörben aus........,
       (Sofern nicht vorgeschrieben, vom Bieter
       einzutragen)

LB 005 Brunnenbohrarbeiten und Aufschlussbohrungen
Bohrarbeiten

STLB 005

Ausgabe 06.02

- – – einbauen mit Schüttverrohrung,
- – – einbauen mit Schüttverrohrung und Schüttkörben,
- – – einbauen mit Schüttverrohrung und Schüttkörben aus.......,
  (Sofern nicht vorgeschrieben, vom Bieter einzutragen)
- – – einbauen.......,
- Berechnungseinheit m³, t

420 Brunnenkopf,
Einzelangaben nach DIN 18301
- Ausführung
  - – – wasserdicht,
  - – – wasserdicht mit Dichtungsflansch gegen drückendes Wasser,
  - – – Ausführung gemäß Zeichnung Nr. ....,
- Werkstoff
  - – – aus Stahl – aus Stahl, verzinkt – aus Stahl, korrosionsgeschützt mit........,
    (Sofern nicht vorgeschrieben, vom Bieter einzutragen)
  - – – aus nichtrostendem Stahl, Werkstoff-Nr. ....,
    (Sofern nicht vorgeschrieben, vom Bieter einzutragen)
  - – – aus PVC-U DIN 4925 Teil 1,
  - – – aus PE-HD,
  - – – aus........,
- Einbau
  - – – über das Aufsatzrohr schieben,
  - – – über das Sperrrohr schieben,
  - – – mit dem Sperrrohr verschweißen,
  - – – ....,
- Nennweite
  DN 100 – 200 – 300 – 400 – 500 – 600 – 800 – 1000 – ....
- Deckel
  - – – Deckel mit Anschlussstutzen für Pumpensteigrohr und Druckleitung, Länge des Stutzens .... einschließlich Schrauben und Dichtungen,
  - – – Deckel .... einschließlich Schrauben und Dichtungen,
- Stutzen DN 50 – 65 – 80 – 100 – 150 – 200 – 250 – ....
- Brunnenkopfflänge 300 mm – 500 mm – 1000 mm – 1500 mm – ....
- Ergänzende Leistungen
  - – – einschließlich Kabeldurchführung,
  - – – enschließlich Peilrohrdurchführung,
  - – – einschließlich Kiesnachfüllstutzen,
  - – – einschließlich Be- und Entlüftungsstutzen,
  - – – einschließlich.......,
- Berechnungseinheit Stück

430 Abdeckung,
Einzelangaben nach DIN 18301
- Einbaubereich
  - – – für das Brunnenrohr,
  - – – für das Sperrrohr,
  - – – ....,
- Werkstoff
  - – – aus Stahl,
  - – – aus.......,
- Abmessungen.......
- Peilrohrstutzen
  - – – mit aufgeschweißtem Peilrohrstutzen DN 40 einschließlich Gewindeverschlusskappe,
  - – – mit.......,
- Befestigung
  - – – Abdeckung mit dem Brunnenrohr verschweißen,
  - – – Abdeckung mit dem Sperrrohr verschweißen,
- Berechnungseinheit Stück

450 Abdichtung im Brunnenringraum,
Einzelangaben nach DIN 18301
- Einbaubereich
  - – – zwischen Bohrlochwand und Vollwandrohr,
  - – – zwischen Bohrlochwand und Sperrrohr,
  - – – zwischen.......,
- Einbauart
  - – – nach Wahl des AN einbauen,
  - – – schütten,
  - – – injizieren,
  - – – ....,

- Dichtungsmittel
  - – – mit quellfähigem Ton,
  - – – mit Beton.......,
  - – – mit Zement.......w/z-Wert.......,
  - – – mit Ton-Zementgemisch, Anteile in kg/m³ Ton/Zement.......,
  - – – mit.......,
  - – – – geeignet für Gammastrahlenmessung,
- Länge der Abdichtungsstrecke in m.......,
- Voraussichtliche Tiefenlage der Abdichtung in m.......,
- Berechnungseinheit m³, t

500 Ein- und Ausbau,
501 Erneuter Ein- und Ausbau,
Einzelangaben nach DIN 18301 zu Pos. 500, 501
- Art der Pumpenanlage
  - – – der Pumpen,
  - – – der Kolbenpumpen,
  - – – der horizontalen Kreiselpumpen,
  - – – der Unterwassermotorpumpen,
  - – – der Kompressorpumpenanlage,
  - – – der Pumpeneinrichtung für Probeentnahme bis 2 l/s,
  - – – der Entsandungskolben,
  - – – der Entsandungspumpen,
  - – – der.......,
    - – – – Saug-/Druckleitung bis über Gelände,
    - – – – ....,
- Nennweite Rohrleitung
  DN 50 – 100 – 150 – 200 – ....,
- Förderleistung
  - – – Förderleistung bis 5 l/s,
  - – – Förderleistung über 5 bis 10 l/s,
  - – – Förderleistung über 10 bis 15 l/s,
  - – – Förderleistung über 15 bis 20 l/s,
  - – – Förderleistung über 20 bis 30 l/s,
  - – – Förderleistung über 30 bis 50 l/s,
  - – – Förderleistung über 50 bis 100 l/s,
  - – – Förderleistung über.......,
- Einbautiefe
  - – – Einbautiefe bis 10.00 m,
  - – – Einbautiefe über 10.00 bis 15.00 m,
  - – – Einbautiefe über 15.00 bis 20.00 m,
  - – – Einbautiefe über 20.00 bis 25.00 m,
  - – – Einbautiefe über 25.00 bis 30.00 m,
  - – – Einbautiefe über 30.00 bis 35.00 m,
  - – – Einbautiefe über 35.00 bis 40.00 m,
  - – – Einbautiefe über 40.00 bis 50.00 m,
  - – – Einbautiefe über ......,
- Leistungsumfang
  - – – einschließlich Regulierschieber, Zapfstelle mit Auslaufventil zur Probeentnahme,
  - – – einschließlich.......,
    - – – – Abflussleitung zum Vorfluter wird gesondert vergütet,
    - – – – Abflussleitung zum Vorfluter und Wasserbehandlung werden gesondert vergütet,
- Berechnungseinheit Stück

502 Abflussleitung zum Vorfluter,
Einzelangaben nach DIN 18301
- Leistungsumfang
  - – – auf- und abbauen,
  - – – erneut auf- und abbauen,
- Ausführung
  - – – Ausführung nach Wahl des AN,
  - – – Ausführung ....,
- DN.......
- Berechnungseinheit m

Hinweis: Ableitung des geförderten Wassers, Entnahme- und Einleitgebühren siehe LB 008 Wasserhaltungsarbeiten

Stlb 005
LB 005 Brunnenbohrarbeiten und Aufschlussbohrungen
Messungen; Kontrollen
Ausgabe 06.02

503 Entsandungskolben,
504 Entsandungspumpen,
505 Abschnittsweises Entsandungspumpen,
506 Klarpumpen,
507 Leistungspumpen,
Einzelangaben nach DIN 18301 zu Pos. 503 bis 507
- Pumpenart
  - – mit Kolbenpumpe,
  - – mit horizontaler Kreiselpumpe,
  - – mit Unterwassermotorpumpe,
  - – mit Kompressorpumpenanlage,
  - – mit Pumpeneinrichtung für Probeentnahme bis 2 l/s,
  - – mit........,
- Fördermenge
  - – Fördermenge bis 5 l/s,
  - – Fördermenge über 5 bis 10 l/s,
  - – Fördermenge über 10 bis 15 l/s,
  - – Fördermenge über 15 bis 20 l/s,
  - – Fördermenge über 20 bis 30 l/s,
  - – Fördermenge über 30 bis 50 l/s,
  - – Fördermenge über 50 bis 100 l/s,
  - – Fördermenge........,
- Ausbauzustand des Brunnens
  - – in ausgebauten Brunnen,
  - – in nicht ausgebauten Brunnen,
- Tiefe des abgesenkten Wasserspiegels unter Gelände in m .... geodätische Förderhöhe in m ....
- Leistungsumfang
  - – einschließlich Vorhalten, Betriebsstoffe und Bedienung,
  - – einschließlich ....,
- versetzen der erforderlichen Geräte auf den folgenden Abschnitt, Anzahl der Abschnitte........,
  Hinweis: nur zu Pos. 503 bis 505
- auf besondere Anordung des AG
- Berechnungseinheit h (Stunden)

508 Aufzeichnen der Ergebnisse,
Einzelangaben nach DIN 18301
- Art des Pumpversuches
  - – beim Entsandungskolben,
  - – beim Entsandungspumpen,
  - – beim abschnittweisen Entsandungspumpen,
  - – beim Klarpumpen,
  - – beim Leistungspumpen,
  - – beim ....,
- Art der Aufzeichnungen
  - – nach Wahl des AN
  - – nach Muster des AG
  - – nach ....,
- Übergabe der Aufzeichnungen
  - – die Aufzeichnungen sind dem AG zu übergeben,
  - – die Aufzeichnungen und die zeichnerischen Darstellungen sind dem AG zu übergeben,
  - – ....,
    - – – Ausfertigung zweifach,
    - – – Ausfertigung ....,
- Berechnungseinheit Stück

509 Stromerzeuger,
Einzelangaben nach DIN 18301
- Leistung Stromerzeuger
  - – Leistung bis 5 kVA,
  - – Leistung über 5 bis 10 kVA,
  - – Leistung über 10 bis 30 kVa,
  - – Leistung über 30 bis 50 kVa,
  - – Leistung über 50 bis 75 kVA,
  - – Leistung über 75 bis 100 kVA,
  - – Leistung in kVA ....,
- Leistungsumfang
  - – aufstellen,
  - – umsetzen,
  - – ....,
    - – – betriebsfertig anschließen und abbauen,
    - – – Stromerzeuger leihweise zur Verfügung stellen,
    - – – Stromerzeuger wird vom AG beigestellt,
- Ausführung nach besonderer Anordnung des AG
- Berechnungseinheit Stück

510 Wassermengen-Messvorrichtung,
Einzelangaben nach DIN 18301
- Bauart der Messvorrichtung, Messbereich
  - – nach Wahl des AN,
  - – als Messwehr,
  - – als Zähler,
  - – als Messblende,
  - – als induktives Messgerät,
    - – – Obergrenze des Messbereichs 100 m^3/h,
    - – – Obergrenze des Messbereichs 200 m^3/h,
    - – – Obergrenze des Messbereichs 500 m^3/h,
    - – – Obergrenze des Messbereichs........,
  - – als........,
- Leistungsumfang
  - – einschließlich Dichtungen, Verbindungsteile betriebsfertig anschließen und abbauen,
  - – einschließlich ....,
- Einsatzbereich
  - – vorgesehen für Probebetrieb,
  - – vorgesehen für Probebetrieb in Schächten,
  - – vorgesehen........,
- Ausführung.......gemäß Zeichnung Nr. ....,
  Einzelbeschreibung Nr. ....
- Erzeugnis
  - – Erzeugnis / Typ ....(oder gleichwertiger Art),
  - – Erzeugnis / Typ ....(vom Bieter einzutragen),
- Berechnungseinheit Stück

550 Vorhalten,
Einzelangaben nach DIN 18301
- Geräteart, Bauteilart
  - – der zeitweilig im Boden belassenen Bohrrohre,
  - – der........,
  - – der Pumpenanlage zum Entsandungspumpen,
  - – der Pumpenanlage zum Klarpumpen,
  - – der Pumpenanlage zum Leistungspumpen,
  - – der Pumpenanlage zum Regenerieren,
  - – der Pumpenanlage zum........,
  - – der Antriebsmaschine für Pumpenanlagen,
  - – des Stromerzeugers,
  - – der Wassermengenmessvorrichtung,
  - – der........,
- Vorhaltedauer
  - – Vorhaltedauer........,
  - – für die Dauer der Bauzeit,
  - – für die Dauer........,
  - – für die Zeit der Bereitstellung auf der Baustelle nach besonderer Anordnung des AG,
  - – für........,
- Berechnungseinheit Bohrrohre
  - – für die Abrechnung gilt Meter x Monate (m Mt),
  - – für die Abrechnung gilt Meter x Tage (m d),
- Berechnungseinheit Pumpen, Stromerzeuger
  - – für die Abrechnung gilt Stück x Monate (St Mt),
  - – für die Abrechnung gilt Stück x Tage (St d),
  - – für die Abrechnung gilt Stück x Stunden (St h),

600 Brunnenvorschacht,
Einzelangaben nach DIN 18301
- Bauart
  - – aus Mauerwerk,
  - – aus Ortbeton,
  - – aus Mauerwerk und Ortbeton,
  - – aus Betonfertigteilen,
  - – aus Kunststofffertigteilen,
  - – aus Stahlfertigteilen, korrosionsgeschützt mit........,
    (Sofern nicht vorgeschrieben, vom Bieter einzutragen)
  - – aus ....,
- Ausführung ....gemäß Zeichnung Nr. ....,
  Einzelbeschreibung Nr. ....
- Erzeugnis
  - – Erzeugnis / Typ .... (oder gleichwertiger Art),
  - – Erzeugnis / Typ .... (vom Bieter einzutragen),
- Berechnungseinheit Stück
  Hinweis: Weitere Beschreibungen für Schächte und Schachtzubehör siehe
  LB 009 Entwässerungskanalarbeiten
  LB 012 Mauerarbeiten
  LB 013 Beton- und Stahlbetonarbeiten
  (Ausschreibungshilfe Rohbau)

700 An- und Abreisen zur Messstelle,
701 An- und Abreisen zur Beobachtungsstelle,

LB 005 Brunnenbohrarbeiten und Aufschlussbohrungen
Messungen; Kontrollen

STLB 005

Ausgabe 06.02

702 **Umsetzen auf eine weitere Messstelle,**
703 **Umsetzen auf eine weitere Beobachtungsstelle,**
   Einzelangaben nach DIN 18301 zu Pos. 700 bis 703
   - auf besondere Anordnung des AG
   - Art der Messungen
     - – für die vorgeschriebene Messung,
     - – für die Messung,
   - Art der Ausrüstung
     - – einschließlich Ausrüstung,
     - – einschließlich geophysikalischer/mechanischer Mess- und Hilfsgeräte,
     - – einschließlich Fernsehanlage,
     - – einschließlich Fernsehanlage, Fotosonde für Einzelbildaufnahmen,
     - – einschließlich Fernseh- und Aufzeichnungs-anlage,
     - – einschließlich Fernseh- und Aufzeichnungs-anlage, Fotosonde für Einzelbildaufnahmen,
     - – ....,
       - – – und der Hilfsausrüstung für das Befahren,
       - – – ....,
   - Berechnungseinheit Stück.

711 **Widerstandsmessung zur Ermittlung des spez. Widerstandes der Bodenschichten, normal (16 und 24 Zoll-Normale),**

712 **Widerstandsmessung zur Ermittlung des spez. Widerstandes der Bodenschichten, lateral,**

713 **Widerstandsmessung zur Ermittlung des spez. Widerstandes der Bodenschichten ....,**

720 **Eigenpotentialmessung zur Ermittlung des Elektrolytgehaltes (Salzgehalt u.ä.) im Grundwasser/ Schichtenwasser,**

731 **Gammastrahlenmessung zur Ermittlung der Eigenabstrahlung, einfach,**

732 **Gammastrahlenmessung zur Ermittlung der Eigenabstrahlung, zweifach,**

733 **Gammastrahlenmessung zur Ermittlung der Eigenabstrahlung, dreifach,**

734 **Gammastrahlenmessung zur Ermittlung der Eigenabstrahlung, dreifach, jeweils um 120 Grad versetzt,**

735 **Gammastrahlenmessung zur Ermittlung der Eigenabstrahlung ....,**

740 **Neutron-Gammamessung zur Ermittlung des Wasserstoffgehaltes im Boden,**

741 **Durchflussmengenmessung (Flowmetermessung) des geförderten Grundwassers,**

742 **Wasserwiderstandsmessung zur Ermittlung des Elektrolytgehaltes (Salzgehalt u.ä.) im Grundwasser,**

751 **Temperaturmessung, ohne Wasserförderung,**

752 **Temperaturmessung, mit Wasserförderung**

753 **Temperaturmessung ....,**

760 **Kalibermessung,**

761 **Messung des Bohrlochverlaufes (dreidimensional),**

   Einzelangaben nach DIN 18301 zu Pos. 711 bis 761
   - Ort der Messung
     - – in vorhandenen Bohrlöchern für Bodenaufschlüsse,
     - – in vorhandenen Bohrlöchern für Brunnen,
     - – in.......,
       - – – Bohrung nicht ausgebaut,
       - – – Bohrung verrohrt mit Hilfsrohren,
       - – – Bohrung ausgebaut mit metallischen Brunnenrohren,
       - – – Bohrung ausgebaut mit nichtmetallischen Brunnenrohren,
       - – – Bohrung.......,
         - – – – anstehende Bodenschichten aus Lockersedimenten,
         - – – – anstehende Bodenschichten aus Festgestein,
         - – – – anstehende Bodenschichten aus.......,
   - Bohrlochdurchmesser
     - – – Bohrlochdurchmesser mindestens 70 mm,
     - – – Bohrlochdurchmesser über   70 bis 100 mm,
     - – – Bohrlochdurchmesser über 100 bis 300 mm,
     - – – Bohrlochdurchmesser über 300 bis 600 mm,
     - – – Bohrlochdurchmesser über 600 bis 900 mm,
     - – – Bohrlochdurchmesser über 900 bis 1200 mm,
     - – – Bohrlochdurchmesser über 1200 bis 1500 mm,
     - – – Bohrlochdurchmesser über 1500 bis 2000 mm,
     - – – Bohrlochdurchmesser in mm.......,
   - Messtiefe
     - – – Messtiefe bis 100 m,
     - – – Messtiefe e bis 300 m,
     - – – Messtiefe bis 500 m,
     - – – Messtiefe bis 750 m,
     - – – Messtiefe bis 1000 m,
     - – – Meßtiefe bis 1500 m,
     - – – Messtiefe bis in m.......,
     - – – Messbereich.......,
   - auf besondere Anordnung des AG
   - Leistungsumfang
     - – – einschließlich Beistellen der notwendigen Mess-, Aufzeichnungs- und Hilfsgeräte für die Durchführung der Messung,
     - – – einschließlich.......,
       - – – die Aufzeichnungen (Diagramme) mit Auswertung der Ergebnisse dem AG übergeben, Anzahl der Ausfertigungen.......,
   - Berechnungseinheit m

762 **Beobachten mit Unterwasserkamera,**
   Einzelangaben nach DIN 18301
   - Art der Fernsehanlage
     - – Beschreibung der zum Einsatz kommenden Fernsehanlage nach Hersteller, Typ, Baujahr und sonstigen Spezifikationen....... (vom Bieter einzutragen)
       - – – für Farbfernsehen, mit Farbmonitor,
       - – – mit farbiger Videoaufzeichnung, Art des Videobandes (System) ....,
       - – – für.......,
       - – – – einschließlich Beistellen der erforderlichen Objektive, Vorsatzgeräte, Farbmonitore, Hilfsgeräte für das Befahren mit der Fernsehkamera entsprechend dem ATV-Merkblatt M 143 Teil 2. Nachweis absoluter Farbneutralität über eine Farbreferenz führen. Bei mehreren Videobändern einer Dokumentation Farbreferenz auf jedem einzelnen Band. Ein Monitorfoto des Normtestbildes T 05 den Angebotsunterlagen beifügen. Mit Beginn und nach Beendigung einer Untersuchung Auflösungsbandbreite der Kamera jeweils durch ein Monitorfoto des Normtestbildes T 05 nachweisen.
       - – – – – einschließlich.......,
       - – – – – mit Datum, Uhrzeit, Ort, Objektbezeichnung, Stationierung und Fotonummer,
       - – – – – – sowie sonstigen Daten entsprechend dem ATV-Merkblatt M 143 Teil 2....... ,
       (Sofern nicht vorgeschrieben, vom Bieter einzutragen)
   - Einsatzort
     - – – Ausführung in vorhandenen Bohrlöchern für Bodenaufschlüsse,
     - – – Ausführung in vorhandenen Bohrlöchern für Brunnen,
     - – – Ausführung.......,
       - – – Bohrung nicht ausgebaut,
       - – – Bohrung ausgebaut mit Brunnenrohren aus.......,
       - – – Bohrung.......,
   - Bohrlochdurchmesser
     - – – Bohrlochdurchmesser mind. 70 mm,
     - – – Bohrlochdurchmesser über 70 bis 150 mm,
     - – – Bohrlochdurchmesser über 150 mm,
     - – – Bohrlochdurchmesser in mm.......,
   - Tiefe
     - – – Tiefe bis 50 m,
     - – – Tiefe über 50 bis 100 m,

Stlb 005

Ausgabe 06.02

LB 005 Brunnenbohrarbeiten und Aufschlussbohrungen
Messungen; Kontrollen

- - Tiefe über 100 bis 200 m,
- - Tiefe über 200 bis 300 m,
- - Tiefe über 300 m,
- - Tiefe in m.......,
- - Untersuchungsbereich.......,
- Berechnungseinheit h (Stunde)

763 Farbaufnahme,
Einzelangaben nach DIN 18301
- Zeitpunkt der Aufnahme
  - - während der Beobachtung mit der Fernsehanlage,
  - - ....,
- Art der Aufnahme
  - - als Farbfoto, Vergrößerung.......,
  - - als Farbdia, Größe in mm.......,
  - - als Videoband, System.......,
  - - als.......,
- Berechnungseinheit Stück

764 Wartezeit auf besondere Anordnung des AG,
Einzelangaben nach DIN 18301
- Leistungsumfang
  - - im Verlauf der Messung,
    - - - einschließlich Vorhalten der erforderlichen geophysikalischen/mechanischen Mess- und Hilfsgeräte,
  - - im Verlauf der Fernsehuntersuchung,
    - - - einschließlich Vorhalten,
      - - - - der erforderlichen Fernsehanlage,
      - - - - der erforderlichen Fernseh- und Aufzeichnungsanlage,
      - - - - ....,
      - - - - und der Hilfsausrüstung für die Befahrung,
      - - - - einschließlich.......,
  - - im Verlauf.......,
  - - im Verlauf.......einschließlich.......,
- Berechnungseinheit h (Stunde)

LB 005 Brunnenbohrarbeiten und Aufschlussbohrungen
Einrichten, Vorhalten Baustelleneinrichtung; Bohren für durchgehende gekernte Proben

AW 005

Ausgabe 06.02

Sämtliche Preise sind **Mittelpreise ohne Mehrwertsteuer** zum Zeitpunkt des Ausgabedatums.
Korrekturfaktoren für Regionaleinfluss, Mengeneinfluss, Konjunktureinfluss siehe Vorspann.
Abkürzungen: EP = Einheitspreis, LA = Lohnanteil, ST = Stoffanteil

Folgende Leistungen sind als eigenständige Positionen zu betrachten und in den übrigen Auswahlpositionen nicht berücksichtigt:
- Antransport und Aufstellen der Bohreinrichtung
- Abbau und Abtransport der Bohreinrichtung
- Umstellen der Bohreinrichtung
- Vorhalten der Bohreinrichtung
  (siehe dazu Abschnitt: Baustelleneinrichtung)

Hinweis:
1. Weitere Bohrungen
- für Wasserhaltung
  siehe LB 008 Wasserhaltungsarbeiten
- für Verbauträger, Hohlraumverfüllung, Verankerung, und Einpressarbeiten
  siehe LB 006 Verbau-, Ramm- und Einpressarbeiten
- für Bohrpfähle
  siehe LB 013 Beton- u. Stahlbetonarbeiten
  (Ausschreibungshilfe Rohbau)
2. Ausbau des Bohrloches
- mit Pfählen, Verbauträgern, Ankern für Einpressung
  siehe LB 006 Verbau-, Ramm- und Einpressarbeiten
- mit Ortbetonpfählen
  siehe LB 013 Beton- und Stahlbetonarbeiten
  (Ausschreibungshilfe Rohbau)
- für Brunnen zur Wasserhaltung
  siehe LB 008 Wasserhaltungsarbeiten
3. Weitere Beschreibungen für Schächte u. Schachtzubeh.
- siehe LB 009 Entwässerungskanalarbeiten,
  LB 012 Maurerarbeiten und
  LB 013 Beton- und Stahlbetonarbeiten
  (Ausschreibungshilfe Rohbau)

Einrichten, Räumen, Vorhalten Baustelleneinrichtung

005.----.-

005.00501.M	Umsetzen hydraulische Dreh- u. Schlagbohranlage	320,59 DM/St 163,91 €/St
005.00502.M	Aufstellen hydraulische Dreh- u. Schlagbohranlage	1 506,69 DM/St 770,36 €/St
005.00503.M	Abbauen hydraulische Dreh- u. Schlagbohranlage	833,50 DM/St 426,16 €/St
005.00504.M	Vorhalten hydraulische Dreh- u. Schlagbohranlage	47 001,46 DM/StxMo 24 031,47 €/StxMo

005.00501.M KG 319 DIN 276
Umsetzen hydraulische Dreh- u. Schlagbohranlage
EP 320,59 DM/St   LA 287,02 DM/St   ST 33,57 DM/St
EP 163,91 €/St   LA 146,75 €/St   ST 17,16 €/St

005.00502.M KG 319 DIN 276
Aufstellen hydraulische Dreh- u. Schlagbohranlage
EP 1 506,69 DM/St LA 1 221,33 DM/St ST 285,36 DM/St
EP   770,36 €/St   LA   624,45 €/St   ST 145,91 €/St

005.00503.M KG 319 DIN 276
Abbauen hydraulische Dreh- u. Schlagbohranlage
EP 833,50 DM/St   LA 732,80 DM/St   ST 100,70 DM/St
EP 426,16 €/St   LA 374,67 €/St   ST 51,49 €/St

005.00504.M KG 319 DIN 276
Vorhalten hydraulische Dreh- u. Schlagbohranlage
EP 47001,46 DM/StxM LA 0,00 DM/StxM ST 47001,46 DM/StxM
EP 24031,47 €/StxM   LA 0,00 €/StxM   ST 24031,47 €/StxM

Bohren für durchgehende gekernte Proben

005.----.-

005.12001.M	Bohren, gekernte Proben, T= 5-10 m, D= 60 mm	85,49 DM/m 43,71 €/m
005.12002.M	Bohren, gekernte Proben, T= 10-15 m, D= 60 mm	91,60 DM/m 46,84 €/m
005.12003.M	Bohren, gekernte Proben, T= 15-20 m, D= 60 mm	97,71 DM/m 49,96 €/m
005.12004.M	Bohren, gekernte Proben, T= 20-30 m, D= 60 mm	103,82 DM/m 53,08 €/m
005.12005.M	Bohren, gekernte Proben, T= 5-10 m, D= 100 mm	91,60 DM/m 46,84 €/m
005.12006.M	Bohren, gekernte Proben, T= 10-15 m, D= 100 mm	97,71 DM/m 49,96 €/m
005.12007.M	Bohren, gekernte Proben, T= 15-20 m, D= 100 mm	103,82 DM/m 53,08 €/m
005.12008.M	Bohren, gekernte Proben, T= 20-30 m, D= 100 mm	109,92 DM/m 56,20 €/m
005.12009.M	Bohren, gekernte Proben, T= 5-10 m, D= 130 mm	97,71 DM/m 49,96 €/m
005.12010.M	Bohren, gekernte Proben, T= 10-15 m, D= 130 mm	103,82 DM/m 53,08 €/m
005.12011.M	Bohren, gekernte Proben, T= 15-20 m, D= 130 mm	109,92 DM/m 56,20 €/m
005.12012.M	Bohren, gekernte Proben, T= 20-30 m, D= 130 mm	116,03 DM/m 59,33 €/m
005.12013.M	Bohren, gekernte Proben, T= 5-10 m, D= 150 mm	103,82 DM/m 53,08 €/m
005.12014.M	Bohren, gekernte Proben, T= 10-15 m, D= 150 mm	109,92 DM/m 56,20 €/m
005.12015.M	Bohren, gekernte Proben, T= 15-20 m, D= 150 mm	116,03 DM/m 59,33 €/m
005.12016.M	Bohren, gekernte Proben, T= 20-30 m, D= 150 mm	122,13 DM/m 62,45 €/m

Abkürzungen:
T = Bohrtiefe
D = Bohrlochenddurchmesser

005.12001.M KG 319 DIN 276
Bohren, gekernte Proben, T= 5-10 m, D= 60 mm
EP 85,49 DM/m   LA 85,49 DM/m   ST 0,00 DM/m
EP 43,71 €/m   LA 43,71 €/m   ST 0,00 €/m

005.12002.M KG 319 DIN 276
Bohren, gekernte Proben, T= 10-15 m, D= 60 mm
EP 91,60 DM/m   LA 91,60 DM/m   ST 0,00 DM/m
EP 46,84 €/m   LA 46,84 €/m   ST 0,00 €/m

005.12003.M KG 319 DIN 276
Bohren, gekernte Proben, T= 15-20 m, D= 60 mm
EP 97,71 DM/m   LA 97,71 DM/m   ST 0,00 DM/m
EP 49,96 €/m   LA 49,96 €/m   ST 0,00 €/m

005.12004.M KG 319 DIN 276
Bohren, gekernte Proben, T= 20-30 m, D= 60 mm
EP 103,82 DM/m LA 103,82 DM/m ST 0,00 DM/m
EP 53,08 €/m   LA 53,08 €/m   ST 0,00 €/m

005.12005.M KG 319 DIN 276
Bohren, gekernte Proben, T= 5-10 m, D= 100 mm
EP 91,60 DM/m   LA 91,60 DM/m   ST 0,00 DM/m
EP 46,84 €/m   LA 46,84 €/m   ST 0,00 €/m

005.12006.M KG 319 DIN 276
Bohren, gekernte Proben, T= 10-15 m, D= 100 mm
EP 97,71 DM/m   LA 97,71 DM/m   ST 0,00 DM/m
EP 49,96 €/m   LA 49,96 €/m   ST 0,00 €/m

005.12007.M KG 319 DIN 276
Bohren, gekernte Proben, T= 15-20 m, D= 100 mm
EP 103,82 DM/m LA 103,82 DM/m ST 0,00 DM/m
EP 53,08 €/m   LA 53,08 €/m   ST 0,00 €/m

005.12008.M KG 319 DIN 276
Bohren, gekernte Proben, T= 20-30 m, D= 100 mm
EP 109,92 DM/m LA 109,92 DM/m ST 0,00 DM/m
EP 56,20 €/m   LA 56,20 €/m   ST 0,00 €/m

AW 005

LB 005 Brunnenbohrarbeiten und Aufschlussbohrungen
Bohren für durchgehende gekernte Proben und nicht gekernte Proben

Ausgabe 06.02

Sämtliche Preise sind **Mittelpreise ohne Mehrwertsteuer** zum Zeitpunkt des Ausgabedatums.
Korrekturfaktoren für Regionaleinfluss, Mengeneinfluss, Konjunktureinfluss siehe Vorspann.
Abkürzungen: EP = Einheitspreis, LA = Lohnanteil, ST = Stoffanteil

005.12009.M KG 319 DIN 276
Bohren, gekernte Proben, T= 5-10 m, D= 130 mm
EP 97,71 DM/m   LA 97,71 DM/m   ST 0,00 DM/m
EP 49,96 €/m   LA 49,96 €/m   ST 0,00 €/m

005.12010.M KG 319 DIN 276
Bohren, gekernte Proben, T= 10-15 m, D= 130 mm
EP 103,82 DM/m   LA 103,82 DM/m   ST 0,00 DM/m
EP 53,08 €/m   LA 53,08 €/m   ST 0,00 €/m

005.12011.M KG 319 DIN 276
Bohren, gekernte Proben, T= 15-20 m, D= 130 mm
EP 109,92 DM/m   LA 109,92 DM/m   ST 0,00 DM/m
EP 56,20 €/m   LA 56,20 €/m   ST 0,00 €/m

005.12012.M KG 319 DIN 276
Bohren, gekernte Proben, T= 20-30 m, D= 130 mm
EP 116,03 DM/m   LA 116,03 DM/m   ST 0,00 DM/m
EP 59,33 €/m   LA 59,33 €/m   ST 0,00 €/m

005.12013.M KG 319 DIN 276
Bohren, gekernte Proben, T= 5-10 m, D= 150 mm
EP 103,82 DM/m   LA 103,82 DM/m   ST 0,00 DM/m
EP 53,08 €/m   LA 53,08 €/m   ST 0,00 €/m

005.12014.M KG 319 DIN 276
Bohren, gekernte Proben, T= 10-15 m, D= 150 mm
EP 109,92 DM/m   LA 109,92 DM/m   ST 0,00 DM/m
EP 56,20 €/m   LA 56,20 €/m   ST 0,00 €/m

005.12015.M KG 319 DIN 276
Bohren, gekernte Proben, T= 15-20 m, D= 150 mm
EP 116,03 DM/m   LA 116,03 DM/m   ST 0,00 DM/m
EP 59,33 €/m   LA 59,33 €/m   ST 0,00 €/m

005.12016.M KG 319 DIN 276
Bohren, gekernte Proben, T= 20-30 m, D= 150 mm
EP 122,13 DM/m   LA 122,13 DM/m   ST 0,00 DM/m
EP 62,45 €/m   LA 62,45 €/m   ST 0,00 €/m

Bohren für durchgehende nicht gekernte Proben

005.---.-

Pos.-Nr.	Beschreibung	Preis
005.12017.M	Bohren, nicht gekernte Proben, T= 5-10 m, D= 150 mm	85,49 DM/m 43,71 €/m
005.12018.M	Bohren, nicht gekernte Proben, T= 10-15 m, D= 150 mm	91,60 DM/m 46,84 €/m
005.12019.M	Bohren, nicht gekernte Proben, T= 15-20 m, D= 150 mm	105,64 DM/m 54,01 €/m
005.12020.M	Bohren, nicht gekernte Proben, T= 20-30 m, D= 150 mm	120,30 DM/m 61,51 €/m
005.12021.M	Bohren, nicht gekernte Proben, T= 30-40 m, D= 150 mm	137,40 DM/m 70,25 €/m
005.12022.M	Bohren, nicht gekernte Proben, T= 5-10 m, D= 200 mm	94,05 DM/m 48,09 €/m
005.12023.M	Bohren, nicht gekernte Proben, T= 10-15 m, D= 200 mm	103,82 DM/m 53,08 €/m
005.12024.M	Bohren, nicht gekernte Proben, T= 15-20 m, D= 200 mm	117,86 DM/m 60,26 €/m
005.12025.M	Bohren, nicht gekernte Proben, T= 20-30 m, D= 200 mm	138,62 DM/m 70,88 €/m
005.12026.M	Bohren, nicht gekernte Proben, T= 30-40 m, D= 200 mm	155,72 DM/m 79,62 €/m
005.12027.M	Bohren, nicht gekernte Proben, T= 5-10 m, D= 250 mm	103,82 DM/m 53,08 €/m
005.12028.M	Bohren, nicht gekernte Proben, T= 10-15 m, D= 250 mm	116,03 DM/m 59,33 €/m
005.12029.M	Bohren, nicht gekernte Proben, T= 15-20 m, D= 250 mm	130,69 DM/m 66,82 €/m
005.12030.M	Bohren, nicht gekernte Proben, T= 20-30 m, D= 250 mm	156,94 DM/m 80,24 €/m
005.12031.M	Bohren, nicht gekernte Proben, T= 30-40 m, D= 250 mm	174,04 DM/m 88,98 €/m
005.12032.M	Bohren, nicht gekernte Proben, T= 5-10 m, D= 300 mm	116,03 DM/m 59,33 €/m
005.12033.M	Bohren, nicht gekernte Proben, T= 10-15 m, D= 300 mm	125,80 DM/m 64,32 €/m
005.12034.M	Bohren, nicht gekernte Proben, T= 15-20 m, D= 300 mm	149,00 DM/m 76,18 €/m
005.12035.M	Bohren, nicht gekernte Proben, T= 20-30 m, D= 300 mm	175,26 DM/m 89,61 €/m
005.12036.M	Bohren, nicht gekernte Proben, T= 30-40 m, D= 300 mm	194,20 DM/m 99,29 €/m
005.12037.M	Bohren, nicht gekernte Proben, T= 5-10 m, D= 350 mm	134,35 DM/m 68,69 €/m
005.12038.M	Bohren, nicht gekernte Proben, T= 10-15 m, D= 350 mm	152,67 DM/m 78,06 €/m
005.12039.M	Bohren, nicht gekernte Proben, T= 15-20 m, D= 350 mm	180,15 DM/m 92,11 €/m
005.12040.M	Bohren, nicht gekernte Proben, T= 20-30 m, D= 350 mm	205,79 DM/m 105,22 €/m
005.12041.M	Bohren, nicht gekernte Proben, T= 30-40 m, D= 350 mm	224,12 DM/m 114,59 €/m
005.12042.M	Bohren, nicht gekernte Proben, T= 5-10 m, D= 400 mm	155,72 DM/m 79,62 €/m
005.12043.M	Bohren, nicht gekernte Proben, T= 10-15 m, D= 400 mm	183,20 DM/m 93,67 €/m
005.12044.M	Bohren, nicht gekernte Proben, T= 15-20 m, D= 400 mm	211,90 DM/m 108,34 €/m
005.12045.M	Bohren, nicht gekernte Proben, T= 20-30 m, D= 400 mm	236,33 DM/m 120,83 €/m
005.12046.M	Bohren, nicht gekernte Proben, T= 30-40 m, D= 400 mm	256,48 DM/m 131,14 €/m
005.12047.M	Bohren, nicht gekernte Proben, T= 5-10 m, D= 450 mm	174,04 DM/m 88,98 €/m
005.12048.M	Bohren, nicht gekernte Proben, T= 10-15 m, D= 450 mm	213,74 DM/m 109,28 €/m
005.12049.M	Bohren, nicht gekernte Proben, T= 15-20 m, D= 450 mm	244,27 DM/m 124,89 €/m
005.12050.M	Bohren, nicht gekernte Proben, T= 20-30 m, D= 450 mm	266,86 DM/m 136,44 €/m
005.12051.M	Bohren, nicht gekernte Proben, T= 30-40 m, D= 450 mm	280,90 DM/m 143,62 €/m

Abkürzungen:
T = Bohrtiefe
D = Bohrlochenddurchmesser

005.12017.M KG 319 DIN 276
Bohren, nicht gekernte Proben, T= 5-10 m, D= 150 mm
EP 85,49 DM/m   LA 85,49 DM/m   ST 0,00 DM/m
EP 43,71 €/m   LA 43,71 €/m   ST 0,00 €/m

005.12018.M KG 319 DIN 276
Bohren, nicht gekernte Proben, T= 10-15 m, D= 150 mm
EP 91,60 DM/m   LA 91,60 DM/m   ST 0,00 DM/m
EP 46,84 €/m   LA 46,84 €/m   ST 0,00 €/m

005.12019.M KG 319 DIN 276
Bohren, nicht gekernte Proben, T= 15-20 m, D= 150 mm
EP 105,64 DM/m   LA 105,64 DM/m   ST 0,00 DM/m
EP 54,01 €/m   LA 54,01 €/m   ST 0,00 €/m

LB 005 Brunnenbohrarbeiten und Aufschlussbohrungen
Bohren für durchgehende nicht gekernte Proben

AW 005

Ausgabe 06.02

Sämtliche Preise sind **Mittelpreise ohne Mehrwertsteuer** zum Zeitpunkt des Ausgabedatums.
Korrekturfaktoren für Regionaleinfluss, Mengeneinfluss, Konjunktureinfluss siehe Vorspann.
Abkürzungen: EP = Einheitspreis, LA = Lohnanteil, ST = Stoffanteil

005.12020.M KG 319 DIN 276
Bohren, nicht gekernte Proben, T= 20-30 m, D= 150 mm
EP 120,30 DM/m   LA 120,30 DM/m   ST 0,00 DM/m
EP 61,51 €/m   LA 61,51 €/m   ST 0,00 €/m

005.12021.M KG 319 DIN 276
Bohren, nicht gekernte Proben, T= 30-40 m, D= 150 mm
EP 137,40 DM/m   LA 137,40 DM/m   ST 0,00 DM/m
EP 70,25 €/m   LA 70,25 €/m   ST 0,00 €/m

005.12022.M KG 319 DIN 276
Bohren, nicht gekernte Proben, T= 5-10 m, D= 200 mm
EP 94,05 DM/m   LA 94,05 DM/m   ST 0,00 DM/m
EP 48,09 €/m   LA 48,09 €/m   ST 0,00 €/m

005.12023.M KG 319 DIN 276
Bohren, nicht gekernte Proben, T= 10-15 m, D= 200 mm
EP 103,82 DM/m   LA 103,82 DM/m   ST 0,00 DM/m
EP 53,08 €/m   LA 53,08 €/m   ST 0,00 €/m

005.12024.M KG 319 DIN 276
Bohren, nicht gekernte Proben, T= 15-20 m, D= 200 mm
EP 117,86 DM/m   LA 117,86 DM/m   ST 0,00 DM/m
EP 60,26 €/m   LA 60,26 €/m   ST 0,00 €/m

005.12025.M KG 319 DIN 276
Bohren, nicht gekernte Proben, T= 20-30 m, D= 200 mm
EP 138,62 DM/m   LA 138,62 DM/m   ST 0,00 DM/m
EP 70,88 €/m   LA 70,88 €/m   ST 0,00 €/m

005.12026.M KG 319 DIN 276
Bohren, nicht gekernte Proben, T= 30-40 m, D= 200 mm
EP 155,72 DM/m   LA 155,72 DM/m   ST 0,00 DM/m
EP 79,62 €/m   LA 79,62 €/m   ST 0,00 €/m

005.12027.M KG 319 DIN 276
Bohren, nicht gekernte Proben, T= 5-10 m, D= 250 mm
EP 103,82 DM/m   LA 103,82 DM/m   ST 0,00 DM/m
EP 53,08 €/m   LA 53,08 €/m   ST 0,00 €/m

005.12028.M KG 319 DIN 276
Bohren, nicht gekernte Proben, T= 10-15 m, D= 250 mm
EP 116,03 DM/m   LA 116,03 DM/m   ST 0,00 DM/m
EP 59,33 €/m   LA 59,33 €/m   ST 0,00 €/m

005.12029.M KG 319 DIN 276
Bohren, nicht gekernte Proben, T= 15-20 m, D= 250 mm
EP 130,69 DM/m   LA 130,69 DM/m   ST 0,00 DM/m
EP 66,82 €/m   LA 66,82 €/m   ST 0,00 €/m

005.12030.M KG 319 DIN 276
Bohren, nicht gekernte Proben, T= 20-30 m, D= 250 mm
EP 156,94 DM/m   LA 156,94 DM/m   ST 0,00 DM/m
EP 80,24 €/m   LA 80,24 €/m   ST 0,00 €/m

005.12031.M KG 319 DIN 276
Bohren, nicht gekernte Proben, T= 30-40 m, D= 250 mm
EP 174,04 DM/m   LA 174,04 DM/m   ST 0,00 DM/m
EP 88,98 €/m   LA 88,98 €/m   ST 0,00 €/m

005.12032.M KG 319 DIN 276
Bohren, nicht gekernte Proben, T= 5-10 m, D= 300 mm
EP 116,03 DM/m   LA 116,03 DM/m   ST 0,00 DM/m
EP 59,33 €/m   LA 59,33 €/m   ST 0,00 €/m

005.12033.M KG 319 DIN 276
Bohren, nicht gekernte Proben, T= 10-15 m, D= 300 mm
EP 125,80 DM/m   LA 125,80 DM/m   ST 0,00 DM/m
EP 64,32 €/m   LA 64,32 €/m   ST 0,00 €/m

005.12034.M KG 319 DIN 276
Bohren, nicht gekernte Proben, T= 15-20 m, D= 300 mm
EP 149,00 DM/m   LA 149,00 DM/m   ST 0,00 DM/m
EP 76,18 €/m   LA 76,18 €/m   ST 0,00 €/m

005.12035.M KG 319 DIN 276
Bohren, nicht gekernte Proben, T= 20-30 m, D= 300 mm
EP 175,26 DM/m   LA 175,26 DM/m   ST 0,00 DM/m
EP 89,61 €/m   LA 89,61 €/m   ST 0,00 €/m

005.12036.M KG 319 DIN 276
Bohren, nicht gekernte Proben, T= 30-40 m, D= 300 mm
EP 194,20 DM/m   LA 194,20 DM/m   ST 0,00 DM/m
EP 99,29 €/m   LA 99,29 €/m   ST 0,00 €/m

005.12037.M KG 319 DIN 276
Bohren, nicht gekernte Proben, T= 5-10 m, D= 350 mm
EP 134,35 DM/m   LA 134,35 DM/m   ST 0,00 DM/m
EP 68,69 €/m   LA 68,69 €/m   ST 0,00 €/m

005.12038.M KG 319 DIN 276
Bohren, nicht gekernte Proben, T= 10-15 m, D= 350 mm
EP 152,67 DM/m   LA 152,67 DM/m   ST 0,00 DM/m
EP 78,06 €/m   LA 78,06 €/m   ST 0,00 €/m

005.12039.M KG 319 DIN 276
Bohren, nicht gekernte Proben, T= 15-20 m, D= 350 mm
EP 180,15 DM/m   LA 180,15 DM/m   ST 0,00 DM/m
EP 92,11 €/m   LA 92,11 €/m   ST 0,00 €/m

005.12040.M KG 319 DIN 276
Bohren, nicht gekernte Proben, T= 20-30 m, D= 350 mm
EP 205,79 DM/m   LA 205,79 DM/m   ST 0,00 DM/m
EP 105,22 €/m   LA 105,22 €/m   ST 0,00 €/m

005.12041.M KG 319 DIN 276
Bohren, nicht gekernte Proben, T= 30-40 m, D= 350 mm
EP 224,12 DM/m   LA 224,12 DM/m   ST 0,00 DM/m
EP 114,59 €/m   LA 114,59 €/m   ST 0,00 €/m

005.12042.M KG 319 DIN 276
Bohren, nicht gekernte Proben, T= 5-10 m, D= 400 mm
EP 155,72 DM/m   LA 155,72 DM/m   ST 0,00 DM/m
EP 79,62 €/m   LA 79,62 €/m   ST 0,00 €/m

005.12043.M KG 319 DIN 276
Bohren, nicht gekernte Proben, T= 10-15 m, D= 400 mm
EP 183,20 DM/m   LA 183,20 DM/m   ST 0,00 DM/m
EP 93,67 €/m   LA 93,67 €/m   ST 0,00 €/m

005.12044.M KG 319 DIN 276
Bohren, nicht gekernte Proben, T= 15-20 m, D= 400 mm
EP 211,90 DM/m   LA 211,90 DM/m   ST 0,00 DM/m
EP 108,34 €/m   LA 108,34 €/m   ST 0,00 €/m

005.12045.M KG 319 DIN 276
Bohren, nicht gekernte Proben, T= 20-30 m, D= 400 mm
EP 236,33 DM/m   LA 236,33 DM/m   ST 0,00 DM/m
EP 120,83 €/m   LA 120,83 €/m   ST 0,00 €/m

005.12046.M KG 319 DIN 276
Bohren, nicht gekernte Proben, T= 30-40 m, D= 400 mm
EP 256,48 DM/m   LA 256,48 DM/m   ST 0,00 DM/m
EP 131,14 €/m   LA 131,14 €/m   ST 0,00 €/m

005.12047.M KG 319 DIN 276
Bohren, nicht gekernte Proben, T= 5-10 m, D= 450 mm
EP 174,04 DM/m   LA 174,04 DM/m   ST 0,00 DM/m
EP 88,98 €/m   LA 88,98 €/m   ST 0,00 €/m

005.12048.M KG 319 DIN 276
Bohren, nicht gekernte Proben, T= 10-15 m, D= 450 mm
EP 213,74 DM/m   LA 213,74 DM/m   ST 0,00 DM/m
EP 109,28 €/m   LA 109,28 €/m   ST 0,00 €/m

005.12049.M KG 319 DIN 276
Bohren, nicht gekernte Proben, T= 15-20 m, D= 450 mm
EP 244,27 DM/m   LA 244,27 DM/m   ST 0,00 DM/m
EP 124,89 €/m   LA 124,89 €/m   ST 0,00 €/m

005.12050.M KG 319 DIN 276
Bohren, nicht gekernte Proben, T= 20-30 m, D= 450 mm
EP 266,86 DM/m   LA 266,86 DM/m   ST 0,00 DM/m
EP 136,44 €/m   LA 136,44 €/m   ST 0,00 €/m

005.12051.M KG 319 DIN 276
Bohren, nicht gekernte Proben, T= 30-40 m, D= 450 mm
EP 280,90 DM/m   LA 280,90 DM/m   ST 0,00 DM/m
EP 143,62 €/m   LA 143,62 €/m   ST 0,00 €/m

AW 005

Ausgabe 06.02

LB 005 Brunnenbohrarbeiten und Aufschlussbohrungen
Bohren für unvollständige Proben

Sämtliche Preise sind **Mittelpreise ohne Mehrwertsteuer** zum Zeitpunkt des Ausgabedatums.
Korrekturfaktoren für Regionaeinfluss, Mengeneinfluss, Konjunktureinfluss siehe Vorspann.
Abkürzungen: EP = Einheitspreis, LA = Lohnanteil, ST = Stoffanteil

Bohren für unvollständige Proben
005.----.-

005.12052.M	Bohren, unvollständige Proben, T bis 5 m, D= 250 mm	155,72 DM/m / 79,62 €/m
005.12053.M	Bohren, unvollständige Proben, T= 5-10 m, D= 250 mm	167,33 DM/m / 85,55 €/m
005.12054.M	Bohren, unvollständige Proben, T= 10-15 m, D= 250 mm	178,92 DM/m / 91,48 €/m
005.12055.M	Bohren, unvollständige Proben, T= 15-20 m, D= 250 mm	189,92 DM/m / 97,10 €/m
005.12056.M	Bohren, unvollständige Proben, T= 20-30 m, D= 250 mm	207,02 DM/m / 105,85 €/m
005.12057.M	Bohren, unvollständige Proben, T bis 5 m, D= 300 mm	168,54 DM/m / 86,17 €/m
005.12058.M	Bohren, unvollständige Proben, T= 5-10 m, D= 300 mm	180,76 DM/m / 92,42 €/m
005.12059.M	Bohren, unvollständige Proben, T= 10-15 m, D= 300 mm	193,58 DM/m / 98,97 €/m
005.12060.M	Bohren, unvollständige Proben, T= 15-20 m, D= 300 mm	205,79 DM/m / 105,22 €/m
005.12061.M	Bohren, unvollständige Proben, T= 20-30 m, D= 300 mm	224,12 DM/m / 114,59 €/m
005.12062.M	Bohren, unvollständige Proben, T bis 5 m, D= 350 mm	232,05 DM/m / 118,65 €/m
005.12063.M	Bohren, unvollständige Proben, T= 5-10 m, D= 350 mm	262,59 DM/m / 134,26 €/m
005.12064.M	Bohren, unvollständige Proben, T= 10-15 m, D= 350 mm	292,51 DM/m / 149,56 €/m
005.12065.M	Bohren, unvollständige Proben, T= 15-20 m, D= 350 mm	323,04 DM/m / 165,17 €/m
005.12066.M	Bohren, unvollständige Proben, T bis 5 m, D= 400 mm	270,53 DM/m / 138,32 €/m
005.12067.M	Bohren, unvollständige Proben, T= 5-10 m, D= 400 mm	304,11 DM/m / 155,49 €/m
005.12068.M	Bohren, unvollständige Proben, T= 10-15 m, D= 400 mm	337,69 DM/m / 172,66 €/m
005.12069.M	Bohren, unvollständige Proben, T= 15-20 m, D= 400 mm	371,28 DM/m / 189,83 €/m
005.12070.M	Bohren, unvollständige Proben, T bis 5 m, D= 450 mm	293,73 DM/m / 150,18 €/m
005.12071.M	Bohren, unvollständige Proben, T= 5-10 m, D= 450 mm	334,03 DM/m / 170,79 €/m
005.12072.M	Bohren, unvollständige Proben, T= 10-15 m, D= 450 mm	373,73 DM/m / 191,08 €/m
005.12073.M	Bohren, unvoll. Proben, T bis 5 m, D= 60 mm, Handbohr.	183,20 DM/m / 93,67 €/m
005.12074.M	Bohren, unvoll. Proben, T= 5-10 m, D= 60 mm, Handbohr.	213,74 DM/m / 109,28 €/m
005.12075.M	Bohren, unvoll. Proben, T= 10-15 m, D= 60 mm, Handbohr.	244,27 DM/m / 124,89 €/m
005.12076.M	Bohren, unvoll. Proben, T= 15-20 m, D= 60 mm, Handbohr.	274,80 DM/m / 140,50 €/m

Abkürzungen:
T = Bohrtiefe   D = Bohrlochenddurchmesser

005.12052.M KG 319 DIN 276
Bohren, unvollständige Proben, T bis 5 m, D= 250 mm
EP 155,72 DM/m   LA 155,72 DM/m   ST 0,00 DM/m
EP 79,62 €/m   LA 79,62 €/m   ST 0,00 €/m

005.12053.M KG 319 DIN 276
Bohren, unvollständige Proben, T= 5-10 m, D= 250 mm
EP 167,33 DM/m   LA 167,33 DM/m   ST 0,00 DM/m
EP 85,55 €/m   LA 85,55 €/m   ST 0,00 €/m

005.12054.M KG 319 DIN 276
Bohren, unvollständige Proben, T= 10-15 m, D= 250 mm
EP 178,92 DM/m   LA 178,92 DM/m   ST 0,00 DM/m
EP 91,48 €/m   LA 91,48 €/m   ST 0,00 €/m

005.12055.M KG 319 DIN 276
Bohren, unvollständige Proben, T= 15-20 m, D= 250 mm
EP 189,92 DM/m   LA 189,92 DM/m   ST 0,00 DM/m
EP 97,10 €/m   LA 97,10 €/m   ST 0,00 €/m

005.12056.M KG 319 DIN 276
Bohren, unvollständige Proben, T= 20-30 m, D= 250 mm
EP 207,02 DM/m   LA 207,02 DM/m   ST 0,00 DM/m
EP 105,85 €/m   LA 105,85 €/m   ST 0,00 €/m

005.12057.M KG 319 DIN 276
Bohren, unvollständige Proben, T bis 5 m, D= 300 mm
EP 168,54 DM/m   LA 168,54 DM/m   ST 0,00 DM/m
EP 86,17 €/m   LA 86,17 €/m   ST 0,00 €/m

005.12058.M KG 319 DIN 276
Bohren, unvollständige Proben, T= 5-10 m, D= 300 mm
EP 180,76 DM/m   LA 180,76 DM/m   ST 0,00 DM/m
EP 92,42 €/m   LA 92,42 €/m   ST 0,00 €/m

005.12059.M KG 319 DIN 276
Bohren, unvollständige Proben, T= 10-15 m, D= 300 mm
EP 193,58 DM/m   LA 193,58 DM/m   ST 0,00 DM/m
EP 98,97 €/m   LA 98,97 €/m   ST 0,00 €/m

005.12060.M KG 319 DIN 276
Bohren, unvollständige Proben, T= 15-20 m, D= 300 mm
EP 205,79 DM/m   LA 205,79 DM/m   ST 0,00 DM/m
EP 105,22 €/m   LA 105,22 €/m   ST 0,00 €/m

005.12061.M KG 319 DIN 276
Bohren, unvollständige Proben, T= 20-30 m, D= 300 mm
EP 224,12 DM/m   LA 224,12 DM/m   ST 0,00 DM/m
EP 114,59 €/m   LA 114,59 €/m   ST 0,00 €/m

005.12062.M KG 319 DIN 276
Bohren, unvollständige Proben, T bis 5 m, D= 350 mm
EP 232,05 DM/m   LA 232,05 DM/m   ST 0,00 DM/m
EP 118,65 €/m   LA 118,65 €/m   ST 0,00 €/m

005.12063.M KG 319 DIN 276
Bohren, unvollständige Proben, T= 5-10 m, D= 350 mm
EP 262,59 DM/m   LA 262,59 DM/m   ST 0,00 DM/m
EP 134,26 €/m   LA 134,26 €/m   ST 0,00 €/m

005.12064.M KG 319 DIN 276
Bohren, unvollständige Proben, T= 10-15 m, D= 350 mm
EP 292,51 DM/m   LA 292,51 DM/m   ST 0,00 DM/m
EP 149,56 €/m   LA 149,56 €/m   ST 0,00 €/m

005.12065.M KG 319 DIN 276
Bohren, unvollständige Proben, T= 15-20 m, D= 350 mm
EP 323,04 DM/m   LA 323,04 DM/m   ST 0,00 DM/m
EP 165,17 €/m   LA 165,17 €/m   ST 0,00 €/m

005.12066.M KG 319 DIN 276
Bohren, unvollständige Proben, T bis 5 m, D= 400 mm
EP 270,53 DM/m   LA 270,53 DM/m   ST 0,00 DM/m
EP 138,32 €/m   LA 138,32 €/m   ST 0,00 €/m

005.12067.M KG 319 DIN 276
Bohren, unvollständige Proben, T= 5-10 m, D= 400 mm
EP 304,11 DM/m   LA 304,11 DM/m   ST 0,00 DM/m
EP 155,49 €/m   LA 155,49 €/m   ST 0,00 €/m

005.12068.M KG 319 DIN 276
Bohren, unvollständige Proben, T= 10-15 m, D= 400 mm
EP 337,69 DM/m   LA 337,69 DM/m   ST 0,00 DM/m
EP 172,66 €/m   LA 172,66 €/m   ST 0,00 €/m

005.12069.M KG 319 DIN 276
Bohren, unvollständige Proben, T= 15-20 m, D= 400 mm
EP 371,28 DM/m   LA 371,28 DM/m   ST 0,00 DM/m
EP 189,83 €/m   LA 189,83 €/m   ST 0,00 €/m

005.12070.M KG 319 DIN 276
Bohren, unvollständige Proben, T bis 5 m, D= 450 mm
EP 293,73 DM/m   LA 293,73 DM/m   ST 0,00 DM/m
EP 150,18 €/m   LA 150,18 €/m   ST 0,00 €/m

005.12071.M KG 319 DIN 276
Bohren, unvollständige Proben, T= 5-10 m, D= 450 mm
EP 334,03 DM/m   LA 334,03 DM/m   ST 0,00 DM/m
EP 170,79 €/m   LA 170,79 €/m   ST 0,00 €/m

005.12072.M KG 319 DIN 276
Bohren, unvollständige Proben, T= 10-15 m, D= 450 mm
EP 373,73 DM/m   LA 373,73 DM/m   ST 0,00 DM/m
EP 191,08 €/m   LA 191,08 €/m   ST 0,00 €/m

005.12073.M KG 319 DIN 276
Bohren, unvoll. Proben, T bis 5 m, D= 60 mm, Handbohr.
EP 183,20 DM/m   LA 183,20 DM/m   ST 0,00 DM/m
EP 93,67 €/m   LA 93,67 €/m   ST 0,00 €/m

005.12074.M KG 319 DIN 276
Bohren, unvoll. Proben, T= 5-10 m, D= 60 mm, Handbohr.
EP 213,74 DM/m   LA 213,74 DM/m   ST 0,00 DM/m
EP 109,28 €/m   LA 109,28 €/m   ST 0,00 €/m

005.12075.M KG 319 DIN 276
Bohren, unvoll. Proben, T= 10-15 m, D= 60 mm, Handbohr.
EP 244,27 DM/m   LA 244,27 DM/m   ST 0,00 DM/m
EP 124,89 €/m   LA 124,89 €/m   ST 0,00 €/m

005.12076.M KG 319 DIN 276
Bohren, unvoll. Proben, T= 15-20 m, D= 60 mm, Handbohr.
EP 274,80 DM/m   LA 274,80 DM/m   ST 0,00 DM/m
EP 140,50 €/m   LA 140,50 €/m   ST 0,00 €/m

LB 005 Brunnenbohrarbeiten und Aufschlussbohrungen
Bohren für Brunnen

AW 005

Ausgabe 06.02

Sämtliche Preise sind **Mittelpreise ohne Mehrwertsteuer** zum Zeitpunkt des Ausgabedatums.
Korrekturfaktoren für Regionaleinfluss, Mengeneinfluss, Konjunktureinfluss siehe Vorspann.
Abkürzungen: EP = Einheitspreis, LA = Lohnanteil, ST = Stoffanteil

Bohren für Brunnen

005.-----.-

005.15001.M	Bohren, Brunnen, Bodenkl. 4, T= 5-10 m, D= 300 mm	132,51 DM/m / 67,75 €/m
005.15002.M	Bohren, Brunnen, Bodenkl. 4, T= 10-20 m, D= 300 mm	170,99 DM/m / 87,42 €/m
005.15003.M	Bohren, Brunnen, Bodenkl. 4, T= 20-30 m, D= 300 mm	235,10 DM/m / 120,21 €/m
005.15004.M	Bohren, Brunnen, Bodenkl. 4, T= 30-50 m, D= 300 mm	299,23 DM/m / 152,99 €/m
005.15005.M	Bohren, Brunnen, Bodenkl. 4, T= 5-10 m, D= 400 mm	205,18 DM/m / 104,91 €/m
005.15006.M	Bohren, Brunnen, Bodenkl. 4, T= 10-20 m, D= 400 mm	256,48 DM/m / 131,14 €/m
005.15007.M	Bohren, Brunnen, Bodenkl. 4, T= 20-30 m, D= 400 mm	341,97 DM/m / 174,85 €/m
005.15008.M	Bohren, Brunnen, Bodenkl. 4, T= 30-50 m, D= 400 mm	396,94 DM/m / 202,95 €/m
005.15009.M	Bohren, Brunnen, Bodenkl. 4, T= 5-10 m, D= 500 mm	219,84 DM/m / 112,40 €/m
005.15010.M	Bohren, Brunnen, Bodenkl. 4, T= 10-20 m, D= 500 mm	271,74 DM/m / 138,94 €/m
005.15011.M	Bohren, Brunnen, Bodenkl. 4, T= 20-30 m, D= 500 mm	366,40 DM/m / 187,34 €/m
005.15012.M	Bohren, Brunnen, Bodenkl. 4, T= 30-50 m, D= 500 mm	427,46 DM/m / 218,56 €/m
005.15013.M	Bohren, Brunnen, Bodenkl. 4, T= 5-10 m, D= 700 mm	280,90 DM/m / 143,62 €/m
005.15014.M	Bohren, Brunnen, Bodenkl. 4, T= 10-20 m, D= 700 mm	326,71 DM/m / 167,04 €/m
005.15015.M	Bohren, Brunnen, Bodenkl. 4, T= 20-30 m, D= 700 mm	387,17 DM/m / 197,95 €/m
005.15016.M	Bohren, Brunnen, Bodenkl. 4, T= 30-50 m, D= 700 mm	464,10 DM/m / 237,29 €/m
005.15017.M	Bohren, Brunnen, Bodenkl. 4, T= 5-10 m, D= 900 mm	317,54 DM/m / 162,36 €/m
005.15018.M	Bohren, Brunnen, Bodenkl. 4, T= 10-20 m, D= 900 mm	366,40 DM/m / 187,34 €/m
005.15019.M	Bohren, Brunnen, Bodenkl. 4, T= 20-30 m, D= 900 mm	427,46 DM/m / 218,56 €/m
005.15020.M	Bohren, Brunnen, Bodenkl. 4, T= 30-50 m, D= 900 mm	516,01 DM/m / 263,83 €/m
005.15021.M	Bohren, Brunnen, Bodenkl. 4, T= 5-10 m, D=1200 mm	421,36 DM/m / 215,44 €/m
005.15022.M	Bohren, Brunnen, Bodenkl. 4, T= 10-20 m, D=1200 mm	451,89 DM/m / 231,05 €/m
005.15023.M	Bohren, Brunnen, Bodenkl.e 4, T= 20-30 m, D=1200 mm	512,96 DM/m / 262,27 €/m

Abkürzungen:
T = Bohrtiefe
D = Bohrlochenddurchmesser

005.15001.M KG 323 DIN 276
Bohren, Brunnen, Bodenklasse 4, T= 5-10 m, D= 300 mm
EP 132,51 DM/m LA 132,51 DM/m ST 0,00 DM/m
EP 67,75 €/m   LA 67,75 €/m   ST 0,00 €/m

005.15002.M KG 323 DIN 276
Bohren, Brunnen, Bodenklasse 4, T= 10-20 m, D= 300 mm
EP 170,99 DM/m LA 170,99 DM/m ST 0,00 DM/m
EP 87,42 €/m   LA 87,42 €/m   ST 0,00 €/m

005.15003.M KG 323 DIN 276
Bohren, Brunnen, Bodenklasse 4, T= 20-30 m, D= 300 mm
EP 235,10 DM/m LA 235,10 DM/m ST 0,00 DM/m
EP 120,21 €/m   LA 120,21 €/m   ST 0,00 €/m

005.15004.M KG 323 DIN 276
Bohren, Brunnen, Bodenklasse 4, T= 30-50 m, D= 300 mm
EP 299,23 DM/m LA 299,23 DM/m ST 0,00 DM/m
EP 152,99 €/m   LA 152,99 €/m   ST 0,00 €/m

005.15005.M KG 323 DIN 276
Bohren, Brunnen, Bodenklasse 4, T= 5-10 m, D= 400 mm
EP 205,18 DM/m LA 205,18 DM/m ST 0,00 DM/m
EP 104,91 €/m   LA 104,91 €/m   ST 0,00 €/m

005.15006.M KG 323 DIN 276
Bohren, Brunnen, Bodenklasse 4, T= 10-20 m, D= 400 mm
EP 256,48 DM/m LA 256,48 DM/m ST 0,00 DM/m
EP 131,14 €/m   LA 131,14 €/m   ST 0,00 €/m

005.15007.M KG 323 DIN 276
Bohren, Brunnen, Bodenklasse 4, T= 20-30 m, D= 400 mm
EP 341,97 DM/m LA 341,97 DM/m ST 0,00 DM/m
EP 174,85 €/m   LA 174,85 €/m   ST 0,00 €/m

005.15008.M KG 323 DIN 276
Bohren, Brunnen, Bodenklasse 4, T= 30-50 m, D= 400 mm
EP 396,94 DM/m LA 396,94 DM/m ST 0,00 DM/m
EP 202,95 €/m   LA 202,95 €/m   ST 0,00 €/m

005.15009.M KG 323 DIN 276
Bohren, Brunnen, Bodenklasse 4, T= 5-10 m, D= 500 mm
EP 219,84 DM/m LA 219,84 DM/m ST 0,00 DM/m
EP 112,40 €/m   LA 112,40 €/m   ST 0,00 €/m

005.15010.M KG 323 DIN 276
Bohren, Brunnen, Bodenklasse 4, T= 10-20 m, D= 500 mm
EP 271,74 DM/m LA 271,74 DM/m ST 0,00 DM/m
EP 138,94 €/m   LA 138,94 €/m   ST 0,00 €/m

005.15011.M KG 323 DIN 276
Bohren, Brunnen, Bodenklasse 4, T= 20-30 m, D= 500 mm
EP 366,40 DM/m LA 366,40 DM/m ST 0,00 DM/m
EP 187,34 €/m   LA 187,34 €/m   ST 0,00 €/m

005.15012.M KG 323 DIN 276
Bohren, Brunnen, Bodenklasse 4, T= 30-50 m, D= 500 mm
EP 427,46 DM/m LA 427,46 DM/m ST 0,00 DM/m
EP 218,56 €/m   LA 218,56 €/m   ST 0,00 €/m

005.15013.M KG 323 DIN 276
Bohren, Brunnen, Bodenklasse 4, T= 5-10 m, D= 700 mm
EP 280,90 DM/m LA 280,90 DM/m ST 0,00 DM/m
EP 143,62 €/m   LA 143,62 €/m   ST 0,00 €/m

005.15014.M KG 323 DIN 276
Bohren, Brunnen, Bodenklasse 4, T= 10-20 m, D= 700 mm
EP 326,71 DM/m LA 326,71 DM/m ST 0,00 DM/m
EP 167,04 €/m   LA 167,04 €/m   ST 0,00 €/m

005.15015.M KG 323 DIN 276
Bohren, Brunnen, Bodenklasse 4, T= 20-30 m, D= 700 mm
EP 387,17 DM/m LA 387,17 DM/m ST 0,00 DM/m
EP 197,95 €/m   LA 197,95 €/m   ST 0,00 €/m

005.15016.M KG 323 DIN 276
Bohren, Brunnen, Bodenklasse 4, T= 30-50 m, D= 700 mm
EP 464,10 DM/m LA 464,10 DM/m ST 0,00 DM/m
EP 237,29 €/m   LA 237,29 €/m   ST 0,00 €/m

005.15017.M KG 323 DIN 276
Bohren, Brunnen, Bodenklasse 4, T= 5-10 m, D= 900 mm
EP 317,54 DM/m LA 317,54 DM/m ST 0,00 DM/m
EP 162,36 €/m   LA 162,36 €/m   ST 0,00 €/m

005.15018.M KG 323 DIN 276
Bohren, Brunnen, Bodenklasse 4, T= 10-20 m, D= 900 mm
EP 366,40 DM/m LA 366,40 DM/m ST 0,00 DM/m
EP 187,34 €/m   LA 187,34 €/m   ST 0,00 €/m

005.15019.M KG 323 DIN 276
Bohren, Brunnen, Bodenklasse 4, T= 20-30 m, D= 900 mm
EP 427,46 DM/m LA 427,46 DM/m ST 0,00 DM/m
EP 218,56 €/m   LA 218,56 €/m   ST 0,00 €/m

005.15020.M KG 323 DIN 276
Bohren, Brunnen, Bodenklasse 4, T= 30-50 m, D= 900 mm
EP 516,01 DM/m LA 516,01 DM/m ST 0,00 DM/m
EP 263,83 €/m   LA 263,83 €/m   ST 0,00 €/m

005.15021.M KG 323 DIN 276
Bohren, Brunnen, Bodenklasse 4, T= 5-10 m, D=1200 mm
EP 421,36 DM/m LA 421,36 DM/m ST 0,00 DM/m
EP 215,44 €/m   LA 215,44 €/m   ST 0,00 €/m

005.15022.M KG 323 DIN 276
Bohren, Brunnen, Bodenklasse 4, T= 10-20 m, D=1200 mm
EP 451,89 DM/m LA 451,89 DM/m ST 0,00 DM/m
EP 231,05 €/m   LA 231,05 €/m   ST 0,00 €/m

005.15023.M KG 323 DIN 276
Bohren, Brunnen, Bodenklasse 4, T= 20-30 m, D=1200 mm
EP 512,96 DM/m LA 512,96 DM/m ST 0,00 DM/m
EP 262,27 €/m   LA 262,27 €/m   ST 0,00 €/m

LB 005 Brunnenbohrarbeiten und Aufschlussbohrungen
Bohren für Schutzverrohrung

Sämtliche Preise sind **Mittelpreise ohne Mehrwertsteuer** zum Zeitpunkt des Ausgabedatums.
Korrekturfaktoren für Regionaleinfluss, Mengeneinfluss, Konjunktureinfluss siehe Vorspann.
Abkürzungen: EP = Einheitspreis, LA = Lohnanteil, ST = Stoffanteil

Bohren für Schutzverrohrung

005.----.-

005.19001.M	Bohren, horiz. drücken in BK 3, T bis 5 m, D= 100 mm	60,85 DM/m / 31,11 €/m
005.19002.M	Bohren, horiz. drücken in BK 3, T= 5-10 m, D= 100 mm	73,06 DM/m / 37,36 €/m
005.19003.M	Bohren, horiz. drücken in BK 3, T= 10-20 m, D= 100 mm	91,39 DM/m / 46,72 €/m
005.19004.M	Bohren, horiz. drücken in BK 3, T= 20-30 m, D= 100 mm	116,42 DM/m / 59,52 €/m
005.19005.M	Bohren, horiz. drücken in BK 4, T bis 5 m, D= 100 mm	109,70 DM/m / 56,09 €/m
005.19006.M	Bohren, horiz. drücken in BK 4, T= 5-10 m, D= 100 mm	134,13 DM/m / 68,58 €/m
005.19007.M	Bohren, horiz. drücken in BK 4, T= 10-20 m, D= 100 mm	168,93 DM/m / 86,37 €/m
005.19008.M	Bohren, horiz. drücken in BK 4, T= 20-30 m, D= 100 mm	220,23 DM/m / 112,60 €/m
005.19009.M	Bohren, horiz. bohren in BK 3, T= 10-20 m, D= 400 mm	263,11 DM/m / 134,53 €/m
005.19010.M	Bohren, horiz. bohren in BK 3, T= 20-30 m, D= 400 mm	272,27 DM/m / 139,21 €/m
005.19011.M	Bohren, horiz. bohren in BK 3, T= 30-50 m, D= 400 mm	281,43 DM/m / 143,89 €/m
005.19012.M	Bohren, horiz. bohren in BK 3, T= 10-20 m, D= 600 mm	809,03 DM/m / 413,65 €/m
005.19013.M	Bohren, horiz. bohren in BK 3, T= 20-30 m, D= 600 mm	821,24 DM/m / 419,89 €/m
005.19014.M	Bohren, horiz. bohren in BK 3, T= 30-50 m, D= 600 mm	830,39 DM/m / 424,57 €/m
005.19015.M	Bohren, horiz. bohren in BK 3, T= 10-20 m, D= 800 mm	1 232,02 DM/m / 629,92 €/m
005.19016.M	Bohren, horiz. bohren in BK 3, T= 20-30 m, D= 800 mm	1 241,19 DM/m / 634,61 €/m
005.19017.M	Bohren, horiz. bohren in BK 3, T= 30-50 m, D= 800 mm	1 250,34 DM/m / 639,29 €/m

Abkürzungen:
T = Bohrtiefe
D = Bohrlochenddurchmesser

005.19001.M KG 319 DIN 276
Bohren, horiz. drücken in BK 3, T bis 5 m, D= 100 mm
EP 60,85 DM/m   LA 48,85 DM/m   ST 12,00 DM/m
EP 31,11 €/m   LA 24,98 €/m   ST 6,13 €/m

005.19002.M KG 319 DIN 276
Bohren, horiz. drücken in BK 3, T= 5-10 m, D= 100 mm
EP 73,06 DM/m   LA 61,07 DM/m   ST 11,99 DM/m
EP 37,36 €/m   LA 31,22 €/m   ST 6,14 €/m

005.19003.M KG 319 DIN 276
Bohren, horiz. drücken in BK 3, T= 10-20 m, D= 100 mm
EP 91,39 DM/m   LA 79,39 DM/m   ST 12,00 DM/m
EP 46,72 €/m   LA 40,59 €/m   ST 6,13 €/m

005.19004.M KG 319 DIN 276
Bohren, horiz. drücken in BK 3, T= 20-30 m, D= 100 mm
EP 116,42 DM/m LA 104,43 DM/m ST 11,99 DM/m
EP 59,52 €/m   LA 53,39 €/m   ST 6,13 €/m

005.19005.M KG 319 DIN 276
Bohren, horiz. drücken in BK 4, T bis 5 m, D= 100 mm
EP 109,70 DM/m LA 97,71 DM/m   ST 11,99 DM/m
EP 56,09 €/m   LA 49,96 €/m   ST 6,13 €/m

005.19006.M KG 319 DIN 276
Bohren, horiz. drücken in BK 4, T= 5-10 m, D= 100 mm
EP 134,13 DM/m LA 122,13 DM/m ST 12,00 DM/m
EP 68,58 €/m   LA 62,45 €/m   ST 6,13 €/m

005.19007.M KG 319 DIN 276
Bohren, horiz. drücken in BK 4, T= 10-20 m, D= 100 mm
EP 168,93 DM/m LA 156,94 DM/m ST 11,99 DM/m
EP 86,37 €/m   LA 80,24 €/m   ST 6,13 €/m

005.19008.M KG 319 DIN 276
Bohren, horiz. drücken in BK 4, T= 20-30 m, D= 100 mm
EP 220,23 DM/m LA 208,23 DM/m ST 12,00 DM/m
EP 112,60 €/m   LA 106,47 €/m   ST 6,13 €/m

005.19009.M KG 319 DIN 276
Bohren, horiz. bohren in BK 3, T= 10-20 m, D= 400 mm
EP 263,11 DM/m LA 61,07 DM/m   ST 202,04 DM/m
EP 134,53 €/m   LA 31,22 €/m   ST 103,31 €/m

005.19010.M KG 319 DIN 276
Bohren, horiz. bohren in BK 3, T= 20-30 m, D= 400 mm
EP 272,27 DM/m LA 70,23 DM/m   ST 202,04 DM/m
EP 139,21 €/m   LA 35,91 €/m   ST 103,30 €/m

005.19011.M KG 319 DIN 276
Bohren, horiz. bohren in BK 3, T= 30-50 m, D= 400 mm
EP 281,43 DM/m LA 79,39 DM/m   ST 202,04 DM/m
EP 143,89 €/m   LA 40,59 €/m   ST 103,30 €/m

005.19012.M KG 319 DIN 276
Bohren, horiz. bohren in BK 3, T= 10-20 m, D= 600 mm
EP 809,03 DM/m LA 91,60 DM/m   ST 717,43 DM/m
EP 413,65 €/m   LA 46,84 €/m   ST 366,81 €/m

005.19013.M KG 319 DIN 276
Bohren, horiz. bohren in BK 3, T= 20-30 m, D= 600 mm
EP 821,24 DM/m LA 103,82 DM/m ST 717,42 DM/m
EP 419,89 €/m   LA 53,08 €/m   ST 366,81 €/m

005.19014.M KG 319 DIN 276
Bohren, horiz. bohren in BK 3, T= 30-50 m, D= 600 mm
EP 830,39 DM/m LA 112,97 DM/m ST 717,42 DM/m
EP 424,57 €/m   LA 57,76 €/m   ST 366,81 €/m

005.19015.M KG 319 DIN 276
Bohren, horiz. bohren in BK 3, T= 10-20 m, D= 800 mm
EP 1 232,02 DM/m LA 119,08 DM/m ST 1 112,94 DM/m
EP   629,92 €/m   LA 60,89 €/m   ST   569,03 €/m

005.19016.M KG 319 DIN 276
Bohren, horiz. bohren in BK 3, T= 20-30 m, D= 800 mm
EP 1 241,19 DM/m LA 128,24 DM/m ST 1 112,95 DM/m
EP   634,61 €/m   LA 65,57 €/m   ST   569,04 €/m

005.19017.M KG 319 DIN 276
Bohren, horiz. bohren in BK 3, T= 30-50 m, D= 800 mm
EP 1 250,34 DM/m LA 137,40 DM/m ST 1 112,94 DM/m
EP   639,29 €/m   LA 70,25 €/m   ST   569,04 €/m

LB 005 Brunnenbohrarbeiten und Aufschlussbohrungen
Leistungen auf Nachweis und Probennahme; Ausbau des Bohrloches, Sperrrohre

AW 005

Ausgabe 06.02

Sämtliche Preise sind **Mittelpreise ohne Mehrwertsteuer** zum Zeitpunkt des Ausgabedatums.
Korrekturfaktoren für Regionaleinfluss, Mengeneinfluss, Konjunktureinfluss siehe Vorspann.
Abkürzungen: EP = Einheitspreis, LA = Lohnanteil, ST = Stoffanteil

Leistungen auf Nachweis und Probennahme

005.----.-

005.23001.M	Bohrkolonne auf Nachweis	244,27 DM/h
		124,89 €/h
005.26201.M	Bodenproben, D= 60 mm	29,31 DM/St
		14,99 €/St
005.26202.M	Bodenproben, D= 83 mm	40,31 DM/St
		20,61 €/St
005.26203.M	Bodenproben, D=121 mm	54,96 DM/St
		28,10 €/St
005.26204.M	Wasserproben, 500 ml	47,02 DM/St
		24,04 €/St

Abkürzung:
D = Behälterdurchmesser

005.23001.M KG 319 DIN 276
Bohrkolonne auf Nachweis
EP 244,27 DM/h   LA 244,27 DM/h   ST 0,00 DM/h
EP 124,89 €/h   LA 124,89 €/h   ST 0,00 €/h

005.26201.M KG 319 DIN 276
Bodenproben, D= 60 mm
EP 29,31 DM/St   LA 29,31 DM/St   ST 0,00 DM/St
EP 14,99 €/St   LA 14,99 €/St   ST 0,00 €/St

005.26202.M KG 319 DIN 276
Bodenproben, D= 83 mm
EP 40,31 DM/St   LA 40,31 DM/St   ST 0,00 DM/St
EP 20,61 €/St   LA 20,61 €/St   ST 0,00 €/St

005.26203.M KG 319 DIN 276
Bodenproben, D=121 mm
EP 54,96 DM/St   LA 54,96 DM/St   ST 0,00 DM/St
EP 28,10 €/St   LA 28,10 €/St   ST 0,00 €/St

005.26204.M KG 319 DIN 276
Wasserproben, 500 ml
EP 47,02 DM/St   LA 47,02 DM/St   ST 0,00 DM/St
EP 24,04 €/St   LA 24,04 €/St   ST 0,00 €/St

Ausbau des Bohrloches, Sperrrohre (Mantel)

005.----.-

005.35001.M	Sperrrohre, nahtloses Stahlrohr, verzinkt, D= 300 mm	131,91 DM/m
		67,45 €/m
005.35002.M	Sperrrohre, nahtloses Stahlrohr, verzinkt, D= 450 mm	376,05 DM/m
		192,27 €/m
005.35003.M	Sperrrohre, nahtloses Stahlrohr, verzinkt, D= 600 mm	828,64 DM/m
		423,68 €/m
005.35004.M	Sperrrohre, geschweißtes Stahlrohr, verzinkt, D= 300 mm	105,18 DM/m
		53,78 €/m
005.35005.M	Sperrrohre, geschweißtes Stahlrohr, verzinkt, D= 350 mm	152,25 DM/m
		77,85 €/m
005.35006.M	Sperrrohre, geschweißtes Stahlrohr, verzinkt, D= 400 mm	160,82 DM/m
		82,22 €/m
005.35007.M	Sperrrohre, geschweißtes Stahlrohr, verzinkt, D= 500 mm	298,40 DM/m
		152,57 €/m

Abkürzung:
D = Nennweite

005.35001.M KG 538 DIN 276
Sperrrohre, nahtloses Stahlrohr, verzinkt, D= 300 mm
EP 131,91 DM/m   LA 11,00 DM/m   ST 120,91 DM/m
EP 67,45 €/m   LA 5,62 €/m   ST 61,83 €/m

005.35002.M KG 538 DIN 276
Sperrrohre, nahtloses Stahlrohr, verzinkt, D= 450 mm
EP 376,05 DM/m   LA 11,00 DM/m   ST 365,05 DM/m
EP 192,27 €/m   LA 5,62 €/m   ST 186,65 €/m

005.35003.M KG 538 DIN 276
Sperrrohre, nahtloses Stahlrohr, verzinkt, D= 600 mm
EP 828,64 DM/m   LA 12,21 DM/m   ST 816,43 DM/m
EP 423,68 €/m   LA 6,24 €/m   ST 417,44 €/m

005.35004.M KG 538 DIN 276
Sperrrohre, geschweißtes Stahlrohr, verzinkt, D= 300 mm
EP 105,18 DM/m   LA 11,00 DM/m   ST 94,18 DM/m
EP 53,78 €/m   LA 5,62 €/m   ST 48,16 €/m

005.35005.M KG 538 DIN 276
Sperrrohre, geschweißtes Stahlrohr, verzinkt, D= 350 mm
EP 152,25 DM/m   LA 11,00 DM/m   ST 141,25 DM/m
EP 77,85 €/m   LA 5,62 €/m   ST 72,23 €/m

005.35006.M KG 538 DIN 276
Sperrrohre, geschweißtes Stahlrohr, verzinkt, D= 400 mm
EP 160,82 DM/m   LA 11,00 DM/m   ST 149,82 DM/m
EP 82,22 €/m   LA 5,62 €/m   ST 76,60 €/m

005.35007.M KG 538 DIN 276
Sperrrohre, geschweißtes Stahlrohr, verzinkt, D= 500 mm
EP 298,40 DM/m   LA 11,61 DM/m   ST 286,79 DM/m
EP 152,57 €/m   LA 5,93 €/m   ST 146,64 €/m

AW 005

Ausgabe 06.02

LB 005 Brunnenbohrarbeiten und Aufschlussbohrungen
Ausbau des Bohrloches, Filterrohre

Sämtliche Preise sind **Mittelpreise ohne Mehrwertsteuer** zum Zeitpunkt des Ausgabedatums.
Korrekturfaktoren für Regionaleinfluss, Mengeneinfluss, Konjunktureinfluss siehe Vorspann.
Abkürzungen: EP = Einheitspreis, LA = Lohnanteil, ST = Stoffanteil

Ausbau des Bohrloches, Filterrohre

005.-----.-

Pos.	Beschreibung	Preis
005.37001.M	Filterrohr, geschlitzt, Stahl, verzinkt, D= 50 mm	23,09 DM/m / 11,81 €/m
005.37002.M	Filterrohr, geschlitzt, Stahl, verzinkt, D= 100 mm	41,69 DM/m / 21,32 €/m
005.37003.M	Filterrohr, geschlitzt, Stahl, verzinkt, D= 150 mm	64,80 DM/m / 33,13 €/m
005.37004.M	Filterrohr, geschlitzt, Stahl, verzinkt, D= 200 mm	112,92 DM/m / 57,74 €/m
005.37005.M	Filterrohr, geschlitzt, Stahl, verzinkt, D= 250 mm	141,77 DM/m / 72,49 €/m
005.37006.M	Filterrohr, geschlitzt, Stahl, verzinkt, D= 300 mm	194,20 DM/m / 99,29 €/m
005.37007.M	Filterrohr, geschlitzt, Stahl, verzinkt, D= 400 mm	319,80 DM/m / 163,51 €/m
005.37008.M	Filterrohr, geschlitzt, Stahl, verzinkt, D= 500 mm	512,43 DM/m / 262,00 €/m
005.37201.M	Filterrohr, geschlitzt, PVC-U + Kokos, D= 50 mm	17,25 DM/m / 8,82 €/m
005.37202.M	Filterrohr, geschlitzt, PVC-U + Kokos, D= 100 mm	25,72 DM/m / 13,15 €/m
005.37203.M	Filterrohr, geschlitzt, PVC-U + Kokos, D= 150 mm	45,27 DM/m / 23,15 €/m
005.37204.M	Filterrohr, geschlitzt, PVC-U + Kokos, D= 200 mm	62,18 DM/m / 31,79 €/m
005.37205.M	Filterrohr, geschlitzt, PVC-U, D= 50 mm	16,28 DM/m / 8,32 €/m
005.37206.M	Filterrohr, geschlitzt, PVC-U, D= 100 mm	20,36 DM/m / 10,41 €/m
005.37207.M	Filterrohr, geschlitzt, PVC-U, D= 150 mm	30,51 DM/m / 15,60 €/m
005.37208.M	Filterrohr, geschlitzt, PVC-U, D= 200 mm	40,02 DM/m / 20,46 €/m
005.37209.M	Filterrohr, geschlitzt, PE-HD, D= 100 mm	20,97 DM/m / 10,72 €/m
005.37210.M	Filterrohr, geschlitzt, PE-HD, D= 150 mm	29,03 DM/m / 14,84 €/m
005.37211.M	Filterrohr, geschlitzt, PE-HD, D= 200 mm	45,23 DM/m / 23,13 €/m
005.37212.M	Filterrohr, geschlitzt, PE-HD, D= 250 mm	51,90 DM/m / 26,54 €/m
005.37213.M	Filterrohr, geschlitzt, PE-HD, D= 350 mm	93,35 DM/m / 47,73 €/m
005.37301.M	Filterrohr, gelocht, Steinzeug, D= 100 mm	58,24 DM/m / 29,78 €/m
005.37302.M	Filterrohr, gelocht, Steinzeug, D= 150 mm	71,82 DM/m / 36,72 €/m
005.37303.M	Filterrohr, gelocht, Steinzeug, D= 200 mm	101,55 DM/m / 51,92 €/m

Abkürzung:
D = Nennweite

005.37001.M KG 538 DIN 276
Filterrohr, geschlitzt, Stahl, verzinkt, D= 50 mm
EP 23,09 DM/m   LA 12,82 DM/m   ST 10,27 DM/m
EP 11,81 €/m   LA 6,56 €/m   ST 5,25 €/m

005.37002.M KG 538 DIN 276
Filterrohr, geschlitzt, Stahl, verzinkt, D= 100 mm
EP 41,69 DM/m   LA 13,44 DM/m   ST 28,25 DM/m
EP 21,32 €/m   LA 6,87 €/m   ST 14,45 €/m

005.37003.M KG 538 DIN 276
Filterrohr, geschlitzt, Stahl, verzinkt, D= 150 mm
EP 64,80 DM/m   LA 13,44 DM/m   ST 51,36 DM/m
EP 33,13 €/m   LA 6,87 €/m   ST 26,26 €/m

005.37004.M KG 538 DIN 276
Filterrohr, geschlitzt, Stahl, verzinkt, D= 200 mm
EP 112,92 DM/m   LA 14,05 DM/m   ST 98,87 DM/m
EP 57,74 €/m   LA 7,18 €/m   ST 50,56 €/m

005.37005.M KG 538 DIN 276
Filterrohr, geschlitzt, Stahl, verzinkt, D= 250 mm
EP 141,77 DM/m   LA 14,66 DM/m   ST 127,11 DM/m
EP 72,49 €/m   LA 7,49 €/m   ST 65,00 €/m

005.37006.M KG 538 DIN 276
Filterrohr, geschlitzt, Stahl, verzinkt, D= 300 mm
EP 194,20 DM/m   LA 15,26 DM/m   ST 178,94 DM/m
EP 99,29 €/m   LA 7,80 €/m   ST 91,49 €/m

005.37007.M KG 538 DIN 276
Filterrohr, geschlitzt, Stahl, verzinkt, D= 400 mm
EP 319,80 DM/m   LA 15,88 DM/m   ST 303,92 DM/m
EP 163,51 €/m   LA 8,12 €/m   ST 155,39 €/m

005.37008.M KG 538 DIN 276
Filterrohr, geschlitzt, Stahl, verzinkt, D= 500 mm
EP 512,43 DM/m   LA 15,88 DM/m   ST 496,55 DM/m
EP 262,00 €/m   LA 8,12 €/m   ST 253,88 €/m

005.37201.M KG 538 DIN 276
Filterrohr, geschlitzt, PVC-U + Kokos, D= 50 mm
EP 17,25 DM/m   LA 14,66 DM/m   ST 2,59 DM/m
EP 8,82 €/m   LA 7,49 €/m   ST 1,33 €/m

005.37202.M KG 538 DIN 276
Filterrohr, geschlitzt, PVC-U + Kokos, D= 100 mm
EP 25,72 DM/m   LA 15,88 DM/m   ST 9,84 DM/m
EP 13,15 €/m   LA 8,12 €/m   ST 5,03 €/m

005.37203.M KG 538 DIN 276
Filterrohr, geschlitzt, PVC-U + Kokos, D= 150 mm
EP 45,27 DM/m   LA 17,71 DM/m   ST 27,56 DM/m
EP 23,15 €/m   LA 9,05 €/m   ST 14,10 €/m

005.37204.M KG 538 DIN 276
Filterrohr, geschlitzt, PVC-U + Kokos, D= 200 mm
EP 62,18 DM/m   LA 19,54 DM/m   ST 42,64 DM/m
EP 31,79 €/m   LA 9,99 €/m   ST 21,80 €/m

005.37205.M KG 538 DIN 276
Filterrohr, geschlitzt, PVC-U, D= 50 mm
EP 16,28 DM/m   LA 14,66 DM/m   ST 1,62 DM/m
EP 8,32 €/m   LA 7,49 €/m   ST 0,83 €/m

005.37206.M KG 538 DIN 276
Filterrohr, geschlitzt, PVC-U, D= 100 mm
EP 20,36 DM/m   LA 15,88 DM/m   ST 4,48 DM/m
EP 10,41 €/m   LA 8,12 €/m   ST 2,29 €/m

005.37207.M KG 538 DIN 276
Filterrohr, geschlitzt, PVC-U, D= 150 mm
EP 30,51 DM/m   LA 17,71 DM/m   ST 12,80 DM/m
EP 15,60 €/m   LA 9,05 €/m   ST 6,55 €/m

005.37208.M KG 538 DIN 276
Filterrohr, geschlitzt, PVC-U, D= 200 mm
EP 40,02 DM/m   LA 19,54 DM/m   ST 20,48 DM/m
EP 20,46 €/m   LA 9,99 €/m   ST 10,47 €/m

005.37209.M KG 538 DIN 276
Filterrohr, geschlitzt, PE-HD, D= 100 mm
EP 20,97 DM/m   LA 15,26 DM/m   ST 5,71 DM/m
EP 10,72 €/m   LA 7,80 €/m   ST 2,92 €/m

005.37210.M KG 538 DIN 276
Filterrohr, geschlitzt, PE-HD, D= 150 mm
EP 29,03 DM/m   LA 17,71 DM/m   ST 11,32 DM/m
EP 14,84 €/m   LA 9,05 €/m   ST 5,79 €/m

005.37211.M KG 538 DIN 276
Filterrohr, geschlitzt, PE-HD, D= 200 mm
EP 45,23 DM/m   LA 19,54 DM/m   ST 25,69 DM/m
EP 23,13 €/m   LA 9,99 €/m   ST 13,14 €/m

005.37212.M KG 538 DIN 276
Filterrohr, geschlitzt, PE-HD, D= 250 mm
EP 51,90 DM/m   LA 21,38 DM/m   ST 30,52 DM/m
EP 26,54 €/m   LA 10,93 €/m   ST 15,61 €/m

005.37213.M KG 538 DIN 276
Filterrohr, geschlitzt, PE-HD, D= 350 mm
EP 93,35 DM/m   LA 24,43 DM/m   ST 68,92 DM/m
EP 47,73 €/m   LA 12,49 €/m   ST 35,24 €/m

005.37301.M KG 538 DIN 276
Filterrohr, gelocht, Steinzeug, D= 100 mm
EP 58,24 DM/m   LA 36,64 DM/m   ST 21,60 DM/m
EP 29,78 €/m   LA 18,73 €/m   ST 11,05 €/m

005.37302.M KG 538 DIN 276
Filterrohr, gelocht, Steinzeug, D= 150 mm
EP 71,82 DM/m   LA 39,08 DM/m   ST 32,74 DM/m
EP 36,72 €/m   LA 19,98 €/m   ST 16,74 €/m

005.37303.M KG 538 DIN 276
Filterrohr, gelocht, Steinzeug, D= 200 mm
EP 101,55 DM/m   LA 45,19 DM/m   ST 56,36 DM/m
EP 51,92 €/m   LA 23,11 €/m   ST 28,81 €/m

LB 005 Brunnenbohrarbeiten und Aufschlussbohrungen
Ausbau des Bohrloches, Vollwandrohre

AW 005

Ausgabe 06.02

Sämtliche Preise sind **Mittelpreise ohne Mehrwertsteuer** zum Zeitpunkt des Ausgabedatums.
Korrekturfaktoren für Regionaleinfluss, Mengeneinfluss, Konjunktureinfluss siehe Vorspann.
Abkürzungen: EP = Einheitspreis, LA = Lohnanteil, ST = Stoffanteil

Ausbau des Bohrloches, Vollwandrohre

005.----.-

Pos.	Bezeichnung	Preis
005.37701.M	Vollwandrohr, Stahl, verzinkt, D= 50 mm	17,46 DM/m / 8,93 €/m
005.37702.M	Vollwandrohr, Stahl, verzinkt, D= 100 mm	29,95 DM/m / 15,31 €/m
005.37703.M	Vollwandrohr, Stahl, verzinkt, D= 150 mm	47,26 DM/m / 24,16 €/m
005.37704.M	Vollwandrohr, Stahl, verzinkt, D= 200 mm	59,10 DM/m / 30,22 €/m
005.37705.M	Vollwandrohr, Stahl, verzinkt, D= 300 mm	111,08 DM/m / 56,79 €/m
005.37706.M	Vollwandrohr, Stahl, verzinkt, D= 400 mm	158,21 DM/m / 80,89 €/m
005.37707.M	Vollwandrohr, PVC-U, D= 50 mm	17,86 DM/m / 9,13 €/m
005.37708.M	Vollwandrohr, PVC-U, D= 100 mm	22,00 DM/m / 11,25 €/m
005.37709.M	Vollwandrohr, PVC-U, D= 150 mm	26,69 DM/m / 13,65 €/m
005.37710.M	Vollwandrohr, PVC-U, D= 200 mm	32,56 DM/m / 16,65 €/m
005.37711.M	Vollwandrohr, PE-HD, D= 50 mm	20,09 DM/m / 10,27 €/m
005.37712.M	Vollwandrohr, PE-HD, D= 100 mm	22,84 DM/m / 11,68 €/m
005.37713.M	Vollwandrohr, PE-HD, D= 150 mm	31,29 DM/m / 16,00 €/m
005.37714.M	Vollwandrohr, PE-HD, D= 200 mm	49,88 DM/m / 25,50 €/m
005.37715.M	Vollwandrohr, Steinzeug, D= 100 mm	60,53 DM/m / 30,95 €/m
005.37716.M	Vollwandrohr, Steinzeug, D= 150 mm	72,65 DM/m / 37,15 €/m
005.37717.M	Vollwandrohr, Steinzeug, D= 200 mm	104,53 DM/m / 53,44 €/m
005.37801.M	Passstück, PE-HD, D= 50 mm	12,51 DM/St / 6,40 €/St
005.37802.M	Passstück, PE-HD, D= 100 mm	14,88 DM/St / 7,61 €/St
005.37803.M	Passstück, PE-HD, D= 150 mm	22,42 DM/St / 11,46 €/St
005.37804.M	Passstück, PE-HD, D= 200 mm	37,25 DM/St / 19,04 €/St
005.37901.M	Rohrboden, Stahl, verzinkt, D= 50 mm	50,89 DM/St / 26,02 €/St
005.37902.M	Rohrboden, Stahl, verzinkt, D= 100 mm	67,59 DM/St / 34,56 €/St
005.37903.M	Rohrboden, Stahl, verzinkt, D= 150 mm	84,29 DM/St / 43,09 €/St
005.37904.M	Rohrboden, PVC-U, D= 50 mm	4,29 DM/St / 2,19 €/St
005.37905.M	Rohrboden, PVC-U, D= 100 mm	8,59 DM/St / 4,39 €/St
005.37906.M	Rohrboden, PVC-U, D= 150 mm	12,87 DM/St / 6,58 €/St
005.37907.M	Rohrboden, PVC-U, D= 200 mm	17,16 DM/St / 8,77 €/St
005.37908.M	Rohrboden, PE-HD, D= 50 mm	20,53 DM/St / 10,50 €/St
005.37909.M	Rohrboden, PE-HD, D= 100 mm	41,05 DM/St / 20,99 €/St
005.37910.M	Rohrboden, PE-HD, D= 150 mm	61,58 DM/St / 31,49 €/St
005.37911.M	Rohrboden, PE-HD, D= 200 mm	82,10 DM/St / 41,98 €/St

Abkürzung:
D = Nennweite

005.37701.M KG 538 DIN 276
Vollwandrohr, Stahl, verzinkt, D= 50 mm
EP 17,46 DM/m   LA 10,38 DM/m   ST 7,08 DM/m
EP 8,93 €/m   LA 5,31 €/m   ST 3,62 €/m

005.37702.M KG 538 DIN 276
Vollwandrohr, Stahl, verzinkt, D= 100 mm
EP 29,95 DM/m   LA 10,38 DM/m   ST 19,57 DM/m
EP 15,31 €/m   LA 5,31 €/m   ST 10,00 €/m

005.37703.M KG 538 DIN 276
Vollwandrohr, Stahl, verzinkt, D= 150 mm
EP 47,26 DM/m   LA 10,38 DM/m   ST 36,88 DM/m0
EP 24,16 €/m   LA 5,31 €/m   ST 18,85 €/m

005.37704.M KG 538 DIN 276
Vollwandrohr, Stahl, verzinkt, D= 200 mm
EP 59,10 DM/m   LA 10,38 DM/m   ST 48,72 DM/m
EP 30,22 €/m   LA 5,31 €/m   ST 24,91 €/m

005.37705.M KG 538 DIN 276
Vollwandrohr, Stahl, verzinkt, D= 300 mm
EP 111,08 DM/m   LA 11,00 DM/m   ST 100,08 DM/m
EP 56,79 €/m   LA 5,62 €/m   ST 51,17 €/m

005.37706.M KG 538 DIN 276
Vollwandrohr, Stahl, verzinkt, D= 400 mm
EP 158,21 DM/m   LA 11,00 DM/m   ST 147,21 DM/m
EP 80,89 €/m   LA 5,62 €/m   ST 75,27 €/m

005.37707.M KG 538 DIN 276
Vollwandrohr, PVC-U, D= 50 mm
EP 17,86 DM/m   LA 14,66 DM/m   ST 3,20 DM/m
EP 9,13 €/m   LA 7,49 €/m   ST 1,64 €/m

005.37708.M KG 538 DIN 276
Vollwandrohr, PVC-U, D= 100 mm
EP 22,00 DM/m   LA 15,88 DM/m   ST 6,12 DM/m
EP 11,25 €/m   LA 8,12 €/m   ST 3,13 €/m

005.37709.M KG 538 DIN 276
Vollwandrohr, PVC-U, D= 150 mm
EP 26,69 DM/m   LA 17,71 DM/m   ST 8,98 DM/m
EP 13,65 €/m   LA 9,05 €/m   ST 4,60 €/m

005.37710.M KG 538 DIN 276
Vollwandrohr, PVC-U, D= 200 mm
EP 32,56 DM/m   LA 19,54 DM/m   ST 13,02 DM/m
EP 16,65 €/m   LA 9,99 €/m   ST 6,66 €/m

005.37711.M KG 538 DIN 276
Vollwandrohr, PE-HD, D= 50 mm
EP 20,09 DM/m   LA 14,66 DM/m   ST 5,43 DM/m
EP 10,27 €/m   LA 7,49 €/m   ST 2,78 €/m

005.37712.M KG 538 DIN 276
Vollwandrohr, PE-HD, D= 100 mm
EP 22,84 DM/m   LA 15,26 DM/m   ST 7,58 DM/m
EP 11,68 €/m   LA 7,80 €/m   ST 3,88 €/m

005.37713.M KG 538 DIN 276
Vollwandrohr, PE-HD, D= 150 mm
EP 31,29 DM/m   LA 17,71 DM/m   ST 13,58 DM/m
EP 16,00 €/m   LA 9,05 €/m   ST 6,95 €/m

005.37714.M KG 538 DIN 276
Vollwandrohr, PE-HD, D= 200 mm
EP 49,88 DM/m   LA 19,54 DM/m   ST 30,34 DM/m
EP 25,50 €/m   LA 9,99 €/m   ST 15,51 €/m

005.37715.M KG 538 DIN 276
Vollwandrohr, Steinzeug, D= 100 mm
EP 60,53 DM/m   LA 36,64 DM/m   ST 23,89 DM/m
EP 30,95 €/m   LA 18,73 €/m   ST 12,22 €/m

005.37716.M KG 538 DIN 276
Vollwandrohr, Steinzeug, D= 150 mm
EP 72,65 DM/m   LA 39,08 DM/m   ST 33,57 DM/m
EP 37,15 €/m   LA 19,98 €/m   ST 17,17 €/m

005.37717.M KG 538 DIN 276
Vollwandrohr, Steinzeug, D= 200 mm
EP 104,53 DM/m   LA 45,19 DM/m   ST 59,34 DM/m
EP 53,44 €/m   LA 23,11 €/m   ST 30,33 €/m

005.37801.M KG 538 DIN 276
Passstück, PE-HD, D= 50 mm
EP 12,51 DM/St   LA 7,33 DM/St   ST 5,18 DM/St
EP 6,40 €/St   LA 3,75 €/St   ST 2,65 €/St

005.37802.M KG 538 DIN 276
Passstück, PE-HD, D= 100 mm
EP 14,88 DM/St   LA 7,94 DM/St   ST 6,94 DM/St
EP 7,61 €/St   LA 4,06 €/St   ST 3,55 €/St

AW 005
Ausgabe 06.02

LB 005 Brunnenbohrarbeiten und Aufschlussbohrungen
Ausbau des Bohrloches: Vollwandrohre; Schüttung Kopf, Abdichtung

Sämtliche Preise sind **Mittelpreise ohne Mehrwertsteuer** zum Zeitpunkt des Ausgabedatums.
Korrekturfaktoren für Regionaleinfluss, Mengeneinfluss, Konjunktureinfluss siehe Vorspann.
Abkürzungen: EP = Einheitspreis, LA = Lohnanteil, ST = Stoffanteil

005.37803.M KG 538 DIN 276
Passstück, PE-HD, D= 150 mm
EP 22,42 DM/St   LA 9,16 DM/St   ST 13,26 DM/St
EP 11,46 €/St   LA 4,68 €/St   ST 6,78 €/St

005.37804.M KG 538 DIN 276
Passstück, PE-HD, D= 200 mm
EP 37,25 DM/St   LA 9,77 DM/St   ST 27,48 DM/St
EP 19,04 €/St   LA 5,00 €/St   ST 14,04 €/St

005.37901.M KG 538 DIN 276
Rohrboden, Stahl, verzinkt, D= 50 mm
EP 50,89 DM/St   LA 1,83 DM/St   ST 49,06 DM/St
EP 26,02 €/St   LA 0,94 €/St   ST 25,08 €/St

005.37902.M KG 538 DIN 276
Rohrboden, Stahl, verzinkt, D= 100 mm
EP 67,59 DM/St   LA 2,44 DM/St   ST 65,15 DM/St
EP 34,56 €/St   LA 1,25 €/St   ST 33,31 €/St

005.37903.M KG 538 DIN 276
Rohrboden, Stahl, verzinkt, D= 150 mm
EP 84,29 DM/St   LA 3,05 DM/St   ST 81,24 DM/St
EP 43,09 €/St   LA 1,56 €/St   ST 41,53 €/St

005.37904.M KG 538 DIN 276
Rohrboden, PVC-U, D= 50 mm
EP 4,29 DM/St   LA 0,61 DM/St   ST 3,68 DM/St
EP 2,19 €/St   LA 0,31 €/St   ST 1,88 €/St

005.37905.M KG 538 DIN 276
Rohrboden, PVC-U, D= 100 mm
EP 8,59 DM/St   LA 1,23 DM/St   ST 7,36 DM/St
EP 4,39 €/St   LA 0,63 €/St   ST 3,76 €/St

005.37906.M KG 538 DIN 276
Rohrboden, PVC-U, D= 150 mm
EP 12,87 DM/St   LA 1,83 DM/St   ST 11,04 DM/St
EP 6,58 €/St   LA 0,94 €/St   ST 5,64 €/St

005.37907.M KG 538 DIN 276
Rohrboden, PVC-U, D= 200 mm
EP 17,16 DM/St   LA 2,44 DM/St   ST 14,72 DM/St
EP 8,77 €/St   LA 1,25 €/St   ST 7,52 €/St

005.37908.M KG 538 DIN 276
Rohrboden, PE-HD, D= 50 mm
EP 20,53 DM/St   LA 1,23 DM/St   ST 19,30 DM/St
EP 10,50 €/St   LA 0,63 €/St   ST 9,87 €/St

005.37909.M KG 538 DIN 276
Rohrboden, PE-HD, D= 100 mm
EP 41,05 DM/St   LA 2,44 DM/St   ST 38,61 DM/St
EP 20,99 €/St   LA 1,25 €/St   ST 19,74 €/St

005.37910.M KG 538 DIN 276
Rohrboden, PE-HD, D= 150 mm
EP 61,58 DM/St   LA 3,67 DM/St   ST 57,91 DM/St
EP 31,49 €/St   LA 1,88 €/St   ST 29,61 €/St

005.37911.M KG 538 DIN 276
Rohrboden, PE-HD, D= 200 mm
EP 82,10 DM/St   LA 4,89 DM/St   ST 77,21 DM/St
EP 41,98 €/St   LA 2,50 €/St   ST 39,48 €/St

Ausbau des Bohrloches, Schüttung Kopf, Abdichtung

005.-----.-

005.40001.M Filterschüttung, 1-fach	74,69 DM/t
	38,19 €/t
005.40101.M Filterschüttung, 2-fach	182,95 DM/t
	93,54 €/t
005.42001.M Brunnenkopf, Stahl, verzinkt, D= 600 mm	1 012,49 DM/St
	517,68 €/St
005.45001.M Brunnenabdichtung, Ton	296,63 DM/m3
	151,66 €/m3

Abkürzung:
D = Nennweite

005.40001.M KG 538 DIN 276
Filterschüttung, 1-fach
EP 74,69 DM/t   LA 61,07 DM/t   ST 13,62 DM/t
EP 38,19 €/t   LA 31,22 €/t   ST 6,97 €/t

005.40101.M KG 538 DIN 276
Filterschüttung, 2-fach
EP 182,95 DM/t   LA 164,88 DM/t   ST 18,07 DM/t
EP 93,54 €/t   LA 84,30 €/t   ST 9,24 €/t

005.42001.M KG 538 DIN 276
Brunnenkopf, Stahl, verzinkt, D= 600 mm
EP 1 012,49 DM/St LA 122,13 DM/St ST 890,36 DM/St
EP   517,68 €/St   LA 62,45 €/St   ST 455,23 €/St

005.45001.M KG 538 DIN 276
Brunnenabdichtung, Ton
EP 296,63 DM/m3   LA 274,80 DM/m3 ST 21,83 DM/m3
EP 151,66 €/m3   LA 140,50 €/m3   ST 11,16 €/m3

LB 005 Brunnenbohrarbeiten und Aufschlussbohrungen
Pumpversuche, Entsanden

AW 005

Ausgabe 06.02

Sämtliche Preise sind **Mittelpreise ohne Mehrwertsteuer** zum Zeitpunkt des Ausgabedatums.
Korrekturfaktoren für Regionaleinfluss, Mengeneinfluss, Konjunktureinfluss siehe Vorspann.
Abkürzungen: EP = Einheitspreis, LA = Lohnanteil, ST = Stoffanteil

Pumpversuche, Entsanden

005.----.-

Pos.	Beschreibung	Preis
005.50001.M	UW-Pumpe ein- + ausbauen, D= 50 mm, T bis 10 m	340,15 DM/St 173,91 €/St
005.50002.M	UW-Pumpe ein- + ausbauen, D= 50 mm, T= 10-15 m	365,44 DM/St 186,85 €/St
005.50003.M	UW-Pumpe ein- + ausbauen, D= 50 mm, T= 15-20 m	384,61 DM/St 196,65 €/St
005.50004.M	UW-Pumpe ein- + ausbauen, D= 50 mm, T= 20-25 m	403,79 DM/St 206,45 €/St
005.50005.M	UW-Pumpe ein- + ausbauen, D= 50 mm, T= 25-30 m	416,86 DM/St 213,13 €/St
005.50006.M	UW-Pumpe ein- + ausbauen, D= 100 mm, T bis 10 m	387,17 DM/St 197,95 €/St
005.50007.M	UW-Pumpe ein- + ausbauen, D= 100 mm, T= 10-15 m	412,46 DM/St 210,89 €/St
005.50008.M	UW-Pumpe ein- + ausbauen, D= 100 mm, T= 15-20 m	431,63 DM/St 220,69 €/St
005.50009.M	UW-Pumpe ein- + ausbauen, D= 100 mm, T= 20-25 m	444,71 DM/St 227,38 €/St
005.50010.M	UW-Pumpe ein- + ausbauen, D= 100 mm, T= 25-30 m	463,88 DM/St 237,18 €/St
005.50011.M	UW-Pumpe ein- + ausbauen, D= 150 mm, T bis 10 m	440,32 DM/St 225,13 €/St
005.50012.M	UW-Pumpe ein- + ausbauen, D= 150 mm, T= 10-15 m	465,59 DM/St 238,05 €/St
005.50013.M	UW-Pumpe ein- + ausbauen, D= 150 mm, T= 15-20 m	484,76 DM/St 247,85 €/St
005.50014.M	UW-Pumpe ein- + ausbauen, D= 150 mm, T= 20-25 m	497,84 DM/St 254,54 €/St
005.50015.M	UW-Pumpe ein- + ausbauen, D= 150 mm, T= 25-30 m	517,01 DM/St 264,35 €/St
005.50201.M	Abflussleitung zum Vorfluter ein- + ausbauen	19,61 DM/m 10,03 €/m
005.50601.M	Klarpumpen, UW-Pumpe, Fördermenge = 10-15 l/s	9,96 DM/h 5,09 €/h
005.50602.M	Klarpumpen, UW-Pumpe, Fördermenge = 15-20 l/s	10,91 DM/h 5,58 €/h
005.50603.M	Klarpumpen, UW-Pumpe, Fördermenge = 20-30 l/s	15,40 DM/h 7,88 €/h
005.50604.M	Klarpumpen, UW-Pumpe, Fördermenge = 30-50 l/s	18,07 DM/h 9,24 €/h
005.50605.M	Klarpumpen, UW-Pumpe, Fördermenge = 50-100 l/s	27,38 DM/h 14,00 €/h

Abkürzungen:
D = Nennweite der Rohrleitung
T = Einbautiefe

005.50001.M KG 538 DIN 276
Unterwasserpumpe ein- + ausbauen, D= 50 mm, T bis 10 m
EP 340,15 DM/St   LA 335,87 DM/St   ST 4,28 DM/St
EP 173,91 €/St   LA 171,73 €/St   ST 2,18 €/St

005.50002.M KG 538 DIN 276
Unterwasserpumpe ein- + ausbauen, D= 50 mm, T= 10-15 m
EP 365,44 DM/St   LA 360,30 DM/St   ST 5,14 DM/St
EP 186,85 €/St   LA 184,22 €/St   ST 2,63 €/St

005.50003.M KG 538 DIN 276
Unterwasserpumpe ein- + ausbauen, D= 50 mm, T= 15-20 m
EP 384,61 DM/St   LA 378,61 DM/St   ST 6,00 DM/St
EP 196,65 €/St   LA 193,58 €/St   ST 3,07 €/St

005.50004.M KG 538 DIN 276
Unterwasserpumpe ein- + ausbauen, D= 50 mm, T= 20-25 m
EP 403,79 DM/St   LA 396,94 DM/St   ST 6,85 DM/St
EP 206,45 €/St   LA 202,95 €/St   ST 3,50 €/St

005.50005.M KG 538 DIN 276
Unterwasserpumpe ein- + ausbauen, D= 50 mm, T= 25-30 m
EP 416,86 DM/St   LA 409,15 DM/St   ST 7,71 DM/St
EP 213,13 €/St   LA 209,19 €/St   ST 3,94 €/St

005.50006.M KG 538 DIN 276
Unterwasserpumpe ein- + ausbauen, D= 100 mm, T bis 10 m
EP 387,17 DM/St   LA 378,61 DM/St   ST 8,56 DM/St
EP 197,95 €/St   LA 193,58 €/St   ST 4,37 €/St

005.50007.M KG 538 DIN 276
Unterwasserpumpe ein- + ausbauen, D= 100 mm, T= 10-15 m
EP 412,46 DM/St   LA 403,04 DM/St   ST 9,42 DM/St
EP 210,89 €/St   LA 206,07 €/St   ST 4,82 €/St

005.50008.M KG 538 DIN 276
Unterwasserpumpe ein- + ausbauen, D= 100 mm, T= 15-20 m
EP 431,63 DM/St   LA 421,36 DM/St   ST 10,27 DM/St
EP 220,69 €/St   LA 215,44 €/St   ST 5,25 €/St

005.50009.M KG 538 DIN 276
Unterwasserpumpe ein- + ausbauen, D= 100 mm, T= 20-25 m
EP 444,71 DM/St   LA 433,58 DM/St   ST 11,13 DM/St
EP 227,38 €/St   LA 221,68 €/St   ST 5,70 €/St

005.50010.M KG 538 DIN 276
Unterwasserpumpe ein- + ausbauen, D= 100 mm, T= 25-30 m
EP 463,88 DM/St   LA 451,89 DM/St   ST 11,99 DM/St
EP 237,18 €/St   LA 231,05 €/St   ST 6,13 €/St

005.50011.M KG 538 DIN 276
Unterwasserpumpe ein- + ausbauen, D= 150 mm, T bis 10 m
EP 440,32 DM/St   LA 427,46 DM/St   ST 12,86 DM/St
EP 225,13 €/St   LA 218,56 €/St   ST 6,57 €/St

005.50012.M KG 538 DIN 276
Unterwasserpumpe ein- + ausbauen, D= 150 mm, T= 10-15 m
EP 465,59 DM/St   LA 451,89 DM/St   ST 13,70 DM/St
EP 238,05 €/St   LA 231,05 €/St   ST 7,00 €/St

005.50013.M KG 538 DIN 276
Unterwasserpumpe ein- + ausbauen, D= 150 mm, T= 15-20 m
EP 484,76 DM/St   LA 470,22 DM/St   ST 14,54 DM/St
EP 247,85 €/St   LA 240,42 €/St   ST 7,43 €/St

005.50014.M KG 538 DIN 276
Unterwasserpumpe ein- + ausbauen, D= 150 mm, T= 20-25 m
EP 497,84 DM/St   LA 482,43 DM/St   ST 15,41 DM/St
EP 254,54 €/St   LA 246,66 €/St   ST 7,88 €/St

005.50015.M KG 538 DIN 276
Unterwasserpumpe ein- + ausbauen, D= 150 mm, T= 25-30 m
EP 517,01 DM/St   LA 500,74 DM/St   ST 16,27 DM/St
EP 264,35 €/St   LA 256,03 €/St   ST 8,32 €/St

005.50201.M KG 538 DIN 276
Abflussleitung zum Vorfluter ein- + ausbauen
EP 19,61 DM/m   LA 18,32 DM/m   ST 1,29 DM/m
EP 10,03 €/m   LA 9,37 €/m   ST 0,66 €/m

005.50601.M KG 538 DIN 276
Klarpumpen, Unterwasserpumpe, Fördermenge = 10-15 l/s
EP 9,96 DM/h   LA 6,11 DM/h   ST 3,85 DM/h
EP 5,09 €/h   LA 3,12 €/h   ST 1,97 €/h

005.50602.M KG 538 DIN 276
Klarpumpen, Unterwasserpumpe, Fördermenge = 15-20 l/s
EP 10,91 DM/h   LA 6,11 DM/h   ST 4,80 DM/h
EP 5,58 €/h   LA 3,12 €/h   ST 2,46 €/h

005.50603.M KG 538 DIN 276
Klarpumpen, Unterwasserpumpe, Fördermenge = 20-30 l/s
EP 15,40 DM/h   LA 9,16 DM/h   ST 6,24 DM/h
EP 7,88 €/h   LA 4,68 €/h   ST 3,20 €/h

005.50604.M KG 538 DIN 276
Klarpumpen, Unterwasserpumpe, Fördermenge = 30-50 l/s
EP 18,07 DM/h   LA 9,16 DM/h   ST 8,91 DM/h
EP 9,24 €/h   LA 4,68 €/h   ST 4,56 €/h

005.50605.M KG 538 DIN 276
Klarpumpen, Unterwasserpumpe, Fördermenge = 50-100 l/s
EP 27,38 DM/h   LA 12,21 DM/h   ST 15,17 DM/h
EP 14,00 €/h   LA 6,24 €/h   ST 7,76 €/h

AW 005

Ausgabe 06.02

LB 005 Brunnenbohrarbeiten und Aufschlussbohrungen
Schächte; Vorhalten Bohrrohre und Pumpanlagen; Aufbau, Abbau, Vorhalten usw.

Sämtliche Preise sind **Mittelpreise ohne Mehrwertsteuer** zum Zeitpunkt des Ausgabedatums.
Korrekturfaktoren für Regionaeinfluss, Mengeneinfluss, Konjunktureinfluss siehe Vorspann.
Abkürzungen: EP = Einheitspreis, LA = Lohnanteil, ST = Stoffanteil

Schächte

005.—.-

005.60001.M Brunnenvorschacht, Betonfertigteile		2 296,02 DM/St
		1 173,94 €/St

005.60001.M KG 538 DIN 276
Brunnenvorschacht, Betonfertigteile
EP 2 296,02 DM/St   LA 1 465,59 DM/St   ST 830,43 DM/St
EP 1 173,94 €/St   LA   749,34 €/St   ST 424,60 €/St

Vorhalten Bohrrohre und Pumpanlagen

005.5500005.—.-

1.M Vorhalten Bohrrohre, D= 51 mm		5,60 DM/mxMo
		2,86 €/mxMo

005.55001.M KG 319 DIN 276
Vorhalten Bohrrohre, D= 51 mm
EP 5,60 DM/mxMo   LA 0,00 DM/mxMo   ST 5,60 DM/mxMo
EP 2,86 €/mxMo   LA 0,00 €/mxMo   ST 2,86 €/mxMo

Aufbau, Abbau, Umsetzen, Vorhalten usw.

005.—.-

005.55002.M Vorhalten Bohrrohre, D= 89 mm		7,23 DM/mxMo
		3,70 €/mxMo
005.55003.M Vorhalten Bohrrohre, D= 133 mm		9,39 DM/mxMo
		4,80 €/mxMo
005.55004.M Vorhalten Bohrrohre, D= 178 mm		14,31 DM/mxMo
		7,32 €/mxMo
005.55005.M Vorhalten Bohrrohre, D= 244 mm		20,25 DM/mxMo
		10,35 €/mxMo
005.55006.M Vorhalten Bohrrohre, D= 323 mm		29,91 DM/mxMo
		15,29 €/mxMo
005.55007.M Vorhalten Pumpenanlage, L= 2,2 kW		575,82 DM/StxMo
		294,41 €/StxMo
005.55008.M Vorhalten Pumpenanlage, L= 3,7 kW		606,14 DM/StxMo
		309,91 €/StxMo
005.55009.M Vorhalten Pumpenanlage, L= 7,5 kW		886,92 DM/StxMo
		453,48 €/StxMo
005.55010.M Vorhalten Pumpenanlage, L= 11,0 kW		1 468,83 DM/StxMo
		751,00 €/StxMo
005.55011.M Vorhalten Pumpenanlage, L= 15,0 kW		1 934,55 DM/StxMo
		989,12 €/StxMo

005.55002.M KG 319 DIN 276
Vorhalten Bohrrohre, D= 89 mm
EP 7,23 DM/mxMo   LA 0,00 DM/mxMo   ST 7,23 DM/mxMo
EP 3,70 €/mxMo   LA 0,00 €/mxMo   ST 3,70 €/mxMo

005.55003.M KG 319 DIN 276
Vorhalten Bohrrohre, D= 133 mm
EP 9,39 DM/mxMo   LA 0,00 DM/mxMo   ST 9,39 DM/mxMo
EP 4,80 €/mxMo   LA 0,00 €/mxMo   ST 4,80 €/mxMo

005.55004.M KG 319 DIN 276
Vorhalten Bohrrohre, D= 178 mm
EP 14,31 DM/mxMo   LA 0,00 DM/mxMo   ST 14,31 DM/mxMo
EP 7,32 €/mxMo   LA 0,00 €/mxMo   ST 7,32 €/mxMo

005.55005.M KG 319 DIN 276
Vorhalten Bohrrohre, D= 244 mm
EP 20,25 DM/mxMo   LA 0,00 DM/mxMo   ST 20,25 DM/mxMo
EP 10,35 €/mxMo   LA 0,00 €/mxMo   ST 10,35 €/mxMo

005.55006.M KG 319 DIN 276
Vorhalten Bohrrohre, D= 323 mm
EP 29,91 DM/mxMo   LA 0,00 DM/mxMo   ST 29,91 DM/mxMo
EP 15,29 €/mxMo   LA 0,00 €/mxMo   ST 15,29 €/mxMo

005.55007.M KG 538 DIN 276
Vorhalten Pumpenanlage, L= 2,2 kW
EP 575,82 DM/StxMo LA 0,00 DM/StxMo ST 575,82 DM/StxMo
EP 294,41 €/St   LA 0,00 €/StxMo   ST 294,41 €/StxMo

005.55008.M KG 538 DIN 276
Vorhalten Pumpenanlage, L= 3,7 kW
EP 606,14 DM/StxMo LA 0,00 DM/StxMo ST 606,14 DM/StxMo
EP 309,91 €/St   LA 0,00 €/StxMo   ST 309,91 €/StxMo

005.55009.M KG 538 DIN 276
Vorhalten Pumpenanlage, L= 7,5 kW
EP 886,92 DM/StxMo LA 0,00 DM/StxMo ST 886,92 DM/StxMo
EP 453,48 €/St   LA 0,00 €/StxMo   ST 453,48 €/StxMo

005.55010.M KG 538 DIN 276
Vorhalten Pumpenanlage, L= 11,0 kW
EP 1468,83 DM/StxM LA 0,00 DM/StxMo ST 1468,83 DM/StxMo
EP 751,00 €/St   LA 0,00 €/StxMo   ST 751,00 €/StxMo

005.55011.M KG 538 DIN 276
Vorhalten Pumpenanlage, L= 15,0 kW
EP 1934,55 DM/StxM LA 0,00 DM/StxMo ST 1934,55 DM/StxMo
EP 989,12 €/St   LA 0,00 €/StxMo   ST 989,12 €/StxMo

LB 006 Verbau, Ramm- und Einpressarbeiten
Bohrarbeiten

STLB 006

Ausgabe 06.02

010 Bohrung für Verbauträger,
020 Bohrung für Verankerungen,
030 Bohrung für Einpressarbeiten/Verfüllarbeiten,
040 Bohrung für Düsenstrahlverfahren (Hochdruckinjektion),
050 Bohrung für Wasserabpressversuche,
060 Bohrung für die Aufnahme von Messgeräten,
070 Bohrung für ....,
080 Wiederaufbohren von verfüllten Bohrlöchern,
090 Überbohren ....,
   Einzelangaben nach DIN 18303 zu Pos. 010 bis 090
   - Art der Bohrung
     -- als Vollbohrung,
     -- als Vollbohrung mit Verrohrung bis ....,
     -- als Vollbohrung ohne Verrohrung,
     -- als Vollbohrung mit Stützflüssigkeit,
     -- als Kernbohrung,
     -- als Kernbohrung mit Verrohrung bis ....,
     -- als Kernbohrung ohne Verrohrung,
     -- als Kernbohrung mit Stützflüssigkeit,
     -- als ....,
       --- ab Geländeoberfläche,
       --- ab Baugrubensohle,
   - Ausführung .... gemäß Zeichnung Nr. ....,
     Einzelbeschreibung Nr. ....,
   - Ausführung im Verfahren ....
     (Sofern nicht vorgeschrieben, vom Bieter einzutragen)
   - Spülung
     -- Spülung mit Wasser – mit Luft – mit Luft und Wasser – ....,
   - Bohrrichtung
     -- Bohrrichtung senkrecht,
     -- Bohrrichtung mit Neigung zur Senkrechten ....,
     -- Bohrrichtung waagerecht,
     -- Bohrrichtung mit Neigung zur Waagerechten ....,
   - Bodenart
     -- Bodenarten gemäß beigefügtem Schichtenverzeichnis,
     -- Bodenarten gemäß beigefügtem Bodengutachten,
     -- Boden-/Felsklasse DIN 18301 ....,
     -- zu durchbohrender Werkstoff ....,
   - Bohrlochdurchmesser bis 86 mm –
     über 86 bis 150 mm – über 150 bis 300 mm –
     über 300 bis 400 mm – über 400 bis 600 mm –
     über 600 bis 800 mm – über 800 bis 1000 mm –
     in mm ...., Kerndurchmesser in mm ....,
   - Bohrlochlänge bis 1 m – über 1 bis 2 m –
     über 2 bis 3 m – über 3 bis 5 m – über 5 bis 10 m –
     über 10 bis 15 m – über 15 bis 20 m –
     über 20 bis 25 m – über 25 bis 30 m –
     über 30 bis 40 m – über 40 bis 50 m –
     über 50 bis 100 m – ....,
   - Berechnungseinheit m

100 Bohrgut aus Bohrungen,
   Einzelangaben nach DIN 18303
   - mit Stützflüssigkeit vermengt,
   - Leistungsumfang
     -- seitlich lagern bis zur Verfüllung,
     -- aufladen und entsorgen, Entsorgung wird gesondert vergütet,
     -- ....,
   - Berechnungseinheit Stück

101 Bohrung verfüllen,
   Einzelangaben nach DIN 18303
   - Art des Füllgutes
     -- mit seitlich gelagertem Bohrgut,
     -- mit Sand, Körnung 0/3 mm,
     -- mit Kiessand, Körnung 0/11 mm,
     -- mit Zementsuspension,
     -- mit Zement–Bentonit–Suspension,
     -- mit ....,
   - Berechnungseinheit m³

102 Verrohrung im Boden belassen,
   Einzelangaben nach DIN 18303
   - Art der Rohre
     -- nahtlose Bohrrohre DIN 4918,
     -- nahtlose Stahlrohre DIN 1629,
     -- geschweißte Stahlrohre DIN 17120,
     -- Rohre nach Wahl des AN,
     -- Rohre ....,
   - Mindestwanddicke in mm ....
     (Sofern nicht vorgeschrieben, vom Bieter einzutragen)
   - Außendurchmesser bis 86 mm –
     über 86 bis 150 mm – über 150 bis 300 mm –
     über 300 bis 400 mm – über 400 bis 600 mm –
     über 600 bis 800 mm – über 800 bis 1000 mm –
     in mm ...., Kerndurchmesser in mm ....,
   - Berechnungseinheit m

   Hinweis: Weitere Bohrungen, Vermessungen und Kontrollen siehe LB 005 Brunnenbauarbeiten und Aufschlussbohrungen.

103 Durchbohren,
   Einzelangaben nach DIN 18303
   - Werkstoff, Bauteil,
     -- von Mauerwerk,
     -- von Beton,
     -- von Stahlbeton,
     -- von Boden-/Felsklasse DIN 18301 ....,
     -- von ....,
   - als Zulage, Bohrlochdurchmesser in mm ....
   - Berechnungseinheit m

104 Durchbohren von Stahl bei Kernbohrung als Zulage. Abrechnung nach Aufmaß der Stahlschnittfläche an der Bohrkernmantelfläche,
   - Berechnungseinheit cm²

105 Bohrkolonne mit Gerät,
   Einzelangaben nach DIN 18303
   - Art der Leistung
     -- zur Beseitigung von unvermuteten Hindernissen,
     -- bei Wartezeiten am offenen Bohrloch,
     -- für ....,
   - Berechnungseinheit h

STLB 006

LB 006 Verbau-, Ramm- und Einpressarbeiten
Vereinfachte Beschreibungen für Verbau

Ausgabe 06. 02

Ausführung nach Wahl des AN

150 Verbau für Baugruben,
160 Verbau für Gräben,
170 Verbau für Gräben und Schächte,
180 Verbau für Schachtgruben,
190 Verbau ....
 Einzelangaben nach DIN 18303 zu Pos. 150 bis 190
 – Lage
  – – senkrecht,
  – – waagerecht,
 – Art des Verbaues .... (vom Bieter einzutragen)
  – – Rammen ist nicht zugelassen,
  – – Rütteln ist nicht zugelassen,
  – – Rammen und Rütteln sind nicht zugelassen,
  – – nicht zugelassen ......,
 – Ausführung gemäß Zeichnung Nr. ......,
  Einzelbeschreibung Nr. ......
  – – nach Wahl des AN,
  – – nach Wahl des AN, ohne Aussteifungen,
   Verankerungen sind möglich,
  – – nach Wahl des AN, ohne Verankerungen,
   Aussteifungen sind möglich,
  – – nach Wahl des AN, ohne Aussteifungen und ohne
   Verankerungen,
 – Verbautiefe von 0 bis 1,25 m – von 0 bis 1,75 m –
  von 0 bis 2 m – von 0 bis 2,5 m – von 0 bis 3 m –
  von 0 bis 3,5 m – von 0 bis 4 m – in m ....
 – Sohlenbreite zwischen den Bekleidungen bis 1 m –
  über 1 bis 2 m – über 2 bis 3 m – über 3 bis 4 m –
  in m ....
 – Baugrubenlänge in m ...., Baugrubenbreite in m ....
 – Bodenart
  – – Bodenarten gemäß beigefügtem Schichten-
   verzeichnis,
  – – Bodenarten gemäß beigefügtem Bodengutachten,
  – – Bodenklasse 2 DIN 18300,
  – – Bodenklasse 3 bis 5 DIN 18300,
  – – Bodenklasse 6 DIN 18300,
  – – Bodenklasse 7 DIN 18300,
 – Verfügung zum Verbau
  – – Verbau wieder beseitigen,
  – – Verbau kann im Boden verbleiben,
  – – Verbau kann im Boden verbleiben ab ....,
  – – Verbau kann im Boden verbleiben ab ....,
   Aussteifungen/Ankerköpfe wieder beseitigen,
  – – Verbau kann im Boden verbleiben ab ....,
   Aussteifungen/Ankerköpfe wieder beseitigen,
  – – Verbau im Boden belassen,
  – – Verbau im Boden belassen ab ....,
  – – Verbau im Boden belassen ab ....,
   Aussteifungen/Ankerköpfe wieder beseitigen,
  – – Verbau ......,
    – – – Anker beseitigen,
 – Berechnungseinheit m²

Ausführung nach Angaben des AG

200 Verbau,
210 Wasserundurchlässiger Verbau,
 Art der Abdichtung ....,
 (Sofern nicht vorgeschrieben, vom Bieter einzutragen),
 Einzelangaben nach DIN 18303 zu Pos. 200, 210
 – Werkstoff
  – – aus Stahlprofilen, Profil ...., Stahlsorte ....,
  – – aus Stahlprofilen, Widerstandsmoment ....,
   Stahlsorte ....,
  – – aus ....,
 – Einbauart
  – – einrammen,
  – – einrütteln,
  – – in Bohrlöcher einbauen, einschl. Bohren der
   Löcher und Verfüllen,
  – – in Bohrlöcher einbauen, einschl. Bohren der
   Löcher und Verfüllen mit ....,
  – – eingebaut, tieferrammen bis ....,
  – – eingebaut, tieferrütteln bis ....,
  – – Einbauart ....,
   (Sofern nicht vorgeschrieben, vom Bieter
   einzutragen),
 – Ausfachung
  – – ohne Ausfachung,
  – – ohne Ausfachung, mit Sicherung gegen
   Steinschlag,
  – – mit Ausfachung nach Wahl des AN,
  – – mit Ausfachung aus Holz,
  – – mit Ausfachung aus unbewehrtem Beton einschl.
   Schalung oder unbewehrtem Spritzbeton,
  – – mit Ausfachung aus Betonfertigteilen/Beton
   einschl. Schalung oder Spritzbeton einschl.
   Bewehrung,
  – – mit Ausfachung aus Spundbohlen,
  – – mit Ausfachung aus Kanaldielen,
  – – mit Ausfachung ....,
 Fortsetzung Einzelangaben siehe Pos. 220 bis 240

220 Verbau aus Stahlspundbohlen,
 einschl. der erforderlichen Anschluss–, Abzweig– und
 Passbohlen,
230 Wasserundurchlässiger Verbau aus Stahlspundbohlen, einschl. der erforderlichen Anschluss–,
 Abzweig– und Passbohlen, Art der Abdichtung .....,
 (Sofern nicht vorgeschrieben, vom Bieter einzutragen),
240 Verbau aus Kanaldielen,
 Einzelangaben nach DIN 18303 zu Pos. 220 bis 240
 – Werkstoff
  – – Profil ...., Stahlsorte ....,
  – – Widerstandsmoment ...., Stahlsorte ....,
 – Einbauart
  – – einrammen – einrütteln – einpressen,
  – – eingebaut, tieferrammen bis ....,
  – – eingebaut, tieferrütteln bis ....,
  – – eingebaut, tieferpressen bis ....,
  – – in Schlitzwand einbauen, Herstellen der
   Schlitzwand wird gesondert vergütet,
  – – Einbauart ...., (Sofern nicht vorgeschrieben, vom
   Bieter einzutragen),
    – – – ohne Aussteifung und ohne Verankerung,
    – – – mit teilweiser Aussteifung und Verankerung,
    – – – mit Aussteifung oder Verankerung,
    – – – mit Verankerung,
    – – – mit waagerechter Aussteifung, Verankerung
     nicht möglich,
    – – – mit geneigter Aussteifung, Verankerung nicht
     möglich,
    – – – Aussteifung oder Verankerung wird
     gesondert vergütet,

Fortsetzung Einzelangaben zu Pos. 200 bis 240
 – Verbautiefe/Einbaulänge bis 5 m – über 5 bis 7,5 m –
  über 7,5 bis 10 m – in m ....,
 – Baugrubenbreite bis 3 m – über 3 bis 6 m –
  über 6 bis 8 m – über 8 bis 10 m – in m ....,
 – Bodenarten
  – – Bodenarten gemäß beigefügtem Schichten-
   verzeichnis,
  – – Bodenarten gemäß beigefügtem Bodengutachten,
  – – Bodenklasse 2 DIN 18300,
  – – Bodenklasse 3 bis 5 DIN 18300,

LB 006 Verbau-, Ramm- und Einpressarbeiten
Verankerungen

STLB 006

Ausgabe 06. 02

– – Bodenklasse 6 DIN 18300,
– – Bodenklasse 7 DIN 18300,
– Verfügung zum Verbau
– – Verbau wieder beseitigen,
– – Verbau kann im Boden verbleiben,
– – Verbau kann im Boden verbleiben ab ....,
– – Verbau kann im Boden verbleiben,
Aussteifungen/Ankerköpfe wieder beseitigen,
– – Verbau kann im Boden verbleiben ab ....,
Aussteifungen/Ankerköpfe wieder beseitigen,
– – Verbau im Boden belassen,
– – Verbau im Boden belassen ab ....,
– – Verbau im Boden belassen ab ....,
Aussteifungen/Ankerköpfe wieder beseitigen,
– – Verbau ....,
– – – Anker beseitigen,
– Ausführung gemäß Zeichnung Nr. ....,
Einzelbeschreibung Nr. ....
– Berechnungseinheit m²

250 Verbau vorhalten über die vertraglich vereinbarte Vorhaltezeit hinaus,
Einzelangaben nach DIN 18303
– Verbautiefe/Einbaulänge bis 5 m – über 5 bis 7,5 m – über 7,5 bis 10 m – in m ....
– Vorhaltedauer ....
– Abrechnungsart
– – Abrechnung nach Quadratmeter x Tage,
– – Abrechnung nach Quadratmeter x Wochen,
– – Abrechnung nach Quadratmeter x Monate,

Detaillierte Beschreibungen für Verbau

Verbauträger

270 Verbauträger in vorhandenes Bohrloch einbauen,
271 Verbauträger mit Fußplatte in vorhandenes Bohrloch einbauen,
272 Verbauträger mit .... in vorhandenes Bohrloch einbauen,
Einzelangaben nach DIN 18303 zu Pos. 270 bis 272
– vorhalten und ausbauen
– Profil ....
– Verfügung zum Verbauträger
– – Träger kann im Boden verbleiben,
– – Träger kann im Boden verbleiben ab ....,
– – Träger im Boden belassen,
– – Träger im Boden belassen ab ....,
– Unterfüllen Fuß/verfüllen Einspannbereich
– – mit Fuß unterfüllen mit Beton B 5,
– – mit Fuß unterfüllen mit Beton B 10,
– – mit Fuß unterfüllen mit ....,
– – Einspannbereich verfüllen mit Beton B 5,
– – Einspannbereich verfüllen mit Beton B 10,
– – Einspannbereich verfüllen mit ....,
– oberhalb des Fußes/Einspannbereiches verfüllen
– – mit seitlich gelagertem Bohrgut,
– – mit Sand, Körnung 0/3 mm,
– – mit Kiessand, Körnung 0/11 mm,
– – mit Zementsuspension,
– – mit Zement–Bentonit–Suspension,
– – mit ....,
– Bodenart
– – Bodenarten gemäß beigefügtem Schichtenverzeichnis,
– – Bodenarten gemäß beigefügtem Bodengutachten,
– – Bodenklasse 2 DIN 18300,
– – Bodenklasse 3 bis 5 DIN 18300,
– – Bodenklasse 6 DIN 18300,
– – Bodenklasse 7 DIN 18300,
– Länge bis 5 m – über 5 bis 10 m – über 10 bis 15 m – über 15 bis 20 m – über 20 bis 25 m – über 25 bis 30 m – in m ....
– Dauer der Vorhaltung ....
– Berechnungseinheit m, Stück (genaue Länge angeben)

273 Verbauträger einbauen,
Einzelangaben nach DIN 18303
– Einbauart ....
(Sofern nicht vorgeschrieben, vom Bieter einzutragen)
– – Rammen ist nicht zugelassen,
– – Rütteln ist nicht zugelassen,
– – Rammen und Rütteln sind nicht zugelassen,
– – nicht zugelassen ....,
– vorhalten und ausbauen
– Profil ....
– Verfügung zum Verbau
– – Träger kann im Boden verbleiben,
– – Träger kann im Boden verbleiben ab ....,
– – Träger im Boden belassen,
– – Träger im Boden belassen ab ....,
– Bodenart
– – Bodenarten gemäß beigefügtem Schichtenverzeichnis,
– – Bodenarten gemäß beigefügtem Bodengutachten,
– – Bodenklasse 2 DIN 18300,
– – Bodenklasse 3 bis 5 DIN 18300,
– – Bodenklasse 6 DIN 18300,
– – Bodenklasse 7 DIN 18300,
– Länge bis 5 m – über 5 bis 10 m – über 10 bis 15 m – über 15 bis 20 m – über 20 bis 25 m – über 25 bis 30 m – in m ....
– Dauer der Vorhaltung ....
– Berechnungseinheit m, Stück (genaue Länge angeben)

STLB 006

LB 006 Verbau-, Ramm- und Einpressarbeiten
Vereinfachte Beschreibungen für Verbau

Ausgabe 06. 02

274 Verbauträger bekleiden,
Einzelangaben nach DIN 18303
- Zweck der Bekleidung
  -- zum Schutz der Abdichtung,
  -- zum Schutz ....,
- Art der Bekleidung/Werkstoff
  -- nach Wahl des AN,
  -- mit Stahlblech,
  -- mit PVC hart,
  -- mit Rabitzgewebe,
  -- mit ....,
- Maße der Bekleidung in cm ....
- Berechnungseinheit m²

275 Verbauträger vorhalten über die vereinbarte
Vorhaltezeit hinaus,
Einzelangaben nach DIN 18303
- Vorhaltedauer ....
- Abrechnungsart
  -- Abrechnung nach Meter x Tage,
  -- Abrechnung nach Meter x Wochen,
  -- Abrechnung nach Meter x Monate,
  -- Abrechnung nach Stück x Tage,
  -- Abrechnung nach Stück x Wochen,
  -- Abrechnung nach Stück x Monate,

Ausfachungen

280 Ausfachung aus Holz zwischen Verbauelementen,
Einzelangaben nach DIN 18303
- Ausführung
  -- nach Wahl des AN,
  -- mit Kanthölzern und Verkeilung,
  -- mit Bohlen und Verkeilung,
  -- mit ....,
  -- für Trägerbohlwände,
  -- für Übergänge Bohlwand auf Bauwerk,
  -- für Übergänge Bohlwand auf Ortbetonwand,
  -- für Verbohlung hinter den rückwärtigen Verbau-
      trägerflanschen,
  -- für ....,
- Mindestdicke der Ausfachung 6 cm – 8 cm – 10 cm –
  15 cm – 20 cm – in cm ....
- Einbau
  -- einbauen,
  -- einbauen während des Bodenaushubs anderer AN,
  -- einbauen ....,
- Hinterfüllung, Dränage
  -- hinterfüllen nach Wahl des AN,
  -- hinterfüllen mit seitlich gelagertem Boden,
  -- als Vertikaldränage,
  -- hinterfüllen ...., einschl. Vertikaldränage,
  -- hinterfüllen ....,
- Vorhaltung, Beseitigung
  -- Ausfachung vorhalten und wieder beseitigen,
  -- Ausfachung kann im Boden verbleiben,
  -- Ausfachung kann im Boden verbleiben ab ....,
      darüber wieder beseitigen,
  -- Ausfachung im Boden belassen,
  -- Ausfachung im Boden belassen ab ....,
      darüber wieder beseitigen,
  -- Ausfachung ....,
      --- Vorhaltedauer ....,
- Berechnungseinheit m²

281 Ausfachung aus Spritzbeton zwischen
Verbauelementen,
282 Ausfachung aus Betonfertigteilen zwischen
Verbauelementen,
283 Ausfachung aus Ortbeton zwischen Verbauelementen,
einschl. Schalung,
Einzelangaben nach DIN 18303 zu Pos. 281 bis 283
- Betonart
  -- Beton B 15,
  -- Beton B 25,
  -- Beton ....,
      --- einschl. Bewehrung, Betonstahlsorte ....,
          Gewicht in kg/m² ....,
      --- unbewehrt,
      --- Bewehrung wird gesondert vergütet,
      --- Bewehrung ....,
- Mindestdicke der Ausfachung 6 cm – 8 cm – 10 cm –
  15 cm – 20 cm – in cm ....

- Einbau
  -- einbauen,
  -- einbauen während des Bodenaushubs anderer AN,
  -- einbauen ....,
- Hinterfüllung, Dränage
  -- hinterfüllen nach Wahl des AN,
  -- hinterfüllen mit seitlich gelagertem Boden,
  -- als Vertikaldränage,
  -- hinterfüllen ...., einschl. Vertikaldränage,
  -- hinterfüllen ....,
- Vorhaltung, Beseitigung
  -- Ausfachung vorhalten und wieder beseitigen,
  -- Ausfachung kann im Boden verbleiben,
  -- Ausfachung kann im Boden verbleiben ab ....,
      darüber wieder beseitigen,
  -- Ausfachung im Boden belassen,
  -- Ausfachung im Boden belassen ab ....,
      darüber wieder beseitigen,
  -- Ausfachung ....,
      --- Vorhaltedauer ....,
- Berechnungseinheit m²

284 Ausfachung aus Stahl zwischen Verbauelementen,
Einzelangaben nach DIN 18303
- Werkstoff
  -- Stahlsorte S 235 DIN EN 10027 (St 37),
  -- Stahlsorte S 355 DIN EN 10027 (St 52),
  -- Stahlsorte ....,
      (Sofern nicht vorgeschrieben, vom Bieter
      einzutragen),
      --- Profil ....,
          (Sofern nicht vorgeschrieben, vom Bieter
          einzutragen),
- Mindestdicke der Ausfachung 6 cm – 8 cm – 10 cm –
  15 cm – 20 cm – in cm ....
- Einbau
  -- einbauen,
  -- einbauen während des Bodenaushubs anderer AN,
  -- einbauen ....,
- Hinterfüllung, Dränage
  -- hinterfüllen nach Wahl des AN,
  -- hinterfüllen mit seitlich gelagertem Boden,
  -- als Vertikaldränage,
  -- hinterfüllen ...., einschl. Vertikaldränage,
  -- hinterfüllen ....,
- Vorhaltung, Beseitigung
  -- Ausfachung vorhalten und wieder beseitigen,
  -- Ausfachung kann im Boden verbleiben,
  -- Ausfachung kann im Boden verbleiben ab ....,
      darüber wieder beseitigen,
  -- Ausfachung im Boden belassen,
  -- Ausfachung im Boden belassen ab ....,
      darüber wieder beseitigen,
  -- Ausfachung ....,
      --- Vorhaltedauer ....,
- Berechnungseinheit m²

285 Ausfachung vorhalten über die vertragliche
Vorhaltezeit hinaus,
Einzelangaben nach DIN 18303
- Werkstoff der Ausfachung
  -- aus Stahl,
  -- aus ....,
- Vorhaltedauer ....
- Abrechnungsart
  -- Abrechnung nach Quadratmeter x Tage,
  -- Abrechnung nach Quadratmeter x Wochen,
  -- Abrechnung nach Quadratmeter x Monate,

286 Ausfachung ausbauen,
Einzelangaben nach DIN 18303
- Werkstoff der Ausfachung
  -- aus Holz,
  -- aus Stahl,
  -- aus ....,
- Berechnungseinheit m²

LB 006 Verbau-, Ramm- und Einpressarbeiten
Verankerungen

STLB 006

Ausgabe 06. 02

Aussteifungen

300 Aussteifung des Verbaues,
310 Aussteifung des Verbaues, gleichzeitig als Auflager für ....,
Einzelangaben nach DIN 18303 zu Pos. 300, 310
- Bauteil
  - - als Gurte,
  - - als Gurte/Holme,
  - - als Gurte und Streben/Steifen,
  - - als Verbände,
  - - als Auswechselungen,
  - - als Streben/Steifen,
  - - als ....,
Fortsetzung Einzelangaben siehe Pos. 320, 330

320 Konsole am Verbau,
330 Auflager am Verbau,
Einzelangaben nach DIN 18303 zu Pos. 320, 330
- Bauteil
  - - für die Auflagerung von Fahrbahnabdeckungen,
  - - für die Auflagerung ....,
  - - für ....,

Fortsetzung Einzelangaben zu Pos. 300 bis 330
- Werkstoff
  - - nach wahl des AN,
  - - aus HEB–Stahlprofilen,
  - - aus U–Stahlprofilen,
  - - aus Flachstahlprofilen,
  - - aus L–Stahlprofilen,
  - - aus Spundwand–Stahlprofilen,
  - - aus ....,
    - - - Stahlsorte S 235 DIN EN 10027 (St 37),
    - - - Stahlsorte S 355 DIN EN 10027 (St 52),
    - - - Stahlsorte ....,
      (Sofern nicht vorgeschrieben, vom Bieter einzutragen),
      - - - - Profil ....,
      - - - - Belastung in kN ....,
        - - - - - Verbindungselemente wie Kopfplatten, Knotenbleche, Verschraubungen, Kleinteile werden nicht gesondert vergütet
        - - - - - Verbindungselemente ....,
  - - aus Kanthölzern,
  - - aus Rundhölzern,
  - - aus Kant- und Rundhölzern,
  - - aus ....,
    - - - Querschnitt ....
    - - - Durchmesser in cm ....,
    - - - Belastung in kN ....,
      - - - - Verbindungselemente und Kleinteile werden nicht gesondert vergütet,
      - - - - Verbindungselemente ....,
- Einzellänge bis 2 m – über 2 bis 4 m – über 4 bis 6 m – über 6 bis 8 m – über 8 bis 10 m – über 10 bis 15 m – über 15 bis 20 m – in m ....,

Fortsetzung Einzelangaben zu Pos. 300 bis 330
- Leistungsumfang
  - - einbauen, vorhalten und wieder beseitigen,
  - - einbauen, kann im Boden verbleiben,
  - - einbauen, kann im Boden verbleiben ab ...., darüber wieder beseitigen,
  - - einbauen und im Boden belassen,
  - - einbauen und im Boden belassen ab ...., darüber wieder beseitigen,
  - - ....,
- Dauer der Vorhaltung ....
- Berechnungseinheit m, St (mit Längenangabe)

340 Aussteifung des Verbaues vorhalten über die vertraglich vereinbarte Vorhaltezeit hinaus,
Einzelangaben nach DIN 18303
- Werkstoff
  - - aus Stahl,
  - - aus Holz,
  - - aus ....,
- Vorhaltedauer ....
- Abrechnungsart
  - - Abrechnung nach Meter x Tage,
  - - Abrechnung nach Meter x Wochen,
  - - Abrechnung nach Meter x Monate,
  - - Abrechnung nach Stück x Tage,
  - - Abrechnung nach Stück x Wochen,
  - - Abrechnung nach Stück x Monate,

341 Aussteifung vorspannen,
Einzelangaben nach DIN 18303
- Vorspannlast
  - - auf Gebrauchslast,
  - - auf ....,
- Abrechnungsart
  - - Abrechnung je Steife,
  - - Abrechnung ....,

400 Verpressanker DIN 4125 als Kurzzeitanker,
401 Verpressanker DIN 4125 als Daueranker,
402 Verpressanker mit allgemeiner bauaufsichtlicher Zulassung,
Einzelangaben nach DIN 18303 zu Pos. 400 bis 402
- Ankersystem
  - - nach Wahl des AN, System .... (vom Bieter einzutragen),
  - - System .... (Sofern nicht vorgeschrieben, vom Bieter einzutragen),
  - - System ....oder gleichwertiger Art,
  - - System .... (vom Bieter einzutragen),
- mit Neigung bis 15 Grad – über 15 bis 25 Grad – über 25 bis 35 Grad – über 35 bis 45 Grad – in Grad ....,
- Leistungsumfang
  - - in vorhandenes Bohrloch einbauen, einschl. Verpresskörper herstellen und Anker vorspannen,
  - - einbauen, einschl. Bohrloch und Verpresskörper herstellen, Anker vorspannen,
  - - einrammen, einschl. Verpresskörper herstellen und Anker vorspannen,
  - - einpressen, einschl. Verpresskörper herstellen und Anker vorspannen,
  - - einlegen und vorspannen,
- Bodenart, Werkstoff
  - - Bodenart gemäß beigefügtem Schichtenverzeichnis,
  - - Bodenart gemäß beigefügtem Bodengutachten,
  - - Boden–/Felsklasse DIN 18301 ....,
  - - zu durchbohrender Werkstoff ....,
- Ankergebrauchslast 200 kN – 300 kN – 400 kN – 500 kN – 600 kN – in kN ....
- Länge von Vorderkante Verbau bis Fußpunkt 6 m – über 6 bis 8 m – über 8 bis 10 m – über 10 bis 15 m – über 15 bis 20 m – über 20 bis 25 m – über 25 bis 30 m – über 30 bis 35 m – in m ....,
- Ankerkopf
  - - Ankerkopf versenkt,
  - - Ankerkopf nachspannbar,
  - - Ankerkopf nachspannbar und versenkt,
  - - Ankerkopf abgedichtet,
  - - Ankerkopf abgedichtet und nachspannbar,
  - - Ankerkopf versenkt und abgedichtet,
  - - Ankerkopf versenkt, abgedichtet und nachspannbar,
  - - Ankerkopf ....,
- Berechnungseinheit m, Stück(mit Längenangabe),
- Ankerkopf wird gesondert vergütet
  Hinweis: siehe Pos. 403

403 Ankerkopf,
Einzelangaben nach DIN 18303
- für Ankerart
  - - für Verpressanker DIN 4125 als Kurzzeitanker,
  - - für Verpressanker DIN 4125 als Daueranker,
  - - für Verpressanker mit allgemeiner bauaufsichtlicher Zulassung,
    - - - nachspannbar,
    - - - nachlassbar,
    - - - nachspannbar und nachlassbar,
      - - - - mit besonderer Ausbildung gegen drückendes Wasser,
- Berechnungseinheit Stück

STLB 006

LB 006 Verbau-, Ramm- und Einpressarbeiten
Fertigpfähle

Ausgabe 06. 02

404 Verpressanker gegen drückendes Wasser als Zulage,
Einzelangaben nach DIN 18303
- Ankerart
  - – Verpressanker DIN 4125 als Kurzzeitanker,
  - – Verpressanker DIN 4125 als Daueranker,
  - – Verpressanker mit allgemeiner bauaufsichtlicher Zulassung,
- Berechnungseinheit Stück

405 Spannkolonne mit Spannwerkzeug und Messinstrumenten zum Prüfen und/oder Nachspannen der Anker nach Abnahme. Die Kosten für An- und Abfahrt werden gegen Nachweis vergütet,
- Berechnungseinheit h (Stunde)

406 Bohrloch im Bereich der freien Ankerlänge hohlraumfrei verfüllen,
Einzelangaben nach DIN 18303
- Füllstoff
  - – mit seitlich gelagertem Bohrgut,
  - – mit Sand, Körnung 0/3 mm,
  - – mit Kiessand, Körnung 0/11 mm,
  - – mit Zementsuspension,
  - – mit Zement-Bentonit-Suspension,
  - – mit ....,
- freie Ankerlänge bis 3 m – über 3 bis 4 m – über 4 bis 6 m – über 6 bis 8 m – ber 8 bis 10 m – über 10 bis 15 m – über 15 bis 20 m – über 20 bis 25 m – in m ....
- Berechnungseinheit m

407 Ankerkopf ausbauen und entsorgen,
408 Ankerkopf mit Anker bis zum Verpresskörper ausbauen und entsorgen, einschl. Verfüllen der verbleibenden Hohlräume,
Einzelangaben nach DIN 18303 zu Pos. 407, 408
- freie Ankerlänge bis 3 m – über 3 bis 4 m – über 4 bis 6 m – über 6 bis 8 m – über 8 bis 10 m – über 10 bis 15 m – über 15 bis 20 m – über 20 bis 25 m – in m ....
- Berechnungseinheit Stück
- Entsorgung wird gesondert vergütet

Lieferung

450 Fertigpfähle DIN 4026 aus Holz liefern, einschl. der Eck- und Bundpfähle,
Einzelangaben nach DIN 18303
- Verstärkungen
  - – mit Fußverstärkung,
  - – mit Kopfverstärkung,
  - – mit Fuß- und Kopfverstärkung,
  - – mit ....,
- Holzart
  - – aus Bauschnittholz (Nadelholz) DIN 4074-1,
    - – – Sortierklasse S 10,
    - – – Sortierklasse S 13,
    - – – Sortierklasse MS 10,
    - – – Sortierklasse MS 13,
    - – – Sortierklasse MS 17,
  - – aus Baurundholz (Nadelholz) DIN 4074-2,
    - – – Güteklasse I,
    - – – Güteklasse II,
  - – Holzart ....,
- Holzschutz
  - – chemischer Holzschutz DIN 68800-3, DIN EN 335-1 und DIN EN 335-2 Gefährdungsklasse 4,
  - – chemischer Holzschutz DIN 68800-3, DIN EN 335-1 und DIN EN 335-2 Gefährdungsklasse 5,
  - – Holzschutz ....,
- Pfahllänge bis 6 m – über 6 bis 8 m – über 8 bis 10 m – über 10 bis 12 m – über 12 bis 14 m – über 14 bis 16 m – über 16 bis 18 m – über 18 bis 20 m – in m ....
- mittlerer Pfahldurchmesser über 20 bis 25 cm – über 25 bis 30 cm – über 30 bis 35 cm – über 35 bis 40 cm – in cm ....
- mittlerer Pfahlquerschnitt über 400 cm² – über 400 bis 500 cm² – über 500 bis 600 cm² – über 600 bis 700 cm² – über 700 bis 800 cm² – über 800 bis 900 cm² – über 900 bis 1000 cm² – in cm² ....
- Druckbelastung 100 kN – 200 kN – 300 kN – 400 kN – 500 kN – 600 kN – in kN ....
- Berechnungseinheit Stück

460 Fertigpfähle DIN 4026 aus Beton liefern,
461 Gekuppelte Fertigpfähle DIN 4026 aus Beton liefern,
Einzelangaben nach DIN 18303 zu Pos. 460, 461
- Art der Pfähle
  - – einschl. der Eck- und Bundpfähle,
  - – als Eckpfähle,
  - – als Bundpfähle,
- Betonart
  - – aus Stahlbeton B 35,
  - – aus Stahlbeton B 45,
  - – aus Stahlbeton B 55,
  - – aus Spannbeton B 35,
  - – aus Spannbeton B 45,
  - – aus Spannbeton B 55,
  - – aus ....
- Ausführung
  - – mit Vollquerschnitt,
  - – Ausführung gemäß Zeichnung Nr. ...., Einzelbeschreibung Nr. ....,
- Druckbelastung 200 kN – 300 kN – 400 kN – 500 kN – 600 kN – 700 kN – 800 kN – 1000 kN – in kN ....
- Biegemoment, Zugbelastung
  - – Biegemoment in kNm ....,
  - – Zugbelastung in kN ....,
  - – Zugbelastung in kN .... Biegemoment in kNm ....,
- Querschnitt in cm² ....
  (Sofern nicht vorgeschrieben, vom Bieter einzutragen)
- Pfahllänge bis 6 m – über 6 bis 8 m – über 8 bis 10 m – über 10 bis 12 m – über 12 bis 14 m – über 14 bis 16 m – über 16 bis 18 m – über 18 bis 20 m – in m ....
- Erzeugnis
  - – Erzeugnis/Typ .... (oder gleichwertiger Art),
  - – Erzeugnis/Typ .... (vom Bieter einzutragen),
- Berechnungseinheit Stück

470 Fertigpfähle DIN 4026 aus Stahl liefern,
Einzelangaben nach DIN 18303
- Art der Pfähle
  - – einschl. der Eck- und Bundpfähle,
  - – als Eckpfähle,
  - – als Bundpfähle,
- Profilart, Stahlsorte
  - – als Kastenprofil, Schlossverbindungen geschweißt,
  - – als Kastenprofil, Schlossverbindungen gepresst,
  - – als Kastenprofil, Schlossverbindungen eingeschoben,
  - – als Kastenprofil, geschweißt,
  - – als Einzelprofil,
  - – als ....,
    - – – Stahlsorte S 235 DIN EN 10027 (St 37),
    - – – Stahlsorte S 275 DIN EN 10027 (St 44),
    - – – Stahlsorte S 355 DIN EN 10027 (St 52),
    - – – Stahlsorte St Sp 37,
    - – – Stahlsorte St Sp 45,
    - – – Stahlsorte St Sp S,
    - – – Stahlsorte S 235 JRG2 DIN EN 10027 (R St 37-2),
    - – – Stahlsorte ....,
    - – – Profil ....,
  - – aus nahtlosen Rohren DIN 1629,
  - – aus geschweißten Rohren DIN 17120,
  - – aus Rohren ....,
    - – – Stahlsorte S 235 DIN EN 10027 (St 37),
    - – – Stahlsorte S 275 DIN EN 10027 (St 44),
    - – – Stahlsorte S 355 DIN EN 10027 (St 52),
    - – – Stahlsorte ....,
      - – – – Rohraußendurchmesser bis 200 mm – über 200 bis 250 mm – über 250 bis 300 mm – über 300 bis 350 mm – über 350 bis 400 mm – über 400 bis 450 mm –

LB 006 Verbau-, Ramm- und Einpressarbeiten
Fertigpfähle

STLB 006

Ausgabe 06. 02

- über 450 bis 500 mm –
- über 500 bis 600 mm – in mm ....,
- Wanddicke in mm ....,
- Erzeugnis
  - – – Erzeugnis/Typ .... (oder gleichwertiger Art),
  - – – Erzeugnis/Typ .... (vom Bieter einzutragen),
- Druckbelastung 300 kN – 400 kN – 500 kN – 600 kN – 700 kN – 800 kN – 1000 kN – 1200 kN – in kN ....
- Biegemoment, Zugbelastung
  - – – Biegemoment in kNm ....,
  - – – Zugbelastung in kN ....,
  - – – Zugbelastung in kN .... Biegemoment in kNm ....,
- Pfahllänge bis 6 m – über 6 bis 8 m – über 8 bis 10 m – über 10 bis 12 m – über 12 bis 14 m – über 14 bis 16 m – über 16 bis 18 m – über 18 bis 20 m – in m ....
- Ausführung gemäß Zeichnung Nr. ....,
- Einzelbeschreibung Nr. ....
- Berechnungseinheit t, Stück (mit Längenangabe)

480 Stahlbohlen liefern,
481 Kanaldielen aus Stahl liefern,
482 Stahlspundbohlen liefern,
Einzelangaben nach DIN 18303 zu Pos. 480 bis 482
- Art der Bohlen
  - – – als Doppelbohlen,
  - – – als Dreifachbohlen,
    - – – – einschl. Eckbohlen,
    - – – – einschl. Passbohlen,
    - – – – einschl. Eck- und Passbohlen,
    - – – – als Pass- oder Keilbohlen,
    - – – – als Eckbohlen,
- Schlösser
  - – – Schlösser verpresst,
  - – – Schlösser verschweißt,
  - – – Schlösser durchgehend verschweißt,
  - – – Schlösser abgedichtet ....
  - (Sofern nicht vorgeschrieben, vom Bieter einzutragen),
- Stahlsorte
  - – – Stahlsorte St Sp 37,
  - – – Stahlsorte St Sp 45,
  - – – Stahlsorte St Sp S,
  - – – Stahlsorte S 235 JRG2 R DIN EN 10027 (St 37–2),
  - – – Stahlsorte,
- Profil ....
- Widerstandsmoment in kNm ....
- Erzeugnis
  - – – Erzeugnis/Typ .... (oder gleichwertiger Art),
  - – – Erzeugnis/Typ .... (vom Bieter einzutragen),
- Länge bis 6 m – über 6 bis 8 m – über 8 bis 10 m – über 10 bis 12 m – über 12 bis 14 m – über 14 bis 16 m – über 16 bis 18 m – über 18 bis 20 m – in m ....
- Ausführung gemäß Zeichnung Nr. ....,
- Einzelbeschreibung Nr. ....
- Berechnungseinheit t, Stück (mit Längenangabe)

Einbau

500 Pfähle einbauen,
501 vom AG beigestelle Pfähle einbauen, aus ....,
502 Bohlen einbauen,
503 vom AG beigestellte Bohlen einbauen, aus ....,
504 Kanaldielen einbauen,
505 vom AG beigestellte Kanaldielen einbauen, aus ....,
Einzelangaben nach DIN 18303 zu Pos. 500 bis 505
- Bauteil
  - – – als Gründung,
  - – – als Pfahlwand,
  - – – als Pfahl- Bohlenwand,
  - – – als Ankerpfähle,
  - – – als Spundwand,
  - – – als Spundwand in Einheiten aus Doppelbohlen,
  - – – als Spundwand in Einheiten aus Dreifachbohlen,
  - – – als kombinierte Spundwand,
  - – – als ....,
- Einbaulage
  - – – ab Geländeoberfläche,
  - – – ab Baugrubensohle,
- Ausführung gemäß Zeichnung Nr. ....,
- Einzelbeschreibung Nr. ....
- Einbauverfahren ....
  (Sofern nicht vorgeschrieben, vom Bieter einzutragen)
  - – – abschnittsweise,
  - – – staffelweise,
    - – – – Rammen ist nicht zugelassen
    - – – – Rütteln ist nicht zugelassen,
    - – – – Rammen und Rütteln sind nicht zugelassen,
    - – – – nicht zugelassen ....,
- Einbaurichtung
  - – – senkrecht,
  - – – mit Neigung zur Senkrechten bis 10 : 1 – über 10 : 1 bis 8 : 1 – über 8 : 1 bis 5 : 1 – über 5 : 1 bis 3 : 1 – über 3 : 1 bis 1 : 1,
  - – – Einbaurichtung ....,
- Bodenart
  - – – Bodenarten gemäß beigefügtem Schichtenverzeichnis,
  - – – Bodenarten gemäß beigefügtem Bodengutachten,
  - – – Bodenklasse 2 DIN 18300,
  - – – Bodenklasse 3 bis 5 DIN 18300,
  - – – Bodenklasse 6 DIN 18300,
  - – – Bodenklasse 7 DIN 18300,
- Einbautiefe bis 6 m – über 6 bis 8 m – über 8 bis 10 m – über 10 bis 12 m – über 12 bis 14 m – über 14 bis 16 m – über 16 bis 18 m – über 18 bis 20 m – in m ....
- Profil ....
- Einzellänge in m ....
- Berechnungseinheit m², Stück

Tieferrammen

510 Eingebaute Pfähle,
511 Eingebaute Bohlen,
512 Eingebaute Kanaldielen,
Einzelangaben nach DIN 18303 zu Pos. 510 bis 512
- Leistungsart
  - – – tieferrammen bis ....,
  - – – tieferrütteln bis ....,
  - – – tieferpressen bis ....,
    - – – – ab Geländeoberfläche,
    - – – – ab Baugrubensohle,
- Ausführung gemäß Zeichnung Nr. ....,
- Einzelbeschreibung Nr. ....
- Einbaurichtung
  - – – senkrecht,
  - – – mit Neigung zur Senkrechten bis 10 : 1,
  - – – mit Neigung zur Senkrechten über 10 : 1 bis 8 : 1,
  - – – mit Neigung zur Senkrechten über 8 : 1 bis 5 : 1,
  - – – mit Neigung zur Senkrechten über 5 : 1 bis 3 : 1,
  - – – mit Neigung zur Senkrechten über 3 : 1 bis 1 : 1,
  - – – Einbaurichtung ....,
- Bodenart
  - – – Bodenarten gemäß beigefügtem Schichtenverzeichnis,
  - – – Bodenarten gemäß beigefügtem Bodengutachten,
  - – – Bodenklasse 2 DIN 18300,
  - – – Bodenklasse 3 bis 5 DIN 18300,
  - – – Bodenklasse 6 DIN 18300,
  - – – Bodenklasse 7 DIN 18300,
- Berechnungseinheit m², Stück

Vorhalten

520 Fertigpfähle aus Stahl vorhalten,
521 Bohlen aus Stahl vorhalten,
522 Kanaldielen aus Stahl vorhalten,
523 Spundbohlen aus Stahl vorhalten,
Einzelangaben nach DIN 18303 zu Pos. 520 bis 523
- Vorhaltedauer ....

STLB 006

LB 006 Verbau-, Ramm- und Einpressarbeiten
Fertigpfähle

Ausgabe 06. 02

Ziehen von Pfählen, Bohlen, Kanaldielen, Trägern

530 **Pfähle aus Stahl ziehen,**
531 **Pfähle ziehen, aus ....,**
532 **Träger aus Stahl ziehen,**
533 **Bohlen aus Stahl ziehen,**
534 **Spundbohlen aus Stahl ziehen,**
535 **Kanaldielen aus Stahl ziehen,**
   Einzelangaben nach DIN 18303 zu Pos. 530 bis 535
   – Verfahren ....
     (Sofern nicht vorgeschrieben, vom Bieter einzutragen)
     – – Rammen ist nicht zugelassen,
     – – Rütteln ist nicht zugelassen,
     – – Rammen und Rütteln ist nicht zugelassen,
     – – nicht zugelassen ....,
   – Ziehrichtung
     – – senkrecht,
     – – mit Neigung zur Senkrechten bis 10 : 1,
     – – mit Neigung zur Senkrechten über 10 : 1 bis 8 : 1,
     – – mit Neigung zur Senkrechten über 8 : 1 bis 5 : 1,
     – – mit Neigung zur Senkrechten über 5 : 1 bis 3 : 1,
     – – mit Neigung zur Senkrechten über 3 : 1 bis 1 : 1,
     – – Ziehrichtung ....,
   – Ansatzpunkt für das Ziehen
     – – ab Geländeoberfläche,
     – – ab Baugrubensohle,
   – Ausführung gemäß Zeichnung Nr. ....,
     Einzelbeschreibung Nr. ....
   – Maße
     – – Profil ....,
     – – Maße in cm ....,
   – Einzellänge bis 6 m – über 6 bis 8 m –
     über 8 bis 10 m – über 10 bis 12 m –
     über 12 bis 14 m – über 14 bis 16 m –
     über 16 bis 18 m – über 18 bis 20 m – in m ....
   – Lagerung/Entsorgung der Pfähle/Bohlen/Dielen/Träger
     – – seitlich lagern,
     – – laden, fördern und lagern, Förderweg ....,
     – – entsorgen. Entsorgung wird gesondert vergütet,
     – – ....,
   – Verfüllen der Hohlräume
     – – Hohlräume nach Wahl des AN verfüllen,
     – – Hohlräume mit anstehendem Boden verfüllen,
     – – Hohlräume verfüllen ....,
     – – Hohlräume verfüllen wird gesondert vergütet,
   – Berechnungseinheit m², Stück

536 **Hohlraum verfüllen, mit Verfüllstoff ....,**
   (Sofern nicht vorgeschrieben, vom Bieter einzutragen),
   Einzelangaben nach DIN 18303
   – Zeitpunkt des Verfüllens
     – – nach dem Ziehen,
     – – während des Ziehens,
   – Berechnungseinheit m³
     (Abrechnung nach eingebrachter Menge)

Ortbetonpfähle

550 **Ortbetonpfahl DIN 4026,**
   Einzelangaben nach DIN 18303
   – Pfahlart
     – – als Rammpfahl,
     – – als Schraubpfahl,
     – – als ....,
   – Bewehrung
     – – einschl. Bewehrung,
     – – Bewehrung wird gesondert vergütet,
     – – unbewehrt,
     – – unbewehrt, jedoch mit Anschlussbewehrung,
     – – unbewehrt, jedoch mit Anschlussbewehrung,
        Anschlussbewehrung wird gesondert vergütet,
   – mit Fußaufweitung
   – Belastung, Betongüte
     – – max. Druckbelastung in kN ....,
        zugehöriges Biegemoment in kNm ....,
        max. Zugbelastung in kN ....,
        zugehöriges Biegemoment in kNm ....,
        zugehörige min. Druckbelastung in kN ....,
        Betongüte ....,
     – – Belastung ....,
        Betongüte ....,
   – Durchmesser
     – – Schaftdurchmesser in mm ....,
     – – Schaftdurchmesser in mm ...., Fußdurchmesser
        in mm ....,
   – Einbauhöhe
     – – ab Geländeoberfläche,
     – – ab Baugrubensohle,
   – Einbaurichtung
     – – senkrecht,
     – – Einbaurichtung ....,
   – Bodenart
     – – Bodenarten gemäß beigefügtem Schichtenverzeichnis,
     – – Bodenarten gemäß beigefügtem Bodengutachten,
     – – Bodenklasse 2 DIN 18300,
     – – Bodenklasse 3 bis 5 DIN 18300,
   – Einbaulänge bis 6 m – über 6 bis 8 m –
     über 8 bis 10 m – über 10 bis 12 m –
     über 12 bis 14 m – über 14 bis 16 m –
     über 16 bis 18 m – über 18 bis 20 m – in m ....
   – Leertiefe in m ....
   – System
     – – System/Typ .... (oder gleichwertiger Art),
     – – System/Typ .... (vom Bieter einzutragen),
   – Ausführung gemäß Zeichnung Nr. ....,
     Einzelbeschreibung Nr. ....
   – Berechnungseinheit m, Stück (mit Längenangabe)

LB 006 Verbau-, Ramm- und Einpressarbeiten
Bohrpfähle, -pfahlwände und Schlitzwände

STLB 006

Ausgabe 06. 02

Bohrpfähle

600 Bohrpfahl DIN EN 1457 aus Ortbeton,
610 Bohrpfahl DIN 4128 aus Ortbeton,
Einzelangaben nach DIN 18303 zu Pos. 600, 610
- Bewehrung
  - – einschl. Bewehrung,
  - – Bewehrung wird gesondert vergütet,
  - – unbewehrt,
  - – unbewehrt, jedoch mit Anschlussbewehrung,
  - – unbewehrt, jedoch mit Anschlussbewehrung, Anschlussbewehrung wird gesondert vergütet,
- Aufweitung/Verpressung
  - – mit Fußaufweitung,
  - – mit Schaftaufweitung,
  - – mit Mantelverpressung,
  - – mit Fußverpressung,
  - – mit ....,
- Hülse
  - – mit Hülse aus Stahl,
  - – mit Hülse aus PVC,
  - – mit Hülse ....,
    - – – zum Schutz gegen betonangreifendes Wasser,
    - – – zum Schutz bei nichtstandfestem Boden,
    - – – zum Schutz ....,
- Belastung, Betongüte
  - – max. Druckbelastung in kN ...., zugehöriges Biegemoment in kNm ....,
  - max. Zugbelastung in kN ...., zugehöriges Biegemoment in kNm ...., zugehörige min. Druckbelastung in kN ....,
  Betongüte ....,
  - – Belastung ....,
  Betongüte ....,
- Durchmesser
  - – Schaftdurchmesser in mm ....,
  - – Schaftdurchmesser in mm ...., Fußdurchmesser in mm ....,
- System
  - – System/Typ .... (oder gleichwertiger Art),
  - – System/Typ .... (vom Bieter einzutragen),
- Ausführung gemäß Zeichnung Nr. ....,
  Einzelbeschreibung Nr. ....
- Bohrung
  - – Bohrung als Vollbohrung,
  - – Bohrung als Vollbohrung mit Verrohrung bis ....,
  - – Bohrung als Vollbohrung ohne Verrohrung,
  - – Bohrung als Vollbohrung mit Stützflüssigkeit,
  - – Bohrung als ....,
    - – – ab Geländeoberfläche,
    - – – ab Baugrubensohle,
    - – – – Ausführung im Verfahren .... (Sofern nicht vorgeschrieben, vom Bieter einzutragen),
      - – – – – Spülung mit Wasser,
      - – – – – Spülung mit Luft,
      - – – – – Spülung mit Luft und Wasser,
      - – – – – Spülung ....,
- Bohrrichtung
  - – Bohrrichtung senkrecht,
  - – Bohrrichtung mit Neigung zur Senkrechten ....,
- Bodenarten
  - – Bodenarten gemäß beigefügtem Schichtenverzeichnis,
  - – Bodenarten gemäß beigefügtem Bodengutachten,
  - – Boden-/Felsklasse DIN 18301 ....,
  - – zu durchbohrender Werkstoff ....,
- Bohrlochdurchmesser über 100 bis 150 mm – über 150 bis 300 mm – über 300 bis 400 mm – über 400 bis 600 mm – über 600 bis 800 mm – über 800 bis 1000 mm – über 1000 bis 1200 mm – über 1200 bis 1500 mm – in mm ....,
- Einzellänge in m ....
- Leertiefe in m ....
- Berechnungseinheit m, Stück (mit Längenangabe)

621 Bewehrungskorb aus Betonstabstahl,
Einzelangaben nach DIN 18303
- Stahlsorte
  - – Stahlsorte DIN 488 BSt 500 S,
  - – Stahlsorte ....,
- Durchmesser
  - – alle Durchmesser,
  - – Durchmesser von 20 bis 28 mm,
  - – Durchmesser in mm ....,
- Längen
  - – alle Längen,
  - – Längen bis 14 m,
  - – Längen über 14 m,
  - – Längen in m ....,
- Berechnungseinheit t, kg

Bohrpfahlwände

640 Bohrpfahlwand DIN EN 1457 als Verbau,
641 Bohrpfahlwand DIN EN 1457 als Verbau und Bauwerksbestandteil,
642 Bohrpfahlwand ....,
Einzelangaben nach DIN 18303 zu Pos. 640 bis 642
- Pfähle
  - – Pfähle vertikal, überschnitten, Achsabstand in m ....,
  - – Pfähle vertikal, tangierend,
  - – Pfähle vertikal, aufgelöst, Achsabstand in m ...., Ausfachungen werden gesondert vergütet,
  - – Pfähle vertikal, Art des Einbaues ...., (Sofern nicht vorgeschrieben, vom Bieter einzutragen),
  - – Pfähle geneigt, überschnitten, Neigung ...., Achsabstand in m ....,
  - – Pfähle geneigt, tangierend, Neigung ....,
  - – Pfähle geneigt, aufgelöst, Neigung ...., Achsabstand in m ...., Ausfachungen werden gesondert vergütet,
  - – Pfähle geneigt, Neigung ...., Art des Einbaues ...., – Pfähle ....,
    - – – Beton B 25 – B 35 – ....,
      - – – – Pfahldurchmesser 30 cm – 60 cm – 90 cm – 120 cm – in cm ....,
        - – – – – Ausführung gemäß Zeichnung Nr. ....,
        Einzelbeschreibung Nr. ....,
- Pfahlwandtiefe bis 5 m – über 5 bis 6 m – über 6 bis 8 m – über 8 bis 10 m – über 10 bis 12 m – über 12 bis 14 m – über 14 bis 16 m – über 16 bis 18 m – in m ....
- Bodenarten
  - – Bodenarten gemäß beigefügtem Schichtenverzeichnis,
  - – Bodenarten gemäß beigefügtem Bodengutachten,
  - – Boden-/Felsklasse DIN 18301,
  - – zu durchbohrender Werkstoff,
- Verfügung über Boden
  - – anfallenden Boden seitlich lagern,
  - – anfallenden Boden seitlich einplanieren,
  - – anfallenden Boden entsorgen, Entsorgung wird gesondert vergütet,
  - – anfallenden Boden ....,
- Berechnungseinheit m²
Aufgemessen wird die Wandtiefe von Pfahlkopfsollhöhe bis Pfahlfuß und die Länge jeweils in der Wandachse. Bohrarbeiten sind einzurechnen. Bewehrung, Aussteifungen, Verankerungen werden gesondert vergütet.

STLB 006

LB 006 Verbau-, Ramm- und Einpressarbeiten
Bohrpfähle, -pfahlwände und Schlitzwände

Ausgabe 06. 02

Schlitzwände

660 Schlitzwand DIN 4126 einschl. Aushub,
661 Schlitzwand DIN 4126 als Bauwerksbestandteil, einschl. Aushub,
662 Schlitzwand DIN 4126 als Dichtwand für das Einstellen von Elementen ...., einschl. Aushub,
663 Schlitzwand ....,
Einzelangaben nach DIN 18303 zu Pos. 660 bis 663
- Werkstoff
  - – aus Beton B 25 – aus Beton B 35,
  - – aus Zementsuspension, Zusammensetzung ...., (Sofern nicht vorgeschrieben, vom Bieter einzutragen),
  - – aus ....,
- Dicke 60 cm – 80 cm – 100 cm – in cm ....,
- Tiefe über 6 bis 9 m – über 9 bis 12 m – über 12 bis 15 m – über 15 bis 18 m – über 18 bis 21 m – über 21 bis 24 m – über 24 bis 27 m – über 27 bis 30 m – in m ....
- Bodenart
  - – Bodenarten gemäß beigefügtem Schichtenverzeichnis,
  - – Bodenarten gemäß beigefügtem Bodengutachten,
  - – Bodenklasse 2 DIN 18300,
  - – Bodenklasse 3 bis 5 DIN 18300,
  - – Bodenklasse 6 DIN 18300,
  - – Bodenklasse 7 DIN 18300,
- Verfügung/Entsorgung Boden
  - – anfallenden nicht mit Stützflüssigkeit vermengten Boden,
    - – – seitlich lagern,
    - – – seitlich einplanieren,
    - – – entsorgen, Entsorgung wird gesondert vergütet,
  - – ....,
- Ausführung gemäß Zeichnung Nr. ...., Einzelbeschreibung Nr. ....
- gesondert vergütete Leistungen
  - – Aussteifungen und Verankerungen werden gesondert vergütet,
  - – Bewehrung wird gesondert vergütet,
  - – Bewehrung, Aussteifungen und Verankerungen werden gesondert vergütet,
  - – der Einbau der Elemente wird gesondert vergütet,
- Berechnungseinheit m²

Ergänzende Arbeiten

680 Doppelseitige Leitwand,
681 Einseitige Leitwand,
Einzelangaben nach DIN 18303 zu Pos. 680, 681
- Werkstoff
  - – aus Beton, einschl. Schalung, Bewehrung und Bodenaushub,
  - – aus Stahl, einschl. Bodenaushub,
  - – nach Wahl des AN, einschl. Bodenaushub,
    - – – anfallenden Boden seitlich lagern,
    - – – anfallenden Boden seitlich einplanieren,
    - – – anfallenden Boden entsorgen, Entsorgung wird gesondert vergütet,
    - – – anfallenden Boden ....,
- Leitwandtiefe
  - – Leitwandtiefe bis 2 m – in m ....,
- Leistungsumfang
  - – herstellen,
  - – herstellen und wieder beseitigen,
    - – – Abbruchgut seitlich lagern,
    - – – Abbruchgut entsorgen, Entsorgung wird gesondert vergütet,
- Berechnungseinheit m

682 Schablone,
Einzelangaben nach DIN 18303
- Verwendungsbereich
  - – für Bohrpfahlwand,
  - – für Bohrpfahlwand aus tangierenden Pfählen,
  - – für Bohrpfahlwand aus überschnittenen Pfählen,
    - – – Pfahldurchmesser 30 cm,
    - – – Pfahldurchmesser 60 cm,
    - – – Pfahldurchmesser 90 cm,
    - – – Pfahldurchmesser 120 cm,
    - – – Pfahldurchmesser in cm ....,
- Schablonendicke
  - – Schablonendicke bis 0,5 m – in m ....,
- Leistungsumfang
  - – herstellen,
  - – herstellen und wieder beseitigen,
    - – – Abbruchgut seitlich lagern,
    - – – Abbruchgut entsorgen, Entsorgung wird gesondert vergütet,
- Berechnungseinheit m (Aufmaß der Schablone in der Achse der Bohrpfahlwand)

683 Freigelegte Flächen der Pfahlwand,
684 Freigelegte Flächen der Schlitzwand,
Einzelangaben nach DIN 18303 zu Pos. 683, 684
- Leistungsart
  - – von Erdreich säubern,
  - – von Erdreich und Stützflüssigkeit säubern,
  - – säubern ....,
    - – – Anschlussbewehrung aufbiegen,
    - – – über das Sollmaß der Wanddicke hinausgehende Teile abstemmen,
    - – – über das Sollmaß der Wanddicke hinausgehende Teile abstemmen und Anschlussbewehrung aufbiegen,
    - – – besondere Maßnahmen ....,
      - – – – anfallende Stoffe entsorgen, Entsorgung wird gesondert vergütet,
      - – – – – ausgleichen der Flächen mit Beton oder Mörtel wird gesondert vergütet,
- Berechnungseinheit m²

685 Stützflüssigkeit liefern als Ersatz für Verluste, die der AN nicht zu vertreten hat,
- Berechnungseinheit m³

686 Gereinigte Flächen der Bohrpfahlwand ausgleichen,
687 Gereinigte Flächen der Schlitzwand ausgleichen,
Einzelangaben nach DIN 18303 zu Pos. 686, 687
- Werkstoff
  - – mit Beton B 15, einschl. Schalung, Bewehrung und Verankerungsmittel,
  - – mit Mörtel MG III,
  - – mit Spritzbeton,
  - – nach Wahl des AN,
  - – mit ....,
- Zweck
  - – zur Aufnahme von Abdichtungen,
  - – ....,
- Ausgleichsdicke
  - – Ausgleichsdicke bis 5 cm – über 5 bis 10 cm – über 10 bis 15 cm – über 15 bis 20 cm – in cm ....,
- Berechnungseinheit m²

688 Aussparungskörper einlegen beim Herstellen,
Einzelangaben nach DIN 18303
- Bauteil, Zweck
  - – der Bohrpfahlwand,
  - – der Schlitzwand,
    - – – für Sohlenanschluss,
    - – – für Deckenanschluss,
    - – – für Sohlen- und Deckenanschluss,
    - – – für Auflager,
    - – – für versenkte Ankerköpfe,
    - – – für Durchführungen,
    - – – für ....,
- Ausführung der Aussparungskörper
  - – Ausführung der Aussparungskörper nach Wahl des AN,
  - – Ausführung der Aussparungskörper ....,
- Maße in cm
- Berechnungseinheit Stück, m

689 Aussparung schließen,
Einzelangaben nach DIN 18303
- Art der Aussparung
  - – für versenkte Ankerköpfe nach dem Einbauen der Anker – für ....,
- Werkstoff
  - – mit Beton B 15, einschl. Schalung – mit Mörtel MG III – mit ....,
- zusätzliche Leistungen
  - – abdichten gegen drückendes Wasser – ....,
- Maße in cm ....
- Berechnungseinheit Stück, m

LB 006 Verbau-, Ramm- und Einpressarbeiten
Bohrpfähle, -pfahlwände und Schlitzwände

STLB 006

Ausgabe 06.02

700 **Boden verfestigen durch injizieren von Einpressgut einschl. Bohrlöcher herstellen, Einpressgut ....,**
(Sofern nicht vorgeschrieben, vom Bieter einzutragen),

701 **Boden verfestigen durch Düsenstrahlverfahren (Hochdruckinjektion) einschl. Bohrlöcher herstellen, Einpressgut ....,**
(Sofern nicht vorgeschrieben, vom Bieter einzutragen),
Einzelangaben nach DIN 18303 zu Pos. 700, 701
- Bauteil
  - – unter Fundamenten,
  - – als Fundament,
  - – unter Sohlen,
  - – als Sohle,
  - – hinter Baugrubenwänden,
  - – als Baugrubenwand,
  - – als Gewölbe,
  - – ....,
- Bohrtiefe bis 5 m – über 5 bis 7,5 m – über 7,5 bis 10 m – über 10 bis 15 m – über 15 bis 20 m – über 20 bis 25 m – in m ....
- Lage
  - – unter Gelände,
  - – unter Baugrubensohle,
  - – unter Planum,
  - – unter ....,
- Bodenverhältnisse
  - – Schichtenverzeichnis liegt bei,
  - – Schichtenverzeichnis ....,
  - – Bodengutachten liegt bei,
  - – Bodengutachten ....,
- Bodenpressung/Bodenverfestigung
  - – Bodenpressung mind. 200 kN/m²,
  - – Bodenpressung mind. 300 kN/m²,
  - – Bodenpressung mind. 400 kN/m²,
  - – Bodenpressung mind. 500 kN/m²,
  - – Bodenpressung in kN/m²,
  - – Bodenverfestigung mind. 1000 kN/m²,
  - – Bodenverfestigung mind. 2000 kN/m²,
  - – Bodenverfestigung in kN/m² ....,
- Ausführung gemäß Zeichnung Nr. ...., Einzelbeschreibung Nr. ....
- Dicke der verfestigen Bodenschichten mind. 1 m – 1,5 m – 2 m – 2,5 m – 3 m – 3,5 m – 4 m – in m ....
- Berechnungseinheit m², m³

710 **Boden verfestigen durch Einrütteln, Einzelangaben nach DIN 18303**
- Verfestigungsmittel
  - – von Sand,
  - – von Kiessand,
  - – von Kies,
  - – von Schotter,
  - – von Hartsteinschotter,
  - – von ....,
- Rütteltiefe bis 5 m – über 5 bis 7,5 m – über 7,5 bis 10 m – über 10 bis 15 m – über 15 bis 20 m – über 20 bis 25 m – in m ....
- Lage
  - – unter Gelände,
  - – unter Baugrubensohle,
  - – unter Planum,
  - – unter ....,
- Bodenverhältnisse
  - – Schichtenverzeichnis liegt bei,
  - – Schichtenverzeichnis ....,
  - – Bodengutachten liegt bei,
  - – Bodengutachten ....,
- Bodenpressung/Bodenverfestigung
  - – Bodenpressung mind. 200 kN/m²,
  - – Bodenpressung mind. 300 kN/m²,
  - – Bodenpressung mind. 400 kN/m²,
  - – Bodenpressung mind. 500 kN/m²,
  - – Bodenpressung in kN/m²,
  - – Bodenverfestigung mind. 1000 kN/m²,
  - – Bodenverfestigung mind. 2000 kN/m²,
  - – Bodenverfestigung in kN/m² ....,
- Ausführung gemäß Zeichnung Nr. ...., Einzelbeschreibung Nr. ....
- Dicke der verfestigen Bodenschichten mind. 1 m – 1,5 m – 2 m – 2,5 m – 3 m – 3,5 m – 4 m – in m ....
- Berechnungseinheit m², m³

LB 006 Verbau-, Ramm- und Einpressarbeiten
Detaillierte Beschreibungen

Ausgabe 06. 02

Einpressgut liefern

730 **Zement, Güte ....,**
731 **Sand, Körnung ....,**
732 **Steinmehl, Körnung ....,**
733 **Ton,**
734 **Bentonit,**
735 **Wasserglas,**
736 **Kalziumchloridlösung,**
737 **Natriumaluminat,**
738 **Einpressstoff,**
Einzelangaben nach DIN 18303 zu Pos. 730 bis 738
  – liefern
  – für das Herstellen des Einpressgutes
  – Erzeugnis
    – – Erzeugnis/Typ .... (oder gleichwertiger Art),
    – – Erzeugnis/Typ .... (vom Bieter einzutragen),
  – Berechnungseinheit kg, t, m³, l
    (Abrechnung nach tatsächlich verbrauchter Menge)

Einpressungen

750 **Einpressgut zur Bodenverfestigung einpressen,**
751 **Einpressgut zur Bodenverfestigung einbringen im Düsenstrahlverfahren (Hochdruckinjektion),**
752 **Einpressgut zur Bodenabdichtung einpressen,**
753 **Einpressgut zur Hohlraumverfüllung einbringen,**
754 **Einpressgut ....,**
Einzelangaben nach DIN 18303 zu Pos. 750 bis 754
  – Ort der Einpressung
    – – in vorhandene Bohrlöcher,
    – – in vorhandene Bohrlöcher im Mauerwerk,
    – – in vorhandene Bohrlöcher im Natursteinmauerwerk,
    – – in vorhandene Bohrlöcher in Betonbauteilen,
    – – in vorhandene Bohrlöcher ....,
  – Bohrlochenddurchmesser
    – – Bohrlochenddurchmesser bis 56 mm,
    – – Bohrlochenddurchmesser über 56 bis 89 mm,
    – – Bohrlochenddurchmesser über 89 bis 114 mm,
    – – Bohrlochenddurchmesser in mm ....,
  – Einpressrichtung
    – – Einpressrichtung vertikal,
    – – Einpressrichtung waagerecht,
    – – Einpressrichtung mit Neigung zur Waagerechten von ....,
    – – Einpressrichtung ....,
    – – Einpressrichtung gemäß Zeichnung Nr. ....,
      Einzelbeschreibung Nr. ....,
  – Verfahrensweise
    – – durch das Bohrrohr,
    – – mit Einpresslanzen,
    – – mit Einfachpacker,
    – – mit Doppelpacker,
    – – mit Manschettenrohr,
    – – mit eingerütteltem Fußventil,
    – – mit ....,
  – Einpressgut
    – – Einpressgut als Lösung,
    – – Einpressgut als Emulsion,
    – – Einpressgut als Suspension,
    – – Einpressgut Paste/Mörtel,
    – – Einpressgut ....,
  – Tiefe des Einpressabschnittes
    – – Tiefe des Einpressabschnittes ab Bohransatzpunkt bis 5 m,
    – – Tiefe des Einpressabschnittes ab Bohransatzpunkt über 5 bis 10 m,
    – – Tiefe des Einpressabschnittes ab Bohransatzpunkt über 10 bis 15 m,
    – – Tiefe des Einpressabschnittes ab Bohransatzpunkt über 15 bis 20 m,
    – – Tiefe des Einpressabschnittes ab Bohransatzpunkt über 20 bis 25 m,
    – – Tiefe des Einpressabschnittes ab Bohransatzpunkt über 25 bis 30 m,
    – – Tiefe des Einpressabschnittes ab Bohransatzpunkt über 30 bis 35 m,
    – – Tiefe des Einpressabschnittes ab Bohransatzpunkt über 35 bis 40 m,
    – – Tiefe des Einpressabschnittes ab Bohransatzpunkt n m ....,
  – Einpressdruck
    – – Einpressdruck bis 20 bar,
    – – Einpressdruck bis 50 bar,
    – – Einpressdruck in bar ....,
  – Leistungsumfang
    – – Umsetzen der Packer im Bohrloch wird gesondert vergütet,
    – – Umsetzen der Packer im Bohrloch und von Bohrloch zu Bohrloch wird gesondert vergütet
    – – Umsetzen der Packer im Bohrloch und der Einpressanlage mit allem Zubehör wird gesondert vergütet,
    – – Umsetzen der Packer im Bohrloch und von Bohrloch zu Bohrloch und der Einpressanlage mit allem Zubehör wird gesondert vergütet,
    – – Umsetzen der Packer von Bohrloch zu Bohrloch wird gesondert vergütet,
    – – Umsetzen der Packer von Bohrloch zu Bohrloch und der Einpressanlage mit allem Zubehör wird gesondert vergütet,
    – – Umsetzen der Einpressanlage mit allem Zubehör wird gesondert vergütet,
  – Berechnungseinheit h

Hinweis: Werden Einpressungen im Untertagebau beschrieben, so muss die Einzelbeschreibung die Ausführung im Zuge der oder unabhängig von den Vortriebsarbeiten enthalten.

755 **Packer im Bohrloch umsetzen,**
Einzelangaben nach DIN 18303
  – Tiefe bis 5 m – über 5 bis 10 m – über 10 bis 15 m – über 15 bis 20 m – über 20 bis 25 m – über 25 bis 30 m – über 30 bis 35 m – über 35 bis 40 – in m ....,
  – Berechnungseinheit Stück

756 **Packer von Bohrloch zu Bohrloch umsetzen,**
757 **Einpressanlage mit allem Zubehör umsetzen,**
Einzelangaben nach DIN 18303 zu Pos. 756, 757
  – Entfernung
    – – bis 100 m,
    – – über 100 bis 500 m,
    – – über 500 bis 1000 m,
    – – Entfernung in m ....,
  – Berechnungseinheit Stück

Durchlässigkeitsprüfungen

770 **Durchlässigkeitsprüfung durch Wassereinpressversuch in vorhandenen Bohrlöchern,**
Einzelangaben nach DIN 18303
  – Bohrlochenddurchmesser
    – – Bohrlochenddurchmesser bis 56 mm,
    – – Bohrlochenddurchmesser über 56 bis 89 mm,
    – – Bohrlochenddurchmesser über 89 bis 114 mm,
    – – Bohrlochenddurchmesser in mm ....,
  – Prüfdruck
    – – Prüfdruck bis 2 bar,
    – – Prüfdruck bis 5 bar,
    – – Prüfdruck bis 10 bar,
    – – Prüfdruck bis 15 bar,
    – – Prüfdruck bis 20 bar,
    – – Prüfdruck in bar ....,
  – Aufzeichnungen ....
  – Berechnungseinheit Stück

771 **Abschluss für Durchlässigkeitsprüfung setzen,**
Einzelangaben nach DIN 18303
  – Tiefe
    – – Tiefe bis 5 m,
    – – Tiefe über 5 bis 10 m,
    – – Tiefe über 10 bis 15 m,
    – – Tiefe über 15 bis 20 m,
    – – Tiefe über 20 bis 25 m,
    – – Tiefe über 25 bis 30 m,
    – – Tiefe über 30 bis 35 m,
    – – Tiefe über 35 bis 40 m,
    – – Tiefe in m ....,
  – Berechnungseinheit Stück

LB 006 Verbau-, Ramm- und Einpressarbeiten
Sonstige Leistungen

STLB 006

Ausgabe 06. 02

800 Verbau kürzen,
Einzelangaben nach DIN 18303
- Kürzungslänge
  - – Kürzungslänge bis 0,5 m – über 0,5 bis 1 m – über 1 bis 1,5 m – über 1,5 bis 2 m – in m ....,
- Leistungsumfang
  - – anfallende Stoffe entsorgen, Entsorgung wird gesondert vergütet,
  - – anfallende Stoffe auf der Baustelle lagern,
  - – anfallende Stoffe ....,
    - – – Erdarbeiten werden gesondert vergütet,
- Berechnungseinheit m, Stück
  - – Abrechnung je Einzelprofil,
  - – Abrechnung je Doppelbohle,
  - – Abrechnung ....,

801 Aussparung im Verbau,
802 Durchbruch im Verbau,
Einzelangaben nach DIN 18303 zu Pos. 801, 802
- Höhe bis 0,5 m – über 0,5 bis 1 m – über 1 bis 1,5 m – über 1,5 bis 2 m – in m ....,
- Breite bis 0,5 m – über 0,5 bis 1 m – über 1 bis 1,5 m – über 1,5 bis 2 m – in m ....
- Leistungsumfang
  - – herstellen,
  - – schließen,
  - – herstellen und schließen,
- Berechnungseinheit Stück

803 Erschwerniszulage zum Verbau
Einzelangaben nach DIN 18303
- Art der Erschwernis
  - – bei kreuzenden Leitungen,
  - – bei kreuzenden Bauteilen,
  - – bei ....,
- Breite
  - – Breite bis 0,5 m – über 0,5 bis 1 m – über 1 bis 1,5 m – über 1,5 bis 2 m – in m ....,
- Berechnungseinheit m²
  - – aufgemessen wird die Verbauhöhe von 5 cm über Gelände bis Baugrubensohle
  - – aufgemessen wird die Verbauhöhe von vorgeschriebener Oberkante des Verbaues bis Baugrubensohle

804 Aufstockung des Verbaues,
Einzelangaben nach DIN 18303
- Leistungsumfang
  - – einbauen,
  - – einbauen, vorhalten und ausbauen,
  - – einbauen und ausbauen, die Vorhaltung wird gesondert vergütet,
  - – einbauen, vorhalten und ausbauen, Dauer der Vorhaltung ....,
  - – ausbauen,
- Höhe bis 0,5 m,
- Höhe über 0,5 bis 1 m,
- Höhe über 1 bis 1,5 m,
- Höhe über 1,5 bis 2 m,
- Höhe über 2 bis 2,5 m,
- Höhe über 2,5 bis 3 m,
- Höhe über 3 bis 3,5 m,
- Höhe über 3,5 bis 4 m,
- Höhe in m ....,
- Ausführung
  - – Ausführung mit Stahlspundbohlen,
  - – Ausführung mit Stahlkanaldielen,
  - – Ausführung mit Stahlverbauträgern,
  - – Ausführung mit Stahlträgern,
    - – – Stahlsorte ....,
    - – – Profil ....,
  - – Ausführung nach Wahl des AN,
  - – Ausführung .... gemäß Zeichnung Nr. ...., Einzelbeschreibung Nr. ....,
- Ausfachung
  - – einschl. Ausfachung, Dicke in cm ....,
  - – Ausfachung wird gesondert vergütet,
  - – Ausfachung ....,
- Verbindungen
  - – Verbindungen geschweißt,
  - – Verbindungen gesteckt,
  - – Verbindungen ....,
- Berechnungseinheit m, m², Stück (mit Höhenangabe), t

805 Trennschnitt,
Einzelangaben nach DIN 18303
- Werkstoff/Lage des Trennschnittes
  - – an Stahlträger, Profil ....,
  - – an Stahlspundbohlen, Profil ....,
  - – an Kanaldielen aus Stahl, Profi ....,
    - – – waagerecht,
    - – – senkrecht,
- Ausführung
  - – Ausführung auf der Baustelle vor dem Einbau,
  - – Ausführung außerhalb der Baustelle vor dem Einbau,
  - – Ausführung in eingebautem Zustand,
  - – Ausführung in eingebautem Zustand unter Wasser,
    - – – durch Tauchereinsatz,
    - – – durch Tauchereinsatz, Tauchtiefe in m ....,
  - – Ausführung .... gemäß Zeichnung Nr. ...., Einzelbeschreibung Nr. ....,
- Verfügung über anfallende Stoffe
  - – anfallende Stoffe auf der Bautelle lagern,
  - – anfallende Stoffe entsorgen, Entsorgung wird gesondert vergütet,
  - – anfallende Stoffe ....,
- Berechnungseinheit Stück, m
  - – abgerechnet wird nach Einzelprofilen,
  - – abgerechnet wird nach Doppelbohlen,
    - – – aufgemessen wird in der Wandachse.

806 Stahlträgerstoß,
807 Stahlspundwandstoß,
808 Stoß an Kanaldielen aus Stahl,
809 Stoß ....,
Einzelangaben nach DIN 18303 zu Pos. 806 bis 809
- Art des Stoßes
  - – Schweißstoß,
  - – Schweißstoß mit Laschen,
  - – verschraubter Stoß,
  - – ....,
    - – – als statische Verbindung,
    - – – als konstruktive Verbindung,
- Profil/Stahlsorten
  - – Profil ....,
  - – Doppelbohlen, Profil ....,
    - – – Stahlsorte ....,
- Ausführung
  - – Ausführung auf der Baustelle vor dem Einbau,
  - – Ausführung außerhalb der Baustelle vor dem Einbau,
  - – Ausführung in eingebautem Zustand,
  - – Ausführung in eingebautem Zustand unter Wasser,
    - – – durch Tauchereinsatz,
    - – – durch Tauchereinsatz, Tauchtiefe in m ....,
  - – Ausführung .... gemäß Zeichnung Nr. ...., Einzelbeschreibung Nr. ....,
- Berechnungseinheit Stück

810 Schweißnaht an Stahlträgern,
811 Schweißnaht an Stahlspundbohlen,
812 Schweißnaht an Kanaldielen aus Stahl,
Einzelangaben nach DIN 18303 zu Pos. 810 bis 812
- Stahlsorte ....,
- Art der Verbindung
  - – als statische Verbindung,
  - – als konstruktive Verbindung,
- Schweißnahtdicke
  - – Schweißnahtdicke bis 6 mm,
  - – Schweißnahtdicke 7 bis 10 mm,
  - – Schweißnahtdicke 11 bis 15 mm,
  - – Schweißnahtdicke in mm ....,
- Zweck
  - – für Schlossverbindungen,
  - – für Schlossverbindungen, wasserundurchlässig,
  - – für ....,
- Einzellänge in m ....
- Berechnungseinheit m

369

STLB 006

LB 006 Verbau-, Ramm- und Einpressarbeiten
Sonstige Leistungen

Ausgabe 06.02

813 **Spundwandschloss abdichten zur Erzielung der Wasserundurchlässigkeit,**
Einzelangaben nach DIN 18303
- Art der Pfähle/Bohlen
  - – aus Profilstahlpfählen,
  - – aus Stahlbohlen,
  - – aus ....,
- Ausführung .... (Sofern nicht vorgeschrieben, vom Bieter einzutragen)
- Berechnungseinheit m
  - – aufgemessen wird die Länge der abgedichteten Fugen,
  - – aufgemessen wird ....,

817 **Rammgerät mit allem Zubehör umsetzen,**
Einzelangaben nach DIN 18303
- Entfernung
  - – bis 10 m – über 10 bis 100 m – über 100 bis 500 m – über 500 bis 1000 m –
  - – Entfernung in m ....,
- Berechnungseinheit Stück

814 **Pfahlkopf aus Beton abstemmen auf Sollhöhe,**
815 **Pfahlwandkopf aus Beton abstemmen auf Sollhöhe,**
816 **Schlitzwandkopf aus Beton abstemmen auf Sollhöhe,**
Einzelangaben nach DIN 18303
- Leistungsumfang
  - – Anschlussbewehrung freilegen,
    - – – anfallende Stoffe seitlich lagern,
    - – – anfallende Stoffe laden, fördern und lagern, Förderweg ....,
    - – – anfallende Stoffe entsorgen, Entsorgung wird gesondert vergütet,
- Berechnungseinheit m³

818 **Bohrgerät mit allem Zubehör umsetzen,**
Einzelangaben nach DIN 18303
- Entfernung,
  - – bis 10 m – über 10 bis 100 m – über 100 bis 500 m – über 500 bis 1000 m –
  - – Entfernung in m ....,
- Berechnungseinheit Stück

819 **Leerbohrung,**
820 **Leerschlitz,**
Einzelangaben nach DIN 18303 zu Pos. 819, 820
- für ....
- Bodenart
  - – Bodenarten gemäß beigefügtem Schichtenverzeichnis,
  - – Bodenarten gemäß beigefügtem Bodengutachten,
  - – Bodenklasse 2 DIN 18300,
  - – Bodenklasse 3 bis 5 DIN 18300,
  - – Bodenklasse 6 DIN 18300,
  - – Bodenklasse 7 DIN 18300,
  - – Boden–/Felsklasse DIN 18301 ....,
- Verfügung über anfallende Stoffe
  - – anfallende Stoffe seitlich lagern,
  - – anfallende Stoffe seitlich einplanieren,
  - – anfallende Stoffe entsorgen, Entsorgung wird gesondert vergütet,
  - – anfallende Stoffe ....,
- Bohrlochenddurchmesser/Schlitzdicke
  - – Bohrlochenddurchmesser bis 36 mm,
  - – Bohrlochenddurchmesser über 36 bis 56 mm,
  - – Bohrlochenddurchmesser über 56 bis 86 mm,
  - – Bohrlochenddurchmesser über 86 bis 116 mm,
  - – Bohrlochenddurchmesser über 116 bis 150 mm,
  - – Bohrlochenddurchmesser über 150 bis 200 mm,
  - – Bohrlochenddurchmesser über 200 bis 250 mm,
  - – Bohrlochenddurchmesser über 250 bis 300 mm,
  - – Bohrlochenddurchmesser über 300 bis 400 mm,
  - – Bohrlochenddurchmesser über 400 bis 500 mm,
  - – Bohrlochenddurchmesser über 500 bis 600 mm,
  - – Bohrlochenddurchmesser über 600 bis 700 mm,
  - – Bohrlochenddurchmesser über 700 bis 800 mm,
  - – Bohrlochenddurchmesser über 800 bis 900 mm,
  - – Bohrlochenddurchmesser über 900 bis 1000 mm,
  - – Bohrlochenddurchmesser in mm ....,
  - – Schlitzdicke 40 cm – 60 cm – 80 cm – in cm ....,

- Leertiefe in m ....
- Berechnungseinheit m (für Bohrungen), m² (für Schlitze)

850 **Boden,**
851 **Boden, schadstoffbelastet,**
852 **Boden, nicht mit Stützflüssigkeit vermengt,**
853 **Stoffe,**
854 **Stoffe, schadstoffbelastet,**
855 **Bauteile,**
856 **Bauteile, schadstoffbelastet,**
Einzelangaben nach DIN 18303 zu Pos. 850 bis 856
- Stoffart
  - – Bodenklasse ....,
  - – Art/Zusammensetzung ....,
    - – – Art und Umfang der Schadstoffbelastung,
      - – – – Abfallschlüssel gemäß TA–Abfall ....,
        - – – – – Deponieklasse ....,
- Leistungsumfang
  - – transportieren,
  - – lösen, laden und transportieren,
  - – gelagert, laden und transportieren,
  - – ....,
- Zielort der Verwertung/Entsorgung
  - – zur Recyclinganlage in ....,
  - – zur zugelassenen Deponie/Entsorgungsstelle in ....,
  - – zur Baustellenabfallsortieranlage in ....,
  - – zur Recyclinganlage in .... oder zu einer gleichwertigen Recyclinganlage in .... (vom Bieter einzutragen),
  - – zur zugelassenen Deponie/Entsorgungsstelle in .... oder zu einer gleichwertigen Deponie/Entsorgungsstelle in .... , (vom Bieter einzutragen),
  - – zur Baustellenabfallsortieranlage in .... oder zu einer gleichwertigen Baustellenabfallsortieranlage in .... (vom Bieter einzutragen),
  - – ....,
- Vorschriften/Nachweise
  - – besondere Vorschriften bei der Bearbeitung ....,
    - – – der Nachweis der geordneten Entsorgung ist unmittelbar zu erbringen,
    - – – der Nachweis der geordneten Entsorgung ist zu erbringen durch ....,
- Gebühren
  - – die Gebühren der Entsorgung werden vom AG übernommen,
  - – die Gebühren der Entsorgung werden gegen Nachweis vergütet,
- Transportweg
  - – Transportentfernung in km ....,
    - – – Transportweg ....,
      - – – – die Beförderungsgenehmigung ist vor Auftragserteilung einzureichen,
- Berechnungseinheit m³, Stück, t

LB 006 Verbau-, Ramm- und Einpressarbeiten
Bohrarbeiten für Verbau

AW 006

Ausgabe 06.02

Sämtliche Preise sind **Mittelpreise ohne Mehrwertsteuer** zum Zeitpunkt des Ausgabedatums.
Korrekturfaktoren für Regionaleinfluss, Mengeneinfluss, Konjunktureinfluss siehe Vorspann.
Abkürzungen: EP = Einheitspreis, LA = Lohnanteil, ST = Stoffanteil

Bohrarbeiten für Verbau

006.----.-

006.01001.M	Bohrung f. Verbauträger, D >250-300 mm, L bis 10 m	73,35 DM/m 37,50 €/m
006.01002.M	Bohrung f. Verbauträger, D >250-300 mm, L >10-15 m	105,11 DM/m 53,74 €/m
006.01003.M	Bohrung f. Verbauträger, D >300-400 mm, L bis 10 m	117,24 DM/m 59,94 €/m
006.01004.M	Bohrung f. Verbauträger, D >300-400 mm, L >10-15 m	133,98 DM/m 68,50 €/m
006.01005.M	Bohrung f. Verbauträger, D >300-400 mm, L >15-20 m	157,65 DM/m 80,61 €/m
006.01006.M	Bohrung f. Verbauträger, D >400-500 mm, L bis 10 m	160,55 DM/m 82,09 €/m
006.01007.M	Bohrung f. Verbauträger, D >400-500 mm, L >10-15 m	182,48 DM/m 93,30 €/m
006.01008.M	Bohrung f. Verbauträger, D >400-500 mm, L >15-20 m	208,47 DM/m 106,59 €/m
006.01009.M	Bohrung f. Verbauträger, D >500-600 mm, L bis 10 m	228,69 DM/m 116,93 €/m
006.01010.M	Bohrung f. Verbauträger, D >500-600 mm, L >10-15 m	250,06 DM/m 127,85 €/m
006.01011.M	Bohrung f. Verbauträger, D >500-600 mm, L >15-20 m	284,70 DM/m 145,57 €/m
006.02001.M	Bohrung f. Verankerung, D >56-86 mm, L bis 10 m	42,15 DM/m 21,55 €/m
006.02002.M	Bohrung f. Verankerung, D >56-86 mm, L >10 bis 15 m	53,71 DM/m 27,46 €/m
006.02003.M	Bohrung f. Verankerung, D >56-86 mm, L >15 bis 20 m	70,45 DM/m 36,02 €/m
006.02004.M	Bohrung f. Verankerung, D >86-116 mm, L bis 10 m	54,28 DM/m 27,76 €/m
006.02005.M	Bohrung f. Verankerung, D >86-116 mm, L >10 bis 15 m	64,10 DM/m 32,77 €/m
006.02006.M	Bohrung f. Verankerung, D >86-116 mm, L >15 bis 20 m	75,65 DM/m 38,68 €/m
006.02007.M	Bohrung f. Verankerung, D >86-116 mm, L >20 bis 30 m	96,44 DM/m 49,31 €/m
006.02008.M	Bohrung f. Verankerung, D >116-150 mm, L bis 10 m	65,26 DM/m 33,37 €/m
006.02009.M	Bohrung f. Verankerung, D >116-150 mm, L >10 bis 15 m	76,23 DM/m 38,98 €/m
006.02010.M	Bohrung f. Verankerung, D >116-150 mm, L >15 bis 20 m	94,71 DM/m 48,43 €/m
006.02011.M	Bohrung f. Verankerung, D >116-150 mm, L >20 bis 30 m	110,88 DM/m 56,69 €/m

Hinweis:
D = Bohrlochdurchmesser
L = Bohrlochlänge
weitere Bohrarbeiten siehe LB 005 Bohrarbeiten, Brunnenarbeiten

006.01001.M KG 312 DIN 276
Bohrung f. Verbauträger, D >250-300 mm, L bis 10 m
EP 73,35 DM/m   LA 73,35 DM/m   ST 0,00 DM/m
EP 37,50 €/m   LA 37,50 €/m   ST 0,00 €/m

006.01002.M KG 312 DIN 276
Bohrung f. Verbauträger, D >250-300 mm, L >10-15 m
EP 105,11 DM/m   LA 105,11 DM/m   ST 0,00 DM/m
EP 53,74 €/m   LA 53,74 €/m   ST 0,00 €/m

006.01003.M KG 312 DIN 276
Bohrung f. Verbauträger, D >300-400 mm, L bis 10 m
EP 117,24 DM/m   LA 117,24 DM/m   ST 0,00 DM/m
EP 59,94 €/m   LA 59,94 €/m   ST 0,00 €/m

006.01004.M KG 312 DIN 276
Bohrung f. Verbauträger, D >300-400 mm, L >10-15 m
EP 133,98 DM/m   LA 133,98 DM/m   ST 0,00 DM/m
EP 68,50 €/m   LA 68,50 €/m   ST 0,00 €/m

006.01005.M KG 312 DIN 276
Bohrung f. Verbauträger, D >300-400 mm, L >15-20 m
EP 157,65 DM/m   LA 157,65 DM/m   ST 0,00 DM/m
EP 80,61 €/m   LA 80,61 €/m   ST 0,00 €/m

006.01006.M KG 312 DIN 276
Bohrung f. Verbauträger, D >400-500 mm, L bis 10 m
EP 160,55 DM/m   LA 160,55 DM/m   ST 0,00 DM/m
EP 82,09 €/m   LA 82,09 €/m   ST 0,00 €/m

006.01007.M KG 312 DIN 276
Bohrung f. Verbauträger, D >400-500 mm, L >10-15 m
EP 182,48 DM/m   LA 182,48 DM/m   ST 0,00 DM/m
EP 93,30 €/m   LA 93,30 €/m   ST 0,00 €/m

006.01008.M KG 312 DIN 276
Bohrung f. Verbauträger, D >400-500 mm, L >15-20 m
EP 208,47 DM/m   LA 208,47 DM/m   ST 0,00 DM/m
EP 106,59 €/m   LA 106,59 €/m   ST 0,00 €/m

006.01009.M KG 312 DIN 276
Bohrung f. Verbauträger, D >500-600 mm, L bis 10 m
EP 228,69 DM/m   LA 228,69 DM/m   ST 0,00 DM/m
EP 116,93 €/m   LA 116,93 €/m   ST 0,00 €/m

006.01010.M KG 312 DIN 276
Bohrung f. Verbauträger, D >500-600 mm, L >10-15 m
EP 250,06 DM/m   LA 250,06 DM/m   ST 0,00 DM/m
EP 127,85 €/m   LA 127,85 €/m   ST 0,00 €/m

006.01011.M KG 312 DIN 276
Bohrung f. Verbauträger, D >500-600 mm, L >15-20 m
EP 284,70 DM/m   LA 284,70 DM/m   ST 0,00 DM/m
EP 145,57 €/m   LA 145,57 €/m   ST 0,00 €/m

006.02001.M KG 312 DIN 276
Bohrung f. Verankerung, D >56-86 mm, L bis 10 m
EP 42,15 DM/m   LA 42,15 DM/m   ST 0,00 DM/m
EP 21,55 €/m   LA 21,55 €/m   ST 0,00 €/m

006.02002.M KG 312 DIN 276
Bohrung f. Verankerung, D >56-86 mm, L >10 bis 15 m
EP 53,71 DM/m   LA 53,71 DM/m   ST 0,00 DM/m
EP 27,46 €/m   LA 27,46 €/m   ST 0,00 €/m

006.02003.M KG 312 DIN 276
Bohrung f. Verankerung, D >56-86 mm, L >15 bis 20 m
EP 70,45 DM/m   LA 70,45 DM/m   ST 0,00 DM/m
EP 36,02 €/m   LA 36,02 €/m   ST 0,00 €/m

006.02004.M KG 312 DIN 276
Bohrung f. Verankerung, D >86-116 mm, L bis 10 m
EP 54,28 DM/m   LA 54,28 DM/m   ST 0,00 DM/m
EP 27,76 €/m   LA 27,76 €/m   ST 0,00 €/m

006.02005.M KG 312 DIN 276
Bohrung f. Verankerung, D >86-116 mm, L >10 bis 15 m
EP 64,10 DM/m   LA 64,10 DM/m   ST 0,00 DM/m
EP 32,77 €/m   LA 32,77 €/m   ST 0,00 €/m

006.02006.M KG 312 DIN 276
Bohrung f. Verankerung, D >86-116 mm, L >15 bis 20 m
EP 75,65 DM/m   LA 75,65 DM/m   ST 0,00 DM/m
EP 38,68 €/m   LA 38,68 €/m   ST 0,00 €/m

006.02007.M KG 312 DIN 276
Bohrung f. Verankerung, D >86-116 mm, L >20 bis 30 m
EP 96,44 DM/m   LA 96,44 DM/m   ST 0,00 DM/m
EP 49,31 €/m   LA 49,31 €/m   ST 0,00 €/m

006.02008.M KG 312 DIN 276
Bohrung f. Verankerung, D >116-150 mm, L bis 10 m
EP 65,26 DM/m   LA 65,26 DM/m   ST 0,00 DM/m
EP 33,37 €/m   LA 33,37 €/m   ST 0,00 €/m

006.02009.M KG 312 DIN 276
Bohrung f. Verankerung, D >116-150 mm, L >10 bis 15 m
EP 76,23 DM/m   LA 76,23 DM/m   ST 0,00 DM/m
EP 38,98 €/m   LA 38,98 €/m   ST 0,00 €/m

006.02010.M KG 312 DIN 276
Bohrung f. Verankerung, D >116-150 mm, L >15 bis 20 m
EP 94,71 DM/m   LA 94,71 DM/m   ST 0,00 DM/m
EP 48,43 €/m   LA 48,43 €/m   ST 0,00 €/m

006.02011.M KG 312 DIN 276
Bohrung f. Verankerung, D >116-150 mm, L >20 bis 30 m
EP 110,88 DM/m   LA 110,88 DM/m   ST 0,00 DM/m
EP 56,69 €/m   LA 56,69 €/m   ST 0,00 €/m

LB 006 Verbau-, Ramm- und Einpressarbeiten
Bohren verfüllen; Bohrgerät auf-, abbauen, vorhalten

AW 006
Ausgabe 06.02

Sämtliche Preise sind **Mittelpreise ohne Mehrwertsteuer** zum Zeitpunkt des Ausgabedatums.
Korrekturfaktoren für Regionaleinfluss, Mengeneinfluss, Konjunktureinfluss siehe Vorspann.
Abkürzungen: EP = Einheitspreis, LA = Lohnanteil, ST = Stoffanteil

Bohrungen verfüllen

006.----.-

Pos.	Beschreibung	Preis
006.10101.M	Bohrung verfüllen, Bohrgut	44,47 DM/m3 / 22,74 €/m3
006.10102.M	Bohrung verfüllen, Kiessand 0/11 mm	62,84 DM/m3 / 32,13 €/m3
006.10103.M	Bohrung verfüllen, Kies 0/32 mm	79,81 DM/m3 / 40,80 €/m3
006.10104.M	Bohrung verfüllen, Splitt 5/11 mm	73,55 DM/m3 / 37,60 €/m3
006.10201.M	Verrohrung im Boden belassen, D >200-300 mm, geschw.	27,96 DM/m / 14,30 €/m
006.10202.M	Verrohrung im Boden belassen, D >300-400 mm, geschw.	50,90 DM/m / 26,03 €/m
006.10203.M	Verrohrung im Boden belassen, D >200-300 mm, nahtlos	127,10 DM/m / 64,99 €/m
006.10204.M	Verrohrung im Boden belassen, D >300-400 mm, nahtlos	242,36 DM/m / 123,91 €/m
006.10205.M	Verrohrung im Boden belassen, D >400-500 mm, nahtlos	574,91 DM/m / 293,95 €/m

Hinweis:
D = Bohrlochdurchmesser

006.10101.M KG 312 DIN 276
Bohrung verfüllen, Bohrgut
EP 44,47 DM/m3   LA 44,47 DM/m3   ST 0,00 DM/m3
EP 22,74 €/m3   LA 22,74 €/m3   ST 0,00 €/m3

006.10102.M KG 312 DIN 276
Bohrung verfüllen, Kiessand 0/11 mm
EP 62,84 DM/m3   LA 43,89 DM/m3   ST 18,95 DM/m3
EP 32,13 €/m3   LA 22,44 €/m3   ST 9,69 €/m3

006.10103.M KG 312 DIN 276
Bohrung verfüllen, Kies 0/32 mm
EP 79,81 DM/m3   LA 53,13 DM/m3   ST 26,68 DM/m3
EP 40,80 €/m3   LA 27,16 €/m3   ST 13,64 €/m3

006.10104.M KG 312 DIN 276
Bohrung verfüllen, Splitt 5/11 mm
EP 73,55 DM/m3   LA 50,82 DM/m3   ST 22,73 DM/m3
EP 37,60 €/m3   LA 25,98 €/m3   ST 11,62 €/m3

006.10201.M KG 312 DIN 276
Verrohrung im Boden belassen, D >200-300 mm, geschweißt
EP 27,96 DM/m   LA 0,00 DM/m   ST 27,96 DM/m
EP 14,30 €/m   LA 0,00 €/m   ST 14,30 €/m

006.10202.M KG 312 DIN 276
Verrohrung im Boden belassen, D >300-400 mm, geschweißt
EP 50,90 DM/m   LA 0,00 DM/m   ST 50,90 DM/m
EP 26,03 €/m   LA 0,00 €/m   ST 26,03 €/m

006.10203.M KG 312 DIN 276
Verrohrung im Boden belassen, D >200-300 mm, nahtlos
EP 127,10 DM/m   LA 0,00 DM/m   ST 127,10 DM/m
EP 64,99 €/m   LA 0,00 €/m   ST 64,99 €/m

006.10204.M KG 312 DIN 276
Verrohrung im Boden belassen, D >300-400 mm, nahtlos
EP 242,36 DM/m   LA 0,00 DM/m   ST 242,36 DM/m
EP 123,91 €/m   LA 0,00 €/m   ST 123,91 €/m

006.10205.M KG 312 DIN 276
Verrohrung im Boden belassen, D >400-500 mm, nahtlos
EP 574,91 DM/m   LA 0,00 DM/m   ST 574,91 DM/m
EP 293,95 €/m   LA 0,00 €/m   ST 293,95 €/m

Bohrgerät auf-, abbauen, vorhalten

006.----.-

Pos.	Beschreibung	Preis
006.81801.M	Hydraulisches Bohrgerät auf- und abbauen	2 701,31 DM/psch / 1 381,16 €/StMo
006.81802.M	Hydraulisches Bohrgerät vorhalten	45 562,19 DM/StMo / 23 295,58 €/StMo
006.81803.M	Hydraul. Bohrgerät umsetzen, über 10 bis 100 m	307,60 DM/St / 157,28 €/St
006.81804.M	Hydraul. Bohrgerät umsetzen, über 100 bis 500 m	467,30 DM/St / 238,93 €/St

Hinweis:
Diese Leistungen sind als eigenständige Positionen
zu betrachten und in den Auswahlpositionen unter
006.010--.- sowie 006.020--.- anteilmäßig nicht berücksichtigt.

Nach DIN 18301 gilt das Umsetzen der Bohreinrichtung
von Bohrloch zu Bohrloch als Nebenleistung ohne
zusätzliche Vergütung.
Ausgenommen davon ist das Umsetzen aus Gründen, die
vom AN nicht zu vertreten sind.

006.81801.M KG 312 DIN 276
Hydraulisches Bohrgerät auf- und abbauen
EP 2 701,31 DM/psch LA 2 483,23 DM/psch   ST 218,08 DM/psch
EP 1 381,16 €/psch   LA 1 269,65 €/psch   ST 111,51 €/psch

006.81802.M KG 312 DIN 276
Hydraulisches Bohrgerät vorhalten
EP 45562,19 DM/StM   LA 0,00 DM/StMST
45562,19 DM/StM
EP 23295,58 €/StMo   LA 0,00 €/StMo   ST 23295,58 €/StMo

006.81803.M KG 312 DIN 276
Hydraulisches Bohrgerät umsetzen, über 10 bis 100 m
EP 307,60 DM/St   LA 294,52 DM/St   ST 13,08 DM/St
EP 157,28 €/St   LA 150,58 €/St   ST 6,70 €/St

006.81804.M KG 312 DIN 276
Hydraulisches Bohrgerät umsetzen, über 100 bis 500 m
EP 467,30 DM/St   LA 450,44 DM/St   ST 16,86 DM/St
EP 238,93 €/St   LA 230,31 €/St   ST 8,62 €/St

LB 006 Verbau-, Ramm- und Einpressarbeiten
Verbau mit Holzbohlen, Verbauplatten

AW 006

Ausgabe 06.02

Sämtliche Preise sind **Mittelpreise ohne Mehrwertsteuer** zum Zeitpunkt des Ausgabedatums.
Korrekturfaktoren für Regionaleinfluss, Mengeneinfluss, Konjunktureinfluss siehe Vorspann.
Abkürzungen: EP = Einheitspreis, LA = Lohnanteil, ST = Stoffanteil

Verbau mit Holzbohlen, Verbauplatten

006.----.-

Pos.	Beschreibung	Preis
006.16001.M	Verbau f. Gräben, Leichtverbau, Tiefe 0-1,75 m	11,71 DM/m2 / 5,99 €/m2
006.16002.M	Verbau f. Gräben, Stahlplattenverbau, Tiefe 0-1,75 m	14,42 DM/m2 / 7,37 €/m2
006.16003.M	Verbau f. Gräben, Stahlplattenverbau, Tiefe 0-3 m	24,77 DM/m2 / 12,66 €/m2
006.16004.M	Verbau f. Gräben, Stahlplattenverbau, Tiefe 0-4,5 m	33,23 DM/m2 / 16,99 €/m2
006.16005.M	Verbau f. Gräben, Stahlplattenverbau, Tiefe 0-6 m	41,48 DM/m2 / 21,21 €/m2
006.16006.M	Verbau f. Gräben, Verbaubox, Tiefe 0-1,75 m	4,28 DM/m2 / 2,19 €/m2
006.16007.M	Verbau f. Gräben, Verbaubox, Tiefe 0-3 m	4,91 DM/m2 / 2,51 €/m2
006.16008.M	Verbau f. Gräben, Verbaubox, Tiefe 0-4,5 m	8,89 DM/m2 / 4,55 €/m2
006.16009.M	Verbau f. Gräben, Verbaubox, Tiefe 0-6 m	9,94 DM/m2 / 5,08 €/m2
006.15001.M	Verbau f. Baugruben, senkrecht, Tiefe 0-1,75 m	83,80 DM/m2 / 42,85 €/m2
006.15002.M	Verbau f. Baugruben, senkrecht, Tiefe 0-3 m	115,82 DM/m2 / 59,22 €/m2
006.15003.M	Verbau f. Baugruben, senkrecht, Tiefe 0-4,5 m	139,97 DM/m2 / 71,57 €/m2
006.15004.M	Verbau f. Baugruben, senkrecht, Tiefe 0-6 m	211,57 DM/m2 / 108,17 €/m2
006.16010.M	Verbau f. Gräben, senkrecht, Tiefe 0-1,75 m	39,46 DM/m2 / 20,18 €/m2
006.16011.M	Verbau f. Gräben, senkrecht, Tiefe 0-3 m	49,90 DM/m2 / 25,51 €/m2
006.16012.M	Verbau f. Gräben, senkrecht, Tiefe 0-4,5 m	72,91 DM/m2 / 37,28 €/m2
006.15005.M	Verbau f. Baugruben, waagerecht, Tiefe 0-1,75 m	66,64 DM/m2 / 34,07 €/m2
006.15006.M	Verbau f. Baugruben, waagerecht, Tiefe 0-3 m	80,41 DM/m2 / 41,11 €/m2
006.15007.M	Verbau f. Baugruben, waagerecht, Tiefe 0-4,5 m	98,39 DM/m2 / 50,31 €/m2
006.15008.M	Verbau f. Baugruben, waagerecht, Tiefe 0-6 m	140,61 DM/m2 / 71,90 €/m2
006.16013.M	Verbau f. Gräben, waagerecht, Tiefe 0-1,75 m	27,53 DM/m2 / 14,08 €/m2
006.16014.M	Verbau f. Gräben, waagerecht, Tiefe 0-3 m	34,13 DM/m2 / 17,45 €/m2
006.16015.M	Verbau f. Gräben, waagerecht, Tiefe 0-4,5 m	42,22 DM/m2 / 21,59 €/m2
006.16016.M	Verbau, Zulage je 1 m Graben- Mehrbreite	12,46 DM/m2 / 6,37 €/m2
006.16017.M	Verbau, Zulage je 1,5 m Graben- Mehrtiefe	19,43 DM/m2 / 9,93 €/m2
006.16018.M	Verbau, Zulage für Bodenklasse 2	14,80 DM/m2 / 7,57 €/m2

006.16001.M KG 312 DIN 276
Verbau f. Gräben, Leichtverbau, Tiefe 0-1,75 m
EP 11,71 DM/m2   LA 8,26 DM/m2   ST 3,45 DM/m2
EP 5,99 €/m2   LA 4,22 €/m2   ST 1,77 €/m2

006.16002.M KG 312 DIN 276
Verbau f. Gräben, Stahlplattenverbau, Tiefe 0-1,75 m
EP 14,42 DM/m2   LA 10,05 DM/m2   ST 4,37 DM/m2
EP 7,37 €/m2   LA 5,14 €/m2   ST 2,23 €/m2

006.16003.M KG 312 DIN 276
Verbau f. Gräben, Stahlplattenverbau, Tiefe 0-3 m
EP 24,77 DM/m2   LA 19,17 DM/m2   ST 5,60 DM/m2
EP 12,66 €/m2   LA 9,80 €/m2   ST 2,86 €/m2

006.16004.M KG 312 DIN 276
Verbau f. Gräben, Stahlplattenverbau, Tiefe 0-4,5 m
EP 33,23 DM/m2   LA 26,40 DM/m2   ST 6,83 DM/m2
EP 16,99 €/m2   LA 13,50 €/m2   ST 3,49 €/m2

006.16005.M KG 312 DIN 276
Verbau f. Gräben, Stahlplattenverbau, Tiefe 0-6 m
EP 41,48 DM/m2   LA 33,50 DM/m2   ST 7,98 DM/m2
EP 21,21 €/m2   LA 17,13 €/m2   ST 4,08 €/m2

006.16006.M KG 312 DIN 276
Verbau f. Gräben, Verbaubox, Tiefe 0-1,75 m
EP 4,28 DM/m2   LA 4,28 DM/m2   ST 0,00 DM/m2
EP 2,19 €/m2   LA 2,19 €/m2   ST 0,00 €/m2

006.16007.M KG 312 DIN 276
Verbau f. Gräben, Verbaubox, Tiefe 0-3 m
EP 4,91 DM/m2   LA 4,91 DM/m2   ST 0,00 DM/m2
EP 2,51 €/m2   LA 2,51 €/m2   ST 0,00 €/m2

006.16008.M KG 312 DIN 276
Verbau f. Gräben, Verbaubox, Tiefe 0-4,5 m
EP 8,89 DM/m2   LA 8,89 DM/m2   ST 0,00 DM/m2
EP 4,55 €/m2   LA 4,55 €/m2   ST 0,00 €/m2

006.16009.M KG 312 DIN 276
Verbau f. Gräben, Verbaubox, Tiefe 0-6 m
EP 9,94 DM/m2   LA 9,94 DM/m2   ST 0,00 DM/m2
EP 5,08 €/m2   LA 5,08 €/m2   ST 0,00 €/m2

006.15001.M KG 312 DIN 276
Verbau f. Baugruben, senkrecht, Tiefe 0-1,75 m
EP 83,80 DM/m2   LA 72,77 DM/m2   ST 11,03 DM/m2
EP 42,85 €/m2   LA 37,20 €/m2   ST 5,65 €/m2

006.15002.M KG 312 DIN 276
Verbau f. Baugruben, senkrecht, Tiefe 0-3 m
EP 115,82 DM/m2   LA 102,80 DM/m2   ST 13,02 DM/m2
EP 59,22 €/m2   LA 52,56 €/m2   ST 6,66 €/m2

006.15003.M KG 312 DIN 276
Verbau f. Baugruben, senkrecht, Tiefe 0-4,5 m
EP 139,97 DM/m2   LA 125,89 DM/m2   ST 14,08 DM/m2
EP 71,57 €/m2   LA 64,37 €/m2   ST 7,20 €/m2

006.15004.M KG 312 DIN 276
Verbau f. Baugruben, senkrecht, Tiefe 0-6 m
EP 211,57 DM/m2   LA 194,04 DM/m2   ST 17,53 DM/m2
EP 108,17 €/m2   LA 99,21 €/m2   ST 8,96 €/m2

006.16010.M KG 312 DIN 276
Verbau f. Gräben, senkrecht, Tiefe 0-1,75 m
EP 39,46 DM/m2   LA 30,72 DM/m2   ST 8,74 DM/m2
EP 20,18 €/m2   LA 15,71 €/m2   ST 4,47 €/m2

006.16011.M KG 312 DIN 276
Verbau f. Gräben, senkrecht, Tiefe 0-3 m
EP 49,90 DM/m2   LA 39,44 DM/m2   ST 10,46 DM/m2
EP 25,51 €/m2   LA 20,17 €/m2   ST 5,34 €/m2

006.16012.M KG 312 DIN 276
Verbau f. Gräben, senkrecht, Tiefe 0-4,5 m
EP 72,91 DM/m2   LA 60,06 DM/m2   ST 12,85 DM/m2
EP 37,28 €/m2   LA 30,71 €/m2   ST 6,57 €/m2

006.15005.M KG 312 DIN 276
Verbau f. Baugruben, waagerecht, Tiefe 0-1,75 m
EP 66,64 DM/m2   LA 56,59 DM/m2   ST 10,05 DM/m2
EP 34,07 €/m2   LA 28,93 €/m2   ST 5,14 €/m2

006.15006.M KG 312 DIN 276
Verbau f. Baugruben, waagerecht, Tiefe 0-3 m
EP 80,41 DM/m2   LA 68,14 DM/m2   ST 12,27 DM/m2
EP 41,11 €/m2   LA 34,84 €/m2   ST 6,27 €/m2

006.15007.M KG 312 DIN 276
Verbau f. Baugruben, waagerecht, Tiefe 0-4,5 m
EP 98,39 DM/m2   LA 84,89 DM/m2   ST 13,50 DM/m2
EP 50,31 €/m2   LA 43,40 €/m2   ST 6,91 €/m2

006.15008.M KG 312 DIN 276
Verbau f. Baugruben, waagerecht, Tiefe 0-6 m
EP 140,61 DM/m2   LA 124,73 DM/m2   ST 15,88 DM/m2
EP 71,90 €/m2   LA 63,78 €/m2   ST 8,12 €/m2

006.16013.M KG 312 DIN 276
Verbau f. Gräben, waagerecht, Tiefe 0-1,75 m
EP 27,53 DM/m2   LA 20,61 DM/m2   ST 6,92 DM/m2
EP 14,08 €/m2   LA 10,54 €/m2   ST 3,54 €/m2

006.16014.M KG 312 DIN 276
Verbau f. Gräben, waagerecht, Tiefe 0-3 m
EP 34,13 DM/m2   LA 25,82 DM/m2   ST 8,31 DM/m2
EP 17,45 €/m2   LA 13,20 €/m2   ST 4,25 €/m2

LB 006 Verbau-, Ramm- und Einpressarbeiten
Verbau mit Holzbohlen, Verbauplatten; Verbau als Trägerbohlwand

Ausgabe 06.02

Sämtliche Preise sind **Mittelpreise ohne Mehrwertsteuer** zum Zeitpunkt des Ausgabedatums.
Korrekturfaktoren für Regionaleinfluss, Mengeneinfluss, Konjunktureinflusssiehe Vorspann.
Abkürzungen: EP = Einheitspreis, LA = Lohnanteil, ST = Stoffanteil

006.16015.M KG 312 DIN 276
Verbau f. Gräben, waagerecht, Tiefe 0-4,5 m
EP 42,22 DM/m2   LA 32,51 DM/m2   ST 9,71 DM/m2
EP 21,59 €/m2   LA 16,62 €/m2   ST 4,97 €/m2

006.16016.M KG 312 DIN 276
Verbau, Zulage je 1 m Graben- Mehrbreite
EP 12,46 DM/m2   LA 9,41 DM/m2   ST 3,05 DM/m2
EP 6,37 €/m2   LA 4,81 €/m2   ST 1,56 €/m2

006.16017.M KG 312 DIN 276
Verbau, Zulage je 1,5 m Graben- Mehrtiefe
EP 19,43 DM/m2   LA 15,47 DM/m2   ST 3,96 DM/m2
EP 9,93 €/m2   LA 7,91 €/m2   ST 2,02 €/m2

006.16018.M KG 312 DIN 276
Verbau, Zulage für Bodenklasse 2
EP 14,80 DM/m2   LA 12,01 DM/m2   ST 2,79 DM/m2
EP 7,57 €/m2   LA 6,14 €/m2   ST 1,43 €/m2

Verbau als Trägerbohlwand

006.----.-

006.20001.M Verbau Trägerbohlwand, Tiefe bis 5 m	326,61 DM/m2
	166,99 €/m2
006.20002.M Verbau Trägerbohlwand, Tiefe über 5 bis 7,5 m	390,20 DM/m2
	199,51 €/m2
006.20003.M Verbau Trägerbohlwand, Tiefe über 7,5 bis 10 m	518,85 DM/m2
	265,28 €/m2

006.20001.M KG 312 DIN 276
Verbau Trägerbohlwand, Tiefe bis 5 m
EP 326,61 DM/m2   LA 206,17 DM/m2   ST 120,44 DM/m2
EP 166,99 €/m2   LA 105,41 €/m2   ST 61,58 €/m2

006.20002.M KG 312 DIN 276
Verbau Trägerbohlwand, Tiefe über 5 bis 7,5 m
EP 390,20 DM/m2   LA 240,81 DM/m2   ST 149,39 DM/m2
EP 199,51 €/m2   LA 123,13 €/m2   ST 76,38 €/m2

006.20003.M KG 312 DIN 276
Verbau Trägerbohlwand, Tiefe über 7,5 bis 10 m
EP 518,85 DM/m2   LA 331,48 DM/m2   ST 187,37 DM/m2
EP 265,28 €/m2   LA 169,48 €/m2   ST 95,80 €/m2

LB 006 Verbau-, Ramm- und Einpressarbeiten
Verbau mit Stahlspundbohlen

AW 006

Ausgabe 06.02

Sämtliche Preise sind **Mittelpreise ohne Mehrwertsteuer** zum Zeitpunkt des Ausgabedatums.
Korrekturfaktoren für Regionaleinfluss, Mengeneinfluss, Konjunktureinfluss siehe Vorspann.
Abkürzungen: EP = Einheitspreis, LA = Lohnanteil, ST = Stoffanteil

Verbau mit Stahlspundbohlen

006.----.-

Pos.	Beschreibung	Preis
006.22001.M	Verbau Stahlspundb. 89 kg/m2, T bis 5 m, leicht.Rb.	124,51 DM/m2 / 63,66 €/m2
006.22002.M	Verbau Stahlspundb. 89 kg/m2, T bis 5 m, mittel.Rb.	135,00 DM/m2 / 69,02 €/m2
006.22003.M	Verbau Stahlspundb. 89 kg/m2, T bis 5 m, schwer.Rb.	186,55 DM/m2 / 95,38 €/m2
006.22004.M	Verbau Stahlspundb. 100 kg/m2, T bis 5 m, leicht.Rb.	140,40 DM/m2 / 71,79 €/m2
006.22005.M	Verbau Stahlspundb. 100 kg/m2, T bis 5 m, mittel.Rb.	158,20 DM/m2 / 80,89 €/m2
006.22006.M	Verbau Stahlspundb. 100 kg/m2, T bis 5 m, schwer.Rb.	212,91 DM/m2 / 108,86 €/m2
006.22007.M	Verbau Stahlspundb. 122 kg/m2, T bis 5 m, leicht.Rb.	156,54 DM/m2 / 80,04 €/m2
006.22008.M	Verbau Stahlspundb. 122 kg/m2, T bis 5 m, mittel.Rb.	181,95 DM/m2 / 93,03 €/m2
006.22009.M	Verbau Stahlspundb. 122 kg/m2, T bis 5 m, schwer.Rb.	229,50 DM/m2 / 117,34 €/m2
006.22010.M	Verbau Stahlspundb. 122 kg/m2, T >5-10 m, leicht.Rb.	194,76 DM/m2 / 99,58 €/m2
006.22011.M	Verbau Stahlspundb. 122 kg/m2, T >5-10 m, mittel.Rb.	217,14 DM/m2 / 111,02 €/m2
006.22012.M	Verbau Stahlspundb. 122 kg/m2, T >5-10 m, schwer.Rb.	273,01 DM/m2 / 139,59 €/m2
006.22013.M	Verbau Stahlspundb. 155 kg/m2, T bis 5 m, leicht.Rb.	180,48 DM/m2 / 92,28 €/m2
006.22014.M	Verbau Stahlspundb. 155 kg/m2, T bis 5 m, mittel.Rb.	217,25 DM/m2 / 111,08 €/m2
006.22015.M	Verbau Stahlspundb. 155 kg/m2, T bis 5 m, schwer.Rb.	266,54 DM/m2 / 136,28 €/m2
006.22016.M	Verbau Stahlspundb. 155 kg/m2, T >5-10 m, leicht.Rb.	209,66 DM/m2 / 107,20 €/m2
006.22017.M	Verbau Stahlspundb. 155 kg/m2, T >5-10 m, mittel.Rb.	229,03 DM/m2 / 117,10 €/m2
006.22018.M	Verbau Stahlspundb. 155 kg/m2, T >5-10 m, schwer.Rb.	292,43 DM/m2 / 149,51 €/m2
006.22019.M	Verbau Stahlspundb. 155 kg/m2, T >10 m, leicht.Rb.	222,93 DM/m2 / 113,98 €/m2
006.22020.M	Verbau Stahlspundb. 155 kg/m2, T >10 m, mittel.Rb.	255,34 DM/m2 / 130,55 €/m2
006.22021.M	Verbau Stahlspundb. 155 kg/m2, T >10 m, schwer.Rb.	325,08 DM/m2 / 166,21 €/m2
006.22022.M	Verbau Stahlspundb. 175 kg/m2, T bis 5 m, leicht.Rb.	191,44 DM/m2 / 97,88 €/m2
006.22023.M	Verbau Stahlspundb. 175 kg/m2, T bis 5 m, mittel.Rb.	214,06 DM/m2 / 109,45 €/m2
006.22024.M	Verbau Stahlspundb. 175 kg/m2, T bis 5 m, schwer.Rb.	279,64 DM/m2 / 142,98 €/m2
006.22025.M	Verbau Stahlspundb. 175 kg/m2, T >5-10 m, leicht.Rb.	216,16 DM/m2 / 110,52 €/m2
006.22026.M	Verbau Stahlspundb. 175 kg/m2, T >5-10 m, mittel.Rb.	235,04 DM/m2 / 120,17 €/m2
006.22027.M	Verbau Stahlspundb. 175 kg/m2, T >5-10 m, schwer.Rb.	303,24 DM/m2 / 155,04 €/m2
006.22028.M	Verbau Stahlspundb. 175 kg/m2, T >10 m, leicht.Rb.	237,36 DM/m2 / 121,36 €/m2
006.22029.M	Verbau Stahlspundb. 175 kg/m2, T >10 m, mittel.Rb.	260,47 DM/m2 / 133,18 €/m2
006.22030.M	Verbau Stahlspundb. 175 kg/m2, T >10 m, schwer.Rb.	332,01 DM/m2 / 169,75 €/m2
006.22031.M	Verbau Stahlspundb. 185 kg/m2, T bis 5 m, leicht.Rb.	196,09 DM/m2 / 100,26 €/m2
006.22032.M	Verbau Stahlspundb. 185 kg/m2, T bis 5 m, mittel.Rb.	230,07 DM/m2 / 117,63 €/m2
006.22033.M	Verbau Stahlspundb. 185 kg/m2, T bis 5 m, schwer.Rb.	293,39 DM/m2 / 150,01 €/m2
006.22034.M	Verbau Stahlspundb. 185 kg/m2, T >5-10 m, leicht.Rb.	225,35 DM/m2 / 115,22 €/m2
006.22035.M	Verbau Stahlspundb. 185 kg/m2, T >5-10 m, mittel.Rb.	251,00 DM/m2 / 128,34 €/m2
006.22036.M	Verbau Stahlspundb. 185 kg/m2, T >5-10 m, schwer.Rb.	317,31 DM/m2 / 162,24 €/m2
006.22037.M	Verbau Stahlspundb. 185 kg/m2, T >10 m, leicht.Rb.	252,02 DM/m2 / 128,86 €/m2
006.22038.M	Verbau Stahlspundb. 185 kg/m2, T >10 m, mittel.Rb.	272,81 DM/m2 / 139,48 €/m2
006.22039.M	Verbau Stahlspundb. 185 kg/m2, T >10 m, schwer.Rb.	351,07 DM/m2 / 179,50 €/m2

Hinweis:
T = Verbautiefe
leicht. Rb. = leichter Rammboden
mittel. Rb. = mittelschwerer Rammboden
schwer. Rb. = schwerer Rammboden

006.22001.M KG 312 DIN 276
Verbau Stahlspundb. 89 kg/m2, T bis 5 m, leicht.Rb.
EP 124,51 DM/m2   LA 82,58 DM/m2   ST 41,93 DM/m2
EP 63,66 €/m2   LA 42,22 €/m2   ST 21,44 €/m2

006.22002.M KG 312 DIN 276
Verbau Stahlspundb. 89 kg/m2, T bis 5 m, mittel.Rb.
EP 135,00 DM/m2   LA 88,36 DM/m2   ST 46,64 DM/m2
EP 69,02 €/m2   LA 45,18 €/m2   ST 23,84 €/m2

006.22003.M KG 312 DIN 276
Verbau Stahlspundb. 89 kg/m2, T bis 5 m, schwer.Rb.
EP 186,55 DM/m2   LA 128,78 DM/m2 ST 57,77 DM/m2
EP 95,38 €/m2   LA 65,84 €/m2   ST 29,54 €/m2

006.22004.M KG 312 DIN 276
Verbau Stahlspundb. 100 kg/m2, T bis 5 m, leicht.Rb.
EP 140,40 DM/m2   LA 94,71 DM/m2   ST 45,69 DM/m2
EP 71,79 €/m2   LA 48,43 €/m2   ST 23,36 €/m2

006.22005.M KG 312 DIN 276
Verbau Stahlspundb. 100 kg/m2, T bis 5 m, mittel.Rb.
EP 158,20 DM/m2   LA 110,88 DM/m2 ST 47,32 DM/m2
EP 80,89 €/m2   LA 56,69 €/m2   ST 24,20 €/m2

006.22006.M KG 312 DIN 276
Verbau Stahlspundb. 100 kg/m2, T bis 5 m, schwer.Rb.
EP 212,91 DM/m2   LA 146,11 DM/m2 ST 66,80 DM/m2
EP 108,86 €/m2   LA 74,71 €/m2   ST 34,15 €/m2

006.22007.M KG 312 DIN 276
Verbau Stahlspundb. 122 kg/m2, T bis 5 m, leicht.Rb.
EP 156,54 DM/m2   LA 102,80 DM/m2 ST 53,74 DM/m2
EP 80,04 €/m2   LA 52,56 €/m2   ST 27,48 €/m2

006.22008.M KG 312 DIN 276
Verbau Stahlspundb. 122 kg/m2, T bis 5 m, mittel.Rb.
EP 181,95 DM/m2   LA 113,76 DM/m2 ST 68,19 DM/m2
EP 93,03 €/m2   LA 58,17 €/m2   ST 34,86 €/m2

006.22009.M KG 312 DIN 276
Verbau Stahlspundb. 122 kg/m2, T bis 5 m, schwer.Rb.
EP 229,50 DM/m2   LA 151,88 DM/m2 ST 77,62 DM/m2
EP 117,34 €/m2   LA 77,66 €/m2   ST 39,68 €/m2

006.22010.M KG 312 DIN 276
Verbau Stahlspundb. 122 kg/m2, T >5-10 m, leicht.Rb.
EP 194,76 DM/m2   LA 140,33 DM/m2 ST 54,43 DM/m2
EP 99,58 €/m2   LA 71,75 €/m2   ST 27,83 €/m2

006.22011.M KG 312 DIN 276
Verbau Stahlspundb. 122 kg/m2, T >5-10 m, mittel.Rb.
EP 217,14 DM/m2   LA 151,88 DM/m2 ST 65,26 DM/m2
EP 111,02 €/m2   LA 77,66 €/m2   ST 33,36 €/m2

006.22012.M KG 312 DIN 276
Verbau Stahlspundb. 122 kg/m2, T >5-10 m, schwer.Rb.
EP 273,01 DM/m2   LA 194,61 DM/m2 ST 78,40 DM/m2
EP 139,59 €/m2   LA 99,50 €/m2   ST 40,09 €/m2

006.22013.M KG 312 DIN 276
Verbau Stahlspundb. 155 kg/m2, T bis 5 m, leicht.Rb.
EP 180,48 DM/m2   LA 113,76 DM/m2 ST 66,72 DM/m2
EP 92,28 €/m2   LA 58,17 €/m2   ST 34,11 €/m2

006.22014.M KG 312 DIN 276
Verbau Stahlspundb. 155 kg/m2, T bis 5 m, mittel.Rb.
EP 217,25 DM/m2   LA 136,87 DM/m2 ST 80,38 DM/m2
EP 111,08 €/m2   LA 69,98 €/m2   ST 41,10 €/m2

006.22015.M KG 312 DIN 276
Verbau Stahlspundb. 155 kg/m2, T bis 5 m, schwer.Rb.
EP 266,54 DM/m2   LA 171,51 DM/m2 ST 95,03 DM/m2
EP 136,28 €/m2   LA 87,69 €/m2   ST 48,59 €/m2

LB 006 Verbau-, Ramm- und Einpressarbeiten
Verbau mit Stahlspundbohlen

Ausgabe 06.02

Sämtliche Preise sind **Mittelpreise ohne Mehrwertsteuer** zum Zeitpunkt des Ausgabedatums.
Korrekturfaktoren für Regionaleinfluss, Mengeneinfluss, Konjunktureinfluss siehe Vorspann.
Abkürzungen: EP = Einheitspreis, LA = Lohnanteil, ST = Stoffanteil

006.22016.M KG 312 DIN 276
Verbau Stahlspundb. 155 kg/m2, T >5-10 m, leicht.Rb.
EP 209,66 DM/m2   LA 142,07 DM/m2   ST 67,59 DM/m2
EP 107,20 €/m2   LA 72,64 €/m2   ST 34,56 €/m2

006.22017.M KG 312 DIN 276
Verbau Stahlspundb. 155 kg/m2, T >5-10 m, mittel.Rb.
EP 229,03 DM/m2   LA 156,50 DM/m2   ST 72,53 DM/m2
EP 117,10 €/m2   LA 80,02 €/m2   ST 37,08 €/m2

006.22018.M KG 312 DIN 276
Verbau Stahlspundb. 155 kg/m2, T >5-10 m, schwer.Rb.
EP 292,43 DM/m2   LA 195,77 DM/m2   ST 96,66 DM/m2
EP 149,51 €/m2   LA 100,10 €/m2   ST 49,41 €/m2

006.22019.M KG 312 DIN 276
Verbau Stahlspundb. 155 kg/m2, T >10 m, leicht.Rb.
EP 222,93 DM/m2   LA 153,61 DM/m2   ST 69,32 DM/m2
EP 113,98 €/m2   LA 78,54 €/m2   ST 35,44 €/m2

006.22020.M KG 312 DIN 276
Verbau Stahlspundb. 155 kg/m2, T >10 m, mittel.Rb.
EP 255,34 DM/m2   LA 177,29 DM/m2   ST 78,05 DM/m2
EP 130,55 €/m2   LA 90,65 €/m2   ST 39,90 €/m2

006.22021.M KG 312 DIN 276
Verbau Stahlspundb. 155 kg/m2, T >10 m, schwer.Rb.
EP 325,08 DM/m2   LA 221,76 DM/m2   ST 103,32 DM/m2
EP 166,21 €/m2   LA 113,39 €/m2   ST 52,82 €/m2

006.22022.M KG 312 DIN 276
Verbau Stahlspundb. 175 kg/m2, T bis 5 m, leicht.Rb.
EP 191,44 DM/m2   LA 119,54 DM/m2   ST 71,90 DM/m2
EP 97,88 €/m2   LA 61,12 €/m2   ST 36,76 €/m2

006.22023.M KG 312 DIN 276
Verbau Stahlspundb. 175 kg/m2, T bis 5 m, mittel.Rb.
EP 214,06 DM/m2   LA 136,87 DM/m2   ST 77,19 DM/m2
EP 109,45 €/m2   LA 69,98 €/m2   ST 39,47 €/m2

006.22024.M KG 312 DIN 276
Verbau Stahlspundb. 175 kg/m2, T bis 5 m, schwer.Rb.
EP 279,64 DM/m2   LA 175,55 DM/m2   ST 104,09 DM/m2
EP 142,98 €/m2   LA 89,76 €/m2   ST 53,22 €/m2

006.22025.M KG 312 DIN 276
Verbau Stahlspundb. 175 kg/m2, T >5-10 m, leicht.Rb.
EP 216,16 DM/m2   LA 143,22 DM/m2   ST 72,94 DM/m2
EP 110,52 €/m2   LA 73,22 €/m2   ST 37,30 €/m2

006.22026.M KG 312 DIN 276
Verbau Stahlspundb. 175 kg/m2, T >5-10 m, mittel.Rb.
EP 235,04 DM/m2   LA 157,07 DM/m2   ST 77,97 DM/m2
EP 120,17 €/m2   LA 80,31 €/m2   ST 39,86 €/m2

006.22027.M KG 312 DIN 276
Verbau Stahlspundb. 175 kg/m2, T >5-10 m, schwer.Rb.
EP 303,24 DM/m2   LA 197,50 DM/m2   ST 105,74 DM/m2
EP 155,04 €/m2   LA 100,98 €/m2   ST 54,06 €/m2

006.22028.M KG 312 DIN 276
Verbau Stahlspundb. 175 kg/m2, T >10 m, leicht.Rb.
EP 237,36 DM/m2   LA 161,12 DM/m2   ST 76,24 DM/m2
EP 121,36 €/m2   LA 82,38 €/m2   ST 38,98 €/m2

006.22029.M KG 312 DIN 276
Verbau Stahlspundb. 175 kg/m2, T >10 m, mittel.Rb.
EP 260,47 DM/m2   LA 180,18 DM/m2   ST 80,29 DM/m2
EP 133,18 €/m2   LA 92,12 €/m2   ST 41,06 €/m2

006.22030.M KG 312 DIN 276
Verbau Stahlspundb. 175 kg/m2, T >10 m, schwer.Rb.
EP 332,01 DM/m2   LA 223,49 DM/m2   ST 108,52 DM/m2
EP 169,75 €/m2   LA 114,27 €/m2   ST 55,48 €/m2

006.22031.M KG 312 DIN 276
Verbau Stahlspundb. 185 kg/m2, T bis 5 m, leicht.Rb.
EP 196,09 DM/m2   LA 120,12 DM/m2   ST 75,97 DM/m2
EP 100,26 €/m2   LA 61,42 €/m2   ST 38,84 €/m2

006.22032.M KG 312 DIN 276
Verbau Stahlspundb. 185 kg/m2, T bis 5 m, mittel.Rb.
EP 230,07 DM/m2   LA 149,00 DM/m2   ST 81,07 DM/m2
EP 117,63 €/m2   LA 76,18 €/m2   ST 41,45 €/m2

006.22033.M KG 312 DIN 276
Verbau Stahlspundb. 185 kg/m2, T bis 5 m, schwer.Rb.
EP 293,39 DM/m2   LA 183,06 DM/m2   ST 110,33 DM/m2
EP 150,01 €/m2   LA 93,60 €/m2   ST 56,41 €/m2

006.22034.M KG 312 DIN 276
Verbau Stahlspundb. 185 kg/m2, T >5-10 m, leicht.Rb.
EP 225,35 DM/m2   LA 148,42 DM/m2   ST 76,93 DM/m2
EP 115,22 €/m2   LA 75,88 €/m2   ST 39,34 €/m2

006.22035.M KG 312 DIN 276
Verbau Stahlspundb. 185 kg/m2, T >5-10 m, mittel.Rb.
EP 251,00 DM/m2   LA 168,63 DM/m2   ST 82,37 DM/m2
EP 128,34 €/m2   LA 86,22 €/m2   ST 42,12 €/m2

006.22036.M KG 312 DIN 276
Verbau Stahlspundb. 185 kg/m2, T >5-10 m, schwer.Rb.
EP 317,31 DM/m2   LA 205,59 DM/m2   ST 111,72 DM/m2
EP 162,24 €/m2   LA 105,12 €/m2   ST 57,12 €/m2

006.22037.M KG 312 DIN 276
Verbau Stahlspundb. 185 kg/m2, T >10 m, leicht.Rb.
EP 252,02 DM/m2   LA 170,94 DM/m2   ST 81,08 DM/m2
EP 128,86 €/m2   LA 87,40 €/m2   ST 41,46 €/m2

006.22038.M KG 312 DIN 276
Verbau Stahlspundb. 185 kg/m2, T >10 m, mittel.Rb.
EP 272,81 DM/m2   LA 188,26 DM/m2   ST 84,55 DM/m2
EP 139,48 €/m2   LA 96,26 €/m2   ST 43,22 €/m2

006.22039.M KG 312 DIN 276
Verbau Stahlspundb. 185 kg/m2, T >10 m, schwer.Rb.
EP 351,07 DM/m2   LA 235,04 DM/m2   ST 116,03 DM/m2
EP 179,50 €/m2   LA 120,17 €/m2   ST 59,33 €/m2

LB 006 Verbau-, Ramm- und Einpressarbeiten
Verbau mit Kanaldielen; Verbau vorhalten

AW 006

Ausgabe 06.02

Sämtliche Preise sind **Mittelpreise ohne Mehrwertsteuer** zum Zeitpunkt des Ausgabedatums.
Korrekturfaktoren für Regionaleinfluss, Mengeneinfluss, Konjunktureinfluss siehe Vorspann.
Abkürzungen: EP = Einheitspreis, LA = Lohnanteil, ST = Stoffanteil

Verbau mit Kanaldielen

006.-----.-

Pos.-Nr.	Beschreibung	Preis
006.24001.M	Verbau Kanaldielen, 46 kg/m2, T bis 5 m, leicht. Rb.	77,62 DM/m2 / 39,69 €/m2
006.24002.M	Verbau Kanaldielen, 46 kg/m2, T bis 5 m, mittel. Rb.	93,24 DM/m2 / 47,67 €/m2
006.24003.M	Verbau Kanaldielen, 55 kg/m2, T bis 5 m, leicht. Rb.	81,99 DM/m2 / 41,92 €/m2
006.24004.M	Verbau Kanaldielen, 55 kg/m2, T bis 5 m, mittel. Rb.	98,84 DM/m2 / 50,53 €/m2
006.24005.M	Verbau Kanaldielen, 55 kg/m2, T >5-10 m, leicht. Rb.	114,36 DM/m2 / 58,47 €/m2
006.24006.M	Verbau Kanaldielen, 55 kg/m2, T >5-10 m, mittel. Rb.	137,25 DM/m2 / 70,18 €/m2
006.24007.M	Verbau Kanaldielen, 73 kg/m2, T bis 5 m, leicht. Rb.	88,88 DM/m2 / 45,44 €/m2
006.24008.M	Verbau Kanaldielen, 73 kg/m2, T bis 5 m, mittel. Rb.	102,82 DM/m2 / 52,57 €/m2
006.24009.M	Verbau Kanaldielen, 73 kg/m2, T >5-10 m, leicht. Rb.	119,68 DM/m2 / 61,19 €/m2
006.24010.M	Verbau Kanaldielen, 73 kg/m2, T >5-10 m, mittel. Rb.	141,23 DM/m2 / 72,21 €/m2

Hinweis:
T = Verbautiefe
leicht. Rb. = leichter Rammboden
mittel. Rb. = mittelschwerer Rammboden

006.24001.M KG 312 DIN 276
Verbau Kanaldielen, 46 kg/m2, T bis 5 m, leicht. Rb.
EP 77,62 DM/m2   LA 57,00 DM/m2   ST 20,62 DM/m2
EP 39,69 €/m2   LA 29,14 €/m2   ST 10,55 €/m2

006.24002.M KG 312 DIN 276
Verbau Kanaldielen, 46 kg/m2, T bis 5 m, mittel. Rb.
EP 93,24 DM/m2   LA 67,56 DM/m2   ST 25,68 DM/m2
EP 47,67 €/m2   LA 34,54 €/m2   ST 13,13 €/m2

006.24003.M KG 312 DIN 276
Verbau Kanaldielen, 55 kg/m2, T bis 5 m, leicht. Rb.
EP 81,99 DM/m2   LA 57,29 DM/m2   ST 24,70 DM/m2
EP 41,92 €/m2   LA 29,29 €/m2   ST 12,63 €/m2

006.24004.M KG 312 DIN 276
Verbau Kanaldielen, 55 kg/m2, T bis 5 m, mittel. Rb.
EP 98,84 DM/m2   LA 68,72 DM/m2   ST 30,12 DM/m2
EP 50,53 €/m2   LA 35,14 €/m2   ST 15,39 €/m2

006.24005.M KG 312 DIN 276
Verbau Kanaldielen, 55 kg/m2, T >5-10 m, leicht. Rb.
EP 114,36 DM/m2   LA 83,16 DM/m2   ST 31,20 DM/m2
EP 58,47 €/m2   LA 42,52 €/m2   ST 15,95 €/m2

006.24006.M KG 312 DIN 276
Verbau Kanaldielen, 55 kg/m2, T >5-10 m, mittel. Rb.
EP 137,25 DM/m2   LA 100,48 DM/m2   ST 36,77 DM/m2
EP 70,18 €/m2   LA 51,38 €/m2   ST 18,80 €/m2

006.24007.M KG 312 DIN 276
Verbau Kanaldielen, 73 kg/m2, T bis 5 m, leicht. Rb.
EP 88,88 DM/m2   LA 61,79 DM/m2   ST 27,09 DM/m2
EP 45,44 €/m2   LA 31,59 €/m2   ST 13,85 €/m2

006.24008.M KG 312 DIN 276
Verbau Kanaldielen, 73 kg/m2, T bis 5 m, mittel. Rb.
EP 102,82 DM/m2   LA 71,03 DM/m2   ST 31,79 DM/m2
EP 52,57 €/m2   LA 36,32 €/m2   ST 16,25 €/m2

006.24009.M KG 312 DIN 276
Verbau Kanaldielen, 73 kg/m2, T >5-10 m, leicht. Rb.
EP 119,68 DM/m2   LA 85,47 DM/m2   ST 34,21 DM/m2
EP 61,19 €/m2   LA 43,70 €/m2   ST 17,49 €/m2

006.24010.M KG 312 DIN 276
Verbau Kanaldielen, 73 kg/m2, T >5-10 m, mittel. Rb.
EP 141,23 DM/m2   LA 102,22 DM/m2   ST 39,01 DM/m2
EP 72,21 €/m2   LA 52,26 €/m2   ST 19,95 €/m2

Verbau vorhalten

006.-----.-

Pos.-Nr.	Beschreibung	Preis
006.25001.M	Verbau vorhalten, Platte M 300 (3,0 x 2,6 m)	35,81 DM/m2Mo / 18,31 €/m2Mo
006.25002.M	Verbau vorhalten, Platte M 340 (3,4 x 2,6 m)	46,90 DM/m2Mo / 23,98 €/m2Mo
006.25003.M	Verbau vorhalten, Platte M 400 (4,0 x 2,4 m)	34,31 DM/m2Mo / 17,54 €/m2Mo
006.25004.M	Verbau vorhalten, Platte O 300 (3,0 x 1,3 m)	46,05 DM/m2Mo / 23,54 €/m2Mo
006.25005.M	Verbau vorhalten, Platte O 340 (3,4 x 1,3 m)	57,54 DM/m2Mo / 29,42 €/m2Mo
006.25006.M	Verbau vorhalten, Platte O 400 (4,0 x 2,4 m)	42,52 DM/m2Mo / 21,74 €/m2Mo
006.25007.M	Verbau vorhalten, Kammerplatte 300 (3,0 x 1,0 m)	48,15 DM/m2Mo / 24,62 €/m2Mo
006.25008.M	Verbau vorhalten, Verbauplatte 300 (3,0 x 1,0 m)	20,71 DM/m2Mo / 10,59 €/m2Mo
006.25009.M	Verbau vorhalten, Schneidenplatte 300 (3,0 x 1,5 m)	25,83 DM/m2Mo / 13,20 €/m2Mo
006.25010.M	Verbau vorhalten, Verbaubox 200/100 (2,0 x 1,0 m)	39,26 DM/m2Mo / 20,07 €/m2Mo
006.25011.M	Verbau vorhalten, Verbaubox 200/200 (2,0 x 2,0 m)	37,65 DM/m2Mo / 19,25 €/m2Mo
006.25012.M	Verbau vorhalten, Verbaubox 300/200 (3,0 x 2,0 m)	34,97 DM/m2Mo / 17,88 €/m2Mo
006.25013.M	Verbau vorhalten, Verbaubox 350/240 (3,5 x 2,4 m)	33,21 DM/m2Mo / 16,98 €/m2Mo
006.25014.M	Verbau vorhalten, Verbaubox 350/260 (3,5 x 2,6 m)	44,29 DM/m2Mo / 22,64 €/m2Mo
006.25015.M	Verbau vorhalten, Verbaubox 400/130 (4,0 x 1,3 m)	48,15 DM/m2Mo / 24,62 €/m2Mo
006.25016.M	Verbau vorhalten, Verbaubox 400/260 (4,0 x 2,6 m)	40,36 DM/m2Mo / 20,63 €/m2Mo
006.25017.M	Verbau vorh., Al-Leichtverbaupl. 155 (1,55 x 0,5 m)	20,88 DM/m2Mo / 10,68 €/m2Mo
006.25018.M	Verbau vorh., Al-Leichtverbaupl. 200 (2,0 x 0,5 m)	19,87 DM/m2Mo / 10,16 €/m2Mo
006.25019.M	Verbau vorh., Al-Leichtverbaupl. 300 (3,0 x 0,5 m)	13,09 DM/m2Mo / 6,69 €/m2Mo
006.25020.M	Verbau vorhalten, Leichtprofile, Gewicht 45 kg/m2	7,46 DM/m2Mo / 3,81 €/m2Mo
006.25021.M	Verbau vorhalten, Kanaldielen, Gewicht 46 kg/m2	5,20 DM/m2Mo / 2,66 €/m2Mo
006.25022.M	Verbau vorhalten, Kanaldielen, Gewicht 55 kg/m2	6,39 DM/m2Mo / 3,27 €/m2Mo
006.25023.M	Verbau vorhalten, Kanaldielen, Gewicht 73 kg/m2	7,80 DM/m2Mo / 3,99 €/m2Mo
006.25024.M	Verbau vorh., Stahlspundbohlen, Gewicht 89 kg/m2	8,30 DM/m2Mo / 4,24 €/m2Mo
006.25025.M	Verbau vorh., Stahlspundbohlen, Gewicht 100 kg/m2	9,05 DM/m2Mo / 4,63 €/m2Mo
006.25026.M	Verbau vorh., Stahlspundbohlen, Gewicht 122 kg/m2	10,26 DM/m2Mo / 5,25 €/m2Mo
006.25027.M	Verbau vorh., Stahlspundbohlen, Gewicht 155 kg/m2	11,91 DM/m2Mo / 6,09 €/m2Mo
006.25028.M	Verbau vorh., Stahlspundbohlen, Gewicht 175 kg/m2	12,96 DM/m2Mo / 6,63 €/m2Mo
006.25029.M	Verbau vorh., Stahlspundbohlen, Gewicht 185 kg/m2	13,50 DM/m2Mo / 6,90 €/m2Mo
006.25030.M	Verbau vorhalten, Holzbohlen, Dicke 5 bis 8 cm	6,96 DM/m2Mo / 3,56 €/m2Mo
006.25031.M	Verbau vorhalten, Kantholz, Querschnitt 8/16 cm	8,15 DM/m2Mo / 4,17 €/m2Mo
006.25032.M	Verbau vorhalten, Trägerbohlwand	14,60 DM/m2Mo / 7,46 €/m2Mo

Hinweis:
M = mit Führungsschiene
O = ohne Führungsschiene

Die Vorhaltewerte gelten für komplette Verbauelemente, d.h. einschl. Streben, Zwischen-, Verbindungsrohre, -bolzen u.a.

006.25001.M KG 312 DIN 276
Verbau vorhalten, Platte M 300 (3,0 x 2,6 m)
EP 35,81 DM/m2Mo   LA 0,00 DM/m2Mo   ST 35,81 DM/m2Mo
EP 18,31 €/m2Mo   LA 0,00 €/m2Mo   ST 18,31 €/m2Mo

006.25002.M KG 312 DIN 276
Verbau vorhalten, Platte M 340 (3,4 x 2,6 m)
EP 46,90 DM/m2Mo   LA 46,90 DM/m2Mo ST 46,90 DM/m2Mo
EP 23,98 €/m2Mo   LA 23,98 €/m2Mo   ST 23,98 €/m2Mo

AW 006
LB 006 Verbau-, Ramm- und Einpreßarbeiten
Verbau vorhalten

Preise 06.02

Sämtliche Preise sind **Mittelpreise ohne Mehrwertsteuer** zum Zeitpunkt des Ausgabedatums.
Korrekturfaktoren für Regionaleinfluß, Mengeneinfluß, Konjunktureinfluß siehe Vorspann.
Abkürzungen: EP = Einheitspreis, LA = Lohnanteil, ST = Stoffanteil

006.25003.M KG 312 DIN 276
Verbau vorhalten, Platte M 400 (4,0 x 2,4 m)
EP 34,31 DM/m2Mo LA 0,00 DM/m2Mo ST 34,31 DM/m2Mo
EP 17,54 €/m2Mo   LA 0,00 €/m2Mo   ST 17,54 €/m2Mo

006.25004.M KG 312 DIN 276
Verbau vorhalten, Platte O 300 (3,0 x 1,3 m)
EP 46,05 DM/m2Mo LA 0,00 DM/m2Mo ST 46,05 DM/m2Mo
EP 23,54 €/m2Mo   LA 0,00 €/m2Mo   ST 23,54 €/m2Mo

006.25005.M KG 312 DIN 276
Verbau vorhalten, Platte O 340 (3,4 x 1,3 m)
EP 57,54 DM/m2Mo LA 0,00 DM/m2M   ST 57,54 DM/m2Mo
EP 29,42 €/m2Mo   LA 0,00 €/m2Mo   ST 29,42 €/m2Mo

006.25006.M KG 312 DIN 276
Verbau vorhalten, Platte O 400 (4,0 x 2,4 m)
EP 42,52 DM/m2Mo LA 0,00 DM/m2Mo ST 42,52 DM/m2Mo
EP 21,74 €/m2Mo   LA 0,00 €/m2Mo   ST 21,74 €/m2Mo

006.25007.M KG 312 DIN 276
Verbau vorhalten, Kammerplatte 300 (3,0 x 1,0 m)
EP 48,15 DM/m2Mo LA 0,00 DM/m2Mo ST 48,15 DM/m2Mo
EP 24,62 €/m2Mo   LA 0,00 €/m2Mo   ST 24,62 €/m2Mo

006.25008.M KG 312 DIN 276
Verbau vorhalten, Verbauplatte 300 (3,0 x 1,0 m)
EP 20,71 DM/m2Mo LA 0,00 DM/m2Mo ST 20,71 DM/m2Mo
EP 10,59 €/m2Mo   LA 0,00 €/m2Mo   ST 10,59 €/m2Mo

006.25009.M KG 312 DIN 276
Verbau vorhalten, Schneidenplatte 300 (3,0 x 1,5 m)
EP 25,83 DM/m2Mo LA 0,00 DM/m2Mo ST 25,83 DM/m2Mo
EP 13,20 €/m2Mo   LA 0,00 €/m2Mo   ST 13,20 €/m2Mo

006.25010.M KG 312 DIN 276
Verbau vorhalten, Verbaubox 200/100 (2,0 x 1,0 m)
EP 39,26 DM/m2Mo LA 0,00 DM/m2Mo ST 39,26 DM/m2Mo
EP 20,07 €/m2Mo   LA 0,00 €/m2Mo   ST 20,07 €/m2Mo

006.25011.M KG 312 DIN 276
Verbau vorhalten, Verbaubox 200/200 (2,0 x 2,0 m)
EP 37,65 DM/m2Mo LA 0,00 DM/m2Mo ST 37,65 DM/m2Mo
EP 19,25 €/m2Mo   LA 0,00 €/m2Mo   ST 19,25 €/m2Mo

006.25012.M KG 312 DIN 276
Verbau vorhalten, Verbaubox 300/200 (3,0 x 2,0 m)
EP 34,97 DM/m2Mo LA 0,00 DM/m2Mo ST 34,97 DM/m2Mo
EP 17,88 €/m2Mo   LA 0,00 €/m2Mo   ST 17,88 €/m2Mo

006.25013.M KG 312 DIN 276
Verbau vorhalten, Verbaubox 350/240 (3,5 x 2,4 m)
EP 33,21 DM/m2Mo LA 0,00 DM/m2Mo ST 33,21 DM/m2Mo
EP 16,98 €/m2Mo   LA 0,00 €/m2Mo   ST 16,98 €/m2Mo

006.25014.M KG 312 DIN 276
Verbau vorhalten, Verbaubox 350/260 (3,5 x 2,6 m)
EP 44,29 DM/m2Mo LA 0,00 DM/m2Mo ST 44,29 DM/m2Mo
EP 22,64 €/m2Mo   LA 0,00 €/m2Mo   ST 22,64 €/m2Mo

006.25015.M KG 312 DIN 276
Verbau vorhalten, Verbaubox 400/130 (4,0 x 1,3 m)
EP 48,15 DM/m2Mo LA 0,00 DM/m2Mo ST 48,15 DM/m2Mo
EP 24,62 €/m2Mo   LA 0,00 €/m2Mo   ST 24,62 €/m2Mo

006.25016.M KG 312 DIN 276
Verbau vorhalten, Verbaubox 400/260 (4,0 x 2,6 m)
EP 40,36 DM/m2Mo LA 0,00 DM/m2Mo ST 40,36 DM/m2Mo
EP 20,63 €/m2Mo   LA 0,00 €/m2Mo   ST 20,63 €/m2Mo

006.25017.M KG 312 DIN 276
Verbau vorhalten, Al-Leichtverbaupl. 155 (1,55 x 0,5 m)
EP 20,88 DM/m2Mo LA 0,00 DM/m2Mo ST 20,88 DM/m2Mo
EP 10,68 €/m2Mo   LA 0,00 €/m2Mo   ST 10,68 €/m2Mo

006.25018.M KG 312 DIN 276
Verbau vorhalten, Al-Leichtverbaupl. 200 (2,0 x 0,5 m)
EP 19,87 DM/m2Mo LA 0,00 DM/m2Mo ST 19,87 DM/m2Mo
EP 10,16 €/m2Mo   LA 0,00 €/m2Mo   ST 10,16 €/m2Mo

006.25019.M KG 312 DIN 276
Verbau vorhalten, Al-Leichtverbaupl. 300 (3,0 x 0,5 m)
EP 13,09 DM/m2Mo LA 0,00 DM/m2Mo ST 13,09 DM/m2Mo
EP 6,69 €/m2Mo   LA 0,00 €/m2Mo   ST 6,69 €/m2Mo

006.25020.M KG 312 DIN 276
Verbau vorhalten, Leichtprofile, Gewicht 45 kg/m2
EP 7,46 DM/m2Mo   LA 0,00 DM/m2Mo ST 7,46 DM/m2Mo
EP 3,81 €/m2Mo   LA 0,00 €/m2Mo   ST 3,81 €/m2Mo

006.25021.M KG 312 DIN 276
Verbau vorhalten, Kanaldielen, Gewicht 46 kg/m2
EP 5,20 DM/m2Mo   LA 0,00 DM/m2Mo ST 5,20 DM/m2Mo
EP 2,66 €/m2Mo   LA 0,00 €/m2Mo   ST 2,66 €/m2Mo

006.25022.M KG 312 DIN 276
Verbau vorhalten, Kanaldielen, Gewicht 55 kg/m2
EP 6,39 DM/m2Mo   LA 0,00 DM/m2Mo ST 6,39 DM/m2Mo
EP 3,27 €/m2Mo   LA 0,00 €/m2Mo   ST 3,27 €/m2Mo

006.25023.M KG 312 DIN 276
Verbau vorhalten, Kanaldielen, Gewicht 73 kg/m2
EP 7,80 DM/m2Mo   LA 0,00 DM/m2Mo ST 7,80 DM/m2Mo
EP 3,99 €/m2Mo   LA 0,00 €/m2Mo   ST 3,99 €/m2Mo

006.25024.M KG 312 DIN 276
Verbau vorhalten, Stahlspundbohlen, Gewicht 89 kg/m2
EP 8,30 DM/m2Mo   LA 0,00 DM/m2Mo ST 8,30 DM/m2Mo
EP 4,24 €/m2Mo   LA 0,00 €/m2Mo   ST 4,24 €/m2Mo

006.25025.M KG 312 DIN 276
Verbau vorhalten, Stahlspundbohlen, Gewicht 100 kg/m2
EP 9,05 DM/m2Mo   LA 0,00 DM/m2Mo ST 9,05 DM/m2Mo
EP 4,63 €/m2Mo   LA 0,00 €/m2Mo   ST 4,63 €/m2Mo

006.25026.M KG 312 DIN 276
Verbau vorhalten, Stahlspundbohlen, Gewicht 122 kg/m2
EP 10,26 DM/m2Mo LA 0,00 DM/m2Mo ST 10,26 DM/m2Mo
EP 5,25 €/m2Mo   LA 0,00 €/m2Mo   ST 5,25 €/m2Mo

006.25027.M KG 312 DIN 276
Verbau vorhalten, Stahlspundbohlen, Gewicht 155 kg/m2
EP 11,91 DM/m2Mo LA 0,00 DM/m2Mo ST 11,91 DM/m2Mo
EP 6,09 €/m2Mo   LA 0,00 €/m2Mo   ST 6,09 €/m2Mo

006.25028.M KG 312 DIN 276
Verbau vorhalten, Stahlspundbohlen, Gewicht 175 kg/m2
EP 12,96 DM/m2Mo LA 0,00 DM/m2Mo ST 12,96 DM/m2Mo
EP 6,63 €/m2Mo   LA 0,00 €/m2Mo   ST 6,63 €/m2Mo

006.25029.M KG 312 DIN 276
Verbau vorhalten, Stahlspundbohlen, Gewicht 185 kg/m2
EP 13,50 DM/m2Mo LA 0,00 DM/m2Mo ST 13,50 DM/m2Mo
EP 6,90 €/m2Mo   LA 0,00 €/m2Mo   ST 6,90 €/m2Mo

006.25030.M KG 312 DIN 276
Verbau vorhalten, Holzbohlen, Dicke 5 bis 8 cm
EP 6,96 DM/m2Mo   LA 0,00 DM/m2Mo ST 6,96 DM/m2Mo
EP 3,56 €/m2Mo   LA 0,00 €/m2Mo   ST 3,56 €/m2Mo

006.25031.M KG 312 DIN 276
Verbau vorhalten, Kantholz, Querschnitt 8/16 cm
EP 8,15 DM/m2Mo   LA 0,00 DM/m2Mo ST 8,15 DM/m2Mo
EP 4,17 €/m2Mo   LA 0,00 €/m2Mo   ST 4,17 €/m2Mo

006.25032.M KG 312 DIN 276
Verbau vorhalten, Trägerbohlwand
EP 14,60 DM/m2Mo LA 0,00 DM/m2Mo ST 14,60 DM/m2Mo
EP 7,46 €/m2Mo   LA 0,00 €/m2Mo   ST 7,46 €/m2Mo

LB 006 Verbau-, Ramm- und Einpressarbeiten
Verbauträger

AW 006

Ausgabe 06.02

Sämtliche Preise sind **Mittelpreise ohne Mehrwertsteuer** zum Zeitpunkt des Ausgabedatums.
Korrekturfaktoren für Regionaleinfluss, Mengeneinfluss, Konjunktureinfluss siehe Vorspann.
Abkürzungen: EP = Einheitspreis, LA = Lohnanteil, ST = Stoffanteil

Verbauträger

006.-----.-

006.27001.M	Verbautr. einbauen, H bis 340 mm, L bis 5 m	86,37 DM/St / 44,16 €/St
006.27002.M	Verbautr. einbauen, H bis 340 mm, L > 5-10 m	152,97 DM/St / 78,21 €/St
006.27003.M	Verbautr. einbauen, H bis 340 mm, L >10-15 m	203,32 DM/St / 103,96 €/St
006.27004.M	Verbautr. einbauen, H bis 340 mm, L >15-20 m	254,57 DM/St / 130,16 €/St
006.27005.M	Verbautr. einbauen, H >340-400 mm, L bis 5 m	92,19 DM/St / 47,14 €/St
006.27006.M	Verbautr. einbauen, H >340-400 mm, L > 5-10 m	159,87 DM/St / 81,74 €/St
006.27007.M	Verbautr. einbauen, H >340-400 mm, L >10-15 m	221,01 DM/St / 113,00 €/St
006.27008.M	Verbautr. einbauen, H >340-400 mm, L >15-20 m	274,85 DM/St / 140,53 €/St
006.27301.M	Verbautr. ramm., H bis 340 mm, L bis 5 m, leicht. Rb.	159,64 DM/St / 81,62 €/St
006.27302.M	Verbautr. ramm., H bis 340 mm, L bis 5 m, mittel. Rb.	175,93 DM/St / 89,95 €/St
006.27303.M	Verbautr. ramm., H bis 340 mm, L bis 5 m, schwer. Rb.	214,81 DM/St / 109,83 €/St
006.27304.M	Verbautr. ramm., H bis 340 mm, L> 5-10 m, leicht. Rb.	223,48 DM/St / 114,26 €/St
006.27305.M	Verbautr. ramm., H bis 340 mm, L> 5-10 m, mittel. Rb.	261,66 DM/St / 133,78 €/St
006.27306.M	Verbautr. ramm., H bis 340 mm, L> 5-10 m, schwer. Rb.	295,76 DM/St / 151,22 €/St
006.27307.M	Verbautr. ramm., H bis 340 mm, L>10-15 m, leicht. Rb.	303,27 DM/St / 155,06 €/St
006.27308.M	Verbautr. ramm., H bis 340 mm, L>10-15 m, mittel. Rb.	341,23 DM/St / 174,47 €/St
006.27309.M	Verbautr. ramm., H bis 340 mm, L>10-15 m, schwer. Rb.	375,34 DM/St / 191,91 €/St
006.27310.M	Verbautr. ramm., H >340-400 mm, L bis 5 m, leicht. Rb.	174,72 DM/St / 89,33 €/St
006.27311.M	Verbautr. ramm., H >340-400 mm, L bis 5 m, mittel. Rb.	221,37 DM/St / 113,18 €/St
006.27312.M	Verbautr. ramm., H >340-400 mm, L bis 5 m, schwer. Rb.	254,57 DM/St / 130,16 €/St
006.27313.M	Verbautr. ramm., H >340-400 mm, L> 5-10 m, leicht. Rb.	247,71 DM/St / 126,65 €/St
006.27314.M	Verbautr. ramm., H >340-400 mm, L> 5-10 m, mittel. Rb.	300,06 DM/St / 153,42 €/St
006.27315.M	Verbautr. ramm., H >340-400 mm, > 5-10 m, schwer. Rb.	335,87 DM/St / 171,73 €/St
006.27316.M	Verbautr. ramm., H >340-400 mm, L>10-15 m, leicht. Rb.	338,43 DM/St / 173,04 €/St
006.27317.M	Verbautr. ramm., H >340-400 mm, L>10-15 m, mittel. Rb.	386,23 DM/St / 197,48 €/St
006.27318.M	Verbautr. ramm., H >340-400 mm, L>10-15 m, schw. Rb.	428,82 DM/St / 219,25 €/St
006.27319.M	Verbautr. ramm., H >340-400 mm, L>15-20 m, leicht. Rb.	429,62 DM/St / 219,66 €/St
006.27320.M	Verbautr. ramm., H >340-400 mm, L>15-20 m, mittel. Rb.	495,16 DM/St / 253,17 €/St
006.27321.M	Verbautr. ramm., H >340-400 mm, L>15-20 m, schw. Rb.	544,62 DM/St / 278,46 €/St
006.27501.M	Verbautr. vorhalten, Profil IPB 160, L bis 10 m	27,18 DM/StMo / 13,90 €/StMo
006.27502.M	Verbautr. vorhalten, Profil IPB 180, L bis 10 m	32,63 DM/StMo / 16,69 €/StMo
006.27503.M	Verbautr. vorhalten, Profil IPB 200, L bis 10 m	40,02 DM/StMo / 20,46 €/StMo
006.27504.M	Verbautr. vorhalten, Profil IPB 240, L bis 10 m	54,94 DM/StMo / 28,09 €/StMo
006.27505.M	Verbautr. vorhalten, Profil IPB 240, L >10-15 m	85,48 DM/StMo / 43,70 €/StMo
006.27506.M	Verbautr. vorhalten, Profil IPB 260, L bis 10 m	61,39 DM/StMo / 31,39 €/StMo
006.27507.M	Verbautr. vorhalten, Profil IPB 260, L >10-15 m	95,44 DM/StMo / 48,80 €/StMo
006.27508.M	Verbautr. vorhalten, Profil IPB 300, L bis 10 m	77,26 DM/StMo / 39,50 €/StMo
006.27509.M	Verbautr. vorhalten, Profil IPB 300, L >10-15 m	120,18 DM/StMo / 61,45 €/StMo
006.27510.M	Verbautr. vorhalten, Profil IPB 300, L >15-20 m	154,58 DM/StMo / 79,04 €/StMo
006.27511.M	Verbautr. vorhalten, Profil IPB 340, L bis 10 m	96,11 DM/StMo / 49,14 €/StMo
006.27512.M	Verbautr. vorhalten, Profil IPB 340, L >10-15 m	149,47 DM/StMo / 76,42 €/StMo
006.27513.M	Verbautr. vorhalten, Profil IPB 340, L >15-20 m	192,25 DM/StMo / 98,29 €/StMo
006.27514.M	Verbautr. vorhalten, Profil IPB 360, L bis 10 m	101,82 DM/StMo / 52,06 €/StMo
006.27515.M	Verbautr. vorhalten, Profil IPB 360, L >10-15 m	158,28 DM/StMo / 80,93 €/StMo
006.27516.M	Verbautr. vorhalten, Profil IPB 360, L >15-20 m	203,66 DM/StMo / 104,13 €/StMo
006.27517.M	Verbautr. vorhalten, Profil IPB 400, L bis 10 m	111,13 DM/StMo / 56,82 €/StMo
006.27518.M	Verbautr. vorhalten, Profil IPB 400, L >10-15 m	172,87 DM/StMo / 88,39 €/StMo
006.27519.M	Verbautr. vorhalten, Profil IPB 400, L >15-20 m	222,37 DM/StMo / 113,70 €/StMo
006.27520.M	Verbautr. vorhalten, U-Profil, 2 U 180, L bis 10 m	28,60 DM/StMo / 14,62 €/StMo
006.27521.M	Verbautr. vorhalten, U-Profil, 2 U 200, L bis 10 m	32,89 DM/StMo / 16,82 €/StMo
006.27522.M	Verbautr. vorhalten, U-Profil, 2 U 220, L bis 10 m	38,16 DM/StMo / 19,51 €/StMo
006.27523.M	Verbautr. vorhalten, U-Profil, 2 U 240, L bis 10 m	43,86 DM/StMo / 22,43 €/StMo
006.27524.M	Verbautr. vorhalten, U-Profil, 2 U 240, L >10-15 m	68,19 DM/StMo / 34,87 €/StMo
006.27525.M	Verbautr. vorhalten, U-Profil, 2 U 240, L >15-20 m	87,73 DM/StMo / 44,86 €/StMo
006.27526.M	Verbautr. vorhalten, U-Profil, 2 U 260, L bis 10 m	50,08 DM/StMo / 25,60 €/StMo
006.27527.M	Verbautr. vorhalten, U-Profil, 2 U 260, L >10-15 m	77,84 DM/StMo / 39,80 €/StMo
006.27528.M	Verbautr. vorhalten, U-Profil, 2 U 260, L >15-20 m	100,07 DM/StMo / 51,16 €/StMo
006.27529.M	Verbautr. vorhalten, U-Profil, 2 U 280, L bis 10 m	56,78 DM/StMo / 29,03 €/StMo
006.27530.M	Verbautr. vorhalten, U-Profil, 2 U 280, L >10-15 m	88,40 DM/StMo / 45,20 €/StMo
006.27531.M	Verbautr. vorhalten, U-Profil, 2 U 280, L >15-20 m	113,57 DM/StMo / 58,07 €/StMo
006.27532.M	Verbautr. vorhalten, U-Profil, 2 U 300, L bis 10 m	61,05 DM/StMo / 31,22 €/StMo
006.27533.M	Verbautr. vorhalten, U-Profil, 2 U 300, L >10-15 m	94,95 DM/StMo / 48,54 €/StMo
006.27534.M	Verbautr. vorhalten, U-Profil, 2 U 300, L >15-20 m	122,04 DM/StMo / 62,40 €/StMo
006.27535.M	Verbautr. vorhalten, U-Profil, 2 U 320, L bis 10 m	87,59 DM/StMo / 44,78 €/StMo
006.27536.M	Verbautr. vorhalten, U-Profil, 2 U 320, L >10-15 m	136,22 DM/StMo / 69,65 €/StMo
006.27537.M	Verbautr. vorhalten, U-Profil, 2 U 320, L >15-20 m	175,14 DM/StMo / 89,55 €/StMo
006.27538.M	Verbautr. vorhalten, U-Profil, 2 U 350, L bis 10 m	89,15 DM/StMo / 45,58 €/StMo
006.27539.M	Verbautr. vorhalten, U-Profil, 2 U 350, L >10-15 m	138,74 DM/StMo / 70,94 €/StMo
006.27540.M	Verbautr. vorhalten, U-Profil, 2 U 350, L >15-20 m	178,41 DM/StMo / 91,22 €/StMo

Hinweis:
H = Profilhöhe
L = Länge des Verbauträgers
leicht. Rb. = leichter Rammboden
mittel. Rb. = mittelschwerer Rammboden
schwer. Rb. = schwerer Rammboden

006.27001.M KG 312 DIN 276
Verbautr. einbauen, H bis 340 mm, L bis 5 m
EP 86,37 DM/St   LA 71,61 DM/St   ST 14,76 DM/St
EP 44,16 €/St   LA 36,61 €/St   ST 7,55 €/St

006.27002.M KG 312 DIN 276
Verbautr. einbauen, H bis 340 mm, L > 5-10 m
EP 152,97 DM/St   LA 136,87 DM/St   ST 16,10 DM/St
EP 78,21 €/St   LA 69,98 €/St   ST 8,23 €/St

006.27003.M KG 312 DIN 276
Verbautr. einbauen, H bis 340 mm, L >10-15 m
EP 203,32 DM/St   LA 185,38 DM/St   ST 17,94 DM/St
EP 103,96 €/St   LA 94,78 €/St   ST 9,18 €/St

006.27004.M KG 312 DIN 276
Verbautr. einbauen, H bis 340 mm, L >15-20 m
EP 254,57 DM/St   LA 235,62 DM/St   ST 18,95 DM/St
EP 130,16 €/St   LA 120,47 €/St   ST 9,69 €/St

006.27005.M KG 312 DIN 276
Verbautr. einbauen, H >340-400 mm, L bis 5 m
EP 92,19 DM/St   LA 73,92 DM/St   ST 18,27 DM/St
EP 47,14 €/St   LA 37,80 €/St   ST 9,34 €/St

006.27006.M KG 312 DIN 276
Verbautr. einbauen, H >340-400 mm, L > 5-10 m
EP 159,87 DM/St   LA 140,33 DM/St   ST 19,54 DM/St
EP 81,74 €/St   LA 71,75 €/St   ST 9,99 €/St

006.27007.M KG 312 DIN 276
Verbautr. einbauen, H >340-400 mm, L >10-15 m
EP 221,01 DM/St   LA 200,39 DM/St   ST 20,62 DM/St
EP 113,00 €/St   LA 102,46 €/St   ST 10,54 €/St

AW 006

LB 006 Verbau-, Ramm- und Einpressarbeiten
Verbauträger

Ausgabe 06.02

Sämtliche Preise sind **Mittelpreise ohne Mehrwertsteuer** zum Zeitpunkt des Ausgabedatums.
Korrekturfaktoren für Regionaleinfluss, Mengeneinfluss, Konjunktureinfluss siehe Vorspann.
Abkürzungen: EP = Einheitspreis, LA = Lohnanteil, ST = Stoffanteil

006.27008.M KG 312 DIN 276
Verbautr. einbauen, H >340-400 mm, L >15-20 m
EP 274,85 DM/St   LA 252,94 DM/St   ST 21,91 DM/St
EP 140,53 €/St   LA 129,33 €/St   ST 11,20 €/St

006.27301.M KG 312 DIN 276
Verbautr. rammen, H bis 340 mm, L bis 5 m, leicht. Rb.
EP 159,64 DM/St   LA 149,00 DM/St   ST 10,64 DM/St
EP 81,62 €/St   LA 76,18 €/St   ST 5,44 €/St

006.27302.M KG 312 DIN 276
Verbautr. rammen, H bis 340 mm, L bis 5 m, mittel. Rb.
EP 175,93 DM/St   LA 163,43 DM/St   ST 12,50 DM/St
EP 89,95 €/St   LA 83,56 €/St   ST 6,39 €/St

006.27303.M KG 312 DIN 276
Verbautr. rammen, H bis 340 mm, L bis 5 m, schwer. Rb.
EP 214,81 DM/St   LA 200,39 DM/St   ST 14,42 DM/St
EP 109,83 €/St   LA 102,46 €/St   ST 7,37 €/St

006.27304.M KG 312 DIN 276
Verbautr. rammen, H bis 340 mm, L > 5-10 m, leicht. Rb.
EP 223,48 DM/St   LA 203,28 DM/St   ST 20,20 DM/St
EP 114,26 €/St   LA 103,94 €/St   ST 10,32 €/St

006.27305.M KG 312 DIN 276
Verbautr. rammen, H bis 340 mm, L > 5-10 m, mittel. Rb.
EP 261,66 DM/St   LA 238,51 DM/St   ST 23,15 DM/St
EP 133,78 €/St   LA 121,95 €/St   ST 11,83 €/St

006.27306.M KG 312 DIN 276
Verbautr. rammen, H bis 340 mm, L > 5-10 m, schwer. Rb.
EP 295,76 DM/St   LA 270,27 DM/St   ST 25,49 DM/St
EP 151,22 €/St   LA 138,18 €/St   ST 13,04 €/St

006.27307.M KG 312 DIN 276
Verbautr. rammen, H bis 340 mm, L >10-15 m, leicht. Rb.
EP 303,27 DM/St   LA 273,73 DM/St   ST 29,54 DM/St
EP 155,06 €/St   LA 139,96 €/St   ST 15,10 €/St

006.27308.M KG 312 DIN 276
Verbautr. rammen, H bis 340 mm, L >10-15 m, mittel. Rb.
EP 341,23 DM/St   LA 310,11 DM/St   ST 31,12 DM/St
EP 174,47 €/St   LA 158,56 €/St   ST 15,91 €/St

006.27309.M KG 312 DIN 276
Verbautr. rammen, H bis 340 mm, L >10-15 m, schwer. Rb.
EP 375,34 DM/St   LA 341,29 DM/St   ST 34,05 DM/St
EP 191,91 €/St   LA 174,50 €/St   ST 17,41 €/St

006.27310.M KG 312 DIN 276
Verbautr. rammen, H >340-400 mm, L bis 5 m, leicht.Rb.
EP 174,72 DM/St   LA 160,55 DM/St   ST 14,17 DM/St
EP 89,33 €/St   LA 82,09 €/St   ST 7,24 €/St

006.27311.M KG 312 DIN 276
Verbautr. rammen, H >340-400 mm, L bis 5 m, mittel.Rb.
EP 221,37 DM/St   LA 204,43 DM/St   ST 16,94 DM/St
EP 113,18 €/St   LA 104,52 €/St   ST 8,66 €/St

006.27312.M KG 312 DIN 276
Verbautr. rammen, H >340-400 mm, L bis 5 m, schwer.Rb.
EP 254,57 DM/St   LA 235,62 DM/St   ST 18,95 DM/St
EP 130,16 €/St   LA 120,47 €/St   ST 9,69 €/St

006.27313.M KG 312 DIN 276
Verbautr. rammen, H >340-400 mm, L > 5-10 m, leicht.Rb.
EP 247,71 DM/St   LA 214,25 DM/St   ST 33,46 DM/St
EP 126,65 €/St   LA 109,55 €/St   ST 17,10 €/St

006.27314.M KG 312 DIN 276
Verbautr. rammen, H >340-400 mm, L > 5-10 m, mittel.Rb.
EP 300,06 DM/St   LA 264,50 DM/St   ST 35,56 DM/St
EP 153,42 €/St   LA 135,23 €/St   ST 18,19 €/St

006.27315.M KG 312 DIN 276
Verbautr. rammen, H >340-400 mm, L > 5-10 m, schwer.Rb.
EP 335,87 DM/St   LA 299,14 DM/St   ST 36,73 DM/St
EP 171,73 €/St   LA 152,95 €/St   ST 18,78 €/St

006.27316.M KG 312 DIN 276
Verbautr. rammen, H >340-400 mm, L >10-15 m, leicht.Rb.
EP 338,43 DM/St   LA 287,01 DM/St   ST 51,42 DM/St
EP 173,04 €/St   LA 146,75 €/St   ST 26,29 €/St

006.27317.M KG 312 DIN 276
Verbautr. rammen, H >340-400 mm, L >10-15 m, mittel.Rb.
EP 386,23 DM/St   LA 333,22 DM/St   ST 53,01 DM/St
EP 197,48 €/St   LA 170,37 €/St   ST 27,11 €/St

006.27318.M KG 312 DIN 276
Verbautr. rammen, H >340-400 mm, L >10-15 m, schwer.Rb.
EP 428,82 DM/St   LA 374,21 DM/St   ST 54,61 DM/St
EP 219,25 €/St   LA 191,33 €/St   ST 27,92 €/St

006.27319.M KG 312 DIN 276
Verbautr. rammen, H >340-400 mm, L >15-20 m, leicht.Rb.
EP 429,62 DM/St   LA 362,67 DM/St   ST 66,95 DM/St
EP 219,66 €/St   LA 185,43 €/St   ST 34,23 €/St

006.27320.M KG 312 DIN 276
Verbautr. rammen, H >340-400 mm, L >15-20 m, mittel.Rb.
EP 495,16 DM/St   LA 425,03 DM/St   ST 70,13 DM/St
EP 253,17 €/St   LA 217,32 €/St   ST 35,85 €/St

006.27321.M KG 312 DIN 276
Verbautr. rammen, H >340-400 mm, L >15-20 m, schwer.Rb.
EP 544,62 DM/St   LA 471,81 DM/St   ST 72,81 DM/St
EP 278,46 €/St   LA 241,23 €/St   ST 37,23 €/St

006.27501.M KG 312 DIN 276
Verbautr. vorhalten, Profil IPB 160, L bis 10 m
EP 27,18 DM/StMo   LA 0,00 DM/StMo   ST 27,18 DM/StMo
EP 13,90 €/StMo   LA 0,00 €/StMo   ST 13,90 €/StMo

006.27502.M KG 312 DIN 276
Verbautr. vorhalten, Profil IPB 180, L bis 10 m
EP 32,63 DM/StMo   LA 0,00 DM/StMo   ST 32,63 DM/StMo
EP 16,69 €/StMo   LA 0,00 €/StMo   ST 16,69 €/StMo

006.27503.M KG 312 DIN 276
Verbautr. vorhalten, Profil IPB 200, L bis 10 m
EP 40,02 DM/StMo   LA 0,00 DM/StMo   ST 40,02 DM/StMo
EP 20,46 €/StMo   LA 0,00 €/StMo   ST 20,46 €/StMo

006.27504.M KG 312 DIN 276
Verbautr. vorhalten, Profil IPB 240, L bis 10 m
EP 54,94 DM/StMo   LA 0,00 DM/StMo   ST 54,94 DM/StMo
EP 28,09 €/StMo   LA 0,00 €/StMo   ST 28,09 €/StMo

006.27505.M KG 312 DIN 276
Verbautr. vorhalten, Profil IPB 240, L >10-15 m
EP 85,48 DM/StMo   LA 0,00 DM/StMo   ST 85,48 DM/StMo
EP 43,70 €/StMo   LA 0,00 €/StMo   ST 43,70 €/StMo

006.27506.M KG 312 DIN 276
Verbautr. vorhalten, Profil IPB 260, L bis 10 m
EP 61,39 DM/StMo   LA 0,00 DM/StMo   ST 61,39 DM/StMo
EP 31,39 €/StMo   LA 0,00 €/StMo   ST 31,39 €/StMo

006.27507.M KG 312 DIN 276
Verbautr. vorhalten, Profil IPB 260, L >10-15 m
EP 95,44 DM/StMo   LA 0,00 DM/StMo   ST 95,44 DM/StMo
EP 48,80 €/StMo   LA 0,00 €/StMo   ST 48,80 €/StMo

006.27508.M KG 312 DIN 276
Verbautr. vorhalten, Profil IPB 300, L bis 10 m
EP 77,26 DM/StMo   LA 0,00 DM/StMo   ST 77,26 DM/StMo
EP 39,50 €/StMo   LA 0,00 €/StMo   ST 39,50 €/StMo

006.27509.M KG 312 DIN 276
Verbautr. vorhalten, Profil IPB 300, L >10-15 m
EP 120,18 DM/StMo LA 0,00 DM/StMo   ST 120,18 DM/StMo
EP 61,45 €/StMo   LA 0,00 €/StMo   ST 61,45 €/StMo

006.27510.M KG 312 DIN 276
Verbautr. vorhalten, Profil IPB 300, L >15-20 m
EP 154,58 DM/StMo LA 0,00 DM/StMo   ST 154,58 DM/StMo
EP 79,04 €/StMo   LA 0,00 €/StMo   ST 79,04 €/StMo

LB 006 Verbau-, Ramm- und Einpressarbeiten
Verbauträger

AW 006

Ausgabe 06.02

Sämtliche Preise sind **Mittelpreise ohne Mehrwertsteuer** zum Zeitpunkt des Ausgabedatums.
Korrekturfaktoren für Regionaleinfluss, Mengeneinfluss, Konjunktureinfluss siehe Vorspann.
Abkürzungen: EP = Einheitspreis, LA = Lohnanteil, ST = Stoffanteil

006.27511.M KG 312 DIN 276
Verbautr. vorhalten, Profil IPB 340, L bis 10 m
EP 96,11 DM/StMo   LA 0,00 DM/StMo   ST 96,11 DM/StMo
EP 49,14 €/StMo   LA 0,00 €/StMo   ST 49,14 €/StMo

006.27512.M KG 312 DIN 276
Verbautr. vorhalten, Profil IPB 340, L >10-15 m
EP 149,47 DM/StMo   LA 0,00 DM/StMo   ST 149,47 DM/StMo
EP 76,42 €/StMo   LA 0,00 €/StMo   ST 76,42 €/StMo

006.27513.M KG 312 DIN 276
Verbautr. vorhalten, Profil IPB 340, L >15-20 m
EP 192,25 DM/StMo   LA 0,00 DM/StMo   ST 192,25 DM/StMo
EP 98,29 €/StMo   LA 0,00 €/StMo   ST 98,29 €/StMo

006.27514.M KG 312 DIN 276
Verbautr. vorhalten, Profil IPB 360, L bis 10 m
EP 101,82 DM/StMo   LA 0,00 DM/StMo   ST 101,82 DM/StMo
EP 52,06 €/StMo   LA 0,00 €/StMo   ST 52,06 €/StMo

006.27515.M KG 312 DIN 276
Verbautr. vorhalten, Profil IPB 360, L >10-15 m
EP 158,28 DM/StMo   LA 0,00 DM/StMo   ST 158,28 DM/StMo
EP 80,93 €/StMo   LA 0,00 €/StMo   ST 80,93 €/StMo

006.27516.M KG 312 DIN 276
Verbautr. vorhalten, Profil IPB 360, L >15-20 m
EP 203,66 DM/StMo   LA 0,00 DM/StMo   ST 203,66 DM/StMo
EP 104,13 €/StMo   LA 0,00 €/StMo   ST 104,13 €/StMo

006.27517.M KG 312 DIN 276
Verbautr. vorhalten, Profil IPB 400, L bis 10 m
EP 111,13 DM/StMo   LA 0,00 DM/StMo   ST 111,13 DM/StMo
EP 56,82 €/StMo   LA 0,00 €/StMo   ST 56,82 €/StMo

006.27518.M KG 312 DIN 276
Verbautr. vorhalten, Profil IPB 400, L >10-15 m
EP 172,87 DM/StMo   LA 0,00 DM/StMo   ST 172,87 DM/StMo
EP 88,39 €/StMo   LA 0,00 €/StMo   ST 88,39 €/StMo

006.27519.M KG 312 DIN 276
Verbautr. vorhalten, Profil IPB 400, L >15-20 m
EP 222,37 DM/StMo   LA 0,00 DM/StMo   ST 222,37 DM/StMo
EP 113,70 €/StMo   LA 0,00 €/StMo   ST 113,70 €/StMo

006.27520.M KG 312 DIN 276
Verbautr. vorhalten, U-Profil, 2 U 180, L bis 10 m
EP 28,60 DM/StMo   LA 0,00 DM/StMo   ST 28,60 DM/StMo
EP 14,62 €/StMo   LA 0,00 €/StMo   ST 14,62 €/StMo

006.27521.M KG 312 DIN 276
Verbautr. vorhalten, U-Profil, 2 U 200, L bis 10 m
EP 32,89 DM/StMo   LA 0,00 DM/StMo   ST 32,89 DM/StMo
EP 16,82 €/StMo   LA 0,00 €/StMo   ST 16,82 €/StMo

006.27522.M KG 312 DIN 276
Verbautr. vorhalten, U-Profil, 2 U 220, L bis 10 m
EP 38,16 DM/StMo   LA 0,00 DM/StMo   ST 38,16 DM/StMo
EP 19,51 €/StMo   LA 0,00 €/StMo   ST 19,51 €/StMo

006.27523.M KG 312 DIN 276
Verbautr. vorhalten, U-Profil, 2 U 240, L bis 10 m
EP 43,86 DM/StMo   LA 0,00 DM/StMo   ST 43,86 DM/StMo
EP 22,43 €/StMo   LA 0,00 €/StMo   ST 22,43 €/StMo

006.27524.M KG 312 DIN 276
Verbautr. vorhalten, U-Profil, 2 U 240, L >10-15 m
EP 68,19 DM/StMo   LA 0,00 DM/StMo   ST 68,19 DM/StMo
EP 34,87 €/StMo   LA 0,00 €/StMo   ST 34,87 €/StMo

006.27525.M KG 312 DIN 276
Verbautr. vorhalten, U-Profil, 2 U 240, L >15-20 m
EP 87,73 DM/StMo   LA 0,00 DM/StMo   ST 87,73 DM/StMo
EP 44,86 €/StMo   LA 0,00 €/StMo   ST 44,86 €/StMo

006.27526.M KG 312 DIN 276
Verbautr. vorhalten, U-Profil, 2 U 260, L bis 10 m
EP 50,08 DM/StMo   LA 0,00 DM/StMo   ST 50,08 DM/StMo
EP 25,60 €/StMo   LA 0,00 €/StMo   ST 25,60 €/StMo

006.27527.M KG 312 DIN 276
Verbautr. vorhalten, U-Profil, 2 U 260, L >10-15 m
EP 77,84 DM/StMo   LA 0,00 DM/StMo   ST 77,84 DM/StMo
EP 39,80 €/StMo   LA 0,00 €/StMo   ST 39,80 €/StMo

006.27528.M KG 312 DIN 276
Verbautr. vorhalten, U-Profil, 2 U 260, L >15-20 m
EP 100,07 DM/StMo   LA 0,00 DM/StMo   ST 100,07 DM/StMo
EP 51,16 €/StMo   LA 0,00 €/StMo   ST 51,16 €/StMo

006.27529.M KG 312 DIN 276
Verbautr. vorhalten, U-Profil, 2 U 280, L bis 10 m
EP 56,78 DM/StMo   LA 0,00 DM/StMo   ST 56,78 DM/StMo
EP 29,03 €/StMo   LA 0,00 €/StMo   ST 29,03 €/StMo

006.27530.M KG 312 DIN 276
Verbautr. vorhalten, U-Profil, 2 U 280, L >10-15 m
EP 88,40 DM/StMo   LA 0,00 DM/StMo   ST 88,40 DM/StMo
EP 45,20 €/StMo   LA 0,00 €/StMo   ST 45,20 €/StMo

006.27531.M KG 312 DIN 276
Verbautr. vorhalten, U-Profil, 2 U 280, L >15-20 m
EP 113,57 DM/StMo   LA 0,00 DM/StMo   ST 113,57 DM/StMo
EP 58,07 €/StMo   LA 0,00 €/StMo   ST 58,07 €/StMo

006.27532.M KG 312 DIN 276
Verbautr. vorhalten, U-Profil, 2 U 300, L bis 10 m
EP 61,05 DM/StMo   LA 0,00 DM/StMo   ST 61,05 DM/StMo
EP 31,22 €/StMo   LA 0,00 €/StMo   ST 31,22 €/StMo

006.27533.M KG 312 DIN 276
Verbautr. vorhalten, U-Profil, 2 U 300, L >10-15 m
EP 94,95 DM/StMo   LA 0,00 DM/StMo   ST 94,95 DM/StMo
EP 48,54 €/StMo   LA 0,00 €/StMo   ST 48,54 €/StMo

006.27534.M KG 312 DIN 276
Verbautr. vorhalten, U-Profil, 2 U 300, L >15-20 m
EP 122,04 DM/StMo   LA 0,00 DM/StMo   ST 122,04 DM/StMo
EP 62,40 €/StMo   LA 0,00 €/StMo   ST 62,40 €/StMo

006.27535.M KG 312 DIN 276
Verbautr. vorhalten, U-Profil, 2 U 320, L bis 10 m
EP 87,59 DM/StMo   LA 0,00 DM/StMo   ST 87,59 DM/StMo
EP 44,78 €/StMo   LA 0,00 €/StMo   ST 44,78 €/StMo

006.27536.M KG 312 DIN 276
Verbautr. vorhalten, U-Profil, 2 U 320, L >10-15 m
EP 136,22 DM/StMo   LA 0,00 DM/StMo   ST 136,22 DM/StMo
EP 69,65 €/StMo   LA 0,00 €/StMo   ST 69,65 €/StMo

006.27537.M KG 312 DIN 276
Verbautr. vorhalten, U-Profil, 2 U 320, L >15-20 m
EP 175,14 DM/StMo   LA 0,00 DM/StMo   ST 175,14 DM/StMo
EP 89,55 €/StMo   LA 0,00 €/StMo   ST 89,55 €/StMo

006.27538.M KG 312 DIN 276
Verbautr. vorhalten, U-Profil, 2 U 350, L bis 10 m
EP 89,15 DM/StMo   LA 0,00 DM/StMo   ST 89,15 DM/StMo
EP 45,58 €/StMo   LA 0,00 €/StMo   ST 45,58 €/StMo

006.27539.M KG 312 DIN 276
Verbautr. vorhalten, U-Profil, 2 U 350, L >10-15 m
EP 138,74 DM/StMo   LA 0,00 DM/StMo   ST 138,74 DM/StMo
EP 70,94 €/StMo   LA 0,00 €/StMo   ST 70,94 €/StMo

006.27540.M KG 312 DIN 276
Verbautr. vorhalten, U-Profil, 2 U 350, L >15-20 m
EP 178,41 DM/StMo   LA 0,00 DM/StMo   ST 178,41 DM/StMo
EP 91,22 €/StMo   LA 0,00 €/StMo   ST 91,22 €/StMo

LB 006 Verbau-, Ramm- und Einpressarbeiten
Ausfachungen; Aussteifungen

Ausgabe 06.02

Sämtliche Preise sind **Mittelpreise ohne Mehrwertsteuer** zum Zeitpunkt des Ausgabedatums.
Korrekturfaktoren für Regionaleinfluss, Mengeneinfluss, Konjunktureinfluss siehe Vorspann.
Abkürzungen: EP = Einheitspreis, LA = Lohnanteil, ST = Stoffanteil

Ausfachungen

006.----.-

006.28001.M	Ausfachung aus Holz, Dicke 6 cm	53,72 DM/m2 / 27,46 €/m2
006.28002.M	Ausfachung aus Holz, Dicke 8 cm	62,40 DM/m2 / 31,91 €/m2
006.28003.M	Ausfachung aus Holz, Dicke 10 cm	72,23 DM/m2 / 36,93 €/m2
006.28004.M	Ausfachung aus Holz, Dicke 12 cm	84,29 DM/m2 / 43,10 €/m2
006.28005.M	Zulage für verbleib. Holzausfachung, Dicke bis 10 cm	45,68 DM/m2 / 23,36 €/m2
006.28006.M	Zulage für verbleib. Holzausfachung, Dicke über 10 cm	68,51 DM/m2 / 35,03 €/m2
006.28301.M	Ausfachung aus Ortbeton, Dicke 10 cm	117,11 DM/m2 / 59,88 €/m2
006.28302.M	Ausfachung aus Ortbeton, Dicke 15 cm	129,20 DM/m2 / 66,06 €/m2
006.28303.M	Ausfachung aus Ortbeton, Dicke 20 cm	142,78 DM/m2 / 73,00 €/m2

006.28001.M KG 312 DIN 276
Ausfachung aus Holz, Dicke 6 cm
EP 53,72 DM/m2   LA 0,00 DM/m2   ST 53,72 DM/m2
EP 27,46 €/m2   LA 0,00 €/m2   ST 27,46 €/m2

006.28002.M KG 312 DIN 276
Ausfachung aus Holz, Dicke 8 cm
EP 62,40 DM/m2   LA 56,01 DM/m2   ST 6,39 DM/m2
EP 31,91 €/m2   LA 28,64 €/m2   ST 3,27 €/m2

006.28003.M KG 312 DIN 276
Ausfachung aus Holz, Dicke 10 cm
EP 72,23 DM/m2   LA 65,26 DM/m2   ST 6,97 DM/m2
EP 36,93 €/m2   LA 33,37 €/m2   ST 3,56 €/m2

006.28004.M KG 312 DIN 276
Ausfachung aus Holz, Dicke 12 cm
EP 84,29 DM/m2   LA 76,23 DM/m2   ST 8,06 DM/m2
EP 43,10 €/m2   LA 38,98 €/m2   ST 4,12 €/m2

006.28005.M KG 312 DIN 276
Zulage für verbleib. Holzausfachung, Dicke bis 10 cm
EP 45,68 DM/m2   LA 0,00 DM/m2   ST 45,68 DM/m2
EP 23,36 €/m2   LA 0,00 €/m2   ST 23,36 €/m2

006.28006.M KG 312 DIN 276
Zulage für verbleib. Holzausfachung, Dicke über 10 cm
EP 68,51 DM/m2   LA 0,00 DM/m2   ST 68,51 DM/m2
EP 35,03 €/m2   LA 0,00 €/m2   ST 35,03 €/m2

006.28301.M KG 312 DIN 276
Ausfachung aus Ortbeton, Dicke 10 cm
EP 117,11 DM/m2   LA 100,48 DM/m2   ST 16,63 DM/m2
EP 59,88 €/m2   LA 51,38 €/m2   ST 8,50 €/m2

006.28302.M KG 312 DIN 276
Ausfachung aus Ortbeton, Dicke 15 cm
EP 129,20 DM/m2   LA 105,11 DM/m2   ST 24,09 DM/m2
EP 66,06 €/m2   LA 53,74 €/m2   ST 12,32 €/m2

006.28303.M KG 312 DIN 276
Ausfachung aus Ortbeton, Dicke 20 cm
EP 142,78 DM/m2   LA 111,46 DM/m2   ST 31,32 DM/m2
EP 73,00 €/m2   LA 56,99 €/m2   ST 16,01 €/m2

Aussteifungen

006.----.-

006.30001.M	Aussteifung, Gurte U-Profil, 2 U 160	111,90 DM/m / 57,21 €/m
006.30002.M	Aussteifung, Gurte U-Profil, 2 U 180	138,40 DM/m / 70,76 €/m
006.30003.M	Aussteifung, Gurte U-Profil, 2 U 200	169,61 DM/m / 86,72 €/m
006.30004.M	Aussteifung, Gurte U-Profil, 2 U 240	199,01 DM/m / 101,75 €/m
006.30005.M	Aussteifung, Gurte U-Profil, 2 U 260	238,47 DM/m / 121,93 €/m
006.30006.M	Aussteifung, Gurte U-Profil, 2 U 280	278,18 DM/m / 142,23 €/m
006.30007.M	Aussteifung, Gurte U-Profil, 2 U 300	319,96 DM/m / 163,59 €/m
006.30008.M	Aussteifung, Gurte U-Profil, 2 U 320	350,60 DM/m / 179,26 €/m
006.30009.M	Aussteifung, Gurte U-Profil, 2 U 350	386,37 DM/m / 197,55 €/m
006.30010.M	Aussteifung, Gurte Spundwandprofil, Gewicht 47,5 kg/m	105,71 DM/m / 54,05 €/m
006.30011.M	Aussteifung, Gurte Spundwandprofil, Gewicht 62 kg/m	120,51 DM/m / 61,61 €/m
006.30012.M	Aussteifung, Gurte Spundwandprofil, Gewicht 83 kg/m	131,36 DM/m / 67,16 €/m
006.30013.M	Aussteifung, Gurte Spundwandprofil, Gewicht 103 kg/m	150,24 DM/m / 76,81 €/m
006.30014.M	Aussteifung, Kantholz 8 x 16 cm, Länge bis 2 m	21,87 DM/St / 11,18 €/St
006.30015.M	Aussteifung, Kantholz 8 x 16 cm, Länge >2-4 m	50,36 DM/St / 25,75 €/St
006.30016.M	Aussteifung, Kantholz 8 x 16 cm, Länge >4-6 m	80,17 DM/St / 40,99 €/St
006.30017.M	Aussteifung, Kantholz 12 x 16 cm, Länge bis 2 m	25,45 DM/St / 13,01 €/St
006.30018.M	Aussteifung, Kantholz 12 x 16 cm, Länge >2-4 m	56,42 DM/St / 28,85 €/St
006.30019.M	Aussteifung, Kantholz 12 x 16 cm, Länge >4-6 m	86,69 DM/St / 44,32 €/St
006.30020.M	Aussteifung, Rundholz Durchm. 12 cm, Länge bis 2 m	20,48 DM/St / 10,47 €/St
006.30021.M	Aussteifung, Rundholz Durchm. 12 cm, Länge >2-4 m	49,02 DM/St / 25,06 €/St
006.30022.M	Aussteifung, Rundholz Durchm. 12 cm, Länge >4-6 m	74,69 DM/St / 38,19 €/St
006.32001.M	Konsole, Stahlprofil, Länge bis 0,3 m	52,90 DM/St / 27,05 €/St
006.32002.M	Konsole, Stahlprofil, Länge über 0,3 bis 0,5 m	73,49 DM/St / 37,57 €/St

006.30001.M KG 312 DIN 276
Aussteifung, Gurte U-Profil, 2 U 160
EP 111,90 DM/m   LA 105,68 DM/m   ST 6,22 DM/m
EP 57,21 €/m   LA 54,04 €/m   ST 3,17 €/m

006.30002.M KG 312 DIN 276
Aussteifung, Gurte U-Profil, 2 U 180
EP 138,40 DM/m   LA 131,09 DM/m   ST 7,31 DM/m
EP 70,76 €/m   LA 67,03 €/m   ST 3,73 €/m

006.30003.M KG 312 DIN 276
Aussteifung, Gurte U-Profil, 2 U 200
EP 169,61 DM/m   LA 160,55 DM/m   ST 9,06 DM/m
EP 86,72 €/m   LA 82,09 €/m   ST 4,63 €/m

006.30004.M KG 312 DIN 276
Aussteifung, Gurte U-Profil, 2 U 240
EP 199,01 DM/m   LA 188,84 DM/m   ST 10,17 DM/m
EP 101,75 €/m   LA 96,55 €/m   ST 5,20 €/m

006.30005.M KG 312 DIN 276
Aussteifung, Gurte U-Profil, 2 U 260
EP 238,47 DM/m   LA 226,37 DM/m   ST 12,10 DM/m
EP 121,93 €/m   LA 115,74 €/m   ST 6,19 €/m

006.30006.M KG 312 DIN 276
Aussteifung, Gurte U-Profil, 2 U 280
EP 278,18 DM/m   LA 264,50 DM/m   ST 13,68 DM/m
EP 142,23 €/m   LA 135,23 €/m   ST 7,00 €/m

LB 006 Verbau-, Ramm- und Einpressarbeiten
Aussteifungen

AW 006

Ausgabe 06.02

Sämtliche Preise sind **Mittelpreise ohne Mehrwertsteuer** zum Zeitpunkt des Ausgabedatums.
Korrekturfaktoren für Regionaleinfluss, Mengeneinfluss, Konjunktureinfluss siehe Vorspann.
Abkürzungen: EP = Einheitspreis, LA = Lohnanteil, ST = Stoffanteil

006.30007.M KG 312 DIN 276
Aussteifung, Gurte U-Profil, 2 U 300
EP 319,96 DM/m   LA 304,34 DM/m   ST 15,62 DM/m
EP 163,59 €/m   LA 155,61 €/m   ST 7,98 €/m

006.30008.M KG 312 DIN 276
Aussteifung, Gurte U-Profil, 2 U 320
EP 350,60 DM/m   LA 332,64 DM/m   ST 17,96 DM/m
EP 179,26 €/m   LA 170,08 €/m   ST 9,18 €/m

006.30009.M KG 312 DIN 276
Aussteifung, Gurte U-Profil, 2 U 350
EP 386,37 DM/m   LA 365,56 DM/m   ST 20,81 DM/m
EP 197,55 €/m   LA 186,91 €/m   ST 10,64 €/m

006.30010.M KG 312 DIN 276
Aussteifung, Gurte Spundwandprofil, Gewicht 47,5 kg/m
EP 105,71 DM/m   LA 99,32 DM/m   ST 6,39 DM/m
EP 54,05 €/m   LA 50,78 €/m   ST 3,27 €/m

006.30011.M KG 312 DIN 276
Aussteifung, Gurte Spundwandprofil, Gewicht 62 kg/m
EP 120,51 DM/m   LA 112,03 DM/m   ST 8,48 DM/m
EP 61,61 €/m   LA 57,28 €/m   ST 4,33 €/m

006.30012.M KG 312 DIN 276
Aussteifung, Gurte Spundwandprofil, Gewicht 83 kg/m
EP 131,36 DM/m   LA 120,12 DM/m   ST 11,24 DM/m
EP 67,16 €/m   LA 61,42 €/m   ST 5,74 €/m

006.30013.M KG 312 DIN 276
Aussteifung, Gurte Spundwandprofil, Gewicht 103 kg/m
EP 150,24 DM/m   LA 136,29 DM/m   ST 13,95 DM/m
EP 76,81 €/m   LA 69,68 €/m   ST 7,13 €/m

006.30014.M KG 312 DIN 276
Aussteifung, Kantholz 8 x 16 cm, Länge bis 2 m
EP 21,87 DM/St   LA 19,52 DM/St   ST 2,35 DM/St
EP 11,18 €/St   LA 9,98 €/St   ST 1,20 €/St

006.30015.M KG 312 DIN 276
Aussteifung, Kantholz 8 x 16 cm, Länge >2-4 m
EP 50,36 DM/St   LA 45,16 DM/St   ST 5,20 DM/St
EP 25,75 €/St   LA 23,09 €/St   ST 2,66 €/St

006.30016.M KG 312 DIN 276
Aussteifung, Kantholz 8 x 16 cm, Länge >4-6 m
EP 80,17 DM/St   LA 71,61 DM/St   ST 8,56 DM/St
EP 40,99 €/St   LA 36,61 €/St   ST 4,38 €/St

006.30017.M KG 312 DIN 276
Aussteifung, Kantholz 12 x 16 cm, Länge bis 2 m
EP 25,45 DM/St   LA 22,18 DM/St   ST 3,27 DM/St
EP 13,01 €/St   LA 11,34 €/St   ST 1,67 €/St

006.30018.M KG 312 DIN 276
Aussteifung, Kantholz 12 x 16 cm, Länge >2-4 m
EP 56,42 DM/St   LA 48,69 DM/St   ST 7,73 DM/St
EP 28,85 €/St   LA 24,89 €/St   ST 3,96 €/St

006.30019.M KG 312 DIN 276
Aussteifung, Kantholz 12 x 16 cm, Länge >4-6 m
EP 86,69 DM/St   LA 73,92 DM/St   ST 12,77 DM/St
EP 44,32 €/St   LA 37,80 €/St   ST 6,52 €/St

006.30020.M KG 312 DIN 276
Aussteifung, Rundholz Durchm. 12 cm, Länge bis 2 m
EP 20,48 DM/St   LA 18,89 DM/St   ST 1,59 DM/St
EP 10,47 €/St   LA 9,66 €/St   ST 0,81 €/St

006.30021.M KG 312 DIN 276
Aussteifung, Rundholz Durchm. 12 cm, Länge >2-4 m
EP 49,02 DM/St   LA 45,16 DM/St   ST 3,86 DM/St
EP 25,06 €/St   LA 23,09 €/St   ST 1,97 €/St

006.30022.M KG 312 DIN 276
Aussteifung, Rundholz Durchm. 12 cm, Länge >4-6 m
EP 74,69 DM/St   LA 68,14 DM/St   ST 6,55 DM/St
EP 38,19 €/St   LA 34,84 €/St   ST 3,35 €/St

006.32001.M KG 312 DIN 276
Konsole, Stahlprofil, Länge bis 0,3 m
EP 52,90 DM/St   LA 47,36 DM/St   ST 5,54 DM/St
EP 27,05 €/St   LA 24,21 €/St   ST 2,84 €/St

006.32002.M KG 312 DIN 276
Konsole, Stahlprofil, Länge über 0,3 bis 0,5 m
EP 73,49 DM/St   LA 65,26 DM/St   ST 8,23 DM/St
EP 37,57 €/St   LA 33,37 €/St   ST 4,20 €/St

AW 006

Ausgabe 06.02

LB 006 Verbau-, Ramm- und Einpressarbeiten
Verankerungen

Sämtliche Preise sind **Mittelpreise ohne Mehrwertsteuer** zum Zeitpunkt des Ausgabedatums.
Korrekturfaktoren für Regionaleinfluss, Mengeneinfluss, Konjunktureinfluss siehe Vorspann.
Abkürzungen: EP = Einheitspreis, LA = Lohnanteil, ST = Stoffanteil

Verankerungen

006.----.-

006.40001.M	Verpressanker herst., temp., Länge bis 6 m	575,24 DM/St
		294,11 €/St
006.40002.M	Verpressanker herst., temp, Länge über 6 bis 8 m	814,38 DM/St
		416,39 €/St
006.40003.M	Verpressanker herst., temp, Länge über 8 bis 10 m	1 059,88 DM/St
		541,91 €/St
006.40004.M	Verpressanker herst., temp, Länge über 10 bis 15 m	1 565,35 DM/St
		800,35 €/St
006.40005.M	Verpressanker herst., temp, Länge über 15 bis 20 m	2 211,05 DM/St
		1 130,49 €/St
006.40006.M	Verpressanker herst., temp, Länge über 20 bis 25 m	3 202,32 DM/St
		1 637,32 €/St
006.40101.M	Verpressanker herst., perman., Länge bis 6 m	712,08 DM/St
		364,08 €/St
006.40102.M	Verpressanker herst., perman., Länge über 6 bis 8 m	991,61 DM/St
		507,00 €/St
006.40103.M	Verpressanker herst., perman., Länge über 8 bis 10 m	1 288,16 DM/St
		658,52 €/St
006.40104.M	Verpressanker herst., perman., Länge über 10 bis 15 m	1 851,04 DM/St
		946,42 €/St
006.40105.M	Verpressanker herst., perman., Länge über 15 bis 20 m	2 422,65 DM/St
		1 238,68 €/St
006.40106.M	Verpressanker herst., perman., Länge über 20 bis 25 m	3 643,27 DM/St
		1 862,78 €/St

006.40001.M KG 312 DIN 276
Verpressanker herst., temporär, Länge bis 6 m
EP 575,24 DM/St   LA 79,70 DM/St   ST 495,54 DM/St
EP 294,11 €/St   LA 40,75 €/St   ST 253,36 €/St

006.40002.M KG 312 DIN 276
Verpressanker herst., temporär, Länge über 6 bis 8 m
EP 814,38 DM/St   LA 112,03 DM/St   ST 702,35 DM/St
EP 416,39 €/St   LA 57,28 €/St   ST 359,11 €/St

006.40003.M KG 312 DIN 276
Verpressanker herst., temporär, Länge über 8 bis 10 m
EP 1 059,88 DM/St   LA 145,53 DM/St   ST 914,35 DM/St
EP   541,91 €/St   LA 74,41 €/St   ST 467,50 €/St

006.40004.M KG 312 DIN 276
Verpressanker herst., temporär, Länge über 10 bis 15 m
EP 1 565,35 DM/St   LA 210,21 DM/St   ST 1 355,14 DM/St
EP   800,35 €/St   LA 107,48 €/St   ST   692,87 €/St

006.40005.M KG 312 DIN 276
Verpressanker herst., temporär, Länge über 15 bis 20 m
EP 2 211,05 DM/St   LA 284,12 DM/St   ST 1 926,93 DM/St
EP 1 130,49 €/St   LA 145,27 €/St   ST   985,22 €/St

006.40006.M KG 312 DIN 276
Verpressanker herst., temporär, Länge über 20 bis 25 m
EP 3 202,32 DM/St   LA 355,16 DM/St   ST 2 847,16 DM/St
EP 1 637,32 €/St   LA 181,59 €/St   ST 1 455,73 €/St

006.40101.M KG 312 DIN 276
Verpressanker herst., permanent, Länge bis 6 m
EP 712,08 DM/St   LA 88,93 DM/St   ST 623,15 DM/St
EP 364,08 €/St   LA 45,47 €/St   ST 318,61 €/St

006.40102.M KG 312 DIN 276
Verpressanker herst., permanent, Länge über 6 bis 8 m
EP 991,61 DM/St   LA 127,63 DM/St   ST 863,98 DM/St
EP 507,00 €/St   LA 65,26 €/St   ST 441,74 €/St

006.40103.M KG 312 DIN 276
Verpressanker herst., permanent, Länge über 8 bis 10 m
EP 1 288,16 DM/St   LA 160,55 DM/St   ST 1 127,61 DM/St
EP   658,52 €/St   LA 82,09 €/St   ST   576,53 €/St

006.40104.M KG 312 DIN 276
Verpressanker herst., permanent, Länge über 10 bis 15 m
EP 1 851,04 DM/St   LA 217,14 DM/St   ST 1 633,90 DM/St
EP   946,42 €/St   LA 111,02 €/St   ST   835,40 €/St

006.40105.M KG 312 DIN 276
Verpressanker herst., permanent, Länge über 15 bis 20 m
EP 2 422,65 DM/St   LA 293,37 DM/St   ST 2 129,28 DM/St
EP 1 238,68 €/St   LA 150,00 €/St   ST 1 088,68 €/St

006.40106.M KG 312 DIN 276
Verpressanker herst., permanent, Länge über 20 bis 25 m
EP 3 643,27 DM/St   LA 360,35 DM/St   ST 3 282,92 DM/St
EP 1 862,78 €/St   LA 184,25 €/St   ST 1 678,53 €/St

LB 006 Verbau-, Ramm- und Einpressarbeiten
Ziehen von Bohlen, Kanaldielen, Trägern

AW 006

Ausgabe 06.02

Sämtliche Preise sind **Mittelpreise ohne Mehrwertsteuer** zum Zeitpunkt des Ausgabedatums.
Korrekturfaktoren für Regionaleinfluss, Mengeneinfluss, Konjunktureinfluss siehe Vorspann.
Abkürzungen: EP = Einheitspreis, LA = Lohnanteil, ST = Stoffanteil

Ziehen von Bohlen, Kanaldielen, Trägern

006.----.-

Pos.-Nr.	Beschreibung	Preis
006.53401.M	Spundbohlen ziehen, Länge bis 6 m, leicht. Rb.	37,95 DM/m2 / 19,40 €/m2
006.53402.M	Spundbohlen ziehen, Länge bis 6 m, mittel. Rb.	49,22 DM/m2 / 25,16 €/m2
006.53403.M	Spundbohlen ziehen, Länge bis 6 m, schwer. Rb.	60,48 DM/m2 / 30,92 €/m2
006.53404.M	Spundbohlen ziehen, Länge über 6 bis 10 m, leicht. Rb.	56,93 DM/m2 / 29,11 €/m2
006.53405.M	Spundbohlen ziehen, Länge über 6 bis 10 m, mittel. Rb.	69,96 DM/m2 / 35,77 €/m2
006.53406.M	Spundbohlen ziehen, Länge über 6 bis 10 m, schwer. Rb.	84,20 DM/m2 / 43,05 €/m2
006.53407.M	Spundbohlen ziehen, Länge über 10 bis 16 m, leicht. Rb.	69,37 DM/m2 / 35,47 €/m2
006.53408.M	Spundbohlen ziehen, Länge über 10 bis 16 m, mittel. Rb.	79,45 DM/m2 / 40,62 €/m2
006.53409.M	Spundbohlen ziehen, Länge über 10 bis 16 m, schwer. Rb.	101,99 DM/m2 / 52,14 €/m2
006.53410.M	Spundbohlen ziehen, Länge über 16 bis 20 m, leicht. Rb.	87,75 DM/m2 / 44,87 €/m2
006.53411.M	Spundbohlen ziehen, Länge über 16 bis 20 m, mittel. Rb.	104,95 DM/m2 / 53,66 €/m2
006.53412.M	Spundbohlen ziehen, Länge über 16 bis 20 m, schwer. Rb.	123,33 DM/m2 / 63,06 €/m2
006.53501.M	Kanaldielen ziehen, Länge bis 6 m, leicht. Rb.	25,49 DM/m2 / 13,03 €/m2
006.53502.M	Kanaldielen ziehen, Länge bis 6 m, mittel. Rb.	32,01 DM/m2 / 16,37 €/m2
006.53503.M	Kanaldielen ziehen, Länge über 6 bis 10 m, leicht. Rb.	37,36 DM/m2 / 19,10 €/m2
006.53504.M	Kanaldielen ziehen, Länge über 6 bis 10 m, mittel. Rb.	46,25 DM/m2 / 23,65 €/m2
006.53201.M	Verbauträger ziehen, Länge bis 6 m	33,20 DM/St / 16,98 €/St
006.53202.M	Verbauträger ziehen, Länge über 6 bis 10 m	37,95 DM/St / 19,40 €/St
006.53203.M	Verbauträger ziehen, Länge über 10 bis 16 m	48,63 DM/St / 24,86 €/St
006.53204.M	Verbauträger ziehen, Länge über 16 bis 20 m	67,01 DM/St / 34,26 €/St

Hinweis:
leicht. Rb. = leichter Rammboden
mittel. Rb. = mittelschwerer Rammboden
schwer. Rb. = schwerer Rammboden

006.53401.M KG 312 DIN 276
Spundbohlen ziehen, Länge bis 6 m, leicht. Rb.
EP 37,95 DM/m2   LA 37,95 DM/m2   ST 0,00 DM/m2
EP 19,40 €/m2   LA 19,40 €/m2   ST 0,00 €/m2

006.53402.M KG 312 DIN 276
Spundbohlen ziehen, Länge bis 6 m, mittel. Rb.
EP 49,22 DM/m2   LA 49,22 DM/m2   ST 0,00 DM/m2
EP 25,16 €/m2   LA 25,16 €/m2   ST 0,00 €/m2

006.53403.M KG 312 DIN 276
Spundbohlen ziehen, Länge bis 6 m, schwer. Rb.
EP 60,48 DM/m2   LA 60,48 DM/m2   ST 0,00 DM/m2
EP 30,92 €/m2   LA 30,92 €/m2   ST 0,00 €/m2

006.53404.M KG 312 DIN 276
Spundbohlen ziehen, Länge über 6 bis 10 m, leicht. Rb.
EP 56,93 DM/m2   LA 56,93 DM/m2   ST 0,00 DM/m2
EP 29,11 €/m2   LA 29,11 €/m2   ST 0,00 €/m2

006.53405.M KG 312 DIN 276
Spundbohlen ziehen, Länge über 6 bis 10 m, mittel. Rb.
EP 69,96 DM/m2   LA 69,96 DM/m2   ST 0,00 DM/m2
EP 35,77 €/m2   LA 35,77 €/m2   ST 0,00 €/m2

006.53406.M KG 312 DIN 276
Spundbohlen ziehen, Länge über 6 bis 10 m, schwer. Rb.
EP 84,20 DM/m2   LA 84,20 DM/m2   ST 0,00 DM/m2
EP 43,05 €/m2   LA 43,05 €/m2   ST 0,00 €/m2

006.53407.M KG 312 DIN 276
Spundbohlen ziehen, Länge über 10 bis 16 m, leicht. Rb.
EP 69,37 DM/m2   LA 69,37 DM/m2   ST 0,00 DM/m2
EP 35,47 €/m2   LA 35,47 €/m2   ST 0,00 €/m2

006.53408.M KG 312 DIN 276
Spundbohlen ziehen, Länge über 10 bis 16 m, mittel. Rb.
EP 79,45 DM/m2   LA 79,45 DM/m2   ST 0,00 DM/m2
EP 40,62 €/m2   LA 40,62 €/m2   ST 0,00 €/m2

006.53409.M KG 312 DIN 276
Spundbohlen ziehen, Länge über 10 bis 16 m, schwer. Rb.
EP 101,99 DM/m2 LA 101,99 DM/m2 ST 0,00 DM/m2
EP 52,14 €/m2   LA 52,14 €/m2   ST 0,00 €/m2

006.53410.M KG 312 DIN 276
Spundbohlen ziehen, Länge über 16 bis 20 m, leicht. Rb.
EP 87,75 DM/m2   LA 87,75 DM/m2   ST 0,00 DM/m2
EP 44,87 €/m2   LA 44,87 €/m2   ST 0,00 €/m2

006.53411.M KG 312 DIN 276
Spundbohlen ziehen, Länge über 16 bis 20 m, mittel. Rb.
EP 104,95 DM/m2 LA 104,95 DM/m2 ST 0,00 DM/m2
EP 53,66 €/m2   LA 53,66 €/m2   ST 0,00 €/m2

006.53412.M KG 312 DIN 276
Spundbohlen ziehen, Länge über 16 bis 20 m, schwer. Rb.
EP 123,33 DM/m2 LA 123,33 DM/m2 ST 0,00 DM/m2
EP 63,06 €/m2   LA 63,06 €/m2   ST 0,00 €/m2

006.53501.M KG 312 DIN 276
Kanaldielen ziehen, Länge bis 6 m, leicht. Rb.
EP 25,49 DM/m2   LA 25,49 DM/m2   ST 0,00 DM/m2
EP 13,03 €/m2   LA 13,03 €/m2   ST 0,00 €/m2

006.53502.M KG 312 DIN 276
Kanaldielen ziehen, Länge bis 6 m, mittel. Rb.
EP 32,01 DM/m2   LA 32,01 DM/m2   ST 0,00 DM/m2
EP 16,37 €/m2   LA 16,37 €/m2   ST 0,00 €/m2

006.53503.M KG 312 DIN 276
Kanaldielen ziehen, Länge über 6 bis 10 m, leicht. Rb.
EP 37,36 DM/m2   LA 37,36 DM/m2   ST 0,00 DM/m2
EP 19,10 €/m2   LA 19,10 €/m2   ST 0,00 €/m2

006.53504.M KG 312 DIN 276
Kanaldielen ziehen, Länge über 6 bis 10 m, mittel. Rb.
EP 46,25 DM/m2   LA 46,25 DM/m2   ST 0,00 DM/m2
EP 23,65 €/m2   LA 23,65 €/m2   ST 0,00 €/m2

006.53201.M KG 312 DIN 276
Verbauträger ziehen, Länge bis 6 m
EP 33,20 DM/St   LA 33,20 DM/St   ST 0,00 DM/St
EP 16,98 €/St   LA 16,98 €/St   ST 0,00 €/St

006.53202.M KG 312 DIN 276
Verbauträger ziehen, Länge über 6 bis 10 m
EP 37,95 DM/St   LA 37,95 DM/St   ST 0,00 DM/St
EP 19,40 €/St   LA 19,40 €/St   ST 0,00 €/St

006.53203.M KG 312 DIN 276
Verbauträger ziehen, Länge über 10 bis 16 m
EP 48,63 DM/St   LA 48,63 DM/St   ST 0,00 DM/St
EP 24,86 €/St   LA 24,86 €/St   ST 0,00 €/St

006.53204.M KG 312 DIN 276
Verbauträger ziehen, Länge über 16 bis 20 m
EP 67,01 DM/St   LA 67,01 DM/St   ST 0,00 DM/St
EP 34,26 €/St   LA 34,26 €/St   ST 0,00 €/St

AW 006

Ausgabe 06.02

LB 006 Verbau-, Ramm- und Einpressarbeiten
Rammgerät auf-, abbauen, vorhalten; Sonstige Leistungen

Sämtliche Preise sind **Mittelpreise ohne Mehrwertsteuer** zum Zeitpunkt des Ausgabedatums.
Korrekturfaktoren für Regionaleinfluss, Mengeneinfluss, Konjunktureinfluss siehe Vorspann.
Abkürzungen: EP = Einheitspreis, LA = Lohnanteil, ST = Stoffanteil

Rammgerät auf-, abbauen, vorhalten

006.-----.-

006.81701.M	Hydraulisches Rammgerät auf- und abbauen	3 164,51 DM/psch
		1 617,99 €/psch
006.81702.M	Hydraulisches Rammgerät vorhalten	42 274,20 DM/StMo
		21 614,45 €/StMo
006.81703.M	Hydraulische Rammeinrichtung für Bagger vorh.	10 652,43 DM/StMo
		5 446,50 €/StMo

Hinweis:
Diese Leistungen sind als eigenständige Positionen
zu betrachten und in den Auswahlpositionen unter
006.220--.- sowie 006.240--.-
anteilmäßig nicht berücksichtigt.

006.81701.M KG 312 DIN 276
Hydraulisches Rammgerät auf- und abbauen
EP 3164,51 DM/psch   LA 2771,97 DM/psch   ST 392,54 DM/psch
EP 1617,99 €/psch   LA 1417,29 €/psch   ST 200,70 €/psch

006.81702.M KG 312 DIN 276
Hydraulisches Rammgerät vorhalten
EP 42274,20 DM/StMo LA 0,00 DM/StMo   ST 42274,20 DM/StMo
EP 21614,45 €/StMo   LA 0,00 €/StMo   ST 21,614,45€/StMo

006.81703.M KG 312 DIN 276
Hydraulische Rammeinrichtung für Bagger vorhalten
EP 10652,43 DM/StMo LA 0,00 DM/StMo   ST 10652,43 DM/StMo
EP 5446,50 €/StMo   LA 0,00 €/StMo   ST 5446,50 €/StMo

Sonstige Leistungen

006.-----.-

006.80501.M	Trennschnitt an Stahlträgern	43,62 DM/St
		22,30 €/St
006.80502.M	Trennschnitt an Stahlspundbohlen	32,97 DM/m
		16,86 €/m
006.81101.M	Schweißnaht an Stahlspundbohlen	61,44 DM/m
		31,41 €/m

006.80501.M KG 312 DIN 276
Trennschnitt an Stahlträgern
EP 43,62 DM/St   LA 28,46 DM/St   ST 15,16 DM/St
EP 22,30 €/St   LA 14,55 €/St   ST 7,75 €/St

006.80502.M KG 312 DIN 276
Trennschnitt an Stahlspundbohlen
EP 32,97 DM/m   LA 24,90 DM/m   ST 8,07 DM/m
EP 16,86 €/m   LA 12,73 €/m   ST 4,13 €/m

006.81101.M KG 312 DIN 276
Schweißnaht an Stahlspundbohlen
EP 61,44 DM/m   LA 50,99 DM/m   ST 10,45 DM/m
EP 31,41 €/m   LA 26,07 €/m   ST 5,34 €/m

LB 008 Wasserhaltungsarbeiten
Grundwasserabsenkungen nach Wahl des AN; Pumpensümpfe

STLB 008

Ausgabe 06.02

Hinweis: Wenn die Art der Ausführung der Grundwasserabsenkungsanlage dem Auftragnehmer überlassen bleibt, ist gemäß Pos. 100 bis 180 auszuschreiben. Wird die Art der Grundwasserabsenkung detailliert vorgeschrieben, ist gemäß Pos. 300 bis 740 auszuschreiben.

100 Grundwasserabsenkung,
110 Grundwasserabsenkung durch offene Wasserhaltung,
120 Grundwasserabsenkung durch Brunnen,
130 Grundwasserabsenkung durch Brunnen mit horizontalen Kreiselpumpen (Saugpumpen),
140 Grundwasserabsenkung durch Brunnen mit Unterwasser–Motorpumpen,
150 Grundwasserabsenkung durch Vakuumtiefbrunnen,
160 Grundwasserabsenkung durch Vakuumfilter,
170 Grundwasserabsenkung ....
180 Ableiten von Schichtenwasser durch offene Wasserhaltung,
  Einzelangaben nach DIN 18305 zu Pos. 100 bis 180
  – Art der Ausführung
    – – nach Wahl des AN herstellen,
    – – nach Wahl des AN herstellen und rückbauen,
    – – nach Wahl des AN herstellen und abbauen, Filterrohre können im Boden verbleiben, Löcher verfüllen, Verfüllstoff .... , (Sofern nicht vorgeschrieben, vom Bieter einzutragen),
    – – nach Wahl des AN rückbauen,
    – – nach Wahl des AN abbauen, Filterrohre können im Boden verbleiben, Löcher verfüllen, Verfüllstoff .... , (Sofern nicht vorgeschrieben, vom Bieter einzutragen),
  – Standort, Lage
    – – ab Geländeoberfläche,
    – – außerhalb von Baugruben ab Geländeoberfläche,
    – – innerhalb des Bauwerks,
    – – innerhalb des Tunnels oder Stollens,
    – – innerhalb von Baugruben ab Aushubsohle,
    – – innerhalb von Baugruben ab Geländeoberfläche,
    – – Lage .... ,
  – Maße
    – – Maße der trocken zu haltenden Fläche in m .... ,
    – – Länge der trocken zu haltenden Strecke in m .... ,
    – – Länge der trocken zu haltenden Strecke in m .... , Einzelabschnitte .... ,
    – – Maße der trocken zu haltenden Fläche, gemäß Zeichnung Nr. .... ,
    – – Maße der trocken zu haltenden Fläche, gemäß Einzelbeschreibung Nr. .... ,
    – – Maße in m .... ,
      – – – Aushubsohle ab Geländeoberfläche in m .... ,
      – – – Aushubsohle bezogen auf NN in m .... ,
      – – – Geländeoberfläche bezogen auf NN in m .... ,
        – – – – vorhandene Grundwasserstände unter Geländeoberfläche in m .... ,
        – – – – Grundwasserstand bezogen auf NN in m .... ,
        – – – – Bemessungswasserstand bezogen auf NN in m .... ,
  – Bodenschichten, Bodendurchlässigkeit
    – – Bodenschichten nach beigefügtem Bodengutachten,
    – – Bodenschichten nach beigefügtem Schichtenverzeichnis,
    – – Bodenschichten nach beigefügtem Bohrprofil,
    – – Bodenschichten gemäß Zeichnung Nr. .... ,
    – – Bodenschichten gemäß Einzelbeschreibung Nr. .... ,
    – – Bodenschichten gemäß Einzelbeschreibung Nr. .... und Zeichnung Nr. .... ,
      – – – Durchlässigkeitsbeiwert k_f in m/s
  – Absenkziel
    – – Absenkziel unter Geländeoberfläche in m .... ,
    – – Absenkziel unter Aushubsohle in m .... ,
    – – Absenkziel bezogen auf NN in m .... ,
    – – Absenkziel .... ,
  – Wasserableitung
    – – Ableitung zum Vorfluter wird gesondert vergütet,
    – – einschl. Ableitung zum Vorfluter, Entfernung in m .... ,
  – Berechnungseinheit Stück

300 Pumpensumpf,
  Einzelangaben nach DIN 18305
  – Lage des Pumpensumpfes
    – – innerhalb von Baugruben
    – – innerhalb von Tunneln oder Stollen,
    – – innerhalb .... ,
  – Leistungsumfang
    – – herstellen,
    – – herstellen und beseitigen,
    – – .... ,
      – – – einschl. des erforderlichen Erdaushubs,
      – – – einschl. des erforderlichen Erdaushubs und der Wiederverfüllung,
      – – – einschl. des erforderlichen Erdaushubs, die Wiederverfüllung wird gesondert vergütet,
      – – – einschl. .... ,
  – Bauart
    – – aus Betonbrunnenringen,
    – – aus Holzverbau,
  – Ausführung gemäß Zeichnung Nr. .... ,
    Einzelbeschreibung Nr. .... ,
  – Abteuftiefe
    – – Abteuftiefe bis 1 m,
    – – Abteuftiefe in m .... ,
  – Sohlenquerschnitt
    – – lichter Sohlenquerschnitt bis 1 m²,
    – – lichter Sohlenquerschnitt in m² .... ,
  – Berechnungseinheit Stück

STLB 008
Ausgabe 06.02

LB 008 Wasserhaltungsarbeiten
Sickergräben, Sickerleitungen; Absenkungsbrunnen, Beobachtungsbrunnen

310 Sickergraben,
320 Sickerleitung
  Einzelangaben nach DIN 18305 zu Pos. 310, 320
  - Lage des Grabens/der Leitung
    - – innerhalb von Baugruben herstellen,
    - – innerhalb von Tunneln oder Stollen herstellen,
  - Bauart
    - – aus gelochten Betonrohren, Wassereintrittsfläche mindestens in cm²/m ......,
    - – aus gelochten Steinzeugrohren DIN EN 295, Wassereintrittsfläche mindestens in cm²/m ......,
    - – aus Einkornbeton–Filterrohren,
    - – aus geschlitzten Kunststoff–Filterrohren, Wassereintrittsfläche mindestens in cm²/m ......,
    - – aus ...... ,
  - Leitungsdurchmesser
    - – bis DN 80 – DN 100 – DN 150 – DN 200 – DN 250 – DN 300 – DN .... ,
  - Leistungsumfang
    - – einschl. des erforderlichen Erdaushubs,
    - – einschl. des erforderlichen Erdaushubs und der Wiederverfüllung,
    - – einschl. des erforderlichen Erdaushubs, die Wiederverfüllung wird gesondert vergütet,
    - – einschl. .... ,
  - Maße, Ausführung
    - – Grabentiefe bis 0,30 m – über 0,30 bis 0,50 m – über 0,50 bis 0,75 m – über 0,75 bis 1,00 m – in m .... ,
      - – – Sohlenbreite bis 0,30 m – über 0,30 bis 0,50 m – über 0,50 bis 0,75 m – über 0,75 bis 1,00 m – in m .... ,
  - Ausführung gemäß Zeichnung Nr....... , Einzelbeschreibung Nr. .... ,
  - Ummantelung, Auskleidung
    - – Umhüllung der Sickerleitung mit Geotextilien .... (Sofern nicht vorgeschrieben, vom Bieter einzutragen), Füllstoff dem anstehenden Boden anpassen,
    - – Filterummantelung .... (Sofern nicht vorgeschrieben, vom Bieter einzutragen), dem anstehenden Boden anpassen,
    - – Filterummantelung .... ,
    - – Auskleidung des Sickergrabens mit Geotextilien .... (Sofern nicht vorgeschrieben, vom Bieter einzutragen), Füllstoff dem anstehenden Boden anpassen,
    - – Sickergrabenfüllung dem anstehenden Boden anpassen,
    - – Sickergrabenfüllung .... ,
  - Aushub
    - – anfallenden Aushub seitlich lagern,
    - – anfallenden Aushub beseitigen. Die Beseitigung wird gesondert vergütet,
    - – anfallenden Aushub .... ,
  - Berechnungseinheit m

330 Absenkungsbrunnen,
340 Absenkungsbrunnen für den Betrieb von horizontalen Kreiselpumpen,
350 Absenkungsbrunnen für den Betrieb von Unterwasser–Motorpumpen,
360 Absenkungsbrunnen als Vakuumfilter, erforderliche Dichtungen werden gesondert vergütet,
370 Vakuumtiefbrunnen zur Absenkung, erforderliche Dichtungen werden gesondert vergütet,
380 Beobachtungsbrunnen,
  Einzelangaben nach DIN 18305 zu Pos. 330 bis 380
  - Art der Leistung, Leistungsumfang
    - – herstellen,
    - – herstellen, beseitigen und Löcher verfüllen, Verfüllstoff .... , (Sofern nicht vorgeschrieben, vom Bieter einzutragen),
    - – herstellen, beseitigen, Rohre ziehen und Löcher verfüllen, Verfüllstoff .... , (Sofern nicht vorgeschrieben, vom Bieter einzutragen),
    - – herstellen, Rohre verbleiben im Boden und werden Eigentum des AG,
    - – herstellen, Rohre können im Boden verbleiben und Verfüllstoff .... , werden dann Eigentum des AG, Löcher verfüllen, (Sofern nicht vorgeschrieben, vom Bieter einzutragen),
    - – beseitigen, Löcher verfüllen, Verfüllstoff .... (Sofern nicht vorgeschrieben, vom Bieter einzutragen),
    - – beseitigen, Löcher verfüllen, Verfüllstoff .... (Sofern nicht vorgeschrieben, vom Bieter einzutragen), und Rohre ziehen,
  - Verfahren der Herstellung
    - – durch Trockenbohren – durch Saugbohren – durch Spülbohren – durch Einrammen – durch Einspülen – durch .... ,
  - Bohrlochdurchmesser mind. 100 mm – 150 mm – 300 mm – 400 mm – 500 mm – 600 mm – 800 mm – 1000 mm – .... mm,
  - Werkstoff und Durchmesser Brunnenrohre
    - – Brunnenrohre
    - – Brunnenrohre aus Sumpf–, Filter–, Aufsatzrohr,
    - – Brunnenrohre .... ,
      - – – aus Stahl – aus Stahl, korrosionsgeschützt – aus verzinktem Stahl – aus Stahl, kunststoffbeschichtet –
      - – – aus PVC–U DIN 4925 Teil 1 – aus PE–HD – aus .... ,
        - – – – DN 40 – DN 50 – DN 100 – DN 150 – DN 250 – DN 300 – DN 350 – DN 400 – DN .... ,
  - Brunnentiefe
    - – Brunnentiefe bis 3 m – über 3 bis 5 m – über 5 bis 10 m – über 10 bis 20 m – in m .... ,
      - – – ab Geländeoberfläche,
      - – – ab Geländeoberfläche, Filterkiesschüttung dem anstehenden Boden anpassen,
      - – – ab Aushubsohle,
      - – – ab Aushubsohle, Filterkiesschüttung dem anstehenden Boden anpassen,
      - – – ab .... ,
  - Aushub
    - – anfallenden Aushub seitlich lagern,
    - – anfallenden Aushub beseitigen. Die Beseitigung wird gesondert vergütet,
    - – anfallenden Aushub .... ,
  - Berechnungseinheit Stück

LB 008 Wasserhaltungsarbeiten
Beobachtungsrohre, Dichtungen, Brunnenköpfe; Wasserförderanlagen; Leitungen

STLB 008

Ausgabe 06.02

400 Beobachtungsrohr für Absenkungsbrunnen,
Einzelangaben nach DIN 18305
- Art der Leistung
  - – einbauen,
  - – ein– und ausbauen,
  - – ausbauen,
- Rohrart
  - – Rohr nach Wahl des AN,
  - – Rohr aus Stahl,
  - – Rohr aus verzinktem Stahl,
  - – Rohr kunststoffbeschichtet,
  - – Rohr aus PVC–U DIN 4925 Teil 1,
  - – Rohr aus PE–HD,
  - – Rohr .... ,
    - – – DN 40,
    - – – DN 50,
    - – – DN .... ,
      - – – – mit Verschlußkappe,
      - – – – mit Verschlußstopfen,
      - – – – mit .... ,
        - – – – – Länge in m .... ,
- Berechnungseinheit Stück

420 Dichtung aus quellfähigem Werkstoff,
421 Dichtung aus .... ,
430 Brunnenkopf aus Stahl,
431 Brunnenkopf aus verzinktem Stahl,
432 Brunnenkopf aus .... ,
440 Brunnentopf aus Stahl,
441 Brunnentopf aus verzinktem Stahl,
442 Brunnentopf aus .... ,
Einzelangaben nach DIN 18305 zu Pos. 420 bis 442
- Verwendungsbereich
  - – für Absenkungsbrunnen,
  - – für Vakuumtiefbrunnen,
  - – für Beobachtungsbrunnen,
  - – für .... ,
- Maße in cm .... ,
- Ausführung gemäß Zeichnung Nr....... ,
  Einzelbeschreibung Nr. .... ,
- Leistungsumfang
  - – einschl. der Rohr– und Kabeldurchführungen,
  - – .... ,
- Berechnungseinheit Stück

500 Pumpe mit Elektromotor,
501 Pumpe mit Verbrennungsmotor,
502 Pumpe mit Druckluftmotor
Einzelangaben nach DIN 18305 zu Pos. 500 bis 502
- Art der Leistung
  - – einbauen,
  - – ein– und ausbauen,
  - – ausbauen,
  - – umsetzen nach besonderer Anordnung des AG,
  - – .... ,
- Einsatzbereich
  - – für Brunnen,
  - – für Pumpensümpfe,
  - – als Reserveanlage nach besonderer Anordnung des AG,
  - – für .... ,
- Fördermenge bis 10 m³/h – über 10 bis 30 m³/h – über 30 bis 60 m³/h – über 60 bis 100 m³/h – über 100 bis 150 m³/h – über 150 bis 200 m³/h – in m³/h .... ,
- geodätische Förderhöhe bis 5 m – über 5 bis 10 m – über 10 bis 15 m – über 15 bis 20 m – über 20 bis 25 m – über 25 bis 30 m – über 30 bis 35 m – über 35 bis 40 m – in m .... ,
- Leistungsumfang
  - – Rohrleitungen und Leitungen aus Schläuchen werden gesondert vergütet.
  - – .... ,
- Berechnungseinheit Stück

520 Vakuumanlage aus Vakuumerzeuger und Wasserpumpe,
521 Vakuumanlage aus Vakuumerzeuger und Wasserpumpe mit Elektromotor,
522 Vakuumanlage aus Vakuumerzeuger und Wasserpumpe mit Verbrennungsmotor,
Einzelangaben nach DIN 18305 zu Pos. 520 bis 522
- Art der Leistung
  - – einbauen,
  - – ein– und ausbauen,
  - – ausbauen,
  - – umsetzen nach besonderer Anordnung des AG,
  - – .... ,
- Fördermenge der Wasserpumpe bis 30 m³/h – über 30 bis 60 m³/h – über 60 bis 100 m³/h – über 100 bis 150 m³/h – über 150 bis 200 m³/h – über 200 bis 300 m³/h – in m³/h .... ,
- geodätische Förderhöhe bis 7,5 m – über 7,5 bis 10,0 m – über 10,0 bis 15,0 m – über 15,0 bis 20,0 m – über 20,0 bis 25,0 m – über 25,0 bis 30,0 m – über 30,0 bis 35,0 m – über 35,0 bis 40,0 m – in m .... ,
- Leistungsumfang
  - – mit Anschluss an Rohrleitungen
    - – – Rohrleitungen und Leitungen aus Schläuchen werden gesondert vergütet.
  - – .... ,
- Berechnungseinheit Stück

600 Saugrohrleitung,
601 Saugrohrleitung mit Saugkorb,
602 Saugrohrleitung mit Saugkorb und Fußventil,
603 Druckrohrleitung als Steigleitung,
604 Druckrohrleitung als Abflussleitung zum Vorfluter,
605 Abflussleitung zum Vorfluter,
606 Rohrleitung .... ,
Einzelangaben nach DIN 18305 zu Pos. 600 bis 606
- Werkstoff, Leitungsdurchmesser
  - – nach Wahl des AN,
  - – aus Stahl,
  - – aus verzinktem Stahl,
  - – aus Stahl, korrosionsgeschützt,
  - – aus Beton,
  - – aus Kunststoff, Werkstoff .... ,
    (Sofern nicht vorgeschrieben, vom Bieter einzutragen),
  - – aus Schläuchen,
  - – aus .... ,
    - – – DN 40,
    - – – DN 50,
    - – – DN 100,
    - – – über DN 100 bis 200,
    - – – über DN 200 bis 300,
    - – – über DN 300 bis 400,
    - – – über DN 400 bis 600,
    - – – über DN 600 bis 800,
    - – – DN .... ,
- Art der Leistung
  - – einbauen,
  - – ein– und ausbauen,
  - – ausbauen,
  - – umbauen nach besonderer Anordnung des AG,
  - – .... ,
- Leistungsumfang
  - – einschl. aller Armaturen, Form– und Paßstücke,
  - – einschl. .... ,
- Anschlüsse
  - – mit Anschluss an Wasserförderanlagen,
  - – mit Anschluss an Wasserförderanlagen in Brunnen,
  - – mit Anschluss an Wasserförderanlagen in Pumpensümpfen,
  - – mit Anschluss an Vakuumfilteranlagen,
  - – mit Anschluss an .... ,
- Ausführung gemäß Zeichnung Nr....... ,
  Einzelbeschreibung Nr. .... ,
- Berechnungseinheit m

STLB 008

Ausgabe 06.02

LB 008 Wasserhaltungsarbeiten
Einzelteile für Wasserhaltungsanlagen

700 Stromerzeuger,
701 Netzersatzanlage,
702 Notstromerzeuger mit Handstarter,
703 Notstromerzeuger mit Selbststarter,
Einzelangaben nach DIN 18305 zu Pos. 700 bis 703
- Art der Leistung
  - – aufstellen und betriebsfertig anschließen,
  - – aufstellen, betriebsfertig anschließen und abbauen,
  - – abbauen,
  - – umsetzen nach besonderer Anordnung des AG,
  - – .... ,
- Leistung
  - – Leistung bis 5 kVA – über 5 bis 10 kVA – über 10 bis 30 kVA – über 30 bis 60 kVA – über 60 bis 100 kVA – über 100 bis 150 kVA – über 150 bis 200 kVA – in kVA .... ,
- Berechnungseinheit Stück

720 Stromverteileranlage,
721 Zentrale Schaltstation einschl. Stromverteileranlage,
Einzelangaben nach DIN 18305 zu Pos. 720, 721
- Art der Leistung
  - – aufstellen,
  - – aufstellen und abbauen,
  - – abbauen,
  - – umsetzen nach besonderer Anordnung des AG,
    - – – betriebsfertig installieren, Installation .... ,
- Signaleinrichtungen
  - – Anlage mit akustischem und optischem Signal,
    - – – bei Ausfall der Wasserhaltungsanlage,
    - – – – bei Ausfall der Pumpen,
    - – – – – bei Überschreiten des zulässigen Grundwasserstandes,
    - – – – – – bei .... ,
  - – Anlage .... ,
- Anschlussmöglichkeiten
  - – Anschlussmöglichkeit für 1 bis 2 Pumpen,
  - – Anschlussmöglichkeit für 3 bis 5 Pumpen,
  - – Anschlussmöglichkeit für 6 bis 10 Pumpen,
  - – Anschlussmöglichkeit für 11 bis 15 Pumpen,
  - – Anschlussmöglichkeit für 16 bis 20 Pumpen,
  - – Anschlussmöglichkeit für 21 bis 30 Pumpen,
- Berechnungseinheit Stück

740 Wassermengen–Messvorrichtung
Einzelangaben nach DIN 18305
- Geräteart
  - – nach Wahl des AN
  - – als Messwehr,
  - – als Zähler,
  - – als Messblende,
  - – als induktives Messgerät,
  - – als .... ,
- Art der Leistung
  - – in Abflussleitungen,
  - – in Abflussgräben,
  - – gemäß .... ,
  - – gemäß Zeichnung Nr. .... , Einzelbeschreibung Nr. .... ,
    - – – einbauen,
    - – – ein– und ausbauen,
    - – – ausbauen,
    - – – umsetzen nach besonderer Anordnung des AG,
    - – – .... ,
- Messbereich
  - – Obergrenze des Messbereiches 100 m³/h,
  - – Obergrenze des Messbereiches 200 m³/h,
  - – Obergrenze des Messbereiches 500 m³/h,
  - – Obergrenze des Messbereiches 1000 m³/h,
  - – Obergrenze des Messbereiches 2000 m³/h,
  - – Obergrenze des Messbereiches in m³/h .... ,
- Berechnungseinheit Stück

LB 008 Wasserhaltungsarbeiten
Vorhaltungen

STLB 008
Ausgabe 06.02

800 Vorhalten der Wasserhaltungsanlage,
801 Vorhalten des Absenkungsbrunnens,
802 Vorhalten des Vakuumtiefbrunnens,
803 Vorhalten des Vakuumfilters,
804 Vorhalten des Beobachtungsbrunnens,
805 Vorhalten des Pumpensumpfes,
806 Vorhalten der Reserveanlage nach besonderer Anordnung des AG,
Einzelangaben nach DIN 18305 zu Pos. 800 bis 806
- Leistungsumfang
  - – mit allen Wasserförderanlagen und sonstigen Geräten,
  - – mit .... ,
    - – – einschl. aller Armaturen, Form– und Passstücke,
    - – – einschl. .... ,
      - – – – als Vorhaltedauer gilt die Zeit vom vereinbarten Betriebsbeginn bis zum letzten Betriebstag,
      - – – – als Vorhaltedauer gilt die Zeit vom vereinbarten Betriebsbeginn bis zum Ende der Betriebsbereitschaft,
- Berechnungseinheit
  - – md   Abrechnung nach Meter x Tage,
  - – mMt Abrechnung nach Meter x Monate,
  - – Std   Abrechnung nach Stück x Tage,
  - – StMt Abrechnung nach Stück x Monate,

807 Vorhalten der Wasserförderanlage .... ,
808 Vorhalten der Pumpe mit Elektromotor,
809 Vorhalten der Pumpe mit Verbrennungsmotor,
810 Vorhalten der Pumpe mit Druckluftmotor,
811 Vorhalten der Pumpe .... ,
812 Vorhalten der Vakuumanlage,
813 Vorhalten des Vakuumerzeugers,
Einzelangaben nach DIN 18305 zu Pos. 807 bis 813
- Fördermenge
  - – Fördermenge bis 10 m³/h,
  - – Fördermenge über   10 bis   30 m³/h,
  - – Fördermenge über   30 bis   60 m³/h,
  - – Fördermenge über   60 bis 100 m³/h,
  - – Fördermenge über 100 bis 150 m³/h,
  - – Fördermenge über 150 bis 200 m³/h,
  - – Fördermenge über 200 bis 300 m³/h,
  - – Fördermenge in m³/h .... ,
- Leistungsumfang
  - – einschl. aller Armaturen, Form– und Passstücke,
  - – einschl. .... ,
    - – – als Vorhaltedauer gilt die Zeit vom vereinbarten Betriebsbeginn bis zum letzten Betriebstag,
    - – – als Vorhaltedauer gilt die Zeit vom vereinbarten Betriebsbeginn bis zum Ende der Betriebsbereitschaft,
- Berechnungseinheit
  - – md   Abrechnung nach Meter x Tage,
  - – mMt Abrechnung nach Meter x Monate,
  - – Std   Abrechnung nach Stück x Tage,
  - – StMt Abrechnung nach Stück x Monate,

814 Vorhalten des Stromerzeugers,
815 Vorhalten der Netzersatzanlage,
816 Vorhalten des Notstromerzeugers mit Handstarter,
817 Vorhalten des Notstromerzeugers mit Selbststarter,
Einzelangaben nach DIN 18305 zu Pos. 814 bis 817
- Leistung
  - – Leistung bis 5 kVA, über 5 bis 10 kVA – über 10 bis 30 kVA – über 30 bis 60 kVA – über 60 bis 100 kVA – über 100 bis 150 kVA – über 150 bis 200 kVA – in kVA .... ,
- Leistungsumfang
  - – einschl. aller Armaturen, Form– und Passstücke,
  - – einschl. .... ,
    - – – als Vorhaltedauer gilt die Zeit vom vereinbarten Betriebsbeginn bis zum letzten Betriebstag,
    - – – als Vorhaltedauer gilt die Zeit vom vereinbarten Betriebsbeginn bis zum Ende der Betriebsbereitschaft,
- Berechnungseinheit
  - – md   Abrechnung nach Meter x Tage,
  - – mMt Abrechnung nach Meter x Monate,
  - – Std   Abrechnung nach Stück x Tage,
  - – StMt Abrechnung nach Stück x Monate,

818 Vorhalten der Stromverteileranlage,
819 Vorhalten der zentralen Schaltstation einschl. Stromverteileranlage,
Einzelangaben nach DIN 18305 zu Pos. 818, 819
- Signaleinrichtungen
  - – – mit akustischem und optischem Signal,
  - – – mit .... ,
    - – – – bei Ausfall der Wasserhaltungsanlage,
    - – – – bei Ausfall der Pumpen,
    - – – – bei Überschreiten des zulässigen Grundwasserstandes,
    - – – – bei Überschreiten des zulässigen Grundwasserstandes oder Ausfall der Wasserhaltungsanlage,
    - – – – bei Überschreiten des zulässigen Grundwasserstandes oder Ausfall der Pumpen
    - – – bei .... ,
- Anschlussmöglichkeiten
  - – – Anschlussmöglichkeit für   1 bis   2 Pumpen,
  - – – Anschlussmöglichkeit für   3 bis   5 Pumpen,
  - – – Anschlussmöglichkeit für   6 bis 10 Pumpen,
  - – – Anschlussmöglichkeit für 11 bis 15 Pumpen,
  - – – Anschlussmöglichkeit für 16 bis 20 Pumpen,
  - – – Anschlussmöglichkeit für 21 bis 30 Pumpen,
- Leistungsumfang
  - – – einschl. aller Armaturen, Form– und Passstücke,
  - – – einschl. .... ,
    - – – – als Vorhaltedauer gilt die Zeit vom vereinbarten Betriebsbeginn bis zum letzten Betriebstag,
    - – – – als Vorhaltedauer gilt die Zeit vom vereinbarten Betriebsbeginn bis zum Ende der Betriebsbereitschaft,
- Berechnungseinheit
  - – – md   Abrechnung nach Meter x Tage,
  - – – mMt Abrechnung nach Meter x Monate,
  - – – Std   Abrechnung nach Stück x Tage,
  - – – StMt Abrechnung nach Stück x Monate,

820 Vorhalten der Wassermengen–Messvorrichtung nach Wahl des AN,
821 Vorhalten der Wassermengen–Messvorrichtung als Messwehr,
822 Vorhalten der Wassermengen–Messvorrichtung als Zähler,
823 Vorhalten der Wassermengen–Messvorrichtung als Messblende,
824 Vorhalten der Wassermengen–Messvorrichtung als induktives Messgerät,
825 Vorhalten der Wassermengen–Messvorrichtung als .... ,
Einzelangaben nach DIN 18305 zu Pos. 820 bis 825
- Messbereich
  - – – Obergrenze des Meßbereiches 100 m³/h – 200 m³/h – 500 m³/h – 1000 m³/h – 2000 m³/h – in m³/h –
- Leistungsumfang
  - – – einschl. aller Armaturen, Form– und Passstücke,
  - – – einschl. .... ,
    - – – – als Vorhaltedauer gilt die Zeit vom vereinbarten Betriebsbeginn bis zum letzten Betriebstag,
    - – – – als Vorhaltedauer gilt die Zeit vom vereinbarten Betriebsbeginn bis zum Ende der Betriebsbereitschaft,
- Berechnungseinheit
  - – – md   Abrechnung nach Meter x Tage,
  - – – mMt Abrechnung nach Meter x Monate,
  - – – Std   Abrechnung nach Stück x Tage,
  - – – StMt Abrechnung nach Stück x Monate,

LB 008 Wasserhaltungsarbeiten
Vorhaltungen; Betriebe; Überwachungen, Wartungen

Ausgabe 06.02

826 **Vorhalten der Saugrohrleitung,**
827 **Vorhalten der Saugrohrleitung mit Saugkorb,**
828 **Vorhalten der Saugrohrleitung mit Saugkorb und Fußventil,**
829 **Vorhalten der Druckrohrleitung,**
830 **Vorhalten der Abflussleitung zum Vorfluter,**
831 **Vorhalten der Rohrleitung ....,**
Einzelangaben nach DIN 18305 zu Pos. 826 bis 831
- Werkstoff, Leitungsdurchmesser
  -- nach Wahl des AN,
  -- aus Stahl,
  -- aus verzinktem Stahl,
  -- aus Stahl, korrosionsgeschützt,
  -- aus Beton,
  -- aus Kunststoff, Werkstoff ...., (Sofern nicht vorgeschrieben, vom Bieter einzutragen),
  -- aus Schläuchen,
  -- aus ....,
    --- DN 40 – DN 50 – DN 100 –
    DN 100 bis 200 – über DN 200 bis 300 –
    über DN 300 bis 400 –
    über DN 400 bis 600 –
    über DN 600 bis 800 – DN ....,
- Leistungsumfang
  -- einschl. aller Armaturen, Form– und Passstücke,
  -- einschl. ....,
    --- als Vorhaltedauer gilt die Zeit vom vereinbarten Betriebsbeginn bis zum letzten Betriebstag,
    --- als Vorhaltedauer gilt die Zeit vom vereinbarten Betriebsbeginn bis zum Ende der Betriebsbereitschaft,
- Berechnungseinheit
  -- md Abrechnung nach Meter x Tage,
  -- mMt Abrechnung nach Meter x Monate,
  -- Std Abrechnung nach Stück x Tage,
  -- StMt Abrechnung nach Stück x Monate,

840 **Betrieb der Wasserhaltungsanlage,**
841 **Betrieb der Reserveanlage nach besonderer Anordnung des AG,**
Einzelangaben nach DIN 18305 zu Pos. 840, 841
- Leistungsumfang
  -- je Brunnen mit Wasserförderanlage,
  -- mit allen Wasserförderanlagen und sonstigen Geräten,
  -- ....,
- Berechnungseinheit
  -- Std Abrechnung nach Stück x Tage,
  -- Sth Abrechnung nach Stück x Stunden,

842 **Betrieb der Pumpe mit Elektromotor,**
843 **Betrieb der Pumpe mit Verbrennungsmotor,**
844 **Betrieb der Pumpe mit Druckluftmotor,**
845 **Betrieb der Vakuumanlage,**
846 **Betrieb des Vakuumerzeugers,**
847 **Betrieb ....,**
Einzelangaben nach DIN 18305 zu Pos. 842 bis 847
- Fördermenge
  -- Fördermenge bis 10 m³/h,
  -- Fördermenge über 10 bis 30 m³/h,
  -- Fördermenge über 30 bis 60 m³/h,
  -- Fördermenge über 60 bis 100 m³/h,
  -- Fördermenge über 100 bis 150 m³/h,
  -- Fördermenge über 150 bis 200 m³/h,
  -- Fördermenge über 200 bis 300 m³/h,
  -- Fördermenge in m³/h ....,
- Berechnungseinheit
  -- Std Abrechnung nach Stück x Tage,
  -- Sth Abrechnung nach Stück x Stunden,

848 **Betrieb des Stromerzeugers,**
849 **Betrieb der Netzersatzanlage,**
850 **Betrieb des Notstromerzeugers mit Handstarter,**
851 **Betrieb des Notstromerzeugers mit Selbststarter,**
Einzelangaben nach DIN 18305 zu Pos. 848 bis 851
- Leistung
  -- Leistung bis 5 kVA,
  -- Leistung über 5 bis 10 kVA,
  -- Leistung über 10 bis 30 kVA,
  -- Leistung über 30 bis 60 kVA,
  -- Leistung über 60 bis 100 kVA,
  -- Leistung über 100 bis 150 kVA,
  -- Leistung über 150 bis 200 kVA,
  -- Leistung in kVA ....,
- Berechnungseinheit
  -- Std Abrechnung nach Stück x Tage,
  -- Sth Abrechnung nach Stück x Stunden,

860 **Überwachung und Wartung der Grundwasserabsenkungsanlage, unabhängig von der Anzahl der betriebenen Geräte, ununterbrochen mit dem erforderlichen fachkundigen Personal,**
861 **Überwachung und Wartung ....,**
Einzelangaben nach DIN 18305 zu Pos. 860, 861
- Dauer der Überwachungen und Wartungen
  -- von Beginn der Betriebsbereitschaft bis Ende der Betriebsbereitschaft,
  -- während des Betriebes,
  -- während der Stillstandszeiten,
  -- nach besonderer Anordnung des AG,
- Berechnungseinheit d (Tage), h (Stunden)

LB 008 Wasserhaltung
Pumpensumpf innerhalb von Baugruben; Sickergräben, Sickerleitungen

AW 008

Preise 06.02

Sämtliche Preise sind **Mittelpreise ohne Mehrwertsteuer** zum Zeitpunkt des Ausgabedatums.
Korrekturfaktoren für Regionaleinfluss, Mengeneinfluss, Konjunktureinfluss siehe Vorspann.
Abkürzungen: EP = Einheitspreis

Pumpensumpf innerhalb von Baugruben

T= Abteuftiefe, Sq= lichter Sohlenquerschnitt
zeitw.= zeitweilig im Boden bleibend,
verbl.= verbleibend im Boden

008.----.-

008.30001.M   KG 313 DIN 276
Pumpensumpf, Betonringe, T bis 1 m, Sq bis 1 m2
EP 845,90 DM/St   EP 432,50 €/St

008.30002.M   KG 313 DIN 276
Pumpensumpf, Betonringe, T bis 2 m, Sq bis 1 m2
EP 1399,48 DM/St   EP 715,54 €/St

008.30003.M   KG 313 DIN 276
Pumpensumpf, Betonringe, T bis 3 m, Sq bis 1 m2
EP 1971,03 DM/St   EP 1007,77 €/St

008.30004.M   KG 313 DIN 276
Pumpensumpf, Betonringe, T bis 1 m, Sq > 1-2 m2
EP 1423,54 DM/St   EP 727,84 €/St

008.30005.M   KG 313 DIN 276
Pumpensumpf, Betonringe, T bis 2 m, Sq > 1-2 m2
EP 2478,68 DM/St   EP 1267,33 €/St

008.30006.M   KG 313 DIN 276
Pumpensumpf, Betonringe, T bis 3 m, Sq > 1-2 m2
EP 3511,10 DM/St   EP 1.795,20 €/St

008.30007.M   KG 313 DIN 276
Pumpensumpf, Betonringe, T bis 1 m, Sq > 3-4 m2
EP 2110,88 DM/St   EP 1079,27 €/St

008.30008.M   KG 313 DIN 276
Pumpensumpf, Betonringe, T bis 2 m, Sq > 3-4 m2
EP 3793,17 DM/St   EP 1939,42 €/St

008.30010.M   KG 313 DIN 276
Pumpensumpf, Kanaldielen, zeitw., T bis 3 m, Sq > 2-3 m2
EP 2825,58 DM/St   EP 1444,70 €/St

008.30011.M   KG 313 DIN 276
Pumpensumpf, Kanaldielen, zeitw., T bis 4 m, Sq > 2-3 m2
EP 3766,96 DM/St   EP 1926,02 €/St

008.30012.M   KG 313 DIN 276
Pumpensumpf, Kanaldielen, zeitw., T 5 m, Sq > 2-3 m2
EP 4677,04 DM/St   EP 2391,33 €/St

008.30013.M   KG 313 DIN 276
Pumpensumpf, Kanaldielen, zeitw., T bis 3 m, Sq > 3-4 m2
EP 3437,09 DM/St   EP 1757,36 €/St

008.30014.M   KG 313 DIN 276
Pumpensumpf, Kanaldielen, zeitw., T bis 4 m, Sq > 3-4 m2
EP 4567,48 DM/St   EP 2335,32 €/St

008.30015.M   KG 313 DIN 276
Pumpensumpf, Kanaldielen, zeitw., T bis 5 m, Sq > 3-4 m2
EP 5681,63 DM/St   EP 2904,97 €/St

008.30016.M   KG 313 DIN 276
Pumpensumpf, Kanaldielen, verbl.., T bis 3 m, Sq > 2-3 m2
EP 3798,96 DM/St   EP 1942,38 €/St

008.30017.M   KG 313 DIN 276
Pumpensumpf, Kanaldielen, verbl.., T bis 4 m, Sq > 2-3 m2
EP 4723,29 DM/St   EP 2414,98 €/St

008.30018.M   KG 313 DIN 276
Pumpensumpf, Kanaldielen, verbl.., T bis 5 m, Sq > 2-3 m2
EP 5589,92 DM/St   EP 2858,08 €/St

008.30019.M   KG 313 DIN 276
Pumpensumpf, Kanaldielen, verbl.., T bis 3 m, Sq > 3-4 m2
EP 4309,93 DM/St   EP 2203,63 €/St

008.30020.M   KG 313 DIN 276
Pumpensumpf, Kanaldielen, verbl.., T bis 4 m, Sq > 3-4 m2
EP 5592,08 DM/St   EP 2859,18 €/St

008.30021.M   KG 313 DIN 276
Pumpensumpf, Kanaldielen, verbl.., T bis 5 m, Sq > 3-4 m2
EP 6635,04 DM/St   EP 3392,44 €/St

Sickergräben. Sickerleitungen

Teilsickerrohr: DN= Nennweite

008.----.-

008.31001.M   KG 313 DIN 276
Sickergraben, T >0,30-0,50 m, B bis 0,30 m
EP 3,32 DM/St   EP 1,70 €/St

008.31002.M   KG 313 DIN 276
Sickergraben, T >0,30-0,50 m, B >0,30-0,50 m
EP 4,28 DM/St   EP 2,19 €/St

008.31003.M   KG 313 DIN 276
Sickergraben, T >0,50-0,75 m, B bis 0,30 m
EP 3,39 DM/St   EP 1,73 €/St

008.31004.M   KG 313 DIN 276
Sickergraben, T >0,50-0,75 m, B >0,30-0,50 m
EP 6,49 DM/St   EP 3,32 €/St

008.31005.M   KG 313 DIN 276
Sickergraben, T >0,50-0,75 m, B >0,50-0,75 m
EP 8,94 DM/St   EP 4,57 €/St

008.31006.M   KG 313 DIN 276
Sickergraben, T >0,75-1,00 m, B >0,30-0,50 m
EP 8,65 DM/St   EP 4,42 €/St

008.31007.M   KG 313 DIN 276
Sickergraben, T >0,75-1,00 m, B >0,50-0,75 m
EP 11,83 DM/St   EP 6,05 €/St

008.31008.M   KG 313 DIN 276
Sickergraben, T >0,75-1,00 m, B >0,75-1,00 m
EP 14,85 DM/St   EP 7,59 €/St

008.31009.M   KG 313 DIN 276
Sickergraben, T >1,00-1,25 m, B >0,50-0,75 m
EP 16,36 DM/St   EP 8,37 €/St

008.31010.M   KG 313 DIN 276
Sickergraben, T >1,00-1,25 m, B >0,75-1,00 m
EP 23,79 DM/St   EP 12,16 €/St

008.32015.M   KG 313 DIN 276
Teilsickerrohr, PVC-U, Formteil DN 80, Abzweig 45°
EP 67,40 DM/St   EP 34,46 €/St

008.32016.M   KG 313 DIN 276
Teilsickerrohr, PVC-U, Formteil DN 80, Bogen 45°
EP 29,13 DM/St   EP 14,89 €/St

008.32017.M   KG 313 DIN 276
Teilsickerrohr, PVC-U, Formteil DN 80, Bogen 90°
EP 28,17 DM/St   EP 14,40 €/St

008.32018.M   KG 313 DIN 276
Teilsickerrohr, PVC-U, Formteil DN 80, T-Stück
EP 35,59 DM/St   EP 18,20 €/St

LB 008 Wasserhaltung
Sickergräbern, Sickerleitungen

AW 008
Preise 06.02

Sämtliche Preise sind **Mittelpreise ohne Mehrwertsteuer** zum Zeitpunkt des Ausgabedatums.
Korrekturfaktoren für Regionaleinfluss, Mengeneinfluss, Konjunktureinfluss siehe Vorspann.
Abkürzungen: EP = Einheitspreis

008.32019.M KG 313 DIN 276
Teilsickerrohr, PVC-U, Formteil DN 80, Doppelmuffe
EP 23,12 DM/St   EP 11,82 €/St

008.32020.M KG 313 DIN 276
Teilsickerrohr, PVC-U, Formteil DN 80, Endkappe
EP 28,39 DM/St   EP 14,52 €/St

008.32021.M KG 313 DIN 276
Teilsickerrohr, PVC-U, Formteil DN 80, Schachtfutter
EP 23,45 DM/St   EP 11,99 €/St

008.32022.M KG 313 DIN 276
Teilsickerrohr, PVC-U, Formteil DN 80, Auslaufstück
EP 78,57 DM/St   EP 40,17 €/St

008.32023.M KG 313 DIN 276
Teilsickerrohr, PVC-U, Formteil DN 100, Abzweig 45°
EP 71,96 DM/St   EP 36,79 €/St

008.32024.M KG 313 DIN 276
Teilsickerrohr, PVC-U, Formteil DN 100, Bogen 45°
EP 33,80 DM/St   EP 17,28 €/St

008.32025.M KG 313 DIN 276
Teilsickerrohr, PVC-U, Formteil DN 100, Bogen 90°
EP 33,26 DM/St   EP 17,01 €/St

008.32026.M KG 313 DIN 276
Teilsickerrohr, PVC-U, Formteil DN 100, T-Stück
EP 41,22 DM/St   EP 21,07 €/St

008.32027.M KG 313 DIN 276
Teilsickerrohr, PVC-U, Formteil DN 100, Doppelmuffe
EP 25,11 DM/St   EP 12,84 €/St

008.32028.M KG 313 DIN 276
Teilsickerrohr, PVC-U, Formteil DN 100, Endkappe
EP 31,22 DM/St   EP 15,96 €/St

008.32029.M KG 313 DIN 276
Teilsickerrohr, PVC-U, Formteil DN 100, Schachtfutter
EP 25,00 DM/St   EP 12,78 €/St

008.32030.M KG 313 DIN 276
Teilsickerrohr, PVC-U, Formteil DN 100, Auslaufstück
EP 95,05 DM/St   EP 48,60 €/St

008.32031.M KG 313 DIN 276
Teilsickerrohr, PVC-U, Formteil DN 150, Abzweig 45°
EP 143,70 DM/St   EP 73,47 €/St

008.32032.M KG 313 DIN 276
Teilsickerrohr, PVC-U, Formteil DN 150, Bogen 45°
EP 44,09 DM/St   EP 22,54 €/St

008.32033.M KG 313 DIN 276
Teilsickerrohr, PVC-U, Formteil DN 150, Abzweig 90°
EP 41,72 DM/St   EP 21,33 €/St

008.32034.M KG 313 DIN 276
Teilsickerrohr, PVC-U, Formteil DN 150, T-Stück
EP 57,31 DM/St   EP 29,30 €/St

008.32035.M KG 313 DIN 276
Teilsickerrohr, PVC-U, Formteil DN 150, Doppelmuffe
EP 29,80 DM/St   EP 15,24 €/St

008.32036.M KG 313 DIN 276
Teilsickerrohr, PVC-U, Formteil DN 150, Endkappe
EP 43,34 DM/St   EP 22,16 €/St

008.32037.M KG 313 DIN 276
Teilsickerrohr, PVC-U, Formteil DN 150, Schachtfutter
EP 29,58 DM/St   EP 15,12 €/St

008.32038.M KG 313 DIN 276
Teilsickerrohr, PVC-U, Formteil DN 150, Auslaufstück
EP 127,59 DM/St   EP 65,24 €/St

008.32039.M KG 313 DIN 276
Teilsickerrohr, PVC-U, Formteil DN 200, Abzweig 45°
EP 237,95 DM/St   EP 121,66 €/St

008.32040.M KG 313 DIN 276
Teilsickerrohr, PVC-U, Formteil DN 200, Bogen 45°
EP 112,76 DM/St   EP 57,65 €/St

008.32041.M KG 313 DIN 276
Teilsickerrohr, PVC-U, Formteil DN 200, Bogen 90°
EP 103,95 DM/St   EP 53,15 €/St

008.32042.M KG 313 DIN 276
Teilsickerrohr, PVC-U, Formteil DN 200, T-Stück
EP 118,23 DM/St   EP 60,45 €/St

008.32043.M KG 313 DIN 276
Teilsickerrohr, PVC-U, Formteil DN 200, Doppelmuffe
EP 49,68 DM/St   EP 25,40 €/St

008.32044.M KG 313 DIN 276
Teilsickerrohr, PVC-U, Formteil DN 200, Endkappe
EP 83,74 DM/St   EP 42,82 €/St

008.32045.M KG 313 DIN 276
Teilsickerrohr, PVC-U, Formteil DN 200, Schachtfutter
EP 49,57 DM/St   EP 25,35 €/St

008.32046.M KG 313 DIN 276
Teilsickerrohr, PVC-U, Formteil DN 200, Auslaufstück
EP 210,12 DM/St   EP 107,43 €/St

008.32001.M KG 313 DIN 276
Teilsickerrohr, PVC-U, DN 80, T>0,5-0,75 m, B>0,3-0,5 m
EP 34,14 DM/m   EP 17,45 €/m

008.32002.M KG 313 DIN 276
Teilsickerrohr, PVC-U, DN 100, T>0,5-0,75 m, B>0,3-0,5 m
EP 38,55 DM/m   EP 19,71 €/m

008.32003.M KG 313 DIN 276
Teilsickerrohr, PVC-U, DN 80, T>0,5-0,75 m, B>0,5-0,75 m
EP 36,01 DM/m   EP 18,41 €/m

008.32004.M KG 313 DIN 276
Teilsickerrohr, PVC-U, DN 100, T>0,5-0,75 m, B>0,5-0,75 m
EP 39,09 DM/m   EP 19,99 €/m

008.32005.M KG 313 DIN 276
Teilsickerrohr, PVC-U, DN 150, T>0,5-0,75 m, B>0,5-0,75 m
EP 49,05 DM/m   EP 25,08 €/Smt

008.32006.M KG 313 DIN 276
Teilsickerrohr, PVC-U, DN 200, T>0,5-0,75 m, B>0,5-0,75 m
EP 70,17 DM/m   EP 35,88 €/m

008.32007.M KG 313 DIN 276
Teilsickerrohr, PVC-U, DN 80, T>0,75-1,0 m, B>0,5-0,75 m
EP 42,95 DM/m   EP 21,96 €/m

008.32008.M KG 313 DIN 276
Teilsickerrohr, PVC-U, DN 100, T>0,75-1,0 m, B>0,5-0,75 m
EP 48,40 DM/m   EP 24,74 €/m

008.32009.M KG 313 DIN 276
Teilsickerrohr, PVC-U, DN 150, T>0,75-1,0 m, B>0,5-0,75 m
EP 60,56 DM/m   EP 30,96 €/m

008.32010.M KG 313 DIN 276
Teilsickerrohr, PVC-U, DN 200, T>0,75-1,0 m, B>0,5-0,75 m
EP 82,18 DM/m   EP 42,02 €/m

LB 008 Wasserhaltung
Sickergräben, Sickerleitungen;

AW 008

Preise 06.02

Sämtliche Preise sind **Mittelpreise ohne Mehrwertsteuer** zum Zeitpunkt des Ausgabedatums.
Korrekturfaktoren für Regionaleinfluss, Mengeneinfluss, Konjunktureinfluss siehe Vorspann.
Abkürzungen: EP = Einheitspreis

008.32011.M KG 313 DIN 276
Teilsickerrohr, PVC-U, DN 80, T>1,0-1,25 m, B>0,5-0,75 m
EP 51,53 DM/m EP 26,35 €/m

008.32012.M KG 313 DIN 276
Teilsickerrohr, PVC-U, DN 100, T>1,0-1,25 m, B>0,5-0,75 m
EP 80,81 DM/m EP 41,32 €/m

008.32013.M KG 313 DIN 276
Teilsickerrohr, PVC-U, DN 150, T>1,0-1,25 m, B>0,5-0,75 m
EP 71,001 DM/m EP 36,31 €/m

008.32014.M KG 313 DIN 276
Teilsickerrohr, PVC-U, DN 200, T>1,0-1,25 m, B>0,5-0,75 m
EP 93,59 DM/m EP 47,85 €/m

Dränleitungen als Sickerrohre, Steinzeug

008.----.-

008.32047.M KG 313 DIN 276
Steinzeugsickerrohr, DN 100
EP 62,17 DM/m EP 31,79 €/m

008.32048.M KG 313 DIN 276
Steinzeugsickerrohr, DN 125
EP 68,90 DM/m EP 35,23 €/m

008.32049.M KG 313 DIN 276
Steinzeugsickerrohr, DN 150
EP 76,93 DM/m EP 39,33 €/m

008.32050.M KG 313 DIN 276
Steinzeugsickerrohr, DN 200
EP 99,13 DM/m EP 50,68 €/m

008.32051.M KG 313 DIN 276
Steinzeugsickerrohr, DN 100, Abzweig 45° 100/100
EP 83,02 DM/m EP 42,45 €/m

008.32052.M KG 313 DIN 276
Steinzeugsickerrohr, DN 100, Bogen 45°
EP 59,99 DM/m EP 30,67 €/m

008.32053.M KG 313 DIN 276
Steinzeugsickerrohr, DN 100, Bogen 90°
EP 60,51 DM/m EP 30,94 €/m

008.32054.M KG 313 DIN 276
Steinzeugsickerrohr, DN 100, Übergangsstück 100/125
EP 76,15 DM/m EP 38,93 €/m

008.32055.M KG 313 DIN 276
Steinzeugsickerrohr, DN 100, Übergangsstück 100/150
EP 84,80 DM/m EP 43,35 €/m

008.32056.M KG 313 DIN 276
Steinzeugsickerrohr, DN 100, Verschlussteller
EP 25,37 DM/m EP 12,97 €/m

008.32057.M KG 313 DIN 276
Steinzeugsickerrohr, DN 100, Klemmbügel
EP 52,88 DM/m EP 27,04 €/m

008.32058.M KG 313 DIN 276
Steinzeugsickerrohr, DN 125, Abzweig 45° 125/100
EP 91,68 DM/m EP 46,87 €/m

008.32059.M KG 313 DIN 276
Steinzeugsickerrohr, DN 125, Abzweig 45° 125/125
EP 99,91 DM/m EP 51,08 €/m

008.32060.M KG 313 DIN 276
Steinzeugsickerrohr, DN 125 Bogen 45°
EP 67,59 DM/m EP 34,56 €/m

008.32061.M KG 313 DIN 276
Steinzeugsickerrohr, DN 125 Bogen 90°
EP 68,11 DM/m EP 34,82 €/m

008.32062.M KG 313 DIN 276
Steinzeugsickerrohr, DN 125 Übergangsstück 125/150
EP 87,91 DM/m EP 44,95 €/m

008.32063.M KG 313 DIN 276
Steinzeugsickerrohr, DN 125, Übergangsstück 125/200
EP 125,75 DM/m EP 64,30 €/m

008.32064.M KG 313 DIN 276
Steinzeugsickerrohr, DN 125 Verschlussteller
EP 27,12 DM/m EP 13,87 €/m

008.32065.M KG 313 DIN 276
Steinzeugsickerrohr, DN 125 Klemmbügel
EP 65,91 DM/m EP 33,70 €/m

008.32066.M KG 313 DIN 276
Steinzeugsickerrohr, DN 150 Abzweig 45° 150/100
EP 102,18 DM/m EP 52,24 €/m

008.32067.M KG 313 DIN 276
Steinzeugsickerrohr, DN 150 Abzweig 45° 150/125
EP 104,36 DM/m EP 53,36 €/m

008.32068.M KG 313 DIN 276
Steinzeugsickerrohr, DN 150 Abzweig 45° 150/150
EP 107,67 DM/m EP 55,05 €/m

008.32069.M KG 313 DIN 276
Steinzeugsickerrohr, DN 150 Bogen 45°
EP 74,15 DM/m EP 37,91 €/m

008.32070.M KG 313 DIN 276
Steinzeugsickerrohr, DN 150 Bogen 90°
EP 76,01 DM/m EP 38,86 €/m

008.32071.M KG 313 DIN 276
Steinzeugsickerrohr, DN 150 Übergangsstück 150/200
EP 131,78 DM/m EP 67,38 €/m

008.32072.M KG 313 DIN 276
Steinzeugsickerrohr, DN 150 Verschlussteller
EP 31,27 DM/m EP 15,99 €/m

008.32073.M KG 313 DIN 276
Steinzeugsickerrohr, DN 150 Klemmbügel
EP 78,92 DM/m EP 40,35 €/m

008.32074.M KG 313 DIN 276
Steinzeugsickerrohr, DN 200 Abzweig 45° 200/100
EP 149,16 DM/m EP 76,26 €/m

008.32075.M KG 313 DIN 276
Steinzeugsickerrohr, DN 200 Abzweig 45° 200/125
EP 156,34 DM/m EP 79,93 €/m

008.32076.M KG 313 DIN 276
Steinzeugsickerrohr, DN 200 Abzweig 45° 200/150
EP 157,37 DM/m EP 80,46 €/m

008.32077.M KG 313 DIN 276
Steinzeugsickerrohr, DN 200 Abzweig 45° 200/200
EP 167,78 DM/m EP 85,78 €/m

008.32078.M KG 313 DIN 276
Steinzeugsickerrohr, DN 200 Bogen 45°
EP 133,35 DM/m EP 68,18 €/m

008.32079.M KG 313 DIN 276
Steinzeugsickerrohr, DN 200 Bogen 90°
EP 148,67 DM/m EP 76,01 €/

AW 008

LB 008 Wasserhaltung
Sickerleitungen, Absenkungsbrunnen

Preise 06.02

Sämtliche Preise sind **Mittelpreise ohne Mehrwertsteuer** zum Zeitpunkt des Ausgabedatums.
Korrekturfaktoren für Regionaleinfluss, Mengeneinfluss, Konjunktureinfluss siehe Vorspann.
Abkürzungen: EP = Einheitspreis

008.32080.M KG 313 DIN 276
Steinzeugsickerrohr, DN 200 Verschlussteller
EP 36,14 DM/m   EP 18,48 €/m

008.32081.M KG 313 DIN 276
Steinzeugsickerrohr, DN 200 Klemmbügel
EP 102,47 DM/m   EP 52,39 €/m

Absenkungsbrunnen
Hinweis: ohne Aufbau, Vorhalten und Abbau der Bohranlage

008.-----.-

008.33001.M KG 313 DIN 276
Absenkungsbrunnen, Bohrdurchm. 250 mm, Tiefe bis 10 m
EP 1573,07 DM/m   EP 804,30 €/m

008.33002.M KG 313 DIN 276
Absenkungsbrunnen, Bohrdurchm. 250 mm, Tiefe bis 12 m
EP 1975,39 DM/m   EP 1010,00 €/m

008.33003.M KG 313 DIN 276
Absenkungsbrunnen, Bohrdurchm. 250 mm, Tiefe bis 14 m
EP 2413,85 DM/m   EP 1234,18 €/m

008.33004.M KG 313 DIN 276
Absenkungsbrunnen, Bohrdurchm. 250 mm, Tiefe bis 16 m
EP 2816,38 DM/m   EP 1439,99 €/m

008.33005.M KG 313 DIN 276
Absenkungsbrunnen, Bohrdurchm. 250 mm, Tiefe bis 18 m
EP 3233,53 DM/m   EP 1653,28 €/m

008.33006.M KG 313 DIN 276
Absenkungsbrunnen, Bohrdurchm. 250 mm, Tiefe bis 20 m
EP 3729,56 DM/m   EP 1906,89 €/m

008.33007.M KG 313 DIN 276
Absenkungsbrunnen, Bohrdurchm. 250 mm, Tiefe bis 22 m
EP 4261,84 DM/m   EP 2179,05 €/m

008.33008.M KG 313 DIN 276
Absenkungsbrunnen, Bohrdurchm. 250 mm, Tiefe bis 24 m
EP 4823,09 DM/m   EP 2466,01 €/m

008.33009.M KG 313 DIN 276
Absenkungsbrunnen, Bohrdurchm. 250 mm, Tiefe bis 26 m
EP 5420,15 DM/m   EP 2771,28 €/m

008.33010.M KG 313 DIN 276
Absenkungsbrunnen, Bohrdurchm. 250 mm, Tiefe bis 28 m
EP 6024,55 DM/m   EP 3080,30 €/m

008.33011.M KG 313 DIN 276
Absenkungsbrunnen, Bohrdurchm. 250 mm, Tiefe bis 30 m
EP 6679,27 DM/m   EP 3415,05 €/m

008.33012.M KG 313 DIN 276
Absenkungsbrunnen, Bohrdurchm. 300 mm, Tiefe bis 10 m
EP 1958,59 DM/m   EP 1001,41 €/m

008.33013.M KG 313 DIN 276
Absenkungsbrunnen, Bohrdurchm. 300 mm, Tiefe bis 12 m
EP 2658,95 DM/m   EP 1359,50 €/m

008.33014.M KG 313 DIN 276
Absenkungsbrunnen, Bohrdurchm. 300 mm, Tiefe bis 14 m
EP 3200,71 DM/m   EP 1636,49 €/m

008.33015.M KG 313 DIN 276
Absenkungsbrunnen, Bohrdurchm. 300 mm, Tiefe bis 16 m
EP 3771,21 DM/m   EP 1928,19 €/m

008.33016.M KG 313 DIN 276
Absenkungsbrunnen, Bohrdurchm. 300 mm, Tiefe bis 18 m
EP 4312,85 DM/m   EP 2205,12 €/m

008.33017.M KG 313 DIN 276
Absenkungsbrunnen, Bohrdurchm. 300 mm, Tiefe bis 20 m
EP 4861,70 DM/m   EP 2485,75 €/m

008.33018.M KG 313 DIN 276
Absenkungsbrunnen, Bohrdurchm. 300 mm, Tiefe bis 22 m
EP 5662,90 DM/m   EP 2895,39 €/m

008.33019.M KG 313 DIN 276
Absenkungsbrunnen, Bohrdurchm. 300 mm, Tiefe bis 24 m
EP 6521,73 DM/m   EP 3334,51 €/m

008.33020.M KG 313 DIN 276
Absenkungsbrunnen, Bohrdurchm. 300 mm, Tiefe bis 26 m
EP 7445,58 DM/m   EP 3806,86 €/m

008.33021.M KG 313 DIN 276
Absenkungsbrunnen, Bohrdurchm. 300 mm, Tiefe bis 28 m
EP 8419,77 DM/m   EP 4304,96 €/m

008.33022.M KG 313 DIN 276
Absenkungsbrunnen, Bohrdurchm. 300 mm, Tiefe bis 30 m
EP 9451,77 DM/m   EP 4832,61 €/m

008.33023.M KG 313 DIN 276
Absenkungsbrunnen, Bohrdurchm. 400 mm, Tiefe bis 10 m
EP 2866,50 DM/m   EP 1465,62 €/m

008.33024.M KG 313 DIN 276
Absenkungsbrunnen, Bohrdurchm. 400 mm, Tiefe bis 12 m
EP 3621,52 DM/m   EP 1851,65 €/m

008.33025.M KG 313 DIN 276
Absenkungsbrunnen, Bohrdurchm. 400 mm, Tiefe bis 14 m
EP 4527,82 DM/m   EP 2315,04 €/m

008.33026.M KG 313 DIN 276
Absenkungsbrunnen, Bohrdurchm. 400 mm, Tiefe bis 16 m
EP 5282,83 DM/m   EP 2701,07 €/m

008.33027.M KG 313 DIN 276
Absenkungsbrunnen, Bohrdurchm. 400 mm, Tiefe bis 18 m
EP 6203,65 DM/m   EP 3171,88 €/m

008.33028.M KG 313 DIN 276
Absenkungsbrunnen, Bohrdurchm. 400 mm, Tiefe bis 20 m
EP 7037,86 DM/m   EP 3598,40 €/m

008.33029.M KG 313 DIN 276
Absenkungsbrunnen, Bohrdurchm. 400 mm, Tiefe bis 22 m
EP 8218,21 DM/m   EP 4201,91 €/m

008.33030.M KG 313 DIN 276
Absenkungsbrunnen, Bohrdurchm. 400 mm, Tiefe bis 24 m
EP 9311,96 DM/m   EP 4761,13 €/m

008.33031.M KG 313 DIN 276
Absenkungsbrunnen, Bohrdurchm. 400 mm, Tiefe bis 26 m
EP 10650,93 DM/m   EP 5445,73 €/m

008.33032.M KG 313 DIN 276
Absenkungsbrunnen, Bohrdurchm. 400 mm, Tiefe bis 28 m
EP 12076,40 DM/m   EP 6174,56 €/m

008.33033.M KG 313 DIN 276
Absenkungsbrunnen, Bohrdurchm. 400 mm, Tiefe bis 30 m
EP 13581,07 DM/m   EP 6943,89 €/m

008.33034.M KG 313 DIN 276
Absenkungsbrunnen, Bohrdurchm. 500 mm, Tiefe bis 10 m
EP 3212,60 DM/m   EP 1642,57 €/m

LB 008 Wasserhaltung
Absenkungsbrunnen, Pumpensteigrohre, Pumpen mit E-Motor

AW 004

Preise 06.02

Sämtliche Preise sind **Mittelpreise ohne Mehrwertsteuer** zum Zeitpunkt des Ausgabedatums.
Korrekturfaktoren für Regionaleinfluss, Mengeneinfluss, Konjunktureinfluss siehe Vorspann.
Abkürzungen: EP = Einheitspreis

008.33035.M KG 313 DIN 276
Absenkungsbrunnen, Bohrdurchm. 500 mm, Tiefe bis 12 m
EP 4198,30 DM/m EP 2146,56 €/m

008.33036.M KG 313 DIN 276
Absenkungsbrunnen, Bohrdurchm. 500 mm, Tiefe bis 14 m
EP 5306,44 DM/m EP 2713,14 €/m

008.33037.M KG 313 DIN 276
Absenkungsbrunnen, Bohrdurchm. 500 mm, Tiefe bis 16 m
EP 6407,60 DM/m EP 3276,15 €/m

008.33038.M KG 313 DIN 276
Absenkungsbrunnen, Bohrdurchm. 500 mm, Tiefe bis 18 m
EP 7472,50 DM/m EP 3820,63 €/m

008.33039.M KG 313 DIN 276
Absenkungsbrunnen, Bohrdurchm. 500 mm, Tiefe bis 20 m
EP 8732,14 DM/m EP 4464,67 €/m

008.33040.M KG 313 DIN 276
Absenkungsbrunnen, Bohrdurchm. 500 mm, Tiefe bis 22 m
EP 9761,22 DM/m EP 4990,83 €/m

008.33041.M KG 313 DIN 276
Absenkungsbrunnen, Bohrdurchm. 500 mm, Tiefe bis 24 m
EP 10933,48 DM/m EP 5590,20 €/m

008.33042.M KG 313 DIN 276
Absenkungsbrunnen, Bohrdurchm. 500 mm, Tiefe bis 26 m
EP 12100,18 DM/m EP 6186,72 €/m

008.33043.M KG 313 DIN 276
Absenkungsbrunnen, Bohrdurchm. 500 mm, Tiefe bis 28 m
EP 13432,03 DM/m EP 6867,69 €/m

008.33044.M KG 313 DIN 276
Absenkungsbrunnen, Bohrdurchm. 500 mm, Tiefe bis 30 m
EP 14828,42 DM/m EP 7581,65 €/m

008.33045.M KG 313 DIN 276
Absenkungsbrunnen, Bohrdurchm. 600 mm, Tiefe bis 10 m
EP 3714,81 DM/m EP 1899,35 €/m

008.33046.M KG 313 DIN 276
Absenkungsbrunnen, Bohrdurchm. 600 mm, Tiefe bis 12 m
EP 4818,23 DM/m EP 2463,52 €/m

008.33047.M KG 313 DIN 276
Absenkungsbrunnen, Bohrdurchm. 600 mm, Tiefe bis 14 m
EP 6022,54 DM/m EP 3079,28 €/m

008.33048.M KG 313 DIN 276
Absenkungsbrunnen, Bohrdurchm. 600 mm, Tiefe bis 16 m
EP 7118,8581 DM/m EP 3639,81 €/m

008.33049.M KG 313 DIN 276
Absenkungsbrunnen, Bohrdurchm. 600 mm, Tiefe bis 18 m
EP 8258,19 DM/m EP 4222,35 €/m

008.33050.M KG 313 DIN 276
Absenkungsbrunnen, Bohrdurchm. 600 mm, Tiefe bis 20 m
EP 9469,85 DM/m EP 4841,85 €/m

008.33051.M KG 313 DIN 276
Absenkungsbrunnen, Bohrdurchm. 600 mm, Tiefe bis 22 m
EP 10580,35 DM/m EP 5409,65 €/m

008.33052.M KG 313 DIN 276
Absenkungsbrunnen, Bohrdurchm. 600 mm, Tiefe bis 24 m
EP 11712,68 DM/m EP 5988,60 €/m

008.33053.M KG 313 DIN 276
Absenkungsbrunnen, Bohrdurchm. 600 mm, Tiefe bis 26 m
EP 12873,77 DM/m EP 6582,25 €/m

008.33054.M KG 313 DIN 276
Absenkungsbrunnen, Bohrdurchm. 600 mm, Tiefe bis 28 m
EP 14272,86 DM/m EP 7297,60 €/m

008.33055.M KG 313 DIN 276
Absenkungsbrunnen, Bohrdurchm. 600 mm, Tiefe bis 30 m
EP 15715,10 DM/m EP 8035,00 €/m

Pumpensteigrohre für Wasserförderungsanlagen ein- und ausbauen
Hinweis: Pumpensteigrohr ohne Vorhalten

008.-----.-

008.60301.M KG 313 DIN 276
Pumpensteigrohr ein- und ausbauen, Stahl, DN 50
EP 30,67 DM/m EP 15,68 €/m

008.60302.M KG 313 DIN 276
Pumpensteigrohr ein- und ausbauen, Stahl, DN 80
EP 42,09 DM/m EP 21,52 €/m

008.60303.M KG 313 DIN 276
Pumpensteigrohr ein- und ausbauen, Stahl, DN 100
EP 62,48 DM/m EP 31,94 €/m

008.60304.M KG 313 DIN 276
Pumpensteigrohr ein- und ausbauen, Stahl, DN 125
EP 85,71 DM/m EP 43,82 €/m

008.60305.M KG 313 DIN 276
Pumpensteigrohr ein- und ausbauen, Stahl, DN 150
EP 101,72 DM/m EP 52,01 €/m

Pumpen mit E-Motor ein- und ausbauen
Hinweis: ohne Vorhalten, Q = Fördermenge, H = Förderhöhe

008.-----.-

008.50001.M KG 313 DIN 276
Pumpe mit E-Motor ein- ausb., Q bis 10 m3/h, H bis 10 m
EP 277,11 DM/St EP 141,69 €/St

008.50002.M KG 313 DIN 276
Pumpe mit E-Motor ein- ausb., Q bis 10 m3/h, H > 10-15 m
EP 306,95 DM/St EP 156,93 €/St

008.50003.M KG 313 DIN 276
Pumpe mit E-Motor ein- ausb., Q bis 10 m3/h, H > 15-20 m
EP 325,92 DM/St EP 166,64 €/St

008.50004.M KG 313 DIN 276
Pumpe mit E-Motor ein- ausb., Q bis 10 m3/h, H > 20-25 m
EP 347,69 DM/St EP 177,77 €/St

008.50005.M KG 313 DIN 276
Pumpe mit E-Motor ein- ausb., Q bis 10 m3/h, H > 25-30 m
EP 361,64 DM/St EP 184,90 €/St

008.50006.M KG 313 DIN 276
Pumpe mit E-Motor ein- ausb., Q > 10-30 m3/h, H bis 10 m
EP 310,70 DM/St EP 158,86 €/St

008.50007.M KG 313 DIN 276
Pumpe mit E-Motor ein- ausb., Q > 10-30 m3/h, H > 10-15 m
EP 343,39 DM/St EP 175,57 €/St

008.50008.M KG 313 DIN 276
Pumpe mit E-Motor ein- ausb., Q > 10-30 m3/h, H > 15-20 m
EP 363,70 DM/St EP 185,96 €/St

AW 008

Preise 06.02

LB 008 Wasserhaltung
Pumpen mit E-Motor; Notstromerzeuger

Sämtliche Preise sind **Mittelpreise ohne Mehrwertsteuer** zum Zeitpunkt des Ausgabedatums.
Korrekturfaktoren für Regionaleinfluss, Mengeneinfluss, Konjunktureinfluss siehe Vorspann.
Abkürzungen: EP = Einheitspreis

008.50009.M KG 313 DIN 276
Pumpe mit E-Motor ein- ausb., Q > 10-30 m3/h, H > 20-25 m
EP 381,25 DM/St   EP 194,93 €/St

008.50010.M KG 313 DIN 276
Pumpe mit E-Motor ein- ausb., Q > 10-30 m3/h, H > 25-30 m
EP 343,39 DM/St   EP 175,57 €/St

008.50011.M KG 313 DIN 276
Pumpe mit E-Motor ein- ausb., Q > 30-60 m3/h, H bis 10 m
EP 340,14DM/St   EP 173,91 €/St

008.50012.M KG 313 DIN 276
Pumpe mit E-Motor ein- ausb., Q > 30-60 m3/h, H >10-15 m
EP 367,02 DM/St   EP 187,68 €/St

008.50013.M KG 313 DIN 276
Pumpe mit E-Motor ein- ausb., Q > 30-60 m3/h, H >15-20 m
EP 389,65 DM/St   EP 299,23 €/St

008.50014.M KG 313 DIN 276
Pumpe mit E-Motor ein- ausb., Q > 30-60 m3/h, H >20-25 m
EP 408,54 DM/St   EP 208,88 €/St

008.50015.M KG 313 DIN 276
Pumpe mit E-Motor ein- ausb., Q > 30-60 m3/h, H >25-30 m
EP 427,54 DM/St   EP 218,60 €/St

008.50016.M KG 313 DIN 276
Pumpe mit E-Motor ein- ausb., Q > 60-100 m3/h, H bis 10 m
EP 402,97 DM/St   EP 206,04 €/St

008.50017.M KG 313 DIN 276
Pumpe mit E-Motor ein- ausb., Q > 60-100 m3/h, H >10-15 m
EP 415,37 DM/St   EP 212,38 €/St

008.50018.M KG 313 DIN 276
Pumpe mit E-Motor ein- ausb., Q > 60-100 m3/h, H >15-20 m
EP 451,78 DM/St   EP 230,99 €/St

008.50019.M KG 313 DIN 276
Pumpe mit E-Motor ein- ausb., Q > 60-100 m3/h, H >20-25 m
EP 470,66 DM/St   EP 240,65 €/St

008.50020.M KG 313 DIN 276
Pumpe mit E-Motor ein- ausb., Q > 60-100 m3/h, H >25-30 m
EP 490,37 DM/St   EP 250,72 €/St

008.50021.M KG 313 DIN 276
Pumpe mit E-Motor ein- ausb., Q > 100-150 m3/h, H bis 10 m
EP 479,51 DM/St   EP 245,17 €/St

008.50022.M KG 313 DIN 276
Pumpe mit E-Motor ein- ausb., Q > 100-150 m3/h, H >10-15 m
EP 506,43 DM/St   EP 258,93 €/St

008.50023.M KG 313 DIN 276
Pumpe mit E-Motor ein- ausb., Q > 100-150 m3/h, H >15-20 m
EP 529,75 DM/St   EP 270,86 €/St

008.50024.M KG 313 DIN 276
Pumpe mit E-Motor ein- ausb., Q > 100-150 m3/h, H >20-25 m
EP 548,73 DM/St   EP 280,56 €/St

008.50025.M KG 313 DIN 276
Pumpe mit E-Motor ein- ausb., Q > 100-150 m3/h, H >25-30 m
EP 570,50 DM/St   EP 291,69 €/St

Pumpen für Wasserförderungsanlagen vorhalten
Hinweis: Angaben in St/Mo, Q = Fördermenge

008.-----.-

008.80802.M KG 313 DIN 276
Pumpe mit E-Motor vorhalten, Q bis 10 m3/h
EP 204,61 DM/St   EP 104,61 €/St

008.80803.M KG 313 DIN 276
Pumpe mit E-Motor vorhalten, Q >10-30 m3/h
EP 398,78 DM/St   EP 203,89 €/St

008.80804.M KG 313 DIN 276
Pumpe mit E-Motor vorhalten, Q >30-60 m3/h
EP 505,39 DM/St   EP 258,40 €/St

008.80805.M KG 313 DIN 276
Pumpe mit E-Motor vorhalten, Q >60-100 m3/h
EP 836,79 DM/St   EP 427,84 €/St

008.80806.M KG 313 DIN 276
Pumpe mit E-Motor vorhalten, Q >100-150 m3/h
EP 1158,20 DM/St   EP 592,18 €/St

Notstromerzeuger auf- und abbauen
Hinweis: Angaben in St

008.-----.-

008.70301.M KG 313 DIN 276
Notstromerzeuger auf- und abbauen, bis 5 kVA
EP 241,65 DM/St   EP 123,55 €/St

008.70302.M KG 313 DIN 276
Notstromerzeuger auf- und abbauen, > 5 - 10 kVA
EP 378,07 DM/St   EP 193,30 €/St

008.70303.M KG 313 DIN 276
Notstromerzeuger auf- und abbauen, > 10 - 30 kVA
EP 457,37 DM/St   EP 233,85 €/St

008.70304.M KG 313 DIN 276
Notstromerzeuger auf- und abbauen, > 30 - 60 kVA
EP 552,26 DM/St   EP 282,37 €/St

Notstromerzeuger vorhalten
Hinweis: Angaben in St/Mo

008.-----.-

008.70301.M KG 313 DIN 276
Notstromerzeuger vorhalten, bis 5 kVA
EP 623,38 DM/St   EP 318,73 €/St

008.70302.M KG 313 DIN 276
Notstromerzeuger vorhalten, > 5 - 10 kVA
EP 737,39 DM/St   EP 377,02 €/St

008.70303.M KG 313 DIN 276
Notstromerzeuger vorhalten, > 10 - 30 kVA
EP 793,70 DM/St   EP 405,81 €/St

008.70304.M KG 313 DIN 276
Notstromerzeuger vorhalten, > 30 - 60 kVA
EP 1160,57DM/St   EP 593,39 €/St

LB 008 Wasserhaltung
Saug- und Druckrohrleitungen

AW 004

Preise 06.02

Sämtliche Preise sind **Mittelpreise ohne Mehrwertsteuer** zum Zeitpunkt des Ausgabedatums.
Korrekturfaktoren für Regionaleinfluss, Mengeneinfluss, Konjunktureinfluss siehe Vorspann.
Abkürzungen: EP = Einheitspreis

Saug- und Druckrohrleitungen ein- und ausbauen
Rohre und Leitungen

008.----.-

008.60401.M KG 514 DIN 276
Schnellkupplungs-Rohr ein- und ausbauen, DN 100
EP 34,62 DM/St   EP 17,70 €/St

008.60402.M KG 514 DIN 276
Schnellkupplungs-Rohr ein- und ausbauen, DN >100-200
EP 44,48 DM/St   EP 22,74 €/St

008.60403.M KG 514 DIN 276
Schnellkupplungs-Schlauch ein- und ausbauen, DN 50
EP 18,14 DM/St   EP 9,27 €/St

008.60404.M KG 514 DIN 276
Schnellkupplungs-Schlauch ein- und ausbauen, DN 100
EP 25,76 DM/St   EP 13,17 €/St

008.60405.M KG 514 DIN 276
Schnellkupplungs-Schlauch ein- und ausbauen, DN >100-200
EP 34,51 DM/St   EP 17,65 €/St

008.60406.M KG 514 DIN 276
Flanschenrohr ein- und ausbauen, DN 100
EP 39,09 DM/St   EP 19,99 €/St

008.60407.M KG 514 DIN 276
Flanschenrohr ein- und ausbauen, DN >100-200
EP 52,52 DM/St   EP 26,85 €/St

008.60408.M KG 514 DIN 276
Flanschenrohr ein- und ausbauen, DN >200-300
EP 70,86 DM/St   EP 36,23 €/St

Saug- und Druckrohrleitungen ein- und ausbauen
Formteile

008.----.-

008.60409.M KG 514 DIN 276
Flanschenrohr, Formteil, DN 100, T-Stück
EP 84,52 DM/St   EP 43,22 €/St

008.60410.M KG 514 DIN 276
Flanschenrohr, Formteil, DN 100, Bogen
EP 51,58 DM/St   EP 26,37 €/St

008.60411.M KG 514 DIN 276
Flanschenrohr, Formteil, DN 100, Absperrschieber
EP 69,82 DM/St   EP 35,70 €/St

008.60412.M KG 514 DIN 276
Flanschenrohr, Formteil, DN 100, Rückschlagventil
EP 73,54 DM/St   EP 37,60 €/St

008.60413.M KG 514 DIN 276
Flanschenrohr, Formteil, DN > 100-200, T-Stück
EP 104,90 DM/St   EP 53,64 €/St

008.60414.M KG 514 DIN 276
Flanschenrohr, Formteil, DN > 100-200, Bogen
EP 76,63 DM/St   EP 39,18 €/St

008.60415.M KG 514 DIN 276
Flanschenrohr, Formteil, DN > 100-200, Absperrschieber
EP 87,33 DM/St   EP 44,65 €/St

008.60416.M KG 514 DIN 276
Flanschenrohr, Formteil, DN > 100-200, Rückschlagventil
EP 102,07 DM/St   EP 52,19 €/St

008.60417.M KG 514 DIN 276
Flanschenrohr, Formteil, DN > 200-300, T-Stück
EP 129,32 DM/St   EP 66,12 €/St

008.60418.M KG 514 DIN 276
Flanschenrohr, Formteil, DN > 200-300, Bogen
EP 92,28 DM/St   EP 47,18 €/St

008.60419.M KG 514 DIN 276
Flanschenrohr, Formteil, DN > 200-300, Absperrschieber
EP 106,91 DM/St   EP 54,66 €/St

008.60420.M KG 514 DIN 276
Flanschenrohr, Formteil, DN > 200-300, Rückschlagventil
EP 144,76 DM/St   EP 74,01 €/St

Saug- und Druckrohrleitungen vorhalten
Rohre und Leitungen

008.----.-

008.82901.M KG 514 DIN 276
Schnellkupplungs-Rohr vorhalten, DN 100
EP 3,33 DM/mMo   EP 1,70 €/mMo

008.82902.M KG 514 DIN 276
Schnellkupplungs-Rohr vorhalten, DN > 100-200
EP 5,74 DM/mMo   EP 2,93 €/mMo

008.82903.M KG 514 DIN 276
Schnellkupplungs-Sammelrohr vorhalten, DN 100
EP 4,19 DM/mMo   EP 2,14 €/mMo

008.82904.M KG 514 DIN 276
Schnellkupplungs-Sammelrohr vorhalten, DN > 100-200
EP 6,24 DM/mMo   EP 3,19 €/mMo

008.82905.M KG 514 DIN 276
Schnellkupplungs-Schlauch vorhalten, Gummi, DN 50
EP 2,58 DM/mMo   EP 1,32 €/mMo

008.82906.M KG 514 DIN 276
Schnellkupplungs-Schlauch vorhalten, Gummi, DN 100
EP 6,55 DM/mMo   EP 3,35 €/mMo

008.82907.M KG 514 DIN 276
Schnellkupplungs-Schlauch vorhalten, Gummi, DN 150
EP 11,17 DM/mMo   EP 5,71 €/mMo

008.82908.M KG 514 DIN 276
Schnellkupplungs-Schlauch vorhalten, Kunststoff, DN 50
EP 2,26 DM/mMo   EP 1,16 €/mMo

008.82909.M KG 514 DIN 276
Schnellkupplungs-Schlauch vorhalten, PVC4,51, DN 50
EP 2,58 DM/mMo   EP 2,30 €/mMo

008.82910.M KG 514 DIN 276
Schnellkupplungs-Schlauch vorhalten, Cordgewebe, DN 100
EP 3,12 DM/mMo   EP 1,59 €/mMo

008.82911.M KG 514 DIN 276
Schnellkupplungs-Schlauch vorhalten, Cordgewebe, DN 150
EP 5,16 DM/mMo   EP 2,64 €/mMo

LB 008 Wasserhaltung
Saug- und Druckrohrleitungen; Beobachtungsrohre für Absenkungsbrunnen

Preise 06.02

Sämtliche Preise sind **Mittelpreise ohne Mehrwertsteuer** zum Zeitpunkt des Ausgabedatums.
Korrekturfaktoren für Regionaleinfluss, Mengeneinfluss, Konjunktureinfluss siehe Vorspann.
Abkürzungen: EP = Einheitspreis

Saug- und Druckrohrleitungen vorhalten
Formteile

008.----.-

008.82912.M KG 514 DIN 276
Schnellkuppl.-Formteil vorhalten, DN 50, Y-Stück
EP 4,72 DM/StMo   EP 2,42 €/StMo

008.82913.M KG 514 DIN 276
Schnellkuppl.-Formteil vorhalten, DN 50, R 2"
EP 1,93 DM/StMo   EP 0,99 €/StMo

008.82914.M KG 514 DIN 276
Schnellkuppl.-Formteil vorhalten, DN 50, Endkappe
EP 1,50 DM/StMo   EP 0,77 €/StMo

008.82915.M KG 514 DIN 276
Schnellkuppl.-Formteil vorhalten, DN 100, Y-Stück
EP 10,43 DM/StMo   EP 5,33 €/StMo

008.82916.M KG 514 DIN 276
Schnellkuppl.-Formteil vorhalten, DN 100, T-Stück
EP 411,50 DM/StMo   EP 5,88 €/StMo

008.82917.M KG 514 DIN 276
Schnellkuppl.-Formteil vorhalten, DN 100, Z-Stück m.Absperr.
EP 24,18 DM/StMo   EP 12,36 €/StMo

008.82918.M KG 514 DIN 276
Schnellkuppl.-Formteil vorhalten, DN 100, Bogen
EP 8,92 DM/StMo   EP 4,56 €/StMo

008.82919.M KG 514 DIN 276
Schnellkuppl.-Formteil vorhalten, DN 100, Flansch
EP 8,81 DM/StMo   EP 4,51 €/StMo

008.82920.M KG 514 DIN 276
Schnellkuppl.-Formteil vorhalten, DN 100, R 4"
EP 5,80 DM/StMo   EP 2,96 €/StMo

008.82921.M KG 514 DIN 276
Schnellkuppl.-Formteil vorhalten, DN 100, Endkappe
EP 3,77 DM/StMo   EP 1,93 €/StMo

008.82922.M KG 514 DIN 276
Schnellkuppl.-Formteil vorhalten, DN 150, T-Stück
EP 22,47 DM/StMo   EP 11,49 €/StMo

008.82923.M KG 514 DIN 276
Schnellkuppl.-Formteil vorhalten, DN 150/100, T-Stück
EP 17,51 DM/StMo   EP 8,95 €/StMo

008.82924.M KG 514 DIN 276
Schnellkuppl.-Formteil vorhalten, DN 150/100, Y-Stück
EP 25,57 DM/StMo   EP 13,08 €/StMo

008.82925.M KG 514 DIN 276
Schnellkuppl.-Formteil vorhalten, DN 150/100, R-Stück
EP 15,49 DM/StMo   EP 7,92 €/StMo

008.82926.M KG 514 DIN 276
Schnellkuppl.-Formteil vorhalten, DN 150, Z-Stück m. Absperr.
EP 57,59 DM/StMo   EP 29,45 €/StMo

008.82927.M KG 514 DIN 276
Schnellkuppl.-Formteil vorhalten, DN 150, Bogen
EP 13,65 DM/StMo   EP 6,98 €/StMo

008.82928.M KG 514 DIN 276
Schnellkuppl.-Formteil vorhalten, DN 150, Flansch
EP 16,44 DM/StMo   EP 8,40 €/StMo

008.82929.M KG 514 DIN 276
Schnellkuppl.-Formteil vorhalten, DN 150, Endkappe
EP 7,42 DM/StMo   EP 3,79 €/StMo

008.82930.M KG 514 DIN 276
Flanschenrohr vorhalten, DN 100
EP 1,28 DM/StMo   EP 0,66 €/StMo

008.82931.M KG 514 DIN 276
Flanschenrohr vorhalten, DN > 100-200
EP 2,04 DM/StMo   EP 1,05 €/StMo

008.82932.M KG 514 DIN 276
Flanschenrohr vorhalten, DN > 200-300
EP 3,65 DM/StMo   EP 1,87 €/StMo

008.82933.M KG 514 DIN 276
Flanschen-Formteil vorhalten, DN 100, Bogen
EP 3,77 DM/StMo   EP 1,93 €/StMo

008.82934.M KG 514 DIN 276
Flanschen-Formteil vorhalten, DN 100, T-Stück
EP 11,93 DM/StMo   EP 6,10 €/StMo

008.82935.M KG 514 DIN 276
Flanschen-Formteil vorhalten, DN 100, Absperrschieber
EP 27,19 DM/StMo   EP 13,90 €/StMo

008.82936.M KG 514 DIN 276
Flanschen-Formteil vorhalten, DN 100, Rückschlagventil
EP 57,28 DM/StMo   EP 29,29 €/StMo

008.82937.M KG 514 DIN 276
Flanschen-Formteil vorhalten, DN > 100-200, Bogen
EP 6,77 DM/StMo   EP 3,46 €/StMo

008.82938.M KG 514 DIN 276
Flanschen-Formteil vorhalten, DN > 100-200, T-Stück
EP 17,63 DM/StMo   EP 9,01 €/StMo

008.82939.M KG 514 DIN 276
Flanschen-Formteil vorhalten, DN > 100-200, Absperrschieber
EP 40,51 DM/StMo   EP 20,71 €/StMo

008.82940.M KG 514 DIN 276
Flanschen-Formteil vorhalten, DN > 100-200, Rückschlagventil
EP 85,21 DM/StMo   EP 43,57 €/StMo

008.82941.M KG 514 DIN 276
Flanschen-Formteil vorhalten, DN > 200-300, Bogen
EP 23,43 DM/StMo   EP 11,98 €/StMo

008.82942.M KG 514 DIN 276
Flanschen-Formteil vorhalten, DN > 200-300, T-Stück
EP 36,00 DM/StMo   EP 18,41 €/StMo

008.82943.M KG 514 DIN 276
Flanschen-Formteil vorhalten, DN > 200-300, Absperrschieber
EP 95,75 DM/StMo   EP 48,95 €/StMo

008.82944.M KG 514 DIN 276
Flanschen-Formteil vorhalten, DN > 200-300, Rückschlagventil
EP 158,40 DM/StMo   EP 80,99 €/StMo

Beobachtungsrohr für Absenkungsbrunnen, ein- und ausbauen

008.----.-

008.40001.M KG 514 DIN 276
Beobachtungsrohr ein- u. ausb., Stahl, DN 40, L bis 10 m
EP 181,91 DM/St   EP 93,01 €/St

008.40002.M KG 514 DIN 276
Beobachtungsrohr ein- u. ausb., Stahl, DN 40, L > 10-15 m
EP 286,01 DM/St   EP 146,24 €/St

008.40003.M KG 514 DIN 276
Beobachtungsrohr ein- u. ausb., Stahl, DN 40, L > 15-20 m
EP 385,75 DM/St   EP 197,23 €/St

LB 008 Wasserhaltungsarbeiten
Beobachtungsrohre für Absenkungsbrunnen

AW 008

Preise 06.02

Sämtliche Preise sind **Mittelpreise ohne Mehrwertsteuer** zum Zeitpunkt des Ausgabedatums.
Korrekturfaktoren für Regionaleinfluss, Mengeneinfluss, Konjunktureinfluss siehe Vorspann.
Abkürzungen: EP = Einheitspreis

008.40004.M KG 514 DIN 276
Beobachtungsrohr ein- u. ausb., Stahl, DN 40, L > 20-25 m
EP 484,08 DM/St   EP 247,50 €/St

008.40005.M KG 514 DIN 276
Beobachtungsrohr ein- u. ausb., Stahl, DN 40, L > 25-30 m
EP 583,95 DM/St   EP 298,57 €/St

008.40006.M KG 514 DIN 276
Beobachtungsrohr ein- u. ausb., Stahl, DN 50, L bis 10 m
EP 191,53 DM/St   EP 97,93 €/St

008.40007.M KG 514 DIN 276
Beobachtungsrohr ein- u. ausb., Stahl, DN 50, L > 10-15 m
EP 301,32 DM/St   EP 154,06 €/St

008.40008.M KG 514 DIN 276
Beobachtungsrohr ein- u. ausb., Stahl, DN 50, L > 15-20 m
EP 408,08 DM/St   EP 208,65 €/St

008.40009.M KG 514 DIN 276
Beobachtungsrohr ein- u. ausb., Stahl, DN 50, L > 20-25 m
EP 511,27 DM/St   EP 261,41 €/St

008.40010.M KG 514 DIN 276
Beobachtungsrohr ein- u. ausb., Stahl, DN 50, L > 25-30 m
EP 623,12 DM/St   EP 318,60 €/St

008.40011.M KG 514 DIN 276
Beobachtungsrohr ein- u. ausb., Stahl, DN 60, L bis 10 m
EP 214,23 DM/St   EP 109,54 €/St

008.40012.M KG 514 DIN 276
Beobachtungsrohr ein- u. ausb., Stahl, DN 60, L > 10-15 m
EP 330,20 DM/St   EP 168,83 €/St

008.40013.M KG 514 DIN 276
Beobachtungsrohr ein- u. ausb., Stahl, DN 60, L > 15-20 m
EP 449,17 DM/St   EP 229,66 €/St

008.40014.M KG 514 DIN 276
Beobachtungsrohr ein- u. ausb., Stahl, DN 60, L > 20-25 m
EP 567,32 DM/St   EP 290,07 €/St

008.40015.M KG 514 DIN 276
Beobachtungsrohr ein- u. ausb., Stahl, DN 60, L > 25-30 m
EP 685,45 DM/St   EP 350,46 €/St

008.40016.M KG 514 DIN 276
Beobachtungsrohr ein- u. ausb., Stahl, DN 70, L bis 10 m
EP 234,66 DM/St   EP 119,98 €/St

008.40017.M KG 514 DIN 276
Beobachtungsrohr ein- u. ausb., Stahl, DN 70, L > 10-15 m
EP 365,59 DM/St   EP 186,92 €/St

008.40018.M KG 514 DIN 276
Beobachtungsrohr ein- u. ausb., Stahl, DN 70, L > 15-20 m
EP 497,20 DM/St   EP 254,21 €/St

008.40019.M KG 514 DIN 276
Beobachtungsrohr ein- u. ausb., Stahl, DN 70, L > 20-25 m
EP 626,96 DM/St   EP 320,56 €/St

008.40020.M KG 514 DIN 276
Beobachtungsrohr ein- u. ausb., Stahl, DN 70, L > 25-30 m
EP 757,89 DM/St   EP 387,50 €/St

AW 008

Preise 06.02

LB 008 Wasserhaltung

Sämtliche Preise sind **Mittelpreise ohne Mehrwertsteuer** zum Zeitpunkt des Ausgabedatums.
Korrekturfaktoren für Regionaleinfluss, Mengeneinfluss, Konjunktureinfluss siehe Vorspann.
Abkürzungen: EP = Einheitspreis

LB 009 Entwässerungskanalarbeiten
Kanäle aus Rohren und Formstücken

STLB 009

Ausgabe 06.02

FBS-Betonrohre

100 Entwässerungskanal/-leitung DIN EN 1610 aus FBS-Betonrohren, Muffenrohre KW-M, Kreisquerschnitt, wandverstärkt, ohne Fuß,

101 Entwässerungskanal/-leitung DIN EN 1610 aus FBS-Betonrohren, Muffenrohre KFW-M, Kreisquerschnitt, wandverstärkt, mit durchgehendem Fuß,

102 Entwässerungskanal/-leitung DIN EN 1610 aus FBS-Betonrohren nach, Bauart, Form ....,
Hinweis: FBS-Betonrohre sind Erzeugnisse entsprechend der FBS-Qualitätsrichtlinie (FBS = Fachvereinigung Betonrohre und Stahlbetonrohre e.V., Bonn 2). Das Anforderungsniveau liegt über dem der DIN EN 1610. Für den Einbau gilt zusätzlich die FBS Einbau-Richtlinie.
Einzelangaben nach DIN 18306 zu Pos. 100 bis 102
- Nennweite
  - – DN 300 – DN 400 – DN 500 – DN 600 – DN 700 – DN 800 – DN 900 – DN 1000 – DN 1100 – DN 1200 – DN 1300 – DN 1400 – DN 1500 – DN ......,
- Baulänge 2000 mm – 2500 mm – 3000 mm – ....,
- Rohrverbindung hohlraumfrei als Kompressionsdichtung aus Elastomeren mit dichter Struktur nach DIN 4060,
  - – Dichtung werkseitig in der Muffe eingebaut,
  - – Dichtung werkseitig auf dem Spitzende fixiert,
    - – – vor einer Schulter,
    - – – in Kammer,
  - – – ....,

  Hinweis: Dichtung auf Spitzende ab DN 1000 zulässig. Hohlraumfreie Kompressionsdichtungen aus Elastomeren haben eine wesentlich höhere Sicherheit als Rollringdichtungen (Rollgummidichtungen). Sonderform mit verlängertem Spitzende für Einsatz in Bergsenkungsgebieten, um Zerrungen oder Pressungen bis 1 % der Baulänge 2000 mm (= 20 mm) aufnehmen zu können.
- besondere Eigenschaften
  - – Schutz gegen betonangreifende Stoffe
    - – – durch Beton B 45, wasserundurchlässig,
    - – – durch .... ,
  - – ....,
- Auflager
  - – loses Auflager in nichtbindigem Boden,
  - – loses Auflager in bindigem Boden,
  - – festes Auflager auf Beton,
  - – .... ,
- Auflagerwinkel 60° – 90° – 120°;
  Hinweis: Auflagerwinkel i.d.R. 90 Grad (siehe DIN EN 1610, Abs. 6). Auflagerwinkel 120 Grad i.d.R. nur bei Betonauflager.
- Verlegung in / auf
  - – in vorhandenem geböschtem Graben,
  - – in vorhandenem Graben mit Verbau ohne Aussteifungen,
  - – in vorhandenem Graben mit Verbau und Aussteifungen,
  - – auf vorhandenem Planum in Gelände für spätere Überschüttung,
  - – in vorhandener Leitung gemäß Zeichnung Nr. ....,
  - – in vorhandenem Stollen gemäß Zeichnung Nr. ....,
- Grabentiefe bis 1,25 m – bis 1,75 m – bis 4,00 m – bis 6,00 m – .... ;
- Erzeugnis ....
  - – .... oder gleichwertiger Art.
  - – .... (vom Bieter einzutragen).
- Berechnungseinheit m.
  Hinweis: Bei der Abrechnung werden die Achslängen zu Grunde gelegt. Formstücke werden übermessen und als Zulage nach Stück gesondert abgerechnet. Schächte mit einbindenden Rohren werden mit der lichten Weite abgezogen; Schachtaufsätze auf Rohren werden übermessen.

108 Zulage für FBS-Betonrohre, Einzelangaben nach DIN 18306
- Art der Formstücke
  - – Formstück als Zulauf,
    - – – mit werkseitig eingebautem Seitenzulauf, mit Muffe,
      - – – – Zulaufwinkel 90° rechts,
      - – – – Zulaufwinkel 90° links,
      - – – – Zulaufwinkel in Fließrichtung 45° rechts,
      - – – – Zulaufwinkel in Fließrichtung 45° links,
    - – – mit werkseitig eingebautem Scheitelzulauf, mit Muffe,
      - – – – Nennweite DN ....,
      - – – – Nennweite Zulauf DN 100 – DN 150 – DN 200, Zulaufwinkel 90° Werkstoff des Zulaufrohres ....,
        - – – – – – Baulänge ....mm,
  - – Formstück als Anschlussstück,
    - – – zur Herstellung gelenkiger Anschlüsse an Schachtbauwerke,
      - – – – Ausführung Muffe – stumpf,
      - – – – Ausführung Spitzende – stumpf,
      - – – – – Nennweite DN ....,
      - – – – – – Baulänge .... mm,
  - – Formstück als Gelenkstück,
    - – – zur Herstellung doppelgelenkiger Anschlüsse an Schachtbauwerke und Schachtunterteile,
      - – – – Ausführung Spitzende – Spitzende,
      - – – – Ausführung Spitzende – Muffe,
      - – – – – Nennweite DN ....,
      - – – – – – Baulänge .... mm,
  - – Formstück als Passstück/Passrohr,
    - – – Ausführung Spitzende – Muffe,
    - – – ....,
      - – – – Nennweite DN ....,
      - – – – – Baulänge .... mm,
  - – Formstück als Krümmer,
    - – – einschnittig aus zwei Segmenten,
    - – – zweischnittig aus drei Segmenten,
      - – – – Richtungsänderung ....,
      - – – – – Nennweite DN ....,
      - – – – – – Baulänge .... mm,
  - – Formstück als Böschungsstück,
    - – – Einlauf,
    - – – Auslauf,
      - – – – Regelneigung 1 : 1,5,
      - – – – Neigung ....,
      - – – – – Nennweite DN ....,
      - – – – – – Baulänge .... mm,
  - – Formstück als Übergangsstück,
    - – – sohlengleich,
    - – – scheitelgleich,
      - – – – von DN .... auf DN ....,
      - – – – ....,
      - – – – – Baulänge .... mm,
  - – Formstück als Einbindering
    - – – Dichtung ....,
    - – – – Nennweite DN ....,
    - – – – – Baulänge ....,
- Berechnungseinheit Stück.
  Hinweis: Die Rohrleitung wird in der Rohrachse gemessen und nach Längenmaß abgerechnet. Formstücke werden übermessen und als Zulage nach Stück abgerechnet.

STLB 009

LB 009 Entwässerungskanalarbeiten
Kanäle aus Rohren und Formstücken

Ausgabe 06.02

Betonrohre DIN 4032

110 Entwässerungskanal/-leitung DIN EN 1610 aus Betonrohren DIN 4032, K-M, Kreisquerschnitt normalwandig ohne Fuß mit Muffe,

111 Entwässerungskanal/-leitung DIN EN 1610 aus Betonrohren DIN 4032, KF-M, Kreisquerschnitt normalwandig mit Fuß und Muffe,

112 Entwässerungskanal/-leitung DIN EN 1610 aus Betonrohren DIN 4032, KW-M, Kreisquerschnitt wandverstärkt ohne Fuß mit Muffe,

113 Entwässerungskanal/-leitung DIN EN 1610 aus Betonrohren DIN 4032, KFW-M, Kreisquerschnitt wandverstärkt mit Fuß und Muffe,

114 Entwässerungskanal/-leitung DIN EN 1610 aus Betonrohren DIN 4032, EF-M, Eiquerschnitt mit Fuß und Muffe,

115 Entwässerungskanal/-leitung DIN EN 1610 aus Betonrohren DIN 4032, Sonderform für höhere Scheiteldruckfestigkeit ......,

116 Entwässerungskanal/-leitung DIN EN 1610 aus Betonrohren DIN 4032, EF-F, Eiquerschnitt mit Fuß und Falz,

117 Entwässerungskanal/-leitung DIN EN 1610 aus Betonrohren DIN 4032, Bauart, Form ......,

Hinweis: Betonrohre und Formstücke nach DIN 4032 mit erhöhten Qualitätsanforderungen (FBS-Betonrohre) siehe Pos. 100 bis 108.

Einzelangaben nach DIN 18306 zu Pos. 110 bis 116
- Nennweite
  - – Nennweiten für normalwandige Kreisquerschnitte (Pos. 110, 111)
    DN 100 – DN 150 – DN 200 – DN 250 – DN 300 – DN 400 – DN 500 – DN 600 – DN 700 – DN 800,
  - – Nennweiten für wandverstärkte Kreisquerschnitte (Pos. 112, 113)
    DN 300 – DN 400 – DN 500 – DN 600 – DN 700 – DN 800 – DN 900 – DN 1000 – DN 1100 – DN 1200 – DN 1300 – DN 1400 – DN 1500,
  - – Nennweiten für Eiquerschnitte (Pos. 114, 116)
    – – DN 500/750 – DN 600/900 – DN 700/1050 – DN 800/1200 – DN 900/1350 – DN 1000/1500 – DN 1200/1800 – DN 1400/2100 – ......,
- Baulänge .... mm,
Hinweis: Baulänge i.d.R. l = 2000 mm, sonst durch 500 ganzzahlig teilbare Maße; bis DN 250 max. 6 mal Außendurchmesser.
- Rohrverbindung
  - – Rohrverbindung mit Dichtring,
  - – Rohrverbindung mit Dichtring und innerem Fugenverschluss .... ,
  - – Rohrverbindung .... ,
- Schutz für besonderen Einsatzbereich/Angriffsgrad,
  - – mit Rohrinnenschutz .... ,
  - – mit Rohraußenschutz .... ,
  - – mit Rohrinnen- und -außenschutz .... ,
  - – mit Auskleidung .... ,
  - – mit .... ,
- Trockenwetterrinne TWR,
  - – mit Trockenwetterrinne TWR,
    - – – Berme 1 : 1 – Berme 1 : 3,
    - – – Rinne r = ...mm,
Hinweis: Mit eingearbeiteter Trockenwetterrinne nur als Sonderausführung vorzugsweise bei eiförmigen Rohren.
- Auflager
  - – Auflager in nichtbindigem Boden, Auflagerwinkel 90 Grad,
  - – Auflager in bindigem Boden, Auflagerwinkel 90 Grad,
  - – Auflager auf Beton, Auflagerwinkel 90 Grad,
  - – Auflager auf Beton, Auflagerwinkel 120 Grad,
  - – Vollummantelung mit Beton,
  - – Teilummantelung,
  - – Auflager/Ummantelung gemäß Zeichnung Nr. ......,
  - – ......,
Hinweis: Auflagerwinkel i.d.R. 90 Grad, in Sonderfällen 120 Grad (siehe DIN EN 1610).

- Verlegen in / auf
  - – in vorhandenem geböschtem Graben,
  - – in vorhandenem Graben mit Verbau ohne Aussteifungen,
  - – in vorhandenem Graben mit Verbau und Aussteifungen,
  - – auf vorhandenem Planum in Gelände für spätere Überschüttung,
  - – in vorhandener Leitung gemäß Zeichnung Nr. ......,
  - – in vorhandenem Stollen gemäß Zeichnung Nr. ......,
- Grabentiefe bis 1,25 m – bis 1,75 m – bis 4,00 m – bis 6,00 m – .... ;
- Erzeugnis
  - – .... oder gleichwertiger Art,
  - – .... (vom Bieter einzutragen),
- Berechnungseinheit m.
Hinweis: Bei der Abrechnung werden die Achslängen zu Grunde gelegt. Formstücke werden übermessen und als Zulage nach Stück gesondert abgerechnet. Schächte mit einbindenden Rohren werden mit der lichten Weite abgezogen; Schachtaufsätze auf Rohren werden übermessen.

118 **Zulage für Betonrohre DIN 4032**
Einzelangaben nach DIN 18306
- Art des Formstückes
  - – Formstück als Betonbogen 45°,
    - – – Nennweite
      - – – – DN 100 – DN 150 – DN 200,
  - – Formstück mit Zulauf (Abzweig),
    - – – mit Seitenzulauf, mit Muffe
      - – – – Zulaufwinkel 90° rechts,
      - – – – Zulaufwinkel 90° links,
      - – – – Zulaufwinkel in Fließrichtung 45° rechts,
      - – – – Zulaufwinkel in Fließrichtung 45° links,
    - – – mit Scheitelzulauf, mit Muffe,
      - – – – Zulaufwinkel 90°,
        - – – – – Nennweite Zulauf DN 100 – DN 150 – DN 200,
          - – – – – – Baulänge .... mm,
            Hinweis: Baulängen durch 500 mm ganzzahlig teilbare Maße.
  - – Formstück als Anschlussstück,
    - – – Form K-M,
    - – – Form KF-M,
    - – – Form KF-F,
    - – – Form KW-M,
    - – – Form EF-M,
    Hinweis: Bedeutung der Kurzzeichen siehe Pos. 110
    - – – – Nennweite DN ......,
      Hinweis: Nennweiten wie Pos. 110
      - – – – – Länge: .... mm,
        Hinweis: Länge entsprechend Schachtwanddicke, max. 500 mm.
- Berechnungseinheit Stück.
Hinweis: Die Rohrleitung wird in der Rohrachse gemessen und nach Längenmaß abgerechnet. Formstücke werden übermessen und als Zulage nach Stück abgerechnet.

LB 009 Entwässerungskanalarbeiten
Kanäle aus Rohren und Formstücken

STLB 009

Ausgabe 06.02

FBS-Stahlbetonrohre

120 Entwässerungskanal/-leitung DIN EN 1610 aus FBS-Stahlbetonrohren nach DIN 4035, K-GM, Kreisquerschnitt, mit Glockenmuffe,
121 Entwässerungskanal/-leitung DIN EN 1610 aus FBS-Stahlbetonrohren nach DIN 4035, K-FM, Kreisquerschnitt, mit Falzmuffe,
122 Entwässerungskanal/-leitung DIN EN 1610 aus FBS-Stahlbetonrohren nach DIN 4035, KF-GM, Kreisquerschnitt, mit durchgehendem Fuß, mit Glockenmuffe,
123 Entwässerungskanal/-leitung DIN EN 1610 aus FBS-Stahlbetonrohren nach DIN 4035, KF-FM, Kreisquerschnitt, mit durchgehendem Fuß, mit Falzmuffe,
124 Entwässerungskanal/-leitung DIN EN 1610 aus FBS-Stahlbetonrohren nach DIN 4035, Bauart, Form ....,
Hinweis: FBS-Stahlbetonrohre sind Erzeugnisse entsprechend der FBS-Qualitätsrichtlinie (FBS = Fachvereinigung Betonrohre und Stahlbetonrohre e.V., Bonn 2). Das Anforderungsniveau liegt über dem der DIN 4035. Für den Einbau gilt zusätzlich die FBS Einbau-Richtlinie.
Einzelangaben nach DIN 18306 zu Pos. 120 bis 124
- Nennweite
-- Nennweiten für Rohre mit Glockenmuffe (Pos. 120, 122),
DN 300 – DN 400 – DN 500 – DN 600 – DN 700 – DN 800 – DN 900 – DN 1000 – DN 1100 – DN 1200 – DN 1300 – DN 1400,
-- Nennweiten i.d.R. für Rohre mit Falzmuffe (Pos. 121, 123),
DN 1600 – DN 1800 – DN 2000 – DN 2200 – DN 2500 – DN 2800 – DN 3000 – DN 3500 – DN 4000,
- Baulänge 2000 mm – 2500 mm – 3000 mm – .... ,
- Betondeckung
-- Betondeckung innen: ...., außen: ....,
Hinweis: Mindestbetondeckung nach DIN 4035, Abs. 7.4, Tabelle 1, normal 15 mm,
bei schwachem chemischen Angriff 20 mm,
bei starkem chemischen Angriff 25 mm – 30 mm – 35 mm – 40 mm;
bei Rohrwanddicken bis 80 mm, Unterschreitung der Mindestbetondeckung um 5 mm zulässig.
- Rohrverbindung hohlraumfrei als Kompressionsdichtung aus Elastomeren mit dichter Struktur nach DIN 4060,
-- Dichtung werkseitig in der Muffe eingebaut,
-- Dichtung werkseitig auf dem Spitzende fixiert,
--- vor einer Schulter;
--- in Kammer;
Hinweis: Hohlraumfreie Kompressiondichtungen aus Elastomeren haben eine wesentlich höhere Sicherheit als Rollringdichtungen (Rollgummidichtungen).
- besondere Eigenschaften
-- Schutz gegen betonangreifende Stoffe
--- durch Beton B 45, wasserundurchlässig,
--- durch .... ,
Hinweis: siehe auch Betondeckung.
-- Bewehrung
--- mit einlagigem Bewehrungskorb,
--- mit zweilagigem Bewehrungskorb,
- Auflager
-- loses Auflager in nichtbindigem Boden,
-- loses Auflager in bindigem Boden,
-- festes Auflager auf Beton,
-- .... ,
- Auflagerwinkel 60° – 90° – 120°;
Hinweis: Auflagerwinkel i.d.R. 90 Grad (siehe DIN EN 1610, Abs. 6).
Auflagerwinkel 120 Grad i.d.R. nur bei Betonauflager.
- Verlegung in / auf
-- in vorhandenem geböschtem Graben,
-- in vorhandenem Graben mit Verbau ohne Aussteifungen,
-- in vorhandenem Graben mit Verbau und Aussteifungen,
-- auf vorhandenem Planum in Gelände für spätere Überschüttung,
-- in vorhandener Leitung gemäß Zeichnung Nr. ....,
-- in vorhandenem Stollen gemäß Zeichnung Nr. ....,
- Grabentiefe bis 1,25 m – bis 1,75 m – bis 4,00 m – bis 6,00 m – .... ;
- Erzeugnis ....
-- .... oder gleichwertiger Art,
-- .... (vom Bieter einzutragen),
- Berechnungseinheit m.
Hinweis: Bei der Abrechnung werden die Achslängen zu Grunde gelegt. Formstücke werden übermessen und als Zulage nach Stück gesondert abgerechnet. Schächte mit einbindenden Rohren werden mit der lichten Weite abgezogen;
Schachtaufsätze auf Rohren werden übermessen.

128 **Zulage für FBS-Stahlbetonrohre, Einzelangaben nach DIN 18306**
- Art des Formstückes
-- Formstück als Zulauf,
--- mit werkseitig eingebautem Seitenzulauf,
---- Zulaufwinkel 90° rechts,
---- Zulaufwinkel 90° links,
---- Zulaufwinkel in Fließrichtung 45° rechts,
---- Zulaufwinkel in Fließrichtung 45° links,
--- mit werkseitig eingebautem Scheitelzulauf, Zulaufwinkel 90°,
---- Nennweite DN ....,
----- Nennweite Zulauf DN 100 – DN 150 – DN 200,
Werkstoff des Zulaufrohres ....,
----- Baulänge .... mm,
-- Formstück als Anschlussstück,
--- zur Herstellung gelenkiger Anschlüsse an Schachtbauwerke,
---- Ausführung Muffe – stumpf,
---- Ausführung Spitzende – stumpf,
----- Nennweite DN ....,
----- Baulänge .... mm,
-- Formstück als Gelenkstück,
--- zur Herstellung doppelgelenkiger Anschlüsse an Schachtbauwerke und Schachtunterteile,
---- Ausführung Spitzende – Spitzende,
---- Ausführung Spitzende – Muffe,
----- Nennweite DN ....,
----- Baulänge .... mm,
-- Formstück als Passstück/Passrohr,
--- Ausführung Spitzende – Spitzende,
--- Ausführung Spitzende – Muffe,
---- Nennweite DN ....,
---- Baulänge .... mm,
-- Formstück als Krümmer,
--- einschnittig aus zwei Segmenten,
--- zweischnittig aus drei Segmenten,
Hinweis: Richtungsänderung maximal 22,5° pro Schnitt
---- Richtungsänderung in Fließrichtung rechts 14,3°,
---- Richtungsänderung in Fließrichtung links 14,3°,
---- Richtungsänderung in Fließrichtung rechts 22,5°,
---- Richtungsänderung in Fließrichtung links 22,5°,
---- Richtungsänderung in Fließrichtung ....,
----- Nennweite DN ....,
----- Baulänge .... mm,
-- Formstück als Böschungsstück,
--- Einlauf,
--- Auslauf,
---- in Regelneigung 1 : 1,5,
---- in Neigung ....,
----- Nennweite DN ....,
----- Baulänge .... mm,
-- Formstück als Übergangsstück,
--- sohlengleich,
--- scheitelgleich,
---- von DN .... auf DN .,......,
---- .... ,
----- Baulänge .... mm,
- Berechnungseinheit Stück.
Hinweis: Die Rohrleitung wird in der Rohrachse gemessen und nach Längenmaß abgerechnet. Formstücke werden übermessen und als Zulage nach Stück abgerechnet.

STLB 009

LB 009 Entwässerungskanalarbeiten
Kanäle aus Rohren und Formstücken

Ausgabe 06.02

Stahlbetonrohre DIN 4035

130 Entwässerungskanal/-leitung DIN EN 1610 aus Stahlbetonrohren DIN 4035, K-GM, Kreisquerschnitt mit Glockenmuffe,
131 Entwässerungskanal/-leitung DIN EN 1610 aus Stahlbetonrohren DIN 4035, K-FM, Kreisquerschnitt mit Falzmuffe,
132 Entwässerungskanal/-leitung DIN EN 1610 aus Stahlbetonrohren DIN 4035, OM, Kreisquerschnitt ohne Muffe,
133 Entwässerungskanal/-leitung DIN EN 1610 aus Stahlbetonrohren DIN 4035, Bauart, Form ....,
Hinweis: Stahlbetonrohre und Formstücke nach DIN 4035 mit erhöhten Qualitätsanforderungen (FBS-Stahlbetonrohre) siehe Pos. 120 bis 128.
Einzelangaben nach DIN 18306 zu Pos. 130 bis 133
- Nennweite
  - – DN 250 – DN 300 – DN 400 – DN 500 – DN 600 – DN 700 – DN 800 – DN 900 – DN 1000 – DN 1200 – DN 1400 – DN 1500 – DN 1600 – DN 1800 – DN 2000 – DN 2200 – DN 2500 – DN 2800 – DN 3000 – DN 3500 – DN 4000,
  Hinweis: Kreisförmige Rohre werden in Nennweiten DN 250 bis DN 4000 und größer hergestellt.
- Baulänge 2000 mm – 2500 mm – 3000 mm – .... ,
  Hinweis: Baulänge nach DIN 4035 mindestens 2500 mm, in der Praxis aber ab 2000 mm. Rohrlängen bis DN 1500 vorzugsweise durch 500, DN 1600 und größer und durch 100 teilbar.
- Betondeckung
  - – Betondeckung 15 mm – 20 mm – 25 mm – .... ,
  - – Betondeckung der Bewehrung innen mind. ....,
  - – Betondeckung der Bewehrung außen mind. ....,
  - – Betondeckung der Bewehrung innen mind. .... außen mind. ....,
  Hinweis: Mindestmaße für Betondeckung nach DIN 4035, Abs. 7.4, Tabelle 1,
  normal 15 mm, bei schwachem chemischem Angriff 20 mm, bei starkem chemischem Angriff 25 mm. Für einlagig bewehrte Rohre mit Wanddicken bis 80 mm dürfen die Mindestmaße für Betondeckung um 5 mm verringert werden.
- Rohrverbindung
  - – Rohrverbindung mit Dichtring,
  - – Rohrverbindung mit Dichtring als Gleitringdichtung,
  - – Rohrverbindung mit Dichtring als Rollringdichtung,
  - – Rohrverbindung mit Dichtring und innerem Fugenverschluss ....,
  - – Rohrverbindung mit Dichtring als Gleitringdichtung und innerem Fugenverschluss ....,
  - – Rohrverbindung mit Dichtring als Rollringdichtung und innerem Fugenverschluss ....,
  - – Rohrverbindung ....,
  Hinweis: Höherwertige Rohrverbindungen als hohlraumfreie Kompressionsdichtung werden i.d.R. für FBS-Stahlbetonrohre verwendet. Siehe Pos. 120. Elastomere-Gleitringdichtungen sind höherwertig als Gummi-Rollringdichtungen.
- Schutz für besonderen Einsatzbereich/Angriffsgrad
  - – mit Rohrinnenschutz ....,
  - – mit Rohraußenschutz ....,
  - – mit Rohrinnen- und -außenschutz ....,
  - – mit Auskleidung aus ....,
  - – – mit ....,
- Auflager
  - – Auflager in nichtbindigem Boden, Auflagerwinkel 90 Grad,
  - – Auflager in bindigem Boden, Auflagerwinkel 90 Grad,
  - – Auflager auf Beton, Auflagerwinkel 90 Grad,
  - – Auflager auf Beton, Auflagerwinkel 120 Grad,
  - – Auflager / Ummantelung gemäß Zeichnung Nr. .... ,
  - – – .... ,
  Hinweis: Auflagerwinkel i.d.R. 90 Grad, in Sonderfällen 120 Grad (siehe DIN EN 1610).
- Verlegung in / auf
  - – – in vorhandenem geböschtem Graben,
  - – – in vorhandenem Graben mit Verbau ohne Aussteifungen,
  - – – in vorhandenem Graben mit Verbau und Aussteifungen,
  - – – in vorhandenem Graben mit Verbau und Aussteifungen, Abstand der Ablassfelder .... ,
  - – – auf vorhandenem Planum in Gelände für spätere Überschüttung .... ,
- Grabentiefe bis 1,25 m – bis 1,75 m – bis 4,00 m – bis 6,00 m – bis 8,00 m – .... ,
- Erzeugnis
  - – – .... oder gleichwertiger Art,
  - – – .... (vom Bieter einzutragen),
- Berechnungseinheit m.
Hinweis: Bei der Abrechnung werden die Achslängen zu Grunde gelegt. Formstücke werden übermessen und als Zulage nach Stück gesondert abgerechnet. Schächte mit einbindenden Rohren werden mit der lichten Weite abgezogen; Schachtaufsätze auf Rohren werden übermessen.

138 Zulage für Stahlbetonrohre DIN 4035,
Einzelangaben nach DIN 18306
- Art des Formstückes
  - – Formstück als Zulauf,
    - – – mit Seitenzulauf, mit Muffe
      - – – – Zulaufwinkel 90° rechts,
      - – – – Zulaufwinkel 90° links,
      - – – – Zulaufwinkel in Fließrichtung 45° rechts,
      - – – – Zulaufwinkel in Fließrichtung 45° links,
    - – – mit Scheitelzulauf, mit Muffe, Zulaufwinkel 90°,
      - – – – Nennweite DN ....,
      - – – – – Nennweite Zulauf DN 100 – DN 150 – DN 200,
        - – – – – – Baulänge .... mm,
        Hinweis: Baulängen durch 500 mm ganzzahlig teilbare Maße.
  - – – Formstück als Bogen (Krümmer),
    - – – einschnittig aus zwei Segmenten, Gesamtwinkel ....,
    - – – zweischnittig aus drei Segmenten, Gesamtwinkel ....,
    Hinweis: Abwinkelung je Segmentstoß nicht größer als 22 1/2°.
      - – – – Nennweite DN ....,
      - – – – Ausführung ....,
  - – – Formstück als Anschlussstück,
    - – – zur Herstellung von Anschlüssen an Schachtbauwerke,
    - – – zur Herstellung von Anschlüssen an andere Rohrarten, Art ....,
    - – – zum Anschluss von Armaturen, Art ....,
      - – – – Nennweite DN ....,
      - – – – – Baulänge .... mm,
  - – – Formstück als Passstück/Passrohr,
    - – – Ausführung Spitzende – Muffe,
      - – – – Nennweite DN ....,
      - – – – Baulänge .... mm,
  - – – Formstück als Böschungsstück,
    - – – Einlauf,
    - – – Auslauf,
      - – – – in Regelneigung 1 : 1,5,
      - – – – Neigung ....,
        - – – – – Nennweite DN ....,
        - – – – – – Baulänge .... mm,
  - – – Formstück als Übergangsstück,
    - – – sohlengleich,
    - – – scheitelgleich,
      - – – – von DN .... auf DN ....,
      - – – – ....,
        - – – – – Baulänge .... mm,
- Berechnungseinheit Stück.
Hinweis: Die Rohrleitung wird in der Rohrachse gemessen und nach Längenmaß abgerechnet. Formstücke werden übermessen und als Zulage nach Stück abgerechnet.

LB 009 Entwässerungskanalarbeiten
Kanäle aus Rohren und Formstücken

STLB 009

Ausgabe 06.02

FBS-Stahlbeton-Rahmenprofile

140 Entwässerungskanal/-leitung DIN EN 1610 aus Stahlbeton-Rahmenprofilen nach DIN 4035, rechteckig – quadratisch, ohne besondere Eckausbildung,

141 Entwässerungskanal/-leitung DIN EN 1610 aus Stahlbeton-Rahmenprofilen nach DIN 4035, rechteckig – quadratisch, mit Voute 20/20 als besondere Eckausbildung,

142 Entwässerungskanal/-leitung DIN EN 1610 aus Stahlbeton-Rahmenprofilen nach DIN 4035, Bauart, Form ......,

Hinweis: Rahmenprofile können entsprechend DIN 4035, Abs. 4.1 (2), nach hydraulischen und statischen Erfordernissen hergestellt werden. Zusätzlich ist die ZTVK '88 (Zusätzliche technische Vorschriften für Kunstbauten im Wasserbau, Abwassertechnische Vereinigung e.V., 53757 St. Augustin) zu beachten. Anwendungsbereich z.B. Regenrückhaltekanäle.

Einzelangaben nach DIN 18306 zu Pos. 140 bis 142
- Maße
  - – lichte Breite .... mm, lichte Höhe .... mm,
- Verbindung
  - – mit Muffen- und Spitzendausbildung,
    - – – Muffentiefe 120 mm – .... mm,
  - – mit Nut-Feder-Verbindung,
    - – – mit Hüllrohren für die Spannverschraubung......,
- Dichtung
  - – werkseitig aufgeklebte Gleitringdichtung nach DIN 4060 als Verbindung für nichtdrückendes Wasser,
  - – werkseitig aufgebrachte dauerplastische Dichtung auf Bitumenbasis für nichtdrückendes Wasser,
    Hinweis: Für diese Dichtungsart ist Spannverschraubung erforderlich.
  - – nach dem Verlegen ausgeführte Dichtung gegen drückendes Wasser, Ausführungsart ......,
- Baulänge 1000 mm – 1500 mm – 2000 mm – ...... ,
- Wanddicke Sohle .... mm, Wände .... mm, Decke .... mm,
- Betondeckung 30 mm – 40 mm – 50 mm – ...... , innen ......, außen ......
- Bewehrungskorb einlagig – zweilagig – ...... ,
- besondere Eigenschaften
  - – Schutz gegen betonangreifende Stoffe
    - – – durch Beton B 45, wasserundurchlässig,
    - – – durch ...... ,
- Auflager
  - – Auflager auf eingebrachten Sand oder Kies entsprechend DIN EN 1610,
  - – Auflager auf Beton entsprechend DIN EN 1610,
- Verlegung in / auf
  - – in vorhandenem geböschtem Graben,
  - – in vorhandenem Graben mit Verbau ohne Aussteifungen,
  - – in vorhandenem Graben mit Verbau und Aussteifungen,
  - – auf vorhandenem Planum in Gelände für spätere Überschüttung,
  - – in vorhandener Leitung gemäß Zeichnung Nr. ......,
  - – in vorhandenem Stollen gemäß Zeichnung Nr. ......,
- Grabentiefe bis 1,25 m – bis 1,75 m – bis 4,00 m – bis 6,00 m – ...... ;
- Erzeugnis ......
  - – ...... oder gleichwertiger Art,
  - – ...... (vom Bieter einzutragen),
- Berechnungseinheit m.

Hinweis: Bei der Abrechnung werden die Achslängen zu Grunde gelegt. Formstücke werden übermessen und als Zulage nach Stück gesondert abgerechnet. Schächte mit einbindenden Rohren werden mit der lichten Weite abgezogen. Schachtaufsätze auf Rohren werden übermessen.

148 Zulage für Stahlbeton-Rahmenprofile, Einzelangaben nach DIN 18306
- Art des Formstückes
  - – Formstück als Zulauf,
    - – – mit werkseitig eingebautem Seitenzulauf,
      - – – – Zulaufwinkel 90° rechts,
      - – – – Zulaufwinkel 90° links,
      - – – – Zulaufwinkel in Fließrichtung 45° rechts,
      - – – – Zulaufwinkel in Fließrichtung 45° links,
    - – – mit werkseitig eingebautem Scheitelzulauf, Zulaufwinkel 90°,
      - – – – Nennweite DN .... / ....,
      - – – – Nennweite Zulauf DN 100 – DN 150 – DN 200,
      - – – – – Baulänge .... mm,
  - – Formstück als Anschlussstück,
    - – – zur Herstellung gelenkiger Anschlüsse an Schachtbauwerke,
      - – – – Ausführung Muffe – stumpf,
      - – – – Ausführung Spitzende – stumpf,
      - – – – Nennweite DN ......,
      - – – – – Baulänge .... mm,
  - – Formstück als Gelenkstück,
    - – – zur Herstellung doppelgelenkiger Anschlüsse an Schachtbauwerke und Schachtunterteile,
      - – – – Ausführung Spitzende – Muffe,
      - – – – Nennweite DN ......,
      - – – – – Baulänge .... mm,
  - – Formstück als Passstück/Passrohr,
    - – – Ausführung Spitzende – Muffe,
      - – – – Nennweite DN ......,
      - – – – – Baulänge .... mm,
  - – Formstück als Krümmer,
    - – – einschnittig aus zwei Segmenten,
    - – – zweischnittig aus drei Segmenten,
      - – – – Richtungsänderung in Fließrichtung rechts 14,3°,
      - – – – Richtungsänderung in Fließrichtung links 14,3°,
      - – – – Richtungsänderung in Fließrichtung rechts 22,5°,
      - – – – Richtungsänderung in Fließrichtung links 22,5°,
      - – – – Nennweite DN ......,
      - – – – – Baulänge .... mm,
  - – Formstück als Böschungsstück,
    - – – Einlauf,
    - – – Auslauf,
      - – – – in Regelneigung 1 : 1,5,
      - – – – in Neigung ......,
      - – – – – Nennweite DN .... / ....,
      - – – – – Baulänge .... mm,
  - – Formstücke als Tangentialschachtaufsatz, geeignet zum Aufsetzen von Schachtringen nach DIN 4034, Teil 1,
    - – – Anordnung tangential, ohne seitlichen Auftritt,
      - – – – in Fließrichtung rechts,
      - – – – in Fließrichtung links,
      - – – – – Nennweite DN .... / ....,
      - – – – – Baulänge .... mm,
- Berechnungseinheit Stück.

Hinweis: Die Rohrleitung wird in der Rohrachse gemessen und nach Längenmaß abgerechnet. Formstücke werden übermessen und als Zulage nach Stück abgerechnet.

Hinweis: Die Baulänge des Schachtaufsatzes wird dem Längenmaß der Rohrleitung hinzugerechnet und mit der Rohrleitung nach Längenmaß abgerechnet. Der Schachtaufsatz wird als Zulage zur Rohrleitung nach Stück abgerechnet.

STLB 009

LB 009 Entwässerungskanalarbeiten
Kanäle aus Rohren und Formstücken

Ausgabe 06.02

Steinzeugrohre

150 Entwässerungskanal/-leitung DIN EN 1610 aus Steinzeugrohren nach DIN EN 295-1, Einzelangaben nach DIN 18306
- Nennweite
  DN 100 – DN 150 – DN 200 – DN 225 – DN 250 –
  DN 300 – DN 350 – DN 400 – DN 450 – DN 500 –
  DN 600 – DN 700 – DN 800 – DN 1000 – DN 1200,
- Baulänge ....
  Hinweis: Baulängen als ganzzahlige Vielfache von 250 mm; bevorzugte Baulängen:
  DN 100, DN 150 = keine bevorzugte Baulänge,
  DN 200, l = 1500, 2000 mm,
  DN 225, l = 1500, 1750, 2000 mm,
  DN 250, l = 1500, 2000 mm,
  DN 300, l = 1500, 2000, 2500 mm,
  DN ≥ 350, l = 1500, 2000, 2500, 3000 mm,
- Rohrverbindung
  – – Rohrverbindung mit Gummidichtung,
  – – Rohrverbindung mit Polyurethandichtelement,
  – – Rohrverbindung mit Polypropylen-Überschiebkupplung,
  – – Rohrverbindung mit .... ,
- Auflager
  – – Auflager in nichtbindigem Boden, Auflagerwinkel 90 Grad,
  – – Auflager in nichtbindigem Boden, Auflagerwinkel 120 Grad,
  – – Auflager in bindigem Boden, Auflagerwinkel 90 Grad,
  – – Auflager in bindigem Boden, Auflagerwinkel 120 Grad,
  – – Auflager auf Beton, Auflagerwinkel 90 Grad,
  – – Auflager auf Beton, Auflagerwinkel 120 Grad,
  – – Vollummantelung mit Beton,
  – – Auflager / Ummantelung gemäß Zeichnung Nr. ....,
  – – ....
  Hinweis: Auflagerwinkel i.d.R. 90 Grad, in Sonderfällen 120 Grad (siehe DIN EN 1610, Abs. 6).
- Verlegung in / auf
  – – in vorhandenem geböschtem Graben,
  – – in vorhandenem Graben mit Verbau ohne Aussteifungen,
  – – in vorhandenem Graben mit Verbau und Aussteifungen,
  – – auf vorhandenem Planum im Gelände für spätere Überschüttung,
  – – in vorhandener Leitung gemäß Zeichnung Nr. ....,
  – – in vorhandenem Stollen gemäß Zeichnung Nr. ....,
- Grabentiefe bis 1,25 m - bis 1,75 m - bis 4 m – bis 6 m ....,
- Berechnungseinheit m..
  Hinweis: Bei der Abrechnung werden die Achslängen zu Grunde gelegt. Formstücke werden übermessen und als Zulage nach Stück gesondert abgerechnet. Schächte mit einbindenden Rohren werden mit der lichten Weite abgezogen; Schachtaufsätze auf Rohren werden übermessen.

151 Entwässerungskanal/-leitung DIN EN 1610 aus Steinzeugrohren nach DIN EN 295-4, Einzelangaben nach DIN 18306
- Rohrart, Rohrverbindung, Nennweite
  – – Rohre für fest mit der Muffe verbundenes Dichtelement,
  – – – DN 100 – DN 125 – DN 150 – DN 200,
  – – Rohre mit Steckmuffe K, Regelausführung (N),
  – – – DN 200 – DN 250 – DN 300 – DN 350 –
      DN 400 – DN 450 – DN 500 – DN 600 –
      DN 700 – DN 800 – DN 900 – DN 1000,
  – – Rohre mit Steckmuffe K, verstärkte Ausführung (V),
  – – – DN 200 – DN 250 – DN 300 – DN 350 –
      DN 400 – DN 450 – DN 500 – DN 600 –
      DN 700 – DN 800 – DN 900 – DN 1000,
- Baulänge ....
  Hinweis: Baulängen als ganzzahlige Vielfache von 250 mm; bevorzugte Baulängen:
  DN 100, DN 150 = keine bevorzugte Baulänge,
  DN 200, l = 1500, 2000 mm,
  DN 225, l = 1500, 1750, 2000 mm,
  DN 250, l = 1500, 2000 mm,
  DN 300, l = 1500, 2000, 2500 mm,
  DN ≥ 350, l = 1500, 2000, 2500, 3000 mm,
- Auflager
  – – Auflager in nichtbindigem Boden, Auflagerwinkel 90 Grad,
  – – Auflager in nichtbindigem Boden, Auflagerwinkel 120 Grad,
  – – Auflager in bindigem Boden, Auflagerwinkel 90 Grad,
  – – Auflager in bindigem Boden, Auflagerwinkel 120 Grad,
  – – Auflager auf Beton, Auflagerwinkel 90 Grad,
  – – Auflager auf Beton, Auflagerwinkel 120 Grad,
  – – Vollummantelung mit Beton,
  – – Auflager / Ummantelung gemäß Zeichnung Nr. ....,
  – – ....
  Hinweis: Auflagerwinkel i.d.R. 90 Grad, in Sonderfällen 120 Grad.
- Verlegung in / auf
  – – in vorhandenem geböschtem Graben,
  – – in vorhandenem Graben mit Verbau ohne Aussteifungen,
  – – in vorhandenem Graben mit Verbau und Aussteifungen,
  – – auf vorhandenem Planum im Gelände für spätere Überschüttung,
  – – in vorhandener Leitung gemäß Zeichnung Nr. ....,
  – – in vorhandenem Stollen gemäß Zeichnung Nr. ....,
- Grabentiefe bis 1,25 m - bis 1,75 m - bis 4 m – bis 6 m ....,
- Berechnungseinheit m..
  Hinweis: Bei der Abrechnung werden die Achslängen zu Grunde gelegt. Formstücke werden übermessen und als Zulage nach Stück gesondert abgerechnet. Schächte mit einbindenden Rohren werden mit der lichten Weite abgezogen; Schachtaufsätze auf Rohren werden übermessen.

152 Steinzeugbogen, als Zulage, Einzelangaben nach DIN 18306
- Rohrart, Rohrverbindung
  – – Regelausführung DIN EN 295-1,
  – – Regelausführung N DIN EN 295-1, mit Dichtelement,
  – – Regelausführung N DIN EN 295-1, mit Steckmuffe K,
  – – verstärkte Ausführung V DIN EN 295-1, mit Steckmuffe K,
- Bogenwinkel
  – – 11,25° – 15° – 22,5° – 30° – 45° – 90°,
- Nennweite
  – – DN 100 – DN 125 – DN 150 – DN 200 – DN 300 – DN .... ,
- Berechnungseinheit Stück.
  Hinweis: Die Rohrleitung wird in der Rohrachse gemessen und nach Längenmaß abgerechnet. Bogen werden übermessen und als Zulage nach Stück abgerechnet.

LB 009 Entwässerungskanalarbeiten
Kanäle aus Rohren und Formstücken

STLB 009

Ausgabe 06.02

153 **Steinzeugabzweig, als Zulage,**
Einzelangaben nach DIN 18306
- Rohrart, Rohrverbindung
  - – Regelausführung DIN EN 295-1,
  - – Regelausführung N DIN EN 295-1, mit Dichtelement,
  - – Regelausführung N DIN EN 295-1, mit Steckmuffe K,
  - – verstärkte Ausführung V EN 295-1, mit Steckmuffe K,
- Winkel zwischen Hauptrohr und Abzweigstutzen
  - – Abzweig 45°,
  - – Abzweig 90°,
- Nennweite
  - – DN 150/100 – DN 150/150 – DN 200/150 – DN 200/200 – DN 250/150 – DN 250/200 – DN 300/150 – DN 300/200 – DN 350/150 – DN 350/200 – DN 400/150 – DN 400/200 – DN 450/150 – DN 450/200 – DN 500/150 – DN 500/200 – DN 600/150 – DN 600/200 – DN 700/150 – DN 700/200 – DN 800/150 – DN 800/200 – DN .... / .... ,
- Berechnungseinheit Stück.
Hinweis: Die Rohrleitung wird in der Rohrachse gemessen und nach Längenmaß abgerechnet. Abzweige werden übermessen und als Zulage nach Stück abgerechnet.
Beispiel: Bei einem Abzweig DN 200/150 wird die Länge des Hauptrohres der DN 200-Rohrleitung hinzugerechnet; die Länge des Abzweiges vom Schnittpunkt der Rohrachse bis zum Muffenboden des Abzweigstutzens wird der DN 150-Rohrleitung hinzugerechnet; der Abzweig wird nach Stück (nur einmal) als Zulage zur Hauptrohrleitung abgerechnet.

154 **Steinzeugübergangsrohr, als Zulage,**
Einzelangaben nach DIN 18306
- Rohrart
  - – Regelausführung (N) DIN EN 295-1,
- Nennweite
  - – DN 100/125 – DN 100/150 – DN 125/150 – DN 125/200 – DN 150/200 – DN 200/250 – DN 250/300,
- Berechnungseinheit Stück.
Hinweis: Die Rohrleitung wird in der Rohrachse gemessen und nach Längenmaß abgerechnet. Übergangsstücke werden übermessen und als Zulage nach Stück abgerechnet.

155 **Steinzeuggelenk, als Zulage,**
Einzelangaben nach DIN 18306
- Rohrart
  - – Regelausführung (N) DIN EN 295-1,
  - – verstärkte Ausführung (V), DIN EN 295-1,
- Bauart
  - – GE und GZ,
  - – GE und GA,
  - – GE und GZ/GA,
  - – GM,
Hinweis: GE = Gelenkstück für den Einbau in ein Bauwerk, GM = Gelenkstück (Muffe), GZ = für Zulaufseite, GA = für Ablaufseite
- Nennweite
  - – DN 100 – DN 150 – DN 200 – DN 250 – DN 300 – DN 350 – DN 400 – DN 450 – DN 500 – DN 600 – DN 700 – DN 800 – DN 1000,
- Schaftlänge 250 mm – .... ,
- Berechnungseinheit Stück.
Hinweis: Die Rohrleitung wird in der Rohrachse gemessen und nach Längenmaß abgerechnet. Gelenkstücke werden übermessen und als Zulage nach Stück abgerechnet.

156 **Steinzeugverschlussteller DIN EN 295-1/4,**
Einzelangaben nach DIN 18306
- Nennweite
  - – DN 100 – DN 125 – DN 150 – DN 200 – DN .... ,
  (**Hinweis:** DN ≥ 250 Sonderanfertigung nach Vereinbarung)
- Berechnungseinheit Stück.
Hinweis: Die Rohrleitung wird in der Rohrachse gemessen und nach Längenmaß abgerechnet. Der Verschlussteller wird in die Muffe eingebaut und als Zulage nach Stück abgerechnet.

157 **Verbindungsringe DIN EN 295-1 aus Elastomeren für die Verbindung von Steinzeugrohren mit Dichtelementen, die mit der Muffe fest verbunden sind, als Zulage,**
Einzelangaben nach DIN 18306
- Nennweite
  - – DN 100/DN 125,
  - – DN 125/DN150,
  - – DN 150/DN 200,
- Berechnungseinheit Stück.

158 **Verbindungsringe DIN EN 295-1 aus Elastomeren für Anschluss an Rohre aus anderen Werkstoffen, als Zulage,**
Einzelangaben nach DIN 18306
- Bauart, Nennweite
  - – Anschlussringe
    - – – DN 100 – DN 125 – DN 150 – DN 200,
  - – Übergangsringe
    - – – DN 100 – DN 125 – DN 150 – DN 200,
- Berechnungseinheit Stück.

159 **Passringe DIN EN 295-1 aus Elastomeren, als Zulage,**
Hinweis: Der Passring ersetzt das Dichtelement der Steckmuffe K am Spitzende von abgeschnittenen Rohren und Formstücken.
Einzelangaben nach DIN 18306
- Ausführung, Nennweite
  - – Regelausführung (N),
    - – – DN 200 – DN 250 – DN 300 – DN 350 – DN 400 – DN 450 – DN 500 – DN 600,
  - – verstärkte Ausführung (V)
    - – – DN 200 – DN 250 – DN 300 – DN 350 – DN 400 – DN 450 – DN 500 – DN 600,
- Berechnungseinheit Stück.

Hinweis: Für nachträgliche Anschlüsse sind nach DIN EN 295-1 noch folgende Formstücke genormt:
- **Anschlussstutzen** aus Steinzeug für den Anschluss an Hauptrohre (DN 150 – DN 200);
- **Bohrringe** aus Elastomeren zur Verbindung von Anschlussstutzen mit Rohren (DN 150 – DN 200);
- **Sattelstücke** aus Steinzeug als aufgesattelte Abzweige auf Hauptrohren (DN 100 – DN 125 – DN 150 – DN 200).

STLB 009

LB 009 Entwässerungskanalarbeiten
Kanäle aus Rohren und Formstücken

Ausgabe 06.02

Faserzementrohre

160 **Entwässerungskanal/-leitung DIN EN 1610 und DIN EN 588-1 aus Faserzementrohren, Einzelangaben nach DIN 18306**
- Rohrart
  - – DIN EN 588-1 Klasse A (Standardklasse),
  - – DIN EN 588-1 Klasse B (schwere Klasse),
  - **Hinweis:** Rohrklasse A für DN 250 bis DN 1500; Rohrklasse B für DN 100 bis DN 1500.
- Nennweite
  - – DN 100 – DN 125 – DN 150 – DN 200 – DN 250 – DN 300 – DN 350 – DN 400 – DN 450 – DN 500 – DN 600 – DN 700 – DN 800 – DN 900 – DN 1000 – DN 1100 – DN 1200 – DN 1300 – DN 1400 – DN 1500,
- Baulänge 4000 mm – 5000 mm – .... ,
  - **Hinweis:** DN 100 bis DN 300 Baulängen 2000 mm – 2500 mm – 4000 mm – 5000 mm; DN 350 bis DN 1500 Baulängen 4000 mm und 5000 mm.
- Rohrverbindung
  - – FZ-Kupplung RKG-B,
    Hinweis: RKG für Rohre mit unbearbeiteten Rohrenden, Klasse B
  - – FZ-Kupplung RKK-A,
  - – FZ-Kupplung RKK-B,
    Hinweis: RKK für Rohre mit bearbeiteten Rohrenden, Klasse A und Klasse B
- Schutz für besonderen Einsatzbereich/Angriffsgrad
  - – mit Rohrinnenschutz ....,
  - – mit Rohraußenschutz ....,
  - – mit Rohrinnen- und -außenschutz ....,
  - – mit ....,
- Auflager
  - – Auflager in nichtbindigem Boden, Auflagerwinkel 90 Grad,
  - – Auflager in nichtbindigem Boden, Auflagerwinkel 120 Grad,
  - – Auflager in bindigem Boden, Auflagerwinkel 90 Grad,
  - – Auflager in bindigem Boden, Auflagerwinkel 120 Grad,
  - – Auflager auf Beton, Auflagerwinkel 90 Grad,
  - – Auflager auf Beton, Auflagerwinkel 120 Grad,
  - – Vollummantelung mit Beton,
  - – Auflager / Ummantelung gemäß Zeichnung Nr. .....,
  - – ....
  - **Hinweis:** Auflagerwinkel i.d.R. 90 Grad, in Sonderfällen 120 Grad (siehe DIN EN 1610, Abs. 6).
- Verlegung in / auf
  - – in vorhandenem geböschtem Graben,
  - – in vorhandenem Graben mit Verbau ohne Aussteifungen,
  - – in vorhandenem Graben mit Verbau und Aussteifungen,
  - – in vorhandenem Graben mit Verbau und Aussteifungen, Abstand der Ablassfelder ....,
  - – auf vorhandenem Planum im Gelände für spätere Überschüttung,
  - – in vorhandener Leitung gemäß Zeichnung Nr. .....,
  - – in vorhandenem Stollen gemäß Zeichnung Nr. .....,
- Grabentiefe bis 1,25 m - bis 1,75 m - bis 4 m – bis 6 m ....,
- Berechnungseinheit m..
  Hinweis: Bei der Abrechnung werden die Achslängen zu Grunde gelegt. Formstücke werden übermessen und als Zulage nach Stück gesondert abgerechnet. Schächte mit einbindenden Rohren werden mit der lichten Weite abgezogen, Schachtaufsätze auf Rohren werden übermessen.

161 **Faserzementbogen, als Zulage, Einzelangaben nach DIN 18306**
- Bogenwinkel
  - – – 15° – 30° – 45°,
- Rohrart
  - – – DIN EN 588-1 Klasse A,
  - – – DIN EN 588-1 Klasse B,
- Nennweite
  - – – DN 100 – DN 125 – DN 150 – DN 200 – DN 250 – DN 300,
- Berechnungseinheit Stück.
  Hinweis: Die Rohrleitung wird in der Rohrachse gemessen und nach Längenmaß abgerechnet. Bogen werden übermessen und als Zulage nach Stück abgerechnet.

162 **Faserzementabzweig, als Zulage, Einzelangaben nach DIN 18306**
- Abzweigwinkel
  - – – 45° – 90°,
- Rohrart
  - – – DIN EN 588-1 Klasse A,
  - – – DIN EN 588-1 Klasse B,
- Nennweite
  - – – DN 100/100 – DN 125/100 – DN 125/125 – DN 150/100 – DN 150/125 – DN 150/150 – DN 200/100 – DN 200/125 – DN 200/150 – DN 200/200 – DN 250/100 – DN 250/125 – DN 250/150 – DN 250/200 – DN 300/100 – DN 300/125 – DN 300/150 – DN 300/200 – DN 300/250 – DN 300/300 – DN 350/125 – DN 350/150 – DN 350/200 – DN 350/250 – DN 350/300 – DN 400/100 – DN 400/125 – DN 400/150 – DN 400/200 – DN 400/250 – DN 400/300 – DN 450/150 – DN 450/200 – DN 450/250 – DN 450/300 – DN 500/150 – DN 500/200 – DN 500/250 – DN 500/300 – DN 600/150 – DN 600/200 – DN 600/250 – DN 600/300 – DN 700/150 – DN 700/200 – DN 700/250 – DN 700/300 – DN 800/150 – DN 800/200 – DN 800/250 – DN 800/300 – DN 900/150 – DN 900/200 – DN 900/250 – DN 900/300 – DN 1000/150 – DN 1000/200 – DN 1000/250 – DN 1000/300 – DN 1100/150 – DN 1100/200 – DN 1100/250 – DN 1100/300 – DN 1200/150 – DN 1200/200 – DN 1200/250 – DN 1200/300 – DN 1300/150 – DN 1300/200 – DN 1300/250 – DN 1300/300 – DN 1400/150 – DN 1400/200 – DN 1400/250 – DN 1400/300 – DN 1500/150 – DN 1500/200 – DN 1500/250 – DN 1500/300,
- Berechnungseinheit Stück.
  Hinweis: Die Rohrleitung wird in der Rohrachse gemessen und nach Längenmaß abgerechnet. Abzweige werden übermessen und als Zulage nach Stück abgerechnet.
  Beispiel: Bei einem Abzweig DN 400/200 wird die Länge des Hauptrohres der DN 400-Rohrleitung hinzugerechnet; die Länge des Abzweiges vom Schnittpunkt der Rohrachse bis zum Abzweigende wird der DN 200-Rohrleitung hinzugerechnet; der Abzweig wird nach Stück (nur einmal) als Zulage zur Hauptleitung abgerechnet.

LB 009 Entwässerungskanalarbeiten
Kanäle aus Rohren und Formstücken

STLB 009

Ausgabe 06.02

PVC-hart – U-Rohre

180 Entwässerungskanal/-leitung DIN EN 1610 aus PVC-U-Rohren DIN 19534 mit Steckmuffe mit Dichtring,
Hinweis: PVC-U-Rohre bestehen aus weichmacherfreiem Polyvinylchlorid. Frühere Bezeichnung: Polyvinylchlorid hart (PVC hart).
Einzelangaben nach DIN 18306
- Nennweite
  - – – DN 100 – DN 125 – DN 150 – DN 200 – DN 250 – DN 300 – DN 400 – DN 500 – DN 600,
- Baulänge ......,
  Baulängen bis zu 5 m. Als Baulänge gilt die Gesamtlänge abzüglich der Muffentiefe.
- Auflager
  - – – Auflager in nichtbindigem Boden, Auflagerwinkel 120 Grad,
  - – – Auflager in nichtbindigem Boden, Auflagerwinkel 180 Grad,
  - – – Auflager in bindigem Boden, Auflagerwinkel 120 Grad,
  - – – Auflager in bindigem Boden, Auflagerwinkel 180 Grad,
  - – – Auflager auf Beton mit Zwischenlage aus Sand, Auflagerwinkel 120 Grad,
  - – – Auflager auf Beton mit Zwischenlage aus Sand, Auflagerwinkel 180 Grad,
  - – – Vollummantelung mit Beton,
  - – – Auflager / Ummantelung gemäß Zeichnung Nr. ....,
  - – – ....
  Hinweis: Auflagerwinkel bei biegeweichen Rohren i.d.R. 120 Grad.
- Verlegung in / auf
  - – – in vorhandenem geböschtem Graben,
  - – – in vorhandenem Graben mit Verbau ohne Aussteifungen,
  - – – in vorhandenem Graben mit Verbau und Aussteifungen,
  - – – in vorhandenem Graben mit Verbau und Aussteifungen, Abstand der Ablassfelder ......,
  - – – auf vorhandenem Planum im Gelände für spätere Überschüttung,
  - – – in vorhandener Leitung gemäß Zeichnung Nr. .....,
  - – – in vorhandenem Stollen gemäß Zeichnung Nr. .....,
- Grabentiefe bis 1,25 m – bis 1,75 m – bis 4 m – bis 6 m ......,
  - Berechnungseinheit m..
Hinweis: Bei der Abrechnung werden die Achslängen zu Grunde gelegt. Formstücke werden übermessen und als Zulage nach Stück gesondert abgerechnet. Schächte mit einbindenden Rohren werden mit der lichten Weite abgezogen, Schachtaufsätze auf Rohren werden übermessen.

181 PVC-U-Bogen, als Zulage,
Einzelangaben nach DIN 18306
- Bogenwinkel
  - – – 15°,
  - – – 30°,
  - – – 45°,
  - – – 67°,
  - – – 87°,
- Nennweite
  - – – DN 100 – DN 125 – DN 150 – DN 200 – DN 250 – DN 300 – DN 400 – DN 500 – DN 600,
- Berechnungseinheit Stück.
Hinweis: Die Rohrleitung wird in der Rohrachse gemessen und nach Längenmaß abgerechnet. Bogen werden übermessen und als Zulage nach Stück abgerechnet.

182 PVC-U-Einfachabzweig DIN 19534-3 - KGEA, als Zulage,
Einzelangaben nach DIN 18306
- Abzweigwinkel
  - – – 45°,
  - – – 87°,
- Nennweite
  - – – DN 100/100 – DN 125/100 – DN 125/125 – DN 150/100 – DN 150/125 – DN 150/150 – DN 200/100 – DN 200/125 – DN 200/150 – DN 200/200 – DN 250/100 – DN 250/125 – DN 250/150 – DN 250/200 – DN 250/250 – DN 300/100 – DN 300/125 – DN 300/150 – DN 300/200 – DN 300/250 – DN 300/300 – DN 400/100 – DN 400/125 – DN 400/150 – DN 400/200 – DN 400/250 – DN 400/300 – DN 400/400 – DN 500/100 – DN 500/125 – DN 500/150 – DN 500/200 – DN 500/250 – DN 500/300 – DN 500/400 – DN 500/500 – DN 600/150 – DN 600/200,
- Berechnungseinheit Stück.
Hinweis: Die Rohrleitung wird in der Rohrachse gemessen und nach Längenmaß abgerechnet. Abzweige werden übermessen und als Zulage nach Stück abgerechnet.
Beispiel: Bei einem Abzweig DN 300/100 wird die Länge der Hauptrohre der DN 300-Rohrleitung hinzugerechnet; die Länge des Abzweiges vom Schnittpunkt der Rohrachse bis zum Abzweigende (abzüglich Muffentiefe) wird der DN 100-Rohrleitung hinzugerechnet; der Abzweig wird nach Stück (nur einmal) als Zulage zur Hauptleitung abgerechnet.

183 PVC-U-Sattelstück (Klebeschelle) DIN 19534-3 – KGAB, als Zulage,
Einzelangaben nach DIN 18306
- Abzweigwinkel
  - – – 45°,
  - – – 87°,
- Nennweite
  - – – DN 125/100 – DN 150/100 – DN 150/125 – DN 200/100 – DN 200/125 – DN 200/150 – DN 250/150 – DN 250/200 – DN 300/150 – DN 300/200 – DN 400/150 – DN 400/200 – DN 500/150 – DN 500/200 – DN 600/150 – DN 600/200,
- Berechnungseinheit Stück.
Hinweis: Sattelstücke (Klebeschellen) werden i.d.R für den **nachträglichen** Anschluss von abzweigenden Leitungen an Hauptleitungen verwendet.
Die abzweigende Leitung wird nach Längenmaß bis zum Schnittpunkt der Rohrachse der Abzweige mit der Rohrachse des Hauptrohres abgerechnet. Das Sattelstück wird übermessen und als Zulage zur abzweigenden Leitung nach Stück abgerechnet.

184 PVC-U-Überschiebmuffe DIN 19534-3–KGU, als Zulage,
Einzelangaben nach DIN 18306
- Nennweite
  - – – DN 100 – DN 125 – DN 150 – DN 200 – DN 250 – DN 300 – DN 400 – DN 500 – DN 600,
- Berechnungseinheit Stück.
Hinweis: Die Rohrleitung wird in der Rohrachse gemessen und nach Längenmaß abgerechnet. Überschiebmuffen werden übermessen und als Zulage nach Stück abgerechnet.

185 PVC-U-Doppelmuffe DIN 19534-3–KGMM, als Zulage,
Einzelangaben nach DIN 18306
- Nennweite
  - – – DN 100 – DN 125 – DN 150 – DN 200 – DN 250 – DN 300 – DN 400 – DN 500 – DN 600,
- Berechnungseinheit Stück.
Hinweis: Die Rohrleitung wird in der Rohrachse gemessen und nach Längenmaß abgerechnet. Doppelmuffen werden übermessen und als Zulage nach Stück abgerechnet.

LB 009 Entwässerungskanalarbeiten
Kanäle aus Rohren und Formstücken

Ausgabe 06.02

186 PVC-U-Übergangsrohr DIN 19534-3–KGR, als Zulage,
Einzelangaben nach DIN 18306
- Nennweite auf Nennweite
  - – DN 100/125 – DN 100/150 – DN 125/150 – DN 125/200 – DN 150/200 – DN 200/250 – DN 250/300 – DN 300/400 – DN 400/500 – DN 500/600,
- Berechnungseinheit Stück.
  Hinweis: Die Rohrleitung wird in der Rohrachse gemessen und nach Längenmaß abgerechnet. Übergangsrohre werden übermessen und als Zulage nach Stück abgerechnet.

187 PVC-U-Aufklebmuffe DIN 19534-3–KGAM, als Zulage,
Einzelangaben nach DIN 18306
- Nennweite
  - – DN 100 – DN 125 – DN 150 – DN 200,
- Berechnungseinheit Stück.
  Hinweis: Aufklebmuffen werden i.d.R. für den **nachträglichen** Anschluss von Rohren verwendet. Aufklebmuffen werden übermessen und als Zulage nach Stück abgerechnet. Die Klebelänge wird der Leitungslänge nicht hinzugerechnet. Die Leitungslänge wird abzüglich Muffentiefe gerechnet und somit durch Aufklebmuffen nicht beeinflusst.

188 Muffenstopfen DIN 19534-3–KGM, als Zulage,
Einzelangaben nach DIN 18306
- Nennweite
  - – DN 100 – DN 125 – DN 150 – DN 200 – DN 250 – DN 300 – DN 400 – DN 500 – DN 600,
- Berechnungseinheit Stück.
  Hinweis: Die Rohrleitung wird in der Rohrachse gemessen und nach Längenmaß abgerechnet; der Muffenstopfen wird der Leitungslänge um die Einstecklänge hinzugerechnet. Muffenstopfen werden übermessen und als Zulage nach Stück abgerechnet.

Anschlussstücke für Rohre aus anderen Werkstoffen siehe Pos. 189 bis 193

189 Anschlussstück DIN 19534-3–KGUG aus PVC-U von Gussrohr (Spitzende) an KG-Rohr (Muffe), als Zulage,
Einzelangaben nach DIN 18306
- Nennweite
  - – DN 100 – DN 125 – DN 150 – DN 200,
- Berechnungseinheit Stück.

190 Anschlussstück DIN 19534-3–KGUS aus PVC-U von Steinzeugrohr (Spitzende) an KG-Rohr (Muffe), als Zulage,
Einzelangaben nach DIN 18306
- Nennweite
  - – DN 100 – DN 125 – DN 150 – DN 200 – DN 250 – DN 300 – DN 400 – DN 500,
- Berechnungseinheit Stück.

191 Anschlussstück DIN 19534-3–KGUSM aus PVC-U von KG-Rohr (Spitzende) an Steinzeugrohr (Muffe), als Zulage,
Einzelangaben nach DIN 18306
- Nennweite
  - – DN 100 – DN 125 – DN 150 – DN 200,
- Berechnungseinheit Stück.

192 Anschlussstück DIN 19534-3–KGUAS aus PVC-U von Faserzement-Rohr (Spitzende) an KG-Rohr (Muffe), als Zulage,
Einzelangaben nach DIN 18306
- Nennweite
  - – DN 100 – DN 125 – DN 150 – DN 200,
- Berechnungseinheit Stück.

193 Anschlussstück DIN 19534-3–KGUASM aus PVC-U von KG-Rohr (Spitzende) an Faserzement-Rohr (Muffe), als Zulage,
Einzelangaben nach DIN 18306
- Nennweite
  - – DN 100 – DN 125 – DN 150 – DN 200,
- Berechnungseinheit Stück.
  Hinweis zu Pos. 189 bis 193: Anschlussstücke aus PVC-U werden übermessen und als Zulage nach Stück abgerechnet.

194 Reinigungsrohr DIN 19534-3–KGRE aus PVC-U, als Zulage,
Einzelangaben nach DIN 18306
- Nennweite
  - – DN 100 – DN 125 – DN 150 – DN 200 – DN 250 – DN 300,
- Berechnungseinheit Stück.
  Hinweis: Reinigungsrohre werden übermessen und als Zulage zur Rohrleitung nach Stück abgerechnet.

195 Schachtfutter DIN 19534-3–KGF aus PVC-U, als Zulage,
Einzelangaben nach DIN 18306
- Nennweite
  - – DN 100 – DN 125 – DN 150 – DN 200 – DN 250 – DN 300 – DN 400 – DN 500 – DN 600,
- Schachtfutterlänge 110 mm – 240 mm,
- Berechnungseinheit Stück.
  Hinweis: Die Rohrleitung wird in der Rohrachse bis Innenseite Schacht gemessen und nach Längenmaß abgerechnet. Das Schachtfutter wird übermessen und als Zulage nach Stück abgerechnet.

LB 009 Entwässerungskanalarbeiten
Kanäle aus Rohren und Formstücken

STLB 009

Ausgabe 06.02

HDPE-Rohre

200 Entwässerungskanal/-leitung DIN EN 1610 aus HDPE-Rohren mit glatten Enden DIN 19537-1
Einzelangaben nach DIN 18306
- Rohre
  - – Reihe 2 – Reihe 3 – Reihe 4,
  Hinweis: Die Entscheidung, welche Rohrreihe zu wählen ist, hängt vom Ergebnis der statischen Berechnung nach Arbeitsblatt A 127 der Abwassertechnischen Vereinigung (ATV) e.V. ab. Rohrwanddicke z.B.
  bei NW 300 für Reihe 2: 9,8 mm,
  Reihe 3: 13,7 mm, Reihe 4: 20,1 mm
- Nennweite/Außendurchmesser
  zur Reihe 2
  - – DN 100/110 – DN 125/125 – DN 125/140 –
    DN 150/160 – DN 200/200 – DN 200/225 –
    DN 250/250 – DN 250/280 – DN 300/315 –
    DN 400/450 – DN 500/560 – DN 600/630 –
    DN 700/710 – DN 800/800 – DN 900/900 –
    DN 1000/1000 – DN 1200/1200,
  zu Reihe 3
  - – DN 100/110 – DN 125/125 – DN 125/140 –
    DN 150/160 – DN 200/225 – DN 250/280 –
    DN 300/355 – DN 400/450 – DN 500/560 –
    DN 600/630 – DN 700/710 – DN 800/800 –
    DN 900/900 – DN 1000/1000 – DN 1200/1200,
  zu Reihe 4
  - – DN 100/125 – DN 125/140 – DN 150/180 –
    DN 200/225 – DN 250/280 – DN 300/355 –
    DN 400/450 – DN 500/560 – DN 600/630 –
    DN 700/710 – DN 800/800,
- Baulänge 5 m – 6 m – 12 m – ....,
- Rohrverbindung
  - – einschl. Heizelement – Stumpfschweißverbindung gemäß Merkblatt DVS 2207
  - – einschl. Rohrverbindung mit HW Schweißmuffe DIN 19537 – PEGME,
  - – einschl. Rohrverbindung mit Steckmuffen DIN 19537 – PEGMS,
  - – einschl. Flanschenverbindung DIN 19537 – PEGF,
  - – Rohrverbindung wird als Zulage gesondert vergütet.
- Auflager
  - – Auflager in nichtbindigem Boden, Auflagerwinkel 120 Grad,
  - – Auflager in nichtbindigem Boden, Auflagerwinkel 180 Grad,
  - – Auflager in bindigem Boden, Auflagerwinkel 120 Grad,
  - – Auflager in bindigem Boden, Auflagerwinkel 180 Grad,
  - – Auflager auf Beton, Auflagerwinkel 120 Grad,
  - – Auflager auf Beton, Auflagerwinkel 180 Grad,
  - – Vollummantelung mit Beton,
  - – Auflager / Ummantelung gemäß Zeichnung Nr. ....,
  - – ....,
  Hinweis: Auflagerwinkel bei biegeweichen Rohren i.d.R. 120 Grad (siehe DIN EN 1610, Abs. 6).
- Verlegung in / auf
  - – in vorhandenem geböschtem Graben,
  - – in vorhandenem Graben mit Verbau ohne Aussteifungen,
  - – in vorhandenem Graben mit Verbau und Aussteifungen,
  - – in vorhandenem Graben mit Verbau und Aussteifungen, Abstand der Ablassfelder ....,
  - – auf vorhandenem Planum im Gelände für spätere Überschüttung,
  - – in vorhandener Leitung gemäß Zeichnung Nr. ......,
  - – in vorhandenem Stollen gemäß Zeichnung Nr. .....,
- Grabentiefe bis 1,25 m - bis 1,75 m - bis 4 m – bis 6 m ....,
- Berechnungseinheit m..
  Hinweis: Bei der Abrechnung werden die Achslängen zu Grunde gelegt. Formstücke werden übermessen und als Zulage nach Stück gesondert abgerechnet. Schächte mit einbindenden Rohren werden mit der lichten Weite abgezogen, Schachtaufsätze auf Rohre werden übermessen.

201 Bogen DIN 19537-2 (PE-HD)–PEG–Typ A, als Zulage,
Hinweis: Typ A = Bogen mit kurzen Schenkeln.
Einzelangaben nach DIN 18306
- Bogenwinkel
  - – – 15°,
  - – – 30°,
  - – – 45°,
  - – – 88,5°,
- Nennweite/Außendurchmesser
  zu Reihe 2
  - – – DN 100/110 – DN 125/125 – DN 125/140 –
    DN 150/160 – DN 200/200 – DN 200/225 –
    DN 250/250 – DN 250/280 – DN 300/315,
  zu Reihe 3
  - – – DN 100/110 – DN 125/125 – DN 125/140 –
    DN 150/160 – DN 200/225 – DN 250/280 –
    DN 300/355,
  zu Reihe 4
  - – – DN 100/125 – DN 125/140 – DN 150/180 –
    DN 200/225 – DN 250/280 – DN 300/355,
  Hinweis: DN ≥ 400 Sonderanfertigung nach Vereinbarung.
- Berechnungseinheit Stück.
  Hinweis: Die Rohrleitung wird in der Rohrachse gemessen und nach Längenmaß abgerechnet. Bogen werden übermessen und als Zulage nach Stück abgerechnet.

202 Bogen DIN 19537-2 (PE-HD)–PEGB–Typ B, als Zulage,
Hinweis: Typ B = Bogen mit langen Schenkeln.
Einzelangaben nach DIN 18306
- Bogenwinkel
  - – – 15°,
  - – – 30°,
  - – – 45°,
  - – – 88,5°,
- Nennweite/Außendurchmesser
  zu Reihe 2
  - – – DN 100/110 – DN 125/125 – DN 125/140 –
    DN 150/160 – DN 200/200 – DN 200/225 –
    DN 250/250 – DN 250/280 – DN 300/315,
  zu Reihe 3
  - – – DN 100/110 – DN 125/125 – DN 125/140 –
    DN 150/160 – DN 200/225 – DN 250/280 –
    DN 300/355,
  zu Reihe 4
  - – – DN 100/125 – DN 125/140 – DN 150/180 –
    DN 200/225 – DN 250/280 – DN 300/355,
  Hinweis: DN ≥ 400 Sonderanfertigung nach Vereinbarung.
- Berechnungseinheit Stück.
  Hinweis: Die Rohrleitung wird in der Rohrachse gemessen und nach Längenmaß abgerechnet. Bogen werden übermessen und als Zulage nach Stück abgerechnet.

203 Bogen DIN 19537-2 (PE-HD)–PEGB–Typ C, als Zulage,
Hinweis: Typ C = Ausführung in Segmentbauweise.
Einzelangaben nach DIN 18306
- Bogenwinkel
  - – – 15°,
  - – – 30°,
  - – – 45°,
  - – – 88,5°,
- Nennweite/Außendurchmesser
  zu Reihe 2
  - – – DN 200/200 – DN 200/225 – DN 250/250 –
    DN 250/280 – DN 300/315,
  zu Reihe 3
  - – – DN 200/225 – DN 250/280 – DN 300/355,
  zu Reihe 4
  - – – DN 200/225 – DN 250/280 – DN 300/355,
  Hinweis: DN ≥ 400 Sonderanfertigung nach Vereinbarung.
- Berechnungseinheit Stück.
  Hinweis: Die Rohrleitung wird in der Rohrachse gemessen und nach Längenmaß abgerechnet. Bogen werden übermessen und als Zulage nach Stück abgerechnet.

LB 009 Entwässerungskanalarbeiten
Kanäle aus Rohren und Formstücken

Ausgabe 06.02

204 **Einfachabzweig 45° DIN 19537-2 (PE-HD)–PEGEA,
als Zulage,
Einzelangaben nach DIN 18306**
- Nennweite/Außendurchmesser Durchgangsrohr –
  Nennweite/Außendurchmesser Abzweig
  zu Reihe 2
  – – DN 100/110 - 100/110 – DN 125/125 - 100/110 –
  DN 125/140 - 100/110 – DN 125/125 - 125/125 –
  DN 125/140 - 125/140 – DN 150/160 - 100/110 –
  DN 150/160 - 125/125 – DN 150/160 - 125/140 –
  DN 150/160 - 150/160 – DN 200/200 - 100/110 –
  DN 200/225 - 100/110 – DN 200/200 - 125/125 –
  DN 200/200 - 125/140 – DN 200/225 - 125/125 –
  DN 200/225 - 125/140 – DN 200/200 - 150/160 –
  DN 200/225 - 150/160 – DN 250/250 - 100/110 –
  DN 250/250 - 100/110 – DN 250/250 - 125/125 –
  DN 250/250 - 125/140 – DN 250/280 - 125/125 –
  DN 250/280 - 125/140 – DN 250/250 - 150/160 –
  DN 250/280 - 150/160 – DN 250/250 - 200/200 –
  DN 250/280 - 200/225 – DN 250/250 - 250/250 –
  DN 250/280 - 250/280 – DN 300/315 - 100/110 –
  DN 300/315 - 125/125 – DN 300/315 - 125/140 –
  DN 300/315 - 150/160 – DN 300/315 - 200/200 –
  DN 300/315 - 200/225 – DN 300/315 - 250/250 –
  DN 300/315 - 250/280 – DN 300/315 - 300/315,
  zu Reihe 3
  – – DN 100/110 - 100/110 – DN 125/125 - 100/110 –
  DN 125/140 - 100/110 – DN 125/125 - 125/125 –
  DN 125/140 - 125/140 – DN 150/160 - 100/110 –
  DN 150/160 - 125/125 – DN 150/160 - 125/140 –
  DN 150/160 - 150/160 – DN 200/225 - 100/110 –
  DN 200/225 - 125/125 – DN 200/225 - 125/140 –
  DN 200/225 - 150/160 – DN 250/280 - 100/110 –
  DN 250/280 - 125/125 – DN 250/280 - 125/140 –
  DN 250/280 - 150/160 – DN 250/280 - 200/225 –
  DN 250/280 - 250/280 – DN 300/355 - 100/110 –
  DN 300/355 - 125/125 – DN 300/355 - 125/140 –
  DN 300/355 - 150/160 – DN 300/355 - 200/225 –
  DN 300/355 - 250/280 – DN 300/355 - 300/355,
  zu Reihe 4
  – – DN 100/125 - 100/125 – DN 125/140 - 100/125 –
  DN 125/140 - 125/140 – DN 150/180 - 100/125 –
  DN 150/180 - 125/140 – DN 150/160 - 150/180 –
  DN 200/225 - 100/125 – DN 200/225 - 125/140 –
  DN 200/225 - 150/180 – DN 250/280 - 100/125 –
  DN 250/280 - 125/140 – DN 250/280 - 150/180 –
  DN 250/280 - 200/225 – DN 250/280 - 250/280 –
  DN 300/355 - 100/125 – DN 300/355 - 125/140 –
  DN 300/350 - 150/180 – DN 300/355 - 200/225 –
  DN 300/355 - 250/280 – DN 300/355 - 300/355,
  Hinweis: DN ≥ 400 Sonderanfertigung nach Vereinbarung.
- Berechnungseinheit Stück.
  Hinweis: Die Rohrleitung wird in der Rohrachse gemessen und nach Längenmaß abgerechnet. Abzweige werden übermessen und als Zulage nach Stück abgerechnet.
  Beispiel: Bei einem Abzweig 300 x 100 wird die Länge des Hauptrohres der DN 300-Rohrleitung hinzugerechnet; die Länge der Abzweige vom Schnittpunkt der Rohrachsen bis zum Abzweigende wird der DN 100-Rohrleitung hinzugerechnet; der Abzweig wird nach Stück (nur einmal) als Zulage zur Hauptleitung abgerechnet.

205 **Übergangsrohr DIN 19537-2 (PE-HD)–PEGR,
als Zulage,
Einzelangaben nach DIN 18306**
- Nennweite/Außendurchmesser auf Nennweite/Außendurchmesser zu Reihe 2
  – – DN 100/110 - 125/125 – DN 100/110 - 125/140 –
  DN 100/110 - 150/160 – DN 100/110 - 200/200 –
  DN 100/110 - 200/225 – DN 100/110 - 250/250 –
  DN 100/110 - 250/280 – DN 100/110 - 300/315 –
  DN 125/140 - 150/160 – DN 125/140 - 150/160 –
  DN 125/125 - 200/200 – DN 125/140 - 200/200 –
  DN 125/125 - 200/225 – DN 125/140 - 200/225 –
  DN 125/125 - 250/250 – DN 125/140 - 250/250 –
  DN 125/125 - 250/280 – DN 125/140 - 250/280 –
  DN 125/125 - 300/315 – DN 125/140 - 300/315 –
  DN 150/160 - 200/200 – DN 150/160 - 200/225 –
  DN 150/160 - 250/250 – DN 150/160 - 250/280 –
  DN 150/160 - 300/315 – DN 200/200 - 250/250 –
  DN 200/225 - 250/280 – DN 200/200 - 300/315 –
  DN 250/250 - 300/315,
  zu Reihe 3
  – – DN 100/110 - 125/125 – DN 100/110 - 125/140 –
  DN 100/110 - 150/160 – DN 100/110 - 200/225 –
  DN 100/110 - 250/280 – DN 100/110 - 300/355 –
  DN 125/125 - 150/160 – DN 125/140 - 150/160 –
  DN 125/125 - 200/225 – DN 125/140 - 200/225 –
  DN 125/125 - 250/280 – DN 125/140 - 250/280 –
  DN 125/125 - 300/355 – DN 125/140 - 300/355 –
  DN 150/160 - 200/225 – DN 150/160 - 250/280 –
  DN 150/160 - 300/355 – DN 200/225 - 250/280 –
  DN 200/225 - 300/355 – DN 250/280 - 300/355,
  zu Reihe 4
  – – DN 100/125 - 125/140 – DN 100/125 - 150/180 –
  DN 100/125 - 200/225 – DN 100/125 - 250/280 –
  DN 100/125 - 300/355 – DN 125/140 - 150/180 –
  DN 125/140 - 200/225 – DN 125/140 - 250/280 –
  DN 125/140 - 300/355 – DN 150/180 - 200/225 –
  DN 150/180 - 250/280 – DN 150/180 - 300/355 –
  DN 200/225 - 250/280 – DN 200/225 - 300/355 –
  DN 250/280 - 300/355,
  Hinweis: DN ≥ 300 - ≥ 400 Sonderanfertigung nach Vereinbarung.
- Berechnungseinheit Stück.
  Hinweis: Die Rohrleitung wird in der Rohrachse gemessen und nach Längenmaß abgerechnet. Übergangsrohre werden übermessen und als Zulage nach Stück abgerechnet.

206 **Heizwendelschweißmuffe (HW Schweißmuffe)
DIN 19537-2 (PE-HD)–PEGME, als Zulage,
Einzelangaben nach DIN 18306**
- Nennweite/Außendurchmesser
  – – DN 100/110 – DN 125/125 – DN 125/140 –
  DN 150/160 – DN 150/180 – DN 200/200 –
  DN 200/225 – DN 250/250 – DN 250/280 –
  DN 300/315,
  Hinweis: DN ≥ 400 Sonderanfertigung nach Vereinbarung.
- Berechnungseinheit Stück.
  Hinweis: Die Rohrleitung wird in der Rohrachse gemessen und nach Längenmaß abgerechnet. HW Schweißmuffen werden übermessen und als Zulage nach Stück abgerechnet, sofern die Rohrverbindungen gesondert vergütet werden.

207 **Steckmuffe DIN 19537-2 (PE-HD)–PEGMS, als Zulage,**
Hinweis: Steckmuffen DIN 19537–PEGMS sind auch als Anschlussstücke zum Anschluss von PVC-U-Rohrspitzenden an Rohre aus HDPE zu verwenden.
Einzelangaben nach DIN 18306
- Form
  – – Form A
  – – Form B
  Hinweis: Form A mit lose eingebautem Dichtring nach DIN 4060 Teil 1, nur für Außendurchmesser bis 200 mm; Form B mit eingebauter Dichtung spezieller Bauart.
- Nennweite/Außendurchmesser
  Form A
  – – DN 100/110 – DN 100/125 – DN 125/125 –
  DN 125/140 – DN 150/160 – DN 150/180 –
  DN 200/200,
  Form B
  – – DN 100/110 – DN 100/125 – DN 125/125 –
  DN 125/140 – DN 150/160 – DN 150/180 –
  DN 200/200 – DN 200/225 – DN 250/250 –
  DN 250/280 – DN 300/315 – DN 300/355,
  Hinweis: DN ≥ 400 Sonderanfertigung nach Vereinbarung.
- Berechnungseinheit Stück.
  Hinweis: Die Rohrleitung wird in der Rohrachse gemessen und nach Längenmaß abgerechnet. Steckmuffen werden übermessen und als Zulage nach Stück abgerechnet, sofern die Rohrverbindungen gesondert vergütet werden.

LB 009 Entwässerungskanalarbeiten
Kanäle aus Rohren und Formstücken

STLB 009

Ausgabe 06.02

208 Flanschverbindung DIN 19537-2 (PE-HD)–PEGF,
als Zulage,
Einzelangaben nach DIN 18306
- Nennweite
  für Reihe 2
  - – DN 100 – DN 125 – DN 150 – DN 200 – DN 250 –
    DN 300 – DN 400 – DN 500 – DN 600 – DN 700 –
    DN 800 – DN 1000 – DN 1200,
  für Reihe 3
  - – DN 100 – DN 125 – DN 150 – DN 200 – DN 250 –
    DN 300 – DN 400 – DN 500 – DN 600 – DN 700 –
    DN 800 – DN 1000 – DN 1200,
  für Reihe 4
  - – DN 100 – DN 125 – DN 150 – DN 200 – DN 250 –
    DN 300 – DN 400 – DN 500 – DN 600 – DN 700 –
    DN 800,
- Berechnungseinheit Stück.
  Hinweis: Die Rohrleitung wird in der Rohrachse gemessen und nach Längenmaß abgerechnet. Flanschverbindungen werden übermessen und als Zulage nach Stück abgerechnet, sofern die Rohrverbindungen gesondert vergütet werden.

Anschlussstücke für Rohre aus anderen Werkstoffen siehe Pos. 209 bis 219
Hinweis: Anschlussstück für PVC-U-Rohrspitzende siehe Pos. 207 Steckmuffe–PEGMS.

209 Anschlussstück DIN 19537-2 (PE-HD)–PEGUG von Gussrohrspitzende an HDPE-Rohr der Rohrreihe 2,
als Zulage,
Einzelangaben nach DIN 18306
- Nennweite/Außendurchmesser
  - – DN 100/110 – DN 100/125 – DN 125/125 –
    DN 125/140 – DN 150/160 – DN 200/200,
- Berechnungseinheit Stück.

210 Anschlussstück DIN 19537-2 (PE-HD)–PEGUS von Steinzeugrohrspitzende an HDPE-Rohr, als Zulage,
Einzelangaben nach DIN 18306
- Nennweite/Außendurchmesser
  - – DN 100/110 – DN 100/125 – DN 125/125 –
    DN 125/140 – DN 150/160 – DN 150/180 –
    DN 200/200 – DN 200/225,
- Berechnungseinheit Stück.

211 Anschlussstück DIN 19537-2 (PE-HD)–PEGUSM von HDPE-Rohr an Muffe von Steinzeugrohr, als Zulage,
Einzelangaben nach DIN 18306
- Nennweite/Außendurchmesser
  - – DN 100/110 – DN 100/125 – DN 125/125 –
    DN 125/140 – DN 150/160 – DN 150/180 –
    DN 200/200 – DN 200/225,
- Berechnungseinheit Stück.

212 Anschlussstück DIN 19537-2 (PE-HD)–PEGUAS von Faserzementrohrspitzende an HDPE-Rohr, als Zulage,
Einzelangaben nach DIN 18306
- Nennweite/Außendurchmesser
  - – DN 100/110 – DN 100/125 – DN 125/125 –
    DN 125/140 – DN 150/160 – DN 150/180 –
    DN 200/200 – DN 200/225,
- Berechnungseinheit Stück.

213 Anschlussstück DIN 19537-2 (PE-HD)–PEGAUSM von HDPE-Rohr an Muffe von Faserzementrohr,
als Zulage,
Einzelangaben nach DIN 18306
- Nennweite/Außendurchmesser
  - – DN 100/110 – DN 100/125 – DN 125/125 –
    DN 125/140 – DN 150/160 – DN 150/180 –
    DN 200/200 – DN 200/225,
- Berechnungseinheit Stück.
  Hinweis zu Pos. 209 bis 213: Anschlussstücke aus HDPE werden übermessen und als Zulage nach Stück abgerechnet.

214 Reinigungsrohr DIN 19537-2 (PE-HD)–PEGRE,
als Zulage,
Einzelangaben nach DIN 18306
- Nennweite/Außendurchmesser
  Reinigungsrohre DN 100 bis DN 150,
  Öffnung 201 x 101 mm
  - – DN 100/110 – DN 100/125 – DN 125/125 –
    DN 125/140 – DN 150/160 – DN 150/180,
  Reinigungsrohre DN 200 bis DN 300,
  Öffnung 205 x 185 mm
  - – DN 200/200 – DN 200/225 – DN 250/250 –
    DN 250/280 – DN 300/315 – DN 300/355,
  Hinweis: DN ≥ 400 Sonderanfertigung nach Vereinbarung.
- Berechnungseinheit Stück.
  Hinweis: Reinigungsrohre werden übermessen und als Zulage zur Rohrleitung nach Stück abgerechnet.

215 Schachtfutter DIN 19537-2 (PE-HD)–PEGSF,
als Zulage,
Einzelangaben nach DIN 18306
- Nennweite/Außendurchmesser
  - – DN 100/110 – DN 125/125 – DN 125/140 –
    DN 150/160 – DN 150/180 – DN 200/200 –
    DN 200/225 – DN 250/250 – DN 250/280 –
    DN 300/315 – DN 300/355,
  Hinweis: DN ≥ 400 Sonderanfertigung (z.B. mit zugfester Maueranbindung) nach Vereinbarung.
- Berechnungseinheit Stück.
  Hinweis: Die Rohrleitung wird in der Rohrachse bis Innenseite Schacht gemessen und nach Längenmaß abgerechnet. Das Schachtfutter wird übermessen und als Zulage nach Stück abgerechnet.

Duktiles Gusseisen

220 Entwässerungskanal/-leitung DIN EN 1610 mit Rohren aus duktilem Gusseisen DIN EN 598, Rohrverbindung mit Steckmuffe DIN 28603,
Einzelangaben nach DIN 18306
- Nennweite
  DN 100 – DN 125 – DN 150 – DN 200 – DN 250 –
  DN 300 – DN 400 – DN 500 – DN 600 – DN 700 –
  DN 800 – DN 900 – DN 1000 – DN 1200 –
  DN 1400 – DN 1600 – DN 1800 – DN 2000,
- Baulänge 6 m – 7 m – 8 m – ....,
  Hinweis: 7 m ab DN 700, 8 m ab DN 1000; auf Vereinbarung können Rohre in größeren Baulängen geliefert werden.
- Rohrinnenschutz
  - – Rohrinnenschutz mit Auskleidung in Mörtel MG III,
  - – Rohrinnenschutz mit Auskleidung in Mörtel MG III, Zementsorte ....,
  - – Rohrinnenschutz ....,
- Rohraußenschutz
  - – Rohraußenschutz mit Zementmörtelumhüllung DIN 30674 Teil 2,
  - – Rohraußenschutz mit Zementmörtelumhüllung, Zementsorte ....,
  - – Rohraußenschutz mit Polyethylenumhüllung DIN 30674 Teil 1,
  - – Rohraußenschutz mit Zinküberzug und Deckbeschichtung DIN 30674 Teil 3,
  - – Rohraußenschutz mit Bitumenbeschichtung DIN 30674 Teil 4,
  - – Rohraußenschutz ....,
- Auflager
  - – Auflager in nichtbindigem Boden, Auflagerwinkel 90 Grad – 120 Grad,
  - – Auflager in bindigem Boden, Auflagerwinkel 90 Grad – 120 Grad,
  - – Auflager auf Beton, Auflagerwinkel 90 Grad – 120 Grad,
  - – –Vollummantelung mit Beton,
  - – –Auflager / Ummantelung gemäß Zeichnung Nr. ....,
  - – –..........,
  Hinweis: Auflagerwinkel i.d.R. 90 Grad, in Sonderfällen 120 Grad.

LB 009 Entwässerungskanalarbeiten
Kanäle aus Rohren und Formstücken

Ausgabe 06.02

Einzelangaben zu Pos. 220, Fortsetzung
- Verlegung in / auf
  - – in vorhandenem geböschtem Graben,
  - – in vorhandenem Graben mit Verbau ohne Aussteifungen,
  - – in vorhandenem Graben mit Verbau und Aussteifungen,
  - – in vorhandenem Graben mit Verbau und Aussteifungen, Abstand der Ablassfelder,
  - – auf vorhandenem Planum im Gelände für spätere Überschüttung,
  - – in vorhandener Leitung gemäß Zeichnung Nr. ......,
  - – in vorhandenem Stollen gemäß Zeichnung Nr. ......,
- Grabentiefe bis 1,25 m - bis 1,75 m - bis 4 m – bis 6 m ....,
- Berechnungseinheit m.

Hinweis: Bei der Abrechnung werden die Achslängen zu Grunde gelegt. Formstücke werden übermessen und als Zulage nach Stück gesondert abgerechnet. Schächte mit einbindenden Rohren werden mit der lichten Weite abgezogen, Schachtaufsätze auf Rohren werden übermessen.

221 Zugfeste Verbindung für Rohrleitung aus duktilem Gusseisen, als Zulage,
Einzelangaben nach DIN 18306
- nach DVGW-Arbeitsblatt GW 368 einschl. Dichtung und Zubehör, Typ ....,
  (Sofern nicht vorgeschrieben, vom Bieter einzutragen)
- DN ....,
- Berechnungseinheit Stück.

222 Passstück aus duktilem Gusseisen, als Zulage,
Einzelangaben nach DIN 18306
- DN ....,
- Länge ....,
- Berechnungseinheit Stück.

223 Formstück aus duktilem Gusseisen, als Zulage,
Einzelangaben nach DIN 18306
- DN ....,
- Formstück ....,
- Berechnungseinheit Stück, kg.

Hinweis: Formstücke aus duktilem Gusseisen mit Steckmuffen für Entwässerungskanäle und -leitungen sind in DIN 19692 Teil 1 und Teil 2 genormt.

Sonstige Werkstoffe

240 Entwässerungskanal-/leitung DIN EN 1610,
Einzelangaben nach DIN 18306
- Werkstoff aus ....,
- Nennweite
  - – DN ....,
  - – Außendurchmesser x Wanddicke ....,
- Baulänge .... ,
- Rohrverbindung .... (Sofern nicht vorgeschrieben, vom Bieter einzutragen),
- Auflager
  - – Auflager in nichtbindigem Boden – in bindigem Boden – auf Beton,
    - – – Auflagerwinkel 60 Grad – 90 Grad – 120 Grad – 180 Grad,
    Hinweis: Auflagerwinkel siehe DIN EN 1610, Abs. 6,
  - – Vollummantelung mit Beton – Auflager/ Ummantelung gemäß Zeichnung Nr. .... – ....,
- Verlegung in/auf
  - – in vorhandenem geböschtem Graben,
  - – in vorhandenem Graben mit Verbau ohne Aussteifungen,
  - – in vorhandenem Graben mit Verbau und Aussteifungen,
  - – in vorhandenem Graben mit Verbau und Aussteifungen, Abstand der Ablassfelder ....,
  - – auf vorhandenem Planum im Gelände für spätere Überschüttung,
  - – in vorhandener Leitung gemäß Zeichnung Nr. ......,
  - – in vorhandenem Stollen gemäß Zeichnung Nr. ......,
  - – – ....,
- Grabentiefe bis 1,25 m - bis 1,75 m - bis 4 m – bis 6 m ....,
- Berechnungseinheit m.

241 Formstück, als Zulage,
Einzelangaben nach DIN 18306
- aus ....,
- DN ....,
- Formstück ....,
- Berechnungseinheit Stück.

Prüfen auf Wasserdichtheit

Hinweis: Wasserdichtheitsprüfung nach DIN 4279.
Die Prüfung auf Wasserdichtheit gilt nach DIN 18306, Abs. 4.2.7 als Besondere Leistung gegen Vergütung.

260 Wasserdichtheitsprüfung DIN 4279, Teile 2 bis 7, 9, 10,
Einzelangaben nach DIN 18306
- Gegenstand der Prüfung
  - – des/der Entwässerungskanals/-leitung,
  - – der Entwässerungskanalhaltung, Einzellänge ....,
  - – der Entwässerungskanalrohrverbindung ....,
- Wasser
  - – Wasser liefern und schadlos beseitigen,
  - – Wasser wird auf der Baustelle beigestellt und ist vom AN zur Verwendungsstelle zu transportieren und nach Gebrauch schadlos zu beseitigen,
  - – Wasser ....,
- Nennweite
  - – bis DN 250,
  - – DN 300 bis DN 450,
  - – DN 500,
  - – DN 600,
  - – DN 700,
  - – DN 800,
  - – DN 900,
  - – DN 1000,
  - – DN 1100,
  - – DN 1200,
  - – DN 1300,
  - – DN 1400,
  - – DN 1500,
  - – DN 1600,
  - – DN 1800,
  - – DN 2000,
  - – DN 500/750,
  - – DN 600/900,
  - – DN 700/1050,
  - – DN 800/1200,
  - – DN 900/1350,
  - – DN 1000/1500,
  - – DN 1200/1800,
  - – DN ....,
  - – lichter Kanalquerschnitt ....,
- Berechnungseinheit m, Stück.

LB 009 Entwässerungskanalarbeiten
Kanäle aus Ortbeton, Mauerwerk

STLB 009

Ausgabe 06.02

300 Entwässerungskanal DIN EN 1610 aus Ortbeton,
301 Entwässerungskanal DIN EN 1610 aus Mauerwerk,
Einzelangaben nach DIN 18306 zu Pos. 300, 301
- Querschnitt, Form
  - – Kreisquerschnitt DN ....,
  - – Eiquerschnitt ....,
  - – Maulquerschnitt ....,
  - – Rechteckquerschnitt ....,
  - – Rinnenquerschnitt ....,
  - – lichter Kanalquerschnitt ....,
    - – – in Geraden,
    - – – in Geraden mit Kurven, Radien größer 30 m,
    - – – in Geraden mit Kurven, Radien größer 50 m,
    - – – ....,
- Werkstoff
  - – Beton B 15,
  - – Beton B 25,
  - – Beton ....,
  - – Stahlbeton B 25,
  - – Stahlbeton B 35,
  - – Stahlbeton ....,
    - – – einschl. Bewehrung,
    - – – Bewehrung wird gesondert vergütet,
      Hinweis: Bewehrung siehe LB 013 Beton- und Stahlbetonarbeiten.
      - – – – einschl. Schalung,
      - – – – einschl. Innenschalung und einer Trennlage zu dem als Außenschalung dienenden Baugrubenverbau,
      - – – – ....,
  - – Kanalklinker DIN 4051, Mörtel MG III,
    Hinweis: Fugendicke höchstens 8 mm.
  - – ....,
- Einbau in
  - – in vorhandenem geböschten Graben,
  - – in vorhandenem Graben mit Verbau ohne Aussteifungen,
  - – in vorhandenem Graben mit Verbau und Aussteifungen,
  - – in vorhandener geschlossener Baugrube (Stollenverbau),
  - – ....,
- Grabentiefe bis 3 m – bis 5 m – bis 7 m – ....,
- Ausführung .... gemäß Zeichnung Nr. ....,
  Einzelbeschreibung Nr. ....,
- Berechnungseinheit m.

302 Kurve als Zulage zu vorbeschriebenem Entwässerungskanal,
Einzelangaben nach DIN 18306
- Werkstoff Kanal
  - – aus Beton – Stahlbeton – Mauerwerk,
- lichter Kanalquerschnitt ....,
- Radius bis 30 m – bis 50 m – ....,
- Berechnungseinheit m.

303 Dehnungsfuge als Zulage zu vorbeschriebenem Entwässerungskanal,
Einzelangaben nach DIN 18306
- Werkstoff Kanal
  - – aus Beton – Stahlbeton,
- lichter Kanalquerschnitt ....,
- Einbauort, Leistungsumfang
  - – innerhalb der Kanalstrecke einbauen,
    - – – einschl. Fugenband, Fugenfüllung und innerem Fugenabschluss,
    - – – einschl. ....,
  - – am Kanalende oder -abzweig für spätere Weiterführung,
    - – – einschl. Fugenband je halbseitig einbauen und gegen das Erdreich schützen,
    - – – einschl. ....,
  - – am Anschluss an vorhandenen Kanal/Bauwerk,
    - – – Fugenband ist halbseitig eingebaut,
    - – – Fugenband beidseitig einbauen,
      - – – – einschl. Fugenfüllung und innerem Fugenabschluss,
- Ausführung .... gemäß Zeichnung Nr. ....,
  Einzelbeschreibung Nr. ....,
- Berechnungseinheit Stück.

304 Rohreinlass/Einlassstück als Zulage zu vorbeschriebenem Entwässerungskanal,
Einzelangaben nach DIN 18306
- Werkstoff Kanal
  - – aus Beton – Stahlbeton – Mauerwerk,
- Art des Rohreinlasses/Einlassstückes
  - – Steinzeugrohrpassstück DIN EN 295-1 mit Steckmuffe, DN ....,
  - – Steinzeugrohrpassstück DIN EN 295-1 mit Steckmuffe K, DN ....,
  - – ....,
- Ausführung
  - – Regelausführung (N),
  - – verstärkte Ausführung (V),
- Verschluss
  - – einschl. Verschlussteller,
  - – einschl. Verschluss,
- Anwendungsbereich
  - – für Kanalanschluss,
  - – für Lüftungsrohr,
  - – für Kanalanschluss oder Lüftungsrohr,
- Ausführung .... gemäß Zeichnung Nr. ....,
  Einzelbeschreibung Nr ....,
- Berechnungseinheit Stück.

305 Lüftungsrohr senkrecht hochführen,
306 Rohreinlass senkrecht hochführen,
Einzelangaben nach DIN 18306 zu Pos. 305, 306
- Einbaubereich
  - – innerhalb der Baugrube ab Kanalscheitel,
  - – außerhalb der Kanalwand,
  - – ....,
- Rohrart
  - – Steinzeugrohr DIN EN 295-1 mit Steckmuffe, DN .... ,
  - – Steinzeugrohr DIN EN 295-1 mit Steckmuffe K, DN .... ,
  - – ....,
- Ausführung
  - – Regelausführung (N)
  - – verstärkte Ausführung (V)
- Form- und Passstücke
  - – einschl. Form- und Passstücke,
- Ummantelung
  - – einschl. 24 cm dicker Mauerwerksummantelung,
  - – einschl. mind. 25 cm dicker Betonummantelung,
  - – einschl. Betonummantelungen ....,
- Ausführung .... gemäß Zeichnung Nr. ....,
  Einzelbeschreibung Nr. ....,
- Berechnungseinheit m.

307 Lüftungsdeckkasten in Mörtel MG III versetzen,
308 Lüftungsabdeckung in Mörtel MG III versetzen,
Einzelangaben nach DIN 18306 zu Pos. 307, 308
- Aufmauerung/Auflagerfundament
  - – einschl. 3-schichtiger Aufmauerung,
  - – einschl. 4-schichtiger Aufmauerung,
  - – einschl. Auflagerfundament,
- Zwischenraum verfüllen
  - – Raum zwischen Rohr und Fundament mit Sand verfüllen,
  - – ....,
- Ausführung .... gemäß Zeichnung Nr. ....,
  Einzelbeschreibung Nr. ....,
- Berechnungseinheit Stück.

STLB 009

LB 009 Entwässerungskanalarbeiten
Schächte, Bauwerke

Ausgabe 06.02

Schächte für Kanäle aus Rohren

Hinweis: Für Schacht-Komplettausschreibung gilt Pos. 400; für Ausschreibung nach Schachteinzelteilen sind Pos. 410 bis 418 zu verwenden.

400 Schacht
Einzelangaben nach DIN 18306
- Form, lichte Weite
  - – rund, lichte Weite 1000 mm – 1200 mm – 1350 mm – 1500 mm – ....,
  - – rechteckig, lichte Weite 1000 mm x 1000 mm – 1000 mm x 1200 mm – 1000 mm x 1500 mm – ....,
- Schachtunterteil
  - – Schachtunterteil aus Ortbeton:
    Sauberkeitsschicht aus B 10, 10 cm dick,
    Bodenplatte aus Beton B 25, mind. 20 cm dick,
    Wand aus Beton B 25, Dicke ....,
    Höhe Unterteil mind. 25 cm über Rohrscheitel,
    Auftritt in Höhe des Rohrscheitels;
  - – Schachtunterteil aus Ortbeton und Mauerwerk:
    Sauberkeitsschicht aus B 10, 10 cm dick,
    Bodenplatte aus Beton B 25, mind. 20 cm dick,
    Wand 24 cm dick aus Kanalklinkern NFK DIN 4051 in Mörtel MG III, innen fugen, Außenputz P III DIN 18550 2 cm dick,
    Höhe Unterteil mind. 25 cm über Rohrscheitel,
    Auftritt in Höhe des Rohrscheitels;
  - – Schachtunterteil aus Ortbeton und Mauerwerk:
    Sauberkeitsschicht aus B 10, 10 cm dick,
    Bodenplatte aus Beton B 25, mind. 20 cm dick,
    Wand 24 cm dick aus Kanalschachtklinkern C DIN 4051 in Mörtel MG III, innen fugen, Außenputz P III DIN 18550 2 cm dick,
    Höhe Unterteil mind. 25 cm über Rohrscheitel,
    Auftritt in Höhe des Rohrscheitels;
  - – Schachtunterteil auf Sauberkeitsschicht aus B 10, 10 cm dick, als Betonfertigteil mit rundem Grundriss, abgewinkeltem Gerinne, angeformter Muffe und einem Zulauf,
  - – Erzeugnis
    - – – .... oder gleichwertiger Art,
    - – – .... (vom Bieter einzutragen),
  - – Schachtunterteil auf Sauberkeitsschicht aus B 10, 10 cm dick, als Betonfertigteil mit eingebauten Anschlussstücken,
  - – Erzeugnis
    - – – .... oder gleichwertiger Art,
    - – – .... (vom Bieter einzutragen),
  - – FBS-Beton-Schachtunterteil ....
    Hinweis: Einzelbeschreibung siehe Pos. 410.
  - – Schachtunterteil ....;
- Schachtoberteil
  - – Schachtoberteil aus Betonfertigteilen DIN 4034:
    gleiche Lichtweite wie Unterteil,
    Schachtringe, Schachthals, Auflagering;
  - – Schachtoberteil aus Betonfertigteilen:
  - – Erzeugnis
    - – – .... oder gleichwertiger Art,
    - – – .... (vom Bieter einzutragen),
  - – FBS-Beton-Schachtbauteile ....
    Hinweis: Einzelbeschreibung siehe Pos. 412 bis 420, i.d.R. Schachtringe (Pos. 412), Schachthals (Pos. 414), Abdeckplatte (Pos. 417).
  - – Schachtoberteil ....;
- Fugendichtung
  - – Fugendichtung Muffe mit Dichtring aus Elastomeren DIN 4060 Teil 1,
  - – Fugendichtung aus Elastomeren, hohlraumfrei als Kompressionsdichtung, bauseits auf oberem Spitzende aufgezogen,
  - – Fugendichtung Falz mit Mörtel MG III und Muffe mit Dichtring aus Elastomeren DIN 4060 Teil 1,
  - – Fugendichtung ....,
  Hinweis: Für FBS-Betonschachtbauteile Fugendichtung aus Elastomeren, hohlraumfrei als Kompressionsdichtung.
- besondere Eigenschaften
  - – Schutz gegen betonangreifende Stoffe
    - – – durch Beton B 45, wasserundurchlässig,
    - – – durch ....,
  - – Steigeisen, Steighilfen
    - – – Steigeisen nach DIN 1211,
      - – – – Form D – Form E – Form GS,
      - – – – – Steigmaß 250 mm – ....,
    - – – Steigeisen nach DIN 1212,
      - – – – Form D – Form E – Form GS,
      - – – – – Steigmaß 250 mm – ....,
    Hinweis: DIN 1211 ohne Aufkantung, DIN 1212 mit beidseitiger Aufkantung. Form D zum Einmauern oder Einbetonieren; Form E zum Einbau in Betonfertigteile; Form GS zum Anschrauben und Durchschrauben.
    - – – Steigbügel nach DIN 19555,
      - – – – Steigmaß 250 mm – ....,
        - – – – – aus Edelstahl, kunststoffummantelt,
        - – – – – aus Aluminium, kunststoffummantelt,
        - – – – – aus Stahl, kunststoffummantelt,
    - – – Steighilfe ....,
  - – Gerinne
    - – – Gerinne gerade, Auskleidung Gerinne und Auftritt mit Zementestrich ZE 20 DIN 18560,
    - – – Gerinne gerade, Auskleidung Gerinne und Auftritt mit Kanalklinkern DIN 4051,
    - – – Gerinne gerade, Auskleidung Gerinne und Auftritt mit Klinkerriemchen DIN 4051,
    - – – Gerinne gerade, Auskleidung Gerinne und Auftritt mit Halbschalen DIN EN 295-1/4 und Kanalklinkern DIN 4051,
    - – – Gerinne gerade, Auskleidung Gerinne und Auftritt mit Halbschalen DIN EN 295-1/4 und Klinkerriemchen DIN 4051,
    - – – Gerinne gekrümmt, Auskleidung Gerinne und Auftritt mit Zementestrich ZE 20 DIN 18560,
    - – – Gerinne gekrümmt, Auskleidung Gerinne und Auftritt mit Kanalklinkern DIN 4051,
    - – – Gerinne gekrümmt, Auskleidung Gerinne und Auftritt mit Klinkerriemchen DIN 4051,
    - – – Gerinne gekrümmt, Auskleidung Gerinne und Auftritt mit ....,
- Zulauf DN 150 – DN 200 – DN 250 – DN 300 – DN 350 – DN 400 – DN 500 – DN 600 – DN 700 – DN 800 – DN 900 – DN 1000 – DN ....,
- lichte Schachttiefe bis 1,6 m – bis 2 m – über 2 bis 2,5 m – über 2,5 bis 3 m – über 3 bis 4 m – über 4 bis 5 m – über 5 bis 6 m – ....
- Ausführung .... gemäß Zeichnung Nr. ....,
  Einzelbeschreibung Nr. ....
- Berechnungseinheit Stück.
Hinweis: Die Schachttiefe wird von der Auflagerfläche der Schachtabdeckung bis zum tiefsten Punkt der Rinnensohle gerechnet.

LB 009 Entwässerungskanalarbeiten
Schächte, Bauwerke

STLB 009

Ausgabe 06.02

Schachteinzelteile

Hinweis zu Pos. 410 bis 429: FBS-Beton-Schächte und FBS-Beton-Schachtbauteile sind Erzeugnisse entsprechend der FBS-Qualitätsrichtlinie. (FBS = Fachvereinigung Betonrohre und Stahlbetonrohre e.V., Bonn 2). Das Anforderungsniveau liegt über dem der DIN 4034.

410 FBS-Beton-Schachtunterteil, rund, nach DIN 4034, Teil 1 – SU-M
Einzelangaben nach DIN 18306
- Maße
  - – lichte Weite 1000 mm,
    - – – Höhe 500 mm, Zulauf DN 150, Auftritthöhe 150 mm,
    - – – Höhe 500 mm, Zulauf DN 200, Auftritthöhe 200 mm,
    - – – Höhe 600 mm, Zulauf DN 250, Auftritthöhe 250 mm,
    - – – Höhe 700 mm, Zulauf DN 300, Auftritthöhe 300 mm,
    - – – Höhe 800 mm, Zulauf DN 400, Auftritthöhe 400 mm,
    - – – Höhe 900 mm, Zulauf DN 500, Auftritthöhe 500 mm,
    - – – Höhe 1000 mm, Zulauf DN 600, Auftritthöhe 500 mm,
  - – lichte Weite 1200 mm,
    - – – Höhe 500 mm, Zulauf DN 150, Auftritthöhe 150 mm,
    - – – Höhe 500 mm, Zulauf DN 200, Auftritthöhe 200 mm,
    - – – Höhe 600 mm, Zulauf DN 250, Auftritthöhe 250 mm,
    - – – Höhe 700 mm, Zulauf DN 300, Auftritthöhe 300 mm,
    - – – Höhe 800 mm, Zulauf DN 400, Auftritthöhe 400 mm,
    - – – Höhe 900 mm, Zulauf DN 500, Auftritthöhe 500 mm,
    - – – Höhe 1000 mm, Zulauf DN 600, Auftritthöhe 500 mm,
    - – – Höhe 1100 mm, Zulauf DN 700, Auftritthöhe 500 mm,
    - – – Höhe 1200 mm, Zulauf DN 800, Auftritthöhe 500 mm,
  - – lichte Weite 1500 mm,
    - – – Höhe 1300 mm, Zulauf DN 900, Auftritthöhe 500 mm,
    - – – Höhe 1400 mm, Zulauf DN 1000, Auftritthöhe 500 mm,
- Steighilfen
  - – mit Steigeisen DIN 1211, Form E
    - – – Steigmaß 250 mm – .... ,
  - – – .... ,
- Muffen, Dichtung
  - – mit angeformten Zu- und Abläufen,
    - – – einschl. Dichtungen DIN 4060,
    - – – ohne Dichtungen,
- Gerinne
  - – mit Gerinne aus Beton,
  - – mit Gerinne aus Kanalklinkern DIN 4051,
  - – mit Gerinne aus Steinzeughalbschale,
  - – mit Gerinne aus .... ,
  - – ohne Gerinne, jedoch mit Sohlplatte,
- Auftritt
  - – mit Auftritt aus Beton,
  - – mit Auftritt aus Kanalklinkern DIN 4051,
  - – mit Auftritt aus .... ,
  - – ohne werkseitig belegten Auftritt,
- zusätzliche Leistungen: .... ,
  Hinweis: z.B. gewinkelter Durchlauf, Dimensionswechsel sohlgleich/scheitelgleich, Absturz ≥ 50 mm, zusätzlicher Zulauf DN ...., (mit/ohne Dichtelement), verfugen mit säurebeständigem Mörtel, mit innenliegendem Untersturz DN 200/DN 250 einteilig/zweiteilig/dreiteilig, als Tangentialschachtaufsatz,
- Erzeugnis
  - – .... oder gleichwertiger Art,
  - – .... (vom Bieter einzutragen).
- Berechnungseinheit Stück.

411 FBS-Beton-Fußauflagerring nach DIN 4034-1 und DIN 4034-2 – FAR-M,
Einzelangaben nach DIN 18306
Hinweis: Fußauflagerringe ermöglichen den Übergang von örtlich erstellten Schachtunterteilen auf Schachtfertigteile.
- lichte Weite
  - – – DN 1000 mm – DN 1200 mm – DN 1500 mm,
- Bauhöhe 250 mm,
- Wanddicke 200 mm,
- einschl. Dichtmittel nach DIN 4060,
- Berechnungseinheit Stück.

412 FBS-Beton-Schachtring nach DIN 4034, Teil 1 – SR-M,
Hinweis: Schachtringe bestehen aus zylindrischer Schachtwand mit ≤ 1000 mm Bauhöhe, Dichtmittel, Steigeisen.
Einzelangaben nach DIN 18306
- lichte Weite
  - – – DN 1000 mm,
  - – – DN 1200 mm,
  - – – DN 1500 mm,
- Bauhöhe 1000 mm – 750 mm – 500 mm – 250 mm,
  Hinweis: Regelbauhöhe 1000 mm, übrige Bauhöhen nur für Anpassung.
  - – – DN 1200 mm, Bauhöhe 500 mm,
  - – – DN 1500 mm, Bauhöhe 500 mm,
- Wanddicke ....
  Hinweis: Mindestwanddicke 120 mm für DN 1000 mm, 135 mm für DN 1200 mm, 150 mm für DN 1500 mm.
- einschl. Dichtmittel nach DIN 4060,
- einschl. Steigeisen DIN 1211, Form E, in .... ,
- Berechnungseinheit Stück.

413 FBS-Beton-Schachtrohr nach DIN 4034, Teil 1–SRo-M,
Hinweis: Schachtrohre bestehen aus zylindrischer Schachtwand > 1000 mm Bauhöhe, Dichtmittel, Steigeisen.
Einzelangaben nach DIN 18306
- Maße
  - – – DN 1000 mm,
  - – – DN 1200 mm,
  - – – DN 1500 mm,
- Bauhöhe 1250 mm –1500 mm –1750 mm –2000 mm –
- einschl. Dichtmittel nach DIN 4060,
- einschl. Steigeisen DIN 1211, Form E, – .... ,
  - – – Steigmaß 250 mm – .... ,
- Berechnungseinheit Stück.

414 FBS-Beton-Schachthals nach DIN 4034, Teil 1–SH–M,
Einzelangaben nach DIN 18306
- Maße
  - – – DN 1000/625 mm,
    - – – – Bauhöhe 600 mm,
  - – – DN 1200/625 mm, Bauhöhe 500 mm, Wanddicke 135 mm,
  - – – DN 1500/625 mm, Bauhöhe 500 mm, Wanddicke 150 mm,
- einschl. Dichtmittel nach DIN 4060,
- einschl. Steigeisen DIN 1211, Form E, – .... ,
  - – – Steigmaß 250 mm – .... ,
- Berechnungseinheit Stück.

415 FBS-Beton-Übergangsring nach DIN 4034, Teil 1–UER–M,
Einzelangaben nach DIN 18306
- Maße
  - – – DN 1200/1000 mm, Bauhöhe 500 mm,
  - – – DN 1500/1000 mm, Bauhöhe 500 mm,
- einschl. Dichtmittel nach DIN 4060,
- Berechnungseinheit Stück.

416 FBS-Beton-Übergangsplatte nach DIN 4034, Teil 1–UEP–M–S,
Einzelangaben nach DIN 18306
- Maße
  - – – DN 1200/1000, Bauhöhe 250 mm,
  - – – DN 1500/1000, Bauhöhe 250 mm,
  - – – DN 1500/1200, Bauhöhe 250 mm,
- einschl. Dichtmittel nach DIN 4060,
- Berechnungseinheit Stück.

STLB 009

LB 009 Entwässerungskanalarbeiten
Schächte, Bauwerke

Ausgabe 06.02

417 FBS-Beton-Abdeckplatte nach DIN 4034, Teil 1–AP–M–S,
Einzelangaben nach DIN 18306
- Maße
  - – DN 1000, ohne Öffnung, Bauhöhe 200 mm,
  - – DN 1000, mit Öffnung, DN 625, Bauhöhe 200 mm,
  - – DN 1200, ohne Öffnung, Bauhöhe 250 mm,
  - – DN 1200, mit Öffnung, DN 625, Bauhöhe 250 mm,
  - – DN 1500, ohne Öffnung, Bauhöhe 250 mm,
  - – DN 1500, mit Öffnung, DN 625, Bauhöhe 250 mm,
- einschl. Dichtmittel nach DIN 4060,
- Berechnungseinheit Stück.

418 FBS-Beton-Auflagerring nach DIN 4034, Teil 1–AR–V, verschiebesicher,
Einzelangaben nach DIN 18306
- Maße
  - – DN 625, Bauhöhe 60 mm
  - – DN 625, Bauhöhe 80 mm
  - – DN 625, Bauhöhe 100 mm,
- Berechnungseinheit Stück.

Schächte für Kanäle aus Ortbeton, Mauerwerk

450 Schacht für Ortbetonkanal,
451 Schacht für Mauerwerkskanal,
Einzelangaben nach DIN 18306 zu Pos. 450, 451
- lichter Kanalquerschnitt ....,
- lichter Schachtquerschnitt ....,
- Seitengang
  - – mit Seitengang, Achsabstand Schacht/Kanal ...., Seitengang wird gesondert vergütet,
  - – Seitengang ....,
- Stufenanzahl zwischen Schacht und Kanalsohle ....,
- lichte Tiefe
  - – lichte Tiefe bis 3 m,
  - – lichte Tiefe über 3 bis 4 m,
  - – lichte Tiefe über 4 bis 5 m,
  - – lichte Tiefe über 5 bis 6 m,
  - – lichte Tiefe über 6 bis 7 m,
  - – lichte Tiefe über 7 bis 8 m,
  - – lichte Tiefe ....,
- Werkstoff
  - – Beton B 15,
  - – Beton B 25,
  - – Beton ....,
  - – Stahlbeton B 25,
  - – Stahlbeton B 35,
  - – Stahlbeton
    - – – Bewehrung wird gesondert vergütet,
    - – – ....,
- Schalung
  - – einschl. Schalung,
  - – einschl. Innenschalung und einer Trennlage zu dem als Außenschalung, dienenden Baugrubenverbau,
  - – einschl. ....,
- Ausführung .... gemäß Zeichnung Nr. ....,
  Einzelbeschreibung Nr. ....,
- Berechnungseinheit Stück.

452 Seitengang als Zulage zum Schacht/Bauwerk,
Einzelangaben nach DIN 18306
- lichter Querschnitt ....,
- Ausführung .... gemäß Zeichnung Nr. ....,
  Einzelbeschreibung Nr. ....,
- Berechnungseinheit Stück.

Unterstürze

460 Außenliegender Untersturz,
461 Innenliegender Untersturz,
Einzelangaben nach DIN 18306 zu Pos. 460, 461
- als Zulage zum Schacht/Bauwerk ,
- als Zulage zum Schacht/Bauwerk Nr. ....,
- Werkstoff, Nennweite,
  - – mit Rohren und Formstücken aus Steinzeug,
  - – mit Rohren und Formstücken aus PVC-U,
  - – mit Rohren und Formstücken aus HDPE,
  - – ....,
    - – – DN 150 – DN 200 – DN 250 – DN 300 – DN ....,
- Absturzhöhe bis 1 m – über 1 bis 2 m – über 2 bis 3 m – ....,
  - – gemessen von Sohle Einlauf bis Sohle Auslauf,
- Leistungsumfang
  - – einschl. Ummantelung und Abstützung aus Beton, Rohr- und Schachtanschluss,
  - – einschl. Ummantelung und Abstützung aus Beton, Trichterausbildung, Rohr- und Schachtanschluss,
  - – einschl. ....,
- Anschlusskanal
  - – Anschlusskanal bis DN 300 – DN 350 bis DN 450 – DN 500 bis DN 600 – ....,
- Ausführung .... gemäß Zeichnung Nr. ....,
  Einzelbeschreibung Nr. ....,
- Berechnungseinheit Stück.

Bauwerke

470 Übergangsbauwerk,
471 Verbindungsbauwerk,
472 Absturzbauwerk,
473 Kaskadenbauwerk,
474 Regenüberlaufbauwerk,
475 Wagenkammerbauwerk,
476 Einlaufbauwerk,
477 Auslaufbauwerk,
478 Spülwagenschacht,
479 Schieberschacht,
480 Schacht als ....,
481 Bauwerk als ....,
Einzelangaben nach DIN 18306 zu Pos. 470 bis 481
- als Zulage zum Kanal aus Ortbeton – Mauerwerk,
- lichter Kanalquerschnitt ....,
- Einbaubereich
  - – Übergang auf Kanal ....,
  - – Verbindung mit Kanal ....,
  - – Absturzhöhe ....,
  - – Anzahl der Stufen ....,
  - – ....,
- Ausführung .... gemäß Zeichnung Nr. ....,
  Einzelbeschreibung Nr. ....,
- Berechnungseinheit Stück.

LB 009 Entwässerungskanalarbeiten
Bauteile aus Beton; Bauteile aus Mauerwerk; Auskleidungen

STLB 009

Ausgabe 06.01

Hinweis: Größere Entwässerungsbauwerke siehe LB 013 Beton- und Stahlbetonarbeiten und LB 012 Maurerarbeiten (Ausschreibungshilfe Rohbau).

- 500 **Sauberkeitsschicht,**
- 501 **Sohle für Entwässerungsbauwerk,**
- 502 **Wand für Entwässerungsbauwerk,**
- 503 **Decke für Entwässerungsbauwerk,**
- 504 **Sicherungspfeiler im Kanalgraben,**
- 505 **Auffüllbeton im Entwässerungsbauwerk, profiliert,**
- 506 **Füllbeton, ungeschalt,**
- 507 **Sicherungsbeton, grobgeschalt,**
- 508 **Bauteil ....,**
  Einzelangaben nach DIN 18306 zu Pos. 500 bis 508
  - Werkstoff
    - – aus Beton – aus Stahlbeton,
      - – – B 5 – B 10 – B 15 – B 25 –
        B 6 wasserundurchlässig –
        B 35 wasserundurchlässig – ....,
        - – – – einschl. Schalung,
        - – – – einschl. Schalung, Bewehrung wird gesondert vergütet,
  - Dicke 5 cm – 10 cm – 15 cm – 20 cm – 25 cm – 30 cm – ....,
  - Schutzanstrich Außenflächen
    - – – Außenflächen mit Voranstrich u. zwei Deckanstrichen aus Bitumenemulsion,
    - – – ....,
  - Ausführung .... gemäß Zeichnung Nr. ....,
    Einzelbeschreibung Nr. ....,
  - Berechnungseinheit m² (bei Angabe Dicke), m³.

- 530 **Mauerwerk runder Schächte,**
- 531 **Mauerwerk für Entwässerungsbauwerk,**
- 532 **Schachtmauerwerk,**
- 533 **Wandmauerwerk,**
- 534 **Pfeilermauerwerk im Kanalgraben,**
- 535 **Bauteil ....,**
  Einzelangaben nach DIN 18306 zu Pos. 530 bis 535
  - Werkstoff, Ausführung
    - – – aus Kanalklinkern,
    - – – aus Kanalklinkern DIN 4051, einschl. Formsteine ,
    - – – ....,
      - – – – in Mörtel MG III – in Mörtel MG III mit Trasszusatz – in ....,
        - – – – – als Sichtmauerwerk, innen fugen,
        - – – – – als Sichtmauerwerk, innen und außen fugen,
        - – – – – mit Innenputz ....,
      Hinweis: Fugendicke höchstens 8 mm.
        - – – – – – mit Außenputz P III DIN 18550,
        - – – – – – mit Außenputz P III DIN 18550 sowie Voranstrich und zwei Deckaufstrichen aus Bitumenemulsion,
        - – – – – – mit Außenputz ....,
          - – – – – – – Putzdicke 2 cm – 2,5 cm ....,
  - Mauerwerksdicke 11,5 cm – 17,5 cm – 24 cm – 36,5 cm – ....,
  - Ausführung .... gemäß Zeichnung Nr. ....,
    Einzelbeschreibung Nr. ....,
  - Berechnungseinheit m² (bei Angabe Mauerwerksdicke), m³.

- 560 **Sohle auskleiden,**
- 561 **Sohlgerinne auskleiden,**
- 562 **Sohle und Sohlgerinne auskleiden,**
  Einzelangaben nach DIN 18306 zu Pos. 560 bis 562
  - Werkstoff, Dicke
    - – – mit Steinzeugsohlschalen S DIN EN 295-1/4,
      - – – – 1/3 Teilung,
      - – – – 1/4 Teilung,
      - – – – ....,
    - – – mit Steinzeughalbschalen RH DIN EN 295-1/4 mit Muffe,
    - – – mit Steinzeughalbschalen RH DIN EN 295-1/4 ohne Muffe,
    - – – mit Steinzeugplatten Form P DIN EN 295-1/4,
    - – – mit Kanalklinkern DIN 4051,
      Hinweis: Fugendicke höchstens 8 mm.
    - – – mit Klinkerriemchen DIN 4051,
      - – – – Dicke 6,5 cm,
      - – – – Dicke 11,5 cm,
      - – – – Dicke 24 cm,
    - – – mit PVC-U-Schalen und mechanischer Verankerung gemäß Richtlinie für Auswahl und Anwendung von Innenauskleidungen und Kunststoffbauteilen für Misch- und Schmutzwasserkanäle des IfBt Berlin,
      - – – – Dicke 2 mm,
      - – – – Dicke 3 mm,
      - – – – Dicke ....,
    - – – ....,
  - Mörtel
    - – – in Mörtel MG III,
    - – – in Mörtel MG III mit Trasszusatz,
    - – – in ....,
  - Verfugen
    - – – Verfugen beim Herstellen der Auskleidung,
    - – – Verfugen ....,
  - Nennweite
    - – – DN 250 – DN 300 – DN 350 – DN 400 – DN 500 – DN 600 – DN ....,
  - Ausführung .... gemäß Zeichnung Nr. ....,
    Einzelbeschreibung Nr. ....,
  - Berechnungseinheit m, m².

STLB 009
Ausgabe 06.01

LB 009 Entwässerungskanalarbeiten
Schachtabdeckungen

Hinweis: Zuordnung der Klassen zu Einbaustellen nach DIN 1229 Aufsätze und Abdeckungen von Verkehrsflächen, Ausgabe März 1986, Abs. 3
Für die Zuordnung der nach DIN EN 124 in die Klassen A bis F eingeteilten Aufsätze und Abdeckungen zu den verschiedenen Einbaustellen gilt Tabelle 1. Die Gruppeneinteilung stimmt überein mit DIN EN 124, Anhang A.
In Zweifelsfällen sind den Einbaustellen die Aufsätze bzw. Abdeckungen der nächst höheren Klasse zuzuordnen.

Tabelle 1

Aufsatz/Abdeckung der Klasse	Geeignet für folgende Einbaustellen
A 15	Verkehrsflächen, die ausschließlich von Fußgängern und Radfahrern benutzt werden können und vergleichbare Flächen, z.B. Grünflächen. (Gruppe 1)
B 125	Gehwege, Fußgängerbereiche und vergleichbare Flächen, PKW-Parkflächen und PKW-Parkdecks. (Gruppe 2)
C 250	Gilt nur für Aufsätze im Bordrinnenbereich der, gemessen an Bordsteinkante, maximal 0,5 m in die Fahrbahn und 0,2 m in den Gehweg hineinreicht, sowie für Seitenstreifen von Straßen. (Gruppe 3)
D 400	Fahrbahnen von Straßen (auch Fußgängerstraßen), Parkflächen und vergleichbare befestigte Verkehrsflächen (z.B. BAB-Parkplätze). (Gruppe 4)
E 600	Nicht öffentliche Verkehrsflächen, die mit besonders hohen Radlasten befahren werden, z.B. Verkehrswege im Industriebau. (Gruppe 5)
F 900	Besondere Flächen, wie z.B. gewisse Flugbetriebsflächen von Verkehrsflughäfen. (Gruppe 6)

600 Schachtabdeckung für Einsteigschächte, Klasse D 400, Einzelangaben nach DIN 18306
 – Form
  – – Form A, DIN 19584, Deckel mit Einlage, Klasse D400, Rahmen rund, aus Gusseisen, Klasse D400 bis F900,
  – – Form B, DIN 19584, Deckel ohne Einlage, Klasse D400, Rahmen rund, aus Gusseisen, Klasse D400 bis F900,
  – – Form A1, DIN 19584, Deckel mit Einlage, Klasse D400, Rahmen rund, aus Gusseisen mit Beton, Klasse D400 bis F900,
  – – Form B1, DIN 19584, Deckel ohne Einlage, Klasse D400, Rahmen rund, aus Gusseisen mit Beton, Klasse D400 bis F900,
  – – Form A2, DIN 19584, Deckel mit Einlage, Klasse D400, Rahmen quadratisch, aus Gusseisen mit Beton, Klasse D400 bis F900,
  – – Form B2, DIN 19584, Deckel ohne Einlage, Klasse D400, Rahmen quadratisch, aus Gusseisen mit Beton, Klasse D400 bis F900,
 – Verlegeart
  – – höhengerecht in Mörtel MG III versetzen,
  – – auf vorläufige Höhe lose auflegen,
  – – auf vorläufige Höhe lose auflegen und sichern durch ....,
 – Berechnungseinheit Stück.

601 Schmutzfänger für Schachtabdeckung, Einzelangaben nach DIN 18306
 – Form
  – – Form F DIN 1221,
  – – ....,
  Hinweis: Geeignet für Schachtabdeckungen der Klasse D 400 nach DIN 19584 und der Klasse B 125 nach DIN 4271.
 – Berechnungseinheit Stück.

602 Schachtabdeckung Klasse A 15 DIN 1229,
603 Schachtabdeckung Klasse B 125 DIN 1229,
604 Schachtabdeckung Klasse C 250 DIN 1229,
605 Schachtabdeckung Klasse D 400 DIN 1229,
606 Schachtabdeckung Klasse E 600 DIN 1229,
607 Schachtabdeckung Klasse F 900 DIN 1229,
Einzelangaben nach DIN 18306 zu Pos. 602 bis 607
 – lichte Weite 600 mm – ....,
 – Rahmen
  – – Rahmen rund aus Gusseisen,
  – – Rahmen rund aus Gusseisen, mit Beton,
  – – Rahmen quadratisch aus Gusseisen,
  – – Rahmen quadratisch aus Gusseisen, mit Beton,
  – – Rahmen ....,
 – Deckel
  – – Deckel rund aus Gusseisen, – aus Gusseisen, mit Beton,
  – – Deckel quadratisch aus Gusseisen, – aus Gusseisen, mit Beton,
  – – Deckel ....,
 – Lüftungsöffnungen
  – – mit Lüftungsöffnungen – ohne Lüftungsöffnungen,
  – – mit Lüftungsöffnungen und dämpfender Einlage,
  – – ohne Lüftungsöffnungen, mit dämpfender Einlage,
 – Sicherungen
  – – tagwasserdicht – rückstausicher –
   mit Verriegelung – mit Verschraubung,
 – Schmutzfänger
  – – mit Schmutzfänger F DIN 1221,
  – – mit ....,
 – Verlegeart
  – – höhengerecht in Mörtel MG III versetzen,
  – – auf vorläufige Höhe lose auflegen,
  – – auf vorläufige Höhe lose auflegen und sichern durch ....,
 – Erzeugnis ....
  – – .... oder gleichwertiger Art,
  – – .... (vom Bieter einzutragen),
 – Berechnungseinheit Stück.

608 Rückstausichere Schachtabdeckung,
609 Zwischenrahmen mit rückstausicherem Innendeckel als Zulage zur Schachtabdeckung,
Einzelangaben nach DIN 18306 zu Pos. 608, 609
 – Ausführung .... gemäß Zeichnung Nr. ...., Einzelbeschreibung Nr. ....,
 – Erzeugnis ....
  – – .... oder gleichwertiger Art,
  – – .... (vom Bieter einzutragen),
 – Berechnungseinheit Stück.

610 Aushebe- und Bedienungsschlüssel,
611 Ausheberschlüssel,
612 Aushebehaken,
Einzelangaben nach DIN 18306 zu Pos. 610 bis 612
 – passend zu den beschriebenen Abdeckungen,
 – Berechnungseinheit Stück.

LB 009 Entwässerungskanalarbeiten
Steigeinrichtungen

STLB 009

Ausgabe 06.01

Einbauteile für Kanäle, Schächte, Bauwerke

640 Steigeisen DIN 1211 Teil 1, Form D für zweiläufige Steigeisengänge, zum Einmauern oder Einbetonieren, Einzelangaben nach DIN 18306
- Werkstoff
  - – – aus Gusseisen, DIN 1691–GG–20,
  - – – aus .... ,
- Berechnungseinheit Stück.

641 Steigeisen DIN 1211 Teil 2, Form E, für zweiläufige Steigeisengänge, zum Einbauen in Betonfertigteile, Einzelangaben nach DIN 18306
- Werkstoff
  - – – aus Gusseisen, DIN 1691–GG–20,
  - – – aus .... ,
- Berechnungseinheit Stück.

642 Steigeisen DIN 1211 Teil 3, Form GS, für zweiläufige Steigeisengänge, zum An- und Durchschrauben, Einzelangaben nach DIN 18306
- Werkstoff
  - – – aus Gusseisen, DIN 1691–GG–20,
  - – – aus .... ,
- Befestigung
  - – – Anker M10 als Hinterschnittanker mit Außensechskant SW7 zum Anschrauben
  - – – Flachrundschraube DIN 603 – M10 xL zum Durchschrauben,
    - – – – mit Kunststoffhülse,
      - – – – – mit dauerelastischer Bohrlochabdichtung auf PU-Basis,
- Berechnungseinheit Stück.

643 Steigeisen mit Aufkantung DIN 1212 Teil 1, Form D, für zweiläufige Steigeisengänge, zum Einmauern oder Einbetonieren, Einzelangaben nach DIN 18306
- Werkstoff
  - – – aus Gusseisen, DIN 1691–GG–20,
  - – – aus .... ,
- Berechnungseinheit Stück.

644 Steigeisen mit Aufkantung DIN 1212 Teil 2, Form E, für zweiläufige Steigeisengänge, zum Einbauen in Betonfertigteile, Einzelangaben nach DIN 18306
- Werkstoff
  - – – aus Gusseisen, DIN 1691–GG–20,
  - – – aus .... ,
- Berechnungseinheit Stück.

645 Steigeisen mit Aufkantung DIN 1212 Teil 3, Form GS, für zweiläufige Steigeisengänge, zum An- und Durchschrauben, Einzelangaben nach DIN 18306
- Werkstoff
  - – – aus Gusseisen, DIN 1691–GG–20,
  - – – aus .... ,
- Befestigung
  - – – Anker M10 als Hinterschnittanker mit Außensechskant SW7 zum Anschrauben
  - – – Flachrundschraube DIN 603 – M10 xL zum Durchschrauben,
    - – – – mit Kunststoffhülse,
      - – – – – mit dauerelastischer Bohrlochabdichtung auf PU-Basis,
- Berechnungseinheit Stück.

646 Steigeisen DIN 19555, für einläufige Steigeisengänge, zum Einbau in Beton, Einzelangaben nach DIN 18306
- Form
  - – – Form A,
  - – – Form B,
- Werkstoff
  - – – CrNi Chrom-Nickel-Stahl X6CrNiMoTi 17122 (Werkstoff Nr. 1.4571) oder gleichwertiger Stahl,
  - – – St Stahl nach DIN 17100, mit Korrosionsschutz aus PE-HD,
  - – – Al Aluminiumlegierung, z.B. nach DIN 1725 Teil 1, mit Korrosionsschutz aus PE-HD,
  - – – GG Grauguss DIN 1691–GG–20,
- Berechnungseinheit Stück.

650 **Steigkasten aus Gusseisen,**
651 **Steigstein aus Steinzeug,**
652 **Steigleiter, korrosionsgeschützt,**
653 **Steigeschutz, korrosionsgeschützt,**
654 **Haltevorrichtung/Einsteighilfe,**
655 **Steigeinrichtung .... ,**
Einzelangaben nach DIN 18306 zu Pos. 650 bis 655
- Einbauen in
  - – – Einbauen in Mauerwerk,
  - – – Einbauen in Beton,
  - – – Einbauen in Stahlbeton,
  - – – Einbauen in Beton und Mauerwerk,
  - – – Einbauen in Betonfertigteile,
  - – – Einbauen .... ,
    - – – – einschl. Stemmarbeiten,
- Ausführung .... gemäß Zeichnung Nr. .... , Einzelbeschreibung Nr. .... ,
- Erzeugnis ....
  - – – .... oder gleichwertiger Art,
  - – – .... (vom Bieter einzutragen),
- Berechnungseinheit Stück, m (zu Pos. 652).

LB 009 Entwässerungskanalarbeiten
Absperreinrichtungen; Abläufe, Entwässerungsrinnen

Ausgabe 06.01

660 **Handschieber,**
661 **Gewindeschieber,**
662 **Schneckenschieber,**
663 **Absenkschieber,**
664 **Schieber,**
Einzelangaben nach DIN 18306 zu Pos. 660 bis 664
- Form
  - – Kreisform DN 250,
  - – Kreisform DN 300,
  - – Kreisform DN 400,
  - – Kreisform DN 500,
  - – Kreisform DN 600,
  - – ....,
- Wasserdruck
  - – Wasserdruck auf Vorderseite bis 0,4 bar,
  - – Wasserdruck auf Vorderseite bis 0,6 bar,
  - – Wasserdruck auf Vorderseite bis 1 bar,
  - – Wasserdruck auf Vorderseite .... ,
- Antrieb
  - – Antrieb mit Aufzugstange,
  - – Antrieb mit Hubspindel,
  - – Antrieb mit Festspindel,
  - – Antrieb ....,
    - – – einschl. Handgriff und Aufhängeöse,
    - – – einschl. Gewindespitze und Aufhängeöse,
    - – – einschl. Gewindespitze, Aufhängeöse und Schlüssel,
    - – – einschl. Spindelführung,
    - – – einschl. Spindelführung und Schlüssel,
    - – – einschl. verlängerter Spindelführung,
    - – – einschl. verlängerter Spindelführung, Schlüssel,
    - – – ....,
- Einbautiefe
  - – Einbautiefe = Mindesteinbautiefe,
  - – Einbautiefe ....,
- Ausführung .... gemäß Zeichnung Nr. ...., Einzelbeschreibung Nr. ....,
- Erzeugnis ....
  - – .... oder gleichwertiger Art,
  - – .... (vom Bieter einzutragen),
- Berechnungseinheit Stück.

Betonteile, Eimer für Abläufe

700 **Betonteile und Eimer für Straßenablauf, Einzelangaben nach DIN 18306**
- Bauart, Typ
  - – ohne Schlammraum
    - – – DIN 4052 – 1a – 5d – 10a – A2,
    - – – DIN 4052 – 1a – 5d – 10a – A4,
    - – – DIN 4052 – 1a – 5c – 10a – B1,
    - – – DIN 4052 ....,
  - – mit Schlammraum
    - – – DIN 4052 – 2a – 6a – 3a – 5b – 10a,
    - – – DIN 4052 – 2a – 6a – 3b – 5b – 10a,
    - – – DIN 4052 ....,
  - – mit Längsaufsatz, ohne Schlammraum
    - – – DIN 4052 – 1a – 6a – 11 – 10b – C2,
    - – – DIN 4052 – 1a – 6a – 11 – 10b – C3,
    - – – DIN 4052 – 1a – 11 – 10b – D1,
    - – – DIN 4052 ....,
  - – mit Längsaufsatz, mit Schlammraum
    - – – DIN 4052 – 2a – 6a – 3a – 11 – 10b,
    - – – DIN 4052 – 2a – 6a – 3b – 11 – 10b,
    - – – DIN 4052 ....,
- Verbindungsart
  - – mit Steckmuffe,
  - – ....,
- Auflager
  - – versetzen auf Betonauflager, Mindestdicke 10 cm – 15 cm – 20 cm – ....,
- Anschluss
  - – Ablauf an Leitung anschließen,
  - – ....,
- Berechnungseinheit Stück.

702 **Betonteil DIN 4052 für Straßenablauf, Einzelangaben nach DIN 18306**
- Bauart, Typ, Form
  - – Boden Form 1a,
  - – Boden Form 2a, Muffenteil Form 3a – 3b,
  - – Muffenteil Form 3a – 3b,
    - – – mit eingebauter Steckmuffe,
  - – Schaft Form 5b – 5c – 5d,
  - – Schaftkonus Form 11,
  - – Zwischenteil Form 6a – 6b,
  - – Auflagerring Form 10a – 10b,
  - – ....,
- Auflager
  - – versetzen auf Betonauflager, Mindestdicke 10 cm – 15 cm – 20 cm – ....,
- Berechnungseinheit Stück.

703 **Eimer DIN 4052 für Straßenablauf, Einzelangaben nach DIN 18306**
- Form
  - – Form A2,
  - – Form A4,
  - – Form C2,
  - – Form D3,
  - – Form B1,
  - – Form D1,
  - – ....,
- Berechnungseinheit Stück.

704 **Betonteile DIN 1236 für Ablauf Klasse A und B, bestehend aus Einzelangaben nach DIN 18306**
- Boden
  - – Boden Form 21 DN 100 ohne Geruchsverschluss,
  - – Boden Form 22 DN 150 ohne Geruchsverschluss,
  - – Boden Form 23 DN 100 mit Geruchsverschluss,
  - – Boden Form 24 DN 100 mit Geruchsverschluss,
  - – Boden ....,
    - – – mit eingebauter Steckmuffe,
- Schaft
  - – Schaft Form 25 lang,
  - – Schaft Form 26 kurz,
  - – Schaft ....,
- Zwischenteil Form 27,
- Auflagerring
  - – Auflagerring Form 28,
  - – Auflagerring ....,
- Eimer
  - – Eimer Form L aus Stahl,
  - – Eimer Form LO aus Stahl,
  - – Eimer Form K aus Stahl,
  - – Eimer Form KL aus Kunststoff,
  - – Eimer Form KK aus Kunststoff,
  - – Eimer ....,
- Auflager
  - – versetzen auf Betonauflager, Mindestdicke 10 cm,
  - – versetzen auf Sand- oder Kiesauflager,
  - – versetzen ....,
- Anschluss
  - – Ablauf an Leitung anschließen,
  - – ....,
- Berechnungseinheit Stück.

LB 009 Entwässerungskanalarbeiten
Abläufe, Entwässerungsrinnen

Aufsätze für Abläufe

720 Aufsatz für Ablauf DIN 19583, 500 x 500,
Hinweis: Klasse nach DIN EN 124/DIN 1229.
Einzelangaben nach DIN 18306
- Klasse, Form
  - - Form A, Rost mit Einlage, Klasse D400,
    Rahmen Gusseisen,, Klasse D400 bis F900,
  - - Form B, Rost ohne Einlage, Klasse D400,
    Rahmen Gusseisen,, Klasse D400 bis F900,
  - - Form A1, Rost mit Einlage, Klasse D400,
    Rahmen Gusseisen, mit Beton, Klasse D400,
  - - Form B1, Rost ohne Einlage, Klasse D400,
    Rahmen Gusseisen, mit Beton, Klasse D400,
  - - Form A2, Rost mit Einlage, Klasse C250,
    Rahmen Gusseisen, mit Beton, Klasse D400,
  - - Form B2, Rost ohne Einlage, Klasse C250,
    Rahmen Gusseisen, mit Beton, Klasse D400,
  - - Form A3 Fußgängerstreifen, Rost mit Einlage,
    Klasse C250,
    Rahmen Gusseisen, mit Beton, Klasse D400
  - - Form B3 Fußgängerstreifen, Rost ohne Einlage,
    Klasse C250,
    Rahmen Gusseisen, mit Beton, Klasse D400
- Verlegeart
  - - höhengerecht in Mörtel MG III versetzen,
  - - auf vorläufige Höhe lose auflegen,
  - - auf vorläufige Höhe lose auflegen und sichern durch ......,
- Berechnungseinheit Stück.

721 Aufsatz für Ablauf Klasse A 15 DIN 1229,
722 Aufsatz für Ablauf Klasse B 125 DIN 1229,
723 Aufsatz für Ablauf Klasse C 250 DIN 1229,
724 Aufsatz für Ablauf Klasse D 400 DIN 1229,
725 Aufsatz für Ablauf Klasse E 600 DIN 1229,
726 Aufsatz für Ablauf Klasse F 900 DIN 1229,
Einzelangaben nach DIN 18306 zu Pos. 721 bis 726
- Form, Einbaubereich
  - - Pultform,
  - - Rinnenform,
  - - Längsaufsatz 305/500,
  - - Längsaufsatz 330/500,
  - - für Autobahn,
  - - mit Seitenzulauf für Hochbordsteine,
  - - mit Seitenzulauf für Flachbordsteine,
  - - für Bergstraßen,
  - - ......,
- Einlage
  - - mit dämpfender Einlage,
- Verschluss
  - - mit Scharnier,
  - - mit Scharnier und Sicherheitsverschluss,
- Rahmen
  - - Rahmen aus Gusseisen,,
  - - Rahmen aus Gusseisen, mit Beton,
- Maße
  - - Rostmaß ......,
  - - Rahmenmaß außen ......,
  - - Einlaufquerschnitt ......,
- Einsatz
  - - Trichter aus Kunststoff,
  - - Trichter aus Gusseisen,
  - - Eimertragring aus Gusseisen,
  - - ......,
- Verlegeart
  - - höhengerecht in Mörtel MG III versetzen,
  - - auf vorläufige Höhe lose auflegen,
  - - auf vorläufige Höhe lose auflegen und sichern durch ......,
- Erzeugnis ......
  - - ...... oder gleichwertiger Art,
  - - ...... (vom Bieter einzutragen),
- Berechnungseinheit Stück.

Brückenabläufe

750 Brückenablauf, höhenverstellbar, Klasse D 400
DIN 1229, 500 x 500,
Einlaufquerschnitt mind. 1300 cm²,
751 Brückenablauf, höhenverstellbar, Klasse C 250
DIN 1229, 500 x 500, Einlaufquerschnitt mind.
700 cm²,
752 Brückenablauf, höhenverstellbar, Klasse C 250
DIN 1229, 500 x 500,
Einlaufquerschnittmind. 1100 cm²,
753 Brückenablauf, höhenverstellbar, Klasse C 250
DIN 1229, 500 x 500,
Einlaufquerschnitt mind. 1300 cm²,
754 Brückenablauf, höhenverstellbar, Klasse C 250
DIN 1229, 300 x 400, Einlaufquerschnitt mind.
450 cm²,
755 Brückenablauf, höhenverstellbar, Klasse C 250
DIN 1229, 300 x 400, Einlaufquerschnitt mind.
550 cm²,
756 Brückenablauf, höhenverstellbar, Klasse C 250
DIN 1229, 300 x 400, Einlaufquerschnitt mind.
650 cm²,
Einzelangaben nach DIN 18306 zu Pos. 750 bis 756
- Werkstoff, Bauart
  - - Oberteil und Ablaufkörper aus Gusseisen, mit Klebeflansch,
  - - Oberteil und Ablaufkörper aus Gusseisen, ohne Klebeflansch,
  - - Oberteil und Ablaufkörper aus Gusseisen, ohne Klebeflansch und Flanschring,
  - - ......,
- Spannring
  - - Spannring aus Gusseisen, verschraubt,
  - - Spannring aus Gusseisen, nicht verschraubt,
- Rost
  - - Rost aus Gusseisen, mit Schraubverschluss,
  - - Rost aus Gusseisen, mit Scharnier,
  - - Rost aus Gusseisen, mit Scharnier und Sicherheitsverschluss,
  - - Rost ......,
- Auslauf
  - - Auslauf seitlich DN 100,
  - - Auslauf seitlich DN 125,
  - - Auslauf seitlich DN 150,
  - - Auslauf senkrecht DN 100,
  - - Auslauf senkrecht DN 125,
  - - Auslauf senkrecht DN 150,
  - - Auslauf senkrecht, mit Strahlverteiler, DN 100,
  - - Auslauf senkrecht, mit Strahlverteiler, DN 125,
  - - Auslauf senkrecht, mit Strahlverteiler, DN 150,
- Eimer
  - - Eimer aus Stahl feuerverzinkt,
  - - ohne Eimer,
- Ausführung
  - - höhengerecht einbauen,
  - - auf vorläufige Höhe montieren,
- Ausführung .... gemäß Zeichnung Nr. ......,
  Einzelbeschreibung Nr. ......,
- Erzeugnis ......
  - - ...... oder gleichwertiger Art,
  - - ...... (vom Bieter einzutragen),
- Berechnungseinheit Stück.

LB 009 Entwässerungskanalarbeiten
Abläufe, Entwässerungsrinnen

Ausgabe 06.02

760 Brückenablauf
Einzelangaben nach DIN 18306
- Klasse, Abmessungen
  - - Klasse C 250 DIN 1229 500 x 500, Einlaufquerschnitt mind. 1000 cm²,
  - - für Stahlbrücken, Klasse B 125 DIN 1229 300 x 300, Einlaufquerschnitt mind. 250 cm²,
    - - - Ablaufkörper aus Gusseisen, ohne Klebeflansch,
    - - - Ablaufkörper aus Gusseisen, mit Klebeflansch,
  - - für Stahlbrücken, Klasse C 250 DIN 1229 260 x 500, Einlaufquerschnitt, mind. 600 cm², Ablaufkörper aus Stahl St 37/2,
  - - Klasse .... ,
- Rost
  - - Rost aus Gusseisen, mit Scharnier,
    - - - ohne Verschluss,
    - - - und Schraubverschluss,
    - - - und Sicherheitsverschluss,
  - - Rost .... ,
- Auslauf
  - - Auslauf seitlich DN 100,
  - - Auslauf seitlich DN 125,
  - - Auslauf seitlich DN 150,
  - - Auslauf senkrecht DN 100,
  - - Auslauf senkrecht DN 125,
  - - Auslauf senkrecht DN 150,
  - - Auslauf senkrecht, mit Strahlverteiler, DN 100,
  - - Auslauf senkrecht, mit Strahlverteiler, DN 125,
  - - Auslauf senkrecht, mit Strahlverteiler, DN 150,
- Eimer
  - - Eimer aus Stahl feuerverzinkt,
  - - ohne Eimer,
- Ausführung
  - - höhengerecht einbauen,
  - - auf vorläufige Höhe montieren,
- Ausführung .... gemäß Zeichnung Nr. .... , Einzelbeschreibung Nr. .... ,
- Erzeugnis ....
  - - .... oder gleichwertiger Art,
  - - .... (vom Bieter einzutragen),
- Berechnungseinheit Stück.

Entwässerungsrinnen

780 Entwässerungsrinne Klasse A 15 DIN 19580,
781 Entwässerungsrinne Klasse B 125 DIN 19580,
782 Entwässerungsrinne Klasse C 250 DIN 19580,
783 Entwässerungsrinne Klasse D 400 DIN 19580,
784 Entwässerungsrinne Klasse E 600 DIN 19580,
785 Entwässerungsrinne Klasse F 900 DIN 19580,
Einzelangaben nach DIN 18306 zu Pos. 780 bis 785
- Bauart
  - - als Kastenrinne,
  - - als Schlitzrinne, Schlitz an der Oberseite,
  - - als Schlitzrinne, Schlitz an der Seitenwand,
  - - als .... ,
- Werkstoff
  - - aus Gusseisen, GG – aus duktilem Gusseisen, GGG – aus Stahl – aus Beton – aus Stahlbeton – aus Kunstharzbeton – aus Faserbeton – aus .... ,
- Nenngröße 100 – 150 – 200 – 250 – 300 – 400 – .... ,
- Schlitze
  - - Längsschlitze 8 bis 18 mm – über 18 bis 25 mm – über 25 bis 32 mm ,
  - - Querschlitze 8 bis 18 mm – über 18 bis 25 mm – über 25 bis 32 mm,
  - - .... ,
- Gefälle
  - - Rinnensohle ohne Eigengefälle,
  - - Rinnensohle mit Eigengefälle mind. 0,5 v.H,
  - - Rinnensohle mit Eigengefälle .... ,
- Abdeckung
  - - Abdeckung mit Stahlgitterrost in Winkelprofilrahmen, beides feuerverzinkt,
  - - Abdeckung mit Stahlgitterrost in Winkelprofilrahmen, beides feuerverzinkt, verschließbar,
  - - Abdeckung, Rahmen und Rost aus Gusseisen,
  - - Abdeckung, Rahmen und Rost aus Gusseisen, mit Sicherheitsverschluss,
  - - Abdeckung, Rahmen und Rost aus Gusseisen, Rost verschraubt,
  - - Abdeckung mit Betonschlitzplatten,
  - - Abdeckung .... ,
- Auflager
  - - Rinnenteile auf Betonauflager B 10, 10 cm dick,
  - - Rinnenteile auf Betonauflager B 10, 10 cm dick und einseitiger Rückenstütze, 15 cm dick,
  - - Rinnenteile auf Betonauflager B 10, 10 cm dick und beidseitiger Rückenstütze, 15 cm dick,
  - - Rinnenteile auf Betonauflager B 10, 10 cm dick und beidseitiger Rückenstütze, 15 cm dick, einschl. Dehnungsfugen .... ,
  - - Rinnenteile auf Sand/Kiessandauflager,
  - - Rinnenteile .... ,
- Ausführung .... gemäß Zeichnung Nr. .... , Einzelbeschreibung Nr. .... ,
- Erzeugnis ....
  - - .... oder gleichwertiger Art,
  - - .... (vom Bieter einzutragen),
- Berechnungseinheit m.

786 Anschlussteil mit Aufsatz, als Zulage,
787 Reinigungsteil mit Aufsatz, als Zulage,
788 Einlaufkasten mit Aufsatz, als Zulage,
789 Sinkkasten mit Längsaufsatz, als Zulage,
Einzelangaben nach DIN 18306 zu Pos. 786 bis 789
- Bauteil
  - - zur Entwässerungsrinne Klasse A 15,
  - - zur Entwässerungsrinne Klasse B 125,
  - - zur Entwässerungsrinne Klasse C 250,
  - - zur Entwässerungsrinne Klasse D 400,
  - - zur Entwässerungsrinne Klasse E 600,
  - - zur Entwässerungsrinne Klasse F 900,
- Nenngröße 100 – 150 – 200 – 250 – 300 – 400 – .... ,
- Abgang
  - - für senkrechten Abgang mit Muffe,
  - - für senkrechten Abgang mit Steckmuffe,
  - - für senkrechten Abgang .... ,
  - - für waagerechten Abgang mit Muffe,
  - - für waagerechten Abgang mit Steckmuffe,
  - - für waagerechten Abgang .... ,
- Eimer
  - - mit Eimer aus Stahl feuerverzinkt,
  - - mit Eimer aus Kunststoff ,
  - - mit Eimer .... ,
- mit Geruchsverschluss,
- Bauhöhe ca. 70 mm – ca. 100 mm – .... ,
- Erzeugnis ....
  - - .... oder gleichwertiger Art,
  - - .... (vom Bieter einzutragen),
- Berechnungseinheit Stück.

790 Endstirnwand, als Zulage zur Entwässerungsrinne
Einzelangaben nach DIN 18306
- Nenngröße 100 – 150 – 200 – 250 – 300 – 400 – .... ,
- Berechnungseinheit Stück.

LB 009 Entwässerungskanalarbeiten
Sonstige Leistungen

STLB 009

Ausgabe 06.02

Anschlüsse an vorhandene Kanäle, Schächte, Bauwerke

810 Anschluss von Entwässerungskanal/-leitung,
  Einzelangaben nach DIN 18306
  – Werkstoff und Nennweite Anschlusskanal/-leitung
    – – aus Steinzeug,
    – – aus Beton,
    – – aus Stahlbeton,
    – – aus Faserzement,
    – – aus PVC-U,
    – – aus HDPE,
    – – aus duktilem Gusseisen,
    – – aus ....,
        – – – bis DN 250 – DN 300 bis DN 450 –
            DN 500 bis DN 600 – DN 700 bis DN 800 –
            DN 900 bis DN 1000 – DN ....,
            lichter Kanalquerschnitt ....,
  – Anschluss an
    – – an vorhandenen Kanal/Leitung DN ....,
    – – an vorhandenen begehbaren Kanal DN ....,
    – – an vorhandenen Schacht/Bauwerk ,
    – – an ....,
        – – – aus Beton,
        – – – aus Mauerwerk,
        – – – aus Beton und Mauerwerk,
        – – – aus Stahlbeton,
        – – – aus Steinzeug,
        – – – aus Faserzement,
        – – – aus PVC-U,
        – – – aus HDPE,
        – – – aus ....,
  – Leistungsumfang
    – – durch Anbohren und Einbau eines Anschluss-
        stutzens,
    – – einschl. Herstellen der Anschlussöffnung und der
        Dichtungsarbeiten,
    – – einschl. Herstellen der Anschlussöffnung, der
        Dichtungsarbeiten und des Anschlussgerinnes,
    – – ....,
        – – – Wanddicke bis 10 cm – über 10 bis 15 cm –
            über 15 bis 20 cm – über 20 bis 25 cm –
            über 25 bis 30 cm – über 30 bis 40 cm –
            über 40 bis 50 cm – ....,
  – Betriebszustand der Anlage
    – – vorhandene Anlage ist nicht in Betrieb,
    – – vorhandene Anlage ist nur bei Regenabfluss in
        Betrieb,
    – – vorhandene Anlage ist in Betrieb, einschl.
        Wasserhaltung, Höhe Trockenwetterabfluss ....,
    – – ....,
  – Ausführung .... gemäß Zeichnung Nr. ....,
    Einzelbeschreibung Nr. ....,
  – Berechnungseinheit Stück.

Schachteinbau in vorhandene Kanäle

820 Schacht in vorhandenem Kanal/Leitung einbauen,
  Einzelangaben nach DIN 18306
  – als Zulage zu vorbeschriebenem Schacht,
  – als Zulage zu Schacht Nr. ....,
  – Leistungsumfang, Bauart Kanal/Leitung,
    – – Kanal/Leitung auftrennen und Rohre einpassen,
    – – ....,
        – – – Kanal aus Steinzeug – Beton – Stahlbeton –
            Faserzement – PVC-U – HDPE – ....,
            – – – – bis DN 250 – DN 300 – DN 350 –
                DN 400 – DN 450 – DN 500 – DN 600 –
                DN ...., lichter Kanalquerschnitt ....,
  – Betriebszustand der Anlage
    – – vorhandene Anlage ist nicht in Betrieb,
    – – vorhandene Anlage ist nur bei Regenabfluss in
        Betrieb,
    – – vorhandene Anlage ist in Betrieb, einschl.
        Wasserhaltung, Höhe Trockenwetterabfluss ....,
  – Ausführung .... gemäß Zeichnung Nr. ....,
    Einzelbeschreibung Nr. ....,
  – Berechnungseinheit Stück.

Schachtänderungen

830 Vorhandene Schachtsohle ändern,
  Einzelangaben nach DIN 18306
  – Art des anzuschließenden Bauteils
    – – für neu anzuschließenden Entwässerungskanal/-
        leitung,
    – – ....,
        – – – DN ....,
        – – – lichter Kanalquerschnitt ....,
  – Leistungsumfang
    – – Rinnenausführung ausbilden einschl. Stemm-
        arbeiten,
    – – ....,
        – – – Rinne und Auftritte auskleiden mit Kanal-
            klinkern,
        – – – Rinne und Auftritte auskleiden mit Riemchen,
        – – – Rinne und Auftritte auskleiden mit
            Zementestrich,
        – – – ....,
  – Schachtmaße
    – – Schachtdurchmesser ....,
    – – lichte Schachtweite ....,
  – Betriebszustand der Anlage
    – – vorhandene Anlage ist nicht in Betrieb,
    – – vorhandene Anlage ist nur bei Regenabfluss in
        Betrieb,
    – – vorhandene Anlage ist in Betrieb, einschl.
        Wasserhaltung, Höhe Trockenwetterabfluss ....,
    – – ....,
  – Ausführung .... gemäß Zeichnung Nr. ....,
    Einzelbeschreibung Nr. ....,
  – Berechnungseinheit Stück.
  Hinweis: Schachthöhenänderung siehe LB 080 Straßen,
  Wege, Plätze.

Abmauerung von Kanälen

840 Abmauerung innerhalb des/der Entwässerungs-
  kanals/-leitung,
841 Abmauerung im Schacht/Bauwerk,
  Einzelangaben nach DIN 18306 zu Pos. 840, 841
  – Leistungsumfang
    – – herstellen,
    – – wasserdicht herstellen,
    – – herstellen und später abbrechen,
    – – wasserdicht herstellen und später abbrechen,
    – – abbrechen,
        – – – Abbruchmaterial wird Eigentum des AN und
            ist zu beseitigen,
        – – – Abbruchmaterial wird Eigentum des AN,
            einschl. Wiederherstellen des vorherigen
            Zustandes der Kanal-/Schachtwand,
    – – ....,
  – Werkstoff und Wanddicke der Abmauerung
    – – aus Mauerwerk,
    – – aus Kanalklinkern DIN 4051,
    – – aus Kanalklinkern DIN 4051, einschl. einseitigem
        Putz P III DIN 18550,
    – – aus ....,
        – – – Wanddicke 11,5 cm – 24 cm – 36 cm –
            49 cm – .... –
            nach statischen Erfordernissen,
  – lichter Kanalquerschnitt ....,
  – Betriebszustand der Anlage
    – – vorhandene Anlage ist nicht in Betrieb,
    – – vorhandene Anlage ist nur bei Regenabfluß in
        Betrieb,
    – – vorhandene Anlage ist in Betrieb, einschl.
        Wasserhaltung, Höhe Trockenwetterabfluss ....,
    – – ....,
  – Entfernung des nächsten Einstiegs von der
    Abmauerungsstelle ....,
  – Berechnungseinheit Stück, m², m³.

STLB 009

LB 009 Entwässerungskanalarbeiten
Sonstige Leistungen

Ausgabe 06.02

Provisorische Umleitungen

850 **Provisorische Umleitung für Entwässerungskanal/
-leitung,**
Einzelangaben nach DIN 18306
- Nennweite, Querschnitt
  - – DN 200 – DN 300 – DN 400 – DN 500 – DN 600 –
    DN ......,
  - – lichter Kanalquerschnitt ....,
  - – Durchflussquerschnitt entsprechend vorh.
    Kanal/Leitung,
  - – Durchflussquerschnitt mind. ....,
  - – – ....,
- Art der Leitung
  - – als geschlossene Leitung, Material nach Wahl des
    AN,
  - – als offenes, wasserdichtes Gerinne,
  - – als offenes, wasserdichtes Gerinne, abgedeckt,
  - – als ....,
- Leistungsumfang
  - – einschl. Herstellen und späteres Schließen der
    Anschlussöffnungen unter ständiger Inbetrieb-
    haltung,
  - – einschl. Herstellen und späteres Schließen der
    Anschlussöffnungen unter ständiger Inbetrieb-
    haltung, sowie der Abmauerungen im Hauptkanal,
  - – einschl. Herstellen und späteres Schließen der
    Anschlussöffnungen unter ständiger Inbetrieb-
    haltung, die Abmauerungen im Hauptkanal werden
    gesondert vergütet,
  - – – ....,
  - – – – Provisorium nach Gebrauch beseitigen,
  - – – – Provisorium kann nach Gebrauch verbleiben,
    einschl. Verfüllung ....,
  - – – – Provisorium kann nach Gebrauch verbleiben,
    Verfüllung wird gesondert vergütet,
- Lage der Umleitung
  - – Umleitung innerhalb des Kanalgrabens ,
  - – Umleitung innerhalb des Kanalgrabens, jeweils in
    Haltungslängen,
  - – Umleitung innerhalb des Kanalgrabens in frei
    wählbaren Teilstrecken,
  - – Umleitung innerhalb des bestehenden Kanals,
  - – Umleitung außerhalb des Kanalgrabens,
  - – Umleitung ....,
- Länge, Verlauf
  - – Länge, Verlauf des Provisoriums ....,
  - – Länge und Verlauf des Provisoriums nach Wahl
    des AN ,
  - – Länge und Verlauf des Provisoriums nach Wahl
    des AN, der Abstand zwischen den Abmauerungen
    beträgt ....,
  - – – ....,
- Berechnungseinheit m, Stück.

851 **Vorhandenen Seitenkanal/-leitung,**
Einzelangaben nach DIN 18306
- Leistungsumfang
  - – an die provisorische Umleitung anschließen,
  - – an den neuen Kanal anschließen,
    - – – unter ständiger Inbetriebhaltung,
      - – – – Anschlüsse bis DN 150,
      - – – – Anschlüsse bis DN 200,
      - – – – Anschlüsse ....,
- Berechnungseinheit Stück.

Verfüllen stillgelegter Kanäle

860 **Stillgelegten Kanal/Leitung verfüllen,**
861 **Stillgelegten Schacht/Bauwerk verfüllen,**
862 **Stillgelegten Kanal/Leitung/Schacht/Bauwerk
verfüllen,**
Einzelangaben nach DIN 18306 zu Pos. 860 bis 862
- Füllmaterial
  - – mit hydraulisch gebundenem, fließfähigem
    Füllmaterial,
  - – mit hydraulisch gebundenem, fließfähigem
    Füllmaterial, Druckfestigkeit mind. 5 N/mm²,
  - – mit Kiessand,
  - – mit ....,
- Füllhöhe
  - – bis zum Kanalscheitel,
  - – bis 1,5 m unter Gelände,
    - – – einschl. Entlüftungs- und Einfüllöffnungen

    anlegen,
  - – ....,
- Kanal-/Leitungsquerschnitt
  - – – Kanal DN ...., – lichter Kanalquerschnitt ....,
  - – – lichter Schachtquerschnitt ....,
  - – – Ausführung .... gemäß Zeichnung Nr. ....,
    Einzelbeschreibung Nr. ....,
- Berechnungseinheit m, m³, Stück.

Aufnehmen von Kanälen, Schächten

870 **Kanal/Leitung aufnehmen,**
871 **Schacht aufnehmen,**
872 **Schachtabdeckung aufnehmen,**
Einzelangaben nach DIN 18306 zu Pos. 870 bis 872
- Maße
  - – – DN .... – lichter Kanalquerschnitt .... – lichter
    Schachtquerschnitt ....,
  - – aus ....,
- Leistungsumfang
  - – – Einzelteile reinigen und zur Wiederverwendung im
    Baustellenbereich lagern,
  - – – Material wird Eigentum des AN und ist zu
    beseitigen,
  - – – ....
- Berechnungseinheit m, Stück.

Reinigen von Kanälen, Bauwerken

880 **Entwässerungskanal/-leitung reinigen,**
881 **Schacht/Bauwerk reinigen,**
Einzelangaben nach DIN 18306 zu Pos. 880, 881
- Maße
  - – – DN .... – lichter Kanalquerschnitt .... – lichter
    Schachtquerschnitt ....,
- Verschmutzungsgrad ....,
- Reinigungsverfahren
  - – – durch Hochdruckspülverfahren,
  - – – durch Bürsten,
  - – – durch Räumwagen,
  - – – durch ....,
- Räumgut wird Eigentum des AN und ist zu beseitigen –
  Räumgut ....,
- Berechnungseinheit m, Stück.

Prüfen von Kanälen durch Fernauge

890 **Entwässerungskanal/-leitung durch Fernauge prüfen,**
891 **Entwässerungskanal/-leitung durch Fernauge prüfen
und auf Videoband aufzeichnen,**
Einzelangaben nach DIN 18306 zu Pos. 890, 891
- technische Mindestanforderungen an das Prüfgerät
  ....,
- Kanalquerschnitt, Werkstoff
  - – – DN .... – lichter Kanalquerschnitt ....,
    - – – Werkstoff ....,
- Leistungsumfang
  - – – Einmündungen einmessen,
  - – – Einmündungen einmessen und fotografieren,
  - – – Beschädigungen einmessen,
  - – – Beschädigungen einmessen und fotografieren,
  - – – Einmündungen und Beschädigungen einmessen,
  - – – Einmündungen und Beschädigungen einmessen
    und fotografieren,
  - – – ....,
- Betriebszustand der Anlage
  - – – Anlage ist nicht in Betrieb,
  - – – Anlage nur bei Regenabfluss in Betrieb,
  - – – Anlage in Betrieb, Höhe
    Trockenwetterabfluss.......,
- Kanalreinigung
  - – – Kanal wird vom AG vor Beginn der Prüfung
    gereinigt,
  - – – das Reinigen des Kanals vor Beginn der Prüfung
    wird besonders vergütet,
- Abstand der Einstiegsschächte ....,
- Berechnungseinheit m.

892 **Videokassette mit Aufzeichnung der Kanalprüfung
liefern,**
Einzelangaben nach DIN 18306
- System ....
  - – – in Schwarz-Weiß – in Farbe,
- Berechnungseinheit Stück.

LB 009 Entwässerungskanalarbeiten
FBS-Betonrohr, kreisförmig, ohne Fuß

AW 009

Ausgabe 06.02

Sämtliche Preise sind **Mittelpreise ohne Mehrwertsteuer** zum Zeitpunkt des Ausgabedatums.
Korrekturfaktoren für Regionaleinfluss, Mengeneinfluss, Konjunktureinfluss siehe Vorspann.
Abkürzungen: EP = Einheitspreis, LA = Lohnanteil, ST = Stoffanteil

FBS-Betonrohr, kreisförmig, ohne Fuß

Abkürzungen:
KW-M = Kreisquerschnitt, wandverstärkt, ohne Fuß, mit Muffe

009.----.-

009.10001.M	FBS-Betonrohr KW-M, DN 300, bis 1,75 m	102,07 DM/m / 52,19 €/m
009.10002.M	FBS-Betonrohr KW-M, DN 300, mit Verbau, bis 6,00 m	148,92 DM/m / 76,14 €/m
009.10003.M	FBS-Betonrohr KW-M, DN 300, auf Planum im Gelände	127,06 DM/m / 64,97 €/m
009.10004.M	FBS-Betonrohr KW-M, DN 400, bis 1,75 m	115,22 DM/m / 58,91 €/m
009.10005.M	FBS-Betonrohr KW-M, DN 400, mit Verbau, bis 6,00 m	168,33 DM/m / 86,06 €/m
009.10006.M	FBS-Betonrohr KW-M, DN 400, auf Planum im Gelände	139,58 DM/m / 71,37 €/m
009.10007.M	FBS-Betonrohr KW-M, DN 500, bis 1,75 m	138,11 DM/m / 70,61 €/m
009.10008.M	FBS-Betonrohr KW-M, DN 500, mit Verbau, bis 6,00 m	192,90 DM/m / 98,63 €/m
009.10009.M	FBS-Betonrohr KW-M, DN 500, auf Planum im Gelände	165,98 DM/m / 84,86 €/m
009.10010.M	FBS-Betonrohr KW-M, DN 600, bis 2,50 m	167,28 DM/m / 85,53 €/m
009.10011.M	FBS-Betonrohr KW-M, DN 600, mit Verbau, bis 6,00 m	226,14 DM/m / 115,62 €/m
009.10012.M	FBS-Betonrohr KW-M, DN 600, auf Planum im Gelände	198,65 DM/m / 101,57 €/m
009.10013.M	FBS-Betonrohr KW-M, DN 700, bis 2,50 m	202,92 DM/m / 103,75 €/m
009.10014.M	FBS-Betonrohr KW-M, DN 700, mit Verbau, bis 6,00 m	264,27 DM/m / 135,12 €/m
009.10015.M	FBS-Betonrohr KW-M, DN 700, auf Planum im Gelände	236,28 DM/m / 120,81 €/m
009.10016.M	FBS-Betonrohr KW-M, DN 800, bis 3,00 m	243,74 DM/m / 124,62 €/m
009.10017.M	FBS-Betonrohr KW-M, DN 800, mit Verbau, bis 6,00 m	299,23 DM/m / 152,99 €/m
009.10018.M	FBS-Betonrohr KW-M, DN 800, auf Planum im Gelände	270,93 DM/m / 138,52 €/m
009.10019.M	FBS-Betonrohr KW-M, DN 900, bis 4,00 m	280,69 DM/m / 143,51 €/m
009.10020.M	FBS-Betonrohr KW-M, DN 900, mit Verbau, bis 6,00 m	337,36 DM/m / 172,49 €/m
009.10021.M	FBS-Betonrohr KW-M, DN 900, auf Planum im Gelände	310,80 DM/m / 158,91 €/m
009.10022.M	FBS-Betonrohr KW-M, DN 1000, bis 4,00 m	329,61 DM/m / 168,53 €/m
009.10023.M	FBS-Betonrohr KW-M, DN 1000, mit Verbau, bis 6,00 m	390,97 DM/m / 199,90 €/m
009.10024.M	FBS-Betonrohr KW-M, DN 1000, auf Planum im Gelände	361,73 DM/m / 184,95 €/m
009.10025.M	FBS-Betonrohr KW-M, DN 1100, bis 4,00 m	389,98 DM/m / 199,39 €/m
009.10026.M	FBS-Betonrohr KW-M, DN 1100, mit Verbau, bis 6,00 m	453,34 DM/m / 231,79 €/m
009.10027.M	FBS-Betonrohr KW-M, DN 1100, auf Planum im Geländes	423,78 DM/m / 216,67 €/m
009.10028.M	FBS-Betonrohr KW-M, DN 1200, bis 4,00 m	442,80 DM/m / 226,40 €/m
009.10029.M	FBS-Betonrohr KW-M, DN 1200, mit Verbau, bis 6,00 m	508,28 DM/m / 259,88 €/m
009.10030.M	FBS-Betonrohr KW-M, DN 1200, auf Planum im Gelände	478,23 DM/m / 244,51 €/m
009.10031.M	FBS-Betonrohr KW-M, DN 1300, bis 4,00 m	504,27 DM/m / 257,83 €/m
009.10032.M	FBS-Betonrohr KW-M, DN 1300, mit Verbau, bis 6,00 m	583,86 DM/m / 298,53 €/m
009.10033.M	FBS-Betonrohr KW-M, DN 1300, auf Planum im Gelände	542,44 DM/m / 277,34 €/m
009.10034.M	FBS-Betonrohr KW-M, DN 1400, bis 4,00 m	554,70 DM/m / 283,61 €/m
009.10035.M	FBS-Betonrohr KW-M, DN 1400, mit Verbau, bis 6,00 m	648,24 DM/m / 331,44 €/m
009.10036.M	FBS-Betonrohr KW-M, DN 1400, auf Planum im Gelände	595,50 DM/m / 304,48 €/m
009.10037.M	FBS-Betonrohr KW-M, DN 1500, bis 4,00 m	604,26 DM/m / 308,95 €/m
009.10038.M	FBS-Betonrohr KW-M, DN 1500, mit Verbau, bis 6,00 m	713,72 DM/m / 364,92 €/m
009.10039.M	FBS-Betonrohr KW-M, DN 1500, auf Planum im Gelände	647,98 DM/m / 331,31 €/m

009.10001.M KG 221 DIN 276
FBS-Betonrohr KW-M, DN 300, bis 1,75 m
EP 102,07 DM/m   LA 68,73 DM/m   ST 33,34 DM/m
EP 52,19 €/m   LA 35,14 €/m   ST 17,05 €/m

009.10002.M KG 221 DIN 276
FBS-Betonrohr KW-M, DN 300, mit Verbau, bis 6,00 m
EP 148,92 DM/m   LA 115,59 DM/m   ST 33,33 DM/m
EP 76,14 €/m   LA 59,10 €/m   ST 17,04 €/m

009.10003.M KG 221 DIN 276
FBS-Betonrohr KW-M, DN 300, auf Planum im Gelände
EP 127,06 DM/m   LA 93,73 DM/m   ST 33,33 DM/m
EP 64,97 €/m   LA 47,92 €/m   ST 17,05 €/m

009.10004.M KG 221 DIN 276
FBS-Betonrohr KW-M, DN 400, bis 1,75 m
EP 115,22 DM/m   LA 72,48 DM/m   ST 42,74 DM/m
EP 58,91 €/m   LA 37,06 €/m   ST 21,85 €/m

009.10005.M KG 221 DIN 276
FBS-Betonrohr KW-M, DN 400, mit Verbau, bis 6,00 m
EP 168,33 DM/m   LA 125,58 DM/m   ST 42,75 DM/m
EP 86,06 €/m   LA 64,21 €/m   ST 21,85 €/m

009.10006.M KG 221 DIN 276
FBS-Betonrohr KW-M, DN 400, auf Planum im Gelände
EP 139,58 DM/m   LA 96,84 DM/m   ST 42,74 DM/m
EP 71,37 €/m   LA 49,51 €/m   ST 21,86 €/m

009.10007.M KG 221 DIN 276
FBS-Betonrohr KW-M, DN 500, bis 1,75 m
EP 138,11 DM/m   LA 77,42 DM/m   ST 60,69 DM/m
EP 70,61 €/m   LA 39,58 €/m   ST 31,03 €/m

009.10008.M KG 221 DIN 276
FBS-Betonrohr KW-M, DN 500, mit Verbau, bis 6,00 m
EP 192,90 DM/m   LA 132,21 DM/m   ST 60,69 DM/m
EP 98,63 €/m   LA 67,60 €/m   ST 31,03 €/m

009.10009.M KG 221 DIN 276
FBS-Betonrohr KW-M, DN 500, auf Planum im Gelände
EP 165,98 DM/m   LA 105,28 DM/m   ST 60,70 DM/m
EP 84,86 €/m   LA 53,83 €/m   ST 31,03 €/m

009.10010.M KG 221 DIN 276
FBS-Betonrohr KW-M, DN 600, bis 2,50 m
EP 167,28 DM/m   LA 87,79 DM/m   ST 79,49 DM/m
EP 85,53 €/m   LA 44,88 €/m   ST 40,65 €/m

009.10011.M KG 221 DIN 276
FBS-Betonrohr KW-M, DN 600, mit Verbau, bis 6,00 m
EP 226,14 DM/m   LA 146,64 DM/m   ST 79,50 DM/m
EP 115,62 €/m   LA 74,98 €/m   ST 40,64 €/m

009.10012.M KG 221 DIN 276
FBS-Betonrohr KW-M, DN 600, auf Planum im Gelände
EP 198,65 DM/m   LA 119,15 DM/m   ST 79,50 DM/m
EP 101,57 €/m   LA 60,92 €/m   ST 40,65 €/m

009.10013.M KG 221 DIN 276
FBS-Betonrohr KW-M, DN 700, bis 2,50 m
EP 202,92 DM/m   LA 97,79 DM/m   ST 105,13 DM/m
EP 103,75 €/m   LA 50,00 €/m   ST 53,75 €/m

009.10014.M KG 221 DIN 276
FBS-Betonrohr KW-M, DN 700, mit Verbau, bis 6,00 m
EP 264,27 DM/m   LA 159,14 DM/m   ST 105,13 DM/m
EP 135,12 €/m   LA 81,37 €/m   ST 53,75 €/m

009.10015.M KG 221 DIN 276
FBS-Betonrohr KW-M, DN 700, auf Planum im Gelände
EP 236,28 DM/m   LA 131,14 DM/m   ST 105,14 DM/m
EP 120,81 €/m   LA 67,05 €/m   ST 53,76 €/m

AW 009

Ausgabe 06.02

LB 009 Entwässerungskanalarbeiten
FBS-Betonrohr, kreisförmig, ohne Fuß

Sämtliche Preise sind **Mittelpreise ohne Mehrwertsteuer** zum Zeitpunkt des Ausgabedatums.
Korrekturfaktoren für Regionaleinfluss, Mengeneinfluss, Konjunktureinfluss siehe Vorspann..
Abkürzungen: EP = Einheitspreis, LA = Lohnanteil, ST = Stoffanteil

009.10016.M KG 221 DIN 276
FBS-Betonrohr KW-M, DN 800, bis 3,00 m
EP 243,74 DM/m   LA 112,96 DM/m   ST 130,78 DM/m
EP 124,62 €/m   LA 57,76 €/m   ST 66,86 €/m

009.10017.M KG 221 DIN 276
FBS-Betonrohr KW-M, DN 800, mit Verbau, bis 6,00 m
EP 299,23 DM/m   LA 168,45 DM/m   ST 130,78 DM/m
EP 152,99 €/m   LA 86,13 €/m   ST 66,86 €/m

009.10018.M KG 221 DIN 276
FBS-Betonrohr KW-M, DN 800, auf Planum im Gelände
EP 270,93 DM/m   LA 140,15 DM/m   ST 130,78 DM/m
EP 138,52 €/m   LA 71,66 €/m   ST 66,86 €/m

009.10019.M KG 221 DIN 276
FBS-Betonrohr KW-M, DN 900, bis 4,00 m
EP 280,69 DM/m   LA 118,28 DM/m   ST 162,41 DM/m
EP 143,51 €/m   LA 60,47 €/m   ST 83,04 €/m

009.10020.M KG 221 DIN 276
FBS-Betonrohr KW-M, DN 900, mit Verbau, bis 6,00 m
EP 337,36 DM/m   LA 174,95 DM/m   ST 162,41 DM/m
EP 172,49 €/m   LA 89,45 €/m   ST 83,04 €/m

009.10021.M KG 221 DIN 276
FBS-Betonrohr KW-M, DN 900, auf Planum im Gelände
EP 310,80 DM/m   LA 148,39 DM/m   ST 162,41 DM/m
EP 158,91 €/m   LA 75,87 €/m   ST 83,04 €/m

009.10022.M KG 221 DIN 276
FBS-Betonrohr KW-M, DN 1000, bis 4,00 m
EP 329,61 DM/m   LA 124,46 DM/m   ST 205,15 DM/m
EP 168,53 €/m   LA 63,63 €/m   ST 104,90 €/m

009.10023.M KG 221 DIN 276
FBS-Betonrohr KW-M, DN 1000, mit Verbau, bis 6,00 m
EP 390,97 DM/m   LA 185,81 DM/m   ST 205,15 DM/m
EP 199,90 €/m   LA 95,01 €/m   ST 104,89 €/m

009.10024.M KG 221 DIN 276
FBS-Betonrohr KW-M, DN 1000, auf Planum im Gelände
EP 361,73 DM/m   LA 156,58 DM/m   ST 205,15 DM/m
EP 184,95 €/m   LA 80,06 €/m   ST 104,89 €/m

009.10025.M KG 221 DIN 276
FBS-Betonrohr KW-M, DN 1100, bis 4,00 m
EP 389,98 DM/m   LA 132,40 DM/m   ST 257,58 DM/m
EP 199,39 €/m   LA 67,69 €/m   ST 131,70 €/m

009.10026.M KG 221 DIN 276
FBS-Betonrohr KW-M, DN 1100, mit Verbau, bis 6,00 m
EP 453,34 DM/m   LA 195,75 DM/m   ST 257,59 DM/m
EP 231,79 €/m   LA 100,09 €/m   ST 131,70 €/m

009.10027.M KG 221 DIN 276
FBS-Betonrohr KW-M, DN 1100, auf Planum im Geländes
EP 423,78 DM/m   LA 166,20 DM/m   ST 257,58 DM/m
EP 216,67 €/m   LA 84,98 €/m   ST 131,69 €/m

009.10028.M KG 221 DIN 276
FBS-Betonrohr KW-M, DN 1200, bis 4,00 m
EP 442,80 DM/m   LA 140,21 DM/m   ST 302,59 DM/m
EP 226,40 €/m   LA 71,69 €/m   ST 154,71 €/m

009.10029.M KG 221 DIN 276
FBS-Betonrohr KW-M, DN 1200, mit Verbau, bis 6,00 m
EP 508,28 DM/m   LA 205,68 DM/m   ST 302,60 DM/m
EP 259,88 €/m   LA 105,16 €/m   ST 154,72 €/m

009.10030.M KG 221 DIN 276
FBS-Betonrohr KW-M, DN 1200, auf Planum im Gelände
EP 478,23 DM/m   LA 175,63 DM/m   ST 302,60 DM/m
EP 244,51 €/m   LA 89,80 €/m   ST 154,71 €/m

009.10031.M KG 221 DIN 276
FBS-Betonrohr KW-M, DN 1300, bis 4,00 m
EP 504,27 DM/m   LA 149,08 DM/m   ST 355,19 DM/m
EP 257,83 €/m   LA 76,22 €/m   ST 181,61 €/m

009.10032.M KG 221 DIN 276
FBS-Betonrohr KW-M, DN 1300, mit Verbau, bis 6,00 m
EP 583,86 DM/m   LA 228,68 DM/m   ST 355,18 DM/m
EP 298,53 €/m   LA 116,92 €/m   ST 181,61 €/m

009.10033.M KG 221 DIN 276
FBS-Betonrohr KW-M, DN 1300, auf Planum im Gelände
EP 542,44 DM/m   LA 187,25 DM/m   ST 355,19 DM/m
EP 277,34 €/m   LA 95,74 €/m   ST 181,60 €/m

009.10034.M KG 221 DIN 276
FBS-Betonrohr KW-M, DN 1400, bis 4,00 m
EP 554,70 DM/m   LA 158,08 DM/m   ST 396,62 DM/m
EP 283,61 €/m   LA 80,82 €/m   ST 202,79 €/m

009.10035.M KG 221 DIN 276
FBS-Betonrohr KW-M, DN 1400, mit Verbau, bis 6,00 m
EP 648,24 DM/m   LA 251,61 DM/m   ST 396,63 DM/m
EP 331,44 €/m   LA 128,65 €/m   ST 202,79 €/m

009.10036.M KG 221 DIN 276
FBS-Betonrohr KW-M, DN 1400, auf Planum im Gelände
EP 595,50 DM/m   LA 198,88 DM/m   ST 396,62 DM/m
EP 304,48 €/m   LA 101,69 €/m   ST 202,79 €/m

009.10037.M KG 221 DIN 276
FBS-Betonrohr KW-M, DN 1500, bis 4,00 m
EP 604,26 DM/m   LA 167,45 DM/m   ST 436,80 DM/m
EP 308,95 €/m   LA 85,62 €/m   ST 223,33 €/m

009.10038.M KG 221 DIN 276
FBS-Betonrohr KW-M, DN 1500, mit Verbau, bis 6,00 m
EP 713,72 DM/m   LA 276,92 DM/m   ST 436,80 DM/m
EP 364,92 €/m   LA 141,59 €/m   ST 223,33 €/m

009.10039.M KG 221 DIN 276
FBS-Betonrohr KW-M, DN 1500, auf Planum im Gelände
EP 647,98 DM/m   LA 211,18 DM/m   ST 436,80 DM/m
EP 331,31 €/m   LA 107,97 €/m   ST 223,34 €/m

LB 009 Entwässerungskanalarbeiten
FBS-Betonrohr, kreisförmig, mit Fuß und TWR

AW 009

Ausgabe 06.02

Sämtliche Preise sind **Mittelpreise ohne Mehrwertsteuer** zum Zeitpunkt des Ausgabedatums.
Korrekturfaktoren für Regionaleinfluss, Mengeneinfluss, Konjunktureinfluss siehe Vorspann..
Abkürzungen: EP = Einheitspreis, LA = Lohnanteil, ST = Stoffanteil

FBS-Betonrohr, kreisförmig, mit Fuß und TWR

Abkürzungen:
KFW-M = Kreisquerschnitt, wandverstärkt, mit durchgehendem Fuß und Muffe
TWR = Trockenwetterrinne

009.—.-

009.10101.M	FBS-Betonr., KFW-M, DN 800, TWR 1:3, 4,00 m	319,70 DM/m 163,46 €/m
009.10102.M	FBS-Betonr., KFW-M, DN 800, TWR 1:3, Verbau 6,00 m	370,81 DM/m 189,59 €/m
009.10103.M	FBS-Betonr., KFW-M, DN 800, TWR 1:3, auf Planum	343,20 DM/m 175,47 €/m
009.10104.M	FBS-Betonr., KFW-M, DN 900, TWR 1:3, 4,00 m	384,00 DM/m 196,34 €/m
009.10105.M	FBS-Betonr., KFW-M, DN 900, TWR 1:3, Verbau 6,00 m	438,36 DM/m 224,13 €/m
009.10106.M	FBS-Betonr., KFW-M, DN 900, TWR 1:3, auf Planum	406,00 DM/m 207,58 €/m
009.10107.M	FBS-Betonr., KFW-M, DN 1000, TWR 1:3, 4,00 m	437,13 DM/m 223,50 €/m
009.10108.M	FBS-Betonr., KFW-M, DN 1000, TWR 1:3, Verbau 6,00 m	494,00 DM/m 252,58 €/m
009.10109.M	FBS-Betonr., KFW-M, DN 1000, TWR 1:3, auf Planum	465,57 DM/m 238,04 €/m
009.10110.M	FBS-Betonr., KFW-M, DN 1100, TWR 1:3, 4,00 m	497,83 DM/m 254,53 €/m
009.10111.M	FBS-Betonr., KFW-M, DN 1100, TWR 1:3, Verbau 6,00 m	556,68 DM/m 284,63 €/m
009.10112.M	FBS-Betonr., KFW-M, DN 1100, TWR 1:3, auf Planum	527,88 DM/m 269,90 €/m
009.10113.M	FBS-Betonr., KFW-M, DN 1200, TWR 1:3, 4,00 m	575,59 DM/m 294,30 €/m
009.10114.M	FBS-Betonr., KFW-M, DN 1200, TWR 1:3, Verbau 6,00 m	636,58 DM/m 325,48 €/m
009.10115.M	FBS-Betonr., KFW-M, DN 1200, TWR 1:3, auf Planum	607,34 DM/m 310,53 €/m
009.10116.M	FBS-Betonr., KFW-M, DN 1300, TWR 1:3, 4,00 m	626,66 DM/m 320,40 €/m
009.10117.M	FBS-Betonr., KFW-M, DN 1300, TWR 1:3, Verbau 6,00 m	702,13 DM/m 359,00 €/m
009.10118.M	FBS-Betonr., KFW-M, DN 1300, TWR 1:3, auf Planum	661,46 DM/m 338,20 €/m
009.10119.M	FBS-Betonr., KFW-M, DN 1400, TWR 1:3, 4,00 m	681,90 DM/m 348,65 €/m
009.10120.M	FBS-Betonr., KFW-M, DN 1400, TWR 1:3, Verbau 6,00 m	771,75 DM/m 394,59 €/m
009.10121.M	FBS-Betonr., KFW-M, DN 1400, TWR 1:3, auf Planum	719,76 DM/m 368,01 €/m
009.10122.M	FBS-Betonr., KFW-M, DN 1500, TWR 1:3, 4,00 m	734,24 DM/m 375,41 €/m
009.10123.M	FBS-Betonr., KFW-M, DN 1500, TWR 1:3, Verbau 6,00 m	840,40 DM/m 429,69 €/m
009.10124.M	FBS-Betonr., KFW-M, DN 1500, TWR 1:3, auf Planum	775,48 DM/m 396,50 €/m

009.10101.M KG 221 DIN 276
FBS-Betonr., KFW-M, DN 800, TWR 1:3, 4,00 m
EP 319,70 DM/m   LA 105,40 DM/m   ST 214,30 DM/m
EP 163,46 €/m   LA 53,89 €/m   ST 109,57 €/m

009.10102.M KG 221 DIN 276
FBS-Betonr., KFW-M, DN 800, TWR 1:3, Verbau 6,00 m
EP 370,81 DM/m   LA 156,52 DM/m   ST 214,29 DM/m
EP 189,59 €/m   LA 80,03 €/m   ST 109,56 €/m

009.10103.M KG 221 DIN 276
FBS-Betonr., KFW-M, DN 800, TWR 1:3, auf Planum
EP 343,20 DM/m   LA 128,90 DM/m   ST 214,30 DM/m
EP 175,47 €/m   LA 65,91 €/m   ST 109,56 €/m

009.10104.M KG 221 DIN 276
FBS-Betonr., KFW-M, DN 900, TWR 1:3, 4,00 m
EP 384,00 DM/m   LA 110,34 DM/m   ST 273,66 DM/m
EP 196,34 €/m   LA 56,42 €/m   ST 139,92 €/m

009.10105.M KG 221 DIN 276
FBS-Betonr., KFW-M, DN 900, TWR 1:3, Verbau 6,00 m
EP 438,36 DM/m   LA 164,70 DM/m   ST 273,66 DM/m
EP 224,13 €/m   LA 84,21 €/m   ST 139,92 €/m

009.10106.M KG 221 DIN 276
FBS-Betonr., KFW-M, DN 900, TWR 1:3, auf Planum
EP 406,00 DM/m   LA 132,34 DM/m   ST 273,66 DM/m
EP 207,58 €/m   LA 67,66 €/m   ST 139,92 €/m

009.10107.M KG 221 DIN 276
FBS-Betonr., KFW-M, DN 1000, TWR 1:3, 4,00 m
EP 437,13 DM/m   LA 116,46 DM/m   ST 320,67 DM/m
EP 223,50 €/m   LA 59,54 €/m   ST 163,96 €/m

009.10108.M KG 221 DIN 276
FBS-Betonr., KFW-M, DN 1000, TWR 1:3, Verbau 6,00 m
EP 494,00 DM/m   LA 173,32 DM/m   ST 320,68 DM/m
EP 252,58 €/m   LA 88,62 €/m   ST 163,96 €/m

009.10109.M KG 221 DIN 276
FBS-Betonr., KFW-M, DN 1000, TWR 1:3, auf Planum
EP 465,57 DM/m   LA 144,89 DM/m   ST 320,68 DM/m
EP 238,04 €/m   LA 74,08 €/m   ST 163,96 €/m

009.10110.M KG 221 DIN 276
FBS-Betonr., KFW-M, DN 1100, TWR 1:3, 4,00 m
EP 497,83 DM/m   LA 124,28 DM/m   ST 373,55 DM/m
EP 254,53 €/m   LA 63,54 €/m   ST 190,99 €/m

009.10111.M KG 221 DIN 276
FBS-Betonr., KFW-M, DN 1100, TWR 1:3, Verbau 6,00 m
EP 556,68 DM/m   LA 183,13 DM/m   ST 373,55 DM/m
EP 284,63 €/m   LA 93,63 €/m   ST 191,00 €/m

009.10112.M KG 221 DIN 276
FBS-Betonr., KFW-M, DN 1100, TWR 1:3, auf Planum
EP 527,88 DM/m   LA 154,33 DM/m   ST 373,55 DM/m
EP 269,90 €/m   LA 78,91 €/m   ST 190,99 €/m

009.10113.M KG 221 DIN 276
FBS-Betonr., KFW-M, DN 1200, TWR 1:3, 4,00 m
EP 575,59 DM/m   LA 131,96 DM/m   ST 443,63 DM/m
EP 294,30 €/m   LA 67,47 €/m   ST 226,83 €/m

009.10114.M KG 221 DIN 276
FBS-Betonr., KFW-M, DN 1200, TWR 1:3, Verbau 6,00 m
EP 636,58 DM/m   LA 192,94 DM/m   ST 443,64 DM/m
EP 325,48 €/m   LA 98,65 €/m   ST 226,83 €/m

009.10115.M KG 221 DIN 276
FBS-Betonr., KFW-M, DN 1200, TWR 1:3, auf Planum
EP 607,34 DM/m   LA 163,70 DM/m   ST 443,64 DM/m
EP 310,53 €/m   LA 83,70 €/m   ST 226,83 €/m

009.10116.M KG 221 DIN 276
FBS-Betonr., KFW-M, DN 1300, TWR 1:3, 4,00 m
EP 626,66 DM/m   LA 140,21 DM/m   ST 486,45 DM/m
EP 320,40 €/m   LA 71,69 €/m   ST 248,71 €/m

009.10117.M KG 221 DIN 276
FBS-Betonr., KFW-M, DN 1300, TWR 1:3, Verbau 6,00 m
EP 702,13 DM/m   LA 215,68 DM/m   ST 486,45 DM/m
EP 359,00 €/m   LA 110,28 €/m   ST 248,72 €/m

009.10118.M KG 221 DIN 276
FBS-Betonr., KFW-M, DN 1300, TWR 1:3, auf Planum
EP 661,46 DM/m   LA 175,01 DM/m   ST 486,45 DM/m
EP 338,20 €/m   LA 89,48 €/m   ST 248,72 €/m

009.10119.M KG 221 DIN 276
FBS-Betonr., KFW-M, DN 1400, TWR 1:3, 4,00 m
EP 681,90 DM/m   LA 148,52 DM/m   ST 533,38 DM/m
EP 348,65 €/m   LA 75,94 €/m   ST 272,71 €/m

009.10120.M KG 221 DIN 276
FBS-Betonr., KFW-M, DN 1400, TWR 1:3, Verbau 6,00 m
EP 771,75 DM/m   LA 238,37 DM/m   ST 533,38 DM/m
EP 394,59 €/m   LA 121,87 €/m   ST 272,72 €/m

009.10121.M KG 221 DIN 276
FBS-Betonr., KFW-M, DN 1400, TWR 1:3, auf Planum
EP 719,76 DM/m   LA 186,38 DM/m   ST 533,38 DM/m
EP 368,01 €/m   LA 95,29 €/m   ST 272,72 €/m

009.10122.M KG 221 DIN 276
FBS-Betonr., KFW-M, DN 1500, TWR 1:3, 4,00 m
EP 734,24 DM/m   LA 157,26 DM/m   ST 576,98 DM/m
EP 375,41 €/m   LA 80,41 €/m   ST 295,00 €/m

AW 009

LB 009 Entwässerungskanalarbeiten
FBS-Betonrohr, kreisförmig, mit Fuß und TWR; FBS-Betonrohr, eiförmig, mit Fuß

Ausgabe 06.02

Sämtliche Preise sind **Mittelpreise ohne Mehrwertsteuer** zum Zeitpunkt des Ausgabedatums.
Korrekturfaktoren für Regionaleinfluss, Mengeneinfluss, Konjunktureinfluss siehe Vorspann.
Abkürzungen: EP = Einheitspreis, LA = Lohnanteil, ST = Stoffanteil

009.10123.M KG 221 DIN 276
FBS-Betonr., KFW-M, DN 1500, TWR 1:3, Verbau 6,00 m
EP 840,40 DM/m LA 263,42 DM/m ST 576,98 DM/m
EP 429,69 €/m   LA 134,68 €/m   ST 295,01 €/m

009.10124.M KG 221 DIN 276
FBS-Betonr., KFW-M, DN 1500, TWR 1:3, auf Planum
EP 775,48 DM/m LA 198,50 DM/m ST 576,98 DM/m
EP 396,50 €/m   LA 101,49 €/m   ST 295,01 €/m

FBS-Betonrohr, eiförmig, mit Fuß

Abkürzungen:
EF-M = Eiquerschnitt, mit durchgehendem Fuß

009.-----.-

009.10201.M	FBS-Betonrohr EF-M, DN 500/ 750, 2,50 m	299,76 DM/m
		153,27 €/m
009.10202.M	FBS-Betonrohr EF-M, DN 500/ 750, Verbau, bis 6,00 m	350,81 DM/m
		179,36 €/m
009.10203.M	FBS-Betonrohr EF-M, DN 500/ 750, auf vorh. Planum	324,31 DM/m
		165,82 €/m
009.10204.M	FBS-Betonrohr EF-M, DN 600/ 900, bis 3,00 m	346,49 DM/m
		177,16 €/m
009.10205.M	FBS-Betonrohr EF-M, DN 600/ 900, Verbau, bis 6,00 m	402,84 DM/m
		205,97 €/m
009.10206.M	FBS-Betonrohr EF-M, DN 600/ 900, auf vorh. Planum	375,55 DM/m
		192,01 €/m
009.10207.M	FBS-Betonrohr EF-M, DN 700/1050, bis 3,00 m	386,93 DM/m
		197,83 €/m
009.10208.M	FBS-Betonrohr EF-M, DN 700/1050, Verbau, bis 6,00 m	449,78 DM/m
		229,97 €/m
009.10209.M	FBS-Betonrohr EF-M, DN 700/1050, auf vorh. Planum	421,79 DM/m
		215,66 €/m
009.10210.M	FBS-Betonrohr EF-M, DN 800/1200, bis 3,00 m	438,88 DM/m
		224,40 €/m
009.10211.M	FBS-Betonrohr EF-M, DN 800/1200, Verbau, bis 6,00 m	495,75 DM/m
		253,47 €/m
009.10212.M	FBS-Betonrohr EF-M, DN 800/1200, auf vorh. Planum	467,31 DM/m
		238,93 €/m
009.10213.M	FBS-Betonrohr EF-M, DN 900/1350, bis 3,00 m	502,74 DM/m
		257,05 €/m
009.10214.M	FBS-Betonrohr EF-M, DN 900/1350, Verbau, bis 6,00 m	561,59 DM/m
		287,14 €/m
009.10215.M	FBS-Betonrohr EF-M, DN 900/1350, auf vorh. Planum	532,79 DM/m
		272,41 €/m
009.10216.M	FBS-Betonrohr EF-M, DN 1000/1500, bis 3,00 m	595,94 DM/m
		304,70 €/m
009.10217.M	FBS-Betonrohr EF-M, DN 1000/1500, Verbau, bis 6,00 m	656,93 DM/m
		335,88 €/m
009.10218.M	FBS-Betonrohr EF-M, DN 1000/1500, auf vorh. Planum	627,69 DM/m
		320,93 €/m
009.10219.M	FBS-Betonrohr EF-M, DN 1200/1800, bis 4,00 m	831,71 DM/m
		425,25 €/m
009.10220.M	FBS-Betonrohr EF-M, DN 1200/1800, Verbau, bis 6,00 m	921,55 DM/m
		471,18 €/m
009.10221.M	FBS-Betonrohr EF-M, DN 1200/1800, auf vorh.Planum	869,57 DM/m
		444,60 €/m

009.10201.M KG 221 DIN 276
FBS-Betonrohr EF-M, DN 500/ 750, 2,50 m
EP 299,76 DM/m LA 73,67 DM/m ST 226,09 DM/m
EP 153,27 €/m   LA 37,67 €/m   ST 115,60 €/m

009.10202.M KG 221 DIN 276
FBS-Betonrohr EF-M, DN 500/ 750, Verbau, bis 6,00 m
EP 350,81 DM/m LA 124,71 DM/m ST 226,10 DM/m
EP 179,36 €/m   LA 63,76 €/m   ST 115,60 €/m

009.10203.M KG 221 DIN 276
FBS-Betonrohr EF-M, DN 500/ 750, auf vorhandem Planum
EP 324,31 DM/m LA 98,22 DM/m ST 226,09 DM/m
EP 165,82 €/m   LA 50,22 €/m   ST 115,60 €/m

009.10204.M KG 221 DIN 276
FBS-Betonrohr EF-M, DN 600/ 900, bis 3,00 m
EP 346,49 DM/m LA 90,91 DM/m ST 255,58 DM/m
EP 177,16 €/m   LA 46,48 €/m   ST 130,68 €/m

009.10205.M KG 221 DIN 276
FBS-Betonrohr EF-M, DN 600/ 900, Verbau, bis 6,00 m
EP 402,84 DM/m LA 147,26 DM/m ST 255,58 DM/m
EP 205,97 €/m   LA 75,29 €/m   ST 130,68 €/m

009.10206.M KG 221 DIN 276
FBS-Betonrohr EF-M, DN 600/ 900, auf vorhandem Planum
EP 375,55 DM/m LA 119,97 DM/m ST 255,58 DM/m
EP 192,01 €/m   LA 61,34 €/m   ST 130,67 €/m

009.10207.M KG 221 DIN 276
FBS-Betonrohr EF-M, DN 700/1050, bis 3,00 m
EP 386,93 DM/m LA 101,85 DM/m ST 285,08 DM/m
EP 197,83 €/m   LA 52,07 €/m   ST 145,76 €/m

009.10208.M KG 221 DIN 276
FBS-Betonrohr EF-M, DN 700/1050, Verbau, bis 6,00 m
EP 449,78 DM/m LA 164,70 DM/m ST 285,08 DM/m
EP 229,97 €/m   LA 84,21 €/m   ST 145,76 €/m

009.10209.M KG 221 DIN 276
FBS-Betonrohr EF-M, DN 700/1050, auf vorhandem Planum
EP 421,79 DM/m LA 136,71 DM/m ST 285,08 DM/m
EP 215,66 €/m   LA 69,90 €/m   ST 145,76 €/m

009.10210.M KG 221 DIN 276
FBS-Betonrohr EF-M, DN 800/1200, bis 3,00 m
EP 438,88 DM/m LA 116,46 DM/m ST 322,42 DM/m
EP 224,40 €/m   LA 59,54 €/m   ST 164,86 €/m

009.10211.M KG 221 DIN 276
FBS-Betonrohr EF-M, DN 800/1200, Verbau, bis 6,00 m
EP 495,75 DM/m LA 173,32 DM/m ST 322,43 DM/m
EP 253,47 €/m   LA 88,62 €/m   ST 164,85 €/m

009.10212.M KG 221 DIN 276
FBS-Betonrohr EF-M, DN 800/1200, auf vorhandem Planum
EP 467,31 DM/m LA 144,89 DM/m ST 322,42 DM/m
EP 238,93 €/m   LA 74,08 €/m   ST164,85 €/m

009.10213.M KG 221 DIN 276
FBS-Betonrohr EF-M, DN 900/1350, bis 3,00 m
EP 502,74 DM/m LA 124,28 DM/m ST 378,46 DM/m
EP 257,05 €/m   LA 63,54 €/m   ST 193,51 €/m

009.10214.M KG 221 DIN 276
FBS-Betonrohr EF-M, DN 900/1350, Verbau, bis 6,00 m
EP 561,59 DM/m LA 183,13 DM/m ST 378,46 DM/m
EP 287,14 €/m   LA 93,63 €/m   ST 193,51 €/m

009.10215.M KG 221 DIN 276
FBS-Betonrohr EF-M, DN 900/1350, auf vorhandem Planum
EP 532,79 DM/m LA 154,33 DM/m ST 378,46 DM/m
EP 272,41 €/m   LA 78,91 €/m   ST 193,50 €/m

009.10216.M KG 221 DIN 276
FBS-Betonrohr EF-M, DN 1000/1500, bis 3,00 m
EP 595,94 DM/m LA 131,96 DM/m ST 463,98 DM/m
EP 304,70 €/m   LA 67,47 €/m   ST 237,23 €/m

009.10217.M KG 221 DIN 276
FBS-Betonrohr EF-M, DN 1000/1500, Verbau, bis 6,00 m
EP 656,93 DM/m LA 192,94 DM/m ST 463,99 DM/m
EP 335,88 €/m   LA 98,65 €/m   ST 237,23 €/m

009.10218.M KG 221 DIN 276
FBS-Betonrohr EF-M, DN 1000/1500, auf vorhandem Planum
EP 627,69 DM/m LA 163,70 DM/m ST 463,99 DM/m
EP 320,93 €/m   LA 83,70 €/m   ST 237,23 €/m

009.10219.M KG 221 DIN 276
FBS-Betonrohr EF-M, DN 1200/1800, bis 4,00 m
EP 831,71 DM/m LA 148,52 DM/m ST 683,19 DM/m
EP 425,25 €/m   LA 75,94 €/m   ST 349,31 €/m

009.10220.M KG 221 DIN 276
FBS-Betonrohr EF-M, DN 1200/1800, Verbau, bis 6,00 m
EP 921,55 DM/m LA 238,37 DM/m ST 683,18 DM/m
EP 471,18 €/m   LA 121,87 €/m   ST 349,31 €/m

009.10221.M KG 221 DIN 276
FBS-Betonrohr EF-M, DN 1200/1800, auf vorhandem Planum
EP 869,57 DM/m LA 186,38 DM/m ST 683,19 DM/m
EP 444,60 €/m   LA 95,29 €/m   ST 349,31 €/m

LB 009 Entwässerungskanalarbeiten
FBS-Betonrohre, Zulagen für Zuläufe

AW 009

Ausgabe 06.02

Sämtliche Preise sind **Mittelpreise ohne Mehrwertsteuer** zum Zeitpunkt des Ausgabedatums.
Korrekturfaktoren für Regionaleinfluss, Mengeneinfluss, Konjunktureinfluss siehe Vorspann.
Abkürzungen: EP = Einheitspreis, LA = Lohnanteil, ST = Stoffanteil

FBS-Betonrohre, Zulagen für Zuläufe

009.-----.-

009.10801.M	Zulage für FBS-Betonrohre DN 300, Zulauf	75,10 DM/St / 38,40 €/St
009.10802.M	Zulage für FBS-Betonrohre DN 500, Zulauf	130,51 DM/St / 66,73 €/St
009.10803.M	Zulage für FBS-Betonrohre DN 700, Zulauf	221,01 DM/St / 113,00 €/St
009.10804.M	Zulage für FBS-Betonrohre DN 900, Zulauf	335,51 DM/St / 171,54 €/St
009.10805.M	Zulage für FBS-Betonrohre DN 1100, Zulauf	526,19 DM/St / 269,04 €/St
009.10806.M	Zulage für FBS-Betonrohre DN 1300, Zulauf	722,13 DM/St / 369,22 €/St
009.10807.M	Zulage für FBS-Betonrohre DN 1500, Zulauf	889,27 DM/St / 454,68 €/St
009.10808.M	Zulage FBS-Betonrohre DN 300, Scheitelzulauf	75,10 DM/St / 38,40 €/St
009.10809.M	Zulage FBS-Betonrohre DN 500, Scheitelzulauf	130,51 DM/St / 66,73 €/St
009.10810.M	Zulage FBS-Betonrohre DN 700, Scheitelzulauf	221,01 DM/St / 113,00 €/St
009.10811.M	Zulage FBS-Betonrohre DN 900, Scheitelzulauf	335,51 DM/St / 171,54 €/St
009.10812.M	Zulage FBS-Betonrohre DN 1100, Scheitelzulauf	526,19 DM/St / 269,04 €/St
009.10813.M	Zulage FBS-Betonrohre DN 1300, Scheitelzulauf	722,13 DM/St / 369,22 €/St
009.10814.M	Zulage FBS-Betonrohre DN 1500, Scheitelzulauf	889,27 DM/St / 454,68 €/St
009.10815.M	Zulage FBS-Betonrohre DN 300, Zulaufstutzen	75,10 DM/St / 38,40 €/St
009.10816.M	Zulage FBS-Betonrohre DN 500, Zulaufstutzen	130,51 DM/St / 66,73 €/St
009.10817.M	Zulage FBS-Betonrohre DN 700, Zulaufstutzen	221,01 DM/St / 113,00 €/St
009.10818.M	Zulage FBS-Betonrohre DN 900, Zulaufstutzen	335,51 DM/St / 171,54 €/St
009.10819.M	Zulage FBS-Betonrohre DN 1100, Zulaufstutzen	526,19 DM/St / 269,04 €/St
009.10820.M	Zulage FBS-Betonrohre DN 1300, Zulaufstutzen	722,13 DM/St / 369,22 €/St
009.10821.M	Zulage FBS-Betonrohre DN 1500, Zulaufstutzen	889,27 DM/St / 454,68 €/St

009.10801.M KG 221 DIN 276
Zulage für FBS-Betonrohre DN 300, Zulauf
EP 75,10 DM/St   LA 8,43 DM/St   ST 66,67 DM/St
EP 38,40 €/St   LA 4,31 €/St   ST 34,09 €/St

009.10802.M KG 221 DIN 276
Zulage für FBS-Betonrohre DN 500, Zulauf
EP 130,51 DM/St LA 9,13 DM/St   ST 121,38 DM/St
EP 66,73 €/St   LA 4,67 €/St   ST 62,06 €/St

009.10803.M KG 221 DIN 276
Zulage für FBS-Betonrohre DN 700, Zulauf
EP 221,01 DM/St LA 9,87 DM/St   ST 211,14 DM/St
EP 113,00 €/St   LA 5,05 €/St   ST 107,95 €/St

009.10804.M KG 221 DIN 276
Zulage für FBS-Betonrohre DN 900, Zulauf
EP 335,51 DM/St LA 10,68 DM/St ST 324,83 DM/St
EP 171,54 €/St   LA 5,46 €/St   ST 166,08 €/St

009.10805.M KG 221 DIN 276
Zulage für FBS-Betonrohre DN 1100, Zulauf
EP 526,19 DM/St LA 10,99 DM/St ST 515,20 DM/St
EP 269,04 €/St   LA 5,62 €/St   ST 263,42 €/St

009.10806.M KG 221 DIN 276
Zulage für FBS-Betonrohre DN 1300, Zulauf
EP 722,13 DM/St LA 11,75 DM/St ST 710,38 DM/St
EP 369,22 €/St   LA 6,01 €/St   ST 363,21 €/St

009.10807.M KG 221 DIN 276
Zulage für FBS-Betonrohre DN 1500, Zulauf
EP 889,27 DM/St LA 15,68 DM/St ST 873,59 DM/St
EP 454,68 €/St   LA 8,02 €/St   ST 446,66 €/St

009.10808.M KG 221 DIN 276
Zulage FBS-Betonrohre DN 300, Scheitelzulauf
EP 75,10 DM/St   LA 8,43 DM/St   ST 66,67 DM/St
EP 38,40 €/St   LA 4,31 €/St   ST 34,09 €/St

009.10809.M KG 221 DIN 276
Zulage FBS-Betonrohre DN 500, Scheitelzulauf
EP 130,51 DM/St LA 9,13 DM/St   ST 121,38 DM/St
EP 66,73 €/St   LA 4,67 €/St   ST 62,06 €/St

009.10810.M KG 221 DIN 276
Zulage FBS-Betonrohre DN 700, Scheitelzulauf
EP 221,01 DM/St LA 9,87 DM/St   ST 211,14 DM/St
EP 113,00 €/St   LA 5,05 €/St   ST 107,95 €/St

009.10811.M KG 221 DIN 276
Zulage FBS-Betonrohre DN 900, Scheitelzulauf
EP 335,51 DM/St LA 10,68 DM/St ST 324,83 DM/St
EP 171,54 €/St   LA 5,46 €/St   ST 166,08 €/St

009.10812.M KG 221 DIN 276
Zulage FBS-Betonrohre DN 1100, Scheitelzulauf
EP 526,19 DM/St LA 10,99 DM/St ST 515,20 DM/St
EP 269,04 €/St   LA 5,62 €/St   ST 263,42 €/St

009.10813.M KG 221 DIN 276
Zulage FBS-Betonrohre DN 1300, Scheitelzulauf
EP 722,13 DM/St LA 11,75 DM/St ST 710,38 DM/St
EP 369,22 €/St   LA 6,01 €/St   ST 363,21 €/St

009.10814.M KG 221 DIN 276
Zulage FBS-Betonrohre DN 1500, Scheitelzulauf
EP 889,27 DM/St LA 15,68 DM/St ST 873,59 DM/St
EP 454,68 €/St   LA 8,02 €/St   ST 446,66 €/St

009.10815.M KG 221 DIN 276
Zulage FBS-Betonrohre DN 300, Zulaufstutzen
EP 75,10 DM/St   LA 8,43 DM/St   ST 66,67 DM/St
EP 38,40 €/St   LA 4,31 €/St   ST 34,09 €/St

009.10816.M KG 221 DIN 276
Zulage FBS-Betonrohre DN 500, Zulaufstutzen
EP 130,51 DM/St LA 9,13 DM/St   ST 121,38 DM/St
EP 66,73 €/St   LA 4,67 €/St   ST 62,06 €/St

009.10817.M KG 221 DIN 276
Zulage FBS-Betonrohre DN 700, Zulaufstutzen
EP 221,01 DM/St LA 9,87 DM/St   ST 211,14 DM/St
EP 113,00 €/St   LA 5,05 €/St   ST 107,95 €/St

009.10818.M KG 221 DIN 276
Zulage FBS-Betonrohre DN 900, Zulaufstutzen
EP 335,51 DM/St LA 10,68 DM/St ST 324,83 DM/St
EP 171,54 €/St   LA 5,46 €/St   ST 166,08 €/St

009.10819.M KG 221 DIN 276
Zulage FBS-Betonrohre DN 1100, Zulaufstutzen
EP 526,19 DM/St LA 10,99 DM/St ST 515,20 DM/St
EP 269,04 €/St   LA 5,62 €/St   ST 263,42 €/St

009.10820.M KG 221 DIN 276
Zulage FBS-Betonrohre DN 1300, Zulaufstutzen
EP 722,13 DM/St LA 11,75 DM/St ST 710,38 DM/St
EP 369,22 €/St   LA 6,01 €/St   ST 363,21 €/St

009.10821.M KG 221 DIN 276
Zulage FBS-Betonrohre DN 1500, Zulaufstutzen
EP 889,27 DM/St LA 15,68 DM/St ST 873,59 DM/St
EP 454,68 €/St   LA 8,02 €/St   ST 446,66 €/St

AW 009

Ausgabe 06.02

LB 009 Entwässerungskanalarbeiten
FBS-Betonrohre, Zulagen: Anschluss-, Gelenkstück; Passstücke, Krümmer

Sämtliche Preise sind **Mittelpreise ohne Mehrwertsteuer** zum Zeitpunkt des Ausgabedatums.
Korrekturfaktoren für Regionaleinfluss, Mengeneinfluss, Konjunktureinfluss siehe Vorspann.
Abkürzungen: EP = Einheitspreis, LA = Lohnanteil, ST = Stoffanteil

FBS-Betonrohre, Zulage Anschluss-, Gelenkstück

009.----.-

009.10822.M	Zulage FBS-Betonrohre DN 300, Anschlussstück	75,10 DM/St / 38,40 €/St
009.10823.M	Zulage FBS-Betonrohre DN 500, Anschlussstück	130,51 DM/St / 66,73 €/St
009.10824.M	Zulage FBS-Betonrohre DN 700, Anschlussstück	221,01 DM/St / 113,00 €/St
009.10825.M	Zulage FBS-Betonrohre DN 900, Anschlussstück	335,51 DM/St / 171,54 €/St
009.10826.M	Zulage FBS-Betonrohre DN 1100, Anschlussstück	526,19 DM/St / 269,04 €/St
009.10827.M	Zulage FBS-Betonrohre DN 1300, Anschlussstück	722,13 DM/St / 369,22 €/St
009.10828.M	Zulage FBS-Betonrohre DN 1500, Anschlussstück	889,27 DM/St / 454,68 €/St
009.10829.M	Zulage FBS-Betonrohre DN 300, Gelenkstück	75,10 DM/St / 38,40 €/St
009.10830.M	Zulage FBS-Betonrohre DN 500, Gelenkstück	130,51 DM/St / 66,73 €/St
009.10831.M	Zulage FBS-Betonrohre DN 700, Gelenkstück	221,01 DM/St / 113,00 €/St
009.10832.M	Zulage FBS-Betonrohre DN 900, Gelenkstück	335,51 DM/St / 171,54 €/St
009.10833.M	Zulage FBS-Betonrohre DN 1100, Gelenkstück	526,19 DM/St / 269,04 €/St
009.10834.M	Zulage FBS-Betonrohre DN 1300, Gelenkstück	722,13 DM/St / 369,22 €/St
009.10835.M	Zulage FBS-Betonrohre DN 1500, Gelenkstück	889,27 DM/St / 454,68 €/St

009.10822.M KG 221 DIN 276
Zulage FBS-Betonrohre DN 300, Anschlussstück
EP 75,10 DM/St   LA 8,43 DM/St   ST 66,67 DM/St
EP 38,40 €/St   LA 4,31 €/St   ST 34,09 €/St

009.10823.M KG 221 DIN 276
Zulage FBS-Betonrohre DN 500, Anschlussstück
EP 130,51 DM/St   LA 9,13 DM/St   ST 121,38 DM/St
EP 66,73 €/St   LA 4,67 €/St   ST 62,06 €/St

009.10824.M KG 221 DIN 276
Zulage FBS-Betonrohre DN 700, Anschlussstück
EP 221,01 DM/St   LA 9,87 DM/St   ST 211,14 DM/St
EP 113,00 €/St   LA 5,05 €/St   ST 107,95 €/St

009.10825.M KG 221 DIN 276
Zulage FBS-Betonrohre DN 900, Anschlussstück
EP 335,51 DM/St   LA 10,68 DM/St   ST 324,83 DM/St
EP 171,54 €/St   LA 5,46 €/St   ST 166,08 €/St

009.10826.M KG 221 DIN 276
Zulage FBS-Betonrohre DN 1100, Anschlussstück
EP 526,19 DM/St   LA 10,99 DM/St   ST 515,20 DM/St
EP 269,04 €/St   LA 5,62 €/St   ST 263,42 €/St

009.10827.M KG 221 DIN 276
Zulage FBS-Betonrohre DN 1300, Anschlussstück
EP 722,13 DM/St   LA 11,75 DM/St   ST 710,38 DM/St
EP 369,22 €/St   LA 6,01 €/St   ST 363,21 €/St

009.10828.M KG 221 DIN 276
Zulage FBS-Betonrohre DN 1500, Anschlussstück
EP 889,27 DM/St   LA 15,68 DM/St   ST 873,59 DM/St
EP 454,68 €/St   LA 8,02 €/St   ST 446,66 €/St

009.10829.M KG 221 DIN 276
Zulage FBS-Betonrohre DN 300, Gelenkstück
EP 75,10 DM/St   LA 8,43 DM/St   ST 66,67 DM/St
EP 38,40 €/St   LA 4,31 €/St   ST 34,09 €/St

009.10830.M KG 221 DIN 276
Zulage FBS-Betonrohre DN 500, Gelenkstück
EP 130,51 DM/St   LA 9,13 DM/St   ST 121,38 DM/St
EP 66,73 €/St   LA 4,67 €/St   ST 62,06 €/St

009.10831.M KG 221 DIN 276
Zulage FBS-Betonrohre DN 700, Gelenkstück
EP 221,01 DM/St   LA 9,87 DM/St   ST 211,14 DM/St
EP 113,00 €/St   LA 5,05 €/St   ST 107,95 €/St

009.10832.M KG 221 DIN 276
Zulage FBS-Betonrohre DN 900, Gelenkstück
EP 335,51 DM/St   LA 10,68 DM/St   ST 324,83 DM/St
EP 171,54 €/St   LA 5,46 €/St   ST 166,08 €/St

009.10833.M KG 221 DIN 276
Zulage FBS-Betonrohre DN 1100, Gelenkstück
EP 526,19 DM/St   LA 10,99 DM/St   ST 515,20 DM/St
EP 269,04 €/St   LA 5,62 €/St   ST 263,42 €/St

009.10834.M KG 221 DIN 276
Zulage FBS-Betonrohre DN 1300, Gelenkstück
EP 722,13 DM/St   LA 11,75 DM/St   ST 710,38 DM/St
EP 369,22 €/St   LA 6,01 €/St   ST 363,21 €/St

009.10835.M KG 221 DIN 276
Zulage FBS-Betonrohre DN 1500, Gelenkstück
EP 889,27 DM/St   LA 15,68 DM/St   ST 873,59 DM/St
EP 454,68 €/St   LA 8,02 €/St   ST 446,66 €/St

FBS-Betonrohre, Zulagen Passstücke, Krümmer

009.----.-

009.10836.M	Zulage FBS-Betonrohre DN 300, Passstück	75,10 DM/St / 38,40 €/St
009.10837.M	Zulage FBS-Betonrohre DN 500, Passstück	130,51 DM/St / 66,73 €/St
009.10838.M	Zulage FBS-Betonrohre DN 700, Passstück	221,01 DM/St / 113,00 €/St
009.10839.M	Zulage FBS-Betonrohre DN 900, Passstück	335,51 DM/St / 171,54 €/St
009.10840.M	Zulage FBS-Betonrohre DN 1100, Passstück	526,19 DM/St / 269,04 €/St
009.10841.M	Zulage FBS-Betonrohre DN 1300, Passstück	722,13 DM/St / 369,22 €/St
009.10842.M	Zulage FBS-Betonrohre DN 1500, Passstück	889,27 DM/St / 454,68 €/St

009.10836.M KG 221 DIN 276
Zulage FBS-Betonrohre DN 300, Passstück
EP 75,10 DM/St   LA 8,43 DM/St   ST 66,67 DM/St
EP 38,40 €/St   LA 4,31 €/St   ST 34,09 €/St

009.10837.M KG 221 DIN 276
Zulage FBS-Betonrohre DN 500, Passstück
EP 130,51 DM/St   LA 9,13 DM/St   ST 121,38 DM/St
EP 66,73 €/St   LA 4,67 €/St   ST 62,06 €/St

009.10838.M KG 221 DIN 276
Zulage FBS-Betonrohre DN 700, Passstück
EP 221,01 DM/St   LA 9,87 DM/St   ST 211,14 DM/St
EP 113,00 €/St   LA 5,05 €/St   ST 107,95 €/St

009.10839.M KG 221 DIN 276
Zulage FBS-Betonrohre DN 900, Passstück
EP 335,51 DM/St   LA 10,68 DM/St   ST 324,83 DM/St
EP 171,54 €/St   LA 5,46 €/St   ST 166,08 €/St

009.10840.M KG 221 DIN 276
Zulage FBS-Betonrohre DN 1100, Passstück
EP 526,19 DM/St   LA 10,99 DM/St   ST 515,20 DM/St
EP 269,04 €/St   LA 5,62 €/St   ST 263,42 €/St

009.10841.M KG 221 DIN 276
Zulage FBS-Betonrohre DN 1300, Passstück
EP 722,13 DM/St   LA 11,75 DM/St   ST 710,38 DM/St
EP 369,22 €/St   LA 6,01 €/St   ST 363,21 €/St

009.10842.M KG 221 DIN 276
Zulage FBS-Betonrohre DN 1500, Passstück
EP 889,27 DM/St   LA 15,68 DM/St   ST 873,59 DM/St
EP 454,68 €/St   LA 8,02 €/St   ST 446,66 €/St

LB 009 Entwässerungskanalarbeiten
DIN-Betonrohre, EF-M, mit durchgehendem Fuß

AW 009

Ausgabe 06.02

Sämtliche Preise sind **Mittelpreise ohne Mehrwertsteuer** zum Zeitpunkt des Ausgabedatums.
Korrekturfaktoren für Regionaleinfluss, Mengeneinfluss, Konjunktureinfluss siehe Vorspann.
Abkürzungen: EP = Einheitspreis, LA = Lohnanteil, ST = Stoffanteil

DIN-Betonrohre, EF-M, mit durchgehendem Fuß

Abkürzungen:
EF-M = Eiquerschnitt, mit durchgehendem Fuß und Muffe

009.----.-

Pos.	Beschreibung	Preis
009.11401.M	Betonrohr EF-M, DN 500/ 750, ohne Verbau bis 1,75m	227,26 DM/m / 116,20 €/m
009.11402.M	Betonrohr EF-M, DN 500/ 750, Verbau oS bis 1,75m	243,38 DM/m / 124,44 €/m
009.11403.M	Betonrohr EF-M, DN 500/ 750, Verbau mS bis 1,75m	254,12 DM/m / 129,93 €/m
009.11404.M	Betonrohr EF-M, DN 500/ 750, Verbau mS 1,75-6,00m	274,56 DM/m / 140,38 €/m
009.11405.M	Betonrohr EF-M, DN 500/ 750, auf vorhandenem Planum	248,06 DM/m / 126,83 €/m
009.11406.M	Betonrohr EF-M, DN 600/ 900, ohne Verbau bis 1,75m	274,55 DM/m / 140,37 €/m
009.11407.M	Betonrohr EF-M, DN 600/ 900, Verbau oS bis 1,75m	291,05 DM/m / 148,81 €/m
009.11408.M	Betonrohr EF-M, DN 600/ 900, Verbau mS bis 1,75m	301,73 DM/m / 154,27 €/m
009.11409.M	Betonrohr EF-M, DN 600/ 900, Verbau mS 1,75-6,00m	323,35 DM/m / 165,33 €/m
009.11410.M	Betonrohr EF-M, DN 600/ 900, auf vorhandenem Planum	296,35 DM/m / 151,52 €/m
009.11411.M	Betonrohr EF-M, DN 700/1050, ohne Verbau bis 1,75m	345,60 DM/m / 176,70 €/m
009.11412.M	Betonrohr EF-M, DN 700/1050, Verbau oS bis 1,75m	361,10 DM/m / 184,63 €/m
009.11413.M	Betonrohr EF-M, DN 700/1050, Verbau mS bis 1,75m	371,78 DM/m / 190,09 €/m
009.11414.M	Betonrohr EF-M, DN 700/1050, Verbau mS 1,75-6,00m	394,45 DM/m / 201,68 €/m
009.11415.M	Betonrohr EF-M, DN 700/1050, auf vorhandenem Planum	366,97 DM/m / 187,63 €/m
009.11416.M	Betonrohr EF-M, DN 800/1200, ohne Verbau bis 1,75m	405,23 DM/m / 207,19 €/m
009.11417.M	Betonrohr EF-M, DN 800/1200, Verbau oS bis 1,75m	419,96 DM/m / 214,72 €/m
009.11418.M	Betonrohr EF-M, DN 800/1200, Verbau mS bis 1,75m	430,70 DM/m / 220,21 €/m
009.11419.M	Betonrohr EF-M, DN 800/1200, Verbau mS 1,75-6,00m	454,13 DM/m / 232,19 €/m
009.11420.M	Betonrohr EF-M, DN 800/1200, auf vorhandenem Planum	426,26 DM/m / 217,94 €/m
009.11421.M	Betonrohr EF-M, DN 1000/1500, ohne Verbau bis 1,75m	574,08 DM/m / 293,52 €/m
009.11422.M	Betonrohr EF-M, DN 1000/1500, Verbau oS bis 1,75m	589,22 DM/m / 301,26 €/m
009.11423.M	Betonrohr EF-M, DN 1000/1500, Verbau mS bis 1,75m	599,90 DM/m / 306,73 €/m
009.11424.M	Betonrohr EF-M, DN 1000/1500, Verbau mS 1,75-6,00m	624,96 DM/m / 319,54 €/m
009.11425.M	Betonrohr EF-M, DN 1000/1500, auf vorhand. Planum	596,35 DM/m / 304,91 €/m

009.11401.M KG 221 DIN 276
Betonrohr EF-M, DN 500/ 750, ohne Verbau bis 1,75m
EP 227,26 DM/m   LA 73,67 DM/m   ST 153,59 DM/m
EP 116,20 €/m   LA 37,67 €/m   ST 78,53 €/m

009.11402.M KG 221 DIN 276
Betonrohr EF-M, DN 500/ 750, Verbau oS bis 1,75m
EP 243,38 DM/m   LA 93,54 DM/m   ST 149,84 DM/m
EP 124,44 €/m   LA 47,82 €/m   ST 76,62 €/m

009.11403.M KG 221 DIN 276
Betonrohr EF-M, DN 500/ 750, Verbau mS bis 1,75m
EP 254,12 DM/m   LA 104,28 DM/m ST 149,84 DM/m
EP 129,93 €/m   LA 53,32 €/m   ST 76,61 €/m

009.11404.M KG 221 DIN 276
Betonrohr EF-M, DN 500/ 750, Verbau mS von 1,75-6,00m
EP 274,56 DM/m   LA 124,71 DM/m ST 149,85 DM/m
EP 140,38 €/m   LA 63,76 €/m   ST 76,62 €/m

009.11405.M KG 221 DIN 276
Betonrohr EF-M, DN 500/ 750, auf vorhandenem Planum
EP 248,06 DM/m   LA 98,22 DM/m   ST 149,84 DM/m
EP 126,83 €/m   LA 50,22 €/m   ST 76,61 €/m

009.11406.M KG 221 DIN 276
Betonrohr EF-M, DN 600/ 900, ohne Verbau bis 1,75m
EP 274,55 DM/m   LA 83,73 DM/m   ST 190,82 DM/m
EP 140,37 €/m   LA 42,81 €/m   ST 97,56 €/m

009.11407.M KG 221 DIN 276
Betonrohr EF-M, DN 600/ 900, Verbau oS bis 1,75m
EP 291,05 DM/m   LA 106,16 DM/m ST 184,89 DM/m
EP 148,81 €/m   LA 54,28 €/m   ST 94,53 €/m

009.11408.M KG 221 DIN 276
Betonrohr EF-M, DN 600/ 900, Verbau mS bis 1,75m
EP 301,73 DM/m   LA 116,84 DM/m ST 184,89 DM/m
EP 154,27 €/m   LA 59,74 €/m   ST 94,53 €/m

009.11409.M KG 221 DIN 276
Betonrohr EF-M, DN 600/ 900, Verbau mS von 1,75-6,00m
EP 323,53 DM/m   LA 138,46 DM/m ST 184,89 DM/m
EP 165,33 €/m   LA 70,79 €/m   ST 94,54 €/m

009.11410.M KG 221 DIN 276
Betonrohr EF-M, DN 600/ 900, auf vorhandenem Planum
EP 296,35 DM/m   LA 111,46 DM/m ST 184,89 DM/m
EP 151,52 €/m   LA 56,99 €/m   ST 94,53 €/m

009.11411.M KG 221 DIN 276
Betonrohr EF-M, DN 700/1050, ohne Verbau bis 1,75m
EP 345,60 DM/m   LA 93,79 DM/m   ST 251,81 DM/m
EP 176,70 €/m   LA 47,95 €/m   ST 128,75 €/m

009.11412.M KG 221 DIN 276
Betonrohr EF-M, DN 700/1050, Verbau oS bis 1,75m
EP 361,10 DM/m   LA 117,66 DM/m ST 243,44 DM/m
EP 184,63 €/m   LA 60,16 €/m   ST 124,47 €/m

009.11413.M KG 221 DIN 276
Betonrohr EF-M, DN 700/1050, Verbau mS bis 1,75m
EP 371,78 DM/m   LA 128,34 DM/m ST 243,44 DM/m
EP 190,09 €/m   LA 65,62 €/m   ST 124,47 €/m

009.11414.M KG 221 DIN 276
Betonrohr EF-M, DN 700/1050, Verbau mS von 1,75-6,00m
EP 394,45 DM/m   LA 151,01 DM/m ST 243,44 DM/m
EP 201,68 €/m   LA 77,21 €/m   ST 124,47 €/m

009.11415.M KG 221 DIN 276
Betonrohr EF-M, DN 700/1050, auf vorhandenem Planum
EP 366,97 DM/m   LA 123,52 DM/m ST 243,45 DM/m
EP 187,63 €/m   LA 63,16 €/m   ST 124,47 €/m

009.11416.M KG 221 DIN 276
Betonrohr EF-M, DN 800/1200, ohne Verbau bis 1,75m
EP 405,23 DM/m   LA 100,28 DM/m ST 304,95 DM/m
EP 207,19 €/m   LA 51,27 €/m   ST 155,92 €/m

009.11417.M KG 221 DIN 276
Betonrohr EF-M, DN 800/1200, Verbau oS bis 1,75m
EP 419,96 DM/m   LA 126,28 DM/m ST 293,68 DM/m
EP 214,72 €/m   LA 64,57 €/m   ST 150,15 €/m

009.11418.M KG 221 DIN 276
Betonrohr EF-M, DN 800/1200, Verbau mS bis 1,75m
EP 430,70 DM/m   LA 137,02 DM/m ST 293,68 DM/m
EP 220,21 €/m   LA 70,06 €/m   ST 150,15 €/m

009.11419.M KG 221 DIN 276
Betonrohr EF-M, DN 800/1200, Verbau mS von 1,75-6,00m
EP 454,13 DM/m   LA 160,45 DM/m ST 293,68 DM/m
EP 232,19 €/m   LA 82,04 €/m   ST 150,15 €/m

AW 009

Ausgabe 06.02

LB 009 Entwässerungskanalarbeiten
DIN-Betonrohre, EF-M, mit durchgehendem Fuß; DIN-Betonrohre, Sonderform

Sämtliche Preise sind **Mittelpreise ohne Mehrwertsteuer** zum Zeitpunkt des Ausgabedatums.
Korrekturfaktoren für Regionaleinfluss, Mengeneinfluss, Konjunktureinfluss siehe Vorspann.
Abkürzungen: EP = Einheitspreis, LA = Lohnanteil, ST = Stoffanteil

009.11420.M KG 221 DIN 276
Betonrohr EF-M, DN 800/1200, auf vorhandenem Planum
EP 426,26 DM/m   LA 132,58 DM/m   ST 293,68 DM/m
EP 217,94 €/m   LA 67,79 €/m   ST 150,15 €/m

009.11421.M KG 221 DIN 276
Betonrohr EF-M, DN 1000/1500, ohne Verbau bis 1,75m
EP 574,08 DM/m   LA 110,78 DM/m   ST 463,30 DM/m
EP 293,52 €/m   LA 56,64 €/m   ST 236,88 €/m

009.11422.M KG 221 DIN 276
Betonrohr EF-M, DN 1000/1500, Verbau oS bis 1,75m
EP 589,22 DM/m   LA 141,90 DM/m   ST 447,32 DM/m
EP 301,26 €/m   LA 72,55 €/m   ST 228,71 €/m

009.11423.M KG 221 DIN 276
Betonrohr EF-M, DN 1000/1500, Verbau mS bis 1,75m
EP 599,90 DM/m   LA 152,58 DM/m   ST 447,32 DM/m
EP 306,73 €/m   LA 78,01 €/m   ST 228,72 €/m

009.11424.M KG 221 DIN 276
Betonrohr EF-M, DN 1000/1500, Verbau mS von 1,75-6,00m
EP 624,96 DM/m   LA 177,63 DM/m   ST 447,33 DM/m
EP 319,54 €/m   LA 90,82 €/m   ST 228,72 €/m

009.11425.M KG 221 DIN 276
Betonrohr EF-M, DN 1000/1500, auf vorhandenem Planum
EP 596,35 DM/m   LA 149,02 DM/m   ST 447,33 DM/m
EP 304,91 €/m   LA 76,19 €/m   ST 228,72 €/m

DIN-Betonrohr, Sonderform

Abkürzungen:
oS   = ohne Steifen
mS   = mit Steifen
Sofo = Sonderform für höhere Scheitelruckfestigkeit
KFW-M = Kreisquerschnitt, wandverstärkt, mit durchgehendem Fuß, mit Muffe

Hinweis:
Bei der Abrechnung werden die Achslängen zugrunde gelegt. Formstücke werden übermessen und als Zulage nach Stück gesondert abgerechnet. Schächte mit einbindenden Rohren werden mit der lichten Weite abgezogen, Schachtaufsätze auf Rohren werden übermessen.

009.----.-

Pos.	Beschreibung	Preis
009.11501.M	Betonrohr KFW-M Sofo, DN 300, ohne Verbau bis 1,75m	148,68 DM/m 76,02 €/m
009.11502.M	Betonrohr KFW-M Sofo, DN 300, Verbau oS bis 1,75m	166,64 DM/m 85,20 €/m
009.11503.M	Betonrohr KFW-M Sofo, DN 300, Verbau mS bis 1,75m	175,26 DM/m 89,61 €/m
009.11504.M	Betonrohr KFW-M Sofo, DN 300, Verbau mS. 1,75-6,00m	192,33 DM/m 98,34 €/m
009.11505.M	Betonrohr KFW-M Sofo, DN 300, auf vorh. Planum	170,77 DM/m 87,31 €/m
009.11506.M	Betonrohr KFW-M Sofo, DN 400, ohne Verbau bis 1,75m	168,03 DM/m 85,91 €/m
009.11507.M	Betonrohr KFW-M Sofo, DN 400, Verbau oS bis 1,75m	185,73 DM/m 94,96 €/m
009.11508.M	Betonrohr KFW-M Sofo, DN 400, Verbau mS bis 1,75m	196,48 DM/m 100,46 €/m
009.11509.M	Betonrohr KFW-M Sofo, DN 400, Verbau mS 1,75-6,00m	216,29 DM/m 110,59 €/m
009.11510.M	Betonrohr KFW-M Sofo, DN 400, auf vorh. Planum	190,11 DM/m 97,20 €/m
009.11511.M	Betonrohr KFW-M Sofo, DN 500, ohne Verbau bis 1,75m	199,50 DM/m 102,00 €/m
009.11512.M	Betonrohr KFW-M Sofo, DN 500, Verbau oS bis 1,75m	216,68 DM/m 110,79 €/m
009.11513.M	Betonrohr KFW-M Sofo, DN 500, Verbau mS bis 1,75m	227,43 DM/m 116,28 €/m
009.11514.M	Betonrohr KFW-M Sofo, DN 500, Verbau mS v. 1,75-6,00m	247,92 DM/m 126,76 €/m
009.11515.M	Betonrohr KFW-M Sofo, DN 500, auf vorh. Planum	221,37 DM/m 113,19 €/m
009.11516.M	Betonrohr KFW-M Sofo, DN 600, ohne Verbau bis 1,75m	242,87 DM/m 124,18 €/m
009.11517.M	Betonrohr KFW-M Sofo, DN 600, Verbau oS bis 1,75m	260,40 DM/m 133,14 €/m
009.11518.M	Betonrohr KFW-M Sofo, DN 600, Verbau mS bis 1,75m	271,14 DM/m 138,63 €/m
009.11519.M	Betonrohr KFW-M Sofo, DN 600, Verbau mS 1,75-6,00m	292,76 DM/m 149,68 €/m
009.11520.M	Betonrohr KFW-M Sofo, DN 600, auf vorh. Planum	265,77 DM/m 135,89 €/m
009.11521.M	Betonrohr KFW-M Sofo, DN 700, ohne Verbau bis 1,75m	292,76 DM/m 149,68 €/m
009.11522.M	Betonrohr KFW-M Sofo, DN 700, Verbau oS bis 1,75m	309,29 DM/m 158,14 €/m
009.11523.M	Betonrohr KFW-M Sofo, DN 700, Verbau mS bis 1,75m	320,03 DM/m 163,63 €/m
009.11524.M	Betonrohr KFW-M Sofo, DN 700, Verbau mS 1,75-6,00m	342,72 DM/m 175,23 €/m
009.11525.M	Betonrohr KFW-M Sofo, DN 700, auf vorh. Planum	315,23 DM/m 161,17 €/m
009.11526.M	Betonrohr KFW-M Sofo, DN 800, ohne Verbau bis 1,75m	339,02 DM/m 173,34 €/m
009.11527.M	Betonrohr KFW-M Sofo, DN 800, Verbau oS bis 1,75m	354,86 DM/m 181,43 €/m
009.11528.M	Betonrohr KFW-M Sofo, DN 800, Verbau mS bis 1,75m	365,54 DM/m 186,90 €/m
009.11529.M	Betonrohr KFW-M Sofo, DN 800, Verbau mS 1,75-6,00m	389,04 DM/m 198,91 €/m
009.11530.M	Betonrohr KFW-M Sofo, DN 800, auf vorh. Planum	361,23 DM/m 184,69 €/m
009.11531.M	Betonrohr KFW-M Sofo, DN 900, ohne Verbau bis 1,75m	397,86 DM/m 203,42 €/m
009.11532.M	Betonrohr KFW-M Sofo, DN 900, Verbau oS bis 1,75m	414,56 DM/m 211,96 €/m
009.11533.M	Betonrohr KFW-M Sofo, DN 900, Verbau mS bis 1,75m	425,26 DM/m 217,43 €/m
009.11534.M	Betonrohr KFW-M Sofo, DN 900, Verbau mS 1,75-6,00m	449,62 DM/m 229,89 €/m
009.11535.M	Betonrohr KFW-M Sofo, DN 900, auf vorh. Planum	421,32 DM/m 215,42 €/m
009.11536.M	Betonrohr KFW-M Sofo, DN 1000, ohne Verbau bis 1,75m	449,53 DM/m 229,84 €/m
009.11537.M	Betonrohr KFW-M Sofo, DN 1000, Verbau oS bis 1,75m	466,22 DM/m 238,37 €/m
009.11538.M	Betonrohr KFW-M Sofo, DN 1000, Verbau mS bis 1,75m	476,90 DM/m 243,84 €/m
009.11539.M	Betonrohr KFW-M Sofo, DN 1000, Verbau mS 1,75-6,00m	502,02 DM/m 256,68 €/m
009.11540.M	Betonrohr KFW-M Sofo, DN 1000, auf vorh. Planum	473,34 DM/m 242,02 €/m
009.11541.M	Betonrohr KFW-M Sofo, DN 1100, ohne Verbau bis 1,75m	525,69 DM/m 268,78 €/m
009.11542.M	Betonrohr KFW-M Sofo, DN 1100, Verbau oS bis 1,75m	541,76 DM/m 277,00 €/m
009.11543.M	Betonrohr KFW-M Sofo, DN 1100, Verbau mS bis 1,75m	552,44 DM/m 282,46 €/m
009.11544.M	Betonrohr KFW-M Sofo, DN 1100, Verbau mS 1,75-6,00m	578,49 DM/m 295,78 €/m
009.11545.M	Betonrohr KFW-M Sofo, DN 1100, auf vorh. Planum	549,31 DM/m 280,86 €/m
009.11546.M	Betonrohr KFW-M Sofo, DN 1200, ohne Verbau bis 1,75m	614,11 DM/m 313,99 €/m
009.11547.M	Betonrohr KFW-M Sofo, DN 1200, Verbau oS bis 1,75m	629,69 DM/m 321,96 €/m
009.11548.M	Betonrohr KFW-M Sofo, DN 1200, Verbau mS bis 1,75m	640,38 DM/m 327,42 €/m
009.11549.M	Betonrohr KFW-M Sofo, DN 1200, Verbau mS 1,75-6,00m	667,31 DM/m 341,19 €/m
009.11550.M	Betonrohr KFW-M Sofo, DN 1200, auf vorh. Planum	637,75 DM/m 326,08 €/m
009.11551.M	Betonrohr KFW-M Sofo, DN 1300, ohne Verbau bis 1,75m	694,59 DM/m 355,14 €/m
009.11552.M	Betonrohr KFW-M Sofo, DN 1300, Verbau oS bis 1,75m	710,66 DM/m 363,35 €/m
009.11553.M	Betonrohr KFW-M Sofo, DN 1300, Verbau mS bis 1,75m	726,71 DM/m 371,56 €/m
009.11554.M	Betonrohr KFW-M Sofo, DN 1300, Verbau mS 1,75-6,00m	760,38 DM/m 388,72 €/m
009.11555.M	Betonrohr KFW-M Sofo, DN 1300, auf vorh. Planum	719,28 DM/m 367,76 €/m
009.11556.M	Betonrohr KFW-M Sofo, DN 1400, ohne Verbau bis 1,75m	800,01 DM/m 409,04 €/m
009.11557.M	Betonrohr KFW-M Sofo, DN 1400, Verbau oS bis 1,75m	816,40 DM/m 417,42 €/m
009.11558.M	Betonrohr KFW-M Sofo, DN 1400, Verbau mS bis 1,75m	837,83 DM/m 428,37 €/m
009.11559.M	Betonrohr KFW-M Sofo, DN 1400, Verbau mS 1,75-6,00m	877,95 DM/m 448,89 €/m
009.11560.M	Betonrohr KFW-M Sofo, DN 1400, auf vorh. Planum	825,59 DM/m 422,12 €/m
009.11561.M	Betonrohr KFW-M Sofo, DN 1500, ohne Verbau bis 1,75m	918,82 DM/m 469,79 €/m
009.11562.M	Betonrohr KFW-M Sofo, DN 1500, Verbau oS bis 1,75m	935,61 DM/m 478,37 €/m
009.11563.M	Betonrohr KFW-M Sofo, DN 1500, Verbau mS bis 1,75m	963,10 DM/m 492,43 €/m
009.11564.M	Betonrohr KFW-M Sofo, DN 1500, Verbau mS 1,75-6,0m	1 010,78 DM/m 516,80 €/m
009.11565.M	Betonrohr KFW-M Sofo, DN 1500, auf vorh. Planum	945,36 DM/m 483,36 €/m

LB 009 Entwässerungskanalarbeiten
DIN-Betonrohre, Sonderform

AW 009

Ausgabe 06.02

Sämtliche Preise sind **Mittelpreise ohne Mehrwertsteuer** zum Zeitpunkt des Ausgabedatums.
Korrekturfaktoren für Regionaleinfluss, Mengeneinfluss, Konjunktureinfluss siehe Vorspann.
Abkürzungen: EP = Einheitspreis, LA = Lohnanteil, ST = Stoffanteil

009.11501.M KG 221 DIN 276
Betonrohr KFW-M Sofo, DN 300, ohne Verbau bis 1,75m
EP 148,68 DM/m   LA 64,98 DM/m   ST 83,70 DM/m
EP 76,02 €/m   LA 33,23 €/m   ST 42,79 €/m

009.11502.M KG 221 DIN 276
Betonrohr KFW-M Sofo, DN 300, Verbau oS bis 1,75m
EP 166,64 DM/m   LA 81,91 DM/m   ST 84,73 DM/m
EP 85,20 €/m   LA 41,88 €/m   ST 43,32 €/m

009.11503.M KG 221 DIN 276
Betonrohr KFW-M Sofo, DN 300, Verbau mS bis 1,75m
EP 175,26 DM/m   LA 90,53 DM/m   ST 84,73 DM/m
EP 89,61 €/m   LA 46,29 €/m   ST 43,32 €/m

009.11504.M KG 221 DIN 276
Betonrohr KFW-M Sofo, DN 300, Verbau mS von 1,75-6,00m
EP 192,33 DM/m   LA 107,60 DM/m   ST 84,73 DM/m
EP 98,34 €/m   LA 55,01 €/m   ST 43,33 €/m

009.11505.M KG 221 DIN 276
Betonrohr KFW-M Sofo, DN 300, auf vorhandenem Planum
EP 170,77 DM/m   LA 86,04 DM/m   ST 84,73 DM/m
EP 87,31 €/m   LA 43,99 €/m   ST 43,32 €/m

009.11506.M KG 221 DIN 276
Betonrohr KFW-M Sofo, DN 400, ohne Verbau bis 1,75m
EP 168,03 DM/m   LA 69,42 DM/m   ST 98,61 DM/m
EP 85,91 €/m   LA 35,49 €/m   ST 50,42 €/m

009.11507.M KG 221 DIN 276
Betonrohr KFW-M Sofo, DN 400, Verbau oS bis 1,75m
EP 185,73 DM/m   LA 87,79 DM/m   ST 97,94 DM/m
EP 94,96 €/m   LA 44,88 €/m   ST 50,08 €/m

009.11508.M KG 221 DIN 276
Betonrohr KFW-M Sofo, DN 400, Verbau mS bis 1,75m
EP 196,48 DM/m   LA 98,53 DM/m   ST 97,95 DM/m
EP 100,46 €/m   LA 50,38 €/m   ST 50,08 €/m

009.11509.M KG 221 DIN 276
Betonrohr KFW-M Sofo, DN 400, Verbau mS von 1,75-6,00m
EP 216,29 DM/m   LA 118,34 DM/m   ST 97,95 DM/m
EP 110,59 €/m   LA 60,51 €/m   ST 50,08 €/m

009.11510.M KG 221 DIN 276
Betonrohr KFW-M Sofo, DN 400, auf vorhandenem Planum
EP 190,11 DM/m   LA 92,16 DM/m   ST 97,95 DM/m
EP 97,20 €/m   LA 47,12 €/m   ST 50,08 €/m

009.11511.M KG 221 DIN 276
Betonrohr KFW-M Sofo, DN 500, ohne Verbau bis 1,75m
EP 199,50 DM/m   LA 74,48 DM/m   ST 125,02 DM/m
EP 102,00 €/m   LA 38,08 €/m   ST 63,92 €/m

009.11512.M KG 221 DIN 276
Betonrohr KFW-M Sofo, DN 500, Verbau oS bis 1,75m
EP 216,68 DM/m   LA 94,28 DM/m   ST 122,40 DM/m
EP 110,79 €/m   LA 48,20 €/m   ST 62,59 €/m

009.11513.M KG 221 DIN 276
Betonrohr KFW-M Sofo, DN 500, Verbau mS bis 1,75m
EP 227,43 DM/m   LA 105,03 DM/m   ST 122,40 DM/m
EP 116,28 €/m   LA 53,70 €/m   ST 62,58 €/m

009.11514.M KG 221 DIN 276
Betonrohr KFW-M Sofo, DN 500, Verbau mS von 1,75-6,00m
EP 247,92 DM/m   LA 125,52 DM/m   ST 122,40 DM/m
EP 126,76 €/m   LA 64,18 €/m   ST 62,58 €/m

009.11515.M KG 221 DIN 276
Betonrohr KFW-M Sofo, DN 500, auf vorhandenem Planum
EP 221,37 DM/m   LA 98,97 DM/m   ST 122,40 DM/m
EP 113,19 €/m   LA 50,60 €/m   ST 62,59 €/m

009.11516.M KG 221 DIN 276
Betonrohr KFW-M Sofo, DN 600, ohne Verbau bis 1,75m
EP 242,87 DM/m   LA 84,54 DM/m   ST 158,33 DM/m
EP 124,18 €/m   LA 43,22 €/m   ST 80,96 €/m

009.11517.M KG 221 DIN 276
Betonrohr KFW-M Sofo, DN 600, Verbau oS bis 1,75m
EP 260,40 DM/m   LA 106,84 DM/m   ST 153,56 DM/m
EP 133,14 €/m   LA 54,63 €/m   ST 78,51 €/m

009.11518.M KG 221 DIN 276
Betonrohr KFW-M Sofo, DN 600, Verbau mS bis 1,75m
EP 271,14 DM/m   LA 117,59 DM/m   ST 153,55 DM/m
EP 138,63 €/m   LA 60,12 €/m   ST 78,51 €/m

009.11519.M KG 221 DIN 276
Betonrohr KFW-M Sofo, DN 600, Verbau mS von 1,75-6,00m
EP 292,76 DM/m   LA 139,20 DM/m   ST 153,56 DM/m
EP 149,68 €/m   LA 71,17 €/m   ST 78,51 €/m

009.11520.M KG 221 DIN 276
Betonrohr KFW-M Sofo, DN 600, auf vorhandenem Planum
EP 265,77 DM/m   LA 112,22 DM/m   ST 153,55 DM/m
EP 135,89 €/m   LA 57,38 €/m   ST 78,51 €/m

009.11521.M KG 221 DIN 276
Betonrohr KFW-M Sofo, DN 700, ohne Verbau bis 1,75m
EP 292,76 DM/m   LA 94,60 DM/m   ST 198,16 DM/m
EP 149,68 €/m   LA 48,37 €/m   ST 101,32 €/m

009.11522.M KG 221 DIN 276
Betonrohr KFW-M Sofo, DN 700, Verbau oS bis 1,75m
EP 309,29 DM/m   LA 118,34 DM/m   ST 190,95 DM/m
EP 158,14 €/m   LA 60,51 €/m   ST 97,63 €/m

009.11523.M KG 221 DIN 276
Betonrohr KFW-M Sofo, DN 700, Verbau mS bis 1,75m
EP 320,03 DM/m   LA 129,08 DM/m   ST 190,95 DM/m
EP 163,63 €/m   LA 66,00 €/m   ST 97,63 €/m

009.11524.M KG 221 DIN 276
Betonrohr KFW-M Sofo, DN 700, Verbau mS von 1,75-6,00m
EP 342,72 DM/m   LA 151,77 DM/m   ST 190,95 DM/m
EP 175,23 €/m   LA 77,60 €/m   ST 97,63 €/m

009.11525.M KG 221 DIN 276
Betonrohr KFW-M Sofo, DN 700, auf vorhandenem Planum
EP 315,23 DM/m   LA 124,28 DM/m   ST 190,95 DM/m
EP 161,17 €/m   LA 63,54 €/m   ST 97,63 €/m

009.11526.M KG 221 DIN 276
Betonrohr KFW-M Sofo, DN 800, ohne Verbau bis 1,75m
EP 339,02 DM/m   LA 101,09 DM/m   ST 237,93 DM/m
EP 173,34 €/m   LA 51,69 €/m   ST 121,65 €/m

009.11527.M KG 221 DIN 276
Betonrohr KFW-M Sofo, DN 800, Verbau oS bis 1,75m
EP 354,86 DM/m   LA 127,02 DM/m   ST 227,84 DM/m
EP 181,43 €/m   LA 64,95 €/m   ST 116,48 €/m

009.11528.M KG 221 DIN 276
Betonrohr KFW-M Sofo, DN 800, Verbau mS bis 1,75m
EP 365,54 DM/m   LA 137,71 DM/m   ST 227,83 DM/m
EP 186,90 €/m   LA 70,41 €/m   ST 116,49 €/m

009.11529.M KG 221 DIN 276
Betonrohr KFW-M Sofo, DN 800, Verbau mS von 1,75-6,00m
EP 389,04 DM/m   LA 161,20 DM/m   ST 227,84 DM/m
EP 198,91 €/m   LA 82,42 €/m   ST 116,49 €/m

009.11530.M KG 221 DIN 276
Betonrohr KFW-M Sofo, DN 800, auf vorhandenem Planum
EP 361,23 DM/m   LA 133,39 DM/m   ST 227,84 DM/m
EP 184,69 €/m   LA 68,20 €/m   ST 116,49 €/m

009.11531.M KG 221 DIN 276
Betonrohr KFW-M Sofo, DN 900, ohne Verbau bis 1,75m
EP 397,86 DM/m   LA 105,85 DM/m   ST 292,01 DM/m
EP 203,42 €/m   LA 54,12 €/m   ST 149,30 €/m

009.11532.M KG 221 DIN 276
Betonrohr KFW-M Sofo, DN 900, Verbau oS bis 1,75m
EP 414,56 DM/m   LA 134,58 DM/m   ST 279,98 DM/m
EP 211,96 €/m   LA 68,81 €/m   ST 143,15 €/m

009.11533.M KG 221 DIN 276
Betonrohr KFW-M Sofo, DN 900, Verbau mS bis 1,75m
EP 425,26 DM/m   LA 145,27 DM/m   ST 279,99 DM/m
EP 217,43 €/m   LA 74,28 €/m   ST 143,15 €/m

009.11534.M KG 221 DIN 276
Betonrohr KFW-M Sofo, DN 900, Verbau mS von 1,75-6,00m
EP 449,62 DM/m   LA 169,63 DM/m   ST 279,99 DM/m
EP 229,89 €/m   LA 86,73 €/m   ST 143,16 €/m

AW 009
LB 009 Entwässerungskanalarbeiten
DIN-Betonrohre, Sonderform

Ausgabe 06.02

Sämtliche Preise sind **Mittelpreise ohne Mehrwertsteuer** zum Zeitpunkt des Ausgabedatums.
Korrekturfaktoren für Regionaleinfluss, Mengeneinfluss, Konjunktureinfluss siehe Vorspann.
Abkürzungen: EP = Einheitspreis, LA = Lohnanteil, ST = Stoffanteil

009.11535.M KG 221 DIN 276
Betonrohr KFW-M Sofo, DN 900, auf vorhandenem Planum
EP 421,32 DM/m   LA 141,33 DM/m   ST 279,99 DM/m
EP 215,42 €/m   LA 72,26 €/m   ST 143,16 €/m

009.11536.M KG 221 DIN 276
Betonrohr KFW-M Sofo, DN 1000, ohne Verbau bis 1,75m
EP 449,53 DM/m   LA 111,60 DM/m   ST 337,93 DM/m
EP 229,84 €/m   LA 57,06 €/m   ST 172,78 €/m

009.11537.M KG 221 DIN 276
Betonrohr KFW-M Sofo, DN 1000, Verbau oS bis 1,75m
EP 466,22 DM/m   LA 142,52 DM/m   ST 323,70 DM/m
EP 238,37 €/m   LA 72,87 €/m   ST 165,50 €/m

009.11538.M KG 221 DIN 276
Betonrohr KFW-M Sofo, DN 1000, Verbau mS bis 1,75m
EP 476,90 DM/m   LA 153,20 DM/m   ST 323,70 DM/m
EP 243,84 €/m   LA 78,33 €/m   ST 165,51 €/m

009.11539.M KG 221 DIN 276
Betonrohr KFW-M Sofo, DN 1000, Verbau mS von 1,75-6,00m
EP 502,02 DM/m   LA 178,32 DM/m   ST 323,70 DM/m
EP 256,68 €/m   LA 91,17 €/m   ST 165,51 €/m

009.11540.M KG 221 DIN 276
Betonrohr KFW-M Sofo, DN 1000, auf vorhandenem Planum
EP 473,34 DM/m   LA 149,64 DM/m   ST 323,70 DM/m
EP 242,02 €/m   LA 76,51 €/m   ST 165,51 €/m

009.11541.M KG 221 DIN 276
Betonrohr KFW-M Sofo, DN 1100, ohne Verbau bis 1,75m
EP 525,69 DM/m   LA 118,96 DM/m   ST 406,73 DM/m
EP 268,78 €/m   LA 60,82 €/m   ST 207,96 €/m

009.11542.M KG 221 DIN 276
Betonrohr KFW-M Sofo, DN 1100, Verbau oS bis 1,75m
EP 541,76 DM/m   LA 151,64 DM/m   ST 390,12 DM/m
EP 277,00 €/m   LA 77,53 €/m   ST 199,47 €/m

009.11543.M KG 221 DIN 276
Betonrohr KFW-M Sofo, DN 1100, Verbau mS bis 1,75m
EP 552,44 DM/m   LA 162,33 DM/m   ST 390,11 DM/m
EP 282,46 €/m   LA 83,00 €/m   ST 199,46 €/m

009.11544.M KG 221 DIN 276
Betonrohr KFW-M Sofo, DN 1100, Verbau mS von 1,75-6,00m
EP 578,49 DM/m   LA 188,38 DM/m   ST 390,11 DM/m
EP 295,78 €/m   LA 96,32 €/m   ST 199,46 €/m

009.11545.M KG 221 DIN 276
Betonrohr KFW-M Sofo, DN 1100, auf vorhandenem Planum
EP 549,31 DM/m   LA 159,20 DM/m   ST 390,11 DM/m
EP 280,86 €/m   LA 81,40 €/m   ST 199,46 €/m

009.11546.M KG 221 DIN 276
Betonrohr KFW-M Sofo, DN 1200, ohne Verbau bis 1,75m
EP 614,11 DM/m   LA 126,28 DM/m   ST 487,83 DM/m
EP 313,99 €/m   LA 64,57 €/m   ST 249,42 €/m

009.11547.M KG 221 DIN 276
Betonrohr KFW-M Sofo, DN 1200, Verbau oS bis 1,75m
EP 629,69 DM/m   LA 160,76 DM/m   ST 468,93 DM/m
EP 321,96 €/m   LA 82,20 €/m   ST 239,76 €/m

009.11548.M KG 221 DIN 276
Betonrohr KFW-M Sofo, DN 1200, Verbau mS bis 1,75m
EP 640,38 DM/m   LA 171,44 DM/m   ST 468,94 DM/m
EP 327,42 €/m   LA 87,66 €/m   ST 239,76 €/m

009.11549.M KG 221 DIN 276
Betonrohr KFW-M Sofo, DN 1200, Verbau mS von 1,75-6,00m
EP 667,31 DM/m   LA 198,38 DM/m   ST 468,93 DM/m
EP 341,19 €/m   LA 101,43 €/m   ST 239,76 €/m

009.11550.M KG 221 DIN 276
Betonrohr KFW-M Sofo, DN 1200, auf vorhandenem Planum
EP 637,75 DM/m   LA 168,82 DM/m   ST 468,93 DM/m
EP 326,08 €/m   LA 86,32 €/m   ST 239,76 €/m

009.11551.M KG 221 DIN 276
Betonrohr KFW-M Sofo, DN 1300, ohne Verbau bis 1,75m
EP 694,59 DM/m   LA 134,40 DM/m   ST 560,19 DM/m
EP 355,14 €/m   LA 68,72 €/m   ST 286,42 €/m

009.11552.M KG 221 DIN 276
Betonrohr KFW-M Sofo, DN 1300, Verbau oS bis 1,75m
EP 710,66 DM/m   LA 172,08 DM/m   ST 538,58 DM/m
EP 363,35 €/m   LA 87,98 €/m   ST 275,37 €/m

009.11553.M KG 221 DIN 276
Betonrohr KFW-M Sofo, DN 1300, Verbau mS bis 1,75m
EP 726,71 DM/m   LA 188,13 DM/m   ST 538,58 DM/m
EP 371,56 €/m   LA 96,19 €/m   ST 275,37 €/m

009.11554.M KG 221 DIN 276
Betonrohr KFW-M Sofo, DN 1300, Verbau mS von 1,75-6,00m
EP 760,26 DM/m   LA 221,68 DM/m   ST 538,58 DM/m
EP 388,72 €/m   LA 113,34 €/m   ST 275,38 €/m

009.11555.M KG 221 DIN 276
Betonrohr KFW-M Sofo, DN 1300, auf vorhandenem Planum
EP 719,28 DM/m   LA 180,70 DM/m   ST 538,58 DM/m
EP 367,76 €/m   LA 92,39 €/m   ST 275,37 €/m

009.11556.M KG 221 DIN 276
Betonrohr KFW-M Sofo, DN 1400, ohne Verbau bis 1,75m
EP 800,01 DM/m   LA 142,46 DM/m   ST 657,55 DM/m
EP 409,04 €/m   LA 72,84 €/m   ST 336,20 €/m

009.11557.M KG 221 DIN 276
Betonrohr KFW-M Sofo, DN 1400, Verbau oS bis 1,75m
EP 816,40 DM/m   LA 183,38 DM/m   ST 633,02 DM/m
EP 417,42 €/m   LA 93,76 €/m   ST 323,66 €/m

009.11558.M KG 221 DIN 276
Betonrohr KFW-M Sofo, DN 1400, Verbau mS bis 1,75m
EP 837,83 DM/m   LA 204,81 DM/m   ST 633,02 DM/m
EP 428,37 €/m   LA 104,72 €/m   ST 323,65 €/m

009.11559.M KG 221 DIN 276
Betonrohr KFW-M Sofo, DN 1400, Verbau mS von 1,75-6,00m
EP 877,95 DM/m   LA 244,93 DM/m   ST 633,02 DM/m
EP 448,89 €/m   LA 125,23 €/m   ST 323,66 €/m

009.11560.M KG 221 DIN 276
Betonrohr KFW-M Sofo, DN 1400, auf vorhandenem Planum
EP 825,59 DM/m   LA 192,57 DM/m   ST 633,02 DM/m
EP 422,12 €/m   LA 98,46 €/m   ST 323,66 €/m

009.11561.M KG 221 DIN 276
Betonrohr KFW-M Sofo, DN 1500, ohne Verbau bis 1,75m
EP 918,82 DM/m   LA 151,02 DM/m   ST 767,81 DM/m
EP 469,79 €/m   LA 77,21 €/m   ST 392,58 €/m

009.11562.M KG 221 DIN 276
Betonrohr KFW-M Sofo, DN 1500, Verbau oS bis 1,75m
EP 935,61 DM/m   LA 195,44 DM/m   ST 740,17 DM/m
EP 478,37 €/m   LA 99,93 €/m   ST 378,44 €/m

009.11563.M KG 221 DIN 276
Betonrohr KFW-M Sofo, DN 1500, Verbau mS bis 1,75m
EP 963,10 DM/m   LA 222,93 DM/m   ST 740,17 DM/m
EP 492,43 €/m   LA 113,98 €/m   ST 378,45 €/m

009.11564.M KG 221 DIN 276
Betonrohr KFW-M Sofo, DN 1500, Verbau mS von 1,75-6,00m
EP 1 010,78 DM/m   LA 270,61 DM/m   ST 740,17 DM/m
EP   516,80 €/m   LA 138,36 €/m   ST 378,44 €/m

009.11565.M KG 221 DIN 276
Betonrohr KFW-M Sofo, DN 1500, auf vorhandenem Planum
EP 945,36 DM/m   LA 205,19 DM/m   ST 740,17 DM/m
EP 483,36 €/m   LA 104,91 €/m   ST 378,45 €/m

LB 009 Entwässerungskanalarbeiten
DIN-Betonrohre, eiförmig, mit Muffe/Falz; FBS-Stahlbetonrohre, K-FM, 1lagig, ohne Fuß

AW 009

Ausgabe 06.02

Sämtliche Preise sind **Mittelpreise ohne Mehrwertsteuer** zum Zeitpunkt des Ausgabedatums.
Korrekturfaktoren für Regionaleinfluss, Mengeneinfluss, Konjunktureinfluss siehe Vorspann.
Abkürzungen: EP = Einheitspreis, LA = Lohnanteil, ST = Stoffanteil

DIN-Betonrohr, eiförmig, mit Muffe/Falz

Abkürzungen:
oS = ohne Steifen
mS = mit Steifen
EF-F = Eiquerschnitt mit Fuß und Falz

Hinweis:
Bei der Abrechnung werden die Achslängen zugrunde gelegt. Formstücke werden übermessen und als Zulage nach Stück gesondert abgerechnet. Schächte mit einbindenden Rohren werden mit der lichten Weite abgezogen, Schachtaufsätze auf Rohren werden übermessen.

009.----.-

Pos.	Beschreibung	Preis
009.11601.M	Betonrohr EF-F, DN 900/1350, ohne Verbau bis 1,75m	501,22 DM/m / 256,27 €/m
009.11602.M	Betonrohr EF-F, DN 900/1350, Verbau oS bis 1,75m	516,62 DM/m / 264,14 €/m
009.11603.M	Betonrohr EF-F, DN 900/1350, Verbau mS bis 1,75m	527,36 DM/m / 269,64 €/m
009.11604.M	Betonrohr EF-F, DN 900/1350, Verbau mS von 1,75-6,00m	551,61 DM/m / 282,04 €/m
009.11605.M	Betonrohr EF-F, DN 900/1350, auf vorh. Planum	523,30 DM/m / 267,56 €/m
009.11606.M	Betonrohr EF-F, DN 1200/1800, ohne Verbau bis 1,75m	803,35 DM/m / 410,74 €/m
009.11607.M	Betonrohr EF-F, DN 1200/1800, Verbau oS bis 1,75m	816,77 DM/m / 417,61 €/m
009.11608.M	Betonrohr EF-F, DN 1200/1800, Verbau mS bis 1,75m	827,52 DM/m / 423,10 €/m
009.11609.M	Betonrohr EF-F, DN 1200/1800, Verbau mS 1,75-6,00m	854,39 DM/m / 436,84 €/m
009.11610.M	Betonrohr EF-F, DN 1200/1800, auf vorh. Planum	824,77 DM/m / 421,70 €/m
009.11611.M	Betonrohr EF-F, DN 1400/2100, ohne Verbau bis 1,75m	1 059,39 DM/m / 541,66 €/m
009.11612.M	Betonrohr EF-F, DN 1400/2100, Verbau oS bis 1,75m	1 073,10 DM/m / 548,67 €/m
009.11613.M	Betonrohr EF-F, DN 1400/2100, Verbau mS bis 1,75m	1 094,53 DM/m / 559,62 €/m
009.11614.M	Betonrohr EF-F, DN 1400/2100, Verbau mS 1,75-6,00m	1 134,51 DM/m / 580,07 €/m
009.11615.M	Betonrohr EF-F, DN 1400/2100, auf vorh. Planum	1 082,21 DM/m / 553,33 €/m

009.11601.M KG 221 DIN 276
Betonrohr EF-F, DN 900/1350, ohne Verbau bis 1,75m
EP 501,22 DM/m   LA 105,03 DM/m   ST 396,19 DM/m
EP 256,27 €/m   LA 53,70 €/m   ST 202,57 €/m

009.11602.M KG 221 DIN 276
Betonrohr EF-F, DN 900/1350, Verbau oS bis 1,75m
EP 516,62 DM/m   LA 133,90 DM/m   ST 382,72 DM/m
EP 264,14 €/m   LA 68,46 €/m   ST 195,68 €/m

009.11603.M KG 221 DIN 276
Betonrohr EF-F, DN 900/1350, Verbau mS bis 1,75m
EP 527,36 DM/m   LA 144,64 DM/m   ST 382,72 DM/m
EP 269,64 €/m   LA 73,95 €/m   ST 195,69 €/m

009.11604.M KG 221 DIN 276
Betonrohr EF-F, DN 900/1350, Verbau mS von 1,75-6,00m
EP 551,61 DM/m   LA 168,89 DM/m   ST 382,72 DM/m
EP 282,04 €/m   LA 86,35 €/m   ST 195,69 €/m

009.11605.M KG 221 DIN 276
Betonrohr EF-F, DN 900/1350, auf vorhandenem Planum
EP 523,30 DM/m   LA 140,58 DM/m   ST 382,72 DM/m
EP 267,56 €/m   LA 71,88 €/m   ST 195,68 €/m

009.11606.M KG 221 DIN 276
Betonrohr EF-F, DN 1200/1800, ohne Verbau bis 1,75m
EP 803,35 DM/m   LA 125,46 DM/m   ST 677,89 DM/m
EP 410,74 €/m   LA 64,15 €/m   ST 346,59 €/m

009.11607.M KG 221 DIN 276
Betonrohr EF-F, DN 1200/1800, Verbau oS bis 1,75m
EP 816,77 DM/m   LA 160,14 DM/m   ST 656,63 DM/m
EP 417,61 €/m   LA 81,88 €/m   ST 335,73 €/m

009.11608.M KG 221 DIN 276
Betonrohr EF-F, DN 1200/1800, Verbau mS bis 1,75m
EP 827,52 DM/m   LA 170,88 DM/m   ST 656,64 DM/m
EP 423,10 €/m   LA 87,37 €/m   ST 335,73 €/m

009.11609.M KG 221 DIN 276
Betonrohr EF-F, DN 1200/1800, Verbau mS von 1,75-6,00m
EP 854,39 DM/m   LA 197,75 DM/m   ST 656,64 DM/m
EP 436,84 €/m   LA 101,11 €/m   ST 335,73 €/m

009.11610.M KG 221 DIN 276
Betonrohr EF-F, DN 1200/1800, auf vorhandenem Planum
EP 824,77 DM/m   LA 168,14 DM/m   ST 656,63 DM/m
EP 421,70 €/m   LA 85,97 €/m   ST 335,73 €/m

009.11611.M KG 221 DIN 276
Betonrohr EF-F, DN 1400/2100, ohne Verbau bis 1,75m
EP 1 059,39 DM/m   LA 141,39 DM/m   ST 918,00 DM/m
EP 541,66 €/m   LA 72,29 €/m   ST 469,37 €/m

009.11612.M KG 221 DIN 276
Betonrohr EF-F, DN 1400/2100, Verbau oS bis 1,75m
EP 1 073,10 DM/m   LA 182,70 DM/m   ST 890,40 DM/m
EP 548,67 €/m   LA 93,41 €/m   ST 455,26 €/m

009.11613.M KG 221 DIN 276
Betonrohr EF-F, DN 1400/2100, Verbau mS bis 1,75m
EP 1 094,53 DM/m   LA 204,13 DM/m   ST 890,40 DM/m
EP 559,62 €/m   LA 104,37 €/m   ST 455,25 €/m

009.11614.M KG 221 DIN 276
Betonrohr EF-F, DN 1400/2100, Verbau mS von 1,75-6,00m
EP 1 134,51 DM/m   LA 244,11 DM/m   ST 890,40 DM/m
EP 580,07 €/m   LA 124,81 €/m   ST 455,26 €/m

009.11615.M KG 221 DIN 276
Betonrohr EF-F, DN 1400/2100, auf vorhandenem Planum
EP 1 082,21 DM/m   LA 191,81 DM/m   ST 890,40 DM/m
EP 553,33 €/m   LA 98,07 €/m   ST 455,26 €/m

FBS-Stahlbetonrohre, K-FM, ohne Fuß, 1-lagig

Abkürzungen:
K-FM = Kreisquerschnitt, mit Falzmuffe

009.----.-

Pos.	Beschreibung	Preis
009.12101.M	FBS-Stahlbetonrohr K-FM DN 800, bis 4,00 m	280,64 DM/m / 143,49 €/m
009.12102.M	FBS-Stahlbetonrohr K-FM DN 800, Verbau, bis 6,00 m	331,75 DM/m / 169,62 €/m
009.12103.M	FBS-Stahlbetonrohr K-FM DN 800, auf vorh. Planum	304,13 DM/m / 155,50 €/m
009.12104.M	FBS-Stahlbetonrohr K-FM DN 900, bis 4,00 m	330,02 DM/m / 168,74 €/m
009.12105.M	FBS-Stahlbetonrohr K-FM DN 900, Verbau, bis 6,00 m	384,38 DM/m / 196,53 €/m
009.12106.M	FBS-Stahlbetonrohr K-FM DN 900, auf vorh. Planum	356,39 DM/m / 182,22 €/m

009.12101.M KG 221 DIN 276
FBS-Stahlbetonrohr K-FM DN 800, bis 4,00 m
EP 280,64 DM/m   LA 105,40 DM/m   ST 175,24 DM/m
EP 143,49 €/m   LA 53,89 €/m   ST 89,60 €/m

009.12102.M KG 221 DIN 276
FBS-Stahlbetonrohr K-FM DN 800, Verbau, bis 6,00 m
EP 331,75 DM/m   LA 156,52 DM/m   ST 175,23 DM/m
EP 169,62 €/m   LA 80,03 €/m   ST 89,59 €/m

009.12103.M KG 221 DIN 276
FBS-Stahlbetonrohr K-FM DN 800, auf vorhandem Planum
EP 304,13 DM/m   LA 128,90 DM/m   ST 175,23 DM/m
EP 155,50 €/m   LA 65,91 €/m   ST 89,59 €/m

009.12104.M KG 221 DIN 276
FBS-Stahlbetonrohr K-FM DN 900, bis 4,00 m
EP 330,02 DM/m   LA 110,34 DM/m   ST 219,68 DM/m
EP 168,74 €/m   LA 56,42 €/m   ST 112,32 €/m

009.12105.M KG 221 DIN 276
FBS-Stahlbetonrohr K-FM DN 900, Verbau, bis 6,00 m
EP 384,38 DM/m   LA 164,70 DM/m   ST 219,68 DM/m
EP 196,53 €/m   LA 84,21 €/m   ST 112,32 €/m

009.12106.M KG 221 DIN 276
FBS-Stahlbetonrohr K-FM DN 900, auf vorhandem Planum
EP 356,39 DM/m   LA 136,71 DM/m   ST 219,68 DM/m
EP 182,22 €/m   LA 69,90 €/m   ST 112,32 €/m

AW 009

Ausgabe 06.02

LB 009 Entwässerungskanalarbeiten
FBS-Stahlbetonrohre, K-FM, 2lagig, ohne Fuß

Sämtliche Preise sind **Mittelpreise ohne Mehrwertsteuer** zum Zeitpunkt des Ausgabedatums.
Korrekturfaktoren für Regionaleinfluss, Mengeneinfluss, Konjunktureinfluss siehe Vorspann.
Abkürzungen: EP = Einheitspreis, LA = Lohnanteil, ST = Stoffanteil

FBS-Stahlbetonrohre, K-FM, ohne Fuß, 2-lagig

009.-----.-

009.12107.M	FBS-Stahlbetonrohr K-FM DN 1000, bis 4,00 m	374,61 DM/m 191,54 €/m
009.12108.M	FBS-Stahlbetonrohr K-FM DN 1000, Verbau, bis 6,00 m	431,48 DM/m 220,61 €/m
009.12109.M	FBS-Stahlbetonrohr K-FM DN 1000, auf vorh. Planum	403,05 DM/m 206,07 €/m
009.12110.M	FBS-Stahlbetonrohr K-FM DN 1100, bis 4,00 m	445,69 DM/m 227,88 €/m
009.12111.M	FBS-Stahlbetonrohr K-FM DN 1100, Verbau, bis 6,00 m	504,54 DM/m 257,97 €/m
009.12112.M	FBS-Stahlbetonrohr K-FM DN 1100, auf vorh. Planum	475,74 DM/m 243,24 €/m
009.12113.M	FBS-Stahlbetonrohr K-FM DN 1200, bis 4,00 m	495,24 DM/m 253,21 €/m
009.12114.M	FBS-Stahlbetonrohr K-FM DN 1200, Verbau, bis 6,00 m	556,23 DM/m 284,39 €/m
009.12115.M	FBS-Stahlbetonrohr K-FM DN 1200, auf vorh. Planum	526,99 DM/m 269,45 €/m
009.12116.M	FBS-Stahlbetonrohr K-FM DN 1300, bis 4,00 m	537,69 DM/m 274,91 €/m
009.12117.M	FBS-Stahlbetonrohr K-FM DN 1300, Verbau, bis 6,00 m	613,16 DM/m 313,50 €/m
009.12118.M	FBS-Stahlbetonrohr K-FM DN 1300, auf vorh. Planum	572,49 DM/m 292,71 €/m
009.12119.M	FBS-Stahlbetonrohr K-FM DN 1400, bis 4,00 m	597,28 DM/m 305,39 €/m
009.12120.M	FBS-Stahlbetonrohr K-FM DN 1400, Verbau, bis 6,00 m	687,13 DM/m 351,32 €/m
009.12121.M	FBS-Stahlbetonrohr K-FM DN 1400, auf vorh. Planum	635,14 DM/m 324,74 €/m
009.12122.M	FBS-Stahlbetonrohr K-FM DN 1500, bis 4,00	664,15 DM/m 339,58 €/m
009.12123.M	FBS-Stahlbetonrohr K-FM DN 1500, Verbau, bis 6,00 m	770,31 DM/m 393,85 €/m
009.12124.M	FBS-Stahlbetonrohr K-FM DN 1500, auf vorh. Planum	705,39 DM/m 360,66 €/m

009.12107.M KG 221 DIN 276
FBS-Stahlbetonrohr K-FM DN 1000, bis 4,00 m
EP 374,61 DM/m   LA 116,46 DM/m   ST 258,15 DM/m
EP 191,54 €/m   LA 59,54 €/m   ST 132,00 €/m

009.12108.M KG 221 DIN 276
FBS-Stahlbetonrohr K-FM DN 1000, Verbau, bis 6,00 m
EP 431,48 DM/m   LA 173,32 DM/m   ST 258,16 DM/m
EP 220,61 €/m   LA 88,62 €/m   ST 131,99 €/m

009.12109.M KG 221 DIN 276
FBS-Stahlbetonrohr K-FM DN 1000, auf vorhandem Planum
EP 403,05 DM/m   LA 144,89 DM/m   ST 258,16 DM/m
EP 206,07 €/m   LA 74,08 €/m   ST 131,99 €/m

009.12110.M KG 221 DIN 276
FBS-Stahlbetonrohr K-FM DN 1100, bis 4,00 m
EP 445,69 DM/m   LA 124,28 DM/m   ST 321,41 DM/m
EP 227,88 €/m   LA 63,54 €/m   ST 164,34 €/m

009.12111.M KG 221 DIN 276
FBS-Stahlbetonrohr K-FM DN 1100, Verbau, bis 6,00 m
EP 504,54 DM/m   LA 183,13 DM/m   ST 321,41 DM/m
EP 257,97 €/m   LA 96,63 €/m   ST 164,34 €/m

009.12112.M KG 221 DIN 276
FBS-Stahlbetonrohr K-FM DN 1100, auf vorhandem Planum
EP 475,74 DM/m   LA 154,33 DM/m   ST 321,41 DM/m
EP 243,24 €/m   LA 78,91 €/m   ST 164,33 €/m

009.12113.M KG 221 DIN 276
FBS-Stahlbetonrohr K-FM DN 1200, bis 4,00 m
EP 495,24 DM/m   LA 131,96 DM/m   ST 363,28 DM/m
EP 253,21 €/m   LA 67,47 €/m   ST 185,74 €/m

009.12114.M KG 221 DIN 276
FBS-Stahlbetonrohr K-FM DN 1200, Verbau, bis 6,00 m
EP 556,23 DM/m   LA 192,94 DM/m   ST 363,29 DM/m
EP 284,39 €/m   LA 98,65 €/m   ST 185,74 €/m

009.12115.M KG 221 DIN 276
FBS-Stahlbetonrohr K-FM DN 1200, auf vorhandem Planum
EP 526,99 DM/m   LA 163,70 DM/m   ST 363,29 DM/m
EP 269,45 €/m   LA 83,70 €/m   ST 185,75 €/m

009.12116.M KG 221 DIN 276
FBS-Stahlbetonrohr K-FM DN 1300, bis 4,00 m
EP 537,69 DM/m   LA 140,21 DM/m   ST 397,48 DM/m
EP 274,91 €/m   LA 71,69 €/m   ST 203,22 €/m

009.12117.M KG 221 DIN 276
FBS-Stahlbetonrohr K-FM DN 1300, Verbau, bis 6,00 m
EP 613,16 DM/m   LA 215,68 DM/m   ST 397,48 DM/m
EP 313,50 €/m   LA 110,28 €/m   ST 203,22 €/m

009.12118.M KG 221 DIN 276
FBS-Stahlbetonrohr K-FM DN 1300, auf vorhandem Planum
EP 572,49 DM/m   LA 175,01 DM/m   ST 397,48 DM/m
EP 292,71 €/m   LA 89,48 €/m   ST 203,23 €/m

009.12119.M KG 221 DIN 276
FBS-Stahlbetonrohr K-FM DN 1400, bis 4,00 m
EP 597,28 DM/m   LA 148,52 DM/m   ST 448,76 DM/m
EP 305,39 €/m   LA 75,94 €/m   ST 229,45 €/m

009.12120.M KG 221 DIN 276
FBS-Stahlbetonrohr K-FM DN 1400, Verbau, bis 6,00 m
EP 687,13 DM/m   LA 238,37 DM/m   ST 448,76 DM/m
EP 351,32 €/m   LA 121,87 €/m   ST 229,45 €/m

009.12121.M KG 221 DIN 276
FBS-Stahlbetonrohr K-FM DN 1400, auf vorhandem Planum
EP 635,14 DM/m   LA 186,38 DM/m   ST 448,76 DM/m
EP 324,74 €/m   LA 95,29 €/m   ST 229,45 €/m

009.12122.M KG 221 DIN 276
FBS-Stahlbetonrohr K-FM DN 1500, bis 4,00
EP 664,15 DM/m   LA 157,26 DM/m   ST 506,89 DM/m
EP 339,58 €/m   LA 80,41 €/m   ST 259,17 €/m

009.12123.M KG 221 DIN 276
FBS-Stahlbetonrohr K-FM DN 1500, Verbau, bis 6,00 m
EP 770,31 DM/m   LA 263,42 DM/m   ST 506,89 DM/m
EP 393,85 €/m   LA 134,68 €/m   ST 259,17 €/m

009.12124.M KG 221 DIN 276
FBS-Stahlbetonrohr K-FM DN 1500, auf vorhandem Planum
EP 705,39 DM/m   LA 198,50 DM/m   ST 506,89 DM/m
EP 360,66 €/m   LA 101,49 €/m   ST 259,17 €/m

LB 009 Entwässerungskanalarbeiten
FBS-Stahlbetonrohre, KF-GM, TWR, 1-lagig; 2-lagig

AW 009

Ausgabe 06.02

Sämtliche Preise sind **Mittelpreise ohne Mehrwertsteuer** zum Zeitpunkt des Ausgabedatums.
Korrekturfaktoren für Regionaleinfluss, Mengeneinfluss, Konjunktureinfluss siehe Vorspann.
Abkürzungen: EP = Einheitspreis, LA = Lohnanteil, ST = Stoffanteil

FBS-Stahlbetonrohre, KF-GM, TWR, 1-lagig

Abkürzungen:
KF-GM = Kreisquerschnitt, mit durchgehendem Fuß und Glockenmuffe

009.----.-

Pos.	Beschreibung	Preis
009.12201.M	FBS-Stahlbetonr. KF-GM DN 800, 1:3, 4,00 m	377,02 DM/m 192,77 €/m
009.12202.M	FBS-Stahlbetonr. KF-GM DN 800, 1:3, m.Verbau 6,00 m	428,13 DM/m 218,90 €/m
009.12203.M	FBS-Stahlbetonr. KF-GM DN 800, 1:3, auf vorh. Planum	400,51 DM/m 204,78 €/m
009.12204.M	FBS-Stahlbetonr. KF-GM DN 900, 1:3, 4,00 m	445,84 DM/m 227,95 €/m
009.12205.M	FBS-Stahlbetonr. KF-GM DN 900, 1:3, m.Verbau 6,00 m	500,20 DM/m 255,75 €/m
009.12206.M	FBS-Stahlbetonr. KF-GM DN 900, 1:3, auf vorh. Planum	472,21 DM/m 241,44 €/m

009.12201.M KG 221 DIN 276
FBS-Stahlbetonr. KF-GM DN 800, 1:3, 4,00 m
EP 377,02 DM/m   LA 105,40 DM/m   ST 271,62 DM/m
EP 192,77 €/m   LA 53,89 €/m   ST 138,88 €/m

009.12202.M KG 221 DIN 276
FBS-Stahlbetonr. KF-GM DN 800, 1:3, m.Verbau 6,00 m
EP 428,13 DM/m   LA 156,52 DM/m   ST 271,61 DM/m
EP 218,90 €/m   LA 80,03 €/m   ST 138,87 €/m

009.12203.M KG 221 DIN 276
FBS-Stahlbetonr. KF-GM DN 800, 1:3, auf vorh. Planum
EP 400,51 DM/m   LA 128,90 DM/m   ST 271,61 DM/m
EP 204,78 €/m   LA 65,91 €/m   ST 138,87 €/m

009.12204.M KG 221 DIN 276
FBS-Stahlbetonr. KF-GM DN 900, 1:3, 4,00 m
EP 445,84 DM/m   LA 110,34 DM/m   ST 335,50 DM/m
EP 227,95 €/m   LA 56,42 €/m   ST 171,53 €/m

009.12205.M KG 221 DIN 276
FBS-Stahlbetonr. KF-GM DN 900, 1:3, m.Verbau 6,00 m
EP 500,20 DM/m   LA 164,70 DM/m   ST 335,50 DM/m
EP 255,75 €/m   LA 84,21 €/m   ST 171,54 €/m

009.12206.M KG 221 DIN 276
FBS-Stahlbetonr. KF-GM DN 900, 1:3, auf vorh. Planum
EP 472,21 DM/m   LA 136,71 DM/m   ST 335,50 DM/m
EP 241,44 €/m   LA 69,90 €/m   ST 171,54 €/m

FBS-Stahlbetonrohre, KF-GM, TWR, 2-lagig

009.----.-

Pos.	Beschreibung	Preis
009.12207.M	FBS-Stahlbetonr. KF-GM DN 1000, 1:3, 4,00 m	507,96 DM/m 259,71 €/m
009.12208.M	FBS-Stahlbetonr. KF-GM DN 1000, 1:3, m.Verbau 6,00 m	564,82 DM/m 288,79 €/m
009.12209.M	FBS-Stahlbetonr. KF-GM DN 1000, 1:3, auf vorh. Planum	536,39 DM/m 274,25 €/m
009.12210.M	FBS-Stahlbetonr. KF-GM DN 1100, 1:3, 4,00 m	612,41 DM/m 313,12 €/m
009.12211.M	FBS-Stahlbetonr. KF-GM DN 1100, 1:3, m.Verbau 6,00 m	671,26 DM/m 343,21 €/m
009.12212.M	FBS-Stahlbetonr. KF-GM DN 1100, 1:3, auf vorh. Planum	642,46 DM/m 328,48 €/m
009.12213.M	FBS-Stahlbetonr. KF-GM DN 1200, 1:3, 4,00 m	680,52 DM/m 347,94 €/m
009.12214.M	FBS-Stahlbetonr. KF-GM DN 1200, 1:3, m.Verbau 6,00 m	741,50 DM/m 379,12 €/m
009.12215.M	FBS-Stahlbetonr. KF-GM DN 1200, 1:3, auf vorh. Planum	712,26 DM/m 364,17 €/m
009.12216.M	FBS-Stahlbetonr. KF-GM DN 1300, 1:3, 4,00 m	752,62 DM/m 384,81 €/m
009.12217.M	FBS-Stahlbetonr. KF-GM DN 1300, 1:3, m.Verbau 6,00 m	828,10 DM/m 423,40 €/m
009.12218.M	FBS-Stahlbetonr. KF-GM DN 1300, 1:3, auf vorh. Planum	787,43 DM/m 402,61 €/m
009.12219.M	FBS-Stahlbetonr. KF-GM DN 1400, 1:3, 4,00 m	849,41 DM/m 434,29 €/m
009.12220.M	FBS-Stahlbetonr. KF-GM DN 1400, 1:3, m.Verbau 6,00 m	939,25 DM/m 480,23 €/m
009.12221.M	FBS-Stahlbetonr. KF-GM DN 1400, 1:3, auf vorh. Planum	887,26 DM/m 453,65 €/m
009.12222.M	FBS-Stahlbetonr. KF-GM DN 1500, 1:3, 4,00 m	957,43 DM/m 489,53 €/m
009.12223.M	FBS-Stahlbetonr. KF-GM DN 1500, 1:3, m.Verb. 6,00 m	1 063,59 DM/m 543,81 €/m
009.12224.M	FBS-Stahlbetonr. KF-GM DN 1500, 1:3, auf vorh. Planum	998,67 DM/m 510,61 €/m

009.12207.M KG 221 DIN 276
FBS-Stahlbetonr. KF-GM DN 1000, 1:3, 4,00 m
EP 507,96 DM/m   LA 116,46 DM/m   ST 391,50 DM/m
EP 259,71 €/m   LA 59,54 €/m   ST 200,17 €/m

009.12208.M KG 221 DIN 276
FBS-Stahlbetonr. KF-GM DN 1000, 1:3, m.Verbau 6,00 m
EP 564,82 DM/m   LA 173,32 DM/m   ST 391,50 DM/m
EP 288,79 €/m   LA 88,62 €/m   ST 200,17 €/m

009.12209.M KG 221 DIN 276
FBS-Stahlbetonr. KF-GM DN 1000, 1:3, auf vorh. Planum
EP 536,39 DM/m   LA 144,89 DM/m   ST 391,50 DM/m
EP 274,25 €/m   LA 74,08 €/m   ST 200,17 €/m

009.12210.M KG 221 DIN 276
FBS-Stahlbetonr. KF-GM DN 1100, 1:3, 4,00 m
EP 612,41 DM/m   LA 124,28 DM/m   ST 488,13 DM/m
EP 313,12 €/m   LA 63,54 €/m   ST 249,58 €/m

009.12211.M KG 221 DIN 276
FBS-Stahlbetonr. KF-GM DN 1100, 1:3, m.Verbau 6,00 m
EP 671,26 DM/m   LA 183,13 DM/m   ST 488,13 DM/m
EP 343,21 €/m   LA 93,63 €/m   ST 249,58 €/m

009.12212.M KG 221 DIN 276
FBS-Stahlbetonr. KF-GM DN 1100, 1:3, auf vorh. Planum
EP 642,46 DM/m   LA 154,33 DM/m   ST 488,13 DM/m
EP 328,48 €/m   LA 78,91 €/m   ST 249,57 €/m

009.12213.M KG 221 DIN 276
FBS-Stahlbetonr. KF-GM DN 1200, 1:3, 4,00 m
EP 680,52 DM/m   LA 131,96 DM/m   ST 548,56 DM/m
EP 347,94 €/m   LA 67,47 €/m   ST 280,47 €/m

009.12214.M KG 221 DIN 276
FBS-Stahlbetonr. KF-GM DN 1200, 1:3, m.Verbau 6,00 m
EP 741,50 DM/m   LA 192,94 DM/m   ST 548,56 DM/m
EP 379,12 €/m   LA 98,65 €/m   ST 280,47 €/m

AW 009

Ausgabe 06.02

LB 009 Entwässerungskanalarbeiten
FBS-Stahlbetonrohre, KF-GM, TWR, 2-lagig; Zulagen für Zuläufe

Sämtliche Preise sind **Mittelpreise ohne Mehrwertsteuer** zum Zeitpunkt des Ausgabedatums.
Korrekturfaktoren für Regionaleinfluss, Mengeneinfluss, Konjunktureinfluss siehe Vorspann.
Abkürzungen: EP = Einheitspreis, LA = Lohnanteil, ST = Stoffanteil

009.12215.M KG 221 DIN 276
FBS-Stahlbetonr. KF-GM DN 1200, 1:3, auf vorh. Planum
EP 712,26 DM/m   LA 163,70 DM/m   ST 548,56 DM/m
EP 364,17 €/m   LA 83,70 €/m   ST 280,47 €/m

009.12216.M KG 221 DIN 276
FBS-Stahlbetonr. KF-GM DN 1300, 1:3, 4,00 m
EP 752,62 DM/m   LA 140,21 DM/m   ST 612,41 DM/m
EP 384,81 €/m   LA 71,69 €/m   ST 313,12 €/m

009.12217.M KG 221 DIN 276
FBS-Stahlbetonr. KF-GM DN 1300, 1:3, m.Verbau 6,00 m
EP 828,10 DM/m   LA 215,68 DM/m   ST 612,42 DM/m
EP 423,40 €/m   LA 110,28 €/m   ST 313,12 €/m

009.12218.M KG 221 DIN 276
FBS-Stahlbetonr. KF-GM DN 1300, 1:3, auf vorh. Planum
EP 787,43 DM/m   LA 175,01 DM/m   ST 612,42 DM/m
EP 402,61 €/m   LA 89,48 €/m   ST 313,13 €/m

009.12219.M KG 221 DIN 276
FBS-Stahlbetonr. KF-GM DN 1400, 1:3, 4,00 m
EP 849,41 DM/m   LA 148,52 DM/m   ST 700,89 DM/m
EP 434,29 €/m   LA 75,94 €/m   ST 358,35 €/m

009.12220.M KG 221 DIN 276
FBS-Stahlbetonr. KF-GM DN 1400, 1:3, m.Verbau 6,00 m
EP 939,25 DM/m   LA 238,37 DM/m   ST 700,88 DM/m
EP 480,23 €/m   LA 121,87 €/m   ST 358,36 €/m

009.12221.M KG 221 DIN 276
FBS-Stahlbetonr. KF-GM DN 1400, 1:3, auf vorh. Planum
EP 887,26 DM/m   LA 186,38 DM/m   ST 700,88 DM/m
EP 453,65 €/m   LA 95,29 €/m   ST 358,36 €/m

009.12222.M KG 221 DIN 276
FBS-Stahlbetonr. KF-GM DN 1500, 1:3, 4,00 m
EP 957,43 DM/m   LA 157,26 DM/m   ST 800,17 DM/m
EP 489,53 €/m   LA 80,41 €/m   ST 409,12 €/m

009.12223.M KG 221 DIN 276
FBS-Stahlbetonr. KF-GM DN 1500, 1:3, m.Verbau 6,00 m
EP 1 063,59 DM/m LA 263,42 DM/m   ST 800,17 DM/m
EP   543,81 €/m   LA 134,68 €/m   ST 409,13 €/m

009.12224.M KG 221 DIN 276
FBS-Stahlbetonr. KF-GM DN 1500, 1:3, auf vorh. Planum
EP 998,67 DM/m   LA 198,50 DM/m   ST 800,17 DM/m
EP 510,61 €/m   LA 101,49 €/m   ST 409,12 €/m

FBS-Stahlbetonrohre, Zulagen für Zuläufe

009.-----.-

Pos.	Beschreibung	Preis
009.12801.M	Zulage für FBS-Stahlbetonrohre DN 900, Zulauf	450,04 DM/St 230,10 €/St
009.12802.M	Zulage für FBS-Stahlbetonrohre DN 1100, Zulauf	653,80 DM/St 334,28 €/St
009.12803.M	Zulage für FBS-Stahlbetonrohre DN 1300, Zulauf	806,70 DM/St 412,46 €/St
009.12804.M	Zulage für FBS-Stahlbetonrohre DN 1500, Zulauf	1 029,46 DM/St 526,36 €/St
009.12805.M	Zulage FBS-Stahlbetonr. DN 900, Scheitelzulauf	450,04 DM/St 230,10 €/St
009.12806.M	Zulage FBS-Stahlbetonr. DN 1100, Scheitelzulauf	653,80 DM/St 334,28 €/St
009.12807.M	Zulage FBS-Stahlbetonr. DN 1300, Scheitelzulauf	806,70 DM/St 412,46 €/St
009.12808.M	Zulage FBS-Stahlbetonr. DN 1500, Scheitelzulauf	1 029,46 DM/St 526,36 €/St
009.12809.M	Zulage FBS-Stahlbetonr. DN 900, Zulaufstutzen	450,04 DM/St 230,10 €/St
009.12810.M	Zulage FBS-Stahlbetonr. DN 1100, Zulaufstutzen	653,80 DM/St 334,28 €/St
009.12811.M	Zulage FBS-Stahlbetonr. DN 1300, Zulaufstutzen	806,70 DM/St 412,46 €/St
009.12812.M	Zulage FBS-Stahlbetonr. DN 1500, Zulaufstutzen	1 029,46 DM/St 526,36 €/St

009.12801.M KG 221 DIN 276
Zulage für FBS-Stahlbetonrohre DN 900, Zulauf
EP 450,04 DM/St   LA 10,68 DM/St   ST 439,36 DM/St
EP 230,10 €/St   LA 5,46 €/St   ST 224,64 €/St

009.12802.M KG 221 DIN 276
Zulage für FBS-Stahlbetonrohre DN 1100, Zulauf
EP 653,80 DM/St   LA 10,99 DM/St   ST 642,81 DM/St
EP 334,28 €/St   LA 5,62 €/St   ST 328,66 €/St

009.12803.M KG 221 DIN 276
Zulage für FBS-Stahlbetonrohre DN 1300, Zulauf
EP 806,70 DM/St   LA 11,75 DM/St   ST 794,95 DM/St
EP 412,46 €/St   LA 6,01 €/St   ST 406,45 €/St

009.12804.M KG 221 DIN 276
Zulage für FBS-Stahlbetonrohre DN 1500, Zulauf
EP 1 029,46 DM/St LA 15,68 DM/St   ST 1 013,78 DM/St
EP   526,36 €/St   LA 8,02 €/St   ST   518,34 €/St

009.12805.M KG 221 DIN 276
Zulage FBS-Stahlbetonr. DN 900, Scheitelzulauf
EP 450,04 DM/St   LA 10,68 DM/St   ST 439,36 DM/St
EP 230,10 €/St   LA 5,46 €/St   ST 224,64 €/St

009.12806.M KG 221 DIN 276
Zulage FBS-Stahlbetonr. DN 1100, Scheitelzulauf
EP 653,80 DM/St   LA 10,99 DM/St   ST 642,81 DM/St
EP 334,28 €/St   LA 5,62 €/St   ST 328,66 €/St

009.12807.M KG 221 DIN 276
Zulage FBS-Stahlbetonr. DN 1300, Scheitelzulauf
EP 806,70 DM/St   LA 11,75 DM/St   ST 794,95 DM/St
EP 412,46 €/St   LA 6,01 €/St   ST 406,45 €/St

009.12808.M KG 221 DIN 276
Zulage FBS-Stahlbetonr. DN 1500, Scheitelzulauf
EP 1 029,46 DM/St LA 15,68 DM/St   ST 1 013,78 DM/St
EP   526,36 €/St   LA 8,02 €/St   ST   518,34 €/St

009.12809.M KG 221 DIN 276
Zulage FBS-Stahlbetonr. DN 900, Zulaufstutzen
EP 450,04 DM/St   LA 10,68 DM/St   ST 439,36 DM/St
EP 230,10 €/St   LA 5,46 €/St   ST 224,64 €/St

009.12810.M KG 221 DIN 276
Zulage FBS-Stahlbetonr. DN 1100, Zulaufstutzen
EP 653,80 DM/St   LA 10,99 DM/St   ST 642,81 DM/St
EP 334,28 €/St   LA 5,62 €/St   ST 328,66 €/St

009.12811.M KG 221 DIN 276
Zulage FBS-Stahlbetonr. DN 1300, Zulaufstutzen
EP 806,70 DM/St   LA 11,75 DM/St   ST 794,95 DM/St
EP 412,46 €/St   LA 6,01 €/St   ST 406,45 €/St

009.12812.M KG 221 DIN 276
Zulage FBS-Stahlbetonr. DN 1500, Zulaufstutzen
EP 1 029,46 DM/St LA 15,68 DM/St   ST 1 013,78 DM/St
EP   526,36 €/St   LA 8,02 €/St   ST   518,34 €/St

LB 009 Entwässerungskanalarbeiten
FBS-Stahlbetonrohre, Zulage: Anschluss/Gelenkstück; Passstück, Krümmer

AW 009

Ausgabe 06.02

Sämtliche Preise sind **Mittelpreise ohne Mehrwertsteuer** zum Zeitpunkt des Ausgabedatums.
Korrekturfaktoren für Regionaleinfluss, Mengeneinfluss, Konjunktureinfluss siehe Vorspann.
Abkürzungen: EP = Einheitspreis, LA = Lohnanteil, ST = Stoffanteil

FBS-Stahlbetonrohre, Zulage Anschluss/Gelenkstück

009.-----.-

009.12813.M	Zulage FBS-Stahlbetonr. DN 900, Anschlussstück	450,04 DM/St / 230,10 €/St
009.12814.M	Zulage FBS-Stahlbetonr. DN 1100, Anschlussstück	653,80 DM/St / 334,28 €/St
009.12815.M	Zulage FBS-Stahlbetonr. DN 1300, Anschlussstück	806,70 DM/St / 412,46 €/St
009.12816.M	Zulage FBS-Stahlbetonr. DN 1500, Anschlussstück	1 029,46 DM/St / 526,36 €/St
009.12817.M	Zulage FBS-Stahlbetonr. DN 900, Gelenkstück	450,04 DM/St / 230,10 €/St
009.12818.M	Zulage FBS-Stahlbetonr. DN 1100, Gelenkstück	653,80 DM/St / 334,28 €/St
009.12819.M	Zulage FBS-Stahlbetonr. DN 1300, Gelenkstück	806,70 DM/St / 412,46 €/St
009.12820.M	Zulage FBS-Stahlbetonr. DN 1500, Gelenkstück	1 029,46 DM/St / 526,36 €/St

009.12813.M KG 221 DIN 276
Zulage FBS-Stahlbetonr. DN 900, Anschlussstück
EP 450,04 DM/St   LA 10,68 DM/St   ST 439,36 DM/St
EP 230,10 €/St   LA 5,46 €/St   ST 224,64 €/St

009.12814.M KG 221 DIN 276
Zulage FBS-Stahlbetonr. DN 1100, Anschlussstück
EP 653,80 DM/St   LA 10,99 DM/St   ST 642,81 DM/St
EP 334,28 €/St   LA 5,62 €/St   ST 328,66 €/St

009.12815.M KG 221 DIN 276
Zulage FBS-Stahlbetonr. DN 1300, Anschlussstück
EP 806,70 DM/St   LA 11,75 DM/St   ST 794,95 DM/St
EP 412,46 €/St   LA 6,01 €/St   ST 406,45 €/St

009.12816.M KG 221 DIN 276
Zulage FBS-Stahlbetonr. DN 1500, Anschlussstück
EP 1 029,46 DM/St LA 15,68 DM/St   ST 1 013,78 DM/St
EP   526,36 €/St LA 8,02 €/St   ST   518,34 €/St

009.12817.M KG 221 DIN 276
Zulage FBS-Stahlbetonr. DN 900, Gelenkstück
EP 450,04 DM/St   LA 10,68 DM/St   ST 439,36 DM/St
EP 230,10 €/St   LA 5,46 €/St   ST 224,64 €/St

009.12818.M KG 221 DIN 276
Zulage FBS-Stahlbetonr. DN 1100, Gelenkstück
EP 653,80 DM/St   LA 10,99 DM/St   ST 642,81 DM/St
EP 334,28 €/St   LA 5,62 €/St   ST 328,66 €/St

009.12819.M KG 221 DIN 276
Zulage FBS-Stahlbetonr. DN 1300, Gelenkstück
EP 806,70 DM/St   LA 11,75 DM/St   ST 794,95 DM/St
EP 412,46 €/St   LA 6,01 €/St   ST 406,45 €/St

009.12820.M KG 221 DIN 276
Zulage FBS-Stahlbetonr. DN 1500, Gelenkstück
EP 1 029,46 DM/St LA 15,68 DM/St   ST 1 013,78 DM/St
EP   526,36 €/St LA 8,02 €/St   ST   518,34 €/St

FBS-Stahlbetonrohre, Zulage Passstück, Krümmer

009.-----.-

009.12821.M	Zulage FBS-Stahlbetonr. DN 900, Passstück	450,04 DM/St / 230,10 €/St
009.12822.M	Zulage FBS-Stahlbetonr. DN 1100, Passstück	653,80 DM/St / 334,28 €/St
009.12823.M	Zulage FBS-Stahlbetonr. DN 1300, Passstück	806,70 DM/St / 412,46 €/St
009.12824.M	Zulage FBS-Stahlbetonr. DN 1500, Passstück	1 029,46 DM/St / 526,36 €/St
009.12825.M	Zulage FBS-Stahlbetonr. DN 900, Krümmer	450,04 DM/St / 230,10 €/St
009.12826.M	Zulage FBS-Stahlbetonr. DN 1100, Krümmer	653,80 DM/St / 334,28 €/St
009.12827.M	Zulage FBS-Stahlbetonr. DN 1300, Krümmer	806,70 DM/St / 412,46 €/St
009.12828.M	Zulage FBS-Stahlbetonr. DN 1500, Krümmer	1 029,46 DM/St / 526,36 €/St

009.12821.M KG 221 DIN 276
Zulage FBS-Stahlbetonr. DN 900, Passstück
EP 450,04 DM/St   LA 10,68 DM/St   ST 439,36 DM/St
EP 230,10 €/St   LA 5,46 €/St   ST 224,64 €/St

009.12822.M KG 221 DIN 276
Zulage FBS-Stahlbetonr. DN 1100, Passstück
EP 653,80 DM/St   LA 10,99 DM/St   ST 642,81 DM/St
EP 334,28 €/St   LA 5,62 €/St   ST 328,66 €/St

009.12823.M KG 221 DIN 276
Zulage FBS-Stahlbetonr. DN 1300, Passstück
EP 806,70 DM/St   LA 11,75 DM/St   ST 794,95 DM/St
EP 412,46 €/St   LA 6,01 €/St   ST 406,45 €/St

009.12824.M KG 221 DIN 276
Zulage FBS-Stahlbetonr. DN 1500, Passstück
EP 1 029,46 DM/St LA 15,68 DM/St   ST 1 013,78 DM/St
EP   526,36 €/St LA 8,02 €/St   ST   518,34 €/St

009.12825.M KG 221 DIN 276
Zulage FBS-Stahlbetonr. DN 900, Krümmer
EP 450,04 DM/St   LA 10,68 DM/St   ST 439,36 DM/St
EP 230,10 €/St   LA 5,46 €/St   ST 224,64 €/St

009.12826.M KG 221 DIN 276
Zulage FBS-Stahlbetonr. DN 1100, Krümmer
EP 653,80 DM/St   LA 10,99 DM/St   ST 642,81 DM/St
EP 334,28 €/St   LA 5,62 €/St   ST 328,66 €/St

009.12827.M KG 221 DIN 276
Zulage FBS-Stahlbetonr. DN 1300, Krümmer
EP 806,70 DM/St   LA 11,75 DM/St   ST 794,95 DM/St
EP 412,46 €/St   LA 6,01 €/St   ST 406,45 €/St

009.12828.M KG 221 DIN 276
Zulage FBS-Stahlbetonr. DN 1500, Krümmer
EP 1 029,46 DM/St LA 15,68 DM/St   ST 1 013,78 DM/St
EP   526,36 €/St LA 8,02 €/St   ST   518,34 €/St

AW 009

LB 009 Entwässerungskanalarbeiten
Steinzeugrohre

Ausgabe 06.02

Sämtliche Preise sind **Mittelpreise ohne Mehrwertsteuer** zum Zeitpunkt des Ausgabedatums.
Korrekturfaktoren für Regionaleinfluss, Mengeneinfluss, Konjunktureinfluss siehe Vorspann.
Abkürzungen: EP = Einheitspreis, LA = Lohnanteil, ST = Stoffanteil

Steinzeugrohre

Abkürzungen:
Syst. F = Verbindungssystem F lt. DIN EN 295
mit Polypropylen-Gummidichtung KD
Syst. C = Verbindungssystem C lt. DIN EN 295
mit Polyurethandichtung K

Hinweis:
Bei der Abrechnung werden die Achslängen zugrunde gelegt. Formstücke werden übermessen und als Zulage nach Stück gesondert abgerechnet. Schächte mit einbindenden Rohren werden mit der lichten Weite abgezogen, Schachtaufsätze auf Rohren werden übermessen.

009.----.-

Pos.	Beschreibung	Preis
009.15001.M	Steinzeugltg. DN 100, Syst.F, geböschter Gra. bis 1,75m	85,87 DM/m / 43,90 €/m
009.15002.M	Steinzeugltg. DN 100, Syst.F, Verbau o.Steif. bis 1,75m	102,12 DM/m / 52,21 €/m
009.15003.M	Steinzeugltg. DN 100, Syst.F, Verbau m.Steif. bis 1,75m	107,11 DM/m / 54,77 €/m
009.15004.M	Steinzeugltg. DN 100, Syst.F, Verbau m.Steif. bis 6,00m	112,12 DM/m / 57,32 €/m
009.15005.M	Steinzeugltg. DN 150, Syst.F, geböschter Gra. bis 1,75m	97,79 DM/m / 50,00 €/m
009.15006.M	Steinzeugltg. DN 150, Syst.F, Verbau o.Steif. bis 1,75m	114,66 DM/m / 58,62 €/m
009.15007.M	Steinzeugltg. DN 150, Syst.F, Verbau m.Steif. bis 1,75m	120,28 DM/m / 61,50 €/m
009.15008.M	Steinzeugltg. DN 150, Syst.F, Verbau m.Steif. bis 6,00m	125,91 DM/m / 64,37 €/m
009.15009.M	Steinzeugltg. DN 200, Syst.F, geböschter Gra. bis 1,75m	122,56 DM/m / 62,66 €/m
009.15010.M	Steinzeugltg. DN 200, Syst.F, Verbau o.Steif. bis 1,75m	140,05 DM/m / 71,60 €/m
009.15011.M	Steinzeugltg. DN 200, Syst.F, Verbau m.Steif. bis 1,75m	145,05 DM/m / 74,16 €/m
009.15012.M	Steinzeugltg. DN 200, Syst.F, Verbau m.Steif. bis 6,00m	151,29 DM/m / 77,35 €/m
009.15013.M	Steinzeugltg. DN 200, Syst.C, geböschter Gra. bis 1,75m	123,99 DM/m / 63,39 €/m
009.15014.M	Steinzeugltg. DN 200, Syst.C, Verbau o.Steif. bis 1,75m	141,47 DM/m / 72,33 €/m
009.15015.M	Steinzeugltg. DN 200, Syst.C, Verbau m.Steif. bis 1,75m	146,48 DM/m / 74,89 €/m
009.15016.M	Steinzeugltg. DN 200, Syst.C, Verbau m.Steif. bis 6,00m	152,72 DM/m / 78,08 €/m
009.15017.M	Steinzeugltg. DN 250, Syst.C, geböschter Gra. bis 1,75m	144,50 DM/m / 73,88 €/m
009.15018.M	Steinzeugltg. DN 250, Syst.C, Verbau o.Steif. bis 1,75m	162,62 DM/m / 83,15 €/m
009.15019.M	Steinzeugltg. DN 250, Syst.C, Verbau m.Steif. bis 1,75m	168,87 DM/m / 86,34 €/m
009.15020.M	Steinzeugltg. DN 250, Syst.C, Verbau m.Steif. bis 6,00m	174,49 DM/m / 89,21 €/m
009.15021.M	Steinzeugltg. DN 300, Syst.C, geböschter Gra. bis 1,75m	164,44 DM/m / 84,08 €/m
009.15022.M	Steinzeugltg. DN 300, Syst.C, Verbau o.Steif. bis 1,75m	183,81 DM/m / 93,98 €/m
009.15023.M	Steinzeugltg. DN 300, Syst.C, Verbau m.Steif. bis 1,75m	191,31 DM/m / 97,82 €/m
009.15024.M	Steinzeugltg. DN 300, Syst.C, Verbau m.Steif. bis 6,00m	196,93 DM/m / 100,69 €/m
009.15025.M	Steinzeugltg. DN 350, Syst.C, geböschter Gra. bis 1,75m	214,50 DM/m / 109,67 €/m
009.15026.M	Steinzeugltg. DN 350, Syst.C, Verbau o.Steif. bis 1,75m	233,86 DM/m / 119,57 €/m
009.15027.M	Steinzeugltg. DN 350, Syst.C, Verbau m.Steif. bis 1,75m	241,99 DM/m / 123,73 €/m
009.15028.M	Steinzeugltg. DN 350, Syst.C, Verbau m.Steif. bis 6,00m	247,61 DM/m / 126,60 €/m
009.15029.M	Steinzeugltg. DN 400, Syst.C, geböschter Gra. bis 1,75m	232,75 DM/m / 119,00 €/m
009.15030.M	Steinzeugltg. DN 400, Syst.C, Verbau o.Steif. bis 1,75m	253,36 DM/m / 129,54 €/m
009.15031.M	Steinzeugltg. DN 400, Syst.C, Verbau m.Steif. bis 1,75m	261,49 DM/m / 133,70 €/m
009.15032.M	Steinzeugltg. DN 400, Syst.C, Verbau m.Steif. bis 6,00m	267,73 DM/m / 136,89 €/m
009.15033.M	Steinzeugltg. DN 500, Syst.C, geböschter Gra. bis 1,75m	314,25 DM/m / 160,68 €/m
009.15034.M	Steinzeugltg. DN 500, Syst.C, Verbau o.Steif. bis 1,75m	336,75 DM/m / 172,18 €/m
009.15035.M	Steinzeugltg. DN 500, Syst.C, Verbau m.Steif. bis 1,75m	343,00 DM/m / 175,37 €/m
009.15036.M	Steinzeugltg. DN 500, Syst.C, Verbau m.Steif. bis 6,00m	349,25 DM/m / 178,57 €/m
009.15037.M	Steinzeugltg. DN 600, Syst.C, geböschter Gra. bis 1,75m	404,96 DM/m / 207,06 €/m
009.15038.M	Steinzeugltg. DN 600, Syst.C, Verbau o.Steif. bis 1,75m	429,33 DM/m / 219,51 €/m
009.15039.M	Steinzeugltg. DN 600, Syst.C, Verbau m.Steif. bis 1,75m	435,58 DM/m / 222,71 €/m
009.15040.M	Steinzeugltg. DN 600, Syst.C, Verbau m.Steif. bis 6,00m	441,83 DM/m / 225,90 €/m
009.15041.M	Steinzeugltg. DN 700, Syst.C, geböschter Gra. bis 1,75m	497,73 DM/m / 254,48 €/m
009.15042.M	Steinzeugltg. DN 700, Syst.C, Verbau o.Steif. bis 1,75m	523,97 DM/m / 267,90 €/m
009.15043.M	Steinzeugltg. DN 700, Syst.C, Verbau m.Steif. bis 1,75m	530,22 DM/m / 271,10 €/m
009.15044.M	Steinzeugltg. DN 700, Syst.C, Verbau m.Steif. bis 6,00m	535,84 DM/m / 273,97 €/m
009.15045.M	Steinzeugltg. DN 800, Syst.C, geböschter Gra. bis 1,75m	587,48 DM/m / 300,38 €/m
009.15046.M	Steinzeugltg. DN 800, Syst.C, Verbau o.Steif. bis 1,75m	614,97 DM/m / 314,43 €/m
009.15047.M	Steinzeugltg. DN 800, Syst.C, Verbau m.Steif. bis 1,75m	621,22 DM/m / 317,63 €/m
009.15048.M	Steinzeugltg. DN 800, Syst.C, Verbau m.Steif. bis 6,00m	627,47 DM/m / 320,82 €/m

009.15001.M KG 221 DIN 276
Steinzeugltg. DN 100, Syst.F, geböschter Gra. bis 1,75m
EP 85,87 DM/m   LA 53,10 DM/m   ST 32,77 DM/m
EP 43,90 €/m   LA 27,15 €/m   ST 16,75 €/m

009.15002.M KG 221 DIN 276
Steinzeugltg. DN 100, Syst.F, Verbau o.Steif. bis 1,75m
EP 102,12 DM/m LA 69,36 DM/m   ST 32,76 DM/m
EP 52,21 €/m   LA 35,46 €/m   ST 16,75 €/m

009.15003.M KG 221 DIN 276
Steinzeugltg. DN 100, Syst.F, Verbau m.Steif. bis 1,75m
EP 107,11 DM/m LA 74,35 DM/m   ST 32,76 DM/m
EP 54,77 €/m   LA 38,01 €/m   ST 16,76 €/m

009.15004.M KG 221 DIN 276
Steinzeugltg. DN 100, Syst.F, Verbau m.Steif. bis 6,00m
EP 112,12 DM/m LA 79,35 DM/m   ST 32,77 DM/m
EP 57,32 €/m   LA 40,57 €/m   ST 16,75 €/m

009.15005.M KG 221 DIN 276
Steinzeugltg. DN 150, Syst.F, geböschter Gra. bis 1,75m
EP 97,79 DM/m   LA 54,98 DM/m   ST 42,81 DM/m
EP 50,00 €/m   LA 28,11 €/m   ST 21,89 €/m

009.15006.M KG 221 DIN 276
Steinzeugltg. DN 150, Syst.F, Verbau o.Steif. bis 1,75m
EP 114,66 DM/m LA 71,86 DM/m   ST 42,80 DM/m
EP 58,62 €/m   LA 36,74 €/m   ST 21,88 €/m

009.15007.M KG 221 DIN 276
Steinzeugltg. DN 150, Syst.F, Verbau m.Steif. bis 1,75m
EP 120,28 DM/m LA 77,48 DM/m   ST 42,80 DM/m
EP 61,50 €/m   LA 39,61 €/m   ST 21,89 €/m

009.15008.M KG 221 DIN 276
Steinzeugltg. DN 150, Syst.F, Verbau m.Steif. bis 6,00m
EP 125,91 DM/m LA 83,10 DM/m   ST 42,81 DM/m
EP 64,37 €/m   LA 42,49 €/m   ST 21,88 €/m

009.15009.M KG 221 DIN 276
Steinzeugltg. DN 200, Syst.F, geböschter Gra. bis 1,75m
EP 122,56 DM/m LA 57,49 DM/m   ST 65,07 DM/m
EP 62,66 €/m   LA 29,39 €/m   ST 33,27 €/m

009.15010.M KG 221 DIN 276
Steinzeugltg. DN 200, Syst.F, Verbau o.Steif. bis 1,75m
EP 140,05 DM/m LA 74,97 DM/m   ST 65,08 DM/m
EP 71,60 €/m   LA 38,33 €/m   ST 33,27 €/m

009.15011.M KG 221 DIN 276
Steinzeugltg. DN 200, Syst.F, Verbau m.Steif. bis 1,75m
EP 145,05 DM/m LA 79,98 DM/m   ST 65,07 DM/m
EP 74,16 €/m   LA 40,89 €/m   ST 33,27 €/m

009.15012.M KG 221 DIN 276
Steinzeugltg. DN 200, Syst.F, Verbau m.Steif. bis 6,00m
EP 151,29 DM/m LA 86,22 DM/m   ST 65,07 DM/m
EP 77,35 €/m   LA 44,08 €/m   ST 33,27 €/m

009.15013.M KG 221 DIN 276
Steinzeugltg. DN 200, Syst.C, geböschter Gra. bis 1,75m
EP 123,99 DM/m LA 57,49 DM/m   ST 66,50 DM/m
EP 63,39 €/m   LA 29,39 €/m   ST 34,00 €/m

LB 009 Entwässerungskanalarbeiten
Steinzeugrohre

AW 009

Ausgabe 06.02

Sämtliche Preise sind **Mittelpreise ohne Mehrwertsteuer** zum Zeitpunkt des Ausgabedatums.
Korrekturfaktoren für Regionaleinfluss, Mengeneinfluss, Konjunktureinfluss siehe Vorspann.
Abkürzungen: EP = Einheitspreis, LA = Lohnanteil, ST = Stoffanteil

009.15014.M KG 221 DIN 276
Steinzeugltg. DN 200, Syst.C, Verbau o.Steif. bis 1,75m
EP 141,47 DM/m   LA 74,97 DM/m   ST 66,50 DM/m
EP 72,33 €/m   LA 38,33 €/m   ST 34,00 €/m

009.15015.M KG 221 DIN 276
Steinzeugltg. DN 200, Syst.C, Verbau m.Steif. bis 1,75m
EP 146,48 DM/m   LA 79,98 DM/m   ST 66,50 DM/m
EP 74,89 €/m   LA 40,89 €/m   ST 34,00 €/m

009.15016.M KG 221 DIN 276
Steinzeugltg. DN 200, Syst.C, Verbau m.Steif. bis 6,00m
EP 152,72 DM/m   LA 86,22 DM/m   ST 66,50 DM/m
EP 78,08 €/m   LA 44,08 €/m   ST 34,00 €/m

009.15017.M KG 221 DIN 276
Steinzeugltg. DN 250, Syst.C, geböschter Gra. bis 1,75m
EP 144,50 DM/m   LA 59,36 DM/m   ST 85,14 DM/m
EP 73,88 €/m   LA 30,35 €/m   ST 43,53 €/m

009.15018.M KG 221 DIN 276
Steinzeugltg. DN 250, Syst.C, Verbau o.Steif. bis 1,75m
EP 162,62 DM/m   LA 77,48 DM/m   ST 85,14 DM/m
EP 83,15 €/m   LA 39,61 €/m   ST 43,54 €/m

009.15019.M KG 221 DIN 276
Steinzeugltg. DN 250, Syst.C, Verbau m.Steif. bis 1,75m
EP 168,87 DM/m   LA 83,73 DM/m   ST 85,14 DM/m
EP 86,34 €/m   LA 42,81 €/m   ST 43,53 €/m

009.15020.M KG 221 DIN 276
Steinzeugltg. DN 250, Syst.C, Verbau m.Steif. bis 6,00m
EP 174,49 DM/m   LA 89,34 DM/m   ST 85,15 DM/m
EP 89,21 €/m   LA 45,68 €/m   ST 43,53 €/m

009.15021.M KG 221 DIN 276
Steinzeugltg. DN 300, Syst.C, geböschter Gra. bis 1,75m
EP 164,44 DM/m   LA 60,60 DM/m   ST 103,84 DM/m
EP 84,08 €/m   LA 30,99 €/m   ST 53,09 €/m

009.15022.M KG 221 DIN 276
Steinzeugltg. DN 300, Syst.C, Verbau o.Steif. bis 1,75m
EP 183,81 DM/m   LA 79,98 DM/m   ST 103,83 DM/m
EP 93,98 €/m   LA 40,89 €/m   ST 53,09 €/m

009.15023.M KG 221 DIN 276
Steinzeugltg. DN 300, Syst.C, Verbau m.Steif. bis 1,75m
EP 191,31 DM/m   LA 87,48 DM/m   ST 103,83 DM/m
EP 97,82 €/m   LA 44,73 €/m   ST 53,09 €/m

009.15024.M KG 221 DIN 276
Steinzeugltg. DN 300, Syst.C, Verbau m.Steif. bis 6,00m
EP 196,93 DM/m   LA 93,09 DM/m   ST 103,84 DM/m
EP 100,69 €/m   LA 47,60 €/m   ST 53,09 €/m

009.15025.M KG 221 DIN 276
Steinzeugltg. DN 350, Syst.C, geböschter Gra. bis 1,75m
EP 214,0 DM/m   LA 63,10 DM/m   ST 151,40 DM/m
EP 109,67 €/m   LA 32,26 €/m   ST 77,41 €/m

009.15026.M KG 221 DIN 276
Steinzeugltg. DN 350, Syst.C, Verbau o.Steif. bis 1,75m
EP 233,86 DM/m   LA 82,47 DM/m   ST 151,39 DM/m
EP 119,57 €/m   LA 42,17 €/m   ST 77,40 €/m

009.15027.M KG 221 DIN 276
Steinzeugltg. DN 350, Syst.C, Verbau m.Steif. bis 1,75m
EP 241,99 DM/m   LA 90,60 DM/m   ST 151,39 DM/m
EP 123,73 €/m   LA 46,32 €/m   ST 77,41 €/m

009.15028.M KG 221 DIN 276
Steinzeugltg. DN 350, Syst.C, Verbau m.Steif. bis 6,00m
EP 247,61 DM/m   LA 96,22 DM/m   ST 151,39 DM/m
EP 126,60 €/m   LA 49,20 €/m   ST 77,40 €/m

009.15029.M KG 221 DIN 276
Steinzeugltg. DN 400, Syst.C, geböschter Gra. bis 1,75m
EP 232,75 DM/m   LA 64,98 DM/m   ST 167,77 DM/m
EP 119,00 €/m   LA 33,23 €/m   ST 85,77 €/m

009.15030.M KG 221 DIN 276
Steinzeugltg. DN 400, Syst.C, Verbau o.Steif. bis 1,75m
EP 253,36 DM/m   LA 85,60 DM/m   ST 167,76 DM/m
EP 129,54 €/m   LA 43,76 €/m   ST 85,78 €/m

009.15031.M KG 221 DIN 276
Steinzeugltg. DN 400, Syst.C, Verbau m.Steif. bis 1,75m
EP 261,49 DM/m   LA 93,73 DM/m   ST 167,76 DM/m
EP 133,70 €/m   LA 47,92 €/m   ST 85,78 €/m

009.15032.M KG 221 DIN 276
Steinzeugltg. DN 400, Syst.C, Verbau m.Steif. bis 6,00m
EP 267,73 DM/m   LA 99,97 DM/m   ST 167,76 DM/m
EP 136,89 €/m   LA 51,11 €/m   ST 85,78 €/m

009.15033.M KG 221 DIN 276
Steinzeugltg. DN 500, Syst.C, geböschter Gra. bis 1,75m
EP 314,25 DM/m   LA 74,35 DM/m   ST 239,90 DM/m
EP 160,68 €/m   LA 38,01 €/m   ST 122,67 €/m

009.15034.M KG 221 DIN 276
Steinzeugltg. DN 500, Syst.C, Verbau o.Steif. bis 1,75m
EP 336,75 DM/m   LA 96,84 DM/m   ST 239,91 DM/m
EP 172,18 €/m   LA 49,51 €/m   ST 122,67 €/m

009.15035.M KG 221 DIN 276
Steinzeugltg. DN 500, Syst.C, Verbau m.Steif. bis 1,75m
EP 343,00 DM/m   LA 103,09 DM/m ST 239,91 DM/m
EP 175,37 €/m   LA 52,71 €/m   ST 122,66 €/m

009.15036.M KG 221 DIN 276
Steinzeugltg. DN 500, Syst.C, Verbau m.Steif. bis 6,00m
EP 349,25 DM/m   LA 109,34 DM/m ST 239,91 DM/m
EP 178,57 €/m   LA 55,91 €/m   ST 122,66 €/m

009.15037.M KG 221 DIN 276
Steinzeugltg. DN 600, Syst.C, geböschter Gra. bis 1,75m
EP 404,96 DM/m   LA 79,35 DM/m   ST 325,61 DM/m
EP 207,06 €/m   LA 40,57 €/m   ST 166,49 €/m

009.15038.M KG 221 DIN 276
Steinzeugltg. DN 600, Syst.C, Verbau o.Steif. bis 1,75m
EP 429,33 DM/m   LA 103,72 DM/m ST 325,61 DM/m
EP 219,51 €/m   LA 53,03 €/m   ST 166,48 €/m

009.15039.M KG 221 DIN 276
Steinzeugltg. DN 600, Syst.C, Verbau m.Steif. bis 1,75m
EP 435,58 DM/m   LA 109,97 DM/m ST 325,61 DM/m
EP 222,71 €/m   LA 56,23 €/m   ST 166,48 €/m

009.15040.M KG 221 DIN 276
Steinzeugltg. DN 600, Syst.C, Verbau m.Steif. bis 6,00m
EP 441,83 DM/m   LA 116,22 DM/m ST 325,61 DM/m
EP 225,90 €/m   LA 59,42 €/m   ST 166,48 €/m

009.15041.M KG 221 DIN 276
Steinzeugltg. DN 700, Syst.C, geböschter Gra. bis 1,75m
EP 497,73 DM/m   LA 84,97 DM/m   ST 412,76 DM/m
EP 254,48 €/m   LA 43,45 €/m   ST 211,03 €/m

009.15042.M KG 221 DIN 276
Steinzeugltg. DN 700, Syst.C, Verbau o.Steif. bis 1,75m
EP 523,97 DM/m   LA 111,21 DM/m ST 412,76 DM/m
EP 267,90 €/m   LA 56,86 €/m   ST 211,04 €/m

009.15043.M KG 221 DIN 276
Steinzeugltg. DN 700, Syst.C, Verbau m.Steif. bis 1,75m
EP 530,22 DM/m   LA 117,46 DM/m ST 412,76 DM/m
EP 271,10 €/m   LA 60,06 €/m   ST 211,04 €/m

009.15044.M KG 221 DIN 276
Steinzeugltg. DN 700, Syst.C, Verbau m.Steif. bis 6,00m
EP 535,84 DM/m   LA 123,08 DM/m ST 412,76 DM/m
EP 273,97 €/m   LA 62,93 €/m   ST 211,04 €/m

009.15045.M KG 221 DIN 276
Steinzeugltg. DN 800, Syst.C, geböschter Gra. bis 1,75m
EP 587,48 DM/m   LA 90,60 DM/m   ST 496,88 DM/m
EP 300,38 €/m   LA 46,32 €/m   ST 254,06 €/m

009.15046.M KG 221 DIN 276
Steinzeugltg. DN 800, Syst.C, Verbau o.Steif. bis 1,75m
EP 614,97 DM/m   LA 118,09 DM/m ST 496,88 DM/m
EP 314,43 €/m   LA 60,38 €/m   ST 254,05 €/m

009.15047.M KG 221 DIN 276
Steinzeugltg. DN 800, Syst.C, Verbau m.Steif. bis 1,75m
EP 621,22 DM/m   LA 124,34 DM/m ST 496,88 DM/m
EP 317,63 €/m   LA 63,57 €/m   ST 254,06 €/m

009.15048.M KG 221 DIN 276
Steinzeugltg. DN 800, Syst.C, Verbau m.Steif. bis 6,00m
EP 627,47 DM/m   LA 130,59 DM/m ST 496,88 DM/m
EP 320,82 €/m   LA 66,77 €/m   ST 254,05 €/m

AW 009

LB 009 Entwässerungskanalarbeiten
Steinzeugbogen

Ausgabe 06.02

Sämtliche Preise sind **Mittelpreise ohne Mehrwertsteuer** zum Zeitpunkt des Ausgabedatums.
Korrekturfaktoren für Regionaleinfluss, Mengeneinfluss, Konjunktureinfluss siehe Vorspann.
Abkürzungen: EP = Einheitspreis, LA = Lohnanteil, ST = Stoffanteil

Steinzeugbogen

Abkürzungen:
System F = Verbindungssystem F lt. DIN EN 295 mit Polypropylen-Gummidichtung KD
System C = Verbindungssystem C lt. DIN EN 295 mit Polyurethandichtung K

Hinweis:
Die Rohrleitung wird in der Rohrachse gemessen und nach Längenmaß abgerechnet. Bogen werden übermessen und als Zulage nach Stück abgerechnet.

009.-----.-

Pos.	Beschreibung	Preis
009.15201.M	Steinzeugbogen als Zulage, DN 100, System F, 15 Grad	67,63 DM/St 34,58 €/St
009.15202.M	Steinzeugbogen als Zulage, DN 100, System F, 30 Grad	68,19 DM/St 34,86 €/St
009.15203.M	Steinzeugbogen als Zulage, DN 100, System F, 45 Grad	67,24 DM/St 34,38 €/St
009.15204.M	Steinzeugbogen als Zulage, DN 100, System F, 60 Grad	67,14 DM/St 34,33 €/St
009.15205.M	Steinzeugbogen als Zulage, DN 150, System F, 15 Grad	77,66 DM/St 39,71 €/St
009.15206.M	Steinzeugbogen als Zulage, DN 150, System F, 30 Grad	77,66 DM/St 39,71 €/St
009.15207.M	Steinzeugbogen als Zulage, DN 150, System F, 45 Grad	76,99 DM/St 39,37 €/St
009.15208.M	Steinzeugbogen als Zulage, DN 150, System F, 60 Grad	76,32 DM/St 39,02 €/St
009.15209.M	Steinzeugbogen als Zulage, DN 200, System F, 15 Grad	117,39 DM/St 60,02 €/St
009.15210.M	Steinzeugbogen als Zulage, DN 200, System F, 30 Grad	117,86 DM/St 60,26 €/St
009.15211.M	Steinzeugbogen als Zulage, DN 200, System F, 45 Grad	115,78 DM/St 59,20 €/St
009.15212.M	Steinzeugbogen als Zulage, DN 200, System F, 60 Grad	112,97 DM/St 57,76 €/St
009.15213.M	Steinzeugbogen als Zulage, DN 250, System C, 30 Grad	139,32 DM/St 71,23 €/St
009.15214.M	Steinzeugbogen als Zulage, DN 250, System C, 45 Grad	133,19 DM/St 68,10 €/St
009.15215.M	Steinzeugbogen als Zulage, DN 300, System C, 30 Grad	165,01 DM/St 84,37 €/St
009.15216.M	Steinzeugbogen als Zulage, DN 300, System C, 45 Grad	135,41 DM/St 69,24 €/St

009.15201.M KG 221 DIN 276
Steinzeugbogen als Zulage, DN 100, System F, 15 Grad
EP 67,63 DM/St   LA 48,73 DM/St   ST 18,90 DM/St
EP 34,58 €/St   LA 24,92 €/St   ST 9,66 €/St

009.15202.M KG 221 DIN 276
Steinzeugbogen als Zulage, DN 100, System F, 30 Grad
EP 68,19 DM/St   LA 48,73 DM/St   ST 19,46 DM/St
EP 34,86 €/St   LA 24,92 €/St   ST 9,94 €/St

009.15203.M KG 221 DIN 276
Steinzeugbogen als Zulage, DN 100, System F, 45 Grad
EP 67,24 DM/St   LA 48,73 DM/St   ST 18,51 DM/St
EP 34,38 €/St   LA 24,92 €/St   ST 9,46 €/St

009.15204.M KG 221 DIN 276
Steinzeugbogen als Zulage, DN 100, System F, 60 Grad
EP 67,14 DM/St   LA 48,73 DM/St   ST 18,41 DM/St
EP 34,33 €/St   LA 24,92 €/St   ST 9,41 €/St

009.15205.M KG 221 DIN 276
Steinzeugbogen als Zulage, DN 150, System F, 15 Grad
EP 77,66 DM/St   LA 51,23 DM/St   ST 26,43 DM/St
EP 39,71 €/St   LA 26,20 €/St   ST 13,51 €/St

009.15206.M KG 221 DIN 276
Steinzeugbogen als Zulage, DN 150, System F, 30 Grad
EP 77,66 DM/St   LA 51,23 DM/St   ST 26,43 DM/St
EP 39,71 €/St   LA 26,20 €/St   ST 13,51 €/St

009.15207.M KG 221 DIN 276
Steinzeugbogen als Zulage, DN 150, System F, 45 Grad
EP 76,99 DM/St   LA 51,23 DM/St   ST 25,76 DM/St
EP 39,37 €/St   LA 26,20 €/St   ST 13,17 €/St

009.15208.M KG 221 DIN 276
Steinzeugbogen als Zulage, DN 150, System F, 60 Grad
EP 76,32 DM/St   LA 51,23 DM/St   ST 25,09 DM/St
EP 39,02 €/St   LA 26,20 €/St   ST 12,82 €/St

009.15209.M KG 221 DIN 276
Steinzeugbogen als Zulage, DN 200, System F, 15 Grad
EP 117,39 DM/St LA 53,74 DM/St   ST 63,65 DM/St
EP 60,02 €/St   LA 27,48 €/St   ST 32,54 €/St

009.15210.M KG 221 DIN 276
Steinzeugbogen als Zulage, DN 200, System F, 30 Grad
EP 117,86 DM/St LA 53,74 DM/St   ST 64,12 DM/St
EP 60,26 €/St   LA 27,48 €/St   ST 32,78 €/St

009.15211.M KG 221 DIN 276
Steinzeugbogen als Zulage, DN 200, System F, 45 Grad
EP 115,78 DM/St LA 53,74 DM/St   ST 62,04 DM/St
EP 59,20 €/St   LA 27,48 €/St   ST 31,72 €/St

009.15212.M KG 221 DIN 276
Steinzeugbogen als Zulage, DN 200, System F, 60 Grad
EP 112,97 DM/St LA 53,74 DM/St   ST 59,23 DM/St
EP 57,76 €/St   LA 27,48 €/St   ST 30,28 €/St

009.15213.M KG 221 DIN 276
Steinzeugbogen als Zulage, DN 250, System C, 30 Grad
EP 139,32 DM/St LA 54,98 DM/St   ST 84,34 DM/St
EP 71,23 €/St   LA 28,11 €/St   ST 43,12 €/St

009.15214.M KG 221 DIN 276
Steinzeugbogen als Zulage, DN 250, System C, 45 Grad
EP 133,19 DM/St LA 54,98 DM/St   ST 78,21 DM/St
EP 68,10 €/St   LA 28,11 €/St   ST 39,99 €/St

009.15215.M KG 221 DIN 276
Steinzeugbogen als Zulage, DN 300, System C, 30 Grad
EP 165,01 DM/St LA 56,23 DM/St   ST 108,78 DM/St
EP 84,37 €/St   LA 28,75 €/St   ST 55,62 €/St

009.15216.M KG 221 DIN 276
Steinzeugbogen als Zulage, DN 300, System C, 45 Grad
EP 135,41 DM/St LA 56,23 DM/St   ST 79,18 DM/St
EP 69,24 €/St   LA 28,75 €/St   ST 40,49 €/St

LB 009 Entwässerungskanalarbeiten
Steinzeugabzweige

Ausgabe 06.02

Sämtliche Preise sind **Mittelpreise ohne Mehrwertsteuer** zum Zeitpunkt des Ausgabedatums.
Korrekturfaktoren für Regionaleinfluss, Mengeneinfluss, Konjunktureinfluss siehe Vorspann.
Abkürzungen: EP = Einheitspreis, LA = Lohnanteil, ST = Stoffanteil

Steinzeugabzweige

Abkürzungen:
Syst.F/F = Verbindungssystem F lt. DIN EN 295
mit Polypropylen-Gummidichtung KD
Syst.C/C = Verbindungssystem C lt. DIN EN 295
mit Polyurethandichtung K
Zul. = Zulage

Hinweis:
Die Rohrleitung wird in der Rohrachse gemessen und nach Längenmaß abgerechnet. Abzweige werden übermessen und als Zulage nach Stück abgerechnet.

009.---.-

Pos.	Beschreibung	Preis
009.15301.M	Steinzeugabzw. als Zul., DN 100/100, Syst.F/F, 45 Grad	75,77 DM/St / 38,74 €/St
009.15302.M	Steinzeugabzw. als Zul., DN 150/100, Syst.F/F, 45 Grad	88,47 DM/St / 45,23 €/St
009.15303.M	Steinzeugabzw. als Zul., DN 150/150, Syst.F/F, 45 Grad	84,85 DM/St / 43,38 €/St
009.15304.M	Steinzeugabzw. als Zul., DN 200/100, Syst.F/F, 45 Grad	111,02 DM/St / 56,76 €/St
009.15305.M	Steinzeugabzw. als Zul., DN 200/150, Syst.F/F, 45 Grad	110,22 DM/St / 56,35 €/St
009.15306.M	Steinzeugabzw. als Zul., DN 200/200, Syst.F/F, 45 Grad	105,48 DM/St / 53,93 €/St
009.15307.M	Steinzeugabzw. als Zul., DN 200/200, Syst.C/C, 45 Grad	98,78 DM/St / 50,51 €/St
009.15308.M	Steinzeugabzw. als Zul., DN 250/200, Syst.C/C, 45 Grad	114,70 DM/St / 58,65 €/St
009.15309.M	Steinzeugabzw. als Zul., DN 300/200, Syst.C/C, 45 Grad	138,65 DM/St / 70,89 €/St
009.15310.M	Steinzeugabzw. als Zul., DN 350/200, Syst.C/C, 45 Grad	196,28 DM/St / 100,35 €/St
009.15311.M	Steinzeugabzw. als Zul., DN 400/200, Syst.C/C, 45 Grad	241,77 DM/St / 123,62 €/St
009.15312.M	Steinzeugabzw. als Zul., DN 500/200, Syst.C/C, 45 Grad	298,55 DM/St / 152,64 €/St

009.15301.M KG 221 DIN 276
Steinzeugabzw. als Zul., DN 100/100, Syst.F/F, 45 Grad
EP 75,77 DM/St   LA 48,73 DM/St   ST 27,04 DM/St
EP 38,74 €/St   LA 24,92 €/St   ST 13,82 €/St

009.15302.M KG 221 DIN 276
Steinzeugabzw. als Zul., DN 150/100, Syst.F/F, 45 Grad
EP 88,47 DM/St   LA 51,23 DM/St   ST 37,24 DM/St
EP 45,23 €/St   LA 26,20 €/St   ST 19,03 €/St

009.15303.M KG 221 DIN 276
Steinzeugabzw. als Zul., DN 150/150, Syst.F/F, 45 Grad
EP 84,85 DM/St   LA 51,23 DM/St   ST 33,62 DM/St
EP 43,38 €/St   LA 26,20 €/St   ST 17,18 €/St

009.15304.M KG 221 DIN 276
Steinzeugabzw. als Zul., DN 200/100, Syst.F/F, 45 Grad
EP 111,02 DM/St   LA 53,74 DM/St   ST 57,28 DM/St
EP 56,76 €/St   LA 27,48 €/St   ST 29,28 €/St

009.15305.M KG 221 DIN 276
Steinzeugabzw. als Zul., DN 200/150, Syst.F/F, 45 Grad
EP 110,22 DM/St   LA 53,74 DM/St   ST 56,48 DM/St
EP 56,35 €/St   LA 27,48 €/St   ST 28,87 €/St

009.15306.M KG 221 DIN 276
Steinzeugabzw. als Zul., DN 200/200, Syst.F/F, 45 Grad
EP 105,48 DM/St   LA 53,74 DM/St   ST 51,75 DM/St
EP 53,93 €/St   LA 27,48 €/St   ST 26,45 €/St

009.15307.M KG 221 DIN 276
Steinzeugabzw. als Zul., DN 200/200, Syst.C/C, 45 Grad
EP 98,78 DM/St   LA 53,74 DM/St   ST 45,04 DM/St
EP 50,51 €/St   LA 27,48 €/St   ST 23,03 €/St

009.15308.M KG 221 DIN 276
Steinzeugabzw. als Zul., DN 250/200, Syst.C/C, 45 Grad
EP 114,70 DM/St   LA 54,98 DM/St   ST 59,72 DM/St
EP 58,65 €/St   LA 28,11 €/St   ST 30,54 €/St

009.15309.M KG 221 DIN 276
Steinzeugabzw. als Zul., DN 300/200, Syst.C/C, 45 Grad
EP 138,65 DM/St   LA 56,23 DM/St   ST 82,42 DM/St
EP 70,89 €/St   LA 28,75 €/St   ST 42,14 €/St

009.15310.M KG 221 DIN 276
Steinzeugabzw. als Zul., DN 350/200, Syst.C/C, 45 Grad
EP 196,28 DM/St   LA 57,49 DM/St   ST 138,79 DM/St
EP 100,35 €/St   LA 29,39 €/St   ST 70,96 €/St

009.15311.M KG 221 DIN 276
Steinzeugabzw. als Zul., DN 400/200, Syst.C/C, 45 Grad
EP 241,77 DM/St   LA 58,73 DM/St   ST 183,04 DM/St
EP 123,62 €/St   LA 30,03 €/St   ST 93,59 €/St

009.15312.M KG 221 DIN 276
Steinzeugabzw. als Zul., DN 500/200, Syst.C/C, 45 Grad
EP 298,55 DM/St   LA 62,48 DM/St   ST 236,07 DM/St
EP 152,64 €/St   LA 31,95 €/St   ST 120,69 €/St

LB 009 Entwässerungskanalarbeiten
Steinzeugübergänge/-gelenke/-verschlüsse

Ausgabe 06.02

Sämtliche Preise sind **Mittelpreise ohne Mehrwertsteuer** zum Zeitpunkt des Ausgabedatums.
Korrekturfaktoren für Regionaleinfluss, Mengeneinfluss, Konjunktureinfluss siehe Vorspann.
Abkürzungen: EP = Einheitspreis, LA = Lohnanteil, ST = Stoffanteil

Steinzeugübergänge/-gelenke/-verschlüsse

Abkürzungen:
Syst.F = Verbindungssystem F lt. DIN EN 295 mit Polypropylen-Gummidichtung KD
Syst.C = Verbindungssystem C lt. DIN EN 295 mit Polyurethandichtung K

Hinweis:
Die Rohrleitung wird in der Rohrachse gemessen und nach Längenmaß abgerechnet.
- Übergangsstücke werden übermessen und als Zulage nach Stück abgerechnet.
- Gelenkstücke werden übermessen und als Zulage nach Stück abgerechnet.
- Der Verschlussteller wird in die Muffe eingebaut und als Zulage nach Stück abgerechnet.

009.-----.-

Pos.	Bezeichnung	DM/St / €/St
009.15401.M	Steinzeugübergangsrohr als Zulage, DN 100/150, Syst.F	86,42 DM/St 44,9 €/St
009.15402.M	Steinzeugübergangsrohr als Zulage, DN 150/200, Syst.F	109,34 DM/St 55,91 €/St
009.15403.M	Steinzeugübergangsrohr als Zulage, DN 200/250, Syst.C	142,59 DM/St 72,90 €/St
009.15404.M	Steinzeugübergangsrohr als Zulage, DN 250/300, Syst.C	174,92 DM/St 89,44 €/St
009.15501.M	Steinzeuggelenk als Zulage, DN 150, Syst.F, für Zulauf	61,16 DM/St 31,27 €/St
009.15502.M	Steinzeuggelenk als Zulage, DN 200, Syst.F, für Zulauf	71,82 DM/St 36,72 €/St
009.15503.M	Steinzeuggelenk als Zulage, DN 250, Syst.C, für Zulauf	80,25 DM/St 41,03 €/St
009.15504.M	Steinzeuggelenk als Zulage, DN 300, Syst.C, für Zulauf	91,03 DM/St 46,54 €/St
009.15505.M	Steinzeuggelenk als Zulage, DN 400, Syst.C, für Zulauf	117,23 DM/St 59,94 €/St
009.15506.M	Steinzeuggelenk als Zulage, DN 150, Syst.F, für Ablauf	57,59 DM/St 29,44 €/St
009.15507.M	Steinzeuggelenk als Zulage, DN 200, Syst.F, für Ablauf	66,54 DM/St 34,02 €/St
009.15508.M	Steinzeuggelenk als Zulage, DN 250, Syst.C, für Ablauf	72,89 DM/St 37,27 €/St
009.15509.M	Steinzeuggelenk als Zulage, DN 300, Syst.C, für Ablauf	81,49 DM/St 41,66 €/St
009.15510.M	Steinzeuggelenk als Zulage, DN 400, Syst.C, für Ablauf	100,91 DM/St 51,60 €/St
009.15511.M	Steinzeuggelenk als Zulage, DN 150, Syst.F, Muffe	73,72 DM/St 37,69 €/St
009.15512.M	Steinzeuggelenk als Zulage, DN 200, Syst.F, Muffe	93,86 DM/St 47,99 €/St
009.15513.M	Steinzeuggelenk als Zulage, DN 250, Syst.C, Muffe	96,49 DM/St 49,33 €/St
009.15514.M	Steinzeuggelenk als Zulage, DN 300, Syst.C, Muffe	111,27 DM/St 56,89 €/St
009.15515.M	Steinzeuggelenk als Zulage, DN 400, Syst.C, Muffe	153,51 DM/St 78,49 €/St
009.15601.M	Steinzeugverschlussteller als Zulage, DN 100, Syst.F	47,10 DM/St 24,08 €/St
009.15602.M	Steinzeugverschlussteller als Zulage, DN 150, Syst.F	51,76 DM/St 26,46 €/St
009.15603.M	Steinzeugverschlussteller als Zulage, DN 200, Syst.F	55,82 DM/St 28,54 €/St

009.15401.M KG 221 DIN 276
Steinzeugübergangsrohr als Zulage, DN 100/150, Syst.F
EP 86,42 DM/St   LA 51,23 DM/St   ST 35,19 DM/St
EP 44,19 €/St   LA 26,20 €/St   ST 17,99 €/St

009.15402.M KG 221 DIN 276
Steinzeugübergangsrohr als Zulage, DN 150/200, Syst.F
EP 109,34 DM/St LA 53,74 DM/St   ST 55,60 DM/St
EP 55,91 €/St   LA 27,48 €/St   ST 28,43 €/St

009.15403.M KG 221 DIN 276
Steinzeugübergangsrohr als Zulage, DN 200/250, Syst.C
EP 142,59 DM/St LA 54,98 DM/St   ST 87,61 DM/St
EP 72,90 €/St   LA 28,11 €/St   ST 44,79 €/St

009.15404.M KG 221 DIN 276
Steinzeugübergangsrohr als Zulage, DN 250/300, Syst.C
EP 174,92 DM/St LA 56,23 DM/St   ST 118,69 DM/St
EP 89,44 €/St   LA 28,75 €/St   ST 60,69 €/St

009.15501.M KG 221 DIN 276
Steinzeuggelenk als Zulage, DN 150, Syst.F, für Zulauf
EP 61,16 DM/St   LA 51,23 DM/St   ST 9,93 DM/St
EP 31,27 €/St   LA 26,20 €/St   ST 5,07 €/St

009.15502.M KG 221 DIN 276
Steinzeuggelenk als Zulage, DN 200, Syst.F, für Zulauf
EP 71,82 DM/St   LA 53,74 DM/St   ST 18,08 DM/St
EP 36,72 €/St   LA 27,48 €/St   ST 9,24 €/St

009.15503.M KG 221 DIN 276
Steinzeuggelenk als Zulage, DN 250, Syst.C, für Zulauf
EP 80,25 DM/St   LA 54,98 DM/St   ST 25,27 DM/St
EP 41,03 €/St   LA 28,11 €/St   ST 12,92 €/St

009.15504.M KG 221 DIN 276
Steinzeuggelenk als Zulage, DN 300, Syst.C, für Zulauf
EP 91,03 DM/St   LA 56,23 DM/St   ST 34,80 DM/St
EP 46,54 €/St   LA 28,75 €/St   ST 17,79 €/St

009.15505.M KG 221 DIN 276
Steinzeuggelenk als Zulage, DN 400, Syst.C, für Zulauf
EP 117,23 DM/St LA 58,73 DM/St   ST 58,50 DM/St
EP 59,94 €/St   LA 30,03 €/St   ST 29,91 €/St

009.15506.M KG 221 DIN 276
Steinzeuggelenk als Zulage, DN 150, Syst.F, für Ablauf
EP 57,59 DM/St   LA 51,23 DM/St   ST 6,36 DM/St
EP 29,44 €/St   LA 26,20 €/St   ST 3,24 €/St

009.15507.M KG 221 DIN 276
Steinzeuggelenk als Zulage, DN 200, Syst.F, für Ablauf
EP 66,54 DM/St   LA 53,74 DM/St   ST 12,80 DM/St
EP 34,02 €/St   LA 27,48 €/St   ST 6,54 €/St

009.15508.M KG 221 DIN 276
Steinzeuggelenk als Zulage, DN 250, Syst.C, für Ablauf
EP 72,89 DM/St   LA 54,98 DM/St   ST 17,91 DM/St
EP 37,27 €/St   LA 28,11 €/St   ST 9,16 €/St

009.15509.M KG 221 DIN 276
Steinzeuggelenk als Zulage, DN 300, Syst.C, für Ablauf
EP 81,49 DM/St   LA 56,23 DM/St   ST 25,26 DM/St
EP 41,66 €/St   LA 28,75 €/St   ST 12,91 €/St

009.15510.M KG 221 DIN 276
Steinzeuggelenk als Zulage, DN 400, Syst.C, für Ablauf
EP 100,91 DM/St LA 58,73 DM/St   ST 42,18 DM/St
EP 51,60 €/St   LA 30,03 €/St   ST 21,57 €/St

009.15511.M KG 221 DIN 276
Steinzeuggelenk als Zulage, DN 150, Syst.F, Muffe
EP 73,72 DM/St   LA 51,23 DM/St   ST 22,49 DM/St
EP 37,69 €/St   LA 26,20 €/St   ST 11,49 €/St

009.15512.M KG 221 DIN 276
Steinzeuggelenk als Zulage, DN 200, Syst.F, Muffe
EP 93,86 DM/St   LA 53,74 DM/St   ST 40,12 DM/St
EP 47,99 €/St   LA 27,48 €/St   ST 20,51 €/St

009.15513.M KG 221 DIN 276
Steinzeuggelenk als Zulage, DN 250, Syst.C, Muffe
EP 96,49 DM/St   LA 54,98 DM/St   ST 41,51 DM/St
EP 49,33 €/St   LA 28,11 €/St   ST 21,22 €/St

009.15514.M KG 221 DIN 276
Steinzeuggelenk als Zulage, DN 300, Syst.C, Muffe
EP 111,27 DM/St LA 56,23 DM/St   ST 55,04 DM/St
EP 56,89 €/St   LA 28,75 €/St   ST 28,14 €/St

009.15515.M KG 221 DIN 276
Steinzeuggelenk als Zulage, DN 400, Syst.C, Muffe
EP 153,51 DM/St LA 58,73 DM/St   ST 94,78 DM/St
EP 78,49 €/St   LA 30,03 €/St   ST 48,46 €/St

009.15601.M KG 221 DIN 276
Steinzeugverschlussteller als Zulage, DN 100, Syst.F
EP 47,10 DM/St   LA 38,74 DM/St   ST 8,36 DM/St
EP 24,08 €/St   LA 19,81 €/St   ST 4,27 €/St

009.15602.M KG 221 DIN 276
Steinzeugverschlussteller als Zulage, DN 150, Syst.F
EP 51,76 DM/St   LA 41,24 DM/St   ST 10,52 DM/St
EP 26,46 €/St   LA 21,08 €/St   ST 5,38 €/St

009.15603.M KG 221 DIN 276
Steinzeugverschlussteller als Zulage, DN 200, Syst.F
EP 55,82 DM/St   LA 43,11 DM/St   ST 12,71 DM/St
EP 28,54 €/St   LA 22,04 €/St   ST 6,50 €/St

LB 009 Entwässerungskanalarbeiten
Steinzeug-Verbindungsringe; PVC-U-Rohre

AW 009

Ausgabe 06.02

Sämtliche Preise sind **Mittelpreise ohne Mehrwertsteuer** zum Zeitpunkt des Ausgabedatums.
Korrekturfaktoren für Regionaleinfluss, Mengeneinfluss, Konjunktureinfluss siehe Vorspann.
Abkürzungen: EP = Einheitspreis, LA = Lohnanteil, ST = Stoffanteil

Steinzeug-Verbindungsringe

009.----.-

009.15801.M	Anschlussring als Zulage, DN 100	36,40 DM/St
		18,61 €/St
009.15802.M	Anschlussring als Zulage, DN 150	45,51 DM/St
		23,27 €/St
009.15803.M	Anschlussring als Zulage, DN 200	55,51 DM/St
		28,38 €/St
009.15804.M	Übergangsring als Zulage, DN 100	19,76 DM/St
		10,10 €/St
009.15805.M	Übergangsring als Zulage, DN 150	22,80 DM/St
		11,66 €/St
009.15806.M	Übergangsring als Zulage, DN 200	34,90 DM/St
		17,85 €/St
009.15901.M	Passring als Zulage, DN 200	21,18 DM/St
		10,83 €/St
009.15902.M	Passring als Zulage, DN 250	26,70 DM/St
		13,65 €/St
009.15903.M	Passring als Zulage, DN 300	33,11 DM/St
		16,93 €/St
009.15904.M	Passring als Zulage, DN 500	5,57 DM/St
		30,46 €/St

009.15801.M KG 221 DIN 276
Anschlussring als Zulage, DN 100
EP 36,40 DM/St   LA 6,25 DM/St   ST 30,15 DM/St
EP 18,61 €/St   LA 3,20 €/St   ST 15,41 €/St

009.15802.M KG 221 DIN 276
Anschlussring als Zulage, DN 150
EP 45,51 DM/St   LA 6,25 DM/St   ST 39,26 DM/St
EP 23,27 €/St   LA 3,20 €/St   ST 20,07 €/St

009.15803.M KG 221 DIN 276
Anschlussring als Zulage, DN 200
EP 55,51 DM/St   LA 6,25 DM/St   ST 49,26 DM/St
EP 28,38 €/St   LA 3,20 €/St   ST 25,18 €/St

009.15804.M KG 221 DIN 276
Übergangsring als Zulage, DN 100
EP 19,76 DM/St   LA 6,25 DM/St   ST 13,51 DM/St
EP 10,10 €/St   LA 3,20 €/St   ST 6,90 €/St

009.15805.M KG 221 DIN 276
Übergangsring als Zulage, DN 150
EP 22,80 DM/St   LA 6,25 DM/St   ST 16,55 DM/St
EP 11,66 €/St   LA 3,20 €/St   ST 8,46 €/St

009.15806.M KG 221 DIN 276
Übergangsring als Zulage, DN 200
EP 34,90 DM/St   LA 6,25 DM/St   ST 28,65 DM/St
EP 17,85 €/St   LA 3,20 €/St   ST 14,65 €/St

009.15901.M KG 221 DIN 276
Passring als Zulage, DN 200
EP 21,18 DM/St   LA 3,13 DM/St   ST 18,05 DM/St
EP 10,83 €/St   LA 1,60 €/St   ST 9,23 €/St

009.15902.M KG 221 DIN 276
Passring als Zulage, DN 250
EP 26,70 DM/St   LA 3,75 DM/St   ST 22,95 DM/St
EP 13,65 €/St   LA 1,92 €/St   ST 11,74 €/St

009.15903.M KG 221 DIN 276
Passring als Zulage, DN 300
EP 33,11 DM/St   LA 4,37 DM/St   ST 28,74 DM/St
EP 16,93 €/St   LA 2,24 €/St   ST 14,69 €/St

009.15904.M KG 221 DIN 276
Passring als Zulage, DN 500
EP 59,57 DM/St   LA 5,63 DM/St   ST 53,94 DM/St
EP 30,46 €/St   LA 2,88 €/St   ST 27,58 €/St

PVC-U-Rohre

Abkürzungen:
PVC-U-Rohre bestehen aus weichmacherfreiem Polyvinylchlorid.
Frühere Bezeichnung:
Polyvinylchlorid hart (PVC hart)

Hinweis:
Bei der Abrechnung werden die Achslängen zugrundegelegt. Formstücke werden übermessen und als Zulage nach Stück gesondert abgerechnet. Schächte mit einbindenden Rohren werden mit der lichten Weite abgezogen, Schachtaufsätze auf Rohren werden übermessen.

009.----.-

009.18001.M	PVC-U-Leitung, DN 100, geböschter Graben bis 1,75m	55,83 DM/m
		28,54 €/m
009.18002.M	PVC-U-Leitung, DN 100, Verbau o. Steifen bis 1,75m	71,45 DM/m
		36,53 €/m
009.18003.M	PVC-U-Leitung, DN 100, Verbau m. Steifen bis 1,75m	76,44 DM/m
		39,08 €/m
009.18004.M	PVC-U-Leitung, DN 100, Verbau m. Steifen bis 6,00m	81,45 DM/m
		41,64 €/m
009.18005.M	PVC-U-Leitung, DN 125, geböschter Graben bis 1,75m	57,42 DM/m
		29,36 €/m
009.18006.M	PVC-U-Leitung, DN 125, Verbau o. Steifen bis 1,75m	73,66 DM/m
		37,66 €/m
009.18007.M	PVC-U-Leitung, DN 125, Verbau m. Steifen bis 1,75m	78,65 DM/m
		40,21 €/m
009.18008.M	PVC-U-Leitung, DN 125, Verbau m. Steifen bis 6,00m	83,66 DM/m
		42,77 €/m
009.18009.M	PVC-U-Leitung, DN 150, geböschter Graben bis 1,75m	61,43 DM/m
		31,41 €/m
009.18010.M	PVC-U-Leitung, DN 150, Verbau o. Steifen bis 1,75m	77,67 DM/m
		39,71 €/m
009.18011.M	PVC-U-Leitung, DN 150, Verbau m. Steifen bis 1,75m	82,66 DM/m
		42,26 €/m
009.18012.M	PVC-U-Leitung, DN 150, Verbau m. Steifen bis 6,00m	87,67 DM/m
		44,82 €/m
009.18013.M	PVC-U-Leitung, DN 200, geböschter Graben bis 1,75m	69,29 DM/m
		35,43 €/m
009.18014.M	PVC-U-Leitung, DN 200, Verbau o. Steifen bis 1,75m	87,41 DM/m
		44,69 €/m
009.18015.M	PVC-U-Leitung, DN 200, Verbau m. Steifen bis 1,75m	91,16 DM/m
		46,61 €/m
009.18016.M	PVC-U-Leitung, DN 200, Verbau m. Steifen bis 6,00m	96,16 DM/m
		49,17 €/m
009.18017.M	PVC-U-Leitung, DN 250, geböschter Graben bis 1,75m	82,80 DM/m
		42,34 €/m
009.18018.M	PVC-U-Leitung, DN 250, Verbau o. Steifen bis 1,75m	100,92 DM/m
		51,60 €/m
009.18019.M	PVC-U-Leitung, DN 250, Verbau m. Steifen bis 1,75m	105,92 DM/m
		54,15 €/m
009.18020.M	PVC-U-Leitung, DN 250, Verbau m. Steifen bis 6,00m	110,91 DM/m
		56,71 €/m
009.18021.M	PVC-U-Leitung, DN 300, geböschter Graben bis 1,75m	99,87 DM/m
		51,06 €/m
009.18022.M	PVC-U-Leitung, DN 300, Verbau o. Steifen bis 1,75m	119,23 DM/m
		60,96 €/m
009.18023.M	PVC-U-Leitung, DN 300, Verbau m. Steifen bis 1,75m	124,23 DM/m
		63,52 €/m
009.18024.M	PVC-U-Leitung, DN 300, Verbau m. Steifen bis 6,00m	129,23 DM/m
		66,08 €/m
009.18025.M	PVC-U-Leitung, DN 400, geböschter Graben bis 1,75m	130,35 DM/m
		66,65 €/m
009.18026.M	PVC-U-Leitung, DN 400, Verbau o. Steifen bis 1,75m	150,34 DM/m
		76,87 €/m
009.18027.M	PVC-U-Leitung, DN 400, Verbau m. Steifen bis 1,75m	156,59 DM/m
		80,06 €/m
009.18028.M	PVC-U-Leitung, DN 400, Verbau m. Steifen bis 6,00m	162,84 DM/m
		83,26 €/m
009.18029.M	PVC-U-Leitung, DN 500, geböschter Graben bis 1,75m	178,32 DM/m
		91,17 €/m
009.18030.M	PVC-U-Leitung, DN 500, Verbau o. Steifen bis 1,75m	201,44 DM/m
		103,00 €/m
009.18031.M	PVC-U-Leitung, DN 500, Verbau m. Steifen bis 1,75m	208,32 DM/m
		106,51 €/m
009.18032.M	PVC-U-Leitung, DN 500, Verbau m. Steifen bis 6,00m	214,56 DM/m
		109,70 €/m

009.18001.M KG 221 DIN 276
PVC-U-Leitung, DN 100, geböschter Graben bis 1,75m
EP 55,83 DM/m   LA 38,74 DM/m   ST 17,09 DM/m
EP 28,54 €/m   LA 19,81 €/m   ST 8,73 €/m

009.18002.M KG 221 DIN 276
PVC-U-Leitung, DN 100, Verbau o. Steifen bis 1,75m
EP 71,45 DM/m   LA 54,36 DM/m   ST 17,09 DM/m
EP 36,53 €/m   LA 27,79 €/m   ST 8,74 €/m

LB 009 Entwässerungskanalarbeiten
PVC-U-Rohre

Ausgabe 06.02

Sämtliche Preise sind **Mittelpreise ohne Mehrwertsteuer** zum Zeitpunkt des Ausgabedatums.
Korrekturfaktoren für Regionaleinfluss, Mengeneinfluss, Konjunktureinfluss siehe Vorspann.
Abkürzungen: EP = Einheitspreis, LA = Lohnanteil, ST = Stoffanteil

009.18003.M KG 221 DIN 276
PVC-U-Leitung, DN 100, Verbau m. Steifen bis 1,75m
EP 76,44 DM/m   LA 59,36 DM/m   ST 17,08 DM/m
EP 39,08 €/m   LA 30,35 €/m   ST 8,73 €/m

009.18004.M KG 221 DIN 276
PVC-U-Leitung, DN 100, Verbau m. Steifen bis 6,00m
EP 81,45 DM/m   LA 64,36 DM/m   ST 17,09 DM/m
EP 41,64 €/m   LA 32,91 €/m   ST 8,73 €/m

009.18005.M KG 221 DIN 276
PVC-U-Leitung, DN 125, geböschter Graben bis 1,75m
EP 57,42 DM/m   LA 38,74 DM/m   ST 18,68 DM/m
EP 29,36 €/m   LA 19,81 €/m   ST 9,55 €/m

009.18006.M KG 221 DIN 276
PVC-U-Leitung, DN 125, Verbau o. Steifen bis 1,75m
EP 73,66 DM/m   LA 54,98 DM/m   ST 18,68 DM/m
EP 37,66 €/m   LA 28,11 €/m   ST 9,55 €/m

009.18007.M KG 221 DIN 276
PVC-U-Leitung, DN 125, Verbau m. Steifen bis 1,75m
EP 78,65 DM/m   LA 59,98 DM/m   ST 18,67 DM/m
EP 40,21 €/m   LA 30,67 €/m   ST 9,54 €/m

009.18008.M KG 221 DIN 276
PVC-U-Leitung, DN 125, Verbau m. Steifen bis 6,00m
EP 83,66 DM/m   LA 64,98 DM/m   ST 18,68 DM/m
EP 42,77 €/m   LA 33,23 €/m   ST 9,54 €/m

009.18009.M KG 221 DIN 276
PVC-U-Leitung, DN 150, geböschter Graben bis 1,75m
EP 61,43 DM/m   LA 39,37 DM/m   ST 22,06 DM/m
EP 31,41 €/m   LA 20,13 €/m   ST 11,28 €/m

009.18010.M KG 221 DIN 276
PVC-U-Leitung, DN 150, Verbau o. Steifen bis 1,75m
EP 77,67 DM/m   LA 55,61 DM/m   ST 22,06 DM/m
EP 39,71 €/m   LA 28,43 €/m   ST 11,28 €/m

009.18011.M KG 221 DIN 276
PVC-U-Leitung, DN 150, Verbau m. Steifen bis 1,75m
EP 82,66 DM/m   LA 60,60 DM/m   ST 22,06 DM/m
EP 42,26 €/m   LA 30,99 €/m   ST 11,27 €/m

009.18012.M KG 221 DIN 276
PVC-U-Leitung, DN 150, Verbau m. Steifen bis 6,00m
EP 87,67 DM/m   LA 65,61 DM/m   ST 22,06 DM/m
EP 44,82 €/m   LA 33,54 €/m   ST 11,28 €/m

009.18013.M KG 221 DIN 276
PVC-U-Leitung, DN 200, geböschter Graben bis 1,75m
EP 69,29 DM/m   LA 40,61 DM/m   ST 28,68 DM/m
EP 35,43 €/m   LA 20,76 €/m   ST 14,67 €/m

009.18014.M KG 221 DIN 276
PVC-U-Leitung, DN 200, Verbau o. Steifen bis 1,75m
EP 87,41 DM/m   LA 58,73 DM/m   ST 28,68 DM/m
EP 44,69 €/m   LA 30,03 €/m   ST 14,66 €/m

009.18015.M KG 221 DIN 276
PVC-U-Leitung, DN 200, Verbau m. Steifen bis 1,75m
EP 91,16 DM/m   LA 62,48 DM/m   ST 28,68 DM/m
EP 46,61 €/m   LA 31,95 €/m   ST 14,66 €/m

009.18016.M KG 221 DIN 276
PVC-U-Leitung, DN 200, Verbau m. Steifen bis 6,00m
EP 96,16 DM/m   LA 67,48 DM/m   ST 28,68 DM/m
EP 49,17 €/m   LA 34,50 €/m   ST 14,67 €/m

009.18017.M KG 221 DIN 276
PVC-U-Leitung, DN 250, geböschter Graben bis 1,75m
EP 82,80 DM/m   LA 43,11 DM/m   ST 39,69 DM/m
EP 42,34 €/m   LA 22,04 €/m   ST 20,30 €/m

009.18018.M KG 221 DIN 276
PVC-U-Leitung, DN 250, Verbau o. Steifen bis 1,75m
EP 100,92 DM/m   LA 61,23 DM/m   ST 39,69 DM/m
EP 51,60 €/m   LA 31,31 €/m   ST 20,29 €/m

009.18019.M KG 221 DIN 276
PVC-U-Leitung, DN 250, Verbau m. Steifen bis 1,75m
EP 105,92 DM/m   LA 66,23 DM/m   ST 39,69 DM/m
EP 54,15 €/m   LA 33,86 €/m   ST 20,29 €/m

009.18020.M KG 221 DIN 276
PVC-U-Leitung, DN 250, Verbau m. Steifen bis 6,00m
EP 110,91 DM/m   LA 71,22 DM/m   ST 39,69 DM/m
EP 56,71 €/m   LA 36,42 €/m   ST 20,29 €/m

009.18021.M KG 221 DIN 276
PVC-U-Leitung, DN 300, geböschter Graben bis 1,75m
EP 99,87 DM/m   LA 46,24 DM/m   ST 53,63 DM/m
EP 51,06 €/m   LA 23,64 €/m   ST 27,42 €/m

009.18022.M KG 221 DIN 276
PVC-U-Leitung, DN 300, Verbau o. Steifen bis 1,75m
EP 119,23 DM/m   LA 65,61 DM/m   ST 53,62 DM/m
EP 60,96 €/m   LA 33,54 €/m   ST 27,42 €/m

009.18023.M KG 221 DIN 276
PVC-U-Leitung, DN 300, Verbau m. Steifen bis 1,75m
EP 124,23 DM/m   LA 70,60 DM/m   ST 53,63 DM/m
EP 63,52 €/m   LA 36,10 €/m   ST 27,42 €/m

009.18024.M KG 221 DIN 276
PVC-U-Leitung, DN 300, Verbau m. Steifen bis 6,00m
EP 129,23 DM/m   LA 75,61 DM/m   ST 53,62 DM/m
EP 66,08 €/m   LA 38,66 €/m   ST 27,42 €/m

009.18025.M KG 221 DIN 276
PVC-U-Leitung, DN 400, geböschter Graben bis 1,75m
EP 130,35 DM/m   LA 51,23 DM/m   ST 79,12 DM/m
EP 66,65 €/m   LA 26,20 €/m   ST 40,45 €/m

009.18026.M KG 221 DIN 276
PVC-U-Leitung, DN 400, Verbau o. Steifen bis 1,75m
EP 150,34 DM/m   LA 71,22 DM/m   ST 79,12 DM/m
EP 76,87 €/m   LA 36,42 €/m   ST 40,45 €/m

009.18027.M KG 221 DIN 276
PVC-U-Leitung, DN 400, Verbau m. Steifen bis 1,75m
EP 156,59 DM/m   LA 77,48 DM/m   ST 79,11 DM/m
EP 80,06 €/m   LA 39,61 €/m   ST 40,45 €/m

009.18028.M KG 221 DIN 276
PVC-U-Leitung, DN 400, Verbau m. Steifen bis 6,00m
EP 162,84 DM/m   LA 83,73 DM/m   ST 79,11 DM/m
EP 83,26 €/m   LA 42,81 €/m   ST 40,45 €/m

009.18029.M KG 221 DIN 276
PVC-U-Leitung, DN 500, geböschter Graben bis 1,75m
EP 178,32 DM/m   LA 56,85 DM/m   ST 121,47 DM/m
EP 91,17 €/m   LA 29,07 €/m   ST 62,10 €/m

009.18030.M KG 221 DIN 276
PVC-U-Leitung, DN 500, Verbau o. Steifen bis 1,75m
EP 201,44 DM/m   LA 79,98 DM/m   ST 121,46 DM/m
EP 103,00 €/m   LA 40,89 €/m   ST 62,11 €/m

009.18031.M KG 221 DIN 276
PVC-U-Leitung, DN 500, Verbau m. Steifen bis 1,75m
EP 208,32 DM/m   LA 86,85 DM/m   ST 121,47 DM/m
EP 106,51 €/m   LA 44,41 €/m   ST 62,10 €/m

009.18032.M KG 221 DIN 276
PVC-U-Leitung, DN 500, Verbau m. Steifen bis 6,00m
EP 214,56 DM/m   LA 93,09 DM/m   ST 121,47 DM/m
EP 109,70 €/m   LA 47,60 €/m   ST 62,10 €/m

LB 009 Entwässerungskanalarbeiten
PVC-U-Bogen

AW 009

Ausgabe 06.02

Sämtliche Preise sind **Mittelpreise ohne Mehrwertsteuer** zum Zeitpunkt des Ausgabedatums.
Korrekturfaktoren für Regionaleinfluss, Mengeneinfluss, Konjunktureinfluss siehe Vorspann.
Abkürzungen: EP = Einheitspreis, LA = Lohnanteil, ST = Stoffanteil

PVC-U-Bogen

Hinweis:
Die Rohrleitung wird in der Rohrachse gemessen und nach Längenmaß abgerechnet. Bogen werden übermessen und als Zulage nach Stück abgerechnet.

009.----.-

009.18101.M	PVC-U-Bogen, als Zulage, DN 100, 15 Grad	21,11 DM/St / 10,79 €/St
009.18102.M	PVC-U-Bogen, als Zulage, DN 100, 30 Grad	21,16 DM/St / 10,82 €/St
009.18103.M	PVC-U-Bogen, als Zulage, DN 100, 45 Grad	21,16 DM/St / 10,82 €/St
009.18104.M	PVC-U-Bogen, als Zulage, DN 100, 87 Grad	21,23 DM/St / 10,85 €/St
009.18105.M	PVC-U-Bogen, als Zulage, DN 125, 15 Grad	21,62 DM/St / 11,05 €/St
009.18106.M	PVC-U-Bogen, als Zulage, DN 125, 30 Grad	21,71 DM/St / 11,10 €/St
009.18107.M	PVC-U-Bogen, als Zulage, DN 125, 45 Grad	21,66 DM/St / 11,07 €/St
009.18108.M	PVC-U-Bogen, als Zulage, DN 125, 87 Grad	21,99 DM/St / 11,24 €/St
009.18109.M	PVC-U-Bogen, als Zulage, DN 150, 15 Grad	23,78 DM/St / 12,16 €/St
009.18110.M	PVC-U-Bogen, als Zulage, DN 150, 30 Grad	23,90 DM/St / 12,22 €/St
009.18111.M	PVC-U-Bogen, als Zulage, DN 150, 45 Grad	24,06 DM/St / 12,30 €/St
009.18112.M	PVC-U-Bogen, als Zulage, DN 150, 87 Grad	24,38 DM/St / 12,47 €/St
009.18113.M	PVC-U-Bogen, als Zulage, DN 200, 15 Grad	26,72 DM/St / 13,66 €/St
009.18114.M	PVC-U-Bogen, als Zulage, DN 200, 30 Grad	27,11 DM/St / 13,86 €/St
009.18115.M	PVC-U-Bogen, als Zulage, DN 200, 45 Grad	27,16 DM/St / 13,88 €/St
009.18116.M	PVC-U-Bogen, als Zulage, DN 200, 87 Grad	28,15 DM/St / 14,39 €/St
009.18117.M	PVC-U-Bogen, als Zulage, DN 250, 15 Grad	59,37 DM/St / 30,35 €/St
009.18118.M	PVC-U-Bogen, als Zulage, DN 250, 30 Grad	57,72 DM/St / 29,51 €/St
009.18119.M	PVC-U-Bogen, als Zulage, DN 250, 45 Grad	56,65 DM/St / 28,97 €/St
009.18120.M	PVC-U-Bogen, als Zulage, DN 250, 87 Grad	54,89 DM/St / 28,07 €/St
009.18121.M	PVC-U-Bogen, als Zulage, DN 300, 15 Grad	69,39 DM/St / 35,48 €/St
009.18122.M	PVC-U-Bogen, als Zulage, DN 300, 30 Grad	65,99 DM/St / 33,74 €/St
009.18123.M	PVC-U-Bogen, als Zulage, DN 300, 45 Grad	63,39 DM/St / 32,41 €/St
009.18124.M	PVC-U-Bogen, als Zulage, DN 300, 87 Grad	71,45 DM/St / 36,53 €/St
009.18125.M	PVC-U-Bogen, als Zulage, DN 400, 15 Grad	108,38 DM/St / 55,41 €/St
009.18126.M	PVC-U-Bogen, als Zulage, DN 400, 30 Grad	101,10 DM/St / 51,69 €/St
009.18127.M	PVC-U-Bogen, als Zulage, DN 400, 45 Grad	119,15 DM/St / 60,92 €/St
009.18128.M	PVC-U-Bogen, als Zulage, DN 400, 87 Grad	167,13 DM/St / 85,45 €/St
009.18129.M	PVC-U-Bogen, als Zulage, DN 500, 15 Grad	137,81 DM/St / 70,46 €/St
009.18130.M	PVC-U-Bogen, als Zulage, DN 500, 30 Grad	171,23 DM/St / 87,55 €/St
009.18131.M	PVC-U-Bogen, als Zulage, DN 500, 45 Grad	269,98 DM/St / 138,04 €/St
009.18132.M	PVC-U-Bogen, als Zulage, DN 500, 87 Grad	404,63 DM/St / 206,89 €/St

009.18101.M KG 221 DIN 276
PVC-U-Bogen, als Zulage, DN 100, 15 Grad
EP 21,11 DM/St   LA 19,99 DM/St   ST 1,12 DM/St
EP 10,79 €/St   LA 10,22 €/St   ST 0,57 €/St

009.18102.M KG 221 DIN 276
PVC-U-Bogen, als Zulage, DN 100, 30 Grad
EP 21,16 DM/St   LA 19,99 DM/St   ST 1,17 DM/St
EP 10,82 €/St   LA 10,22 €/St   ST 0,60 €/St

009.18103.M KG 221 DIN 276
PVC-U-Bogen, als Zulage, DN 100, 45 Grad
EP 21,16 DM/St   LA 19,99 DM/St   ST 1,17 DM/St
EP 10,82 €/St   LA 10,22 €/St   ST 0,60 €/St

009.18104.M KG 221 DIN 276
PVC-U-Bogen, als Zulage, DN 100, 87 Grad
EP 21,23 DM/St   LA 19,99 DM/St   ST 1,24 DM/St
EP 10,85 €/St   LA 10,22 €/St   ST 0,63 €/St

009.18105.M KG 221 DIN 276
PVC-U-Bogen, als Zulage, DN 125, 15 Grad
EP 21,62 DM/St   LA 19,99 DM/St   ST 1,63 DM/St
EP 11,05 €/St   LA 10,22 €/St   ST 0,83 €/St

009.18106.M KG 221 DIN 276
PVC-U-Bogen, als Zulage, DN 125, 30 Grad
EP 21,71 DM/St   LA 19,99 DM/St   ST 1,72 DM/St
EP 11,10 €/St   LA 10,22 €/St   ST 0,88 €/St

009.18107.M KG 221 DIN 276
PVC-U-Bogen, als Zulage, DN 125, 45 Grad
EP 21,66 DM/St   LA 19,99 DM/St   ST 1,67 DM/St
EP 11,07 €/St   LA 10,22 €/St   ST 0,85 €/St

009.18108.M KG 221 DIN 276
PVC-U-Bogen, als Zulage, DN 125, 87 Grad
EP 21,99 DM/St   LA 19,99 DM/St   ST 2,00 DM/St
EP 11,24 €/St   LA 10,22 €/St   ST 1,02 €/St

009.18109.M KG 221 DIN 276
PVC-U-Bogen, als Zulage, DN 150, 15 Grad
EP 23,78 DM/St   LA 21,25 DM/St   ST 2,53 DM/St
EP 12,16 €/St   LA 10,86 €/St   ST 1,30 €/St

009.18110.M KG 221 DIN 276
PVC-U-Bogen, als Zulage, DN 150, 30 Grad
EP 23,90 DM/St   LA 21,25 DM/St   ST 2,65 DM/St
EP 12,22 €/St   LA 10,86 €/St   ST 1,36 €/St

009.18111.M KG 221 DIN 276
PVC-U-Bogen, als Zulage, DN 150, 45 Grad
EP 24,06 DM/St   LA 21,25 DM/St   ST 2,81 DM/St
EP 12,30 €/St   LA 10,86 €/St   ST 1,44 €/St

009.18112.M KG 221 DIN 276
PVC-U-Bogen, als Zulage, DN 150, 87 Grad
EP 24,38 DM/St   LA 21,25 DM/St   ST 3,13 DM/St
EP 12,47 €/St   LA 10,86 €/St   ST 1,61 €/St

009.18113.M KG 221 DIN 276
PVC-U-Bogen, als Zulage, DN 200, 15 Grad
EP 26,72 DM/St   LA 21,25 DM/St   ST 5,47 DM/St
EP 13,66 €/St   LA 10,86 €/St   ST 2,80 €/St

009.18114.M KG 221 DIN 276
PVC-U-Bogen, als Zulage, DN 200, 30 Grad
EP 27,11 DM/St   LA 21,25 DM/St   ST 5,86 DM/St
EP 13,86 €/St   LA 10,86 €/St   ST 3,00 €/St

009.18115.M KG 221 DIN 276
PVC-U-Bogen, als Zulage, DN 200, 45 Grad
EP 27,16 DM/St   LA 21,25 DM/St   ST 5,91 DM/St
EP 13,88 €/St   LA 10,86 €/St   ST 3,02 €/St

009.18116.M KG 221 DIN 276
PVC-U-Bogen, als Zulage, DN 200, 87 Grad
EP 28,15 DM/St   LA 21,25 DM/St   ST 6,90 DM/St
EP 14,39 €/St   LA 10,86 €/St   ST 3,53 €/St

009.18117.M KG 221 DIN 276
PVC-U-Bogen, als Zulage, DN 250, 15 Grad
EP 59,37 DM/St   LA 22,49 DM/St   ST 36,88 DM/St
EP 30,35 €/St   LA 11,50 €/St   ST 18,85 €/St

009.18118.M KG 221 DIN 276
PVC-U-Bogen, als Zulage, DN 250, 30 Grad
EP 57,72 DM/St   LA 22,49 DM/St   ST 35,23 DM/St
EP 29,51 €/St   LA 11,50 €/St   ST 18,01 €/St

AW 009

LB 009 Entwässerungskanalarbeiten
PVC-U-Bogen; PVC-U-Abzweige

Ausgabe 06.02

Sämtliche Preise sind **Mittelpreise ohne Mehrwertsteuer** zum Zeitpunkt des Ausgabedatums.
Korrekturfaktoren für Regionaleinfluss, Mengeneinfluss, Konjunktureinfluss siehe Vorspann.
Abkürzungen: EP = Einheitspreis, LA = Lohnanteil, ST = Stoffanteil

009.18119.M KG 221 DIN 276
PVC-U-Bogen, als Zulage, DN 250, 45 Grad
EP 56,65 DM/St   LA 22,49 DM/St   ST 34,16 DM/St
EP 28,97 €/St   LA 11,50 €/St   ST 17,47 €/St

009.18120.M KG 221 DIN 276
PVC-U-Bogen, als Zulage, DN 250, 87 Grad
EP 54,89 DM/St   LA 22,49 DM/St   ST 32,40 DM/St
EP 28,07 €/St   LA 11,50 €/St   ST 16,57 €/St

009.18121.M KG 221 DIN 276
PVC-U-Bogen, als Zulage, DN 300, 15 Grad
EP 69,39 DM/St   LA 22,49 DM/St   ST 46,90 DM/St
EP 35,48 €/St   LA 11,50 €/St   ST 23,98 €/St

009.18122.M KG 221 DIN 276
PVC-U-Bogen, als Zulage, DN 300, 30 Grad
EP 65,99 DM/St   LA 22,49 DM/St   ST 43,50 DM/St
EP 33,74 €/St   LA 11,50 €/St   ST 22,24 €/St

009.18123.M KG 221 DIN 276
PVC-U-Bogen, als Zulage, DN 300, 45 Grad
EP 63,39 DM/St   LA 22,49 DM/St   ST 40,90 DM/St
EP 32,41 €/St   LA 11,50 €/St   ST 20,91 €/St

009.18124.M KG 221 DIN 276
PVC-U-Bogen, als Zulage, DN 300, 87 Grad
EP 71,45 DM/St   LA 22,49 DM/St   ST 48,96 DM/St
EP 36,53 €/St   LA 11,50 €/St   ST 25,03 €/St

009.18125.M KG 221 DIN 276
PVC-U-Bogen, als Zulage, DN 400, 15 Grad
EP 108,38 DM/St   LA 23,74 DM/St   ST 84,64 DM/St
EP 55,41 €/St   LA 12,14 €/St   ST 43,27 €/St

009.18126.M KG 221 DIN 276
PVC-U-Bogen, als Zulage, DN 400, 30 Grad
EP 101,10 DM/St   LA 23,74 DM/St   ST 77,36 DM/St
EP 51,69 €/St   LA 12,14 €/St   ST 39,55 €/St

009.18127.M KG 221 DIN 276
PVC-U-Bogen, als Zulage, DN 400, 45 Grad
EP 119,15 DM/St   LA 23,74 DM/St   ST 95,41 DM/St
EP 60,92 €/St   LA 12,14 €/St   ST 48,78 €/St

009.18128.M KG 221 DIN 276
PVC-U-Bogen, als Zulage, DN 400, 87 Grad
EP 167,13 DM/St   LA 23,74 DM/St   ST 143,39 DM/St
EP 85,45 €/St   LA 12,14 €/St   ST 73,31 €/St

009.18129.M KG 221 DIN 276
PVC-U-Bogen, als Zulage, DN 500, 15 Grad
EP 137,81 DM/St   LA 24,99 DM/St   ST 112,82 DM/St
EP 70,46 €/St   LA 12,78 €/St   ST 57,68 €/St

009.18130.M KG 221 DIN 276
PVC-U-Bogen, als Zulage, DN 500, 30 Grad
EP 171,23 DM/St   LA 24,99 DM/St   ST 146,24 DM/St
EP 87,55 €/St   LA 12,78 €/St   ST 74,77 €/St

009.18131.M KG 221 DIN 276
PVC-U-Bogen, als Zulage, DN 500, 45 Grad
EP 269,98 DM/St   LA 24,99 DM/St   ST 244,99 DM/St
EP 138,04 €/St   LA 12,78 €/St   ST 125,26 €/St

009.18132.M KG 221 DIN 276
PVC-U-Bogen, als Zulage, DN 500, 87 Grad
EP 404,63 DM/St   LA 24,99 DM/St   ST 379,64 DM/St
EP 206,89 €/St   LA 12,78 €/St   ST 194,11 €/St

PVC-U-Abzweige

Hinweis:
Die Rohrleitung wird in der Rohrachse gemessen und nach Längenmaß abgerechnet.
- Abzweige werden übermessen und als Zulage nach Stück abgerechnet.
- Sattelstücke (Klebeschellen) werden in der Regel für den nachträglichen Anschluss von abzweigenden Leitungen an Hauptleitungen verwendet.
Die abzweigende Leitung wird nach Längenmaß bis zum Schnittpunkt der Rohrachse der Abzweige mit der Rohrachse des Hauptrohres abgerechnet. Das Sattelstück wird übermessen und als Zulage zur abzweigenden Leitung nach Stück abgerechnet.

009.——.-

009.18201.M	PVC-U-Abzweig, als Zulage, DN 100/100, 45 Grad	21,11 DM/St / 10,79 €/St
009.18202.M	PVC-U-Abzweig, als Zulage, DN 125/100, 45 Grad	22,67 DM/St / 11,59 €/St
009.18203.M	PVC-U-Abzweig, als Zulage, DN 125/125, 45 Grad	22,87 DM/St / 11,70 €/St
009.18204.M	PVC-U-Abzweig, als Zulage, DN 150/100, 45 Grad	24,82 DM/St / 12,69 €/St
009.18205.M	PVC-U-Abzweig, als Zulage, DN 150/150, 45 Grad	26,21 DM/St / 13,40 €/St
009.18206.M	PVC-U-Abzweig, als Zulage, DN 200/100, 45 Grad	30,25 DM/St / 15,47 €/St
009.18207.M	PVC-U-Abzweig, als Zulage, DN 200/150, 45 Grad	30,90 DM/St / 15,80 €/St
009.18208.M	PVC-U-Abzweig, als Zulage, DN 200/200, 45 Grad	31,82 DM/St / 16,27 €/St
009.18209.M	PVC-U-Abzweig, als Zulage, DN 250/100, 45 Grad	56,88 DM/St / 29,08 €/St
009.18210.M	PVC-U-Abzweig, als Zulage, DN 250/150, 45 Grad	62,07 DM/St / 31,74 €/St
009.18211.M	PVC-U-Abzweig, als Zulage, DN 250/250, 45 Grad	99,25 DM/St / 50,75 €/St
009.18212.M	PVC-U-Abzweig, als Zulage, DN 300/125, 45 Grad	81,94 DM/St / 41,89 €/St
009.18213.M	PVC-U-Abzweig, als Zulage, DN 300/200, 45 Grad	98,48 DM/St / 50,35 €/St
009.18214.M	PVC-U-Abzweig, als Zulage, DN 300/300, 45 Grad	148,88 DM/St / 76,12 €/St
009.18215.M	PVC-U-Abzweig, als Zulage, DN 400/125, 45 Grad	122,73 DM/St / 62,75 €/St
009.18216.M	PVC-U-Abzweig, als Zulage, DN 400/200, 45 Grad	136,67 DM/St / 69,88 €/St
009.18217.M	PVC-U-Abzweig, als Zulage, DN 400/300, 45 Grad	185,55 DM/St / 94,87 €/St
009.18218.M	PVC-U-Abzweig, als Zulage, DN 400/400, 45 Grad	247,23 DM/St / 126,41 €/St
009.18219.M	PVC-U-Abzweig, als Zulage, DN 500/150, 45 Grad	215,48 DM/St / 110,17 €/St
009.18220.M	PVC-U-Abzweig, als Zulage, DN 500/250, 45 Grad	252,11 DM/St / 128,90 €/St
009.18221.M	PVC-U-Abzweig, als Zulage, DN 500/400, 45 Grad	306,83 DM/St / 156,88 €/St
009.18301.M	PVC-Klebeschelle, als Zulage, DN 125/100, 45 Grad	42,52 DM/St / 21,74 €/St
009.18302.M	PVC-Klebeschelle, als Zulage, DN 150/100, 45 Grad	48,59 DM/St / 24,84 €/St
009.18303.M	PVC-Klebeschelle, als Zulage, DN 200/150, 45 Grad	58,31 DM/St / 29,81 €/St
009.18304.M	PVC-Klebeschelle, als Zulage, DN 300/200, 45 Grad	90,58 DM/St / 46,31 €/St

009.18201.M KG 221 DIN 276
PVC-U-Abzweig, als Zulage, DN 100/100, 45 Grad
EP 21,11 DM/St   LA 19,99 DM/St   ST 1,12 DM/St
EP 10,79 €/St   LA 10,22 €/St   ST 0,57 €/St

009.18202.M KG 221 DIN 276
PVC-U-Abzweig, als Zulage, DN 125/100, 45 Grad
EP 22,67 DM/St   LA 19,99 DM/St   ST 2,68 DM/St
EP 11,59 €/St   LA 10,22 €/St   ST 1,37 €/St

009.18203.M KG 221 DIN 276
PVC-U-Abzweig, als Zulage, DN 125/125, 45 Grad
EP 22,87 DM/St   LA 19,99 DM/St   ST 2,88 DM/St
EP 11,70 €/St   LA 10,22 €/St   ST 1,48 €/St

LB 009 Entwässerungskanalarbeiten
PVC-U-Abzweige

AW 009

Ausgabe 06.02

Sämtliche Preise sind **Mittelpreise ohne Mehrwertsteuer** zum Zeitpunkt des Ausgabedatums.
Korrekturfaktoren für Regionaleinfluss, Mengeneinfluss, Konjunktureinfluss siehe Vorspann.
Abkürzungen: EP = Einheitspreis, LA = Lohnanteil, ST = Stoffanteil

009.18204.M KG 221 DIN 276
PVC-U-Abzweig, als Zulage, DN 150/100, 45 Grad
EP 24,82 DM/St   LA 21,25 DM/St   ST 3,57 DM/St
EP 12,69 €/St   LA 10,86 €/St   ST 1,83 €/St

009.18205.M KG 221 DIN 276
PVC-U-Abzweig, als Zulage, DN 150/150, 45 Grad
EP 26,21 DM/St   LA 21,25 DM/St   ST 4,96 DM/St
EP 13,40 €/St   LA 10,86 €/St   ST 2,54 €/St

009.18206.M KG 221 DIN 276
PVC-U-Abzweig, als Zulage, DN 200/100, 45 Grad
EP 30,25 DM/St   LA 21,25 DM/St   ST 9,00 DM/St
EP 15,47 €/St   LA 10,86 €/St   ST 4,61 €/St

009.18207.M KG 221 DIN 276
PVC-U-Abzweig, als Zulage, DN 200/150, 45 Grad
EP 30,90 DM/St   LA 21,25 DM/St   ST 9,65 DM/St
EP 15,80 €/St   LA 10,86 €/St   ST 4,94 €/St

009.18208.M KG 221 DIN 276
PVC-U-Abzweig, als Zulage, DN 200/200, 45 Grad
EP 31,82 DM/St   LA 21,25 DM/St   ST 10,57 DM/St
EP 16,27 €/St   LA 10,86 €/St   ST 5,41 €/St

009.18209.M KG 221 DIN 276
PVC-U-Abzweig, als Zulage, DN 250/100, 45 Grad
EP 56,88 DM/St   LA 22,49 DM/St   ST 34,39 DM/St
EP 29,08 €/St   LA 11,50 €/St   ST 17,58 €/St

009.18210.M KG 221 DIN 276
PVC-U-Abzweig, als Zulage, DN 250/150, 45 Grad
EP 62,07 DM/St   LA 22,49 DM/St   ST 39,58 DM/St
EP 31,74 €/St   LA 11,50 €/St   ST 20,24 €/St

009.18211.M KG 221 DIN 276
PVC-U-Abzweig, als Zulage, DN 250/250, 45 Grad
EP 99,25 DM/St   LA 22,49 DM/St   ST 76,76 DM/St
EP 50,75 €/St   LA 11,50 €/St   ST 39,25 €/St

009.18212.M KG 221 DIN 276
PVC-U-Abzweig, als Zulage, DN 300/125, 45 Grad
EP 81,94 DM/St   LA 22,49 DM/St   ST 59,45 DM/St
EP 41,89 €/St   LA 11,50 €/St   ST 30,39 €/St

009.18213.M KG 221 DIN 276
PVC-U-Abzweig, als Zulage, DN 300/200, 45 Grad
EP 98,48 DM/St   LA 22,49 DM/St   ST 75,99 DM/St
EP 50,35 €/St   LA 11,50 €/St   ST 38,85 €/St

009.18214.M KG 221 DIN 276
PVC-U-Abzweig, als Zulage, DN 300/300, 45 Grad
EP 148,88 DM/St   LA 22,49 DM/St   ST 126,39 DM/St
EP 76,12 €/St   LA 11,50 €/St   ST 64,62 €/St

009.18215.M KG 221 DIN 276
PVC-U-Abzweig, als Zulage, DN 400/125, 45 Grad
EP 122,73 DM/St   LA 23,74 DM/St   ST 98,99 DM/St
EP 62,75 €/St   LA 12,14 €/St   ST 50,61 €/St

009.18216.M KG 221 DIN 276
PVC-U-Abzweig, als Zulage, DN 400/200, 45 Grad
EP 136,67 DM/St   LA 23,74 DM/St   ST 112,93 DM/St
EP 69,88 €/St   LA 12,14 €/St   ST 57,74 €/St

009.18217.M KG 221 DIN 276
PVC-U-Abzweig, als Zulage, DN 400/300, 45 Grad
EP 185,55 DM/St   LA 23,74 DM/St   ST 161,81 DM/St
EP 94,87 €/St   LA 12,14 €/St   ST 82,73 €/St

009.18218.M KG 221 DIN 276
PVC-U-Abzweig, als Zulage, DN 400/400, 45 Grad
EP 247,23 DM/St   LA 23,74 DM/St   ST 223,49 DM/St
EP 126,41 €/St   LA 12,14 €/St   ST 114,27 €/St

009.18219.M KG 221 DIN 276
PVC-U-Abzweig, als Zulage, DN 500/150, 45 Grad
EP 215,48 DM/St   LA 24,99 DM/St   ST 190,49 DM/St
EP 110,17 €/St   LA 12,78 €/St   ST 97,39 €/St

009.18220.M KG 221 DIN 276
PVC-U-Abzweig, als Zulage, DN 500/250, 45 Grad
EP 252,11 DM/St   LA 24,99 DM/St   ST 227,12 DM/St
EP 128,90 €/St   LA 12,78 €/St   ST 116,12 €/St

009.18221.M KG 221 DIN 276
PVC-U-Abzweig, als Zulage, DN 500/400, 45 Grad
EP 306,83 DM/St   LA 24,99 DM/St   ST 281,84 DM/St
EP 156,88 €/St   LA 12,78 €/St   ST 144,10 €/St

009.18301.M KG 221 DIN 276
PVC-U-Klebeschelle, als Zulage, DN 125/100, 45 Grad
EP 42,52 DM/St   LA 31,25 DM/St   ST 11,27 DM/St
EP 21,74 €/St   LA 15,98 €/St   ST 5,76 €/St

009.18302.M KG 221 DIN 276
PVC-U-Klebeschelle, als Zulage, DN 150/100, 45 Grad
EP 48,59 DM/St   LA 31,25 DM/St   ST 17,34 DM/St
EP 24,84 €/St   LA 15,98 €/St   ST 8,86 €/St

009.18303.M KG 221 DIN 276
PVC-U-Klebeschelle, als Zulage, DN 200/150, 45 Grad
EP 58,31 DM/St   LA 37,49 DM/St   ST 20,82 DM/St
EP 29,81 €/St   LA 19,17 €/St   ST 10,64 €/St

009.18304.M KG 221 DIN 276
PVC-U-Klebeschelle, als Zulage, DN 300/200, 45 Grad
EP 90,58 DM/St   LA 43,74 DM/St   ST 46,84 DM/St
EP 46,31 €/St   LA 22,36 €/St   ST 23,95 €/St

AW 009
LB 009 Entwässerungskanalarbeiten
PVC-U-Muffen, Übergänge, Anschlüsse usw.

Ausgabe 06.02

Sämtliche Preise sind **Mittelpreise ohne Mehrwertsteuer** zum Zeitpunkt des Ausgabedatums.
Korrekturfaktoren für Regionaleinfluss, Mengeneinfluss, Konjunktureinfluss siehe Vorspann.
Abkürzungen: EP = Einheitspreis, LA = Lohnanteil, ST = Stoffanteil

PVC-U-Muffen, Übergänge, Anschlüsse usw.

Hinweis:
Die Rohrleitung wird in der Rohrachse gemessen und nach Längenmaß abgerechnet.
- Überschiebmuffen, Doppelmuffen, Übergangsrohre und Reinigungsrohre werden übermessen und als Zulage nach Stück abgerechnet.
- Aufklebmuffen werden in der Regel für den nachträglichen Anschluss von Rohren verwendet. Sie werden übermessen und als Zulage nach Stück berechnet. Die Klebelänge wird der Leitungslänge nicht hinzugerechnet.
Die Leitungslänge wird abzüglich Muffentiefe gerechnet und somit durch die Aufklebmuffen nicht beeinflusst.
- Der Muffenstopfen wird der Leitungslänge um die Einstecklänge hinzugerechnet. Muffenstopfen werden übermessen und als Zulage nach Stück abgerechnet.
- Am Schacht wird die Rohrleitung bis Innenseite Schacht gemessen. Das Schachtfutter wird übermessen und als Zulage nach Stück gerechnet.

009.-----.-

009.18401.M	PVC-U-Überschiebmuffe, als Zulage, DN 100	7,90 DM/St / 4,04 €/St
009.18402.M	PVC-U-Überschiebmuffe, als Zulage, DN 150	9,76 DM/St / 4,99 €/St
009.18403.M	PVC-U-Überschiebmuffe, als Zulage, DN 200	14,48 DM/St / 7,40 €/St
009.18404.M	PVC-U-Überschiebmuffe, als Zulage, DN 300	47,68 DM/St / 24,38 €/St
009.18501.M	PVC-U-Doppelmuffe, als Zulage, DN 100	14,27 DM/St / 7,30 €/St
009.18502.M	PVC-U-Doppelmuffe, als Zulage, DN 150	19,17 DM/St / 9,80 €/St
009.18503.M	PVC-U-Doppelmuffe, als Zulage, DN 200	25,68 DM/St / 13,13 €/St
009.18601.M	PVC-U-Übergangsrohr, als Zulage, DN 100/150	18,47 DM/St / 9,44 €/St
009.18602.M	PVC-U-Übergangsrohr, als Zulage, DN 150/200	24,64 DM/St / 12,60 €/St
009.18603.M	PVC-U-Übergangsrohr, als Zulage, DN 250/300	55,87 DM/St / 28,56 €/St
009.18701.M	PVC-U-Aufklebmuffe, als Zulage, DN 100	20,91 DM/St / 10,69 €/St
009.18702.M	PVC-U-Aufklebmuffe, als Zulage, DN 150	25,78 DM/St / 13,18 €/St
009.18703.M	PVC-U-Aufklebmuffe, als Zulage, DN 200	31,51 DM/St / 16,11 €/St
009.18801.M	PVC-U-Muffenstopfen als Zulage, DN 100	7,02 DM/St / 3,59 €/St
009.18802.M	PVC-U-Muffenstopfen als Zulage, DN 150	7,74 DM/St / 3,96 €/St
009.18803.M	PVC-U-Muffenstopfen als Zulage, DN 200	10,88 DM/St / 5,56 €/St
009.18804.M	PVC-U-Muffenstopfen als Zulage, DN 300	41,65 DM/St / 21,29 €/St
009.18901.M	PVC-U-Anschluss als Zulage, DN 150, Guss nach PVC	29,98 DM/St / 15,33 €/St
009.19001.M	PVC-U-Anschluss als Zulage, DN 150, Steinz. nach PVC	43,39 DM/St / 22,18 €/St
009.19101.M	PVC-U-Anschluss als Zulage, DN 150, PVC nach Steinz.	33,98 DM/St / 17,37 €/St
009.19401.M	PVC-U-Reinigungsrohr als Zulage, DN 100	31,17 DM/St / 15,93 €/St
009.19402.M	PVC-U-Reinigungsrohr als Zulage, DN 150	35,28 DM/St / 18,04 €/St
009.19403.M	PVC-U-Reinigungsrohr als Zulage, DN 200	45,75 DM/St / 23,39 €/St
009.19501.M	PVC-U-Schachtfutter als Zulage, DN 100, L.= 110-240mm	35,61 DM/St / 18,21 €/St
009.19502.M	PVC-U-Schachtfutter als Zulage, DN 150, L.= 110-240mm	41,19 DM/St / 21,06 €/St
009.19503.M	PVC-U-Schachtfutter als Zulage, DN 200, L.= 110-240mm	43,80 DM/St / 22,39 €/St
009.19504.M	PVC-U-Schachtfutter als Zulage, DN 300, L.= 110-240mm	61,10 DM/St / 31,24 €/St

009.18401.M KG 221 DIN 276
PVC-U-Überschiebmuffe, als Zulage, DN 100
EP 7,90 DM/St   LA 6,25 DM/St   ST 1,65 DM/St
EP 4,04 €/St   LA 3,20 €/St   ST 0,84 €/St

009.18402.M KG 221 DIN 276
PVC-U-Überschiebmuffe, als Zulage, DN 150
EP 9,76 DM/St   LA 6,25 DM/St   ST 3,51 DM/St
EP 4,99 €/St   LA 3,20 €/St   ST 1,79 €/St

009.18403.M KG 221 DIN 276
PVC-U-Überschiebmuffe, als Zulage, DN 200
EP 14,48 DM/St LA 7,50 DM/St   ST 6,98 DM/St
EP 7,40 €/St   LA 3,83 €/St   ST 3,57 €/St

009.18404.M KG 221 DIN 276
PVC-U-Überschiebmuffe, als Zulage, DN 300
EP 47,68 DM/St LA 9,38 DM/St   ST 38,30 DM/St
EP 24,38 €/St   LA 4,79 €/St   ST 19,59 €/St

009.18501.M KG 221 DIN 276
PVC-U-Doppelmuffe, als Zulage, DN 100
EP 14,27 DM/St LA 12,49 DM/St ST 1,78 DM/St
EP 7,30 €/St   LA 6,39 €/St   ST 0,91 €/St

009.18502.M KG 221 DIN 276
PVC-U-Doppelmuffe, als Zulage, DN 150
EP 19,17 DM/St LA 15,62 DM/St ST 3,55 DM/St
EP 9,80 €/St   LA 7,99 €/St   ST 1,81 €/St

009.18503.M KG 221 DIN 276
PVC-U-Doppelmuffe, als Zulage, DN 200
EP 25,68 DM/St LA 18,74 DM/St ST 6,94 DM/St
EP 13,13 €/St   LA 9,58 €/St   ST 3,55 €/St

009.18601.M KG 221 DIN 276
PVC-U-Übergangsrohr, als Zulage, DN 100/150
EP 18,47 DM/St LA 15,62 DM/St ST 2,85 DM/St
EP 9,44 €/St   LA 7,99 €/St   ST 1,45 €/St

009.18602.M KG 221 DIN 276
PVC-U-Übergangsrohr, als Zulage, DN 150/200
EP 24,64 DM/St LA 18,74 DM/St ST 5,90 DM/St
EP 12,60 €/St   LA 9,58 €/St   ST 3,02 €/St

009.18603.M KG 221 DIN 276
PVC-U-Übergangsrohr, als Zulage, DN 250/300
EP 55,87 DM/St LA 21,87 DM/St ST 34,00 DM/St
EP 28,56 €/St   LA 11,18 €/St   ST 17,38 €/St

009.18701.M KG 221 DIN 276
PVC-U-Aufklebmuffe, als Zulage, DN 100
EP 20,91 DM/St LA 18,74 DM/St ST 2,17 DM/St
EP 10,69 €/St   LA 9,58 €/St   ST 1,11 €/St

009.18702.M KG 221 DIN 276
PVC-U-Aufklebmuffe, als Zulage, DN 150
EP 25,78 DM/St LA 21,87 DM/St ST 3,91 DM/St
EP 13,18 €/St   LA 11,18 €/St   ST 2,00 €/St

009.18703.M KG 221 DIN 276
PVC-U-Aufklebmuffe, als Zulage, DN 200
EP 31,51 DM/St LA 24,99 DM/St ST 6,52 DM/St
EP 16,11 €/St   LA 12,78 €/St   ST 3,33 €/St

009.18801.M KG 221 DIN 276
PVC-U-Muffenstopfen als Zulage, DN 100
EP 7,02 DM/St   LA 6,25 DM/St   ST 0,77 DM/St
EP 3,59 €/St   LA 3,20 €/St   ST 0,39 €/St

009.18802.M KG 221 DIN 276
PVC-U-Muffenstopfen als Zulage, DN 150
EP 7,74 DM/St   LA 6,25 DM/St   ST 1,49 DM/St
EP 3,96 €/St   LA 3,20 €/St   ST 0,76 €/St

009.18803.M KG 221 DIN 276
PVC-U-Muffenstopfen als Zulage, DN 200
EP 10,88 DM/St LA 7,50 DM/St   ST 3,38 DM/St
EP 5,56 €/St   LA 3,83 €/St   ST 1,73 €/St

009.18804.M KG 221 DIN 276
PVC-U-Muffenstopfen als Zulage, DN 300
EP 41,65 DM/St LA 9,38 DM/St   ST 32,27 DM/St
EP 21,29 €/St   LA 4,79 €/St   ST 16,50 €/St

LB 009 Entwässerungskanalarbeiten
PVC-U-Muffen, Übergänge, Anschlüsse usw.; PE-HD-Rohre

AW 009

Ausgabe 06.02

Sämtliche Preise sind **Mittelpreise ohne Mehrwertsteuer** zum Zeitpunkt des Ausgabedatums.
Korrekturfaktoren für Regionaleinfluss, Mengeneinfluss, Konjunktureinfluss siehe Vorspann.
Abkürzungen: EP = Einheitspreis, LA = Lohnanteil, ST = Stoffanteil

009.18901.M KG 221 DIN 276
PVC-U-Anschluss als Zulage, DN 150, von Guss nach PVC
EP 29,98 DM/St   LA 21,87 DM/St   ST 8,11 DM/St
EP 15,33 €/St   LA 11,18 €/St   ST 4,15 €/St

009.19001.M KG 221 DIN 276
PVC-U-Anschluss als Zulage, DN 150, von Steinz. nach PVC
EP 43,39 DM/St   LA 21,87 DM/St   ST 21,52 DM/St
EP 22,18 €/St   LA 11,18 €/St   ST 11,00 €/St

009.19101.M KG 221 DIN 276
PVC-U-Anschluss als Zulage, DN 150, von PVC nach Steinz.
EP 33,98 DM/St   LA 21,87 DM/St   ST 12,11 DM/St
EP 17,37 €/St   LA 11,18 €/St   ST 6,19 €/St

009.19401.M KG 221 DIN 276
PVC-U-Reinigungsrohr als Zulage, DN 100
EP 31,17 DM/St   LA 19,99 DM/St   ST 11,18 DM/St
EP 15,93 €/St   LA 10,22 €/St   ST 5,71 €/St

009.19402.M KG 221 DIN 276
PVC-U-Reinigungsrohr als Zulage, DN 150
EP 35,28 DM/St   LA 21,25 DM/St   ST 14,03 DM/St
EP 18,04 €/St   LA 10,86 €/St   ST 7,18 €/St

009.19403.M KG 221 DIN 276
PVC-U-Reinigungsrohr als Zulage, DN 200
EP 45,75 DM/St   LA 21,25 DM/St   ST 24,50 DM/St
EP 23,39 €/St   LA 10,86 €/St   ST 12,53 €/St

009.19501.M KG 221 DIN 276
PVC-U-Schachtfutter als Zulage, DN 100, Länge 110-240mm
EP 35,61 DM/St   LA 19,99 DM/St   ST 15,62 DM/St
EP 18,21 €/St   LA 10,22 €/St   ST 7,99 €/St

009.19502.M KG 221 DIN 276
PVC-U-Schachtfutter als Zulage, DN 150, Länge 110-240mm
EP 41,19 DM/St   LA 21,25 DM/St   ST 19,94 DM/St
EP 21,06 €/St   LA 10,86 €/St   ST 10,20 €/St

009.19503.M KG 221 DIN 276
PVC-U-Schachtfutter als Zulage, DN 200, Länge 110-240mm
EP 43,80 DM/St   LA 21,25 DM/St   ST 22,55 DM/St
EP 22,39 €/St   LA 10,86 €/St   ST 11,53 €/St

009.19504.M KG 221 DIN 276
PVC-U-Schachtfutter als Zulage, DN 300, Länge 110-240mm
EP 61,10 DM/St   LA 22,49 DM/St   ST 38,61 DM/St
EP 31,24 €/St   LA 11,50 €/St   ST 19,74 €/St

PE-HD-Rohre

Abkürzungen:
PE-HD = Polyethylen hoher Dichte
Frühere Bezeichnung: PE-hart

Hinweis:
Bei der Abrechnung werden die Achslängen zugrundegelegt. Formstücke werden übermessen und als Zulage nach Stück gesondert abgerechnet. Schächte mit einbindenden Rohren werden mit der lichten Weite abgezogen, Schachtaufsätze auf Rohren werden übermessen.

009.—.-

009.20001.M	PE-HD-Leitung, DN 100/125, gebösch. Graben bis 1,75m	39,08 DM/m / 19,98 €/m
009.20002.M	PE-HD-Leitung, DN 100/125, Verbau o. Steifen bis 1,75m	39,71 DM/m / 20,30 €/m
009.20003.M	PE-HD-Leitung, DN 100/125, Verbau m. Steifen bis 1,75m	40,33 DM/m / 20,62 €/m
009.20004.M	PE-HD-Leitung, DN 100/125, Verbau m. Steifen bis 6,00m	40,95 DM/m / 20,94 €/m
009.20005.M	PE-HD-Leitung, DN 150/180, gebösch. Graben bis 1,75m	67,99 DM/m / 34,76 €/m
009.20006.M	PE-HD-Leitung, DN 150/180, Verbau o. Steifen bis 1,75m	69,24 DM/m / 35,40 €/m
009.20007.M	PE-HD-Leitung, DN 150/180, Verbau m. Steifen bis 1,75m	69,87 DM/m / 35,72 €/m
009.20008.M	PE-HD-Leitung, DN 150/180, Verbau m. Steifen bis 6,00m	70,49 DM/m / 36,04 €/m
009.20009.M	PE-HD-Leitung, DN 200/225, gebösch. Graben bis 1,75m	91,50 DM/m / 46,78 €/m
009.20010.M	PE-HD-Leitung, DN 200/225, Verbau o. Steifen bis 1,75m	93,36 DM/m / 47,74 €/m
009.20011.M	PE-HD-Leitung, DN 200/225, Verbau m. Steifen bis 1,75m	94,00 DM/m / 48,06 €/m
009.20012.M	PE-HD-Leitung, DN 200/225, Verbau m. Steifen bis 6,00m	94,62 DM/m / 48,38 €/m
009.20013.M	PE-HD-Leitung, DN 250/280, gebösch. Graben bis 1,75m	135,90 DM/m / 69,48 €/m
009.20014.M	PE-HD-Leitung, DN 250/280, Verbau o. Steifen bis 1,75m	138,40 DM/m / 70,76 €/m
009.20015.M	PE-HD-Leitung, DN 250/280, Verbau m. Steifen bis 1,75m	139,02 DM/m / 71,08 €/m
009.20016.M	PE-HD-Leitung, DN 250/280, Verbau m. Steifen bis 6,00m	140,28 DM/m / 71,72 €/m
009.20017.M	PE-HD-Leitung, DN 300/355, gebösch. Graben bis 1,75m	219,19 DM/m / 112,07 €/m
009.20018.M	PE-HD-Leitung, DN 300/355, Verbau o. Steifen bis 1,75m	222,32 DM/m / 113,67 €/m
009.20019.M	PE-HD-Leitung, DN 300/355, Verbau m. Steifen bis 1,75m	222,94 DM/m / 113,99 €/m
009.20020.M	PE-HD-Leitung, DN 300/355, Verbau m. Steifen bis 6,00m	224,19 DM/m / 114,62 €/m
009.20021.M	PE-HD-Leitung, DN 400/450, gebösch. Graben bis 1,75m	312,13 DM/m / 159,59 €/m
009.20022.M	PE-HD-Leitung, DN 400/450, Verbau o. Steifen bis 1,75m	315,88 DM/m / 161,51 €/m
009.20023.M	PE-HD-Leitung, DN 400/450, Verbau m. Steifen bis 1,75m	317,13 DM/m / 162,14 €/m
009.20024.M	PE-HD-Leitung, DN 400/450, Verbau m. Steifen bis 6,00m	319,01 DM/m / 163,11 €/m

009.20001.M KG 221 DIN 276
PE-HD-Leitung, DN 100/125, geböschter Graben bis 1,75m
EP 39,08 DM/m   LA 3,13 DM/m   ST 35,95 DM/m
EP 19,98 €/m   LA 1,60 €/m   ST 18,39 €/m

009.20002.M KG 221 DIN 276
PE-HD-Leitung, DN 100/125, Verbau o. Steifen bis 1,75m
EP 39,71 DM/m   LA 3,75 DM/m   ST 35,96 DM/m
EP 20,30 €/m   LA 1,92 €/m   ST 18,38 €/m

009.20003.M KG 221 DIN 276
PE-HD-Leitung, DN 100/125, Verbau m. Steifen bis 1,75m
EP 40,33 DM/m   LA 4,37 DM/m   ST 35,96 DM/m
EP 20,62 €/m   LA 2,24 €/m   ST 18,38 €/m

009.20004.M KG 221 DIN 276
PE-HD-Leitung, DN 100/125, Verbau m. Steifen bis 6,00m
EP 40,95 DM/m   LA 4,99 DM/m   ST 35,96 DM/m
EP 20,94 €/m   LA 2,55 €/m   ST 18,39 €/m

AW 009

LB 009 Entwässerungskanalarbeiten
PE-HD-Rohre

Ausgabe 06.02

Sämtliche Preise sind **Mittelpreise ohne Mehrwertsteuer** zum Zeitpunkt des Ausgabedatums.
Korrekturfaktoren für Regionaleinfluss, Mengeneinfluss, Konjunktureinfluss siehe Vorspann.
Abkürzungen: EP = Einheitspreis, LA = Lohnanteil, ST = Stoffanteil

009.20005.M KG 221 DIN 276
PE-HD-Leitung, DN 150/180, geböschter Graben bis 1,75m
EP 67,99 DM/m   LA 4,99 DM/m   ST 63,00 DM/m
EP 34,76 €/m   LA 2,55 €/m   ST 32,21 €/m

009.20006.M KG 221 DIN 276
PE-HD-Leitung, DN 150/180, Verbau o. Steifen bis 1,75m
EP 69,24 DM/m   LA 6,25 DM/m   ST 62,99 DM/m
EP 35,40 €/m   LA 3,20 €/m   ST 32,20 €/m

009.20007.M KG 221 DIN 276
PE-HD-Leitung, DN 150/180, Verbau m. Steifen bis 1,75m
EP 69,87 DM/m   LA 6,87 DM/m   ST 63,00 DM/m
EP 35,72 €/m   LA 3,51 €/m   ST 32,21 €/m

009.20008.M KG 221 DIN 276
PE-HD-Leitung, DN 150/180, Verbau m. Steifen bis 6,00m
EP 70,49 DM/m   LA 7,50 DM/m   ST 62,99 DM/m
EP 36,04 €/m   LA 3,83 €/m   ST 32,21 €/m

009.20009.M KG 221 DIN 276
PE-HD-Leitung, DN 200/225, geböschter Graben bis 1,75m
EP 91,50 DM/m   LA 6,87 DM/m   ST 84,63 DM/m
EP 46,78 €/m   LA 3,51 €/m   ST 43,27 €/m

009.20010.M KG 221 DIN 276
PE-HD-Leitung, DN 200/225, Verbau o. Steifen bis 1,75m
EP 93,36 DM/m   LA 8,74 DM/m   ST 84,62 DM/m
EP 47,74 €/m   LA 4,47 €/m   ST 43,27 €/m

009.20011.M KG 221 DIN 276
PE-HD-Leitung, DN 200/225, Verbau m. Steifen bis 1,75m
EP 94,00 DM/m   LA 9,38 DM/m   ST 84,62 DM/m
EP 48,06 €/m   LA 4,79 €/m   ST 43,27 €/m

009.20012.M KG 221 DIN 276
PE-HD-Leitung, DN 200/225, Verbau m. Steifen bis 6,00m
EP 94,62 DM/m   LA 10,00 DM/m   ST 84,62 DM/m
EP 48,38 €/m   LA 5,11 €/m   ST 43,27 €/m

009.20013.M KG 221 DIN 276
PE-HD-Leitung, DN 250/280, geböschter Graben bis 1,75m
EP 135,90 DM/m   LA 8,74 DM/m   ST 127,16 DM/m
EP 69,48 €/m   LA 4,47 €/m   ST 65,01 €/m

009.20014.M KG 221 DIN 276
PE-HD-Leitung, DN 250/280, Verbau o. Steifen bis 1,75m
EP 138,40 DM/m   LA 11,25 DM/m   ST 127,15 DM/m
EP 70,76 €/m   LA 5,75 €/m   ST 65,01 €/m

009.20015.M KG 221 DIN 276
PE-HD-Leitung, DN 250/280, Verbau m. Steifen bis 1,75m
EP 139,02 DM/m   LA 11,87 DM/m   ST 127,15 DM/m
EP 71,08 €/m   LA 6,07 €/m   ST 65,01 €/m

009.20016.M KG 221 DIN 276
PE-HD-Leitung, DN 250/280, Verbau m. Steifen bis 6,00m
EP 140,28 DM/m   LA 13,13 DM/m   ST 127,15 DM/m
EP 71,72 €/m   LA 6,71 €/m   ST 65,01 €/m

009.20017.M KG 221 DIN 276
PE-HD-Leitung, DN 300/355, geböschter Graben bis 1,75m
EP 219,19 DM/m   LA 10,62 DM/m   ST 208,57 DM/m
EP 112,07 €/m   LA 5,43 €/m   ST 106,64 €/m

009.20018.M KG 221 DIN 276
PE-HD-Leitung, DN 300/355, Verbau o. Steifen bis 1,75m
EP 222,32 DM/m   LA 13,75 DM/m   ST 208,57 DM/m
EP 113,67 €/m   LA 7,03 €/m   ST 106,64 €/m

009.20019.M KG 221 DIN 276
PE-HD-Leitung, DN 300/355, Verbau m. Steifen bis 1,75m
EP 222,94 DM/m   LA 14,37 DM/m   ST 208,57 DM/m
EP 113,99 €/m   LA 7,35 €/m   ST 106,64 €/m

009.20020.M KG 221 DIN 276
PE-HD-Leitung, DN 300/355, Verbau m. Steifen bis 6,00m
EP 224,19 DM/m   LA 15,62 DM/m   ST 208,57 DM/m
EP 114,62 €/m   LA 7,99 €/m   ST 106,63 €/m

009.20021.M KG 221 DIN 276
PE-HD-Leitung, DN 400/450, geböschter Graben bis 1,75m
EP 312,13 DM/m   LA 14,37 DM/m   ST 297,76 DM/m
EP 159,59 €/m   LA 7,35 €/m   ST 152,24 €/m

009.20022.M KG 221 DIN 276
PE-HD-Leitung, DN 400/450, Verbau o. Steifen bis 1,75m
EP 315,88 DM/m   LA 18,12 DM/m   ST 297,76 DM/m
EP 161,51 €/m   LA 9,26 €/m   ST 152,25 €/m

009.20023.M KG 221 DIN 276
PE-HD-Leitung, DN 400/450, Verbau m. Steifen bis 1,75m
EP 317,13 DM/m   LA 19,37 DM/m   ST 297,76 DM/m
EP 162,14 €/m   LA 9,90 €/m   ST 152,24 €/m

009.20024.M KG 221 DIN 276
PE-HD-Leitung, DN 400/450, Verbau m. Steifen bis 6,00m
EP 319,01 DM/m   LA 21,25 DM/m   ST 297,76 DM/m
EP 163,11 €/m   LA 10,86 €/m   ST 152,25 €/m

LB 009 Entwässerungskanalarbeiten
PE-HD-Bogen; PE-HD-Abzweige

AW 009

Ausgabe 06.02

Sämtliche Preise sind **Mittelpreise ohne Mehrwertsteuer** zum Zeitpunkt des Ausgabedatums.
Korrekturfaktoren für Regionaleinfluss, Mengeneinfluss, Konjunktureinfluss siehe Vorspann.
Abkürzungen: EP = Einheitspreis, LA = Lohnanteil, ST = Stoffanteil

PE-HD-Bogen

Abkürzungen:
Typ A = Bogen mit kurzen Schenkeln
Typ B = Bogen mit langen Schenkeln

Hinweis:
Die Rohrleitung wird in der Rohrachse gemessen und nach Längenmaß abgerechnet. Bogen werden übermessen und als Zulage nach Stück abgerechnet.

009.—.-

009.20101.M	PE-HD-Bogen, als Zulage, DN 100/125, Typ A, 45 Grad	8,51 DM/St 4,35 €/St
009.20102.M	PE-HD-Bogen, als Zulage, DN 150/180, Typ A, 45 Grad	18,91 DM/St 9,67 €/St
009.20103.M	PE-HD-Bogen, als Zulage, DN 200/225, Typ A, 45 Grad	24,96 DM/St 12,76 €/St
009.20201.M	PE-HD-Bogen, als Zulage, DN 100/125, Typ B, 45 Grad	17,53 DM/St 8,96 €/St
009.20202.M	PE-HD-Bogen, als Zulage, DN 150/180, Typ B, 45 Grad	43,38 DM/St 22,18 €/St
009.20203.M	PE-HD-Bogen, als Zulage, DN 200/225, Typ B, 45 Grad	64,00 DM/St 32,72 €/St

009.20101.M KG 221 DIN 276
PE-HD-Bogen, als Zulage, DN 100/125, Typ A, 45 Grad
EP 8,51 DM/St   LA 6,25 DM/St   ST 2,26 DM/St
EP 4,35 €/St   LA 3,20 €/St   ST 1,15 €/St

009.20102.M KG 221 DIN 276
PE-HD-Bogen, als Zulage, DN 150/180, Typ A, 45 Grad
EP 18,91 DM/St LA 15,62 DM/St ST 3,29 DM/St
EP 9,67 €/St   LA 7,99 €/St   ST 1,68 €/St

009.20103.M KG 221 DIN 276
PE-HD-Bogen, als Zulage, DN 200/225, Typ A, 45 Grad
EP 24,96 DM/St LA 20,62 DM/St ST 4,34 DM/St
EP 12,76 €/St   LA 10,54 €/St   ST 2,22 €/St

009.20201.M KG 221 DIN 276
PE-HD-Bogen, als Zulage, DN 100/125, Typ B, 45 Grad
EP 17,53 DM/St LA 6,25 DM/St   ST 11,28 DM/St
EP 8,96 €/St   LA 3,20 €/St   ST 5,76 €/St

009.20202.M KG 221 DIN 276
PE-HD-Bogen, als Zulage, DN 150/180, Typ B, 45 Grad
EP 43,38 DM/St LA 15,62 DM/St ST 27,76 DM/St
EP 22,18 €/St   LA 7,99 €/St   ST 14,19 €/St

009.20203.M KG 221 DIN 276
PE-HD-Bogen, als Zulage, DN 200/225, Typ B, 45 Grad
EP 64,00 DM/St LA 20,62 DM/St ST 43,38 DM/St
EP 32,72 €/St   LA 10,54 €/St   ST 22,18 €/St

PE-HD-Abzweige

Abkürzungen:
kurze A = kurze Ausführung
stark A = verstärkte Ausführung

Hinweis:
Die Rohrleitung wird in der Rohrachse gemessen und nach Längenmaß abgerechnet. Abzweige werden übermessen und als Zulage nach Stück abgerechnet.

009.—.-

009.20401.M	PE-HD-Abzweige, als Zul., DN 100/125-100/125, kurze A	15,6 DM/St 8,16 €/St
009.20402.M	PE-HD-Abzweige, als Zul.,, DN 150/180-150/180, kurze A	38,18 DM/St 19,52 €/St
009.20403.M	PE-HD-Abzweige, als Zul.,, DN 200/225-200/225, kurze A	52,08 DM/St 26,63 €/St
009.20404.M	PE-HD-Abzweige, als Zul.,, DN 250/280-250/280, kurze A	80,15 DM/St 40,98 €/St
009.20405.M	PE-HD-Abzweige, als Zul.,, DN 150/180-100/125, stark A	29,68 DM/St 15,17 €/St
009.20406.M	PE-HD-Abzweige, als Zul.,, DN 200/225-100/125, stark A	37,27 DM/St 19,05 €/St
009.20407.M	PE-HD-Abzweige, als Zul.,, DN 200/225-150/180, stark A	46,99 DM/St 24,03 €/St

009.20401.M KG 221 DIN 276
PE-HD-Abzweige, als Zulage, DN 100/125-100/125, kurze A
EP 15,96 DM/St LA 12,49 DM/St ST 3,47 DM/St
EP 8,16 €/St   LA 6,39 €/St   ST 1,77 €/St

009.20402.M KG 221 DIN 276
PE-HD-Abzweige, als Zulage, DN 150/180-150/180, kurze A
EP 38,18 DM/St LA 31,25 DM/St ST 6,93 DM/St
EP 19,52 €/St   LA 15,98 €/St   ST 3,54 €/St

009.20403.M KG 221 DIN 276
PE-HD-Abzweige, als Zulage, DN 200/225-200/225, kurze A
EP 52,08 DM/St LA 41,24 DM/St ST 10,84 DM/St
EP 26,63 €/St   LA 21,08 €/St   ST 5,55 €/St

009.20404.M KG 221 DIN 276
PE-HD-Abzweige, als Zulage, DN 250/280-250/280, kurze A
EP 80,15 DM/St LA 54,98 DM/St ST 25,17 DM/St
EP 40,98 €/St   LA 28,11 €/St   ST 12,87 €/St

009.20405.M KG 221 DIN 276
PE-HD-Abzweige, als Zulage, DN 150/180-100/125, stark A
EP 29,68 DM/St LA 21,87 DM/St ST 7,81 DM/St
EP 15,17 €/St   LA 11,18 €/St   ST 3,99 €/St

009.20406.M KG 221 DIN 276
PE-HD-Abzweige, als Zulage, DN 200/225-100/125, stark A
EP 37,27 DM/St LA 26,86 DM/St ST 10,41 DM/St
EP 19,05 €/St   LA 13,74 €/St   ST 5,31 €/St

009.20407.M KG 221 DIN 276
PE-HD-Abzweige, als Zulage, DN 200/225-150/180, stark A
EP 46,99 DM/St LA 36,24 DM/St ST 10,75 DM/St
EP 24,03 €/St   LA 18,53 €/St   ST 5,50 €/St

STLB 009

Ausgabe 06.01

LB 009 Entwässerungskanalarbeiten
PE-HD-Übergänge, Muffen, Anschlüsse usw.

Sämtliche Preise sind **Mittelpreise ohne Mehrwertsteuer** zum Zeitpunkt des Ausgabedatums.
Korrekturfaktoren für Regionaleinfluss, Mengeneinfluss, Konjunktureinfluss siehe Vorspann.
Abkürzungen: EP = Einheitspreis, LA = Lohnanteil, ST = Stoffanteil

PE-HD-Übergänge, Muffen, Anschlüsse usw.

Hinweis:
Die Rohrleitung wird in der Rohrachse gemessen und nach Längenmaß abgerechnet. Übergangsrohre, HW-Schweißmuffen und Heizelementstumpfschweißungen werden übermessen und als Zulage nach Stück abgerechnet.

009.------

009.20501.M	PE-HD-Übergangsrohr, als Zulage, DN 100/125-150/180	17,36 DM/St 8,87 €/St
009.20502.M	PE-HD-Übergangsrohr, als Zulage, DN 150/180-200/225	28,52 DM/St 14,58 €/St
009.20503.M	PE-HD-Übergangsrohr, als Zulage, DN 200/225-250/280	41,90 DM/St 21,42 €/St
009.20504.M	PE-HD-Übergangsrohr, als Zulage, DN 250/280-300/355	68,39 DM/St 34,97 €/St
009.20601.M	PE-HD-Heizwendelschweißmuffe, als Zul., DN 100/125	63,67 DM/St 32,55 €/St
009.20602.M	PE-HD-Heizwendelschweißmuffe, als Zul., DN 150/180	109,83 DM/St 56,15 €/St
009.20603.M	PE-HD-Heizwendelschweißmuffe, als Zul., DN 200/225	156,85 DM/St 80,20 €/St
009.20604.M	PE-HD-Heizelementstumpfschw., als Zul., DN 100/125	31,25 DM/St 15,98 €/St
009.20605.M	PE-HD-Heizelementstumpfschw., als Zul., DN 150/180	41,24 DM/St 21,08 €/St
009.20606.M	PE-HD-Heizelementstumpfschw., als Zul., DN 200/225	52,48 DM/St 26,83 €/St
009.20607.M	PE-HD-Heizelementstumpfschw., als Zul., DN 300/355	62,48 DM/St 31,95 €/St
009.20608.M	PE-HD-Heizelementstumpfschw., als Zul., DN 400/450	74,97 DM/St 38,33 €/St

009.20501.M KG 221 DIN 276
PE-HD-Übergangsrohr, als Zulage, DN 100/125-150/180
EP 17,36 DM/St   LA 15,62 DM/St   ST 1,74 DM/St
EP 8,87 €/St   LA 7,99 €/St   ST 0,88 €/St

009.20502.M KG 221 DIN 276
PE-HD-Übergangsrohr, als Zulage, DN 150/180-200/225
EP 28,52 DM/St   LA 20,62 DM/St   ST 7,90 DM/St
EP 14,58 €/St   LA 10,54 €/St   ST 4,04 €/St

009.20503.M KG 221 DIN 276
PE-HD-Übergangsrohr, als Zulage, DN 200/225-250/280
EP 41,90 DM/St   LA 27,49 DM/St   ST 14,41 DM/St
EP 21,42 €/St   LA 14,05 €/St   ST 7,37 €/St

009.20504.M KG 221 DIN 276
PE-HD-Übergangsrohr, als Zulage, DN 250/280-300/355
EP 68,39 DM/St   LA 34,99 DM/St   ST 33,40 DM/St
EP 34,97 €/St   LA 17,89 €/St   ST 17,08 €/St

009.20601.M KG 221 DIN 276
PE-HD-Heizwendelschweißmuffe, als Zulage, DN 100/125
EP 63,67 DM/St   LA 12,49 DM/St   ST 51,18 DM/St
EP 32,55 €/St   LA 6,39 €/St   ST 26,16 €/St

009.20602.M KG 221 DIN 276
PE-HD-Heizwendelschweißmuffe, als Zulage, DN 150/180
EP 109,83 DM/St   LA 18,74 DM/St   ST 91,09 DM/St
EP 56,15 €/St   LA 9,58 €/St   ST 46,57 €/St

009.20603.M KG 221 DIN 276
PE-HD-Heizwendelschweißmuffe, als Zulage, DN 200/225
EP 156,85 DM/St   LA 24,99 DM/St   ST 131,86 DM/St
EP 80,20 €/St   LA 12,78 €/St   ST 67,42 €/St

009.20604.M KG 221 DIN 276
PE-HD-Heizelementstumpfschweißen, als Zul., DN 100/125
EP 31,25 DM/St   LA 31,25 DM/St   ST 0,00 DM/St
EP 15,98 €/St   LA 15,98 €/St   ST 0,00 €/St

009.20605.M KG 221 DIN 276
PE-HD-Heizelementstumpfschweißen, als Zul., DN 150/180
EP 41,24 DM/St   LA 41,24 DM/St   ST 0,00 DM/St
EP 21,08 €/St   LA 21,08 €/St   ST 0,00 €/St

009.20606.M KG 221 DIN 276
PE-HD-Heizelementstumpfschweißen, als Zul., DN 200/225
EP 52,48 DM/St   LA 52,48 DM/St   ST 0,00 DM/St
EP 26,83 €/St   LA 26,83 €/St   ST 0,00 €/St

009.20607.M KG 221 DIN 276
PE-HD-Heizelementstumpfschweißen, als Zul., DN 300/355
EP 62,48 DM/St   LA 62,48 DM/St   ST 0,00 DM/St
EP 31,95 €/St   LA 31,95 €/St   ST 0,00 €/St

009.20608.M KG 221 DIN 276
PE-HD-Heizelementstumpfschweißen, als Zul., DN 400/450
EP 74,97 DM/St   LA 74,97 DM/St   ST 0,00 DM/St
EP 38,33 €/St   LA 38,33 €/St   ST 0,00 €/St

LB 009 Entwässerungskanalarbeiten
Duktile Gusseisen-Rohre

AW 009

Ausgabe 06.02

Sämtliche Preise sind **Mittelpreise ohne Mehrwertsteuer** zum Zeitpunkt des Ausgabedatums.
Korrekturfaktoren für Regionaleinfluss, Mengeneinfluss, Konjunktureinfluss siehe Vorspann.
Abkürzungen: EP = Einheitspreis, LA = Lohnanteil, ST = Stoffanteil

Duktile-Gusseisen-Rohre

Hinweis:
Bei der Abrechnung werden die Achslängen zugrunde gelegt.
Formstücke werden übermessen und als Zulage nach Stück gesondert abgerechnet. Schächte mit einbindenden Rohren werden mit der lichten Weite abgezogen,
Schachtaufsätze auf Rohren werden übermessen.

009.---.-

009.22001.M	dukt-Guss-Leitung, DN 80, geböschter Graben bis 1,75m	65,69 DM/m / 33,59 €/m
009.22002.M	dukt-Guss-Leitung, DN 80, Verbau o. Steifen bis 1,75m	80,06 DM/m / 40,93 €/m
009.22003.M	dukt-Guss-Leitung, DN 80, Verbau m. Steifen bis 1,75m	85,05 DM/m / 43,49 €/m
009.22004.M	v, DN 80, Verbau m. Steifen bis 6,00m	90,05 DM/m / 46,04 €/m
009.22005.M	dukt-Guss-Leitung, DN 100, geböschter Graben bis 1,75m	69,81 DM/m / 35,69 €/m
009.22006.M	dukt-Guss-Leitung, DN 100, Verbau o. Steifen bis 1,75m	85,44 DM/m / 43,68 €/m
009.22007.M	v, DN 100, Verbau m. Steifen bis 1,75m	90,43 DM/m / 46,24 €/m
009.22008.M	dukt-Guss-Leitung, DN 100, Verbau m. Steifen bis 6,00m	95,42 DM/m / 48,79 €/m
009.22009.M	dukt-Guss-Leitung, DN 125, geböschter Graben bis 1,75m	81,64 DM/m / 41,74 €/m
009.22010.M	dukt-Guss-Leitung, DN 125, Verbau o. Steifen bis 1,75m	97,25 DM/m / 49,73 €/m
009.22011.M	dukt-Guss-Leitung, DN 125, Verbau m. Steifen bis 1,75m	102,25 DM/m / 52,28 €/m
009.22012.M	dukt-Guss-Leitung DN 125, Verbau m. Steifen bis 6,00m	107,25 DM/m / 54,84 €/m
009.22013.M	dukt-Guss-Leitung, DN 150, geböschter Graben bis 1,75m	90,57 DM/m / 46,31 €/m
009.22014.M	dukt-Guss-Leitung, DN 150, Verbau o. Steifen bis 1,75m	106,19 DM/m / 54,29 €/m
009.22015.M	dukt-Guss-Leitung, DN 150, Verbau m. Steifen bis 1,75m	111,19 DM/m / 56,85 €/m
009.22016.M	dukt-Guss-Leitung, DN 150, Verbau m. Steifen bis 6,00m	116,19 DM/m / 59,41 €/m
009.22017.M	dukt-Guss-Leitung, DN 200, Verbau o. Steifen bis 1,75m	111,58 DM/m / 57,05 €/m
009.22018.M	dukt-Guss-Leitung, DN 200, geböschter Graben bis 1,75m	94,71 DM/m / 48,43 €/m
009.22019.M	dukt-Guss-Leitung, DN 200, Verbau m. Steifen bis 1,75m	116,58 DM/m / 59,61 €/m
009.22020.M	dukt-Guss-Leitung, DN 200, Verbau m. Steifen bis 6,00m	121,57 DM/m / 62,16 €/m
009.22021.M	dukt-Guss-Leitung DN 250, geböschter Graben bis 1,75m	113,30 DM/m / 57,93 €/m
009.22022.M	dukt-Guss-Leitung, DN 250, Verbau o. Steifen bis 1,75m	130,17 DM/m / 66,55 €/m
009.22023.M	dukt-Guss-Leitung DN 250, Verbau m. Steifen bis 1,75m	135,17 DM/m / 69,11 €/m
009.22024.M	dukt-Guss-Leitung, DN 250, Verbau m. Steifen bis 6,00m	140,17 DM/m / 71,67 €/m
009.22025.M	dukt-Guss-Leitung, DN 300, geböschter Graben bis 1,75m	134,60 DM/m / 68,82 €/m
009.22026.M	dukt-Guss-Leitung, DN 300, Verbau o. Steifen bis 1,75m	155,22 DM/m / 79,36 €/m
009.22027.M	dukt-Guss-Leitung, DN 300, Verbau m. Steifen bis 1,75m	160,22 DM/m / 81,92 €/m
009.22028.M	dukt-Guss-Leitung, DN 300, Verbau m. Steifen bis 6,00m	165,22 DM/m / 84,48 €/m
009.22029.M	dukt-Guss-Leitung, DN 350, geböschter Graben bis 1,75m	169,66 DM/m / 86,75 €/m
009.22030.M	dukt-Guss-Leitung DN 350, Verbau o. Steifen bis 1,75m	191,53 DM/m / 97,93 €/m
009.22031.M	dukt-Guss-Leitung, DN 350, Verbau m. Steifen bis 1,75m	197,77 DM/m / 101,12 €/m
009.22032.M	dukt-Guss-Leitung, DN 350, Verbau m. Steifen bis 6,00m	204,03 DM/m / 104,32 €/m
009.22033.M	dukt-Guss-Leitung, DN 400, geböschter Graben bis 1,75m	181,57 DM/m / 92,84 €/m
009.22034.M	dukt-Guss-Leitung, DN 400, Verbau o. Steifen bis 1,75m	203,44 DM/m / 104,02 €/m
009.22035.M	dukt-Guss-Leitung, DN 400, Verbau m. Steifen bis 1,75m	209,68 DM/m / 107,21 €/m
009.22036.M	dukt-Guss-Leitung DN 400, Verbau m. Steifen bis 6,00m	215,93 DM/m / 110,41 €/m
009.22037.M	dukt-Guss-Leitung, DN 500, geböschter Graben bis 1,75m	243,00 DM/m / 124,24 €/m
009.22038.M	dukt-Guss-Leitung, DN 500, Verbau o. Steifen bis 1,75m	266,11 DM/m / 136,06 €/m
009.22039.M	dukt-Guss-Leitung, DN 500, Verbau m. Steifen bis 1,75m	272,37 DM/m / 139,26 €/m
009.22040.M	dukt-Guss-Leitung, DN 500, Verbau m. Steifen bis 6,00m	278,62 DM/m / 142,45 €/m
009.22041.M	dukt-Guss-Leitung, DN 600, geböschter Graben bis 1,75m	307,23 DM/m / 157,08 €/m
009.22042.M	dukt-Guss-Leitung, DN 600, Verbau o. Steifen bis 1,75m	334,10 DM/m / 170,82 €/m
009.22043.M	dukt-Guss-Leitung, DN 600, Verbau m. Steifen bis 1,75m	340,35 DM/m / 174,02 €/m
009.22044.M	dukt-Guss-Leitung, DN 600, Verbau m. Steifen bis 6,00m	346,59 DM/m / 177,21 €/m
009.22045.M	dukt-Guss-Leitung, DN 700, geböschter Graben bis 1,75m	356,44 DM/m / 182,25 €/m
009.22046.M	dukt-Guss-Leitung, DN 700, Verbau o. Steifen bis 1,75m	384,56 DM/m / 196,62 €/m
009.22047.M	dukt-Guss-Leitung, DN 700, Verbau m. Steifen bis 1,75m	390,80 DM/m / 199,82 €/m
009.22048.M	dukt-Guss-Leitung, DN 700, Verbau m. Steifen bis 6,00m	397,06 DM/m / 203,01 €/m
009.22049.M	dukt-Guss-Leitung, DN 800, geböschter Graben bis 1,75m	491,48 DM/m / 251,29 €/m
009.22050.M	dukt-Guss-Leitung, DN 800, Verbau o. Steifen bis 1,75m	523,34 DM/m / 267,58 €/m
009.22051.M	dukt-Guss-Leitung, DN 800, Verbau m. Steifen bis 1,75m	529,59 DM/m / 270,78 €/m
009.22052.M	dukt-Guss-Leitung, DN 800, Verbau m. Steifen bis 6,00m	535,84 DM/m / 273,97 €/m

009.22001.M KG 221 DIN 276
dukt-Guss-Leitung, DN 80, geböschter Graben bis 1,75m
EP 65,69 DM/m   LA 32,49 DM/m   ST 33,20 DM/m
EP 33,59 €/m   LA 16,61 €/m   ST 16,98 €/m

009.22002.M KG 221 DIN 276
dukt-Guss-Leitung, DN 80, Verbau o. Steifen bis 1,75m
EP 80,06 DM/m   LA 46,86 DM/m   ST 33,20 DM/m
EP 40,93 €/m   LA 23,96 €/m   ST 16,97 €/m

009.22003.M KG 221 DIN 276
dukt-Guss-Leitung, DN 80, Verbau m. Steifen bis 1,75m
EP 85,05 DM/m   LA 51,86 DM/m   ST 33,19 DM/m
EP 43,49 €/m   LA 26,51 €/m   ST 16,98 €/m

009.22004.M KG 221 DIN 276
dukt-Guss-Leitung, DN 80, Verbau m. Steifen bis 6,00m
EP 90,05 DM/m   LA 56,85 DM/m   ST 33,20 DM/m
EP 46,04 €/m   LA 29,07 €/m   ST 16,97 €/m

009.22005.M KG 221 DIN 276
dukt-Guss-Leitung, DN 100, geböschter Graben bis 1,75m
EP 69,81 DM/m   LA 34,36 DM/m   ST 35,45 DM/m
EP 35,69 €/m   LA 17,57 €/m   ST 18,12 €/m

009.22006.M KG 221 DIN 276
dukt-Guss-Leitung, DN 100, Verbau o. Steifen bis 1,75m
EP 85,44 DM/m   LA 49,99 DM/m   ST 35,45 DM/m
EP 43,68 €/m   LA 25,56 €/m   ST 18,12 €/m

009.22007.M KG 221 DIN 276
dukt-Guss-Leitung, DN 100, Verbau m. Steifen bis 1,75m
EP 90,43 DM/m   LA 54,98 DM/m   ST 35,45 DM/m
EP 46,24 €/m   LA 28,11 €/m   ST 18,13 €/m

009.22008.M KG 221 DIN 276
dukt-Guss-Leitung, DN 100, Verbau m. Steifen bis 6,00m
EP 95,42 DM/m   LA 59,98 DM/m   ST 35,44 DM/m
EP 48,79 €/m   LA 30,67 €/m   ST 18,12 €/m

009.22009.M KG 221 DIN 276
dukt-Guss-Leitung, DN 125, geböschter Graben bis 1,75m
EP 81,64 DM/m   LA 36,24 DM/m   ST 45,40 DM/m
EP 41,74 €/m   LA 18,53 €/m   ST 23,21 €/m

009.22010.M KG 221 DIN 276
dukt-Guss-Leitung, DN 125, Verbau o. Steifen bis 1,75m
EP 97,25 DM/m   LA 51,86 DM/m   ST 45,39 DM/m
EP 49,73 €/m   LA 26,51 €/m   ST 23,22 €/m

009.22011.M KG 221 DIN 276
dukt-Guss-Leitung, DN 125, Verbau m. Steifen bis 1,75m
EP 102,25 DM/m   LA 56,85 DM/m   ST 45,40 DM/m
EP 52,28 €/m   LA 29,07 €/m   ST 23,21 €/m

AW 009

LB 009 Entwässerungskanalarbeiten
Duktile Gusseisen-Rohre

Ausgabe 06.02

Sämtliche Preise sind **Mittelpreise ohne Mehrwertsteuer** zum Zeitpunkt des Ausgabedatums.
Korrekturfaktoren für Regionaleinfluss, Mengeneinfluss, Konjunktureinfluss siehe Vorspann.
Abkürzungen: EP = Einheitspreis, LA = Lohnanteil, ST = Stoffanteil

009.22012.M KG 221 DIN 276
dukt-Guss-Leitung, DN 125, Verbau m. Steifen bis 6,00m
EP 107,25 DM/m LA 61,86 DM/m ST 45,39 DM/m
EP 54,84 €/m   LA 31,63 €/m   ST 23,21 €/m

009.22013.M KG 221 DIN 276
dukt-Guss-Leitung, DN 150, geböschter Graben bis 1,75m
EP 90,57 DM/m LA 37,49 DM/m ST 53,08 DM/m
EP 46,31 €/m   LA 19,17 €/m   ST 27,14 €/m

009.22014.M KG 221 DIN 276
dukt-Guss-Leitung, DN 150, Verbau o. Steifen bis 1,75m
EP 106,19 DM/m LA 53,10 DM/m ST 53,09 DM/m
EP 54,29 €/m   LA 27,15 €/m   ST 27,14 €/m

009.22015.M KG 221 DIN 276
dukt-Guss-Leitung, DN 150, Verbau m. Steifen bis 1,75m
EP 111,19 DM/m LA 58,11 DM/m ST 53,08 DM/m
EP 56,85 €/m   LA 29,71 €/m   ST 27,14 €/m

009.22016.M KG 221 DIN 276
dukt-Guss-Leitung, DN 150, Verbau m. Steifen bis 6,00m
EP 116,19 DM/m LA 63,10 DM/m ST 53,09 DM/m
EP 59,41 €/m   LA 32,26 €/m   ST 27,15 €/m

009.22017.M KG 221 DIN 276
dukt-Guss-Leitung, DN 200, Verbau o. Steifen bis 1,75m
EP 111,58 DM/m LA 56,23 DM/m ST 55,35 DM/m
EP 57,05 €/m   LA 28,75 €/m   ST 28,30 €/m

009.22018.M KG 221 DIN 276
dukt-Guss-Leitung, DN 200, geböschter Graben bis 1,75m
EP 94,71 DM/m LA 39,37 DM/m ST 55,34 DM/m
EP 48,43 €/m   LA 20,13 €/m   ST 28,30 €/m

009.22019.M KG 221 DIN 276
dukt-Guss-Leitung, DN 200, Verbau m. Steifen bis 1,75m
EP 116,58 DM/m LA 61,23 DM/m ST 55,35 DM/m
EP 59,61 €/m   LA 31,31 €/m   ST 28,30 €/m

009.22020.M KG 221 DIN 276
dukt-Guss-Leitung, DN 200, Verbau m. Steifen bis 6,00m
EP 121,57 DM/m LA 66,23 DM/m ST 55,34 DM/m
EP 62,16 €/m   LA 33,86 €/m   ST 28,30 €/m

009.22021.M KG 221 DIN 276
dukt-Guss-Leitung, DN 250, geböschter Graben bis 1,75m
EP 113,30 DM/m LA 42,49 DM/m ST 70,81 DM/m
EP 57,93 €/m   LA 21,73 €/m   ST 36,20 €/m

009.22022.M KG 221 DIN 276
dukt-Guss-Leitung, DN 250, Verbau o. Steifen bis 1,75m
EP 130,17 DM/m LA 59,36 DM/m ST 70,81 DM/m
EP 66,55 €/m   LA 30,35 €/m   ST 36,20 €/m

009.22023.M KG 221 DIN 276
dukt-Guss-Leitung, DN 250, Verbau m. Steifen bis 1,75m
EP 135,17 DM/m LA 64,36 DM/m ST 70,81 DM/m
EP 69,11 €/m   LA 32,91 €/m   ST 36,20 €/m

009.22024.M KG 221 DIN 276
dukt-Guss-Leitung, DN 250, Verbau m. Steifen bis 6,00m
EP 140,17 DM/m LA 69,36 DM/m ST 70,81 DM/m
EP 71,67 €/m   LA 35,46 €/m   ST 36,21 €/m

009.22025.M KG 221 DIN 276
dukt-Guss-Leitung, DN 300, geböschter Graben bis 1,75m
EP 134,60 DM/m LA 44,98 DM/m ST 89,62 DM/m
EP 68,82 €/m   LA 23,00 €/m   ST 45,82 €/m

009.22026.M KG 221 DIN 276
dukt-Guss-Leitung, DN 300, Verbau o. Steifen bis 1,75m
EP 155,22 DM/m LA 65,61 DM/m ST 89,61 DM/m
EP 79,36 €/m   LA 33,54 €/m   ST 45,82 €/m

009.22027.M KG 221 DIN 276
dukt-Guss-Leitung, DN 300, Verbau m. Steifen bis 1,75m
EP 160,22 DM/m LA 70,60 DM/m ST 89,62 DM/m
EP 81,92 €/m   LA 36,10 €/m   ST 45,82 €/m

009.22028.M KG 221 DIN 276
dukt-Guss-Leitung, DN 300, Verbau m. Steifen bis 6,00m
EP 165,22 DM/m LA 75,61 DM/m ST 89,61 DM/m
EP 84,48 €/m   LA 38,66 €/m   ST 45,82 €/m

009.22029.M KG 221 DIN 276
dukt-Guss-Leitung, DN 350, geböschter Graben bis 1,75m
EP 169,66 DM/m LA 46,86 DM/m ST 122,80 DM/m
EP 86,75 €/m   LA 23,96 €/m   ST 62,79 €/m

009.22030.M KG 221 DIN 276
dukt-Guss-Leitung, DN 350, Verbau o. Steifen bis 1,75m
EP 191,53 DM/m LA 68,73 DM/m ST 122,80 DM/m
EP 97,93 €/m   LA 35,14 €/m   ST 62,79 €/m

009.22031.M KG 221 DIN 276
dukt-Guss-Leitung, DN 350, Verbau m. Steifen bis 1,75m
EP 197,77 DM/m LA 74,97 DM/m ST 122,80 DM/m
EP 101,12 €/m   LA 38,33 €/m   ST 62,79 €/m

009.22032.M KG 221 DIN 276
dukt-Guss-Leitung, DN 350, Verbau m. Steifen bis 6,00m
EP 204,03 DM/m LA 81,22 DM/m ST 122,81 DM/m
EP 104,32 €/m   LA 41,53 €/m   ST 62,79 €/m

009.22033.M KG 221 DIN 276
dukt-Guss-Leitung, DN 400, geböschter Graben bis 1,75m
EP 181,57 DM/m LA 49,99 DM/m ST 131,58 DM/m
EP 92,84 €/m   LA 25,56 €/m   ST 67,28 €/m

009.22034.M KG 221 DIN 276
dukt-Guss-Leitung, DN 400, Verbau o. Steifen bis 1,75m
EP 203,44 DM/m LA 71,86 DM/m ST 131,58 DM/m
EP 104,02 €/m   LA 36,74 €/m   ST 67,28 €/m

009.22035.M KG 221 DIN 276
dukt-Guss-Leitung, DN 400, Verbau m. Steifen bis 1,75m
EP 209,68 DM/m LA 78,10 DM/m ST 131,58 DM/m
EP 107,21 €/m   LA 39,93 €/m   ST 67,28 €/m

009.22036.M KG 221 DIN 276
dukt-Guss-Leitung, DN 400, Verbau m. Steifen bis 6,00m
EP 215,93 DM/m LA 83,35 DM/m ST 131,58 DM/m
EP 110,41 €/m   LA 43,13 €/m   ST 67,28 €/m

009.22037.M KG 221 DIN 276
dukt-Guss-Leitung, DN 500, geböschter Graben bis 1,75m
EP 243,00 DM/m LA 54,98 DM/m ST 188,02 DM/m
EP 124,24 €/m   LA 28,11 €/m   ST 96,13 €/m

009.22038.M KG 221 DIN 276
dukt-Guss-Leitung DN 500, Verbau o. Steifen bis 1,75m
EP 266,11 DM/m LA 78,10 DM/m ST 188,01 DM/m
EP 136,06 €/m   LA 39,93 €/m   ST 96,13 €/m

009.22039.M KG 221 DIN 276
dukt-Guss-Leitung, DN 500, Verbau m. Steifen bis 1,75m
EP 272,37 DM/m LA 84,35 DM/m ST 188,02 DM/m
EP 139,26 €/m   LA 43,13 €/m   ST 96,13 €/m

LB 009 Entwässerungskanalarbeiten
Duktile Gusseisen-Rohre; Duktile Gusseisen Pass- und Formstücke

AW 009

Ausgabe 06.02

Sämtliche Preise sind **Mittelpreise ohne Mehrwertsteuer** zum Zeitpunkt des Ausgabedatums.
Korrekturfaktoren für Regionaleinfluss, Mengeneinfluss, Konjunktureinfluss siehe Vorspann.
Abkürzungen: EP = Einheitspreis, LA = Lohnanteil, ST = Stoffanteil

009.22040.M KG 221 DIN 276
dukt-Guß-Leitung, DN 500, Verbau m. Steifen bis 6,00m
EP 278,62 DM/m   LA 90,60 DM/m   ST 188,02 DM/m
EP 142,45 €/m   LA 46,32 €/m   ST 96,13 €/m

009.22041.M KG 221 DIN 276
dukt-Guß-Leitung, DN 600, geböschter Graben bis 1,75m
EP 307,23 DM/m   LA 60,60 DM/m   ST 246,63 DM/m
EP 157,08 €/m   LA 30,99 €/m   ST 126,09 €/m

009.22042.M KG 221 DIN 276
dukt-Guß-Leitung, DN 600, Verbau o. Steifen bis 1,75m
EP 334,10 DM/m   LA 87,48 DM/m   ST 246,62 DM/m
EP 170,82 €/m   LA 44,73 €/m   ST 126,09 €/m

009.22043.M KG 221 DIN 276
dukt-Guß-Leitung, DN 600, Verbau m. Steifen bis 1,75m
EP 340,35 DM/m   LA 93,73 DM/m   ST 246,62 DM/m
EP 174,02 €/m   LA 47,92 €/m   ST 126,10 €/m

009.22044.M KG 221 DIN 276
dukt-Guß-Leitung, DN 600, Verbau m. Steifen bis 6,00m
EP 346,59 DM/m   LA 99,97 DM/m   ST 246,62 DM/m
EP 177,21 €/m   LA 51,11 €/m   ST 126,10 €/m

009.22045.M KG 221 DIN 276
dukt-Guß-Leitung, DN 700, geböschter Graben bis 1,75m
EP 356,44 DM/m   LA 65,61 DM/m   ST 290,83 DM/m
EP 182,25 €/m   LA 33,54 €/m   ST 148,71 €/m

009.22046.M KG 221 DIN 276
dukt-Guß-Leitung, DN 700, Verbau o. Steifen bis 1,75m
EP 384,56 DM/m   LA 93,73 DM/m   ST 290,83 DM/m
EP 196,62 €/m   LA 47,92 €/m   ST 148,70 €/m

009.22047.M KG 221 DIN 276
dukt-Guß-Leitung, DN 700, Verbau m. Steifen bis 1,75m
EP 390,80 DM/m   LA 99,97 DM/m   ST 290,83 DM/m
EP 199,82 €/m   LA 51,11 €/m   ST 148,71 €/m

009.22048.M KG 221 DIN 276
dukt-Guß-Leitung, DN 700, Verbau m. Steifen bis 6,00m
EP 397,06 DM/m   LA 106,22 DM/m   ST 290,84 DM/m
EP 203,01 €/m   LA 54,31 €/m   ST 148,70 €/m

009.22049.M KG 221 DIN 276
dukt-Guß-Leitung, DN 800, geböschter Graben bis 1,75m
EP 491,48 DM/m   LA 71,22 DM/m   ST 420,26 DM/m
EP 251,29 €/m   LA 36,42 €/m   ST 214,87 €/m

009.22050.M KG 221 DIN 276
dukt-Guß-Leitung, DN 800, Verbau o. Steifen bis 1,75m
EP 523,34 DM/m   LA 103,09 DM/m   ST 420,25 DM/m
EP 267,58 €/m   LA 52,71 €/m   ST 214,87 €/m

009.22051.M KG 221 DIN 276
dukt-Guß-Leitung, DN 800, Verbau m. Steifen bis 1,75m
EP 529,59 DM/m   LA 109,34 DM/m   ST 420,25 DM/m
EP 270,78 €/m   LA 55,91 €/m   ST 214,87 €/m

009.22052.M KG 221 DIN 276
dukt-Guß-Leitung, DN 800, Verbau m. Steifen bis 6,00m
EP 535,84 DM/m   LA 115,59 DM/m   ST 420,25 DM/m
EP 273,97 €/m   LA 59,10 €/m   ST 214,87 €/m

Duktile-Gusseisen-Pass- und Formstücke

009.----.-

009.22201.M	dukt-Guss-Passstück, als Zulage, DN 80, L = 60 cm	321,97 DM/St / 164,62 €/St
009.22202.M	dukt-Guss-Passstück, als Zulage, DN 100, L = 60 cm	329,70 DM/St / 168,57 €/St
009.22203.M	dukt-Guss-Passstück, als Zulage, DN 125, L = 60 cm	414,97 DM/St / 212,17 €/St
009.22204.M	dukt-Guss-Passstück, als Zulage, DN 150, L = 60 cm	414,97 DM/St / 212,17 €/St
009.22205.M	dukt-Guss-Passstück, als Zulage, DN 200, L = 60 cm	584,26 DM/St / 298,73 €/St
009.22301.M	dukt-Guss-Bogen, als Zulage, DN 80	240,04 DM/St / 122,73 €/St
009.22302.M	dukt-Guss-Bogen, als Zulage, DN 100	283,31 DM/St / 144,85 €/St
009.22303.M	dukt-Guss-Bogen, als Zulage, DN 125	362,52 DM/St / 185,36 €/St
009.22304.M	dukt-Guss-Bogen, als Zulage, DN 150	462,62 DM/St / 236,53 €/St
009.22305.M	dukt-Guss-Bogen, als Zulage, DN 200	688,76 DM/St / 352,16 €/St
009.22306.M	dukt-Guss-Bogen, als Zulage, DN 250	941,22 DM/St / 481,24 €/St
009.22307.M	dukt-Guss-Bogen, als Zulage, DN 300	1 323,27 DM/St / 676,58 €/St

009.22201.M KG 221 DIN 276
dukt-Guss-Passstück, als Zulage, DN 80, L = 60 cm
EP 321,97 DM/St   LA 26,86 DM/St   ST 295,11 DM/St
EP 164,62 €/St   LA 13,74 €/St   ST 150,88 €/St

009.22202.M KG 221 DIN 276
dukt-Guss-Passstück, als Zulage, DN 100, L = 60 cm
EP 329,70 DM/St   LA 27,49 DM/St   ST 302,21 DM/St
EP 168,57 €/St   LA 14,05 €/St   ST 154,52 €/St

009.22203.M KG 221 DIN 276
dukt-Guss-Passstück, als Zulage, DN 125, L = 60 cm
EP 414,97 DM/St   LA 28,74 DM/St   ST 386,23 DM/St
EP 212,17 €/St   LA 14,70 €/St   ST 197,47 €/St

009.22204.M KG 221 DIN 276
dukt-Guss-Passstück, als Zulage, DN 150, L = 60 cm
EP 414,97 DM/St   LA 28,74 DM/St   ST 386,23 DM/St
EP 212,17 €/St   LA 14,70 €/St   ST 197,47 €/St

009.22205.M KG 221 DIN 276
dukt-Guss-Passstück, als Zulage, DN 200, L = 60 cm
EP 584,26 DM/St   LA 29,99 DM/St   ST 554,27 DM/St
EP 298,73 €/St   LA 15,33 €/St   ST 283,40 €/St

009.22301.M KG 221 DIN 276
dukt-Guss-Bogen, als Zulage, DN 80
EP 240,04 DM/St   LA 26,86 DM/St   ST 213,18 DM/St
EP 122,73 €/St   LA 13,74 €/St   ST 108,99 €/St

009.22302.M KG 221 DIN 276
dukt-Guss-Bogen, als Zulage, DN 100
EP 283,31 DM/St   LA 27,49 DM/St   ST 255,82 DM/St
EP 144,85 €/St   LA 14,05 €/St   ST 130,80 €/St

009.22303.M KG 221 DIN 276
dukt-Guss-Bogen, als Zulage, DN 125
EP 362,52 DM/St   LA 28,12 DM/St   ST 334,40 DM/St
EP 185,36 €/St   LA 14,38 €/St   ST 170,98 €/St

009.22304.M KG 221 DIN 276
dukt-Guss-Bogen, als Zulage, DN 150
EP 462,62 DM/St   LA 28,74 DM/St   ST 433,88 DM/St
EP 236,53 €/St   LA 14,70 €/St   ST 221,83 €/St

009.22305.M KG 221 DIN 276
dukt-Guss-Bogen, als Zulage, DN 200
EP 688,76 DM/St   LA 29,99 DM/St   ST 658,77 DM/St
EP 352,16 €/St   LA 15,33 €/St   ST 336,83 €/St

009.22306.M KG 221 DIN 276
dukt-Guss-Bogen, als Zulage, DN 250
EP 941,22 DM/St   LA 32,49 DM/St   ST 908,73 DM/St
EP 481,24 €/St   LA 16,61 €/St   ST 464,63 €/St

009.22307.M KG 221 DIN 276
dukt-Guss-Bogen, als Zulage, DN 300
EP 1 323,27 DM/St LA 34,99 DM/St   ST 1 288,28 DM/St
EP   676,58 €/St   LA 17,89 €/St   ST   658,69 €/St

AW 009

LB 009 Entwässerungskanalarbeiten
Schächte

Ausgabe 06.02

Sämtliche Preise sind **Mittelpreise ohne Mehrwertsteuer** zum Zeitpunkt des Ausgabedatums.
Korrekturfaktoren für Regionaleinfluss, Mengeneinfluss, Konjunktureinfluss siehe Vorspann.
Abkürzungen: EP = Einheitspreis, LA = Lohnanteil, ST = Stoffanteil

Schächte

Abkürzungen:
t = lichte Schachttiefe, (von der Auflagerfläche der Schachtabdeckung bis zum tiefsten Punkt der Rinnensohle gerechnet)
Einst. = Durchmesser der Einstiegsöffnung

009.----.-

009.40001.M	Schacht, rund, Betonteile, DN 1000, Einst.600, t=1,6m	763,78 DM/St / 390,51 €/St
009.40002.M	Schacht, rund, Betonteile, DN 1000, Einst.600, t=2,0m	908,88 DM/St / 464,70 €/St
009.40003.M	Schacht, rund, Betonteile, DN 1000, Einst.600, t=2,5m	1 053,98 DM/St / 538,89 €/St
009.40004.M	Schacht, rund, Betonteile, DN 1000, Einst.600, t=3,0m	1 261,57 DM/St / 645,03 €/St
009.40005.M	Schacht, rund, Betonteile, DN 1000, Einst.600, t=3,5m	1 406,67 DM/St / 719,22 €/St
009.40006.M	Schacht, rund, Betonteile, DN 1000, Einst.600, t=4,0m	1 551,78 DM/St / 793,41 €/St
009.40007.M	Schacht, rund, Betonteile, DN 1000, Einst.600, t=4,5m	1 696,87 DM/St / 867,60 €/St
009.40008.M	Schacht, rund, Betonteile, DN 1000, Einst.700, t=1,6m	998,91 DM/St / 510,73 €/St
009.40009.M	Schacht, rund, Betonteile, DN 1000, Einst.700, t=2,0m	1 144,00 DM/St / 584,92 €/St
009.40010.M	Schacht, rund, Betonteile, DN 1000, Einst.700, t=2,5m	1 289,10 DM/St / 659,11 €/St
009.40011.M	Schacht, rund, Betonteile, DN 1000, Einst.700, t=3,0m	1 496,70 DM/St / 765,25 €/St

009.40001.M KG 221 DIN 276
Schacht, rund, Betonteile, DN 1000, Einst.600, t=1,6m
EP 763,78 DM/St   LA 406,13 DM/St   ST 357,65 DM/St
EP 390,51 €/St   LA 207,65 €/St   ST 182,86 €/St

009.40002.M KG 221 DIN 276
Schacht, rund, Betonteile, DN 1000, Einst.600, t=2,0m
EP 908,88 DM/St   LA 481,10 DM/St   ST 427,78 DM/St
EP 464,70 €/St   LA 245,98 €/St   ST 218,72 €/St

009.40003.M KG 221 DIN 276
Schacht, rund, Betonteile, DN 1000, Einst.600, t=2,5m
EP 1 053,98 DM/St   LA 556,08 DM/St   ST 497,90 DM/St
EP   538,89 €/St   LA 284,32 €/St   ST 254,57 €/St

009.40004.M KG 221 DIN 276
Schacht, rund, Betonteile, DN 1000, Einst.600, t=3,0m
EP 1 261,57 DM/St   LA 693,54 DM/St   ST 568,03 DM/St
EP   645,03 €/St   LA 354,60 €/St   ST 290,43 €/St

009.40005.M KG 221 DIN 276
Schacht, rund, Betonteile, DN 1000, Einst.600, t=3,5m
EP 1 406,67 DM/St   LA 768,51 DM/St   ST 638,16 DM/St
EP   719,22 €/St   LA 392,93 €/St   ST 326,29 €/St

009.40006.M KG 221 DIN 276
Schacht, rund, Betonteile, DN 1000, Einst.600, t=4,0m
EP 1 551,78 DM/St   LA 843,50 DM/St   ST 708,28 DM/St
EP   793,41 €/St   LA 431,27 €/St   ST 362,14 €/St

009.40007.M KG 221 DIN 276
Schacht, rund, Betonteile, DN 1000, Einst.600, t=4,5m
EP 1 696,87 DM/St   LA 918,47 DM/St   ST 778,40 DM/St
EP   867,60 €/St   LA 469,61 €/St   ST 397,99 €/St

009.40008.M KG 221 DIN 276
Schacht, rund, Betonteile, DN 1000, Einst.700, t=1,6m
EP 998,91 DM/St   LA 406,13 DM/St   ST 592,78 DM/St
EP 510,73 €/St   LA 207,65 €/St   ST 303,08 €/St

009.40009.M KG 221 DIN 276
Schacht, rund, Betonteile, DN 1000, Einst.700, t=2,0m
EP 1 144,00 DM/St   LA 481,10 DM/St   ST 662,90 DM/St
EP   584,92 €/St   LA 245,98 €/St   ST 338,94 €/St

009.40010.M KG 221 DIN 276
Schacht, rund, Betonteile, DN 1000, Einst.700, t=2,5m
EP 1 289,10 DM/St   LA 556,08 DM/St   ST 733,02 DM/St
EP   659,11 €/St   LA 284,32 €/St   ST 374,79 €/St

009.40011.M KG 221 DIN 276
Schacht, rund, Betonteile, DN 1000, Einst.700, t=3,0m
EP 1 496,70 DM/St   LA 693,54 DM/St   ST 803,16 DM/St
EP   765,25 €/St   LA 354,60 €/St   ST 410,65 €/St

LB 009 Entwässerungskanalarbeiten
Schachtabdeckungen, Klasse A 15

AW 009

Ausgabe 06.02

Sämtliche Preise sind **Mittelpreise ohne Mehrwertsteuer** zum Zeitpunkt des Ausgabedatums.
Korrekturfaktoren für Regionaleinfluss, Mengeneinfluss, Konjunktureinfluss siehe Vorspann.
Abkürzungen: EP = Einheitspreis, LA = Lohnanteil, ST = Stoffanteil

Schachtabdeckungen, Klasse A 15

Abkürzungen:
A15 = Verkehrsflächen, die ausschließlich von Fußgängern und Radfahrern benutzt werden können
GG = Gusseisen
BG = Gusseisen mit Beton
LW = Lichte Weite
(freier Durchgang bei runden Abdeckungen)
LF = Lichte Fläche
(freier Durchgang bei quadr. Abdeckungen)
o.Ein = ohne dämpfende Einlage
m.Ein = mit dämpfender Einlage
o.Ri = ohne Verriegelung
m.Ri = mit Verriegelung
m.Zw-deckel = mit Zwischendeckel

009.-----.-

009.60201.M Sch-abd. A15, GG-Rahm.+GG-Deck., LW 300, o.Ein, o.Ri 132,66 DM/St
67,83 €/St
009.60202.M Sch-abd. A15, GG- Rahm +GG- Deck, LW 450, o.Ein, o.Ri 232,78 DM/St
119,02 €/St
009.60203.M Sch-abd. A15, GG- Rahm +GG- Deck, LW 500, o.Ein, o.Ri 279,21 DM/St
142,76 €/St
009.60204.M Sch-abd. A15, GG- Rahm +GG- Deck, LW 600, o.Ein, o.Ri 366,32 DM/St
187,30 €/St
009.60205.M Sch-abd. A15, GG- Rahm +GG- Deck, LW 700, o.Ein, o.Ri 561,31 DM/St
286,99 €/St
009.60206.M Sch-abd. A15, GG-Rahm.+GG- Deck LW 800, o.Ein, o.Ri 1 028,10 DM/St
525,66 €/St
009.60207.M Sch-abd. A15, GG-Rahm.+GG- Deck, LF 400, o.Ein, o.Ri 250,29 DM/St
127,97 €/St
009.60208.M Sch-abd. A15, GG-Rahm.+GG- Deck, LF 500, o.Ein, o.Ri 341,92 DM/St
174,82 €/St
009.60209.M Sch-abd. A15, GG-Rahm.+GG- Deck, LF 600, o.Ein, o.Ri 539,57 DM/St
275,88 €/St
009.60210.M Sch-abd. A15, GG-Rahm.+GG- Deck, LF 700, o.Ein, o.Ri 765,28 DM/St
391,28 €/St
009.60211.M Sch-abd. A15, GG-Rahm.+GG- Deck, LF 400,m.Zw-deckel 228,07 DM/St
116,61 €/St
009.60212.M Sch-abd. A15, GG-Rahm.+GG- Deck,LF 500, m.Zw-deckel 304,45 DM/St
155,67 €/St
009.60213.M Sch-abd. A15, GG-Rahm.+GG- Deck,LF 600,m.Zw-deckel 436,10 DM/St
222,97 €/St
009.60214.M Sch-abd. A15, GG-Rahm.+BG- Deck,LW 450, o.Ein, o.Ri 310,88 DM/St
158,95 €/St
009.60215.M Sch-abd. A15, GG-Rahm.+BG- Deck, LW 500, o.Ein, o.Ri 351,94 DM/St
179,94 €/St
009.60216.M Sch-abd. A15, GG-Rahm.+BG- Deck, LW 600, o.Ein, o.Ri 394,49 DM/St
201,70 €/St
009.60217.M Sch-abd. A15, GG-Rahm.+BG- Deck, LW 700, o.Ein, o.Ri 399,87 DM/St
357,84 €/St
009.60218.M Sch-abd. A15, GG-Rahm.+BG- Deck,LW 800 o.Ein, o.Ri 1 050,62 DM/St
537,17 €/St

009.60201.M KG 221 DIN 276
Sch-abd. A15, GG-Rahmen+GG-Deckel, LW 300, o.Ein, o.Ri
EP 132,66 DM/St   LA 24,99 DM/St   ST 107,67 DM/St
EP 67,83 €/St   LA 12,78 €/St   ST 55,05 €/St

009.60202.M KG 221 DIN 276
Sch-abd. A15, GG-Rahmen+GG-Deckel, LW 450, o.Ein, o.Ri
EP 232,78 DM/St   LA 34,36 DM/St   ST 198,42 DM/St
EP 119,02 €/St   LA 17,57 €/St   ST 101,45 €/St

009.60203.M KG 221 DIN 276
Sch-abd. A15, GG-Rahmen+GG-Deckel, LW 500, o.Ein, o.Ri
EP 279,21 DM/St   LA 37,49 DM/St   ST 241,72 DM/St
EP 142,76 €/St   LA 19,17 €/St   ST 123,59 €/St

009.60204.M KG 221 DIN 276
Sch-abd. A15, GG-Rahmen+GG-Deckel, LW 600, o.Ein, o.Ri
EP 366,32 DM/St   LA 43,74 DM/St   ST 322,58 DM/St
EP 187,30 €/St   LA 22,36 €/St   ST 164,94 €/St

009.60205.M KG 221 DIN 276
Sch-abd. A15, GG-Rahmen+GG-Deckel, LW 700, o.Ein, o.Ri
EP 561,31 DM/St   LA 53,10 DM/St   ST 508,21 DM/St
EP 286,99 €/St   LA 27,15 €/St   ST 259,84 €/St

009.60206.M KG 221 DIN 276
Sch-abd. A15, GG-Rahmen+GG-Deckel, LW 800, o.Ein, o.Ri
EP 1 028,10 DM/St LA 56,23 DM/St   ST 971,87 DM/St
EP 525,66 €/St   LA 28,75 €/St   ST 496,91 €/St

009.60207.M KG 221 DIN 276
Sch-abd. A15, GG-Rahmen+GG-Deckel, LF 400, o.Ein, o.Ri
EP 250,29 DM/St   LA 31,25 DM/St   ST 219,04 DM/St
EP 127,97 €/St   LA 15,98 €/St   ST 111,99 €/St

009.60208.M KG 221 DIN 276
Sch-abd. A15, GG-Rahmen+GG-Deckel, LF 500, o.Ein, o.Ri
EP 341,92 DM/St   LA 37,49 DM/St   ST 304,43 DM/St
EP 174,82 €/St   LA 19,17 €/St   ST 155,65 €/St

009.60209.M KG 221 DIN 276
Sch-abd. A15, GG-Rahmen+GG-Deckel, LF 600, o.Ein, o.Ri
EP 539,57 DM/St   LA 43,74 DM/St   ST 495,83 DM/St
EP 275,88 €/St   LA 22,36 €/St   ST 253,52 €/St

009.60210.M KG 221 DIN 276
Sch-abd. A15, GG-Rahmen+GG-Deckel, LF 700, o.Ein, o.Ri
EP 765,28 DM/St   LA 49,99 DM/St   ST 715,29 DM/St
EP 391,28 €/St   LA 25,56 €/St   ST 365,72 €/St

009.60211.M KG 221 DIN 276
Sch-abd. A15, GG-Rahmen+GG-Deckel, LF 400, m.Zw-deckel
EP 228,07 DM/St   LA 37,49 DM/St   ST 190,58 DM/St
EP 116,61 €/St   LA 19,17 €/St   ST 97,44 €/St

009.60212.M KG 221 DIN 276
Sch-abd. A15, GG-Rahmen+GG-Deckel, LF 500, m.Zw-deckel
EP 304,45 DM/St   LA 43,74 DM/St   ST 260,71 DM/St
EP 155,67 €/St   LA 22,36 €/St   ST 133,31 €/St

009.60213.M KG 221 DIN 276
Sch-abd. A15, GG-Rahmen+GG-Deckel, LF 600, m.Zw-deckel
EP 436,10 DM/St   LA 49,99 DM/St   ST 386,11 DM/St
EP 222,97 €/St   LA 25,56 €/St   ST 197,41 €/St

009.60214.M KG 221 DIN 276
Sch-abd. A15, GG-Rahmen+BG-Deckel, LW 450, o.Ein, o.Ri
EP 310,88 DM/St   LA 46,86 DM/St   ST 264,02 DM/St
EP 158,95 €/St   LA 23,96 €/St   ST 134,99 €/St

009.60215.M KG 221 DIN 276
Sch-abd. A15, GG-Rahmen+BG-Deckel, LW 500, o.Ein, o.Ri
EP 351,94 DM/St   LA 49,99 DM/St   ST 301,95 DM/St
EP 179,94 €/St   LA 25,56 €/St   ST 154,39 €/St

009.60216.M KG 221 DIN 276
Sch-abd. A15, GG-Rahmen+BG-Deckel, LW 600, o.Ein, o.Ri
EP 394,49 DM/St   LA 56,23 DM/St   ST 338,26 DM/St
EP 201,70 €/St   LA 28,75 €/St   ST 172,95 €/St

009.60217.M KG 221 DIN 276
Sch-abd. A15, GG-Rahmen+BG-Deckel, LW 700, o.Ein, o.Ri
EP 699,87 DM/St   LA 68,73 DM/St   ST 631,14 DM/St
EP 357,84 €/St   LA 35,14 €/St   ST 322,70 €/St

009.60218.M KG 221 DIN 276
Sch-abd. A15, GG-Rahmen+BG-Deckel, LW 800, o.Ein, o.Ri
EP 1 050,62 DM/St LA 81,22 DM/St   ST 969,40 DM/St
EP 537,17 €/St   LA 41,53 €/St   ST 495,64 €/St

LB 009 Entwässerungskanalarbeiten
Schachtabdeckungen, Klasse B 125

Ausgabe 06.02

Sämtliche Preise sind **Mittelpreise ohne Mehrwertsteuer** zum Zeitpunkt des Ausgabedatums.
Korrekturfaktoren für Regionaleinfluss, Mengeneinfluss, Konjunktureinfluss siehe Vorspann.
Abkürzungen: EP = Einheitspreis, LA = Lohnanteil, ST = Stoffanteil

Schachtabdeckungen, Klasse B 125

Abkürzungen:
- B125 = Gehwege, Fußgängerbereiche, PKW-Parkflächen
- GG = Gusseisen
- BG = Gusseisen mit Beton
- LW = Lichte Weite (freier Durchgang bei runden Abdeckungen)
- LWq = wie vor, jedoch runde Abdeck. in quadr. Rahmen
- LF = Lichte Fläche (freier Durchgang bei quadr. Abdeckungen)
- o.Ein = ohne dämpfende Einlage
- m.Ein = mit dämpfender Einlage
- o.Ri = ohne Verriegelung
- m.Ri = mit Verriegelung

009.----.-

009.60301.M Sch-abd.B125,GG-Rahmen+GG-Deck,LW 450,o.Ein, o.Ri 326,41 DM/St
166,89 €/St
009.60302.M Sch-abd.B125,GG-Rahmen+GG-Deck,LW 500,o.Ein, o.Ri 402,14 DM/St
205,61 €/St
009.60303.M Sch-abd.B125,GG-Rahmen+GG-Deck,LW 600,o.Ein, o.Ri 518,13 DM/St
264,91 €/St
009.60304.M Sch-abd.B125,GG-Rahmen+GG-Deck,LW 700,o.Ein, o.Ri 765,10 DM/St
391,19 €/St
009.60305.M Sch-abd.B125,GG-Rahmen+GG-Deck,LF 400,o.Ein, o.Ri 348,05 DM/St
177,96 €/St
009.60306.M Sch-abd.B125,GG-Rahmen+GG-Deck,LF 500,o.Ein, o.Ri 473,10 DM/St
241,89 €/St
009.60307.M Sch-abd.B125,GG-Rahmen+GG-Deck,LF 600,o.Ein, o.Ri 677,36 DM/St
346,33 €/St
009.60308.M Sch-abd.B125,GG-Rahmen+GG-Deck,LF 700,o.Ein, o.Ri 985,56 DM/St
503,91 €/St
009.60309.M Sch-abd.B125,GG-Rahmen+BG-Deck,LW 450,o.Ein, o.Ri 395,72 DM/St
202,33 €/St
009.60310.M Sch-abd.B125,GG-Rahmen+BG-Deck,LW 500,o.Ein, o.Ri 421,13 DM/St
215,32 €/St
009.60311.M Sch-abd.B125,GG-Rahmen+BG-Deck,LW 600,o.Ein, o.Ri 454,61 DM/St
232,44 €/St
009.60312.M Sch-abd.B125,GG-Rahmen+BG-Deck,LW 700,o.Ein, o.Ri 947,42 DM/St
484,41 €/St
009.60313.M Sch-abd.B125,GG-Rahmen+BG-Deck,LW 800,o.Ein,o.Ri 1 187,17 DM/St
606,99 €/St
009.60314.M Sch-abd.B125, GG-Rahmen+BG-Deck,LW 600,o.Ein,o.Ri 291,24 DM/St
148,91 €/St
009.60315.M Sch-abd.B125, GG-Rahmen+BG-Deck,LWq600,o.Ein,o.Ri 382,82 DM/St
195,74 €/St
009.60316.M Sch-abd.B125,BG-Rahmen+BG-Deck, W 600,o.Ein, o.Ri 184,24 DM/St
94,20 €/St
009.60317.M Sch-abd.B125,BG-Rahmen+BG-Deck, Wq600,o.Ein, o.Ri 275,81 DM/St
141,02 €/St

009.60301.M KG 221 DIN 276
Sch-abd.B125, GG-Rahmen+GG-Deckel, LW 450, o.Ein, o.Ri
EP 326,41 DM/St   LA 34,36 DM/St   ST 292,05 DM/St
EP 166,89 €/St   LA 17,57 €/St   ST 149,32 €/St

009.60302.M KG 221 DIN 276
Sch-abd.B125, GG-Rahmen+GG-Deckel, LW 500, o.Ein, o.Ri
EP 402,14 DM/St   LA 37,49 DM/St   ST 364,65 DM/St
EP 205,61 €/St   LA 19,17 €/St   ST 186,44 €/St

009.60303.M KG 221 DIN 276
Sch-abd.B125, GG-Rahmen+GG-Deckel, LW 600, o.Ein, o.Ri
EP 518,13 DM/St   LA 43,74 DM/St   ST 474,39 DM/St
EP 264,91 €/St   LA 22,36 €/St   ST 242,55 €/St

009.60304.M KG 221 DIN 276
Sch-abd.B125, GG-Rahmen+GG-Deckel, LW 700, o.Ein, o.Ri
EP 765,10 DM/St   LA 53,10 DM/St   ST 712,00 DM/St
EP 391,19 €/St   LA 27,15 €/St   ST 364,04 €/St

009.60305.M KG 221 DIN 276
Sch-abd.B125, GG-Rahmen+GG-Deckel, LF 400, o.Ein, o.Ri
EP 348,05 DM/St   LA 31,25 DM/St   ST 316,80 DM/St
EP 177,96 €/St   LA 15,98 €/St   ST 161,98 €/St

009.60306.M KG 221 DIN 276
Sch-abd.B125, GG-Rahmen+GG-Deckel, LF 500, o.Ein, o.Ri
EP 473,10 DM/St   LA 37,49 DM/St   ST 435,61 DM/St
EP 241,89 €/St   LA 19,17 €/St   ST 222,72 €/St

009.60307.M KG 221 DIN 276
Sch-abd.B125, GG-Rahmen+GG-Deckel, LF 600, o.Ein, o.Ri
EP 677,36 DM/St   LA 43,74 DM/St   ST 633,62 DM/St
EP 346,33 €/St   LA 22,36 €/St   ST 323,97 €/St

009.60308.M KG 221 DIN 276
Sch-abd.B125, GG-Rahmen+GG-Deckel, LF 700, o.Ein, o.Ri
EP 985,56 DM/St   LA 49,99 DM/St   ST 935,57 DM/St
EP 503,91 €/St   LA 25,56 €/St   ST 478,35 €/St

009.60309.M KG 221 DIN 276
Sch-abd.B125, GG-Rahmen+BG-Deckel, LW 450, o.Ein, o.Ri
EP 395,72 DM/St   LA 34,36 DM/St   ST 361,36 DM/St
EP 202,33 €/St   LA 17,57 €/St   ST 184,76 €/St

009.60310.M KG 221 DIN 276
Sch-abd.B125, GG-Rahmen+BG-Deckel, LW 500, o.Ein, o.Ri
EP 421,13 DM/St   LA 37,49 DM/St   ST 383,64 DM/St
EP 215,32 €/St   LA 19,17 €/St   ST 196,15 €/St

009.60311.M KG 221 DIN 276
Sch-abd.B125, GG-Rahmen+BG-Deckel, LW 600, o.Ein, o.Ri
EP 454,61 DM/St   LA 43,74 DM/St   ST 410,87 DM/St
EP 232,44 €/St   LA 22,36 €/St   ST 210,08 €/St

009.60312.M KG 221 DIN 276
Sch-abd.B125, GG-Rahmen+BG-Deckel, LW 700, o.Ein, o.Ri
EP 947,42 DM/St   LA 53,10 DM/St   ST 894,32 DM/St
EP 484,41 €/St   LA 27,15 €/St   ST 457,26 €/St

009.60313.M KG 221 DIN 276
Sch-abd.B125, GG-Rahmen+BG-Deckel, LW 800, o.Ein, o.Ri
EP 1 187,17 DM/St LA 59,36 DM/St   ST 1 127,81 DM/St
EP   606,99 €/St   LA 30,35 €/St   ST   576,64 €/St

009.60314.M KG 221 DIN 276
Sch-abd.B125, BG-Rahmen+GG-Deckel, LW 600, o.Ein, o.Ri
EP 291,24 DM/St   LA 43,74 DM/St   ST 247,50 DM/St
EP 148,91 €/St   LA 22,36 €/St   ST 126,55 €/St

009.60315.M KG 221 DIN 276
Sch-abd.B125, BG-Rahmen+GG-Deckel, LWq600, o.Ein, o.Ri
EP 382,82 DM/St   LA 43,74 DM/St   ST 339,08 DM/St
EP 195,74 €/St   LA 22,36 €/St   ST 173,38 €/St

009.60316.M KG 221 DIN 276
Sch-abd.B125, BG-Rahmen+BG-Deckel, LW 600, o.Ein, o.Ri
EP 184,24 DM/St   LA 46,86 DM/St   ST 137,38 DM/St
EP 94,20 €/St   LA 23,96 €/St   ST 70,24 €/St

009.60317.M KG 221 DIN 276
Sch-abd.B125, BG-Rahmen+BG-Deckel, LWq600, o.Ein, o.Ri
EP 275,81 DM/St   LA 46,86 DM/St   ST 228,95 DM/St
EP 141,02 €/St   LA 23,96 €/St   ST 117,06 €/St

LB 009 Entwässerungskanalarbeiten
Schachtabdeckungen, Klasse D 400

AW 009

Ausgabe 06.02

Sämtliche Preise sind **Mittelpreise ohne Mehrwertsteuer** zum Zeitpunkt des Ausgabedatums.
Korrekturfaktoren für Regionaleinfluss, Mengeneinfluss, Konjunktureinfluss siehe Vorspann.
Abkürzungen: EP = Einheitspreis, LA = Lohnanteil, ST = Stoffanteil

Schachtabdeckungen, Klasse D 400

Abkürzungen:
- D400 = Fahrbahnen von Straßen, Parkflächen und vergleichbare befestigte Verkehrsflächen
- GG = Gusseisen
- BG = Gusseisen mit Beton
- LW = Lichte Weite (freier Durchgang bei runden Abdeckungen)
- LWq = wie vor, jedoch runde Abdeck. in quadr. Rahmen
- o.Ein = ohne dämpfende Einlage
- m.Ein = mit dämpfender Einlage
- o.Ri = ohne Verriegelung
- m.Ri = mit Verriegelung

009.-----.-

009.60501.M	Sch-abd.D400,GG-Rahmen+GG-Deckel,LW 600,o.Ein, o.Ri	984,91 DM/St / 503,58 €/St
009.60502.M	Sch-abd.D400,GG-Rahm.+GG-Deckel,LW 600,o.Ein, m.Ri	1 325,65 DM/St / 677,79 €/St
009.60503.M	Sch-abd.D400,GG-Rahm.+GG-Deckel,LW 600,m.Ein, o.Ri	1 009,67 DM/St / 516,24 €/St
009.60504.M	Sch-abd.D400,GG-Rahm.+GG-Deckel,LW 600,m.Ein, m.Ri	1 350,40 DM/St / 690,45 €/St
009.60505.M	Sch-abd.D400,GG-Rahm.+GG-Deckel,LWq600,o.Ein, o.Ri	1 224,58 DM/St / 626,12 €/St
009.60506.M	Sch-abd.D400,GG-Rahm.+GG-Deckel,LWq600,m.Ein, o.Ri	1 249,35 DM/St / 638,78 €/St
009.60507.M	Sch-abd.D400,GG-Rahm.+BG-Deckel,LW 600,o.Ein, o.Ri	608,70 DM/St / 311,22 €/St
009.60508.M	Sch-abd.D400,GG-Rahm.+BG-Deckel,LW 600,o.Ein, m.Ri	949,43 DM/St / 485,44 €/St
009.60509.M	Sch-abd.D400,GG-Rahm.+BG-Deckel,LW 600,m.Ein, o.Ri	633,46 DM/St / 323,88 €/St
009.60510.M	Sch-abd.D400,GG-Rahm.+BG-Deckel,LW 600,m.Ein, m.Ri	974,20 DM/St / 498,10 €/St
009.60511.M	Sch-abd.D400,GG-Rahm.+BG-Deckel,LWq600,o.Ein, o.Ri	848,38 DM/St / 433,77 €/St
009.60512.M	Sch-abd.D400,GG-Rahm.+BG-Deckel,LWq600,m.Ein, o.Ri	873,14 DM/St / 446,43 €/St
009.60513.M	Sch-abd.D400,BG-Rahm.+GG-Deckel,LW 600,o.Ein, o.Ri	722,85 DM/St / 369,59 €/St
009.60514.M	Sch-abd.D400,BG-Rahm.+GG-Deckel,LW 600,o.Ein, m.Ri	1 063,58 DM/St / 543,80 €/St
009.60515.M	Sch-abd.D400,BG-Rahm.+GG-Deckel,LW 600,m.Ein, o.Ri	747,60 DM/St / 382,24 €/St
009.60516.M	Sch-abd.D400,BG-Rahm.+GG-Deckel,LW 600,m.Ein, m.Ri	1 088,34 DM/St / 556,46 €/St
009.60517.M	Sch-abd.D400,BG-Rahm.+GG-Deckel,LWq600,o.Ein, o.Ri	996,01 DM/St / 509,25 €/St
009.60518.M	Sch-abd.D400,BG-Rahm.+GG-Deckel,LWq600,o.Ein, m.Ri	1 336,74 DM/St / 683,46 €/St
009.60519.M	Sch-abd.D400,BG-Rahm.+GG-Deckel,LWq600,m.Ein, o.Ri	1 020,75 DM/St / 521,90 €/St
009.60520.M	Sch-abd.D400,BG-Rahm.+GG-Deckel,LWq600,m.Ein, m.Ri	1 361,49 DM/St / 696,12 €/St
009.60521.M	Sch-abd.D400,BG-Rahm.+BG-Deckel,LW 600,o.Ein, o.Ri	346,63 DM/St / 177,23 €/St
009.60522.M	Sch-abd.D400,BG-Rahm.+BG-Deckel,LW 600,o.Ein, m.Ri	687,37 DM/St / 351,45 €/St
009.60523.M	Sch-abd.D400,BG-Rahm.+BG-Deckel,LW 600,m.Ein, o.Ri	371,39 DM/St / 189,89 €/St
009.60524.M	Sch-abd.D400,BG-Rahm.+BG-Deckel,LW 600,m.Ein, m.Ri	712,12 DM/St / 364,10 €/St
009.60525.M	Sch-abd.D400,BG-Rahm.+BG-Deckel,LW 700,m.Ein, m.Ri	403,12 DM/St / 206,11 €/St
009.60526.M	Sch-abd.D400,BG-Rahm.+BG-Deckel,LWq600,o.Ein, o.Ri	619,79 DM/St / 316,90 €/St
009.60527.M	Sch-abd.D400,BG-Rahm.+BG-Deckel,LWq600,o.Ein, m.Ri	960,52 DM/St / 491,11 €/St
009.60528.M	Sch-abd.D400,BG-Rahm.+BG-Deckel,LWq600,m.Ein, o.Ri	644,54 DM/St / 329,55 €/St
009.60529.M	Sch-abd.D400,BG-Rahm.+BG-Deckel,LWq600,m.Ein, m.Ri	985,27 DM/St / 503,76 €/St

009.60501.M KG 221 DIN 276
Sch-abd.D400, GG-Rahmen+GG-Deckel, LW 600, o.Ein, o.Ri
EP 984,91 DM/St   LA 46,86 DM/St   ST 938,05 DM/St
EP 503,58 €/St   LA 23,96 €/St   ST 479,62 €/St

009.60502.M KG 221 DIN 276
Sch-abd.D400, GG-Rahmen+GG-Deckel, LW 600, o.Ein, m.Ri
EP 1 325,65 DM/St   LA 46,86 DM/St   ST 1 278,79 DM/St
EP 677,79 €/St   LA 23,96 €/St   ST 653,83 €/St

009.60503.M KG 221 DIN 276
Sch-abd.D400, GG-Rahmen+GG-Deckel, LW 600, m.Ein, o.Ri
EP 1 009,67 DM/St   LA 46,86 DM/St   ST 962,81 DM/St
EP 516,24 €/St   LA 23,96 €/St   ST 492,28 €/St

009.60504.M KG 221 DIN 276
Sch-abd.D400, GG-Rahmen+GG-Deckel, LW 600, m.Ein, m.Ri
EP 1 350,40 DM/St   LA 46,86 DM/St   ST 1 303,54 DM/St
EP 690,45 €/St   LA 23,96 €/St   ST 666,49 €/St

009.60505.M KG 221 DIN 276
Sch-abd.D400, GG-Rahmen+GG-Deckel, LWq600, o.Ein, o.Ri
EP 1 224,58 DM/St   LA 68,73 DM/St   ST 1 155,85 DM/St
EP 626,12 €/St   LA 35,14 €/St   ST 590,98 €/St

009.60506.M KG 221 DIN 276
Sch-abd.D400, GG-Rahmen+GG-Deckel, LWq600, m.Ein, o.Ri
EP 1 249,35 DM/St   LA 68,73 DM/St   ST 1 180,62 DM/St
EP 638,78 €/St   LA 35,14 €/St   ST 603,64 €/St

009.60507.M KG 221 DIN 276
Sch-abd.D400, GG-Rahmen+BG-Deckel, LW 600, o.Ein, o.Ri
EP 608,70 DM/St   LA 46,86 DM/St   ST 561,84 DM/St
EP 311,22 €/St   LA 23,96 €/St   ST 287,26 €/St

009.60508.M KG 221 DIN 276
Sch-abd.D400, GG-Rahmen+BG-Deckel, LW 600, o.Ein, m.Ri
EP 949,43 DM/St   LA 46,86 DM/St   ST 902,57 DM/St
EP 485,44 €/St   LA 23,96 €/St   ST 461,48 €/St

009.60509.M KG 221 DIN 276
Sch-abd.D400, GG-Rahmen+BG-Deckel, LW 600, m.Ein, o.Ri
EP 633,46 DM/St   LA 46,86 DM/St   ST 586,60 DM/St
EP 323,88 €/St   LA 23,96 €/St   ST 299,92 €/St

009.60510.M KG 221 DIN 276
Sch-abd.D400, GG-Rahmen+BG-Deckel, LW 600, m.Ein, m.Ri
EP 974,20 DM/St   LA 46,86 DM/St   ST 927,34 DM/St
EP 498,10 €/St   LA 23,96 €/St   ST 474,14 €/St

009.60511.M KG 221 DIN 276
Sch-abd.D400, GG-Rahmen+BG-Deckel, LWq600, o.Ein, o.Ri
EP 848,38 DM/St   LA 68,73 DM/St   ST 779,65 DM/St
EP 433,77 €/St   LA 35,14 €/St   ST 398,63 €/St

009.60512.M KG 221 DIN 276
Sch-abd.D400, GG-Rahmen+BG-Deckel, LWq600, m.Ein, o.Ri
EP 873,14 DM/St   LA 68,73 DM/St   ST 804,41 DM/St
EP 446,43 €/St   LA 35,14 €/St   ST 411,29 €/St

009.60513.M KG 221 DIN 276
Sch-abd.D400, BG-Rahmen+GG-Deckel, LW 600, o.Ein, o.Ri
EP 722,85 DM/St   LA 56,23 DM/St   ST 666,62 DM/St
EP 369,59 €/St   LA 28,75 €/St   ST 340,84 €/St

009.60514.M KG 221 DIN 276
Sch-abd.D400, BG-Rahmen+GG-Deckel, LW 600, o.Ein, m.Ri
EP 1 063,58 DM/St   LA 56,23 DM/St   ST 1 007,35 DM/St
EP 543,80 €/St   LA 28,75 €/St   ST 515,05 €/St

009.60515.M KG 221 DIN 276
Sch-abd.D400, BG-Rahmen+GG-Deckel, LW 600, m.Ein, o.Ri
EP 747,60 DM/St   LA 56,23 DM/St   ST 691,37 DM/St
EP 382,24 €/St   LA 28,75 €/St   ST 353,49 €/St

009.60516.M KG 221 DIN 276
Sch-abd.D400, BG-Rahmen+GG-Deckel, LW 600, m.Ein, m.Ri
EP 1 088,34 DM/St   LA 56,23 DM/St   ST 1 032,11 DM/St
EP 556,46 €/St   LA 28,75 €/St   ST 527,71 €/St

009.60517.M KG 221 DIN 276
Sch-abd.D400, BG-Rahmen+GG-Deckel, LWq600, o.Ein, o.Ri
EP 996,01 DM/St   LA 84,35 DM/St   ST 911,66 DM/St
EP 509,25 €/St   LA 43,13 €/St   ST 466,12 €/St

AW 009
LB 009 Entwässerungskanalarbeiten
Steigeisen, Steigkästen usw.

Ausgabe 06.02

Sämtliche Preise sind **Mittelpreise ohne Mehrwertsteuer** zum Zeitpunkt des Ausgabedatums.
Korrekturfaktoren für Regionaleinfluss, Mengeneinfluss, Konjunktureinfluss siehe Vorspann
Abkürzungen: EP = Einheitspreis, LA = Lohnanteil, ST = Stoffanteil

009.60518.M KG 221 DIN 276
Sch-abd.D400, BG-Rahmen+GG-Deckel, LWq600, o.Ein, m.Ri
EP 1 336,74 DM/St   LA 84,35 DM/St   ST 1 252,39 DM/St
EP   683,46 €/St   LA 43,13 €/St   ST   640,33 €/St

009.60519.M KG 221 DIN 276
Sch-abd.D400, BG-Rahmen+GG-Deckel, LWq600, m.Ein, o.Ri
EP 1 020,75 DM/St   LA 84,35 DM/St   ST 936,40 DM/St
EP   521,90 €/St   LA 43,13 €/St   ST 478,77 €/St

009.60520.M KG 221 DIN 276
Sch-abd.D400, BG-Rahmen+GG-Deckel, LWq600, m.Ein, m.Ri
EP 1 361,49 DM/St   LA 84,35 DM/St   ST 1 277,14 DM/St
EP   696,12 €/St   LA 43,13 €/St   ST   652,99 €/St

009.60521.M KG 221 DIN 276
Sch-abd.D400, BG-Rahmen+BG-Deckel, LW 600, o.Ein, o.Ri
EP 346,63 DM/St   LA 56,23 DM/St   ST 290,40 DM/St
EP 177,23 €/St   LA 28,75 €/St   ST 148,48 €/St

009.60522.M KG 221 DIN 276
Sch-abd.D400, BG-Rahmen+BG-Deckel, LW 600, o.Ein, m.Ri
EP 687,37 DM/St   LA 56,23 DM/St   ST 631,14 DM/St
EP 351,45 €/St   LA 28,75 €/St   ST 322,70 €/St

009.60523.M KG 221 DIN 276
Sch-abd.D400, BG-Rahmen+BG-Deckel, LW 600, m.Ein, o.Ri
EP 371,39 DM/St   LA 56,23 DM/St   ST 315,16 DM/St
EP 189,89 €/St   LA 28,75 €/St   ST 161,14 €/St

009.60524.M KG 221 DIN 276
Sch-abd.D400, BG-Rahmen+BG-Deckel, LW 600, m.Ein, m.Ri
EP 712,12 DM/St   LA 56,23 DM/St   ST 655,89 DM/St
EP 364,10 €/St   LA 28,75 €/St   ST 335,35 €/St

009.60525.M KG 221 DIN 276
Sch-abd.D400, BG-Rahmen+BG-Deckel, LW 700, m.Ein, o.Ri
EP 403,12 DM/St   LA 93,73 DM/St   ST 309,39 DM/St
EP 206,11 €/St   LA 47,92 €/St   ST 158,19 €/St

009.60526.M KG 221 DIN 276
Sch-abd.D400, BG-Rahmen+BG-Deckel, LWq600, o.Ein, o.Ri
EP 619,79 DM/St   LA 84,35 DM/St   ST 535,44 DM/St
EP 316,90 €/St   LA 43,13 €/St   ST 273,77 €/St

009.60527.M KG 221 DIN 276
Sch-abd.D400, BG-Rahmen+BG-Deckel, LWq600, o.Ein, m.Ri
EP 960,52 DM/St   LA 84,35 DM/St   ST 876,17 DM/St
EP 491,11 €/St   LA 43,13 €/St   ST 447,98 €/St

009.60528.M KG 221 DIN 276
Sch-abd.D400, BG-Rahmen+BG-Deckel, LWq600, m.Ein, o.Ri
EP 644,54 DM/St   LA 84,35 DM/St   ST 560,19 DM/St
EP 329,55 €/St   LA 43,13 €/St   ST 286,42 €/St

009.60529.M KG 221 DIN 276
Sch-abd.D400, BG-Rahmen+BG-Deckel, LWq600, m.Ein, m.Ri
EP 985,27 DM/St   LA 84,35 DM/St   ST 900,92 DM/St
EP 503,76 €/St   LA 43,13 €/St   ST 460,63 €/St

Schachtabdeckungen, Klasse E 600

Abkürzungen:
E600 = Nicht öffentl. Verkehrsflächen mit besonders hohen Radlasten (Industriebau)
GG = Gusseisen
BG = Gusseisen mit Beton
LW = Lichte Weite (freier Durchgang bei runden Abdeckungen)
LWq = wie vor, jedoch runde Abdeck. in quadr. Rahmen
o.Ein = ohne dämpfende Einlage
m.Ein = mit dämpfender Einlage
o.Ri = ohne Verriegelung
m.Ri = mit Verriegelung

009.------.-

009.60601.M	Sch-abd.E600, GG-Rahmen+BG-Deckel, LW 600, o.Ein, o.Ri	984,63 DM/St 503,43 €/St
009.60602.M	Sch-abd.E600, GG-Rah..+BG-Deckel, LW 600, o.Ein, m.Ri	1 325,35 DM/St 677,64 €/St
009.60603.M	Sch-abd.E600, GG-Rah..+BG-Deckel, LW 600, m.Ein, o.Ri	1 009,38 DM/St 516,09 €/St
009.60604.M	Sch-abd.E600, GG-Rah..+BG-Deckel, LW 600, m.Ein, m.Ri	1 350,11 DM/St 690,30 €/St
009.60605.M	Sch-abd.E600, BG-Rah..+BG-Deckel, LW 600, o.Ein, o.Ri	713,19 DM/St 364,65 €/St
009.60606.M	Sch-abd.E600, BG-Rah..+BG-Deckel, LW 600, o.Ein, m.Ri	1 053,92 DM/St 538,86 €/St
009.60607.M	Sch-abd.E600, BG-Rah.+BG-Deckel, LW 600, m.Ein, o.Ri	737,94 DM/St 377,30 €/St
009.60608.M	Sch-abd.E600, BG-Rah.+BG-Deckel, LW 600, m.Ein, m.Ri	1 078,68 DM/St 551,52 €/St
009.60609.M	Sch-abd.E600, BG-Rah.+BG-Deckel, LWq600, o.Ein, o.Ri	983,22 DM/St 502,71 €/St
009.60610.M	Sch-abd.E600, BG-Rah.+BG-Deckel, LWq600, o.Ein, m.Ri	1 323,96 DM/St 676,93 €/St
009.60611.M	Sch-abd.E600, BG-Rah.+BG-Deckel, LWq600, m.Ein, o.Ri	1 007,96 DM/St 515,36 €/St
009.60612.M	Sch-abd.E600, BG-Rah.+BG-Deckel, LWq600, m.Ein, m.Ri	1 348,70 DM/St 689,58 €/St

009.60601.M KG 221 DIN 276
Sch-abd.E600, GG-Rahmen+BG-Deckel, LW 600, o.Ein, o.Ri
EP 984,63 DM/St   LA 81,22 DM/St   ST 903,41 DM/St
EP 503,43 €/St   LA 41,53 €/St   ST 461,90 €/St

009.60602.M KG 221 DIN 276
Sch-abd.E600, GG-Rahmen+BG-Deckel, LW 600, o.Ein, m.Ri
EP 1 325,35 DM/St   LA 81,22 DM/St   ST 1 244,13 DM/St
EP   677,64 €/St   LA 41,53 €/St   ST   636,11 €/St

009.60603.M KG 221 DIN 276
Sch-abd.E600, GG-Rahmen+BG-Deckel, LW 600, m.Ein, o.Ri
EP 1 009,38 DM/St   LA 81,22 DM/St   ST 928,16 DM/St
EP   516,09 €/St   LA 41,53 €/St   ST 474,56 €/St

009.60604.M KG 221 DIN 276
Sch-abd.E600, GG-Rahmen+BG-Deckel, LW 600, m.Ein, m.Ri
EP 1 350,11 DM/St   LA 81,22 DM/St   ST 1 268,89 DM/St
EP   690,30 €/St   LA 41,53 €/St   ST   648,77 €/St

009.60605.M KG 221 DIN 276
Sch-abd.E600, BG-Rahmen+BG-Deckel, LW 600, o.Ein, o.Ri
EP 713,19 DM/St   LA 81,22 DM/St   ST 631,97 DM/St
EP 364,65 €/St   LA 41,53 €/St   ST 323,12 €/St

009.60606.M KG 221 DIN 276
Sch-abd.E600, BG-Rahmen+BG-Deckel, LW 600, o.Ein, m.Ri
EP 1 053,92 DM/St   LA 81,22 DM/St   ST 972,70 DM/St
EP   538,86 €/St   LA 41,53 €/St   ST 497,33 €/St

009.60607.M KG 221 DIN 276
Sch-abd.E600, BG-Rahmen+BG-Deckel, LW 600, m.Ein, o.Ri
EP 737,94 DM/St   LA 81,22 DM/St   ST 656,72 DM/St
EP 377,30 €/St   LA 41,53 €/St   ST 335,77 €/St

LB 009 Entwässerungskanalarbeiten
Schachtabdeckungen, Klasse D 400

AW 009

Ausgabe 06.02

Sämtliche Preise sind **Mittelpreise ohne Mehrwertsteuer** zum Zeitpunkt des Ausgabedatums.
Korrekturfaktoren für Regionaleinfluss, Mengeneinfluss, Konjunktureinfluss siehe Vorspann.
Abkürzungen: EP = Einheitspreis, LA = Lohnanteil, ST = Stoffanteil

009.60608.M KG 221 DIN 276
Sch-abd.E600, BG-Rahmen+BG-Deckel, LW 600, m.Ein, m.Ri
EP 1 078,68 DM/St   LA 81,22 DM/St   ST 997,46 DM/St
EP   551,52 €/St   LA 41,53 €/St   ST 509,99 €/St

009.60609.M KG 221 DIN 276
Sch-abd.E600, BG-Rahmen+BG-Deckel, LWq600, o.Ein, o.Ri
EP 983,22 DM/St   LA 106,22 DM/St   ST 877,00 DM/St
EP 502,71 €/St   LA 54,31 €/St   ST 448,40 €/St

009.60610.M KG 221 DIN 276
Sch-abd.E600, BG-Rahmen+BG-Deckel, LWq600, o.Ein, m.Ri
EP 1 323,96 DM/St   LA 106,22 DM/St   ST 1 217,74 DM/St
EP   676,93 €/St   LA 54,31 €/St   ST   622,62 €/St

009.60611.M KG 221 DIN 276
Sch-abd.E600, BG-Rahmen+BG-Deckel, LWq600, m.Ein, o.Ri
EP 1 007,96 DM/St   LA 106,22 DM/St   ST 901,74 DM/St
EP   515,36 €/St   LA 54,31 €/St   ST 461,05 €/St

009.60612.M KG 221 DIN 276
Sch-abd.E600, BG-Rahmen+BG-Deckel, LWq600, m.Ein, m.Ri
EP 1 348,70 DM/St   LA 106,22 DM/St   ST 1 242,48 DM/St
EP   689,58 €/St   LA 54,31 €/St   ST   635,27 €/St

Steigeisen, Steigkästen, usw.

009.-----.-

009.61001.M	Aushebe- und Bedienungsschlüssel	9,90 DM/St
		5,06 €/St
009.61101.M	Aushebeschlüssel	20,63 DM/St
		10,55 €/St
009.61201.M	Aushebehaken	18,14 DM/St
		9,27 €/St
009.64001.M	Steigeisen DIN 1211 zum Einbetonieren oder Einmauern	68,02 DM/St
		34,78 €/St
009.64101.M	Steigeisen DIN 1211 zum Einbauen in Betonfertigteile	61,77 DM/St
		31,58 €/St
009.64201.M	Steigeisen DIN 1211 zum An- und Durchschrauben	86,10 DM/St
		44,03 €/St
009.64301.M	Steigeisen DIN 1212 zum Einbetonieren oder Einmauern	81,35 DM/St
		41,60 €/St
009.64401.M	Steigeisen DIN 1212 zum Einbauen in Betonfertigteile	65,73 DM/St
		33,61 €/St
009.64501.M	Steigeisen DIN 1212 zum An- und Durchschrauben	92,36 DM/St
		47,22 €/St
009.65001.M	Steigkasten aus Gusseisen	176,65 DM/St
		90,32 €/St

009.61001.M KG 221 DIN 276
Aushebe- und Bedienungsschlüssel
EP 9,90 DM/St   LA 0,00 DM/St   ST 9,90 DM/St
EP 5,06 €/St   LA 0,00 €/St   ST 5,06 €/St

009.61101.M KG 221 DIN 276
Aushebeschlüssel
EP 20,63 DM/St   LA 0,00 DM/St   ST 20,63 DM/St
EP 10,55 €/St   LA 0,00 €/St   ST 10,55 €/St

009.61201.M KG 221 DIN 276
Aushebehaken
EP 18,14 DM/St   LA 0,00 DM/St   ST 18,14 DM/St
EP 9,27 €/St   LA 0,00 €/St   ST 9,27 €/St

009.64001.M KG 221 DIN 276
Steigeisen DIN 1211 zum Einbetonieren oder Einmauern
EP 68,02 DM/St   LA 59,36 DM/St   ST 8,66 DM/St
EP 34,78 €/St   LA 30,35 €/St   ST 4,43 €/St

009.64101.M KG 221 DIN 276
Steigeisen DIN 1211 zum Einbauen in Betonfertigteile
EP 61,77 DM/St   LA 53,10 DM/St   ST 8,67 DM/St
EP 31,58 €/St   LA 27,15 €/St   ST 4,43 €/St

009.64201.M KG 221 DIN 276
Steigeisen DIN 1211 zum An- und Durchschrauben
EP 86,10 DM/St   LA 74,97 DM/St   ST 11,13 DM/St
EP 44,03 €/St   LA 38,33 €/St   ST 5,70 €/St

009.64301.M KG 221 DIN 276
Steigeisen DIN 1212 zum Einbetonieren oder Einmauern
EP 81,35 DM/St   LA 71,86 DM/St   ST 9,49 DM/St
EP 41,60 €/St   LA 36,74 €/St   ST 4,86 €/St

009.64401.M KG 221 DIN 276
Steigeisen DIN 1212 zum Einbauen in Betonfertigteile
EP 65,73 DM/St   LA 56,23 DM/St   ST 9,50 DM/St
EP 33,61 €/St   LA 28,75 €/St   ST 4,86 €/St

009.64501.M KG 221 DIN 276
Steigeisen DIN 1212 zum An- und Durchschrauben
EP 92,36 DM/St   LA 81,22 DM/St   ST 11,14 DM/St
EP 47,22 €/St   LA 41,53 €/St   ST 5,69 €/St

009.65001.M KG 221 DIN 276
Steigkasten aus Gusseisen
EP 176,65 DM/St   LA 93,73 DM/St   ST 82,92 DM/St
EP 90,32 €/St   LA 47,92 €/St   ST 42,40 €/St

LB 009 Entwässerungskanalarbeiten
Steigeisen, Steigkästen usw.

AW 009
Ausgabe 06.02

Sämtliche Preise sind **Mittelpreise ohne Mehrwertsteuer** zum Zeitpunkt des Ausgabedatums.
Korrekturfaktoren für Regionaleinfluss, Mengeneinfluss, Konjunktureinfluss siehe Vorspann
Abkürzungen: EP = Einheitspreis, LA = Lohnanteil, ST = Stoffanteil

LB 010 Dränarbeiten
Drängräben, Dränrohre

STLB 010

Ausgabe 06.02

100 Gräben für Dräne ausheben ab Geländeoberfläche,
101 Gräben für Dräne ausheben ab Baugrubensohle,
102 Gräben für Dräne ausheben ab Planum,
103 Gräben für Dräne ausheben im Böschungsbereich,
Einzelangaben nach DIN 18308 zu Pos. 100 bis 103
- Aushubtiefe
  Tiefe bis 30 cm – über 30 bis 50 cm –
  über 50 bis 75 cm – über 75 bis 100 cm –
  über 100 bis 125 cm – über 125 bis 150 cm – ....
- Sohlbreite 25 cm – 30 cm – 40 cm – 50 cm – ....
- Bodenklasse 1 – 2 – 3 – 4 – 5 – 6 – 3 und 4 –
  4 und 5 – ....
  Hinweis: Boden- und Felsklassen nach DIN 18300, Abs. 2.3:
  Klasse 1: Oberboden
  Klasse 2: Fließende Bodenarten
  Klasse 3: Leicht lösbare Bodenarten
  Klasse 4: Mittelschwer lösbare Bodenarten
  Klasse 5: Schwer lösbare Bodenarten
  Klasse 6: Leicht lösbarer Fels und vergleichbare Bodenarten
  Klasse 7: Schwer lösbarer Fels
- Aushub
  – – Aushub von Hand,
  – – Aushub mit Bagger,
  – – Aushub von Hand, im Wurzelbereich nach DIN 18920,
  – – Aushub .... ,
    – – – Boden profilgerecht lösen und seitlich lagern,
    – – – Boden profilgerecht lösen und außerhalb der Baugrube lagern,
    – – – Boden profilgerecht lösen, fördern und lagern,
    – – – Boden profilgerecht lösen und laden, Transport und Deponierung werden gesondert vergütet,
    – – – Boden profilgerecht lösen, laden und fördern, Deponierung wird gesondert vergütet,
    – – – Boden profilgerecht lösen, laden, zur Kippstelle des AG fördern und planieren,
    – – – Boden profilgerecht lösen und im Bereich des Baugeländes planieren,
    – – – Boden profilgerecht lösen .... ,
- Förderweg bis 100 m – bis 200 m – bis 300 m – bis 400 m – bis 500 m – in m .... ,
- Verfüllen, Bodeneinbau
  – – verfüllen mit vorhandenem Boden
  – – seitlicher Einbau des vom AG zu liefernden bindigen Bodens bis zum Kämpfer für Teilsickerrohre, mit Gefälle zum Rohr,
  – – seitlicher Einbau des vorhandenen bindigen Bodens bis zum Kämpfer für Teilsickerrohre, mit Gefälle zum Rohr,
  – – seitlicher Einbau von Beton B 5 DIN 1045 bis zum Kämpfer für Teilsickerrohre, mit Gefälle zum Rohr,
  – – .... ,
- Abstand der Dräne ....
- Berechnungseinheit m

Hinweis: Weitere Beschreibungen für Erdarbeiten, Gräben, Schächte usw. siehe LB 002 Erdarbeiten.
(Ausschreibungshilfe Rohbau)

200 Dränleitung,
201 Sammelleitung,
202 Sickerleitung,
203 Versickerleitung ATV A 138,
Einzelangaben nach DIN 18308 zu Pos. 200 bis 203
- Rohrart, Werkstoff, Nennweite
  – – als Vollsickerrohr,
  – – als Teilsickerrohr,
  – – als Mehrzweckrohr,
    – – – aus PVC–U DIN EN 1401-1, Form A,
    – – – aus PVC–U DIN EN 1401-1, Form C,
    – – – aus PVC–U DIN EN 1401-1, Form E,
    – – – aus PVC–U DIN EN 1401-1, Form F,
    – – – aus PE–HD DIN EN 1401-1, Form D,
      – – – – Schlitzbreite 0,8 mm,
      – – – – Schlitzbreite 1,2 mm,
      – – – – Schlitzbreite 1,7 mm,
      – – – – Schlitzbreite in mm .... ,
        – – – – – DN 50 – DN 65 – DN 80 – DN 100 –
          DN 125 – DN 150 – DN 160 –
          DN 200 – DN 250 – DN 300 –
          DN 350 – DN .... ,
  – – aus haufwerksporigem Beton DIN EN 1401-1,
  – – aus gefügedichtem Beton mit Wassereintrittsöffnungen DIN EN 1401-1,
    – – – Form K DIN 4032,
    – – – Form KF DIN 4032,
    – – – Form KW DIN 4032,
    – – – Form KFW DIN 4032,
      – – – – als Muffenrohr,
      – – – – als Falzrohr,
        – – – – – DN 100 – DN 125 – DN 150 –
          DN 200 – DN 250 – DN 300 –
          DN 400 – DN .... ,
  – – aus Steinzeugrohr DIN EN 295–5,
    – – – Lochung Typ A (10 mm),
    – – – Lochung Typ B (13 mm),
      – – – – Scheiteldruckkraft FN 20 kN/m –
        22 kN/m – 28 kN/m – .... ,
        – – – – – Verbindung mit Steckkupplung,
        – – – – – Verbindung .... ,
          – – – – – – DN 150 – DN 200 – DN .... ,
- Sohlgefälle 0,5 % – ....
  Hinweis: Sohlgefälle bei Rohren nach DIN 4095 mind. 0,5 %.
- Erzeugnis .... (Sofern nicht vorgeschrieben, vom Bieter einzutragen, sofern vorgeschrieben, mit Hinweis "oder gleichwertiger Art")
- Einbauort
  – – in Arbeitsräumen von Baugruben,
  – – auf Baugrubensohle,
  – – in vorhandenen Gräben,
  – – in vorhandenen Gräben auf Baugrubensohle,
  – – in vorhandenen Gräben für Sportplatzflächen,
  – – in vorhandenen Gräben für Verkehrsflächen,
  – – ....,
- Berechnungseinheit m

STLB 010
LB 010 Dränarbeiten
Dränrohre

Ausgabe 06.02

204 Dränleitung anschließen,
Einzelangaben nach DIN 18308
- Anschluss
  - – an vorhandenen Kanal/Leitung
  - – an vorhandenen Schacht/Bauwerk
  - – an vorhandenen Vorfluter, Ausführung ....
  - – ....
    - – – aus Beton,
    - – – aus Stahlbeton,
    - – – aus Mauerwerk,
    - – – aus Steinzeug,
    - – – aus Faserzement,
    - – – aus UP–GF,
    - – – aus PVC–U,
    - – – aus PE–HD,
    - – – aus ....,
      - – – – DN bis 200 – DN über 200 bis 400 – DN über 400 bis 600 – DN über 600 bis 800 – DN über 800 bis 1000 – DN über 1000 bis 1200 – DN ....,
      - – – – Schachtwanddicke bis 10 cm – über 10 bis 15 cm – über 15 bis 20 cm – über 20 bis 25 cm – über 25 bis 30 cm – über 30 bis 35 cm – über 35 bis 40 cm – über 40 bis 45 cm – über 45 bis 50 cm – in cm .... ,
- Ausführung .... gemäß Zeichnung Nr. ....,
  Einzelbeschreibung Nr. ....
- Berechnungseinheit Stück

230 Abzweig aus PVC–U, als Zulage,
231 Abzweig aus .... , als Zulage,
Einzelangaben nach DIN 18308 zu Pos. 230, 231
- DN 100/100, DN 125/100 – DN 150/100 – DN 160/100 – DN 200/100 – DN ....
- Erzeugnis
  - – – Erzeugnis /Typ .... (oder gleichwertiger Art),
  - – – Erzeugnis /Typ .... (vom Bieter einzutragen),
- Berechnungseinheit Stück

232 Bogen aus PVC–U, als Zulage,
233 Bogen aus .... , als Zulage,
Einzelangaben nach DIN 18308 zu Pos. 232, 233
- Bogenkrümmung
  - – – 90 Grad,
  - – – 45 Grad,
- DN 100 – DN 125 – DN 150 – DN 160 – DN 200 – DN ....
- Erzeugnis
  - – – Erzeugnis /Typ .... (oder gleichwertiger Art),
  - – – Erzeugnis /Typ .... (vom Bieter einzutragen),
- Berechnungseinheit Stück

234 Auslaufstück aus PVC–U, als Zulage,
235 Auslaufstück aus .... , als Zulage,
Einzelangaben nach DIN 18308 zu Pos. 234, 235
- mit Froschklappe
- DN 100 – DN 125 – DN 150 – DN 160 – DN 200 – DN ....
- Erzeugnis
  - – – Erzeugnis /Typ .... (oder gleichwertiger Art),
  - – – Erzeugnis /Typ .... (vom Bieter einzutragen),
- Berechnungseinheit Stück

236 Formstück aus PVC–U, als Zulage,
237 Formstück aus .... , als Zulage,
Einzelangaben nach DIN 18308 zu Pos. 236, 237
- als ....
- DN ....
- Erzeugnis
  - – – Erzeugnis /Typ .... (oder gleichwertiger Art),
  - – – Erzeugnis /Typ .... (vom Bieter einzutragen),
- Berechnungseinheit Stück

250 Abzweig aus haufwerksporigem Beton DIN 4032, als Zulage,
251 Sattelstück aus haufwerksporigem Beton DIN 4032, als Zulage,
Einzelangaben nach DIN 18308 zu Pos. 250, 251
- Abzweigwinkel
  - – – 90 Grad,
  - – – 45 Grad,
- DN 100/100 – DN 150/100 – DN 150/150 – DN 200/100 – DN 200/150 – DN 200/200 – DN 300/100 – DN 300/150 – DN ....
- Form
  - – – Form K DIN 4032 – KF DIN 4032 – KW DIN 4032 – KFW DIN 4032,
- Rohrart/Rohrverbindung
  - – – für Muffenrohr – für Falzrohr,
- Erzeugnis
  - – – Erzeugnis /Typ .... (oder gleichwertiger Art),
  - – – Erzeugnis /Typ .... (vom Bieter einzutragen),
- Berechnungseinheit Stück

252 Bogen aus haufwerksporigem Beton DIN 4032, als Zulage,
Einzelangaben nach DIN 18308
- Bogenkrümmung
  - – – 90 Grad,
  - – – 45 Grad,
- DN 100 – DN 125 – DN 150 – DN 200 – DN 250 – DN ....
- Form
  - – – Form K DIN 4032 – KF DIN 4032 – KW DIN 4032 – KFW DIN 4032,
- Rohrart/Rohrverbindung
  - – – für Muffenrohr – für Falzrohr,
- Erzeugnis
  - – – Erzeugnis /Typ .... (oder gleichwertiger Art),
  - – – Erzeugnis /Typ .... (vom Bieter einzutragen),
- Berechnungseinheit Stück

253 Auslaufstück aus Beton, als Zulage,
Einzelangaben nach DIN 18308
- mit Froschklappe,
- DN .... ,
- Form
  - – – Form K DIN 4032 – KF DIN 4032 – KW DIN 4032 – KFW DIN 4032,
- Rohrart/Rohrverbindung
  - – – für Muffenrohr – für Falzrohr,
- Erzeugnis
  - – – Erzeugnis /Typ .... (oder gleichwertiger Art),
  - – – Erzeugnis /Typ .... (vom Bieter einzutragen),
- Berechnungseinheit Stück

254 Formstück aus Beton als .... , als Zulage
Einzelangaben nach DIN 18308
- DN ....
- Form
  - – – Form K DIN 4032 – KF DIN 4032 – KW DIN 4032 – KFW DIN 4032,
- Rohrart/Rohrverbindung
  - – – für Muffenrohr – für Falzrohr,
- Erzeugnis
  - – – Erzeugnis /Typ .... (oder gleichwertiger Art),
  - – – Erzeugnis /Typ .... (vom Bieter einzutragen),
- Berechnungseinheit Stück

280 Abzweig aus Steinzeug DIN EN 295, als Zulage,
Einzelangaben nach DIN 18308
- Abzweigwinkel,
  - – – 90 Grad,
  - – – 45 Grad,
- DN 150/100 – DN 150/125 – DN 150/150 – DN 200/100 – DN 200/125 – DN 200/150 – DN 200/200 – DN ....
- Scheiteldruckkraft ....
- Verbindung
  - – – Verbindungssystem F, mit Steckmuffe L – Verbindung .... ,
- Erzeugnis
  - – – Erzeugnis /Typ .... (oder gleichwertiger Art),
  - – – Erzeugnis /Typ .... (vom Bieter einzutragen),
- Berechnungseinheit Stück

LB 010 Dränarbeiten
Dränrohre

STLB 010

Ausgabe 06.02

281 **Bogen aus Steinzeug DIN EN 295, als Zulage,**
    Einzelangaben nach DIN 18308
    - Bogenkrümmung
        -- 15 Grad,
        -- 30 Grad,
        -- 45 Grad,
        -- 90 Grad,
    - DN 150 – DN 200 – DN ....
    - Scheiteldruckkraft ....
    - Verbindung
        -- Verbindungssystem F, mit Steckmuffe L –
           Verbindung .... ,
    - Erzeugnis
        -- Erzeugnis /Typ .... (oder gleichwertiger Art),
        -- Erzeugnis /Typ .... (vom Bieter einzutragen),
    - Berechnungseinheit Stück

282 **Übergangsstück aus Steinzeug DIN EN 295, als**
    Zulage,
    Einzelangaben nach DIN 18308
    - DN 150/200 – DN 200/250 – DN ....
    - Scheiteldruckkraft ....
    - Verbindung
        -- Verbindungssystem F, mit Steckmuffe L –
           Verbindung .... ,
    - Erzeugnis
        -- Erzeugnis /Typ .... (oder gleichwertiger Art),
        -- Erzeugnis /Typ .... (vom Bieter einzutragen),
    - Berechnungseinheit Stück

283 **Formstück aus Steinzeug DIN EN 295 als .... ,**
    als Zulage,
    Einzelangaben nach DIN 18308
    - DN ....
    - Scheiteldruckkraft ....
    - Verbindung
        -- Verbindungssystem F, mit Steckmuffe L –
           Verbindung .... ,
    - Erzeugnis
        -- Erzeugnis /Typ .... (oder gleichwertiger Art),
        -- Erzeugnis /Typ .... (vom Bieter einzutragen),
    - Berechnungseinheit Stück

Hinweis: Weitere Beschreibungen für Entwässerungskanäle, Formstücke usw. siehe LB 009 Entwässerungskanalarbeiten.

STLB 010

LB 010 Dränarbeiten
Auskleidung; Betriebs- und Kontrolleinrichtungen

Ausgabe 06.02

300 Auskleidung,
Einzelangaben nach DIN 18308
- Bauteil
  - – – der Sohle des Drängrabens,
  - – – der Sohle und der Wände des Drängrabens,
- Auskleidungs-Werkstoff
  - – – mit geotextilem Filter,
  - – – mit ....,
    - – – – Durchlässigkeitsbeiwert K_V mind. 0,1 cm/s,
    - – – – Durchlässigkeitsbeiwert ....,
      - – – – – wirksame Öffnungsweite (DW)
        von 0,05 bis 0,10 mm –
        über 0,10 bis 0,15 mm –
        über 0,15 bis 0,25 mm –
        über 0,25 bis 0,5 mm – ....,
- Erzeugnis .... (Sofern nicht vorgeschrieben, vom Bieter einzutragen, sofern vorgeschrieben, mit Hinweis "oder gleichwertiger Art")
- Überlappung ....
- Überdeckung der Grabenränder mind. 20 cm – mind. 30 cm – ....
- Berechnungseinheit
  - – – Abrechnung nach Drängrabenlänge, m
  - – – Abrechnung nach bedeckter Fläche, m²

Hinweis: Der Text für die Auskleidung ist der jeweiligen Drängrabenposition nachzuordnen.

Hinweis: Spül– oder Kontrollrohre mind. DN 300.

400 Spül– oder Kontrollrohr DIN 4095 mit 3 Anschlüssen,
401 Spül– oder Kontrollrohr DIN 4095 mit 2 Anschlüssen,
Einzelangaben nach DIN 18308 zu Pos. 400, 401
- Werkstoff
  - – – aus PVC–U,
  - – – aus PE–HD,
  - – – aus Beton,
  - – – aus Steinzeug,
  - – – aus .... ,
- Nennweite
  - – – DN 300,
  - – – DN .... ,
- Anschlüsse
  - – – Anschlüsse DN 100,
  - – – Anschlüsse DN 125,
  - – – Anschlüsse DN 150,
  - – – Anschlüsse DN 160,
  - – – Anschlüsse DN 200,
  - – – Anschlüsse DN .... ,
- Reduzierstücke
  - – – Reduzierstücke DN 200/100,
  - – – Reduzierstücke DN 200/125,
  - – – Reduzierstücke DN 200/160,
  - – – Reduzierstücke DN .... ,
- Bauhöhe
  - – – Bauhöhe 1,0 m,
  - – – Bauhöhe 1,5 m,
  - – – Bauhöhe 2,0 m,
  - – – Bauhöhe 2,5 m,
  - – – Bauhöhe in m .... ,
- Erzeugnis
  - – – Erzeugnis /Typ .... (oder gleichwertiger Art),
  - – – Erzeugnis /Typ .... (vom Bieter einzutragen),
- Zubehör
  - – – mit Abdeckung DIN 1229/DIN EN 124, Klasse A,
  - – – mit Abdeckung DIN 1229/DIN EN 124, Klasse B,
  - – – mit Schutzdeckel,
  - – – mit Schutzdeckel, verschließbar,
  - – – mit .... ,
- Berechnungseinheit Stück

402 Dränkontrollschacht,
Einzelangaben nach DIN 18308
- Bauart
  - – – aus Schachtringen DIN 4034,
  - – – aus Schachtringen DIN 4034, einschl. Schachthals,
  - – – aus Schachtringen DIN 4034, einschl. Bodenplatte mit Sohlgerinne,
  - – – aus Schachtringen DIN 4034, einschl. Schachthals und Bodenplatte mit Sohlgerinne,
- Innendurchmesser 600 mm – in mm ....
- Tiefe 0,6 m – 1,0 m – 1,5 m – in m ....
- Erzeugnis
  - – – Erzeugnis /Typ .... (oder gleichwertiger Art),
  - – – Erzeugnis /Typ .... (vom Bieter einzutragen),
- Abdeckung
  - – – mit Schachtabdeckung DIN 1229/DIN EN 124, Klasse .... ,
  - – – mit Abdeckplatte aus Stahlbeton und Schachtabdeckung DIN 1229/DIN EN 124, Klasse .... ,
  - – – mit Abdeckung .... ,
- Steigeisen
  - – – mit Steigeisen DIN 1211 – A,
  - – – mit Steigeisen .... ,
- Ausführung gemäß Zeichnung Nr....... , Einzelbeschreibung Nr. ....
- Anschlüsse
  - – – für einen Anschluß,
  - – – für 2 Anschlüsse,
  - – – für 3 Anschlüsse,
  - – – für .... ,
- Berechnungseinheit Stück

411 Sickerschacht ATV A 138 aus Schachtringen DIN 4034 und Schachtringen aus haufwerksporigem Beton,
412 Sickerschacht ATV A 138 aus Schachtringen DIN 4034 und gelochten Schachtringen,
Einzelangaben nach DIN 18308 zu Pos. 411, 412
- Durchmesser 600 mm – 1000 mm – 1200 mm – 1500 mm – 2000 mm – 2500 mm – in mm ....
- Leistungsumfang
  - – – einschl. Schachthals,
  - – – einschl. Schachthals und Auflageringe,
  - – – einschl. Prallplatte,
  - – – einschl. Schachthals und Prallplatte,
  - – – einschl. Schachthals, Prallplatte und Auflageringe,
  - – – einschl. .... ,
- Tiefe 2,5 m – 3,5 m – 5,0 m – in m ....
- Erzeugnis
  - – – Erzeugnis /Typ .... (oder gleichwertiger Art),
  - – – Erzeugnis /Typ .... (vom Bieter einzutragen),
- Abdeckung
  - – – mit Schachtabdeckung DIN 1229/DIN EN 124, Klasse .... ,
  - – – mit Abdeckplatte aus Stahlbeton und Schachtabdeckung DIN 1229/DIN EN 124, Klasse .... ,
  - – – mit Abdeckung .... ,
- Steigeisen
  - – – mit Steigeisen DIN 1211 – A,
  - – – mit Steigeisen .... ,
- Ausführung gemäß Zeichnung Nr....... , Einzelbeschreibung Nr. ....
- Anschlüsse
  - – – für einen Anschluss,
  - – – für 2 Anschlüsse,
  - – – für 3 Anschlüsse,
  - – – für .... ,
- Berechnungseinheit Stück

Hinweis: Weitere Beschreibungen für Entwässerungskanäle, Formstücke usw. siehe LB 009 Entwässerungskanalarbeiten.

LB 010 Dränarbeiten
Sicker- und Filterschichten

STLB 010

Ausgabe 06.02

500 Sickerschacht,
Einzelangaben nach DIN 18308
- Material
  -- aus Kies 2/4 – 4/8 – 8/16 – 16/32 – 32/63,
  -- aus Naturstein gebrochen, Körnung .... ,
  -- aus Lava, Körnung .... ,
  -- aus .... , Körnung .... ,
Fortsetzung Einzelangaben siehe Pos. 502

501 Filterschicht,
Einzelangaben nach DIN 18308
- Material
  -- aus Kiessand 0/4,
  -- aus Geotextilien,
  -- aus Geotextilien, Erzeugnis .... oder gleichwertiger Art,
  (Sofern nicht vorgeschrieben, vom Bieter einzutragen),
  --- wirksame Öffnungsweite (DW)
    von 0,05 bis 0,10 mm –
    über 0,10 bis 0,15 mm –
    über 0,15 bis 0,25 mm –
    über 0,25 bis 0,50 mm – in mm .... ,
  -- aus .... ,
Fortsetzung Einzelangaben siehe Pos. 502

502 Dränschicht,
Einzelangaben nach DIN 18308
- Material
  -- aus Kiessand 0/8, Sieblinie A DIN 1045,
  -- aus Kiessand 0/32, Sieblinie B DIN 1045,
  -- aus Lava, Körnung .... ,
  -- aus .... ,
Fortsetzung Einzelangaben zu Pos. 500 bis 502
- für Leitung DN 65 – DN 80 – DN 100 – DN 125 – DN 160 – DN 200 – DN ....
  -- Höhe über Grabensohle 10 cm – 15 cm – .... ,
    --- Höhe über Rohrscheitel 10 cm – 15 cm – 20 cm – 25 cm – .... ,
      ---- Grabenbreite 25 cm – 30 cm – 40 cm – 50 cm – .... ,
- für Schacht
  -- Innendurchmesser 600 mm – 1000 mm – 1200 mm – 1500 mm – 2000 mm – 2500 mm – .... ,
    --- Tiefe 2,5 m – 3,5 m – 5,0 m – in m .... ,
    ---- Schichtdicke 30 cm – 50 cm – in cm .... ,
- Ausführung .... gemäß Zeichnung Nr. .... , Einzelbeschreibung Nr. ....
- Berechnungseinheit m, m³, Stück

600 Sickerschicht, horizontal,
Einzelangaben nach DIN 18308
- Material
  -- aus Kies 2/4 – 4/8 – 8/16 – 16/32 – 32/63,
  -- aus Naturstein gebrochen, Körnung .... ,
  -- aus Lava, Körnung .... ,
  -- aus .... , Körnung .... ,
- Schichtdicke 10 cm – 15 cm – 20 cm – in cm ....
Fortsetzung Einzelangaben siehe Pos. 602

601 Filterschicht, horizontal,
Einzelangaben nach DIN 18308
- Material
  -- aus Kiessand 0/4,
  -- aus .... ,
- Schichtdicke 10 cm
Fortsetzung Einzelangaben siehe Pos. 602

602 Dränschicht, horizontal,
Einzelangaben nach DIN 18308
- Material
  -- aus Kiessand 0/8, Sieblinie A DIN 1045,
  -- aus Kiessand 0/32, Sieblinie B DIN 1045,
  -- aus Naturstein gebrochen, Körnung .... ,
  -- aus Lava, Körnung .... ,
  -- aus .... ,
Fortsetzung Einzelangaben siehe Pos. 602
- Art der Flächen
  -- für Vegetationsflächen,
    --- auf Dachflächen,
    --- auf Dachflächen, Förderhöhe in m .... ,
    --- auf Tiefgaragendächern,
    --- auf Tiefgaragendächern, Förderhöhe in m .... ,
    --- in Pflanzentrögen,
    --- in Verkehrsinseln,
    --- in Mittelstreifen,
    --- .... ,
  -- für Sportflächen DIN 18035,
  -- für Flächen unter Bauwerken DIN 4095,
  -- für .... ,
- Wasserdurchlässigkeit
  -- Durchlässigkeitsbeiwert K .... ,
  -- Wasserschluckwert mod K_f bei LK 100 mind. 3 mm/min,
  -- Wasserdurchlässigkeit d_{15} mind. 0,25 mm,
- Berechnungseinheit m² (in der Abwicklung – in der Horizontalprojektion),
  m³ (nach Lieferscheinen), t (nach Wiegekarten),

603 Sickerschicht aus expandierten Polystyrol (EPS)– Dränplatten, güteüberwacht,
604 Sickerschicht aus Noppenbahnen,
605 Dränschicht aus Verbundelementen,
Einzelangaben nach DIN 18308 zu Pos. 603 bis 605
- Dicke 2 cm – 5 cm – 6,5 cm – in cm .... ,
- Art der Flächen
  -- für Vegetationsflächen,
  -- für .... ,
    --- auf Dachflächen,
    --- auf Dachflächen, Förderhöhe in m .... ,
    --- auf Tiefgaragendächern,
    --- auf Tiefgaragendächern, Förderhöhe in m .... ,
    --- in Pflanzentrögen,
    --- in Verkehrsinseln,
    --- in Mittelstreifen,
    --- .... ,
- Abflussspende
  -- Abflussspende im Endzustand 0,005 l/sm² bei max. 10 kN/m² vertikalem Erddruck,
  -- Abflussspende .... ,
- Erzeugnis
  -- Erzeugnis /Typ .... (oder gleichwertiger Art),
  -- Erzeugnis /Typ .... (vom Bieter einzutragen),
- Berechnungseinheit
  m² Abrechnung in der Abwicklung,
  m² Abrechnung in der Horizontalprojektion,
  m³ Abrechnung nach Lieferscheinen,
  t   Abrechnung nach Wiegekarten

LB 010 Dränarbeiten
Sicker- und Filterschichten

Ausgabe 06.02

610 Filterschicht, horizontal aus Geotextilien,
Einzelangaben nach DIN 18308
- Erzeugnis
  - -- Erzeugnis /Typ .... (oder gleichwertiger Art),
  - -- Erzeugnis /Typ .... (vom Bieter einzutragen),
- Überlappung mind. 10 cm
- Auflast in MN/m² ....
- Stempeldurchdrückkraft
  - -- Stempeldurchdrückkraft 500 bis 1000 N,
  - -- Stempeldurchdrückkraft 1000 bis 1500 N,
  - -- Stempeldurchdrückkraft 1500 bis 2000 N,
  - -- Stempeldurchdrückkraft über 2500 N,
  - -- Stempeldurchdrückkraft in N .... ,
- wirksame Öffnungsweite
  - -- wirksame Öffnungsweite (DW)
    von 0,05 bis 0,10 mm,
  - -- wirksame Öffnungsweite (DW)
    über 0,10 bis 0,15 mm,
  - -- wirksame Öffnungsweite (DW)
    über 0,15 bis 0,25 mm,
  - -- wirksame Öffnungsweite (DW)
    über 0,25 bis 0,30 mm,
  - -- wirksame Öffnungsweite (DW) in mm .... ,
- Wasserdurchlässigkeit im Endzustand in cm/s ....
- Art der Flächen
  - -- für Vegetationsflächen,
    - --- auf Dachflächen,
    - --- auf Dachflächen, Förderhöhe in m .... ,
    - --- auf Tiefgaragendächern,
    - --- auf Tiefgaragendächern,
      Förderhöhe in m .... ,
    - --- in Pflanzentrögen,
    - --- in Verkehrsinseln,
    - --- in Mittelstreifen,
    - --- .... ,
  - -- für Sportflächen DIN 18035,
  - -- für Flächen unter Bauwerken DIN 4095,
  - -- für .... ,
- Ausführung gemäß Zeichnung Nr .... ,
- Einzelbeschreibung Nr. ....
- Abrechnungsart
  - -- Abrechnung nach bedeckter Fläche,
  - -- Abrechnung in der Abwicklung,
- Berechnungseinheit m²

700 Sickerwand DIN 4095, oben geschlossen,
als Trockenmauer aus haufwerksporigen Steinen,
gemäß Güterichtlinie für Dränsteine aus
haufwerksporigem Beton,
Einzelangaben nach DIN 18308
- Einbaubereich
  - -- für Widerlager,
  - -- für Wände,
  - -- für .... ,
- Steinart
  - -- Betonvollsickerstein mind. 7 cm dick,
  - -- Betonvollsickerstein mind. 10 cm dick,
  - -- Betonhohlsickerstein mind. 10 cm dick,
  - -- Betonsickerplatte mind. 4,5 cm dick,
  - -- .... ,
    - --- Druckfestigkeitkeit 6 N/mm² – 15 N/mm²,
- Einbauhöhe bis 2 m – in m ....
- Erzeugnis
  - -- Erzeugnis /Typ .... (oder gleichwertiger Art),
  - -- Erzeugnis /Typ .... (vom Bieter einzutragen),

701 Grundrohr als Zulage,
702 Fußstein als Zulage,
703 Abdeckleiste als Zulage,
Einzelangaben nach DIN 18308
- Berechnungseinheit m

704 Sickerschicht DIN 4095, vertikal,
Einzelangaben nach DIN 18308
- Werkstoff
  - -- aus expandierten Polystyrol (EPS)–Dränplatten,
    güteüberwacht,
    - --- Schichtdicke mind. 5 cm – 6,5 cm –
      in cm .... ,
      - ---- Abflussspende im Endzustand
        über 0,3 l/sm bei max. 40 kN/m²
        horizontalem Erddruck,
        - ----- Erzeugnis,
          - ------ Erzeugnis /Typ ....
            (oder gleichwertiger Art),
          - ------ Erzeugnis /Typ .... (vom Bieter
            einzutragen),
  - -- Dränmatten aus Kunststoff, vlieskaschiert,
  - -- Wirrgelegebahnen, vlieskaschiert,
    - --- Mattendicke in mm ....
    - ---- Abflussspende im Endzustand
      über 0,3 l/sm bei max. 40 kN/m²
      horizontalem Erddruck,
      - ----- Erzeugnis
        - ------ Erzeugnis /Typ ....
          (oder gleichwertiger Art),
        - ------ Erzeugnis /Typ ....
          (vom Bieter einzutragen),
  - -- aus Kies 4/16,
  - -- aus Kies 8/16,
    - --- Schichtdicke mind. 20 cm – in cm ....
- Berechnungseinheit m²

705 Filterschicht DIN 4095, vertikal,
Einzelangaben nach DIN 18308
- Werkstoff
  - -- aus Geotextilien, filterfest
    - --- Erzeugnis,
      - ---- Erzeugnis /Typ ....
        (oder gleichwertiger Art),
      - ---- Erzeugnis /Typ ....
        (vom Bieter einzutragen),
  - -- aus Kiessand 0/4,
    - --- Schichtdicke mind. 10 cm – in cm .... ,
- Berechnungseinheit m², m³

706 Dränschicht DIN 4095, vertikal,
Einzelangaben nach DIN 18308
- Werkstoff
  - -- aus expandierten Polystyrol (EPS)–Dränplatten,
    vlieskaschiert, güteüberwacht,
  - -- aus extrudierten Polystyrol (XPS)–Dränplatten,
    vlieskaschiert, güteüberwacht,
    - --- Schichtdicke mind. 2 cm,
    - --- Schichtdicke mind. 3 cm,
    - --- Schichtdicke mind. 4 cm,
    - --- Schichtdicke mind. 6,5 cm,
    - --- Schichtdicke mind. 8 cm,
    - --- Schichtdicke mind. 10 cm,
    - --- Schichtdicke in cm .... ,
    - ---- Abflussspende im Endzustand
      über 0,3 l/sm bei max. 40 kN/m²
      horizontalem Erddruck,
      - ----- Erzeugnis,
        - ------ Erzeugnis /Typ ....
          (oder gleichwertiger Art),
        - ------ Erzeugnis /Typ ....
          (vom Bieter einzutragen),
  - -- aus Kiessand 0/8, Sieblinie A DIN 1045,
  - -- aus Kiessand 0/32, Sieblinie B DIN 1045,
  - -- aus .... , Körnung .... ,
    - --- Schichtdicke mind. 50 cm,
    - --- Schichtdicke in cm .... ,
- Berechnungseinheit m²

LB 010 Dränarbeiten
Rohrlose Dränung; Verwertung, Entsorgung

STLB 010

Ausgabe 06.02

800 Schlitzdrän, Schlitzabstand in m ...., Einzelangaben nach DIN 18308
- Aushubtiefe 10 cm – 15 cm – 20 cm – 25 cm – 30 cm – ....
- Breite 5 bis 6 cm – über 6 bis 7 cm – über 7 bis 8 cm – über 8 bis 9 cm – .....
- Bodenklasse 1 – 2 – 3 – 4 – 5 – 6 – 3 und 4,
- Verfügung über Aushub
  - – – Aushub auf dem Untergrund/Unterbau einbauen,
  - – – Aushub aufnehmen, fördern und im Baustellenbereich abladen,
  - – – Aushub laden, Transport und Deponierung werden gesondert vergütet,
  - – – Aushub seitlich lagern,
  - – – Aushub ....,
    - – – – Förderweg bis 200 m – bis 300 m – bis 400 m – bis 500 m – in m .... ,
- Dränmaterial
  - – – Dränmaterial Kies 2/16,
  - – – Dränmaterial Kies 8/16,
  - – – Dränmaterial Kies 16/32,
  - – – Dränmaterial gebrochenes Material, Körnung ....,
  - – – Dränmaterial Lava, Körnung ....,
  - – – Dränmaterial ....,
  - – – ....,
    - – – – Schichtdicke ....
- Berechnungseinheit m, m³

900 Boden,
901 Boden, schadstoffbelastet,
902 Stoffe,
903 Stoffe, schadstoffbelastet,
904 Bauteile,
905 Bauteile, schadstoffbelastet,
906 Pflanzliche Reststoffe,
Einzelangaben nach DIN 18300 zu Pos. 900 bis 906
- Bodenklasse, Art/Zusammensetzung
  - – – Bodenklasse .... ,
  - – – Art/Zusammensetzung .... ,
  - – – Bodenklasse ...., Art und Umfang der Schadstoffbelastung .... ,
  - – – Art/Zusammensetzung ....., Art und Umfang der Schadstoffbelastung ....,
  - – – Bodenklasse ...., Art und Umfang der Schadstoffbelastung ......, Abfallschlüssel gemäß TA–Abfall .... ,
  - – – Art/Zusammensetzung ...., Art und Umfang der Schadstoffbelastung ...., Abfallschlüssel gemäß TA–Abfall .... ,
  - – – .... ,
- Deponieklasse ....
- Leistungsumfang
  - – – aufnehmen, laden und transportieren,
  - – – auf Miete gelagert, laden und transportieren,
  - – – in Behältern geladen, transportieren,
  - – – .... ,
    - – – – zur Recyclinganlage in .... ,
    - – – – zur zugelassenen Deponie/Entsorgungsstelle in .... ,
    - – – – zur Baustellenabfallsortieranlage in .... ,
    - – – – zur Kompostierungsanlage in .... ,
    - **Hinweis:** oder zu einer gleichwertigen Anlage in .... (vom Bieter einzutragen),
    - – – – besondere Vorschriften bei der Bearbeitung .... ,
      - – – – – der Nachweis der geordneten Entsorgung ist unmittelbar zu erbringen,
      - – – – – der Nachweis der geordneten Entsorgung ist zu erbringen durch .... ,
        - – – – – – die Gebühren der Entsorgung werden vom AG übernommen,
        - – – – – – die Gebühren der Entsorgung werden gegen Nachweis vergütet,
        - – – – – – Transportentfernung in km .... ,
- Berechnungseinheit m³, t, Stück, Behälter, Inhalt in m³ ....

STLB 010

LB 010 Dränarbeiten
Verwertung, Entsorgung

Ausgabe 06.01

476

LB 010 Dränarbeiten
Drängräben; Drängräben auskleiden mit Folie, Filterflies

AW 010

Preise 06.02

Sämtliche Preise sind **Mittelpreise ohne Mehrwertmeuer** zum Zeitpunkt des Ausgabedatums.
Korrekturfaktoren für Regionaleinfluss, Mengeneinfluss, Konjunktureinfluss siehe Vorspann.
Abkürzungen: EP = Einheitspreis

Drängräben

010.----.-

010.10001.M   KG 313 DIN 276
Drängraben T > 50-75 cm, B = 30 cm
EP 6,99 DM/m   EP 3,57 €/m

010.10002.M   KG 313 DIN 276
Drängraben T > 50-75 cm, B = 40 cm
EP 8,88 DM/m   EP 4,54 €/m

010.10003.M   KG 313 DIN 276
Drängraben T > 50-75 cm, B = 50 cm
EP 11,25 DM/m   EP 5,75 €/m

010.10004.M   KG 313 DIN 276
Drängraben T > 50-75 cm, B = 60 cm
EP 13,42 DM/m   EP 6,86€/m

010.10005.M   KG 313 DIN 276
Drängraben T > 50-75 cm, B = 70 cm
EP 15,38 DM/m   EP 7,87 €/m

010.10006.M   KG 313 DIN 276
Drängraben T > 75-100 cm, B = 50 cm
EP 13,63 DM/m   EP 6,97 €/m

010.10007.M   KG 313 DIN 276
Drängraben T > 75-100 cm, B = 60 cm
EP 16,43 DM/m   EP 8,40 €/m

010.10008.M   KG 313 DIN 276
Drängraben T > 75-100 cm, B = 70 cm
EP 19,09 DM/m   EP 9,76 €/m

010.10009.M   KG 313 DIN 276
Drängraben T > 75-100 cm, B = 80 cm
EP 21,67 DM/m   EP 11,08 €/m

010.10010.M   KG 313 DIN 276
Drängraben T > 75-100 cm, B = 90 cm
EP 25,52 DM/m   EP 13,05 €/m

010.10011.M   KG 313 DIN 276
Drängraben T > 75-100 cm, B = 100 cm
EP 27,06 DM/m   EP 13,83 €/m

010.10012.M   KG 313 DIN 276
Drängraben T > 100-125 cm, B = 60 cm
EP 19,86 DM/m   EP 10,15 €/m

010.10013.M   KG 313 DIN 276
Drängraben T > 100-125 cm, B = 70 cm
EP 23,28 DM/m   EP 11,90 €/m

010.10014.M   KG 313 DIN 276
Drängraben T > 100-125 cm, B = 80 cm
EP 26,58 DM/m   EP 13,59 €/m

010.10015.M   KG 313 DIN 276
Drängraben T > 100-125 cm, B = 90 cm
EP 31,11 DM/m   EP 15,91 €/m

010.10016.M   KG 313 DIN 276
Drängraben T > 100-125 cm, B = 100 cm
EP 33,21 DM/m   EP 16,98 €/m

010.10017.M   KG 313 DIN 276
Drängraben T > 100-125 cm, B = 110 cm
EP 37,76 DM/m   EP 19,30 €/m

010.10018.M   KG 313 DIN 276
Drängraben T > 125-150 cm, B = 80 cm
EP 34,26 DM/m   EP 17,52 €/m

010.10019.M   KG 313 DIN 276
Drängraben T > 125-150 cm, B = 90 cm
EP 41,25 DM/m   EP 21,09 €/m

010.10020.M   KG 313 DIN 276
Drängraben T > 125-150 cm, B = 100 cm
EP 43,35 DM/m   EP 22,16 €/m

010.10021.M   KG 313 DIN 276
Drängraben T > 125-150 cm, B = 110 cm
EP 50,69 DM/m   EP 25,92 €/m

010.10022.M   KG 313 DIN 276
Drängraben T > 125-150 cm, B = 120 cm
EP 51,04 DM/m   EP 26,10 €/m

010.10023.M   KG 313 DIN 276
Drängraben T > 125-150 cm, B = 130 cm
EP 60,13 DM/m   EP 30,74 €/m

010.10024.M   KG 313 DIN 276
Drängraben T > 125-150 cm, B = 140 cm
EP 64,33 DM/m   EP 32,89 €/m

Drängräben, Auskleiden mit Folie, Filterflies

010.----.-

010.30001.M   KG 313 DIN 276
Drängraben-Auskleidung, PVC-Folie, Dicke 0,5 mm
EP 10,38 DM/m2   EP 5,31 €/m2

010.30002.M   KG 313 DIN 276
Drängraben-Auskleidung, PVC-Folie, Dicke 0,8 mm
EP 12,66 DM/m2   EP 6,47 €/m2

010.30003.M   KG 313 DIN 276
Drängraben-Auskleidung, PVC-Folie, Dicke 1,0 mm
EP 13,88 DM/m2   EP 7,10 €/m2

010.30004.M   KG 313 DIN 276
Drängraben-Auskleidung, PE-Folie, Dicke 0,5 mm
EP 11,65 DM/m2   EP 5,96 €/m2

010.30005.M   KG 313 DIN 276
Drängraben-Auskleidung, PVC-Folie, Dicke 0,8 mm
EP 12,96 DM/m2   EP 6,63 €/m2

010.30006.M   KG 313 DIN 276
Drängraben-Auskleidung, PVC-Folie, Dicke 1,0 mm
EP 14,50 DM/m2   EP 7,41 €/m2

010.30007.M   KG 313 DIN 276
Drängraben-Auskleidung, Filterflies, 65 g/m2
EP 8,56 DM/m2   EP 4,38 €/m2

010.30008.M   KG 313 DIN 276
Drängraben-Auskleidung, Filterflies, 100 g/m2
EP 9,42DM/m2   EP 4,82 €/m2

010.30009.M   KG 313 DIN 276
Drängraben-Auskleidung, Filterflies, 165 g/m2
EP 10,71 DM/m2   EP 5,48 €/m2

010.30010.M   KG 313 DIN 276
Drängraben-Auskleidung, Filterflies, 200 g/m2
EP 11,18 DM/m2   EP 5,72 €/m2

AW 010 — LB 010 Dränarbeiten
Sickerschichten; Sickerwände; Sickerleitungen; Sickerrohre PVC-U

Preise 06.02

Sämtliche Preise sind **Mittelpreise ohne Mehrwertmeuer** zum Zeitpunkt des Ausgabedatums.
Korrekturfaktoren für Regionaleinfluss, Mengeneinfluss, Konjunktureinfluss siehe Vorspann.
Abkürzungen: EP = Einheitspreis

Sickerschichten, Sickerwände

010.----.-

010.60401.M KG 313 DIN 276
Sickerschicht, Noppenbahn, Noppenhöhe 8 mm
EP 13,87 DM/m2   EP 7,09 €/m2

010.60402.M KG 313 DIN 276
Sickerschicht, Noppenbahn, Noppenhöhe 20 mm
EP 17,25 DM/m2   EP 8,82 €/m2

010.60403.M KG 313 DIN 276
Sickerschicht, Noppenbahn, 2-schichtig
EP 20,38 DM/m2   EP 10,42 €/m2

010.60404.M KG 313 DIN 276
Sickerschicht, Noppenbahn, 3-schichtig
EP 22,20 DM/m2   EP 11,35 €/m2

010.70001.M KG 313 DIN 276
Sickerwand, Betonvollsickerstein, Dicke 7 cm
EP 32,23 DM/m2   EP 16,48 €/m2

010.70002.M KG 313 DIN 276
Sickerwand, Betonvollsickerstein, Dicke 10 cm,
EP 41,56 DM/m2   EP 21,25 €/m2

010.70003.M KG 313 DIN 276
Sickerwand, Betonhohlsickerstein, Dicke 10 cm, 6 N/mm2
EP 27,17 DM/m2   EP 13,89 €/m2

010.70004.M KG 313 DIN 276
Sickerwand, Betonhohlsickerstein, Dicke 10 cm, 15 N/mm2
EP 32,26 DM/m2   EP 16,49 €/m2

010.70005.M KG 313 DIN 276
Sickerwand, Betonsickerplatte, Dicke 4,5 cm
EP 24,49 DM/m2   EP 12,52 €/m2

010.70101.M KG 313 DIN 276
Zulage Sickerwand, Grundrohr DN 150, vollporös
EP 28,31 DM/m   EP 14,47 €/m

010.70102.M KG 313 DIN 276
Zulage Sickerwand, Grundrohr DN 150 teilporös
EP 30,23 DM/m   EP 15,45 €/m

010.70103.M KG 313 DIN 276
Zulage Sickerwand, Grundrohr-Abzweig 45°/90°, DN 150/150
EP 74,50 DM/m   EP 38,09 €/m

010.70104.M KG 313 DIN 276
Zulage Sickerwand, Grundrohr-Bogen 45°/90°, DN 150/150
EP 69,67 DM/m   EP 35,62 €/m

010.70201.M KG 313 DIN 276
Zulage Sickerwand, Fußstein
EP 16,07 DM/m   EP 8,22 €/m

010.70301.M KG 313 DIN 276
Zulage Sickerwand, Abdeckleiste
EP 7,96 DM/m   EP 4,07 €/m

010.70401.M KG 313 DIN 276
Sickerschicht vertikal, EPS-Platten, Dicke 5 cm
EP 19,58 DM/m2   EP 10,01 €/m2

010.70402.M KG 313 DIN 276
Sickerschicht vertikal, EPS-Platten, Dicke 6,5 cm
EP 24,76 DM/m2   EP 12,66 €/m2

010.70403.M KG 313 DIN 276
Sickerschicht Dränmatte, Kunststoff, Vlies einseitig
EP 22,08 DM/m2   EP 11,29 €/m2

010.70404.M KG 313 DIN 276
Sickerschicht Dränmatte, Kunststoff, Vlies beidseitig
EP 26,25 DM/m2   EP 13,42 €/m2

010.70405.M KG 313 DIN 276
Sickerschicht Dränmatte, Kunststoff, Folie/Vlies einseitig
EP 27,93 DM/m2   EP 14,28 €/m2

010.70403.M KG 313 DIN 276
Sickerschicht Bitumen-Wellplatten
EP 16,69 DM/m2   EP 8,53 €/m2

Sickerleitungen

010.----.-

010.20022.M KG 313 DIN 276
Teilsickerrohr, PVC-U, DN 80
EP 14,91 DM/m   EP 7,63 €/m

010.20023.M KG 313 DIN 276
Teilsickerrohr, PVC-U, DN 100
EP 16,77 DM/m   EP 8,57 €/m

010.20024.M KG 313 DIN 276
Teilsickerrohr, PVC-U, DN 150
EP 23,14 DM/m   EP 11,83 €/m

010.20025.M KG 313 DIN 276
Teilsickerrohr, PVC-U, DN 200
EP 37,86 DM/m   EP 19,36 €/m

010.20026.M KG 313 DIN 276
Teilsickerrohr, PVC-U, DN 250
EP 44,05 DM/m   EP 22,52 €/m

010.20027.M KG 313 DIN 276
Teilsickerrohr, PVC-U, DN 350
EP 84,25 DM/m   EP 43,08 €/m

Dränleitungen als Sickerrohre, PVC-U

010.----.-

010.20001.M KG 313 DIN 276
Vollsickerrohr, PVC-U, m. Formst. DN 50
EP 12,06 DM/m   EP 6,16 €/m

010.20002.M KG 313 DIN 276
Vollsickerrohr, PVC-U, m. Formst. DN 65
EP 13,98 DM/m   EP 7,15 €/m

010.20004.M KG 313 DIN 276
Vollsickerrohr, PVC-U, m. Formst. DN 100
EP 18,24 DM/m   EP 9,33 €/m

010.20005.M KG 313 DIN 276
Vollsickerrohr, PVC-U, m. Formst. DN 125
EP 22,53 DM/m   EP 11,52 €/m

010.20006.M KG 313 DIN 276
Vollsickerrohr, PVC-U, m. Formst. DN 160
EP 28,92 DM/m   EP 14,79 €/m

010.20007.M KG 313 DIN 276
Vollsickerrohr, PVC-U, m. Formst. DN 200
EP 38,60 DM/m   EP 19,73 €/m

010.20008.M KG 313 DIN 276
Vollsickerrohr, PVC-U, DN 50
EP 10,83 DM/m   EP 5,54 €/m

LB 010 Dränarbeiten
Dränleitungen als Sickerrohre, PVC-U, Steinzeug; Betonfilterrohre

AW 010

Preise 06.02

Sämtliche Preise sind **Mittelpreise ohne Mehrwertmeuer** zum Zeitpunkt des Ausgabedatums.
Korrekturfaktoren für Regionaleinfluss, Mengeneinfluss, Konjunktureinfluss siehe Vorspann.
Abkürzungen: EP = Einheitspreis

010.20009.M KG 313 DIN 276
Vollsickerrohr, PVC-U, DN 65
EP 12,23 DM/m   EP 6,26 €/m

010.20010.M KG 313 DIN 276
Vollsickerrohr, PVC-U, DN 80
EP 14,05 DM/m   EP 7,18 €/m

010.20011.M KG 313 DIN 276
Vollsickerrohr, PVC-U, DN 100
EP 16,67 DM/m   EP 8,52 €/m

010.20012.M KG 313 DIN 276
Vollsickerrohr, PVC-U, DN 125
EP 21,12 DM/m   EP 10,80 €/m

010.20013.M KG 313 DIN 276
Vollsickerrohr, PVC-U, DN 160
EP 27,41 DM/m   EP 14,01 €/m

010.20014.M KG 313 DIN 276
Vollsickerrohr, PVC-U, DN 200
EP 36,42 DM/m   EP 18,62 €/m

010.20015.M KG 313 DIN 276
Kokos-Vollsickerrohr, PVC-U, DN 50
EP 11,89 DM/m   EP 6,08 €/m

010.20016.M KG 313 DIN 276
Kokos-Vollsickerrohr, PVC-U, DN 65
EP 14,36 DM/m   EP 7,34 €/m

010.20017.M KG 313 DIN 276
Kokos-Vollsickerrohr, PVC-U, DN 80
EP 18,42 DM/m   EP 9,42 €/m

010.20018.M KG 313 DIN 276
Kokos-Vollsickerrohr, PVC-U, DN 100
EP 21,65 DM/m   EP 11,07 €/m

010.20019.M KG 313 DIN 276
Kokos-Vollsickerrohr, PVC-U, DN 125
EP 32,37 DM/m   EP 16,55 €/m

010.20020.M KG 313 DIN 276
Kokos-Vollsickerrohr, PVC-U, DN 160
EP 45,76 DM/m   EP 23,39 €/m

010.20021.M KG 313 DIN 276
Kokos-Vollsickerrohr, PVC-U, DN 200
EP 62,79 DM/m   EP 32,10 €/m

Dränleitungen als Sickerrohre, Steinzeug

010.----.-

010.20060.M KG 313 DIN 276
Steinzeugsickerrohr, ganzgelocht, DN 100
EP 61,10 DM/m   EP 31,24 €/m

010.20061.M KG 313 DIN 276
Steinzeugsickerrohr, ganzgelocht, DN 125
EP 67,87 DM/m   EP 34,70 €/m

010.20062.M KG 313 DIN 276
Steinzeugsickerrohr, ganzgelocht, DN 150
EP 75,87 DM/m   EP 38,79 €/m

010.20063.M KG 313 DIN 276
Steinzeugsickerrohr, ganzgelocht, DN 200
EP 103,17 DM/m   EP 52,75 €/m

010.20064.M KG 313 DIN 276
Steinzeugsickerrohr, halbgelocht, DN 100
EP 75,92 DM/m   EP 38,82 €/m

010.20065.M KG 313 DIN 276
Steinzeugsickerrohr, halbgelocht, DN 125
EP 84,58 DM/m   EP 43,24 €/m

010.20066.M KG 313 DIN 276
Steinzeugsickerrohr, halbgelocht, DN 150
EP 93,19 DM/m   EP 47,65 €/m

010.20067.M KG 313 DIN 276
Steinzeugsickerrohr, halbgelocht, DN 200
EP 132,45 DM/m   EP 67,72 €/m

Dränleitungen als Sickerrohre, Betonfilterrohre
Hinweis: Form K – vollporös, Form KF – teilporös

010.----.-

010.20028.M KG 313 DIN 276
Betonfilterrohr K, vollporös, DN 100
EP 41,86 DM/m   EP 21,40 €/m

010.20029.M KG 313 DIN 276
Betonfilterrohr K, vollporös, DN 125
EP 44,91 DM/m   EP 22,96 €/m

010.20030.M KG 313 DIN 276
Betonfilterrohr K, vollporös, DN 150
EP 47,60 DM/m   EP 24,34 €/m

010.20031.M KG 313 DIN 276
Betonfilterrohr K, vollporös, DN 200
EP 54,90 DM/m   EP 28,07 €/m

010.20032.M KG 313 DIN 276
Betonfilterrohr K, vollporös, DN 250
EP 58,41 DM/m   EP 29,87 €/m

010.20033.M KG 313 DIN 276
Betonfilterrohr K, vollporös, DN 300
EP 63,32 DM/m   EP 32,38 €/m

010.20034.M KG 313 DIN 276
Betonfilterrohr K, vollporös, DN 400
EP 80,73 DM/m   EP 41,28 €/m

010.20035.M KG 313 DIN 276
Betonfilterrohr K, vollporös, DN 500
EP 100,33 DM/m   EP 51,30 €/m

010.20036.M KG 313 DIN 276
Betonfilterrohr KF, teilporös, DN 100
EP 43,08 DM/m   EP 22,02 €/m

010.20037.M KG 313 DIN 276
Betonfilterrohr KF, teilporös, DN 125
EP 46,32 DM/m   EP 23,68 €/m

010.20038.M KG 313 DIN 276
Betonfilterrohr KF, teilporös, DN 150
EP 49,43 DM/m   EP 25,27 €/m

010.20039.M KG 313 DIN 276
Betonfilterrohr KF, teilporös, DN 200
EP 56,54 DM/m   EP 28,91 €/m

010.20040.M KG 313 DIN 276
Betonfilterrohr KF, teilporös, DN 250
EP 60,57 DM/m   EP 30,97 €/m

010.20041.M KG 313 DIN 276
Betonfilterrohr KF, teilporös, DN 300
EP 65,50 DM/m   EP 33,49 €/m

AW 010

LB 010 Dränarbeiten
Betonfilterrohre; Anschl. an Kanäle und Schächte; Teilsickerrohre PVC-U, Zulagen

Preise 06.02

Sämtliche Preise sind **Mittelpreise ohne Mehrwertmeuer** zum Zeitpunkt des Ausgabedatums.
Korrekturfaktoren für Regionaleinfluss, Mengeneinfluss, Konjunktureinfluss siehe Vorspann.
Abkürzungen: EP = Einheitspreis

010.20042.M   KG 313 DIN 276
Betonfilterrohr KF, teilporös, DN 400
EP 82,66 DM/m   EP 42,26 €/m

010.20043.M   KG 313 DIN 276
Betonfilterrohr KF, teilporös, DN 500
EP 103,78 DM/m   EP 53,06 €/m

010.20044.M   KG 313 DIN 276
Schwerlast-Betonfilterrohr KFW, volllporös, DN 100
EP 50,29 DM/m   EP 25,71 €/m

010.20045.M   KG 313 DIN 276
Schwerlast-Betonfilterrohr KFW, volllporös, DN 150
EP 56,26 DM/m   EP 28,76 €/m

010.20046.M   KG 313 DIN 276
Schwerlast-Betonfilterrohr KFW, volllporös, DN 200
EP 63,04 DM/m   EP 32,23 €/m

010.20047.M   KG 313 DIN 276
Schwerlast-Betonfilterrohr KFW, volllporös, DN 300
EP 87,80 DM/m   EP 44,89 €/m

010.20048.M   KG 313 DIN 276
Schwerlast-Betonfilterrohr KFW, volllporös, DN 400
EP 118,24 DM/m   EP 60,46 €/m

010.20049.M   KG 313 DIN 276
Schwerlast-Betonfilterrohr KFW, volllporös, DN 600
EP 234,28 DM/m   EP 119,78 €/m

010.20050.M   KG 313 DIN 276
Schwerlast-Betonfilterrohr KFW, volllporös, DN 800
EP 349,91 DM/m   EP 178,90 €/m

010.20051.M   KG 313 DIN 276
Schwerlast-Betonfilterrohr KFW, volllporös, DN 1000
EP 449,60 DM/m   EP 229,87 €/m

010.20052.M   KG 313 DIN 276
Schwerlast-Betonfilterrohr KFW, teilporös, DN 100
EP 51,50 DM/m   EP 26,33 €/m

010.20053.M   KG 313 DIN 276
Schwerlast-Betonfilterrohr KFW, teilporös, DN 150
EP 58,08 DM/m   EP 29,70 €/m

010.20054.M   KG 313 DIN 276
Schwerlast-Betonfilterrohr KFW, teilporös, DN 200
EP 66,08 DM/m   EP 33,79 €/m

010.20055.M   KG 313 DIN 276
Schwerlast-Betonfilterrohr KFW, teilporös, DN 300
EP 93,59 DM/m   EP 47,85 €/m

010.20056.M   KG 313 DIN 276
Schwerlast-Betonfilterrohr KFW, teilporös, DN 400
EP 126,27 DM/m   EP 64,56 €/m

010.20057.M   KG 313 DIN 276
Schwerlast-Betonfilterrohr KFW, teilporös, DN 600
EP 299,81 DM/m   EP 153,29 €/m

010.20058.M   KG 313 DIN 276
Schwerlast-Betonfilterrohr KFW, teilporös, DN 800
EP 426,10 DM/m   EP 217,86 €/m

010.20059.M   KG 313 DIN 276
Schwerlast-Betonfilterrohr KFW, teilporös, DN 1000
EP 546,10 DM/m   EP 279,22 €/m

Dränleitungen, Anschlüsse an Kanäle und Schächte

010.----.-

010.20401.M   KG 313 DIN 276
Anschluss Dränleitung an Kanal, bis DN 200
EP 131,89 DM/St   EP 67,43 €/St

010.20402.M   KG 313 DIN 276
Anschluss Dränleitung an Kanal, > DN 200 - 400
EP 196,08 DM/St   EP 100,26 €/St

010.20401.M   KG 313 DIN 276
Anschluss Dränleitung an Schacht
EP 257,05 DM/St   EP 131,43 €/St

Dränleitungen, Teilsickerrohre aus PVC-U, Zulagen

010.----.-

010.23001.M   KG 313 DIN 276
Zulage Teilsickerrohr, PVC-U, Abzweig 45°, DN 80
EP 52,18 DM/St   EP 26,68 €/St

010.23002.M   KG 313 DIN 276
Zulage Teilsickerrohr, PVC-U, Abzweig 45°, DN 100
EP 57,66 DM/St   EP 29,48 €/St

010.23003.M   KG 313 DIN 276
Zulage Teilsickerrohr, PVC-U, Abzweig 45°, DN 150
EP 131,99 DM/St   EP 67,49 €/St

010.23004.M   KG 313 DIN 276
Zulage Teilsickerrohr, PVC-U, Abzweig 45°, DN 200
EP 194,95 DM/St   EP 99,67 €/St

010.23215.M   KG 313 DIN 276
Zulage Teilsickerrohr, PVC-U, Bogen 90°, DN 80
EP 14,91 DM/St   EP 7,63 €/St

010.23216.M   KG 313 DIN 276
Zulage Teilsickerrohr, PVC-U, Bogen 90°, DN 100
EP 20,07 DM/St   EP 10,26 €/St

010.23217.M   KG 313 DIN 276
Zulage Teilsickerrohr, PVC-U, Bogen 90°, DN 150
EP 26,16 DM/St   EP 13,37 €/St

010.23218.M   KG 313 DIN 276
Zulage Teilsickerrohr, PVC-U, Bogen 90°, DN 200
EP 80,60 DM/St   EP 41,21 €/St

010.23219.M   KG 313 DIN 276
Zulage Teilsickerrohr, PVC-U, Bogen 45°, DN 80
EP 15,73 DM/St   EP 8,04 €/St

010.23220.M   KG 313 DIN 276
Zulage Teilsickerrohr, PVC-U, Bogen 45°, DN 100
EP 20,63 DM/St   EP 10,55 €/St

010.23221.M   KG 313 DIN 276
Zulage Teilsickerrohr, PVC-U, Bogen 45°, DN 150
EP 28,49 DM/St   EP 14,57 €/St

010.23222.M   KG 313 DIN 276
Zulage Teilsickerrohr, PVC-U, Bogen 45°, DN 200
EP 89,13 DM/St   EP 45,57 €/St

010.23408.M   KG 313 DIN 276
Zulage Teilsickerrohr, PVC-U, Auslaufstück, DN 80
EP 59,66 DM/St   EP 30,50 €/St

LB 010 Dränarbeiten
Teilsickerrohre PVC-U, Zulagen; Vollsickerrohre PVC-U, Zulagen

AW 010

Preise 06.02

Sämtliche Preise sind **Mittelpreise ohne Mehrwertmeuer** zum Zeitpunkt des Ausgabedatums.
Korrekturfaktoren für Regionaleinfluss, Mengeneinfluss, Konjunktureinfluss siehe Vorspann.
Abkürzungen: EP = Einheitspreis

010.23409.M KG 313 DIN 276
Zulage Teilsickerrohr, PVC-U, Auslaufstück, DN 100
EP 75,64 DM/St   EP 38,67 €/St

010.23410.M KG 313 DIN 276
Zulage Teilsickerrohr, PVC-U, Auslaufstück, DN 150
EP 101,44 DM/St   EP 51,87 €/St

010.23411.M KG 313 DIN 276
Zulage Teilsickerrohr, PVC-U, Auslaufstück, DN 200
EP 166,04 DM/St   EP 84,89 €/St

010.23622.M KG 313 DIN 276
Zulage Teilsickerrohr, PVC-U, Verbindungsmuffe, DN 80
EP 10,90 DM/St   EP 5,57 €/St

010.23623.M KG 313 DIN 276
Zulage Teilsickerrohr, PVC-U, Verbindungsmuffe, DN 100
EP 12,60 DM/St   EP 6,44 €/St

010.23624.M KG 313 DIN 276
Zulage Teilsickerrohr, PVC-U, Verbindungsmuffe, DN 150
EP 15,70 DM/St   EP 8,03 €/St

010.23625.M KG 313 DIN 276
Zulage Teilsickerrohr, PVC-U, Verbindungsmuffe, DN 200
EP 27,17 DM/St   EP 13,89 €/St

010.23626.M KG 313 DIN 276
Zulage Teilsickerrohr, PVC-U, Verbindungsmuffe, DN 250
EP 29,58 DM/St   EP 15,12 €/St

010.23627.M KG 313 DIN 276
Zulage Teilsickerrohr, PVC-U, Verbindungsmuffe, DN 350
EP 36,77 DM/St   EP 18,80 €/St

010.23628.M KG 313 DIN 276
Zulage Teilsickerrohr, PVC-U, Verschlusskappe, DN 80
EP 15,32 DM/St   EP 7,83 €/St

010.23629.M KG 313 DIN 276
Zulage Teilsickerrohr, PVC-U, Verschlusskappe, DN 100
EP 18,72 DM/St   EP 8,55 €/St

010.23630.M KG 313 DIN 276
Zulage Teilsickerrohr, PVC-U, Verschlusskappe, DN 150
EP 29,31 DM/St   EP 14,98 €/St

010.23631.M KG 313 DIN 276
Zulage Teilsickerrohr, PVC-U, Verschlusskappe, DN 200
EP 60,79 DM/St   EP 31,08 €/St

010.23632.M KG 313 DIN 276
Zulage Teilsickerrohr, PVC-U, Verschlusskappe, DN 250
EP 76,92 DM/St   EP 39,33 €/St

010.23633.M KG 313 DIN 276
Zulage Teilsickerrohr, PVC-U, Verschlusskappe, DN 350
EP 107,47 DM/St   EP 54,95 €/St

010.23634.M KG 313 DIN 276
Zulage Teilsickerrohr, PVC-U, T-Stück, DN 80
EP 22,03 DM/St   EP 11,26 €/St

010.23635.M KG 313 DIN 276
Zulage Teilsickerrohr, PVC-U, T-Stück, DN 100
EP 27,79 DM/St   EP 14,21 €/St

010.23636.M KG 313 DIN 276
Zulage Teilsickerrohr, PVC-U, T-Stück, DN 150
EP 41,09 DM/St   EP 21,01 €/St

010.23637.M KG 313 DIN 276
Zulage Teilsickerrohr, PVC-U, T-Stück, DN 200
EP 94,37 DM/St   EP 48,25 €/St

010.23638.M KG 313 DIN 276
Zulage Teilsickerrohr, PVC-U, Schachtfutter, DN 80
EP 11,94 DM/St   EP 6,11 €/St

010.23639.M KG 313 DIN 276
Zulage Teilsickerrohr, PVC-U, Schachtfutter, DN 100
EP 14,11 DM/St   EP 7,21 €/St

010.23640.M KG 313 DIN 276
Zulage Teilsickerrohr, PVC-U, Schachtfutter, DN 150
EP 18,10 DM/St   EP 9,25 €/St

010.23641.M KG 313 DIN 276
Zulage Teilsickerrohr, PVC-U, Schachtfutter, DN 200
EP 35,85 DM/St   EP 18,33 €/St

010.23642.M KG 313 DIN 276
Zulage Teilsickerrohr, PVC-U, Schachtfutter, DN 250
EP 38,67 DM/St   EP 19,77 €/St

010.23643.M KG 313 DIN 276
Zulage Teilsickerrohr, PVC-U, Schachtfutter, DN 350
EP 53,68 DM/St   EP 27,45 €/St

010.23644.M KG 313 DIN 276
Zulage Teilsickerrohr, PVC-U, Übergangsstück, DN 100/100
EP 18,14 DM/St   EP 9,27 €/mSt

010.23645.M KG 313 DIN 276
Zulage Teilsickerrohr, PVC-U, Übergangsstück, DN 150/150
EP 24,74 DM/St   EP 12,65 €/St

010.23646.M KG 313 DIN 276
Zulage Teilsickerrohr, PVC-U, Übergangsstück, DN 200/200
EP 48,20 DM/St   EP 24,64 €/St

010.23644.M KG 313 DIN 276
Zulage Teilsickerrohr, PVC-U, Übergangsstück, DN 250/250
EP 75,70 DM/St   EP 38,70 €/St

Dränleitungen, Vollsickerrohre aus PVC-U, Zulagen

010.----.-

010.23201.M KG 313 DIN 276
Zulage Vollsickerrohr, PVC-U, Winkel 90°, DN 80
EP 15,41 DM/St   EP 7,88 €/St

010.23202.M KG 313 DIN 276
Zulage Vollsickerrohr, PVC-U, Winkel 90°, DN 100
EP 18,44 DM/st   EP 9,43 €/St

010.23203.M KG 313 DIN 276
Zulage Vollsickerrohr, PVC-U, Winkel 90°, DN 125
EP 22,71 DM/St   EP 11,61 €/St

010.23204.M KG 313 DIN 276
Zulage Vollsickerrohr, PVC-U, Winkel 90°, DN 160
EP 28,98 DM/St   EP 14,82 €/St

010.23205.M KG 313 DIN 276
Zulage Vollsickerrohr, PVC-U, Winkel 90°, DN 200
EP 41,52 DM/St   EP 21,23 €/St

010.23206.M KG 313 DIN 276
Zulage Vollsickerrohr, PVC-U, Winkel 45°, DN 80
EP 22,82 DM/St   EP 11,67 €/St

010.23207.M KG 313 DIN 276
Zulage Vollsickerrohr, PVC-U, Winkel 90°, DN 100
EP 26,67 DM/St   EP 13,64 €/St

AW 010

Preise 06.02

LB 010 Dränarbeiten
Vollsickerrohre PVC-U, Zulagen

Sämtliche Preise sind **Mittelpreise ohne Mehrwertmeuer** zum Zeitpunkt des Ausgabedatums.
Korrekturfaktoren für Regionaleinfluss, Mengeneinfluss, Konjunktureinfluss siehe Vorspann.
Abkürzungen: EP = Einheitspreis

010.23208.M KG 313 DIN 276
Zulage Vollsickerrohr, PVC-U, Winkel 90°, DN 125
EP 34,66 DM/St   EP 17,72 €/St

010.23209.M KG 313 DIN 276
Zulage Vollsickerrohr, PVC-U, Winkel 90°, DN 160
EP 44,81 DM/St   EP 22,91 €/St

010.23210.M KG 313 DIN 276
Zulage Vollsickerrohr, PVC-U, Winkel 90°, DN 200
EP 61,59 DM/St   EP 31,49 €/St

010.23211.M KG 313 DIN 276
Zulage Vollsickerrohr, PVC-U, Einführungsbogen, DN 50
EP 9,17 DM/St   EP 4,69 €/St

010.23212.M KG 313 DIN 276
Zulage Vollsickerrohr, PVC-U, Einführungsbogen, DN 65
EP 11,24 DM/St   EP 5,75 €/St

010.23213.M KG 313 DIN 276
Zulage Vollsickerrohr, PVC-U, Einführungsbogen, DN 80
EP 20,03 DM/St   EP 10,24 €/St

010.23214.M KG 313 DIN 276
Zulage Vollsickerrohr, PVC-U, Einführungsbogen, DN 100
EP 23,73 DM/St   EP 12,13 €/St

010.23401.M KG 313 DIN 276
Zulage Vollsickerrohr, PVC-U, Auslaufstück, DN 50
EP 28,17 DM/St   EP 14,40 €/St

010.23402.M KG 313 DIN 276
Zulage Vollsickerrohr, PVC-U, Auslaufstück, DN 65
EP 35,72 DM/St   EP 18,26 €/St

010.23403.M KG 313 DIN 276
Zulage Vollsickerrohr, PVC-U, Auslaufstück, DN 80
EP 43,23 DM/St   EP 22,10 €/St

010.23404.M KG 313 DIN 276
Zulage Vollsickerrohr, PVC-U, Auslaufstück, DN 100
EP 54,00 DM/St   EP 27,61 €/St

010.23405.M KG 313 DIN 276
Zulage Vollsickerrohr, PVC-U, Auslaufstück, DN 125
EP 64,04 DM/St   EP 32,74 €/St

010.23406.M KG 313 DIN 276
Zulage Vollsickerrohr, PVC-U, Auslaufstück, DN 160
EP 79,67 DM/St   EP 40,74 €/St

010.23407.M KG 313 DIN 276
Zulage Vollsickerrohr, PVC-U, Auslaufstück, DN 200
EP 131,98 DM/St   EP 67,48 €/St

010.23601.M KG 313 DIN 276
Zulage Vollsickerrohr, PVC-U, Verbindungsmuffe, DN 50
EP 9,71 DM/St   EP 4,96 €/St

010.23602.M KG 313 DIN 276
Zulage Vollsickerrohr, PVC-U, Verbindungsmuffe, DN 65
EP 11,27 DM/St   EP 5,76 €/St

010.23603.M KG 313 DIN 276
Zulage Vollsickerrohr, PVC-U, Verbindungsmuffe, DN 80
EP 13,43 DM/St   EP 6,87 €/St

010.23604.M KG 313 DIN 276
Zulage Vollsickerrohr, PVC-U, Verbindungsmuffe, DN 100
EP 15,46 DM/St   EP 7,90 €/St

010.23605.M KG 313 DIN 276
Zulage Vollsickerrohr, PVC-U, Verbindungsmuffe, DN 125
EP 17,57 DM/St   EP 8,99 €/St

010.23606.M KG 313 DIN 276
Zulage Vollsickerrohr, PVC-U, Verbindungsmuffe, DN 160
EP 18,59 DM/St   EP 9,50 €/St

010.23607.M KG 313 DIN 276
Zulage Vollsickerrohr, PVC-U, Verbindungsmuffe, DN 200
EP 31,66 DM/St   EP 16,18 €/St

010.23608.M KG 313 DIN 276
Zulage Vollsickerrohr, PVC-U, Verschlusskappe, DN 50
EP 7,80 DM/St   EP 3,99 €/St

010.23608.M KG 313 DIN 276
Zulage Vollsickerrohr, PVC-U, Verschlusskappe, DN 50
EP 7,80 DM/St   EP 3,99 €/St

010.23609.M KG 313 DIN 276
Zulage Vollsickerrohr, PVC-U, Verschlusskappe, DN 65
EP 8,75 DM/St   EP 4,47 €/St

010.23610.M KG 313 DIN 276
Zulage Vollsickerrohr, PVC-U, Verschlusskappe, DN 80
EP 10,06 DM/St   EP 5,15 €/St

010.23611.M KG 313 DIN 276
Zulage Vollsickerrohr, PVC-U, Verschlusskappe, DN 100
EP 77,84 DM/St   EP 6,05 €/St

010.23612.M KG 313 DIN 276
Zulage Vollsickerrohr, PVC-U, Verschlusskappe, DN 125
EP 13,05 DM/St   EP 6,67 €/St

010.23613.M KG 313 DIN 276
Zulage Vollsickerrohr, PVC-U, Verschlusskappe, DN 160
EP 17,40 DM/St   EP 8,89 €/St

010.23614.M KG 313 DIN 276
Zulage Vollsickerrohr, PVC-U, Verschlusskappe, DN 200
EP 25,49 DM/St   EP 13,03 €/St

010.23615.M KG 313 DIN 276
Zulage Vollsickerrohr, PVC-U, T-Stück, DN 50
EP 16,28 DM/St   EP 8,32 €/St

010.23616.M KG 313 DIN 276
Zulage Vollsickerrohr, PVC-U, T-Stück, DN 65
EP 19,15 DM/St   EP 9,79 €/St

010.23617.M KG 313 DIN 276
Zulage Vollsickerrohr, PVC-U, T-Stück, DN 80
EP 23,22 DM/St   EP 11,87 €/St

010.23618.M KG 313 DIN 276
Zulage Vollsickerrohr, PVC-U, T-Stück, DN 100
EP 26,96 DM/St   EP 13,78 €/St

010.23619.M KG 313 DIN 276
Zulage Vollsickerrohr, PVC-U, T-Stück, DN 125
EP 33,66 DM/St   EP 17,21 €/St

010.23620.M KG 313 DIN 276
Zulage Vollsickerrohr, PVC-U, T-Stück, DN 160
EP 41,55 DM/St   EP 21,25 €/St

010.23621.M KG 313 DIN 276
Zulage Vollsickerrohr, PVC-U, T-Stück, DN 200
EP 54,33 DM/St   EP 27,78 €/St

LB 010 Dränarbeiten
Betonfilterrohre, Zulagen; Steinzeugsickerrohre, Zulagen

AW 010

Preise 06.02

Sämtliche Preise sind **Mittelpreise ohne Mehrwertmeuer** zum Zeitpunkt des Ausgabedatums.
Korrekturfaktoren für Regionaleinfluss, Mengeneinfluss, Konjunktureinfluss siehe Vorspann.
Abkürzungen: EP = Einheitspreis

Dränleitungen, Betonfilterrohre, Zulagen

010.----.-

010.25001.M   KG 313 DIN 276
Zulage Betonfilterrohr K, Abzweig 90°, DN 100/100
EP 41,71 DM/St   EP 21,33 €/St

010.25002.M   KG 313 DIN 276
Zulage Betonfilterrohr K, Abzweig 90°, DN 125/125
EP 50,64 DM/St   EP 25,89 €/St

010.25003.M   KG 313 DIN 276
Zulage Betonfilterrohr K, Abzweig 90°, DN 150/150
EP 59,76 DM/St   EP 30,56 €/St

010.25004.M   KG 313 DIN 276
Zulage Betonfilterrohr K, Abzweig 90°, DN 200/200
EP 75,50 DM/St   EP 38,60 €/St

010.25005.M   KG 313 DIN 276
Zulage Betonfilterrohr K, Abzweig 45°, DN 100/100
EP 42,88 DM/St   EP 21,92 €/St

010.25006.M   KG 313 DIN 276
Zulage Betonfilterrohr K, Abzweig 45°, DN 125/125
EP 51,86 DM/St   EP 26,51 €/St

010.25007.M   KG 313 DIN 276
Zulage Betonfilterrohr K, Abzweig 45°, DN 150/150
EP 60,79 DM/St   EP 31,08 €/St

010.25201.M   KG 313 DIN 276
Zulage Betonfilterrohr K, Bogen 90°, DN 100
EP 34,50 DM/St   EP 20,20 €/St

010.25202.M   KG 313 DIN 276
Zulage Betonfilterrohr K, Bogen 90°, DN 125
EP 49,44 DM/St   EP 25,28 €/St

010.25203.M   KG 313 DIN 276
Zulage Betonfilterrohr K, Bogen 90°, DN 150
EP 57,66 DM/St   EP 29,48 €/St

010.25204.M   KG 313 DIN 276
Zulage Betonfilterrohr K, Bogen 90°, DN 200
EP 70,65 DM/St   EP 36,12 €/St

010.25205.M   KG 313 DIN 276
Zulage Betonfilterrohr K, Bogen 45°, DN 100
EP 40,56 DM/St   EP 20,74 €/St

010.25206.M   KG 313 DIN 276
Zulage Betonfilterrohr K, Bogen 45°, DN 125
EP 50,20 DM/St   EP 25,67 €/St

010.25207.M   KG 313 DIN 276
Zulage Betonfilterrohr K, Bogen 45°, DN 150
EP 61,12 DM/St   EP 31,25 €/St

010.25208.M   KG 313 DIN 276
Zulage Betonfilterrohr K, Bogen 45°, DN 200
EP 73,19 DM/St   EP 37,42 €/St

Dränleitungen, Steinzeugsickerrohre, Zulagen

010.----.-

010.28001.M   KG 313 DIN 276
Zulage Steinzeugsickerrohr, Abzweig 45°, DN 100/100
EP 81,34 DM/St   EP 41,59 €/St

010.28002.M   KG 313 DIN 276
Zulage Steinzeugsickerrohr, Abzweig 45°, DN 125/100
EP 90,78 DM/St   EP 46,42 €/St

010.28003.M   KG 313 DIN 276
Zulage Steinzeugsickerrohr, Abzweig 45°, DN 125/125
EP 92,70 DM/St   EP 47,40 €/St

010.28004.M   KG 313 DIN 276
Zulage Steinzeugsickerrohr, Abzweig 45°, DN 150/100
EP 101,59 DM/St   EP 46,42 €/St

010.28005.M   KG 313 DIN 276
Zulage Steinzeugsickerrohr, Abzweig 45°, DN 150/125
EP 103,28 DM/St   EP 52,80 €/St

010.28006.M   KG 313 DIN 276
Zulage Steinzeugsickerrohr, Abzweig 45°, DN 150/150
EP 104,84 DM/St   EP 53,60 €/St

010.28007.M   KG 313 DIN 276
Zulage Steinzeugsickerrohr, Abzweig 45°, DN 200/100
EP 149,07 DM/St   EP 76,22 €/St

010.28008.M   KG 313 DIN 276
Zulage Steinzeugsickerrohr, Abzweig 45°, DN 200/125
EP 154,03 DM/St   EP 78,75 €/St

010.28009.M   KG 313 DIN 276
Zulage Steinzeugsickerrohr, Abzweig 45°, DN 200/150
EP 155,44 DM/St   EP 49,47 €/St

010.28010.M   KG 313 DIN 276
Zulage Steinzeugsickerrohr, Abzweig 45°, DN 200/200
EP 165,47 DM/St   EP 84,60 €/St

010.28101.M   KG 313 DIN 276
Zulage Steinzeugsickerrohr, Bogen 90°, DN 100
EP 59,48 DM/St   EP 30,41 €/St

010.28102.M   KG 313 DIN 276
Zulage Steinzeugsickerrohr, Bogen 90°, DN 125
EP 66,87 DM/St   EP 34,19 €/St

010.28103.M   KG 313 DIN 276
Zulage Steinzeugsickerrohr, Bogen 90°, DN 150
EP 75,01 DM/St   EP 38,35 €/St

010.28104.M   KG 313 DIN 276
Zulage Steinzeugsickerrohr, Bogen 90°, DN 200
EP 146,80 DM/St   EP 75,06 €/St

010.28105.M   KG 313 DIN 276
Zulage Steinzeugsickerrohr, Bogen 45°, DN 100
EP 59,33 DM/St   EP 30,33 €/St

010.28106.M   KG 313 DIN 276
Zulage Steinzeugsickerrohr, Bogen 45°, DN 125
EP 66,72 DM/St   EP 34,11 €/St

010.28107.M   KG 313 DIN 276
Zulage Steinzeugsickerrohr, Bogen 45°, DN 150
EP 74,91 DM/St   EP 38,30 €/St

010.28108.M   KG 313 DIN 276
Zulage Steinzeugsickerrohr, Bogen 45°, DN 200
EP 132,27 DM/St   EP 67,63 €/St

010.28201.M   KG 313 DIN 276
Zulage Steinzeugsickerrohr, Übergangsstück, DN 100/125
EP 74,67 DM/St   EP 38,18 €/St

010.28202.M   KG 313 DIN 276
Zulage Steinzeugsickerrohr, Übergangsstück, DN 100/150
EP 83,89 DM/St   EP 42,89 €/St

AW 010

LB 010 Dränarbeiten

Preise 06.02

Sämtliche Preise sind **Mittelpreise ohne Mehrwertmeuer** zum Zeitpunkt des Ausgabedatums.
Korrekturfaktoren für Regionaleinfluss, Mengeneinfluss, Konjunktureinfluss siehe Vorspann.
Abkürzungen: EP = Einheitspreis

010.28203.M KG 313 DIN 276
Zulage Steinzeugsickerrohr, Übergangsstück, DN 125/150
EP 86,91 DM/St   EP 44,44 €/St

010.28204.M KG 313 DIN 276
Zulage Steinzeugsickerrohr, Übergangsstück, DN 125/200
EP 124,77 DM/St   EP 63,80 €/St

010.28205.M KG 313 DIN 276
Zulage Steinzeugsickerrohr, Übergangsstück, DN 150/200
EP 130,75 DM/St   EP 66,85 €/St

010.28301.M KG 313 DIN 276
Steinzeugsickerrohr, Verschlussteller, DN 100
EP 24,95 DM/St   EP 12,76 €/St

010.28302.M KG 313 DIN 276
Steinzeugsickerrohr, Verschlussteller, DN 125
EP 26,60 DM/St   EP 13,60 €/St

010.28303.M KG 313 DIN 276
Steinzeugsickerrohr, Verschlussteller, DN 150
EP 30,79 DM/St   EP 15,74 €/St

010.28304.M KG 313 DIN 276
Steinzeugsickerrohr, Verschlussteller, DN 200
EP 35,47 DM/St   EP 18,13 €/St

010.28305.M KG 313 DIN 276
Steinzeugsickerrohr, Klemmbügel, DN 100
EP 52,74 DM/St   EP 26,97 €/St

010.28306.M KG 313 DIN 276
Steinzeugsickerrohr, Klemmbügel, DN 125
EP 65,68 DM/St   EP 33,58 €/St

010.28307.M KG 313 DIN 276
Steinzeugsickerrohr, Klemmbügel, DN 150
EP 78,66 DM/St   EP 40,22 €/St

010.28308.M KG 313 DIN 276
Steinzeugsickerrohr, Klemmbügel, DN 200
EP 102,10 DM/St   EP 52,20 €/St

Dränschächte, Zulagen

010.-----.-

010.40201.M KG 313 DIN 276
Dränschacht, DN 600, T 500
EP 458,34 DM/St   EP 234,34 €/St

Dränschichten

010.-----.-

010.70601.M KG 313 DIN 276
Dränschicht vertkal, XPS-Platten, Dicke 2 cm
EP 25,58 DM/m2   EP 13,08 €/m2

010.70602.M KG 313 DIN 276
Dränschicht vertkal, XPS-Platten, Dicke 4 cm
EP 49,20 DM/m2   EP 25,15 €/m2

010.70603.M KG 313 DIN 276
Dränschicht vertkal, XPS-Platten, Dicke 5 cm
EP 55,38 DM/m2   EP 28,32 €/m2

010.70604.M KG 313 DIN 276
Dränschicht vertkal, XPS-Platten, Dicke 6,5 cm
EP 61,86 DM/m2   EP 31,63 €/m2

010.70605.M KG 313 DIN 276
Dränschicht vertkal, XPS-Platten, Dicke 8 cm
EP 86,83 DM/m2   EP 44,39 €/m2

010.70606.M KG 313 DIN 276
Dränschicht vertkal, XPS-Platten, Dicke 10 cm
EP 82,21 DM/m2   EP 42,03 €/m2

Sickerschichten

010.-----.-

010.50001.M KG 313 DIN 276
Sickerschichten, Kiessand
EP 40,51 DM/m3   EP 20,71 €/m3

010.50002.M KG 313 DIN 276
Sickerschichten, Naturstein
EP 48,96 DM/m3   EP 25,02 €/m3

Sickerschichten

010.-----.-

010.70401.M KG 313 DIN 276
Sickerschicht vertikal, EPS-Platten, Dicke 5 cm
EP 19,58 DM/m2   EP 10,01 €/m2

010.70402.M KG 313 DIN 276
Sickerschicht vertikal, EPS-Platten, Dicke 6,5 cm
EP 24,76 DM/m2   EP 12,66 €/m2

010.70403.M KG 313 DIN 276
Sickerschicht vertikal, Kunststoff, Vlies einseitig
EP 22,08 DM/m2   EP 11,29 €/m2

010.70404.M KG 313 DIN 276
Sickerschicht vertikal, Kunststoff, Vlies beidseitig
EP 26,25 DM/m2   EP 13,42 €/m2

010.70405.M KG 313 DIN 276
Sickerschicht vertikal, Kunststoff, Folie/Vlies einseitig
EP 27,93 DM/m2   EP 14,28 €/m2

010.70406.M KG 313 DIN 276
Sickerschicht vertikal, Bitumen-Wellplatten
EP 16,69 DM/m2   EP 8,53 €/m2

Filterschichten für Leitungen

010.-----.-

010.50101.M KG 313 DIN 276
Filterschicht, Kiessand 0/4, DN 50
EP 12,46 DM/m   EP 6,37 €/m

010.50102.M KG 313 DIN 276
Filterschicht, Kiessand 0/4, DN 65
EP 13,52DM/m   EP 6,91 €/m

010.50103.M KG 313 DIN 276
Filterschicht, Kiessand 0/4, DN 80
EP 15,13 DM/m   EP 7,74 €/m

010.50104.M KG 313 DIN 276
Filterschicht, Kiessand 0/4, DN 100
EP 12,46 DM/m   EP 6,37 €/m

010.50105.M KG 313 DIN 276
Filterschicht, Kiessand 0/4, DN 125
EP 18,57 DM/m   EP 9,49 €/m

010.50106.M KG 313 DIN 276
Filterschicht, Kiessand 0/4, DN 150
EP 21,29 DM/m   EP 10,88 €/m
010.50107.M KG 313 DIN 276

LB 004 Pflanzen
Mauden liefern

AW 004

Preise 06.02

Sämtliche Preise sind **Mittelpreise ohne Mehrwertmeuer** zum Zeitpunkt des Ausgabedatums.
Korrekturfaktoren für Regionaleinfluss, Mengeneinfluss, Konjunktureinfluss siehe Vorspann.
Abkürzungen: EP = Einheitspreis

Filterschicht, Kiessand 0/4, DN 200
EP 22,21 DM/m   EP 11,35 €/m

010.50108.M   KG 313 DIN 276
Filterschicht, Kiessand 0/4, DN 250
EP 24,53 DM/m   EP 12,54 €/m

010.50109.M   KG 313 DIN 276
Filterschicht, Kiessand 0/4, DN 300
EP 28,58 DM/m   EP 14,61 €/m

010.50110.M   KG 313 DIN 276
Filterschicht, Kiessand 0/4, DN 350
EP 33,74 DM/m   EP 17,25 €/m

010.50111.M   KG 313 DIN 276
Filterschicht, Kiessand 0/4, DN 400
EP 37,94 DM/m   EP 19,40 €/m

010.50112.M   KG 313 DIN 276
Filterschicht, Kiessand 0/4, DN 500
EP 44,11 DM/m   EP 22,55 €/m

010.50113.M   KG 313 DIN 276
Filterschicht, Glasfaser/Kies, DN 50
EP 19,92 DM/m   EP 10,19 €/m

010.50114.M   KG 313 DIN 276
Filterschicht, Glasfaser/Kies, DN 65
EP 20,92 DM/m   EP 10,70 €/m

010.50115.M   KG 313 DIN 276
Filterschicht, Glasfaser/Kies, DN 80
EP 22,42 DM/m   EP 11,47 €/m

010.50116.M   KG 313 DIN 276
Filterschicht, Glasfaser/Kies, DN 100
EP 23,30 DM/m   EP 11,91 €/m

010.50117.M   KG 313 DIN 276
Filterschicht, Glasfaser/Kies, DN 125
EP 24,92 DM/m   EP 12,74 €/m

010.50118.M   KG 313 DIN 276
Filterschicht, Glasfaser/Kies, DN 150
EP 26,55 DM/m   EP 13,58 €/m

010.50119.M   KG 313 DIN 276
Filterschicht, Glasfaser/Kies, DN 200
EP 28,16 DM/m   EP 14,40 €/m

Filtermantel als Zulage

010.----.-

010.50120.M   KG 313 DIN 276
Filtermantel aus Kokosfaser, DN 50
EP 0,70 DM/m   EP 0,36 €/m

010.50121.M   KG 313 DIN 276
Filtermantel aus Kokosfaser, DN 65
EP 12,51 DM/m   EP 0,64 €/m

010.50122.M   KG 313 DIN 276
Filtermantel aus Kokosfaser, DN 80
EP 2,82 DM/m   EP 1,44 €/m

010.50123.M   KG 313 DIN 276
Filtermantel aus Kokosfaser, DN 100
EP 5,14 DM/m   EP 2,63 €/m

010.501224.M   KG 313 DIN 276
Filtermantel aus Kokosfaser, DN 125
EP 11,32 DM/m   EP 5,79 €/m

010.50125.M   KG 313 DIN 276
Filtermantel aus Kokosfaser, DN 150
EP 19,34 DM/m   EP 9,89 €/m

010.50126.M   KG 313 DIN 276
Filtermantel aus Kokosfaser, DN 200
EP 25,44 DM/m   EP 13,01 €/m

AW 010

Preise 06.02

LB 010 Dränarbeiten

Sämtliche Preise sind **Mittelpreise ohne Mehrwertmeuer** zum Zeitpunkt des Ausgabedatums.
Korrekturfaktoren für Regionaleinfluss, Mengeneinfluss, Konjunktureinfluss siehe Vorspann.
Abkürzungen: EP = Einheitspreis

LB 011 Abscheideranlagen, Kleinkläranlagen
Baustelleneinrichtung; Transport beigestellter Materialien

STLB 011

Ausgabe 06.02

Hinweis:
Wenn das Einrichten und Räumen der Baustelle und das Vorhalten der Baustelleneinrichtung nicht als Nebenleistung behandelt werden sollen, können die unten aufgeführten Texte verwendet werden. Siehe LB 000 Baustelleneinrichtung.

001 **Einrichten der Baustelle,**
002 **Vorhalten der Baustelleneinrichtung**
003 **Räumen der Baustelle,**
004 **Einrichten und Räumen der Baustelle,**
005 **Einrichten und Räumen der Baustelle, Vorhalten der Baustelleneinrichtung,**
 Einzelangaben zu Pos. 001 bis 005
 – Leistungsumfang
  – – für sämtliche in der Leistungsbeschreibung aufgeführten Leistungen,
  – – für ....,
   – – – ausgenommen ist die Baustelleneinrichtung für ....,
 – Berechnungseinheit psch

050 **Vom AG beigestellte Bauwerksfertigteile,**
051 **Vom AG beigestellte Zubehörteile,**
052 **Vom AG beigestellte Rohre,**
053 **Vom AG beigestellte Rohre, Form- und Verbindungsstücke,**
054 **Vom AG beigestellte Form- und Verbindungsstücke,**
055 **Vom AG beigestellte ....,**
 Einzelangaben zu Pos. 050 bis 055
 – Werkstoff
  – – aus Stahlbeton,
  – – aus Faserzement,
  – – aus Gusseisen,
  – – aus Stahl,
  – – aus ....,
 – Maße, Gewicht
  – – DN ....,
  – – Außendurchmesser ....,
  – – DN ...., Profil ....,
  – – Einzelgewicht ....,
  – – Gesamttransportgewicht ....,
  – – gemäß Einzelbeschreibung Nr. ....,
 – Leistungsumfang
  – – vom Lieferwerk zum Zwischenlagerplatz transportieren,
  – – vom Lieferwerk zur Baustelle transportieren,
  – – vom Lieferwerk zum Lagerplatz des AG transportieren,
  – – vom Lagerplatz des AG zum Zwischenlagerplatz transportieren,
  – – vom Lagerplatz des AG zur Baustelle transportieren,
  – – von der Entladestelle zur Baustelle transportieren,
  – – von der Entladestelle zum Zwischenlagerplatz transportieren,
  – – vom Zwischenlagerplatz zur Baustelle transportieren,
  – – transportieren ....,
   – – – einschl. aufladen,
   – – – einschl. abladen,
   – – – einschl. auf- und abladen,
   – – – ....,
    – – – – aufladen,
    – – – – abladen,
    – – – – auf- und abladen,
     – – – – – bauseitige Hebezeuge auf der Baustelle können ohne Kosten für den AN mitbenutzt werden,
     – – – – – bauseitige Hebezeuge auf der Baustelle können ohne Kosten für den AN kostenpflichtig mitbenutzt werden,
 – Transportentfernung
  – – Transportentfernung bis 5 km,
  – – Transportentfernung über 5 bis 10 km,
  – – Transportentfernung über 10 bis 15 km,
  – – Transportentfernung über 15 bis 20 km,
  – – Transportentfernung über ....,
   – – – Anschrift der Ladestelle ....,
    Anschrift der Entladestelle,
 – Berechnungseinheit St, m, t, psch

STLB 011
Ausgabe 06.02

LB 011 Abscheideranlagen, Kleinkläranlagen
Schlammfang für Abscheider mit Leichtflüssigkeiten

100 Schlammfang als Fertigteil aus Stahlbeton DIN 4281, mit systembedingten Einbauteilen,
Einzelangaben
- Wartungsschacht
  - – mit fugendichtem Schacht DIN 1986 zur Wartung, innenbeschichtet wie Schlammfang,
  - – mit 2 fugendichten Schächten DIN 1986 zur Wartung, innenbeschichtet wie Schlammfang,
- Rohranschlüsse
  - – mit gelenkigen Rohranschlüssen, mit leichtflüssigkeitsbeständiger Innenbeschichtung, mehrschichtig mit Farbwechsel, auf gestrahltem Untergrund, Abreißfestigkeit mind. 1,5 N/mm², mit Verbindungsleitung aus ...., (Sofern nicht vorgeschrieben, vom Bieter einzutragen), zum nachgeordneten Abscheider, Typenprüfung gemäß Merkblatt des Instituts für Bautechnik, Einbautiefe OK Gelände bis Rohrsohle Einlauf ....,
- Schlammfanginhalt
  - – Schlammfanginhalt mind. 650 l – 1500 l – 2000 l – 2500 l – 3000 l – 4000 l – 4500 l – 5000 l – 6000 l – 8000 l – 9000 l – 10000 l – 12000 l – 13000 l – 15000 l – 16000 l – 19500 l – 20000 l – 24000 l – 30000 l,
  - – Schlammfanginhalt für Gruppe:
    - – – – gering (100 l x Nenngröße) mind. Liter ....,
    - – – – mittel (200 l x Nenngröße) mind. Liter ....,
    - – – – groß (300 l x Nenngröße) mind. Liter ....,
  - – Schlammfanginhalt mind. Liter ....,

  Hinweis: Der Schlammfanginhalt für Nenngrößen bis 3 beträgt mind. 650 l, für Nenngrößen 6 bis 10 mind. 2500 l und für Waschanlagen mind. 5000 l. Ab Schlammfanginhalt 10000 l sollten aus Wartungsgründen 2 Wartungsschächte gewählt werden. Schachtabdeckungen siehe Pos. 600.
- Anschlussnennweite
  - – Anschlussnennweite DN 100 – DN 150 – DN 200 – DN 250 – DN 300 – DN 400 – DN ....,
- Maße des Schlammfangs
  Länge/Breite ....,
  Höhendifferenz zwischen Zu– und Ablauf ....,
  Zulauf/Ablauf DN ....,
- Bettung
  - – Bettung aus mineralischen Stoffen nach dem Merkblatt für das Verfüllen von Leitungsgräben, Dicke ....,
  - – Bettung aus Beton mind. B 10, Dicke ....,
  - – Bettung aus Beton mind. B 15 mit Bewehrung, Dicke ....,
  - – Bettung aus ....,
- Ausführung
  - – Ausführung ....,
  - – Ausführung gemäß Zeichnung Nr. ....,
  - – Ausführung gemäß Einzelbeschreibung Nr. ....,
  - – Ausführung gemäß Einzelbeschreibung Nr. .... und Zeichnung Nr. ....,
- Erzeugnis
  - – Erzeugnis/Typ .... (oder gleichwertiger Art),
  - – Erzeugnis/Typ .... (vom Bieter einzutragen),
- Berechnungseinheit Stück

Hinweis: Bei Einbautiefen über 1200 mm und/oder bei Einbaustellen über Klasse B 125 DIN 1229 ist der Schlammfang in einem gesondert auszuschreibenden fugendichten Schacht mit leichtflüssigkeitsbeständiger Innenbeschichtung, mehrschichtig mit Farbwechsel, auf gestrahltem Untergrund, Abreißfestigkeit mind. 1,5 N/mm², einzubauen oder die Abdeckung so aufzulagern, dass keine Kräfte auf den Abscheider übertragen werden.

101 Schlammfang aus Stahl St 37–2 mit äußerem Korrosionsschutz, mit systembedingten Einbauteilen, mit leichtflüssigkeitsbeständiger Innenbeschichtung, mehrschichtig mit Farbwechsel, auf gestrahltem Untergrund, Abreißfestigkeit mind. 1 N/mm²,

102 Schlammfang aus nichtrostendem Stahl DIN 17440, Werkstoff-Nr. 1.4301, mit systembedingten Einbauteilen einschl. werkstoffabhängiger Oberflächenbehandlung,

Einzelangaben zu Pos. 101, 102
- Wartungsschacht
  - – – mit fugendichtem Schacht DIN 1986 zur Wartung,
  - – – mit gelenkigen Rohranschlüssen,
  - – – mit leichtflüssigkeitsbeständigen Innenflächen,
  - – – mit Verbindungsleitung aus ....,
  (Sofern nicht vorgeschrieben, vom Bieter einzutragen),
  zum nachgeordneten Abscheider,
  - – – Einbautiefe OK Gelände bis Rohrsohle Einlauf ....,
- Schlammfanginhalt mind. 650 l – 2500 l – 5000 l – Liter ....,

Hinweis: Der Schlammfanginhalt für Nenngrößen bis 3 beträgt mind. 650 l, für Nenngrößen 6 bis 10 mind. 2500 l und für Waschanlagen mind. 5000 l.
- Anschlussnennweite DN 100 – DN 150 – DN 200 – ....,
- Maße des Schlammfangs
  Länge/Breite ....,
  Höhendifferenz zwischen Zu– und Ablauf ....,
  Zulauf/Ablauf DN ....,
- Bettung
  - – – Bettung aus mineralischen Stoffen nach dem Merkblatt für das Verfüllen von Leitungsgräben, Dicke ....,
  - – – Bettung aus Beton mind. B 10, Dicke ....,
  - – – Bettung aus Beton mind. B 15 mit Bewehrung, Dicke ....,
  - – – Bettung aus ....,
- Ausführung
  - – – Ausführung ....,
  - – – Ausführung gemäß Zeichnung Nr. ....,
  - – – Ausführung gemäß Einzelbeschreibung Nr. ....,
  - – – Ausführung gemäß Einzelbeschreibung Nr. .... und Zeichnung Nr. ....,
- Erzeugnis
  - – – Erzeugnis/Typ .... (oder gleichwertiger Art),
  - – – Erzeugnis/Typ .... (vom Bieter einzutragen),
- Berechnungseinheit Stück

LB 011 Abscheideranlagen, Kleinkläranlagen
Abscheider und -anlagen DIN 1999

STLB 011

Ausgabe 06.02

150 Abscheider für Leichtflüssigkeiten DIN 1999, als Fertigteile aus Stahlbeton DIN 4281, Einzelangaben
mit fugendichtem Schacht DIN 1986 zur Wartung,
mit gelenkigen Rohranschlüssen,
mit leichtflüssigkeitsbeständiger Innenbeschichtung,
mehrschichtig mit Farbwechsel, auf gestrahltem Untergrund,
Abreißfestigkeit mind. 1,5 N/mm², mit Verbindungsleitung aus ......,
(Sofern nicht vorgeschrieben, vom Bieter einzutragen),
zum nachgeordneten Schacht,
Abscheider mit selbsttätigem Abschluss,
Typenprüfung gemäß Merkblatt des Instituts für Bautechnik,
Einbautiefe OK Gelände bis Rohrsohle Einlauf ......,
Prüfzeichen PA–II ......,
(Sofern nicht vorgeschrieben, vom Bieter einzutragen),
- Dichtefaktor
  - - Dichtefaktor f_d = 1 (bis 0,85 g/cm³);
  - - Dichtefaktor f_d = 2 (über 0,85 bis 0,90 g/cm³);
  - - Dichtefaktor f_d = 3 (über 0,90 bis 0,95 g/cm³);
- rechnerischer Abwasserdurchfluss in l/s ......,
- Nenngröße
  - - Nenngröße 3 – 6 – 8 – 10 – 15 – 20 – 30 – 40 – 50 – 65 – 80 – 100 – ......,
  - - Nenngröße ......, Speichermenge mind. Liter ......,
    - - - Maße des Abscheiders
        Länge/Breite ......, Höhendifferenz
        zwischen Zu– und Ablauf ......,
        Zulauf/Ablauf DN ......,
  - - in paralleler Anordnung 2 x Nenngröße 10,
  - - in paralleler Anordnung 2 x Nenngröße 15,
  - - in paralleler Anordnung 2 x Nenngröße 20,
  - - in paralleler Anordnung 2 x Nenngröße 30,
  - - in paralleler Anordnung 2 x Nenngröße 40,
  - - in paralleler Anordnung 2 x Nenngröße 50,
  - - in paralleler Anordnung 2 x Nenngröße 65,
  - - in paralleler Anordnung 2 x Nenngröße 80,
  - - in paralleler Anordnung 2 x Nenngröße 100,
  - - in paralleler Anordnung 2 x Nenngröße ......,
    Gesamtspeichermenge mind. Liter ......,
- Maße der Abscheider
  Länge/Breite ......, Höhendifferenz zwischen Zu– und Ablauf ......,
  Zulauf/Ablauf DN ......,
- Bettung
  - - Bettung aus mineralischen Stoffen nach dem Merkblatt für das Verfüllen von Leitungsgräben, Dicke ......,
  - - Bettung aus Beton mind. B 10, Dicke ......,
  - - Bettung aus Beton mind. B 15 mit Bewehrung, Dicke ......,
  - - Bettung aus ......,
- Ausführung
  - - Ausführung ......,
  - - Ausführung gemäß Zeichnung Nr. ......,
  - - Ausführung gemäß Einzelbeschreibung Nr. ......,
  - - Ausführung gemäß Einzelbeschreibung Nr. ...... und Zeichnung Nr. ......,
- Erzeugnis
  - - Erzeugnis/Typ ...... (oder gleichwertiger Art),
  - - Erzeugnis/Typ ...... (vom Bieter einzutragen),
- Berechnungseinheit Stück

151 Abscheideranlage für Leichtflüssigkeiten, als gemeinsames Bauwerk, Einzelangaben
bestehend aus Schlammfang und Abscheider DIN 1999,
als Fertigteil aus Stahlbeton DIN 4281,
mit gelenkigen Rohranschlüssen,
mit leichtflüssigkeitsbeständiger Innenbeschichtung,
mehrschichtig mit Farbwechsel, auf gestrahltem Untergrund,
Abreißfestigkeit mind. 1,5 N/mm², mit Verbindungsleitung aus ......,
(Sofern nicht vorgeschrieben, vom Bieter einzutragen),
zum nachgeordneten Schacht,
Abscheider mit selbsttätigem Abschluss,
Typenprüfung gemäß Merkblatt des Instituts für Bautechnik,
Einbautiefe OK Gelände bis Rohrsohle Einlauf ......,
Prüfzeichen PA–II ......, (Sofern nicht vorgeschrieben, vom Bieter einzutragen),
- Dichtefaktor
  - - Dichtefaktor f_d = 1 (bis 0,85 g/cm³);
  - - Dichtefaktor f_d = 2 (über 0,85 bis 0,90 g/cm³);
  - - Dichtefaktor f_d = 3 (über 0,90 bis 0,95 g/cm³);
- rechnerischer Abwasserdurchfluss in l/s ......,
- Nenngröße
  - - Nenngröße 3, Schlammfanginhalt mind. 650 l,
  - - Nenngröße 6, Schlammfanginhalt mind. 2500 l,
  - - Nenngröße 6, Schlammfanginhalt mind. 5000 l,
  - - Nenngröße 8, Schlammfanginhalt mind. 2500 l,
  - - Nenngröße 8, Schlammfanginhalt mind. 5000 l,
  - - Nenngröße 10, Schlammfanginhalt mind. 2500 l,
  - - Nenngröße 10, Schlammfanginhalt mind. 5000 l,
  - - Nenngröße 15 – 20 – 30 – 50,
    - - - Schlammfanginhalt für Gruppe:
        gering (100 l x Nenngröße) mind. Liter ......,
    - - - Schlammfanginhalt für Gruppe:
        mittel (200 l x Nenngröße) mind. Liter ......,
    - - - Schlammfanginhalt für Gruppe:
        groß (300 l x Nenngröße) mind. Liter ......,
    - - - Schlammfanginhalt mind. Liter ......,
  - - Nenngröße ......, Schlammfanginhalt mind. Liter ......,
  - - Nenngröße ......, Schlammfanginhalt mind. Liter ......, Speichermenge mind. Liter ......,
- Wartungsschacht
  - - mit fugendichtem Schacht DIN 1986 zur Wartung, innenbeschichtet wie Abscheider,
  - - mit 2 fugendichten Schächten DIN 1986 zur Wartung, innenbeschichtet wie Abscheider,
- Maße der Abscheideranlage
  Länge/Breite ......,
  Höhendifferenz zwischen Zu– und Ablauf ......,
  Zulauf/Ablauf DN ......,
- Bettung
  - - Bettung aus mineralischen Stoffen nach dem Merkblatt für das Verfüllen von Leitungsgräben, Dicke ......,
  - - Bettung aus Beton mind. B 10, Dicke ......,
  - - Bettung aus Beton mind. B 15 mit Bewehrung, Dicke ......,
  - - Bettung aus ......,
- Ausführung
  - - Ausführung ......,
  - - Ausführung gemäß Zeichnung Nr. ......,
  - - Ausführung gemäß Einzelbeschreibung Nr. ......,
  - - Ausführung gemäß Einzelbeschreibung Nr. ...... und Zeichnung Nr. ......,
- Erzeugnis
  - - Erzeugnis/Typ ...... (oder gleichwertiger Art),
  - - Erzeugnis/Typ ...... (vom Bieter einzutragen),
- Berechnungseinheit Stück

STLB 011

Ausgabe 06.02

LB 011 Abscheideranlagen, Kleinkläranlagen
Abscheider und –anlagen DIN 1999; Koaleszenzabscheider und -anlagen

Hinweis: Bei Einbautiefen über 1200 mm und/oder bei Einbaustellen über Klasse B 125 DIN 1229 ist der Abscheider in einem gesondert auszuschreibenden fugendichten Schacht mit leichtflüssigkeitsbeständiger Innenbeschichtung, mehrschichtig mit Farbwechsel, auf gestrahltem Untergrund, Abreißfestigkeit mind. 1,5 N/mm², einzubauen oder die Abdeckung so aufzulagern, dass keine Kräfte auf den Abscheider übertragen werden.

152 Abscheider für Leichtflüssigkeiten DIN 1999, Einzelangaben
- Werkstoff
  - – aus Gusseisen DIN 1691,
  - – aus Stahl St 37–2 mit äußerem Korrosionsschutz, mit leichtflüssigkeitsbeständiger Innenbeschichtung, mehrschichtig mit Farbwechsel, auf gestrahltem Untergrund, Abreißfestigkeit mind. 1 N/mm²,
  - – aus nichtrostendem Stahl DIN 17440, Werkstoff-Nr. 1.4301, einschl. werkstoffabhängiger Oberflächenbehandlung,
  - – aus ....,
- Wartungsschacht
  - – mit fugendichtem Schacht zur Wartung, mit gelenkigen Rohranschlüssen, mit leichtflüssigkeitsbeständigen Innenflächen, mit Verbindungsleitung aus ...., (Sofern nicht vorgeschrieben, vom Bieter einzutragen), zum nachgeordneten Schacht, Abscheider mit selbsttätigem Abschluss, Einbautiefe OK Gelände bis Rohrsohle Einlauf ...., Prüfzeichen PA–II ...., (Sofern nicht vorgeschrieben, vom Bieter einzutragen),
- Dichtefaktor
  - – Dichtefaktor f_d = 1 (bis 0,85 g/cm³);
  - – Dichtefaktor f_d = 2 (über 0,85 bis 0,90 g/cm³);
  - – Dichtefaktor f_d = 3 (über 0,90 bis 0,95 g/cm³);
  - – rechnerischer Abwasserdurchfluss in l/s ....,
- Nenngröße
  - – Nenngröße 1,5, Anschluß mind. DN 100,
  - – Nenngröße 3,   Anschluß mind. DN 100,
  - – Nenngröße 6,   Anschluß mind. DN 150,
  - – Nenngröße 10, Anschluß mind. DN 150,
  - – Nenngröße 20, Anschluß mind. DN 200,
  - – Nenngröße ....,
- Maße des Abscheiders
  Länge/Breite ....,
  Höhendifferenz zwischen Zu– und Ablauf ....,
  Zulauf/Ablauf DN ....,
- Bettung
  - – Bettung aus mineralischen Stoffen nach dem Merkblatt für das Verfüllen von Leitungsgräben, Dicke ....,
  - – Bettung aus Beton mind. B 10, Dicke ....,
  - – Bettung aus Beton mind. B 15 mit Bewehrung, Dicke ....,
  - – Bettung aus ....,
- Ausführung
  - – Ausführung ....,
  - – Ausführung gemäß Zeichnung Nr. ....,
  - – Ausführung gemäß Einzelbeschreibung Nr. ....,
  - – Ausführung gemäß Einzelbeschreibung Nr. .... und Zeichnung Nr. ....,
- Erzeugnis
  - – Erzeugnis/Typ .... (oder gleichwertiger Art),
  - – Erzeugnis/Typ .... (vom Bieter einzutragen),
- Berechnungseinheit Stück

200 Koaleszenzabscheider für Leichtflüssigkeiten, als Fertigteile aus Stahlbeton DIN 4281, Einzelangaben
mit systembedingten Einbauteilen,
mit fugendichtem Schacht DIN 1986 zur Wartung,
mit gelenkigen Rohranschlüssen,
mit leichtflüssigkeitsbeständiger Innenbeschichtung, mehrschichtig mit Farbwechsel, auf gestrahltem Untergrund,
Abreißfestigkeit mind. 1,5 N/mm², mit Verbindungsleitung aus ....,
(Sofern nicht vorgeschrieben, vom Bieter einzutragen), zum nachgeordneten Schacht,
Typenprüfung gemäß Merkblatt des Instituts für Bautechnik,
Einbautiefe OK Gelände bis Rohrsohle Einlauf ....,
Prüfzeichen PA–II ....,
(Sofern nicht vorgeschrieben, vom Bieter einzutragen),
- Abscheider mit selbsttätigem Abschluss,
  - – Restölgehalt nach DIN 38409 Teil 18 max. 5 mg/l gemäß Prüfgrundsätzen DIN 1999 Teil 3, rechnerischer Abwasserdurchfluss in l/s ...., Dichte ....,
- Nenngröße
  - – Nenngröße 3 – 6 – 8 – 10 – 15 – 20 – 30 – 40 – 50 – 65 – 80 – 100 – ....,
  - – Nenngröße ...., Speichermenge mind. Liter ....,
  - – in paralleler Anordnung 2 x Nenngröße 10,
  - – in paralleler Anordnung 2 x Nenngröße 15,
  - – in paralleler Anordnung 2 x Nenngröße 20,
  - – in paralleler Anordnung 2 x Nenngröße 30,
  - – in paralleler Anordnung 2 x Nenngröße 40,
  - – in paralleler Anordnung 2 x Nenngröße 50,
  - – in paralleler Anordnung 2 x Nenngröße 65,
  - – in paralleler Anordnung 2 x Nenngröße 80,
  - – in paralleler Anordnung 2 x Nenngröße 100,
  - – in paralleler Anordnung 2 x Nenngröße ....,
  Gesamtspeichermenge mind. Liter ....,
- Maße
  Maße der Abscheider: Länge/Breite ....,
  Höhendifferenz zwischen Zu– und Ablauf ....,
  Zulauf/Ablauf DN ....,
- Bettung
  - – Bettung aus mineralischen Stoffen nach dem Merkblatt für das Verfüllen von Leitungsgräben, Dicke ....,
  - – Bettung aus Beton mind. B 10, Dicke ....,
  - – Bettung aus Beton mind. B 15 mit Bewehrung, Dicke ....,
  - – Bettung aus ....,
- Ausführung
  - – Ausführung ....,
  - – Ausführung gemäß Zeichnung Nr. ....,
  - – Ausführung gemäß Einzelbeschreibung Nr. ....,
  - – Ausführung gemäß Einzelbeschreibung Nr. .... und Zeichnung Nr. ....,
- Erzeugnis
  - – Erzeugnis/Typ .... (oder gleichwertiger Art),
  - – Erzeugnis/Typ .... (vom Bieter einzutragen),
- Berechnungseinheit Stück

LB 011 Abscheideranlagen, Kleinkläranlagen
Koaleszenzabscheider und -anlagen

STLB 011
Ausgabe 06.02

201 Koaleszenzabscheideranlage für Leichtflüssigkeiten, als gemeinsames Bauwerk, Einzelangaben
bestehend aus Schlammfang und Koaleszenzabscheider, als Fertigteil aus Stahlbeton DIN 4281, mit systembedingten Einbauteilen, mit gelenkigen Rohranschlüssen, mit leichtflüssigkeitsbeständiger Innenbeschichtung, mehrschichtig mit Farbwechsel, auf gestrahltem Untergrund,
Abreißfestigkeit mind. 1,5 N/mm², mit Verbindungsleitung aus ......,
(Sofern nicht vorgeschrieben, vom Bieter einzutragen), zum nachgeordneten Schacht,
Typenprüfung gemäß Merkblatt des Instituts für Bautechnik,
Einbautiefe OK Gelände bis Rohrsohle Einlauf ......,
Prüfzeichen PA–II ......, (Sofern nicht vorgeschrieben, vom Bieter einzutragen),
- Abscheider mit selbsttätigem Abschluss,
    - – Restölgehalt nach DIN 38409 Teil 18 max. 5 mg/l gemäß Prüfgrundsätzen DIN 1999 Teil 3, rechnerischer Abwasserdurchfluss in l/s ......, Dichte ......,
- Nenngröße
    - – Nenngröße 3, Schlammfanginhalt mind. 650 l,
    - – Nenngröße 6, Schlammfanginhalt mind. 2500 l,
    - – Nenngröße 6, Schlammfanginhalt mind. 5000 l,
    - – Nenngröße 8, Schlammfanginhalt mind. 2500 l,
    - – Nenngröße 8, Schlammfanginhalt mind. 5000 l,
    - – Nenngröße 10, Schlammfanginhalt mind. 2500 l,
    - – Nenngröße 10, Schlammfanginhalt mind. 5000 l,
    - – Nenngröße 15 – 20 – 30 – 50,
        - – – Schlammfanginhalt für Gruppe: gering (100 l x Nenngröße) mind. Liter ......,
        - – – Schlammfanginhalt für Gruppe: mittel (200 l x Nenngröße) mind. Liter ......,
        - – – Schlammfanginhalt für Gruppe: groß (300 l x Nenngröße) mind. Liter ......,
        - – – Schlammfanginhalt mind. Liter ......,
        - – – Nenngröße ......, Schlammfanginhalt mind. Liter ......,
        - – – Nenngröße ......, Schlammfanginhalt mind. Liter ......,
            Speichermenge mind. Liter ......,
- Wartungsschacht
    - – mit fugendichtem Schacht DIN 1986 zur Wartung, innenbeschichtet wie Abscheider,
    - – mit 2 fugendichten Schächten DIN 1986 zur Wartung, innenbeschichtet wie Abscheider,
- Maße der Abscheideranlage: Länge/Breite ......, Höhendifferenz zwischen Zu- und Ablauf ......, Zulauf/Ablauf DN ......,
- Bettung
    - – Bettung aus mineralischen Stoffen nach dem Merkblatt für das Verfüllen von Leitungsgräben, Dicke ......,
    - – Bettung aus Beton mind. B 10, Dicke ......,
    - – Bettung aus Beton mind. B 15 mit Bewehrung, Dicke ......,
    - – Bettung aus ......,
- Ausführung
    - – Ausführung ......,
    - – Ausführung gemäß Zeichnung Nr. ......,
    - – Ausführung gemäß Einzelbeschreibung Nr. ......,
    - – Ausführung gemäß Einzelbeschreibung Nr. ...... und Zeichnung Nr. ......,
- Erzeugnis
    - – Erzeugnis/Typ ...... (oder gleichwertiger Art),
    - – Erzeugnis/Typ ...... (vom Bieter einzutragen),
- Berechnungseinheit Stück

202 Koaleszenzabscheider für Leichtflüssigkeiten, Einzelangaben
- Werkstoff
    - – aus Gusseisen DIN 1691,
    - – aus Stahl St 37–2 mit äußerem Korrosionsschutz, mit leichtflüssigkeitsbeständiger Innenbeschichtung, mehrschichtig mit Farbwechsel, auf gestrahltem Untergrund, Abreißfestigkeit mind. 1 N/mm²,
    - – aus nichtrostendem Stahl DIN 17440, Werkstoff-Nr. 1.4301, einschl. werkstoffabhängiger Oberflächenbehandlung,
    - – aus ......,
        - – – mit systembedingten Einbauteilen, mit fugendichtem Schacht zur Wartung, mit gelenkigen Rohranschlüssen, mit leichtflüssigkeitsbeständigen Innenflächen, mit Verbindungsleitung aus ......, (Sofern nicht vorgeschrieben, vom Bieter einzutragen), zum nachgeordneten Schacht, Einbautiefe OK Gelände bis Rohrsohle Einlauf ......, Prüfzeichen PA–II ......, (Sofern nicht vorgeschrieben, vom Bieter einzutragen),
- Restölgehalt nach DIN 38409 Teil 18 max. 5 mg/l gemäß Prüfgrundsätzen DIN 1999 Teil 3, rechnerischer Abwasserdurchfluss in l/s ......, Dichte ......,
- Nenngröße
    - – Nenngröße 1,5, Anschluss mind. DN 100,
    - – Nenngröße 3, Anschluss mind. DN 100,
    - – Nenngröße 6, Anschluss mind. DN 150,
    - – Nenngröße 10, Anschluss mind. DN 150,
    - – Nenngröße 20, Anschluss mind. DN 200,
    - – Nenngröße ......,
- Maße des Abscheiders: Länge/Breite ......, Höhendifferenz zwischen Zu- und Ablauf ......, Zulauf/Ablauf DN ......,
- Bettung
    - – Bettung aus mineralischen Stoffen nach dem Merkblatt für das Verfüllen von Leitungsgräben, Dicke ......,
    - – Bettung aus Beton mind. B 10, Dicke ......,
    - – Bettung aus Beton mind. B 15 mit Bewehrung, Dicke ......,
    - – Bettung aus ......,
- Ausführung
    - – Ausführung ......,
    - – Ausführung gemäß Zeichnung Nr. ......,
    - – Ausführung gemäß Einzelbeschreibung Nr. ......,
    - – Ausführung gemäß Einzelbeschreibung Nr. ...... und Zeichnung Nr. ......,
- Erzeugnis
    - – Erzeugnis/Typ ...... (oder gleichwertiger Art),
    - – Erzeugnis/Typ ...... (vom Bieter einzutragen),
- Berechnungseinheit Stück

STLB 011
LB 011 Abscheideranlagen, Kleinkläranlagen
Zubehör für Abscheider für Leichtflüssigkeiten

Ausgabe 06.02

250 **Handbediente Ablaufvorrichtung zum Ableiten abgeschiedener Leichtflüssigkeiten einschl. Absperrarmatur mit Bedienungsschlüssel für Einbautiefe OK Gelände bis Rohrsohle Einlauf ...., Einzelangaben wie Pos. 251**

251 **Automatische Ablaufvorrichtung zum Ableiten abgeschiedener Leichtflüssigkeiten, einschl. Absperrarmatur, Einzelangaben zu 250, 251**
 - Anordnung des Abzuges
   - – Anordnung des Abzuges in Fließrichtung links,
   - – Anordnung des Abzuges in Fließrichtung rechts,
     - – – für Rohranschluss DN 80,
     - – – für Rohranschluss DN 100,
     - – – für Rohranschluss ....,
 - Verbindungsleitung zum Auffangbecken
   - – einschl. Verbindungsleitung zum Auffangbecken mit gelenkigem Rohranschluss aus .... , (Sofern nicht vorgeschrieben, vom Bieter einzutragen),
     - – – – – Rohrlänge bis 2 m,
     - – – – – Rohrlänge über 2 bis 5 m,
     - – – – – Rohrlänge ....,
 - Absperrarmatur
   - – mit Keilflachschieber DIN 3352,
   - – mit ....,
 - Ausführung
   - – Ausführung ....,
   - – Ausführung gemäß Zeichnung Nr. ....,
   - – Ausführung gemäß Einzelbeschreibung Nr. ....,
   - – Ausführung gemäß Einzelbeschreibung Nr. .... und Zeichnung Nr. ....,
 - Berechnungseinheit Stück

252 **Vorrichtung zum Absaugen abgeschiedener Leichtflüssigkeiten einschl. Anschlussmöglichkeit für Entsorgungsfahrzeug und Bedienungsschlüssel, Einzelangaben**
 - Kupplung
   - – mit Festkupplung C DIN 14307,
   - – mit Festkupplung ....,
 - einschl. Blinddeckel mit Kette
 - Einbautiefe OK Gelände bis Rohrsohle Einlauf ....
 - Ausführung
   - – Ausführung ....,
   - – Ausführung gemäß Zeichnung Nr. ....,
   - – Ausführung gemäß Einzelbeschreibung Nr. ....,
   - – Ausführung gemäß Einzelbeschreibung Nr. .... und Zeichnung Nr. ....,
 - Erzeugnis
   - – Erzeugnis/Typ .... (oder gleichwertiger Art),
   - – Erzeugnis/Typ .... (vom Bieter einzutragen),
 - Berechnungseinheit Stück

253 **Alarmanlage zum Signalisieren des Grenzstandes der abgeschiedenen Leichtflüssigkeit im Abscheider, anschlussfertig, bestehend aus Messsonde und Halterung,**

254 **Alarmanlage zum Signalisieren des Grenzstandes der abgeschiedenen Leichtflüssigkeit im Auffangbecken sowie kontinuierlicher Füllstandsanzeige 0 bis 100 %, anschlussfertig, bestehend aus Messsonde mit Schutzrohr und Halterung,**

255 **Alarmanlage zum Überwachen der hydraulischen Leistungsfähigkeit (Aufstau) des Koaleszenzabscheiders, anschlussfertig, bestehend aus Messsonde und Halterung,**

256 **Alarmanlage zum Überwachen ...., anschlussfertig, bestehend aus Messsonde und Halterung, Einzelangaben zu Pos. 253 bis 256**
 - einschl. Anschlusskabel an der Messsonde, Länge- 5 m –
   Länge ....
 - Sondenstromkreis
   - – Sondenstromkreis eigensicher, geeignet für Sondenkabel bis 150 m Länge, Kabel wird gesondert vergütet, potentialfreie Schaltkontakte max. 250 V, 50 Hz, 4 A, Steuerstromkreis Ex-geschützt DIN VDE 0170/0171 Teil 7/ DIN EN 50020, Schutzart (EEX ib) II C, PTB-Nr Ex- ...., (Sofern nicht vorgeschrieben, vom Bieter einzutragen),
   - – Sondenstromkreis eigensicher, geeignet für Sondenkabel bis 1500 m Länge, Kabel wird gesondert vergütet, potentialfreie Schaltkontakte max. 250 V, 50 Hz, 4 A, Steuerstromkreis Ex-geschützt DIN VDE 0170/0171 Teil 7/ DIN EN 50020, Schutzart (EEX ia) II C, PTB-Nr Ex- ...., (Sofern nicht vorgeschrieben, vom Bieter einzutragen),
 - Warnanzeige
   - – mit optischer Warnanzeige,
   - – mit akustischer Warnanzeige,
   - – mit optischer und akustischer Warnanzeige,
 - Einbauart
   - – zum Einbau in Gebäuden, Schutzart IP 42, mit Wandbefestigung,
   - – zum Einbau im Freien, Schutzart IP 55, mit Wandbefestigung,
   - – zum Einbau im Freien, Schutzart IP 55, mit Befestigung ....,
     - – – außerhalb des Ex-Bereiches,
 - Elektroinstallation
   - – die Elektroinstallation zwischen Netzanschluss von 220 V, 48 bis 62 Hz, und Überwachungs-gerät,
     - – – – wird bauseits ausgeführt,

   Hinweis: Elektroinstallationen siehe LB 053 Niederspannungsanlagen (Ausschreibungshilfe Haustechnik).
 - Erzeugnis
   - – Erzeugnis/Typ .... (oder gleichwertiger Art),
   - – Erzeugnis/Typ .... (vom Bieter einzutragen),
 - Berechnungseinheit Stück

LB 011 Abscheideranlagen, Kleinkläranlagen
Schlammfang für Abscheider und Fette

STLB 011

Ausgabe 06.02

300 Schlammfang als Fertigteil aus Stahlbeton DIN 4281,
  Einzelangaben
  - Bauart
    mit systembedingten Einbauteilen,
    mit fugendichtem Schacht DIN 1986 zur Wartung,
    mit gelenkigen Rohranschlüssen,
    mit fettsäurebeständiger Innenbeschichtung,
    mehrschichtig mit Farbwechsel, auf gestrahltem Untergrund,
    Abreißfestigkeit mind. 1,5 N/mm², mit Verbindungsleitung aus ....,
    (Sofern nicht vorgeschrieben, vom Bieter einzutragen),
    zum nachgeordneten Abscheider,
    Typenprüfung gemäß Merkblatt des Instituts für Bautechnik,
    Einbautiefe OK Gelände bis Rohrsohle Einlauf ......,
  - Schlammfanginhalt
    – – Schlammfanginhalt 200 l – 400 l – 700 l – 1000 l – 1500 l – 2000 l – 2500 l – 3000 l – 4000 l – 5000 l – ....,
  - Anschlussnennweite
    – – Anschlussnennweite DN 100 – DN 150 – DN 200 – DN 250 – DN 300 – ....,
  - Maße des Schlammfangs
    Länge/Breite ....
    (Sofern nicht vorgeschrieben, vom Bieter einzutragen)
    Zulauf/Ablauf DN ....
    (Sofern nicht vorgeschrieben, vom Bieter einzutragen)
  - Bettung
    – – Bettung aus mineralischen Stoffen nach dem Merkblatt für das Verfüllen von Leitungsgräben, Dicke ....,
    – – Bettung aus Beton mind. B 10, Dicke ....,
    – – Bettung aus Beton mind. B 15 mit Bewehrung, Dicke ....,
    – – Bettung aus ....,
  - Ausführung
    – – Ausführung ....,
    – – Ausführung gemäß Zeichnung Nr. ....,
    – – Ausführung gemäß Einzelbeschreibung Nr. ....,
    – – Ausführung gemäß Einzelbeschreibung Nr. .... und Zeichnung Nr. ....,
  - Erzeugnis
    – – Erzeugnis/Typ .... (oder gleichwertiger Art),
    – – Erzeugnis/Typ .... (vom Bieter einzutragen),
  - Berechnungseinheit Stück

Hinweis: Bei Einbautiefen über 1200 mm und/oder bei Einbaustellen über Klasse B 125 DIN 1229 ist der Schlammfang in einem gesondert auszuschreibenden fugendichten Schacht mit fettsäurebeständiger Innenbeschichtung, mehrschichtig mit Farbwechsel, auf gestrahltem Untergrund, Abreißfestigkeit mind. 1,5 mm², einzubauen oder die Abdeckung so aufzulagern, dass keine Kräfte auf den Abscheider übertragen werden.

301 Schlammfang,
  Einzelangaben
  - Bauart, Werkstoff
    – – aus Stahl S 37-2 mit äußerem Korrosionsschutz, mit systembedingten Einbauteilen, mit fettsäurebeständiger Innenbeschichtung, mehrschichtig mit Farbwechsel, auf gestrahltem Untergrund, Abreißfestigkeit mind. 1 N/mm²,
    – – aus nichtrostendem Stahl DIN 17440, Werkstoff-Nr. 1.4301, mit systembedingten Einbauteilen einschl. werkstoffabhängiger Oberflächenbehandlung,
    – – aus ....,
  - Wartungsschächte
    – – mit fugendichten Schächten zur Wartung aus ....,
    (Sofern nicht vorgeschrieben, vom Bieter einzutragen),
    mit gelenkigen Rohranschlüssen,
    mit fettsäurebeständigen Innenflächen,
    mit Verbindungsleitung aus ....,
    (Sofern nicht vorgeschrieben, vom Bieter einzutragen),
    zum nachgeordneten Abscheider,
    Einbautiefe OK Gelände bis Rohrsohle Einlauf ....,
  - Schlammfanginhalt
    – – Schlammfanginhalt mind. 200 l – 400 l – 700 l – 1000 l – 1500 l – 2000 l – ....,
  - Anschlussnennweite
    – – Anschlussnennweite DN 100 – DN 150 – DN 200 ....,
  - Maße des Schlammfangs
    Länge/Breite ....
    (Sofern nicht vorgeschrieben, vom Bieter einzutragen),
    Zulauf/Ablauf DN ....,
    (Sofern nicht vorgeschrieben, vom Bieter einzutragen),
  - Bettung
    – – Bettung aus mineralischen Stoffen nach dem Merkblatt für das Verfüllen von Leitungsgräben, Dicke ....,
    – – Bettung aus Beton mind. B 10, Dicke ....,
    – – Bettung aus Beton mind. B 15 mit Bewehrung, Dicke ....,
    – – Bettung aus ....,
  - Ausführung
    – – Ausführung ....,
    – – Ausführung gemäß Zeichnung Nr. ....,
    – – Ausführung gemäß Einzelbeschreibung Nr. ....,
    – – Ausführung gemäß Einzelbeschreibung Nr. .... und Zeichnung Nr. ....,
  - Erzeugnis
    – – Erzeugnis/Typ .... (oder gleichwertiger Art),
    – – Erzeugnis/Typ .... (vom Bieter einzutragen),
  - Berechnungseinheit Stück

LB 011 Abscheideranlagen, Kleinkläranlagen
Abscheider und –anlagen für Fette DIN 4040

350 Abscheider für Fette DIN 4040, als Fertigteile aus Stahlbeton DIN 4281,
Einzelangaben
- Bauart
  mit fugendichtem Schacht DIN 1986 zur Wartung,
  mit gelenkigen Rohranschlüssen,
  mit fettsäurebeständiger Innenbeschichtung,
  mehrschichtig mit Farbwechsel, auf gestrahltem Untergrund,
  Abreißfestigkeit mind. 1,5 N/mm², mit Verbindungsleitung aus ....,
  (Sofern nicht vorgeschrieben, vom Bieter einzutragen),
  zum nachgeordneten Schacht,
  Typenprüfung gemäß Merkblatt des Instituts für Bautechnik,
  Einbautiefe OK Gelände bis Rohrsohle Einlauf ....,
  Prüfzeichen PA–II ....,
  (Sofern nicht vorgeschrieben, vom Bieter einzutragen),
- Nenngröße
  - – Nenngröße 2 – 4 – 7 – 10 – 15 – 20 – 25 – ....,
  - – in paralleler Anordnung, 2 x Nenngröße 7,
  - – in paralleler Anordnung, 2 x Nenngröße 10,
  - – in paralleler Anordnung, 2 x Nenngröße 15,
  - – in paralleler Anordnung, 2 x Nenngröße 20,
  - – in paralleler Anordnung, 2 x Nenngröße 25,
  - – in paralleler Anordnung, 2 x Nenngröße ....,
  - – in paralleler Anordnung, 2 x Nenngröße ....,
  Gesamtspeichermenge mind. Liter ....,
- Maße der Abscheider
  Länge/Breite ....,
  (Sofern nicht vorgeschrieben, vom Bieter einzutragen),
  Zulauf/Ablauf DN ....,
  (Sofern nicht vorgeschrieben, vom Bieter einzutragen),
- Bettung
  - – Bettung aus mineralischen Stoffen nach dem Merkblatt für das Verfüllen von Leitungsgräben, Dicke ....,
  - – Bettung aus Beton mind. B 10, Dicke ....,
  - – Bettung aus Beton mind. B 15 mit Bewehrung, Dicke ....,
  - – Bettung aus ....,
- Ausführung
  - – Ausführung ....,
  - – Ausführung gemäß Zeichnung Nr. ....,
  - – Ausführung gemäß Einzelbeschreibung Nr. ....,
  - – Ausführung gemäß Einzelbeschreibung Nr. .... und Zeichnung Nr. ....,
- Erzeugnis
  - – Erzeugnis/Typ .... (oder gleichwertiger Art),
  - – Erzeugnis/Typ .... (vom Bieter einzutragen),
- Berechnungseinheit Stück

351 Abscheideranlage für Fette, als gemeinsames Bauwerk,
Einzelangaben
- Bauart
  bestehend aus Schlammfang und Abscheider DIN 4040,
  als Fertigteile aus Stahlbeton DIN 4281,
  mit fugendichten Schächten DIN 1986 zur Wartung,
  mit gelenkigen Rohranschlüssen,
  mit fettsäurebeständiger Innenbeschichtung,
  mehrschichtig mit Farbwechsel, auf gestrahltem Untergrund,
  Abreißfestigkeit mind. 1,5 N/mm², mit Verbindungsleitung aus ....,
  (Sofern nicht vorgeschrieben, vom Bieter einzutragen),
  zwischen Schlammfang und Abscheider sowie zum nachgeordneten Schacht,
  Typenprüfung gemäß Merkblatt des Instituts für Bautechnik,
  Einbautiefe OK Gelände bis Rohrsohle Einlauf ....,
  Prüfzeichen PA–II ....,
  (Sofern nicht vorgeschrieben, vom Bieter einzutragen),
- Nenngröße
  - – Nenngröße 2 – 4 – 7 – 10 – 15 – 20 – 25 – ....,
    - – – Schlammfanginhalt für Verpflegungsstätten (100 l x Nenngröße) mind. Liter ....,
    - – – Schlammfanginhalt für fleischverarbeitende Betriebe (200 l x Nenngröße) mind. Liter ....,
    - – – Schlammfanginhalt mind. Liter ....,
  - – in paralleler Anordnung, 2 x Nenngröße 7,
  - – in paralleler Anordnung, 2 x Nenngröße 10,
  - – in paralleler Anordnung, 2 x Nenngröße 15,
  - – in paralleler Anordnung, 2 x Nenngröße 20,
  - – in paralleler Anordnung, 2 x Nenngröße 25,
  - – in paralleler Anordnung, 2 x Nenngröße ....,
  - – in paralleler Anordnung, 2 x Nenngröße ....,
  Gesamtspeichermenge mind. Liter ....,
    - – – ein Schlammfang, Inhalt mind. Liter ....,
    - – – zwei Schlammfänge, Inhalt mind. Liter ....,
- Maße der Anlage
  Länge/Breite ....,
  Gesamtlänge/Gesamtbreite ....,
  Zulauf/Ablauf DN ....,
- Bettung
  - – Bettung aus mineralischen Stoffen nach dem Merkblatt für das Verfüllen von Leitungsgräben, Dicke ....,
  - – Bettung aus Beton mind. B 10, Dicke ....,
  - – Bettung aus Beton mind. B 15 mit Bewehrung, Dicke ....,
  - – Bettung aus ....,
- Ausführung
  - – Ausführung ....,
  - – Ausführung gemäß Zeichnung Nr. ....,
  - – Ausführung gemäß Einzelbeschreibung Nr. ....,
  - – Ausführung gemäß Einzelbeschreibung Nr. .... und Zeichnung Nr. ....,
- Erzeugnis
  - – Erzeugnis/Typ .... (oder gleichwertiger Art),
  - – Erzeugnis/Typ .... (vom Bieter einzutragen),
- Berechnungseinheit Stück

LB 011 Abscheideranlagen, Kleinkläranlagen
Schlammfang für Abscheider und Fette

STLB 011

Ausgabe 06.02

Hinweis: Bei Einbautiefen über 1200 mm und/oder bei Einbaustellen über Klasse B 125 DIN 1229 ist der Abscheider in einem gesondert auszuschreibenden fugendichten Schacht mit fettsäurebeständiger Innenbeschichtung, mehrschichtig mit Farbwechsel, auf gestrahltem Untergrund, Abreißfestigkeit mind. 1,5 N/mm², einzubauen oder die Abdeckung so aufzulagern, dass keine Kräfte auf den Abscheider übertragen werden.

352 Abscheider für Fette DIN 4040, Einzelangaben
- Werkstoff
  - – aus Gusseisen DIN 1691,
    mit fugendichtem Schacht zur Wartung aus ....
    (Sofern nicht vorgeschrieben, vom Bieter einzutragen)
  - – aus Stahl St 37–2 mit äußerem Korrosionsschutz,
    mit fettsäurebeständiger Innenbeschichtung,
    mehrschichtig mit Farbwechsel, auf gestrahltem Untergrund, Abreißfestigkeit mind. 1 N/mm²,
  - – aus nichtrostendem Stahl DIN 17440, Werkstoff-Nr. 1.4301, einschl. werkstoffabhängiger Oberflächenbehandlung,
  - – aus ....,
- Wartungsschächte
  - – mit fugendichten Schächten zur Wartung aus ....,
    (Sofern nicht vorgeschrieben, vom Bieter einzutragen),
    mit gelenkigen Rohranschlüssen,
    mit fettsäurebeständigen Innenflächen,
    mit Verbindungsleitung aus ....,
    (Sofern nicht vorgeschrieben, vom Bieter einzutragen),
    zum nachgeordneten Schacht,
    Einbautiefe OK Gelände bis Rohrsohle Einlauf ....,
    Prüfzeichen PA–II ....,
    (Sofern nicht vorgeschrieben, vom Bieter einzutragen),
- Nenngröße
  - – mit integriertem Schlammfang,
    - – – Nenngröße 2 – 4 – 7 – 10 – ....,
    - – – Nenngröße ...., Anschluss DN ....,
- Maße des Abscheiders
  Länge/Breite ....,
  (Sofern nicht vorgeschrieben, vom Bieter einzutragen),
  Zulauf/Ablauf DN ....,
  (Sofern nicht vorgeschrieben, vom Bieter einzutragen),
- Bettung
  - – Bettung aus mineralischen Stoffen nach dem Merkblatt für das Verfüllen von Leitungsgräben, Dicke ....,
  - – Bettung aus Beton mind. B 10, Dicke ....,
  - – Bettung aus Beton mind. B 15 mit Bewehrung, Dicke ....,
  - – Bettung aus ....,
- Ausführung
  - – Ausführung ....,
  - – Ausführung gemäß Zeichnung Nr. ....,
  - – Ausführung gemäß Einzelbeschreibung Nr. ....
  - – Ausführung gemäß Einzelbeschreibung Nr. .... und Zeichnung Nr. ....,
- Erzeugnis
  - – Erzeugnis/Typ .... (oder gleichwertiger Art),
  - – Erzeugnis/Typ .... (vom Bieter einzutragen),
- Berechnungseinheit Stück

Hinweis: Wasseranschlüsse siehe LB 042 Gas– und Wasserinstallationsarbeiten; Leitungen und Armaturen (Ausschreibungshilfe Haustechnik) – unter Beachtung von DIN 1988.
Anschluss– und Verbindungsleitungen, Schieber siehe LB 044 Abwasserinstallationsarbeiten (Ausschreibungshilfe Haustechnik); Leitungen und Abläufe.
Elektroinstallationen siehe LB 053 Niederspannungsanlagen (Ausschreibungshilfe Haustechnik).

400 Abscheideranlage für Fette zur freien Aufstellung in frostgeschützten Räumen, Einzelangaben
- Bauart
  bestehend aus Abscheider DIN 4040 und integriertem Schlammfang mit geruchdichten Abdeckungen,
  mit Einrichtung zum Erzielen der Förderfähigkeit von Schlamm und Fett sowie Spüleinrichtung,
  mit systembedingten Einbauteilen,
  anschlussfertig einschl. elektrischer Verdrahtung,
- Werkstoff
  - – aus Stahl St 37–2 mit äußerem Korrosionsschutz,
    mit fettsäurebeständiger Innenbeschichtung,
    mehrschichtig mit Farbwechsel, auf gestrahltem Untergrund, Abreißfestigkeit mind. 1 N/mm²,
  - – aus nichtrostendem Stahl DIN 17440, Werkstoff-Nr. 1.4301, einschl. werkstoffabhängiger Oberflächenbehandlung,
- Nenngröße
  - – Nenngröße 2, Schlammfanginhalt mind. 200 l,
  - – Nenngröße 4, Schlammfanginhalt mind. 400 l,
  - – Nenngröße 7, Schlammfanginhalt mind. 700 l,
  - – Nenngröße 10, Schlammfanginhalt mind. 1000 l,
  - – Nenngröße ...., Schlammfanginhalt mind. Liter ....,
- Bedienung
  - – Bedienung in Fließrichtung links,
  - – Bedienung in Fließrichtung rechts,
- Entleerung
  - – Entleerung handbedient,
  - – Entleerung automatisch,
  - – Entleerung ....,
- Geodätische Förderhöhe in m ....,
  vorhandene Betriebsspannung in V ....,
  Schutzart ....,
  elektrische Anschlussleistung in kW ....,
  (vom Bieter einzutragen),
  max. zulässige Maße L/B/H in m ....,
  Anschlussstutzennennweiten DN ....,
  (vom Bieter einzutragen)
- Ausführung
  - – Ausführung ....,
  - – Ausführung gemäß Zeichnung Nr. ....,
  - – Ausführung gemäß Einzelbeschreibung Nr. ....,
  - – Ausführung gemäß Einzelbeschreibung Nr. .... und Zeichnung Nr. ....,
- Erzeugnis
  - – Erzeugnis/Typ .... (oder gleichwertiger Art),
  - – Erzeugnis/Typ .... (vom Bieter einzutragen),
- Berechnungseinheit Stück

STLB 011

Ausgabe 06.02

LB 011 Abscheideranlagen, Kleinkläranlagen
Stärkeabscheider zur freien Aufstellung in Räumen; Schächte

Hinweis: Wasseranschlüsse siehe LB 042 Gas- und Wasserinstallationsarbeiten; Leitungen und Armaturen (Ausschreibungshilfe Haustechnik) – unter Beachtung von DIN 1988.
Anschluss- und Verbindungsleitungen, Schieber siehe LB 044 Abwasserinstallationsarbeiten; Leitungen und Abläufe (Ausschreibungshilfe Haustechnik).

450 Stärkeabscheider,
Einzelangaben
- Bauart
 aus Fertigteil aus Stahlbeton DIN 4281,
 mit fugendichtem Schacht DIN 1986 zur Wartung,
 mit Brause, mit systembedingten Einbauteilen,
 mit gelenkigen Rohranschlüssen,
 mit beständiger Innenbeschichtung,
 mehrschichtig mit Farbwechsel, auf gestrahltem Untergrund,
 Abreißfestigkeit mind. 1,5 N/mm², mit Verbindungsleitung aus ....,
 (Sofern nicht vorgeschrieben, vom Bieter einzutragen),
 zum nachgeordneten Schacht,
 Typenprüfung gemäß Merkblatt des Instituts für Bautechnik,
 Einbautiefe OK Gelände bis Rohrsohle Einlauf ....,
- Nenngröße
 -- Nenngröße 1 (1 l/s),
 -- Nenngröße 2 (2 l/s),
 -- Nenngröße 3 (3 l/s),
 -- Nenngröße 4 (4 l/s),
 -- Nenngröße 5 (5 l/s),
 -- Nenngröße 8 (8 l/s),
 -- Nenngröße 10 (10 l/s),
 -- Nenngröße 12 (12 l/s),
 -- Nenngröße ....,
- Maße des Abscheiders
 Länge/Breite ....,
 (Sofern nicht vorgeschrieben, vom Bieter einzutragen),
 Zulauf/Ablauf DN ....,
 (Sofern nicht vorgeschrieben, vom Bieter einzutragen),
- Bettung
 -- Bettung aus mineralischen Stoffen nach dem Merkblatt für das Verfüllen von Leitungsgräben, Dicke ....,
 -- Bettung aus Beton mind. B 10, Dicke ....,
 -- Bettung aus Beton mind. B 15 mit Bewehrung, Dicke ....,
 -- Bettung aus ....,
- Ausführung
 -- Ausführung ....,
 -- Ausführung gemäß Zeichnung Nr. ....,
 -- Ausführung gemäß Einzelbeschreibung Nr. ....,
 -- Ausführung gemäß Einzelbeschreibung Nr. .... und Zeichnung Nr. ....,
- Erzeugnis
 -- Erzeugnis/Typ .... (oder gleichwertiger Art),
 -- Erzeugnis/Typ .... (vom Bieter einzutragen),
- Berechnungseinheit Stück

Hinweis: Bei Einbautiefen über 1200 mm und/oder bei Einbaustellen über Klasse B 125 DIN 1229 ist der Abscheider in einem gesondert auszuschreibenden fugendichten Schacht mit beständiger Innenbeschichtung, mehrschichtig mit Farbwechsel, auf gestrahltem Untergrund, Abreißfestigkeit mind. 1,5 N/mm², einzubauen oder die Abdeckung so aufzulagern, dass keine Kräfte auf den Abscheider übertragen werden.

451 Stärkeabscheider,
Einzelangaben
- Bauart, Werkstoff
 -- aus Stahl St 37-2 mit äußerem Korrosionsschutz,
 mit systembedingten Einbauteilen,
 mit beständiger Innenbeschichtung,
 mehrschichtig mit Farbwechsel, auf gestrahltem Untergrund, Abreißfestigkeit mind. 1 N/mm²,
 -- aus nichtrostendem Stahl DIN 17440, Werkstoff-Nr. 1.4301, mit systembedingten Einbauteilen,
 einschl. werkstoffabhängiger Oberflächenbehandlung, mit fugendichten Schächten zur Wartung, mit beständigen Innenflächen,
 mit Brause, mit gelenkigen Rohranschlüssen,
 mit Verbindungsleitung aus ....,
 (Sofern nicht vorgeschrieben, vom Bieter einzutragen),
 zum nachgeordneten Schacht,
 Einbautiefe OK Gelände bis Rohrsohle Einlauf ....,
- Nenngröße
 -- Nenngröße 0,5 (0,5 l/s),
 -- Nenngröße 1 (1 l/s),
 -- Nenngröße 2 (2 l/s),
 -- Nenngröße ....,
- Maße des Abscheiders
 Länge/Breite ....,
 (Sofern nicht vorgeschrieben, vom Bieter einzutragen),
 Zulauf/Ablauf DN ....,
 (Sofern nicht vorgeschrieben, vom Bieter einzutragen),
- Bettung
 -- Bettung aus mineralischen Stoffen nach dem Merkblatt für das Verfüllen von Leitungsgräben, Dicke ....,
 -- Bettung aus Beton mind. B 10, Dicke ....,
 -- Bettung aus Beton mind. B 15 mit Bewehrung, Dicke ....,
 -- Bettung aus ....,
- Ausführung
 -- Ausführung ....,
 -- Ausführung gemäß Zeichnung Nr. ....,
 -- Ausführung gemäß Einzelbeschreibung Nr. ....,
 -- Ausführung gemäß Einzelbeschreibung Nr. .... und Zeichnung Nr. ....,
- Erzeugnis
 -- Erzeugnis/Typ .... (oder gleichwertiger Art),
 -- Erzeugnis/Typ .... (vom Bieter einzutragen),
- Berechnungseinheit Stück

LB 011 Abscheideranlagen, Kleinkläranlagen
Stärkeabscheider, Schachtanlagen

STLB 011

Ausgabe 06.02

Hinweis: Wasseranschlüsse siehe LB 042 Gas- und Wasserinstallationsarbeiten; Leitungen und Armaturen – unter Beachtung von DIN 1988.
Anschluss- und Verbindungsleitungen, Schieber siehe LB 044 Abwasserinstallationsarbeiten; Leitungen und Abläufe.
Elektroinstallationen siehe LB 053 Niederspannungsanlagen (alle genannten LBs siehe Ausschreibungshilfe Haustechnik).

500 **Stärkeabscheider zur freien Aufstellung in frostgeschützten Räumen,**
Einzelangaben
- Bauart
  mit geruchdichten Abdeckungen, Vorkammer, Brause und systembedingten Einbauteilen, anschlussfertig einschl. elektrischer Verdrahtung, Hersteller/Typ ...., (Sofern nicht vorgeschrieben, vom Bieter einzutragen),
  -- aus Stahl St 37-2 mit äußerem Korrosionsschutz, mit beständiger Innenbeschichtung, mehrschichtig mit Farbwechsel, auf gestrahltem Untergrund, Abreißfestigkeit mind. 1 N/mm²,
  -- aus nichtrostendem Stahl DIN 17440, Werkstoff-Nr. 1.4301, einschl. werkstoffabhängiger Oberflächenbehandlung,
  -- aus ....,
- Nenngröße
  -- Nenngröße 0,5 (0,5 l/s),
  -- Nenngröße 1 (1 l/s),
  -- Nenngröße 2 (2 l/s),
  -- Nenngröße ....,
- Bedienung
  -- Bedienung in Fließrichtung links,
  -- Bedienung in Fließrichtung rechts,
- Entleerung
  -- Entleerung handbedient,
  -- Entleerung automatisch,
  -- Entleerung ....,
- Geodätische Förderhöhe in m ...., vorhandene Betriebsspannung in V ...., Schutzart ...., elektrische Anschlussleistung in kW .... (vom Bieter einzutragen), max. zulässige Maße L/B/H in m ...., Anschlussstutzennennweiten DN .... (vom Bieter einzutragen)
- Ausführung
  -- Ausführung ....,
  -- Ausführung gemäß Zeichnung Nr. ....,
  -- Ausführung gemäß Einzelbeschreibung Nr. ....,
  -- Ausführung gemäß Einzelbeschreibung Nr. .... und Zeichnung Nr. ....,
- Erzeugnis
  -- Erzeugnis/Typ .... (oder gleichwertiger Art),
  -- Erzeugnis/Typ .... (vom Bieter einzutragen),
- Berechnungseinheit Stück

550 **Schacht DIN 1986,**
551 **Schachtanlage DIN 1986,**
Einzelangaben zu Pos. 550, 551
- Bauart, Werkstoff
  -- als Fertigteile aus Stahlbeton DIN 4281, fugendicht, mit gelenkigen Rohranschlüssen, mit leichtflüssigkeitsbeständiger Innenbeschichtung, mehrschichtig mit Farbwechsel, auf gestrahltem Untergrund, Abreißfestigkeit mind. 1,5 N/mm², mit Verbindungsleitung aus ...., Einbautiefe OK Gelände bis Rohrsohle Einlauf ....,
- Schachtdurchmesser
  -- Schachtdurchmesser 1000 mm,
  -- Schachtdurchmesser ....,
- Verwendungsart
  -- als Probenahmeschacht,
  -- bestehend aus zwei Probenahmeschächten,
  -- als Sammel-/Probenahmeschacht,
  -- bestehend aus zwei Probenahmeschächten und einem Sammelschacht,
  mit Verbindungsleitungen aus ...., (Sofern nicht vorgeschrieben, vom Bieter einzutragen),
    --- einschl. Verteilerschacht mit Verbindungsleitungen aus ....,
    (Sofern nicht vorgeschrieben, vom Bieter einzutragen),
- Einbauteile
  -- mit Steighilfen,
    --- und Handschieber im Probenahmeschacht,
    --- und Handschieber in den Probenahmeschächten,
    --- und zwei Handschiebern im Probenahme-/Sammelschacht,
    --- und Handschieber in den Probenahmeschächten, sowie zwei Handschiebern im Sammelschacht,
    --- und je zwei Handschiebern im Probenahme-/Sammelschacht und im Verteilerschacht,
- Bettung
  -- Bettung aus mineralischen Stoffen nach dem Merkblatt für das Verfüllen von Leitungsgräben, Dicke ....,
  -- Bettung aus Beton mind. B 10, Dicke ....,
  -- Bettung aus Beton mind. B 15 mit Bewehrung, Dicke ....,
  -- Bettung aus ....,
- Ausführung
  -- Ausführung ....,
  -- Ausführung gemäß Zeichnung Nr. ....,
  -- Ausführung gemäß Einzelbeschreibung Nr. ....,
  -- Ausführung gemäß Einzelbeschreibung Nr. .... und Zeichnung Nr. ....,
- Erzeugnis
  -- Erzeugnis/Typ .... (oder gleichwertiger Art),
  -- Erzeugnis/Typ .... (vom Bieter einzutragen),
- Berechnungseinheit Stück

STLB 011

Ausgabe 06.02

LB 011 Abscheideranlagen, Kleinkläranlagen
Rückhaltebecken

**600 Schachtabdeckung DIN EN 124/DIN 1229,
Einzelangaben**
- Klasse
  - – Klasse A 15,
  - – Klasse B 125,
  - – Klasse D 400,
  - – ....,
- Lüftungsöffnungen
  - – ohne Lüftungsöffnungen, mit Sandverschluss,
  - – ohne Lüftungsöffnungen, geruchdicht verschraubt,
  - – mit Lüftungsöffnungen und Schmutzfänger,
  - – ....,
- Verwendungsbereich
  - – für Wartungsschacht Abscheider,
  - – für Wartungsschacht Schlammfang,
    - – – mit Aufschrift –Abscheideranlage–,
  - – für Verteilerschacht,
  - – für Probenahmeschacht,
  - – für Sammelschacht,
  - – für Sammel-/Probenahmeschacht,
- Erzeugnis
  - – Erzeugnis/Typ .... (oder gleichwertiger Art),
  - – Erzeugnis/Typ .... (vom Bieter einzutragen),
- Berechnungseinheit Stück

Hinweis: Becken aus Ortbeton siehe LB 013 Beton– und Stahlbetonarbeiten (Ausschreibungshilfe Rohbau).

650 Geschlossenes Rückhaltebecken aus Stahlbeton DIN 1045,
660 Geschlossenes Rückhaltebecken aus Stahlbeton DIN 1045, mit innenliegendem Überlauf,
Einzelangaben zu Pos. 650, 660
- Behältersohle
  - – Behältersohle aus Ortbeton, Deckenteile und behälterhohe Wandteile als Fertigteile aus Stahlbeton DIN 4281, typengeprüft, wasserdicht,
  - – Behältersohle, Deckenteile und behälterhohe Wandteile als Fertigteile aus Stahlbeton DIN 4281, typengeprüft, wasserdicht,
- Mittelstütze
  - – mit Mittelstütze, Höhe der Durchtrittsöffnung mind. 1 m,
  - – mit Mittelstütze, Höhe der Durchtrittsöffnung mind. 1 m zum Mittelsumpf,
  - – mit ....,
- Lastannahmen
  - – Lastannahmen DIN 1072, SLW 30,
  - – Lastannahmen DIN 1072, SLW 60,
  - – Lastannahmen DIN 1072 ....,
- Maße
  im Erdreich einbauen, max. Grundwasserstand bezogen auf OK fertiges Gelände ....,
  max. Außenmaße ...., lichte Innenmaße ....,
  Nutzinhalt mind. m³ ...., Erdüberdeckung ....,
  Einbautiefe OK Gelände bis OK Behältersohle ....,
- Anstrich
  - – mit Außenanstrich, Erzeugnis ....,
    (Sofern nicht vorgeschrieben, vom Bieter einzutragen),
  - – mit Innenanstrich, Erzeugnis ....,
    (Sofern nicht vorgeschrieben, vom Bieter einzutragen),
  - – mit Außenanstrich, Erzeugnis ....,
    (Sofern nicht vorgeschrieben, vom Bieter einzutragen),
    mit Innenanstrich, Erzeugnis ....,
    (Sofern nicht vorgeschrieben, vom Bieter einzutragen),
  - – mit Außenanstrich, Erzeugnis ....,
    (vom Bieter einzutragen),
    unter Beachtung beigefügter Wasseranalyse,
  - – mit Innenanstrich, Erzeugnis ....,
    (vom Bieter einzutragen),
    beständig gegen ....,
  - – mit Außenanstrich, Erzeugnis ....,
    (vom Bieter einzutragen),
    unter Beachtung beigefügter Wasseranalyse,
    mit Innenanstrich, Erzeugnis ....,
    (vom Bieter einzutragen),
    beständig gegen ....,
  - – mit ....,
- Öffnungen
  - – mit Einstiegöffnung, Durchmesser mind. 0,61 m, einschl. Schachtabdeckung DIN EN 124 Klasse ....,
  - – mit Einstiegöffnung, Durchmesser mind. 0,61 m, einschl. verschraubter tagwasserdichter Schachtabdeckung DIN EN 124 Klasse ....,
  - – mit Montageöffnung, lichte Maße ...., einschl. Schachtabdeckung DIN EN 124 Klasse ....,
  - – mit Montageöffnung, lichte Maße ...., einschl. verschraubter tagwasserdichter Schachtabdeckung DIN EN 124 Klasse ....,
  - – mit ....,
    - – – Anzahl der Öffnungen mit Schachtabdeckungen ....,
    - – – Anzahl der Öffnungen mit Schachtabdeckungen ....,
      Anzahl der gesteckten Einstiegleitern ....,
      korrosionsgeschützt durch ....,
    - – – Anzahl der Öffnungen mit Schachtabdeckungen ....,
      mit ....,
- Mauerrohr
  - – Mauerrohr als Einflanschrohr DIN 2631 mit Mauerring, aus ...., DN ...., Länge in mm ...., Anzahl ....,
  - – Mauerrohr als Zweiflanschrohr DIN 2631 mit einem Losflansch DIN 2641 und Mauerring, aus ...., DN ...., Länge in mm ...., Anzahl ....,
  - – Mauerrohr als Zweiflanschrohr DIN 2631 mit Mauerring, aus ...., DN ...., Länge in mm ...., Anzahl ....,
  - – Mauerrohr ....,
- Ausführung
  - – Ausführung gemäß Zeichnung Nr. ....,
  - – Ausführung gemäß Einzelbeschreibung Nr. ....,
  - – Ausführung gemäß Einzelbeschreibung Nr. .... und Zeichnung Nr. ....,
- Erzeugnis
  - – Erzeugnis/Typ .... (oder gleichwertiger Art),
  - – Erzeugnis/Typ .... (vom Bieter einzutragen),
- Berechnungseinheit Stück

LB 011 Abscheideranlagen, Kleinkläranlagen
Rückhaltebecken

STLB 011

Ausgabe 06.02

670 Offenes Rückhaltebecken aus Stahlbeton DIN 1045, Einzelangaben
Hersteller/Typ ...., (Sofern nicht vorgeschrieben, vom Bieter einzutragen),
- Behältersohle
  - – Behältersohle aus Ortbeton, behälterhohe Wandteile als Fertigteile aus Stahlbeton DIN 4281, typengeprüft, wasserdicht,
  - – Behältersohle, behälterhohe Wandteile als Fertigteile aus Stahlbeton DIN 4281, typengeprüft, wasserdicht,
- Lastannahmen
  - – Lastannahmen DIN 1072, SLW 30,
  - – Lastannahmen DIN 1072, SLW 60,
  - – Lastannahmen DIN 1072 ....,
- Maße
  - – im Erdreich einbauen, max. Grundwasserstand bezogen auf
    OK fertiges Gelände ....,
    max. Außenmaße ....,
    lichte Innenmaße ....,
    Nutzinhalt mind. m³ ....,
    Einbautiefe OK Gelände bis OK Behältersohle ....,
- Anstrich
  - – mit Außenanstrich, Erzeugnis ....,
    (Sofern nicht vorgeschrieben, vom Bieter einzutragen),
  - – mit Innenanstrich, Erzeugnis ....,
    (Sofern nicht vorgeschrieben, vom Bieter einzutragen),
  - – mit Außenanstrich, Erzeugnis ....,
    (Sofern nicht vorgeschrieben, vom Bieter einzutragen),
    mit Innenanstrich, Erzeugnis ....,
    (Sofern nicht vorgeschrieben, vom Bieter einzutragen),
  - – mit Außenanstrich, Erzeugnis ....,
    (vom Bieter einzutragen),
    unter Beachtung beigefügter Wasseranalyse,
  - – mit Innenanstrich, Erzeugnis ....,
    (vom Bieter einzutragen),
    beständig gegen ....,
  - – mit Außenanstrich, Erzeugnis ....,
    (vom Bieter einzutragen),
    unter Beachtung beigefügter Wasseranalyse,
    mit Innenanstrich, Erzeugnis ....,
    (vom Bieter einzutragen),
    beständig gegen ....,
  - – mit ....,
- Einstiegleiter
  - – mit einer gesteckten Einstiegleiter, korrosionsgeschützt durch ....,
  - – mit ....
- Mauerrohr
  - – Mauerrohr als Einflanschrohr DIN 2631 mit Mauerring, aus ...., DN ...., Länge in mm ...., Anzahl ....,
  - – Mauerrohr als Zweiflanschrohr DIN 2631 mit Mauerring, aus ...., DN ...., Länge in mm ...., Anzahl ....,
  - – Mauerrohr als Zweiflanschrohr DIN 2631 mit einem Losflansch DIN 2641 und Mauerring, aus ...., DN ...., Länge in mm ...., Anzahl ....,
  - – Mauerrohr ....,
- Ausführung
  - – Ausführung gemäß Zeichnung Nr. ....,
  - – Ausführung gemäß Einzelbeschreibung Nr. ....,
  - – Ausführung gemäß Einzelbeschreibung Nr. .... und Zeichnung Nr. ....,
- Erzeugnis
  - – Erzeugnis/Typ .... (oder gleichwertiger Art),
  - – Erzeugnis/Typ .... (vom Bieter einzutragen),
- Berechnungseinheit Stück

STLB 011

Ausgabe 06.02

LB 011 Abscheideranlagen, Kleinkläranlagen
Drosseleinrichtungen

700 Auslaufregler zum niveauunabhängigen Ableiten von leichtflüssigkeitshaltigem Abwasser aus Rückhaltebecken, bestehend aus
schwimmergesteuertem, in vertikaler Richtung beweglichem Auslaufrohr mit einstellbaren Schwimmkörpern, Einlauföffnungen mit Rechen, mit systembedingter Abstützung des Auslaufrohrs und Mauerrohr,
Einzelangaben
- Auslaufregler
  - – – Auslaufregler aus verzinktem Stahl DIN 8565,
  - – – Auslaufregler aus nichtrostendem Stahl DIN 17440, Werkstoff-Nr. ...., (Sofern nicht vorgeschrieben, vom Bieter einzutragen),
  - – – Auslaufregler ....,
- Mauerrohr
  - – – Mauerrohr als Einflanschrohr DIN 2631 mit Mauerring, Länge in mm ....,
  - – – Mauerrohr als Zweiflanschrohr DIN 2631 mit Mauerring, Länge in mm ....,
  - – – Mauerrohr als Zweiflanschrohr DIN 2631 mit einem Losflansch DIN 2641 und Mauerring, Länge in mm ....,
  - – – Mauerrohr ....,
- Werkstoff
  - – – aus Gusseisen DIN 1691,
  - – – aus duktilem Gusseisen DIN 1693,
  - – – aus nichtrostendem Stahl DIN 17440, Werkstoff-Nr. 1.4301,
  - – – aus ....,
- Maße, Durchfluss
  - – – Auslauf- und Mauerrohr DN 100,
  - – – Auslauf- und Mauerrohr DN 150,
  - – – Auslauf- und Mauerrohr DN 200,
  - – – Auslauf- und Mauerrohr DN 250,
  - – – Auslauf- und Mauerrohr DN 300,
  - – – Auslauf- und Mauerrohr DN ....,
  - – – Auslaufrohr DN ....,
    Übergangsflansch DN ....,
    Mauerrohr DN ....,
    - – – – Konstanter Durchfluss eingestellt in l/s ....,
    Länge des Auslaufreglers ab beweglicher Achse in mm ....,
    (Sofern nicht vorgeschrieben, vom Bieter einzutragen),
    max. Stauhöhe über dem Ruhewasserspiegel in mm ....,
- Ausführung
  - – – Ausführung gemäß Zeichnung Nr. ....,
  - – – Ausführung gemäß Einzelbeschreibung Nr. ....,
  - – – Ausführung gemäß Einzelbeschreibung Nr. .... und Zeichnung Nr. ....,
- Erzeugnis
  - – – Erzeugnis/Typ .... (oder gleichwertiger Art),
  - – – Erzeugnis/Typ .... (vom Bieter einzutragen),
- Berechnungseinheit Stück

701 Geregelter Drosselschieber, mit elektrischem Stellantrieb und Handbetätigung sowie Durchflussmessung im Abwasserschacht, anschlussfertig, einschl. elektrischer Verdrahtung und der gesamten Regelungs-technik,
Einzelangaben
- Flachschieber
  - – – Flachschieber DN 100, DIN 3352 Teil 4, weichdichtend ohne Schiebersack,
  - – – Flachschieber DN 150, DIN 3352 Teil 4, weichdichtend ohne Schiebersack,
  - – – Flachschieber DN 200, DIN 3352 Teil 4, weichdichtend ohne Schiebersack,
  - – – Flachschieber DN 250, DIN 3352 Teil 4, weichdichtend ohne Schiebersack,
  - – – Flachschieber DN 300, DIN 3352 Teil 4, weichdichtend ohne Schiebersack,
  - – – Flachschieber DN ...., DIN 3352 Teil 4, weichdichtend ohne Schiebersack,
- Werkstoff
  - – – aus duktilem Gusseisen DIN 1693,
  - – – aus nichtrostendem Stahl DIN 17440, Werkstoff-Nr. ....,
  - – – aus ....,
- Durchflussmessung
  - – – mit induktiver Durchflußmessung, DN wie Schieber,
  - – – mit Echolot-Durchflussmessung,
  - – – mit Echolot-Durchflussmessung in Venturimessrinne,
  - – – mit elektropneumatischer Durchflussmessung,
  - – – mit elektropneumatischer Durchflussmessung in Venturimessrinne,
  - – – mit ....,
- Durchfluss in l/s ....
- Schaltanlage
  - – – mit Schaltanlage zum Einbau in Gebäuden, Schutzart IP 42, mit Wandbefestigung,
  - – – mit Schaltanlage zum Einbau im Freien, Schutzart IP 55, mit Wandbefestigung,
  - – – mit Schaltanlage zum Einbau im Freien, Schutzart IP 55, mit Befestigung ....,
  Hinweis: Elektroinstallationen siehe LB 053 Niederspannungsanlagen.
- Ausführung
  - – – Ausführung gemäß Zeichnung Nr. ....,
  - – – Ausführung gemäß Einzelbeschreibung Nr. ....,
  - – – Ausführung gemäß Einzelbeschreibung Nr. .... und Zeichnung Nr. ....,
- Erzeugnis
  - – – Erzeugnis/Typ .... (oder gleichwertiger Art),
  - – – Erzeugnis/Typ .... (vom Bieter einzutragen),
- Berechnungseinheit Stück

LB 011 Abscheideranlagen, Kleinkläranlagen
Drosseleinrichtungen

STLB 011

Ausgabe 06.02

702 Gehäuseloser Drosselschieber, bestehend aus Grundplatte, Spindelbock, Schieberstange, Spindel, Schieberplatte, verstellbare Schieberskala, Zeiger und Betätigungsschlüssel,
Einzelangaben
- einschl. Montageaussparungen schließen
- Werkstoff
  - – Spindel und Schieberstange aus nichtrostendem Stahl DIN 17440, Werkstoff–Nr. ……,
    (Sofern nicht vorgeschrieben, vom Bieter einzutragen),
  - – Spindel und Schieberstange aus ……,
- Maße Abflussöffnung
  - – für Abflussöffnung DN 300,
  - – für Abflussöffnung DN 400,
  - – für Abflussöffnung DN 500,
  - – für Abflussöffnung DN 600,
  - – für Abflussöffnung DN 700,
  - – für Abflussöffnung DN 800,
  - – für Abflussöffnung DN 900,
  - – für Abflussöffnung DN 1000,
  - – für Abflussöffnung……,
- Einbautiefe OK Schacht bis Gerinnesohle ……, betriebsfertig eingestellt auf den Sollabfluss ……,
- Ausführung
  - – Ausführung gemäß Zeichnung Nr. ……,
  - – Ausführung gemäß Einzelbeschreibung Nr. ……,
  - – Ausführung gemäß Einzelbeschreibung Nr. …… und Zeichnung Nr. ……,
- Erzeugnis
  - – Erzeugnis/Typ …… (oder gleichwertiger Art),
  - – Erzeugnis/Typ …… (vom Bieter einzutragen),
- Berechnungseinheit Stück

703 Wirbeldrossel rechtsdrehend,
704 Wirbeldrossel linksdrehend,
705 Wirbelventil rechtsdrehend,
706 Wirbelventil linksdrehend,
Einzelangaben zu Pos. 703 bis 706
- Werkstoff
  - – aus nichtrostendem Stahl DIN 17440, Werkstoff–Nr. ……,
    (Sofern nicht vorgeschrieben, vom Bieter einzutragen),
  - – aus ……,
- Bauart
  - – mit aufklappbarem Deckel, Deckeldichtung, Belüftungsstutzen, einschl. Einklemmschieber mit Handrad DIN 3352 aus duktilem Gusseisen DIN 1693,
  - – mit aufklappbarem Deckel, Deckeldichtung, Belüftungsstutzen, einschl. Einklemmschieber mit Handrad DIN 3352 aus ……,
- Medienrohr
  - – sowie Medienrohr als Wanddurchführung aus duktilem Gusseisen DIN 1693,
  - – sowie Medienrohr als Wanddurchführung aus nichtrostendem Stahl DIN 17440, Werkstoff–Nr. ……,
    (Sofern nicht vorgeschrieben, vom Bieter einzutragen),
  - – sowie ……,
- Nennweite DN 50 – DN 65 – DN 100 – DN 125 – DN 150 – DN 200 – DN 250 – DN 300 – ……,
- Drossel werkseitig eingestellt ……,
- mit Notentleerung, bestehend aus Medienrohr als Wanddurchführung und Einklemmschieber sowie Verlängerungsrohr, Länge des Medienrohrs bis zum Einklemmschieber in mm ……,
  Länge des Verlängerungsrohrs in mm ……,
  Nennweite DN ……,
  Werkstoff ……, (Sofern nicht vorgeschrieben, vom Bieter einzutragen),
- Ausführung
  - – Ausführung gemäß Zeichnung Nr. ……,
  - – Ausführung gemäß Einzelbeschreibung Nr. ……,
  - – Ausführung gemäß Einzelbeschreibung Nr. …… und Zeichnung Nr. ……,
- Erzeugnis
  - – Erzeugnis/Typ …… (oder gleichwertiger Art),
  - – Erzeugnis/Typ …… (vom Bieter einzutragen),
- Berechnungseinheit Stück

707 Schwimmergesteuerter Durchflussregler, bestehend aus Grundplatte, Gestänge mit Schwimmer,
Einzelangaben
- Anordnung
  - – rechts,
  - – links,
- Reglerblende
  - – einfache Reglerblende,
  - – doppelte Reglerblende,
  - – Reglerblende mit V–Zwickel,
  - – Zwillingsblende in Kompaktbauweise,
  - – Reglerblende mit separater Nachblende,
- Bauart
  - – Bauart normal,
  - – Bauart niedrig,
- Abflussöffnung
  - – für Abflussöffnung DN 200,
  - – für Abflussöffnung DN 250,
  - – für Abflussöffnung DN 300,
  - – für Abflussöffnung DN 400,
  - – für Abflussöffnung DN 500,
  - – für Abflussöffnung DN 600,
  - – für Abflussöffnung……,
- Einbau, Kenndaten
  im vorhandenen Schacht/Becken betriebsfertig montieren und auf die Kenndaten konstanter Durchfluss in l/s ……,
  max. Stauhöhe in m ……,
  justieren,
- Ausführung
  - – Ausführung gemäß Zeichnung Nr. ……,
  - – Ausführung gemäß Einzelbeschreibung Nr. ……,
  - – Ausführung gemäß Einzelbeschreibung Nr. …… und Zeichnung Nr. ……,
- Erzeugnis
  - – Erzeugnis/Typ …… (oder gleichwertiger Art),
  - – Erzeugnis/Typ …… (vom Bieter einzutragen),
- Berechnungseinheit Stück

STLB 011

Ausgabe 06.02

LB 011 Abscheideranlagen, Kleinkläranlagen
Abscheider

750 Abscheider für Leichtflüssigkeiten,
751 Abscheider für Fette,
752 Stärkeabscheider,
   – Nenngröße ....
753 Schlammfang für Abscheider für Leichtflüssigkeiten,
754 Schlammfang für Abscheider für Fette,
755 Rückhaltebecken,
   – Nutzinhalt ....
756 Verteilerschacht,
757 Probenahmeschacht,
758 Sammelschacht,
759 Sammel–/Probenahmeschacht,
760 Verteiler– und Sammel–/Probenahmeschacht,
   Einzelangaben zu Pos. 750 bis 760
   – Maße ....
   – Art der Leistung
      – – leeren, m³ ....,
      – – reinigen, m² ....,
      – – leeren, m³ .... und reinigen, m² ....,
         – – – Inhalt gemäß den gesetzlichen Bestimmungen beseitigen,
   – Ausführung
      – – Ausführung gemäß Zeichnung Nr. ....,
      – – Ausführung gemäß Einzelbeschreibung Nr. ....,
      – – Ausführung gemäß Einzelbeschreibung Nr. .... und Zeichnung Nr. ....,
   – Erzeugnis
      – – Erzeugnis/Typ .... (oder gleichwertiger Art),
      – – Erzeugnis/Typ .... (vom Bieter einzutragen),
   – Berechnungseinheit Stück

800 Abscheider für Leichtflüssigkeiten,
801 Abscheider für Leichtflüssigkeiten mit integriertem Schlammfang,
802 Abscheider für Fette,
803 Stärkeabscheider,
804 Schlammfang,
805 Rückhaltebecken,
806 Verteilerschacht,
807 Probenahmeschacht,
808 Sammelschacht,
809 Sammel–/Probenahmeschacht,
810 Verteiler– und Sammel–/Probenahmeschacht,
   Einzelangaben zu Pos 800 bis 809
   – Werkstoff
      – – aus Gusseisen,
      – – aus Stahl,
      – – aus Mauerwerk,
      – – aus Mauerwerk und Stahlbeton,
      – – aus Mauerwerk, Stahlbeton und Fertigteilen aus Stahlbeton,
      – – aus Fertigteilen aus Stahlbeton,
      – – aus Stahlbeton,
      – – aus Stahlbeton und Fertigteilen aus Stahlbeton,
      – – aus
   – Größe, Maße
      – – Nenngröße ....,
      – – Schlammfanginhalt ....,
      – – Nenngröße/Schlammfanginhalt ....,
      – – Außenmaße ....,
   – Bauart
      – – Bauart als Rechteckbecken,
      – – Bauart als stehendes Rundbecken,
      – – Bauart als stehendes Rundbecken aus Einzelteilen,
      – – Bauart als liegendes Rundbecken,
      – – Bauart als liegendes Rundbecken aus Einzelteilen,,
      – – Bauart ....,
         – – – oberer Schachtteil, Höhe ....,
         – – – Decke, Dicke ....,
         – – – Decke, Dicke ...., und Aufsatzschacht, Höhe ....,
   – Art der Leistung
      – – aufnehmen,
      – – abbrechen,
      – – abbrechen und aufnehmen,
      – – ....,
         – – – Abbruchmaterial beseitigen,
         – – – Abbruchmaterial zerkleinern, laden und zur Kippe des AG fahren, Förderweg ....,
            – – – – einschl. Verfüllen, Inhalt m³ ....,
               – – – – – mit Beton B 10,
               – – – – – mit Beton B ....,
               – – – – – mit Dämmer, Festigkeit mind. 100 N/m²,
               – – – – – mit nichtbindigem Material aus ....,
               – – – – – mit ....,
   – Berechnungseinheit Stück

LB 011 Abscheideranlagen, Kleinkläranlagen
Kleinkläranlagen

STLB 011

Ausgabe 06.02

Kleinkläranlage ohne Abwasserbelüftung DIN 4261 Teil 1

850 Kleinkläranlage ohne Abwasserbelüftung DIN 4261 Teil 1 zur Behandlung häuslichen Schmutzwassers,
als Fertigteile aus Stahlbeton DIN 4281, wasserdicht,
mit gelenkigen Rohranschlüssen,
mit Verbindungsleitungen innerhalb der Anlage,
einschl. Einstiegöffnung zur Wartung,
Einbautiefe OK Gelände bis Rohrsohle Einlauf ......,
DIN-Prüf- und Überwachungszeichen mit Register-Nr. ......,
(Sofern nicht vorgeschrieben, vom Bieter einzutragen),
Einzelangaben
- Grundwasserstand bezogen auf OK Gelände ......,
  Auftriebssicherung ......,
- Größe
  - - bemessen für 4 E,
  - - bemessen für 8 E,
  - - bemessen für 20 E,
  - - bemessen für 50 E,
  - - bemessen für ......,
- Bauart
  - - als Mehrkammerabsetzgrube,
  - - als Mehrkammerausfaulgrube,
    - - - mit zwei Kammern,
    - - - mit drei Kammern,
    - - - mit vier Kammern,
    - - - mit ......,
      - - - - als Einbehälteranlage,
      - - - - als Zweibehälteranlage,
- Schachtabdeckungen
  - - Schachtabdeckungen DIN EN 124 Klasse A 15, ohne Lüftungsöffnungen,
  - - Schachtabdeckungen ......,
- Maße der Kleinkläranlage
  Länge/Breite ......, (Sofern nicht vorgeschrieben, vom Bieter einzutragen),
  Höhendifferenz zwischen Zu- und Ablauf ......, (Sofern nicht vorgeschrieben, vom Bieter einzutragen),
  Zulauf/Ablauf DN ......, (Sofern nicht vorgeschrieben, vom Bieter einzutragen),
- Ausführung
  - - Ausführung gemäß Zeichnung Nr. ......,
  - - Ausführung gemäß Einzelbeschreibung Nr. ......,
  - - Ausführung gemäß Einzelbeschreibung Nr. ...... und Zeichnung Nr. ......,
- Erzeugnis
  - - Erzeugnis/Typ ...... (oder gleichwertiger Art),
  - - Erzeugnis/Typ ...... (vom Bieter einzutragen),
- Berechnungseinheit Stück

Kleinkläranlage mit Abwasserbelüftung DIN 4261 Teil 2

870 Kleinkläranlage mit Abwasserbelüftung DIN 4261 Teil 2 als Belebungsanlage zur biologischen Behandlung häuslichen Schmutzwassers,
als Fertigteile aus Stahlbeton DIN 4281, wasserdicht,
mit gelenkigen Rohranschlüssen,
mit Verbindungsleitungen innerhalb der Anlage,
einschl. Einstiegöffnung zur Wartung,
Einbautiefe OK Gelände bis Rohrsohle Einlauf ......,
Prüfzeichen PA-II ......, (Sofern nicht vorgeschrieben, vom Bieter einzutragen),
bemessen für ......,
Einzelangaben
- Schachtabdeckungen
  - - Schachtabdeckungen DIN EN 124 Klasse A 15, ohne Lüftungsöffnungen,
  - - Schachtabdeckungen ......,
- Grundwasserstand bezogen auf OK Gelände ......,
  Auftriebssicherung ......,
- Bauart
  - - Vorbehandlung und Schlammspeicher als Mehrkammerabsetzgrube, zusätzliches Schlammspeichervolumen in Liter ......,
  - - Vorbehandlung ......, Gesamtnutzvolumen in Liter ......,
    - - - als Zweikammergrube,
    - - - als Dreikammergrube in Einbehälterausführung,
    - - - als Dreikammergrube in Zweibehälterausführung,
    - - - als Vierkammergrube in Einbehälterausführung,
    - - - als Vierkammergrube in Zweibehälterausführung,
    - - - als ......,
  - - biologische Stufe, bestehend aus Belebungsbecken mit Belüftungseinrichtung und Nachklärbecken,
    - - - Gebläse angeordnet im Schacht. Schacht wird gesondert vergütet.
      Schaltschrank mit potentialfreiem Schaltkontakt für externe Alarmmeldungen, anschlussfertig verdrahtet,
    - - - Gebläse angeordnet ......,
      Schaltschrank mit potentialfreiem Schaltkontakt für externe Alarmmeldungen, anschlussfertig verdrahtet,
      - - - - Aufstellung im Freien, Schutzart IP 55.
      - - - - Aufstellung ......,
        - - - - - Die Elektroinstallation zwischen Belebungsanlage und Schaltschrank wird bauseits ausgeführt, elektrische Anschlussleistung des Gebläses in kW ...... (vom Bieter einzutragen), vorhandene Betriebsspannung in V ......,
- Maße der Kleinkläranlage
  Länge/Breite ......, (Sofern nicht vorgeschrieben, vom Bieter einzutragen),
  Höhendifferenz zwischen Zu- und Ablauf ......, (Sofern nicht vorgeschrieben, vom Bieter einzutragen),
  Zulauf/Ablauf DN ......, (Sofern nicht vorgeschrieben, vom Bieter einzutragen),
- Ausführung
  - - Ausführung gemäß Zeichnung Nr. ......,
  - - Ausführung gemäß Einzelbeschreibung Nr. ......,
  - - Ausführung gemäß Einzelbeschreibung Nr. ...... und Zeichnung Nr. ......,
- Erzeugnis
  - - Erzeugnis/Typ ...... (oder gleichwertiger Art),
  - - Erzeugnis/Typ ...... (vom Bieter einzutragen),
- Berechnungseinheit Stück

STLB 011

LB 011 Abscheideranlagen, Kleinkläranlagen
Kleinkläranlagen

Ausgabe 06.02

871 **Kleinkläranlage mit Abwasserbelüftung DIN 4261 Teil 2 als Tropfkörperanlage zur biologischen Behandlung häuslichen Schmutzwassers,**
als Fertigteile aus Stahlbeton DIN 4281, wasserdicht,
mit gelenkigen Rohranschlüssen,
mit Verbindungsleitungen innerhalb der Anlage,
einschl. Einstiegöffnung zur Wartung,
Einbautiefe OK Gelände bis Rohrsohle Einlauf ....,
Prüfzeichen PA–II ...., (Sofern nicht vorgeschrieben, vom Bieter einzutragen),
bemessen für ....
Einzelangaben
- Schachtabdeckungen
  - – Schachtabdeckungen DIN EN 124 Klasse A 15, ohne Lüftungsöffnungen,
  - – Schachtabdeckungen ....,
- Grundwasserstand bezogen auf OK Gelände ...., Auftriebssicherung ....,
- Bauart
  - – Vorbehandlung und Schlammspeicher als Mehrkammerabsetzgrube, zusätzliches Schlammspeichervolumen in Liter ....,
  - – Vorbehandlung und Schlammspeicher als Mehrkammerausfaulgrube, zusätzliches Schlammspeichervolumen in Liter ....,
  - – Vorbehandlung ...., Gesamtnutzvolumen in Liter ....,
    - – – als Zweikammergrube,
    - – – als Dreikammergrube in Einbehälterausführung,
    - – – als Dreikammergrube in Zweibehälterausführung,
    - – – als Vierkammergrube in Einbehälterausführung,
    - – – als Vierkammergrube in Zweibehälterausführung,
    - – – als ....,
  - – biologische Reinigungsstufe, bestehend aus Tropfkörper mit Füllstoffen und Verteilereinrichtung, Pumpenschacht und Nachklärbecken, Pumpenschacht und Nachklärbecken mit je einer Abwassertauchpumpe,
    - – – Schaltschrank mit potentialfreiem Schaltkontakt für externe Alarmmeldungen, anschlussfertig verdrahtet,
      - – – – Aufstellung im Freien, Schutzart IP 55.
      - – – – Aufstellen ....,
        - – – – – Die Elektroinstallation zwischen Tropfkörperanlage und Schaltschrank wird bauseits ausgeführt, elektrische Anschlussleistung je Pumpe in kW ...., vorhandene Betriebsspannung in V ....,
- Maße der Kleinkläranlage
  Länge/Breite ...., (Sofern nicht vorgeschrieben, vom Bieter einzutragen),
  Höhendifferenz zwischen Zu– und Ablauf ....,
  (Sofern nicht vorgeschrieben, vom Bieter einzutragen),
  Zulauf/Ablauf DN ...., (Sofern nicht vorgeschrieben, vom Bieter einzutragen)
- Ausführung
  - – Ausführung gemäß Zeichnung Nr. ....,
  - – Ausführung gemäß Einzelbeschreibung Nr. ....,
  - – Ausführung gemäß Einzelbeschreibung Nr. .... und Zeichnung Nr. ....,
- Erzeugnis
  - – Erzeugnis/Typ .... (oder gleichwertiger Art),
  - – Erzeugnis/Typ .... (vom Bieter einzutragen),
- Berechnungseinheit Stück

872 **Kleinkläranlage mit Abwasserbelüftung DIN 4261 Teil 2 als Tauchkörperanlage zur biologischen Behandlung häuslichen Schmutzwassers,**
als Fertigteile aus Stahlbeton DIN 4281, wasserdicht,
mit gelenkigen Rohranschlüssen,
mit Verbindungsleitungen innerhalb der Anlage,
einschl. Einstiegöffnung zur Wartung,
Einbautiefe OK Gelände bis Rohrsohle Einlauf ....,
Prüfzeichen PA–II ...., (Sofern nicht vorgeschrieben, vom Bieter einzutragen),
bemessen für ....
Einzelangaben
- Schachtabdeckungen
  - – Schachtabdeckungen DIN EN 124 Klasse A 15, ohne Lüftungsöffnungen,
  - – Schachtabdeckungen ....,
- Grundwasserstand bezogen auf OK Gelände ...., Auftriebssicherung ....,
- Bauart
  - – Vorbehandlung und Schlammspeicher als Mehrkammerabsetzgrube, zusätzliches Schlammspeichervolumen in Liter ....,
  - – Vorbehandlung und Schlammspeicher als Mehrkammerausfaulgrube, zusätzliches Schlammspeichervolumen in Liter ....,
  - – Vorbehandlung ...., Gesamtnutzvolumen in Liter ....,
    - – – als Zweikammergrube,
    - – – als Dreikammergrube in Einbehälterausführung,
    - – – als Dreikammergrube in Zweibehälterausführung,
    - – – als Vierkammergrube in Einbehälterausführung,
    - – – als Vierkammergrube in Zweibehälterausführung,
    - – – als ....,
  - – biologische Reinigungsstufe, bestehend aus Trogbecken, Tauchkörper und Nachklärbecken. Nachklärbecken mit Rücklaufeinrichtung,
    - – – Schaltschrank mit potentialfreiem Schaltkontakt für externe Alarmmeldungen, anschlussfertig verdrahtet,
      - – – – Aufstellung im Freien, Schutzart IP 55.
      - – – – Aufstellung ....
        Die Elektroinstallation zwischen Tauchkörperanlage und Schaltschrank wird bauseits ausgeführt.
        - – – – – Antriebsmotor für Tauchkörper, Anschlussleistung in kW ....,
          (vom Bieter einzutragen)
          Motor für Rücklaufeinrichtung, Anschlussleistung in kW ....,
          (vom Bieter einzutragen)
          vorhandene Betriebsspannung in V ....,
- Maße der Kleinkläranlage
  Länge/Breite ...., (Sofern nicht vorgeschrieben, vom Bieter einzutragen),
  Höhendifferenz zwischen Zu– und Ablauf ....,
  (Sofern nicht vorgeschrieben, vom Bieter einzutragen),
  Zulauf/Ablauf DN ...., (Sofern nicht vorgeschrieben, vom Bieter einzutragen),
- Ausführung
  - – Ausführung gemäß Zeichnung Nr. ....,
  - – Ausführung gemäß Einzelbeschreibung Nr. ....,
  - – Ausführung gemäß Einzelbeschreibung Nr. .... und Zeichnung Nr. ....,
- Erzeugnis
  - – Erzeugnis/Typ .... (oder gleichwertiger Art),
  - – Erzeugnis/Typ .... (vom Bieter einzutragen),
- Berechnungseinheit Stück

LB 011 Abscheideranlagen, Kleinkläranlagen
Kleinkläranlagen

STLB 011

Ausgabe 06.02

Kleine Kläranlagen ATV–Arbeitsblatt A 122

Hinweis: Die nachfolgende Beschreibung gilt nur für Anschlusswerte von 50 bis 150 Einwohner.

900 Kleine Kläranlage mit aerober biologischer Reinigungsstufe als Belebungsanlage gemäß ATV–Arbeitsblatt A 122,
Vorbehandlungsstufe, Werkstoff ....,
biologische Reinigungsstufe, Werkstoff ....,
wasserdicht. Für die Wasserdichtheit gilt DIN 4261.
Mit gelenkigen Rohranschlüssen,
mit Verbindungsleitungen innerhalb der Anlage,
einschl. Einstiegöffnungen zur Wartung,
Einbautiefe OK Gelände bis Rohrsohle Einlauf ....,
bemessen für ....
Einzelangaben
- Schachabdeckungen
  - – Schachtabdeckungen DIN EN 124 Klasse A 15, ohne Lüftungsöffnungen,
  - – Schachtabdeckungen ....,
- Grundwasserstand bezogen auf OK Gelände ...., Auftriebssicherung ....,
- Bauart
  - – Vorbehandlung und Schlammspeicher als Mehrkammerabsetzgrube, zusätzliches Schlammspeichervolumen in Liter ....,
  - – Vorbehandlung, Werkstoff ...., Gesamtnutzvolumen in Liter ....,
    - – – als Zweikammergrube,
    - – – als Dreikammergrube in Einbehälterausführung,
    - – – als Dreikammergrube in Zweibehälterausführung,
    - – – als Vierkammergrube in Einbehälterausführung,
    - – – als Vierkammergrube in Zweibehälterausführung,
    - – – als ....,
  - – biologische Reinigungsstufe, bestehend aus Belebungsbecken mit Belüftungseinrichtung und Nachklärbecken mit Ablaufrinne,
    - – – Gebläse angeordnet im Schacht. Schacht wird gesondert vergütet. Schaltschrank mit potentialfreiem Schaltkontakt für externe Alarmmeldungen, anschlussfertig verdrahtet,
    - – – Gebläse angeordnet ...., Schaltschrank mit potentialfreiem Schaltkontakt für externe Alarmmeldungen, anschlussfertig verdrahtet,
      - – – – Aufstellung im Freien, Schutzart IP 55. Die Elektroinstallation zwischen Belebungsanlage und Schaltschrank wird bauseits ausgeführt,
      - – – – Aufstellung ...., Die Elektroinstallation zwischen Belebungsanlage und Schaltschrank wird bauseits ausgeführt,
        - – – – – elektrische Anschlussleistung des Gebläses in kW ...., (vom Bieter einzutragen), vorhandene Betriebsspannung in V ....,
- Maße der Anlage
  Länge/Breite ...., (Sofern nicht vorgeschrieben, vom Bieter einzutragen),
  Höhendifferenz zwischen Zu– und Ablauf ....,
  (Sofern nicht vorgeschrieben, vom Bieter einzutragen),
  Zulauf/Ablauf DN ...., (Sofern nicht vorgeschrieben, vom Bieter einzutragen),
- Ausführung
  - – Ausführung gemäß Zeichnung Nr. ....,
  - – Ausführung gemäß Einzelbeschreibung Nr. ....,
  - – Ausführung gemäß Einzelbeschreibung Nr. .... und Zeichnung Nr. ....,
- Erzeugnis
  - – Erzeugnis/Typ .... (oder gleichwertiger Art),
  - – Erzeugnis/Typ .... (vom Bieter einzutragen),
- Berechnungseinheit Stück

901 Kleine Kläranlage mit aerober biologischer Reinigungsstufe als Tropfkörperanlage gemäß ATV–Arbeitsblatt A 122,
Vorbehandlungsstufe, Werkstoff ....,
biologische Reinigungsstufe, Werkstoff ....,
wasserdicht. Für die Wasserdichtheit gilt DIN 4261.
Mit gelenkigen Rohranschlüssen,
mit Verbindungsleitungen innerhalb der Anlage,
einschl. Einstiegöffnungen zur Wartung,
Einbautiefe OK Gelände bis Rohrsohle Einlauf ....,
bemessen für ....
Einzelangaben
- Schachtabdeckungen
  - – Schachtabdeckungen DIN EN 124 Klasse A 15, ohne Lüftungsöffnungen,
  - – Schachtabdeckungen ....,
- Grundwasserstand bezogen auf OK Gelände ...., Auftriebssicherung ....,
- Bauart
  - – Vorbehandlung und Schlammspeicher als Mehrkammerabsetzgrube, zusätzliches Schlammspeichervolumen in Liter ....,
  - – Vorbehandlung und Schlammspeicher als Mehrkammerausfaulgrube, zusätzliches Schlammspeichervolumen in Liter ....,
  - – Vorbehandlung, Gesamtnutzvolumen in Liter ....,
    - – – als Zweikammergrube,
    - – – als Dreikammergrube in Einbehälterausführung,
    - – – als Dreikammergrube in Zweibehälteraus-. führung,
    - – – als Vierkammergrube in Einbehälterausführung,
    - – – als Vierkammergrube in Zweibehälterausführung,
    - – – als ....,
  - – biologische Reinigungsstufe, bestehend aus Tropfkörper mit Füllstoffen und Verteilerein-richtung, Pumpenschacht und Nachklärbecken. Pumpenschacht und Nachklärbecken mit je einer Abwassertauchpumpe,
    - – – Schaltschrank mit potentialfreiem Schaltkontakt für externe Alarmmeldungen, anschlussfertig verdrahtet,
      - – – – Aufstellung im Freien, Schutzart IP 55.
      - – – – Aufstellung ...., Die Elektroinstallation zwischen Belebungsanlage und Schaltschrank wird bauseits ausgeführt,
        - – – – – elektrische Anschlussleistung des Gebläses in kW ...., (vom Bieter einzutragen), vorhandene Betriebsspannung in V ....,
- Maße der Anlage
  Länge/Breite ...., (Sofern nicht vorgeschrieben, vom Bieter einzutragen),
  Höhendifferenz zwischen Zu– und Ablauf ....,
  (Sofern nicht vorgeschrieben, vom Bieter einzutragen),
  Zulauf/Ablauf DN ...., (Sofern nicht vorgeschrieben, vom Bieter einzutragen),
- Ausführung
  - – Ausführung gemäß Zeichnung Nr. ....,
  - – Ausführung gemäß Einzelbeschreibung Nr. ....,
  - – Ausführung gemäß Einzelbeschreibung Nr. .... und Zeichnung Nr. ....,
- Erzeugnis
  - – Erzeugnis/Typ .... (oder gleichwertiger Art),
  - – Erzeugnis/Typ .... (vom Bieter einzutragen),
- Berechnungseinheit Stück

STLB 011

LB 011 Abscheideranlagen, Kleinkläranlagen
Kleinkläranlagen

Ausgabe 06.02

902 **Kleine Kläranlage mit aerober biologischer Reinigungsstufe als Tauchkörperanlage gemäß ATV–Arbeitsblatt A 122,**
Vorbehandlungsstufe, Werkstoff ......,
biologische Reinigungsstufe, Werkstoff ......,
wasserdicht. Für die Wasserdichtheit gilt DIN 4261.
Mit gelenkigen Rohranschlüssen,
mit Verbindungsleitungen innerhalb der Anlage,
einschl. Einstiegöffnungen zur Wartung,
Einbautiefe OK Gelände bis Rohrsohle Einlauf ......,
bemessen für ......
Einzelangaben
- Schachtabdeckungen
  - – Schachtabdeckungen DIN EN 124 Klasse A 15, ohne Lüftungsöffnungen,
  - – Schachtabdeckungen DIN EN 124 Klasse A 15, ohne Lüftungsöffnungen, Grundwasserstand bezogen auf OK Gelände ......, Auftriebssicherung ......,
- Schachtabdeckungen ......,
- Schachtabdeckungen ......, Grundwasserstand bezogen auf OK Gelände ......, Auftriebssicherung ......
- Bauart
  - – Vorbehandlung und Schlammspeicher als Mehrkammerabsetzgrube, zusätzliches Schlammspeichervolumen in Liter ......,
  - – Vorbehandlung und Schlammspeicher als Mehrkammerausfaulgrube, zusätzliches Schlammspeichervolumen in Liter ......,
  - – Vorbehandlung, Gesamtnutzvolumen in Liter ......,
    - – – als Zweikammergrube,
    - – – als Dreikammergrube in Einbehälterausführung,
    - – – als Dreikammergrube in Zweibehälterausführung,
    - – – als Vierkammergrube in Einbehälterausführung,
    - – – als Vierkammergrube in Zweibehälterausführung,
    - – – als ......,
  - – biologische Reinigungsstufe, bestehend aus Trogbecken, Tauchkörper und Nachklärbecken, Nachklärbecken mit Rücklaufeinrichtung,
    - – – Schaltschrank mit potentialfreiem Schaltkontakt für externe Alarmmeldungen, anschlussfertig verdrahtet,
      - – – – Aufstellung im Freien, Schutzart IP 55. Die Elektroinstallation zwischen Tauchkörperanlage und Schaltschrank wird bauseits ausgeführt,
      - – – – Aufstellung ......, Die Elektroinstallation zwischen Tauchkörperanlage und Schaltschrank wird bauseits ausgeführt,
        - – – – – Antriebsmotor für Tauchkörper, Anschlussleistung in kW ......, (vom Bieter einzutragen) Motor für Rücklaufeinrichtung, Anschlussleistung in kW ......, (vom Bieter einzutragen) vorhandene Betriebsspannung in V ......,
- Maße der Anlage
  Länge/Breite ......, (Sofern nicht vorgeschrieben, vom Bieter einzutragen),
  Höhendifferenz zwischen Zu– und Ablauf ......, (Sofern nicht vorgeschrieben, vom Bieter einzutragen),
  Zulauf/Ablauf DN ......, (Sofern nicht vorgeschrieben, vom Bieter einzutragen),
- Ausführung
  - – Ausführung gemäß Zeichnung Nr. ......,
  - – Ausführung gemäß Einzelbeschreibung Nr. ......,
  - – Ausführung gemäß Einzelbeschreibung Nr. ...... und Zeichnung Nr. ......,
- Erzeugnis
  - – Erzeugnis/Typ ...... (oder gleichwertiger Art),
  - – Erzeugnis/Typ ...... (vom Bieter einzutragen),
- Berechnungseinheit Stück

Sickerschacht, Pumpenschacht, Probenahmeschacht

920 **Sickerschacht DIN 4261 mit Prallplatte, aus Betonfertigteilen DIN 4034 mit gelenkigem Rohranschluss. Verbindungsleitung zur Kläranlage wird gesondert vergütet,**
Einzelangaben
- Maße des Schachtes
  lichter Durchmesser ......
  Einbautiefe OK Gelände bis Rohrsohle Einlauf ......
  Gesamttiefe ......
  Zulauf DN ......
- Schachtabdeckung
  - – Schachtabdeckung DIN EN 124 Klasse A 15, mit Lüftungsöffnungen und Schmutzfänger,
  - – Schachtabdeckung ......,
    - – – einschl. Füllung aus gewaschenem Kiessand in m³ ......, Körnung 0,2 bis 4 mm,
    - – – einschl. Füllung aus Kies in m³ ......, Körnung 8 bis 16 mm,
- Ausführung
  - – Ausführung gemäß Zeichnung Nr. ......,
  - – Ausführung gemäß Einzelbeschreibung Nr. ......,
  - – Ausführung gemäß Einzelbeschreibung Nr. ...... und Zeichnung Nr. ......,
- Berechnungseinheit Stück

921 **Pumpenschacht als Fertigteile aus Stahlbeton DIN 4281,**
Für die Wasserdichtheit gilt DIN 4261, einschl. Steighilfen, Verbindungsleitung zwischen Kläranlage und Pumpenschacht wird gesondert vergütet,
Einzelangaben
- Maße des Schachtes
  lichter Durchmesser ......
  Höhendifferenz zwischen Zu– und Ablauf ......
  Einbautiefe OK Gelände bis Rohrsohle Einlauf ......
  Gesamttiefe ......
  Zulauf/Ablauf DN ......
- Schachtabdeckung
  - – Schachtabdeckung tagwasserdicht,
  - – Schachtabdeckung ......,
    - – – Grundwasserstand bezogen auf OK Gelände ......, Auftriebssicherung ......,
- Ausführung
  - – Ausführung gemäß Zeichnung Nr. ......,
  - – Ausführung gemäß Einzelbeschreibung Nr. ......,
  - – Ausführung gemäß Einzelbeschreibung Nr. ...... und Zeichnung Nr. ......,
- Berechnungseinheit Stück

922 **Probenahmeschacht als Fertigteile aus Stahlbeton DIN 4281,**
Für die Wasserdichtheit gilt DIN 4261, einschl. Steighilfen,
Einzelangaben
- Maße des Schachtes
  lichter Durchmesser ......
  Höhendifferenz zwischen Zu– und Ablauf ......
  Einbautiefe OK Gelände bis Rohrsohle Einlauf ......
  Gesamttiefe ......
  Zulauf/Ablauf DN ......
- Schachtabdeckung
  - – Schachtabdeckung DIN EN 124 Klasse A 15, mit Lüftungsöffnungen und Schmutzfänger,
  - – Schachtabdeckung ......,
    - – – mit Probenahmeöffnung,
      - – – – Grundwasserstand bezogen auf OK Gelände ......, Auftriebssicherung ......,
        - – – – – mit Handschieber,
- Ausführung
  - – Ausführung gemäß Zeichnung Nr. ......,
  - – Ausführung gemäß Einzelbeschreibung Nr. ......,
  - – Ausführung gemäß Einzelbeschreibung Nr. ...... und Zeichnung Nr. ......,
- Berechnungseinheit Stück

LB 011 Abscheideranlagen, Kleinkläranlagen
Kleinkläranlagen

STLB 011

Ausgabe 06.02

Untergrundverrieselung

940 Untergrundverrieselung DIN 4261 Teil 1 aus,
Einzelangaben
- Rohrleitungen DIN 1180, einschl. Formstücke,
- Rohrleitungen DIN 1187 Form B, einschl. Formstücke,
  - – lichte Weite der Rohrleitung ......,
    Einbautiefe OK Gelände bis Rohrsohle am Einlauf ......,
    Abstand der Stränge ......,
    Anzahl der Leitungsstränge ......,
    Länge der Verrieselungsstrecke ......,
    - – – Lüftungsrohr mit Abdeckungen, Anzahl ......,
      - – – – einschl. Füllen mit gewaschenem
        Kiessand in m³/m ......,
        Körnung 0,2 bis 4 mm,
      - – – – einschl. Füllen mit Kies in m³/m ......,
        Körnung 8 bis 16 mm,
- Ausführung
  - – – Ausführung gemäß Zeichnung Nr. ......,
  - – – Ausführung gemäß Einzelbeschreibung Nr. ......,
  - – – Ausführung gemäß Einzelbeschreibung Nr. ......
    und Zeichnung Nr. ......,
- Berechnungseinheit Stück

941 Verteilerkammer für Untergrundverrieselung,
als Fertigteile aus Stahlbeton DIN 4281,
mit gelenkigen Rohranschlüssen,
Zulauf zu den Strängen einzeln abstellbar.
Für die Wasserdichtheit der Kammer gilt DIN 4261,
Verbindungsleitung zwischen Kläranlage und Verteilerkammer wird gesondert vergütet.
Einzelangaben
- Maße der Kammer
  lichter Durchmesser ......,
  Höhendifferenz zwischen Zu– und Ablauf ......,
  Einbautiefe OK Gelände bis Rohrsohle Einlauf ......,
  Gesamttiefe ......,
  Zulauf/Ablauf DN ......,
  Anzahl der Abläufe ......,
- Abdeckung
  - – Abdeckung DIN EN 124 Klasse A 15, mit
    Lüftungsöffnungen und Schmutzfänger,
  - – Abdeckung ......,
- Ausführung
  - – Ausführung gemäß Zeichnung Nr. ......,
  - – Ausführung gemäß Einzelbeschreibung Nr. ......,
  - – Ausführung gemäß Einzelbeschreibung Nr. ......
    und Zeichnung Nr. ......,
- Berechnungseinheit Stück

Filtergraben

960 Filtergraben DIN 4261 Teil 1, bestehend aus Zu– und Ablaufleitungen,
Einzelangaben
- Rohrart
  - – – DIN 1180, einschl. Formstücken,
  - – – DIN 1187 Form A, einschl. Formstücken,
  - – – DIN 1187 Form B, einschl. Formstücken,
- lichte Weite der Zu– und Ablaufleitungen,
  Einbautiefe der Zulaufleitung OK Gelände bis Rohrsohle am Einlauf ......,
  Einbautiefe der Ablaufleitung OK Gelände bis Rohrsohle am Einlauf ......,
  Anzahl der Stränge ......,
- Lüftungsrohre mit Abdeckungen für Zulaufleitung,
  Anzahl ......,
- Leistungsumfang
  - – – einschl. Füllen des Filtergrabens mit Feinkies in
    m³/m ......, Körnung 0,2 bis 4 mm,
  - – – einschl. Füllen des Filtergrabens mit Kies in
    m³/m ......, Körnung 8 bis 16 mm,
- Ausführung
  - – – Ausführung gemäß Zeichnung Nr. ......,
  - – – Ausführung gemäß Einzelbeschreibung Nr. ......,
  - – – Ausführung gemäß Einzelbeschreibung Nr. ......
    und Zeichnung Nr. ......,
- Berechnungseinheit Stück

961 Verteilerschacht für Filtergraben,
Verbindungsleitungen zwischen Kläranlage und
Verteilerschacht werden gesondert vergütet,
Anzahl der Abläufe ......,

962 Sammelschacht für Filtergraben,
Verbindungsleitungen zwischen Sammelschacht und
Einleitungsstelle werden gesondert vergütet,
Anzahl der Abläufe ......,
Einzelangaben zu Pos. 961, 962
- als Fertigteile aus Stahlbeton DIN 4281,
  mit gelenkigen Rohranschlüssen,
  für die Wasserdichtheit gilt DIN 4261,
- Maße des Schachtes
  lichter Durchmesser ......,
  Höhendifferenz zwischen Zu– und Ablauf ......,
  Einbautiefe OK Gelände bis Rohrsohle Einlauf ......,
  Gesamttiefe ......,
  Zulauf/Ablauf DN ......,
- Schachtabdeckung
  - – – Schachtabdeckung DIN EN 124 Klasse A 15, mit
    Lüftungsöffnungen und Schmutzfänger,
  - – – Schachtabdeckung ......,
- Ausführung
  - – – Ausführung gemäß Zeichnung Nr. ......,
  - – – Ausführung gemäß Einzelbeschreibung Nr. ......,
  - – – Ausführung gemäß Einzelbeschreibung Nr. ......
    und Zeichnung Nr. ......,
- Berechnungseinheit Stück

STLB 011
Ausgabe 06.02

LB 011 Abscheideranlagen, Kleinkläranlagen
Kleinkläranlagen

LB 080 Straßen, Wege, Plätze
Vorbereitende Arbeiten

STLB 080

Ausgabe 06.02

Die nachstehenden Leistungsbeschreibungen gelten für folgende ATV der VOB/C:
- DIN 18315 Straßenbauarbeiten; Oberbauschichten ohne Bindemittel
- DIN 18316 Straßenbauarbeiten; Oberbauschichten mit hydraulischen Bindemitteln
- DIN 18317 Straßenbauarbeiten; Oberbauschichten mit bituminösen Bindemitteln
- DIN 18318 Straßenbauarbeiten; Pflasterdecken und Plattenbeläge

Vorbereitende Arbeiten
Aufbrucharbeiten

010 Bituminöse Fahrbahndecke anreißen
- Berechnungseinheit m²

011 Ungebundene Fahrbahndecke anreißen
- Berechnungseinheit m²

012 Deckschicht schälen
013 Deckschicht fräsen
Einzelangaben nach DIN 18315/18318 zu Pos. 012, 013
- Lage der Flächen
  - – in Fahrbahnen
  - – in Nebenflächen
  - – in Fahrbahnen und Nebenflächen
  - – in Randstreifen
  - – in Fahrbahnen und Randstreifen
  - – in Zwickeln und Streifen
  - – auf Bauwerken
  - – ......
- Art der Deckschicht
  - – aus Beton
  - – aus Gussasphalt
  - – aus Asphaltbeton
  - – aus Teerbeton
  - – aus bituminösem Mischgut
  - – ......
- Form der Flächen
  - – ganzflächig
  - – in Streifen
  - – in Streifen für Markierungen
  - – in Streifen für unterbrochene Markierungen
  - – in Streifen für Richtungspfeile
  - – in Streifen für Fußgängerüberwege
  - – in Streifen für ......
- Breite: 10 cm – 12 cm – 15 cm – 25 cm – 30 cm – 35 cm – 40 cm – 50 cm – ......
- Tiefe: bis 10 mm – über 10 bis 15 mm – über 10 bis 20 mm – über 15 bis 20 mm – über 15 bis 25 mm – über 20 bis 25 mm – über 20 bis 30 mm – über 25 bis 30 mm – über 25 bis 35 mm – über 30 bis 35 mm – über 30 bis 40 mm – über 35 bis 40 mm – über 35 bis 45 mm – über 40 bis 45 mm – über 40 bis 50 mm – über 40 bis 60 mm – über 50 bis 70 mm – über 60 bis 80 mm – ......
- Leistungsumfang
  - – Flächen reinigen. Anfallendes Material wird Eigentum des AN und ist zu beseitigen.
  - – Flächen ......
- Berechnungseinheit m², m mit Angaben der Breite

014 Bituminöse Befestigung aufbrechen
015 Bituminöse Befestigung aufbrechen und aufnehmen
016 Bituminöse Befestigung über Bauwerken aufbrechen
017 Bituminöse Befestigung über Bauwerken aufbrechen und aufnehmen
Einzelangaben nach DIN 18317 zu Pos. 014 bis 017
- Lage der Flächen
  - – in Fahrbahnen
  - – in Fahrbahnnebenflächen
  - – in Zwickeln und Streifen
  - – in Parkflächen
  - – in Rad- und Gehwegen
  - – in Gleisbereichen
  - – für Reparaturarbeiten
  - – ......
- Unterlage
  - – einschl. Unterlage aus Schotter
  - – einschl. Unterlage aus Hochofenschlacke
  - – einschl. Unterlage aus Pflaster
  - – einschl. Unterlage aus Kies
  - – einschl. Unterlage aus Beton
  - – einschl. Unterlage aus Beton mit Stahleinlage
  - – einschl. darunterliegender Abdichtung
  - – einschl. darunterliegender Schutzbeton mit Abdichtung
  - – ......
- Dicke der bituminösen Befestigung: bis 8 cm – über 8 bis 15 cm – über 15 bis 25 cm – über 25 bis 35 cm – über 35 bis 45 cm – über 5 bis 10 cm – über 10 bis 20 cm – über 20 bis 30 cm – ......
- Gesamtaufbruchtiefe: über 10 bis 20 cm – über 20 bis 30 cm – über 30 bis 40 cm – über 40 bis 50 cm – über 15 bis 25 cm – über 25 bis 35 cm – über 35 bis 45 cm – ......
- Verfügung über Aufbruchgut
  - – Aufbruchgut im Baustellenbereich nach Angabe des AG einbauen
  - – Aufbruchgut im Baustellenbereich nach Angabe des AG einbauen und verdichten
  - – Aufbruchgut auf vom AG angegebenen Flächen außerhalb der Baustelle kippen
  - – Aufbruchgut auf vom AG angegebenen Flächen außerhalb der Baustelle kippen und einebnen
  - – Aufbruchgut auf vom AG angegebenen Flächen außerhalb der Baustelle einbauen
  - – Aufbruchgut auf vom AG angegebenen Flächen außerhalb der Baustelle einbauen und verdichten
  - – Aufbruchgut auf LKW des AG laden
  - – Aufbruchgut wird Eigentum des AN und ist zu beseitigen
  - – ......
- Länge des Förderweges: bis 0,25 km – über 0,25 bis 0,5 km – über 0,5 bis 1 km – über 1 bis 2,5 km – über 2,5 bis 5 km – über 5 bis 7,5 km – über 7,5 bis 10 km – über 10 bis 15 km – ......
- Art der Abrechnung
  - – abgerechnet wird nach Abtragsprofilen
  - – abgerechnet wird nach Aufmaß auf dem Fahrzeug
  - – abgerechnet wird ......
- Berechnungseinheit m², m³

LB 080 Straßen, Wege, Plätze
Vorbereitende Arbeiten

Ausgabe 06.02

018 Bituminösen Oberbau
Einzelangaben nach DIN 18317
- Ausführung abkanten / abtreppen
  - – senkrecht abkanten
  - – schichtweise abtreppen, Kanten senkrecht
  - – gemäß Zeichnung abkanten / abtreppen
  - – ....
- Dicke: bis 8 cm – über 8 bis 15 cm –
  über 15 bis 25 cm – über 25 bis 35 cm –
  über 35 bis 45 cm – über 5 bis 10 cm –
  über 10 bis 20 cm – über 20 bis 30 cm –
  über 30 bis 40 cm – ....
- Art der Ausführung
  - – Ausführung mit: Fugenschneidegerät –
    Fugenschneidegerät, Tiefe bis 30 mm –
    Breitmeißel – ....
  - – Restdicke trennen nach Wahl des AN
- Verfügung über Aufbruchgut
  - – Aufbruchgut wird Eigentum des AN und ist zu beseitigen
  - – ....
- Berechnungseinheit m

019 Betondecke aufbrechen
020 Betondecke aufbrechen und aufnehmen
Einzelangaben nach DIN 18317 zu Pos. 019, 020
- Lage der Flächen
  - – in Fahrbahnen
  - – in Fahrbahnnebenflächen
  - – in Zwickeln und Streifen
  - – in Parkflächen
  - – in Rad- und Gehwegen
  - – in Gleisbereichen
  - – für Reparaturarbeiten
  - – ....
- Größe der Flächen
  - – in Teilflächen
  - – in Teilflächen, Einzelgröße ....
  - – ....

Fortsetzung Einzelangaben siehe Pos. 021, 022

021 Betonrandstreifen aufbrechen
022 Betonrandstreifen aufbrechen und aufnehmen
Einzelangaben nach DIN 18316 zu Pos. 021, 022
- Streifenbreite: bis 25 cm – über 25 bis 30 cm –
  über 30 bis 35 cm – über 35 bis 40 cm –
  über 40 bis 45 cm – über 45 bis 50 cm –
  über 50 bis 55 cm – über 55 bis 60 cm – ....
- Größe der Stücke
  - – in Teilstücken
  - – in Teilstücken, Einzellänge ....
  - – ....

Fortsetzung Einzelangaben zu Pos. 019 bis 022
- Art der Ausführung
  - – Beton unbewehrt
  - – Beton unbewehrt, Längsfugen verankert
  - – Beton unbewehrt, Querfugen verdübelt
  - – Beton unbewehrt, Querfugen verdübelt, Längsfugen verankert
  - – Beton bewehrt
  - – Beton doppelt bewehrt
  - – ....
    - – – einschl. Tragschicht
    - – – einschl. Tragschicht aus ....
    - – – einschl. Schutzschicht aus Beton
    - – – einschl. Schutzschicht aus Beton mit Abdichtung
    - – – einschl. Abdichtung
    - – – ....
- Dicke bis 15 cm – über 15 bis 20 cm –
  über 20 bis 25 cm – über 25 bis 30 cm –
  über 30 bis 35 cm – über 35 bis 40 cm –
  über 40 bis 45 cm – über 45 bis 50 cm – ....
- Verfügung über Aufbruchgut
  - – Aufbruchgut wird Eigentum des AN und ist zu beseitigen
  - – Aufbruchgut zerkleinern und im Baustellenbereich profilgerecht einbauen und verdichten, Größtmaß der Bruchstücke ....
  - – Aufbruchgut zur Lagerstelle des AG fördern und abkippen
  - – Aufbruchgut zur Lagerstelle des AG fördern, abkippen und einplanieren
  - – Aufbruchgut ....
- Länge des Förderweges: bis 0,25 km –
  über 0,25 bis 0,5 km – über 0,5 bis 1 km –
  über 1 bis 2,5 km – über 2,5 bis 5 km –
  über 5 bis 7,5 km – über 7,5 bis 10 km –
  über 10 bis 15 km – ....
- Hinweise zum Leistungsumfang
  - – Verdübelung/Verankerung in den verbleibenden Anschlussplatten freilegen und säubern
  - – ....
- Aufmaßart
  - – Aufmaß nach Abtragsprofil
  - – ....
- Berechnungseinheit m³, m², m

023 Betondecke senkrecht in voller Aufbruchtiefe trennen
024 Senkrechtes und fluchtgerechtes Bearbeiten der Bruchflächen von belassenen Decken aus Beton
Einzelangaben nach DIN 18316 zu Pos. 023, 024
- Zweck der Leistung
  - – für erneuten Anschluss von Decken aus Beton
  - – für Anschluss von ....
- Betonart
  - – Beton unbewehrt
  - – Beton bewehrt
  - – ....
- Leistungsumfang
  - – einschl. Nacharbeiten und Glätten mit Mörtel MG III
  - – ....
- Maße
  - – Dicke der Decke
  - – Tiefe der zu bearbeitenden Fläche: bis 15 cm –
    über 15 bis 20 cm – über 20 bis 25 cm –
    über 25 bis 30 cm – über 30 bis 35 cm –
    über 35 bis 40 cm – über 40 bis 45 cm –
    über 45 bis 50 cm – ....
- Verfügung über Aufbruchgut
  - – Aufbruchmaterial wird Eigentum des AN und ist zu beseitigen
  - – Aufbruchmaterial im Baustellenbereich profilgerecht einbauen und verdichten
  - – Aufbruchmaterial ....
- Berechnungseinheit m

LB 080 Straßen, Wege, Plätze
Vorbereitende Arbeiten

STLB 080

Ausgabe 06.02

025 Pflaster aufbrechen
026 Pflaster aufnehmen
027 Pflaster aufbrechen und aufnehmen
  Einzelangaben nach DIN 18318 zu Pos. 025 bis 027
  - Lage der Flächen
    - – in Fahrbahnen
    - – in Fahrbahnnebenflächen
    - – in Zwickeln und Streifen
    - – in Parkflächen
    - – in Rad– und Gehwegen
    - – in Gleisbereichen
    - – für Reparaturarbeiten
    - – ....
  - Größe und Form der Flächen
    - – Ausführung in Einzelflächen bis: 1,00 m² – 3,00 m² – 5,00 m²
    - – einreihig – zweireihig – dreireihig – vierreihig – fünfreihig – ....
  - Art des Pflasters
    - – Großpflaster
    - – Kleinpflaster
    - – Mosaikpflaster
      - – – aus Naturstein
      - – – aus ....
    - – Beton–Verbundpflaster
    - – Betonpflaster
    - – Klinkerpflaster in Rollschichten
    - – Klinkerpflaster in Flachschichten
    - – Pflaster aus Rasen–Gittersteinen
    - – Pflaster ....
      - – – verlegt in: Sandbett – Beton – Mörtel – ....
        - – – – Fugenfüllung aus: Sand – hydraulischem Mörtel – bituminösem Verguss – ....
        - – – – Pflaster mit bituminöser Oberflächenbehandlung
        - – – – Fugenfüllung ....
  - Verfügung über Aufbruchgut
    - – Aufbruchgut wird Eigentum des AN und ist zu beseitigen
    - – Wiederverwendbare Steine säubern und nach besonderer Anordnung des AG seitlich lagern. Nicht mehr verwendbare Stoffe werden Eigentum des AN und sind zu beseitigen.
    - – Aufbruchgut zur Kippstelle des AG fördern, abkippen und einplanieren, Förderweg ....
    - – Wiederverwendbare Steine säubern, aufladen, zum Lagerplatz des AG fördern und abkippen, Förderweg .... Nicht mehr verwendbare Stoffe werden Eigentum des AN und sind zu beseitigen.
    - – ....
  - Berechnungseinheit m², m (bei Angabe der Reihen)

028 Plattenbelag aufnehmen
029 Plattenbelag aufbrechen und aufnehmen
  Einzelangaben nach DIN 18318 zu Pos. 028, 029
  - Lage der Flächen
    - – in Rad– und Gehwegen
    - – in Gehwegüberfahrten
    - – in Gleisbereichen
    - – in Zwickeln und Streifen
    - – in Plätzen
    - – ....
  - Bettung
    - – einschl. Bettung
    - – einschl. Bettung, Dicke ....
    - – einschl. ....
  - Ausführung in Einzelflächen bis: 1,00 m² – 3,00 m² – 5,00 m² – 10,00 m² – ....
  - Art der Platten
    - – Gehwegplatten DIN 485: 300 – 350 – 400 – 500 – ....
    - – Natursteinplatten ....
    - – ....
      - – – verlegt in Sand– oder Kiessandbett
      - – – verlegt in Mörtelbett
      - – – verlegt in Beton
      - – – verlegt in Mörtelbett auf Betontragschicht
      - – – verlegt in ....
        - – – – Fugenfüllung aus Sand
        - – – – Fugenfüllung aus hydraulischem Mörtel
        - – – – Fugenfüllung aus bituminösem Verguss
        - – – – Fugenfüllung ....
  - Verfügung über Aufbruchgut
    - – Aufbruchgut wird Eigentum des AN und ist zu beseitigen
    - – Wiederverwendbare Platten säubern und nach besonderer Anordnung des AG seitlich lagern. Nicht mehr verwendbare Stoffe werden Eigentum des AN und sind zu beseitigen.
    - – Anfallende Stoffe zur Kippstelle des AG fördern, abkippen und einplanieren, Förderweg ....
    - – Wiederverwendbare Platten säubern, aufladen, zum Lagerplatz des AG fördern und abladen, Förderweg .... Nicht mehr verwendbare Stoffe werden Eigentum des AN und sind zu beseitigen.
    - – ....
  - Berechnungseinheit m²

030 Borde aufnehmen, Bordsteine aus Beton
031 Borde aufbrechen und aufnehmen, Bordsteine aus Beton
032 Borde aufnehmen, Bordsteine aus Naturstein
033 Borde aufbrechen und aufnehmen, Bordsteine aus Naturstein
  Einzelangaben nach DIN 18318 zu Pos. 030 bis 033
  - Abmessungen Betonsteine
    - – Abmessungen: 240/250 – 180/300 – 180/250 – 150/300 – 150/250 – 120/300 – 100/250 – 80/200 – ....
    - – Breite: 150 bis 240 mm – 80 bis 120 mm – 50 bis 60 mm – ....
    - – Höhe: 300 bis 350 mm – 200 bis 300 mm – 160 bis 200 mm – ....
  - Abmessungen Natursteine
    - – Abmessungen: 300/250 – 180/300 – 180/220 – 150/300 – 150/250 – 130/300 – 140/280 – 120/300 – ....
    - – Breite: 180 bis 300 mm – 120 bis 180 mm – ....
    - – Höhe: 250 bis 300 mm – 200 bis 250 mm – 160 bis 200 mm – ....
  - Bettung
    - – in Sand oder Kiessand versetzt als Hochbord
    - – in Sand oder Kiessand versetzt als Tiefbord
    - – in Beton versetzt als Hochbord
    - – in Beton versetzt als Tiefbord
    - – in Beton versetzt mit Rückenstütze als Hochbord
    - – in Beton versetzt mit Rückenstütze als Tiefbord
      - – – Dicke des Unterbetons bis: 15 cm – 30 cm – ....
    - – versetzt ....
      - – – Fugenfüllung aus hydraulischem Mörtel
      - – – Fugenfüllung aus bituminösem Verguss
      - – – Fugenfüllung aus ....
  - Ausführung
    - – Ausführung in Einzelabschnitten
    - – Ausführung ....
      - – – Länge: bis 5,00 m – über 5,00 bis 10,00 m – über 10,00 bis 20,00 m – ....
  - Verfügung über Aufbruchgut
    - – Anfallende Stoffe werden Eigentum des AN und sind zu beseitigen
    - – Wiederverwendbare Steine säubern und nach besonderer Anordnung des AG seitlich lagern. Nicht mehr verwendbare Stoffe werden Eigentum des AN und sind zu beseitigen.
    - – Anfallende Stoffe zur Kippstelle des AG fördern, abkippen und einplanieren, Förderweg ....
    - – Wiederverwendbare Steine säubern, aufladen, zum Lagerplatz des AG fördern und abladen, Förderweg .... Nicht mehr verwendbare Stoffe werden Eigentum des AN und sind zu beseitigen.
    - – ....
  - Berechnungseinheit m

STLB 080

LB 080 Straßen, Wege, Plätze
Vorbereitende Arbeiten

Ausgabe 06.02

034 Entwässerungsrinnen aufnehmen
Einzelangaben nach DIN 18315/18318
- Werkstoff
  - - aus Betonformteilen
  - - aus Naturwerksteinen
  - - aus ....
- Ausführung in Einzellängen: bis 5 m –
  über 5 bis 10 m – über 10 bis 20 m – ....
- Bauart
  - - Muldensteine
  - - Bordrinnensteine
  - - Winkelrinnensteine
  - - Rinnensteine
  - - Schlitzrinnensteine (Schlitzrohre)
  - - Rinnenplatten
  - - Hohlrinnen–Bordsteine
  - - ....
    - - - Abmessungen ....
- Bettung
  - - verlegt in Mörtel
  - - verlegt in Beton
  - - verlegt ....
    - - - Dicke: bis 5 cm – bis 10 cm –
      bis 15 cm – ....
      - - - - Fugen dicht gestoßen
      - - - - Fugen mit Zementmörtel verfüllt
      - - - - Fugen mit Kunststoffmörtel verfüllt
      - - - - Fugen ....
- Verfügung über Aufbruchgut
  - - Anfallende Stoffe werden Eigentum des AN und
    sind zu beseitigen
  - - Wiederverwendbare Teile säubern und nach
    besonderer Anordnung des AG seitlich lagern.
    Nicht mehr verwendbare Stoffe werden Eigentum
    des AN und sind zu beseitigen
  - - Anfallende Stoffe zur Kippstelle des AG fördern,
    abkippen und einplanieren, Förderweg ....
  - - Wiederverwendbare Teile säubern, aufladen, zum
    Lagerplatz des AG fördern und abladen,
    Förderweg ....
    Nicht mehr verwendbare Stoffe werden Eigentum
    des AN und sind zu beseitigen.
  - - ....
- Berechnungseinheit m

035 Entfernen von Fahrbahnnägeln
036 Entfernen von Leitpfosten
037 Entfernen von Leitplanken
038 Entfernen von Verkehrsschildern
039 Entfernen von Wegweisern
040 Entfernen von Ampeln
041 Entfernen von Lichtmasten
042 Entfernen von Gleisanlagen
043 Entfernen von ....
Einzelangaben nach DIN 18315/18318
zu Pos. 035 bis 043
- Lage der Bauteile
  - - in Straßen
  - - in Fahrbahnen
  - - in Fahrbahnnebenflächen
  - - in Parkflächen
  - - in Gehwegen
  - - in Gleisbereichen
  - - ....
- Zeitpunkt der Ausführung
  - - im Zuge der Aufbrucharbeiten
  - - nach besonderer Anordnung des AG
- Zusatzleistungen
  - - einschl. Fundamente und/oder Befestigungen aus
    Beton aufbrechen
  - - ....
- Verfügung über Aufbruchgut / ausgebaute Teile
  - - das Beseitigen des Aufbruchgutes wird mit den
    Straßenaufbrucharbeiten vergütet
  - - ausgebaute Teile auf der Baustelle nach
    besonderer Anordnung des AG lagern
  - - ausgebaute Teile ....
- Berechnungseinheit Stück, m

044 Straßeneinbauten freilegen
Einzelangaben nach DIN 18315/18318
- Lage der Bauteile
  - - in Fahrbahnen – in Gehwegen – in Radwegen –
    in Gleisbereichen – in Parkstreifen – ....
- Art der Bauteile
  - - Schachtabdeckungen – Straßeneinläufe –
    Schachtroste – Verschlusskappen – ....
  - - eingebaut in bituminöse Oberbauschichten
  - - eingebaut in Pflasterdecken
  - - eingebaut in Plattenbelägen
    - - - überdeckt im Zuge des neuen Einbaues der
      bituminösen Oberbauschichten
    - - - ....
- Verfügung über anfallende Stoffe
  - - anfallende Stoffe werden Eigentum des AN und
    sind zu beseitigen
  - - ....
- Berechnungseinheit Stück

Baustoffe reinigen, fördern

050	**Großpflastersteine aus Naturstein**
051	**Kleinpflastersteine aus Naturstein**
052	**Mosaikpflastersteine aus Naturstein**
053	**Betonpflastersteine**
054	**Beton–Verbundpflastersteine**
055	**Klinkerpflastersteine**
056	**Rundholzpflasterklötze**
057	**Gehwegplatten aus Beton**
058	**Gehwegplatten aus Naturstein**
059	**Bordsteine aus Beton**
060	**Bordsteine aus Naturstein**
061	**Rasenbordsteine aus Beton**
062	**Rasenbordsteine aus Naturstein**
063	**Betonrasensteine**
064	**Rinnensteine aus Beton**
065	**Rinnensteine aus Naturstein**
066	**Muldensteine aus Beton**
067	**Muldensteine aus Naturstein**
068	**Rinnenplatten aus Beton**
069	**Rinnenplatten aus Naturstein**
070	**Kantensteine aus Beton**
071	**Kantensteine aus Naturstein**
072	**Rinnenbordsteine aus Beton**
073	**Rinnenbordsteine aus Naturstein**
074	**Hochofenschlackensteine**
075	**Kupferschlackensteine**

Einzelangaben nach DIN 18315/18318
zu Pos. 050 bis 075
- Leistungsumfang
  - - reinigen
    - - - sortieren
      - - - - stapeln
        - - - - - aufladen
          - - - - - - fördern
            - - - - - - - abladen
    - - - Länge des Förderweges: bis 0,25 km –
      über 0,25 bis 0,5 km – über 0,5 bis 1 km –
      über 1 bis 2,5 km – über 2,5 bis 5 km –
      über 5 bis 7,5 km – über 7,5 bis 10 km –
      über 10 bis 15 km – ....
- Art der Verunreinigung
  - - Verunreinigungen aus Sand/Kiessand
  - - Verunreinigungen aus bituminösen Stoffen
  - - Verunreinigungen aus hydraulischen Bindemitteln
  - - Verunreinigungen ....
- Einzelabmessungen ....
- Verfügung über nicht mehr verwendbare Stoffe
  - - nicht mehr verwendbare Stoffe werden Eigentum
    des AN und sind zu beseitigen
  - - ....
- Berechnungseinheit Stück, m, m², t

LB 080 Straßen, Wege, Plätze
Vorbereitende Arbeiten

STLB 080

Ausgabe 06.02

081 Wiederherstellen des Planums
Einzelangaben nach DIN 18315/18318
- Zweck des Planums
  - – zur Aufnahme einer: ungebundenen Tragschicht – gebundenen Tragschicht – Frostschutzschicht aus Kies – Frostschutzschicht aus .... – Decke aus Beton TV Beton 72 – ....
- Ausführungsvorschrift
  - – ZTVE–StB 76 – ....
- Leistungsumfang
  - – Massenausgleich im Bereich des Planums
  - – Lieferung von zusätzlichen Stoffen wird gesondert vergütet (vgl. Pos. 083)
  - – Beseitigung von überflüssigem Boden wird gesondert vergütet (vgl. Pos. 084)
  - – besondere Maßnahmen ....
- Berechnungseinheit m^2

082 Nachverdichten der Aufgrabungsstellen
Einzelangaben nach DIN 18315/18318
- Lage der Aufgrabungsstellen
  - – in Fahrbahnen – in Parkbereichen – in Radwegen – in Gehwegen – in Hofflächen – ....
- Angaben zur Ausführung
  - – Ausführung in Teilflächen
  - – Ausführung in Teilflächen, Abmessungen der Teilflächen ....
  - – Ausführung ....
- Leistungsumfang
  - – die Lieferung von Zusatzboden wird gesondert vergütet (vgl. Pos. 083)
  - – ....
- Berechnungseinheit m^2

083 Liefern von geeignetem Zusatzboden
Einzelangaben nach DIN 18315/18318
- Verwendungszweck
  - – zur Wiederherstellung des Planums – zur Auffüllung – ....
- Abrechnungsart
  - – Abrechnung nach Aufmaß auf dem Fahrzeug
  - – Abrechnung ....
- Berechnungseinheit m^3

084 Überschüssigen Boden, der bei der Wiederherstellung des Planums anfällt, aufnehmen
Einzelangaben nach DIN 18315/18318
- Verfügung über den überschüssigen Boden
  - – der Boden wird Eigentum des AN und ist zu beseitigen
  - – der Boden ....
- Abrechnungsart
  - – Abrechnung nach Aufmaß auf dem Fahrzeug
  - – Abrechnung ....
- Berechnungseinheit m^3

085 Reinigen der Oberfläche
Einzelangaben nach DIN 18315/18318
- Art der Oberfläche
  - – von Tragschichten aus: Kies – Schotter, Schottergerüst freilegen – bituminösem Mischgut – Beton
  - – von Pflaster
  - – ....
- anschließende Bearbeitung
  - – für das Aufsprühen: von bituminösen Bindemitteln – ....
- Ausführungsart der Reinigung
  - – Ausführung nach Wahl des AN
  - – Ausführung unter Verwendung von Wasser
  - – Ausführung unter Verwendung von Druckluft
  - – Ausführung ....
    - – – einschl. Abschlagen der losen Schichten und Schadenstellen
    - – – einschl. ....
      - – – – Ausführung in Teilflächen
      - – – – Ausführung in Teilflächen, Abmessungen der Teilflächen ....
      - – – – Ausführung ....
- Verfügung über Kehrgut / Schutt
  - – anfallendes Kehrgut wird Eigentum des AN und ist zu beseitigen
  - – anfallender Schutt wird Eigentum des AN und ist zu beseitigen
- Berechnungseinheit m^2

086 Vorhandenes Großpflaster vorbereiten
087 Vorhandenes Kleinpflaster vorbereiten
Einzelangaben nach DIN 18315/18318 zu Pos. 086, 087
- anschließende Bearbeitung
  - – für das Aufbringen der bituminösen Decke – für ....
- Art der Ausführung
  - – durch Reinigen
  - – durch Reinigen und Freilegen der Pflasterfugen, Tiefe: 1 bis 2 cm – 2 bis 3 cm
  - – durch ....
    - – – Pflasterfugen mit Splitt verfüllen, andrücken und tränken
    - – – Pflasterfugen mit gewaschenem Kies: 2/4 verfüllen, andrücken und tränken – 2/8 verfüllen, andrücken und tränken –
    - – – Pflasterfugen mit leicht bituminiertem Edelsplitt 2/5 mm verfüllen und andrücken – ....
      - – – – Flächen anspritzen mit Bitumen–Emulsion: U 60 K – U 70 K – ....
        - – – – – Bindemittelmenge: 0,60 kg/m^2 – 0,80 kg/m^2 – 1,00 kg/m^2 – 1,50 kg/m^2 – ....
      - – – – Flächen anspritzen mit Haftkleber
      - – – – Flächen anspritzen mit Haftkleber nach Technischen Lieferbedingungen
        - – – – – Bindemittelmenge: 0,2 kg/m^2 – 0,3 kg/m^2 – über 0,2 bis 0,3 kg/m^2 – ....
- Verfügung über anfallende Stoffe
  - – anfallende Stoffe werden Eigentum des AN und sind zu beseitigen
  - – anfallende Stoffe ....
- Berechnungseinheit m^2

STLB 080
LB 080 Straßen, Wege, Plätze
Frostschutzschichten

Ausgabe 06.02

091 Trennschicht als unterer Teil der Frostschutzschicht auf vorhandenes Planum einbauen und verdichten
Einzelangaben nach DIN 18315/18318
- Baustoff
  - – Mineralstoffe ungebundenes Korngemisch ZTVE–StB 76–A.2.3.3
  - – Mineralstoffe ....
  - – Mineralstoffe nach Wahl des AG (mit Hinweis: "Die Eignung der Mineralstoffe ist vor Einbau nachzuweisen")
- Schichtdicke: 20 cm – 15 cm – 10 cm – gemäß Zeichnung – ....
- die Trennschicht darf nicht befahren werden
- Berechnungseinheit m²

100 Frostschutzschicht
110 Frostschutzschicht ZTVE–StB 76
120 Frostschutzschicht RLW 75
Einzelangaben nach DIN 18315/18318
zu Pos. 100 bis 120
- Einbauart
  - – in Fahrbahnen
  - – in Fahrbahnen und Fahrbahnnebenflächen
  - – in Verkehrsflächen
  - – in Parkflächen
  - – in Radwegen
  - – in Gehwegen
  - – in Hofflächen
  - – in Wegen
  - – ....
- Schichtdicke: bis 15 cm – über 15 bis 30 cm – über 30 bis 50 cm – ....
- Verdichtungsgrad, Verformungsmodul
  - – Verdichtungsgrad in der oberen 20 cm dicken Schicht, DPr mind. 103 %
  - – Verdichtungsgrad in der oberen 20 cm dicken Schicht, DPr mind. 100 %
    - – – Verformungsmodul EV2 mind. 150 MN/m²
    - – – Verformungsmodul EV2 mind. 130 MN/m²
    - – – Verformungsmodul EV2 mind. 120 MN/m²
    - – – Verformungsmodul EV2 mind. 100 MN/m²
    - – – Verformungsmodul EV2 mind. 80 MN/m²
    - – – Nachweis des Verformungsmoduls nicht erforderlich
    - – – Verformungsmodul
  - – ....
- Besondere Maßnahmen
  - – obere Zone wird nach TVV 74 verfestigt, Verfestigung wird gesondert vergütet
  - – Besondere Maßnahmen ....
- Baustoff
  - – Mineralstoff Kiessand
    - – – Körnung 0/32 bis 0/63 mm
    - – – Körnung 0/63 mm
    - – – Körnung 0/32 bis 0/63 mm unter Zugabe von gebrochenem Material
    - – – Körnung 0/32 mm = 70 Gew.–% und gebrochene Mineralstoffe, Körnung 11/45 mm = 30 Gew.–%
    - – – Körnung ....
  - – Mineralstoff Sand
  - – Mineralstoff Kiessand oder gebrochene Stoffe
  - – Mineralstoff Kiessand oder gebrochene Stoffe, Körnung ....
  - – Mineralstoff Brechsand (Sand)–Splittgemisch
    - – – Körnung 0/5 bis 0/32 mm
    - – – aus gebrochenem Naturgestein, Körnung 0/5 bis 0/32 mm
    - – – aus Hochofenschlacke, Körnung 0/5 bis 0/32 mm
    - – – aus Metall–Hüttenschlacke, Körnung 0/5 bis 0/32 mm
    - – – aus Lavaschlacke, Körnung 0/5 bis 0/32 mm
    - – – aus ....
  - – Mineralstoffe Brechsand-Splitt-Schottergemisch
    - – – Körnung 0/32 bis 0/56 mm
    - – – aus gebrochenem Naturgestein, Körnung 0/32 bis 0/56 mm
    - – – aus Hochofenschlacke, Körnung 0/32 bis 0/56 mm
    - – – aus Metall–Hüttenschlacke, Körnung 0/32 bis 0/56 mm
    - – – aus Lavaschlacke, Körnung 0/32 bis 0/56 mm
    - – – aus ....
  - – Mineralstoffgemisch / Körnung ....
- Anforderungen an die Höhenlage und Oberflächengenauigkeit ....
- Abrechnungsvorschriften
  - – abgerechnet wird nach Auftragsprofilen
  - – abgerechnet wird nach Aufmaß auf dem Fahrzeug im aufgelockerten Zustand
  - – abgerechnet wird ....
- Berechnungseinheit m³, t, m² (mit Angabe der Schichtdicke)

131 Frostschutzschicht verfestigen TVV 74
Einzelangaben nach DIN 18315/18318
- Art des Verfestigers
  - – mit bituminösem Bindemittel DIN 1995
  - – mit hydraulischem Bindemittel, Zement DIN 1164-31
  - – mit hydraulischem Bindemittel, wasserabweisender Zement DIN 1164-31
  - – mit hochhydraulischem Bindemittel, Kalk DIN 1060-1
  - – mit hochhydraulischem Bindemittel, Trasskalk
  - – ....
- Schichtdicke: 15 cm – 20 cm – 25 cm – 30 cm – ....
- Druckfestigkeit: 4 N/mm² – 5 N/mm² – 6 N/mm² – 8 N/mm² – 10 N/mm² – 12,5 N/mm² – ....
- Anforderungen an die Genauigkeit
  - – Toleranz für Sollhöhe + 1 cm / - 2 cm, Unebenheiten der Oberfläche auf 4 m Messstrecke nicht größer 1,5 cm
  - – Toleranz für Sollhöhe + 1 cm / - 1 cm, Unebenheiten der Oberfläche auf 4 m Messstrecke nicht größer 1 cm
  - – Anforderungen an die Höhenlage und Oberflächengenauigkeit ....
- Oberflächenschutz
  - – Oberfläche 7 Tage feuchthalten
  - – Oberfläche mit Jutebahnen abdecken und 7 Tage feuchthalten
  - – Oberfläche nach Fertigstellung mit Bitumenemulsion U 60 ansprühen, Menge 0,8 kg/m²
  - – Oberfläche ....
- Berechnungseinheit m²

LB 080 Straßen, Wege, Plätze
Tragschichten ohne Bindemittel

STLB 080
Ausgabe 06.02

132 Kiestragschicht
133 Kiestragschicht in Schadenstellen, zur Profilregulierung und zum Angleichen bei Anschlüssen und Übergängen
Einzelangaben nach DIN 18315 zu Pos. 132, 133
- Ausführungsrichtlinie: TVT 72 – DIN 18315 – RLW 75 – ....
- Schichtdicke: 15 cm – 18 cm – 20 cm – 25 cm – 30 cm – 35 cm – gemäß Zeichnung Nr. .... – ....
- Körnung: 0/32 mm – 0/45 mm – 0/56 mm – 0/63 mm – gemäß Einzelbeschreibung Nr. .... – ....
- Randausbildung
  - – Randausbildung, Neigung 1 : 1,5. Abgerechnet wird die für diese Schicht geforderte Breite bis zur Mitte der Randausbildung.
  - – Randausbildung, Neigung 1 : 2. Abgerechnet wird die für diese Schicht geforderte Breite bis zur Mitte der Randausbildung.
  - – Randausbildung ....
- Benutzungshinweis
  - – die Oberfläche der Tragschicht wird für längere Zeit unmittelbar befahren
- Anforderungen an die Genauigkeit
  - – besondere Anforderungen an die Oberflächengenauigkeit der Tragschicht ....
- Abrechnungsart
  - – Abrechnung nach Aufmaß auf dem Fahrzeug
  - – Abrechnung ....
  - – Abrechnung nach Wiegekarten
- Berechnungseinheit m², m³, t

138 Schottergemisch
Körnung: 0/45 mm – 0/56 mm – ....
139 Splittgemisch
Körnung: 0/5 mm – 0/8 mm – 0/11 mm – 0/16 mm – 0/22 mm – 0/32 mm – ....
Einzelangaben nach DIN 18315 zu Pos. 138, 139
- Einbauart
  - – zur Profilierung einbauen
  - – in Schadenstellen einbauen
  - – zum Angleichen bei Anschlüssen oder Übergängen einbauen
  - – einbauen
- Abrechnungsart
  - – Abrechnung nach Aufmaß auf dem Fahrzeug
  - – Abrechnung ....
  - – Abrechnung nach Wiegekarten
- Berechnungseinheit m³, t

134 Schottertragschicht TVT 72
135 Schottertragschicht DIN 18315
136 Schottertragschicht DIN RLW 75
137 Schottertragschicht ....
Einzelangaben nach DIN 18315 zu Pos. 134 bis 137
- Körnung Schotter / Splitt
  - – Körnung größer 2 bis 45 mm
  - – Körnung größer 2 bis 56 mm
  - – Körnung ....
    - – – aus gebrochenen Mineralstoffen
    - – – aus Basalt
    - – – aus Diabas
    - – – aus Grauwacke
    - – – aus Granit
    - – – aus Porphyr
    - – – aus Kalkstein
    - – – aus Hochofenschlacke
    - – – ....
- Körnung Sand
  - – Körnung 0/2 mm Natursand
  - – Körnung 0/2 mm Brechsand
  - – Körnung 0/2 mm Natursand / Brechsand
  - – Körnung ....
- Schichtdicke: 12 cm – 15 cm – 18 cm – 22 cm – 25 cm – gemäß Zeichnung Nr. .... – ....
- Einbaugewicht: 350 kg/m² – 420 kg/m² – 520 kg/m² – 580 kg/m² – ....

Hinweis: Schichtdicke oder Einbaugewicht alternativ

- Randausbildung
  - – Randausbildung, Neigung 1 : 1,5. Abgerechnet wird die für diese Schicht geforderte Breite bis zur Mitte der Randausbildung.
  - – Randausbildung, Neigung 1 : 2. Abgerechnet wird die für diese Schicht geforderte Breite bis zur Mitte der Randausbildung.
  - – Randausbildung ....
- Benutzungshinweis
  - – die Oberfläche der Tragschicht wird für längere Zeit unmittelbar befahren
- Kontrollprüfungen
  - – Kontrollprüfungen werden gesondert vergütet
- Lieferwerk des Mineralgemisches .... (Sofern nicht vorgeschrieben, vom Bieter einzutragen, sofern vorgeschrieben, mit Hinweis "oder gleichwertiger Art")
- Abrechnungsart
  - – Abrechnung nach Aufmaß auf dem Fahrzeug
  - – Abrechnung ....
  - – Abrechnung nach Wiegekarten
- Berechnungseinheit m², m³, t

262 Tragschicht ohne Bindemittel
263 Gleitschicht
Einzelangaben nach DIN 18315 zu Pos. 262, 263
- Baustoff
  - – aus Kiessand: 0/4 – 0/8 – 0/16 – 0/32 – 0/63
  - – aus Brechsand–Splitt–Gemisch: 0/5 – 11/22 – 22/32
  - – aus Splitt 5/11
  - – aus Schotter: 32/45 – 45/56
  - – aus Brechsand–Splitt–Schotter–Gemisch: 0/32 – 0/45 – 0/56
  - – aus Schlacke: 0/5 – 0/12 – 0/25 – 0/45 – 0/65 – 8/12 – 12/35 – 25/45 – 45/65
  - – – ....
- Kornabstufung, Verdichtungsgrad
  - – Kornabstufung und Herstellung entsprechend TVT 74
  - – Kornabstufung entsprechend TVT 74
    - – – Verdichtungsgrad DPr 92 %
    - – – Verdichtungsgrad DPr 95 %
    - – – Verdichtungsgrad DPr 97 %
    - – – Verdichtungsgrad DPr 100 %
    - – – Verdichtungsgrad ....
- Verformungsmodul EV2 mind.: 30 MN/m² – 45 MN/m² – 60 MN/m² – 80 MN/m² – ....
- Schichtdicke: 12 cm – 20 cm – 22 cm – 25 cm – 30 cm – 35 cm – ....
- Maßabweichung, Toleranzen
  - – zul. Abweichung von der Solldicke: 2 cm – 3 cm – 5 cm – ....
  - – Unebenheiten der Oberfläche auf 4 m Messstrecke nicht größer als: 2 cm – ....
- Berechnungseinheit m²

STLB 080
LB 080 Straßen, Wege, Plätze
Tragschichten bituminös gebunden

Ausgabe 06.02

140 **Hydraulisch gebundene Tragschicht**
150 **Hydraulisch gebundene Tragschicht TVT 72**
160 **Hydraulisch gebundene Tragschicht DIN 18316**
   Einzelangaben nach DIN 18316 zu Pos. 140 bis 160
   - Einbauort
     - – in Fahrbahnen
     - – in Fahrbahnen, halbseitig
     - – in Teilflächen
     - – in Teilflächen, Abmessungen ....
     - – in Schadenstellen zur Profilregulierung und zum Angleichen bei Anschlüssen und Übergängen
   - Baustoff
     - – aus Kies, Körnung: 0/32 mm – 0/45 mm – 0/56 mm – 0/63 mm
     - – aus Schotter, Körnung: 0/45 mm – 0/56 mm
     - – ....
       - – – – Bindemittel: Zement DIN 1164-31 – Baukalk DIN 1060-1 – hochhydraulischer Kalk DIN 1060-1 – .... (Sofern nicht vorgeschrieben, vom Bieter einzutragen)
   - Schichtdicke: 12 cm – 15 cm – 18 cm – 20 cm – 25 cm
   - Einbaugewicht: 350 kg/m² – 420 kg/m² – 480 kg/m² – ....
   - Unterlage aus ....
   - Randausbildung
     - – Randausbildung, Neigung 1 : 1,5. Abgerechnet wird die für diese Schicht geforderte Breite bis zur Mitte der Randausbildung.
     - – Randausbildung, Neigung 1 : 2. Abgerechnet wird die für diese Schicht geforderte Breite bis zur Mitte der Randausbildung.
     - – Randausbildung gemäß Zeichnung Nr. ...., Einzelbeschreibung Nr. ....
   - Anforderungen an die profilgerechte Lage und Ebenheit der Tragschicht ....
   - Behandlung der Oberfläche
     - – Die Oberfläche der Tragschicht wird für längere Zeit unmittelbar befahren.
       - – – – Nachbehandlung der Oberfläche ....
     - – ....
   - Prüfungen
     - – Prüfungen entsprechend TVT 72 Abschnitt 3.2.8.
     - – Prüfungen entsprechend TVT 72 Abschnitt 3.2.8, Kosten, mit Ausnahme der Gebühren für amtliche Prüfungen, werden nicht gesondert vergütet.
     - – Prüfungen entsprechend TVT 72 Abschnitt 3.2.8, jedoch Kontrollprüfungen des Verdichtungsgrades je angefangene 3000 m².
     - – Prüfungen entsprechend TVT 72 Abschnitt 3.2.8, jedoch Kontrollprüfungen des Verdichtungsgrades je angefangene 3000 m². Kosten, mit Ausnahme der Gebühren für amtliche Prüfungen, werden nicht gesondert vergütet.
     - – Prüfungen entsprechend TVT 72 Abschnitt 3.2.8, jedoch Kontrollprüfungen des Verdichtungsgrades je angefangene 3000 m², sowie profilgerechte Lage und Ebenheit in Abständen von 50 m, jedoch mindestens alle 500 m².
     - – Prüfungen entsprechend TVT 72 Abschnitt 3.2.8, jedoch Kontrollprüfungen des Verdichtungsgrades je angefangene 3000 m², sowie profilgerechte Lage und Ebenheit in Abständen von 50 m, jedoch mindestens alle 500 m². Kosten, mit Ausnahme der Gebühren für amtliche Prüfungen, werden nicht gesondert vergütet.
     - – Prüfungen / Kontrollprüfungen ....
   - Herstellerwerk des Mischgutes .... (Sofern nicht vorgeschrieben, vom Bieter einzutragen, sofern vorgeschrieben, mit Hinweis "oder gleichwertiger Art")
   - Abrechnungsart
     - – Abrechnung nach Wiegekarten
     - – ....
   - Berechnungseinheit m², m³, t

170 **Tragschicht aus Beton TVT 72**
171 **Tragschicht aus Beton DIN 18316**
   Einzelangaben nach DIN 18316 zu Pos. 170, 171
   - Einbauort
     - – in Fahrbahnen
     - – in Fahrbahnen, halbseitig
     - – in Teilflächen
     - – in Teilflächen, Abmessungen ....
     - – in Schadenstellen, zur Profilregulierung und zum Angleichen bei Anschlüssen und Übergängen
     - – in Gehwegen
     - – in Einfahrten
     - – in Gleisbereichen
     - – ....
   - Betonart
     - – Beton: B 5 (Bn 50) – B 10 (Bn 100) – B 15 (Bn 150) – ....
   - Arbeitsbreite: bis 2,00 m – über 2,00 bis 2,50 m – über 2,50 bis 3,00 m – über 3,00 bis 3,50 m – über 3,50 bis 4,00 m – über 4,00 bis 5,00 m – ....
   - Dicke der Tragschicht: 10 cm – 12 cm – 15 cm – 20 cm – 25 cm – 30 cm – ....
   - Leistungsumfang
     - – einschl. Trennlage aus Unterlagspapier
     - – einschl. Schalung für Tragschicht und Aussparungen sowie Herstellen der Fugen
     - – einschl. Schalung für Tragschicht und Aussparungen. Herstellen der Fugen wird gesondert vergütet.
     - – einschl. Trennlage aus Unterlagspapier, Schalung für Tragschicht und Aussparungen sowie Herstellen der Fugen
     - – einschl. Trennlage aus Unterlagspapier, Schalung für Tragschicht und Aussparungen. Herstellen der Fugen wird gesondert vergütet.
     - – einschl. ....
   - Anforderungen an die profilgerechte Lage und Ebenheit der Tragschicht ....
   - Behandlung der Oberfläche
     - – die Oberfläche der Tragschicht wird für längere Zeit unmittelbar befahren
     - – die Oberfläche der Tragschicht ....
       - – – – Nachbehandlung der Oberfläche ....
   - Besondere Maßnahmen ....
   - Berechnungseinheit m², m³

LB 080 Straßen, Wege, Plätze
Tragschichten bituminös gebunden; Deckschichten ohne Bindemittel

STLB 080

Ausgabe 06.02

172 Bituminöses Bindemittel aufsprühen
   Einzelangaben nach DIN 18317
   - Art der Flächen
     - – ganzflächig
     - – in Teilflächen
     - – in Teilflächen, Abmessungen ....
     - – ....
   - Unterlage
     - – auf bituminösen Schichten
     - – auf Betonflächen
     - – auf Pflasterflächen
   - Leistungsumfang
     - – einschl. vorheriger Reinigung der verschmutzten Unterlage. Kehrgut wird Eigentum des AN und ist zu beseitigen.
     - – einschl. ....
   - Art des Bindemittels
     - – Bitumen–Emulsion U 60 K, Emulsionsmenge ausreichend für geforderte Bindemittelmenge
     - – Bitumen–Emulsion U 70 K, Emulsionsmenge ausreichend für geforderte Bindemittelmenge
     - – Verschnittbitumen
     - – Straßenbaubitumen
     - – Straßenteer
     - – Bitumenteer
     - – ....
   - Bindemittelmenge: 0,3 kg/m² – 0,4 kg/m² – 0,5 kg/m² – 0,6 kg/m² – 0,7 kg/m² – 0,8 kg/m² – 1,0 kg/m² – 1,2 kg/m² – ....
   - Berechnungseinheit m², kg, t

173 Haftkleber
   Einzelangaben nach DIN 18317
   - Art der Verarbeitung
     - – aufsprühen
     - – nach Technischen Lieferbedingungen für Sonderemulsion zum Vorspritzen (Haftkleber) aufsprühen
   - Art der Flächen
     - – ganzflächig – in Teilflächen – in Teilflächen, Abmessungen .... – ....
   - Unterlage
     - – auf Betonflächen – auf Pflasterflächen – ....
   - Leistungsumfang
     - – einschl. vorheriger Reinigung der verschmutzten Unterlage. Kehrgut wird Eigentum des AN und ist zu beseitigen.
     - – ....
   - Bindemittelmenge: 0,2 kg/m² – 0,3 kg/m² – über 0,2 bis 0,3 kg/m² – ....
   - Erzeugnis des Haftklebers ....
     (Sofern nicht vorgeschrieben, vom Bieter einzutragen, sofern vorgeschrieben, mit Hinweis "oder gleichwertiger Art")
   - Berechnungseinheit m², kg, t

180 Tragschicht mit bituminösen Bindemitteln TVT 72
190 Tragschicht mit bituminösen Bindemitteln TVT 72, Bauklasse I
200 Tragschicht mit bituminösen Bindemitteln TVT 72, Bauklasse II
210 Tragschicht mit bituminösen Bindemitteln TVT 72, Bauklasse III
220 Tragschicht mit bituminösen Bindemitteln TVT 72, Bauklasse IV
230 Tragschicht mit bituminösen Bindemitteln TVT 72, Bauklasse V
240 Tragschicht mit bituminösen Bindemitteln RLW 75
250 Tragschicht ....
   Einzelangaben nach DIN 18317 zu Pos. 180 bis 250
   - Einbauort
     - – in Fahrbahnen
     - – in Fahrbahnen, halbseitig
     - – in Fahrbahnen und Nebenflächen
     - – in Zwickeln und Streifen
     - – in Teilflächen
     - – in Teilflächen, Abmessungen ....
     - – in Rad– und Gehwegen
     - – in Schadstellen zur Profilierung und zum Angleichen bei Anschlüssen und Übergängen
     - – ....
   - Stabilität, Hohlraumgehalt / Füllergehalt
     - – – Stabilität DIN 1996: 2000 N – 2500 N – 3000 N – 4000 N – ....
     - – – Hohlraumgehalt ...., Füllergehalt ....
   - Mischgutart, Körnung
     - – – Mischgutart C
     - – – Mischgutart C, Anteil an gebrochenem Korn über 70 Gew.%
     - – – Mischgutart B
     - – – Mischgutart B, Anteil an gebrochenem Korn über 70 Gew.%
     - – – Mischgutart A
     - – – Mischgutart A, Anteil an gebrochenem Korn über 70 Gew.%
     - – – Körnung: 0/16 mm – 0/22 mm – 0/32 mm
   - Bindemittel
     - – – Bindemittel Bitumen
     - – – Bindemittel Bitumen: B 45 – B 65 – B 80
     - – – Bindemittel Teerbitumen
     - – – Bindemittel Teerbitumen: TB 80 – TB 200
     - – – Bindemittel hochviskoser Straßenteer
     - – – Bindemittel ....
   - Schichtdicke nach Regelquerschnitt: 6 cm – 7 cm – 8 cm – 9 cm – 10 cm – 12 cm – 14 cm – 15 cm – 16 cm – 18 cm – 20 cm – 22 cm – 24 cm – ....
   - Einbaugewicht: 115 kg/m² – 140 kg/m² – 175 kg/m² – 185 kg/m² – 210 kg/m² – 230 kg/m² – 280 kg/m² – 320 kg/m² – 345 kg/m² – 370 kg/m² – 400 kg/m² – 420 kg/m² – 460 kg/m² – 510 kg/m² – ....
   Hinweis: Schichtdicke oder Einbaugewicht alternativ.
   - Randausbildung/Besondere Maßnahmen
     - – – Randausbildung, Neigung 1 : 1. Abgerechnet wird die für diese Schicht geforderte Breite bis zur Mitte der Randausbildung.
     - – – Randausbildung, Neigung 2 : 1. Abgerechnet wird die für diese Schicht geforderte Breite bis zur Mitte der Randausbildung.
     - – – Besondere Maßnahmen.......
   - Messung der Einbaudicke
     - – – Die Einbaudicke wird entsprechend RBE 71 durch Messung mit Tiefenlehre bestimmt. Die Kosten für die Auf– und Bereitstellung werden nicht gesondert vergütet.
     - – – Die Einbaudicke wird entsprechend RBE 71 durch Messung an Bohrkernen bestimmt. Die Kosten für die Entnahme der Bohrkerne werden nicht gesondert vergütet.
     - – – Die Einbaudicke wird entsprechend RBE 71 durch Abstandsmessung mit Schnur bestimmt. Die Kosten für die Auf– und Bereitstellung der Messgeräte werden nicht gesondert vergütet.
     - – – Die Einbaudicke wird entsprechend RBE 71 durch Nivellement bestimmt. Die Kosten für die Auf– und Bereitstellung der Messgeräte werden nicht gesondert vergütet.
     - – – Die Einbaudicke wird nach dem elektromagnetischen Verfahren bestimmt. Die Kosten für die Auf– und Bereitstellung der Geräte werden nicht gesondert vergütet.
     - – – ....
   - Prüfungen
     - – – Prüfungen entsprechend TVT 72 Abschnitt 4.8 und Kontrollprüfungen werden nicht gesondert vergütet, mit Ausnahme der Gebühren der amtlichen Prüfungen.
     - – – Prüfungen entsprechend TVT 72 Abschnitt 4.8, jedoch Kontrollprüfungen: Mischgut je angefangene 3000 m² Tragschicht, Verdichtungsgrad an der fertigen Leistung je angefangene 1000 m², profilgerechte Lage und Ebenheit in Abständen von 50 m, jedoch mindestens alle 500 m².
     - – – Prüfungen entsprechend TVT 72 Abschnitt 4.8, jeoch Kontrollprüfungen: Mischgut je angefangene 3000 m² Tragschicht, Verdichtungsgrad an der fertigen Leistung je angefangene 1000 m², profilgerechte Lage und Ebenheit in Abständen von 50 m, jedoch mindestens alle 500 m². Kosten mit Ausnahme der Gebühren für amtliche Prüfungen werden nicht gesondert vergütet.

STLB 080

LB 080 Straßen, Wege, Plätze
Deckschichten aus Beton

Ausgabe 06.02

Einzelangaben zu Pos. 180 bis 250, Fortsetzung
- – Prüfungen entsprechend TVT 72 Abschnitt 4.8, jeoch Kontrollprüfungen:
  Mischgut je angefangene .... m² Tragschicht, Verdichtungsgrad an der fertigen Leistung je angefangene .... m², profilgerechte Lage und Ebenheit in Abständen von 50 m, jedoch mindestens alle 500 m².
- – Prüfungen entsprechend TVT 72 Abschnitt 4.8, jeoch Kontrollprüfungen:
  Mischgut je angefangene .... m² Tragschicht, Verdichtungsgrad an der fertigen Leistung je angefangene .... m², profilgerechte Lage und Ebenheit in Abständen von 50 m, jedoch mindestens alle 500 m².
  Kosten mit Ausnahme der Gebühren für amtliche Prüfungen werden nicht gesondert vergütet.
- – Prüfungen ....
- Berechnungseinheit m², t

260 Bituminöse Tragdeckschicht
261 Bituminöse Tragdeckschicht, RLW 75
Einzelangaben nach DIN 18371 zu Pos. 260, 261
- Einbauort
  - – in Wegen
  - – in Zwickeln und Streifen
  - – in Schadenstellen, zur Profilierung und zum Angleichen bei Anschlüssen und Übergängen
  - – ....
- Baustoff
  - – aus Kiessand
  - – aus gebrochenen Mineralstoffen
  - – aus gebrochenen Mineralstoffen und Kiessand
  - – ....
    - – – Körnung: 0/16 mm – ....
- Bindemittel: Bitumen – Teerbitumen – ....
- Schichtdicke: 5 cm – 7 cm – 8 cm – 10 cm – ....
- Einbaugewicht: 120 kg/m² – 150 kg/m² – 160 kg/m² – 180 kg/m² – 200 kg/m² – 240 kg/m² – ....
  Hinweis: Schichtdicke oder Einbaugewicht alternativ
- Oberflächenbehandlung
  - – Auf die noch warme Oberfläche der Decke 3 kg/m² Brechsand 0/2 mm aufstreuen und einwalzen. Nicht gebundenes Material bleibt Eigentum des AN und ist zu beseitigen.
  - – Auf die noch warme Oberfläche der Decke 3 kg/m² bitumenumhüllten Brechsand 0/2 mm aufstreuen und einwalzen. Nicht gebundenes Material bleibt Eigentum des AN und ist zu beseitigen.
  - – ....
- Randausbildung
  - – Randausbildung, Neigung 1 : 1.
    Abgerechnet wird die für diese Schicht geforderte Breite bis zur Mitte der Randausbildung.
  - – Randausbildung, Neigung 2 : 1.
    Abgerechnet wird die für diese Schicht geforderte Breite bis zur Mitte der Randausbildung.
  - – Besondere Maßnahmen.......
- Berechnungseinheit m², t

264 Deckschicht ohne Bindemittel
Einzelangaben nach DIN 18315
- Baustoff
  - – aus Lehm–Schlackengemisch 1 : 3
  - – aus Dolomitsand
  - – aus Brechsand
  - – aus Haldensand
  - – aus Haldenschlacke
  - – ....
    - – – Körnung: 0/3 mm – 0/5 mm – 0/8 mm – ....
- Schichtdicke: 8 cm – ....
- Maßabweichungen, Toleranzen
  - – zul. Abweichung von der Solldicke: 2 cm – ....
  - – Unebenheiten der Oberfläche auf 4 m Messstrecke nicht größer als 1,5 cm – ....
- Berechnungseinheit m²

265 Überzug für Deckschicht ohne Bindemittel aufbringen
266 Überzug für Deckschicht ohne Bindemittel aufbringen und einwalzen
Einzelangaben nach DIN 18315 zu Pos. 265, 266
- Baustoff
  - – aus Kies: 2/4 mm – 2/8 mm – 4/8 mm – ....
  - – aus Splitt 5/11 mm
  - – ....
    - – – Herkunft ....
      (Sofern nicht vorgeschrieben, vom Bieter einzutragen, sofern vorgeschrieben, mit Hinweis "oder gleichwertiger Art")
      - – – – Farbe ....
- Schichtdicke: 5 mm – 8 mm – 10 mm – 12 mm – ....
- Einbaugewicht: 10 kg/m² – 15 kg/m² – 20 kg/m² – 25 kg/m² – ....
- Berechnungseinheit m², m³, t

LB 080 Straßen, Wege, Plätze
Deckschichten aus Beton; Deckschichten aus Beton-Fertigteilen

STLB 080
Ausgabe 06.02

270 Unterlage für Fahrbahndecke aus Beton TV Beton 72
Einzelangaben nach DIN 18316
- Werkstoff
  - – aus Unterlagspapier
    - – – Gewicht: 150 g/m² – 180 g/m² – ....
  - – aus Folien
    - – – Dicke: 0,1 mm – 0,2 mm – 0,3 mm – 0,4 mm – 0,5 mm – ....
- Abrechnungsart
  - – Abrechnung nach bedeckter Fläche
  - – Abrechnung ....
- Berechnungseinheit m²

271 Betondecke TV Beton 72
272 Betondecke DIN 18316
273 Betondecke TV Beton 72 und den ergänzenden Richtlinien für Flugplatzanlagen
Einzelangaben nach DIN 18316 zu Pos. 271 bis 273
- Einbauort
  - – in Fahrbahnen
  - – in Fahrbahnen, halbseitig
  - – in Fahrbahnen und Nebenflächen
  - – in Zwickeln und Streifen
  - – in Teilflächen
  - – in Teilflächen, Abmessungen ....
  - – in Rad– und Gehwegen
  - – in Schadenstellen zur Profilierung und zum Angleichen bei Anschlüssen und Übergängen
  - – in Rollbahnen
  - – in Flugbetriebsflächen
  - – in Startbahnköpfen
  - – in Startbahnmittelteilen
  - – in Vorfeldern
  - – ....
- Art der Ausführung, Arbeitsbreite
  - – Ausführung: halbseitig – in Teilflächen – in Teilflächen, Einzelgröße .... – ....
  - – Ausführung in Streifen, Breite ....
  - – Arbeitsbreite: 2,00 m – 2,50 m – 3,00 m – 4,00 m – ....
- Verkehrsklasse
  - – Verkehrsklasse I
  - – Verkehrsklasse II
  - – Verkehrsklasse III
  - – Verkehrsklasse IV
  - – Verkehrsklasse IV und V
- Betongüte
  - – Beton B 25 (Bn 250)
  - – Beton B 35 (Bn 350)
  - – Beton B 45 (Bn 450)
  - – ....
- Zementgüte
  - – Zement DIN 1164-31
  - – Zement DIN 1164-31, Festigkeitsklasse Z 45 F (Z 450 F)
  - – Zement entsprechend den Lieferbedingungen des Fernstraßenbaues
  - – Zement entsprechend den Lieferbedingungen des Fernstraßenbaues, jedoch Festigkeitsklasse Z 45 F (Z 450 F)
  - – Zement ....
- Ausführung in Schichten / Lagen
  - – Decke einschichtig
  - – Decke einschichtig, zweilagig
  - – Decke einschichtig, dreilagig
  - – Decke zweischichtig
  - – Decke zweischichtig, untere Schicht zweilagig
  - – ....
- Dicke der Decke: 12 cm – 14 cm – 16 cm – 18 cm – 20 cm – 22 cm – ....
- Nachbehandlung, Besondere Maßnahmen (Angaben nur, falls über Regelleistung nach DIN 18316, Abs. 3.3.3.13 hinausgehende Maßnahmen gefordert)
  - – Oberfläche der Decke nass nachbehandeln
  - – Oberfläche der Decke mit Nachbehandlungsfilm versehen
    Erzeugnis des Nachbehandlungsfilmes ....
    (Sofern nicht vorgeschrieben, vom Bieter einzutragen, sofern vorgeschrieben, mit Hinweis "oder gleichwertiger Art")
  - – Besondere Maßnahmen

- Bewehrung (falls vorgesehen)
  - – Bewehrung wird gesondert vergütet
    Hinweis: siehe Pos. 274
- Zuschlag (Angaben nur bei besonderer Betonzusammensetzung, vgl. DIN 18316, Abs. 3.3.3.14)
  - – Zuschlag .... Körnungen ....
  - – Zuschlag der oberen Schicht Edelsplitt mind. 50 Gew.–% Anteil am Mineralgemisch
- Berechnungseinheit m²

274 Stahleinlage in Betondecken
Einzelangaben nach DIN 18316
- Art der Stahleinlagen
  - – aus Betonstahlmatten
  - – aus Betonstahlmatten IV M
  - – aus Betonstahlmatten ....
    - – – als Lagermatten
    - – – als Listenmatten
    - – – als Bügelmatten
    - – – ....
    - – – – mit quadratischer Stabanordnung
    - – – – mit rechteckiger Stabanordnung
    - – – – mit rechteckiger oder quadratischer Stabanordnung
    - – – – Maschenweite ....
    - – – – Kurzbezeichnung ....
    - – – – – randverstärkt
    - – – – – ....
  - – aus Betonstabstahl
  - – aus Betonstabstahl, III S
  - – aus Betonstabstahl, IV S
  - – aus Betonstabstahl ....
    - – – alle Durchmesser ....
    - – – Durchmesser ....
- Anzahl der Lagen
  - – Einbau einlagig
  - – Einbau zweilagig, 4 cm über Deckenunterfläche und 7 cm unter Deckenoberfläche
  - – Einbau ....
- Mindestgewicht der Einlagen
  - – Mindestgewicht der Einlagen: 2 kg/m² – 3 kg/m² – ....
  - – Mindestgewicht der Einlagen je Lage: 1 kg/m² – 2 kg/m² – 3 kg/m² – ....
- Abrechnungsart (bei Abrechnung nach m²)
  - – Abgerechnet wird die bewehrte Fläche ohne Berücksichtigung der Stahlüberdeckung
  - – ....
- Berechnungseinheit kg, t, m²

275 Dübel mit Hülse und Anstrich in Betondecken TV Beton 72
Einzelangaben nach DIN 18316
- Durchmesser: 25 mm – ....
- Länge: 50 cm – ....
- Werkstoff
  - – aus Betonstabstahl III S
  - – aus Betonstabstahl IV S
  - – ....
- Stützkorb
  - – einschl. Stützkorb aus Betonstahlmatten
  - – einschl. Stützkorb aus ....
- Anzahl
  - – Anzahl je Feld: 3 St. – 4 St. – 5 St. – 6 St. – ....
  - – Verlegung im Abstand ....
- Abrechnungsart (bei Abrechnung nach m)
  - – Abrechnung nach Längenmaß der Fugen
- Berechnungseinheit Stück, m

STLB 080

Ausgabe 06.02

LB 080 Straßen, Wege, Plätze
Deckschichten aus Beton; Deckschichten aus Beton-Fertigteilen

276 **Anker in Betondecken TV Beton 72**
Einzelangaben nach DIN 18316
- Durchmesser / Länge
  - – Durchmesser 16 mm, Länge 80 cm
  - – Durchmesser 14 mm, Länge 60 cm
  - – Durchmesser .... / Länge ....
- Ausführungsart
  - – Ausführung als Schraubanker mit Gewindemuffe
  - – Ausführung ....
- Werkstoff
  - – aus Betonstabstahl III S
  - – aus Betonstabstahl IV S
  - – ....
- Stützkorb
  - – einschl. Stützkorb aus Betonstahlmatten
  - – einschl. Stützkorb aus ....
- Anzahl
  - – Anzahl je Feld: 3 St. – 4 St. – 5 St. – 6 St. – ....
  - – Verlegung im Abstand ....
- Abrechnungsart (bei Abrechnung nach m)
  - – Abrechnung nach Längenmaß der Fugen
- Berechnungseinheit Stück, m

277 **Einbau von Dübeln in vorhandene Betondecken einschl. Bohren der Löcher**
Einzelangaben nach DIN 18316
- Durchmesser
  - – Durchmesser 25 mm
  - – Durchmesser ....
- Dübellänge
  - – Dübellänge 50 cm
  - – Dübellänge ....
- Stützkörbe aus Betonstahlmatten im Bereich der neuen Decke
  - – ....
- Berechnungseinheit Stück

278 **Einbau von Ankern in vorhandene Betondecken einschl. Bohren der Löcher**
Einzelangaben nach DIN 18316
- Durchmesser
  - – Durchmesser 14 mm
  - – Durchmesser 16 mm
  - – Durchmesser ....
- Ankerlänge
  - – Ankerlänge 80 cm
  - – Ankerlänge 60 cm
  - – Ankerlänge ....
- Berechnungseinheit Stück

280 **Sauberkeitsschicht als Unterlage für Zementschotterdecken**
Einzelangaben nach DIN 18316
- Baustoff
  - – aus lehmfreiem Kiessand – ....
    - – – Kornanteil über 2 mm bis 75 Gew.-%
    - – – Körnung ....
      - – – – Ungleichförmigkeitsgrad mind. 7
      - – – – Ungleichförmigkeitsgrad ....
  - – aus Hartsteinsplitt: 5/11 mm – ....
    - – – Schlagzertrümmerungswert des Gesteins ....
- Schichtdicke in verdichtetem Zustand: 5 cm – 10 cm – 15 cm – 20 cm – ....
- Ausführungshinweise
  - – Ausführung in Teilflächen
  - – Ausführung in Teilflächen, Einzelgröße ....
  - – Ausführung ....
- Berechnungseinheit m^2

281 **Zementschotterdecke, Druckfestigkeit mind. 20 MN/m^2**
Einzelangaben nach DIN 18316
- Verwendungsbereich
  - – für Verkehrsflächen
  - – für Fahrbahnen
  - – für Fahrbahnnebenflächen
  - – für Zwickel und Streifen
  - – für Stand– und Parkflächen
  - – für Reparaturflächen
  - – für land– und forstwirtschaftliche Wege
  - – ....
- aus Hartsteinschotter: 32/45 mm – 45/56 mm – ....
- Mörtel
  - – Mörtel aus Zement DIN 1164-31 mind. 370 kg/m^3 Mörtel und Sand–Kiesgemisch 0/8, Kornaufbau 60 Gew.-% 0/2, 40 Gew.-% 2/8
  - – Mörtel aus Zement DIN 1164-31 mind. 370 kg/m^3 Mörtel und Brechsand–Edelsplittgemisch 0/8, Kornaufbau 60 Gew.-% 0/2, 40 Gew.-% 2/8
  - – Mörtel aus ....
- Schichtdicke in verdichtetem Zustand: 20 cm – 25 cm – 30 cm – ....
- Randausbildung
  - – Randausbildung, Neigung 1 : 1,5 – 1 : 2 – ....
- Ausführungshinweise
  - – Schotterschicht vornässen, aufbringen und einrütteln von Zementmörtel, Konsistenz K 2, bis kein Mörtel mehr in die Schotterschicht eindringt
  - – – ....
- Abrechnungsart
  - – abgerechnet wird die für diese Schicht geforderte Breite bis zur Mitte der Randausbildung
  - – – ....
- Berechnungseinheit m^2

282 **Betondecke aus Fertigteilen**
Einzelangaben nach DIN 18316
- Verwendungsbereich
  - – für Verkehrsflächen
  - – für Fahrbahnen, halbseitig
  - – für Fahrbahnen und Nebenflächen
  - – für Zwickel und Streifen
  - – für Teilflächen
  - – für Teilflächen, Abmessungen ....
  - – für Rad– und Gehwege
  - – für land– und forstwirtschaftliche Wege
  - – ....
- Betongüte
  - – Platten aus Stahlbeton B 45 (Bn 450)
  - – Platten aus Stahlbeton B 55 (Bn 550)
  - – Platten ....
- Verkehrsregellast
  - – für SLW 300 DIN 1072
  - – für SLW 600 DIN 1072
  - – – ....
- Verschleißschicht
  - – Zuschlag der Verschleißschicht Hartsteinsplitt
  - – Zuschlag der Verschleißschicht metallische Stoffe
  - – Zuschlag der Verschleißschicht ....
- Plattenkanten
  - – Plattenkanten mit Einfassungen aus Stahlwinkeln
  - – Plattenkanten mit Einfassungen aus Stahlwinkeln, Erzeugnis .... (Sofern nicht vorgeschrieben, vom Bieter einzutragen, sofern vorgeschrieben, mit Hinweis "oder gleichwertiger Art")
  - – Plattenkanten mit Einfassungen aus .... (Sofern nicht vorgeschrieben, vom Bieter einzutragen, sofern vorgeschrieben, mit Hinweis "oder gleichwertiger Art") Erzeugnis .... (Sofern nicht vorgeschrieben, vom Bieter einzutragen, sofern vorgeschrieben, mit Hinweis "oder gleichwertiger Art")
  - – Plattenkanten ....
- Plattendicke: 12 cm – 14 cm – 16 cm – 18 cm – ....
- Plattenabmessungen: 200 cm x 100 cm – 200 cm x 130 cm – 200 cm x 150 cm – 200 cm x 200 cm – 200 cm x 300 cm – ....
- Bettung
  - – Bettung Sand, Dicke 5 cm
  - – Bettung Splitt–Schottergemisch, Dicke ....
  - – Bettung bituminöse Schicht, Dicke 5 cm
  - – Bettung ....
- Berechnungseinheit m^2

LB 080 Straßen, Wege, Plätze
Deckschichten aus Beton

STLB 080

Ausgabe 06.02

283 Vorbereiten für Instandsetzung der schadhaften Betonoberflächen
Einzelangaben nach DIN 18316
- Ausführungsrichtlinien
  - – nach dem Merkblatt für die Unterhaltung und Instandsetzung von Fahrbahndecken aus Beton (MIB)
- Arbeitsbereich
  - – von Verkehrsflächen
  - – von Fahrbahnen, halbseitig
  - – von Fahrbahnen und Nebenflächen
  - – von Zwickeln und Streifen
  - – von Teilflächen
  - – von Teilflächen, Abmessungen ....
  - – von Rad- und Gehwegen
  - – von land- und forstwirtschaftlichen Wegen
  - – ....
- Arbeitstechnik, Leistungsumfang
  - – durch Abstrahlen – durch Fräsen
  - – durch Flammstrahlen mit anschließendem Abstrahlen, Fräsen oder Abbürsten
  - – durch .... (Sofern nicht vorgeschrieben, vom Bieter einzutragen)
    - – – bis zum gesunden Beton (Mindestabreißfestigkeit 1 N/mm^2) Tiefere Schadenstellen bis zum gesunden Beton freilegen
    - – – ....
- Verfügung über anfallenden Schutt
  - – anfallender Schutt wird Eigentum des AN und ist zu beseitigen
  - – anfallender Schutt ....
- Berechnungseinheit m^2

284 Füllen von tieferen Schadenstellen in Betondecken
Einzelangaben nach DIN 18316
- Arbeitsbereich
  - – von Fahrbahnen
  - – von Fahrbahnen, halbseitig
  - – von Fahrbahnen und Nebenflächen
  - – von Zwickeln und Streifen
  - – von Teilflächen
  - – von Teilflächen, Abmessungen ....
  - – von Rad- und Gehwegen
  - – von land- und forstwirtschaftlichen Wegen
  - – ....
- Leistungsumfang
  - – gesunden Beton freilegen – ....
    - – – Untergrund vorbehandeln mit Haftvermittler auf Epoxidharzbasis, Auftragsmenge 1 kg/m^2
    - – – Untergrundvorbehandlung .... (Sofern nicht vorgeschrieben, vom Bieter einzutragen)
      - – – – Füllung mit Epoxidharzmörtel, Mindestgehalt an Kunstharz 6 Gew.-%, einschl. Abstreuen der Oberfläche mit feuergetrocknetem Quarzsand
      - – – – Füllung ....
- Ausführung in Einzelflächen, Größe der Einzelflächen ....
- Ausgleichsdicke i.M: 10 mm – 15 mm – 20 mm – ....
- Berechnungseinheit m^2

285 Beschichten der vorbereiteten Betonoberflächen
Einzelangaben nach DIN 18316
- Arbeitsbereich
  - – von Fahrbahnen
  - – von Fahrbahnen, halbseitig
  - – von Fahrbahnen und Nebenflächen
  - – von Zwickeln und Streifen
  - – von Teilflächen
  - – von Teilflächen, Abmessungen ....
  - – von Rad- und Gehwegen
  - – von land- und forstwirtschaftlichen Wegen
  - – ....
- Art der Beschichtung
  - – mit Epoxidharzbindemittel
  - – ....
    - – – einschichtig
    - – – zweischichtig
    - – – Anzahl der aufzubringenden Schichten ....
- Arbeitstechnik, Leistungsumfang
  - – jede Schicht nach dem Aufbringen mit feuergetrocknetem Quarzsand vollflächig abstreuen, nicht gebundenes Material nach dem Erhärten abkehren und beseitigen
  - – jede Schicht nach dem Aufbringen vollflächig abstreuen mit ...., nicht gebundenes Material nach dem Erhärten abkehren und beseitigen
- Ausführung nach Vorschrift des Beschichtungsstoffherstellers. Erzeugnis .... (Sofern nicht vorgeschrieben, vom Bieter einzutragen, sofern vorgeschrieben, mit Hinweis "oder gleichwertiger Art")
- Farbton der Beschichtung: betongrau – weiß – schwarz – ....
- Gesamtschichtdicke: 3 mm – 5 mm – ....
- Fugen dürfen nicht beschichtet werden. Beim Aufmaß werden die Fugen übermessen
- Berechnungseinheit m^2

286 Imprägnieren von Betonoberflächen
Einzelangaben nach DIN 18316
- Zweck der Imprägnierung
  - – gegen Einwirkung von Frost- und Tausalz
  - – gegen ....
- Ausführungsart
  - – Ausführung nach dem Merkblatt für die Unterhaltung und Instandsetzung von Fahrbahndecken aus Beton (MIB)
  - – Ausführung ....
- Imprägniermittelverbrauch: 30 bis 80 g/m^2 – 80 bis 120 g/m^2 – 160 bis 200 g/m^2 – 250 g/m^2 – ....
- Imprägniermittel .... (Sofern nicht vorgeschrieben, vom Bieter einzutragen)
- Erzeugnis .... (Sofern nicht vorgeschrieben, vom Bieter einzutragen, sofern vorgeschrieben, mit Hinweis "oder gleichwertiger Art")
- Berechnungseinheit m^2

LB 080 Straßen, Wege, Plätze
Deckschichten bituminös

Ausgabe 06.02

291 Asphaltbinder TV bit 3/72
292 Asphaltbinder DIN 18317
Einzelangaben nach DIN 18317 zu Pos. 291, 292
- Einbaubereich
  - – in Fahrbahnen
  - – in Fahrbahnen, halbseitig
  - – in Fahrbahnen und Nebenflächen
  - – in Zwickeln und Streifen
  - – in Teilflächen
  - – in Teilflächen, Abmessungen ....
  - – in Schadenstellen, zur Profilregulierung und zum Angleichen bei Anschlüssen und Übergängen
  - – in Rad– und Gehwegen
  - – auf Bauwerke als Schutz–, Ausgleichsschicht
  - – ....
- Mischgut
  - – Mischgut 0/11 mm
    Hinweis: Mischgut 0/11 mm nur für Profilausgleich, Abrechnung nach Einbaugewicht.
  - – Mischgut 0/16 mm
  - – Mischgut 0/16 mm, Schichtdicke: 3,5 cm – 4,0 cm – 4,5 cm – 5,0 cm – ....
  - – Mischgut 0/16 mm, Einbaugewicht: 85 kg/m^2 – 110 kg/m^2 – 125 kg/m^2 – 140 kg/m^2 – ....
  - – Mischgut 0/22 mm
  - – Mischgut 0/22 mm, Schichtdicke: 5,0 cm – 5,5 cm – 6,0 cm – 6,5 cm – 7,0 cm – 7,5 cm – 8,0 cm – 8,5 cm – ....
  - – Mischgut 0/22 mm, Einbaugewicht: 110 kg/m^2 – 125 kg/m^2 – 145 kg/m^2 – 170 kg/m^2 – 210 kg/m^2 – ....
  - – Mischgut / Schichtdicke ....
  - – Mischgut / Einbaugewicht ....
    Hinweis: Schichtdicke oder Einbaugewicht alternativ.
- Bindemittel
  - – Bindemittel Straßenbaubitumen
  - – Bindemittel Straßenbaubitumen: B 65 – B 80
  - – Bindemittel Teerbitumen
  - – Bindemittel Teerbitumen TB 80
  - – Bindemittel .... (Sofern nicht vorgeschrieben, vom Bieter einzutragen)
- Hohlraumgehalt Binderschicht
  - – Hohlraumgehalt im Marshallprobekörper: 3 bis 7 Vo.–% – 5 bis 7 Vo.–% – 2 bis 5 Vo.–%
  - – Binderschicht geeignet zur Aufnahme von Deckschichten aus Gussasphalt, Hohlraumgehalt im Marshallprobekörper max. 2 Vo.–%
  - – Binderschicht geeignet zur Aufnahme von Deckschichten aus Gussasphalt, Hohlraumgehalt im Marshallprobekörper 6 bis 10 Vo.–%
  - – Binderschicht für schwachen bis mittleren Verkehr
  - – Binderschicht für starken und sehr starken Verkehr
  - – Binderschicht für starken und sehr starken Verkehr, die Schicht wird unmittelbar befahren
  - – ....
- Splittart
  - – Mineralstoffsplitt aus Gestein mit Mindestdruckfestigkeit 200 MN/m^2
  - – Schlagzertrümmerungswert des Gesteins ....
  - – Splitt / Lieferwerk .... (Sofern nicht vorgeschrieben, vom Bieter einzutragen)
  - – Edelsplitt / Lieferwerk .... (Sofern nicht vorgeschrieben, vom Bieter einzutragen)
  - – Mineralstoffgemisch ....
- Randausbildung
  - – Randausbildung, Neigung 1 : 1. Abgerechnet wird die für diese Schicht geforderte Breite bis zur Mitte der Randausbildung.
  - – ....
- Berechnungseinheit m^2, t

300 Splittreiche Asphaltbetondeckschicht TV bit 3/72
310 Splittreiche Asphaltbetondeckschicht DIN 18317
Einzelangaben nach DIN 18317 zu Pos. 300, 310
- Einbaubereich
  - – in Fahrbahnen
  - – in Fahrbahnen, halbseitig
  - – in Fahrbahnen und Nebenflächen
  - – in Fahrbahnen und Nebenflächen, in nicht zusammenhängenden Abschnitten
  - – in Zwickeln und Streifen
  - – in Schadenstellen zur Profilregulierung und zum Angleichen bei Anschlüssen und Übergängen
  - – in Rad– und Gehwegen
  - – auf Bauwerke als Schutz–, Ausgleichsschicht
- Mischgut
  - – Mischgut 0/8 mm
  - – Mischgut 0/8 mm, Schichtdicke: 2,5 cm – 3,0 cm – 3,5 cm – 4,0 cm – ....
  - – Mischgut 0/8 mm, Einbaugewicht: 75 kg/m^2 – 85 kg/m^2 – 100 kg/m^2 – ....
  - – Mischgut 0/11 mm
  - – Mischgut 0/11 mm, Schichtdicke: 3,5 cm – 4,0 cm – 4,5 cm – ....
  - – Mischgut 0/11 mm, Einbaugewicht: 85 kg/m^2 – 100 kg/m^2 – 110 kg/m^2 – ....
  - – Mischgut 0/16 mm
  - – Mischgut 0/16 mm, Schichtdicke: 4,5 cm – 5,0 cm – 5,5 cm – ....
  - – Mischgut 0/16 mm, Einbaugewicht: 110 kg/m^2 – 125 kg/m^2 – 140 kg/m^2 – ....
  - – Mischgut/Schichtdicke ....
  - – Mischgut/Einbaugewicht ....
    Hinweis: Schichtdicke oder Einbaugewicht alternativ
- Bindemittel
  - – Bindemittel Straßenbaubitumen
  - – Bindemittel Straßenbaubitumen: B 45 – B 65 – B 80 – B 200
  - – Bindemittel Teerbitumen
  - – Bindemittel Teerbitumen: TB 80 – TB 200 – ....
- Hohlraumgehalt Binderschicht
  - – Hohlraumgehalt im Marshallprobekörper: 3 bis 4 Vol.–% – 2 bis 4 Vol.–% – 1 bis 4 Vol.–% – max. 2 Vol.–%
  - – Decke für schwachen bis mittleren Verkehr
  - – Decke für starken und sehr starken Verkehr
  - – ....
- Splittart, Mischgut
  - – Mineralstoffsplitt aus Gestein mit Mindestdruckfestigkeit 200 MN/m^2
  - – Schlagzertrümmerungswert des Gesteins ....
  - – Splittart / Lieferwerk .... (Sofern nicht vorgeschrieben, vom Bieter einzutragen, sofern vorgeschrieben, mit Hinweis "oder gleichwertiger Art")
  - – Splitt .... (Sofern nicht vorgeschrieben, vom Bieter einzutragen)
    Brechsand .... (Sofern nicht vorgeschrieben, vom Bieter einzutragen)
    Natursand .... (Sofern nicht vorgeschrieben, vom Bieter einzutragen)
    Füller .... (Sofern nicht vorgeschrieben, vom Bieter einzutragen)
  - – Mineralstoff mit Edelsplitt
  - – Edelsplittart / Lieferwerk .... (Sofern nicht vorgeschrieben, vom Bieter einzutragen, sofern vorgeschrieben, mit Hinweis "oder gleichwertiger Art")
  - – Mineralstoffgemisch
    - – – im Mischgut muss das Verhältnis Brechsand/ Natursand mind. 1 : 1 betragen
    - – – im Mischgut muss das Verhältnis Brechsand/ Natursand mind. 2 : 1 betragen
    - – – im Mischgut darf kein Natursand verwendet werden
  - – ....
- einschl. heißverarbeitbare, haftverbessernde Zusätze ....
  (Sofern nicht vorgeschrieben, vom Bieter einzutragen)
- Randausbildung
  - – Randausbildung, Neigung 1 : 1. Abgerechnet wird die für diese Schicht geforderte Breite bis zur Mitte der Randausbildung.
  - – ....
- Berechnungseinheit m^2, t

LB 080 Straßen, Wege, Plätze
Deckschichten bituminös

STLB 080

Ausgabe 06.02

320 **Splittarme Asphaltbetondeckschicht TV bit 3/72**
330 **Splittarme Asphaltbetondeckschicht DIN 18317**
  Einzelangaben nach DIN 18317 zu Pos. 320, 330
  - Einbaubereich
    - – in Fahrbahnen
    - – in Fahrbahnen, halbseitig
    - – in Fahrbahnen und Nebenflächen
    - – in Fahrbahnen und Nebenflächen, in nicht zusammenhängenden Abschnitten
    - – in Zwickeln und Streifen
    - – in Schadenstellen zur Pofilregulierung und zum Angleichen bei Anschlüssen und Übergängen
    - – in Rad- und Gehwegen
    - – auf Bauwerke als Schutz-, Ausgleichsschicht
  - Mischgut
    - – Mischgut 0/5 mm
    - – Mischgut 0/5 mm, Schichtdicke: 2,5 cm – 3,0 cm
    - – Mischgut 0/5 mm, Einbaugewicht: 65 kg/m² – 75 kg/m² – ....
    - – Mischgut 0/8 mm
    - – Mischgut 0/8 mm, Schichtdicke: 2,5 cm – 3,0 cm – 3,5 cm
    - – Mischgut 0/8 mm, Einbaugewicht: 60 kg/m² – 70 kg/m² – 85 kg/m² – ....
    - – Mischgut/Schichtdicke ....
    - – Mischgut/Einbaugewicht ....
    Hinweis: Schichtdicke oder Einbaugewicht alternativ.
  - Hohlraumgehalt Binderschicht
    - – Hohlraumgehalt im Marshallprobekörper: 1 bis 4 Vol.-% – max. 2 Vol.-%
    - – Decke für schwachen bis mittleren Verkehr
  - Splittart, Mischgut
    - – Mineralstoffsplitt aus Gestein mit Mindestdruckfestigkeit 200 MN/m²
    - – Schlagzertrümmerungswert des Gesteins ....
    - – Splittart / Lieferwerk ....
      (Sofern nicht vorgeschrieben, vom Bieter einzutragen, sofern vorgeschrieben, mit Hinweis "oder gleichwertiger Art")
    - – Splitt .... (Sofern nicht vorgeschrieben, vom Bieter einzutragen)
      Brechsand .... (Sofern nicht vorgeschrieben, vom Bieter einzutragen)
      Natursand .... (Sofern nicht vorgeschrieben, vom Bieter einzutragen)
      Füller .... (Sofern nicht vorgeschrieben, vom Bieter einzutragen)
    - – Mineralstoff mit Edelsplitt
    - – Edelsplittart / Lieferwerk ....
      (Sofern nicht vorgeschrieben, vom Bieter einzutragen, sofern vorgeschrieben, mit Hinweis "oder gleichwertiger Art")
    - – Mineralstoffgemisch ....
      - – – im Mischgut muss das Verhältnis Brechsand / Natursand mind. 1 : 1 betragen
      - – – im Mischgut muss das Verhältnis Brechsand / Natursand mind. 2 : 1 betragen
      - – – ....
  - einschl. heißverarbeitbare, haftverbessernde Zusätze ....
    (Sofern nicht vorgeschrieben, vom Bieter einzutragen)
  - Randausbildung
    - – Randausbildung, Neigung 1 : 1. Abgerechnet wird die für diese Schicht geforderte Breite bis zur Mitte der Randausbildung.
    - – ....
  - Berechnungseinheit m², t

340 **Sandasphaltdeckschicht TV bit 3/72**
  Einzelangaben nach DIN 18317
  - Einbaubereich
    - – in Gehwegen
    - – in Radwegen
    - – in Schadenstellen zur Profilregulierung und zum Angleichen bei Anschlüssen und Übergängen
    - – ....
  - Schichtdicke: 2,0 cm – 2,5 cm – 3,0 cm – ....
  - Einbaugewicht: 45 kg/m² – 60 kg/m² – 70 kg/m² – ....
    Hinweis: Schichtdicke oder Einbaugewicht alternativ.
  - Bindemittel
    - – Bindemittel Straßenbaubitumen: B 45 – B 65 – B 80
    - – Bindemittel .... (Sofern nicht vorgeschrieben, vom Bieter einzutragen)
  - Mineralstoffgemisch ....
    (Sofern nicht vorgeschrieben, vom Bieter einzutragen)
  - Randausbildung
    - – Randausbildung, Neigung 1 : 1. Abgerechnet wird die für diese Schicht geforderte Breite bis zur Mitte der Randausbildung.
    - – ....
  - Berechnungseinheit m², t

341 **Gussasphaltdeckschicht TV bit 6/75**
342 **Gussasphaltdeckschicht entsprechend TV bit 6/75**
343 **Gussasphaltdeckschicht DIN 18317**
344 **Gussasphaltschicht TV bit 6/75 als Zwischenschicht**
345 **Gussasphaltschicht entsprechend TV bit 6/75 als Zwischenschicht**
346 **Gussasphaltschicht entsprechend DIN 18317 als Zwischenschicht**
  Einzelangaben nach DIN 18317 zu Pos. 341 bis 346
  - Einbaubereich
    - – in Fahrbahnen
    - – in Fahrbahnen, halbseitig
    - – in Fahrbahnen und Nebenflächen
    - – in Fahrbahnen und Nebenflächen in nicht zusammenhängenden Abschnitten
    - – in Flächen mit überwiegendem Standverkehr
    - – in Kreuzungsbereichen
    - – in Zwickeln und Streifen
    - – in Randstreifen
    - – in Parkstreifen
    - – in Gleisbereichen
    - – in Rad- und Gehwegen
    - – ....
  - Breite: bis 0,5 m – über 0,5 bis 1 m – über 1 bis 2 m – ....
  Fortsetzung Einzelangaben Seite 51, Pos. 349 bis 351

347 **Gussasphaltschicht entsprechend TV bit 6/75 als Entwässerungsrinne**
348 **Gussasphaltschicht entsprechend DIN 18317 als Entwässerungsrinne**
  Einzelangaben nach DIN 18317 zu Pos. 347, 348
  - Breite: bis 20 cm – über 20 bis 30 cm – über 30 bis 40 cm – über 40 bis 50 cm – ....
  Fortsetzung Einzelangaben Pos. 349 bis 351

STLB 080

LB 080 Straßen, Wege, Plätze
Deckschichten bituminös

Ausgabe 06.02

349 **Gussasphaltschicht entsprechend TV bit 6/75 als Schutzschicht**
350 **Gussasphaltschicht entsprechend DIN 18317 als Schutzschicht**
351 **Gussasphaltschicht ....**
   Einzelangaben nach DIN 18317 zu Pos. 349 bis 351
   - Einbauort
     - – auf Bauwerken
     - – Einbauort ....
   Einzelangaben, Fortsetzung zu Pos. 341 bis 351
   - Mineralstoffgemisch: 0/5 mm – 0/8 mm – 0/11 mm – ....
     - – Schlagzertrümmerungswert des Splitts ....
       Splittgesteinart ....
       (Sofern nicht vorgeschrieben, vom Bieter einzutragen)
       Sand .... (Sofern nicht vorgeschrieben, vom Bieter einzutragen)
       Füller .... (Sofern nicht vorgeschrieben, vom Bieter einzutragen)
   - Bindemittel
     - – Bindemittel Straßenbaubitumen
     - – Bindemittel Straßenbaubitumen: B 45 – B 25 – B 65
     - – Bindemittel .... (Sofern nicht vorgeschrieben, vom Bieter einzutragen)
       - – – Zusatz 2 Gew.–% Trinidad–Epure
       - – – stabilisierende Zusätze ....
       - – – ....
   - Gussasphalt–Schichtdicke: 2,5 cm – 3,0 cm – 3,5 cm – 4,0 cm – ....
   - Gussasphalt –Einbaugewicht: 65 kg/m^2 – 85 kg/m^2 – 100 kg/m^2 – ....
   Hinweis: Schichtdicke oder Einbaugewicht alternativ
   - Oberflächenbehandlung
     - – Oberflächenbehandlung wird gesondert vergütet
       Hinweis: Siehe Pos. 370 bis 375
     - – Oberfläche aufrauen, Abstreumaterial umhüllter Edelsplitt 2/5 mm, Menge 6 bis 8 kg/m^2
     - – Oberfläche aufrauen, Abstreumaterial umhüllter Edelsplitt 2/5 mm, Menge 6 bis 8 kg/m^2, andrücken mit Walze
     - – Oberfläche aufrauen, Abstreumaterial umhüllter Edelsplitt 5/8 mm, Menge 15 bis 18 kg/m^2, andrücken mit Walze
     - – Oberfläche aufrauen Abstreumaterial umhüllter Edelsplitt .... kg/m^2 ....
     - – Oberfläche abstumpfen
     - – Oberfläche nachbehandeln ....
   - Berechnungseinheit m^2, t

352 **Asphaltmastix TV bit 6/75 als Deckschicht**
353 **Asphaltmastix entsprechend TV bit 6/75 als Deckschicht**
354 **Asphaltmastix entsprechend DIN 18317 als Deckschicht**
355 **Asphaltmastix TV bit 6/75 als Zwischenschicht**
356 **Asphaltmastix entsprechend TV bit 6/75 als Zwischenschicht**
357 **Asphaltmastix entsprechend DIN 18317 als Deckschicht**
   Einzelangaben nach DIN 18317 zu Pos. 352 bis 357
   - Einbaubereich
     - – in Fahrbahnen – in Fahrbahnen, halbseitig – in Fahrbahnen und Nebenflächen – in Fahrbahnen und Nebenflächen in nicht zusammenhängenden Abschnitten – in Flächen mit überwiegendem Stadtverkehr – in Kreuzungsbereichen – in Zwickeln und Streifen – in Randstreifen – in Parkstreifen – in Gleisbereichen – in Rad– und Gehwegen – ....
   - Breite: bis 0,50 m – über 0,50 bis 1,00 m – über 1,00 bis 2,00 m – ....
   Fortsetzung Einzelangaben Pos. 360, 361

358 **Asphaltmastix entsprechend TV bit 6/75 als Entwässerungsrinne**
359 **Asphaltmastix entsprechend DIN 18317 als Entwässerungsrinne**
   Einzelangaben nach DIN 18317 zu Pos. 358, 359
   - Breite: bis 20 cm – über 20 bis 30 cm – über 30 bis 40 cm – über 40 bis 50 cm – ....
   Fortsetzung Einzelangaben Pos. 360, 361

360 **Asphaltmastix entsprechend TV bit 6/75 als Schutzschicht**
361 **Asphaltmastix entsprechend DIN 18317 als Schutzschicht**
   Einzelangaben nach DIN 18317 zu Pos. 360, 361
   - Einbauort
     - – auf Bauwerken
     - – auf Bauwerken nach "Vorläufiges Merkblatt für bituminöse Fahrbahnbeläge auf Leichtfahrbahnen im Stahlbrückenbau"
     - – ....
   Einzelangaben zu Pos. 352 bis 361, Fortsetzung
   - Einbaumenge: 15 kg/m^2 – 20 kg/m^2 – 25 kg/m^2 – ....
   - auf die Oberfläche leicht bitumierten Edelsplitt 5/8 mm aufbringen – 8/11 mm aufbringen – 11/16 mm aufbringen – 16/22 mm aufbringen
   - Gesteinsart: Basalt – Diabas – Granit – Gabbro – Moräne – Kalkstein – ....
   - Bindemittel
     - – Bindemittel Straßenbaubitumen: B 65 – B 80 – B 45
     - – Bindemittel .... (Sofern nicht vorgeschrieben, vom Bieter einzutragen)
       - – – mit Naturasphaltzusatz
       - – – mit Naturasphaltzusatz, Erzeugnis .... (Sofern nicht vorgeschrieben, vom Bieter einzutragen, sofern vorgeschrieben, mit Hinweis "oder gleichwertiger Art")
       - – – mit Zusatz ....
       - – – mit Zusatz ...., Erzeugnis .... (Sofern nicht vorgeschrieben, vom Bieter einzutragen, sofern vorgeschrieben, mit Hinweis "oder gleichwertiger Art")
   - Berechnungseinheit m^2

362 **Splittreiche Asphaltbetondeckschicht (Warmeinbau) TV bit 5/67**
363 **Splittreiche Asphaltbetondeckschicht (Warmeinbau) DIN 18317**
364 **Splittarme Asphaltbetondeckschicht (Warmeinbau) TV bit 5/67**
365 **Splittarme Asphaltbetondeckschicht (Warmeinbau) DIN 18317**
   Einzelangaben nach DIN 18317 zu Pos. 362 bis 365
   - Einbaubereich
     - – in Fahrbahnen
     - – in Fahrbahnen, halbseitig
     - – in Fahrbahnen und Nebenflächen
     - – in Fahrbahnen und Nebenflächen in nicht zusammenhängenden Abschnitten
     - – in Flächen mit überwiegendem Stadtverkehr
     - – in land– und forstwirtschaftlichen Wegen
     - – in Zwickeln und Streifen
     - – in Randstreifen
     - – in Parkstreifen
     - – in Gleisbereichen
     - – in Rad– und Gehwegen
     - – ....
   - Breite: bis 0,5 m – über 0,5 bis 1 m – über 1 bis 2 m – ....
   Fortsetzung Einzelangaben Pos. 366 bis 369

LB 080 Straßen, Wege, Plätze
Deckschichten bituminös

STLB 080

Ausgabe 06.02

366 Splittreiche Asphaltbetonschicht entsprechend TV bit 5/67 als Schutzschicht
367 Splittreiche Asphaltbetonschicht entsprechend DIN 18317 als Schutzschicht
368 Splittarme Asphaltbetonschicht entsprechend TV bit 5/67 als Schutzschicht
369 Splittarme Asphaltbetonschicht entsprechend DIN 18317 als Schutzschicht
  Einzelangaben nach DIN 18317 zu Pos. 366 bis 369
  – Einbauort
    – – auf Bauwerken
    – – ....
    – – Einbauort ....
  Einzelangaben zu Pos. 362 bis 369, Fortsetzung
  – Mineralstoffgemisch
    – – Mineralstoffgemisch: 0/5 mm – 0/8 mm – 0/11 mm – ....
    – – Mineralstoffgemisch ...., Körnung ....
      (Sofern nicht vorgeschrieben, vom Bieter einzutragen)
  – Gesteinsart: Basalt – Diabas – Granit – Gabbro – Moräne – Kalkstein – ....
  – Einbaugewicht: 30 kg/m^2 – 35 kg/m^2 – 40 kg/m^2 – 45 kg/m^2 – 50 kg/m^2 – 55 kg/m^2 – ....
  – Schichtdicke: 1 cm – 1,5 cm – 2 cm – 2,5 cm – 3 cm – ....
    Hinweis: Einbaugewicht oder Schichtdicke alternativ.
  – Schlagzertrümmerungswert des Splittes
  – Bindemittel .... (Sofern nicht vorgeschrieben, vom Bieter einzutragen)
  – Randausbildung, Neigung 1 : 1. Abgerechnet wird die für diese Schicht geforderte Breite, gemessen bis zur Mitte der Randausbildung.
  – Berechnungseinheit m^2, t

370 Oberfläche der bituminösen Decke
  Einzelangaben nach DIN 18317
  – Ausführungsort
    – – nach TV bit 3/72 abstumpfen
      – – – durch Abstreuen mit bindemittelumhülltem
        – – – – Edelbrechsand
        – – – – Splitt 2/5 mm
        – – – – ....
        – – – – – einschl. einwalzen
        – – – – – einschl. ....
    – – nach TV bit 6/75 aufrauen
      – – – durch Abstreuen mit bindemittelumhülltem Edelsplitt 2/5 mm, Menge 5 bis 8 kg/m^2
        – – – – einschl. eindrücken mit profilierter Walze
        – – – – einschl. eindrücken mit glatter Walze
        – – – – einschl. eindrücken ....
    – – aufrauen durch Abstreuen mit bindemittelumhülltem
      – – – Edelsplitt 2/5 mm, Menge 15 bis 18 kg/m^2
      – – – Edelsplitt 5/8 mm, Menge 15 bis 18 kg/m^2
      – – – Edelsplitt ....
      – – – – einschl. andrücken mit Gummiradwalze
      – – – – einschl. andrücken mit Glattmantelwalze
      – – – – einschl. andrücken ....
    – – nach TV bit 6/75 abstumpfen
      – – – durch Abstreuen mit staubfreiem trockenem Sand
      – – – durch Abstreuen mit staubfreiem erhitztem Sand
      – – – durch Abstreuen mit bindemittelumhülltem Sand
      – – – ....
        – – – – einschl. andrücken mit Walze
        – – – – einschl. einreiben
        – – – einschl. ....
    – – aufrauen
    – – abstumpfen
      – – – Ausführung mit ....
        – – – – einschl. einwalzen
        – – – – einschl. andrücken mit profilierter Walze
        – – – – einschl. andrücken mit glatter Walze
        – – – – einschl. einreiben
        – – – – einschl. ....
  – Nachbehandlung, besondere Maßnahmen
    – – erkaltete Decke abkehren, nicht gebundenes Material bleibt Eigentum des AN und ist zu beseitigen
    – – erkaltete Decke abkehren, einschl. abwalzen und erneut abkehren, nicht gebundenes Material bleibt Eigentum des AN und ist zu beseitigen
    – – vor Aufhebung der Geschwindigkeitsbeschränkung ist nicht gebundener Splitt zu entfernen. Kehrgut wird Eigentum des AN und ist zu beseitigen
      – – – besondere Anforderungen ....
      – – – besondere Maßnahmen ....
  – Berechnungseinheit m^2

LB 080 Straßen, Wege, Plätze
Oberflächenschutzschichten; Trennschichten

STLB 080
Ausgabe 06.02

371 Oberflächenbehandlung TV bit 1/75 von bituminösen Decken
372 Oberflächenbehandlung DIN 18317 von bituminösen Decken
373 Oberflächenbehandlung TV bit 1/75 von ungebundenen Decken
374 Oberflächenbehandlung DIN 18317 von ungebundenen Decken
Einzelangaben nach DIN 18317 zu Pos. 371 bis 374
- Bindemittel
  - – Bindemittel Bitumenemulsion: U 60 K – U 70 K – U 60 – U 70
  - – Bindemittel Straßenteer
  - – Bindemittel Straßenteer mit: 15 % Bitumen – 35 bis 45 % Bitumen
  - – Bindemittel hochviskoses Verschnittbitumen VB
  - – Bindemittel .... (Sofern nicht vorgeschrieben, vom Bieter einzutragen)
- Bindemittelmenge: 0,9 kg/m² – 1,2 kg/m² – 1,3 kg/m² – 1,5 kg/m² – 1,6 kg/m² – 1,7 kg/m² – 2,0 kg/m² – 2,5 kg/m² – ....
- Mineralstoffgemisch
  - – Mineralstoffgemisch 2/5 mm, Menge 8 kg/m²
  - – Mineralstoffgemisch 2/5 mm, Menge 10 kg/m²
  - – Mineralstoffgemisch 5/8 mm, Menge 13 kg/m²
  - – Mineralstoffgemisch 5/8 mm, Menge 15 kg/m²
  - – Mineralstoffgemisch 5/8 mm, Menge 18 kg/m²
  - – Mineralstoffgemisch 8/11 mm, Menge 12 kg/m²
  - – Mineralstoffgemisch 8/11 mm, Menge 18 kg/m²
  - – Mineralstoffgemisch 11/16 mm, Menge ....
  - – Mineralstoffgemisch .... (Sofern nicht vorgeschrieben, vom Bieter einzutragen)
- Gesteinsart
  - – Gesteinsart Basalt
  - – Gesteinsart Diabas
  - – Gesteinsart Diorit
  - – Gesteinsart Moräne
  - – Gesteinsart Hochofenschlacke mit mind. 2,4 t/m³ Rohdichte
  - – Gesteinsart Kies
  - – Gesteinsart Kalkstein
  - – Gesteinsart ....
- Vorbehandlung Splitt
  - – Splitt leicht mit Bindemittel umhüllt
  - – Splitt ....
  - **Hinweis:** nicht bei Bindemittel Bitumenemulsion anwenden
- Nachbehandlung, besondere Maßnahmen
  - – vor Aufhebung der Geschwindigkeitsbeschränkung ist nicht gebundener Splitt zu entfernen, Kehrgut wird Eigentum des AN und ist zu beseitigen
    - – – besondere Maßnahmen ....
- Berechnungseinheit m²

375 Bituminöse Schlämme TV bit 1/75
Einzelangaben nach DIN 18317
- Einbaubereich
  - – auf bituminöse Decken
  - – auf alten bituminösen Decken einschl. vorbehandeln
  - – auf Schadenstellen in kleinen nicht zusammenhängenden Flächen alter bituminöser Decken einschl. vorbehandeln
  - – auf die erste Schlämmlage
  - – auf ....
- Mineralstoffgemisch
  - – Mineralstoffgemisch: 0/2 mm – 0/5 mm – ....
- Gesteinsart
  - – Gesteinsart .... (Sofern nicht vorgeschrieben, vom Bieter einzutragen)
  - – Anteil des Mineralstoffgemisches zur Aufhellung in Gew.-% .... Gesteinsart .... (Sofern nicht vorgeschrieben, vom Bieter einzutragen)
  - – – ....
- Bindemittel
  - – Bindemittel Bitumenemulsion .... (Sofern nicht vorgeschrieben, vom Bieter einzutragen)
  - – Bindemittel: Straßenbaubitumen – Teeremulsion – Straßenteer – ....
    - – – öl- und treibstoffresistent

- Trockenmasse: 3 kg/m² – 4 kg/m² – 5 kg/m² – 6 kg/m² – 7 kg/m² – 8 kg/m² – 9 kg/m² – 12 kg/m² – 14 kg/m² – ....
- Berechnungseinheit m²

376 Ränder bituminöser Befestigungen anspritzen oder streichen
Einzelangaben nach DIN 18317
- Spritzmittel/Streichmittel
  - – mit Straßenteer
  - – mit Kaltteer
  - – mit Teeremulsion
  - – mit Bitumenemulsion
  - – ....
- Breite: 10 cm – 20 cm – 30 cm – ....
- Auftragsmenge
  - – Auftragsmenge 1 kg/m²
  - – Auftragsmenge ....
- Berechnungseinheit m

377 Trennschicht
Einzelangaben nach DIN 18315/18318
- Werkstoff
  - – aus Unterlagspapier
  - – aus Unterlagspapier ....
  - – aus Folien, Dicke: 0,1 mm – ....
  - – aus Glasvlies 40 bis 50 g/m²
  - – aus Glasfaser–Gittergewebe 180 g/m²
    Hinweis: nur für Verlegung auf Pflasterflächen
  - – ....
- Einbauort
  - – verlegen auf Betonflächen
  - – verlegen auf Pflasterflächen
  - – verlegen auf bituminösen Flächen
  - – verlegen auf ....
- Überlappung
  - – Breite der Überlappung: 5 cm – 6 cm – 7 cm – 8 cm – 9 cm – 10 cm – ....
- Erzeugnis ....
  (Sofern nicht vorgeschrieben, vom Bieter einzutragen, sofern vorgeschrieben, mit Hinweis "oder gleichwertiger Art")
- Abrechnungshinweis
  - – abgerechnet wird nach überdeckter Fläche ohne Berücksichtigung der Fugenüberlappung
- Berechnungseinheit m²

377 Trennschicht
Einzelangaben nach DIN 18315/18318
- Werkstoff
  - – aus Unterlagspapier
  - – aus Unterlagspapier ....
  - – aus Folien, Dicke: 0,1 mm – ....
  - – aus Glasvlies 40 bis 50 g/m²
  - – aus Glasfaser–Gittergewebe 180 g/m²
    Hinweis: nur für Verlegung auf Pflasterflächen
  - – ....
- Einbauort
  - – verlegen auf Betonflächen
  - – verlegen auf Pflasterflächen
  - – verlegen auf bituminösen Flächen
  - – verlegen auf ....
- Überlappung
  - – Breite der Überlappung: 5 cm – 6 cm – 7 cm – 8 cm – 9 cm – 10 cm – ....
- Erzeugnis ....
  (Sofern nicht vorgeschrieben, vom Bieter einzutragen, sofern vorgeschrieben, mit Hinweis "oder gleichwertiger Art")
- Abrechnungshinweis
  - – abgerechnet wird nach überdeckter Fläche ohne Berücksichtigung der Fugenüberlappung
- Berechnungseinheit m²

LB 080 Straßen, Wege, Plätze
Deckschichten, Sonderbauweisen

STLB 080

Ausgabe 06.02

380 Mischmakadamdeckschicht TV bit 2/56
Einzelangaben nach DIN 18317
- Einbaubereich
 - – in Fahrbahnen
 - – in Fahrbahnen, halbseitig
 - – in Fahrbahnen und Nebenflächen
 - – in Fahrbahnen und Nebenflächen in nicht zusammenhängenden Abschnitten
 - – in Zwickeln und Streifen
 - – in Schadenstellen, zur Profilregulierung und zum Angleichen bei Anschlüssen und Übergängen
 - – in Rad– und Gehwegen
 - – ....
- Aufbau der Deckschicht
 - – einschichtig, Mischgut mit Edelsplitt: 2/8 mm – 2/12 mm – 2/18 mm
 - – einschichtig, Mischgut ....
   - – – Deckendicke: 3 cm – 4 cm – 5 cm – ....
   - – – Einbaugewicht ....
     Hinweis: Deckendicke oder Einbaugewicht alternativ
 - – zweischichtig, Unterschicht aus Mischgut mit einfach gebrochenem Korn: 8/18 mm – 8/25 mm – 12/35 mm – 12/45 mm
   - – – Oberschicht aus Mischgut mit Edelsplitt: 2/8 – 2/12 – 2/18 mm
     - – – – Deckendicke: 4 cm – 5 cm – 6 cm – 7 cm – ....
     - – – – Einbaugewicht ....
       Hinweis: Deckendicke oder Einbaugewicht alternativ
 - – dreischichtig, Unterschicht aus Mischgut mit einfach gebrochenem Korn: 25/45 mm – 25/65 mm
   - – – Zwischenschicht aus Mischgut mit einfach gebrochenem Korn 5/12 mm
   - – – Zwischenschicht aus Mischgut mit Edelsplitt: 5/12 mm – 8/12 mm – 12/25 mm
   - – – Zwischenschicht aus Mischgut mit einfach gebrochenem Korn 12/25 mm
     - – – – Oberschicht aus Mischgut mit Edelsplitt: 2/8 mm – 2/12 mm – 2/18 mm
       - – – – – Deckendicke: 7 cm – 8 cm – 9 cm – 10 cm – ....
       - – – – – Einbaugewicht ....
         Hinweis: Deckendicke oder Einbaugewicht alternativ
 - – Deckenaufbau ....
   - – – Mischgut ....
     - – – – Deckendicke ....
     - – – – Einbaugewicht ....
       Hinweis: Deckendicke oder Einbaugewicht alternativ
- Bindemittel
 - – Bindemittel Straßenteer
 - – Bindemittel Straßenteer mit Bitumenzusatz: BT 40/70 – BT 80/125 – BT 140/240 – BT 250/500
 - – Bindemittel Straßenbaubitumen: B 200 – B 300
 - – Bindemittel hochviskoses Verschnittbitumen
 - – Bindemittel ....
- Gesteinsart
 - – Gesteinsart ....
 - – Schlagzertrümmerungswert des Gesteins ....
 - – Schlagzertrümmerungswert des Gesteins ...., Gesteinsart ....
 - – ....
- Oberflächenbehandlung
 - – Abstreuen der Oberschicht mit Brechsand: 0/2 mm, 3 kg/m² – 0/5 mm, 3 kg/m²
 - – Oberflächenbehandlung mit umhüllten Splitt: 5/8 mm, 12 bis 18 kg/m² – 8/12 mm, 12 bis 18 kg/m²
 - – Oberflächenbehandlung mit bituminöser Schlämme, Trockengewicht 2 bis 4 kg/m²
 - – Oberflächenbehandlung ....
- Abrechnungshinweise
 - – Abrechnung nach Wiegekarten
   Hinweis: bei Berechnungseinheit t
- Berechnungseinheit m², m³, t

390 Streumakadamdeckschicht TV bit 2/56
Einzelangaben nach DIN 18317
- Einbaubereich
 - – in Fahrbahnen
 - – in Fahrbahnen, halbseitig
 - – in Fahrbahnen und Nebenflächen
 - – in Fahrbahnen und Nebenflächen in nicht zusammenhängenden Abschnitten
 - – in Zwickeln und Streifen
 - – in Schadenstellen, zur Profilregulierung und zum Angleichen bei Anschlüssen und Übergängen
 - – in Rad– und Gehwegen
 - – ....
- Schotterschicht
 - – Schotterschicht aus Hartsteinschotter: 35/55 mm – 45/65 mm
 - – Schotterschicht aus ....
   - – – anspritzen mit Straßenteer: T 40/70 – T 80/125
   - – – anspritzen mit Verschnittbitumen
   - – – anspritzen mit ....
- Einstreuschicht
 - – Einstreu–Splittgemisch 5/12 mm, Bindemittel Verschnittbitumen
 - – Einstreu–Splittgemisch 5/12 mm, Bindemittel Straßenbaubitumen B 300
 - – Einstreu–Splittgemisch 5/12 mm, Bindemittel halbstabile Bitumenemulsion
 - – Einstreu–Splittgemisch 8/18 mm, Bindemittel Verschnittbitumen
 - – Einstreu–Splittgemisch 8/18 mm, Bindemittel Straßenbaubitumen B 300
 - – Einstreu–Splittgemisch 8/18 mm, Bindemittel halbstabile Bitumenemulsion
 - – ....
- Oberschicht
 - – Oberschicht aus Splittgemisch: 2/8 mm – 2/12 mm
 - – Oberschicht aus Asphaltbetongemisch: 0/5 mm – 0/8 mm – 0/12 mm
 - – Oberschicht aus Teerbetongemisch: 0/5 mm – 0/8 mm – 0/12 mm
 - – ....
   - – – Gesteinsart ....
   - – – Schlagzertrümmerungswert des Gesteins ....
   - – – Schlagzertrümmerungswert des Gesteins ...., Gesteinsart ....
   - – – ....
     - – – – Bindemittel Straßenteer
     - – – – Bindemittel Straßenteer mit Bitumenzusatz: BT 40/70 – BT 80/125 – BT 140/240 – BT 250/500
     - – – – Bindemittel Straßenbaubitumen: B 200 – B 300
     - – – – Bindemittel hochviskoses Verschnittbitumen
     - – – – Bindemittel ....
- Gesamtdicke Deckschicht: 7 cm – 8 cm – 9 cm – 10 cm – ....
- Einbaugewicht ....
  Hinweis: Deckendicke oder Einbaugewicht alternativ
- Oberflächenbehandlung
 - – Abstreuen der Oberschicht mit Brechsand: 0/2 mm, 3 kg/m² – 0/5 mm, 3 kg/m²
 - – Oberflächenbehandlung mit umhüllten Splitt: 5/8 mm, 12 bis 18 kg/m² – 8/12 mm, 12 bis 18 kg/m²
 - – Oberflächenbehandlung mit bituminöser Schlämme, Trockengewicht 2 bis 4 kg/m²
 - – Oberflächenbehandlung ....
- Abrechnungshinweise
 - – Abrechnung nach Wiegekarte nach Einbaugewicht
   Hinweis: bei Berechnungseinheit t
- Berechnungseinheit m², m³, t

STLB 080

Ausgabe 06.02

LB 080 Straßen, Wege, Plätze
Deckschichten, Sonderbauweisen; Pflasterdecken

400 **Halbstarre, fugenlose Deckschicht**
Einzelangaben nach DIN 18137
- Zulassungshinweis
  - – zugelassen nach "Vorläufige Richtlinien für die Anwendung und Prüfung von halbstarren Belägen", herausgegeben von der Oberfinanzdirektion München
  - – zugelassen ....
- Einbaubereich
  - – in Fahrbahnen
  - – in Fahrbahnen, halbseitig
  - – in Fahrbahnen und Nebenflächen
  - – in Fahrbahnen und Nebenflächen in nicht zusammenhängenden Abschnitten
  - – in Zwickeln und Streifen
  - – in Schadenstellen, zur Profilregulierung und zum Angleichen bei Anschlüssen und Übergängen
  - – ....
- Deckschichtaufbau
  - – Aufbau in zwei Arbeitsgängen
    1. Arbeitsgang–Aufbringen des bituminösen Mischmakadams
       Rezeptur:
       70 bis 90 Gew.-% Splitt
       1 bis 10 Gew.-% Sand
       1 bis 5 Gew.-% Füller
       0,5 bis 1 Gew.-% additive Stoffe aus .... (vom Bieter einzutragen)
       additive Stoffe in Gew.-% .... (vom Bieter einzutragen)
       3 bis 4,5 Gew.-% Bindemittel Bitumen B 80
       Hohlraumgehalt im Marshallprobekörper > 20 Vol.-%
       Hohlraumgehalt in Vol.-% .... (vom Bieter einzutragen)
    2. Arbeitsgang–Aufbringen und Einrütteln des Verfüllmörtels
       Rezeptur:
       35 bis 60 Gew.-% Sand
       10 bis 20 Gew.-% mehlfeine Stoffe
       40 bis 60 Gew.-% Zement Z 35 (Z 350)
       4 bis 12 Gew.-% unverseifbare Kunststoffbindemittel
       0 bis 5 Gew.-% stabilisierende additive Stoffe
       15 bis 25 Gew.-% Wasser
       Wasserzementfaktor .... (vom Bieter einzutragen)
  - – Aufbau .... (Sofern nicht vorgeschrieben, vom Bieter einzutragen)
    Mischgut .... (Sofern nicht vorgeschrieben, vom Bieter einzutragen)
    Rezeptur .... (Sofern nicht vorgeschrieben, vom Bieter einzutragen)
- Schichtdicke
  - – Gesamtschichtdicke: 4 cm – 5 cm – 6 cm – ....
- Hersteller des Mischgutes / Bezeichnung .... (Sofern nicht vorgeschrieben, vom Bieter einzutragen, sofern vorgeschrieben, mit Hinweis "oder gleichwertiger Art")
- Berechnungseinheit m²

410 **Kleinpflaster**
420 **Kleinpflaster DIN 18318**
430 **Kleinpflaster nach dem Merkblatt für den Bau von Fahrbahndecken aus Natursteinpflaster**
Einzelangaben nach DIN 18318 zu Pos. 410 bis 430
- Gesteinsart
  - – aus Basaltsteinen – aus Dioritsteinen – aus Gabbrosteinen – aus Granitsteinen – aus Grauwackesteinen – aus Melaphyrsteinen – ....
  - – aus Natursteinen, Steine werden vom AG beigestellt
  - – aus Natursteinen, gebrauchte Steine werden vom AG beigestellt
  - – ....
- Größe, Güteklasse
  - – Größe 1, 100/100/100 mm, Güteklasse: I DIN 18502 – II DIN 18502
  - – Größe 2, 90/90/90 mm, Güteklasse: I DIN 18502 – II DIN 18502
  - – Größe 3, 80/80/80 mm, Güteklasse: I DIN 18502 – II DIN 18502
  - – ....
- Ausführungsart
  - – Ausführung im Netzverband
  - – Ausführung in Reihen
  - – Ausführung in Bögen
  - – Ausführung um Einbauten
  - – Ausführung gemäß Zeichnung Nr. ...., Einzelbeschreibung Nr. ....
  - – Ausführung ....
Fortsetzung Einzelangaben nach Pos. 563

440 **Großpflaster**
450 **Großpflaster DIN 18318**
460 **Großpflaster nach dem Merkblatt für den Bau von Fahrbahndecken aus Natursteinpflaster**
Einzelangaben nach DIN 18318 zu Pos. 440 bis 460
- Gesteinsart, Größe, Güteklasse
  - – aus Granitsteinen
  - – aus Natursteinen, Steine werden vom AG beigestellt
  - – aus Natursteinen, gebrauchte Steine werden vom AG beigestellt
    - – – Größe 1, 160/(160–220)/160 mm, Güteklasse: I DIN 18502 – II DIN 18502
    - – – Größe 2, 160/(160–220)/140 mm, Güteklasse: I DIN 18502 – II DIN 18502
    - – – ....
  - – aus Basaltsteinen – aus Basaltlavasteinen – aus Dioritsteinen – aus Grauwackesteinen – aus Melaphyrsteinen – ....
    - – – Größe 3, 140/(140–200)/150 mm, Güteklasse: I DIN 18502 – II DIN 18502
    - – – Größe 4, 140/(140–200)/130 mm, Güteklasse: I DIN 18502 – II DIN 18502
    - – – Größe 5, 120/(120–180)/130 mm, Güteklasse: I DIN 18502 – II DIN 18502
    - – – ....
- Ausführungsart
  - – Ausführung: in Reihen – im Netzverband – um Einbauten – gemäß Zeichnung Nr. ...., Einzelbeschreibung Nr. ....
  - – Ausführung als Rasenpflaster, Fugenbreite 15 mm
  - – Ausführung ....
Fortsetzung Einzelangaben nach Pos. 563

LB 080 Straßen, Wege, Plätze
Pflasterdecken

STLB 080

Ausgabe 06.02

470 Mosaikpflaster
480 Mosaikpflaster DIN 18318
490 Mosaikpflaster nach dem Merkblatt für die Herstellung von Natursteinpflaster
Einzelangaben nach DIN 18318 zu Pos. 470 bis 490
- Gesteinsart
  - – aus Basaltsteinen – aus Dioritsteinen – aus Gabbrosteinen – aus Granitsteinen – aus Grauwackesteinen – aus Melaphyrsteinen – ....
  - – aus Natursteinen, Steine werden vom AG beigestellt
  - – aus Natursteinen, gebrauchte Steine werden vom AG beigestellt
  - – ....
- Größe
  - – Größe 1, 60/60/60 mm, DIN 18502
  - – Größe 2, 50/50/50 mm, DIN 18502
  - – Größe 3, 40/40/40 mm, DIN 18502
  - – ....
- Ausführungsart
  - – Ausführung im Netzverband
  - – Ausführung in Reihen
  - – Ausführung in Bögen
  - – Ausführung gemäß Zeichnung Nr. ...., Einzelbeschreibung Nr. ....
  - – Ausführung ....

Fortsetzung Einzelangaben nach Pos. 563

500 Pflaster
510 Pflaster DIN 18318
520 Pflaster nach dem Merkblatt für den Bau von Fahrbahndecken aus Betonsteinpflaster
Einzelangaben nach DIN 18318 zu Pos. 500 bis 520
- Pflasterart, Größe
  - – aus Betonpflastersteinen DIN 18501
    - – – Größe 1, 160/160/140 mm
    - – – Größe 2, 160/240/140 mm
    - – – Größe 3, 160/160/120 mm
    - – – Größe 4, 160/240/120 mm
    - – – Größe 5, 100/200/100 mm
    - – – Größe 6, 100/100/80 mm
  - – aus Betonpflastersteinen entsprechend DIN 18501
  - – aus Betonpflastersteinen mit Fase entsprechend DIN 18501
    - – – Größe 1, 160/160/140 mm
    - – – Größe 2, 160/240/140 mm
    - – – Größe 3, 160/160/120 mm
    - – – Größe 4, 160/240/120 mm
    - – – Größe 5, 100/200/100 mm
    - – – Größe 6, 100/100/80 mm
      jedoch Größe: 250/250/100 mm – 40/40/40 mm – ....
  - – aus Hochofenschlackensteinen DIN 4301
    - – – Größe: 160/160/140 mm – ....
  - – aus Kupferschlackensteinen
    - – – Größe: 160/160/145 mm – 160/240/145 mm – 120/100/145 mm – 160/160/100 mm – 160/240/100 mm – ....
  - – aus Betonverbundsteinen entsprechend DIN 18501
  - – aus Betonverbundsteinen mit Fase entsprechend DIN 18501
    - – – Höhe: 60 mm – 80 mm – 100 mm – 112,5 mm – ....
  - – aus Beton–Rasensteinen, Verfüllen der Kammern wird gesondert vergütet
    - – – Größe: 300/300/100 mm – 400/600/80 mm – 400/600/100 mm – 500/500/80 mm – 300/300/120 mm – 360/600/100 mm – 400/600/120 mm – 500/500/120 mm – ....
  - – aus ....
    - – – Größe ....
- Ausführungsart
  - – Ausführung in Reihen – im Verband – um Einbauten
  - – Ausführung gemäß Zeichnung Nr. ...., Einzelbeschreibung Nr. ....
  - – Ausführung als Rasenpflaster, Fugenbreite 15 mm
  - – Ausführung ....

Fortsetzung Einzelangaben nach Pos. 563

530 Klinkerpflaster
540 Klinkerpflaster DIN 18318
550 Klinkerpflaster nach den Richtlinien für die Verwendung von Klinkern im Straßenbau
Einzelangaben nach DIN 18318 zu Pos. 530 bis 550
- Klinkerart
  - – aus Straßenklinkern
  - – aus Straßenklinkern Druckfestigkeit 150 bis 170 N/mm^2
  - – aus ....
- Format: 195/85/48 mm – 195/85/64 mm – 195/85/92 mm – 200/70/100 mm – 200/100/100 mm – 240/118/45 mm – 240/118/52 mm – 240/118/62 mm – ....
- Ausführungsart
  - – Ausführung in Reihen – im Verband – um Einbauten
  - – Ausführung gemäß Zeichnung Nr. ...., Einzelbeschreibung Nr. ....
  - – Ausführung ....
    - – – als Flachschicht – als Rollschicht

Fortsetzung Einzelangaben nach Pos. 563

STLB 080

Ausgabe 06.02

LB 080 Straßen, Wege, Plätze
Pflasterdecken; Pflaster-Sonderbauarten; Grobkiesschüttung

560 Rundholzpflaster
561 Rundholzpflaster aus Kiefer
562 Rundholzpflaster aus Eiche
563 Rundholzpflaster ....
   Einzelangaben nach DIN 18318 zu Pos. 560 bis 563
   - Imprägnierung
     - - druckimprägniert DIN 68800 mit kupfer–chrom–haltigen Salzen
     - - druckimprägniert DIN 68800 mit teerölhaltigem Holzschutzmittel
     - - ....
   - mittlerer Durchmesser: 80 mm – 100 mm – 150 mm – 300 mm – ....
   - Höhe: 100 mm – 120 mm – 150 mm – 200 mm – ....
   - Ausführungsart
     - - Ausführung in unregelmäßigem Verband
     - - Ausführung gemäß Zeichnung Nr. ...., Einzelbeschreibung Nr. ....
     - - Ausführung ....
   Fortsetzung Einzelangaben nach Pos. 563

   Einzelangaben, Fortsetzung zu Pos. 410 bis 563
   - Farbton, Oberfläche
     - - bei Betonpflaster
       - - - Farbton zementgrau
       - - - Oberfläche eingefärbt, Farbton: weiß – schwarz – rot – ....
       - - - Oberfläche Waschbeton
       - - - Oberfläche ....
     - - bei Klinkerpflaster
       - - - Farbton ....
   - Erzeugnis ....
     (Sofern nicht vorgeschrieben, vom Bieter einzutragen, sofern vorgeschrieben, mit Hinweis "oder gleichwertiger Art")
   - Einbauort
     - - in Fahrbahnen
     - - in Zwickeln und Streifen
     - - in Gleisbereichen
     - - in Gehwegen
     - - in Gehwegüberfahrten
     - - in Einzelflächen, Abmessungen ....
     - - in Streifen, Abmessungen ....
     - - auf Böschungen
     - - ....
   - Pflasterbett
     - - Pflasterbett aus: Sand – Kiessand – Sand oder Kiessand – Zementmörtel auf Betontragschicht – Kalkzementmörtel – Trass–Kalkmörtel – Trasszementmörtel – Beton B 10 (Bn 100) – ....
       - - - Dicke: 3 cm – 4 cm – 5 cm – 6 cm – 8 cm – 10 cm – 15 cm – 20 cm – ....
   - Pflasterfugen
     - - Pflasterfugen mit Sand einschlämmen
     - - Pflasterfugen mit Kiessand einschlämmen
     - - Pflasterfugen mit Mörtel einschlämmen, Flächen reinigen
     - - Pflasterfugen mit Mörtel vergießen
     - - Pflasterfugen mit bituminöser Pflastervergussmasse vergießen
     - - Pflasterfugen mit Splitt und bituminösem Bindemittel füllen
     - - Pflasterfugen verfugen mit Mörtel MG III als Fugenglattstrich
     - - Pflasterfugen mit seitlich lagerndem Oberboden füllen
     - - Pflasterfugen ....
   - Leistungsumfang
     - - einschl. der erforderlichen Rand– und Abschlusssteine, sowie Kurvensätze
       - - - an Einbauten und Begrenzungen sind die Steine anzupassen
       - - - Anschlüsse an Einbauten und Begrenzungen sind mit kleinformatigem Pflaster im Mörtelbett herzustellen
       - - - Anschlüsse an Einbauten und Begrenzungen
         - - - - gebrauchte Steine dürfen verwendet werden
   - Berechnungseinheit m^2

565 Pflaster
   Einzelangaben nach DIN 18318
   - Baustoff
     - - aus Flusskiesel ....
     - - aus Flusskiesel, Herkunft ....
       (Sofern nicht vorgeschrieben, vom Bieter einzutragen)
     - - aus Seekiesel
     - - aus Seekiesel, Herkunft ....
       (Sofern nicht vorgeschrieben, vom Bieter einzutragen)
     - - aus Feldsteinen
       - - - rund
       - - - rund, gespalten
       - - - ....
       - - - aus gespaltenen Natursteinen, Gesteinsart / Herkunft ....
         (Sofern nicht vorgeschrieben, vom Bieter einzutragen)
     - - aus ....
   - Abmessungen
     - - Steinhöhe ....
     - - Durchmesser: 60 bis 90 mm – 60 bis 120 mm – 90 bis 120 mm – 90 bis 150 mm – ....
   - Einbauart
     - - als geschlossene Flächen
     - - als gegliederte Flächen
     - - als Bänder, Breite ....
     - - gemäß Zeichnung Nr. ....
     - - ....
   - Bettung
     - - Bettung in Mörtel MG III, Dicke: 5 cm – 6 cm – 8 cm
     - - Bettung in Trasszementmörtel MG III, Dicke: 5 cm – 6 cm – 8 cm
     - - Bettung in Beton B 15 (Bn 150)
     - - Bettung ....
   - Einbindetiefe
     - - Einbindetiefe halbe Steinhöhe
     - - Einbindetiefe ....
   - Fugenausbildung
     - - Fugen dicht gestoßen
     - - Fugenbreite ....
   - Berechnungseinheit m, m^2

566 Grobkiesschüttung
   Einzelangaben nach DIN 18318
   - Baustoff
     - - aus Flusskies
     - - aus Flusskies, gewaschen
     - - aus Grubenkies
     - - aus Grubenkies, gewaschen
     - - aus Seekies
     - - ....
       - - - Herkunft ....
         (Sofern nicht vorgeschrieben, vom Bieter einzutragen)
   - Körnung: 4/8 mm – 8/16 mm – 16/32 mm – 32/63 mm – über 63 mm – ....
   - Schichtdicke: 5 cm – 8 cm – 10 cm – 15 cm – 20 cm – 25 cm – 30 cm – ....
   - Einbauart
     - - als Flächenschüttung
     - - als Bänder
     - - als Traufstreifen
     - - ....
       - - - Breite der Schüttung ....
   - Unterlage
     - - einschl. Unterlage aus Kunststofffolie, Farbton schwarz, Dicke: 0,5 mm – ....
     - - einschl. ....
   - Berechnungseinheit m, m^2, m^3, t

LB 080 Straßen, Wege, Plätze
Pflaster umpflastern

STLB 080
Ausgabe 06.02

570 **Umpflastern von in Sandbettung liegendem Pflaster, einschl. Reinigen der Steine.**
Unbrauchbare Stoffe werden Eigentum des AN und sind zu beseitigen
Einzelangaben nach DIN 18318
- Ausführungsbereich
  - – Ausführung in Fahrbahnen
  - – Ausführung in Zwickeln und Streifen
  - – Ausführung in Gleisbereichen
  - – Ausführung in Gehwegen
  - – Ausführung in Gehwegüberfahrten
  - – Ausführung in Einzelflächen, Abmessungen ....
  - – Ausführung auf Böschungen
  - – ....
- Pflasterart
  - – Großpflaster – Kleinpflaster – Mosaikpflaster
    - – – aus Natursteinen – aus ....
  - – Beton–Verbundsteinpflaster
  - – Betonpflaster
  - – Pflaster aus Rasen–Gittersteinen
  - – Rundholzpflaster
  - – Klinkerpflaster – Klinkerpflaster, Steinformat ....
    - – – in Flachschichten – in Rollschichten
  - – ....
- Ausführungsart
  - – im Verband
  - – im Netzverband
  - – in Reihen
  - – in Bögen
  - – um Einbauten
  - – gemäß Zeichnung Nr. ...., Einzelbeschreibung Nr. ....
  - – entsprechend der ursprünglichen Ausführung
- Pflasterbett
  - – Pflasterbett aus: Sand – Kiessand – Sand oder Kiessand – ....
- Pflasterfugen
  - – Pflasterfugen mit Sand einschlämmen
  - – Pflasterfugen mit Kiessand einschlämmen
  - – Pflasterfugen mit Mörtel einschlämmen, Flächen reinigen
  - – Pflasterfugen mit Mörtel vergießen
  - – Pflasterfugen mit bituminöser Pflastervergussmasse vergießen, Vergusstiefe 30 mm
  - – Pflasterfugen mit Splitt und bituminösen Bindemitteln füllen
  - – Pflasterfugen verfugen mit Mörtel MG III als Fugenglattstrich
  - – Pflasterfugen mit seitlich lagerndem Oberboden füllen
  - – Pflasterfugen ....
- Streifenbreite: 20 cm – 30 cm – 40 cm – ....
- Streifen: einzeilig – zweizeilig – ....
- Leistungsumfang
  - – fehlende Steine werden gesondert vergütet
  - – fehlende Steine werden vom AG beigestellt
  - – fehlende Steine ....
- Abrechnungshinweise
  - – Abrechnung nach Anzahl der Einbauten ....
  - – Abmessungen der Einzelflächen ....
- Berechnungseinheit m², m, Stück

Markierungen, Intarsien in Pflasterflächen

580 **Markierungen in vorbeschriebenen Pflasterflächen**
581 **Intarsien (Einlegearbeiten) in vorbeschriebenen Pflasterflächen**
Einzelangaben nach DIN 18318 zu Pos. 580, 581
- Steinart
  - – mit andersfarbigen Natursteinen
  - – mit Steinen mit eingefärbter Oberfläche
  - – mit durchgefärbten Steinen
  - – mit ....
- Farbton: weiß – gelb – rot – braun – schwarz – ....
- Erzeugnis ....
  (Sofern nicht vorgeschrieben, vom Bieter einzutragen, sofern vorgeschrieben, mit Hinweis "oder gleichwertiger Art")
- Einbauart
  - – Verlegung in Streifen
  - – Verlegung in kleinen Einzelflächen
  - – Verlegung in Teilflächen
  - – Verlegung ....
  - – Verlegung in durchgehenden Reihen
  - – Verlegung in unterbrochenen Reihen
    - – – Abmessungen .... (bei Abrechnung nach Stück)
    - – – Breite .... (bei Abrechnung nach m)
- Ausführungsart
  - – Ausführung gemäß Zeichnung Nr. ...., Einzelbeschreibung Nr. ....
  - – Ausführung ....
- Abrechnungshinweise
  - – Abrechnung ....
- Berechnungseinheit m², m, Stück

STLB 080

LB 080 Straßen, Wege, Plätze
Pflasterstreifen

Ausgabe 06.02

590 Pflasterstreifen
591 Pflasterstreifen DIN 18318
592 Pflasterstreifen nach dem Merkblatt für die Herstellung von Natursteinpflaster
593 Pflasterstreifen nach dem Merkblatt für die Herstellung von Betonsteinpflaster
Einzelangaben nach DIN 18318 zu Pos. 590 bis 593
- Einbaubereich
  - - als Randeinfassung
  - - als Randeinfassung, hochgesetzt, mit einseitiger Rückenstütze aus Beton
  - - als Mulde
  - - als Rinne
  - - als Flächenaufteilung
  - - als Gleisauspflasterung
  - - um Einbauten
  - - ....
- Breite
  - - einzeilig – zweizeilig – dreizeilig – vierzeilig – fünfzeilig
  - - Breite ....
  - - gemäß Zeichnung Nr. ...., Einzelbeschreibung Nr. ....
  - - ....
- Pflasterart, Größe
  - - aus Kleinpflastersteinen aus Naturstein
    - - - Größe 1, 100/100/100 mm Güteklasse: I DIN 18502 – II DIN 18502
    - - - Größe 2, 90/90/90 mm Güteklasse: I DIN 18502 – II DIN 18502
    - - - Größe 3, 80/80/80 mm Güteklasse: I DIN 18502 – II DIN 18502
    - - - ....
  - - aus Großpflastersteinen aus Naturstein
    - - - Größe 1, 160/(160–220)/160 mm, Güteklasse: I DIN 18502 – II DIN 18502
    - - - Größe 2, 160/(160–220)/140 mm, Güteklasse: I DIN 18502 – II DIN 18502
    - - - Größe 3, 140/(140–200)/150 mm, Güteklasse: I DIN 18502 – II DIN 18502
    - - - Größe 4, 140/(140–200)/130 mm, Güteklasse: I DIN 18502 – II DIN 18502
    - - - Größe 5, 120/(120–180)/130 mm, Güteklasse: I DIN 18502 – II DIN 18502
    - - - ....
  - - aus Mosaikpflastersteinen aus Naturstein
    - - - Größe 1, 60/60/60 mm Güteklasse: I DIN 18502 – II DIN 18502
    - - - Größe 2, 50/50/50 mm Güteklasse: I DIN 18502 – II DIN 18502
    - - - Größe 3, 40/40/40 mm Güteklasse: I DIN 18502 – II DIN 18502
    - - - ....
  - - aus Betonpflastersteinen DIN 18501
    - - - Größe 1, 160/160/140 mm
    - - - Größe 2, 160/240/140 mm
    - - - Größe 3, 160/160/120 mm
    - - - Größe 4, 160/240/120 mm
    - - - Größe 5, 100/200/100 mm
    - - - Größe 6, 100/100/80 mm
    - - - ....
  - - aus Betonverbundsteinen entsprechend DIN 18501
    - - - Höhe: 60 mm – 80 mm – 100 mm – 112,5 mm
      - - - - Oberfläche eingefärbt, Farbton ....
      - - - - Oberfläche Waschbeton
      - - - - Oberfläche ....
  - - aus Klinkern
    - - - Format: 195/85/48 mm – 195/85/64 mm – 195/85/92 mm – 200/70/100 mm – 200/100/100 mm – 240/118/45 mm – 240/118/52 – 240/118/62 mm – ....
  - - aus Rundholzpflaster, Abmessungen ....
  - - aus ....
- Erzeugnis ....
  (Sofern nicht vorgeschrieben, vom Bieter einzutragen, sofern vorgeschrieben, mit Hinweis "oder gleichwertiger Art")
- Pflasterbett
  - - Pflasterbett aus: Sand – Kiessand – Sand oder Kiessand – Zementmörtel auf Betontragschicht – Kalkzementmörtel – Trasszementmörtel – Trass–Kalkmörtel – Beton B 10 (Bn 100) – ....
    - - - Dicke: 3 cm – 4 cm – 5 cm – 6 cm – 8 cm – 10 cm – 15 cm – 20 cm – ....
- Pflasterfugen
  - - Pflasterfugen mit Sand einschlämmen
  - - Pflasterfugen mit Kiessand einschlämmen
  - - Pflasterfugen mit Mörtel einschlämmen, Flächen reinigen
  - - Pflasterfugen mit Mörtel vergießen, Vergusstiefe 30 mm
  - - Pflasterfugen mit Pflastervergussmasse vergießen, Vergusstiefe 30 mm
  - - Pflasterfugen mit Splitt und bituminösen Bindemittel füllen, Vergusstiefe 50 mm
  - - Pflasterfugen verfugen mit Mörtel MG III als Fugenglattstrich
  - - Pflasterfugen ....
- Leistungsumfang
  - - einschl. der erforderlichen Rand– und Abschlusssteine, sowie Kurvensätze
    - - - an Einbauten und Begrenzungen sind die Steine anzupassen
    - - - Anschlüsse an Einbauten und Begrenzungen ....
      - - - - gebrauchte Steine dürfen verwendet werden
      - - - - Steine werden vom AG beigestellt
      - - - - gebrauchte Steine werden vom AG beigestellt
    - - - - ....
- Berechnungseinheit m

LB 080 Straßen, Wege, Plätze
Plattenbeläge

STLB 080

Ausgabe 06.02

630 Plattenbelag
640 Plattenbelag DIN 18318
650 Plattenbelag einschl. der erforderlichen Rand- und Abschlussplatten
660 Plattenbelag DIN 18318 einschl. der erforderlichen Rand- und Abschlussplatten
Einzelangaben nach DIN 18318 zu Pos. 630 bis 660
- Einbaubereich
  - – in Gehwegen
  - – in Gehwegüberfahrten
  - – in Zwickeln und Streifen
  - – in Gleisbereichen
  - – auf Plätzen
  - – auf Böschungen
  - – auf Treppen und Podesten
  - – in Einzelflächen, Abmessungen ....
  - – ....
- Plattenart, Plattengröße
  - – aus Gehwegplatten DIN 485, Größe: 300 – 350 – 400 – 500
  - – aus Gehwegplatten entsprechend DIN 485, jedoch Abmessungen ....
  - – aus Betonplatten entsprechend DIN 485, Dicke: 40 mm – 50 mm – 60 mm – 65 mm – 70 mm – ....
  - – aus Gartenplatten, Dicke ....
    - – – Größe: 300 mm x 300 mm –
      400 mm x 400 mm – 500 mm x 500 mm –
      1000 mm x 1000 mm –
      250/500 mm x 500 mm –
      250/500/750 mm x 500 mm –
      200/400/600 mm x 400 mm – ....
      - – – – Oberfläche: rau – glatt – glatt, eingefärbt, Farbton .... – ausgewaschen – geschliffen – sandgestrahlt – ....
        (Sofern nicht vorgeschrieben, vom Bieter einzutragen)
        - – – – – Platten einschichtig
        - – – – – Platten einschichtig, Zuschlagstoff Hartgestein und quarzhaltiger Natursand
        - – – – – Platten einschichtig, Zuschlagstoff ....
          (Sofern nicht vorgeschrieben, vom Bieter einzutragen)
          hell–reflektierend
        - – – – – Platten zweischichtig
        - – – – – Platten zweischichtig, Vorsatzmaterial aus ungebrochenem Hartgestein und quarzhaltigem Natursand, hell–reflektierend
        - – – – – Platten zweischichtig, Vorsatzmaterial aus gebrochenem Hartgestein und quarzhaltigem Natursand
        - – – – – Platten zweischichtig, Vorsatzmaterial aus gebrochenem Hartgestein und quarzhaltigem Natursand, hell–reflektierend
        - – – – – ....
  - – aus Natursteinplatten, Dicke ....
    - – – Größe: 300 mm x 300 mm –
      400 mm x 400 mm –
      500 mm x 500 mm
    - – – Breite: 300 mm – 400 mm – 500 mm
    - – – Breite 300 mm, Mindestlänge 300 mm
    - – – Breite 400 mm, Mindestlänge 400 mm
    - – – Breite 500 mm, Mindestlänge 500 mm
    - – – mit polygonaler Form, Größe ....
      - – – – Gesteinsart: Granit – Quarzit – Sandstein – Schiefer – Kalkstein – Travertin – Basalt – ....
        - – – – – Oberfläche: spaltrau – gesägt – gespitzt – gestockt – geschurt – geschliffen – ....
  - – aus ....
- Erzeugnis ....
  (Sofern nicht vorgeschrieben, vom Bieter einzutragen, sofern vorgeschrieben, mit Hinweis "oder gleichwertiger Art")

- Plattenbett
  - – – Verlegung in: Sand – Kiessand – Kalkmörtel – Kalkmörtel, Bindemittel hochhydraulischer Kalk – Trass–Kalkmörtel – Kalkzementmörtel – Trasszementmörtel – Zementmörtel – ....
- Verlegeart, Verband
  - – – in parallelen Reihen
  - – – in parallelen Reihen mit versetzten Fugen
  - – – mit Kreuzfugen
  - – – diagonal
  - – – im römischen Verband
  - – – gemäß Zeichnung Nr. ...., Einzelbeschreibung Nr. ....
  - – – ....
- Fugen
  - – – Fugen mit Sand einschlämmen
  - – – Fugen mit Kiessand einschlämmen
  - – – Fugen mit Kalkmörtel einschlämmen, Flächen reinigen
  - – – Fugen mit Trasszementmörtel einschlämmen, Flächen reinigen
  - – – Fugen mit Zementmörtel MG III einschlämmen
  - – – Fugen mit Zementmörtel MG III als Fugenglattstrich schließen
  - – – Fugen ....
- Leistungsumfang
  - – – einschl. Umpflasterung der Einbauten mit kleinformatigem Pflaster
  - – – ....
- Berechnungseinheit m²

670 Umlegen von Plattenbelag einschl. Reinigen der Platten
Einzelangaben nach DIN 18318
- Einbaubereich
  - – – Ausführung: in Gehwegen – in Verkehrsinseln – in Einzelflächen, Abmessungen .... – in Plätzen – ....
- Plattenart
  - – – Platten aus: Beton – Naturstein – ....
- Verlegeart
  - – – verlegen entsprechend der ursprünglichen Ausführung
  - – – verlegen in parallelen Reihen
  - – – verlegen in parallelen Reihen mit versetzten Fugen
  - – – verlegen mit Kreuzfugen
  - – – diagonal verlegen
  - – – verlegen im römischen Verband
  - – – verlegen gemäß Zeichnung Nr. ....
  - – – verlegen ....
- Plattenbett
  - – – in Sand
  - – – in Kiessand
  - – – in Kalkmörtel
  - – – in Kalkmörtel, Bindemittel hochhydraulischer Kalk
  - – – in Trass–Kalkmörtel
  - – – in Kalkzementmörtel
  - – – in Trasszementmörtel
  - – – in Zementmörtel
  - – – ....
- Fugen
  - – – Fugen mit Sand einschlämmen
  - – – Fugen mit Kiessand einschlämmen
  - – – Fugen mit Kalkmörtel einschlämmen, Flächen reinigen
  - – – Fugen mit Trasszementmörtel einschlämmen, Flächen reinigen
  - – – Fugen mit Zementmörtel MG III einschlämmen
  - – – Fugen mit Zementmörtel MG III als Fugenglattstrich schließen
  - – – Fugen ....
- Leistungsumfang
  - – – einschl. Umpflasterung der Einbauten mit kleinformatigem Pflaster
  - – – ....
- Schuttbeseitigung
  - – – unbrauchbare Stoffe werden Eigentum des AN und sind zu beseitigen
- Berechnungseinheit m²

STLB 080
Ausgabe 06.02

LB 080 Straßen, Wege, Plätze
Borde, Einfassungen

672 Bordsteine aus Beton
673 Bordsteine aus Beton als Bogensteine
Einzelangaben nach DIN 18315/18318 zu Pos. 672, 673
- Radius von Bogensteinen
  - – R = ...
- Typ, Abmessungen
  - – entsprechend DIN 483
    - – – A 1 (240/250) – A 2 (180/350) –
      A 3 (180/300) – A 4 (150/300) –
      A 5 (150/250) – B 6 (120/300) –
      B 7 (100/250) – B 8 (80/200) – ....
    - – – Abmessungen: 50/200 mm – 50/250 mm –
      60/200 mm – 60/250 mm – 60/300 mm –
      80/250 mm – 80/300 mm – 100/300 mm –
      ....
  - – mit Fase, entsprechend DIN 483
  - – abgerundete Form (r = 500 mm), entsprechend DIN 483
    - – – Abmessungen: 300/200 mm –
      180/220 mm – 150/220 mm –
      120/200 mm – 120/160 mm –
      85/175 mm – 50/200 mm
    - – – Abmessungen: 160/180/160 m –
      150/300/300 mm – 100/200/250 mm –
      50/100/200 mm – ....
  - – entsprechend DIN 483, jedoch Flachbordstein
    - – – Abmessungen 300/200 mm, Abschrägung 200/150 mm, Breite der Trittfläche 100 mm
    - – – Abmessungen 250/200 mm, Abschrägung 100/70 mm, Breite der Trittfläche 100 mm
    - – – ....
  - – entsprechend DIN 483, jedoch als Schrägbordstein
    - – – Abmessungen gemäß Zeichnung Nr. ....
    - – – Abmessungen ....
- Aufbau, Zuschlagstoffe
  - – einschichtig
    - – – Zuschlag: gebrochenes Hartgestein – gebrochenes Hartgestein und quarzhaltiger Natursand – Kiessand – ....
  - – zweischichtig
  - – zweischichtig, hell
  - – zweischichtig, dunkel
  - – zweischichtig ....
    - – – Zuschlag des Vorsatzbetons aus gebrochenem Hartgestein
    - – – Zuschlag des Vorsatzbetons aus gebrochenem Hartgestein und quarzhaltigem Natursand
    - – – Zuschlag des Vorsatzbetons ....

675 Bordsteine aus Naturstein
680 Bordsteine aus Naturstein als Außen-Kurvensteine
690 Bordsteine aus Naturstein als Innen-Kurvensteine
700 Bordsteine aus Naturstein als Außen- und Innen-Kurvensteine
Einzelangaben nach DIN 18315/18318
zu Pos. 675 bis 700
- Radius von Kurvensteinen/Bogensteinen
  - – Radius R = : bis 0,5 m – über 0,5 bis 1,0 m –
    über 1,0 bis 2,5 m – über 2,5 bis 5,5 m –
    über 5,5 bis 10,0 m – über 10,0 m – ....
- Typ, Abmessungen
  - – entsprechend DIN 482
    - – – A 1 (300/250) – A 2 (180/250) –
      A 3 (180/300) – A 4 (150/250) –
      A 5 (150/300) – B 6 (140/250 bis 280) –
      B 6 (120/250 bis 280) –
      B 7 (140 bis 150/250 bis 300) –
      B 7 (120 bis 140/250 bis 300) –
      B 7 (100 bis 120/250 bis 300)
    - – – Abmessungen: 350 mm bis 450 mm x
      300 mm – 100 mm x 200 mm x 250 mm –
      150 mm x 300 mm x 300 mm –
      80 bis 100 mm x 160 mm bis 180 mm –
      170 bis 190 mm x 210 bis 230 mm –
      300 mm x 250 mm – 230 mm x 300 mm –
      140 mm x 160 mm – ....
  - – entsprechend DIN 482 für Einfassungen von ....
    - – – Abmessungen 30 bis 40 mm x 300 mm –
      40 bis 50 mm x 300 mm –
      50 bis 60 mm x 300 mm –
      60 bis 80 mm x 300 mm – ....

- Gesteinsart
  - – aus Granit
  - – aus Basalt
  - – aus Sandstein
  - – ....
    - – – Ursprungsort ....
      (Sofern nicht vorgeschrieben, vom Bieter einzutragen)
- Art der Verlegung
  - – als Hochbord verlegen
  - – als Hochbord verlegen, einschl. der Absenkungen
  - – als Hochbord ohne Rückenstütze verlegen
  - – als Tiefbord verlegen
  - – als Tiefbord ohne Rückenstütze verlegen
  - – als Tiefbord mit beiderseitiger Rückenstütze entsprechend DIN 18318 verlegen
  - – als Hochbord verlegen gemäß Zeichnung Nr. ....
  - – als Tiefbord verlegen gemäß Zeichnung Nr. ....
  - – ....
- Bettung
  - – Bettung aus Kiessand
  - – Bettung aus Kiessand, Dicke ....
  - – Bettung aus Kiessand, an den Fugen jedoch Betonbettung mit Rückenstütze
  - – Bettung aus Kiessand, Dicke ...., an den Fugen jedoch Betonbettung mit Rückenstütze
  - – Bettung in Mörtel MG III, Dicke: bis 5 cm – ....
  - – Bettung in Beton: B 10 (Bn 100) – B 15 (Bn 150)
  - – Bettung ....
- Fugen
  - – Fugen dicht gestoßen
  - – Fugenbreite 10 bis 15 mm, Fugen mit Zementmörtel verfugen
  - – Fugenbreite 10 bis 15 mm, Fugen mit Zementmörtel verfugen und vergießen
  - – Fugenbreite 10 bis 15 mm, Fugen mit Zementmörtel verfugen und vergießen, im Abstand von ca. 8 m durchgehende Bewegungsfugen im Unterbeton und an den Bordsteinfugenstößen ausbilden
  - – Fugenbreite 10 bis 15 mm, Fugen mit Zementmörtel verfugen und vergießen, im Abstand von ca. 8 m durchgehende Bewegungsfugen im Unterbeton und an den Bordsteinfugenstößen durch Trennschichten aus Bitumenpappe oder Schaumkunststoff ausbilden
  - – Fugenbreite 10 bis 15 mm, Fugenfüllung mit bituminösen Fugenscheiben
  - – Fugenbreite 10 bis 15 mm, Fugenfüllung mit bituminösen Fugenscheiben, im Abstand von ca. 8 m durchgehende Bewegungsfugen im Unterbeton ausbilden
  - – ....
- Leistungsumfang, Hinweise zur Leistung
  - – Kurven können mit geraden Bordsteinen ausgeführt werden, Steinlänge mind. 250 mm, sie werden nicht gesondert vergütet
  - – Kurven können mit geraden Bordsteinen ausgeführt werden, Steinlänge 250 bis 500 mm, sie werden nicht gesondert vergütet
    - – – gebrauchte Bordsteine dürfen verwendet werden
      - – – – besondere Maßnahmen ....
- Berechnungseinheit m

LB 080 Straßen, Wege, Plätze
Borde, Einfassungen

STLB 080

Ausgabe 06.02

710 Vorhandene Borde höhen- und fluchtgerecht ausrichten
720 Vorhandene Borde mit Kurven höhen-, flucht-, bzw. radiengerecht ausrichten
730 Vorhandene Borde in Kurven höhen- und radiengerecht ausrichten
Einzelangaben nach DIN 18315/18318
zu Pos. 710 bis 730
- Art der Anordnung
  - - als Hochbord
  - - als Hochbord ohne Rückenstütze
  - - als Tiefbord
  - - als Tiefbord ohne Rückenstütze
  - - als Tiefbord mit beidseitiger Rückenstütze
  - - als Tiefbord gemäß Zeichnung Nr. ....
  - - als Hochbord gemäß Zeichnung Nr. ....
  - - ....
- Werkstoff, Typ, Abmessungen
  - - Bordsteine aus Beton DIN 483
    - - - A 1 (240/250) – A 2 (180/350) – A 3 (180/300) – A 4 (150/300) A 5 (150/300) – B 6 (120/300) – B 7 (100/250) – B 8 (80/200)
  - - Bordsteine aus Beton mit Fase, entsprechend DIN 483
  - - Bordsteine aus Beton, abgerundete Form (r = 50 mm), entsprechend DIN 483
    - - - Abmessungen: 300/200 mm – 180/220 mm – 150/220 mm – 120/200 mm – 120/160 mm – 85/175 mm – 50/200 mm – ....
    - - - Abmessungen: 160/180/160 mm – 150/300/300 mm – 100/200/250 mm – 50/100/200 mm – ....
  - - Bordsteine aus Naturstein DIN 482
    - - - A 1 (300/250) – A 2 (180/250) – A 3 (180/250) – A 4 (150/250) – A 5 (150/300) – B 6 (140/250 bis 280) – B 6 (120/250 bis 280) – B 7 (140 bis 150/250 bis 300) – B 7 (120 bis 140/250 bis 300) – B 7 (100 bis 120/250 bis 300)
    - - - Abmessungen: 350 mm bis 450 mm x 300 mm – 100 mm x 200 mm x 250 mm – 150 mm x 300 mm x 300 mm – 80 mm x 100 mm x 160 mm x 180 mm – 170 bis 190 mm x 210 bis 230 mm – 300 mm x 250 mm – 230 mm x 300 mm – 140 mm x 160 mm – ....
  - - Bordsteine ....
- Vorhandene Bettung
  - - vorhandene Bettung aus: Kiessand – Kies – Beton
  - - vorhandene Bettung und Rückenstütze aus Beton
  - - ....
- Bordsteine
  - - Bordsteine freilegen und säubern
    - - - nicht mehr verwendbare Stoffe werden Eigentum des AN und sind zu beseitigen
    - - - nicht mehr zur Verlegung verwendbare Steine sind zum Lagerplatz des AG zu fördern und abzuladen, unbrauchbare Stoffe werden Eigentum des AN und sind zu beseitigen
      - - - - Lieferung von Ersatzsteinen wird gesondert vergütet
      - - - - Ersatzsteine werden beigestellt
      - - - - Ersatzsteine sind vom Lagerhof des AG abzuholen, Förderweg ....
      - - - - Ersatzsteine sind zu übernehmen und zur Baustelle zu fördern, Förderweg ....
  - - ....
- Ergänzen der Bettung
  - - Unterfüllen mit Kiessand
  - - Unterfüllen mit Kiessand, jedoch an den Fugen Betonbettung mit Rückenstütze
  - - Unterfüllen mit Zementmörtel
  - - Unterfüllen mit Beton
  - - Unterfüllen und Rückenstütze aus Beton
  - - Unterfüllen ....
    - - - Dicke: bis 5 cm – über 5 bis 10 cm – über 10 bis 15 cm – über 15 bis 20 cm – über 20 bis 25 cm – ....
- Fugen
  - - Fugen dicht gestoßen
  - - Fugenbreite 10 bis 15 mm, Fugen mit Zementmörtel verfugen
  - - Fugenbreite 10 bis 15 mm, Fugen mit Zementmörtel verfugen und vergießen
  - - Fugenbreite 10 bis 15 mm, Fugen mit Zementmörtel verfugen und vergießen, im Abstand von ca. 8 m durchgehende Bewegungsfugen im Unterbeton und an den Bordsteinfugenstößen ausbilden
  - - Fugenbreite 10 bis 15 mm, Fugen mit Zementmörtel verfugen und vergießen, im Abstand von ca. 8 m durchgehende Bewegungsfugen im Unterbeton und an den Bordsteinfugenstößen durch Trennschichten aus Bitumenpappe oder Schaumkunststoff ausbilden
  - - Fugenbreite 10 bis 15 mm, Fugenfüllung mit bituminösen Fugenscheiben
  - - Fugenbreite 10 bis 15 mm, Fugenfüllung mit bituminösen Fugenscheiben, im Abstand von ca. 8 m durchgehende Bewegungsfugen im Unterbeton ausbilden
  - - ....
- Leistungsumfang, besondere Maßnahmen
  - - einschl. der erforderlichen Erdarbeiten
  - - Erdarbeiten werden gesondert vergütet
    - - - besondere Maßnahmen ....
- Berechnungseinheit m

740 Einfassung aus Betonfertigteilen
Einzelangaben nach DIN 18315/18318
- Oberfläche
  - - Oberfläche: schalungsrau – glatt
  - - Oberfläche: einseitig Waschbeton aus .... – zweiseitig Waschbeton aus .... – dreiseitig Waschbeton aus ....
  - - Oberfläche: einseitig Strukturbeton – zweiseitig Strukturbeton – dreiseitig Strukturbeton
  - - Oberfläche ....
- Abmessungen: 12/25 cm – 12/50 cm – 15/25 cm – 15/30 cm – 20/30 cm – 20/40 cm – 25/50 cm – ....
- Einzellänge: 50 cm – 75 cm – 100 cm – ....
- Fugenstöße
  - - Fugenstöße mit Nut und Feder
  - - Fugenstöße mit Hohlkehlen mit eingelegtem PVC-Profil
  - - Fugenstöße ....
- Erzeugnis ....
(Sofern nicht vorgeschrieben, vom Bieter einzutragen, sofern vorgeschrieben, mit Hinweis "oder gleichwertiger Art")
- Bettung
  - - Bettung aus Kiessand, Dicke: 5 cm – 20 cm
  - - Bettung in Beton B 15 (Bn 150), Dicke 20 cm
  - - Bettung in Mörtel MG III, Dicke 5 cm
  - - ....
- Fugen
  - - Fugen dicht gestoßen
  - - Fugenbreite 10 bis 15 mm
  - - Fugenbreite ....
    - - - Fugen mit Zementmörtel: verfugen – vergießen
    - - - Fugen mit Kunststoffmörtel füllen
    - - - Fugen mit bituminöser Vergussmasse füllen
    - - - Fugenfüllung ....
      - - - - im Abstand von ca. 8 m durchgehende Bewegungsfugen im Unterbeton und an den Fertigteilstößen durch Trennschichten ausbilden, Dicke der Trennschicht 15 mm
- Ausführung gemäß Zeichnung Nr. ...., Einzelbeschreibung Nr. ....
- Leistungsumfang
  - - einschl. Ausbildung der Eck-, Abschluss- und Passstücke
- Berechnungseinheit m

STLB 080

Ausgabe 06.02

LB 080 Straßen, Wege, Plätze
Entwässerungsrinnen

750 Borde aus bituminösem Mischgut
751 Einfassung aus bituminösem Mischgut
 Einzelangaben nach DIN 18315/18318 zu Pos. 750, 751
 - Art der Anordnung
   -- als Hochbord - als Tiefbord - als Schrägbord -
   ....
 - Profil: 105/280/155 mm - 105/235/110 mm - ....
 - Mischgut
   -- aus splittarmen Asphaltbeton, Körnung: 0/11 mm -
   0/8 mm - ....
 - Ausführung .... gemäß Zeichnung Nr. ....,
   Einzelbeschreibung Nr. ....
 - Berechnungseinheit m

752 Bordsteinsichtflächen nacharbeiten
753 Bordstein–Schnurkante nacharbeiten
754 Bordsteinanlauf nacharbeiten
755 Bordsteinfase nacharbeiten
756 Bordsteinstoßflächen, rechtwinklig nacharbeiten
757 Bordsteinstoßflächen, auf Gehrung, nacharbeiten
758 Bordsteine auf Höhen von 150 bis 200 mm verringern
759 Bordsteinkopf abrunden
760 Bordsteinantrittflächen abschrägen
761 Bordstein–Passstück für Ausbesserungsarbeiten herstellen
 Einzelangaben nach DIN 18315/18318
 zu Pos. 752 bis 761
 - Art der Bordsteine
   -- Bordsteine entsprechend DIN 482
     --- A 1 (300/250) - A 2 (180/250) -
     A 3 (180/300) - A 4 (150/250) -
     A 5 (150/300) - B 6 (140/250 bis 280) -
     B 6 (120/250 bis 280) -
     B 7 (140 bis 150/250 bis 300) -
     B 7 (120 bis 140/250 bis 300) -
     B 7 (100 bis 120/250 bis 300)
     --- Abmessungen: 350 mm bis 450 mm x
     300 mm - 100 mm x 200 mm x 250 mm -
     150 mm x 300 mm x 300 mm -
     80 bis 100 mm x 160 mm bis 180 mm -
     170 bis 190 mm x 210 bis 230 mm -
     300 mm x 250 mm - 230 mm x 300 mm -
     140 mm x 160 mm - ....
     --- Abmessungen: 30 bis 40 mm x 300 mm -
     40 bis 50 mm x 300 mm -
     50 bis 60 mm x 300 mm -
     60 bis 80 mm x 300 mm - ....
   -- Bordsteine ....
     --- Abmessungen ....
 - Einzellänge ....
 - Ausführung .... gemäß Zeichnung Nr. ....,
   Einzelbeschreibung Nr. ....
 - Verfügung über Bauschutt
   -- anfallender Schutt wird Eigentum des AN und ist
   zu beseitigen
   -- anfallender Schutt ....
 - Berechnungseinheit Stück, m, m²

770 Blockstufe
780 Einzelstufe
790 Keilstufe
800 Stufe aus Platten
 Einzelangaben nach DIN 18315/18318
 zu Pos. 770 bis 800
 - Bauart, Betongüte, Vorsatzschicht
   -- als Betonfertigteil
   -- als Betonfertigteil, Tausalzeinwirkungen ausgesetzt
   -- als ....
     --- Betongüte: B 35 (Bn 350) - B 45 (Bn 450) -
     ....
       ---- einschichtig
       ---- einschichtig, Zuschlagstoff ....
       ---- zweischichtig
       ---- zweischichtig, Zuschlagstoff der Vorsatzschicht: Hartgestein - ....
     --- ....
 - Einzellänge: 100 cm - 125 cm - 150 cm - ....
 - Steigungsverhältnis: 10/44 cm - 12/44 cm -
   15/34 cm - 17/29 cm - ....
 - Abmessungen gemäß Zeichnung Nr. ....,
   Einzelbeschreibung Nr. ....
 - Oberfläche
   -- Trittfläche und Vorderseite
   -- Trittfläche, Vorderseite
   -- Trittfläche, Vorderseite und ein Kopf
   -- Trittfläche rau, Vorderseite und ein Kopf
   -- Trittfläche, Vorderseite und zwei Köpfe
   -- Flächen ....
     --- glatt
     --- geschliffen
     --- ausgewaschen
     --- betonwerksteinmäßig bearbeitet
     --- Art der Bearbeitung ....
   -- ....
 - Lieferwerk ....
   (Sofern nicht vorgeschrieben, vom Bieter einzutragen,
   sofern vorgeschrieben, mit Hinweis "oder gleichwertiger
   Art")
 - Bettung
   -- Bettung aus Kiessand, Dicke: 5 cm - 20 cm
   -- Bettung in Beton B 15 (Bn 150), Dicke 20 cm
   -- Bettung in Mörtel MG III, Dicke 5 cm
   -- ....
 - Fugen
   -- Fugen dicht gestoßen
   -- Fugen ....
 - Berechnungseinheit m

LB 080 Straßen, Wege, Plätze
Anpassen von Straßeneinbauten; Einbauteile

STLB 080

Ausgabe 06.02

810 Entwässerungsrinne aus Betonformsteinen, entsprechend "Vorläufige Richtlinien für die Herstellung und Güte sowie Verwendung von Bordrinnen- und Muldensteinen im Straßenbau"
Einzelangaben nach DIN 18315/18318
- Art der Betonformsteine
  - – Muldensteine Größe: 1, Abmessungen .... –
    2, Abmessungen .... – 3, Abmessungen ....
  - – Bordrinnensteine Größe: 1, Abmessungen .... –
    2, Abmessungen .... – 3, Abmessungen ....
  - – mit Winkelrinnensteinen, Abmessungen ....
  - – mit Rinnensteinen, Abmessungen ....
  - – mit Schlitzrinnensteinen (Schlitzrohre), Abmessungen ....
  - – mit Rinnenplatten, Abmessungen ....
  - – mit Hohlrinnen-Bordsteinen, Abmessungen ....
  - – mit ....
    - – – einschl. Absenk- und Übergangssteine
    - – – – einschl. Form- und Kurventeile
- Bauart, Vorsatzbeton
  - – einschichtig
    - – – Zuschlag: gebrochenes Hartgestein – gebrochenes Hartgestein und quarzhaltiger Natursand – Kiessand – ....
  - – zweischichtig
  - – zweischichtig: hell – dunkel – ....
    - – – Zuschlag des Vorsatzbetons: gebrochenes Hartgestein – gebrochenes Hartgestein und quarzhaltiger Natursand – ....
  - – ....
- Erzeugnis ....
  (Sofern nicht vorgeschrieben, vom Bieter einzutragen, sofern vorgeschrieben, mit Hinweis "oder gleichwertiger Art")
- Bettung
  - – Bettung in Mörtel MG III, Dicke 5 cm
  - – Bettung in Beton: B 10 (Bn 100) – B 15 (Bn 150)
    - – – Dicke: 10 cm – 15 cm – ....
  - – ....
- Rückenstütze aus Beton: B 10 (Bn 100), Abmessungen .... –
  B 15 (Bn 150), Abmessungen ....
- Rückenstütze ....
- Fugen
  - – Fugen dicht gestoßen
  - – Fugenbreite 10 bis 15 mm, Fugen mit Zementmörtel verfugen
  - – Fugenbreite 10 bis 15 mm, Fugen mit Zementmörtel verfugen und vergießen
  - – Fugenbreite 10 bis 15 mm, Fugen mit Zementmörtel verfugen und vergießen, im Abstand von ca. 8 m durchgehende Bewegungsfugen im Unterbeton und an den Bordsteinfugenstößen ausbilden
  - – Fugenbreite 10 bis 15 mm, Fugen mit Zementmörtel verfugen und vergießen, im Abstand von ca. 8 m durchgehende Bewegungsfugen im Unterbeton und an den Bordsteinfugenstößen durch Trennschichten aus Bitumenpappe oder Schaumkunststoff ausbilden
  - – Fugenbreite 10 bis 15 mm, Fugenfüllung mit bituminösen Fugenscheiben
  - – Fugenbreite 10 bis 15 mm, Fugenfüllung mit bituminösen Fugenscheiben, im Abstand von ca. 8 m durchgehende Bewegungsfugen im Unterbeton ausbilden
  - – ....
- Ausführung .... gemäß Zeichnung Nr. ...., Einzelbeschreibung Nr. ....
- Berechnungseinheit m

820 Entwässerungsrinne
821 Entwässerungsrinne aus Betonfertigteilen
822 Entwässerungsrinne aus Betonfertigteilen mit Eigengefälle
823 Entwässerungsrinne aus Polyesterbetonfertigteilen
824 Entwässerungsrinne aus Polyesterbetonfertigteilen mit Eigengefälle
825 Entwässerungsrinne aus Faserzementfertigteilen
826 Entwässerungsrinne aus Metallelementen, korrosionsgeschützt
Einzelangaben nach DIN 18315/18318
zu Pos. 820 bis 826
- Anwendungsbereich
  - – für Oberflächenentwässerung von: Fahrbahnen – Gehwegen – Parkflächen – Plätzen – Einfahrten – ....
- Weite innen: 100 mm – 125 mm – 150 mm – 175 mm – 200 mm – 250 mm – ....
- Rinnenabmessungen ....
- Abdeckrost
  - – Abdeckrost aus: feuerverzinktem Stahl – Gusseisen
    – Betonplatten – Polyesterbetonplatten – ....
    - – – Klasse: A DIN 1213, Prüfkraft .... –
      B DIN 1213, Prüfkraft .... –
      C DIN 1213, Prüfkraft .... –
      D DIN 1213, Prüfkraft .... –
      E DIN 1213, Prüfkraft .... –
      F DIN 1213, Prüfkraft .... –......., Prüfkraft ....
    - – – – Rosteinlaufquerschnitt
- Erzeugnis ....
  (Sofern nicht vorgeschrieben, vom Bieter einzutragen, sofern vorgeschrieben, mit Hinweis "oder gleichwertiger Art")
- Rinnenverlegung
  - – Rinnenverlegung in Mörtelbett, Dicke: mind. 5 cm – ....
  - – Rinnenverlegung in Beton B 15 (Bn 150), Dicke 10 cm
  - – Rinnenverlegung in Beton B 15 (Bn 150), Dicke 10 cm, mit: einseitiger Betonstütze, Breite 10 cm – beidseitiger Betonstütze, Breite 10 cm
  - – Rinnenverlegung ....
- Leistungsumfang / Zubehör
  - – einschl. Rinnenanfangs- und Endstücke
  - – einschl. Rinnenanfangs- und Endstücke sowie Befestigungselemente für die Arretierung der Abdeckung
  - – einschl. Rinnenanfangs- und Endstücke sowie Rohranschlussstücke, DN / Anzahl ....
  - – einschl. Rinnenanfangs- und Endstücke, Befestigungselemente für die Arretierung der Abdeckung sowie Rohranschlussstücke, DN / Anzahl ....
- Berechnungseinheit m

STLB 080
Ausgabe 06.02

LB 080 Straßen, Wege, Plätze
Fugen

830 Schachtabdeckung
831 Straßeneinlauf
832 Verschlusskappe
833 Schachtrost
834 Einlaufrinne
835 Regenfallrohreinlaufteil
836 Einbauteil ....
Einzelangaben nach DIN 18315/18318
zu Pos. 830 bis 836
- Abmessungen ....
- Arbeitsbereich
  - – in Fahrbahnen
  - – in Gehwegen
  - – in Radwegen
  - – in Gleisbereichen
  - – in Parkstreifen
  - – ....
- Art der Anpassung
  - – tiefer setzen
    - – – einschl. der erforderlichen Stemmarbeiten an Mauerwerk
    - – – einschl. der erforderlichen Stemmarbeiten an Beton
    - – – einschl. ....
  - – höher setzen
    - – – Ausführung mit Mauerziegeln DIN 105 und Mörtel MG III
    - – – Ausführung mit Vormauerziegeln DIN 105 und Mörtel MG III
    - – – Ausführung mit Beton B 15 (Bn 150) einschl. Schalung
    - – – Ausführung mit Auflageringen DIN 4034, Höhe: 40 mm – 60 mm – 80 mm
    - – – Ausführung mit ....
      - – – – Verlegung: in Mörtel MG III – ....
      - – – – Fugen glatt verstreichen
      - – – – neue Flächen verputzen mit Mörtel MG III, Oberfläche abreiben
      - – – – neue Flächen verputzen mit Mörtel MG III, Oberlfäche glätten
  - – höhenmäßig anpassen
  - – höhenmäßig anpassen, Ausführung ....
- Höhenänderung: bis 5 cm – über 5 bis 10 cm – über 10 bis 15 cm – über 15 bis 20 cm – über 20 bis 25 cm – über 25 bis 30 cm – ....
- Besondere Maßnahmen
- Verfügung über Schutt
  - – anfallender Schutt wird Eigentum des AN und ist zu beseitigen
  - – ....
- Berechnungseinheit Stück

840 Fußabtrittkasten
Einzelangaben nach DIN 18315/18318
- Bauart
  - – als Betonfertigteil
    - – – als Betonfertigteil mit Waschbetonsichtflächen
    - – – als Betonfertigteil mit Waschbetonsichtflächen aus ....
  - – aus Mauerwerk
    - – – aus Mauerwerk mit Bodenplatte B 15 (Bn 150), Dicke 10 cm, mit allseitigem Putz aus Mörtel MG III
  - – aus Ortbeton einschl. glatter Schalung
  - – aus ....
    - – – – Wanddicke: 10 cm – 11,5 cm – ....
      - – – – mit Oberflächenwasser–Versickerungsöffnung
      - – – – mit ....
- Außenabmessungen: 500/250/250 mm – 500/500/250 mm – 750/500/250 mm – 1000/500/250 mm – ....
- Abdeckrost
  - – Abdeckrost, feuerverzinkt
  - – Abdeckrost mit Zarge, feuerverzinkt
  - – Abdeckrost ....
    - – – Maschenweite: 20/20 mm – 30/15 mm – 40/10 mm – 40/15 mm – 50/10 mm – 50/15 mm – 60/10 mm – 60/15 mm – ....
    - – – – Tragstabquerschnitt: 20/3 mm – 20/4 mm – 30/3 mm – 30/4 mm – 40/3 mm – 40/4 mm – ....
- Erzeugnis ....
(Sofern nicht vorgeschrieben, vom Bieter einzutragen, sofern vorgeschrieben, mit Hinweis "oder gleichwertiger Art")
- Bettung, Verlegung
  - – Bettung Kiessand, Dicke: 5 cm – 20 cm
  - – Bettung Mörtel MG III, Dicke 5 cm
  - – Bettung Beton B 15 (Bn 150), Dicke 20 cm
  - – Bettung Beton B 15 (Bn 150), Dicke 20 cm und Betonummantelung, Dicke 10 cm
  - – Bettung ....
  - – Verlegung ....
- Berechnungseinheit Stück

LB 080 Straßen, Wege, Plätze
Fugen

STLB 080

Ausgabe 06.02

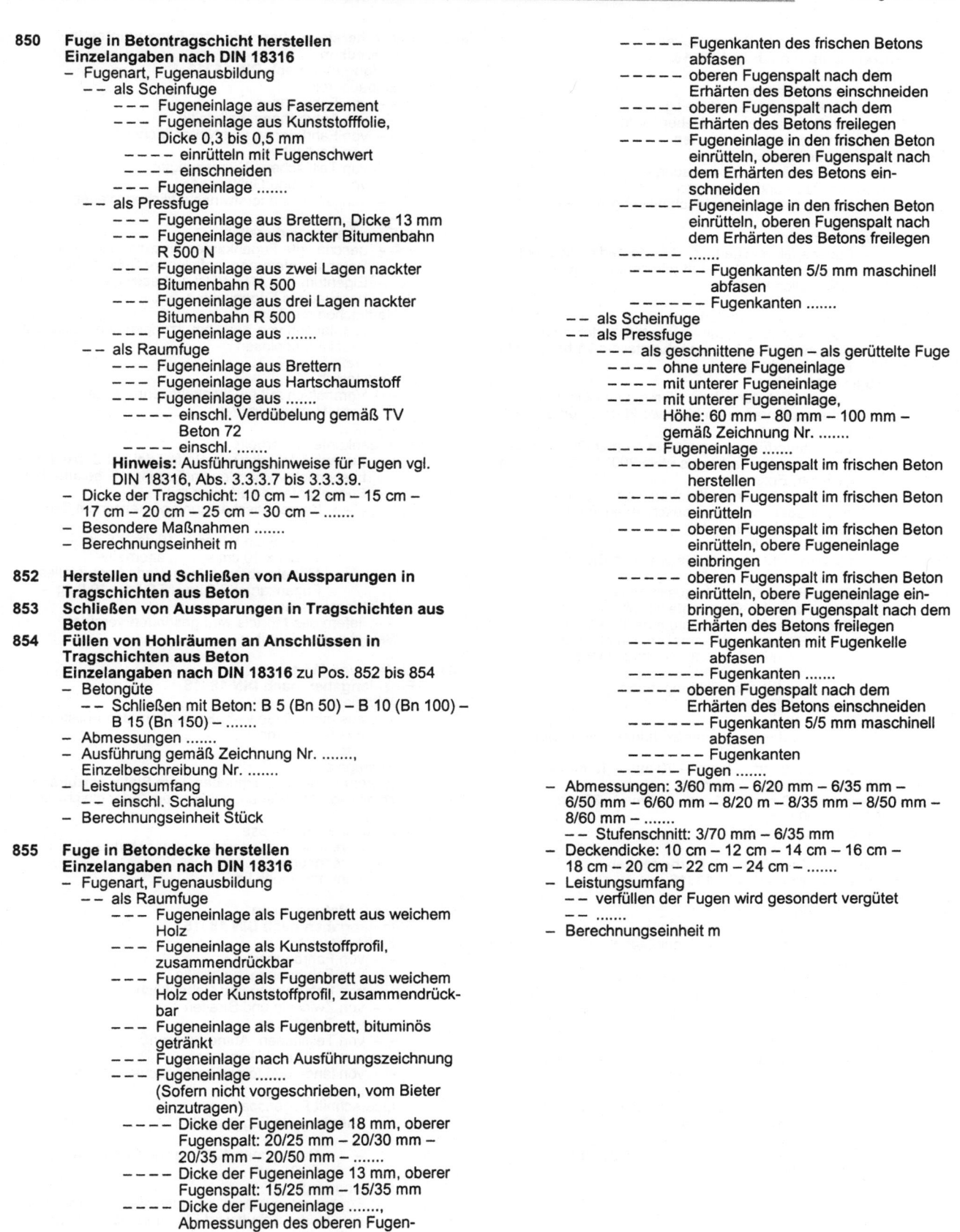

850 Fuge in Betontragschicht herstellen
Einzelangaben nach DIN 18316
- Fugenart, Fugenausbildung
  - - als Scheinfuge
    - - - Fugeneinlage aus Faserzement
    - - - Fugeneinlage aus Kunststofffolie, Dicke 0,3 bis 0,5 mm
      - - - - einrütteln mit Fugenschwert
      - - - - einschneiden
    - - - Fugeneinlage ....
  - - als Pressfuge
    - - - Fugeneinlage aus Brettern, Dicke 13 mm
    - - - Fugeneinlage aus nackter Bitumenbahn R 500 N
    - - - Fugeneinlage aus zwei Lagen nackter Bitumenbahn R 500
    - - - Fugeneinlage aus drei Lagen nackter Bitumenbahn R 500
    - - - Fugeneinlage aus ....
  - - als Raumfuge
    - - - Fugeneinlage aus Brettern
    - - - Fugeneinlage aus Hartschaumstoff
    - - - Fugeneinlage aus ....
      - - - - einschl. Verdübelung gemäß TV Beton 72
      - - - - einschl. ....
    - Hinweis: Ausführungshinweise für Fugen vgl. DIN 18316, Abs. 3.3.3.7 bis 3.3.3.9.
- Dicke der Tragschicht: 10 cm – 12 cm – 15 cm – 17 cm – 20 cm – 25 cm – 30 cm – ....
- Besondere Maßnahmen ....
- Berechnungseinheit m

852 Herstellen und Schließen von Aussparungen in Tragschichten aus Beton

853 Schließen von Aussparungen in Tragschichten aus Beton

854 Füllen von Hohlräumen an Anschlüssen in Tragschichten aus Beton
Einzelangaben nach DIN 18316 zu Pos. 852 bis 854
- Betongüte
  - - Schließen mit Beton: B 5 (Bn 50) – B 10 (Bn 100) – B 15 (Bn 150) – ....
- Abmessungen ....
- Ausführung gemäß Zeichnung Nr. ...., Einzelbeschreibung Nr. ....
- Leistungsumfang
  - - einschl. Schalung
- Berechnungseinheit Stück

855 Fuge in Betondecke herstellen
Einzelangaben nach DIN 18316
- Fugenart, Fugenausbildung
  - - als Raumfuge
    - - - Fugeneinlage als Fugenbrett aus weichem Holz
    - - - Fugeneinlage als Kunststoffprofil, zusammendrückbar
    - - - Fugeneinlage als Fugenbrett aus weichem Holz oder Kunststoffprofil, zusammendrückbar
    - - - Fugeneinlage als Fugenbrett, bituminös getränkt
    - - - Fugeneinlage nach Ausführungszeichnung
    - - - Fugeneinlage ....
      (Sofern nicht vorgeschrieben, vom Bieter einzutragen)
      - - - - Dicke der Fugeneinlage 18 mm, oberer Fugenspalt: 20/25 mm – 20/30 mm – 20/35 mm – 20/50 mm – ....
      - - - - Dicke der Fugeneinlage 13 mm, oberer Fugenspalt: 15/25 mm – 15/35 mm
      - - - - Dicke der Fugeneinlage ...., Abmessungen des oberen Fugenspaltes ....
      - - - - - Fugenkanten des frischen Betons abfasen
      - - - - - oberen Fugenspalt nach dem Erhärten des Betons einschneiden
      - - - - - oberen Fugenspalt nach dem Erhärten des Betons freilegen
      - - - - - Fugeneinlage in den frischen Beton einrütteln, oberen Fugenspalt nach dem Erhärten des Betons einschneiden
      - - - - - Fugeneinlage in den frischen Beton einrütteln, oberen Fugenspalt nach dem Erhärten des Betons freilegen
      - - - - - ....
        - - - - - - Fugenkanten 5/5 mm maschinell abfasen
        - - - - - - Fugenkanten ....
  - - als Scheinfuge
  - - als Pressfuge
    - - - als geschnittene Fugen – als gerüttelte Fuge
      - - - - ohne untere Fugeneinlage
      - - - - mit unterer Fugeneinlage
      - - - - mit unterer Fugeneinlage, Höhe: 60 mm – 80 mm – 100 mm – gemäß Zeichnung Nr. ....
    - - - Fugeneinlage ....
      - - - - - oberen Fugenspalt im frischen Beton herstellen
      - - - - - oberen Fugenspalt im frischen Beton einrütteln
      - - - - - oberen Fugenspalt im frischen Beton einrütteln, obere Fugeneinlage einbringen
      - - - - - oberen Fugenspalt im frischen Beton einrütteln, obere Fugeneinlage einbringen, oberen Fugenspalt nach dem Erhärten des Betons freilegen
        - - - - - - Fugenkanten mit Fugenkelle abfasen
        - - - - - - Fugenkanten ....
        - - - - - - oberen Fugenspalt nach dem Erhärten des Betons einschneiden
        - - - - - - Fugenkanten 5/5 mm maschinell abfasen
        - - - - - - Fugenkanten
        - - - - - - Fugen ....
- Abmessungen: 3/60 mm – 6/20 mm – 6/35 mm – 6/50 mm – 6/60 mm – 8/20 m – 8/35 mm – 8/50 mm – 8/60 mm – ....
  - - Stufenschnitt: 3/70 mm – 6/35 mm
- Deckendicke: 10 cm – 12 cm – 14 cm – 16 cm – 18 cm – 20 cm – 22 cm – 24 cm – ....
- Leistungsumfang
  - - verfüllen der Fugen wird gesondert vergütet
  - - ....
- Berechnungseinheit m

STLB 080

Ausgabe 06.02

LB 080 Straßen, Wege, Plätze
Fugen

858 Füllen der Fugen in Betondecken
Einzelangaben nach DIN 18316
- Einbaubereich
  - – von Fahrbahnen
  - – von Fahrbahnen, halbseitig
  - – von Fahrbahnen und Nebenflächen
  - – von Zwickeln und Streifen
  - – von Teilflächen
  - – von Teilflächen, Abmessungen ....
  - – von Rad- und Gehwegen
  - – von land- und forstwirtschaftlichen Wegen
  - – ....
- Fugen reinigen
  - – Fugenspalt reinigen, soweit erforderlich trocknen
  - – Fugenspalt mit Druckluft reinigen, soweit erforderlich trocknen
  - – Fugenspalt ....
- Voranstrich Fugenwandungen
  - – Fugenwandungen mit Voranstrichmittel nach Vorschrift des Füllmassenherstellers vorbehandeln
  - – Fugenwandungen ....
- Fugenunterfüllung
  - – Fugenunterfüllung max. 15 mm unter Oberkante mit komprimierbarem bis etwa 200 °C standfestem Füllstoff
  - – Fugenunterfüllung max. 15 mm unter Oberkante mit komprimierbarem bis etwa 200 °C standfestem Füllstoff, Erzeugnis ....
    (Sofern nicht vorgeschrieben, vom Bieter einzutragen, sofern vorgeschrieben, mit Hinweis "oder gleichwertiger Art")
  - – Fugenunterfüllung ....
    (Sofern nicht vorgeschrieben, vom Bieter einzutragen)
- Verfüllung Fugenraum, Vergussmasse
  - – Fugenraum bis Oberkante verfüllen
  - – Fugenraum bis Oberkante maschinell verfüllen
    - – – Bitumenvergussmasse gemäß "Vorläufigen Lieferbedingungen für bituminöse Vergussmassen"
    - – – mit Bitumendichtungsband
    - – – mit Stemmkitt
    - – – mit ....
      (Sofern nicht vorgeschrieben, vom Bieter einzutragen)
- Fugenbreite: 6 mm – 8 mm – 10 mm – 12 mm – 15 mm – 20 mm – 25 mm – ....
- Fugentiefe: 20 mm – 25 mm – 30 mm – 35 mm – 50 mm – 60 mm – ....
- Berechnungseinheit m

859 Längs- und Querfugen in Betondecken
Einzelangaben nach DIN 18316
- Einbaubereich
  - – von Fahrbahnen
  - – von Fahrbahnen, halbseitig
  - – von Fahrbahnen und Nebenflächen
  - – von Teilflächen
  - – von Teilflächen, Abmessungen ....
  - – von Rad- und Gehwegen
  - – von land- und forstwirtschaftlichen Wegen
  - – ....
- Leistungsumfang
  - – ausräumen und reinigen
  - – maschinell in voller Tiefe ausräumen
  - – ausräumen ....
    - – – mit rotierender Bürste reinigen und mit Druckluft ausblasen
    - – – mit ....
- Fugenabmessungen: 12/35 mm – 15/35 mm – 20/50 mm – 25/50 mm – ....
- Berechnungseinheit m

860 Wiederherstellen beschädigter Fugenkanten in Betondecken
Einzelangaben nach DIN 18316
- Einbaubereich
  - – von Fahrbahnen
  - – von Fahrbahnen, halbseitig
  - – von Fahrbahnen und Nebenflächen
  - – von Teilflächen
  - – von Teilflächen, Abmessungen ....
  - – von Rad- und Gehwegen
  - – von land- und forstwirtschaftlichen Wegen
  - – ....
- Fugenkanten vorbereiten
  - – beschädigte Fugenkanten bis zum gesunden Beton ausstemmen, anfallender Schutt wird Eigentum des AN und ist zu beseitigen
  - – beschädigte Fugenkanten ....
- Haftflächen reinigen
  - – Haftflächen von Verschmutzungen reinigen und mit Druckluft abblasen
  - – Haftflächen ....
- Voranstrich
  - – Voranstrich mit feuchtigkeitsverträglichem Epoxidharz-Haftgrundmittel
  - – – ....
- Fugenkanten beiarbeiten
  - – Fugenmörtel mit Kunststoffmörtel auf Epoxidharzbasis nach vorhandenem Fugenprofil beiarbeiten
  - – Fugenkanten beiarbeiten mit ....
    - – – Kantenbeschädigung gemessen im Dreiecksprofil: 5 cm x 5 cm – 10 cm x 5 cm – 10 cm x 10 cm – .... alternativ
    - – – Mörtelverbrauch je m wiederherzustellende Fugenkante: 2,5 kg – 5,0 kg – 10,0 kg – ....
- Leistungsumfang
  - – liefern des Mörtels wird gesondert vergütet
- Berechnungseinheit m

861 Liefern von Mörtel
Einzelangaben nach DIN 18316
- Mörtelart
  - – aus mind. 6 Gew.-% Epoxidharz und Füllstoffen aus Quarzsand
  - – aus ....
- Erzeugnis ....
  (Sofern nicht vorgeschrieben, vom Bieter einzutragen, sofern vorgeschrieben, mit Hinweis "oder gleichwertiger Art")
- Abrechnungshinweise
  - – Abrechnung nach verbrauchter Menge
  - – Abrechnung ....
- Berechnungseinheit kg

862 Risse in Betondecken
Einzelangaben nach DIN 18316
- Einbaubereich
  - – von Fahrbahnen
  - – von Fahrbahnen, halbseitig
  - – von Fahrbahnen und Nebenflächen
  - – von Zwickeln und Streifen
  - – von Teilflächen
  - – von Teilflächen, Abmessungen ....
  - – von Rad- und Gehwegen
  - – von land- und forstwirtschaftlichen Wegen
  - – ....
- Querschnitt Fugenspalt
  - – auffräsen als Fugenspalt
  - – – ....
    - – – Querschnitt: 12/20 mm – 12/40 mm – 15/30 mm – ....
- Leistungsumfang
  - – Fugenspalt mit Druckluft ausblasen und reinigen, anfallender Schutt wird Eigentum des AN und ist zu beseitigen
  - – Fugenspalt ....
- Berechnungseinheit m

LB 080 Straßen, Wege, Plätze
Fugen

STLB 080

Ausgabe 06.02

863 Fuge beim Herstellen der bituminösen Schichten anlegen
864 Fuge beim Herstellen der bituminösen Schichten anlegen durch Einlegen von Bitumenbändern
865 Fuge beim Herstellen der bituminösen Schichten anlegen durch Einlegen von ....
866 Fuge in bituminösen Schichten nachträglich mit zwangsgeführtem Fugenschneider herstellen einschl. ausräumen
867 Riss in bituminösen Schichten auffräsen als Fugenspalt einschl. ausräumen
Einzelangaben nach DIN 18317 zu Pos. 863 bis 867
- Art der bituminösen Schicht
  - – Ausführung in der Deckschicht
  - – Ausführung in der Zwischenschicht
  - – Ausführung in der Schutzschicht
  - – Ausführung in der Deck– und Zwischenschicht
  - – Ausführung in der Deck– und Schutzschicht
  - – Ausführung in der Binderschicht
  - – Ausführung in der Deck– und Binderschicht
  - – Ausführung ....
    - – – aus Asphaltbinder
    - – – aus Asphaltbeton
    - – – aus Sandasphalt
    - – – aus Gussasphalt
    - – – als Asphaltmastix
    - – – aus ....
- Art der Fuge
  - – als Längsfugen
  - – als Querfugen
  - – als Längs– und Querfugen
  - – als Fugen an Borden
  - – als Fugen an Borden, Anschlüssen und Straßeneinbauten
  - – als Fugen an aufgehenden Baukörpern
  - – ....
- Fugenbreite: 6 mm – 8 mm – 10 mm – 12 mm – 14 mm – 16 mm – 18 mm – 20 mm – ....
- Fugentiefe: 20 mm – 25 mm – 30 mm – 35 mm – 40 mm – 45 mm – 50 mm – 60 mm – ....
- Leistungsumfang
  - – Füllen der Fugen wird gesondert vergütet
  - – ....
- Schuttbeseitigung
  - – anfallender Schutt wird Eigentum des AN und ist zu beseitigen
  - – ....
- Berechnungseinheit m

868 Füllen der Fugen in bituminösen Schichten
Einzelangaben nach DIN 18317
- Fugen reinigen
  - – vorhandenen Fugenspalt säubern, soweit erforderlich trocknen
  - – vorhandenen Fugenspalt mit Druckluft säubern, soweit erforderlich trocknen
  - – vorhandenen Fugenspalt ....
- Voranstrich Fugenwandungen
  - – Fugenwandungen mit Voranstrichmittel nach Vorschrift des Füllmassenherstellers vorbehandeln
  - – Fugenwandungen ....
- Fugenunterfüllung
  - – Fugenraum bis max. 15 mm unter Oberkante mit komprimierbarem, bis etwa 200 °C standfestem Füllstoff auffüllen
    Erzeugnis ....
    (Sofern nicht vorgeschrieben, vom Bieter einzutragen, sofern vorgeschrieben, mit Hinweis "oder gleichwertiger Art")
  - – Fugenunterfüllung ....
    (Sofern nicht vorgeschrieben, vom Bieter einzutragen)
- Verfüllung, Fugenraum, Vergussmasse
  - – Fugenraum bis Oberkante verfüllen
  - – Fugenraum bis Oberkante maschinell verfüllen
    - – – mit Bitumenvergussmasse gemäß den "Vorläufigen Lieferbedingungen für bituminöse Vergussmassen"
    - – – mit Bitumendichtungsband
    - – – mit Stemmkitt
    - – – mit ....
      (Sofern nicht vorgeschrieben, vom Bieter einzutragen)
- Fugenbreite: 6 mm – 8 mm – 10 mm – 12 mm – 14 mm – 18 mm – 20 mm – ....
- Fugentiefe: 20 mm – 25 mm – 30 mm – 35 mm – 40 mmm – 45 mm – 50 mm – 55 mm – 60 mm – ....
- Berechnungseinheit m

870 Fugen der Pflasterflächen
880 Randfugen der Pflasterflächen
Einzelangaben nach DIN 18318 zu Pos. 870, 880
- Pflasterart
  - – aus Großpflaster
  - – aus Kleinpflaster
  - – aus Mosaikpflaster
  - – aus Beton–Verbundsteinpflaster
  - – aus Betonpflaster
  - – aus Klinkerpflaster in Rollschichten
  - – aus Klinkerpflaster–Flachschichten
  - – ....
- Einbaubereich
  - – in Fahrbahnen
  - – in Fahrbahnen und Nebenflächen
  - – in Zwickeln und Streifen
  - – in Gleisbereichen
  - – in Gehwegen
  - – in Gehwegüberfahrten
  - – auf Böschungsflächen
  - – ....
- Reinigen der Fugen
  - – vorh. Fugenfüllung aus: Sand – hydraulischem Mörtel – bituminösem Verguss – ....
    - – – reinigen von Hand
    - – – reinigen durch Ausblasen mit Druckluft
    - – – reinigen durch Ausspülen mit Druckwasser
    - – – reinigen durch Ausfräsen
    - – – reinigen ....
      - – – – Tiefe: über 10 bis 20 mm –
        über 20 bis 30 mm –
        über 30 bis 40 mm –
        über 40 bis 50 mm – ....
- Fugen wieder verfüllen
  - – Fugen wieder mit Sand einschlämmen
  - – Fugen wieder mit Kiessand einschlämmen
  - – Fugen wieder mit Mörtel einschlämmen, Flächen reinigen
  - – Fugen wieder verfüllen mit bituminöser Vergussmasse
  - – Fugen wieder verfüllen mit bituminöser Pflastervergussmasse
  - – Fugen wieder verfüllen mit Splitt und bituminösen Bindemitteln
  - – Fugen wieder verfüllen mit Mörtel MG III als Fugenglattstrich
  - – Fugen ....
    - – – Füllen der Fugen wird gesondert vergütet.
      Hinweis: siehe Pos. 890 bis 893
- Schuttbeseitigung
  - – anfallende Stoffe werden Eigentum des AN und sind zu beseitigen
  - – ....
- Abrechnungshinweis
  - – abgerechnet wird nach Pflasterfläche
  - – ....
- Berechnungseinheit m, m²

LB 080 Straßen, Wege, Plätze
Fugen; Kontrollprüfungen

Ausgabe 06.02

890 Füllen der Randfugen
891 Füllen der Fugen
892 Füllen der Fugen von vorbeschriebenen Pflasterflächen
893 Füllen der Fugen von Pflasterflächen aus ....
Einzelangaben nach DIN 18318 zu Pos. 890 bis 893
- Einbauort ....
- Voranstrich Fugenwandungen
  - – Fugenwandungen mit Voranstrichmittel nach Vorschrift des Füllmassenherstellers vorbehandeln
  - – Fugenwandungen ....
- Fugenunterfüllung
  - – Fugenunterfüllung
  - – Fugenraum bis max. 40 mm unter Oberkante mit Splitt 2/5 mm füllen, vergießen mit Bitumenemulsion 4,5 kg/m Fuge
  - – Fugenunterfüllung max. 15 mm unter Oberkante mit komprimierbarem, bis etwa 200 °C standfestem Füllstoff
  - – Fugenunterfüllung ....
- Fugentiefe
  - – Fugentiefe: 30 mm – 40 mm – 50 mm – 60 mm – 70 mm – 80 mm – 90 mm – ....
  - – Fugentiefe gleich Schienenhöhe
- Fugenbreite
  - – Fugenbreite: 10 mm – 15 mm – 20 mm – 25 mm – 30 mm – 40 mm – ....
  - – Fugenbreite an der Schienenoberkante: 40 mm – ....
- Füllung restlicher Fugenraum
  - – restlichen Fugenraum mit Schienenvergussmasse füllen
  - – restlichen Fugenraum füllen mit Bitumenvergussmasse gemäß den "Vorläufigen Lieferbedingungen für bituminöse Vergussmasse"
  - – restlichen Fugenraum füllen mit Stemmkitt
  - – restlichen Fugenraum füllen mit ....
    (Sofern nicht vorgeschrieben, vom Bieter einzutragen)
- Abrechnungshinweis
  - – abgerechnet wird nach Pflasterfläche
  - – ....
- Berechnungseinheit m, m^2

895 Kontrollprüfung TVT 72 nach besonderer Anordnung des AG
Einzelangaben nach DIN 18315/18318
- Art der Kontrollprüfung
  - – der Korngrößenverteilung
  - – des Verdichtungsgrades
    - – – der Tragschicht ohne Bindemittel
    - – – der hydraulisch gebundenen Kiestragschicht
    - – – der hydraulisch gebundenen Schottertragschicht
    - – – der Tragschicht aus ....
  - – des Verformungsmoduls
    - – – der Tragschicht ohne Bindemittel
    - – – der Tragschicht aus Kies
    - – – der Tragschicht aus Schotter
    - – – der Tragschicht ....
  - – der Druckfestigkeit
    - – – der hydraulisch gebundenen Kiestragschicht
    - – – der hydraulisch gebundenen Schottertragschicht
    - – – der hydraulisch gebundenen ....
    - – – der Betontragschicht
  - – der Zusammensetzung und der Eigenschaften von bituminösen Tragschichten für
    - – – den Bindemittelgehalt
    - – – die Kornzusammensetzung
    - – – den Hohlraumgehalt
    - – – die Wasseraufnahme
    - – – die Marshall–Stabilität und den Marshall–Fließwert
    - – – den Verdichtungsgrad
    - – – ....
  - – der profilgerechten Lage
  - – der Ebenheit
  - – der profilgerechten Lage und der Ebenheit
    - – – der Tragschicht aus Kies
    - – – der Tragschicht aus Schotter
    - – – der Tragschicht ....
    - – – der hydraulisch gebundenen Kiestragschicht
    - – – der hydraulisch gebundenen Schottertragschicht
    - – – der hydraulisch gebundenen Betontragschicht
    - – – der hydraulisch gebundenen ....
  - – der Einbaudicke
    - – – Dickenmessung mit Tiefenlehre
    - – – Dickenmessung am Bohrkern
    - – – Abstandsmessung von einer Schnur
    - – – Höhenmessung mittels Nivellement
    - – – ....
  - – der Zusammensetzung und der Eigenschaften der Baustoffe und Baustoffgemische (Mischgutproben)
    - – – der Tragschicht aus Kies
    - – – der Tragschicht aus Schotter
    - – – der hydraulisch gebundenen Kiestragschicht
    - – – der hydraulisch gebundenen Schottertragschicht
    - – – der Betontragschicht
    - – – ....
- Leistungsumfang
  - – einschl. versandfertiger Verpackung der Proben
  - – ....
- Berechnungseinheit Stück

896 Entnahme von Bohrkernen
Einzelangaben nach DIN 18315/18318
- Zweck der Entnahme
  - – zur Kontrollprüfung des AG
  - – für ....
- Verfüllen, besondere Maßnahmen
  - – Verfüllen der Bohrlöcher mit Beton gleicher Güte
  - – Verfüllen der Bohrlöcher mit Sand, provisorisch, spätere Verfüllung mit Beton gleicher Güte
  - – besondere Maßnahmen ....
- Leistungsumfang
  - – einschl. Verpackung und Versand der Bohrkerne
  - – einschl. ....
- Berechnungseinheit Stück

LB 080 Straßen, Wege, Plätze
Deckschicht fräsen; Bituminöse Befestigung, Betondecke, -randstreifen aufb., aufn.

AW 080

Preise 06.02

Sämtliche Preise sind **Mittelpreise ohne Mehrwertmeuer** zum Zeitpunkt des Ausgabedatums.
Korrekturfaktoren für Regionaleinfluss, Mengeneinfluss, Konjunktureinfluss siehe Vorspann.
Abkürzungen: EP = Einheitspreis

Deckschicht fräsen

080.-----.-

080.01301.M   KG 522 DIN 276
Deckschicht fräsen, Bitumen,Tiefe bis 40 mm
EP 44,67 DM/m2   EP 22,84 €/m2

080.01301.M   KG 522 DIN 276
Deckschicht fräsen, Bitumen,Tiefe über 40 bis 80 mm
EP 56,43 DM/m2   EP 28,85 €/m2

Bituminöse Befestigung aufbrechen und aufnehmen

080.-----.-

080.01501.M   KG 522 DIN 276
Bitum. Befest. aufbrechen und aufnehmen, Tiefe bis 20 cm
EP 10,24 DM/m2   EP 5,24 €/m2

080.01502.M   KG 522 DIN 276
Bitum. Befest. aufbrechen und aufnehmen, Tiefe bis 30 cm
EP 12,63 DM/m2   EP 6,46 €/m2

080.01503.M   KG 522 DIN 276
Bitum. Befest. aufbrechen und aufnehmen, Tiefe bis 40 cm
EP 17,07 DM/m2   EP 8,73 €/m2

080.01504.M   KG 522 DIN 276
Bitum. Befest. Reparaturaufbruch, Tiefe bis 20 cm
EP 15,36 DM/m2   EP 7,85 €/m2

080.01505.M   KG 522 DIN 276
Bitum. Befest. Reparaturaufbruch, Tiefe bis 30 cm
EP 19,12 DM/m2   EP 9,77 €/m2

080.01506.M   KG 522 DIN 276
Bitum. Befest. Reparaturaufbruch, Tiefe bis 40 cm
EP 25,62 DM/m2   EP 13,10 €/m2

080.01507.M   KG 522 DIN 276
Bitum. Befest. aufbrechen und fördern, Tiefe bis 20 cm
EP 11,26 DM/m2   EP 5,76 €/m2

080.01508.M   KG 522 DIN 276
Bitum. Befest. aufbrechen und fördern, Tiefe bis 30 cm
EP 14,41 DM/m2   EP 7,37 €/m2

080.01509.M   KG 522 DIN 276
Bitum. Befest. aufbrechen und fördern, Tiefe bis 40 cm
EP 19,40 DM/m2   EP 9,92 €/m2

Betondecke aufbrechen und aufnehmen

080.-----.-

080.02001.M   KG 522 DIN 276
Betondecke, aufbrechen und aufnehmen, Dicke bis 15 cm
EP 21,85 DM/m2   EP 11,17 €/m2

080.02002.M   KG 522 DIN 276
Betondecke, aufbrechen und aufnehmen, Dicke bis 20 cm
EP 28,00 DM/m2   EP 14,32 €/m2

080.02003.M   KG 522 DIN 276
Betondecke, aufbrechen und aufnehmen, Dicke bis 25 cm
EP 30,05 DM/m2   EP 15,36 €/m2

080.02004.M   KG 522 DIN 276
Betondecke, aufbrechen und aufnehmen, Dicke bis 30 cm
EP 33,47 DM/m2   EP 17,11 €/m2

080.02005.M   KG 522 DIN 276
Betondecke, aufbrechen und aufnehmen, Dicke bis 40 cm
EP 37,56 DM/m2   EP 19,20 €/m2

080.02006.M   KG 522 DIN 276
Betondecke, Reparaturaufbruch, Dicke bis 15 cm
EP 37,56 DM/m2   EP 19,20 €/m2

080.02007.M   KG 522 DIN 276
Betondecke, Reparaturaufbruch, Dicke bis 20 cm
EP 45,08 DM/m2   EP 23,05 €/m2

080.02008.M   KG 522 DIN 276
Betondecke, Reparaturaufbruch, Dicke bis 25 cm
EP 47,81 DM/m2   EP 24,45 €/m2

080.02009.M   KG 522 DIN 276
Betondecke, Reparaturaufbruch, Dicke bis 30 cm
EP 53,27 DM/m2   EP 27,23 €/m2

080.02010.M   KG 522 DIN 276
Betondecke, Reparaturaufbruch, Dicke bis 40 cm
EP 60,10 DM/m2   EP 30,73 €/m2

080.02011.M   KG 522 DIN 276
Betondecke, bewehrt, aufbr. und aufn., Dicke bis 25 cm
EP 40,29 DM/m2   EP 20,60 €/m2

080.02012.M   KG 522 DIN 276
Betondecke, bewehrt, aufbr. und aufn., Dicke bis 30 cm
EP 45,08 DM/m2   EP 23,05 €/m2

080.02013.M   KG 522 DIN 276
Betondecke, bewehrt, Reparaturaufbruch, Dicke bis 25 cm
EP 71,71 DM/m2   EP 36,66 €/m2

080.02014.M   KG 522 DIN 276
Betondecke, bewehrt, Reparaturaufbruch, Dicke bis 30 cm
EP 76,49 DM/m2   EP 39,11 €/m2

080.02015.M   KG 522 DIN 276
Betondecke, aufbrechen und fördern, Dicke bis 15 cm
EP 22,74 DM/m2   EP 11,63 €/m2

080.02016.M   KG 522 DIN 276
Betondecke, aufbrechen und fördern, Dicke bis 20 cm
EP 29,24 DM/m2   EP 14,95 €/m2

080.02017.M   KG 522 DIN 276
Betondecke, aufbrechen und fördern, Dicke bis 25 cm
EP 31,55 DM/m2   EP 16,13 €/m2

080.02018.M   KG 522 DIN 276
Betondecke, aufbrechen und fördern, Dicke bis 30 cm
EP 35,24 DM/m2   EP 18,02 €/m2

080.02019.M   KG 522 DIN 276
Betondecke, aufbrechen und fördern, Dicke bis 40 cm
EP 39,96 DM/m2   EP 20,43 €/m2

Betonrandstreifen aufbrechen und aufnehmen

080.-----.-

080.02201.M   KG 522 DIN 276
Betonrandstreifen, aufbr. und aufn., Breite bis 30 cm
EP 10,43 DM/m   EP 5,24 €/m

080.02202.M   KG 522 DIN 276
Betonrandstreifen, aufbr. und aufn., Breite >30-40 cm
EP 12,30 DM/m   EP 6,29 €/m

080.02203.M   KG 522 DIN 276
Betonrandstreifen, aufbr. und aufn., Breite >40-50 cm
EP 14,34 DM/m   EP 7,33 €/m

AW 080

Preise 06.02

LB 080 Straßen, Wege, Plätze
Betond. trennen; Pflaster, Platten, Borde aufb.u.aufn.; Reinig. Oberfl.; Pflaster vorb.

Sämtliche Preise sind **Mittelpreise ohne Mehrwertsteuer** zum Zeitpunkt des Ausgabedatums.
Korrekturfaktoren für Regionaleinfluss, Mengeneinfluss, Konjunktureinfluss siehe Vorspann.
Abkürzungen: EP = Einheitspreis

Betondecke senkrecht in voller Aufbruchtiefe trennen

080.----.-

080.02301.M   KG 522 DIN 276
Betondecke senkrecht trennen, Dicke bis 15 cm
EP 15,71 DM/m   EP 8,03 €/m

080.02302.M   KG 522 DIN 276
Betondecke senkrecht trennen, Dicke > 15-20 cm
EP 19,12 DM/m   EP 9,77 €/m

080.02303.M   KG 522 DIN 276
Betondecke senkrecht trennen, Dicke > 20-25 cm
EP 24,58 DM/m   EP 12,57 €/m

Pflaster aufbrechen und aufnehmen

080.----.-

080.02701.M   KG 522 DIN 276
Großpfl. Granit, aufbr. und aufn., Wiederverwertung
EP 27,32 DM/m2   EP 13,97 €/m2

080.02702.M   KG 522 DIN 276
Großpfl. Granit, aufbr. und aufn., Wiederverwertung, bis 5 m2
EP 31,42 DM/m2   EP 16,06 €/m2

080.02703.M   KG 522 DIN 276
Kleinpfl. Granit, aufbr. und aufn., Wiederverwertung
EP 25,27 DM/m2   EP 12,92 €/m2

080.02704.M   KG 522 DIN 276
Kleinpfl. Granit, aufbr. und aufn., Wiederverwertung, bis 5 m2
EP 30,05 DM/m2   EP 15,36 €/m2

080.02705.M   KG 522 DIN 276
Betonpflaster, aufbr. und aufn., Wiederverwertung
EP 23,91 DM/m2   EP 12,22 €/m2

080.02706.M   KG 522 DIN 276
Betonpflaster, aufbr. und aufn., Wiederverwertung, bis 5 m2
EP 28,68 DM/m2   EP 14,66 €/m2

080.02707.M   KG 522 DIN 276
Großpflaster Granit aufbrechen und aufnehmen
EP 15,03 DM/m2   EP 7,68 €/m2

080.02708.M   KG 522 DIN 276
Großpflaster Granit aufbrechen und aufnehmen, bis 5 m2
EP 18,44 DM/m2   EP 9,43 €/m2

080.02709.M   KG 522 DIN 276
Kleinpflaster Granit aufbrechen und aufnehmen
EP 13,66 DM/m2   EP 6,99 €/m2

080.02710.M   KG 522 DIN 276
Kleinpflaster Granit aufbrechen und aufnehmen, bis 5 m2
EP 17,07 DM/m2   EP 8,73 €/m2

080.02711.M   KG 522 DIN 276
Betonpflaster aufbrechen und aufnehmen
EP 12,30 DM/m2   EP 6,29 €/m2

080.02712.M   KG 522 DIN 276
Betonpflaster aufbrechen und aufnehmen, bis 5 m2
EP 16,40 DM/m2   EP 8,38 €/m2

Plattenbelag aufbrechen und aufnehmen

080.----.-

080.02901.M   KG 522 DIN 276
Plattenbelag aufbrechen und aufnehmen, Wiederverwertung
EP 7,85 DM/m2   EP 4,02 €/m2

080.02902.M   KG 522 DIN 276
Plattenbelag aufbrechen und aufnehmen
EP 5,47 DM/m2   EP 2,79 €/m2

Borde aufbrechen und aufnehmen, Bordsteine aus Beton

080.----.-

080.03101.M   KG 522 DIN 276
Borde aufbr. u. aufn., Bordsteine Beton, Wiederverwertung
EP 12,97 DM/m   EP 6,63 €/m

080.03102.M   KG 522 DIN 276
Borde aufbr. u. aufn., Bordsteine Beton
EP 9,22 DM/m   EP 4,71 €/m

Borde aufbrechen und aufnehmen, Bordsteine aus Naturstein

080.----.-

080.03301.M   KG 522 DIN 276
Borde aufbr. u. aufn., Bordsteine Naturstein, Wiederverwertung
EP 15,71 DM/m   EP 8,03 €/m

080.03302.M   KG 522 DIN 276
Borde aufbr. u. aufn., Bordsteine Naturstein
EP 11,95 DM/m   EP 6,11 €/m

Entwässerungsrinnen aufnehmen

080.----.-

080.03401.M   KG 522 DIN 276
Entwässerungsrinnen aufbr. u. aufn., Betonformteile
EP 8,88 DM/m   EP 4,54 €/m

Reinigung der Oberfläche

080.----.-

080.08501.M   KG 522 DIN 276
Reinigen Oberfläche
EP 0,59 DM/m2   EP 0,30 €/m2

Vorhandenes Großpflaster vorbereiten

080.----.-

080.08601.M   KG 522 DIN 276
Großpflaster vorbereiten, für bituminöse Decke
EP 35,49 DM/m2   EP 18,15 €/m2

Vorhandenes Kleinpflaster vorbereiten

080.----.-

080.08701.M   KG 522 DIN 276
Kleinpflaster vorbereiten, für bituminöse Decke
EP 57,76 DM/m2   EP 29,53 €/m2

LB 080 Straßen, Wege, Plätze
Frostschutzschichten; Kies- u. Schottertragschichten; Bituminöse Bindemittel

AW 080

Preise 06.02

Sämtliche Preise sind **Mittelpreise ohne Mehrwertmeuer** zum Zeitpunkt des Ausgabedatums.
Korrekturfaktoren für Regionaleinfluss, Mengeneinfluss, Konjunktureinfluss siehe Vorspann.
Abkürzungen: EP = Einheitspreis

Frostschutzschicht einbauen

080.-----.-

080.10001.M   KG 522 DIN 276
Frostschutz für Straßen einbauen, bis 50 t/Tag
EP 63,93 DM/m3   EP 32,68 €/m3

080.10002.M   KG 522 DIN 276
Frostschutz für Straßen einbauen, > 50-100 t/Tag
EP 48,35 DM/m3   EP 24,72 €/m3

080.10003.M   KG 522 DIN 276
Frostschutz für Straßen einbauen, > 100-200 t/Tag
EP 24,43 DM/m3   EP 12,49 €/m3

080.10004.M   KG 522 DIN 276
Frostschutz für Straßen einbauen, > 200-300 t/Tag
EP 18,01 DM/m3   EP 9,21 €/m3

080.10005.M   KG 522 DIN 276
Frostschutz für Straßen einbauen, > 300-1000 t/Tag
EP 11,07 DM/m3   EP 5,66 €/m3

Frostschutzschicht liefern

080.-----.-

080.10006.M   KG 522 DIN 276
Frostschutz für Straßen liefern, Grubenkies
EP 14,23 DM/t   EP 7,27 €/t

080.10007.M   KG 522 DIN 276
Frostschutz für Straßen liefern, Grubensand
EP 17,09 DM/t   EP 8,74 €/t

080.10008.M   KG 522 DIN 276
Frostschutz für Straßen liefern, Rollkies
EP 20,89 DM/t   EP 10,68 €/t

Kiestragschicht

080.-----.-

080.13201.M   KG 522 DIN 276
Unterlage für Wege einbauen, von Hand
EP 61,64 DM/m3   EP 31,52 €/m3

080.13201.M   KG 522 DIN 276
Unterlage für Wege einbauen, mit Gerät über 50 t/Tag
EP 21,33 DM/m3   EP 10,91 €/m3

Schottertragschicht DIN 18315

080.-----.-

080.13501.M   KG 522 DIN 276
Tragschicht, Schotter einbauen, bis 50 t/Tag
EP 71,61 DM/m3   EP 36,61 €/m3

080.13502.M   KG 522 DIN 276
Tragschicht, Schotter einbauen, >50-100 t/Tag
EP 55,97 DM/m3   EP 28,62 €/m3

080.13503.M   KG 522 DIN 276
Tragschicht, Schotter einbauen, >100-200 t/Tag
EP 29,84 DM/m3   EP 15,26 €/m3

080.13504.M   KG 522 DIN 276
Tragschicht, Schotter einbauen, >200-300 t/Tag
EP 22,55 DM/m3   EP 11,53 €/m3

080.13505.M   KG 522 DIN 276
Tragschicht, Schotter einbauen, >300-1000 t/Tag
EP 12,27 DM/m3   EP 6,27 €/m3

080.13506.M   KG 522 DIN 276
Material für Tragschicht liefern, Kiessand 0/32
EP 20,11 DM/t   EP 10,28 €/t

080.13507.M   KG 522 DIN 276
Material für Tragschicht liefern, Feinschotter 11/56
EP 17,84 DM/t   EP 9,12 €/t

080.13508.M   KG 522 DIN 276
Material für Tragschicht liefern, Grobschotter 70/120
EP 15,08 DM/t   EP 7,71 €/t

080.13509.M   KG 522 DIN 276
Material für Tragschicht liefern, Haldenschotter
EP 9,54 DM/t   EP 4,88 €/t

Bituminöses Bindemittel aufsprühen

080.-----.-

080.17201.M   KG 522 DIN 276
Haftgrund Bitumenemulsion aufsprühen, 0,5 kg/m2
EP 3,28 DM/m2   EP 1,67 €/m2

080.17202.M   KG 522 DIN 276
Haftgrund Bitumenemulsion aufsprühen, 1,0 kg/m2
EP 5,73 DM/m2   EP 2,93 €/m2

Tragschicht mit bituminösen Bindemitteln TVT 72

080.-----.-

080.18001.M   KG 522 DIN 276
Bit. Tragschicht, 0/32 einb./lief., bis 50 t/Tag
EP 50,91 DM/m2   EP 26,03 €/m2

080.18002.M   KG 522 DIN 276
Bit. Tragschicht, 0/32 einb./lief., >50-100 t/Tag
EP 46,02 DM/m2   EP 23,53 €/m2

080.18003.M   KG 522 DIN 276
Bit. Tragschicht, 0/32 einb./lief., >100-200 t/Tag
EP 43,35 DM/m2   EP 22,16 €/m2

080.18004.M   KG 522 DIN 276
Bit. Tragschicht, 0/32 einb./lief., >200-300 t/Tag
EP 37,22 DM/m2   EP 19,03 €/m2

080.18005.M   KG 522 DIN 276
Bit. Tragschicht, 0/32 einb./lief., >300-500 t/Tag
EP 34,33 DM/m2   EP 17,55 €/m2

080.18006.M   KG 522 DIN 276
Bit. Tragschicht, 0/32 einb./lief., >500-1000 t/Tag
EP 31,26 DM/m2   EP 15,98 €/m2

080.18007.M   KG 522 DIN 276
Bit. Tragschicht, für Körnung 0/22 als Zulage
EP 0,93 DM/m2   EP 0,47 €/m2

080.18008.M   KG 522 DIN 276
Bit. Tragschicht, für Körnung 0/16 als Zulage
EP 1,76 DM/m2   EP 0,90 €/m2

080.18009.M   KG 522 DIN 276
Bit. Tragschicht, Randkante schneiden
EP 7,37 DM/m   EP 3,77€/m

AW 080

LB 080 Straßen, Wege, Plätze
Bit.. Tragdecksch.;Unterl. Fahrbahnd.;Betond.;Asphaltbinder;Asph.bet.Decksch.

Preise 06.02

Sämtliche Preise sind **Mittelpreise ohne Mehrwertmeuer** zum Zeitpunkt des Ausgabedatums.
Korrekturfaktoren für Regionaleinfluss, Mengeneinfluss, Konjunktureinfluss siehe Vorspann.
Abkürzungen: EP = Einheitspreis

Bituminöse Tragdeckschicht

080.-----.-

080.26001.M   KG 522 DIN 276
Bit. Tragdeckschicht, Körnung 0/16, bis 50 t/Tag
EP 51,04 DM/m2   EP 26,10 €/m2

080.26002.M   KG 522 DIN 276
Bit. Tragdeckschicht, Körnung 0/16, >50-100 t/Tag
EP 46,16 DM/m2   EP 23,60 €/m2

080.26003.M   KG 522 DIN 276
Bit. Tragdeckschicht, Körnung 0/16, >100 t/Tag
EP 37,94 DM/m2   EP 19,40 €/m2

080.26004.M   KG 522 DIN 276
Bit. Tragdeckschicht, Körnung 0/11, als Zulage
EP 3,42 DM/m2   EP 1,75 €/m2

080.26005.M   KG 522 DIN 276
Bit. Tragdeckschicht, Körnung 0/8, als Zulage
EP 4,96 DM/m2   EP 2,54 €/m2

080.26006.M   KG 522 DIN 276
Bit. Tragdeckschicht, Körnung 0/5, als Zulage
EP 5,40 DM/m2   EP 2,76 €/m2

Unterlage für Fahrbahndecke aus Beton TV Beton 72

080.-----.-

080.27001.M   KG 522 DIN 276
Geotextilien Klasse 1, Typ G-100
EP 5,97 DM/m2   EP 3,05 €/m2

080.27002.M   KG 522 DIN 276
Geotextilien Klasse 2, Typ F-2 B
EP 6,76 DM/m2   EP 3,46 €/m2

080.27003.M   KG 522 DIN 276
Geotextilien Klasse 3, Typ F-3 S
EP 8,24 DM/m2   EP 4,21 €/m2

080.27004.M   KG 522 DIN 276
Geotextilien Klasse 3, Typ F-32 M
EP 7,71 DM/m2   EP 3,94 €/m2

080.27005.M   KG 522 DIN 276
Geotextilien Klasse 3, Typ S-300
EP 10,01 DM/m2   EP 5,12 €/m2

080.27006.M   KG 522 DIN 276
Geotextilien Klasse 4, Typ F-4 M
EP 11,63 DM/m2   EP 5,95 €/m2

080.27007.M   KG 522 DIN 276
Geotextilien Klasse 4, Typ F-45 M
EP 18,28 DM/m2   EP 9,35 €/m2

Betondecke DIN 18316

080.-----.-

080.27201.M   KG 522 DIN 276
Betondecke, Straße BK V, Dicke 16 cm, Handeinbau
EP 59,76 DM/m2   EP 30,56 €/m2

080.27202.M   KG 522 DIN 276
Betondecke, Straße BK V, Dicke 16 cm, Gleitfertiger
EP 52,49 DM/m2   EP 26,84 €/m2

080.27203.M   KG 522 DIN 276
Betondecke, Straße BK V, Dicke 20 cm, Handeinbau
EP 71,85 DM/m2   EP 36,74 €/m2

080.27204.M   KG 522 DIN 276
Betondecke, Straße BK V, Dicke 20 cm, Gleitfertiger
EP 65,68 DM/m2   EP 33,58 €/m2

080.27205.M   KG 522 DIN 276
Betondecke, Rad- und Gehwege, Dicke 12 cm, Handeinbau
EP 49,45 DM/m2   EP 25,28 €/m2

Asphaltbinder DIN 18317

080.-----.-

080.29201.M   KG 522 DIN 276
Asphaltbinder, 0/22, einb./lief., bis 50 t/Tag
EP 53,56 DM/m2   EP 27,38 €/m2

080.29202.M   KG 522 DIN 276
Asphaltbinder, 0/22, einb./lief., >50-100 t/Tag
EP 50,29 DM/m2   EP 25,71 €/m2

080.29203.M   KG 522 DIN 276
Asphaltbinder, 0/22, einb./lief., >100 t/Tag
EP 46,95 DM/m2   EP 24,00 €/m2

080.29204.M   KG 522 DIN 276
Asphaltbinder, 0/16, einb./lief., bis 50 t/Tag
EP 39,18 DM/m2   EP 20,03 €/m2

080.29205.M   KG 522 DIN 276
Asphaltbinder, 0/16, einb./lief., >50-100 t/Tag
EP 35,01 DM/m2   EP 17,90 €/m2

080.29206.M   KG 522 DIN 276
Asphaltbinder, 0/16, einb./lief., >100 t/Tag
EP 31,49 DM/m2   EP 16,10 €/m2

Splittreiche Asphaltbetondeckschicht DIN 18317

080.-----.-

080.31001.M   KG 522 DIN 276
Asphaltbeton, 0/16, einb./lief., bis 50 t/Tag
EP 45,77 DM/m2   EP 23,40 €/m2

080.31002.M   KG 522 DIN 276
Asphaltbeton, 0/16, einb./lief., >50-100 t/Tag
EP 43,26 DM/m2   EP 22,12 €/m2

080.31003.M   KG 522 DIN 276
Asphaltbeton, 0/16, einb./lief., >100 t/Tag
EP 41,48 DM/m2   EP 21,21 €/m2

080.31004.M   KG 522 DIN 276
Asphaltbeton, 0/11, einb./lief., bis 50 t/Tag
EP 37,61 DM/m2   EP 19,23 €/m2

080.31005.M   KG 522 DIN 276
Asphaltbeton, 0/11, einb./lief., >50-100 t/Tag
EP 37,61 DM/m2   EP 19,23 €/m2

080.31006.M   KG 522 DIN 276
Asphaltbeton, 0/11, einb./lief., >100 t/Tag
EP 33,88 DM/m2   EP 17,32 €/m2

LB 080 Straßen, Wege, Plätze
Asph.bet.Decksch.;Gussasph.Decksch.;Oberfl.schutz;Bit. Schlämme;Kleinpflaster

AW 080

Preise 06.02

Sämtliche Preise sind **Mittelpreise ohne Mehrwertmeuer** zum Zeitpunkt des Ausgabedatums.
Korrekturfaktoren für Regionaleinfluss, Mengeneinfluss, Konjunktureinfluss siehe Vorspann.
Abkürzungen: EP = Einheitspreis

Splittarme Asphaltbetondeckschicht TV bit 3/72

080.-----.-

080.32001.M   KG 522 DIN 276
Asphaltbeton, 0/8, einb./lief., bis 50 t/Tag
EP 28,97 DM/m2   EP 14,81 €/m2

080.32002.M   KG 522 DIN 276
Asphaltbeton, 0/8, einb./lief., >50-100 t/Tag
EP 27,02 DM/m2   EP 13,82 €/m2

080.32003.M   KG 522 DIN 276
Asphaltbeton, 0/8, einb./lief., >100 t/Tag
EP 25,40 DM/m2   EP 12,99 €/m2

080.32004.M   KG 522 DIN 276
Asphaltbeton, 0/5, einb./lief., bis 50 t/Tag
EP 23,88 DM/m2   EP 12,21 €/m2

080.32005.M   KG 522 DIN 276
Asphaltbeton, 0/5 einb./lief., >50-100 t/Tag
EP 21,85 DM/m2   EP 11,17 €/m2

080.32006.M   KG 522 DIN 276
Asphaltbeton, 0/5, einb./lief., >100 t/Tag
EP 20,51 DM/m2   EP 10,48 €/m2

Gussasphaltdeckschicht DIN 18317

080.-----.-

080.34301.M   KG 522 DIN 276
Gussasphalt, 0/11, einb./lief., bis 50 t/Tag
EP 52,32 DM/m2   EP 26,75 €/m2

080.34302.M   KG 522 DIN 276
Gussasphalt, 0/11, einb./lief., >50-100 t/Tag
EP 49,94 DM/m2   EP 25,53 €/m2

080.34303.M   KG 522 DIN 276
Gussasphalt, 0/11, einb./lief., >50-100 t/Tag
EP 46,75 DM/m2   EP 23,90 €/m2

080.34304.M   KG 522 DIN 276
Gussasphalt, 0/8, einb./lief., bis 50 t/Tag
EP 46,34 DM/m2   EP 23,69 €/m2

080.34305.M   KG 522 DIN 276
Gussasphalt, 0/8, einb./lief., >50-100 t/Tag
EP 43,11 DM/m2   EP 22,04 €/m2

080.34306.M   KG 522 DIN 276
Gussasphalt, 0/8, einb./lief., >50-100 t/Tag
EP 39,02 DM/m2   EP 19,95 €/m2

080.34307.M   KG 522 DIN 276
Gussasphalt, 0/5, einb./lief., bis 50 t/Tag
EP 34,27 DM/m2   EP 17,52 €/m2

080.34308.M   KG 522 DIN 276
Gussasphalt, 0/5, einb./lief., >50-100 t/Tag
EP 31,67 DM/m2   EP 16,19 €/m2

080.34308.M   KG 522 DIN 276
Gussasphalt, 0/5, einb./lief., >50-100 t/Tag
EP 28,98 DM/m2   EP 14,82 €/m2

Oberflächenbehandlung DIN 18317 von bitum. Decken

080.-----.-

080.37201.M   KG 522 DIN 276
Oberflächenschutzschicht, 5/8 einfache Behandlung
EP 13,08 DM/m2   EP 6,69 €/m2

080.37202.M   KG 522 DIN 276
Oberflächenschutzschicht, 8/11 einfache Behandlung
EP 14,66 DM/m2   EP 7,50 €/m2

080.37203.M   KG 522 DIN 276
Oberflächenschutzschicht, 8/11 – 2/5 einfache Behandlung
EP 16,54 DM/m2   EP 8,46 €/m2

080.37204.M   KG 522 DIN 276
Oberflächenschutzschicht, 8/11 – 2/5 doppelte Behandlung
EP 21,97 DM/m2   EP 11,23 €/m2

Bituminöse Schlemme TV bit 1/75

080.-----.-

080.37501.M   KG 522 DIN 276
Oberflächenschutz, bituminöse Schlämme, einlagig
EP 4,26 DM/m2   EP 2,18 €/m2

080.37502.M   KG 522 DIN 276
Oberflächenschutz, bituminöse Schlämme, zweilagig
EP 6,63 DM/m2   EP 3,39 €/m2

080.37503.M   KG 522 DIN 276
Oberflächenschutz, bituminöse Schlämme, ölbeständig
EP 15,95 DM/m2   EP 8,15 €/m2

080.37601.M   KG 522 DIN 276
Rand anspritzen
EP 2,67 DM/m   EP 1,37 €/m

Kleinpflaster, einbauen

080.-----.-

080.41001.M   KG 522 DIN 276
Kleinpflaster Granit, im Sandbett
EP 165,53 DM/m2   EP 84,64 €/m2

080.41002.M   KG 522 DIN 276
Kleinpflaster Granit, im Sandbett, Fläche bis 5 m2
EP 193,09 DM/m2   EP 98,73 €/m2

080.41003.M   KG 522 DIN 276
Kleinpflaster Granit, im Mörtelbett
EP 186,05 DM/m2   EP 95,13 €/m2

080.41004.M   KG 522 DIN 276
Kleinpflaster Granit, im Mörtelbett,Fläche bis 5 m2
EP 214,53 DM/m2   EP 109,69 €/m2

080.41005.M   KG 522 DIN 276
Kleinpflaster Basalt, im Sandbett
EP 146,05 DM/m2   EP 74,67 €/m2

080.41006.M   KG 522 DIN 276
Kleinpflaster Basalt, im Sandbett, Fläche bis 5 m2
EP 173,61 DM/m2   EP 88,76 €/m2

080.41007.M   KG 522 DIN 276
Kleinpflaster Basalt, im Mörtelbett
EP 166,57 DM/m2   EP 85,16 €/m2

AW 080

LB 080 Straßen, Wege, Plätze

Kleinpflaster; Großpflaster; Mosaikpflaster; Verbundpflaster Beton

Preise 06.02

Sämtliche Preise sind **Mittelpreise ohne Mehrwertmeuer** zum Zeitpunkt des Ausgabedatums.
Korrekturfaktoren für Regionaleinfluss, Mengeneinfluss, Konjunktureinfluss siehe Vorspann.
Abkürzungen: EP = Einheitspreis

080.41008.M KG 522 DIN 276
Kleinpflaster Basalt, im Mörtelbett, Fläche bis 5 m2
EP 166,57 DM/m2   EP 85,16 €/m2

080.41010.M KG 522 DIN 276
Kleinpflaster Melaphyr, im Mörtelbett, Fläche bis 5 m2
EP 172,03 DM/m2   EP 87,96 €/m2

080.41011.M KG 522 DIN 276
Kleinpflaster Melaphyr, im Mörtelbett
EP 164,97 DM/m2   EP 84,35 €/m2

080.41012.M KG 522 DIN 276
Kleinpflaster Melaphyr, im Mörtelbett, Fläche bis 5 m2
EP 193,46 DM/m2   EP 98,91 €/m2

Kleinpflaster, liefern

080.----.-

080.41013.M KG 522 DIN 276
Kleinpflaster Granit, liefern
EP 263,32 DM/t   EP 134,63 €/t

080.41014.M KG 522 DIN 276
Kleinpflaster Basalt, liefern
EP 165,89 DM/t   EP 84,82 €/t

080.41015.M KG 522 DIN 276
Kleinpflaster Melaphyr, liefern
EP 157,99 DM/t   EP 80,78 €/t

Großpflaster, einbauen

080.----.-

080.44001.M KG 522 DIN 276
Großpflaster Granit, im Sandbett
EP 129,42 DM/m2   EP 66,17 €/m2

080.44002.M KG 522 DIN 276
Großpflaster Granit, im Sandbett, Fläche bis 5 m2
EP 148,71 DM/m2   EP 76,03 €/m2

080.44003.M KG 522 DIN 276
Großpflaster Basalt, im Sandbett
EP 88,75 DM/m2   EP 45,38 €/m2

080.44004.M KG 522 DIN 276
Großpflaster Basalt, im Sandbett, Fläche bis 5 m2
EP 107,12 DM/m2   EP 54,77 €/m2

080.44005.M KG 522 DIN 276
Großpflaster Granit, im Mörtelbett
EP 108,37 DM/m2   EP 55,39 €/m2

080.44006.M KG 522 DIN 276
Großpflaster Granit, im Mörtelbett, Fläche bis 5 m2
EP 131,31 DM/m2   EP 67,14 €/m2

Großpflaster, liefern

080.----.-

080.44007.M KG 522 DIN 276
Großpflaster Granit, liefern
EP 221,18 DM/t   EP 113,09 €/t

080.44008.M KG 522 DIN 276
Großpflaster Basalt, liefern
EP 107,43 DM/t   EP 54,93 €/t

Mosaikpflaster, einbauen

080.----.-

080.47001.M KG 522 DIN 276
Mosaikpflaster Granit, im Sandbett
EP 181,03 DM/m2   EP 92,56 €/m2

080.47002.M KG 522 DIN 276
Mosaikpflaster Granit, im Sandbett, Fläche bis 5 m2
EP 212,27 DM/m2   EP 108,53 €/m2

080.47003.M KG 522 DIN 276
Mosaikpflaster Melaphyr, im Sandbett
EP 177,87 DM/m2   EP 90,95 €/m2

080.47004.M KG 522 DIN 276
Mosaikpflaster Melaphyr, im Sandbett, Fläche bis 5 m2
EP 210,04 DM/m2   EP 107,39 €/m2

Mosaikpflaster, liefern

080.----.-

080.47005.M KG 522 DIN 276
Mosaikpflaster Granit, liefern
EP 429,74 DM/t   EP 219,72 €/t

080.47006.M KG 522 DIN 276
Mosaikpflaster Melaphyr, liefern
EP 402,88 DM/t   EP 205,99 €/t

Verbundpflaster aus Beton

080.----.-

080.52001.M KG 522 DIN 276
Verbundpfl., UNI-Ökostein, 8 cm, Spilttb., bis 5 m2, HV
EP 69,27 DM/m2   EP 35,41 €/m2

080.52002.M KG 522 DIN 276
Verbundpfl., UNI-Ökostein, 8 cm, Spilttb., ab 5 m2, HV
EP 53,64 DM/m2   EP 27,43 €/m2

080.52003.M KG 522 DIN 276
Verbundpfl., UNI-Ökostein, 8 cm, Spilttb., bis 400 m2, MV
EP 43,97 DM/m2   EP 22,48 €/m2

080.52004.M KG 522 DIN 276
Verbundpfl., UNI-Decor, 8 cm, Spilttb., bis 5 m2, HV
EP 68,65 DM/m2   EP 35,10 €/m2

080.52005.M KG 522 DIN 276
Verbundpfl., UNI-Decor, 8 cm, Spilttb., ab 5 m2, HV
EP 53,03 DM/m2   EP 27,11 €/m2

080.52006.M KG 522 DIN 276
Verbundpfl., UNI-Decor, 8 cm, Spilttb., bis 400 m2, MV
EP 43,36 DM/m2   EP 22,17 €/m2

080.52007.M KG 522 DIN 276
Verbundpfl., UNI-Coloc, 8 cm, Spilttb., bis 5 m2, HV
EP 64,39 DM/m2   EP 32,92 €/m2

080.52008.M KG 522 DIN 276
Verbundpfl., UNI-Coloc, 8 cm, Spilttb., ab 5 m2, HV
EP 48,77 DM/m2   EP 24,94 €/m2

080.52009.M KG 522 DIN 276
Verbundpfl., UNI-Coloc, 8 cm, Spilttb., bis 400 m2, MV
EP 39,10 DM/m2   EP 19,99 €/m2

LB 080 Straßen, Wege, Plätze
Verbundpflaster Beton; Betonpflaster

AW 080

Preise 06.02

Sämtliche Preise sind **Mittelpreise ohne Mehrwertmeuer** zum Zeitpunkt des Ausgabedatums.
Korrekturfaktoren für Regionaleinfluss, Mengeneinfluss, Konjunktureinfluss siehe Vorspann.
Abkürzungen: EP = Einheitspreis

080.52010.M KG 522 DIN 276
Verbundpfl., UNI-Coloc, 10 cm, Spilttb., bis 5 m2, HV
EP 69,44 DM/m2   EP 35,51 €/m2

080.52011.M KG 522 DIN 276
Verbundpfl., UNI-Coloc, 10 cm, Spilttb., ab 5 m2, HV
EP 53,82 DM/m2   EP 27,52 €/m2

080.52012.M KG 522 DIN 276
Verbundpfl., UNI-Coloc, 10 cm, Spilttb., bis 400 m2, MV
EP 42,90 DM/m2   EP 21,93 €/m2

080.52013.M KG 522 DIN 276
Verbundpfl., UNI-Verbund, 8 cm, Spilttb., bis 5 m2, HV
EP 62,87 DM/m2   EP 32,15 €/m2

080.52014.M KG 522 DIN 276
Verbundpfl., UNI-Verbund, 8 cm, Spilttb., ab 5 m2, HV
EP 64,78 DM/m2   EP 33,12 €/m2

080.52015.M KG 522 DIN 276
Verbundpfl., UNI-Verbund, 8 cm, Spilttb., bis 400 m2, MV
EP 37,58 DM/m2   EP 19,12 €/m2

080.52016.M KG 522 DIN 276
Verbundpfl., UNI-Verbund, 10 cm, Spilttb., bis 5 m2, HV
EP 68,42 DM/m2   EP 34,98 €/m2

080.52017.M KG 522 DIN 276
Verbundpfl., UNI-Verbund, 10 cm, Spilttb., ab 5 m2, HV
EP 52,80 DM/m2   EP 26,99 €/m2

080.52018.M KG 522 DIN 276
Verbundpfl., UNI-Verbund, 10 cm, Spilttb., bis 400 m2, MV
EP 41,88 DM/m2   EP 21,41 €/m2

080.52019.M KG 522 DIN 276
Verbundpfl., UNI-Petroloc, 10 cm, Spilttb., bis 5 m2, HV
EP 100,93 DM/m2   EP 51,61 €/m2

080.52020.M KG 522 DIN 276
Verbundpfl., UNI-Petroloc, 10 cm, Spilttb., ab 5 m2, HV
EP 85,31 DM/m2   EP 43,62 €/m2

080.52021.M KG 522 DIN 276
Verbundpfl., UNI-Petroloc, 10 cm, Spilttb., bis 400 m2, MV
EP 74,39 DM/m2   EP 38,03 €/m2

080.52022.M KG 522 DIN 276
Verbundpfl., Doppel-T-Stein, 8 cm, Spilttb., bis 5 m2, HV
EP 63,06 DM/m2   EP 32,24 €/m2

080.52023.M KG 522 DIN 276
Verbundpfl., Doppel-T-Stein, 8 cm, Spilttb., ab 5 m2, HV
EP 47,41 DM/m2   EP 24,24 €/m2

080.52024.M KG 522 DIN 276
Verbundpfl., Doppel-T-Stein, 8 cm, Spilttb., bis 400 m2, MV
EP 37,77 DM/m2   EP 19,31 €/m2

080.52025.M KG 522 DIN 276
Verbundpfl., Doppel-T-Stein, 10 cm, Spilttb., bis 5 m2, HV
EP 68,79 DM/m2   EP 35,17 €/m2

080.52026.M KG 522 DIN 276
Verbundpfl., Doppel-T-Stein, 10 cm, Spilttb., ab 5 m2, HV
EP 52,24 DM/m2   EP 26,71 €/m2

080.52027.M KG 522 DIN 276
Verbundpfl., Doppel-T-Stein, 10 cm, Spilttb., bis 400 m2, MV
EP 41,32 DM/m2   EP 21,13 €/m2

080.52028.M KG 522 DIN 276
Verbundpfl., UNNI-2N, 10 cm, Spilttb., bis 5 m2, HV
EP 73,80 DM/m2   EP 37,73€/m2

080.52029.M KG 522 DIN 276
Verbundpfl., UNNI-2N, 10 cm, Spilttb., ab 5 m2, HV
EP 56,34 DM/m2   EP 28,81€/m2

080.52030.M KG 522 DIN 276
Verbundpfl., UNNI-2N, 10 cm, Spilttb., bis 400 m2, MV
EP 45,42 DM/m2   EP 23,22 €/m2

Betonpflaster

080.----.-

080.52043.M KG 522 DIN 276
Betonpfl., 8 cm, 20/10 cm, Spilttb., bis 5 m2, HV
EP 96,15 DM/m2   EP 49,16 €/m2

080.52044.M KG 522 DIN 276
Betonpfl., 8 cm, 20/10 cm, Spilttb., ab 5 m2, HV
EP 79,61 DM/m2   EP 40,70 €/m2

080.52045.M KG 522 DIN 276
Betonpfl., 8 cm, 20/10 cm, Spilttb., ab 400 m2, MV
EP 40,79 DM/m2   EP 20,86 €/m2

080.52046.M KG 522 DIN 276
Betonpfl., 8 cm, 10/10 cm, Spilttb., bis 5 m2, HV
EP 81,22 DM/m2   EP 41,53 €/m2

080.52047.M KG 522 DIN 276
Betonpfl., 8 cm, 10/10 cm, Spilttb., ab 5 m2, HV
EP 64,69 DM/m2   EP 33,07 €/m2

080.52048.M KG 522 DIN 276
Betonpfl., 8 cm, 16/16 cm, Spilttb., bis 5 m2, HV
EP 98,20 DM/m2   EP 50,21 €/m2

080.52049.M KG 522 DIN 276
Betonpfl., 8 cm, 16/16 cm, Spilttb., ab 5 m2, HV
EP 89,93 DM/m2   EP 45,98 €/m2

080.52050.M KG 522 DIN 276
Betonpfl., 8 cm, Nostalit, Spilttb., bis 5 m2, HV
EP 103,62 DM/m2   EP 52,98 €/m2

080.52051.M KG 522 DIN 276
Betonpfl., 8 cm, Nostalit, Spilttb., ab 5 m2, HV
EP 95,35 DM/m2   EP 48,75 €/m2

080.52052.M KG 522 DIN 276
Betonpfl., 8 cm, Tegula, Spilttb., bis 5 m2, HV
EP 102,57 DM/m2   EP 52,44 €/m2

080.52053.M KG 522 DIN 276
Betonpfl., 8 cm, Tegula, Spilttb., ab 5 m2, HV
EP 94,30 DM/m2   EP 48,21 €/m2

080.52054.M KG 522 DIN 276
Betonpfl., 10 cm, Tegula, Spilttb., bis 5 m2, HV
EP 116,14 DM/m2   EP 59,38 €/m2

080.52055.M KG 522 DIN 276
Betonpfl., 10 cm, Tegula, Spilttb., ab 5 m2, HV
EP 106,95 DM/m2   EP 54,68 €/m2

080.52056.M KG 522 DIN 276
Betonpfl., 8 cm, Vanoton, Spilttb., bis 5 m2, HV
EP 95,24 DM/m2   EP 48,69 €/m2

080.52057.M KG 522 DIN 276
Betonpfl., 8 cm, Vanoton, Spilttb., ab 5 m2, HV
EP 86,97 DM/m2   EP 44,46 €/m2

080.52058.M KG 522 DIN 276
Betonpfl., 8 cm, City-Pflaster, Spilttb., bis 5 m2, HV
EP 130,74 DM/m2   EP 66,85 €/m2

AW 080 — LB 080 Straßen, Wege, Plätze

Preise 06.02

Betonpflaster; Ökorasenpflaster; Klinkerpflaster; Markierungen; Pflasterstreifen.

Sämtliche Preise sind **Mittelpreise ohne Mehrwertmeuer** zum Zeitpunkt des Ausgabedatums.
Korrekturfaktoren für Regionaleinfluss, Mengeneinfluss, Konjunktureinfluss siehe Vorspann.
Abkürzungen: EP = Einheitspreis

080.52059.M KG 522 DIN 276
Betonpfl., 8 cm, City-Pflaster, Spilttb., ab 5 m2, HV
EP 130,74 DM/m2   EP 66,85 €/m2

080.52060.M KG 522 DIN 276
Betonpfl., 10 cm, City-Pflaster, Spilttb., bis 5 m2, HV
EP 154,68 DM/m2   EP 79,08 €/m2

080.52061.M KG 522 DIN 276
Betonpfl., 10 cm, City-Pflaster, Spilttb., ab 5 m2, HV
EP 145,49 DM/m2   EP 74,39 €/m2

080.52062.M KG 522 DIN 276
Rasengitterstein, 8 cm, 60/40, Spilttb., bis 5 m2, HV
EP 75,43 DM/m2   EP 38,57 €/m2

080.52063.M KG 522 DIN 276
Rasengitterstein, 8 cm, 60/40, Spilttb., ab 5 m2, HV
EP 57,05 DM/m2   EP 29,17 €/m2

080.52064.M KG 522 DIN 276
Rasengitterstein, 8 cm, 60/40, Spilttb., ab 400 m2, MV
EP 38,19 DM/m2   EP 19,53 €/m2

080.52065.M KG 522 DIN 276
Rasengitterstein, 10 cm, 60/40, Spilttb., bis 5 m2, HV
EP 80,00 DM/m2   EP 40,90 €/m2

080.52066.M KG 522 DIN 276
Rasengitterstein, 10 cm, 60/40, Spilttb., ab 5 m2, HV
EP 61,62 DM/m2   EP 31,51 €/m2

080.52067.M KG 522 DIN 276
Rasengitterstein, 10 cm, 60/40, Spilttb., ab 400 m2, MV
EP 41,51 DM/m2   EP 21,22 €/m2

Öko-Rasenpflaster aus Beton

080.----.-

080.52031.M KG 522 DIN 276
Öko-Rasenpflaster, 8 cm, Rasenfuge, Spilttb., bis 5 m2, HV
EP 72,20 DM/m2   EP 36,91 €/m2

080.52032.M KG 522 DIN 276
Öko-Rasenpflaster, 8 cm, Rasenfuge, Spilttb., ab 5 m2, HV
EP 54,74 DM/m2   EP 27,99 €/m2

080.52033.M KG 522 DIN 276
Öko-Rasenpflaster, 8 cm, Rasenfuge, Spilttb., ab 400 m2, MV
EP 42,31 DM/m2   EP 21,63 €/m2

080.52034.M KG 522 DIN 276
Öko-Rasenpflaster, 8 cm, Drainfuge, Spilttb., bis 5 m2, HV
EP 71,07 DM/m2   EP 36,34 €/m2

080.52035.M KG 522 DIN 276
Öko-Rasenpflaster, 8 cm, Drainfuge, Spilttb., ab 5 m2, HV
EP 53,61 DM/m2   EP 27,41 €/m2

080.52036.M KG 522 DIN 276
Öko-Rasenpflaster, 8 cm, Drainfuge, Spilttb., ab 400 m2, MV
EP 42,11 DM/m2   EP 21,53 €/m2

080.52037.M KG 522 DIN 276
Öko-Rasenpflaster, 10 cm, Rasenfuge, Spilttb., bis 5 m2, HV
EP 77,72 DM/m2   EP 39,74 €/m2

080.52038.M KG 522 DIN 276
Öko-Rasenpflaster, 10 cm, Rasenfuge, Spilttb., ab 5 m2, HV
EP 59,36 DM/m2   EP 30,35 €/m2

080.52039.M KG 522 DIN 276
Öko-Rasenpflaster, 10 cm, Rasenfuge, Spilttb., ab 400 m2, MV
EP 46,59 DM/m2   EP 23,82 €/m2

080.52040.M KG 522 DIN 276
Öko-Rasenpflaster, 10 cm, Drainfuge, Spilttb., bis 5 m2, HV
EP 75,63 DM/m2   EP 38,67 €/m2

080.52041.M KG 522 DIN 276
Öko-Rasenpflaster, 10 cm, Drainfuge, Spilttb., ab 5 m2, HV
EP 58,18 DM/m2   EP 29,75 €/m2

080.52042.M KG 522 DIN 276
Öko-Rasenpflaster, 10 cm, Drainfuge, Spilttb., ab 400 m2, MV
EP 46,33 DM/m2   EP 23,69 €/m2

Klinkerpflaster DIN 18318

080.----.-

080.54001.M KG 522 DIN 276
Klinkerpflaster, Fahrbahnen
EP 99,02 DM/m2   EP 50,63 €/m2

080.54002.M KG 522 DIN 276
Klinkerpflaster, Fahrbahnen, bis 5 m2
EP 107,29 DM/m2   EP 54,86 €/m2

080.54003.M KG 522 DIN 276
Klinkerpflaster, Rad-/Gehwege
EP 87,21 DM/m2   EP 44,59 €/m2

080.54004.M KG 522 DIN 276
Klinkerpflaster, Rad-/Gehwege, bis 5 m2
EP 95,48 DM/m2   EP 48,82 €/m2

Markierungen

080.----.-

080.58001.M KG 522 DIN 276
Fahrbahnmarkierung, Betonverbundpflaster
EP 19,85 DM/m   EP 10,15 €/m

080.58501.M KG 522 DIN 276
Fahrbahnmarkierung, Bitumendeckschicht, Farbe
EP 76,13 DM/m2   EP 38,92 €/m2

080.58002.M KG 522 DIN 276
Fahrbahnmarkierung, Asphaltbetondecksch. Heißplastikmat.
EP 43,77 DM/m   EP 22,38 €/m

080.58003.M KG 522 DIN 276
Richtungspfeil, 1,5 m, Bitumendeckschicht, Farbe
EP 27,67 DM/St   EP 14,15 €/mSt

080.58004.M KG 522 DIN 276
Richtungspfeil, 5,0 m, Asphaltbetondeckschicht, Heißplastikmat.
EP 240,49 DM/St   EP 122,96 €/mSt

Pflasterstreifen

080.----.-

080.59001.M KG 522 DIN 276
Pflasterstreifen, Kleinpflaster, Sandbett, einzeilig
EP 18,96 DM/m   EP 9,69 €/m

080.59002.M KG 522 DIN 276
Pflasterstreifen, Kleinpflaster, Sandbett, zweizeilig
EP 33,44 DM/m   EP 17,10 €/m

080.59003.M KG 522 DIN 276
Pflasterstreifen, Kleinpflaster, Sandbett, dreizeilig
EP 48,36 DM/m   EP 24,73 €/m

LB 080 Straßen, Wege, Plätze
Pflasterstreifen; Plattenbelag; Bordsteine Beton

AW 080

Preise 06.02

Sämtliche Preise sind **Mittelpreise ohne Mehrwertmeuer** zum Zeitpunkt des Ausgabedatums.
Korrekturfaktoren für Regionaleinfluss, Mengeneinfluss, Konjunktureinfluss siehe Vorspann.
Abkürzungen: EP = Einheitspreis

080.59004.M KG 522 DIN 276
Pflasterstreifen, Großpflaster, Sandbett, einzeilig
EP 14,59 DM/m   EP 7,46 €/m

080.59005.M KG 522 DIN 276
Pflasterstreifen, Großpflaster, Sandbett, zweizeilig
EP 25,77 DM/m   EP 13,18 €/m

080.59006.M KG 522 DIN 276
Pflasterstreifen, Großpflaster, Sandbett, dreizeilig
EP 37,43 DM/m   EP 19,14 €/m

080.59007.M KG 522 DIN 276
Pflasterstreifen, Betonverbundpflaster, Sandbett, einzeilig
EP 13,37 DM/m   EP 6,84 €/m

080.59008.M KG 522 DIN 276
Pflasterstreifen, Betonverbundpflaster, Sandbett, zweizeilig
EP 23,54 DM/m   EP 12,04 €/m

080.59009.M KG 522 DIN 276
Pflasterstreifen, Betonverbundpflaster, Sandbett, dreizeilig
EP 34,19 DM/m   EP 17,48 €/m

080.59010.M KG 522 DIN 276
Pflasterstreifen, Betonpflaster, Sandbett, einzeilig
EP 13,80 DM/m   EP 7,05 €/m

080.59011.M KG 522 DIN 276
Pflasterstreifen, Betonpflaster, Sandbett, zweizeilig
EP 24,30 DM/m   EP 12,42 €/m

080.59012.M KG 522 DIN 276
Pflasterstreifen, Betonpflaster, Sandbett, dreizeilig
EP 35,27 DM/m   EP 18,04 €/m

080.59013.M KG 522 DIN 276
Pflasterstreifen, Kleinpflaster, Mörtelbett, einzeilig
EP 20,91 DM/m   EP 10,70 €/m

080.59014.M KG 522 DIN 276
Pflasterstreifen, Kleinpflaster, Mörtelbett, zweizeilig
EP 36,78 DM/m   EP 18,80 €/m

080.59015.M KG 522 DIN 276
Pflasterstreifen, Kleinpflaster, Mörtelbett, dreizeilig
EP 53,56 DM/m   EP 27,38 €/m

080.59016.M KG 522 DIN 276
Pflasterstreifen, Großpflaster, Mörtelbett, einzeilig
EP 17,69 DM/m   EP 9,04 €/m

080.59017.M KG 522 DIN 276
Pflasterstreifen, Großpflaster, Mörtelbett, zweizeilig
EP 30,94 DM/m   EP 15,82 €/m

080.59018.M KG 522 DIN 276
Pflasterstreifen, Großpflaster, Mörtelbett, dreizeilig
EP 45,10 DM/m   EP 23,06 €/m

080.59019.M KG 522 DIN 276
Pflasterstreifen, Betonverbundpflaster, Mörtelbett, einzeilig
EP 14,90 DM/m   EP 7,62 €/m

080.59020.M KG 522 DIN 276
Pflasterstreifen, Betonverbundpflaster, Mörtelbett, zweizeilig
EP 26,50 DM/m   EP 13,55 €/m

080.59021.M KG 522 DIN 276
Pflasterstreifen, Betonverbundpflaster, Mörtelbett, dreizeilig
EP 38,57 DM/m   EP 19,72 €/m

080.59022.M KG 522 DIN 276
Pflasterstreifen, Betonpflaster, Mörtelbett, einzeilig
EP 15,11 DM/m   EP 7,73 €/m

080.59023.M KG 522 DIN 276
Pflasterstreifen, Betonpflaster, Mörtelbett, zweizeilig
EP 26,88 DM/m   EP 13,74 €/m

080.59024.M KG 522 DIN 276
Pflasterstreifen, Betonpflaster, Mörtelbett, dreizeilig
EP 39,11 DM/m   EP 20,00 €/m

Plattenbelag

080.----.-

080.63001.M KG 522 DIN 276
Natursteinplatten Sandstein, im Mörtelbett verlegen
EP 103,56 DM/m2   EP 52,95 €/m2

080.63002.M KG 522 DIN 276
Natursteinplatten Sandstein, im Sandbett verlegen
EP 93,21 DM/m2   EP 47,66 €/m2

080.63003.M KG 522 DIN 276
Betonplatten farbig, im Mörtelbett verlegen
EP 88,18 DM/m2   EP 45,08 €/m2

080.63004.M KG 522 DIN 276
Betonplatten farbig, im Sandbett verlegen
EP 77,81 DM/m2   EP 39,78 €/m2

080.63005.M KG 522 DIN 276
Betonplatten grau, im Mörtelbett verlegen
EP 83,00 DM/m2   EP 42,44 €/m2

080.63006.M KG 522 DIN 276
Betonplatten grau, im Sandbett verlegen
EP 72,64 DM/m2   EP 37,14 €/m2

080.63007.M KG 522 DIN 276
Waschkies-Betonplatten, im Mörtelbett verlegen
EP 74,88 DM/m2   EP 38,28 €/m2

080.63007.M KG 522 DIN 276
Waschkies-Betonplatten, im Sandbett verlegen
EP 66,40 DM/m2   EP 33,95 €/m2

080.63009.M KG 522 DIN 276
Natursteinplatten Sandstein, liefern
EP 469,18 DM/t   EP 239,89 €/t

080.63010.M KG 522 DIN 276
Betonplatten farbig, liefern
EP 341,61 DM/t   EP 174,66 €/t

080.63011.M KG 522 DIN 276
Betonplatten grau, liefern
EP 276,24 DM/t   EP 141,24 €/t

080.63012.M KG 522 DIN 276
Waschkies-Betonplatten, liefern
EP 327,90 DM/t   EP 167,65 €/t

Bordsteine aus Beton

080.----.-

080.67201.M KG 522 DIN 276
Bordstein Beton, Form H 18 x 30, in Beton
EP 64,38 DM/m   EP 32,92 €/m

080.67202.M KG 522 DIN 276
Bordstein Beton, Form H 15 x 30, in Beton
EP 59,58 DM/m   EP 30,46 €/m

AW 080 — LB 080 Straßen, Wege, Plätze
Bordsteine Beton; Einfassungen aus Betonfertigteilen; Fugen in Betondecke

Preise 06.02

Sämtliche Preise sind **Mittelpreise ohne Mehrwertmeuer** zum Zeitpunkt des Ausgabedatums.
Korrekturfaktoren für Regionaleinfluss, Mengeneinfluss, Konjunktureinfluss siehe Vorspann.
Abkürzungen: EP = Einheitspreis

080.67203.M   KG 522 DIN 276
Bordstein Beton, Form H 15 x 25, in Beton
EP 58,61 DM/m   EP 29,96 €/m

080.67204.M   KG 522 DIN 276
Bordstein Beton, Form T 8 x 20, in Beton
EP 38,95 DM/m   EP 19,91 €/m

080.67205.M   KG 522 DIN 276
Bordstein Beton, Form T 8 x 25, in Beton
EP 44,10 DM/m   EP 22,55 €/m

Einfassung aus Betonfertigteilen

080.-----.-

080.74001.M   KG 522 DIN 276
Randsteine einsetzen, in Beton
EP 49,06 DM/m   EP 25,09 €/m

080.74002.M   KG 522 DIN 276
Randsteine einsetzen, in Sand
EP 49,53 DM/m   EP 25,33 €/m

080.81001.M   KG 522 DIN 276
Entwässerungsrinne, Betonrinnenplatte 15/30/8, in Beton
EP 28,33 DM/m   EP 14,48 €/m

Fuge in Betondecke herstellen

080.-----.-

080.85501.M   KG 522 DIN 276
Pressfuge herstellen
EP 15,03 DM/m   EP 7,68 €/m

080.85502.M   KG 522 DIN 276
Raumfuge herstellen
EP 27,55 DM/m   EP 14,08 €/m

080.85503.M   KG 522 DIN 276
Scheinfuge herstellen
EP 24,28 DM/m   EP 12,41 €/m

080.85504.M   KG 522 DIN 276
Füllen von Fugen
EP 10,36 DM/m   EP 5,29 €/m

LB 085 Rohrvortrieb
Baustelleneinrichtung für Rohrvortrieb

STLB 085

Ausgabe 06.02

Hinweis: Den im Leistungsbereich aufgeführten Standardtexten liegen die Vertragsbedingungen der VOB zugrunde.

Hinweis auf frei zu formulierende Beschreibungen allgemeiner Art:
Nachstehende Umstände sind in diesem Leistungsbereich durch Standardbeschreibungen nicht geregelt. Sie sind bei Bedarf durch frei zu formulierende Texte zu beschreiben.

Angabe des Mediums.

Nach den Erfordernissen im Einzelfall sind Beschreibungen allgemeiner Art, die jeweils im Abschnitt 0 der ATV – Allgemeine Technische Vertragsbedingungen für Bauleistungen

– Allgemeine Regelungen für Bauarbeiten jeder Art –
DIN 18299 und
– Rohrvortriebsarbeiten – DIN 18319
aufgeführt sind, frei zu formulieren.

Hinweis: Die in diesem Leistungsbereich enthaltenen Texte zur Baustelleneinrichtung beziehen sich nur auf die vortriebsspezifischen Arbeiten.
Sonstige Baustellen- und Verkehrseinrichtungen siehe LB 000 – Baustelleneinrichtung.
Weitere Vorgaben für die Baustelleneinrichtung und Verkehrsmaßnahmen sind in die Bau- und Einzelbeschreibung aufzunehmen.

100 Baustelle für Rohrvortrieb einrichten und räumen einschl. Baustelleneinrichtung vorhalten,
dazu gehören u.a. sämtliche An- und Abtransporte, sämtliche baulichen Anlagen und Einrichtungen zur Aufnahme der Geräte, Maschinen und Hilfseinrichtungen, das Heranführen von Strom und Wasser einschl. zusätzlicher Transformatoren sowie sämtlicher Betriebsstoffe,
das einsatzbereite Vorhalten von Sicherheits- und Rettungsgeräten als Mindestausrüstungen gemäß der Bau- und Einzelbeschreibung,
das betriebsbereite Einrichten und Räumen sämtlicher für den Rohrvortrieb benötigten Geräte, Maschinen und Hilfseinrichtungen,
Einzelangaben nach DIN 18319
– sämtliche Anlagen für Druckluft,
– sämtliche Anlagen für die Stützflüssigkeit,
– sämtliche Anlagen für Druckluft und Stützflüssigkeit,
– – Separieranlagen,
– – sämtliche Anlagen zur Beleuchtung, Be- und Entlüftung sowie Bewetterung der Vortriebsstrecken,
– – sämtliche Anlagen .... ,
– – – alle Messgeräte zum optischen, grafischen bzw. digitalen Erfassen der Messwerte der Pressenkräfte, der Wegemessung der Pressen, der Verrollung, der Seiten- und Höhenlage sowie des Durchsatzes der Förderpumpe,
– – – alle Messgeräte .... ,
– – – – Messeinrichtungen für die Druckmessung auf den Rohrspiegeln und das Feststellen der tatsächlichen Vorpresskräfte,
– – – – – Pumpen und Rohrsysteme zum Ableiten des anfallenden Grundwassers. Grundwasserüberleitung (Vorflut) zum vorhandenen Kanal/Vorfluter, Entfernung in m .... ,
– – – – – Pumpen und Rohrsysteme zum Ableiten des anfallenden Grundwassers. Grundwasserüberleitung .... ,
– – – – – Pumpen und Rohrsysteme zum Ableiten des anfallenden Grundwassers .... ,
– – – – – Pumpen und Rohrsysteme zum Ableiten oder Absenken des anfallenden Grundwassers werden gesondert vergütet.
– – – – – Pumpen und Rohrsysteme zum Um- bzw. Überleiten des anfallenden Abwassers.
– – – – – – Das Ableiten (Vorflut) wird vor Beginn der Rohrvortriebsarbeiten vom AG sichergestellt.
– – – – – – Das Ableiten (Vorflut) im Rahmen der Kanalbaumaßnahme durch den Bau von Um- bzw. Überleitungen sicherstellen. Entfernung zum Kanal in m .... ,
– – – – – – Das Ableiten (Vorflut) im Rahmen der Kanalbaumaßnahme durch den Bau von Um- bzw. Überleitungen sicherstellen; diese Leistungen werden gesondert vergütet.
– – – – – – Das Ableiten (Vorflut) .... ,
– – – – – – – Die Baustelleneinrichtung zum Herstellen der Start- und Zielbaugruben und sonstiger Baugruben des Rohrvortriebes einschl. Baustraßen, Arbeits- und Lagerflächen in die Allgemeine Baustelleneinrichtung einrechnen.
– – – – – – – Die Baustelleneinrichtung zum Herstellen ....

– Berechnungseinheit pauschal

Hinweis: Nach ATV DIN 18319 sind T1/101 und T1/102 Besondere Leistungen, soweit sie nicht vom AN zu vertreten sind.

101 Umsetzen, einschl. Aus- und Abbau, Zwischentransporte, Umrüsten und Wiederaufbau aller für den Rohrvortrieb benötigten Geräte, Maschinen, Hilfseinbauten und -einrichtungen, betrieblichen und baulichen Anlagen einschl. der damit verbundenen Vorhaltung,
Einzelangaben nach DIN 18319
– in und an Start- und Zielbaugruben,
– in und an Start- und Zielschächten,
– an Start- und Zielpunkten,
– an Startbaugrube/Startschacht,
– .... ,
– – Ausbau in Start- oder Zielbaugrube,
– – Ausbau in Startbaugrube an Schacht Nr. .... ,
– – Ausbau in Zielbaugrube an Schacht Nr. .... ,
– – Ausbau an Start- und Zielpunkten .... ,
– – Ausbau .... ,
– – – Einbau in Start- oder Zielbaugrube.
– – – Einbau in Startbaugrube an Schacht Nr. ....
– – – Einbau in Zielbaugrube an Schacht Nr. ....
– – – Einbau an Start- und Zielpunkten ....
– – – Einbau ....
– Berechnungseinheit Stück

102 Drehen und Umrüsten aller für den Rohrvortrieb benötigten Geräte, Maschinen, Hilfseinbauten und -einrichtungen, betrieblichen und baulichen Anlagen einschl. anteiliger Vorhaltung,
Einzelangaben nach DIN 18319
– in und an Start- und Zielbaugruben,
– in und an Start- und Zielschächten,
– an Start- und Zielpunkten,
– an Startbaugrube/Startschacht,
– .... ,
– – innerhalb der Start- oder Zielbaugruben an Schacht Nr. .... ,
– – innerhalb der Startbaugrube an Schacht Nr. .... ,
– – innerhalb der Zielbaugrube an Schacht Nr. .... ,
– – an Start- und Zielpunkten,
– – .... ,
– – – einschl. Aus- und Einbau der Pressenwiderlager, Umbau der Führungsvorrichtungen.
– – – – einschl. Abbau und Versetzen der Geräte und Ausrüstungen.
– – – einschl. ....
– Berechnungseinheit Stück

STLB 085

LB 085 Rohrvortrieb
Start-, Ziel-, Zwischenbaugruben

Ausgabe 06.02

200 Start-, Ziel-, Zwischenbaugruben,
Einzelangaben nach DIN 18319
- mit Böschung,
- im Verbau .... ,
- als Senkkästen/-schächte,
- .... ,
  - – – Vortriebs-, Berge- und Führungseinrichtungen gemäß Baustelleneinrichtung,
  - – – Vortriebs-, Berge- und Führungseinrichtungen gemäß Baustelleneinrichtung. Die vorhandene Vortriebsstrecke darf nicht als Widerlager benutzt werden,
  - – – Vortriebs-, Berge- und Führungseinrichtungen gemäß .... ,
    - – – – Baugrubensohlen unter höchstem Grundwasserstand,
    - – – – Baugrubensohlen über höchstem Grundwasserstand,
      - – – – – Bemessungswasserstand (Baubehelfe)
        - – – – – – gemäß Einzelbeschreibung Nr. .... ,
        - – – – – – gemäß Zeichnung Nr. .... ,
        - – – – – – gemäß Gutachten,
        - – – – – – .... ,
          - – – – – – – Verbauwände und Baugrubensohlen im Grundwasserbereich wasserdicht und auftriebssicher ausführen,
          - – – – – – – Wasserdichtheit bei Senkkästen/-schächten im Grundwasserbereich muss gewährleistet sein,
          - – – – – – – beim eventuellen Fluten muss die Standsicherheit der Baugrube gewährleistet sein.
          - – – – – – – .... ,

Hinweis: Herstellen größerer Baugruben siehe
LB 002 – Erdarbeiten (Ausschreibungshilfe Rohbau) oder
LB 006 – Bohr-, Verbau-, Ramm- und Einpressarbeiten, Anker, Pfähle und Schlitzwände.

Weitere Vorgaben zur Baugrubenherstellung sind gegebenenfalls in die Einzelbeschreibung aufzunehmen. Die nachfolgenden Leistungstexte sind nur für Baugruben mit geringen Maßen bei Rohrvortrieben mit kleinen Nennweiten anzuwenden.
Entsorgung des Aushubs siehe T1/870 ff.

21_ Offene Baugrube,
1 als Startbaugrube,
2 als Doppel-Startbaugrube,
3 als Mehrfach-Startbaugrube,
4 als Zielbaugrube,
5 als Doppel-Zielgrube,
6 als Mehrfach-Zielbaugrube,
7 als Zwischenbaugrube,
Einzelangaben nach DIN 18319
- für den Rohrvortrieb herstellen einschl. Vorhalten der für den Vortrieb erforderlichen Zusatzteile,
- für den Rohrvortrieb herstellen und beseitigen einschl. Vorhalten der für den Vortrieb erforderlichen Zusatzteile,
- für den Rohrvortrieb herstellen .... ,
  - – – für die Strecke von .... bis .... für Rohr DN .... ,
  - – – für die Strecke von .... bis .... für Rohr Profil .... ,
  - – – für die Strecke von .... bis .... und von .... bis .... für Rohr DN .... ,
  - – – für die Strecke von .... bis .... und von .... bis .... für Rohr Profil .... ,
  - – – an geplantem Schacht .... für Rohr DN .... ,
  - – – an geplantem Schacht .... für Rohr Profil .... ,
  - – – an .... ,
    - – – – Lage, Maße und Verbau gemäß Zeichnung Nr. .... , Baugrubentiefe von Gelände bis Rohrsohle in m .... ,
      es sind einzurechnen:
    - – – – Lage, Maße und Verbau gemäß Zeichnung Nr. .... , Baugrubentiefe von Gelände bis Rohrsohle in m .... , Bemessungswasserstand für Baubehelfe .... ,
      es sind einzurechnen:
    - – – – Lage, Maße und Verbau gemäß .... , Baugrubentiefe in m .... ,
      es sind einzurechnen:
    - – – – Lage, Maße und Verbau gemäß .... , Baugrubentiefe in m .... , Bemessungswasserstand für Baubehelfe .... ,
      es sind einzurechnen:
    - – – – Lage an Schacht/Bauwerk .... , in den zur Durchfahrung und Schacht-/Bauwerkseinbau erforderlichen Maßen, Baugrubentiefe von Gelände bis Rohrsohle in m .... ,
      es sind einzurechnen:
    - – – – Lage an Schacht/Bauwerk .... , in den zur Durchfahrung und Schacht-/Bauwerkseinbau erforderlichen Maßen, Baugrubentiefe von Gelände bis Rohrsohle in m .... , Bemessungswasserstand für Baubehelfe .... ,
      es sind einzurechnen:
      - – – – – Einbringen, Aussteifen in den statisch erforderlichen Maßen, Vorhalten und Beseitigen des Verbaus Bodenaushub, Bodenklassen 3 bis 5 DIN 18300, Laden des verdrängten Bodens, Liefern von einbaufähigem Boden, Verfüllen und Verdichten, Baugrubensohle einplanieren und verdichten,
      - – – – – Einbringen, Aussteifen in den statisch erforderlichen Maßen, Vorhalten und Beseitigen des Verbaus Bodenaushub, Bodenklassen 3 bis 5 DIN 18300, Laden des verdrängten Bodens, Liefern von einbaufähigem Boden, Verfüllen und Verdichten, Baugrubensohle einplanieren und verdichten, Sauberkeitsschicht aus Beton auf der Baugrubensohle,
      - – – – – Einbringen, Aussteifen in den statisch erforderlichen Maßen, Vorhalten und Beseitigen des Verbaus Bodenaushub, Bodenklassen 3 bis 5 DIN 18300, Laden des verdrängten Bodens, Liefern von einbaufähigem Boden, Verfüllen und Verdichten, Erschwernis beim Bodenaushub im Grundwasser, Herstellen wasserdichter Verbauwände im Grundwasserbereich, Einbau einer wasserdichten, auftriebssicheren Baugrubensohle aus Beton, Vorhalten und Betreiben der Geräte und Einrichtungen zum Leerpumpen der Baugrube,
      - – – – – .... ,
        - – – – – Herstellen der Ausfahröffnungen,
        - – – – – Herstellen der Ausfahröffnungen im Grundwasserbereich,
        - – – – – Hesrtellen der Einfahröffnungen,
        - – – – – Herstellen der Einfahröffnungen im Grundwasserbereich,
        - – – – – Herstellen der Aus- und Einfahröffnungen,
        - – – – – Herstellen der Aus- und Einfahröffnungen im Grundwasserbereich,
        - – – – – .... ,
          - – – – – – einschl. der Abdichtung zwischen Baugrubenwand und Vortriebsrohr,
          - – – – – – einschl. der Abdichtung zwischen Baugruben-/Schachtwand und Vortriebsrohr im Grundwasserbereich sowie die damit verbundene Wasserhaltung,
          - – – – – – einschl. der Abdichtung zwischen Baugruben-/Schachtwand und Vortriebsrohr und der Abbruch der Vortriebsrohre im Schacht/Bauwerksbereich,
          - – – – – – einschl. der Abdichtung zwischen Baugruben-/Schachtwand und Vortriebsrohr sowie die damit verbundene Wasserhaltung und der Abbruch der Vortriebsrohre im Schacht-/Bauwerksbereich,

LB 085 Rohrvortrieb
Start-, Ziel-, Zwischenbaugruben

STLB 085
Ausgabe 06.02

Einzelangaben zu Pos. 21_, Fortsetzung
- – – – – – – Ausbildung der Aus-/Einfahröffnungen gemäß vom AG zu genehmigenden Zeichnungen des AN,
- – – – – – – Ausbildung der Aus-/Einfahröffnungen gemäß Einzelbeschreibung Nr. .... ,
- – – – – – – Ausbildung der Aus-/Einfahröffnungen gemäß .... ,
- – – – – – – Leistungen für Straßenaufbruch und –wiederherherstellung und Sichern querender Leitungen werden gesondert vergütet.
- – – – – – – Leistungen für ....
- Berechnungseinheit Stück

22_ **Betonfertigteilschacht,**
23_ **Betonfertigteilschacht, vom AG beigestellt,**
   1 als Startbaugrube,
   2 als Doppel-Startbaugrube,
   3 als Mehrfach-Startbaugrube,
   4 als Zielbaugrube,
   5 als Doppel-Zielbaugrube,
   6 als Mehrfach-Zielbaugrube,
   7 als Zwischenbaugrube,
Einzelangaben nach DIN 18319 zu Pos. 22_ bis 23_
- einbauen einschl. Vorhalten der für den Vortrieb erforderlichen Zusatzteile,
- ein- und ausbauen bis zu einer Tiefe in m .... einschl. Vorhalten der für den Vortrieb erforderlichen Zusatzteile,
- .... ,
  - – Schachtmaße gemäß Standardzeichnung des AG, Betongüte und Bewehrung gemäß geprüfter Tragwerksplanung, es ist einzurechnen:
  - – Schachtmaße gemäß Standardzeichnung des AG, Betongüte und Bewehrung gemäß geprüfter Tragwerksplanung, Bemessungswasserstand für Baubehelfe .... , es ist einzurechnen:
  - – Schachtmaße gemäß Einzelbeschreibung Nr. ...., Betongüte und Bewehrung gemäß geprüfter Tragwerksplanung, es ist einzurechnen:
  - – Schachtmaße gemäß Einzelbeschreibung Nr. ...., Betongüte und Bewehrung gemäß geprüfter Tragwerksplanung, Bemessungswasserstand für Baubehelfe .... , es ist einzurechnen:
  - – Schachtmaße gemäß .... , Betongüte und Bewehrung gemäß .... , es ist einzurechnen:
  - – Schachtmaße gemäß Zeichnung Nr. .... , Betongüte und Bewehrung gemäß .... , Bemessungswasserstand für Baubehelfe .... , es ist einzurechnen:

Hinweis: Die beiden folgenden Leistungsangaben nur in Verbindung mit Betonfertigteilschächten **als Zwischenbaugrube** ausschreiben.

- – in den zur Durchfahrung und Schacht-/Bauwerkseinbau erforderlichen Schachtmaßen, Betongüte und Bewehrung gemäß geprüfter Tragwerksplanung, es ist einzurechnen:
- – in den zur Durchfahrung und Schacht-/Bauwerkseinbau erforderlichen Schachtmaßen, Betongüte und Bewehrung gemäß geprüfter Tragwerksplanung, Bemessungswasserstand für Baubehelfe .... , es ist einzurechnen:
- – in .... , es ist einzurechnen:
  - – – lage- und höhengerechter Einbau in der Vortriebsstrecke von .... bis .... , für Rohr DN .... ,
  - – – Einbau .... , für Rohr DN .... ,
  - – – lage- und höhengerechter Einbau an Schacht/Bauwerk .... bis .... , für Rohr Profil .... ,
  - – – lage- und höhengerechter Einbau an Schacht/Bauwerk .... in der Vortriebsstrecke von .... bis .... , für Rohr Profil .... ,
  - – – lage- und höhengerechter Einbau des Schachtes/der Schächte Nr. .... ,
  - – – Bodenaushub, Bodenklasse 3 bis 5 DIN 18300, Liefern und Einbauen des Füllbodens,
  - – – Bodenaushub, Bodenklasse 3 bis 5 DIN 18300, alle Erschwernisse aus Grundwasser, Herstellen der Schachtsohle einschl. Leerpumpen, Liefern und Einbauen des Füllbodens,
  - – – Bodenaushub, Bodenklasse 3 bis 5 DIN 18300, sämtliche Verbauwände und –teile, Liefern und Einbauen des Füllbodens,
  - – – Bodenaushub, Bodenklasse 3 bis 5 DIN 18300, sämtliche Verbauwände und –teile, alle Erschwernisse aus Grundwasser, Herstellen der Schachtsohle einschl. Leerpumpen, Liefern und Einbauen des Füllbodens,
  - – – Bodenaushub, Bodenklasse 3 bis 5 DIN 18300, sämtliche Druckluftanlagen, -schleusen und -einrichtungen sowie Drucklufterzeugung, Liefern und Einbauen des Füllbodens,
  - – – .... ,
  - – – – Herstellen der Ausfahröffnungen,
  - – – – Herstellen der Ausfahröffnungen im Grundwasserbereich,
  - – – – Herstellen der Einfahröffnungen,
  - – – – Herstellen der Einfahröffnungen im Grundwasserbereich,
  - – – – Herstellen der Aus- und Einfahröffnungen,
  - – – – Herstellen der Aus- und Einfahröffnungen im Grundwasserbereich,
  - – – – .... ,
  - – – – – einschl. der Abdichtung zwischen Schachtwand und Vortriebsrohr,
  - – – – – einschl der Abdichtung zwischen Baugruben-/Schachtwand und Vortriebsrohr im Grundwasserbereich und der erforderlichen Wasserhaltung,
  - – – – – einschl der Abdichtung zwischen Baugruben-/Schachtwand und Vortriebsrohr und des Abbruchs der Vortriebsrohre im Schacht-/Bauwerksbereich,
  - – – – – einschl der Abdichtung zwischen Baugruben-/Schachtwand und Vortriebsrohr, der erforderlichen Wasserhaltung und des Abbruchs der Vortriebsrohre im Schacht-/Bauwerksbereich,
  - – – – – – Ausbildung der Aus-/Einfahröffnungen gemäß der vom AG zu genehmigenden Zeichnungen des AN,
  - – – – – – Ausbildung der Aus-/Einfahröffnungen gemäß Einzelbeschreibung Nr. .... ,
  - – – – – – Ausbildung der Aus-/Einfahröffnungen gemäß .... ,
  - – – – – – Leistungen für den Straßenaufbruch und -wiederherstellung und Sicherung querender Leitungen werden gesondert vergütet.
  - – – – – – Leistungen für ....
- Berechnungseinheit Stück

STLB 085
Ausgabe 06.02

LB 085 Rohrvortrieb
Start-, Ziel-, Zwischenbaugruben

24_ Baugrube zur Hindernisbeseitigung herstellen, vorhalten und beseitigen,
1 bei Erliegen des Rohrvortriebs,
2 bei Erliegen des Rohrvortriebs DN .... ,
3 bei .... ,
Einzelangaben nach DIN 18319
– in der Vortriebsstrecke,
– in der Vortriebsstrecke von .... bis .... ,
– in .... ,
– – Baugrubentiefe bis 1,25 m,
– – Baugrubentiefe über 1,25 m bis 1,75 m,
– – Baugrubentiefe über 1,75 m bis 3 m,
– – Baugrubentiefe über 3 m bis 5 m,
– – Baugrubentiefe über 5 m bis 7,5 m,
– – Baugrubentiefe über 7,5 m bis 10 m,
– – Baugrubentiefe in m .... ,
– – – Grundfläche bis 5 m²,
– – – Grundfläche über 5 bis 7,5 m²,
– – – Grundfläche über 7,5 bis 10 m²,
– – – Grundfläche in m² .... ,
– – – – Baugrund gemäß Schichtenverzeichnis,
– – – – Baugrund gemäß Bodengutachten,
– – – – Baugrund .... ,
– – – – – Bemessungswasserstand für Baubehelfe gemäß Einzelbeschreibung Nr. .... ,
– – – – – Bemessungswasserstand für Baubehelfe gemäß Zeichnung Nr. .... ,
– – – – – Bemessungswasserstand für Baubehelfe .... ,
– – – – – – es ist einzurechnen: Einbringen, Vorhalten und Beseitigen des Verbaus einschl. dichtem Anschluss an die Vortriebsrohre bzw. -maschine, Bodenaushub einschl. sämtlicher Transporte, Zwischenlagern, Verfüllen und Verdichten, Abfahren des zum Wiedereinbau nicht geeigneten Bodens, Einbau von Füllboden, Füllboden wird gesondert vergütet, Beseitigen bzw. der Abbruch des Hindernisses,
– – – – – – es ist einzurechnen: .... ,
– – – – – – – Stillstandszeiten des Rohrvortriebs einschl. Vorhalt- und Personalkosten ab Antreffen des Hindernisses,
– – – – – – – Stillstandszeiten des Rohrvortriebs ab Antreffen des Hindernisses werden gesondert vergütet,
– – – – – – – – einschl. Abfuhr und Entsorgen der Abbruchstoffe, Stillstandszeiten des Rohrvortriebs einschl. Vorhalt- und Personalkosten ab Antreffen des Hindernisses, Einrichtungen zum Fördern und Ableiten des Grundwassers in offener Wasserhaltung,
– – – – – – – – einschl. Abfuhr und Entsorgen der Abbruchstoffe, Stillstandszeiten des Rohrvortriebs einschl. Vorhalt- und Personalkosten ab Antreffen des Hindernisses, Einrichten und Betreiben einer Spülfilteranlage zum Absenken des Grundwassers in geschlossener Wasserhaltung,
– – – – – – – – einschl. Abfuhr und Entsorgen der Abbruchstoffe, Stillstandszeiten des Rohrvortriebs ab Antreffen des Hindernisses werden gesondert vergütet, Einrichtungen zum Fördern und Ableiten des Grundwassers in offener Wasserhaltung,
– – – – – – – – einschl. Abfuhr und Entsorgen der Abbruchstoffe, Stillstandszeiten des Rohrvortriebs ab Antreffen des Hindernisses werden gesondert vergütet, Einrichten und Betreiben einer Spülfilteranlage zum Absenken des Grundwassers in geschlossener Wasserhaltung,

Hinweis: Grundwasserabsenkungen mittels Schwerkraftbrunnen siehe LB 008 – Wasserhaltungsarbeiten.

– – – – – – – – Die Leistungen für Verkehrsmaßnahmen, Straßenaufbruch und -wiederherstellung, Leitungssicherung werden gesondert vergütet.
– – – – – – – – Die Leistungen .... ,
– Berechnungseinheit Stück

250 **Erschwernisse, Behinderungen und Mehrleistungen, Einzelangaben nach DIN 18319**
– als Zulage bei der Herstellung,
– als Zulage beim Rückbau,
– als Zulage bei der Herstellung und beim Rückbau,
– – der Startbaugrube,
– – der Zielbaugrube,
– – der Zwischenbaugrube,
– – der Baugrube zur Hindernisbeseitigung,
– – der Start- und Zielbaugruben,
– – der Start-, Ziel- und Zwischenbaugruben,
– – der Start-, Ziel- und Zwischenbaugruben sowie der Baugrube zur Hindernisbeseitigung,
– – der .... ,
– – – beim Bodenaushub in offenen, verbauten Baugruben,
– – – beim Abteufen des Senkkastens/-schachtes,
– – – beim Einbringen des Verbaus,
– – – beim Rückbau des Verbaus,
– – – beim Einbringen und Rückbau des Verbaus,
– – – – durch Bodenklasse 2 DIN 18300,
– – – – durch Bodenklasse 6 DIN 18300,
– – – – durch Bodenklasse 7 DIN 18300,
– – – – durch Abbruch von Mauerwerk,
– – – – durch Abbruch von Beton,
– – – – durch Abbruch von Einzelsteinen,
– – – – durch Abbruch von Stahlbeton,
– – – – durch Beseitigung künstlicher Hindernisse,
– – – – durch .... ,
– – – – – im Grundwasser,
– – – – – im Grundwasser mit Drucklufteinsatz,
– – – – – im Grundwasser .... ,
– – – – – – Abrechnung nach Baugruben
– Berechnungseinheit m³, Stück (bei Abrechnung nach Baugruben.)

251 **Kolonnenstunden einschl. Personal, Geräte, Maschinen und Einrichtungen, Einzelangaben nach DIN 18319**
– sowie Druckluftanlage,
– – für Bohr- und Meißelarbeiten,
– – für .... ,
– – – zur Beseitigung der Hindernisse,
– – – zur .... ,
– – – – in offenen, verbauten Baugruben,
– – – – in .... ,
– – – – – Baugrubensohle über Bemessungswasserstand,
– – – – – Baugrubensohle unter Bemessungswasserstand,
– – – – – – auf besondere Anforderung des AG.
– – – – – – auf besondere Anforderung des AG, Bodenaushub, Förderung, Abbruch und Hindernisbeseitigung werden nicht gesondert vergütet.
– Berechnungseinheit Stunden

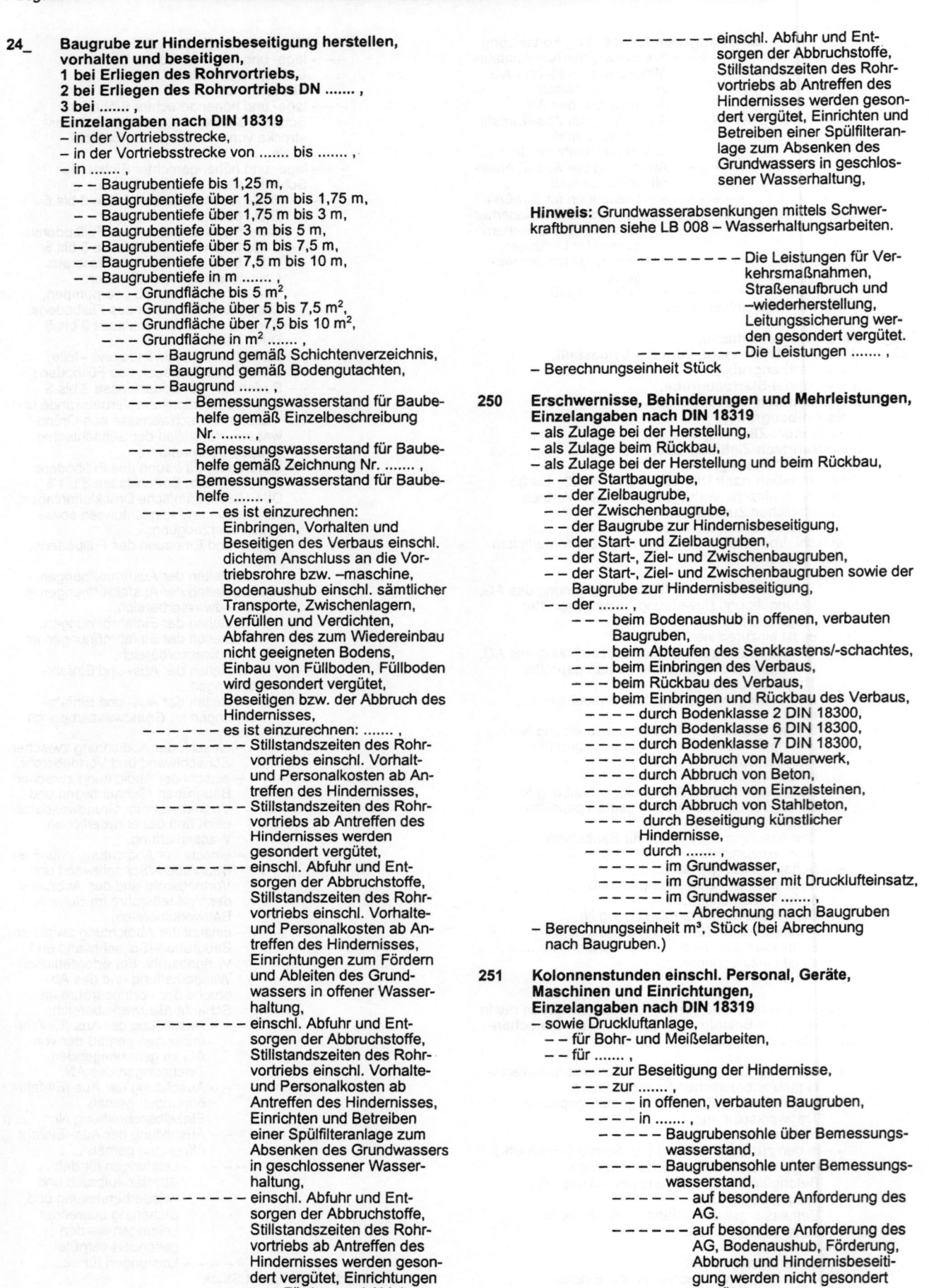

LB 085 Rohrvortrieb
Start-, Ziel-, Zwischenbaugruben

STLB 085
Ausgabe 06.02

27_ Herrichten einer vorhandenen Baugrube/eines vorhandenen Absenkschachtes für den Rohrvortrieb einschl. Vorhalten der für den Vortrieb erforderlichen Zusatzteile,
1 als Startbaugrube,
2 als Doppel-Startbaugrube,
3 als Mehrfach-Startbaugrube,
4 als Zielbaugrube,
5 als Doppel-Zielbaugrube,
6 als Mehrfach-Zielbaugrube,
7 als Zwischenbaugrube,
Einzelangaben nach DIN 18319
– mit unbefestigter Sohle,
– mit befestigter Sohle,
– mit auftriebssicherer Sohle,
– mit .... ,
– – an der Vortriebsstrecke von .... bis .... ,
– – in der Vortriebsstrecke von .... bis .... ,
– – – für Rohr DN .... ,
– – – für Rohr DN .... bzw. DN .... ,
– – – für Rohr Profil .... ,
– – – für Rohr Profil .... bzw. Profil .... ,
– – – – Lage, Maße und Verbau gemäß Zeichnung Nr. .... , Baugrubentiefe von Gelände bis Rohrsohle in m .... , es ist einzurechnen:
– – – – Lage, Maße und Verbau gemäß Zeichnung Nr. .... , Baugrubentiefe von Gelände bis Rohrsohle in m .... , höchster gemessener Grundwasserstand über Rohrsohle .... , es ist einzurechnen:
– – – – Lage und Maße gemäß Zeichnung Nr. .... , Baugrubentiefe von Gelände bis Rohrsohle in m .... , es ist einzurechnen:
– – – – Lage und Maße gemäß Zeichnung Nr. .... , Baugrubentiefe von Gelände bis Rohrsohle in m .... , höchster gemessener Grundwasserstand über Rohrsohle .... , es ist einzurechnen:
– – – – Lage und Maße gemäß .... , Baugrubentiefe in m .... , es ist einzurechnen:
– – – – Lage und Maße gemäß Zeichnung Nr. .... , Baugrubentiefe in m .... , höchster gemessener Grundwasserstand .... , es ist einzurechnen:
– – – – Lage an Schacht/Bauwerk .... , Maße gemäß Zeichnung Nr. .... , Baugrubentiefe von Gelände bis Rohrsohle in m .... , es ist einzurechnen:
– – – – Lage an Schacht/Bauwerk .... , Maße gemäß Zeichnung Nr. .... , Baugrubentiefe von Gelände bis Rohrsohle in m .... , höchster gemessener Grundwasserstand .... , es ist einzurechnen:
– – – – .... , es ist einzurechnen:
– – – – – Herstellen der Ausfahröffnungen,
– – – – – Herstellen der Ausfahröffnungen im Grundwasserbereich,
– – – – – Herstellen der Einfahröffnungen,
– – – – – Herstellen der Einfahröffnungen im Grundwasserbereich,
– – – – – Herstellen der Aus- und Einfahröffnungen,
– – – – – Herstellen der Aus- und Einfahröffnungen im Grundwasserbereich,
– – – – – .... ,
– – – – – – einschl. der Abdichtung zwischen Schachtwand und Vortriebsrohr,
– – – – – – einschl. der Abdichtung zwischen Baugruben-/Schachtwand und Vortriebsrohr im Grundwasserbereich und der erforderlichen Wasserhaltung,
– – – – – – einschl. der Abdichtung zwischen Baugruben-/Schachtwand und Vortriebsrohr und des Abbruchs der Vortriebsrohre im Schacht-/Bauwerksbereich,
– – – – – – einschl. der Abdichtung zwischen Baugruben-/Schachtwand und Vortriebsrohr, der erforderlichen Wasserhaltung und des Abbruchs der Vortriebsrohre im Schacht-/Bauwerksbereich,
– – – – – – Ausbildung der Aus-/Einfahröffnungen gemäß der vom AG zu genehmigenden Zeichnungen des AN,
– – – – – – Ausbildung der Aus-/Einfahröffnungen gemäß Einzelbeschreibung Nr. .... ,
– – – – – – Ausbildung der Aus-/Einfahröffnungen gemäß .... ,
– – – – – – – einschl. Beseitigen aller Baubehelfe,
– – – – – – – einschl. Beseitigen .... ,
– Berechnungseinheit Stück

280 Umbauen und Umrüsten einer Vortriebsbaugrube als Zulage,
Einzelangaben nach DIN 18319
– zur Startbaugrube/Startschacht,
– zur Zielbaugrube/Zielschacht,
– zur .... ,
– – an Schacht .... ,
– – – für Vortrieb in eine andere Richtung, Rohr DN .... ,
– – – für Vortrieb in eine andere Richtung, Rohr Profil .... ,
– – – für Vortrieb aus einer anderen Richtung, Rohr DN .... ,
– – – für Vortrieb aus einer anderen Richtung, Rohr Profil .... ,
– – – für Anschlusskanal DN .... ,
– – – für Anschlusskanal Profil .... ,
– – – für .... ,
– – – – sowie Herstellen einer zusätzlichen Ausfahröffnung,
– – – – sowie Herstellen von 2 zusätzlichen Ausfahröffnungen,
– – – – sowie Herstellen von Ausfahröffnungen, Anzahl .... ,
– – – – sowie Herstellen einer zusätzlichen Einfahröffnung,
– – – – sowie Herstellen von 2 zusätzlichen Einfahröffnungen,
– – – – sowie Herstellen von Einfahröffnungen, Anzahl .... ,
– – – – sowie .... ,
– – – – – einschl. Anpassen des Baugrubenverbaues,
– – – – – einschl. .... ,
– – – – – einschl. Beseitigen aller Baubehelfe,
– – – – – einschl. Beseitigen .... ,
– – – – – auf besondere Anforderung des AG.
– Berechnungseinheit Stück, pauschal

STLB 085

LB 085 Rohrvortrieb
Vortriebsrohre, Rohrvortrieb

Ausgabe 06.02

Hinweis: Einbringen von Rohren in vorgepresste Mantelrohre siehe
LB 009 – Entwässerungskanalarbeiten.

**300 Rohrvortrieb DIN 18319,
Einzelangaben nach DIN 18319**
- nichtsteuerbares Verfahren für unbemannt arbeitende Vortriebe ATV A 125/DVGW GW 304,
- steuerbares Verfahren für unbemannt arbeitende Vortriebe ATV A 125/DVGW GW 304,
- steuerbares Verfahren für bemannt arbeitende Vortriebe ATV A 125/DVGW GW 304,
- Verfahren .... ,
- – Abweichungen von der Sollachse in der Vortriebsstrecke dürfen vertikal und horizontal die Werte nach ATV A 125/DVGW GW 304 nicht überschreiten,
- – max. zulässige vertikale Abweichung in mm .... ,
  max. zulässige horizontale Abweichung in mm ......,
- – Bemessungswasserstand für die Baudurchführung .... ,
- – Abweichungen von der Sollachse in der Vortriebsstrecke dürfen vertikal und horizontal die Werte nach ATV A 125/DVGW GW 304 nicht überschreiten, Bemessungswasserstand für die Baudurchführung .... ,
- – max. zulässige vertikale Abweichung in mm .... ,
  max. zulässige horizontale Abweichung in mm ......,
  Bemessungswasserstand für die Baudurchführung .... ,
- – – vertikale und horizontale Abweichung und Vortriebslänge,
- – – vertikale und horizontale Abweichung, Verrollung und Vortriebslänge,
- – – Pressenkräfte, vertikale und horizontale Abweichung, Verrollung und Vortriebslänge,
- – – Pressenkräfte, vertikale und horizontale Abweichung, Drehmoment, Verrollung und Vortriebslänge,
- – – .... ,
- – – – in Vortriebsintervallen von max. 200 mm Länge oder max. 90 Sekunden Dauer automatisch messen und maschinell aufzeichnen einschl. Liefern der Vortriebsprotokolle bzw. Pressdiagramme,
- – – – fortlaufend messen und protokollieren, einschl. Liefern der Vortriebsprotokolle bzw. Pressdiagramme,
- – – – .... ,
- – – – die beim Rohrvortrieb angetroffenen Bodenverhältnisse in Protokollen festhalten. Die Vortriebsmessung obliegt dem AN.
  Fallen Messgeräte der Vortriebsparameter aus oder werden die zulässigen Toleranzen überschritten, muss der Rohrvortrieb eingestellt werden.

Hinweis: Angaben über zulässige Setzungen sind in der Bau- und Einzelbeschreibung vorzusehen.
- – – – – – in den Einheitspreis ist einzurechnen:
  Vorhalten und Betreiben der Vortriebseinrichtung während des Vortriebs,
- – – – – – sämtliche Erschwernisse beim Durchfahren der Verbauwände in den Start-, Ziel- und Zwischenbaugruben,
- – – – – – sämtliche Erschwernisse beim Durchfahren der Verbauwände und Abdichten der Durchfahröffnungen im Grundwasserbereich wasserdicht, in den Start-, Ziel- und Zwischenbaugruben,
- – – – – – in den Einheitspreis ist einzurechnen:
  Vorhalten und Betreiben der Vortriebseinrichtung, Ringraumstützung durch ständiges Einpressen eines geeigneten Stoffes nach ATV A 125/DVGW GW 304,
  Schmieren des Rohrmantels durch ständiges Einpressen von Bentonit, Wasser o.ä.,
- – – – – – – sämtliche Erschwernisse beim Durchfahren der Verbauwände in den Start-, Ziel- und Zwischenbaugruben,
- – – – – – – sämtliche Erschwernisse beim Durchfahren der Verbauwände und Abdichten der Durchfahröffnungen im Grundwasserbereich wasserdicht, in den Start-, Ziel- und Zwischenbaugruben,
- – – – – – in den Einheitspreis ist einzurechnen: .... ,

LB 085 Rohrvortrieb
Vortriebsrohre, Rohrvortrieb

STLB 085

Ausgabe 06.02

Rohrvortrieb

Hinweis: Zur sachgerechten Durchführung des Rohrvortriebes ist ein Baugrundgutachten zu erstellen, das alle in der DIN 18319 geforderten Angaben enthält.
Entsorgung des entnommenen Bodens siehe T1/870 ff.

31_ Rohrvortrieb ATV A 125/DVGW GW 304,
1 mit Vortriebs-, Sonder- und Passrohren, Rohrverbindungen und –dichtungen
einschl. Vorhalten und Betreiben der Vortriebsanlagen und –einrichtungen,
Rohrlieferung wird gesondert vergütet,
2 mit Vortriebs-, Sonder- und Passrohren, Rohrverbindungen und –dichtungen
einschl. Vorhalten und Betreiben der Vortriebsanlagen und –einrichtungen,
3 mit vom AG beigestellten Vortriebs-, Sonder- und Passrohren, Rohrverbindungen und –dichtungen
einschl. Abladen sowie Vorhalten und Betreiben der Vortriebsanlagen und –einrichtungen,
Einzelangaben nach DIN 18319
– Vortrieb in nichtsteuerbaren Verfahren für unbemannt arbeitende Rohrvortriebe, Rohr DN .... ,
– Vortrieb in nichtsteuerbaren Verfahren für unbemannt arbeitende Rohrvortriebe, Rohr Profil .... ,
– – Bodenverdrängungsverfahren Horizontalramme/-presse mit geschlossenem Rohr,
– – Bodenverdrängungsverfahren Horizontalpressanlage,
– – Bodenverdrängungsverfahren mit Verdrängungshammer,
– – Bodenentnahmeverfahren Horizontalramme mit offenem Rohr, Abbau von Hindernissen aus Steinen, größter Durchmesser in cm .... , größte Kantenlänge in cm .... ,
– – Bodenentnahmeverfahren Horizontal-Pressbohrgeräte, Abbau von Hindernissen aus Steinen, größter Durchmesser in cm .... , größte Kantenlänge in cm .... ,

Hinweis: Kanalumleitungen bzw. Wasserhaltung, Verfüllen bzw. Verdämmen des vorhanden Kanals siehe LB 009 – Entwässerungskanalarbeiten.

– – Aufweitverfahren vorhandener Rohrleitungen (z.B. Berstlining), Wanddicke in mm .... , aus .... ,
– – .... ,
– Vortrieb in steuerbaren Verfahren für unbemannt arbeitende Rohrvortriebe, Rohr DN .... ,
– Vortrieb in steuerbaren Verfahren für unbemannt arbeitende Rohrvortriebe, Rohr Profil .... ,
– – Pilotrohr-Vortrieb, Verdrängen von Hindernissen aus Steinen, größter Durchmesser in cm .... , größte Kantenlänge in cm .... ,
– – Pressbohr-Rohrvortrieb, Abbau von Hindernissen aus Steinen, größter Durchmesser in cm .... , größte Kantenlänge in cm .... ,
– – Schild-Rohrvortrieb, Abbau von Hindernissen aus Steinen, größter Durchmesser in cm .... , größte Kantenlänge in cm .... ,
– – Horizontal-Spülbohrung, Abbau/Verdrängen von Hindernissen aus Steinen, größter Durchmesser in cm .... , größte Kantenlänge in cm .... ,
– – Horizontal-Directional-Drilling, (HDD-Verfahren), Abbau/Verdrängen von Hindernissen aus Steinen, größter Durchmesser in cm .... , größte Kantenlänge in cm .... ,

Hinweis: Kanalumleitungen bzw. Wasserhaltung, Verfüllen bzw. Verdämmen des vorhandenen Kanals siehe LB 009 – Entwässerungskanalarbeiten.

– – Überfahren vorhandener Leitungen (z.B. Pipe-Eating), Wanddicke in mm .... , Werkstoff .... ,
– – .... ,
– Vortrieb in steuerbaren Verfahren für bemannt arbeitende Rohrvortriebe, Rohr DN .... ,
– Vortrieb in steuerbaren Verfahren für bemannt arbeitende Rohrvortriebe, Rohr Profil .... ,
– – Schildvortrieb mit offenem Schild,
– – Schildvortrieb mit erddruckgestützter Ortsbrust, Abbau von Hindernissen aus Steinen, größter Durchmesser in cm .... , größte Kantenlänge in cm .... ,
– – Schildvortrieb mit Druckluftstützung, Abbau von Hindernissen aus Steinen, größter Durchmesser in cm .... , größte Kantenlänge in cm .... ,
– – Schildvortrieb mit flüssigkeitsgestützter Ortsbrust, Abbau von Hindernissen aus Steinen, größter Durchmesser in cm .... , größte Kantenlänge in cm .... ,

Hinweis: Kanalumleitungen bzw. Wasserhaltung, Verfüllen bzw. Verdämmen des vorhandenen Kanals siehe LB 009 – Entwässerungskanalarbeiten.

– – Schildvortrieb für das Überfahren von vorhandenen Rohrleitungen, (z.B. halboffene Bauweise), Wanddicke in mm .... , Werkstoff .... ,
– – .... ,

Hinweis: Bei der halboffenen Bauweise ist der über dem Rohrvortrieb befindliche Bodenentnahmegraben gesondert nach LB 002 – Erdarbeiten oder
LB 006 – Bohr-, Verbau-, Ramm- und Einpressarbeiten, Anker, Pfähle und Schlitzwände auszuschreiben.

– – – in gerader Trasse von .... bis .... ,
– – – in gekrümmter Trasse, Radius in m .... , von .... bis .... ,
– – – in gerader Gradiente von .... bis....... ,
– – – in gekrümmter Gradiente, Radius in m .... , von .... bis .... ,
– – – in gerader und gekrümmter Trasse, Radius in m .... , von .... bis .... ,
– – – in gerader und gekrümmter Gradiente, Radius in m .... , von .... bis .... ,
– – – in gerader Trasse und gekrümmter Gradiente, Radius in m .... , von .... bis .... ,
– – – in einer Raumkurve, Radius 1 in m .... , Radius 2 in m .... , von .... bis .... ,
– – – in .... , von .... bis .... ,
– – – – Bemessungswasserstand .... ,
– – – – Rohrsohle über Bemessungswasserstand .... ,
– – – – Rohrsohle unter Bemessungswasserstand einschl. aller Aufwendungen für offene Wasserhaltung,
– – – – Rohrsohle unter Bemessungswasserstand einschl. aller Aufwendungen für offene Wasserhaltung bis Wasserstand .... ,
– – – – Rohrsohle unter Bemessungswasserstand, geschlossene Wasserhaltung wird gesondert vergütet,
– – – – Rohrsohle .... ,
– – – – – in Boden– und Felsklassen DIN 18319 gemäß Baugrubengutachten,
– – – – – in Böden DIN 18319 Klasse LNE 1,
– – – – – in Böden DIN 18319 Klasse LNE 2,
– – – – – in Böden DIN 18319 Klasse LNE 3,
– – – – – in Böden DIN 18319 Klasse LNW 1,
– – – – – in Böden DIN 18319 Klasse LNW 2,
– – – – – in Böden DIN 18319 Klasse LNW 3,
– – – – – in Böden DIN 18319 Klasse LBM 1,
– – – – – in Böden DIN 18319 Klasse LBM 2,
– – – – – in Böden DIN 18319 Klasse LBM 3,
– – – – – in Böden DIN 18319 Klasse LBO 1,
– – – – – in Böden DIN 18319 Klasse LBO 2,
– – – – – in Böden DIN 18319 Klasse LBO 3,
– – – – – – Zusatzklasse DN 18319 S 1,
– – – – – – Zusatzklasse DN 18319 S 2,
– – – – – – Zusatzklasse DN 18319 S 3,
– – – – – – Zusatzklasse DN 18319 S 4,

STLB 085
LB 085 Rohrvortrieb
Vortriebsrohre, Rohrvortrieb

Ausgabe 06.02

Einzelangaben zu Pos. 31_, Fortsetzung
– – – – – – Steinzeugrohre vor dem Einbau an den Rohrenden mit einem Muffenprüfgerät prüfen,
– – – – – – einschl. .... ,
– – – – – – Rohrwerkstoff wie folgt:
– – – – – – Steinzeugrohre vor dem Einbau an den Rohrenden mit einem Muffenprüfgerät prüfen, Rohrwerkstoff wie folgt:
– – – – – – einschl. .... , Rohrwerkstoff wie folgt:
– – – – – in Festgestein DIN 18319 FD 1,
– – – – – in Festgestein DIN 18319 FD 2,
– – – – – in Festgestein DIN 18319 FD 3,
– – – – – in Festgestein DIN 18319 FD 4,
– – – – – in Festgestein DIN 18319 FZ 1,
– – – – – in Festgestein DIN 18319 FZ 2,
– – – – – in Festgestein DIN 18319 FZ 3,
– – – – – in Festgestein DIN 18319 FZ 4,
– – – – – in Boden- und Festklassen DIN 18319 .... ,
– – – – – – Steinzeugrohre vor dem Einbau an den Rohrenden mit einem Muffenprüfgerät prüfen,
– – – – – – einschl. .... ,
– – – – – – Rohrwerkstoff wie folgt:
– – – – – – Steinzeugrohre vor dem Einbau an den Rohrenden mit einem Muffenprüfgerät prüfen, Rohrwerkstoff wie folgt:
– – – – – – einschl. .... , Rohrwerkstoff wie folgt:
– Berechnungseinheit m

Vortriebsrohre

32_ Vortriebsrohr aus Stahlbeton DIN 4035,
33_ Vortriebsrohr aus Beton DIN 4032,
34_ Vortriebsrohr als Verbundrohr, aus .... ,
1 nur liefern,
2 vom AG beigestellt,
Einzelangaben nach DIN 18319 zu Pos. 32_ bis 34_
– Kreisprofil DN .... ,
– Eiprofil, Breite in mm .... , Höhe in mm .... ,
– Rechteckprofil, Breite in mm .... , Höhe in mm .... ,
– Profil .... ,
– – Betongüte, Wanddicke und sonstige Anforderungen gemäß ATV A 161/DVGW GW 312,
– – Betongüte, Wanddicke, Regelbewehrung und Anforderungen gemäß Einzelbeschreibung Nr. .... ,
– – Betongüte, Wanddicke, Bewehrung gemäß geprüftem statischen Nachweis des Bieters, Außendurchmesser in mm .... , (Vom Bieter einzutragen.)
– – Betongüte, Wanddicke, Bewehrung gemäß .... ,
– – .... ,
– – – einschl. der Kurz- und Passrohre und der Rohre an Zwischenpressstationen,
– – – – einschl. Anlegen der Sohlaussparung für Auskleidung mit .... ,
– – – – einschl. Anlegen der Sohlaussparung und Einbau der Sohlauskleidung gemäß Einzelbeschreibung Nr. .... ,
– – – – einschl. Anlegen der Sohlaussparung und Einbau der Sohlauskleidung aus .... , (Vom Bieter einzutragen.)
– – – – einschl. Innenauskleidung aus .... , (Sofern nicht vorgeschrieben, vom Bieter einzutragen.)

Fortsetzung **Einzelangaben** in Pos. 35_ bis 43_

35_ Vortriebsrohr aus Stahl Fe 360 B (St 37-2),
36_ Vortriebsrohr aus Steinzeug DIN EN 295,
37_ Vortriebsrohr aus Polymerbeton .... ,
38_ Vortriebsrohr aus UP-GF .... ,
39_ Vortriebsrohr aus duktilem Gusseisen DIN EN 598,
40_ Vortriebsrohr aus Faserzement DIN EN 588-1,
41_ Vortriebsrohr aus PVC-U DIN 19534, Innen-/Außendurchmesser in mm .... ,
42_ Vortriebsrohr aus PE-HD DIN 19537, Innen-/Außendurchmesser in mm .... ,
43_ Vortriebsrohr aus .... ,
1 nur liefern,
2 vom AG beigestellt,
Einzelangaben nach DIN 18319 zu Pos 35_ bis 43_
– Kreisprofil DN .... ,
– Eiprofil, Breite in mm .... , Höhe in mm .... ,
– Rechteckprofil, Breite in mm .... , Höhe in mm .... ,
– Profil .... ,
– – Wanddicke, Güte und sonstige Anforderungen gemäß ATV A 161/DVGW GW 312,
– – Wanddicke, Güte und Anforderungen gemäß statischem Nachweis des Bieters, Außendurchmesser in mm .... , (Vom Bieter einzutragen.)
– – Wanddicke, Güte gemäß .... ,
– – – einschl. der Kurz- und Passrohre,
– – – einschl. der Kurz- und Passrohre und der Rohre an Zwischenpressstationen,
– – – – einschl. Innenauskleidung gemäß Einzelbeschreibung Nr. .... ,
– – – – einschl. Innenauskleidung aus .... , (Sofern nicht vorgeschrieben, vom Bieter einzutragen.)
– – – – einschl. Innenauskleidung und Außenschutz gemäß Einzelbeschreibung Nr. .... ,
– – – – einschl. Innenauskleidung aus .... , (Sofern nicht vorgeschrieben, vom Bieter einzutragen.) und Außenschutz aus .... , (Sofern nicht vorgeschrieben, vom Bieter einzutragen.)
– – – – einschl. Außenschutz gemäß Einzelbeschreibung Nr. .... ,
– – – – einschl. Außenschutz aus .... , (Sofern nicht vorgeschrieben, vom Bieter einzutragen.)
– – – – einschl. .... ,

Fortsetzung **Einzelangaben** zu Pos. 32_ bis 43_
– – – – Rohrlänge in m .... , (Sofern nicht vorgeschrieben, vom Bieter einzutragen.)
– – – – – Rohrverbindung gemäß ATV A 125/DVGW GW 304,
– – – – – Rohrverbindung gemäß Schemazeichnung .... ,
– – – – – Rohrverbindung schweißen gemäß ATV A 125/DVGW GW 304,
– – – – – Rohrverbindung .... ,
– – – – – – einschl. Kupplungen (Führungsringe) mit äußerer Dichtung gemäß ATV A 125/DVGW GW 304,
– – – – – – einschl. Kupplungen (Führungsringe) mit äußerer Dichtung und innerem Fugenverschluss gemäß ATV A 125/DVGW GW 304,
– – – – – – einschl. Druckverteilungsring (Pressring) und äußerer Dichtung gemäß ATV A 125/DVGW GW 304,
– – – – – – einschl. Druckverteilungsring (Pressring), äußerer Dichtung und innerem Fugenverschluss gemäß ATV A 125/DVGW GW 304,
– – – – – – einschl. losem Führungsring, Druckverteilungsring und äußerer Dichtung gemäß ATV A 125/DVGW GW 304,

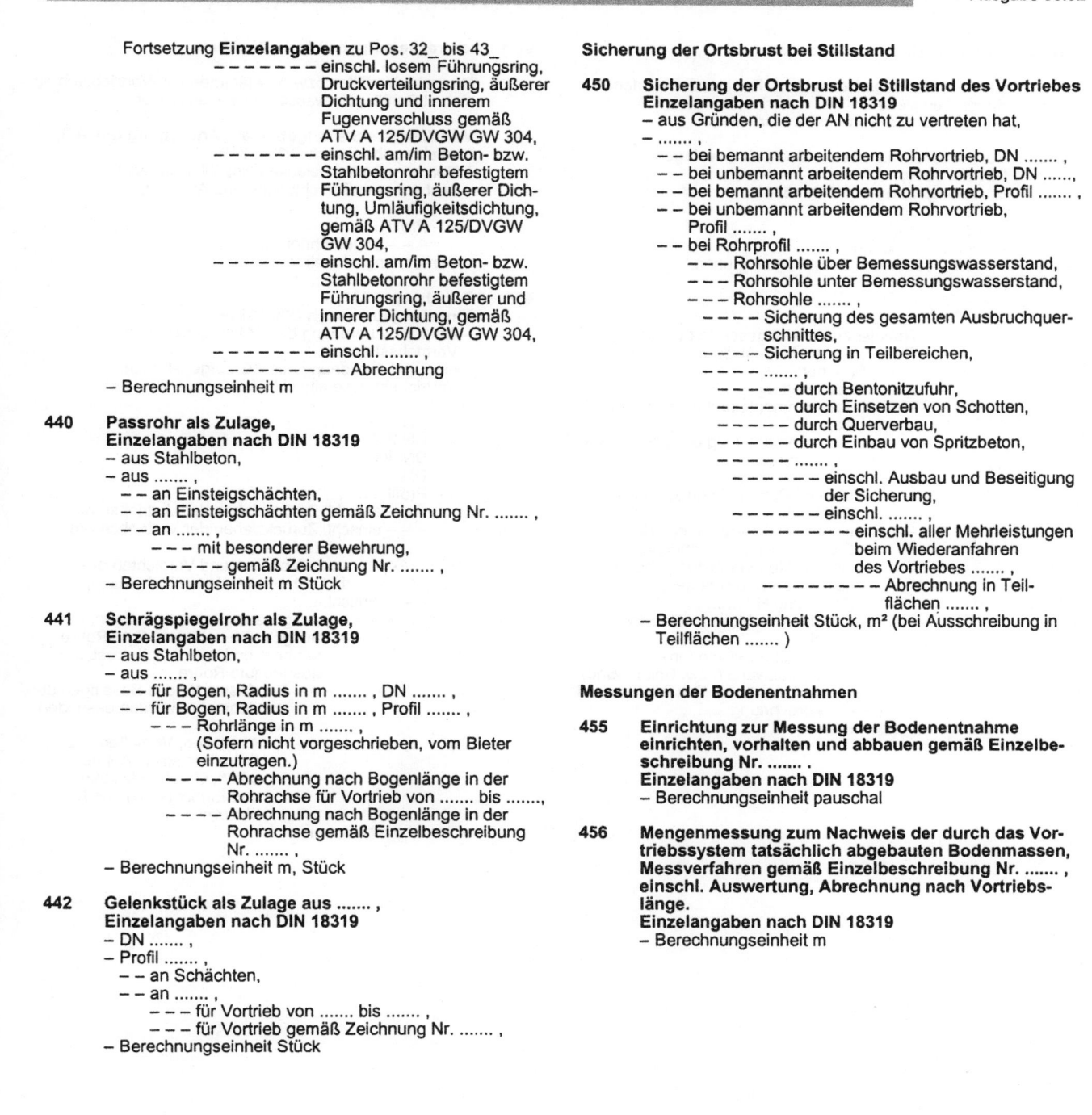

LB 085 Rohrvortrieb
Vortriebsrohre, Rohrvortrieb

Fortsetzung **Einzelangaben** zu Pos. 32_ bis 43_
– – – – – – einschl. losem Führungsring, Druckverteilungsring, äußerer Dichtung und innerem Fugenverschluss gemäß ATV A 125/DVGW GW 304,
– – – – – – einschl. am/im Beton- bzw. Stahlbetonrohr befestigtem Führungsring, äußerer Dichtung, Umläufigkeitsdichtung, gemäß ATV A 125/DVGW GW 304,
– – – – – – einschl. am/im Beton- bzw. Stahlbetonrohr befestigtem Führungsring, äußerer und innerer Dichtung, gemäß ATV A 125/DVGW GW 304,
– – – – – – einschl. .... ,
– – – – – – – Abrechnung
– Berechnungseinheit m

440 Passrohr als Zulage,
Einzelangaben nach DIN 18319
– aus Stahlbeton,
– aus .... ,
– – an Einsteigschächten,
– – an Einsteigschächten gemäß Zeichnung Nr. .... ,
– – an .... ,
– – – mit besonderer Bewehrung,
– – – – gemäß Zeichnung Nr. .... ,
– Berechnungseinheit m Stück

441 Schrägspiegelrohr als Zulage,
Einzelangaben nach DIN 18319
– aus Stahlbeton,
– aus .... ,
– – für Bogen, Radius in m .... , DN .... ,
– – für Bogen, Radius in m .... , Profil .... ,
– – – Rohrlänge in m .... ,
  (Sofern nicht vorgeschrieben, vom Bieter einzutragen.)
– – – – Abrechnung nach Bogenlänge in der Rohrachse für Vortrieb von .... bis .... ,
– – – – Abrechnung nach Bogenlänge in der Rohrachse gemäß Einzelbeschreibung Nr. .... ,
– Berechnungseinheit m, Stück

442 Gelenkstück als Zulage aus .... ,
Einzelangaben nach DIN 18319
– DN .... ,
– Profil .... ,
– – an Schächten,
– – an .... ,
– – – für Vortrieb von .... bis .... ,
– – – für Vortrieb gemäß Zeichnung Nr. .... ,
– Berechnungseinheit Stück

Sicherung der Ortsbrust bei Stillstand

450 Sicherung der Ortsbrust bei Stillstand des Vortriebes
Einzelangaben nach DIN 18319
– aus Gründen, die der AN nicht zu vertreten hat,
– .... ,
– – bei bemannt arbeitendem Rohrvortrieb, DN .... ,
– – bei unbemannt arbeitendem Rohrvortrieb, DN .... ,
– – bei bemannt arbeitendem Rohrvortrieb, Profil .... ,
– – bei unbemannt arbeitendem Rohrvortrieb, Profil .... ,
– – bei Rohrprofil .... ,
– – – Rohrsohle über Bemessungswasserstand,
– – – Rohrsohle unter Bemessungswasserstand,
– – – Rohrsohle .... ,
– – – – Sicherung des gesamten Ausbruchquerschnittes,
– – – – Sicherung in Teilbereichen,
– – – – .... ,
– – – – – durch Bentonitzufuhr,
– – – – – durch Einsetzen von Schotten,
– – – – – durch Querverbau,
– – – – – durch Einbau von Spritzbeton,
– – – – – .... ,
– – – – – einschl. Ausbau und Beseitigung der Sicherung,
– – – – – einschl. .... ,
– – – – – – einschl. aller Mehrleistungen beim Wiederanfahren des Vortriebes .... ,
– – – – – – – Abrechnung in Teilflächen,
– Berechnungseinheit Stück, m² (bei Ausschreibung in Teilflächen ....)

Messungen der Bodenentnahmen

455 Einrichtung zur Messung der Bodenentnahme einrichten, vorhalten und abbauen gemäß Einzelbeschreibung Nr. ....
Einzelangaben nach DIN 18319
– Berechnungseinheit pauschal

456 Mengenmessung zum Nachweis der durch das Vortriebssystem tatsächlich abgebauten Bodenmassen, Messverfahren gemäß Einzelbeschreibung Nr. .... , einschl. Auswertung, Abrechnung nach Vortriebslänge.
Einzelangaben nach DIN 18319
– Berechnungseinheit m

LB 085 Rohrvortrieb
Vortriebsrohre, Rohrvortrieb

STLB 085
Ausgabe 06.02

Vortriebsrohre in Baugrube verlegen

Hinweis: Sonstige Beton- bzw. Rohrkanäle in offenen Baugruben siehe
LB 009 – Entwässerungskanalarbeiten.

460 **Vortriebsrohr in offener Bauweise verlegen DIN EN 1610,**
Einzelangaben nach DIN 18319
– in Startbaugruben,
– in Zielbaugruben,
– in Zwischenbaugruben,
– in Start-, Ziel- und Zwischenbaugruben,
– in .... ,
– – DN .... ,
– – Profil .... ,
– – – Rohrlieferung wird gesondert vergütet,
– – – Rohre vom AG beigestellt,
– – – – in Sandbett,
– – – – auf Betonbettung,
– – – – mit Betonummantelung einschl. Schalung,
– – – – mit Betonummantelung einschl. Schalung und Bewehrung,
– – – – .... ,
– – – – – einschl. Rohrverbindung und Dichtung,
– – – – – einschl. Rohrverbindung und Dichtung gemäß Zeichnung Nr. .... ,
– – – – – einschl. Rohrverbindung und Anschluss an Bauwerk gemäß Zeichnung Nr. .... ,
– – – – – einschl. Anschluss an Bauwerk,
– – – – – einschl. .... ,
– – – – – – Abrechnung von Innenseite Verbauwand (bzw. Brillenwand) bis Innenkante Schacht/Bauwerk,
– – – – – – Abrechnung .... ,
– Berechnungseinheit m

Vortriebsstrecke aufgeben bzw. Rückbau

Hinweis: Verfüllen bzw. Verdämmen von Vortriebsrohren siehe LB 009 – Entwässerungskanalarbeiten.

465 **Vortriebsstrecke aufgeben auf Anordnung des AG,**
Einzelangaben nach DIN 18319
– Rohre im Boden belassen einschl. aller nicht ausbaubaren Einrichtungen und Anlagen,
– – DN .... ,
– – Profil .... ,
– – – abgerechnet wird .... ,
– Berechnungseinheit m

466 **Rückbau,**
Einzelangaben nach DIN 18319
– einer auf Anordnung des AG aufgegebenen Vortriebsstrecke,
– einer auf Anordnung des AG aufgegebenen Vortriebsstrecke einschl. Vortriebsgeräte,
– .... ,
– – DN 100,
– – DN 200,
– – DN 300,
– – DN .... ,
– – Profil .... ,
– – – einschl. Zurückziehen der Vortriebsrohre,
– – – einschl. Zurückziehen der Vortriebsrohre und -maschinen,
– – – – sowie Verfüllen und Verdichten des dadurch entstandenen Hohlraums,
– – einschl. .... ,
– – – – – ausgebaute Rohre beseitigen,
– – – – – ausgebaute unbeschädigte Rohre säubern und dem AG übergeben,
– – – – – ausgebaute Rohre .... ,
– – – – – – Die Kosten für das Beseitigen der Vortriebsrohre werden gesondert vergütet,
– – – – – – Aufstellen, Vorhalten und Betreiben sowie Abbau sämtl. Geräte, Maschinen und Einrichtungen sind einzurechnen.
– Berechnungseinheit m

LB 085 Rohrvortrieb
Rohrvortrieb in Sonderbereichen; Zulagen zum Rohrvortrieb, Schutzmaßnahmen

STLB 085

Ausgabe 06.02

Allgemeine Beschreibung

Hinweis: T1/500 ist der Leistungsbeschreibung in jedem Fall voranzustellen.

500 **Rohrvortrieb in Sonderbereichen, Einzelangaben nach DIN 18319**
 – im Einflussbereich von Bahnanlagen und –betriebsgelände der Deutschen Bahn AG,
 – im Einflussbereich von Bahnanlagen und im –betriebsgelände der .... ,
 – im Einflussbereich von Bundesfernstraßen, Straßenklasse .... ,
 – im Einflussbereich von Land- und Kreisstraßen, Straßenklasse .... ,
 – im Einflussbereich von Bundeswasserstraßen, nach den Bedingungen und Auflagen der strom- und schiffahrtspolizeilichen Genehmigung nach Paragraph 31 Bundeswasserstraßengesetz,
 – im Einflussbereich von Flüssen und offenen Gewässern, im Einflussbereich von Bauwerken und baulichen Anlagen,
 – im Einflussbereich von Kanälen, Ver- und Entsorgungsleitungen,
 – im Einflussbereich von ...., Vortrieb nach .... ,
 – – gemäß ATV A 125/DVGW 304,
 – – – vor, während und nach dem Vortrieb sind betriebliche und bauliche Schutzmaßnahmen, wie kontinuierliche messtechnische Überwachung, Beweissicherung der Gleis- und Bahnanlagen und Einbau von Hilfsbrücken, Gleisbündeln und Gleishilfsbrücken vorzunehmen,
 – – – – in Abstimmung mit dem Bahnbetreiber werden Langsamfahrstrecken eingerichtet,
 – – – vor, während und nach dem Vortrieb sind betriebliche und bauliche Schutzmaßnahmen, wie kontinuierliche messtechnische Überwachung,
 – – – – Beweissicherung der Gleis- und Bahnanlagen vorzunehmen,
 – – – – Beweissicherung der Verkehrsflächen und –anlagen und das Einrichten von Verkehrsmaßnahmen vorzunehmen,
 – – – – Beweissicherung der Verkehrsflächen und –anlagen, das Einrichten von Verkehrsmaßnahmen und der Einbau von Straßenhilfsbrücken vorzunehmen,
 – – – – Beweissicherung vorzunehmen,
 – – – – Beweissicherung und bauliche Schutzmaßnahmen (Bodenverfestigungen bzw. –verfestigungskörper mittels Einpressung entlang bzw. unter den Gründungen der Bauwerke und baulichen Anlagen) vorzunehmen,
 – – – – Beweissicherung und bauliche Schutzmaßnahmen (Suchgraben, Freischachtung, Anbringen von Festpunkten auf Kanälen und Leitungen, Einbau von Leitungshilfsbrücken) vorzunehmen,
 – – – vor, während und nach dem Vortrieb sind .... ,
 – – – – Ausführung unter Einhaltung der Auflagen und Forderungen aus Genehmigungen, Gestattungs- und Kreuzungsverträgen,
 – – – – Ausführung unter Einhaltung der Auflagen, Forderungen und Vorgaben des Gutachters,
 – – – – Ausführung .... ,
 – – – – – bei allen Arbeiten im Bereich des Bahnbetriebes sind Sicherungsposten erforderlich; die Ausbildung der Sicherungsposten ist nachzuweisen,
 – – – – – Zusatzmaßnahmen werden zwischen dem Bahnbetreiber und dem AG vereinbart.
 – – – – – für alle Arbeiten auf Verkehrsflächen sind von den Verkehrsbehörden genehmigte Verkehrspläne vorzulegen,
 – – – – – Schifffahrtssicherungen gemäß den Vorgaben der Wasserbehörde auszuführen,
 – – – – – zusätzliche Maßnahmen zur Sicherung von Bauwerken und baulichen Anlagen werden zwischen dem Eigentümer und dem AG vereinbart,
 – – – – – Kanäle, Ver- und Entsorgungsleitungen gemäß den Angaben der Leitungsträger schützen und sichern,

Rohrvortrieb in abweichenden Bodenarten

510 **Rohrvortrieb in abweichenden Bodenarten als Zulage,**
511 **Rohrvortrieb in abweichenden Bodenarten in Sonderbereichen als Zulage, von/bis .... , Einzelangaben nach DIN 18319,**
 – DN .... ,
 – Rohrdurchmesser DN .... ,
 – Profil .... ,
 – – in nicht bindigem Lockergestein (LN) DIN 18319
 – – in Böden DIN 18319 Klasse LNE 1,
 – – in Böden DIN 18319 Klasse LNE 2,
 – – in Böden DIN 18319 Klasse LNE 3,
 – – in Böden DIN 18319 Klasse LNW 1,
 – – in Böden DIN 18319 Klasse LNW 2,
 – – in Böden DIN 18319 Klasse LNW 3,
 – – in bindigem Lockergestein (LB) DIN 18319,
 – – in Böden DIN 18319 Klasse LBM 1,
 – – in Böden DIN 18319 Klasse LBM 2,
 – – in Böden DIN 18319 Klasse LBM 3,
 – – in Böden DIN 18319 Klasse LBO 1,
 – – in Böden DIN 18319 Klasse LBO 2,
 – – in Böden DIN 18319 Klasse LBO 3,
 – – – Zusatzklasse DIN 18319 S 1,
 – – – Zusatzklasse DIN 18319 S 2,
 – – – Zusatzklasse DIN 18319 S 3,
 – – – Zusatzklasse DIN 18319 S 4,
 – – – – einschl. aller Erschwernisse bei Bodenabbau und –förderung,
 – – – – einschl. .... ,
 – – in Festgestein (F) DIN 18319, Felsklasse FD,
 – – in Böden DIN 18319 FD 1,
 – – in Böden DIN 18319 FD 2,
 – – in Böden DIN 18319 FD 3,
 – – in Böden DIN 18319 FD 4,
 – – in Festgestein (F) DIN 18319, Felsklasse FZ,
 – – in Böden DIN 18319 Klasse FZ 1,
 – – in Böden DIN 18319 Klasse FZ 2,
 – – in Böden DIN 18319 Klasse FZ 3,
 – – in Böden DIN 18319 Klasse FZ 4,
 – – – einschl. aller Erschwernisse durch ungünstige Schichtungen, Hanglage, Quell- und Kluftwasser usw.,
 – – – einschl. .... ,
 – – – – Abrechnung in der Länge der Teil-Vortriebsstrecke,
 – – – – Abrechnung in der Länge der Vortriebsstrecke.
 – Berechnungseinheit m³, m (bei Ausschreibung in der Länge der Teil-Vortriebsstrecke/ der Vortriebsstrecke)

STLB 085
LB 085 Rohrvortrieb
Rohrvortrieb in Sonderbereichen; Zulagen zum Rohrvortrieb, Schutzmaßnahmen

Ausgabe 06.02

Rohrvortrieb in Sonderbereichen

520 Rohrvortrieb in Sonderbereichen als Zulage, Einzelangaben nach DIN 18319
- DN ....,
- Rohrdurchmesser in mm ....,
- Profil ....,
- – für einen Teilbereich der Vortriebsstrecke von .... bis ....,
- – für die gesamte Vortriebsstrecke,
- – für ....,
- – – Ausführung ....,
- – – – für das Vortriebsverfahren,
- – – – – und die Vortriebsrohre,
- – – – – die Vortriebsrohre und Dichtungen,
- – – – für die Belastungsannahmen,
- – – – – das Vortriebsverfahren und die Vortriebsrohre,
- – – – – das Vortriebsverfahren, die Vortriebsrohre und Dichtungen,
- – – – für ....,
- – – – – Abrechnung in der Länge der Teil-Vortriebsstrecke.
- – – – – Abrechnung in der Länge der Vortriebsstrecke.
- – – – – Abrechnung ....
- Berechnungseinheit m

Sonstige Zulagen zum Rohrvortrieb

530 Hindernis aus dem Vortriebsstrang heraus beseitigen, Einzelangaben nach DIN 18319
- als Zulage,
- in Sonderbereichen als Zulage,
- – DN ....,
- – Rohrdurchmesser in mm ....,
- – Profil ....,
- – – Steine und Geschiebe, bei unbemannten Verfahren,
- – – Steine und Geschiebe, Volumen größer gleich 0,1 m³, bei bemannten Verfahren,
- – – Fundamentenreste aus Mauerwerk, Beton,
- – – Stahlbeton,
- – – Baumstämme, Wurzelstöcke, Balken, Schwellen,
- – – Pfahlgründungen (Holz, Beton- oder Stahlbetonpfähle),
- – – Verbauteile (Spundbohlen, Kanaldielen, Ausfachungen, Trägeranker),
- – – Hindernis ....,
- – – – einschl. Erschwernisse und Mehrleistungen beim Abbrechen des Hindernisses an der Ortsbrust,
- – – – – beim Fördern der Abbruchstoffe und Vornahme von Hilfs- und Sicherungsmaßnahmen,
- – – – – im Grundwasser, beim Fördern der Abbruchstoffe, Einsatz von Druckluft und Vornahme von Hilfs- und Sicherungsmaßnahmen,
- – – – einschl. Erschwernisse und Mehrleistungen beim Abbrechen des Hindernisses vor dem Schild,
- – – – – beim Fördern der Abbruchstoffe und Vornahme von Hilfs- und Sicherungsmaßnahmen,
- – – – – unter Drucklufteinsatz, beim Fördern der Abbruchstoffe und Vornahme von Hilfs- und Sicherungsmaßnahmen,
- – – – einschl. Erschwernisse und Mehrleistungen beim Abbrechen des Hindernisses in der Abbaukammer,
- – – – – unter Drucklufteinsatz nach Abpumpen der Stützflüssigkeit sowie beim Fördern der Abbruchstoffe,
- – – einschl. ....,
- – – – Stillstandszeiten einschl. Bedienungspersonal und sämtliche Vorhaltungskosten für Vortrieb,
- – – – – Stillstandszeiten des Vortriebs einschl. sämtlicher Vorhaltungskosten,
- – – – – Stillstandszeiten des Vortriebs einschl. sämtlicher Vorhaltungskosten sowie Einrichten, Betreiben und Abbauen der Anlagen für Druckluft bzw. offener/geschlossener Wasserhaltung,
- – – – – Stillstandszeiten des Vortriebs einschl. Bedienungspersonal und sämtliche Vorhaltungskosten sowie ....,
- – – – – Stillstandszeiten des Vortriebs einschl. sämtlicher Vorhaltungskosten sowie ....,
- – – – – – sind einzurechnen.
- – – – – – sind einzurechnen vom Zeitpunkt des Antreffens des Hindernisses bis zur Wiederaufnahme des Vortriebs nach Beseitigung des Hindernisses.
- Berechnungseinheit Stunden

531 Stillstandszeiten des Rohrvortriebs,
532 Zusätzlicher Drucklufteinsatz im Rohrvortrieb,
533 Einbau zusätzlicher Zwischenpressstationen im Rohrvortrieb,
Einzelangaben nach DIN 18319
- als Zulage,
- in Sonderbereichen als Zulage,
- – DN ....,
- – Rohrdurchmesser in mm ....,
- – Profil ....,
- – – aus vom AN nicht zu vertretenden Gründen,
- – – ....,
- – – – einschl. Vor- und Unterhalten sämtl. Vortriebsanlagen, -geräte und –einrichtungen,

Hinweis: Nächsten Anstrich nur in Verbindung mit T1/532 ausschreiben.

- – – – – während der Montagezeit sowie Aufbauen, Vor- und Unterhalten, Betreiben und Abbauen sämtl. Druckluftanlagen, -geräte, und –einrichtungen,

Hinweis: Nächsten Anstrich nur in Verbindung mit T1/533 ausschreiben.

- – – – – während der Montagezeit, sowie der Vor- und Nachlaufrohre, Pressen und Mehrleistungen bei der Fugendichtung,
- – – – einschl. ....,
- – – – – Abrechnung nach Arbeitstagen,
- – – – – Abrechnung nach Kalendertagen,
- Berechnungseinheit Stunden, Stück, Tage (bei Ausschreibung nach Arbeits-/Kalendertagen.)

534 Rohrvortrieb im Bogen, Einzelangaben nach DIN 18319
- als Zulage,
- in Sonderbereichen als Zulage,
- – DN ....,
- – Rohrdurchmesser in mm ....,
- – Profil ....,
- – – Radius in m ....,
- – – – einschl. sämtl. Mehrleistungen und Erschwernisse beim Vortrieb der Kurz- und Schrägspiegelrohre, Einbau der Rohrverbindungen und Dichtungen,
- – – – einschl. ....,
- – – – – Abrechnung Bogenlänge in der Rohrachse.
- Berechnungseinheit m

LB 085 Rohrvortrieb
Rohrvortrieb in Sonderbereichen; Zulagen zum Rohrvortrieb, Schutzmaßnahmen

STLB 085

Ausgabe 06.02

535 Rohrvortrieb mit erweiterten Arbeitszeiten auf Anordnung des AG
Einzelangaben nach DIN 18319
– als Zulage,
– in Sonderbereichen als Zulage,
– – DN .... ,
– – Rohrdurchmesser in mm .... ,
– – Profil .... ,
– – – für einen Betrieb von 24 Stunden pro Tag,
– – – für einen Betrieb von 24 Stunden pro Tag, mit Unterbrechungen an Wochenenden,
– – – für .... ,
– – – – einschl. sämtl. Mehraufwendungen für Personaleinsatz, Maschinenbetrieb und Sondergenehmigungen.
– – – – einschl. ....
– Berechnungseinheit Stunden

536 Verpressung von Einpressgut aus dem Vortriebsrohr,
537 Verpressung von Einpressgut vor der Ortsbrust,
Einzelangaben nach DIN 18319 zu Pos. 536 bis 537
– als Zulage,
– in Sonderbereichen als Zulage,
– – DN .... ,
– – Rohrdurchmesser in mm .... ,
– – Profil .... ,
– – – zur Sicherung bei Unterfahrungen,
– – – zur Sicherung bei Unterfahrungen nahestehender Gebäude und Bauwerke,
– – – zur Sicherung bei Unterfahrungen baulicher Anlagen im Einflussbereich des Rohrvortriebs,
– – – zur .... ,
– – – – gemäß Gutachten,
– – – – gemäß Einzelbeschreibung Nr. .... ,
– – – – gemäß .... ,
– – – – – Einpressgut als Zementsuspension,
– – – – – Einpressgut .... ,
– – – – – – Löcher bohren und Einpressgut liefern, setzen der Verpresslanzen und verschließen der Löcher nach Abschluss der Arbeiten,
– – – – – – einschl. .... ,
– – – – – – – Einrichten, Vor- und Unterhalten, Umsetzen und Abbau sämtl. Anlagen, Geräte und Maschinen ist einzurechnen,
– – – – – – einzurechnen ist .... ,
– – – – – – – Abrechnung nach Einpressgut.
– – – – – – – Abrechnung nach Feststoff.
– Berechnungseinheit kg (bei Ausschreibung nach Feststoff), Liter (... nach Einpressgut)

Bauliche und betriebliche Schutzmaßnahmen

Hinweis: Gleishilfsbrücken, Klein-, Straßen- und Leitungshilfsbrücken, Baugrubenabdeckungen, Bauzäune, Verkehrsmaßnahmen usw. siehe
LB 000 – Baustelleneinrichtung.
Sicherungen durch Spundbohlen, Trägerbohlwänden, Ramm- bzw. Bohrpfähle, Bodenverfestigungen, Einpressungen usw. siehe
LB 006 – Bohr-, Verbau-, Ramm- und Einpressarbeiten, Anker, Pfähle u. Schlitzwände.
Suchgraben, Sondierungen usw. siehe
LB 002 – Erdarbeiten,
Unterfangungen usw. siehe
LB 002 – Erdarbeiten, LB 006 – Bohr-, Verbau-, Ramm- und Einpressarbeiten, Anker, Pfähle und Schlitzwände.
LB 012 – Maurerarbeiten und LB 013 – Beton- und Stahlbetonarbeiten (Ausschreibungshilfe Rohbau).

560 Bauliche Schutzmaßnahmen,
561 Betriebliche Schutzmaßnahmen,
562 Bauliche und betriebliche Schutzmaßnahmen,
Einzelangaben nach DIN 18319 zu Pos 560 bis 562
– für Rohrvortrieb,
– in Sonderbereichen für Rohrvortrieb,
– – DN .... ,
– – Rohrdurchmesser in mm .... ,
– – Profil .... ,
– – – im Einflussbereich des Rohrvortriebes,
– – – im Einflussbereich des Rohrvortriebes der Schächte und Bauwerke,
– – – im .... ,
– – – – Vortriebsstrecke von .... bis .... ,
– – – – – auf Bahnbetriebsgelände und –anlagen der Deutschen Bahn AG,
– – – – – auf Bahnbetriebsgelände und –anlagen der .... ,
– – – – – auf Fahrbahnen und Fahrbahnnebenflächen,
– – – – – auf Fahrbahnen und Fahrbahnnebenflächen der Bundesfernstraßen,
– – – – – auf Uferböschungen und –vorland,
– – – – – in der Gewässersohle zur Sicherung der Schifffahrt,
– – – – – auf Verkehrs- und Geländeflächen zur Sicherung von Bauwerken und baulichen Anlagen,
– – – – – auf Verkehrs- und Geländeflächen zur Sicherung von Kanälen und Versorgungsleitungen,
– – – – – auf .... ,
– – – – – – Ausführungen gemäß Lageplan und Einzelbeschreibung Nr. .... ,
– – – – – – Ausführung .... ,
– – – – – – – einschl. vor- und unterhalten für die Dauer der Bauzeit und beseitigen,
– – – – – – – einschl. .... ,
– – – – – – – – Sicherungsposten/ -einrichtungen stellen.
– Berechnungseinheit Stück, pauschal

563 Einsatz von Sicherungsposten,
Einzelangaben nach DIN 18319
– im Bereich von Bahnanlagen,
– im Bereich von Bundesfernstraßen,
– im Bereich von Verkehrsflächen,
– im Bereich .... ,
– – an Werktagen – an Sonntagen – an Feiertagen,
– – an Werk-, Sonn- und Feiertagen,
– – .... ,
– – – Einweisung und Ausbildung der Sicherungsposten durch die Überwachungsgemeinschaft Gleisbau,
– – – Einweisung der Sicherungsposten durch die Fachdienststellen, Ausbildung gemäß Nachweis,
– – – Einweisung und Ausbildung der Sicherungsposten durch .... ,
– – – auf Anordnung des AG.
– Berechnungseinheit Tage

564 Hohlraumverfüllung,
Einzelangaben nach DIN 18319
– über die vortriebsbedingte Ringraumverfüllung hinausgehend,
– .... ,
– – mit geeignetem Füllboden,
– – mit geeignetem Füllstoff,
– – durch Einpressen von Zementsuspension,
– – .... ,
– – – einschl. aufstellen, vorhalten, betreiben aller Einrichtungen, Anlagen und Geräte,
– – – einschl. .... ,
– – – – von der Ortsbrust des Vortriebs aus,
– – – – von .... ,
– – – – – einschl. aller Bohrungen,
– – – – – – Abrechnung nach Einpressgut.
– – – – – – Abrechnung nach Feststoff.
– – – – – – Abrechnung ....
– Berechnungseinheit m³, kg (bei Ausschreibung nach Feststoff), Liter (... nach Einpressgut)

STLB 085

LB 085 Rohrvortrieb
Tragwerksplanung, Planung besonderer Anlagen

Ausgabe 06.02

Hinweis: T1/600 ist der Leistungsbeschreibung in jedem Fall voranzustellen.
Es ist je nach Einzelfall zu entscheiden, ob die Tragwerksplanung für Baubehelfe als besondere Leistung ausgeschrieben werden soll.

600 Tragwerksplanung
Einzelangaben nach DIN 18319
- für die Vortriebsrohre in den maßgeblichen Berechnungsschnitten im Bau- und Betriebszustand,
- für die Vortriebsrohre, Schächte und Bauwerke in den maßgeblichen Berechnungsschnitten im Bau- und Betriebszustand, für Schächte und Bauwerke, Lastannahmen und Bemessung nach Bau- und Einzelbeschreibung .... ,
- für die Vortriebsrohre und Baubehelfe (Verbauwände, gegebenenfalls auftriebssichere Baugrubensohle, Hilfsbrücken, Presswiderlager usw.) in den maßgeblichen Berechnungsschnitten im Bau- und Betriebszustand,
- für die Vortriebsrohre und Baubehelfe (Absenkkasten bzw. -schacht, gegebenenfalls mit auftriebssicherer Sohle) in den maßgeblichen Berechnungsschnitten im Bau- und Betriebszustand,
- für die Vortriebsrohre, Schächte, Bauwerke und Baubehelfe (Verbauwände gegebenenfalls auftriebssichere Baugrubensohle, Hilfsbrücken, Presswiderlager usw.) in den maßgeblichen Berechnungsschnitten im Bau- und Betriebszustand, für Schächte und Bauwerke, Lastan-nahmen und Bemessung nach Bau- und Einzelbeschreibung .... ,
- für die Vortriebsrohre, Schächte, Bauwerke und Baubehelfe (Absenkkasten bzw. -schacht, gegebenenfalls mit auftriebssicherer Sohle) in den maßgeblichen Berechnungsschnitten im Bau- und Betriebszustand, für Schächte und Bauwerke, Lastannahmen und Bemessung nach Bau- und Einzelbeschreibung .... ,
- – Lastannahmen für Baubehelfe nach den EAB (Empfehlungen Arbeitskreis Baugruben),
- für .... ,
- – Lastannahmen und –fälle, zulässige Vortriebskraft und Bemessung der Vortriebsrohre ATV A 161/DVGW GW 312,
- – – statischen Nachweis der Vortriebseinrichtungen (Schilde, Vor- und Nachlaufrohr, Zwischenpressstation) vorlegen,
- – – – die zulässige Vortriebskraft zusätzlich nach – Berechnung der Vortriebskräfte und Bemessung der Vortriebsrohre unter Berücksichtigung der Zwängungsbeanspruchung im Locker- und Festgestein – (nach Dr. Scherle) ermitteln: der ungünstigere Wert ist maßgebend,
- – – – bei Verbundrohren (Außenwandung Beton bzw. Stahlbeton) sind die Vortriebskräfte nur über die Betonfläche zu übertragen; hierbei sind die vorgegebenen Sicherheitswerte einzuhalten.
- – – – bei Verbundrohren (Außenwandung Beton bzw. Stahlbeton) sind die Vortriebskräfte nur über die Betonfläche zu übertragen. Hierbei sind die vorgegebenen Sicherheitswerte einzuhalten. Die zulässige Vortriebskraft ist zusätzlich nach – Berechnung der Vortriebskräfte und Bemessung der Vortriebsrohre unter Berücksichtigung der Zwängungsbeanspruchung im Locker- und Festgestein – (nach Dr. Scherle) zu ermitteln; der un-günstigere Wert ist maßgebend,
- – – – .... ,
- – – – Baugrund nach Bodenuntersuchung/ Gutachten,
- – – – Baugrund nach Bodenuntersuchung/ Gutachten, Bemessungswasserstand für Vortriebsrohre nach Bau- und Einzelbeschreibung Nr. .... ,
- – – – Baugrund nach Bodenuntersuchung/ Gutachten, Bemessungswasserstand für Vortriebsrohre nach Bau- und Einzelbeschreibung Nr. .... und Zeichnung Nr. .... ,
- – – – Baugrund nach Bodenuntersuchung/ Gutachten, Bemessungswasserstand für Vortriebsrohre, Schächte und Bauwerke nach Bau- und Einzelbeschreibung .... ,
- – – – Baugrund nach Bodenuntersuchung/ Gutachten, Bemessungswasserstand für Vortriebsrohre, Schächte und Bauwerke nach Bau- und Einzelbeschreibung Nr. .... und Zeichnung Nr. .... ,
- – – – Baugrund nach Bodenuntersuchung/ Gutachten, Bemessungswasserstand für Vortriebsrohre, Schächte, Bauwerke und Baubehelfe nach Bau- und Einzelbeschreibung .... ,
- – – – Baugrund nach Bodenuntersuchung/ Gutachten, Bemessungswasserstand für Vortriebsrohre, Schächte, Bauwerke und Baubehelfe nach Bau- und Einzelbeschreibung Nr. .... und Zeichnung Nr. .... ,
- – – – Baugrund .... ,
- – – – Baugrund .... , Bemessungswasserstand .... ,
- – – – – die Berechnungen und Zeichnungen der Tragwerksplanung sind dem AG vorzulegen,
- – – – – die Berechnungen und Zeichnungen der Tragwerksplanung sind .... ,
- – – – – die .... sind .... ,
- – – – – – Anzahl der Ausfertigungen .... ,
- – – – – – geprüft, Anzahl der Ausfertigungen .... , die Kosten für den Prüfingenieur trägt der AG.

601 Planung besonderer Anlagen,
Einzelangaben nach DIN 18319
- für Drucklufteinsatz nach der Druckluftverordnung,
- – – einschl. aller Geräte, Schleusen und Druckleitungen,
- – – einschl. .... ,
- für Wasserhaltung,
- – – einschl. Pumpen, Brunnen, Saug-, Druck- und Förderleitungen,
- – – einschl. .... ,
- für Energieversorgung,
- – – einschl. zusätzl. Trafos, Notstromanlagen und Kabelleitungen,
- – – einschl. .... ,
- Anlagen für .... ,
- – für .... ,
- – – – die Berechnungen und Zeichnungen der besonderen Anlagen
- – – – die ....
- – – – – sind dem AG vorzulegen,
- – – – – sind .... ,
- – – – – Anzahl der Ausfertigungen .... ,
- – – – – geprüft, Anzahl der Ausfertigungen .... , die Kosten für den Prüfingenieur trägt der AG.

LB 085 Rohrvortrieb
Tragwerksplanung, Planung besonderer Anlagen

Hinweis: Dieser Leistungsbeschreibung ist T1/600 bzw. T1/601 in jedem Fall voranzustellen.

650 **Tragwerksplanung nach HOAI Paragraph 64 Leistungsphase 4 aufstellen,**

651 **Anfertigen der Schal- und Bewehrungspläne, Stahllisten, Einbau und Konstruktionszeichnungen nach HOAI Paragraph 64 Leistungsphase 5,**

652 **Tragwerksplanung nach HOAI Paragraph 64 Leistungsphase 4 aufstellen sowie Anfertigen der Schal- und Bewehrungspläne, Stahllisten, Einbau und Konstruktionszeichnungen nach Leistungsphase 5,**
Einzelangaben nach DIN 18319 zu Pos. 650 bis 652
- für Vortriebsrohre,
- für Schächte und Bauwerke,
- für Vortriebsrohre, Schächte und Bauwerke,
- für Schilde, Vor- und Nachlaufrohr, Zwischenpressstation,
- für Baubehelfe,
- für .... ,
  - - Belastungsannahmen und Berechnungen ATV A 161/DVGW GW 312,
  - - Belastungsannahmen und Berechnungen ATV A 161/DVGW GW 312 u. .... ,
  - - Belastungsannahmen und Berechnungen .... ,
    - - - in den maßgeblichen Berechnungsschnitten,
    - - - in .... ,
      - - - - Berechnungsschnitten für .... ,
      - - - - einschl. .... ,
Fortsetzung **Einzelangaben** in Pos. 653

653 **Planung, Berechnung und Bemessung von besonderen Anlagen,**
Einzelangaben nach DIN 18319
- für Drucklufteinsatz,
- für offene Wasserhaltung,
- für geschlossene Wasserhaltung,
- für Energieversorgung,
- für Notstromversorgung,
- für .... ,
  - - einschl. Dimensionierung aller Geräte und Anlagenteile,
    - - - einschl. zeichnerischer Darstellung,
    - - - einschl. .... ,
      - - - - für die gesamte Baumaßnahme,
      - - - - für Vortriebsarbeiten von .... bis .... ,
      - - - - für .... ,

Einzelangaben zu Pos. 650 bis 653, Fortsetzung
- - - - - Leistungsumfang nach .... ,
- - - - - - einschl. aller geforderten Vervielfältigungen,
- - - - - - alle Vervielfältigungen werden gesondert vergütet,
- - - - - - - die Kosten der Prüfung sind einzurechnen.
- - - - - - - die Kosten der Prüfung werden vom AG übernommen.
- Berechnungseinheit Stück, pauschal

STLB 085
Ausgabe 06.02

LB 085 Rohrvortrieb
Beweissicherung

Hinweis: T1/700 ist der Leistungsbeschreibung in jedem Fall voranzustellen.
Wenn Umfang und Kosten der Beweissicherung von erheblicher Bedeutung für die Preisbildung sind, ist diese gesondert auszuschreiben.

700 Beweissicherungsverfahren im Einflussbereich der Rohrvortriebsarbeiten,
Einzelangaben nach DIN 18319
- vor Beginn, gegebenenfalls während und nach Beendigung der Arbeiten mit den Grundstückseigentümern bzw. den zuständigen Dienststellen und Leitungsträgern durchführen,
- vor .... ,
 - - für Verkehrsflächen und -einrichtungen,
 - - für Ver- und Entsorgungsleitungen einschl. Einbauten,
 - - für Gebäude und Außenanlagen,
 - - für Gebäude, Außenanlagen, Grundstücke im Privateigentum,
 - - für Grünanlagen, Aufwuchs, Gehölze und Bäume,
 - - für Bahnbetriebsanlagen,
 - - für .... ,
  - - - Zustand bzw. Beschaffenheit feststellen und dokumentieren (gesonderte Aufstellung der einzelnen Beweissicherungen),
  - - - .... ,
   - - - - durch Begehung und schriftliche Protokolle,
   - - - - durch Anfertigung von Lichtbildern,
   - - - - durch Begehung, schriftliche Protokolle und Anfertigung von Lichtbildern,
   - - - - durch .... ,
    - - - - - Protokolle und Anlagen müssen durch Unterschrift des AN, der Grundstückseigentümer und der Leitungsträger anerkannt sein,
    - - - - - .... ,
    - - - - - Vorlage aller Beweissicherungen zeitnah, Schlussbeweissicherung spätestens mit der Schlussrechnung,

720 Beweissicherungsverfahren vor und nach Abschluss der Bauarbeiten,
721 Zwischenbeweissicherung,
Einzelangaben nach DIN 18319 zu Pos. 720 bis 721
- für Haupt- und Nebengebäude, Außenanlagen,
- für Entwässerungskanäle, -schächte und -bauwerke,
- für Ver- und Entsorgungsleitungen,
- für Bäume, Gehölze und Grünflächen,
- für Bahnbetriebsanlagen, -einrichtungen,
- für Bahnbetriebsanlagen, -einrichtungen, Kabelkanäle sowie bauliche Anlagen und Bauwerke,
- für Fahrbahnen, Nebenflächen und Straßenausstattungen,
- für Fahrbahnen, Nebenflächen und Straßenausstattungen sowie bauliche Anlagen und Bauwerke,
- für .... ,
 - - nach Einzelbeschreibung Nr. .... ,
 - - nach .... ,
  - - - Bereich und Umfang gemäß Zeichnung Nr. .... ,
  - - - Bereich und Umfang gemäß Einzelbeschreibung Nr. .... ,
  - - - Bereich und Umfang gemäß Einzelbeschreibung Nr. .... und Zeichnung Nr. .... ,
  - - - Kanal/Leitung, Profil .... , mittels Fernauge,
  - - - Kanal/Leitung .... ,
  - - - .... ,
   - - - - unter Beteiligung des AG,
   - - - - unter Einschaltung eines vereidigten Sachverständigen,
   - - - - unter Einschaltung eines Sachverständigen,
   - - - - unter Beteiligung des AG und Einschaltung eines vereidigten Sachverständigen,
   - - - - unter Beteiligung des AG und Einschaltung eines Sachverständigen,
   - - - - unter .... ,
    - - - - - einschl. Protokolle und sonstiger Dokumentationen,
    - - - - - einschl. Protokolle und sonstiger Dokumentationen, die Kosten für den Sachverständigen sind einzurechnen,
    - - - - - einschl. .... ,
     - - - - - - der Aufwand für das Setzen und Entfernen von Gipsmarken, Höhenbolzen sowie sonstiger Mess- oder Markierungspunkte ist einzurechnen,
     - - - - - - der Aufwand für das Setzen und Entfernen von Gipsmarken, Höhenbolzen sowie sonstiger Mess- oder Markierungspunkte wird gesondert vergütet,
     - - - - - - Anzahl der Ausfertigungen der Protokolle und sonstiger Dokumentationen .... ,
      - - - - - - - Geschossfläche.
      - - - - - - - Gebäude.
- Berechnungseinheit pauschal, m² (bei Ausschreibung nach Geschossfläche), Stück (bei Ausschreibung nach Gebäude)

722 Beweissicherungshilfsmittel,
Einzelangaben nach DIN 18319
- anbringen und beseitigen,
- .... ,
 - - in Form von Beobachtungsmarken aus Gips über Rissen, Spalten an Bauwerken und Gebäuden,
 - - in Form von Mauerbolzen, Flacheisen o.a.,
 - - in Form von Mess- und Markierungspunkten,
 - - in Form von .... ,
  - - - in Abstimmung mit dem Eigentümer.
  - - - in Abstimmung mit dem Leitungsträger.
  - - - in ....
- Berechnungseinheit Stück

LB 085 Rohrvortrieb
Vermessungsleistungen, Bestandspläne

Hinweis: T1/750 ist der Leistungsbeschreibung in jedem Fall voranzustellen.

750 Vermessungsleistungen zum Festlegen der Absteckung der Rohrleitungen, Schächte und Bauwerke sowie zur Bestandsaufnahme, Einzelangaben nach DIN 18319
- geplante Rohrleitungstrasse nach den vom AG übergebenen Festpunkten abstecken, einmessen und sichern,
- die Rohrleitungstrasse wird vom AG abgesteckt, Festpunkte und Vermessungsunterlagen werden dem AN übergeben, Festpunkte sichern,
- .... ,
  - – in Abstimmung mit der Vermessungsabteilung des AG,
  - – unter Einschaltung eines öffentlich bestellten Vermessungsingenieurs,
  - – in Abstimmung mit dem AG unter Einschaltung eines öffentlich bestellten Vermessungsingenieurs,
  - – in Abstimmung .... ,
    - – – einschl. Anfertigen von Absteckplänen nach Vorgabe des AG, Vorlage beim AG, Anzahl der Ausfertigungen .... ,
    - – – einschl. .... ,
      - – – – Lage und Höhe der Rohrleitung nach Fertigstellung aufmessen, in die Bestandspläne eintragen,
      - – – – Lage und Höhe der Rohrleitung nach Fertigstellung aufmessen und in die Bestandspläne eintragen, für Schächte und Bauwerke Bestandspläne aufstellen,
      - – – – nach Fertigstellung der Baumaßnahme für die Rohrleitungen, Schächte und Bauwerke Bestandspläne aufstellen,
        - – – – – und dem AG übergeben, Anzahl der Ausfertigungen .... ,
      - – – – Lage und Höhe der Rohrleitung nach Fertigstellung in die Bestandspläne eintragen,
        - – – – – die Vortriebsvermessung obliegt dem AN und wird nicht gesondert vergütet,
        - – – – – Vermessungsleistungen und die vom AG geforderten Kontrollmessungen werden gesondert vergütet,
        - – – – – ....

760 Vermessungsleistungen, Einzelangaben nach DIN 18319
- zur Absteckung der Rohrleitungstrasse,
- zur Absteckung der Rohrleitungstrasse, Schächte und Bauwerke,
- zur Aufstellung von Absteckplänen,
- zur Aufstellung von Bestandsplänen,
- zur Aufstellung von Bestandsplänen und Absteckplänen,
- zur .... ,
  - – Ausführung .... ,
- Berechnungseinheit pauschal

761 Erstellen von Bestandsplänen, Einzelangaben nach DIN 18319
- der Rohrleitung, Schächte und Bauwerke,
- der gesamten Baumaßnahme,
  - – gemäß Einzelbeschreibung Nr. .... ,
  - – gemäß Regelplan,
  - – gemäß .... ,
- Berechnungseinheit pauschal

762 Kontrollmessungen auf Anweisung des AG, Einzelangaben nach DIN 18319
- einschl. Führen der Messprotokolle nach Einzelbeschreibung Nr. .... ,
- einschl. .... ,
  - – unter Einschaltung eines öffentlich bestellten Vermessungsingenieurs,
  - – unter .... ,
    - – – für alle Vortriebsstrecken,
    - – – für .... ,
      - – – – die Kosten des öffentlich bestellten Vermessungsingenieurs einrechnen; die durch diese Vermessungsarbeiten verursachten Stillstandszeiten des Rohrvortriebs werden gesondert vergütet.
- Berechnungseinheit Stück

LB 085 Rohrvortriebsarbeiten
Setzungs-, Wasserstandsmessungen, Meßpunkte

Ausgabe 06.02

Hinweis: T1/800 ist der Leistungsbeschreibung in jedem Fall voranzustellen.

800 Messungen auf Messpunkten und Messpunktketten,
Einzelangaben nach DIN 18319
- der Setzungen,
- des Wasserstands,
- .... ,
  - – nach Vorgabe des AG,
    - – – unter Einbeziehung der Beweissicherungspunkte und Markierungen,
    - – – unter Einbeziehung der Beweissicherungspunkte, Markierungen und der Damm- und Gleispunkte von Bahnbetriebsanlagen,
  - – – .... ,
    - – – – täglich im direkten Einflussbereich des Rohrvortriebs (Ortsbrust, Vortriebsmaschine bzw. –schild),
    - – – – täglich im direkten Einflussbereich des Rohrvortriebs (Ortsbrust, Vortriebsmaschine bzw. –schild), im Bahnbetriebsbereich von Sicherungsposten,
    - – – – täglich .... ,
    - – – – – wöchentlich im Einflussbereich der Vortriebsstrecke und offenen Baugruben,
    - – – – – wöchentlich im Einflussbereich der Vortriebsstrecke und offenen Baugruben, im Bahnbetriebsbereich unter Einsatz von Sicherungsposten,
    - – – – – wöchentlich .... ,
    - – – – – – einschl. Erstellung der Messprotokolle für Setzungsmessungen,
    - – – – – – Erstellung der Messprotokolle für Setzungsmessungen, gemäß Einzelbeschreibung Nr. .... ,
    - – – – – – einschl. .... ,
      - – – – – – – geodätische Setzungsmessungen nach Einzelbeschreibung Nr. .... bis zum Abklingen der Setzungen durchführen einschl. Protokollführung; Messungen werden gesondert vergütet.
      - – – – – – – .... ,

820 Setzungen messen,
821 Wasserstand ablesen,
822 Setzungen messen und Wasserstand ablesen,
823 Messung .... ,
Einzelangaben nach DIN 18319 zu Pos. 820 bis 823
- Ausführung und Anzahl der Messungen nach .... ,
  - – – unter Einschaltung eines vereidigten Vermessungsingenieurs,
  - – – unter Einsatz von Sicherungsposten,
  - – – unter Einschaltung eines vereidigten Vermessungsingenieurs und Einsatz von Sicherungsposten,
    - – – – für Setzungsmessungen im Einflussbereich des Rohrvortriebes,
    - – – – zur Kontrollle der Grundwassermessstellen und Vorflutpegel in der Umgebung,
    - – – – für Setzungsmessungen im Einflussbereich des Rohrvortriebes zur Kontrolle der Grundwassermessstellen und Vorflutpegel in der Umgebung,
    - – – – für .... ,
      - – – – – auf Messstellen, Mess- und Markierungspunkten,
      - – – – – auf Messpunktketten nach Vorgabe des AG,
      - – – – – auf Messpunktketten unter Einbeziehung der Beweissicherungspunkte,
      - – – – – auf Messpunktketten unter Einbeziehung der Gleis- und Dammmesspunkte,
      - – – – – auf Messpunktketten unter Einbeziehung der Beweissicherungspunkte und Gleis- und Dammmesspunkte,
      - – – – – in vorhandenen Grundwassermessstellen bzw. Pegeln,
      - – – – – auf Messpunktketten nach Vorgabe des AG und vorhandenen Grundwassermessstellen bzw. Vorflutpegeln,
      - – – – – auf Messpunktketten unter Einbeziehung der Beweissicherungspunkte und Gleis- und Dammmesspunkte und vorhandenen Grundwassermessstellen bzw. Pegeln,
      - – – – – auf .... ,
        - – – – – – einschl. Führen der Messprotokolle nach Vorgabe des AG,
        - – – – – – einschl. Aufstellen eines Messpunktverzeichnisses und Führen der Messprotokolle nach Vorgabe des AG,
        - – – – – – einschl. Auflisten der Wasserstände nach Vorgabe des AG,
        - – – – – – einschl. .... ,
          - – – – – – – – Vergütung je Messung an den einzelnen Messstellen.
- Berechnungseinheit pauschal, Stück
(bei Ausschreibung nach Vergütung je Messung an den einzelnen Messstellen)

824 Messpunkte,
825 Markierungspunkte,
826 Gleismesspunkte,
827 Messpunkte für .... ,
Einzelangaben nach DIN 18319 zu Pos. 824 bis 827
- anbringen, befestigen, sichern und beseitigen,
- .... ,
  - – – an Mauerwerksflächen,
  - – – an Betonflächen,
  - – – in Straßenflächen,
  - – – in Straßennebenflächen,
  - – – an Bahnbetriebsgleisen,
  - – – auf Damm- und Geländeflächen,
  - – – an .... ,
    - – – – mit Mauerbolzen,
    - – – – mit Flacheisen,
    - – – – mit Natur- oder Betonwerksteinen,
    - – – – mit Profilstahl einschl. Abdeckung,
    - – – – mit an Rohrleitungen fest verbundenen bzw. angeschweißten Flacheisen,
    - – – – auf Hydranten- bzw. Schiebergestängen,
    - – – – auf Sohlen, Schächten, Entlüftungen von Entwässerungskanälen,
    - – – – mit an Schienen angeschraubtem Winkelstahl nach Detailskizzen des AG,
    - – – – mit .... ,
      - – – – – einschl. Wiederherstellen des ursprünglichen Zustandes.
      - – – – – einschl. Stemm- und Bohrarbeiten.
      - – – – – einschl. Erdarbeiten.
      - – – – – einschl. Stemm- und Bohrarbeiten und Wiederherstellen des ursprünglichen Zustandes.
      - – – – – einschl. ....
- Berechnungseinheit Stück

LB 085 Rohrvortrieb
Dokumentationen

STLB 085

Ausgabe 06.02

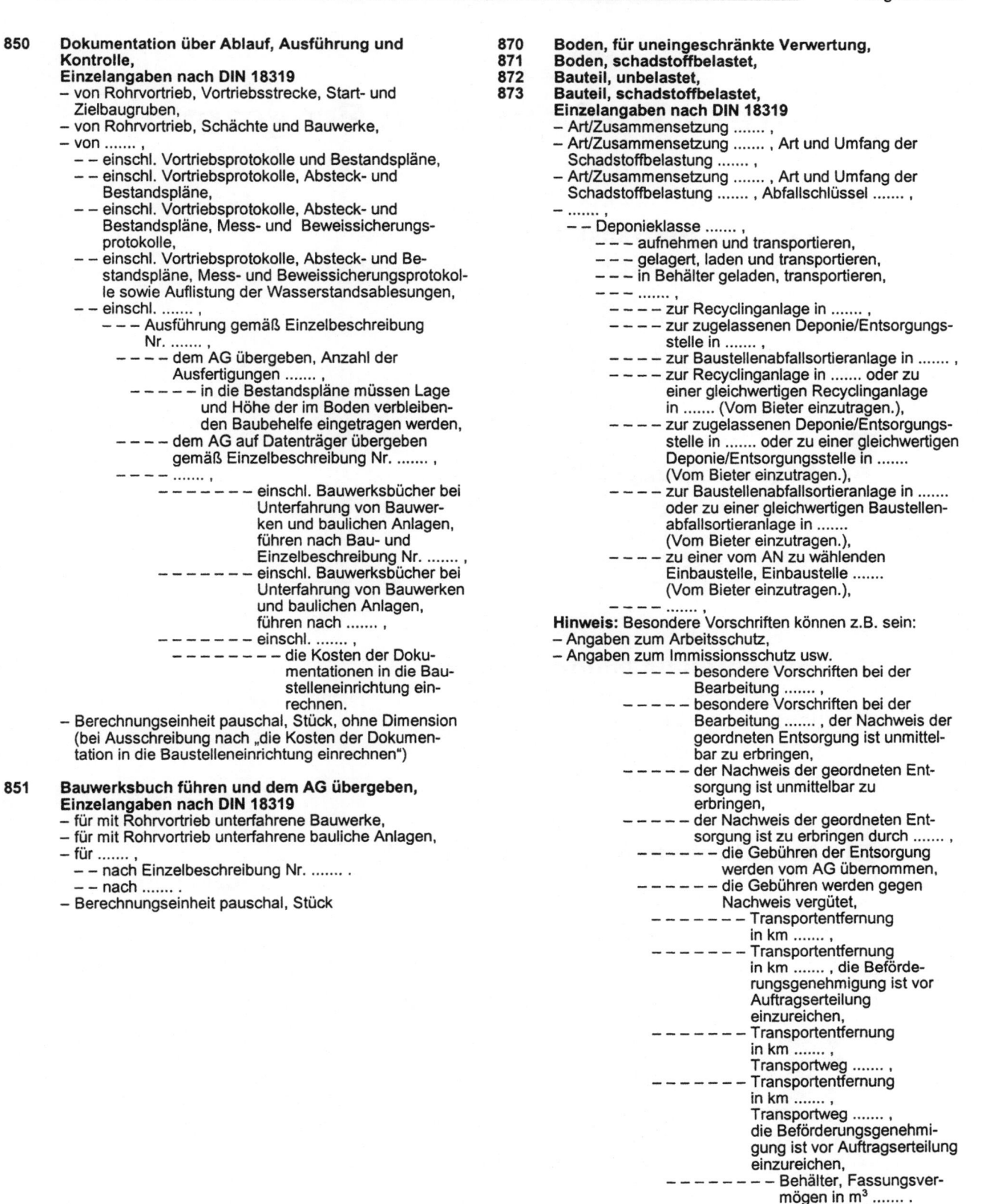

850 Dokumentation über Ablauf, Ausführung und Kontrolle,
Einzelangaben nach DIN 18319
- von Rohrvortrieb, Vortriebsstrecke, Start- und Zielbaugruben,
- von Rohrvortrieb, Schächte und Bauwerke,
- von .... ,
- – einschl. Vortriebsprotokolle und Bestandspläne,
- – einschl. Vortriebsprotokolle, Absteck- und Bestandspläne,
- – einschl. Vortriebsprotokolle, Absteck- und Bestandspläne, Mess- und Beweissicherungsprotokolle,
- – einschl. Vortriebsprotokolle, Absteck- und Bestandspläne, Mess- und Beweissicherungsprotokolle sowie Auflistung der Wasserstandsablesungen,
- – einschl. .... ,
- – – Ausführung gemäß Einzelbeschreibung Nr. .... ,
- – – – dem AG übergeben, Anzahl der Ausfertigungen .... ,
- – – – – in die Bestandspläne müssen Lage und Höhe der im Boden verbleibenden Baubehelfe eingetragen werden,
- – – – dem AG auf Datenträger übergeben gemäß Einzelbeschreibung Nr. .... ,
- – – – .... ,
- – – – – – einschl. Bauwerksbücher bei Unterfahrung von Bauwerken und baulichen Anlagen, führen nach Bau- und Einzelbeschreibung Nr. .... ,
- – – – – – einschl. Bauwerksbücher bei Unterfahrung von Bauwerken und baulichen Anlagen, führen nach .... ,
- – – – – – einschl. .... ,
- – – – – – die Kosten der Dokumentationen in die Baustelleneinrichtung einrechnen.
- Berechnungseinheit pauschal, Stück, ohne Dimension (bei Ausschreibung nach „die Kosten der Dokumentation in die Baustelleneinrichtung einrechnen")

851 Bauwerksbuch führen und dem AG übergeben,
Einzelangaben nach DIN 18319
- für mit Rohrvortrieb unterfahrene Bauwerke,
- für mit Rohrvortrieb unterfahrene bauliche Anlagen,
- für .... ,
- – nach Einzelbeschreibung Nr. ....
- – nach ....
- Berechnungseinheit pauschal, Stück

870 Boden, für uneingeschränkte Verwertung,
871 Boden, schadstoffbelastet,
872 Bauteil, unbelastet,
873 Bauteil, schadstoffbelastet,
Einzelangaben nach DIN 18319
- Art/Zusammensetzung .... ,
- Art/Zusammensetzung .... , Art und Umfang der Schadstoffbelastung .... ,
- Art/Zusammensetzung .... , Art und Umfang der Schadstoffbelastung .... , Abfallschlüssel .... ,
- .... ,
- – Deponieklasse .... ,
- – – aufnehmen und transportieren,
- – – gelagert, laden und transportieren,
- – – in Behälter geladen, transportieren,
- – – .... ,
- – – – zur Recyclinganlage in .... ,
- – – – zur zugelassenen Deponie/Entsorgungsstelle in .... ,
- – – – zur Baustellenabfallsortieranlage in .... ,
- – – – zur Recyclinganlage in .... oder zu einer gleichwertigen Recyclinganlage in .... (Vom Bieter einzutragen.),
- – – – zur zugelassenen Deponie/Entsorgungsstelle in .... oder zu einer gleichwertigen Deponie/Entsorgungsstelle in .... (Vom Bieter einzutragen.),
- – – – zur Baustellenabfallsortieranlage in .... oder zu einer gleichwertigen Baustellenabfallsortieranlage in .... (Vom Bieter einzutragen.),
- – – – zu einer vom AN zu wählenden Einbaustelle, Einbaustelle .... (Vom Bieter einzutragen.),
- – – – .... ,

Hinweis: Besondere Vorschriften können z.B. sein:
- Angaben zum Arbeitsschutz,
- Angaben zum Immissionsschutz usw.
- – – – – besondere Vorschriften bei der Bearbeitung .... ,
- – – – – besondere Vorschriften bei der Bearbeitung .... , der Nachweis der geordneten Entsorgung ist unmittelbar zu erbringen,
- – – – – der Nachweis der geordneten Entsorgung ist unmittelbar zu erbringen,
- – – – – der Nachweis der geordneten Entsorgung ist zu erbringen durch .... ,
- – – – – – die Gebühren der Entsorgung werden vom AG übernommen,
- – – – – – die Gebühren werden gegen Nachweis vergütet,
- – – – – – – Transportentfernung in km .... ,
- – – – – – – Transportentfernung in km .... , die Beförderungsgenehmigung ist vor Auftragserteilung einzureichen,
- – – – – – – Transportentfernung in km .... , Transportweg .... ,
- – – – – – – Transportentfernung in km .... , Transportweg .... , die Beförderungsgenehmigung ist vor Auftragserteilung einzureichen,
- – – – – – – Behälter, Fassungsvermögen in m³ ....
- Berechnungseinheit m³, t, Stück (bei Ausschreibung in Behälter, Fassungsvermögen in m³ ....)

996 Leistung wie Position .... ,
Einzelangaben nach DIN 18319
- jedoch .... ,
- Berechnungseinheit Tag, Stunden, kg, l, m, m², m³, pauschal, Stück, t

Weitere Titel aus dem Programm

Mittag, Martin
Baukonstruktionslehre
Ein Nachschlagewerk für den Bauschaffenden über
Konstruktionssysteme, Bauteile und Bauarten
18., vollst. überarb. Aufl. 2000. 586 S. Mit 9065 Abb. u. 840 Tab.
Geb. € 99,90
ISBN 3-528-02555-7

Mittag, Martin
Ausschreibungshilfe Rohbau
Standardleistungsbeschreibungen - Baupreise - Firmenverzeichnis
2002. 564 S. Geb. € 99,00
ISBN 3-528-02568-9

Mittag, Martin
Ausschreibungshilfe Ausbau
Standardleistungsbeschreibungen - Baupreise - Firmenverzeichnis
2002. 570 S. Geb. € 99,00
ISBN 3-528-02567-0

Mittag, Martin
Ausschreibungshilfe Haustechnik
Standardleistungsbeschreibungen - Baupreise - Firmenverzeichnis
2002. 808 S. Geb. € 124,00
ISBN 3-528-02571-9

Abraham-Lincoln-Straße 46
65189 Wiesbaden
Fax 0611.7878-400
www.vieweg.de

Stand März 2003.
Änderungen vorbehalten.
Erhältlich im Buchhandel oder im Verlag.

vieweg

Printed by Printforce, the Netherlands